HANDBUCH
DER EXPERIMENTELLEN
PHARMAKOLOGIE

BEARBEITET VON

J. BOCK-KOPENHAGEN, R. BOEHM-LEIPZIG, E. BÜRGI-BERN, M. CREMER-BERLIN, ARTHUR R. CUSHNY-EDINBURG, WALTER E. DIXON-CAMBRIDGE, A. ELLINGER-FRANKFURT A. M., PH. ELLINGER-HEIDELBERG, E. ST. FAUST-WÜRZBURG, ALFRED FRÖHLICH-WIEN, H. FÜHNER-KÖNIGSBERG, R. GOTT-LIEB-HEIDELBERG, O. GROS-HALLE A. S., A. HEFFTER-BERLIN, L. J. HENDERSON-CAMBRIDGE, W. HEUBNER-GÖTTINGEN, R. HÖBER-KIEL, REID HUNT-WASHINGTON, MARTIN JACOBY-BERLIN, G. JOACHIMOGLU-BERLIN, A. JODLBAUER-MÜNCHEN, R. KOBERT-ROSTOCK †, M. KOCHMANN-HALLE A. S., A. LOEWY-BERLIN, R. MAGNUS-UTRECHT, J. POHL-BRESLAU, E. POULSSON-CHRISTIANIA, E. ROHDE-HEIDELBERG †, E. ROST-BERLIN, K. SPIRO-LIESTAL, W. STRAUB-FREIBURG I. B., P. TRENDELENBURG-ROSTOCK, W. WIECHOWSKI-PRAG

HERAUSGEGEBEN VON
A. HEFFTER
PROFESSOR DER PHARMAKOLOGIE AN DER UNIVERSITÄT BERLIN

ZWEITER BAND
1. HÄLFTE

PYRIDIN · CHINOLIN · CHININ · CHININDERIVATE – COCAINGRUPPE – CURARE UND CURAREALKALOIDE – VERATRIN UND PROTOVERA-TRIN – ACONITINGRUPPE – PELLETIERIN – STRYCHNINGRUPPE – SANTONIN – PIKROTOXIN UND VERWANDTE KÖRPER – APO-MORPHIN · APOCODEIN · IPECACUANHA-ALKALOIDE – COLCHICIN-GRUPPE – PURINDERIVATE

MIT 98 TEXTABBILDUNGEN

SPRINGER-VERLAG BERLIN HEIDELBERG GMBH
1920

ISBN 978-3-642-50458-7   ISBN 978-3-642-50767-0 (eBook)
DOI 10.1007/978-3-642-50767-0

Vorwort.

Jedem, der sich forschend mit pharmakologischen Fragen zu beschäftigen hat, wird schon oft der Mangel eines Handbuches fühlbar gewesen sein, das eine erschöpfende Darstellung der ermittelten pharmakologischen Tatsachen unter genauer Verweisung auf die literarischen Quellen gibt, die in so vielen medizinischen Zeitschriften zerstreut sind. Es ist leicht einzusehen, daß die Kräfte eines einzelnen der Schaffung eines derartigen Werkes nicht gewachsen sind. Als der Herausgeber dieses Handbuches sich im Jahre 1913 mit der Bitte um Mitarbeit an hervorragende Fachgenossen des In- und Auslandes wandte, erhielt er durch deren bereitwillige Zusagen die Zuversicht, daß der Versuch gewagt werden dürfe. Die kriegerischen Ereignisse, bei deren Beginn eine Anzahl Beiträge bereits druckfertig vorlag, setzten der Vollendung des Werkes unüberwindliche Hindernisse entgegen. So wird es verständlich, daß von dem auf 3 Bände berechneten Werke die erste Hälfte des zweiten Bandes zuerst erscheint.

Über den Plan, auf dem die Beschreibung sich aufbaut, ist wenig zu sagen nötig. Es ist beabsichtigt, die experimentellen Befunde in weitestem Umfange, also die Wirkungen pharmakologischer Agentien auf Lebewesen jeder Art, kritisch zu schildern, ohne daß auf die Verwendung zu Heilzwecken Rücksicht genommen wird. Alles rein Therapeutische wird daher beiseite gelassen.

Eine vielleicht anfechtbare Seite unseres Handbuches ist die Gliederung und Reihenfolge des Stoffes. Jedem Dozenten ist die Schwierigkeit, den pharmakologischen Lehrstoff nach richtigen Gesichtspunkten einzuteilen, wohlbekannt. Erschwerend wirkte aber auch die Verteilung des Stoffes unter eine größere Zahl von Mitarbeitern, wobei deren Forschertätigkeit und disponible Arbeitskraft zu berücksichtigen war. Das Auffinden bestimmter Angaben wird ein dem dritten Bande beigefügtes, sehr ausführliches Sachregister wesentlich erleichtern, so daß, wie der Herausgeber hofft, hierdurch etwaige Mängel der Einteilung ausgeglichen werden.

Den Herren Mitarbeitern des vorliegenden Bandes, deren Beiträge schon vor Jahren eingesandt waren, ist der Herausgeber zu besonderem Danke für die Mühe verpflichtet, die sie auf die Ergänzung oder Umarbeitung derselben verwendet haben.

Berlin, im Oktober 1919.

A. Heffter.

Inhaltsverzeichnis.

Nachtrag zum Inhaltsverzeichnis.

Heffter, Handb. d. experim. Pharmakologie. II, 2.

Pyridin, Chinolin, Chinin, Chininderivate.

Von

weiland **Erwin Rohde**-Heidelberg*)

Mit 23 Textabbildungen.

Pyridin.

CH
HCCH
HCCH
N

Wasserhelle, lichtbrechende Flüssigkeit, von widerlichem Geschmack. Spez. Gewicht 0,9893 (15/4). Siedep. 115,5° C [1]). Leicht löslich in Wasser, Alkohol, Äther, Chloroform; die wässerige Lösung reagiert alkalisch. Bildet saure Salze.

Vorkommen: Im Dippelschen Tieröl, im Knochenöl, in vielen Teersorten, als Verunreinigung in Benzol, Toluol usw. und als Zersetzungsprodukt vieler Pflanzenalkaloide, z. B. des Nicotins, auch im gerösteten Kaffee ist es neuerdings gefunden[2]).

Pharmakologisch wichtig, weil Pyridin als Kern einer Reihe von Alkaloiden zu betrachten ist.

Allgemeine Giftwirkungen, namentlich bei Kaltblütern ausgesprochen; für Warmblüter von geringer Giftigkeit.

Frosch: Reines Pyridin wirkt auf Nervensystem und Blut. Nach Bochefontaine[3]) und Germain - Sée[4]) tritt zentrale Lähmung und Herabsetzung der Erregbarkeit der motorischen Nerven ein; Heinz[5]), Kunkel[6]), L. Brunton und Tunnicliffe[7]), (0,01 g narkotische Dosis, 0,02—0,04 g letale Dosis;

---

*) Der umfangreiche Beitrag Erwin Rohdes zum 1. und 2. Bande dieses Handbuchs lag fast vollständig in erster Korrektur vor, als unser zukunftsreicher Freund und Mitarbeiter im Juni 1915 einer in anstrengender Lazarettätigkeit erworbenen Erkrankung zum Opfer fiel. Ich habe in Gemeinschaft mit Dr. Ph. Ellinger einiges noch Fehlende ergänzt und die Korrekturen im Sinne des Verstorbenen durchgesehen.

R. Gottlieb (Heidelberg).

[1]) Landolt, Börnstein, Roth, Physikal.-chem. Tabellen. 4. Aufl. 1912. S. 244.
[2]) G. Bertrand u. G. Weisweiler, Compt. rend. de l'Acad. des Sc. **157**, 212 (1913); zit. Zentralbl. f. Biochemie u. Biophysik **15**, 903.
[3]) Bochefontaine, Compt. rend. de la Soc. de Biol. Ser. VII, T. 3; zit. nach Heinz.
[4]) Germain - Sée, Du traitement de l'asthme par la pyridine. Bull. général de Thérapie 1885; zit. nach Heinz.
[5]) R. Heinz, Virchows Archiv **122**, 116, (1890).
[6]) Kunkel, Toxikologie. **2**, 651 (1901).
[7]) L. Brunton u. Tunnicliffe, Journ. of Physiol. **17**, 272 (1894).

durch sie Atmungsstillstand nach 15 Minuten, Herzlähmung aber erst nach 1—2 Stunden) bestätigten diese Beobachtungen: ein durch Unterbindung vor der Vergiftung geschütztes Bein zeigt nicht die auffallende Erschöpfbarkeit dem faradischen Strom gegenüber, die für die vergiftete Seite charakteristisch ist. Die Muskeln bleiben lange für den direkten Reiz normal anspruchsfähig; erst zuletzt tritt auch hier geringe Herabsetzung der Erregbarkeit ein. — Die Beobachtungen von Harnack und Meyer[1]), wonach der Lähmung Krämpfe (Esculenta 30 mg) vorangehen, schiebt Kunkel[2]) auf Verunreinigung der benutzten Präparate.

Die Blutwirkung tritt nur langsam hervor (Heinz l. c. S. 119); sie ist dieselbe wie bei anderen NH_3-Derivaten[3]) (mit Ausnahme des Anilins und seiner Derivate). Auch hier das Auftreten von kleinen, stark lichtbrechenden, ungefärbten Kügelchen, die wahrscheinlich aus geschädigtem und aus dem Stroma sich ausscheidendem Protoplasma bestehen (vgl. Heinz, l. c. S. 113).

Warmblüter reagieren nur wenig auf Pyridin; es soll die Schleimhäute reizen und durch Atemstillstand zum Tode führen (Vohl und Eulenberg)[4]).

Hunde vertragen nach W. His[5]) 1 g pro die wochenlang, ohne toxische Erscheinungen zu bieten; Erbrechen und Durchfälle, die hier und da auftraten, ließen sich durch Knochenfütterung vermeiden. Ähnliche Resistenz beobachtete Cohn[6]) am Hund, Harnack und Meyer am Kaninchen. Meerschweinchen gehen durch 0,87 g pro kg intraperitoneale Injektion resp. 4,0 g pro kg per os zugrunde (Brunton und Tunnicliffe) unter den Erscheinungen der allgemeinen Narkose (Sensibilität herabgesetzt, Conjunctivalreflexe aber lange erhalten; auf starke Reize zitternde Bewegungen der Muskulatur, Sinken der Körpertemperatur, Tod durch Atemstillstand).

Eine etwas eingehendere Analyse des Vergiftungsbildes stammt von Brunton und Tunnicliffe (l. c.): Ausgeschnittene Froschmuskeln verlieren ihre Reizbarkeit selbst in 0,2 proz. Lösung nicht, eine Lähmung der motorischen Nervenendigungen kann nur bei direkter Applikation beobachtet werden. Dagegen ruft 5 proz. Lösung vollkommene Anästhesie der Haut (Frosch) hervor. Vom Blut aus werden außerdem die sensiblen Teile des Reflexbogens gelähmt, aber nicht die motorischen. Das Atemzentrum wird fortschreitend gelähmt. Der Blutdruck sinkt und zwar infolge direkt lähmender Wirkung auf die Herzmuskulatur, die sich auch am isolierten Froschherzen nachweisen läßt. Für eine steigernde Wirkung kleinerer Konzentrationen liegen keine beweisenden Versuche vor. Die Endigungen der herzhemmenden Fasern werden nicht gelähmt (Harnack und Meyer). Reizung des vasomotorischen Zentrums durch sensible Reize hat Fallen des Blutdrucks zur Folge. Bei Kaninchen hat Pyridin keine temperaturherabsetzende Wirkung.

Das Vergiftungsbild am Menschen zeigt im wesentlichen die Erscheinungen zunehmender Narkose (vgl. Kunkel, Toxikologie S. 651, und Lublinski, Deutsche Med. Zeitung 1885, S. 985): Müdigkeit, Erschlaffung der Muskulatur, Benommenheit, Schwindel, Erbrechen, Kopfschmerz, Ohnmacht, Gliederzittern. Nur selten schwere Erscheinungen. Eine Zusammenstellung

---

[1]) Harnack u. Meyer, Archiv f. experim. Pathol. u. Pharmakol. **12**, 394 (1880).
[2]) Kunkel, Toxikologie. **2**, 651 (1901).
[3]) Heinz, Virchows Archiv **122**, 112 (1890).
[4]) Vohl u. Eulenberg, Vierteljahrsschr. f. gerichtl. Med. u. öffentl. Sanitätswesen **14**, 2; Berliner klin. Wochenschr. (1871), S. 395; zit. nach Harnack u. Meyer.
[5]) W. His, Archiv f. experim. Pathol. u. Pharmakol. **22**, 254 (1887).
[6]) Cohn, Zeitschr. f. physiol. Chemie **18**, 119 (1894).

der klinischen Literatur bei Distler[1]). 2 g waren im Selbstversuch ohne toxische Wirkung (Distler)[1]).

Die antibakterielle Wirkung ist gering; doch tritt bei 1 proz. Lösungen verzögertes Wachstum von Micrococcus prodigiosus ein. Auch führt die Injektion faulender Flüssigkeit nach Versetzung mit Pyridin etwas weniger schnell zum Tode (Kaninchen) als ohne dieses (Distler)[1]). Ebenso schädigt Pyridin Fermente nur wenig (erst oberhalb 12% wird Emulsinwirkung gehemmt). Das macht es vielleicht als Lösungsmittel bei Untersuchungen fermentativer Prozesse brauchbar[2]).

Die Ausscheidung durch den Harn erfolgt anscheinend nicht als solches (kein Geruch nach Pyridin, His[3])) oder als Oxypyridin, wie nach Analogie mit dem Benzol vermutet werden könnte, sondern als N-Methyl-pyridinium-hydroxyd: $C_5H_5N{<}^{CH_3}_{OH}$ (W. His[3]), von Cohn[4]) bestätigt und durch Vergleich mit dem synthetischen Produkt gesichert). Es findet demnach eine Anlagerung von CH_3OH statt. Wieweit diese im Körper entstandene Ammoniumbase an der „curareartigen" Wirkung des Pyridins beteiligt ist, ist noch nicht untersucht.

Pyridinderivate.

Sie verhalten sich qualitativ in der Wirkung ähnlich dem Pyridin, aber um so giftiger, je höher der Siedepunkt ist (M'Kendrick und Dewar[5]), Harnack und Meyer)[6]).

Methylpyridiniumchlorid[7]) curareartig lähmend auf die motorischen Nervenendigungen; Frosch: min. letale Dosis: 5 cg; Katze: letale Dosis 10 cg pro 1 kg. In Ermüdungsversuchen am Gastrocnemius des Frosches hat es Santesson mit den entsprechenden Methylderivaten des Chinolins, Isochinolins und Thallins verglichen; es ergab sich folgende Reihe:

Gifte	Entsprechende Intensitätswerte
Methylpyridinchlorid	1,00
Methylchinolinchlorid	2,50
Methylisochinolinchlorid	3,75
Dimethylthallinchlorid	25,00

Besonders instruktiv ist auch die kurvenmäßige Darstellung der Resultate, die umseitig reproduziert sein soll.

Es geht daraus hervor, daß die Giftwirkung bei allen Substanzen mit steigender Konzentration zuerst schnell, dann aber immer langsamer zunimmt, daß die einzelnen Giftwirkungen sich aber darin unterscheiden, daß diese Kurven divergieren, d. h. bei einem schwachen Gift (Methylpyridinchlorid) ist eine relativ viel größere Steigerung der Konzentration nötig als bei starken Giften. Diese für eine rationelle toxikologische Vergleichung lehrreichen Versuche beziehen sich auf eine scharf definierbare Giftwirkung und lassen diese Giftwirkung in

[1]) Distler, Diss. Erlangen (1887).
[2]) Géza Zemplén, Zeitschr. f. physiol. Chemie **85**, 415 (1913).
[3]) W. His, Archiv f. experim. Pathol. u. Pharmakol. **22**, 254 (1887).
[4]) Cohn, Zeitschr. f. physiol. Chemie **18**, 119 (1894).
[5]) M'Kendrick u. Dewar, Berichte d. deutsch. chem. Gesellschaft (1874), S. 1458.
[6]) E. Harnack u. H. Meyer, Archiv f. experim. Pathol. u. Pharmakol. **12**, 395 (1880).
[7]) Santesson, Archiv f. experim. Pathol. u. Pharmakol. **35**, 23, (1895).

Kurvenform darstellen, weil die einzelnen Stadien der Giftwirkung zur Messung gelangen. Das übliche Verfahren des Vergleichs letaler Dosen, gar noch an verschiedenen Tierarten, erfüllt das erste Postulat nur unvollständig und das zweite gar nicht.

Über die Ursachen der durch die obigen Versuche aufgedeckten Differenz der Wirkungsintensitäten geben die Zahlen und Kurven natürlich keinen Aufschluß, wohl aber können sie als Unterlagen für ein vergleichendes Studium der physikalischen und chemischen Eigenschaften dienen.

Monomethylpyridin (Pikolin)$C_5H_4CH_3N$, dem Anilin isomer, aber in der Wirkung ganz verschieden. Es gibt drei Isomere:

α-Pikolin von Cohn[1] studiert; Kaninchen vertrugen 0,5—1,0 g täglich 1 Woche lang; dann erst Vergiftungserscheinungen: Krämpfe und Tod bei einem Tier, zwei überlebten, im Urin Eiweiß und Zylinder.

Ausscheidung zum Teil als solches (nach dem Geruch zu urteilen), zum Teil als α-Pyridincarbonsäure in Paarung mit Glykokoll.

Aus dem Urin von Hunden (subcutan 2,4 und 3,6 g, Erbrechen, Absceßbildung) konnte weder von His[2] eine Methylverbindung (s. Pyridin), noch von Cohn[1] die Pyridincarbonsäure erhalten werden.

Frösche und Tauben werden von Pikolin gelähmt (Kunkel, Toxikologie II, 653). Merkwürdig ist nach Thunberg[3] die Wirkung der Pikolinsäure auf den Gaswechsel überlebender Froschmuskeln: es macht Verminderung der CO_2-Produktion ohne Verminderung der O_2-Aufnahme.

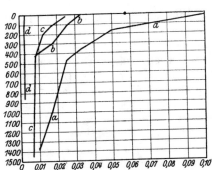

Abb. 1. Die Kurven stellen den Verlauf der Ermüdbarkeitswerte (Froschgastrocnemius) bei zunehmenden Giftgaben (subcutane Injektion) dar. Die Abscissenzahlen geben die Giftdosen (auf 50 g Körpergewicht berechnet) an, die Ordinatenwerte bezeichnen die Zahl der Zuckungen der verschiedenen Reihen bis zur Ermüdung. a = Methylpyridinchloridkurve; b = Methylchinolinchloridkurve; c = Methylisochinolinchloridkurve; d = Dimethylthallinchloridkurve. Aus: Santesson, Archiv f. experim. Pathol. u. Pharmakol. **35**, 52.

Dimethylpyridine (Lutidine) $C_5H_3(CH_3)_2N$ wirken lähmend (Kunkel, Toxikologie II, 1901, 653).

Trimethylpyridine (Collidine) $C_5H_2(CH_3)_3N$.

Davon sind untersucht:

2-Methyl-5-Äthylpyridin (Aldehydcollidin). Das synthetische Produkt, das mit dem natürlich vorkommenden nicht übereinstimmen soll, sondern nur isomer ist, ruft beim Frosch nach Harnack und Meyer[4] Aufhebung der willkürlichen und reflektorischen Bewegungen hervor.

Tetramethyl-pyridin (Parvolin) $C_9H_{13}N$ soll auf Hunde schwer „vergiftend" einwirken (zit. nach Kunkel, Toxikologie II, 653).

[1] R. Cohn Zeitschr. f. physiol. Chemie **18**, 119 (1894).
[2] W. His, Archiv f. experim. Pathol. u. Pharmakol. **22**, 259 (1887). Ohne Angabe, welches Isomere er verwendete.
[3] Th. Thunberg, Skand. Archiv f. Physiol., 29. 1. 1913.
[4] E. Harnack u. H. Meyer, Archiv f. experim. Pathol. u. Pharmakol. **12**, 397. (1880.)

Chinolin.

C_9H_7N

```
      CH    CH              ana    γ
    HC    C    CH      para
      Bz    Pyr
    HC    C    CH      meta         β
      CH    N                       α
                        ortho  N
```

enthält danach einen Benzol- und einen Pyridinring. Der Körper hat theoretisches Interesse, weil er als eines der einfachsten Alkaloide anzusehen ist, und hatte früher auch praktisches wegen seiner temperaturherabsetzenden und antizymotischen Wirkung.

Chemie: Farblose, ölige Flüssigkeit, bräunt sich in Berührung mit Licht. Siedep. 235° C. Spez. Gewicht 1,093—96 bei 15° C. Sehr hygroskopisch; reagiert alkalisch. Mit einem Äquivalent Säure bildet es Salze: das salzsaure Salz ist zerfließlich, das weinsaure luftbeständig und leicht löslich. Gibt die meisten Alkaloidreaktionen; charakteristisch ist das schwerlösliche gelbe Dichromat[1]).

Wirkung auf Eiweißkörper und Enzyme ähnlich der des Chinins (s. dort), wahrscheinlich die Aggregatbildung begünstigend. In Hühnereiweißlösungen wird die Gerinnungstemperatur herabgesetzt (durch 1 : 200 um 12° C); Blut- und Milchgerinnung werden verzögert (Donath)[2]).

Mikroorganismen werden schon in großen Verdünnungen gelähmt; untersucht wurden: Harngärung, Milchsäuregärung, Eiweißfäulnis (Donath[2]), M. Jacobsohn[3]), O. Rieger)[4]). Auch die alkoholische Hefegärung wird durch 0,75proz. Lösung zunächst deutlich verzögert, bei 1,5proz. Lösung völlig aufgehoben (J. Rosenthal)[5]); doch widersprechen sich in diesem Punkte die Autoren. Donath will selbst von 5proz. Lösungen keine Wirkungen gesehen haben (Differenz der Methoden dürfte die Ursache sein).

Amöben, Schwärmsporen der Algen, Wimperzellen, Elodea canadensis werden durch Lösungen unterhalb 1% gelähmt (J. Rosenthal)[5]).

Die kombinierte Wirkung von Chinolin- und verschiedenen anderen Salzen untersuchte T. Brailsford Robertson[6]) an Gammarus; Chinolin schwächte die Giftwirkung der Salze nicht ab wie manche andere Alkaloide, z. B. Chinin, die des $BaCl_2$, NH_4Cl und Kaliumacetat, sondern verstärkte sie.

Wirkungen auf höhere Tiere. Örtliche Wirkung: Der Geschmack ist bitter brennend, ätzend. Der Magendarmkanal wird gereizt (Erbrechen, Magenblutungen). Von 30proz. Lösungen sah J. Rosenthal[5]) Cornealtrübungen eintreten; 1proz. Lösungen ließen keine Reizwirkung auf die Conjuntivalschleimhaut erkennen.

Ausscheidung: Chinolin ist als solches nicht mehr im Harn nachweisbar. Donath vermutete Umwandlung in Pyridincarbonsäure; doch ist diese Substanz nicht isoliert worden. Nach Fühner[7]) gibt frisch gelassener

---

[1]) Vgl. Kunkel, Toxikologie S. 738. — Schmidt, Pharmazeut. Chemie 2, 1236.
[2]) Julius Donath, Berichte d. Deutsch. chem. Gesellschaft 14, 178, 1769; zit. nach Maly, Tierchemie (1881), S. 121.
[3]) M. Jacobsohn, Inaug.-Diss. Würzburg (1890). Literatur.
[4]) Ottmar Rieger, Inaug.-Diss. Erlangen (1888).
[5]) J. Rosenthal, Deutsches Archiv f. klin. Medizin 42, 206 (1887).
[6]) T. Brailsford Robertson, Journ. of biol. Chemistry 1, 515 (1905/06).
[7]) Hermann Fühner, Archiv f. experim. Pathol. u. Pharmakol. 55, 27 (1906); dort ausführliche Literatur.

Harn (Kaninchen, Mensch) nach Chinolingenuß eine blaugrüne Verfärbung, wenn man ihn zuerst mit HCl kocht, dann mit NH_3 im Überschuß versetzt und schüttelt. Diese Reaktion beruht nach Fühner auf Gegenwart von 5, 6-Chinolinchinon. Fühner nimmt deswegen an, daß Chinolin zu 5, 6-Dioxychinolin oxydiert und mit Glykuronsäure oder Schwefelsäure gepaart durch die Nieren ausgeschieden wird. Doch vermutet Fühner noch drei andere Stoffwechselendprodukte des Chinolins.

Allgemeine Wirkungen. Ähnlich dem Chinin ist es ein allgemeines Zellgift, das lähmend auf alle Funktionen wirkt.

Blut: Nach Rosenthal[1]) wird Blut, mit „wenig Chinolin" versetzt, dunkel und lackfarben; mikroskopisch ist im Froschblut namentlich eine Veränderung des Kerns zu beobachten (scharfe Konturierung, Körnchenbildung usw.). Ähnlich äußert sich auch R. Heinz[2]).

Wirkung auf Nervensystem und Kreislauf. Frosch: $2^1/_2$ mg des Tartrats oder Chlorids rufen vorübergehende Lähmung der nervösen Funktionen hervor; Respiration sistiert, Herzaktion sehr geschwächt (F. Oschatz[3]), O. Rieger[4]), R. Stockmann)[5]). 5 mg sind tödlich. Der Sitz der Lähmung ist wesentlich im Rückenmark zu suchen; die peripheren Nerven werden nach O. Rieger[4]) nicht affiziert, doch konstatierte R. Heinz[2]) eine Schädigung der Leistungsfähigkeit der motorischen Nerven; die sensiblen Nervenendigungen und die Muskelsubstanz waren intakt.

Kaninchen: Bei 0,3 g pro kg beginnt die letale Dosis; toxische Dosen: nach Betäubung Reflexlähmung; Tod im Kollaps; Lähmung des Atemzentrums und des Herzens (vgl. Biach und Loimann[6]), Donath[7]), O. Rieger[4]), F. Oschatz)[3]); die Herzaktion überdauert aber die Respiration (F. Oschatz)[3]).

Hunde erbrechen Galle und Schleim auf 0,5 g per os oder 0,4 g subcutan (O. Rieger[4]), F. Oschatz[3]), G. Wiltigschlager)[8]).

Die Gefäße werden direkt lähmend affiziert; Kobert[9]) fand Gefäßerweiterung an überlebender Niere und Leber von Schwein und Hund (0,005—0,05 vom Hundertgehalt des Blutes).

Kleinere Dosen rufen im Tierversuch jähen Temperaturabfall hervor (Donath, Biach und Loimann, O. Rieger u. a.), dem ein Anstieg auf Fiebertemperatur folgen kann (Donath)[7]), z. B.: Kaninchen 1,5 kg 39,0° C erhält 0,24 salzsaures Chinolin subcutan. Temperaturabfall bis 38° C $2^1/_2$ Stunden lang. Nach 0,36 g salzsaures Chinolin Temperatursturz um 1,2° C; danach Temperaturanstieg auf 40,0° C (normal 39,0° C). Gleichzeitig vermindert sich die Atemfrequenz beträchtlich und wird unregelmäßig.

Als Ursache dieser antipyretischen Wirkung kommt sowohl eine vermehrte Wärmeabgabe (periphere Gefäßerweiterung, O. Rieger[4]), unter J. Rosenthal (merkwürdigerweise gibt J. Rosenthal[10]) bei der Besprechung der

---

[1]) J. Rosenthal, Deutsches Archiv f. klin. Medizin **42**, 206 (1887).
[2]) R. Heinz, Virchows Archiv **122**, 123 (1890).
[3]) F. Oschatz, Inaug. Diss. Göttingen (1882). Bringt eine größere Anzahl von Experimenten; auch an Katzen, Hunden, Tauben, Hühnern über Respirations-, Herz- und Temperaturwirkung.
[4]) Ottmar Rieger, Inaug.-Diss. Erlangen (1888).
[5]) R. Stockmann, Journ. of Physiol. **15**, 245 (1894).
[6]) A. Biach u. G. Loimann, Virchows Archiv **86**, 456 (1881).
[7]) Donath, l. c.
[8]) G. Wiltigschlager, Inaug.-Diss. Erlangen (1890).
[9]) Kobert, Archiv f. experim. Pathol. u. Pharmakol. **22**, 93 (1887).
[10]) J. Rosenthal, l. c.

Riegerschen Versuche an, daß die peripheren Gefäße sich verengern!), als auch verringerte Wärmebildung in Betracht; denn E. Müller[1]) fand verminderte CO_2-Ausscheidung. Doch liegt eine genauere Analyse der antipyretischen Wirkung nicht vor.

Vergleichende Untersuchungen über die toxische und antipyretische Wirkung des Chinins und Chinolins (F. Oschatz)[2]) erwiesen ersteres als giftiger.

Chemotherapeutische Versuche gegen Milzbrandinfektion (Kaninchen) nahm ohne Erfolg J. Rosenthal vor.

Als Ersatzmittel des Chinins hat sich Chinolin in der Praxis[3]) nicht bewährt, da es zu leicht zu Kollapsen führt und den Magen-Darmkanal reizt; gegen Malaria fehlt jegliche spezifische Wirkung; die entfiebernde Wirkung ist unsicher.

Chinolinabkömmlinge.

Methylchinoliniumchlorid wirkt curareartig. Tod durch Herzlähmung (Frosch 0,7 cg auf 50 g Körpergewicht). Katze: Nach 20 cg Muskelschwäche, Speichelfluß, Erbrechen. Über den Vergleich zu anderen Methylverbindungen siehe Pyridin S. 3 (Santesson)[4]).

Chinaldin   α-Methylchinolin

nach Stockmann[5]) ähnlich dem Chinolin wirkend, nur schwächer (Frosch und Kaninchen). Beim Hund rufen 1,5 g Ikterus hervor (lokale Abszeßbildung) (R. Cohn)[6]). Kaninchen: 0,35 g macht Kollaps, wird aber lange vertragen unter Abmagerung. 0,7 g Exitus nach einigen Tagen unter Hämoglobinurie (R. Cohn)[6]). 1,0 g subcutan ruft motorische und sensorische Lähmung hervor, Puls- und Respirationsbeschleunigung; im Urin Zylinder und rote Blutkörperchen. Exitus nach 50 Minuten (F. Rosenhain)[7]).

Hund und Kaninchen scheinen es vollständig zu zerstören (Cohn)[6]); es geht nicht in Kynurensäure über (A. Schmidt)[8]).

Wirkung auf Paramäcien weit geringer als die des Chinins (vgl. Tabelle S. 37).

Lepidin   γ-Methylchinolin

nach Stockmann[5]) wie Chinaldin wirkend, auch für Paramäcien weniger toxisch als Chinin (Grethe)[9]), ebenso das **p-Methoxylepidin.**

---

[1]) Eduard Müller, Diss. Erlangen (1891).
[2]) F. Oschatz, Inaug. Diss. Göttingen (1882). Bringt eine größere Anzahl von Experimenten; auch an Katzen, Hunden, Tauben, Hühnern über Respirations-, Herz- und Temperaturwirkung.
[3]) Klein, Literatur bis 1883; s. Otto Seifert, Habilitationsschrift. Würzburg (1883).
[4]) Santesson, Archiv f. experim. Pathol. u. Pharmakol. **35**, 23 (1895).
[5]) R. Stockmann, Journ. of Physiol. **15**, 245 (1894).
[6]) R. Cohn, Zeitschr. f. physiol. Chemie **20**, 210 (1895).
[7]) Felix Rosenhain, Diss. Königsberg (1886).
[8]) A. Schmidt, Diss. Königsberg (1884).
[9]) Grethe, Deutsches Archiv f. klin. Medizin **56**, 189 (1895).

Toluchinoline   o- und p-Methyl-chinolin

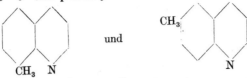

und

wirken wie Chinaldin (Stockmann)[1].

o-Methyl-chinolin wird vom Hund in Dosen von 2 g täglich (subcutan 2 × tgl. 1 g in 20 proz. Olivenöllösung) unter Abmagerung vertragen; es wird vollständig verbrannt. Beim Kaninchen war 0,7 g tödlich; dabei zuerst Muskelstarre, dann Lähmung, auch der Respiration, Herzaktion verlangsamt, aber kräftig. Im Urin Eiweiß und Zucker (Cohn).

p-Methyl-chinolin wurde von Hunden in Dosen von 1—3 g subcutan vertragen, ca. 7% wurden als Chinolincarbonsäure ausgeschieden (Cohn). Synthetische Prozesse waren nicht nachweisbar.

Von **Dimethylchinolinen** untersuchte Stockmann noch $\alpha-\gamma$-Dimethylchinolin und fand es noch schwächer wirksam als Chinaldin; der Methylgruppe ist diese Wirkungsveränderung wohl zuzuschreiben.

Äthylchinolin und

Amylchinolin haben keine curareartige Wirkung (Kendrick)[2].

Phenylchinoline, von Grethe[3] und v. Tappeiner[4] einem vergleichenden Studium unterworfen, weil sie auf Protozoen stärker wirken als Chinin. Über die Wirkungsstärke gegenüber Paramäcien gibt folgende Tabelle[4] Auskunft:

Paramäcien werden getötet durch	Konzentration der zugesetzten Lösung			
	1 : 1000	1 : 5000	1 : 10 000	1 : 25 000
α Phenylchinolin	1—2 Minuten	8—10 Minuten	10 Minuten	—
β „	$1/_2$ „	1—2 „	3 „	15—30 Minuten
γ „	1 „	2—3 „	3—4 „	4—6 Stunden
Chinin	3—4 „	25—30 „	2 Stunden	—

Auch Amöben, Turbellarien und Gärungs- und Fäulnisorganismen gegenüber zeigen sie sich dem Chinin ebenbürtig, wenn nicht überlegen. Dabei geht die wechselnde Empfindlichkeit der Tierarten gegen Phenylchinoline der gegen Chinin parallel.

Dagegen wirken eine Reihe **Phenylchinaldine** stärker als Chinaldin: γ-Phenyl-p-methoxychinaldin, γ-Phenylchinaldin, p-Amido-γ-Phenylchinaldin; schwächer wirkt: p-Acetamido-phenylchinaldin (vgl. Tabelle S. 37). Grethe[3].

Genauer untersucht ist **γ-Phenylchinaldin** [5]

$$C_6H_5$$

An Fröschen (0,05 g) trat nach klonisch tonischen Krämpfen der Tod durch Atemlähmung ein. Herz nicht wesentlich beeinflußt. Bei Meerschweinchen

---

[1] R. Stockmann, Journ. of Physiol. **15**, 245 (1894).
[2] M-Kendrick, Beilage z. Brit. med. Journ. (1878), S. 4; zit. nach Hoppe - Seyler, Archiv f. experim. Pathol. u. Pharmakol. **24**, 245, (1888).
[3] Grethe, Deutsches Archiv f. klin. Medizin **56**, 189 (1895).
[4] v. Tappeiner, Deutsches Archiv f. klin. Medizin **56**, 369 (1896).
[5] Jodlbauer - Fürbringer, Deutsches Archiv f. klin. Medizin **59**, 155 (1897). .

und Kaninchen anfangs stark beschleunigte Atmung, dann Tod durch Atemlähmung. Tremor, klonisch-tonische Krämpfe. Kreislauf wenig beeinflußt.
Körpertemperatur: bei normalem Tier sank die Temperatur um 0,8—1,2° C
nach 0,3—1,0 g per kg, bei 2 Wärmestichtieren nach 0,33 g nur um 0,2—0,5 °C.
Es ist nicht aufgeklärt, warum die Wirkung hier so gering war. Blut: in
vitro Hämolyse und Agglutination (0,1—0,2%).

Gegen Malaria ohne spezifische Wirkung (Mannaberg)[1]).

Tetrahydrochinolin

verhält sich physiologisch zu Chinolin wie Piperidin zu Pyridin. Auf 1 g subcutan beim Kaninchen Reflexlähmung und Tod nach 36 Stunden (F. Rosenhain)[2]). Es hat zweimal schwächere Nervenwirkung (Frosch), schädigt auch
in völlig lähmenden Dosen das Herz nicht, führt aber zu raschen Formveränderungen der roten Blutkörperchen (R. Heinz)[3]).

α-Propyltetrahydrochinolin. Von Tonella (nach Plugge)[4]) mit Coniin
vergleichend toxikologisch auf Mikroorganismen und höhere Tiere untersucht;
es erwies sich als weit giftiger und physiologisch ganz unähnlich dem Coniin.

Py-Tetrahydro-γ-phenylchinolin

etwa so giftig für Paramäcien wie Chinin (Grethe)[5]), vgl. Tabelle S. 37.

Oxychinoline. Zeigen gleichzeitig den Charakter von Phenolen und
von Basen. Sie geben nach Fühner[6]) auch die von Jaffé angegebene Kynuren-
säurereaktion (Verdampfen mit $KClO_3 + HCl$, Braun-, Grün- und Blaufärbung
mit Ammoniak); konstatiert für α-, p- und o-Oxychinolin.

α-Oxy-chinolin, Carbostyril C_9H_7NO (+ H_2O). Schmelzp. 198—200. Kaninchen: 0,25 g (per os oder subcutan) machen keine toxischen Erscheinungen
(A. Schmidt)[7]); 0,5 g (B. v. Fenyvessy)[8]): schon 5—10' nach Eingabe
Mattigkeit; nach ½ Stunde: Seitenlage, schlaffe Extremitäten- und Nacken-
muskulatur, machtlose Abwehrversuche; Reflexe erhalten. Atmung, anfangs
beschleunigt, wurde im Lähmungsstadium verlangsamt. Ohrgefäße anfangs
erweitert. Erholung nach 3—5 Stunden oder Tod nach 12—24 Stunden. Blutungen im Magenfundus. Bei längerer Behandlung Abnahme der Freßlust und
des Körpergewichts.

---

[1]) Mannaberg, Deutsches Archiv f. klin. Medizin **59**, 185 (1897).
[2]) F. Rosenhain, l. c.
[3]) R. Heinz, Virchows Archiv **122**, 124. (1890.)
[4]) P. C. Plugge, Arch. intern. de Pharm. et de Thér. **3**, 173 (1897).
[5]) Grethe, Deutsches Archiv f. klin. Medizin **56**, 189 (1896).
[6]) H. Fühner, Berichte d. Deutsch. chem. Gesellschaft **38**, 2717; zit. nach Maly,
Tierchemie (1905), S. 96.
[7]) A. Schmidt, Inaug.-Diss. Königsberg (1884).
[8]) Bela v. Fenyvessy, Zeitschr. f. physiol. Chemie **30**, 552 (1900). Dagegen sah
F. Rosenhain (Inaug.-Diss. Königsberg 1886) von 1 g in Milch zerrieben, bei Kaninchen
keine toxischen Symptome,

Am Frosch nach 0,05—0,1 g (in Pulverform per os) bald Lähmungserscheinungen. Herztätigkeit dabei anscheinend ungeschwächt. Elektrische Erregbarkeit der Nerven herabgesetzt, der Muskeln nicht. In Pulverform ins Auge gebracht (Kaninchen), ruft es Rötung der Bindehaut hervor.

Im Harn erscheint es gepaart mit Glykuronsäure und Schwefelsäure nach Eingabe per os (B. v. Fenyvessy). Kynurensäure ist nicht nachweisbar (an Kaninchen), F. Rosenhain[1]).

γ-Oxy-chinolin, Kynurin C_9H_7NO ($+ 3 H_2O$). Durch Erhitzen aus Kynurensäure gewonnen. Schmelzp. 201° C. Glänzende harte Prismen oder Nadeln. Löslich in Wasser, leichter in Alkohol. Mit $FeCl_3$ entsteht eine carminrote, mit Miltons Reagens eine gelbgrüne Färbung; gibt die von Jaffé[2]) für Kynurensäure angegebene Reaktion.

Nach A. Schmidt[3]) unverändert ausgeschieden (Kaninchen 0,5 g subcutan); nach 1,0 g per os Glykuronsäureverbindung im Harn nachweisbar; doch erwies sie sich nach der Elementaranalyse als komplizierter als vermutet wurde (B. v. Fenyvessy)[4]).

Toxische Erscheinungen wurden weder nach 0,5 noch 1,0 g beobachtet; die Tiere nahmen sogar an Gewicht zu.

p-Oxy-chinolin C_9H_7NO, das salzsaure Salz ruft in Dosen von 0,6 g (subcutan) bei Kaninchen geringe Temperaturerniedrigung hervor[5]).

o-Oxy-chinolin wird, wie E. Rost[6]) wahrscheinlich gemacht hat, mit Schwefelsäure gepaart ausgeschieden.

Chinosol. Mischung von o-Oxychinolinsulfat und Kaliumsulfat (E. Rost)[6]), wird im Urin gepaart mit Schwefelsäure (Rost) und Glykuronsäure (Brahm)[7]) ausgeschieden. Über die bakterizide Wirkung hat Hartung[8]) Versuche angestellt.

Hund: nach 5 g Erbrechen; Kaninchen: nach 5 g Tod in 7—11 Tagen (Brahm)[7]).

In der Wundbehandlung finden Verwendung[9]): **Chinaseptol** (o-Oxychinolinsulfosäure), **Oxychinaseptol, Argentol** (Chinaseptolsilber); wegen ihrer antiseptischen Eigenschaften: **Loretin** (m-Jod-o-oxy-chinolin-ana-sulfonsäure), **Vioform** (o-Oxy-m-jod-ana-chlor-chinolin).

Oxy-methyl-chinolin, in Dosen von 0,5 g per os, bei Kaninchen unschädlich, geht nicht in Kynurensäure über (A. Schmidt)[3]).

Py-Tetra-hydro-p-oxy-chinolin $C_9H_{11}NO$

ist im Gegensatz zu der vorangehenden Substanz ein starkes Gift; als salzsaures Salz führt es in Dosen von 0,2—0,6 g in 2 Stunden den Tod von Kaninchen unter klonischen Krämpfen herbei (Jaksch)[5]).

---

[1]) F. Rosenhain, l. c.
[2]) Jaffé, Zeitschr. f. physiol. Chemie **7**, 399, (1883).
[3]) A. Schmidt, Inaug.-Diss. Königsberg (1884).
[4]) Bela v. Fenyvessy, l. c.
[5]) R. v. Jaksch, Zeitschr. f. klin. Medizin **8**, 442 (1854).
[6]) E. Rost, Arbeiten a. d. Kaiserl. Gesundheitsamt **15**, 288 (1899).
[7]) Brahm, Zeitschr. f. physiol. Chemie **28**, 439 (1899).
[8]) Curt Hartung, Archiv f. experim. Pathol. u. Pharmakol. **64**, 393 (1911); dort Literatur.
[9]) Zit. nach Fühner, Archiv f. experim. Pathol. u. Pharmakol. **55**, 28 (1906).

p-Methoxy-chinolin, p-Chinanisol C$_{10}$H$_9$NO

$$H_3CO$$

N

hat an Kaninchen weder hervortretende antipyretische, noch giftige Wirkungen. Am Krankenbett von Jaksch[1]) geprüft.

p-Methoxy-chinolin-tetrahydrid, Thallin C$_9$H$_9$(OCH$_3$)NH

$$CH_3O \qquad \begin{matrix} CH_2 \\ CH_2 \\ CH_2 \end{matrix}$$

NH

Die freie Base bildet farblose, rhombische Oktaeder von curareartigem Geruch. Schmelzp. 42° C. Schwer löslich in kaltem Wasser, leicht löslich in Alkohol und Äther.

Verwendet als schwefelsaures Salz: farblose Nadeln von schwach bitterem, gewürzigem Geschmack. Löslich in 7 Teilen Wasser mit saurer Reaktion. Schwer löslich in Alkohol, Äther und Chloroform. Wässerige Lösungen färben sich braun, geben mit Eisenchlorid grüne Farbe, die langsam in Rot übergeht. Rauchende Salpetersäure ruft nach Erwärmen rote Färbung hervor. Eine quantitative optische Bestimmungsmethode gibt Bonanni[2]) an.

Der Nachweis in den einzelnen Organen und tierischen Flüssigkeiten ist nach Blumenthal[3]) mit der Dragendorffschen Methode (,,Ermittlung der Gifte", St. Petersburg 1876) möglich.

Als Antipyreticum aufgegeben wegen lästiger Nebenwirkungen[4]): profuse Schweißsekretion, Schüttelfrost, Cyanose, Kollapserscheinungen, Blutschädigung (Methämoglobin?), manchmal Nierenreizung (Eiweißzylinder). Seltener ist Reizung des Magen-Darmkanals (Erbrechen, Durchfälle).

Wirkung auf Mikroorganismen. Die antibakterielle Wirkung des Thallins ist gering, siehe Tabelle S. 38, ebenso die lähmende Wirkung auf die Hefegärung (Engel)[5]), siehe S. 39. Dagegen soll es für Algen und Infusorien ein starkes Gift sein: 0,02 proz. Lösung letal in 24 Stunden (Th. Bokorny)[6]). Viel stärker wirksam als Antipyrin.

Wirkung aufs Blut: Da in vitro Zerstörung des Blutes und Methämoglobinbildung nachgewiesen[7]) ist, so wird wahrscheinlich auch die bei Vergiftungsfällen beobachtete Cyanose zum Teil durch dieselbe Blutveränderung herbeigeführt.

Stoffwechsel. Am gesunden Hund sahen Ehrlich[8]) und Kumagawa[9]) nach größeren Dosen Thallin vermehrten Eiweißzerfall; Kumagawa (unter Salkowski) gab 4 Tage lang steigende Dosen von 0,5—5,0, ohne Giftcrscheinungen zu sehen (Hündin 36 kg); Mehrausscheidung des N: 6,6—25,8%.

---

[1]) R. v. Jaksch, Zeitschr. f. klin. Medizin 8, 442 (1854).
[2]) Bonnanni, Bull. R. Accad. med. di Roma 26, Heft 3 (1900); zit. nach Maly, Tierchemie (1900), S. 122.
[3]) Blumenthal, Diss. Dorpat (1885).
[4]) Literatur s. Edmund Falk, Therap. Monatshefte (1890), S. 211.
[5]) Engel, Mitteil. a. d. med. Klinik Würzburg 2, 135 f.
[6]) Th. Bokorny, Archiv f. d. ges. Physiol. 64, 262 (1896).
[7]) Brouardel u. Robin, Acad. de Méd. Paris, Sitzung v. 15. u. 22. Okt.; ref. Therap. Monàtshefte (1890), S. 43 u. Kunkel, Toxikologie 2, 740.
[8]) Ehrlich, Deutsche med. Wochenschr. (1886), Nr. 48 u. 50.
[9]) Kumagawa, Virchows Archiv 113, 199.

Parallele Vermehrung der Ätherschwefelsäure. Ob nachträgliche Einspritzung erfolgt, ist nicht untersucht.

An einem fiebernden Typhuskranken sah Deucher[1]) zweimal geringe Veränderung der N-Ausscheidung, der aber das erstemal am folgenden Tage eine ebenso große Vermehrung folgte. Thallin selbst passiert nach Blumenthal (l. c.) nur zum Teil unzersetzt den Organismus; sein Zersetzungsprodukt färbt den Urin grünlichbraun. In den Organen ist Thallin nach Zufuhr per os wie subcutan nachweisbar, nach letzterer weniger gut (Blumenthal).

Die antipyretische Wirkung ist nicht genauer analysiert; sie beruht zum Teil wohl auf Erweiterung der Hautgefäße und vermehrter Wärmeabgabe; wenigstens sah Fr. Müller[2]) bei Patienten im Dampfbad paradoxerweise nach Thallin eine höhere Temperatursteigerung eintreten, die wahrscheinlich auf eine durch die Gefäßerweiterung der Haut erleichterte Wärmezufuhr von außen beruht.

Im Tierexperiment (Kaninchen) erwies sich wohl das Bacterium-coli-Fieber, nicht aber das Fieber nach Tetrahydro-β-naphthylamin der antipyretischen Thallinwirkung zugänglich (Feri)[3]). Das spricht zugunsten der Vorstellung, in beiden Fieberarten etwas prinzipiell Verschiedenes zu sehen (vgl. S. 81).

Mono-methyl-thallin-chlorid[4]) scheint direkt muskellähmend zu wirken, ohne curareartige Lähmung der motorischen Nervenendigungen.

Di-methyl-thallin-chlorid[4]), curareartig lähmend (Frosch 1,75 cg: 50 g Körpergewicht). Katze: 10 cg subcutan ohne toxische Wirkung. Wirkungsintensität weit stärker als die entsprechenden Methylverbindungen des Pyridins, Chinolins und Isochinolins (vgl. Kurve und Tabelle S. 3 und 4.

N-Äthyl-thallin ($C_{12}H_{17}NO$)

Die Salze von angenehm bitterem Geschmack, geben mit Eisenchlorid rote Farbe. Bei gesunden Tieren (Kaninchen?) rufen 0,6 g bedeutende Temperaturerniedrigung hervor (v. Jaksch)[5]). Klinisch als starkes Antipyreticum wirksam (Dosen von 0,5 g).

Kairin[6]).
Man unterscheidet Kairin A

$C_{11}H_{15}NOHCl$, salzsaures Äthyloxytetrahydrochinolin und Kairin M $C_{10}H_{13}$ NOHCl, salzsaures Methyloxytetrahydrochinolin. Unter Kairin schlechthin wird Kairin A verstanden: Farblose rhombische Prismen. Leicht löslich in

---

[1]) P. Deucher, Zeitschr. f. klin. Medizin **57**, 435 (1905).
[2]) Fr. Müller bei Engel, Mitteil. a. d. med. Klinik Würzburg **2**, 136.
[3]) Feri, Arch. intern. de Pharm. et de Thér. **21**, 27 (1911).
[4]) Santesson, Archiv f. experim. Pathol. u. Pharmakol. **35**, 23.
[5]) R. v. Jaksch, Zeitschr. f. klin. Medizin **8**, 445 (1884).
[6]) Filehne, Berliner klin. Wochenschr. (1892), Nr. 45; (1883), Nr. 6 u. 16,

Wasser, schwerer in Alkohol. Wässerige Lösung bräunt sich beim Stehen, hat salzigen und kühlenden Geschmack.

Eisenchloridlösung gibt violett-braunrote Farbe; rauchende Salpetersäure färbt blutrot. Nach Zusatz einer Kaliumbichromatlösung scheidet sich ein schwer löslicher dunkelvioletter Farbstoff ab.

Die Wirkung auf Mikroorganismen ist gering (im Vergleich zu Chinin und Salicylsäure); auf Hefe und Spaltpilze geprüft (Fr. Müller)[1].

Die Giftwirkung auf Kaninchen (subcutan 1g) schildert A. Schmidt[2] folgendermaßen: Nach ¼ Stunde klonische Zuckungen, dann Koma. Tod nach 24 Stunden unter reichlicher Sekretion aller Schleimhäute. In den Nieren und im Urin Epithelzylinder, angefüllt mit zersetzten Blutkörperchen. Hämoglobinurie. Wenig Eiweiß im Urin.

Ein Hund ertrug 1 g 3 Tage ohne Schaden per os.

Die Ausscheidung erfolgt sicher zum Teil in Paarung mit Schwefelsäure, vielleicht auch an Glykuronsäure (Harn linksdrehend) v. Mering[3]. A. Schmidt[2] am Hund. Für kairinschwefelsaures Kali am Mensch durch Analyse sichergestellt. Der Urin ist mehr oder weniger grün gefärbt; gibt Kairinreaktionen[4]. In 24—36 Stunden scheint die Ausscheidung beendet[4]. Die Urinsekretion soll vermehrt sein.

Die antipyretische Wirkung ist nach klinischen Berichten[5] häufig mit Kollapsen, Cyanose und Frostanfällen verbunden; daher wird es nicht mehr verwendet. Gegen Malaria ist es unzuverlässig. Tierexperimentell ist diese Wirkung calorimetrisch an künstlich fiebernden (sterilisierte Harnjauche) und normalen Hunden untersucht von Richter[6] (unter Filehne). Er fand während der Entfieberung eine verstärkte Wärmeabgabe; die Wärmebildung berechnet sich (¾ stündiger Versuch, Apparat von Richet) als nur wenig herabgesetzt (gegenüber dem Fieber). In der Periode der künstlich normalen Temperatur ist die Wärmeabgabe geringer als in der Norm; in der Periode des erneuten Fieberanstiegs, d. h. also des Abklingens der Kairinwirkung, setzt verstärkte Wärmebildung bei beschränkter Wärmeabgabe ein. Durch die Untersuchung der Gegenreaktionen während dieser Perioden ließ sich zeigen, daß die „Einstellung" der Temperaturregulation während dieser drei Perioden entsprechend der Temperatur gewechselt hatte. Kairin verändert also die „Einstellung". Normale Tiere (Kaninchen und Hund) zeigten auf Kairin auch geringen Temperaturverlust und dementsprechend etwas gesteigerten Wärmeverlust.

Ähnliche Resultate erzielten Krehl und Matthes[7] und Stühlinger[8]; ein Versuchsprotokoll von Krehl und Matthes sei in graphischer Darstellung wiedergegeben (vgl. Abb. 2); es geht aus ihr hervor, daß der Temperaturabfall in diesem Fall durch verminderte Wärmebildung erfolgte. Stühlinger

[1] Fr. Müller, Mitteil. a. d. med. Klinik Würzburg 2, 136.
[2] August Schmidt, Diss. Königsberg (1884).
[3] v. Mering, Zeitschr. f. klin. Medizin 7, Suppl. S. 149.
[4] O. Seifert, Habilitationsschrift, Würzburg (1883), S. 147f.; vgl. ferner Maragliano, Centralbl. f. med. Wissensch. (1884), S. 674.
[5] Vgl. Guttmann, Berliner klin. Wochenschr. (1883). — Ewald, ibid. — Ries, ibid. — Merkel, Deutsches Archiv f. klin. Medizin 34, 100 (1883). — Maragliano, Centralbl. f. med. Wissensch. (1884), Nr. 39 u. 40. — O. Seifert, Habilitationsschrift, Würzburg (1883).
[6] Paul Richter, Virchows Archiv 123, 118 (1891). Eine gesteigerte Wärmeabgabe konstatierte auch Hildebrandt, Virchows Archiv 121, 15.
[7] Krehl u. Matthes, Archiv f. experim. Pathol. u. Pharmakol. 38, 284 (1897).
[8] Stühlinger, Archiv f. experim. Pathol. u. Pharmakol. 43, 166 (1899).

sah im Pyocyaneusfieber des Kaninchens auch vermehrte Wärmeabgabe (14%)
auf 0,2 g Kairin; ein gesundes Kaninchen dagegen reagierte auf 0,2 g nicht;
ein Meerschweinchen entfieberte unter verminderter Wärmebildung (vgl. die
ähnliche Reaktion dieser Tiere nach Antyprin Bd. 1 und Chinin S. 83). Also
auch hier zeigen sich im Entfieberungsmodus mannigfache Unterschiede (vgl.
Einleitung zu Antipyrin Bd. 1), die sich nicht zu einem einheitlichen Bilde
zusammenfassen lassen.

Am Menschen fand Fr. Müller[1] im Dampfbad merkwürdigerweise (wie
auch bei Salicylsäure, Thallin und Hydrochinon) einen schnelleren Temperaturanstieg als in der Norm; er führt das auf die von Ancirolo[2] beschriebene
Erweiterung der Hautgefäße (auch die Gefäße überlebender Organe werden
stark erweitert; Kobert[3]), Thomson[4]) an Niere und Milz von Schwein und
Schaf) und die dadurch ermöglichte schnellere Hitze-
wirkung zurück. Dem entspräche die von Murri[5])
und von Richter[6]) angegebene Beobachtung, daß
künstlich überhitzte Hunde sich mit Kairinwirkung
schneller abkühlen als normale.

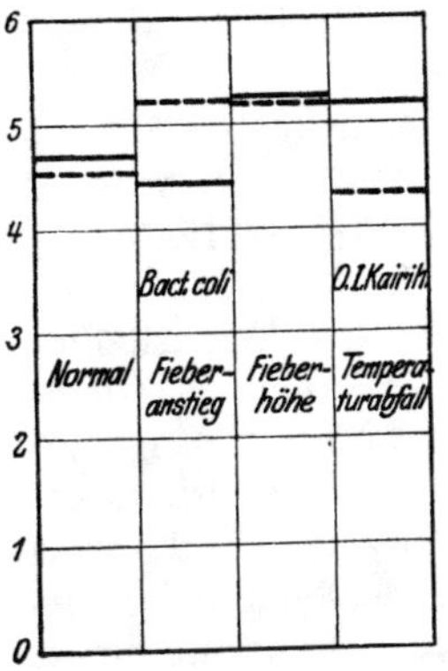

Danach wäre also die temperaturherabsetzende
Wirkung des Kairins zum Teil auf vermehrte Wärme-
abgabe zurückzuführen, zum Teil scheint sie aber auch
auf verminderter Wärmeproduktion zu beruhen; denn
Maragliano[7]) und Livierato[8]) konstatierten eine
Abnahme der CO_2-Ausscheidung am Menschen und
Henrijean[9]) eine Herabsetzung des O_2-Verbrauchs.
Bei Gesunden sollen 4—5 g pro Stunde keinen Tem-
peraturabfall bewirken (Ancirolo)[10]), die CO_2-Aus-
scheidung soll aber abnehmen[11]).

Die Cyanose beruht zum Teil vielleicht auf
Methämoglobinbildung, die Girat[12]) nachgewiesen hat. Nach Maragliano[7]) sollen die Erythrocyten
unter Kairinwirkung weniger O_2 aufnehmen als normal; Maragliano will sogar das ganze Wirkungsbild
auf diese Wirkung des Kairins auf den Gaswechsel
des Bluts zurückführen.

Abb. 2. Ordinate: Calo-
rien. Wirkung von Kairin
auf Wärmeabgabe und
Wärmebildung des fie-
bernden Kaninchens.
(Nach Krehl u. Mat-
thes, Archiv f. experim.
Pathol. u. Pharmakol. 38,
316, Vers. 42.)

Analgen von der Formel: $C_9NH_5OC_2H_5NHCOCH_3$ und $C_9NH_5OC_2H_5NHCO$
C_6H_5 mit Essigsäure oder Benzoesäure als Nebengruppe.

[1]) Fr. Müller, Mitteil. a. d. med. Klinik Würzburg 2, 151.
[2]) Ancirolo, Deutsche med. Ztg. (1884), Nr. 60; zit. nach Engel, Mitteil. a. d.
med. Klinik Würzburg 2, 145.
[3]) Kobert, Archiv f. experim. Pathol. u. Pharmakol. 22, 92 (1887).
[4]) Thomson, Diss. Dorpat (1886); Arbeiten a. d. pharm. Institut in Dorpat 13,
97 (1896).
[5]) Murri, Bull. delle scinze med. (1884).
[6]) P. Richter, l. c.
[7]) Maragliano, Centralbl. f. med. Wissensch. (1884), Nr. 39 u. 40.
[8]) Livierato, Annali di Chim. e di farm. 3, 322 (1885); zit. nach Noorden, Stoff-
wechselpathologie 2, 787.
[9]) Henrijean, Trav. du lab. de Frédéricq 1, 113 (1887); zit. nach Noorden, Stoff-
wechselpathologie 2, 787.
[10]) Ancirolo u. Maragliano, l. c. S. 674; dort auch weitere Literatur.
[11]) Maragliano, l. c. S. 698.
[12]) Emile Girat, Thèse de Paris (1883); zit. nach Kobert, Intoxikationen (1893),
S. 502.

o-Äthoxy-ana-acetyl-amino-chinolin

$$O_2HC_2 \underline{\quad\quad} N\,H$$

$$N_5C_2O \quad N$$

und **o-Äthoxy-ana-benzoyl-amino-chinolin.**

Acetylverbindung: Farblose Krystalle. Schmelzp. 155° C. Schwer in Wasser löslich.

Benzoylverbindung: Weiße Krystalle. Schmelzp. 208° C. Wasserunlöslich.

Früher als Analgeticum und Antipyreticum klinisch verwendet; unsichere Wirkung[1]) (Dosen von 0,25—3,0 pro die). Urin nimmt rote Farbe an, die sich nach Zusatz von Essigsäure verstärkt.

Von Maas[2]) genauer klinisch und experimentell untersucht; zerfällt teilweise in Äthoxyamidochinolin (Abspaltung der Benzoesäure) und wird als solche ausgeschieden; wirkt antipyretisch (Kaninchen) und schränkt den Eiweißumsatz ein; auch die Harnsäure nahm ab.

Gerinnbarkeit des Blutes herabgesetzt (soll nach Ollivier eine Eigentümlichkeit aller Chinolinderivate sein!)[2]). Die Nieren werden gereizt: Albumen und Glomerulonephritis (Kaninchen). Fettige Degeneration der Leber und Niere. Geringe antizymotische Eigenschaften (1 proz. Lösung); auf Milzbrandbacillen wirkungslos. Wirkung auf das Zentralnervensystem: Herabsetzung der Reflexerregbarkeit. Konvulsionen und Lähmungen! Letale Dosis: ca. 3 g pro kg Tier.

Äthoxyamidochinolin, das Spaltungsprodukt des Analgens. Frösche werden durch 0,05—0,1 g (50—60 g Körpergewicht) durch Lähmung des Zentralnervensystems getötet. Herztätigkeit und Atmung werden zunehmend gelähmt. Neben dem Zentralnervensystem erfolgt auch Lähmung der peripheren Nerven.

Kynurensäure, γ-Oxy-chinolin-β-carbonsäure wird vom Kaninchen unverändert im Harn ausgeschieden, 1 g als Natronsalz bleibt ohne Wirkung auf das Kaninchen. Schmidt)[3].

Carbostyrilcarbonsäure wird vom Kaninchen z. T. in Form eines krystallisierten, wasserlöslichen Körpers ausgeschieden, der bei Zusatz von Salzsäure und chlorsaurem Kali farblos bleibt, beim Zusatz von Ammoniak eine schmutzige Färbung annimmt. Identifiziert wurde der Körper nicht. Kynurensäure wird nicht gebildet. Schmidt[3]).

Methyltrihydrooxychinolincarbonsäure

$$
\begin{array}{c}
CH \quad\quad CH_2 \\
HC \diagup \quad \big| \quad C \diagdown CH_2 \\
\quad\quad \big\| \quad\quad \big| \\
HO_2C - C \diagdown \quad C \diagup CH_2 \\
\quad\quad C \quad\quad N - CH_3 \\
\quad\quad \big| \\
\quad\quad OH
\end{array}
$$

als Natriumsalz verwendet (R. Demme)[4].

---

[1]) Vgl. z. B. Schalkow, Deutsche med. Wochenschr. (1893), Nr. 46. — Moncorvo, Bull. de Thér. (1896), 30. Dez.; ref. in Therap. Monatshefte (1897), S. 501.

[2]) Maas, Zeitschr. f. klin. Medizin 28, 139. Dort weitere Literatur (klinische und experimentelle).

[3]) Schmidt, August, Inaug.-Diss. Königsberg i. Pr. (1884).

[4]) R. Demme, Therapeut. Monatshefte 2, 64, 113 (1888).

Letale Dosis für Frösche 0,5. Zuerst Steigerung, dann Lähmung der Herztätigkeit, ebenso des muskulo-motorischen Apparats.

Warmblüter (Kaninchen): Anfänglich Steigerung des Blutdrucks durch Reizung des vasomotorischen Zentrums, Muskelkrämpfe; später allgemeine Lähmung. Keine deutliche Wirkung auf die Körpertemperatur. Letale Dosis: nicht genau festgestellt. 4,0 g pro Kilogramm wirkt beim Kaninchen rasch letal.

Nur geringe bakterielle Wirkung. Am Menschen unsicherer antipyretischer Effekt.

Atophan, 2-Phenylchinolin-4-carbonsäure ($C_{16}H_{11}NO_2$).

Farblose Nadeln von bitterem Geschmack. Schmelzp. 212—213° C. In kaltem und heißem Wasser fast unlöslich; löslich in Alkalien, heißem Alkohol, Aceton und siedendem Eisessig; schwer löslich in Äther und Benzol.

Seit der Entdeckung von Nicolaier und Dohrn[1]) von physiologischem und klinischem Interesse wegen seiner Wirkung auf den Harnsäurestoffwechsel. Auf ihr wie wahrscheinlich auch auf der allen Chinolinderivaten eigenen analgetischen Wirkung mag die therapeutisch günstige Erfahrung bei der Gicht beruhen.

Toxische Wirkungen sind sehr gering; die ohne Krankheitserscheinungen vertragenen Dosen sind: Mensch 5 g täglich, Kaninchen 0,75 g pro Kilogramm, Hund 3 g (bei 2 mal 2 g Erbrechen), Schwein 5 g, Hahn ca. 2,0 g täglich.

Der Urin ist bei größeren Dosen rötlich bis bordeauxfarben; gibt nach Skorczewski Diazoreaktion, enthält kein Eiweiß oder Zucker, meist aber Urate oder Harnsäure.

Die Wirkung auf den Stoffwechsel ist bisher beim Menschen[2]) am eingehendsten untersucht; sie charakterisiert sich dort durch folgendes: Nach Einnahme von 0,25—0,5 g tritt schon nach 1 Stunde eine deutliche Steigerung der Harnsäureausscheidung auf; bei größeren Gaben (bis 5,0 g) kann sich die Wirkung bis auf den nächsten Tag erstrecken. Die Steigerung schwankt zwischen 30 und 300%. Nach Aussetzen des Mittels sinkt die Ausscheidung zunächst unter die Norm. Bei chronischer Darreichung ist die Ausscheidung am ersten Tag am bedeutendsten, sinkt aber dann ab und stellt sich auf ein gegenüber der Vorperiode nur noch mäßig erhöhtes Niveau ein.

Im Harn fallen reichlich Urate resp. freie Harnsäurekrystalle aus. Bemerkenswert ist nun, daß diese mächtige Steigerung der Harnsäureausscheidung beim Menschen eine fast isolierte Erscheinung ist; denn weder die Purinbasen, noch die Gesamtphosphorsäure, noch der Stickstoff und die Gesamtschwefelsäure werden vermehrt ausgeschieden; auch die Diurese nimmt nicht zu. Im Blute findet man keine Veränderung, namentlich keine Leukocytose. Als Beispiel einer solchen Atophanwirkung sei folgender Versuch[3]) angeführt:

---

[1]) Nicolaier u. Dohrn, Deutsches Archiv f. klin. Medizin **93**, 331 (1908).

[2]) Nicolaier u. Dohrn, Deutsches Archiv f. klin. Medizin **93**, 331 (1908). — Starkenstein, Archiv f. experim. Pathol. u. Pharmakol. **65**, 177 (1911). — Weintraud, Deutscher Kongreß f. inn. Medizin (1911); Therapie der Gegenwart (1911). — Frank u. Bauch, Berl. klin. Wochenschr. (1911), Nr. 32. — Felix Deutsch, Münch. med. Wochenschrift (1911), S. 2652. — F. Frank u. Przedborski, Archiv f. experim. Pathol. u. Pharmakol. **68**, 349 (1912). — Max Dohrn, Biochem. Zeitschr. **43**, 240 (1912). — K. Retzlaff, Zeitschr. f. experim. Pathol. u. Ther. **12**, 307 (1913).

[3]) Aus: F. Deutsch, Münch. med. Wochenschr. (1911), S. 2653.

Tab. I. Selbstversuch. Kost purinfrei.

Datum	Harnmenge	Harnsäure in gr.	Basenstickstoff	Gesamtstickstoff	Zulage
26. V.	1070	0,4457	0,0128	11,42	
27. V.	1110	0,476	0,0135	11,53	
28. V.	890	0,427	0,0148	9,92	
29. V.	1190	**1.0938**	0,0101	12,47	4 g Atophan
30. V.	850	0,410	0,0126	11,97	
31. V.	910	0,293	0,0125	10,66	
1. VI.	1010	0,403	0,0128	10,55	

Als sichergestellt darf weiterhin gelten, daß die Vermehrung jedenfalls die „endogene" Harnsäure betrifft; denn Atophan wirkt auch bei purinfreier Kost (siehe obiges Beispiel). Sehr wahrscheinlich wird aber auch die „exogene" Harnsäure schneller und vollständiger ausgeschieden (Bauch, Deutsch, Frank und Przedborski); denn in einer längeren Atophanperiode gegeben, verursachen Nucleinsäure wie Hypoxanthin eine prozentual größere Harnsäure-ausscheidung als in der Norm und zudem in kürzerer Zeit (Frank und Przed-borski)[1]. Auch Harnsäure (intravenös injiziert) erscheint unter Atophan-wirkung schneller im Urin als normal (Frank und Bauch).

Der Prozentsatz des Harnstoffs im Urin verändert sich nicht deutlich (Starkenstein); doch soll der Oxyproteinsäurestickstoff prozentual zu-nehmen[2].

Einzig strittig scheint bisher noch zu sein, ob eine Harnsäurevermehrung im Blut stattfindet; es wird negiert von Deutsch[3], bejaht von Retzlaff[4]) und von Dohrn[5]); es würde einer feineren quantitativen Methode bedürfen, um diese Frage, die für die Theorie der Atophanwirkung von Wichtigkeit wäre, zu entscheiden.

Denn die Deutung dieser Beobachtung ist noch keine einheitliche. Es wird sowohl die Anschauung vertreten, daß die Bildung der Harnsäure aus ihren Vorstufen beschleunigt wird (Nicolaier und Dohrn[6]), Starkenstein[7]), Dohrn[1]) u. a.), sei es durch toxischen Zellzerfall, sei es durch Oxydationshem-mung als auch, daß die Harnsäureausscheidung allein durch einen spezifischen Nierenreiz gesteigert sei (Weintraud[8]), Fromherz)[9]). Keine dieser Theorien hat sich bisher die allgemeine Anerkennung erringen können. Das einzige, was mit einiger Sicherheit gesagt werden kann, ist nur das, daß Kernsubstanzen nicht als Quelle in Betracht kommen können, da keine Vermehrung der P_2O_5, des N und der Purinbasen beobachtet wurden.

Auch die Versuche an Gichtikern[10]), die übrigens nicht so regelmäßig auf

---

[1]) Frank u. Przedborski, l. c. Leider sind in dieser ihrer Anordnung nach bewei-sendsten Versuchsreihen die Harnsäurebestimmungen mit der nicht ganz einwandfreien Folin-Schafferschen Methode vorgenommen worden. Vgl. Deutsch, Münch. med. Wochenschr. (1911), S. 2653.

[2]) Witold Scorczewski, Zeitschr. f. experim. Pathol. u. Ther. **11**, 501 (1912).

[3]) Deutsch, l. c.

[4]) Retzlaff, l. c.

[5]) M. Dohrn, Zeitschr. f. klin. Medizin **74**, 445 (1912).

[6]) Nicolaier u. Dohrn, l. c.

[7]) Starkenstein, l. c.

[8]) Weintraud, l. c.

[9]) K. Fromherz, Biochem. Zeitschr. **35**, 494 (1911). Die Dosen waren anscheinend wesentlich höhere: 3,0 g bei Hunden „mittlerer Größe".

[10]) Literatur z. B. bei Dohrn, Zeitschr. f. klin. Medizin **74**, 445 (1912). Versuche an Leukämikern s. Rösler u. Jarczyk, Deutsches Archiv f. klin. Medizin **107**, 573 (1912).

Atophan reagieren wie Gesunde, haben begreiflicherweise noch keine Klärung gebracht.

Wenig einheitlich sind fernerhin auch die Befunde bei Tieren: Am H u n d — bei dem bekanntlich die Harnsäure zum größten Teil weiter zu Allantoin oxydiert wird — fand Starkenstein[1]) (ca. 0,1 g pro Kilogramm Atophan) eine Verminderung der Allantoinausscheidung und eine Vermehrung der Harnsäure; doch scheint das kein regelmäßiger Befund, denn Fromherz[2]) fand zwar bei einzelnen Tieren auch Verminderung der Allantoinausscheidung, aber in anderen Fällen gerade umgekehrt eine Vermehrung der Allantoinausscheidung ohne Steigerung der Harnsäureausscheidung. P_2O_5 war nicht verändert; auffallend dagegen, weil im Gegensatz zum Menschen, war eine starke Steigerung der N-Ausfuhr. Der Zerfall von gereichter Nucleinsäure war nicht wie beim Menschen gesteigert, eher vermindert.

Am K a n i n c h e n scheint die Allantoinausscheidung auch vermindert[1]).

Das S c h w e i n reagierte mit Vermehrung der Harnsäureausscheidung (Nicolaier und Dohrn); auf Allantoin wurde nicht untersucht.

H ü h n e r zeigen umgekehrt, bei starker Diurese, eine starke Herabsetzung der Harnsäure- wie der Harnstoffausscheidung (Starkenstein).

Ob es notwendig ist, hier verschiedene Wirkungsmechanismen anzunehmen (Starkenstein)[1]), oder ob man doch zu einer einheitlichen Erklärung (Fromherz)[2]) kommen, wird, müssen weitere Untersuchungen lehren.

Versuche an überlebenden Organen (Rinderniere, Hundeleber) haben bisher nur ergeben, daß die Oxydation der Harnsäure durch Atophan nicht gestört wird (Nicolaier und Dohrn[3]), Starkenstein)[1]); ferner steigerte Atophan nicht das harnsäurebildende Vermögen der Menschenleber (Starkenstein)[1]).

Das S c h i c k s a l des A t o p h a n s im K ö r p e r: Zum kleineren Teil wird es wahrscheinlich als solches ausgeschieden, zum Teil nach Skorczewski[4]) als Oxydationsprodukt, wo ein Wasserstoffatom des Benzolkerns durch eine OH-Gruppe substituiert ist. Endlich gelang es Dohrn[5]), eine Pyridincarbonsäure aus Atophanharz zu isolieren (durch Elementaranalyse identifiziert). Als Quelle für die vermehrt ausgeschiedene Harnsäure dürfte das Atophan jedenfalls nicht in Betracht kommen.

Über andere Chinolinderivate, die auf ihre Beeinflussung der Harnsäureausscheidung untersucht wurden, liegen Arbeiten von Nicolaier und Dohrn und von F. I m p e n s vor. In der folgenden Tabelle sind die Verbindungen nach ihrer Wirksamkeit geordnet aufgeführt.

Über die Regeln für die Frage nach den Beziehungen zwischen chemischer Konstitution und Wirkung, die I m p e n s daraus ableitet, siehe im einzelnen das Original. Eine Erklärung für die Verschiedenheit der Wirkungen ist heutzutage natürlich noch nicht zu geben. Hauptsächlich ist folgendes zu sagen: Unerläßlich für die Wirkung auf die Harnsäureausscheidung ist die Einführung des Phenylrestes in die 2-Stellung und des Carboxylrestes in die 4-Stellung.

---

[1]) Starkenstein, l. c.

[2]) K. Fromherz, Biochem. Zeitschr. **35**, 494 (1911). Die Dosen waren anscheinend wesentlich höher: 3,0 g bei Hunden „mittlerer Größe".

[3]) Nicolaier u. Dohrn, l. c.; identifiziert durch N. Analyse.

[4]) Skorczewski u. Sohn, Wiener klin. Wochenschr. (1912), Nr. 16.

[5]) M. Dohrn, Zeitschr. f. klin. Medizin **74**, 462 (1912).

Atophan und verwandte Verbindungen, nach ihrer Wirksamkeit auf den Harnsäurestoffwechsel geordnet.[1])

Wirksame Verbindungen	Weniger wirksame Verbindungen	Unwirksame Verbindungen
2-Phenylchinolin-4-carbonsäure (Atophan)	2-Phenyl-6-aminochinolin-4-carbonsäure	2-Phenylchinolin
2-Phenylchinolin-4-carbonsäureäthylester (Acitrin)	2-Phenylchinolin-4, 8-dicarbonsäure	Dioxychinolin
2-Phenylchinolin-4-carbonsäureamid	2-Phenylchinolin-3, 4-dicarbonsäure	Chinolin-4-carbonsäure
2, 3-Diphenylchinolin-4-carbonsäure	2-0-Oxyphenyl-7-methylchinolin-4-carbonsäure	Chinolin-2, 4-dicarbonsäure
2-Phenyl-6-methylchinolin-4-carbonsäure	2-Phenyl-8-methoxychinolin-4-carbonsäure	2-Methylchinolin-3-carbonsäure
2-Oxyphenylchinolin-4-carbonsäure	Anhydrid der 2-Phenylchinolin-4-carbonsäure	2-Methylchinolin-4-carbonsäure
2-Phenyl3-oxychinolin-4-carbonsäure	2-Phenyl-3-äthylchinolin-4-carbonsäure	2-Methylchinolin-3- 4-dicarbonsäure
2-Phenylchinolin-4-carbonsäureacetolester	2-Phenylchinolin-4-carbonsäurephenylester	2-3-Dimethylchinolin-4-carbonsäure
	2-Phenylchinolin-4-carbonsäurecyclohexanolester.	2-3-Dimethylchinolin-3-4-dicarbonsäure
		2-Phenyl-6-oxychinolin-4-8-di-carbonsäure
		2-Phenyl-6-methoxychinolin-4-carbonsäure
		2-Dioxyphenylchinolin-4-carbonsäure
		2-Phenyl-6-benzoylaminochinolin-4-carbonsäure
		2-Phenyl-7-methylchinolin-4-carbonsäure
		2-Phenyl-8-carbonsäureäthylesterchinolin-4-carbonsäure
		2-p-Methoxyphenyl-3-phenylchinolin-4-carbonsäure
		2-p-Tolylchinolin-4-carbonsäure
		2-p-Methoxyphenylchinolin-4-carbonsäure
		2-3-Diphenylchinolin-4-carbonsäureamid
		2-Phenylchinolin-4-carbonsäureharnstoff
		2-Phenylchinolin-4-carbonsäureester der Salicylsäure
		2-Phenylchinolin-4-carbonsäureester des Äthylenglykolmonosalicylats
		2-Phenylchinolin-4-carbonsäureäthanolamid.

Dichinolylindimethylsulfat (auch Chinotoxin genannt, nicht zu verwechseln mit dem aus Chinin gewonnenen Chinotoxin-Chinicin). Nach Hoppe-Seyler[2]) von der Formel:

---

[1]) Aus E. Impens, Arch. intern. de Pharm. et de Thér. **22**, 383 (1912).
[2]) Hoppe-Seyler, Archiv f. experim. Pathol. u. Pharmakol. **24**, 241 (1888).

weiße Nadeln, bitter von Geschmack; die wässerige Lösung fluoresziert blau-violett, mit Alkalien blutrote Färbung. Hat am Kalt- und Warmblüter cu-rareartige Wirkung (Hoppe - Seyler); Tod durch Lähmung der Respirations-muskeln. Speichelsekretion, Kot- und Urinabgang. Toxische Dosen: Mäuse 1—3 mg Tod. Kaninchen 0,015 g pro kg minimal letale Dosis. Hund 0,004 g pro kg minimal toxische Dosis.

Oxyäthylchinoleinammoniumchlorür. Hat nach Bochefontaine[1]) curare-artige Wirkung.

Isochinolin

Krystalle vom Schmelzpunkt 24—25°. Es zieht unter Verflüssigung Wasser aus der Luft an. Siedepunkt 240,5° (763 mm Druck). Spez. Gew. D_4^{25}-1,096. Im Geruch erinnert es an Benzaldehyd. Wirkungsart nach Stockmann[2]) wie die des Chinolins; auch Santesson[3]) sah rein zentrale Lähmung. Frosch: Nach $2^1/_2$ mg des Tartrats Lähmung des Rückenmarks; Erholung nach einigen Stunden. Herz und motorische Nerven werden erst durch sehr viel größere Dosen affiziert. Kaninchen: 0,3 g des Tartrats subcutan verlangsamt die Atmung und erniedrigt die Temperatur; nach 1—$1^1/_2$ g Kollaps.

Isochinoliniummethylchlorid wirkt curareartig lähmend (Santesson)[3]), vgl. S. 3 und 4. Frosch: 2,5 cg auf 50 g Körpergewicht. Katze: Nach 20 cg subcutan Speichelfluß, Erbrechen.

Isochinoliniummethyljodid

N—CH₃J

Nach Stockmann[2]) rufen 5 mg beim Frosch zuerst Lähmung des Rücken-markes, dann Steigerung der Reflexerregbarkeit hervor; nach größeren Dosen curareartige Wirkung. Kaninchen: Nach 0,3—0,5 g Kollaps, Temperaturabfall, Lähmung der motorischen Nervenendigungen.

Acridin von der Formel $C_{13}H_9N$ und der Konstitution

N

indet sich im Steinkohlenteer und kann aus den bei 320—360° siedenden Anteilen durch Schwefelsäure extrahiert werden. Farblose, stechend riechende, bei 107° C schmelzende sublimierbare Blättchen. Die gelbe Lösung des salz-sauren Salzes fluoresciert blau. Letale Dosis: für Kaninchen 1—1,5 g salzsaures Acridin (Fühner)[4]). 0,6—1,0 g vertrugen die Tiere per os längere Zeit ganz gut. Der Urin wurde dunkel, zeigte hellblaue Fluorescenz, konservierte sich lange, ohne zu faulen.

Ausscheidung: Zum geringen Teil mit Glykuronsäure gepaart, meist mit

---

1) Bochefontaine, Compt. rend. de l'Acad. des Sc. **45**, 1293; zit. nach Hoppe-Seyler, Archiv f. experim. Pathol. u. Pharmakol. **24**, 245.
2) Stockmann, l. c.
3) Santesson, Archiv f. experim. Pathol. u. Pharmakol. **35**, 23 (6895).
4) H. Fühner, Archiv f. experim. Pathol. u. Pharmakol. **51**, 391 (1904). Über die Erscheinungen, unter denen die Tiere eingingen, finden sich keine Angaben.

Schwefelsäure (von 1,0 g salzsaurem Acridin etwa 20%) als Oxyacridon von der wahrscheinlichen Formel: 9-Keto-3-Oxy- 9, 10-Dihydroacridin

$$CO$$

$$NH$$

Es gelang weder Methylacridiniumhydroxyd, noch Chinolin- oder Pyridin-carbonsäure nachzuweisen.

Nach v. Tappeiner[1]) und seinen Schülern kommt Acridin wie seinen Derivaten eine außerordentlich hohe photodynamische Wirkung zu. d. h. die Lösungen wirken in Gegenwart von Licht weit toxischer auf Mikroorganismen und Enzyme als im Dunkeln; diejenigen Strahlungen sind dabei die wirksamsten, die am stärksten Fluorescenz erzeugen.

Der genaue Mechanismus dieser Wirkung, die den meisten fluorescierenden Stoffen eigen ist, ist noch ungeklärt. Sauerstoff muß anwesend sein (W. Straub[2]), Ledouse, Lebord[3]), Jodlbaur und v. Tappeiner)[4]). Doch ist es noch unbekannt, ob Ionenbildung, durch die absorbierte Lichtenergie hervorgerufen, den Wirkungen der fluorescierenden Substanzen zugrunde liegt (Jodlbaur und v. Tappeiner)[4]) oder Autooxydationen (W. Straub)[2]).

Als Beispiel sei ein Protokoll wiedergegeben (Jodlbauer und v. Tappeiner)[4]) über die Wirkung auf Paramaecium caudatum.

Konzentrationen	Heller Tag	
	hell	dunkel
1 : 2000000	tot nach 3 Std.	lebend nach 48 Std., noch in Konzentration von 1 : 30000
1 : 5000000	„ „ 4 „	
1 : 10000000	„ „ 9 „	—

Radium- und Röntgenstrahlen werden in ihrer Wirkung nicht durch diese fluorescierenden Stoffe verstärkt (Jodlbaur)[5]).

Phosphine, Derivate des Acridins: Diamidophenylacridin, intensiv gelber Farbstoff (Chrysanilin); Phosphin des Handels.

Das Chrysanilindinitrat von Dujardin - Beaumetz und Anolert[6]) untersucht; es wirkt zuerst erregend, dann lähmend auf das Zentralnervensystem, nicht auf Muskeln und Nerven, ruft beim Menschen Erbrechen (wahrscheinlich lokale Reizerscheinung) hervor und Mydriasis. Nach toxischen Dosen Sinken des Blutdrucks, Beschleunigung der Herzaktion, Tod durch Atemstillstand. Als Antalgicum unzuverlässig. Bei subcutaner Injektion Absceßbildung.

---

[1]) H. v. Tappeiner, Sitzungsber. d. Gesellschaft f. Morphol. u. Physiol. in München (1901), Heft 1.

[2]) W. Straub, Münch. med. Wochenschr. (1904), Nr. 25.

[3]) Ledouse, Lebord, Annales de l'Inst. Pasteur (1902), S.593; zit. nach Jodlbauer u. v. Tappeiner, l. c.

[4]) Jodlbaur u. v. Tappeiner, Deutsches Archiv f. klin. Medizin 82, 520 (1905). Weitere Literatur s. v. Tappeiner u. Jodlbauer, Deutsches Archiv f. klin. Medizin 80, 427 (1904). — Jodlbaur u. v. Tappeiner, Münch. med. Wochenschr. (1904), Nr. 16, 17, 25, 26. — v. Tappeiner, Deutsche med. Wochenschr. (1904), Nr. 16. — v. Tappeiner u. Jesionek, Münch. med. Wochenschr. (1903), Nr. 47.

[5]) Jodlbaur, Deutsches Archiv f. klin. Med. 80, 487 (1904).

[6]) Ref. in Virchow-Hirschs Jahresber. 1888.

Monomethylphosphin

$$C_6H_4NH_2$$

$$H_3C \quad\quad NH_2$$
$$N$$

das Chlorid von Jodlbaur-Fürbringer[1]) genauer untersucht. Frosch (0,006—0,05 g) subcutan: Zentrale Lähmung, besonders der Atmung. Reflex-erregbarkeit anfangs etwas gesteigert. Herz wenig affiziert. Warmblüter (Maus, Meerschweinchen, Kaninchen): Auch hier ist Atmungslähmung Todes-ursache, nachdem anfangs die Atmung etwas beschleunigt ist. Intensives Krampfgift, dessen Angriffspunkt sicher im Rückenmark und wahrscheinlich auch in den höheren Teilen des Nervensystems zu suchen ist. Mäuse 0,05 g pro Kilogramm, Meerschweinchen 0,15 g pro Kilogramm, Kaninchen 0,15 g nur bei intravenöser Injektion. Kreislauf, Körpertemperatur werden nicht beein-flußt. Lokale Reizwirkung (Absceßbildung) nur in höheren Konzentrationen. Letale Dosis: Meerschweinchen 0,21 g, Kaninchen über 0,5 g pro Kilogramm. — Gegen Malaria wahrscheinlich ohne spezifische Wirkung; klinisch noch nicht genügend erprobt (Mannaberg)[2]).

Dimethylphosphin von gleicher Wirkung; etwas weniger giftig (Jodlbauer-Fürbringer)[1]). Gegen Malariafieber von vorübergehender Wirkung; setzt die Temperatur herab, tötet aber nicht die Parasiten. In vitro lähmt es die Malaria-parasiten in Verdünnung 1 : 5000, aber nicht bei 1 : 10 000 (Mannaberg)[2]).

Die Wirkung der Phosphine auf Paramäcien ist eine sehr bedeutende, sie übertrifft selbst die Wirkung des Chinins.

Über die Wirkungsstärken gibt folgende Tabelle[3]) Auskunft, in der die Wirkung des Chinins nach einem Vergleich eingefügt ist (aus einer anderen Tabelle derselben Arbeit).

Paramäcien werden getötet durch	Konzentration der erprobten Lösung					
	1 : 1000	1 : 10 000	1 : 25 000	1 : 100 000	1 : 200 000	1 : 500 000
Phosphin d. Handels	sofort	5 Min.	20—25 Min.	$1^1/_4$ Std.	$1^3/_4$—2 Std.	—
Methylphosphin	,,	1 ,,	7—9 ,,	$^3/_4$—$1^1/_4$ Std.	$1^1/_4$—$1^1/_2$,,	$1^1/_4$—$4^1/_2$ Std.
Dimethylphosphin	,,	1 ,,	7—8 ,,	$^3/_4$—1 Std.	$1^1/_4$—$1^1/_2$,,	2—$4^1/_2$,,
Chinin	3—4 Min.	2 Std.	—			

Eine weitere Versuchsreihe[4]) mit anderen Acridinderivaten ergab folgendes Resultat:

Tod und Zerfall der Paramäcien bewirkten:

	bei hellem Tageslicht	bei trübem Tageslicht
Acridin	nach 30 Min.	nach 105 Min.
Phenylacridin	,, 28 ,,	,, 90 ,,
Rheonin (Tetramethyltriamidophenylacridin)	,, 23 ,,	,, 90 ,,
Acridinorange (Tetramethylphenyldiamido-acridin)	,, 15 ,,	,, 75 ,,
Methylacridin	,, 20 ,,	,, 45 ,,
Acridingelb (Diamidomethylacridin)	,, 10 ,,	,, 23 ,,
Benzoflavin (Diamidophenyldimethylacridin)	,, 8 ,,	,, 15 ,,

[1]) Jodlbauer u. Fürbringer, Deutsches Archiv f. klin. Medizin **59**, 154 (1897).
[2]) v. Mannaberg, Deutsches Archiv f. klin. Medizin **59**, 185 (1897).
[3]) Aus: v. Tappeiner, Deutsches Archiv f. klin. Medizin **56**, 374.
[4]) Aus: P. Danielsohn, Diss. München (1899); Sep.-Abdr. d. Sitzungsber. d. Ge-sellschaft f. Morphol. u. Physiol. in München 1901, Heft 1.

Orexin. Phenyldihydrochinazolinhydrochlorid $C_{14}H_{12}N_2HCl + 2 H_2O$

$$C_6H_4 \underset{N \cdots CH}{\overset{CH_2-N-C_6H_5}{\Big|}}$$

Farblose Nadeln. Schmelzp. 80° C. Wasserfrei: 221° C. Schwer in Wasser löslich. Als Stomachicum in Dosen von 0,3 empfohlen[1]). In größeren Dosen macht es Reizerscheinungen an den Schleimhäuten des Magendarmkanals[2]) in 3proz. Lösung ins Auge instilliert, ruft es starke Schwellung hervor[3]).

Chinin.

Chinin $C_{20}H_{24}N_2O_2 + 3 H_2O$. Konstitution als Monomethyläther des Cupreïns wird wie folgt angenommen:

Danach besteht das Chininmolekül aus drei Teilen: aus einem Chinolinrest, aus einer Methoxygruppe, welche in dem Chinolinrest in p-Stellung steht und aus dem sog. Loiponrest, dessen Aufbau durch die neueren chemischen Forschungen von Skraup, Hesse, Claus, v. Miller und Rohde, Königs und Rabe aufgeklärt ist. Er besteht aus einem Piperidinkern mit zwei weiteren CH_2-Gruppen in Brückenbindung, der zwei Seitenketten enthält, von denen eine die Vinylgruppe führt, während die andere durch eine HCOH-Gruppe mit dem Chinolin in Verbindung steht.

Vorkommen: Neben Cinchonin und anderen Basen als chinagerbsaures und chinasaures Salz besonders in der Rinde von Cinchona Calisaya, C. officinalis, C. succirubra, C. lanesfolia und der in Java kultivierten Calisaya Ledgeriana. Gehalt der Rinden schwankt zwischen 2—13%.

Chemisches[4]): Die freie Base ist ein weißes, krystallinisches, an der Luft leicht verwitterndes Pulver, das alkalisch reagiert und intensiv bitter schmeckt. Chininhydrat schmilzt bei 57° C, wird bei weiterem Erhitzen wieder fest, um dann von neuem bei 174,6° C, dem Schmelzpunkt des wasserfreien Chinins, sich zu verflüssigen. Löslichkeit der Base in kaltem Wasser: 1 : 1670—1960 Teile, in kochendem: 1 : 900. In Alkohol, Äther, Chloroform und Schwefelkohlenstoff leicht löslich. Lösungen drehen polarisiertes Licht nach links[5]).

---

[1]) Penzoldt, Therap. Monatshefte (1890), S. 59.
[2]) Zit. nach Kunkel, Toxikologie **2**.
[3]) Jodlbauer u. Fürbringer, Deutsches Archiv f. klin. Medizin **59**, 166 (1897).
[4]) Näheres s. Schmidt, Pharmazeut. Chemie **2**. — Kunkel, Toxikologie.
[5]) Aus Landolt-Börnstein, Tab.

1. Chinin als Anhydrid in Äthylalkohol:

c	$[\alpha]_{D_0}$	$[\alpha]_{D_{10}}$	$[\alpha]_{D_{20}}$
1	—171,4	—169,6	—168,2
4	—166,1	—164,4	—163,2
6	—162,4	—160,9	—159,8

2. Chininsulfat in wässeriger Lösung c etwa = 1,6, auf Alkaloid berechnet:

$$\text{Salz } [\alpha]_{D_{17}} = -213,7.$$
$$\text{Alkaloid } [\alpha]_{D_{17}} = -278,1.$$

Im Sonnenlicht trüben sich wässerige Lösungen nach einigen Stunden, nehmen gelbliche Farbe an und scheiden rotbraune, in Alkohol und Äther unlösliche Flocken von Quiniretin ab.

Salze: Chinin verbindet sich mit 1 und auch 2 Mol. einbasischer Säuren in meist gut krystallisierenden Salzen, so daß es sowohl als eine einsäurige als auch als eine zweisäurige Base angesehen werden kann. Gewöhnlich wird Chinin jedoch als einsäurige Base aufgefaßt und die Salze in neutrale und saure unterschieden. Die neutralen Salze sind in Wasser schwer, die entsprechenden sauren dagegen leicht löslich; ein Zusatz von Salz- oder Schwefelsäure erhöht infolgedessen die Löslichkeit neutraler Verbindungen. Sie zeigen zum Teil Fluorescenz.

Identitätsreaktionen: Chininsalze geben mit allen Alkaloidreagentien Niederschläge. Charakteristisch ist die Thalleiochinreaktion[1]): Eine minimale Quantität Chinin mit Chlorwasser im Überschuß versetzt und einige Sekunden umgeschüttelt, gibt mit Ammoniak smaragdgrüne Färbung. Setzt man nach dem Chlorwasser etwas Ferrocyankalilösung und dann erst Ammoniak hinzu, so entsteht dunkelrote Färbung. Zur Identifizierung kann man weiterhin verwenden: die Fluorescenz, die nach Zusatz von Ameisen-, Essig-, Benzoe-, Wein-, Citronen-, Schwefel-, Salpeter-, Phosphor-, Arsensäure zur wässerigen oder alkoholischen Lösung der freien Base auftritt. Eine mit Schwefelsäure angesäuerte Chininlösung zeigt letztere noch in einer Verdünnung von 1 : 100 000. Chlor-, Brom- und Jodwasserstoffsäure rufen keine Fluorescenz hervor, sie heben sie sogar auf. Die Erythrochinreaktion[2]), die darin besteht, daß man 10 ccm der schwachsauren Alkaloidlösung mit je 1 Tropfen Bromwasser, Ferrocyankalium (1 : 10) und Ammoniak (10%) versetzt und die Mischung mit Chloroform schüttelt. Bei Gegenwart von Chinin tritt eine deutliche Rotfärbung auf. Mit Bromwasser und Ammoniak gibt Chinin Grünfärbung[3]).

Zur quantitativen Bestimmung kann das Platindoppelsalz oder der Herapathit (schwefelsaures Jodchinin) dienen[4]). Quantitative Darstellungsmethoden s. unten.

Darstellungsmethoden aus Harn und Kot. Der erste, der eine Darstellung des Chinins aus dem Harn vornahm, ist wahrscheinlich Landerer[5]) (1836) gewesen. Der exakte Nachweis, daß die Base als solche im Urin auftritt, gelang aber erst Giemsa und Schaumann[6]) und Schmitz[7]) (1907). In die Zwischenzeit fällt eine große Reihe von Versuchen, das Chinin quantitativ darzustellen, die aber heute als veraltet zu bezeichnen sind. Eine Darstellung dieser Arbeiten, unter denen besonders die Kerners und die Kleins zu erwähnen sind, findet sich bei Merkel[8]) und Heffter[9]).

Hier sollen nur die Prinzipien der Methoden geschildert werden, die neuer-

---

[1]) Vgl. zum Chemismus dieser Reaktion: Fühner, Archiv d. Pharmazie 244, 8. Heft (1906).

[2]) Abensour, Journ. de Chim. et de Pharm. 26, Nr. 1 (1907); Pharm. Ztg. (1907), S. 680.

[3]) E. Léger, Journ. pharm. Chim. 19, 281; zit. nach Maly, Tierchemie (1904), S. 110.

[4]) J. Katz, Biochem. Zeitschr. 36, 169 (1911).

[5]) Landerer, Büchners Repertorium f. Pharmazie, II. Reihe (1836, 1842, 1845); zit. nach Merkel, Archiv f. experim. Pathol. u. Pharmakol. 47, 5165.

[6]) Giemsa u. Schaumann, Archiv f. Schiffs- u. Tropenhygiene 11, Beiheft.

[7]) Schmitz, Archiv f. experim. Pathol. u. Pharmakol. 56, 301 (1907).

[8]) Merkel, Archiv f. experim. Pathol. u. Pharmakol. 47, 165 (1902).

[9]) Heffter, Die Ausscheidung körperfremder Substanzen im Harn. II. Teil. Ergebnisse der Physiologie 4 (1905).

dings Schmitz, Giemsa und Schaumann[1]), Grosser[2]), Nishi[3]) und Katz[4]) ausgearbeitet haben. Über Einzelheiten sind die Originalarbeiten nachzusehen.

Schmitz[5]) (unter Heffter) stellte zunächst fest, daß die von Kleine[6]) angewandte Methode der Chloroformextraktion eines Fibrinniederschlages zu hohe Werte gab, da durch das Chloroform neben Chinin auch normale Harnbestandteile aufgenommen wurden. Mit gutem Erfolg versuchte er darum den Chiningehalt des Chloroformrückstandes nach dem Verfahren von Gordin zu bestimmen.

Giemsa und Schaumann[1]): Alkalischer Urin wird mit Äther extrahiert, dieser abdestilliert und der Rückstand bei 100° im Luftstrom getrocknet. Der trockene Rückstand wurde mehrmals mit Chloroform bei gelinder Wärme behandelt. Die filtrierten Auszüge wurden verdunstet, der Rückstand bei 120° getrocknet und gewogen. Es wurden wieder erhalten von 0,1 g 101%, von 0,02 g 98,8%.

Nishi[3]) (unter H. Meyer) hat die Methode von Giemsa und Schaumann modifiziert durch Überführung des Ätherrückstandes in das unlösliche citronensaure Salz, weil das Chinin auf die alte Weise nicht von harzartigen Rückständen zu befreien war. Er extrahierte mit Äther 25—30 Stunden lang die stark alkalischen Urine (stark alkalisch, weil dann fast kein Farbstoff in den Äther übergeht) im Extraktionsapparat. Der Ätherauszug wird filtriert, verdampft, der Rückstand getrocknet, mit wasserfreiem Äther aufgenommen und filtriert. Das Filtrat wird mit einer Ätherlösung von wasserfreier Citronensäure so lange versetzt, bis kein Niederschlag mehr entsteht. Nach 1—2tägigem Stehen wird das Chinincitrat auf einem festgestopften Asbestfilter gesammelt, mit Äther gewaschen und schließlich Filterröhrchen und Kolben, in denen der größte Teil des Niederschlages zurückbleibt, getrocknet und gewogen. Die Methode gibt 97,9—101%. Grosser[2]) fällte (nach Kerner) mit Phosphorwolframsäure, extrahierte den versetzten Niederschlag mit Chloroform und mit Äther und der Rückstand wurde gewogen. Fehler 2—3,6%. Vgl. dazu auch die Kritik von Rammstädt.

Eine letzte Methode stammt von Katz[7]) (unter Heffter), der in eingehendster Weise sämtliche Fehlerquellen zu berücksichtigen und zu umgehen suchte. Das Prinzip seiner Methode besteht darin, „daß das freie Chinin durch Eindampfen in alkoholischer Lösung unter Zusatz von Salzsäure in das zweisäurige Salz verwandelt wird, daß überschüssige Säure durch das zugesetzte Kochsalz verflüchtigt wird und daß in dem erhaltenen zweisäurigen Salz die Säure in alkoholischer Lösung mit $^1/_{10}$ n-Kalilauge und Poirriers Blau titriert wird."

Neuerdings wird von Baldoni[8]) auch die Methode von Gaglio und Gaglio-Gordin empfohlen.

Die Darstellung aus den Faeces geschieht nach Katz[7]) so, daß er die Faeces mit Alkohol verreibt, mit Essigsäure stark ansäuert, auf dem Wasserbad erwärmt und nach dem Erkalten filtriert; das Filtrat wird auf dem Wasserbad zur Sirupdicke eingedampft. Der Rückstand wird in Wasser gelöst, die Lösung mit 40% Ammonsulfatlösung versetzt, alkalisch gemacht und mit Chloroformäther ausgeschüttelt, weiter dann wie oben.

Darstellung aus anderen Sekreten, Exkreten und aus Organen: Giemsa und Schaumann[1]) bedienten sich dazu ihrer Methode der Ausätherung, da dabei stärkeres Erhitzen und die Anwendung vieler Reagenzien vermieden wurde. Bei Prüfung der Leistungsfähigkeit der Methode fanden sie, daß sie bei der Niere nach Zusatz von 0,043 g Chinin 96,51% wiedergewannen. Doch gelang es nicht, nach Zufuhr von Chinin per os und subcutan quantitative Bestimmungen in den Organen bei den vorhandenen geringen Mengen anzustellen.

---

[1]) Giemsa u. Schaumann, Archiv f. Schiffs- u. Tropenhygiene 11.
[2]) Paul Grosser, Biochem. Zeitschr. 8, 98 (1908).
[3]) Nishi, Archiv f. experim. Pathol. u. Pharmakol. 60, 312 (1909).
[4]) Katz, Biochem. Zeitschr. 36, 144 (1911).
[5]) Schmitz, Archiv f. experim. Pathol. u. Pharmakol. 56, 301 (1907).
[6]) Kleine, Zeitschr. f. Hyg. u. Infektionskrankheiten 38, 458 (1901).
[7]) Katz, Biochem. Zeitschr. 36, 144 (1911).
[8]) Baldoni, Arch. di Farmacol. Sperim. 13, 324 (1912); zit. nach Centralbl. f. Biochem. und Biophys. 14, 315 (1912).

Grosser erhielt aus Leber 90—92% wieder, wenn er das getrocknete Leberpulver nach Reinigung mit Chloroform bei saurer Reaktion mit Chloroform bei alkalischer Reaktion extrahierte.

Physikalisch-chemisches über Chinin. Binz[1] teilt einige Beobachtungen mit, die eine Nachprüfung mit modernen Methoden verdienten. Er beobachtete: 1. daß in mikroskopischen Präparaten sehr bald nach Chininzusatz die Brownsche Molekularbewegung aufhört. Dies erwies sich als eine dem Chinin ziemlich spezifisch zukommende Wirkung (Budde); selbst chemisch ganz indifferente Körperchen, z. B. fein geschlemmter Ton, wird noch in Verdünnungen von 1 : 5000 durch Chinin (in neutraler wie basischer Form, gleichviel an welche Säure gebunden) ausgefällt. Andere neutrale Salze der Alkalien und ähnlich auch die der offizinellen Pflanzenbasen lassen solche schwebende Partikelchen fast unbehelligt; erst spät tritt die Präcipitation ein. Mineralsäure oder deren saure Salze tun dasselbe.

2. Stellt man Chininlösungen einige Zeit ins Licht, so werden sie braun: bringt man aber zu Anfang in diese Lösung Eiweißwürfel, Leimstücke usw., so tritt die Braunfärbung nicht oder doch viel schwächer ein[2]), während die genannten Körper vor Fäulnis geschützt bleiben. Das spricht für eine Chinin-Eiweißverbindung (vgl. auch S. 40 und 57).

3. Weitere Beobachtungen[3]) über die wechselnde Reaktion von Chininsalzen in neutralen und sauren Lösungen dürften sich unschwer vom physikalisch-chemischen Standpunkt aus erklären lassen.

Vgl. weiter S. 39 und 40 die Beobachtungen von Eisler und Portheim, Busk und Brailsford Robertson.

Interessant ist die Beobachtung von Bredig und Fajans[4]) über die spezifische katalytische Beschleunigung des Zerfalls der Camphocarbonsäure durch Chinin und Chinidin (und andere Alkaloide): Wird 1 g Säure mit 1,65 g Chinin in 10 ccm Acetophenon bei 75° gelöst, so zerfällt die l-Säure um 46% rascher als die d-Säure. Nimmt man statt des Chinins ebensoviel Chinidin, so verfällt gerade umgekehrt die d-Säure um 46% rascher als die l-Säure. Es liegt die Vermutung nahe, daß der basische (optisch aktive) Katalysator sich zunächst mit den beiden aktiven Säuren zu Salzen verbindet und daß dann die beiden Salze mit verschiedener Geschwindigkeit zerfallen, wobei der Katalysator wieder frei wird.

Wie alle fluorescierenden Körper so zeigen auch Chininlösungen im Licht stärkere toxische Wirkungen als im Dunkel (v. Tappeiner[5]) und seine Schüler).

Wirkung auf katalytische Prozesse und Fermente. Nach einer großen Reihe von Beobachtungen wird man dem Chinin eine spezifische Wirkung auf die meisten Fermente zuschreiben müssen. Allerdings ist die Empfindlichkeit der einzelnen Fermente sehr verschieden; es ist deshalb nicht erlaubt, aus den zur Störung von Zellvorgängen nötigen Konzentrationen auf Fermentwirkungen zu schließen (F. Pick gegen Cavazzani). Die Richtung der Wirkung ist für höhere Konzentrationen stets eine hemmende, für kleinere aber in manchen Fällen eine fördernde; das ist eine Eigentümlichkeit, die dann

[1]) Binz, Das Chinin. Berlin (1875). S. 72.
[2]) Bestätigt durch Kerner, Archiv f. d. ges. Physiol. 3, 111f.
[3]) Giemsa u. Schaumann, l. c.
[4]) Bredig u. Fajans, Berichte d. Deutsch. chem. Gesellschaft 41, 752 (1908); zit. nach Höber, Physikalische Chemie der Zelle. 3. Aufl. S. 575 (1911).
[5]) v. Tappeiner, l. c.

wohl auch für diejenigen Fälle anzunehmen ist, wo bisher solche Beobachtungen noch nicht vorliegen.

Eine genauere Analyse dieser Fermentwirkungen von physikalisch-chemischen Gesichtspunkten aus ist bisher noch nicht versucht worden; die einzigen Tatsachen aus der Literatur, die in dieser Richtung vielleicht einmal verwertet werden können, sind folgende: Hemmung der Brownschen Molekularbewegung (s. S. 40), Fällung der Eiweißkörper im Serum (s. S. 57), kombinierte Wirkungen (v. Eisler und v. Poitheim, B. Robertson S. 39 und 40).

Den ersten Nachweis, daß Chinin fermentative Vorgänge beeinflusse, führte Binz[1]), der fand, daß die postmortale Säurebildung im Blut durch Chininzusatz gehemmt wird; allerdings läßt sich auch heute noch nicht angeben, welches Ferment dabei gelähmt wurde, wahrscheinlich handelt es sich dabei um eine ganze Reihe verschiedener. Im einzelnen seien diejenigen Fermentvorgänge aufgezählt, auf die eine Chininwirkung untersucht worden ist.

Oxydasen. a) Die Blaufärbung des Guajac-Harzes in Blutlösungen resp. Pflanzenauszügen (z. B. Kartoffel) wird durch höhere Chininkonzentration verhindert (Binz[1]), Kerner[2]), Laudor Brunton[3]), Engel[4]), Laqueur)[5]), durch niedrigste gefördert[6]) (Laqueur). Die Einwände, die Dupony und Carracido gegen die Methodik der früheren Bearbeiter erhoben (Benutzung saurer Lösungen) sind nach Laqueur nicht stichhaltig. Nach Laqueur liegen die fördernden Konzentrationen bei 0,001—0,005%; oberhalb 0,01% sah er nur Hemmung.

Nach Binz zeigt sich dieselbe Hemmungswirkung auch, wenn statt Guajac-Harz Indigo genommen wird; Förderung ist dabei nicht beobachtet worden. Eine Theorie dieser Hemmungswirkung existiert bisher noch nicht. Roßbach[7]) glaubte sie auf eine festere Bindung des O_2 an das Hämoglobin zurückführen zu können; viel wahrscheinlicher ist eine Veränderung des Fermentes selbst nach Analogie anderer Fermentgifte; vgl. darüber z. B. Bredig, Anorganische Fermente, oder Bayliss, Das Wesen der Enzymwirkung.

b) Die Aldehydase der überlebenden Pferdelunge, deren Wirksamkeit an der Oxydation von Benzylalkohol in Benzoesäure durch Jaquet[8]) geprüft wurde, wird kaum gehemmt, wenn der durchströmenden Chlornatriumlösung 0,15—0,25% Chinin zugesetzt wurde.

Spaltende Fermente. a) Katalase. Bei kurzer Einwirkungszeit führt Chinin eine Förderung des oder der H_2O_2 spaltenden Fermente des Blutes (Kaninchen) herbei (Carracido[9]), Laqueur)[5]), selbst noch bei relativ hohen Konzentrationen (1,0%). Wird die Einwirkungszeit länger, so tritt eine Schädigung ein, und dies auch schon bei niedrigeren Konzentrationen. Je höher die Dosis und je länger die Einwirkungsart, um so stärker die Schädigung;

---

[1]) Binz, Archiv f. experim. Pathol. u. Pharmakol. 1, 18 (1873).
[2]) Kerner, Archiv f. d. ges. Physiol. 3, 125 (1870).
[3]) Lauder Brunton, Handbuch der allgem. Pharm. u. Therap. Übersetzung. Leipzig (1893). S. 76.
[4]) Engel, Mitteil. a. d. med. Klinik Würzburg 2, 140 (1886).
[5]) Laqueur, Archiv f. experim. Pathol. u. Pharmakol. 55, 252 (1906).
[6]) Einfache chemische Oxydationsvorgänge werden durch Chinin befördert, z. B.: $FeCl_2$ zu Eisenoxydhydrat oder die Reduktion von Blut durch weinsaures Zinnoxydulnatrium (zit. bei Binz, Das Chinin [1875], S. 49).
[7]) Roßbach, Pharmakologische Untersuchungen. Würzburg (1873/74); zit. nach Binz, Das Chinin. 1875. S. 48.
[8]) Jaquet, Archiv f. experim. Pathol. u. Pharmakol. 29, 386 (1892).
[9]) Carracido, Gaz. med. de Granada (7. XI. u. 22. XI. 1905); zit. nach Laqueur l. c.

eine völlige Zerstörung tritt nicht ein. Chinin allein wirkt nicht katalytisch. Genaue Dosen und Beobachtungsresultate bei Laqueur.

b) Diastase. Nach Nasse[1]) soll die Diastase des Speichels und Pankreas durch Chin. acet. in 0,1% Lösung gefördert werden; Cavazzani[2]) sah die Förderung sogar noch bei Konzentrationen von 0,4% auf die Diastase des Speichels und Blutes (Chin. bisulfur. in sauren! Lösungen). Binz[3]) bestreitet eine Wirkung auf die Diastase des Speichels. Danach scheint eine Hemmung wenn überhaupt erst bei so hohen Konzentrationen einzutreten, daß eine spezifische Hemmungswirkung immerhin als fraglich bezeichnet werden muß.

c) Das glykogenspaltende Ferment der Leber. Nach F. Pick[4]) hemmt 0,12% Chin. mur. gerade deutlich (Leberpulver plus Glykogen). An der überlebenden (nicht durchbluteten) Leber von Hunden, die vor dem Tode 0,4—2,0 g Chin. bisulfur. in 5 proz. Lösung intravenös erhalten hatten, hatte schon Cavazzani[2]) dies beobachtet, aber die Hemmung als „Protoplasmawirkung" der lebenden Zelle und nicht — wie Pick — als Fermentwirkung gedeutet, weil er glaubte, Fermente würden, dem Vorgang bei Diastase entsprechend, nur in höheren Konzentrationen als den beobachteten gestört. Auf dem Pickschen Standpunkt steht auch Iwanoff[5]).

d) Die Lipase des Magens wird auch durch 2 proz. Chininlösungen nicht vernichtet. Bis herab zu 0,1% wurde nur Hemmung beobachtet (Laqueur)[6]); ob noch kleinere Konzentrationen fördern, wurde nicht untersucht.

e) Eiweißspaltende Fermente. Pepsin. Bei kleinen Dosen wurde Förderung gesehen (Wolberg[7]), Laqueur)[6]), bei größeren Hemmung (Fujitani[8]), Chittenden und Allen)[9]). Laqueur sah bis 0,8% Förderung der verdauenden Wirkung, selbst 1,5% störte noch nicht wesentlich (Chin. hydrochlor.), Fujitani sah schon bei 0,1% Chin. sulf. eine Hemmung von 10%, nach Chittenden und Allen wird durch 0,5% die Proteolyse etwa auf die Hälfte herabgesetzt. Binz[3]) sah keine Wirkung. Die Unterschiede in den angegebenen Dosen dürften zum Teil auf der Verschiedenheit der benutzten Präparate, zum Teil darauf beruhen, daß außer Laqueur die anderen Autoren die Wirkung des Pepsins in den Chininproben mit der in einer salzfreien Lösung verglichen haben, den Salzeinfluß also nicht berücksichtigten.

f) Autolytisches Ferment. Laqueur[6]) fand bei Kaninchenlebern nur Hemmung bis herab in Konzentrationen von 0,05%; 0,5 hob die Autolyse fast völlig auf. Bei Konzentration von 0,001% trat einmal geringe Steigerung ein. Bei Hundelebern dagegen ist eine Steigerung noch bis zu Dosen von 0,05 g zu bemerken; oberhalb 0,1% wurde eine Hemmung beobachtet. Möglicherweise gibt diese Beobachtung eine Erklärung für die spezifische Hemmung, die Chinin auf den Eiweißstoffwechsel des Gesamtorganismus ausübt.

g) Invertase scheint sehr empfindlich zu sein; Baum[10]) fand in Nasses Laboratorium, daß schon durch 0,06 proz. Chininlösungen (Chin. sulf.) die Wirkung auf ein Dritteil herabgesetzt werde. Nasse[1]) selbst sah, daß Invertase aus Hefe durch 0,1% Chin. acet. stark geschädigt wird.

---

[1]) Nasse, Archiv f. d. ges. Physiol. **11**, 160 (1875).
[2]) Cavazzani, Archiv f. Anat. u. Physiol., Suppl. (1899), S. 106.
[3]) Binz, Eulenburgs Realenzyklopädie, Artikel Chinarinde (1880), S. 178.
[4]) F. Pick, Hofmeisters Beiträge **3**, 174 (1902).
[5]) K. S. Iwanoff, Centralbl. f. Physiol. **19**, 891 (1906).
[6]) Laqueur, l. c.
[7]) L. Wolberg, Archiv f. d. ges. Physiol. **22**, 291 (1880).
[8]) Fujitani, Arch. intern. de Pharmacodyn. et de Thér. **14**, 1 (1905).
[9]) Chittenden u. Allen, zit. nach Maly, Tierchemie **15**, 279 (1885).
[10]) H. Baum, Diss. Rostock (1892).

Labferment. Peters[1]) sah von 0,08% eine Förderung; doch ist dies Resultat nicht eindeutig, da Chinin allein schon eine eiweißfällende Wirkung besitzt. Laqueur[2]), der nur den ersten Teil der Labwirkung — die Abnahme der inneren Reibung einer Caseinlösung — untersuchte, stellte auch schon bei 0,01 proz. Lösungen eine hemmende Wirkung fest, doch erreicht die Wirkung nie hohe Grade (Abnahme der Labwirkung höchstens um ein Dritteil).

Die Blutgerinnung wird nach Pflüger und Zuntz[3]) durch Chininzusatz gehemmt.

Auf Hemmung synthetischer Fermentwirkung wird man wahrscheinlich die Beobachtung A. Hoffmanns[4]) beziehen dürfen, wonach die überlebende Hundeniere bei Zusatz von Chinin (1,0 g Chin. mur. zu 1100—2000 ccm Blut) geringere Mengen von Hippursäure bildet als normal, wenn der Autor auch selbst in der Chininwirkung eine Schädigung spezifischer Lebenseigenschaften erblickt.

Pohl[5]) beschreibt eine Hemmungswirkung auf die Hippursäure-Synthese am ganzen Tier; die Bildung von Urochloralsäure und Phenolschwefelsäure dagegen blieben ungehemmt.

Zum Schluß sei umstehend eine Tabelle aus der Arbeit Laqueurs[2]) wiedergegeben, die alle Literaturangaben zusammenfassend enthält.

Wirkung auf einzellige Lebewesen. Die ersten Versuche über die Elementarwirkungen der Chinarinde hat Pringle[6]) im Jahr 1765 veröffentlicht; er wies nach, daß Fleisch, mit dem Pulver oder der Abkochung der China-rinde imprägniert, der Fäulnis auffallend widerstehe. Dieser Befund ist mehrfach bestätigt worden (Mayer, Gieseler, Pavesi[7]), Robin)[8]), zuletzt von Binz[9]), der, ohne diese älteren Arbeiten zu kennen, schon an den Infusorien der Pflanzenjauche (Paramäcien und Colpoden) die lähmende Einwirkung des Chinins auf Mikroorganismen nachgewiesen hatte. Binz beobachtete, daß Paramäcien noch in Verdünnungen von 1 : 20 000 nach einigen Stunden zerfallen, durch 1 : 400 sofort getötet werden. Ebenso verhielten sich Vibrionen, Spirillen und Bakterien. Chinin wirkte dabei weit stärker als andere Alkaloide (Morphin, Strychnin), selbst als Zink- und Kupfervitriol, Chlorzink und Kreosol. Obwohl nun Binz bald sah, daß nicht alle Mikroorganismen dieselbe hohe Empfindlichkeit zeigen (z. B. die Infusorien von Kochsalzquellen) und daß oft bei großen Verdünnungen eine Erregung der Lähmung vorangeht (Binz[10]) bei Euglena viridis, Santesson[11]) bei Paramäcien), so hielt er doch an seiner gleich anfangs geäußerten Anschauung fest, daß die spezifische Heilkraft des Chinis bei Malaria auf einer ätiotropen Wirkung gegen einen hypothetischen Erreger der Malaria beruhe und nicht auf symptomatischer Wirkung auf das Zentralnervensystem, wie es namentlich von Briquet[12]) behauptet wurde.

[1]) R. Peters, Preisschr. Rostock (1894). S. 30.
[2]) Laqueur, Archiv f. experim. Pathol. u. Pharmakol. 55, 247 (1906).
[3]) E. Pflüger, Archiv f. d. ges. Physiol. 10, 363 (1875).
[4]) A. Hoffmann, Archiv f. experim. Pathol. u. Pharmakol. 7, 243 (1877).
[5]) Pohl, Archiv f. experim. Pathol. u. Pharmakol. 41, 111 (1898).
[6]) Pringle, Observations on the diseases of the army. 5. Ed. London (1765). Append. S. 20 ff.; zit. nach Binz, Virchows Archiv 46, 68 (1869).
[7]) Zit. nach Binz, Virchows Archiv 46, 69f. (1869).
[8]) Robin, zit. nach Binz, Eulenbergs Realenzyklopädie 3, 177 (1880).
[9]) Experimentelle Untersuchungen über das Wesen der Chininwirkung. Berlin 1868.
[10]) Binz, Virchows Archiv 46, 160 (1869).
[11]) Santesson, Archiv f. experim. Pathol. u. Pharmakol. 30, 411 (1892).
[12]) Briquet, zit. nach Binz, „Das Chinin". Berlin (1875).

Fermentar	Autoren	in Prozent Chinin								
		0,001	0,005	0,01	0,05	0,1	0,5	1,0	2,0	3,5
Autolyt. Ferment der Leber	Laqueur									
a) Kaninchen		—(94)	—(96)	—(99)	—(82)	—(87)	—(2)	aufgehoben		
b) Hund	"		+(105)	+(109)	+(115)	—(97)	—(63)			
Pepsin (Witte)	"	+	+	+		durchschnittlich ± (110)	+	±	(wenig)—	
Lab (Merck)	"			—(80)	—(85)	—(66)	—(72)			
Lipase des kleinen Magens beim Hund	"			—(75)		—(76)	—(66)	—(36)	—(21)	
Katalase des Kaninchenblutes	"									
a) Chininwirkung darauf 1ʰ			+	+135		+(114)	±(100)	+(113)	—(60)	
b) " " 5ʰ					—90	—(98)	—(92)	—(68)	—(50)	—(24)
Oxydase des Kaninchenblutes	Jaquet			±	(wenig)—	(stark)—	aufgehoben	aufgehoben	aufgehoben	
Aldehydase der Pferdelunge	Nasse, Baum	+	+	±		(wenig)—	aufgehoben			
Invertin aus Hefe				+	—(35)	—(33)				
Diastase	Nasse (Cavazzani)									
a) im Speichel						++(115)	(+?)			
b) aus Pankreas						+(108)				
Glykogenspalt. Ferment der Hundeleber	Pick (Cavazzani)					—(96,5)	—(69)	—(71)		
Synthet. Hippursäurebild.-Ferment der Hundeniere	Hofmann					(stark)—				

Es bedeutet + Förderung, — Herabsetzung, ± Nichtbeeinflussung, „aufgehoben" völlige Vernichtung des betreffenden Fermentvorgangs. Die in Klammern stehenden Zahlen drücken diese Verhältnisse in Prozenten aus, wobei der Wert der Fermentwirkung in der jeweiligen Kontrollprobe gleich 100 gesetzt ist.

In jahrelanger Arbeit hat Binz diese Theorie im breiten zu fundamentieren gewußt[1]) und die Genugtuung erlebt, daß durch die Entdeckung der Malariaplasmodien (Laveran) und ihrer großen Empfindlichkeit gegen Chinin seine Schlußfolgerungen bestätigt wurden.

Im Nachstehenden sollen die vielen Mikroorganismen, deren Verhalten Chinin gegenüber untersucht ist, systematisch aufgeführt werden; im wesentlichen kann diese Aufzählung allerdings nichts anderes bringen als eine Nennung der Konzentrationen, die sich als wirksam in der einen oder anderen Richtung erwiesen haben; eine eindringendere biologische Analyse dieser Elementarwirkung ist bisher noch nicht versucht worden; Ansätze dazu finden sich in den Arbeiten von T. Brailsford Robertson, Busik und M. v. Eisler und L. v. Portheim (s. unten).

Wirkungen der Chiningruppe auf Mikroorganismen in vitro. Um die Beziehungen zwischen chemischer Konstitution und chemotherapeutischer Wirkung in der „Chiningruppe" zu erforschen, haben Morgenroth und seine Mitarbeiter die Wirksamkeit zahlreicher Glieder der Gruppe gegen Krankheitserreger in vitro und in vivo untersucht. Es hat sich dabei herausgestellt, daß die ätiotrope Wirkung den einzelnen Protozoen und Bakterien gegenüber sehr verschieden stark ist und daß sich bei Veränderung der Konstitution die Wirkungsstärke gegen die verschiedenen Erreger keineswegs parallel ändert. So kann z. B. eine Substanz der Gruppe, die gegen Pneumokokken sehr stark giftig wirkt, gegen Staphylokokken und Diphtheriebacillen fast unwirksam sein.

Die aktive Rolle der Mikroorganismen in der Wechselwirkung mit den chemotherapeutisch zu prüfenden Substanzen erschwert die Feststellungen. Dahin gehört die „Arzneifestigkeit", welche die Krankheitserreger nach kürzerer oder längerer Zeit der Einwirkung nicht sogleich abtötender Konzentrationen erwerben. Von dieser bleibenden und auf die nächsten Erregergenerationen übertragbaren Arzneifestigkeit unterscheidet Morgenroth eine schon innerhalb weniger Stunden erworbene und rasch wieder verschwindende Unempfindlichkeit, welche die Mikroorganismen mitunter aufweisen und die Morgenroth auf eine Veränderung ihrer Reaktionsfähigkeit bezieht (Chemoflexion).

Die für die Beziehungen zwischen chemischer Konstitution und ätiotroper Wirkung unter Veränderung des Chininkernes

ermittelten Tatsachen lassen sich wie folgt zusammenfassen.

---

[1]) Eine Zusammenfassung bis 1880 in Eulenburgs Realenzyklopädie der Heilkunde 3, Artikel Chinarinde.

1. Die Aufhebung der Doppelbindung in der Vinylseitenkette, das ist die Reduktion zu Hydrochinin, ergab weder eine qualitative noch eine wesentliche quantitative Veränderung der Chininwirkung auf höhere Tiere und Krankheitserreger. Der Doppelbindung kommt demnach in diesem Falle keine entscheidende Bedeutung zu. Dagegen hebt die Oxydation der Vinylgruppe zur Carboxylkette bei der Umwandlung von Chinin in Chitenin die Giftwirkung allen Tierarten gegenüber völlig auf.

2. Ergiebiger war die Abwandlung der Methoxygruppe im Bz-Kern des Chinolinrestes. Ausgehend vom Hydrocuprein, d. i. Hydrochinin, in dem die Methoxygruppe durch einfaches Hydroxyl ersetzt ist — das Hydrochinin wird dann als Methylhydrocuprein bezeichnet — untersuchte Morgenroth eine große Anzahl Substitutionsprodukte des Hydrocupreins bis zum Cetylhydro-

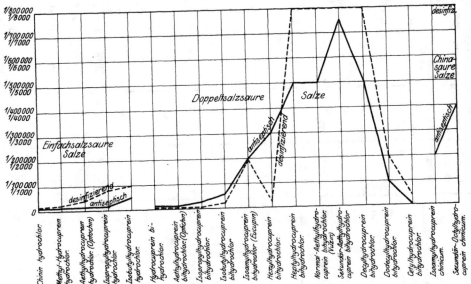

Abb. 3. Wirkung der Hydrocupreinabkömmlinge auf Diphtheriebacillen nach Braun und Schaeffer[1]). Ordinate: Verdünnungen, die oben antiseptisch (——Linie), unten desinfizierend wirken (········Linie). Abscisse wirksame Substanzen.

cuprein mit 16 Kohlenstoffatomen in der Seitenkette hinsichtlich ihrer chemotherapeutischer Wirkungen auf verschiedene Einzeller. Dabei konnte festgestellt werden, daß allen eine abtötende Wirkung auf die Krankheitserreger gemeinsam ist, daß sich aber der Grad der Wirksamkeit den verschiedene Erregerarten gegenüber innerhalb der Reihe sehr verschieden verhält. Für Trypanosomen bildet das Äthylcuprein den Gipfelpunkt der Giftigkeit innerhalb der Hydrocupreinreihe, für Streptokokken, Meningokokken und Gasbrandbacillen liegt er bei der Isooctylverbindung, für Staphylokokken bei der Heptylverbindung, für Vibrionen und Diphtheriebacillen beim Isoamylhydrocuprein. Die Giftigkeitskurven verlaufen nicht übermäßig steil, vom Dodecylhydrocuprein ab aufwärts hört die Giftwirkung der Verbindungen auf. Völlig aus der Reihe der übrigen Kleinlebewesen fallen die Pneumokokken durch ihre außerordentliche Empfindlichkeit dem Äthylhydrocuprein (Optochin) gegenüber. Während Chinin

---

[1]) Braun und Schaeffer, Berliner klin. Wochenschr. 1917, S. 885.

	Diphtheriebacillus Braun u. Schaeffer[1] Antiseptisch wirkende Konzentrat.	Diphtheriebacillus Braun u. Schaeffer[1] Desinfizierend wirkende Konzentrat.	Diphtheriebacillus Bieling[2] In eiweißfreien Medien	Diphtheriebacillus Bieling[2] In eiweißhalt. Medien	Milzbrandbacillus Bieling[2]	Tetanusbacillus Bieling[2]	Gasbrandstamm 144 A Morgenroth u. Bieling[3]	Streptokokkus 17 Morgenroth u. Tugendreich[4]	Staphylococcus aureus 669 Morgenroth u. Tugendreich[4]	Pneumokokkus B Morgenroth u. Bumke[5]	Schweinerotlaufbacillus Loeser[6]
Chinin. hydrochlor. (Methylcuprein)	1:10000	1:100	—	1:1000	1:500	1:1000	—	1:1000	1:500	1:2000	1:800
Hydrocuprein.bihydrochlor.	1:10000	1:20	—	.	—	—	—	—	—	—	—
Hydrochinin, hydrochlor. (Methylhydrocuprein)	1:10000	1:200	—	.	—	—	—	—	—	—	1:800
Optochin. hydrochlor. (Äthylhydrocuprein)	1:10000	1:400	1:10000	1:5000	1:2000	1:2500	1:2500	1:1000	(1:500?)	1:400000	1:1600
Optochin. bihydrochlor. (Äthylhydrocuprein)	1:10000	1:50	—	—	—	—	—	—	1:500	—	—
Isopropylhydrocuprein. hydrochlor.	1:12500	1:800	—	—	—	—	—	1:8000	1:1000	1:200000	—
Isopropylhydrocuprein. bihydrochlor.	1:25000	1:80	—	—	—	—	—	—	—	—	—
Isobutylhydrocuprein. hydrochlor.	1:50000	1:1000	—	—	—	—	—	1:16000	1:8000	—	—
Isobutylhydrocuprein. bihydrochlor.	1:62500	1:200	—	—	—	—	—	—	—	—	—
Eucupin. bihydrochlor. (Isoamylhydrocuprein)	1:200000	1:2000	1:100000	1:60000	1:30000	1:20000	1:25000	1:40000	1:8000	1:20000	—
Hexylhydrocuprein. bihydrochlor.	1:300000	1:200	—	—	—	—	—	—	—	—	—
Heptylhydrocuprein. bihydrochlor.	1:500000	1:8000	—	—	—	—	—	—	1:60000	—	—
Normaläthylhydrocuprein. bihydrochlor.	1:500000	1:8000	—	—	—	—	—	—	1:64000	—	—
Vuzin. bihydrochlor. (Isoctylhydrocuprein)	1:750000	1:8000	1:100000	1:60000	1:60000	1:60000	1:50000	1:80000	1:16000	—	—
Decylhydrocuprein. bihydrochlor.	1:500000	1:8000	1:20000	1:10000	1:10000	1:10000	1:25000	1:20000	1:16000	—	—
Dodecylhydrocuprein. bihydrochlor.	1:100000	1:2000	1:5000	1:10000	1:6000	1:7500	—	1:10000	1:16000	—	—
Cetylhydrocuprein. bihydrochlor.	1:5000	1:400	—	—	—	—	—	—	1:32000	—	—

[1] Braun u. Schaeffer, Berlin. klin. Wochenschr. 1917, S. 885.
[2] R. Bieling, Biochem. Zeitschr. 85, 188 (1917).
[3] Morgenroth u. Bieling, Berl. klin. Wochenschr. 1917, Nr. 30.
[4] Morgenroth u. Tugendreich, Biochem. Zeitschr. 79, 257 (1916).
[5] Morgenroth u. Bumke, Deutsch. med. Wochenschr. 1914, Nr. 11.
[6] A. Loeser, Zeitschr. für Immunitätsforschung 25, 140 (1916).

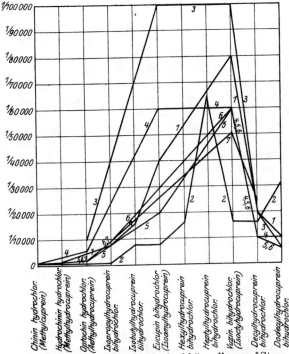

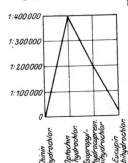

gar keine, Hydrochinin fast keine Wirkung besitzt, tötet das Optochin nach Morgenroth einzelne Pneumokokkenstämme noch in Verdünnungen von $1:10\,000\,000$. Beim nächst höheren Homologen, der Isopropylverbindung, ist die Wirkung stark herabgesetzt, jedoch noch in erheblichem Maße vorhanden, beim Isobutyl- und Isoamylhydrocuprein ist sie aufgehoben. Die vorhergehende Tabelle und die drei Kurven geben die beobachteten Einzelheiten wieder.

3. Veränderungen in der sekundären Alkoholgruppe am Brückenkohlenstoff zwischen Chinolin und Chinuclidinkern verändern die Wirkung des Chininabkömmlings nur unwesentlich.

Abb. 4. Wirkung d. Hydrocupreinabkömmlinge auf Streptococcus 17 —Linie 1—, Staphylococcus aureus 669 —2— (Morgenroth u. Tugendreich[1])), Diphtheriebacillus in eiweißfreien —3— und eiweißhaltigen Medien —4—, Tetanusbacillus—5—, Milzbrandbacillus—6—(Bieling[2])) und Gasbrandstamm 144 A —7— (Morgenroth u. Bieling[3])). Ordinate: Verdünnungen. Abszisse wirksame Substanzen.

4. Weiterhin wurde geprüft, ob für die spezifische Chininwirkung die Erhaltung des Chinuclidinrestes

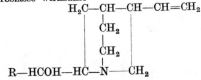

notwendig sei, oder ob bei seiner Aufspaltung, d. h. bei der Umwandlung in das entsprechende Chinatoxin

$$H_2C \longrightarrow CH \longrightarrow CH \longrightarrow CH = CH_2$$
$$CH_2$$
$$CH_2$$
$$R \longrightarrow C \longrightarrow CH_2 \quad NH \longrightarrow CH_2$$
$$\|$$
$$O$$

Abb. 5. Wirkung der Hydrocupreinderivate auf Pneumococcus B (Morgenroth u. Bumke[4])). Ordinate: Verdünnungen. Abszisse wirksame Substanzen.

die spezifische Wirkung verlorengehe. Hierbei konnte festgestellt werden, daß die Aufspaltung des Chinuclidinrestes die Giftwirkung gegenüber Trypanosomen nicht

---

[1]) Morgenroth u. Tugendreich, Biochem. Zeitschr. **79**, 257 (1916).
[2]) R. Bieling, Biochem. Zeitschr. **85**, 188 (1917).
[3]) Morgenroth u. Bieling, Berl. klin. Wochenschr. 1917, Nr. 30.
[4]) Morgenroth u. Bumke, Deutsche med. Wochenschr. 1914, Nr. 11.

ändert. Mit Hilfe von Versuchen über das Zustandekommen der Giftfestigkeit konnte Morgenroth feststellen, daß auch der Angriffspunkt des Chinatoxins der gleiche sein muß wie der der entsprechenden Muttersubstanz. Gegen ursprüngliche Chinaalkaloide gefestigte Trypanosomen waren gegen das entsprechende Toxin nicht giftfest. Unter der Voraussetzung, daß das Chinatoxin eine höhere Avidität zum „Chininoceptor" habe als das Chinin, wurde der Gegenversuch angestellt. Die gegen das Chinatoxin gefestigten Trypanosomen waren gegen das entsprechende Chinin vollkommen giftfest; damit war der Beweis für die gleichen Angriffspunkte erbracht. Im Gegensatze zur Trypanosomenwirkung ist die Unversehrtheit des Chinuclidinrestes für die Pneumokokkenwirkung die unbedingte Voraussetzung. Morgenroth führt dies auf das Verhalten der vier vorhandenen asymmetrischen Kohlenstoffatome im Chininkern zurück. Die Wirkung einer Lageänderung dieser Atome innerhalb des Moleküls ist noch ungeklärt.

Es ist schon an einer großen Anzahl Bakterien die hemmende Wirkung konstatiert worden[1]; so sah Koch[2] eine Wachstumshemmung bei Choleravibrionen (1 : 5000 sistiert das Wachstum) und von Milzbrandbacillen (0,12% verlangsamt; 0,16% tötet; Milzbrandsporen werden erst durch 2proz. Lösung gehemmt nach 1 Tag langer Wirkung, durch 1% nach 10 Tage Wirkung getötet), Seitz[3], Fermi[4] bei Typhus und Coli, Keuthe[5] bei Typhus, Coli- und Milzbrandbacillen, Moczutkowski[6] bei Recurrensspirochäten (0,2% töteten im Blut). Vergleichende Untersuchungen über die Wirkung verschiedener Antipyretica auf verschiedene Mikroorganismen nahm Fr. Müller[7] vor. Er fand, daß am stärksten Salicylsäure wirkt, danach Hydrochinon und Chinin, am schwächsten Thallin und Antipyrin. Die Resultate sind in folgender Tabelle zusammengestellt:

Das Wachstum von	Pneumococcus	Staph. cer.	Staph. aur	Diphtherie cocc.	Milzbrand bac.	Eiter cocc.	Fäulnisbakterien
I. Chin. mur. %.							
war bei einem Gehalt der Gelatine von:							
verlangsamt	0,09		0,09	0,09		0,23	0,23
eben noch zu konstatieren .	0,23	0,23	0,23?	0,32	0,23	0,5	0,5
aufgehoben	0,5	0,5	0,32	0,5	0,5	1,0	1,0
II. Salicylsäure %.							
verlangsamt	0,027	0,027	0,027	0,027		0,027	0,15
eben noch zu konstatieren .	0,15	0,15	0,10	0,15	0,15	0,15	
aufgehoben	0,3	0,3	0,15		0,3	0,3	0,3
III. Hydrochinon %.							
verlangsamt	0,175				0,175		0,175
eben noch zu konstatieren .	0,26	0,175	0,175		0,26	0,175	0,26
aufgehoben	0,5	0,26	0,26		0,5	0,5	0,5
IV. Thallin. sulf. %.							
eben noch zu konstatieren .	0,5	1,0?		1,0		1,0	2,0
aufgehoben	1,0	2,0		2,0		2,0	3,0

Eine ähnlich differente Empfindlichkeit finden auch Keuthe[6] (Coli war

---

[1] Die ältere Literatur s. bei C. Binz in Eulenburgs Realenzyklopädie **3**, Artikel Chinarinde (1880), S. 178; Pharmakologie (1884), S. 691.

[2] Koch, Mitteil. a. d. Reichsgesundheitsamt **1**, 234—282; zit. nach Engel, Mitteil. a. d. med. Klinik Würzburg l. c.; Binz, Pharmakologie (1884), S. 696.

[3] Karl Seitz, Bakteriologische Studien zur Typhusätiologie. München (1886); zit. nach Keuthe, l. c.

[4] Claudio Fermi, Centralbl. f. Bakt. u. Parasitenk. **23**; zit. nach Keuthe, l. c.

[5] Keuthe, Inaug.-Diss. Heidelberg (1902).

[6] Moczutkowski, Deutsches Archiv f. klin. Medizin **24**, Heft 1 u. 2; zit. bei Engel, l. c.

[7] Fr. Müller, mitgeteilt durch Engel. Mitteil. a. d. med. Klinik Würzburg **2**, 136 (1886).

widerstandsfähiger und Milzbrand empfindlicher als Typhus) und Hartung[1])
Letzterer suchte damit die klinisch beobachtete günstige Wirkung von Chinin-
einläufen auf die Amoebendysenterie zu erklären.

Das einfachsalzsaure Salz wirkt auf Diphtheriebacillen desinfizierend in
Verdünnungen bis 1:100, entwicklungshemmend bis 1:10000 (Braun und
Schaeffer)[2]), in eiweißhaltigen Medien tötet es Diphtheriebacillen noch in
Lösungen von 1:1000 ab (Bieling)[3]). Es werden abgetötet Milzbrandbacillen
in Verdünnungen 1:500[3]), Tetanusbacillen 1:1000[3]), Streptococcus 402
1:7000 (Morgenroth und Tugendreich)[4]), Streptococcus 17 1:1000[4]),
Staphylococcus aureus 669 1:500[4]), Pneumococcus B 1:2000 (Morgenroth
und Bumke[5]) und der Bacillus des Schweinerotlaufs in Verdünnungen bis
zu 1:800 (Loeser)[6]). Vgl. auch Tabelle auf Seite 33 und Kurve auf Seite 34.

Binz[7]), der, wie oben erwähnt, zuerst systematische Versuche vornahm,
fand, daß Chinin mur. die Paramäcien und Colpoden der Heuaufgüsse in einer
Konzentration von 0,125% sofort tötet, bei 0,05% in einigen Minuten, bei
0,005% in einigen Stunden. Turbellarien werden durch Lösungen von 1:10000
nach 30—40 Minuten, durch 1:100000 nach einigen Stunden getötet (Krukenberg)[8]). Auch Bokorny[9]) sah eine ähnliche Empfindlichkeit bei Algen und
Infusorien gegen Chin. acet. Als besonders widerstandsfähig (selbst gegen Lösungen
1:500) erwiesen sich dagegen, wie schon erwähnt, die Infusorien von Kochsalzquellen[7]), Euglena und die Recurrensspirillen[7]). Nach L. Buchholtz[10]) ist 0,5 g
Chinin. hydrochlor. imstande, die Entwicklung der Mikroorganismen des Ta-
bakinfuses aufzuhalten. „Fäulnisbakterien" werden nach Marcus und Pinet[11])
in ihrer Entwicklung gehemmt durch Zusatz von 0,45%, getötet durch 4,5%.

Auch Schimmelpilze sind auffallend resistent gegen Chinin; schon Binz
war es aufgefallen, daß der gewöhnliche Schimmelpilz in Chininlösungen gedeiht, die etwas freie Schwefelsäure enthalten.

Ansätze zu einer Analyse dieser Giftwirkung vom physikalisch-chemischen
Standpunkt aus finden sich in den Arbeiten von T. Br. Robertson und
Busk (s. S. 40).

Über die Frage, von welchem Atomkomplex im Chininmolekül die starke
Wirkung auf Paramäcien ausgeht, hat Grethe[12]) vergleichende Studien mit andern
Substanzen angestellt und formuliert seine Befunde dahin: „Die Wirkung geht
zum Teil von dem sog. I. Rest (der Chinolingruppe) aus, der an ihr in γ-Stellung
hängende sog. II. Rest (Loipon) vermag dieselbe unter Umständen wesentlich
zu erhöhen. Ganz losgelöst und in ein Pyridinderivat übergeführt (als Merochinen)
ist er wirkungslos; in der noch unbekannten Form, wie er sich im Chinin befindet,
verstärkt er die Wirkung erheblich, zur Phenylgruppe zusammengeschlossen
(als γ-Phenylchinolin) übertrifft er die Wirkung des Chinins um das Vielfache."

[1]) Hartung, Archiv f. experim. Pathol. u. Pharmakol. **64**, 383 (1911).
[2]) Braun u. Schaeffer, Berl. klin. Wochenschr. 1917, S. 885.
[3]) R. Bieling, Biochem. Zeitschr. **85**, 188 (1918).
[4]) Morgenroth u. Tugendreich, Biochem. Zeitschr. **79**, 257. (1917).
[5]) Morgenroth u. Bumke, Deutsche med. Wochenschr. 1914, Nr. 11.
[6]) Loeser, Zeitschr. f. Immunitätsforschg. **25**, 140. (1916).
[7]) C. Binz, Wesen der Chininwirkung. Berlin (1868). Zit. bei Engel.
[8]) W. Krukenberg, zit. bei Binz, Pharmakologie (1884), S. 689. Anm. — C. Binz,
Eulenburgs Realenzyklopädie **3**, 178 (1880); Pharmakologie (1884), S. 691; dort Literatur.
[9]) Th. Bokorny, Archiv f. d. ges. Physiol. **64**, 262 (1896).
[10]) Buchholtz, Archiv f. experim. Pathol. u. Pharmakol. **4**, 1—81; zit. nach Müller.
[11]) Marcus u. Pinet, Compt. rend. de la Soc. de Biol. (1882), S. 718—724; zit. nach
Maly, Tierchemie **12**, 515 (1882).
[12]) Grethe l. c.

Nach der Stärke der Wirkung geordnet, fand Grethe folgende Reihe:

Paramäcien werden getötet durch	Formel	Konzentration der zugesetzten Lösung					
		1:1000	1:5000	1:10000	1:25000	1:50000	1:100000
γ-Phenyl-p-methoxy-chinaldin	OCH_3 ... C_6H_5 ... CH_3 ... N	Momentan	3 Min.	4 Min.	15 Min.	3–4 St.	mehr als 24 St.
γ-Phenylchinaldin	C_6H_5 ... CH_3 ... N	„	2–3 Min.	3–4 Min.	30 Min.	mehr als 24 St.	—
γ-[p-Amino-phenyl-]chinaldin	NH_2 ... CH_3 ... N	„	—	8 Min.	mehr als 3 St.	—	—
γ-Phenyl-Chinolin	C_6H_5 ... N	1 Min.	2–3 Min.	3–4 Min.	Mehrere Stund.	—	—
Tetrahydro-γ-Phenylchinolin	HC_6H_5 C ... CH_2 ... CH_2 ... NH	3 Min.	8 Min.	15 Min.	mehr als 24 St.	—	—
Chinin	CH_2—CH—CH—CH $= CH_2$; CH_2; CH_2; CH—N—CH_2; CHOH; CH_3O ... N	3–4 Min.	25–30 Min.	2 St.	—	—	—
γ-[p-Acetamino-phenyl-]chinaldin	$NHCOCH_3$ ... CH_3 ... N	10–15 Min.	—	—	—	—	—
Cinchonidin	isomer dem Cinchonin	12–13 Min.	—	—	—	—	—
Methylenblau	C_6H_3—$N(CH_3)_2$ N ... S; C_6H_3—$N(CH_3)_2Cl$	13 Min.	—	—	—	—	—
Cinchonin	Chinin weniger der Methoxygruppe	15–16 Min.	—	—	—	—	—

Paramäcien werden getötet durch	Formel	Konzentration der eigentlichen Lösung					
		1:1000	1:5000	1:10000	1:25000	1:50000	1:100000
p-Methoxylepidin	H_3CO — (Ringsystem mit CH_3, N)	20 Min.	—	—	—	—	—
γ-Lepidin	(Ringsystem mit CH_3, N)	25 Min.	—	—	—	—	—
Chinolin	(Ringsystem mit N)	über $^1/_2$ St.	—	—	—	—	—
Natr. arsenicos	$Na_3 AsO_3$	über 1 St.	—	—	—	—	—
Thallin	H_3CO — (Ringsystem mit H_2, H_2, H_2, N, H)	über $1^1/_2$ St.	—	—	—	—	—
Chinaldin	(Ringsystem mit CH_3, N)	$1^1/_2$ bis 2 St.	—	—	—	—	—
Merochinenäthyläther	$CH-CH_2 \cdot CO-OC_2H_5$ / H_2C $CH \cdot CH:CH_2$ / H_2C CH_2 / NH	N. 3 St. erst geringe Einwk.	—	—	—	—	—
Pyridin	(Ringsystem mit N)	desgl.	—	—	—	—	—
Merochinen	$CH-CH_2-CO_2H$ / H_2C $CH-CH=CH_2$ / H_2C CH_2 / NH	Nach 3 St. n. keine Einwk.	—	—	—	—	—

Die Wirkung auf Malariaplasmodien, von Laveran entdeckt, kann unter dem Mikroskop beobachtet werden, wenn man einen Tropfen des Sulfats oder Chlorids mit einem Tropfen malarischen Blutes vermischt. Man sieht dabei, daß die Geißelbewegungen aufhören und der Parasit abstirbt. Die im Blute des Menschen bei intravenöser Injektion schätzungsweise vorhandene Konzentration (1:5000) reicht zur direkten Wirkung aus; bei Darreichung per os sind allerdings weit geringere Konzentrationen im Blute zu finden (s. S. 45).

Unterdrückung der Phosphorescenz. Ein weiteres Beispiel für die Unterdrückung von Zellfunktionen ist die Chininwirkung auf die Phosphorescenz der in faulender Fischlake wachsenden Parasiten (Pflüger[1]), Heubach). Heu-bach[2]) sah Erlöschen der Leuchtkraft schon bei Verdünnungen von 1 : 14 000. Der genauere Angriffspunkt der Wirkung ist noch unbekannt.

Die morphologischen Veränderungen an Protisten unter der Wirkung gesteigerter Chininkonzentrationen studierten Giemsa und v. Prowazek[3]) und J. Moldovan[4]). Sie fanden an Infusorien tropfige Entmischung des Protoplasmas (Zustandsänderung der Zelllipoide), die Kerne zeigen globulitische Ausfällung, die Vakuolenpulsation wird herabgesetzt. Die Bewegung wird anfangs beschleunigt, dann verlangsamt. Als eigentliche Todesursache betrachtet Moldovan die Sistierung der Sauerstoffatmung (mit Hilfe vitaler Farbstoffe untersucht). Prinzipiell ähnliche Bilder lieferten Trypanosomen und Pflanzenzellen. Individuelle Resistenzunterschiede treten stark hervor.

Wirkung auf Hefegärung. Eine Hemmungswirkung ist schon früh durch Kerner[5]), Liebig[6]) u. a. festgestellt worden. Vergleichende Untersuchungen mit anderen Antipyreticis stellte Fr. Müller[7]) an; die Resultate finden sich in folgender Tabelle, aus der hervorgeht, daß nur Salicylsäure von den untersuchten Antipyreticis noch stärker hemmend wirkt. Ob Chinin in kleinsten Mengen steigernd wirkt, ist nicht geprüft; es wäre in Analogie mit anderen Zellbeeinflussungen zu erwarten.

15 ccm 10 proz. Traubenzuckerlösung und 0,2 g Kunsthefe (Preßhefe) gaben in 24 Stunden bei einem Zusatz von

Chinin %	CO_2 ccm	Salicyl-säure %	CO_2 %	Hydro-chinon %	CO_2 ccm	Kairin %	CO_2 ccm	Thallin-sulf. %	CO_2 ccm
0,05	5,1	0,03	0,5	1,0	4,0	4,0	6,0	0,5	30,1
0,1	2,0	0,05	0	1,2	0,3	5,0	0,3	2,0	19,2
0,25	0,4	0,075	—	1,5	0	6,0	0,6	6,0	14,1
0,5	0	0,15	—	2,0	0	6,5	0,8	7,0	14,4
1,5	0	0,3	—	3,0	0	6,7	0,1	10,0	6,1
2,0	0	—	—	5,0	0	6,9	0	12,0	2,9
2,5	0	—	—	—	—·	7,0	0	15,0	1,7
5,0	0	—	—	—	—	8,0	0	18,0	1,2
—	—	—	—	—	—	—	—	20,0	0

Auch auf andere Gärungsformen, die Milchsäure- und Buttersäuregärung, wirkt Chinin hemmend ein (zit. Binz, Eulenburg, Realenzyklopädie 1880, III, 178).

Auch pflanzliches Protoplasma ist gegen die Hemmungswirkung des Chinins sehr empfindlich, wie Darwin[8]) an den Tentakeln von Drosera rotundifolia (1 : 1000 Chinin. sulf.) und M. v. Eisler und L. v. Portheim[9]) an den Plasmabewegungen in den Blättern von Elodea canadensis konstatiert

---

[1]) Pflüger, Archiv f. d. ges. Physiol. **11**, 230 (1875).
[2]) Hans Heubach, Archiv f. experim. Pathol. u. Pharmakol. **5**, 36 (1876).
[3]) G. Giemsa u. S. v. Prowazek, Archiv f. Schiffs- u. Tropenhyg. **12**, Beiheft 5, S. 88 (1908).
[4]) J. Moldovan, Zeitschr. f. Biochemie **47**, 421 (1912).
[5]) Kerner, Archiv f. d. ges. Physiol. **3**, 126 (1870).
[6]) Liebig, Annalen d. Chemie u. Pharmazie **153**, 152; zit. nach C. Binz, Eulenburgs Realenzyklopädie **3**, 178 (1880).
[7]) Fr. Müller, mitgeteilt durch Engel, Mitteil. a. d. med. Klinik Würzburg. S. 135.
[8]) Darwin, Insectivorous plants. London (1875). S. 201; zit. nach Binz, Pharmakologie (1884), S. 690.
[9]) M. v. Eisler u. L. v. Portheim, Biochem. Zeitschr. **21**, 59 (1909). Vgl. auch F. Czapek, Biochemie der Pflanzen **2**, 927, 928.

haben. Neueren physikalisch-chemischen Anschauungen folgend, versuchten sie die lähmende Wirkung durch Salze aufzuhalten; es gelang durch Calcium-, Mangan- und Aluminiumsalze, auch Magnesium wirkt retardierend auf die Vergiftung. Da sich eine Permeabilitätsänderung durch die Salze nicht nachweisen ließ und eine direkte chemische Wirkung auf das Chinin ausgeschlossen erschien, so meinen die Verfasser, daß die Salze der desorganisierenden Wirkung des Chinins auf die Plasmakolloide (Auftreten kleiner Körnchen und Veränderung der Farbe) entgegenwirken — analog der Gegenwirkung von $CaCl_2$ gegen NaCl und KCl. Kalium, Natrium und Ammoniumsalze hatten nur geringe Wirkung.

Kombinierte Giftwirkungen sind beim Chinin schon mannigfach studiert: Robertson[1]) untersuchte die Wirkung verschiedener Salze auf die Toxizität von Chin. mur. auf Paramäcien und Gammarus und Tubifex und fand, daß Chinin die Giftwirkung von Bariumchlorid auf Paramäcien und Gemmarus herabsetzt, bei letzterem auch die von Ammoniumchlorid und Kaliumacetat. Natriumacetat und Magnesiumchlorid resorbierten dagegen die toxische Chininwirkung auf Tubifex. Robertson führt solche Wirkungen auf Verbindung des Alkaloids mit den „Ionen-Eiweißverbindungen" der Zelle zurück.

Busk[2]) fand, daß Serumzusatz in Lösungen von Chin. sulf. die Giftwirkung auf Paramäcien abschwächt, vermutlich durch Bildung einer ungiftigen Eiweiß-Chininverbindung.

René Sand[3]) fand, daß Chinin und Arsenik in starken Verdünnungen (1 : 500 000) nicht wirkungslos bleiben, sondern die Teilungsvorgänge (Stylonychia pustulata) sogar beschleunigen, d. h. also die „Vitalität" steigern.

Moldovan[4]) sah endlich bei Kombination von Chinin und Methylenblau resp. Saponin u. a., daß man je nach der Vorbehandlung und den Konzentrationen die Chininwirkung abschwächen oder verstärken kann. Z. B. führt Vorbehandlung mit Saponin 1 : 1000 (5 Minuten lang) stets zur Verstärkung einer nachfolgenden Chininwirkung aller Konzentrationen. Vorbehandlung mit Saponin 1 : 20 000 dagegen verstärkt zwar die nachfolgende Wirkung von Chinin 1 : 10 000, schwächt aber den Effekt von 1 : 60 000 ab, während bei einer mittleren Konzentration des Alkaloids eine Abweichung von der Kontrolle überhaupt nicht wahrzunehmen ist.

Die Umkehrung der Versuchsanordnung (Vorbehandlung mit Chinin und Nachbehandlung mit Saponin) hatte im Prinzip dasselbe Resultat; auch hier hatte die Vorbehandlung mit schwachen Chininlösungen (1 : 100 000 30 Minuten lang) zur Folge, daß die Infusorien starken Saponinlösungen (1 : 500) rascher erlagen, schwächeren gegenüber jedoch sich resistenter zeigten.

Dieselben Resultate wurden mit der Kombination von Chinin mit Methylenblau, Atropin, Neutralrot, Strychnin, Curare, Galle und taurocholsaurem Natrium erzielt. Die schützende Wirkung führt Moldovan auf Steigerung von Stoffwechselprozessen und dadurch der „Vitalität" durch die geringen Konzentrationen zurück.

3. Wirkung des Chinins auf Mikroorganismen in vivo. Den ersten „chemotherapeutischen" Versuch stellten unabhängig voneinander Binz[5]) und

[1]) T. Brailsford Robertson, Journ. of biol. Chemistry 1 (1906).
[2]) G. Busk, Biochem. Zeitschr. 1, 425, 473 (1906).
[3]) René Sand, Act. thérap. de l'arsenic etc. Bruxelle (1901); zit. nach Moldovan, l. c.
[4]) Moldovan, Zeitschr. f. Biochemie 47, 421 (1912).
[5]) Binz, Eulenburgs Realenzyklopädie 3, 178 (1880).

Manassein[1]) an. Binz sah bei artifiziellen putriden Fiebern (Hunde und Kaninchen) in 12 Fällen einen „deutlichen und hervorragenden Erfolg; das Chinin schob den Eintritt des Todes hinaus, oder es hielt die Temperatur auf niedrigerer Stufe, hinderte das beim Kontrolltier hochgradige Ergriffensein des Allgemeinbefindens, ließ beim tödlichen Ausgang die Erscheinungen des putriden Zerfalls im frischen Kadaver nicht merkbar sein oder — wie in 3 Fällen — es erhielt das Leben des mit ihm behandelten Tieres". Ebenso berichtet Manassein von fast vollständiger Unterdrückung des putriden Fiebers.

Neuerdings sind diese Studien wieder aufgegriffen und systematisch mit besseren Methoden weitergeführt worden durch Kudicke, Finkelstein, Kopaniaro, Morgenroth u. a.

Finkelstein[2]) (unter Morgenroth) stellte fest, daß Chininchlorhydrat in großen Mengen eine hemmende Wirkung auf den Verlauf der Naganainfektion bei der Maus ausübt; es ist dazu nötig, die Versuchstiere mehrere Tage lang unter Chininwirkung zu halten (0,3—0,4 ccm 1,5proz. Lösung). Eine einmalige Injektion ist wirkungslos. Die Wirkung des Chinins ist dabei nur eine prophylaktische, keine heilende. Gegenüber Dourineinfektion war Chinin wirkungslos, auch in prophylaktischer Beziehung. Eine Unterstützung der prophylaktischen Chininwirkung bei experimenteller Trypanosomiasis durch Methylenblau beschreibt Romanese[3]).

Tollwut beim Hund wurde von Moon[4]) durch systematische Chininbehandlung in 3 Fällen geheilt. J. Gordon Cumming[5]) bestreitet die Richtigkeit dieser Angaben. Nach einer späteren Arbeit des gleichen Untersuchers[6]) konnte bei Hunden der Ausbruch der Wut durch größere Chiningaben nicht verhindert werden, dagegen wurde die Inkubationszeit verlängert. Beim Menschen ist die Wirkung der Chininbehandlung fraglich. Zu dem gleichen Schlusse kommen Krumwiede und Mann[7]).

Über eine außergewöhnliche Chininresistenz bei Malariafällen aus dem Innern Brasiliens berichteten Nocht und Werner[8]). Das spricht für eine verschiedene Empfindlichkeit verschiedener Spezies von Malariaparasiten. Die betreffenden Parasiten unterschieden sich auch zum Teil morphologisch etwas von den üblichen Formen (waren kleiner und veränderten die Erythrocyten relativ wenig). Als Ursache dieser Resistenz wäre vielleicht an die Wirkung des jahrhundertelangen Chiningebrauchs jener Gegenden zu denken.

Die Vogelmalaria wird durch Chinin nicht beeinflußt[9]).

Allgemeinwirkung auf höhere Organismen. Das klinische Bild der akuten Chininintoxikation beim Menschen ist durch folgende Symptome (Chininrausch) gekennzeichnet: Übelkeit, Brechneigung (häufig bis zum Erbrechen sich steigernd), Schwindelgefühl, Sausen und Klingen im Ohr, Schwerhörigkeit, Amaurose, Neigung zum Schlaf, Blässe, Sinken der Temperatur, Cyanose. Kleiner Puls. Atmung verlangsamt; selten scheinen Krämpfe aufzutreten.

[1]) Manassein, zit. bei Binz, l. c.
[2]) Finkelstein, Inaug.-Diss. Berlin (1911).
[3]) Romanese, R., Arch. di Farm. 13, 455; zit. nach Opp. Centralbl. 15, 843 (1913).
[4]) Virgil Moon, Journ. infect. dis. 13, 165; zit. nach Opp. Centralbl. 15, 843 (1913).
[5]) J. Gordon Cumming, Journ. of infect. dis. 15, 205; zit. nach Maly, Tierchemie 74, 987 (1914).
[6]) Moon, Journ. infect. dis. 16, 52; zit. nach Maly, Tierchemie 45, 536 (1915).
[7]) Krumwiede u. Mann, Journ. of infect. dis. 16, 23; zit. nach Maly, Tierchemie 45, 536 (1915).
[8]) Nocht u. Werner, Deutsche med. Wochenschr. 36, 1557 und Neiva. Mem. Osw. Cruz 1910, zit. bei Werner, Archiv f. Schiffs- u. Tropenhyg. 15, 141 (1911).
[9]) Zit. nach v. Mannaberg, Deutsches Archiv f. klin. Medizin 59, 192, Original.

Auch beim Tier sind die Symptome ähnlich, nur gehen oft den Lähmungssymptomen Krämpfe und Erhöhung der Reflexerregbarkeit voraus (Kaninchen, Katze, Meerschweinchen). Bei Hunden Erbrechen, Salivation, taumelnder Gang und zunehmende Lähmung[1]) ohne Krämpfe (Wittmaack)[2]).

Die Todesursache ist in erster Linie Atemstillstand; durch künstliche Atmung läßt sich das Leben etwas verlängern; endlich steht auch das Herz in diastolischer Lähmung still.

Bei der Sektion sind Blutungen[3]) in allen Organen beobachtet. Sie werden einerseits auf die agonale Suffokation zurückgeführt (Wittmaack)[2]); andererseits sind auch klinisch bei therapeutischen Gaben Blutungen in Haut und Schleimhäuten beobachtet worden, und Hildebrandt[4]) macht auf Blutungen in die Darmschleimhaut (Kaninchen) nach Dosen von 1 g pro die (mehrmals) aufmerksam.

Die Wirkung chronisch gereichter Chinindosen äußert sich bei wachsenden Tieren in geringerer Gewichtszunahme (Kaninchen, Meerschweinchen subcutan 0,005 g pro Kilogramm Graziani[5]). Ursache unbekannt; solche Tiere sind für Infektionen empfindlicher. Versuche an Menschen (100 Tage lang 0,04 g) ließen keinen Einfluß auf die bakterientötende resp. phagocytären Eigenschaften des Blutes erkennen (Graziani), vgl. auch Casoni[6]) und namentlich Schulz[7]). (Chronische Versuche an 10 gesunden Menschen mit kleinen Dosen (0,005—0,01 g) ergaben mannigfache Symptome, die Schulz meist auf Zirkulationsstörungen zurückführt.)

Letale Dosen. Mensch: nicht genau anzugeben; es ist nach 12 g ein Todesfall beobachtet, aber auch nach 20 g noch Erholung[8]).

Hund: subcutan etwa 0,18 g pro Kilogramm[9]).

Kaninchen: per os 0,80 g[10])[11]) minimale letale Dosis. 1,5 g sicher tödlich; subcutan 0,231 g pro Kilogramm[12]), intravenös 0,07 g[13]).

Meerschweinchen: subcutan 0,293 g pro Kilogramm[12]).

Ratte: subcutan etwa 0,79 g pro Kilogramm[11]).

Maus: 0,422 g pro Kilogramm[12]).

Taube: per os 0,5—3,0 g vertragen; intramuskulär 0,5 g letal[13]).

Frosch: intramuskulär 0,4—0,5 g pro Kilogramm; per os 1,0—1,5 g pro Kilogramm[13]).

Resorption und Schicksal im Körper. Die Aufnahme des Chinins kann per os, per Klysma, subcutan intramuskulär und intravenös erfolgen; auch percutan mittels des elektrischen Stromes[14]).

---

[1]) Eulenburg (Frösche), Archiv f. Anat. u. Physiol. (1865), S. 441. — Schwalbe (an Warmblütern), Deutsche Klinik **20**, 325 (1868). — H. Heubach, Archiv f. experim. Pathol. u. Pharmakol. **5**, 24 (1876).

[2]) Wittmaack, Archiv f. d. ges. Physiol. **95**, 220, 248 (1903).

[3]) Baermann, Münch. med. Wochenschr. **56**, 2319; zit. nach Maly, Tierchemie (1909), S. 1206.

[4]) H. Hildebrandt, Archiv f. experim. Pathol. u. Pharmakol. **59**, 130 (1908).

[5]) A. Graziani, Archiv f. Hyg. **73**, 39 (1911).

[6]) Casoni, zit. bei Graziani.

[7]) Schulz, Virchows Archiv **109**, 21.

[8]) Vgl. Kunkel, Toxikologie **2**, 742 (1901).

[9]) Wittmaack, Archiv f. d. ges. Physiol. **95**, 253 (1903).

[10]) R. Hunt, Arch. intern. de Pharm. et de Thér. **12**, 497 (1904).

[11]) K. Schröder, Archiv f. experim. Pathol. u. Pharmakol. **72**, 361 (1913).

[12]) Bachem, Therap. Monatshefte **24**, 1910.

[13]) Maurel, Compt. rend. de la Soc. de Biol. **54**, 1393, 1447.

[14]) H. Munk, Archiv f. Anat. u. Physiol. (1873), 505.

Resorption nach Zufuhr per os: ein voller Magen verzögert nach Kleine[1]) und Mariani[2]) die Resorption; Giemsa und Schaumann[3]) dagegen sahen keinen Einfluß und Hartmann und Zila[4]) sogar eher eine Begünstigung der Aufnahme.

Die quantitativen Verhältnisse der Resorption vom Magen-Darmkanal aus sind nicht direkt studiert; die ersten Anteile werden sicher schnell resorbiert; denn 17—31 Minuten nach der Einnahme läßt sich schon Chinin im Harn nachweisen, und in den ersten 6 Stunden erscheint die Hauptmenge im Urin. Der Ort der Resorption ist wahrscheinlich Magen und Dünndarm[3]).

Vom Unterhautzellgewebe und von der Muskulatur aus verzögert sich die Resorption durch teilweises Ausfallen des Chinin; nach Kleine[1]) findet man

Abb. 6.

Tabelle 1. Gesamtausscheidung von Chinin im Harn nach Einnahme von 0,5 g Chinin mur. per os auf nüchternen Magen bei vier Männern. Auf der Ordinate sind die ausgeschiedenen Chininmengen in cg angegeben. Die beigesetzten Prozentzahlen stellen die ausgeschiedenen Chininmengen in Prozent der verabreichten dar.

Abb. 7.

Tabelle 7. Gesamtausscheidung von Chinin im Harn nach Einnahme von 2 g Chinin tannic. (entsprechend 0,73 g Chinin mur.) bei zwei Gesunden auf nüchternen Magen.

Abb. 8.

Tabelle 2. Gesamtausscheidung von Chinin im Harn nach Einnahme von 0,5 g Chinin mur. per os auf vollen Magen.

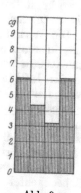

Abb. 9.

Tabelle 11. Gesamtausscheidung von Chinin im Harn nach Einnahme von je 0,25 g Chinin mur. um 7 Uhr früh und 7 Uhr abends auf vollen Magen.

Chinin noch nach Wochen in den Gewebszellen. Mariani[2]) konnte von 0,2 g Chinin (in 1 ccm gelöst intramuskulär einem Kaninchen injiziert) nach 17 Stunden 66,5% wiedergewinnen. Zur Verbesserung der Löslichkeit und damit der Resorption wird Zusatz von Antipyrin, Urethan, Coffein usw. empfohlen (Gaglio[5]), Giemsa[6]) u. a.).

Die neueste Untersuchung der Resorptionsbedingungen von Chininsalzen, soweit sie aus der Ausscheidung durch den Harn erschlossen werden können, stammt von Hartmann und Zila[4]) (über die angewandte Methode vgl. unten). Sie fanden, daß die Resorption der Chininsalze nicht von ihrer Wasserlöslichkeit abhängt. Chininum tannicum wird nicht langsamer resorbiert wie Chi-

[1]) Kleine, Zeitschr. f. Hyg. u. Infektionskrankheiten 38, 458 (1901).

[2]) Mariani, Atti della Soc. per gli studi della malaria (1904); zit. nach Giemsa u. Schaumann, l. c.

[3]) Giemsa u. Schaumann, Archiv f. Schiffs- u. Tropenhyg. 11.

[4]) Hartmann u. Zila, Archiv f. experim. Pathol. u. Pharmakol. 83, 221 (1918).

[5]) Gaglio, Atti della Soc. per gli studi della malaria 8 (1907); zit. nach Giemsa u. Schaumann, l. c.

[6]) Giemsa, Archiv f. Schiffs- u. Tropenhyg. 12, 82.

ninum muriaticum (vgl. dazu die Tabellen 1 und 7 aus der Arbeit von Hartmann und Zila). Ebenso unabhängig ist die Resorption von der Darreichungs-
form: Chinin in Dragees wird ebenso rasch resorbiert wie als Pulver. Die
Acidität des Magensaftes ist ohne Einfluß. Eine einmalige größere Gabe wird
relativ rascher resorbiert als die gleiche Menge, wenn sie refracta dosi dar-
gereicht ist. Zum Beleg dieser letzten Feststellung sei die Tabelle 2 und 11
der Arbeit wiedergegeben.

Verteilung des Chinins im Körper. Blut: Die Chininkonzentration im
Blute ist erst neuerdings genauer bestimmt worden. Selbst bei schwer toxischen Erscheinungen konnten Giemsa und Schaumann[1] am Hunde nur
Spuren im Serum und den Blutkörperchen nachweisen. Im Blute chininbehandelter Menschen gelang ihnen der Nachweis nicht. Da die verwendete
Probe mit Kaliumquecksilberjodid Chinin noch in Konzentrationen von
1 : 200 000 erkennen läßt, so wäre nach therapeutischen Dosen eine noch geringere Konzentration im Blut anzunehmen. Giemsa und Schaumann
zweifeln deswegen an der Berechtigung von Binz' Hypothese, daß die Malaria-
parasiten im Blut getötet würden, sie glauben vielmehr, daß die Abtötung in
den Organen erfolge, da sich in diesen zum Teil viel mehr Chinin auffinden
lasse.

Zu wesentlich anderen Ergebnissen gelangten neuerdings Hartmann
und Zila unter Verwendung einer optischen Methode, welche Werte viel geringerer Größenordnung noch genau zu bestimmen gestattet. Die Methode
beruht darauf, daß Chinin in einem an ultravioletten Strahlen reichen Lichte
noch in sehr verdünnter Lösung an seiner blauen Fluorescenz zu erkennen
ist. Bei dem verwendeten, von Heimstädt konstruierten Fluorescenzapparat
war Chinin als saures schwefelsaures Salz noch in der Verdünnung von 1 : 50
Millionen nachweisbar. Da die Fluorescenz der Konzentration nicht proportional ist, muß die Bestimmung in bestimmten Verdünnungen durch Vergleich der Fluorescenz mit der von Lösungen bestimmten Chiningehaltes erfolgen. Schon Unterschiede des Chiningehaltes von millionstel bis hundert-
tausendstel Gramm sind genau nachweisbar. Aus dem Blute wurde das Chinin
für die Bestimmung zunächst nach der Methode von Stas-Otto gewonnen,
der Ätherrückstand in stark schwefelsaurem Wasser aufgenommen und das
Chinin so in Form seines am stärksten fluorescierenden Salzes mit den Ver-
gleichslösungen verglichen. Die geringe Fluorescenz, die das Endprodukt der
Verarbeitung chininfreien Blutes nach Stas-Otto zeigt, muß in Abzug gebracht werden. 10 ccm Blut nach meist 0,5 g Chinin. mur. wurden zur Bestimmung am Menschen verwendet und die verschiedenen Darreichungsarten
auf die Konzentration und Verweildauer des Chinins im Blute verglichen.
Die höchste Konzentration wird nach intravenöser Injektion erreicht. Doch
fanden Hartmann und Zila den Chiningehalt nach gleicher Zeit bei verschiedenen Individuen ziemlich schwankend, z. B. 5 Min. nach intravenöser
Injektion 15 und 45% der injizierten Menge aus der Probe auf Gesamtblut
berechnet. Nach 20—30 Min. enthält das Blut noch 10—12%, dann sinkt
der Chininspiegel immer langsamer, bis schließlich 8 Stunden nach der Injektion kein Chinin mehr nachweisbar ist. Die Verhältnisse nach intravenöser
Injektion am Hunde sind ganz ähnliche; nur wird entsprechend der geringeren
Dosis (0,05 g Chinin. mur.) das Blut schon nach einer Stunde chininfrei.

Wie nach intravenöser Injektion ist das Chinin auch nach intramuskulärer
durch höchstens 8 Stunden im Blute nachweisbar. Doch bleibt das Ma-

---
[1] Giemsa u. Schaumann, l. c.

ximum der erreichten Konzentration bedeutend hinter dem zurück, das sich nach intravenöser Injektion findet.

Nach der Darreichung per os wird ein annähernd konstanter Chininspiegel erzielt, das Chinin läßt sich viel länger im Blute als nach intravenöser und intramuskulärer Injektion, es bleibt bis etwa zur 25. Stunde nachweisbar, der Chiningehalt übersteigt aber nicht 3% der gegebenen Menge im Gesamtblut. Die praktisch wichtige Frage, wie lange und in welcher Konzentration das Chinin im Blute kreist, wird durch diese Untersuchungen dahin beantwortet, daß das Blut nach intramuskulärer und intravenöser Injektion durch ein anfangs sehr rasches, dann immer langsameres Absinken des Chiningehaltes etwa 8 Stunden nach 0,5 g chininfrei wird, während nach der Darreichung per os der Chiningehalt viel niedriger bleibt, der Chininspiegel sich aber ziemlich konstant ungefähr 24 Stunden lang erhält. Die beiden Typen werden durch die beistehende Kurve aus der Arbeit von Hartmann und Zila illustriert.

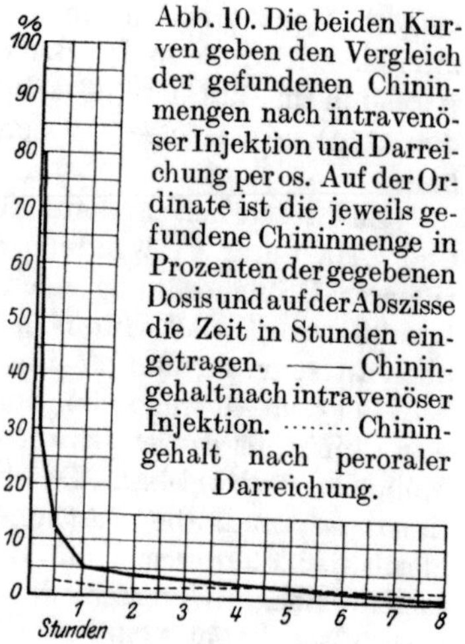

Aber auch die Annahme, daß das Zerstörungsvermögen für Chinin beim fortdauernden Gebrauche des Mittels zunehme, dürfte nach den neuen Untersuchungen von Giemsa und Habberkann, von Hartmann und Zila und von Schittenhelm und Schlecht nicht haltbar sein. Die Resultate von Teichmann (Deutsche med. Wochenschr. 1917, Nr. 35) und von Neuschloß (Münch. med. Wochenschr. 1917, Nr. 37), welche für eine Verringerung der Ausscheidung bei dauerndem Gebrauche zu sprechen schienen, beruhen entweder auf mangelhafter Methodik oder auf ungenügender Berücksichtigung der auch bei erstmaliger Zuführung bestehenden individuellen Verschiedenheiten der Ausscheidungsgröße. Zum Beleg dafür, daß sich ein Einfluß der Gewöhnung auf die Chininausscheidung im Harn nicht nachweisen läßt, sei aus der Arbeit von Hartmann und Zila ein Diagramm über die gesamte Chininausscheidung von je vier gewöhnten und nicht gewöhnten Individuen wiedergegeben (vgl. S. 48). Zum Beleg, daß auch der Chiningehalt des Blutes in beiden Fällen nicht weiter differiert als auch sonst der individuellen Schwankung entspricht, sei eine Tabelle aus der gleichen Arbeit angeführt.

Abb. 10. Die beiden Kurven geben den Vergleich der gefundenen Chininmengen nach intravenöser Injektion und Darreichung per os. Auf der Ordinate ist die jeweils gefundene Chininmenge in Prozenten der gegebenen Dosis und auf der Abszisse die Zeit in Stunden eingetragen. ——— Chiningehalt nach intravenöser Injektion. .... Chiningehalt nach peroraler Darreichung.

Der Chiningehalt im Blut nach intravenöser Injektion von 0,5 g Chinin. mur.

Seit der Injektion vergangene Zeit	Im Blute gefundene Menge Chinin, berechnet auf das Gesamtblut und in Prozenten der injizierten Menge		
	bei Gewöhnten	bei Nichtgewöhnten	bei Gewöhnten, die tags zuvor 0,45 g Neosalvarsan bekommen hatten
5 Minuten	8,0 Prozent	8,5 Prozent	8,3 Prozent
30 Minuten	2,4 „	5,2 „	5,2 „
1 Stunde	2,4 „	3,3 „	4,8 „
8 Stunden	0,0 „	0,0 „	0,0 „

Die Tabelle zeigt zugleich, daß auch die Angabe von Neuschloß, daß Neosalvarsan die Chininzerstörung im Organismus hemme, nicht bestätigt werden konnte.

Im Blut selbst reichert sich das Chinin nach Baldoni[1]) mehr in den Blutkörperchen an als im Plasma. Hartmann und Zila[2]) fanden aber den Chiningehalt des Plasmas höher.

In den Organen gelingt der Nachweis besser als im Blut. Giemsa und Schaumann[3]) beschränkten sich auf den schätzungsweisen Vergleich nach Ausfall der qualitativen Reaktionen (Fluorescenz, Kaliumquecksilberjodid, Thalleiochin R.). Es ergab sich daraus, daß am Hunde eine geringe Aufspeicherung des Chinins im Gehirn, in Leber[4]), Milz, Niere und Nebenniere stattfindet. Es verschwindet relativ schnell wieder aus den Organen; nur die Leber, Niere und Nebenniere halten es anscheinend länger zurück. Nach den Versuchen von Hartmann und Zila am Hunde enthalten alle Organe zusammen höchstens 5% der intravenös beigebrachten Dosis.

Zu Schlüssen auf den Ort der Zerstörung resp. der Wirkung auf pathogene Keime sind die Befunde noch nicht zu verwerten.

Ausscheidung. I. Durch den Harn. Chinin läßt sich nach der Zuführung per os oder subcutan sowohl im Harn als auch in den Faeces nachweisen. Die ältere Literatur darüber findet sich bei Merkel[5]) und bei Heffter[6]); erwähnenswert erscheint daraus, daß Kerner angibt, neben der amorphen Modifikation des Chinins noch ein Stoffwechselprodukt mit den Eigenschaften einer Säure erhalten zu haben, die er Dihydroxylchinin nannte und für identisch mit einem Körper hielt, den er auch durch Oxydation des Chinins mittels Kaliumpermanganat darstellen konnte. Dieser Befund wurde durch Schulz nicht bestätigt; er glaubt, daß diese Substanz erst bei der von Kerner angewandten Isolierungsmethode (oxydative Wirkung der Salpetersäure) entsteht.

Daß der im Harn nach Chiningenuß auffindbare Körper vielmehr wirklich Chinin ist, ist von Schmitz[7]), Giemsa und Schaumann[8]), Nishi[9]) und Katz[10]) mit mannigfachen Methoden sichergestellt worden. Katz widerlegte damit die Vermutung von Merkel[11]), daß der Hund das Chinin nicht als solches ausscheide, sondern als kohlenstoffreicheres Umwandlungsprodukt. Außerdem fielen bei Katz sämtliche qualitative Reaktionen auf Chinin mit der gewonnenen Substanz positiv aus. Danach dürfte es also als endgültig entschieden zu betrachten sein, daß Chinin als solches durch den Urin ausgeschieden wird.

Die meisten der älteren für die quantitative Bestimmung verwandten Methoden (vgl. darüber bei Katz) sind nicht einwandfrei. Als zuverlässig dürften die von Katz für die Ausscheidung im Hundeharn ermittelten Werte und die Reihenversuche am Menschen, welche Hartmann und Zila[2]) nach der Methode H. H. Meyer anstellten, anzusehen sein.

Katz schüttelt den mit 50% seines Gewichtes Ammonsulfat versetzten, stark ammoniakalisch gemachten Harn mit der Mischung von 1 Teil Chloroform und 3 Teilen Äther aus und bringt die unter Zusatz von Magnesia usta

---

[1]) Baldoni, Arch. di Farm. **13** (1912); zit. im Centralbl. f. Biochemie u. Biophysik **14**, 315.

[2]) Hartmann u. Zila, Archiv f. experim. Pathol. u. Pharmakol. **83**, 221 (1918).

[3]) Giemsa u. Schaumann, Archiv f. Schiffs- u. Tropenhyg. **12**, Beiheft.

[4]) Vgl. Djatschkov, Diss. St. Petersburg (1907); zit. nach Maly, Tierchemie (1908), S. 456.

[5]) Merkel, Archiv f. experim. Pathol. u. Pharmakol. **47**, 165 (1902).

[6]) Heffter, Ergebnisse der Physiologie **4**, (1905).

[7]) Schmitz, Archiv f. experim. Pathol. u. Pharmakol. **56**, 301 (1907).

[8]) Giemsa u. Schaumann, Archiv f. Schiffs- u. Tropenhyg. **11**, III. Beiheft, S. 59.

[9]) Nishi, Archiv f. experim. Pathol. u. Pharmakol. **60**, 312 (1909).

[10]) Katz, Biochem. Zeitschr. **36**, 144 (1911).

[11]) Merkel, Archiv f. experim. Pathol. u. Pharmakol. **47**, 1 (1902).

filtrierten Extrakte zur Trocknung. Nach der Aufnahme mit Schwefelsäure und abermaliger alkalischer Ausschüttelung mit Chloroform-Äther wird der Rückstand dreimal mit Alkohol aufgenommen und mit Salzsäure unter Kochsalzzusatz abgedampft; dabei hinterbleibt das zweisäurige Chininchlorhydrat, in welchem Katz die Säure in alkoholischer Lösung unter Verwendung von Poirriers Blau als Indicator mit alkoholischer Lauge titriert und die Chininmenge nach dem Säuregehalte berechnete.

Hartmann und Zila[1]) fällen den mit Ammoniumcarbonat und Magnesiumsulfat versetzten stark alkalischen Harn mit Gerbsäure und zersetzen den filtrierten Niederschlag unter Zusatz von Kalk auf dem Wasserbade, wodurch das Chinin als freie Base erhalten wird. Das Zersetzungsgemisch wird filtriert, der Niederschlag auf dem Filter mit heißem, ammoniakalischem Wasser quantitativ chininfrei gewaschen, das Filtrat mit Äther geschüttelt und nach Abdampfen des Äthers der aus Chininbase bestehende Rückstand gewogen.

Die quantitativen Ausscheidungsverhältnisse sind nach den Ergebnissen der meisten Autoren verschieden, je nachdem die Zufuhr per os oder subcutan erfolgt.

1. Ausscheidung des Chinins nach Zufuhr per os. Während man früher (Kerner, Binz u. a.) annahm, daß Chinin fast vollständig ausgeschieden würde, hat sich aus den neueren Untersuchungen ergeben, daß höchstens ein Drittel wieder zur Ausscheidung gelangt. Vom Menschen wird in den ersten 24 Stunden bis 25 Prozent, im Ganzen innerhalb 3 Tagen kaum über 30 Prozent ausgeschieden. Die von den einzelnen Autoren ermittelten Zahlen finden sich in folgender Tabelle geordnet.

Autoren	Eingenommene Dosis in g	Davon ausgeschieden in Prozenten			
		am 1. Tag	am 2. Tag	am 3. Tag	im ganzen
Kleine[2])	1—2 g Chinin mur.	21,91	—		
Gaglio[3])	?		—	—	23,5
Personne[4])	?	—	—	—	16,0
Schmitz[5])	0,82—1,12 wasserfr. Chinin	19,5	9,2	Spuren	28,7
Giemsa und Schaumann[6])	1 g Chinin mur. u. pur.	25,4	—	—	38,5
Mariani[7])	1,0—1.2 g Chinin mur. Bihydrochlor u. pur.	24,7	7,4	—	40,88
Nishi[8])	0,5—0,52 Chinin pur.	25,5	6,9	2,1	34,45
Flamini[9])	2 g Chinin pur	21,1—28,1	4,4—8,6	1,6—1,1	30,8—42,0
Hartmann und Zila[1])	0,5 g Chinin mur.	3—25 innerhalb 32 Stunden			3—25

Die genaueren zeitlichen Ausscheidungsverhältnisse durch den Urin beim Menschen sind untersucht von Kerner, Thau, Garafalo, Kléin, Lewin, Mariani und von Giemsa und Schaumann[10]). Die ersten Spuren erscheinen schon 13—17 Minuten nach Einnahme von Chin. mur., bei dem schwer löslichen

[1]) Hartmann u. Zila, l. c.
[2]) Kleine, Zeitschr. f. Hyg. u. Infektionskrankheiten 38, 458 (1901).
[3]) Gaglio, La medic. ital., 3. Jahrg., 16. Heft (1905); zit. nach Schmitz, l. c.
[4]) Personne, zit. nach Schmitz, l. c.
[5]) Schmitz, Archiv f. experim. Pathol. u. Pharmakol. 56, 165 (1907).
[6]) Giemsa u. Schaumann, Archiv f. Schiffs- u. Tropenhyg. 11.
[7]) Mariani, zit. nach Nishi, l. c.
[8]) Nishi, Archiv f. experim. Pathol. u. Pharmakol. 60, 312 (1909).
[9]) Flamini, Atti della Soc. per gli studi della malaria (1906).
[10]) Literatur bei Giemsa u. Schaumann, Archiv f. Schiffs- u. Tropenhyg. (1907), Beiheft 3.

Chin. pur. amorph. erst nach 25—30 Minuten (Giemsa und Schaumann).
Der größere Teil von per os zugeführtem Chinin wird nach den meisten Autoren
in den ersten 6 Stunden, nach Garafalo schon nach $1^1/_2$—4 Stunden, bei
Fiebernden nach Arnaud erst nach 8—11 Stunden ausgeschieden.

Von Einfluß auf die Ausscheidungskurve und -größe soll die Magen-
füllung sein (Mariani[1]), Kleine)[2]. Grosser[3], Giemsa und Schaumann[4], Hartmann und Zila leugnen jedoch einen verzögernden Einfluß.

Von Einfluß sollte nach Giemsa und Schaumann[4]) weiterhin die Art
der Darreichung sein: nach kleineren Teilgaben wurde mehr (27,8%) ausgeschieden als nach Einnahme derselben Dosis auf einmal (23,8%). 2 Fälle
zeigten allerdings auch das umgekehrte Verhalten.

Ähnlich berichtet auch Kleine[2]).

Manche Malariapatienten zeigen auffallend hohe Ausscheidungszahlen;
Grosser[5]) ist geneigt, dies auf gestörte Leberfunktion zu beziehen.

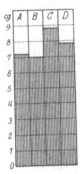

Die Frage, ob es von
Einfluß auf die 24stündige
Ausscheidungsgröße ist,
wenn leicht oder schwer
lösliche Chininpräpa-
rate gegeben werden, wird
verschieden beantwortet;
Giemsa und Schau-
mann[4]) leugnen einen Unterschied zwischen Chin. hydrochlor. und pur. amorph.,
doch muß man bedenken,
daß aus dem Chin. pur.
amorph. im Magensaft auch
Chin. hydrochlor. wird.
Kleine[6]) sah nach schwefelsaurem und gerbsaurem
Chinin eine geringere Ausscheidung als nach salz-
saurem. Mariani[7]) behaup-

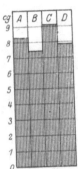

Abb. 11. Gesamtausschei-
dung von Chinin im Harn
nach einer Gabe von 0,5 g
Chinin mur. auf vollen Magen bei vier chiningewöhnten
Patienten A—D.
(Hartmann und Zila,
Münchener Med. Wochschr.
1917, Nr. 50, Tab. 2).

Abb. 12. Gesamtausschei-
dung von Chinin im Harn
nach einer Gabe von 0,5 g
Chinin mur. auf vollen Magen bei vier nichtgewöhnten
Patienten A—D.
(Hartmann und Zila,
ebenda, Tab. 1).

tet gerade umgekehrt eine vergrößerte Ausscheidung der schwer löslichen Salze.

Gleichzeitige Arsen- und Eisendarreichung beeinflußt die Ausscheidung
nicht (Nishi)[8]); die in Malariagegenden bevorzugte therapeutische Anwendung
von Chinin-Arsenpräparaten läßt sich aber von diesem Standpunkt aus nicht
mit einer unter der Arsenwirkung veränderten Resorption, Spaltung oder Ausscheidung erklären.

Die Chininausscheidung beim Hund ist nach Merkel[9]) und Katz[10]) eine
sehr viel geringere als beim Mensch. Merkel gibt 12—14%, Katz 7—11%

[1]) Mariani, zit. nach Giemsa u. Schaumann, l. c.
[2]) Kleine, Zeitschr. f. Hyg. u. Infektionskrankheiten **38**, 458 (1901).
[3]) Grosser, Biochem. Zeitschr. **8**, 89 (1908).
[4]) Giemsa u. Schaumann, l. c.
[5]) Grosser, l. c.
[6]) Kleine, l. c.
[7]) Mariani, l. c.
[8]) Nishi, Archiv f. experim. Pathol. u. Pharmakol. **60**, 312 (1909).
[9]) Merkel, l. c.
[10]) Katz, l. c.

der per os zugeführten Menge an. Die Versuchsanordnung war bei Merkel derart, daß die Tiere 0,227—0,5—1,0 g Chinin. hydrochloricum in Gelatinetafeln in zwei Dosen erhielten; im Urin fanden sich 11,57—14,54% der eingegebenen Menge wieder. Zur quantitativen Bestimmung verwendete er die Ätherausschüttelung des alkoholischen Extrakts.

Bei Katz[1]) erhielten die Tiere 2—3 Wochen lang mittlere Dosen Chinin. hydrochloric. per os (gewöhnlich 2 mal 0,25 g). Hund I erhielt so innerhalb 22 Tagen 12,50 g und schied während dieser Zeit 0,7906 g = 7,76% aus; in den folgenden drei Tagen noch 0,0242 g, d. h. zusammen **7,98%**. Hund II erhielt an 15 Tagen 7,5 g Chininchlorid, schied davon wieder aus 0,6761, d. h. **11,03%**. Hund III: Gesamtausscheidung = 9,97%.

Das Abklingen der Ausscheidung nach Aufhören der Chininfütterung war ein gleichmäßiges in 3 Tagen; am 4. Tag war kein Chinin im Harn mehr nachzuweisen. Wurde statt Chininchlorid der schwer lösliche Kohlensäureester des Chinins (Aristochin) gegeben, so verlief das Abklingen nach Sistieren der Zufuhr weit protahierter; die Gesamtausscheidung ist dabei aber doch etwa die gleiche (9,44%).

Bei Zufuhr per klysma ist die Ausscheidung durch den Urin, wie alle Autoren[2]) übereinstimmend angeben, geringer als bei Zufuhr per os. So fand Kleine[3]) in den ersten 24 Stunden nur 17,55% (gegen 25%) nach 2 g Chin. mur. in 100 Wasser. Wieweit besonders Faeces-Analysen vorgenommen sind, ist aus den Protokollen nicht zu ersehen.

Die Ausscheidung des Chinins bei subcutaner oder intramuskulärer Applikation soll, wie von verschiedenen Autoren betont wird, zu einer verringerten Chininausscheidung führen. Kleine fand 10—15% gegenüber 27% bei Zufuhr per os (im Kot dabei nur Spuren Chinin), Schmitz 16,1% gegen 26,6—29,7%, Giemsa und Schaumann 17,5% gegen 38,5%.

Allerdings spielen die Löslichkeitsverhältnisse dabei eine große Rolle, z. B. nach 1 g Chin. bihydrochlor. in 10 ccm Wasser gelöst, subcutan appliziert, erhielten Giemsa und Schaumann 23,3% im Urin wieder, bei Lösung in nur 1 ccm Wasser dagegen nur 15,2%. Aber auch bei gleichmäßiger Applikationsart kommen anscheinend starke Resorptionsdifferenzen vor, ohne daß im Einzelfall ein Grund für die Differenz ersichtlich wäre. So fand Grosser nach intramuskulärer Injektion Schwankungen in der Ausscheidung sogar zwischen 8,5 und 46,7%, bei gleichzeitigem Urethanzusatz Schmitz 16,1%, während Gaglio 30—50% im Urin erhält. Am Hund bestätigte Katz die Differenz der Ausscheidungsgröße: subcutan oder intramuskulär ca. 4,5% gegen 8—11% bei Zufuhr per os. Allerdings war für die subcutane Injektion Chininformiat verwendet worden statt Chininchlorid, das per os gegeben wurde. Beim Vergleich der Ausscheidung nach intramuskulärer und subcutaner Injektion ergab sich eine etwas schnellere Ausscheidung bei intramuskulärer Injektion. Es ist nicht ausgeschlossen, daß gerade diese verzögerte Ausscheidung bei subcutaner Zufuhr bei der Malariaprophylaxe und -therapie von Wichtigkeit ist.

Doch fanden Hartmann und Zila (a. a. O.), welche die Ausscheidung nach intravenöser, intramuskulärer und subcutaner Injektion und nach Darreichung per os untersuchten, keine nennenswerten Unterschiede in der Größe der Ausscheidung nach diesen verschiedenen Darreichungsarten. Vielmehr schwankt die Ausscheidungsgröße individuell in ziemlich weiten Grenzen. Ja

---

[1]) Katz, l. c.
[2]) Kerner, Kleine, Giemsa u. Schaumann, Flamini l. c.
[3]) Kleine, l. c.

selbst die gleiche Versuchsperson scheidet zu verschiedenen Zeiten verschieden große Chininmengen unverändert wieder aus.

Über intravenöse Injektionen und die Ausscheidungsgröße im Urin liegt eine Angabe von Mariani[1]) vor, wonach bei einmaligen Gaben per os am meisten (45,6%), bei intravenöser Injektion am wenigsten (27,94%) ausgeschieden werde; der Wert nach intramuskulärer Injektion liegt in der Mitte (35,43%).

II. Ausscheidung durch die Faeces. Die Angaben über die Nachweisbarkeit von Chinin im Kot schwanken stark. Nach Kerner[2]), Merkel[3]), Schmitz[4]) und Giemsa und Schaumann[5]) findet sich kein oder nur spurenweise Chinin im Kot; im Gegensatz dazu gibt Mariani[1]) an, im Kot eines Kranken 2,67% der zugeführten Menge (4 Tage lang je 1 g Chin. hydrochlor. gefunden zu haben, Flamini[6]) sogar 7,8—14,8% (2 g Chin. tannicum!). Nach Hartmann und Zila (a. a. O.) beträgt die Chininausscheidung in den Faeces des Menschen nach 0,5 g 7—10% und setzt sich aus einem unresorbierten und aus wieder ausgeschiedenen Anteil zusammen. Auch Katz[7]) konnte nach 0,5—1,0 Chin. mur. 1,2—11,1% der Tagesdosis im Kot von Hunden wiederfinden. In all diesen Fällen war das Chinin per os gereicht worden, also vermutlich zum Teil unresorbiert geblieben. Daß der Darm dabei neben den Nieren auch Ausscheidungsorgan sein kann, geht mit Wahrscheinlichkeit aus den Versuchen von Kleine hervor, der bei subcutaner Zufuhr an Hunden und Kaninchen Chinin im Kot bis zu 0,3% nachweisen konnte. Allerdings führte er nicht den elementaranalytischen Nachweis, daß es sich wirklich dabei um Chinin gehandelt hat.

Ausscheidung des Chinins auf anderen Wegen:

Im Speichel konnten Lepidi-Chionti[8]) Chinin nicht entdecken; doch spricht nach Giemsa und Schaumann[9]) der bittere Geschmack, der sich bei ihnen längere Zeit nach dem Verschlucken von Chinin in Oblaten bemerkbar machte, für eine geringe Ausscheidung durch die Speicheldrüsen; auch soll er nach subcutaner Injektion auftreten[10]).

Im Schweiß konnten weder Lepidi-Chionti noch Giemsa und Schaumann Chinin nachweisen. Mariani erhielt eine kaum bemerkbare Trübung mit Kali-Quecksilberjodidlösung im Schweiß eines Patienten.

In der Milch fand Mariani Spuren von Chinin bei einer Patientin, die innerhalb 3 Tagen 3,5 g Chin. hydrochlor. erhalten hatte. Giemsa[9]) konnte nach 1 g Chinin kein Chinin in der Milch nachweisen; er stellte auch fest, daß Chinin sich nicht an Bestandteile der Milch bindet. Auch Marza[11]) konnte bei Anwendung eines Verfahrens, das noch den Nachweis von 1 mg in 200 cm³ Milch gestattete, keine Ausscheidung durch die Milch feststellen.

Außerdem soll Chinin noch gefunden sein in der Tränenflüssigkeit, in Transsudaten und Exsudaten des Unterhautzellgewebes, in der Amnionsflüssig-

---

[1]) Mariani, l. c.
[2]) Kerner, l. c.
[3]) Merkel, l. c.
[4]) Schmitz, l. c.
[5]) Giemsa u. Schaumann, l. c.
[6]) Flamini, l. c.
[7]) Katz, l. c.
[8]) Lepidi-Chionti, Morgagni 1876, S. 327. Sull' absorbimento ed eliminazione della chinina; zit. nach Giemsa u. Schaumann.
[9]) Giemsa, Archiv f. Schiffs- u. Tropenhyg. 15, 8 (1911).
[10]) Kunkel, Toxikologie 2, 1744 (1901).
[11]) G. Marza, Bulletin de Chimie 17, 136; zit. nach Maly, Tierchemie 45, 113 (1915).

keit und dem Urin von Neugeborenen, deren Mütter unter Chininwaschung gestanden haben (zit. nach Giemsa und Schaumann, l. c. S. 42).

Zusammenfassend läßt sich danach über die Chininausscheidung sagen, daß der Mensch von dem zugeführten Chinin den größeren Teil zerstört und daß von Gesunden individuell stark schwankende Chininmengen — bis etwa 30% — unverändert ausgeschieden werden. Zersetzungsprodukte sind bisher noch nicht sicher nachgewiesen; denn der Befund Kerners (S. 46) wurde nicht bestätigt. Der Hund scheidet prozentual weniger mit dem Urin aus; nur 13% (Zufuhr per os) resp. 4,5% (subcutan); die Befunde Merkels über ein Zersetzungsprodukt wurden nicht bestätigt. Im Kot konnten fast alle Beobachter Chinin nachweisen; es stammt zum Teil aus wieder ausgeschiedenem Chinin.

Über den Weg des Abbaues des nicht ausgeschiedenen Chinins im Körper ist nichts bekannt. Biberfeld[1]) hat nachgewiesen, daß Chinolin als intermediäres Abbauprodukt nicht in Frage kommen kann, da dessen Stoffwechselprodukt Chinolinchinon im Harn nicht nachweisbar ist.

Die Ausscheidung bei Kranken weicht in unkomplizierten Fällen nicht von der bei Gesunden ab (Giemsa und Schaumann[2]); Schittenhelm und Schlecht[3])). Kiewict de Jonge[4]) fand manchmal eine gesteigerte Chininausscheidung; nach den neueren Arbeiten, welche auch bei verschiedenen Gesunden eine individuell recht schwankende Ausscheidungsgröße ergeben haben, dürfte diese Angabe aber nicht zutreffen. Auch bei Fällen von Schwarzwasserfieber ist keine wesentliche Veränderung der Ausscheidungskurve gefunden worden; vielleicht daß die Ausscheidung ein wenig langsamer erfolgt und größer ist als in der Norm. Zur Erklärung der Hämoglobinurie liefert das vorhandene Material keinen Beitrag. Die Beobachtungen von Marchoux, wonach die Ausscheidung nicht mit dem Hämoglobin zusammen, sondern danach erst im normalen Urin stattfinden soll, sind weder von Le Moel, noch von Giemsa und Schaumann[5]) bestätigt worden.

Die Frage der Gewöhnung ist experimentell von zwei verschiedenen Seiten her in Angriff genommen worden: Kleine[6]), Merkel[7]), Schmitz[8]) und Katz[9]) verfolgten die täglichen Ausscheidungen bei längerer Darreichung; Mariani[10]) und Giemsa und Schaumann[5]) verglichen die Ausscheidungsverhältnisse nach einmaliger und mehrmaliger Darreichung. Ohne in den tatsächlichen Beobachtungen zu differieren, kommen sie doch zu teilweise entgegengesetzten Schlußfolgerungen.

Beweisend gegen die Ausbildung einer Gewöhnung, d. h. der Fähigkeit, größere Chininmengen zu zerstören, scheinen die Versuche von Kleine (1,0 g Chinin täglich wird vom gesunden Manne bei dreimonatlicher Darreichung; immer zum gleichen Prozentsatz ausgeschieden), von Merkel (an 4 Hunden 2 Doppelversuche zum Teil von 1 Monat Dauer), und von Schmitz (2 Patien-

---

[1]) Joh. Biberfeld, Archiv f. exper. Pathol. u. Pharmakol. **79**, 36 (1916).
[2]) Giemsa u. Schaumann, l. c.
[3]) Schittenhelm u. Schlecht, Deutsche med. Woch. 1918, 314.
[4]) Kiewict de Jonge, Geneesk. Tijdschr. v. Ned. Ind. **46**, 3 (1906); zit. nach Maly, Tierchemie (1906), S. 323.
[5]) Giemsa u. Schaumann, l. c.; dort Literatur.
[6]) Kleine, l. c.
[7]) Merkel, l. c.
[8]) Schmitz, l. c.
[9]) Katz, l. c.
[10]) Mariani, l. c.

ten, 7 und 51 Tage ohne wesentliche Änderung der Ausscheidungsgröße) und
endlich die letzte große Versuchsreihe von Katz zu sein. Katz hat Hunden 22,
15 und 8 Tage lang wechselnde Dosen Chinin per os verabreicht (1—4mal täglich 0,25 g, resp. 1—2 mal 0,5 g); die Ausscheidungszahlen schwanken dabei auch
am Schluß der Reihe noch um die gleichen Werte wie am Anfang. Wenn man
bei Hund I die Einnahmen und Ausscheidungen in den ersten 11 Tagen mit
denen der zweiten 11 Tage vergleicht, ebenso bei Hund II die ersten 9 mit den
zweiten 9 Tagen vergleicht, so ergibt sich folgende Gegenüberstellung:

| | Chinin-Einnahme in Gramm | | Chinin-Ausscheidung in Gramm | |
	der I. Periode	der II. Periode	der I. Periode	der II. Periode
Hund I	5,5	7,0	0,2855 = 5,2 %	0,5051 = 7,25 %
Hund II	4,0	3,5	0,3331 = 8,3 %	0,3272 = 9,3 %

Man sieht, daß von einer verminderten Ausscheidung in der zweiten
Periode gar keine Rede sein kann.

Von einem etwas anderen Standpunkt aus sind Mariani und Giemsa
und Schaumann an die Frage der Gewöhnung herangegangen. Sie verglichen die Gesamtausscheidung, die nach nur einmaliger Dosis erfolgt, mit
der, welche bei fortlaufender Verabreichung derselben Menge eintritt. Mariani
gibt dafür das Verhältnis 45,63% : 34,52% an, also eine Differenz von 11,11%;
bei Giemsa und Schaumann verhielten sich die Zahlen zueinander wie
39,8% : 25,8%; also eine Differenz von 14,0%, „d. h. es würde sich bei einer
zehntägigen Medikation mit je 1 g Chinin pro die eine Differenz von 1,11—1,40 g
ergeben, deren Verbleiben unaufgeklärt bleibt." Die Deutung dieser übereinstimmenden Befunde — auch Zahlen von Briquet und Ancoume sprechen
im selben Sinne — ist nun bei beiden Forschern verschieden. Mariani schließt
aus seinen Zahlen auf eine Akkumulation im Blut oder den Organen;
Giemsa und Schaumann umgekehrt auf eine Zunahme der zerstörenden
Fähigkeiten des Organismus; sie sagen: „So scheint uns, daß der bei andauernder
Chininmedikation sich ergebende Fehlbetrag in der Ausscheidung nur in einer
gesteigerten Aufspaltung des Chinins gesucht werden kann. Dieses vermehrte Aufspaltungsvermögen... kann als ein Akkommodationsprozeß angesehen werden."

Die Hypothese Marianis von einer Aufspeicherung scheint nach dem
vorliegenden experimentellen Material widerlegt zu sein; nach Giemsa und
Schaumann findet sich in den Organen nur spurenweise Chinin und nach
Katz sinkt nach wochenlanger Chinindarreichung in den 3 ersten chininfreien
Tagen die Ausscheidung so schnell und gleichmäßig ab (von 0,0713 auf 0,0183
bis 0,0049—0,0010), daß eine wesentliche Aufstapelung nicht angenommen
werden kann.

Der Vorstellung von Giemsa und Schaumann dagegen wird man bei-
pflichten können, solange nicht in dem „Akkommodationsprozeß" eine echte
Gewöhnung gesehen werden soll. Nachdem einmal durch die oben genannten
Arbeiten eine Zunahme der Zerstörungsfähigkeit des Organismus bei längerer
Darreichung (analog etwa der Morphingewöhnung) auszuschließen ist, scheint
mir der Gedanke nicht unwahrscheinlich zu sein, in der obigen Tatsache eine
einfache Gleichgewichtserscheinung zu sehen. Denn meines Erachtens muß sich
bei so schwer verbrennbaren und auch schwer resorbierbaren und ausscheid-

baren Substanzen ein anderes Gleichgewichtsverhältnis zwischen Aufnahme und Ausgabe einstellen, wenn die Aufnahmeverhältnisse variiert werden; die Konzentrationen in den betreffenden Organzellen müssen ja dadurch wesentlich verschoben werden. Im einzelnen durchführen läßt sich solche Rechnung allerdings heute noch nicht.

Örtliche Wirkungen. Lokale Reizerscheinungen mit ausgedehnten Absceßbildungen bei subcutanen Injektionen werden von vielen Untersuchern beschrieben (vgl. z. B. Wittmaack[1]), K. Schröder)[2]). Chininarbeiter sollen manchmal an Dermatosen leiden.

Der intensiv bittere Geschmack ist noch in Verdünnungen von 1 : 10 000 deutlich.

Chininidiosynkrasie. Manoiloff[3]) deutet sie als Überempfindlichkeitserscheinung und führt folgendes Experiment an: Meerschweinchen, die mit 3—5 ccm Serum von Individuen mit Chininidiosynkrasie vorbehandelt sind, weisen sich als hochanaphylaktisch gegenüber einer 24—48 Stunden später erfolgenden Injektion von Chininsulfat.

Klinisch sind beim Menschen als üble Nebenwirkung juckende Hautausschläge, Ödeme mit folgender Abschuppung, Ekzeme, Roseola, Erytheme, Urticaria, Purpura, Blutungen in Haut und Schleimhäute beobachtet. Einreibungen von Chininsalbe in die Haut macht diese rissig und wund[4]).

Wirkung auf das Blut. Auf Erythrocyten und Blutfarbstoff. Blut in vitro mit Chinin versetzt wird nach einigen Tagen braun, zeigt ein starkes Band im Rot (Binz)[5]). Die Erythrocyten lösen sich auf[6]). Nach Lewin[7]) handelt es sich dabei um Methämoglobinbildung und nicht um eine besondere Verbindung des Chinins mit dem Hämatin, wie Marx[8]) annimmt, der einen solchen Körper sogar isoliert erhalten haben wollte. Auch Giemsa und Schaumann[9]) gelang es nicht, eine chemisch definierbare Verbindung von Chinin und Blutfarbstoff zu erhalten.

Ähnliche Wirkungen am lebenden Tier sind nicht beobachtet.

Die Erythrocyten im Körper zeigen nur geringe Empfindlichkeit dem Chinin gegenüber. Nach Manassein[10]) nimmt ihre Größe unter Chinin ab, besonders wenn Chinin stark antipyretisch wirkt.

Abnahme der Zahl (zit. bei Greniani, Arch. f. Hygiene 1911, 73, 40) nach 1 g Chinin. Eine besondere Empfindlichkeit der Erythrocyten gegen Chinin scheint bei den Anfällen von Schwarzwasserfiebern vorzuliegen[11]).

Ob im Organismus Erythrocyten unter dem Einfluß des Chinins zerfallen, muß dahingestellt bleiben; die von G. C. Simpson und E. S. Edie[12]) klinisch und am Kaninchen experimentell beobachtete Urobilinvermehrung im Harn könnte dafür sprechen.

---

[1]) Wittmaack, Archiv f. d. ges. Physiol. **95**, 248 (1903).
[2]) K. Schröder, Archiv f. experim. Pathol. u. Pharmakol. **72**, 380 (1913).
[3]) E. Manoiloff, Zeitschr. f. Immunitätsforschung **11**, 425 (1911).
[4]) Vgl. Kunkel, Toxikologie **2**, 752 (1901) u. Binz, Vorlesungen (1884), S. 714. Literatur.
[5]) Binz, Archiv f. experim. Pathol. u. Pharmakol. **7**, 309 (1877).
[6]) Pribram, Wiener klin. Wochenschr. **21**, Nr. 30 (1908).
[7]) Lewin, Archiv f. experim. Pathol. u. Pharmakol. **60**, 324 (1909).
[8]) Marx, Archiv f. experim. Pathol. u. Pharmakol. **54**, 460 (1906).
[9]) Giemsa u. Schaumann, Archiv f. Schiffs- u. Tropenhyg. **11**, 29f. (1907).
[10]) Manassein, zit. nach Binz,
[11]) Ausführliche Besprechung der Literatur bei Kunkel, Toxikologie **2**, 748f. (1901).
[12]) G. C. Simpson u. E. S. Edie, Annals of trop. Med. **6**, 443 (1912); zit. nach Centralblatt f. Biochemie u. Biophysik **14**, 764.

Die normale, im frischen Tierblut stattfindende Oxydation und CO_2-Bildung wird schon durch minimale Quantitäten Chinin (1 : 12 400 Chin. mur.) gehemmt (G. Harley[1]), Kerner[2])).

Hypoleukocytose. Sie ist neuerdings am Menschen studiert von Irisawa[3]) (unter v. Noorden und Zuntz); er fand, daß eine mässige, aber deutliche Hypoleukocytose der Stoffwechselwirkung des Chinins parallel geht (siehe S. 72). Nach Roth[4]) geht der Leukopenie eine kurzdauernde Leukocytose voran (wie er meint als Folge einer Milzkontraktion); konstatiert an Mensch und Hund. Auch am Kaninchen sinkt nach 25—40 cg pro kg subcutan die Leukocytenzahl von 10 230 auf 6510 oder von 5270 auf 1870 (E. Maurel[5])).

Von der Leukopenie werden nach Roth[4]) die Lymphocyten und Polynucleären gleichmäßig befallen (Hund); die primäre Leukocytose betraf die Lymphocyten, eine zweite, später nachfolgende Leukocytose die polynucleären Formen.

Morphologische Veränderungen an den polymorphkernigen Leukocyten nach therapeutischen Dosen (1 g Chinin mur.) bei Gesunden (aber nicht bei Malariakranken beschreibt A. Treutlein[6]); doch leugnet v. Schilling-Torgau[7]) auf Grund sorgfältiger Nachprüfung eine Beeinflussung der morphologischen Struktur der Leukocyten.

Wirkung auf die weißen Blutkörperchen. Binz[8]) war der erste, der eine spezifisch lähmende Wirkung auf die weißen Blutkörperchen unter dem Mikroskop feststellte. Nach Scharrenbroich[9]) ist diese hemmende Wirkung bei Säugetierblut noch bei Verdünnung 1 : 4000 deutlich, bei Froschblut bei 1 : 3000.

Aber nicht nur außerhalb des Körpers, auch innerhalb desselben läßt sich eine Beeinflussung der vitalen Eigenschaften der Leukocyten beobachten; es nimmt ihre Zahl ab (Hypoleukocytose) und sie büßen die Fähigkeit ein, auf einen Entzündungsreiz hin die Gefäßwände zu passieren (Binz[8]) und Scharrenbroich)[9]).

Die Verhinderung der Entzündungsemigration wurde zuerst von Binz am bloßgelegten Mesenterium des Frosches festgestellt, das sich normalerweise bald mit Eiter bedeckt. Der Durchtritt der Leukocyten durch die Gefäßwände läßt sich aber präventiv oder auch curativ durch Chinininjektion verhindern. Dieser Versuch wurde bestätigt von Martin[10]), der außer auf den Mangel der Emigration noch auf das Ausbleiben der entzündlichen Gefäßerweiterung durch Chinin hinwies, weiterhin von Kerner[11]), von Zahn[12]), von

---

[1]) G. Harley, Philos. Transact. **2**, 712 (1865); zit. nach Kerner, Archiv f. d. ges. Physiol. **3**, 126.

[2]) G. Kerner, Archiv f. d. ges. Physiol. **2**, 126.

[3]) Irisawa, mitgeteilt durch v. Noorden u. Zuntz, Du Bonis Archiv (1894), 203.

[4]) Roth, Journ. of pharm. exp. Therap. **4**, 157 (1912); zit. im Centralbl. f. Biochemie u. Biophysik **14**, 764.

[5]) E. Maurel, Compt. rend. de la Soc. de Biol. **55**, 367.

[6]) A. Treutlein, Archiv f. Schiffs- u. Tropenhyg. **15** (1911); zit. im Centralbl. f. Biochemie u. Biophysik (1912), S. 764.

[7]) v. Schilling-Torgau, Archiv f. Schiffs u. Tropenhyg. **16**, 222 (1912).

[8]) Binz, Archiv f. mikroskop. Anat. **2** (1867).

[9]) Scharrenbroich, Diss. Bonn (1867).

[10]) Martin, Diss. Gießen (1868).

[11]) Kerner, Archiv f. d. ges. Physiol. **3**, 93 (1870); **5**, 27 (1872); **7**, 122 (1873).

[12]) Zahn, Arbeiten a. d. Berner pathol. Inst. 1871/72. Würzburg (1873). Herausgegeben von Klebs.

Jerusalimsky[1]). Auch Schtschepotjew[2]) sah nach großen Chinindosen (18—25 mg) Schwinden der amöboiden Bewegungen. Engelmann[3]), der sich zuerst auf einen ablehnenden Standpunkt stellte, überzeugte sich später von der Richtigkeit der Binzschen Befunde. Diese Emigrationsbehinderung ist nichts für Chinin Spezifisches; sie wurde auch bei Eucalyptol, Carbol und Salicylsäure beobachtet (Peckelharing[4]), Literatur). Aber es fehlte auch nicht an Stimmen, die die beobachteten Tatsachen ganz leugneten oder wenigstens die Lähmung der Leukocyten auf andere Momente zurückführten. So sah Schwalbe[5]) im Blut schwer mit Chinin vergifteter Katzen keine Schädigung der Leukocyten eintreten; auch Geltowsky[6]) sah nur außerhalb des Körpers eine Schädigung der Leukocyten eintreten, bei — schätzungsweise — gleicher Konzentration im Tierkörper dagegen keine; Köhler[7]) endlich bestätigte zwar die Befunde von Binz, führte aber die Emigrationshinderung auf die gleichzeitige Verschlechterung der Zirkulation zurück; ebenso Hobart A. Hare[8]). Peckelharing[4]) zieht wieder andere Momente zur Erklärung heran: Als Anhänger der Filtrationshypothese für die Emigration der Leukocyten meint er, daß Chinin die Permeabilität der Gefäßwände durch Verdichtung so verschlechtere, daß die weißen Blutkörperchen dadurch rein mechanisch gehindert würden zu emigrieren; denn er fand, daß subcutane Chinininjektionen in Dosen, welche die Herzaktion und den Blutdruck nicht beeinträchtigten, deutlich den Lymphabfluß aus einem verbrühten Hundeschenkel verminderten. Am Frosche sei es nicht die Lähmung der Leukocyten, sondern das Hintanhalten der entzündlichen Gefäßalteration, welches die Emigration verhindere. Auf demselben Standpunkt stellte sich Disselhorst[9]), der nur in der Beschreibung der Wirkung auf die Gefäßweite von Peckelharing abweicht; er sah neben inkonstantem Verhalten der Gefäße stets oft beträchtliche Venendilatation, die Peckelharing häufig vermißte.

Diese drei Einwände gegen die Anschauung der Vergiftung der Leukocyten durch Chinin suchen die Arbeiten Apperts und Schuhmachers zu widerlegen.

Appert[10]) beschäftigte sich vornehmlich mit der Frage der wirksamen Konzentrationen und dem Verhältnis der Zirkulationsveränderung zur Emigrationshemmung. Er arbeitete an der Zunge von Fröschen. Dosen von 1 : 3500—4000 des Körpergewichts verhinderten die Emigration durch Verlangsamung des Blutstromes und Verhinderung der Randstellung der Leukocyten; Dosen von 1 : 4444 des Körpergewichts dagegen, innerhalb 3—4 Stunden injiziert, verhinderten die Emigration für 2—3 Stunden vollkommen trotz nur mittlerer Stromverlangsamung und reichlicher Randstellung farbloser Blutkörperchen. Ihre aktiven Formveränderungen fehlten. Daß eine mittlere Stromverlangsamung an sich nicht die Auswanderung behindere, zeigte Appert

[1]) Jerusalimsky, Über die physiologische Wirkung des Chinins. Berlin (1875).
[2]) Schtschepotjew, Archiv f. d. ges. Physiol. **19**, 54 (1879).
[3]) Engelmann in Hermanns Handbuch der Physiologie. Teil 1, S. 364 (1879). — Du Bois Reymonds Archiv (1885), S. 148.
[4]) Peckelharing, Virchows Archiv **104**, 242 (1886); mit ausführlicher Kritik der von Binz namentlich verteidigten Hypothese von dem aktiven Durchtritt der Leukocyten durch die Gefäßwand.
[5]) Schwalbe, Deutsche Klinik (1868), Nr. 36.
[6]) Geltowsky, Practitioner (1872).
[7]) Köhler, Zeitschr. f. d. ges. Naturwissensch., 3. Folge, **1** (1877).
[8]) Hobart A. Har, Philadelphia med. Times **15**, 43 (1884).
[9]) Disselhorst, Virchows Archiv **113**, 1888; Diss. Halle (1887).
[10]) Appert, Virchows Archiv **71** (1877).

durch künstliche Zirkulationsstörung ähnlichen Grades infolge mäßiger Kompression der Zungenarterie; also wäre die Auswanderung durch Chinin nicht der Zirkulationsverschlechterung, sondern der geschädigten Aktivität der Leukocyten zuzuschreiben.

Schuhmacher[1]) (unter Kobert) hat dann weiterhin in sorgfältigen Versuchen am Froschmesenterium die Frage noch einmal geprüft und gefunden, daß trotz zunehmender Zirkulationsschwäche noch eine mächtige Emigration beginnen kann (Versuch 1), auch wenn sie lange Zeit durch Chinin unterbrochen gewesen ist. Ferner erwies sich die Diapedese der roten Blutkörperchen durch das Chinin in manchen Versuchen nicht alteriert, obwohl die Emigration und die Aktivität der Leukocyten durch Chinin aufs schwerste geschädigt war; das spricht dagegen, daß die — wahrscheinlich ja wirklich vorhandene — Verminderung der Permeabilität einen Einfluß auf den Durchtritt der Leukocyten hat.

Klinische Konzentrationen scheinen auf die Leukocyten einen bewegungsfördernden Einfluß zu haben. Denn Leber[2]) fand an 1 mm langen und 1 mm weiten Röhrchen, die zur Hälfte mit gepulvertem Chininsulfat und mit konzentrierter Chininlösung gefüllt steril in die vordere Augenkammer von Kaninchen geführt waren, nach 8 Tagen an der Mündung einen Kopf eitrigen Exsudates, der sich noch $2^{1}/_{2}$ mm weit in das Lumen hineinzog (mehr als im Kontrollversuche). Es scheint der zurückgebliebene Rest von verdünnter Chininlösung eine begünstigende Wirkung auf die Wanderung der Leukocyten ausgeübt zu haben. Diese erregende Wirkung kleinster Konzentrationen wäre ja nicht ohne Analogie (vgl. S. 27 ff.) und würde vielleicht manche der Widersprüche erklären, die wir oben erwähnt haben.

Wie auf die Bewegungen, so wirkt Chinin auch auf die phagocytären Fähigkeiten der Leukocyten, und zwar in großer Verdünnung steigend, bei höheren Konzentrationen lähmend. So erzeugte Grünspan[3]) bei Ratten durch intraperitoneale Injektionen von Aleuronatbouillon Leukocytenexsudat und injizierte dann den Tieren Eiweiß-Carmin und Chinin in verschiedener Verdünnung intraperitoneal; er fand bei 0,002% eine Steigerung der Phagocytose (ebenso Wilson[4])) bei Verdünnung 1 : 15 000—100 000), bei 0,1% starke Hemmung. Ein Einfluß auf die Phagocytose von Bakterien konnte merkwürdigerweise nicht festgestellt werden. Doch beobachteten Kentzler und Benczur[5]), daß bei kurzer Versuchsdauer und hoher Konzentration von 1 : 100 und 1000 eine Hemmung auch hier deutlich sei.

Im Gegensatz zu Grünspan und Wilson sah Hamburger[6]) auch bei größten Verdünnungen (0,001% salzsaures Chinin in 0,9% NaCl) nur Hemmung der Leukocytose; die Hemmung noch nach $1^{1}/_{2}$ Stunden reversibel, aber nicht mehr nach 17 stündiger Einwirkung.

Ob im Blut chininbehandelter Tiere auch eine Beeinflussung der Phagocyten zu beobachten ist, muß nach den geringen Konzentrationen, die dort existieren, fraglich erscheinen. Ferranini[7]) hatte bei solchen Untersuchungen

[1]) Schuhmacher, Diss. Dorpat. Arbeiten des pharmakol. Instituts in Dorpat **10**, 1 (1894). Dort auch eine eingehende literarische Übersicht.

[2]) Leber, Die Entstehung der Entzündung und die Wirkung der entzündungserregenden Schädlichkeiten. Leipzig (1891). S. 456—459.

[3]) Th. Grünspan, Centralbl. f. Bakt. u. Parasitenk. (I) **48**, 444.

[4]) Thomas M. Wilson, Amer. Journ. of Physiol. **19**, 445 (1907).

[5]) Kentzler u. Benczur, Zeitschr. f. klin. Medizin **67**, 242.

[6]) H. J. Hamburger, Physikal.-chem. Untersuchungen über Phagocytose. Wiesbaden (1912).

[7]) Ferranini, Riforma med. **26**, Nr. 11; zit. nach Maly, Tierchemie (1910), S. 1109.

negative Resultate Kentzler und Benczur[1]) wollen sogar bei Kaninchen eine geringe vorübergehende Steigerung der Phagocytose gesehen haben, nicht aber bei fiebernden Menschen.

Vergleichende Untersuchungen über die gleichzeitige Wirkung des Chinins auf Erythrocyten und Leukocyten hat E. Maurel[2]) an Kaninchenblut angestellt. Er fand, daß in 1 proz. Bromwasserstoff-Chininlösung Hämolyse der roten Blutkörperchen und Tod der Leukocyten eintrat, daß 0,25% die Leukocyten noch in einigen Stunden tötet und Hämolyse verursacht, wenn auch erst in längerer Zeit danach. Eine 0,1 proz. Lösung tötet in 12 Stunden die meisten Leukocyten, läßt aber die Erythrocyten intakt. 0,025 endlich verändert nur noch die Leukocyten in der Form.

Daraus geht hervor, wieviel empfindlicher die Leukocyten der Giftwirkung gegenüber sind als die Erythrocyten.

3. Serum. Die Löslichkeit von Chinin. pur. amorph. in Serum (Schwein) ist nach Giemsa und Schaumann[3]) 0,1344 : 100, somit etwas höher als in Wasser (0,118 : 100 bei 15°); nach Kerner[4]) löst sich Chinin. pur. in 0,398 : 1000 bei 36° C in defibriniertem Tierblut.

Schon in geringen Konzentrationen haben Chininlösungen einen koagulierenden Einfluß auf Eiweißlösungen (Roßbach)[5]). Eiweißlösungen, die wegen hoher Verdünnung beim Kochen keine Trübung mehr geben, trüben sich bei 60° C, sobald einige Milligramme von Chininsalz hinzukommen; dabei tritt eine Eiweiß-Chininverbindung ein.

Auch Serum gibt Koagulate mit Chininlösungen (gleiche Teile gesättigte Chininsalzlösungen und Serum); zu beachten bei intravenösen Injektionen (Giemsa und Schaumann)[3]). Das Serum in vivo soll in seiner Zusammensetzung bei chronischer Chinindarreichung Änderungen erfahren (Vermehrung an Trockenrückstand und organischer Substanz, Albumin?, de Sandro)[6]); doch widersprechen sich die Befunde noch vielfach.

Die Immunkörperbildung scheint nicht wesentlich durch Chinin beeinflußt zu werden; so fand Graciani[7]) an Kaninchen und Meerschweinchen, die lange Zeit (100 Tage) mit kleinen Dosen (0,005 g pro kg) subcutan behandelt wurden, keine Änderung der bactericiden und phagocytären Fähigkeiten (gegen Typhusbakterien). Dasselbe fand er auch bei Menschen, die 100 Tage lang $2 \times 0,02$ g erhielten. Keine Veränderung fand bei Tieren auch Farranini[8]) und Casoni[9]). Wilson[10]) sah dagegen geringe Zunahme des Opsoninindex bei Menschen (gesunde Studenten) nach 0,9 g (15 grain) Chinin.

Dagegen soll die Ausbildung von Immunbacteriolysinen und -opsoninen gegen Typhus durch Chinin gehemmt werden (Graciani[7]) an Kaninchen),

---

[1]) Kentzler u. Benczur, Zeitschr. f. klin. Medizin 67, 242.
[2]) E. Maurel, Wirkung von neutralem bromwasserstoffsaurem Chinin auf die geformten Elemente des Kaninchenblutes. Compt. rend. de la Soc. de Biol. 54, 1202—1203; zit. nach Maly, Tierchemie (1902), S. 185.
[3]) Giemsa u. Schaumann, l. c.
[4]) Kerner, Archiv f. d. ges. Physiol. 3.
[5]) Roßbach, zit. nach Binz, „Das Chinin" (1875), S. 51.
[6]) D. de Sandro, La riforma med. (1910), Nr. 14; zit. nach Maly, Tierchemie (1910), S. 145.
[7]) Graciani, Archiv f. Hyg. 73, 39 (1910).
[8]) L. Farranini, Riforma med. 26, Nr. 11; zit. nach Maly, Tierchemie (1910), S. 1109.
[9]) Casoni, Gazetta intern. di med. (1909); zit. bei Graciani, Chinin bei Kaninchen per os.
[10]) Thomas M. Wilson, Amer. Journ. of Physiol. 19, 445 (1907).

Casoni[1]) leugnet es; vielleicht ist das differente Resultat dadurch bedingt, daß Graciani das Chinin subcutan und Casoni per os beibrachte.

Wirkung auf die blutbildenden Organe. Nach de Sandro[2]) begünstigt Chinin die Bildung roter Blutkörperchen nach Aderlaß.

Die klinisch beobachtete Milzverkleinerung nach Chinindarreichung läßt sich nach Mosler und Landois, Binz, Bochefontaine[3]) auch im Tierexperiment nachweisen; sie tritt auch nach völliger Nervendurchschneidung ein (Mosler und Landois). Während letztere Autoren sie durch Kontraktion der contractilen Fasern erklären (analog etwa der Milzverkleinerung nach Muskarin), sieht Binz darin nur ein Zeichen der verringerten Aktivität und erinnert dabei an die verminderte Produktion der farblosen Blutkörperchen. Diese Hypothese findet eine Stütze in Untersuchungen von A. Valenti[4]) (an Hunden, Meerschweinchen und Kaninchen); er fand Abnahme der Milzzellen, breite Blutlücken und Gefäßerweiterung; pigmentbildende Bindegewebszellen, viele Megakariocyten, Zunahme der Pseudoeosinophilen und Leukoblasten (wie auch im Knochenmark). Wird das Chinin fortgelassen, so wird alles wieder normal. Es handelt sich um eine elektive Wirkung ·auf Milz und Knochenmark, denn andere Organe mit lymphoidem Gewebe, wie Lymphdrüsen, Peyersche Plaques, Tonsillen bleiben beim gleichen Versuchstier unverändert.

Wirkung auf den Magen-Darmkanal: Klinisch wurde an der Verdauung eines Probefrühstückes (250 Tee, 2 Stück Zucker, 45 g Weißbrot) eine hemmende Wirkung durch Dosen von 0,15—0,6 g „Chinain" festgestellt; mit 1,0 g ergab sich dagegen eine geringe Beschleunigung (1 Versuch) (Birk)[5]). Tierexperimentell ist die Magenverdauung von Klocmann[6]) (unter Cohnheim) untersucht worden. Er stellte namentlich eine beträchtliche Erniedrigung der Magensekretmenge auf 60% der normalen Werte fest, die sich auf mehrere Tage erstreckt (an Hunden mit Magen- und Dünndarmkanülen und Probefrühstück). Die Versuchsresultate gibt folgende Tabelle wieder.

Nr. des Versuchs	1	11	12	13	14	9	15
Hund	Hektor	·Hektor	Hektor	Hektor	Hektor	Nero	Nero
Vers.-Bed. . .	Normal	Nachwirkung: 0,4 g Chin. 24 Std. vor dem Frühstück	0,4 g Chin. 10′ vor d. Frühstück	Nachwirkung: 48 Std. vor dem Frühstück 0,4 g Chinin	Nachwirkung: 0,4 g Chin. 120 Std. v. dem Frühstück	Normal	0,4 g Chin. 25′ vor d. Frühstück
Sekretmenge in g	301	138,5	168,5	155	197	309	249
Entleerungsdauer in Min.	129	85	119	150	151	210	297
Beginn d. Breiausscheidung in Min. . .	42	32	31	45	33	24	55
Frei HCl . .	16	12	nach { 12	nach { 10	nach { 9	15	nach { 30
Ges.-Acid. . .	36	43	84′ { 52	55′ { 29	89′ { 36	42	230′ { 65

[1]) Casoni, l. c.

[2]) D. de Sandro, Riforma medica (1911), Nr. 16; 27, Nr. 18; zit. nach Maly, Tierchemie (1911) 966.

[3]) Zit. nach Binz, „Das Chinin". Berlin (1875).

[4]) A. Valenti, Arch. ital. biol. **54**, 181; zit. nach Maly, Tierchemie (1911) 966 und Arch. d. Farm. **18**, 246; zit. nach Centralbl. f. Biochemie u. Biophysik **17**, 870 (1914).

[5]) Simon Birk, Inaug.-Diss. Erlangen (1904).

[6]) Klocmann, Zeitschr. f. physiol. Chemie **80** (1912).

Die Wirkung auf die eiweißspaltenden Eigenschaften des Magensaftes ist dagegen in geringer Konzentration eine gering fördernde (L. Wolberg, Laqueur), erst in höherer eine hemmende (s. S. 27 ff.). Klinisch wird oft Erbrechen beschrieben; der Angriffspunkt ist noch unbekannt (vgl. Binz, Vorlesungen über Pharmakologie (1884), S. 709, und Kunkel, Toxikologie 2, 744 (1901.)

Über die Wirkung einiger Chinaalkaloide auf die Darmbewegung stellte Ladisch[1]) unter Kochmann Versuche an. Er stellte fest, daß Chinin in kleinen Gaben den isolierten Kaninchendarm erregt, indem Kontraktionsgröße und Tonus steigen ohne Frequenzänderung, während größere Gaben lähmen. Chinin wirkt stärker als Cinchonin und Cinchonidin. Die Lähmung erfolgt durch unmittelbare Wirkung auf die Muskulatur.

Die Wirkung des Chinins auf die **Pankreassekretion** (Benedicenti)[2]) besteht nach Benedicenti in einer vermehrten Sekretion (des Wassers und des Trockenrückstandes).

Wirkung auf die Leber. Eine Verminderung der Gallensekretion nach Chinin ist fraglich (Buchheim)[3]), der N- und S-Gehalt bleibt normal (Benedicenti)[4]). Die überlebende Leber hat deutliche Fähigkeit, Chinin zu zerstören (Grosser)[5]); ihr Gaswechsel wird herabgesetzt (C. Binz)[6]).

Die postmortale Glykogenbildung fiel nach intravenöser Chinininjektion (Hund: 0,4—2,0 g Chin. bisulf.) geringer aus als normal (Cavazzani)[7]), wahrscheinlich infolge Fermentlähmung; denn F. Pick[8]) sah dasselbe an Leberpulver (s. S. 28).

Wirkung auf die Nieren. In manchen klinischen Fällen scheint eine Reizwirkung[9]) anzunehmen zu sein (Zylinder, Albumen). Nach G. Giemsa[10]) kommt die Hämolyse des Schwarzwasserfiebers wahrscheinlich in der Niere zustande.

Die Hippursäurebildung der überlebenden Niere wird gehemmt (A. Hoffmann)[11]) durch Zusatz von 1,0 g Chinin. mur. zu 1100—2000 ccm Blut.

Wirkung auf die Lungen. Nach Jackson[12]) wirkt Chinin auf die Bronchiolen verengernd, und zwar durch direkte Muskelwirkung.

Wirkung auf den Uterus. Eine wehenerregende Wirkung des Chinins ist schon längst von klinischer Seite behauptet worden[13]); direkt als wehenbeförderndes Mittel empfohlen wird es neuerdings von Becher[14]), Mäurer[15]), Co-

---

[1]) E. Ladisch, Inaug.-Diss. Greifswald 1914.

[2]) A. Benedicenti, Giornale della R. Accad. di Medicina di Torino 67, 467; zit. nach Maly, Tierchemie (1904), S. 485.

[3]) Buchheim, zit. nach Binz, Eulenburgs Realenzyklopädie (1880), S. 171.

[4]) A. Benedicenti, Arch. ital. de biol. 38, 434; zit. nach Maly, Tierchemie (1904), S. 485.

[5]) P. Grosser, Biochem. Zeitschr. 8, 115 (1908).

[6]) Binz, Eulenburgs Realenzyklopädie (1880), S. 183; Artikel Chinarinde.

[7]) Cavazzani, Archiv f. Anat. u. Physiol., Suppl. (1899), S. 106.

[8]) T. Pick, Beiträge z. chem. Physiol. u. Pathol. 3, 174 (1902).

[9]) J. Kunkel, Toxikologie 2, 751 (1901).

[10]) G. Giemsa, Archiv f. Schiffs- u. Tropenhyg. 12, Beih., S. 78.

[11]) A. Hoffmann, Archiv f. experim. Pathol. u. Pharmakol. 7, 243 (1874).

[12]) D. E. Jackson, Journ. of pharm. exp. Therap. 4, 291 (1913); zit. in Oppenheimers Centralbl. 15, 201.

[13]) Literaturangaben z. B. bei Binz, Das Chinin. Berlin (1875). S. 32 u. 34. Anm.— Conitzer, Archiv f. Gynäkol. 82, 347 (1907). — E. Grande empfiehlt deswegen bei Malaria und Schwangerschaft statt Chinin das Euchinin (Gazz. Osp. e delle Clin. 30, 89).

[14]) J. Becher, Deutsche med. Wochenschr. (1905), S. 417; zit. bei Kehrer, l. c.

[15]) Mäurer, Deutsche med. Wochenschr. (1907), S. 173. In 78% der Fälle verstärkende Wirkung.

nitzer[1]). Der oder ein Angriffspunkt der Wirkung scheint peripher zu sein, da sie auch am isolierten Organ zu beobachten ist (Kurdinowski[2]), E. Kehrer[3]), A. Winter[4]), Zanda)[5]). Nach A. Winter steigert Chinin den Tonus und regularisiert die Bewegungen; Atropin ändert daran nichts. Nach Hale[6]) bewirkt Chinin starke Kontraktionen und Verstärkung der spontanen rhythmischen Zusammenziehungen auch nach sympathischer Lähmung durch Ergotin oder Atropin. Auch bei der lebenden Katze ist durch Injektion von 1 cg Chinin intravenös eine deutliche Verstärkung, durch 2,3 cg ein tetanusartiger Zustand der Kontraktionen zu erzielen (Kehrer[3])). Biberfeld[7]) fand dagegen Erschlaffung des Uterus.

Wirkung auf Kreislauf und Herz. Der Kreislauf wird durch große Gaben immer geschädigt; durch kleine Dosen kommt dagegen nach den Angaben mehrerer Autoren[8]) wenigstens vorübergehend eine Erhöhung des Blutdruckes zustande. Santesson[9]) maß bei Kaninchen (meist Urethannarkose) den mittleren Blutdruck mit einem Hg-Manometer an der Carotis. Bei intravenöser Injektion ergab sich als Wirkung kleinster Gaben in Bestätigung der älteren Befunde eine kleine Steigerung des Blutdrucks (um 5—15 mm Hg) und der Pulsfrequenz, besonders der letzteren. Im Gegensatz hierzu fand Biberfeld[7]) nach der gleichen Methode bei kleineren Dosen keine Wirkung, bei größeren (2 mg) Drucksenkung und Pulsverlangsamung bei fast unveränderter Atmung.

In größeren Gaben setzte Chinin aber Blutdruck und Pulsfrequenz mehr oder weniger schnell herab, namentlich den ersteren; zuletzt schlägt das Herz unregelmäßig und in Gruppen.

Ähnlich ist das Bild auch bei anderen Warmblütern (Mensch, Hund); bei Kaltblütern (Frosch) soll die Erhöhung des Blutdrucks fehlen (Eulenburg und Simon[10]), Schlockow)[11]). Über die Beobachtung der Zirkulationsverlangsamung in den Capillaren der Zunge und des Mesenteriums vom Frosch siehe bei: Weiße Blutkörperchen. Die Analyse dieser Gesamtwirkung ergab, daß es sich um direkte Herz- und Gefäßwirkung handelt; denn Vagus- und Depressordurchschneidung ändern am Gesamtbild nichts (Lewitzky[12]), Kuhn[13])).

1. **Wirkung auf das Herz.** Alle Funktionen werden verändert: Frequenz, Reizbarkeit und Energie der Kontraktionen. Die Störungen sind anfangs reversibler Art.

a) **Frequenz.** Die Steigerung der Pulsfrequenz nach kleinen Gaben ist oft recht beträchtlich, am Kaninchen z. B. von 252 auf 360, dabei Blutdruck 112 auf 117 mm (Santesson)[14]). Ähnliches beobachteten auch

---

[1]) Conitzer, Archiv f. Gynäkol. **82**, 349 (1907).
[2]) Kurdinowski, Archiv f. Gynäkol. **78**, 34 (1906).
[3]) E. Kehrer, Archiv f. Gynäkol. **81**.
[4]) A. Winter, Diss. München (1912). S. 22.
[5]) Zanda, zit. nach Maly, Tierchemie (1910), S. 1223 o. R.; Arch. intern. de Pharm. et de Thér. **20**, 415.
[6]) W. Hale, Journ. of pharm. **6**, 602; zit. nach Maly, Tierchemie **68**, 536 (1915).
[7]) Joh. Biberfeld, Archiv f. exper. Pathol. u. Pharmakol. **79**, 361 (1916).
[8]) Ausführliche Literaturangaben bei Santesson, l. c.
[9]) Santesson, Archiv f. experim. Pathol. u. Pharmakol. **30**, 365.
[10]) Eulenburg u. Simon, Archiv f. Anat. u. Physiol. (1865), S. 426.
[11]) Schlockow, Studien des physiol. Inst. zu Breslau **1**, 163.
[12]) Lewitzky, Virchows Archiv **47**, 352.
[13]) Kuhn, Maandblad d. sect. v. Naturw. Amsterdam (1873); zit. nach Binz, Das Chinin. Berlin (1875).
[14]) Santesson, Archiv f. experim. Pathol. u. Pharmakol. **32**, 367 (1893).

Sch**l**ockow[1]), Eulenburg[2]), Mendenhall[3]), Barabaschew[4]) an 6 gesunden Menschen (nach 2,4—3,6 g) u. a. An Fröschen ist eine (geringe) Frequenzzunahme nur bei kleinsten Dosen zu beobachten (0,002 Chin. mur.),
Schtschepotjew[5]). Als Ursache dieser Frequenzsteigerung betrachtet
Jerusalimsky[6]) eine Lähmung der Vagusendigungen; doch wurde dies von
Binz[7]) bestritten, obwohl er selbst eine gewisse lähmende Wirkung zugibt
(an Kaninchen bewirkte dieselbe Vagusreizung vor Chinin Herzstillstand,
nachher nur noch Verminderung auf 90—70 Pulse). Sie scheint jedoch nicht
stark zu sein; denn Lewitzky[8]), Schlockow und Schtschepotjew vermißten sie ganz. Gegen die Auffassung Jerusalimskys scheint mir auch zu
sprechen, daß die Frequenzsteigerung an Tieren beobachtet wurde, die wenig
oder keinen Vagustonus besitzen (Kaninchen, Santesson). Am isolierten
Säugetierherz fand Hofmann[9]) bei Durchströmung mit Locke-Lösung eine
ausgesprochene Abnahme der Schlagfrequenz. Es bestand eine erhebliche
individuelle Verschiedenheit der wirksamen Konzentration (0,007—0,05%). Bei
längerer Durchströmung tritt Stillstand ein. Bei starker Herabsetzung der
Schlagfrequenz tritt eine unregelmäßige Hemmungswirkung eingeschalteter
Extrasystolen auf, die noch nicht näher analysiert ist.

Größere Gaben setzen stets die Frequenz herab; es liegt dabei keine
zentrale oder periphere Vagusreizung vor; denn Vagusdurchschneidung
oder Atropin heben sie nicht auf (Lewitzky[8]), Binz[7]), Santesson[10]), Kakowski)[11]).

Embryonale Herzen scheinen nur gelähmt zu werden: Fische (Polimanti)[12]), Hühnchen (Preyer)[13]).

b) Reizbarkeit. Am isolierten Froschherz tritt eine anfangs reversible
Abnahme der Reizbarkeit mit zunehmender Vergiftung ein (Santesson)[10]);
ob darauf (Santesson) oder ob auch auf Reizleitungsstörungen die Frequenzhalbierung und die Arrhythmien zurückzuführen sind, ist noch nicht näher
analysiert.

Auf eine anfängliche Steigerung der Reizbarkeit läßt vielleicht die Beobachtung schließen, daß die abgeschnittene oder abgeklemmte Herzspitze
(Frosch, 0,002—0,016 g) spontane Schläge zeigt (Schtschepotjew[5]), Löwit[14]),
von Langendorff[15]) nicht bestätigt).

Am isolierten Säugetierherz fand Hofmann[9]) Herabsetzung der Reizbarkeit.

---

[1]) Schlockow, Studien des physiol. Instituts in Breslau 1, 163. Kaninchen, Frösche;
an letzteren keine Steigerung.
[2]) Eulenburg, Archiv f. Anat. u. Physiol. (1865), S. 426. Frösche, keine Erhöhung.
[3]) Mendenhall, Amer. Journ. of Physiol., Juli 1846.
[4]) Barabaschew, Archiv f. Augenheilkunde 23, 91; zit. nach Nohl, Diss. Heidelberg (1901).
[5]) Schtschepotjew, Archiv f. d. ges. Physiol. 19, 53 (1879).
[6]) Jerusalimsky, Über die physiol. Wirkung des Chinins. Berlin (1875). Auch
Chirone (zit. nach Santesson, l. c. S. 322) sah nach großen Dosen keinen Reizerfolg
mehr.
[7]) Binz, Archiv f. experim. Pathol. u. Pharmakol. 5, 45.
[8]) Lewitzky, Virchows Archiv 47, 359 (1869). Kaninchen.
[9]) F. L. Hofmann, Zeitschr. f. Biologie 66, 320 (1915).
[10]) Santesson, l. c.
[11]) Kakowski, Arch. intern. de Pharm. et de Thér. 15, 80 (1905).
[12]) Polimanti, Journ. de Physiol. 13, 829 (1911).
[13]) Preyer, zit. bei Polimanti, l. c.
[14]) Löwit, Archiv f. d. ges. Physiol. 25, 448 (1881).
[15]) Langendorff, Archiv f. Anat. u. Physiol. (1884), Suppl. S. 21.

c) Die Mechanik der Herzkontraktion nach Chininwirkung ist am isolierten Froschherz einer Untersuchung von Santesson[1]) mit der Anordnung
von Dreser unterzogen worden. Er fand nie eine Erhöhung der Muskelleistung
(wie am Skelettmuskel), sondern stets eine Herabsetzung (so auch Kakowski)[2]).
Le Fèvre de Arric[3]) bestätigt neuerdings Erhöhung der Herzarbeit durch
kleine Dosen (Schildkröte), jedoch bei gleichzeitiger Pulsverlangsamung (kompensatorisch?). Die sog. „absolute Kraft des Herzens wurde durch Chinin —
auch in kleinen Gaben (1 : 50 000) — konstant herabgesetzt" (Santesson).
Nach der Vergiftung trat völlige Erholung ein, ohne eine erhöhende Nachwirkung aufzuweisen. Die Kontraktionsgröße fand Hofmann[4]) am Säugetierherzen herabgesetzt.

In nicht zu kleinen Dosen soll nicht nur die Kontraktionsenergie leiden,
sondern auch die Elastizität; Santesson beobachtete starke Dilatationen,
die er auf eine Abnahme der Elastizität bezieht.

Da die Dresersche Anordnung — vgl. die Kritik O. Franks — über
die elementaren Funktionen des Herzmuskels keine eindeutige Auskunft zu
geben vermag, so habe ich mit einer Modifikation der Frankschen Methode
von R. Usui einige Dehnungskurven an Froschherzen aufnehmen lassen, die
in mancher Beziehung die Santessonschen Beobachtungen ergänzen resp.
modifizieren.

Es ergab sich erstens, daß ganz am Anfang einer jeden Vergiftung mittleren
Grades zunächst eine Erhöhung der Druckleistungen isometrischer Kontraktionen eintrat, die nicht groß, aber deutlich war. Daraus geht hervor,
daß das Froschherz keine Ausnahme von der Regel macht, daß Chinin in kleinen
Dosen erregend und erst in größeren lähmend wirkt; denn man wird die Reizwirkung wohl auf die ersten eindringenden, also kleinsten Mengen beziehen
dürfen.

Zweitens zeigte die Dehnungskurve der isotonischen Minima, die über die
Elastizität des Herzmuskels Auskunft gibt, keine von der Norm wesentlich abweichende Form; es kamen geringe Vergrößerungen des Lumens
ganz am Anfang, aber dann auch wieder Verkleinerungen vor, die jedoch nie
weit über die normale Breite hinauslagen. Danach dürfte die von Santesson
beobachtete enorme Dilatation lediglich auf die starke Herabsetzung der Pulsfrequenz zu beziehen sein, deren Einfluß ohne genaue Analyse nicht a priori
abzuschätzen ist. Vgl. dazu die Feststellung Franks, daß auch die lange
angenommene dilatierende Wirkung des Vagus nur als Frequenzwirkung anzusehen ist.

Die Kurve der isometrischen Maxima, die besser über die absolute
Kraft des Herzens Auskunft gibt als die Messungsmethode Dresers, weil sie
die absolute Kraft bei jeder Volumgröße angibt, scheint in derselben Weise verändert wie von anderen lähmenden Giften auch; ebenso die Kurve der isotonischen Maxima und damit auch die Kurven der Anschlags- und Über-
lastungsmaxima. In bezug auf Einzelheiten sei auf die demnächst im Archiv
f. experim. Pathol. u. Pharmakol. erscheinende ausführliche Publikation verwiesen.

Das isolierte Warmblüterherz (Katze und Kaninchen) scheint nur ge-

---

[1]) Santesson, l. c.
[2]) Kakovski, Arch. intern. de Pharm. et de Thér. 15, 79 (1905).
[3]) Le Fèvre de Arric, Ann. et bull. Soc. roy. Bruxelles 70, 274; zit. im Centralbl.
f. Biochemie u. Biophysik 15, 123.
[4]) F. L. Hofmann, l. c.

lähmt zu werden (Moulinier[1]), Grasnitzki[2]), Kakovski)[3]); ebenso embryonale Herzen (Fisch[4]), Hühnchen)[5]).

Den Gaswechsel von überlebenden Katzenherzen ließ ich durch Nagasaki[6]) feststellen; es ergab sich, daß bei kalt durchströmten Herzen (25° C) die Kurve der Tätigkeit schneller sinkt als die des O_2-Verbrauchs. Dieses Verhalten entspricht der Wirkung der Narkotica, während Cyankali gerade umgekehrt einen steileren Abfall des O_2-Verbrauchs zeigt als der Tätigkeit. Das weist mit großer Wahrscheinlichkeit daraufhin, daß durch Chinin primär die Tätigkeitsprozesse in den Muskelzellen gelähmt werden und erst sekundär die Oxydationsprozesse.

Die Lymphherzen des Frosches sind wie alle Organe ebenfalls der lähmenden Wirkung des Chinins zugänglich, sie scheinen empfindlicher zu sein als Respiration und das Blutherz (Eulenburg)[7]).

b) Die Wirkung auf die Gefäße ist mit den verschiedensten Methoden studiert worden. Die Versuche deuten überwiegend auf eine direkte gefäßerweiternde Wirkung, die aber im Fieber wohl sicher noch durch zentrale regulatorische Einflüsse verstärkt wird. (Über die Wirkung auf das vasomotorische Zentrum s. S. 65).

Plethysmographische Untersuchungen nahm Maragliano[8]) an fieberfreien und fiebernden Menschen vor; er fand bei beiden nach Genuß von Chinin (0,5—2,0 Chin. sulf.; 0,5 Chin. bisulf. per os; 0,5—1,5 Chin. hydrochlor. subcutan) ganz regelmäßig eine Erweiterung der Extremitätengefäße; sie ging im Fieber der antithermischen Wirkung parallel. Der Stärke nach verhielt sich die Gefäßerweiterung im Fieber ähnlich derjenigen, die nach Antipyrin, Thallin usw. auftrat — das sei manchen entgegengesetzt lautenden literarischen Darstellungen gegenüber hervorgehoben.

Nach Messungen der von der Haut abgegebenen Wärmemenge (Methode Bärensprung) in Selbstversuchen (0,25—1,25 g Chin. mur.) und am gesunden Kaninchen (0,08—0,37 g) glaubt Arntz[9]) jedoch im fieberfreien Zustand keine Gefäßerweiterung annehmen zu dürfen — an fiebernden hat er nicht gearbeitet.

Eine direkte Beobachtung der Gefäße und Messung unter dem Mikroskope erfolgte am Froschmesenterium bei Berieselung mit Chininlösungen oder bei indirekter Zufuhr durch subcutane Injektion. Die Angaben lauten nicht alle übereinstimmend; Verengerung der Gefäße haben gesehen: Appert[10]) (an der Froschzunge bei subcutaner Injektion), Hobart A. Hare[11]) und Peckelharing[12]) (bei Berieselung des Froschmesenteriums mit 0,1—0,2proz. Lösungen). Erweiterung dagegen beschreiben: Binz[13]), Zahn[14]), Appert[10]) (bei Be-

[1]) Moulinier, Journ. de Physiol. et de Pathol. génér. **10**, 617; zit. nach Maly, Tierchemie (1910), S. 1223.
[2]) Grasnitzki, zit. nach Maly, Tierchemie (1910), S. 1188.
[3]) Kakovski, Arch. intern. de Pharm. et de Thér. **15**, 80 (1905).
[4]) Polimanti, Journ. de Physiol. et de Pathol. génér. **13**, 798—825.
[5]) Preyer, zit. nach Polimanti, l. c.
[6]) Nagasaki, Unpublizierte Versuche.
[7]) Eulenburg, Müllers Archiv (1865), S. 428.
[8]) Maragliano, Zeitschr. f. klin. Med. **14**, 309 (1888) und **17**, 291 (1890).
[9]) Arntz, Archiv f. d. ges. Physiol. **31**, 531 (1883).
[10]) Appert, Virchows Archiv **71** (1877).
[11]) Hobart A. Hare, Philadelphia med. Times **15**, 43 (1884); zit. nach Schuhmacher, Diss. Dorpat, Arbeiten d. pharmakol. Instituts in Dorpat **10**, 1 (1894).
[12]) Peckelharing, Virchows Archiv **104**, 242 (1886).
[13]) Binz, l. c.
[14]) Zahn, zit. bei Schuhmacher, l. c.

rieselung), Peckelharing[1]) (bei subcutaner Injektion), Disselhorst[2]) (Berieselung des Mesenteriums), Schuhmacher[3]) (am Mesenterium nach subcutaner Injektion). Namentlich sind es die Venen, die eine oft ganz beträchtliche Erweiterung zeigen; die Arterien verhalten sich meist inkonstant. Ob sich die Widersprüche aus Konzentrationsunterschieden, methodischen Differenzen oder sekundären Komplikationen durch die beginnende Entzündung erklären, läßt sich kaum entscheiden. Am Läwen-Trendelenburgschen Präparate findet Biberfeld[4]) in der Regel Gefäßverengerung nach Chinin, während er sonst bei Warm- und Kaltblütern Gefäßerschlaffung beobachtet.

Diese Gefäßerweiterungen sind teilweise peripherer Natur; das geht sowohl aus den vorgenannten als auch aus Chirons[5]) Versuchen (unter Cl. Bernard) hervor, der eine Gefäßerweiterung am Kaninchenohr auch nach Nervendurchschneidung beobachtete, als auch endlich aus Versuchen Koberts[6]) und Thomsons[7]) an überlebenden Organen. Denn sie stellten eine starke gefäßerweiternde Wirkung fest (an Extremität, Niere und Uterus von Schwein, Hund, Schaf und Rind; Dosen: 0,005—0,1%).

Blutungen nach Chinin (Nase, Zahnfleisch, Darm) sind klinisch manchmal beschrieben[8]), ihre Ursache ist unbekannt.

Wirkung auf das Nervensystem. Einer in größeren Dosen lähmenden Wirkung scheint wie an anderen Organen auch hier eine erregende durch kleine Dosen voranzugehen. So fand Heubach[9]) eine Erhöhung der Reflexerregbarkeit an Fröschen (Türkscher Versuch) nach Dosen von 0,001—0,005 Chin. amorph. mur. (d. h. salzsaures Chinoidin), bei Katzen (0,1 Chin. amorph. mur.); nach größeren Gaben aber tritt eine Herabsetzung ein, die die meisten Autoren (Schlockow[10]), Eulenburg[11]) und C. Binz[12]), Köhler[13]), Harnack[14])) als direkte Wirkung des Chinins betrachten, von einzelnen (Meihuizen[15]), Heubach, l. c. S. 2—6) aber nur als Folge des Herzstillstandes angesehen wird; doch beschreibt Heubach selbst Versuche, wo die Reflexzeit stark verlängert ist und das Herz noch fast normale Pulsfrequenz hatte (l. c. S. 11). Eine genauere Analyse führte Eulenburg[11]) am Frosch durch: Ausschaltung eines Beines führte nicht zur Erhaltung der Reflexerregbarkeit; also ist der Sitz der Lähmung im Zentralnervensystem zu suchen; direkte Reizung des Rückenmarks und der Nerven ergab prompte Muskelreaktion; die Strychninerregung wird herabgesetzt resp. unterdrückt, so daß nach Eulenburg die

[1]) Pickelharing, Virchows Archiv **104**, 242 (1886).
[2]) Disselhorst, Virchows Archiv **113** (1888); Diss. Halle (1887).
[3]) Schuhmacher, l. c.
[4]) Joh. Biberfeld, Archiv f. exper. Pathol. u. Pharmakol. **79**, 361 (1916).
[5]) Chiron, zit. nach Heubach, Archiv f. experim. Pathol. u. Pharmakol. **5**, 17.
[6]) Kobert, Archiv f. experim. Pathol. u. Pharmakol. **22**, 93 (1887); Arbeiten d. pharmakol. Instituts in Dorpat **13** (1896).
[7]) Thomson, Diss. Dorpat (1886).
[8]) Kunkel, Toxikologie **2**, 751 (1901).
[9]) Heubach, Archiv f. experim. Pathol. u. Pharmakol. **5**, 1 (1876). Beim Menschen sind Anfälle von Tetanus nach Chinin beobachtet. — Kunkel, Toxikologie **2**, 747 (1901). — Binz führt die Krampfanfälle, die Jacubowitsch bei kleinen Hunden nach 0,3—1,0 g Chinin sah, auf Hirnanämie zurück („Das Chinin", S. 22, 1875).
[10]) Schlockow, l. c.
[11]) Eulenburg, Virchows Archiv **2**.
[12]) C. Binz, Eulenburgs Realenzyklopädie **3**, 2 (1880).
[13]) Köhler, Sitzungsber. d. Naturf.-Ges. in Halle (1876); zit. nach Harnack, l. c.
[14]) E. Harnack, Archiv f. experim. Pathol. u. Pharmakol. **7**, 138 (1877).
[15]) Meihuizen, Archiv f. d. ges. Physiol. **7**, 201 (1873).

Reaktionslosigkeit auf einer Lähmung derjenigen Apparate des Rückenmarks beruht, welche die Umsetzung sensibler Erregung in motorische Aktion vermitteln; für die Intaktheit der motorischen Apparate selbst spricht auch, daß ganz reflexlose Tiere noch spontane konvulsivische Zuckungen zeigten (Eulenburg). Nach Chapéron (unter Fick) soll es sich bei der Herabsetzung der Reflexerregbarkeit beim Frosch um Hemmung von höheren Hirnzentren her handeln; denn nach Lähmung der Reflexe (Türkscher Versuch) stellte Durchschneidung des Rückenmarks wieder die Erregbarkeit her. Heubach (unter Binz) konnte diese Befunde jedoch nicht bestätigen; trotz mannigfacher Modifikation der Versuchsanordnung gelang es ihm auch nicht, den Grund für die Differenz der Beobachtung festzustellen.

Von den Reflexen soll sich nach Eulenburg (entgegen den Angaben Schlockows) der Cornealreflex am längsten erhalten.

Als Ursache der Lähmung betrachtet Moldovan[1] eine Hemmung der Oxydationen, die er mittels vitaler Farbstoffe an der Zelle der Hirnrinde (Kaninchen?) nachweisen konnte (vgl. dazu S. 63 Herzstoffwechsel).

Von einzelnen Autoren ist genauer untersucht nur das Vasomotoren- und das Atemzentrum.

a) Das Atemzentrum; die Respiration am Frosch wird nach Eulenburg, der anscheinend nur große, ca. 0,03—0,12 g (vgl. Binz (1875), S. 24) Dosen benutzt hat, in der Stärke immer herabgesetzt, die Frequenz zeigte zwar im allgemeinen auch die Tendenz zu fallen, stieg aber bei mittleren Dosen vorübergehend wieder an, und zwar bis über die normale Höhe. Die schon in der Norm vorhandenen Arrhythmien verstärken sich noch. Der definitive Stillstand erfolgt früher als der des Herzens.

Von Warmblütern (Katze) gibt Schwalbe[2] das umgekehrte Verhalten an; nach ihm hört die Respiration früher auf als die Herztätigkeit. Die allgemeine Gültigkeit dieses Satzes wird aber von Heubach[3] bestritten (nach Versuchen an Katzen und Kaninchen); er sieht in der Respirationslähmung in erster Linie die Todesursache.

b) Vasomotorenzentrum. Nach Schroff[4] sinkt die Erregbarkeit (geprüft mittels sensibler Reize und durch Erstickung) bei Kaninchen (0,0125 bis 0,038 g Chin. mur. mehrmals) und Hunden (0,165—0,18 g) dauernd ab. Heubach bestreitet auch hier die Deutung der Befunde als direkte Chininwirkung, da er entweder keine Herabsetzung beobachten konnte (Katzen 0,075 bzw. 0,038g Chin. amorph. mur.) oder (bei Hunden) ein spontanes Sinken auch ohne Chinin sah; ein Kaninchen, das eine tödliche Dosis (0,62 g subcutan) erhielt, zeigte paralleles Sinken des Blutdruckes und der Erregbarkeit des Vasomotorenzentrums.

c) Über die Wirkung des Chinins auf die Temperaturregulierung s. S. 76 ff. Morphologische Veränderungen an den Ganglienzellen der Hirnrinde sah De Bono[5] schon 2 Stunden post. inj. (Chromatolyse, variköse Atrophie der Protoplasmafortsätze).

Wirkung auf periphere Nerven. Motorische Nerven: Nach subcutaner Injektion läßt sich nach Eulenburg[6] und Schlockow[7] keine Herabsetzung

---

[1] Moldovan, Zeitschr. f. Biochemie **47**, 421 (1912).
[2] Schwalbe, Deutsche Klinik **20**, 325 (1868).
[3] Heubach, l. c. S. 24.
[4] Schroff, Strickers med. Jahrb. Wien (1875). 2. Heft, S. 175; zit. nach Heubach, S. 16.
[5] Ref. Centralbl. f. Augenheilkunde (1895), S. 583; (1899), S. 480.
[6] Eulenburg, l. c.
[7] Schlockow, Studien d. physiol. Instituts in Breslau **1**, 163.

der Erregbarkeit der motorischen Nerven konstatieren. Bei lokaler Applikation (neutrale 0,7 proz. Lösung verglichen mit 0,7 proz. NaCl-Lösung; Isotonie?!) soll zunächst eine relative Erhöhung der Erregbarkeit eintreten, dann schnellere Abnahme als im Kontrollpräparat.

Die sensiblen Nerven scheinen der lähmenden Wirkung leichter zugänglich zu sein, namentlich an den Endigungen; deshalb neuerdings auch als Lokalanästhetikum empfohlen (Schepelmann[1]), Schaefer)[2]). Doch macht es anfangs Schmerzen; daher wird Zusatz von Antipyrin empfohlen (Chin. mur. 0,3, Antipy.0,3, Aqu. dest. ad 10,0); es soll 6 Stunden lang Anästhesie machen.

Morgenroth und Ginsberg[3]) prüften die Hornhautanästhesie durch einige Chinaalkaloide und fanden, daß Chinin in etwa 3 proz. Lösung bei einer Einwirkungszeit von 1 Minute nach 2—3 Minuten eine 30—90 Minuten dauernde vollkommene Anästhesie („Normalanästhesie") hervorruft, d. h. annähernd so wirksam ist wie Cocain. Einen Vergleich mit den übrigen geprüften Chininabkömmlingen gibt die nebenstehende Kurve.

Die Hautsensibilität wird bei innerlicher Verabreichung zunächst etwas erhöht, dann herabgesetzt (Barabaschew)[4]); der Angriffspunkt ist unbekannt.

Eine Wirkung auf Drüsennerven sah Heidenhain[5]) an der Speicheldrüse des Hundes: durch Einspritzen von Chinin in den Whartonschen Gang (2—4 ccm $^1/_6$ proz. Lösung) werden die Chordafasern gelähmt bei Fortdauer der Erregbarkeit des Sympathicus. Bei innerer Darreichung wird kein solcher Effekt erzielt; es wären zu große Dosen notwendig.

Wirkung auf die Muskulatur. In höheren Konzentrationen wird die Muskelsubstanz abgetötet. Lösungen von 1 : 250 destruieren die quergestreiften Froschmuskeln. Schwächere Lösungen machen keine Veränderungen[6]); auf dem frischen Querschnitt von Froschmuskel rufen Chininlösungen aber zuerst lebhafte Zuckungen hervor (Eulenburg)[7]). Diese erregende Wirkung tritt stark hervor, wenn Chinin subcutan oder intravenös gegeben wird; es nimmt die Leistungsfähigkeit

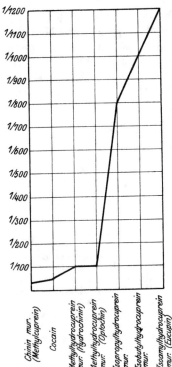

Abb. 13. Hornhautanästhesie durch Chininabkömmlinge (nach Morgenroth u. Ginsberg[3]). Ordinate: Verdünnungen, die noch „Normalanästhesie" hervorrufen. Abszisse: Wirksame Substanzen.

[1]) Schepelmann, Ther. der Gegenwart 52, 545 (1911).
[2]) Schaefer, George L., Pharmaceutical Journal 30, 324; zit. nach Maly, Thierchemie 70, 96 (1910).
[3]) J. Morgenroth u. S. Ginsberg, Berl. klin. Wochenschr. 1912, Nr. 46 u. 1913, Nr. 8.
[4]) Barabaschew, Archiv f. Augenheilkunde 23, 91.
[5]) Heidenhain, Archiv f. d. ges. Physiol. 9, 345; Studien d. physiol. Instituts in Breslau, 4. Heft, S. 85.
[6]) Kund Secher, Archiv f. exper. Pathol. u. Pharmakol. 78, 444 (1915).
[7]) Eulenburg u. Simon, Archiv f. Anat., Physiol. u. wissenschaftl. Medizin (1865), S. 426. — Schon A. v. Humboldt hat die Beobachtung gemacht, daß die gesunkene Erregbarkeit von Muskeln durch Eintauchen in Chinarindenextrakt wieder gebessert werden konnte. „Versuche über die gereizten Muskel- und Nervenfasern" 2, 422 (1797).

der Skelettmuskeln bedeutend zu (Buchheim und Eisenmenger[1]), Schtschepotjew[2]), Santesson)[3]). Dies eigenartige Phänomen ist von Santesson an Frosch- und Kaninchenmuskeln (Gastrocnemius) eingehender studiert; es tritt 1 Stunde nach der Vergiftung ein und ist nach 3—4 Stunden am größten und hält bis 20 Stunden an. Als Beispiel sei ein Versuchsprotokoll in Kurvenform wiedergegeben.

Der Sitz dieser erregenden Wirkung ist die Muskelsubstanz; denn Curare beeinflußt die Erscheinung nicht.

Diese eigentümliche Wirkung der Chinaalkaloide (auch Cinchonin, Cinchonidin und Conchinin wirken ähnlich, wenn auch in geringerem Maße) beruht nicht etwa auf einer Steigerung des Gehaltes an potentieller Energie des Muskels, sondern auf einer Änderung der Ausnutzung des im Muskel vorhandenen Materials. Denn in vergleichenden Ermüdungsversuchen ergab sich, daß der vergiftete Muskel bei schnell einander folgenden Reizen in den ersten Minuten bedeutend mehr leistete als der unvergiftete, aber auch viel schneller ermüdete als dieser — und das um so früher, je später innerhalb gewisser Grenzen nach der Vergiftung die Reizungen ausgeführt wurden. Die Ermüdung tritt noch bei Lösungen von 1 : 45000 vorzeitig auf[4]). Die totale Leistung wurde dabei nach der Vergiftung viel geringer als vorher.

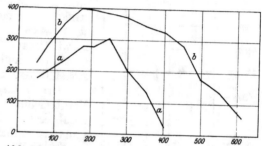

Abb. 14. Arbeitsleistung bei verschiedenen Belastungen des linken (unvergifteten) Gastrocnemius (Kurve a) und des rechten nach der Vergiftung mit 2 mg Chin. mur. subcutan (Kurve 2). Rana esculenta. Ordinate: Arbeit in Gramm. Abscisse = Belastung in Gramm. Überlastungszuckungen. Aus Santesson, Archiv f. experim. Pathol. u. Pharmakol. **30**, 421, Vers. XLV; nach den Zahlen des Protokolls gezeichnet.

Die Zuckungskurven bieten keine besonderen Eigentümlichkeiten dar, sie sind höher und steigen etwas steiler an als diejenigen des unvergifteten Muskels; verhalten sich danach also wie eine normalerweise kräftigere Kontraktion zu einer schwächeren. Doch sind diese Verhältnisse nicht exakt untersucht.

Bemerkenswerterweise waren die Tetani des vergifteten Muskels fast immer von Anfang an niedriger als diejenigen des unvergifteten; worauf dieser prinzipielle Unterschied der Einzelzuckung gegenüber beruht, ist nicht weiter untersucht. Es machte sich die Ermüdung bei ihm schnell bemerkbar und er verfiel meistens bald in Starre; diese schon während des Lebens des Versuchstieres in einem einzelnen, sehr angestrengten Muskel hervorgerufene Starre ist wahrscheinlich anderen Arten von Starre analog zu setzen.

Am Skelettmuskel des Kaninchens erhielt Santesson prinzipiell dieselben Verhältnisse wie am Froschmuskel, nur waren sie kompliziert durch die gleichzeitigen Veränderungen des Zirkulationsapparates. Die Giftwirkung (7—10 cg intravenös) trat viel schneller (schon nach 6 Minuten) ein als am Frosch.

---

[1]) Buchheim u. Eisenmenger, Eckhardts Beiträge, Gießen, **5**, 133; zit. nach Binz, „Das Chinin". Berlin (1875). S. 31.
[2]) Schtschepotjew, Archiv f. d. ges. Physiol. **19**, 53 (1879).
[3]) Santesson, Archiv f. experim. Pathol. u. Pharmakol. **30**, 411 (1892).
[4]) Kund Secher, l. c.

Analog zum Skelettmuskel erfolgt anfangs auch beim Herzmuskel eine kleine Steigerung der Leistungsfähigkeit; doch ist sie so gering, daß sie Santesson entging (s. oben S. 60 ff.).

Den Gaswechsel überlebender Muskelpartikel (Methode Batelli) fand S. Senta[1]) durch relativ schwache Konzentrationen Chinin gehemmt (bei $1/5000$ erste Wirkung; $1/1500$ setzt auf 35% herab). Die Muskeln von Säugetieren waren weniger empfindlich als die von Tauben. Dasselbe hatte früher auch schon C. Binz[2]) beobachtet: er sah, daß Blut durch Muskel und andere Gewebsstückchen bei Gegenwart von Chinin nicht so reduziert wird wie normal.

Über Gaswechseluntersuchungen am überlebenden Herzmuskel s. S. 63. Sie zeigen, daß der Angriffspunkt der Chininlähmung die Tätigkeitsprozesse sind und nicht die Oxydationsprozesse; diese werden vielmehr erst sekundär gelähmt.

Wirkung auf das Gehörorgan. Als toxische Nebenwirkung mittlerer bis großer Dosen Chinin tritt bei einer großen Anzahl Menschen Ohrensausen, Taubheitsgefühl, stechende Schmerzen hinter dem Ohr und im Gehörgang ein. Selbst bei kleineren Dosen treten bei einigen Individuen solche Störungen auf, Schulz[3]).

Die ersten experimentellen Untersuchungen am Tier stammen von Kirchner[4]); er vergiftete Kaninchen, Katzen, Hunde, Meerschweinchen und Mäuse mit großen, meist tödlichen Chinindosen. Auf Grund makro- und mikroskopischer Untersuchungen glaubt er Blutaustritte in der Schnecke und den halbzirkelförmigen Kanälen als Ursache der Hörstörungen ansprechen zu dürfen. Ebenso urteilt Ferreri[5]). Gegen diese Auffassung und die gehandhabte Methodik erhoben Jacoby, Moos, Gradenigo[6]) Bedenken, da die Blutungen wahrscheinlicher der agonalen Erstickung ihren Ursprung verdankten.

Wittmaack[7]) hat für die Richtigkeit dieser Auffassung in einer gründlichen experimentell-histologischen Arbeit Beweise herbeigebracht; durch besonders vorsichtige Tötung ließen sich diese Blutungen vermeiden; damit war der Beweis geführt, daß die sonst beobachteten Extravasate Folge der agonalen Suffokation gewesen sind; das stimmt auch mit dem negativen klinischen Befund an den Trommelfellen solcher Tiere überein. Danach hält Wittmaack eine Anämie des häutigen Labyrinths für wahrscheinlicher (analog den Befunden am Auge) als eine Blutüberfüllung[8]).

Eine genauere histologische Untersuchung der Gehörorgane nach der Nisslschen Methode ergab regelmäßig deutliche Veränderungen an den Ganglienzellen: „Diese Veränderungen geben sich vorwiegend zu erkennen in der gesteigerten Affinität der einzelnen Nisslkörperchen zum basischen Farbstoff. Während die Ganglienzellen des normalen Kontrolltieres die einzelne Granula scharf differenziert von der den Untergrund bildenden rotgefärbten Protoplasmagrundmasse erkennen lassen, erscheinen die Zellen des Chinintieres bei gleicher Differenzierung noch in einem diffusen, das ganze Protoplasma einnehmendem Blau, aus dem die einzelnen Nisslkörperchen als tief dunkelblau gefärbte Körn-

---

[1]) S. Senta, Arch. intern. de Pharm. et de Thér. **18**, 217.
[2]) C. Binz, Eulenburgs Realenzyklopädie **3**, 183 (1880).
[3]) Schulz, Virchows Archiv **109**, 21.
[4]) Kirchner, Berl. klin. Wochenschr. (1881), Nr. 49; Monatsschr. f. Ohrenheilkunde (1883), Nr. 5.
[5]) Ferreri, Arch. ital. di otologia **12**, Heft 4 (1902).
[6]) Zit. nach Wittmaack, Archiv f. d. ges. Physiol. **95**, 209 (1903).
[7]) Wittmaack, Archiv f. d. ges. Physiol. **95**, 209 u. 234 (1903). Dort auch ausführliche Literaturzusammenstellung.
[8]) Auch am gesunden Menschen ist nach 1,0 g salzs. Chinin Anämie des äußeren Gehörganges beobachtet worden; zit. nach Binz, Vorlesungen 1884, S. 712. Dort auch Literatur.

chen hindurchschimmern ..." Diese Erscheinungen scheinen spezifisch für die Ganglienzellen zu sein; denn andere Organe (z. B. Leber und Niere) ließen nie einen ähnlichen
Unterschied in der Färbbarkeit der einzelnen Zelle zwischen normalem Tier und Chinintier
feststellen. In den schwersten Vergiftungsfällen zeigt das Protoplasma ein diffuses, homo-
genes, bläuliches, verwaschenes Aussehen und nur ganz vereinzelt sind noch einige intensiver blau gefärbte, zusammengeballte Körperchen erkennbar, zuweilen schließen sie in
Form eines dunkelblauen Ringes wie bei den mittelschweren Veränderungen den meist
ebenfalls deutlich veränderten Kern ein." "Die Veränderungen am Kern der Ganglienzellen
nach Chininintoxikation treten hinter denen des Protoplasmas stark zurück." "Bei schweren
Fällen schien der netzartige Bau (des Kerngerüstes) einem mehr homogenen Aussehen
Platz gemacht zu haben."

Danach treten also bei Vergiftung mit Chinin unzweifelhaft Veränderungen
an den Ganglienzellen des Ganglion spinale auf; sie sind wahrscheinlich einer
primären spezifischen Giftwirkung auf die Zelle zuzuschreiben und nicht etwa
gleichzeitigen Zirkulationsstörungen. Letztere mögen vielleicht unterstützend
wirken; ein Beweis läßt sich aber nicht dafür erbringen.

Aus diesen anatomischen Befunden dürften sich auch die klinischen Beobachtungen erklären lassen: das initiale Ohrensausen entspräche einer Reizwirkung, das Taubsein der Lähmungswirkung auf die Ganglienzellen des Ge-
hörorgans. Unentschieden bleibt noch, ob und inwieweit außerdem noch eine
Beteiligung der Ganglienzellen der Großhirnrinde, des Acusticusstammes oder
-kernes usw. an der Vergiftung anzunehmen ist.

Wirkung auf Geruchsorgan. Einmal ist bei toxischen Dosen Verlust des
Geruches beobachtet worden (Garafolo[1]), gleichzeitig mit Amaurose.

Wirkung auf das Auge. 1. Am Menschen. Seltener als am Gehörorgan
treten Funktionsstörungen am Auge des Menschen[2] bei therapeutischen Gaben
auf; in den leichtesten Fällen äußern sie sich nur in Nebel oder Schleier vor
den Augen, die Regel ist aber in akuten Fällen eine absolute doppelseitige
Amaurose, seltener sind nach Prodromalerscheinungen wie Lichtscheu, Ver-
kleinertsehen und jagende Visionen. Die klinische Untersuchung ergibt in
den leichtesten Fällen eine konzentrische Einengung des Gesichtsfeldes mit
verminderter zentraler Sehschärfe, ferner Mydriasis mit schlechter oder fehlender direkter oder indirekter Pupillenreaktion, die Retinalarterien sind gewöhnlich etwas verengt und die Papille abgeblaßt. Bei vollständiger Amaurose ist die Pupille maximal dilatiert und lichtstarr. Die Papillen sind
bleich, scharf umgrenzt, Arterien und Venen verengert. Es besteht also
eine Ischämie der Retina. Der intraokuläre Druck ist etwas herabgesetzt
(Adamük). Seltenere Phänomene sind: Anästhesie der Cornea, Nystagmus
verticalis und Strabismus convergens. Über die Differentialdiagnose mit Sehstörungen bei Malaria siehe Demicheri[3].

In den meisten Fällen kehrt nach Tagen bis höchstens Wochen wenigstens
quantitatives Sehvermögen zurück, länger anhaltende Blindheit kommt nur den
schwersten Fällen zu.

Über die Größe einer sicher toxischen Dosis lassen sich keine bestimmten An-
gaben machen. Brunner[4] stellte fest, daß Chininamaurose vorkam bei 2,6—15 g
Chinin, einzelne Dosis; bei 4,0—8,0 g Chinin, innerhalb Stunden; bei 8,0—11,0 g
Chinin innerhalb 3—11 Tagen; bei 24,0—30,0 g Chinin innerhalb Wochen.

---

[1] Garafolo, Ref. Centralbl. f. Augenheilkunde (1890), S. 191; zit. nach Nohl,
Inaug.-Diss. Heidelberg (1901).

[2] Literatur s. bei Ernst Nohl, Inaug.-Diss. Heidelberg (1901). Neuere Kasuistik
ref. im Biochem. u. biophysik. Centralbl. (1913), 476; (1912), 329.

[3] Demicheri, Ann. d'Oculist. **115**, 32; zit. nach Kunkel, Toxikologie **2**, 747
(1901).

[4] Brunner, Inaug.-Diss. Zürich (1882).

Experimente an Menschen. Kleinere Dosen (0,005—0,01 Chin. sulf. pro die), einige Wochen lang, erzeugen keine Amblyopien (Schulz)[1]).

Mit größeren Dosen (2,4—3,6 g) erzeugte Barabaschew[2]) an sechs gesunden Personen deutliche Funktionsherabsetzung, denen bemerkenswerterweise eine kurze Steigerung vorausging; so berichtet er, daß einige Stunden vor der Verminderung die Sehschärfe, die teilweise sogar zu temporärer Amaurose führte, zentral deutlich erhöht war, und daß vor der Mydriasis eine vorübergehende Verengerung der Pupille eintrat. Gleichzeitig mit diesen Funktionssteigerungen war auch die Hautsensibilität erhöht, der Puls vermehrt und die Temperatur um .0,2—0,4° C gesteigert. Oppenheimer[3]) (unter Kunkel) konstatierte in Selbstversuchen (3 mal) ca. 12 Stunden nach Einnahme von 0,3 g Chin. mur. und 1 mal nach Einnahme von 1,0 g (in letzterem Falle starke Beschwerden) fast regelmäßig eine konzentrierte Einengung des Gesichtsfeldes.

Versuche an Tieren. Die am Menschen klinisch festgestellten Sehstörungen lassen sich auch experimentell an Tieren hervorrufen; besonders geeignet sind Hunde und Katzen (Brunner[4]), De Schweinitz[5]), De Bono[6]), Barabaschew[7]), Holden[8]), Druault)[9]). Birch-Hirschfeld[10]) gelang es auch, an Kaninchen (2 mal täglich 0,5 g Chin. mur. subcutan) die typischen Augenveränderungen zu beobachten: Netzhautischämie; Blindheit war schwer festzustellen. Druault dagegen sah keinen Erfolg bei Kaninchen, wie auch an Meerschweinchen, Tauben und Mäusen.

Die wirksamen Dosen waren beim Hund 0,16—1,0 pro kg und Kaninchen 0,5 g (Brunner).

Der Augenspiegelbefund zeigte wie beim Menschen verengte Gefäße und blasse Papille.

Besonderes Interesse dürfen die anatomischen Untersuchungen an den vergifteten Tieren beanspruchen; zeigen sie doch, daß den schweren Funktionsstörungen morphologische Veränderungen der Retinazellen parallel gehen. So beschreibt Holden[8]) an chininvergifteten Hunden fortschreitende Ganglienzellenveränderungen, die zwei Stunden nach der Injektion noch nicht nachweisbar sind, in den folgenden Stunden und Tagen aber in steigendem Maße erkennbar werden. Die Ganglienzellen waren teils fein vakuolisiert, der Kern nach der Peripherie gedrängt, die Nisslkörper waren geschwunden, teils zeigten sie völlige Zerstörung bis auf den Kern, teils fanden sich normale Zellen; am 17. Tag post inj. war eine fettige Entartung in den Markscheiden des Opticus nachweisbar, die am 42. Tage post inj. bis ins Gehirn verfolgbar war. In ähnlicher Weise äußerten sich andere Autoren (Nuel[11]), Birch-Hirschfeld[10]), Druault)[9]). Auch an den Gefäßen sind Veränderungen beschrieben: Wand-

---

[1]) H. Schulz, Virchows Archiv 59, 21; zit. nach Oppenheim, l. c.
[2]) Barabaschew, Archiv f. Augenheilkunde 23, 91; ref. Centralbl. f. Augenheilkunde (1891/92).
[3]) Joseph Oppenheimer, Inaug.-Diss. Würzburg (1901).
[4]) Brunner, Inaug.-Diss. Zürich (1882).
[5]) De Schweinitz, The toure amblyopias etc. Philadelphia (1896); ref. Centralbl. f. Augenheilkunde (1892), S. 174.
[6]) De Bono, ref. Centralbl. f. Augenheilkunde (1895), S. 583; (1899), S. 480.
[7]) Barabaschew, Archiv f. Augenheilkunde 23, 91; ref. Centralbl. f. Augenheilkunde (1891), u. (1892).
[8]) Holden, ref. Zeitschr. f. Augenheilkunde (1899), S. 381.
[9]) Druault, Recherches sur la Pathol. de l'amaurose chinique. Paris (1900).
[10]) Birch-Hirschfeld, v. Gräfes Archiv 50, 1.
[11]) Nuel, zit. bei Druault, l. c.

verdickungen, Thromben (De Schweinitz)[1]), Verengerung der Zentral- und Uvealgefäße (De Bono)[2]). Keinerlei morphologische Veränderungen will Almagia[3]) gesehen haben (Hund).

Der interessante Befund De Bonos, daß an chininisierten Fröschen das Stäbchenpigment unter Sonnenlicht nur ⅓ der Länge der Stäbchen vorrückt, während es normalerweise dann die ganze Stäbchenlänge beansprucht, ist von Birch-Hirschfeld nicht bestätigt worden.

Die Deutung der im wesentlichen übereinstimmenden Beobachtungen ist noch keine einheitliche. Die Frage ist, ob in der Ischämie der Retina die Ursache oder die Folge oder endlich nur eine relativ gleichgültige Begleit-erscheinung der schweren morphologischen Veränderungen gesehen werden muß. Eine ursächliche Bedeutung schreiben der Vasokonstriktion De Schwei-nitz[1]) und Holden[4]) zu; eine primäre toxische Wirkung auf die Retinazellen nehmen dagegen De Bono[2]), Birch-Hirschfeld[5]), Druault[6]), Nohl[7]) und Almagia[3]) an. Vermittelnd glaubt Nuel[8]) neben einer primären Ischämie an eine direkte Giftwirkung des Chinins auf die Retina.

Am isolierten Froschauge ruft 1 proz. Chininlösung nach ¾ Stunden eine eben deutliche Erweiterung hervor (Biberfeld)[9]).

Wirkung auf den Stoffwechsel. 1. Harnsäurestoffwechsel. Der erste, welcher die Stoffwechselwirkung von Chinin analytisch (wenn auch methodisch noch nicht in einwandfreier Weise) verfolgte, war H. Ranke[10]). Er fand in den meisten Fällen (1,2 g Chin. sulf.) eine deutliche Verminde-rung der Harnsäureabscheidung, die bis über 50% gehen konnte. Da nach der Chininwirkung die Harnsäureausscheidung nicht größer war als vor derselben, so zog Ranke mit Recht den Schluß, daß die Verminderung der-selben nicht auf einer Retention, sondern auf einer absolut geringeren Bil-dung beruhe.

Diese beträchtliche Einwirkung auf den Harnsäurestoffwechsel ist von H. v. Bosse[11]) (unter Buchheim) bestätigt worden, ebenso später noch von einer Reihe anderer Forscher (Kerner[12]), H. v. Böck[13]), unter Voit) konsta-tiert am Hund eine Abnahme der Kynurensäure um 31,5%. Jansen[14]) (unter Schmiedeberg) fand dagegen am Huhn eine Zunahme der Harnsäure-ausscheidung, doch wird man diesen Befund eher mit der Steigerung der N-Ausfuhr bei einzelnen Menschen (Oppenheimer, s. u.) als mit der mensch-lichen Harnsäureausscheidung analogisieren dürfen. An sich selbst sah Jansen keine Veränderung der Harnsäureausscheidung nach Chinin; doch ist die Be-

---

[1]) De Schweinitz, l. c.
[2]) De Bono, l. c.
[3]) M. Almagia, Riv. ital. di Oft. **8**, Heft 5 (1912); zit. nach Centralbl. f. Biochemie u. Biophysik **15**, 281.
[4]) Holden, l. c.
[5]) Birch-Hirschfeld, l. c.
[6]) Druault, l. c.
[7]) Nohl, Inaug.-Diss. Heidelberg (1901).
[8]) Nuel, zit. bei Druault, l. c.
[9]) Joh. Biberfeld, Archiv f. exper. Pathol. u. Pharmakol. **79**, 361 (1916).
[10]) H. Ranke, Beobachtungen und Versuch über die Harnsäureausscheidung beim Menschen (1858). S. 36—48.
[11]) H. v. Bosse, Diss. Dorpat (1862); zit. nach Prior, Archiv f. d. ges. Physiol. **34**, 240.
[12]) Kerner, Archiv f. d. ges. Physiol. **3**, 104f (1870). Tabelle der Versuchsresultate s. dieses Handbuch S. 000.
[13]) H. v. Böck, Inaug.-Diss. München (1871).
[14]) H. Jansen, Inaug.-Diss. Dorpat (1872).

stimmungsmethode zu ungenügend, um beweisend zu sein. Als methodisch
in jeder Weise einwandfrei dürfen wohl die Werte gelten, die Irisawa unter
v. Noordens Leitung erhalten hat.

Die Harnsäureausscheidung betrug in Gramm bei einem Selbstversuch
mit geringer Eiweißmenge (55—56 g): in der Vorperiode: 0,59—0,65 g, in der
Chininperiode (5 Tage steigende Dosen Chinin 0,5—1,4, zusammen 5,1 g):
0,68—0,45 g, in den ersten 2 Tagen der Nachperiode: 0,39—0,44 g, dann
0,64—0,68 g. Man sieht, die hemmende Wirkung setzte langsam ein und überdauert die letzte Gabe um 2 Tage. Dasselbe Resultat, nur etwas undeutlicher
ergab eine andere Versuchsreihe mit der doppelten Eiweißmenge in der Nahrung[1]). Die Ausscheidung der Phosphorsäure war ebenfalls vermindert,
sie ging der Harnsäurekurve etwa parallel; besonders die nachhaltige Wirkung
in den zwei ersten Tagen nach der Chininperiode war ausgesprochen.

Nach dieser Reihe übereinstimmender Versuche darf es also
als gesichert gelten, daß unter Chinin die Harnsäurebildung vermindert ist. Unentschieden ist noch, ob von dieser Hemmung der exogene
oder endogene Harnsäurestoffwechsel ergriffen ist; spezielle Untersuchungen
darüber liegen noch nicht vor; doch scheint mir der deutliche Ausfall der
Hemmung bei eiweißarmer Diät (in den Versuchen Irisawas) dafür zu sprechen,
daß der endogene Stoffwechsel gehemmt ist. Eine Entscheidung dieser Frage
kann nur eine Untersuchung bei purinfreier Kost bringen.

Interessant ist, daß die Leukocytenzählung in den Versuchen Irisawas
in Bestätigung der älteren Angaben von Binz und Scharrenbroich, Winther
und Martius und Jerusalimskys (s. oben S. 54) übereinstimmend eine
Verminderung in der Chininperiode ergab.

Versuch	Vorperiode	Chininperiode	Nachperiode
1.	5800—6700	5440—4650	5800—6700
2.	5840—6750	5670—4940	5840—6750.

Anhänger der Horbraczewskischen Theorien werden geneigt sein, die
in der Chininperiode erfolgende Verminderung der Leukocyten in Verbindung
zu bringen mit der um einige Tage später beobachteten Abnahme der Harnsäure (vgl. J. Horbraczewski, Wiener Monatshefte f. Chemie 12, Heft 6
(1892); zit. nach L. Schumacher, Diss. Dorpat, herausgegeb. v. Kobert 10,
Stuttgart 1894).

2. Eiweißstoffwechsel. I. Am Gesunden. Nachdem durch H. Ranke[2])
eine Hemmung der Harnsäurebildung festgestellt war, war auch eine Beeinflussung des Gesamtstickstoffwechsels zu erwarten; die Versuche von Ranke
hatten allerdings eine solche nicht erkennen lassen, wahrscheinlich wegen der
mangelnden Gleichheit der Kost, aus dem gleichen Grunde lieferten die Versuche von Hammond[3]), T. H. Redenbacher[4]), Körter[5]) und Garrod[6])
nicht verwertbare Zahlen.

Der erste, der den Eiweißstoffwechsel unter Chininwirkung mit einer
rationellen Versuchsanordnung untersuchte, war Kerner[7]) (Selbstversuche)
im Jahre 1869. Wenn auch seine Methodik modernen Ansprüchen nicht mehr

---

[1]) Die Zahlen finden sich: Loewi, Arzneimittel und Gifte in ihrem Einfluß auf den
Stoffwechsel. v. Noorden, Handbuch der Pathologie des Stoffwechsels. 2. Aufl. 2, 792.

[2]) H. Ranke, l. c.

[3]) Hammond, Amer. Journ. of Physiol. (1858).

[4]) H. Redenbacher, Pflügers Zeitschr., 3. Reihe, 2, 358 (1858).

[5]) Körter, zit. nach Prior, Archiv f. d. ges. Physiol. 34, 238.

[6]) Garrod, zit. nach Prior, Archiv f. d. ges. Physiol. 34, 238.

[7]) Kerner, Archiv f. d. ges. Physiol. 3.

genügt, so sind die Werte als Vergleichszahlen doch noch brauchbar.
Danach sinkt an den Chinintagen die Harnstoffausscheidung (ca. 24%), ohne
nachträglich entsprechend zu steigen; es handelt sich dabei also um keine
Retention. Der N-Verminderung etwa parallel geht eine Verminderung der
Schwefelsäure, Harnsäure, Phosphorsäure, Kreatin- und Ammoniakausscheidung.

Von den sich hieraus ergebenden Fragen sind folgende von Nachunter-
suchern weiter geklärt und mit einwandfreieren Methoden untersucht worden.

Die Verminderung der N-Ausscheidung als solche wurde bestätigt durch:
A. Schulte[1]) (bis 39%), Rabuteau[2]), H. v. Böck[3]) (bis 13%), Jansen[4]),
Bauer und Künstle[5]), Jerusalimsky[6]), Kramsztyk[7]), Prior[8]) (14 bis
29%), Livierato[9]), Kumagawa[10]) (8,5 bis

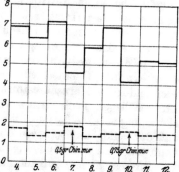

16,1%), Venediger[11]), C. von Noorden
und Irisawa[12]) und Loewi[13]). Vermehrung
der N-Ausscheidung dagegen fand Oppenheimer (Selbstversuch) und Umbach (methodisch jedoch unbrauchbar); es wird weiter
unten auf diese Ausnahmen noch eingegangen
werden. Gering scheint die N-sparende Wirkung bei Ratten zu sein (K. Schröder sah
sie nur in einem Falle).

Die Ursache der N-Verminderung
muß in verminderter Zersetzung von Eiweiß
zu suchen sein; denn auf verminderte Nah-
rungsresorption kann sie nicht beruhen, wie
Prior als erster durch Faecesanalysen und
durch Versuche am Hungerhund, dessen N-
Ausfuhr auch deutlich sank, nachweisen
konnte. Auch eine verminderte Harnausscheidung kommt nicht in Betracht, da meist
sogar eine echte diuretische Wirkung zu beobachten war (z. B. Kerner, Prior, Vene-

Abb. 15. Wirkung von Chinin auf die
Harnstoffausscheidung (——) und die
Urinmenge (·····) eines hungernden
Hundes. Ordinate: für Harnstoff in
Gramm, für Urinmenge in 100 ccm.
Abszisse = Hungertage. Beginn der
Kurve am 4. Hungertag. Aus Prior,
Archiv f. d. ges. Physiol. **34**, nach
Tab. XXI, S. 271.

diger u. a.). Endlich kann es sich auch nicht um eine Retention stickstoff-
haltiger Abbauprodukte handeln, denn ein nachträgliches Ansteigen der N-Ausfuhr über die Norm ist nie beobachtet; die Niere ist für per os zugeführten
Harnstoff normal passierbar (Loewi); auch das Verhältnis des Harnstoffes in
den anderen N-haltigen Abbauprodukten ist nicht verschoben.

Als Beispiel sei der Versuch Priors am Hungerhund in Kurvenform
wiedergegeben; die einschränkende Wirkung der Chinindosen ist beide Male
deutlich. Bestimmung des Harnstoffes nach Pflüger.

[1]) A. Schulte, Diss. Bonn (1870).
[2]) Rabuteau, Bullet. de Thérap. **70**, 475.
[3]) H. v. Böck, Zeitschr. f. Biol. **7**, 418 (1871).
[4]) Jansen, Diss. Dorpat (1872).
[5]) Bauer u. Künstle, Deutsches Archiv f. klin. Medizin **24**, 53 (1879).
[6]) Jerusalimsky, l. c.
[7]) Kramsztyk, Arbeiten a. d. Labor. d. med. Fakultät Warschau **5**, 95 (1879).
[8]) Prior, Archiv f. d. ges. Physiol. **34**, 237 (1884).
[9]) Livierato, Ann. di Chim. e di Farm. **3**, 322 (1885).
[10]) Kumagawa, Virchows Archiv **113**, 134 (1888).
[11]) Venediger, Diss. Halle (1893).
[12]) C. v. Noorden u. Zuntz, Du Bois Archiv (1894), S. 203. — C. v. Noorden,
Handbuch der Pathologie des Stoffwechsels. 2. Aufl. **2**. 793.
[13]) Loewi, in v. Noordens Handb. d. Pathol. d. Stoffwechsels. 2. Aufl. Berlin (1907). **2**, 793.

Eine Frage, die anscheinend noch nicht systematisch verfolgt wurde, ist die nach der sparenden Wirkung lange hindurch gereichter Chinindosen. Die einzige hierfür verwertbare Versuchsreihe ist die von Löwi mitgeteilte am Hund; er hat 14 Tage hindurch langsam steigend Chinin in Dosen von 0,5—1,5 gegeben. Zuerst trat nun eine Verminderung ein, nach dem 7. Tage aber — und das verdient vielleicht hervorgehoben zu werden — liegen die Zahlen wieder auf der normalen Höhe. Es scheint danach, als ob diese N-sparende Wirkung des Chinins sich nach einiger Zeit verlöre.

Abgeschlossen für den Menschen ist die Reihe von Stoffwechseluntersuchungen durch die Arbeit von Irisawa unter von Noordens Leitung. Leider liegt keine ausführliche Publikation vor; die Zahlen sind nur in Tabellenform durch Loewi in v. Noordens Handbuch der Pathologie des Stoffwechsels (II. Auflage, II. Band, S. 793) mitgeteilt. Es scheint sich hier um eine genaue Bilanzaufstellung gehandelt zu haben. Aus den zwei Versuchsreihen geht mit Sicherheit hervor, daß Chinin die Stickstoffausfuhr im ganzen herabgesetzt[1]) hat, sowohl bei eiweißreicher wie bei eiweißarmer Diät (1. Versuch: N-Retention durchschnittlich von 0,9 g pro die, 2. Versuch: Verminderung eines N-Defizits um durchschnittlich 0,7 g pro die); sieht man die Zahlen etwas genauer an, so bemerkt man, daß am ersten Tag die Stickstoffzahlen im Urin etwas höher sind als normal (0,2—0,5 g), daß sie erst mit steigender Chinindosis unter die Norm sinken (0,9, 1,5, 1,7 g), und daß eine deutliche Nachwirkung von 2—3 Tagen zu beobachten ist.

Diese Untersuchungsreihe klärt in gewissem Sinne den Widerspruch auf, der in einer älteren Arbeit von Oppenheim gegen die ausschließlich hemmende Wirkung des Chinins erhoben wurde. Oppenheim fand nämlich an zwei Selbstversuchen (2 g Chinin) deutliche Erhöhung der Harnstoffausscheidung (nach der Liebigschen Methode bestimmt); von ca. 34 g auf 36,6 resp. 40,4 g an den folgenden Tagen sanken die Werte wieder auf die Norm.

Als alleinige Wirkung des Chinins ist in diesem Falle also eine Erhöhung der N-Ausscheidung aufgetreten; trotz der mangelhaften Methode der Harnstoffbestimmung ist an ihrem tatsächlichen Vorhandensein nicht zu zweifeln, da es sich um fortlaufende vergleichende Untersuchungen bei gleichmäßiger Diät handelte und der Chiningehalt des Urins die Harnstoffbestimmung nicht gestört hat. Nachdem Irisawa an sich bei Anwendung kleiner Dosen dasselbe beobachtet hat, ist auch dieser Fall seiner Ausnahmestellung entkleidet, die er lange in der Literatur einnahm. Eine Erklärung für dies paradoxe Verhalten ist aus den vorhandenen Protokollen kaum zu finden. Man müßte denn annehmen, daß die erste Chininwirkung eine Steigerung des Eiweißstoffwechsels ist, die aber individuell[2]) verschieden lang anhielt und meist bald in eine Hemmung umschlüge — eine Vorstellung, die ja manche Analogien hätte (vgl. die reizende Wirkung des Chinins in kleinen Dosen auf Herz, Muskel, Fermente, Körpertemperatur usw.).

---

[1]) Dabei ist die N-Resorption nicht gestört; im 2. Versuch eher etwas verbessert. Auch die Fettresorption ist im 2. Versuch etwas selbständiger. Die Harnmenge steigt im 1. Versuch deutlich an; die P_2O_5-Kurve macht die Schwankungen der N-Ausscheidung in flacherer Kurve mit.

[2]) Auffällig könnte höchstens erscheinen, daß Oppenheim das Chinin nicht morgens nüchtern genommen hat wie die meisten anderen Untersucher (z. B. Kerner, Prior, Venediger), sondern mittags; man könnte da an eine verzögerte Resorption und protrahierte Wirkung denken. (Vgl. die niedrige und gedehnte Ausscheidungskurve bei Darreichung bei gefülltem Magen. Kleine, Zeitschr. f. Hyg. u. Infektionskrankheiten **38**, 465, Abb. 5.)

Wie aber auch die Erklärung lauten möge, die Steigerung der N-Ausscheidung scheint nur eine Ausnahme zu sein, als **wesentlichste Wirkung des Chinins darf die Hemmung des Stickstoffwechsels betrachtet werden.** Daß hier eine echte Verlangsamung des Eiweißstoffwechsels vorliegt, darf wohl nach den mitgeteilten Versuchsresultaten als erwiesen betrachtet werden: der Nachweis ungestörter Eiweißresorption im Darm, der Hemmung der N-Ausscheidung auch im Hunger, das Fehlen einer nachträglichen Vermehrung der N-Ausscheidung lassen keinen anderen Schluß zu.

Wo der Sitz dieser Hemmung ist und welche Zellprozesse im speziellen verlangsamt sind, läßt sich heute noch nicht entscheiden. Nach den Untersuchungen Löwis läßt sich nur soviel sagen, daß die qualitative Verarbeitung des N-haltigen Brennmaterials anscheinend normal erfolgt, denn das Verhältnis des Harnstoffes zur Gas-N-Ausscheidung weicht nicht merklich von der Norm ab.

Einen gewissen Hinweis auf den Sitz und die Art der Störung gibt vielleicht die gleichzeitige Verminderung der Harnsäureausscheidung und die Abnahme der Leukocyten im Blut; das läßt an eine verlangsamte Bildung und einen dementsprechend verlangsamten Zerfall denken. Dazu würden auch die Befunde der letzten Jahre über starke Veränderungen des Knochenmarks passen, die man bei Chininvergiftung gefunden hat (s. S. 58). Man hätte damit ein anatomisches Substrat für die beobachtete Stoffwechselhemmung. Ob aber damit das ganze Bild der Stoffwechselwirkung des Chinins erklärt ist und ob nicht in allen Zellen eine Verlangsamung des Eiweißumsatzes anzunehmen ist, läßt sich aus dem vorliegenden Material nicht entscheiden. Eine genauere Verfolgung der zeitlichen Zusammenhänge dieser verschiedenen Erscheinungen scheint aber für ein weiteres Eindringen in den Mechanismus dieser markanten Chininwirkung von Aussicht zu sein; dabei wäre besonders auf die eventuelle anfängliche Steigerung der N-Ausfuhr und das endliche Versagen der Hemmungswirkung zu achten.

II. Eiweißstoffwechsel im Fieber. Die Resultate sind hier nicht so klar wie bei Gesunden, und zwar bei Unruh[1]) und bei Bauer und Künstle[2]) aus methodischen Gründen; es ist noch so wenig Gewicht auf eine genaue Diät gelegt, daß eine Beurteilung der Beobachtungen fast unmöglich ist. Immerhin ist doch mit Rücksicht auf die obigen Beobachtungen erwähnenswert, daß es in einigen Fällen (Typhus) zu N-Vermehrungen gekommen ist, die wahrscheinlich nicht dem Zufall zuzuschreiben sind. Die Regel allerdings ist, daß die N-Ausfuhr verringert wird. Das wird durch die methodisch einwandfreien Arbeiten von Sassetzky[3]) (Typhus exanth. Recurrens) und Deucker[4]) (Typhus, Hungerkost) sichergestellt. Bemerkenswert erscheint in letzterer, daß es bei Deucker in der Nachperiode zu vermehrter N-Ausfuhr gekommen ist, welche größer gewesen ist als die der ersten unbeeinflußten Fieberperiode. Hier spielt demnach vielleicht Retention oder zeitliche Verzögerung des Zerfalls neben einer Einschränkung des Eiweißstoffwechsels eine Rolle.

Über die Einwirkung des Chinins auf den Blutzuckergehalt stellte Silberstein[5]) Versuche an. Er bestimmte den Blutzuckerspiegel nach der Bang-

---

1) Unruh, Virch. Arch. **51**, 6.
2) Bauer u. Künstle, Deutsch. Arch. f. klin. Med. **24**, 53.
3) Sassetzky, Virchows Arch. **94**. 3, 485.
4) Deucker, Zeitschr. f. klin. Medizin **37**, 428 (1905). Mit ausführlicher Diskussion aller sekundären Einflüsse auf die Resultate bei fiebernden Patienten.
5) F. Silberstein, Centralbl. f. Physiol. **29**, 413 (1915).

schen Methode, der sowohl nach oraler wie nach subkutaner Einverleibung des Chinins außerordentlich steigt. Im Harn wird Zucker dann ausgeschieden. Welche der verschiedenen Erklärungsmöglichkeiten für den Vorgang zutrifft, steht noch aus.

Wirkung des Chinins auf den Wärmehaushalt.

Wie beim Antipyrin (vgl. Band I) so zeigt auch hier ein eingehenderes Studium der Literatur, daß eine Darstellung des Wirkungsmechanismus von einem einheitlichen Gesichtspunkt aus heute noch nicht möglich erscheint. Nach Tier- und Fieberarten haben sich so viele Unterschiede ergeben, daß es geratener erscheint, das Material nach methodischen Gesichtspunkten zu ordnen. So dürften die einzelnen Beobachtungen in ihrer Bedeutung richtiger gewürdigt werden und einer zukünftigen Forschung als Unterlage dienen können.

Was zur Methodik und Kritik der verwendeten Experimentalbedingungen in der Einleitung zur Wirkung des Antipyrins auf den Wärmehaushalt (siehe Bd. I) gesagt wurde, gilt auch hier.

I. **Wirkung auf die normale Körpertemperatur.** Größere Dosen Chinin rufen bei allen Tieren mit seltenen Ausnahmen (vgl. unten) eine Temperaturherabsetzung hervor. Aber auch schon mittlere Gaben scheinen einen deutlichen Einfluß zu haben; nach Jürgensen[1]) schwankt beim Menschen unter Chinin die Körpertemperatur in kleineren Amplituden als sonst um die Norm. — An Kaninchen geht der Temperaturabfall der Größe der Dosis nach Högyes[2]) nicht parallel; größere Dosen (ca. 1,1 g pro Kilo Körpergewicht) hatten in 5 Experimenten eine geringere Wirkung als kleinere (ca. 0,2 pro Kilo).

In Kombination mit Antipyrin setzt Chinin bei Kaninchen die Temperatur um 1,5—2,0° C herab, angeblich ohne Kollaps hervorzurufen (vgl. Chinopyrin Bd. I)[3]).

In Ausnahmefällen geht der Temperaturherabsetzung eine Steigerung der Körpertemperatur voraus; woran ihr Auftreten geknüpft ist, ist noch unklar; Kaninchen (Seegall[4]), Block[5]), Müller[6]), Gottlieb[7]), Stühlinger[8]) u. a.), Katzen (Binz)[9]) scheinen nur ganz selten, Hunde (Bonwetsch[10]), Jansen)[11]) häufiger dazu zu neigen.

An letzteren beobachtete Jansen[11]) (unter Schmiedeberg), daß Zufuhr per os stets zu einer Temperatursenkung, subcutan dagegen zu anfänglicher Steigerung führte; ein Tier zeigte sogar stets Temperatursteigerung, die nach größeren Dosen höher ausfiel als nach kleineren.

Auch beim Menschen sind Temperatursteigerungen beobachtet (S. Rin-

---

¹) Jürgensen, Deutsches Archiv f. klin. Med. 4, 374.
²) Högyes, Archiv f. experim. Pathol. u. Pharmakol. 14, 129 (1881).
³) Santesson, Skand. Archiv f. Physiol. 1897.
⁴) Seegall, Diss. Berlin 1869, zit. Jansen, l. c.
⁵) Block, Diss. Göttingen 1870, zit. Jansen, l. c.
⁶) G. Müller, Diss. Erlangen 1891, nach 0,08—0,2 g Temperaturabfall um 2,0 bis 3,6° C.
⁷) Gottlieb, Archiv f. experim. Pathol. u. Pharmakol. 26 (1890).
⁸) Stühlinger, Archiv f. experim. Pathol. u. Pharmakol. 43, 167 (1900), nach 0,1 bis 0,3 g Chin. mur. subcutan, Temperaturabfall um 0,2—0,9° C.
⁹) Binz, Virchows Archiv 46, 138 u. 154 (1869).
¹⁰) Bonwetsch, Diss. Dorpat 1869.
¹¹) Jansen, Diss. Dorpat 1872.

ger[1]), Barabaschew[2]) u. a.), die Regel aber ist eine Temperaturherabsetzung (Arntz)[3]).

Die Ursachen dieser paradoxen Temperatursteigerung sind unbekannt; sie ausschließlich als Folge methodischer Irrtümer zu betrachten (Binz) erscheint kaum zulässig. Eine Vorstellung von Bonwetsch[4]), wonach sie auf gesteigerter Sauerstoffabgabe des Blutes zurückzuführen sei, ist experimentell nicht gestützt und beruht nur auf Analogie mit einem Reagensglasversuch (Blut soll bei Gegenwart reduzierender Stoffe, wie weinsaures Zinnoxydul-Natron, seinen Sauerstoff in kürzerer Zeit abgeben, wenn Chinin zugesetzt wird). Eher scheint es berechtigt, auf die mannigfachen Funktionssteigerungen zu verweisen, die an Fermenten, am Herz, am Stoffwechsel nachgewiesen sind (siehe diese).

Bilanzuntersuchungen an gesunden Versuchsobjekten haben bisher über den Modus der temperaturherabsetzenden Wirkung keine einheitlichen Resultate ergeben. Gottlieb[5]), der an Kaninchen mit dem Rubnerschen Luftcalorimeter älteren Modells arbeitete, erhielt eine geringe Abnahme der Wärmeabgabe von ca. 10% und berechnete wegen des Abfalls der Körpertemperatur eine dementsprechend größere Einschränkung der Wärmebildung. Diese Versuche sind von Stühlinger[6]) an Kaninchen und Meerschweinchen mit einer inzwischen verbesserten Anordnung des Luftcalorimeters wiederholt worden, die sich dadurch von der älteren Anordnung unterschied, daß sie neben dem Wärmeverlust durch Strahlung und Leitung auch noch die Wärmeabgabe durch Wasserverdampfung und Erwärmung der Atemluft quantitativ zu bestimmen erlaubte. Stühlinger fand damit nun im Gegensatze zu den Gottliebschen Versuchen bei Kaninchen[7]) in der Mehrzahl der Fälle eine Zunahme der Wärmeabgabe, wie aus den umstehenden Kurven hervorgeht, und berechnete nach der Körpertemperatur in diesen Fällen auch immer eine geringe Steigerung der Wärmeproduktion. Er führt die Differenz der Befunde mit Wahrscheinlichkeit darauf zurück, daß bei den vergifteten Tieren die Wasserdampfabgabe absolut und prozentual steigt, eine Tatsache, die bei der älteren Methode der Calorimetrie, wie sie Gottlieb verwendete, nicht zur Beobachtung kommen konnte. Er weist darauf hin, daß unter seinen Versuchen zwei bei Vernachlässigung dieser Werte, ähnlich wie in den Gottliebschen Versuchen, eine Herabsetzung der Wärmeabgabe unter die Norm ergeben hätten.

So plausibel dieser Deutungsversuch auch ist, so muß man doch vielleicht darauf hinweisen, daß auch in einigen Experimenten von Stühlinger in den späteren Versuchsstunden die Wärmebildung und auch die Abgabe unter die Norm sinken, wie aus der beifolgenden Kurve, die nach den Versuchsergebnissen gezeichnet ist, ersichtlich ist. Es wäre immerhin denkbar, daß die anfängliche Steigerung Folgen eines Chininrausches wären, auf den diese Tiere stärker reagierten als die von Gottlieb.

[1]) Sidney Ringer, Lancet 2, 1868, zit. E. Harnack, Archiv f. experim. Pathol. u. Pharmakol. 7, 146.

[2]) Barabaschew, Archiv f. Augenheilk. 23, 91; zit. Nohl, Diss. Heidelberg 1901.

[3]) Arntz, Archiv f. d. ges. Physiol. 31, 531 (1883).

[4]) Bonwetsch, Diss. Dorpat 1869.

[5]) Gottlieb, Archiv f. experim. Pathol. u. Pharmakol 28, 167 (1891).

[6]) Stühlinger, Archiv f. experim. Pathol. u. Pharmakol. 43, 167 (1900).

[7]) Ein Versuch an gesunden Meerschweinchen liegt auch vor, jedoch bei hoher Außentemperatur; dabei fand sich gerade umgekehrt ein starkes Sinken der Wärmebildung und ein etwas schwächeres Sinken der Wärmeabgabe. Wiederum ein Beweis für den ausschlaggebenden Einfluß der Rassenunterschiede auf den Mechanismus der antipyretischen Wirkung (vgl. Bd. I).

Wie weit solche Unterschiede im Allgemeinbefinden die Differenzen in den Gaswechselbeobachtungen an Kaninchen erklären können, muß mangels näherer Anhaltspunkte dahingestellt bleiben; so fanden Chittenden und Cummins[1]) eine Herabsetzung des Gaswechsels, während Straßburg[2]), E. Müller[3]) und Henrijean[4]) keine Veränderung des Gaswechsels beobachtet haben.

Dieser Chininrausch ist jedenfalls bei Gaswechseluntersuchung an Katzen und Hunden häufig als Ursache für die unerwarteten Versuchsresultate herangezogen worden. So geben v. Boeck und Bauer[5]) an, daß sie an Katzen nur Herabsetzung des Gaswechsels gefunden hätten, wenn die Tiere ruhig waren (2mal); bei stärkeren Bewegungen lagen die Zahlen aber über der Norm (1mal), einmal allerdings auch ohne ersichtlichen äußeren Grund. Besonders Hunde

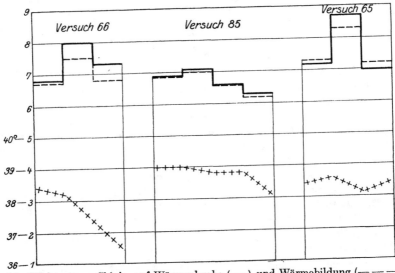

Abb. 16. Wirkung von Chinin auf Wärmeabgabe (——) und Wärmebildung (— — —) und Körpertemperatur (+ + +) gesunder Kaninchen nach Stühlinger, Archiv f. experim. Pathol. u. Pharmakol. **43**, 167 (1900). Abszisse = einstündige Versuchsperioden. Ordinate = Wärmeabgabe in Calorien, direkt gemessen. Wärmebildung: aus der Körpertemperatur berechnet. Temperatur in Celsiusgraden.

litten sehr an den Intoxikationserscheinungen (Würgen, Erbrechen, Unruhe, Amaurosen) und zeigten dementsprechend Erhöhung der Oxydationsgröße. Auf diese Ursache dürften sich nach Arntz[6]) auch die calorimetrischen Befunde von Wood und Reichert[7]) an Hunden zurückführen lassen (Steigerung der Wärmeabgabe um 60%, der Wärmebildung um 43%); denn sie benutzten Dosen, die nach Arntz' Kontrollversuchen schwer toxisch gewirkt haben mußten.

[1]) Chittenden u. Cummins, Studies from the labor of physiol. chem. Yale University **2**, 200; zit. nach Maly, Tierchemie **17**, 342 (1887).
[2]) G. Straßburg, Arch. f. exp. Path. und Pharm. **2**, 334 (1874).
[3]) E. Müller, Diss. Erlangen 1891.
[4]) Henrijean, Trav. de lab. de L. Fredericq **1**, 113 (1887); zit. nach Maly, Tierchemie 1887, S. 351.
[5]) v. Boeck und Bauer, Zeitschr. f. Biol. **10**, 336 (1874).
[6]) Arntz, Archiv f. d. ges. Physiol. **31**, 351 (1883).
[7]) Wood u. Reichert, Journ. of Physiol. **3** (1882).

Unter wesentlich günstigeren Bedingungen hat jüngst R. Hirsch[1]) an einem Hunde (35 kg) in 24stündigen Versuchen aus der Kohlenstoffbilanz eine geringe Einschränkung der normalen Wärmeproduktion (pro Kilo um 10—6%) berechnet (1 g Chinin bisulf. pro die), die begleitet war von N-Sparung und verminderter Harnsäureausscheidung (siehe S. 71). Die außerordentlich instruktive Tabelle sei hier wiedergegeben.

Gesunder Hund, Normalperiode.

Je 4 Tage = eine Periode	Zufuhr C g	Harn C g	Faeces C g	Respirations-C g	Bilanz C g	Chininbisulfat g	Temperatur Grad	Körpergewicht g
I. Periode	845,4	21,297	50	774	—	—	38,3	35 000
II. „	845,4	21,297	43,4	720	+60	tägl. 1 g	38,3	35 820
III. „	845,4	21,840	50,5	780	— 6,9	—	38,3	35 400
IV. „	845,4	25,840	65,78	760	— 6,0	—	38,3	35 300
V. „	845,4	19,448	72,27	725	+28,7	tägl. 1 g	38,3	35 200
VI. „	845,4	15,572	74,63	775	— 9,8	—	38,3	34 500
VII. „	845,4	16,030	73,30	775	—18,93	—	38,3	33 500
VIII. „	845,4	15,736	86,44	—	—	—	38,3	33 000.

Beide Male verwandelt sich die negative Bilanz in eine positive; der Einfluß auf den Kohlenstoffwechsel ist hier ausgeprägter als auf den Eiweißstoffwechsel (siehe Tab. S. 85 dieses Handbuches). Leider fehlen für Normalversuche O_2-Bestimmung und calorimetrische Messung der Wärmeabgabe.

Gaswechseluntersuchungen am Menschen lassen meist eine leichte Steigerung des Gaswechsels erkennen (Speck[2]), Zuntz-Irisawa[3]) und K. Liepelt)[4]), doch betonen auch hier alle Untersucher, daß diese sich durch die Nebenumstände leicht erklären lassen, in diesem Falle durch die Steigerung der Atemgröße; wieweit die übrigen toxischen Erscheinungen: Kopfschmerz, Flimmern vor den Augen, Ohrensausen, direkt oder indirekt eine Änderung des Gaswechsels hervorrufen könnten, entzieht sich natürlich einer Schätzung.

Als Beispiele für diese Experimente seien Zahlen aus den Versuchen von Zuntz-Irisawa und Liepelt tabellarisch wiedergegeben.

Gaswechsel des gesunden Menschen, berechnet pro Minute[5]).

	Ohne Chinin				Unter Chininwirkung				
	Atemgröße ccm	O_2-Verbrauch ccm 0° 760 mm	CO_2-Prod. ccm 0° 760 mm	R.-Q.	Atemgröße ccm	O_2-Verbrauch ccm 0° 760 mm	CO_2-Prod. ccm 0° 760 mm	R.-Q.	
Nüchternversuche:									
Mittel aus 6 Vers. .	3935	171,4	140,8	0,82	4973	186,0	149,4	0,79	Mittel aus 6 Vers.
„ aus 3 Vers. . (Nachperiode)	4228	184,4	146,8	0,80					
Atmung nach dem Frühstück:									
Mittel aus 3 Vers. .	6420	229,6	202,1	0,88	6214	233,5	197,6	0,85	Mittel aus 4 Vers.
Atmung nach d. Mittagessen:									
Mittel aus 3 Vers. .	5759	249,7	205,7	0,83	6183	247,1	208,5	0,84	Mittel aus 3 Vers.

[1]) Rahel Hirsch, Zeitschr. f. experim. Pathol. u. Ther. **13** (1913).
[2]) Speck, Centralbl. f. med. Wissensch. 1876, S. 289, u. Physiol. d. menschl. Atmens, Leipzig 1892, S. 40.
[3]) Zuntz-Irisawa, Archiv f. Physiol. (Du Bois-Reymond) 1894, S. 205.
[4]) K. Liepelt, Archiv f. experim. Pathol. u. Pharmakol. **43**, 151 (1900).
[5]) Nach Zuntz-Irisawa, Archiv f. Physiol. (Du Bois-Reymond) 1894, S. 205.

Die Chinindosen sind leider nicht mitgeteilt. Gaswechselbestimmung nach Zuntz - Geppert. Auch Liepelt[1]) erhielt an drei gesunden Versuchspersonen keine anderen Resultate (Methode Zuntz - Geppert).

Person	Ohne Chinin				Mit Chinin				
	Atem-größe ccm pro Min.	Sauerstoff-verbrauch ccm pro kg u. Min.	Kohlen-säureprod. ccm pro kg u. Min.	R.-Q.	Atem-größe	Sauerstoff-verbrauch ccm pro kg u. Min.	Kohlen-säureprod. ccm pro kg u. Min.	R.-Q.	Chinin-dosis g
K	6101	4,1	3,4	—	5680	4,4	3,0	0,69	1,0
	5671	4,4	3,2	—	6506	4,6	3,3	0,72	1,5
	5932	4,4	3,2	—	—				
G	5822	3,7	2,9	0,77	6993	4,4	3,6	0,79	—
	5727	3,7	2,9	0,79	5688	4,3	2,6	0,62	—
R	5373	3,6	2,9	0,81	5583	4,1	3,3	0,78	—
	5283	3,7	3,0	0,81	5749	4,0	3,2	0,82	—
	5373	3,8	3,0	0,79	—				

Diesen drei übereinstimmenden Versuchsreihen gegenüber stehen zwei Beobachtungen über geringe Herabsetzung der CO_2-Ausscheidung beim Menschen von Buss[2]) und von Livierato[3]); doch dürfte die Methodik beider Arbeiten sich an Zuverlässigkeit nicht mit den vorgenannten vergleichen lassen.

Calorimetrische Untersuchungen und damit Messungen der Wärmeabgabe am Menschen liegen nicht vor. Die Beobachtung Maraglianos (Plethysmographie), daß unter Chininwirkung die peripheren Gefäße sich erweitern, läßt vielleicht auch eine vermehrte Wärmeabgabe annehmen; sie muß ja dort vorhanden sein, wo bei gleichbleibender Körpertemperatur die Wärmebildung gestiegen ist.

Wir müssen deswegen zusammenfassend über die Befunde an gesunden Versuchspersonen und Tieren sagen, daß eine erhebliche Wirkung von Chinindosen, die das Allgemeinbefinden schon deutlich beeinflussen, auf den Energiewechsel nicht zu beobachten ist. Da mannigfache Nebenerscheinungen (gesteigerte Atemtätigkeit, Chininrausch) die Resultate beeinflussen können, ihr Einfluß aber quantitativ nicht abzuschätzen ist, so werden wir mit einem endgültigen Urteil einstweilen noch warten müssen. Der einzige Versuch, der für eine richtige, sparende, ja sogar den Ansatz befördernde Chininwirkung spricht, ist der von R. Hirsch am Hund.

II. Chininwirkung bei erhöhter Körpertemperatur: a) infolge starker körperlicher Anstrengungen. Nach Jürgensen[4]) und Kerner[5]) steigt beim Sägen die Mastdarmtemperatur unter der Wirkung von Chinin (ca. 1,8 g Chinin) nicht so hoch wie in der Norm. Wünschenswert wären aber zur Sicherstellung dieser Resultate, die durch die subjektiven Störungen des Chininrausches beeinträchtigt werden könnten, genauere Vergleiche mit quantitativer Messung der geleisteten Arbeiten.

Umgekehrt — das sei hier erwähnt — wird die Wirkung abkühlender Prozeduren durch Chinin unterstützt; so beobachtete Jürgensen, daß ein

---

[1]) K. Liepelt, Archiv f. experim. Pathol. u. Pharmakol. **43**, 151 (1900).
[2]) Buss, Über Wesen und Behandlung des Fiebers. Stuttgart 1878, S. 76; zit. nach Liepelt, l. c. S. 163.
[3]) P. L. Livierato, Über Wesen und Behandlung des Fiebers. Stuttgart 1878, S. 76; zit. nach Malys Jahresber. d. Tierchemie 1885, S. 406.
[4]) Jürgensen, Deutsches Archiv f. klin. Med. **4**, 374.
[5]) Kerner, Archiv f. d. ges. Physiol. **3**, 93 (1870).

Hund (11,2 kg) durch ein 30 Minuten langes kaltes (6° C) Bad um 5,6° C abkühlte, unter Chininwirkung (0,5 g 5 Minuten vorher) dagegen um 10°; die Wiederherstellung der normalen Temperatur verzögerte sich also durch Chinin.

b) Die Chininwirkung auf das Fieber nach Wärmestich hat, soviel mir bekannt, nur Gottlieb[1]) untersucht; er experimentierte an Kaninchen und fand, daß „Gaben von 0,05 und 0,1 während des Ansteigens der Kurve ihren Verlauf entweder unbeeinflußt ließen oder einen ganz seichten Einschnitt erzeugten; hatte die Temperatur hingegen die Tendenz zu fallen, so war die Wirkung weit ausgesprochener". Wurden aber etwas höhere Dosen angewendet (0,2 g), wie bei den calorimetrischen Versuchen in der zweiten Versuchsreihe, so war dort ein recht beträchtlicher antipyretischer Einfluß auf das Wärmestichfieber zu beobachten, der hinter der Antipyrinwirkung nicht zurückstand.

Eine Analyse dieser antipyretischen Wirkung mit calorimetrischen Methoden (0,15 g Chinin. mur.) ergab nun (Gottlieb) als wesentliches Moment ein Sinken der Wärmeproduktion bei unveränderter Wärmeabgabe. Leider sind diese Experimente noch am älteren Modell des Rubnerschen Luftcalorimeters gemacht worden ohne Messung der in der Atmungsluft abgegebenen Wärmemengen. Setzt man diesen Fehler in Rechnung, so würde sich wahrscheinlich eine Steigerung der Wärmeabgabe und eine entsprechend geringere Hemmung der Wärmebildung ergeben. Wiederholung dieser Experimente mit modernen Methoden und womöglich gleichzeitiger Messung des Gaswechsels[2]) wäre deshalb erwünscht, weil sich an diesem Objekt vielleicht der prinzipielle Gegensatz zwischen der Chinin- und Antipyrinwirkung sicherstellen läßt, den Gottlieb annimmt. Bei Antipyrin sah Gottlieb nämlich beide Faktoren (Wärmebildung und -abgabe) über die vorangehende Fieberperiode erhöht — ein Entfieberungsmodus, der im Gegensatz zur Chininwirkung wie übrigens auch zur spontanen Entfieberung des Wärmestichkaninchens (siehe Bd. I) steht. Die Art, in der unter Chinin solche Kaninchen entfiebern, würde aber mit diesem spontanen Typus übereinstimmen.

c) Auf Fieber nach Injektion von Tetrahydro-β-naphthylamin bei Kaninchen hat Chinin nach Feri[3]) (Biedl) weder curativ noch präventiv eine Wirkung und zwar in Dosen (0,1 Chinin. bisulf. subcutan), welche bei Temperatursteigerungen nach Injektion von abgetöteten Kolikulturen sicher wirkten; dasselbe gilt nach Feri für Antipyrin (siehe dieses Bd. I), Phenokoll und Thallin.

d) Infektionsfieber durch lebende oder abgetötete Kulturen wird durch Chinin fast regelmäßig beeinflußt (Binz[4]), Manassein[5]), Arntz[6]), Stühlinger[7]), Feri)[3]). Interessant ist, daß Stühlinger an Kaninchen einmal die

---

[1]) Gottlieb, Archiv f. experim. Pathol. u. Pharmakol. **26** (1890).
[2]) An dieser Stelle sei noch einmal auf die kritischen Bedenken aufmerksam gemacht, die gegen die übliche Berechnung der Wärmeproduktion aus der beobachteten Abgabe, der Körpertemperatur und dem Körpergewicht zu erheben sind. Gerade in diesen Versuchen an fiebernden Tieren ändert sich zweifellos durch den Stich und dann durch das Antipyreticum die Blutverteilung und damit die Erwärmung der einzelnen Körperpartien so stark, daß einer Verwertung der Rectaltemperatur als Ausdruck des Wärmeinhaltes des ganzen Körpers so lange Bedenken entgegenstehen müssen, bis eine direkte Messung der Wärmebildung sie zerstreut.
[3]) K. Feri, Arch. intern. de Pharmacol. et de Therap. **21**, 27 (1911).
[4]) C. Binz, Eulenburgs Realencykl. **3**, 178 (1880).
[5]) Zit. ebenda.
[6]) Arntz, Archiv f. d. ges. Physiol. **31**, 531.
[7]) Stühlinger, Archiv f. experim. Pathol. u. Pharmakol. **43**, 167 (1900).

klinisch hin und wieder beobachtete Tatsache feststellte, daß nach Chinin die
Temperatur höher stieg als sie vorher war; ob diese Beobachtung allerdings mit
der obenerwähnten paradoxen Temperatursteigerung an Gesunden zu identifi-
zieren ist, und nicht etwa
doch als eine, wenn auch nur
relative Entfieberung aufzufassen ist, möge dahingestellt
bleiben; bringt man nämlich
die mitgeteilten Zahlen in
eine Kurve, so sieht man,
wie der Temperaturanstieg
durch Chinin abgeflacht
wird, also relativ erniedrigt
wird (siehe Kurve, Versuch
Nr. 60 und 62).

Über den Modus der
Entfieberung geben nach-
stehende Beobachtungen
Aufschluß. Auf Überlegun-
gen, wie weit im Einzelfall
ätiotrope Wirkungen des
Chinins, die bei dem Malariafieber ganz außer Frage stehen, mit an der antipyretischen Wirkung schuld sein
könnten, wurde von vorn-
herein verzichtet, da in keiner der vorliegenden Arbeiten sich dafür Anhaltspunkte
finden lassen.

Messung des Gesamt-
umsatzes: 1. An Kanin-
chen und Meerschwein-
chen arbeitete Stühlin-
ger[2] (Calorimetrie). Die
Versuche sind nach den Tabellen in Kurvenform wie-
dergegeben und lassen für
das Kaninchen unmittelbar
erkennen, daß mit der Entfieberung stets eine Ver-
stärkung der Wärmeabgabe
(Wasserverdampfung meist
erhöht) eintritt, daß daneben
aber — vielleicht etwas stärker als beim Antipyrin —
eine gewisse Verminderung

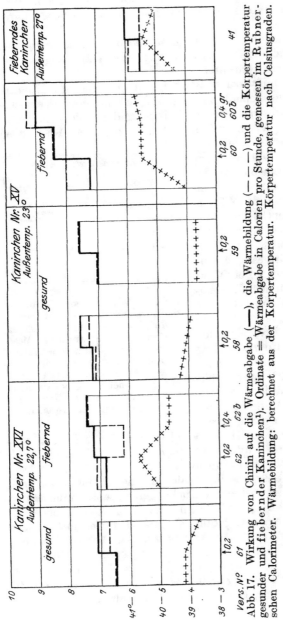

Abb. 17. Wirkung von Chinin auf die Wärmeabgabe (———), die Wärmebildung (— — —) und die Körpertemperatur
(—·—·—) an gesunder und fiebernder Kaninchen[1]). Ordinate = Wärmeabgabe in Calorien pro Stunde, gemessen im Rubnerschen Calorimeter. Wärmebildung: berechnet aus der Körpertemperatur. Körpertemperatur nach Celsiusgraden.

der Wärmeproduktion mitwirkt. Das eine entfieberte Tier (Nr. XVI) hält
seine niedrigere Temperatur aber fest mit erhöhtem Gesamtumsatz. Paradox

[1]) Nach Stühlinger, l. c.
[2]) Stühlinger, Archiv f. experim. Pathol. u. Pharmakol. **43**, 167 (1900).

erscheint — wie schon erwähnt — Versuch 60, weil in ihm die Körpertemperatur unter Chinin weiter steigt; doch ist der Auffassung, daß es sich hier um eine Wirkungsumkehr gehandelt hat, entgegenzuhalten, daß man mit demselben Recht auch von einer relativen Antipyrese sprechen kann: denn der steile Temperaturanstieg ist zweifellos unterbrochen, und zwar im wesentlichen durch Steigerung der Wärmeabgabe.

Die Meerschweinchen befinden sich im Zustande der Entfieberung und reagierten immer mit verminderter Wärmebildung, die Wärmeabgabe war einmal vermindert und einmal vermehrt.

Vergleicht man diese Chininversuche Stühlingers mit seinen Antipyrinversuchen, so wird man seiner Schlußfolgerung, daß sich bei dieser Versuchsanordnung zwischen der Wirkungsweise des Chinins und der des Antipyrins keine sicheren Unterschiede haben auffinden lassen, durchaus beistimmen müssen. Bei beiden Versuchsreihen mit Kaninchen ist im Fieber die Wärmebildung zwar relativ etwas stärker gehemmt als bei gesunden Tieren; es ist aber nicht so, daß Chinin wesentlich durch Hemmung der Wärmebildung, Antipyrin im wesentlichen durch Steigerung der Wärmeabgabe antipyretisch wirkt, sondern im großen und ganzen überwiegt die Steigerung der Wärmeabgabe die Hemmung der Wärmebildung. Bei Meerschweinchen dagegen ist fast immer die Hemmung der Wärmebildung der Hauptfaktor bei der antipyretischen Wirkung, sowohl wenn man gesunde und kranke Tiere, als auch wenn man die Chinin- und Antipyrinwirkung miteinander vergleicht. So daß man als Endresultat dieser Versuche Stühlingers wohl sagen kann: die Artunterschiede sind stärker als die Unterschiede in der Wirkungsweise der beiden Antipyretica; ob sich Chinin und Antiyprin prinzipiell in ihrer Wirkungsweise auf den Gesamtenergiewechsel voneinander unterscheiden, läßt sich nach diesen Versuchen also nicht entscheiden.

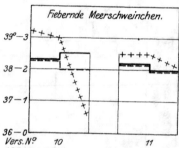

Abb. 18. Wirkung von Chinin auf die Wärmeabgabe (——), die Wärmebildung (— — —) und die Körpertemperatur fiebernder Meerschweinchen[1]). Ordinate = Wärmeabgabe in Calorien pro Stunde, gemessen im Rubnerschen Calorimeter. Wärmebildung: berechnet aus der Körpertemperatur. Körpertemperatur nach Celsiusgraden.

Ebenso wechselnd wie die Resultate dieser calorimetrischen Untersuchungen sind auch die Ergebnisse von Gaswechseluntersuchungen an septisch fiebernden Kaninchen. Arntz[2]) und Henrijean[3]) sahen eine Herabsetzung der CO_2-Ausscheidung, Straßburg[4]) eine Steigerung. Wenn auch hier methodische Unvollkommenheiten keine einwandfreien Schlüsse zulassen, so sprechen doch auch diese Versuche dafür, daß bei der Entfieberung septischer Kaninchen die Wärmebildung nicht oder nicht wesentlich unter das Fieberniveau sinkt.

Ein wesentlich klareres Resultat ergab eine ausgedehnte Versuchsreihe an zwei fiebernden Hunden (Trypanosomeninfektion) mit direkter und in-

---

[1]) Nach Stühlinger, l. c.

[2]) Arntz, Archiv f. d. ges. Physiol. **31**, 531 (1874).

[3]) Henrijean, Trav. d. lab. d. L. Fredericq **1**, 113 (1887); zit. Malys Jahresber. d. Tierchemie 1887, S. 351.

[4]) Straßburg, Archiv f. experim. Pathol. u. Pharmakol. **2**, 337 u. Archiv f. d. ges. Physiol. **1**, 94.

direkter Calorimetrie (berechnet nach der Kohlenstoffbilanz) von R. Hirsch[1]).
Die gewählte Chinindosis (0,25—1,0 g pro die) hatte nämlich keinen Einfluß
auf die Körpertemperatur, wohl aber einen ganz erheblichen auf die Wärmeproduktion: es wurde in beiden Fällen die im Fieber um ca. 40% gesteigerte
Wärmeproduktion wieder auf die Norm zurückgebracht und — da es sich um
24stündige Versuche handelte — stunden- und tagelang auf diesem Niveau
gehalten; das fallende Körpergewicht stieg in dieser Periode infolgedessen
wieder langsam[2]).

Zur Illustrierung seien aus den Tabellen des II. Versuchs die wichtigsten
Zahlen und Tabellen in einer Übersichtstabelle wiedergegeben (Tabelle I).

Dieser zweite Versuch mit gleichzeitiger O_2-Bestimmung erlaubt dabei
auch die weitere Frage zu beantworten, auf welche Bestandteile der verbrannten
Nahrungsstoffe sich die sparende Chininwirkung erstreckt. Da ergibt sich nun
aus der zweiten (hier wiedergegebenen) Tabelle, daß der respiratorische Quotient sich nicht verändert, obwohl O_2-Verbrauch und die Kohlensäureproduktion ganz erheblich eingeschränkt werden, d. h. nebe nder Einschränkung des
N-Stoffwechsels findet auch eine solche des ganzen übrigen Stoffwechsels statt,
hier — nach dem respiratorischen Quotienten zu urteilen — wohl namentlich
des Fettstoffwechsels. Nur die im Fieber schon stark vermehrte Harnsäureausscheidung wurde durch Chinin nicht beeinflußt (im Gegensatz zur Norm).

Die Wasserbilanz zeigt weder während des Fiebers noch der Chininwirkung
eine nennenswerte Beeinflussung (nur an 2 Chinintagen stammt die Körper-
gewichtsvermehrung zum Teil von einer vermehrten Retention).

Diese Chininversuche zeigen 1. daß Fiebertemperatur nicht notwendigerweise eine Vermehrung der Wärmeproduktion mit sich bringt (vgl. dazu auch
die Kurven über Wärmeabgabe und -bildung bei Meerschweinchen in diesem
Buch S. 82); 2. daß die sparende Chininwirkung unabhängig von der temperaturherabsetzenden Wirkung ist.

Allerdings, wieweit hier spezifische Wirkungen des Chinins vorliegen
— namentlich gegenüber dem Antipyrin — müssen erst weitere vergleichende
Untersuchungen mit anderen Antipyreticis an der gleichen Tierart und bei
der gleichen Fieberart zeigen. Denn von klinischer Seite werden auch dem Antipyrin ähnlich günstige Wirkungen bei chronischem Fieber nachgerühmt[3]).

Die Gaswechseluntersuchungen am Menschen bestätigen im allgemeinen
den Eindruck, den die calorimetrischen Experimente an Tieren gegeben haben:
die Hemmung der Wärmebildung tritt im Fieber in einzelnen Fällen deutlicher
hervor als bei Gesunden. So fanden Liebermeister und Buss[4]), daß die
CO_2-Abgabe Fiebernder unter Chininwirkung sank (maximale Wirkung: —39%
nach 3 g Chin. sulf.). Riethus[5]) hat ferner mit der Geppert-Zuntzschen
Methode systematische Gaswechseluntersuchungen an fiebernden Patienten
vorgenommen und in 4 Fällen in 10 Untersuchungen fünfmal keinerlei Wirkung, weder auf die Temperatur noch auf den Gaswechsel sehen können, fünf-

---

[1]) R. Hirsch, Zeitschr. f. experim. Pathol. u. Ther. 13 (1913).
   [2]) Allerdings besteht der Einwand gegen diese Versuche, daß die Einschränkung
der Wärmeproduktion vielleicht nicht die Folge der Chininwirkung auf den Stoffwechsel
der Versuchshunde war, sondern aus einer Wirkung auf den Stoffwechsel der massenhaft
im Blute lebenden Trypanosomen zu erklären wäre.
   [3]) Pribram, Prager med. Wochenschr. 9, Nr. 40, 4₇, 43; zit. Engel, Mitteilungen
aus der med. Klinik zu Würzburg 2, 123 (1886). Anmerkung.
   [4]) Liebermeister, Pathologie und Therapie des Fiebers. Leipzig 1875. Buss,
Wesen und Behandlung des Fiebers. Stuttgart 1878.
   [5]) Riethus, Archiv f. experim. Pathol. u. Pharmakol. 44, 239 (1900).

Tabelle I.

Wirkung von Chinin auf den Gesamtumsatz (direkte Calorimetrie) des Eiweißstoffwechsel und die Wasserbilanz des fiebernden Hundes (Trypanosomenfieber)[1].

Datum	Wärme-prod.	Calor.-Zufuhr	Calor.-Bilanz	N-Zu-fuhr	N-im Harn und Kot	N-Bilanz	Wasser bilanz	Körper-temp.	Körper-gewicht	Chinin. bisulfat g
5.— 6. März	585	690	+ 105	6,0	5,0	+1,0	+140,0	38,4	10 470	—
6.— 7. „	602	690	+ 88	6,0	5,6	+0,4	+ 82,69	38,2	10 600	—
Fieber (Trypanosomeninfektion)										
13.—14. „	564	690	+ 126	6,0	4,3	+1,7	+159,25	38,6	10 950	—
14.—15. „	595	690	+ 105	6,0	4,4	+1,6	+149,25	38,9	10 850	—
15.—16. „	652	690	+ 38	6,0	5,8	+0,2	+130,75	38,9	10 700	—
17.—18. „	702	690	— 12	6,0	6,19	—0,19	+ 97,15	39,9	10 550	—
19.—20. „	770	690	— 80	6,0	4,6	+1,4	+158,50	40,0	10 500	—
20.—21. „	730	690	— 40	6,0	4,1	+1,9	+133,14	40,0	10 590	0,25
21.—22. „	672	690	+ 18	6,0	4,1	+1,9	—	40,3	10 680	0,25
22.—23. „	584	690	+ 106	6,0	4,5	+1,5	+231,14	39,5	10 900	0,3
24.—25. „	785	690	— 95	6,0	5,0	+1,0	+236,14	39,7	10 850	0,5
25.—26. „	741	690	— 51	6,0	4,02	—1,98	+170,74	40,3	10 570	—
27.—28. „	851	690	— 161	6,0	11,38	—5,38	+123,84	39,9	10 250	1,0
1.— 2. April	764	690	— 74	6,0	7,87	—1,87	—	39,3	10 400	{0,5 morg. {0,5 nachm.
3.— 4. „	1004	690	— 314	6,0	11,0	—5,0	+189,50	39,3	10 150	—
5.— 6. „	929	690	— 239	6,0	11,0	—5,0	+129,20	39,5	10 050	—
8.— 9. „	}1297	—	—1297	—	8,0	—8,0	—438,80	39,5	8 600	—
9.—10. „								40,5	8 300	—

Tabelle II.

Wirkung von Chinin auf den Gaswechsel desselben Fieberhundes (März-April 1912). 24-Stunden-Versuche.

Datum	CO_2 Liter 0° 760 mm	O_2 Liter 0° 760 mm	R.-Q.	Tempe-ratur	Körpergewicht g	Chinin. bisulfat g
5.— 6. März . . .	76,3	107,0	0,71	38,4	10 470	—
6.— 7. „ . . .	78,9	111,4	.0,71	38,2	10 600	—
Fieber (Trypanosomeninfektion)						
13.—14. „ . . .	82,9	117,8	0,70	38,2	10 850	—
15.—16. „ . . .	92,2	128,5	0,71	38,6	10 550	—
17.—18. „ . . .	100,0	140,0	0,71	38,9	10 430	—
19.—20. „ . . .	110,0	148,0	0,73	39,9	10 500	—
20.—21. „ . . .	101,1	142,7	0,71	40,2	10 590	0,25
21.—22. „ . . .	92,6	132,1	0,70	40,3	10 600	0,25
22.—23. „ . . .	81,7	111,0	0,73	38,3	10 680	0,3
24.—25. „ . . .	109,2	152,7	0,72	39,5	10 900	0,5
25.—26. „ . . .	97,7	142,7	0,68	40,3	10 570	0,5
27.—28. „ . . .	112,8	159,0	0,71	40,3	10 250	1,0
1.— 2. April . . .	100,9	139,8	0,71	39,3	10 400	2 × 0,5
3.— 4. „ . . .	130,0	176,5	0,73	40,3	10 050	—
5.— 6. „ . . .	110,7	156,3	0,72	40,3	10 000	—
8.— 9. „ . . .	} 155,8	202,5	0,76	40,3	8 300	—
9.—10. „ . . . nichts gefressen und getrunken						

[1] Nach R. Hirsch, Zeitschr. f. experim. Pathol. u. Ther. **13** (1913).

mal sank die O_2-Aufnahme, doch verwertbar erscheint nur eine Untersuchung an einem Fall (Erysipel) zu sein, bei dem Chinin (und Antipyrin) während und nach dem Fieber in seiner Wirkung auf den Gaswechsel studiert wurde. Die Resultate (siehe Tabelle) lassen in der Rekonvaleszenz keine Wirkung erkennen, im Fieber dagegen sank einmal der O_2-Verbrauch um 10%, die CO_2-Ausscheidung stieg dagegen deutlich, so daß der respiratorische Quotient sich von dem abnorm niedrigen Wert 0,53 auf 0,62 hob.

Da nun noch gleichzeitig die durchschnittliche Temperatur um 0,45° stieg und das Atemvolum um 470 cm zunahm, so sollte die Oxydationshemmung eigentlich um so beweisender erscheinen, wenn nicht ein genaueres Studium der Protokolle lehrte, daß diese (einmal beobachtete) Oxydationsherabsetzung zeitlich anscheinend genau mit dem spontanen Rückgang der Fieberursache zusammenfiel: der O_2-Verbrauch sank in der auf diesen Versuch folgenden Nacht noch tief ab, um sich definitiv auf der erreichten Höhe zu halten. Wollen wir also kritisch sein, so ist auch diese Untersuchung zu streichen, und es bleibt von diesem Falle nur noch die erste Chininwirkung übrig, die aber bei steigender Körpertemperatur keinen wesentlichen Einfluß auf den Gaswechsel erkennen läßt. So kämen wir denn zu dem Schluß, daß von den 10 Experimenten dieser Untersuchungen sich keiner als Beweis für die Annahme einer Oxydationshemmung verwerten läßt; das wiegt um so schwerer, als hier ein selten reiches Vergleichsmaterial zur Verfügung steht.

Die Wärmeabgabe beim fiebernden Menschen unter Chininwirkung scheint noch nicht direkt bestimmt; man wird sie wohl als vermehrt annehmen dürfen, da Maragliano[1]) eine der Antipyrese parallel gehende starke Erweiterung der Hautgefäße konstatiert hat.

Überblickt man diese Wirkung des Chinins auf fieberhaft erhöhte Temperaturen, so sieht man wiederum, daß — wie beim Gesunden — der Modus der Entfieberung nach den Untersuchungsobjekten und wahrscheinlich auch Fieberarten ein sehr verschiedener ist: beim Kaninchen führt namentlich die Steigerung der Wärmeabgabe, beim Meerschweinchen wahrscheinlich die Hemmung der Wärmebildung zur Entfernung der überschüssigen Wärme; der Mensch scheint auch hier etwa in der Mitte zu stehen. Hier dürften also dieselben Überlegungen am Platze zu sein wie beim Antipyrin (siehe dieses Bd. I): Da sowohl die Steigerung der Wärmeabgabe als auch die Hemmung der Wärmebildung nicht die normale Regulierfähigkeit des Organismus überschreiten, so muß man als wesentlichste Wirkung in diesen Fällen eine Einstellungsänderung der Wärmeregulation auf niedrigere Temperaturen annehmen, nur so kommt man zu einer einheitlichen Auffassung der antipyretischen Chininwirkung; doch fehlt auch hier gerade für diesen wichtigsten Punkt der experimentelle Beweis, wie er — soweit bekannt — nur für die Antipyrese durch Kairin vorliegt. Diese Hauptwirkung des Chinins scheint nun modifiziert zu werden durch folgende zwei Nebenwirkungen:

1. Durch die Herabsetzung des Gesamtumsatzes durch Chinin, wie sie R. Hirsch bei ihren Versuchen am Fieberhund unmittelbar festgestellt hat. Diese Wirkung erscheint hier — durch einen glücklichen Zufall — ganz isoliert und unabhängig von der Wirkung des Chinins auf die Körpertemperatur. Auch auf andere Weise — am künstlich poikilothermen Tier — hat sie sich ebenfalls demonstrieren lassen (siehe unten).

2. Durch die Steigerung der Atemtätigkeit und die motorische Unruhe im Chininrausch, die eine Steigerung der Wärmebildung durch Chiningaben vortäuschen.

---

[1]) E. Maragliano, Zeitschr. f. klin. Medizin 17, 298 (1890).

Aus dem Zusammenziehen dieser drei Faktoren mögen sich die komplizierten Bilder erklären, die uns diese Übersicht bisher gezeigt hat. Dabei ist auf eventuelle ätiotrope Wirkungen des Chinins, die ja beim Malariafieber — das aber merkwürdigerweise bisher noch nicht als Untersuchungsobjekt für solche Untersuchungen herangezogen ist — außer Zweifel stehen, keine Rücksicht genommen worden; in keiner der vorliegenden Arbeiten finden sich auch nur irgendwie quantitativ verwertbare Anhaltspunkte für eine Wirkung des Chinins in dieser Richtung.

III. Wirkung bei teilweiser oder vollständiger Ausschaltung der Wärmeregulation. a) Überhitzung. Hier sind von allen experimentellen Fieberformen die Bedingungen des Experimentes am durchsichtigsten; liegt die Umgebungstemperatur oberhalb der Körpertemperatur — es ist der einfachste Fall —, so kann durch Verminderung der normalen Wärmeproduktion das Steigen der Körpertemperatur verlangsamt, aber niemals aufgehalten werden; liegt sie unterhalb derselben, so kann bis zu einer gewissen Grenze durch maximale Wärmeabgabe und verminderte Wärmeproduktion die normale Temperatur aufrechtgehalten werden.

Den methodisch durchsichtigeren Weg wählte Fr. Müller[1]), als er normale Versuchspersonen der Wirkung eines Dampfbades von 46,6° 15 Minuten lang aussetzte und den Anstieg der Temperatur im Rectum feststellte. Es ergab sich, daß im allgemeinen (aber nicht so konstant wie durch Antipyrin) unter dem Einfluß des Chinins (2 g 6 Stunden vorher genommen) die Körpertemperatur im Dampfbad weniger hoch stieg als in den Kontrollversuchen; da eine vermehrte Wärmeabgabe ausgeschlossen erscheint, so schließt Müller daraus auf eine **verminderte Wärmeproduktion unter dem Einfluß des Chinins.** — Ebenso wie Chinin wirkte auch Antipyrin (siehe dieses), während andere Fiebermittel paradoxerweise eine raschere Steigerung der Körpertemperatur hervorriefen (siehe S. 14).

Neuerdings haben J. v. Mering und Winternitz[2]) ähnliche Versuche wieder aufgenommen und den Temperaturabfall nach Heißwasser und Lichtbädern unter Chininwirkung untersucht. Sie fanden keinen merkbaren Einfluß; da sie aber auch nach Antipyrin, Phenacetin, Atropin und Pilokarpin keinen Einfluß sahen, so wird man schließen dürfen, daß bei ihrer Versuchsanordnung die Bedingungen für die Wärmeabgabe ihr Optimum erreichten, so daß die Wirkung der gebrauchten Mittel daneben nicht mehr zum Vorschein kommen konnte.

Schwieriger, wie oben schon gesagt, ist die Beurteilung, wenn wie in den Experimenten von Gottlieb[3]) und von Stühlinger[4]) (unter Krehl) die Umgebungstemperatur so weit unter der Körpertemperatur liegt, daß diese lange Zeit fast normal gehalten werden kann. Gottlieb findet so an Kaninchen, die er $3^1/_2$—$5^1/_4$ Stunden bei einer Umgebungstemperatur von 30—32° C der Wirkung von 0,2 Chinin aussetzt, daß die Körpertemperatur fast genau die der Kontrolltiere geblieben ist, und schließt daraus, daß „Chinin den Einfluß nicht aufhebt, den eine erhöhte Außentemperatur auf die Einschränkung der Wärme-

---

[1]) Mitgeteilt von Engel. Mitteilung aus der med. Klinik zu Würzburg **2**, 149 (1886). Leider sind die Temperaturen kurz vor dem Dampfbad nicht auch mitgeteilt wie beim Antipyrin; sie würden den möglichen Einwand entkräften können, daß die Personen nach Chininwirkung vielleicht mit niederer Körpertemperatur als normal ins Dampfbad gekommen sind, dann wäre es ja nicht verwunderlich, wenn die Temperatur nach $^1/_4$ Stunde nicht so hoch wie in der Norm gestiegen ist! Beim Antipyrin hat ein solcher Einwand ja keine Berechtigung.

[2]) J. v. Mering u. W. Winternitz, Verhandl. d. Kongr. f. innere Medizin **24**, 300.

[3]) Gottlieb, Archiv f. experim. Pathol. u. Pharmakol. **26**, 419 (1890).

[4]) Stühlinger, l. c.

bildung ausübt". Wir können vielleicht sogar noch etwas mehr sagen: Da die Temperatur der Chinintiere gegenüber der der Kontrolltiere relativ etwas zurückgeblieben ist, so unterstützte Chinin hier sogar die Wärmeregulation, wahrscheinlich durch noch stärkere Einschränkung der Wärmebildung, vielleicht aber auch durch Steigerung der Wärmeabgabe; sicher läßt sich letztere Möglichkeit nicht ausschließen.

Stühlinger sah einmal keinen Einfluß des Chinins auf ein Kaninchen bei 27° C Umgebungstemperatur, bei Meerschweinchen dagegen riefen 0,1 Chinin bei 27° zweimal einen starken Temperatursturz hervor; einmal konnte calorimetrisch als Grund einwandfrei eine stark verminderte Wärmeproduktion nachgewiesen werden. Das stimmt also mit den Schlußfolgerungen Müllers überein.

b) Experimentelle Ausschaltung nervöser Einflüsse auf die Wärmeregulation.

Schon Sewitzky sah, daß Kaninchen mit durchschnittenem Rückenmark resp. Durchschneidungen an der Grenze von Pons Varoli und verlängertem Mark auf Chinin sich rascher abkühlen als im unvergifteten Zustand; doch gab er so große Dosen (alle 6—15 Minuten $^1/_8$—$^1/_2$ g Chin. sulf.), daß wahrscheinlich kollapsartige Zustände vorlagen. Methodisch besser sind die Versuche von C. Binz[2]) und von Naunyn und Quincke[3]); sie fanden, daß Hunde mit durchschnittenem Halsmark sich in einem Wärmekasten nach Einverleibung von Chinin etwas weniger rasch überhitzten als normal; sie schlossen auf eine vom Zentralnervensystem unabhängige Herabsetzung der Wärmeproduktion.

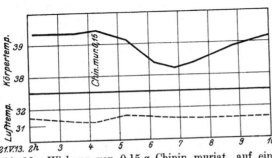

Abb. 19. Wirkung von 0,15 g Chinin muriat. auf ein Kaninchen mit durchschnittenem Hirnstamm (aus R. Isenschmid, Archiv f. experm. Pathol. u. Pharmakol. **75**, 27 [1913]).

Kürzlich erst wurden diese Versuche von R. Isenschmid[4]), der unter allen Kautelen arbeitete, an Kaninchen wieder aufgenommen. Den Tieren war entweder das Rückenmark (6. Halswirbel) oder der mediane Teil des Hirnstammes hinter dem Zwischenhirn und unmittelbar vor dem vorderen Vierhügelpaar quer durchtrennt; nur Tiere mit völlig aufgehobener Wärmeregulation wurden verwendet; sie wurden in einen Brutschrank gebracht, dessen Temperatur so eingestellt war, daß die Körpertemperatur dabei von normaler Höhe war und absolut konstant blieb. Unter diesen Bedingungen drückte Chinin meist deutlich die Temperatur herab, während nach Natr. salicyl. die Temperatur anstieg und nach Antipyrin entweder stieg oder gleich blieb. Der Temperaturabfall betrug durchschnittlich etwa 0,55—0,8° C; der Tiefpunkt der Kurve lag in der 3.—4. Stunde nach der Einspritzung [0,12—0,166 g Chin. mur. subcut.] (vgl. dazu Fig. 3). Niedrigere Dosen zeigten häufig keinen Ausschlag, höhere steigerten in manchen Fällen die Temperatur, wie Verfasser meint, durch Muskelunruhe.

Aus diesen Versuchen wird man auf eine Verminderung der Wärmeproduktion schließen dürfen. Die Folgerung erscheint um so berechtigter, da Krehl und

^{1}) Sewitzky, Virchows Archiv **47**, 352 (1869).
^{2}) Binz, Virchows Archiv **51**, 152 (1870).
^{3}) Naunyn u. Quincke, Archiv f. Physiol. (Du Bois-Reymond) 1869, S. 175, 527.
^{4}) Isenschmid, R., Archiv f. experim. Pathol. u. Pharmakol. **76**, 10 (1913).

Matthes[1]) an Tieren unter ähnlichen experimentellen Bedingungen direkt durch Calorimetrie ein Absinken von Wärmebildung (und Wärmeabgabe) beobachtet haben. Zur endgültigen Beurteilung allerdings, ob hier eine primäre Stoffwechselwirkung mit Umgehung des Zentralnervensystems vorliegt, fehlt noch der Nachweis, daß die verwendeten Dosen bei den ja schon schwer geschädigten und im Zustande der Unterernährung befindlichen Tieren nicht etwa einen kollapsartigen Zustand hervorgerufen hatten, was durch Blutdruckmessung leicht festzustellen wäre.

Aber immerhin — das wird man zugeben müssen — spricht diese letztere Beobachtung für einen von der Antipyrinwirkung prinzipiell verschiedenen Wirkungsmechanismus. Während dem Antipyrin — soweit sich das heute beurteilen läßt — unabhängig von seiner die Wärmeregulation selbst treffenden Wirkung noch eine die Wärmebildung steigernde Nebenwirkung zukommt, dämpft umgekehrt Chinin unabhängig von den nervösen Zentren der Wärmeregulation noch direkt die Wärmeproduktion. Diese direkte Wirkung kann anscheinend allein auftreten, wie der Befund R. Hirschs am trypanosomenkranken Hund zeigt, wo die fieberhafte Körpertemperatur ungeändert blieb, obwohl die Verbrennungsprozesse ganz wesentlich eingeschränkt wurden; in den anderen Fällen wird man aber wohl damit kombiniert eine gleichzeitige Einstellungsänderung der Wärmeregulation auf niedrigere Körpertemperaturen annehmen müssen. Doch wird man diese zweite und bei der Antipyrese hauptsächliche Wirkung (auf das Wärmeregulationszentrum) nur hypothetischerweise annehmen dürfen, solange nicht der Nachweis erbracht ist, daß wirklich eine geänderte „Einstellung" eingetreten ist, so wie er bisher nur für das Kairin (Richter)[2]) vorliegt.

Zwar hat neuerdings Barbour[3]) durch Einführung von Chininlösungen in die Gegend des Corp. striatum den Nachweis zu erbringen gesucht, daß Chinin eine direkte Wirkung auf die Zentren der Wärmeregulation hat; doch wird man seine Beobachtung, daß danach Temperaturabfall unter Vasodilatation und Hyperpnoe eintrat, noch nicht als eindeutig ansehen können, solange nicht die Giftwirkung, die sich ungehindert durch Diffusion durch alle Hirnventrikel zu verbreiten vermag, schärfer lokalisiert werden kann und auch die Konzentration der verwendeten Lösungen derjenigen nicht mehr angenähert wird, die man bei Zufuhr von anderen Körperteilen aus an diesen Stellen wird vermuten dürfen. Aber auch gesetzt den Fall, daß eine Einstellungsänderung des Wärmezentrums nachgewiesen ist, so wird es doch im Einzelfalle kaum möglich sein, den Erscheinungskomplex zu entwirren; denn es ist nicht unwahrscheinlich, daß neben diesen zwei Wirkungen noch eine dritte Wirkungsart zu unterscheiden ist: eine Reizwirkung auf das Atemzentrum und andere nervöse Zentren (Chininrausch). Ihr müßte man vielleicht die Steigerung des Wärmehaushalts zuschreiben, der man bei Menschen und Kaninchen begegnet, wenn man nicht in ihrer Art zu reagieren die besondere Form der Temperaturregulation dieser Versuchsobjekte sehen will. Eine Entscheidung wird aber nur durch sorgfältigste Analyse sämtlicher Faktoren (namentlich auch der motorischen Unruhe der Tiere, der Tätigkeit des Atemzentrums usw.) zu treffen sein.

Jedenfalls geht aus dieser Zusammenstellung der experimentellen Resultate hervor, daß das Bild der Chininwirkung ebenso mannigfaltig und heute noch ebensowenig unter einheitlichen Gesichtspunkten zusammenfaßbar ist wie das der Antipyrinwirkung.

---

[1]) Krehl u. Matthes; zit. bei Stühlinger, Archiv f. experim. Pathol. u. Pharmakol. **43**, 167 (1900).
[2]) Richter, Paul, Virchows Archiv **123**, 118 (1891).
[3]) Barbour and Wing, The journ. of pharmacol. and exp. Therap. **5**, 105 (1913)·

Chininderivate.

Ester des Chinins.

Aristochin. Chininkohlensäureester (neutraler) $CO(OC_{20}H_{24}N_2O)_2$ 96% Chinin, weißes geschmackloses Pulver, Schmelzp. 189°, unlöslich in Wasser, leicht löslich in Alkohol und Chloroform.

Euchinin. Chininkohlensäureäthylester $CO - OC_{20}H_{21}N_2O - OC_2H_5$ 82% Chinin, leichte farblose Nadeln, Schmelzp. 95°, von schwach bitterem Geschmack, fast unlöslich in Wasser, leicht löslich in Alkohol, Chloroform, Äther und verdünnten Säuren.

Incipin (Chinindiglykolsäureester) $O{<}^{CH_2CO(C_{20}H_{23}N_2O_2)}_{CH_2CO(C_{20}H_{23}N_2O_2)}H_2SO_4 + 3\,H_2O$

als Sulfat benutzt, fast geschmacklos, enthält 72,2% Chininsulfat resp. 72,8% Chinin. Nach Schmiedeberg[1] weniger giftig als Euchinin. Von Werner[2] besonders für Kindermalaria empfohlen.

Alkyladditionsprodukte.

Sie entstehen durch Anlagerung von Alkylhalogen oder Hydrat an den Stickstoff des Chinolinkerns und Umwandlung von dreiwertigen in fünfwertigen Stickstoff. Sie wirken curareartig, wie alle quaternären Ammoniumverbindungen.

Methylchinin hat curareartige Wirkung wie viele Alkylsubstitutionsprodukte von Pflanzenbasen (vgl. Methylstrychnin usw.)[3].

Diäthylchinin für Infusorien weniger giftig, für Wirbeltiere (Frösche und Säugetiere) giftiger als Chinin (Pitini)[4].

Methylchinidin wirkt curareartig lähmend[3] auf die motorischen Nervenendigungen, ähnlich dem Äthylchinin.

Methylcinchonin und **Amylcinchonin** wirken curareartig lähmend auf die motorischen Nervenendigungen[3].

Abkömmlinge des Chinins, die durch Veränderung im Chininkern entstehen.

---

[1] Zit. bei H. Werner, Archiv f. Schiffs- u. Tropenhyg. **16**, Beiheft 1 (1912).
[2] H. Werner, Archiv f. Schiffs- u. Tropenhyg. **16**, Beiheft 1 (1912).
[3] Zit. nach Santesson, Archiv f. experim. Pathol. u. Pharmakol. **35**, 27 (1895).
[4] Pitini, Arch. di Farm. e Ther. **13**, 31; zit. nach Maly, Tierchemie (1907), S. 723.

Chinidine.

Rechtsdrehende Stereoisomere des Chinins, durch Umlagerung der asymmetrischen Kohlenstoffatome im Molekül entstanden.

Conchinin (Chinidin) ist rechtsdrehendes Chinin, freie Base in 97 proz. Alkohol: $[\alpha]_{D_{15}} = 269,63$ soll wie Chinin wirken, aber ohne narkotische Wirkung [1]). Conchininchlorhydrat in 97 proz. Alkohol $[\alpha]_{D_{15}} = 212$; dem Chinin an antimalar. Wirkung ebenbürtig (Giemsa und Werner, Archiv f. Schiffs- u. Tropenhygiene 18, S. 12 (1914).

Die Leistungsfähigkeit des Froschmuskels wird vorübergehend erhöht (ähnlich dem Chinin, Santesson[2]). Der toxischen Wirkung nach auf die Reizbarkeit fanden es Veley und Waller[3]) nicht so giftig wie Chinin.

Frequenz stärker herabgesetzt (dabei Auftreten von Arrhythmien und Gruppenbildung) als die Pulsvolumina; diese zeigen manchmal (kompensatorisch?) sogar Erhöhung. Die Wirkung gleicht der Chininwirkung, ist aber weit schwächer (Santesson[2]) am Froschherz. Vergleichende Untersuchungen über Giftigkeit und trypanocide Wirkung (J. Cohn[4]) unter Morgenroth) ergaben keine wesentlichen Unterschiede gegenüber dem Chinin.

Hydrochinidin so stark antimalarisch wie Chinin (Giemsa und Werner)[5]). Die Hydrierung (wodurch die Vinylgruppe in eine Äthylgruppe umgewandelt wurde), hat also keine Verstärkung des antimalarischen Charakters zur Folge (wie man aus der stärkeren Wirkung des Hydrochinins gegenüber dem Chinin zu schließen geneigt sein könnte!).

In der Vinylgruppe verändert.

Isochinin. Wenn Chinin die Seitenkette $CH - CH = CH_2$ hat, so schreibt man dem Isochinin die Struktur zu $C = CH - CH_3$. Nach Bachem[6]) ist es für Säugetiere (Mäuse, Meerschweinchen, Kaninchen) gleich giftig dem Chinin, für Paramäcien aber giftiger. Ebenso verhält sich Hydrochlorisochinin[6]). Zum Vergleich der Toxicität diene folgende Tabelle), in der die letalen Dosen pro Kilogramm angegeben sind:

	Salzsaures Chinin	Salzsaures Isochinin	Saures salzsaures Hydrochlorisochinin
Maus	0,422	0,410	0,631
Meerschweinchen	0,239	0,326	0,343
Kaninchen	0,231	0,275	0,231

Bei experimenteller Trypanosomeninfektion (Mäusen) fanden es Morgenroth und Halberstädter[7]) prophylaktisch wirksam, aber nicht therapeutisch.

Hydrochinin $CH_3OC_9H_5NC_8H_{12}N(OH)CH_2 - CH_3$ von R. Hunt[8]) als gleich giftig dem Chinin befunden gegenüber Mäusen, Meerschweinchen, Kaninchen und Infusorien. Doch glauben ihm Morgenroth und Halberstädter[7]) eine größere trypanocide (prophylaktische und therapeutische) Wirkung im Tierkörper (Maus) zuschieben zu können. Auch Lippmann und Fleisch[9]) be-

---

[1]) Macchiavelli, Jahresber. üb. d. Fortschritte d. Chemie (1875), S. 772; zit. bei Fränkel, Arzneimittelsynthese (1913), S. 250.

[2]) Santesson, Archiv f. experim. Pathol. u. Pharmakol. **30**, 412 (1892).

[3]) Veley u. Waller, Journ. of Physiol. **39**, Proc. S. 19 (1909).

[4]) Cohn, Julie, Zeitschr. f. Immunitätsforsch. **18**, 570 (1913).

[5]) Giemsa u. Werner, Archiv f. Schiffs- u. Tropenhyg. **18**, 12 (1914).

[6]) C. Bachem, Therap. Monatshefte **24**, 532 (1910).

[7]) Morgenroth u. Halberstädter, Sitzungsber. d. preuß. Akad. d. Wissensch. (1910), 732; (1911), 30; Berl. klin. Wochenschr. (1911), S. 1558.

[8]) R. Hunt, Arch. intern. de Pharm. et de Thér. **12**, 497 (1904).

[9]) Lippmann u. Fleisch, Wiener Monatshefte f. Chemie **16**, 630 (1895); zit. nach Fränkel, Arzneimittelsynthese (1913), S. 250.

tonen seine größere Giftigkeit. Das einfach salzsaure Salz wirkt auf Diphtheriebacillen entwicklungshemmend in Verdünnungen bis zu 1 : 10 000, abtötend bis
zu 1 : 200 (Braun und Schaeffer)[1]. Streptococcus 17 wird abgetötet in Verdünnungen bis zu 1 : 1000, in seiner Entwicklung gehemmt in Lösungen bis
1 : 500 (Morgenroth und Tugendreich)[2]. Auf den Bacillus des Schweinerotlaufs wirkt es in Verdünnungen von 1 : 800 abtötend (Loeser)[3]. Über die
Wirksamkeit gegen Kleinlebewesen vgl. Tabelle und Kurve auf S. 33 u. 34.
Als Anästheticum der Hornhaut von Morgenroth und Ginsberg[4]) geprüft,
erweist es sich als doppelt so wirksam als Cocain, vgl. auch Kurve auf S. 66.

Oxyhydrochinin. $CH_3OC_9H_5NC_8H_{12}N(OH)CHOH - CH_3$ verhält sich nach
R. Hunt[5]) wie Hydrochinin.

Chitenin (Dihydroxylchinin) $C_{19}H_{22}N_2O_4$. Die Vinylgruppe ist zur Carbonsäure oxydiert. Von Kerner[6]) u. a.[7]) durch Oxydation des Chinins mit Kaliumpermanganat erhalten. Durch die Oxydation der Vinylgruppe zum Carboxyl
geht die physiologische Wirkung völlig verloren, wie Kerner an Fäulnisbakterien, Pflanzenzellen, Leukocyten, an Kalt- und Warmblütern konstatierte.
Kerner glaubte, daß Chinin im Körper zum Teil wie Dihydroxylchinin oxydiert und als solches im Urin ausgeschieden würde; doch haben sich seine Beobachtungen nicht bestätigt und sind von Schmitz[8]) mit Wahrscheinlichkeit
auf die Verwendung oxydierender Agenzien (Salpetersäure) bei der Isolierung
des Chinins zurückgeführt worden.

Dehydrochinin $- C \equiv CH$ als Chlorhydrat halb so giftig wie Chinin gegen
Infusorien; die antipyretische Wirkung dieselbe wie beim Chinin (Schröder[9]).

Hydrochlorchinin. $CH_3OC_9H_5NC_8H_{12}N(OH)CH_2 - CH_2Cl$ nach R. Hunt[5])
ist die Toxicität gegenüber Säugetieren etwa um das $2\frac{1}{2}$fache vermindert,
gegenüber Infusorien jedoch erhöht.

Monobromchinin $- CBr = CH_2$. **Dibromchinin** $- CHBr - CH_2Br$ wirken nach K. Schroeder[9]) auf Infusorien, Bakterien, Froscheier und Kaul-
quappe giftiger als Chinin, auf das isolierte Froschherz war der Unterschied
nicht mehr so deutlich, auf Kaninchen antipyretisch und toxisch etwa in
gleicher Dosis wie Chinin (Chinin 0,8 g pro Kilogramm dos. let. min.). Ein
Einfluß auf den N-Stoffwechsel von Ratten konnte ebensowenig wie nach
Chinin beobachtet werden.

In der Hydroxylgruppe verändert.

Chininon $\overset{\displaystyle R_1}{\underset{\displaystyle R_2}{C}} = O$ wirkt nach J. Cohn[10]) auf Trypanosomen ähnlich wie

Chinin. Durch die Oxydation der sekundären Alkoholgruppe zu dem entsprechenden Keton wird die Wirkung nicht erhöht, aber auch nicht aufgehoben.

---

[1]) Braun u. Schaeffer, Berl. klin. Wochenschr. (1917), S. 885.
[2]) Morgenroth u. Tugendreich, Biochem. Zeitschr. **79**, 257 (1917).
[3]) Loeser, Zeitschr. f. Immunitätsforsch. **25**, 140 (1916).
[4]) Morgenroth u. Ginsberg. Berliner klin. Wochenschr. (1912), Nr. 46 u. (1913),
Nr. 8.
[5]) R. Hunt, Arch. intern. de Pharm. et de Thér. **12**, 497 (1904).
[6]) Kerner, Archiv f. d. ges. Physiol. **3**, 117 (1870).
[7]) Z. Skraup, Monatshefte f. Chemie **10**, 39 (1889); Berichte d. Deutsch. chem.
Gesellschaft **12**, 1104 (1879); Annalen d. Chemie u. Pharmazie **199**, 348; zit. nach Fränkel,
Arzneimittelsynthese (1913), S. 248.
[8]) Schmitz, Archiv f. experim. Pathol. u. Pharmakol. **56**, 301 (1907).
[9]) Knud Schroeder, Archiv f. experim. Pathol. u. Pharmakol. **72**, 361 (1913).
[10]) Cohn, Julie, Zeitschr. f. Immunitätsforschung **18**, 570 (1913).

Cinchoninon

$$CH_2-CH-CH-CH=CH_2$$
$$|\qquad\qquad\quad|$$
$$CH_2\qquad\quad|$$
$$|\qquad\qquad\quad|$$
$$CH_2\qquad\quad|$$
$$|\qquad\qquad\quad|$$
$$CH-N-CH_2$$
$$|$$
$$CO$$
$$|$$
$$C_9H_6N$$

entsteht aus Cinchonin bei Einwirkung von Chromsäure (P. Rabe)[1]. Schmelzp. 126—127°, leicht löslich in Äther und Alkali. Auf Kaninchen[2] wirkt es wie Cinchonin und ist nicht so toxisch wie Cinchotoxin; 5 g erzeugen nach mehreren Stunden Krämpfe, in der Magenschleimhaut entstehen circumscripte Blutungen; es wird zum Teil als Cinchonin, also als entsprechender Alkohol, ausgeschieden, zum Teil in Paarung mit Glykuronsäure. Beim Frosch machen 9 mg vorübergehende Lähmung.

Seine Wirkung gegen Trypanosomen unterscheidet sich nicht wesentlich von der des Cinchonin (J. Cohn[3]).

Hydrocinchoninon entspricht in seinen trypanociden Eigenschaften dem Hydrocinchonin (J. Cohn[3]).

Optochinoketon tötet Pneumococcus B. in vitro in Verdünnungen von 1 : 1000 ab (Morgenroth und Bumke)[4].

Hydrochininchlorid, $H-\overset{R_1}{\underset{R_2}{C}}-Cl$, bei dem die Alkoholgruppe durch Chlor ersetzt ist, ist in seiner Toxicität und seiner Wirkung Trypanosomen gegenüber von J. Cohn)[3] untersucht. 0,3 mg pro Gramm Maus werden noch ertragen. Die Wirkung auf Trypanosomen ist gegen Hydrochinin deutlich herabgesetzt, wenn auch nicht völlig aufgehoben.

Äthylhydrocupreinchlorid[3]) nach dem gleichen Grundsatz gebaut wie Hydrochininchlorid. 0,8 mg pro Gramm Maus werden ertragen. Die trypanocide Wirkung ist dem Äthylhydrocuprein gegenüber erheblich abgeschwächt.

Desoxychinin wie die folgenden Desoxychinaalkaloide von Königs[5]) dargestellt. Bei ihnen ist die sekundäre Alkoholgruppe durch ein Wasserstoffatom ersetzt $\overset{R_1}{\underset{R_2}{CH_2}}$.

Desoxychinin[6]) wirkt wie alle Desoxydierungsprodukte der Chinabasen giftiger auf Paramäcien (1 : 20000 Tötung in 1 Stunde 45 Minuten), Mäuse (0,5 : 10 000, Respirationsstillstand nach 7 Minuten, Herzstillstand nach 11 Minuten; 0,1 : 10 000, Respirationsstillstand nach 16 Minuten, Herzstillstand nach 22 Minuten), Frösche und Meerschweinchen.

Desoxyconchinin wurde als giftiger gefunden auf Paramäcien, Kalt- und Warmblüter als Conchinin (A. Fuchs)[6].

[1]) P. Rabe, Berichte d. Deutsch. chem. Gesellschaft **40**, 2013 (1907).
[2]) Hildebrandt, Archiv f. experim. Pathol. u. Pharmakol. **59**, 127 (1908).
[3]) Cohn, Julie, Zeitschrift f. Immunitätsforschung **18**, 570 (1913).
[4]) Morgenroth, J., u. Bumke, Deutsche med. Wochenschr. 1914, Nr. 11.
[5]) Königs, W., Berichte d. Deutsch. chem. Gesellsch. **28**, 3143 (1895) und **29**, 372 (1891).
[6]) A. Fuchs, Inaug.-Diss. München (1899).

Desoxycinchonin ist giftiger als Cinchonin für Paramäcien, Frösche, Mäuse und Meerschweinchen (A. Fuchs)[1].

Desoxycinchonidin ist giftiger als Cinchonidin auf Paramäcien, Kalt- und Warmblüter (H. Fuchs)[1].

In der Methoxylgruppe verändert.

Cinchonin. $C_{19}H_{22}N_2O$

$$CH_2—CH—CH—CH = CH_2$$
$$| \quad CH_2$$
$$| \quad CH_2$$
$$CH—N—CH_2$$
$$CHOH$$
$$C_9H_6N$$

anzusehen als Chinin ohne Methoxylgruppe, gibt bei Erhitzen mit Kali Methoxychinolin, als freie Base noch schwerer wasserlöslich als Chinin; leicht löslich in Alkohol und Chloroform, fast nicht in Äther. Rechtsdrehend:

0,6% in Gemengen von Alkohol und Chloroform[2]		
Alkohol	Chloroform	$[\alpha]_{D_{17}}$
0	100	212,0
0,34	99,66	216,3
1,26	98,74	226,4
5,52	94,48	236,6
13,05	86,95	237,0
17,74	82,26	234,7
35,00	65,00	229,5
100	0	228,0

Wird durch schwache Säuren (Essigsäure) in ein giftiges Isomer Cinchotoxin verwandelt (H. C. Biddle und Rosenstein)[3]. Besitzt die dem Chinin zukommende krampferregende Wirkung in viel ausgesprochener Weise (Pietro Albertoni[4]), Heffter[5]), S. Weber[6]). Die antipyretische Wirkung ist schwächer und unsicherer (vgl. Fränkel, Arzneimittelsynthese, S. 244), gegen Malaria fast unwirksam (bis 1 g täglich) (Giemsa und H. Werner)[7]. Dem entspricht die geringe Wirksamkeit gegen Protisten (Paramäcien): eine Lösung von 1 : 500 tötet sie erst in 3 Minuten (Conzen)[8].

Abnahme der Harnstoffausscheidung beim gesunden Menschen um 24,8%, der Harnsäure um 64,1% nach Aufnahme von 0,5, 1,0 und 1,5 Cinchoninsulfat bei „möglichst gleichartiger Nahrung" sahen Dragendorff und Johannson[9]. Ähnlich verhielten sich Hund und Katze. — Tatsachen, die zwar mit veralteten Methoden festgestellt, per analogiam mit Chinin aber wohl als richtig betrachtet werden dürfen.

---

[1] A. Fuchs, Inaug.-Diss. München (1899).
[2] Aus Landolt - Börnstein, Tabellen.
[3] H. C. Biddle u. Rosenstein, Journ. Amer. Chem. Soc. **35**, 418; zit. im Centralbl. f. Biochemie u. Biophysik **15**, 130.
[4] Pietro Albertoni, Archiv f. experim. Pathol. u. Pharmakol. **15**, 272 (1882).
[5] Heffter, Archiv f. experim. Pathol. u. Pharmakol. **31**, 254 (1893).
[6] S. Weber, Archiv f. experim. Pathol. u. Pharmakol. **58**, 106 (1908).
[7] Giemsa u. Werner, Archiv f. Schiffs- u. Tropenhyg. **18**, 12 (1894).
[8] Conzen, Diss. Bonn (1868).
[9] Johannson, Diss. Dorpat (1870); zit. nach Binz, Archiv f. experim. Pathol. u. Pharmakol. **7**, 312 (1877).

Wirkung auf den Muskel wie beim Chinin, d. h. in kleineren Dosen Steigerung der augenblicklichen Leistung (Santesson)[1], in größerer Herabsetzung der Erregbarkeit (Kobert)[2]. Über die toxische Wirkung auf den Muskel machten Veley und Waller[3] die Angabe, daß Chinin viermal giftiger sei. Wie bei anderen Krampfgiften verschwindet auch nach Cinchonin-krämpfen Milchsäure aus den Muskeln (Heffter)[4], im Harn ist das Kreatinin vermehrt (S. Weber)[5].

Wirkung auf das Herz hat Santesson[1] am überlebenden Froschherzen vergleichend studiert und fand, daß eine Dosis von 1 : 5000 nur reversible Schwächung macht (ziemlich starke Herabsetzung der Pulsfrequenz, schwache Herabsetzung der Pulsvolumina, durch kleine Dosen sogar manchmal Erhöhung). Die Wirkung ist etwa halb so stark wie die des Chinins. — Die Gefäße überlebender Organe werden erweitert (Kobert)[6] an Niere, Leber und Haut, Extremität von Hund und Schwein.

Auf den Darm wirkt Cinchonin im selben Sinne wie Chinin, jedoch ist die Wirkung schwächer[7]. Auf den Uterus wirkt Cinchonin gleichsinnig, aber stärker als Chinin (Hale)[8].

Wird Cinchoninchlorid mit alkoholigem Kali gekocht[9], so spaltet sich eine Base ab: Cinchen (Königs). Das gleichartig damit erhaltene Cinchoniden ist damit identisch. — Cinchen wird durch Erhitzen mit 25 proz. Phosphorsäure auf 180° C gespalten in Lepidin (s. S. 7) und Merochinen $C_9H_{15}NO_2$; letzteres auch zu erhalten aus Chinin (das wie Cinchen aus Cinchonin so aus Chinin erhalten wird) neben p-Methoxylepidin. Merochinen ist ein Piperidin, dem in β-Stellung die Vinylgruppe, in γ-Stellung die CH_2COOH-Gruppe angelagert ist; auf Paramäcien so gut wie unwirksam (Grethe)[10], vgl. Tabelle S. 38, etwas wirksamer ist der Äthyläther.

Cinchonidin, isomer dem Cinchonin, aber linksdrehend[11]; es verhält sich zum Cinchonin wie Chinidin zum Chinin, freie Base in 97 proz. Alkohol. $[\alpha]_{D_{15}} = -107,5$; weniger giftig als Cinchonin[11].

Am Herz (Santesson)[1] am überlebenden Froschherzen) wirkt Cinchonidin nur mäßig pulsverlangsamend, manchmal regularisierend, dagegen stark lähmend auf die Herzkraft (1 : 150 000 noch deutlich), 2—3 mal so stark wie Chinin, 4—5 mal stärker als Conchinin.

Muskel: Erhöhung der Leistungsfähigkeit ähnlich dem Chinin (s. dieses): (Santesson). Im Verhältnis zum Chinin fanden es Veley und Waller[3] 4 mal giftiger.

Auf den Uterus wirkt Cinchonidin wie Cinchonin (Hale)[8].

Auf die Darmbewegung wirkt es ebenso wie Cinchonin, nur schwächer als dieses (Ladisch)[7].

Hydrocinchonin gegen Malaria in Dosen von 1 g täglich fast unwirksam (Giemsa und Werner)[12].

[1] Santesson, Archiv f. experim. Pathol. u. Pharmakol. **32**, 345 (1893).
[2] Kobert, Archiv f. experim. Pathol. u. Pharmakol. **32**, 349 (1893).
[3] Veley u. Waller, Journ. of Physiol. **39**, Proc. S. 19 (1909).
[4] Heffter, Archiv f. experim. Pathol. u. Pharmakol. **31**, 254 (1893).
[5] S. Weber, Archiv f. experim. Pathol. u. Pharmakol. **58**, 106 (1908).
[6] Kobert, Archiv f. experim. Pathol. u. Pharmakol. **22**, 93 (1887).
[7] Ladisch, E., Inaug.-Diss., Greifswald (1914).
[8] Hale, W., Journ. of Pharm. **6**, 602, zit. nach Maly, Tierchem. **45**, 536 [1915].
[9] Zit. nach Kunkel, Toxikologie **2**, 756 (1901).
[10] Grethe, Deutsches Archiv f. klin. Medizin **59**, 189 (1897).
[11] Zit. nach Fränkel, Arzneimittelsynthese. S. 244.
[12] Giemsa u. Werner, Archiv f. Schiffs- u. Tropenhyg. **18**, 12 (1914).

Isomer mit Hydrocinchonin ist das **Cinchonamin**, ein in der Rinde von Remigia Purdieana enthaltenes Alkaloid.

Zuerst beschrieben wurde es von Arnaud[1]). Nach See und Bochefontaine[2]) ist es 6mal giftiger als Chinin. Auf den Muskel speziell fanden Veley und Waller[3]) es 4mal giftiger als Chinin. Genauer untersucht ist die Wirkung auf den Nerven von F. O. B. Ellison[4]); er fand, daß das salzsaure Salz eine Verstärkung des Demarkationsstromes und eine Vernichtung der negativen Schwankung hervorruft, wenn es auf die ganze Länge der Nerven gebracht wird. Dabei hebt es weder die Erregbarkeit noch die Leitfähigkeit der Nerven auf. Das ist von physiologischem Interesse; denn danach wären also Demarkationsstrom und negative Schwankung voneinander unabhängige Phänomene.

Cuprein $C_{19}H_{20}N_2(OH)_2$ wird als entmethyliertes Chinin aufgefaßt, halb so giftig wie Chinin[5]), ihm auch in antimalarischer Wirkung unterlegen[6]).

Apochinin isomer dem Cuprein.

Chinäthylin[7]) $C_{19}H_{22}N_2OH(OC_2H_5)$; **Chinpropylin**[7]) $C_{19}H_{22}N_2OH(OC_3H_7)$; **Chinamylin**[7]) $C_{19}H_{22}N_2OH(OC_5H_{16})$ gewonnen aus Cuprein durch Einführung der Äthyl-, Propyl- und Amylgruppe an Stelle des Methyls im Chinin. Chinäthylin ist von starker antimalarischer Wirkung (Giemsa und Werner)[6]).

Hydrocuprein wirkt als einfachsalzsaures Salz auf Diphtheriebacillen abtötend in Verdünnungen 1 : 20, keimhemmend in Lösungen bis 1 : 10 000 (Braun u. Schaeffer[8]).

Optochin, Äthylhydrocuprein

hat sich in chemotherapeutischen Versuchen bei Trypanosomen- und Pneumokokkeninfektion der Mäuse wirksamer gezeigt als Chinin (Morgenroth[9])

---

[1]) Arnaud, Compt. rend. de l'Acad. des Sc. **43**, 593 (1881).

[2]) See et Bochefontaine, Compt. rend. de l'Acad. des Sc. **100**, 366, 664 (1885); zit. nach Veley u. Walter, l. c.

[3]) V. H. Veley u. Waller, l. c.

[4]) F. O. B. Ellison, Journ. of Physiol. **43**, 28 (1911).

[5]) Fränkel, Arzneimittelsynthese S. 245.

[6]) Giemsa u. Werner, Archiv f. Schiffs- u. Tropenhyg. **18**, 12 (1914).

[7]) Grimaux u. Arnaud, Compt. rend. de l'Acad. des Sc. **112**, 766, 1364; **114**, 548, 672; **118**, 1803; zit. nach Fränkel, Arzneimittelsynthese (1913), S. 244.

[8]) Braun, H. u. Schaeffer, H., Berliner klin. Wochenschr. (1917), S. 885.

[9]) Morgenroth u. Halberstädter, Berl. klin. Wochenschr. (1911), S. 1558; dort Literatur. — Morgenroth u. Levy, ebd. S. 1560. — Morgenroth u. Kaufmann, Zeitschr. f. Immunitätsforschung **18**, 145 (1913); zit. in Oppenheimers Centralbl. **14**, 525.

und Halberstädter, Levy, Kaufmann); dabei erwiesen sich die verschiedensten Pneumokokkenstämme (12 geprüft) als empfindlich (Gutmann)[1]. Auch die Pneumokokkeninfektion der Meerschweinchen wird geheilt (Engwer)[2], und zwar beruht die Heilwirkung auf einer extracellulären Abtötung, nicht auf einer Anregung der Phagocytose. Positive, wenn auch prozentual weniger günstige Heil- und Schutzwirkungen sah Boehnke[3]: allein in 20% der Fälle Heilung resp. 33% bei Schutzversuch; Kombination mit Antipneumokokkenserum ergab bessere Resultate als beide Mittel allein. Wie die allgemeine so wird auch die iokale corneale Pneumokokkeninfektion des Kaninchens günstig beeinflußt (Instill. von $\frac{1}{2}$ ccm 0,5—2proz. Lösungen oder subconjunctivierte Injektion), Chinin wirkt in 2proz. Lösungen ebenso[4]. Über klinische Heilerfolge durch Äthylhydrocuprein bei Pneumonie sind die Ansichten noch nicht geklärt.

Gegen Diphtheriebazillen wirkt antiseptisch: Das einfachsalzsaure Salz in Verdünnung 1 : 10 000, das doppeltsalzsaure Salz in Verdünnung 1 : 10 000, desinfizierend das erstere in Verdünnung von 1 : 400, letzteres bis 1 : 50 (Braun und Schaeffer)[5]. In eiweißhaltigem Medium wirkt das einfachsaure Salz abtötend in Verdünnung von 1 : 5000 (Bieling)[6].

Für Milzbrandbacillus ist die abtötende Konzentration 1 : 2000 (Bieling)[6], für Tetanus 1 : 2500 (Bieling)[6], für Gasbrand 1 : 2500 (Morgenroth und Bieling)[7], für Streptococcus 658 1 : 2500, für Streptococcus 927 1 : 5000, für Staphylococcus aureus 42 1 : 1000, für Staphylococcus aureus 669 1 : 500 (Morgenroth und Tugendreich)[8], für Pneumococcus B 1 : 400 000 (Morgenroth und Bumke)[9], für Schweinerotlaufbazillen 1 : 1600 (Loeser)[10]. Vgl. Kurven nnd Tabelle auf Seite 33 und 34.

Auf der Hornhaut ruft Optochin in Verdünnung von 1 : 100 Normalanästhesie hervor (Morgenroth und Ginsberg[11]). Vgl. auch Kurve auf S. 66.

Isopropylhydrocuprein. Gegen Diphtheriebazillen wirkt das einfachsalzsaure Salz antiseptisch in Verdünnungen bis 1 : 12 500, desinfizierend bis 1 : 800, das doppeltsalzsaure Salz antiseptisch bis zu 1 : 25 000, desinfizierend 1 : 80 (Braun und Schaeffer)[5]. Gegen Streptococcus 17 wirkt das doppeltsalzsaure Salz abtötend bis 1 : 8000, gegen Staphylococcus aureus 669 wirkt das einfachsalzsaure Salz bis 1 : 1000 (Morgenroth und Tugendreich[8]). Gegen Pneumococcus B. wirkt es bei Verdünnungen bis 1 : 200 000 desinfizierend (Morgenroth und Bumke)[9]. Vgl. Kurve und Tabelle auf S. 33 und 34.

Normalanästhesie der Hornhaut erzeugt Isopropylhydrocuprein. hydrochloricum in Verdünnungen von 1 : 800 (Morgenroth und Ginsberg)[11].

Isobutylhydrocuprein. Die antiseptische Wirkung Diphtheriebazillen gegenüber erstreckt sich bei dem einfachsalzsauren Salz bis zu Verdünnungen von

[1]) Gutmann, Zeitschr. f. Immunitätsforschung **15**, 625 (1912); zit. nach Oppenheimer Centralbl. **15**, 544.

[2]) Engwer, Zeitschr. f. Hyg. **73**, 194 (1912); Centralbl. f. Biochem. u. Biophys. **14**, 525.

[3]) Boehnke, Münch. med. Wochenschr. (1913), S. 398; zit. nach Oppenheimers Centralbl. **14**, 943.

[4]) Morgenroth u. Halberstädter, l. c.

[5]) H. Braun u. H. Schaeffer, Berliner klin. Wochenschr. (1917), S. 885.

[6]) Bieling, R., Biochem. Zeitschr. **85**, 188 (1918).

[7]) Morgenroth, J. u. Bieling, R., Berliner klin. Wochenschr. 1917, Nr. 30.

[8]) Morgenroth, J. u. Tugendreich, J., Biochem. Zeitschr. **79**, 257 (1917).

[9]) Morgenroth, J. u. Bumke, Deutsche med. Wochenschr. 1914, Nr. 11.

[10]) Loeser, A., Zeitschr. f. Immunitätsforsch. **25**, 140 (1916).

[11]) J. Morgenroth u. J. Ginsberg, Berl. klin. Wochenschr. (1912) Nr. 46 u. (1913) Nr. 8.

1·: 50 000, beim doppeltsalzsauren bis 1 : 62 500, die desinfizierende für ersteres bis 1 : 1000, für letzteres bis 1 : 200 (Braun und Schaeffer)[1]. Auf Streptococcus 17 wirkt das doppeltsalzsaure Salz in Verdünnungen von 1 : 16 000 keimtötend, auf Staphylococcus aureus 669 das einfachsalzsaure bis 1 : 8000 (Morgenroth und Tugendreich)[2]. Vgl. Kurve und Tabelle auf S. 33 und 34.

Auf der Kaninchencornea wird durch Verdünnungen von 1 : 1000 Normalanästhesie hervorgerufen (Morgenroth und Ginsberg)[3]. Vgl. Kurve auf Seite 66.

Eucupin, Isoamylhydrocuprein ist neben dem Vucin das bestuntersuchte der höheren Homologen des Hydrocupreins. Die desinfizierende Wirkung des doppeltsalzsauren Salzes gegen Diphtheriebazillen äußert sich noch bei Verdünnungen bis 1 : 2000, des einfachchinasauren Salzes bis 1 : 8000, antiseptisch wirken beide Salze bis 1 : 200 000 (Braun und Schaeffer)[1], während das doppeltsalzsaure Salz in eiweißhaltigen Medien die Keime in Verdünnungen bis 1 : 60 000 zum Absterben bringt (Bieling[4]).

Gegen Milzbrand wirken Verdünnungen von 1 : 30 000[4], Tetanus 1 : 20 000[4], Gasbrand 1 : 25 000 (Morgenroth und Bieling)[5], gegen Pneumococcus B 1 : 20 000[6] abtötend. Morgenroth und Tugendreich[2] fanden folgende Verdünnungen desinfizierend wirksam: gegen Streptococcus 402 1 : 40 000, Streptococcus 658 1 : 40 000, Streptococcus 927 1 : 40 000, Streptococcus Aronson 1 : 20 000, Streptococcus 17 1 : 40 000, Streptococcus 934 1 : 10 000; Staphylococcus aureus 42 1 : 10 000, Staphylococcus aureus 413 1 : 10 000, Staphylococcus aureus 279 1 : 5000, Staphylococcus aureus von normaler Haut 1 : 20 000, Staphylococcus aureus 669 1 : 8000. Vgl. Kurve und Tabelle auf S. 33 und 34.

Auf die Hornhaut des Kaninchens ist die anästhesierende Wirkung etwa 30 mal so groß wie die des Cocains. Verdünnungen von 1 : 1200 rufen Normalanästhesie hervor[3]. Vgl. Kurve auf S. 66.

Hexylhydrocuprein. Untersucht ist das doppeltsalzsaure Salz von Braun und Schaeffer[1] in seiner Wirkung auf Diphtheriebazillen. Es desinfizieren Verdünnungen von 1 : 200, antiseptisch wirken solche von 1 : 300 000. Gegen Staphylococcus aureus 669 wirken noch Verdünnungen von 1 : 16 000 abtötend[2]. Vgl. Kurve und Tabelle auf S. 33 und 34.

Heptylhydrocuprein. Gegen Diphtheriebazillen desinfizierend wirkt es als doppeltsalzsaures Salz in Verdünnungen von 1 : 8000, antiseptisch bis 1 : 500 000 (Braun und Schaeffer)[1].

Morgenroth und Tugendreich[2] untersuchten die Verdünnungen, die gegen Streptococcen und Staphylococcen desinfizierend wirken und kommen zu folgenden Ergebnissen. Streptococcus 402 1 : 40 000, Streptococcus Aronson 1 : 20 000, Staphylococcus aureus 669 1 : 64 000. Vgl. Kurve und Tabelle auf S. 33 und 34.

n-Octylhydrocuprein. Die antiseptische Wirkung des doppeltsalzsauren Salzes gegen Diphtheriebazillen erstreckt sich bis zu Verdünnungen von 1 : 500 000, die desinfizierende bis zu 1 : 8000[1]. Auf Streptococcus Aronson wirkten Verdünnungen von 1 : 40 000 abtötend. Vgl. Tabelle und Kurve auf S. 33 und 34.

---
[1] Braun u. Schaeffer, l. c.
[2] Morgenroth u. Tugendreich, l. c.
[3] Morgenroth u. Ginsberg, l. c.
[4] Bieling, l. c.
[5] Morgenroth u. Bieling, l. c.
[6] Morgenroth u. Bumke, l. c.

Vuzin, Isoctylhydrocuprein. Von Braun und Schaeffer[1]) sind das doppeltsalzsaure und das einfachchinasaure Salz in ihrer Wirkung auf Diphtheriebazillen untersucht; beide desinfizierten in Lösungen von 1 : 8000; ersteres wirkt antiseptisch bis zu Verdünnungen von 1 : 750 000, letzteres bis zu 1 : 400 000. In eiweißhaltigen Medien wird nach Bieling[2]) das Wachstum der Diphtheriebazillen in Lösungen von 1 : 60 000 durch das doppeltsalzsaure Salz aufgehoben. Dassselbe Salz wirkt gegen Milzbrand in Verdünnungen bis 1 : 60 000[2]), Tetanusbazillen 1 : 60 000[2]), Gasbrandbazillen 1 : 50 000 (Morgenroth und Bieling[3]) keimtötend. Für Gasbrand stellt es das bestwirksame Chinaalkaloid dar und ist als solches seit 1917 anscheinend erfolgreich in die Therapie eingeführt. Nach Bieling[4]) hat es auch eine spezifische Wirkung auf die Gasbrandtoxine, wodurch seine therapeutische Wirkung noch wesentlich erhöht würde.

Nach Morgenroth und Tugendreich[5]) wirken folgende Konzentrationen desinfizierend auf Streptococcus 658 1 : 80 000, Streptococcus 927 1 : 80 000, Streptococcus 17 1 : 80 000, Streptococcus Aronson 1 : 80 000, Streptococcus 934 1 : 20 000, Staphylococcus aureus 42 1 : 40 000, Staphyloccus albus von normaler Haut 1 : 80 000, Staphyloccus aureus 413 1 : 40 000, Staphylococcus aureus 279 1 : 10 000, Staphyloccus aureus von normaler Haut 1 : 80 000, Staphylococcus aureus 669 1:16 000. Vgl. Kurve und Tabelle auf S. 33 und 34.

Decylhydrocuprein. Untersucht ist nur das doppeltsalzsaure Salz. Seine desinfizierende Wirkung gegen Diphtheriebazillen erstreckt sich bis zu Konzentrationen von 1 : 8000, die antiseptische bis zu 1 : 500 000[1]), in eiweißhaltigen Medien bis zu 1 : 10 000[2]). Auf Milzbrand wirkt es keimtötend in Lösungen von 1 : 10 000[2]), auf Tetanusbacillen 1 : 10 000[2]), auf Gasbrand 1 : 25 000[3]), auf Streptococcus 17 1 : 20 000[5]), auf Streptococcus 934 1 : 10 000[5]), auf Staphylococcus aureus 669 1 : 16 000[5]). Vgl. Kurve und Tabelle auf S. 33 und 34.

Dodecylhydrocuprein. Als doppeltsalzsaures Salz wirkt es desinfizierend auf Diphtheriebazillen in Lösungen bis 1 : 2000[1]), antiseptisch bis 1 : 100 000[1]), in eiweißhaltigen Medien bis 1 : 10 000[2]). Auf Milzbrandbazillen wirken abtötend Verdünnungen bis 1 : 6000[2]), auf Tetanusbazillen 1 : 7500[2]), auf Streptococcus 17 1 : 10 000[5]), auf Staphylococcus aureus 669 1 : 32 000. Vgl. Tabelle und Kurve auf S. 33 und 34.

Cetylhydrocuprein. Die antiseptische Wirkung des doppeltsalzsauren Salzes auf Diphtheriebazillen erstreckt sich bis zu Verdünnungen von 1 : 5000, die desinfizierende bis zu 1 : 400[1]). Vgl. Tabelle und Kurve auf S. 33 und 34.

Phenacylhydrocuprein, bei dem —OH-Gruppe des Hydrocuprein durch die Gruppe —OCH_2 . CO . C_6H_5 ersetzt ist, bringt als einfachsalzsaures Salz Streptococcus 402 in Verdünnungen von 1 : 12 000 zum Absterben (Morgenroth und Tugendreich)[5]).

Chinatoxine.

Bei dem Schmelzen von Chininbisulfat mit wenig Wasser gewann Pasteur[6]) eine starke Base, die er Chinicin nannte, deren Konstitution er aber nicht aufklären konnte. Erst fast 50 Jahre später haben v. Miller und Rohde[7]) den

---

[1]) Braun u. Schaeffer l. c.
[2]) Bieling l. c.
[3]) Morgenroth u. Bieling l. c.
[4]) Bieling, Berliner klin. Wochenschr. 1917, S. 1213.
[5]) Morgenroth u. Tugendreich l. c.
[6]) Pasteur, Jahresber. f. Chemie (1856), S. 473.
[7]) v. Miller u. Rohde, Ber. d. Deutsch. chem. Gesellsch. **27**, 1279 (1894); **28**, 1257 (1895); **33**, 5214 (1900).

gleichen Körper durch langdauerndes Kochen von Chinin mit verdünnter Essigsäure ebenfalls gewonnen und seine Identität mit dem Pasteurschen Chinicin
festgestellt. Unter der nicht ohne weiteres richtigen Voraussetzung erhöhter
Giftigkeit dem Chinin gegenüber und im Anklang an das Digitoxin wurde ihm
der Name Chinotoxin beigelegt, der ganzen Gruppe der Name Chinatoxine.
Den Chemismus der Veränderung klärten v. Miller und Rohde[1]) und später
Rabe[2]) und König s[3]) auf. Bei dem Kochen mit Essigsäure wird der Chinu-
klidinkern gesprengt und in einen Piperidinkern umgewandelt, der durch zwei
Brückenkohlenstoffatome mit dem im Chininkern vorhandenen Brücken-
kohlenstoff verbunden wird. Die sekundäre Alkoholgruppe geht dabei in eine
Ketogruppe über.

Chinin → Chinotoxin

Chinotoxin, Chinicin, von Hildebrandt[4]) untersucht, ist Warm- und
Kaltblütern gegenüber viel weniger giftig als Cinchotoxin. Mengen des letzteren, die den Frosch völlig lähmen, sind vom ersteren völlig wirkungslos.
Kaulquappen sterben nach längerer Zeit in neutralen Chinotoxinlösungen von
$0,15^0/_{00}$, in Lösungen von 0,3% werden sie in 3 Stunden abgetötet, während
sie in entsprechenden Chininlösungen stundenlang am Leben bleiben. Die
tötliche Dosis für den Frosch beträgt 15 mg (Biberfeld)[5]).

3 mg Chinotoxin intravenös verursachen beim Kaninchen eine geringfügige Erhöhung des Blutdrucks bei unveränderter Schlagfolge[4]). Das Froschherz wird durch Chinotoxin zum diastolischen Stillstand gebracht nach Biberfeld, der auch im Gegensatz zu Hildebrandt bei Frosch und Kaninchen eine
Blutdruckherabsetzung feststellte. Am Froschbein findet er entgegen der Chininwirkung Gefäßerweiterung[5]). Die glatte Muskulatur von Uterus und Darm
wird ebensowie durch Chinin gelähmt[5]). Ihm kommt auch eine geringe lähmende Wirkung auf die sensiblen Nerven zu[5]).

Nach der Verabreichung von Chinotoxin hat Hildebrandt[4]) im Kanin-
chenharn das Auftreten einer gepaarten Glykuronsäure beobachtet, deren
Konstitution jedoch nicht aufgeklärt wurde.

Nach S. Fränkel[6]) tötet 0,1 g des salzsauren Salzes ein Kaninchen von
3200 g in 48 St. Am Frosch ruft es Pulsverlangsamung hervor.

[1]) v. Miller u. Rohde, l. c.
[2]) P. Rabe, ebenda **38**, 2770 (1905) u. **40**, 2013, 3280 u. 3655 (1907).
[3]) W. Königs, ebenda **40**, 648 (1907).
[4]) Hildebrandt, Archiv f. experim. Pathol. u. Pharmakol. **59**, 127 (1908).
[5]) J. Biberfeld, Arch. f. exper. Pathol. u. Pharmakol. **79**, 371 (1916).
[6]) Zit. nach Fränkel, Arzneimittelsynthese. 3. Aufl. 1913. S. 247. Anm.

Cinchotoxin, Cinchonicin aus Cinchonin durch Behandlung mit verdünnter Essigsäure erhalten, enthält an Stelle des Hydroxyls eine Ketogruppe. Es steht zum Cinchonin im gleichen Verhältnis wie Chinotoxin zum Chinin. Bei Warmblütern Krampfgift. Auf die Maus wirken 0,15 mg per Gramm Körper letal (der reinen Substanz Hildebrandt[1]), 0,31 des C. bitartaricum (R. Hunt)[2], auf die Katze (800 g), 1,5 mg letal unter Krämpfen. Beim Kaninchen bleiben 3 mg intravenös ohne Wirkung auf den Blutdruck. Es wird (Kaninchen) in Verbindung mit Glykuronsäure ausgeschieden. Beim Frosch erzeugen 3 mg Lähmung, gegen Kaulquappen ist es giftiger als Chinin und Chinotoxin, Hildebrandt[1] (0,3 : 2000 Lähmung nach 1 Stunde), gegen Infusorien dagegen weniger toxisch als Chinin (R. Hunt)[2]. Biberfeld[3] kann die Angaben Hildebrandts über die Allgemeinwirkung und die Giftigkeit bestätigen.

Methylcinchotoxin[1]) auf Frösche und Kaninchen (per os) von geringerer Wirkung als Cinchotoxin; von gleicher Wirkungsart, aber größerer Stärke dagegen auf Kaulquappen und Mäuse; 0,3 g soll nach $\frac{1}{2}$ Stunde tödlich unter Krampf wirken[4]).

Thymylmethylencinchotoxin, Schmelzp. 125°. 3,5 g bei Kaninchen von 2500 g ohne akute Wirkung[1]).

Methylcinchotoxinjodmethylat[1]), Anlagerung von Halogenalkyl an den Piperidinstickstoff, bei Fröschen Lähmung (0,5 mg), Krampfgift für Mäuse. Das entsprechende Cinchoninjodmethylat machte nur Lähmung.

Hydrochinotoxin, Hydrochinicin wurde von Julie Cohn[5]) unter Morgenroth in seiner trypanoziden Wirkung untersucht. Es erwies sich als stärker wirksam als Hydrochinin mit Nagana infizierten Mäusen gegenüber. Die tödliche Dosis beträgt etwa 0,01 g pro 20 g Maus.

Eucupinotoxin. Morgenroth und Bumke[6]) stellten seine desinfizierende Wirkung Streptococcen, Staphylococcen und Pneumococcen gegenüber im Vergleich zur Wirkung des Eucupins, bzw. Optochins fest. Sie kommen zu dem Schlusse, daß die Toxine gleichartig, wie die unveränderten Hydrocuprein-derivate wirken, daß jedoch der Erfolg schneller bei den Toxinen eintritt. Morgenroth und Bieling[7]) untersuchten das gleiche für Gasbrand, Bieling[8]) für Diphtheriebazillen. Das nähere ergibt sich aus folgenden Tabellen

Es werden abgetötet: Streptococcus Z[6]) in Verdünnungen

durch	sofort	nach $\frac{3}{4}$ Stunden	nach 2 Stunden	nach 24 Stunden
Eucupin bihydrochlor.	1 : 500	1 : 4000	1 : 8000	ca. 1 : 30 000
Eucupinotoxin hydrochlor.	1 : 16 000	1 : 64 000	1 : 64 000	1 : 64 000

Staphylococcus Sch.[6]) in Verdünnungen

durch	sofort	nach $\frac{1}{2}$ Stunden	nach 2 Stunden	nach 24 Stunden
Eucupin bihydrochlor.	1 : 100	1 : 800	1 : 800	1 : 12 800
Eucupinotoxin hydrochlor.	1 : 3200	1 : 12 800	1 : 12 800	1 : 51 200

[1]) Herm. Hildebrandt, l. c.
[2]) R. Hunt, Arch. intern. de Pharm. et de Thér. **12**, 501 (1904).
[3]) J. Biberfeld, Arch. f. exper. Pathol. u. Pharmakol. 79, 371 (1916).
[4]) Zit. nach Fränkel, Arzneimittelsynthese. 3. Aufl. 1913. S. 247. Anm.
[5]) Julie Cohn, Zeitschr. f. Immunitätsforschung **18**, 570 (1913).
[6]) Morgenroth u. Bumke, Deutsche med. Wochenschr. 1918, S. 729.
[7]) Morgenroth u. Bieling, Berliner klin. Wochenschr. 1917, Nr. 30.
[8]) R. Bieling, Biochem. Zeitschr. **85**, 188 (1918).

Pneumococcus[1]) in Verdünnungen

durch	sofort	nach 2 Stunden	nach 24 Stunden
Optochin hydrochlor.	1 : 2000	1 : 13 000	1 : 500 000
Eucupinotoxin hydrochlor.	1 : 8000	1 : 32 000	1 : 25 0000

Diphtheriebazillen[2]) in Verdünnungen

durch	sofort	nach 1/2 Stunde	nach 3 Stunden	nach 22 Stunden
Eucupin bihydrochlor.	1 : 500	1 : 5000	1 : 10 000	1 : 40 000
Eucupinotoxin hydrochlor.	1 : 5000	1 : 10 000	1 : 20 000	1 : 40 000

Gegen Gasbrandbazillen[3]) wirkt Eucupinotoxin schwächer als Eucupin. Graphisch sind diese Ergebnisse im folgenden dargestellt.

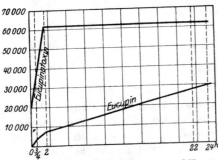

Abb. 20. Wirkung von Eucupin und Eucupinotoxin auf Streptococcus Z.[1]). Ordinate: Verdünnungen. Abszisse: Zeit in Stunden.

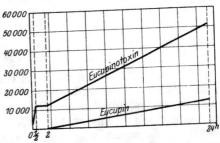

Abb. 21. Wirkung von Eucupin und Eucupinotoxin auf Staphylococcus Sch.[1]). Ordinate: Verdünnungen. Abszisse: Zeit in Stunden.

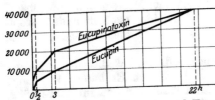

Abb. 22. Wirkung von Eucupin und Eucupinotoxin auf Diphtheriebazillen[2]). Ordinate: Verdünnungen. Abszisse: Zeit in Stunden.

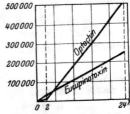

Abb. 23. Wirkung von Optochin und Eucupinotoxin auf Pneumococcen[1]). Ordinate: Verdünnungen. Abszisse: Zeit in Stunden.

Vuzinotoxin. Morgenroth und Bumke[1]) bestimmten die abtötende Wirkung auf Streptococcen im Verhältnis zum Eucupinotoxin. Es wird abgetötet Streptococcus 2 in Verdünnungen:

durch	sofort	nach 1/2 Stunde	nach 2 Stunden	nach 24 Stunden
Eucupinotoxin hydrochlor.	1 : 4000	1 : 8000	1 : 1 6000	1 : 64 000
Vuzinotoxin hydrochlor.	1 : 4000	1 : 16 000	1 : 32 000	1 : 64 000

Gegen Gasbrandbazillen ist Vuzinotoxin weniger giftig als Vuzin (Morgenroth und Bieling)[2]).

---

[1]) Morgenroth u. Bumke, l. c.
[2]) Morgenroth u. Bieling, l. c.
[3]) R. Bieling, l. c.

Die Cocaingruppe.

Von

E. Poulsson-Christiania.

Übersetzt von **F. Leskien**-Leipzig.

Mit 13 Textabbildungen.

I. Cocain.

1. Einleitung.

Das Alkaloid Cocain wird aus den Blättern von **Erythroxylon Coca** Lam. (Familie der Erythroxylaceae) einem dem gemeinen Schwarzdornstrauch (Prunus spinosa) gleichendem Busch mit glänzenden grünen Blättern, weißen Blüten und scharlachroten Steinfrüchten gewonnen. Das Holz ist rot, daher der Name Erythroxylon. Nach **Dragendorff**[1]) findet sich Cocain, aber nur in geringer Menge, auch in mehreren andern, in Südamerika und auf Java wildwachsenden Erythroxylonarten.

E. Coca ist wahrscheinlich in Peru und Bolivia heimisch, wird aber in großer Ausdehnung auch in andern Gegenden Südamerikas, wo es am besten in warmen feuchten Lagen in 600—1000 m über dem Meere gedeiht, angebaut. In neuerer Zeit hat man zur Gewinnung des Alkaloides auch in andern tropischen Ländern, wo Klima und Boden günstig sind, Plantagen angelegt, z. B. auf Java.

Die Cocablätter haben für die Indianer Südamerikas dieselbe Rolle gespielt, wie das Opium und der indische Hanf in andern Erdteilen. Wie lange der Gebrauch sich zurückerstreckt, ist nicht bekannt. Schon im Jahre 1532, als Franz Pizarro in das Innere Perus eindrang, waren die Cocablätter nicht nur ein viel gebrauchtes, sondern auch häufig mißbrauchtes Genußmittel und spielten zugleich eine bedeutende Rolle in dem religiösen Kultus der Inkas. Daß der Gebrauch uralt ist, läßt sich aus der Tatsache schließen, daß man den Cocabusch, wie andere alte Kulturpflanzen auch, nicht in zweifellos wildwachsendem Zustand gefunden hat[2]).

Ursprünglich wurde die Cocapflanze als eine Gabe der Götter angesehen und bei allen Zeremonien, religiösen sowohl wie kriegerischen, benutzt. Während des Gottesdienstes kauten die Priester Coca, und es war nicht möglich, die Gunst der Götter zu erwerben, wenn nicht einige Blätter geopfert wurden. Eine Arbeit, ohne Cocablätter begonnen, brachte keinen Segen und dem Strauche selber wurde göttliche Verehrung erwiesen. Schwerkranke mußten ein Cocablatt im Mund behalten, um sich eine günstige

---

[1]) G. Dragendorff, Die Heilpflanzen. Stuttgart 1898, S. 191.
[2]) B. v. Spix u. C. F. Ph. v. Martius, Reise in Brasilien in den Jahren 1817—1820, München 1823—1831. Bd. III, S. 1180.

Prognose zu sichern, und den Toten gaben die Indianer Cocablätter mit, um ihnen beim Übertritt in das künftige Leben eine gute Aufnahme zu verschaffen[1]).

Die Indianer Perus betrachten nach zahlreichen älteren Reisebeschreibungen Coca als ein unentbehrliches Genußmittel. In der Regel werden die Blätter gekaut, selten als Infus, der wie Tee getrunken wird, zubereitet. In einem Beutel aus Lamawolle oder in einer Lederflasche wird ein Vorrat von Blättern und ein kleiner, oft zierlich geschnitzter Flaschenkürbis, der mit gebranntem Kalk oder der scharfen Asche von Chenopodium Quinoa oder anderen Pflanzen gefüllt ist, mitgeführt. 3—4 mal am Tage wird eine Rast gehalten, die ausschließlich dem Kauen gewidmet wird. Die einzelnen Blätter werden sorgfältig herausgenommen, die Stiele und Hauptnerven entfernt, die geteilten Blätter in den Mund gesteckt und mit den Zähnen bearbeitet, bis sie durchfeuchtet sind; in die Masse wird ein dünnes feuchtes Holzstäbchen gestochen, das in den Kalk oder die Asche getaucht ist, und dies wird mehrmals wiederholt, bis der Bissen die richtige Würze hat. Der reichlich abgesonderte Speichel, der sich mit dem grünen Saft der Blätter vermischt, wird nur teilweise ausgespuckt, der größte Teil wird verschluckt und die Blätter werden langsam gekaut, bis nur das Fasergewebe übrig bleibt.

Die Cocablätter haben einen bitteren Geschmack und in frischem Zustande ein an grünen Tee erinnerndes Aroma. Der Zusatz von Asche hat wahrscheinlich den Zweck, den Geschmack schärfer zu machen und die Aufweichung und Maceration der Blätter im Mund zu erleichtern. Bekanntlich verwenden auch die Eingeborenen Südasiens und Polynesiens ähnliche alkalische Zusätze beim Betelkauen.

Als Motiv für das Cocakauen wird angegeben, daß es „den Hungrigen sättige, dem Müden neue Kräfte verleihe und den Unglücklichen seine Sorgen vergessen lasse".

Dies scheint jetzt erklärlich, nachdem man die anästhesierenden Wirkungen des Cocains auf die Magenschleimhaut, den Einfluß auf die willkürlichen Muskeln und vor allem die eigentümlichen psychischen Wirkungen kennen gelernt hat. Früher, als nur geringe Mengen alter trockener Blätter, die wenig oder kein Cocain enthielten, nach Europa gelangten, war man oft geneigt, die Berichte über ihre Wirkungen für übertrieben zu halten. Daß das Cocakauen wirklich bei anstrengender körperlicher Arbeit eine bedeutende Hilfe gewähren kann, wird von den zuverlässigsten Beobachtern bestätigt. Als Beispiel möge folgende Beobachtung von Tschudi[2]) angeführt werden: „Ein Indianer machte für mich während fünf Tagen und ebensovielen Nächten sehr mühevolle Ausgrabungen, ohne während dieser Zeit irgendeine Speise zu sich zu nehmen oder sich mehr als zwei Stunden Schlaf jede Nacht zu gönnen; alle 2½—3 Stunden kaute er aber ungefähr eine halbe Unze Blätter und behielt den Bissen immer im Mund. Ich war die ganze Zeit über ihm und konnte ihn also genau beobachten. Nach vollendeter Arbeit begleitete er mich während eines zweitägigen Rittes 23 Leguas (ca. 140 km) weit über die Hochebene und lief zu Fuß neben meinem rasch schreitenden Maultier und ruhte nur, wenn er das Bedürfnis nach Coca fühlte. Als er mich verließ, versicherte er mir, er würde gern sogleich noch einmal die nämlichen Arbeiten, ohne zu essen, verrichten, wenn ich ihm nur genügend Coca gäbe." — In andern Berichten über ähnliche Leistungen wird hinzugefügt, daß auf das lange Fasten Mahlzeiten folgten, bei denen geradezu unglaubliche Quantitäten verzehrt würden. Von Naturforschern, die in Südamerika selbst Coca probiert haben, wird teils von wohltuenden Wirkungen und vermehrter Ausdauer, teils nur von unangenehmer nervöser Excitation berichtet.

Bei dem regelmäßigen und nach Auffassung der Indianer maßvollem Cocakauen werden durchschnittlich 30—45 g Blätter täglich verbraucht. Veranschlagt man den Cocaingehalt auf 0,5%, so entspricht dies also 0,2 g Cocain. Daß dieser Cocainverbrauch schädlich ist, ist kaum zu bezweifeln, obwohl es nicht an Berichten fehlt über Individuen, die, trotzdem sie seit frühester Jugend Coca gekaut haben, Gesundheit und Körperkraft bewahrt und ein hohes Alter erreicht haben. Dasselbe behauptet man bekanntlich von den mäßigen Opiophagen Indiens. Einzelne von den älteren Reisenden bezeichnen sogar

---

[1]) Diese wie die folgenden Erörterungen über den Gebrauch der Cocablätter als Genußmittel sind hauptsächlich den Werken von J. J. v. Tschudi, Peru, Reiseskizzen aus den Jahren 1838—1842; St. Gallen 1846, Bd. II, S. 299ff., sowie von E. Pöppig, Reise in Chile, Peru und auf dem Amazonenstrome während der Jahre 1827—1832; Leipzig 1836, Bd. II, S. 209ff. entnommen. Mehr oder minder ausführliche Berichte über die Geschichte, Verwendung und Kultur der Pflanze finden sich in zahlreichen Reisebeschreibungen. Verzeichnisse über solche findet man bei J. Nevinny, Das Cocablatt, Wien 1886 (von hauptsächlich pharmakognostischem Inhalt); R. Stockmann, Brit. med. Journ. 1889, 11., 18. u. 25. Mai (S. A.); E. Lippmann, Diss. Straßburg 1868; Th. Moreno y Maiz, Diss. Paris 1868 (wertvolles Verzeichnis über ältere spanische und französische Literatur).

[2]) l. c. S. 308.

die Cocapflanze als einen Segen für die betreffenden Länder und betrachten das Coca-kauen ebensowenig als Laster wie den mäßigen Weingenuß.

Der übertriebene Cocagenuß geht entweder so vor sich, daß täglich größere Quanti-täten verbraucht werden, oder in Form eines intermittierenden Massenkonsums, wobei der Cocakauer sich einige Tage ganz seiner Leidenschaft hingibt. Der Verbrauch kann bis auf 300—400 g täglich steigen. Diese Anfälle enden entsprechend denen des Quartal-säufers mit langanhaltenden Nachwehen. Als charakteristische Symptome werden Pupillen-erweiterung und Lichtscheu genannt. „Die leidenschaftlichen Cocakauer, die sogenannten Coqueros, erkennt man auf den ersten Anblick an ihrem unsicheren, schwankenden Gange, der schlaffen Haut von graugelber Färbung, den hohlen, glanzlosen, von tiefen violett-braunen Kreisen umgebenen Augen, den zitternden Lippen und unzusammenhängenden Reden und ihrem stumpfen, apathischen Wesen. Ihr Charakter ist mißtrauisch, unschlüssig, falsch und heimtückisch; sie werden Greise, wenn sie kaum in das Alter der vollen Mannes-kraft treten und erreichen sie das Greisenalter, so ist Blödsinn die unausbleibliche Folge ihrer nicht zu bändigenden Neigung." (Tschudi)[1].

Nach Pöppig[2] äußert sich die chronische Vergiftung beim Cocakauer vor allen Dingen in Verdauungsstörungen, nämlich hartnäckiger Verstopfung und Appetitlosigkeit, die mit Heißhunger wechselt. Später entwickeln sich nach Angabe desselben Autors Anämie, Ödeme, allgemeine Entkräftung und tiefe psychische Depression, die man durch einen neuen Coca- oder Alkoholrausch zu lindern sucht.

Nach Europa kamen kurze Zeit nach der Entdeckung Amerikas die ersten Nachrichten über die Cocapflanze. Josef de Jussieu brachte 1750 dem Jardin des Plantes in Paris Exemplare mit, und eine kleine Portion getrock-neter Blätter wurde 1842 nach Hamburg eingeführt[3]. Bald wurden Versuche, den wirksamen Bestandteil zu finden, angestellt, aber anfangs ohne Erfolg. Die Untersuchungen des englischen Chemikers Johnston[4] waren vergebens. Von einem Chemiker in La Paz[5] in Bolivia dargestellte Krystalle erwiesen sich als Gips. Da der Geruch der Blätter an Tee erinnerte, vermutete Wacken-roder[6], daß sie einen mit Coffein verwandten Körper enthielten, er fand aber nur Gerbsäure und eine wachsartige Substanz. Von dem gleichen Gedanken geleitet, suchte später auch Gädcke[7] nach Coffein und erhielt eine minimale Menge Krystalle („Erythroxylin"), die jedoch nur zweifelhaft die Murexid-reaktion gaben.

Nachdem ein größere Menge frischer Blätter, die die österreichische Fregatte Novara von ihrer Expedition mitgebracht hatte, an Wöhler überliefert worden waren, glückte es endlich im Jahre 1860 dessen Schüler Niemann[8], dessen Untersuchungen nach seinem Tode von Lossen[9] fortgesetzt wurden, das Cocain in reinem krystallinischem Zustand zu gewinnen. Die empirische Formel desselben, $C_{17}H_{21}NO_4$, wurde bestimmt, zahlreiche Verbindungen dargestellt, es wurde beobachtet, daß Cocain beim Kochen mit Mineralsäuren Methylalkohol, Benzoesäure und eine neue Base, die den Namen Ekgonin erhielt, liefert, und es wird schon in diesen vortrefflichen Arbeiten ausgesprochen, daß das Cocain wahrscheinlich mit dem Atropin verwandt sei. Wie später besprochen

---

[1] l. c. S. 303.
[2] l. c. S. 214.
[3] R. Flückiger, Pharmakognosie des Pflanzenreiches, 3. Berlin 1897, S. 638.
[4] Johnston, Chem. Gaz. **1853**, 438; zit. nach A. u. Th. Hüsemann, Die Pflanzen-stoffe. Berlin 1871, S. 89.
[5] Fr. Wöhler, Neues Repet. f. d. Pharmazie **9**, 261 (1860).
[6] Wackenroder, Archiv d. Pharmazie **125**, 23 (1853).
[7] F. Gädcke, Archiv d. Pharmazie **132**, 141 (1855).
[8] A. Niemann, Vierteljahrsschr. f. prakt. Pharmazie **9**, 489 (1860).
[9] W. Lossen, Annalen d. Chemie u. Pharmazie **133**, 351 (1865). — Nach H. Sou-lier (Traité de Thérapeutique et de Pharmacologie; Paris 1890, I, 381) scheint das Cocain schon 1855 von dem Amerikaner Garneke entdeckt worden zu sein, der das von ihm gefundene Alkaloid Erythroxylin nannte. Die von Soulier angegebene Quelle, Progrès médical **1885**, 35, war mir nicht zugänglich.

werden soll, entgingen auch seine anästhesierenden Eigenschaften der Aufmerksamkeit nicht.

Außer dem Cocain enthalten die Cocablätter noch viele andere Alkaloide. Schon Lossen[1]) stellte das Hygrin dar, eine braune, stark alkalische Flüssigkeit von hohem Siedepunkt, nach späteren Untersuchungen von Liebermann[2]) und seinen Schülern ein Gemisch, das sich durch fraktionierte Destillation in zwei Basen, α - Hygrin, $C_8H_{15}NO$, und β - Hygrin, $C_{14}H_{24}N_2O$, zerlegen läßt; außerdem wurde noch eine flüchtige Base, Cuskhygrin, $C_{13}H_{24}N_2O$, nachgewiesen. Dies sind sämtlich Pyrrolidinderivate, unterscheiden sich also vom Cocain, das gleichzeitig einen Pyridinring enthält.

Von größerem Interesse ist es, daß man teils in den Blättern selbst, teils in dem aus Südamerika kommenden „Rohcocain" zahlreiche, namentlich von Liebermann und Hesse bearbeitete Varianten des gewöhnlichen Cocains gefunden hat, die sich von diesem dadurch unterscheiden, daß sie an Stelle der Benzoesäure Zimtsäure oder damit verwandte Säuren enthalten. Das Wichtigste dieser Nebenalkaloide ist wahrscheinlich das von Giesel[3]), sowie von Paul und Cownley[4]) isolierte Cinnamylcocain. Durch Verseifung der Rohalkaloide fand Liebermann[5]) außer der Zimtsäure auch zwei dieser isomeren Säuren, die Allozimtsäure und Isozimtsäure, die das Vorhandensein der entsprechenden Cocaine in den Blättern wahrscheinlich machen, obgleich sie nicht isoliert sind. Ferner sind von Liebermann[6]) jedenfalls zwei Truxillsäurecocaine nachgewiesen worden, die die sogenannten Truxillsäuren, welche Polymere der Zimt- und Atropasäure darstellen, enthalten. Eins von diesen Cocainen wird unter unter dem Namen Isatropylcocain besprochen werden; zu dieser Gruppe gehört auch Hesses Cocamin[7]). Ein Übergangsglied zum Atropin bildet das von Giesel in javanischen Cocablättern gefundene Tropacocain. Bei erneuter Untersuchung der aus Java stammenden Droge hat Jong[8]) jüngst noch einige Säuren nachgewiesen (δ-Truxillsäure, Protococasäure und β-Cocasäure), vermutlich Spaltungsprodukte der entsprechenden Cocaine.

Das Ekgonin ist asymmetrisch und das gewöhnliche Cocain ist linksdrehend; sein optischer Antipode, d-Cocain, kommt im Rohcocain vor, ohne daß man weiß, ob es sich schon präformiert in den Blättern findet, oder erst infolge der chemischen Eingriffe bei der Darstellung entsteht. Wahrscheinlich können alle Cocaine in einer rechts- und einer linksdrehenden Form vorkommen, wodurch ihre ohnehin große Zahl also verdoppelt wird.

Alle diese Nebenalkaloide, die ursprünglich nur beschwerliche Verunreinigungen repräsentierten, haben jetzt große Bedeutung erlangt, nachdem man gelernt hat, aus dem Gemisch der Rohalkaloide das Ekgonin zu gewinnen, das dann durch Methylieren und Benzoylieren in das gewöhnliche Cocain übergeführt wird. Da die Nebenalkaloide ungefähr 20% der gesamten Alkaloid-

[1]) W. Lossen, Annalen d. Chemie u. Pharmazie **132**, 352 (1865).

[2]) C. Liebermann, Ber. d. deutsch. chem. Ges. **22**, 675 (1889); **24**, 407 (1891); **26**, 851 (1893); **28**, 578 (1895); **30**, 1113 (1897).

[3]) C. Liebermann, Ber. d. deutsch. chem. Ges. **22**, 266 (1889); vgl. auch O. Hesse, Annalen d. Chemie u. Pharmazie **271**, 184 (1892).

[4]) Paul and Cownley, Pharm. Journ. Transact. **20**, 166 (1889).

[5]) C. Liebermann, Ber. d. deutsch. chem. Ges. **23**, 141, 512, 2510 (1890).

[6]) C. Liebermann, Ber. d. deutsch. chem. Ges. **21**, 2342 (1888); **22**, 124, 130, 680, 782, 2240 (1889); **23**, 2516 (1890).

[7]) O. Hesse, Ber. d. deutsch. chem. Ges. **22**, 665 (1889); Annalen d. Chemie u. Pharmazie **271**, 184 (1892).

[8]) A. W. K. de Jong, Recueil de trav. chim. des Pays-Bas **31**, 249: zit. nach Chem. Centralbl. **1912**, II, 935.

menge ausmachen können, wird dadurch die Ausbeute beträchtlich erhöht. Aus guten frischen Blättern gewinnt man ungefähr $1/2\%$ Cocain (die Angaben schwanken).

2. Wirkungen auf Bakterien, höhere Pflanzen, Amöben usw.

Über die Wirkungen des Cocains auf Pflanzen, Amöben, Infusorien und
niedere Tiere verschiedener Klassen, sowie auf solche isolierte Zellen (Flimmerepithel, weiße Blutkörperchen, Spermatozoen usw.), die sich wegen ihrer selbständigen Bewegungen zu Versuchen mit Giften eignen, liegen eine ganze Reihe
Untersuchungen vor. Die Resultate sind scheinbar etwas divergierend. Manche
Beschreibungen rufen den Eindruck hervor, als sei das Cocain ein generelles
„Protoplasmagift“, das nur lähmende Wirkungen habe (Einschränkung oder
Aufhören von Wachstum und Bewegungen), eine kleinere Zahl von Unter-
suchern erwähnt gleichzeitig vorausgehende Erregungserscheinungen.

Das Wahrscheinlichste ist, daß Cocain auf alle lebenden Elemente zunächst
erregend oder erregbarkeitssteigernd wirkt. Dies erste Stadium kann indes leicht
übersehen werden, weil es oft kurz und wenig ausgesprochen ist und nur in Erscheinung tritt, wenn man mit sehr kleinen Dosen, resp. verdünnten Lösungen
arbeitet. Bei Anwendung starker Lösungen sind die Lähmungssymptome
scheinbar alleinherrschend. Ein Auszug aus verschiedenen Untersuchungen ist
im folgenden gegeben.

Bakterien gegenüber wirkt Cocain nach Grasset[1]) schwach antiseptisch und soll
die Gärung hemmen. Schimmelpilze zeigen gegen Cocain dieselbe Unempfindlichkeit
wie gegen viele andere Gifte und gedeihen bekanntlich gut selbst in konzentrierten Lösungen.
Umfassende Untersuchungen über die Wirkung auf niedere Tiere usw. scheinen
zuerst von Aducco[2]) angestellt worden zu sein, der erwähnt, daß das contractile Protoplasma bei Amöben und anderen Protisten, bei niederen Pflanzen (Chara, Nitella) und
Muskelzellen gelähmt und die Bewegung der Spermatozoen und des Flimmerepithels durch
Cocain aufgehoben werde. Auch Albertoni[3]) beschreibt, wie protoplasmatische Bewegungen der verschiedensten Art in 0,5 proz. Cocainlösung rasch aufhören. In
0,25 proz. Lösung hören die raschen wirbelnden Bewegungen der Lepidopterlarven
augenblicklich auf und stellen sich nur unvollständig wieder ein, wenn man die Larven
in frisches Wasser bringt. Spermatozoen von Kaninchen, Meerschweinchen und
Fröschen büßen in der Cocainlösung in wenigen Minuten die Lebhaftigkeit ihrer Bewegungen ein[4]), werden aber erst nach einer halben Stunde oder mehr alle unbeweglich.
Die in der Nickhaut des Frosches zerstreuten Schleimdrüsen werden durch Cocaininstilla-
tion ins Auge gelähmt, so daß sie auf elektrische Reizung nicht mehr die normale Reaktion
(Anschwellen der Zellen, Verschluß des Lumens) zeigen. Von Interesse ist folgender Versuch: Brachte man bei einem in Rückenlage mit offenem Mund fixierten Frosch Kohle-
partikelchen auf den Gaumen, so wurden sie durch die Bewegung der Flimmerhaare
ziemlich rasch nach dem Schlund befördert. Einminutenlange Einwirkung von 0,5 proz.
und stärkerer Cocainlösung hemmte die Bewegung, während 0,25 proz. Lösung die Wanderung der schwarzen Körnchen deutlich beschleunigte — ein Beispiel für die erregende
Protoplasmawirkung.

Mehrere Forscher haben sich besonders mit Infusorien beschäftigt, namentlich mit
Vorticellen, tulpenförmigen Tierchen, deren glockenförmiger Körper pulsierende Vakuolen
und lebhaft arbeitende Flimmerhaare besitzt und in einem Fuß oder Stiel endet, der sich
bei Reizung in Korkzieherform zusammenrollt. Bei diesen ist das erste Stadium der Cocainwirkung leicht zu beobachten. Verwendet man schwache Lösungen, so treten nach Schürmayer[5]) zuerst lebhaftere Bewegungen auf, darauf folgt bleibende tiefgreifende Lähmung

[1]) J. Grasset, Semaine méd. **1885**, 272.
[2]) V. Aducco, Annali di Freniatria e Scienze affini 1890/91 (S.-A.); Arch. ital. de
Biol. **13**, 89 (1890).
[3]) P. Albertoni, Mem. della R. Accad. delle Scienze dell' Ist. di Bologna (4) **10**,
(1890) (S.-A.); Arch. ital. de Biol. **13**, 1 (1891); Archiv f. d. ges. Physiol. **48**, 307 (1890).
[4]) Ähnliche Wirkungen auf Capellitidenembryonen werden von H. Eisig, Mitteil. a.
d. zoolog. Station zu Neapel **13**, 91 (1899) erwähnt.
[5]) C. B. Schürmayer, Jenaische Zeitschr. f. Naturwissensch. **24**, 438 (1890).

bei starker Vakuolisierung und Blähung des Zellleibs, der contractile Apparat steht in Diastole still, es treten Quellungen auf, der Zellkern löst sich und der Organismus zerfällt. Bezüglich der quantitativen Verhältnisse wird mitgeteilt, daß Amöben in Lösungen von 1 : 100 000 ihre Beweglichkeit nur 30—40 Minuten behielten und sich dann zu Kugeln, die vakuolisiert wurden, kontrahierten, während Paramäcien weniger empfindlich waren und nach halbstündigem Aufenthalt in Lösung von 1 : 10 000 noch am Leben waren. Stentoren lebten in noch stärkerer Konzentration (1 : 2000) mehr als eine Stunde, zeigten aber Vergiftungssymptome selbst in sehr verdünnten Lösungen (1 : 1 000 000), wenn der Aufenthalt darin 15—20 Stunden dauerte.

Aus Ostermanns[1]) Arbeit, die sehr ausführlich das Verhalten der Vorticellen vielen Giften gegenüber schildert, entnehmen wir untenstehende Illustration, welche die an die Krämpfe höherer Tiere erinnernde Wirkung dünner Lösungen zeigt. Von der lähmenden Wirkung des Cocains auf Protisten handeln ferner Arbeiten von Korentschewsky[2]) und Charpentier[3]).

Danilewski[4]) experimentierte mit verschiedenen Vertretern der Seefauna und begegnete, wie folgende kurze Wiedergabe seiner Resultate zeigt, einer sehr verschiedenen Empfindlichkeit. Coelenterata: Setzt man eine Actinie in cocainhaltiges Wasser (1 : 1000 bis 1500), so wird das ganze Tier anästhetisch, die Fühler und der ganze Körper schrumpfen, und alle spontanen wie reflektorischen Bewegungen hören auf. In frisches Seewasser gebracht erholen sich die Tiere rasch. Abgeschnittene Fühler schrumpfen und werden unbeweglich schon in dünneren Lösungen. Äste von Gorgonia usw. mit lebhaften Polypen sind minder empfindlich und werden erst nach mehrstündigem Aufenthalt in Lösungen von 1 : 500 bis 1000 anästhetisch. Verschiedene Echinodermata zeigten die gleiche Resistenz und außerdem sah man bei einzelnen im Beginn der Wirkung deutliche Zeichen von Aufregung (Krümmung der Strahlen und Unruhe). Vermes: Würmer verhielten sich sehr verschieden. Einige boten schon in schwachen Lösungen nur das Bild vollständiger Ruhe und Anästhesie, während andere selbst in ziemlich starken Giftlösungen zunächst von starker Unruhe befallen wurden und die heftigsten Bewegungen ausführten, bis allmählich Lähmung eintrat. Arthropoda: In schwachen Lösungen (1 : 3000—5000) werden kleine Krebstiere anfangs sehr unruhig und machen große Sprünge, sind aber nach 15 bis 20 Minuten matt und schließlich reaktionslos. Mollusca: Bei mittelgroßen Exemplaren des gewöhnlichen Octopus hörte nach subcutaner Injektion von 0,06 g und Cocainzusatz zum Wasser zuerst das Spiel der Chromatophoren auf und die Haut wurde blaßgrau, darauf trat vollkommene Anästhesie und motorische Schwäche mit schwacher Atmung auf, aber das Tier erholte sich, wenn es in frisches Wasser gebracht wurde. Abgeschnittene Tentakeln oder Füße desselben Tieres wurden in Lösungen von 1 : 2000—3000 gelähmt. Eben dem Ei entnommene Embryonen von Sepia officinalis zeigten in cocainhaltigem Wasser (1 : 500 bis 1000) erst sehr heftige Aufregung, aber schon nach 2—3 Minuten vollständige Lähmung. Kleine Fische (Syngnathus und Ammodytes) sowie Amphioxus lanzeolatus waren sehr empfindlich. In Lösungen von 1 : 4000 trat schon nach einigen Minuten Anästhesie und Schwäche und nach 25—30 Minuten der Tod ein. In dünneren Lösungen sieht man bei Fischen zunächst erhöhte Reflexerregbarkeit und Krämpfe (Impens[5]).

Auch Vulpian[6]) und Richard[7]) haben mit verschiedenen Tierklassen experimentiert, aber wie es scheint nur mit großen lähmenden Dosen. Die Resultate sind daher

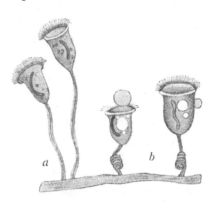

Abb. 1. *a* Normale Vorticellen mit ausgestrecktem Stiel. *b* Cocainerregung. Aufrollung des Stieles, beginnende Vakuolisierung.

[1]) Guiseppina Ostermann, Arch. di Fisiol. **1**, 1 (1890).
[2]) W. Korentschewsky, Archiv f. experim. Pathol. u. Pharmakol. **49**, 7 (1903).
[3]) Charpentier, Compt. rend. de la Soc. de Biol. 1884/85: zit. nach Ostermann, l. c.
[4]) B. Danilewski, Archiv f. d. ges. Physiol. **51**, 446 (1892).
[5]) E. Impens, Archiv f. d. ges. Physiol. **110**, 21 (1905).
[6]) A. Vulpian, Compt. rend. de l'Acad. des Sc. **99**, 886 (1884).
[7]) Richard, Compt. rend. de l'Acad. des Sc. **100**, 1409 (1885).

etwas einförmig. Bei Schnecken rief Injektion von 0,003 g Cocain diastolischen Herz-stillstand hervor, aber schon nach ein paar Stunden waren die Tiere wieder normal. Nach 0,025 g hörten alle spontanen Bewegungen auf, aber selbst nach diesen im Verhältnis zum Körpergewicht der Tiere kolossalen Dosen schwand die Vergiftung im Laufe einiger Tage. Bei Regenwürmern bewirkte Injektion von 0,006 g in die Mittelpartie des Körpers lokale Lähmung, während der Rest des Tieres seine Motilität behielt, 0,012 g schwächten alle Bewegungen, aber nach 24 Stunden waren sämtliche Vergiftungssymptome vorüber. Süßwasserbryozoen wurden in Cocainlösung von 1 : 1000 träge, in Lösung von 1 : 750 reaktionslos. Crustaceen waren nach 20 Minuten langem Aufenthalt in 0,3 proz. Lösung noch sehr lebhaft, wurden in 0,5 proz. Lösung bald träge, aber erst nach 24 Stunden ganz gelähmt. — Nagel[1]) erwähnt kurz, daß Beroe ovata mit Kontraktion reagiert, wenn eine Cocainlösung den Körper berührt.

Spongien sind nach Lendenfeld[2]) verhältnismäßig widerstandsfähig und bleiben in schwächeren Konzentrationen (1 : 1000—15 000) in der Regel unverändert. Starke Lösungen bewirken Verengerung oder sogar völligen Verschluß der Hautporen, Kontrak-tion der Porenkanäle, der Subdermalräume und der oberflächlichen einführenden Kanäle.

In O. und R. Hertwigs[3]) umfassenden Untersuchungen über die Wirkung von Giften auf die Befruchtung und Teilung bei Seeigeleiern wird angegeben, daß Cocain schon in schwacher Konzentration (5 Minuten dauernde Einwirkung einer Lösung von 1 : 4000) das unbefruchtete Ei der Fähigkeit beraubt, mehr als einem Spermatozoon zu widerstehen; infolgedessen entsteht Polyspermie oder Überbefruchtung mit den daraus folgenden Un-regelmäßigkeiten.

Magnus[4]) gibt eine eingehende Analyse der Wirkungen bei Sipunculus nudus, der sich wegen seiner einfachen und leicht übersichtlichen Anordnung von Muskeln, Nerven und Zentralnervensystem[5]), so vortrefflich zu pharmakologischen Versuchen eignet. Cocain erweist sich für diesen marinen Wurm nach Magnus als ein ausgesprochen lähmendes Gift, das durch Wirkung auf die „Repräsentanten" im Bauchmark und die sensiblen peripheren und zentralen Apparate eine allgemeine schlaffe Paralyse hervorruft. Dazu kommt bei stärkerer oder längerdauernder Vergiftung Aufhebung der Leitung im Bauchmark, Läh-mung der motorischen Nerven und schließlich auch Lähmung der Muskulatur. Erregungs-symptome werden nicht erwähnt, aber die Dosen waren ziemlich hoch (Injektion von $\frac{1}{4}$—$\frac{1}{2}$ ccm einer 2 proz. Lösung von Cocain in Seewasser oder Hineinsetzen der Tiere in eine solche Lösung).

Über die Wirkung auf Hühnerembryonen berichtet Féré[6]), daß Injektion von 5 mg Cocain in die Eier ohne Einfluß war, 4 cg gab nur 8,3 % normale Embryonen (anstatt 58,3 % der Kontrolleier) und 5 cg hemmte vollständig die Entwicklung.

Als Beispiel für die befördernde Wirkung schwacher Lösungen führt Mosso[7]) an, daß Samen von Phaseolus vulgaris in Cocainlösungen bis zur Stärke von 0,01 % sehr rasch keimte (die Wurzeltriebe wurden doppelt so lang, wie bei den Kontrollexemplaren). 1 proz. Lösung verzögerte dagegen das Keimen und 2 proz. Lösung verhinderte es ganz.

3. Wirkungen auf höhere Tiere.

A. Lokale Wirkungen.

Nerven.

Bei niederen Lebewesen, wo die Differenzierung in viele funktionell ver-schiedene Gewebe noch nicht stattgefunden hat, hat das Cocain, wie im vori-gen Kapitel erörtert ist, den Charakter eines allgemeinen Protoplasma- oder Zellgiftes. Je höher man in der Tierreihe aufsteigt, um so deutlicher erweist es sich als ein spezifisches Nervengift, welches dadurch eine Sonderstellung einnimmt, daß seine Wirkungen sich auf das ganze Nervensystem er-

---

[1]) W. Nagel, Archiv f. d. ges. Physiol. **54**, 165 (1893).
[2]) R. v. Lendenfeld, Biolog. Centralbl. **10**, 102 (1890/91).
[3]) O. u. R. Hertwig, Untersuchungen zur Morphologie und Physiologie der Zelle. Heft 5. Jena 1887, S. 39.
[4]) R. Magnus, Archiv f. experim. Pathol. u. Pharmakol. **50**, 95 (1905).
[5]) V. Uexküll, Zeitschr. f. Biol. **33**, 1 (1896); **44**, 269 (1903).
[6]) Ch. Féré, Compt. rend. de la Soc. de Biol. **1897**, 597; zit. nach M. Grüter, Archiv f. experim. Pathol. u. Pharmakol. **79**, 337 (1916).
[7]) U. Mosso, Arch. ital. de Biol. **21**, 234 (1894); Archiv f. d. ges. Physiol. **47**, 600 (1890).

strecken. Es greift nicht, wie so viele andere Gifte, nur das Zentralnervensystem an, sondern unterbricht auch die Leitung in den Achsencylindern und wirkt zugleich auf verschiedene Endorgane, vor allem auf die der sensiblen Nerven.

Das Cocain hat daher ausgeprägte lokale Wirkungen und verdankt diesen allein die außerordentliche Bedeutung, die es in der Therapie gewonnen hat. Am feinsten reagiert jedoch das Zentralnervensystem; in der Verdünnung, in der das resorbierte Alkaloid im Blut zirkuliert, ruft es nur oder fast nur Symptome zentralen Ursprungs hervor und die sensiblen Nerven behalten selbst bei weit vorgeschrittener Vergiftung ihre Erregbarkeit. Cocain ist also kein so spezifisches Nervengift wie Curare und entspricht nicht der von einigen früher gebrauchten Bezeichnung „sensitives Curare"[1].

Die lokalanästhesierenden Eigenschaften des Cocains haben ein eigentümliches Schicksal gehabt. Sie wurden von den ersten Entdeckern des Alkaloids gefunden und immer wieder in experimentellen Arbeiten besprochen, blieben aber 25 Jahre lang in der praktischen Medizin beinahe unbeachtet. Schon Wöhler[2] sagt ausdrücklich: „es schmeckt bitterlich und übt auf die Zungennerven die eigentümliche Wirkung aus, daß die Berührungsstelle wie betäubt, fast gefühllos wird". Scherzer, der Wöhler mit Blättern versorgte, machte dieselbe Beobachtung. Anrep[3] überzeugte sich, daß subcutane Injektionen Unempfindlichkeit gegen Nadelstiche hervorbringen. Schon im Jahre 1868 wirft Moreno y Maiz[4] die Frage auf, ob diese Substanz nicht als Lokalanästhetikum brauchbar sein sollte: Nach Braun[5] haben französische Ärzte bereits um 1870 schmerzhafte Affektionen im Larynx und Pharynx mit Cocablättern oder Cocaextrakt behandelt und im Jahre 1880 überzeugten sich Coupard und Borderau[6] davon, daß lokale Anwendung von Cocain kompletten Verlust der Augenreflexe bei Tieren bewirkt. Trotz alledem bedeutete im Jahre 1884 Kollers[7] berühmte Mitteilung, daß Augenoperationen mit Hilfe von Cocain schmerzlos ausgeführt werden könnten, für die Ärztewelt eine neue Entdeckung, die mit einem Schlage das Cocain zu einem der unentbehrlichsten Heilmittel machte.

Das Cocain wirkt nicht durch die unversehrte Haut hindurch, die dem Eindringen wässeriger Lösungen Widerstand leistet, lähmt aber auf Wundflächen, Schleimhäuten und serösen Häuten, im subcutanen Gewebe usw. die sensiblen Nervenendigungen, so daß Analgesie und Anästhesie eintritt. Die Wirkung dauert nur so lange, als die Nerven von der Lösung bespült werden und schwindet daher am raschesten an Stellen, wo eine lebhafte Zirkulation das Alkaloid bald fortführt, sie hält länger an dort wo der Blutstrom von Natur minder lebhaft ist oder auf andere Weise gehemmt wird (Abkühlung, Ligatur, Adrenalin).

Die Wirkung wird dadurch begünstigt, daß die Cocainsalze leicht löslich sind und im Gegensatz zu vielen andern Alkaloidsalzen leicht ins Gewebe diffundieren und leicht in die Zellen eindringen. Nach Gros[8], der die Lokal-

[1]) Siehe z. B. A. Dastre, Les Anésthetiques. Paris 1890, p. 212. — M. Lafont, Compt. rend. de l'Acad. des Sc. **105**, 1278 (1887).

[2]) Fr. Wöhler, Neues Repetit. f. d. Pharmazie **9**, 261 (1860).

[3]) B. v. Anrep, Archiv f. d. ges. Physiol. **21**, 47 (1880).

[4]) Th. Moreno y Maiz, Thèse de Paris 1868.

[5]) H. Braun, Die Lokalanästhesie. 1905, S. 74—75.

[6]) Coupard et Borderau, Compt. rend. de la Soc. de Biol. **1880**, 633; zit. nach Braun, l. c.

[7]) K. Koller, Wiener med. Blätter **1884**, 1276.

[8]) O. Gros, Archiv f. experim. Pathol. u. Pharmakol. **62**, 380 (1910); **63**, 80 (1910). — O. Gros u. C. Hartung, ebenda **64**, 67 (1911). — Siehe weiter O. Gros, Münch. med. Wochenschr. **1910**, 2042 und A. Läwen, ebenda **1910**, 2044.

anästhetika mit den Narkoticis in Parallele stellt und Overton-Meyers Narkosetheorie auch auf die lokalanästhesierenden Mittel auszudehnen sucht, sind hierbei die Hydrolyse der Salze und die bei diesem Vorgang entstehenden freien lipoidlöslichen Basen von der größten Bedeutung. Je stärker die hydrolytische Spaltung ist, d. h. je schwächer die Säure ist, desto intensiver wird die Wirkung. So ist das anästhetische Potential einer Novocainbikarbonatlösung etwa fünfmal größer als das einer Novocainhydrochloridlösung[1]). Auch die Allgemeinwirkungen des Cocains werden bei Kaulquappen durch Alkalizusatz verstärkt (J. Traube)[2]). Die Empfindlichkeit der sensiblen Nervenendigungen der menschlichen Haut kann mit Hilfe der Schleichschen Quaddelprüfung festgestellt werden (Braun[3]), Heinze[4])). Die Wirksamkeitsgrenze liegt bei einer Verdünnung von 1 : 20 000 (in physiologischer Kochsalzlösung), die eine kurzdauernde Aufhebung der Schmerzempfindung erzeugt. Die Dauer hängt von der Konzentration ab, so daß z. B. eine Lösung von 1 : 1000 15 Minuten lang wirkt, eine Lösung von 1 : 100 25 Minuten. Bei verdünnten Lösungen ist die Wirkung auf die durch die Injektion in der Haut gebildete Quaddel beschränkt, wendet man stärkere Konzentrationen an, z. B. 2 proz., so bildet sich um die unempfindliche Papel herum eine ziemlich breite ganz oder halb anästhetische Zone. Ist das Cocain in geringer Konzentration zugegen und sind die Lösungen osmotisch indifferent, so verschwindet die Wirkung spurlos ohne Schädigung des Gewebes, eine sehr wertvolle Eigenschaft, die das Cocain vor fast allen seinen Ersatzmitteln voraus hat.

Die verschiedenen Qualitäten der Hautsinnesempfindungen werden nach Goldscheider[5]) in bestimmter Ordnung beeinflußt. Zuerst schwindet das Kitzelgefühl und der Temperatursinn, darauf die Schmerzempfindung, Tast- und Drucksinn sind weniger empfindlich. Bekanntlich beobachtet man auch bei Operationen häufig, daß Analgesie vorhanden ist, während Berührung und Druck noch deutlich empfunden werden. Wenn die Wirkung aufhört, kehrt die Empfindung in umgekehrter Reihenfolge zurück, zuerst für Berührung und Druck, dann für Schmerz und zuletzt für Temperaturdifferenzen.

Goldscheider hat ferner die interessante Beobachtung gemacht, daß es bei der lokalen Vergiftung ein Stadium gibt, wo die Temperaturempfindung vollständig gelähmt ist, während Hyperästhesie für Wärme vorhanden ist in der Weise, daß mäßige Wärmereize, z. B. ein mit Wasser von 39° gefülltes Reagensglas auf der cocainisierten Haut oder Zunge starken Schmerz aber nicht das Gefühl von Hitze hervorrufen. Goldscheider schließt daraus, daß das Cocain zunächst einen Erregungszustand der schmerzempfindenden Apparate hervorruft und nicht von vornherein Lähmung. Dies stimmt mit der klinischen Erfahrung überein, daß das Schmerzgefühl oft auffallend früh wahrgenommen wird, bei Operationen, wo der Thermokauter zur Anwendung kommt.

Eine analoge Beobachtung, die auf initiale Erhöhung der Erregbarkeit der Nervenenden deutet, hat auch Alms[6]) gemacht: Hält man die eine untere

---

[1]) Empirisch war schon früher Bignon (Bull. génér. de Thérapeut. **1892**, 70) zu ähnlichen Resultaten gekommen und hatte empfohlen, den Cocainlösungen Alkali bis zur Trübung („Cocainmilch") zuzusetzen, um den anästhetischen Effekt zu erhöhen.

[2]) J. Traube, Biochem. Zeitschr. **42**, 470 (1912).

[3]) H. Braun, Archiv f. klin. Chir. **57**, H. 2 (1898); Die Lokalanästhesie 1905, S. 83.

[4]) P. Heinze, Virchows Archiv **153**, 512 (1898).

[5]) A. Goldscheider, Monatsh. f. prakt. Dermatol. **5**, H. 2 (1886) (S. A.); Archiv f. d. ges. Physiol. **39**, 115 (1886).

[6]) H. Alms, Archiv f. Anat. u. Physiol., Physiol. Abt. **1888**, 416.

Extremität eines Frosches zwei Minuten in eine $^1/_{10}$ proz. Cocainlösung,
spült sie mit reinem Wasser ab und taucht dann beide Unterextremitäten in
verdünnte Salzsäure, so reagiert in der ersten Minute die vergiftete Extremität
ein paar Sekunden früher als die andere. Dasselbe Phänomen werden wir bei
Nervenstämmen antreffen.

Die schleimhautähnliche Haut des Frosches wird einigermaßen leicht
von Cocain beeinflußt. Nach Gradenwitz[1]) erzeugt 2 proz. Lösung absolute Gefühllosigkeit, $^1/_{10}$ proz. Lösung Anästhesie für den Reiz einer $^1/_6$ proz.
Salzsäure und $^1/_{20}$ proz. Lösung Verminderung des Gefühls, erkennbar an ver-
langsamter Reaktion bei Reiz mit $^1/_6$ proz. HCl. Legt man die beiden letzten
Proben zugrunde, so verhielt sich· hinsichtlich der lokalanästhesierenden Fähigkeit Cocain zu Holocain und Eucain wie 10 : 2 : 1.

Die Gefühllosigkeit, die sich nach Injektion von Cocain in die Haut, Einträufelung ins Auge oder Pinselung von Schleimhäuten einstellt, wird oft als
terminale Anästhesie bezeichnet, indem man von der Anschauung ausging,
daß es allein die Endorgane der sensiblen Nerven wären, die von der Wirkung
betroffen würden. Ob dies der Fall ist, ist indessen zweifelhaft.

Die erste Angabe über die lokale Wirkung des Cocains auf Nervenstämme scheint von Laborde und Charpentier[2]) (1884) zu stammen.
, Beide erwähnen kurz, daß eine direkt auf den Nerven gebrachte Cocainlösung dessen Erregbarkeit aufhebt. Im folgenden Jahr teilt Torsellini[3])
mit, daß Applikation dünner Cocainlösungen ($^1/_{10}$ proz.) auf den Ischiadicus
des Frosches im Lauf einiger Minuten die Sensibilität so vollständig aufhebt,
daß die betreffende Extremität ohne Schmerzen amputiert werden kann.
Hiermit war also der Beweis erbracht, daß Cocain die Leitung in sensiblen
Nerven unterbricht, ein Befund, der bald Bestätigung fand sowohl für
Frösche wie für Säugetiere in Arbeiten von Feinberg[4]), Witzel[5]) und Baldi[6]).

Einen weiteren Fortschritt verdankt man Kochs[7]), der folgendes beobachtete: Brachte man etwas Cocain in Substanz auf den N. ischiadicus des Frosches,
so war die sensible Leitung, geprüft mit elektrischer Reizung und Säurereizung,
schon nach 1 Minute aufgehoben, dagegen blieb die motorische Leitung intakt.
Wurde der Nerv sofort hinterher abgespült und sorgfältig in die Wunde versenkt, so war am folgenden Tag das Leitungsvermögen wieder da, und das Experiment konnte mit demselben Erfolg wiederholt werden; wurden solche Versuche aber dicht aufeinanderfolgend unternommen, so wurden auch die motorischen Bahnen gelähmt. Dasselbe war der Fall bei Hunde- und Kaninchen-
nerven. Dadurch war also das wichtige Verhalten konstatiert, daß das Cocain,
auf den Verlauf eines gemischten Nerven appliziert, zuerst die
sensible und dann die motorische Leitung zu lähmen imstande ist.

Das Studium der motorischen Lähmung wurde fortgesetzt von Alms[8]), der zeigte,
daß Cocain in Substanz nicht notwendig ist, sondern daß schon eine 5 proz. Lösung,
auf Frosch- oder Kaninchenischiadicus gebracht, eine vollständige Undurchgängigkeit für Erregungen bewirkt. „Ist dieser Zustand eingetreten, so bekommt man selbst auf die heftigsten

---

[1]) R. Gradenwitz, Diss. Berlin 1898.
[2]) Laborde, Compt. rend. de la Soc. de Biol. **1884**, 753. — Charpentier, ebenda
1884, 759; zit. nach Santesson, Festschrift für Olaf Hammarsten 1906.
[3]) D. Torsellini, Annali di Chim. med. Farmaceutica **1885**, 183; zit. nach Virchow-
Hirsch, Jahresber. üb. d. Fortschr. d. Med. **1885**, I, 455.
[4]) J. Feinberg, Berl. klin. Wochenschr. **1886**, 52.
[5]) A. Witzel, Deutsche Zeitschr. f. Zahnheilk. **1886**, 5; zit. nach Kochs, s. u.
[6]) D. Baldi, Arch. ital. de Biol. **11**, 70 (1889).
[7]) W. Kochs, Centralbl. f. klin. Med. **1886**, 793.
[8]) H. Alms, Archiv f. Anat. u. Physiol., Physiol. Abt., Suppl.-Bd. **1886**, 293.

Reize am übrigen Körper keine Bewegung der cocainisierten Extremität, und Faradisation des Plexus ischiadicus ruft an der behandelten Extremität schließlich keinen Tetanus der Wadenmuskulatur hervor." Injizierte man in die eine Arteria iliaca beim Frosch 0,25 ccm einer 5 proz. Cocainlösung, so wurden ebenfalls die entsprechenden Nerven vollständig reaktionslos. U. Mosso[1]) zeigte motorische Lähmung des N. phrenicus. Bei Hunden war Applikation einiger Tropfen einer 10 proz. Lösung hinreichend, um nach einigen Minuten das Zwerchfell zum Stillstand zu bringen. Es blieb dieses 10 bis 15 Minuten paralysiert; während dieser Zeit rief die elektrische Reizung des Nerven über der Stelle der Cocaineinwirkung keine Kontraktion des Zwerchfells hervor.

    Langley und Dickinson[2]) experimentierten mit dem Halssympathicus bei Kaninchen. Wurde der bloßgelegte Nerv mit 1 proz. Cocainlösung bepinselt und nach einiger Zeit wieder abgespült, so war darauffolgende elektrische Reizung des Stammes zentral von der behandelten Stelle ohne Einfluß auf die Pupille oder die Gefäße des Auges. Nach 10—20 Minuten war der Nerv wieder leitungsfähig und seine Reizung hatte die gewöhnlichen Wirkungen (Pupillendilatation, Erblassen der Conjunctiva usw.). Der Versuch konnte mehrmals mit demselben Ausfall wiederholt werden.

Einen sehr inhaltsreichen Beitrag zur Kenntnis der Wirkungen des Cocains auf die Nerven bringt François Franck[3]); er bezeichnet das Cocain als ein „poison paralysant banal", das motorische wie sensitive Nervenenden, periphere Nerven jeder Art, Nervenzentra, Muskelzellen, Drüsenzellen, Flimmerepithel, weiße Blutkörperchen, Mikroben, kurz alles lebende Protoplasma, mit dem es in genügender Konzentration in Berührung kommt, lähmt. Die Wirkung auf beliebige Nerven, zentripetale oder zentrifugale, zerebrospinale oder sympathische ist gleichbedeutend mit einer physiologischen Durchschneidung, die sich von einer anatomischen dadurch unterscheidet, daß der Nerv keine nachweisliche anatomische Veränderung erleidet (siehe jedoch hierüber weiter unten) und daß die Folgen vorübergehend sind.

    Die Leitungsunterbrechung im N. vagus wird durch nebenstehender Figur illustriert, wo die schraffierte Partie das vergiftete Stück des Nerven bedeutet und die Orte der Elektroden mit + und — bezeichnet sind.

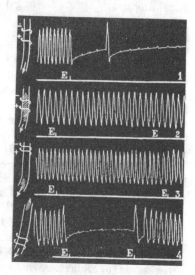

Abb. 2. 1. Schwache elektrische Reizung des normalen Nerven ruft, wie man sieht, Ventrikelstillstand hervor unter Beibehaltung der kleinen Elevationen, die den Vorhofkontraktionen entsprechen. 2. Verlust der Erregbarkeit des Nerven selbst für starke Reizung innerhalb der cocainisierten Zone. 3. Ebensowenig erzeugt Reizung zentral von dieser Stelle Herzstillstand: der Nerv ist blockiert. 4. Dagegen hat Reizung peripher von der cocainisierten Stelle die gewöhnliche Wirkung; die Lähmung ist also lokal und hat sich nicht nach der Peripherie ausgebreitet.

Von besonderem Interesse und in Übereinstimmung mit dem, was mehrfach oben als charakteristisch für die Cocainwirkung hervorgehoben worden ist, ist ferner François Francks Nachweis, daß auch bei den Nervenstämmen der Lähmung eine kurzdauernde Erhöhung der Empfindlichkeit vorangeht[4]); darauf tritt die mehr oder minder vollständige Lähmung ein

    [1]) U. Mosso, Archiv f. d. ges. Physiol. **47**, 553 (1890); Arch. ital. de Biol. **14**, 247 (1891).
    [2]) J. N. Langley and W. L. Dickinson, Journ. of Physiol. **11**, 509 (1890).
    [3]) Ch. A. François Franck, Arch. de Physiol. **5** (4), 562 (1892).
    [4]) Auch C. G. Santesson (Festschrift für Olaf Hammarsten 1905, XV, S. 18 u. 23) hat eine initiale Steigerung sowohl der sensiblen wie der motorischen Leitfähigkeit nachgewiesen; dasselbe gilt vom Stovain.

und zuletzt, wenn soviel von dem Alkaloid verschwunden ist, daß es nur noch in einer exzitierenden Konzentration zugegen ist, erhält man wieder ein Stadium erhöhter Erregbarkeit. Der Verlauf kann schematisch durch untenstehende Kurve veranschaulicht werden.

Diese Kurve wiederholt sich in allen Wirkungen des Cocains, ob es sich um Endorgane, Nervenstämme oder Zentren, quergestreifte oder glatte Muskeln, Drüsen, niedere Organismen usw. handelt, und bei Anwendung sehr kleiner Dosen kommt nur das Exzitationsstadium zum Vorschein, ohne nachfolgende Lähmung.

François Franck hat recht, wenn er stark betont, daß das Cocain ein „allgemeines Protoplasmagift" sei, und daß die Wirkung überall das gleiche Gepräge habe, zugleich ist aber doch eine Auswahl einzelner Elemente charakteristisch. Wie schon erwähnt, reagiert das Zentralnervensystem feiner als alle peripheren Apparate und die sensible Leitung wird eher unterbrochen und stellt sich später wieder her als die motorische.

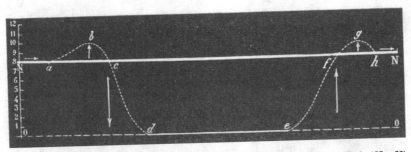

Abb. 3. Die Empfindlichkeitskurve steigt erst (a—b) über die Normallinie (N—N) empor, fällt dann rasch bis auf diese herab (b—c) und weiter (c—d) bis zu völliger Unerregbarkeit, die je nach der Konzentration kürzere oder längere Zeit dauert (d—e). Proportional der Ausscheidung des Alkaloides wiederholt sich dasselbe in umgekehrter Reihenfolge, und die Wirkung schließt mit einer kurzdauernden Steigung (f—g—h) über die Normallinie.

Dixon[1]) bringt weitere Beispiele für die elektive Wirkung. Im N. vagus können zwei verschiedene Faserarten oder -richtungen vermittelst Cocain deutlich unterschieden werden.

In dem in Abb. 4 dargestellten Versuch war der N. vagus eines Kaninchens mit Cocainlösung bepinselt worden, und die Kurve gibt die Wirkung elektrischer Reizung erst peripher und dann zentral von der cocainisierten Stelle wieder. Im ersten Falle (A) sieht man die typische Wirkung auf Respiration wie auf Blutdruck (die zentripetale Leitung ist unbeschädigt), im andern Falle (B) tritt nur die Wirkung auf die Respiration ein (die zentrifugale Leitung ist unterbrochen). Fig. 5 zeigt eine Variation des Versuches, in dem der rechte Vagus mit Cocainlösung bepinselt, der linke durchschnitten war. Reizung oberhalb der bepinselten Stelle hat keinen Einfluß auf das Herz, aber der Blutdruck steigt infolge von Gefäßkontraktion, während Reizung des Nerven unterhalb der cocainisierten Stelle den normalen Einfluß sowohl auf das Herz (mit daraus folgendem Sinken des Blutdrucks) und auf die Respiration hat.

Durch plethysmographische Versuche konnte Dixon ferner nachweisen, daß die gefäßverengernden Fasern im N. ischiadicus der Katze früher als die gefäßerweiternden gelähmt werden.

¹) W. E. Dixon, Journ. of Physiol. **32**, 87 (1905).

Daß die sensiblen Fasern leichter als die motorischen gelähmt werden, hat man auf verschiedene Weise zu erklären versucht. Man hat vermutet, daß die ersteren eine besonders exponierte z. B. oberflächliche Lage in den Nervenstämmen hätten, doch ist dies kaum der Fall; beide Fasergattungen scheinen intim gemischt zu sein. Eine andere Hypothese setzt voraus, daß einige Fasern eine besser isolierende Scheide hätten als andere, aber histologische Untersuchungen geben dafür keinen Anhaltspunkt. Man ist daher auf die Annahme verwiesen, daß das Cocain eine größere Affinität zu den sensiblen Fasern habe, d. h. daß diese eine andere chemische Zusammensetzung haben als die motorischen.

Das Verhalten des Cocains zu den sensiblen Elementen ist übrigens nur ein Spezialfall eines allgemeinen Gesetzes. Dasselbe findet sich wieder, ob die Wirkung in Stimulation oder Depression besteht, in dem Verhalten der beiden Fasergattungen gegenüber vielen

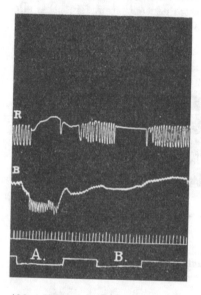

Abb. 4. Kaninchen, Äthernarkose, 1 cm des N. vagus ist mit 0,05 proz. Cocainlösung bepinselt. B = Blutdruck, R = Respiration. A = Reizung zentral und B peripher von der bepinselten Stelle.

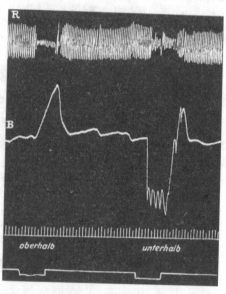

Abb. 5. Kaninchen, Äthernarkose, 1 cm des rechten N. vagus mit 0,05 proz. Cocainlösung bepinselt, der linke durchschnitten. B = Blutdruck, R=Respiration. Zeigt Wirkung der Reizung ober- und unterhalb der bepinselten Stelle.

andern Giften. Auch im Zentralnervensystem zeigen die sensiblen Elemente eine größere Empfindlichkeit als die motorischen; ein prägnantes Beispiel hierfür ist die Aufhebung der Sensibilität, lange bevor die Bewegungen aufhören in der Choroform- oder Äthernarkose.

Läwens Untersuchungen[1] über den Verlauf der motorischen Lähmung und über den in praktischer wie in theoretischer Hinsicht wichtigen Entgiftungsvorgang erhalten ihr volles Interesse erst bei dem Vergleich zwischen dem Cocain und den Lokalanästheticis der Stovaingruppe und sollen daher später besprochen werden. Hier mag nur erwähnt werden, daß die Reaktion zwischen Cocain und Nervensubstanz innerhalb weiter Grenzen reversibel ist. Selbst nach der maximalen Wirkung einer 5 proz. Lösung auf den Froschischiadicus läßt das Gift sich durch Auswaschung wieder so vollständig entfernen, daß der Nerv seine normale Anfangserregbarkeit wiedergewinnt. Ganz ohne anatomische Veränderungen verläuft nach Santesson[2] die Einwirkung doch kaum. In ausgeschnittenen Nervenstücken (Kaninchenischiadicus), die mit 5 proz. Cocainlösung behandelt waren

[1] A. Läwen, Archiv f. experim. Pathol. u. Pharmakol. 56, 138 (1907).
[2] C. G. Santesson, Skandinav. Archiv f. Physiol. 21, 35 (1908). Siehe ferner L. u. M. Lapique u. R. Legendre. Compt. rend. de la Soc. de Biol. 77, 54 (1913) und Compt. rend. de l'Acad. des Sc. 158, 803 u. 1592 (1914).

(diese Lösung ist annähernd isotonisch), fand sich Aufblätterung der Myelinscheide und teilweise geschrumpfte Achsencylinder. Ähnliche Unregelmäßigkeiten waren auch in „Normalpräparaten" zu sehen, waren aber weniger ausgesprochen und zeigten sich auch nicht in gleicher Weise in Präparaten, die mit Morphin behandelt waren. Santesson nimmt daher an, daß Cocain (und noch mehr Stovain, das deutliche Schädigung hervorrief) eine besondere Affinität nicht allein zu den Achsencylindern, sondern auch zur Myelinscheide habe. Von Verebely und Horwath[1]) werden während der Anästhesie auftretende und danach verschwindende anatomische Veränderungen der Herbstschen Körperchen des Entenschnabels und der Vater - Pacinischen Körperchen des Katzenmesenteriums beschrieben und abgebildet. In der Kaninchencornea nehmen nach Odier[2]) die Endverzweigungen der sensiblen Nerven ein perlschnurförmiges Aussehen an.

Ein paar andere Arbeiten von vorwiegend physiologischem Interesse beschäftigen sich mehr gelegentlich mit Cocain. Wedenski[3]) untersucht die Wirkung einer Mischung von Cocain, Chloral und Phenol auf Nerven. In Studien über temporäre Modifikation der elektrotonischen Ströme in Nerven unter dem Einfluß verschiedener Gifte führt Boruttau[4]) an, daß eine 5 proz. Cocainlösung baldigst Aufhebung der negativen Stromschwankung bewirkt, resp. der Muskelkontraktion bei tetanischer Reizung. Mit der Wirkung auf die Erregungserscheinungen geht eine temporäre Modifikation der bei konstanter Durchströmung auftretenden extrapolaren elektrotonischen Strömungen einher, die derjenigen der flüchtigen Narkotica durchaus entspricht.

Deutlicher als bei allen andern Applikationsweisen, tritt die mächtige Wirkung des Cocains auf die Nervenstämme bei der sogenannten Lumbalanästhesie oder Rückenmarksanästhesie hervor. Die Idee, Arzneimittel auf die Nerven in der Cauda equina wirken zu lassen, stammt von Corning[5]), der bei Hunden Lumbalinjektionen vornahm und nach wenigen Minuten Sensibilitäts- und Motilitätsstörungen im hinteren Körperabschnitt beobachtete. Bei einem Rückenmarkskranken, der dem gleichen Versuch unterzogen wurde, trat nach 10 Minuten Analgesie der unteren Körperhälfte ein. Die systematischen Untersuchungen der Wirkungen beim Menschen verdanken wir Bier[6]). Wenn Cocain in den Rückenmarkskanal injiziert wird, trifft es nicht nur Rückenmark und Ganglien, sondern vor allem die innerhalb der Häute verlaufenden scheidenlosen Nervenfasern[7]). Das Resultat ist eine Leitungsanästhesie in großem Stil. Schon Dosen von 0,005 g können $^2/_3$ des ganzen Körpers anästhetisch machen. Die Unempfindlichkeit beginnt in der Regel im Perineum, hat nach 5—8 Minuten sich über das ganze Gebiet der Beine ausgebreitet und dauert nach den genannten Dosen $^3/_4$ Stunden, worauf die Sensibilität nach und nach zurückkehrt. Auch bei dieser Applikationsweise schwindet zuerst die Schmerzempfindung, während die Tastempfindung intakt bleibt, so daß Berührungen gefühlt und richtig lokalisiert werden. Schmerzhafte Eingriffe werden nur als Druck empfunden. Kitzeln der Fußsohle wird nicht als solches, sondern nur als Berührung wahrgenommen.

Bekanntlich wurde die Rückenmarksanästhesie wegen der Giftigkeit des Cocains vorläufig beiseite gelegt und kam erst wieder auf, als weniger giftige Ersatzmittel gefunden waren, aber sie hat großes pharmakologisches Interesse, weil sie einen neuen Beweis dafür lieferte, daß hauptsächlich die sensiblen Elemente vom Cocain angegriffen werden.

---

[1]) T. Verebely et J. Horwath, Arch. intern. de Pharmacodyn. **4**, 361 (1898).
[2]) R. Odier, Thèse de Genève 1903, p. 85.
[3]) N. E. Wedenski, Archiv f. d. ges. Physiol. **82**, 134 (1900); **100**, 1 (1903).
[4]) H. Boruttau, Archiv f. d. ges. Physiol. **86**, 351 (1897).
[5]) L. Corning, New York Med. Journ. **1885**, 483. — Localanesthesia. New York 1886; The Med. Record **1888**, 291; zit. nach H. Braun, Lokalanästhesie 1905, S. 180 und R. Odier, Thèse de Genève 1903, p. 9.
[6]) A. Bier, Deutsche Zeitschr. f. Chir. **51**, 361 (1899).
[7]) Schon Bier verlegt die Wirkung auf diese und macht darauf aufmerksam, daß der Ausdruck Rückenmarkscocainisierung der Kürze wegen benutzt werde.

Nach den anfangs angewandten Dosen bis zu 0,01 g traten nämlich nur die eben beschriebenen sensiblen Störungen zu Tage, während die Motilität ganz unversehrt blieb. Man erhielt, um Biers Worte zu gebrauchen, „fast den Eindruck, als ob die schmerzleitende Masse das Cocain begierig anzöge". Als man die Methode nachprüfte und größere Dosen verwendete, beobachtete man, daß alle Sinnesempfindungen (auch Tast- und Temperaturgefühl) verschwanden und jetzt kamen auch Paresen und Lähmungen in den unteren Extremitäten sowie von Blase und Mastdarm zum Vorschein. Die bei manchen Individuen der Analgesie vorausgehenden, unmittelbar nach der Injektion auftretenden Parästhesien (Ameisenkriechen, Gefühl von Wärme) sind vielleicht als der Lähmung vorangehende Erregungssymptome zu deuten.

Injiziert man einem Hund lumbal 0,005—0,02 g Cocain, so werden zunächst die Hinterbeine, darauf das ganze Tier, sogar die Mundschleimhaut, anästhetisch, während die Cornea in der Regel verschont bleibt. Die Anästhesie, die häufig von motorischen Paralysen begleitet ist, schwindet nach ein paar Stunden — zuerst am Kopf — meist ohne Wirkung auf Respiration und Zirkulation oder Symptome resorptiver Vergiftung.

Ein ganz anderes Bild entwickelt sich nach Sicard[1]), wenn Cocain intrakraniell injiziert wird, wo es keine Nerven, sondern die Hirnoberfläche trifft. Im Lauf von wenigen Minuten tritt eine heftige Vergiftung auf: Exaltation, furchterregende Halluzinationen, Konvulsionen und heftige epileptiforme Anfälle. Nach 1—2 Stunden weichen diese Symptome einer Anästhesie, die keine regelmäßige Ausbreitung hat.

Cocainanästhesie und Adrenalin. Es ist vor allem H. Brauns[2]) großes Verdienst, daß er die Aufmerksamkeit auf den Synergismus zwischen Cocain und Adrenalin[3]) gelenkt, ihn systematisch geschildert und gezeigt hat, daß Adrenalin die lokalanästhesierende Fähigkeit des Cocains in enormem Grade steigert. Schwache Cocainlösungen erhalten durch Zusatz einer sehr geringen Menge Adrenalin eine weit stärkere Wirkung als konzentrierte Lösungen ohne diesen Zusatz. Das Gewebe, in welches Cocain-Adrenalin injiziert ist, wird weit über die infiltrirte Partie hinaus anästhetisch, die motorischen Bahnen werden viel stärker angegriffen als von Cocain allein und gleichzeitig wird die Dauer der Anästhesie verdoppelt. Selber hat Adrenalin keine lokalanästhesierende Wirkung, potenziert aber, wie gesagt, in hohem Grade die Wirkung des Cocains. Die naheliegende Erklärung ist, daß das Cocain infolge der durch das Adrenalin erzeugten Gefäßverengerung nicht fortgeführt, sondern an Ort und Stelle festgehalten wird und infolgedessen eine intensivere und länger dauernde Wirkung entfaltet. Man nimmt ferner an, daß die Anämie gleichzeitig die Vitalität des Gewebes herabsetzt und es weniger widerstandsfähig gegen das Alkaloid macht. Immerhin bleibt doch das Wesentlichste die Zirkulationsänderung, nicht das Adrenalin an und für sich. Die Richtigkeit dieser Annahme wird durch die Tatsache bestätigt, daß die Cocainanästhesie auch in hohem Grade verstärkt wird, wenn der Blutstrom auf andere Weise, z. B. durch Gefrieren oder Umschnürung zentral von der behandelten Stelle, ausgeschaltet wird.

Ob diese Auffassung, die also das Gewicht nur auf die Anämie legt, voll befriedigend ist, wird in letzter Zeit von Esch[4]) bezweifelt, der den Eindruck

[1]) A. Sicard, Compt. rend. de la Soc. de Biol. 1899, I, 408.
[2]) H. Braun, Archiv f. klin. Chir. 69, 541 (1903); Münch. med. Wochenschr. 1903, 352.
[3]) Gleichzeitig machte E. Foissy (La Presse méd. 1903, 256) darauf aufmerksam, daß hyperämisches Gewebe, das sonst schwer durch Cocain zu beeinflussen ist, sich leicht anästhesieren läßt durch Kombination von Cocain und Adrenalin.
[4]) P. Esch, Archiv f. experim. Pathol. u. Pharmakol. 64, 84 (1911).

hat, daß Adrenalinzusatz doch eine größere Steigerung der lokalanästhesierenden
Fähigkeit erzeugt als Abschnürung. Dies würde sich vielleicht am besten durch
Quaddelversuche am Menschen entscheiden lassen. Esch bediente sich indes
des Tierversuchs, wobei man auf feinere Sensibilitätsbestimmungen verzichten
kamuß, und benutzte daher die motorische Lähmung als Leitfaden. Beim Kaninchen wurde auf beiden Seiten der N. ischiadicus freigelegt und besondere
Sorgfalt darauf verwendet, sämtliche zum Nerven führenden Gefäße zu durchreißen oder durchschneiden. Der schließlich hoch oben an der Incisura ischiadica
durchschnittene Nerv war weiß und blutleer und konnte hinsichtlich der Zirkulation als unter denselben Bedingungen stehend gelten, wie in einer abgeschnür-
ten Extremität. Wenn sich nun ein Unterschied in der Lähmung mit oder ohne
Adrenalin zeigte, so konnte dieser nicht der Anämie zugeschrieben werden.
Bei Parallelversuchen zeigte es sich nun durchgehends, daß 1 proz. Cocainlösung mit einem geringen Adrenalinzusatz weit rascher und intensiver lähmend
wirkte, als die gleiche Lösung ohne Adrenalin. Esch schließt daraus, daß die
stärkere Wirkung der ersten Lösung auf einem spezifischen Einfluß des Adrenalins auf die Nervensubstanz, einer Sensibilisierung, die sich mit der Wirkung
der Beizmittel in der Färbetechnik vergleichen läßt, beruhen müsse. — Wir
werden später noch öfters auf die interessanten Relationen zwischen Cocain
und Adrenalin zurückkommen.

Man hat ferner die Wirkungen einer großen Anzahl Kombinationen von Cocain,
Stovain usw. mit den verschiedensten anderen Substanzen (Alkaloiden, Stoffen der Digitalisgruppe, Antipyrin, anorganischen Salzen) untersucht. Zu bemerken ist, daß neutrale
Kaliumsalze die anästhesierende Wirkung bedeutend erhöhen. Sonst sind die Resultate
der Autoren und die Deutungen der Versuchsergebnisse teilweise divergierend[1]).

Lokalanästhesie und Entzündung. Sekundär, d. h. nur infolge der Anästhesie
und nur solange die Anästhesie dauert, wirken die lokalanästhesierenden Mittel ent-
zündungshemmend; dies tritt selbstverständlich am deutlichsten hervor bei Substanzen,
die eine langanhaltende Wirkung haben, z. B. Orthoform und Anästhesin. Das Verhalten
derselben ist namentlich von Spiess[2]) behandelt worden, der betont, daß Entzündung
nicht die Folge von direkten von dem schädlichen Agens erzeugten Veränderungen in den
Gefäßwänden ist, sondern durch Reflexe entsteht, die zentripetal in den sensorischen Fasern
und zentrifugal in den Vasomotoren verlaufen, und die ausgeschaltet werden, wenn jeder
Schmerz unterdrückt wird, ob dies nun durch chemische Anästhetica geschieht oder dadurch, daß die Nerven aus anderen Ursachen (Krankheit) unempfindlich sind. „Eine Entzündung wird nicht zum Ausbruch kommen, wenn es gelingt, durch Anästhesie die vom
Entzündungsherd ausgehenden, in den zentripetalen, sensiblen Nerven verlaufenden Reflexe
auszuschalten. — Eine schon bestehende Entzündung wird durch Anästhesie des Entzün-
dungsherdes rasch der Heilung entgegengeführt. — Die Anästhesierung hat allein die
sensiblen Nerven zu beeinflussen und darf das normale Spiel der sympathischen Nerven
(Vasomotoren) nicht berühren." Diese Auffassung findet eine nicht geringe Stütze in
Bruces[3]) Nachweis, daß die Anfangsstadien der Entzündung (Vasodilatation und abnorme Durchlässigkeit der Gefäße) nicht verhindert werden durch Durchschneidung eines
sensiblen Nerven peripher vom Wurzelganglion, solange der Nerv nicht degeneriert ist,
aber ausbleiben, wenn dies geschehen ist. Es scheint also in den sensiblen Nerven ein peripherer Reflexbogen zu liegen, von dessen beiden Ästen der eine zur Haut, der andere zu
den Blutgefäßen verläuft. Der Entzündungsimpuls pflanzt sich zentripetal durch den

¹) B. v. Issekutz, Archiv f. d. ges. Physiol. 145, 448 (1912). — A. J. Schoff, Verhandl. d. Ges. russ. Ärzte zu St. Petersburg 77, 100 (1910); zit. nach Centralbl. f. Biochemie
u. Biophysik 12, 621 (1911/12). — E. Bürgi, Med. Klin. 1912, Nr. 50 u. 51 (S. A.). —
L. Zorn, Zeitschr. f. experim. Pathol. u. Ther. 12, 529 (1913). — A. Schmid, ebenda 14,
527 (1913). — T. Sollmann, Journ. of experim. Pharmacol. and Ther. 10, 379 (1917)
und 11, 1, 9, 17, 69 (1918); Journ. of the Amer. med. Assoc. 70, 216 (1918).
²) G. Spiess, Münch. med. Wochenschr. 1901, 596; 1902, 1611; 1906, 345. — G. Spiess
u. A. Feldt, Deutsche med. Wochenschr. 1912, Nr. 21 (S. A.).
³) N. A. Bruce, Archiv f. experim. Pathol. u. Pharmakol. 63, 424 (1910). Quart.
Journ. of experim. Physiol. 6, 339 (1913). — C. H. Sattler, Archiv f. Ophthalmol. 88,
259 (1914).

erstgenannten Ast fort und gleich wieder zentrifugal durch den andern Ast (Axon-reflex). Wird der Impuls verhindert, wirksam am Nervenende anzugreifen, indem man dieses lokal anästhesiert, so kann der Reflex nicht zustande kommen, der zu den ersten Stadien der Entzündung führt.

Wirkung auf den Geschmack. Schon von mehreren der ersten Untersucher, z. B. Anrep[1]), sowie Aducco und Mosso[2]), wird kurz erwähnt, daß Cocain, auf die Zunge gebracht, außer der Herabsetzung der Sensibilität auch eine mehr qder minder vollständige Aufhebung des Geschmacks, namentlich für bitter, bewirkt. In eingehenderen Untersuchungen prüfte Shore[3]) die verschiedenen Geschmacksqualitäten mit Chinin, Glycerin, Kochsalz und Säuren. Es fand sich, daß die verschiedenen Empfindungen nach Pinselung der Zungenspitze mit Cocainlösung nicht gleichzeitig schwanden, sondern in folgender Reihenfolge:

1. Schmerzempfindung,
2. bittrer Geschmack,
3. süßer Geschmack,
4. salziger Geschmack,
5. saurer Geschmack,
6. Berührung (taktile Perzeption).

Quantitative Untersuchungen wurden von Kiesow[4]) ausgeführt, der an seiner eigenen Zungenspitze und bei andern Versuchspersonen die Schwellen-werte für Chinin, Zucker, Kochsalz und Salzsäure bestimmte. Aus der tabellari-schen Zusammenstellung der Resultate sei hier erwähnt, daß 3 Minuten nach einmaliger Pinselung mit 0,5 proz. Cocainlösung die Wahrnehmung von bitter auf $1/_{50}$ und die von süß auf ungefähr die Hälfte des normalen herabgesetzt war, während der Geschmack für salzig und sauer so gut wie unbeeinflußt blieb. Nach einmaliger Pinselung mit 2 proz. Lösung konnte Chinin über-haupt nicht geschmeckt werden, und der Schwellenwert für Zucker und Salz-säure war 10 fach, für Salz vierfach erhöht; der Geschmack für Salz war also in diesem Fall am wenigsten geschwächt. Diese Zahlen sollen nur als Beispiele dienen, wie exquisit der bittere Geschmack betroffen wird; in der Regel kehrt er auch zuletzt wieder. Die meisten stimmen auch darin überein, daß der saure Geschmack am wenigsten von Cocain geschwächt wird, aber im übrigen diffe-rieren die Angaben, da große individuelle Verschiedenheiten zu bestehen schei-nen, sowohl hinsichtlich der normalen Reizschwelle als des Einflusses, den das Cocain darauf hat. So fand Öhrwall[5]), daß dieselbe Behandlung, die bei ihm alle Geschmacksqualitäten vollständig aufhob, bei einem andern Individuum nicht stärker wirkte, als daß alle die Lösungen der oben genannten Substanzen mit Sicherheit unterschieden werden konnten und gleichzeitig der bittere Ge-schmack der Cocainlösung wahrgenommen wurde.

Der von den Physiologen vielfach diskutierte elektrische Geschmack, der entsteht, wenn ein konstanter elektrischer Strom die Zunge passiert und gewöhnlich bei aufstei-gendem Strom als säuerlich metallisch, bei absteigendem als alkalisch charakterisiert wird, hält sich nach Hermann[6]) gleich dem sauren Geschmack lange. Dies gilt indessen nach Hofmann und Bunzel[7]) nicht unbedingt; diese Untersucher benutzen Cocain zu einer Analyse des elektrischen Geschmackes und finden, daß der Kathodenschließungs-geschmack sehr stark beeinflußt wird und gleich dem bitteren Geschmack erst spät wieder-kehrt; daraus wird geschlossen, daß in dem Kathodenschließungsgeschmack eine bittere

---

[1]) B. v. Anrep, Archiv f. d. ges. Physiol. **21**, 38 (1880).
[2]) V. Adducco e U. Mosso, Giorn. della R. Accad. di Med. **1886**, No. 1—2 (S. A.).
[3]) L. E. Shore, Journ. of Physiol. **13**, 191 (1892).
[4]) F. Kiesow, Wundt Philosoph. Studien **9**, 510 (1894).
[5]) Hj. Öhrwall, Skandinav. Archiv f. Physiol. **2**, 1 (1891).
[6]) L. Hermann, Archiv f. d. ges. Physiol. **49**, 519 (1891).
[7]) F. Hofmann u. R. Bunzel, Archiv f. d. ges. Physiol. **66**, 215 (1897).

Komponente enthalten sei. Auch der alkalische Geschmack, der ebenfalls mit dem bitteren verwandt ist, wird nach Hofmann und Bunzel leicht und für längere Zeit vernichtet.

Wirkung auf den Geruch. Der Geruchsinn ist wegen seiner geringen Ausbildung beim Kulturmenschen und wegen des Mangels an Bezeichnungen für die verschiedenen Qualitäten ein undankbares Gebiet für experimentelle Untersuchungen. Vermittelst sinnreich konstruierter Riechmesser konnte indes Zwaardemaker[1]) die interessante Tatsache konstatieren, daß Cocain zunächst eine Verschärfung des Geruchsinns (,,Hyperaesthesia olfactoria") erzeugt und dann vorübergehende Anosmie für die verschiedensten Geruchseindrücke (Ammoniak, Säuren, Moschus, Asa foetida, ätherische Öle usw.). Nach Insufflation von $1/2$ ccm 20 proz. Cocainpulvers wurde die Geruchschärfe auf ca. $1/100$ der normalen herabgesetzt; ungefähr $1/4$ Stunde nach der Insufflation begann die Wirkung sich zu verlieren und nach $5/4$ Stunden war nur noch ein geringer Defekt zu spüren.

Gefäße.

Wenige Minuten nach Applikation schwacher wie konzentrierter Cocainlösungen in Nase, Rachen, Kehlkopf usw. tritt eine starke Arterienkontraktion ein. Die Schleimhäute nehmen eine weißliche Farbe an, werden trocken, da die Sekretion aller kleinen Schleimdrüsen aufhört, und schrumpfen. Geschwollene Schleimhäute werden zum Abschwellen gebracht und das Lumen enger Kanäle erweitert sich; durch Pinselung hyperämischer und geschwollener Nasenmuscheln werden auch die darunterliegenden kavernösen Räume entleert und das Gewebe erscheint beinahe blutleer. Später erfolgt Gefäßerweiterung und im Falle operativer Eingriffe oft Nachblutung.

Tropft man eine Cocainlösung in den Conjunctivalsack, so wird das Auge blaß; bei aufmerksamer Beobachtung sieht man, wie zuerst die feineren Seitenäste in der Conjunctiva verschwinden, dann auch die größeren Stämme. Die Gefäße der Sklera erscheinen wie durch einen feinen Schleier gedeckt, und später wird auch die Iris anämisch.

Auf der Froschzunge gestaltet sich das Bild anders. Nach Krügers[2]) Untersuchungen bewirken nur sehr schwache Lösungen (1 : 20 000—1000) zunächst eine kurzdauernde Verengerung der Arterien. Stärkere Lösungen verursachen dagegen eine ausgesprochene Dilatation, Gefäße werden sichtbar an Stellen, wo vorher keine zu sehen waren, und die Zunge nimmt eine lebhafter rote Farbe an. Bringt man einen Cocainkrystall auf eine Arterie oder Vene, so werden diese innerhalb des Wirkungsbereiches des Alkaloides ampullenartig erweitert, behalten aber ober- und unterhalb das gewöhnliche Lumen. In der Beschreibung seiner Untersuchungen über die Wirkungen des Cocains auf die psychomotorischen Zentra bei Hunden, berichtet Tumass[3]), daß lokale Cocainapplikation auf das Hirn keinen konstanten Einfluß auf das Lumen der Hirngefäße erkennen ließ; bisweilen schienen sie sich zu erweitern, in andern Fällen blieben sie ganz unverändert.

Auch wenn das Cocain von innen her auf die Gefäße wirkt, erhält man nicht dieselben Wirkungen wie auf den Schleimhäuten. Kobert[4]) sah bei künstlicher Durchströmung von Schweinsnieren mit sehr dünnen Lösungen keine deutliche Veränderung der Ausflußgeschwindigkeit, und Mosso[5]) analoge Ver-

---

[1]) H. Zwaardemaker, Fortschritte d. Med. **7**, 481 (1889).
[2]) H. Krüger, Diss. Berlin 1885.
[3]) L. J. Tumass, Archiv f. experim. Pathol. u. Pharmakol. **22**, 107 (1887).
[4]) R. Kobert, Archiv f. experim. Pathol. u. Pharmakol. **22**, 77 (1887).
[5]) U. Mosso, Archiv f. experim. Pathol. u. Pharmakol. **23**, 191 (1887).

suche mit Hundenieren hatten das Ergebnis, daß 0,02% im Blut ohne Wirkung zu sein schienen, während Konzentrationen von 0,04—0,06% eine deutliche Lähmung, resp. eine starke Vermehrung der aus der Nierenvene ausströmenden Blutmenge hervorbrachten. Brodie und Dixon[1]) beobachteten bei Durchströmung der unteren Extremitäten von Katzen mit Blut, das ca. $^1/_3$% Cocain enthielt, eine ganz kurzdauernde Gefäßkontraktion, die von einer starken Dilatation abgelöst wurde; nachfolgender Adrenalinzusatz hatte geringere Wirkung als unter normalen Verhältnissen. Wurde die Cocainmenge auf 2% erhöht, so trat nur Dilatation auf und wahrscheinlich waren sowohl die Muskeln wie die Nerven der Gefäße gelähmt, denn sowohl Adrenalin als auch Bariumchlorid waren jetzt wirkungslos. Läwen[2]), der unter konstantem Druck die Unterextremitäten von Fröschen (Esculentae) mit einer isotonischen und isoviscösen Gummi-Ringerlösung durchströmte und die Geschwindigkeit durch Zählung der Tropfenanzahl, die pro Minute aus der V. cava flossen, kontrollierte, fand Cocainzusatz 1 : 1000 ohne ausgeprägte Wirkung. Die Gefäßweite der Portalleberkapillären bei Fröschen wurden durch Cocain (1 : 1000) nicht beeinflußt (Fröhlich und Morita[3])).

Durch eine Abänderung (Zusatz von Adrenalin 1 : 5 Millionen zur Ringerlösung) der v. Frey - Meyerschen Gefäßstreifenmethode[4]) konnte Günther[5]) an überlebenden Arterienstreifen automatische Kontraktionen erhalten, die viele Stunden mit gleichbleibender Regelmäßigkeit andauerten. Zusatz von Cocain (1 : 1000) bewirkte starke Verkürzung des Streifens und Aufhören der Bewegungen; nachträglicher Zusatz von Adrenalin erwies sich aber, was den Streifentonus betrifft, noch als wirksam,

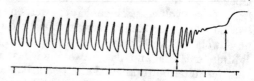

Abb. 6. Rinderkarotis in 250 ccm adrenalinhaltiger Ringerlösung (1 : 5 Millionen). Beim ersten Pfeile Zusatz von 0,025 g Cocain, beim zweiten Pfeile Zusatz von Adrenalin (2 Tropfen der Lösung 1 : 1000). Zeitmarken = 10 Minuten.

ohne jedoch die automatischen Kontraktionen wieder aufleben zu lassen (s. Abb. 6). In bezug auf die vasokonstriktorische Wirkung erweisen sich also Cocain und Adrenalin auch an überlebenden Gefäßen als Synergisten.

Man wird aus der hier gegebenen Zusammenfassung von Untersuchungen über die lokale Gefäßwirkung von Cocain ersehen, daß die Resultate divergierend sind. In isolierten Organen erzeugt Cocain hauptsächlich Dilatation, im lebenden Gewebe dagegen, das seine normale Zirkulation hat, ist die Gefäßverengerung überwiegend. Diese Befunde dürften sich in der Weise erklären lassen, daß eine Sensibilisierung der Gefäße durch Adrenalin für das Zustandekommen der Cocainwirkung notwendig ist. Hierdurch würde verständlich werden, daß Gefäßkonstriktion nicht eintritt in Organen, die von Salzlösungen oder Blut, dessen Adrenalin verbraucht ist, durchströmt werden.

Auf die Kranzarterien des Rinderherzens wirkt Cocain gleich vielen anderen Sympathicusgiften erweiternd (Pal[6])).

[1]) F. G. Brodie and W. E. Dixon, Journ. of Physiol. **30**, 476 (1904).
[2]) A. Läwen, Archiv f. experim. Pathol. u. Pharmakol. **51**, 415 (1904); Deutsche Zeitschr. f. Chir. **74**, 163 (1904).
[3]) A. Fröhlich u. S. Morita, Archiv f. experim. Pathol. u. Pharmakol. **78**, 232 (1915).
[4]) O. B. Meyer, Zeitschr. f. Biol. **48**, 352 (1906); **50**, 93 (1908).
[5]) G. Günther, Zeitschr. f. Biol. **65**, 401 (1915); **66**, 280 (1916). Die Abb. 6 ist dieser Arbeit entnommen.
[6]) J. Pal, Deutsche med. Wochenschr. **1912**, 5.

Auge.

Tropft man einige Tropfen einer 2—3 prozentigen Cocainlösung ins Auge, so bemerkt man zunächst ein leichtes Brennen, dann das Gefühl von Kühle und Trockenheit und im Lauf von 5 Minuten sind Conjunctiva und Cornea anästhetisch. Die Bedingungen sind hier sehr günstig, die Lösung dringt, da kein dickes Epithel vorhanden ist, sehr leicht ein und die Anästhesie hält sich lange, begünstigt von der langsamen Saftströmung. Weniger vollkommen wird auch die Iris anästhesiert.

Gleichzeitig damit oder etwas später treten eine Reihe weiterer Veränderungen auf, die zusammen gehören und ein hohes physiologisches Interesse haben.

1. Das Auge wird blaß, weil alle seine oberflächlichen Gefäße sich zusammenziehen (s. den vorigen Abschnitt), auch die Iris wird anämisch, während sich das Kaliber der Retinalgefäße nicht deutlich verändert. Bei resorptiven Vergiftungen wird auch die Netzhaut blaß[1]), aber dies hat wahrscheinlich eine andere Ursache (Wirkung auf das Gefäßnervenzentrum).

2. 10—20 Minuten nach dem Eintropfen beginnt die Pupille sich zu erweitern und nimmt ungefähr während einer halben Stunde an Größe zu. Nach Ablauf einer Stunde fängt die Erweiterung an zurückzugehen, aber die Pupille bleibt während mehrerer Stunden (6—8) größer als in dem nicht cocainbehandelten Auge. Selbst auf dem Höhepunkt der Wirkung ist die Erweiterung nicht maximal.

Die Pupillenerweiterung wurde bei Fröschen zuerst beobachtet von Moreno y Maiz und bei höheren Tieren von Schroff[2]), Anrep und U. Mosso, deren Arbeiten oben oft zitiert worden sind. Beim Menschen wird diese Wirkung bereits 1846 von Tschudi erwähnt, der in seiner Reisebeschreibung aus Peru[3]) erzählt, daß das Hineinbringen von stark eingekochtem Extrakt von Cocablättern ins Auge eine auffallende Erweiterung der Pupille zur Folge hat.

3. Endlich sieht man noch Protrusion des Bulbus, und die Lidspalte wird durch Kontraktion der glatten Lidmuskulatur (Müllerscher Muskel) erweitert. Die Lidspaltenerweiterung kann so bedeutend sein, daß das Auge ein starres, glotzendes Aussehen erhält, fast wie bei Morb. Basedowi.

Auch die Bulbusprotrusion wurde bei Fröschen schon von Moreno y Maiz beobachtet. Bei höheren Tieren scheinen dieses Symptom zuerst Vulpian[4]), Schöler[5]) und Durdufi[6]), beim Menschen Schenkl[7]) gesehen zu haben.

Diese Wirkungen, Erblassen des Auges, Mydriasis und Klaffen der Lidspalte, bilden eine zusammengehörende Triade von Symptomen, die, gleichviel ob das Cocain lokal appliziert oder in genügender Menge resorbiert ist[8]), in Gemeinschaft auftreten und einen gemeinsamen Ursprung haben. Sie kommen zustande durch eine Einwirkung des Alkaloides auf die Sympathicusendigungen im Auge und bleiben aus, wenn das oberste Halsganglion exstirpiert ist und so lange Zeit vergangen ist, daß die sympathischen Nerven, die hier ihre trophischen

---

[1]) Siehe W. Uhthoff, Die Augenveränderungen bei Giften. Leipzig 1901, S. 144.
[2]) C. Schroff, Wochenbl. d. Zeitschr. d. k. k. Ges. d. Ärzte in Wien **1862**, 249.
[3]) J. J. v. Tschudi, Peru, Reiseskizzen aus den Jahren 1838—1842. St. Gallen 1846, II, S. 306.
[4]) A. Vulpian, Compt. rend. de l'Acad. des Sc. **99**, 836 (1884).
[5]) Schöler, Centralbl. f. prakt. Augenheilk. **9**, 28 (1885).
[6]) N. G. Durdufi, Deutsche med. Wochenschr. **1887**, 172.
[7]) Schenkl, Wiener med. Presse **1885**, 4.
[8]) Guillery (Archiv f. d. ges. Physiol. **77**, 321; (1891) fand bei Selbstversuchen, daß die kleinste subcutane Dosis, die bei ihm Pupillenerweiterung hervorbrachte, 0,03 g betrug; nach 0,05 g dauerte die Wirkung 2 Stunden.

Zentren haben, degeneriert sind. Dieses wichtige Experiment wurde zuerst von Schöler ausgeführt und später von andern mit dem gleichen Resultat wiederholt. Eine wertvolle Ergänzung der Tierexperimente bilden klinische Beobachtungen, die zeigen, daß Cocain bei Krankheiten, die auf Parese oder Paralyse des Sympathicus beruhen, weniger wirksam ist als in normalen Augen.

Diese Cocainsymptome sind also dieselben, die bei elektrischer Sympathicus-reizung (die bekanntlich ebenfalls Erblassen des Auges, Mydriasis und Lid-klaffen hervorruft) auftreten; sie bleiben aus, wenn der Sympathicus aus irgend-einer Ursache außer Funktion gesetzt ist und in einem vorher cocainisierten Auge bewirkt, wie Limbourgh[1]) gezeigt hat, Sympathicusreizung keine Zu-nahme der Pupillenerweiterung. Man hat daher die Cocainwirkung als eine Reizung der sympathischen Nerven oder Nervenendigungen des Auges aufgefaßt.

Dagegen läßt sich einwenden, daß eine solche Wirkung eine Ausnahme sein würde, da Cocain sonst peripheren Nervenapparaten gegenüber als ein entschieden lähmendes Gift auftritt, das nur ein rasch vorübergehendes initiales Erregungsstadium hervorbringt. Folgende neuere Befunde, die eine andere Deutung zulassen, verdienen daher Aufmerksamkeit: Einträufelung von Adrenalin ins Auge hat bei normalen Kaninchen sehr geringen und subcutane Adrenalininjektion keinen Einfluß auf die Größe der Pupille. Nach Exstirpation des Ganglion cervicale supremum bewirkt dagegen, wie Meltzer[2]) entdeckt hat, sowohl lokale wie subcutane Adrenalinapplikation im Lauf von wenigen Minuten eine starke und langdauernde Pupillendilatation auf der operierten Seite. Die Ganglionexstirpation hat also in hohem Grad die Empfindlichkeit der erweitern-den Apparate gegen Adrenalin gesteigert. Der Grund dafür muß in dem Wegfall normaler von dem Ganglion ausgehender Hemmungen der Empfindlichkeit ge-sucht werden. Fröhlich und Loewi[3]) haben jüngst nachgewiesen, daß Cocain einen ähnlichen Zustand hervorbringt. 2 mg intravenös injiziertes Adrenalin hatte bei einer Katze keine Pupillenwirkung zur Folge, aber nach voraus-gehender Injektion von 5 mg Cocain (das die Pupille mittelweit dilatierte) be-wirkte dieselbe Adrenalinmenge maximale Mydriasis. Ferner: 4 Tropfen 2 proz. Cocain in das eine Auge eines Hundes instilliert waren ohne Wir-kung[4]); ½ Stunde später wurde 1 mg Adrenalin intravenös injiziert: nur das cocainisierte Auge wurde mydriatisch. Auch bei lokaler Applikation ins Kaninchenauge konnte nachgewiesen werden, daß Cocain an und für sich unwirksame Adrenalindosen wirksam machte. Cocain erzeugt also gleich der Ganglionexstirpation eine erhöhte Empfindlichkeit gegen Adrenalin. Damit ist der Ausweg eröffnet, auch die Cocainmydriasis nicht als eine Reizung zu deuten, sondern mehr in Übereinstimmung mit dem ganzen Charakter der Cocainwirkung als ein Ausfallssymptom, eine Lähmung normaler Hemmungen der Empfindlichkeit des dilatatorischen Apparates. Erst wenn diese Hemmungen durch Cocain aufgehoben sind, kann sich der unter gewöhn-lichen Umständen latente Adrenalinreiz geltend machen und Pupillenerweiterung hervorrufen. Die Auffassung des Cocains als einer für Adrenalin sensibilisieren-den Substanz (und vice versa) findet eine weitere Stütze in Untersuchungen von Ury[5]), der bei Frauen in den letzten Tagen der Schwangerschaft und in

---

[1]) V. Limbourgh, Archiv f. experim. Pathol. u. Pharmakol. **30**, 93 (1892).
[2]) G. J. Meltzer and C. Auer Meltzer, Amer. Journ. of Physiol. **11**, 28 (1904).
[3]) A. Fröhlich u. O. Loewi, Archiv f. experim. Pathol. u. Pharmakol. **11**, 28 (1904).
[4]) Dies sieht man bei Hunden und Katzen oft.
[5]) O. Ury, Zeitschr. f. Geburtsh. u. Gynäkol. **69**, 621 (1911).

den ersten Tagen nach der Geburt regelmäßig eine ausgesprochene Erhöhung der Cocainempfindlichkeit fand. In dieser Periode war ein Tropfen einer $\frac{1}{4}$ proz. bisweilen sogar $\frac{1}{10}$ proz. Cocainlösung hinreichend, um die Pupille zu erweitern, während bei nicht graviden Frauen $\frac{1}{2}$—$\frac{3}{4}$ proz. Lösung erforderlich war, um dieselbe Wirkung hervorzubringen. Dieser Unterschied hat wahrscheinlich seinen Grund in einer erhöhten Anspruchsfähigkeit des Sympathicus, die als Folge einer erhöhten Menge des kreisenden Adrenalins oder diesem ähnlicher Körper aufgefaßt wird.

Daß die Erweiterung das Resultat einer Kontraktion der radiären Irismuskulatur ist, erklärt mehrere Eigentümlichkeiten der Cocainpupille und ihre Verschiedenheit von der Atropinmydriasis: Im Gegensatz zur letztgenannten reagiert die cocaindilatierte Pupille auf alle Eindrücke, die den Sphincter pupillae in Aktion setzen; sie verengert sich demgemäß auf Muscarin, Pilocarpin und Physostigmin und reagiert auf Licht und Akkommodation und Konvergenz. Da die Atropinmydriasis ausschließlich durch die Lähmung des Oculomotorius verursacht wird, so wird die Atropinpupille von Cocain noch mehr erweitert, weil damit eine aktive Dilatation hinzukommt. Ebenso wird selbstredend die Cocainpupille von Atropin vergrößert, das den Antagonisten der dilatierenden Nerven lähmt. Die Kombination Atropin-Cocain erzeugt daher maximale Mydriasis.

Was hier von dem Verhalten der Pupille gesagt ist, gilt für schwache und mittelstarke Lösungen. Bei Verwendung starker Konzentrationen tritt nach Schultz[1] auch Lähmung des Oculomotorius (Nn. ciliares breves) ein und als Folge davon erhält man eine maximal erweiterte starre, auf Lichteinfall nicht reagierende Pupille. Schultz schließt dies aus Tierversuchen (Hund, Katze), bei denen das Ganglion ciliare, der N. oculomotorius und die Nn. ciliares breves freigelegt waren. Infolge vorausgehender Morphininjektion war die Pupille eng. Wiederholtes Eintropfen von 2 proz. Cocainlösung in den Conjunctivalsack bewirkte allmähliche Erweiterung, aber bei Reizung der Nn. ciliares breves trat prompte Verengerung ein; diese Nerven waren also unversehrt. Jetzt wurde 5 proz. Cocainlösung eingetropft; 2 Stunden (!) später bestand maximale Dilatation und auf Reizung der Nn. ciliares erfolgte keine Verengerung und auch nicht auf starkes Licht.

Akkommodation. Nach Cocaineinträufelung beobachtet man oft eine geringe Akkommodationseinschränkung, die einen eigentümlichen Charakter zu haben scheint, indem der Nahepunkt etwas hinausgerückt und gleichzeitig der Fernpunkt etwas hereingerückt ist; das Ganze geht rasch vorüber. Worauf diese Akkommodationsparese beruht, ist nicht klar. Man hat teils an eine Oculomotoriusparese gedacht, teils die Erklärung darin gesucht, daß die Wirkungen auf den Sympathicus und die im Auge stattfindenden Gefäß- und Druckveränderungen einen Einfluß auf den Hornhautradius und die Refraktion haben sollten[2].

Im Bereich der äußern Augenmuskeln kommen sehr selten Anomalien zur Beobachtung, es finden sich nur vereinzelte Angaben über Diplopie und Nystagmus[3].

Es ist wahrscheinlich, daß der intraokuläre Druck von Cocain in zwei entgegengesetzten Richtungen beeinflußt wird: die Anämie schränkt die Sekretion von Kammerwasser ein, während die Verdickung der Irisperipherie den Zugang zu den Fontanaschen Räumen erschwert und den Flüssigkeitsablauf

---

[1] P. Schultz, Archiv. f. Physiol. **1898**, 47.

[2] Bezüglich der sehr umfangreichen älteren Spezialliteratur über die Einwirkung des Cocains aufs Auge wird auf V. Limbourghs eingehende Arbeit: Kritische und experimentelle Untersuchungen über die Irisbewegungen und über den Einfluß von Giften auf dieselben, besonders des Cocains (Archiv f. experim. Pathol. u. Pharmakol. **30**, 93 (1892)) hingewiesen.

[3] W. Uhthoff, l. c. S. 145.

einschränkt. Schiötz[1]) fand bei Messungen mit dem von ihm konstruierten Tonometer, daß der Druck nach Einträufelung von 3 proz. Cocainlösung sich unverändert hielt oder etwas herabgesetzt wurde. Wo von vornherein eine Drucksteigerung oder die Disposition dazu besteht, kann Cocain bekanntlich einen glaukomatösen Anfall hervorrufen.

B. Resorption und Schicksal im Organismus.

Aus Tierversuchen, sowie aus vielen in augenblicklichem Anschluß an eine zu große Dosis beim Menschen eingetretenen Vergiftungen weiß man, daß das Cocain sehr leicht und rasch resorbiert wird.

Über sein Schicksal im Organismus hat viel Unklarheit geherrscht, da der Nachweis mit großen Schwierigkeiten verbunden ist. Charakteristische Farbreaktionen fehlen und die leichte Spaltbarkeit verlangt viele Vorsichtsmaßregeln bei der Isolierung.

Die Untersuchungen älterer Forscher vertreten fast alle die Anschauung, daß man im Tierversuch wenig oder nichts von dem in den Körper eingeführten Alkaloid wiederfindet.

Moreno y Maiz[2]) führt an, daß der Urin eines Meerschweinchens, das 0,04 g Cocain erhalten hatte, eine Wirkung nicht unähnlich der des Cocains hervorbrachte. Mussi[3]) benutzte zur Abscheidung des Cocains das Verfahren von Stas mit geringen Modifikationen. 48 Stunden nach dem Tode von Kaninchen, welchem pro Kilo 0,28 g salzsauren Cocains injiziert war, fanden sich Spuren von Alkaloid nur in Herz, Blut und Lungen. Sonniet - Moret[4]) stellte fest, daß der Nachweis des Cocains nur gelingt nach großen Dosen, während kleine Mengen keine Spur hinterlassen. Nach Glasenap[5]) kann Cocain nur nachgewiesen werden, wenn die Versuchstiere innerhalb 1—2 Stunden sterben; tritt der Tod später ein, findet man nach Glasenap Ekgonin. Vitali[6]) und Proelss[7]) konnten dieses Spaltungsprodukt nicht nachweisen. Nach Dragendorff[8]) fand sein Schüler Helmsing, daß die Resorption des Cocains sowohl vom Darmkanal wie vom subcutanen Gewebe aus sehr rasch erfolgte und daß das Blut der Versuchstiere so alkaloidreich wurde, daß es bei Fröschen Krämpfe hervorrief. Nach großen Dosen fand sich Alkaloid in allen Organen, nach kleinen nur in der Leber und im Urin; ob die ausgeschiedene Base Cocain oder ein Spaltungsprodukt war, wird unentschieden gelassen.

Auch in neuerer Zeit wird von Wiechowski[9]) die Auffassung vertreten, daß das Cocain im Organismus fast vollständig zerstört werde. Im Urin fand sich nach Wiechowski bei Hunden nach großen, toxisch wirkenden Dosen (0,089—0,312 g) nur 0—12,3%, durchschnittlich 5,1% des verabreichten Alkaloides wieder, bei Kaninchen nach noch größeren Dosen nichts, auch Ekgonin konnte nicht nachgewiesen werden. Die letzten von Rifatwachdani[10]) unter Heffters Leitung ausgeführten Untersuchungen stimmen indessen mit Wiechowskis Resultaten nicht überein. R. fand nach subcutaner

---

[1]) Hj. Schiötz, Archiv f. Augenheilk. 62, 317 (1909); Norsk Magazin for Laegevidenskaben (Norwegisches Magazin für ärztliche Wissenschaft) 1908, 848.

[2]) Th. Moreno y Maiz, Thèse de Paris 1868.

[3]) U. Mussi, L'Orosi 11, 270 (1888); zit. nach Jahresber. d. Pharmazie 1888, 533.

[4]) Sonniet - Moret, Journ. de Pharm. et de Chim. 28, 390 ;zit. nach Jahresber. d. Pharmazie 1893, 790.

[5]) H. W. Glasenap, Diss. St. Petersburg 1894; zit. nach Jahresber. d. Pharmazie 1894, 830.

[6]) Vitali, L'Orosi 14, 1; zit. nach Chem. Centralbl. 1891, 788.

[7]) Proelss, Apoth.-Ztg. 1891, 788; zit. nach J. Gadamer, Lehrbuch der chemischen Toxikologie. Göttingen 1909, S. 571.

[8]) G. Dragendorff, Die gerichtlich-chemische Ausmittelung von Giften, 4. Aufl. Göttingen 1905, S. 208.

[9]) W. Wiechowski, Archiv f. experim. Pathol. u. Pharmakol. 46, 155 (1901).

[10]) S. Rifatwachdani, Biochem. Zeitschr. 54, 83 (1913).

Injektion von 0,05 g Cocainhydrochlorid bei Kaninchen 42—85% des Alkaloides im Urin wieder und auch bei längerer Berührung mit dem lebenden Gewebe schien eine beträchtliche Zerstörung nicht stattzufinden.

Die Giftigkeit des Cocains nimmt sehr stark ab, wenn es auch nur kurze Zeit an der Applikationsstelle festgehalten wird. Vielfache für die moderne Anästhesierungstechnik grundlegende und zugleich in theoretischer Hinsicht sehr interessante Versuche beweisen, daß eine zeitweilige Hemmung der Zirkulation resp. Verhinderung der Resorption, gleichgültig, ob man sie durch lokale Kälteeinwirkung, Adrenalin oder Umschnürung erzielt, genügend ist, sonst letale Dosen ihrer Gefährlichkeit zu berauben. Einige Beispiele seien angeführt:

Abkühlung: Das eine Hinterbein eines Kaninchens wurde in Eis eingepackt und 0,1 g Cocain (in 20 proz. Lösung) am Oberschenkel subcutan injiziert unter weiterer Abkühlung der Injektionsstelle vermittelst Ätherspray: Im Lauf einer Stunde keine Vergiftung. Jetzt wurde die Abkühlung unterbrochen 5 Minuten später traten leichte Vergiftungssymptome auf in Form von Aufregung und Parese der Extremitäten. 20 Minuten nachher konnte das Tier wieder laufen und erholte sich bald vollständig. Das Kontrolltier bekam nach derselben Dosis heftige Krämpfe und starb innerhalb 6 Minuten (Braun)[1].

Adrenalin: Ein Kaninchen erhielt unter die Kopfhaut 1 ccm Adrenalinlösung (1 : 1000) und darauf an derselben Stelle 0,1 g Cocain pro Kilo Körpergewicht. 5 Minuten später Aufregung und leichte Paresen, aber keine Bewußtlosigkeit. 25 Minuten nachher war das Tier wieder imstande, sich einigermaßen normal zu bewegen. Bei einem Kontrolltier, welches Adrenalin subcutan auf dem Rücken erhielt, aber das Cocain unter die Kopfhaut, traten nach 5 Minuten heftige Krämpfe, Exophthalmus, Bewußtlosigkeit und Exitus ein (Braun)[2].

Abschnürung: Kohlhardt[3] überzeugte sich zunächst, daß intramuskuläre Injektion von 0,2 g Cocain Kaninchen im Lauf von 10 Minuten tötete. War die Extremität, an der die Injektion vorgenommen wurde, vorher abgeschnürt, so war das Schicksal des Tieres durchaus davon abhängig, wie lange die Abschnürung dauerte. Wurde der Gummischlauch nach $1/_4$ Stunde gelöst, so starb das Tier nach 18—20 Minuten, wurde es nach $1/_2$ Stunde gelöst, so traten starke Vergiftungserscheinungen auf, aber die Tiere starben nicht, und ließ man den Schlauch 1 Stunde oder mehr liegen, so trat geringe oder keine Vergiftung ein. Selbst Dosen von 0,4 g Cocain waren nach einstündiger Abschnürung nicht mehr lebensgefährlich und wurden völlig entgiftet, wenn der Schlauch erst nach $1^1/_2$ Stunde gelöst wurde. Analoge Resultate erhielt Fischer[4] bei subcutanen Injektionen unter Esmarchscher Blutleere.

In Wiechowskis Augen ist diese Entgiftung ein vitaler Prozeß, weil er nach Zusatz von Cocain zu toten Organen (Leber und Muskelbrei) stets den größten Teil des Alkaloids — durchschnittlich 80% — wiedergewinnen konnte. Nach den eben erwähnten Analysen von Rifatwachdani ist die

---

[1] H. Braun, Archiv f. klin. Chir. **69**, 556 (1903).

[2] H. Braun, l. c. Auch bei der Lumbalinjektion wird nach Dönitzs Versuchen mit Katzen (Münch. med. Wochenschr. **1903**, 1453) die Giftigkeit des Cocains stark herabgesetzt, bei gleichzeitiger Injektion beider Gifte auf ein Drittel, wenn das Adrenalin zuerst injiziert wird, auf ein Fünftel der normalen, ein Resultat, das Thiess (Deutsche Zeitschr. f. Chir. **74**, 434 (1904)) jedoch nicht bestätigen konnte. Dazu ist zu bemerken, daß Lumbalinjektionen sich nicht als quantitative Untersuchungsmethode eignen, da zufällige Verschiedenheiten in der Verteilung der injizierten Flüssigkeit im Rückenmarkskanal, Unregelmäßigkeiten mit sich bringen können; dies ist aus der praktischen Anwendung der Methode in der Chirurgie zur Genüge bekannt.

[3] H. Kohlhardt, Verhandl. d. deutsch. Ges. f. Chir. **30**, 644 (1901).

[4] C. Fischer, Monatsh. f. prakt. Tierheilk. **15**, 145 (1904).

Erklärung darin zu suchen, daß die Gewebe das Cocain sehr stark adsorbieren und es so langsam abgeben, daß keine akute Vergiftung auftritt[1]).

Die Giftigkeit des Cocains wechselt ferner sehr stark mit der Konzentration. Konzentrierte Lösungen sind gefährlicher, weil eine bedeutende Resorption stattfindet, während bei starker Verdünnung das Alkaloid zum großen Teil an Ort und Stelle fixiert und unschädlich gemacht wird. Selbst bei intravenöser Injektion spielt die Konzentration eine so große Rolle, daß 0,01 g pro Kilo in 10 proz. Lösung bei Kaninchen einigermaßen sicher letal wirkt, während die 3—4fache Menge in verdünnter Lösung keine lebensgefährliche Vergiftung hervorruft (Maurel)[2]). Injiziert man einem Meerschweinchen intraperitoneal 0,04 g Cocain in 1 ccm Wasser, einem andern Meerschweinchen von gleichem Gewicht 0,1 g in 15 ccm Wasser, so stirbt das erste Tier rasch, während das zweite in der Regel am Leben bleibt (Pouchet)[3]). Billard und Dechambre[4]) geben an, daß auch vorausgehende Injektion von autolysiertem Lebersaft bei Meerschweinchen und Tauben die Wirkung hat, daß sonst letale Cocaindosen meist nur leichtere oder schwerere Vergiftung hervorrufen, von der die Tiere sich erholen.

C. Allgemeine Wirkungen.

Allgemeines Vergiftungsbild und Wirkungen auf das Zentralnervensystem.
Das im Blut zirkulierende Cocain erzeugt keine periphere Anästhesie[5]), sondern greift das gesamte Zentralnervensystem an; die Wirkung besteht in einer anfänglichen Erregung und in einer nebenhergehenden oder nachfolgenden Lähmung.

Die Abschnitte des Zentralnervensystems werden in absteigender Reihenfolge angegriffen. Das erste Vergiftungssymptom ist fast immer eine psychische Exaltation, die in der Regel um so ausgesprochener ist, je höher das Versuchstier in der Tierreihe steht, und die beim Menschen die höchste Entwicklung[6]) erreicht; hierin gleicht das Cocain dem chemisch verwandten Atropin. Bald

---

[1]) T. Sano, Archiv f. d. ges. Physiol. **120**, 367 (1907), findet, daß Blut und Muskeln keinen oder wenig Einfluß haben, während die Giftigkeit des Cocains bei Fröschen deutlich herabgesetzt wurde, wenn das Alkaloid vorher mit Rinderrückenmark, die diese Wirkung auch bei 24stündigem Erhitzen auf 100° nicht verlor, verrieben war. T. Wada (ebenda **139**, 141 (1911)) bestätigt die genannten Angaben bezüglich der Muskeln und des Blutes und fügt hinzu, daß auch periphere Nervensubstanzen, selbst nach Erhitzen auf 100°, abschwächende Wirkung besitzen.

[2]) E. Maurel, Cocaine, ses propriétés toxiques et thérapeutiques. Paris 1895, p. 144.

[3]) G. Pouchet, Leçon de pharmacodynamie. Paris 1900, I, p. 506.

[4]) G. Billard u. E. Dechambre, Compt. rend. de la Soc. de Biol. **69**, 488 (1910).

[5]) Dies gilt als allgemeine Regel. Das resorbierte Alkaloid zirkuliert im Blut in zu großer Verdünnung, um Nervenenden oder Nervenstämme lähmen zu können, und man kann das Cocain nicht als „sensitives Curare" bezeichnen (vgl. S. 110). Die von einigen älteren Autoren beschriebene „totale Anästhesie" nach großen Cocaindosen ist ein Ausdruck zentraler Lähmung. Es muß indessen hinzugefügt werden, daß L. Kast und S. J. Meltzer (Med. Record **1906**, Dec.; abgedruckt in Studies from the Rockefeller Inst. for medical Research **5**, No, 37, 1907) finden, daß die Abdominalorgane durch subcutane oder intramuskuläre Injektion von 0,01 g Cocain anästhesiert werden und daß man nach C. Ritter (Berl. klin. Wochenschr. **1909**, 1701) durch Injektion von Cocain in eine Mesenterialvene das ganze Tier analgetisch machen kann.

[6]) A. J. Kunkel (Handbuch der Toxikologie, Jena 1901, S. 721) ist, wie Schmiedeberg und Bunge für den Alkohol, geneigt anzunehmen, daß Cocain nur lähmend wirke und daß die Erregung bloß eine scheinbare sei und in Wirklichkeit durch einen Ausfall von Hemmungen zustande komme. Dies läßt sich indessen schwierig mit der Heftigkeit dieser Symptome und dem Nachweis vereinigen, daß Cocain in peripheren Nerven zunächst erhöhte Leitungsfähigkeit hervorruft.

erstreckt sich die Wirkung auch auf die motorische Sphäre und es läßt sich an
Tierversuchen zeigen, daß die motorischen Gebiete des Gehirns eine erhöhte
Empfindlichkeit gegen elektrische Reize haben. Werden die Dosen erhöht, so
erreichen Erregung, Unruhe und Bewegungsdrang bald die höchsten Grade und
gehen in heftige Konvulsionen und epileptiforme Krämpfe cerebralen Ursprungs
über. In diesem Stadium treten auch Inkoordination, eigentümliche Bewegungs-
störungen und Zwangsbewegungen auf, die zeigen, daß spezielle Hirngebiete besonders affiziert sind (hierüber s. unten mehr). Schon ehe die Hirnsymptome
soweit entwickelt sind, verraten rasche Atmung, Zirkulationsänderungen und
Augensymptome, gleich den im vorigen Abschnitt beschriebenen, daß auch das
verlängerte Mark und der N. sympathicus in Mitleidenschaft gezogen sind.
Nachdem erhöhte Reflexerregbarkeit eine Zeitlang angezeigt hat, daß auch
das Rückenmark angegriffen ist, kulminieren schließlich die Erregungssymptome
in spinalen Krämpfen, die sich an Heftigkeit mit dem Strychnintetanus messen
können. Die Fortsetzung der Vergiftung bilden Lähmungen, die in derselben
absteigenden Ordnung der Spur der Exzitationssymptome folgen.

Es ist beinahe überflüssig, hinzuzufügen, daß diese Darstellung nur eine
schematische Übersicht zu geben beabsichtigt. Erregung und Lähmung bilden
tatsächlich nicht zwei scharf getrennte Perioden, sondern treten in den späteren
Stadien der Vergiftung in intimer Mischung auf. Einzelne zentrale Gebiete
können bereits außer Funktion gesetzt sein zu einer Zeit, wo andere sich noch
in exzessiver Aktivität befinden, und je nach der Größe der Dosen herrschen
bald die Symptome der Exzitation, bald die der Depression vor. Dadurch entsteht ein sehr buntes Bild, ein Gemisch von gleichzeitigen Erregungs- und
Lähmungszuständen, das der Cocainvergiftung ein sehr kompliziertes Gepräge
verleiht.

Obige Beschreibung gilt hauptsächlich für die höherstehenden Vertebraten.
Bei Kaltblütern sind Exaltation und Krämpfe weit weniger ausgesprochen und
die Lähmungen überwiegen. Die höheren Tiere sterben entweder an allgemeiner
Erschöpfung im unmittelbaren Anschluß an heftige Konvulsionen, bei inspira-
torischem Stillstand des Thorax während eines lang dauernden Krampfanfalles
oder infolge Versagens von Zirkulation und Respiration im Lähmungsstadium.
Bei niederen Tieren, die von diesen Funktionen weniger abhängig sind (Frösche),
sieht man nach sehr großen Dosen ein Bild gerade umgekehrt wie das oben
beschriebene. Die erste Wirkung ist eine rasch eintretende totale Paralyse
und erst später, wenn die Hauptmenge des Alkaloides ausgeschieden oder im
Körper zerstört ist, kommt die Wirkung kleiner Dosen, Exaltation und schwache
Krämpfe, zum Vorschein. Dasselbe scheinbar paradoxe Bild beobachtet man
bei diesen Tieren bekanntlich auch nach großen Strychnindosen.

Unten sollen zunächst die Allgemeinwirkungen durch kurze Beschreibung
des Vergiftungsverlaufs bei verschiedenen Tierarten beleuchtet und darauf
einzelne von den Symptomen der Wirkung auf die verschiedenen Abschnitte
des Zentralnervensystems behandelt werden. Wo nicht ausdrücklich eine andere
Applikationsweise genannt ist, ist immer subcutane Injektion gemeint.

Frösche. Sowohl die Beschreibungen der Symptome wie namentlich die Angaben
über die wirksamen und letalen Dosen differieren stark[1]), offenbar weil frühere Autoren,
deren Arbeiten in eine Zeit fallen, wo das Cocain noch nicht ein allgemein gebrauchtes

---

[1]) Als Beispiel möge erwähnt werden, daß M. Nikolsky (Diss. St. Petersburg 1872
[russ.]; zit. nach v. Anrep, l. c.) schon nach $1/10$ mg starke Wirkungen sah, während
nach v. Anrep nur Gaben von 2 mg an wirksam sind, welche von Nikolsky als tödlich
bezeichnet werden.

Heilmittel war, mit Präparaten gearbeitet haben, die teils Nebenalkaloide, teils bedeutende Mengen indifferenter Verunreinigungen enthielten.

Eigene Versuche[1]) mit einem reinen Präparat gaben folgende Resultate: 1—2 mg sind als mittelgroße Dosen zu betrachten; sie bewirken nach ein paar Minuten starke Aufregung und lebhaftes Umherspringen. Wenige Minuten später entwickeln sich gleichzeitig motorische Schwäche und erhöhte Reflexerregbarkeit, die zu Krämpfen führt. Nach $^3/_4$ bis $1^1/_2$ Stunde hören diese auf, die Lähmung geht vorüber und nach einigen Stunden ist kein Vergiftungssymptom mehr zu bemerken. Nach höheren Dosen, z. B. 4 mg, entwickelt sich fast augenblicklich hochgradige Lähmung mit langsamer oder beinahe aufgehobener Atmung und geschwächter Zirkulation. Erst nach 6—8 Stunden nimmt die Lähmung allmählich ab, um motorischen Erregungszuständen Platz zu machen. In 24—30 Stunden Zurückkehren zur Norm. 10 mg: Sehr schnell vollständige Lähmung. Nach etwa 1 Stunde ist die Herzaktion am unversehrten Tier nicht mehr sichtbar, schwache Schwimmhautzirkulation jedoch die ganze Zeit vorhanden. Nach 24 Stunden stellen sich leichte Reflexbewegungen ein, die bald von spontanen Zuckungen gefolgt werden, die Atmung beginnt wieder und im Lauf des 2. oder 3. Tages bilden sich die Krämpfe aus. Nach 4—5 Tagen Erholung. Gaben von 20 mg an bewirken sogleich komplette Paralyse. In der Regel erfolgt der Tod, selten unter Krämpfen eine sehr langsame Erholung. Zwischen R. temporaria und R. esculenta ist kein wesentlicher Unterschied zu bemerken. Von einigen Forschern wird angegeben, daß Cocain bei Fröschen überhaupt keine Krämpfe hervorrufe; wahrscheinlich ist mit großen Dosen experimentiert und die Tiere sind nicht lange genug beobachtet worden.

Die ausführlichste Schilderung des Verhaltens verschiedener höherer Tiere gegen Cocain verdanken wir Anrep[2]) und Fischer[3]), auf deren Arbeiten sich die folgende Übersicht hauptsächlich stützt.

Kaninchen. Unmittelbar nach Injektion von 0,015—0,02 g pro Kilo sind die Tiere einige Augenblicke unbeweglich, wie betäubt, werden aber nach ein paar Minuten lebhaft, unruhig und laufen unaufhörlich umher. Nach ca. $^1/_4$ Stunde werden sie ruhiger, aber bald stellt sich aufs neue derselbe Bewegungsdrang ein, der sich in Umherlaufen und großen Sprüngen äußert. Nachdem sich dies ein paarmal wiederholt hat, kehren die Tiere im Laufe von 1—2 Stunden zum normalen Zustand zurück. Etwas größere Dosen (0,03 bis 0,05 g pro Kilo) bewirken ebenfalls Exaltation und starken Bewegungsdrang, die jedoch bald Trägheit und Paresen Platz machen. Zuerst versagen die Hinterbeine, dann werden auch die Vorderbeine schwach, das Tier fällt um und ist außerstande, sich aufzurichten, der ganze Körper zittert, es stellen sich Kaubewegungen und Zuckungen in den unteren Extremitäten ein; von Zeit zu Zeit zeigen sich stoßweise Schwimmbewegungen und klonische Krämpfe. Nach etwa $^3/_4$ Stunden schwinden diese Symptome wieder und in 2 bis 3 Stunden ist die Vergiftung überstanden. Dosen von 0,06—0,07 g pro Kilo sind sehr rasch von Lähmung gefolgt, die Krämpfe werden stärker und haben oft tetanischen Charakter. Stets sieht man Kaubewegungen und Pendelbewegungen mit charakteristischen anhaltenden Schwimmbewegungen und bisweilen epileptische Anfälle. Alle diese Bewegungen und Krämpfe werden von Pausen, in denen starke Muskelerschlaffung herrscht, unterbrochen. Im Laufe von ein paar Stunden erholen sich die Tiere einigermaßen, bleiben aber noch lange matt und schläfrig. Nach Stockmann können die Krämpfe (ebenso wie Strychninkrämpfe) durch künstliche Atmung unterdrückt werden, was jedoch Mosso[4]) nicht bestätigen konnte. Dosen von 0,1 g pro Kilo sind letal. Der Tod tritt nach einigen Stunden, bisweilen schon nach wenigen Minuten unter heftigen Krämpfen und Atemlähmung ein.

Meerschweinchen. Ganz leichte Vergiftungen äußern sich nur durch einen gespannten Gang und ein Mimmeln mit den Lippen. Die entschieden toxischen Dosen beginnen bei ca. 0,01 g pro Kilo. Nach Fischers und Grodes[5]) Schilderung entwickeln sich oft auffallend rasch schwere Symptome — Lähmung und Krämpfe — und verschwinden in günstigen Fällen ebenso rasch. 0,025 g pro Kilo erzeugen tetanische Krämpfe mit Opisthotonus; die Tiere bleiben längere Zeit auf der Seite liegen, es tritt Salivation und Pupillendilatation, sehr rascher Puls und beschleunigte Atmung ein. Sicher letal sind Dosen von 0,045 g und darüber. Der Tod erfolgt regelmäßig durch Atemstillstand, das Herz schlägt nach Eröffnung des Brustkorbes oft noch 20—30 Minuten. Bei intravenöser Injektion von 0,2 g pro Kilo tritt augenblicklicher Tod ohne Krämpfe ein.

[1]) E. Poulsson, Archiv f. experim. Pathol. u. Pharmakol. 27, 301 (1890).
[2]) B. v. Anrep, Archiv f. d. ges. Physiol. 21, 38 (1880).
[3]) C. Fischer, Diss. Berlin 1903; Monatsh. f. prakt. Tierheilkunde 15, 145 (1904).
[4]) U. Mosso, Archiv f. experim. Pathol. u. Pharmakol. 23, 174 (1887).
[5]) J. Grode, Archiv f. experim. Pathol. u. Pharmakol. 67, 172 (1912).

Hunde sind viel empfindlicher gegen Cocain, als Kaninchen und Meerschweinchen und den psychischen Wirkungen besonders leicht zugänglich. Schon subcutane Injektion von 0,002[1])—0,005 g pro Kilo haben deutliche Aufregung zur Folge, die sich in Bellen und Umherlaufen kundgibt, aber im Laufe einer halben Stunde wieder vergeht. 0,01 g pro Kilo rufen starke Exaltation hervor; die Tiere machen den Eindruck, als ob sie sich in einem frohen Rausch befänden und werden von einem unwiderstehlichen Bewegungsdrang beherrscht, tanzen auf den Hinterbeinen usw., die Atmung ist beschleunigt und die Pupillen sind erweitert. Im Verlauf von 2—3 Stunden wird ihr Benehmen allmählich ruhiger und der Zustand endet ohne nachfolgende Depression. Es sind jedoch große individuelle Unterschiede vorhanden; einzelne Tiere zeigen nach den genannten Dosen nur wenig Veränderung. Größere Dosen, z. B. 0,02 g pro Kilo, rufen beinahe momentan eine starke Aufregung hervor, die sich teils wie oben beschrieben äußern kann, teils deutet das Benehmen des Tieres darauf, daß es eine Beute ängstigender Halluzinationen ist, es schnappt in die Luft, heult und zittert und sucht sich zu verstecken. Die Atmung ist sehr rasch und die Pupillen sind erweitert. Bisweilen ist die Mundschleimhaut trocken, bisweilen ist Salivation vorhanden. Nach wenigen Minuten bemerkt man Parese der Hinterbeine, Manegebewegungen und starke Pendelbewegung des Kopfes. Die motorische Schwäche nimmt rasch zu, das Tier verliert das Gleichgewicht und liegt ausgestreckt mit angestrengter Atmung da. Nach 20—30 Minuten kommt es zu klonischen Krämpfen, langanhaltenden Schwimmbewegungen, Opisthotonus und bisweilen Rollbewegungen. Später geht das Bewußtsein verloren, aber alle Muskeln sind fortdauernd in unaufhörlicher Aktivität, der Körper wird von heftigen Krämpfen geschüttelt und der Kopf schlägt unter fortgesetzten Pendelbewegungen mit aller Kraft gegen die Unterlage. Mit kurzen Pausen von Erschlaffung und unter abnehmender Heftigkeit setzen sich diese Anfälle fort, bis endlich Ruhe und Schlaf eintritt, die in langsame Erholung übergehen; ein paar Tage nach einer so ernsten Vergiftung sind die Tiere matt und erschöpft. Letale Dosen (von 0,03 g pro Kilo an) führen kaum zu einem Exaltationsstadium; alle die erwähnten Krampfformen entwickeln sich sehr rasch und dauern beinahe ununterbrochen fort, bis nach 1 Stunde oder etwas längerer Zeit der Tod eintritt[2]).

Katzen scheinen ungefähr dieselbe Empfindlichkeit zu haben wie Hunde und bieten ein ähnliches Bild dar. Sie bekommen nach größeren Dosen, z. B. 0,015—0,025 g pro Kilo, augenscheinlich Halluzinationen, die sich in unmotiviertem Schnappen in die Luft, Schlagen mit den Vordertatzen und ängstlichem Zurückweichen kund geben. Die Pupillen sind erweitert, starke Salivation ist vorhanden, der Gang ist infolge Parese der Hinterbeine schwankend, die Atmung angestrengt und schließlich treten schwere tetanische, tonisch-klonische Krämpfe, Rollkrämpfe und Schwimmbewegungen auf, die sich mit kurzen Unterbrechungen wiederholen. Nach noch größeren Dosen, z. B. 0,04 g pro Kilo, tritt der Tod rasch unter Krämpfen ein.

Vögel zeichnen sich durch eine weit größere Widerstandsfähigkeit aus; im übrigen verläuft die Vergiftung nach demselben Schema wie bei den obengenannten Tieren, aber eigentümliche Zwangsbewegungen sind noch stärker hervortretend. Als Initialsymptome werden bei Tauben[3]) beschrieben teils Schläfrigkeit, teils Aufregungserscheinungen bei gleichzeitiger motorischer Schwäche. Erbrechen kommt häufig vor. Als charakteristische Symptome können Pendelbewegungen des Kopfes und Rollkrämpfe über den Kopf nach rückwärts bezeichnet werden; außerdem treten auch alle die oben erwähnten Krampfformen und starke Pupillenerweiterung auf. Nach mittelgroßen Dosen (0,03—0,05 g pro Kilo) werden die Krämpfe von Ruhe und länger anhaltender Schläfrigkeit abgelöst, nach großen Dosen (0,06—0,09 g pro Kilo) tritt gewöhnlich schon nach wenigen Minuten unter Krämpfen der Tod ein. Bei Hühnern ist das Bild das gleiche: erst unsicherer, schwankender Gang, dann Überschlagen nach hinten, Schwimmbewegungen, tonisch-klonische Krämpfe, Tetanusanfälle, Atemnot, Pupillenerweiterung, Salivation. Die toxischen Dosen beginnen bei 0,025 g pro Kilo und die letalen Dosen liegen bei 0,12 g. Innerlich werden außerordentlich große Mengen vertragen (1,6 g pro Kilo) ohne andere Folgen als Pupillenerweiterung, Paresen und Schläfrigkeit[4]).

---

[1]) P. Langlois und Ch. Richet Arch. de Physiol. 5, Ser. I, 185, 1889.

[2]) Nähere Besprechung der Vergiftung beim Hund findet sich außer bei Anrep und Fischer auch bei W. Tumass, Archiv f. experim. Pathol. u. Pharmakol. 22, 106 (1887) und J. Feinberg. Berl. klin. Wochenschr. 1887, 166.

[3]) Hierüber siehe außer den genannten Autoren auch R. Snell, Diss. Kiel 1891.

[4]) Eine kurze, aber auf zahlreiche Versuche gestützte Beschreibung des Verlaufes der Cocainvergiftung auch bei mehreren andern hier nicht besprochenen kleineren Tieren, Igel, Maulwurf, Ratte, Fledermaus, Mauerschwalbe, findet sich bei V. Aducco, Communicaz. scientif. della R. Accad. dei Fisiocritici di Siena 1894, 16. Mai (S.A.)

Bei den größeren Säugetieren[1]) besteht wieder eine große Empfindlichkeit gegen Cocain.

Bei Pferden wird nach 0,001 g pro Kilo geringe Aufregung beobachtet, nach 0,005 g stärkere Unruhe, Schreckhaftigkeit, Pulssteigerung bis auf 96, Durchfall und hörbare Peristaltik, Mydriasis und nach ungefähr 1 Stunde tobsuchtähnliche Anfälle, Schlagen und Beißen, starker Schweißausbruch. Dosen von ca. 0,02 g pro Kilo führen zu heftigen Krämpfen, Atemnot und Tod. Die Temperatur steigt um 2—3° und mehr.

Kühe reagieren im wesentlichen ebenso wie Pferde und die letalen Dosen sind ebenfalls annähernd dieselben.

Grasset[2]) experimentierte mit kleinen Affen und berichtet, daß diese nach Injektion von 0,03 g pro Kilo unruhig werden, mit den Händen um sich greifen, wie um eine Stütze zu finden und nach 5—6 Minuten heftige Krämpfe bekommen, die mit Schreien eingeleitet werden und epileptischen Anfällen gleichen. In den Pausen sieht man, daß die unteren Extremitäten paretisch sind. Nach einigen Stunden ist die Vergiftung überwunden. Die Krämpfe werden durch Chloral unterdrückt, aber nicht durch Morphin, das im Gegenteil die Giftigkeit des Cocains zu steigern scheint.

Infolge der komplizierten Wirkung kann die akute Cocainvergiftung beim Menschen in sehr wechselnden Formen auftreten. Die leichtesten Fälle, die man oft nach Pinselung von Schleimhäuten, Einträufelung ins Ohr u. dgl. sieht, beschränken sich auf Flimmern vor den Augen, Präcordialangst, Übelkeit, Blässe, raschen Puls, Gefühl von Mattigkeit und Schwindel, Neigung zu Ohnmacht — also hauptsächlich vasomotorische Symptome, die andeuten, daß der Sympathicus der erste Angriffspunkt sein kann. Eine andere Form der leichteren Vergiftung äußert sich als psychische Exaltation, Munterkeit, Redseligkeit, Halluzinationen, die meist angenehmer, selten ängstigender Natur sind, Delirien; letztere können einen ganz heftigen Charakter annehmen und von vollständiger Verwirrung und mehrtägiger Schlaflosigkeit begleitet sein. Bei ernsteren Vergiftungen tritt eine bunte Mannigfaltigkeit von Symptomen auf, ,,ein Durcheinander von anfänglichen Erregungs- und darauffolgenden oder von vornherein eintretenden Lähmungszuständen der verschiedenen Funktionsgebiete des Mittelhirns und der Medulla oblongata" (Schmiedeberg)[3]), ein Vergiftungsbild, von dem es schwierig ist, eine allgemeingültige Beschreibung zu geben, da die Symptome so zahlreich und wechselnd sind. Die Zirkulation leidet stets, aber nicht immer in derselben Weise, der Puls ist bald rasch, bald langsam und aussetzend. Die Schleimhäute können trocken sein, oder es ist reichliche Salivation vorhanden. Sowohl Anurie als vermehrte Diurese werden beschrieben. Ein eigentümliches und in diagnostischer Hinsicht wichtiges, aber nicht immer vorhandenes Symptom sind die im vorigen Kapitel näher besprochenen sympathischen Augenveränderungen, Mydriasis und Exophthalmus. Den Schluß bildet zentrale Lähmung in Verbindung mit Krämpfen von wechselndem Charakter (choreaähnliche Bewegungen, kataleptische Zustände, Konvulsionen, epileptiforme oder tetanische Anfälle) und Bewußtlosigkeit. Der Tod scheint in der Regel durch Respirationslähmung verursacht zu sein. Sehr große Dosen können beinahe augenblicklich Kollaps und Tod bewirken[4]).

Die toxischen, resp. letalen Dosen für den Menschen lassen sich nicht einmal annähernd genau angeben. Man hat geringe oder keine Schädigung nach

---

[1]) Über diese siehe außer Fischers zitierter Arbeit auch E. Fröhner, Toxikologie für Tierärzte, 3. Aufl. Stuttgart 1910, S. 241.

[2]) J. Grasset, Sémaine méd. 1885, 271.

[3]) O. Schmiedeberg, Grundriß der Pharmakologie, 6. Aufl. Leipzig 1909, S. 149.

[4]) Es ist wohl überflüssig hinzuzufügen, daß obige Skizze nur beabsichtigt, die wichtigsten Momente hervorzuheben. Ausführliche Schilderung und Aufzählung der Symptome findet man in allen toxikologischen Handbüchern. Reichhaltige Kasuistik und wertvolle Literaturverzeichnisse haben u. a. M. Latte, Diss. Berlin 1888; E. Falck, Therapeut. Monatshefte 1890, 511; J. Grode, Archiv f. experim. Pathol. u. Physiol. 67, 172 (1912); E. Delbosc, Traveaux du Laborat. de Ch. Richet 2, 529 (1893).

sehr großen Dosen gesehen und ernste Vergiftung oder sogar Tod nach wenigen Zentigrammen[1]). Man hat daher eine höchst verschiedene individuelle Disposition angenommen. Es ist jedoch wahrscheinlich, daß die Verschiedenheiten ihre Ursache zum großen Teil in dem erst in letzter Zeit genügend bekannt gewordenen Verhalten haben, daß das Cocain viel gefährlicher ist in konzentrierter Lösung als in verdünnter. Im ersteren Fall wird ein bedeutender Teil resorbiert werden können, in letzterem wird mehr von dem Alkaloid an Ort und Stelle gebunden (vgl. S. 127).

Als die Cocablätter um die Mitte des vorigen Jahrhunderts nach Europa gebracht wurden, unternahmen viele Forscher Versuche an sich selber und an andern und konstatierten, daß Kauen von Blättern ein Wohlbehagen und eine mehr oder minder ausgesprochene Exaltation erzeugt. Als erste Wirkung wird von mehreren das Gefühl einer den Körper durchströmenden angenehmen Wärme erwähnt, „Leichtigkeit des Kopfes mit rascherem Fluß der Vorstellungen und Bilder der Phantasie bei Neigung zur Ruhe und Lässigkeit in den Organen der willkürlichen Bewegung" (Schroff)[2]), oder umgekehrt, das Gefühl körperlicher Stärke, Bewegungsdrang und Ausdauer bei Anstrengungen. Gesteigerter Geschlechtstrieb, wovon in mehreren der alten Reisebeschreibungen aus Südamerika die Rede ist, wird auch von Lippmann[3]) erwähnt. In größtem Stil wurden Selbstversuche von Mantegazza[4]) angestellt, der längere Zeit Cocablätter kaute, bis 80 g täglich erreichte und die enthusiastischsten Schilderungen des Zustandes seliger Verzückung, in die der Rausch versetzt, gibt: „Von zwei Cocablättern als Flügeln getragen, flog ich durch 77 348 Welten, die eine prachtvoller als die andere — — Gott ist ungerecht, daß er es so eingerichtet hat, daß der Mensch leben kann, ohne beständig Coca zu kauen. Ich ziehe ein Leben von zehn Jahren mit Coca einem Leben von hunderttausend ... Jahrhunderten ohne Coca vor" (geschrieben im Exaltationsstadium).

Näheres über das Zentralnervensystem. Die psychischen Wirkungen weisen auf das Großhirn als den ersten Angriffspunkt des Cocains hin. Experimentell ist nachgewiesen, daß die Krämpfe (mit Ausnahme des Tetanus) cerebralen Ursprungs sind. Wird das ganze Großhirn oder nur die Rindenschicht in der Gegend des Sulcus Rolandi abgetragen, so werden die Krämpfe fast zum Aufhören gebracht (Richet[5]), Feinberg)[6]), Morita[7]). Namentlich fehlen die starke Unruhe und der Bewegungsdrang, die Krämpfe sind abortiv und haben epileptiformen Charakter, während die Pendelbewegungen und cerebellaren Gleichgewichtsstörungen andauern (Soulier und Guinard)[8]). Damit steht in Übereinstimmung, daß neugeborene Hunde, bei denen bis zum 10. Tage die motorische Rindenzone nicht erregbar ist, nach Cocain keine Krämpfe bekommen, sondern nur Maul- und Zungenbewegungen, deren Zentrum in der Rinde schon bei Neugeborenen völlig entwickelt zu sein scheint (Feinberg)[9]). Durchschneidung des Halsmarkes an der Grenze der Medulla unterdrückt die Krämpfe fast ganz (Anrep, Danini)[10]). Wird das Rückenmark in der Höhe des 6. Brustwirbels durchschnitten, so treten Krämpfe noch in den Vorderbeinen aber nicht mehr in den Hinterbeinen auf, diese zeigen jedoch erhöhte Reflex-

---

[1]) Beispiel: Injektion von 0,01 g in den Vorderarm: Bald darauf mehrstündige Bewußtlosigkeit, unregelmäßgie Atmung, Pupillenerweiterung, 16 Stunden lange Anurie (E. Falck, Therapeut. Monatshefte **1890**, 511).

[2]) J. C. Schroff, Wochenbl. d. Zeitschr. d. k. k. Ges. d. Ärzte in Wien **1862**, 249.

[3]) E. Lippmann, Thèse de Straßbourg 1868.

[4]) P. Mantegazza, Sulla virtu igieniche e medicinali della Coca, Milano 1859; zit. nach Schmidts Jahrbücher **104**, 348 (1859). Auch abgedruckt in Annali universali di medicina **1859**, März.

[5]) Ch. Richet, Arch. intern. de Pharmacodyn. 4, 299 (1898).

[6]) J. Feinberg, Berl. klin. Wochenschr. **1886**, 52; **1887**, 166.

[7]) S. Morita, Archiv f. experim. Pathol. u. Pharmakol. **78**, 208 (1915).

[8]) H. Soulier et L. Guinard, Compt. rend. de la Soc. de Biol. **1898**, 800.

[9]) J. Feinberg, Berl. klin. Wochenschr. **1887**, 166.

[10]) B. v. Anrep, l. c.; Danini, Diss. Charkow 1873 (russ.); zit. nach v. Anrep.

erregbarkeit, woraus hervorgeht, daß das Rückenmark beeinflußt ist (Guillebeau und Luchsinger)[1].

Die verschiedene Empfindlichkeit gegen Cocain steht in Zusammenhang
mit dem überwiegend zentralen Sitz der Wirkung. Je entwickelter das Zentralnervensystem, namentlich das Gehirn ist, um so leichter treten Krämpfe auf.
Der Mensch ist am empfindlichsten, dann folgen die Affen, von den Hunden bis
zu den viel tieferstehenden Nagern ist ein großer Sprung und kommt man so
tief in der Reihe herab, wie bis zu den Fröschen, so findet man hier die Resistenz
sehr groß und die Krämpfe wenig hervortretend. Langlois und Richet[2]
stellen eine Tabelle auf, die zeigt, wie die krampferzeugenden Dosen mit steigendem Hirngewicht (relativ im Verhältnis zum Körpergewicht) fallen.

Von den Krämpfen ist ferner zu bemerken, daß ihr Ausbruch durch hohe
Temperatur begünstigt wird. Bei künstlicher Erwärmung von Hunden kamen
dieselben Autoren[3] zu dem Resultat, daß eine Temperaturerhöhung um 3°
die konvulsiven Dosen auf die Hälfte herabsetzt. Es scheint überhaupt eine
allgemeine, auch für andere Gifte geltende Regel zu sein, daß hohe Temperatur
toxische Reaktionen begünstigt[4].

Mehrere von den Symptomen der Cocainvergiftung, die mangelnde Koordi
nation, die eigentümlichen Rollkrämpfe und Pendelbewegungen, die bei Hunden
so deutlich erkennbare Verwirrung in der Raumvorstellung, führten schon früh
zu der Annahme, daß vielleicht die Canales semicirculares stark vom Cocain
beeinflußt würden. Tatsächlich bieten diese von mehreren Forschern untersuchten Phänomene eine sehr weitgehende Ähnlichkeit mit den Folgen einer
Exstirpation des Labyrinthes oder der Bogengänge.

Gaglio[5] beobachtete, daß die Folgen der Operation nicht aufgehoben wurden,
sondern eher mehr hervortraten, wenn Cocainlösung in die Operationswunde getropft wurde,
und er untersuchte ferner die Wirkung von Cocain auf die so weit als möglich unbeschädigten
Kanäle. Es wurde eine kleine Öffnung angelegt und ein paar Tropfen Lymphe entleert;
bei vorsichtiger Ausführung rief dieser Eingriff nur leichte, bald vorübergehende Oscillationen des Kopfes hervor. Wurden jetzt einige Tropfen Cocainlösung hineingebracht, so
traten die tumultuarischen Bewegungen mit derselben Heftigkeit auf, als ob die Kanäle
zerstört worden wären, und dauerten $1/2$—1 Stunde. Erhöhter Druck war nicht die Ursache,
denn physiologische Kochsalzlösung hatte nicht dieselbe Wirkung. Der naheliegende Schluß,
daß an den erwähnten Symptomen die Anästhesie des Canales semicirculares schuld sei,
ist nach neueren Untersuchungen von Capaldo[6] nicht richtig, denn Anästhesierung der
Bogengänge mit Stovain zieht keine Symptome nach sich, die den behandelten gleichen.
Es ist also nicht die Anästhesie das Wesentliche, sondern man muß annehmen, daß das
Cocain eine andere Wirkung, deren Natur nicht näher bekannt ist, auf die Canales semicirculares ausübt.

Wenn Cocain direkt auf das Zentralnervensystem gebracht wird, wirkt es wie auf
die peripheren Nerven lokal lähmend. Von Erregungssymptomen ist bei dieser sehr groben
Behandlung so empfindlicher Elemente meist nichts zu sehen. Bei vorsichtiger Applikation
läßt sich die Wirkung auf sehr begrenzte Gebiete beschränken. So zeigt François Franck[7]
in einem sehr eleganten Experiment, wie man durch geeignete Cocainbehandlung (cocain-
haltige Gelatinescheiben) einer bestimmten Stelle im 4. Ventrikel isolierte Atemlähmung
hervorrufen kann, während das Herz fortfährt zu schlagen.

[1] A. Guillebeau u. B. Luchsinger, Archiv f. d. ges. Physiol. 28, 61 (1882).
[2] P. Langlois et Ch. Richet, Trav. du Laborat. de Ch. Richet 3 (1895); zit. nach
Richet, Arch. intern. de Pharmacologie 4, 299 (1898).
[3] P. Langlois et Ch. Richet, Arch. de Physiol. (5) 1, 181 (1889); Compt. rend.
de l'Acad. des Sc. 116, 1616 (1888).
[4] Vgl. Saint Hilaire, Trav. du Laborat. de Ch. Richet 1, 390 (1893).
[5] D. G. Gaglio, Arch. ital. de Biol. 31, 377 (1899). — Über Cocainisierung der
Bogengänge siehe auch Ch. J. Koenig u. J. Breuer, Centralbl. f. Physiol. 12, 694 (1898).
[6] F. Capaldo, Arch. ital. de Biol. 50, 369 (1908).
[7] Ch. A. François Franck, Arch. de Physiol. 1892, 575.

Aducco[1]) erwähnt kurz die lähmende Wirkung von Cocaininjektionen hoch oben im Rückenmark, Filehne und Biberfeld[2]) beschreiben Ataxie und Lähmung nach Cocainisierung verschiedener Abschnitte des Rückenmarkes, und Baldi[3]) beschäftigt sich mit dem Einfluß auf die sensiblen Elemente des Rückenmarkes. Die starken psychischen Wirkungen bei Hunden veranlaßten Tumass[4]), den Einfluß direkter Pinselung der psychomotorischen Zentren mit Cocain zu untersuchen. Selbst die schwächsten Lösungen (0,005%) erzeugten jedoch nur Depression und setzten die Erregbarkeit so stark herab, daß epileptische Anfälle erst durch einen viel stärkeren elektrischen Strom ausgelöst werden konnten, als normalerweise. Ähnliche Erfahrungen machte Aducco[5]). Bei Kaninchen kann indessen nach Starke[6]) Behandlung der motorischen Rindenzentren selbst mit starken Cocainlösungen Krämpfe in den entsprechenden peripheren Muskeln hervorrufen. Nach subcutaner Cocaininjektion sieht man sowohl bei Kaninchen wie bei Hunden ein Steigen der Erregbarkeit der psychomotorischen Zentren. Fröhlich und Morita[7]) sahen nach Bepinseln von Gehirn und Medulla oblongata mit 1% Cocainlösung Kontraktion der Splanchnicusgefäße, nach Applikation von Cocainkrystallen dagegen Lähmung der Vasomotorenzentren.

Während des Exzitations- und Krampfstadiums sind die Narkotica der Fettreihe selbstverständlich die vornehmsten Antagonisten des Cocains. Wird ein Kaninchen, das eine tödliche Cocaindosis erhalten hat, chloroformiert, so hören die Krämpfe auf, kehren wieder, wenn die Narkose aufhört, weichen aber einer neuen Narkose und das Tier kann auf diese Weise gerettet werden (daß auch die erhöhte Temperatur, die das Cocain bewirkt, sinkt, soll in einem späteren Kapitel besprochen werden). Umgekehrt kann durch große Cocaindosen ein nicht allzu tief narkotisiertes Tier geweckt, die beinahe stillstehende Atmung in Gang gebracht und der Blutdruck gehoben werden. Dieser Antagonismus ist von vielen der früher zitierten Autoren erörtert worden, am ausführlichsten von Gioffredi[8]) und Dogiel[9]).

Obgleich Strychnin und Cocain beide Krampfgifte sind, bedingt doch die lähmende Wirkung, die letzteres auf das Rückenmark hat, daß es unter bestimmten Bedingungen als Antagonist des Strychnins auftreten kann. Injiziert man subdural in der Lumbalregion Cocain in Dosen, die Anästhesie und Paresen erzeugen, so hat, wie Aron und Rothmann[10]) zeigen, nachfolgende Injektion einer sonst krampferzeugenden Strychnindosis an derselben Stelle keine oder nur geringe Wirkung. Auch die Wirkung einer vorausgeschickten Strychnindosis wurde durch Cocain aufgehoben oder geschwächt[11]).

Blut.

Die starke Cyanose, die bei ernsthafteren Vergiftungen auftritt, hat ihre Ursache nicht in einer direkten Wirkung auf das Blut, sondern ist eine Folge von Störungen der Atmung. Im Reagensglas wirkt Cocain hämolytisch, jedoch, soviel man weiß, erst in Konzentrationen, wie sie im Blut lebender Tiere nicht vorkommen können.

---

[1]) V. Aducco, Annali di Freniatria e Scienze affini **2**, (1891) (S. A.).
[2]) W. Filehne u. J. Biberfeld, Archiv f. d. ges. Physiol. **105**, 321 (1904).
[3]) D. Baldi, Arch. ital. de Biol. **11**, 70 (1889).
[4]) W. Tumass, Archiv f. experim. Pathol. u. Pharmakol. **22**, 106 (1887). Siehe ferner G. Bickeles u. L. Zbyzewski; Zentralbl. f. Physiol. **29**, 3 (1914).
[5]) V. Aducco, Arch. ital. de Biol. **11**, 192 (1889).
[6]) K. Starke, Diss. Jena 1896.
[7]) A. Fröhlich u. S. Morita, Archiv f. experim. Pathol. u. Pharmakol. **78**, 277 (1915).
[8]) C. Gioffredi, Giorn. Intern. della Sc. Med. **20**, 74 (1900).
[9]) J. Dogiel, Archiv f. d. ges. Physiol. **127**, 357 (1909).
[10]) H. Aron u. M. Rothmann, Zeitschr. f. experim. Pathol. u. Ther. **7**, 94 (1910).
[11]) Schon früher hat A. E. Russel (The Lancet **1905**, II, 887) dasselbe in bezug auf intravenöse Strychnininjektionen beobachtet und Rückenmarksanästhesie bei Strychninvergiftung und Tetanus empfohlen.

Die Frage der Cocainhämolyse ist umstritten gewesen. Nach Koeppe[1]) bewirkt eine 5 proz. Lösung von Cocainhydrochlorid bei gewöhnlicher Temperatur im Lauf von 24 Stunden keine Hämolyse, wenn die Lösung frisch bereitet ist, wohl aber, wenn man alte, sauer reagierende Lösungen anwendet. Bei fortgesetzten Untersuchungen fand Fischer[2]), daß auch frische Lösungen hämolytisch sind, wenn die Versuche bei Körpertemperatur angestellt werden, doch war die Wirkung nur schwach (zeigte sich in 5 proz. Lösungen erst nach $2\frac{1}{4}$ Stunden) und war in alten, stark sauer reagierenden und durch Schimmelbildung zersetzten Lösungen schon bei Körpertemperatur deutlich. Fischer nimmt an, daß es keine spezifische Cocainhämolyse gibt, sondern daß die Wirkung durch H-Ionen bedingt ist, die bei der Dissoziation des Salzes entstehen, sowie durch H-Ionen und Alkohol, die bei der Spaltung des Cocains entstehen. Dies hat sich jedoch als nicht richtig herausgestellt. Wie oben erwähnt, hat Gros[3]) nachgewiesen, daß der anästhesierende Einfluß des Cocains und verwandter Mittel in alkalischer Lösung zunimmt, vermutlich weil dabei die Basen frei werden und der Teilungskoeffizient Wasser-Nervensubstanz zu gunsten der Nerven verändert wird. Dasselbe wiederholt sich bei der Hämolyse. Přibram[4]) hat jüngst gezeigt, daß alkalische Cocainlösungen (selbstverständlich wurden Kontrollversuche mit Alkali allein angestellt) viel rascher hämolytisch wirkten als Lösungen des Hydrochlorids. So war 1 proz. neutrale Cocainlösung überhaupt nicht imstande, Blutkörperchen aufzulösen, wohl aber alkalische Lösungen gleicher Konzentration, eine 5 proz. Cocainhydrochloridlösung wirkte bei 40° erst nach 1 Stunde hämolytisch, nach Zusatz von 1 proz. Natriumbicarbonat schon nach $\frac{1}{2}$ Stunde usw. Es zeigte sich ferner, daß die Cocainhämolyse schneller geht, wenn die Löslichkeit des Alkaloides in Wasser durch Zusatz einer an und für sich nicht hämolysierenden Kochsalzmenge herabgesetzt wird. Man muß annehmen, daß dadurch eine Verschiebung im Teilungskoeffizienten Wasser-Blutkörperchen zugunsten der letzteren eintritt und der Ausfall des Versuches spricht stark dafür, daß die Hämolyse durch das Eindringen des Alkaloides in die roten Blutkörperchen bedingt ist. Untersuchungen, ob auch die anästhetische und toxische Wirkung durch Kochsalzzusatz verstärkt werden, würden von Interesse sein.

Die Vorstufen des Cocains, Ekgonin und Benzoylekgonin, haben keine oder nur sehr geringe hämolytische Wirkung. Nach Goldschmidt und Přibram[5]) haben alle intensiven Nervengifte, insbesondere die giftigen Alkaloide mit Ausnahme des Morphins, die Eigenschaft, die Erythrocyten aufzulösen.

Die „Resistenz" der roten Blutkörperchen wurde nach Hamburgers Kochsalzmethode[6]) von Manca[7]) untersucht, der mit wechselnden Konzentrationen ($\frac{1}{10}\%$, 1%) und bei Einwirkung von 20 Minuten bis zu 2—3 Stunden im Blut verschiedener Tierarten eine Resistenzverminderung fand.

Die weißen Blutkörperchen werden gleich den Amöben im Reagensglas von Cocain gelähmt. In einer sehr ausführlichen Studie teilt Maurel[8]) den Leukocyten eine große Bedeutung in der Toxikologie des Cocains zu und nimmt an, daß an den plötzlichen Todesfällen, die man nach verhältnismäßig kleinen Dosen beobachtet hat, der Übergang des Alkaloides in starker Konzentration ins Blut schuld sei (z. B. beim Anstechen einer Vene mit der Spritzenkanüle); dadurch sollen die Leukocyten Kugelgestalt annehmen, rigide werden, ihre Fähigkeit, an den Gefäßwänden zu adhärieren, verlieren, vom Blutstrom fortgeführt werden und durch Hervorbringung von Embolien den Tod herbeiführen — eine Hypothese, die keine Anhänger gefunden hat[9]).

---

[1]) H. Koeppe, Archiv f. d. ges. Physiol. **99**, 33 (1903).
[2]) G. Fischer, Archiv f. d. ges. Physiol. **134**, 45 (1910).
[3]) O. Gros, Archiv f. experim. Pathol. u. Pharmakol. **62**, 80 (1910).
[4]) E. Přibram, Archiv f. d. ges. Physiol. **137**, 350 (1911).
[5]) R. Goldschmidt u. E. Přibram, Zeitschr. f. experim. Pathol. u. Ther. **6**, 211 (1909). — E. Přibram, Wiener klin. Wochenschr. **1908**, 1078.
[6]) H. J. Hamburger, Osmotischer Druck und Ionenlehre. Wiesbaden 1902, I, 362.
[7]) G. Manca, Arch. ital. de Biol. **23**, 391 (1895).
[8]) E. Maurel, Cocaine, ses propriétés toxiques et thérapeutiques. Paris 1865, S. 286
[9]) Cavazzini, Arch. ital. de Biol. **22**, 107 (1895) glaubt beobachtet zu haben, daß die roten Blutkörperchen beim Menschen und bei vielen Säugetieren, aber nicht bei Vögeln und Amphibien, die Fähigkeit haben, cilienartige Verlängerungen auszusenden, die rasche wirbelnde Bewegungen ausführen, welche die Erythrocyten zu kleinen stoßweisen Oscillationen befähigen. Daß diese Cilien, die man am besten in körperwarmer physioloigischer Kochsalzlösung beobachten können soll, ein vitales Phänomen sind, geht nach Cavazzani daraus hervor, daß sie bei Zusatz von Cocain gelähmt werden oder verschwinden und wieder ausgesendet werden, wenn das Gift ausgewaschen ist.

Vegetatives System.

Die Wirkungen des Cocains auf das vegetative Nervensystem werden in verschiedenen andern Abschnitten (Drüsen, Gefäße usw.) behandelt. Hier soll über den Einfluß auf die Bewegungen der Eingeweide nur folgendes angeführt werden: Nach größeren Cocaindosen kommt es anfangs zu lebhaften Bewegungen des Magens, dann zu herabgesetzter Motilität (Schütz[1]), Batelli[2]), Kuroda[3]).

Es wurde von mehreren Untersuchern nachgewiesen[4]), daß der Dünndarm des Kaninchens und des Hundes durch sehr verdünnte Cocainlösungen oder kleine Gaben erregt (Tonusanstieg, Förderung der Pendelbewegung und der Peristaltik), durch höhere Konzentrationen gelähmt wird. Trendelenburg[5]) bestätigt diese Resultate, findet aber, daß der Meerschweinchendünndarm sich anders verhält, indem er durch Cocain in keiner Konzentration

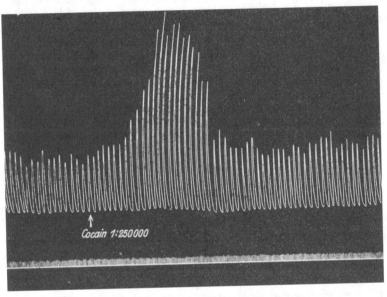

Abb. 7. Kaninchendarm in Ringerlösung. Cocain 1 : 250 000.

erregt wird. Selbst schwache Lösungen (1 : 100 000) bewirkten nur Tonusabfall und Verringerung der Bewegungen und schon nach 10 Minuten völlige Lähmung der Peristaltik. Die Abbildungen 7 u. 8 illustrieren das Verhalten des isolierten Kaninchendarms (nach Kuroda).

Dasselbe Verhalten — erst Erregung, dann Lähmung — findet sich auch bei anderen Organen mit glatter Muskulatur wieder. Uterus (Kuroda[6]),

[1]) E. Schütz, Archiv f. experim. Pathol. u. Pharmakol. **21**, 341 (1886).
[2]) F. Batelli, Arch. di Farmacol. e Terap. **1896**, 15; zit. nach Arch. ital. de Biol. **27**, 263, 477 (1897).
[3]) M. Kuroda, Journ. of experim. Pharmacol. and Therap. **7**, 423 (1915).
[4]) C. Sinighelli, Arch. ital. de Biol. **7**, 128 (1886). — W. M. Bayliss u. E. H. Starling, Journ. of Physiol. **24**, 99 (1899). — N. J. Langley u. R. Magnus, ebenda **33, 34** (1905—06). — M. Kuroda l. c. Über glatte Muskeln s. ferner: F. Botazzi, Arch. ital. de Biol. **31**, 96 (1899). — F. Botazzi u. F. P. Grünbaum, ebenda **33**, 233 (1900).
[5]) P. Trendelenburg, Archiv f. experim. Pathol. u. Pharmakol. **81**, 55 (1917).
[6]) M. Kuroda l. c.

Okamota[1]), Adler[2])), Vagina (Waddell[3])), Harnblase (Kuroda[4]), Adler[2])) und Vas deferens (Waddell[5])) verschiedener Tiere reagieren, in körperwarmer Ringer- oder Tyrodelösung suspendiert, auf Zusatz sehr kleiner Cocainmengen mit Tonusanstieg und Vergrößerung der automatischen Kontraktionen oder tetanischem Krampf, auf stärkere Konzentrationen, soweit solche verwendet wurden, mit Tonusnachlaß und Stillstand. Der Angriffspunkt des Cocains wird von Waddel in die Muskulatur verlegt, weil das Cocain am Vas deferens auch wirksam war, nachdem die parasympathischen Nerven durch Atropin und die sympathischen durch Ergotoxin gelähmt waren.

Kreislauf.

Die Wirkung des Cocains auf das Froschherz hat, jedenfalls äußerlich, eine gewisse Ähnlichkeit mit der Digitaliswirkung. Tropft man bei Temporaria oder Esculenta auf das freigelegte Herz einige Tropfen einer 1 proz. Lösung oder injiziert man das Cocain intramuskulär, so tritt nach Pachon und Moulin[6])

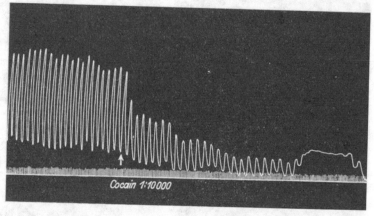

Abb. 8. Kaninchendarm in Ringerlösung. Cocain 1 : 10 000.

zuletzt immer systolischer Ventrikelstillstand ein. Die erste Wirkung, die man beobachtet, ist nach denselben Autoren die, daß die diastolische Erweiterung weniger vollständig wird, was sich an der Pulskurve daran zu erkennen gibt, daß die Linie, die die Fußpunkte der Erweiterungen verbindet, einen schräg ansteigenden Verlauf nimmt. Bald tritt auch Gruppenbildung auf, so daß nach 3—4—5 Ventrikelkontraktionen eine Pause folgt, während die Vorhöfe weiter regelmäßig arbeiten, und schließlich steht, wie gesagt, der Ventrikel in Systole still. Nach kurzem Weiterarbeiten stehen auch die erweiterten blutüberfüllten Vorhöfe still.

Sowohl am Herzen in situ als bei der künstlichen Zirkulation in Williams Apparat beobachteten Durdufi[7]) und andere Untersucher in den späteren Stadien der Vergiftung, daß Vagusreizung nicht länger Herzstillstand hervorbrachte;

---

[1]) S. Okamoto, Act. Schol. medic. univ. imp. Kioto 2, 307 (1918).
[2]) L. Adler, Archiv f. experim. Pathol. u. Pharmakol. 83, 248 (1918).
[3]) J. A. Waddell, Journ. of experim. Pharmacol. and Therap. 9, 421 (1917).
[4]) M. Kuroda l. c.
[5]) J. A. Waddell, ebenda 9, 279 (1917).
[6]) J. Pachon et R. Moulin, Compt. rend. de la Soc. de Biol. 1898, 566.
[7]) E. N. Durdufi, Archiv f. experim. Pathol. u. Pharmakol. 25, 441 (1889).

eine Atropinwirkung liegt jedoch nicht vor, denn Cocain hebt den Muscarinstillstand nicht auf und das cocainisierte Herz wird von Muscarin zum Stillstand gebracht.

Die ursprüngliche, sich auf Versuche von Anrep gründende Anschauung war, daß Cocain ein diastolisches Herzgift sei, das in sehr kleinen Dosen keinen Einfluß zeigte, in Dosen von 0,003 g an nur die Kontraktion schwächte[1]. Mosso[2] fand, daß das isolierte Herz anfangs auf sehr schwache Lösungen (0,04%) mit erhöhter Frequenz und vergrößertem Pulsvolum reagierte, später mit langsamem Puls und Arhythmie und ferner, daß größere Dosen systolischen Stillstand verursachen, Resultate, die von Dastre[3] und Pouchet[4] bestätigt werden.

Von Interesse ist ferner Polimantis[5] Vergleich zwischen der Wirkung des Cocains auf die nervenlosen Herzen von noch nicht aus dem Ei gekrochenen Fischembryonen und auf die mit Nerven versehenen Herzen von jungen Fischen. Die letzteren waren empfindlicher gegen Cocain; die Nervenversorgung führte eine deutlich erhöhte Resistenz und zugleich das Auftreten von Allorhythmie mit sich, die bei den embryonalen Herzen nicht beobachtet wurde.

Bei Säugetieren bewirkt intravenöse Injektion von großen Cocaindosen augenblicklich starkes Fallen des Blutdruckes und Tod, kleine Dosen dagegen eine bedeutende und langanhaltende Erhöhung des Blutdruckes und sehr raschen Puls.

Der rasche Puls wird im allgemeinen als Folge einer Wirkung auf die sympathischen accelerierenden Herznerven angesehen. Ob der N. vagus eine größere Rolle dabei spielt, ist zweifelhaft; man findet auch bei Säugetieren ebenso wie bei Fröschen seine Erregbarkeit herabgesetzt aber kaum völlig aufgehoben; selbst bei weit vorgeschrittener Vergiftung kann Vagusreizung die Frequenz herabsetzen.

Der hohe Blutdruck ist teils eine Folge des raschen Pulses, teils einer Erregung des Gefäßnervenzentrums. Beim Menschen kann letztere sich sehr zeitig einstellen und die extreme Blässe verursachen, die man selbst nach Vergiftung mit kleinen Dosen sehen kann. Experimentell ist die Verengerung der peripheren Gefäße von Mosso[6] vermittelst plethysmographischer Selbstversuche konstatiert worden; dabei fand sich eine Verminderung des Volums des Unterarmes nach einer innerlichen Cocaindosis von 0,1 g. Bei Hunden hat Gioffredi[7] eine Verkleinerung des Nierenvolums nach intravenösen Injektionen nachgewiesen. Nach Durchschneidung des Halsmarkes ist keine Steigerung des Blutdruckes durch Cocain zu erreichen (Berthold)[8]. Daß der rasche Puls nicht die einzige Ursache der Blutdrucksteigerung ist, geht auch daraus hervor, daß man bei Hunden bisweilen Herabsetzung der Pulsfrequenz bei gleichzeitigem Ansteigen der Blutdruckkurve beobachtet — siehe die nachstehende einer Arbeit von Kamenzove[9] entnommene Abb. 9.

Eingehende Untersuchungen über das Verhalten des isolierten Säugetierherzens von Kochmann und Daels[10] nach Langendorff-Gottlieb-Magnus' Methode ergaben folgende Resultate. Cocain in geringen Mengen

---

[1] Auch E. Berthold (Centralbl. f. d. med. Wissensch. **23**, 146 (1885)) spricht nur von lähmender Wirkung auf die Herzmuskulatur.

[2] U. Mosso, Archiv f. experim. Pathol. u. Pharmakol. **22**, 153 (1887); Arch. ital. de Biol. **8**, 323 (1887).

[3] A. Dastre, Revue des Sc. méd. **40**, 682 (1892); zit. nach Pachon et Moulin, l. c.

[4] G. Pouchet, Leçons de Pharmacodynamie. Paris 1900, I, 517.

[5] O. Polimanti, Arch. de Physiol. **13**, 825 (1911).

[6] U. Mosso, Archiv f. d. ges. Physiol. **47**, 553 (1890); Arch. ital. de Biol. **14**, 247 (1891).

[7] C. Gioffredi, Giorn. intern. delle Sc. méd. **22**, (1900) S. A. s. 21.

[8] E. Berthold, Zentralbl. f. d. med. Wissensch. **23**, 435, 625 (1885).

[9] Zenaïde Kamenzove, Arch. intern. de Pharmacodyn. **21**, 5 (1911).

[10] M. Kochmann et F. Daels, Arch. intern. de Pharmacodyn. **18**, 41 (1908).

(1 : 100 000) zu der Blut-Ringerlösung zugesetzt, welche zur Durchspülung des Coronargefäßsystems dient, bewirkt, daß das Herz sich stärker aber langsamer kontrahiert als in der Norm. Bei etwas größeren Dosen (2 : 100 000) tritt nach einiger Zeit kräftigerer Herztätigkeit bei verlangsamten Herzschlägen eine Abnahme der Systolenhöhe ein. Weitere Steigerung der zugesetzten Cocainmenge ruft von Anfang an ein Kleinerwerden der Pulshöhe hervor und noch höhere Dosen (30—50 : 100 000) bewirken diastolischen Stillstand[1]). In allen Stadien der Vergiftung tritt Erholung bei Ausspülung der Coronargefäße mit giftfreier Blut-Ringerlösung ein. Ein wesentlicher Teil von Kochmann und Daels Arbeit beschäftigt sich mit dem Einfluß des Cocains auf Extrasystolen. Es wird konstatiert, daß Cocainisierung des Herzens dessen Erregbarkeit herabsetzt, so daß Reizung nach Ablauf des refraktären Stadiums nicht länger Extrasystole hervorbringt und daß die Erregbarkeit des Epikards früher sinkt als die des Myokards. Letzteres zeigte im Anfang der Vergiftung manchmal sogar erhöhte Anspruchsfähigkeit gegenüber dem induzierten Strom.

Nach Lhoták von Lotha[2]) ist Cocain ein funktionelles Gegengift gegen Strophantin. Nach intravenöser Injektion einer letalen Dosis des letztgenannten Giftes (bei Kaninchen $^1/_{10}$ mg pro kg des krystallinischen Gratus-Strophantin) tritt der Tod in der Regel nicht ein, solange der Puls langsam ist, sondern in dem darauffolgenden Stadium der sehr raschen und unregelmäßigen Herzaktion. Dem kann man durch gleichzeitige oder rasch nachfolgende Cocaininjektion (0,01 g) oft vorbeugen; nach Ansicht des Autors, weil die Erregbarkeit des Herzmuskels dadurch herabgesetzt wird. Ist die Strophantinvergiftung weit vorgeschritten, so wird der letale Ausgang durch nachfolgende Cocaininjektion nur beschleunigt, da beide Gifte herzlähmend wirken. Einen gegenseitigen Antagonismus findet man nach Weiler[3]) am isolierten Froschherz: Cocain vermag den systolischen Digitalisstillstand ebenso sicher zu verhüten wie die Digitaliswirkung den diastolischen Cocainstillstand. Die Ursache wird darin gesucht, daß das „Cocain auf den Elastizitätszustand des Froschherzmuskels im entgegengesetzten Sinne wirkt wie die Stoffe der Digitalisgruppe".

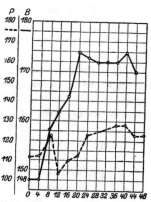

Abb. 9. Hund, 12 kg schwer. Intravenöse Injektion von 0,002 g Cocain pro Kilo. Die ununterbrochene Linie bezeichnet den Blutdruck, die punktierte Linie den Puls.

Atmungsorgane.

Über die Atmung ist nicht viel zu bemerken. Die Reizung des Zentrums gibt sich bereits im Beginn der Vergiftung durch rasche Atmung zu erkennen, und da die Inspiration vorläufig unverändert bleibt, nimmt das Minutenvolum zu. Nach größeren Dosen steigt die Frequenz noch mehr, aber die Bewegungen werden oberflächlich. Im Lähmungsstadium ist die Atmung angestrengt, unregelmäßig, bisweilen von Pausen unterbrochen (Cheyne-Stokes Symptom). Während langdauernder Tetanusanfälle kann der inspiratorische Stillstand des Brustkorbes unmittelbar den Tod herbeiführen oder dieser tritt infolge der allmählich zunehmenden Lähmung ein. Bei Vergiftungen

[1]) K. Hedbom (Upsala universitets aarsskrift 1896, I; Skandinav. Archiv f. Physiol. 9, 1 (1899)), der mit stärkeren Lösungen (1—2%) arbeitete, fand nur Herabsetzung sowohl der Frequenz wie der Amplitude der Kontraktionen. Über das isolierte Säugetierherz s. weiter: J. Prus, Zeitschr. f. experim. Pathol. u. Ther. 14, 61 (1913). — M. Kuroda, Journ. of experim. Pharmacol. and Ther. 7, 423 (1915). — D. Maestri, Arch. di Farmacol. sperim. 20, 467 (1915); zit. nach Chem. Centralbl. 1916, I, 516.

[2]) Lhoták K. von Lotha, Arch. intern. de Pharmacodyn. 19, 155 (1909).

[3]) L. Weiler, Archiv f. experim. Pathol. u. Pharmakol. 80, 131 (1917).

beim Menschen ist oft starke Bradypnöe (8 Inspir. pro Minute) beobachtet worden.

Nach Trendelenburgs[1]) Versuchen mit isolierten Präparaten von Lungen frisch geschlachteter Rinder, setzt Cocain, ebenso wie das verwandte Sympathicusgift Atropin, den Tonus der Bronchialmuskulatur herab. Auch nach Pal[2]) wirkt Cocain erweiternd auf die Bronchien und hebt, intravenös injiziert, bei Meerschweinchen den durch Peptoninjektion erzeugten Bronchialkrampf auf. Durch diese neuen Befunde hat die empirische Anwendung von Cocain oder Cocablättern in Asthmamedikamenten ihre theoretische Begründung erhalten.

Drüsen.

Es ist früher erwähnt worden, daß lokale Cocainanwendung die Sekretion der Drüsen zum Aufhören bringt und die Schleimhäute trocken macht. Im Auge kann diese Austrocknung oberflächliche Trübung von Conjunctiva und Cornea bedingen.

Die Drüsenwirkungen des resorbierten Alkaloides scheinen nicht viel untersucht zu sein. Vulpian[3]) legte bei einem Hund Kanülen in die Ausführungsgänge der Glandula submaxillaris, des Pankreas, in den Ductus choledochus und in den einen Ureter. Intravenöse Injektion von 4 ccm 1 proz. Lösung hatte keinen Einfluß auf die übrigen Sekretionen, rief aber starke Salivation hervor, die auf intravenöse Injektion von 0,02 g Atropinsulfat aufhörte. In Schilderungen von Cocainvergiftungen beim Menschen wird teils starke Salivation während des Exzitationsstadiums, teils Trockenheit der Mundschleimhaut und der angrenzenden Schleimhäute erwähnt. In späteren Stadien der Vergiftung ist Anurie häufig; seltener wird häufiger Nisus und mehrtägige Polyurie erwähnt.

Vor allem wird bei einzelnen Tierarten die Leber in sehr charakteristischer Weise beeinflußt. Nach Ehrlich[4]) findet man bei Mäusen während akuter oder subakuter Cocainvergiftung konstant die Leber außerordentlich vergrößert, abnorm blaß, oft beinahe weiß mit hämorrhagischen Partien. Bei mikroskopischer Untersuchung sieht man die mannigfaltigsten Formen von Zelldegeneration, die oft so ausgebreitet sind, daß man in dem ganzen Organ nur auf zerstreute normale Partien stößt. Die eigentümlichste Veränderung ist eine vakuoläre Degeneration, die zu einer außerordentlichen Vergrößerung der Zellen führt. Glykogen fehlt meist. Ferner finden sich Verfettungsvorgänge, die in der Peripherie der Acini beginnen, und in einzelnen Fällen Nekrose größerer Leberpartien. Methylekgonin und Benzoylekgonin zeigen diese Leberwirkungen nicht, die ein umfassenderes Kriterium für die Cocainkörper bilden als die Anästhesie, da sie, so viel man weiß, von allen doppelt, d. h. von einem Alkohol- und einem Säureradikal, besetzten Ekgoninen hervorgerufen werden, während die Anästhesie mehr von der Natur der Säure abhängig ist (s. hierüber den Abschnitt über die Konstitution des Cocains). Nach Gilbert und Carnot[5]) tritt nach wiederholten kleinen Cocaindosen auch bei Kaninchen Fettdegeneration und Vergrößerung der Endothelzellen in der Leber auf. Alle andern Organe

---

[1]) P. Trendelenburg, Archiv f. experim. Pathol. u. Pharmakol. 69, 79 (1912).

[2]) J. Pal, Deutsche med. Wochenschr. 1912, 5. S. auch G. Baehr u. E. P. Pick, Archiv f. experim. Pathol. u. Pharmakol. 74, 41 (1913).

[3]) A. Vulpian, Compt. rend. de l'Acad. des Sc. 99, 835 (1884).

[4]) P. Ehrlich, Deutsche med. Wochenschr. 1890, 717.

[5]) Gilbert et Carnot, Compt. rend. de la Soc. de Biol. 54, 1383 (1902); zit. nach Journ. de Physiol. 5, 197 (1903).

wurden normal gefunden. Auch Wallace und Diamond[1]) beschreiben bei Kaninchen vakuoläre Degeneration der Leberzellen.

Skelettmuskeln.

Die an das Wunderbare grenzenden Berichte über die Kraft und Ausdauer, die Perus Indianer unter dem Einfluß des Cocakauens an den Tag legten, weckten auch in Europa schon früh das Interesse für die Frage nach dem Einfluß des Cocains auf die Arbeitsfähigkeit der willkürlichen Muskeln. Es wurde von mehreren der älteren Experimentatoren konstatiert, daß kleine Cocaindosen das Müdigkeitsgefühl vermindern und die Ausführung körperlicher Arbeit erleichtern, während nach großen Dosen Unlust zu Anstrengungen und Ruhebedürfnis eintrat.

Etwas bestimmtere Angaben machen zuerst Aschenbrand[2]), der aus Beobachtungen an Soldaten schließt, daß durch innerliche Dosen von 0,1 g die Ausdauer steigt, und Freud[3]), der mit dem Dynamometer eine Zunahme der Kraft des Oberarmes nach den gleichen Dosen konstatierte. Den wichtigsten Beitrag lieferte Mosso[4]), der an sich selbst und anderen zahlreiche Versuche anstellte über die Wirkungen des Cocains auf die durch den Induktionsstrom ausgelösten und die willkürlichen Muskelkontraktionen in normalem wie in ermüdetem Zustand und nach längerem Fasten. Das Resultat kann dahin zusammengefaßt werden, daß eine innerliche Gabe von 0,1 g einen sehr gün-

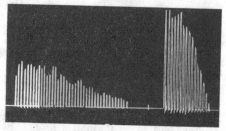

Abb. 10. Ermüdungskurve der Beuger des Mittelfingers der Hand nach 42stündigem Fasten. Links elektrische Reizung, rechts willkürliche Arbeit.

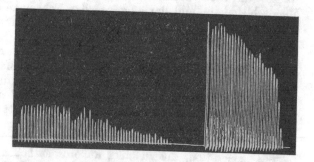

Abb. 11. Ermüdungskurve der Beuger des Mittelfingers der Hand; Wirkung des Cocains (0,1 g) nach 42stündigem Fasten. Links elektrische Reizung, rechts willkürliche Arbeit.

stigen Einfluß auf die willkürliche Muskelarbeit hatte. Dies trat besonders bei dem ermüdeten Muskel hervor, der durch Cocain instand gesetzt wurde, ein mehrfach so großes Arbeitsquantum zu leisten, wie ohne Cocain. Statt eines ausführlichen Referats werden hier die beiden Kurven Mossos wiedergegeben.

Man wird aus diesen Kurven ersehen, daß die willkürliche Muskelarbeit außerordentlich stark, die durch elektrische Reizung ausgelöste dagegen nur wenig befördert wird. Der Einfluß ist also überwiegend zentraler Natur und

[1]) Wallace and Diamond, 19th annual meeting of the Amer. Physiol. Soc., New. York 1907; zit. nach Journ. of biol. Chemistry 11, 235 (1912).
[2]) Aschenbrand, Deutsche med. Wochenschr. 1883, Nr. 50.
[3]) Freud, Wiener med. Wochenschr. 1885, Nr. 5. — Beide zit. nach Mosso, s. u.
[4]) U. Mosso, Archiv f. d. ges. Physiol. 47, 553 (1890); Giorn. della R. Acad. di Med. 1890, 1—2 (S. A.); Arch. ital. de Biol. 14, 247 (1891).

eine die Muskelsubstanz direkt erregende Wirkung des Cocains ist zweifelhaft[1]). Gelangen größere Cocainmengen rasch in die Zirkulation, dann ist die Wirkung die entgegengesetzte. Als Mosso 0,1 g Cocain injizierte sank sowohl die willkürliche wie die elektrisch ausgelöste Arbeit auf die Hälfte der normalen.

Das gleiche Bild — erhöhte Arbeit nach mäßigen, verringertes Kontraktionsvermögen bis zur vollständigen Lähmung nach größeren Dosen — ergibt sich auch bei Fröschen (Kobert[2]) Mosso) und bei Hunden, bei denen Dosen von 0,0005 g pro kg eine Steigerung der Muskelkontraktion, größere Dosen hingegen eine Verminderung derselben hervorrufen. Intramuskuläre Injektion von starken Lösungen (5 proz.) in den M. gastrocnemius bei Hunden hebt die direkte Muskelerregbarkeit auf, dagegen löst Reizung vom Nerven aus noch weiter Kontraktionen aus. Isolierte glatte oder quergestreifte Muskeln werden gleich andern Gewebselementen gelähmt, wenn man sie in eine Cocainlösung legt (Berthold[3])).

Nach Senta[4]) hat Cocain in vitro keinen Einfluß auf die Respiration isolierter Muskeln verschiedner höherer Tiere (Ochse, Pferd, Taube).

Stoffwechsel.

Etwas, was die größte Aufmerksamkeit erregte, als das Cocakauen den Europäern zuerst bekannt wurde, war die Tatsache, daß das Nahrungsbedürfnis deutlich dadurch herabgesetzt wurde; die Indianer waren, melden die Reisebeschreibungen, willig, den ganzen Tag nüchtern zu arbeiten, wenn man ihnen nur ihre Cocablätter ließ. Wir wissen jetzt, daß die einfache Erklärung dafür darin liegt, daß das Hungergefühl durch die anästhesierende Wirkung auf die Magenschleimhaut unterdrückt wird, und es wird auch von einzelnen Reisenden ausdrücklich bemerkt, daß die Indianer nach einigen Tagen knapper Kost das Versäumte mit übertrieben reichlichen Mahlzeiten nachholen. Früher nahm man seine Zuflucht zu der Vermutung, daß die Cocablätter selber sehr nährend sein müßten oder daß sie als ein die Oxydation einschränkendes und den ganzen Stoffwechsel verlangsamendes „Sparmittel" wirken sollten. Um dahinter zu kommen, wie weit ein solcher Einfluß vorhanden sei, stellten verschiedene Forscher Parallelversuche mit hungernden Tieren an, von denen einige verschiedene Präparate von Blättern oder Cocain bekamen, andere nicht — aber immer mit demselben negativen Ausfall: Wenn die Dosen mäßig waren, starben die Cocaintiere gleichzeitig mit den Kontrolltieren, und der tägliche Gewichtsverlust variierte bei beiden Tierreihen innerhalb der gleichen Grenzen. Waren die Dosen groß, so starben die Cocaintiere zuerst. Die Anschauung, daß Cocain ein Sparmittel sei, erhielt sich jedoch und fand einen Fürsprecher in Fleischer[5]), der bei hungernden oder auf konstanter Ernährung stehenden Hunden eine teils bedeutende, teils geringe Verminderung der Harnstoff- und Phosphorausscheidung fand. Es wurden jedoch nur 3 Versuche angestellt, und die Dosen waren zum Teil sehr groß. Underhill und Black[6]) haben vor kurzem solche Untersuchungen in größerem Maßstab wiederholt. Bei Hunden, die annähernd im Stickstoffgleichgewicht standen, wurde Stickstoff- und Ammoniakausscheidung und der Ätherextrakt in den Faeces bestimmt,

[1]) Zu demselben Resultat kam später auch W. Koch, Diss. Marburg 1894.
[2]) R. Kobert, Archiv f. experim. Pathol. u. Pharmakol. **15**, 22 (1885).
[3]) E. Berthold, Centralbl. f. d. med. Wissensch. **23**, 146 (1885).
[4]) S. Senta, Arch. intern. de Pharmacodyn. **18**, 217 (1908).
[5]) R. Fleischer, Deutsches Archiv f. klin. Med. **42**, 82 (1887). Ausführlicher in A. Keyssner, Diss. Erlangen 1887.
[6]) F. P. Underhill and Clarence L. Black, Journ. of Biol. Chemistry **11**, 234 (1912).

und zwar in Normalperioden und in Perioden, in denen steigende Cocainmengen subcutan injiziert wurden. Das Resultat war, daß tägliche Dosen von 10 mg pro kg keinen Einfluß auf den Stickstoffumsatz oder die Ausnützung des Fettes hatten; 15 mg täglich verringerten die Ausnützung des Fettes und ließen das Körpergewicht sinken, und 20 mg täglich bewirkten, daß auch die Stickstoffbalance negativ wurde und das Körpergewicht noch weiter sank. Damit ist die Frage, ob Cocain als Sparmittel für Eiweiß oder Fett anzusehen sei, in negativem Sinn entschieden[1]).

In Selbstversuchen fand Kopziewski[2]), daß „ziemlich niedrige, nicht toxische" Cocaindosen ein erhebliches Sinken der Kohlensäureausscheidung bewirkten (durchschnittlich 5,228 mg CO_2 ohne und 4,578 mg CO_2 unter Gebrauch von Cocain).

Nach großen Cocaindosen sieht man wie bei vielen andern Vergiftungen bei Tieren und Menschen Glykosurie. Bei Cocainisten hat man auch Pentosurie[3]) beobachtet. Eine geringe Herabsetzung des Zuckergehaltes des Blutes wurde bei Katzen gefunden; die gelegentlich beobachtete Hyperglykämie rührt von der Erregung her (Schear)[4]). Unter täglichen Injektionen großer Dosen (0,05 g) bei Kaninchen nahm nach Maestro[5]) Körpergewicht, Harn- und Harnstoffmenge ab, während die Ausscheidung reduzierter Stoffe stark anstieg und die normale alkalische Reaktion ging in neutrale oder saure über. Bei Floridzin-Diabetes bei Hunden wird die Zuckerausscheidung (Fleischer)[6]) und bei hungernden Hunden die Menge des im Harn ausgeschiedenen Acetons herabgesetzt (Cervello u. Girgenti)[7]).

Bei verschiedenen Tieren bewirkt Cocain das Auftreten großer Milchsäuremengen im Urin. Dies wurde zuerst von Araki[8]) bei Fröschen und Kaninchen gefunden und später von Underhill und Black[9]) auf für Hunde bestätigt. Die Ammoniakausscheidung scheint in keinem bestimmten Verhältnis zur Milchsäure, deren Auftreten vermutlich auf gesteigerte Muskelaktivität zurückzuführen ist, zu stehen. Während der Cocainkrämpfe findet im Gehirn ein ganz bedeutender Eiweißzerfall — Vermehrung des Aminostickstoffs — statt (Soula)[10]).

In vitro hat Cocain in Konzentrationen von 0,1—0,25% einen befördernden Einfluß auf die Harnstoffbildung in der Leber (Zanda)[11]).

Wärmehaushalt.

Neben dem β-Tetrahydronaphthylamin ist von allen bekannten Substanzen Cocain diejenige, die am raschesten und stärksten die Körpertemperatur erhöht. Besonders leicht reagieren Hunde, deren Rectaltemperatur in kurzer Zeit um 3°[12]) oder noch mehr (5,8° Negotin)[13]) steigen kann. Bei Pferden

---

[1]) Auf folgende, dem Autor im Original nicht zugängliche Arbeiten wird hiermit verwiesen: Albertoni, Annali di Chim. e Farmacol. 1890; Daddi, Clinica moderna 4, Lo Sperimentale 1899; Bonnani, Istituto Colasanti 1893, 15 (vermehrte Ausscheidung von Schwefelsäure und Phenol bei chronischer Vergiftung); alle diese zit. nach Maestro, Lo Sperimentale **58**, 609 (1904). Bonnani hat ferner bei Hunden bei chronischer Vergiftung gefunden, daß Synthesen und Oxydationen eingeschränkt werden und die Hämoglobinmenge abnimmt. Boll. della R. Accad. di Med. di Roma, ref. in Arch. ital. de Biol. **35**, 490 (1901). — B. Testa, Il Morgagni **18**, I, Nr. 4; zit. nach Cervello u. Girgenti, s. u.

[2]) A. Kopziewsky, Archiv f. d. ges. Physiol. **163**, 247 (1916).

[3]) R. Luzzato, .G. Coronedi, beide in der Festschrift f. Albertoni, Bologna 1901; zit. nach Ref. in Arch. ital. de Biol. **38**, 485 (1902).

[4]) G. W. E. Schear, Amer. Journ. of Physiol. **38**, 369 (1915).

[5]) L. Maestro, Lo Sperimentale **58**, 599 (1904).

[6]) R. Fleischer, l. c.

[7]) C. Cervello u. F. Girgenti, Archiv f. experim. Pathol. u. Pharmakol. **76**, 118 (1914).

[8]) T. Araki, Zeitschr. f. physiol. Chemie **15**, 546 (1891).

[9]) Underhill and Black, l. c.

[10]) C. Soula, Compt. rend. de la Soc. de Biol. **1912**, 297.

[11]) G. B. Zanda, Arch. Farmacol.; zit. nach Chem. Centralbl. **1912**, II, 797.

[12]) Siehe z. B. W. Zutz, Archiv f. experim. Pathol. u. Pharmakol. **38**, 397 (1897).

[13]) J. Negotin, Monatsh. f. prakt. Tierheilk. **6**, 206 (1895).

notierte Fischer[1]) eine Steigerung von über 3°, bei Kühen von 2,3°. Bei Kaninchen und Katzen ist die Wirkung weniger heftig, aber die Erhöhung beläuft sich doch oft auf 1—2°, bei einzelnen Tieren z. B. Meerschweinchen, Hühnern, Mauerschwalben findet Sinken der Temperatur statt (Aducco)[2]).

Die Temperaturerhöhung ist nicht durch die Krämpfe bedingt, denn sie beginnt, wie man aus den Versuchsprotokollen mehrerer Autoren sehen kann, oft früher als die Krämpfe, kann ohne gleichzeitige Krämpfe auftreten und kommt, wenn auch in geringerem Grade, auch bei curarisierten Tieren zum Vorschein. Dagegen hat die hohe Temperatur, wie schon erwähnt, große Bedeutung als ein den Ausbruch von Krämpfen begünstigendes Moment. Auch beim Menschen hat man bei der akuten Vergiftung Temperaturerhöhung beobachtet.

Beim „Cocainfieber" ist die Wärmeproduktion vermehrt (Richet)[3]), der Wärmeverlust durch Kontraktion der Hautgefäße vielleicht etwas vermindert. Die Hyperthermie muß als Folge einer Erregung oder Erregbarkeitssteigerung wärmeregulierender Zentren angesehen werden. Da diese wahrscheinlich dem sympathischen System angehören, wird man die Hyperthermie den andern Sympathicuswirkungen des Cocains anzugliedern haben.

Bekanntlich wird die Körpertemperatur von mehreren andern Krampfgiften, z. B. Strychnin, Brucin, Pikrotoxin, Coriamyrtin und Santonin, herabgesetzt. Diese wirken nach Harnack und Schwegmann[4]) nicht als Antagonisten des Cocains. Die Temperatursteigerung durch Cocain erfolgt wie beim gesunden Tier, und war zuvor Cocain gegeben, so vermag das Krampfgift die Erhöhung der Temperatur nicht zu unterbrechen. Ausgesprochen antagonistisch wirken dagegen die Narkotica der Fettreihe. Solange das Versuchstier unter stärkerer Einwirkung von Chloroform usw. steht, ruft Cocain keine Temperatursteigerung hervor und wird das Cocain zuerst gegeben, so heben die Narkotica die Hyperthermie vollständig auf. Mosso[5]) verdanken wir die interessante Beobachtung, daß Antipyrin keinen Einfluß auf die Cocainhyperthermie hat. Dadurch unterscheidet sich diese also scharf von der durch Wärmestich erzeugten Temperatursteigerung.

Tödliche Gaben.

Man sieht aus nachstehender Tabelle, daß die Angaben über die letalen Dosen zum Teil bedeutend differieren. Dies kann großenteils seine Ursache darin haben, daß Lösungen von verschiedener Konzentration verwendet wurden; über dieses für die Giftigkeit wichtige Moment (siehe den Abschnitt über das Schicksal des Cocains im Organismus S. 125) fehlen in vielen Publikationen die Angaben.

Die für die Menschen angeführten Dosen machen keinen Anspruch auf Zuverlässigkeit. Wie schon früher betont, variieren die Angaben über toxische und letale Dosen ganz außerordentlich. Obenstehende Zahlen sind berechnet nach den von mehreren Autoren angegebenen äußersten Grenzen 0,022—1,0; man hat indessen den Tod schon nach Injektion von 0,016 und 0,06 g, also nach einem Bruchteil eines Milligramms pro kg, eintreten sehen, aber vermutlich hat in solchen Fällen die Spitze der Kanüle eine Vene getroffen.

---

[1]) C. Fischer, Diss. Berlin 1903; Monatsschr. f. prakt. Tierheilk. 15, 145 (1904).
[2]) V. Aducco, Communicaz. Scient. della R. Acad. dei Fisiocritici, 16 Maggio 1894 (S.A.).
[3]) Ch. Richet, Compt. rend. de la Soc. de Biol. 1885, 15. Jun.; zit. nach A. Dastre, Les anesthésiques, Paris 1890, 217.
[4]) E. Harnack u. Fr. Schwegmann, Archiv f. experim. Pathol. u. Pharmakol. 40, 151 (1898). — Fr. Schwegmann, Diss. Halle 1897.
[5]) U. Mosso, Archiv f. experim. Pathol. u. Pharmakol. 26, 316 (1890).

Tabelle über tödliche Gaben für verschiedene Tierarten.

Tier	Art der Applikation	Tödliche Gabe in Gramm pro kg Körpergewicht
Frösche (Esc. u. Temp.)	subcutan	0,42—0,5[1])
Huhn	„	0,12[1]), 0,08—0,15[3])
Taube	„	0,06[1]), 0,08—0,1[2]) [3])
Ratte (weiß)	„	0,15—0,18[3])
Kaninchen[6])	„	0,1[4]) [5]), 0,16[1]), 0,15—0,3[3])
„	intraperitoneal	0,1—0,2[9]) [11])
„	intramuskulär	0,08[7])
„	intravenös	0,0074—? [4])
Meerschweinchen . .	subcutan	0,045—0,06[1]) [4]), 0,02—0,04[3])
„ . . .	intraperitoneal	0,08—0,095[11]) [9])
Igel	subcutan	0,05—? [3])
Maulwurf	„	0,04—0,05[3])
Fledermaus	„	? —0,02[3])
Katze	„	0,03[1]) [4]), 0,02[5]), 0,02—0,04[3])
Hund[12])	„	0,033—0,035[1]) [8]), 0,022—0,3[10]), 0,01—0,025[3])
Pferd, Kuh	„	etwa 0,02[13])
Mensch	„	0,003—0,014??

Chronische Vergiftung. Gewöhnung.

In der Literatur hat Verf. keinen einzigen unzweifelhaften Fall von bedeutenderer Gewöhnung an Cocain bei Tieren finden können. Von den Forschern, die sich mit solchen Untersuchungen beschäftigt haben, geben nur einzelne an, daß die Wirkung sich etwas abschwächt, aber die überwiegende Mehrzahl findet eher, daß die Empfindlichkeit bei fortgesetztem Gebrauch zunimmt. Ein Teil der Versuche ist so angestellt, daß man beobachtete, wie die Vergiftungssymptome sich gestalteten, wenn die Tiere täglich oder beinahe täglich subcutan eine größere toxische Dosis erhielten; diese Versuche lassen den Einwand zu, daß möglicherweise kumulative Wirkung vorhanden war. Überzeugender ist es daher, wenn die Versuche so angestellt sind, daß man mit minimalen Dosen begann und mit langsam ansteigenden fortfuhr. Auch auf diese Weise tritt zunehmende Empfindlichkeit gegen Cocain ein.

Die experimentelle Literatur, die obigem kurzem Resumee zugrunde liegt, ist folgende: Anrep[5]) erhielt bei fortdauernder Vergiftung von Kaninchen mit mittelgroßen Dosen den

[1]) C. Fischer, Diss. Berlin 1903 und Monatsh. f. prakt. Tierheilk. 15, 145 (1904); durch eigene Versuche an Esc. und Temp. bestätigt; ich fand durchschnittlich 0,45 g.
[2]) R. Snell, Diss. Kiel 1891.
[3]) V. Aducco, Commun. Scient. della R. Acad. dei Fisiocritici di Siena, 16. Mai 1894 (S. A.).
[4]) J. Grode, Archiv f. experim. Pathol. u. Pharmakol. 67, 172 (1912).
[5]) B. v. Anrep, Archiv f. d. ges. Physiol. 21. 38 (1880).
[6]) Nach W. Wiechowski, Archiv f. experim. Pathol. u. Pharmakol. 46, 155 (1901) vertragen Kaninchen mehrere Gramm subcutan.
[7]) Kohlhardt, Verhandl. d. deutsch. Ges. f. Chir. 30, 644 (1901).
[8]) J. Negotin, Monatsschr. f. prakt. Tierheilk. 6, 206 (1895).
[9]) Ch. Richet, Arch. intern. de Pharmacodyn. 18, 1 (1908).
[10]) C. Gioffredi, Giorn. intern. di scienze mediche 19, No. 1 (1897); Arch. ital. de Biol. 28, 402 (1897).
[11]) E. Delbosc, Trav. du Laborat. de Ch. Richet 2, 529 (1893).
[12]) Nach C. Ritter, Berl. klin. Wochenschr. 1909, 1701, kann man in eine Mesenterialvene bei kleinern Hunden 10 ccm 1 proz. Cocainlösung und bei größeren Hunden 5 ccm 3—5 proz. Lösung injizieren ohne andere Folgen als etwas Excitation und Analgesie.
[13]) C. Fischer l. c. E. Fröhner, Toxikologie f. Tierärzte, 3. Aufl. Stuttgart 1913, S. 241.

Eindruck, daß diese dauernd die gleiche Wirkung hervorbrachten. Ehrlichs[1]) Versuche, Mäuse an steigende innerliche Gaben zu gewöhnen, hatten kein bestimmtes Resultat. Wiechowskis[2]) Hunde äußerten nicht eine Spur einer Gewöhnung an das Gift. Nach Aducco[3]) bewirkt wiederholte subcutane Darreichung von Cocain, wenn die Dosen in Pausen von nur wenigen Tagen aufeinanderfolgen, bedeutende Steigerung des Effektes. Gioffredi[4]) gab einem Hund 4 Monate lang anfangs minimale, dann langsam steigende Dosen; die Empfindlichkeit nahm so stark zu, daß die krampferzeugende Menge auf ein Viertel der normalen fiel. Richet[5]) fand bei Meerschweinchen keine Veränderung, bei Kaninchen wahrscheinlich „Anaphylaxie" geringen Grades. Grode[6]) kommt in zahlreichen Versuchen zu dem Resultat, daß bei Meerschweinchen, Katzen und Hunden bei fortgesetzter Darreichung eine bedeutende Steigerung der Empfindlichkeit gegen Cocain eintritt. Ritter[7]) gibt kurz an, daß bei Hunden durch wiederholte Injektionen die Wirkung abgeschwächt werde.

Es wäre zu erwarten, daß der Mensch sich mit Rücksicht auf die Gewöhnung ebenso wie die Tiere verhalten würde, aber es scheint doch ein auffallender Unterschied zu bestehen. Es sind in der Toxikologie so viele wohlbeobachtete Fälle von Gewöhnung beschrieben (nicht selten handelt es sich um Ärzte), daß nicht zu bezweifeln ist, daß der Mensch sich sogar sehr rasch an enorme Dosen gewöhnen kann. Die rascheste Steigerung ist, soweit Verf. aus der reichhaltigen Literatur hat herausfinden können, von Higier[8]) beobachtet worden, dessen Patient, ein 26jähriger Zahnarzt, es im Lauf von 3 Monaten von 0,1 g auf ca. 3 g täglich (subcutan) brachte, und von Bornemann[9]), der von einer 30jährigen Frau (Morphinistin) berichtet, die in der fast unglaublich kurzen Zeit von 3 Wochen 3 g täglich erreicht hatte. Von andern Beispielen für enorme Dosen möge erwähnt werden, daß ein 14jähriger Junge sich täglich 4 g injizierte[10]), daß ein Arzt bis zu 12 g täglich per os konsumierte, und daß ein 25jähriger Mann täglich 2 g Morphin und 8 g Cocain brauchte[11]). Wie diese enorme Toleranz erreicht wird, ist nicht bekannt.

Die chronische Cocainvergiftung hat bei Tieren als Hauptsymptom eine rapide Abmagerung zur Folge. Beim Menschen treten psychische und somatische Leiden auf, deren Beschreibung den toxikologischen Spezialwerken überlassen bleiben muß. Zu den charakteristischen Grundzügen gehört auch hier ein schneller als bei irgend einer andern chronischen Vergiftung eintretender körperlicher Marasmus (das Körpergewicht kann in wenig Wochen um 20—30% sinken). Ein anderes fast immer vorkommendes Symptom sind Halluzinationen, die alle Sinnesgebiete befallen; besonders häufig sind Parästhesien, die die Vorstellung erwecken, als sei die Haut der Wohnsitz unzähliger kleiner Tiere („Cocaintiere"). Auf der Basis der Halluzinationen entwickeln sich Wahnideen, Verfolgungs-

[1]) P. Ehrlich, Deutsche med. Wochenschr. 1890, 716.
[2]) Wiechowski, Archiv f. experim. Pathol. u. Pharmakol. 46, 155 (1901).
[3]) V. Aducco, Giorn. della R. Acad. di Torino 1893; zit. nach Jahresber. üb. d. Fortschritte d. Med. 1893, 428.
[4]) C. Gioffredi, Giorn. intern. di Scienze med. 19, No. 21 (1897); zit. nach Arch. ital. de Biol. 28, 402 (1897).
[5]) Ch. Richet, Arch. intern. de Pharmacodyn. 18, 1 (1908).
[6]) J. Grode, Archiv f. experim. Pathol. u. Pharmakol. 67, 172 (1912). K. Levy, Diss. Straßburg 1913.
[7]) C. Ritter, Berl. klin. Wochenschr. 1889, 1701.
[8]) H. Higier, Münch. med. Wochenschr. 1886, 784; zit. nach F. Detlefsen, Diss. Berlin 1890.
[9]) Bornemann, Deutsche Medizinal-Ztg. 1886, 784; zit. nach F. Detlefsen, Diss. Berlin 1890.
[10]) Haupt, Deutsche Medizinal-Ztg. 1886, 814.
[11]) Sollier, Journ. de Méd. de Paris 1911, 41. Beide zit. nach J. Grode, l. c. Viele andere Beispiele von großem Verbrauch finden sich ferner erwähnt bei E. Falck, Therapeut. Monatsh. 1890, 642; F. Detlefsen, Diss. Berlin 1890; L. Lewin, Nebenwirkungen der Arzneimittel, 3. Aufl., Berlin 1893, S. 261 und in allen toxikologischen Handbüchern.

wahn, Tobsuchtsanfälle, Melancholie („halluzinatorische Cocainparanoia") mit raschem psychischem Verfall. Seltner sind Krämpfe und häufig wiederkehrende epileptische Anfälle, die tödlich verlaufen können. Ein wichtiges diagnostisches Kennzeichen sind die erweiterten Pupillen. Die Abstinenzsymptome werden als weit geringer als bei dem chronischen Morphinismus geschildert[1]).

II. Chemische Konstitution und Lokalanästhesie. Cocainersatzmittel. Yohimbin.

Die Konstitution des Cocains und ihre Beziehungen zur lokalanästhesierenden Wirkung.

Cocain ist Methyl-benzoyl-ekgonin; dies wurde, wie in der Einleitung erwähnt, schon 1860 in Wöhlers Laboratorium erkannt; es wurde damals gefunden, daß das neuentdeckte Alkaloid beim Kochen mit konzentrierten Mineralsäuren Methylalkohol, Benzoesäure und eine schwache Base, die den Namen Ekgonin erhielt, gab. Auf diesem Standpunkt blieb die Kenntnis der Chemie des Cocains lange stehen. Es galt noch die Konstitution des Ekgonins aufzuklären. Die Lösung dieser schwierigen Aufgabe gelang erst im Jahre 1898 Willstätter[2]), nachdem bedeutungsvolle Vorarbeiten von einer Reihe von Chemikern, von denen Ladenburg, Liebermann, Merck, Skraup, Merling und Einhorn genannt sein mögen, geliefert worden waren. Einen wertvollen Leitfaden gaben dabei gleichzeitige Studien über Tropin ab, den basischen Bestandteil des Atropins, das sowohl in chemischer wie in physiologischer Hinsicht dem Cocain nahesteht.

Zugrunde liegt den Alkaloiden der Cocapflanze und der Solanaceen der Tropanring, ein Kohlenstoffsiebenring, gebildet durch Kombination eines Pyrrolidinringes und eines Piperidinringes, die zwei Kohlenstoff- und ein Stickstoffatom gemeinsam haben.

$$CH_2\text{---}CH\text{---}CH_2$$
$$NCH_3 \quad CH_2$$
$$CH_2\text{---}CH\text{---}CH_2$$
Tropan

Die Konstitution des Ekgonins und Tropins wird von Willstätter folgendermaßen ausgedrückt:

$$CH_2\text{---}CH\text{---}CH \cdot COOH$$
$$NCH_3 \quad CH \cdot OH$$
$$CH_2\text{---}CH\text{---}CH_2$$
Ekgonin

$$CH_2\text{---}CH\text{---}CH_2$$
$$NCH_3 \quad CH \cdot OH$$
$$CH_2\text{---}CH\text{---}CH_2$$
Tropin

Im Ekgonin sind also zwei Wasserstoffatome des Tropans durch Carboxyl resp. Hydroxyl ersetzt; im Tropin ist ein Wasserstoffatom durch Hydroxyl ersetzt. Das Ekgonin ist folglich die Carbonsäure des Tropins.

---

[1]) Über pathologisch-anatomische Veränderungen im Zentralnervensystem bei akuter und chronischer Cocainvergiftung handeln folgende, dem Verfasser im Original nicht zugängliche Arbeiten: Daddi, Giorn. della R. Acad. Med. Torino **1899**, 631; W. K. Palenow, Zur Frage über pathologisch-anatomische Veränderungen der Organe nach akuter und chronischer Cocainvergiftung, Kasan 1901 (russ.); W. N. Parin, Über pathologisch-anatomische Organveränderungen von Tieren usw., Kasan 1907 (russ.), zit. nach J. Dogiel, Archiv f. d. ges. Physiol. **127**, 389—390 (1909).

[2]) R. Willstätter u. W. Müller, Ber. d. deutsch. chem. Ges. **31**, 1202. 2655 (1898).

Aus dem Ekgonin entsteht das Cocain dadurch, daß Carboxyl durch Methyl esterifiziert wird und daß Benzoyl an Stelle des Wasserstoffs im Hydroxyl tritt.

$$
\begin{array}{l}
\mathrm{CH_2{-}CH{-\!\!-}CH\cdot COO\cdot CH_3} \\[4pt]
\qquad \mathrm{NCH_3} \ \ \mathrm{CH\cdot O\cdot COC_6H_5} \\[4pt]
\mathrm{CH_2{-}CH{-\!\!-}CH_2}
\end{array}
$$
Cocain

Cocain muß jetzt als das bestbekannte Pflanzenalkaloid angesehen werden. Seine Konstitution ist in allen Einzelheiten erforscht, und bei keinem andern Alkaloid können Atomgruppen so leicht abgespalten werden. Indem man bald diese, bald jene seiner Komponenten entfernt, oder sie durch andere Gruppen ersetzt, kann man das große Molekül in der verschiedensten Weise ab- und umbauen. Auf diese Art sind eine Menge von dem natürlichen Vorbild in den verschiedensten Richtungen abweichende Verbindungen dargestellt und untersucht worden, hauptsächlich in der Absicht, zu erforschen, welche Eigentümlichkeiten in der Konstitution die lokalanästhesierenden Eigenschaften bedingen.

Im folgenden soll zunächst berichtet werden, was man hierüber zu Tage gefördert hat, und dann gezeigt werden, wie man die gefundenen „Anästhesierungsgesetze" bei neuen Synthesen benutzt hat, deren Ziel es war, Körper zu finden, die unter Beibehaltung der Wirkung auf die sensiblen Nerven, weniger giftig als das Cocain selber wären.

Zahlreiche Untersuchungen haben ergeben, daß sowohl der chemische Charakter des ganzen Cocainmoleküls wie die einzelnen Gruppen ihre besondere Bedeutung haben. Zunächst sollen unten die zwei Nebengruppen und dann das Ekgonin besprochen werden.

A. Wird die Methylgruppe weggelassen, so geht die Wirkung auf die Nerven ganz verloren, die Giftigkeit nimmt ab und das ganze Vergiftungsbild ändert sich. Die Bedeutung der Methylgruppe liegt indessen nur darin, daß sie das Carboxyl des Ekgonins esterifiziert, und sie kann, ohne daß das Anästhesierungsvermögen leidet, durch andere Alkoholradikale, wie z. B. Äthyl, Propyl, Isopropyl usw., ersetzt werden. Diese von Merck[1]) und Novy[2]) dargestellten, von Falck, Ehrlich[3]) und His[4]) untersuchten homologen Cocaine haben alle die typischen Wirkungen auch in quantitativer Hinsicht. Verbindungen mit ungesättigten Radikalen, z. B. Allyl, oder mit aromatischen Alkoholen scheinen noch nicht bekannt zu sein.

B. Die Benzoylgruppe hat eine mehr spezifische Bedeutung, denn wenn man sie mit andern Säuregruppen vertauscht, so verschwinden in der Regel die anästhesierenden Eigenschaften ganz oder sind nur noch in stark abgeschwächtem Grade vorhanden.

Ehrlich und His[5]) untersuchten die von Einhorn und Klein[6]) synthetisch dargestellten Verbindungen, Phenylacetyl- und Isovaleryldiekgoninmethylester sowie Phthalyldiekgoninmethylester und fanden nur die erstgenannten schwach lokalanästhesierend, aber alle riefen die typischen Leberveränderungen hervor. o-Chlorcocain ($\mathrm{C_6H_4Cl\cdot CO}$ (1 : 2)

---

1) W. Merck, Ber. d. deutsch. chem. Ges. 18, 2952 (1885); Diss. Kiel 1886.
2) F. G. Novy, Amer. Chem. Journ. 10, 147 (1888).
3) P. Ehrlich, Deutsche med. Wochenschr. 1890, 717.
4) H. His, Diss. Leipzig 1894.
5) P. Ehrlich u. H. His, l. c. — A. Einhorn u. H. His, Ber. d. deutsch. chem. Ges. 27, 1874 (1894).
6) A. Einhorn u. O. Klein, Ber. d. deutsch. chem. Ges. 21, 3335 (1888).

an Stelle von Benzoyl) zeigte sehr schwach anästhesierende Wirkung, während die Leber-veränderungen deutlich waren. In gleicher Weise verhielt sich m-Nitrococain ($C_6H_4 \cdot NO_2$ (1 : 3) an Stelle von Benzoyl).| Amidococain, dargestellt durch Reduktion des vorher-gehenden, war in pharmakologischer Hinsicht überhaupt kein Cocain, da es sowohl der anästhetischen Eigenschaften, als des typischen Einflusses auf die Leber ermangelte.

m-Cocainurethan $\left(\text{mit der Gruppe } COC_6H_8N \begin{subarray}{l} H \\ COOC_2H_5 \end{subarray} (1 : 3)\right)$ wirkte wieder sehr stark anästhetisch und kam an Giftigkeit dem Cocain sehr nahe. Das m-Oxycocain (mit der Gruppe $C_6H_4OH \cdot CO$ (1 : 3)) war kaum anästhesierend, wenig giftig und brachte erst in sehr großen Dosen Leberdegeneration hervor.

Über die in den Cocablättern gefundenen Varianten, die sich vom Cocain dadurch unterscheiden, daß die Benzoesäure durch Zimtsäure und damit verwandte Säuren ersetzt ist (siehe Einleitung S. 106), liegen nur wenige Untersuchungen vor, aus denen hervor-geht, daß die anästhesierende Wirkung entweder fehlt oder sehr schwach ist. Isatropyl-cocain wirkt nach Liebreich[1]) ohne Anästhesie hervorzurufen, als reines Herzgift. Nähere Untersuchungen von Liebreichs Schüler Falkson[2]) ergeben, daß dieses Alkaloid bei Fröschen langsame Herzaktion hervorbringt, ohne, selbst in Dosen von 0,06 g, Still-stand zu verursachen. Beim Kaninchen bewirken 0,05 g pro kg Körpergewicht Herab-setzung des Blutdrucks mit unregelmäßigem, frequentem Puls. Ob das Isatropylcocain, wie man vermutet hat, die Schuld an vielen in früheren Zeiten, als weniger reine Präparate zur Anwendung kamen, vorgekommenen Vergiftungen trägt, ist doch zweifelhaft, denn die tödlichen Dosen bei verschiedenen Tieren sind dieselben, wie für das gewöhnliche Cocain.

Eine isomere Base, das d-Isatropylcocain, bewirkt nach Liebermann und Drory[3]), auf die Zunge gebracht, taubes Gefühl. Über Hesses Cocamin teilt Stockman[4]) mit, daß eine 2,5 proz. Lösung in seinem eigenen Auge nur eine sehr schwache und rasch vorüber-gehende Herabsetzung der Sensibilität, aber keine Pupillenerweiterung bewirkte. Die resorptiven Wirkungen auf das Nervensystem waren bei Fröschen in qualitativer Hinsicht ungefähr die des Cocains, aber Cocamin war ungefähr doppelt so giftig und wirkte zugleich auf die Muskeln ähnlich wie Coffein. Ein analoger Unterschied zwischen den beiden Alka-loiden fand sich bei Kaninchen.

Schon bevor die obenerwähnten experimentellen Daten vorlagen, hatte Filehne[5]) aus der Tatsache, daß Ekgonin nicht wie Cocain wirkt, während die Benzoylderivate ver-schiedener anderer Basen (Tropin, Chinin, Chinchonin, Morphin, Hydrocotarnin) eine mehr oder weniger ausgeprägte lokalanästhesierende Wirkung haben, auf die große Bedeutung der Benzoylgruppe geschlossen.

C. Ekgonin. Die dem Cocain zugrunde liegende basische Gruppe bietet großes Interesse. Die Summe der von Stockman[6]) vorgenommenen sorg-fältigen Untersuchungen ist, daß das Ekgonin eine schwachwirkende Substanz ist, die anästhesierende Eigenschaften gänzlich ermangelt; erst in sehr großen Dosen bringt es Wirkungen hervor, die an die des Cocains erinnern: Pupillen-erweiterung, Reflexerhöhung und Tetanus. Benzoylekgonin wirkt qualitativ in derselben Weise, aber viel stärker. Man hat daher Grund, in der Benzoyl-gruppe das die Wirksamkeit auslösende Glied, die verankernde Gruppe, zu sehen, die dem Ekgonin selber fehlt.

Aus Stockmans Untersuchungen sei folgendes angeführt: Bei Kaninchen und Katzen hatten subcutane Injektionen selbst von mehreren Gramm (2 g und mehr) nur vorübergehende Excitation und Pupillenerweiterung zur Folge. Bei Fröschen war nach

---

[1]) O. Liebreich, Therap. Monatsh. **2**, 510 (1888).

[2]) G. Falkson, Diss. Berlin 1889.

[3]) C. Liebermann u. W. Drory, Ber. d. deutsch. chem. Ges. **22**, 680 (1889).

[4]) R. Stockman, Brit. med. Journ. **1889**, May 11, 18, 25 (S. A.). — Stock-man stellte auch einige wenige Versuche mit der in den Cocablättern vorkommenden Base Hygrin (die nicht zur Cocaingruppe gehört, siehe Einleitung S. 106) an. Diese brachte auf der Zunge nur ein starkes Brennen, keine Ar ästhesie hervor. Resorptiv scheint sie weit weniger giftig als das Cocain zu sein. Die Hauptsymptome waren Depression und Läh-mung sowie leichter Tremor.

[5]) W. Filehne, Berl. klin. Wochenschr. **1887**, 107.

[6]) R. Stockman, Brit. med. Journ. l. c.; Journ. of Anat. and Physiol. **21**, 46 (1888); Pharm. Journ. Transact. (3) **16**, 897 (1886).

Injektion von 0,05 g das einzige Vergiftungssymptom eine einige Tage dauernde leichte Reflexsteigerung. Nach größeren Dosen trat zunächst Trägheit und Benommenheit auf und die Bewegungen wurden etwas inkoordiniert, doch nicht soviel, daß die Tiere an der Ausführung normaler Sprünge gehindert gewesen wären. Auf diese Symptome folgte nach einigen Stunden eine ausgesprochene Erhöhung der spinalen Reflexe. Am charakteristischsten war jedoch die Wirkung auf die quergestreifte Muskulatur. Rings um die Injektionsstelle nahm die elektrische Erregbarkeit der Muskeln ab und es trat ein der Coffeinstarrheit ähnlicher Zustand ein, in dem das Tier in abnormen Stellungen fixiert werden konnte. War die Injektion am Rücken vorgenommen, so wurde dieser durch die Kontraktion der Muskeln hyperextendiert, so daß er einen stark konkaven Bogen bildete. War das Gift per os gegeben, so traten die spinalen Symptome schneller ein und die Muskelwirkung war gleichmäßig über den ganzen Körper verteilt. Nach sehr großen Dosen (einige Dezigramm) blieb das Herz in stark dilatiertem Zustand stehen, alle Muskeln waren steif und der Tod trat in einigen Tagen infolge Aufhörens der Zirkulation ein. Wurde Ekgonin in die Art. iliaca injiziert, so wurde der entsprechende N. ischiadicus unerregbar für elektrische Reizung. Bei Applikation von Ekgonin auf das freigelegte Rückenmark kam es rasch zu starken Krämpfen, die sich bis zum Tetanus steigern konnten. Zwischen beiden Froscharten fand sich der Unterschied, daß Dosen, die bei Temporaria deutlich lähmend auf das Zentralnervensystem wirkten und die Muskeln vergifteten, bei Esculenta anfangs nur erhöhte Reflexerregbarkeit hervorbrachten.

Auch Benzoylekgonin besaß keine anästhesierenden Eigenschaften und war gleichfalls bei Säugetieren wenig wirksam. Bei Kaninchen erzeugten subcutane Dosen bis zu 2 g nur leichte Diarrhöe; Katzen zeigten nach 0,6 g Erregung, Pupillenerweiterung und Reflexsteigerung; 1,7 g führten zu heftigem Tetanus und Tod im Lauf von 6 Stunden. Die Herztätigkeit blieb bis zum Tod einigermaßen normal, der Tod schien infolge Atemlähmung einzutreten. Bei der Sektion fanden sich Därme und Harnblase stark kontrahiert. Bei Fröschen wirkte Benzoylekgonin analog dem Ekgonin, nur viel stärker; 0,003 bis 0,004 g subcutan injiziert brachten Starre der zunächst gelegenen Muskeln und nach einigen Tagen Reflexsteigerung hervor, die nach größeren Dosen bis zu mehrtägigem Tetanus anstieg. Die letale Dosis war ungefähr 0,03 g und der Tod erfolgte durch Herzlähmung in Verbindung mit Lähmung der willkürlichen Muskeln. Direkte Applikation auf das freigelegte Rückenmark rief sehr rasch Tetanus horvor. Nach Ehrlich[1]) sind die letalen Dosen von Benzoylekgonin bei Mäusen sehr hoch, wenigstens 0,4 g. Über Methylekgonin berichtet derselbe Autor kurz, daß es bei Mäusen Aufgeregtheit und Muskelschwäche erzeugte. Die tödlichen Dosen scheinen noch größer zu sein. Keine dieser Verbindungen brachte Leberveränderungen hervor.

Das Ekgoninmolekül ist verschiedenen chemischen Veränderungen zugänglich.

1. Rechtscocain. Zunächst ist zu bemerken, daß das Ekgonin, wie seine Formel zeigt, mehrere assymetrische Kohlenstoffatome enthält.

$$CH_2-CH-CH \cdot COOH$$
$$NCH_3 \quad CH \cdot OH$$
$$CH_2-CH-CH_3$$

Ekgonin

Die assymetrischen C-Atome sind durch fetten Druck gekennzeichnet.

Das gewöhnliche Cocain ist in Übereinstimmung hiermit optisch aktiv und, wie zuerst Antrick[2]) nachgewiesen hat, linksdrehend. Bei Erhitzung mit Alkalien geht es indessen nach Einhorn und Marquardt[3]) in den rechtsdrehenden Antipoden über, das Rechtsekgonin, aus welchem sich nun weiter durch Methylieren und Benzoylieren das Rechtscocain aufbauen läßt. Diese optische Invertierung ist nicht ganz ohne Einfluß auf die lokale Wirkung. Bei der Applikation einer 5 proz. Lösung des salzsauren Rechtscocains auf die Zunge tritt die Abstumpfung der Sensibilität regelmäßig schneller ein und ist intensiver als beim Cocain, verschwindet aber in kürzerer Zeit wieder. In

---

1) P. Ehrlich, Deutsche med. Wochenschr. **1890**, 717.
2) O. Antrick, Ber. d. deutsch. chem. Ges. **20**, 310 (1887).
3) A. Einhorn u. A. Marquardt, Ber. d. deutsch. chem. Ges. **23**, 468 (1890).

der resorptiven Wirkung bei Fröschen und Kaninchen ist kein deutlicher Unterschied zwischen rechts- und linksdrehendem Cocain vorhanden (Poulsson)[1]).

2. Nor-Cocaine. Wird Ekgonin mit Kaliumpermanganat behandelt, so wird das an dem Stickstoff gebundene Methyl oxydiert, und man erhält das niedere Homologe, Homo-ekgonin oder Nor-ekgonin, das also statt NCH_3 die Iminogruppe NH enthält (Einhorn[2])).

$$CH_2\!-\!CH\!-\!CH \cdot COOH$$
$$NH \quad CH \cdot OH$$
$$CH_2\!-\!CH\!-\!CH_2$$
Norekgonin

Auf dieselbe Weise erhält man aus Benzoylekgonin die entsprechende homologe Verbindung und daraus werden die Methyl-, Äthyl- und Propylester dargestellt. Diese Norcocaine oder demethylierten Cocaine (von denen der Äthylester mit dem Cocain metamer ist und von Einhorn Isococain genannt wurde) wurden von Ehrlich[3]) und Poulsson[4]) untersucht, welche feststellten, daß die Entfernung des an N gebundenen Methyls in allen Richtungen die spezifischen Cocainwirkungen verstärkt.

Die lokalen Wirkungen waren am Auge bei Hunden, Katzen und Kaninchen, sowohl was die Anästhesie als auch was die Pupillenerweiterung betraf, eher anhaltender und intensiver, als nach Anwendung gleich konzentrierter Cocainlösungen; Prüfung an der eigenen Zunge ergab dasselbe Resultat. Bei kleinen und mittleren Gaben waren bei Fröschen sowohl die Unruhe und die krampfhaften Erscheinungen, als auch die nachfolgende Lähmung in der Regel intensiver, als bei gleich großen Cocaingaben. Der Methylester wirkte am schwächsten und stand dem gewöhnlichen Cocain am nächsten. Bei Mäusen war die letale Dosis von Isococain 6—7 mg (also ca. $^1/_3$ von der des Cocains); bei der Sektion wurde große typische Cocainleber gefunden.

Wie das Cocain, so verlieren selbstverständlich auch die Nor-Cocaine ihre anästhesierenden Eigenschaften, wenn das mit der Carboxylgruppe verbundene Methyl entfernt wird. Der dabei entstehende Körper, Nor-benzoylekgonin, sollte, wie zu erwarten wäre, in derselben Weise nur etwas stärker als das oben besprochene Benzoylekgonin wirken; doch scheinen hier einige Abweichungen zu bestehen. Mittelgroße Dosen (8 mg) bringen bei Fröschen eine starke Vermehrung der Hautsekretion, wenige Minuten nach der Injektion eine tonische Spannung aller Skelettmuskeln und nach einigen Stunden Reflexsteigerung hervor. Nach größeren Dosen tritt heftiger Tetanus auf, der bald von allgemeiner Lähmung abgelöst wird. Eine coffeinähnliche Muskelwirkung (vgl. Stockman) war nicht vorhanden, denn bei Injektion einer konzentrierten Lösung in den Schenkellymphsack wurden die benachbarten Muskeln nicht früher als die entfernt liegenden steif, und Durchschneidung des Ischiadicus hob die Steifigkeit in den zugehörigen Muskeln auf.

3. Methylierte Cocaine. Das an den Stickstoff gebundene Methyl verleiht dem Ekgonin den Charakter einer tertiären Base. Wie andern Verbindungen gleicher Art kann man auch dem Ekgonin Jodmethyl[5]) zuaddieren und gelangt damit zu der quaternären Ammoniumbase, Ekgoninjodmethylat.

$$CH_2\!-\!CH\!-\!\!-\!\!-\!CH \cdot COOH$$
$$\underset{CH_3}{\overset{CH_3}{N{<}J}} \quad CH \cdot OH$$
$$CH_2\!-\!CH\!-\!\!-\!CH_2$$
Ekgoninjodmethylat

• [1]) E. Poulsson, Archiv f. experim. Pathol. u. Pharmakol. **27**, 301 (1890).
[2]) A. Einhorn, Ber. d. deutsch. chem. Ges. **21**, 3029; 3441 (1890).
[3]) P. Ehrlich, l. c. — P. Ehrlich u. A. Einhorn, Ber. d. deutsch. chem. Ges. **27**, 1876 (1894).
[4]) E. Poulsson, l. c.
[5]) A. Einhorn, Ber. d. deutsch. chem. Ges. **21**, 3029 (1888).

Das entsprechende Cocain ermangelt fast aller typischen Cocainwirkungen. Es ist eine stark bittere Substanz, die keine Anästhesie und keine Leberdegeneration hervorruft, weniger giftig ist und wie andere quaternäre Ammoniumbasen Curarinwirkung hat (Ehrlich[1])). **Die tertiäre Bindung des Stickstoffs ist also für die Wirkungsweise des Cocains von ausschlaggebender Bedeutung.**

4. **α-Ekgonin und α-Cocain.** Diese interessanten von Willstätter[2]) dargestellten Körper haben folgende Konstitution.

$$
\begin{array}{ll}
\begin{array}{c}
CH_2-CH\!-\!\!-\!\!-CH_2 \\
\mid \qquad\quad \mid\;\;/COOH \\
\quad\; NCH_3 \;\; C \\
\mid \qquad\quad \mid\;\;\backslash OH \\
CH_2-CH\!-\!\!-\!\!-CH_2 \\
\text{α-Ekgonin}
\end{array}
&
\begin{array}{c}
CH_2-CH\!-\!\!-\!\!-CH_2 \\
\mid \qquad\quad \mid\;\;/COOCH_3 \\
\quad\; NCH_3 \;\; C \\
\mid \qquad\quad \mid\;\;\backslash O\cdot COC_6H_5 \\
CH_2 \;\; CH\!-\!\!-\!\!-CH_2 \\
\text{α-Cocain}
\end{array}
\end{array}
$$

Sie unterscheiden sich also von dem gewöhnlichen Ekgonin und Cocain dadurch, daß Hydroxyl und Carboxyl, resp. Methyl und Benzoyl nicht an zwei verschiedene, sondern an ein und dasselbe Kohlenstoffatom geknüpft sind. **Hierdurch werden die typischen Wirkungen ganz aufgehoben.**

5. **Ekgonidin oder Anhydro-ekgonin[3]).** Durch Abspaltung von Wasser erhält man Ekgonidin.

$$
\begin{array}{c}
CH_2-CH\!-\!\!-\!\!-CH\cdot COOH \\
\mid \qquad\quad \mid \\
\quad\; NCH_3 \;\; CH \\
\mid \qquad\quad \parallel \\
CH_2-CH\!-\!\!-\!\!-CH \\
\text{Ekgonidin.}
\end{array}
$$

Auch die Ester des Ekgonidins erzeugen keine Anästhesie[4]).

6. **Norekgonidinderivate.** Dem oben (S. 151) erwähnten Norekgonin, der Muttersubstanz des sehr wirksamen Norcocains, entspricht das von Braun und Müller[4]) dargestellte Norekgonidin. Durch Umsetzung des Äthylesters dieser Verbindung mit Benzoesäure-γ-propylester entsteht der Benzoyloxypropylester oder das **Ekkain**; „dieses ist nicht nur anästhetisch stärker wirksam als das Cocain, sondern außerdem noch atoxisch, sowie ferner in wässeriger Lösung gut sterilisierbar".

$$
\begin{array}{ll}
\begin{array}{c}
CH_2-CH\!\!-\!\!CH\cdot COOH \\
\mid \qquad\quad \mid \\
\quad\; NH \;\; CH^* \\
\mid \qquad\quad \mid \\
CH_2-CH\!-\!\!-\!\!CH^* \\
\text{Norekgonidin.}
\end{array}
&
\begin{array}{c}
CH_2-CH\!\!-\!\!CH\cdot COOC_2H_5 \\
\mid \qquad\quad \mid \\
\quad\; N \qquad CH \\
\mid \qquad\quad \mid \\
CH_2 \;\; CH\!\!-\!\!CH \backslash CH_2\cdot CH_2\cdot CH_2\cdot O\cdot CO\cdot C_6H_5 \\
\text{Ekkain.}
\end{array}
\end{array}
$$

Der analoge Ester des Norhydroekgonidins (H_2 statt H an den mit Sternchen bezeichneten Stellen) besitzt ebenfalls ungeschwächt die anästhesierenden Eigenschaften des Cocains. Das Neue und Bemerkenswerte an diesen Verbindungen ist, daß die Säuregruppe sich am Stickstoff befindet.

Ein kurzer Rückblick auf das Vorangehende wird zu der Einsicht führen, daß man im Cocain nicht eine einzelne anästhesiophore Gruppe, die allein Trägerin

---

[1]) P. Ehrlich, l. c. Zu einem abweichenden Resultat kommt B. Heynssen (Diss. Kiel 1895), der fand, daß das entsprechende Chlormethylat bei Kaninchen Anästhesie der Cornea und Pupillenerweiterung hervorrief, und daß die Giftigkeit doppelt so groß war, wie die des Cocains.

[2]) R. Willstätter, Ber. d. deutsch. chem. Ges. **29**, 2216 (1896).

[3]) W. Merck, Ber. d. deutsch. chem. Ges. **19**, 3002 (1886). — A. Einhorn, ebenda **20**, 1221 (1887); **21**, 3035 (1888).

[4]) J. v. Braun u. E. Müller,. ebenda **51**, 235 (1918).

der Wirkung wäre, nachweisen kann. Der lähmende Einfluß auf die sensiblen Nerven ist von allen drei Hauptgruppen Ekgonin, Benzoyl und Methyl abhängig und von dem chemischen Charakter, den das Molekül dadurch empfängt, daß diese in bestimmter Weise miteinander verbunden sind. In der Konfiguration des Ekgonins liegt die Grundlage für die Nervenwirkung, gerade wie das nahe verwandte Tropin dem lähmenden Einfluß des Atropins auf andere periphere Nervenapparate zugrunde liegt, aber die Wirksamkeit wird erst durch die beiden Seitengruppen ausgelöst. Die Benzoylgruppe ist das verankernde Glied, das die Reaktion mit der Nervensubstanz vermittelt und nicht oder nur unvollkommen durch andere Säuren ersetzt werden kann. Für den Verschluß des Carboxyls kommt es nur darauf an, daß irgend ein Alkyl den Wasserstoff ersetzt. Ob dies durch Methyl, Äthyl, Propyl usw. geschieht, ist gleichgültig. Der Alkylrest hat also keine spezifische Bedeutung, sondern dient nur dazu, den die Wirksamkeit hemmenden sauren Charakter, den das unbesetzte Carboxyl dem Ekgoninmolekül verleiht, aufzuheben. Daß dies sich so verhält, geht daraus hervor, daß Tropacocain, das die Carboxylgruppe nicht enthält, anästhesierend wirkt, obwohl es kein dem des Cocains entsprechendes Alkyl besitzt. Das an den Stickstoff des Ekgonins gebundene Methyl ist überflüssig oder wirkt eher hemmend auf die Anästhesie. Von ganz entscheidender Bedeutung ist dagegen der Charakter des Cocains als einer tertiären Base, denn die Überführung in die quaternäre Verbindung hat Curarinwirkung im Gefolge und vernichtet zugleich alle typischen Eigenschaften [1]).

Die Untersuchungen, über die oben berichtet ist, waren bald von Bestrebungen gefolgt, synthetisch neue lokalanästhesierende Substanzen nach dem Vorbild des Cocains zu schaffen. Das Thema war in theoretischer Beziehung verlockend und zugleich von großem praktischen Interesse, weil die vielen Vergiftungen, die der steigende Gebrauch des Cocains mit sich führte, ein starkes Bedürfnis nach weniger giftigen Lokalanästheticis schafften. Die Lösung der Aufgabe glückte über alles Erwarten; es sind ganze Scharen lokalanästhesierender Verbindungen (mehr als 100) synthetisch dargestellt worden, von denen einige wertvolle Arzneimittel geworden sind und das Alkaloid der Cocapflanze in großer Ausdehnung verdrängt haben.

Schon bevor die Synthese so weit gelangt war, fand man zufällig ein neues mit dem Cocain verwandtes Pflanzenalkaloid, das Tropacocain (1891). Dies erfüllte jedoch nicht alle Anforderungen, weshalb die synthetische Arbeit fortgesetzt wurde. Anfangs war man bestrebt, sich so nahe wie möglich an das Ekgonin zu halten, namentlich so weit es dessen zyklische Struktur betraf. Hieraus resultierten zyklische Alkamine mit beibehaltenem Piperidinring: die Eucaine (1896). Eine radikale Veränderung wurde eingeführt, als man fand, daß eine größere ekgoninähnliche Gruppe nicht notwendig sei, sondern daß man Anästhesie auch mit Hilfe alkylierter Benzoesäureester, worin NH_2 das basische Glied repräsentierte, erreichen könne. Die nach diesem Schema dargestellten Körper: die Orthoformgruppe (1897) entfernten sich indes allzu weit vom Cocain. In den letzten Jahren hat man sich daher in der Konstruktion wieder näher an das natürliche Vorbild angeschlossen, aber eine wesentliche Vereinfachung mit der Erkenntnis erreicht, daß die komplizierte zyklische Struktur nicht notwendig ist; man fand nämlich, daß auch nicht zyklische

---

[1]) Eine eingehende Darstellung der Beziehungen zwischen Konstitution und Wirkung sowie ausführliche Literatur findet sich in S. Fränkel, Die Arzneimittel-Synthese, 3. Aufl., Berlin 1912, S. 344—392. Dasselbe Thema wird von L. Spiegel, Einführung in die Pharmakologie, München 1911, S. 119—131, behandelt.

Alkamine durch Veresterung mit der Benzoylgruppe anästhesierende Eigenschaften gewinnen, und zugleich, daß die Giftigkeit dieser Verbindungen verhältnismäßig gering ist. Diese Erfahrung liegt dem Aufbau der zahlreichen zur Stovain- und Novocaingruppe (1904—1905) gehörenden Körper zugrunde, die den letzten großen Fortschritt in der Darstellung von Cocainersatzmitteln repräsentieren.

Unten sollen die neueren lokalanästhesierenden Substanzen, nach den hier genannten natürlichen Familien geordnet, behandelt und zum Schluß ein paar Substanzen besprochen werden, die ohne in chemischer Hinsicht mit dem Cocain verwandt zu sein, lokalanästhesierend wirken.

Tropacocain.

Dieses Alkaloid wurde 1891 von Giesel in der auf Java kultivierten schmalblättrigen Cocapflanze, Erythroxylon coca, var. Spruceanum Bruce, gefunden und genauer untersucht von Liebermann[1]), der fand, daß es beim Kochen mit Salzsäure in Benzoesäure und eine dem Tropin isomere Base Pseudotropin gespalten wurde. Einige Jahre später gelang es Willstätter[2]), Pseudotropin künstlich darzustellen und zu zeigen, daß diese beiden Basen die gleiche Struktur hatten; wahrscheinlich sind sie geometrisch isomer. Nach Willstätters Auffassung kommt dem Benzoylpseudotropin oder Tropacocain folgende Formel zu:

$$
\begin{array}{ccc}
CH_2\!-\!CH\ \cdots\ CH_2 & & \\
| \quad\quad | \quad\quad | & & \\
CH_3N \quad\quad CH\cdot O\cdot COC_6H_5 & & \\
| \quad\quad | \quad\quad | & & \\
CH_2\!-\!CH\ \cdots\ CH_2 & &
\end{array}
$$

Tropacocain, Benzoylpseudotropin

In Liebreichs Laboratorium wurde das neue Alkaloid, dessen Herkunft auf einen cocainähnlichen Körper deutete, während die Struktur Atropinwirkungen nicht unwahrscheinlich machte, von Chadbourne[3]) untersucht. Das Resultat war, daß das Benzoylpseudotropin in die Cocaingruppe eingegliedert wurde, da es, um gleich das Wesentliche zu nennen, ausgesprochene Anästhesie und kaum Mydriasis hervorbringt, während das Benzoyltropin Pupillenerweiterung und nur schwache Anästhesie bewirkt.

Einträufelung einer Tropacocainlösung ins Auge erzeugt vollkommene Anästhesie, die nach Schweiggers[4]) Untersuchungen etwas rascher eintritt aber auch schneller wieder verschwindet als bei Anwendung einer Cocainlösung von gleicher Stärke. Ischämie tritt nicht ein, dagegen meist eine wenige Sekunden während Hyperämie und bisweilen ein kurzes Brennen. Bei Kaninchen scheint Tropacocain eine anhaltendere Wirkung zu haben als Cocain. (Man sieht in dieser Hinsicht nicht selten Unterschiede zwischen Tier und Mensch und zwischen den verschiedenen Tierarten untereinander.) Ab und zu aber keineswegs konstant kommt eine leichte Pupillenerweiterung zur Beobachtung.

Die Allgemeinwirkung wurde an Fröschen, Kaninchen und Hunden studiert. Sie besteht in einer das gesamte Zentralnervensystem betreffenden, am Hirn beginnenden und von dort auf alle Abschnitte sich ausbreitenden Erregung, welcher eine zentrale Lähmung folgt, an der die Tiere nach tödlichen Gaben

---

[1]) C. Liebermann, Ber. d. deutsch. chem. Ges. **24**, 2336, 2587 (1891).
[2]) R. Willstätter, Ber. d. deutsch. chem. Ges. **29**, 936 (1896).
[3]) A. P. Chadbourne, Therap. Monatshefte **1892**, 471; Brit. med. Journ. **1892**, II, 402.
[4]) Angeführt bei Chadbourne, l. c.

zugrunde gehen. Bei Fröschen kann die Erholung manchmal unter wieder auftretenden leichten Krämpfen erfolgen. Bei subcutaner Injektion nimmt nach kurz dauernder Pulsbeschleunigung die Frequenz der Herzkontraktionen und auch der Gefäßtonus allmählich und stetig ab, und der Blutdruck sinkt. Dabei sind die Herzschläge bis kurz vor dem Tod energisch. Die Respiration ist beschleunigt, während der Krämpfe erschwert und unregelmäßig. Während des Lähmungsstadiums nimmt die Atmung an Frequenz und Tiefe immer mehr ab. Die Körpertemperatur steigt und zwar beginnt die Erhöhung schon vor Eintritt der Krämpfe und kann 2—3° betragen. Tropacocain verhält sich also qualitativ fast in jeder Beziehung wie Cocain, ist aber nach Chadbournes Bestimmungen weniger als halb so giftig.

Diese Mitteilungen über Tropacocain veranlaßten bald zahlreiche Publikationen, die jedoch überwiegend therapeutischer Natur sind und daher hier nicht referiert werden sollen. Von pharmakologischem Interesse ist Brauns[1]) Bestätigung der Flüchtigkeit der Wirkung. Braun injizierte in die Haut seines Vorderarmes 0,1 proz. Cocain- und 0,1 proz. Tropacocainlösung, so daß nebeneinander liegende gleichgroße Quaddeln entstanden. Beide wurden sofort anästhetisch, aber die Dauer der Anästhesie betrug in der Tropacocainquaddel weniger als die Hälfte wie in der Cocainquaddel. Die geringe Giftigkeit des Tropacocains wird von mehreren Seiten bestätigt. So fand Custer[2]), daß erst 0,08 g in 5 proz Lösung subcutan injiziert bei Kaninchen ausgesprochene Vergiftung hervorrief. Braun hat „bei hunderten von Kranken $\frac{1}{2}$ proz. Tropacocainlösung in größern Quantitäten, bis zu 40—50 ccm, zu Gewebsinjektionen gebraucht, ohne daß sich jemals die geringsten Allgemeinwirkungen gezeigt hätten". Bei subcutaner Anwendung wird nur von einem Todesfall berichtet (Status thymicus, gewöhnliche Dosis). Die Verwendung zur Lumbalanästhesie hat öfters bedenkliche Nebenwirkungen und sogar Tod an Atemlähmung veranlaßt[3]).

Eucaingruppe (Zyklische Alkamine).

Die Eucaine waren das erste Ergebnis der Versuche, sich die bei den Cocainstudien gefundenen „Anästhesierungsgesetze" zunutze zu machen. Zugrunde liegt diesen Körpern ein methyliertes Triacetonalkamin resp. dessen Carbonsäure.

Methylderivat des Triacetonalkamins und die entsprechende Carbonsäure

Aus diesem Körper entsteht, wie Emil Fischer[4]) nachwies, durch Austausch des Hydroxylwasserstoffes mit Mandelsäure eine Verbindung, die wie Atropin ausgesprochene Mydriasis hervorruft. Diese Beobachtung gewann erheblich an Interesse, nachdem erkannt war, daß wie im Triacetonalkamin auch

---

[1]) H. Braun, Die Lokalanästhesie. Leipzig 1905, S. 109.
[2]) Custer, Diss. Basel 1898; Münch. med. Wochenschr. **1898**, Nr. 32; zit. nach Braun, l. c.
[3]) H. Braun, l. c. — F. Erben, Die Vergiftungen. Wien u. Leipzig 1910, II, 640.
[4]) Emil Fischer, Ber. d. deutsch. chem. Ges. **16**, 1604 (1883).

im Tropin und im Ekgonin ein (in Parastellung zum Stickstoff) hydroxyliertes Derivat des Piperidins vorlag. Es lag nun sehr nahe, diese Oxy-Piperidin-carbonsäure zu esterifizieren und benzoylieren, denn es ließ sich erwarten, daß so cocainähnliche Körper entstehen würden. Diese Erwartung wurde durch das Experiment bestätigt.

Die Strukturähnlichkeit zwischen Ekgonin und Triacetonmethylalkamin (= Tetramethyl-γ-oxypiperidincarbonsäure) geht deutlich aus folgender Schreibweise hervor:

$$
\begin{array}{ll}
\mathrm{CH_2-CH\!\!-\!\!\!-\!\!CH\cdot COOH} & \mathrm{CH_3-C\cdot CH_3\!\!-\!\!CH_2} \\
\quad | \qquad\quad | & \qquad | \qquad\qquad |\;\diagup\mathrm{OH} \\
\quad \mathrm{NCH_3} \;\; \mathrm{CH\cdot OH} & \quad\mathrm{NCH_3} \quad \mathrm{C}\diagdown\mathrm{COOH} \\
\quad | \qquad\quad | & \qquad | \qquad\qquad | \\
\mathrm{CH_2-CH\!\!-\!\!\!-\!\!CH_2} & \mathrm{CH_3-C\cdot CH_3\!\!-\!\!CH_2} \\
\qquad \text{Ekgonin} & \quad\text{Triacetonmethylalkamincarbonsäure}
\end{array}
$$

Man sieht, daß die Alkamincarbonsäure mit dem Ekgonin den Pyrrolidinring sowie die γ-Stellung des Hydroxyls zum Stickstoff gemeinsam hat. Der Unterschied ist hauptsächlich der, daß das Carboxyl in einer andern Stellung im Verhältnis zu N steht als im Ekgonin, und daß der Piperidinring aufgespalten ist, so daß offene Methylgruppen anstelle der untereinanderverbundenen CH_2-Gruppen auftreten.

In derselben Weise wie man vom Ekgonin zu verschiedenen Cocainen gelangen kann, lassen sich aus der Alkamincarbonsäure durch Ersatz des Hydroxylwasserstoffs mit aromatischen Säureradikalen, namentlich Benzoyl, und des Carboxylwasserstoffs mit Alkoholradikalen eine ganze Reihe lokalanästhesierende Körper aufbauen. Unter vielen derartigen, von Merling dargestellten und von Vinci[1]) pharmakologisch untersuchten Substanzen erwies sich die Methyl-benzoylverbindung als die vorteilhafteste und wurde unter dem Namen Eukain in die Therapie eingeführt. Seine Konstitution ist also folgende:

$$
\begin{array}{l}
\mathrm{CH_3-C\cdot CH_3\!\!-\!\!CH_2} \\
\quad | \qquad\qquad |\;\diagup\mathrm{O\cdot COC_6H_5} \\
\quad\mathrm{NCH_3} \quad \mathrm{C}\diagdown\mathrm{COO\cdot CH_3} \\
\quad | \qquad\qquad | \\
\mathrm{CH_3-C\cdot CH_3\!\!-\!\!CH_2} \\
\qquad\quad\text{Eukain}
\end{array}
$$

Das leicht in Wasser lösliche salzsaure Eukain erzeugt im menschlichen Auge eine örtliche Unempfindlichkeit, die in bezug auf Schnelligkeit des Eintretens, Dauer und Intensität sich nicht von der durch gleich starke Cocainlösung hervorgerufenen unterscheidet. Bedeutende Unterschiede sind indessen vorhanden. Eukain bewirkt nicht Ischämie, sondern Hyperämie und Reizung der Conjunctiva, erweitert die Pupille nicht und lähmt die Akkommodation nicht; der intraokulare Druck wird herabgesetzt. Die Allgemeinwirkung gleicht im ganzen der des Cocains (nach großen Dosen Erregung, Krämpfe, Tetanus schließlich allgemeine Lähmung und Respirationsstillstand, während das Herz noch schlägt), mit der Abweichung, daß Eukain nur etwa halb so giftig ist wie Cocain, und ferner, daß nach mittelgroßen subcutanen Dosen langsamer Puls auftritt. Dies wird von Vinci einer zentralen Erregung des N. vagus zugeschrieben, da nach Durchschneidung desselben die Frequenz bis zur Norm und darüber hinaus steigt. Zu bemerken ist auch noch, daß Eukain eine viel festere Verbindung als Cocain ist und durch Kochen sterilisiert werden kann. Die gefäßverengernde Wirkung des Adrenalins wird durch Eukain aufgehoben.

---

[1]) G. Vinci, Virchows Archiv **145**, 78 (1896).

Die reizende Wirkung des Eucains, die ein Hindernis für seine Anwendung bildete, gab den Anstoß zu weiteren Untersuchungen innerhalb derselben Gruppe. Als neuer Ausgangspunkt wurde das nächst niedere Homologe des Triaceton-alkamins, nämlich das Vinyldiacetonalkamin, gewählt.

Triacetonalkamin

Vinyldiacetonalkamin

Indem man den Hydroxylwasserstoff durch Benzoyl ersetzte, erhielt man einen Körper, der mit dem Namen Eucain B (Vinci[1])) bezeichnet wurde. Zur Erleichterung des Vergleichs wird auch dessen Formel, geschrieben nach dem schon früher für Cocain und Eucain benutzten Schema, hier wiedergegeben.

Benzoylvinyldiacetonalkamin. Eucain B

Hier fehlt also ein an N gebundenes Methyl, was nach den beim Cocain gemachten Erfahrungen nichts schaden sollte (s. Nor-Cocain S. 151) und da keine Carboxylgruppe vorhanden ist, findet sich auch kein esterifizierendes Alkohol-radikal.

Eucain B schließt sich, was die lokalen Wirkungen anlangt, eng an das vorgenannte Eucain an. An lokalanästhesierender Kraft steht es auf gleichem Fuß mit Cocain, erweitert aber die Pupille nicht oder fast nicht, lähmt die Akkommodation nicht, und ruft keine Gefäßverengerung, sondern Hyperämie doch ohne nennenswerte Reizerscheinungen hervor. Auf den Geschmack wirkt es nach Fontana[2]) auf dieselbe Weise wie Cocain. Subcutan injiziert ruft Eucain B bei Fröschen, Mäusen, Kaninchen und Meerschweinchen in großen Zügen das bekannte Vergiftungsbild des Cocains hervor, doch sind die Krämpfe minder heftig und namentlich von kürzerer Dauer. Dies hat seine Ursache darin, daß Eucain B zugleich Curarinwirkung hat, wie unten näher erörtert werden wird; doch tritt diese Wirkung erst nach größeren Dosen hervor. So sind bei Fröschen nach 1 mg nur Symptome von seiten des Zentralnervensystems bemerkbar und erst nach mehreren Milligrammen oder noch höheren Gaben, entwickelt sich die Curarinwirkung so stark, daß die elektrische Reizung von Nervenstämmen keine Zuckung mehr auslöst. Die letalen Dosen betragen $1/4$—$1/5$ von denen des Cocains. Ein etwas abweichendes Verhalten zeigt Eucain B bezüglich der Zirkulation. Der Puls wird langsam sowohl bei normalen wie bei vagotomierten oder atropinisierten Tieren. Die Ursache der Frequenzverminderung wird von Vinci in „Herabsetzung der Erregbarkeit der excitomotorischen Ganglien des Herzens gesucht". Der Blutdruck sinkt infolge Gefäßerweiterung, die bei Fröschen bewirkt, daß die ganze Blutmenge in der Peripherie des Körpers bleibt; das Herz bekommt nach Vincis Beschreibung nach und nach immer weniger Blut, bis es zuletzt ganz blutleer schlägt. Schließlich ist hinzuzufügen, daß beide Eucaine antiseptisch wirken, eine Eigenschaft, die dem Cocain fast völlig abgeht.

---

[1]) G. Vinci, Virchows Archiv 149, 217 (1897).
[2]) Fontana, Giorn. della R. Acad. di Torino 1902; zit. nach Arch. ital. de Biol. 41, 318 (1904).

Die Einführung der Eucaine als Arzneimittel führte zur Darstellung zahlreicher verwandter Körper, deren Untersuchung interessante Einblicke in die Verhältnisse zwischen Konstitution und Wirkung brachte. Eucain besteht ebenso wie Cocain aus einem N-haltigen Ring, der die Grundsubstanz bildet, und den beiden Seitengruppen Benzoyl und Methyl, während dem Eucain B das letztgenannte Glied fehlt. Vincis[1]) Untersuchungen zielten darauf ab, die Bedeutung dieser verschiedenen Glieder zu bestimmen. Es ergab sich, daß der stickstoffhaltige Ring, ebenso wie das Ekgonin des Cocains, an sich nicht lokalanästhesierend ist. Dazu ist vor allem die Verkuppelung mit einer aromatischen Säure notwendig. Dies ist das entscheidende Moment, aber die Benzoesäure hat doch keine so spezifische Bedeutung wie beim Cocain. Wird sie durch andere aromatische Radikale ersetzt, wie Phenylacetyl, Phenylurethan, Cinnamyl, Amygdalyl, so haben die resultierenden Substanzen mit Ausnahme der Amygdalylverbindung ausgesprochen anästhesierende Wirkung. Ganz wie die Triacetonalkaminderivate verhalten sich die homologen Vinylverbindungen (Eucain B); wird der Hydroxylwasserstoff durch eine aromatische Säure ersetzt, so erhält man lokalanästhesierende Eigenschaften, nur die Mandelsäure macht auch hier eine Ausnahme. (Der Mandelsäureester des N-methylvinyltriacetonalkamins, der sich vom Eucain B dadurch unterscheidet, daß das H der Iminogruppe durch Methyl ersetzt und der Mandelsäurerest an die Stelle des Benzoyls getreten ist, bewirkt Pupillenerweiterung, aber keine Anästhesie und wird unter dem Namen Euphthalmin als Atropinsurrogat gebraucht.)

Die Esterifizierung, die im Cocain eine so große Rolle für die Wirkung auf die Nervenenden spielt, scheint im Eucainmolekül ohne Bedeutung zu sein. So wirkt einerseits die Benzoyltriacetonalkamincarbonsäure in der Tat exquisit lokalanästhesierend, während andererseits die Äthyl- und Methyltriacetonalkamincarbonsäureester keine derartigen Eigenschaften besitzen, obgleich das esterifizierende Alkoholradikal nicht fehlt.

Neben der lokalen Unempfindlichkeit treten auch Reizsymptome und Schmerzen auf, die verschieden an Intensität, aber bei der Mehrzahl dieser Körper so ausgeprägt sind, daß ihre praktische Verwendung ausgeschlossen ist. Es war darum von Interesse nachzuprüfen, ob diese reizende Eigenschaft einer bestimmten Gruppe zuzuschreiben sei. Hierüber fand Vinci folgendes: Die Verkuppelung mit andern Säuren der aromatischen Reihe erwies sich stärker reizend und im allgemeinen reizten die am N-methylierten Körper mehr als die nicht methylierten. Ferner reizten alle Alkaminderivate weniger als die entsprechenden Alkamincarbonsäurederivate. Es scheint deswegen, daß das Auftreten der Carboxylgruppe eine Rolle bei dem Hervorrufen der Reizerscheinungen spielt. Durch Ätherifizierung des Carboxyls werden diese etwas vermindert.

Von Interesse war ferner das Studium der resorptiven Wirkungen und der Giftigkeit in ihrem Verhältnis zu der chemischen Konstruktion. Alle die untersuchten Substanzen wirkten auf das Zentralnervensystem, anfangs mehr oder weniger erregend, später lähmend. Die, welche die Carboxylgruppe enthielten, riefen starke Reflexsteigerung und allgemeine tonische und klonische Krämpfe hervor, die sich wiederholten, bis endlich das Lähmungsstadium eintrat. Das periphere Nervensystem wurde nicht angegriffen. Bei den Alkaminderivaten dagegen, denen die Carboxylgruppe fehlte, war die erregende Wirkung nur von kurzer Dauer, paralytische Symptome traten früh auf und die motorischen Nervenendigungen wurden gelähmt. Die Carboxylgruppe scheint also die Curarinwirkung der Alkamine aufzuheben. Auch für die Giftigkeit spielt das Eintreten von COOH eine Rolle, indem die Alkamine weniger giftig sind, als die entsprechenden Carbonsäuren. Von großer Bedeutung ist ferner der Eintritt eines Alkoholderivates in die Carboxylgruppe; gewöhnlich sind die esterifizierten Verbindungen 2—3 mal giftiger als die nicht esterifizierten. Dem entspricht also, daß das Cocain weit giftiger ist als das Benzoylekgonin. Auch die Verkuppelung mit aromatischen Säuren erhöht die Giftigkeit beträchtlich: Triacetonamin und Triacetonalkamin samt ihren Carbonsäuren sind ungefähr halb so toxisch wie die benzoylierten Verbindungen[2]).

Anhang: Pyrrolidinderivate.

Wie gesagt betrachtet man das dem Cocain zugrunde liegende Tropan als aus einem Piperidin- und einem Pyrrolidinring zusammengesetzt. Die Eucaine enthalten nur den Piperidinring. Auch aus der andern Hälfte des Tropans, dem Pyrrolidinring, entstehen durch geeignete Seitenketten Körper, die sich analog den Piperidinderivaten verhalten.

---

[1]) G. Vinci, Verhandl. d. Berl. physiol. Ges.; Archiv f. Physiol. **1897**, 163; Virchows Archiv **154**, 549 (1898).

[2]) Über die Eucaingruppe siehe ferner C. H. Clarke u. Fr. Francis, Ber. d. deutsch. chem. Ges. **45**, 2060 (1912).

Das von Pauly dargestellte β-Oxytetramethylpyrrolidin:

$$CH_2-C\begin{smallmatrix}H\\OH\end{smallmatrix}$$
$$\begin{smallmatrix}CH_3\\CH_3\end{smallmatrix}C\qquad C\begin{smallmatrix}CH_3\\CH_3\end{smallmatrix}$$
$$\underset{H}{N}$$

β-Oxytetramethylpyrrolidin

hat, wie die Formel zeigt, eine große Ähnlichkeit mit dem Vinyldiacetonalkamin. Der Benzoylester und Mandelsäureester dieser Base

$$CH_2-C\begin{smallmatrix}H\\O \cdot COC_6H_5\end{smallmatrix}$$
$$\begin{smallmatrix}CH_3\\CH_3\end{smallmatrix}C\qquad C\begin{smallmatrix}CH_3\\CH_3\end{smallmatrix}$$
$$\underset{H}{N}$$

Benzoesäureester

$$CH_2-C\begin{smallmatrix}H\\O \cdot COC_6H_5 \cdot CH(OH)\end{smallmatrix}$$
$$\begin{smallmatrix}CH_3\\CH_3\end{smallmatrix}C\qquad C\begin{smallmatrix}CH_3\\CH_3\end{smallmatrix}$$
$$\underset{H}{N}$$

Mandelsäureester

stehen chemisch und physiologisch in nahen Beziehungen zu den entsprechenden Alkaloiden der Piperidinreihe, Eucain B und Euphthalmin. Nach Hildebrand[1]) zeigt der Benzoylester gerade wie das Eucain B eine stark lokalanästhesierende Wirkung, die von Gefäßerweiterung und leichter Irritation der Conjunctiva begleitet ist, während die Pupille nicht verändert wird. Betreffs der Allgemeinwirkung war bei Fröschen erst eine erregende Wirkung zu beobachten, dann traten zentrale Lähmung und die auch dem Eucain B zukommende curareartige Wirkung auf die Endigungen der motorischen Nerven ein.· Auch bei höheren Tieren glich das Vergiftungsbild dem von Eucain B hervorgerufenen. Der Mandelsäureester schloß sich in seinen Wirkungen an das analoge oben besprochene Euphthalmin an.

Aus Obenstehendem geht also hervor, daß in bezug auf Allgemeinwirkung, Lokalanästhesie und Pupillenerweiterung kein wesentlicher Unterschied zwischen den Derivaten von Piperidin und Pyrrolidin besteht.

Orthoformgruppe.

Die Glieder der Orthoformgruppe sind im Vergleich zu den oben besprochenen Anästheticis sehr einfache Verbindungen. Ausgehend von einer etwas andern Auffassung der Konstitution des Ekgonins, als sie in der Willstätterschen Formel zum Ausdruck gelangt (s. S. 147), stellten Einhorn und Heinz[2]) Versuche mit verschiedenen benzoylierten Oxyamidobenzoesäureestern (p-Benzoyl-oxy-m-benzoesäuremethylester und p-Amidobenzoylsalizylsäureester) an und fanden, daß diese allerdings keine vollkommene Anästhesie hervorbrachten, aber doch deutlich die Sensibilität herabsetzten. Als Einhorn und Heinz nun dazu übergingen, zu prüfen, ob die Muttersubstanzen dieser Verbindungen, die nicht benzoylierten Amidooxybenzoesäure- resp. Salicylsäureester, sich ebenso wie die Ekgoninester verhielten, die ohne Benzoyl unwirksam sind, fanden sie zu ihrer Überraschung, daß dies nicht der Fall war, sondern daß die Ester aromatischer Amidooxysäuren sogar besser anästhesierten als ihre Benzoylderivate.

Diese Beobachtung gab den Anstoß zu einer Reihe sehr umfassender Untersuchungen[3]) teils vorher bekannter, teils für den vorliegenden Zweck hergestellter Verbindungen. Dabei wurde konstatiert, daß es geradezu ein charakteristisches Merkmal aller aromatischen Amidooxyester ist, lokale

---

[1]) H. Hildebrand, Arch. intern. de Pharmacodyn. 8, 506 (1901).
[2]) A. Einhorn u. R. Heinz, Münch. med. Wochenschr. 1897, 931.
[3]) Siehe A. Einhorn, Annalen d. Chemie u. Pharmazie 311, 26, 154 (1900), 325, 305 (1902).

Anästhesie zu erzeugen. Selbst der gewöhnliche Benzoesäuremethylester wirkte schwach anästhesierend und dieselben Eigenschaften fanden sich auch bei einer Menge anderer aromatischer Säuren von verschiedenem Typus. Fast alle diese zahlreichen neuen Anästhetica (Einhorn und Heinz' Abhandlung zählt 37 Beispiele auf und noch eine Anzahl anderer von Einhorn dargestellter Verbindungen werden von Pototzky[1]) erwähnt), waren jedoch teils wegen zu schwachen Anästhesierungsvermögens, teils wegen reizender oder ätzender Wirkung unbrauchbar. Praktische Bedeutung erhielten vorläufig nur zwei von all diesen Verbindungen, der p-Amido-m-oxybenzoesäuremethylester und der m-Amido-p-oxybenzoesäuremethylester, in die Therapie eingeführt unter den Namen Orthoform und Orthoform - Neu. Sie wirken gleich, aber nur letzteres wird verwendet (wegen seiner billigeren Herstellung).

| Benzoesäuremethylester | p-Amido-m-oxybenzoesäure- methylester. Orthoform. | m-Amido-p-oxybenzoesäure- methylester. Orthoform-Neu |

Orthoform, das als ein Cocain betrachtet werden kann, worin der Ekgonin-komplex durch die Amidogruppe, NH_2, ersetzt ist, besitzt in exquisitem Grade die Fähigkeit, die Endigungen der sensiblen Nerven zu lähmen; es ist aber sehr schwer im Wasser löslich. Daraus ergeben sich bedeutende Abweichungen vom Wirkungstypus des Cocains. Es entfaltet seine volle Wirkung nur an Stellen, wo es in unmittelbaren Kontakt mit den Nervenenden kommen kann, z. B. auf Wunden. Auf Schleimhäuten ist die Wirkung gering; wo das Epithel sehr zart ist, tritt indes nach einiger Zeit volle Anästhesie ein. Andererseits bringt die Schwerlöslichkeit es mit sich, daß das Mittel nicht durch Resorption entfernt werden kann, woraus lange Dauer der Anästhesie — mehrere Stunden oder einige Tage — folgt[2]).

Die Konstitution des Orthoforms läßt erwarten, daß es nicht besonders giftig sein wird. Diese Annahme hat sich auch als richtig erwiesen. Nach Dosen von $1/2$—1 g beobachtet man beim Menschen keine Allgemeinwirkungen, obgleich Orthoform im Magen in das Hydrochlorid, welches resorbiert wird, übergeführt wird. Auch von Wunden her findet Resorption statt, so daß der Urin nach 2 Stunden bei Zusatz von Eisenchlorid die violette Orthoformreaktion gibt[3]). Von lokalreizenden Wirkungen ist Orthoform nicht frei, aber sie treten in unregelmäßiger Weise auf; Oft kann es lange Zeit ohne Schaden an Stellen gebraucht werden, wo man eine besondere Empfindlichkeit erwarten könnte, z. B. im Larynx, in andern Fällen kann jedoch entweder sofort oder nach länge-rem Gebrauch eine bedeutende Reaktion auftreten, z. B. Erytheme, Urtikaria und juckende Infiltrate, die sich weit über die behandelte Partie hinaus erstrecken, und endlich lokale Gangrän. Pototzky[4]) nimmt an, daß diese irritierende Wirkung auf Rechnung der OH-Gruppe komme; denn er fand, daß alle ortho-formähnlichen Körper, die eine Hydroxylgruppe am Benzolkern, sei es frei

---

[1]) C. Pototzky, Arch. intern. de Pharmacodyn. **12**, 129 (1904).
[2]) Hecker, Diss. Berlin 1898; zit. nach A. Luxenburger, Münch. med. Wochenschr. **1900**, 52, sah bei Larynxulcerationen 7 Tage anhaltende Anästhesie nach einer Einblasung.
[3]) A. Luxenburger, Münch. med. Wochenschr. **1900**, 48; über die Ausscheidung im Urin siehe auch M. Mosse, Deutsche med. Wochenschr. **1898**, 405.
[4]) C. Pototzky, Arch. intern. de Pharmacodyn. **12**, 129 (1904).

oder substituiert, besaßen, reizende Eigenschaften hatten, während die nicht-reizenden Körper diese Gruppe nicht enthielten [1]).

Eine ausführliche Studie über die Allgemeinwirkungen des Orthoforms bei Tieren verdanken wir Guinard und Soulier [2]). Nach diesen Autoren kommt es nach großen innerlichen Dosen und nach intravenöser oder intraperitonealer Injektion bei verschiedenen Tieren (Hunden, Kaninchen, Schweinen, Fröschen) zu Gleichgewichtsstörungen, schwankendem Gang, vermehrter Salivation, Erbrechen, Tränenfluß, häufigem Harndrang und reichlicher Harnsekretion, erhöhter Reflexerregbarkeit und Krämpfen, danach zu Kollaps mit langsamer unregelmäßiger Atmung, rascher, schwacher Herzaktion und schließlich tritt der Tod an Atemlähmung ein. Bei Hunden war die Temperatur bald etwas herabgesetzt, bald ein wenig erhöht; bei Kaninchen trat nach großen Dosen bedeutendes Sinken der Temperatur ein. Das Blut war auch nach nicht toxischen Dosen nach dem Tode schokoladebraun. Dieselbe Farbenveränderung und Methämoglobinbildung sieht man auch bei Behandlung von Blut mit verdünnten Orthoformlösungen in vitro (Fröhlich) [3]).

In Übereinstimmung mit dem, was oben über die Ursache der lokalreizenden Wirkung des Orthoforms gesagt worden ist, findet man die Konstruktion des Orthoforms in verschiedenen Verkleidungen aber ohne das schädliche Hydroxyl wieder in den neueren Verbindungen Anästhesin, Propäsin und Cycloform d. h. dem Äthyl-, Propyl- und Isobutylester der p-Amidobenzoesäure.

p-Amido-Benzoesäureäthylester
Anästhesin

p-Amido-Benzoesäurepropylester
Propäsin

p-Amido-Benzoesäureisobutylester
Cycloform

Anästhesin wurde von Ritsert dargestellt; Binz [4]) überzeugte sich in Tierversuchen, daß ansehnliche Dosen bei Hunden und Kaninchen keine andern Folgen hervorbrachten als leichte Methämoglobinämie, und die anästhesierenden Eigenschaften wurden von Noorden [5]) beschrieben. Propäsin und Cycloform wurden von Kluger [6]) und Impens [7]) (1909 und 1910) beschrieben.

Alle diese Körper sind fast unlöslich in Wasser, wenig giftig und schließen sich in ihren Wirkungen überhaupt an das Orthoform an, jedoch mit dem Unterschied, daß sie nur äußerst selten lokale Reizung [8]) erzeugen und ferner, daß sie auch auf Schleimhäuten in gewissem Grade anästhesierend oder schmerzstillend wirken können.

Dipropäsin [6]), ein Harnstoffderivat, das zwei Propäsinmoleküle enthält $CO\begin{cases} NHC_6H_4 \cdot COOC_3H_7 \\ NHC_6H_4 \cdot COOC_3H_7 \end{cases}$, soll im Magen und Darm zerlegt werden und dort seine schmerzstillende Wirkung entfalten. Es soll angeblich in Dosen von 0,5 g sedativen Einfluß besitzen und in Dosen von 1 g hypnotisch wirken.

---

[1]) Die Nebenwirkungen können einen sehr ernsten Verlauf haben. Im Selbstversuch eines Arztes (R. Friedländer, Therap. Monatshefte **4**, 676 (1900)) kam es nach 10 bis 12 tägiger Anwendung von 10 proz. Orthoformsalbe in der Analregion zu erysipelähnlicher Röte, großen Blasen, starkem und schmerzhaftem Anschwellen der Genitalien; 4—5 Tage später bedeckte sich fast der ganze Körper mit kleinen roten, juckenden Papeln, die unter Schmerzen und hohem Fieber vereiterten. Die Erscheinungen hatten ein mehrwöchentliches Krankenlager zur Folge.

[2]) L. Guinard et H. Soulier, Arch. intern. de Pharmacodyn. **6**, 1 (1899); Compt. rend. de la Soc. de Biol. **1898**, 893.

[3]) A. Fröhlich, Wiener klin. Wochenschr. **1909**, 1805.

[4]) C. Binz, Berl. klin. Wochenschr. **1902**, Nr. 17 (S. A.).

[5]) C. von Noorden, Berl. klin. Wochenschr. **1902**, Nr. 17 (S. A.).

[6]) G. Kluger, Therap. Monatshefte **1909**, 76.

[7]) E. Impens, Therapie d. Gegenwart **1910**, Heft 8 (S. A.).

[8]) G. Spieß (Münch. med. Wochenschr. **1902**, 1611) erwähnt Ekzem nach Anästhesin.

Über diese und ähnliche Ester liegt eine umfangreiche Literatur praktisch therapeutischen Inhalts vor. Von pharmakologischem Interesse sind hauptsächlich folgende Arbeiten: Aus Impens'[1]) vergleichenden Versuchen geht hervor, daß die Löslichkeit von Cycloform, Propäsin und Anästhesin in Wasser sich ungefähr wie 1 : 2 : 4 verhält. Trotz dieses Unterschiedes zeigen bei gewöhnlicher Temperatur gesättigte Lösungen an der Kaninchencornea geprüft, ein fast gleichmäßiges Anästhesierungsvermögen. Das Anästhesierungsvermögen steigt also mit der steigenden Anzahl der Kohlenstoffatome im Alkoholradikal. Dieselbe Steigerung läßt sich auch in der Allgemeinwirkung der p-Amidobenzoesäureester auf Fische (Ellritzen) beobachten. Sie erzeugen nach kurzer Zeit einen narkotischen Zustand, der in vollständige Paralyse mit erlöschender Atmung übergeht. Das Herz wird zuletzt angegriffen und der Kreislauf ist noch lange in Tätigkeit, nachdem die Atmung aufgehört hat. Bei Fröschen entwickelt sich dasselbe Bild, nur ist die Wirkung schwächer; eine subcutane Dosis von 0,05 g Cycloform bringt nur eine unvollkommene und rasch vorübergehende Lähmung hervor. Bei Warmblütern erfolgt die Resorption dieser Ester wegen ihrer geringen Löslichkeit nur langsam und man sieht bei mäßigen innerlichen Dosen keine ins Auge fallende Wirkung, doch findet man bei genauerer Beobachtung, daß die Schleimhäute mehr oder minder cyanotisch sind. Nach größeren Dosen, z. B. 0,5 g oder mehr, ist die Verfärbung sehr stark ausgesprochen und zugleich treten Schläfrigkeit, Dyspnöe und eine Schwäche, die nach hohen Dosen zum Kollaps werden kann, auf. Bei Katzen führt 1 g des Äthylesters in der Regel zum Tode. Der Isobutylester scheint etwas weniger giftig zu sein und kann eine Zeitlang Hunden in Tagesdosen von 1 g gegeben werden ohne andere Wirkung als Cyanose.

Die Cyanose ist eine Folge der Methämoglobinbildung, die diese Ester beim lebenden Tier, aber nicht in vitro, hervorrufen. Die Oxyamidobenzoesäureester verwandeln, wie beim Orthoform erwähnt worden ist, auch im Reagensglas das Oxyhämoglobin in Methämoglobin. Impens nimmt auf Grund dieses Verhaltens an, daß die Amidobenzoesäuren im Körper in die entsprechenden Oxysäuren übergehen.

Heinz[2]) beschreibt auch morphologische Veränderungen der roten Blutkörperchen bei Kaninchen, die darin bestehen, daß die Erythrocyten stark lichtbrechende Körner aufweisen, die bald im Innern des Blutkörperchens, bald an seiner Peripherie sitzen, bald auch aus seiner Kontur heraustreten. Diese Körner können sich mehr und mehr von der Oberfläche des Erythrocyten entfernen und präsentieren sich als keulenförmige Anhängsel, die nur durch dünne Protoplasmafäden mit den Blutkörperchen verbunden sind. Zuletzt kann die Verbindung reißen und jene Gebilde schwimmen dann frei umher. Die Anzahl der roten Blutkörperchen nimmt stark ab, während die Zahl der Leukocyten steigt. Infolge der Zerstörung zahlreicher roter Blutkörperchen findet sich in vielen Organen, besonders in der Milz, körniger Blutfarbstoff abgelagert.

Die große Einschränkung in der Wirksamkeit, die Orthoform und verwandte Verbindungen durch ihre Schwerlöslichkeit erfahren, kann man auch nicht beheben, indem man ihre Salze mit Mineralsäuren benutzt, denn diese Salze reagieren sauer und reizen stark oder ätzen. Man suchte daher auf Umwegen zu löslichen Verbindungen zu kommen. Einhorn stellte zahlreiche, von Heinz[3]) pharmakologisch geprüfte Glykolderivate aromatischer Amino- und Aminooxybenzoesäureester dar; diese reagierten sehr stark alkalisch und bildeten mit Säuren neutrale Salze. In die Therapie wurde der salzsaure Diäthylglykokoll-m-amido-o-oxybenzoesäureester unter dem Namen Nirvanin eingeführt.

$$\text{OH} \bigcirc \begin{array}{l} \text{NH} \cdot \text{CO} \cdot \text{CH}_2 \cdot \text{N(C}_2\text{H}_5)_2 \cdot \text{HCl} \\ \text{COOCH}_3 \end{array}$$

Diäthylglykokoll-m-amido-o-oxybenzoesäuremethylester. Nirvanin

Diese Verbindung bewirkt lang anhaltende Anästhesie, ist aber immer noch etwas reizend und läßt die Tiefenwirkung des Cocains auf Schleimhäuten vermissen. Nach Quaddelversuchen ist sein Anästhesierungsvermögen an Intensität zehnmal geringer als das des Cocains. Bei Kaninchen rufen erst 0,22 g pro kg Vergiftung hervor, die in Excitation mit nachfolgender Lähmung besteht[4]). Als Maximaldose für den Menschen gilt 0,5 g.

---

[1]) E. Impens, l. c.
[2]) R. Heinz, Zieglers Beiträge 29, 299; zit. nach desselben Verfassers Handbuch der experimentellen Pathologie und Pharmakologie. Jena 1904, Bd. I, S. 407.
[3]) A. Einhorn u. R. Heinz, Münch. med. Wochenschr. 1898, 1553.
[4]) A. Luxenburger, Münch. med. Wochenschr. 1899, Nr. 1 u. 2. — H. Braun, Die Lokalanästhesie. 1905, S. 127.

Auch vermittelst Phenolsulfosäuren sind lösliche Verbindungen aus den aromatischen Amidocarbonsäureestern hergestellt worden. Eine Verbindung dieser Art ist das von Ritsert dargestellte und von Becker[1]) zuerst empfohlene Subcutin oder paraphenol-sulfonsaure Anästhesin.

$$NH_2 \cdot SO_3H \cdot C_6H_4 \cdot OH$$

$$COOC_2H_5$$

Paraphenolsulfonsaures Anästhesin, Subcutin

Wie der Name besagt, sollte es für subcutane Injektion anwendbar sein. Nach Braun[2]) hat es wohl eine bedeutende lokalanästhesierende Wirkung, reagiert aber sauer und ist nicht frei von lokalreizenden Eigenschaften.

Stovain- und Novocaingruppe.

Diese letzte Gruppe der zur Familie des Cocains gehörenden synthetisch hergestellten Körper verdankt ihre Entstehung der wichtigen Erfahrung, daß nicht nur zyklische Alkamine (Eucaingruppe), sondern auch fette Alkamine oder Aminoalkohole lokalanästhesierende Eigenschaften erwerben durch Esterifizierung mit aromatischen Säuren, am besten mit Benzoesäure oder Amidobenzoesäure, deren Alkylester die im vorhergehenden Abschnitt (Ortho-formgruppe) besprochene Wirkung haben.

Namentlich Fourneau und Einhorn haben eine große Anzahl solcher Körper hergestellt. Als Arzneimittel angewandt und daher am besten bekannt sind Stovain, Alypin und Novocain. Stovain ist das salzsaure Salz des Benzoylesters des tertiären Amylalkohol oder Dimethyl-äthylcarbinol, worin ein H einer Methylgruppe durch eine Dimethylamidogruppe ersetzt ist. Vom Stovain unterscheidet sich das Alypin dadurch, daß auch in das zweite Methyl eine Dimethylamidogruppe eingeführt ist:

$$CH_3$$
$$C_6H_5CO \cdot O-C-CH_2 \cdot N(CH_3)_2HCl$$
$$C_2H_5$$

Chlorhydrat des Dimethylamidobenzoylpentanols. Stovain

$$CH_2 \cdot N(CH_3)_2$$
$$C_6H_5 \cdot CO \cdot O-C-CH_2 \cdot N(CH_3)_2HCl$$
$$C_2H_5$$

Monochlorhydrat des Tetramethyldiamidobenzoylpentanols. Alypin

Eine etwas abweichende Konstitution hat Novocain, daß ein Ester des Diäthylamidoäthylalkohols mit p-Amidobenzoesäure ist; es kann also als ein Diäthylamidoderivat des Anästhesins bezeichnet werden.

$$NH_2$$

$$COO \cdot CH_2 \cdot CH_2 \cdot N(C_2H_5)_2 \cdot HCl$$

Chlorhydrat des p-Amidobenzoyldiäthylamidoäthanols. Novocain

Die Wirkungen dieser Substanzen sollen unten beschrieben werden mit besonderer Berücksichtigung der Unterschiede vom Cocain.

---

[1]) Becker, Münch. med. Wochenschr. **1903**, 857.
[2]) H. Braun, l. c. S. 130.

Stovain. Stovain wurde 1904 von Fourneau[1]) dargestellt. — Infiltriert man die eine Hälfte einer Schnittwunde mit Cocain, die andere mit Stovain in gleich konzentrierten Lösungen, so ist in bezug auf die Intensität der Wirkung kaum ein Unterschied zu bemerken (vielleicht wirkt Stovain etwas schwächer), aber die Cocainanästhesie ist von längerer Dauer (Reclus[2]), Chaput[3]), Braun)[4]). Vergleichende Untersuchungen über die Einwirkung von Cocain und Stovain auf Nervenstämme sind zuerst von Santesson[5]) ausgeführt worden. Beiden Substanzen war gemeinsam, daß das Leitungsvermögen sich zunächst eine Zeitlang auf normaler Höhe hielt, oder sogar etwas anstieg, um dann einen plötzlichen Fall zu zeigen. Die Kurven machten den Eindruck, als ob die Giftlösung langsam die Nervenscheide durchdränge, war dieses Hindernis aber erst überwunden, so wurde der Nerv rasch blockiert. Das Ergebnis zahlreicher Versuche mit Fröschen und Kaninchen kann in Kürze dahin zusammengefaßt werden, daß beide Substanzen, was die Wirkung auf die sensiblen Nervenfasern anlangt, ungefähr auf gleichem Fuße standen, daß aber Stovain eine relativ viel stärkere Wirkung auf die motorischen Fasern hatte als Cocain. Um den störenden Einfluß der starken Säure auszuschalten und annähernd die Wirkungen der anästhesierenden Base selbst zu bestimmen, verwendete Gros[6]) zur Untersuchung der Sensibilität und motorischen Leitung die Anästhetica in Form der oben erwähnten Bicarbonate (s. S. 111). In dieser Form wirken die verschiedenen Anästhetica —Cocain, Novocain, Eucain, Alypin und Stovain — sämtlich ungefähr gleichstark auf die motorische Leitung (die Grenzkonzentration lag zwischen $1/_{800}$ und $1/_{1600}$ normal). Die sensiblen Nerven waren weit empfindlicher und wurden von verdünnteren Lösungen gelähmt; nur beim Stovain waren die Grenzkonzentrationen ungefähr gleich, die Wirkung auf die motorischen Nerven war also relativ weit mehr ausgesprochen als bei Cocain usw. Noch ein neuer Zug, der das Stovain als ein stärkeres Gift für die motorischen Fasern wie die übrigen Anästhetica charakterisiert, kommt zum Vorschein, wenn man den Entgiftungsvorgang beobachtet (Läwen)[7]). Wird der Froschischiadicus mit isotonischen d. h. 5—6 proz. Lösungen von Cocain, Novocain, Alypin und Stovain behandelt, bis die maximale Wirkung erreicht ist, so lassen die drei erstgenannten Substanzen, am raschesten das Novocain, sich wieder vollständig durch Auswaschen mit indifferenten Flüssigkeiten entfernen, und die Anfangserregbarkeit des Nerven stellt sich wieder ein, Nur beim Stovain gelingt dies nicht; die gesetzte Herabsetzung der Erregbarkeit blieb bestehen oder ging noch weiter herab. Der Unterschied ist jedoch nur quantitativer Natur; wird die Einwirkungszeit der isotonischen Lösungen verlängert, so verhalten sich auch die andern Anästhetica der Auswaschung gegenüber ebenso wie Stovain (Gros)[8]) und werden ganz schwache Konzentrationen verwendet, so ist der Prozeß auch beim Stovain reversibel.

[1]) E. Fourneau, Compt. rend. de l'Acad. des Sc. **138**, 766 (1904). Über zahlreiche verwandte Aminoalkaloide siehe denselben Autor: Bull. de la Soc. chim. de France (4) **5**, 229 (1909); ref. im Chem. Centralbl. **1909**, I, 1318; Journ. de Pharm. et de Chim. (7) **1**, 55, 97, ref. im Chem. Centralbl. **1910**, I, 1134; Journ. de Pharm et de Chim. (7) **2**, 56, 102, ref. im Chem. Centralbl. **1910**, II, 1365.
[2]) P. Reclus, Acad. de Méd. 5. Juli 1904, abgedruckt in Recueil des principaux Memoires concernant la Stovaine. Paris 1904, p. 39.
[3]) Chaput, Soc. de Chir. 12. Oct. 1904, s. Principaux Memoires etc., p. 53.
[4]) H. Braun, l. c. S. 131.
[5]) C. G. Santesson, Festschrift für Olaf Hammarsten 1906, XV.
[6]) O. Gros, Archiv f. experim. Pathol. u. Pharmakol. **63**, 80 (1910).
[7]) A. Läwen, Archiv f. experim. Pathol. u. Pharmakol. **56**, 138 (1907).
[8]) O. Gros, Archiv f. experim. Pathol. u. Pharmakol. **63**, 101 (1910).

Nach **Baglioni** und **Pilotti**[1]) blockieren schon 0,03—0,05 proz. Stovainlösungen den Froschischiadicus, aber die Leitung stellt sich rasch wieder her, wenn man den Nerven in physiologische Kochsalzlösung bringt. Die Kurve zeigt dasselbe Aussehen, wie **Santesson** es beschrieben hat: erst eine Periode mit normal erhaltenem oder etwas erhöhtem Leitungsvermögen und dann ein plötzlicher Fall (s. untenstehende Figur). Ließ man vor dem Versuch frisch ausgeschnittene Nerven eines andern Frosches eine Stunde lang in der Lösung liegen, so wurde deren Wirksamkeit deutlich geschwächt (der Fall trat später ein), waren die Nerven vorher gekocht, so hatten sie keinen solchen Einfluß. Das Stovain wurde also zum Teil von den lebenden Nervengewebe fixiert, dagegen nicht von dem abgetöteten.

Werden ausgeschnittene Nerven in 5 proz. Stovainlösung gelegt, so treten ähnliche, aber noch ausgesprochenere Veränderungen an Nervenscheide und Achsencylindern auf, als sie oben (siehe S. 115) für das Cocain beschrieben worden sind (**Santesson**)[2]). Direkte Applikation von Stovain auf das Zentralnervensystem (Hirn) bewirkt lokale Lähmung (**Kischischkowski**)[3]).

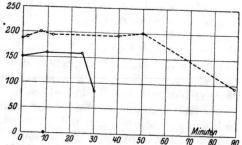

Abb. 12. Die vertikalen Zahlen geben in Millimeter den Abstand auf **Du Bois Reymonds** Schlitten an, die horizontalen die Zeit in Minuten. Die ununterbrochene Linie = Stovainlösung; die unterbrochene Linie = Stovainlösung mit Nerven von einem anderen Frosch behandelt.

In den Rückenmarkskanal gebracht, erzeugt Stovain eine ausgedehnte Leitungsanästhesie. Einige Minuten nach lumbaler Injektion von wenigen Zentigramm tritt Anästhesie im Perineum ein, die sich allmählich über die ganzen unteren Extremitäten ausdehnt. Bei größeren Dosen werden auch höher gelegene Abschnitte oder sogar der ganze Körper anästhetisch. Die Ausbreitung ist davon abhängig, daß die Lösung infolge der Lage der Nerven im Rückenmarkskanal zuerst mit den zum Perineum führenden Stämmen in Berührung kommt. Auch die Empfindungsqualitäten werden in bestimmter Reihenfolge beeinflußt. Zuerst schwindet die Schmerzempfindung, dann die Kälteempfindung, darauf die Wärmeempfindung und zuletzt die Berührungsempfindung. In der kurzen Zeit, die zwischen dem Schwinden von Kälte- und Wärmeempfindung vergeht, wird Kälte als Wärme empfunden („perverse Temperaturempfindung")[4]).

Auch bei der Lumbalinjektion tritt die starke Wirkung des Stovains auf die motorischen Nerven deutlich hervor. Die Anästhesie ist von ausgesprochener Parese der untern Extremitäten begleitet, und als Nachwirkungen hat man oft langdauernde Lähmungen verzeichnet, vor allen Dingen in denselben Regionen, die zuerst anästhetisch werden (z. B. Urinretention). Auch manche andere Lähmungen sind beschrieben worden, sogar Atemlähmung, wahrscheinlich dadurch verursacht, daß das Stovain lokal auf höher gelegene Teile des Zentralnervensystems eingewirkt hat. Histologische Veränderungen des Rückenmarkes wurden von **Consoli**[5]) beschrieben.

---

[1]) S. Baglioni u. G. Pilotti, Arch. ital. de Biol. **56**, 330 (1911).
[2]) C. G. Santesson, Skand. Archiv f. Physiol. **21**, 35 (1908).
[3]) C. Kischischkowski, Centralbl. f. Physiol. **25**, 537 (1911).
[4]) S. Baglioni u. G. Pilotti, Arch. ital. de Biol. **55**, 82 (1912); siehe auch R. Finkelnburg, Münch. med. Wochenschr. **1906**, 397.
[5]) S. Consoli, Arch. intern. de Pharmacodyn. **23**, 17 (1913).

Stovain unterscheidet sich ferner von Cocain durch viel stärker lokalreizende Eigenschaften. Es reagiert sauer, erzeugt eine beträchtliche Hyperämie und hebt die Adrenalinwirkung auf. Subcutane Injektion stärkerer Lösungen verursacht heftige Schmerzen, Entzündung und zuweilen Gangrän.

In den Conjunctivalsack eingetropft, bringt Stovain entweder keine Veränderung der Pupille oder leichte Miosis hervor; der intraokulare Druck wird nicht verändert (Lapersonne)[1]).

Auf Flimmerepithel wirken schwache Stovainlösungen geradeso wie Cocain: erst Erregung, dann Verlangsamung der Cilienbewegungen (Launoy und Perrier)[2]). Isotonische Kochsalzlösungen, die 1% Stovain enthalten, haben in vitro hämolytische Wirkung. Bei lebenden Tieren sieht man nur nach intravenöser Injektion letaler Dosen eine leichte Hämolyse (Launoy)[3]).

Allgemeinwirkungen. Bei Fröschen ruft Stovain zentrale Lähmung ohne Krämpfe hervor.

Das bei Warmblütern auftretende Vergiftungsbild bietet nach den hauptsächlich von französischen Forschern (Launoy und Billon[4]), sowie Pouchet und Chevalier[5])) gegebenen Beschreibungen viel Ähnlichkeit mit der Cocainvergiftung dar, jedoch mit dem wichtigen Unterschied, daß die dem Cocain eigentümlichen Sympathicuswirkungen (Augensymptome, Temperatursteigerung usw.) fehlen.

Bei Meerschweinchen (die meisten Versuche sind mit diesen Tieren angestellt worden) sieht man gleich nach der subcutanen Injektion Unruhe, Exaltation, Brechbewegungen und erhöhte Reflexerregbarkeit. Nachdem diese Prodromalsymptome eine Zeitlang gedauert haben, brechen heftige Krämpfe aus, die anfangs den Charakter von Lauf-, Schwimm- oder Rollbewegungen, später den von Epilepsie oder Tetanusanfällen haben. Die Hautgefäße erweitern sich, die Temperatur sinkt, und der Tod tritt infolge Respirationslähmung ein. Bisweilen sieht man beinahe gar keine Krämpfe, sondern einen narkoseähnlichen Zustand und einen Temperaturfall von mehreren Graden. Bei graviden Tieren bewirken große Dosen starke Uterusbewegungen und Abort.

Bei Hunden trägt das Bild die gleichen Züge. Unmittelbar nach Injektion von ungefähr 12 mg pro kg beobachtet man oft zunächst einen vorübergehenden Atmungsstillstand. Freigelassen, schwankt das Tier, hat Erbrechen und Salivation, zeigt Ataxie und Schwäche der Hinterbeine und einige Minuten später beginnen Krämpfe von sehr gemischtem Charakter. In den frühen Stadien der Vergiftung sieht man hauptsächlich Lauf-, Schwimm- oder rotierende Bewegungen, bei denen sich das Tier um den gelähmten Hinterkörper dreht. Später nehmen die Krämpfe das Aussehen heftiger epileptischer Anfälle an und zuletzt gleichen sie vollkommen einem Strychnintetanus, der sich mit immer kürzeren Zwischenräumen wiederholt und durch Asphyxie oder allgemeine Erschöpfung zum Tode führt. Halluzinationen scheinen vorhanden zu sein, die Pupillen sind erweitert und das Tier macht oft den Eindruck, als ob es blind wäre. Die Temperatur bleibt normal oder steigt während der Krämpfe. Stovain greift also, wie Cocain, sämtliche Abschnitte des Zentralnervensystems an. Die Atmungsstörungen und das Erbrechen, die gleich nach der Injektion

---

[1]) F. de Lapersonne, Presse méd. 13. April 1904; zit. nach Principaux mémoires etc. p. 12.

[2]) L. Launoy et E. Perrier, Compt. rend. de l'Acad. des Sc. **139**, 162 (1904).

[3]) L. Launoy, Compt. rend. de l'Acad. des Sc. **139**, 650 (1904).

[4]) L. Launoy et F. Billon, Compt. rend. de l'Acad. des Sc. **138**, 1360 (1904). — F. Billon, Acad. de Méd. 29. März 1904; zit. nach Principaux Mémoires etc., p. 5.

[5]) G. Pouchet, Acad. de Méd. 12. Juli 1904; zit. nach Principaux Mémoires etc., p. 42.

auftreten, deuten auf eine Wirkung auf das verlängerte Mark, die Halluzinationen, Augensymptome und klonischen Krämpfe werden von Pouchet auf die Großhirnhemisphären, die Inkoordination und die Kreisbewegungen auf das Kleinhirn bezogen, und die gesteigerten Reflexe und der Tetanus zeigen, daß auch das Rückenmark affiziert ist.

Auf die Zirkulation scheint Stovain keinen großen Einfluß zu haben und namentlich geht ihm die zentrale Gefäßwirkung des Cocains gänzlich ab. Bei Hunden und Kaninchen sieht man keine konstante Änderung des Blutdruckes, sondern bald ein leichtes Ansteigen bald ein geringes Fallen, das wahrscheinlich auf Rechnung einer Gefäßerweiterung kommt (Zwintz[1]), Kamenzove)[2]. Beim Menschen zeigt während der Lumbalanästhesie das Gesicht Blutandrang, und der Puls ist langsam. Über die Wirkungen auf das Herz scheinen eingehendere Untersuchungen nicht vorzuliegen. Bei Fröschen tritt nach letalen Dosen langsame und unregelmäßige Herzaktion auf, aber die Systole bleibt kräftig und das Pulsvolum nimmt zu (Santesson)[3].

Die letalen Dosen (subcutane oder intraperitoneale Injektion) sind nach Launoy[4]) folgende (ausgedrückt in Gramm pro kg Körpergewicht):

Taube	0,24—0,26
Huhn	0,21—0,23
Meerschweinchen	0,18—0,20
Maus	0,17—0,19
Kaninchen	0,15—0,17
Hund	0,1 —0,12

Bei intravenöser Einverleibung werden nach Schröder[5]) von Meerschweinchen 0,01 g, von Kaninchen 0,009 g und von Katzen 0,008 g pro Kilo gerade noch ertragen.

Für Frösche bestimmte Brocq[6]) die letale Dosis auf 0,75 g pro kg (Cocain ca. 0,45 g). Stovain ist also halb so giftig wie Cocain, bei intravenöser Injektion nach Baylac[7]) nur etwa $1/_3$ so giftig.

Über die letalen Dosen beim Menschen und über die resorptive Wirkung überhaupt weiß man nur wenig, da Stovain im wesentlichen nur intraspinal angewandt wird, und man bei dieser Applikationsmethode allerhand Zufällen ausgesetzt ist. Tod durch Respirationslähmung bei Lumbalinjektion ist schon nach 0,06 g beobachtet worden (Erben)[8]. Motorische Lähmungen sind eine sehr häufige Nebenwirkung und werden, wenn sie höher liegende Nervengebiete betreffen, einer unbeabsichtigten Ausbreitung des Alkaloids im Spinalkanal aufwärts zugeschrieben.

Verschiedene Homologe des Stovains (Methyl-, Äthyl-, Amyl-, Phenyl- und Benzoylstovain) wirken in allem wesentlichen wie Stovain (Veley, Symes, Waller)[9].

Alypin. Das nahverwandte Alypin schließt sich in seinen Lokal- wie Allgemeinwirkungen eng an das Stovain an und soll daher nur in Kürze besprochen werden. Es wurde 1905 von T. Hofmann hergestellt und pharmakologisch

[1]) J. Zwintz, Wiener med. Presse 1906, Nr. 5 (S. A.).
[2]) Zenaïde Kamenzove, Arch. intern. de Pharmacodyn. 21, 1 (1911).
[3]) C. G. Santesson, Festschrift für Olof Hammarsten 1906, XV.
[4]) L. Launoy, l. c.
[5]) Schröder, Deutsche med. Wochenschr. 1913, 1459.
[6]) C. L. Le Brocq, Brit. med. Journ. 1909, I, 783.
[7]) J. Baylac, Compt. rend. de la Soc. de Biol. 60, 254 (1906).
[8]) F. Erben, Die Vergiftungen II, 645.
[9]) V. H. Veley and W. L. Symes, Proc. Roy. Soc. London 83, 413, 421 (1911).
V. H. Veley and A. B. Waller, ebenda 82, 147 (1910).

von Impens[1]) untersucht, dessen ausführlicher Arbeit das Folgende hauptsächlich entnommen ist.

Alypin unterscheidet sich vom Stovain dadurch, daß es zwei Aminogruppen enthält. Die Base ist daher alkalischer und bildet neutrale Salze, deren Lösungen erst nach längerer Aufbewahrung infolge der Verseifung der Benzoylgruppe saure Reaktion annehmen.

Nach Impens ist Alypin, an der Schwimmhaut des Frosches und an Kaninchen und Menschenaugen geprüft, wenigstens ebenso stark anästhesierend wie Cocain. Damit stimmen Quaddelversuche von Peckert[2]) überein.

Im Auge bewirken schwächere Lösungen keine Pupillenerweiterung, keine Akkommodationslähmung und auch keine Änderung des intraokularen Druckes. Nach Einträufelung stärkerer Lösungen (5 proz.) tritt leichte Pupillenerweiterung und geringe Akkommodationsparese ein, vielleicht auch eine unbedeutende Herabsetzung des Druckes. Wirkung auf den Müllerschen Muskel (Lidspaltenerweiterung) scheint nicht beobachtet zu sein[3]). Alypin wirkt etwas lokalreizend, aber viel weniger als Stovain.

Allgemeinwirkungen: Bei kaltblütigen Tieren (Fröschen, Fischen) bewirkt Alypin zentrale Lähmung. Aufregungszustände sind schwach angedeutet, ohne daß deutliche Krämpfe in Erscheinung treten.

Bei höheren Tieren haben die resorptiven Wirkungen dasselbe Gepräge wie bei Cocain und Stovain. Namentlich treten bei Hunden auf deutlichste psychomotorische Wirkungen hervor. Eine eigenartige Erregung, Angst, Schrecken und Halluzinationen verraten die Wirkung auf das Großhirn. Die Koordination wird gestört und schließlich stellen sich Anfälle von heftigsten klonischen und tonischen Krämpfen ein. Während der Tetanusanfälle sistiert vorübergehend die Atmung. Gegen das Ende hin mehren sich diese Pausen, bis schließlich die Respiration vollständig erlischt, oder das Tier an allgemeiner Erschöpfung zugrunde geht. Bei Ratten findet man nach nicht tödlichen Dosen außer geringer Aufregung hauptsächlich hypnotische Wirkung.

Über die verschiedenen Funktionen enthält die erwähnte Arbeit von Impens ausführliche, durch Kurven ergänzte Mitteilungen, aus denen folgendes hervorzuheben ist: das Hauptmerkmal der Alypinwirkung auf das Herz besteht sowohl bei Fröschen wie beim Warmblüter in der Verlangsamung der Pulsfrequenz (Atropin hat keinen Einfluß), die bei Fröschen anfangs von einer Verstärkung der Herzkontraktionen und Vergrößerung der Arbeitsleistung begleitet ist. Der Stillstand erfolgt in Diastole. Bei Säugetieren erweist sich das Herz gegen Alypin bedeutend resistenter als gegen Cocain. Bei Fröschen (künstliche Durchblutung) erzeugt Alypin starke Gefäßerweiterung. Bei höheren Tieren beobachtet man nach mäßigen Dosen eine geringe Steigerung des Blutdruckes und keine allgemeine Erweiterung der Gefäße, nach toxischen Mengen dagegen eine starke Vasodilatation, die im Verein mit dem langsamen Puls ein bedeutendes Sinken des Blutdruckes verursacht. Die Körpertemperatur ändert sich nicht oder fällt etwas während der Krämpfe. $^1/_{10}$ proz. Lösung hat in vitro keine hämolytische Wirkung. Die letalen Dosen sind nach Impens für:

Hunde . . . . 0,06 g pro kg
Katzen . . . . 0,07 „ „   „
Ratten . . . . 0,2 „ „   „
Kaninchen . . . . 0,05 „ „   „
Meerschweinchen . . . . . 0,06 „ „   „

---

[1]) E. Impens, Archiv f. d. ges. Physiol. **110**, 21 (1905); Deutsche med. Wochenschr. **1905**, Nr. 29.
[2]) Peckert, Deutsche zahnärztl. Wochenschr. **8**, Nr. 43 (1905) (S. A.).
[3]) Nach vielen klinischen Mitteilungen.

Es besteht, wie sich aus den Zahlen ergibt, die eigentümliche Tatsache, daß Alypin für Kaninchen und Meerschweinchen giftiger ist als Cocain, für Fleischfresser dagegen nur halb so giftig. Auch für Frösche ist Alypin ein starkes Gift. Nach einigen wenigen von Impens ausgeführten Versuchen scheint die tödliche Dosis bei 0,25 g pro kg zu liegen (Cocain ca. 0,45 g); damit stimmt die Angabe von Brocq[1]) überein, daß Alypin bei diesen Tieren doppelt so giftig sei wie Cocain.

Für die Giftigkeit für den Menschen gilt das vom Stovain Gesagte. Es ist Respirationslähmung und Tod nach lumbaler Injektion von 0,05 g Alypin beschrieben worden[2]).

Novocain. Mit diesem 1905 von Einhorn dargestellten Körper ist die Reihe der synthetischen Lokalanästhetica vorläufig abgeschlossen.

Was den Einfluß auf die Nerven anlangt, so zeigt Novocain die Eigentümlichkeit, daß die Wirkung sowohl schwächer als auch von wesentlich kürzerer Dauer ist als die des Cocains, aber Novocain harmoniert so außerordentlich gut mit Adrenalin, daß diese Schattenseiten dadurch vollständig kompensiert werden. Nicht nur wird die Anästhesie vertieft und verlängert, so daß $^{1}/_{2}$ proz. und stärkere Novocain-Adrenalinlösungen den entsprechenden Cocain-Adrenalinlösungen gleichwertig werden (unterhalb dieser Konzentration bleibt Novocain immer weniger wirksam), sondern es scheint auch die Adrenalinwirkung durch die Kombination mit Novocain an Intensität zu gewinnen. An und für sich ruft Novocain keine Änderung im Kontraktionszustand der Gefäße hervor. Es ist leicht mit neutraler Reaktion in Wasser löslich und hat den großen Vorzug, dem Gewebe gegenüber ganz indifferent zu sein. 10 proz. Lösungen verursachen, ins subcutane Gewebe injiziert, keine andern Veränderungen als jede hypertonische Salzlösung (Braun[3]), Heineke und Läwen)[4]). Über das Verhalten des Novocains zu Nervenstämmen siehe oben unter Stovain.

Im Auge ist die Novocainanästhesie nur oberflächlich. Pupille, Akkommodation und intraokularer Druck werden nicht beeinflußt (Wintersteiner)[5]).

Resorptive Wirkung. Novocain zeichnet sich durch geringe Giftigkeit aus. Nach Biberfeld[6]) ist die letale Dosis für Hunde, Katzen, Kaninchen, Ratten und Frösche ungefähr 5—6 mal kleiner als beim Cocain. (Roth[7]) gibt an, daß Novocain für Rana pipiens etwa anderthalbmal giftiger ist als Cocain.) Über den Charakter des Vergiftungsbildes liegen nur sehr kurze Berichte vor (Heineke und Läwen l. c.), die darauf hinauslaufen, daß nach Injektion großer Dosen rasch Lähmung der Extremitäten eintritt. Die Tiere fallen auf die Seite, und als Zeichen einer Lähmung der Atemmuskulatur besteht eine intensive, äußerst frequente Zwerchfellatmung. Auf dieses Stadium folgen sehr bald klonische Krämpfe, die bisweilen den Charakter von Laufkrämpfen zeigen, auch tonische Krämpfe und heftige opisthotonische Zuckungen, die das ganze Tier umherschnellen, werden beobachtet. Der Tod scheint durch Atemstillstand zu erfolgen. Die rasche Herstellung selbst nach fast tödlichen

[1]) C. L. Le Brocq, Brit. med. Journ. 1909, I, 783.
[2]) F. Erben, Die Vergiftungen, II, 648.
[3]) H. Braun, Deutsche med. Wochenschr. 1905, 1667.
[4]) K. Heineke u. A. Läwen, Deutsche Zeitschr. f. Chir. 80, 180 (1905).
[5]) H. Wintersteiner, Wiener klin. Wochenschr. 1906, 1339.
[6]) J. Biberfeld, Med. Klin. 1905, 1218.
[7]) G. B. Roth, Journ. of experim. Pharmacol. and Ther. 9, 352 (1917).

Gaben (bei Katzen) wird von Hatcher und Eggleston[1]) auf Zerstörung des Novocains in der Leber bezogen.

Über das Verhalten isolierter Organe teilt Roth[2]) mit, daß Novocain auf das isolierte Froschherz ungefähr ebenso wirkt wie Cocain, auf Ureter (Hund), Magen und Harnblase (Katze), sowie auf den Uterus (Kaninchen) ebenso, doch mit dem Unterschied, daß Novocain in dünner Lösung weniger erregend wirkt als Cocain. Auf den Darm wirkte Novocain nur depressorisch, nicht wie Cocain erst erregend.

Bei Verwendung zur Lumbalanästhesie sind, wie nach Stovain und Alypin die verschiedensten Lähmungen von Blase, unteren Extremitäten, Augenmuskeln, M. deltoideus usw. beobachtet worden. Subcutan injiziert ist Novocain wenig giftig für den Menschen. Liebl[3]), dem wir Selbstversuche hierüber verdanken, spürte nach 0,4 g nur eine flüchtige Wärmeempfindung; nach 0,75 g, die schon eine Stunde nach der ersten Dosis injiziert wurden, traten Brechreiz, motorische Unruhe, Kopfschmerzen, Taubheit auf dem einen Ohr, Doppeltsehen, Rauschgefühl, Sehstörungen und Parästhesien auf. Im Lauf von $1\frac{1}{2}$ Stunden verschwanden alle diese Symptome wieder. Kombination mit Adrenalin setzt die Giftigkeit noch weiter herab, so daß man jetzt häufig 1—1,5 g injiziert.

Eine neue Klasse Lokalanästhetica bilden die von Fromherz[4]) unter Straub untersuchten Phenylurethanderivate.

Wird in die Äthylgruppe des hypnotisch wirkenden Phenylurethans eine Dimethylaminogruppe eingeführt, so entsteht der Dimethylaminoäthanolester der Phenylcarbaminsäure:

$$C_6H_5 \cdot NH \cdot COOC_2H_5 \qquad \text{Phenylurethan}$$
$$C_6H_5 \cdot NH \cdot COOC_2H_4N(C_2H_5)_2, \quad \text{Neuer Aminoester.}$$

Durch diese Kombination wird der pharmakologische Charakter völlig verändert; das Resultat ist ein wirksames Lokalanästhetikum, während die Eigenschaften des Urethans verschwunden sind. Dies ist leicht verständlich, denn der erwähnte Ester schließt sich in chemischer Hinsicht an die Novocaingruppe an. Man kann sich ja auch die neue Substanz in der Weise entstanden denken, daß zwischen das Phenyl und Carbonyl der Benzoylgruppe des Novocains eine NH-Gruppe eingeschoben wurde:

$$H_2NC_6H_4 \cdot COOC_2H_4N(C_2H_5)_2, \quad \text{Novocain}$$
$$C_6H_5 \cdot NH \cdot COOC_2H_4N(C_2H_5)_2, \quad \text{Neuer Aminoester.}$$

Diese wie viele andere verwandte Phenylurethanderivate, die von Fromherz untersucht wurden, waren mehr oder minder, zum Teil sehr stark lokalanästhesierend, und bei verschiedenen Prüfungsmethoden wurde gleichzeitig nachgewiesen, daß einige besonders auf die sensiblen Nervenendigungen, andere vorzugsweise auf die Nervenstämme wirkten. Was diese Verhältnisse, die Giftigkeit und die Beziehungen zwischen chemischer Konstitution und pharmakologischer Wirkung anlangt, so wird auf das inhaltreiche Original verwiesen.

---

[1]) R. A. Hatcher and C. Eggleston, Journ. of experim. Pharmacol. and Ther. 8, 385 (1916). Daselbst ein Literaturnachweis betr. Vergiftungen am Menschen und einige oben nicht referierte Untersuchungen über die relative Giftigkeit des Cocains und Novocains: Le Brocq, Brit. med. Journ. 1909, März; Petron, Zeitschr. f. Chir. 1909, 482; Frankfurter u. Hirschfeld, Archiv f. Anat. u. Physiol. 1910, 515; Piquard u. Dreyfuß, Journ. de Physiol. et de Pathol. gén. 12, 70 (1910).
[2]) G. B. Roth, Journ. of experim. Pharmcol. and Ther. 9, 352 (1917).
[3]) F. Liebl, Münch. med. Wochenschr. 1906, 201.
[4]) K. Fromherz, Archiv f. experim. Pathol. u. Pharmakol. 76, 257 (1914).

Andere lokalanästhesierende Körper.

Daß sich beim Cocain und damit verwandten Körpern ein gesetzmäßiger Zusammenhang zwischen der chemischen Konstitution und der Fähigkeit, die Empfindungsnerven zu lähmen, nachweisen läßt, schließt selbstverständlich nicht aus, daß auch viele andere Körper, die in chemischer Hinsicht nicht mit dem Cocain verwandt sind, anästhesierend wirken können. Tatsächlich trifft man diese Eigenschaft bei einer außerordentlich großen Zahl von Substanzen an, oft jedoch von unvorteilhaften Wirkungen begleitet (Schmerz[1]), Entzündung, Ätzung, Giftigkeit).

Die meisten, vielleicht alle Phenole, die flüssig oder leichtlöslich sind, besitzen, besonders in konzentriertem Zustand eine ausgesprochene anästhesierende Wirkung, in der Regel mit initialem Schmerz verbunden. Tropft man einen Tropfen Carbolsäure auf die Haut, so wird das anfängliche Brennen rasch von kompletter Gefühllosigkeit abgelöst, selbst 2—5 proz. Lösungen rufen eine sehr deutliche Abstumpfung der Sensibilität hervor. Die beruhigende Wirkung, die bei Hautjucken von manchen Phenolen (z. B. Resorcin und Pyrogallol) ausgeübt wird, ist ebenfalls die Folge einer schwach lokalanästhesierenden Wirkung. Zu den Phenolen, bei denen diese Wirkung am stärksten ausgeprägt ist, gehören das Guajakol, das man sogar als Ersatzmittel für Cocain vorgeschlagen hat, und das Eugenol.

Eine andere Gruppe aromatischer Körper, die eine, wenn auch weit schwächere Wirkung in derselben Richtung haben, sind Phenacetin und zahlreiche andere Anilinverbindungen, z. B. Formanilid und Acetanilid[2]), sowie Antipyrin und Pyramidon. Stark entwickelt ist die Wirkung bei dem von Täuber[3]) durch Vereinigung von Phenetidin und Phenacetin hergestellten Holocain:

$$CH_3 \cdot C{\Large<}{\overset{N \cdot C_6H_4 \cdot CC_2H_5}{NH \cdot C_6H_4 \cdot O \cdot C_2H_5}}$$

p-Diäthoxyäthenyldiphenylamidin. Holocain

In 1 proz. Lösung erzeugt das salzsaure Holocain Anästhesie der Cornea unter vorausgehendem leichten Brennen. Pupille und Akkommodation werden nicht beeinflusst und es tritt keine Gefäßverengerung ein (Kuthe)[5]). Nach Heinz'[4]) Untersuchungen wirkt Holocain antiseptisch und ist gleichzeitig giftig. Schon in $^1/_{10}$ proz. Lösung hemmt es das Wachstum von Bakterien und verhindert in 1 proz. Lösung vollkommen Fäulnis und Gärung. Resorptiv wirkt es als heftiges Krampfgift ähnlich wie Strychnin. Dosen von 1 mg bei Mäusen und 10 mg bei Kaninchen, haben den heftigsten Tetanus und Tod zur Folge; bei Fröschen hat Holocain zugleich Curarinwirkung, die die Krämpfe aufhebt; die letale Dosis für diese Tiere ist 2—3 mg.

Verwandt mit Holocain sind die von Trolldenier und Hesse[6]) untersuchten Alkyloxyphenylguanidine, von denen eine große Anzahl cocainähnliche Wirkungen hat. Das Hydrochlorid von einer dieser Verbindungen, nämlich das Di-p-anisylmonophenetylguanidin $(C_2H_5 \cdot O \cdot C_6H_4N: C(NH \cdot C_6H_4 \cdot O \cdot CH_3)_2$ ist unter dem Namen Acoin bekannt. Es hat die Eigentümlichkeit, eine außer-

---

[1]) Über „Anaesthetica dolorosa" siehe O. Liebreich, Verhandl. d. 7. Kongr. f. inn. Med. 1888, 245.

[2]) P. Heinze, Virchows Archiv 153, 512 (1898).

[3]) E. Täuber, Centralbl. f. prakt. Augenheilk. 1887, 54.

[4]) E. Kuthe, Centralbl. f. prakt. Augenheilk. 1897, 55.

[5]) R. Heinz, Centralbl. f. prakt. Augenheilk. 1897, 85; über mehrere andere „Holocaine" siehe C. Pototzky, Arch. intern. de Pharmacodyn. 12, 146 (1904).

[6]) Trolldenier, Therap. Monatshefte 1899, 36.

ordentlich langanhaltende Gefühllosigkeit hervorzurufen. Im Kaninchenauge erzeugt eine Lösung von 1 : 1000 eine Anästhesie von 15 Minuten Dauer, bei Anwendung einer Konzentration von 1 : 100 dauert die Wirkung ungefähr eine Stunde und nach einer Lösung von 1 : 40 (ätzend) länger als 1 Tag. Beim Menschen fand Braun[1]) einstündige Dauer der Quaddelanästhesie nach Injektion von 2 proz. Lösung. Die lokalreizende Wirkung ist bedeutend. Subcutan injiziert ruft Acoin nach Brauns Versuchen an Kaninchen in kleineren Dosen Parese der Extremitäten und Dyspnöe, in größeren Dosen Krämpfe mit nachfolgender allgemeiner motorischer Lähmung hervor. Die letale Dosis war 0,15—0,16 g pro kg. Thiesing[2]) fand Acoin giftiger als Cocain. Nach Trolldenier vertragen Hunde innerlich 0,5 g.

Von andern aromatischen Körpern, die anästhesierende Wirkung haben, mögen genannt werden Menthol und in geringerem Grade der gewöhnliche Campher, ferner Vanillin und Heliotropin. Auch die Gerbstoffe wirken schwach anästhesierend.

Lösungen von Chloralhydrat haben bekanntlich auf Wunden schmerzstillende Wirkung. Der verwandte Trichlorpseudobutylalkohol oder Acetonchloroform, das auch als Schlafmittel benutzt worden ist, ist in wässeriger Lösung von Vamossy[3]) als Cocainersatzmittel (Aneson, Anesin) empfohlen worden; es wirkt jedoch kaum auf Schleimhäuten und ruft subcutan injiziert starke Schmerzen hervor.

Die Saponine erzeugen Gefühllosigkeit, nach Kobert[4]) jedoch nicht auf Grund einer spezifisch anästhesierenden Wirkung, sondern durch direkte lokale Abtötung der peripheren Nerven. Die zur Digitalisgruppe gehörenden Glykoside, z. B. Digitalin, Helleborein, Adonidin, Convallamarin, Strophantin, Ouabain, Erythrophloein[5]) rufen ebenfalls Anästhesie hervor, aber zugleich Schmerzen und Entzündung.

Unter den Alkaloiden findet sich anästhesierende Wirkung angedeutet bei dem mit Cocain verwandten Atropin sowie beim Scopolamin, ferner bei verschiedenen Opiumalkaloiden[6]) (Morphin, Codein, Thebain, Narkotin, Dionin, Heroin), stärker entwickelt bei Pilocarpin, Physostigmin, Coniin, Chinin (durch Kombination mit Harnstoff wird die Wirkung erheblich gesteigert) und besonders bei mehreren neuen Chininderivaten. Auch bei dem salzsauren Coffein ist eine anästhesierende Wirkung vorhanden. Die in Holorrhenaarten vorkommenden Alkaloide Holorrhenin und Conessin besitzen nach Burn[7]) anästhesierende Eigenschaften, erzeugen aber bei subcutaner Injektion lokale Nekrose. Nerrocidin ist ein wenig bekanntes, von Dalma aus der indischen Pflanze Gasu-Basu gewonnenes Präparat, das in 0,2 proz. Lösung Tränenfluß und darauf mehrstündige Anästhesie der Cornea hervorbringt. Stärkere Lösungen sind irritierend und erzeugen ulceröse Keratitis. Subcutane Injektion verursacht „Lähmung der motorischen Zentren und peripheren Nerven"[8]).

---

[1]) H. Braun, Die Lokalanästhesie 1905, S. 120.
[2]) Thiesing, Die Lokalanästhesie in der zahnärztlichen Praxis. Leipzig 1902; zit. nach Braun, l. c.
[3]) Z. v. Vamossy, Deutsche med. Wochenschr. 1897; Therap. Beilage Nr. 8, S. 36.
[4]) R. Kobert, Beiträge zur Kenntnis der Saponinsubstanzen. Stuttgart 1904, S. 16.
[5]) O. Liebreich, Therap. Monatshefte 1880, 120. — Bussenius, Diss. Berlin 1888.
[6]) G. Buffalini, Settimana médica 53, No. 27; zit. nach Virchow - Hirsch, Jahresbericht 1899, I, 393. — A. Moukhtar, Compt. rend. de la Soc. de Biol. 1909, I, 187.
[7]) H. J. Burn, Journ. of experim. Pharmacol. and Therap. 6, 305 (1914—15).
[8]) F. A. Dumont, Handb. d. allgem. u. lokalen Anästhesie. Berlin u. Wien 1903, S.233.

Ferner wirkt Yohimbin lokalanästhesierend; wegen anderer sehr eigentümlicher Wirkungen soll dieses Alkaloid unten näher besprochen werden.

Unter den anorganischen Substanzen sind besonders die neutralen Kaliumsalze deutlich anästhesierend (und erhöhen die Wirkung des Cocains), weniger stark Calcium- und Magnesiumsalze und gar nicht die neutralen Salze der Alkalimetalle[1]).

Yohimbin.

Das Alkaloid Yohimbin, $C_{22}H_{28}N_2O_3$[2]) kommt in der Rinde der im tropischen Westafrika wildwachsenden, zur Familie der Rubiaceen gehörigen Corynanthe Yohimbe vor. Es wurde im Jahre 1896 von Spiegel[3]) isoliert und fast gleichzeitig von Thoms[4]).

Lokale Wirkungen. Die lokalanästhesierenden Wirkungen des Yohimbins wurden von Magnani[5]) entdeckt, der beobachtete, daß $^1/_2$—1 proz. Lösung eine $^1/_2$stündige Gefühllosigkeit von Conjunctiva und Cornea hervorrief, die von mehr oder minder starker Hyperämie begleitet war. Die Größe der Pupille wurde nicht verändert. Loewy und Müller[6]) konstatierten ferner, daß eine Lösung von der genannten Stärke auch die Nasen- und Mundschleimhaut anästhesierte und den Geschmack abstumpfte oder beinahe vollständig aufhob; auch die Nervenstämme wurden wie von Cocain beeinflußt: bei direkter Applikation auf den Ischiadicus oder andere Nerven wird zuerst die sensible und darauf die motorische Leitung beeinträchtigt resp. aufgehoben. Auch Tait und Gunn[7]) finden, daß Yohimbin im ganzen wie andere Anästhetica wirkt und schließlich die Nerven vollständig blockiert. Anfangs wird die refraktäre Phase des Nerven verlängert.

Allgemeinwirkungen. Die Veranlassung dazu, daß die Yohimbeherinde nach Europa gebracht und näher untersucht wurde, war der Ruf, den sie unter den Eingeborenen Westafrikas als Aphrodisiacum genoß, das in vielen Fällen imstande wäre, das geschwächte Kohabitationsvermögen zu verbessern oder wiederherzustellen. Diese Erfahrungen fanden ihre Bestätigung, als Loewy[8])

---

[1]) B. Wiki, Arch. intern. de Pharmacodyn. **21**, 415 (1911). Journ. de Physiol. et de Pathol. gén. **15**, 845 (1913). Viele der obigen Angaben sind dieser Arbeit entnommen.

[2]) Es wurden verschiedene Formeln aufgestellt, die hier angeführte darf als die richtige angesehen werden. [L. Spiegel, Ber. d. Deutsch. chem. Ges. **48**, 2077 (1915)]. Das Alkaloid aus Pseudocinchona africana (derselben Familie angehörig) ist dem Yohimbin nahe verwandt [E. Fourneau, Compt. rend. de l'Acad. des Sc. **154**, 976 (1910); Fourneau u. Fivre, Bull. Soc. Chim. de France **9**, 1037 (1911); zit. nach Chem. Zentralbl. **1914**, I, 986]. Auch in der Quebrachorinde (Fam. Apocynaceae) scheinen Alkaloide der Yohimbingruppe, vielleicht das Yohimbin selbst, vorzukommen [L. Spiegel, Ber. d. Deutsch. chem. Ges. **48**, 84 (1915)]. Die behauptete Identität des Yohimbins mit Quebrachin [E. Fourneau, Bull. Soc. Chim. de France **9**, 1307 (1911); zit. nach Chem. Zentralbl. **1914**, I, 986] ist jedoch nicht wahrscheinlich. Nach den Untersuchungen von D. Con [Journ. of experim. Pharmacol. and Ther. **5**, 341 (1913—14)] sind die pharmakologischen Wirkungen ganz verschieden: das Quebrachin wirkt auf die peripheren Gefäße verengernd. Unterschiede bezüglich der Wirkungen wurden auch von E. Filippi konstatiert (Arch. d. Farmacol. sperim. **23**, 107 und 129; zit. nach Chem. Zentralbl. **1917**, I, 1019).

[3]) L. Spiegel, Chem.-Ztg. **1896**, Nr. 97; Apoth.-Ztg. **1897**, 674.

[4]) H. Thoms, Compt. rend. du 12. Congr. Internat. **2**; zit. nach A. Loewy, Berl. klin. Wochenschr. **1900**, 927.

[5]) Magnani, La Clinica moderna **1902**, No. 35; zit. nach A. Loewy u. Franz Müller, Münch. med. Wochenschr. **1903**, 633.

[6]) A. Loewy u. Franz Müller, Archiv f. Anat. u. Physiol., Physiol. Abt. **1903**, Suppl.-Bd., S. 392; Münch. med. Wochenschr. **1903**, 633.

[7]) J. Tait and J. A. Gunn, Quart. Journ. of experim. Physiol. **1**, 191 (1908). — J. Tait, ebenda **2**, 155 (1909); zit. nach Journ. de Physiol. **10**, 928 (1908); **11**, 701 (1909).

[8]) A. Loewy, Berl. klin. Wochenschr. **1900**, 927.

in Tierversuchen und später auch durch Beobachtungen beim Menschen konstatierte, daß das Yohimbin eine spezifische, die Ausübung der Geschlechtsfunktion bei männlichen Individuen anregende Wirkung besitzt. Auch das weibliche Geschlecht scheint nach verschiedenen Beobachtungen in gleicher Weise beeinflußt zu werden (s. unten).

Die umfassendsten Untersuchungen über die Allgemeinwirkungen des Yohimbins verdanken wir Franz Müller[1]), auf dessen Publikationen sich die folgende Darstellung zum größten Teil stützt.

Nach subcutaner Injektion der kleinsten wirksamen Dosis, die für Hunde 0,1 mg pro kg beträgt, beobachtet man als erstes Symptom beschleunigte Atmung und leichte Unruhe. Die Tiere haben ein gespanntes Aussehen, laufen umher, schnüffeln und wedeln und achten aufmerksam auf jeden Laut. Die Hautgefäße erweitern sich, die Ohren fühlen sich heiß an, das Membrum nimmt eine lebhafte rote Farbe an und wird etwas größer, auch die Hoden schwellen an und an der Haut in der Nachbarschaft der Geschlechtsteile besteht eine erhöhte Empfindlichkeit für Berührung. Bei lebhaften Rassen sieht man schon nach diesen Dosen voll entwickelte Erektion. Die Wirkung ist nach $1/2$—$3/4$ Stunde vorüber.

Gibt man größere Dosen, so kommt es zu einer stärkeren Erregung mit langdauernden Erektionen, außerdem sieht man Hyperämie der Conjunctiva, ausgebreitetes Muskelzittern, Salivation, Diarrhöe und enorm rasche Atmung. Die Tiere befinden sich unwohl, heulen oder bellen, und der Gang ist unsicher, aber nach 1—2 Stunden schwinden die Symptome. Nach toxischen Dosen (1—5 mg pro kg) steigern sich die Muskelzuckungen oft bis zu Krämpfen, auf welche Ermattung, ataktische Bewegungen und erhöhte Reflexerregbarkeit folgen. Das Bild bietet eine gewisse Ähnlichkeit mit der Cocainvergiftung. Nach solchen Dosen fehlt häufig jede deutliche Wirkung auf die Genitalien. Die Herztätigkeit wird nicht merkbar verändert.

Schon die unmittelbare Beobachtung lehrt also, daß Yohimbin außer einer cerebralen Erregung, in erster Linie Veränderungen der Atmung und der Blutverteilung hervorruft.

Die Wirkung auf die Atmung äußert sich darin, daß schon nach kleinen Dosen die Atembewegungen beträchtlich an Tiefe und Frequenz zunehmen. Selbst nach sehr großen Dosen, die in kurzer Zeit den Tod durch Atmungsstillstand herbeiführen, macht sich, wie nachstehende, einer Arbeit von Gunn[2]) entnommene Kurve zeigt, zunächst eine enorme Verstärkung der Atembewegungen geltend.

Nach Durchschneidung der Vagi und nach Lähmung des Atemzentrums durch Urethan bleibt die beschriebene Wirkung aus. Sie muß also einer zentralen Erregung zugeschrieben werden.

Blutdruck. Nach minimalen Dosen tritt bisweilen eine vorübergehende Steigerung, meist aber ein geringes Sinken des Blutdruckes ein. Werden die Dosen gesteigert, so sinkt der Druck stärker und erreicht entweder bald wieder die ursprüngliche Höhe oder bleibt 10—20 Minuten lang niedriger, als er vor der Injektion war. Nach toxischen Dosen fällt der Druck bedeutend und erreicht seine frühere Höhe nicht wieder. Man beobachtet auch periodische von den Atmungsunregelmäßigkeiten und der Herztätigkeit unabhängige Blutdruckschwankungen; diesen scheinen Veränderungen im Lumen der Gefäße

---

[1]) Franz Müller, Arch. intern. de Pharmacodyn. **17**, 81 (1907) und andere Publikationen, die unten zitiert sind. Eine Arbeit von Poltawzeff, Über die physiologische und pharmakologische Wirkung des Yohimbins (Russ. med. Rundschau **1903**, 338) war dem Autor nicht zugänglich.

[2]) J. A. Gunn, Arch. intern. de Pharmacodyn. **18**, 95 (1908).

zugrunde zu liegen, denn bei überlebenden Arterien ruft Yohimbin rhythmische Kontraktionen hervor[1]).

Die Herztätigkeit zeigt nach kleinen Dosen, die ein deutliches Fallen des Blutdruckes verursachen, noch keine merkbaren Veränderungen. Intravenöse Zufuhr größerer Mengen bewirkt bei Kaninchen eine starke Pulsverlangsamung, die weder durch Vagusdurchschneidung noch durch Atropin verhindert wird, und die Tiere sterben an Herzlähmung, sofern für künstliche Atmung gesorgt wird; unter gewöhnlichen Umständen sistiert, wie schon gesagt, die Atmung immer zuerst. Bei dem isolierten Froschherzen sieht man ebenfalls erst Herabsetzung der Frequenz und nach großen Dosen plötzlich eintretenden Ventrikelstillstand, während die Atrien und Venensinus in regelmäßigem Tempo weiter-

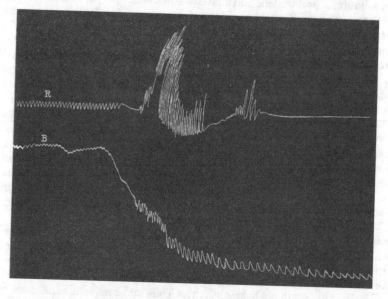

Abb. 13. Kaninchen. Intravenöse Injektion von 0,01 g pro kg. Obere Kurve = Atmung. Untere Kurve = Blutdruck. Unmittelbar nach der Injektion kommt es zu Atmungsstillstand, darauf zu sehr frequenter und tiefer Atmung, auf welche definitive Atemlähmung folgt.

arbeiten und den Ventrikel mit Blut überfüllen. Läßt man die Vergiftung sich mehr sukzessiv entwickeln, so nimmt man am isolierten Frosch- und Säugetierherzen eine Reihe von Müller[2]) genauer studierter Phänomene wahr (Gruppenbildung, Halbierung, Inkoordination zwischen Ventrikel und Atrien), die darauf hinweisen, daß die Reizleitung zwischen den verschiedenen Herzteilen, am intensivsten zwischen Atrium und Ventrikel gestört ist. Ferner wird die mechanische Leistungsfähigkeit der Kammer herabgesetzt und bei hochgradiger Vergiftung scheint auch innerhalb der Kammermuskulatur die Reizleitung zwischen Zelle und Zelle zu leiden. Tait[3]) unterscheidet (isoliertes Froschherz)

[1]) Franz Müller, Archiv f. Anat. u. Physiol., Physiol. Abt. 1906, Suppl-Bd. S. 411.
[2]) Franz Müller, Archiv f. Anat. u. Physiol., Physiol. Abt. 1906, Suppl.-Bd., S. 391. Über die Herzwirkung des Yohimbins siehe auch Oberwarth, Virchows Archiv 153, 292 (1898) und Kakowski, Arch. internat. de Pharmacodyn. 15, 21 (1905).
[3]) J. Tait, Quart. Journ. of experim. Physiol. 3, 185 (1910); zit. nach Journ. of Physiol. 13, 269 (1911).

in der refraktären Phase eine Periode absoluter Unerregbarkeit und eine Periode herabgesetzter Erregbarkeit. Erstere wird nicht verändert, letztere dagegen von Yohimbin verlängert.

Gefäße. Verschiedene Gefäßgebiete werden, wie das allgemeine Vergiftungsbild zeigt, beim Säugetier von Yohimbin stark erweitert.

Dies gilt namentlich von den oberflächlichen Arterien. Schon nach den kleinsten, überhaupt auf die Blutverteilung wirkenden Dosen sieht man bisweilen eine starke Zunahme des Beinvolums entweder ohne Änderung oder bei gleichzeitigem Sinken des Blutdruckes. Diese Gefäßerweiterung tritt auch nach Ausschaltung des Zentrums und ebenso bei künstlicher Durchblutung überlebender Extremitäten ein. Messungen mit Brodies onkometrischer Methode ausgeführt, ergaben eine Vermehrung der Stromgeschwindigkeit in der V. femoralis. Der Sitz der Wirkung ist also ein peripherer, in den Gefäßwänden selbst gelegener. Die Dilatation tritt auch ein, wenn die Gefäße vorher durch Adrenalin zur Kontraktion gebracht sind, und umgekehrt ist Adrenalin nach Yohimbindilatation immer noch wirksam. Über verschiedene innere Gefäße liegen folgende Befunde vor: Das Volum der Niere nimmt bisweilen gleichzeitig mit dem Fallen des Blutdruckes zu, kann aber auch abnehmen[1]). Das Volumen des Darmes scheint bei lebenden Tieren anfangs passiv dem Blutdruck zu folgen, also abzunehmen, wenn der Druck fällt. Während des folgenden Anstieges und noch nach Ausgleich des Druckes erfolgt eine starke Zunahme der Durchblutung des Darmes. Auch bei Durchspülung des isolierten Darmes am toten Tier bewirkt Yohimbin starke Dilatation. Die Milz zeigt schon nach Dosen, die den Blutdruck nicht verändern, noch stärker bei solchen, die ihn herabdrücken, eine deutliche Volumabnahme. Künstliche Durchblutung der isolierten Lunge ergab das Resultat, daß die Lungenarterien, wie man bei den meisten Gefäßgiften sehen kann, wenig beeinflußbar waren und sich erst bei maximalen Dosen erweiterten. An den Kranzarterien des Herzens fand Rabe[2]) teils geringe Verengerung, teils keine deutliche Wirkung, Meyer[3]) am lebenden, curarisierten Tier Erweiterung. Nach Strubell[4]) nimmt das Hirnvolum infolge Gefäßerweiterung zu, der intrakranielle Druck steigt und hält sich lange hoch, wahrscheinlich weil andere Gefäßgebiete, die erst erweitert waren, sich früher kontrahieren als die Arterien des Gehirns.

Die Gefäße des Frosches verhalten sich nach Gunn[5]) dem Yohimbin gegenüber ganz anders als die der höheren Tiere; schwache Lösungen (1 : 20000 bis 100 000) waren ohne Wirkung, stärkere Konzentrationen (1 : 1000—10 000) wirkten vasoconstrictorisch.

Untersuchungen an sonstigen glatten Muskeln wurden bisher nur von Loewy und Rosenberg[6]) unternommen, die fanden, daß das Yohimbin am überlebenden Kaninchendarm und -blase sowie an denselben Organen beim lebenden Tier in kleinen Dosen erregend, in großen lähmend wirkte.

Der Einfluß auf die Genitalorgane besteht zunächst in einem starken Blutzufluß und Anschwellen, verursacht durch Erweiterung des arteriellen Systems, die Corpora cavernosa eingeschlossen, nicht durch Behinderung des venösen Abflusses. Nach Spaltung der Haut und Freilegung des Inguinalkanales sieht

1) Franz Müller, Therap. Monatshefte **1910**, 285.
2) F. Rabe, Zeitschr. f. experim. Pathol. u. Ther. **11**, 175 (1912).
3) F. Meyer, Arch. f. Anat. u. Physiol. Physiol. Abt. **1912**, 223.
4) A. Strubell, Wiener klin. Wochenschr. **1906**, 1105.
5) J. A. Gunn, Arch. int. de Pharmacodyn. **19**, 319 (1909).
6) A. Loewy und S. Rosenberg, Archiv f. experim. Pathol. u. Pharmakol. **78**, 108 (1915).

man auch eine starke Erweiterung der Gefäße des Nebenhodens und des Vas deferens (Loewy)[1]). Yohimbin schafft also Verhältnisse, die der durch Reizung der Beckennerven erzeugten Blutfülle äußerst ähnlich sind.

Ferner erhöht Yohimbin gewisse Genitalreflexe. Hunde, deren Sensibilität durch eine in der Gegend der Membrana obturatoria ausgeführte Stichverletzung des obersten Halsmarkes aufgehoben ist, zeigen nach Müller[2]) folgende Reflexe: Kneift man die Haut in der Nähe des Penis mit einer stumpfen Pinzette, so beobachtet man Zuckungen in den Hautmuskeln des Präputiums. Wird der Penis ganz leicht berührt, so werden je nach der Empfindlichkeit des Tieres in größerem oder geringerem Umfang Erektionsbewegungen, Vorstoßen des Penis, Zuckungen im Ischiocavernosus und Bulbocavernosus und Levator ani und in einzelnen Fällen auch kombinierte Zuckungen in den Beinen ausgelöst. Kitzeln der Fußsohle ruft ebenfalls einzelne dieser Symptome hervor. Alle diese Reflexe werden durch minimale Yohimbindosen stark erhöht, während die Rückenmarksreflexe unberührt bleiben. Yohimbin bewirkt also in kleinen Dosen Steigerung der reflektorischen Erregbarkeit des Sakralmarkes.

Obige Schilderung gilt namentlich für Hunde. Bei andern Tieren ist das Vergiftungsbild im wesentlichen dasselbe. Bei Mäusen tritt Erektion auf. Bei Kaninchen beginnen ca. 10 Minuten nach der Injektion Hoden und Nebenhoden so anzuschwellen, daß sie aus dem Leistenkanal heraustreten, den Hodensack bis zur prallen Spannung desselben erfüllen und schließlich als zwei derbe Wülste beiderseits unterhalb des Penis liegen. Die Vergrößerung dauert bis zu 1 Stunde und länger. Dies wiederholt sich immer in derselben Weise, auch wenn die Injektionen täglich 4 Wochen lang gegeben werden. Es erfolgt also keine Gewöhnung.

Analoge Symptome treten auch bei weiblichen Tieren auf. Holterbach[3]) sah bei einer Hündin außerhalb der gewöhnlichen Zeit Brunst eintreten (Konzeption erfolgte), und Daels[4]) beobachtete nach kurzdauerndem Yohimbingebrauch bei Hündinnen blutig-schleimigen Ausfluß und überzeugte sich durch Laparotomie, daß auch anatomische Symptome der Brunst (Schwellen der Uterushörner usw.) in den inneren Geschlechtsorganen vorhanden waren: Bei Tieren, die vor kurzem geboren hatten oder die Geschlechtsreife noch nicht erreicht hatten, ließen sich solche Wirkungen nicht hervorbringen. Bei Kühen und Schafen war eine kurzandauernde Steigerung der Milchmenge innerhalb der Zeit der Verabreichung des Yohimbins feststellbar (Kronacher)[5]).

Bei Fröschen besteht die Wirkung im wesentlichen in Atemlähmung und späterem Herzstillstand.

Bei Mäusen wirkt nach Oberwarth[6]) 0,005 g durchschnittlich nach $1/2$ Stunde letal. Die tödlichen Dosen für Kaninchen sind nach demselben Autor bei intravenöser Applikation 0,011 g, bei subcutaner Injektion 0,053 g pro kg Tier. Von Gunn[7]) wird die letale Dosis für Frösche auf 0,05 g, für Kaninchen auf 0,014 g pro kg angegeben.

In den letzten Jahren hat Yohimbin eine nicht geringe therapeutische Anwendung teils als Aphrodisiacum, teils bei Arteriosklerose und Hypertension er-

---

[1]) A. Loewy, Berl. klin. Wochenschr. **1900**, 927.
[2]) Franz Müller, Arch. intern. de Pharmacodyn. **17**, 81 (1907).
[3]) H. Holterbach, Deutsche tierärztl. Wochenschr. **1907**, 181. Daselbst reichhaltige Kasuistik über die Genitalwirkung bei Tieren.
[4]) F. Daels, Berl. klin. Wochenschr. **1907**, 1332.
[5]) Kronacher, Berl. tierärztl. Wochenschr. **26**, 245 (1910); zit. nach Centralbl. f. Biochemie u. Biophysik **19**, 380 (1910).
[6]) Oberwarth, Virchows Archiv **153**, 292 (1898).
[7]) J. A. Gunn, Arch. intern. de Pharmacodyn. **18**, 95 (1908).

fahren und seine Wirkungen sind daher auch beim Menschen, namentlich was den Einfluß auf die Genitalsphäre, auf die Blutverteilung und den Blutdruck anlangt, untersucht worden.

Es scheint sicher zu sein, daß Yohimbin in vielen Fällen Erektionen hervorruft und die Potentia coeundi erhöht. Ob dies nur vermittelst der somatischen Wirkungen geschieht, oder ob auch rein psychische Momente (Verstärkung der Libido sexualis) dabei mitwirken, ist schwierig zu entscheiden. Schon die Suggestion, die das Bewußtsein mit potenzverbessernden Mitteln behandelt zu sein, ausübt, ist selbstverständlich von Bedeutung.

Aus Fellners[1]) und Staehelins[2]) plethysmographischen Messungen geht hervor, daß Yohimbin in therapeutischen Dosen ($^1/_2$—1—2 cg) eine vermehrte Blutfülle im Arm hervorbringt. Bei einem Patienten mit Schädeldefekt beobachtete Hirschfeld[3]) Dilatation der Hirngefäße und Zunahme des Hirnvolums.

Ob der Blutdruck beim Menschen nach therapeutischen Dosen eine konstante Änderung erfährt, bildet eine Streitfrage[4]). Aus zahlreichen klinischen Publikationen darf man schließen, daß die Frage noch nicht entschieden ist, jedenfalls nicht für Fälle, wo von vornherein Hypertonie vorhanden ist.

---

[1]) B. Fellner, Therap. Monatshefte 1910, 285.
[2]) R. Staehelin, Therap. Monatshefte 1910, 477.
[3]) Hirschfeld, Monatsschr. f. Psych. u. Neurol. 1911, 37; zit. nach Pongs, s. u.
[4]) Eine kritische Darstellung dieses Themas gibt A. Pongs, Zeitschr. f. experim.
Pathol. u. Therap. 10, 479 (1912), mit Literatur.

Curare und Curarealkaloide.

Von

R. Boehm-Leipzig.

Mit 3 Textabbildungen.

Curare und Curarealkaloide.

Charakteristik des Giftes. Das südamerikanische Pfeilgift Curare (Urari, Woorara, Wurali, bei den älteren Autoren: Gift der Ticunas und Lamas) wird von Indianerstämmen im äquatorialen Südamerika in den Flußgebieten des Orinoco (Essequibo) und Amazonas (Rio negro, Rio Purrus)[1]) fabriziert und gelangt in sehr unregelmäßiger Zufuhr, neuerdings wieder sehr spärlich, in den europäischen Handel. Der Emballage und auch den chemischen Bestandteilen nach sind drei Sorten zu unterscheiden[2]): 1. Kalebassencurare (in Kürbisschalen, Gourds), 2. Topfcurare (in kleinen Tontöpfchen), 3. Tubocurare (in Bambusröhren).

Das wesentliche Ingredienz bei der Bereitung durch die indianischen Giftköche ist neben vielen anderen vegetabilischen Zutaten, die auf die Wirkung keinen wesentlichen Einfluß haben, für Kalebassen- und Topfcurare der Rindenkork der in lebhaftem Safttrieb stehenden Stämme verschiedener kletternder und auf Granitboden wildwachsender Strychnosarten. Die Kenntnis dieser Stammpflanzen, deren Standorte, an sich sehr schwer zugänglich, von den Indianern außerdem geheim gehalten werden, ist noch lückenhaft. Genauer bestimmt sind: Strychnos toxifera Benth, wahrscheinlich ausschließlich Stammpflanze des Kalebassencurare; Strychnos Castelnaei Wedd., Strychnos Crevauxii G. Planchon, Strychnos Gubleri G. Planchon und Strychnos Rouhamon Benth. Die Giftköche bereiten unter allerlei Zeremonien aus den Ingredienzen wässerige, über dem Feuer zu dicker Konsistenz eingekochte Auszüge und beschmieren damit die Holzpfeile, die sie nur mittels Blasrohren und angeblich nur bei der Jagd auf Tiere verwenden.

Zu physiologischen und pharmakologischen. Zwecken ist bis jetzt hauptsächlich das Kalebassencurare, viel seltener das seiner Wirksamkeit nach sehr wechselnde und oft gefälschte Topfcurare, verwendet worden. Das Tubocurare, über dessen Abstammung nichts Sicheres bekannt und das überhaupt erst seit 30 Jahren in Europa bekannt ist, ist wenig wirksam und auch aus anderen Gründen (vgl. unten) für biologische Zwecke unbrauchbar.

Eigenschaften des Rohcurare. Alle Curaresorten sind extraktförmige

---

[1]) G. Planchon, Compt. rend. 19. Jan. 1880, S. 1330 u. Journ. de Pharm. et de Chim. V. Ser., **1** u. **2** (1880); vgl. auch Le Janne, Des Curares. Thèse, Paris 1881 (mit Karte).
[2]) R. Boehm, Chemische Studien über Curare. Beiträge zur Physiologie, C. Ludwig z. 70. Geburtst. gewidmet. Leipzig 1886. — R. Boehm, Das südamerikanische Pfeilgift Curare in chemischer und pharmakologischer Beziehung. Abhandl. d. kgl. sächs. Ges. d. Wissensch. I. Teil: Das Tubocurare; **22**, 201 (1895). II. Teil: 1. Das Kalebassencurare; 2. Das Topfcurare; 3. Über einige Curarerinden; **54**, 1 (1897).

dunkelbraune Körper von schwachem, eigentümlichem Geruch und sehr bitterem Geschmack. Der Feuchtigkeitsgehalt des Kalebassencurare beträgt 5—12%, der des Topfcurare 8%, der des Tubocurare 11—14%; nur das letztgenannte weist Einschlüsse von oft sehr großen Quercitkrystallen auf. Kalebassencurare gibt 34—75% seines Gewichtes an Wasser ab; die Wasserlöslichkeit ist also je nach den einzelnen Kalebassen in weiten Grenzen verschieden; von Topfcurare lösen sich 50—87%, von Tubocurare 84% — alle Zahlen auf exsiccatortrocknes Curare bezogen. Die wässerigen Lösungen aller Curaresorten reagieren neutral oder schwach sauer und haben meistens die Eigentümlichkeit, sich — anfangs nach dem Filtrieren klar, allmählich unter Absatz schmutzig brauner Massen zu trüben. Es ist daher nicht zweckmäßig, Lösungen in größerem Vorrat anzufertigen. Bei den in der Literatur sich findenden Dosenangaben für Curare ist meist nicht ersichtlich, ob sich die notierten Prozente auf die Gesamtsubstanz des Curare oder auf die in Wasser gelösten Anteile bezieht. Es sei schon hier darauf hingewiesen, daß der Curaringehalt des im Laboratorium fast ausschließlich verwendeten Kalebassencurare und somit die Wirkungsintensität je nach dem Inhalt verschiedener Kalebassen in den weiten Grenzen zwischen 3,8—9,4% variiert und daher im Interesse einer nur einigermaßen zuverlässigen Dosierung beim Anbruch einer neuen Kalebasse oder beim Ankauf des Giftes in anderer Form stets biologisch bestimmt werden sollte.

Das hierzu empfehlenswerte Verfahren möge etwas näher erläutert werden. Von dem zu prüfenden Gift wird ca. 1,0 g im Exsiccator getrocknet, gepulvert und nach nochmaligem 24stündigem Stehen über Schwefelsäure davon auf einem Uhrglas ca. 0,24 g genau abgewogen; man bringt das Pulver ohne Verlust in eine Glasstöpselflasche, fügt 12 ccm Wasser hinzu und läßt 2 Tage unter häufigem Umschütteln an einem warmen Orte stehen. Von der so gesättigten Lösung filtriert man nun zunächst in ein geeignetes Meßgefäß 3,0 ccm ab und verdampft sie auf einem gewogenen Uhrglas zur Trockne. Der Trockenrückstand betrage beispielsweise 0,045 g; also sind im ganzen von 0,24 g 0,18 g (75%) in Lösung gegangen. Der noch in der Stöpselflasche befindliche Rest der Lösung wird nun vollends in ein Meßgefäß (ohne Auswaschen) abfiltriert; er möge noch 7,5 ccm betragen. Um eine Lösung von 1% zu erhalten, verdünnt man mit 3,7 ccm Wasser und sucht nun die tödliche Dosis, die für den wasserlöslichen Teil des Kalebassencurare für das Kilo Kaninchen zwischen 1,5—3,0 mg beträgt. Man habe gefunden, daß 0,2 ccm der Lösung entsprechend 2 mg Curare ein Kaninchen von 1,1 Kilo eben töten; pro Kilo wären dann 1,9 mg die letale Dosis, und da diese bei subcutaner Applikation für reines Kalebassencurarin 0,34 mg pro Kilo Kaninchen beträgt, enthielte die hergestellte Curarelösung von 1% 0,17% Curarin. Will man die Wirkungsintensität für Frösche prüfen, so sind pro 1 Kilo Frosch 0,28 mg Curarin in Rechnung zu setzen.

Von den nicht spezifisch wirksamen Bestandteilen des Rohcurare bieten nur die Mineralstoffe mit Rücksicht auf den hohen Gehalt an Kalisalzen biologisches Interesse. Kalebassencurare hinterläßt (Untersuchung des Gemisches des Inhaltes von 5 verschiedenen Kalebassen) 6,1% Asche. Die quantitative Analyse[1]) der Asche ergab:

In Wasser löslich:	K_2SO_4	50,826
	NaCl	1,367
In Wasser unlöslich:	SO_3	1,472
	P_2O_5	0,620
	CaO	10,030
	MgO	18,277
	MnO	11,295
	$FePO_4$	2,783
	Sand und Kohle	3,330
		100,000

---

[1]) R. Boehm, Das südamerikanische Pfeilgift usw. II. Teil, S. 8.

Bei Verwendung von größeren Dosen, namentlich zu intravenösen Injektionen, kann der Kaliumgehalt von Curarelösungen ohne Zweifel erhebliche Fehler und Irrtümer verursachen. Bemerkenswert, wenn auch ohne biologische Bedeutung, ist der hohe Mangangehalt der Kalebassencurareasche. Tubocurare enthält sogar 12% Aschenbestandteile, kein Mangan, aber gleichfalls sehr viel Kaliumsulfat. Die Analyse der Asche (7,9%) des sehr kostbaren Topfcurare ist nicht quantitativ durchgeführt; qualitativ sind viel Kalium und Mangan nachgewiesen. Daß die Giftigkeit des Curare durch starke Säuren und Laugen geschmälert oder aufgehoben wird, war schon im 17. und 18. Jahrhundert bekannt.

Curarealkaloide. Frühere Versuche, den wirksamen Bestandteil des Curare zu isolieren, wie von Bousingault und Roulin[1]) und später von W. Preyer[2]), haben sicher nicht zu einheitlichen Körpern geführt. Es ist wohl erst dem Verfasser dieses Artikels gelungen, chemische Individuen aus den Pfeilgiften zu gewinnen und durch die Analyse zu charakterisieren[3]).

Die wirksamen Bestandteile der drei eingangs bezeichneten Giftsorten sind verschieden und bilden zwei Gruppen: a) die spezifisch wirkenden quaternären Curarine, b) die weniger stark wirkenden oder auch spezifisch ganz unwirksamen tertiären Curine.

Curarin $C_{19}H_{26}N_2O$, zu 3,8—9,4% im Kalebassencurare enthalten, Protocurarin $C_{19}H_{25}NO_2$ aus Topfcurare und Tubocurarin $C_{19}H_{21}NO_4$ aus Tubocurare, sind die bisher bekannt gewordenen Glieder der Curaringruppe. Die Konstitution dieser Basen ist noch nicht genau festzustellen gewesen, doch haben sie sich als quaternäre Ammoniumbasen charakterisieren lassen und einzelne Reaktionen sprechen dafür, daß es hydrierte Chinolinderivate sind. Alle Curarine sind als freie Basen sowie als Halogenverbindungen amorphe intensiv orangegelbe, in Wasser und Alkohol leicht lösliche, in Äther unlösliche Körper von höchst bitterem Geschmack und werden in Anwesenheit stärkerer Säuren beim Erhitzen oder Eindampfen der Lösungen leicht zersetzt und unwirksam.

Tubocurare enthält große Mengen einer krystallisierbaren tertiären Base Curin $C_{17}H_{19}NO_3$, das keine nachweisbare Nervenendwirkung äußert, aber die Herztätigkeit schädigt[4]). Im Kalebassencurare findet sich in sehr variabler Menge ein amorphes tertiäres Curin mit schwacher Nervenendwirkung; im Topfcurare sind zwei krystallisierbare Curine, das Protocurin $C_{20}H_{23}NO_3$ mit sehr schwacher Nervenendwirkung und das Protocuridin $C_{19}H_{21}NO_3$, ohne jede Nervenendwirkung, gefunden.

Das heute vorliegende experimentell-biologische Tatsachenmaterial bezieht sich zum weitaus größten Teil auf das rohe Pfeilgift Curare. Untersuchungen mit den reinen Curarealkaloiden sind außer vom Verfasser und dessen Schülern von anderen Forschern nur in geringer Zahl ausgeführt worden. Eine Sonderung des Stoffes für die vorliegende Bearbeitung nach der Form, in welcher das Gift zu den Experimenten diente, erscheint indessen untunlich.

Wirkung auf Enzyme. Die Sumpfgasgärung wird durch eine Curarelösung von 0,5% nach L. Popoff[5]) nicht beeinflußt.

[1]) Annales de Chim. et de Phys. **29**, 1828.
[2]) W. Preyer, Zeitschr. f. Chemie **1865**, 381.
[3]) Vgl. die oben S. 179 unter 2 zitierten Schriften.
[4]) J. Tillie, Über die Wirkungen des Curare und seiner Alkaloide. Archiv f. experim. Pathol. u. Pharmakol. **27**, 1 (1890).
[5]) Leo Popoff, Über die Sumpfgasgärung. Archiv f. d. ges. Physiol. **10**, 131.

O. Nasse[1]) fand, daß in Curarelösungen von 0,1% Enzymwirkungen beschleunigt werden. Die Beschleunigung (der Normalwert zu 100 angesetzt) betrug für Invertase 100 : 249, für Speichel 100 : 124, für Pankreasferment 100 : 119.

In einer (nicht publizierten) Versuchsreihe, welche R. Boehm mit sehr wirksamem gereinigtem Invertin (Hüfner) und mit Curarin anstellte, konnte er einen Einfluß des Curarins (in Konzentrationen von 0,05—0,1%) auf die Geschwindigkeit der Inversion, gemessen an der Änderung des optischen Drehungsvermögens nicht feststellen. Ebensowenig zeigte sich in einer anderen Versuchsreihe irgend ein Einfluß des Curarins auf den Verlauf der Hefegärung.

Wirkung auf Mikroorganismen. W. Nikolski und J. Dogiel[2]) halten Curare für ein allgemeines Protoplasmagift und stützen sich dabei auf Versuche an Amöben und Leukocyten, die durch das Gift die Beweglichkeit verloren. Im übrigen ist diese Frage unseres Wissens experimentell nicht weiter bearbeitet worden. Bemerkenswert ist vielleicht die Tatsache, daß reine Curarinlösungen auch bei jahrelanger Aufbewahrung nach den Erfahrungen des Verfassers keine Schimmelvegetationen zeigen, während solche in Lösungen von Rohcurare sehr bald entstehen.

Wirbellose Tiere. Versuche von Cl. Bernard[3]) an Blutegeln ergaben, daß bei diesen Tieren nur: „la vie de relation" aufgehoben wird. Ein Krebs wurde durch eine größere Curaredosis nicht getötet. Steiner[4]) vergiftete Schnecken durch Injektion von Curarelösungen vom Rücken und von der Sohle aus. Im ersteren Falle wurden schnell, im letzteren langsamer die Lebensäußerungen aufgehoben. Die Tiere erholten sich aber mit Ausnahme eines einzigen bis zum folgenden Tage. In der Vermutung, daß eine zentrale Wirkung vorliegen könnte, wurde Steiner durch eine Bemerkung von O. Nasse bestärkt, der beobachtete, daß Nervenreizung bei curaresierten Schnecken noch Muskelzuckungen auslöst. Auch eine Aplysia von 80,0 g Gewicht sah Steiner nach Applikation von 0,01 g Curare unbeweglich werden, und auch dieses Tier erholte sich wieder. Seesterne sollen durch Curare das Vermögen verlieren, sich umzudrehen, während sich die kleinen Füßchen lebhaft weiter bewegen. Auch eine Holothuria regalis wurde durch Curare unbeweglich. W. Kühne[5]) konstatierte, daß Curare auch in ganz konzentrierter Lösung auf Vorticellen gar nicht wirkt, auch wenn diese Tiere stundenlang mit einem „braunen Brei aus Curare und Wasser in Berührung bleiben" und daß ebenso die „mit Nerven reichlich beschenkten Insekten" von dem Gifte nicht im geringsten affiziert werden. Vulpian[6]), der an Schnecken, Anodonten, Krebsen, Insektenlarven und Blutegeln experimentierte, fand, daß bei allen so unverhältnismäßig große Curaredosen nötig sind, um eine Wirkung zu erzielen, daß man die Resultate überhaupt als zweifelhaft bezeichnen müsse. M. Fürst[7]) konnte Regenwürmer in der Regel nur dadurch für äußere Reize unerregbar machen, daß er sie mindestens 48 Stunden lang in ziemlich starker Curarelösung liegen ließ. Meist

―――――――――

[1]) Otto Nasse, Untersuchungen über die ungeformten Fermente. Archiv f. d. ges. Physiol. **11**, 138 (1879).

[2]) W. Nikolski u. J. Dogiel, Zur Lehre über die physiologische Wirkung des Curare. Archiv f. d. ges. Physiol. **47**, 68.

[3]) Claude Bernard, Leçons sur les effets des substances toxiques etc., p. 362.

[4]) J. Steiner, Das amerikanische Pfeilgift Curare. S. 56.

[5]) W. Kühne, Untersuchungen über Bewegungen und Veränderungen der kontraktilen Substanz. Archiv f. Anat. u. Physiol. **1859**, 829.

[6]) Vulpian, Leçons sur les effets physiologiques des substances toxiques. p. 206.

[7]) M. Fürst, Zur Physiologie der glatten Muskeln. Archiv f. d. ges. Physiol. **46**, 367.

war dann bei erhaltener direkter Reizbarkeit völlige Lähmung vorhanden. W. Biedermann[1]) kam dagegen bei Versuchen an Arenicola piscatorum, einem marinen Wurm, zu dem Ergebnis, daß das Curare keineswegs als ein Mittel angesehen werden kann, um bei diesen Tieren mit ähnlicher Sicherheit den Einfluß des Nervensystems auszuschalten, wie dies in bezug auf die quergestreiften Muskeln der Wirbeltiere gilt. W. Straubs[2]) Versuche mit Curarin an Regenwürmern ergaben, daß ein Analogon der Curarinwirkung beim Wirbeltier, eine spezifische Lähmung der motorischen Nerven beim Regenwurm ganz bestimmt nicht vorhanden ist, wenn auch die Möglichkeit offen zu lassen ist, daß große Dosen des Giftes vielleicht irgend eine andere Wirkung auf diese Tiere ausüben. Die von früheren Autoren gesehene scheinbare Curarewirkung kann nach Straubs Ansicht recht wohl durch die im Curare enthaltenen Kaliumsalze vorgetäuscht worden sein.

Nach Mitteilung weiterer, noch nicht publizierter Versuchsresultate an den Verfasser, die W. Straub in der zoologischen Station zu Neapel erzielte, ist Curarin auch in großen Dosen im Sinne einer spezifischen Nervenendwirkung bei allen untersuchten Wirbellosen (Astacus, Squilla mantis, Aplysia, Octopus vulgaris, Spicunculus nudus) unwirksam. In jüngster Zeit wurde von L. und M. Lapicque[3]) mitgeteilt, daß bei Helix pomatia und Astacus fluviatilis und leptodactylus die Vergiftung mit Curare die gleiche „Muskelwirkung" herbeiführt, als welche nach der Auffassung dieser Forscher die spezifische Curarewirkung überhaupt — auch bei Wirbeltieren — anzusehen ist. Wir werden weiter unten auf diese Theorie der Curarewirkung zurückkommen.

Wirbeltiere. In der Reihe der Wirbeltiere ist die Empfänglichkeit für die Wirkung des Curarins bis jetzt noch nirgends ganz vermißt worden. Bei den Fischen ist sie relativ gering. J. Steiner[4]) nimmt an, daß bei diesen Tieren der peripheren eine zentrale Wirkung vorausgehe; daß außerdem die hohe Resistenz aus der geringeren Blutmenge der Fische (1 : 53—93) zu erklären und dabei auch das Verhältnis der Masse der Muskeln zum Gesamtkörpergewicht zu berücksichtigen sei. Unter den Amphibien zeigen einzelne Species, z. B. Salamandra maculosa, eine relativ hohe Toleranz dem Gifte gegenüber. An Reptilien (Schlangen) hat schon Fontana die Curarewirkung konstatiert; auch bei Säugern zeigen sich Differenzen der Giftempfindlichkeit. Näheres über die quantitativen Verhältnisse der Wirkung bei den verschiedenen Wirbeltierklassen findet sich zusammen mit den Literaturnachweisen in einem späteren besonderen Abschnitt.

Normaldosen und tödliche Dosen. Infolge des variablen Curaringehaltes des Rohcurare lassen sich Normen für dessen Dosierung nicht aufstellen. Bei Fröschen (Esculenten wie Temporarien) beträgt die Normaldosis des Curarin, d. h. die kleinste Menge, die nach Einführung in den Lymphsack alle Bewegungen aufhebt, 0,28 mg pro 1 kg Körpergewicht (Tillie). Die „letale" Dosis kann für Frösche nicht normiert werden, da diese Tiere durch

---

[1]) W. Biedermann, Zur Physiologie der glatten Muskeln. Archiv f. d. ges. Physiol. **46**, 398.

[2]) W. Straub, Zur Muskelphysiologie des Regenwurms. Archiv f. d. ges. Physiol. **79**, 379.

[3]) L. et M. Lapicque, Action du Curare sur les muscles d'animaux divers. Compt. rend. de la Soc. de Biol. **68**, 1007 (1910).

[4]) J. Steiner, Das amerikanische Pfeilgift Curare, S. 46; vgl. auch J. Schiffer, Archiv f. Anat. u. Physiol. **1868**, 453 und J. Steiner, ibid. **1875** und Boll, Mon.-Ber. d. Kgl. Preuß. Akad. d. Wissensch., Nov. 1875.

Curarin allein nicht getötet werden, sondern, je nach ihrer individuellen Widerstandsfähigkeit und anderen Nebenumständen, wie Temperatur, Jahreszeit
u. dgl., nach Vergiftung mit größeren Curarinmengen, wahrscheinlich infolge
von Zirkulationsanomalien, nur bisweilen zugrunde gehen.

Bei Warmblütern ist dagegen die letale Dosis, d. h. diejenige Menge
Curarin, die eben ausreichend ist, das Tier durch Lähmung der Muskeln des
Atmungsapparates zu töten, mit Schärfe zu bestimmen. Sie ist je nach dem
Applikationsmodus verschieden. Die Proportionalität der letalen Dosis zum
Körpergewicht trifft nicht ganz scharf zu, insofern als wenigstens bei Kanin-
chen kleinere Tiere meist etwas höhere Dosen ertragen als größere.

Deutsche Kaninchen werden (subcutan) durch 0,34 mg pro Kilo Körpergewicht getötet (R. Boehm). Bei intravenöser Injektion ist die kleinste letale
Dosis für deutsche Kaninchen 0,12 mg pro Kilo, für große belgische Tiere nur
0,08 mg pro Kilo (O. Gros). Tillie bezeichnet 0,2 mg Curarin pro Kilo als die
kleinste Dosis, durch welche deutsche Kaninchen komplett gelähmt werden.
Die Differenz dieser und der von O. Gros als kleinste letale Dosis bezeichneten
Menge erklärt sich daraus, daß der Cornealreflex erst nach überletalen Dosen
verschwindet, wenn sofort nach der Injektion künstliche Atmung eingeleitet
wird.

Für weiße Mäuse ist nach A. Laewen[1]) die minimale letale Dosis (subcutan) 0,38—0,41 mg pro Kilo. Bei Meerschweinchen betrug sie für größere
Tiere (über 600 g Gewicht) 0,11 mg pro Kilo, für kleinere unter 600 g nur
0,09 mg pro Kilo. Laewen hat Gründe dafür beigebracht, daß diese Differenz
durch eine relativ stärkere Entwicklung des Skelettmuskelgewebes bei größeren
Tieren bedingt ist. Das Gewicht des letzteren belief sich bei Tieren unter 600 g
auf ca. 44% des Körpergewichtes, bei solchen über 600 g erreichte es 50%.

Auffallend groß ist die Resistenz des Feuersalamanders gegen Curarin.
Jakabházy[2]) bestimmte die Normaldosis für dieses Tier zu 1,7 mg pro Kilo —
das Sechsfache der Normaldosis für Frösche.

Für Protocurarin (aus Topfcurare) beträgt die Normaldosis für Frösche 0,13 mg
(Jakabházy), die tödliche Dosis für deutsche Kaninchen 0,24 mg pro Kilo (subcutan)
(Boehm).

Die Normaldosis des Tubocurarin beträgt nicht weniger als 7 mg pro Kilo für
Frösche (Jakabházy), die tödliche Dosis für Kaninchen 1 mg pro Kilo (subcutan).

Resorption. Die Resorption des Curare oder des Curarins kann von fast
allen Applikationsorten aus erfolgen; am raschesten geschieht dies — wenn man
von der intravenösen Zufuhr, wo ja keine Resorption stattfindet, absieht — von
offenen Wunden oder vom subcutanen Zellgewebe aus. Auf diesem Wege
können bei allen überhaupt empfänglichen Tieren die zur tödlichen Vergiftung
erforderlichen Mengen rasch aufgenommen werden. Die Froschhaut ist für Curare
(nicht filtrierte Lösung von Kalebassencurare) undurchlässig (Ernst Lang[3]).

Über die Frage, ob auch von Schleimhäuten aus tödliche Vergiftung mit
Curare möglich ist, existiert eine ziemlich umfangreiche Literatur. Für die
Zufuhr per os hat schon Fontana[4]) das Wesentliche richtig beobachtet; er
fand, daß Vögel leicht, Säuger (Meerschweinchen, Kaninchen) etwas weniger

---

[1]) A. Laewen, Experimentelle Untersuchungen über die Möglichkeit, den Tetanus
mit Curarin zu behandeln. Mitt. a. d. Grenzgeb. d. Med. u. Chir. **16**, 802 (1906).

[2]) Archiv f. experim. Pathol. u. Pharmakol. **42**, 10 (1899).

[3]) Ernst Lang, Versuche über die Durchlässigkeit der Froschhaut für Gifte.
Archiv f. experim. Pathol. u. Pharmakol. **84**, 2 (1918).

[4]) Felix Fontana, Abhandlung über das Viperngift, die amerikanischen Gifte usw.
A. d. Französ., Bd. I. 289.

leicht per os durch Curare getötet werden können. Tauben starben nach 6 Gran Curare in weniger als 25 Minuten. Bei Meerschweinchen waren hingegen 5 Gran, bei Kaninchen 8—10 Gran erforderlich; nach vorhergehendem längeren Hunger waren für Tauben und Kaninchen schon 3 Gran tödlich. Cl. Bernard[1]) konstatierte in der Hauptsache das gleiche und findet außerdem, daß die Einwirkung des Magensaftes die Wirkung des Curare nicht aufhebt. Ein Magenfistelhund erhielt Curare mit dem Futter und blieb munter; der aus der Fistel entnommene Saft tötete Frösche unter den Erscheinungen der Curarevergiftung. Die relative Unschädlichkeit des Curare vom Magen aus führt Cl. Bernard auf das insbesondere durch die bedeckende Schleimlage bedingte geringere Resorptionsvermögen der Magenschleimhaut zurück. Auf den Füllungszustand des Magens wird von Bidder[2]) Gewicht gelegt. Gaglio[3]) unterband den Oesophagus von Kaninchen in der Bauchhöhle oberhalb des Magens und fand hierauf per os zugeführtes Curare rascher und stärker wirksam. In diesem Falle wird das Gift ohne den Umweg durch das Pfortadersystem und die Leber dem Kreislauf zugeführt. Gaglio vermutet daher, daß nach der weniger wirksamen stomachalen Zufuhr das Gift in der Leber zurückgehalten oder zerstört werde. Bei Versuchen mit partieller Leberexstirpation an Fröschen schien in der Tat die Vergiftung mit Curare vom Magen aus viel rascher zu wirken. Sauer[4]) gibt an, daß Kaninchen unter normalen Verhältnissen erst durch das 70fache der bei subcutaner Injektion letal wirkenden Curaremenge vom Magen aus getötet werden. Nach vorhergehendem längeren Hungerzustand war die stomachal-letale Dosis nur unerheblich kleiner. Mit Rücksicht auf die oben erwähnten Resultate von Gaglio injizierte Sauer gleiche Mengen einer Curarelösung das eine Mal durch die Vena facialis, das andere Mal in eine Vena mesenterica und fand keinen Unterschied in der Schnelligkeit der Wirkung. Albanese[5]) kommt, ohne die Arbeit von Gaglio zu erwähnen, zu den gleichen Annahmen wie dieser. Während bei erhaltener Leberzirkulation vom Magen des Frosches aus 50mal soviel Curare zur Lähmung nötig ist als vom Lymphsack aus, sollen nach vorhergegangener Leberexstirpation die wirksamen Mengen in beiden Fällen gleich groß sein: die Leber hält also das Gift zurück; auch sollen Curarelösungen durch 24stündige Berührung mit Ochsenleberbrei unwirksam werden; ähnliche Befunde sind außerdem noch von Lussana[6]) und Roger[7]) mitgeteilt worden. An Hunden mit Eckscher Fistel haben dann C. J. Rothberger und H. Winterberg[8]) diese Frage wohl endgültig dahin entschieden, daß der Leber keine Schutzkraft bei der Curarevergiftung zukommt. Hunde mit Eckscher Fistel ertragen per os anstandslos die gleichen Curaremengen wie normale Hunde. Normale Tiere reagierten auf 0,2 g pro Kilo per

---

[1]) Claude Bernard, Leçons sur les effets des substances toxiques. Paris 1857.
[2]) F. Bidder, Über die Unterschiede in den Beziehungen des Pfeilgiftes zu verschiedenen Abteilungen des Nervensystems. Archiv f. Anat. u. Physiol. **1865**, 337.
[3]) G. Gaglio, Über die Wirkung des Curare auf die Leber. Moleschotts Untersuch. **13**, 354.
[4]) K. Sauer, Über den sog. Curarediabetes. Archiv f. d. ges. Physiol. **49**, 423.
[5]) Albanese, L'influence du foie sur l'action de curare absorbé par la muqueuse gastro-intestinale. Arch. ital. de Biol. **34**, 213.
[6]) Lussanna, Sull' azione depuratorio del Fegato. Giorn. intern. di science medic. 1879.
[7]) Roger, Note sur le rôle du foie dans les intoxications. Compt. rend. de la Soc. de Biol. **63**, 407 (1886).
[8]) C. J. Rothberger u. H. Winterberg, Über die entgiftende Funktion der Leber gegenüber Strychnin, Atropin, Nicotin und Curare. Arch. intern. de Pharmacodyn. **15**, 339 (1905).

os mit deutlicher Schwäche in den Hinterbeinen; 0,3 g führten schon zu bedrohlichen Erscheinungen. Bei einem Hund mit Eckscher Fistel verursachten 0,3 g pro Kilo einmal Lähmungserscheinungen (aber ohne Atmungsstörung!), während diese hohe Dosis von vier anderen Hunden mit Eckscher Fistel ohne wesentliche Störung vertragen wurde.

Auf Grund eines Versuchs, in welchem ein Hund mit Eckscher Fistel nach 0,02 g pro Kilo zugrunde ging, glaubt O. Polimanti[1]), daß der Leber zweifelsohne eine wenn auch leichte Schutzwirkung gegenüber dem Curare zuzuerkennen ist. Man wird dem Autor hierin um so weniger beistimmen können, als er selbst einen anderen Versuch (Exp. 1) mitteilt, in welchem die größere Dosis von 0,0267 g pro Kilo unter den gleichen Bedingungen keine anormalen Symptome bewirkte.

N. Zuntz[2]) kommt auf die Frage zurück, ob die Säure des Magensaftes nicht etwa doch zersetzend auf Curarin einwirkt. Nach Versuchen von Jeß wirkte der Harn eines Kaninchens, das 0,25 g Curare per os erhalten hatte, auf Frösche weniger giftig als der Harn eines anderen Tieres, dem nur 0,03 g subcutan einverleibt worden waren. L. Hermann[3]) führt den geringen Effekt des stomachal gegebenen Curare — wie es auch schon Cl. Bernard[4]) angab — auf die rasche Elimination des Giftes durch die Nieren zurück. Kaninchen gingen bei diesem Vergiftungsmodus viel rascher zugrunde nach vorhergegangener Unterbindung der Uretheren. Die Zersetzung des Curarins im Magen durch die Salzsäure bei der Temperatur des Tierkörpers hält der Verfasser (Boehm) auf Grund vieler Erfahrungen beim chemischen Arbeiten mit Curarin für wenig wahrscheinlich. Jedenfalls handelt es sich in diesem wie in mehreren anderen analogen Fällen in der Hauptsache nur um Geschwindigkeitsdifferenzen der Resorption und nicht um physiologisch prinzipielle Unterschiede; auch Frösche konnte Vulpian vom Magen aus vergiften.

Ähnlich liegen die Verhältnisse in den übrigen Abschnitten des Intestinaltractus. Vom Rectum aus konnte Cl. Bernard Kaninchen etwas rascher als vom Magen aus tödlich mit Curare vergiften. Einspritzungen von Curarelösungen in isolierte Dünndarmschlingen bewirkten in Versuchen von Cl. Bernard und von Vulpian[5]) bei Hunden auffallenderweise keine Vergiftung.

Von der Conjunctiva aus konnte Cl. Bernard keine Curarewirkung erzielen. Dies liegt aber nur an der beschränkten Raumkapazität des Conjunctivalsacks. Von O. Gros[6]) auf Veranlassung des Verfassers angestellte Versuche mit Curarin ergaben, daß man Kaninchen durch Instillation von Giftlösungen in das Auge fast ebenso rasch töten kann, wie durch subcutane Injektion. Doch scheint in diesem Falle die Höhe der tödlichen Dosis von der Konzentration der Lösung abhängig zu sein.

In die Harnblase von Hunden injizierte Curarelösungen wirkten nicht vergiftend (Cl. Bernard); ebenso blieb die Wirkung aus nach Applikation

---

[1]) Osw. Polimanti, Über Curarevergiftung beim Hunde mit partieller Leberausschaltung. Archiv f. exper. Pathol. u. Pharmakol. **78**, 17 (1914).

[2]) N. Zuntz, Über die Unwirksamkeit des Curare vom Magen her. Archiv f. d. ges. Physiol. **49**, 437.

[3]) L. Hermann, Über eine Bedingung des Zustandekommens von Vergiftungen. Archiv.f. Anat. u. Physiol. **1867**, 64 u. 650.

[4]) Cl. Bernard (cit. bei Vulpian, Leçons sur l'action physiologique des substances toxiques etc. p. 212) fand Kuraredosen, die per os für normale Hunde unschädlich gewesen wären (?), wirksam nach vorhergegangener Nephrotomie oder Unterbindung der Uretheren.

[5]) Vulpian, l. c. S. 213.

[6]) O. Gros, Über die letale Dosis des Curarin für das Kaninchen bei intravenöser oder conjunctivaler Applikation. Archiv f. experim. Pathol. u. Pharmakol. **77**, 183 (1914).

der Giftlösung auf die Trachea, trat aber sehr rasch ein, wenn die Lösungen bis in die Lungen kamen. Auffallend rasche Wirkung hatte außerdem Injektion der Giftlösung in den Ausführungsgang der Submaxillardrüse; die serösen Häute nehmen das Gift gleichfalls schnell auf; von der äußeren Haut der Frösche aus wirkt es relativ langsam (Cl. Bernard l. c., Haber l. c.).

Fische werden durch die Kiemen nach der Angabe von Cl. Bernard nur sehr schwach und langsam vergiftet. Gotch[1]) konnte Torpedos durch Einbringen in curarehaltiges Salzwasser bis zur Unbeweglichkeit vergiften. Vulpian erwähnt, daß Froschlarven in Curarelösungen nur dann gelähmt werden, wenn man sie an der Haut leicht verletzt. Der Verfasser (Boehm) kann dies für Curarin bestätigen. In einer 0,1 prozentigen Lösung von Curarin in Brunnenwasser blieben Froschlarven viele Stunden lang munter und lebendig. Die Kiemen- und Hautepithelien setzen also jedenfalls bei diesen Tieren dem Eintritt des Alkaloids einen sehr großen Widerstand entgegen. Ein kleiner Scherenschnitt am Schwanz des Tieres genügt, um in wenigen Minuten die Lähmung herbeizuführen.

Daß ein freipräparierter Gastrocnemius des Frosches, in eine Curarelösung untergetaucht, aus dieser die zur Lähmung der Nervenenden nötige Giftmenge aufnimmt, hat ebenfalls zuerst Cl. Bernard beobachtet. Versuche des Verfassers[2]) mit Curarin lehrten, daß die Oberfläche eines frischen Froschmuskels (Gastrocnemius, Sartorius, Semimembranosus) beim Untertauchen in 0,1—0,01 prozentige Curarin-Ringerlösungen außerordentlich rasch das Gift aufnimmt. Taucht man den Muskel nur ganz kurze Zeit (bis herab zu einer Sekunde) in die Lösung und spült sofort darnach den ganzen Muskel in Ringerscher Flüssigkeit wiederholt ab, so erfolgt trotzdem allmählich die maximale Vergiftung. Nach einer größeren Versuchsreihe führte der Aufenthalt im Giftbade während 1—30 Sekunden die Vollwirkung nach 60—80 Minuten herbei; hat die Einwirkung eine Minute lang gedauert, so vergiftet sich der Muskel ebenso schnell, wie wenn er dauernd bis zum Eintritt der maximalen Wirkung in der Giftlösung verblieben wäre (ca. 27 Minuten). Das Gift wandert also im zirkulationslosen Muskel von der Oberfläche aus im Gewebe des Muskels weiter. Daß bei diesem Vorgang die Oberfläche des Muskels, die das Gift wahrscheinlich momentan durch Adsorption festhält, eine Rolle spielt, ergibt sich daraus, daß Eintauchen des frisch angelegten und passend vertikal aufgehängten Querschnittes, z. B. eines M. semimembranosus, in die Curarinlösung erst nach vielen Stunden die maximale Vergiftung herbeiführt. Es wurde weiterhin konstatiert, daß ein Froschmuskel im Curarinbade das Vielfache der zur maximalen Wirkung ausreichenden Giftmenge festhält. Hängt man neben einem so vergifteten Muskel in Ringerscher Flüssigkeit frische unvergiftete Gastrocnemien auf, so reicht das durch Osmose langsam von dem vergifteten Muskel wieder abgegebene Curarin aus, um mehrere frische Muskeln maximal zu vergiften, ohne daß die Lähmung des ersten Muskels in dieser Zeit zurückgeht. Dagegen ergeben alle mit den nötigen Kautelen angestellten Versuche ohne jede Ausnahme, daß vom Nervenstamme aus niemals der zugehörige Muskel mit Curarin vergiftet werden kann.

Elimination. Curarin wird durch die Nieren aus dem Körper ziemlich rasch wieder ausgeschieden. Voisin und Lionville[3]) konnten durch sub-

---

[1]) Gotch in Schäfer, Textbook of Physiology. **2**, 590.
[2]) R. Boehm, Über die Wirkungen des Curarin und Verwandtes. Archiv f. experim. Pathol. u. Pharmakol. **63**, 219. 1910).
[3]) Voisin u. Lionville, Centralbl. f. d. med. Wissensch. **1866**, 624.

cutane Injektion des Harns curarisierter Kaninchen gesunde Kaninchen unter den Erscheinungen der Curarewirkung vergiften. F. Bidder[1]) gelang das gleiche mit Fröschen; 1 ccm des Harns eines seit 3 Tagen mit 1,0 mg Curarin vergifteten Frosches bewirkte bei einem zweiten Frosch von dessen Lymphsack aus vollständige Lähmung, der Harn dieses zweiten Tieres lähmte ein drittes und der des dritten ein viertes normales Tier. Das Gift war also jedenfalls bei der wiederholten Passage durch den Tierkörper nicht zerstört worden, und Bidder zeigte außerdem durch direkte Beobachtung, daß es durch Wasserstoffsuperoxyd gar nicht, durch Ozon nur langsam in vitro oxydiert wird. Den Inhalt der Gallenblase und der Lymphsäcke curarisierter Frösche fand er unwirksam. S. Jakabházy[2]) verfolgte die Ausscheidung bei Vergiftung von Fröschen und Feuersalamandern mit reinem Curarin. Auch in diesem Falle war das Gift im Harn der Tiere durch die physiologische Methode leicht nachzuweisen. Genauere Versuche mit dem Harn von Salamandern sprachen außerdem dafür, daß die zugeführte Giftmenge annähernd vollständig im Harn wieder erscheint. Dem Verfasser (Boehm) gelang es zuweilen — allerdings nicht immer — das Alkaloid im Froschharn auch chemisch nachzuweisen; unterschichtet man denselben im Reagensglas vorsichtig mit konzentrierter Schwefelsäure, so tritt in günstigen Fällen an der Berührungszone die für Curarin charakteristische purpurrote Färbung auf. Vermutlich wird die Reaktion zuweilen durch andere Harnbestandteile vereitelt.

Wirkungen bei Wirbeltieren. Schon in der zweiten Hälfte des 18. Jahrhunderts sind zahlreiche Experimente an verschiedenen Tieren mit dem südamerikanischen Pfeilgift ausgeführt worden. Daß das Gift seine schnell tötende Wirkung nur äußert, wenn es in offene Wunden gelangt und vom Verdauungskanal aus relativ unschädlich ist, so daß man vergiftete Wunden ungestraft aussaugen und das Fleisch durch Giftpfeile erlegter Tiere ohne Schaden genießen kann, haben die Europäer offenbar von den Eingeborenen an Ort und Stelle in Erfahrung gebracht. Herissant[3]) (1748) experimentierte an kleineren und größeren Säugern (Pferden) und an Vögeln, beschränkt sich aber noch auf die Beschreibung des Verlaufs der Vergiftungen; das allmähliche Fortschreiten der Lähmung, das Verhalten der Atmung sind gut beobachtet. Wissenschaftlich viel bedeutender sind die Abhandlungen von Fontana[4]) (1787); auch er hat an verschiedenen Tieren zahlreiche Versuche angestellt, dabei aber auch das Wesen und den Ort der Wirkung zu erforschen gesucht und als erster konstatiert, daß die Herztätigkeit bei der Vergiftung wenig beeinflußt wird. Wir werden auf einzelne seiner Befunde noch zurückkommen.

Durch die Versuche von B. C. Brodie[5]) (1811) wurde zum ersten Male gezeigt, daß man mit Curare vergiftete Warmblüter durch Lufteinblasungen in die Trachea am Leben erhalten kann. Waterton[6]) hat dies bestätigt.

---

[1]) F. Bidder, Beobachtungen an curarisierten Fröschen. Archiv f. Anat. u. Physiol. **1868**, 598.

[2]) S. Jakabházy, Beiträge zur Pharmakologie der Curarealkaloide. Archiv f. experim. Pathol. und Pharmakol. **42**, 10.

[3]) Herissant, Experiments made on a great number of living Animals, with the Poison of Lamas and of Ticunas; translated from the French. Philosoph. Transact. **57**, 75.

[4]) Felix Fontana, Abhandlung über das Vipergift, die amerikanischen Gifte usw. Aus dem Französ. übersetzt Bd. 1, S. 284; Bd. 2, S. 428. Berlin 1787 (Himburg).

[5]) B. C. Brodie, Experiments and observations on the different modes, in which death is produced by certain vegetable poisons. Philosoph. Transact. 1811, I, 194; 1812, 205.

[6]) Waterton, Experiments with the Wourali poison. London 1839.

Alle diese älteren Autoren, auch noch J. Münter[1]), der in Gemeinschaft mit R. Virchow Versuche mit Curare anstellte, halten die Wirkung des Giftes im wesentlichen für eine Gehirnwirkung — Betäubung oder Aufhebung der Gehirnfunktionen.

Das Curare bedeutete aber damals nicht viel mehr als eine Art naturgeschichtlicher Kuriosität. Allgemeines physiologisches Interesse erlangte es erst durch die Untersuchungen von Cl. Bernard. Schon in einer seiner ersten Mitteilungen bezeichnet er es als ein Mittel zur Analyse der physiologischen Eigenschaften des Nerven- und Muskelsystems und zum Nachweis der von A. v. Haller aufgestellten selbständigen Irritabilität des Skelettmuskels. Solange diese Eigenschaft des Muskels überhaupt noch Gegenstand des Zweifels und der Diskussion gewesen ist, hat man in der Tat auch die Erscheinungen des Curarezustandes als eine der Hauptstützen einer unabhängigen Muskelirritabilität gelten lassen, und die meisten Einwände, die hiergegen schon von Anfang an erhoben werden konnten, sind auch bis zum heutigen Tage trotz aller Untersuchungen mit zuverlässigeren und feineren Methoden noch nicht mit voller Sicherheit zurückzuweisen.

In seiner ersten gedruckten Mitteilung (1850) äußert sich Claude Bernard[2]) überhaupt noch nicht näher über die Wirkungsweise des Giftes. Nachdem 1856 A. Kölliker[3]) der französischen Akademie über seine (etwas später ausführlich publizierten) Curareuntersuchungen eine Note vorgelegt hatte, berichtet ganz kurz darauf auch Claude Bernard[4]) über seine experimentellen Ergebnisse, die, wie er in dieser Note bemerkt, bis zum Jahre 1844 zurückreichen und der Hauptsache nach 1852 angestellt worden sind. Erst in den 1857 erschienenen „Leçons sur les effets des substances toxiques et medicamenteuses" sind alle diese Versuche in extenso mitgeteilt[5]). Offenbar sind aber Claude Bernards wichtigste Resultate schon viel früher durch seine Vorlesungen und Demonstrationen und durch mündliche Mitteilungen auch in Deutschland bekannt geworden; denn Kölliker weist darauf in seinen beiden Publikationen hin, die dem Erscheinen der „Leçons" vorangegangen sind.

Nervenwirkung. Es sind in der Hauptsache zwei einfache Versuche an Fröschen, durch welche Cl. Bernard den peripheren Sitz der Curarewirkung und das Verschontbleiben der Muskeln von der Wirkung festgestellt hat: das Unterbindungsexperiment — Ausschaltung einer oder beider unteren Extremitäten durch Abschnürung der Gefäße und Weichteile mit Schonung des N. ischiadicus und subcutane Vergiftung in der oberen Körperhälfte: die Nerven der vom Blutkreislauf ausgeschalteten Körperteile behalten dabei ihre Reizbarkeit und die Extremitäten wenigstens eine Zeitlang die willkürliche Beweglichkeit, während die nicht unterbundenen Körperteile rasch vollständig gelähmt werden; von der Haut der vergifteten Körperteile aus können noch längere Zeit Reflexbewegungen in den Muskeln der durch die Unterbindung geschonten Glieder ausgelöst werden. Hieraus ergab sich zunächst, daß das Gift nicht vom zentralen Nervensystem aus, sondern von der Peripherie her wirkt. Der zweite einfache Versuch bestand darin, daß von zwei Gastrocnemius-

---

[1]) J. Münter, Artikel Woorara in: Encyklopäd. Wörterbuch der medizin. Wissenschaften von Busch, Dieffenbach u. a. **36**, 468. Berlin 1847. (Hier außerdem viele Nachweise für die ältere Curareliteratur.)

[2]) Claude Bernard et Pelouze, Recherches sur le curare. Compt. rend. de l'Acad. des Sc. **31**, 533 (1850).

[3]) A. Kölliker, Note sur l'action du curare sur le système nerveux. Compt. rend. de l'Acad. des Sc. **43**, 791 (1856).

[4]) Claude Bernard, Analyse physiologique des propriétés des systèmes musculaire et nerveux au moyen du curare. Compt. rend. de l'Acad. des Sc. **43**, 825 (1856).

[5]) Claude Bernard, Leçons sur les effets des substances toxiques et médicamenteuses, p. 305ff. Paris 1857.

Nervenmuskelpräparaten das eine Mal der Muskel, das andere Mal der Nerv in eine Curarelösung untergetaucht wurde. Nur im ersteren Falle ging die Reizbarkeit des N. ischiadicus verloren, während der Muskel selbst in beiden Fällen direkt reizbar blieb, wie es auch stets bei den Muskeln intra vitam durch Curare gelähmter Frösche zu konstatieren war; so war der Ort der Lähmung im Inneren des Muskels für den Beginn der Wirkung unzweifelhaft dargetan. Cl. Bernard spricht sich aber außerdem noch ganz bestimmt und an verschiedenen Stellen der „Leçons" dahin aus, daß die Lähmung der Nerven von der Peripherie nach dem Zentrum hin fortschreite, wenn auch hierfür keine experimentellen Belege von ihm beigebracht werden.

Später hat Claude Bernard, wie es scheint, hinsichtlich des Fortschreitens der Lähmung sich zu einer anderen Auffassung hingeneigt. Wie Vulpian[1]) mitteilt, beobachtete Claude Bernard an Hunden, daß im Beginne der Curarewirkung nach erfolgter Lähmung der willkürlichen Bewegungen Reizung der vorderen Rückenmarkswurzeln keine Zuckungen in den Extremitäten mehr hervorriefen zu einer Zeit, wo die Reizung des N. ischiadicus diesen Effekt noch unzweifelhaft äußerte. Hiernach erschien eine absteigende Lähmung des Systems der motorischen Nerven wahrscheinlich. Vulpian konnte aber bei der Wiederholung des geschilderten Versuchs an einem Hunde die Angaben Claude Bernards nicht bestätigen.

A. Kölliker[2]) war bei einer umfassenden Experimentaluntersuchung in den Hauptpunkten zu den gleichen Ergebnissen gelangt wie Claude Bernard.

In der Folge war es zunächst hauptsächlich die Frage der Beteiligung der verschiedenen Teile des Systems der motorischen Nerven an der Lähmung im späteren Verlaufe der Vergiftung, die in Deutschland mehrere eingehende Experimentaluntersuchungen veranlaßte; Sie beziehen sich fast nur auf Frösche und die Experimentaltechnik geht über die von Cl. Bernard und A. Kölliker benutzten Methoden in der Regel nicht hinaus. Im allgemeinen ist nun mit Rücksicht hierauf zu bemerken, daß die Claude Bernardsche Versuchsanordnung (Unterbindungsversuch) zwar für den Anfang der Vergiftung beweiskräftige Resultate geben kann, während dies für spätere Stadien nicht mehr der Fall ist. Wenn man den Zustand des motorischen Nerven nach seinen Wirkungen auf sein Erfolgsorgan beurteilen will, ist die intakte physiologische Beschaffenheit des letzteren selbstverständliche Voraussetzung für die Zuverlässigkeit der Ergebnisse. Daß aber ein vom Blutkreislauf ausgeschalteter Muskel je nach Temperatur und sonstigen äußeren Umständen bald früher, bald später vom normalen Verhalten abweichen und nach längerer Zeit unter dem Einfluß sukzessiver Erstickung absterben wird, ist unvermeidlich. Außerdem ist vielfach nicht genug auf den Umstand Rücksicht genommen worden, daß auch bei noch so sorgfältig unterbundenen Körperteilen bei langer Versuchsdauer doch allmählich durch Diffusion die Vergiftung auf das unterbundene Gebiet sich ausbreitet. Wenn man, wie es zuerst Kölliker getan hat, den unterbundenen Unterschenkel durch Durchschneidung des Femur und aller Weichteile vom Oberschenkel ablöst und nur den N. ischiadicus als Brücke übrig läßt, ist es wiederum sehr schwierig, an der freiliegenden Nervenstrecke Knickungen, Zerrungen, Eintrocknen usw. so vollkommen zu verhindern, daß der Nerv ungeschädigt bleibt. Die Verschiedenheiten der von verschiedenen Forschern bezüglich des Verhaltens der Nervenstämme im späteren Verlauf der Curarewirkung erhaltenen Resultate beruhen sicher — wenigstens zum größten Teil ,auf solchen und ähnlichen Fehlerquellen.

---

[1]) A. Vulpian, Leçons sur l'action physiologiques des substances toxiques et médicamenteuses, p. 242—247. Paris 1882.
[2]) A. Kölliker, Physiologische Untersuchungen über die Wirkung einiger Gifte. Virchows Archiv **10**, 3 (1856).

Kölliker hält es nach seinen Versuchen an Fröschen für höchst wahrscheinlich, daß die Nervenstämme nicht von der Peripherie, sondern · vom Rückenmark (durch den Kreislauf) her in den späteren Stadien vom Curare gelähmt werden. Reizung des Plexus ischiadicus verlor in mehreren Versuchen ihre Wirkung auf die vom Kreislauf ausgeschalteten Muskeln früher als Reizung des N. ischiadicus. Schnitt Kölliker nach erfolgter Vergiftung das Herz der Tiere aus, wodurch die weitere Giftzufuhr zum Mark und den Nerven unmöglich gemacht war, so blieb der Plexus ischiadicus auch längere Zeit reizbar. Haber[1]) gelangte zu dem Resultat, daß die Nervenstämme bis zum Eintritt der Totenstarre reizbar bleiben und demnach im Körper des Tieres unter den gegebenen Bedingungen wahrscheinlich überhaupt nicht vom Curare beeinflußt werden. Daß er bei lokaler Applikation von Curarelösungen auf den bloßgelegten N. ischiadicus ebenso wie Kölliker nach längerer Zeit die Erregbarkeit des Nerven schwinden sah, beruhte in beiden Fällen ohne Zweifel auf dem Fortkriechen der Giftlösung vom Nerven auf den Muskel durch Kapillarität, worauf schon von Steiner[2]) aufmerksam gemacht worden ist. Haber verlegt die Wirkung des Curare in die Endverzweigungen der motorischen Nerven innerhalb der Muskeln, die vom Blute aus oder nach Applikation der Curarelösung auf die Muskeloberfläche direkt gelähmt werden sollen; dafür spricht besonders, daß bei direkter elektrischer Reizung der gelähmten Muskeln immer nur auf den Reizort beschränkte Zuckungen auftreten. Den Angaben Habers gegenüber hält Kölliker[3]) auf Grund neuer Versuche seine Meinung hinsichtlich der lähmenden Wirkung des Curare auf die Nervenstämme aufrecht, konstatiert aber zugleich, daß bei Temperaturen von 6—8° die Erregbarkeit der Nervenstämme viel länger erhalten bleibt als bei 17—18°, bei welcher Temperatur seine ersten Versuche ausgeführt worden waren. O. Funke[4]) wies auf die oben schon erörterten Fehlerquellen bei den Unterbindungsversuchen hin; die Resultate der Untersuchungen dieses Autors über das Verhalten der elektromotorischen Eigenschaften der Nervenstämme bei der Curarevergiftung sollen weiter unten besprochen werden. Auch aus den Untersuchungen A. v. Bezolds schien sich zu ergeben, daß die motorischen Nervenstämme vom Curare beeinflußt werden; in einer Versuchsreihe prüfte dieser Forscher die Leitungsgeschwindigkeit in den motorischen Nerven, und zwar zunächst in den intramuskulären Nerven während der ersten Stadien der Vergiftung mit kleinen Giftdosen. Aus den Differenzen der Dauer des Latenzstadiums nach direkter Reizung des M. gastrocnemius, resp. einer 1—1,5 cm vom Eintritt in den Muskel entfernten Stelle des zugehörigen N. ischiadicus wurde nach Helmholtz die Leitungsgeschwindigkeit berechnet, und dabei jedesmal ein normales mit einem vergifteten Präparat verglichen. Es ergab sich eine fortschreitende bedeutende Zunahme des Leitungswiderstandes in den intramuskulären Nerven zu einer Zeit, wo noch keine merkliche Verzögerung der Fortpflanzung des Reizes in den extramuskulären Nervenstämmen sich erkennen ließ; in diesen wurde Abnahme der Leitungsgeschwindigkeit bis auf ein Fünftel der normalen erst 2—3 Stunden nach der Vergiftung mit starken Dosen beobachtet, freilich wiederum an Tieren, bei welchen lediglich durch Unterbindung

---

[1]) E. Haber, Über die Wirkung des Curare auf das cerebrospinale Nervensystem. Archiv f. Anat. u. Physiol. **1859**, 58.

[2]) J. Steiner, Das amerikanische Pfeilgift Curare. Leipzig 1877.

[3]) A. Kölliker, Zehn neue Versuche mit Urari. Zeitschr. f. wissensch. Zoologie **9**, 434 (1858).

[4]) A. v. Bezold, Untersuchungen über die Einwirkung des Pfeilgiftes auf die motorischen Nerven. Archiv f. Anat. u. Physiol. **1860**, 168 u. 387.

der Gefäße in der Kniekehle die Muskeln des einen Unterschenkels von der
Einwirkung des Giftes ausgeschlossen sein sollten. In einer anderen Versuchsreihe untersuchte v. Bezold die Veränderungen der Erregbarkeit am N. ischiadicus in den späteren Stadien (6—8 Stunden) nach der Vergiftung mit sehr
großen Dosen (70 mg!) Curare. Das Erfolgsorgan des Nerven, an welchem die
Erregbarkeit gemessen wurde, war dabei außer durch Unterbindung der Knie-
kehlengefäße noch durch Durchschneidung der „Weichteile" vor der Vergiftung geschützt. Es sollte eine möglichst starke Vergiftung des Nervenstammes vom Kreislauf aus erzielt werden. Die Resultate fielen je nach der
Temperatur verschieden aus. Bei 6—13° wurde die Erregbarkeit stets zwar
mehr oder weniger herabgesetzt, in keinem Versuch aber aufgehoben. Nur bei
16—18° war dies nach 6—8 Stunden stets der Fall. Im übrigen zeigte sich die
Erregbarkeitsabnahme zuerst am Plexus ischiadicus und schritt von proximalen
zu distalen Nervenstellen fort. Im wesentlichen erscheint also nach den Beobachtungen A. v. Bezolds die Wirkung des Curare auf die peripheren motorischen Nerven etwa in dem gleichen Lichte wie bei Kölliker: Die Nerven
sollen nicht nur in ihren intramuskulären Verzweigungen, sondern später allmählich auch in ihrem übrigen Verlauf vom Austritt aus dem Rückenmark an
vom Blutkreislauf her vergiftet werden; hierbei wird ihre Erregbarkeit herabgesetzt, ja vernichtet; wenn der Muskel nicht vom Gifte berührt wird, am
schnellsten an den von den Muskeln entfernteren Teilen des Nerven. v. Bezold
betrachtet diese Wirkung gewissermaßen als das Maximum der Zunahme des
Leitungswiderstandes im Nerven, die er an den intra- und extramuskulären
Nerven schon in früheren Stadien der Vergiftung bei noch erhaltener Erregbarkeit beobachtet zu haben glaubte.

Ziemlich gleichzeitig mit v. Bezold begann W. Kühne[1]) (1860) an der
Erforschung des Wesens der Curarewirkung sich zu beteiligen und knüpfte dabei
zunächst an die von Haber (l. c.) beobachtete Tatsache an, daß direkte elektrische Reizung curarisierter Muskeln auf den Reizort beschränkte Zuckungen
bewirkt, wenn durch richtige Abstufung der Stromstärke Stromschleifen vermieden werden. J. Rosenthal[2]) hatte kurz vorher nachgewiesen, daß im
allgemeinen die Erregbarkeit curarisierter Muskeln bei direkter elektrischer
Reizung erheblich geringer ist als die normaler. Im Anschluß an seine Untersuchungen[3]) über die Innervationsverhältnisse des Musculus sartorius des
Frosches, in dessen obersten und untersten Ende er bekanntlich keine Nerven
nachzuweisen vermochte, verglich nun W. Kühne die Erregbarkeit normaler
und curarisierter M. m. sartorii; schon in einer früheren Abhandlung[4]) hatte er
gezeigt, daß die Erregbarkeit eines Muskels aufs engste mit der Nervenverbreitung
in demselben zusammenhängt und bei der direkten Muskelreizung die Mitwirkung der intramuskulären Nerven deutlich erkannt werden kann, so daß
der parallelfaserige M. sartorius des Frosches konstant eine bestimmte Kurve
der Erregbarkeit besitzt: die schwächsten Reize wirken nur an der Stelle des
Nerveneintritts, während für weiter davon entfernte Orte stärkere Ströme zur
Erregung nötig sind. Plötzliche Lähmung aller Nerven eines Muskels durch den
Anelektrotonus lieferte den Beweis, daß der von jeglichem Nerveneinfluß

[1]) W. Kühne, Über die Wirkung des amerikanischen Pfeilgiftes. Archiv f. Anat. u.
Physiol. 1860, 477.
[2]) J. Rosenthal, Über die relative Stärke der direkten und indirekten Muskelreizung. Moleschotts Untersuch. z. Naturlehre usw. 3, 184 (1857).
[3]) W. Kühne, Untersuchungen über Bewegungen und Veränderungen der kontraktilen Substanzen. Archiv f. Anat. u. Physiol. 1859, 564.
[4]) W. Kühne, Myologische Untersuchungen. Leipzig 1860.

befreite Muskel in allen Punkten gleiche Erregbarkeit erlangt. Es zeigte sich nun, daß auch am curarisierten M. sartorius die Erregbarkeit für den elektrischen Strom im Bereiche des Nerveneintritts und seiner nächsten Umgebung größer ist als an den beiden nervenfreien Enden, und daß sie an diesen bei curarisierten und normalen Muskeln nicht den geringsten Unterschied erkennen ließ. Im Zustande des Anelektrotonus verschwanden auch am curarisierten Sartorius die Unterschiede der Erregbarkeit an verschiedenen Stellen des Muskels. Da dieselben bei voller Curarevergiftung vorhanden sind, wenn die indirekte Reizung des Muskels vom Nerven aus total unwirksam geworden ist, hält es Kühne für sicher, daß diejenigen Teile der Nervenpimitivfasern, „welche mit der contractilen Substanz physiologisch verknüpft sind", von der Einwirkung des Curare verschont bleiben.

Kühne dehnte seine Untersuchungen auch auf „chemische" Muskel- und Nervenreize aus. Im konzentrierten Glycerin hatte er bekanntlich einen Stoff gefunden, der nur auf den Nerven, nicht auf den Muskel erregend wirkt. Der curarisierte Sartorius verhielt sich nun aber dem Glycerin gegenüber insofern ganz anders als der normale, als auch die nervenfreien Muskelteile die Applikation des Glycerins mit Zuckungen beantworteten. Besser gelang die Bestätigung der Ergebnisse der elektrischen Reizung bei der Benutzung von gesättigter Rohrzuckerlösung als Reizmittel. Auch diese erregt normaliter nur den Nerven, nicht den Muskel. Am curarisierten Sartorius verhielt sich der Nervenhilus gegen Rohrzucker analog wie bei elektrischer Reizung. Die Reaktion blieb erhalten, war aber gegen die Norm herabgesetzt; die nervenfreien Enden des Muskels reagierten nicht. Nach Vergiftung mit sehr großen Curaredosen war — allerdings erst nach längerer Zeit — die Reaktion auf Rohrzucker auch im Nervenhilus vollständig aufgehoben. Das Verhalten solcher maximal vergifteter Muskeln gegen elektrische Reizung konnte Kühne nicht mehr mit Sicherheit feststellen; er hält es aber für wahrscheinlich, daß „lange Zeit nach der Vergiftung oder in kürzerer Zeit nach kolossalen Dosen wirklich auch der letzte Rest der intramuskulären Nervenenden der Lähmung unterliegt".

W. Kühnes Angaben über das Verhalten des curarisierten M. sartorius wurden von C. Sachs[1]) bestritten, der bei hinreichend stark vergifteten Muskeln keine Erregbarkeitsunterschiede an demselben finden konnte. Pollitzer[2]) untersuchte hiernach unter W. Kühnes Leitung den Gegenstand nochmals eingehend, bestätigte Kühnes Befunde mit Hilfe einer genaueren Methode und erweiterte sie noch dahin, daß sowohl am normalen wie am curarisierten Muskel zwei Stellen höherer Reizbarkeit vorhanden sind. F. B. Hofmann[3]) zeigte dann, daß sich der Sartorius auch mechanischen Reizen gegenüber so verhält wie gegen elektrische. „Die Stellen höchster Reizbarkeit fallen auf jene Muskelpartien, wo sich die meisten Nervenendigungen anhäufen." Die hohe Reizbarkeit dieser Stellen blieb aber, wenn auch etwas abgeschwächt, auch dann noch bestehen, wenn die motorischen Nerven vorher zur Degeneration gebracht worden waren, so daß man sie nicht ohne weiteres auf die Anwesenheit „nervöser Elemente" beziehen kann. Vorherige Vergiftung des Tieres mit zur völligen Lähmung ausreichenden Mengen von Curare oder Curarin änderte an dem Verhalten des M. sartorius gegen mechanische Reizung vor oder nach der Degeneration des Nerven nichts. Der Verfasser[4]) hat dann endlich noch in mehreren Versuchen die Erregbarkeitsverhältnisse an Sartorien von Fröschen

---

[1]) C. Sachs, Untersuchungen über Quer- und Längsdurchströmung des Froschmuskels nebst Beiträgen zur Physiologie der motorischen Endplatten. Archiv f. Anat. u. Physiol. 1874, 57.

[2]) Pollitzer, Journ. of Physiol. 7 (1886).

[3]) F. B. Hofmann und E. Blaas, Untersuchungen über die mechanisch Reizbarkeit der quergestreiften Skelettmuskeln. Archiv f. d. ges. Physiol. 125, 137 u. Med. Klin. 1909, Nr. 38 u. 39.

[4]) R. Boehm, Über die Wirkungen des Curarin und Verwandtes. Archiv f. experim. Pathol. u. Pharmakol. 63, 177 (1910).

genauer untersucht, die mit der 4—13 fachen Normaldosis Curarin vergiftet
waren, und auch unter diesen Bedingungen — also bei sicher maximaler Curarinwirkung — unzweifelhafte, außerhalb des Bereichs der Fehlerquellen liegende
Unterschiede feststellen können. Auf die mögliche Deutung dieser für die
Theorie der Curarewirkung unzweifelhaft sehr wichtigen Erscheinung werden
wir an einer anderen Stelle zurückkommen, wo ältere und neuere Hypothesen
über das Wesen des Curarezustandes im Zusammenhang besprochen werden
sollen.

A. Herzen[1]) versuchte auf einem anderen Wege nachzuweisen, daß die Enden der
motorischen Nerven in den Muskeln vom Curare nicht gelähmt werden und daß daher
— der Lehre Schiffs entsprechend — die durch direkte Reizung des curarisierten Muskels
erzielbaren Zuckungen neuromuskuläre seien. Der Nerv eines Gastrocnemiusnervmuskel-
präparates wird auf die Pole eines konstanten Stromes, der Muskel auf die Elektroden
eines Induktionsapparates gelegt und für letzteren bei spielendem Hammer die Strom-
schwelle gesucht, die fasciculäre Zuckungen auslöst. Je nachdem durch den Schluß der
Kette in auf- oder absteigender Richtung der Nerv in Anelektrotonus oder Katelektro-
tonus versetzt wird, werden die durch den Induktionsstrom unterhaltenen Muskelzuckungen
schwächer oder stärker, und ganz ebenso soll sich auch ein curarisiertes Nervmuskelpräparat
verhalten. Da die Zuckungen in beiden Fällen andauern, dürfte es an und für sich schon
sehr schwierig sein, aus ihrer eventuellen Ab- oder Zunahme sichere Schlüsse zu ziehen.
F. Schenk[2]) hat aber Herzens Angaben gegenüber ganz bestimmt mitgeteilt, daß die
direkte Reizbarkeit des curarisierten Muskels ganz die gleiche ist, wie die des normalen
Muskels im Zustande des Anelektrotonus seines Nerven. Um dem Einwurf zu begegnen,
es hätten eventuell bei dem Anelektrotonusversuch Stromschleifen auf den Muskel eine
Herabsetzung der direkten Reizbarkeit desselben bedingt, wurde die direkte Reizbarkeit
an curarisierten Muskeln mit und ohne Anelektrotonus des Nerven bestimmt. Hätten
Stromschleifen einen Einfluß auf den Muskel, so müßte er sich auch am curarisierten
Muskel zeigen. Beide verhielten sich aber gleich.

Herzen glaubt außerdem, offenbar ohne die älteren Angaben v. Bezolds zu kennen,
durch einige Beobachtungen es wahrscheinlich machen zu können, daß die Leitungsvorgänge
in den motorischen Stämmen durch Curare beeinträchtigt werden. Die am weitesten vom
Zentrum entfernten Muskeln sollen zuerst gelähmt werden. Der vor der Vergiftung mit
Curare in der Äthernarkose weit oben durchschnittene N. ischiadicus soll nach erfolgter
Vergiftung mit Curare im Anfang reizbarer sein als der andere erst nach der Vergiftung
durchschnittene, und die Reizbarkeit soll vom distalen nach dem proximalen Ende hin
abnehmen. Es sei hierzu nur bemerkt, daß z. B. bei Kaninchen stets zuerst die Muskeln
der Ohrmuscheln gelähmt werden, deren Innervationsort jedenfalls nicht weit vom Zentrum
entfernt ist.

In einer späteren Arbeit kam Herzen in Gemeinschaft mit Odier[3]) auf den Gegenstand nochmals zurück; die Autoren suchen die oben besprochenen Ansichten von Herzen
durch mikroskopische Untersuchungen der Nervenenden (Goldmethode) der Muskeln der
Arme, Beine und des Bodens der Mundhöhle von Fröschen zu stützen, die nach der Vergiftung mit Curare bei noch erhaltener Beweglichkeit der vorderen Extremitäten getötet und sofort untersucht wurden. In allen Muskeln zeigte sich (schon in diesem
Stadium der Vergiftung!), daß die Verzweigungen der Achsencylinder der Nervenenden
keinen gleichmäßigen Durchmesser mehr hatten; es waren kleine, durch dünne Fäden
untereinander zusammenhängende Anschwellungen entstanden. Das Hauptgewicht wird
darauf gelegt, daß diese Strukturänderungen auch in den während des Lebens noch funktio-
nierenden Muskeln sich vorfanden; dies soll beweisen, daß eben die größere Länge der
Nervenstrecke infolge einer allgemeinen Steigerung der Leitungswiderstände in den Nerven
die frühere Lähmung der Beine verschuldet. Ähnliche strukturelle Veränderungen sollen
nun durch Curarin auch in den markhaltigen Nervenfasern sehr rasch hervorgebracht
werden (die nicht gleichmäßig gefärbten Achsencylinder sind mit feinen Granulationen
besetzt). Aus den außerdem mitgeteilten Versuchen über das Verhalten der Reizbarkeit
in Curarinlösungen eingetauchter Nervenstämme wird geschlossen, daß auch auf diese

---

[1]) A. Herzen, Note sur l'empoisonnement par le curare. L'Intermédiaire de Biol.
1, 335 (1898).
[2]) F. Schenk, Kleinere Notizen zur allgemeinen Muskelphysiologie. Archiv f. d. ges.
Physiol. **79**, 337.
[3]) A. Herzen et R. Odier, Alterations des fibres et filaments nouvent par la
Curare. Arch. international. de Physiolog. **1**. 364. **1** (1904).

Weise die Struktur und die Funktion der Nervenfasern beeinflußt werden kann. Auf der einen Seite schreibt also Herzen den intramusculären Nerven eine so weitgehende Immunität gegen Curare zu, daß er die Zuckungen des curarisierten, direkt gereizten Muskels im Schiffschen Sinne für neuromuskulär hält, auf der anderen Seite sollen sowohl die Nervenenden als auch die Nervenstämme schon nach kurzdauernder Curarewirkung in ihrer Struktur verändert und ihr Leitungsvermögen so stark herabgesetzt sein, daß elektrische Reizung proximaler Teile des N. ischiadicus keine Muskelzuckungen mehr bewirken kann.

Zunächst müssen wir nochmals zu den älteren Untersuchungen von W. Kühne zurückkehren, durch welche er damals die Beteiligung der motorischen Nervenstämme an der Lähmung festgestellt zu haben glaubte. Er beobachtete, daß während der Erholung von der Vergiftung mit sehr kleinen Dosen Curare bei Fröschen in einem gewissen Stadium die Reizung proximaler Stellen des Nervenstammes noch erfolglos sein kann, während distalere Regionen schon anspruchsfähig oder auch reizbarer sind als proximale. Bei der Verfolgung dieser Erscheinung in einer Versuchsreihe gelangt Kühne schließlich zu der Annahme, daß bei der Vergiftung die Lähmung von den intramuskulären Enden nach den Stämmen centripetal aufsteigt und daß in derselben Richtung die Erregbarkeit bei der Entgiftung wieder zurückkehrt — demnach aber auf alle Fälle auch die Nervenstämme bei der Vergiftung beteiligt sind. Versuche des Verfassers[1]) haben hinsichtlich des Verhaltens der Nervenerregbarkeit während des allmählichen Schwindens der Wirkung zu einem anderen Ergebnis geführt als die zuletzt angeführten Versuche Kühnes. Mit ca. zweifacher Normaldosis Curarin vom Kreislauf des unverletzten Tieres aus maximal curarinisierte Gastrocnemii (Esculenten) lassen sich durch Auswaschen mit Ringerscher Lösung im Verlaufe einiger Stunden soweit entgiften, daß Reizung des N. ischiadicus mit Induktionsöffnungsschlägen schon bei 250—300 mm RA. wieder kräftige Zuckungen bewirkt. Die erste Reaktion des zuerst ganz unerregbaren Nerven tritt schon nach 5—20′ auf — gleichgültig, ob man das proximale oder distale Nervenende reizt. Bei der fortschreitenden Entgiftung ließ sich nun regelmäßig feststellen, daß sich die Erregbarkeit am distalen und proximalen Ende dem Ritter-Vallischen Gesetze entsprechend verhielt, d. h. daß am proximalen Ende in der Nähe des künstlichen Nervenquerschnittes der Schwellenwert des wirksamen Reizes um ein kleines geringer war, als am distalen. Mit Rücksicht auf die auch im Erholungsstadium noch lange bestehende leichte Erschöpfbarkeit der Nerven müssen aber bei derartigen Versuchen zwei aufeinanderfolgende Reizungen durch ein Zeitintervall von mindestens 30 Sekunden voneinander getrennt sein.

Bezüglich der Wirkung des Curare auf die motorischen Nervenstämme standen sich also zu Anfang der 60er Jahre vorigen Jahrhunderts zwei auf Experimente gestützte Ansichten gegenüber. Nach Kölliker und v. Bezold werden die Nervenstämme bei Abschluß der Giftzufuhr zu den Muskeln (Unterbindungsversuche) erst im späteren Verlaufe der Vergiftung und zwar in zentrifugaler Richtung allmählich ihrer Erregbarkeit beraubt (Haber und O. Funke widersprachen dieser Annahme). Im Falle des ungehinderten Zutritts curarehaltigen Blutes zu den Muskeln und den intramuskulären Nerven schreitet dagegen nach Cl. Bernard und W. Kühne die Lähmung von der Peripherie aus zentripetal auf die Nervenstämme fort. Die eine dieser Annahme schließt natürlich die Richtigkeit der anderen in keiner Weise aus.

W. Kühne ist nun 26 Jahre nach seiner oben besprochenen Mitteilung

---

[1]) R. Boehm, Über die Wirkungen des Curarins und Verwandtes. Archiv f. experim. Pathol. u. Pharmakol. **63**, 224 (1910).

selbst wieder auf den Gegenstand zurückgekommen. Er hatte selbst die wichtige
Tatsache festgestellt, daß an allen geteilten motorischen Nervenprimitivfasern
das Vermögen der doppelsinnigen Leitung nachweisbar ist: wenn zwei Teilungs-
äste einer Primitivfaser zwei getrennte Muskelfasergruppen innervieren, so
können diese beiden Muskelfasergruppen sowohl durch Reizung der Primitivfaser oberhalb der Teilung als auch durch Reizung jeder der beiden Teilfasern
erregt werden. Denkt man sich zwei voneinander getrennte Muskeln a und b,
die von den beiden Ästen β und γ der außerhalb der Muskeln gelegenen Primitiv-
fasern α versorgt sind, so zucken also beide Muskeln, gleichgültig, ob die Reizung
bei α, β oder γ erfolgt. Würden nun die Nervenstämme durch das Curare
aus ihren Enden heraus zentripetal fortschreitend gelähmt, so müßte es soweit
kommen, daß bei isolierter Curarevergiftung des einen Muskels b schließlich
auch die Reizung der Stammfaser α oder ihres Astes β ihren Effekt auf den
nicht vergifteten Muskel a verliert.

Im Musculus gracilis des Frosches geht, wie Kühne[1]) fand, eine beträchtliche Zahl der Nerven
aus Teilungen hervor,
die außerhalb des Mus-
kels im Nervenstamm
liegen; diesen Muskel
erkannte er[2]) als ein
geeignetes Objekt, um
die Frage der aufstei-
gend lähmenden Wir-
kung des Pfeilgiftes zu
entscheiden.

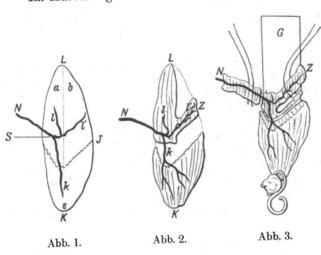

Die Innervations-
verhältnisse des M.
gracilis werden durch
beistehende der Ab-
handlung von Kühne
entnommene Abbil-
dung veranschaulicht.

Abb. 1.   Abb. 2.   Abb. 3.

Abb. 1.

Der Muskel zerfällt durch die in J befindliche vollkommen durchgreifende Inscriptio
tendinea in zwei ganz getrennte Portionen L und K. Der Nervenstamm teilt sich bei seinem
Eintritt in der „Stammgabel" S, von welcher die Äste l und l' zu den oberen Muskelfasern,
der Ast k zu den unteren gehen.

Bei der Ausführung des Versuches mit dem M. gracilis verhütete Kühne die
Einwirkung des Giftes auf den unteren Teil des Muskels durch eine vor der Vergiftung um den Oberschenkel etwa in seiner Mitte angelegte Ligatur, durch
welche bei richtiger Abmessung des Druckes die Nerven nicht geschädigt wurden.
Für den Fall, daß die graphische Aufnahme der Muskelzuckungen nicht beabsichtigt war, wurde nach der Vergiftung der mit seinem Nervenstamm herausprä-
parierte M. gracilis in der aus Abb. 2 ersichtlichen Weise durch einen der Inskription folgenden Schnitt mit Schonung des Nerven k in zwei Hälften geteilt, worauf
die Reizungen an den verschiedenen Nervenästen vorgenommen werden konnten.

Zum Zwecke graphischer Versuche bediente sich Kühne der in Abb. 3 abgebildeten
Anordnung. Der Muskel wurde etwa in der Höhe der Inskription mit einem unter dem

---

[1]) W. Kühne, Über das doppelsinnige Leitungsvermögen der Nerven. Zeitschr. f.
Biol. **23**, N. F. IV, 305.

[2]) W. Kühne, Über die Wirkung d. Pfeilgiftes auf d. Nervenstämme. Heidelberg 1886.

Nervenstämmchen k durchgezogenen Faden fest auf ein Glimmerblatt G gebunden, das zur Befestigung am Myographion diente. Von dem Glimmerblatt hing die untere Gracilishälfte frei herab, bereit mit einem in die Sehnenmasse des dem Präparat belassenen Kniegelenks gestochenen Haken am Schreibhebel anzugreifen. Darauf wurde von dem oberen Teil des Muskels soviel weggeschnitten, daß nur der Nervenstamm im Zusammenhange mit dem Aste k und der Nervenlinie, auf deren Fasern l und l' es vornehmlich ankam, übrig blieb. Um die so erhaltenen Nervenanhänge des unteren Teils möglichst gleichmäßig reizen und zugleich vor der Vertrocknen schützen zu können, wurde dem feinen Nervenstamme bei der Präparation ein aus dem M. semimembranosus, über den er verläuft, herausgeschnittener Fleischstreifen anhaften gelassen, mit dem er dann, ebenso wie der ihm gegenüber befindliche Zipfel, auf dünne Drahtelektroden zur Seite des das ganze Präparat tragenden Glimmerblattes festgebunden wurde.

Die Versuche ergaben, daß der unvergiftete Teil des Muskels stets von allen Nervenzweigen und von der Stammfaser aus erregbar blieb, auch nach kolossalen Giftdosen und der Dauer der Vergiftung bis zu 7 Stunden. (Bei Reizung des unteren Nervenastes fällt die Zuckung etwas niedriger aus, lediglich infolge einer geringen unvermeidlichen Schädigung dieses Nerven durch die Ligatur.

v. Bezold hatte nach seinen Versuchen angenommen, daß Curare in reichlicher Dosis und bei genügender Wirkungsdauer die Erregungsleitung in den Nervenstämmen verlangsame. Da nun aber nach Helmholtz selbst eine Abnahme der Leitungsgeschwindigkeit auf ein Zehntel der normalen die Wirkung des Nerven auf den Muskel noch nicht aufhebt, so konnte trotz obiger Resultate die Erregungsleitung verändert und herabgesetzt sein. Wenn der Stamm des Gracilisnerven des einhälftig curarisierten Muskels aus normal und langsamer leitenden Fasern gemischt war, so mußten sich in der Muskelkurve Differenzen bei Reizung ganz oben (proximal) und unten (distal) im Zuckungsverlauf zeigen (Kühne hat nicht die Latenz bestimmt, sondern die Länge der Zuckung gemessen.) Es ergaben sich aber in vielen Versuchen, auch nach Vergiftung mit sehr großen Dosen und der Dauer von bis 7 Stunden genau kongruente Kurven, so daß also auch eine Verlangsamung der Erregungsleitung infolge der Vergiftung nicht nachzuweisen ist und von der Peripherie aus dem vergifteten Muskelgebiete her überhaupt eine zentripetal fortschreitende Wirkung des Giftes ausgeschlossen erscheint.

Zentrales Nervensystem und sensible Nerven. Eines der wichtigsten Ergebnisse des Claude Bernardschen Unterbindungsexperimentes ist die Tatsache, daß im Anfang der Curarevergiftung durch Reizung der Haut der vergifteten Körperteile Reflexbewegungen in den durch die Unterbindung von der Vergiftung geschützten Gliedern hervorgerufen werden können. Claude Bernard folgerte hieraus, daß die Funktionen der sensiblen Nerven von dem Gifte nicht beeinflußt werden; bei der gleichen Versuchsanordnung hatte er außerdem konstatiert, daß auch die Willkürbewegungen in den geschonten Gliedern eine Zeitlang fortbestehen. Da sowohl diese als auch die Reflexe von den vergifteten und nicht vergifteten Körperteilen im weiteren Verlauf der Vergiftung bald schwächer werden und allmählich ganz verschwinden, ist die Frage nach der Beteiligung der sensiblen Nerven an der Vergiftung von den Autoren, die sich nach Claude Bernard mit Experimenten über den Gegenstand beschäftigt haben, in verschiedener Weise beantwortet worden und läßt sich natürlich nicht von der anderen Frage trennen, inwieweit die verschiedenen Teile des zentralen Nervensystems der Einwirkung des Giftes zugänglich sind.

Daß die Willkürbewegungen bei partiell curarisierten Fröschen relativ bald sistieren, wird von allen späteren Autoren bestätigt; fast ebenso einhellig sind die Aussagen hinsichtlich des Verhaltens der Reflexe im Beginn der Vergiftung: sie bestehen noch, wenn die Reizbarkeit der motorischen Nervenstämme im vergifteten Terrain bereits erloschen ist. Nur C. Lange[1]) findet, daß der Beginn der sensibeln Lähmung sich durchschnittlich ebenso frühe konstatieren lasse, als der der motorischen. Daß, wie Lange zugibt, die Motilität weit früher vernichtet wird, als die Sensibilität, wird deshalb nicht als Beweis einer stärkeren Einwirkung des Giftes auf die motorischen Nerven anerkannt, weil der Maßstab für den Vergleich der Stärke der motorischen Impulse und der sensibeln Eindrücke fehle. Dekapitierte Lange die Frösche nach erfolgter Curarevergiftung, so erfolgte nicht wie bei normalen Tieren Steigerung, sondern stetige und rasche Abnahme der Reflexerregbarkeit; daraus wird geschlossen, daß die „reflektierende Substanz" des Rückenmarks und zwar ziemlich früh vom Curare gelähmt werde. Unter dieser Voraussetzung ist es aber natürlich unmöglich, etwas Sicheres über den Zustand der sensibeln Nerven auszusagen, auch dann nicht, wenn man, wie Lange, es tat, die reflexsteigernde Wirkung des Strychnins zu Hilfe nimmt.

Im übrigen variieren die Angaben nur hinsichtlich des Zeitraums, während dessen an partiell vergifteten Tieren noch Reflexe zu erzielen sind. Kölliker gibt 3—4 Stunden, Haber 7—8 Stunden, O. Funke 24 Stunden, v. Bezold je nach der Umgebungstemperatur 2—4 resp. 5—7 Stunden als Grenze an. v. Bezold erwähnt zugleich, daß die Reflexbewegungen partiell curarisierter Frösche (Dosis 24—70 mg) 1—1$\frac{1}{2}$ Stunden nach der Giftzufuhr einen „krampfhaften" Charakter zeigen; da zu Beginn des späteren Stadiums der Sistierung der Reflexe die motorischen Nervenstämme sich zunächst noch als fähig erweisen, Erregungen auf die Muskeln zu übertragen, so glaubt er mit der größten Wahrscheinlichkeit den Sitz für die Hindernisse der Reflexleitung in das Rückenmark verlegen zu können.

Kurz vorher (1859) waren die Wirkungen des Curare insbesondere auf das Rückenmark von Martin-Magron und Buisson[2]) experimentell untersucht worden. Hierbei ergab sich das sehr bemerkenswerte Resultat, daß Curare nicht, wie bisher ziemlich allgemein angenommen worden war, der Antagonist des Strychnins ist, sondern daß beide Gifte in gleicher Weise wirken, nicht bloß insofern, als auch Curare unter geeigneten Versuchsbedingungen tetanische Krämpfe verursachen kann, sondern auch hinsichtlich der beiden Giften zukommenden Fähigkeit, die Enden der motorischen Nerven zu lähmen. Tetanische Krämpfe traten auf, wenn bei Fröschen nach Unterbindung der Aorta oder nach Excision des Herzens und Abtrennung des Großhirns Curarelösungen entweder in den Wirbelkanal injiziert oder mit dem bloßgelegten Rückenmark in Berührung gebracht wurden.

Durch den Nachweis der erregenden Wirkung des Curare auf das Rückenmark wurde in die Auffassung des Wesens der Curarewirkung ein neuer Gesichtspunkt eingeführt, der in dem von v. Bezold eingenommenen Standpunkt noch nicht bestimmt zum Ausdruck kommt. Die ältere Annahme einer zentripetal von den motorischen Nerven nach dem Rückenmark aufsteigenden Lähmung war mit einer primären Erregung des Rückenmarks durch das Gift nicht eben leicht vereinbar, auf alle Fälle lag es näher, die Nervenwirkung im motorischen System und die Erscheinungen im Gebiete der spinalen Reflexfunktion als zwei voneinander unabhängige Wirkungen des Curare anzusehen.

---

[1]) C. Lange, Experimentelle Beiträge zur Lehre vom amerikanischen Pfeilgift. Zeitschr. f. Biol. **4**, 390.

[2]) Martin-Magron et Buisson, Action comparée de l'extract de noix vomique et du Curare sur l'économie animale. Journ. de la Physiol. de l'homme et des animaux **2**, 473, 485, 647; **3**, 117, 323, 523 (1859/60).

In dieser Richtung und hinsichtlich der Beteiligung der sensibeln Nerven haben die von J. Tillie[1]) mit Curarin angestellten Versuche zu einem befriedigenden Aufschluß geführt. Es stellte sich zunächst heraus, daß die an partiell curarisierten Fröschen nach 45—60' konstant zu beobachtende Reflexdepression auf cerebralen Reflexhemmungen beruht. Abtrennung des Großhirns mit Erhaltung der Lobi optici vor der Vergiftung mit der 2—5fachen Normaldosis (0,28 mg pro Kilo) verhindert das Auftreten der primären Reflexhemmung; werden die Hemisphären des Großhirns nach bereits erfolgter Vergiftung abgetragen, so verschwindet die Reflexhemmung; reizt man nach der durch Exstirpation des Großhirns beseitigten Reflexhemmung die Lobi optici vorsichtig durch leise Berührung mit einem stumpfen Gegenstand, so werden für die Dauer einiger Minuten alle Reflexe wieder aufgehoben. Die Lobi optici mit ihren reflexhemmenden Zentren sind also noch funktionsfähig, und die Reflexdepression curarinisierter Frösche mit intaktem Zentralnervensystem ist demnach mit größter Wahrscheinlichkeit auf hemmende Einflüsse vom Großhirn aus zurückzuführen. Das Wesen dieser übrigens auch bei anderen Ammoniumbasen zu beobachtenden Gehirnwirkung ist noch nicht aufgeklärt; möglicherweise beruht sie aber nicht auf einer direkten Wirkung dieser Gifte auf die Hirnganglien, sondern kommt indirekt infolge der Lähmung eines großen Teils der willkürlichen Muskeln des Körpers als Hemmungsphänomen zustande.

Nach partieller Vergiftung mit großen Curarindosen (50—100fache Normaldosis) verschwindet die primäre Reflexdepression nach 70—90 Minuten von selbst, d. h. auch ohne Exstirpation des Großhirns, und macht dann einem Zustand Platz, in welchem die Reflexerregbarkeit gesteigert ist und die Reflexe einen mehr oder weniger prägnanten tetanischen Charakter haben. Typischer Tetanus, wie nach Strychnin, kam bei dieser Versuchsanordnung nur in relativ seltenen Fällen (ca. 5%) zur Beobachtung. Hieran schließt sich — je nach Höhe der Dosis und der umgebenden Temperatur — nach 3—20 Stunden zunächst progressive Abnahme der Reflexerregbarkeit und endlich die totale Lähmung des Rückenmarks an.

Werden größere Dosen von Curarin nach möglichst vollständiger Absperrung der Zirkulation zu den willkürlichen Skelettmuskeln direkt auf das bloßgelegte Rückenmark appliziert, so erfolgt regelmäßig Tetanus; noch schlagender und konstanter sind die Resultate, wenn man das Curarin durch ein geeignetes Blutgefäß in das Gefäßsystem des Rückenmarks einspritzt.

Tillie unterband zu diesem Zweck zuerst die Aorta abdominalis über dem Abgang der Art. coeliaca mesenterica, dann einen der beiden Aortenbogen an seinem Ursprung und einen Truncus pulmo-cutaneus. Wird dann mittels einer Kanüle das Gift peripherwärts in den anderen Aortenbogen (nahe beim Herzen) injiziert, so gelangt es durch die Art. carotis und occipito-vertebralis der einen Seite ins zentrale Nervensystem. Unterbindet man außerdem noch die Art. subclavia oder die ganze obere Extremität der gleichen Seite, so muß der größte Teil der Giftlösung in das Gehirn und Rückenmark gelangen.

Die Ursache, weshalb es bei der gewöhnlichen Versuchsanordnung der partiellen Curarevergiftung nur selten gelingt, Tetanus hervorzurufen, ist unzweifelhaft die bei Fröschen durch größere Curarindosen bedingte Gefäßlähmung, infolge deren nur relativ kleine Giftmengen in das Capillarsystem des Rückenmarks kommen.

Wie beim Strychnintetanus, so ist auch bei der Vergiftung mit Curarin jeder Krampfparoxysmus von einer langen Periode der Reflexhemmung gefolgt, bis schließlich die definitive Lähmung des Rückenmarks erfolgt.

[1]) J. Tillie, Über die Wirkungen des Curare und seiner Alkaloide. Archiv f. experim. Pathol. u. Pharmakol. 27. 1 (1890).

Nach Hugh Mc. Guigan[1]) verursacht Injektion von Curarelösungen (Merck u. Schuchardt) ins Rückenmark oder den vierten Ventrikel (Methode von Hugh, Mc. Guigan u. F. C. Bechl) ausgesprochene Erregungserscheinungen, Zunahme der Reflex-erregbarkeit und Ruhelosigkeit. Vor Entwicklung des Curarekrampfes stellen sich Zuckun-gen in den kleinen Gesichts- und Augenmuskeln, Speichelfluß, Schnüffeln und Schnarchen mit etwas Atmungsbehinderung, dann starre Seitwärtsbewegung des Kopfes ein. Der Tod erfolgt durch Atmungslähmung; strychninartige Wirkung war mit den genannten Curarepräparaten nicht zu beobachten.

Über die Wirkung des Curare bei direkter Applikation auf die Nervenzentren hat G. Amantea Versuche angestellt. Da die Arbeit dem Verfasser im Original nicht zu-gänglich ist, folgt hier wörtlich ein über ihre Ergebnisse von Ascoli im Jahresbericht für Tierchemie 1912, 1165 erstattetes Referat: „Bei direkter Applikation auf die Nerven-zentren besitzt Curare in der Regel eine reizende Wirkung, die jedoch für die verschiedenen Zonen des Cerebrospinalsystems nicht gleich stark ist. Die Applikation des Giftes auf die motorische Rindenzone führt nur zu einer Erniedrigung der Reizschwelle, während die Einführung minimaler Dosen in die Zentren selbst von klonischen Zuckungen der entspre-chenden Muskeln gefolgt ist. Die Kleinhirnrinde zeigt sich gegen eine oberflächliche An-wendung des Giftes refraktär. Nicht zu tiefe interstitielle Einspritzungen kleiner Curare-dosen ins Kleinhirn führen zu tonischen Kontraktionen gewisser Muskelgruppen. Auf den Bulbus und auf das Rückenmark wirkt Curare krampferregend. Die interstitiellen Einspritzungen reichlicher Dosen in die tieferen Schichten des Gehirns oder auch ins Klein-hirn erzeugen — zum Teil auch infolge des Rückflusses und der Verbreitung des eingeführten Giftes — zuweilen komplexe Zustände einer allgemeinen Erregtheit, deren genauere Ana-lyse nicht möglich ist."

Zentrale Erregbarkeitssteigerungen durch Curare, wie sie an die Strychnin-vergiftung erinnern, konnte S. Garten[2]) auch bei Torpedo nachweisen. Bleibt das elektrische Organ des Tieres in der normalen Verbindung mit dem Zentrum, so macht sich nach Injektion von 0,15 g Curare in eine Kiemenarterie des Fisches alsbald eine Übererregbarkeit bemerklich, so daß durch taktmäßiges Klopfen auf den Tisch wie bei einer Strychninvergiftung durch jeden dieser schwachen Reize ein elektrischer Schlag zu erzielen ist, wobei indessen, ebenso wie es von Schönlein[3]) bei der Strychninvergiftung wahrgenommen wurde, nach einiger Zeit Erschöpfung eintritt. Das Verhalten des elektrischen Organs selbst gegen Curare wird an einer anderen Stelle besprochen.

Eine Wirkung des Curare oder Curarin auf die Stämme und Enden der sensibeln Nerven kann man auch auf Grund weiterer von J. Tillie (l. c.) ausgeführter Experimente als ausgeschlossen ansehen. Werden bei enthirnten Fröschen in die eine aus der Zirkulation ausgeschlossene und nur durch den Nervenstamm mit dem Körper noch verbundene untere Extremität subcutan große Mengen von Curarin injiziert, so können von der äußeren Haut dieser Extremität aus schon durch leise Berührung noch stundenlang kräftige Reflex-bewegungen des übrigen Körpers ausgelöst werden.

Als einziges bis jetzt bekanntes Analogon der Reflexsteigerung am curari-nisierten Frosch ist das Verhalten der vasomotorischen Zentren während der Curare- oder Curarinvergiftung bei Kaninchen von großem Interesse. P. Grütz-ner und R. Heidenhain[4]) beobachteten zuerst, daß bei mäßiger Curarever-giftung ganz geringfügige Hautreize, wie z. B. Anblasen der äußeren Haut an beliebigen Körperstellen, jähe und relativ lange anhaltende Blutdrucksteigerungen verursachen, daß diese Erscheinung nur bei Kaninchen, hier aber auch dann

---

[1]) Zit. nach Chem. Centralblatt 1917, I. 22 aus Journ. of Pharmakol. and experi. Therap. 8, 471 (1916).

[2]) S. Garten, Beiträge zur Physiologie des elektrischen Organs des Zitterrochens. Abhandl. d. math.-phys. Klasse d. Kgl. Sächs. Ges. d. Wissensch. 25, 288 (1899).

[3]) K. Schönlein, Beobachtungen und Untersuchungen über den Schlag von Tor-pedo. Zeitschr. f. Biol. 33, 415.

[4]) P. Grützner u. R. Heidenhain, Beiträge zur Kenntnis der Gefäßinnervation, Archiv f. d. ges. Physiol. 16, 54.

noch zu erzielen ist, wenn vorher das Großhirn durch einen senkrechten Schnitt dicht vor dem vorderen Rand der Varolsbrücke vom übrigen Zentralnervensystem abgetrennt worden ist. Stärkere Hautreize sind ohne Wirkung.

J. Latschenberger und A. Deahna[1]) hatten schon früher die scheinbar spontan bei curarisierten Kaninchen häufig auftretenden Blutdruckschwankungen ohne nähere Begründung auf „strychninhaltiges Curare" zurückführen wollen. Strychnin ist aber bis jetzt niemals als Bestandteil irgendeiner Curaresorte beobachtet worden. P. Grützner und R. Heidenhain scheinen den gleichen Verdacht gehegt zu haben, erhielten aber gleiche Ergebnisse mit vier aus verschiedenen Quellen bezogenen Curaresorten. J. Tillie hat dann gezeigt, daß die in Rede stehende Erscheinung auch als Wirkung kleiner bis mittlerer Dosen von Curarin bei Kaninchen hervortritt, während sie nach großen Curarindosen oder in der Urethannarkose und nach vorhergehender Durchschneidung des Rückenmarks zwischen dem 3. und 4. Halswirbel ausbleibt. Im Beginne dieser durch schwache Hautreize ausgelösten Blutsteigerung verlangsamt sich gewöhnlich die Pulsfrequenz bedeutend, wird aber sehr schnell und unregelmäßig, wenn der Druck die maximale Höhe erreicht hat. Beiderseitige Vagotomie am Halse oder intravenöse Atropininjektion verhindert die beschriebene Wirkung schwacher Hautreize nicht, es fehlen aber unter diesen Bedingungen im Verlaufe des vasomotorischen Reflexes die Variationen der Pulsfrequenz. Der Sitz der gesteigerten Erregbarkeit ist nach dem Mitgeteilten das Gebiet zwischen Großhirn und Halsmark, wahrscheinlich das Kopfmark.

Bei der elektrischen Reizung des zentralen Ischiadicusstumpfes gibt sich auffallenderweise eine Steigerung der Reflexerregbarkeit der vasomotorischen Apparate nicht zu erkennen, wenn auch dieser Eingriff während der Vergiftung mit mittleren Curarindosen, vorausgesetzt, daß der Blutdruck sich nicht schon auf abnormer Höhe befindet, regelmäßig drucksteigernd wirkt. Ebenso verhält es sich auch hinsichtlich der Wirkung temporärer Suspension der künstlichen Atmung. Während aber nach Halsmarkdurchschneidung (zwischen 3.—4. Halswirbel) schwache Hautreize oder Ischiadicusreizung den Blutdruck nicht mehr beeinflußten, wird er durch temporäre Atmungssuspension noch in die Höhe getrieben.

Bei Hunden und Katzen gibt sich im Curarinzustande die Fortdauer der Funktionen der vasomotorischen Zentren unter anderem daran zu erkennen daß während temporärer Asphyxie die Traube - Heringschen Wellen in der Blutdruckpulskurve erscheinen. Die Gründe, die dafür sprechen, daß der Wegfall aller Gefäßnervenreflexe nicht auf zentralen, sondern auf peripherischen Wirkungen des Giftes beruht, sind an einer anderen Stelle erörtert.

Daß im Zustande der Curarisierung beim Kaninchen zentrale Reizung des N. depressor vollen Effekt auf den Blutdruck hat, ergibt sich schon aus den Versuchen von C. Ludwig u. E. Cyon[2]). Für das reine Curarin stellte später Tillie (l. c. S. 28) fest, daß zentrale Reizung des N. depressor noch den Blutdruck eines Kaninchens erniedrigte, das etwas mehr als die zur Lähmung des N. vagus erforderliche Curarindosis erhalten hatte. Depressorische Bahnen sind von R. Hunt[3]) auch im N. ischiadicus und anderen afferenten Rückenmarksnerven nachgewiesen worden. Unter bestimmten Bedingungen gelingt es, durch zentrale

[1]) J. Latschenberger u. A. Deahna, Beiträge zur Lehre von der reflektorischen Erregung der Gefäßmuskeln. Archiv f. d. ges. Physiol. 12, 173.

[2]) E. Cyon u. C. Ludwig, Die Reflexe eines der sensibeln Nerven des Herzens auf die motorischen der Blutgefäße. Arbeiten aus d. Physiolog. Anst. z. Leipzig 1866 128.

[3]) Reid Hunt, The fall of blood-pressure resulting from the stimulation of afferent nerves. Journ. of Physiol. 18, 381 (1895).

Reizung solcher Nerven den Blutdruck entweder primär oder sekundär nach vorausgegangener Steigerung herabzusetzen. Es ist aber schwierig oder unmöglich, diesen Reizeffekt an curarisierten Tieren zu erhalten. Die beiden Reflexmechanismen (bei der Depressor- resp. Ischiadicusreizung) würden sich demnach dem Curare gegenüber verschieden verhalten.

Im Verlaufe von Untersuchungen über die Abhängigkeit des pressorischen resp. depressorischen Effekts der zentralen Reizung afferenter Nerven von E. G. Martin[1] u. P. G. Stiles[2] ist auch der Einfluß des Curare auf den Ablauf dieser vasomotorischen Reflexe von neuem geprüft worden. Auch nach diesen Untersuchungen ist die Wirkung des Curare auf die vasomotorischen Zentren geringfügig.

Die Reizschwellen für physiologisch nach der Methode von E. G. Martin[3] kalibrierte Induktionsschläge wurden bei Katzen ermittelt. Am nicht curarisierten Tier bewirkt die zentrale Reizung des Depressor-Vagus bei successiver Steigerung der Reize in ziemlich großer Breite der Reizstärke eine relativ schwache Depression des Blutdrucks, deren Umfang sich von der Reizstärke wenig abhängig zeigte, so daß hier die Verhältnisse einigermaßen an das „Alles oder Nichts"-Gesetz erinnern. Von einer höheren Reizgröße an tritt dann ziemlich unvermittelt eine bis um das Vierfache stärkere Reaktion auf. Am curarisierten Tier war dieser unvermittelte sprungartige Wechsel von schwächerer und starker Reaktion viel weniger ausgesprochen; hier paßte sich der mehr stetig zunehmende Reizerfolg einigermaßen der Zunahme der Reizgröße an.

Nerven des Herzens, der Blutgefäße, Drüsen und Eingeweideorgane. Im Bereiche derjenigen efferenten cerebrospinalen und sympathischen Nerven, deren Erfolgsorgane das Herz, die Blutgefäße, Drüsen oder Eingeweide mit glatter Muskulatur sind, wirkt im allgemeinen das Curare oder Curarin in schwächerem Grade als im Nervmuskelapparat des Skeletts. Indessen handelt es sich nicht um einen prinzipiellen, sondern nur um einen graduellen Unterschied der Wirkung. Die außerordentlich zahlreichen, größtenteils in der physiologischen Literatur zerstreuten Beobachtungen über diese Wirkungen wollen wir in der Reihenfolge betrachten, daß zunächst die Herznerven, dann die Nerven der Blutgefäße und Drüsen und endlich die der Eingeweideorgane abgehandelt werden.

Nervus vagus. Die zuerst von Claude Bernard[4] ,bald darauf auch von A. Kölliker[5] und R. Heidenhain[6] beobachtete lähmende Wirkung des Curare auf die Endapparate der hemmenden Fasern des N. vagus ist von F. Bidder[7] lebhaft bestritten worden. Bei weiteren eingehenderen Versuchen von A. v. Bezold[8] und vom Verfasser[9] stellte sich heraus, daß sich einerseits

[1] E. G. Martin and Percy G. Stiles, Two Types of Reflex Fall of Bloodpressure. Amer. Journ. of Physiol. **34**, 106 (1914).

[2] Dieselben. The influence of Curare on vasomotor Reflex-Tresholds. Ibid. **34**, 220 (1914).

[3] Martin, The measurement of induction shoks. New-York 1912.

[4] Claude Bernard, Leçons sur les effets des substances toxiques et medicamenteuses.

[5] A. Kölliker, Physiologische Untersuchungen über die Wirkung einiger Gifte. Virchows Archiv **10**, 10. (1856).

[6] R. Heidenhain, Allgem. mediz. Zentralztg. 1858; zit. nach L. Hermann, Lehrbuch der experimentellen Toxikologie. Berlin 1874, S. 302.

[7] F. Bidder, Über die Unterschiede in den Beziehungen des Pfeilgiftes zu verschiedenen Abteilungen des Nervensystems. Archiv f. Anat. u. Physiol. **1865**, 339.

[8] A. v. Bezold, Untersuchungen über die Innervation des Herzens; II. Teil. Leipzig 1863, S. 281; vgl. auch Allg. med. Zentralztg. **1859**, Nr. 49.

[9] R. Boehm, Über paradoxe Vaguswirkungen bei curarisierten Tieren. Archiv f. experim. Pathol. u. Pharmakol. **4**, 351 (1875).

die verschiedenen Versuchstiere in diesem Punkte nicht ganz gleich verhalten und hauptsächlich der Grad und das Stadium der Vergiftung eine große Rolle spielen. Auch der Hemmungsapparat des N. vagus ist unzweifelhaft dem Curare und Curarin gegenüber resistenter als der Nervmuskelapparat des Skeletts. Die Wirkung tritt später ein als die Lähmung der Skelettmuskeln, sie kann bei kleineren Giftdosen auch ganz fehlen, und die Vagusorgane erholen sich von der Vergiftung merklich rascher als die willkürlichen Bewegungsorgane. Der Verfasser (B o e h m) hat auch gezeigt, daß die Verschiedenheit der Curaresorten mit Rücksicht auf ihren wechselnden Curaringehalt zu beachten ist, daß z. B. bei Katzen von den wirksamsten Giftsorten 0,01—0,05 g, von dem weniger wirksamen Curare 0,05—0,1 g zur völligen Lähmung des N. vagus im Herzen führen, und daß bei Hunden und Kaninchen größere Dosen erforderlich sind. J. Tillie hat letzteres Verhältnis für das Curarin bestätigt. Bei der Katze zeigte sich die größte Empfänglichkeit, geringer war sie bei Hunden und am geringsten . bei Kaninchen.

Man beobachtet nun je nach dem Grade der Vergiftung nicht nur den mehr oder weniger vollständigen Wegfall der Hemmungswirkung — als geringsten Grad nur Pulsverlangsamung ohne Blutdrucksenkung, als höchsten den typischen Herzstillstand —, es kann vielmehr, wie zuerst W. Wundt und Schelske beobachteten und später vom Verfasser (l. c.) eingehender untersucht wurde, der Reizeffekt auch seiner Qualität nach verändert sein. W. Wundt[1]) teilte 1860 in einem Vortrage über die Resultate einer in Gemeinschaft mit Schelske ausgeführten Versuchsreihe mit, daß während der Curarevergiftung — die Tierspecies ist nicht angegeben — Vagusreizung eine Beschleunigung des Herzschlags hervorruft, die mit der Stärke der Reizung zunimmt. Der Verfasser hat eine pulsbeschleunigende Wirkung der peripherischen Vagusreizung in einem bestimmten Stadium der Curarewirkung bei Katzen und Hunden beobachtet. Bei Kaninchen trat sie nie zutage, und bei den beiden anderen genannten Tierspezies stets nur nach Reizung des r e c h t e n N. vagus. Auch am rechten Vagus ist diese paradoxe Wirkung nicht ausnahmslos bei allen Tieren, aber doch in der Mehrzahl der Fälle zu erwarten. Man beobachtet das Phänomen bei sehr vorsichtiger Dosierung des Giftes erst, wenn der hemmende Effekt ganz geschwunden ist. Die Beschleunigung kann bis 70% der Ursprungsfrequenz erreichen und ist in der Regel von keinerlei erheblichen Schwankungen des Blutdrucks begleitet. Hinsichtlich des Latenzstadiums der Reizung, der Nachwirkung und anderer Details zeigte sich eine nahe Übereinstimmung mit den bei der Reizung des N. accelerans cordis der Katze vom Verfasser konstatierten Erscheinungen[2]). Beim allmählichen Schwinden des Vergiftungsstadiums, in welchem Vagusreizung accelerierend gewirkt hat, tritt immer zunächst wiederum eine Periode der gänzlichen Wirkungslosigkeit der Vagusreizung hervor, das wohl als die Folge einer Art von Balancierung hemmender und accelerierender Einflüsse gedeutet werden darf, ehe das weitere Fortschreiten der Entgiftung den hemmenden Einfluß wieder zur Geltung kommen läßt. Durch neue Giftdosen kann das Stadium, in welchem der Reiz Beschleunigung auslöst, wiederholt in einem und demselben Versuch herbeigeführt werden. Nach Vergiftung von Katzen mit 0,0012—0,008 g Curarin beobachtete auch J. Tillie Beschleunigung des Herzschlags von 63 bis auf 78 Schläge in 20″ durch Vagusreizung.

[1]) Verhandl. d. naturhistor. mediz. Verein zu Heidelberg, 6. Jan. 1860. Referat in den Heidelberger Jahrbüchern der Literatur 1860, Nr. 11, S. 172.

[2]) R. Boehm, unter Mitwirkung von H. Nußbaum, Untersuchungen über den Nervus accelerator cordis der Katze. Archiv f. experim. Pathol. u. Pharmakol. 4, 255 (1875).

Nach A. J. Carlson[1]) wirkt Curare auf die hemmenden nervösen Mechanismen im Evertebratenherz wie bei Wirbeltieren. Insbesondere bei Limulus wird der Hemmungsmechanismus durch Curare nur gelähmt, wenn das Gift mit der dorsalen Seite des Herzganglions in Berührung kommt. Durch die Giftwirkung werden die hemmenden Impulse verhindert, die automatischen Ganglienzellen zu erreichen.

Bei Säugetieren verursacht Vagusreizung je nach dem Grade und dem Stadium der Curarevergiftung auch charakteristische Schwankungen des Blutdrucks, die möglicherweise darauf beruhen, daß die Erregung im Vagus verlaufender vasokonstriktorischer Fasern unter den jeweils gegebenen Bedingungen hervortreten kann. Der Kürze halber folgen in summarischer Zusammfassung die je nach den aufeinanderfolgenden Vergiftungsperioden beobachteten Kombinationen:

I. Periode: Abnahme der normalen Vaguswirkung bis zur Unerregbarkeit der hemmenden Fasern. Vagusreizung ohne Einfluß auf Puls und Blutdruck.

II. Periode: Vagusreizung bewirkt Pulsbeschleunigung ohne Blutdrucksteigerung. Höhe der Curarevergiftung.

III. Periode: Vagusreizung bewirkt Pulsbeschleunigung und Blutdrucksteigerung.

IV. Periode: Vagusreizung bewirkt Blutdrucksteigerung ohne Veränderung der Pulsfrequenz.

V. Periode: Vagusreizung bewirkt Blutdrucksteigerung mit Verlangsamung der Pulsfrequenz.

VI. Periode: Normaler Effekt der Vagusreizung mit nachträglicher Steigerung des Blutdrucks und der Pulsfrequenz.

Der Nervus acelerans der Katze bleibt auch während der Curarevergiftung reizbar. Ob die Reizbarkeit desselben durch große Giftdosen aufgehoben wird, ist bis jetzt nicht untersucht worden.

Gefäßnerven. Die ersten Beobachtungen über Wirkungen des Curare auf die Gefäßnerven rühren von A. Kölliker her. Angeregt durch die Beobachtung von E. Pflüger[2]), wonach die Mesenterial- und Schwimmhautgefäße des Frosches bei elektrischer Reizung der motorischen Wurzeln der Rückenmarksnerven der hinteren Extremität sich kontrahieren, untersuchte A. Kölliker die Schwimmhautgefäße vor und nach der Curarevergiftung; bei ungetrübter Zirkulation sah er die Gefäße sich nach der Vergiftung erweitern und konnte dann durch Reizung des Plexus ischiadicus mit schwachen elektrischen Strömen keine Verengerung der Gefäße mehr hervorrufen. F. Bidder bestreitet, daß bei guter Zirkulation durch Curarevergiftung der Blutreichtum der Schwimmhautgefäße zunimmt. J. Dogiel[3]), der das Vorkommen von Vasomotoren im N. ischiadicus der Frösche anzweifelt, durchschnitt an kurarisierten Fröschen einseitig den N. ischiadicus und glaubte dann aus den Wunden abgeschnittener Fußzehen auf beiden Seiten etwa gleiche Blutmengen ausfließen zu sehen. Nach Nußbaum[4]) sieht man an der Schwimmhaut curarisierter Frösche im Momente der Durchschneidung des N. ischiadicus die Arterien sich kontrahieren; bald folgt aber Dilatation derselben, und nun ruft Ischiadicusreizung jedesmal Verengerung hervor. Auch nach Exstirpation von Gehirn und Medulla oblongata sind an der Schwimmhaut curarisierter Frösche reflek-

---

[1]) A. C. Carlson, Vergleichende Physiologie der Herznerven und der Herzganglien bei den Wirbellosen. Ergebnisse d. Physiol. **8**, 371.

[2]) E. Pflüger, Allgem. mediz. Zentralztg.' **1855**, Nr. 68.

[3]) J. Dogiel, Über den Einfluß des N. ischiadicus und N. cruralis auf die Zirkulation des Blutes in den unteren Extremitäten. Archiv f. d. ges. Physiol. **5**, 141.

[4]) M. Nußbaum, Über die Lage des Gefäßnervenzentrums. Archiv f. d. ges. Physiol. **10**, 377.

torisch durch mechanische, chemische oder elektrische Reizung sensibler Nerven Gefäßkontraktionen hervorzurufen. Nach den Untersuchungen von D. Huizinga[1]) wird bei schwach aber vollständig curarisierten Temporarien das Spiel der Gefäßnervenreflexe an der Schwimmhaut – Gefäßverengerung auf sensible Reizung entfernterer, Erweiterung auf Reizung sehr naher Hautstellen nicht beeinflußt; ersterer Reflex wird von spinalen, letzterer von peripherischen Ganglien abgeleitet. Die rhythmischen Arterienbewegungen, die unregelmäßig auf die Schwimmhautgefäße verteilt auch nach der Durchschneidung des Plexus ischiadicus fortdauern und daher von Huizinga auf in die Arterienwand eingebettete Nervenzellen bezogen werden, hören nach stärkerer Vergiftung mit Curare auf.

In einem Aste des Nervus quintus, der den Musculus mylohoideus des Frosches innerviert, sind von W. H. Gaskell[2]) vasodilatatorische Fasern aufgefunden worden. Gaskell fand, daß diese Fasern durch Curare nicht gelähmt werden.

Spätere Autoren vertreten im allgemeinen die gewiß zutreffende Ansicht, daß der vasomotorische Nervenapparat der Froschschwimmhaut bei einer zur völligen Lähmung der Willkürbewegungen ausreichenden Curarevergiftung weiter funktioniert, und da es sich in der Regel nur um das Studium dieses Mechanismus handelt, scheinen Untersuchungen über die Wirkung größerer Giftdosen an dem in Rede stehenden Objekt nicht mehr angestellt worden zu sein. Auch J. Tillie hat direkte Beobachtungen über das Verhalten der vasomotorischen Nerven bei mit Curarin vergifteten Fröschen nicht migeteilt; er zieht aber aus der nach Vergiftung mit großen Curarindosen stattfindenden stetigen Abnahme der Füllung des Herzens den Schluß, daß die Gefäßnerven in solchen Fällen gelähmt sind. Ein strenger Beweis hierfür ist aber nicht erbracht, und es sind hinsichtlich dieses Punktes noch weitere Versuche mit Curarin wünschenswert.

Bei Durchströmungsversuchen an den hinteren Extremitäten von Esculenten fand A. Laewen[3]) daß Suprarenin (Adrenalin) nach vorheriger Vergiftung der noch lebenden Tiere mit 0,1 mg Curarin die Strömungsgeschwindigkeit in den Blutgefäßen ebenso stark herabsetzte wie ohne Kurarinvergiftung. Da Laewen mit Tillie annimmt, daß die vasomotorischen Nerven durch das Curarin gelähmt waren, ist er geneigt, dem Suprarenin eine direkte Wirkung auf die Gefäßmuskeln zuzuerkennen, die aber nach allen sonst über die Wirkung des Nebennierenalkaloids gemachten Erfahrungen ziemlich unwahrscheinlich ist.

Erscheinungen, ähnlich denjenigen, die sich bei curarisierten Kaninchen nach Durchschneidung des Halssympathicus einstellen, kann man, wie A. Vulpian[4]) angibt, auch bei Fröschen hervorrufen. Excision des Ganglion sympathicum, das bei Fröschen ungefähr den Cervicalganglien der Säuger entspricht, verursacht Miosis auf der betreffenden Seite und starke Gefäßerweiterung der ganzen Kopfhälfte, z. B. eine lebhafte Kongestion der Mundschleimhaut auf der Seite der Operation. Die Wirkung kommt beim curarisierten Frosch erst einige Stunden nach dem Eingriff deutlich zum Vorschein, und noch am folgenden Tage findet man auf der operierten Seite die Pupille enger und die Hälfte der Zungenschleimhaut stärker injiziert.

Die Wirkungen der Durchschneidung und Reizung des Halsteils des N. sympathicus auf die Blutgefäße des Kaninchenohrs — Rötung des Ohrs nach

---

[1]) D. Huizinga, Untersuchungen über die Innervation der Gefäße in der Schwimmhaut des Frosches. Archiv f. d. ges. Physiol. 11, 207.

[2]) W. H. Gaskell, Journ. of Anat. and Physiol. 11, 720 (1877).

[3]) A. Laewen, Quantitative Untersuchungen über die Gefäßwirkung von Suprarenin. Archiv f. experim. Pathol. u. Pharmakol. 51, 415.

[4]) A. Vulpian, Leçons sur les effets physiologiques des substances toxiques et medicamenteuses. p. 299.

der Durchschneidung, Gefäßverengerung nach der Reizung — bleiben während
der Curarevergiftung auch nach Anwendung relativ hoher Curaredosen erhalten; von F. Bidder ist dies gegenüber Claude Bernard und A. Kölliker,
die Lähmung des Sympathicus angenommen hatten, nachgewiesen worden.
Von Christ. Lovén[1]) wurde im Ludwigschen Laboratorium gezeigt,
daß sich die Arterien des Kaninchenohrs und das Gebiet der Arteria saphena
reflektorisch unter dem Einfluß zentraler Reizung der N. N. auriculares, resp.
des N. dorsalis pedis erweitern, entweder primär oder nach vorhergegangener
Verengerung. Die Versuche gelangen auch am curarisierten Kaninchen. Die
als Reizeffekt auftretende Gefäßerweiterung war immer auf den Verbreitungs-
bezirk derjenigen Arterien beschränkt, in dem die Reizung stattfand. Über den
Grad der Curarevergiftung gibt Lovén nichts Näheres an.

Über ähnliche Beobachtungen berichtete auch Claude Bernard[2]). Reizte
er bei curarisierten Kaninchen den Nervus ischiadicus, so erfolgten keine Muskelzuckungen, es trat aber starke Hyperämie der Ohrgefäße auf, und aus einer vor
Beginn der Reizung nicht blutenden Wunde des Ohres ergoß sich während der
Reizung reichlich Blut. Auch hier wurde also reflektorisch die Gefäßerweiterung
bewirkt wie bei der zentralen Reizung des N. lingualis die Chorda tympani
reflektorisch erregt wird.

Claude Bernard[2]) stellte damals den jedenfalls nicht ausreichend begründeten Satz
auf, daß Curare nicht gleichzeitig, sondern sukzessive die verschiedenen Nervenapparate
lähme und daß der Lähmung jedes dieser Apparate eine Periode der Erregung vorangehe.
Die Dilatatoren der Gefäße sollen zuerst, vor den Konstrictoren, diese beiden Perioden
der Erregung und Lähmung zeigen und die erregende Wirkung sich in der Hyperämie
und Temperatursteigerung verschiedener peripherer Teile des Körpers im Anfang der
Curarevergiftung zu erkennen geben.

Die rhythmischen Kontraktionen der Arteria mediana des Kaninchenohrs
bestehen, wie A. Vulpian angibt, während der Curarevergiftung fort. Derselbe Autor[3]) beobachtete, daß nach Vergiftung von Hunden mit großen Curaredosen bis 0,35 g Reizung des Vagosympathicus noch Verengerung der Gefäße
der Unterseite der Zunge bewirkte, während periphere Reizung des N. lingualis
Dilatation der Zungengefäße hervorrief. Die untere Zungenfläche rötete
sich auf der gereizten Seite sehr stark, und die oberflächlichen Venen führten
helleres Blut als die der entgegengesetzten Seite. Die Lingualisreizung war in
dem angegebenen Sinne auch noch wirksam bei einem Hunde, der so stark mit
Curare vergiftet war, daß die Reizung des zentralen Endes des Vagosympathicus
nicht mehr auf die Pupille wirkte. Daß aber schließlich doch auch die Endapparate der Zungengefäßnerven durch Curare gelähmt werden können,
ergab sich aus einem späteren Versuch von A. Vulpian. Die Reizung des
N. lingualis blieb hier erfolglos, nachdem 0,08 g Curare peripherwärts direkt
in die Arteria lingualis injiziert worden waren.

Aufschlüsse über das Verhalten dilatatorisch wirkender Gefäßnerven
unter dem Einfluß der Curarewirkung gaben auch die Untersuchungen von
C. Eckhard[4]), Ch. Lovén[5]) und M. v. Frey[6]). Bei Kaninchen verursacht

---

[1]) Christian Lovén, Erweiterung von Arterien durch Nervenerregung. In: C. Ludwig, Arbeiten a. d. physiol. Anstalt zu Leipzig 1, 1 (1867).
[2]) Claude Bernard, Leçons sur la chaleur animale. p. 230. Paris 1876.
[3]) A. Vulpian, Leçons sur l'apparail vasomoteur. T. II, 662.
[4]) E. Eckhard, Über den Verlauf der Nn. erigentes innerhalb des Rückenmarks
und Gehirns. Beiträge z. Anat. u. Physiol. 7, 69 (1876).
[5]) l. c. S. 21.
[6]) M. v. Frey, Über die Wirkungsweise der erschlaffenden Gefäßnerven. In: C. Ludwig, Arbeiten a. d. physiol. Anstalt zu Leipzig 11, 98 (1876).

Reizung des Rückenmarks vom obersten Teil des Halsmarks an bis herab zum Lendenmark bei Kaninchen Erektion des Penis. Schneidet man den Anfangsteil der Corpora cavernosa innerhalb der Bauchhöhle an, so erfolgt während der Reizung vermehrte Blutung aus den Schwellkörpern (Erektionsblutung). Durch schwache Curarevergiftung wird dieser Reizeffekt gar nicht beeinflußt; auch bei stärkerer Vergiftung mit totaler oder nahezu totaler Lähmung der willkürlichen Muskeln treten stets noch sehr erhebliche Erektionsblutungen auf, während sie endlich im höchsten Grade der Curarevergiftung, wenn schon die Kreislaufstätigkeit geschwächt ist, nicht mehr zu beobachten sind. Ch. Lovén der gleichfalls den Mechanismus der Gefäßerweiterung bei der Erektion studierte, bemerkt, daß „trotz einer sehr intensiven Vergiftung (mit Curare) alle Erscheinungen, die der Blutstrom im Penis des gesunden Tieres zeigt, sich unverändert erhalten.

M. v. Frey untersuchte am curarisierten Hunde die Wirkung der Reizung der Chorda tympani auf die Zirkulationsgeschwindigkeit in der Glandula submaxillaris und fand, daß eine Curaremenge, die stark genug war, um die Nerven der Skelettmuskeln vollständig zu lähmen, nicht ausreichte, um die Wirkung der Chordareizung zu unterdrücken. 6 Sekunden nach Schluß des reizenden Stromes erfolgte aus der Drüsenvene vermehrte Blutung, die aber im Vergleich mit unvergifteten Tieren einen nur sehr mäßigen Wert erreichte; schon 20″ später hatte der Blutstrom seine frühere Stärke angenommen und jedenfalls hatte demnach das Curare die Leistungsfähigkeit des betreffenden Apparates bedeutend abgeschwächt.

Wenn man den N. ischiadicus in der oberen Hüftgegend durchschneidet und in die Haut einer der Fußzehen einen Einschnitt macht, entsteht beim curarisierten Hund eine stärkere Blutung als beim unvergifteten; reizt man den peripherischen Stumpf des durchschnittenen N. ischiadicus, so verringert sich die Blutung aus der Wunde oder steht auch völlig still; erst einige Minuten später blutet dann die Wunde wie zuvor. A. Vulpian[1]) hat dieses Experiment auch an Hunden ausgeführt, deren N. ischiadicus schon 10 Tage vorher durchschnitten worden war. Die Wirkung der Reizung der Nerven nach der Curarevergiftung war dann entweder ganz aufgehoben oder wenigstens stark vermindert (Degeneration). Im übrigen gelang das Experiment auch noch nach Vergiftung mit Curaredosen, die die Erregbarkeit des Hemmungsvagus aufgehoben hatten.

Diese unzweideutig für die Existenz von Vasoconstrictoren im Stamm des N. ischiadicus sprechenden Resultate sind wohl in der Hauptsache auf die Vasomotoren der Haut der hinteren Extremität zurückzuführen. Der sichere Nachweis solcher Nerven für die quergestreifte Muskulatur ist nicht zu führen; bei den vielfachen Untersuchungen in dieser Richtung, insbesondere der Ludwigschen Schule, hat sich herausgestellt, daß die Nerven der Muskelarterien auf Reizung des Rückenmarks oder der Nervenstämme der Extremitäten wenig oder gar nicht reagieren. Bei mit Curare vergifteten Hunden hat M. E. Hafiz[2]) nach Rückenmarksreizung niemals eine Verengerung der Muskelarterien gesehen. In gleichem Sinne sprechen die Resultate der Versuche von J. Dogiel[3]) und G. Humilewski[4]). Mit Bezug auf die Wirkung des Curare sind auch die

[1]) A. Vulpian, Leçons sur l'appareil vasomoteur. T. II, 662.
[2]) C. Ludwig, Arbeiten a. d. physiol. Anstalt zu Leipzig 1871.
[3]) J. Dogiel, Über den Einfluß des N. ischiadicus und N. cruralis auf die Zirkulation des Blutes in den unteren Extremitäten. Archiv f. d. ges. Physiol. 5, 141.
[4]) G. Humilewski, Über den Einfluß der Muskelkontraktionen der Hinterextremität auf ihre Blutzirkulation. Archiv f. Anat. u. Physiol. 1886, 126.

Untersuchungen von W. H. Gaskell[1]) hier zu erwähnen. Bei Hunden verursacht peripherische Reizung des N. cruralis vermehrten Blutausfluß aus einer Muskelvene. Der Versuch gelingt, wenn auch mit etwas geringerem Effekt, auch in einem Stadium der Curarevergiftung, in welchem die Reizung des Nerven keine sichtbaren Muskelkontraktionen mehr hervorruft. In noch stärkeren Graden der Vergiftung ist die Reizung erfolglos. Gaskell war geneigt, den positiven Ausfall des Versuchs durch die Annahme gefäßerweiternder Nerven im Muskel zu erklären. N. Langley[2]) betont demgegenüber, daß die Existenz solcher Nerven bis jetzt auf andere Weise nicht nachzuweisen ist und daß vielleicht doch schwache nicht sichtbare Muskelzuckungen die Blutung etwas vermehrt haben könnten.

Mit Hilfe der plethysmographischen Methode konstatierten H. P. Bowditch und Warren[3]), daß Curarevergiftung bei intaktem N. ischiadicus Volumszunahme, bei durchschnittenem Volumsabnahme der hinteren Extremität bewirkt.

Es mag hier eine Bemerkung Platz finden, die ohne Bezugnahme auf besondere Quellen höchstwahrscheinlich eine von C. Ludwig selbst bei seiner reichen experimentellen Tätigkeit gemachte Erfahrung wiedergibt; sie lautet: „Aus zahlreichen Versuchen ist bekannt, daß die Lähmung der Gefäßnervenstämme während des Curarismus sehr häufig von einem geringeren Erfolge für die Anfüllung des gelähmten Gefäßbezirks ist, als ohne die Vergiftung."[4])

Friedel Pick[5]), der in neuerer Zeit den Einfluß verschiedener Gifte auf den Blutstrom in den Extremitäten mit einer zuverlässigen Methode untersuchte, fand bei Vergiftung mit Dosen von Curare oder Curarin, die zur Lähmung der willkürlichen Bewegungen ausreichend sind, die durch Reizung der Nerven erzielbaren Veränderungen des Blutstroms in den Extremitäten nicht abgeschwächt; er betont besonders, daß der Effekt der Reizung von der Stärke des Reizes insofern sich als abhängig erweist, als bei unvergifteten Tieren schwache elektrische Ströme Beschleunigung, starke Verlangsamung der Strömungsgeschwindigkeit des Blutes bewirken; das gleiche zeigt sich auch in der Curarevergiftung, doch hat die Curareinfusion bei entsprechend hoher Dosis doch auch eine „leichte" Beeinflussung der peripheren vasomotorischen Endapparate zur Folge.

Bei Durchblutungsversuchen an überlebenden Organen der hinteren Extremität des Hundes und am Uterus des Schafes, die R. Kobert[6]) ausführte, wurde die Ausflußgeschwindigkeit des Blutes bei einem Gehalt desselben von 0,05, 0,10 und 0,02 pro mille Curarin. sulfuric. (Gehe) um 10, 170 und 400% vermehrt.

Aus den zahlreichen bisher besprochenen, größtenteils mit Curare ausgeführten Untersuchungen ergibt sich in guter Übereinstimmung, daß sowohl die constrictorischen als auch die dilatorischen Gefäßnerven in den verschiedenen Gefäßgebieten des Körpers und sowohl beim Frosche als auch beim Warmblüter dem Gifte gegenüber viel weniger empfindlich sind als der willkürliche Nerv-

---

[1]) W. H. Gaskell, Further researches on the vasomotor nerves of ordinary muscles. Journ. of Physiol. 1, 262 (1878).
[2]) N. Langley in Schäfer, Textbook of Physiology. Vol. II, p. 641.
[3]) H. P. Bowditch and Warren, Plethysmographic experiments on the vasomotor nerves of the limbs. Journ. of Physiol. 7, 416 (1886).
[4]) C. Ludwig, Arbeiten a. d. physiol. Anstalt zu Leipzig 5, 231. (1870)
[5]) Friedel Pick, Über die Beeinflussung der ausströmenden Blutmenge durch die Gefäßweite ändernde Mittel. Archiv f. experim. Pathol. u. Pharmakol. 42, 399.
[6]) R. Kobert, Über die Beeinflussung der peripherischen Gefäße durch pharmakologische Agenzien. Archiv f. experim. Pathol. u. Pharmakol. 22, 77 (1887).

muskelapparat, und man darf wohl sagen, daß die wichtigeren Tatsachen der Physiologie des vasomotorischen Nervensystems mit nur wenigen Ausnahmen an curarisierten Tieren demonstriert werden können. Ob die constrictorischen oder dilatierenden Nerven die empfindlicheren sind, läßt sich vorläufig nicht entscheiden.

Die Untersuchungen J. Tillies mit dem Curarin haben die meisten der mit Curare gemachten Erfahrungen bestätigt. Die relative Immunität der Vasoconstrictoren gegen Curarin erhellt schon aus den oben unter den zentral nervösen Wirkungen beschriebenen Erscheinungen der Curarinwirkung, insbesondere aus der Tatsache, daß die Gefäßnervencentra bei direkter und reflektorischer Reizung den Blutdruck mit kleinen oder mittleren Curarindosen vergifteter Tiere steigern. Da sich nun irgendwelcher Einfluß des Curarins auch in den größten Dosen auf das Herz selbst weder bei Fröschen noch bei Säugetieren nachweisen läßt, so darf man die im Blutdruck curarinisierter Tiere hervortretenden Veränderungen ohne Bedenken auf Änderungen der Gefäßinnervation beziehen. Bei Blutdruckversuchen Tillies an Hunden, Katzen und Kaninchen zeigte sich zunächst, daß wie Curare auch reines Curarin nach intravenöser Applikation stets schon in kleiner Dosis den Blutdruck mehr oder weniger rasch herabsetzt; diese Wirkung sonach beim Curare nicht, wie es früher zuweilen geschehen ist, fehlerhafter Beschaffenheit der Pfeilgiftsorte zur Last gelegt werden darf; es ergab sich ferner, daß sehr große Curarindosen (bis 0,04 g) eine sehr bedeutende, nicht immer reparable Herabsetzung des arteriellen Druckes verursachen. Auf der Höhe dieser Wirkung kann der Blutdruck eine Zeitlang weder durch direkte noch durch reflektorische Reizung vasomotorischer Centra erhöht werden: Reizung der Haut, des zentralen Ischiadicusstumpfes, des Rückenmarks sowie auch die bis zum Aufhören der Herztätigkeit während Unterbrechung der künstlichen Atmung sind ohne Wirkung. Intravenöse Injektion von Bariumchlorid aber wirkte stets, auch bei niedrigstem Druck fast sofort blutdrucksteigernd. „Man darf daher", sagt Tillie, „wohl mit, Sicherheit annehmen, daß das Curarin, wenn auch in viel schwächerem Grade, doch in derselben Weise auf die äußerste Peripherie der Gefäßnerven wie auf diejenige der motorischen Nerven einwirkt und daß diese Einwirkung die einzige Ursache der Blutdruckerniedrigung ist, welche nach Maßgabe der Dosis an Stärke und Dauer schwankend, durch das Curarin hervorgerufen wird." Beim Kaninchen z. B. ist die Curarindosis, durch welche die Vasomotoren zeitweilig vollständig gelähmt werden, 100—300 mal so groß wie diejenige, welche allgemeine Muskelparalyse hervorbringt. Auch die Wirkung des N. splanchnicus auf den Blutdruck wird durch große Curarindosen aufgehoben. Vor der Giftinjektion wirkte die peripherische Reizung des Nerven prompt blutdrucksteigernd (um 20—30 mm Hg). Nach der intravenösen Injektion der sehr großen Dosis von 0,02 g Curarin hatte die Reizung mit gleicher Stromstärke wie zuvor keinen Effekt mehr. Minute für Minute später traten aber die Reizeffekte progressiv wieder hervor und betrugen z. B. in 5 aufeinanderfolgenden Minuten Blutdrucksteigerung um 5, 7, 10, 15 und 20 mm Hg. Man ersieht hieraus wie aus dem Verhalten des Blutdrucks während der Curarinvergiftung überhaupt, daß die peripherische Blockierung des vasomotorischen Apparates sehr viel schneller von selbst wieder verschwindet, als die Wirkung auf die Skelettmuskeln.

Sekretion der Drüsen inklusive der Nieren. Schon in seinen früheren Mitteilungen bezeichnet Claude Bernard[1]) vermehrte Sekretion der Tränen,

---

[1]) Claude Bernard, Leçons de la physiologie expérimentale. T. 1, 351 (1855).

des Speichels, Pankreassaftes und des Harns als charakteristische Curarewirkungen. Sowohl während der Verdauung als auch im nüchternen Zustande der durch künstliche Atmung lebend erhaltenen Hunde ergossen sich aus den mit Kanülen versehenen Ausführungsgängen der Gl. submaxillaris und parotis reichliche Mengen von Speichel und zwar aus der Submaxillaris 3—4 mal mehr als aus der Parotis; auch bei Kaninchen bestand Tränen- und Speichelfluß. Claude Bernard betrachtete diese Erscheinungen damals als Zeichen einer Steigerung der nutritiven Funktionen. Bei späteren Experimenten[1]) injizierte er Curare in die Drüsenarterie und ließ, um allgemeine Vergiftung zu verhüten, das Venenblut der Drüse abfließen. Die nunmehr auftretende, längere Zeit andauernde Sekretion stellt er der „paralytischen Sekretion" an die Seite, die einige Tage nach Durchschneidung aller Drüsennerven sich einstellt. A. Kölliker konnte bei tiefer Curarevergiftung eines Hundes (der Ductus Wharton. war mit einer Kanüle versehen) weder spontane Sekretion beobachten noch durch Reizung der Drüsennerven Sekretion der Gl. submaxillaris hervorrufen; bei Curarevergiftungen vorkommende und auch von ihm mehrmals beobachtete Hypersekretionen glaubt er als „neuroparalytische" bezeichnen und auf Lähmung der Gefäßnerven zurückführen zu können.

Das Ergebnis späterer Untersuchungen geht im allgemeinen dahin, daß sich die Sekretionsnerven der acinösen Drüsen ganz ähnlich bei der Curarevergiftung verhalten wie die Gefäßnerven. Spontane Hypersekretionen der leicht der Beobachtung zugänglichen Drüsen sind zum mindesten kein konstantes Symptom der Curarevergiftung. Tränenfluß kommt bei Kaninchen häufiger vor als Speichelfluß; letzterer ist vielleicht an nicht geknebelten Tieren bei Hunden etwas häufiger als bei Katzen und Kaninchen.

In einer Versuchsreihe von N. O. Bernstein[2]) hatte die Curarisierung (Hunde) in allen Fällen mit Ausnahme eines einzigen eine mehr oder weniger bedeutende Beschleunigung der Absonderung aus improvisierten Pankreasfisteln zur Folge, bei hungernden Tieren sogar mehr als bei verdauenden; die abgesonderten Mengen betrugen in 1—2 Stunden 0,1—1,0 ccm. Diesem Befunde widersprachen nach P. Grützner die Beobachtungen im Breslauer physiologischen Institute.

Einige von J. Pawlow[3]) an Hunden angestellte Versuche sprachen dafür, daß vermehrte Speichelsekretion nur durch kleinere Curaremengen hervorgerufen und durch größere wieder beseitigt wird. Fr. Czubalski[4]) dagegen deutet seine von denen Pawlows etwas abweichenden Resultate so, daß die Speichelsekretion nur unter der Bedingung eines plötzlichen und erheblichen Abfalls des Blutdrucks, also häufig gerade nach der Anwendung großer Curaredosen sich einstelle. Gleiches gilt nach Czubalski auch für die Pankreassekretion. Differenzen, die Czubalsky in der Wirkung von Curare und Curarin konstatierte, führen ihn dazu, im Rohcurare ein Vasodilatin anzunehmen, das er für die Blutdrucksenkung, die vermehrte Speicheldrüsenund Pankreassekretion und dafür verantwortlich macht, daß nach seiner

---

[1]) Claude Bernard, Du rôle des actions réflexes paralysantes dans les phénomènes de sécrétion. Journ. de l'anat. et de la physiol. **1864**, 507.

[2]) N. O. Bernstein, Zur Physiologie der Bauchspeicheldrüsenabsonderung. In C. Ludwig, Arbeiten a. d. physiol. Anstalt zu Leipzig **4**, 27 (1869).

[3]) Joh. Pawlow, Über reflektorische Hemmung der Speichelabsonderung. Archiv f. d. ges. Physiol. **16**, 292 (1878).

[4]) Fr. Czubalski, Über den Einfluß von Curare auf die Verdauungsdrüsen (Speicheldrüse, Pankreas) und die Gerinnungsfähigkeit des Blutes. Archiv f. d. ges. Physiol. **133**, 225 (1910).

Beobachtung wohl Curare, aber nicht Curarin die Gerinnungsfähigkeit des Blutes aufhebt.

Nach Vergiftung eines Hundes mit 0,2 g Curare wirkte die peripherische Reizung des N. chordo-lingualis noch sekretionssteigernd. A. Vulpian[1]) konnte aber die vollständige Lähmung dieses Nerven dadurch erreichen, daß er 0,1 g Curare in 5 ccm Wasser gelöst peripheriewärts in die Drüsenarterie injizierte; 2′ später war die Reizung des Nerven erfolglos. Bei Katzen und zuweilen auch bei Hunden kann man auch nach Curarevergiftung durch peripherische Reizung eines N. ischiadicus Schweißsekretion an der Pfotenhaut hervorrufen.

Eingehende Untersuchungen über die **Harnsekretion** bei Fröschen unter dem Einfluß der Vergiftung mit Curarin und Protocurarin verdankt man K. Morishima[2]). Die Vergiftung mit 2—4 Normaldosen hatte bei Esculenten und Temporarien zunächst stets eine Verringerung der Harnsekretion, zuweilen völlige Anurie für die Dauer eines Tages zur Folge. Daß diese Wirkung nicht auf verminderte Wasseraufnahme nach erfolgter Vergiftung zurückzuführen ist, ergab sich aus einer beträchtlichen Zunahme (bis 26 g) des Körpergewichtes der Tiere während der Vergiftung. Das auch während der Lähmung aus der feuchten Umgebung reichlich resorbierte Wasser ‘wird also infolge einer Störung der Nierenfunktion zurückgehalten; dafür spricht auch die Tatsache, daß in diesem ersten oligurischen Stadium subcutane Kochsalzinfusion die Diurese nicht anregt. Im Verlaufe des zweiten bis dritten Tages der Vergiftung macht die Anurie oder Oligurie einer mehr oder weniger starken Polyurie Platz. In einzelnen Fällen wurden während eines Tages 14 ccm Harn abgeschieden; in der Regel nahm die Polyurie stetig bis zum Eintritt der ersten Zeichen wiederkehrender Motilität des Tieres zu. In dieser Periode nimmt dann naturgemäß das Körpergewicht der Tiere wieder ab. Inwieweit die Untersuchung der Nierentätigkeit auf der Höhe der Vergiftung mit allgemeiner Gefäßlähmung zusammenhängt, mag vorläufig dahingestellt bleiben. Morishima zeigte ferner, daß die Polyurie mit der Ausscheidung von Zucker im Harn curarisierter Frösche nichts zu tun hat. Schon früheren Beobachtern ist aufgefallen, daß der Harn bei curarisierten Fröschen sich in der Blase aufstaut und nicht spontan abfließt, wie es bei curarisierten Säugetieren infolge Lähmung des Sphincter vesicae häufig geschieht. Nach länger dauernder Curarelähmung findet man die Harnblase der Frösche oft enorm ausgedehnt. Jakabházy[3]) hat das Gleiche an Feuersalamandern gesehen. Aus der Harnblase eines 28 g schweren Tieres erhielt er 9,5 ccm — rund 30% des Körpergewichts des Tieres. Bei der geringen Entwicklung der Muskelhaut der Harnblase wird offenbar die Entleerung des Harns hauptsächlich durch die willkürlichen Bauchmuskeln besorgt.

Wie schon erwähnt, hat Claude Bernard Polyurie und Glykosurie bei curarisierten Kaninchen und Hunden konstatiert; nach ihm ist dieser Befund vielfach — meist allerdings nur durch gelegentliche Beobachtungen bestätigt worden.

Genauer ist die Diurese unter dem Einfluß nicht sehr großer Curaredosen an Kaninchen und Hunden von C. Eckhard[4]) untersucht worden. Bei beiden

---

[1]) A. Vulpian, Leçons sur les effets physiologiques des substances toxiques, p. 322.

[2]) Kurata Morishima, Über Harnsekretion und Glykosurie nach Vergiftung mit Protocurarin und Curarin. Archiv f. experim. Pathol. u. Pharmakol. **52**, 28 (1899).

[3]) S. Jakabházy, Beiträge zur Pharmakologie der Curarealkaloide. Archiv f. experim. Pathol. u. Pharmakol. **52**, 10 (1899).

[4]) C. Eckhard, Untersuchungen über Hydrurie. Beiträge z. Anat. u. Physiol. **5**, 162 (1870).

Tierspecies übereinstimmend zeigte sich, daß zunächst bei anwachsender Vergiftung die Harnsekretion abnimmt, — bei Hunden stockte sie zuweilen ganz und gar — dann aber bei beginnender Entgiftung, wenn Anzeichen spontaner Atmung auftreten, eine vorübergehende Polyurie sich einstellt.

Dem gleichen Gegenstand ist eine Versuchsreihe von C. Ustimowitsch[1]) gewidmet, der es sich zur speziellen Aufgabe machte, die Verhältnisse der Harnabsonderung im „Höhezustand" der Curarevergiftung zu verfolgen. Als Zeichen vollständiger Vergiftung wurde das Fehlen des Cornealreflexes angesehen und die Tiere (Hunde) durch zeitweilige Erneuerung der Giftdosis (je 2 mg eines wenig „stark wirkenden Curare") ständig auf der Höhe der Vergiftung erhalten. In der überwiegenden Mehrzahl der Versuche stellten die Nieren auf der Höhe der Curarevergiftung ihre Tätigkeit entweder ganz ein oder verminderten dieselbe um ein sehr beträchtliches. Zwar kann der Blutdruck durch das Curare unter die Grenze heruntergebracht werden, bei welchem die Nieren aus einem Blute mit mäßigen Harnstoffgehalt noch Harn absondern; unter 8 Versuchen, in welchen der Blutdruck registriert wurde, war dies aber nur zweimal der Fall; in den übrigen 6 Versuchen schwankte er zwischen 66—139 mm. Die Unterbrechung der Nierenfunktion durch Curare kann also nicht allein auf zu niedrigem Blutdruck beruhen, um so weniger, als die Durchschneidung der Nerven, welche mit der Arterie in die Niere eintreten, die Harnsekretion wieder in Gang bringt. Außer der Verringerung des Harnvolumens bewirkt die Curarevergiftung die Absonderung eines im Vergleich mit dem normalen an Harnstoff und Chloriden ärmeren, also verdünnteren Harns; diese Verarmung an festen Bestandteilen bleibt auch bestehen, wenn nach Durchschneidung der Nierennerven das Harnvolumen wieder gewachsen ist. Auch durch Infusion der Lösungen von Harnstoff oder Kochsalz in die Venen wird an dem Verhalten bei intakten Nierennerven nichts geändert. Erst, wenn man nach vorhergegangener Harnstoff- oder Kochsalzinfusion auch noch die Nierennerven durchschneidet, wird die hemmende Wirkung der Curarevergiftung auf die sekretorische Tätigkeit der Niere durchbrochen. Ustimowitsch hält sich nach diesen Befunden für berechtigt, dem Curare einen spezifischen Einfluß auf die Harnabsonderung zuzuerkennen. Der Angabe von Ustimowitsch, daß im Curarismus Harnstoff oder Kochsalzinfusion keine vermehrte Sekretion zur Folge habe, stellte bald darauf P. Grützner[2]) einen Versuch gegenüber, in welchem nach sehr starker Curarevergiftung die Injektion von einigen Gramm Natronsalpeter eine bedeutend vermehrte Harnausscheidung bewirkte.

Aus einer nicht publizierten, im Leipziger pharmakologischen Institut von J. OConnor ausgeführten Versuchsreihe kann hier mitgeteilt werden, daß in einem ganz einwandfreien Versuche am Kaninchen die Vergiftung mit einer etwas größeren Curarindose eine unzweifelhafte und sehr erhebliche Verminderung der Harnsekretion zur Folge hatte. Die vor der Vergiftung $1\frac{1}{2}$ Stunde lang beobachtete Sekretion war eine sehr lebhafte. Alsbald nach der Injektion des Giftes sank die Diurese und blieb auf dem sehr niederen Niveau, bis sich die ersten Zeichen der Entgiftung einstellten, worauf in ziemlich kurzer Zeit das hohe, vor der Vergiftung vorhandene Sekretionsniveau erreicht wurde.

Angesichts der neueren Erfahrungen auf dem Gebiete der Physiologie der Nierentätigkeit sind die mitgeteilten Tatsachen nicht ausreichend, um etwas

---

[1]) C. Ustimowitsch, Experimentelle Beiträge zur Theorie der Harnabsonderung. In: C. Ludwig, Arbeiten a. d. physiol. Anstalt zu Leipzig 5, 198 (1870).
[2]) P. Grützner, Beiträge zur Physiologie der Harnsekretion. Archiv f. d. ges. Physiol. 11, 371 (1875).

Bestimmtes über den Mechanismus der durch Curare und Curarin verursachten Störungen auszusagen, und weitere Untersuchungen sind sehr wünschenswert.

Bewegungen der Iris. Die ersten Beobachter der Pfeilgiftwirkung berichten schon von Mydriasis und Exophthalmus als charakteristischen Erscheinungen der Vergiftung. Fr. Bidder bezeichnet sie für den Frosch als ebenso konstante Symptome wie die Lähmung der hinteren Lymphherzen; er sah sie unter geringen Schwankungen 24 Stunden und noch länger andauern. In Übereinstimmung mit Zelenski[1]) leitet Bidder diese beiden Symptome von der „definitiven Schwächung" der Innervation des Occulomotorius ab; die Lähmung der Endapparate dieses Hirnnerven im Musculus retractor verursachen den Exophthalmus. Bei Warmblütern sind wohl gelegentlich die Wirkungen der Asphyxie auf die Iris in den letzten Stadien der Vergiftung irrtümlich als Wirkung des Curare angesehen worden. M. Schiff hat darauf aufmerksam gemacht, daß nach Einleitung der künstlichen Atmung auf der Höhe der Vergiftung die Mydriasis gewöhnlich verschwindet. Bei längerer Dauer der Vergiftung schwankt häufig die Pupillenweite. Daß die Iris auch bei starker Vergiftung für den Lichtreiz empfindlich bleibt, beobachteten G. Gianuzzi[2]) und A. Vulpian[3]) bei Säugetieren und Vögeln; bei letzteren (Tauben) wird sie nach Zeglinski[4]) und Hans Meyer[5]) (Curarin) starr.

Vom Conjunktivalsack aus üben Curare und Curarin auf die Pupillenweite von Säugetieren keinen Einfluß aus. Bei Vögeln (Tauben) beoachteten Nikolski und Dogiel[6]) und Zeglinski nach dieser Applikationsweise Mydriasis an dem entsprechenden Auge. Hans Meyer erhielt das gleiche Resultat mit Curarin. 1—2 Tropfen der 1 prozentigen Lösung verursachen nach 5—10' Erweiterung und einige Stunden lang anhaltende Unbeweglichkeit der Pupille. Bei Hühnern trat die Wirkung erst nach länger fortgesetzter Instillation des Giftes ein.

Die Erregbarkeit der nervösen Endapparate im Sphincter pupillae vom Stamme des N. occulomotorius aus war bei den Versuchen von Nikolski und Dogiel und A. Vulpian an curarisierten Hunden noch erhalten. Zeglinski reizte den Nerven bei der curarisierten Taube erfolglos. Die Reizung des Halssympathicus ruft ihre bekannte Wirkung auf die Pupille der Säugetiere auch noch während der stärksten Vergiftung mit Curare oder Curarin hervor. A. Vulpian beschreibt einen Versuch, wo dies beim Hunde noch nach Anwendung von 0,36 g Curare der Fall war, und J. Tillie hat Gleiches an mit 0,01—0,02 g Curarin vergifteten Kaninchen festgestellt.

Bewegungen des Intestinaltraktus, der Harnblase, der Bronchien, der Milz usw. In den Berichten über die Erscheinungen der Curarevergiftung wird oft beiläufig die Fortdauer der peristaltischen Darmbewegungen erwähnt. Claude Bernard[7]) sah zwar bei Kaninchen während des Lebens keine Darmbewegungen

---

[1]) Zelenski, Zur Frage von der Muskelirritabilität. Virchows Archiv **24**, 363; vgl. hierzu auch Pelikan, Virchows Archiv **11**, 406.

[2]) G. Gianuzzi, Die Wirkung des Curare auf das Nervensystem. Zentralbl. f. d. med. Wissensch. **1864**, 321.

[3]) A. Vulpian, Leçons sur les effets physiologiques des substances toxiques, p. 337.

[4]) N. Zeglinski, Experimentelle Untersuchungen über die Irisbewegungen. Archiv f. Anat. u. Physiol. **1885**, 1.

[5]) Hans Meyer, Über einige pharmakologische Reaktionen der Vogel- und Reptilieniris. Archiv f. experim. Pathol. u. Pharmakol. **32**, 101.

[6]) W. Nikolski u. J. Dogiel, Zur Lehre über die physiologische Wirkung des Curare. Archiv f. d. ges. Physiol. **47**, 68.

[7]) Claude Bernard, Leçons sur les effets des substances toxiques et médicamenteuses. 1855, p. 352.

nach dem Tode aber energische Kontraktionen auftreten. Man begegnet auch der
Angabe, daß die Peristaltik während der Vergiftung vermehrt sei. O. Nasse[1]
fand, daß eine solche Verstärkung ausblieb, wenn man durch Arterienverschluß
dem Gifte den Zutritt zum Darmkanal versperrte — wobei aber natürlich die
Wirkungen der Asphyxie des Darmes störend hinzukommen müssen.

Bei sehr vielen Versuchen an nicht gefesselten Kaninchen, die mit gerade
letalen und unterletalen Curarinmengen zwecks der quantitativen Bestimmung der Wirkungsintensität des Alkaloids angestellt wurden, fiel es dem Verfasser (Boehm) auf, daß im Lähmungsstadium durch die Bauchdecken hindurch
gewöhnlich keine Darmperistaltik sichtbar war, eine solche aber mit großer
Lebhaftigkeit einsetzte, sobald das Tier sich zu erholen anfing. J. Tillie sah
bei gefesselten Tieren kräftige Darmbewegungen (bei Kaninchen auch Abgang
von Faeces) auch nach Vergiftung mit den größten Curarindosen und trotz ausreichender künstlicher Respiration.

Während nach den Untersuchungen von G. Swirski[2] bei Fröschen
fester Mageninhalt im Hungerzustande nach 3 × 24 Stunden aus dem Magen
verschwunden ist, ist die Fortbewegung des festen Magen- und Darminhaltes
vollkommen sistiert, so lange sich das Tier im Zustande der Curarinvergiftung
befindet. Da selbst bei stärkster Curarinisierung Reizungen der Vagi und
Splanchnici wie am unvergifteten Tiere wirksam waren, wird als Ursache der
beobachteten Hemmung die Beeinflussung einer zentralen, von den Lobi optici
bis zur Vereinigungsstelle des untern und mittleren Drittels des IV. Ventrikels
reichenden Partie angenommen, die nach Versuchen des Autors mit der Hemmung
der Fortbewegung des Gastrointestinalinhaltes in direktem Zusammenhang
steht. Wahrscheinlich wirkt aber Curarin auf dieses zentrale Gebiet nicht direkt,
sondern indirekt durch mangelhafte Ernährung und Ausfall der Muskelinnervation.

Das bei curarisierten Tieren (Kaninchen, Hunden, Katzen) oft beobachtete
spontane Abfließen von Harn wird offenbar durch die Lähmung des Sphincter
vesicae verursacht. F. Bidder[3] öffnete jungen Hunden die Bauchhöhle und
füllte von einem Ureter aus unter einem Wasserdruck von 0,8 m die Blase,
dabei floß kein Tropfen Flüssigkeit aus der Harnröhre ab; sobald nun die Tiere
curarisiert wurden, begann die Harnblase unter starker Zusammenziehung sich
zu entleeren und bis zu einer kaum walnußgroßen Masse zusammenzuschrumpfen.
Der Detrusor war also nicht gelähmt.

Hinsichtlich des Verhaltens des Oesophagus und des Magens sind zunächst
die folgenden spezielleren Beobachtungen von A. Vulpian[4] von Interesse.
Bei der Reizung des Vagus in der Mitte des Halses curarisierter Hunde zeigt
sich, daß diejenigen Bahnen des Nerven ihren Einfluß verloren haben, die die
quergestreifte Muskulatur des Larynx, Pharynx und des oberen Teils der Speiseröhre innervieren, während der untere Teil des Oesophagus und der Magen auf
die Vagusreizung mit starken Kontraktionen reagieren. Apomorphininjektion
verursachte beim curarisierten Hunde Rötung der Magenschleimhaut und
energische Magenbewegungen wie beim Brechakt ohne die geringste Bewegung
der Bauchwand. Die rhythmischen Bewegungen des Kropfes und des Oesophagus kann man bei stark curarisierten Tauben lange beobachten. Nach

---

[1] Otto Nasse, Beiträge zur Physiologie der Darmbewegung. Leipzig 1866. Zit.
nach L. Hermann, Lehrbuch der experimentellen Toxikologie 1874, S. 307.
[2] G. Swirski, Über den Einfluß des Curare auf die Fortbewegung des festen Magen-
Darminhaltes beim Frosch. Archiv f. d. ges. Physiol. **85**, 226 (1901).
[3] F. Bidder, Archiv f. Anat. u. Physiol. **1865**, 350.
[4] A. Vulpian, Leçons sur les effets physiologiques etc., p. 309.

Batelli[1]) werden die Magenbewegungen durch Curare etwas vermindert und auch der Effekt der Vagusreizung auf dieselben etwas herabgesetzt. G. Gianuzzi[2]) konnte noch 6 Stunden nach der Vergiftung bei Hunden durch Vagusreizung Magenkontraktionen auslösen. Der N. vagus enthält, wie Openchowski[3]) fand, auch hemmende Fasern für die Kardia. N. Langley[4]) bestätigte und erweiterte diesen Befund durch den Nachweis solcher hemmenden Fasern für den ganzen Magen und den angrenzenden Teil des Oesophagus. An zuvor mit Curare und Atropin vergifteten Kaninchen kann der Hemmungsvorgang durch Vagusreizung hervorgerufen werden, so daß der Sphincter der Kardia sich öffnet und aus einer im Oesophagus befindlichen Röhre die Flüssigkeit in den Magen abfließt. Dieser Hemmungsapparat wird sonach durch Curare (Dosis?) nicht gelähmt.

A. Kölliker (l. c.) hatte beobachtet, daß Reizung des N. splanchnicus oder des Rückenmarks während der Curarevergiftung den hemmenden Einfluß auf die Darmperistaltik verliert. F. Bidder teilte im Gegensatz hierzu Versuche an Kaninchen mit, bei welchen die Wirkung der motorischen Spinalnerven durch das Curare völlig aufgehoben war, trotzdem aber, infolge Reizung des Rückenmarks (zwischen dem 5. und 12. Rückenwirbel) vollständiger bis 20 Sekunden andauernder Stillstand der Darmbewegungen eintrat.

Versuche von Gottfried Boehm[5]) ergaben, daß bei mit relativ großen Curarinmengen vergifteten Kaninchen und Katzen die elektrische Reizung eines oder beider Nervi vagi am Halse sowohl an den Dünndärmen als auch am Dickdarm sehr lebhafte peristaltische Bewegungen auslöst; dieser Reizeffekt kann in entsprechenden Pausen an ein und demselben Tiere wiederholt erzielt werden. Am Dickdarm wurde durch die Vagusreizung auch die Antiperistaltik vermehrt oder, wo sie noch nicht bestand, hervorgerufen. Während diese Wirkung am Katzenkolon nicht in allen Versuchen hervortrat, stellte sie sich am Dickdarm des Kaninchens regelmäßig ein; hier pflanzten sich vom Kolon ausgehende antiperistaltische Wellen bis ins Coecum hinein fort; außerdem war aber auch eine erhebliche Vermehrung der orthoperistaltischen Bewegungen des ganzen Kaninchendickdarms zu konstatieren. Die Endorgane des N. vagus, die erregende Impulse auf den Muskelapparat des Darmkanals übertragen, wurden demnach auch durch hohe Curarindosen nicht gelähmt.

Kontraktionen der Harnblase bei curarisierten Hunden erzielte G. Gianuzzi (l. c.) durch Reizung der von den Mesenterialnervenknoten aus an die Harnblase gehenden Zweige des Sympathicus oder der Rückenmarksnerven, welche die Blase versorgen. Energische Zusammenziehungen der Harnblase verursachte bei curarisierten Hunden auf reflektorischem Wege nach P. Bert[6]) elektrische Hautreizung, insbesondere in der unteren Thoraxhälfte.

Die von Roy[7]) entdeckten rhythmischen Schwankungen des Milzvolumens erscheinen im Zustande der Curarevergiftung vermehrt. E. A. Schäfer und

---

[1]) Batelli, Influence des médicaments sur les mouvements de l'estomac. Trav. d. Laborat. thérap. experim. de Genève 1896, zit. nach R. Magnus, Ergebnisse d. Physiol. 2, 2, 637.

[2]) G. Gianuzzi, Zentralbl. f. d. mediz. Wissensch. 1864, 330.

[3]) Openchowski, Zentralbl. f. Physiol. 1889, 1.

[4]) N. Langley, On inhibitory fibres in the vagus for the end of the oesophagus and the stomach. Journ. of Physiol. 23, 407 (1899).

[5]) Gottfried Boehm, Über den Einfluß des Nervus sympathicus und anderer autonomer Nerven auf die Bewegungen des Dickdarms. Archiv f. experm. Pathol. u. Pharmakol. 72 (1913).

[6]) Paul Bert, zit. nach A. Vulpian, Leçons sur les effets physiologiques etc., p. 349.

[7]) Ch. J. Roy, The Physiology and Pathology of the Spleen. Journ. of Physiol. 3, 203.

B. Moore[1]), die meist an Hunden, zuweilen auch an Katzen experimentierten, fanden, daß sogar bei einem Tiere, das schon bis zur völligen Aufhebung der willkürlichen Bewegungen mit Curare vergiftet war, eine kleine (0,005 g) weitere Curaremenge noch eine deutliche Zunahme der rhythmischen Bewegungen hervorrief und zwar unabhängig von den Nerven auch dann, wenn die Milz resp. die Milzarterie nur noch durch ein Glasrohr mit dem Tier verbunden war. Die Wirkung ist noch prägnanter bei noch nicht curarisierten Tieren. Dosen des Giftes, die noch nicht merklich auf die willkürlichen Muskeln wirkten, verursachten schon starke Zunahme der rhythmischen Bewegungen, die einige Minuten lang anhielt. Dies gilt, gleichviel, ob der Blutdruck durch das Curare gesteigert oder herabgesetzt wird. Eine Erklärung dieser merkwürdigen Erscheinungen hinsichtlich der Curarewirkung ist bis jetzt nicht versucht worden.

Beobachtungen über die Wirkungen des Curare auf die Bronchialbewegungen verdanken wir W. E. Dixon und G. Brodie[2]). Die Wirkung des Pfeilgiftes auf diese Organe stimmt in der Hauptsache mit derjenigen von Nicotin und Lobelia überein. In die Venen eines normalen Tieres injiziert verursacht Curare eine schwache und langsame Zusammenziehung; wenn schon ein beträchtlicher Tonus besteht, folgt auf die Giftapplikation nach 2—3′ wieder vorübergehende Erweiterung. Curare verhindert nicht die Muscarinwirkung; seine Wirkung ist außerdem von der Vagusdurchschneidung unabhängig.

Nach einer Notiz von A. Vulpian (l. c.) verhalten sich bei curarisierten Tauben die Muskeln für die Federn in der Haut, obwohl sie quergestreift sind, wie die übrigen vom Sympathicus versorgten glatten Muskeln, d. h. sie werden nicht gelähmt.

Die motorischen Drüsennerven der Froschhaut werden gleichfalls durch Curare nicht gelähmt [Th. W. Engelmann[3])].

Elektro-physiologische Erscheinungen. Die ersten Beobachtungen auf diesem Gebiete machte O. Funke[4]); er wies nach, daß die negative Schwankung des vom Kreislauf aus mit Curare vergifteten Nerven nicht vermindert, eher etwas vergrößert ist. Valentin[5]) und H. Röber[6]) bestätigten dies; letzterer ist der Meinung, daß die Zunahme der elektromotorischen Kraft des curarisierten Nerven auf eine bessere Durchblutung infolge der Erweiterung der Gefäße zurückzuführen ist; im späteren Verlauf der Vergiftung sah Röber die negative Schwankung erheblich unter den normalen Wert herabsinken. Auch A. v. Bezold[7]) konstatierte anfänglich Zunahme und später Abnahme der negativen Schwankung.

Steiner[8]) unternahm es, die Leitungsgeschwindigkeit des curarisierten Nervenstammes, die nach einer anderen Methode früher v. Bezold vermindert gefunden hatte, mit Hilfe des Rheotoms unter Verwendung einer einzigen Reizstelle am Nerven zu bestimmen. Die Zeit vom Momente der Reizung bis

[1]) E. A. Schäfer u. B. Moore, On the contractility of the spleen. Journ. of Physiol. **20**, 1 (1896).

[2]) W. E. Dixon and T. G. Brodie, Contributions to the Physiology of the lungs. I. The bronchial muscles, their innervation and the action of drugs upon them. Journ. of Physiol. **29**, 97 (1903).

[3]) Th. W. Engelmann, Über das Vorkommen und die Innervation von contractilen Drüsenzellen in der Froschhaut. Archiv f. d. ges. Physiol. **2**, 2 (1871).

[4]) O. Funke, Beiträge zur Kenntnis des Curare und einiger anderer Gifte. Ber. d. kgl. sächs. Ges. d. Wissensch., math.-phys. Klasse **1859**, 1.

[5]) Valentin, Untersuchungen über Pfeilgifte. Archiv f. d. ges. Physiol. **1**, 455 (1868).

[6]) H. Röber, Über den Einfluß des Curare auf die elektromotorische Kraft der Muskeln und Nerven. Archiv f. Anat. u. Physiol. **1869**, 440.

[7]) l. c.

[8]) J. Steiner, Zur Wirkung des Curare. Untersuch. a. d. physiol. Institut zu Heidelberg **3**, 394 (1880).

zum Beginn der negativen Schwankung fand er nach der Vergiftung zwar nicht verlängert. Da aber die Dauer der negativen Schwankung unter dem Einflusse des Giftes nahezu auf das Doppelte, von 0,77 σ auf 1,3 σ stieg, faßt er die Möglichkeit ins Auge, daß die Leistungsgeschwindigkeit der motorischen Fasern verringert, die der sensibeln zunächst aber unverändert sein könnte, und daraus die längere Dauer der Schwankung sich erklären ließe; so kommt Steiner zu der Annahme, daß die Leitungsgeschwindigkeit in den motorischen Fasern stark verlangsamt werde und daß dies nach längerer Dauer der Vergiftung auch hinsichtlich der sensibeln Fasern der Fall sei.

A. Waller[1]) hat als erster mit reinem Curarin einige Versuche angestellt. Nach Einwirkung einer 1prozentigen Curarinlösung auf den Nervenstamm während einiger Minuten trat zuerst eine Vergrößerung und später Verminderung der negativen Schwankung auf.

Um Klarheit darüber zu schaffen, ob reines Curarin irgendeine Wirkung auf die Nervenstämme ausübt, sind in jüngster Zeit von S. Garten[2]) neue Versuche mit den verbesserten Methoden der elektrophysiologischen Technik ausgeführt worden.

Die Prüfung der Nerven (M. ischiadicus von Rana escul.) geschah nach vier verschiedenen Versuchsweisen: 1. Nach Eintauchen in starke Curarinlösungen wurde vom Längs- und Querschnitt der einphasische Aktionsstrom bei großer und kleiner Zwischenstrecke zum Saitengalvanometer abgeleitet, um die Leitungsgeschwindigkeit zu ermitteln und um zu entscheiden, ob die Erregung im curarinisierten Nerven sich mit einem beträchtlichen Dekrement fortpflanzt. Auf diese Weise konnte nach 2—7$\frac{1}{2}$stündigem Aufenthalt der Nerven im Curarinbade ein wesentlicher Unterschied gegenüber nur mit Ringerscher Lösung vorbehandelter Nerven nicht nachgewiesen werden. Verringerung der Leitungsgeschwindigkeit fand nicht statt; es schien eher, als ob die Leitungsgeschwindigkeit der curarinisierten Nerven etwas höher wäre. — 2. Die Nerven wurden im lebenden Tiere vom Kreislaufe aus mit der 10fachen Normaldosis vergiftet, 4—10 Stunden nach der Vergiftung präpariert und dann so wie unter 1 angegeben, geprüft. Auch bei diesem Verfahren war kein Einfluß des Curarins auf das Verhalten der Nerven zu erkennen. — 3. Der M. gastrocnemius eines Nervmuskelpräparates befand sich in einer feuchten Kammer; der Nerv wurde unter sorgfältigem Schutz des Muskels durch örtliche Applikation mit starker Curarinlösung vergiftet; durch Registrierung der Aktionsströme des Muskels bei Reizung des Nerven an zwei verschiedenen Stellen ließ sich dann die Leitungsgeschwindigkeit der motorischen Fasern bestimmen. Garten bezeichnet diese Methode als die beste für den genannten Zweck. Der Berechnung sind die Differenzzeit, d. h. die zwischen den Reizmomenten je zweier zueinander gehöriger Kurven und die Länge der Zwischenstrecke[3]) zugrunde gelegt. Die Vermutung Steiners, daß zuerst die motorischen und später die sensiblen Fasern affiziert werden, ist durch die Ergebnisse dieser Versuche nicht bestätigt worden. Die durch Messung der Abhebungsmomente der Aktionsströme des Nerven erhaltenen Resultate stimmten sehr gut mit den bei der indirekten Muskelreizung erhaltenen Werten überein. Auch in dieser Versuchsreihe schien die Leitungsgeschwindigkeit der curarinisierten Nerven

[1]) A. Waller, On the influence of reagents on the electrical excitability of isolated nerve. Brain 19, 43 (1896).

[2]) Siegfried Garten, Wird die Funktion der markhaltigen Nerven durch Curare beeinflußt? Archiv f. experim. Pathol. u. Pharmakol. 68, 243 (1912).

[3]) Vgl. die Abbildungen und Tabellen auf S. 268 l. c.

etwas höher zu sein, als die der mit Ringerscher Lösung vorbehandelten.
4. Am lebenden Tier wurden Gefäße und Weichteile im unteren Teil des Ober-
schenkels unterbunden, so daß der Nerv allein der Vergiftung ausgesetzt war,
der M. gastrocnemius aber verschont blieb. Nach mehreren Stunden fand die
Präparation und Untersuchung, wie unter 3 angegeben, statt. In einem dieser
Versuche waren noch nach 5 Stunden 15′ Reflexe zu erhalten. Im übrigen war
auch in dieser Versuchsreihe an der Aktionsstromkurve des Muskels kein
Dekrement nachweisbar, so daß Garten auf Grund dieser vier verschiedenen
Versuchsreihen es in Abrede stellen zu können glaubt, daß die Leitungs-
geschwindigkeit im markhaltigen Nerven durch Curarin herabgesetzt wird.

    Eine gleichfalls verneinende Antwort gaben S. Gartens Versuche auf die
Frage, ob die integrale negative Schwankung infolge der Einwirkung von
Curarin auf den Nervenstamm rasch abnimmt. Bei Verwendung von Curarinlösungen 1 : 1000 war eine Verringerung der Leistungsfähigkeit, gemessen
nach der Größe der negativen Schwankung nicht zu erkennen. In einer letzten
Versuchsreihe diente eine ihrem osmotischem Drucke nach annähernd einer
0,71 prozentigen Kochsalzlösung entsprechende Lösung von Curarin (1%) in
bicarbonatfreier Ringerscher Flüssigkeit als Giftbad. Bei den Versuchen
verfuhr Garten in ganz ähnlicher Weise wie A. Waller bei seinen Versuchen mit
1 prozentiger Curarinlösung, konnte aber auch so keinen irgendwie beträchtlichen Einfluß des Giftes auf den Nervenstamm nachweisen.

    Über die Wirkung des Curarins auf marklose Nerven (Olfactorius des Hechtes) hat
S. Garten[1]) in einer früheren Abhandlung zwei Versuche mitgeteilt, deren Ergebnis er
aber nicht als definitiv bezeichnen will. Einlegen des Nerven (bis eine Stunde lang) in
die Curarinlösung hatte gar keinen Einfluß auf den Verlauf der negativen Schwankung;
nach einstündiger Einwirkung einer stärkeren Giftlösung (1 : 1000) war der Eintritt der
negativen Schwankung verzögert und die Schwankung mehr in die Länge gezogen.

    Elektrisches Organ der Fische. Nachdem man erkannt hatte, daß die
elektrischen Organe der meisten elektrischen Fische während der Entwicklung
umgewandelte quergestreifte Muskeln und ihre mächtigen Nervenstämme den
motorischen Nerven homolog sind, konnte man sich von dem Verhalten dieser
Organe dem Curare gegenüber mancherlei physiologische Aufklärung ver-
sprechen. Diese Hoffnung hat sich bis jetzt nur in geringem Maße erfüllt.

    Moreau[2]), Matteucci[3]) und später Fr. Boll[4]) konnten durch Curare
die Lähmung des elektrischen Organs nicht herbeiführen. Marey[5]) beobachtete
1871, daß das Gift auf das Organ viel später als auf die willkürlichen Bewegungen
einwirkt. J. Steiner[6]) bestätigte letzteres durch zahlreichere Versuche an
Torpedo. Die elektrischen Nerven wurden erst im späteren Verlauf der Vergiftung unerregbar, nachdem schon die Atmung und alle Reflexe erloschen
waren. Da aber künstliche Respiration fehlte, konnte natürlich der Endeffekt auch von Erstickung herrühren. Gegen diesen Einwand macht J. Steiner
geltend, daß die Lähmung der elektrischen Nerven nach größeren Curaredosen
schneller als nach kleineren erfolgte und daß die Reizbarkeit der elektrischen
Nerven bei schwächerer Curarevergiftung auch nach dem Sistieren der Atmung

    [1]) Beiträge zur Physiologie der marklosen Nerven. Jena 1903, S. 42.
    [2]) Moreau, Compt. rend. de l'Acad. des Sc. **1860**, 573; zit. nach J. Steiner.
    [3]) Matteucci, Sul potere elettromotorico dell' organo della Torpedine. Nuov. ciment.
12 (1860).
    [4]) Fr. Boll, Beiträge zur Physiologie von Torpedo. Archiv f. Anat. u. Physiol.
1873, 76.
    [5]) Marey, zit. bei Steiner.
    [6]) J. Steiner, Über die Wirkung des amerikanischen Pfeilgiftes Curare. Archiv f.
Anat. u. Physiol. **1875.**

noch längere Zeit erhalten war. C. Sachs[1]) sah am Zitteraal bei der Curarewirkung der Lähmung des elektrischen Organs eine „Erregung" desselben vorangehen. Nach Aufhebung der indirekten Reizbarkeit des Organs vom Nerven aus reagierte es noch auf „heterodrome" (der Richtung des natürlichen Organstromes entgegengesetzte) Öffnungsschläge, während homodrome wirkungslos waren. Außerdem verursachte am gelähmten Organe die Befeuchtung eines frisch angelegten Längsschnittes mit Ammoniak einen mächtigen Ausschlag in der Bussole. Gotch[2]) gibt an, daß in curarehaltigem Salzwasser bis zur völligen Lähmung curarisierte Torpedos bei der Berührung noch heftige Schläge abgaben; das elektrische Organ ist also bei diesem Grade der Vergiftung noch funktionsfähig. K. Schönlein[3]) beobachtete bei Torpedo erst nach wiederholter Einspritzung großer Curaredosen (im ganzen 0,4—0,6 g) in eine Kiemenarterie die vollständige Aufhebung der indirekten Reizbarkeit des Organs und im gleichen Zeitpunkt stets auch das Erlöschen der direkten Reizbarkeit. Im Anfang der Vergiftung bestand Steigerung der Reflexerregbarkeit; die Tiere reagierten mit den heftigsten Schlägen. Schönlein selbst erwägt die Möglichkeit, daß an dem Endeffekt der totalen Lähmung des Organs Erschöpfung infolge der anfänglichen Reflexsteigerung beteiligt sein könnte. S. Garten[4]) untersuchte daher das Verhalten des elektrischen Organs an Fischen, deren elektrische Nerven auf der einen Seite vor der Vergiftung mit Curare durchschnitten worden waren; es waren hiernach noch größere Giftmengen (0,7—1,2 g, injiziert in eine Kiemenarterie; künstliche Atmung durch ein Spritzloch) notwendig, um die indirekte Reizbarkeit aufzuheben, und es bestätigte sich, daß mit der indirekten auch die direkte Reizbarkeit verloren geht.

Eine bekanntlich von Du Bois Reymond zuerst beobachtete und als „Irreziprozität des Widerstandes" bezeichnete Eigentümlichkeit der elektrischen Organe besteht darin, daß starke, durch das Organ in der Richtung des natürlichen Schlagstroms (vom Bauch zum Rücken) geleitete homodrome Ströme stärkere negative Polarisation bewirken als heterodrome. K. Schönlein hat zuerst direkte Messungen der Organwiderstände unter diesen Umständen ausgeführt und im allgemeinen — wenn auch mit wesentlichen Einschränkungen — für homodrome Ströme geringere Widerstände als für heterodrome gefunden. S. Garten fand auf dem gleichen Wege, daß sich die Widerstandsunterschiede für die beiden Stromrichtungen im Zustande vollständiger Curarevergiftung nahezu ausgleichen (die sog. Irreziprozität also verschwindet) und daß ferner Streifen des durch Curare gelähmten elektrischen Organs bei der Abtötung durch Hitze (Wasser von ca. 60° C) nicht mehr wie die Streifen des normalen Organs einen starken Strom entwickeln. Der von S. Garten für die totale Curarelähmung festgestellte Zustand des elektrischen Organs ist identisch mit seinem Verhalten nach der Degeneration seiner Nerven — bis 37 Tage nach Durchschneidung derselben, oder auch nach der durch lange Reizung herbeigeführten Erschöpfung. Es scheint demnach am elektrischen Organ insofern keine Übereinstimmung mit dem Curarezustand des Nervenmuskelapparates zu bestehen, als die Reizbarkeit des dem Muskel entsprechenden Teils des Organs nicht wie beim Muskel erhalten bleibt.

[1]) C. Sachs, Untersuchungen am Zitteraal, mitgeteilt von Du Bois - Reymond, Leipzig 1881; zit. nach S. Garten.
[2]) Gotch in Schäfer, Textbook of Physiology, Vol. II, 590.
[3]) K. Schönlein, Beobachtungen und Untersuchungen über den Schlag von Torpedo. Zeitschr. f. Biol. 33, 408.
[4]) S. Garten, Beiträge zur Physiologie des elektrischen Organs des Zitterrochens, Abhandl. d. kgl. sächs. Ges. d. Wissensch., math.-phys. Klasse 24, 253,

Indessen sind gerade im vorliegenden Falle am elektrischen Organ neue Versuche mit reinem Curarin ganz besonders notwendig. Sowohl S. Garten als auch K. Schönlein betonen zwar, daß nach den starken Curarevergiftungen die Muskeln der Tiere noch direkt reizbar gewesen seien und das Herz noch geschlagen habe. Trotzdem kann man, wie auch S. Garten zugibt, die Resultate der Vergiftung mit solch enormen Giftmengen nicht als ganz einwandfrei ansehen.

W. Straub, welchem der Verfasser die Mitteilung der folgenden noch nicht publizierten Resultate verdankt, hat in Neapel — ohne besondere Berücksichtigung der Funktionen des elektrischen Organs — die Curarinwirkung an Torpedo im allgemeinen untersucht. Für 1 kg Körpergewicht ist nach Straubs Versuchen das 5fache der Kilodosis für Frösche (0,28 mg) erforderlich, um bei Torpedo — ebenso wie bei anderen Selachiern — für ca. 5 Stunden bei künstlicher Respiration tiefste Curarewirkung zu erzeugen. Straub hält es für äußerst wahrscheinlich, daß diese Dosis auch das elektrische Organ tief lähmt, da er die Tiere mit der bloßen Hand berühren und umdrehen konnte, ohne Schläge zu verspüren. Besonders beachtenswert ist, daß sich die Fische von diesem Grade der Vergiftung wieder erholen können. Da die für Torpedo zur Maximalwirkung erforderliche Dosis nicht größer ist als bei anderen Selachiern, so scheint die vom elektrischen Organ gebundene Giftmenge nicht merklich ins Gewicht zu fallen.

Wirkung auf die Substanz der quergestreiften Skelettmuskeln. Die Erhaltung der direkten Reizbarkeit des Muskels bei der Curarevergiftung wurde bekanntlich von Cl. Bernard als ein Beweis für die von A. v. Haller postulierte Muskelirritabilität angesehen; genauere Untersuchungen über das physiologische Verhalten curarisierter Muskeln hat er selbst nicht ausgeführt. I. Rosenthal[1]) war es, der zuerst experimentell nachwies, daß für den curarisierten Muskel stärkere elektrische Ströme zu gleich starker Erregung nötig sind als für den normalen und daraus den Schluß zog, daß die spezifische Reizbarkeit des Nerven größer ist als die des Muskels. Schärfer ist der Unterschied im Verhalten normaler und curarisierter Muskeln durch die Untersuchungen von E. v. Brücke[2]) bestimmt worden: sie zeigten, daß im Curarezustand nicht nur die Erregbarkeit des Muskels für Induktionsströme abnimmt, daß der Muskel vielmehr auch konstanten Strömen gegenüber sich anders verhält als der normale. Es kommt hier ein starker Einfluß des Zeitfaktors bei der Erregung zur Geltung. Kurzdauernde konstante Ströme müssen, um auf einen mit Curare vergifteten Froschschenkel zu wirken, das 7—18fache der Stromintensität haben, die bei gleicher Schlußdauer auf den unvergifteten Schenkel erregend wirkt, während für Schwankungen gewöhnlicher konstanter Ströme von längerer Dauer für beide Präparate die gleiche Stromintensität genügt; auch gegen sehr kurzdauernde Unterbrechungen oder Intensitätsschwankungen gewöhnlicher konstanter Ströme sind die curarisierten Muskeln relativ unempfindlich.

Nachdem v. Bezold[3]) gefunden hatte, daß bei noch soweit vorgeschrittener Vergiftung die Zuckungen vergifteter und unvergifteter

---

[1]) I. Rosenthal, Über die relative Stärke der direkten und indirekten Muskelreizung. Moleschotts Untersuch. z. Naturl. **3**, 184 (1857).

[2]) E. v. Brücke, Über das Verhalten entnervter Muskeln gegen diskontinuierliche elektrische Ströme. Sitzungsber. d. math.-naturw. Klasse d. k. Akad. zu Wien **58**, II. Abt. 123; **56**, II, 594 (1867—1868).

[3]) A. v. Bezold, Untersuchungen über die Einwirkung des Pfeilgiftes auf die motorischen Nerven. Archiv f. Anat. u. Physiol. **1860**, 168.

Muskeln nach direkter Erregung miteinander kongruent sind, und da auch das elektromotorische Verhalten curarisierter Muskeln keine Unterschiede aufwies, befestigte sich allmählich die Lehre, daß der curarisierte Muskel die physiologischen Eigenschaften der normalen kontraktilen Substanz des quergestreiften Muskels darbiete und die Differenzen in der Erregbarkeit durch elektrische Reize darauf beruhen, daß bei der direkten Reizung nicht curarisierter Muskeln die mitgereizten intramuskulären Nerven ihren Einfluß äußern. Die absolute Kraft des curarisierten Muskels ist nach Versuchen von Farner[1]) von der des normalen nur um Größen verschieden, die innerhalb der Fehlergrenzen liegen.

Allerdings hat es auch nicht an Autoren gefehlt, die sich mehr oder weniger bestimmt für eine direkte Muskelwirkung des Curare aussprechen oder es wenigstens als unentschieden ansehen, ob das Gift den Muskel vielleicht doch — insbesondere in größeren Dosen — in irgendeiner Weise zu schädigen vermag.

Zunächst sei in diesem Zusammenhange auf die Untersuchungen von Robert Tigerstedt[2]) hingewiesen; er beabsichtigte nicht, das Wesen der Curarewirkung zu erforschen, akzeptiert die damals (1885) kaum noch bestrittene Lehre von der Nervenendwirkung des Giftes, behält aber auch die Möglichkeit im Auge, daß durch starke Curarevergiftung der Muskel selbst geschädigt werden könnte. Mit besonderem Nachdruck wird von Tigerstedt daran erinnert, daß man die durch indirekte und direkte Reizung — sei es am curarisierten, sei es am unvergifteten Muskel — erregten Zuckungen nicht ohne weiteres miteinander vergleichen darf, weil die Qualität des Reizes in beiden Fällen eine prinzipiell verschiedene ist.

„Bei der direkten Reizung eines curarisierten Muskels wird die Muskelsubstanz direkt von der strömenden Elektrizität erregt; wird die Zuckung aber vom Nerven ausgelöst, so wissen wir gar nichts darüber, durch welche Kraft die Muskelerregung stattfindet; denn wir haben ja keine Ahnung von der wirklichen Beschaffenheit der Nervenerregung und, wie sie auf den Muskel übertragen wird: wir vergleichen also einerseits eine elektrische Stromesschwankung, andererseits den durch den Nerven dem Muskel zugeführten Bewegungsimpuls."

Wenn man die Erregungsstärke, also die Wirkung der beiden ihrem Wesen nach verschiedenen Reizarten miteinander vergleicht, kann man bei gleichem Effekt, d. h. bei gleicher Höhe und gleichem Verlauf der Muskelzuckung annehmen, daß diese Effekte von wenigstens gleichwertigen Reizen ausgelöst sind. In einer größeren Zahl von Versuchen zeigte es sich nun, daß bei solchen in Höhe und Verlauf beinahe vollständig übereinstimmenden Zuckungen die Latenzdauer des nicht vergifteten Muskels um 0,001—0,002 Sekunden länger ist als beim vergifteten. Tigerstedt schließt sich daher der schon von Bernstein auf Grund seiner Rheotomversuche vertretenen Auffassung an, daß die Verzögerung der untermaximalen, von den Nervenenden ausgelösten Zuckungen durch die spezifische Latenzdauer der Nervenendapparate bedingt ist. Nach maximalen direkten Reizen — wobei also die Muskelsubstanz direkt maximal erregt wird, fand R. Tigerstedt die Latenzdauer am curarisierten und nicht vergifteten Muskel gleich (5—5,6 σ), „wenn nicht die Vergiftung so weit fortgeschritten ist, daß dadurch eine tiefere Beschädigung des Muskels stattgefunden hat". (Für letzteren Fall werden aber von Tigerstedt keinerlei Versuchsdaten angeführt.)

---

[1]) L. Hermann, Lehrbuch der experimentellen Toxikologie. Berlin 1874, S. 304.
[2]) Robert Tigerstedt, Über die Latenzdauer der Muskelzuckung. Archiv f. Anat. u. Physiol. 1885, Suppl.-Bd., S. 212.

J. Rosenthal[1]) hat — allerdings nur in einem Versuch — die Latenzdauer an einem curarisierten Muskel gemessen. Da die 3 Stunden resp. 3 h 15′ nach der Vergiftung gefundenen Werte (0,0122 resp. 0,0125) jedenfalls nicht kürzer, eher etwas länger sind als beim nicht vergifteten Muskel, hält es Rosenthal für wahrscheinlich, daß Curare in irgendeiner Weise auch direkt auf die Muskelsubstanz wirkt. Buchheim und Loos[2]) sowie Yeo und Cash[3]) konnten, letztere bei maximaler Reizung, keinen Unterschied der Latenzzeiten bei vergifteten und nicht vergifteten Muskeln konstatieren. Nach Mendelssohn[4]) findet beim Fortschreiten der Curarewirkung bis zum Verschwinden aller Reflexe eine allmähliche Zunahme der Latenzzeit sowie eine Schwächung der Kontraktilität des Muskels statt, die sich in einer verlängerten Muskelkurve zu erkennen gibt.

Die Form der Zuckungskurve des curarisierten Muskels ist wiederholt Gegenstand der Untersuchung gewesen. Vulpian berichtet über zwei Versuche, die eine deutliche, aber sehr geringfügige Verlangsamung des Zuckungsverlaufs ergaben.

Valentin[5]) und R. Buchheim und Loos[6]) fanden in mehr oder weniger hohem Grade den Ablauf der Zuckung verlängert. Walker Overend[7]) sah bei minimalen und übermaximalen Reizen die Zuckungsdauer verdoppelt, während bei maximalen Reizen die Verlängerung geringer, aber doch ausgesprochen war. Die Verzögerung machte sich besonders im absteigenden Teil der Kurve geltend.

Versuche an curarisierten Warmblütermuskeln sind nur in sehr geringer Zahl angestellt worden. M. J. Rossbach[8]) erhielt bei Kaninchen niedrigere Zuckungen mit kürzerem Verlauf; der Abfall der Kurve von der Akme war steiler. Analoge Abweichungen von der Norm sahen Ch. Wallis Edmunds und G. B. Roth[9]) an der Zuckungskurve des Gastrocnemius curarisierter Hühner.

Da bekanntlich Abnormitäten des Zuckungsverlaufs auch an unvergifteten Froschmuskeln sehr häufig und unter verschiedenen, meist ganz unkontrollierbaren Einflüssen (Temperatur, Jahreszeit usw.) vorkommen, so dürfte im vorliegenden Falle auf die strikte negativen Befunde A. v. Bezolds Gewicht zu legen sein. Keinenfalls ist eine Veränderung der Zuckungsform als eine konstante und charakteristische Wirkung des Curare und Curarins zu bezeichnen.

Hinsichtlich der absoluten Muskelkraft hatte ein Versuch von F. A. Feuerstein[10]) am Gastrocnemius des Frosches bei Anfangsspannungen des Muskels

---

[1]) J. Rosenthal, Über ein neues Myographion und einige mit demselben angestellten Versuche. Archiv f. Anat. u. Physiol. 1883, Suppl.-Bd., S. 270.

[2]) R. Buchheim u. Loos, Über die pharmakologische Gruppe des Curarins. Eckhards Beiträge 5, 179 (1870).

[3]) Yeo und Cash, Proceedings of the Roy. Soc. of London 33, 467.

[4]) Mendelssohn, Travaux du laboratoire de M. Marey 4, 136; zit. nach Tigerstedt, Archiv f. Anat. u. Physiol. 1855, Suppl. 212.

[5]) Valentin, Untersuchungen über Pfeilgifte. Archiv f. d. ges. Physiol. 2, II, 518.

[6]) R. Buchheim u. Loos, Über die pharmakologische Gruppe des Curarins. Eckhards Beiträge z. Physiol. 5, 179.

[7]) Walker Overend, Über den Einfluß des Curare und Veratrins auf die quergestreifte Muskulatur. Archiv f. experim. Pathol. u. Pharmakol. 26, 1 (1890).

[8]) M. J. Rossbach, Muskelversuche am Warmblüter. Archiv f. d. ges. Physiol. 13, 613 (1876).

[9]) Ch. Wallis Edmunds and George B. Roth, Concerning the action of curare and physostigmine upon nerve endings or muscles. Amer. Journ. of Physiol. 23, 28 (1908).

[10]) F. A. Feuerstein, Zur Lehre von der absoluten Muskelkraft. Archiv f. d. ges Physiol. 43 (1888).

von 10—400 g ein insofern negatives Resultat, als der curarisierte Muskel, abgesehen von unerheblichen Differenzen nach oben und unten die gleiche absolute Kraft entfaltete wie der nichtcurarisierte gleichnamige Muskel des gleichen Tieres. W. Overend (l. c.) erhielt dagegen in zwei Versuchen, bei welchen an den gleichen, nicht ausgeschnittenen Gastrocnemien die absolute Kraft und zwar bei relativ sehr geringen Anfangsspannungen (von 5—20 g) zuerst am unvergifteten und hierauf am vergifteten Muskel gemessen wurde, eine beträchtliche Verminderung der absoluten Kraft.

Die Veränderungen der Länge und der Dehnbarkeit von Gastrocnemien curarisierter Frösche sind nach M. J. Rossbach und B. v. Anrep[1]) denen gleich, welche am normalen, mit Blut durchströmten Muskel nach Durchschneidung seines Nerven auftreten[2]). Die Länge der Muskeln, nimmt zu, wenn die Tiere mit intaktem Nervensystem curarisiert werden. Nach vorhergegangener Durchschneidung des Rückenmarks oder des Nervus ischiadicus hat Curare keinen merklichen Einfluß mehr auf die Länge des Muskels und das gleiche gilt bezüglich der Dehnbarkeit des Muskels. Overend (l. c.) fand bei Anwendung größerer Belastungen (bis 80,0) den curarisierten Muskel, und zwar auch im Tetanus, dehnbarer als den normalen. Bei N. Langley[3]) findet sich die Notiz, daß Sartorien (von kleinen englischen Fröschen) in 0,1-bis 1 proz. Curarelösungen (mit Ringerscher Flüssigkeit bereitet) eine Abnahme der Reizbarkeit für Induktionsschläge erleiden, die um so rascher einsetzt, je stärker die Curarekonzentration ist. Die lokale Reizbarkeit geht innerhalb 1—2 Tagen nicht verloren.

Die Untersuchungen von M. und Mme. L. Lapicque[4]) knüpfen an das oben besprochene von v. Brücke entdeckte Verhalten des curarisierten Muskels gegen elektrische Reize an. Die Verlangsamung des Erregungsvorgangs im Muskel durch Curare, durch welche er sozusagen aus einem flinken in ein relativ träges Organ verwandelt wird, ist nach der Ansicht der genannten französischen Autoren nicht, wie bisher fast allgemein angenommen wurde, ein Attribut des normalen entnervten Muskels, sondern die spezifische Wirkung des Curare auf die Muskelsubstanz. Normaliter sind dieser Anschauung gemäß die Erregungsvorgänge im Nerven und im Muskel isochron. Durch die Wirkung des Curare auf den Muskel wird der zeitliche Verlauf der Erregungen in beiden Organen verschieden, und diese Diskrepanz der Perioden vereitelt die Übertragung der Erregung vom Nerven auf den Muskel. Wir kommen auf die Begründung dieser Theorie an anderer Stelle zurück. Hier soll zunächst nur die tatsächliche Unterlage derselben, insoweit es sich um das Verhalten des curarisierten Muskels handelt, näher geprüft werden. Zum Nachweis der Veränderungen der physiologischen Eigenschaften des Muskels wurde hauptsächlich die Methode der Reizung durch Kondensatorenladungen benutzt. Die direkte Beobachtung ergibt die als Schwellenreize auf den unvergifteten oder vergifteten Muskel eben noch wirksamen Polspannungen in Volts bei

---

[1]) M. J. Rossbach u. B. v. Anrep, Einfluß von Giften und Arzneimitteln auf die Länge und Dehnbarkeit des quergestreiften Muskels. Archiv f. d. ges. Physiol. **21**, 244.

[2]) Vgl. hierüber: B. v. Anrep, Studien über Tonus und Elastizität des Muskels. Archiv f. d. ges. Physiol. **21**, 226.

[3]) N. Langley, Journ. of Physiol. **39** (1909).

[4]) M. et Mme. L. Lapicque, Sur le mécanisme de la curarisation. Compt. rend. de la Soc. de Biol. **1898**, II, 733 und Dieselben, Variations de l'excitabilité du muscle dans la curarisation. Ibid. **1906**, I, 898; ferner Mme. L. Lapicque, Action de la Strychnine sur l'excitabilité du nerve moteur. Ibid. **1907**, I, 1062. — M. et Mme. L. Lapicque, Comparaison de l'excitabilité du muscle à celle de son nerve moteur. Ibid. **1906**, I, 898.

systematisch variierter Kapazität des Kondensators in Mikrofarads. Zur Auswertung dieser Versuchsdaten wird die von J. L. Hoorweg[1]) für den Erregungsvorgang aufgestellte empirische Gleichung: $P = a\,R + \dfrac{b}{c}$ (worin P die Polspannung, c die Kapazität des Kondensators, R den Widerstand und a und b Konstanten bedeuten) in der etwas modifizierten Form: $p\,c = \alpha + \beta\,c - \gamma\,p$ (Weglassung des Widerstandes, der im Verlauf des Versuchs als konstant angenommen wird, und Hinzufügung einer dritten Konstante γ; p bedeutet Polspannung, c Kapazität, α, β und γ Konstanten) benutzt. Der Quotient $\dfrac{\alpha - \beta\gamma}{\beta}$ wird als eine „Zeit" definiert und dient schließlich als Maßstab für die Geschwindigkeit des Erregungsvorganges.

An Stelle dieser sehr umständlichen bedient sich Louis Lapicque[2]) neuerdings zur Prüfung der Erregbarkeit mit Berücksichtigung des Zeitfaktors einer einfacheren Methode. An jedem zu prüfenden Objekt (Nerv oder Muskel) wird die Intensität (Polspannung in Volt) des konstanten Stromes aufgesucht, die bei einer Schlußdauer von einigen wenigen bis höchstens 20 Sekunden als Schwellenreiz sich erweist (die Schlußdauer wird dem zu prüfenden Objekt entsprechend gewählt); dieser Wert in Volt wird als Rheobasis bezeichnet. Hierauf wird die Zeitdauer desjenigen steilen Stromstoßes ermittelt, der bei der doppelten Rheobasis als Schwellenreiz wirkt, und in tausendstel Sekunden ausgedrückt als Chronaxie bezeichnet. Mit Benutzung eines empirisch ermittelten Faktors können bei der Bestimmung der Chronaxie anstatt „rektangulärer" Stromstöße auch die experimentell bequemeren Kondensatorentladungen verwertet werden. Hinsichtlich der genaueren Beschreibung dieser verschiedenen Methoden und der angestellten Berechnungen muß auf die unten[3]) zitierten Spezialabhandlungen verwiesen werden.

Sowohl nach dem Quotienten $\dfrac{\alpha - \beta\gamma}{\beta}$ als auch nach den für die Chronaxie gefundenen Zahlen stellte sich als Wirkung des Curare eine beträchtliche Verlangsamung des Erregungsverlaufs im Muskel sowohl bei Fröschen als auch bei Krebsen und Schnecken heraus. Ganz besonders wird aber außerdem noch von M. und Mme. L. Lapicque betont, daß jene Verlangsamung bei Steigerung der Giftmenge außerordentlich zunimmt und sich auch daran zu erkennen gibt, daß man den Froschmuskel bei Reizung mit Induktionsströmen für den länger dauernden Schließungsschlag empfindlicher findet als für den Öffnungsschlag.

Der Schwerpunkt der Frage in pharmakologischer Hinsicht liegt nun wohl zunächst darin, daß auf Grund obiger Resultate dem Curare eine mit der Giftdosis zunehmende Muskelwirkung zukommen würde, die man bisher nicht angenommen hat. Gerade der Umstand, daß sich nach den meisten früheren Beobachtungen die physiologischen Eigenschaften des curarisierten Muskels nicht mehr ändern, gleichgültig ob man kleine oder große Curaredosen angewandt hat, stützte die Annahme, daß das Gift eben überhaupt nicht auf die Muskelsubstanz wirkt, und pharmakologisch betrachtet, wäre ein Gift,

---

[1]) J. L. Hoorweg, Über die elektrische Nervenerregung. Archiv f. d. ges. Physiol. 5, 97 (1892).

[2]) Louis Lapicque, Définition expérimentale de l'excitabilité. Compt. rend. de la Soc. de Biol. 67, 28 (1909). — L. et Mme. Lapicque, Détermination de la Chronaxie par les décharges de condensateurs. Ibid. 68, 797.

[3]) Vgl. insbesondere: Cybulski u. Zanietowski, Archiv f. d. ges. Physiol. 56 (1894). — J. L. Hoorweg, l. c. — G. Weiß, Arch. ital. de Biol. 35 (1901). — M. et Mme. L. Lapicque, Journ. de Physiol. et de Pathol. génér. 1903, 990. — L. Hermann, Archiv f. d. ges. Physiol. 111 (1906). — Tigerstedt, Handbuch der physiol. Methodik. — S. Garten, Elektrophysiologie Bd. II, 4. Abt., S. 317.

dessen Wirkungsintensität in allen beliebigen Dosen die gleiche ist, ein höchst bemerkenswerter Ausnahmsfall. Daß es indessen verschiedene Stufen oder Intensitätsgrade der Curare- und Curarinvergiftung gibt, ist allgemein bekannt; es handelt sich dabei aber nicht um die Veränderungen der Muskeleigenschaften, sondern um die bis zu einem fixen Maximum ansteigende Veränderung der indirekten Reizbarkeit vom Nerven aus.

Da nun in allen Fällen, wenn relativ große Curaremengen bei Experimentaluntersuchungen gebraucht werden, die Nebenbestandteile des Pfeilgiftes nicht mehr einfach außer acht gelassen werden dürfen, wenn man sich nicht Täuschungen aussetzen will, schien es dem Verfasser (Boehm) nötig, das Verhalten des Muskels nach der Vergiftung mit reinem Curarin genauer zu prüfen, zunächst nach der üblichen Reizmethode mit Induktionsschlägen, dann aber auch nach der von Lapicque angewandten Methode mit Kondensatorentladungen[1]. Schon im Jahre 1895 hatte Boehm[2]) mitgeteilt, daß die Muskeln eines Frosches, der mit der enormen Dosis von **0,01** g Curarin vergiftet worden war, keine Abweichung von dem gewöhnlichen Verhalten curarinisierter Muskeln erkennen ließen. Bei den neuen Versuchen ergab sich, daß bei Vergiftung des ganzen Tieres (Esculenten) mit der 3—20fachen Normaldosis Curarin die 1 bis $1\frac{1}{2}$ Stunden nach der subcutanen Applikation des Giftes frei präparierten Gastrocnemii sich gegen Öffnungs- und Schließungsschläge ebenso verhielten wie unvergiftete Muskeln: der Schwellenreiz für Öffnungsschläge war kleiner als für Schließungsschläge; ferner waren die Schwellenreize bei den mit verschieden großen Dosen vergifteten Muskeln nicht von der Größe der Dosis abhängig; z. B. lag der Schwellenreiz nach Vergiftung mit der 20fachen Normaldosis bei 126 mm Rollenabstand, bei Vergiftung mit der nur 3fachen Normaldosis 125 mm. In einer anderen Versuchsreihe wirkten Lösungen von Curarin in Ringerscher Flüssigkeit (Konzentration 1 : 1000 oder 1 : 10 000) auf frei präparierte normale Mm. sartorii ein, oder es wurden vorher mit Curarin vom Kreislauf aus vergiftete Sartorien 12—24 Stunden lang in Ringerscher Flüssigkeit beobachtet; es zeigte sich nach längerer Versuchsdauer eine allmähliche Abnahme der direkten Reizbarkeit des Muskels und der maximalen Zuckungshöhe, die aber beide dem Grade nach nicht von der Konzentration oder Dosis des Giftes abhängig waren und sich in den gleichen Dimensionen bewegten, wie sie bei absterbenden Muskeln in solchen Zeiträumen hervorzutreten pflegen. Bei den Kondensatorversuchen bestätigte sich zwar die Angabe von Lapicque, daß der als Maßstab der Geschwindigkeit der Erregung benutzte Quotient bei curarinisierten Muskeln viel größer war (0,15—0,43 für Gastrocnemien, 0,15 bis 0,46 für Sartorien) als bei unvergifteten Muskeln (0,012—0,075 für Gastrocnemien, 0,018—0,084 für Sartorien), daß aber auch in diesem Falle die Dosis des Curarins, die in 38 Versuchen zwischen der einfachen bis 20fachen Normaldosis variierte, keinen Einfluß auf das Resultat erkennen ließ. Es darf nach alledem auch heute noch behauptet werden, daß eine mit der Größe der Dosis zunehmende und fortschreitende Wirkung von Curarin auf den quergestreiften Skelettmuskel mit den zu unserer Verfügung stehenden Untersuchungsmethoden sich nicht nachweisen läßt.

Hinsichtlich des Verhaltens des curarisierten Muskels gegen mechanische und chemische Reize sind noch die folgenden Beobachtungen zu berücksichtigen.

---

[1]) R. Boehm, Über die Wirkungen des Curarin und Verwandtes. Archiv f. experim. Pathol. u. Pharmakol. **63**, 177. Auf S. 178 dieser Abhandlung befindet sich in Tabelle 1, Stab 2, Zeile 8 von oben ein Druckfehler: es ist zu setzen anstatt **172 — 127.**

[2]) R. Boehm, Einige Beobachtungen über die Nervenendwirkung des Curarin. Archiv f. experim. Pathol. u. Pharmakol. **35**, 16 (1895).

W. Kühne[1]) fand den curarisierten M. sartorius gegen mechanische Reize
viel empfindlicher als den unvergifteten. Abtrennung vom Knochen oder
Anlegung neuer künstlicher Querschnitte rief nicht wie beim normalen Muskel
nur eine, sondern lange Reihen rasch aufeinanderfolgender Zuckungen hervor;
außerdem ließ sich durch Scherenschnitte nachweisen, daß immer nur diejenigen Muskelfasern zucken, die durchschnitten werden. Beim Zweizipfel-
versuch am M. sartorius[2]), wobei bekanntlich bei Reizung des einen Zipfels
der andere erst dann mitzuckt, wenn der longitudinale Schnitt bis in die nerven-
haltige Region des Sartorius vorgedrungen ist, zuckt immer nur der direkt
gereizte Muskel des Sartorius. Dem Verfasser ist eine besondere Steigerung
der Empfindlichkeit der Muskeln, insbesondere des M. sartorius, durch Curarin
nicht aufgefallen. Daß dieselbe auch nach Vergiftung mit Curare nicht sehr
erheblich sein kann, beweist schon die leichte Ausführbarkeit des bekannten
Versuchs von E. Hering, wo der schwach curarisierte Muskel von einem
frischen Querschnitte aus durch Eintauchen in eine Salzlösung durch den
eigenen Muskelstrom zu Zuckungen angeregt wird. Dem Verfasser ist dieser
Versuch stets auch an Sartorien anstandslos gelungen, die vom Kreislauf aus
durch übermaximale Curarindosen vergiftet waren; es erfolgte immer nur eine
Zuckung.

Auch chemischen Reizen gegenüber ist dem curarisierten Muskel eine
gesteigerte Empfindlichkeit zugeschrieben worden. Die Beobachtung Kühnes,
daß Eintauchen eines frischen Querschnittes des curarisierten Muskels in Glycerin, gegen welches der normale Muskel unempfindlich ist, Zuckung bewirkt,
dürfte wohl, wie auch Zennek[3]) hervorhebt, auf den Eigenstrom des Muskels
zurückzuführen sein.

Bei Perfusion von Kochsalzlösungen von 0,2% durch den Hinterteil von
Fröschen bemerkte Carslaw[4]), daß, wenn gleichzeitig Curare zur Wirkung
gelangte, die außerdem sehr lebhaften tetanischen Zuckungen außerordentlich
viel seltener auftraten. Bei stärkeren Kochsalzkonzentrationen bestand dieser
Unterschied nicht mehr. Ein ähnlicher eigentümlicher Einfluß des Curare
zeigte sich bei Perfusion der Muskeln mit Dinatriumphosphatlösungen in den
Versuchen von Swen Åkerlund[5]). G. Zennek hat eingehendere Untersuchungen über das Verhalten curarisierter Froschmuskeln auf chemische Reize
unter Grützner ausgeführt und gefunden, daß Ammoniak, Chloroform, Äther
und Halogensalze curarisierte Mm. sartorii resp. bicipites stärker reizen
als normale (höhere Zuckungen). Da die Vergleichsmuskeln durch Ligaturen
vom Kreislauf ausgeschaltet gewesen waren, kommt jedenfalls, wie Zennek
selbst zugibt, ein Teil des Unterschieds auf Rechnung dieses Umstandes.

Verhalten des Lymphsystems und der Leukocyten bei Fröschen. Die Lymphherzen der Frösche stehen nach der Vergiftung der Tiere mit Curare still.
A. Kölliker (l. c.) bezeichnet diesen Stillstand als das erste Symptom der
Wirkung des Giftes bei Fröschen. A. Vulpian (l. c.) bemerkt indessen, daß
der Stillstand erst nach Anwendung größerer Giftdosen vollständig sei. Im

---

[1]) W. Kühne, Über die Wirkung des amerikanischen Pfeilgiftes. Archiv f. Anat. u.
Physiol. **1860**, 482.

[2]) W. Kühne, Über Bewegungen und Veränderungen der contractilen Substanz.
Archiv f. Anat. u. Physiol. **1859**, 244.

[3]) G. Zennek, Über die chemische Reizung nervenhaltiger und nervenloser (curarisierter) Skelettmuskeln. Archiv f. d. ges. Physiol. **76**, 21 (1899).

[4]) Carslaw, Die Beziehungen zwischen der Dichtigkeit und den reizenden Wirkungen der Kochsalzlösungen. Archiv f. Anat. u. Physiol. **1887**, 429.

[5]) Swen Åkerlund, Das phosphorsaure Natrium als Reizmittel für Muskel und
Nerv. Archiv f. Anat. u. Physiol. **1891**, 279.

übrigen ist diese Curarewirkung von allen späteren Beobachtern bestätigt worden und nach F. Boll und O. Langendorff[1]) wird auch das isolierte (übrigens nicht immer und meist nur kurze Zeit nach der Isolierung weiter pulsierende Lymphherz)[2]) durch örtliche Applikation eines Tropfens Curarelösung schnell zum Stillstand gebracht, wonach auf eine peripher-lähmende Wirkung, analog derjenigen in den Skelettmuskeln, zu schließen ist.

A. Kölliker gibt an, daß die Einwirkung der Reizung des 10. Spinalnerven auf die hinteren Lymphherzen im Zustande der Curarisierung wegfällt; die Reizung ruft keine Kontraktion der Lymphherzen mehr hervor. Nach längerer Dauer der Curarewirkung findet man bekanntlich die Lymphsäcke der Frösche mit reichlichen Mengen klarer, leukocytenreicher Flüssigkeit gefüllt. Diese schon von den älteren Autoren gemachte Beobachtung wurde von J. Tarchanow[3]) dahin ergänzt, daß alle Lymphsäcke, mit Ausnahme des Rückenlymphsackes, gefüllt sind, und daß man außerdem an der Unterseite der Zunge, wenn man dieselbe aus dem Maule des mit dem Kopfe nach abwärts gehaltenen Tieres hervortreten läßt, eine große mit Flüssigkeit gefüllte Blase findet, deren Inhalt sich nach Umkehrung der Lage des Tieres nach den Lymphsäcken der Umgebung hin entleert; bei der Erholung verschwinden diese Flüssigkeitsansammlungen allmählich wieder. Tarchanow ist mit Ranvier der Meinung, daß der rasch gerinnende Inhalt der Lymphsäcke durch Transsudation aus den kleinen Blutgefäßen entsteht; auf den sehr naheliegenden Zusammenhang solcher Lymphstauungen mit der Lähmung der Lymphherzen hat neuerdings H. Öhrwall[4]) hingewiesen; endgültig sind diese Erscheinungen bis jetzt nicht aufgeklärt.

Nachdem Drozdoff 1870 in einem russischen Journale mitgeteilt hatte, daß die Leukocyten aus dem Blute curarisierter Frösche (Temporarien) ganz verschwinden und auch extra corpus bei Berührung des Blutes mit gesättigter Curarelösung schnell zu Körnchen zerfallen, fand Tarchanow, daß das letztere nur bei Verwendung der Lösungen einzelner Curaresorten zutreffe, sonst aber ausbleibe. Die amöboiden Bewegungen der Leukocyten ändern sich insofern, als nicht mehr fadenförmige Fortsätze, sondern runde tröpfchenförmige Auswüchse entstehen; schließlich wird die Zelle rund, unbeweglich und später granuliert. Auch W. Nikolski und J. Dogiel[5]) geben an, daß Froschleukocyten in Curarelösungen unbeweglich werden. In vivo fand Tarchanow die Zahl der Leukocyten zwar stark vermindert, konnte sie aber bei Esculenten stets noch im Blute auffinden; sehr auffallend war dabei die enorme relative Zunahme der Erythrocyten infolge der Eindickung des Blutes durch die Transsudationen in den Lymphräumen. Der reiche Zellengehalt dieser Flüssigkeiten wird auf Emigration aus den Blutgefäßen zurückgeführt. A. Vulpian verweist darauf, daß man bei langer Curarisierung häufig auch die inneren Gewebe ödematös antrifft und daß es sich um hydropische Erscheinungen handeln könne.

Einfluß auf die Herztätigkeit. Die Immunität des Herzens gegen Curare ist schon von Fontana beobachtet und von allen späteren Forschern, indessen insbesondere für den Frosch mit der Einschränkung bestätigt worden, daß

---

[1]) Fr. Boll u. O. Langendorff, Beiträge zur Kenntnis der Lymphherzen. Archiv f. Anat. u. Physiol. **1883**, Suppl.-Bd., S. 334.

[2]) Vgl. hierüber E. Th. v. Brücke, Zur Physiologie der Lymphherzen. des Frosches. Archiv f. d. ges. Physiol. **115**, 334 (1906).

[3]) Jean Tarchanow, De l'influence du curare sur la quantité de la lymphe et l'émigration des globules blancs du sang. Arch. de Physiol. norm. et Pathol. II. sér. **2**, 33 (1875).

[4]) Skandinav. Archiv f. Physiol. **25**, 2 (1911).

[5]) l. c. Archiv f. d. ges. Physiol. **47**, 68.

größere Mengen des Giftes auch die Herzaktion zu alterieren vermögen; so spricht sich A. v. Bezold (1859) auf Grund zahlreicher Versuche an Fröschen dahin aus, daß die Herzbewegungen durch Curare eine wesentliche schädigende Einwirkung erfahren und daß letztere mit der Menge des Giftes, mit der Zeit und mit der Temperatur, bei welcher sie stattfindet, anwächst. Vulpian machte darauf aufmerksam, daß große Giftdosen die diastolische Füllung des Herzens vermindern. J. Tillie fand auch nach Anwendung großer Dosen von Curarin bei Öffnung des Thorax noch nach vielen Stunden, ja nach 2—3 Tagen das Froschherz pulsierend vor. Am freigelegten Herzen war nach kleineren Dosen zunächst keine Änderung der Herztätigkeit zu bemerken; allmählich stellt sich unter Dunkelfärbung des Blutes infolge Ausfalls der Atmung Verlangsamung der Herzschläge ein, die aber nicht einer direkten Wirkung des Giftes zugeschrieben werden darf. Größere Curarindosen können anfänglich die Schlagfolge des Herzens etwas vermehren (Vaguslähmung). Das Bemerkenswerteste aber ist die stetige Abnahme des Ventrikelvolumens. Bisweilen ist der Ventrikel schon 30 Minuten nach der Vergiftung so gut wie leer, setzt aber trotzdem noch' seine Kontraktionen fort. Tillie führt diese Erscheinung auf die periphere Gefäßlähmung zurück. Der Verfasser (Boehm) konnte (nicht publizierte Versuche) am isolierten, mit Ringerscher Lösung ge-speisten Froschherz mit kleineren bis sehr großen Curarinmengen (0,1—1,0% in Ringerscher Flüssigkeit) nicht den geringsten Einfluß des Giftes auf die Energie der Herzkontraktionen feststellen. Die Schlagzahl nahm im Anfang der Versuche gewöhnlich etwas zu, blieb aber dann, in einzelnen Fällen 17 Stunden lang, unverändert, so daß man die Frage, ob Curarin das Frosch-herz direkt zu beeinflussen oder zu schädigen vermag, als im negativen Sinne erledigt ansehen kann.

Bei der Beurteilung der Resultate mit Curare angestellter Versuche ist einerseits der Gehalt der Curarelösungen an anderweitigen, möglicherweise das Herz schädigenden Substanzen, wie z. B. Kalisalzen. und dann auch der Umstand zu berücksichtigen, daß es Curaresorten gibt, die Alkaloide, wie Tubocurarin und Curin, mit ausgesprochener Herzwirkung enthalten.

Die an lebenden Tieren auch in der Vergiftung mit Curarin auftretende Abnahme der diastolischen Füllung des Ventrikels, infolge deren unter dem gleichzeitigen Einfluß ungenügender Sauerstoffzufuhr das Herz, insbesondere nach Vergiftung mit größeren Dosen von Rohcurare, nach längerer Versuchs-dauer schließlich stillsteht, führt man, wie schon gesagt, gewöhnlich auf die Lähmung der Vasomotoren zurück. Es kann dabei aber, wie H. Öhrwall[1] mit Recht hervorhebt, noch ein anderer Umstand von wesentlicher, vielleicht ausschlaggebender Bedeutung sein: die Abnahme des Gesamtblutvolumens infolge der Lymphstauung nach Lähmung der Lymphherzen. Auch am Herzen der Säugetiere ist ein direkter Einfluß des reinen Curarins, auch in den größten Dosen, auf das Herz selbst nicht zu ermitteln gewesen.

Wärmeregulierung. Stoffwechsel. Nach den meist an gefesselten Tieren angestellten Versuchen über das Verhalten der Körpertemperatur kühlen sich curarisierte Tiere, insbesondere Kaninchen, stetig und viel rascher ab als nicht vergiftete; auch durch Einhüllen in Watte läßt sich der Temperaturabfall nicht vermeiden. F. Riegel[2] beobachtete an einem fiebernden Hunde

---

[1] H. Öhrwall, Über die Technik bei der Untersuchung der Capillarzirkulation beim Frosch, besonders in der Froschlunge. Skandinav. Archiv f. Physiol. **25**, 2 (1911).
[2] F. Riegel, Über den Einfluß des Nervensystems auf den Kreislauf und die Körper-temperatur. Archiv f. d. ges. Physiol. **4**, 403 (1872).

infolge der Vergiftung mit Curare bedeutende Herabsetzung der Körpertemperatur. An den Extremitäten, z. B. zwischen den Zehen bei Hunden, an den Ohren der Kaninchen ist im Anfang der Vergiftung, worauf schon Claude Bernard hinwies, Temperatursteigerung zu konstatieren. Fleischer[1] konstatierte an Kaninchen sofort nach der Curareinjektion Zunahme der Temperatur um 0,4—1,4° und F. A. Falck[2] an nicht gefesselten, tödlich mit Curare vergifteten Hunden in den ersten Minuten nach der Applikation des Giftes einen geringen Abfall, hierauf Zunahme der Temperatur, die bis um 0,3° den Anfangswert übertraf, und endlich kurz vor dem Tode steilen Temperaturabfall.

Nach Beobachtungen an Menschen (Epileptiker) bewirkt Curare, wie A. Voisin und H. Lionville[3] berichten, in Dosen von ca. 0,01—0,1 g (2 mg des Präparates töteten ein Kaninchen), subcutan injiziert, Fieberanfälle. Auf Schüttelfröste, die bisweilen stundenlang dauerten, folgte unter Rötung der Haut, insbesondere des Gesichtes und der Ohren, Hitzegefühl und Temperatursteigerung (es ist nur eine einzige Temperaturmessung: 38,4—39° angegeben). Puls und Respiration waren beschleunigt; hiernach kam es zu sehr profusen Schweißen; außerdem bestand Polyurie, zuweilen Glykosurie und etwas Somnolenz.

A. Röhrig und N. Zuntz[4] fanden bei curarisierten Kaninchen außer Temperaturabfall eine enorme Herabsetzung des Stoffwechsels (Kohlensäurebildung und Sauerstoffverbrauch). Da ihre Versuchsanordnung bezüglich der allzu raschen Abkühlung der Versuchstiere nicht ganz einwandsfrei war, wiederholte später N. Zuntz[5] die Versuche unter den erforderlichen Kautelen, aber trotzdem mit dem Ergebnis, daß sowohl Kohlensäurebildung als auch Sauerstoffaufnahme bei durch Curare gelähmten Kaninchen um ca. 50% erniedrigt wurden.

G. Colasanti[6] ließ auf Anregung von E. Pflüger defibriniertes curarefreies resp. curarehaltiges Ochsenblut durch die hinteren Extremitäten frisch getöteter Hunde strömen und glaubt, da sich kein Unterschied in den Beträgen der hierbei stattfindenden Oxydationen in den Muskeln herausstellte, hiernach einen Einfluß des Curare auf die Vorgänge in den Muskeln an der Peripherie ausschließen zu können.

In zahlreichen von E. Pflüger[7] selbst an Kaninchen ausgeführten Versuchen stellte sich weiterhin heraus, daß der Umfang der Oxydationen im Körper curarisierter Kaninchen, wenn man die Tiere durch verschieden temperierte Bäder unter den Einfluß konstanter höherer oder niedrigerer Temperatur setzt, fast genau der Temperatur proportional stattfindet. Pflüger hält durch diese Versuche den Beweis für die Theorie erbracht, daß „nach Ausschließung

---

[1] Fleischer, Die Wirkungen der Blausäure auf die Eigenwärme der Säugetiere Archiv f. d. ges. Physiol. 2, 432 (1869).
[2] F. A. Falck, Die Wirkung einiger Alkaloide auf die Körpertemperatur. Archiv f. d. ges. Physiol. 25, 565 (1881).
[3] A. Voisin et H. Lionville, Des phénomènes produits par le curare chez l'homme. Gaz. des Hôp. 1866, 430, 440, 443.
[4] A. Röhrig u. N. Zuntz, Zur Theorie der Wärmeregulation und der Balneotherapie. Archiv f. d. ges. Physiol. 4, 57 (1872).
[5] N. Zuntz, Über den Einfluß der Curarewirkung auf den tierischen Stoffwechsel. Archiv f. d. ges. Physiol. 12, 522.
[6] G. Colasanti, Zur Kenntnis der physiologischen Wirkungen des Curaregiftes. Archiv f. d. ges. Physiol. 16, 157.
[7] E. Pflüger, Über Wärme und Oxydation der lebenden Materie. Archiv f. d. ges. Physiol. 18, 302.

der Einwirkung des Zentralnervensystems auf die Muskeln. (durch Curare-vergiftung) keinerlei Spur einer die Temperatur des Körperinneren regulierenden Tätigkeit bemerkt wird, da die Oxydationen mit den Temperaturen steigen und fallen". Diese Theorie wird auch durch die ganz analogen Ergebnisse fernerer Versuchsreihen gestützt, bei welchen der Einfluß des Zentralnerven-systems durch Rückenmarksdurchschneidung zwischen Hals- und Brustmark ausgeschaltet war. Auch in diesen Fällen stiegen und fielen die Oxydationen mit der Temperatur. Bei normalen (gefesselten) Kaninchen ist Abkühlung des Körpers um 8—10° durch Bäder nicht nur nicht imstande, die Oxydationen herabzudrücken, treibt sie vielmehr über die normale Höhe: „Das Zittern des Tieres zeigt, daß die regulatorische Steigerung durch die Innervation erfolgt." Nach der Auffassung Pflügers ist also die Beeinflussung des Wärmehaushaltes und des Stoffwechsels durch Curare eine indirekte und lediglich der Aufhebung der Muskelinnervation zuzuschreiben.

Der Stickstoffumsatz während der Curarelähmung wurde zweimal im Voitschen Laboratorium an Hunden bestimmt. Ein Versuch von C. Voit[1] selbst ergab keine Verminderung der Stickstoffausscheidung. (Gegenüberstellung der Ausscheidungsmengen in zwei 24stündigen Perioden; während der zweiten dieser Perioden war das Tier 7 Stunden lang durch Curare gelähmt.) In den späteren Versuchen von O. Frank und F. v. Gebhard[2] war die Stickstoff-ausscheidung während der Lähmung durch Curare — in einem ganz tadellos verlaufenen Falle — um 25% herabgesetzt. Der scheinbare Widerspruch dieses Resultates zu dem des C. Voitschen Versuchs erklärt sich indessen, wie O. Frank und F. v. Gebhard darlegen, daraus, daß bei der Berechnung des C. Voit-schen Versuchs die nach dem Ablauf der Lähmung erheblich gesteigerte Ausscheidung mit inbegriffen ist; während der Lähmungsperiode wurde auch hier weniger als normaliter abgegeben. Diese Verminderung ist aber, wie O. Frank und F. v. Gebhard glauben, höchstwahrscheinlich nicht auf Ab-nahme des Umsatzes, sondern auf Hemmung der Ausscheidung während der Lähmung zurückzuführen und wird durch die nach dem Schwinden der Läh-mung einsetzende Steigerung der Ausscheidung wieder ausgeglichen.

In striktem Gegensatz zu den Versuchsresultaten und der Theorie von N. Zuntz und E. Pflüger stehen nun die Befunde von O. Frank und F. Voit[3] an hungernden Hunden während der Curarewirkung. Curare hatte hier auf die Zersetzungen im Gesamtorganismus (Kohlensäurebildung und Sauer-stoffaufnahme) keinen wesentlichen Einfluß; sie verlaufen nach der Aus-schaltung der Muskeln durch Curare mit solcher Konstanz, daß die geringsten Änderungen des Stoffwechsels, die durch andere Agenzien hervorgebracht werden, bei den curarisierten Tieren erkannt werden können. Nur bei starker Vergiftung nehmen die Zersetzungen, wahrscheinlich infolge von Vasomotoren-lähmung und Blutdruckerniedrigung, vorübergehend etwas ab. Die Zersetzungs-größe aufgebundener curarisierter Hunde ist wahrscheinlich etwas höher als die frei lebender ruhiger Tiere — möglicherweise „infolge eines ungenügenden Versuchs des Tieres, das durch die Vergrößerung der Körperoberfläche (Fesse-lung) gestörte Wärmegleichgewicht aufrechtzuerhalten". Im allgemeinen zer-setzen kleinere Hunde während der Lähmung durch Curare pro Kilo Körper-

---

[1] C. Voit, Zeitschr. f. Biol. **14**, 146.
[2] O. Frank u. F. v. Gebhard, Die Wirkung von Curare auf die Ausscheidung der Kohlensäure und des Stickstoffs. Zeitschr. f. Biol. **43**, 117 (1902).
[3] O. Frank u. F. Voit, Der Ablauf der Zersetzungen im tierischen Organismus bei der Ausschaltung der Muskeln durch Curare. Zeitschr. f. Biol. **42**, 309 (1901).

gewicht beträchtlich mehr als größere, während die Zersetzungen, auf die Einheit der Körperoberfläche berechnet, in beiden Fällen annähernd gleich groß waren. Die Tiere befanden sich bei den Versuchen von O. Frank und F. v. Gebhard in einem Wärmekasten, so daß erhebliche Schwankungen der Körpertemperatur ausgeschlossen waren. Die Frage, ob bei curarisierten Hunden eine Wärmeregulierung überhaupt noch möglich ist, wird von den genannten Autoren nicht näher erörtert und ist nach ihren Beobachtungen nicht zu entscheiden. In bezug auf den allgemeinen Stoffwechsel während der Curarewirkung zeigen aber Kaninchen und Hunde auf alle Fälle weitgehende Verschiedenheiten.

Die Zunahme, welche der Ammoniakgehalt des Muskels sowie des arteriellen und venösen Muskelblutes während der Muskeltätigkeit erfährt, findet im Zustand der Curarevergiftung nicht statt. A. Slosse[1] fand hier den Ammoniakgehalt gegen den Ruhezustand nicht verändert, den des Blutes aber vermindert und sieht dies als ein Zeichen für das Aufhören der Ammoniakbildung im curarisierten Muskel an.

In neuester Zeit ist auch der Einfluß der Wirkung des Curare auf die Wärmestichhyperthermie von mehreren Forschern untersucht worden. E. Aronsohn[2] vergiftete Kaninchen — offenbar um die Fesselung umgehen zu können — mit so kleinen Curaredosen, daß sie in natürlicher Körperlage und bei natürlicher Atmung beobachtet werden konnten. Die Vergiftung erfolgte nach der Ausführung des Wärmestichs, wenn die Körpertemperatur entweder im Ansteigen begriffen oder schon auf der Höhe angelangt war, und hatte stets Temperaturabfall zur Folge, wonach der Autor die Bedeutung der Muskelinnervation für die Wärmeregulierung bestätigt findet.

C. Hirsch und F. Rolly[3] beobachteten nach vorher ausgeführtem doppelseitigem Wärmestich an gefesselten Kaninchen und unmittelbar nach dem Wärmestich vorgenommener Vergiftung mit größeren Curaredosen (künstliche Respiration) die Temperaturkurven gleichzeitig im Rectum, zwischen den Schenkelmuskeln und an der Leber; die Tiere waren in Watte gehüllt. Der typische Temperaturabfall gefesselter curarisierter Kaninchen blieb aus, — es trat im Gegenteil in der Regel Temperatursteigerung (in den einzelnen Versuchen um ca. 1,0°) auf. Die Temperatur zwischen den Muskeln sank anfangs, um erst später allmählich etwas anzusteigen. Die Temperaturen im Rectum und an der Leber hielten sich ungefähr auf gleicher Höhe. Rolly hatte schon vorher gefunden, daß der Wärmestich an „glykogenfreien" Kaninchen erfolglos ist; die Resultate der Curareversuche stützen daher seine Annahme, daß bei der Wärmestichhyperthermie die Leber resp. der Glykogenverbrauch eine wesentlichere Rolle spielt als die Muskelinnervation, wenn letztere überhaupt dabei in Frage kommt. Von E. Sinelnikow[4] sind die Angaben von C. Hirsch und F. Rolly bestätigt worden. Selbstverständlich wird durch diese Feststellungen die Frage der Wirkung des Curare auf den allgemeinen Stoffwechsel und die Wärmeregulierung nicht direkt berührt. Es wäre aber von allgemeinerem Interesse, wenn es sich bestätigte, daß durch zentralnervöse Einflüsse auf die Vorgänge in der Leber die Wirkung des Curare und der Fesselung auf die Wärmeregulierung des Kaninchens überkompensiert werden kann.

[1] A. Slosse, Trav. du laborat. de physiol. Ins. Solvay 5, 39 (1902); zit. nach M. v. Frey, Nagels Handb. d. Physiol. IV, 2, 473.
[2] E. Aronsohn, Das Wesen des Fiebers. Deutsche med. Wochenschr. 1902, 76.
[3] C. Hirsch u. F. Rolly, Zur Wärmetopographie des curarisierten Kaninchens nach Wärmestich. Deutsches Archiv f. klin. Med. 75, 307.
[4] E. Sinelnikow, Über die Wirkungsweise des Wärmezentrums im Gehirn. Archiv f. Anat. u. Physiol. 1910, 279.

E. Cavazzani[1]) fand bei Messungen der Lebertemperatur nach Vagusreizung, Asphyxie und post mortem, daß Curare die postmortale Steigerung der Lebertemperatur nicht beeinflußt, die thermogene Wirkung der Asphyxie während des Lebens aber hemmt. Bei nicht curarisierten Tieren stieg die Lebertemperatur während temporärer Asphyxie um 0,2° und darüber, bei curarisierten nur um ca. 0,1°.

Die Frage, ob das Wärmeregulierungsvermögen durch die Wirkung des Curarins oder des Curare infolge Aufhebung der Innervation der Muskeln vernichtet wird, die Tiere also durch diese Vergiftung „poikilotherm" gemacht werden, unternahmen H. Freund und E. Schlagintweit[2]) durch Versuche an Kaninchen zu entscheiden. Sie verwendeten reines Curarin, bei einigen Versuchen auch Kalebassencurare und schützten die aufgebundenen, tracheotomierten, in einem Wärmekasten befindlichen Tiere nach Möglichkeit vor Wasser- und Wärmeverlust durch die künstliche Atmung; die Vergiftung wurde während der Versuchsdauer auf der Stufe der Aufhebung aller Reflexe erhalten.

Es ergab sich, daß die Tiere nicht entfernt poikilotherm wurden, sondern ihre Körpertemperatur von 38—41° C bei Außentemperaturen von 29 bis 36° C normal erhalten konnten, eine Änderung des Wärmeregulierungsvermögens also durch Wegfall der Muskelinnervation nicht nachweisbar war. Die Tiere zeigten das gleiche Verhalten wie solche, die unter sonst gleichen Bedingungen aber ohne Curarinvergiftung gefesselt tracheotomiert und künstlich respiriert wurden.

Weitere Versuche lehrten, daß bei Kaninchen während der Curarinvergiftung auch Temperatursteigerung mit nachfolgendem Abfall der Anfangstemperatur nach Injektion von Kochsalz oder Aloin (Kochsalz- resp. Aloinfieber) zustande kommt.

Kochsalzfieber ist am curarisierten Hunde auch von F. Verzár[3]) beobachtet worden. In einem Versuch bewirkte intravenöse Injektion von 130 ccm konz. 5 proz. NaCl-Lösung binnen 2 Stunden Temperatursteigerung von 37,8 auf 38,6° C, in einem anderen Injektion von 140 ccm konz. 10 proz. Lösung Anstieg von 39,5 auf 40,8° C nach 1 Std. 40 Min.

Glykosurie infolge von Curarevergiftung hat zuerst Cl. Bernard[4]) an 2 Hunden und 2 Kaninchen (eines der Tiere war vorher vagotomiert worden) beobachtet. Die Vergiftung geschah subcutan und die Tiere wurden erst künstlich respiriert, nachdem die natürliche Atmung insuffizient geworden war. Der Zucker erschien erst nach 1—1½ Stunden im Harn. Cl. Bernard betrachtete die Glykosurie als die Folge gesteigerter sekretorischer Funktion der Leber.

Nachdem schon Schiff[5]) die Vermutung geäußert hatte, daß die Glykosurie curarisierter Tiere indirekt durch vasomotorische Zirkulationsstörungen bedingt sein könnte, wurde sie von Tieffenbach[6]) und Wittich[7]) als eine Folge ungenügender Atmung (Kohlensäurevergiftung) bezeichnet. Zu einem ähnlichen Ergebnis gelangte N. Zuntz[8]), der auch nach vielstündiger Curare-

---

[1]) E. Cavazzani, Contribution à l'étude des origines de la chaleur animale. Arch. ital. de Biol. **28**, 289 (1897).

[2]) Hermann Freund u. Erwin Schlagintweit, Über die Wärmeregulation curarisierter Tiere. Archiv f. experim. Pathol. u. Pharmakolog. **77**, 258 (1914).

[3]) Fritz Verzár, Die Wirkung intravenöser Kochsalzinfusionen auf den respiratorischen Gaswechsel. Zeitschrift f. Biochemie **34**, 41 (1911).

[4]) Claude Bernard, Leçons de physiol. expérimentale I, 363. Paris 1855.

[5]) Schiff, Untersuchungen über die Zuckerbildung in der Leber. Würzburg 1858.

[6]) Tieffenbach, Die glykogene Funktion der Leber. Diss. Königsberg 1869.

[7]) V. Wittich in L. Hermann, Handbuch der Physiologie V, 393.

[8]) N. Zuntz, Über die Benutzung curarisierter Tiere zu Stoffwechseluntersuchungen. Archiv f. Anat. u. Physiol. **1884**, 380.

vergiftung keinen Zucker im Harn von Kaninchen auftreten sah, wenn Störungen der Atmung und sonstige Schädlichkeiten, insbesondere zu rasche Abkühlung sorgfältig vermieden wurden. Auch K. Sauer[1]) beobachtete bei Hunden und Kaninchen nach stomachaler Vergiftung mit Curare niemals Zucker im Harn, solange das Allgemeinbefinden der Tiere nicht gestört war und wenn bei Beginn insuffizienter natürlicher sofort künstliche Atmung eingeleitet wurde, während G. Gaglio[2]) schon nach Verabfolgung kleiner, zur Herbeiführung der Muskellähmung noch nicht ausreichender Curaredosen bei Hunden und Kaninchen Zucker im Harn gefunden hatte.

Mehrere Autoren befassen sich mit dem Problem der Entstehungsweise der Curareglykosurie. Winogradoff[3]) vertritt, auf sehr anfechtbare Versuchsergebnisse gestützt, die Meinung, daß nicht vermehrte Zuckerbildung in der Leber, sondern gehemmte Oxydation des Zuckers die Glykosurie bedinge. C. Bock und F. A. Hoffmann[4]) wiesen dagegen nach, daß nach Ausschaltung von Leber und Darm aus dem Kreislauf der Zucker aus dem Blute curarisierter Kaninchen ebenso schnell verschwindet als aus dem nicht curarisierter. Dock[5]) beobachtete Curareglykosurie auch bei ausgehungerten Kaninchen, deren Lebern glykogenfrei waren; nach Luchsinger[6]) soll hingegen bei sicher glykogenfreier Leber keine Glykosurie auftreten. Die Beteiligung der Leber an der Glykosurie nach Curarevergiftung will D. Saikowsky[7]) aus dem Umstand entnehmen, daß nach vorhergehender Vergiftung mit Arsensäure (wobei nach dem gleichen Autor das Leberglykogen schnell verschwindet) Curare keine Glykosurie mehr bewirkte, obwohl Blut und Leber noch kleine Zuckermengen enthielten.

Auch bei Fröschen verursachen Curare und Curarin nur mitunter und keineswegs konstant Glykosurie. K. Morishima[8]) erhielt nach Vergiftung mit Protocurarin oder Curarin in 35 Versuchen nur 9 mal positive Resultate; bei Esculenten war das Verhältnis 5 : 24, bei Temporarien 4 : 11, bei Curarin 6 : 19, bei Protocurarin 3 : 16. Kleinere Dosen als die doppelte Normaldosis hatten nie Glykosurie zur Folge; im übrigen aber war die Größe der Dosis ohne ersichtlichen Einfluß auf die Häufigkeit der positiven Resultate; es kam vor, daß ein und derselbe Frosch bei wiederholter Vergiftung das eine Mal Zucker im Harn ausschied, das andere Mal nicht. Im übrigen war kein Umstand ausfindig zu machen, von welchem das Auftreten der Glykosurie abhängig gemacht werden könnte.

O. Langendorff[9]) konnte nach vorheriger Leberexstirpation 5 mal an Fröschen durch Curarevergiftung Glykosurie erzeugen. Die Leber und ihr

---

[1]) Karl Sauer, Über den sog. Curarediabetes usw. Archiv f. d. ges. Physiol. **49**, 423 (1891).

[2]) G. Gaglio, Über die Wirkung des Curare auf die Leber usw. Moleschotts Unters. **13**, 354 (1890).

[3]) Winogradoff, Beiträge zur Lehre vom Diabetes mellitus. Virchows Archiv **27**, 533 (1863).

[4]) C. Bock u. F. A. Hoffmann, Experimentalstudien über Diabetes. Berlin 1874.

[5]) Dock, Einfluß der Curarevergiftung auf die Glykogenbildung der Leber. Archiv f. d. ges. Physiol. **5**. 581 (1872).

[6]) E. Luchsinger, Experimentelle und kritische Beiträge zur Physiologie und Pathologie des Glykogens. Diss. Zürich 1875.

[7]) D. Saikowsky, Zur Diabetesfrage. Centralbl. f. d. med. Wissensch. **1865**, 769.

[8]) K. Morishima, Über Harnsekretion und Glykosurie nach Vergiftung mit Protocurarin und Curarin. Archiv f. experim. Pathol. u. Pharmakol. **42**, 28 (1899).

[9]) O. Langendorff, Untersuchungen über die Zuckerbildung in der Leber. Archiv f. Anat. u. Physiol. **1886**, Suppl. 269, und: Der Curarediabetes, Ibid. **1887**, 138.

Glykogen dürften demnach sowie auch mit Rücksicht auf die Resultate von Dock (l. c.) für die Entstehung der Curareglykosurie nicht erforderlich sein.

Verlauf der Curarinwirkung. Entgiftung. Der zeitliche Verlauf der Vergiftung und Entgiftung läßt sich wegen des relativ langsamen Ablaufs der Vorgänge bequem an Fröschen verfolgen. Am normalen Tiere treten nach subcutaner Giftapplikation allerdings die variabeln Prozesse der Resorption insofern etwas störend dazwischen, als man die bis zum Eintritt der maximalen Wirkung verstreichenden Zeiträume nicht ganz genau angeben kann. Nach J. Tillie (l. c.) hebt die Normaldosis die willkürlichen Bewegungen nach ca. 30 Minuten, die Reflexe nach ca. 1 Stunde auf, mit Ausnahme schwacher respiratorischer Kehlenbewegungen, die als Reflexe gewöhnlich erst nach Verlauf von zwei Stunden gänzlich aufhörten. Steigerung der Dosis verursacht natürlich einen rascheren Ablauf dieser Stadien.

Wichtiger sind die Erscheinungen, die man im Verlaufe der anwachsenden Vergiftung im Verhalten des isolierten Nervenmuskelpräparates beobachtet und die für Curarin vom Verfasser[1]) genauer verfolgt worden sind. Bei vorsichtiger Dosierung zeigt sich, daß der Erfolg der indirekten Reizung in fast gesetzmäßiger Weise abnimmt und daß diese Abnahme schon in frühen Stadien der Vergiftung zu einer Zeit nachweisbar ist, wo die Willkürbewegungen noch lebhaft vonstatten gehen. Auf der Höhe der Wirkung ist bekanntlich jede Art und Stärke indirekter Reizung erfolglos. Diesem Terminalzustand gehen alle möglichen Stufen von Zuständen voraus, in welchen indirekte Reize noch wirksam sind, wo aber das Organ, das die Übertragung des Reizes vom Nerven auf den Muskel vermittelt, in zunehmendem Grade ermüdbar oder erschöpfbar ist; es spricht sich dies darin aus, daß in gleichen Zeitintervallen periodisch wiederholte, gleichstarke Einzelreize (Induktionsschläge) Reihen von stetig fast geradlinig an Höhe bis Null abnehmender Muskelzuckungen auslösen. Die Länge dieser Ermüdungsreihen, resp. die Zahl der noch zu erzielenden Zuckungen nimmt mit dem Anwachsen der Vergiftung ab, bis zuletzt die Maximalwirkung erreicht ist.

Der die Erregung des Muskels vermittelnde Apparat verhält sich in diesen Stadien der anwachsenden Curarinwirkung auch insofern analog einem ermüdenden Muskel, als er noch einer gewissen Erholung fähig ist. Einmal erschöpft, kann er nach längeren Ruhepausen von neuem kürzere oder längere Reihen von Zuckungen leisten. Ferner kann der für eine bestimmte Reizstärke völlig erschöpfte Apparat noch auf höhere Reizstufen ansprechen, wo sich dann das gleiche Spiel wiederholt. Es braucht wohl kaum betont zu werden, daß während der geschilderten Übergangszustände die direkte Reizung des Muskels genau ebenso wirkt wie auf der Höhe der Vergiftung, der Muskel selbst — oder vielleicht besser gesagt, die kontraktile Substanz also an der Labilität des Reizübertragungsapparates keinen Anteil nimmt.

Es ist schon lange bekannt, daß bei Fröschen die Erholung von der Curarewirkung langsam fortschreitet. Jakabházy[2]) hat diesen Punkt für Curarin genauer untersucht und gefunden, daß die zur Erholung eines Frosches (Temporaria oder Esculenta) von der Normaldosis erforderliche Zeit in den Monaten Mai und Juni etwa das 100fache derjenigen beträgt, während welcher die Wirkung zum Maximum ansteigt. Während des Abklingens der Wirkung zeigen

---

[1]) R. Boehm, Einige Beobachtungen über die Nervenendwirkung des Curarin. Archiv f. experim. Pathol. u. Pharmakol. **35**, 16 (1895).
[2]) S. Jakabházy, Beiträge zur Pharmakologie der Curarealkaloide. Archiv f. experim. Pathol. u. Pharmakol. **42**, 10 (1898).

sich dann ganz ähnliche Zustände wie bei der anwachsenden Wirkung. Auch hier erweist sich das Übertragungsorgan zunächst leicht erschöpfbar. In den Ermüdungsreihen der in der Entgiftung begriffenen Nervmuskelpräparate herrscht aber weniger Regelmäßigkeit hinsichtlich der Abnahme der Zuckungshöhen. Der längere Zeit durch Curarin gelähmte Muskel zeigte außerdem im Beginne einer Zuckungsreihe relativ starke Dehnung.

Erheblich rascher als innerhalb des Tieres kann die Entgiftung des frei präparierten Nervmuskelpräparates durch Auswaschen mit Ringerscher Flüssigkeit bewirkt werden[1]). Der vom Kreislauf aus mit 2—3 Normaldosen maximal vergifteten Gastrocnemius, 1—2 Stunden nach der Vergiftung mit dem N. ischiadicus zusammen freipräpariert und in $\frac{1}{2}$stündlich erneuerte Ringersche Flüssigkeit gebracht, zeigt bei indirekter Reizung zunächst mit starken tetanisierenden Strömen die erste Reaktion schon nach 5—20 Minuten. Starke Einzelschläge erwiesen sich frühestens 16 Minuten nach Beginn des Auswachsens wieder wirksam. Im ganzen dauert es 8—10 Stunden, bis die Schwellenwerte für indirekte Reizung mit Einzelschlägen wieder ungefähr das normale Niveau erreichen und der Muskel soweit entgiftet ist, daß auch für den abklingenden Curarinzustand charakteristische Ermüdbarkeit durch rhythmische Reize vollständig wieder verschwunden ist. Die Erholung wird so ungefähr in einem Fünftel der Zeit erreicht, die sie im ganzen lebenden Tiere in Anspruch nimmt. Ähnliche Versuche mit Curare hat J. N. Langley[2]) angestellt und gefunden, daß die Entgiftung im Anfang rascher stattfindet als später.

Bei Warmblütern ist der Ablauf der Vergiftung und Entgiftung naturgemäß viel rascher als beim Frosch. Der Verfasser (Boehm) hat diese Verhältnisse bei nicht gefesselten Kaninchen nach subcutaner Applikation von Curarin in sehr zahlreichen Versuchen zu verfolgen Gelegenheit gehabt. Nach eben tödlichen Dosen (0,34 mg pro Kilo) pflegt der Tod nach 8—30 Minuten durch Lähmung des Zwerchfells zu erfolgen; in Ausnahmsfällen bei hart an der letalen Grenze stehenden Dosen, kann es auch eine Stunde dauern. Es war auffallend, daß die Lähmung stets in den ganz kurzen Muskeln der Ohrmuscheln und der Zehen beginnt. Das erste Vergiftungssymptom bei Kaninchen ist, daß die Tiere die Ohrmuscheln nicht mehr aufrecht halten können. Im übrigen befällt die Lähmung dann rasch alle anderen Skelettmuskeln und nur die Atembewegungen dauern noch mehr oder weniger lange fort. In seltenen Fällen kommt es dabei — insbesondere bei wenig subletalen Giftmengen — zu einer vita minima; es machte zuweilen den Eindruck, als ob, so lange das Herz kräftig pulsierte, die Herzkontraktionen minimale Luftschwankungen in der Luftsäule innerhalb der Atmungsorgane und so eine Art von rudimentärer Atmung aufrecht erhielten — auch an Zwerchfellszuckungen, durch die Aktionsströme des Herzens verursacht, könnte man denken. Bei tödlichem Verlauf sieht man fast ausnahmslos nach bereits erloschener Atmung und maximaler Dilatation der Pupille verbreitete, meist kräftige Zuckungen in den Hautmuskeln des Rumpfes auftreten, die demnach der Vergiftung noch länger als das Zwerchfell zu widerstehen scheinen.

An die Beobachtung anknüpfend, daß bei fortschreitender Lähmung von Warmblütern durch Curare die verschiedenen Gruppen der Atmungsmuskeln nicht alle gleichzeitig in gleichem Grade beteiligt erscheinen, stellte

---

[1]) R. Boehm, Über die Wirkungen des Curarin und Verwandtes. Archiv f. experim. Pathol. u. Pharmakol. **63**, 177 (1910).

[2]) J. N. Langley, On the contraction of muscle, chiefly in relation to the presence of receptive substances. Part IV. Journ. of Physiol. **39**, 235 (1909).

M. Chio[1]) Versuche (die Tierart ist nicht angegeben!) an. Die Luftschwankungen
in der Trachea, die Bewegungen des Thorax und diejenigen des Zwerchfells
wurden gleichzeitig graphisch registriert. Es ergab sich, daß zuerst die Thorax-
muskeln, dann das Zwerchfell und zuletzt die bei der Atmung beteiligten
Bauchmuskeln von der Lähmung befallen werden. Wenn die Exkursionen
des Thorax abnehmen, nehmen die Zwerchfellsbewegungen kompensatorisch
zu, und wenn auch diese erlahmen, treten die exspiratorisch wirksamen Bauchmuskeln in vermehrte Tätigkeit und tragen zum Fortgang der Lungenventilation durch passive, auf die heftigen aktiven Exspirationen folgende Inspirationen bei. In der allmählichen Erholung von der Curarelähmung ist die Wiederkehr der Tätigkeit der Atemmuskelgruppen in der umgekehrten Reihenfolge
festzustellen.

Von Vergiftungen mit subletalen Dosen erholen sich Kaninchen sehr
rasch, gewöhnlich schon nach einigen Minuten. Gewöhnung an Curarin findet
nicht statt. J. Tillie (l. c.) injizierte einem Kaninchen an 16 aufeinanderfolgenden Tagen etwas weniger als die letale Dosis unter die Haut; es war
weder eine Abnahme noch eine Zunahme der Wirkung nachzuweisen. Durch
vorsichtige sukzessive Applikation subletaler Curarindosen gelang es Tillie,
Kaninchen mehrere Stunden lang im Zustande völliger Muskellähmung ohne
künstliche Atmung am Leben zu erhalten, da in diesem Stadium der Vergiftung die Zwerchfellsbewegungen spontan und kräftig vonstatten gehen. Tillie
gibt außerdem an, daß nach intravenöser Injektion von Curarin unter künstlicher Atmung die Wirkung eben tödlicher Dosen schon nach einigen Minuten
vorübergeht. Nach 0,3—0,5 mg pro Kilo kehrten Reflexe und spontane Atemzüge nach 10—15 Minuten, nach 1 mg pro Kilo nach 20—30 Minuten, nach
2—5 mg nach 30—90 Minuten zurück. O. Gros[2]) sah, gleichfalls nach intravenöser Injektion, die spontane Atmung wieder suffizient werden: bei bel-
gischen Kaninchen: (1fache letale Dosis) nach 9 Minuten; (2fache letale Dosis)
nach 10 Minuten (4fache letale Dosis) nach 50 Minuten; bei deutschen Kaninchen: (1fache letale Dosis) nach 7½ Minuten, (1,5fache letale Dosis) nach
17 Minuten, (2fache letale Dosis) nach 25 Minuten, (3fache Normaldosis) nach
30—40 Minuten, (5,75fache letale Dosis) nach ca. 70 Minuten.

Die Entgiftung erfolgt offenbar nach intravenöser Injektion deshalb
rascher, weil die ganze Resorptionszeit in Wegfall kommt und die Elimination
durch die Nieren sofort einsetzen kann.

Der zeitliche Verlauf der physiologischen Entgiftung in ihrer Abhängigkeit
von Dosengröße und Reizintensität an Skelettmuskeln von Warmblütern ist
leider bis jetzt für Curarin noch nicht exakter verfolgt worden. Solche Untersuchungen sind ganz besonders unerläßlich, wenn es sich um die Beantwortung
der Frage handelt, ob und in welchem Umfang irgend ein Stoff zum Curarin
in einem antagonistischen Verhältnis steht (vgl. hierüber auch den Abschnitt
über Antagonismen).

Antagonismen.

Curare (Curarin)-Nicotin. Die antagonisierende Wirkung des Nicotins gegenüber der Curarewirkung — oder umgekehrt — ist in zweifacher Richtung
beobachtet worden, einmal hinsichtlich der eigentümlichen Kontraktions-

---

[1]) M. Chio, Sur la dissociation des mouvements respiratoires par l'action du Curare.
Archiv ital. de Biolog. **60**, 157 (1913).
[2]) O. Gros, Versuche über die Curarinwirkung bei Kaninchen. Inaug.-Diss. Leipzig 1908.

zustände, in welche gewisse Muskeln, namentlich die der Zunge und der Extremitäten, unter gewissen Bedingungen durch Nicotin versetzt werden, andererseits hinsichtlich des Einflusses des Nicotins auf die Curarewirkung im allgemeinen. In ersterer Beziehung liegen zunächst Beobachtungen von R. Heidenhain[1]) vor. Mehrere Tage nach der Durchschneidung des N. hypoglossus bei Hunden bewirkt periphere Reizung des N. lingualis trigemini oder der Chorda tympani anfangs vermehrtes Flimmern der gelähmten Zungenmuskeln, an späteren Tagen nach der Hypoglossusdurchschneidung steigert sich der Effekt der Reizung der oben genannten Nerven allmählich bis zur starken tonischen Zusammenziehung der gelähmten Hälfte der Zunge. Ganz analoge Wirkungen hat nun nach vorhergehender Hypoglossusdurchschneidung die intravenöse Injektion von 2 ccm einer Lösung von 2 Tropfen Nicotin in 100 ccm Wasser. Die gelähmte Zungenhälfte — nicht die normale — zeigt unter Rötung Zunahme des schon durch die Nervendurchschneidung hervorgerufenen Flimmerns und wird schließlich in stärkste tetanische Kontraktion versetzt, in einem Grade, wie er durch Chordareizung nicht zu erreichen ist. Diese Wirkungen des Nicotins werden ebenso wie die Folgen der Lingualis- oder Chordareizung durch vorherige Vergiftung des Tieres mit Curare verhindert; das Flimmern besteht auch nach der Curarevergiftung fort.

Die im vorliegenden Falle beim Hunde nur unter pathologischen Verhältnissen, wahrscheinlich unter dem Einfluß degenerativer Prozesse, in der ihrer motorischen Innervation beraubten Zungenhälfte auftretenden Nicotinwirkungen — fibrilläre Zuckungen und tonische Kontraktionen — können schon normaliter an den Skelettmuskeln von Hühnern und Fröschen bei direkter Applikation von Nicotin auf den Muskel oder nach Injektion desselben in den Kreislauf hervorgerufen werden.

J. N. Langley[2]), welcher diese Wirkungen des Nicotins sehr eingehend untersucht hat, fand außerdem, daß sie unter gewissen Bedingungen der Dosierung entweder durch vorhergehende Vergiftung des Tieres oder Muskels mit Curare verhindert, oder, durch das zuerst applizierte Nicotin hervorgerufen, durch Curare wieder beseitigt werden können. Das Studium dieses wechselseitigen Antagonismus hat Langley zu einer Hypothese über die Wirkungsweise der beiden Gifte geführt, auf welche wir in einem späteren Abschnitt zurückkommen. Hier sollen zunächst nur die tatsächlichen Ergebnisse, insoweit sie sich auf den Antagonismus beziehen, besprochen werden.

Langleys erste Untersuchungen sind an Hühnern angestellt, deren untere Extremitäten, insbesondere der M. gastrocnemius, durch intravenöse Injektion von Nicotin in den Zustand lange anhaltender tonischer Kontraktion

---

[1]) R. Heidenhain, Über pseudomotorische Nervenwirkungen. Archiv f. Anat. u. Physiol. **1883**, Suppl. 133.

[2]) J. N. Langley, On the relation of cells and of nerve-endings to certain poisons. chiefly as regards the reaction of striated muscle to nicotine and Curari. Journ. of Physiol. **33**, 374 (1905). — Derselbe, On nerve-endings and on special excitable substances in cells, Croonian Lecture 1906. Proc. Roy. Soc. **78**, 170. — Derselbe, On the contraction of muscle, chiefly in relation to the presence of „receptive substances". Part I. Journ. of Physiol. **36**, 347 (1907). — Part II. Ibid. **37**, 165 (1908). — Part III. Ibid. **37**, 285 (1908). — Part IV. Ibid. **39**, 235 (1909). — Derselbe, The effect of curari and of some other bodies on the nicotine contraction of frogs muscle. Ibid. **38** und Proc. physiol. Soc. **1909**, 71. — Derselbe, The protracted contraction of muscle caused by Nicotine and other substances in relation to the rectus abdominis of the frog. Journ. of Physiol. **47**, 159 (1913). — Derselbe, The antagonism of Curari an Nicotine. Ibid. **48**, 73 (1914). — Derselbe, The antagonism of Curari to Nicotine in the gastrocnemius muscle. Proceed. Physiolog. Soc. May **1913**. Journ. of. Physiol. **46**.

versetzt werden. Nicotin hebt beim Huhn in Dosen von 10—15 mg die indirekte Reizbarkeit der Muskeln auf; auch in diesem Zustande bewirkt es noch die Contractur der Muskeln. Curare beseitigt in genügender Dosis die durch kleine Nicotindosen verursachte Contractur und vermindert sie, wenn sie durch eine größere Nicotinmenge hervorgerufen worden ist. So wurde eine Contractur des M. gastrocnemius nach 4 mg Nicotin durch 50 mg Curare — dreimal soviel, als zur Lähmung des Tieres nötig gewesen wäre — aufgehoben; $3\frac{1}{2}$ Minuten später bewirkten 50 mg Nicotin an demselben Tiere abermals eine starke Contractur, die wiederum durch 50 mg Curare beseitigt werden konnte.

Die Nicotincontractur kam auch nach vorhergehender Nervendegeneration (6, 8, 27, 38 und 40 Tage nach der Nervendurchschneidung) zustande und wird auch in diesem Falle durch Curare herabgesetzt, wenn auch der antagonistische Einfluß des letzteren auf die Contractur nach der Nervendegeneration schwächer zu sein schien.

Bei Fröschen und Kröten ist nach Langley Curare ein viel stärkerer Antagonist des Nicotins als bei Hühnern. Die durch Nicotin an Kröten hervorgerufene Katalepsie kann man durch hinreichende Curaremengen aufheben. Bei Fröschen hat Langley den Antagonismus an verschiedenen Muskeln (Sartorius, Gastrocnemius, Rectus abdominis, Coraco-radialis, Peroneus, Tibialis anticus) genauer verfolgt. Diese Muskeln zeigen in dem Verhalten gegen Nicotin gewisse Verschiedenheiten, auf welche hier nicht näher eingegangen werden kann.

Je nach der angewandten Konzentration des Nicotins hat man nach Langley zwei Fälle bei der tonischen Kontraktion zu unterscheiden. In schwächeren Konzentrationen (0,001—0,1%) verursacht das Gift die Contractur lediglich durch Beeinflussung der rezeptiven Substanz (vgl. hierüber unten) in der Umgebung der Nervenenden — der Myo-neural-Verbindung —, stärkere Konzentrationen bis 1% wirken außerdem auch auf die „allgemeine" Muskelsubstanz; die durch solche hohe Konzentrationen bewirkte Contractur geht, je nach den Umständen, mehr oder weniger rasch in Totenstarre-Contractur über.

Curare antagonisiert nun nur die Wirkungen der schwächeren Nicotinkonzentrationen (0,001—0,1%), einschließlich der häufig, wenn auch nicht immer durch letztere hervorgehende fibrillären Zuckungen der Muskeln. Länger andauernde vorhergehende Einwirkung von Curare verhindert außerdem die Wirkung von 0,1—0,5% Nicotin, nicht ganz vollständig diejenige von 1% Nicotin.

Hinsichtlich der quantitativen Verhältnisse des Antagonismus Curare-Nicotin am Froschmuskel und bei Einwirkung der Gifte auf die Oberfläche der betreffenden Muskeln im Ringerbade kam Langley zu folgenden Ergebnissen:

Nach vorangegangener Einwirkung von Curare bewirkt Nicotin am Muskel nur dann eine sofortige tonische Kontraktion, wenn die Nicotin- und die Curarinkonzentration in einem bestimmten Verhältnis stehen. Das Verhältnis dieser Konzentrationen, bei welchem die Nicotinwirkung eben ausbleibt, wird „äquivalentes Konzentrationsverhältnis" genannt. Am M. rectus abdominis steigt die zur Verhinderung der sofortigen tonischen Kontraktion erforderliche Curarekonzentration stufenweise mit der Nicotinkonzentration. Nach einer Dauer der Curarewirkung von 15 Minuten verhindern Curarelösungen von 0,00025, 0,0025, 0,025 und 0,25 % tonische Kontraktionen nach 0,0001, 0,001, 0,01 und 0,1% Nicotin. Das äquivalente Konzentrationsverhältnis für diesen Muskel ist also $2^1/_2$; für den M. sartorius $^1/_{50}$—$^1/_{100}$, für den M. flexor carpi radialis $^1/_2$.

Die Wirkung von Nicotin nach Curare ist sonach bei jedem Muskel abhängig von den relativen Giftkonzentrationen, so daß das Maß der tonischen Kontraktion umgekehrt wie die Curarinkonzentration und direkt wie die Nicotinkonzentration variiert, während bis zu einer gewissen Grenze das Maß der tonischen Kontraktion von der absoluten Konzentration der beiden Substanzen unabhängig ist. Oder mit anderen Worten: wird der curarisierte Muskel im ersten Stadium der Curarewirkung in eine Nicotinlösung gebracht, so ist seine Reaktionsgeschwindigkeit die gleiche bei Nicotinkonzentrationen von 0,0001—0,1%, vorausgesetzt, daß das Konzentrationsverhältnis von Curare und Nicotin konstant bleibt.

Bei der umgekehrten Aufeinanderfolge der beiden Gifte — bei der Einwirkung von Curarin auf den nicotinisierten Muskel, hängt der Grad der durch Curare bewirkten Erschlaffung von verschiedenen Umständen ab. Die Wirkung von Nicotin auf die „allgemeine" Muskelsubstanz wird durch Curare nicht merklich beeinflußt. Im übrigen ist der Wirkungsgrad wiederum von den relativen Giftkonzentrationen bedingt. Der Antagonismus besteht nach Langley (l. c. S. 108) in der Aufhebung der primären durch Nicotin bewirkten und zur Verkürzung des Muskels führenden Veränderung, die als „Reizungsveränderung" bezeichnet wird; auf die Contractur, d. h. den die Reizungsveränderung überdauernden Verkürzungszustand, hat Curare keinen sicheren (certain) Effekt. Da das Absinken der durch verdünnte (bis etwa 0,1%) Nicotinlösungen bewirkten Muskelkontraktion noch beträchtliche Zeit (bis mehrere Minuten) nach der Erreichung der Kontraktionsmaximums durch Applikation von Curare auf den Muskel merklich beschleunigt werden kann, kann man nach Langley annehmen, daß die Reizwirkung verdünnter Nicotinlösungen auf den Muskel eine sehr langdauernde ist.

In Gemischen von Nicotin- und Curarelösungen muß, wenn man die Nicotinwirkung unterdrücken will, der Curaregehalt bedeutend gesteigert werden; auch neben der 50fachen Curaremenge hat Nicotin noch eine schwache Wirkung. Im allgemeinen ist bei der Verwendung solcher Gemische die Nicotinwirkung von kürzerer Dauer. Langley vermutet, daß Nicotin schneller als Curarin in den Muskel diffundiert.

Auch bei Fröschen behält nach Langley das Nicotin seine Wirkungen auf den Skelettmuskel nach der Degeneration der motorischen Muskelnerven. Hinsichtlich des Antagonismus zum Curare wird mitgeteilt, daß der M. peroneus und Tibialis anticus eines Frosches, 100 Tage nach der Nervendurchschneidung, nachdem sie sich eine halbe Stunde in einer 0,1 prozentigen Curarelösung befunden hatten, von 0,01—0,1% Nicotin gar nicht mehr, von 1% Nicotin nur noch sehr schwach beeinflußt wurden.

Der Verfasser[1]) (Boehm) hat Versuche mit Nicotin und Curarin an Esculenten ausgeführt und konnte bestätigen, daß die Beseitigung der Nicotincontractur durch Curarin beschleunigt werden kann, wenn die Contractur durch eine Nicotinlösung von höchstens 0,05% hervorgerufen worden war. Am curarinisierten M. gastrocnemius konnte er die Nicontincontractur nur dann beobachten, wenn der Muskel vom Kreislauf aus durch Curarin vergiftet

---

[1]) R. Boehm, Über Wirkungen von Ammoniumbasen und Alkaloiden auf den Skelettmuskel. Archiv f. experim. Pathol. u. Pharmakol. **58**, 265 (1908).

worden war, während sie an vorher in 0,1 prozentiger Curarinlösung gebadeten Gastrocnemien nicht zu erzielen war.

Auf Grund seiner Beobachtungen bezeichnet es R. Boehm für wahrscheinlich, daß Nicotin eine örtlich reizende Wirkung auf die contractile Substanz des Muskels ausübt, die nicht notwendig die gleichen Angriffspunkte zu haben braucht wie die lähmende Wirkung des Curarins. Langley hält demgegenüber an dem Bestehen des doppelseitigen Antagonismus zwischen Nicotin und Curare fest und teilt neue Versuche an den Gastrocnemien von Temporaria mit, nach welchen der mit Curare auch vom Kreislauf aus vergiftete Muskel schwächer als der unvergiftete Muskel des gleichen Tieres auf Nicotin reagiert. Die wesentlichen Erscheinungen des Antagonismus sind nach Langley dieselben, gleichviel ob man die Gifte vom Kreislauf oder auf die ausgeschnittenen Muskeln wirken läßt.

Ch. W. Edmunds und G. Roth[1]) haben den gleichen Antagonismus an Hühnern, insbesondere nach vorangehender Nervendegeneration, eingehender studiert. Die Tiere kamen 2—50 Tage nach der Nervendurchschneidung zur Untersuchung. Das Ergebnis war, daß der durch Degeneration entnervte Muskel zwar prompter und schon auf kleinere Nicotinmengen reagierte als der normale, daß aber die Reaktion auf Curare (Herabsetzung resp. Aufhebung der Nicotincontractur) mit der fortschreitenden Nervendegeneration in allen Fällen, mit Ausnahme eines einzigen, verschwand, wo an einem Huhne 12 Tage nach der Nervendurchschneidung die Nicotinwirkung durch Curare stark vermindert wurde.

Der gleiche Antagonismus läßt sich ferner nach Beobachtungen von H. Fühner[2]) auch an glattem Muskelgewebe (Oesophagus des Frosches, Hautmuskelschlauch des Blutegels) demonstrieren. Die dorsale Hälfte des Blutegelmuskelschlauchs erwies sich gegen Nicotin als mehr, gegen Curare als weniger empfindlich als der Gastrocnemius von Bufo vulgaris.

Schon im Jahre 1862 beobachtete M. Traube[3]), daß bei Hunden in dem Stadium der Curarisierung, wo die Pulsfrequenz noch beträchtlich vermindert und der Blutdruck im raschen Ansteigen begriffen ist, bei regelmäßig unterhaltener künstlicher Atmung durch Injektion von Nicotin spontane Atembewegungen hervorgerufen werden. Winterberg[4]) teilt mit, daß auch bei curarisierten Ratten nach kleinen Dosen Nicotin mitunter einzelne spontane Atemzüge auftreten, und endlich berichtet Rothberger[5]), daß der durch Curare vom Nerven aus gelähmte Muskel des Warmblüters durch größere Nicotinmengen wieder erregbar und die gelähmte Atmung durch kleine Nicotinmengen, wenn auch unvollständig, wiederhergestellt werde.

Curare-Physostigmin. Bei curarisierten Hunden sah J. Pal[6]), daß nach intravenöser Injektion von Physostigmin. salicyl. alsbald spontane Atembewegungen einsetzen, die, an Ausgiebigkeit zunehmend, bald die künstliche

---

[1]) Ch. Wallis Edmunds and G. B. Roth, Concerning the action of curara and physostigmine upon nerve endings or muscles. Amer. Journ. of Physiol. **23**, 28 (1908).
[2]) H. Fühner, Über den Antagonismus Nicotin-Curare. Archiv f. d. ges. Physiol. **129**, 107 (1908).
[3]) M. Traube, Versuche über den Einfluß des Nicotins auf die Herztätigkeit. Ges. Beiträge z. Pathol. u. Physiol. **1**, 303.
[4]) H. Winterberg, Über die Wirkung des Nicotins auf die Atmung. Archiv f. experim. Pathol. u. Pharmakol. **43**, 400. 1900.
[5]) C. J. Rothberger, Weitere Mitteilungen über Antagonisten des Curarins. Archiv f. d. ges. Physiol. **92**, 398. 1902.
[6]) J. Pal, Physostigmin ein Gegengift des Curare. Centralbl. f. Physiol. **1900**, H. 10.

Atmung überflüssig machen. Einem mit 1 ccm einer 2 prozentigen Curarelösung intravenös vergifteten Hunde wurden 3 Minuten nach der Curarisierung
2,5 mg Physostigminsalicylat intravenös injiziert. Nach 4 Minuten zeigten sich
spontane Zwerchfellsbewegungen; kurz nach einer zweiten Injektion von
1,25 mg Physostigmin, 31 Minuten nach der Curarevergiftung, wurde die künstliche Atmung unterbrochen. Das Tier atmete von nun an kräftig und regelmäßig, ging aber am folgenden Tage zugrunde. J. C. Rothberger[1]) hat
hiernach den Gegenstand eingehender untersucht und Versuche an Fröschen
und Säugern mit Curare oder Curarin (Schuchardt) und Physostigminsalicylat
angestellt. An Fröschen scheint Rothberger nur mit „tödlichen" Curarinmengen gearbeitet zu haben. Das betreffende Curarinpräparat tötete die Tiere
nach 5—6 Tagen in Mengen von 0,02 mg pro Gramm Frosch. Ein einziges
Tier, das diese Dosis Curarin und außerdem Physostigmin erhalten hatte,
überlebte, in den übrigen Versuchen starben auch die mit Physostigmin behandelten Tiere, aber doch „meist" 1—2 Tage später als die Kontrolltiere; in anderen
Fällen äußerte sich die antagonistische Physostigminwirkung darin, daß die
Reflexbewegungen früher auftraten und die Frösche früher versuchten, sich
aus der Rückenlage umzudrehen. Es scheint dem Verfasser nicht zweckmäßig
zu sein, zum Nachweis des Antagonismus an Fröschen „tödliche" Dosen von
Curarin oder Curare anzuwenden. Tillie hat diesen Begriff der tödlichen Curarindosis auch für Frösche benützt; er ist aber hier schlecht definiert, weil
der Tod bei Fröschen nicht direkt durch das Gift, sondern durch sekundäre
Störungen in der Zirkulation herbeigeführt wird und je nach der Lebensfrische
der Tiere früher, später oder überhaupt nicht erfolgt.

Rothberger bezeichnet selbst die Ergebnisse seiner Froschversuche als
„nicht so eklatant" wie bei Warmblütern, und jedenfalls sind zur sichereren
Erledigung der Frage noch weitere Versuche mit reinem Curarin in kleineren
Dosen notwendig.

Bei den Warmblüterversuchen wurden meistens die eben zur Lähmung
der Atembewegungen ausreichenden Mengen von Curare oder Curarin angewandt und der Wirkungsgrad des Curarepräparates durch Reizversuche
am N. ischiadicus oder phrenicus geprüft; das Physostigmin wurde früher
oder später nach der Curarevergiftung in einer Versuchsreihe mit dem Curare
zugleich verabfolgt; es ist bemerkenswert, daß auch im letzteren Falle stets
zunächst die volle Curarewirkung sich entwickelte und ihre Antagonisierung
auch nicht früher als in den übrigen Versuchen hervortrat. Die „wiederbelebende" Wirkung des Physostigmins äußerste sich bei Warmblütern einerseits in dem Auftreten spontaner Atembewegungen, andererseits in der Rückkehr der Reizbarkeit der N. ischiadici oder phrenici für den faradischen Strom,
wie Rothberger in seinem Resumé sagt: „wenige Sekunden nach der Injektion von Physostigmin in den Kreislauf".

O. Gros[2]) konnte durch Versuche an Kaninchen mit reinem Curarin feststellen, daß die Rückkehr einer insuffizienten Spontanatmung durch Physostigmin beschleunigt wird; ob auch die Wiederkehr der suffizienten Atmung
schneller erfolgt, als dies nach Vergiftung mit eben tödlichen Dosen infolge
spontaner Entgiftung der Fall ist, war nicht mit Sicherheit festzustellen. Nach
den schon oben angeführten Versuchen von O. Gros wird die Spontanatmung

---

[1]) J. C. Rothberger, Über die gegenseitigen Beziehungen zwischen Curare und
Physostigmin. Archiv f. d. ges. Physiol. 78, 117 (1901).
[2]) O. Gros, Versuche über die Curarinwirkung bei Kaninchen. Inaug.-Diss. Leipzig
1908.

mit der 1—3fachen tödlichen Menge Curarin intravenös vergifteter Kaninchen infolge physiologischer Entgiftung schon nach 17—40 Minuten wieder suffizient.

Man kann daher, wenn man auch ein antagonistisches Verhältnis von Curarin und Physostigmin prinzipiell nicht in Abrede stellt, doch die Intensität der antagonisierenden Physostigminwirkung und damit die „wiederbelebende" Wirkung dieses Alkaloids im Sinne Rothbergers nicht sicher an einem Zustande messen, der wie die Curarinvergiftung des Warmblüters mit der tödlichen Grenzdosis in keinem Augenblick stationär ist, sondern einer mehr oder weniger steil abfallenden Kurve entspricht.

Nach Edmunds und Roth (l. c.) bewirkt intravenöse Injektion von Physostigmin in den Extremitätenmuskeln der Hühner ähnliche tonische Kontraktionen wie Nicotin, und auch in diesem Falle erweist sich Curare als Antagonist, da die Contractur durch letzteres Gift beseitigt werden kann. Degeneration der Nerven steigert die Empfindlichkeit der Hühnermuskeln für Physostigmin bedeutend. Dar Antagonismus zum Curare ist hier wechselseitig. Auch nach relativ hohen Dosen von Curare (15 mg) bewirkt Injektion von 10—15 mg Physostigmin fast sofort tonische Kontraktion, die wiederum durch Curare gehoben wird.

Auch R. Magnus[1]) hat Versuchsergebnisse mitgeteilt, die sich auf den Antagonismus Curare-Physostigmin beziehen. Bei einem urethanisierten Kaninchen betrug der Schwellenreiz für den N. ischiadicus 15 Kroneckereinheiten (Induktionsstrom). 3 Minuten nach der Curarisierung (2 ccm Curaril intravenös) waren 1000 Kroneckereinheiten unwirksam. 7 Minuten nach der Curarisierung erhielt das Tier 0,01 g Physostigmin, und 3 Minuten später reagierte der Nerv wieder auf 275 Kroneckereinheiten.

In einem anderen Versuche wurden die durch 0,01 g Physostigmin hervorgerufenen fibrillären Zuckungen durch 1 ccm Curaril (intravenös) sofort aufgehoben. R. Magnus konstatierte außerdem, daß bei der Nervendegeneration (Durchschneidung des Ischiadicus bei Kaninchen) bis zum 18. Tage Physostigmin noch fibrilläre Zuckungen verursacht; vom 27.—34. Tage war diese Physostigminwirkung in 7 Versuchen nicht mehr hervorzurufen. „Der Angriffspunkt derselben liegt also im Nervenende."

Curare-Adrenalin. Einspritzung einprozentiger Curarelösung in die Blutgefäße überlebender Hinterextremitäten von Katzen bewirkt nach Brodie und Dixon[2]) zunächst schwache Zusammenziehung, bei Wiederholung der Einspritzung jedoch nur noch Erweiterung der Blutgefäße. Nach solcher Vorbehandlung mit Curare sind mäßige Adrenalinmengen ohne Wirkung auf die Weite der Gefäße; erst, wenn die vierfache der vor der Curarisierung wirksamen Adrenalinmenge angewandt wird, erfolgt Zusammenziehung der Blutgefäße, und auch dann ist die Reaktion geringer und von kürzerer Dauer als die typische Normalreaktion. Diese Tatsachen sprechen für einen direkten, wenn auch nur „partiellen" Antagonismus von Curare und Adrenalin.

A. Panella[3]) fand, daß das wirksame Prinzip der Nebenniere (Hemostasine) die lähmende Wirkung des Curare auf die Endapparate des N. ischiadicus verzögert und verringert, gleichviel, ob man das Gemisch beider Substanzen oder jede von beiden für sich an verschiedenen Körperstellen von Rana esculenta injiziert.

---

[1]) R. Magnus, Kann man den Angriffspunkt eines Giftes durch antagonistische Giftversuche bestimmen? Archiv f. d. ges. Physiol. **123**, 104 (1908).

[2]) T. G. Brodie and W. E. Dixon, Journ. of Physiol. **30**, 497 (1904).

[3]) A. Panella, Arch. ital. de Biolog. **47**, 17 (1907).

In ähnlichem Sinne sprechen die Ergebnisse der Versuche von Ch. M. Gruber[1]) an enthirnten oder mit Urethan narkotisierten Katzen. Die Reizschwelle für den Musc. tibialis anticus wurde nach intravenöser Injektion von Adrenalin (0,3—2,0 der Lösung von 1 : 10[2]) in die linke und von Curare (3 proz.) in die rechte Jugularvene vermittelt. Es zeigte sich, daß die Curarisierung die Reizschwelle des normalen, nicht aber die des Muskels nach Degeneration seiner Nerven steigert. Adrenalin antagonisiert diese Curarewirkung und setzt nach ca. 5 Minuten die Reizschwelle, manchmal bis zur Norm, wieder herab. Ermüdung steigert die Reizschwelle des curarisierten Muskels, und auch in diesem Punkt wirkt Adrenalin als Antagonist des Curare.

Rothberger[2]) zählt ferner Guanidin, Tetraäthylammoniumjodid, Phenol, Di- und Trioxybenzole und die drei Kresole zu den Antagonisten des Curarins, und von O. v. Fürth und C. Schwarz[3]) wird auch dem Coffein, Rhodanammonium, salicylsaurem Natrium, ja sogar dem Traubenzucker die gleiche Eigenschaft zugeschrieben. Die Versuche der letztgenannten Autoren beziehen sich auf den M. gastrocnemius der Katze; nach Injektion eines der genannten Stoffe erwies sich der durch Curare vorher seiner Erregbarkeit beraubte N. ischiadicus in auffallend kurzer Zeit wieder als reizbar. Um diesen Effekt aber mit voller Sicherheit einem Antagonismus zuschreiben zu können, ist es auch für diese Fälle nötig, vorher den Verlauf der physiologischen Entgiftung während der in Betracht kommenden Zeiträume genau zu ermitteln.

Lokalisierung der Curarinwirkung. Theoretisches.

Die Curarewirkung ist von den älteren Forschern, von Claude Bernard an bis auf W. Kühne, als eine Nervenwirkung gedeutet worden, die, anfangs auf die intramuskulären Nerven beschränkt, allmählich zentripetal fortschreitend, auch die motorischen Nervenstämme ergreift. Die prinzipielle Schwierigkeit, welcher diese Auffassung von Anfang an begegnete, war das Verhalten der sensibeln Nerven; von mehreren Seiten glaubte man, sie durch den sicher verfehlten Nachweis beseitigen zu können, daß schließlich auch die sensibeln Nerven von der Lähmung befallen werden.

Die Beteiligung der motorischen Nervenstämme an der Lähmung, die schon nach den Untersuchungen von O. Funke als höchst unwahrscheinlich gelten konnte, ist schließlich durch den Gracilisversuch von W. Kühne so gut wie sicher ausgeschlossen und in neuester Zeit auch durch die Untersuchungen des elektrophysiologischen Verhaltens der Nervenstämme von S. Garten gleichfalls im negativen Sinne erledigt worden.

Seit dem Anfang der siebziger Jahre des vorigen Jahrhunderts hat die Mehrzahl der Physiologen und Pharmakologen daran festgehalten, daß sich der Angriffspunkt für das Gift in dem Gebiete zwischen den motorischen Nerven und der contractilen Substanz des Muskels befindet.

Im Jahre 1874 äußerte sich L. Hermann[4]) über das Wesen der Curarewirkung folgendermaßen: „Man muß den Sitz der Lähmung in den intramuskulären Endigungen der

---

[1]) Ch. M. Gruber, Americ. journ. of Physiol. **34**, 89 (1914).

[2]) J. C. Rothberger, Weitere Mitteilungen über Antagonisten des Curarins. Archiv f. d. ges. Physiol. **92**, 389 (1902).

[3]) O. v. Fürth u. Carl Schwarz, Über die Steigerung der Leistungsfähigkeit des Warmblütermuskels durch gerinnungsbefördernde Muskelgifte. Archiv f. d. ges. Physiol. **129**, 525 (1909).

[4]) L. Hermann, Lehrbuch der experimentellen Toxikologie. Leipzig 1874, S. 301 u. 303.

motorischen Nerven vermuten"; und an einer anderen Stelle: „Jene Frage (ob die Nerven-
lähmung zentripetal fortschreitet) hängt innig mit der anderen zusammen, ob das Curare
spezifische Apparate lähmt, welche an den Enden der motorischen Nerven angebracht
sind, etwa die Nervenendplatten, oder ob die Lähmung die Fasern selbst trifft und nur
wegen des größeren Gefäßreichtums der Muskeln die intramuskulären Fasern zuerst ergreift. Eine direkte Entscheidung dieser Frage ist bisher nicht möglich gewesen, wahrscheinlich aber ist die erste Alternative; denn erstens sind die sensiblen Fasernenden sowie
die zentralen Endstücke ebenfalls in gefäßreiches Gewebe eingebettet und werden doch
nicht gelähmt, und zweitens hat, wie schon bemerkt, das sicherste Mittel, die Integrität
der Nervenstämme unabhängig von Erfolgen im Muskel zu prüfen, die Untersuchung
der negativen Schwankung gezeigt, daß sie auch bei starker Vergiftung nicht gelitten hat.
Es scheint also das Gift auf spezifische Endorgane der motorischen Nerven ausschließlich einzuwirken."

Wenn man in der Folge fortfuhr, die Wirkung in die Nervenenden
zu verlegen, so ist dabei eben nicht immer scharf unterschieden worden, ob
darunter, dem Wortsinne entsprechend, die letzten im Muskel nachweisbaren
Nervenbahnen oder die bei verschiedenen Tierklassen in verschiedener Weise
entwickelte Plattensohle zu verstehen sind. Die Mehrzahl der Forscher hat
jedenfalls angenommen, daß der curarisierte Muskel dem Nerveneinfluß vollständig entzogen, wie man zu sagen pflegt, entnervt ist, und mit dieser
Annahme ist es kaum vereinbar, daß die letzten Nervenbahnen im Muskel
noch Reize auf die contractile Substanz übertragen können. Nachdem aber
W. Kühne die später mehrfach bestätigte Entdeckung gemacht hatte, daß
auch am curarisierten M. sartorius des Frosches die Gegend, in welcher sich
die Nervenenden befinden, reizbarer ist als die nervenfreien Endstücke, war
er selbst, wenigstens zeitweilig, geneigt, im curarisierten Muskel noch einen
Rest von Nervenbahnen anzunehmen, von denen aus der Muskel noch erregt
werden kann, und Herzen und Joteyko haben bis in die neueste Zeit daran
festgehalten, daß der curarisierte Muskel dem Nerveneinfluß nicht entzogen sei
und seine für die übrigen Physiologen längst außer Frage stehende eigene „Irritabilität" den durch das Curare nicht gelähmten intramuskulären Nerven verdanke.

Nach der Entdeckung und genaueren histologischen Erforschung der
Nervenendplatten sind, wie schon aus der oben angeführten Äußerung von
L. Hermann zu entnehmen ist, besonders diese Gebilde als Angriffspunkte
der Curarewirkung ins Auge gefaßt worden; Anhaltspunkte hierfür schienen
mikroskopische Untersuchungen an curarisierten Muskeln zu bieten. W. Kühne,
dem man bekanntlich die wesentlichsten Fortschritte auf diesem Gebiete der
Histologie verdankt, hat in dieser Richtung selbst Beobachtungen an Eidechsen-
muskeln angestellt. Die am lebensfrischen Material äußerst blassen und kaum
wahrnehmbaren Endplatten verändern sich beim Absterben, indem sie stark
lichtbrechend werden und die Konturen des Organs aufs deutlichste hervortreten. Nach starker und länger dauernder Curarewirkung sah nun Kühne
die Platten während der Lähmung ebenso deutlich und stark lichtbrechend hervortreten wie nach dem Absterben; die Veränderungen sind so auffallend, daß
sich Kühne anheischig macht, vergiftete von unvergifteten Präparaten mit
Sicherheit zu unterscheiden: „Man hat dazu nur so lange zu suchen, bis ein
auf der oberen Seite einer wohlerhaltenen Muskelfaser befindlicher Nervenhügel
in der Aufsicht, nicht im Profil sichtbar wird. Erkennt man daran ohne Zusatz
oder nach dem Einlegen in Serum oder dünne Salzlösung die Platte scharf
genug, um sie gut zeichnen zu können, so liegt maximale Curarevergiftung
vor." Kühne[1]) deutet weiterhin die „Wahrscheinlichkeit" an, daß die Lähmung

---

[1]) W. Kühne, Zur Histologie der motorischen Nervenendigung. Untersuch. a. d.
physiol. Inst. Heidelberg **2**, 187 (1882).

durch Gerinnungen in den Achsencylindern der Platte bewirkt wird. Darnach kann man entnehmen, daß Kühne damals gerade — seiner früheren Auffassung entgegen — die Achsencylinder, also die Nervenenden in den Endplatten für den Sitz der Curarewirkung angesehen hat.

Miura[1]) untersuchte die Nervenenden mit Curare vergifteter Frösche und Eidechsen mikroskopisch. Die Tiere wurden während des Winterschlafes vergiftet, wonach sie 20—50 Tage lang am Leben erhalten werden konnten; es scheint nur eine einmalige Vergiftung stattgefunden zu haben. An den Nervenenden in den Froschmuskeln konnten keine Abweichungen von der Norm gefunden werden; bei den Eidechsen hingegen zeigte sich Atrophie der Endplatten. Die Nervengeweihe waren erheblich verdünnt, auch die Granulosa war stark reduziert und färbte sich schwach oder gar nicht. Außer atrophierten fanden sich aber auch bei vergifteten Tieren unveränderte Endplatten.

Die Beobachtungen von Herzen und Odier sind schon an anderer Stelle besprochen wurden. Endlich liegen noch solche von Cavalié[2]) an den Nervenenden curarisierter Kaninchen und Torpedos vor. Die Kerne des Nervengeweihs färbten (Methylenblau) sich an den curarisierten Muskeln schlecht; die primären Äste der Geweihe (Ramifications) waren im Kaliber unregelmäßiger als normal, die sekundären Äste nicht gefärbt oder vielleicht „durch Amöboismus" verschwunden. Die Sohlenkerne verhielten sich normal.

An den Nervenendigungen der meisten Froschmuskeln fehlt bekanntlich die Sohle (Granulosa) und liegen die Achsencylinder des Nervengeweihes der Muskelsubstanz scheinbar nackt auf. J. N. Langley[3]) betont, daß man hier nichts vorfinde, was man nicht entweder als einen Teil des Nerven oder des Muskels ansehen könne. Die Frage würde sich unter diesem Gesichtspunkte, wenigstens für den Froschmuskel, insofern vereinfachen, als nur noch zu entscheiden wäre, ob das Curare auf die Achsencylinder oder auf einen Teil des Muskels einwirke. Immerhin ist aber demgegenüber noch zu erwägen, daß doch keine Kontinuität zwischen Nerv und Muskel anzunehmen ist, und beiderseits, wenn auch nicht histologisch differenzierbare Grenzschichten vorhanden sein werden, in welchen sich Vorgänge abspielen können, die sich vorläufig jeder Beurteilung entziehen. Auch hinsichtlich der Sohle (Granulosa), wie sie sich bei Reptilien und Säugern als ein Teil der Endplatten vorfindet, kann man die Frage aufwerfen, ob sie zum Nerven oder zum Muskel gehört. W. Kühne[4]) hat gefunden, daß diese Substanz in den Muskeln der Eidechsenzunge häufig auf weite Strecken das Nervengeweih vollständig von der Rhabdia trennt, so daß man zu der Annahme gedrängt wird, daß sie befähigt sein muß, die Erregung von den Nerven zu den Muskelfasern überzuleiten. Es liegen Beobachtungen vor, die dafür sprechen, daß die Sohle eher zu der Substanz des Muskels als zu der des Nerven gehört. Geßler[5]) fand, daß bei der Degeneration die Sohle und das Endgeweih der Säugetiermuskeln zuletzt degenerieren, wenn schon die Muskelatrophie begonnen hat; bei der Regeneration ist die Endplatte das erste, was wiederhergestellt ist. Schon Geßler glaubt den Beweis erbracht

---

[1]) M. Miura, Untersuchungen über die motorischen Nervenendigungen der quergestreiften Muskelfasern. Virchows Archiv **105**, 129 (1885).

[2]) Cavalié, Recherches microscopiques sur la localisation de l'empoisonnement par le Curare. Compt. rend. de la Soc. de Biol. **55**, 615 (1903).

[3]) J. N. Langley, Journ. of Physiol. **37**, 295.

[4]) W. Kühne, Neue Untersuchungen über motorische Nervenendigungen. Zeitschr. f. Biol. N. F. **5**, 91 (1887).

[5]) H. Geßler, Die motorische Endplatte und ihre Bedeutung für die periphere Lähmung. Leipzig 1885.

zu haben, daß die Endplatten ihrer physiologischen Dignität nach mehr zum Muskel als zum Nerven gehören. Ferner hat R. Heidenhain[1]) an den Zungenmuskeln des Hundes nach Durchschneidung des N. hypoglossus bei sehr weit fortgeschrittener Degeneration der Nerven — auch in den Endgeweihen — die Sohle noch erhalten gefunden; und es ist besonders bemerkenswert, daß auch in diesem Stadium der Degeneration das Curare noch gewisse Wirkungen ganz unzweideutig hervorrief.

Daß das Curare auf einen Teil des Muskels und nicht auf die Enden der Nerven (sensu strictiori) im Muskel einwirkt, ist der Kernpunkt der Anschauungen Langleys über die Curarewirkung. Er knüpft an die Ergebnisse seiner Untersuchungen über den Antagonismus Nicotin—Curare an, über welche schon in einem früheren Abschnitt berichtet worden ist. Auch an Muskeln, die sich im Zustande der Nervendegeneration befanden, konnte er diesen Antagonismus noch beobachten. Man kann daher seiner Meinung nach nicht mehr annehmen, daß die Nerven bei diesen Wirkungen beteiligt sind, sondern muß sie in ein dem Muskel zugehöriges Gebiet verlegen. Dieses Gebiet ist für die Wirkungen des Curare und gewisser Konzentrationen des Nicotins die Myoneuralregion, wo, wie schon Kühne fand, und nach ihm mehrfach, von R. Boehm auch für große Curarindosen bestätigt worden ist, auch der curarinisierte M. sartorius erregbarer ist als in seinen nervenfreien Abschnitten. Wie F. B. Hofmann neuerdings zeigte, ist diese Erregbarkeitsdifferenz auch noch nach der Nervendegeneration vorhanden.

Der Antagonismus der beiden genannten Gifte ist nach Langley wechselseitig. Langley nimmt daher an, daß ein Gift das andere je nach Maßgabe der Konzentration aus einer lockeren (dissoziierbaren) Verbindung mit einem Teil der Muskelsubstanz zu verdrängen vermöge; er nennt diesen Teil des Muskels „rezeptive Substanz", definiert diesen Begriff aber nicht histologisch, sondern, im Anschluß an die Seitenkettentheorie von Ehrlich, als „Radikal" (Seitenkette) des Moleküls der Muskelsubstanz, durch welches normaliter Erregungen vom Nerven auf den Muskel übertragen werden. Für verschiedene Kontraktionsarten des Muskels und außerdem für die Myoneuralregion und die allgemeine Muskelsubstanz nimmt Langley verschiedene rezeptive Substanzen an. Curare wirkt nur auf die rezeptive Substanz der Myoneuraleregion: es verhindert in seiner Verbindung mit der rezeptiven Substanz diese und mit ihr auch die contractile Substanz, auf Nervenimpulse zu reagieren.

Insoweit es sich um den Antagonismus Curare—Nicotin handelt, hat R. Magnus[2]) Einwände gegen die Schlußfolgerungen Langleys erhoben; im speziellen betont er, daß man zu einem anderen Ergebnis gelange, wenn man den Antagonismus Curare—Physostigmin ins Auge fasse; nach seinen eigenen, schon im vorigen Abschnitt besprochenen Beobachtungen über diesen Gegenstand, müßte man die Curare- und Physostigminwirkung in die Nervenenden verlegen. Außerdem führt Magnus noch andere Fälle an, die zeigen, daß man auf Grund pharmakologischer Antagonismen hinsichtlich des Angriffspunktes der Wirkung von Giften leicht zu trügerischen Schlüssen gelangen kann. Auch Edmunds und Roth[3]) wollen die Frage, ob die beobachteten Antagonismen die Annahme einer Nervenendwirkung des Curare unnötig machen, noch offen lassen.

Die contractile Substanz des Skelettmuskels — Langleys „general muscle substance" — bleibt bei den bisher besprochenen Theorien der Curarewirkung

---

[1]) R. Heidenhain, Archiv f. Anat. u. Physiol. 1883, Suppl.
[2]) l. c. Archiv f. d. ges. Physiol. 123, 99 (1908).
[3]) l. c. Amer. Journ. of Physiol. 23, 28.

außer Frage. Es ist in einem besonderen Abschnitt eingehend darüber berichtet worden, daß von verschiedenen Autoren auch in dieses Gebiet gewisse Wirkungen des Curare verlegt worden sind. Gerade hier aber sind Beobachtungen mit dem Rohcurare nicht immer eindeutig. Die Theorie der Curarewirkung von Lapicque[1]) lokalisiert nun den entscheidenden Vorgang geradezu in der kontraktilen Substanz: bei gleichbleibender Geschwindigkeit des Erregungsvorgangs im Nerven sollen die Erregungsvorgänge im Muskel durch das Gift verlangsamt werden; beim Strychnin soll die gleiche, den Effekt der Erregung vereitelnde Disharmonie durch Beschleunigung der Vorgänge im Nerven bei unverändertem Verhalten des Muskels zustande kommen.

Die als Stützen dieser Annahmen beigebrachten Tatsachen beziehen sich, soweit Curare in Frage kommt, lediglich auf die Prüfung der Erregbarkeit des curarisierten Muskels für verschiedene, namentlich dem Zeitfaktor nach variierte Reize. Wenn sich nun die spezifische Wirkung des Curare oder Curarins anderen Giftwirkungen auch nur einigermaßen konform verhält, so ist zu erwarten, daß es verschiedene Intensitätsstufen und ein Maximum dieser Wirkung gibt. Daß dies im allgemeinen für die Curare- oder Curarinwirkung zutrifft, steht außer Frage; Intensitätsstufen und Maximum der Wirkung machen aber nach den bisher vorliegenden Tatsachen halt vor der contractilen Substanz des Muskels; sie sind aufs schärfste nachzuweisen in den Erfolgen der indirekten Muskelreizung, wie sie eingehender in dem Abschnitt über den Verlauf der Curarinwirkung geschildert worden sind. Es gehören hierher auch die Ergebnisse der Untersuchungen von Lucas Keith[2]), der im Nervenmuskelapparat drei, nach ihrer Erregbarkeit für Reize von verschiedener Zeitdauer zu unterscheidende Substanzen: 1. die contractile Substanz, 2. die Substanz der Myoneuralregion, 3. die Nervensubstanz, annimmt. Auf der ersten Stufe der Curarewirkung ist die Erregung durch den Nerven unmöglich, während die 2. Substanz (der Myoneuralregion) noch erregbar und in funktionellem Verkehr mit der Muskelsubstanz bleibt. Eine wenig größere Giftmenge setzt dann auch ,,entweder durch Verlangsamung des Erregungsverlaufs oder durch Herabsetzung ihrer Reizbarkeit'' auch diese (2.) Substanz außer Tätigkeit, läßt aber die 1. Substanz (Muskel) sowohl in bezug auf ihre Reizbarkeit als auch auf die Geschwindigkeit der Erregung unverändert. Es war immer noch die Möglichkeit zu respektieren, daß sehr große Giftmengen, über den Apparat der Reizübertragung hinausgreifend, die contractile Substanz schädigen könnten; der Verfasser glaubt aber durch sehr zahlreiche Versuche mit Curarin, bei welchen er sich im wesentlichen der von Lapicque benutzten Methoden bediente, gezeigt zu haben, daß dies nicht der Fall ist.

Die — soweit man den noch unter dem Einfluß der intramuskulären Nerven stehenden ,,normalen'' Muskel als Vergleichsobjekt gelten lassen will — nicht zu bestreitenden Veränderungen der Erregbarkeit des curarisierten Muskels gestatten noch keine Schlüsse auf den Verlauf und die Geschwindigkeit der Erregungsvorgänge in der contractilen Substanz.

Durch neuere elektrophysiologische Untersuchungen wissen wir, daß den Erregungsvorgängen in den Muskeln und Nerven Aktionsströme entsprechen, die in ziemlich regelmäßigen Rhythmen ablaufen; insbesondere die Versuche von S. Garten[3]) und von R. Dittler und S. Garten[4]) zeigen, daß diese

---

[1]) l. c. Compt. rend. de la Soc. de Biol. **1908**.
[2]) Lucas Keith, Journ. of Physiol. **36**, 114.
[3]) S. Garten, Über rhythmische elektrische Vorgänge im quergestreiften Skelettmuskel. Abhandl. d. Kgl. Sächs. Ges. d. Wissensch., math.-phys. Klasse **26**, 331 (1901).
[4]) R. Dittler u. S. Garten, Die zeitliche Folge der Aktionsströme in Phrenicus und Zwerchfell bei der natürlichen Innervation. Zeitschr. f. Biol. **58**, 420 (1912).

Rhythmen einerseits im Nerven und im zugehörigen Muskel, andererseits in den beiden erregbaren Gebilden bei verschiedenen Arten der künstlichen Reizung und bei der natürlichen Innervation ungefähr die gleiche Zahl von Schwankungen in der Zeiteinheit aufweisen. Die von S. Garten von curarisierten Sartorien aufgenommenen Aktionsstromkurven sprechen dafür, daß vom direkt gereizten curarisierten Muskel Erregungen in der gleichen Periode hervorgebracht werden, wie sie sonst der Muskel, den Impulsen des Nerven wohl auch in der Periode folgend, zeigt. Jedenfalls kann also nach Aussage der in der Abhandlung von S. Garten abgebildeten Aktionsstromkurven eine bedeutende Verlangsamung des Erregungsprozesses im curarisierten Muskel nicht eingetreten sein.

Die Lapicquesche Theorie des Wesens der Curarewirkung hat endlich in letzter Zeit H. Boruttau[1]) einer experimentellen Prüfung unterzogen; er fand, daß zur Zeit der bereits eingetretenen völligen Lähmung für indirekte Reizung der direkt gereizte Froschmuskel (Sartorius, Adduktor) genau den gleichen zeitlichen Ablauf seines Aktionsstromes zeigt wie vor der Curarisierung; ja, es kann auch die Geschwindigkeit des Reagierens, geschätzt an dem Verhältnis der Reizschwellen für den Öffnungs- und Schließungsinduktionsschlag, zu diesem Zeitpunkte noch dieselbe sein wie vorher und so weiter bleiben, ohne daß etwa durch Ausscheidung des Curare die indirkte Reizbarkeit wieder hergestellt wäre. Unter Hinweis auf seiner Mitteilung beigefügte Abbildungen von Aktionsstromkurven nach direkter Reizung normaler und curarisierter Froschsartorien faßt Boruttau das Ergebnis seiner Beobachtungen dahin zusammen, daß die Befunde eher dagegen sprechen, daß das Wesen der Curarewirkung in einer Resonanzstörung zwischen dem Erregungsablauf der Muskelfaser und demjenigen der mit dieser direkt verbundenen Nervenfaser im Sinne Lapicques zu suchen sein sollte; sie sind aber mit der alten Annahme der Lähmung eines Zwischengliedes vereinbar, dem ja vielleicht die Vermittelung zwischen den beiden verschieden ablaufenden Erregungen in beiden Gebilden zukommt.

A. V. Hill[2]) versucht mit Hilfe der mathematischen Analyse der Kontraktionskurven des M. rect. abdom. und der Methode der Bestimmung der Temperaturkoeffizienten die Theorie der Wirkungen des Curare und Nicotin aufzuklären und zunächst zwischen den beiden Hypothesen zu entscheiden, ob die Gifte a) allmählich in die Muskeln und aus denselben diffundieren, oder b) allmählich sich mit der Muskelsubstanz chemisch verbinden. Der Temperaturkoeffizient μ der Kontraktionsgeschwindigkeit zeigte, daß eine chemische Verbindung stattfindet und der Vorgang reversibel ist.

---

[1]) H. Boruttau, Über das Wesen der Curarewirkung. Centralbl. f. Physiol. **31,** 204 (1916).

[2]) A. V. Hill, The mode of action of Nicotine and Curari, etc. Journ. Physiol. **39,** 361 (1909).

Veratrin und Protoveratrin.

Von

R. Boehm-Leipzig.

Mit 8 Textabbildungen.

Die Alkaloide der Sabadillsamen, der weißen Nieswurz, der Aconitarten und der Delphiniumsamen gehören zu den stärksten Pflanzengiften und weisen, soweit sie eingehender pharmakologisch untersucht sind, in dem komplizierten Bilde ihrer Wirkung einzelne gemeinsame Züge auf, nach welchen man sie zu einer ziemlich gut definierten pharmakologischen Gruppe vereinigen kann. Im zentralen Nervensystem erscheint vorzugsweise das Kopfmark als ihr Angriffspunkt (Störungen der Atmung, Krämpfe). An der Peripherie bieten die bei fast allen hierhergehörigen Giften beobachteten Wirkungen auf die sensiblen Nerven eine charakteristische Eigentümlichkeit; sie sind ferner alle exquisite Herzgifte. Im Gebiete der motorischen Nerven und der Muskeln zeigen sich dagegen wesentliche Verschiedenheiten.

Veratrin (Cevadin).

Chemie. Das „Veratrin" des Handels wird aus den Samen von Schoeno caulon officinalis (Sabadillsamen) hergestellt und scheint ein Gemenge von wenigstens zwei Alkaloiden zu sein, deren eines krystallisierbares man „krystallisiertes Veratrin" oder Cevadin nennt; es krystallisiert aus Alkohol in rhombischen Prismen und entspricht der Formel $C_{32}H_{49}NO_9$; der Staub der Base wirkt sehr stark niesenerregend; sie ist in reinem Wasser sehr wenig löslich und scheint mit Säuren nur amorphe Salze zu bilden. Durch Behandlung mit Barythydrat zerfällt Cevadin in Cevin (Cevidin) und Angelicasäure nach der Gleichung: $C_{32}H_{49}NO_9 + H_2O = C_{27}H_{43}NO_8 + C_5H_8O_2$. Die Konstitution des Cevins ist noch nicht erforscht; nach E. Falck[1]) ist es viel weniger giftig als Cevadin.

Den zweiten amorphen Gemengteil des Handelsveratrins nennen E. Schmidt und Köppen[2]) Veratridin (wasserlösliches Veratrin). Es soll mit dem Cevadin isomer sein, durch Behandlung mit heißem Wasser aber in veratrumsaures Veratroin übergehen nach der Gleichung: $2 (C_{32}H_{49}NO_9) + 4 H_2O = [C_{55}H_{92}N_2O_{16} \cdot C_9H_{10}O_4] + 2 H_2O$. Wright und Luff[3]) erhielten einen amorphen Körper von ganz ähnlicher Zusammensetzung direkt aus den Sabadillsamen und bezeichneten ihn als Veratrin: $C_{37}H_{53}NO_{11}$. Durch alkoholische

---

[1]) E. Falck, Ber. d. deutsch. chem. Ges. **32**, 800 (1899).
[2]) E. Schmidt u. Köppen, Annalen d. Chemie u. Pharmazie **185**, 224.
[3]) Wright u. Luff, Journ. Chem. Soc. **33**, 338; **35**, 387.

Kalilauge wird dieses Veratrin in Veratrumsäure und Verin gespalten:
$C_{37}H_{53}NO_{11} + H_2O = C_9H_{10}O_4 + C_{28}H_{45}NO_8$. Die weitere Aufklärung der chemischen Natur dieser amorphen Basen ist um so wünschenswerter, als, wie Lissauer fand (vgl. unten), das aus dem Handelsveratrin isolierte amorphe Veratrin in seinen Wirkungen vollständig mit dem Cevadin (krystallisiertes Veratrin) übereinstimmt. Mehrere andere aus den Sabadillsamen isolierte Nebenalkaloide können hier übergangen werden, da sie pharmakologisch nicht ausreichend untersucht worden sind. —

Die ältere pharmakologisch-toxikologische Literatur beschäftigt sich vorwiegend mit der Symptomatologie der Wirkungen und kommt auch abgesehen davon wissenschaftlich um so weniger in Betracht, als meistens mit unreinen und zweifelhaften Präparaten gearbeitet und namentlich in der Veratringruppe ihrer Wirkung nach heterogene Drogen, wie Sabadilla, Veratrum und Helleborus nicht auseinandergehalten werden. Es sind daher hier nur solche Arbeiten eingehender berücksichtigt worden, die sich auf wenigstens einigermaßen chemisch einheitliche Stoffe beziehen.

Hinsichtlich **biochemischer Reaktionen** des Veratrins sind nur die Beobachtungen v. Fürths[1]) zu erwähnen, der fand, daß essigsaures Veratrin auf die Eiweißkörper des lebenden Muskels keine deutliche Wirkung ausübt und in die Aorta eingespritzt keine Muskelstarre bewirkt, während es die Myogengerinnung mäßig und die Myosingerinnung stark begünstigt.

Ausscheidung im Harn. Der Harn eines mit Veratrin vergifteten Hundes rief bei Fröschen die Veratrinwirkung hervor (Prévost[2])). Das Alkaloid wird also zum Teil unverändert im Harn ausgeschieden. Masing[3]) führte den Nachweis im Harn auf chemischem Wege (Salpetersäurereaktion) und gibt an, von 0,05 g ca. 0,001 wiedergefunden zu haben.

Allgemeines Wirkungsbild. Dosierung. Das Symptomenbild der Veratrinwirkung ist wiederholt — um nur derjenigen Autoren zu gedenken, die mit mehr oder weniger reinem Veratrin experimentiert haben, von Leonides van Prag[4]), A. Kölliker[5]), J. L. Prévost[6]) und zuletzt sehr eingehend und zutreffend von H. Lissauer[7]) geschildert worden.

Am Frosche [minimale wirksame Dosis 0,05 mg (Lissauer); 0,0075 mg (W. Straub); Temporarien sind erheblich empfindlicher als Esculenten (Prévost)] äußert sich die Wirkung zuerst in stark vermehrter Hautsekretion und eigentümlichen Veränderungen der Lokomotion, steifbeinigem Umherkriechen und schwerfälligen Bewegungen, die an diejenigen der Kröte erinnern. In der Ruhe nehmen die Tiere meist eine charakteristische Stellung (stark flektierte und adduzierte untere Extremitäten, gesenkter Kopf; eingezogene Bulbi) ein; im weiteren Verlaufe werden die willkürlichen oder die reflektorisch ausge-

---

[1]) O. v. Fürth, Über die Einwirkung von Giften auf die Eiweißkörper des Muskelplasma und ihre Beziehung zur Muskelstarre. Archiv f. experim. Pathol. u. Pharmakol. **37**, 389.

[2]) J. L. Prévost, Compt. rend. de la Soc. de Biol. 1866.

[3]) Masing, Beiträge für den gerichtlichen Nachweis des Strychnins und Veratrins in tierischen Flüssigkeiten und Geweben. Diss. Dorpat 1868.

[4]) Leonides van Prag, Veratrin. Toxikologisch-pharmakodynamische Studien. Virchows Archiv **7**, 252 (1854).

[5]) A. Kölliker, Physiologische Untersuchungen über die Wirkungen einiger Gifte. Virchows Archiv **10**, 257 (1856).

[6]) J. L. Prévost, Recherches expérimentales relatives à l'action de la vératrine. Gaz. méd. de Paris **1867**, 69, 120, 148, 167.

[7]) H. Lissauer, Untersuchungen über die Wirkungen der Veratrumalkaloide. Archiv f. experim. Pathol. u. Pharmakol. **23**, 36 (1887).

lösten Bewegungen langgedehnt krampfartig; bei durch stärkere Reize veranlaßten Fluchtversuchen können für einige Momente universelle Streckkrämpfe auftreten, die mit starkem anhaltendem fibrillärem Wogen der Muskeln verbunden sind; häufig bemerkt man Aufsperren des Mauls und krampfhafte Kontraktionen der Bauch- und Pharynxmuskulatur. An dieses spastische Stadium der Wirkung schließt sich ein paralytisches an: Die Atmung und der Schlag der hinteren Lymphherzen verlangsamen sich, setzen aus und sistieren endlich ganz, die Reflexe werden schwächer, ohne ganz zu verschwinden, es stellt sich schlaffe Paralyse ein. Nach tödlichen Dosen (0,5—1,0 mg pro Frosch) gehen die Tiere nach einigen Stunden — oft aber erst am 2. oder 3. Tage unter Zunahme der allgemeinen Paralyse zugrunde; nach subletalen Dosen folgen auf das paralytische Stadium nach 8—12 Stunden von neuem spastische Erscheinungen, tetaniforme Reflexe usw. genau wie im Beginn der Wirkung, bis nach 2—3 Tagen vollständige Erholung eintritt.

Für Kaninchen liegt die Grenze der tödlichen Dosis bei 2,5 mg pro Kilo Cevadin. Nach 2,5 mg kam kein Todesfall mehr vor (Lissauer). Die subcutane Injektion der Giftlösung verursacht oft lebhafte Schmerzensäußerungen (Aufschreien); als erste resorptive Wirkung bemerkt man Kau- und Leckbewegungen, die Vorläufer einer 3—6 Minuten nach der Vergiftung beginnenden und häufig mehrere Stunden lang andauernden Salivation; gleichzeitig oder etwas später setzen die Störungen der Atmung ein, die in einem besonderen Abschnitte genauer charakterisiert sind, in der Hauptsache aber in Verlangsamung der Atmung und langen exspiratorischen Stillständen bestehen; gelegentlich kommen auch Würgbewegungen vor. Hinsichtlich der Motilitätsanomalien unterscheidet Lissauer ein ataktisches und ein paretisch-konvulsivisches Stadium; im ersteren sind die Bewegungen des Tieres wohl hauptsächlich durch den anomalen Kontraktionsmodus der Muskeln beeinflußt und behindert; während des letzteren ist eine progressive Abnahme der Motilität unverkennbar — der Kopf sinkt auf die Unterlage herab, das Tier liegt mit ausgestreckten Beinen auf dem Bauch oder auf der Seite. Dieser Zustand wird dann später durch mehr oder weniger heftige und häufige Paroxysmen allgemeiner klonischer Konvulsionen unterbrochen, die zuweilen durch Laufbewegungen der vier Extremitäten des liegenden Tieres eingeleitet werden.

Der Tod erfolgt je nach der Höhe der Dosis nach 15—20 Minuten oder erst nach 24—30 Stunden durch Asphyxie, meistens im unmittelbaren Anschluß an einen Krampfparoxysmus. Lissauer fand, daß Sensibilität und Bewußtsein bis kurz vor dem Tode intakt bleiben.

Bei Hunden und Katzen (die Dosenverhältnisse sind für diese Tiere noch nicht genauer ermittelt) ist das Symptomenbild ein ganz ähnliches, nur kommen hier schon nach relativ kleinen Giftgaben die bis gegen den Ausgang des Lebens sich in kurzen Pausen wiederholenden Würg- und Brechbewegungen hinzu, die bekanntlich auch beim Menschen nach interner Anwendung schon relativ kleiner Veratrinmengen leicht sich einstellen. Bei Hunden genügen nach C. Eggelton und R. A. Hatcher[1]) 0,05 mg pro Kilo Veratrinsulfat intravenös und 0,075 mg pro Kilo per os, um nach einigen Minuten durch zentrale Wirkung bedingtes Erbrechen hervorzurufen.

Zentrales Nervensystem; sensible Nerven. Die Wirkungen des Veratrins auf das Zentralnervensystem der Frösche sind unseres Wissens in neuerer Zeit nicht mehr genauer untersucht worden. Kölliker nahm eine tetanisierende

---

[1]) C. Eggelton and R. A. Hatcher, The seat of the emetic action of various drugs. Journ. Pharmakol. and experim. Therap. **7**, 225 (1915).

Wirkung auf das Rückenmark an. Prévost fand, daß die an Tetanus erinnernden Symptome auch nach Abtragung des Gehirns und teilweiser Zerstörung des Rückenmarks noch auftreten können und führt sie daher auf die veränderte Kontraktionsweise der Skelettmuskeln zurück. Sicher ist die Wirkung von der des Strychnins verschieden, wenn auch zuweilen vorübergehend die Anzeichen gesteigerter Reflexerregbarkeit vorhanden sind; im übrigen ist auch das Verhalten der Reflexe im Verlaufe der Vergiftung experimentell nicht genauer verfolgt. Auf Reizzustände im Gebiete des Zentralnervensystems deuten die im Verlauf der Vergiftung häufigen Bauchmuskelkrämpfe und Brechbewegungen hin.

Beim Warmblüter äußert sich die zentrale Wirkung in erster Linie in den Atmungsstörungen, im späteren Verlaufe der Vergiftung in den Konvulsionen, die bestimmt nichts mit dem veränderten Zustande der Muskeln zu tun haben. Auch das Erbrechen und der Speichelfluß sind wahrscheinlich zentral bedingt, und der Hauptangriffspunkt des Giftes im zentralen Nervensystem dürfte das Kopfmark sein.

Auch über die Wirkung des Veratrins auf die sensiblen Nerven fehlen spezielle experimentelle Untersuchungen. Nach den Erfahrungen am Menschen —der intensiv niesenerregenden Wirkung, den in der Mundhöhle hervorgerufenen Empfindungen und dem bei Neuralgien mit Veratrinsalben häufig erzielten schmerzlindernden Effekt ist anzunehmen, daß die sensibeln Nerven dem Alkaloid gegenüber sehr empfindlich sind.

Motorische Nerven. Kölliker war zu dem Resultat gekommen, daß bei vom Kreislauf aus mit Veratrin vergifteten Fröschen die Nerven resp. die Nervenstämme verschont, die Muskeln hingegen direkt gelähmt werden; bei kombinierter Curare-Veratrinvergiftung wurde schließlich auch die direkte Muskelerregbarkeit aufgehoben. Auch nach P. Guttmann[1]) erlischt die indirekte Reizbarkeit des Muskels erst mit der direkten. Kölliker teilt aber auch zwei Versuche mit, bei welchen direkte Applikation verdünnter Veratrinlösung auf den Plexus ischiadicus die Nervenerregbarkeit bestehen ließ, während sie durch konzentriertere rasch vernichtet wurde.

Eingehender haben sich dann A. v. Bezold und Hirt mit der Frage der Beeinflussung der Nervenerregbarkeit durch das Veratrin beschäftigt. Die Vergiftung erfolgte erst nach der Durchschneidung des N. ischiadicus bei seinem Austritt aus der Bauchhöhle vom Lymphsack aus; das Verhalten des Nerven eines vergifteten Tieres wurde mit dem eines im gleichen Stromkreise befindlichen Nerven eines nicht vergifteten Tieres verglichen; das Gift konnte also nur von der Peripherie her auf die Muskelnerven einwirken. Nach größeren Dosen und nach längerer Zeit sank die indirekte Reizbarkeit des Muskels — am schnellsten bei Reizung der vom Muskel entferntesten, am langsamsten von den Nervenstrecken in unmittelbarer Nähe des Muskels aus — auf Null, stets aber erlosch hierbei die indirekte vor der direkten Reizbarkeit. Im Anfang der Vergiftung mit kleinen Dosen fand, insbesondere am proximalen Nervenende, eine sehr beträchtliche Erregbarkeitssteigerung statt. Es wird hiernach Erhöhung der Erregbarkeit der intramuskulären Nervenendigungen und Verminderung der Widerstände angenommen, die sich der Fortpflanzung der Reizung vom Nerv zum Muskel entgegenstellen, und die Möglichkeit ins Auge gefaßt, daß sich in der Folge und bei stärkerer Vergiftung der Prozeß der Lähmung von den Nervenenden „mit einer gewissen Schnelligkeit" zu den Stämmen fortpflanzt. Über das

---

[1]) P. Guttmann, Bemerkungen über die physiologische Wirkung des Veratrin. Archiv f. Anat. u. Physiol. **1866**, Heft 4.

Verhalten letzterer dem Gift gegenüber geben, wie ersichtlich, diese Versuche keinen direkten Aufschluß. Andere Versuche v. Bezolds, die sich auf diesen Punkt beziehen, werden wir bei der Besprechung der Veratrinzuckung berücksichtigen.

A. Fick und R. Boehm[1]) stellten die Wirkung des Veratrins auf die Nervenstämme ganz in Abrede und führten die Vernichtung der indirekten Reizbarkeit des Muskels darauf zurück, daß das Gift wie das Curare die End- apparate der motorischen Nerven lähme. Wir werden unten über andere Tatsachen zu berichten haben, die diesen Standpunkt nicht mehr unanfechtbar erscheinen lassen. Der Verfasser[2]) hat daher in jüngster Zeit noch Versuche über den Effekt der direkten Einwirkung von Veratrinlösungen verschiedener Konzentration auf den N. ischiadicus des Frosches angestellt. Dabei ergab sich unzweideutig, daß das Gift noch in der Konzentration von $1 : 6.10^4$ die Leitungsfähigkeit des Nervenstammes für elektrische Reize unterbricht — um so rascher,.je höher die Giftkonzentration ist; es wurde stets auf das proximale Ende des Nerven appliziert, auf welches auch die Wirkung immer beschränkt blieb. Im Beginn sank meistens die Reizschwelle am vergifteten proximalen dem nicht vergifteten distalen Ende gegenüber, und zwar nicht selten in höherem Grade, als es auch an normalen durchschnittenen Nerven der Fall zu sein pflegt. Die Wirkung des Veratrin auf die motorischen Nervenstämme ist also nicht zu bestreiten. Ob außerdem auch das Gebiet zwischen Nerv und Muskel gelähmt wird und in dieser Beziehung Analogie mit der Curarinwirkung besteht, kann unter den gegebenen Bedingungen experimentell nicht entschieden werden.

Das elektrophysiologische Verhalten der Nerven bei der Veratrinvergiftung wird in dem Abschnitt über die „Veratrinzuckung" besprochen werden.

Wirkung auf den Skelettmuskel. Es war Kölliker, der das Veratrin zuerst als „Muskelgift" bezeichnet hat; seiner Meinung nach verschont es die motorischen Nerven; am vorher curarisierten Tier wurde durch Veratrin auch die direkte Reizbarkeit des Muskels vernichtet. Daß dieser letztere Effekt bei Fröschen eintreten kann, ist von den späteren Forschern bestätigt worden. Guttmann vertritt den gleichen Standpunkt wie Kölliker. A. v. Bezold und L. Hirt heben dagegen hervor, daß gewöhnlich die direkte erst nach der indirekten Reizbarkeit des Muskels erlischt. Im Anfang der Wirkung fanden die zuletzt genannten Autoren die direkte Erregbarkeit erhöht, wenn auch schwächer als die indirekte. Bei schwacher Vergiftung (0,01—0,02 mg) ist nach den Untersuchungen von Mostinsky[3]) die Reizschwelle des (vorher curarisierten) Muskels nicht erhöht; das Gegenteil konnte nicht sicher festgestellt werden. Auch der Verfasser konnte an durch Immersion vergifteten Muskeln keine Abnahme der Reizschwelle nachweisen; nach kleinen Dosen blieb sie stundenlang konstant, nach größeren nahm sie allmählich ab. Nach längerem Verweilen in Veratrinlösungen werden die Muskeln unerregbar; die Grenzkonzentration für diesen maximalen Effekt liegt bei ca. $1 : 10^5$; es dauert 16 Stunden, bis er erreicht ist; konzentriertere Lösungen ($1 : 5 \cdot 10^3 — 1 : 10^4$) führen ihn schon nach 2—4 Stunden herbei.

Nach den übereinstimmenden Angaben mehrerer Forscher wird die Lei-

---

[1]) A. Fick u. R. Boehm, Über die Wirkung des Veratrins auf die Muskelfaser. Verhandl. d. phys.-med. Ges. zu Würzburg **3**, 198 (1872).

[2]) R. Boehm, Über die Wirkungen des Veratrins und Protoveratrins. Archiv f. experim. Pathol. u. Pharmakol. **71**, 269 (1913).

[3]) Mostinsky, Die Formgesetze der Veratrinkurve des Froschmuskels. Archiv f. experim. Pathol. u. Pharmakol. **51**, 310 (1904).

stungsfähigkeit des Muskels durch Veratrin erhöht. M. J. Rossbach[1]) kam
durch Versuche an Warmblütern zu dem Ergebnis, daß das Gift in kleinen Dosen
für den frischen (auch den curarisierten) Muskel von Hunden und Kaninchen ein
kraftvermehrendes, für den ermüdeten ein erholendes Mittel ist. Overend (l. c.)
findet, daß die Leistungsfähigkeit der langsamen Fasern des Kaninchensoleus
unter Verminderung der Latenzzeit erhöht wird. Am Gastrocnemius von
Temporarien konstatierte Dreser[2]) Erhöhung der Dehnbarkeit des Muskels —
ohne Veränderung der Dehnungskurve und eine meist recht ansehnliche Zunahme der Arbeitsfähigkeit des Muskels, der indessen eine bedeutende Abnahme
folgte, und nach den Untersuchungen von O. v. Fürth und Schwarz[3]) bewirkt
das Alkaloid auch bei tiefer Curarisierung eine Steigerung der Arbeitsgröße
des Muskels, die das 6fache der normalen erreichen kann. Wenn Marfori[4])
aus der Tatsache, daß der veratrinisierte Muskel rascher ermüdet als der
normale, den Schluß zieht, daß der Muskel weniger leistungsfähig ist als der
normale, so gilt dies jedenfalls nicht für alle Stadien der Veratrinwirkung,
sondern nur für die höheren Vergiftungsgrade des Muskels, die über kurz oder
lang zum Erlöschen der Muskelerregbarkeit führen.

Die Veratrinzuckung.

Abnormitäten im Verlaufe der durch Einzelreize ausgelösten Kontraktion
des Skelettmuskels, wobei die Erschlaffung oder Wiederausdehnung des Muskels
mehr oder weniger in die Länge gezogen ist oder an der im übrigen mehr oder
weniger normalen Zuckung zwei oder mehr Gipfel auftreten, kommen bekanntlich
auch an unvergifteten Muskeln unter verschiedenen Umständen — infolge
von Ermüdung, Kälte, starker Reizung usw. häufig vor, ohne daß sich die
Bedingungen ihrer Entstehung in diesen Fällen sicher beherrschen lassen.
Auch die sog. Tiegelsche Contractur gehört in diesen Bereich, bezüglich
dessen auf die physiologische Literatur verwiesen werden muß[5]). Ähnliche Erscheinungen sind ferner als Wirkungen verschiedener Gifte beschrieben worden,
so von Valentin[6]) für das Curare in gewissen Stadien seiner Wirkung, und von
L. Weyland[7]) für Delphinin, Sabadillin, Emetin und Aconitin usw. Hinsichtlich der zuletzt genannten Stoffe hat sich ein bestimmter und konstanter
Einfluß auf den Verlauf der Muskelzuckung als spezifische von anderen Umständen unabhängige Wirkung durch spätere Untersuchungen außer für
Veratrin bis jetzt nur für das Protoveratrin und in beschränktem Maße für
das Aconitin nachweisen lassen.

Das charakteristische Merkmal der durch Einzelreize am Skelettmuskel
ausgelösten sog. Veratrinzuckung ist eine bedeutende Verzögerung der

---

[1]) M. J. Rossbach, Muskelversuche an Warmblütern. Archiv f. d. ges. Physiol.
13, 623 (1876).

[2]) H. Dreser, Über die Messungen der durch pharmakologische Agenzien bedingten
Veränderungen der Arbeitsgröße und Elastizität des Skelettmuskels. Archiv f. experim.
Pathol. u. Pharmakol. **27**, 84 (1890).

[3]) O. v. Fürth u. C. Schwarz, Über Steigerung der Leistungsfähigkeit des Warmblütermuskels durch gerinnungsbefördernde Muskelgifte. Archiv f. d. ges. Physiol. **129**,
525 (1909).

[4]) P. Marfori, Influence de la vératrine cristallisée sur les contractions des muscles.
Arch. ital. de Biol. **15**, 267.

[5]) Vgl. hierüber insbesondere W: Biedermann, Elektrophysiologie, S. 75.

[6]) Valentin, Untersuchungen über Pfeilgifte. Archiv f. d. ges. Physiol. **1** (1872).

[7]) L. Weyland, Untersuchungen über Veratrin, Sabadillin, Delphinin, Emetin,
Aconitin, Sanguinarin und Chlorkalium. Diss. Gießen 1869.

Wiederausdehnung des kontrahierten Muskels, während je nach den näheren Versuchsbedingungen die Verkürzung des Muskels auf den Reiz ihr Maximum annähernd während des normalen kurzen Zeitraums auf einmal erreicht (ein-gipfliger Typus), oder nach einer primären Verkürzung von wechselndem Umfang der Muskel wie ein normaler erschlafft, um sich kurz darauf von neuem zusammenzuziehen und dann sehr allmählich wieder annähernd zu seiner normalen Länge auszudehnen (zweigipfliger Typus).

Während des Abstieges der Muskelkurve kommen bei beiden Typen zuweilen wellenförmige Schwankungen vor. Von A. v. Bezold (l. c.) sind diese Eigen-tümlichkeiten der Veratrinzuckung, die er bekanntlich für einen wahren Tetanus ansah, bereits genauer beschrieben und abgebildet worden; er konstatierte außerdem, daß direkt oder indirekt applizierte Momentanreize erst von einer

gewissen Stärke angefangen diesen Tetanus hervorrufen, dessen Länge mit der Stärke des Reizes zunimmt, und daß in kurzen Zeitintervallen wie-derholte elektrische Reizungen des Nerven oder Muskels die Dauer der tetanischen Zuckungen verkürzen. Die Angabe A. v. Bezolds, daß bei direkter Reizung des Mus-kels meistens andere Zuk-kungsformen (eingipflige) auf-treten als bei der Reizung vom Nerven aus, konnten A. Fick und R. Boehm[1]) nicht bestätigen. Fast gleichzeitig und unabhängig von A. v. Bezold hat J. L. Prévost[2]) unter Leitung von A. Vul-pian 1867 die Wirkung des Veratrins auf den Ablauf der Muskelzuckung bei Fröschen

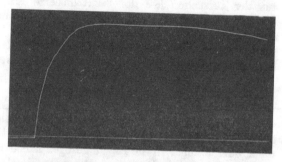

Abb. 1. Kurve des verschmolzenen Typus.

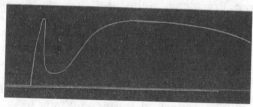

Abb. 2. Zweigipflige Kurvenform.

beobachtet und durch Kurven illustriert, die von Marey aufgenommen wurden und alle die Eigentümlichkeiten der Veratrinzuckung aufweisen; es wird auch in dieser Abhandlung darauf hingewiesen, daß die Reizfrequenz die Kurvenform beeinflußt.

S. Garten konstatierte die typische Form der Veratrinzuckungskurve an den Skelettmuskeln von Torpedo. Für den Warmblüter ergibt sich aus den Ver-suchen von M. J. Roßbach[3]) und von Carvallo und Weiß[4]) das gleiche Re-sultat; die zuletzt genannten Autoren fanden außerdem, daß die Zuckungen roter und weißer Kaninchenmuskeln nicht wesentlich voneinander verschieden sind.

[1]) A. Fick u. R. Boehm, Über die Wirkung des Veratrins auf die Muskelfaser. Verhandl. d. phys.-med. Ges. zu Würzburg 1872.

[2]) J. L. Prévost, Recherches expérimentales relatives à l'action de la vératrine. Gaz. méd. de Paris 1867, 69, 120, 148, 167.

[3]) M. J. Roßbach, Muskelversuche an Warmblütern. Archiv f. d. ges. Physiol. 13, 632 (1876).

[4]) J. Carvallo et A. G. Weiß, De l'action de la vératrine sur les muscles rouges et blancs. Journ. de Physiol. et de Pathol. génér. 1, 1 (1899).

Die Untersuchungen späterer Autoren haben zwar hinsichtlich der Form der Veratrinzuckungen nichts wesentlich Neues ergeben, wohl aber zur Aufklärung der Bedingungen beigetragen, von welchen die Modifikationen des Zuckungsverlaufs abhängen.

Bei den früheren Untersuchungen waren die Dosierung des Giftes und die Art der Vergiftung nur wenig berücksichtigt worden; meistens wurden die Kurven von ausgeschnittenen Gastrocnemien oder Sartorien vom Lymphsack aus mit Veratrin vergifteter Frösche aufgenommen. B. Mostinsky[1]) machte darauf aufmerksam, daß man unter diesen Umständen, bei welchen sich der Zustand des Muskels beständig ändert, Gesetzmäßigkeiten in der Form der Muskelkurven nicht feststellen kann, daß aber der im lebenden Tier belassene, noch von der Blutzirkulation versorgte Muskel zu diesem Zwecke geeignet ist. Es gelang so, für verschiedene Giftmengen und Körpermassen zu „Gleichgewichtszuständen" zu gelangen, die während der Versuchsdauer von einigen Stunden annähernd konstant bleiben. Die Form der Kurve erwies sich zunächst von der Giftmenge abhängig: es kommt jedem Vergiftungsgrade eine bestimmte Kurvenform hinzu, die unter geeigneten Bedingungen (Reizstärke und Reizfrequenz) als „Stationärzustand" hervorgerufen werden kann. Der Veratrinzustand des Muskels entwickelt sich bei der Vergiftung vom Kreislauf aus allmählich und durchläuft folgende Stadien. Als erstes Zeichen der Wirkung zeigt sich an der Kurve der Muskelzuckung eine Rückstandscontractur, die sich beim Fortschreiten der Wirkung allmählich vergrößert und zu einer regelrechten, an Höhe die primäre Kontraktion des Muskels erreichenden zweiten Kontraktion gestaltet; mit zunehmender Höhe rückt diese zweite Kontraktion mehr und mehr am absteigenden Aste der primären Zuckung hinauf, um schließlich ganz mit dieser zu verschmelzen. Der zweigipflige Typus entspricht also einer Vergiftung geringeren Grades als der eingipflige.

G. Lamm[2]), der in neuester Zeit die Veratrinwirkung an ausgeschnittenen Sartorien untersuchte, indem er das in Ringerscher Flüssigkeit gelöste Gift längere Zeit auf den Muskel einwirken ließ, kam hinsichtlich der Kurvenformen zu den gleichen Resultaten wie B. Mostinsky. Die Wirkung schreitet bei seiner Methode der Vergiftung bei Anwendung kleiner Giftdosen von 0,004 bis 0,005 mg sehr langsam fort. Aus einer Rückstandskontraktion entwickelt sich allmählich die zweigipfelige Zuckung; bis zur 16. Stunde der Einwirkung kann die Höhe des „Tetanus" zunehmen, wobei zuletzt die zweigipfelige in die eingipfelige Kurve übergeht; von der 18. Stunde nahm der Tetanus wieder ab; es traten dann Schwingungen im absteigenden Aste der Kurve auf; nach 26 Stunden waren diese sowie auch der Tetanus verschwunden und wiederum. wie zu Beginn der Wirkung nur noch eine Rückstandskontraktur zurückgeblieben. Lamm reizte in konstanten Zeitintervallen von 30 Minuten.

Wird ein Sartorius der Wirkung einer konzentrierten (0,1 proz.) Lösung von Veratrin in Ringerscher Flüssigkeit ausgesetzt, so gerät er von selbst, ohne daß es eines Reizes bedürfte, in tetanische Verkürzung und verharrt darin unter unregelmäßigen Schwankungen seiner Länge und allmählicher Abnahme der Verkürzung längere Zeit, bis endlich „Erschöpfung" eintritt; solange die Reizbarkeit überhaupt noch vorhanden ist — schließlich wird sie aufgehoben —, beantwortet der Muskel in diesem „erschöpften" Zustande Einzelreize nicht

---

[1]) B. Mostinsky, Die Formgesetze der Veratrinkurve des Froschmuskels. Archiv f. experim. Pathol. u. Pharmakol. **51**, 310 (1904).

[2]) G. Lamm, Untersuchungen über die Wirkung des Veratrins auf den quergestreiften Muskel. Zeitschr. f. Biol. N. F. **38**, 223 (1911).

mehr mit Tetanus, sondern mit einfachen Zuckungen. An vorher einige Stunden in Ringersche Flüssigkeit versenkten Muskeln oder auch nach Abkühlung des Muskels und der Giftlösung erfolgt der „spontane Tetanus" entweder viel später oder gar nicht, und es bedarf nun wieder eines Momentanreizes, um ihn auszulösen; den gleichen Effekt hat die Vermehrung des Kalkgehaltes der Giftlösung. G. Lamm[1]) deutet diese Resultate so, daß der scheinbar spontane Tetanus „fibrillären Erregungen" des frisch präparierten Muskels durch die Versuchslösung zuzuschreiben sei und daß Veratrin auch in konzentrierter Lösung auf den ruhenden Muskel nicht wirken könne; dieser Annahme widersprechen aber die später zu erwähnenden Beobachtungen anderer Forscher über die Folgen der örtlichen Applikation von Veratrinlösungen auf den Muskel.

A. Gregor[2]) hat die Veratrinwirkung (bei örtlicher Applikation oder nach Vergiftung vom Kreislauf aus) am M. dorsalis scapulae und triceps brachii des Frosches, die sich normaliter durch eine gewisse Differenz ihres Zuckungsverlaufes voneinander unterscheiden, in zahlreichen Versuchen verglichen; es ergab sich in der Hauptsache, daß zwar die Qualität der Reaktion an beiden Muskeln übereinstimmt, aber doch so erhebliche graduelle Unterschiede vorhanden sind, daß man zur Annahme „qualitativer Differenzen in der Muskelsubstanz" genötigt ist.

Die Art der Reizung beeinflußt die Form der Zuckung einerseits mit Rücksicht auf die Reizfrequenz, andererseits auf die Reizstärke.

Schon A. v. Bezold hatte entdeckt, daß auf in rascherer Folge applizierte Einzelreize hin allmählich an Stelle der charakteristischen Veratrinzuckungen normale Zuckungen auftreten, der Veratrinzustand des Muskels also scheinbar aufgehoben wird, daß er aber nach längerer Ruhe des Muskels von neuem hervortritt. B. Mostinsky hat nun den Einfluß der Reizfrequenz auf die Zuckungsform und zwar bei bestimmten „Stationärzuständen" der Vergiftung systematisch untersucht und gefunden, daß durch geeignete Variation der Reizfrequenz die beiden Haupttypen der Zuckung ineinander übergeführt werden können; frequenterer Reizung entspricht der zweigipflige, weniger frequenter der verschmolzene Typus; bei schwächerer Vergiftung ist die Variabilität der Kurve größer als bei stärkerer. Es ging beispielsweise durch Verminderung des Intervalls von 30″ auf 15″ die verschmolzene in die zweigipfelige Form über; beim Intervall 10″ sank die Sekundärzuckung tief am absteigenden Aste der primären herab, und bei 5″ Intervall erfolgten nahezu normale Zuckungen. Um einen gegebenen Veratrinzustand stationär zu erhalten, ist es also abgesehen vom Vergiftungsgrade nötig, den Muskel in andauernder rhythmischer Tätigkeit zu erhalten; jede Pause oder jede Änderung des Rhythmus ist von einer Veränderung der Kurvenform gefolgt. Bei schwacher Vergiftung und gleichzeitiger Temperaturerniedrigung bewirken Momentanreize in kürzeren Intervallen (5″) nach G. Lamm das Maximum der Verkürzung nicht beim ersten, sondern beim zweiten oder bei einem noch späteren Reiz, worauf dann bei Beibehaltung des gleichen Reizrhythmus die Wirkung wie gewöhnlich abnimmt. In ähnlicher Weise wird durch den Gebrauch kalkreicherer Lösungen die Empfindlichkeit des Muskels gegen Veratrin abgeschwächt, so daß die Zunahme des Veratrinzustandes (resp. der Tetani) infolge einer Reihe rhythmischer Reize sehr deutlich zum Ausdruck kommt.

Der Einfluß der Reizstärke auf die Kurvenform besteht nach v. Bezold darin, daß die Nachwirkung (tetanische Form der Kurve) erst von einer gewissen

[1]) G. Lamm, Untersuchungen über die Wirkung des Veratrins auf den quergestreiften Muskel. II. Mitteil. Zeitschr. f. Biol. N. F. **40**, 37 (1911).

[2]) Adalbert Gregor, Über den Einfluß von Veratrin und Glycerin auf die Zuckungskurve funktionell verschiedener Muskeln. Archiv f. d. ges. Physiol. **101**, 71 (1904).

Reizstärke an sich zeigt und mit der Stärke des Reizes zunimmt. Mostinsky findet, daß Abschwächung des Reizes die Zuckungsform im gleichen Sinne modifiziert wie Zunahme der Reizfrequenz. Lamm beobachtete im Anfang der Vergiftung mit etwas überschwelligen Giftmengen ein Stadium, in welchem schwache Reize nur gewöhnliche Zuckungen, starke aber „Tetanus" auslösten. Mit der Stärke des Reizes wachsen im übrigen Höhe und Dauer des Tetanus; nach Vergiftung mit großen Dosen ist jeder überhaupt wirksame Reiz von „Tetanus" gefolgt.

Über den Einfluß des Vergiftungsgrades auf die Zuckungsform und auf den Effekt rhythmischer Reizungen hat in neuester Zeit auch der Verfasser[1]) noch Versuche angestellt. Er bediente sich dabei der Immersionsmethode und konstatierte zunächst, daß analog wie beim Curarin[2]) auch beim Veratrin die Giftwirkung auch dann noch fortschreitet, wenn der Muskel nach einer kürzeren oder längeren Immersionszeit dauernd aus der Giftlösung entfernt und in der feuchten Kammer des Myographion weiter beobachtet wird. Es gelang auch auf diese Weise, verschiedene Wirkungsgrade zu erzielen, die viele Stunden lang stationär blieben; hierbei konnte außerdem das Fortschreiten der Wirkung bis zum Eintritt eines gewissen Stationärzustandes gut beobachtet werden.

Hinsichtlich der Form der Zuckungskurve stellte sich heraus, daß bei gleichbleibendem Reizintervall der zweigipflige Typus ebenso gut einem stärkeren wie einem schwächeren Vergiftungsgrad angehören kann; sehr stark vergiftete Muskeln gaben überhaupt nur zweigipflige Zuckungen; bei fortschreitender Vergiftung gehen sie, wie schon Mostinsky und auch Lamm konstatierten, dem eingipfligen Typus voran, der gewissermaßen als der Kulminationspunkt der positiv-erregenden Veratrinwirkung anzusehen ist, und zu welcher Zeit auch die später zu besprechende Refraktärperiode der Veratrinzuckung ihren Höhepunkt erreicht. Wächst die Vergiftung darüber hinaus noch weiter an, so stellen sich wieder zweigipflige Zuckungen ein, die nun mit der Abnahme der Erregungsphase, dem ersten Beginn der Lähmungserscheinungen — also mit einem stärkeren Grade der Vergiftung zusammentreffen. Ein noch höherer Grad derselben ist dadurch gekennzeichnet, daß nur noch normale Zuckungen erhalten werden, und dieser Zustand führt dann nach einiger Zeit zum Erlöschen der Muskelerregbarkeit. Der Veratrinzustand verschwindet also bei starker Vergiftung früher als die Fähigkeit des Muskels, normale Zuckungen auszuführen und seine Reizbarkeit.

Mostinsky fand, daß durch rhythmische Reizung der Veratrinzustand wohl bei schwächeren, nicht aber bei stärkeren Vergiftungen zeitweilig beseitigt wird, bei welch letzteren die tonische Contractur sich nicht ausgleicht, sondern häufig infolge der rhythmischen Reizung noch zunimmt. Auch dieser Unterschied gilt, wie der Verfasser fand, nur für die Anfangsstadien stärkerer Vergiftungsgrade; im späteren Verlaufe derselben verhalten sich die rhythmisch gereizten Muskeln wieder wie schwach vergiftete, insofern als nun schon wenige Reize genügen, um die tonische Nachwirkung des ersten Reizes auszugleichen.

Die Form der Veratrinkurve ist ferner in ziemlich hohem Grade von den Temperaturverhältnissen abhängig. T. Lauder Brunton und J. T. Cash[3]) haben an ausgeschnittenen Gastrocnemien mit Veratrin vergifteter Temporarien

---

[1]) R. Boehm, Über die Wirkungen des Veratrins und Protoveratrins. Archiv f. experim. Pathol. u. Pharmakol. **71**, 269 (1913).

[2]) R. Boehm, Über die Wirkungen des Curarin und Verwandtes. Archiv f. experim. Pathol. u. Pharmakol. **63**, 177 (1910).

[3]) T. Lauder Brunton and J. T. Cash, Influence of Heat and Cold upon muscles poisoned by Veriatra. Journ. of Physiol. **4**, 1 (1883).

diesen Einfluß zuerst genauer untersucht, und gefunden, daß durch Abkühlung des vergifteten Muskels die für den Veratrinzustand charakteristischen Merkmale des Zuckungsverlaufs verwischt oder auch gänzlich beseitigt werden; höhere Temperaturen bis zu einer gewissen oberen Grenze vermehren hingegen den Veratrineffekt. Erwärmung über diese Grenze hinaus soll die Veratrinsymptome wieder verringern oder aufheben; bei schwacher Vergiftung sind diese Temperatureinflüsse leichter nachzuweisen als bei starker. G. Lamm (l. c.) zeigte dann, daß der Einfluß der Abkühlung sich auch darin zu erkennen gibt, daß die „Giftschwelle" (minimale wirksame Konzentration) mit Abnahme der Temperatur bedeutend in die Höhe rückt; während sie für Temperaturen von 15—20° 0,005—0,006 mg in 25 cm beträgt, sind bei 2° 0,027 mg erforderlich; höhere Temperaturen waren von geringerem Einfluß; der Angabe von Brunton und Cash, daß hohe Temperaturen den Veratrinzustand wieder aufheben, widerspricht G. Lamm auf Grund eigener Versuche.

Versuche von E. Wöbbecke[1]) beschäftigen sich mit dem Einfluß der Belastung des Muskels auf den Ablauf der Veratrinzuckung. Ist der Veratrinzustand in seinen geringeren Graden an der Zuckungskurve bei niedriger Belastung (10,0 g) nur durch eine an die Initialzuckung angeschlossene Rückstandscontractur ausgesprochen, so wird die letztere durch höhere Belastung (bis 30,0 g) weit rascher unterdrückt, als die schnelle Zuckung. Auch an ausgeprägten Veratrinzuckungen des zweigipfligen Typus kann durch steigende Belastung die zweite (tonische) Kontraktion mehr oder weniger bis zu einem geringen Verkürzungsrückstand herabgedrückt werden, während noch kräftige Initialzuckungen erfolgen. Bei anderen dem verschmolzenen Typus schon näher stehenden Zuckungsformen bewirken höhere Lasten nur tiefere Einsenkungen des Plateau — eine schärfere Ausprägung des zweigipfligen Typus. Auf der Höhe des Veratrinzustandes endlich — verschmolzener Kurventypus — rückte bei wachsender Belastung die „Nase" (der — übrigens keineswegs konstant vorhandene — Knick im aufsteigenden Kurvenschenkel, den der Autor als den Ausdruck für die Höhe der raschen Initialzuckung ansieht) am aufsteigenden Schenkel mehr und mehr herunter und verschwand schließlich bei höchster Belastung (200 g) ganz — man erhielt eine Kurve mit steil ansteigendem und weit ausgezogenen abfallenden Schenkel. Wöbbecke ist der Meinung, daß diese Kurve nicht anders verstanden werden könne, als durch die Annahme, daß die erste Kontraktion im Heben von Gewichten verhältnismäßig schneller versagt als die zweite, daß also der Muskel sich auf einen Einzelreiz noch gegen ein Gewicht tonisch verkürzen kann, das er in rascher Zuckung nicht mehr zu heben vermag.

Antagonismen. Am Froschherz wird nach S. Ringer[2]) die Veratrinwirkung durch Kaliumsalze antagonisiert. Botazzi (l. c.), der übrigens bemerkt, daß Kaliumsalze jede Art von Contractur aufheben, sah auch, daß man durch abwechselnde Behandlung eines Froschmuskels mit Chlorkalium und Veratrin die Veratrinkontraktur mehrmals erscheinen und wieder verschwinden lassen kann. Fl. Buchanan[3]) vermutet überhaupt einen inneren Zusammenhang von der Wirkung der Kaliumsalze des Muskels und derjenigen

---

[1]) E. Wöbbecke, Über die Funktion des Veratrinmuskels bei wechselnder Belastung. Archiv f. experim. Pathol. u. Pharmakol. 71, 157 (1913).
[2]) S. Ringer, An experimental investigation to ascertain the action of Veratria on a cardiac contractions. Journ. of Physiol. 6, 150.
[3]) Fl. Buchanan, The efficiency of the contraction of veratrinised muscle. Journ. of Physiol. 25, 137 (1899).

des Veratrins; es gibt Muskeln, die die Veratrinreaktion erst zeigen, wenn sie einige Zeit in 0,6 proz. Kochsalzlösung gelegen haben; 1—2 ccm einer 1 proz. Chlorkaliumlösung, 30 ccm Veratrinlösung (1 : 10^5) zugesetzt, hob in einiger Zeit den Veratrinzustand auf; die Unmöglichkeit, gewisse Muskeln in diesen Zustand zu versetzen, könnte darauf beruhen, daß antagonisierende Mengen von Kaliumsalzen zugegen sind.

Äther. Nach Locke wird die Veratrincontractur des Muskels durch Äther aufgehoben[1]); nach vorheriger Ätherisierung erhält man fast normale Zuckungen mit nur unerheblichem Verkürzungsrückstand. Bei stärkerer Veratrinvergiftung wirkt Äther nicht so eklatant; hier treten als Übergänge zunächst zweigipflige Zuckungen auf. Wird vorsichtig ätherisiert, so tritt nach dem Schwinden der Ätherwirkung die Veratrinwirkung von neuem hervor. In ähnlichem Sinne wird die Veratrinwirkung durch Strophanthin beeinflußt (Langley)[2]).

Indem wir es versuchen, den die Veratrinzuckung bedingenden Vorgang physiologisch zu charakterisieren, sehen wir vorerst von den verschiedenen Hypothesen ab, die zur Erklärung desselben aufgestellt worden sind, und fassen nur die vorliegenden tatsächlichen Befunde ins Auge. Der Veratrinzustand des Muskels kann, wie A. Fick und R. Boehm ausführen, entweder darauf beruhen, daß das Gift die chemischen Vorgänge begünstigt, die zur Kontraktion des Muskels führen, so daß auf einen Momentanreiz die „verkürzende" Substanz reichlicher und während längerer Zeit entsteht, oder aber darauf, daß diejenigen Prozesse erschwert und verzögert sind, welche die Wiedererschlaffung des Muskels herbeiführen; auf Grund der Voraussetzung, daß wohl bei diesen beiden Vorgängen die chemischen Kräfte Arbeit leisten werden, die soweit nicht andere Kräfte überwunden werden, Wärme erzeugen, ergab sich für die experimentelle Untersuchung folgende Alternative. Beruht die Verlängerung der Veratrinzuckung nur auf einer Hemmung des Restitutionsprozesses und nicht auf einer Steigerung des Erregungsvorgangs, so muß der Muskel bei der Veratrinzuckung noch weniger Wärme bilden als bei der normalen. Sind hingegen die mit der Erregung verbundenen Vorgänge vermehrt und auf einen längeren Zeitraum ausgedehnt, dann muß die Veratrinzuckung mehr Wärme liefern als die normale. Diese Alternative ist mit Hilfe der Heidenhainschen Thermosäule von A. Fick und R. Boehm (l. c.) im letzteren Sinne entschieden worden. Während die einfache Zuckung eines unvergifteten Muskels an der Bussole nie einen deutlichen Wärmeausschlag bewirkte, wurden bei der Veratrinzuckung auf Momentanreize mit Rücksicht auf die Empfindlichkeit der Bussole meist sehr ansehnliche Wärmemengen frei. Der Vergleich ergab in einem Falle, daß eine Veratrinzuckung auf Einzelreiz dem Wärmeeffekt nach einem Tetanus des normalen Muskels von zwei Sekunden Dauer äquivalent war. Im übrigen entwickelte auch der veratrinisierte Muskel bei tetanisierender Reizung doch noch viel mehr Wärme als auf Momentanreize hin. Wenn auch die Versuchsresultate unzweifelhaft eine Steigerung der mit der Zusammenziehung des Muskels einhergehenden chemischen Umsetzungen dartun, darf man nach A. Fick und R. Boehm die Veratrinzuckung doch nicht als Tetanus im engeren Sinne ansehen. Bei Anlegung von strom prüfenden Froschschenkeln konnte auch bei höchster Empfindlichkeit des Nerven niemals eine Spur von sekundärem Tetanus nachgewiesen werden.

---

[1]) F. J. Locke, On the action of ether on contracture etc. Journ. of experim. Med. **1**, 4 (1896).
[2]) Journ. of Physiol. **37**, 37 (1908).

Fr. Schenk[1]) subsummiert die Veratrinzuckung unter die Kategorie der Dauerverkürzungen (Ammoniak, konstanter Strom, Tiegels Contractur, Starre), deren Wesen er in „ungeordneten" Kontraktionen der kontraktilen Elemente erblickt; sie unterscheiden sich von den „geordneten" durch das Fehlen des tetanischen Charakters, den Mangel der Kontraktionswelle und durch geringere Verkürzungskraft. Bezüglich der Veratrinzuckung, an welcher Schenk den aufsteigenden Ast als Initialzuckung von der darauf folgenden eigentlichen „Veratrinverkürzung unterscheidet, kommt er zu dem Ergebnis, daß letztere geradeso wie die Verkürzung durch Ammoniak weniger Kraft entwickle als die Kontraktion auf elektrischen Reiz. Beim Vergleich isometrischer und isotonischer Zuckungen ergab sich, daß der Muskel während der Initialzuckung fast 5 mal mehr Spannung entwickelte als während der Veratrinverkürzung, so daß er also während letzterer dehnbarer ist als während der Initialzuckung, während welcher die gleiche Dehnung durch eine 5 mal so große Kraft bewirkt wird. Die isometrische Veratrinzuckung liefert erheblich mehr Wärme als die isotonische, so daß also analog wie bei der normalen Zuckung Vermehrung der Spannung auch im Veratrinzustand den Kraftumsatz im Muskel vermehrt. Durch eine besondere Versuchsanordnung wurde ferner nachgewiesen, daß der mit der „Veratrinverkürzung" verbundene Prozeß durch die Spannung positiv beeinflußt wird. Ob dies auch für die Initialzuckung zutrifft, blieb unentschieden. Im wesentlichen betrachtet also auch Schenk die Veratrinzuckung als einen vom Tetanus in mechanischer Hinsicht verschiedenen Vorgang.

Zu einem wesentlich anderen Resultat führten die Untersuchungen von Burdon Sanderson[2]) und Buchanan[3]). Die Beobachtung des ersteren, daß der Muskel bei der Veratrinzuckung den gleichen Betrag der Spannung erreicht, wie der normale infolge tetanischer Reizung und daß er gleich große Lasten zu heben und zu tragen imstande ist, sind von Buchanan durch eine eingehendere Untersuchung bestätigt worden.

Burdon Sanderson vertritt den Standpunkt, daß die Veratrinzuckung, die er als typisches Beispiel einer kontinuierlichen (continuous) Kontraktion bezeichnet, den mechanischen und elektrischen Charakter des Tetanus zeigt.

Auch durch die elektrophysiologische Analyse konnte das Wesen der Veratrinzuckung bis jetzt noch nicht mit voller Bestimmtheit aufgeklärt werden. Die ersten Beobachtungen nach dieser Richtung sprechen gegen die oszillatorische Natur der Zuckung. Während tetanische Reize am normalen Muskel bekanntlich stets oszillatorische Aktionsstromkurven liefern, ist die negative Schwankung der Veratrinzuckung von mehreren Forschern oszillationsfrei befunden worden. Die erste einschlägige Beobachtung machte Biedermann[4]); dann folgten Schenk[5]), Burdon Sanderson[6]) und Garten. Die Dauer der negativen Schwankung ist bei der Veratrinzuckung außerordent-

---

[1]) Fr. Schenk, Untersuchungen über die Natur einiger Dauerkontraktionen des Muskels. Archiv f. d. ges. Physiol. 61, 494 (1895).

[2]) J. Burdon Sanderson, Relation of motion in animals and plants to the electrical phenomena associated with it. Proc. of the Roy. Soc. London 65, 56 (1899).

[3]) Fl. Buchanan, The efficiency of the contraction of veratrinised muscle. Journ. of Physiol. 25, 137.

[4]) Biedermann; Beiträge zur Muskel- und Nervenphysiologie. V. Mitteil. Sitzungsber. d. kais. Akad. Wien 1880.

[5]) Fr. Schenk, Über den Einfluß der Spannung auf die negative Schwankung des Muskelstromes. Archiv f. d. ges. Physiol. 63, 317 (1896).

[6]) l. c.

lich in die Länge gezogen. Garten[1]) teilt Versuchsbeispiele mit, in welchen eine der verlängerten Kontraktion des Muskels entsprechende, mehrere Sekunden lang anhaltende negative Schwankung des Demarkationsstroms auftrat. Es zeigte sich ferner, daß in solchen Fällen die negative Schwankung bis 1 Sekunde früher ihr Maximum erreichte als die Verkürzung des Muskels. Durch vielfache Reizungen ermüdete Muskeln, die auf Reizung nur noch mit geringen Kontraktionsrückständen reagierten, ließen trotzdem noch sekundenlang andauernde negative Schwankungen erkennen. Es zeigte sich also eine gewisse Unabhängigkeit zwischen den mechanischen und elektrischen Vorgängen am Veratrinmuskel, wie sie bekanntlich, nur in geringerem Umfange, zeitlich auch am normalen Muskel besteht. Bei wiederholter Reizung verminderte sich die Zeitdauer des Rückgangs der negativen Schwankung ohne nachweisliche Änderung des mechanischen Reizerfolges.

In jüngster Zeit wurden die Aktionsströme der veratrinisierten Froschsartorius (meistens unverletzt) von Paul Hoffmann[2]) mit Hilfe des Saitengalvanometers untersucht. Die Vergiftung erfolgte nach der von G. Lamm verwendeten Methode. Das Hauptergebnis war, daß bei schwächeren Vergiftungsgraden die Zuckung einem oszillatorischen Prozeß entspricht, der sich nur durch die Unregelmäßigkeiten, mit der die einzelnen Faserbündel an ihm teilnehmen, von jeder anderen tetanischen Kontraktion unterscheidet. Die Oszillationen der Kurve des Aktionsstroms sind ziemlich unregelmäßig; am Muskel selbst sind besonders am Ende der Zuckung getrennte Zuckungen einzelner Faserbündel direkt zu beobachten, was dafür spricht, daß die Erregung der Fasern keine regelmäßige ist. Auf die Frage, ob die Fasern in dem dem Muskel eigenen Rhythmus arbeiten, gab die Auszählung der Schwankungen an den Kurven die Antwort, daß bei Zimmertemperatur etwa 40—70 Oszillationen in der Sekunde also bedeutend weniger erfolgen, als dem Rhythmus normaler Muskeln (ca. 100) entsprechen würde. Beim Abklingen der Erregung nimmt auch die Frequenz der Oszillationen ab; Frequenz und Amplitude derselben ist der Höhe der Kontraktionen ungefähr proportional. Sehr bemerkenswert ist der weitere Befund P. Hoffmanns, daß bei starker Vergiftung, namentlich am einigermaßen ermüdeten Muskel die Oszillationen in der Kurve des Aktionsstroms fehlen.

Bei Reizung veratrinisierter Muskeln (Injektionen von 1 cm einer 1proz. Veratrinlösung in den Lymphsack schwach curarisierter Frösche) mit dem konstanten Strom erhielten R. Dittler und N. P. Tichomirow[3]), ganz dieselben rhythmischen Schwankungen des Aktionsstroms wie sonst von gewöhnlichen Muskeln: weder die Frequenz des Rhythmus noch die Größe der gesamten negativen Schwankung und der Einzelschwankungen zeigten Abweichungen von der Norm.

Die Versuche von P. Lamm (l. c. vgl. oben) hatten ergeben, daß sich der ausgeschnittene Sartorius bei Einwirkung verdünnter Veratrinlösung auf seine Oberfläche anders verhält als bei Applikation konzentrierterer; im letzteren Falle reagierte der Muskel mit starken tonischen Verkürzungen, im ersteren nicht. Nun konstatierte schon Biedermann (l. c.) bei partieller (örtlicher)

---

[1]) S. Garten, Über das elektromotorische Verhalten von Nerv und Muskel nach Veratrinvergiftung. Archiv f. d. ges. Physiol. **77**, 485 (1899).

[2]) Paul Hoffmann, Über die Aktionsströme des mit Veratrin vergifteten Muskels. Zeitschr. f. Biol. **1912**, 4.

[3]) R. Dittler u. N. P. Tichomirow, Zur Kenntnis des Muskelrhythmus. Archiv f. d. ges. Physiol. **125**, 111 (1908).

Vergiftung des Muskels rhythmische Zuckungen und Erregbarkeitssteigerung. Die in Zusammenziehung befindlichen Faserstellen verhielten sich elektrisch negativ. Während bei dem richtig getroffenen Grade der Vergiftung die Negativität nach einigen Minuten der Ruhe wieder verschwindet, tritt bei stärkerer Vergiftung eine bleibende Herabsetzung der Erregbarkeit ein, wobei sich dann die vergiftete Stelle dem übrigen Muskel gegenüber dauernd negativ verhält. Am Krötenmuskel entsteht nach Auftropfen einer 0,0001 proz. Lösung von Veratrin eine Contractur, der sich bei Reizung des Muskels eine ziemlich normale Zuckung aufsetzt. Botazzi[1]), der diese Beobachtung mitteilt, führt die Contractur auf eine chemische Reizung zurück. Auch am Vorhof von Emys Europoea und am Oesophagusmuskel der Kröte verursacht Veratrin Contracturen, zuerst starke Zunahme, dann Abnahme des Tonus und außerdem rhythmische Bewegungen.

C. G. Santesson[2]) konnte den Gastrocnemius eines vorher mit einer kleinen Dosis Veratrin vergifteten Frosches durch Einhüllen in mit Veratrinlösung getränkte Watte in lange anhaltende unregelmäßig periodische Bewegungen versetzen, die sich als Längeveränderungen des Muskels graphisch registrieren ließen und Henze[3]) beobachtete an dem mit dem Galvanometer verbundenen Froschsartorius nach Eintauchen des einen Endes des Muskels in eine schwache Veratrinlösung langedauernde unregelmäßige Schwankungen des Demarkationsstroms, die sich durch Ätherisierenen unterdrücken ließen und am vorher ätherisierten Muskel überhaupt nicht auftraten. Es ist sonach nicht zu bezweifeln, daß es nur von der Giftkonzentration abhängt, ob Veratrin bei direkter Einwirkung auf den Muskel eine sichtbare Reaktion derselben hervorruft oder nicht; es ist auch kein Grund dafür einzusehen, weshalb es vom Kreislauf anders wirken sollte als bei örtlicher Applikation. Die primäre Wirkung wird, wie Biedermann annimmt, eine Erregbarkeitssteigerung sein, die zur Erregung führen kann, auch ohne daß noch ein besonderer Reiz hinzutritt — man kann dann die erregende Wirkung dem Gift selbst zuschreiben. Die Entwicklung des Demarkationsstroms läßt ohne weiteres erkennen, daß spezifische Reaktionen zwischen dem Gift und den lebenden Elementen des Nervmuskelapparates stattfinden. Die durch diese Reaktionen bedingte Zustandsänderung kann dann sehr wohl, je nachdem verschiedenartige Reizanstöße den Muskel in Tätigkeit setzen, in verschiedenen Erscheinungen sich zu erkennen geben.

Die Frage, ob an den Erscheinungen der Veratrinwirkung am Nervmuskelapparat die motorischen Nerven beteiligt sind, hat schon A. v. Bezold an der Hand des Experiments eingehend erörtert. Seine Ergebnisse bezüglich des Verhaltens der Nervenerregbarkeit sind oben schon besprochen worden. Reizte er eine bestimmte Nervenstrecke wiederholt durch Einzelschläge, bis an den Zuckungen keine Verlängerung mehr sich zeigte und applizierte er hierauf den Reiz auf eine tiefergelegene Strecke des Nerven, so traten wieder die verlängerten Veratrinzuckungen auf; v. Bezold entnimmt hieraus, daß das Veratrin auch den motorischen Nerven in einen abnormen Zustand versetzt, von welchem er durch wiederholte Reizung zeitweilig befreit werden kann, während er an einer anderen Stelle seines Verlaufs sich noch in demselben befindet; als weiteren

---

[1]) Botazzi, Über die Wirkung des Veratrins. Archiv f. Anat. u. Physiol. **1901**, 379.
[2]) C. G. Santesson, Einiges über die Wirkung des Glycerins und des Veratrins auf die quergestreifte Muskelsubstanz. Skandinav. Archiv f. Physiol. **14**, S. A. (1913).
[3]) M. Henze, Der chemische Demarkationsstrom in toxikologischer Beziehung. Archiv f. d. ges. Physiol. **92**, 451 (1902).

Beweisgrund für die Nervenwirkung führt v. Bezold die Tatsache an, daß am veratrinisierten Froschischiadicus schon auf Momentanreize hin eine negative Stromesschwankung (1—2 Skalenteile) nachweisbar ist.

Die Beweiskraft dieser Befunde ist zunächst von A. Fick und R. Boehm bestritten worden; sie zeigten, daß es bei Einhaltung gleicher Reizintervalle für die Form der Zuckung gleichgültig ist, ob man verschiedene Stellen des Nerven oder den Muskel direkt reizt; die negative Schwankung auf Einzelreize beobachteten sie hier und da „in Spuren", aber nicht in höherem Maße als sie an den Nerven normaler Tiere vorkommt. Nerven stark veratrinisierter Tiere, bei welchen die indirekte Reizbarkeit des Muskels schon völlig aufgehoben war, gaben, am Galvanometer untersucht, die gleichen negativen Schwankungen, wie normale unvergiftete Nerven, eine Tatsache, die dagegen spricht, daß die Nervenstämme vom Veratin beeinflußt werden, und gut damit vereinbar ist, daß die Aufhebung der indirekten Reizbarkeit des Muskels auf Lähmung der Nervenenden beruht. A. Fick und R. Boehm glaubten daher eine spezifischen Nervenwirkung des Veratrins ausschließen zu können. 27 Jahre später konnte dann freilich S. Garten (l. c.), im Besitze feinerer Hilfsmittel für die Untersuchung am marklosen Nerven (Olfactorius des Hechts) sowie auch am Ischiadicus des Frosches die Wirkung des Veratrins auf das elektromotorische Verhalten des Nerven unzweideutig nachweisen. Die eine Zeitlang in der Veratrinlösung gebadeten Nerven gaben bei Reizung mit Induktionsschlägen negative Schwankungen, die denen normaler Nerven gegenüber außerordentlich in die Länge gezogen waren und in ihrem Verlauf und in ihrem Abklingen — graphisch registriert die wesentlichen Charaktere des Ablaufs der Veratrinzuckung aufwiesen. Am Olfactorius des Hechtes zeigte sich außerdem, daß nach häufiger wiederholter Reizung das Auftreten eines der Ermüdung ähnlichen Zustandes deutlich wurde und daß nach längeren Reizpausen dieser Zustand zum Teil wieder verschwand. Am Nerven des vom Kreislauf aus vergifteten Tieres konnte A. D. Waller[1]) die Befunde Gartens nicht bestätigen und eine deutliche Wirkung des Veratrins auf den Nerven nicht nachweisen. Boruttau[2]), der zunächst gleichfalls negative Resultate erhielt bei Versuchen, die bei niedriger Temperatur ausgeführt worden waren, gelangte zu positiven, als er die Versuche mit Berücksichtigung des Temperatureinflusses wiederholte.

Auch die elektrischen Organe von Torpedo sind nach Garten (l. c.) für Veratrin sehr empfindlich. Während der Vergiftung in Verbindung mit dem Lobus electricus gelassen, verlieren sie rasch ihre Erregbarkeit vollständig; so lange sie noch erregbar sind, erweisen sie sich als außerordentlich rasch ermüdbar, so daß es unmöglich ist, den Schlagverlauf am Galvanometer zu verfolgen. Nach Durchschneidung des elektrischen Nerven vor der Vergiftung gelang dies schließlich mit Hilfe des Capillarelektrometers. Garten erhielt so auf indirekte Reizung im Gegensatz zu den rasch ablaufenden Schlägen normaler Organe äußerst langgedehnte, namentlich an vorher noch nicht gereizten Organen sehr mächtige Elektrizitätsentwicklungen, die in ihrem zeitlichen Verlauf insbesondere durch den häufig auftretenden sekundären langgestreckten Anstieg große Ähnlichkeit mit den von veratrinisierten Muskeln verzeichneten Zuckungskurven darbot.

---

[1]) A. D. Waller, On the excitability of nervous matter with especial reference to the retina — und: Effets de la veratrine et de la protoveratrine sur les nerfs de la grenouille. Cinquentenaire de la Soc. de Biol. **1899**, 347.

[2]) Boruttau, Die Aktionsströme und die Theorie der Nervenleitung. I und II. Archiv f. d. ges. Physiol. **84**, 1 (1901); **90** 233 (1902).

Die schärfere Bestimmung des Ortes der Wirkung des Veratrins im Nervmuskelapparat ist zurzeit noch nicht möglich. An einer spezifischen Wirkung auf die Nervenstämme, die für das Curarin nicht nachgewiesen werden kann, ist nicht mehr zu zweifeln; man wird wohl die gleiche Wirkung in noch höherem Maße für die intramuskulären Nerven annehmen müssen. Die Annahme, daß das Gift auf beide irritable Substanzen — Nerv und kontraktile Substanz in gleichem Sinne wirkt, die auch A. v. Bezold vertreten hat, kann man natürlich nicht ohne weiteres von der Hand weisen. Anderenfalls stößt man mit Berücksichtigung des Verhaltens des zugleich curarisierten Veratrinmuskels auf die gleichen Schwierigkeiten des Verständnisses, wie sie sich für die Wirkungsweise des Curarins allein ergeben.

Aus gewissen Eigentümlichkeiten des durch Momentanreize in rhythmische Tätigkeit versetzten Veratrinmuskels sind nach Straub-Mostinsky (l. c.) Analogien des Veratrinzustandes und des Zustandes des normalen Herzmuskels zu erkennen. Wie schon oben dargelegt wurde, ist die Reaktion des mit Veratrin vergifteten Muskels auf Einzelreize nur bei einer bestimmten Reizfrequenz konstant zu erhalten: je frequenter der Reizrhythmus, um so niedriger sind die Einzelzuckungen; eine Beziehung, die bekanntlich auch für den Herzmuskel gilt. Beim Übergang von einer Reizfrequenz zu einer andern zeigen sich Übergangsstadien, die an die Bowditchsche „Treppe" erinnern; bei gleicher Reizstärke wächst die Zuckungshöhe mit der Dauer der vorhergehenden Pause — der Reiz bedingt unter diesen Umständen eine vermehrte Energieentladung, das Gift äußert eine positiv-inotrope Wirkung. Mißt man die Erregbarkeit an der Höhe der Reizschwelle, so läßt sich eine Zunahme dieser Größe — also eine negativ-bathmotrope Wirkung des Veratrins nicht nachweisen; eher ist das Gegenteil zutreffend. Während am normalen Muskel die Zuckungshöhen bei Abnahme der Reizstärke annähernd geradlinig, also proportional der Reizstärke abnehmen, zeigt die entsprechende Kurve des Veratrinmuskels einen Knick, was eine Annäherung an das Verhalten des Herzmuskels — das „Alles oder Nichts"-Gesetz darstellt.

Robert Müller[1] wies darauf hin, daß auf der Höhe der Veratrinzuckungen Reizungen des Muskels annähernd oder völlig erfolglos sind und daß dieser Ausfall des Reizerfolgs bei fortschreitender Ermüdung am absteigenden Schenkel der Kurve nach unten rückt: der Veratrinmuskel zeigt also in seinem Zuckungsverlauf ein refraktäres Stadium, das bei fortschreitender Ermüdung wächst.

Nach den Untersuchungen des Verfassers (l. c.) dürfte diese Refraktärperiode nicht als ein Attribut der Veratrinzuckung überhaupt, sondern als Merkmal des Kulminationspunktes der erregenden Veratrinwirkung anzusehen sein. Bei fortschreitender Vergiftung entwickelt es sich allmählich zugleich mit dem Übergang des zweigipfligen in den verschmolzenen Typus der Zuckungskurve. Durch Ermüdung infolge häufigerer Reizung des Muskels nimmt es zwar, wie schon R. Müller konstatierte, an Umfang zu; vorausgesetzt, daß der Muskel sich in einem stationären Vergiftungszustand befindet, ist es aber auch nach 9—10stündiger völliger Ruhe des Muskels noch vorhanden, wenn es auch infolge der Erholung an Umfang wieder etwas abgenommen hat. An den Zuckungen stark vergifteter Muskeln, wo die Acme der Erregungswirkung bereits überschritten war, konnte der Verfasser ein refraktäres Stadium nicht beobachten.

Von mehreren Autoren ist die Veratrinwirkung auf den Muskel mit der ver-

---

[1] Robert Müller, Untersuchungen über die Muskelkontraktion. III. Archiv f. d, ges. Physiol. 125, 209 (1908).

schiedenen Verteilung flinker (weißer) und langsamer (roter) Fasern in den
Muskeln in Zusammenhang gebracht worden. Nachdem aber Carvallo und
Weiß (l. c.) am Kaninchenmuskel gezeigt haben, daß das Vorherrschen der
einen oder der anderen Fasergattung keinen merklichen Einfluß auf die Form und
den Verlauf der Veratrinzuckung erkennen läßt, braucht wohl hier auf die
Literatur über diesen Gegenstand nicht mehr näher eingegangen zu werden.
Botazzi (l. c.) stellte dann bekanntlich die Hypothese auf, daß der Veratrin-
zustand auf einer Steigerung der Erregbarkeit des Sarkoplasma beruhe. Dieser
Gedanke hat zwar bei einzelnen Autoren, so Straub - Mostinsky und Joteyko[1]) Anklang gefunden, ohne daß aber bisher tatsächliche Stützen für
seine Richtigkeit beigebracht worden sind. Man kann hinzufügen, daß die
Beobachtungen von Garten am veratrinisierten Nerven und am elektrischen
Organ der Fische zeigen, daß analoge Abnormitäten des Erregungsverlaufs
auch an Organen wiederkehren, die überhaupt keine kontraktile Substanz
enthalten.

Wirkungen auf die Organe des Blutkreislaufes. Am Froschherz bewirkt
Veratrin (käuflich) nach v. Bezold und Hirt bei erhaltenen Vagi kontinuierliche Abnahme der Schlagzahl bis zum Eintritt des Herzstillstandes, nach
vorhergehender Vagotomie anfangs Beschleunigung der Schlagfolge. 5—10
Minuten nach der Vergiftung erscheinen Unregelmäßigkeiten der Ventrikelsystole, die wie peristaltische Kontraktionen mit gleichzeitiger Zusammenziehung und aneurysmaartiger Ausdehnung verschiedener Teile der Herz-
kammer ablaufen. Die Diastole wird allmählich verringert, indem sich die
Systole bedeutend verlängert und gewissermaßen systolische Tetani bis
zu 20 Sekunden Dauer darstellt. Die Vorhofstätigkeit bleibt dabei noch regelmäßig, so daß häufig auf 2, 3 oder 4 Atrienpulse nur 1 Kammerpuls kommt;
zuletzt steht der Ventrikel in Systole still.

R. Boehm[2]) bestätigte in der Hauptsache die Befunde von v. Bezold
und Hirt, konnte aber nur selten primäre Beschleunigung und niemals definitiven Stillstand des Herzens beobachten; für die charakteristische Verlängerung der Ventrikelkontraktionen teilt er Kurvenbeispiele mit; die Reizbarkeit des Herzvagus wurde völlig aufgehoben, ebenso auch der Muscarinstillstand des Herzens; andere Gifte (Atropin, Curare, Physostigmin) erwiesen
sich am veratrinisierten Herzen wirkungslos.

Lissauers Versuche mit Cevadin hatten ganz analoge Resultate. 2—3 mg
subcutan wirkten nach 6—10 Minuten; das erste Stadium der Wirkung bestand
in den als Peristaltik bezeichneten Unregelmäßigkeiten, die fast immer plötzlich
von der Halbierung des Ventrikelrhythmus bei unveränderter Schlagzahl des
Vorhofs gefolgt waren. In der Periode der Halbierung waren die Systolen
später meist verlängert; systolischen Stillstand hat auch Lissauer nicht
beobachtet, wohl aber mehrmals im späteren Verlauf der Wirkung 30—60
Sekunden lang andauernde diastolische Pausen. Am Williamsschen Apparate konnte die Verlängerung der Systole nur bis zur Dauer von 6 Sekunden —
gleichviel ob mit Cevadin oder mit amorphem Veratrin — beobachtet werden;
während des Stadiums der Halbierung förderte der Ventrikel erheblich mehr Blut
als vor der Vergiftung; 2 mg Cevadin waren die kleinste Dosis, die noch die
charakteristischen Erscheinungen der Peristaltik und Halbierung hervorrief.

---

[1]) J. Joteyko, Études sur la contraction tonique du muscle strié et ses excitants.
Trav. du laborat. de physiol. Solvay **5**, 29 (1902).
[2]) R. Boehm, Studien über Herzgifte. S. 68. Würzburg 1871.

Die Intensität der Wirkung des Veratrin (Cevadin) auf das Froschherz ist nach den im Vorhergehenden besprochenen Untersuchungen zahlenmäßig nicht zu ermitteln. Die Hauptschwierigkeit besteht darin, daß namentlich bei der Vergiftung vom Lymphsack aus gut definierte, als Maßstab geeignete Maximalwirkungen oder Endzu-
stände nicht regelmäßig zu er-
zielen sind. Der Verfasser[1]) hat
daher nach dieser Richtung neuerdings eine Versuchsreihe ausgeführt und bediente sich dabei der
Beobachtung des an der Straubschen Kanüle suspendierten Herzens. Die Wirkungsintensität läßt
sich so sehr einfach nach der Konzentration der eingeführten Giftlösung annähernd zuverlässig messen. Beschickt man die Kanüle
mit einer Lösung von Veratrin in
Ringerscher Flüssigkeit im Verhältnis von mindestens 1:550, so
verstreichen nur wenige Minuten,

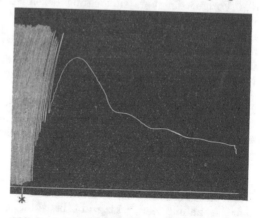

Abb. 3. *Cevadin 1:500. 5 mm Abszisse 1 Minute Trommelumlauf entsprechend.

bis der Ventrikel
unter maximaler
Zusammenzie-
hung definitiv in
Systole still-
steht; 20—30 Se-
kunden nach der
Giftzufuhr hal-
biert sich plötz-
lich die Frequenz;

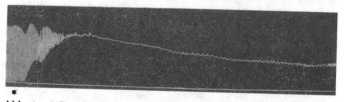

Abb. 4. *Cevadin 1:600. 5 mm Abszisse 1 Minute Trommelumlauf entsprechend.

die Diastole wird mit jedem Herzschlag unvollständiger und nach
2—3 Minuten sind keine Bewegungen des Ventrikels mehr zu erkennen; trotzdem nimmt die Zusammenziehung der Kammer noch
weiter zu, erreicht nach weiteren
2—3 Minuten ein Maximum und
geht dann infolge von Dehnung
sehr langsam wieder zurück. Die
Vorhöfe schlagen nach Eintritt des
Ventrikelstillstandes noch einige
Zeit im Normalrhythmus fort, der
sich aber stetig verlangsamt und
schließlich gleichfalls erlischt.

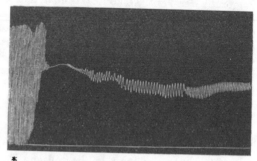

Abb. 5. *Cevadin 1:650. 5 mm Abszisse 1 Minute Trommelumlauf entsprechend.

Durch Abb. 3 ist der Verlauf einer solchen maximalen Wirkung veranschaulicht.
Die Maximalwirkung tritt in der beschriebenen Weise entweder sogleich am Anfang der Vergiftung oder überhaupt nicht ein. Bei Verwendung etwas schwächerer Giftkonzentrationen kommt es nicht mehr zur völligen Sistierung

[1]) Archiv f. experim. Pathol. u. Pharmakol. 71, 259 (1913).

der Ventrikelbewegung; auch auf dem Höhepunkt der Wirkung besteht noch ein oberflächliches Wühlen in der Muskulatur, an der Kurve durch kleine unregelmäßige Zacken angedeutet. Mit der Abnahme der systolischen Contractur nehmen diese Wühlbewegungen an Umfang zu und ordnen sich allmählich wieder zu einem ziemlich regelmäßigen Rhythmus. Das Herz kann dann noch stundenlang bei normaler Schlagfolge von Vorhof und Ventrikel fortarbeiten, bis es endlich in halber Diastole so allmählich seine Bewegungen einstellt, daß ein scharfer Zeitpunkt hierfür nicht angegeben werden kann. Die Abb. 4 und 5 illustrieren den Anfang des Verlaufs zweier submaximaler Vergiftungen.

Die Konzentrationsgrenze für die Maximalwirkung liegt ziemlich scharf bei 1 : 550; 1 : 600 wirkt nicht mehr maximal. Die Konzentration von 1 : 5.10[4] läßt nur noch in schwachem Grade die typische Beeinflussung der Frequenz (Halbierung) und des Ventrikeltonus hervortreten; 1 : 10[5] erwies sich als unwirksam. Im Vergleich mit anderen Herzgiften ist daher die Herzwirkung des Veratrins relativ schwach.

H. Busquet[1]) berichtet neuerdings, daß Veratrinlösung (1 : 1000) bei Schildkröten und Fröschen subcutan oder auf das Herz geträufelt, den Einfluß der Vagusreizung auf das Herz unterdrückt, was, wie nach obigem ersichtlich ist, längst bekannt war.

Durch Elektrokardiogrammstudien am veratrinisierten Froschherz versuchten J. Seemann und C. Victoroff[2]) Aufschluß darüber zu erhalten, ob die durch Veratrin bewirkten tonischen Herzkontraktionen analog wie der Tetanus des Skelettmuskels durch Verschmelzung einzelner Zuckungen zustande kommen — wie ersichtlich das gleiche Problem, das auch für den veratrinisierten Skelettmuskel noch nicht ganz eindeutig gelöst ist. Vom isolierten, mit Ringerscher Flüssigkeit gespeisten Froschherz wurden entweder nach vorausgehender Quetschung resp. Verbrennung der Spitze, der Basis des Ventrikels oder des Aortenursprungs monophasische, oder vom unverletzten Herz diphasische Aktionsströme zum Einthovenschen Saitengalvanometer abgeleitet. Insbesondere die bei dem letzteren Verfahren am unverletzten Herz erhaltenen Resultate stützen die Annahme, daß zwischen dem Herztonus (tonischen Herzkontraktionen) und dem Tetanus des Skelettmuskels Analogie besteht. Die rhythmischen elektrischen Schwankungen können auch dann noch längere Zeit regelmäßig fortdauern, wenn der tonisch kontrahierte Herzmuskel nur noch minimale oder überhaupt keine sichtbaren Einzelkontraktionen mehr ausführt. Die Basisnegativität machte an solchen Kardiogrammen zwar den Hauptteil der Schwankungen aus, es schloß sich aber doch häufig daran eine Phase für die Herzspitze an. Je weniger das Herz in seiner Erregbarkeit geschädigt ist, um so deutlicher zeigt sich, daß auch im Zustande der tonischen Kontraktion noch Erregungen über den Herzmuskel hinweglaufen. Bei der Ableitung monophasischer Ströme zeigt sich zwar das gleiche, aber in weniger prägnanter Weise.

Die Veratrinvergiftung verursacht ferner häufig „inverse" Elektrokardiogramme, bei welchen der erste Ausschlag Negativität der Herzspitze anzeigt, während normal die Anfangsschwankung stets der Negativität der Herzbasis entspricht. Höchst wahrscheinlich verläuft hier die Erregung von der Spitze zur Basis und nicht umgekehrt wie in der Norm.

---

[1]) H. Busquet, Journ. de Physiol. norm. et Pathol. **9**, 50; zit. nach Jahresber. d. Tierchemie 1909.

[2]) J. Seemann u. C. Victoroff, Elektrokardiogrammstudien am veratrinisierten Froschherzen. I. Zeitschr. f. Biol. **56**, 91 (1911).

Inverse und rechtläufige Elektrokardiogramme wechseln im Verlaufe der Vergiftung miteinander ab; es entspinnt sich eine Art von Kampf zwischen der Muskulatur der Basis und derjenigen der Spitze um die Führung, in welchem schließlich immer die Basis obsiegt.

Während des Stadiums des „Wühlens" (Peristaltik) des Herzens zeigen sich im Elektrokardiogramm viele unregelmäßige Zacken. Vielleicht ist dieser Zustand so zu deuten, daß die „Zahl der Ausgangspunkte der Erregungen" im Herzmuskel vermehrt ist. Unerklärt blieb vorläufig die weitere Beobachtung, daß vorher monophasische Aktionsströme infolge der Veratrinvergiftung diphasisch und nach dem Schwinden derselben wieder monophasisch wurden.

Bei der Untersuchung der bioelektrischen Ströme nach der von W. Straub[1]) angegebenen Methode fand L. Hermanns[2]), daß Veratrin (Cevadin?) in 0,1 proz. Lösung am Ventrikel des Froschherzens nach einigen Minuten den einphasischen Aktionsstrom entwickelt.

S. Garten[3]) untersuchte die Herzwirkung des Veratrins auch bei elektrischen Fischen (Torpedo); nach Injektion des Giftes (0,020—0,07) in die erste Kiemenarterie zeigte sich stets die Wirkung in gedehnten Herzschlägen und auch nach der größten Giftdosis trat nicht wie beim Frosch Herzstillstand auf; es bestanden noch spontane, aber außerordentlich gedehnte Kontraktionen des Herzens. In einem Versuch am isolierten Herzventrikel (Herzspitze) von Torpedo (Vergiftung mit 0,01 g Veratrin), wobei der Herzschlag durch elektrische Reizung ausgelöst und graphisch registriert wurde, belief sich die Dauer einer Herzkontraktion bis zur völligen Erschlaffung auf 30″; der Zustand geminderter Erregbarkeit (refraktäres Stadium) war bei diesen Herzschlägen bedeutend verlängert. Ganz analoge Resultate, insbesondere eine sehr verlängerte Refraktärperiode, Steigerung der Hubhöhe (des Druckes) und Verlängerung der Kontraktion erhielt am Selachierherzen auch W. Straub[4]).

Veratrin wirkt ferner in analoger Weise wie auf das Herz der Vertebraten auch auf das Herz von Aplysia. Am isolierten Organ verursacht das Gift nach wenigen Sekunden eine Tonusreaktion (Contractur), die bald wieder verschwindet und normalen Pulsationen mit Erhöhung der Kurvengipfel Platz macht. Bei letzterer, mehrere Stunden bis Tage anhaltenden Dauerwirkung sind die isometrischen Maxima der Herzzuckung (bei konstanter Füllung) auf das zwei- bis mehrfache des Druckes dem unvergifteten Zustand gegenüber gesteigert. Um zu diesem Zustand zu gelangen, sind relativ große Giftmengen erforderlich. W. Straub[5]) fand außerdem, daß Veratrin im Aplysienherz gespeichert wird; er gelangte zu Gleichgewichtszuständen, bei welchen der Giftgehalt der Herzsubstanz den des Herzinhaltes bedeutend überstieg; eine Zerstörung des Giftes im Herzen fand nicht statt.

Freundlich[6]) hat einzelne der W. Straubschen Versuchsergebnisse nach der Gleichung für die Adsorption berechnet, wobei sich eine gute Überein-

---

[1]) W. Straub, Toxikologische Untersuchungen an bioelektrischen Strömen. I. Zeitschr. f. Biol. **58**, 251 (1912).

[2]) L. Hermanns, Toxikologische Untersuchungen an bioelektrischen Strömen. II. Zeitschr. f. Biol. **58**, 261 (1912).

[3]) S. Garten, Beiträge zur Physiologie des elektrischen Organs des Zitterrochens. Abhandl. d. kgl. sächs. Ges. d. Wissensch., math.-phys. Klasse **25**, 253 (1899).

[4]) W. Straub nach einer brieflichen Mitteilung an den Verfasser.

[5]) W. Straub, Quantitative Untersuchung des Eindringsns von Alkaloiden in lebende Zellen. Archiv f. d. ges. Physiol. **98**, 233 (1903) und Arch. di Physiol. (ital.) **1**, 55 (1904).

[6]) Freundlich, Capillarchemie und Physiologie. Zeitschr. f. d. Chemie u. Industrie d. Kolloide **2**, 65 (1908).

stimmung von Theorie und Beobachtung herausstellte. Demnach würde dem am lebenden Organ von beiden Seiten her erreichbaren Gleichgewichte ein Adsorptionsvorgang zugrunde liegen.

Wirkungen auf das Herz und den Kreislauf der Säugetiere. Karl Hedbom[1]) hat wohl als erster die Veratrinwirkung am isolierten Warmblüterherz (Kaninchen; Methode v. Langendorff) studiert und gezeigt, daß in den Hauptmomenten die Erscheinungen hier die gleichen sind wie am Herzen des Frosches. Primär erfolgte in der Regel starke Abnahme der Schlagzahl, wahrscheinlich aber nicht sicher nachweisbar infolge von Reizung oder Reizbarkeitssteigerung des intrakardialen Hemmungsapparates; zuweilen erfolgte aber auf Veratrineinfuhr unmittelbar eine rasch vorübergehende Pulsbeschleunigung. Die Amplituden wuchsen anfangs bedeutend, um allmählich abzunehmen. Im späteren Verlauf der Wirkung stellten sich mannigfaltige Unregelmäßigkeiten des Rhythmus und der Amplituden, zuweilen auch sekundäre Beschleunigung der Schlagfolge ein und endlich wurde das Herz gelähmt. Die charakteristische Veratrinmuskelwirkung kam in Form langgezogener Systolen und starker Verkürzung des Herzmuskels zur Anschauung.

A. Kuliabko[2]), dem gleichfalls das isolierte Kaninchenherz als Versuchsobjekt diente, erzielte mit großen Veratrindosen (bis 0,01 g) maximale Wirkungen, die mit den oben für das Froschherz beschriebenen übereinstimmen. Fast unmittelbar nach der Injektion erfolgte systolischer Stillstand, wobei das ganze Organ sich zu minimalen Dimensionen verkleinerte; an seiner Oberfläche waren noch schwache fibrilläre Kontraktionen zu bemerken. Die systolischen Stillstände können mehrere Minuten lang andauern; zuerst pulsieren dann wieder die Vorhöfe und erst später auch die Kammern. Durch Auswaschen des Giftes ließen sich die normalen Verhältnisse einigermaßen wieder herstellen. Bei der Wirkung kleinerer Dosen bleibt der systolische Stillstand aus; sie äußert sich zuerst in einem Delirium cordis, sodann in positiven oder negativen Schwankungen des Tonus, der Amplitude und Frequenz der Herzschläge.

Auch H. Busquet und V. Pachon[3]) haben die durch Veratrin am isolierten Herzen des Kaninchens verursachten verlängerten systolischen Herzkontraktionen, die sie als Herztetanus bezeichnen, beobachtet und in einigen Kurven abgebildet.

Ein Versuch von E. Rohde und S. Ogawa[4]) am isolierten, mit Lockescher Lösung gespeisten Säugetierherzen ergab, daß nach Vergiftung mit 0,5 mg Veratrin. sulfuric. die aus Pulszahl und Pulsdruck berechnete „Druckleistung" allmählich um ca. 25% abnahm, während der Sauerstoffverbrauch des Herzens zuerst etwas anstieg, um dann langsam zu fallen. Die Ausnutzung des Sauerstoffs, d. h. der chemischen Energie zur mechanischen Druckleistung, war der Norm gegenüber bedeutend verschlechtert — der sonst zwischen diesen beiden Faktoren zu beobachtende Parallelismus war nicht mehr vorhanden.

Die sehr komplizierten Verhältnisse der Wirkung des Veratrins resp. Cevadins auf den Gesamtblutkreislauf im Zusammenhange mit den Einflüssen des Giftes auf den Herzvagus und das vasomotorische System sind bis jetzt

---

[1]) Karl Hedbom, Über die Einwirkung verschiedener Stoffe auf das isolierte Säugetierherz. Skandinav. Archiv f. Physiol. **8**, 169 (1898).

[2]) A. Kuliabko, Arch. d. ges. Physiolog. **107**, 238 (1905).

[3]) H. Busquet et V. Pachon, Influence de la vératrine sur la forme de la pulsation cardiaque. Contribution à l'étude du tétanos du cœur. Compt. rend. de la Soc. de Biol. **62**, 943 (1907).

[4]) E. Rohde u. S. Ogawa, Gaswechsel und Tätigkeit des Herzens unter dem Einfluß von Giften und Nervenreizung. Archiv f. experim. Pathol. u. Pharmakol. **69**, 200 (1912).

eingehender nur an Kaninchen von A. v. Bezold und Hirt (Veratrin käuflich) und von Lissauer (Cevadin) untersucht worden.

Nach Ausschluß aller zentraler Nerveneinflüsse (Durchschneidung des Halsmarks und aller Herznerven) verursachten 0,5—5 mg Veratrin zuerst Steigen, dann Fallen der Pulsfrequenz und des Blutdrucks; die positive Phase der Wirkung war nach den größeren Dosen in beiden Fällen geringer und vorübergehender. Der folgende Passus sei mit Rücksicht auf die Beobachtungen späterer Forscher am isolierten Warmblüterherz wörtlich wiedergegeben:

„Bei fortdauernder Giftwirkung verwandelt sich die Verlangsamung der Pulszahl bald in eine eigentümliche Veränderung der Schlagform des Herzens. Es tritt zunächst ein Stadium ein, in welchem der Ventrikel langsamer pulsiert als der Vorhof, dann werden die Pulsationen des Ventrikels schwach, peristaltisch, die Ventrikel nehmen immer mehr Blut in sich auf, ohne eine entsprechende Menge aus sich herauszupumpen; zuletzt erlahmt im Zustande großer Ausdehnung und völliger Erschlaffung das ganze Herz." (l. c. S. 109 bis 110.)

Bei unversehrtem Nervensystem und intakten Vagi bewirkten nur kleinste Veratrinmengen primäre Pulsbeschleunigung; der Blutdruck sank bei dem Eintritt des Giftes in das Herz (intravenöse Injektion) jedesmal stark und plötzlich; waren nur beide Vagi durchschnitten, so verursachten auch größere Giftmengen (1—2 mg) primäre Pulsbeschleunigung und außerdem vorübergehende Blutdrucksteigerung. Injektion des Giftes in die Carotis bei intakten Vagi war von enormer Pulsverlangsamung und Blutdrucksenkung gefolgt. Die peripheren Vagusstümpfe waren bei schwächerer Vergiftung erregbarer als normal; erst nach großen Giftmengen war ihre Erregbarkeit auch für die stärksten elektrischen Reize aufgehoben.

v. Bezold und Hirt interpretieren ihre Befunde folgendermaßen: Veratrin wirkt auf alle zentralen und peripherischen Faktoren der Herztätigkeit zuerst erregend und dann lähmend. Die Veränderungen der Pulsfrequenz sind auf primäre Erregung des Hemmungsapparates des N. vagus sowohl im Zentrum (Vagustonus gesteigert), als auch peripher innerhalb des Herzens zurückzuführen; später trägt außerdem die Schwächung der peripheren „muskulomotorischen" Organe des Herzens zur progressiven Abnahme der Schlagzahl des Herzens bei und führt zum Herzstillstand. Der primäre Abfall des Blutdrucks wird durch die Reizung von (sensibeln) Herznerven erklärt, die, im Stamm des Vagus verlaufend, depressorisch wirken und die Wirkung des eigentlichen N. depressor nach der Ansicht von A. v. Bezold noch übertreffen können. Die fortschreitende Paralyse der vasomotorischen Zentren in der Medulla oblongata und die Abnahme der Leistungsfähigkeit des Herzens bedingen im späteren Verlaufe der Vergiftung die weitere Abnahme des Blutdruckes.

Durch Lissauer sind mit Cevadin die Kreislaufswirkungen, insbesondere mit Rücksicht auf das Verhalten des vasomotorischen Apparates, noch etwas genauer an Kaninchen und Katzen verfolgt worden. Nach intravenöser Injektion von 2,5—3,5 mg pro Kilo entwickelte sich unter Absinken des Blutdrucks auf das Minimum von 20—25 mm eine allgemeine vasomotorische Paralyse. Dyspnöe bis zur Erstickung getrieben oder Reizung des zentralen Endes des N. ischiadicus, waren dann ohne jeden Einfluß auf den Blutdruck; durch Kompression der Aorta unterhalb des Zwerchfells konnte aber der Blutdruck auf die Dauer mehrerer Minuten annähernd bis auf das normale Niveau erhöht werden; auch Injektion von Bariumchlorid wirkte drucksteigernd, wenn auch nicht so rasch und anhaltend wie unter normalen Bedingungen. Während sonach die Lähmung der zentralen vasomotorischen Apparate wohl erwiesen ist, kann die Beteiligung der peripheren Gefäßnerven an dem Absinken der arteriellen Spannung nicht ganz sicher beurteilt werden. Es mag schon an dieser Stelle bemerkt sein, daß nach Cavazzani[1]) Injektion von Adrenalin, und kurz danach von Veratrin, nicht mehr Sinken, sondern eine mehr oder weniger beträchtliche Zunahme des Blutdrucks hervorruft, die von Muskelkontraktionen unabhängig ist.

Bei etappenweiser Vergiftung curarisierter und künstlich respirierter Tiere beobachtete Lissauer ein wechselndes Verhalten des Blutdrucks. Die erste Giftdosis (0,4—08, mg pro Kilo), intravenös, setzte fast immer den Blutdruck stark herab, wobei das Minimum des Druckes bald früher, bald später erreicht wird; in der Folge kann der Druck allmählich wieder steigen, erreicht aber selten dabei die Norm, während Suspension der Atmung oder zentral gerichtete Ischiadicusreizung drucksteigernd wirkten; höchstens in den ersten Minuten nach der Veratrininjektion kam es vor, daß die letztere Wirkung ausblieb. Wiederholte Giftinjektionen führten nun nicht immer, aber häufig, beträchtliche Blutdrucksteigerung herbei, bis zuletzt die allgemeine Vasoparalyse erreicht wurde. Die Ursache der Blutdrucksteigerungen konnte Lissauer nicht aufklären; an nicht curarisierten Tieren fielen sie einige Male mit allgemeinen Krampfanfällen zusammen; es ist nicht auszuschließen, daß sie bei den curarisierten Tieren durch die Wirkung des Curare begünstigt wurden. Pulsbeschleunigung trat bei intakten Vagi nach Cevadin niemals auf, gewöhnlich sofort Verlangsamung, die nur bei curarisierten Tieren zweimal ausblieb und selbst bei der Wirkung tödlicher Dosen nicht immer exzessive Grade erreichte; die direkte Herzwirkung kommt daher, soweit es sich um Vergiftungen mit eben tödlichen Giftmengen handelt, als Todesursache wahrscheinlich weniger in Betracht als die allgemeine Gefäßparalyse. Im allgemeinen war die Schlagfolge des Herzens während der Vergiftung, abgesehen von arhythmischen Episoden unmittelbar nach den Giftinjektionen, ziemlich regelmäßig; zuweilen kamen temporäre Herzstillstände vor, besonders typisch in einigen Versuchen an Katzen; sie waren mehrmals die Vorläufer plötzlicher Blutdrucksteigerungen. Noch bei einer Gesamtdosis von 4,2 mg pro Kilo (subcutan) brachte periphere elektrische Vagusreizung das Herz noch zum Stillstand.

Lissauer konnte die, wie schon bemerkt, auch als Cevadinwirkung in verschiedenem Grade konstant auftretende Pulsverlangsamung nicht sicher auf Erregungsvorgänge im Vagusgebiet zurückführen; durch Vagotomie oder Atropin war sie bisweilen, aber durchaus nicht regelmäßig, zu beheben. Blutdrucksteigerung trat nach Vagotomie ebenfalls nicht konstant ein und Durchschneidung der N. n. depressores zeigte gar keinen Einfluß auf den Blutdruck. Die von v. Bezold und Hirt bei der Erklärung der Blutdrucksenkung den depressorischen Vagusfasern zuerkannte Bedeutung will daher Lissauer nicht anerkennen.

Bei Hunden mit intakten Vagi (Morphinäthernarkose, kein Curare) verursachten in Versuchen von J. D. Pitcher u. T. Sollmann[2]) 0,025—0,05 mg pro Kilo Cevadin plötzlichen starken Abfall des Blutdrucks, der sechsmal unter zehn Injektionen von vorübergehender mäßiger Reizung des Vasomotorenzentrums begleitet war; letztere wird durch künstliche Atmung verhindert und daher von den Autoren auf Asphyxie infolge der Atmungsstörung und Anämie infolge der Blutdrucksenkung zurückgeführt.

---

[1]) E. Cavazzani, Adrenalin und Veratrin. La clinic. med. ital. **68**, 385; zit. nach Jahresber. d. Tierchemie **1909**, 1177.

[2]) J. D. Pitcher and T. Sollmann, The effects of Veratrum viride and Cevadin. Journ. Pharmacol. a. experim. Therap. **7**, 295 (1915).

Die durch das Veratrin (amorphes Handelspräparat) in essigsaurer Lösung bei Warmblütern verursachten Störungen der **Atmung** sind von Leonides van. Praag und genauer von A. v. Bezold und L. Hirt untersucht worden. Bei den Versuchen letzterer Forscher an Kaninchen wurde die Atmung durch subcutane (5—40 mg) oder intravenöse (0,2—10 mg) Injektion von essigsaurem Veratrin verlangsamt; die tiefen und krampfhaften Atemzüge waren von langen exspiratorischen Stillständen unterbrochen; nach den höheren Giftdosen erfolgte der Tod durch Respirationsstillstand. In zwei Versuchen trat bei unversehrten N. N. vagi vorübergehend primäre Beschleunigung der Atmung auf, wenn die Injektion subcutan oder intravenös erfolgt war. Injektion in das periphere Ende einer Carotis bewirkte sofort Verlangsamung oder Stillstand der Atmung; v. Bezold und Hirt nehmen hiernach an, daß Veratrin auf die sensibeln Nerven der Lungen primär erregend und dann lähmend einwirke; im Zentralorgan wird ihrer Meinung nach insbesondere ein „Hemmungszentrum für die rhythmischen Inspirationen" durch das Gift in den Zustand der „allergrößten Tätigkeit" gesetzt, außerdem aber auch die Erregbarkeit des Atmungszentrums herabgesetzt und zuletzt aufgehoben.

Die Ergebnisse der von H. Lissauer mit Cevadin (krystallisiertes Veratrin) ausgeführten Versuche stimmen in der Hauptsache mit den Resultaten von v. Bezold und Hirt überein. Lissauer betont, daß beim Kaninchen die Respirationsstörungen nicht den Charakter der eigentlichen Dyspnöe darbieten und daß die oft sehr langen exspiratorischen Stillstände mehr an Apnöe erinnern, während Cevadin bei Katzen und Hunden unzweideutig sehr heftige Dyspnöe hervorrufe.

Besonders zeigte die Atmungskurve eines mit Cevadin vergifteten Hundes außer langen Atmungspausen auffallende Verlängerung und Vertiefung der Inspiration — angezeigt durch sekundenlanges Tiefstehen des Schreibhebels unter der Abszisse. Lissauer denkt an die Möglichkeit, daß es sich dabei um die Folgen der spezifischen Muskelwirkung des Cevadins auf das Zwerchfell (verlängerte Kontraktion) handeln könnte.

Protoveratrin.

Nachdem im Anfange des vorigen Jahrhunderts Meißner und gleichzeitig Pelletier und Caventou als wirksamen Bestandteil der Sabadillsamen das Veratrin (Meißner nannte die Base zuerst Sabadillin) entdeckt und die zuletzt genannten französischen Forscher bei der Untersuchung der Rhizome der weißen Nieswurz (Veratrum album, Melanthaceae) ein Alkaloid gefunden hatten, das sie gleichfalls für Veratrin hielten, ist die Annahme, daß die weiße Nieswurz ihre Hauptwirkung dem Veratrin verdanke, bis in die neuere Zeit ziemlich allgemein beibehalten worden. Allerdings hatten weitere chemische Untersuchungen der Droge durch E. Simon[1] und später von Wright und Luff[2] zur Auffindung vom Veratrin verschiedener krystallisierbarer Alkaloide geführt, denen man aber die charakteristischen Wirkungen der Mutterdroge nicht zuschreiben konnte. Es gelang dann erst G. Salzberger[3] aus Rhizoma Veratri ein enorm giftiges, gut krystallisierbares Alkaloid zu isolieren, das den Namen Protoveratrin erhielt und als das reine wirksame Prinzip der Droge

---

[1] E. Simon, Poggend. Annalen **41**, 569.
[2] Wright and Luff, Journ. Chem. Soz. 1879.
[3] Georg Salzberger, Über die Alkaloide der weißen Nieswurz (Veratrum album). Archiv d. Pharmazie **228**, 462 (1890).

angesehen werden muß. Den drei bereits bekannten Nebenàlkaloiden Jervin ($C_{26}H_{37}NO_3$), Pseudojervin ($C_{26}H_{43}O_7$) und Rubijervin ($C_{26}H_{43}NO_2$) fügten Salzbergers Untersuchungen noch ein viertes, das Protoveratridin ($C_{26}H_{45}NO_8$) hinzu. Von den letzteren vier Stoffen hat nach nicht publizierten Versuchen von H. Lissauer nur das Jervin eine schwache, qualitativ von der des Protoveratrins verschiedene Wirkung; die drei übrigen erwiesen sich bei allerdings nur mit relativ kleinen Substanzmengen ausführbaren Experimenten an Tieren als unwirksam, so daß wir uns auf die nähere Besprechung des in pharmakologischer Hinsicht bis jetzt allein interessanten Protoveratrins beschränken können.

Chemie. Protoveratrin ($C_{32}H_{51}NO_{11}$), aus heißem Alkohol dünne, farblose Tafeln oder glänzende, anscheinend dem monoklinen System angehörige Krystalle (Schmelzp. 245—250°), in allen Lösungsmitteln schwer löslich, am reichlichsten in heißem Alkohol und in Chloroform; die alkoholische Lösung bläut rotes Lackmuspapier; krystallisierbare Salze sind mit Ausnahme des Golddoppelsalzes bis jetzt nicht bekannt, auch das Verhalten im Polarisationsapparat noch nicht' untersucht; in verdünnter saurer Lösung ist das Alkaloid geschmacklos, verursacht aber nach einiger Zeit das Gefühl der Vertaubung auf der Zunge; es ist sehr leicht zersetzlich; bei der Einwirkung von konzentrierten Säuren tritt Geruch nach Isobuttersäure auf; von der chemischen Konstitution ist im übrigen noch nichts bekannt.

Die mit Protoveratrin bis jetzt ausgeführten pharmakologischen Untersuchungen sind sehr wenig zahlreich; außer einer umfassenden Arbeit von Th. W. Eden[1]) sind nur Beobachtungen von A. D. Waller[2]) und Henze[3]) über das elektrophysiologische Verhalten isolierter Nerven resp. Muskeln bei der Protoveratrinvergiftung veröffentlicht; in neuester Zeit hat endlich R. Boehm[4]) noch einige Versuchsreihen ausgeführt; alle diese Untersuchungen sind mit dem reinen, von G. Salzberger dargestellten Originalpräparat angestellt.

Allgemeines Bild der Wirkung. An Fröschen (Esculenten und Temporarien sind ungefähr gleich empfindlich) äußert sich die Wirkung zu Beginn in Verlangsamung der Atembewegungen, Aufsperren des Mauls, das sich die Tiere häufig mit den oberen Extremitäten auswischen, krampfhaften Bewegungen der seitlichen Bauchmuskeln (Würg- und Brechbewegungen); häufig, aber nicht immer, ist die Hautsekretion im Anfang vermehrt (später ist die Haut im Gegenteil auffallend trocken). Etwa $\frac{1}{2}$ Stunde nach der Vergiftung ist die Spontanatmung nahezu erloschen und beginnen die Motilitätsstörungen deutlicher hervorzutreten. Auf Reize reagieren die Tiere mit abnehmender Lebhaftigkeit, und bald zeigt sich nach rascher aufeinander folgenden Reflexbewegungen Ermüdung, verhältnismäßig selten haben die Reflexbewegungen Ähnlichkeit mit tetanischen Streckkrämpfen. Fibrilläre Zuckun-

---

[1]) Th. Watts Eden, Untersuchungen über die Wirkungen der Veratrumalkaloide. II. Über die Wirkungen des Protoveratrins. Archiv f. experim. Pathol. u. Pharmakol. **29**, 440 (1892).

[2]) A. D. Waller, On the Excitability of nervous matter. Brain **23**, 1 (1900). — Derselbe, Effets de la veratrine et de la protoveratrine sur les nerfs de la grenouille. Cinquentenaire de la Soc. de Biol. **1900**, 374. — Derselbe, The comparative effects of Yohimbine, protoveratrine and veratrine upon isolated nerve and upon isolated muscle. Proceed. physiolog. Societ. Nov. 1910 Journ. Physiolog. **41**. XI (1910—11).

[3]) M. Henze, Der chemische Demarkationsstrom in toxikologischer Beziehung. Archiv f. d. ges. Physiol. **92**, 451 (1902).

[4]) R. Boehm, Über die Wirkungen des Veratrin und Protoveratrin. Archiv f. experim. Pathol. u. Pharmakol. **71**, 259 (1913).

gen bemerkt man, insbesondere in den Beinen, unmittelbar nach Bewegungen, während sie spontan seltener auftreten. Die Paralyse schreitet nun unter stetiger Abnahme der Spontan- und Reflexbewegungen fort; reflektorisches Kehlenatmen besteht noch relativ lange Zeit. Im Verlaufe der Vergiftung können Remissionen sich zeigen; nach Verwendung subletaler Dosen erholen sich die Tiere nach 2—8 Tagen vollständig. Im Erholungsstadium treten infolge von willkürlichen oder Reflexbewegungen Flimmerzuckungen der Muskeln in besonders hohem Grade auf.

Bei Kaninchen haben die Vergiftungssymptome viel Ähnlichkeit mit denen der Aconitinvergiftung; sie beginnen mit Kau- und Leckbewegungen, die alsbald von starker Salivation gefolgt sind und meist plötzlich nach einigen Minuten sich daran anschließender Abnahme der Atemfrequenz auf etwa die Hälfte der normalen; bald besteht extreme Dyspnöe mit langen exspiratorischen Pausen, während sich zugleich — je nach der Größe der Dosis rascher oder allmählicher — paretische Symptome, Herabsinken des Kopfes auf die Unterlage, Schwäche in den Extremitäten entwickeln und Willkürbewegungen gar nicht mehr gemacht werden. Allgemeine Konvulsionen sind kein ganz konstantes Symptom der Protoveratrinwirkung; sie fehlen nicht selten namentlich bei protrahierterem Verlauf der Intoxikation, wo der Tod nach einem längeren Stadium der allgemeinen Paralyse durch Respirationsstillstand erfolgen kann. In akuter ablaufenden Fällen, nach Vergiftung mit überletalen Dosen, treten sie, wenn die Dyspnöe ihren Höhepunkt erreicht hat, meistens mit großer Heftigkeit auf: das Tier richtet sich auf den Vorderbeinen hoch auf — der weit vorgestreckte Kopf wird dann krampfhaft nach dem Rücken zurückgebogen — mit plötzlichem Ruck überschlägt sich das Tier, kommt auf die Seite zu liegen und wird dann von tetanischen Streckkrämpfen ergriffen; solche Paroxysmen führen entweder zum Tode oder wiederholen sich nach kurzen Zwischenpausen, zuweilen auch in Form von Rollkrämpfen, wobei das Tier mit geöffnetem Maule und in den Nacken gezogenem Kopfe im Kreise umhergeschleudert wird. Das Leben erlischt fast immer während eines längeren tetanischen Krampfes, der gewöhnlich auf die klonischen Konvulsionen folgt.

Bei Hunden und Katzen pflegt die Salivation profuser zu sein als bei Kaninchen; außerdem modifiziert bei diesen Carnivoren das häufig wiederholte Erbrechen das Bild der Vergiftung in den früheren Stadien; bei Hunden kommen auch Kotentleerungen vor. Im übrigen entwickeln sich auch hier alsbald Dyspnöe, Parese mit Ataxie und namentlich bei Katzen gegen das Ende des Lebens ähnliche Krampfformen wie bei Kaninchen. Die Pupillen sind bei Hunden wechselnd, bei Katzen stets sehr eng.

Dosen. Die Toxizität des Protoveratrins erreicht für Kaninchen das 25fache derjenigen des krystallisierten Veratrins (Cevadin). Der Toxizitätsunterschied bei Kalt- und Warmblütern trifft analog wie bei den übrigen Alkaloiden dieser Gruppe auch beim Protoveratrin zu.

Die letale Dosis für Frösche beträgt ca. 3 mg pro Kilo, für Kaninchen 0,1 mg pro Kilo. Katzen gingen nach subcutaner Injektion von 0,5 mg zugrunde. Ein großer Hund erlag nach 8 mg, bei zwei kleineren Tieren trat nach 0,2 resp. 0,35 mg zwar starke Vergiftung, danach aber Erholung ein. Genauere Bestimmungen der letalen Dosis für Hunde fehlen. Mäuse starben nach Vergiftung mit 0,0005—0,05 mg.

Bezüglich der Wirkungen auf das **Zentralnervensystem** sind erheblichere qualitative Unterschiede der Aconitine, des Veratrins und Protoveratrins nicht nachzuweisen. Auch das Protoveratrin setzt bei Fröschen die Funktion der spinalen Reflexapparate bis zur völligen Lähmung herab. Wird die eine hintere Extremität eines Tags zuvor decerebrierten Frosches vor der Vergiftung durch Ligatur von der Vergiftung ausgeschlossen, so ergibt nach der Vergiftung die Prüfung der Reflexe auf der unterbundenen Seite nach einem schnell vorübergehenden Stadium gesteigerter Erregbarkeit kontinuierliche Abnahme der Reflexe, bis sie schließlich ganz ausbleiben. Die auch nach dem Schwinden anderer Reflexe häufig noch persistierenden schwachen Kehlenreflexe deuten darauf hin, daß die der Atmung dienenden Zentra des Kopfmarkes langsamer und später der totalen Lähmung verfallen. Die Krampfsymptome sind bei protoveratrinisierten Fröschen zu inkonstant, als daß man sie mit Bestimmtheit auf zentrale Erregungswirkungen beziehen könnte.

Die Wirkungen des Protoveratrins auf das Zentralnervensystem der Warmblüter, sind, insoweit auf Grund der vorliegenden Untersuchungen ein Urteil erlaubt ist, gleichfalls nur quantitativ von denen des Veratrins und der Aconitine verschieden; das Protoveratrin steht aber in dieser Hinsicht den letzteren näher als dem Veratrin. Zur Vermeidung von Wiederholungen sei auf die betreffenden Kapitel verwiesen.

Die **peripheren sensibeln Nerven** werden bei Fröschen durch Protoveratrin gelähmt. Wird tags zuvor decerebrierten Fröschen nach Abschluß der Blutzirkulation von einem Beine das Gift unter die Haut des vor der Vergiftung bewahrten Unterschenkels injiziert, so sistieren allmählich die Reflexe, ohne daß motorische Lähmung auf der unterbundenen Seite eintritt; die Sensibilitätslähmung verschwindet nach einiger Zeit wieder.

Für Warmblüter wurde die örtlich anästhesierende Wirkung des Protoveratrins am Kaninchenauge nachgewiesen. Versuche an Menschen hatten kein sicheres Ergebnis.

Wirkung auf die Nervenstämme und die motorischen Nerven. In der Wirkung auf das am Stamme des N. ischiadicus geprüfte Leitungsvermögen (Erregbarkeit) für elektrische Reize ist Protoveratrin vom Cevadin qualitativ nicht verschieden; Protoveratrin wirkt aber in dieser Beziehung schwächer. Der Verfasser fand die Grenze der zur Maximalwirkung (Aufhebung des Leitungsvermögens) führenden Konzentration der Giftlösung bei $1 : 2.10^4$ (für Cevadin: $1 : 6.10^4$). Im Anfang der Wirkung scheint die Erregbarkeit gesteigert zu sein.

A. D. Waller verglich das elektrophysiologische Verhalten der Nn. ischiadici nach Vergiftung der Frösche mit ca. 0,5 mg Cevadin resp. Protoveratrin vom Lymphsack aus. Während ersteres unter diesen Bedingungen „comparatively speaking" keine Wirkung auf den Nerven hatte, verursachte Protoveratrin eine außerordentliche Verlängerung der negativen Schwankung des Aktionsstroms des gereizten Nerven, welche von einer nur geringen oder von keiner positiven Nachschwankung gefolgt war. Wiederholte Reizung führte zu rasch fortschreitender Abnahme und Erschöpfung des elektrischen Effektes.

Wirkung auf den Skelettmuskel. Nach W. Eden, der in der Regel die Muskeln vom Lymphsack aus vergifteter Frösche untersuchte, äußert sich die Muskelwirkung des Protoveratrins hauptsächlich darin, daß im Fortschreiten der Vergiftung die Leistungsfähigkeit und Reizbarkeit des Muskels bis zur Erschöpfung geschädigt werden; nach längerer Wirkungsdauer sind die Muskeln blutreicher als normal; ihre direkte Reizbarkeit wird selten schon während des Lebens total aufgehoben, schwindet aber mehr oder weniger rasch infolge rhythmischer Reizungen der Muskeln. Der auf diese Weise einmal für einen bestimmten Reiz erschöpfte Muskel kann nach Erholungspausen für den gleichen oder einen stärkeren Reiz wieder erregbar sein und eine neue Serie von Zuckungen ausführen; diese Ermüdungsreihen werden aber immer kürzer und schließlich reagiert der Muskel auch auf die stärksten Reize nicht mehr. Im lebend vergifteten Tier können sich verschiedene Muskelgruppen verschieden verhalten, z. B. die der vorderen Extremitäten noch reizbar sein, während die hinteren durch stärkere Bewegungen erschöpft, nicht mehr oder nur noch schwach reagieren. Es macht sich also bei fortgeschrittener Vergiftung ein schwächender Einfluß der Tätigkeit auf den Zustand des Muskels geltend. Im Anfang der Wirkung kleiner Dosen konstatierte W. Eden Zunahme der absoluten Muskelkraft sowie der Gesamtleistung des Muskels. Bei maximaler indirekter oder direkter Reizung waren die Zuckungshöhen anfangs vergrößert und trotzdem das Stadium der latenten Reizung gegen die Norm verlängert.

Isolierte Froschmuskeln verlieren in Protoveratrinlösungen allmählich die Reizbarkeit. Die schwächste Giftkonzentration, bei welcher dieser Effekt noch zu beobachten war, lag bei $1 : 10^4$; während er so erst nach ca. 15 Stunden erreicht wurde, führte ihn die höhere Konzentration von $1 : 10^3$ schon nach 4 Stunden herbei. Auch in dieser Beziehung wirkt demnach Protoveratrin schwächer als Cevadin, das noch in der Konzentration von $1 : 10^5$ den Muskel nach ca. 16 Stunden unerregbar macht.

Einer der wesentlichen Punkte, in welchem sich die Wirkungen von Cevadin und Protoveratrin voneinander unterscheiden, besteht nach W. Eden darin, daß, solange

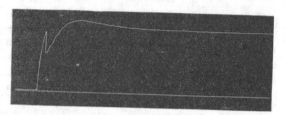

Abb. 6. Anfang der Zuckung eines Gatrocnemins, der 5 Minuten lang in einer Protoveratrinlösung von 1:3000 verweilt hatte. Öffnungsschlag R. A. 120.

die Muskeln noch gut erregbar sind, die Zuckungskurve des protoveratrinisierten Muskels keine auffallendere Abweichung von der Norm aufweist. W. Eden vergiftete in der Mehrzahl seiner Versuche die Muskeln des lebenden Tieres vom Lymphsack aus. Bei neuen Versuchen gelang es auch dem Verfasser (Boehm) nicht, auf diesem Wege ein anderes Resultat zu erzielen; als er aber Protoveratrinlösungen auf frisch präparierte normale Muskeln einwirken ließ, stellte sich heraus, daß unter gewissen Bedingungen auch der protoveratrinisierte Muskel die typische Veratrinzuckung gibt; man erhält sie nur dann, wenn man nach der Vergiftung (Immersion des Muskels in Protoveratrinlösung $1 : 10^4$, 20—60′ lang) Reizungen des Nerven oder Muskels, die Zuckungen auslösen können, vor der Prüfung des Präparates sorgfältig vermeidet. Die Reaktionsform des so protoveratrinisierten Muskels unterscheidet sich kaum von der des veratrinisierten. Der Anfangsteil einer zweigipfligen Protoveratrinzuckung ist in Abb. 6 abgebildet.

Häufig bewirkt nicht sogleich der erste, sondern erst der zweite oder dritte Reiz die typische Zuckung; die Reizstärke scheint die Kurvenform in gleicher Weise zu beeinflussen wie beim Cevadin. Ein wesentlicher Unterschied von letzterem besteht aber insofern, als die in der Zuckungsform ausgeprägte Abnormität bei der Protoveratrinwirkung äußerst vergänglich ist. Auch bei Einhaltung längerer Reizpausen wird die tonische Nachwirkung bei jeder späteren Reizung geringer, bis man überhaupt nur noch normale Zuckungen erhält. Letzteres pflegt auch der Fall zu sein, wenn ein Muskel länger als 3 Stunden in der Giftlösung verweilt hat. Vorherige Curarisierung beeinflußt die oben beschriebenen Wirkungen nicht. Die Tatsache, daß man nach der Vergiftung des lebenden Tieres mit Protoveratrin die typische Kurvenform vermißt, dürfte darauf beruhen, daß die positive Wirkungsphase, sei es infolge der Willkürbewegungen des Tieres, sei es infolge des Fortschreitens der Wirkung, schon mehr oder weniger vollständig wieder verschwunden ist.

Muskeln, die nach der Vergiftung mit Protoveratrin, sei es vom Lymphsack aus, sei es durch Immersion, keine „Veratrinzuckungen" mehr geben, reagieren in Pausen von 1—2 Minuten von je einem Momentanreiz getroffen, mit normalen Zuckungen; appliziert man aber, ca. alle 2 Sekunden sich folgend, mehrere gleichstarke Reize, so macht sich eine progressive Nachwirkung in zunehmenden Verkürzungsrückständen und durch Muskelflimmern bemerklich. Diese Nachwirkung kann so hohe Grade erreichen, daß der Muskel allmählich in klonische Krämpfe verfällt, die auch nach der Sistierung der Reize noch längere Zeit fortdauern können. Abb. 7 veranschaulicht diese Vorgänge: der Muskel verkürzt sich, ohne daß er weiter gereizt wird, sehr bedeutend und der Verkürzungskurve sind dicht gedrängte Flimmerzuckungen aufgesetzt.

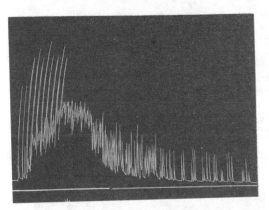

Abb. 7. Flimmerkrämpfe nach rhythmischer Reizung im Verlaufe der Protoveratrinwirkung; von * an ist kein Reiz mehr erfolgt.

Infolge andauernder rhythmischer Reizung verschwinden allmählich auch diese Nachwirkungen; man erhält nur noch normale, aber stetig bis zur Erschöpfung an Höhe abnehmende Zuckungen.

Die spezifische Muskelwirkung des Protoveratrins äußert sich also zunächst in gleicher Weise wie beim Veratrin in der „Veratrinzuckung"; während sie aber bei letzterem sehr lange stationär bleiben kann, nimmt sie bei Protoveratrin bald eine andere Form insofern an, als nun nicht mehr Einzelreize, sondern nur noch eine Reizfolge abnorme Reaktionen auslösen und die Nachwirkung außerdem einen ausgesprochen oscillatorischen Charakter annimmt.

Das Protoveratrin dokumentiert sich endlich nach den Untersuchungen von M. Henze[1]) auch dadurch als Muskelgift, daß es am isolierten Muskel fähig ist, einen Demarkationsstrom zu erzeugen.

Wirkung auf das Froschherz. Bei Beobachtungen am bloßgelegten Froschherz in situ sah W. Eden erst nach relativ großen Protoveratrinmengen (2 bis 3 mg) prägnantere Störungen der Herztätigkeit. Im Beginn der Wirkung kam mitunter Beschleunigung der Schlagzahl vor. In der Folge entwickelten sich die als „Herzperistaltik" bezeichneten Unregelmäßigkeiten, von Zeit zu Zeit durch diastolische Ventrikelpausen unterbrochen; etwas später stellte

[1]) M. Henze, Der chemische Demarkationsstrom in toxikologischer Beziehung. Archiv f. d. ges. Physiol. **92**, 451 (1902).

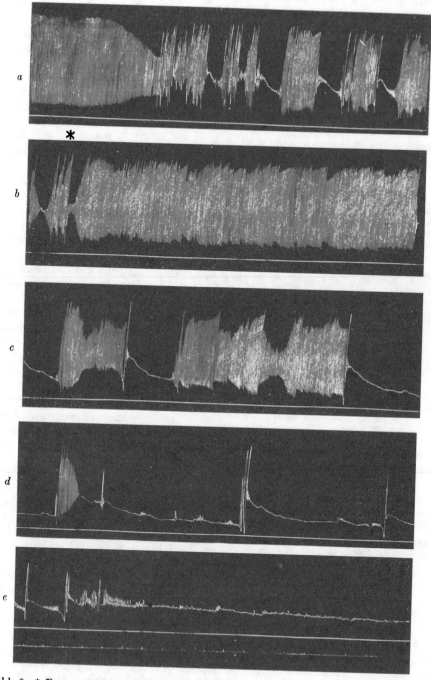

Abb. 8. * Protoveratrin 1:8000. Die Kurvenstücke *a—e* geben den Verlauf des ganzen Versuchs wieder, der 1 Std. 47 Min. dauerte. Auf der untersten Linie (Kurvenstück *e*) bedeuten die Marken Minuten.

sich gewöhnlich wieder ein etwas regelmäßigerer Kontraktionsmodus des
Herzens her, bei welchem meistens 2, zuweilen auch 3—4 Vorhofsschläge auf
eine Ventrikelsystole kamen. Unter Abnahme des Pulsvolumens erfolgte endlich Stillstand des Ventrikels, nach Dosen von 2—3 mg in Systole; die Tätigkeit der Vorhöfe überdauerte diejenige des Ventrikels oft stundenlang. Am
Williamsschen Apparate konnte auch das bereits stillstehende Herz durch
Hindurchleiten von giftfreier Zirkulationsflüssigkeit zu regelmäßiger Tätigkeit zurückgeführt werden.

Der Verfasser hat die Beobachtungen Edens durch einige neue Versuchsreihen ergänzt und gefunden, daß schon relativ kleine Giftmengen (0,2 bis
0,3 mg) zum Herzstillstand führen können, wenn man es vermeidet, durch
Fesselung der Tiere und Präparation des Herzens vor der Vergiftung die Resorption des Giftes zu beeinträchtigen und das Herz erst mehrere Stunden
nach der Vergiftung des freien unverletzten Tieres bloßlegt. Unter diesen
Umständen wurde nur diastolischer Herzstillstand beobachtet.

Versuche am suspendierten Herzen (Straubsche Kanüle) lehrten, daß
die Intensität der Herzwirkung des Protoveratins derjenigen des Cevadins
weit überlegen ist. Die maximale Protoveratrinherzwirkung (diastolischer
Stillstand) tritt als Endzustand der Vergiftung noch nach Einwirkung des
Giftes in der Konzentration von $1 : 10^5$ auf; nach $1 : 2.10^5$ kamen nur noch
Pausen der Herztätigkeit zur Beobachtung, $1 : 10^6$ war ohne jede Wirkung
(Cevadin ist schon $1 : 10^5$ unwirksam).

Bei der Konzentration

von $1 : 10^3$ erfolgte der Herzstillstand nach   7′
„ $1 : 5.10^3$ „   „   „   „   23′
., $1 : 10^4$ „   „   „   „   27′
„ $1 : 10^5$ „   „   „   „   70′

Höhere Giftkonzentrationen ($1 : 10^3$) bewirken bei zunächst unveränderter
Schlagzahl Abnahme der Amplituden und Zunahme des Tonus, worauf plötzliche Halbierung der Schlagzahl, dann unregelmäßig wühlende Systolen und
nach ca. 7 Minuten Stillstand erfolgt. Der Verlauf einer etwas weniger akuten
prolongierteren Vergiftung ist durch die Kurven der Abb. 8 wiedergegeben.

Auch hier zeigt sich zuerst bei normaler Frequenz Abnahme der Amplituden und geringfügige Tonuszunahme; zugleich mit der daran sich anschließenden Frequenzhalbierung setzen dann Schwankungen der Amplituden ein.
Die Ventrikeltätigkeit wird von nun an in unregelmäßigen Zeitintervallen von
diastolischen Pausen unterbrochen, die die Dauer von mehreren Minuten erreichen. Bei der nach dem Ablauf solcher Stillstände wiederkehrenden Bewegung erreichen die Systolen rasch wieder annähernd ihre normal-maximale
Amplitude, die aber während längerer Tätigkeitsperioden großen Schwankungen
unterworfen bleibt. Auch im späteren Verlauf der Vergiftung ist der Ventrikel
noch imstande, nach längeren Ruhepausen immer wieder maximale Kontraktionen zu leisten, wenn auch die Dauer der Tätigkeitsperioden gegenüber den
Pausen immer kürzer wird; schließlich erlahmt das Herz in Diastole.

Bei gleichzeitiger Registrierung der Vorhofs- und Ventrikelbewegungen
ist festzustellen, daß die Halbierung der Schlagzahl im Beginne der Vergiftung
auf dem Ausfall je einer Ventrikelsystole bei Fortdauer der normalen Schlagzahl der Vorhöfe beruht: am Ventrikel, dessen Systole und — vermutlich auch —
refraktäre Phase verlängert sind, schlägt je ein Vorhofsreiz fehl. Später können
auch, aber meist nur vorübergehend, mehrere Vorhofsreize (2—4) vom Ventrikel unbeantwortet bleiben. Während der Pausen der Herztätigkeit setzen

in der Regel die Vorhöfe ihre Arbeit im Normalrhythmus fort. Es kommt aber auch vor, daß bei völliger Ruhe der Vorhöfe nur der Ventrikel arbeitet oder daß beide Herzabschnitte zugleich pausieren.

In den früheren Stadien der Protoveratrinwirkung bieten die Verlängerung der Ventrikelsystole, die wenn auch wenig bedeutende Zunahme des Ventrikeltonus und die Frequenzänderung durch Ausfall von Ventrikelsystolen unverkennbare Analogien mit der Herzwirkung des Cevadin dar. Die sonst geschilderten Erscheinungen, insbesondere die periodischen langen Pausen der Herztätigkeit fehlen zwar auch am cevadinisierten Herzen nicht unter allen Umständen, gehören hier aber zu den Ausnahmen, während sie nach Protoveratrin regelmäßig auftreten. Sie deuten auf Störungen in den Vorgängen der Restitution, auf eine progressive Erschöpfbarkeit des Herzens hin. welcher eine Zeitlang die Fähigkeit zur Erholung gegenübersteht. Bemerkenswert ist, daß das Herz nach einer längeren Ruhepause meist auf einer steilen Treppe immer wieder zu annähernd maximalen Systolen mit regelmäßiger Schlagfolge zurückkehrt.

Wirkungen auf den Blutkreislauf der Säugetiere. Die von W. Eden an Kaninchen, Katzen und Hunden (die Tiere waren in der Regel durch Curarin immobilisiert) angestellten Versuche ergaben folgendes:

Bei intakten Vagi verursacht die erste intravenöse Injektion von 0,05 bis 0,1 mg Protoveratrin nach wenigen Sekunden Abnahme des Blutdrucks um 50—100 mm Hg, gefolgt von plötzlichem Wiederanstieg auf eine die normale um 40—50 mm übersteigende Höhe; zugleich wird die Pulsfrequenz um 20—30 Schläge pro Minute vermehrt. Einige Minuten später stellen sich Blutdruck und Pulsfrequenz wieder auf Werte ein, die etwas niedriger sind als die normalen. Die nunmehr wiederholte Applikation der gleichen kleinen Dosis bewirkt keinen Druckabfall mehr, sondern gewöhnlich eine nicht sehr erhebliche Steigerung des Blutdrucks und der Pulsfrequenz.

Die Injektion größerer Giftdosen (0,2 mg und darüber) ist gefolgt von Arhythmie der Herztätigkeit, großen Blutdruckschwankungen und in unregelmäßigen Zeitintervallen eintretenden Herzstillständen, welche die Dauer von 35 Sekunden erreichten und schon bei noch hohem Niveau des Blutdrucks vorkamen. Die Tiere sterben entweder während eines solchen Herzstillstandes oder aber nach langsamer stetiger Abnahme des Blutdrucks und der Pulsfrequenz, welch letztere ähnlich wie beim Frosche zuweilen periodenweise halbiert wird.

Nach vorhergehender beiderseitiger Vagotomie bleibt der primäre Druckabfall infolge der Injektion kleiner Giftmengen aus: Blutdruck und Pulsfrequenz steigen in diesem Falle unmittelbar. Vagusreizung hat schon in diesem Zustand relativ schwacher Vergiftung keinen hemmenden Einfluß mehr auf die Herztätigkeit, in der Regel hatte sie im Gegenteil Pulsbeschleunigung zur Folge. Diese Beseitigung resp. Umkehrung des Effekts der Vagusreizung ist vorübergehend, wird aber durch wiederholte Injektion einer kleinen Dosis von neuem hervorgerufen. Durch die Vergiftung mit größeren Dosen wird jede Wirkung der Vagusreizung definitiv aufgehoben.

Bei Kaninchen konnten die vasomotorischen Zentra schon während der schwachen Vergiftung mit kleinen Dosen durch Suspension der Atmung oder zentripetale Reizung sensibler Nerven nicht mehr reflektorisch erregt werden; bei Hunden und Katzen war dasselbe erst nach stärkerer Vergiftung der Fall. Bei einem Kaninchen mit durchschnittenem Halsmark stieg der Blutdruck nach Injektion von 0,05 mg stetig von 21 mm auf 36 mm und die Pulsfrequenz von 138 auf 246 pro Minute.

Der durch kleinere Giftmengen hervorgerufene primäre Druckabfall dürfte nach Edens auf eine Depressorwirkung zurückzuführen sein. Im übrigen zeigen die Resultate, daß die vasomotorischen Zentra anfangs gereizt und später gelähmt werden.

Die Wirkung des Protoveratrins auf die **Atmung der Warmblüter** gleicht, abgesehen von der wirksamen Dosis, in allen Einzelheiten so sehr den entsprechenden Wirkungen des Cevadins, daß in dieser Beziehung auf das Kapitel Cevadin verwiesen werden kann.

Wirkung auf die Körpertemperatur. Protoveratrindosen, die zu klein sind, um wahrnehmbare Vergiftungserscheinungen hervorzurufen, haben auch keinen merklichen Einfluß auf die Körpertemperatur. Dagegen sinkt die Körperwärme stets, sobald anderweitige Vergiftungssymptome vorhanden sind, mehr oder weniger je nach dem Grade der Intoxikation; in einem Falle mit tödlichem Ausgang sank die Temperatur bis auf 33' (Kaninchen). Auch die Wärmestichhyperthermie wurde nur dann erheblicher durch Protoveratrin beeinflußt, wenn das Alkaloid in Dosen verabfolgt wurde, die allgemeine Vergiftungserscheinungen hervorriefen.

Wirkung auf die Iris. Miosis tritt als Symptom der Protoveratrinwirkung bei Fröschen, Kaninchen und in besonders hohem Grade bei Katzen hervor. Bei Kaninchen wurde sie auch durch Instillation der Lösung von 0,2 mg in den Conjunctivalsack hervorgerufen.

Die Aconitingruppe.

Von

R. Boehm - Leipzig.

Mit 8 Textabbildungen.

Aconitin.

Chemie. Das Alkaloid, welchem der blaue Sturmhut (Aconitum napellus, L. Ranunculaceae) seine starke Giftwirkung verdankt, ist von Duquesnel[1]) und später von Wright und Luff[2]) im krystallisierten Zustand dargestellt worden, nachdem vorher unter dem Namen Aconitinum germanicum amorphe Präparate kursiert hatten, die wechselnde Gemenge verschiedener Basen und ihrer Zersetzungsprodukte waren und auf deren Verwendung zur pharmakologischen Untersuchung jedenfalls großenteils die weit auseinandergehenden Angaben der früheren Autoren über die Wirkungsweise des Aconitins zurückzuführen sind.

Die Formel und einige auf die Konstitution der krystallisierten Base bezügliche Daten sind zuletzt von M. Freund[3]) festgestellt worden. Hiernach ist Aconitin $C_{34}H_{47}NO_{11}$ als Acetyl-benzoyl-aconin anzusehen und spaltet sich bei der Hydrolyse nach der Gleichung

$$C_{34}H_{47}NO_{11} + 2\,H_2O = CH_3COOH + C_6H_5 \cdot COOH + C_{25}H_{41}NO_9$$

in Essigsäure, Benzoesäure und Aconin. Das sog. Pikraconitin von Wright und Luff ist Benzoylaconin. Aconitin sowie auch Aconin enthalten vier Methoxylgruppen (OCH_3).

Aconitin krystallisiert in rhombischen Prismen oder Tafeln oder auch in Nadelbüscheln, schmilzt bei 197—198°, ist fast unlöslich in Wasser und Ligroin, ziemlich wenig in absolutem Alkohol und Benzol, leicht löslich in Äther; in 3 proz. Lösung ist $[\alpha]\,j = +11°$ bei 23°.

Das Nitrat ($C_{34}H_{47}NO_{11} \cdot HNO_3 + 5\,H_2O$), das Goldsalz ($C_{34}H_{47}NO_{11}HCl$) $AuCl_3$ und andere Salze sind krystallisierbar.

Wirkung auf das Blut. Nach wiederholter (wenige Tage lang täglich) Vergiftung mit kleineren Aconitinmengen beobachteten Cash und Dunstan[4]) Abnahme der Erythrocyten und des Hämoglobingehaltes; das gleiche zeigte sich bei Fröschen. Beim Kaninchen dürfte dieser Effekt nicht auf eine direkte Blutwirkung, sondern auf die durch die Vergiftung bedingte Störung der Er-

---

[1]) Duquesnel, Compt. rend. **73**, 207 (1871).
[2]) Wright and Luff, Journ. Chem. Soc. **31**, 146 (1878).
[3]) M. Freund, Ber. d. deutsch. chem. Ges. **27**, 433, 720; **28**, 192, 2537. 1893—1895.
[4]) J. Th. Cash and Wyndham R. Dunstan, The Pharmakology of Pseudaconitine and Japaconitine considered in relation to that of Aconitine. Philosoph. Transact. **195**, 39 (1903).

nährung (Resorption der Nahrungsstoffe) zurückzuführen sein; beim Frosche liegt ihm vermutlich Hydrämie infolge vermehrter Wasseraufnahme von der Haut aus zugrunde. In gleicher Weise — zum Teil stärker — wirken auch Pseudaconitin und Japaconitin.

Ausscheidung. Daß krystallisiertes Aconitin im Harn des Kaninchens zum Teil unverändert ausgeschieden wird, konnte Hartung[1]) mit Hilfe der biologischen Methode nachweisen. Ein zweckentsprechend durch Ausschütteln hergestellter Auszug des Harns rief am isolierten Froschherz die charakteristischen Erscheinungen der Aconitinwirkung hervor; approximativ kann man — allerdings auf Grund von nur wenigen Beobachtungen — die unverändert ausgeschiedene Menge auf $1/_{45}$ der zur Vergiftung verwendeten schätzen.

Allgemeines Wirkungsbild. Frösche. Der Injektion der Giftlösung in einen Lymphsack oder in die Vena abdominalis folgt gewöhnlich sofort Unruhe, lebhaftes Umherspringen und stark vermehrte Hautsekretion; bald geraten die Muskeln des Rumpfes, später die der Extremitäten in starkes fibrilläres Zucken. Nach vorhergehendem wiederholten Aufsperren des Mauls wird zuweilen der Magen durch starke Kontraktionen der Flankenmuskulatur (Brechbewegungen) aus dem Maule hervorgetrieben; allmählich sistiert die Atmung, und ohne daß Krämpfe dazwischenkommen, stellt sich allgemeine Paralyse ein (Boehm und Wartmann)[2]). Einen Zustand allgemeiner Hemmung, wobei das Tier mit gesenktem Kopf und gekreuzten Vorderextremitäten einige Zeit in Ruhe verharrt, bezeichnen Cash und Dunstan als den gewöhnlichen ersten Effekt der Applikation größerer Giftmengen; nach kleineren beobachteten auch sie unmittelbar sehr lebhafte Springbewegungen; außerdem werden eigentümliche unsymmetrische Stellungen der Extremitäten, Drehung des Kopfes, Krümmung der Wirbelsäule als für die Aconitinwirkung charakteristisch hervorgehoben. Enthirnte oder nicht enthirnte Frösche, die nach der Vergiftung mit Aconitin (Pseudaconitin und Japaconitin wirken ebenso) mit einem Teil ihres Körpers längere Zeit unter Wasser sich befinden, werden stark ödematös und hydropisch — mehr als dies auch vielfach bei nicht vergifteten Tieren der Fall ist. Wahrscheinlich findet infolge noch unbekannter Veränderungen in der Haut eine vermehrte Resorption von Wasser statt; die Funktion der Nieren scheint nicht dabei gestört zu sein. Die hieraus entspringende Hydrämie ist vielleicht die Ursache, weshalb teilweise unter Wasser verweilende Frösche bei der Vergiftung rascher zugrunde gehen, als solche, die auf nur feuchter Unterlage liegen (Cash und Dunstan[3])).

Kaninchen. Im Beginn Schmerzensäußerungen infolge der Injektion, Hyperämie der Gefäße der Ohren, Kau- und Leckbewegungen, starker Speichelfluß, dann je nach der Dosis früher oder später die unten gesondert beschriebenen Atmungsbeschwerden, Harnentleerung, Hypersekretion der Conjunctiva, starke Mydriasis, fibrilläre Muskelzuckungen und progressive, in den hinteren Extremitäten beginnende Parese; dem Tode gehen oft, wenn auch nicht immer, meist ganz unvermittelt und plötzlich ausbrechende klonische Konvulsionen (Überschlagen, Schleuderkrämpfe u. dgl.) voraus. Als causa mortis wurde von Boehm und Wartmann Herzlähmung, von Aschamurow[4]) sowie auch von Cash und Dunstan Atmungslähmung angesehen. Offenbar

---

[1]) Archiv f. experim. Pathol. u. Pharmakol. **69**, 187.
[2]) R. Boehm u. L. Wartmann, Untersuchungen über die physiologischen Wirkungen des deutschen Aconitins. Verhandl. d. physikal.-mediz. Ges. Würzburg 1872.
[3]) Philosoph. Transact. **195**, 39 (1903).
[4]) Archiv f. Anat. u. Physiol. **1866**, 244.

kommen beide Todesarten bei Kaninchen vor. Daß man durch künstliche Atmung das Leben der Tiere zuweilen verlängern, sogar retten kann (Cash und Dunstan), hat neuerdings Hartung bestätigt und auch mehrmals konstatiert, daß die Atmung vor der Herztätigkeit sistierte. In anderen Fällen dagegen war es mehr als zweifelhaft, ob der Tod durch Asphyxie erfolgte. Hartung[1]) konnte wiederholt feststellen, daß bei ziemlich weit vorgeschrittener Besserung der Atmungsbeschwerden plötzlich Herzschwäche auftrat, die sich bisweilen durch Herzmassage wieder heben ließ, in anderen Fällen aber rasch zum Tode führte.

Bei Carnivoren kommt zu den soeben aufgezählten Symptomen noch oft wiederholtes Erbrechen hinzu. 0,025—0,03 mg pro Kilo intravenös, 0,05—0,1 mg pro Kilo per os bewirken in Versuchen von Eggleston und Hatcher bei Hunden nach wenigen Minuten zentral bedingtes Erbrechen. Leonides van Praag[2]) beobachtete an Hunden als Zeichen einer Depression der Großhirnfunktionen Apathie, geminderte Reaktion auf äußere Reize, Somnolenz.

Unter Leitung von C. D. Schroff[3]) sind 1854 mit verschiedenen Aconitpräparaten auch Versuche an Menschen angestellt worden, deren Ergebnisse mit Rücksicht auf die subjektiven Erscheinungen Interesse bieten. Es waren junge Ärzte, die sich selbst als Versuchsobjekte darboten; in den Dosen konnte natürlich eine mittlere Grenze nicht überschritten werden. Von Dosenangaben kann hier abgesehen werden, da es sich teils um Extrakte, teils um ein offenbar ziemlich schwach wirksames deutsches Aconitin handelte. Besonders hervorzuheben sind Sensibilitätsstörungen von zweierlei Art, die sich bei den Versuchspersonen regelmäßig einstellten und für den Menschen als diagnostisch wichtige Symptome der Aconitinvergiftung gelten dürfen. Einem Gefühle des Ziehens und der Spannung folgen dem Verlaufe der sensiblen Äste des N. trigeminus entlang sehr heftige neuralgische Schmerzen in der Kopfhaut und im Gesichte, etwas später außerdem Eingenommenheit des Kopfes und ein dumpfer allgemeiner Kopfschmerz, der mit Ohrenklingen und Schwindel verbunden durch geistige Arbeit gesteigert wird. An der Zungenspitze beginnend, in der Mundhöhle, an den Lippen, im Gesichte, den Fingerspitzen, Zehen, auf der Brust, am Bauch und Rücken treten Parästhesien (Kriebeln) auf. Im Anfange der Wirkung bestand intensives Wärmegefühl, später das Gegenteil; Erbrechen war selten; die sonstigen Erscheinungen entsprachen im allgemeinen den an höheren Tieren beobachteten.

Gewöhnung. Die Angaben von Cash und Dunstan, wonach tägliche wiederholte Gaben von Aconitin eine gewisse Steigerung der Toleranz von Kaninchen gegen das Gift zur Folge haben, die sich besonders in schwächerer Entwicklung der Atmungsstörungen kundgibt, bestätigte neuerdings Hartung[4]) auch bei Kaninchen mit in kürzeren Zeitintervallen wiederholten Injektionen gleicher oder steigender Aconitindosen. Folgten die Injektionen in Intervallen aufeinander, die kürzer als $1\frac{1}{2}$ Stunde waren — z. B. 1 Stunde, so trat zuweilen Summierung der Wirkung ein. Als Hauptresultat ergab sich, daß die Resistenz soweit gesteigert werden kann, daß das anderthalbfache der sonst letalen Dosis ertragen wird, ohne daß lebensgefährliche Vergiftungserscheinungen zustande kommen.

[1]) Archiv f. experim. Pathol. u. Pharmakol. **69**. 1912.
[2]) Virchows Archiv **7**, 438 (1854).
[3]) C. D. Schroff, Einiges über Aconitum in pharmakognostischer, toxikologischer und pharmakologischer Hinsicht. Prager Vierteljahrsschr. **42**, 129.
[4]) Archiv f. experim. Pathol. u. Pharmakol. **69**. 1912.

Dosen. Genauere Bestimmungen der letalen Dosis des krystallisierten Aconitins verdanken wir Cash und Dunstan. Bei subcutaner Einverleibung des Giftes beträgt sie für:

Frösche (Temporaria) a) im Frühjahr . . 0,000586 g pro Kilo
b) im Sommer . . 0,0014 ,, ,, ,,
Kaninchen . . . . 0,000131 ,, ,, ,,
Meerschweinchen . . . . . 0,000112—0,000123 ,, ,, ,,

Bei Katzen betrug sie in 3 Versuchen einmal (nicht ätherisiertes Tier) 0,0004 g; bei zwei ätherisierten 0,000134 resp. 0,000312 g. 0,035 mg pro Kilo intravenös töteten einen Hund nach $20\frac{1}{2}$ Minuten (Eggleston und R. A. Hatcher[1]).

D. Meyer, der einer Selbstvergiftung erlag[2]), starb nach 0,004 g; ein Pferd, an welchem R. Kobert[3]) experimentierte, nach 0,003 g. Über die quantitativen Verhältnisse der Wirkung auf isolierte Organe sind die betreffenden Abschnitte zu vergleichen.

Zentrales Nervensystem; sensible Nerven. Liegeois[4]) und Hottot beobachteten, daß aconitinisierte Frösche auf sensible Reize nicht mehr reagieren zu einer Zeit, wo noch Willkürbewegungen stattfinden können, und daß auch die Reflexe vor den Spontanbewegungen aufgehoben sind; die Reihenfolge der hauptsächlich vom Zentralorgan abhängigen Störungen wäre demnach: Aufhebung 1. der Atmung, 2. der Sensibilität, 3. der Reflexerregbarkeit, 4. der Willkürbewegungen. Diese auf den ersten Blick etwas befremdlichen Angaben der französischen Autoren sind im wesentlichen von Ringer und Murell[5]) sowie von Cash und Dunstan bestätigt worden. Die Reizung der sensiblen Nerven durch Injektion von Aconitinlösungen unter die Haut führt entweder zu einer Art reflektorischen Shok (Hemmung aller Bewegungen) oder löst unmittelbar lebhafte Willkürbewegungen aus; bald darauf nimmt die Sensibilität der Haut ab: die sensiblen Nerven werden dabei nach Cash und Dunstan in ihrer Funktion stark „deprimiert". (Durch Aufpinseln von Aconitinlösung auf die Froschhaut wird diese ganz anästhetisch.) Bei der Prüfung der Reflexerregbarkeit nach der Türckschen Schwefelsäure-Methode konstatierten schon R. Boehm und Wartmann an Esculenten progressive Abnahme der Reflexerregbarkeit, gleichviel ob das Rückenmark unterhalb der Halbkugeln vorher durchschnitten worden war oder nicht. An enthirnten Tieren, deren eine hintere Extremität durch Ligatur von der Giftzufuhr ausgeschlossen war, fanden dann später Cash und Dunstan mit Hilfe der gleichen Methode, daß an dem dem Gifte zugänglichen Beine die Reflexe bald schwächer wurden und aufhörten, während auf der unterbundenen Seite auch nach Vergiftung mit großen Dosen die Reflexerregbarkeit sich relativ nur wenig beeinflußt zeigte; hiernach würde die Beteiligung der peripheren sensiblen Nerven an der Reflexdepression kaum zu bezweifeln sein. Auch die Angabe von Liegeois und Hottot, daß die willkürlichen Bewegungen die Reflexe überdauern können, bestätigen Cash und Dunstan mit dem Zusatz, daß an Extremitäten, die von der Giftzufuhr ausgeschlossen sind, häufig das Gegenteil der Fall ist.

---

[1]) C. Eggleston and R. A. Hatcher, The seat of the emetic action of various drugs. Journ. Pharmakol. and Therap. **7**, 247 (1915).
[2]) Bussher, Berl. klin. Wochenschr. **1880**, 338 u. 356.
[3]) R. Kobert, Lehrbuch der Intoxikationen. II. Aufl., 2. Bd., S. 1145.
[4]) Liegeois et Hottot, Action de l'aconitine sur l'économie animale. Journ. de la Physiol. de l'homme etc. Brown-Séquard **4**, 521 (1861).
[5]) S. Ringer and W. Murell, Concerning the action of Aconitia on the nervous and muscular system of frogs. Journ. of Physiol. **1**, 232. 1879.

Die angeführten experimentellen Resultate geben keinen sicheren Aufschluß darüber, in welchem Grade und Umfang die verschiedenen Teile des Zentralorgans von der Wirkung des Aconitins ergriffen werden. Sehr wahrscheinlich ist es, daß sie vom Großhirn abwärts alle — im Gehirn und Rückenmark die sensible Sphäre vielleicht mehr als die motorische — beteiligt sind und daß, solange bei den gleichzeitig bestehenden schweren Störungen der Atmung und Zirkulation zuverlässige Beobachtungen überhaupt möglich sind, weder das Gehirn noch die Medulla oblongata und das Rückenmark ganz vollständig gelähmt werden.

Am Warmblüter qualifiziert sich wie das Veratrin und Protoveratrin so auch das Aconitin in erster Linie als Gift für die Zentra in der Medulla oblongata (Respirationszentrum, Brechzentrum, vielleicht Krampfzentrum); zugleich treten, insbesondere nach den Beobachtungen am Menschen, Beziehungen zu der sensiblen Sphäre unverkennbar zutage, die leider der experimentellen Analyse vorläufig noch kaum zugänglich sind.

Wirkung auf die Nervenstämme und die intramuskulären Nerven. Die älteren Angaben über das Verhalten der Nervenerregbarkeit bei der Aconitinwirkung gehen ziemlich weit auseinander; während sie Ascharumow, Weyland und Plugge[1]) stark herabgesetzt oder auch ganz aufgehoben fanden, konnten R. Boehm und Wartmann an Esculenten mit deutschem Aconitin keine Lähmung erzielen; später ist es R. Boehm und Ewers mit dem gleichen amorphen Präparat an Temporarien gelungen. Krystallisiertes Aconitin wirkte lähmend in Versuchen von Anrep und auch von Gréhant und Duquesnel[2]); Cash und Dunstan erzielten nur bei Anwendung sehr großer Dosen Herabsetzung der Erregbarkeit. Diese wechselnden Resultate sind nur zum Teil durch die Reinheits- und Wirksamkeitsunterschiede der benutzten Aconitinpräparate bedingt, sie dürften auch darauf beruhen, daß bei Versuchen am lebenden Frosch die für das Zustandekommen der spezifischen Nervenwirkung erforderliche Giftkonzentration des Blutes je nach der Lebensfrische der Tiere verschieden spät oder gar nicht erreicht wird.

Cash und Dunstan hatten schon bei Immersionsversuchen (Nervmuskelpräparate wurden in die Giftlösung versenkt) konstatiert, daß der Nerv viel früher als der Muskel gelähmt wird. C. Hartung[3]) hat dann nach der im Leipziger pharmakologischen Institut üblichen Methode[4]) dem Gegenstand eine eingehendere Untersuchung gewidmet. Das Gift (krystallisiertes Aconitin) wurde in Ringerscher Flüssigkeit gelöst; die Einwirkung geschah entweder direkt auf den Nervenstamm oder indirekt auf die intramuskulären Nerven von der Oberfläche des Muskels aus, wobei natürlich nur der Muskel (Gastrocnemius) in das Giftbad kam.

Die Nervensubstanz ist für das krystallisierte Aconitin höchst empfindlich. Noch in der Konzentration von $1 : 2.10^6$ bis $1 : 4.10^6$ wird, wenn auch erst nach 8—21 Stunden, die elektrische Reizbarkeit der motorischen Nerven aufgehoben. Die Abhängigkeit der bis zum Maximum der Wirkung erforderlichen Zeit von der Konzentration der Giftlösung ergibt sich übersichtlich aus beifolgender Tabelle, aus welcher außerdem zu entnehmen ist, daß es wenig aus-

---

[1]) Plugge, Virchows Archiv **87**.

[2]) Gréhant et Duquesnel, Compt. rend. **1873**, 209.

[3]) C. Hartung, Die Wirkung des krystallisierten Aconitin auf den motorischen Nerv und auf den Skelettmuskel des Kaltblütlers. Archiv f. experim. Pathol. u. Pharmakol. **66**, 58 (1911).

[4]) R. Boehm, Zwei kleine Apparate für Froschversuche. Archiv f. experim. Pathol. u. Pharmakol. **63**, 156. 1910.

macht, ob die Einwirkung auf den Nervenstamm (am proximalen Ende) direkt oder indirekt von der Oberfläche des Muskels aus auf die intramuskulären Nerven stattfindet.

Tabelle.

Konzentration der Giftlösung	Das Maximum der Wirkung trat ein in ? Minuten a) direkte Applikation	b) indirekte Applikation
$1 : 5.10^2$	15	19
$1 : 10^3$	26	32
$1 : 10^4$	49	54
$1 : 10^5$	180	225
$1 : 4.10^5$	465	577
$1 : 10^6$	1100	1260
$1 : 4.10^6$	—	1225

Bei direkter Applikation stärkerer Aconitinlösungen auf das proximale Ende des N. ischiadicus hat es den Anschein, als ob der Lähmung des Nerven eine positive Phase der Erregbarkeitssteigerung vorausginge; es wurde wiederholt und zwar nur bei Verwendung der höheren Konzentrationen von $1 : 5.10^2$ bis $1 : 10^3$ eine Herabsetzung der Reizschwelle konstatiert. Bekanntlich sind analoge Veränderungen der Erregbarkeit auch am proximalen Ende des normalen Nerven zu beobachten. Es ist aber nicht wahrscheinlich, daß die Versuchsresultate Hartungs ausschließlich hierdurch bedingt waren; einerseits ist schon betont worden, daß die fragliche Wirkung nur durch konzentriertere Aconitinlösungen hervorgerufen wurde, andererseits waren die Differenzen wenigstens in mehreren Fällen viel größer als am normalen Nerven; so sank beispielsweise in drei Versuchen die Reizschwelle vom Rollenabstande

325 mm in 3 Minuten auf 380 mm, von
328 ,, ,, 2 ,, ,, 445 ,, von
298 ,, ,, 4 ,, ,, 360 ,, .

Hartung macht außerdem darauf aufmerksam, daß der Zeitpunkt, in welchem die Reizschwelle ihr Minimum erreichte, häufig zusammentraf mit dem Eintritt der Erregungserscheinungen, die bei indirekter Applikation des Giftes am Muskel sich zu erkennen geben (vgl. unten). Auch am distalen Ende des Nerven kommt — aber später als am proximalen — möglicherweise infolge fortschreitender Diffusion des Giftes nicht selten Steigerung der Erregbarkeit vor. Im Momente der totalen Lähmung des proximalen Endes war in der Regel das distale Ende noch im Zustande gesteigerter oder normaler Erregbarkeit.

Langley und Dickinson[1]) wiesen die Wirkung des Aconitin auch an den Nerven des Kaninchens nach; sie scheint von der Art der Nervenfasern unabhängig zu sein und zeigte sich sowohl an den markhaltigen sympathischen Fasern als auch an den marklosen unterhalb des Ganglion cervicale super., an den afferenten und efferenten Vagusfasern und am Nervus cruralis. An dünnen Nerven genügt die lokale Applikation der 0,25—0,5 prozentigen Aconitinnitratlösung, um die Erregbarkeit des Nerven aufzuheben.

Die Entgiftung durch Aconitin unerregbar gewordener N. ischiadici resp. die Wiederherstellung ihrer Erregbarkeit durch Auswaschen mit Ringerscher Flüssigkeit gelang Hartung nicht; Langley und Dickinson bemerken, daß die Erholung der Nerven, die sie innerhalb des lebenden Tieres beobachteten, sehr langsam erfolge.

---

[1]) N. Langley and L. Dickinson, Action of various poisons upon nerve-fibres and peripherical nerve-cells. Journ. of Physiol. **11**, Suppl. 509. 1890.

A. D. Waller[1]) untersuchte den Einfluß von Aconitin und Aconin auf die negative Schwankung des Aktionsstromes an isolierten Nerven, auf welche die betreffenden Alkaloide in Lösungen von 0,33—1,0% eine Minute lang eingewirkt hatten; während sich hierbei das Aconin als unwirksam erwies, sank die Ablenkung bei der Prüfung des aconitinisierten Nerven in kurzer Zeit bis auf 0.

Angesichts der mitgeteilten Tatsachen kann man nicht mehr an der Annahme festhalten, daß die Wirkung des krystallisierten Aconitins auf den Nervmuskelapparat in die Kategorie der Curarinwirkungen gehört; sie unterscheidet sich von letzteren fundamental darin, daß bei ihr die Nervenstämme und jedenfalls auch die intramuskularen Nervenäste in hohem Maße beteiligt sind. Ob zugleich die für die Gifte der Curaringruppe spezifisch empfindlichen Apparate zwischen Nerv und Muskel vom Aconitin beeinflußt werden, läßt sich natürlich experimentell vorläufig nicht entscheiden. Bei indirekter Einwirkung lähmt Aconitin (1 : 10³) die intramuskulären Nerven etwas rascher als Curarin die Nervenendapparate. Die Grenzkonzentration der Wirksamkeit ist bei indirekter Applikation für Aconitin und Curarin annähernd gleich.

Wirkung auf den Skelettmuskel. Im Verlaufe der Aconitinwirkung zeigen sich, wie schon oben erwähnt, an lebenden Fröschen ziemlich konstant und mehr oder weniger andauernd fibrilläre Zuckungen der Skelettmuskeln; sie treten auch dann auf, wenn man Nervmuskelpräparate in aconitinhaltige Ringersche Flüssigkeit versenkt; Cash und Dunstan bemerken, daß hierbei das Flimmern (Fibrillation) bei einer gewissen Aconitinkonzentration entweder ohne weiteres oder erst nach vorhergehender elektrischer Reizung sich einstellte. Hartung fand das gleiche an den Muskeln von R. esculenta. Das Flimmern trat aber nur bei Konzentrationen von 1 : 10² bis 1 : 10³ präzis auf und war meist nicht von langer Dauer; da es nach vorheriger Vergiftung des Muskels mit Curare (Cash und Dunstan) oder Curarin (Hartung) stets ausbleibt, ist es wohl auf die Erregung der intramuskulären Nerven zurückzuführen (Aconin wirkt nach Cash und Dunstan in gleichem Sinne wie Curare).

Die Angaben der älteren Autoren über die Kurvenform des mit Aconitin vergifteten Froschmuskels widersprechen sich zum Teil. Weyland[2]) sowie Buchheim und Eisenmenger[3]) erhielten verlängerte, der Veratrinzuckung ähnliche Kontraktionen, Boehm und Wartmann und Murray[4]) dagegen normale Zuckungen; Cash und Dunstan konnten — wie es scheint an Temporarien — selten (bei Vergiftung vom Kreislauf aus) Verlängerung der Zuckungskurve (mit Verzögerung der Erschlaffung) und nur zweimal (Immersionsmethode) zweigipflige Zuckungskurven beobachten.

Bei den Versuchen Hartungs (ausschließlich Immersionsmethode) gaben sich geringfügige Störungen des Zuckungsverlaufes bei Verwendung der Giftkonzentrationen von 1 : 4.10⁵ aufwärts häufig in mehr oder weniger deutlichen Verkürzungsrückständen zu erkennen. Auffallendere Abnormitäten im Ablauf der Muskelzuckung kamen nur als Wirkung der stärkeren Giftkonzen-

---

[1]) A. D. Waller, Action upon isolated nerve of Anaestheticis, Sedatives and Narcotics. Brain 19, 569. 1896.

[2]) Weyland, Vergleichende Untersuchungen über Veratrin, Sabadillin, Delphinin, Emetin, Aconitin, Sanguinarin und Chlorkalium. Eckhards Beitr. z. Anat. u. Physiol. 5, 1. 29.

[3]) R. Buchheim u. Eisenmenger, Die Gruppe des Curarins. Eckhards Beitr. z. Anat. u. Physiol. 5, 179.

[4]) Murray, Philadelphia Med. Times 1878; zit. nach Cash u. Dunstan, Philosoph. Transact. 190—191, 240.

trationen von $1 : 5.10^2$ bis $1 : 10^3$ vor und zwar bei Esculenten unter 20 Versuchen 9 mal, bei Temporarien unter 4 Fällen 3 mal. Letztere Spezies hat also auch in dieser Beziehung die höhere Empfindlichkeit.

Es handelt sich in der Hauptsache um zweigipflige Zuckungen mit normaler primärer und prolongierter, unter vielfachen wellenförmigen Schwankungen ablaufender sekundärer Zuckung. Je nach der Höhe des Erregungszustandes ist die primäre Zuckung durch eine seichtere oder tiefere Einsenkung von der sekundären getrennt: das Maximum der Anomalie stellt auch hier wie bei der Veratrinzuckung die verschmolzene Kurvenform dar.

Die Abbildungen zeigen, daß der durch den Momentanreiz ausgelösten normalen stets eine spontane sekundäre Zuckung folgt — also den zweigipfligen Typus. Bei abnehmender Erregung erfolgten die sekundären Zuckungen immer später, waren nur noch rudimentär und verschwanden schließlich ganz. Die beschriebene charakteristische Kurvenform war stets nur einige Minuten lang und nur dann zu erhalten, wenn der Muskel nur etwa eine Minute lang im Giftbade verweilt hatte. Von vorher curarinisierten Muskeln wurden stets nur normale Zuckungen erhalten, so daß es den Anschein gewinnt, daß man es auch bei dieser scheinbaren Muskelwirkung mit einer Nervenwirkung, wahrscheinlich mit einer Anomalie des Erregungsvorganges zu tun hat, ähnlich der, die für die Veratrinwirkung durch die elektrophysiologische Untersuchung nachgewiesen ist — nur daß hier beim Aconitin die kontraktile Substanz gar nicht beteiligt zu sein scheint.

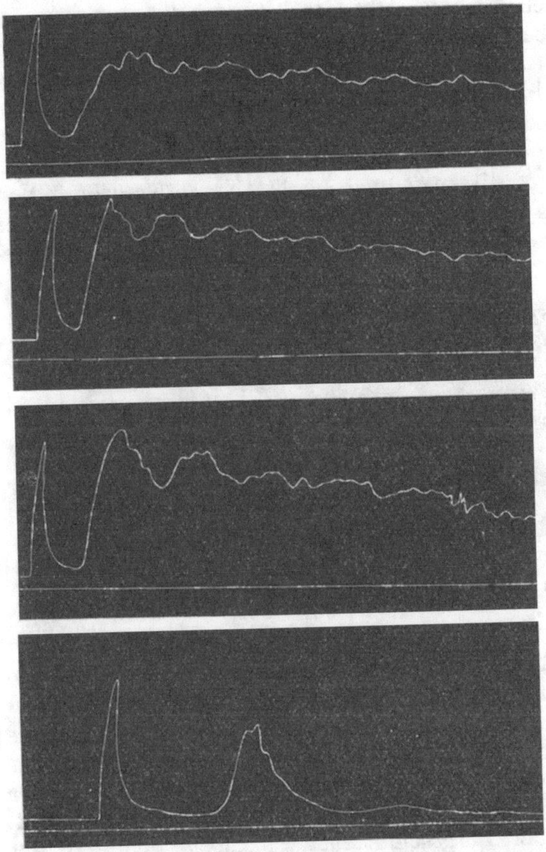

Abb. 1. R. esculent. Gastrocnemius 1 Min. in Aconitin 1 : 1000. Doppelkontraktionen nach je einem elektrischen Reiz (Öffnungsstrom R. A. 80): primäre (normale) und sekundäre (spontane) Muskelzuckung. Abb. 1 a: 3 Min. Abb. 1 b: 4 Min. (Maximum der Erregung), Abb. 1 c: 5 Min. Abb. 1 d: 6 Min. nach Giftzufuhr.

Nach längerem Verweilen im Giftbade wird der Muskel auch für direkte Reize unerregbar. Die Grenzkonzentration für die Maximalwirkung liegt hier höher als für den Nerven bei $1 : 2.10^5$ bis $1 : 4.10^5$. Bei Verwendung mittlerer Konzentrationen wird das Maximum in 3—5 Stunden erreicht; bei den höchsten Konzentrationen genügt es, den Muskel nur kurze Zeit in die Giftlösung einzutauchen. Durch anhaltendes Auswaschen mit Ringerscher Flüssigkeit können nicht allzu stark mit Aconitin vergiftete unerregbare Muskeln wieder erregbar werden. Auf alle Fälle ergibt sich, daß der Nerv dem Aconitin gegen- über weitaus empfindlicher ist als die kontraktile Substanz des Muskels.

Wirkung auf das Froschherz. Am Froschherz in situ experimentierten mit deutschem Aconitin Ascharumow[1]), R. Boehm[2]), Lewin[3]), Giu- lini[4]) und v. Anrep[5]), welch letzterer außerdem auch die krystallisierte Base (Duquesnel) mit heranziehen konnte. Alle diese Autoren konstatierten im Anfang der Vergiftung vorübergehende Beschleunigung des Herzschlags und je nach der Größe der Dosis früher oder später diastolischen Stillstand des Herzens. R. Boehm unterschied das Stadium der Beschleunigung, der Herz- krämpfe (Delirium cordis, Inkoordination) und des Herzstillstandes, bei welchem immer der Ventrikel längere Zeit vor. den Vorhöfen zu schlagen aufhört. v. Anrep nimmt außer den quantitativen auch qualitative Differenzen in den Wirkungen der amorphen und der krystallisierten Base an, bezüglich welcher aus seiner Abhandlung nichts Genaueres zu entnehmen ist. Auch die Be-

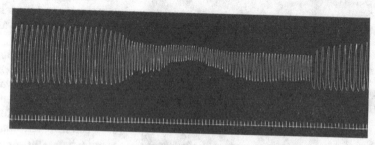

Abb. 2.   Aconitin 1:10⁵.   Erstes Ventrikelerregungsstadium

obachtungen von Cash und Dunstan[6]) (krystallisiertes Aconitin) am Froschherz in situ bestätigen im wesentlichen den oben gekennzeichneten Ver- lauf der Giftwirkung. Im Anfang des Beschleunigungsstadiums fanden sie noch die normale Schlagfolge der beiden Herzabschnitte — später folgte aber Inkoordination, die auf Störungen der Reizleitung (Blockierung) resp. der Fortpflanzung der Kontraktionswelle von den Autoren zurückgeführt wird. Bei Perfusionsversuchen an der ausgeschnittenen Herzspitze fehlte in der Regel die „inkoordinierte Systole"; es war Zunahme der Erregbarkeit des Organs an vermehrter Tendenz zu spontanen Bewegungen zu erkennen, später Abnahme der Ventrikelamplituden und Stillstand. Nur ausnahmsweise bei

---

[1]) D. Ascharumow, Untersuchungen über die toxikologischen Eigenschaften des Aconitin. Archiv f. Anat. u. Physiol. **1866**, 254.

[2]) R. Boehm, Studien über Herzgifte. Würzburg 1872.

[3]) Lewin, Experimentelle Untersuchungen über die Wirkung des Aconitins auf das Herz. Diss. Berlin 1875.

[4]) P. Giulini, Experimentelle Untersuchungen über die Wirkung des Aconitins. Erlangen 1876.

[5]) B. v. Anrep, Versuche über die physiologischen Wirkungen des deutschen, eng- lischen und Duquesnelschen (krystallinischen) Aconitins. Archiv f. Anat. u. Physiol. **1880**, Suppl. 161.

[6]) J. Th. Cash and Wyndham R. Dunstan, The pharmakology of Aconitine, Diacetylaconitine, Benzacoine and Aconine considered in relation to their chemical con- stitution. Philosoph. Transact. (London) **190**, 239. 1899.

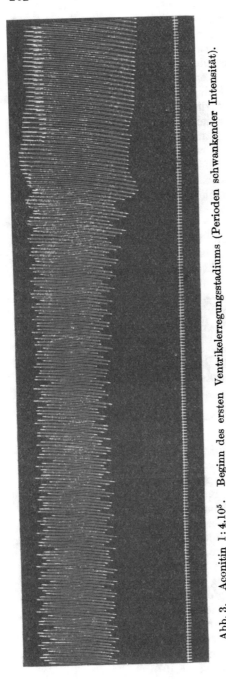

Abb. 3. Aconitin 1:4.10⁵. Beginn des ersten Ventrikelerregungsstadiums (Perioden schwankender Intensität).

höherer Lage der Ligatur in der Ario-ventrikularfurche[1]) zeigte sich Inkoor-dination. Bigemini kamen häufig im Übergangsstadium von rascher zu lang-samer Frequenz vor.

Eine genauere Analyse der Wir-kung des krystallisierten Aconitins am isolierten Herz von R. esculenta hat C. Hartung[2]) ausgeführt; er bediente sich dabei — zur alleinigen Registrie-rung der Kammertätigkeit — des nach der Methode von W. Straub an einer zugleich als Giftbehälter dienenden Glaskanüle suspendierten Ventrikels; zur gleichzeitigen Registrierung der Vor-hofs- und Kammerbewegungen wurde ein nach Angabe von R. Boehm kon-struierter Apparat verwendet.

Von Hartung ist die Dosierung des Giftes in einwandfreier Weise durch-geführt. Das Gift war in Ringerscher Flüssigkeit gelöst und die Dosis wurde nach der Aconitinkonzentration dieser Lösung bestimmt, die bei der Unter-suchungsmethode am ganzen Herzen durch die beiden Herzabschnitte durch deren eigene Tätigkeit hindurchgetrie-ben wurde. Die Grenze der wirksamen Konzentration lag etwa bei 1 : 10⁶. Die Wirkung setzte nach einer je nach der Giftkonzentration verschieden lan-gen Inkubationsperiode (bei 1 : 10⁵ nach 3—4′; 1:4.10⁵ nach 10—11′; 1:8.10⁵ nach 26′; 1 : 10⁶ nach 36—36′) ein, fast ausnahmslos mit einer Periode der Beschleunigung der Schlagfolge, meist plötzlich, nur ausnahmsweise nach rasch vorübergehenden Prodromalerscheinun-gen, und erreichte in extremen Fällen bei niedriger Normalfrequenz das 7,4-fache der letzteren; bei höherer Nor-malfrequenz variierte der Beschleuni-gungskoeffizient zwischen 1,8—3,6; nur 8 mal unter 49 Versuchen war die Maximalfrequenz ein ganzes Vielfaches der Normalfrequenz. Bei höheren Gift-

    ¹) Da die Autoren wiederholt von spontanen Ventrikelbewegungen bei diesen Ver-suchen sprechen und nicht erwähnt ist, daß das Herz durch elektrische Reizung in einen künstlichen Rhythmus versetzt wurde, dürfte wohl die Ligatur immer an der oberen Ventrikelgrenze angelegt worden sein.
    ²) Curt Hartung, Die Wirkung des krystallisierten Aconitin auf das isolierte Frosch-herz. Archiv f. experim. Pathol. u. Pharmakol. **66**, 1. 1911.

konzentrationen wird das Maximum der Beschleunigung schneller erreicht als bei niedrigeren; mit zunehmender Schlagzahl vermindert sich entweder nur die Schlaghöhe oder es zeigen sich — insbesondere bei allmählicherer Beschleunigung — Extrasystolen mit oder ohne kompensatorischer Pause und zugleich periodische Schwankungen der Kontraktionsamplitude.

Wo die kompensatorische Pause fehlt, bildet sich in diesem Stadium häufig eine alternierende Schlagfolge aus, die Hartung als Pseudoalternation oder kontinuierliche Bigeminie charakterisiert. Bei fortschreitender Beschleunigung können sich auch 2, sogar 3 Extrasystolen einer Hauptsystole anschließen. Herzen mit abnorm niedrigem Ursprungsrhythmus zeigen öfters zunächst Beschleunigung unter fortschreitender Verkürzung des V.s.—V.s. [1])-Intervalls, Abkürzung des Kontraktionsablaufes und progressiver Abnahme der Amplitude; erst später bei Extrasystolenbildung mit stärkerer Beschleunigung stellen sich dann periodische Intensitätsschwankungen, insbesondere Alternation ein.

Auf das Maximum der Beschleunigung folgt gewöhnlich eine Periode der Inkoordination der V.s.; auch während dieses Stadiums findet Hartung die Zahl der Herzimpulse, wenn sie auch nicht ganz zuverlässig gezählt werden

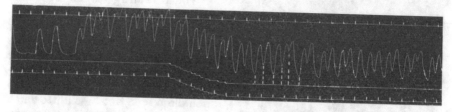

Abb. 4. Aconitin 1:4.10⁵. Beginn des ersten Ventrikelerregungsstadiums. Bigemini und Trigemini mit (verkürzter) kompensatorischer Pause.

können, noch bedeutend vermehrt. Häufig gehen Beschleunigung und Inkoordination ohne scharfe Grenze ineinander über oder es sind eine Anzahl regelmäßiger frequenter Systolen von Gruppen inkoordinierter Kontraktionen unterbrochen; auch kann die Inkoordination am Ende des ersten Erregungsstadiums wieder einem andauernden beschleunigten und regelmäßigen Rhythmus Platz machen. Zuweilen fehlte — unabhängig von der Giftkonzentration — das Stadium der Inkoordination ganz, hier und da war es durch vorübergehende systolische Ventrikelstillstände unterbrochen.

In seinen meisten Versuchen beobachtete Hartung nicht bloß eine, sondern mehrere Erregungsperioden (Beschleunigung mit darauffolgender Inkoordination), die von Perioden langsamerer Schlagfolge unterbrochen waren, bis endlich (nach Verwendung konzentrierterer Giftlösungen) definitiver oder vorübergehender Herzstillstand eintrat. Die Dauer des ersten Erregungsstadiums schwankte in weiten Grenzen zwischen 2—33' und war bei sehr starker (1 : 10⁴) und ganz schwacher (1 : 10⁶) Konzentration im Durchschnitt kürzer als bei den mittleren Konzentrationen (1 : 4.10⁵ bis 1 : 6.10⁵).

Nach Ablauf der ersten Erregungsperiode kehrt der Ventrikel in der Regel (40 : 30) zu seiner ursprünglichen Schlagfolge zurück; dies geschieht nur ausnahmsweise allmählich — gewöhnlich erfolgt plötzlicher Frequenzwechsel, entweder Halbierung (Abb. 6) oder ein sprungweiser Abstieg in den Etappen

---

[1]) Hier und im folgenden bedeutet V.s.: Ventrikelsystole; A.s.: Vorhofssystole.

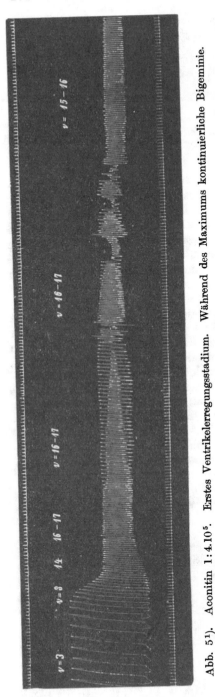

Abb. 5[1]). Aconitin 1:4.10⁵. Erstes Ventrikelerregungsstadium. Während des Maximums kontinuierliche Bigeminie.

4 : 3 : 2 oder 3 : 2 : 1; bei sehr steilem Abfall leitet oft ein kurzer systolischer Stillstand den langsamen Rhythmus ein. Als Wirkung schwacher Giftkonzentrationen können in einem Versuche bis 9 solcher Paroxysmen auftreten; gewöhnlich ist ihre Zahl geringer.

Die schwächende Wirkung des Aconitin auf den Herzmuskel macht sich in mehr oder minder rasch fortschreitender Abnahme der Amplitude der Systolen bemerklich, die annähernd proportional der Giftkonzentration früher oder später zum Stillstand des Ventrikels führt.

Wir lassen hierfür eine kleine Tabelle folgen:

Konzentration 1:	10^4	Stillstand nach	4'
,,	1: 10^5	,,	,, 12'
,,	1: 2.10^5	,,	,, 22'
,,	1: 4.10^5	,,	,, 34'
,,	1: 8.10^5	,,	,, 53'
,,	1: 10^6	,,	,, 75'.

Der Stillstand erfolgte bisweilen in voller, gewöhnlich in halber Systole.

Bei den Versuchen am ganzen Herzen zeigten die Atrien unverkennbar eine geringere Giftempfindlichkeit als der Ventrikel, wenn auch im ganzen an den Vorhöfen die gleichen Erscheinungen wie an der Kammer beobachtet wurden. Beschleunigung der Vorhofsschlagfolge war reichlich in der Hälfte der Versuche entweder gar nicht oder doch nur in geringem Grade vorhanden; wurde eine relativ konzentrierte Giftlösung in den Kreislauf gebracht, wobei sie natürlich zuerst auf die Wand der Vorhöfe wirken mußte, so waren die Erscheinungen an den Atrien zwar intensiver, zeigten sich aber auch in diesem Falle nicht so regelmäßig wie am Ventrikel. Ausnahmsweise betrug die Vorhofsbeschleunigung das 3—6 fache der Normalfrequenz und übertraf in einzelnen Fällen sogar die Ventrikelfrequenz; sie entwickelt sich meistens allmählicher und später als die Ventrikelbeschleunigung. Inkoordination der Vorhoftätigkeit kam gewöhnlich gar nicht oder nur andeutungs-

---

[1]) v mit nebenstehender Zahl gibt hier und in anderen Figuren die Zahl der in 10 Sek. gezählten Ventrikelsystolen an. v = Frequenz in 10 Sek.

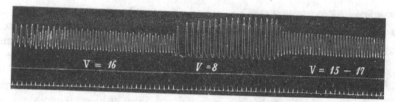

Abb. 6. Aconitin 1 : 4.10^5. Ende des ersten Ventrikelerregungsstadiums; (plötzlicher Wegfall der Exstrasystolen); kurz darauf plötzlicher Beginn des zweiten Ventrikelerregungsstadiums; (Wiederauftreten der Extrasystolen).

weise vor; nur in wenigen Versuchen war unzweideutige Bigeminie an den Vorhöfen zu konstatieren. Der Übergang zur langsameren Schlagfolge am Ausgang
eines Erregungsstadiums geschah sprungweise, häufig als Halbierung, manchmal
auch in den Verhältnissen 4 : 1, 3 : 2 und 4 : 3. Auch an den Vorhöfen können
während eines Versuches wiederholte Erregungsperioden vorkommen. Die
Schädigung ihrer Leistungsfähigkeit äußert sich an ihnen früher als am Ventrikel durch Abnahme ihrer Amplituden, während sie unter allen Umständen
viel später als der Ventrikel ihre Tätigkeit ganz einstellen.

Hinsichtlich der Beziehungen zwischen der Schlagfolge der beiden Herzteile ergab sich im allgemeinen, daß während des ersten Erregungsstadiums die
Ventrikelfrequenz in der Regel zuerst die der Vorhöfe übertrifft, während später
oft das Gegenteil der Fall ist. Es ließ sich nachweisen, daß das Überwiegen
der V.-Schlagzahl durch periodisch auftretende V.-Extrasystolen bedingt ist,
die fast immer periodische Schwankungen der Vorhofs- und Ventrikelampli-
tude begleiten. Da die Ventrikelfrequenz progressiv zunimmt, so werden die
V.s.-V.s.-Intervalle und die Zeiträume, innerhalb deren auf eine bestimmte
Anzahl von A.s. immer eine überzählige V.s. fällt, immer kürzer, bis schließlich das Maximum der Frequenz erreicht ist.

Im Verlaufe der mit Extrasystolen einhergehenden Perioden sind alle
V.s.-V.s.-Intervalle verkürzt. Da sich in mehreren Versuchen nachweisen ließ,
daß die Extrasystolen auf der Höhe des Erregungsstadiums an dem absteigenden Aste der Hauptsystole immer mehr in die Höhe rücken, ist zu vermuten,
daß die Ventrikelerregung mit einer progressiven Verkürzung der refraktären
Phase verbunden ist.

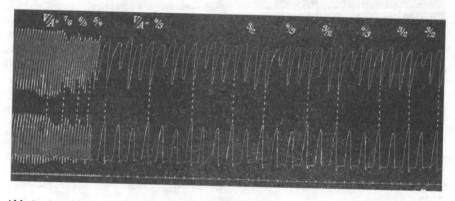

Abb. 7. Aconitin 1 : 6.10^5. Beginn des ersten Ventrikelerregungsstadiums unter Perioden
schwankender Intensität.

Während der Erregungsstadien besteht eine partielle Kammerautomatie resp. eine periodische Dissoziation der Tätigkeit des Vorhofs und Ventrikels, während welcher die Überleitung sowohl der Ursprungsreize als auch der Extrareize vom Vorhof zum Ventrikel und umgekehrt gestört sein muß. Der funktionelle Zusammenhang beider Herzteile ist gelockert, aber noch nicht ganz aufgehoben; denn in bestimmten Intervallen geht immer wieder die A.s. regelrecht der V.s. voraus. Im Inkoordinationsstadium kann diese periodische Dissoziation zur totalen — mit vollständiger Ventrikelautomatie werden.

Bei gleicher Schlagzahl von Ventrikel und Vorhof kam in einzelnen nicht zahlreichen Versuchen während des Erregungsstadiums das Bestreben des Ventrikels dem Vorhof vorauszueilen und statt dessen gewissermaßen die Führung zu übernehmen, darin zum Ausdruck, daß periodenweise der Typus inversus auftrat (Abb. 8).

Seltener ist eine plötzliche Umkehrung der Schlagfolge, die nach einem längeren A.s.-A.s.-Intervall ganz unvermittelt beginnt und verschieden lange anhält.

Kontinuierliche Bigeminie kommt zuweilen kurz vor dem ersten Erregungsstadium ohne Erhöhung der Schlagzahl vor, wobei den Extrasystolen kompensatorische Pausen folgen.

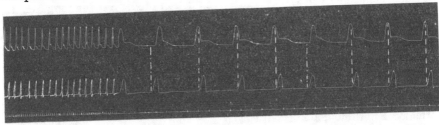

Abb. 8.   Aconitin 1:8.10⁵.   Beginn der Giftwirkung mit wiederholtem plötzlichen Auftreten umgekehrter Schlagfolge (nach längerem As-As-Intervall).

Hartung bringt außerdem noch viele Beobachtungen über die Beziehungen der beiden Herzteile bei, auf die hier nicht im Detail eingegangen werden kann, die aber mit den übrigen zusammen alle dafür sprechen, daß sich die Aconitinwirkung vorwiegend auf den Ventrikel erstreckt; viele seiner Befunde sind ohne Zweifel auf Leitungsstörungen im Atrioventrikularbündel zurückzuführen.

Bei Vergiftungsversuchen an der Herzspitze bei fehlendem Spontanrhythmus und rhythmischer elektrischer Reizung wurde die Erregungsperiode stets vermißt, wenn das oberste Drittel (die Herzbasis) des Ventrikels mit abgebunden war — weder Extrasystolen noch Inkoordinationserscheinungen kamen vor, wohl aber äußerte sich die Wirkung des Giftes in stetiger Abnahme der Erregbarkeit des Herzens und seiner Schlaghöhe. Bei hinreichend tiefer Ligatur verursachte Aconitin niemals (entgegen Langendorff) Spontankontraktionen der Herzspitze; lag aber die Ligatur höher in der Nähe der Atrioventrikulargrenze, so traten stets die typischen Erscheinungen der Erregungswirkung (Beschleunigung, Extrasystolen usw.) hervor; in solchen Fällen schlug dann das Herz zuweilen, nachdem die Ligatur den Spontanrhythmus scheinbar aufgehoben hatte und ein künstlicher Reizrhythmus eingeleitet worden war, erst einige Zeit nach der Vergiftung wieder spontan, so daß die Fortsetzung der rhythmischen Reizung überflüssig wurde.

Die Zunahme der Erregbarkeit des Herzmuskels im Anfang der Aconitinvergiftung kann an der schlaglosen Herzspitze sehr leicht daran erkannt werden, **daß man die refraktäre Phase erheblich verkürzt und die Extrasystole häufig höher findet als die Hauptsystole.**

Als Hauptresultat kann aus den Untersuchungen Hartungs entnommen werden, daß das krystallisierte Aconitin am Froschherz die Stätten der Ursprungsreize in erster Linie an der Ventrikelbasis, weiterhin aber wohl auch die aurikulären in den Zustand einer heftigen Erregung versetzt, wie er bis jetzt noch als Wirkung keines anderen Giftes am Froschherz zur Beobachtung kam. Dieser Erregung, die paroxysmenweise mit Intermissionen stattfindet, folgen Depressionszustände und schließlich Lähmung des Herzens mit Aufhebung seiner Erregbarkeit durch elektrische Reize.

Mit Hilfe einer neuen elektrophysiologischen Methode gelang es neuerdings W. Straub[1]), ähnlich wie es bereits früher für den Skelettmuskel unter seiner Leitung von Henze geschehen war, den Spezifitätsgrad der chemischen Aktionsströme auch am Herzen zu untersuchen; es ergab sich, daß die Eigenschaft chemischer Substanzen, am Herzen das Elektrogramm in den einphasigen Aktionsstrom zu verwandeln oder nicht, als Maßstab für die spezifische Herzwirkung der Substanzen dienen kann; dies gilt auch für das Aconitin, das nach Versuchen von L. Hermanns[2]) noch in großer Verdünnung sich am Herzen als elektromotorisch maximal wirksam erwies.

Wirkung auf das Säugetierherz. Über die Beziehungen der Tätigkeit der Ventrikel und Vorhöfe sind am freigelegten Katzenherz von Cash und Dunstan Beobachtungen gemacht worden. In den früheren Stadien der Frequenzsteigerung, während der darauffolgenden Verlangsamung und auch im Beginne der mit großen Blutdruckschwankungen einhergehenden Unregelmäßigkeiten des Herzschlags folgen sich A.s. und V.s. mehr oder weniger noch im normalen Rhythmus; später entwickelt sich eine Tendenz des Ventrikels, sich vom Vorhof zu dissoziieren und seinem eigenen Rhythmus zu folgen. Dabei kommt es vor, daß die Ventrikelfrequenz das Doppelte der Vorhofsfrequenz erreicht; es zeigte sich ferner, daß solche Perioden mit den von Zeit zu Zeit auftretenden positiven Blutdruckschwankungen zusammenfielen, während andere Verhältnisse beider Frequenzen — z. B. 4 : 3 — eher den Abfall des Blutdrucks zu begünstigen schienen.

Ziemlich gleichzeitig mit Cash und Dunstan hat im Laboratorium von Cushny auch Matthews[3]) am Warmblüterherz nach Aconitin gesteigerte Erregbarkeit konstatiert, die sich in Extrasystolen und Eigenrhythmus des Ventrikels zu erkennen gab.

Zuletzt (1909) hat A. R. Cushny[4]) die Erscheinungen am Herz des Hundes nach Vergiftung mit krystallisiertem Aconitin einer sehr sorgfältigen Analyse unterzogen; seine Resultate zeigen eine weitgehende Übereinstimmung mit den erst zwei Jahre später publizierten Ergebnissen C. Hartungs (l. c) am isolierten Froschherz. Die Versuche wurden an narkotisierten (Opium, Paraldehyd, Chloroform) Hunden so angestellt, daß der Blutdruck in der Carotis auf-

---

[1]) W. Straub, Toxikologische Untersuchungen an bioelektrischen Strömen. I. Zeitschr. f. Biol. **58**, 251.

[2]) L. Hermanns, Toxikologische Untersuchungen an bioelektrischen Strömen. II. Zeitschr. f. Biol. **58**, 261.

[3]) Matthews, Journ. of experim. Med. **2**, 593. 1897; zit. nach Cushny (Heart 1. 1909). Das Original war dem Vrefasser nicht zugänglich.

[4]) A. R. Cushny, The irregularities of the mammalian heart observed under Aconitin and on electrical stimulation. Heart, 1. Juli 1909.

gezeichnet und gleichzeitig am bloßgelegten Herzen die Kontraktionen eines Vorhofs und Ventrikels registriert wurden.

In 50% der Versuche war plötzliche Umkehrung der Schlagfolge — Rhythmus inversus — das erste Zeichen der beginnenden Vergiftung, ohne daß dadurch der Charakter der Pulskurve beeinflußt wurde. Während in einem Falle normaliter die A.s. 0,07—0,08″ der V.s. vorausging, kehrte sich infolge der Vergiftung das Verhältnis so um, daß nun V.s. 0,08—0,09″ vor A.s. erfolgte; Cushny konnte feststellen, daß hierbei in einem bestimmten Zeitraum der Vorhof einmal mehr als der Ventrikel geschlagen hatte, und er nimmt an, daß hier bei nach beiden Richtungen noch normaler Leitungsfähigkeit des Atrioventrikularbündels zunächst ein vom A. kommender Reizimpuls in normaler Richtung eine V.s. auslöste und eine vom Ventrikel zurücklaufende Reizwelle dann die überzählige A.s. bewirkte; der Vorhof blieb dann in Ruhe, bis ein neuer Reiz vom Ventrikel, der nunmehr unabhängig in seinem eigenen Rhythmus schlug, ihn erreichte. Diese Auffassung wird insbesondere dadurch gestützt, daß im weiteren Verlauf bei allmählicher Zunahme der Ventrikelfrequenz und ungefähr gleichbleibendem A.V.-Intervall der Vorhof eine Zeitlang dem Ventrikelrhythmus regelmäßig folgte, bis er später infolge der Abnahme des Leitvermögens des A.V.-Bündels nur mehr jeden zweiten vom Ventrikel kommenden Reizanstoß mit einer Systole beantwortet; in diesem Zustand ist also die Erregbarkeit des Ventrikels so gesteigert, daß er seinen eigenen regelmäßigen Rhythmus annimmt und denselben auf den Vorhof überträgt. In anderen Fällen gibt sich die Erregbarkeitssteigerung des Ventrikels durch Extrasystolen zu erkennen, die aber nicht auf den Vorhof übergeleitet werden und auch zum unabhängigen Ventrikelrhythmus führen; es kommen aber zwischen dem letztgenannten Effekt der Erregung und dem in Form von Extrasystolen sich äußernden alle möglichen Übergänge vor, indem die Häufigkeit der Extrasystolen usw. wechselt.

Der Anschein der Umkehrung der Schlagfolge kann auch infolge von Störungen entstehen, die durch Verminderung der Leitungsfähigkeit des A.V.-Bündels bedingt sind. Das A.V.-Intervall wird hierbei so verlängert und die Reizleitung so verzögert, daß die V.s. erst unmittelbar vor der nächsten A.s. eintritt.

Periodische durch Überleitungsstörungen bedingte Unregelmäßigkeiten — Ausfall einzelner Systolen — ganz analog denjenigen, die am menschlichen Herzen als pathologische Erscheinung allbekannt sind, kommen auch nach Aconitinvergiftung vor. Das A.V.-Intervall nimmt eine Zeitlang mit jedem Herzschlag zu, bis endlich ein Reiz am Ventrikel ganz fehlschlägt und eine V.s. unterbleibt; die nächste Periode ist nun infolge der erholenden Wirkung der Pause sehr kurz und dasselbe Spiel beginnt hierauf von neuem.

Zuweilen wird durch Überleitungsstörungen auch ein vollständiger „Block" des A.V.-Bündels bewirkt, wonach dann Atrium und Ventrikel unabhängig voneinander jeder in seinem eigenen Rhythmus schlagen; die Ventrikelfrequenz war in solchen Fällen viel höher als am unvergifteten „blockierten" Herzen.

Eine sehr häufige Erscheinung am aconitinisierten Herz des Hundes ist ferner die Alternation (alternation in strength); zuweilen führt sie den Pulsus alternans in der Carotis herbei, zuweilen nicht; in einzelnen Fällen ist die alternierende schwächere Kontraktionswelle zu niedrig, um eine Pulswelle im Arterienrohr zu erzeugen, so daß in der Pulskurve nur die Hälfte der Herzschläge hervortreten. Gewöhnlich gehen dem Typus alternans größere Anstrengungen und Kraftleistungen des Ventrikels voraus. Cushny hält es aber für wahrscheinlich, daß die Alternation am Aconitinherzen auf einer durch das Gift selbst ausgeübten erschöpfenden Wirkung beruht, abgesehen davon, daß auch die abnormen Leistungen, zu welchen das Herz durch die Steigerung seiner Erregbarkeit gezwungen wird, als erschöpfendes Moment in Betracht kommen.

Nicht zu verwechseln mit dem Typus alternans ist die als Aconitinwirkung auch am Hundeherzen häufige kontinuierliche Bigeminie. Cushny sah sie besonders oft bei langsamer Schlagfolge des Herzens; es handelt sich um Extrasystolen des Ventrikels, seltener der Vorhöfe, die zuweilen in regelmäßigen Intervallen auftreten.

Cushny weist auf die große Mannigfaltigkeit der durch Aconitin am Herzen verursachten Störungen hin: kein Versuch gleicht in seinen einzelnen Ergebnissen vollständig dem anderen. Bei dem Versuch der Erklärung der Erscheinungen betont er, daß die Vorgänge der Restitution in den Organen der Reizleitung und der Kontraktion gestört und verzögert sein müssen; als Grundursache der am meisten hervortretenden Anomalien sieht auch er die vermehrte Tendenz des Herzens (Ventrikels) zu spontanen Bewegungen, also die Steigerung der Erregbarkeit des Herzens an.

Blutdruck, Herz und Gefäßnerven. Über das Verhalten des Blutdrucks bei der Aconitinvergiftung liegen Versuche an Kaninchen, Katzen und Hunden mit ziemlich übereinstimmenden Resultaten vor; Ascharumow und R. Boehm und L. Wartmann[1]) bedienten sich hierbei des deutschen, Cash und Dunstan und Matthews des krystallisierten Aconitins. Im Beginne der Vergiftung steigerte sich beim Kaninchen regelmäßig nach kleineren Dosen der mittlere Blutdruck (Boehm und Wartmann), später überwiegt bei allen obengenannten Versuchstieren die Tendenz zur Abnahme der arteriellen Spannung; nach größeren Dosen oder im späteren Verlauf der Vergiftung treten große unregelmäßige Blutdruckschwankungen auf, bis schließlich nach einer Periode sehr niedrigen Druckes das Herz in Diastole stillsteht.

Die Zahl der Herzschläge wird im Beginn der Wirkung vermindert: die Blutdruckpulskurve gleicht einer Vaguskurve; häufig kommen längere diastolische Pausen vor; auch fernerhin herrscht noch eine Zeitlang der langsame Schlagrhythmus vor, während im Stadium der Blutdruckschwankungen in der Pulskurve sich große Unregelmäßigkeiten und häufig Perioden von Beschleunigung der Frequenz zeigen. Boehm und Wartmann betonen, daß der Verlauf der Vergiftungserscheinungen am Zirkulationsapparat nur bei der Wirkung größerer Dosen ein einigermaßen kontinuierlicher ist, daß er bei längerer Dauer und nach kleineren Giftmengen einen periodischen Charakter annimmt, indem unvermittelt normaler Druck und Puls mit Blutdrucksenkung und Pulsverlangsamung abwechseln: es sei hierbei an die analogen Erfahrungen Hartungs am Froschherz erinnert.

Die Funktion der vasomotorischen Zentren scheint erst gegen den Ausgang des Lebens alteriert zu werden; zentrale Reizung sensibler Nerven oder Suspension der Atmung wirken auch noch in späteren Stadien der Vergiftung wie bei normalen Tieren, und Cash und Dunstan fanden auch die Splanchnicusreizung gut wirksam.

Hinsichtlich der Wirkung des Aconitins auf das Hemmungsnervensystem gehen die Resultate der Autoren insofern auseinander, als Ascharumow sowie Cash und Dunstan und Matthews im Beginne der Wirkung Zunahme des Vagustonus, also zentrale Vagusreizung konstatieren konnten, während

---

[1]) R. Boehm u. L. Wartmann, Untersuchungen über die physiologischen Wirkungen des deutschen Aconitins. Verhandl. d. physikal.-mediz. Ges. zu Würzburg 1872.

dies Boehm und Wartmann nicht möglich war. In Versuchen von Cash und Dunstan wurde die durch Aconitin verursachte Pulsverlangsamung und Blutdrucksenkung durch Vagotomie beseitigt. R. Boehm und Wartmann dagegen fanden, daß vorausgegangene Vagotomie die Pulsverlangsamung durch Aconitin ebensowenig beeinflußte wie Atropininjektion.

Bezüglich des Effektes der Reizung des peripheren Vagusstammes kamen die genannten Autoren in der Hauptsache zu übereinstimmenden Ergebnissen. Der hemmende Reizeffekt kann mehr oder weniger erhalten oder auch, besonders im späteren Verlauf der Vergiftung, ganz aufgehoben sein. Bei fehlender Hemmungswirkung kann entweder jede Änderung an der Blutdruckpulskurve mangeln oder es zeigen sich paradoxe Wirkungen, wie Blutdrucksteigerung oder Pulsbeschleunigung.

Cash und Dunstan finden, daß Vagusreizung während der Aconitinwirkung die Bewegungen des Vorhofs mehr als die des Ventrikels beeinflußt, obwohl auch ersterer Einfluß allmählich schwächer wird. Bei gleichzeitiger Vorhofs- und Ventrikelregistrierung bewirkte einmal während sehr ungleicher Frequenz von A. (216) und V. (168) und großen Blutdruckschwankungen die Vagusreizung Ausgleich der Frequenzunterschiede und Verlangsamung am Ende der Reizung auf 162: der Blutdruck stieg dabei beträchtlich; eine spätere Vagusreizung bei gleicher Frequenz von A. und V. verlangsamte die Vorhofsfrequenz auf 135, die des Ventrikels auf 147 unter starkem Sinken des Blutdrucks. Die durch Aconitin gesetzten Störungen der normalen Schlagfolge A.s.—V.s., die bekanntlich im Verlaufe eines Versuches vielfach wechseln, bringen, wie Cash und Dunstan ausführen, auch die während eines Versuches wechselnden Effekte der Vagusreizung dem Verständnis näher. Bei Unterbrechung der normalen Schlagfolge kann, wie der Versuch zeigt, die Störung durch die Vagusreizung ausgeglichen und wohl infolge davon der Blutdruck in die Höhe getrieben werden. Im Momente einer noch stärker entwickelten Dissoziation des Rhythmus — stark verlangsamtem Vorhof und beschleunigtem Ventrikel — sank der Blutdruck nach der Vagusreizung; natürlich ist es auch möglich, daß beim Ausgleich solcher Störungen infolge von Vagusreizung der Blutdruck unverändert bleibt und so Unwirksamkeit der Reizung vorgetäuscht wird.

Wirkung auf die Respiration. Die meisten der oben in dem Abschnitt über die Herz- und Kreislaufstörungen zitierten Autoren haben sich auch mit dem Studium der durch Aconitin bedingten Respirationsanomalien beschäftigt, die denen der Veratrin- und Protoveratrinvergiftung sehr ähnlich sind. Cash und Dunstan verfolgten das Verhalten der Atmung auch an aconitinisierten Fröschen, wobei sie die Kehlen- und Flankenatmung dieser Tiere gleichzeitig graphisch registrierten. Schwächerwerden der Kehlenatmung und Zunahme der Flankenbewegungen im Verlaufe der Vergiftung kann man vielleicht als Zeichen von Lufthunger (Dyspnoe) betrachten. Auch an Tieren, die man bei oberflächlicherer Beobachtung fast für tot halten könnte, sind in späteren Stadien noch schwache rhythmische Kehlenbewegungen periodenweise graphisch nachweisbar, die, wenn auch ohne Effekt für den Gaswechsel, doch noch einen Rest von Reaktionsfähigkeit des Zentralorgans bekunden.

Die meisten sonst vorliegenden Experimente beziehen sich auf Kaninchen. Nach Cash und Dunstan besteht die erste Äußerung der Wirkung in Beschleunigung der Atmung — fehlend in tiefer Äthernarkose. C. Hartung[1])

---

[1]) C. Hartung, Die Wirkung des krystallisierten Aconitin auf die Respiration. Archiv f. experim. Pathol. u. Pharmakol. **69**, 176 (1912).

vermißte Beschleunigung in den meisten seiner Versuche. Viel charakteristischer ist die entweder primär oder kurz nach Beschleunigung einsetzende Verlangsamung der Atmung; in schwächerer Vergiftung (0,056—0,065 mg pro Kilo) fehlt dabei der Charakter der Dyspnoe; die Hilfsmuskeln der Nase und des Maules bleiben ruhig; Dyspnoe hohen Grades stellt sich bald nach Vergiftung mit höheren (über 0,075 mg pro Kilo) und letalen Giftmengen ein; die Frequenz kann dabei auf 20, ja auf 4—5 Atemzüge in der Minute sinken.

Im Stadium der Verlangsamung erfolgen auch bei der Aconitinvergiftung fast immer mehr oder weniger langdauernde exspiratorische Atemstillstände; während derselben sah Hartung bisweilen 2—3 Kontraktionen der exspiratorischen Hilfsmuskeln des Bauches, während sehr langer Pausen auch schwache Zwerchfellzuckungen (rudimentäre Inspirationen?), die bei Zunahme der Atemfrequenz wieder verschwanden. Beim Hunde sollen den Exspirationsbewegungen gegenüber die Inspirationsbewegungen in die Länge gezogen sein und inspiratorische Pausen auftreten (Spineanu)[1].

Im späteren Verlauf der Vergiftung (Kaninchen) kann Dyspnoe attackenweise — unterbrochen von Perioden freierer oder auch beschleunigter Atmung — auftreten; im Falle allmählicher Erholung vermehrt sich die Atemfrequenz stets allmählich. Vagotomie auf der Höhe der Dyspnoe hatte bei den Versuchen Hartungs nur eine geringfügige und vorübergehende Vermehrung der Atemzüge zur Folge. — Bei auf 11,75° C abgekühlten Kaninchen waren die Wirkungsäußerungen der gleichen Giftmenge viel intensiver als bei der Temperatur 17,5 °C (Cash und Dunstan).[2]

Wirkung auf die Körpertemperatur. Etwas genauere Angaben über das Verhalten der Körpertemperatur (Kaninchen) während der Aconitinwirkung finden sich bei Cash und Dunstan. (Ob die Tiere irgendwie gefesselt waren oder nicht, ist nicht erwähnt.) Etwa ein Sechstel der letalen Dosis kann für die Dauer einer Stunde Temperatursteigerung um ca. 0,75° bewirken; nach höheren Dosen ist eine eventuelle Temperatursteigerung niedriger und viel rascher vorübergehend. Abfall der Temperatur beginnt nach 10—20′ und führt nach 50—70′ zum Minimum der Temperatur. Bei dem schon oben erwähnten Versuche betrug der Gesamtabfall der Temperatur des bei 17,5° vergifteten Kaninchens 2,8°, der des bei 11,7° vergifteten 7,3°. Die Abkühlung geht ziemlich parallel der Atmungsverlangsamung; beschleunigt sich die Atmung wieder, so steigt bald darauf auch wieder die Temperatur; trifft dieses nicht zu, so sind wohl Herzschwäche und andere schwere Zirkulationsstörungen vorhanden.

Von **Darmwirkungen** des Aconitins ist wenig bekannt. Aufpinseln $1/_2$ proz. Aconitinlösung auf die Darmserosa im Wärmekasten befindlicher Kaninchen hatte stürmische peristaltische, minutenlang sich wiederholende Kontraktionen zur Folge (Pohl)[3]. Die Wirkung stand derjenigen des Muscarins an Intensität nicht nach. Cash und Dunstan[4]) untersuchten die Wirkungen der Aconitine (nähere Daten sind nur über Japaconitin mitgeteilt) auf die Darmschleimhaut an Hunden, an denen einige Wochen vorher Vellasche Fisteln

[1]) G. D. Spineanu, Recherches experimentales sur l'aconitine amorphe. Arch. de pharmacodyn. intern. **10**, 281 (1902).

[2]) Vgl. hierüber auch Brunton and Cash, Modification in the action of Aconite produced by changes of the body-temperature. St. Bart. Hosp. Rep. **22** (zit. nach Cash u. Dunstan).

[3]) Julius Pohl, Über Darmbewegungen und ihre Beeinflussung durch Gifte. Archiv f. experim. Pathol. u. Pharmakol. **34**, 87 (1894).

[4]) Cash and Dunstan, Philosoph. Transact. **195**, 72 (1905).

angelegt worden waren. Hier trat das Gegenteil des von Pohl erzielten Effektes ein. Nach Einführung minimaler Mengen (0,00003—0,00005 g Japaconitin) in die Darmschlinge wurde die durch mechanische oder chemische Reize hervorgerufene Peristaltik stark vermindert oder aufgehoben; örtliche, sich nicht fortpflanzende Zusammenziehungen des Darmes werden dabei nicht ganz verhindert.

Antagonismen. Aconitin-Atropin. Dem Atropin wird ein antagonistisches Verhalten zum Aconitin hinsichtlich der Herz- und der Respirationswirkungen des letzteren zugeschrieben. Am Froschherz hat Atropin keine Wirkung mehr, sobald es zum Aconitinstillstand gekommen ist; vorher sah R. Boehm[1]) der Atropinapplikation auf einige Zeit Verstärkung und Beschleunigung der Herzschläge, längeres Ausbleiben von Herzstillständen folgen, so daß jedenfalls der Eintritt des definitiven Herztodes verzögert wurde. Nach Ringer und Murell[2]) stellt Atropin die Erregbarkeit des Herzens für Reize wieder her und bringt es einigermaßen wieder auf seinen normalen Rhythmus, wenn auch die Energie der Kontraktionen geschwächt bleibt. Cash und Dunstan geben an, daß das enthirnten Fröschen beigebrachte Atropin die beschleunigende Wirkung des Aconitins auf den Herzschlag verringert und bei richtig getroffener Dosis die Erscheinungen der Inkoordination verhindert und der Erschöpfung des Myokards entgegenwirkt. Hartung hingegen konnte am isolierten Herz von Esculenten sich von einer antagonistischen Wirkung des Atropins nicht überzeugen: die Erscheinungen der Aconitinwirkung blieben ungefähr dieselben, gleichviel in welcher Reihenfolge die beiden Gifte auf das Herz einwirkten.

Für das Säugetierherz stellen R. Boehm und Wartmann einen Antagonismus von Aconitin und Atropin in Abrede sowohl hinsichtlich der auf Vaguserregung hindeutenden Erscheinungen im ersten Stadium, als auch hinsichtlich der Arhythmie in den späteren Stadien der Aconitinvergiftung. Cash und Dunstan dagegen konnten auch am Herzen der Katze die antagonisierende Wirkung des Atropins konstatieren. Die Irregularität der Herztätigkeit wurde bedeutend verringert und der Blutdruck stieg etwas; Atropin verhinderte zwar nicht die Beschleunigung des Herzschlags, wohl aber die unvollständigen Ventrikelkontraktionen und wirkt ähnlich wie eine Vagusreizung, indem es die Differenzen zwischen dem Rhythmus der Vorhöfe und Ventrikel auszugleichen strebt. So verringert es die Tendenz zur Arhythmie und zum Delirium cordis, das zum Tode führt, den eine intravenöse Atropininjektion zuweilen noch abwenden kann.

Im Bereiche der Atmungsfunktionen wurde der antagonistische Einfluß des Atropins zuerst für die Pseudaconitinvergiftung von R. Boehm und Ewers[3]) beobachtet. Für krystallisiertes Aconitin hat diesen Antagonismus neuerdings C. Hartung (l. c.) an Kaninchen nachgewiesen; zunächst ergab sich, daß nach intravenöser Injektion von Atropin die Tiere überletale Aconitinmengen — bis 0,187 mg pro Kilo — überlebten, auch wenn die Atropininjektion erst auf der Höhe der Vergiftung stattfand. Die erforderlichen Atropinmengen waren ziemlich groß (0,0125—0,025 pro Kilo in eine Ohrvene). Alsbald nach der Injektion sistiert natürlich die Salvation und beschleunigen und regulieren sich allmählich die Atmungsbewegungen, wobei später die Atemfrequenz bedeutend über die Normalfrequenz vor der Vergiftung hinausgehen kann. Ähn-

---

[1]) R. Boehm, Herzgifte. 1872, S. 23.
[2]) S. Ringer and W. Murell, Journ. of Physiol. **1**, 232 (1879).
[3]) Arch. f. experim. Pathol. u. Pharmakol. **1**, 385 (1873).

lich wie Atropin, wenn auch etwas weniger eklatant und anhaltend, wirkt Scopolamin.

2. Aconitin - Adrenalin. Der isolierte, durch Aconitin zum Stillstand gebrachte Ventrikel des Froschherzens wird durch Ersatz der Giftlösung durch ein gleiches Volumen (0,25—0,30 ccm) Adrenalinlösung (1 : 10^4) sofort wieder in Tätigkeit versetzt. Die Erholung ist gewöhnlich nur vorübergehend. Der Versuch gelang noch bei der Aconitinkonzentration 1 : 1,5 · 10^5; in Ausnahmefällen führte Adrenalin nach einem Stadium unregelmäßiger Herztätigkeit für längere Zeit zu kräftigen und regelmäßigen Kontraktionen (Hartung).

3. Muscarin - Aconitin. Der Muscarinstillstand des Herzens wird durch subcutan einverleibtes Aconitin in kleiner Dosis allmählich aufgehoben, wobei erst längere Zeit der Ventrikel allein tätig ist. Nach Langley[1]) soll Aconitin den Muscarinstillstand nicht aufheben.

Aconitin - Muscarin. Nur im Anfangsstadium der Aconitinwirkung verursacht Muscarin noch den typischen Stillstand, der zuerst am Ventrikel und erst später an den Vorhöfen auftritt; mechanische Reize bewirken in diesem Falle nur vom Vorhof aus einzelne Herzkontraktionen (R. Boehm).

Benzoylaconin[2]).

(Pikroaconitin, Napellin.)

Chemie. Benzoylaconin soll neben Aconitin als natürlicher Bestandteil in Aconitum Napellus sowie auch als Gemengteil des amorphen Aconitins vorkommen; es entsteht durch partielle Hydrolyse unter Abspaltung von Essigsäure aus krystallisiertem Aconitin nach der Gleichung:

$$C_{34}H_{47}NO_{11} + H_2O = C_{32}H_{45}NO_{10} + CH_3COOH.$$

Aus ätherischer oder alkoholischer Lösung hinterbleibt Benzoylaconin als amorpher Firnis (Schmelzp. unscharf bei 150—163°); die Salze z. B. das Hydrobromid (Schmelzp. 282°) und Hydrojodid (Schmelzp. 204—205°) sind krystallisierbar; die freie Base dreht die Ebene des polarisierten Lichtes nach rechts, die Salze nach links. Durch weitere Hydrolyse wird Benzoylaconin in Aconin und Benzoësäure zerlegt; es kann durch die gebräuchlichen Methoden der Acetylierung nicht in Aconitin zurückverwandelt werden.

Die Lösungen der Base schmecken intensiv und rein bitter; die für Aconitin so charakteristische Empfindung von Brennen, Brickeln und Vertaubung auf der Zunge und an den Lippen fehlt bei Benzoylaconin ganz.

Pharmakologisch ist Benzoylaconin nur von Cash und Dunstan[3]) eingehend untersucht worden.

Allgemeines Bild der Wirkung. Frosch. Dosen von 0,003 g aufwärts verursachen bei kleinen Fröschen (Temporarien) ohne vorhergehende Erregungserscheinungen progressive Abnahme der Willkürbewegungen, schließlich allgemeine schlaffe Paralyse; die Reflexe schwinden im Verlaufe von 1—2 Stunden; auch nach relativ hohen Dosen erholen sich die Tiere wieder. Bei Warmblütern ist auf der Höhe der Wirkung ein gewisser Grad von Narkose vorhanden. Im übrigen äußert sich die Vergiftung in Verlangsamung der Atmung (wie es scheint ohne ausgesprochene Dyspnoe; auch Salivation fehlt) und Beeinträchtigung der Motilität, zuerst in den hinteren Extremitäten; nur an Meerschweinchen kamen klonische Zuckungen zur Beobachtung.

---

[1]) Nach einer Angabe von Cash u. Dunstan ohne Zitat.
[2]) Die chemische Literatur vgl. unter Aconitin.
[3]) Philosoph. Transact. (London) **190**, 239 (1899).

Dosen: Die Dosis letalis betrug:

für Katzen a) ohne künstliche Atmung . 0,025 g pro Kilo
         b) mit künstlicher Atmung . 0,0272 „ „ „
„ Kaninchen . . . . 0,0272 „ „ „
„ Meerschweinchen . . . . 0,0238—0,0275 „ „ „
„ Frösche . . . . 0,284 „ „ „

Frösche sind demnach auch für dieses Gift auffallend weniger (ca. $^1/_{10}$) empfindlich als Warmblüter. Die Wirkungsintensität desselben dem Aconitin gegenüber ist sehr gering, wie Kobert[1] angibt, etwa im Verhältnis von 1 : 40 bis 50.

Im **Zentralnervensystem** scheint die Wirkung vorwiegend auf die Medulla oblongata gerichtet zu sein. Inwieweit bei der Reflexannullierung an Fröschen und den Motilitätsstörungen der Warmblüter Hirn und Rückenmarck beteiligt sind, ist wegen der zugleich vorhandenen Wirkung auf den peripheren Nervmuskelapparat nicht zu entscheiden.

Die indirekte Reizbarkeit der **motorischen Nerven** (N. ischiadicus) wird durch große Benzoylaconindosen (Frosch) ganz aufgehoben, wenn nicht die Blutzufuhr zu der betreffenden Extremität abgeschlossen ist. Nach schwächerer Vergiftung ist die Beeinträchtigung der Funktion des Nervenendapparates durch das Gift an der durch rascher wiederholte Nervenreizung hervorgerufenen raschen E r m ü d u n g — Abnahme der Zuckungshöhe — resp. Versagen des Reizes zu erkennen; bei tetanisierender Nervenreizung erschlafft der vergiftete Muskel noch während der Reizung. Das Benzoylaconin äußert also in ausreichender Dosis eine der des Curarins analoge Wirkung auf den Nervmuskelapparat.

Wirkung auf den Skelettmuskel. Die direkte Reizbarkeit des Muskels wird durch Benzoylaconin wenig beeinflußt; jedoch nehmen Cash und Dunstan an, daß, abgesehen von der Wirkung auf den Nervenendapparat das Alkaloid doch auch auf die Muskelsubstanz einwirkt, indem es die Ermüdung des Muskels bei wiederholter Reizung beschleunigt, wobei die Hubhöhen verringert und der Ablauf der Muskelkurve verzögert wird, bis schließlich die Kontraktionen ganz ausbleiben. Der so erschöpfte Muskel kann sich nach einer Ruhepause wieder erholen.

Wirkung auf den Zirkulationsapparat. Erst in größerer Dosis (0,007 g) bewirkt Benzoylaconin am Froschherz in situ eine erheblichere Abnahme der Schlagzahl mit Schwächung der Kontraktionen; am isolierten Herz ließ sich graphisch Verlängerung der Systole und Verzögerung der Diastole nachweisen. Perfusion eines spontan schlagenden Herzens mit 0,0015 g Benzoylaconin beschleunigte den Rhythmus und verstärkte die Systolen. Auf den durch Benzoylaconin in seiner Tätigkeit reduzierten Ventrikel wirkt Atropin nur wenig, Digitalin dagegen deutlich kräftigend ein.

Am Säugetierherz (Katze) verursachen kleine Giftdosen eine schnell vorübergehende Pulsbeschleunigung; charakteristisch für die Herzwirkung des Benzoylaconins ist die Verlangsamung der Herztätigkeit. Bei direkter Beobachtung des freigelegten Organs und Registrierung der Vorhofs- und Ventrikelkontraktionen ergab sich, daß im Anfange der Verlangsamung A. s. und V. s. regelrecht aufeinander folgten; etwas später kam — unter Zunahme der Verlangsamung auf je 3—4 u n v o l l s t ä n d i g e Kontraktionen der Vorhöfe und Ventrikel — nur je eine für die Blutbewegung voll wirksame Systole und noch etwas

---

[1] R. Kobert, Lehrbuch der Toxikologie. II. Aufl., **2**, 1147.

später schlug jeder zweite vom Vorhof kommende Impuls am Ventrikel fehl, dessen eigener Rhythmus einen langsamen, regelmäßigen Puls erzeugte. Bei den im letzten Stadium der Wirkung periodisch auftretenden diastolischen Stillständen sistierte zuerst der Ventrikel und begann zuerst der Vorhof wieder zu schlagen.

Der Blutdruck beginnt nach einer sehr unerheblichen initialen Steigerung um wenige Millimeter Hg alsbald (Dosis 0,025—0,25) zu sinken und erreicht allmählich ein Minimum von 20—30 mm Hg, auf welchem er stundenlang verharren kann. In diesem Stadium beobachteten Cash und Dunstan unter 10 Versuchen 4 mal periodisch wiederkehrende (in einem Versuch von 179' Dauer 41 mal!) diastolische Stillstände des Herzens, während welcher der Druck wie bei einer starken Vagusreizung bis nahe an die Abszisse fällt, um sich dann nach einigen Sekunden ungefähr wieder auf sein voriges Niveau zu erheben; erfolgte der Tod, so trat er nicht während, sondern nach einem solchen Stillstand ein.

Der Hemmungsapparat des N. vagus scheint weder beim Frosch noch beim Warmblüter an den Zirkulationsanomalien während der Benzoylaconinvergiftung beteiligt zu sein; bei der Katze wurden weder die Verlangsamung noch die Unterbrechungen der Herztätigkeit durch Vagotomie verhindert oder beseitigt. Die periphere Reizung des Vagus hat bis an das Ende des Lebens, wenn auch in gemindertem Grade, die normale hemmende, zuweilen auch eine accelerierende Wirkung. Die Funktion der vasomotorischen Zentren wird deprimiert; sie bleiben aber wie auch der N. splanchnicus bis gegen das Ende des Lebens erregbar. Atropin hat keinen erheblichen Einfluß auf den Ablauf der Zirkulationsstörungen.

Die **Respirationsbewegungen** werden durch kleine Dosen (0,005—0,01 pro Kilo) wenig, durch größere stärker verlangsamt (von 80 auf 52). Auf tödliche Dosen (0,027 pro Kilo) folgt rapide Verlangsamung der zuerst vertieften, dann schwächer werdenden Atemzüge. Respirationsstillstand tritt vor dem Herzstillstand ein.

Bei einer Katze, die sich während eines 6 Stunden lang dauernden Blutdruckversuchs bis auf 30° abkühlte, traten enorm lange Respirationspausen auf: nur alle 4—5' erfolgten Gruppen von Atemzügen. Während der langen Pausen befand sich der Thorax in Exspirationsstellung.

Pyraconitin.

Chemie. Pyraconitin $C_{31}H_{41}NO_{10}$[1]) entsteht aus krystallisiertem Aconitin durch trockenes Erhitzen bis zum Schmelzen unter Abspaltung von 1 Mol CH_3COOH. — $C_{33}H_{45}NO_{12} = C_{31}H_{41}NO_{10} + CH_3COOH$.

Es krystallisiert aus Äther in Nadeln (Schmelzp. 167,5°), schwer löslich in Wasser, leicht in Alkohol, Äther und Chloroform, optisch inaktiv. Das Hydrochlorid bildet Rosetten (Schmelzp. 248,8°). Die Lösungen schmecken bitter, nicht brennend.

Die Wirkungen der Base sind von Cash und Dunstan[2]) untersucht. Mit dem Benzoylaconin verglichen ist Pyraconin für Warmblüter (Kaninchen und Meerschweinchen) 6—7 mal und für Frösche 5—6 mal giftiger. Beide Basen

---

[1]) Dunstan and Carr, Trans. Chem. Soc. **65**, 176 (1894).
[2]) J. Th. Cash and Wyndham R. Dunstan, On the Pharmakology of Pyraconitine and Methylbenzaconine. Philosoph. Transact. (London) **195**, 117 (1903).

gleichen sich in der Art ihrer Wirkung auf Atmung, Herz und Blutdruck bei Warmblütern. Die Wirkung des Pyraconitins verläuft schneller; dem Tode gehen Krämpfe voraus, was bei Benzoylaconin selten der Fall ist. Die Koordinationsstörungen der beiden Herzabschnitte treten in der Pyraconitinwirkung etwas weniger hervor. Bei Fröschen hat Pyraconitin in tödlichen Dosen, abgesehen von etwas herabgesetzter Erregbarkeit, keine stärkere Wirkung auf die motorischen Nerven gegenüber der namentlich nach großen Gaben deutlich ausgesprochenen Nervenendwirkung des Benzoylaconins.

Dosen. Letale Dosis für Kaninchen   0,0038—0,0040 pro Kilo

,,   Meerschweinchen . . 0,0038   ,,   ,,

,,   Frösche Esculenta . 0,048   ,,   ,,

,,   ,,   Temporaria 0,050   ,,   ,,

Aconin.

Chemie[1]). Aconin $C_{25}H_{41}NO_9$ kommt als solches in Aconitum napellus vor; entsteht als Endprodukt der Hydrolyse aus krystallisiertem Aconitin oder aus Benzoylaconin durch Behandlung mit alkoholischem Kali. Obige Formel kann aufgelöst werden in $C_{21}H_{27}(OCH_3)_4(OH)_2NO_3$; Weiteres über die chemische Konstitution ist noch nicht ermittelt.

Die Base wird als amorpher zerfließlicher Firnis, leicht löslich in Wasser und Alkohol, schwieriger löslich in Chloroform, erhalten; wäßrige Lösungen reduzieren in der Wärme Fehlingsche und ammoniakalische Silberlösung. Die freie Base ist rechtsdrehend, ihre Salze drehen nach links. Das Hydrochlorid krystallisiert aus wenig Wasser in Rhomboiden (Schmelzp. gegen 190°). Geschmack rein und sehr intensiv bitter.

Nach den Untersuchungen von Cash und Dunstan (l. c. 364) ist die Wirkungsweise des Aconins folgendermaßen zu charakterisieren:

Allgemeines Bild der Wirkung. Frösche (Temporarien) werden ohne Zeichen einer vorhergehenden Erregung allmälig gelähmt; nach nicht allzu großen Dosen sind meistens die Kehlenatmungsbewegungen nach der Aufhebung aller anderen Reflexe noch wahrzunehmen; auch von der Wirkung relativ hoher Dosen erholen sich die Tiere vollständig. An Meerschweinchen wurden eigentümliche klonische Zuckungen mit Ataxie der Bewegungen, Schwäche der Extremitäten und schließlich komplette Lähmung, Tod durch Atmungslähmung beobachtet.

Dosen. Dosis letalis für Katzen mehr als 0,166 und weniger als

0,4 g pro Kilo

,, Meerschweinchen . . 0,275 ,, ,,   ,,

,, Frösche . . . . . . 1,75 ,, ,,   ,,

Unzweideutige Wirkungen im **Zentralnervensystem** sind kaum vorhanden, jedenfalls mit Rücksicht auf die periphere Lähmung schwierig nachzuweisen.

Im **Nervmuskelapparat** (Frosch) entfaltet Aconin die typische ,,Nervenendwirkung" wie Curarin, zu deren Hervorrufung aber relativ sehr große Giftmengen (0,006—0,038 g für Frösche von 20,0 g Gewicht) nötig sind; auf der Höhe dieser Wirkung erweisen sich die sensibeln Nerven noch als erregbar. Die direkte Reizbarkeit der Muskeln und der Ablauf der Muskelzuckung werden nicht beeinflußt.

Im Bereiche der **Zirkulationsorgane** zeigt sich am Froschherz in situ nur eine geringe Abnahme der Schlagzahl. Ist die Applikation von Aconin vorher-

---

[1]) Chemische Literatur vgl. unter Aconitin.

gegangen, so wirkt an demselben Herz Aconitin schwächer als sonst; je nach der Menge des Aconins kann Aconitin die Schlagfolge noch beschleunigen oder nicht; besonders treten die für Aconitin charakteristischen Störungen der Schlagfolge und Inkoordinationserscheinungen weniger stark oder nur vorübergehend auf; so kann Aconin die Wirkung der $1\frac{1}{2}$fach tödlichen Dosis des Aconitins auf das Herz antagonisieren.

Am isolierten Froschherz bewirkt Aconin Verstärkung und Verlängerung der Systole, Extrasystolen und Verzögerung der Diastole. Bei der Katze wurde der Blutdruck auch durch große Dosen so gut wie gar nicht beeinflußt, der Puls etwas verlangsamt. Der N. vagus und die vasomotorischen Apparate verhielten sich bis zuletzt wie bei normalen Tieren. Aconitin nach Aconin wirkt auch auf den Kreislauf der Katze schwächer als sonst; die Tendenz zur Inkoordination wird auch am Warmblüterherz teilweise antagonisiert.

Die im Verlaufe der Vergiftung auftretenden **Atmungsstörungen** sind wohl zum größten Teil der fortschreitenden peripheren Lähmung zuzuschreiben. Cash und Dunstan lassen aber die Frage offen, ob nicht dem Zentralorgan ein gewisser Anteil an denselben zuzuschreiben ist. —

Der Vergleich der Wirkungen des Aconitins und seiner Spaltungsprodukte zeigt — wie das bekanntlich bei den meisten Alkaloiden von esterartiger Konstitution zutrifft — daß die Verseifung die charakteristischen Wirkungen des Stammalkaloids aufhebt: Benzoylaconin und Aconin sind nicht nur im allgemeinen sehr viel weniger giftig als Aconitin, auch die Qualität der Wirkung ist verändert; letzteres zeigt sich schon in der Veränderung des Geschmacks resp. der Einwirkung auf die Empfindungsnerven der Mundorgane: die beiden Spaltungsprodukte schmecken nur noch bitter ohne Schärfe.

Benzoylaconin äußert noch eine Herzwirkung, die bezüglich der Störungen in der Schlagfolge des Herzens und des Verhaltens des Blutdrucks der Aconitinwirkung wenigstens noch ähnlich, wenn auch erheblich schwächer ist. Die Eliminierung der Benzoylgruppe beseitigt auch diesen Überrest von Herzwirkung; nach den Beobachtungen von Cash und Dunstan kann man sogar annehmen, daß es dafür eine entgegengesetzte — die des Aconitins antagonisierende — kräftigende Herzwirkung eintauscht. Auch die intensiven Atmungsstörungen, in der Wirkung des Benzoylaconins noch nachweisbar, fehlen bei der Aconinwirkung.

Die beiden Verseifungsprodukte, Benzoylaconin weniger, Aconin mehr, äußern die „Nervenendwirkung". In welchem Grade dieselbe auch dem Aconitin zukommt, ist wegen der gleichzeitigen Unterbrechung der Leitung in den Nerven selbst nicht zu entscheiden.

Pseudaconitin.
Nepalin.

Chemie. Pseudaconitin $C_{36}H_{49}NO_{12}$ ist in den Wurzelknollen von Aconitum ferox (Bikhknollen) neben anderen Basen enthalten und wurde von Wright[1]) zuerst krystallinisch gewonnen, von Dunstan und Carr[2]) sowie von Freund und Niederhofheim[3]) genauer chemisch charakterisiert; es krystallisiert aus Äther in farblosen rhombischen Krystallen, die bei 80° Krystallwasser abgeben und bei 210—212° schmelzen, löst sich kaum in Wasser, wenig

---

[1]) Wright, Journ. Chem. Soc. **33**, 151 (1878).
[2]) Dunstan and Carr, Journ. Chem. Soc. **71**, 350 (1897).
[3]) Freund u. Niederhofheim, Ber. d. deutsch. chem. Ges. **29**, 852 (1896).

in Äther, leicht in Alkohol und dreht die Polarisationsebene nach rechts. Die Salze sind krystallisierbar; das Nitrat schmilzt bei 185—186°; die Lösungen der Salze sind linksdrehend. Bei der Hydrolyse zerfällt Pseudaconitin in Essigsäure, Veratrumsäure und Pseudaconin nach der Gleichung

$$C_{36}H_{49}NO_{12} + 2 H_2O = C_2H_4O_2 + C_9H_{10}O_2 + C_{25}H_{39}NO_8 .$$

Eingehendere pharmakologische Untersuchungen über die Wirkungen des Pseudaconitins sind nur von R. Boehm und C. Ewers[1]) und von Cash und Dunstan[2]) ausgeführt worden. Die zuerstgenannte, 40 Jahre zurückliegende Untersuchung bezieht sich auf ein amorphes, von Dragendorff aus Bikhknollen dargestelltes Präparat; beim Vergleich dieses Stoffes und des amorphen (deutschen) Aconitins, mit welchem R. Boehm und Wartmann experimentiert hatten, erwies sich das Pseudaconitin als ca. 10 mal so giftig. Beide Präparate waren aber sicher, was damals nicht zu konstatieren war, nicht ganz rein und einheitlich, so daß sich Differenzen in den Resultaten, auf welche Cash und Dunstan wiederholt hindeuten, schon hieraus erklären. Die einzige mit dem reinen krystallisierten Pseudaconitin durchgeführte Untersuchung ist sonach die von Cash und Dunstan, deren Ergebnisse hauptsächlich der nachfolgenden Darstellung zugrunde liegen.

Da die Wirkungen des Pseudaconitins qualitativ mit denen des Aconitins völlig übereinstimmen — ein Punkt, in welchem R. Boehm und Ewers und Cash und Dunstan gleicher Meinung sind —, kann von der ausführlichen Schilderung der Pseudaconitinwirkung hier abgesehen werden; wir beschränken uns darauf, die wichtigeren quantitativen Differenzen anzugeben, und berühren nur diejenigen Punkte, hinsichtlich deren sich Unterschiede herausgestellt haben.

Die relative Toxizität des Pseudaconitins ist für Warmblüter im allgemeinen höher als die des Aconitins; für Frösche wurde sie etwas niedriger gefunden; Cash und Dunstan führen diesen Unterschied darauf zurück, daß die Wirkung des Pseudaconitins auf das Atmungszentrum der Warmblüter die des Aconitins übertrifft. Überhaupt wirkt Pseudaconitin im zentralen Nervensystem stärker als Aconitin. Die Reflexe (Frösche) sind im Anfang der Vergiftung für kurze Zeit gesteigert. Schließt man durch Ligatur den Kreislauf von einer hinteren Extremität ab, so ist die Reflexsteigerung auf der freien Seite ausgesprochener als auf der unterbundenen — der Hauptsache nach demnach der Steigerung der Sensibilität zuzuschreiben; indessen ist die Erscheinung doch auch auf der unterbundenen Seite so deutlich, das man auf eine primäre Steigerung der Erregbarkeit der Reflexzentren schließen darf. Bei der nach dieser positiven Phase rasch einsetzenden und fortschreitenden Reflexdepression soll das Rückenmark mehr als bei der analogen Aconitinwirkung beteiligt sein.

Durch örtliche Applikation von Aconitin- oder Pseudaconitinlösungen (0,5—1,0%) auf die Froschhaut kann — vorausgesetzt, daß das Gift nicht zu reichlich von der Haut aus resorbiert wird, die Herabsetzung der Hautsensibilität leicht nachgewiesen werden; erst nach 60—90 Stunden verschwindet diese (an den Reflexen gemessene) Wirkung wieder.

C. Ewers[3]) hat an sich selbst und einigen jungen Männern die nach Ein-

[1]) R. Boehm u. C. Ewers, Über die physiologischen Wirkungen des Pseudaconitin (Nepalin). Archiv f. experim. Pathol. u. Pharmakol. 1, 385 (1873).
[2]) J. Th. Cash and W. R. Dunstan, The Pharmakology of Pseudaconitine and Japaconitine considered in relation to that of Aconitine. Philosoph. Transact. (London) 195, 39 (1903).
[3]) C. Ewers, Über die physiologischen Wirkungen des aus Aconitum ferox dargestellten Aconitin. Inaug.-Diss. Dorpat 1873.

reibung alkoholischer Lösungen von amorphem Pseudaconitin und deutschem
Aconitin in der Gesichtshaut auftretenden Veränderungen der Sensi-
bilität untersucht und mit der normalen verglichen, wobei er sich für den
Tastsinn des Tasterzirkels, für den Temperatursinn der Nothnagelschen
Methode bediente. Die Pseudaconitinlösung verursachte zuerst das Gefühl von
Prickeln, Ameisenlaufen und Brennen und zuletzt Vertaubung, sowohl die
Tast- wie auch die Temperaturempfindung wurde stets erheblich abgestumpft;
nur nach Anwendung der Lösung des deutschen Aconitins blieben diese Wirkungen aus. Cash und Dunstan, die analoge Versuche mit zweiprozentigen
Salben aus Aconitin, Pseudaconitin und Japaconitin an der Haut der Schläfen-
gegend anstellten, konstatierten in allen 3 Fällen zuerst örtliche Reizungs-
symptome (Rötung und zuweilen leichte Schwellung); es folgte dann rasche Abnahme der Tast- und Temperaturempfindung (Temperaturunterschiede von
3—4° wurden nicht mehr wahrgenommen), die 10—12 Stunden lang anhielt.
Die Wirkung des Pseudaconitins war in diesen Beziehungen etwas schwächer
als die der beiden anderen Aconitine.

Über das Verhalten der Nervenstämme unter dem Einfluß des Pseudaconitins wird von Cash und Dunstan nichts angegeben. Daß die indirekte
Reizbarkeit des Muskels durch Pseudaconitin erst 30—60′ nach dem Eintritt
der Paralyse aufgehoben ist, konstatierten schon R. Boehm und Ewers.
Mit der krystallisierten reinen Base gelangten Cash und Dunstan zu dem Ergebnis, daß es auf den peripheren Nervmuskelapparat, die intramuskulären
Nerven schwächer wirkt als krystallisiertes Aconitin. Die primäre Steigerung
der Erregbarkeit tritt bei der Pseudaconitinwirkung aber prägnanter hervor.
Versuche nach der Immersionsmethode ergaben eine etwas geringere Empfindlichkeit der intramuskulären Nerven für Pseudaconitin als für Aconitin. Die
Grenzkonzentration lag für ersteres bei $1 : 1,5 \cdot 10^6 — 1 : 2,5 \cdot 10^6$. Für
krystallisiertes Aconitin fand Hartung $1 : 2 \cdot 10^6 — 1 : 4 \cdot 10^6$.

Die Form der Muskelkurve wird nach Boehm und Ewers durch Pseudaconitin nicht verändert. Mit Rücksicht auf die Resultate Hartungs mit
krystallisiertem Aconitin sind weitere Untersuchungen mit Pseudoaconitin hinsichtlich dieses Punktes wünschenswert.

Auf das **Froschherz** scheint Pseudaconitin etwas schwächer zu wirken als
Aconitin, während es am Säugetierherz (Katze) dem letzteren entschieden
überlegen ist. In der Wirkung auf die Atmung tritt nach Cash und Dunstan
bei Kaninchen die primäre Beschleunigung der Atembewegungen weniger hervor
als nach Aconitin, bei welchem sie indessen von Hartung in der Mehrzahl
seiner Versuche gleichfalls vermißt wurde; das dyspnoische Stadium entwickelt
sich nach Pseudaconitin rascher.

Bei den Versuchen von R. Boehm und Ewers[1]) mit amorphem Pseudaconitin hatte sich ergeben, daß im dyspnoischen Stadium Durchschneidung
beider oder auch nur eines N. vagus am Halse (Kaninchen) zeitweilig den dyspnoischen Charakter der Atmung beseitigte und dieselbe beschleunigte, wonach
diese Autoren die Beteiligung der peripheren Organe des Lungenvagus an den
Atmungsstörungen für wahrscheinlich hielten. Hartung sah bei mit Aconitin
vergifteten Kaninchen nach Vagotomie keinen besonderen Einfluß auf die
Dyspnoe und nur in einigen Versuchen eine rasch vorübergehende geringe
Zunahme der Atemfrequenz. Da man Täuschungen in den älteren Versuchen

---

[1]) C. Ewers, Über die physiologischen Wirkungen des aus Aconitum ferox dargestellten Aconitin. Inaug.-Diss. Dorpat 1873.

nicht annehmen kann, sind auch hinsichtlich dieses Punktes weitere Untersuchungen mit krystallisiertem Pseudaconitin wünschenswert.

Die Zunahme der Toleranz bei wiederholter Vergiftung ist nach Cash
und Dunstan beim Pseudaconitin etwas geringer als bei Aconitin und Japaconitin.

Pseudaconin.

Chemie. Pseudaconin[1] $C_{25}H_{39}NO_8 = (C_{21}H_{25}(OCH_3)_4(OH)_2NO_2)$ entsteht
als Endprodukt der Hydrolyse des Pseudaconitins mit alkoholischem Kali; die
an sich amorphe Base geht mit Aceton eine krystallisierbare, bei 86—87° schmelzende Verbindung ein $(C_{25}H_{39}NO_8 + C_3H_6O)$. Die freie Base ist in Wasser und
den meisten anderen Lösungsmitteln leicht löslich, rechtsdrehend und reagiert
alkalisch; die Salze scheinen nicht zu krystallisieren; die wässerige Lösung
schmeckt süß.

Die Wirkung des Pseudaconins, die von Cash und Dunstan[2] nur an
Fröschen geprüft wurde, ist der des Aconins aus Aconitin in allen Punkten
sehr ähnlich; es handelt sich im wesentlichen um eine schwache, d. h. nur durch
relativ hohe Dosen zu erzielende Nervenendwirkung wie beim Curarin;
etwas weniger als 1,7 g pro Kilo wirkte letal. (Für Aconin ist die letale Dosis
1,75 g pro Kilo.)

Japaconitin.

Chemie. Japaconitin $C_{34}H_{49}NO_{11}$ ist aus japanischen Aconitknollen (von
Aconitum japonicum s. A. Fischeri) zuerst von Paul und Kingzett[3] dargestellt und in der Folge von Wright und Luff[4]), zuletzt von Dunstan
und Read[5]) chemisch genauer untersucht worden. Nach den Ergebnissen
der zuletzt genannten englischen Autoren ist es zwar dem Aconitin aus Aconitum Napellus chemisch sehr ähnlich, aber doch nicht identisch mit demselben. Aus Alkohol, Äther oder Chloroform erhält man es in farblosen Nadeln
oder Rosetten (Schmelzp. 204,5°), die ganz anders aussehen wie die Aconitin-
krystalle. In den Verhältnissen der Löslichkeit, den Eigenschaften der krystallisierbaren Salze und der optischen Aktivität ist Japaconitin dem Aconitin
sehr ähnlich. Die freie Base ist rechtsdrehend, die Salze linksdrehend. Bei
der Hydrolyse zerfällt Japaconitin in Essigsäure, Benzoesäure und Japaconin:
$C_{34}H_{49}NO_{11} + 2 H_2O = C_2H_4O_2 + C_7H_6O_2 + C_{25}H_{43}NO_9$. In der Mundhöhle
ruft Japaconitin die gleichen Empfindungen hervor wie Aconitin.

Nach den Untersuchungen von Cash und Dunstan ist die Wirkung
des Japaconitins auch quantitativ so wenig von der des krystallisierten
Aconitins verschieden, daß die ausführliche Besprechung derselben hier unterbleiben und auf die zuletzt zitierte Abhandlung verwiesen werden kann. Es
folgt aber eine dieser Abhandlung entnommene tabellarische Zusammenstellung der letalen Dosen von Aconitin, Pseudaconitin und Japaconitin für
verschiedene Tiere.

---

[1] Chemische Literatur vgl. unter Pseudaconitin.
[2] J. T. Cash and W. R. Dunstan, Pharmakology of Indaconitine and Bikh-
aconitine. Proc. Roy. Soc. London **76**, 484. 1905.
[3] Paul and Kingzett, Pharm. Journ. and Transact. **1877**, 172.
[4] Wright and Luff, Journ. Chem. Soc. **1879**, 387.
[5] Dunstan and Read, Journ. Chem. Soc. **1900**, 45.

Tabelle.
Letale Dose der Aconitine pro Kilo Körpergewicht.

	Kaninchen	Meer-schwein-chen	Tauben	Frösche			
				R. temporar		R. exculenta	
				Sommer	Winter	Sommer	Winter
Aconitin	0,000085 −0,000011	0,00011	0,000115	0,00115	0,000075	0,000105	
Japaconitin . .	0,000065 −0,000105	0,0001	0,00009	0,0006 −0,001	0,0007	0,00055 −0,0009	
Pseudaconitin .	0,000038 −0,0000465	0,000045	0,000045	0,0008 −0,0012	0,0008	0,00011	

Indaconitin.

Chemie. Indaconitin $C_{34}H_{47}NO_{10}$ nennen Dunstan und Andrews[1]) ein krystallisierbares Alkaloid, das aus dem früher für eine Varietät von Aconitum napellus gehaltenen, neuerdings von Stapf als besondere Art diagnostizierten und in Indien sehr verbreiteten Aconitum chasmanthum dargestellt wurde. Indaconitin ist dem Aconitin chemisch sehr ähnlich, krystallisiert in Nadeln oder Platten, schmilzt bei 202—203°, dreht die Polarisationsebene nach rechts, während die krystallisierbaren Salze linksdrehend sind; bei der Hydrolyse zerfällt es in Essigsäure, Benzoesäure und Indaconin, das seinem chemischen Verhalten nach mit Pseudaconin identisch ist.

Nach Untersuchungen von Cash und Dunstan[2]) wirkt Indaconitin qualitativ genau wie Aconitin und auch die quantitativen Differenzen sind nicht bedeutend.

Die letale Dosis für Kaninchen ist 0,00012 pro Kilo, für Frösche 0,00120 bis 0,00125 pro Kilo.

Bikhaconitin.

Chemie. Bikhaconitin $C_{36}H_{15}NO_{11} \cdot H_2O$ von Dunstan und Andrews (l. c.), gewonnen aus dem in Indien sehr verbreiteten, Aconitum ferox nahestehenden, von Stapf als besondere Species beschriebenen Aconitum spicatum, krystallisiert schwierig in Körnern (Schmelzp. 118—123° aus Äther) und ist dem Pseudaconitin ähnlich. Bei der Hydrolyse zerfällt es in Essigsäure, Veratrumsäure und Bikhaconin.

Nach den gleichfalls von Cash und Dunstan (l. c.) durchgeführten pharmakologischen Untersuchungen ist auch die Wirkung des Bikhaconitins nur quantitativ von derjenigen der übrigen Aconitine verschieden und auch diese quantitativen Differenzen sind nicht groß. Im ganzen ist Bikhaconitin giftiger als Indaconitin.

Dosis letalis für Kaninchen 0,000087 pro Kilo, für Frösche: 0,00125 pro Kilo.

Alkaloide aus Aconitum lycoctonum und Aconitum septentrionale.

Aus dem in Mitteleuropa, insbesondere im Alpengebiet, weit verbreiteten gelbblühenden Sturmhut (Aconitum lycoctonum) sind von mehreren Forschern,

---

[1]) W. R. Dunstan and A. E. Andrews, Journ. Chem. Soc. **87**, 1620.
[2]) Cash and Dunstan, Proc. Roy. Soc. **76**, 468. 1905.

zuletzt von Dragendorff und Spohn[1]), Alkaloide isoliert worden, über deren chemische Konstitution zwar noch nichts Näheres bekannt ist, die aber von den im Vorhergehenden behandelten Basen ziemlich weitgehend verschieden zu sein scheinen; es wurden zwei Basen gefunden.

1. Lycaconitin $C_{27}H_{34}N_2O_6 + 2 H_2O$, amorphes Pulver (Schmelzp. 111 bis 114°), wenig löslich in Wasser und Äther, in allen Verhältnissen löslich in Benzol und Chloroform; rechtsdrehend. Bei der Hydrolyse entstand die krystallisierbare Lycoctoninsäure $C_{17}H_{18}N_2O_7$ (Schmelzp. 146—148°).

Nach Untersuchungen von Jacobowsky[2]) bewirkt Lycaconitin bei Warmblütern gesteigerte Reflexerregbarkeit, Pupillenerweiterung, Konvulsionen, allgemeine Paralyse und tötet unter Stillstand des Herzens und der Respiration. Bei Fröschen hebt es die indirekte Reizbarkeit der Muskeln auf (Nervenendwirkung), soll aber weder die Nervenstämme noch das Rückenmark beeinflussen.

Als letale Dosen werden für Katzen 0,012 g pro Kilo, für Frösche 0,2—0,4 g pro Kilo angegeben.

2. Myoctonin $C_{27}H_{30}N_2O_8 + 5 H_2O$, ebenfalls amorph (Schmelzp. 143 bis 145°), wirkt nach Salmonowitz[3]) qualitativ ebenso wie Lycaconitin.

Im Norden von Norwegen bis Lappland findet sich ein violettblühender, Aconitum lycoctonum nahe verwandter Sturmhut, der als besondere Species den Namen Aconitum septentrionale erhielt. Aus den unterirdischen Organen dieser Pflanze hat H. V. Rosendahl[4]) drei Alkaloide gewonnen und chemisch sowie pharmakologisch untersucht.

1. **Lappaconitin** $C_{34}H_{48}N_2O_8$, farblose hexagonale Krystalle (Schmelzp. 205°) schwierig löslich in Äther, zeigt in der ätherischen Lösung der freien Base sowie in den Lösungen seiner krystallisierbaren Salze starke rotviolette Fluorescenz und Rechtsdrehung. Bei der Hydrolyse entstanden zwei neue Basen und eine stickstofffreie Säure, die chemisch nicht näher charakterisiert werden konnten; der Geschmack ist bitter und viel weniger scharf als der der Aconitine.

Im allgemeinen Wirkungsbilde zeigten sich bei Fröschen: keine Vermehrung der Hautsekretion, Unsicherheit der Bewegungen, Aufsperren des Maules, Brechbewegungen, Zuckungen und (wie es scheint klonische) Krämpfe, schließlich allgemeine Paralyse; bei Warmblütern (Katze, Hund): Speichelfluß, Erbrechen, Dyspnöe, große Unruhe, klonische Krämpfe, fibrilläre Muskelzuckungen, abwechselnd Erweiterung und Verengerung der Pupille.

Dosen. Letale Dosis für Frösche . . . . . 0,008—0,016 g pro Kilo,
„   Hunde . . . . 0,0048 g   „   „
„   Katzen. 0,016   g   „   „
„   Hahn 0,012   g   „   „

Die relative Toxizität dieses Alkaloids für Warmblüter wäre nach obigen Zahlen viel geringer als die der krystallisierten Aconitine.

Ausscheidung im Harn. Im Harn mit Lappaconitin vergifteter Katzen und Hunde wurde unverändertes Lappaconitin chemisch mittels der Vanadinschwefelsäurereaktion und biologisch durch Vergiftung von Fröschen nachgewiesen.

---

[1]) Dragendorff u. Spohn, Die Alkaloide des Aconit. lycoctonum. Pharm. Zeitschr. f. Rußland **1884**, Nr. 20—24.

[2]) Jacobowsky, Beiträge zur Kenntnis der Alkaloide des Aconit. lycoctonum. I. Lycaconitin. Diss. Dorpat 1884.

[3]) Salmonowitz, Beiträge zur Kenntnis der Alkaloide des Aconit. lycoctonum. II. Myoctonin. Diss. Dorpat 1884.

[4]) H. V. Rosendahl, Pharmakologische Untersuchungen über Aconitum septentrionale Koelle. Arbeiten d. pharmakol. Instit. Dorpat XI—XII. Stuttgart 1895.

Die Wirkung auf das **Zentralnervensystem** äußert sich hauptsächlich in Krämpfen, Dyspnöe und Lähmung des Respirationszentrums. Das Rückenmark scheint bei Fröschen an den Lähmungserscheinungen wenig beteiligt zu sein.

Die **Hautsensibilität** erscheint bei Fröschen sowohl nach äußerer Applikation als auch noch mehr nach subcutaner Injektion von Lappaconitin verringert oder ganz aufgehoben (Prüfung der Reflexe nach der Schwefelsäuremethode).

Am **Nervmuskelapparat** wird die indirekte Reizbarkeit aufgehoben (bei Immersionsversuchen in Alkaloidlösungen von 0,01%); die direkte Erregbarkeit des Muskels bleibt erhalten.

Am **Froschherz** in situ beobachtet man zuerst Verlangsamung der Schlagzahl, später Herzperistaltik und endlich Herzstillstand in Diastole; die Vorhöfe bleiben länger tätig als der Ventrikel; Atropin erweist sich auch nach Eintritt des diastolischen Stillstandes antagonistisch als wirksam; die Lappaconitinwirkung wird als der des Nicotins und Pilocarpins ähnlich bezeichnet.

Bei Perfusionsversuchen am isolierten Herz bewirkten kleine Dosen von Lappaconitin vorübergehend Vermehrung der Schlagzahl.

Am **Warmblüter** sind nur einige Blutdruckversuche angestellt; die beobachtete Abnahme des Blutdrucks wird zum Teil auf periphere Gefäßlähmung bezogen. Bei der Durchströmung von Ochsennieren mit lappaconitinhaltigem Blut (1 : 4000 bis 1 : 10 000) wurde das aus der Vene ausfließende Blutvolumen um 73% vermehrt.

Die Spaltungsprodukte des Lappaconitins erwiesen sich als unwirksam.

2. **Septentrionalin** $C_{31}H_{48}N_2O_4$, Schmelzp. 128,9°, amorphes, fast farbloses Pulver, das von den gebräuchlichen Lösungsmitteln leichter als Lappaconitin aufgenommen wird, amorphe Salze liefert und in seinen Lösungen nicht fluoresciert; rechtsdrehend. Bei der Hydrolyse entstanden ähnliche Spaltungsprodukte wie aus dem Lappaconitin. Der Geschmack des Septentrionalins ist bitter, das Gefühl der Vertaubung („Anästhesierung") hinterlassend.

Septentrionalin ist viel weniger giftig als Lappaconitin.

Bei **Fröschen** gehen der als Endzustand auftretenden allgemeinen Paralyse nur geringfügige Reizungserscheinungen, wie Maulaufsperren, Miosis, fibrilläre Zuckungen, aber keine Krämpfe voraus.

An **Warmblütern** fehlen Erregungssymptome, wie Erbrechen oder Krämpfe, ganz; nach großen Dosen sterben die Tiere unter Dyspnöe; die Herztätigkeit überdauert den Respirationsstillstand, durch künstliche Atmung kann das Leben erhalten werden.

Ein Hund ging nach sukzessiver Subcutaninjektion von 0,07 g (0,01 g pro Kilo), ein Kaninchen nach 0,03 g (0,023 g pro Kilo) zugrunde.

Im **Nervensystem** scheinen periphere Wirkungen vorzuherrschen. Septentrionalin lähmt nach Rosendahl sowohl bei Fröschen als auch bei Warmblütern „die Endigungen der sensiblen Nerven". Gleiches gilt für den Nervmuskelapparat; hier wirkt dieses Alkaloid bei Fröschen stärker als bei Warmblütern. Die indirekte Reizbarkeit des Muskels wird aufgehoben.

Die Tätigkeit des **Froschherzens** wird wenig beeinflußt. Bei Perfusionsversuchen bewirkte das 2—4fache derjenigen Konzentration, in welchen Lappaconitin den Herzstillstand herbeiführt, sogar Vermehrung der Arbeitsfähigkeit des Herzens. Nach großen Dosen nimmt die Schlagzahl bis zum diastolischen Stillstand ab, der durch Atropin gehoben werden konnte. Der Blutdruck der Warmblüter wird — angeblich durch „vasomotorische Lähmung" — herabgesetzt; nach sehr starker Vergiftung war die Reizung des peripheren Vagusstumpfes unwirksam. Endlich wird angegeben, daß Septentrionalin die Bewegungen der Gedärme lähmt und ihre Gefäße erweitert.

3. **Cynoctonin** $C_{36}H_{55}N_2O_{13}$ wurde als grauweißes, amorphes, stark hygroskopisches Pulver (Schmelzp. 137°) erhalten, das leicht in Wasser und Alkohol, wenig in Äther löslich ist und in seinen Lösungen nicht fluoresciert, aber nach rechts dreht; es ist leicht zersetzlich.

Cynoctonin ruft erst in relativ hohen Dosen (0,02—0,08 g pro Kilo bei Fröschen) klonische und tonische Krämpfe hervor; der Blutdruck wurde in einem Versuche an einer Katze durch intravenöse Injektion von 0,026 g pro Kilo ebenso wie die Pulsfrequenz herabgesetzt; die Wirkung auf das Froschherz ist unerheblich. Die nur bei Fröschen nach Vergiftung mit großen Dosen beobachtete Lähmung wird auf Lähmung der Nervenenden bezogen.

Delphinin.

In den Samen von Delphinium Staphisagria, Ranunculaceae, den sog. Stephanskörnern, sind mehrere Basen rekognosziert, von denen das Delphinin als das Hauptalkaloid zu bezeichnen ist. In chemischer Hinsicht sind diese Stoffe ohne Ausnahme noch nicht ausreichend untersucht.

Die pharmakologischen Untersuchungen älteren Datums[1]) beziehen sich zum Teil auf die Mutterdroge, zum Teil auf Alkaloidpräparate von zweifelhafter Reinheit und Einheitlichkeit; auch aus neuerer Zeit liegen nur vereinzelte Arbeiten vor.

Die nachfolgende Darstellung hat hauptsächlich das Delphinin zum Gegenstand; im Anhang folgen einige Notizen über Staphisagrin.

Chemie. Delphinin ($C_{22}H_{35}NO_6$) ist krystallisiert zuerst von Marquis[2]) erhalten worden in Form farbloser Tafeln oder Prismen des rhombischen Systems (Schmelzp.?); es löst sich in 21 Teilen absoluten Alkohols, wird als optisch inaktiv bezeichnet, liefert amorphe Salze und schmeckt bitter mit Hinterlassung des Gefühls der Vertaubung auf der Zunge. Bemerkenswerte Fingerzeige für die chemische Verwandtschaft des Delphinin mit den Aconitinen geben neuere Untersuchungen von J. Katz[3]), der durch Hydrolyse aus der krystallisierten Base Benzoesäure erhielt und außerdem 4 Methoxylgruppen in derselben nachweisen konnte.

Schon in dem **allgemeinen Bilde** der Delphininwirkung finden sich alle die charakteristischen Züge der Wirkung der Aconitine unverkennbar wieder: bei Fröschen in den Bauchmuskeln beginnende fibrilläre Zuckungen, Maulaufsperren, Brechbewegungen, fortschreitende motorische Lähmung; bei Warmblütern: Speichelfluß, eventuell Erbrechen, Dyspnöe, Sopor, Krämpfe und Tod durch Lähmung der Atmung.

---

[1]) Vgl. hierüber: Leonides van Praag, Toxikologisch-pharmakodynamische Studien. Virchows Archiv **6**, 365, 435. — Falck u. Röhrig, Archiv f. physiol. Heilkunde **11**, 528. — Albers, Allg. Zeitschr. f. Psychiatrie **15**, 348. — Dorn, De Delphinino observationes et experimenta. Diss. Bonn 1857. — Dardel, Recherches chimiques et cliniques sur les alcaloides du Delphinium staphisagria. Montpellier 1864.

[2]) Marquis, Über die Alkaloide des Delphinium Staphisagria; mitget. von G. Dragendorff, Archiv f. experim. Pathol. u. Pharmakol. **7**, 54. 1877.

[3]) J. Katz, Apoth.-Ztg. **1900**, 670.

Dosen. Für Rana temporaria geben R. Boehm und Serck 0,1 mg als letale Dosis an; für Warmblüter sind die Dosenverhältnisse noch nicht genauer ermittelt.

Auch hinsichtlich der Wirkungen auf das **Zentralnervensystem** fehlt es noch an eingehenderen Untersuchungen; eine Wirkung auf das Gehirn ist bei Warmblütern durch soporöse Zustände angedeutet, in welchen die Reaktion auf äußere Reize aller Art stark herabgesetzt erscheint; zentralen Ursprungs sind offenbar ferner das Erbrechen, zum Teil die Respirationsstörungen und gewisse Erscheinungen im Kreislauf, auf welche wir unten zurückkommen.

Bei Fröschen hat es oft den Anschein, als ob die Sensibilität und die Reflexerregbarkeit durch Delphinin früher als die spontane Motilität aufgehoben würde, ganz analog wie es Liegeois und Hottot während der Aconitinwirkung beobachteten. Serck[1]) konstatierte außerdem, daß die Strychninwirkung durch Delphinin vollständig zum Schwinden gebracht wird, während das Umgekehrte bei stärkerer Vergiftung mit Delphinin nicht möglich ist. Es bleibt für das Delphinin noch zu entscheiden, inwieweit bei den eben angeführten Erscheinungen die peripheren sensiblen Nerven und die Reflexmechanismen des Rückenmarkes beteiligt sind.

Da nach dem Eintritt voller motorischer Paralyse die Reizbarkeit der Nerven bei Fröschen zunächst noch erhalten war und erst später allmählich erlosch, da ferner bei Abschluß der Blutzufuhr von einer der hinteren Extremitäten nach der Delphinvergiftung des Tieres die beiderseitigen N. n. ischiadici keinen Unterschied in den Verhältnissen ihrer Reizbarkeit erkennen ließen, nahmen R. Boehm und Serck damals an, daß die Lähmung zentral bedingt und nicht als „curareähnliche Wirkung" anzusehen sei. Angesichts der neueren experimentellen Erfahrungen hinsichtlich der Wirkung des Aconitins auf die motorischen Nervenstämme, muß man heute die Frage der Wirkung des Delphinins in diesem Gebiete des Nervensystems als eine noch offene und weitere Untersuchungen nach dieser Richtung als notwendig bezeichnen.

Die Angaben von Weyland (l. c.) über die Form der Zuckung des mit Delphinin vergifteten Muskels konnte J. Serck nicht bestätigen; er erhielt normale Muskelzuckungen. Die direkte Reizbarkeit des Muskels scheint sich — genauere Untersuchungen fehlen noch — ähnlich wie bei der Aconitinwirkung zu verhalten.

Am **Froschherz** in situ (Esculenten) bewirkt Delphinin nur zuweilen primäre Beschleunigung; in der Regel von Anfang an Abnahme der Schlagzahl, wobei schon frühe die Diastole des Ventrikels in die Länge gezogen resp. die Pause zwischen dem Ende der Systole und dem Beginn der nächsten Systole etwas verlängert ist; zuweilen ist schon in diesem Stadium auch die Schlagfolge der Vorhöfe und des Ventrikels nicht mehr die normale. Der Verlangsamung folgt eine meist nur kurze Zeit andauernde Periode der Inkoordination (Herzperistaltik); nach derselben kontrahiert sich der Ventrikel zwar regelmäßig, aber sehr schwach und unvollständig und in anderem langsamerem Rhythmus als die vom Gifte weniger beeinflußten Vorhöfe; schon während dieses Stadiums kommen häufig längere diastolische Pausen des Ventrikels vor; endlich erfolgt Stillstand des Herzens in halber Diastole; das Herz (Ventrikel) ist dann für mechanische und elektrische Reize ganz unerregbar.

Der Herzvagus wird durch Delphinin bei Fröschen gelähmt; auch die elektrische Reizung des Sinus wirkt nicht mehr, ebensowenig die Applikation

---

[1]) J. Serck, Beiträge zur Kenntnis des Delphinins. Diss. Dorpat 1874.

von Muscarin, während der primär durch Muscarin bewirkte Herzstillstand durch Delphinin sofort aufgehoben wird (R. Boehm[1]). H. P. Bowditch[2]) fand an der isolierten Herzspitze, daß die Reizbarkeit derselben durch Induktionsschläge zunächst stark herabgesetzt wird, so daß, um eine regelmäßige Pulsfolge zu erzielen, die Stärke des Reizes nicht unbedeutend anwachsen muß; schließlich sind aber auch die stärksten Reize nicht mehr imstande, den Herzmuskel zu erregen.

In jüngster Zeit hat B. Kisch[3]) die Wirkungen des krystallisierten Delphinins (Merck) auf das Kalt- und Warmblüterherz nach den Gesichtspunkten der neueren Herzphysiologie genauer untersucht. Am Froschherz in situ bewirken 0,025 mg (intravenös) primär Verlangsamung bei normaler Schlagfolge der Herztätigkeit. Am isolierten Herz bleibt diese primäre Verlangsamung aus und wird deshalb auf zentrale Vagusreizung bezogen. Dem ersten Stadium der Verlangsamung folgt bald Beschleunigung der Herzschläge (z. B. 45 auf 60). In der anfangs auch hierbei noch regelmäßig bleibenden Schlagfolge treten nunmehr Störungen auf; es erfolgt eine sekundäre Verlangsamung (3. Stadium), wobei das Herz atrioventrikulär, ventrikulär oder auch unregelmäßig — bald nomotrop, bald heterotrop — schlägt; dazu kommen Extrasystolen, unvermittelte Anfälle von extrasystolischen Tachykardien und Ventrikelflimmern. Im weiteren Verlauf (4. Stadium) zeigen sich Überleitungsstörungen. Bei zunächst noch rechtläufigem Herzschlag fallen mit zunehmender Häufigkeit Kammersystolen aus, und endlich schlagen Vorhöfe und Kammer ganz unabhängig voneinander. Zugleich vermindert sich die Zahl der Ventrikelsystolen mehr und mehr; es kommt zum Stillstand des Ventrikels, der dann nur noch auf starke faradische Ströme, manchmal überhaupt nicht mehr reagiert. Die vom Delphinin scheinbar viel weniger geschädigten Vorhöfe schlagen noch längere Zeit kräftig weiter.

Nach Anwendung von Delphinin verschwindet, wie nach Atropin, solange das Herz noch reizbar ist, die ,,Treppe‘‘; endlich treten während der Delphininwirkung auch spontane Zuckungen der Herzspitze von sehr verschiedener Amplitude auf, ,,die von inneren Reizen ausgelöst sein müssen‘‘ und in sehr wechselnden Zeitintervallen erfolgen.

Bei nicht curarisierten Warmblütern setzen größere Delphinindosen (0,005 g intravenös) den Blutdruck kontinuierlich herab, so daß nach wenigen Minuten der Tod durch Herzstillstand erfolgt; für curarisierte und künstlich respirierte Tiere sind erst viel größere Dosen tödlich; unter diesen Umständen läßt sich zeigen, daß im Beginne infolge zentraler Vagusreizung der Puls sich zunächst verlangsamt. Nach dem Abklingen dieser Wirkung, die nach vorhergehender Vagotomie wegfällt, wird der Puls beschleunigt, der Blutdruck sehr erheblich gesteigert und erst zuletzt wieder bis zum Herzstillstand herabgesetzt. Die Reizung der peripheren Vagusstümpfe verliert auch bei Katzen und Hunden allmählich ihre normale Wirkung.

Die vasomotorischen Zentralapparate reagieren im Anfange der Vergiftung noch normal auf reflektorische Reizung von sensibeln Nerven aus; später bleibt auch dieser Effekt aus. Die Blutdrucksteigerung sahen R. Boehm und

---

[1]) R. Boehm, Herzgifte. S. 52.
[2]) H. P. Bowditch, Über die Eigentümlichkeiten der Reizbarkeit, welche die Muskelfasern des Herzens zeigen. C. Ludwig, Arbeiten d. physiol. Anstalt zu Leipzig **6**, 139. 1872.
[3]) Bruno Kisch, Über Wirkungen des Delphinins auf das Kalt- und Warmblüterherz; in Festschrift zur Feier des zehnjährigen Bestehens der Akademie für praktische Medizin in Cöln. S. 374, **1915**.

Serck[1]) auch nach vorhergehender Durchschneidung des Halsmarkes (in der Höhe des 2. Halswirbels der Katze) noch in ungeschwächtem Grade erfolgen; sie lassen es unentschieden, ob sie auf Erregung spinaler Gefäßzentra oder auf periphere Gefäßwirkungen zurückzuführen ist.

Nach den Untersuchungen von B. Kisch (l. c.) kehrt auch am Säugetierherz (Hund, Kaninchen) die durch zentrale Vagusreizung bedingte primäre Verlangsamung des Herzschlags wieder und ist mit Abnahme der Stärke der Vorhofskontraktionen verbunden, die nach der Knollschen Suspensionsmethode registriert wurden. Durch etwas größere Giftdosen wird auch der periphere Vagus erregt. Kisch folgert dies daraus, daß bei vagotomierten Tieren Atropin nach vorangehender intravenöser Injektion der entsprechenden Delphinindosis sofort Zunahme der Zahl und insbesondere der Stärke der Vorhofskontraktionen bewirkte.

Die bei den Versuchen im übrigen beobachtete große Neigung des delphinisierten Herzens zu Kammerautomatie, ventrikulären Extrasystolen und Ventrikelflimmern läßt auf Steigerung heterotoper Reizbildungsfähigkeit im Herzen schließen. Kammerautomatie kann vorübergehend oder dauernd unter Mitwirkung der zentralen Vaguswirkung schon durch kleine Dosen des Giftes hervorgerufen werden. Nach größeren Dosen ist die Neigung zur heterotopen Reizbildung so groß, daß auch nach völliger Ausschaltung des Vaguseinflusses durch Atropin Kammerautomatie auftritt.

Herabsetzung der Reizleitung äußert sich nach größeren Giftdosen in Überleitungsstörungen, Ausfall von Vorhofssystolen, rückläufiger Schlagfolge und Dissoziation. Kisch nimmt an, daß seine Beobachtungen über den Einfluß der Vagusreizung auf das delphinisierte Herz die ältere Beobachtung von R. Boehm (l. c.) erklärlich mache, daß die bei geschlossenem Thorax beobachtete Wirkung der peripheren Vagusreizung schließlich ausblieb und hieraus auf Lähmung des Vagus an der Peripherie geschlossen wurde. Eine Arbeit von Kahn, in welcher auf den gleichen Punkt und auf die Untersuchungen von R. Boehm und B. Kisch näher eingegangen wird, bezieht sich nicht auf das krystallisierte Delphinin, sondern offenbar auf das unten zu besprechende Delphocurarin; ihre Ergebnisse können daher auch in der Epikrise der Befunde von R. Boehm und B. Kisch nicht verwertet werden.

Die Wirkungen des Delphinins auf die **Atmung** — Verlangsamung der Atemzüge, Dyspnöe mit langen exspiratorischen Pausen — waren auch insofern den entsprechenden Wirkungen des Aconitins (resp. Pseudaconitins) ähnlich, als Vagotomie bei Kaninchen die Dyspnöe und Verlangsamung der Atemzüge zeitweilig verringerte.

Staphisagrin, eine braune, extraktartige, chemisch sehr mangelhaft charakterisierte Substanz, die sich im amorphen Delphinin des Handels findet und vielleicht ein Zersetzungsprodukt des Delphinins ist, wirkt bei Kalt- und Warmblütern wenig auf das Herz und die Zirkulation, ist überhaupt viel weniger wirksam als Delphinin (die letale Dosis ist für Hunde 0,2—0,3 g, für Katzen 0,1—0,2 g, für Kaninchen 0,03 g) und tötet, indem es unter analogen Störungen der Atmung, wie nach Delphinin, das Respirationszentrum lähmt. Die Funktionen des Gehirns scheinen nicht direkt alteriert zu werden[2]).

---

[1]) R. Boehm u. J. Serck, Beiträge zur Kenntnis der Alkaloide von Delphinium staphisagria. Archiv f. experim. Pathol. u. Pharmakol. **5**, 311.
[2]) Bezüglich der Nebenalkaloide vgl. auch R. Kobert, Lehrbuch der Intoxikationen. II. Aufl. Bd. II, S. 1149, und Ch. Kara-Stojanow, Über die Alkaloide des Delphinium staphisagria. Diss. Dorpat **1889**.

Anhang.

Delphocurarin.

Aus den Wurzeln einiger nordamerikanischer Delphiniumarten, D. scopu-
lorum, D. Nelsonii, D. bicolor stellte G. Heyl[1]) ein Gemenge von Alkaloiden dar, das er Delphocurarin nannte und als sehr bitteres amorphes
in verdünnten Säuren, sowie in Alkohol, Äther und Chloroform leicht lösliches
Pulver beschrieb. Von E. Merck wurde das Hydrochlorid dieser Substanz,
ein gelbliches in Wasser leicht lösliches Pulver, hergestellt und in den Handel
gebracht. Aus dem Basengemisch konnte Heyl durch Umlösen mit Hilfe von
Äther und Petroläther kleine Mengen einer bei 184—185° schmelzenden, in
Nadeln krystallisierenden Base von der Formel $C_{23}H_{33}O_7N$(?) isolieren.

Die Wirkungen des Delphocurarin sind von A. Lohmann[2]), V. Schiller[3]), K. Krchichkowsky[4]) und H. Kahn[5]) untersucht worden. Der Namen
Delphocurarin bezieht sich auf Beobachtungen von Lohmann an Fröschen,
die in der Regel durch subkutane Injektion von 1,0 g pro Kilo Frosch gelähmt wurden. Durchschneidung des N. ischiadicus blieb darnach ohne jeden
sichtbaren Einfluß auf die Muskulatur des Unterschenkels; genauere Angaben
über das Verhalten der Reizbarkeit der motorischen Nerven bei der Vergiftung
fehlen; es findet sich nur die Notiz, daß in einigen Fällen die Menge des Giftes
nicht zur völligen Lähmung des Endorgans genügte; auch wird am Schluß
der Abhandlung das Vorkommen einer nur partiellen Lähmung als ein Bedenken
gegen die Brauchbarkeit des Delphocurarins als Ersatz für Curare geltend gemacht. Auch bei den übrigen eingangs zitierten Autoren finden sich keine
entscheidenden Versuchsdaten über das Verhalten der motorischen Nerven.

Lohmann und Schiller betonen, daß der Muskel direkt erregbar bleibt
und die Form der Zuckungskurve nicht verändert wird. Aus Ermüdungsversuchen wird geschlossen, daß der vergiftete Muskel bei elektrischer Reizung später als der normale ermüdet und daß das Gift ferner die Kontraktionen
und die Spannungsentwickelung des Muskels vergrößert.

Schiller stellt fest, daß der Herzmuskel des Kalt- und Warmblüters auch
bei großer Dosis scheinbar nicht oder nur vorübergehend angegriffen werde.
Intravenöse Injektion setzte bei Kaninchen den Blutdruck vorübergehend
herab. Depressorreizung wirkte normal, periphere Vagusreizung verliert bei
Fröschen und Kaninchen die normale Wirkung. R. H. Kahn bestätigt entgegen der auf Grund sehr anfechtbarer Versuche von Krchichkowsky aufgestellten Behauptung, daß Delphocurarin in seinen Wirkungen nicht wesentlich von Delphinin aus D. staphisagria sich unterscheide, die Ergebnisse von
Schiller. Außerdem, stützen die Versuche von Kahn auch durch Elektro-
cardiogramme die Annahme der peripheren Vaguslähmung durch Delpho-

---

[1]) G. Heyl, Südd. Apoth.-Zeitung **43**, Nr. 28, 29 u. 30 und Chem. Centralbl. **1903** I.
S. 1188.

[2]) A. Lohmann, Untersuchungen über die Verwendbarkeit eines Delphininpräparates
an Stelle des Curare in der muskelphysiologischen Technik. Pflügers Archiv **92**, 473 (1902).

[3]) Victor Schiller, Über die physiologischen Wirkungen des Dephinins (Heyl).
Archiv f. Anat. u. Physiologie, Physiol. Abt. **1904**, 248.

[4]) Krchichkowski, Sur l'action de la Delphocurarine. Arch. internat. de Pharmacodyn. **18**, 65.

[5]) R. H. Kahn, Das Delphocurarin Heyl. Arch. internat. de Pharmacodyn. **19**, 57
(1909). — Derselbe, Die Frage nach der Wirkung der Delphininpräparate auf das Herz.
Pflügers Archiv **164**, 428 (1916).

curarin bei Säugern. Es wurde schon oben bemerkt, daß diese Beobachtungen Kahns für die Frage nach der Vaguswirkung des Delphinins aus Delphinium staphisagria nicht verwertet werden können. Ob und inwieweit die beiden fraglichen Stoffe in ihren pharmakologischen Wirkungen etwas gemein haben, kann zurzeit nicht sicher entschieden werden, da die bisher über Delphocurarin vorliegenden chemischen Daten keine Gewähr für die Reinheit und Einheitlichkeit des Präparates geben. Die oben besprochenen bisher beobachteten Wirkungen des Delphocurarins lassen irgendeine auch nur entfernte Ähnlichkeit der Wirkungen von Delphinin und Delphocurarin nicht erkennen.

Die Frage, ob sich Delphocurarin als Ersatz für Curare eignet, muß entschieden verneint werden. Abgesehen davon, daß die Identität der Nervenendwirkung der beiden Stoffe durch die bisherigen Untersuchungen noch nicht zuverlässig festgestellt ist, sind die im Vergleich zum Curare oder gar Curarin erforderlichen enormen Dosen von Delphocurarin schon ein ausreichender Grund, um dieses Ersatzmittel abzulehnen.

Pelletierin.

Von

R. Boehm-Leipzig.

Von den in der Rinde von Punica Granatum (Myrtaceae) durch Tanret[1]) entdeckten Alkaloiden Pelletierin, Isopelletierin, Methylpelletierin und Pseudopelletierin (n. Methylgranatonin) ist chemisch bis jetzt nur das Pseudopelletierin von Ciamician und Silber[2]) genauer erforscht und als der Tropeingruppe angehörig erkannt worden.

In pharmakologischer Hinsicht ist nur das Pelletierin etwas eingehender experimentell untersucht worden; das Isopelletierin soll ihm in der Wirkung sehr nahe stehen. Vom Methyl- und Pseudopelletierin wird angegeben, daß sie nicht auf Bandwürmer wirken, beim Menschen aber ähnliche Giftwirkungen äußern wie die beiden anderen Alkaloide; experimentell scheinen die beiden ersteren Basen aber noch nicht untersucht worden zu sein.

Pelletierin (Punicin).

Chemie Pelletierin ($C_8H_{15}NO$) ist eine ölige Flüssigkeit vom Siedepunkt 195° (bei gewöhnlichem Druck), dem spez. Gewicht 0,988, leicht löslich in Alkohol, Äther und Chloroform, in kaltem Wasser im Verhältnis von 1 : 23 mit stark alkalischer Reaktion; das Sulfat dreht links $[a]_D = -30°$. Das in den sonstigen physikalischen Eigenschaften mit Pelletierin übereinstimmende Isopelletierin ist optisch inaktiv. Die Pelletierinsalze scheinen schwierig zu krystallisieren. Das Sulfat kommt als brauner Sirup in den Handel, aus welchem sich in der Kälte Krystalle abscheiden.

Wirkung auf wirbellose Tiere. Taenia serrata wird nach W. v. Schröder[3]) in einer Lösung von Pelletierin 1 : 10⁵ in Kochsalz-Sodalösung (1 NaCl, 0,1 Na_2CO_3 auf 100 aq.) bei 37° binnen 5 Minuten bewegungslos; transferiert man die Tiere 5 Minuten später in frische Kochsalzsodalösung, so erfolgt Erholung, nach längerem Aufenthalt in der Giftlösung nicht mehr.

Auf Askariden (A. mystax) blieb die 0,4 proz. Lösung des Pelletierins auch nach 24 Stunden ohne Wirkung. (v. Schröder[4]). K. Schönlein[5]) hat die Pelletierinwirkung auch an einigen anderen wirbellosen Tieren untersucht. Bei Holothurien versagte das Gift. Cephalopoden gingen nach ausreichenden (?) Dosen zugrunde; an Gehäuseschnecken war keine Wirkung zu erzielen,

---

[1]) Tanret, Compt. rend. de l'Acad. des Sc. **86**, 1270; **88**, 716; **90**, 696; Bull. de la Soc. chim. **32**, 464; **36**, 256.
[2]) Ciamician u. Silber, Ber. d. deutsch. chem. Ges. **25**, 1601; **26**, 156, 2738; **27**, 2850; **29**, 481. Vgl. auch: Beranger-Ferand, Bull. gen. de thérap. **1879**. F. de Rochemure, Étude de physiol. et de thérap. des sels de pellétiérine. Thèse de Paris 1879.
[3]) W. v. Schröder, Über das Pelletierin. Archiv f. experim. Pathol. u. Pharmakol. **18**, 381 (1884).
[4]) W. v. Schröder, Über die Wirkung einiger Gifte auf Askariden. Archiv f. experim. Pathol. u. Pharmakol. **19**, 296.
[5]) K. Schönlein, Über das Herz von Aplysia limacina. Zeitschr. f. Biol. **30**, 187 (1894).

während bei Nachtschnecken-(Aplysiaarten) die Wirkung prompt erfolgte; sie scheint sich hauptsächlich auf das zentrale Nervensystem zu erstrecken und in einer Art von Narkose zu bestehen. Ein Kubikzentimerer der 4proz. Lösung ist selbst für die größeren Tiere meistens ausreichend. Stiche in den Körper der unvergifteten Aplysien schließen sich infolge der Kontraktion der nach allen Richtungen gekreuzten Muskelfasern sofort, ohne daß ein Tropfen Flüssigkeit austritt. Bei der Injektion von Pelletierin entleert sich aus der Stichöffnung reichlich Flüssigkeit; das Tier bleibt dann schlaff liegen und sondert aus den Drüsen des Mantelrandes große Mengen — je nach der Species verschieden gefärbten Sekretes ab, das widerlich nach Moschus und Senföl riecht. Aus dem Wasser genommene, durch Vergiftung mit Pelletierin gelähmte Tiere gleichen halb mit Flüssigkeit gefüllten Beuteln, in welchen sich der flüssige Inhalt nach Belieben verschieben läßt. Reflektorische Bewegungen sind kaum mehr hervorzurufen, während die direkte Reizung von Nerven von gutem Erfolge begleitet ist. Es scheint sich demnach um zentrale Lähmung zu handeln. Daneben ist indessen auch eine periphere Wirkung wahrscheinlich, da an vom Tiere abgetrennten Körperteilen die durch Schnitte geöffneten Gewebslakunen sich nicht mehr schließen, wie es bei Teilen unvergifteter Tiere stets der Fall ist.

Wirkungen auf Wirbeltiere. An Fröschen beobachtete W. v. Schröder 10—30′ nach der subcutanen Injektion von 0,01—0,02 g Steigerung der Reflexerregbarkeit, die nach 2—3 Tagen ihr Maximun erreichte und nach 6 Tagen wieder verschwunden war. Auch Reflextetani mit darauffolgender Erschöpfung kamen vor. Nach größeren Dosen erfolgte Lähmung, die v. Schröder hauptsächlich als vom Zentralnervensystem ausgehend betrachtet; nach 0,04—0,06 g konstatierte er auch „curareähnliche Wirkung". Der Verfasser (Boehm) fand schon eine Stunde nach Vergiftung einer 80,0 g schweren Esculenta mit 0,25 g Pelletierin. sulfuric. (Merck) bei erhaltener direkter die indirekte Reizbarkeit des M. gastrocnemius vollständig aufgehoben.

An den Skelettmuskeln fielen v. Schröder Erscheinungen auf, die an die Veratrinwirkung erinnerten, aber nur kürzere Zeit andauerten. Dem Verfasser war es nicht möglich, an den Muskelkurven mit verschiedenen Dosen vergifteter Frösche Abweichungen von der Norm nachzuweisen.

Die Schlagzahl des **Froschherzens** wird ohne Beteiligung des N. vagus vermindert. Der vom Froschherz geleistete Druck — gemessen am Williams schen Apparat — stieg in zwei Versuchen vorübergehend von 29 auf 38, resp. 25 auf 41 mm Hg. Der Muscurarinstillstand wurde durch Pelletierin aufgehoben (v. Schröder).

Versuche an Warmblütern. Die Dosis letalis beträgt für Tauben 0,28 g, für Meerschweinchen 0,2—0,28, für Kaninchen 0,3 g intravenös. Die Zentralwirkung ist bei Warmblütern vorherrschend. Auch hier, insbesondere bei Kaninchen, waren im Beginn der Wirkung Anzeichen gesteigerter Reflexerregbarkeit vorhanden, später folgten ataktische und paretische Lokomotionsstörungen, bei welchen v. Schröder die Beteiligung des Kleinhirns vermutet.

Der Blutdruck (Kaninchen) wurde vorübergehend und nur durch die erste Giftdosis erheblich gesteigert, nicht nach vorausgehender Anwendung von Chloralhydrat; es ist daher Reizung der Gefäßnervenzentra als Ursache der Drucksteigerung wahrscheinlich.

Der Effekt der peripheren Vagusreizung war bei Kaninchen zeitweilig aufgehoben.

Beim Menschen bewirken 0,04—0,5 g — meistens aber nur in der ersten halben Stunde nach Aufnahme des Giftes — Schwere des Kopfes, Schwindel, Nebelsehen, Schwäche in den Beinen, zuweilen auch Wadenkrämpfe.

Die Strychningruppe.

Von

E. Poulsson-Christiania.

Mit 14 Textabbildungen.

I. Strychnin.

1. Einleitung.

Die Alkaloide Strychnin und Brucin kommen in vielen teils in den südlichen und östlichen Teilen Asiens und in Nordaustralien, teils im tropischen Afrika heimischen Strychnosarten (Familie Loganiaceae) vor. Mehrere in Südamerika wachsende Arten derselben Familie enthalten Curarine, Alkaloide, deren Wirkungen trotz aller äußeren Unähnlichkeit doch in mehreren Punkten sich mit der Strychninwirkung berühren, und in dem nordamerikanischen der gleichen Familie zugehörigen Gelsemium sempervirens kommt das tetanisierende Gelsemin vor.

Die bekanntesten der strychnin- und brucinhaltigen Pflanzen sind die in Vorder- und Hinterindien sowie in Nordaustralien wachsende Strychnos Nux vomica L., deren Samen im allgemeinen ungefähr 2,5% Alkaloide enthalten, wovon das Strychnin etwas weniger als die Hälfte[1]) ausmacht, Strychnos Ignatii Berg, Philippinen, deren Samen, die Ignatiusbohnen oder Faba Ignatii ca. 3% Alkaloide enthalten, wovon $^2/_3$ auf Strychnin entfallen, und endlich Strychnos Tieute Lesch, Java, deren Wurzelrinde zur Bereitung des Pfeilgiftes „Upas Radja" oder „Upas Tieute" verwendet wird. Die Blätter, Rinde und Samen dieser Pflanze enthalten bis zu 1,5% Strychnin, aber wenig oder kein Brucin. Sonst scheint in der Regel das Brucin zu überwiegen und kommt in einzelnen Arten ohne von Strychnin begleitet zu sein vor. Zu den bekanntesten Arten gehören ferner Strychnos colubrina L., Ostindien, deren Wurzel das als Volksmittel gegen Schlangenbiß geschätzte „echte Schlangenholz" oder „Lignum colubrinum" liefert; die Rinde soll ca. 5,5% Alkaloide, im wesentlichen Brucin, enthalten.

In wie vielen Strychnosarten die hier genannten Alkaloide vorkommen, ist nicht genauer bekannt. Wehmer[2]) zählt 14 Arten auf. Vinci[3]) gesellt

---

[1]) In Samen aus Ceylon haben Dunstan und Short [Pharmac. Journ. and Transact. **14**, 732 (1884), zit. nach F. Czapek, Biochemie der Pflanzen, Bd. II, S. 318, Jena 1905] bis zu 5,34% Alkaloide gefunden.

[2]) C. Wehmer, Die Pflanzenstoffe. Jena 1911, S. 604ff. — Über das Vorkommen von Strychnin und Brucin siehe ferner D. A. Rosenthal, Synopsis Plantarum diaphoricarum. Erlangen 1862, S. 361. — G. Dragendorf, Die Heilpflanzen. Stuttgart 1898, S. 532. — F. Czapek, Biochemie der Pflanzen. Jena 1905, Bd. II, S. 317.

[3]) G. Vinci, Arch. ital. de Biol. **20**, 63 (1910).

dazu die westafrikanische Strychnos Kipapa Gilg., die als Pfeilgift benutzt wird und in der Wurzelrinde die ungewöhnlich große Menge von 6% Strychnin enthalten soll. Außerdem finden sich Strychnosalkaloide, deren Stammpflanzen noch nicht sicher bekannt sind, in mehreren malayischen, namentlich unter den Stämmen Borneos benutzten Pfeilgiften (Tasem, Ipu [oder Ipoh] Tana, Ipu Kajo, Ipu Aka, Ipu Seluwang). Einzelne dieser Gifte enthalten auch Antiarin und scheinen aus einer Mischung des Milchsaftes von Antiaris toxicaria mit Strychnosextrakten zu bestehen[1]).

Das Strychnin wurde 1818 von Pelletier und Caventou[2]) in den Ignatiusbohnen und bald danach auch in Samen und Rinde von S. Nux vomica entdeckt. Erst 1838/39 wurde die Formel $C_{21} H_{22} N_2 O_2$ von Regnault[3]) festgestellt. Beinahe gleichzeitig fanden Pelletier und Caventou[4]) auch das Brucin, das aus der sogenannten falschen Angostura inde, die, wie sich später herausstellte, von S. Nux vomica stammte, dargestellt wurde. Anfangs schrieb man sie dem afrikanischen Busch Brucea ferruginea (Simarubaceae) zu, das Alkaloid wurde daher nach dieser Pflanze benannt und hat später den irreführenden Namen behalten. Auch die Formel des Brucins, $C_{23} H_{26} N_2 O_4$, wurde zuerst von Regnault bestimmt. Wie man sieht, unterscheidet sich diese Formel von der des Strychnins durch einen Mehrgehalt von $C_2 H_4 O_2$, was bald zu der Vermutung führte, daß zwei Wasserstoffatome im Strychnin durch Methoxyl ersetzt wären und 1885 gelang es Zeisel[5]), das Vorhandensein von zwei solchen Gruppen im Brucin nachzuweisen. Es ist indessen bisher noch nicht geglückt, das eine Alkaloid in das andere überzuführen[6]). Die Auffassung des Brucins als Dimethoxylstrychnin stützt sich daher immer noch hauptsächlich auf das Vorkommen der beiden Alkaloide in den gleichen Pflanzen und ihre gleichartige pharmakologische Wirkung. Zugunsten der Anschauung, daß eine nahe chemische Verwandtschaft besteht, kann angeführt werden, daß Tunman[7]) jüngst gefunden hat, daß der Embryo des ruhenden Samens von S. Nux vomica nur Brucin enthält, das beim Keimen in Strychnin überzugehen scheint.

Ein neues Alkaloid Strychnicin wurde 1902 von Boorsma[8]) in Blättern und Früchten von S. Nux vomica gefunden und ist später auch in andern Arten nachgewiesen worden. In dem dem Autor zugänglichen kurzen Referat wird angegeben, daß es wenig giftig sei, ohne nähere Ausführungen über den Charakter der Wirkung.

Ein in mehreren älteren Publikationen erwähntes Alkaloid, Igasurin, scheint ein Gemisch von Strychnin und Brucin gewesen zu sein.

Ein aus der Rinde einer westafrikanischen Pflanze, wahrscheinlich einer Strychnosart (von den Eingeborenen Akazga, Ikaja oder Boundou genannt), in geringer Menge gewonnenes, aber nicht analysiertes Alkaloid wurde von

---

[1]) Übersicht über Pfeilgifte: L. Lewin, Virchows Archiv 138, 283 (1894). Siehe auch H. u. C. G. Santesson, Archiv d. Pharmazie 231, 591 (1893). (Pfeilgift Blay-Hitam.)
[2]) Pelletier u. Caventou, Annales de Chim. et de Phys. 10, 142 (1819).
[3]) Regnault, Liebigs Annalen 26, 17 (1838); 29, 59 (1839).
[4]) Pelletier u. Caventou, Annales de Chim. et de Phys. 12, 113 (1819).
[5]) J. Zeisel, Monatshefte f. Chemie 6, 995 (1885).
[6]) Im Jahre 1875 glaubte F. L. Sonnenschein Strychnin aus Brucin dargestellt zu haben. Berichte d. deutsch. chem. Gesellsch. 8, 212 (1875); Vierteljahrsschr. f. gerichtl. Med., N. F. 22, 285 (1875)
[7]) O. Tunman, Archiv d. Pharmazie 248, 644 (1910).
[8]) W. G. Boorsma, Mededeelingen uit's Lands Plantentuin No. 52 (1902); Bull. de l'Inst. botanique de Buitenzorg No. 14 (1902); zit. nach Chem. Centralbl. 1902, II, 469.

Fraser[1]) Akazgin genannt, während Vulpian[2]) den Namen Ikajin vorschlägt. Nach Heckels und Schlagdenhauffens[3]) Untersuchungen enthält die Rinde jedoch kein anderes Krampfgift als Strychnin.

2. Wirkungen auf Eiweiß und Enzyme.

Eine spezifische Wirkung des Strychnins auf Eiweißkörper ist kaum bekannt. Daß Strychnin gleich andern Alkaloiden von Eiweiß und andern Kolloiden fixiert oder adsorbiert wird, wird in einem der folgenden, vom Schicksal des Strychnins im Organismus handelnden Kapitel besprochen werden[4]).

Enzyme. Da Präparate von Nux vomica oft bei verschiedenen Formen von Dyspepsie angewandt werden, ist die Frage nach dem Einfluß des Strychnins auf die Pepsinverdauung von Interesse. Hierüber liegen neuere Untersuchungen von Fujitani[5]) vor, der zahlreiche Versuche mit 1% Pepsin und 0,2% Salzsäure enthaltendem künstlichem Magensaft und Mettes Eiweißröhren anstellte (Temp. 38°, Versuchsdauer 16 Stunden). Ein Gehalt von 0,001% Strychnin war indifferent, während Zusatz größerer Mengen regelmäßig eine hemmende Wirkung ausübte, die mit der Konzentration zunahm. Wird die verdauende Kraft des Magensaftes mit 100 bezeichnet, so war sie bei Zusatz von 0,01% Strychnin = 98, bei 0,05%—0,1% = 97, 1% = 88 und 2% = 77. Dies stimmt nicht ganz mit älteren Untersuchungen von Wolberg[6]) überein, der fand, daß ein Strychninzusatz von 0,1% eine geringe Beförderung der Pepsinwirkung zur Folge hatte, während stärkere Konzentrationen schädlich wirkten. Wolberg benutzte indessen eine andere Methode, indem er die Einwirkung eines mit Salzsäure versetzten Glycerinextraktes von Rindermagenschleimhaut auf Blutfibrin untersuchte, das nach dem Versuch zurückgewogen wurde.

Die Einwirkung in Glycerin gelösten invertierenden Hefefermentes fand Nasse[7]) durch Zusatz von 0,1% Strychninacetat stark geschwächt (Kontrollversuch = 100, Strychninversuch = 42), während die Verzuckerung von Stärke durch menschlichen Speichel und Pankreasferment vom Rind bei derselben Strychninkonzentration eher etwas befördert wurde (resp. 109 und 104 gegen 100 im Kontrollversuch).

Verschiedene ältere Untersuchungen lassen keine Entscheidung darüber zu, ob die Alkaloidwirkung sich auf die Fermente oder die vorhandenen Mikroorganismen erstreckt hat. Dies gilt z. B. von Liebigs[8]) Angabe, daß die Alkoholgärung des Zuckers, wenn 0,01—0,2% Strychnin zugegen sind, erst rascher und dann langsamer erfolge als in strychninfreien Zuckerlösungen. Die Buttersäuregärung in einem Gemisch von milch-

[1]) Th. R. Fraser, The British and Foreign medico-chirurgical Review **40**, 210 (1867).
[2]) A. Vulpian, Leçons sur l'action physiologiques des substances toxiques. Paris 1882, S. 616. Mit Literatur.
[3]) E. Heckel u. F. Schlagdenhauffen, Compt. rend. de l'Acad. des Sc. **92**, 341 (1881).
[4]) M. J. Rossbach (Pharmakologische Untersuchungen, Würzburg 1873, S. 145) legt der Einwirkung von Alkaloiden auf Eiweiß große Bedeutung bei. Er setzte einer verdünnten Lösung von Hühnereiweiß kleine Mengen verschiedener Alkaloidsalze zu, u. a. Strychninacetat, und beobachtete, daß Koagulation stattfand bei einer Temperatur, die bis zu 5° tiefer lag als bei den alkaloidfreien Kontrollösungen, und daß der abgeschiedene Bodensatz das Alkaloid hartnäckig festhielt, woraus er schloß, daß es chemisch an das Eiweiß gebunden sei. Es scheint jetzt angemessener, dies nur als eine Adsorption zu deuten, wodurch bekanntlich die Ausfällung kolloider Körper beschleunigt wird.
[5]) J. Fujitani, Arch. intern. de Pharmacodyn. **14**, 1 (1895).
[6]) L. Wolberg, Archiv f. d. ges. Physiol. **22**, 291 (1880).
[7]) O. Nasse, Archiv f. d. ges. Physiol. **11**, 138 (1875).
[8]) J. v. Liebig, Liebigs Annalen **153**, 137 (1870).

saurem Calcium und Käse wird nach Paschutin[1]) aufgehoben (Konzentration nicht angegeben). Nach Popoff[2]) findet im Kloakenschlamm eine lebhafte Sumpfgasgärung statt, die durch kleine Mengen Strychninnitrat befördert wird (ca. 0,006 g auf 35 ccm Schlamm), von größeren Mengen dagegen gehemmt wird (ca. 0,05 g auf 40 ccm Schlamm).

Auf die katalytische Spaltung von Wasserstoffsuperoxyd durch Platina oder Organextrakt scheint Strychnin keinen spezifischen Einfluß zu haben; die entwickelte Sauerstoffmenge richtet sich im großen und ganzen ebenso wie bei den Natriumsalzen nach der Säure, mit der die Base verbunden ist [Brown und Neilson[3])].

3. Wirkungen auf Bakterien, höhere Pflanzen, Amöben usw.

Schimmelpilze zeigen dieselbe Widerstandsfähigkeit gegen Strychnin wie gegen viele andere Gifte [Bokorny[4])]. So gedeihen Mucor, Aspergillus und Penicillium ebensogut in 5proz. Strychninbouillon wie in normaler Bouillon und vermögen gleichzeitig das Alkaloidsalz zu spalten, so daß sich im Laufe der Zeit wohl entwickelte bis zentimeterlange Krystalle von freiem Strychnin bilden, die mit dem schwimmenden Mycel verflochten sind [Ssadikow[5])].

Bakterien sind viel empfindlicher, und die verschiedenen Arten unterscheiden sich in ihrer Resistenz bedeutend.

Ssadikow kam zu folgenden Resultaten: Auf Agar mit einem Gehalt von 2% Strychninphosphat wächst nur Staphylococcus aureus. Auf Agar, der 0,05% desselben Salzes enthält, wachsen Proteus, Bac. subtilis, mesentericus, coli, typhi und prodigiosus während Vibrio Deneke sich nicht entwickelt, selbst wenn der Strychningehalt auf 0,1% herabgesetzt wird. Auch wenn das Wachstum scheinbar ungehindert vor sich geht, sieht man doch in vielen Fällen biologische Veränderungen. Auf 2% Strychninchloridagar bildet Staph. aureus nur farblose Kolonien; verschiedene andere pigmentbildende Mikroorganismen, z. B. Bac. prodigiosus und Sarcina flava, verlieren schon bei einem Strychningehalt von 0,5% die Fähigkeit, Farbstoff zu bilden, und bringt man sie auf normalen Nährboden, so bleiben die ersten Generationen noch blaß. Auch die Enzyme leiden teilweise, verflüssigende und gärende Fermente werden zerstört oder gehemmt, indessen hindert Zusatz von 0,05% Strychnin zu Milch nicht, daß diese durch Bac. subtilis, Bac. mesentericus und Bac. coli koaguliert resp. peptonisiert wird. In Bouillon ertragen die Bakterien eine etwas höhere Konzentration, als wenn sie auf Agar gezüchtet werden. So ist Bac. subtilis nach 5tägigem Aufenthalt in 5proz. Strychninbouillon noch am Leben.

Algen und Diatomeen leben jedenfalls 12 Stunden in Strychninlösung 1:100000, sterben aber in Lösung 1:20 000 [Loew[6])]. Lösung 1 : 10 000 tötet innerhalb 48 Stunden verschiedene Algen [Cladophora, Vaucheria, Spirogyren [Bokorny[7])]).

Höhere Pflanzen. Man hat diskutiert, inwieweit man bei Pflanzen Phänomene nachweisen könne, die sich mit der erhöhten Reflexerregbarkeit oder sogar den Krämpfen und dem Tetanus der höheren Tiere vergleichen lassen. Im bejahenden Sinne wird die Frage von Borzi[8]) beantwortet, der berichtet, daß bei Mimosa pudica, wenn sie täglich mit $\frac{1}{2}$‰ Brucinlösung begossen wurde, nach einigen Tagen die Blätter aufhörten, auf die bekannte Weise zu reagieren, sondern auseinandergespreizt und offen blieben. Abgeschnittene Zweige einer anderen sensiblen Mimosenart (M. Spegazzini), die in einer 1proz. Strychninlösung standen, waren schon nach 25 Minuten träg, nach 1 Stunde reaktionslos und behielten selbst bei starker Reizung die ausgespreizte und aufrechte Haltung, während sie vor Beginn des Versuchs die normale Reaktion gezeigt hatten. Auch in mehreren anderen ähnlichen Versuchen, u. a. mit den sensiblen Narben bei Martynia,

---

[1]) V. Paschutin, Archiv f. d. ges. Physiol. 8, 352 (1874).
[2]) L. Popoff, Archiv f. d. ges. Physiol. 10, 113 (1875).
[3]) O. H. Brown u. C. Hugh Neilson, Amer. Journ. of Physiol. 13, 427 (1905).
[4]) Th. Bokorny, Archiv f. d. ges. Physiol. 64, 302 (1896).
[5]) W. S. Ssadikow, Centralbl. f. Bakt., Parasitenk. u. Infektionskrankh. 60, 417 (1911).
[6]) O. Loew, Archiv f. d. ges. Physiol. 35, 516 (1885).
[7]) Th. Bokorny, Archiv f. d. ges. Physiol. 64, 300 (1896).
[8]) A. Borzi, Arch. ital. de Biol. 32, 143 (1899); Arch. di Farmacol. e Terapeut. 7, Fasc. 5.

brachte Strychnin eine erhöhte Tension und Rigidität hervor (die Strychninblätter konnten ohne zu sinken ein zehnmal so großes Gewicht tragen wie die normalen Blätter), die Borzi als einen „état tetanique" betrachtet und für analog den Krämpfen der Tiere hält; zugunsten dieser Anschauung wird angeführt, daß narkotisierende Dämpfe (Paraldehyd) die Wirkung aufheben und die steifen Blätter zusammenfallen lassen. Diese Phänomene können indessen nicht mit einem Tetanus auf die gleiche Stufe gestellt werden. Bekanntlich fallen bei Mimosa die Blätter dadurch zusammen, daß die Zellen in den geschwellten „Kissen" an der Basis der Blattstiele und der kleinen Blätter Wasser abgeben, wodurch sie ihren Turgor verlieren, und man könnte die Strychninwirkung ebensogut als eine Hemmung oder Lähmung dieses Prozesses bezeichnen.

Darwins[1]) Beschreibung der Einwirkung von Strychnin auf die sensiblen Tentakeln der Droserablätter erweckt den Eindruck, als würde die Reizbarkeit derselben herabgesetzt. Es muß jedoch hinzugefügt werden, daß Darwin ziemlich starke Lösungen direkt auf die Blätter applizierte. Aus de Candolles[2]) Angabe über den Tod von Bohnenpflanzen, wenn man die Wurzel in eine 1 proz. Lösung von Strychninextrakt bringt, läßt sich nichts Bestimmtes schließen, weil der Extrakt außer den Alkaloiden viele Bestandteile enthält, die schädlich wirken können. Kemps[3]) Versuche, mit Strychnin Teilungsanomalien der Zellen von Pisum sativum und Vicia faba herbeizuführen, fielen negativ aus.

Samen. Aus Mossos[4]) Untersuchungen über die Einwirkung verschiedener Alkaloide auf Samen von Phaseolus multiflorus ersieht man, daß Strychninsulfat in Konzentration von 0,001% — 0,005% einen befördernden Einfluß auf das Keimen hatte; sowohl der Stengel wie die Wurzelspitze wuchsen rascher als bei Kontrollsamen, die in reinem Wasser lagen. In Lösungen von 1—2% wurde das Keimen stark gehemmt.

Spermatozoen von Hund und Mensch behalten ihre Beweglichkeit ebenso lange in schwachen Strychninlösungen (0,02%) wie in isotonischer Kochsalzlösung [Krschischkowsky[5])].

Entwicklung von Eiern. Aus O. und R. Hertwigs[6]) eingehenden Untersuchungen über den Befruchtungs- und Teilungsvorgang des Seeigeleies (Strongylocentrotus lividus) unter Einwirkung verschiedener Gifte möge hier angeführt werden, daß das unbefruchtete Ei eine außerordentlich große Empfindlichkeit zeigt, indem schon zehn Minuten lange Einwirkung einer 0,005 proz. Strychninlösung eine starke Polyspermie oder Überbefruchtung zur Folge hat (das Ei verliert die normale Fähigkeit, dem Eindringen von mehr als einem Spermatozoon Widerstand zu leisten), mit den daraus folgenden Unregelmäßigkeiten in der Entwicklung. Hat bereits Befruchtung stattgefunden, so ist die Resistenz weit größer und die Teilung verläuft normal auch in 0,01 proz. Lösung. Dieselbe Konzentration hatte keinen Einfluß auf die Befruchtungsfähigkeit der Spermatozoen. 0,05% Strychnin verhindert die Entwicklung des Froscheies [Bokorny[7])]. Die Teilung von Funduluseiern geht in 0,1 proz. Strychninlösung ungehindert vor sich, aber später nimmt die Empfindlichkeit zu, so daß die Entwicklung älterer Embryonen in Lösungen von 1 : 100 000 verzögert wird [Sollmann[8])].

Mc Clendon[9]) liefert Beschreibung und Abbildungen mißgebildeter

---

[1]) Charles Darwin, Insectivorous Plants. London 1875, p. 199.
[2]) A. P. de Candolle, Physiologie végétale. Paris 1832, Bd. III, S. 1352.
[3]) Helen P. Kemp, Annals of Botany **25**, 1070 (1912); zit. nach Centralbl. f. Biochemie u. Biophysik **13**, 219 (1912).
[4]) U. Mosso, Arch. ital. de Biol. **21**, 231 (1894).
[5]) H. N. Krschischkowsky, Archiv d. Veterinärwissensch. **1910**, 4 (russisch); zit. nach Centralbl. f. Biochemie u. Biophysik **11**, 581 (1911).
[6]) O. u. R. Hertwig, Untersuchungen zur Morphologie und Physiologie der Zelle. H. 5. Jena 1887.
[7]) Th. Bokorny, Archiv f. d. ges. Physiol. **64**, 262 (1896).
[8]) T. Sollmann, Amer. Journ. of Physiol. **16**, 1 (1905).
[9]) J. F. Mc Clendon, Amer. Journ. of Physiol. **31**, 131 (1912).

Embryonen, erhalten aus Eiern von Fundulus heteroclitus, die mit verschiedenen Alkaloiden u. a. Strychnin behandelt waren.

Hühnereier: Nach Feré[1]) ist Injektion von 0,001 g Strychninsulfat ohne jeden Einfluß, 0,012 g gibt dagegen nur noch 8,33% normale Embryonen anstatt 50 % der Kontrolle.

Bei der Durchsicht der zahlreichen Arbeiten, die sich mit der Einwirkung des Strychnins auf Infusorien und ähnliche einzellige Lebewesen beschäftigen, stößt man auf viele Widersprüche in bezug auf verschiedene Einzelheiten, z. B. die letale Konzentration der Lösungen; dies ist z. T. dadurch zu erklären, daß, wie Prowazek[2]) für Kolpidien nachweist, ein großer Unterschied in der Resistenz angetroffen wird, selbst wenn alle Versuchsindividuen durch Kultur aus demselben gemeinsamen Stammvater gewonnen sind. Abgesehen von solchen Divergenzen stimmen die meisten Beschreibungen darin überein, daß das Vergiftungsbild bei Infusorien usw. dieselben Hauptzüge wie bei den höheren Tieren aufweist. Sofern die Lösungen genügend verdünnt sind, treten zunächst ein Stadium der heftigsten Erregung und spastische Zustände auf, die im weiteren Verlauf der Vergiftung von Lähmung und Tod abgelöst werden.

Einige Beispiele mögen angeführt werden: Bringt man Vorticellen in eine sehr schwache Strychninlösung (1 : 5000 und mehr), so sieht man sehr bald eine erhöhte Reizbarkeit. Das Spiel der spiralig gestellten Cilien wird beschleunigt, der Stiel rollt sich korkzieherförmig zusammen und unbedeutende Erschütterungen, z. B. ein leichtes Klopfen mit dem Finger auf die feuchte Kammer, genügen, um eine tetanusähnliche Maximalkontraktion zu erhalten. Nach einer von der Stärke der Lösung abhängigen Zeit tritt Lähmung ein, die Cilienbewegungen werden schwächer, die pulsierenden Vakuolen vergrößern sich und stehen in Diastole still, neue bewegliche Vakuolen treten auf, flüssige Protoplasmaklumpen werden aus dem Zelleib ausgestoßen und der Tod tritt ein — in einer Lösung 1 : 5000 im Laufe von 20—25 Minuten [Korentschewsky[3]), Ostermann[4])]. Das entsprechende Bild beschreibt Schürmayer[5]): Im ersten Stadium zeigen die Versuchstiere eine erhöhte Tätigkeit der Wimpern; sind Borsten vorhanden, so geraten diese in heftige Zuckungen und die Ortsveränderung ist eine unnatürlich rasche. Hierauf macht sich eine Unsicherheit im Steuern bemerkbar, es erfolgen Drehbewegungen und wegen Mangels einer Koordination tritt Unvermögen vom Platze zu kommen auf. Bald liegt die Mehrzahl der Tiere unter Fortdauer der Flimmerung lahm am Boden. Die Beschleunigung der Wimperbewegungen dauert größtenteils noch fort und zwar bis zum Momente des Absterbens durch Quellung. Unterdessen zeigen die contractilen Vakuolen eine rasch zunehmende Verlangsamung ihres Rhythmus, die lange vor der Auflösung der Zelle mit Lähmung endet. Einzelheiten, die die feineren Veränderungen im Protoplasma und das Verhalten der Alkaloide zu den Zellipoiden betreffen, teilt Prowazek[6]) mit, der gleich mehreren anderen Forschern konstatiert, daß die Giftigkeit durch Zusatz von Alkalien, die die Aufnahme der Alkaloide befördern, gesteigert wird[7]).

Die höher stehenden Evertebraten reagieren, soweit der Autor aus der Literatur hat feststellen können, auf Strychnin alle in der typischen Weise — erst Krämpfe, dann Lähmung. Bisweilen ist das Krampfstadium wenig ausgesprochen, tritt nur unter besonderen Umständen oder bei Anwendung sehr kleiner Dosen auf und kann daher übersehen werden. Auch die Resistenz dem

---

[1]) Ch. Feré, Compt. rend. de la Soc. de Biol. **1897**; 156; zit. naoh M. Grüter, Archiv f. experim. Eathol. u. Pharmakol. **79**, 341 (1916).

[2]) S. Prowazek, Archiv f. Protistenkunde **18**, 221 (1910).

[3]) W. Korentschewsky, Archiv f. experim. Pathol. u. Pharmakol. **49**, 7 (1903).

[4]) Giuseppina Ostermann, Arch. di Fisiol. **1**, 1 (1904).

[5]) C. B. Schürmayer, Jenaische Zeitschr. f. Naturwissensch. **24**, 1902 (1890).

[6]) S. v. Prowazek, Archiv f. Protistenkunde **18**, 221 (1910).

[7]) Über die Einwirkung des Strychnins auf Infusorien usw. siehe auch M. J. Rossbach, Verhandl. d. phys.-med. Gesellsch. in Würzburg, N. F. **2**, 179 (1872). — G. du Plessis, Diss. Lausanne 1863.

Alkaloid gegenüber ist sehr verschieden. Ein Auszug aus verschiedenen Beobachtungen folgt:

Bei Medusen erzeugt Strychnin Beschleunigung der rhythmischen Kontraktionen und Krämpfe, die von Lähmung gefolgt sind, während welcher die Tiere auf direkte Muskelreize reagieren, nicht aber auf Reizung der Fühlfäden. Bei diesen zählebigen Tieren kann man den Vergleich zwischen normalem und vergiftetem Zustand folgendermaßen anstellen: man teilt die Meduse in zwei durch eine schmale Gewebsbrücke verbundene Hälften und bringt die eine Hälfte in ein Becherglas mit reinem Seewasser, die andere in ein Becherglas mit Giftlösung; der verbindende Gewebsstreifen reitet über den Rand der Bechergläser. Berührt man diese Brücke mit einer Nadel, so kann man in den frühen Stadien der Vergiftung beobachten, wie die normale Hälfte sich ruhig verhält, während die andere Hälfte mit starken Kontraktionen reagiert. „Bei Carmarina werden, das lehren diese Versuche aufs evidenteste, ebenso wie bei Wirbeltieren normal vorhandene Hindernisse für die Ausbreitung der Reflexe durch das Strychnin beseitigt" [Kruckenberg[1])]. Wird Cyanea capillata, die sich ausgezeichnet zu pharmakologischen Versuchen eignet, weil ihr Körper, in Wasser von konstanter Temperatur gehalten, mit derselben Regelmäßigkeit wie ein Herz pulsiert, in eine schwache Lösung von Strychnin in Seewasser gesetzt, so stellen sich bald Unregelmäßigkeiten ein, die immer mehr zunehmen und schließlich in wohlausgeprägte Konvulsionen übergehen. Statt der Regelmäßigkeit, womit Systole und Diastole beim unvergifteten Tier abwechseln, treten Perioden heftiger und langdauernder Kontraktionen auf, ähnlich tonischen Krämpfen. Auf solche Anfälle folgt Erschlaffung, die wieder von neuen Paroxysmen abgelöst wird und so geht es stundenlang, bis sich die definitive Lähmung entwickelt [Romanes[2])].

Unter den Mollusken besitzen verschiedene Schnecken eine große Widerstandskraft. Heckel sah nach Injektion von Strychninsulfat in Dosen bis zu 0,009 g bei Helixarten und Zonites algirus (Körpergewicht 6—10 g) keine anderen Wirkungen als starke Schleimabsonderung. Wurden die Dosen erhöht auf 0,025 g, so starb Helix aspera binnen einigen Minuten und die Muskeln verblieben rigid, bis die Fäulnis begann; bei ein paar anderen Arten hatten selbst 0,045 g nur die Wirkung, daß die Tiere sich in ihre Schale zurückzogen und sich einige Tage eingeschlossen hielten, aber scheinbar normal wieder zum Vorschein kamen. Bei Aplysia trat nach 5—10 Minuten dauerndem Aufenthalt in Lösung 1 : 10 000 Erregbarkeitssteigerung ein [Fröhlich[3])]. Cephalopoden sind dagegen nach Yung[4]) außerordentlich sensibel. Wird Octopus vulgaris in Strychninsulfatlösung 1 : 300 000 gesetzt, so wird die Haut sofort blaß, nach 10 Minuten brechen tetanische Krämpfe der Arme aus, der Tintensack wird mit Heftigkeit entleert, die Atmung wird unregelmäßig, hört bald auf und das Tier liegt wie tot da. Die Saugnäpfe bewegen sich jedoch noch schwach und das Herz pulsiert lange. Hiermit übereinstimmende Beschreibung der Wirkung auf diese Tiere liefern Bert[5]), Colasanti[6]), Kruckenberg[7]), Baglioni[8]).

Würmer. Bernard[9]) vermißte bei Blutegeln jedes konvulsive Stadium; vielleicht brauchte er zu große Dosen (sie sind nicht angegeben). Ferner spielt die Temperatur eine große Rolle. Setzt man einen Egel in kaltes Wasser (8°) und einen anderen in warmes (30°) und injiziert beiden 0,0003 g Strychnin, so verhält das erste Tier sich ruhig, während das andere in die wildeste Erregung gerät. Wirft man jetzt Tier Nr. 1 in das warme Wasser, so dauert es nicht lange, bis auch dieses tetanische Krämpfe hat [Gillebeau und Luchsinger[10])]. Allmählich hören zuerst die spontanen Bewegungen, dann die Reflexbewegungen auf und es ist zentrale Lähmung eingetreten. Bei Arenicola piscatoria ist Lähmung das hervorstechendste Symptom [Biedermann[4])]. Ascaris lumbricoides zeigte nach v. Schröder[1]) bei 3stündigem Aufenthalt in einer ½ proz. Strychninlösung von 37° kein Vergiftungssymptom.

---

[1]) C. Fr. W. Kruckenberg, Vergleichende physiologische Studien. Bd. III, S. 124.
[2]) G. J. Romanes, Philosoph. Transact. of the Roy. Soc. of London **166**, 269 (1876).
[3]) F. W. Fröhlich, Zeitschr. f. allgem. Physiol. **11**, 269 (1911).
[4]) E. Yung, Mitteil. a. d. Zoolog. Station zu Neapel **3**, 97 (1882).
[5]) P. Bert, Mém. de la Soc. des Sc. phys. et natur. de Bordeaux. Paris 1870.
[6]) Colasanti, R. Accad. dei Lincei 1876, 5. März. Beide zit. nach Yung.
[7]) Fr. W. Kruckenberg, Vergleich. physiol. Studien. Bd. I, S. 100 (1881).
[8]) S. Baglioni, Zeitschr. f. allgem. Physiol. **5**, 43 (1905). (Eledone moschata.)
[9]) Cl. Bernard, Leçons sur les effets des substances toxiques. Paris 1857, p. 364.
[10]) A. Guillebeau u. B. Luchsinger, Archiv f. d. ges. Physiol. **28**, 1 (1882).
[11]) W. Biedermann, Archiv f. d. ges. Physiol. **46**, 398 (1890).
[12]) W. v. Schröder, Archiv f. experim. Pathol. u. Pharmakol. **19**, 290 (1885).

Crustaceen. Kruckenberg[1]) sah bei Krebsen nach Injektion von 0,00035 g Strychnin Erholung, nach 0,0008—0,002 g Tod ohne Krämpfe, während Yung[2]) bei größeren Krebstieren (Hummern und Langusten) heftigen Tetanus mit nachfolgender Lähmung beschreibt (Dosen nicht angegeben). Guillebeau und Luchsinger weisen nach, daß diese ihren Sitz im Zentralnervensystem hat und zu einer Zeit eintritt, wo die Nerven auf elektrische Reizung reagieren.

Über verschiedene wirbellose Tiere gibt Loew[3]) an, daß in Lösung von Strychnin-acetat 1 : 20 000 nach 1½ Tagen Planarien, Egel, Schnecken und Crustaceen sterben; erst nach 4 Tagen die Wasserkäfer[4]), die nach Guillebeau und Luchsinger[5]) mit Krämpfen und Lähmung reagieren. Noch länger aber lebten Dipterenlarven und Wasser-milben.

Die Anwendung von Strychnin in Mottentinktur veranlaßte Juckenak und Griebel[6]) zu Untersuchungen über das Verhalten verschiedener Insekten diesem Alkaloid gegenüber. Sie fanden, daß Wollstoff, der mit der Tinktur imprägniert war, anscheinend ohne Schaden von der gewöhnlichen Motte (Tinea pellionella) gefressen wurde. Weizenmehl, das mit Strychnin im Verhältnis 1 : 1000 durchtränkt war, hatte einen ungünstigen Einfluß auf die jungen Räupchen des Mehlzünsler (Ephertia Kühniella); die meisten starben, einzelne entwickelten sich normal. Auf Graupen, die mit Strychnin im gleichen Verhältnis durch-tränkt und danach getrocknet waren, gedieh der Brotkäfer (Anobium paniceum) aus-gezeichnet und vermehrte sich; die Exkremente enthielten Strychnin. Es scheint also, daß einigen Insekten Strychnin nichts schadet. Nach Ruijter de Wildt[7]) verzehrt die gewöhnliche Stubenfliege strychninhaltigen Milchzucker ohne Vergiftung.

Der normale, positive Phototropismus verschiedener Larven und niederer Tiere wird durch Strychnin teils in einen negativen umgekehrt, teils zeigt sich keine Wirkung (Moore[8]).

4. Wirkungen auf höhere Tiere.

A. Lokale Wirkung.

Strychnin gehört zu den bittersten von allen Alkaloiden und ruft wie andere bittere Substanzen Salivation hervor. Im übrigen hat es wenig ausge-prägte lokale Wirkungen; auf heiler Haut ist es indifferent, soll aber auf epi-dermisentblößten Stellen Jucken und stechenden Schmerz, nach längerer Zeit suppurative Entzündung erzeugen.

B. Resorption. Ausscheidung. Verhalten des Giftes im Organismus.

Resorption. Die ersten Versuche über die Resorption der Strychnosalkaloide gehen bis 1808 zurück, wo Magendie[9]) Hunden das Upasgift in verschiedener Weise applizierte. Nach subcutaner Injektion stellten sich nach drei Minuten Krämpfe ein, noch rascher nach Injektion in die Pleura- oder die Peritoneal-höhle; auch der Dünndarm resorbierte rasch (Krämpfe nach 10 Minuten), während die Aufnahme von Dickdarm und Harnblase aus langsamer erfolgte.

[1]) C. Fr. W. Kruckenberg, Vergleich. physiol. Studien 1, 97 (1881).

[2]) E. Yung, Compt. rend. de l'Acad. des Sc. 89, 183 (1879).

[3]) O. Loew, Archiv f. d. ges. Physiol. 35, 509 (1885).

[4]) H. Nothnagel und M. J. Rossbach führen im Handbuch der Arzneimittellehre, 6. Aufl., Berlin 1887, S. 109 an, daß Wasserkäfer gegen Strychnin immun seien und monate-lang in Wasser leben könnten, das mit diesem Alkaloid gesättigt sei. Die angeführten Quellen (Bernard, Walton) habe ich nicht finden können.

[5]) A. Guillebeau u. B. Luchsinger, l. c.

[6]) A. Juckenak u. C. Griebel, Zeitschr. f. Untersuch. d. Nahrungs- u. Genußmittel 19, 571 (1910).

[7]) J. C. Ruijter de Wildt, Zeitschr. f. Untersuch. d. Nahrungs- u. Genußmittel 20, 519 (1910).

[8]) A. R. Moore. Journ. of Pharmacol. and. experim. Therap. 9, 167 (1916). Science 38, 13 (1913); zit. ebenda.

[9]) Magendie, Soc. Philom. N. Bull. Paris 1, 368 (1808); zit. nach T. Lauder Brunton, Textbook of Pharmacology 1885, S. 165.

Von vielen andern Beobachtern wird bezeugt, daß Strychnin mit Leichtigkeit von Wundflächen aus aufgenommen wird [Pelletier und Caventou[1]) sahen einen Hund $3^1/_2$ Minuten, nachdem 0,03 g Strychnin in eine Wunde am Rücken hineingebracht war, sterben].

Durch die schleimhautähnliche Haut des Frosches wird Strychnin mit Leichtigkeit aufgenommen.[2])

Beim Menschen hat man Vergiftung nach den verschiedensten Applikationsmethoden gesehen, u. a. nach Injektion von großen Strychnindosen in die Blase, und von Schüler[3]) wird ein merkwürdiger Fall beschrieben, nämlich Tetanus nach Aufbringen von etwa 3 mg Strychnin auf den unteren Tränenpunkt.

Das Strychnin wird also mit Leichtigkeit von den verschiedensten Applikationsstellen aus resorbiert. Nur über das Verhalten des Magens hat einige Unklarheit geherrscht, die jedoch im wesentlichen behoben ist, wenn man in Rücksicht zieht, daß die verschiedenen Beobachter mit Tieren verschiedener Art experimentiert haben. Abgesehen von einer Anzahl Differenzen geht nämlich aus den Versuchen deutlich hervor, daß jedenfalls die Magenschleimhaut der Pflanzenfresser das Strychnin viel schwerer durchläßt als die der Fleischfresser. Außerdem ist auch die Natur des Lösungsmittels von Bedeutung.

Ein Auszug aus wichtigeren Untersuchungen sei hier wiedergegeben:

Pflanzenfresser. Bei Pferden scheint weder alkoholischer Strychnosextrakt noch wässerige Strychninlösung im Magen resorbiert zu werden. Beispiele: Bernard[4]) gab einem Pferd, nachdem der Übergang des Alkaloids in den Darm durch vorausgehende Unterbindung des Pylorus verhindert war, 5 g in Wasser gelöstes Strychninsulfat, ohne daß in den folgenden 24 Stunden ein Vergiftungssymptom zu bemerken war; das Tier wurde getötet und der Mageninhalt zum größten Teil einem anderen Pferd in den Dünndarm injiziert mit dem Erfolg, daß dieses Krämpfe bekam und starb. Bouley[5]) unterband ebenfalls den Pylorus und brachte darauf in den Magen eine große Dosis Strychninextrakt: innerhalb 15 Stunden keine Vergiftungserscheinungen. Nach dieser Zeit wurde die Ligatur gelöst und nun starb das Tier nach 15 Minuten. Dasselbe Resultat erhielt man, wenn die Bewegungen des Magens mittelst Durchschneidung der Nn. vagi aufgehoben wurden [Bouley[6])]. Viele Versuche wurden von Colin[7]) mit gleichem Erfolg ausgeführt. Derselbe Autor machte ferner einen Versuch mit Strychnosextrakt am vierten Magen eines Ochsen, an dem er den Pylorus unterband: erst nach $4^1/_2$ Stunden traten Krämpfe auf. Kaninchen: Keine oder sehr langsame Resorption, gleichviel ob das Strychnin in wässeriger oder alkoholischer Lösung gegeben wird [Meltzer[8]), Otto[9])]. Meerschweinchen: Große Dosen wässeriger Strychninlösung in dem abgebundenen Magen verursachen keine oder nur geringe Vergiftungssymptome. Wird die Lösung in den Dünndarm injiziert, so sterben die Tiere binnen wenigen Minuten. Vom Schwein gibt Colin[10]) kurz an, daß Strychnosextrakt im Magen resorbiert werde.

Fleischfresser. Die Angaben sind etwas wechselnd. Nach Colin wird bei Hunden Strychnosextrakt einigermaßen leicht vom Magen aus resorbiert, und die Vergiftungssymptome entwickeln sich ungefähr gleich rasch, wenn der Pylorus abgesperrt ist oder die Magenbewegungen durch Vagusdurchschneidung aufgehoben sind, wie bei den nicht operierten Tieren. Meltzer[11]) unterband sowohl Pylorus wie Cardia und fand, daß die

---

[1]) Pelletier u. Caventou, Annales de Chim. et de Phys. **12**, 113 (1819).

[2]) Näheres siehe E. Lang, Archiv f. experim. Pathol. u. Pharmakol. **84**, 1 (1918).

[3]) Ch. Schüler, Gaz. méd. de Paris **1861**, 98.

[4]) Angeführt bei G. Colin, Traité de Physiologie comparée des animaux, 2. éd. Paris 1873, II, p. 93.

[5]) H. Bouley, Bull. de l'Acad. nat. de Méd. **17**, (1851/52); zit. nach V. Otto, Diss. Erlangen 1902, S. 7.

[6]) H. Bouley, Compt. rend. de la Soc. de Biol. **1851**, 195.

[7]) G. Colin, l. c.

[8]) S. J. Meltzer, Centralbl. f. Physiol. **10**, 281 (1896); Journ. of experim. Med. **1**, 529 (1896).

[9]) V. Otto, Diss. Erlangen 1902, S. 21.

[10]) G. Colin, l. c.

[11]) S. J. Meltzer, Amer. Journ. of Med. Science **118**, 560 (1899); zit. nach Ryan, s. u.

Resorption wässeriger Lösungen dadurch gehindert wurde, während spirituöse Lösungen wirksam waren, jedoch langsamer als bei den Kontrolltieren. Ryan[1]) nimmt an, daß diese doppelte Ligatur das Resorptionsvermögen herabsetze und legte daher nach Pawlows Methode einen kleinen Magen an; in diesem wurden sowohl wässerige wie spirituöse Lösungen resorbiert, letztere jedoch weniger rasch. Katzen: Eine wässerige Strychninlösung wirkte langsam, wenn der Pylorus unterbunden war, während eine spirituöse Lösung unter denselben Bedingungen die Tiere im Lauf von wenigen Minuten tötete [Tappeiner[2])].

Aus der Geschwindigkeit, womit die Vergiftungssymptome oft eintreten können [Beispiel: Brustbeklemmung und Muskelstarre weniger wie 5 Minuten nach Einnahme von 0,03 g Strychninsulfat[3])] geht hervor, daß Strychnin beim Menschen mit Leichtigkeit bereits im Magen resorbiert wird.

Verteilung im Körper. Durch das Blut wird das resorbierte Strychnin im Körper herumgeführt und ist in den verschiedensten Organen nachgewiesen worden, in Blut, Muskeln, Zentralnervensystem, Knochensubstanz, Leber, Galle, Pankreas, Nieren und Urin. Von der Mutter geht es auf den Foetus über [Domenicis[4])] und findet sich auch in der Milch vergifteter Tiere.

Über die Verteilung im Organismus sind die Anschauungen verschieden gewesen. Gestützt auf eigene Untersuchungen und Arbeiten seiner Schüler hat vor allem Dragendorff die Anschauung vertreten, daß das Strychnin aus dem Blute hauptsächlich in der Leber abgelagert und dort aufgespeichert werde, während Ipsen[5]) meint, daß das Blut der eigentliche Träger des Giftes sei, und daß der Strychningehalt der verschiedenen Organe ihrem Blutgehalt proportional sei; daher der große Strychningehalt der blutreichen Leber. Nimmt man nicht die absoluten, sondern die relativen Zahlen, so steht, wie Ipsen angibt, die Leber nicht in erster Reihe.

Eine der Untersuchungen dieses Autors sei hier angeführt: Es handelt sich um eine 23 jährige Frau, die ungefähr 1½ Stunden nach Aufnahme des Giftes gestorben war, eine Vergiftungsdauer, die genügend erscheint, um eine Verteilung nach der Avidität der verschiedenen Organe zuzulassen, ohne daß es schon zur Ausscheidung beträchtlicher Mengen gekommen wäre. Alle Organe wurden bei der Sektion unterbunden, so daß sie ihr Blut behielten. Die Resultate der Analyse gehen aus folgender Tabelle hervor:

Organbezeichnung	Mg Strychnin in je 100 g
Leber	0,7
Lungen, Herz und Brustgefäße.	0,6
Gehirn	0,1
Nieren	1,4
Blut	1,4
Mageninhalt, Zunge und Speiseröhre . .	0,5
Dünn- und Dickdarm	0,08

Eine besondere Affinität zwischen Strychnin und Zentralnervensystem tritt hier also nicht hervor, und auch nicht in ähnlichen Untersuchungen von Wolff[6]). In einer nach 1½ Jahr exhumierten Leiche fanden Cram und Meserve[7]) in 805 g Leber 1,5 mg und in 25 g Rückenmark 3,3 mg Strychnin. Dieser außerordentlich große Strychningehalt des Rückenmarks muß doch wahrscheinlich dessen geschützter Lage zugeschrieben werden. Die übrigen Organe waren in dem wassergefüllten Grab ausgelaugt. Daß man öfters in

---

[1]) A. H. Ryan, Journ. of Pharmacol. and experim. Therap. **4**, 43 (1912).

[2]) H. Tappeiner, Zeitschr. f. Biol. **16**, 497 (1880).

[3]) Siehe A. S. Taylor, Die Gifte; übersetzt von R. Seydeler, Köln 1863, III, 278, 293.

[4]) A. de Domenicis, Giorn. di Med. legale; zit. vom gleichen Autor in der Vierteljahrsschr. f. gerichtl. Med. 3 F. **28**, 284 (1904).

[5]) C. Ipsen, Vierteljahrsschr. f. gerichtl. Med. 3 F. **4**, 15 (1892).

[6]) C. Wolff, Diss. Halle 1887.

[7]) M. P. Cram u. Ph. W. Meserve, Journ. of Biol. Chemistry **8**, 495 (1910/11).

den Nieren relativ bedeutende Mengen gefunden hat, steht in Verbindung mit der Ausscheidung, worüber unten Näheres.

Auch durch den biologischen Nachweis hat man gesucht, die Frage der Verteilung zu lösen. Lovett[1]) injizierte kleinen Fröschen von bekanntem Gewicht verschiedene Strychnindosen und notierte die Zeit, die verstrich, bis Tetanus eintrat. Durch zahlreiche Versuche wurde eine Vergleichstabelle hergestellt, sozusagen eine biologische Wage, die die konvulsive Dosis pro Minute und Gramm Körpergewicht anzeigte. Darauf erhielten große Frösche Strychnin, wurden nach einer bestimmten Zeit getötet, das Rückenmark und entsprechende Gewichtsmengen andrer Organe wurden sorgfältig mit Wasser verrieben, und die Organsolutionen wurden kleinen Fröschen injiziert; die Zeit bis zum Eintritt des Tetanus wurde beobachtet und der Giftgehalt jedes Organs nach der Tabelle berechnet. Es fand sich bei diesen besonders sorgfältig ausgeführten Untersuchungen, daß das Gift, wenn die Vergiftung einige Zeit gedauert hatte, vorzugsweise vom Rückenmark aufgenommen war, indem dieses giftiger war als Blut, Leber, Muskeln, Hirn und Ovarium. Nur wenn der Tod nach sehr großen Dosen rasch eintrat, enthielt das Blut mehr Strychnin als das Rückenmark. Die chemischen Bestandteile, die das im Blut zirkulierende Strychnin auffangen, sind vermutlich das Lecithin und Cephaelin des Rückenmarkes, die, wie man sich durch Ausschüttelungsversuche leicht überzeugen kann, eine viel größere Affinität zu Strychnin haben als Serumalbumin [Liebermann[2]), Koch und Mostrom[3])].

Roger[4]) vergiftete Meerschweinchen per os, zog die Organe entweder mit warmem angesäuertem Wasser oder nach Dragendorffs Methode aus und fand den Leberextrakt für Frösche weit giftiger als den Extrakt aus Muskeln und Nieren. Das Zentralnervensystem wurde nicht untersucht. Das Blut wird für unwirksam erklärt, während umgekehrt Ottolenghi[5]) nach Versuchen an Kaninchen zu dem Resultat kommt, daß das Blut und der Urin besonders geeignet für den biologischen Nachweis einer stattgefundenen Strychninvergiftung seien.

Das oben Wiedergegebene ist nur ein kleiner Auszug aus der großen Literatur über die Verteilung des Strychnins im Körper[6]). Eine Reihe von den publizierten Bestimmungen der Alkaloidmenge in verschiedenen Organen bei forensischen Fällen kann nicht zur Beleuchtung der Frage dienen, weil die Untersuchungen so lange nach dem Tode resp. an exhumierten Kadavern angestellt worden sind, daß die postmortale Diffusion die ursprüngliche Verteilung völlig verändert hat. In vielen der beschriebenen Fälle ist ferner nicht bekannt gewesen oder nicht angegeben, wie lange die Vergiftung gedauert hatte, ehe der Tod eintrat. Dieses Moment spielt eine große Rolle. Tritt der Tod sehr rasch ein, so wird man selbstverständlich die Hauptmenge des Alkaloides noch in Magen und Dünndarm finden. Je länger die Vergiftung dauert, desto ärmer wird vermutlich das Blut an Alkaloiden werden und kann sogar ein ganz negatives Resultat geben.

Ausscheidung. Daß das Strychnin durch die Nieren ausgeschieden wird, wurde schon vor mehr als 50 Jahren von Mc. Adam[7]) gefunden, der bei einem Hund bereits 9 Minuten nach der Aufnahme des Giftes, ehe sich noch Symptome gezeigt hatten, dasselbe im Harn nachweisen konnte. Aber da es später in vielen

---

[1]) R. W. Lovett, Journ. of Physiol. **9**, 99 (1888).
[2]) L. Liebermann, Archiv f. d. ges. Physiol. **54**, 673 (1893).
[3]) W. Koch u. H. T. Mostrom, Journ. of Pharmacol. and experim. Therap. **2**, 265 (1910/11).
[4]) G. H. Roger, Arch. de Physiol. (5) **4**, 24 (1892).
[5]) S. Ottolenghi, Arch. ital. de Biol. **29**, 336 (1898).
[6]) Weitere Literatur: C. Ipsen, Vierteljahrsschr. f. gerichtl. Med. 3. F. **14**, 1 (1894). — E. Lesser, ebenda 3. F. **15**, 261 (1898). — E. Allard, ebenda 3. F. **25**, 235 (1907) (197 Literaturnachweise). — E. Rapmund, ebenda 3. F. **42**, 243 (1911).
[7]) Mc Adam, Guys Hospital Reports; zit. nach A. S. Taylor, Die Gifte, übersetzt von R. Seydeler, I, S. 125.

Fällen von notorischer Vergiftung nicht gelang, das Alkaloid im Urin oder den Organen nachzuweisen, sahen sich mehrere Forscher veranlaßt, anzunehmen, daß eine Ausscheidung in unveränderter Form nicht stattfindet. So vermutete Harley eine Verbindung mit Sauerstoff, Mialhe mit den Alkalien des Blutes, Horsley mit Eiweiß, Cloetta[1]) und Ranke[2]) sind geneigt, diese oder jene tiefgreifende Zersetzung anzunehmen, und Plugge[3]) erörterte die Möglichkeit eines Übergangs in das Oxydationsprodukt Strychninsäure, die jedoch bei späteren Untersuchungen weder von ihm noch von anderen im Urin gefunden werden konnte[4]).

Eine sichere Grundlage wurde durch die von der Dragendorffschen[5]) Schule ausgebildete exakte Methode geschaffen, durch die der sichere Beweis erbracht wurde, daß sich unverändertes Strychnin sowohl bei Tieren wie bei Menschen stets im Urin nachweisen läßt. Bei einem quantitativen Versuch fanden sich ungefähr 50% (6,1 von 13 mg) des eingenommenen Alkaloides wieder. Kobert[6]) erwähnt Versuche an Hunden, bei denen sich in Harn, Blut und Spülflüssigkeit 50—75% des unveränderten Giftes vorfanden. Zieht man die mit der Bearbeitung des Urins und der Reinigung des Alkaloides verbundenen unvermeidlichen Verluste und ferner die Ausscheidung kleiner Mengen auch auf anderen Wegen in Betracht, so muß man diese Untersuchungen als Beweis dafür betrachten, daß jedenfalls der überwiegende Teil des eingeführten Strychnins den Körper unverändert verläßt.

Beim Menschen beginnt die Ausscheidung sehr rasch. Nach subcutaner Injektion von 7,5 mg Strychninnitrat konnte Kratter[7]) nach 35 Minuten Übergang in den Urin konstatieren, Rautenfeld[8]) fand das Alkaloid eine Stunde nach Darreichung von 2 mg, und Plugge[9]) konnte bei einem gesunden Manne nach Genuß von 1 mg Strychninsulfat in dem nach zwei Stunden gelassenen Harn sowohl chemisch wie biologisch deutliche Spuren des unveränderten Alkaloides nachweisen. Die Reaktion hielt sich nach dieser Dosis wenigstens 30 Stunden. Andere Erfahrungen über rasches Erscheinen im Urin werden mitgeteilt von Schultzen[10]), Hamilton[11]) und Dixon Mann[12]). Bei Tiervergiftungen mit sehr großen Dosen kommt das Alkaloid schon nach einigen Minuten im Urin zum Vorschein [Kaninchen- und Hundeversuche von Ipsen[13])].

Es ist also hinlänglich bewiesen, daß das Strychnin sozusagen augenblicklich in den Urin übergeht. Es kann jedoch geschehen, daß der Nachweis selbst den geübtesten Analytikern nicht immer gelingt, und daß man gerade bei den am heftigsten und raschesten verlaufenden Vergiftungen weniger Strychnin in den Nieren findet als bei milderem und langsamerem Verlauf. Die Ursache dafür

---

[1]) A. Cloetta, Virchows Archiv **35**, 369 (1866).
[2]) J. Ranke, Virchows Archiv **75**, 4 (1879).
[3]) P. C. Plugge, Archiv d. Pharmazie **221**, 641 (1883).
[4]) Archiv d. Pharmazie **223**, 833 (1885).
[5]) G. Dragendorff, Die gerichtlich-chemische Ermittelung von Giften. Göttingen 1895. — P. G. Masing, Diss. Dorpat 1868. — Weyrich, St. Petersb. med. Zeitschr. **1869**, 135. — P. von Rautenfeld, Diss. Dorpat 1884.
[6]) R. Kobert, Apoth.-Ztg. 1900, Nr. 10; zit. nach A. Heffter, Ergebnisse d. Physiol. **4**, 296 (1905).
[7]) J. Kratter, Wiener med. Wochenschr. **1882**, 214.
[8]) P. von Rautenfeld, Diss. Dorpat. 1884.
[9]) P. C. Plugge, Archiv d. Pharmazie **223**, 833 (1885).
[10]) O. Schultzen, Archiv f. Anat. u. Physiol. **1864**, 498; Vergiftung mit Upas Antiar.
[11]) L. A. Hamilton, Med. Record **2**, Nr. 25, 22 (1867).
[12]) J. Dixon Mann, Med. Chronicle **10**, 113 (1889): 0,11 g Strychnin; Tod nach 3 Stunden, in Leber 0,013 g, im Urin 0,005 g Strychnin.
[13]) C. Ipsen, Vierteljahrsschr. f. gerichtl. Med. 3. F. **4**, 15 (1892).

ist in dem vom Strychnin erzeugten, auch die Nierenarterien umfassenden Gefäßkrampf zu suchen, wobei, wie Grützner[1]) nachweist, die Urinabsonderung vollständig sistiert; der entleerte oder nach dem Tode der Blase entnommene Urin kann daher in Wirklichkeit vor der Vergiftung abgesondert sein und folglich ganz oder fast strychninfrei sein.

Über die Dauer der Ausscheidung gehen die Meinungen auseinander. Kratter fand beim Menschen selbst nach achttägiger täglicher Injektion bedeutender Mengen (7,5 mg pro Tag) die Abscheidung in verhältnismäßig kurzer Zeit, höchstens 48 Stunden, beendet, und auch Mann erhielt zwei Tage nach der letzten Dosis keine positive Reaktion mehr. Hale[2]) fand nach innerlicher Darreichung von 7,5 mg bei einem gesunden Menschen 3—4 Tage lang positive Reaktion im Urin. Nach Rautenfeld und Plugge dagegen erfordert die Ausscheidung selbst kleinerer Dosen viele Tage. Als Beispiel mag erwähnt werden, daß der letztgenannte Forscher nach einer einmaligen Dosis von 3 mg per os erst am 9. Tag den Urin strychninfrei fand. Die klinischen Erfahrungen über kumulative Wirkungen des Strychnins sprechen für ein langdauerndes Verbleiben im Körper.

Ein Teil des resorbierten Strychnins verläßt den Organismus auch auf anderen Wegen als durch die Nieren. Nach Dragendorff findet es sich in der Milch vergifteter Tiere und wahrscheinlich auch im Schweiß. Im Speichel tritt Strychnin nach Gay[3]) „in ansehnlicher Menge" auf, und Möller[4]) konstatierte im Selbstversuch (durch den Geschmack?) 2—3 Minuten nach subcutaner Injektion von 6—7 mg Strychnin eine „reichliche" Ausscheidung des Alkaloides durch die Speicheldrüsen. Meltzers und Salants[5]) Untersuchungen sprechen für eine spärliche Ausscheidung durch die Galle. Bei einem Hammel, der 0,05 g Strychnin erhalten hatte, konnte Lewandowsky[6]) es in der Cerebrospinalflüssigkeit nachweisen. Beim Meerschweinchen wurde (nach subkutaner Injektion) Strychnin im Kot gefunden (Kuenzer[7]).

Daß Strychnin von der Mutter auf die Frucht übergeht, ist schon früher erwähnt. Vogel[8]) gab Hühnern große Dosen, ohne daß ein Übergang ins Ei sich nachweisen ließ.

Resistenz außerhalb und innerhalb des Organismus. „Entgiftung."

Von allen Alkaloiden läßt sich wohl das Strychnin am leichtesten nachweisen. Die bekannte Reaktion mit Kaliumbichromat und Schwefelsäure ist außerordentlich empfindlich. Verschiedenen Autoren zufolge gibt noch 0,0005 bis 0,001 mg reines Strychnin bei vorsichtiger Ausführung der Probe die charakteristische blauviolette Farbe. Beinahe dieselbe Schärfe besitzt der biologische Nachweis, wenn er mit jungen 14—16 Tage alten, 4—5 g schweren Mäusen, die schon auf 0,002 mg mit Tetanus oder einer eigentümlichen feinschlägigen leicht zu registrierenden Zitterbewegung des Schwanzes reagieren, angestellt wird [Falck[9])].

[1]) P. Grützner, Archiv f. d. ges. Physiol. **11**, 370 (1875).
[2]) W. Hale, Journ. of Pharmacol. and experim. Therap. **1**, 39 (1909/10).
[3]) E. Gay, Centralbl. f. d. med. Wissensch. **5**, 49 (1867).
[4]) H. Möller, Ugeskrift for Laeger (Wochenschr. f. Ärzte, dänisch) 3. R. **19**, 161 (1875).
[5]) S. J. Meltzer u. W. Salant, Journ. of experim. Med.; reprinted in Studies from the Rockefeller Institute for Med. Research **5** (1906).
[6]) N. Lewandowsky, Zeitschr. f. klin. Med. **40**, 480 (1900).
[7]) R. Kuenzer, Archiv f. experim. Pathol. u. Pharmakol. **77**, 241 (1914).
[8]) J. Vogel, Zeitschr. f. Biol. **32**, 309 (1895).
[9]) F. A. Falck, Vierteljahrsschr. f. gerichtl. Med. N. F. **41**, 345 (1884).

Mit Hilfe dieser empfindlichen Proben und des bittern Geschmacks, der ebenfalls einen wertvollen Leitfaden bildet, war es leicht, zu konstatieren, daß das Strychnin eine außerordentliche Haltbarkeit besitzt und noch nach Jahren und Monaten selbst in stark verfaulten oder mumifizierten Organen nachzuweisen ist.

Zahlreiche solche Beobachtungen sind wegen der großen kriminellen Bedeutung des Strychnins in einer umfangreichen gerichtlich-medizinischen Literatur niedergelegt, über die ausführlich zu referieren hier nicht der Platz ist. Hier mag nur erwähnt werden, daß schon Orfila[1]) das Alkaloid in einer Mischung von 0,36 g Strychnin und Därmen, die 3 Monate der Fäulnis überlassen war, wiederfand. Cloetta[2]) brachte je 0,06 g Strychnin in eine Anzahl Menschenmagen und erhielt noch nach $11^{1}/_{2}$ Monaten ein positives Resultat; Heintz[3]) wies Strychnin in einem Stück Rinderbraten nach, in das 3 Jahre vorher „einige Krystalle" des Nitrats eingelegt waren, und Riecker[4]) gibt sogar an, mit Sicherheit Strychnin in einer 11 Jahre alten Mischung von 0,3 g Strychninnitrat mit 130 g von Leber, Herz und Lunge eines Stieres konstatiert zu haben. Ipsen[5]) überzeugte sich, daß auch ganz kleine Dosen noch nach langer Zeit nachgewiesen werden konnten; so wurde ein Hund mit 0,02 g Strychnin per os vergiftet und noch nach 18 monatiger Fäulnis förderte die chemische Analyse genügende Alkaloidmengen zutage, um mit Sicherheit die notwendigen Identitätsreaktionen ausführen zu können. Ein Kolben mit 10 ccm 2 Monate altem faulendem Menschenblut, dem 0,0025 g Strychnin zugesetzt waren, wurde der Einwirkung von Kälte und Wärme ausgesetzt; nach 2 Jahren förderte die Analyse noch soviel Alkaloid zutage, daß deutliche Krystalle von Strychninsulfat erkannt werden konnten. Auch quantitative Versuche sind ausgeführt worden: 50 ccm Menschenblut, dem 0,03 g reines Strychnin zugesetzt waren, wurde erst 4 Wochen lang im Brutofen bei einer Temperatur von 37—38° gehalten, dann ließ man es mehrmals gefrieren und wieder auftauen; schließlich bedeckte es sich mit einer üppigen Schimmelvegetation. Nach einem halben Jahr wurde das Gemisch einer chemischen Analyse unterworfen und 0,0312 g eines leicht gelbbraun gefärbten krystallinischen Endproduktes erhalten. Pellacani[6]) setzte verschiedenen Organen von Pferd und Meerschwein (Muskeln, Leber, Nieren, Rückenmark, Herz, Dünndarm, Dickdarm und Magenschleimhaut) je 0,02 g Strychninnitrat zu und konnte, nachdem die Gemische 40 Stunden bei 39° gestanden hatten, durchschnittlich 95—98% des Alkaloids wiedergewinnen, aus Leber, Hirn und Rückenmark jedoch nur 76—83%.

Man hat auch versucht, in reinen Bakterienkulturen das Schicksal des Strychnins zu verfolgen, stößt aber hier auf Komplikationen. Ottolenghi[7]) züchtete verschiedene isolierte Bakterien (B. liqefaciens, putridus, subtilis, mesentericus und coli) in sehr verdünnten Lösungen von Strychnin in sterilisierter Bouillon und untersuchte von Zeit zu Zeit die Wirkung auf Frösche. Das Resultat war, daß die Giftigkeit der Lösungen in den ersten Wochen bedeutend, z. B. 2—3 mal verstärkt und darauf geschwächt wurde, so daß die Giftigkeit nach längerer Zeit — einige Wochen bis ein Jahr — auf die Hälfte der ursprünglichen herabgesetzt wurde. Die Erklärung für diesen Wechsel ist vermutlich darin zu suchen, daß gleichzeitig mit dem Strychnin Bakterientoxine injiziert werden. Straub[8]) fand keinen Unterschied zwischen der Wirkung frischer Mischungen von Strychnin mit Blut und Herzmuskulatur und den Wirkungen von Gemischen, die mehrere Monate der Fäulnis überlassen waren. Auch Bindas[9]) Versuche mit Bakterienkulturen sprechen gegen eine nennenswerte Zerstörung.

Die außerordentliche Restistenz des Strychnins außerhalb des Organismus und die Tatsache, daß man bei Tierversuchen, wie oben erwähnt, einen großen Teil des Alkaloides in unverändertem Zustand wiedergefunden hat, machen es

---

[1]) M. Orfila, Lehrbuch der Toxikologie, bearbeitet von G. Krupp. Braunschweig 1853, II, S. 486.

[2]) A. Cloetta, Virchows Archiv 35, 369 (1866).

[3]) E. Heintz, Archiv d. Pharmazie 146, 126 (1871).

[4]) Riecker, Neues Jahrbuch f. Pharmazie 29, 369 (1868); zit. nach Ipsen, s. u.

[5]) C. Ipsen, Vierteljahrsschr. f. gerichtl. Med. 3. F. 7, 1 (1894); siehe auch E. Rapmund, ebenda 3. F. 242 (1911) mit Literatur.

[6]) P. Pellacani, Archiv f. experim. Pathol. u. Pharmakol., Suppl.-Bd., S. 419 (1908).

[7]) S. Ottolenghi, Vierteljahrsschr. f. gerichtl. Med. N. F. 12, 139 (1896).

[8]) W. Straub, Arch. di Fisiol. 1, 55 (1904).

[9]) C. Binda, Giorn. di Med. legal. 1897, 126; zit. nach Arch. ital. de Biol. 29, 241 (1898).

wahrscheinlich, daß das Strychnin im lebenden Organismus intakt bleibt oder nur zu einem sehr geringen Teile zerlegt wird.

Trotzdem gelingt es, durch geeignete Applikationsmethoden seine Giftigkeit herabzusetzen. v. Kóssa[1]) injizierte in abgekühlte Extremitäten bei Kaninchen Strychnin in Dosen von 1 mg, die bei den Kontrolltieren Vergiftung der schwersten Art oder den Tod zur Folge hatten. Bei dauernder Abkühlung der Injektionsstelle wurde das Gift symptomlos vertragen, und wenn die Abkühlung nach $1^3/_4$ Stunden aufgegeben wurde, blieb ebenfalls jede Vergiftung aus. v. Kossa erklärt dies so, daß das Alkaloid von der abgekühlten Stelle aus nur sehr langsam resorbiert werde und führt an, wenn man Jodnatrium in eine abgekühlte und eine nicht abgekühlte Extremität injiziere, so könne man im letzteren Fall nach $^3/_4$ Stunde Jod im Urin nachweisen, im ersteren nicht. Czyhlarz und Donath[2]) umschnürten bei Meerschweinchen eine Hinterextremität und injizierten peripher von der Ligatur eine Strychnindosis, die die Kontrolltiere in wenigen Minuten tötete. Es zeigte sich nun, daß keine Vergiftung erfolgte, wenn die Ligatur nach einigen Stunden gelöst wurde. Indessen ist damit noch keine Destruktion des Strychnins bewiesen. Die langdauernde Umschnürung bewirkt, wie Meltzer und Langmann[3]) bemerken, zweifellos Veränderungen (vitale Beeinträchtigung der Gewebe, Thrombosierung von Blutcapillaren, Gerinnung von Lymphe, Verklebung von Lymphspalten usw.), welche die Resorption so stark herabsetzen, daß die Ausscheidung des Giftes durch die Nieren oder andere Organe die Aufhäufung einer wirksamen Dosis im Blut verhindert. Daß an Ort und Stelle keine vitale Destruktion des Strychnins erfolgt, geht daraus hervor, daß Pellacani aus der unterbundenen Extremität (bei Kaninchen) 98% der injizierten Giftmenge wiedergewann.

Carrara[4]) konstatierte, daß die Vergiftung nach Unterbinden ausblieb, selbst wenn die Nieren entfernt waren und damit der wichtigste Ausscheidungsweg versperrt war.

Meltzer und Salant[5]) erörtern daher die Möglichkeit, daß in derselben Weise wie man bei Niereninsuffizienz Ausscheidung von Harnstoff durch andere Organe finde, bei den nephrektomierten Tieren eine vikariierende Ausscheidung von Strychnin beispielsweise durch den Darm stattfinden könne. Darauf gerichtete Untersuchungen haben jedoch keine überzeugenden Resultate ergeben. Es ist möglich, daß kleine Mengen durch die Galle eliminiert werden, denn die Galle nephrektomierter Kaninchen, die kleine Strychnindosen erhalten haben, ruft bei Fröschen leichter Krämpfe hervor als die Galle normaler Tiere — die Beurteilung ist indessen schwierig, da auch die normale Galle ein „tetanic element" enthält. Im Darminhalt gelang es Salant[6]) nicht mit Sicherheit zu entscheiden, ob Strychnin ausgeschieden wird. Nach Kleine[7]) diffundieren auch aus den fest umschnürten Extremitäten fortwährend kleine Strychninmengen ins Blut und können im Urin nachgewiesen werden.

Es muß übrigens ausdrücklich bemerkt werden, daß die oben besprochenen Umschnürungsversuche nur für Meerschweinchen gelten. Für andere Versuchstiere stellen

[1]) J. v. Kóssa, Archiv f. experim. Pathol. u. Pharmakol. **36**, 120 (1895).
[2]) E. v. Czyhlarz u. J. Donath, Zentralbl. f. inn. Med. **21**, 321 (1900).
[3]) S. J. Meltzer u. J. Langmann, Zentralbl. f. inn. Med. **21**, 929 (1900); Medical News **77**, 685 (1900).
[4]) N. Carrara, Zentralbl. f. inn. Med. **22**, 479 (1901).
[5]) S. J. Meltzer u. W. Salant, Journ. of. exper. Med. **4**. 107 (1901—1902); Studies from the Rockefeller Institute **3** (1905) u. **5** (1906).
[6]) W. Salant, Amer. Medicine **4**, 293 (1902); Journ. of Medical Research **12**, 41 (1904).
[7]) F. K. Kleine, Kleine Zeitschr. f. Hyg. **36**, 1 (1901).

sich die Verhältnisse verschieden. Bei Fröschen wird die Giftigkeit des Strychnins nach Meltzer und Langmann[1]) durch Ligatur so gut wie gar nicht geschwächt. Carrara[2]) fand, daß die minimale letale Dosis für Meerschweinchen 3,4 mg, für Hühner 1,8 mg, für Hunde 0,6 mg und für Kaninchen 0,42—0,43 mg pro Kilo war. Ligierte man eine der hinteren Extremitäten, injizierte in diese das Gift und ließ die Ligatur ungefähr 3 Stunden liegen, so starben Meerschweinchen erst nach 11,5 mg und Hühner nach 4,8 mg pro Kilo, während die letale Dosis für Hunde und Kaninchen unverändert blieb. Carrara folgert daraus, daß das Entgiftungsvermögen der Gewebe nur bei den Tieren vorhanden ist, die von Natur die größte Resistenz besitzen. Was bei dem lebenden Tier die relative Immunität bedingt, ist unaufgeklärt; denn in vitro erleidet Strychnin bei Kontakt mit dem Muskel- und Bindegewebe von refraktären Tieren (Meerschweinchen und Huhn) keine größere Abschwächung als bei Kontakt mit dem Muskel- und Bindegewebe von empfänglichen Tieren (Kaninchen).

Einen wirklichen Verbrauch von Strychnin nimmt S t r a u b[3]) in den von ihm am Aplysiaherzen angestellten Versuchen an, bei denen das Herz mit einer Lösung von bekannter Stärke arbeitete. Nach Abschluß der Versuche wurde durch Froschversuche die Alkaloidmenge aufs neue bestimmt, sowohl in der Lösung wie im Herzen, und es ergab sich jetzt ein Fehlbetrag, der einem im Herzen erfolgten Verbrauch von Strychnin zugeschrieben wird.

Man hat bekanntlich lange der Leber die Fähigkeit zugeschrieben, Pflanzenalkaloide und viele andere Gifte unschädlich zu machen. Ihre Rolle als Giftfilter ist für das Strychnin durch verschiedene Versuche in vitro demonstriert worden, von denen einige erwähnt werden mögen. Chouppe und Pinet[4]) notierten verzögertes Auftreten der Symptome, wenn Strychnin bei Hunden in die Vena porta injiziert wurde. J a q u e s[5]) sah bei demselben Tiere, daß Dosen, die in eine periphere Vene injiziert beinahe augenblicklich zum Tode führten, ungestraft in die Vena porta eingespritzt werden konnten, und nach R o g e r[6]) ist bei Fröschen das in den Darm injizierte Strychnin deutlich giftiger, wenn die Leber exstirpiert ist, als bei normalen Tieren. Wurde Strychnin in eine Mesenterialvene injiziert (die Tierspezies ist nicht angegeben), so fand sich im Blut aus der Vena hepatica nur ein Bruchteil des Alkaloides wieder [H é g e r[7])]. Ein sehr anschauliches Bild von der Funktion der Leber als Schutzorgan geben R o t h b e r g e r s und W i n t e r b e r g s[8]) Experimente mit Hunden, bei denen die E c k s c h e Fistel angelegt war. Die Autoren gingen von der Anschauung aus, daß, wenn die Einschaltung der Leber zwischen dem vom Verdauungskanal kommenden Blutstrom und dem allgemeinen Kreislauf in der Tat die ihr zugeschriebene Bedeutung haben sollte, so müßten Tiere mit Porta-cava-Fistel sich dem Alkaloid gegenüber sehr viel empfindlicher erweisen als normale Tiere, bei denen der mit dem Gifte beladene Blutstrom zuvor das Leberfilter passierte, und fanden dies bestätigt. Normale Hunde, denen vermittelst Schlundsonde 0,375 mg Strychnin pro Kilo in den Magen eingeführt waren, bekamen nach einem kurzen Stadium von Reflexsteigerung mehrere Krampfanfälle, erholten sich aber wieder vollkommen; dagegen gingen Hunde mit E c k scher Fistel nach der gleichen Dosis ohne Ausnahme zugrunde. Nach H a t c h e r

[1]) S. J. Meltzer u. J. Langmann, Zentralbl. f. inn. Med. 21, 929 (1900).
[2]) M. Carrara, Zentralbl. f. inn. Med. 22, 479 (1901).
[3]) W. Straub, Arch. di Fisiol. 1, 55 (1904).
[4]) Chouppe u. Pinet, Compt. rend. de Soc. de Biol. 1887.
[5]) V. Jaques, Thèse de Bruxelles 1880; zit. nach Roger, s. u.
[6]) G. H. Roger, Archiv de Physiol. (5) 4, 24 (1892).
[7]) P. Héger, Compt. rend. d. l'Acad. des Sc. 90, 1226 (1880).
[8]) C. J. Rothberger u. H. Winterberg, Zeitschr. f. experim Pathol. u. Ther. 1, 312 (1905).

und Eggleston[1]) findet in der überlebenden Hundeleber eine Zerstörung des Strychnins statt (kurze Mitteilung ohne quantitative Angaben).

Eine Strychninlösung ist giftiger, wenn sie in eine Vene injiziert, als wenn sie in die Arteria femoralis injiziert wird und erst das Capillarnetz passieren muß, ehe sie zum Zentralnervensystem gelangt [Abelous[2])].

Auch in vitro sieht man Entgiftung von Strychnin. In Carraras vorhin erwähnter Arbeit wird dies bezüglich der Muskeln von Meerschweinchen, Kaninchen und Hühnern erörtert. Ottolenghi[3]) und Lusini[4]) finden, daß Strychnin weniger wirksam ist, wenn es in Tier- oder Menschenserum, als wenn es in Wasser gelöst ist. Widal und Nobecourt[5]) sahen, daß weiße Mäuse die doppelte letale Dosis überstanden, wenn das Alkaloid vorher mit Kaninchenhirn oder -rückenmark gemischt war. Auch Kaninchenleber und -speicheldrüsen waren antitoxisch, während Serum und Blut nach diesen Autoren keine Schutzwirkung entfalteten. Organe des resistenten Meerschweinchens waren weniger wirksam als Kaninchenorgane. Abelous[6]) erwärmte 1% Strychninlösung 36 Stunden lang mit einer Reihe verschiedener Pferdeorgane und verglich darauf die Giftigkeit der Filtrate bei Kaninchen. Die Tabelle erhielt ein sehr buntes Aussehen, indem die Rectalschleimhaut hinsichtlich der antitoxischen Wirkung den ersten Platz behauptete, dann erst folgten Niere, Milz, Magenschleimhaut, Dünndarm und Rückenmark, und zuletzt kamen die Leber und verschiedene andere Organe. Nach Sano[7]) wirkt das Rückenmark verschiedener Tiere, namentlich die weiße Substanz entgiftend. Derselbe Autor[8]) findet, daß dies auch mit der grauen Rinde des menschlichen Gehirns der Fall sei (was von Brunner[9]) bestritten wird) und bei Wadas[10]) Versuchen zeigten auch periphere Nerven verschiedener Tierarten und des Menschen die analoge Wirkung selbst nach 24stündiger Erhitzung auf 100°. Auch die isolierte und vollkommen blutfreie Leber verminderte die Wirksamkeit von Lösungen verschiedener Gifte, wenn diese mehrfach durch die Leber getrieben wurden Woronzow[11]). Der Grad der Entgiftung betrug für Strychnin 25—75%. Simon und [Spillmann[12])] berichten von Herabsetzung der Giftigkeit durch Gehirnextrakt und Leber.

Noch mehr als für die Abschwächung des Strychnins im lebenden Organismus gilt es für die Entgiftung in vitro, daß man eine Zerstörung des Alkaloides nicht annehmen kann, denn teils läßt sich, wie öfters oben erwähnt, das Strychnin quantitativ wiedergewinnen, teils nimmt die Giftigkeit auch ab bei Mischung mit anscheinend neutralen Substanzen, z. B. Kartoffelmehl, Talk, gekochtem Spinat [Thoinot und Brouardel[13])], bei Zusatz von kleinen Mengen kolloidaler Metalle [Gros und O'Connor[14])], übertödliche Dosen zeigen sich unschädlich, wenn sie an Kohle adsorbiert den Tieren subcutan oder per os einverleibt werden [Wiechowski[15])], ja schon Filtrieren durch eine 4fache Lage Fließpapier ist genügend, um die Giftigkeit des Filtrates im Vergleich zu der unfil-

---

[1]) R. A. Hatcher u. C. Eggleston, Journ. of Pharmacol. and experim. Therap. 9, 359 (1917).
[2]) J. E. Abelous, Arch. de Physiol. (5) 7, 654 (1895).
[3]) S. Ottolenghi, Riforma med. 4, 3 (1897); zit nach Arch. ital. de Biol. 29, 240 (1898).
[4]) V. Lusini, Riforma med. 3, 351 (1898); zit. nach Arch. ital. de Biol. 31, 340 (1899).
[5]) Widal u. Nobecourt, Semaine med. 1898, 93.
[6]) J. E. Abelous, l. c.
[7]) T. Sano, Archiv f. d. ges. Physiol. 120, 367 (1907).
[8]) T. Sano, Archiv f. d. ges. Physiol. 124, 369 (1908).
[9]) G. Brunner, Fortschr. d. Med. 17, 1 (1899).
[10]) T. Wada, Archiv f. d. ges. Physiol. 139, 141 (1911).
[11]) W. N. Woronzow, Diss. Dorpat 1910; zit. nach Zentralbl. f.. Biochemie u. Biophysik 12, 527 (1911).
[12]) Simon u. Spillmann, Compt. rend. Soc. de Biol. 68, 553 (1910).
[13]) Thoinot u. Brouardel, Presse méd. 1898, no. 26; zit. nach G. Brunner, Fortschr. d. Med. 17, 7 (1899).
[14]) O. Gros u. J. M. O'Connor, Archiv f. experim. Pathol. u. Pharmakol. 64, 456 (1911).
[15]) W. Wiechowski, Münchn. med. Wochenschr. 1910, 438.

trierten Lösung deutlich zu vermindern [Brunner[1])]. Zu Lebernuclein zugesetzte Chinin- und Strychninsalze werden durch dieses zurückgehalten und lassen sich nur durch sehr anhaltendes (4—5 Tage) Auswaschen mit destilliertem Wasser entfernen [Vámossy[2])]. Dies alles zeigt, daß es sich bei der viel diskutierten Entgiftung von Strychnin außerhalb des Organismus nur um eine vorläufige chemische Bindung oder um eine Adsorption handelt, die die Resorption soweit erschweren, daß nur ungiftige Mengen nach und nach an das Blut abgegeben werden[3]).

C. Allgemeine Wirkungen.

Allgemeines Vergiftungsbild.

Am besten sind die Allgemeinwirkungen des Strychnins beim Frosch studiert, dessen Zählebigkeit und Unabhängigkeit von der Lungenatmung ihn instand setzt, alle die außerordentlich charakteristischen Vergiftungsstadien zu durchlaufen, von denen man bei höheren Tieren eigentlich nur das erste Drittel zu sehen bekommt.

Unmittelbar nach Injektion einer stark toxischen Dosis, z. B. $\frac{1}{10}$ mg Strychninnitrat in einen der Lymphsäcke, springt Temporaria oder Esculenta einige Augenblicke lebhaft in der Glasglocke umher und setzt sich dann ruhig hin. Nach einigen Minuten wird diese passive Haltung aufgegeben. Die Atembewegungen werden beschleunigt, das Tier wird etwas unruhig, hat ein ängstliches Aussehen und scheint seine Umgebung mit gespannter Aufmerksamkeit zu beobachten. Rasch entwickelt sich nun eine Periode der Rastlosigkeit und häufigen Sprünge, die Bewegungen sind schon etwas steif und nach einem vollendeten Sprung sinkt das Tier nicht wie gewöhnlich in Ruhestellung zusammen, sondern bleibt einige Augenblicke auf halb extendierten Extremitäten stehen. Die Reflexerregbarkeit ist jetzt stark gesteigert. Die leiseste Berührung oder eine leichte Erschütterung bringt das Tier zum schreckhaften Zusammenfahren, etwas später reagiert es mit blitzschnellem Ausstrecken der untern Extremitäten und 10—20 Minuten nach der Injektion löst die geringste Veranlassung den typischen Tetanus aus. Sämtliche Skelettmuskeln gehen momentan in tonische Kontraktion über; die Lichtreflexe von der feuchten Haut[4]) spiegeln ein flimmerndes Muskelspiel wider, das anzeigt, daß der Anfall aus einer Reihe äußerst rasch aufeinander folgender Kontraktionen besteht, die zusammen den Eindruck einer einzigen langdauernden Zusammenziehung machen. Das ganze Tier wird steif wie ein Stück Holz und, wie der Name Tetanus besagt, in Extensionsstellung fixiert — nicht weil die Streckmuskeln einer stärkeren Einwirkung unterliegen, sondern weil sie meistens kräftiger sind als

---

[1]) G. Brunner, l. c.

[2]) Z. Vámossy, Magyar orvosi Arch. n. F. 11, H. 1 (1910); zit. nach Zentralbl. f. Biochemie u. Biophysik 10, 281 (1910).

[3]) Namentlich im Darminhalt scheinen Substanzen vorhanden zu sein, die das Strychnin maskieren und seinen Nachweis erschweren; siehe W. Salant, Zentralbl. f. inn. Med. 24, 721 (1903); R. H. Hatcher, Amer. Journ. of Physiol. 12, 237 (1905). Eine von O. H. Brown (Journ. of Biol. Chemistry 2, 149 (1906—07) dargestellte amorphe Substanz, vielleicht eine kolloide Verbindung von Strychnin und Eiweiß, gab nicht die gewöhnlichen Strychninreaktionen; eine Menge, die das Dreißigfache der letalen Dosis von reinem Strychnin betrug, konnte ohne toxische Wirkung beigebracht werden.

[4]) Die Hautfarbe wird während der Krämpfe heller. Über das Verhalten — erst gesteigerte Erregbarkeit, dann Lähmung — der Melanophoren siehe R. F. Fuchs, Biolog. Zentralbl. 26, 902 (1906) u. W. Biedermann, Archiv f. d. ges. Physiol. 51, 455 (1892).

die Beugemuskeln. Wo die Flexoren die kräftigeren sind, bestimmen sie die Stellung. So werden beim Weibchen die schwachen Vorderextremitäten am Körper ausgestreckt gehalten, während die kräftigen Armflexoren des Männchens, die während der Paarungszeit tagelang das Weibchen festhalten, die Arme unter der Brust kreuzen.

Abb. 1. Rana temporaria, Strychnintetanus.

Nebenstehendes, Führners[1]) Arbeit über den biologischen Nachweis von Giften entlehntes Bild illustriert die charakteristische Stellung.

Auf der Höhe der Wirkung folgt mit kurzen Pausen, in denen das Tier ermattet zusammensinkt, Anfall auf Anfall, scheinbar spontan, in Wirklichkeit aber immer durch irgendeinen Reiz verursacht. Nach der genannten Dosis dauert der Starrkrampf namentlich bei R. temp. mit voller Stärke viele Stunden bis zu einigen Tagen, aber schließlich nehmen die Anfälle an Heftigkeit ab und durch ein langdauerndes Stadium erhöhter Reflexerregbarkeit geht das Tier im Laufe einiger Tage in den normalen Zustand über. Setzt man Frösche in schwach strychninhaltiges Wasser, so kann ein fast ununterbrochener Tetanus einige Wochen anhalten.

Werden große Dosen, z. B. 1 oder mehrere mg, injiziert, so ändert sich das Aussehen des Vergiftungsbildes, und zugleich tritt ein deutlicher Unterschied zwischen den beiden Froscharten zutage.

Ein paar Minuten nach der Injektion bricht bei Temporaria plötzlich oder nach einem unerheblichen prodromalen Erregungsstadium der heftigste Tetanus aus. Anfangs folgt mit kurzen Remissionen Anfall auf Anfall, so daß während der ersten fünf Minuten der Tetanus fast ununterbrochen anhält. Daß auch während der Remissionen ein gewisser Tonus vorhanden ist, erkennt man daran, daß die Schwimmhäute fortwährend gespannt bleiben. Sehr bald aber wird eine Abschwächung der Krämpfe bemerkbar, die Pausen dauern länger und werden vollständiger, und die Anfälle werden milder. Das Tier hat keinen Tetanus mehr, sondern nur vereinzelte Zuckungen, die sich ebenfalls allmählich verlieren, und der Frosch liegt jetzt ganz ruhig da, von Zeit zu Zeit schwache fibrilläre Zuckungen zeigend. Nach einer oder einigen Stunden haben auch diese aufgehört (am spätesten werden die Nacken- und Respirationsmuskeln unwirksam), und es ist vollständige Lähmung eingetreten.

Bei R. esculenta tritt der Tetanus meist etwas später ein als bei Temporaria, hat meist von Anfang an einen milderen Charakter und schon nach ein paar heftigen Anfällen stellt sich eine deutliche Lähmung ein. Es folgen zwar noch häufige Zuckungen, das Tier ist aber ganz erschlafft, auch die letzten Zuckungen erlöschen rasch, und oft ist schon 10—20 Minuten nach der Injektion die Lähmung vollständig. Bei direkter Einspritzung ins Blut ist der Tetanus oft nur angedeutet, und die Lähmung entwickelt sich noch rascher; selten vergehen 1—2 Stunden.

---

[1]) H. Führner, Nachweis und Bestimmung von Giften auf biologischem Wege. Berlin u. Wien 1911, S. 72.

Durch Strychnin gelähmte Frösche gehen, wenn die Dosen nicht allzu kolossal sind, und wenn die Tiere sorgfältig behandelt werden (Aufenthalt in kühlem Raum, häufiges Abspülen und Erneuern des Wassers um erneute Resorption zu verhüten) nicht zugrunde, sondern erholen sich und bekommen, wenn so viel Strychnin ausgeschieden ist, daß die Lähmung nicht mehr vorwaltet, von neuem Tetanus.

Diese Erholung geht sehr allmählich vor sich. Nachdem das Tier zuweilen tagelang keine andern Lebenszeichen als eine schwache Herzaktion dargeboten hat, beginnen zuerst die Atembewegungen wieder, darauf zeigen sich auch die ersten fibrillären Zuckungen, die allmählich immer stärker werden und in einen vollständigen Tetanus übergehen. Kurz man sieht in umgekehrter Ordnung dasselbe Bild wie im Anfang der Vergiftung, aber deutlicher, weil alles so langsam vor sich geht. Der zweite Tetanus kann sehr lange dauern, nach Vulpian[1]) bis zu 30 Tagen.

In diesem Falle kann also der erste Tetanus als eine nur vorübergehende und fast nebensächliche Anfangswirkung betrachtet werden. Sobald größere Mengen des Giftes resorbiert sind, stellt sich die Hauptwirkung der letzteren, die Lähmung, ein und beherrscht das ganze Vergiftungsbild[2]). Über die Natur dieser Lähmung soll weiter unten die Rede sein. .

Über die Dosen, die die verschiedenen Grade der Wirkung hervorbringen, sei nach Fühner[3]), dessen Angaben mit eignen Versuchen des Autors übereinstimmen, folgendes berichtet: Bei Esculentae von 25—30 g Gewicht bemerkt man nach $\frac{1}{200}$ mg die ersten Vergiftungszeichen, die darin bestehen, daß die Tiere bei Berührung und manchmal unter schwachem Quaken zusammenzucken. Bei dieser Dosis sieht man bei Temporaria meist noch keine Wirkung. Bei Dosen von $\frac{1}{100}$ mg wird bei beiden Froscharten die Reflexsteigerung deutlich und hält namentlich beim Wasserfrosch mehrere Stunden an. Die niedrigsten tetanuserzeugenden Dosen liegen zwischen $\frac{2}{100}$ und $\frac{5}{100}$ mg[4]). Bei der letztgenannten Dosis zeigten die Tiere nach ungefähr 10 Minuten Reflexsteigerung und nach 20—30 Minuten erfolgten auf äußere Reize die ersten Tetanusanfälle.

Die Wirkung bei Fröschen ist oben einigermaßen ausführlich geschildert, weil man bei diesen Tieren den Verlauf in seinen 3 Stadien: Tetanus — Lähmung — wieder Tetanus — verfolgen kann. Bei allen höherstehenden Tieren bekommt man nur das erste Stadium zu sehen. Kleine toxische Dosen erzeugen nur erhöhte Reflexerregbarkeit und leichtere Andeutungen von Starrkrämpfen; letale Dosen lösen Tetanus aus, und der Tod tritt entweder während

---

[1]) A. Vulpian, Leçons sur l'action physiol. des Substances Toxiques, Paris 1882, p. 432.

[2]) Auch in der Dauer der Lähmung unterscheiden sich die beiden Froscharten. Während Temporaria nach Injektion von 4—5 mg ungefähr 20 Stunden gelähmt blieb, zeigte Esculenta (großes, kräftiges Exemplar) folgende Verhältnisse:

1. Tag: 5 mg Strychnin nitr. subcutan; gelähmt nach 10 Minuten.
2—6. Tag: Vollständige Lähmung.
7. Tag: Schwache Atembewegungen und kaum bemerkbare fibrilläre Zuckungen.
8—9. Tag: Häufige Krampfanfälle.
10—16. Tag: Die ganze Zeit Tetanus.
17. Tag: Tod; bis zuletzt Krämpfe.

[3]) H. Fühner, l. c. S. 7.

[4]) Pro Gramm Tier sind dies 0,0008—0,002 mg Strychninnitrat. Damit stimmen die von J. Honda (Arch. Intern. de Pharmacodynamie 9, 431 (1901)) in Japan ausgeführten Bestimmungen überein, bei denen die geringste tetanuserregende Dosis für Rana esculenta, Var. japonica 0,0014—0,0016 mg und für Bufo vulgaris 0,0016 mg pro Gramm Tier betrug.

eines langandauernden Anfalles ein, wahrscheinlich infolge der durch den
Stillstand des Brustkorbes verursachten Asphyxie, oder, was das Häufigere ist,
das Tier sinkt nach Aufhören der Krämpfe erschöpft zusammen, und der Tod
tritt nach einigen Sekunden oder etwas längerer Zeit unter aussetzender Atmung
und niedrigem Blutdruck ein. Das Vergiftungsbild bietet daher durch die ganze
Reihe der höheren Tiere hindurch nur unbedeutende Variationen, die hauptsächlich darin bestehen, daß einige Arten meistens bei dem ersten starken
Tetanusanfall zugrunde gehen, während andere mehrere Anfälle überstehen.
Ferner ist bei einigen Tieren das Stadium erhöhter Reflexerregbarkeit wohl entwickelt und von langer Dauer, während bei andern der Ausbruch heftiger Starrkrämpfe ohne sonderlich deutliches Prodromalstadium erfolgt.

Eine eingehende Beschreibung der Vergiftung bei all den gewöhnlichen
Versuchstieren soll hier unterbleiben, da eine solche Schilderung zu viele Wiederholungen bieten würde. Eine Anzahl kurzer Bemerkungen über das Verhalten
verschiedener Arten wird auf einen spätern Abschnitt, der von den letalen
Dosen handelt, verschoben.

Beim Menschen verursachen kleine Dosen (1—3 mg) Strychnin wie andere
bittere Substanzen auch etwas vermehrte Speichelsekretion und zuweilen ver-
stärktes Hungergefühl, aber sonst keine der unmittelbaren Beobachtung zugänglichen Symptome. Eine genauere Untersuchung lehrt jedoch, daß bereits
eine erhöhte Empfindlichkeit gegen Sinnesreize vorhanden ist; dies wird in
einem späteren Kapitel behandelt werden. Nach toxischen Mengen — die
letale Dosis rechnet man von 3—4 cg an, man hat aber schon tetanische Symptome bei einem erwachsenen Menschen nach 1,5 mg beobachtet [Coote[1]] —
zeigt sich ein Vergiftungsbild, das anfangs ganz dem beim Frosch beschriebenen
entspricht. Die Prodromalsymptome, die je nach der Beschaffenheit des Präparates und dem Füllungszustand des Magens wenige Minuten bis mehrere
Stunden nach Einnahme des Giftes beginnen, bestehen in Unruhe und Schreckhaftigkeit, woran sich bald schmerzhafte Zuckungen in verschiedenen Muskelgruppen, Kontraktion von Nacken- und Kaumuskeln, Steifigkeit und Gefühl
von Schwere im Brustkasten mit erschwerter Atmung und als Anzeichen, daß
der Starrkrampf sich nähert, krampfhaftes Zusammenfahren bei Reizen anschließen. Schließlich bricht „wie durch einen elektrischen Schlag" der typische
Tetanus aus. Alle Skelettmuskeln gehen auf einmal in tonische Kontraktion
über, der Körper ruht in einem rückwärts konkaven Bogen auf Kopf und Fersen
— seltner ist der Kopf nach vorn gezogen (Emprosthotonus) oder die Wirbelsäule nach der einen Seite gekrümmt (Pleurotonus) — die Bauchmuskeln sind
bretthart kontrahiert und der Brustkorb ist unbeweglich fixiert. Infolge des
Aufhörens der Atmung wird das Gesicht dunkelrot oder cyanotisch, die Venen
schwellen an, die Bulbi treten hervor und die Pupillen erweitern sich; starke
Erektionen können vorhanden sein. Das Bewußtsein ist beinahe immer erhalten
und der Zustand äußerst schmerzhaft. Nach einigen Sekunden oder Minuten
erschlaffen die Muskeln, der Anfall ist vorbei, und oft kann sich der Patient
ungehindert bewegen. Nach kurzer Zeit meldet sich jedoch wieder eine aufs
äußerste gesteigerte Reflexerregbarkeit, und scheinbar spontan, aber gewiß
immer durch äußere Reize verursacht — die leiseste Berührung oder Erschütterung, ein Laut, ein Lichtstrahl, ein Luftzug genügen — bricht ein neuer Anfall
aus, und die gleiche Szene wiederholt sich mit ungeschwächter Heftigkeit.
In den Pausen zwischen den Attacken kann man auch leichtere Krämpfe von mehr

---

[1] Coote, Brit. med. Journ. **2**, 513 (1867); zit. nach F. Erben, Die Vergiftungen.
Wien u. Leipzig 1909. II, S. 543.

klonischem Charakter sehen. Mehr als 3—5 Anfälle werden selten ertragen. Der Tod tritt in der Regel nicht während, sondern einige Sekunden oder Minuten nach Aufhören der Krämpfe unter dem Bild der Atemlähmung oder der vaso-motorischen Lähmung ein. Starke Salivation ist häufig, Erbrechen dagegen selten und der Name Nux vomica also irreführend. Werden die ersten zwei Stunden überstanden, so endet die Vergiftung in der Regel günstig. Als Nach-wirkungen werden u. a. beschrieben: Schwäche, Abspannung, psychische Störungen, Ikterus, dauernde Blindheit.

Unter den postmortalen Erscheinungen ist bemerkenswert, daß die Toten-starre außerordentlich rasch eintritt, bisweilen wenige Minuten nach dem Tode, und ungewöhnlich lange dauert. Bei Tieren kann man sie nach großen Dosen fast gleichzeitig mit dem Tod eintreten sehen [Kobert[1])]. Wahrscheinlich kann dasselbe auch beim Menschen geschehen[2]). Ferner finden sich die ge-wöhnlichen Zeichen des Erstickungstodes und namentlich bei älteren Indi-viduen mit rigiden Arterien größere Blutaustritte, bedingt durch die Krämpfe und den erhöhten Blutdruck.

Vom Wundstarrkrampf unterscheidet sich die Strychninvergiftung da-durch, daß die Krämpfe bei der erstgenannten Krankheit sich allmählich von den Nacken- und Kaumuskeln auf Stamm und Extremitäten ausbreiten, und daß die Muskeln auch in der Zeit zwischen den Anfällen etwas kontrahiert bleiben. Ferner fehlt beim Wundstarrkrampf ein deutliches Prodromal-stadium erhöhter Reflexerregbarkeit.

Blut.

Auf das Blut wirkt Strychnin in eigentümlicher Weise ein. Schon Harley[3]) machte folgenden Versuch: Frisches Kälberblut wurde mit Luft bis zur möglichst vollständigen Arterialisation geschüttelt, die eine Hälfte er-hielt einen Zusatz von Strychnin, und beide Portionen wurden in Gefäße ge-bracht, die nur halb mit Blut gefüllt wurden. Die dicht verschlossenen Gefäße wurden nun wiederholt stark geschüttelt, und nach 24 Stunden wurde die Luft, die über den Blutproben stand, untersucht. Die Analyse ergab, daß das normale Blut 9,63% O aufgenommen und 5,96% CO_2 abgegeben hatte, während das Strychninblut unter den gleichen Verhältnissen nur 3,14% O aufgenommen und 2,73% CO_2 abgegeben hatte. Harley schließt daraus, daß Strychnin (und ebenso Brucin) die Eigenschaft des Blutes Sauerstoff aufzunehmen, außer-ordentlich vermindere.

Harleys Fund, worauf er die seiner Zeit viel besprochene Hypothese, daß die Strychninvergiftung ihrem Wesen nach eine Asphyxie sei, gründete, wurde in anderer Weise ergänzt von Radziwillowicz[4]), der nachwies, daß, wenn man mit Wasser verdünntes defibriniertes Kälberblut mit Strychnin versetzt und dies zugleich mit Kontrollproben in festverschlossene, ganz gefüllte Gläser bringt, das Strychninblut sich längere Zeit arteriell hielt als das Kontroll-blut. Daß die gleiche Wirkung auch beim lebenden Tier stattfindet wird durch folgenden Versuch bestätigt: Einer Katze wurde zunächst eine Blutprobe ent-

---

[1]) R. Kobert, Lehrb. d. Intoxikationen, 2. Aufl. Stuttgart 1902. II, S. 1161.
[2]) Bei einer graviden Frau, die tot auf dem Felde gefunden wurde und bei welcher der Autor Strychnin im Mageninhalt fand, war die Wahrscheinlichkeitsdiagnose Strychnin-vergiftung schon von dem herbeigerufenen Arzt auf Grund der Opisthotonusstellung der starren Leiche gestellt worden.
[3]) C. Harley, Lancet 1855, I, 619, 647.
[4]) R. Radziwillowicz, Arbeiten aus dem Pharmakol. Inst. zu Dorpat 2, 71 (1888).

nommen, darauf erhielt das Tier eine intravenöse Strychnininjektion und es
wurde eine zweite Blutprobe entnommen. Beide Portionen wurden verdünnt,
mit Luft geschüttelt und in Flaschen gebracht, die ganz gefüllt und fest verschlossen wurden. Schon am selben Abend war der doppelte Oxyhämoglobin-
streifen im normalen Blut verschwunden, während er im Strychninblut noch
am dritten Tage sichtbar war. Es scheint also, als ob das Strychnin auch im
lebenden Organismus die Sauerstoffzehrung im Blute herabsetzt. Weitere
Versuche in derselben Richtung wurden von Kunkels Schüler Hartig[1]),
ausgeführt. Hartig verglich die Kohlensäureproduktion strychninvergifteter
Frösche mit der Kohlensäureerzeugung normaler Tiere und fand bei den erstgenannten schon nach sehr kleinen Gaben eine auffallende Verminderung der
Kohlensäureabgabe. Bei Mäusen war kein deutlicher Unterschied vorhanden
[Blaß[2])].

Eine genauere Untersuchung dieser interessanten Verhältnisse bei Säugetieren verdanken wir Kionka[3]), der bei Kaninchen Blutanalysen in verschiedenen Stadien der Strychninvergiftung ausführte. Die Proben die vor und
einige Zeit nach den Krämpfen entnommen waren, boten nichts Bemerkens-
wertes. Um so eigentümlicher war das Verhalten der Blutgase in dem Stadium
verstärkter Respiration, das oft unmittelbar auf die Krämpfe folgt: es zeigte
sich, daß die forcierte Atmung wohl im stande war, das Blut von der im Anfall
in Menge produzierten Kohlensäure zu befreien, so daß es wenige Minuten,
selbst nach den heftigsten Krampfanfällen in runder Zahl nur 23% oder sogar
nur 14% CO_2 (gegen normal 38—48%) enthielt. Aber trotz dieser sehr wirksamen Ventilation verblieb das Blut, wenn auch nur für kurze Zeit, sehr sauer-
stoffarm und wies nur 1,5—8% O (gegen normal 13—20%) auf. Die Ursache
dieses abnorm niedrigen Sauerstoffgehaltes ist dunkel. Sie kann nicht in den
Krämpfen liegen, denn das Blut eines unvergifteten Kontrolltieres, bei welchem
durch Elektrisieren des Rückenmarkes Krämpfe und Atemstillstand, woran sich
Dyspnöe und verstärkte Respiration anschlossen, hervorgerufen wurden,
bot nichts Abnormes dar. Wurde einem strychninvergifteten Tier eine Blutprobe während des sauerstoffarmen Stadiums gleich nach den Krämpfen entnommen und mit Luft geschüttelt, so zeigte sich, daß es nur sehr wenig Sauerstoff aufzunehmen imstande war (die Blutanalyse ergab 20,41% CO_2 und 5,95%
O) und erst nach längerem Schütteln mit Luft einen mehr arteriellen Charakter
annahm. Auch aus diesen Untersuchungen geht also hervor, daß Strychnin
eine eigentümliche — noch nicht aufgeklärte — Wirkung auf die Blutkörperchen hat.

Der Alkalinität des Blutes sinkt nach Ferruzzas[4]) Bestimmungen proportional der Zahl und Intensität der Anfälle. Werden die Krämpfe durch
Chloral unterdrückt, so wird die Alkalinität auch von sehr großen Strychnindosen nicht verändert[5]). In Mancas[6]) Untersuchungen über den Einfluß des
Cocains auf die roten Blutkörperchen werden auch einige Versuche mit Strych-

---

[1]) H. Hartig, Diss. Würzburg 1901; auch G. Valentin, Archiv f. experim. Pathol.
u. Pharmakol. 12, 96 (1880) bespricht den Gaswechsel strychninvergifteter Frösche.
[2]) S. Blaß, Diss. Würzburg 1902.
[3]) H. Kionka, Archiv intern. de Pharmacodyn. 5, 111 (1899).
[4]) G. Ferruzza, Arch. di Farmacol. et Terap. 1898, 365; Arch. Ital. de Biol. 31, 307
(1899).
[5]) Über die Reaktion des Blutes siehe ferner V. Ivanoff, Zeitschr. f. experim.
Pathol. u. Therap. 15, 359 (1914) u. M. Sass, ebenda, S. 370.
[6]) G. Manca, Lo Sperimentale 48, Fasc. 5—6, zit. nach Arch. Ital. de Biol. 23, 391
(1895).

ninsulfat (2%) erwähnt, bei denen eine geringe Herabsetzung der Resistenz der Erythrocyten gefunden wurde.

In den Magen eingeführt, ruft Strychnin eine vorübergehende Leukocytose hervor, eine Eigenschaft, die es bekanntlich mit einer Menge bitter oder aromatisch schmeckender Stoffe teilt [Pohl[1])].

Maurel[2]) glaubt gefunden zu haben, daß die tödliche Gabe verschiedener Alkaloide, u. a. des Strychnins, mit der Menge zusammenfällt, die eben groß genug ist, um die Leukocyten zu töten oder wenigstens schwer zu schädigen und ist geneigt, den weißen Blutkörperchen eine bedeutende Rolle bei den betreffenden Vergiftungen zuzuweisen.

Zentralnervensystem.

Über den Tetanus und den Angriffspunkt des Strychnins im Rückenmark. Daß die Strychninkrämpfe ihren Ursprung im Zentralnervensystem und nicht in den peripheren Nerven haben, ist eins der frühesten Ergebnisse der experimentellen Pharmakologie. Der Beweis wurde bereits 1819, gleich nach der Entdeckung des Strychnins, von Magendie geliefert, der bei einem Frosch das rechte Bein mit Ausnahme des N. ischiadicus umschnürte, während am linken Oberschenkel nur die Gefäße freiblieben. Er sah dann, daß Einspritzung von Strychnin in das rechte Bein von keiner Vergiftung gefolgt war, während Einbringen des Giftes in die linke Extremität Tetanus erzeugte. Ein anderes Experimentum crucis bildet der bekannte klassische Versuch: Eine von der Zirkulation abgesperrte Extremität, deren Nerven und Muskeln vom Gift unberührt sind, nimmt an den Krämpfen teil, während diese aufhören, sobald die Verbindung mit dem Zentrum durch Durchschneidung des motorischen Nervs aufgehoben wird.

Eine nähere Analyse lehrt, daß das Strychnin auf das gesamte Zentralnervensystem einwirkt, daß aber das Rückenmark der hauptsächlichste Angriffspunkt ist und daß die Krämpfe ihren Ursprung ausschließlich von diesem nehmen. Isoliert man bei einem Frosch das Rückenmark von den höher gelegenen Zentren durch Dekapitation, durch Zerstörung des Hirns, durch Durchschneidung (Stannius[3])) oder noch besser durch unblutige Durchtrennung des Halsmarks[4]) und wartet bis der Operationsshok überwunden ist, so stellen sich die Krämpfe noch immer mit fast ungeschwächter Heftigkeit ein. Zum Überfluß beweisen eine Menge älterer und neuerer Versuche, daß lokale Applikation von Strychnin auf das Rückenmark, vorgenommen unter solchen Bedingungen (Aufhebung der Blut- und Lymphzirkulation), daß eine Ausbreitung des Giftes auf andere Teile des Zentralnervensystems ausgeschlossen ist, Tetanus erzeugt.

Ist der Strychnintetanus ein spontaner oder reflektorischer Krampf? Einen wichtigen Beitrag zur Lösung dieser Frage lieferte schon Hermann Meyer[5]), der fand, daß die Krämpfe bei Fröschen nach Durchschneidung der hinteren Rückenmarkswurzeln ausblieben, sich aber auch weiterhin bei der leisesten Berührung des zentralen Wurzelstumpfes einstellten; er schließt daraus, „daß der durch Strychnin erzeugte Tetanus einzig und allein aus Reflexbewegungen besteht". Hier bedarf es indes eines Zusatzes. Bei Wiederholungen dieses so oft ausgeführten Versuches ist u. a. von Hering[6]) konstatiert worden,

---

[1]) J. Pohl, Archiv f. experim. Pathol. u. Pharmakol. **25**, 51 (1889).
[2]) E. Maurel, Bull. gén. de Therap. **1892**, 259.
[3]) H. Stannius, Archiv f. Anat. u. Physiol. **1837**, 273.
[4]) Apparat hierfür: S. Baglioni, Arch. di Fisiol. **1**, 575 (1904).
[5]) Hermann Meyer, Zeitschr. f. rat. Medizin **5**, 257 (1846).
[6]) H. E. Hering, Archiv f. d. ges. Physiol. **54**, 614 (1893).

daß die Durchschneidung der hinteren Rückenmarkswurzeln nicht immer genügend ist, indem vom Gehirn (Sinnesorgane) kommende Erregungen sich immer noch auf das Rückenmark fortpflanzen und Krämpfe auslösen können. Das Experiment muß daher durch die Durchschneidung des Halsmarkes ergänzt werden; ist dies ausgeführt und das Rückenmark nunmehr vollkommen isoliert, so tritt kein Tetanus mehr ein. Ferner wird bei Fröschen der Starrkrampf unterbrochen, und das Tier erschlafft, wenn sensible Eindrücke ferngehalten werden, indem man die Oberfläche durch Eintauchen in eine 5 proz. Cocainlösung anästhesiert (Poulsson[1]). Es handelt sich, wenn sogleich Abspülung erfolgt, dabei nicht um eine Cocainlähmung, denn ein in gleicher Weise mit Cocainlösung behandelter Kontrollfrosch flüchtet, wenn man ihn losläßt, mit kräftigen Sprüngen. Als ein wichtiges Argument für die rein reflektorische Natur der Krämpfe wird ferner von Baglioni[2]) angeführt, daß bei Fröschen mit durchschnittener Medulla oblongata (wodurch also die cerebralen Erregungen eliminiert sind) spontan, d. h. wenn alle äußeren Reize ferngehalten werden, gar keine Tetani auftreten. „Er stirbt im Zustande einer maximalen Erhöhung der Reflexerregbarkeit, ohne daß die geringste Muskelzuckung zustande kommt." Alle diese Versuche sprechen mit größter Bestimmtheit dafür, daß Reizung zentripetaler Nerven eine notwendige Bedingung für das Zustandekommen des Tetanus ist, mit anderen Worten, daß das Strychnin nicht direkt erregend auf das Rückenmark wirkt, sondern nur dessen Reflexerregbarkeit aufs äußerste steigert.

Aus den Untersuchungen[3]) mehrerer Forscher geht hervor, daß der Froschmuskel in der Sekunde mehrere kurze Tetani ausführt, die voneinander durch Ruhepausen getrennt sind (die Frequenz der die Tetani zusammensetzenden Einzelzuckungen ist viel größer, siehe weiter unten). Baglioni[4]) meint, daß der Tetanus nicht allein reflektorisch beginnt, sondern auch reflektorisch unterhalten werde, d. h. daß jeder einzelne dieser kurzen Tetani durch ständig von neuem von außen her kommende Erregungen hervorgerufen werde. Diesen Vorgang hat man sich folgendermaßen zu denken: Wenn ein Tetanusanfall durch einen äußeren Reiz, z. B. eine Berührung der Haut, ausgelöst wird, so ist dies die primäre Reizung. Die sekundären Reizungen stammen von der Erschütterung des Körpers durch die erste Zuckung oder der Reizung sensibler Nervenendigungen in den Muskeln oder in den Gelenken und Sehnen, die bei der Kontraktion entstehen, oder — um Sherringtons Ausdruck zu gebrauchen — die Reizung eines exterorezeptiven Feldes (in diesem Fall die Hautnerven) erzeugt sekundär Reizungen der Propriorezeptoren (Muskel- und Gelenknerven). Die erste Zuckung erzeugt also eine neue, diese wieder eine neue usw., bis die für den Augenblick erschöpften Zentren unempfindlich sind und das den Anfall abschließende Refraktärstadium eingetreten ist. Die Richtigkeit dieser Anschauung ist indessen streitig, denn Borutteau hat, worauf Hoffmann[5])

[1]) E. Poulsson, Archiv f. experim. Pathol. u. Pharmakol. 26, 22 (1890).
[2]) S. Baglioni, Archiv f. Anat. u. Physiol., Physiol. Abteil., Supplementband 1909, 193. Zur Analyse der Reflexfunktion, Wiesbaden 1907, S. 82.
[3]) Lovén, Nordiskt Medicinskt Arkiv 11, Nr. 14 (1879) — J. v. Kries, Archiv f. Anat. u. Physiol., Physiol. Abt. 1884, 370. — E. Delsaux, Arch. de Biol. 12, 569 (1892). — J. Burdon-Sanderson, Journ. of Physiol. 18, 37 (1895). — Florence Buchanan, Journ. of Physiol. 27, 95 (1901—1902). — K. Fahrenkamp, Zeitschr. f. Biol. 59, 426 (1912) und 65, 79 (1914): Aktionsströme des Warmblütermuskels.
[4]) S. Baglioni, Zeitschr. f. allg. Physiol. 2, 556 (1903).
[5]) P. Hoffmann, Zentralbl. f. Physiol. 25, 756 (1911); Arch. f. Anat. u. Physiol., Physiol. Abt., Supplementband 1910, 233. Siehe auch J. Burdon-Sanderson u. F. Buchanan, Zentralbl. f. Physiol. 16, 313 (1902).

aufmerksam macht, gezeigt, daß man vom zentralen Ischiadicusstumpf eines mit Curare und Strychnin vergifteten Frosches die gleichen Aktionsrhythmen ableiten kann wie vom Muskel, obgleich keine Bewegung zu bemerken ist. Dies spricht dafür, daß die Serie kurzer Tetani durch eine spontan fortgesetzte zentrale Entladung unterhalten wird. Auch Henkel[1]) findet, daß die sensiblen Ganglienzellen des Rückenmarkes des Strychninfrosches — aber nicht des unvergifteten Tieres — sich auf einen Einzelreiz auch bei Ausschaltung jeglicher Wiederreize rhythmisch entladen, und daß der autonome Rhythmus 8—10 Stöße pro Sekunde beträgt. Bei Ermüdung nehmen die Stöße an Dauer und Zahl ab, bis schließlich Einzelzuckungen auftreten. Die Strychninkrämpfe beruhen auf autonomen rhythmischen Entladungen der Ganglienzellen, aber gegen den Schluß des Anfalles wird der Tetanus durch sekundäre Wiederreizung von Muskeln und Gelenken her verlängert.

Oben wurde erwähnt, daß die Kontraktion des Muskels während der Krämpfe nicht kontinuierlich ist, sondern aus kurzen Tetanis besteht, die wiederum aus Einzelzuckungen zusammengesetzt sind. Es sind also gleichzeitig zwei Rhythmen vorhanden, ein langsamerer und ein schnellerer. In neueren Versuchen — Registrierung der Aktionsströme des Froschischidicus mittels des Saitengalvanometers — hat Vészi[2]) diese Rhythmen analysiert und findet, daß der erstgenannte, der als „großer Rhythmus" bezeichnet wird, eine Frequenz von 10—22 per Sekunde und der schnelle oder „kleine Rhythmus" eine Frequenz von 100—400 per Sekunde hat. Während des Tetanusanfalles nehmen die Intervalle zwischen den großen Stößen dauernd zu; oft ist jedoch das Intervall nach dem ersten Stoß das größte. Die Frequenz der kleinen Zuckungen ist am größten im ersten Stoß und nimmt gegen Ende des Impulses ab. In den Intervallen zwischen den einzelnen Stößen ist die Saite des Galvanometers meist vollständig ruhig, bisweilen sieht man aber den kleinen Rhythmus auch in den Intervallen zwischen den großen Stößen fortdauern. Diese Befunde werden von V. dahin gedeutet, daß die Entladungsfrequenz der Strychninganglienzellen (sensiblen Ganglienzellen) gleich oder größer ist als die Frequenz der kleinen Zacken, und daß der große Rhythmus durch ein periodisch auftretendes und verschwindendes Refraktärstadium der motorischen Ganglienzellen bedingt ist.

Von der gewöhnlichen Reflexbewegung bei unvergifteten Tieren unterscheidet sich der Strychnintetanus in mehreren Beziehungen, die wichtige Beiträge zur Beleuchtung der intimeren Wirkung des Strychnins auf das Rückenmark liefern.

Unter normalen Verhältnissen erzeugt häufige Wiederholung an und für sich unterschwelliger Reize schließlich einen Reflex — Summation —, bei dem vergifteten Frosch jedoch bleiben solche Reize, wie oft sie auch in rascher Reihenfolge wiederholt werden, unwirksam, das heißt es erfolgt im Strychninrückenmark keine Summation einzeln unterschwelliger Reize (Walton[3]), Baglioni[4])).

Schon beim Schwellenwert gibt aber bei der vollständig entwickelten Vergiftung der Muskel auf den ersten Reizimpuls gleich eine maximale Kontraktion und reagiert nicht stärker, wie sehr auch die Reizintensität erhöht wird. Alle

[1]) H. Henkel, Zeitschr. f. allg. Physiol. **15**, 1 (1913).
[2]) J. Vesci, Zeitschr. f. allg. Physiol. **15**, 245 (1913).
[3]) G. L. Walton, Journ. of Physiol. **3**, 308 (1880—82).
[4]) S. Baglioni, Archiv f. Anat. u. Physiol., Physiol. Abt. Supplementband 1900, 193; Zur Analyse der Reflexfunktion,. Wiesbaden 1907, S. 82.

Reize, die überhaupt wirken, erzeugen gleich hohe Reflexzuckungen. In diesem
Sinne gilt also beim Strychninfrosch das „Alles- oder Nichtsgesetz". Unter
bestimmten Bedingungen hat jedoch die Reizstärke einen großen Einfluß.
Läßt man eine größere Reihe gleich starker Reize rasch aufeinander folgen,
so werden die Reflexkontraktionen beständig kleiner, bis die Reizung infolge
Ermüdung unwirksam wird (relatives Refraktärstadium). Wird jetzt die Reizintensität verstärkt, so erhält man wieder eine Reihe Zuckungen, bis auch diese
verstärkte Reizung unwirksam ist und dies kann man vielleicht einige Male
fortsetzen, bis schließlich ein absolut refraktäres Stadium eintritt[1]). Daraus
muß man schließen (Vészi[2])), daß auch beim Strychninfrosch bei starken Reizen stärkere Impulse vom Rückenmark dem Muskel zugeführt werden als bei
schwachen Reizen. Die Ursache dafür könnte darin gesucht werden, daß die
einzelnen „Strychninneurone" sich bei starken Reizen entsprechend stärker
entladen als bei schwachen, aber dies könnte nur geschehen, wenn das „Alles-
oder Nichtsgesetz" für das einzelne Strychninneuron keine Geltung hätte.
Dafür aber, daß dieses Gesetz für jedes einzelne Neuron gilt, spricht das eben
erwähnte Fehlen der Summationsfähigkeit des Strychninrückenmarkes. Ein
anderer Faktor, der darum hauptsächlich in Betracht zu kommen scheint,
wäre darin zu suchen (Vészi), daß bei starken Reizen mehr Strychninneurone
in Aktion treten, d. h. beim Schwellenwert nur eine, dann mit zunehmender
Reizintensität immer mehr motorische Nervenfasern erregt werden.

Oben ist eine allgemeine Beschreibung des Verlaufs der Strychninvergiftung beim Frosch gegeben. Hier sollen noch folgende Punkte besonders hervorgehoben werden. Anfangs ist die Reflexerregbarkeit stark erhöht. Schon sehr
schwache Reize lösen starke Reflexe aus, aber diese sind noch immer koordi-
niert und zweckmäßig wie bei den normalen Tieren: berührt man eine Schwimmhaut, so zieht das Tier die betreffende Extremität an sich. Sobald die Vergiftung ihren Höhepunkt erreicht hat, tritt die wichtige Veränderung ein, daß die
Kontraktionen, wie eben erörtert, gleichviel ob der äußere Reiz schwach oder
stark ist, maximale werden, und ferner daß sie in einem über alle willkürlichen
Muskeln ausgebreiteten langdauernden Krampf bestehen. Die Reizung eines
zentripetalen Nerven pflanzt sich nicht nur auf dem gewöhnlichen kürzesten und
gebahntesten Wege auf die direkt korrespondierenden motorischen Gebiete fort,
sondern springt mit explosiver Heftigkeit auf das ganze Rückenmark über und
erreicht sämtliche Muskeln; Flexoren wie Extensoren kontrahieren sich gleichzeitig ad maximum. Die Reflexe sind jetzt nicht länger zweckmäßig; Berührung der Schwimmhaut wird nicht mehr mit Anziehen des Fußes, d. h. mit
Flexion, sondern mit Extension beantwortet. Das ganze Bild macht den Eindruck, daß entweder die motorischen Elemente des Rückenmarkes unendlich
viel empfindlicher als im normalen Zustand sein müssen, oder daß das Strychnin
rezeptorische Kollateralbahnen öffnet, die sonst verschlossen sind oder durch
welche die Erregung jedenfalls nicht in wirksamer Stärke sich fortpflanzt, daß
Hemmungen beseitigt werden, die bei dem normalen Tier die Fortleitung der
Erregung eines sensiblen Neurons auf Nebenbahnen verhindern. Wir
nähern uns hier der strittigen Frage nach dem Angriffspunkt des Strychnins im Rückenmark. Ehe dieses Thema behandelt wird, sollen zunächst

---

[1]) Über die Analyse der Natur dieses Stadiums siehe M. Verworn, Archiv f. Anat.
u. Physiol., Physiol. Abt. Suppl.-Bd. (1900) S. 152; Sammelreferat in Zeitschr. f. allg.
Physiol. **6**, 11 (1907). — A. Tiedemann, Ebenda **10**, 182 (1910). — J. Satake, Ebenda **14**.
79 (1912). — G. Elrington, Ebenda **16**, 115 (1916).

[2]) J. Vészi, Zeitschr. f. allg. Physiol. **12**, 358 (1911).

eine Anzahl anderer Eigentümlichkeiten der Strychninreflexe besprochen
werden.

Daß der normale Reflex sich an einem bestimmten, begrenzten Bogen
hält, zeigt, daß in jedem Rückenmarksegment gewisse Neurone leicht, andere
dagegen schwer von den afferenten Fasern des gleichen Segments in Tätigkeit
gesetzt werden. Das Strychnin verändert dieses Verhalten dahin, daß alle Wege
leicht passabel werden. Sherringtons grundlegende Untersuchungen haben
an den Tag gebracht, daß die Erregung eines Muskels, z. B. eines Beugemuskels,

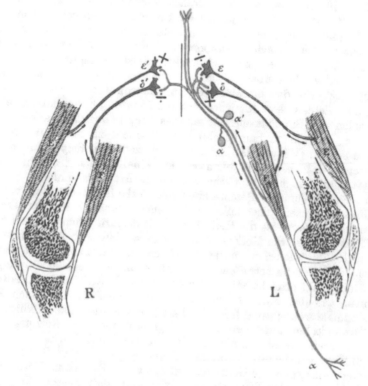

Abb. 2 zeigt den Einfluß von zwei afferenten Spinalwurzelzellen, α und α', auf Flexoren und
Extensoren für beide Kniegelenke.
α: afferente Wurzelzelle von der Haut unterhalb des Knies; α': afferente Wurzelzelle
vom Flexor des Kniegelenkes; ε und ε': efferente Neurone zu den Extensoren; δ und δ'
efferente Neurone zu den Flexoren. Die im Rückenmark zwischen den afferenten und
efferenten vermutlich liegenden Schaltzellen sind der Übersichtlichkeit wegen ausgelassen.
+ bedeutet, daß die afferente Faser der betreffenden Synapse das motorische Neuron
erregt, so daß Kontraktion hervorgerufen wird, — bedeutet, daß die afferente Faser die
entgegengesetzte Wirkung auf das motorische Neuron hat (Hemmung, Relaxation).
Strychnin (und Tetanustoxin) verwandeln — in +. Afferente oder sensible Elemente blau,
motorische Elemente rot.

bei dem normalen Tier verbunden ist mit einer Hemmung seines Antagonisten,
so daß Agonist und Antagonist nicht gleichzeitig wirken: Kontrahiert sich ein
Flexor, so erschlafft der entsprechende Extensor. Dies wird in obenstehender
schematischer Darstellung eines Teiles der unteren Extremität einer Katze
und seiner Verbindung mit dem Rückenmark veranschaulicht[1]).

----

[1]) C. S. Sherrington, Proceed. Roy. Soc. London, B, **76**, 269 (1905).

Die eine Hälfte (*L*) des obigen Diagramms zeigt, daß Reizung eines Hautnerven unterhalb des Knies Kontraktion (+) des Knieflexors, aber Hemmung
(—) des Extensors derselben Seite hervorruft (ipsilaterale Reizung). Aus der
anderen Hälfte (*R*) des Diagramms ersieht man, daß die Wirkung auf der andern Seite die entgegengesetzte ist: Hier wird Extensorkontraktion und Flexor-
hemmung erzeugt (kontralaterale Reizung). Strychnin bewirkt, daß überall
Kontraktion stattfindet: — wird in + verwandelt.

Ein anderes Beispiel für diese Reflexumkehrung, „Strychnine reversal",
gibt nebenstehende Illustration zu einem von Owens und Sherringtons
Experimenten[1]).

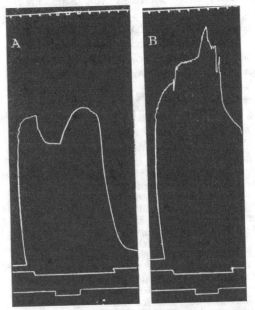

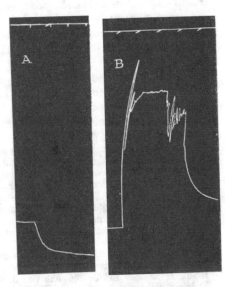

Abb. 3. Flexorpräparat; m. semitendinosus der
Katze. Oberes Signal: ipsilaterale Peronäus-
reizung. Unteres Signal: kontralaterale Pero-
näusreizung. Zwischen A u. B intravenöse Injektion von 3 mg Strychnin.

Abb. 4. Gastrocnemiuspräparat. Ipsilaterale Reizung, zwischen A u. B 0,3 mg
Strychnin intravenös. Auch hier sieht man
nach der Strychnininjektion statt der Erschlaffung starke Kontraktion.

Die Kurve zeigt hier das Resultat der Reizung des hemmenden (kontra-
lateralen) Nerven vor und nach Strychnin. Die in der Kurve als Senkung ge-
kennzeichnete Hemmung beim normalen Tier ist nach der Strychnininjektion
durch Steigung, d. h. vermehrte Kontraktion ersetzt.

In analoger Weise wird auch der ipsilaterale inhibitorische Extensorreflex
in einen excitatorischen verwandelt[2]).

Dasselbe Schicksal erfahren auch die von den Muskeln ausgehenden (pro-
priorezeptiven) Hemmungsreflexe[3]).

[1]) A. G. Owen and C. S. Sherrington, Journ. of Physiol. **43**, 223 (1911—12).
[2]) A. G. Owen and C. S. Sherrington, l. c. S. 238.
[3]) Über diese Reflexverhältnisse siehe auch Sherrington, Proced. Roy. Soc. London B, **81**, 259 (1909); Journ. of Physiol. **36**, 191 (1907); **39**, 309 (1909). — Sherrington
and Sowton, Proceed Roy. Soc. London B, **83**, 435 (1911); **84**, 201 (1911).

Für den vom Nervus depressor ausgehenden Gefäßreflex hat Bayliss[1]) dieselbe Reflexumkehr nachgewiesen. Auf Depressorreizung folgt normalerweise Sinken des Blutdrucks, hervorgerufen zum Teil durch „Kontraktion der Vasodilatatoren", hauptsächlich jedoch durch eine starke Hemmung der Constrictoren. Bei der Strychninvergiftung bleibt die Wirkung auf die Dilatatoren bestehen oder wird abgeschwächt, während die Constrictoren sich kräftig kontrahieren. Die Folge davon ist, daß Depressorreizung bei strychninvergifteten Tieren Steigen des Blutdrucks hervorbringt; auch hier wird also wie bei den Skelettmuskeln die normale Erschlaffung in ihr Gegenteil verwandelt. Auf Langleys[2]) neue eingehende und interessante Untersuchungen über Gefäßreflexe soll hier nur hingewiesen werden.

Auch der normale Ausatmungsreflex, den Einblasen von Ammoniak in die Nase hervorruft, wird von Strychnin verändert. Nach Seemanns[3]) Kaninchenversuchen sieht man im Anfang der Vergiftung eine Steigerung im gewöhnlichen — exspiratorischen — Sinn, später tritt jedoch statt der Exspiration inspiratorischer Stillstand ein. Auch hier ist eine Hemmung in eine Erregung umgewandelt. · Dies wird indessen von Langley[4]) nicht bestätigt.

Eine Ausnahme von Sherringtons Regel machen die von Magnus gefundenen Reflexhemmungen, die bei enthirnten Tieren Veränderungen der Kopfstellung herbeiführen. Diese Hemmungen werden auch von starken Strychnindosen nicht in Erregungen verwandelt (Magnus und Wolf[5])).

Wenn oben von Reizung peripherer Nerven die Rede war, so ist damit mechanische oder elektrische Reizung gemeint. Auch gegen thermische Reize ist das Strychnintier sehr empfindlich [Hällsten[6]), Schlick[7]), Freusberg[8]), Eckhardt[9])]. Chemische Reize bleiben dagegen wie schon von einer Reihe älterer Autoren festgestellt wurde, erfolglos. Matkiewics[10]), Meihuizen[11]), Eckhard[12]) und Baglioni[13]) haben diesen eigentümlichen Vorgang einer neuen Prüfung unterzogen und kommen zu dem Ergebnis, daß der Erfolg vor allem in nahem Zusammenhang mit dem Vergiftungsstadium steht. Handelt es sich um ein frühes Stadium, wo die Reflexerregbarkeit zwar stark erhöht ist, aber noch kein Tetanus ausgebrochen ist, dann sind auch die chemischen Reize vollständig wirksam. Je mehr sich aber die Erregbarkeit erhöht, desto unwirksamer werden sie, bis sie während des Tetanusstadiums nicht mehr mit Krämpfen beantwortet werden. Dies gilt jedoch nur für verdünnte Lösungen, eine starke Essigsäure bringt fast immer Tetanus hervor. Baglionis sinnreiche Erklärung geht von der Annahme aus, daß eine gewöhnliche schwache Reizung nicht gleich mit voller Kraft einsetzt, der betreffende Reizstoff dringt nur allmählich durch die Epithelzellen, wird außerdem durch Sekretion verdünnt und trifft nur nach und nach immer mehr sensible Nervenenden. So entsteht eine Reihenfolge schwacher Reize, die sich beim normalen Tier summieren, aber in Übereinstimmung mit dem oben

---

[1]) W. M. Bayliss, Proceed. Roy. Soc. London, B. **80**, 339 (1908).
[2]) J. N. Langley, Journ. of Physiol. **45**, 239 (1912/13).
[3]) J. Seemann, Zeitschr. f. Biol. **54**, 153 (1910). Über diese Reflexe siehe auch vom selben Verfasser: Archiv f. d. ges. Physiol. **91**, 318 (1902).
[4]) J. N. Langley, l. c.
[5]) R. Magnus u. C. G. L. Wolf, Archiv f. d. ges. Physiol. **149**, 447 (1913). Über Reflexe siehe ferner: W. St. van Leeuwen, Archiv f. d. ges. Physiol. **154**, 407 (1913). Steigerung der Reflexerregbarkeit läßt sich auch durch Reizung mit Einzelinduktions:schlägen nachweisen. · E. L. Porter, Amer. Journ. of Physiol. **36**, 171 (1915): Herabsetzung der Schwellenwerte für verschiedene Reflexe.
[6]) K. Hällsten, Archiv. f. Anat. u. Physiol., physiol. Abt. **1886**, 104.
[7]) K. Schlick, Archiv f. d. ges. Physiol. **47**, 171 (1890).
[8]) A. Freusberg, Archiv f. experim. Pathol. u. Pharmakol. **3**, 371 (1875).
[9]) H. Eckhardt, Archiv f. d. ges. Physiol. **83**, 403 (1901).
[10]) F. Matkiewics, Zeitschr. f. rat. Med. 3. R. **21**, 246 (1864).
[11]) S. Meihuizen, Archiv f. d. ges. Physiol. **7**, 201 (1873).
[12]) C. Eckhard, Beiträge f. Anat. u. Physiol. **9**, 1 (1881).
[13]) S. Baglioni, Archiv f. Anat. u. Physiol., physiol. Abt. Supplementbd. 1900, 193.

Gesagten nicht beim Strychnintier. Eine andere Erklärung gibt Sano[1]), nach dessen Ansicht auf der Höhe der Vergiftung auch kein Tetanus auftritt, wenn man unter Vermeidung jeglicher Erschütterung vorsichtig eine Schwimmhaut oder Hautfalte durchschneidet. Daß Schmerzreize unwirksam sind, läßt sich so deuten, daß das Strychnin die peripheren und zentralen Schmerzapparate in ihrer Erregbarkeit herabsetzt, während es die zentralen Tastapparate in ihrer Erregbarkeit steigert.

Die Frage nach dem Angriffspunkt des Strychnins im Rückenmark bildet das Thema zahlreicher Untersuchungen, die sich mit drei Alternativen beschäftigen: Die Krämpfe entstehen durch Wirkung auf: 1. die motorischen Elemente des Rückenmarkes, 2. dessen rezeptive oder sensible Elemente, 3. auf diese beiden im Verein.

Unter älteren Autoren[2]) wird die erstgenannte Anschauung durch Stilling[3]) repräsentiert; früher hatte Stannius[4]) das Hauptgewicht auf die peripheren sensiblen Fasern gelegt. Mit moderner Auffassung mehr übereinstimmende Anschauungen trifft man bereits bei Claude Bernard[5]), der das zentrale Ende der sensiblen Nervenfasern, „vielleicht die Terminalzellen im Rückenmark", als den Angriffspunkt des Giftes ansah, und bei Hermann Meyer[6]), der, wie schon vorhin angeführt, meint, daß die Wirkung „auf eine Steigerung des zur Entstehung von Reflexbewegungen notwendigen Momentes geht", also die hinteren Rückenmarksabschnitte trifft. Dies wurde aus folgenden Experimenten geschlossen: Wurden die Hinterstränge des Rückenmarkes in ganzer Ausdehnung entfernt, so erzeugte Strychnin keinen Tetanus, wurde der den hintern Extremitäten entsprechende Teil der Hinterstränge entfernt, so trat nur im vorderen Körperabschnitt Tetanus auf, und wurde der den vorderen Extremitäten entsprechende Teil der Hinterstränge entfernt, so waren die Krämpfe auf die hinteren Extremitäten und den Kopf beschränkt. Verworn[7]) bemerkt mit Recht, daß so schwere Beschädigungen des empfindlichen Organs die Beweiskraft des Experimentes schwächten, ist aber im übrigen, wohl zumeist auf Grund theoretischer Überlegungen geneigt, sich M.s Auffassung anzuschließen. Später ist diese Anschauung — es seien die Hinterhörner oder überhaupt die afferenten sensiblen Zentralmechanismen des Rückenmarks (hierunter inbegriffen alle Teile des Rückenmarks mit Ausnahme der Vorderhörner) der Sitz der Strychninwirkung — mit großer Bestimmtheit von der Verwornschen Schule vertreten, deren wichtigste Argumente folgende sind:

Wird bei einem Frosch das Rückenmark mit Strychnin betupft, so entsteht Tetanus. Werden aber die dorsalen Teile des Rückenmarks durch Befeuchtung mit Phenol getötet, während die Vorderhörner funktionsfähig bleiben, so bleibt die Strychninapplikation erfolglos, d. h. man kann keine tetanischen Anfälle mehr erzielen [Baglioni[8])].

Bei Eledone moschata (Cephalopoda) ist der Hauptteil des Zentralnervensystems in dem großen Kopfganglion vereinigt. Außerdem finden sich andere peripher liegende Ganglien, die Mantelganglien oder Ganglia stellata; von letzte-

---

[1]) T. Sano, Archiv f. d. ges. Physiol. **124**, 381 (1908).

[2]) Eingehende Darstellung siehe A. Freusberg, Archiv f. exper. Pathol. u. Pharmakol. **3**, 204, 348 (1875).

[3]) B. Stilling, Untersuch. über d. Funktionen des Rückenmarks usw. 1842, S. 46.

[4]) H. Stannius, Archiv f. Anat. u. Physiol. 1837, 223.

[5]) Cl. Bernard, Leçons sur les effets des substances toxiques. Paris 1857, S. 312. Rapport sur les progrès et la marche de la physiol. gen. en France (1867); zit. nach A. Vulpian, Leçons sur l'action physiol. des substances toxiques. Paris 1882, S. 467.

[6]) Hermann Meyer, Zeitschr. f. rat. Med. **5**, 246 (1846).

[7]) M. Verworn, Archiv f. Anat. und Physiol., Physiol. Abt. **1900**, 385.

[8]) S. Baglioni, Archiv f. Anat. u. Physiol., Physiol. Abt. Supplementbd. **1900**, 193; siehe auch Versuche von M. Verworn, Zeitschr. f. allg. Physiol. **6**, 119 (1907).

ren meint Baglioni[1]), daß sie nur motorische Zentralelemente enthalten, denn wird die Verbindung zwischen diesen und den übrigen Ganglien durchtrennt, so kann man an dem Mantel keine reflektorische Bewegung mehr erzielen. Bringt man eine Eledone in Strychninwasser, so tritt bald langanhaltender Tetanus auf, entfernt man aber die Kopfganglien, so hört der Tetanus auch in den von den Mantelganglien innervierten Muskeln auf, und auch lokale Applikation von 1 proz. Strychninlösung auf diese Ganglien löst keine Krämpfe aus. Daraus wird geschlossen, daß das Strychnin nicht auf die motorischen Zentralteile wirke.

Ergebnisse, die in dieselbe Richtung weisen, erhielt Baglioni[2]) ferner bei Versuchen mit dem isolierten, nur mit den hinteren Extremitäten verbundenen Gehirn-Rückenmarkpräparat der Kröte; bei lokaler Applikation von sehr verdünnter Strychninlösung (1 : 10 000) auf die Rückenfläche des Präparates entstand erhöhte Reflexerregbarkeit und Tetanus, dagegen entfaltete das Strychnin keine Wirkung, wenn es auf die Bauchfläche appliziert wurde. Bei lokaler Applikation von 1 proz. Strychninsulfat auf die hintere Fläche des Lumbalmarkes bei Hunden sahen Magnini und Riccò[3]) erhöhte Hautsensibilität und tetanische Zuckungen in den Hinterbeinen.

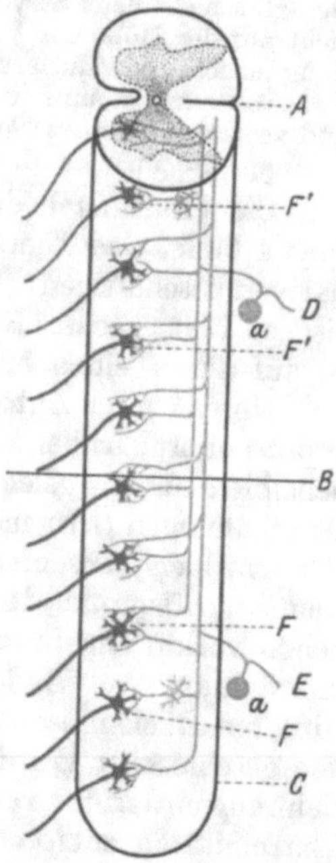

Wichtige Experimente verdanken wir Houghton und Muirhead[4]): Bei Fröschen, deren Zirkulation durch Zerstörung des Herzens und der Lymphherzen aufgehoben war, wurde Strychninlösung (1 : 1000) nur auf den dem Ursprung der Armnerven entsprechenden Teil des Rückenmarks appliziert. Kurze Zeit danach rief Berührung der Hinterbeine entweder keine Reaktion oder nur die gewöhnliche lokale Reflexbewegung hervor, während die Vorderbeine und die Körpermuskulatur ruhig blieben. Die leichteste Berührung der Vorderbeine dagegen löste einen allgemeinen Tetanusanfall aus, der sich auch auf die Hinterbeine erstreckte. Es ist kaum möglich, hieraus einen andern Schluß zu ziehen, als den, daß es für das Zustandekommen des Tetanus in einer Muskelgruppe nicht notwendig ist, daß die motorischen Zellen dieser Muskelgruppe von dem Gift beeinflußt werden. Als Illustration geben wir hier nach Cushny[5]), unter dessen Leitung die Untersuchungen ausgeführt wurden, nebenstehendes Schema (Abb. 5) wieder.

Abb. 5. Schema vom Rückenmark des Frosches. Motorische Elemente: rot, sensible Elemente: blau. *a a*, hintere Spinalganglien. *A—B*, der strychninbehandelte Teil des Rückenmarks. *B—C*, der nicht strychninbehandelte Teil. Ein Impuls, der das Rückenmark durch den sensiblen Nerven *E* trifft, geht zu den motorischen Zellen *F F* und bringt eine gewöhnliche Reflexbewegung hervor, ein Beweis, daß diese Zellen nicht vom Strychnin beeinflußt sind. Ein Impuls dagegen, der zum Rückenmark durch den sensiblen Nerven *D* gelangt, erzeugt Tetanus, nicht nur in den Muskeln, die von den motorischen Zellen $F_1 F_1$, welche unter dem Einfluß des Giftes stehen, versorgt werden, sondern auch in den Muskeln, die zu den unvergifteten motorischen Zellen *F F* gehören.

---

[1]) S. Baglioni, Zeitschr. f. allg. Physiol. **5**, 43, (1905); vgl. weiter F. W. Fröhlich, ebenda **11**, 94 (1911).

[2]) S. Baglioni, Zeitschr. f. allg. Physiol. **9**, 1 (1909).

[3]) M. Magnini u. E. Riccò, Arch. di Fisiol. **8**, 111 (1910).

[4]) E. M. Houghton u. A. L. Muirhead, Med. News **1895**, June 1 (S. A.).

[5]) A. R. Cushny, Textbook of Pharmacology and Therapeutics. 4. Ed. Philadelphia and New York, 1906, S. 199.

Wurde der Versuch so variiert, daß nur der Lumbalteil des Rückenmarks vergiftet wurde, so war der Ausfall der analoge: Berührung der Vorderbeine rief nur den lokalen Reflex hervor, Berührung der Hinterbeine dagegen Tetanus des ganzen Tieres; also breitete sich die Explosion nur von der vergifteten Stelle über alle, auch die unvergifteten Vorderhornzellen aus.

Applikation von Strychnin auf die hinteren Wurzelganglien (*a a* in obigem Schema) verursacht keinen Tetanus, und das Strychnin behält seine gewöhnliche Wirkung auch nachdem diese Ganglien exstirpiert sind [Houghton und Muirhead, Dusser de Barenne[1])]; der Angriffspunkt liegt also intraspinal, wahrscheinlich an irgend einer Stelle der Zwischenstationen, die die hinteren Wurzeln mit den Vorderhörnern verbinden.

Es sind also viele gute Gründe, die dafür sprechen, daß man den Ursprung der Strychninkrämpfe in den sensiblen Neuronen des Rückenmarks zu suchen habe. In allerletzter Zeit erheben sich jedoch Stimmen dafür, daß der Angriffspunkt nicht ausschließlich in diesen, sondern zugleich in den motorischen Vorderhörnern liege. Die Schwierigkeit besteht darin, letztere auf einem Wege zu erreichen, der nicht gleichzeitig über benachbarte sensible Bahnen führt. Einen solchen meinen Ryan und Mc. Guigan[2]) in den Bahnen gefunden zu haben, die von den motorischen Rindenzentren der Großhirnhemisphären zu den Vorderhörnern des Rückenmarks gehen. Es wurde zuerst die schwächste elektrische Reizung bestimmt, die auf die entsprechenden Regionen der Hirnrinde appliziert, Bewegung im Vorder- oder Hinterbein hervorbrachte. Dann wurde das Rückenmark entweder in der Lumbalregion oder am Ursprung der Armnerven mit Strychnin vergiftet und nun beobachtet, ob ein Unterschied in der Reaktion der unvergifteten und vergifteten motorischen Zellen auf die corticalen Reize eingetreten war. Dies war tatsächlich der Fall: die vergifteten Teile zeigten erhöhte Empfindlichkeit. Auch durch andere äußerst subtile Versuche, bezüglich deren auf das Original verwiesen wird, suchen die Autoren die Mitwirkung der motorischen Zellen wahrscheinlich zu machen.

Mit großer Bestimmtheit wird die Auffassung, daß die Vergiftung der afferenten Zentralmechanismen nicht genüge, um Tetanus hervorzubringen, von Dusser de Barenne[3]) vertreten, der bei streng lokaler Applikation zu folgenden, von denen anderer Forscher abweichenden Resultaten kommt: 1. Die Vergiftung der dorsalen Mechanismen des Rückenmarks ruft sowohl bei Fröschen wie bei Hunden subjektive Sensibilitätsstörungen der entsprechenden peripheren Körperteile, Hyperreflexie und reflektorische Muskelzuckungen, niemals aber typischen Tetanus hervor. 2. Die Vergiftung der ventralen Mechanismen verursacht kein sichtbares Symptom. Indessen werden auch die ventralen Mechanismen vom Strychnin beeinflußt, denn: 3. Nur die kombinierte Vergiftung der dorsalen und der ventralen Rückenmarksteile bewirkt den typischen Tetanus. Als Erklärung dafür, daß frühere Versuche einen andern Ausfall gehabt haben, nimmt B. an, daß den Experimenten technische Fehler anhafteten, die bewirkten, daß die Applikation des Alkaloides nicht streng lokal war, sondern daß

---

[1]) J. G. Dusser de Barenne, Fol. Neuro-biolog. **4**, 467 (1910).
[2]) A. H. Ryan u. H. Mc. Guigan, Journ. of Pharmacology and experim. Therapeutics **2**, 319, (1910/11). — In dieser Arbeit weisen die Autoren erst mit vielen Versuchen eine erhöhte Empfindlichkeit der sensiblen oder Schaltneurone nach; u. a. wurde lokale Vergiftung des unteren Rückenmarkabschnittes in der Weise bewerkstelligt, daß bei Hunden Transfusion aus der Carotis eines größeren vergifteten Tieres in die Bauchaorta eines kleineren Tieres erfolgte; das Blut gelangte aus der V. Cava inferior des „Empfängers" zu der Jugularis des „Absenders" zurück.
[3]) J. G. Dusser de Barenne, Fol. neuro-biolog. **5**, 42, 342 (1911); **6**, 277, (1912); Zentralbl. f. Physiol. **24**, Nr. 18 u. 24 (1911).

das Gift, wo Tetanus auftrat, sowohl in die dorsalen wie in die ventralen Rückenmarksabschnitte eingedrungen war[1]).

Dusser de Barennes Resultat ist also, daß kein Tetanus zustande kommt, wenn nicht die ventralen Teile des Rückenmarkes mit vergiftet sind. Damit ist jedoch noch kein entscheidender Beweis geliefert, daß eine direkte Strychninwirkung auf die motorischen Ganglien selber notwendig sei, denn die afferenten Endbäumchen, die mit diesen in Verbindung stehen (s. die blauen Endverzweigungen, Abb. 5) müssen ja ihren Sitz in den ventralen Teilen des Rückenmarkes haben. Fröhlich und Meyer[2]) knüpfen an diese Versuche folgende Reflexionen:

Daß bei der rein dorsalen Vergiftung nur die erwähnten segmentären Wirkungen (erhöhte Reflexe, Muskelzuckungen und sensorische Störungen der entsprechenden peripheren Körperteile) eintreten, ist verständlich, wenn angenommen wird, daß die receptorischen Schaltneurone leichter erregbar geworden sind und die Ausbreitung der Erregung in ihren eigenen Verbindungsbahnen erleichtert ist. Es bleiben aber die normalen Hemmungen der ￫Nebenbahnenübergänge auf die motorischen Bahnen bestehen. Werden nur die ventralen Teile vergiftet, so erfolgt kein sichtbares Symptom; die Erleichterung des normal begrenzten Erregungsüberganges von den afferenten Dendriten zu den motorischen Teilen macht sich nicht merklich geltend. Sind aber beide Seiten vergiftet, sind also die Erregungen überall ausgebreitet und können jetzt ungehemmt auf alle motorischen Zellen übergehen, so resultiert der Tetanus. — Man kann demnach die Strychninwirkung unter das einfache Schema bringen, daß 1. die in den Hinterhörnern gelegenen receptorischen Zellen (Strangzellen, Schaltzellen) hochgradig übererregbar werden, und 2. die Widerstände in allen Kollateralen und Endbäumchen dieser Schaltneurone (dies wäre in den Vorderhörnern) vermindert oder beseitigt werden. Beides fällt unter den gemeinsamen Begriff der Aufhebung aller bestehenden Hemmungen in den gesamten Schaltneuronen des Rückenmarks.

Weitere Beiträge zur Diskussion über den Angriffspunkt im Rückenmark werden schließlich von Mc. Guigan[3]) und Mitarbeitern geliefert, die sich hauptsächlich gegen Houghton und Muirheads oben erwähnte Untersuchungen richten. Sie meinen, daß es bei früheren Versuchen unmöglich gewesen sei, eine Ausbreitung oder Diffusion des Strychnins von der Applikationsstelle auf andere Stellen des Rückenmarkes zu verhindern. Um dies zu vermeiden, injizieren sie Strychnin teils in die Hirnventrikel oder Seitenventrikel, teils intraspinal in der Lumbalregion (wodurch man also eine lange neutrale Zone erhält, in der eine Diffusion, wie man annehmen kann, jedenfalls sehr langsam erfolgt), und finden nun, daß Reizung von Nerven, die einer vergifteten Zone angehören, nur einen entsprechenden lokalen Tetanus hervorruft, keine Ausbreitung auf die unvergifteten Zonen, wo die motorischen Nerven unberührt vom Strychnin sind — also gerade die entgegengesetzten Resultate wie H. und M. Ob die Mc. Guigansche Technik sicherer ist, ist indes zweifelhaft.

---

[1]) F. W. Fröhlich (Zeitschr. f. allg. Physiol. **12**, Referate 69, 1911) sieht Baglionis dorsale Applikation nur als eine unvollkommene Strychninvergiftung an. Weitere hier gehörige Publikationen: J. S. Beritoff, Fol. neurobiolog. **7**, 188 (1913). — J. J. H. M. Klessens, ebenda **7**, 202 (1913). — J. G. Dusser de Barenne, ebenda **7**, 549 (1913). — G. Bikeles u. L. Zbyzewsky, Zentralbl. f. Physiol. **27**, 433 (1914). — S. Baglioni, Archiv di Farmacol. sperim. **22**, 277 (1916).
[2]) A. Fröhlich u. H. H. Meyer, Archiv f. experim. Pathol. u. Pharmakol. **79**, 81 (1916).
[3]) H. Mc Guigan u. F. C. Becht, Journ. of Pharmacol. and experim. Therap. **5**, 469 (1913/14). — H. Mc. Guigan, R. W. Keeton and L. H. Sloane, Ebenda **8**, 143 (1916).

Außer der Reflexsteigerung bewirkt das Strychnin bei Säugetieren ebenso wie bei Fröschen auch zentrale Lähmung. Werden Fröschen große Strychnindosen einverleibt, so erfolgt, wie dies schon oben beschrieben, nach einem rasch vorübergehenden Tetanus eine oft tagelang andauernde Bewegungslosigkeit des Tieres, wobei auch die Reflexerregbarkeit gänzlich aufgehoben ist. Das Wesen dieser allgemeinen Lähmung, die das Hauptsymptom großer Strychnindosen darstellt, ist vielfach diskutiert worden und hat eine verschiedenartige Deutung erfahren.

Man hat ursprünglich diese Bewegungslosigkeit einerseits als eine durch den Tetanus verursachte allgemeine Ermüdung und andererseits als eine durch das Strychnin hervorgerufene Lähmung der motorischen Nervenendigungen, also eine Curarinwirkung, gedeutet.

Keine von diesen Erklärungen ist hinreichend. Man kann sich leicht davon überzeugen, daß bei Rana temporaria die motorischen Nerven ihre Erregbarkeit noch lange, nachdem vollständige Lähmung eingetreten ist, behalten, und dasselbe konstatierte Richet[1]) für Säugetiere, bei denen es mit Hilfe energischer künstlicher Atmung gelang, sehr hohe Strychnindosen einzuverleiben, ohne daß der Tod sofort eintrat (hierüber unten mehr). Auch Ermüdung durch den Starrkrampf ist keine befriedigende Erklärung. Bei Fröschen, die man in schwach strychninhaltigem Wasser sitzen läßt, kann ein fast ununterbrochener Tetanus wochenlang andauern, und beim Menschen hält der Wundtetanus ohne Lähmung herbeizuführen, tage- und wochenlang an. Auf starke Anfälle folgt eine vorübergehende Erschöpfung. Der Tetanus aber bewirkt an sich keine derartige Erschöpfung, daß langdauernde vollständige Lähmung zustandekommt.

Aus diesen Tatsachen schloß Poulsson[2]), daß die, insbesondere bei Fröschen nach großen Gaben rasch eintretende Lähmung ihre Entstehung einer selbständigen Wirkung des Strychnins auf das Zentralnervensystem verdanken muß, wobei jedoch eingeräumt wird, daß die Erschöpfung ein mitwirkendes Moment sein kann.

Die Richtigkeit dieser Deutung wird von Verworn[3]) bestritten, welcher nachweist, daß die Herztätigkeit nach großen Strychnindosen einer bedeutenden Schwächung unterliegt, die bis zum diastolischen Stillstand gehen kann, und meint, daß das Strychnin selbst keine spezifische zentrallähmende Wirkung habe, sondern daß die Lähmung auf Erschöpfung oder Asphyxie beruhe, hervorgerufen dadurch, daß ungenügende Zirkulation Aufhäufung schädlicher Stoffwechselprodukte im Rückenmark bewirke und die Zufuhr von notwendigen Ersatzstoffen und Sauerstoff hindere. Wie schädlich dies auf das Rückenmark wirkt, wird durch einen Versuch illustriert, der zeigt, daß Frösche, deren Blut durch physiologische Kochsalzlösung ersetzt ist, nach einiger Zeit gelähmt werden, wenn die künstliche Zirkulation aufhört, aber ihre Beweglichkeit wieder gewinnen bei erneuter Zufuhr der Salzlösung (Ausspülung von Ermüdungsstoffen), daß nach einigen Wiederholungen des Versuches eine sauerstoffhaltige Salzlösung erforderlich ist, daß es in einer Kohlensäureatmosphäre gar nicht zu Strychninkrämpfen kommt, sondern beinahe sofort zu Lähmung, und endlich, daß selbst schwach strychninvergiftete Frösche gelähmt werden, wenn man die Zirkulation irgendwie hemmt, aber Krämpfe bekommen, wenn

[1]) Ch. Richet, Compt. rend. de l'acad. des Sciences **91**, 131 (1880).
[2]) E. Poulsson, Archiv f. experim. Pathol. u. Pharmakol. **26**, 22 (1890).
[3]) M. Verworn, Archiv f. Anat. u. Physiol., Physiol. Abt. **1900**, 384; ebenda Supplementbd. 1900, 152.

sie wieder in Gang gesetzt wird, selbst wenn die wiederaufgenommene Zirkulation in Durchströmung mit strychninhaltiger Salzlösung. besteht.

Es muß selbstverständlich zugegeben werden, daß alle diese schädlichen Momente ihre große Bedeutung haben, aber sie sind doch nicht genügend, um zu beweisen, daß die Lähmung ihrem Wesen nach asphyktisch sei. Hierzu wäre erforderlich, daß die Lähmung immer von einer entsprechenden Zirkulationsschwäche begleitet wäre. Der springende Punkt ist also, ob Lähmung und Herzschwäche einigermaßen parallel gehen. Dies ist nicht der Fall. Eine Rückenmarkslähmung kann durch Strychnin weit schneller herbeigeführt werden, als es durch Abbinden des Herzens möglich ist (Biberfeld[1])). Nach Igersheimer[2]) kann eine allgemeine Paralyse schon mit Dosen von $1/_{140}$ mg pro g Tier (oder $1/_5$ mg für einen Frosch von ca. 30 g Gewicht), die die Pulsfrequenz nur um 10 Schläge pro Minute herabsetzen, herbeigeführt werden. Bei gleichzeitiger Berücksichtigung des Blutdrucks kommt auch Jacobj[3]) zu dem Schluß, daß eine primäre Schädigung der Zirkulation als Ursache bei nicht exzessiv großen Gaben ausgeschlossen werden darf. Ein wichtiges Argument für die spezifische Natur der Strychninlähmung liefern ferner Meltzers[4]) interessante Beobachtungen über die Resorption von Giften bei entherzten Fröschen. Es zeigt sich, daß verschiedene Substanzen (z. B. Morphin, Adrenalin, Strychnin) auch bei diesen Tieren, deren Herz entfernt ist (nach Abel[5]) ist es das vorderste Lymphherz, das noch weiterpulsiert und eine schwache Zirkulation aufrecht erhält) resorbiert werden. Strychnin erzeugt, wie bei den normalen Tieren, in kleinen Dosen einen wohlentwickelten Tetanus und in großen Dosen wesentlich Lähmung. In eingehendster Weise ist schließlich in allerjüngster Zeit die Frage, ob es sich um zentrale Lähmung handelt, von Heubner und Loewe[6]) bearbeitet worden, deren, wie es dem Autor scheint, endgültige Beantwortung in der Hauptsache auf folgendes hinausläuft: Eine totale Lähmung kann beobachtet werden, ohne daß irgendeine Schädigung der Herzfunktion oder der Nervenendigungen festzustellen ist. An der Fähigkeit hoher Strychnindosen, eine spezifische unmittelbare Lähmung zu erzeugen, ist ein Zweifel nicht möglich. Sehr häufig ist allerdings die Strychninlähmung eine komplexe Erscheinung die als zweite Komponente neben der spezifischen eine Erschöpfungslähmung enthält, wie dies auch früher von allen Seiten zugegeben worden ist.

Beobachtungen über vermeintliche Lähmung gewisser Zentralgebiete schon nach kleinen Strychnindosen werden bereits von Pickford[7]) mitgeteilt, der, ausgehend von Untersuchungen von Arnold[8]), behauptet, daß Reizungen der Eingeweide, die bei dem normalen Frosch sowohl lokalen Reflex wie Bewegungen der Rumpfmuskulatur (Fluchtversuche) hervorrufen, bei den strychninvergifteten Tieren nur einen verstärkten Reflex aber keinen Tetanus zur Folge hätten. Durch Strychnin sollte also die zentrale Kommunikation zwischen dem sympathischen und den willkürlichen motorischen Nervenzentren ausgeschaltet werden. Da diese Beobachtung von mehreren späteren Autoren zitiert wird, sei hier hinzugefügt, daß ihre Richtigkeit aufs bestimmteste von Foderà[9]) negiert wird.

---

[1]) J. Biberfeld, Archiv f. d. ges. Physiol. **83**, 379 (1901).
[2]) J. Igersheimer, Archiv f. experim. Pathol. u. Pharmakol. **54**, 73 (1906).
[3]) C. Jacobj, Archiv f. experim. Pathol. u. Pharmakol. **57**, 399 (1907).
[4]) S. J. Meltzer, Proc. Roy. Soc. London, B. **84**, 98 (1911); ausführlicher im Journ. of experim. Med. **13**, 542 (1911).
[5]) J. J. Abel, Journ. of Pharmacol. and experim. Therap. **3**, 581 (1911/12).
[6]) W. Heubner u. S. Loewe, Archiv f. experim. Pathol. u. Pharmakol. **71**, 174 (1913); hier wird zugleich den von A. Lipschütz [Zeitschr. f. allg. Physiol. **8**, 512 (1908)] gegen Jacobj erhobenen Einwänden begegnet.
[7]) Pickford, Archiv f. physiol. Heilkunde **2**, 418 (1843).
[8]) Arnold, Hygiea **14**, H. 3, zit. nach Pickford.
[9]) A. Foderà, Arch. Ital. de Biol. **17**, 314 (1892).

Er fand konstant, daß Reizung der vom N. sympathicus innervierten Viscera Tetanus zur Folge hatte, dagegen keine Erhöhung des lokalen Reflexes.

Das verlängerte Mark ist der Teil des Zentralnervensystems, von dem aus das Strychnin am raschesten nachweisbare Wirkungen auslöst. Das erste sichtbare Vergiftungszeichen ist bei Säugetieren wie bei Fröschen eine beschleunigte Atmung, und der Blutdruck steigt bereits vor Beginn der Krämpfe. Sigmund Mayer[1]) wies als erster nach, daß bei der Strychninvergiftung starkes Steigen des Blutdrucks eintritt, nicht allein während des gewöhnlichen Tetanusanfalles[2]), sondern auch wenn jede Bewegung der Körpermuskulatur durch Curarisierung vollständig ausgeschlossen war, und künstliche Atmung unterhalten wurde (s. Abb. 6).

Die Ursache der Drucksteigerung ist ein von dem vasomotorischen Zentrum ausgelöster Tetanus der Gefäßmuskulatur, der einige Minuten anhalten kann, worauf die Gefäße, gleich den am gewöhnlichen Tetanus teilnehmenden quergestreiftenMuskeln, nach und nach erschlaffen. Doch kann nach kleinen Strychnindosen der Druck auch während der Pausen etwas höher als normal bleiben. Gleichzeitig mit der Blutdruckerhöhung tritt Pulsverlangsamung auf (zentrale Vagusreizung). Reizt man,

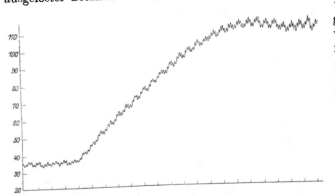

Abb. 6. Curarisierter Hund. Zeit = Doppelsekunden. 36 Sekunden nach Injektion von Strychnin tritt das bedeutende Ansteigen des Druckes auf. Die Abszisse ist um 20 mm über die eigentliche dem Nullpunkt entsprechende Abszisse gerückt.

während der Druck sehr hoch ist, einen sensiblen Nerven elektrisch, so erfolgt noch eine weitere Steigerung des Druckes. Vielleicht haben das Gift und die von der Peripherie zugeleiteten Erregungen verschiedene Angriffspunkte im vasomotorischen Zentrum.

Durchschneidung des Halsmarkes hebt selbstverständlich die von der Medulla oblongata ausgehenden Gefäßkrämpfe auf. Bei Kaninchen verursacht Strychnin indessen auch dann noch eine Steigerung des Blutdruckes. Man muß daher das Vorhandensein von Gefäßnervenzentren auch im Rückenmark annehmen (Schlesinger[3])). Für die Atmung findet man analoge Verhältnisse: Strychnininjektionen bringen junge Katzen und Kaninchen dazu, noch nach Durchtrennung des Halsmarkes Atembewegungen auszuführen (Rokitansky[4]) Langendorff[5]), Nitschmann[6]).

[1]) Sigmund Mayer, Sitzungsber. d. k. k. Acad., Wien, math.-naturwiss. Klasse, **64**, II, 657 (1871). Siehe ferner: J. D. Pilcher und T. Sollmann, Journ. of Pharmacol. u. experim. Therap. **6**, 331 (1914—15).
[2]) Was bereits früher von R. Richter, Zeitschr. f. rat. Med. **1863**, 76, gefunden war.
[3]) W. Schlesinger, Wien, Med. Jahrbücher **1874**, 1.
[4]) P. Rokitansky, ebenda **1874**, 30.
[5]) O. Langendorff, Archiv f. Anat. u. Physiol., Physiol. Abt. **1880**, 519.
[6]) R. Nitschmann, Archiv f. d. ges. Physiol. **35**, 558 (1885).

Das Ansteigen des Blutdruckes wird beim Strychnintier durch dieselben Reize hervorgerufen, die den allgemeinen Tetanus auslösen [Denys[1])]. Chloralisiert man Versuchstiere so weit, daß die Reflexbewegungen erloschen sind, während Rückenmark und verlängertes Mark noch auf direkte Reizung reagieren, so bringt Strychnin keine Blutdruckerhöhung mehr hervor [Vulpian[2])]. Dies spricht dafür, daß der Gefäßkrampf wie die Krämpfe in der Körpermuskulatur reflektorischer Natur ist.

Lokal auf das verlängerte Mark appliziert, erzeugt Strychnin wie bei der Applikation auf das Rückenmark in den korrespondierenden Hautpartien Hyperästhesie und Parästhesie und außerdem, je nach den Zentren, mit denen es in Berührung kommt, eine Mannigfaltigkeit anderer Symptome: Krämpfe in der Muskulatur des Gesichtes und des Thorax, Salivation, Erbrechen, Dyspnöe und verschiedene Augensymptome, wie z. B. Lagophthalmus, vertikalen Nystagmus, Mydriasis usw. [Magnini und Bartolomei[3])].

Im Vergleich zum Rückenmark und verlängerten Mark spielt das Gehirn nur eine geringe Rolle bei der Strychninvergiftung. In letal verlaufenden Fällen sind beim Menschen Hallucinationen oder ähnliche Symptome nicht vorhanden, und das Bewußtsein ist meist bis zu dem das Leben beendenden Krampfanfall erhalten. Eine genauere Beobachtung lehrt jedoch, daß Strychnin bereits in kleinen Dosen eine verschärfte Auffassung verschiedener Sinneseindrücke herbeiführt. Während man dies ursprünglich als eine Hypersensibilität in den peripheren Nervenapparaten deutete, muß es nach Filehnes[4]) Untersuchungen als überwiegend wahrscheinlich angesehen werden, daß der Angriffspunkt im Zentrum liegt. Eine Ausnahme bildet das Auge, wo die Wirkung sich auf die Retina erstreckt, die man indessen als vorgeschobenen Gehirnteil betrachten kann. Der Einfluß auf die Sinnesorgane gehört also in die Beschreibung der Hirnwirkungen des Strychnins. Das Auge soll indessen weiter unten in einem besonderen Abschnitt behandelt werden; über die übrigen Sinnesfunktionen ist folgendes zu sagen:

Tastsinn. Lichtenfels[5]) findet nach Strychnin eine Verfeinerung des Tastsinnes, „indem derselbe Druck, welcher sonst nur eine matte Empfindung erzeugte, eine sehr helle und bestimmte hervorruft ... und die Dauer der Nachempfindung auffallend groß ist." Übereinstimmend mit der Anschauung jener Zeit nahm man an, daß das Auffassungs- oder Leitungsvermögen der peripheren Nerven erhöht sei. Dies ist jedoch nicht der Fall. Wird bei einem Frosch das eine Hinterbein von der Zirkulation ausgeschaltet und gibt man darauf Strychnin, so zeigen die vergifteten und unvergifteten Hautpartien keinen Unterschied in ihrer Sensibilität [Walton[6])]. Lokale Behandlung der Haut bei Fröschen oder der Zunge beim Menschen mit verdünnten Strychninlösungen ist indifferent und starke Lösungen verursachen nur Herabsetzung der Empfindlichkeit [Filehne[7]), Biberfeld[8])]. Die Verfeinerung der taktilen Perception ist also zentralen Ursprungs.

---

[1]) J. Denys, Archiv f. experim. Pathol. u. Pharmakol. **20**, 306 (1886).
[2]) A. Vulpian, Leçons sur l'action physiologique des Substances Toxiques, Paris 1882, S. 462.
[3]) M. Magnini e A. Bartolomei, Arch. di Fisiol. **8**, 157 (1908).
[4]) W. Filehne, Archiv f. d. ges. Physiol. **83**, 369 (1901).
[5]) R. Lichtenfels, Sitzungsber. d. k. k. Akad. d. Wissensch. Wien, Math.-natur-wissensch. Klasse **6**, 338 (1851).
[6]) G. L. W. Walton, Journ. of Physiol. **3**, 308 (1880/82).
[7]) W. Filehne, l. c.
[8]) J. Biberfeld, Archiv f. d. ges. Physiol. **83**, 397 (1901).

Geruchsinn. Nach Einnahme von 0,01—0,02 g Strychnin fand Fröhlich[1]) den Geruchsinn bedeutend verschärft; lokale Applikation auf die Regio olfactoria fand Filehne wirkungslos.

Geschmacksinn. Im Selbstversuch stellte Filehne[2]) fest, daß subcutane Injektion von 4—5 mg Strychnin eine deutliche Verschärfung der Auffassung von süß, sauer und bitter hervorbrachte.

Über die Symptome, die lokale Applikation von Strychnin auf verschiedene Regionen des Gehirns hervorruft, handeln eine Anzahl Arbeiten, die mehr von physiologischem als von pharmakologischem Interesse sind. Der Inhalt verschiedener Untersuchungen kann in größter Kürze dahin zusammengefaßt werden, daß das lokal angebrachte Strychnin unwirksam ist in den Regionen, die sich auch gegenüber dem elektrischen Strom als unerregbar zeigen, z. B. die Kleinhirnoberfläche, im übrigen aber die Erregbarkeit steigert und Zuckungen in den mit der behandelten Hirnpartie korrespondierenden Muskelgruppen hervorruft. Das Strychnin kann also zu Lokalisationsstudien benutzt werden[3]). Bei Tauben erzeugt z. B. die Strychninbehandlung eines kleinen Teils der Oberfläche der Vierhügel Zuckungen und klonische Krämpfe des Beines, nach einiger Zeit auch des Flügels auf der Seite der Reizung und manchmal anhaltende Wendung und Senkung des Kopfes nach der entgegengesetzten Seite [Kischischkowski[4])]. Nach subcutaner Injektion von Strychnin wurde von mehreren Forschern [Couty[5]), Biernacki[6]), Axenfeld[7])] entweder keine Veränderung oder nur eine Herabsetzung der Erregbarkeit der Gehirnrinde, vielleicht sekundär durch den Reizzustand des Rückenmarks hervorgebracht, beobachtet. Dagegen kommt Foderà[8]) zu folgenden Schlüssen: die Erregbarkeit der motorischen Rinde wird erhöht, sofern es nicht zum Tetanus kommt, ist aber nach Tetanusanfällen stark herabgesetzt oder völlig aufgehoben; während der Hyperexcitabilität verwischen sich die physiologischen Grenzen der verschiedenen motorischen Gebiete, so daß Reizung eines Zentrums sich auf die Nachbarzentren fortpflanzen kann. Auf Brunners[9]) Injektion von kleinen Strychnindosen in die Gehirnhemisphären reagierten die Versuchstiere (Meerschweinchen, Kaninchen, Katzen, Hunde, Tauben) anders als bei subcutaner Injektion, indem außer Reflexkrämpfen auch psychische Erregung auftrat: Schreckanfälle, Wutausbrüche, Halluzinationen, Lauf-, Schwimm-, Kratz- und Flugbewegungen.

Einfluß der künstlichen Atmung auf den Tetanus. Ein Phänomen, dessen Natur noch nicht genauer bekannt ist, ist der merkwürdige Einfluß, den eine energische künstliche Atmung auf die Vergiftung hat. Im Jahre 1862 fand Richter[10]), daß man bei Hunden die Giftigkeit des Strychnins durch Curarisierung und künstliche Atmung herabsetzen konnte, und daß letztere den Ausbruch von Krämpfen verhinderte, auch nachdem die Curarewirkung vorbei war. Dies wurde so erklärt, daß ein Teil des Strychnins in den Stunden, wo die Krämpfe durch Curare unterdrückt waren, ausgeschieden oder im Körper gespalten wäre. Bald darauf machte indessen W. Leube[11]) bei seinen Studien über die Toleranz der Hühner gegen Strychnin die Beobachtung, daß Curarisierung nicht erforderlich war, sondern daß künstliche Atmung allein genügte, die Krämpfe zu unterdrücken und Tiere zu retten, die eine unter normalen Bedingungen letale Dosis erhalten hatten. Doch trat häufig Tetanus mit voller Heftigkeit auf, wenn man die künstliche Atmung unterbrach; eine wesentliche

---

[1]) R. Fröhlich, Sitzungsber. d. k. k. Akad. d. Wissensch., Wien, Mathem.-naturwissensch. Klasse **6**, 322 (1851).

[2]) W. Filehne, l. c.

[3]) S. Baglioni u. M. Magnini, Arch. di. Fisiol. **6**, 240 (1904). — M. Magnini, ebenda **8**, 166 (1910). — M. Ciovini, Journ. de Physiol. et de Pathol. génér. **1910**, 891. — A. Beck u. G. Bickeles, Centralbl. f. Physiol. **25**, 1066 (1911). — G. Amantea, ebenda **26**, 229 (1912).

[4]) C. Kischischkowski, Centralbl. f. Physiol. **25**, 557 (1911).

[5]) Couty, Arch. de Physiol. (3) **3**, 46 (1884).

[6]) E. Biernacki, Therap. Monatshefte **1910**, 382.

[7]) D. Axenfeld, Arch. ital. de Biol. **22**, 60 (1885).

[8]) A. Foderà, Arch. per le Scienze med. **16**, Nr. 16 (1891); zit. nach Arch. ital. de Biol. **17**, 477 (1892).

[9]) G. Brunner, Fortschr. d. Medizin **1899**, 1.

[10]) R. Richter, Zeitschr. f. rat. Med. **1863**, 76. — Meissener u. Richter, Götting. gelehrte Anzeig. **1862**, 165.

[11]) W. Leube, Archiv f. Anat. u. Physiol. **1867**, 29.

Ausscheidung des Alkaloides hatte also nicht stattgefunden. Uspenski[1]) ergänzte diese interessanten Feststellungen durch die Beobachtung, daß die künstliche Atmung nur die Wirkung derjenigen Gifte aufhob, die Krämpfe von überwiegend reflektorischem Charakter hervorbringen (Coffein, Brucin, Thebain), bei andern Krampfgiften dagegen unwirksam war.

Leubes Resultate sind von allen späteren Forschern[2]) bestätigt worden, die gleichfalls festgestellt haben, daß, sofern die Dosen nicht allzu groß sind, unter energischer künstlicher Atmung der Tetanus aufhört, und eine vollständige Muskelerschlaffung eintritt; zwar ist immer noch Erhöhung der Reflexerregbarkeit vorhanden, aber taktile Reize verursachen keine generellen Krämpfe. Die schützende Wirkung kann auch noch eine Zeitlang andauern, nachdem die künstliche Ventilation aufgehört hat.

Man hat in verschiedener Weise diese Wirkungen zu erklären gesucht. Rosenthal[3]) meint, daß dem Blut durch die künstliche Atmung ein Überschuß von Sauerstoff zugeführt werde, und daß die Erregbarkeit des Strychninrückenmarks dadurch herabgesetzt werde; die Wirkung wird damit verglichen, daß eine energische Lungenventilation einen ähnlichen Einfluß auf das Atemzentrum hat und Apnöe hervorruft. Brown-Sequard[4]) sieht dagegen den durch Einblasungen in die Lunge erzeugten Reiz auf die Vagusendigungen und Zwerchfellnerven als das die Reflexkrämpfe im Sinne einer Hemmung beeinflussende Moment an. Diese Auffassung wird von Filehne[5]) sowie von Gies und Meltzer[6]) zurückgewiesen. Diese konstatierten, daß Lufteinblasungen die Tiere (Kaninchen) vor Krämpfen bewahrten, auch wenn die Vagi durchschnitten und der Einfluß anderer Nerven (Splanchnicus, Zwerchfellnerven) vermittelst Durchtrennung des Halsmarkes ausgeschaltet war. Es konnte also kein in diesen Nerven zentripetal verlaufender Erregungsvorgang sein, der reflektorisch eine Hemmung der Strychninkrämpfe bewirkte. Buchheim[7]) betrachtet die Muskelbewegungen als das Wesentliche, indem er von der Beobachtung ausgeht, daß die Reflexkrämpfe um so leichter auszubrechen schienen, je ruhiger sich das Tier verhielt und fand, daß Strychnin- sowie Brucinkrämpfe durch passive Bewegungen des vergifteten Tieres gemildert wurden[8]).

Es lag nahe, Rosenthals Theorie zu erproben, indem man strychninvergiftete Tiere Sauerstoff einatmen ließ. Solche Versuche sind mehrfach ausgeführt worden. Ananoff[9]) fand, daß Kaninchen, die während einer halben Stunde Sauerstoff einatmeten, in dieser Zeit keinen Tetanus hatten, aber Krämpfe bekamen und starben, als sie in gewöhnliche Luft gebracht wurden. Nach Osterwalds[10]) und Czyhlarz'[11]) Untersuchungen waren die Vergiftungssymptome leichter bei Meerschweinchen, die in O atmeten, während der Nutzen von O-Inhalationen bei Kaninchen zweifelhaft gefunden wurde. Bei Fröschen wird nach Ryan und Guthrie[12]) der Ausbruch von Krämpfen durch Aufenthalt in einer O-Atmosphäre nicht verzögert. Wie man sieht, sind die Resultate unbestimmt, aber soviel geht jedenfalls mit Sicherheit aus diesen Versuchen hervor, daß die Sauerstoffinhalation sich in ihrem Einfluß auf die Strychninvergiftung in keiner Weise mit der künstlichen Atmung messen kann, und daß die krampfstillende Wirkung hauptsächlich von anderen Faktoren als einer verbesserten Arterialisation des Blutes abhängen muß. Auf das schlagendste wird dies durch Versuche von Meltzer, Gies und Schaklee[13]) bewiesen, aus denen ersichtlich ist, daß die Strychninkrämpfe prompt aufhören, und die Wirkung letaler Dosen aufgehoben wird bei Einblasung von reinem Wasserstoff. Das mechanische Moment muß also von großer Be-

[1]) P. Uspenski, Archiv f. Anat. u. Physiol. **1868**, 522.

[2]) Teilweise jedoch mit Ausnahme von J. Jochelson, Roßbachs Pharmakolog. Untersuch. I, 92 (1873).

[3]) J. Rosenthal, Compt. rend. de l'Acad. des Sc. **64**, 1142 (1867).

[4]) Brown-Sequard, Arch. de Physiol. **4**, 204 (1870/71).

[5]) W. Filehne, Archiv f. Anat. u. Physiol. **1873**, 361.

[6]) W. J. Gies u. S. J. Meltzer, Amer. Journ. of Physiol. **9**, 1 (1903).

[7]) R. Buchheim, Archiv f. d. ges. Physiol. **11**, 177 (1875). — H. Ebener, Diss. Gießen (1870).

[8]) Dagegen wird von L. Pauschinger (Archiv f. Anat. u. Physiol., Physiol. Abt. **1878**, 401) eingewendet, daß die von B. vorgenommenen Bewegungen solcher Art waren, daß sie tatsächlich eine künstliche Atmung repräsentieren.

[9]) Ananoff, Centralbl. f. d. med. Wissensch. **1874**, 417.

[10]) C. Osterwald, Archiv f. experim. Pathol. u. Pharmakol. **44**, 451 (1900).

[11]) V. Czyhlarz, Zeitschr. f. Heilkunde **1901**, 160.

[12]) A. H. Ryan and C. Guthrie, Amer. Journ. of Physiol. **22**, 440 (1908).

[13]) W. J. Gies and S. J. Meltzer, Amer. Journ. of Physiol **9**, 1 (1903). — A. O. Schaklee u. S. J. Meltzer, Berliner klin. Wochenschr. **1910**, 1776.

deutung sein. H.Winterstein[1]) führt die günstige Wirkung auf den Wegfall der Atmungsimpulse als des eigentlich krampfauslösenden Momentes zurück.

Einfluß der Temperatur auf den Tetanus. Hierüber teilt Kunde[2]) u. a. mit, daß die Überführung von strychninvergifteten Fröschen aus Wasser von Zimmertemperatur in Wasser von 31° den Ausbruch von Tetanus beschleunigt, und ferner, daß Frösche, die die Krämpfe überstanden haben, wieder lang anhaltenden Tetanus bekommen, wenn man sie auf Eis setzt. Werden die Tiere von Anfang an kühl gehalten, so tritt der Tetanus langsam ein, aber dauert lange. Im wesentlichen in der gleichen Richtung bewegen sich die Beobachtungen von Eckhard[3]). Diese Erscheinungen — Tetanus sowohl bei Kälte wie bei Wärme — müssen wohl als eine Reizwirkung der extremen Temperaturen aufgefaßt werden. Daß der Tetanus bei den von Anfang an abgekühlten Tieren sich langsamer einstellt und einen protrahierten Verlauf nimmt, ist natürlich als eine Folge der durch die Kälte verursachten trägen Resorption und Ausscheidung zu deuten. Kleine Dosen von 0,0002 g pro Gramm Frosch (Rana pipiens) rufen Tetanus in der Kälte hervor, nicht aber bei hohen Temperaturen [Githens[3])].

Nach Rumpf[4]) wird der Strychnintetanus bei Fröschen durch Applikation einer Kältemischung auf Kopf und Rücken gemildert. Bei Tauben hatte in Zeehuisens[5]) Versuchen eine mäßige Abkühlung (um 3—5°) einen leicht hemmenden Einfluß auf die Krämpfe. Bei starker Abkühlung (um 6—14°) traten ebenfalls nur leichte Krämpfe auf, aber die Mortalität nahm bei den geschwächten Tieren zu. Eine mäßige Erwärmung (0,8—2°) hatte einen günstigen Einfluß, indem sie die Krämpfe milderte und die Mortalität herabsetzte.

Der erste Entdecker der später so wohl bekannten lähmenden oder krampfstillenden Eigenschaften des konstanten Stromes ist Nobili[6]), der im Jahre 1830 konstatierte, daß der idiopathische Tetanus, der so oft bei in niedriger Temperatur überwinternden Fröschen auftritt, aufhört, wenn ein genügend starker elektrischer Strom durch das Rückenmark geleitet wird. Dies gilt selbstverständlich auch für den Strychnintetanus. Werden die Elektroden im Nacken und in der Sakralregion angebracht, so sieht man, wenn der Strom geschlossen wird, einen starken Reflexkrampf, der bald einer völligen Muskelerschlaffung, bei der taktile Reize keine Bewegung auslösen, weicht. Die Öffnung des Stromes wird ebenfalls von Krämpfen begleitet, an welche sich ein längeres Ruhestadium oder eine Fortsetzung des Tetanus anschließen kann. Auch Elektrisierung eines peripheren Nerven hat ähnliche Wirkung[7]).

Vegetatives System.

Das Strychnin greift nicht bloß die Teile des Zentralnervensystems an, die die willkürlichen Muskeln innervieren, sondern auch das vegetative System. Wie im folgenden Kapitel näher zu erörtern sein wird, erfolgt eine ausgebreitete Kontraktion der Gefäße. Wahrscheinlich nehmen auch zahlreiche andere Organe mit glatter Muskulatur am Tetanus teil.

Bei Hunden erzeugt Strychnin eine sehr energische Zusammenziehung der Milz, wodurch sich die Längsachse des Organs um 20—30 mm verkleinern

---

[1]) H. Winterstein, Centralbl. f. Physiol. **24**, 208 (1910).

[2]) F. Kunde, Verhandl. d. physik.-mediz. Ges. in Würzburg **8**, 175 (1858). — Virchows Archiv **18**, 357 (1860).

[3]) C. Eckhard, Eckhards Beiträge **9**, 1 (1881). — G. Blaß, Diss. Würzburg 1902. — Th. St. Githens, Journ. of experim. Med. **18**, 300 (1913). Reprint. in Studies from the Rockefeller Inst. **19**, 174 (1914). — B. H. Schlomonowitch und C. H. Chase, Journ. of Pharmacol. and experim. Therap. **8**, 127 (1916): Mit der Erhöhung der Temperatur wird das Eintreten der Krämpfe in gesetzmäßiger Weise beschleunigt.

[4]) Th. Rumpf, Archiv f. d. ges. Physiol. **33**, 605 (1884).

[5]) H. Zeehuisen, Archiv f. experim. Pathol. u. Pharmakol. **43**, 259. (1900).

[6]) L. Nobili, Annales de Chim. et de Phys. **44**, 60 (1830).

[7]) Über diesbezügliche Beobachtungen siehe u. a. C. Matteuci, Compt. rend. de l'Acad. des Sc. **6**, 680 (1838) (Wundtetanus beim Menschen). — Charles Legros et E. Onimus, Gaz. med. de Paris **1868**, 547. — J. Ranke, Zeitschr. f. Biol. **2**, 398 (1866). — P. Uspensky, Centralbl. f. d. med. Wissensch. **7**, 577 (1869). — E. Blasius u. F. Schweizer, Archiv f. d. ges. Physiol. **53**, 493 (1893).

kann. Die Kontraktionen beginnen einige Minuten nach den Krämpfen in den willkürlichen Muskeln und entwickeln sich gleichmäßig, nicht stoßweise. Sind die Tetanusanfälle durch genügend lange Zwischenpausen getrennt, so kehrt die Milz zu ihrem normalen Zustand zurück um sich beim nächsten Anfall aufs neue zu kontrahieren. Auch bei curarisierten Tieren reagiert die Milz auf sensible Reize mit Verkleinerung, aber nach Durchschneidung des Splanchnicus bleibt jede Reaktion aus, diese hängt also nicht von irgendeiner Einwirkung auf periphere Sympathicusverzweigungen ab [Bochefontaine[1])].

Injiziert man einem curarisierten Kaninchen eine geringe Strychninmenge, so sieht man nach Schlesingers[2]) Schilderung schon nach einigen Sekunden wie der ruhig daliegende Uterus plötzlich erblaßt, zylindrisch wird und in einen vollständigen Tetanus gerät. Die Hörner stellen sich dabei bogenförmig auf und ballen sich schließlich zu einem Knäuel zusammen. Der Krampf dauert ¹/₂—1 Min. oder länger, worauf der Uterus wieder erschlafft und seine normale Farbe annimmt. Nach kurzer Zeit beginnen neue spastische Kontraktionen, die abwechselnd bald das eine, bald das andere Horn betreffen, oder sich über das ganze Organ erstrecken. Der Uterustetanus fällt zeitlich fast genau mit dem Steigen des Blutdrucks zusammen und ebenso das Nachlassen der Krämpfe mit dem Sinken des Blutdrucks. Die Gebärmutterkrämpfe treten auch

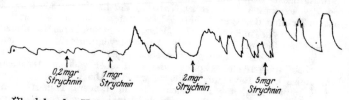

0,2 mgr Strychnin   1 mgr Strychnin   2 mgr Strychnin   5 mgr Strychnin

Abb. 7. Überlebender Katzenuterus in 200 ccm Ringerlösung. Strychninwirkung.

nach Durchschneidung des Halsmarkes auf, und werden auch nicht abgeschwächt, wenn man die Durchschneidung am 10. Brustwirbel vollzieht; sie werden nicht mehr wahrgenommen, sobald das Lendenmark zerstört ist [Röhrig[3])].

In Kehrers[4]) Versuchen am isolierten Katzenuterus zeigte sich auf Zusatz von 0,2 mg Strychnin zu 200 ccm Ringerlösung kein deutlicher Effekt, auf 1 mg erfolgte unter treppenförmigem Auf- und Absteigen eine Kontraktion. welche bei weiterer Zugabe von 2 und 5 mg stärker wurde (s. Abb. 7).

Wadell[5]) fand, daß Strychnin in Konzentrationen von 1 : 3000—6000 bei dem isolierten Vas deferens von Ratten und Kaninchen gesteigerten Tonus und rhythmische Kontraktionen hervorrief, die auch auftraten, nachdem die parasympathischen Nerven durch Atropin und die sympathischen Nerven durch Ergotoxin gelähmt waren. W. schließt daraus, daß das Strychnin direkt auf die Muskeln wirkt.

Nach Pellacanis[6]) Versuchen mit Hunden wird die Reflexerregbarkeit der Harnblase gesteigert und nach größeren Dosen stellen sich noch vor den Krämpfen in den willkürlichen Muskeln, starke Blasenkontraktionen ein. Wird das Lumbalmark zerstört, so verliert beim normalen Tier die Blase im we-

¹) Bochefontaine, Arch. de Physiol. 5, 664 (1873). Mit Literatur.
²) W. Schlesinger, Wiener med. Jahrbücher 1874, I (1878).
³) A. Röhrig, Virchows Archiv 76, I (1879).
⁴) E. Kehrer, Archiv f. Gynäkol. 81, 160 (1907).
⁵) V. A. Wadell, Journ. of Pharmacol. and experim. Therap. 9, 279 (1917).
⁶) P. Pellacani, Arch. per le scienz. med. 5, Nr. 18; Arch. ital. de Biol. 2, 302 (1882).

sentlichen ihren Tonus, aber große Strychnindosen bringen auch dann noch Zusammenziehungen hervor. Versuche an Menschen lassen Pellacani annehmen, daß das Strychnin sowohl auf den Sphincter wie auf den Detrusor wirkt, daß letzterer aber das Übergewicht hat; doch sieht man bei Vergiftungen bisweilen Urinretention[1]). Auch die glatten vom Sympathicus innervierten Muskeln des Auges nehmen am Tetanus teil (Pupillendilatation, Protrusion des Bulbus).

Lokale Applikation von Strychninlösung auf den Darm bei Katzen und Kaninchen verursacht nach Langley und Magnus[2]) Serien von Kontraktionen, die sich in ihrem Charakter den peristaltischen nähern. Die Wirkung war unverändert oder nur wenig schwächer nach Durchschneidung und Degeneration des größten Teiles der Darmnerven und muß vermutlich der Erregung der motorischen Mechanismen des Auerbachschen Plexus zugeschrieben werden (s. Abb. 8).

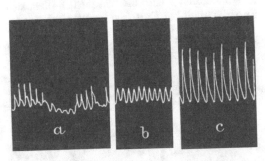

Abb. 8. Colon descendens des Kaninchens. *a* ungefähr $^1/_2$ Stunde nach Beginn des Experimentes; die normalen Kontraktionen haben etwas an Stärke abgenommen. *b* Wirkung von 0,00625 % Strychninsulfatlösung; *c* Wirkung von 0,4 % Strychninsulfatlösung.

Magen. Nux vomica trägt, wie schon früher einmal bemerkt, ihren Namen zu Unrecht, da sowohl die „Brechnüsse" wie die Alkaloide nur selten Erbrechen hervorrufen. Der Einfluß auf das motorische Verhalten des Magens wurde von Schütz[3]) untersucht, der einem Hund intravenös eine große Strychnindosis gab und an dem ausgeschnittenen in feuchter Kammer bei Körpertemperatur aufbewahrten Magen starke, von Pausen unterbrochene Kontraktionen beobachtete, an denen auch das Duodenum teilnahm. An dem Organ in situ machte Doyon[4]) folgende interessante Beobachtungen: Bei curarisierten Hunden erzeugte Strychnin erhöhten Tonus und lebhafte Bewegungen des Magens. Wurde der eine Vagus durchschnitten und das periphere Ende gereizt, so trat nicht wie unter gewöhnlichen Verhältnissen eine Kontraktion des Magens ein, sondern eine deutliche Erschlaffung, die, wenn die Reizung aufhörte, von einer starken Zusammenziehung gefolgt war, s. Abb. 9. Das Strychnin schien also die Wirkung von im Vagus verlaufenden Hemmungen der Magenbewegungen zu begünstigen[5]).

Auch Foderà[6]) konstatierte verstärkte Bewegungen, während Battelli[7]) dem Strychnin keinen deutlichen Einfluß auf den Magen zuerkennt.

[1]) Spezielleres über die Wirkung des Strychnins auf Detrusor- und Sphincterreflex bei A. Hanč, Archiv f. d. ges. Physiol. **73**, 453 (1898).

[2]) J. N. Langley u. R. Magnus, Journ. of Physiol. **33**, 34 (1905/6).

[3]) E. Schütz, Archiv f. experim. Pathol. u. Pharmakol. **21**, 341 (1886).

[4]) M. Doyon, Archiv de Physiol (5) **7**, 374 (1895).

[5]) Über diese Hemmungen siehe E. Wertheimer, Archiv de Physiol. (5) **4**, 379 (1892). — Morat et Dufour, ebenda (5), **6**, 631 (1894). — M. Doyon, ebenda (5) **6**, 887 (1894).

[6]) A. Foderà, zit. nach Battelli s. u.

[7]) F. Battelli, Diss. Genève **1896**, 34. — B. Polàk (Rozpravy Ceské Akademie **19**, II, 3, 1910) fand bei Fröschen Abschwächung der Magenbewegung, benutzte aber sehr große, lähmende Dosen [zit. nach Zentralbl. f. Biochem. u. Biophysik **10**, 199 (1910)].

Kreislauf: Herz und Gefäße.

In einem früheren Abschnitt (das verlängerte Mark, S. 358) ist bereits erwähnt, daß Strychnin auch bei curarisierten Tieren, also unabhängig vom Tetanus, eine bedeutende Blutdruckserhöhung bewirkt, die ihre Ursache in einem durch das vasomotorische Zentrum hervorgerufenen Gefäßkrampf hat. Die Anspannungszeit der Aorta wird verkürzt (Hürthle[1])], und das Carotistonogramm infolge der Kontraktion der Gefäßwände so verändert, daß die Details verwischt und die pulsatorischen Schwankungen kleiner werden [Fränkel[2])]. Unmittelbar nach heftigen Tetanusanfällen tritt vorübergehendes Sinken des Blutdrucks ein. Injiziert man mehrmals bei einem Tier einigermaßen große Dosen, so vermögen die spätern Injektionen in der Regel nicht, den Druck auf dieselbe Höhe zu bringen, wie die erste, ja sie können sogar ein rasches Fallen des Blutdrucks hervorrufen, wie von Jacobj[3]) auch bei Fröschen konstatiert wurde.

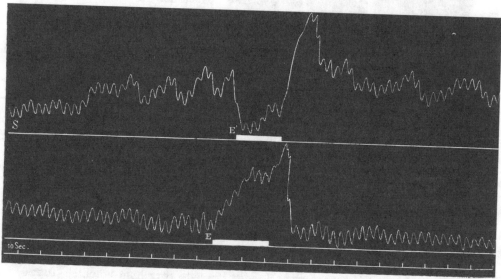

Abb. 9. Die Wirkung von Reizen des peripheren Endes des N. vagus auf den Magen. *E* Reizung vor Injektion von Strychnin. *S* Injektion von 0,04 g Strychnin in die Vena femoralis. *E'* Reizung des peripheren Nervenendes nach der Injektion.

An dem von Strychnin verursachten Gefäßkrampf nehmen vor allem die vom Splanchnicus innervierten Arterien teil. Man sieht an den bloßgelegten Därmen, wie sie während der Arterienkontraktion vollständig blaß werden, bei Aufhören des Krampfes werden sie vom Mesenterium her wieder rot, und die unsichtbar gewordenen Arterien tauchen von neuem als rote Streifen auf. Auch die Nierenarterien verengern sich und die Niere nimmt an Volum ab [Wertheimer und Delezenne[4])].

[1]) K. Hürthle, Archiv f. d. ges. Physiol. **49**, 61 (1891).
[2]) A. Fränkel, Archiv f. experim. Pathol. u. Pharmakol. **40**, 40 (1898).
[3]) C. Jacobj, ebenda, **57**, 399 (1907).
[4]) E. Wertheimer u. G. Delezenne, Compt. rend. de la Soc. de Biol. **1897**, 633.
— A. Fröhlich u. S. Morita, Archiv f. experim. Pathol. u. Pharmakol. **78**, 277 (1915). Weitere Mitteilungen über Kreislaufwirkungen: E. T. Reichert, Therap. Gazette **1892**, S. 152. — P. D. Cameron, John Hopkins Hosp. Reports **16**, 549 (1911); beide zit. nach M. J. Smith, Journ. of Pharmacol. and experim. Therap. **9**, 365 (1917).

Manche periphere Arterien dagegen erweitern sich. Die Schwimmhäute des Frosches sind nach kleinen Dosen blaß, nach größeren sind die Gefäße dilatiert, und bei Kaninchen sieht man während der Vergiftung die Ohrlöffel stark injiziert. Wertheimer[1]) führt an, daß man im selben Augenblick, wo der arterielle Blutdruck nach intravenösen Strychnininjektionen bei curari-sierten Hunden steigt, eine lebhafte Röte sich über Zunge und Mundschleim-haut des Versuchstieres ausbreiten sieht. Werden auf der einen Seite die ge-fäßerweiternden Nerven (Lingualis, Glossopharyngeus) durchschnitten, so blei-ben die entsprechenden Schleimhautpartien blaß, ein Beweis dafür, daß die Gefäßerweiterung auf einer zentralen Strychninwirkung beruht. Nach Gärt-ner und Wagner[2]) vermehrt Strychnin in hohem Grade die Blutmenge, die durch den Sinus transversus des Gehirns strömt, statt langsamen Tropfens fließt ein kontinuierlicher Strom ab.

In Roy und Sherringtons[3]) Versuchen mit Hunden, Katzen und Ka-ninchen rief die Injektion kleiner Mengen eine starke Füllung der Hirngefäße, die größerer Mengen eine bedeutende Vermehrung des Hirnvolums hervor. Delezenne[4]) beobachtete bei gleichzeitigen Blutdruckbestimmungen in einer Vene und einer Arterie, daß nicht allein der arterielle, sondern etwas später auch der venöse Druck steigt, was gleichfalls darauf deutet, daß die peripheren Arterien nicht am Gefäßkrampf teilnehmen (s. Abb. 10).

Alle die oben erwähnten Gefäßverengerungen und Erweiterungen sind zentralen Ursprungs. Eine deutliche lokale Wirkung auf die Gefäße konnte Kobert[5]) bei künstlicher Durchblutung von Extremitäten und Nieren nicht nachweisen. Stefani und Vasoin[6]) fanden bei Durchströmungsver-suchen, daß dünne Lösungen Dilatation, stärkere Lösungen Konstriktion von Muskel- und Hautgefäßen hervorbrachten (die Lösungen hatten eine Tempe-ratur von 15°).

Die Wirkungen des Strychnins auf das Herz sind mehr oder minder aus-führlich von verschiedenen Forschern behandelt worden, deren Beobachtungen im wesentlichen darauf hinauslaufen, daß die Herzaktion sowohl bei Fröschen wie bei Säugetieren und beim Menschen etwas langsamer als normal wird, daß die Herztätigkeit aber im übrigen bei gewöhnlichen Dosen nicht leidet. Alle Forscher sind darin einig, daß das Strychnin keinen Tetanus des Herzens zu erzeugen vermag.

Die Wirkungen auf das Froschherz werden schon kurz von Kölliker[7]) und Ambrosoli[8]) behandelt, die hauptsächlich Beobachtungen über den Rhythmus mitteilen. Neuere und genauere Untersuchungen wurden ins Leben gerufen, als Verworn[9]) seine oben näher besprochene Theorie aufstellte, näm-lich, daß die nach größern Dosen bei Fröschen auftretende zentrale Lähmung

[1]) E. Wertheimer, Archiv de Physiol. (5) 3, 547 (1891).

[2]) Gärtner u. Wagner, Wiener med. Wochenschr. 1887, Nr. 19—20; zit. nach Roy u. Sherrington.

[3]) C. S. Roy u. C. S. Sherrington, Journ. oft Physiol. 11, 85 (1890).

[4]) G. Delezenne, Archiv de Physiol. (5) 6, 899 (1894); dem gleichen Autor zufolge ist die venöse Drucksteigerung schon früher von Klemensiewicz, Sitz.-Ber. d. K. Akad. d. Wissensch. Wien, Naturwissensch. Abt. 94, III, 118 (1886), konstatiert worden.

[5]) R. Kobert, Archiv f. experim. Pathol. u. Pharmakol. 22, 77 (1887).

[6]) A. Stefani u. B. Vasoin, Atti del Reale Istituto Veneto di Scienze, Lettere ed Arti 61, II, 725 (1901/02).

[7]) A. Kölliker, Virchows Archiv 10, 231 (1856). Siehe ferner J. Steiner, Archiv f. Anat., Physiol. u. wissenschaftl. Med. 1874, 474.

[8]) E. Ambrosoli, Gaz. Lomb. 28 (1856); zit. nach Schmidts Jahrbücher 93, 30 (1857).

[9]) M. Verworn, Archiv f. Anat. u. Physiol., Physiol. Abt. 1900, 385.

durch Wirkungen des Strychnins auf die Zirkulation verursacht sei. Nach V. bleibt der Herzschlag nach großen Strychnindosen vor Ausbruch der Krämpfe unverändert, und während der Krämpfe sieht man anfangs nur kleinere Unregelmäßigkeiten. Bald aber bemerkt man, daß der Rhythmus ziemlich gleichmäßig fortschreitend und unabhängig von den Tetanusanfällen eine Verlangsamung erfährt. Allmählich werden die Ventrikelkontraktionen weniger vollständig, es treten diastolische Pausen auf, die immer länger werden und schließlich bleibt das Herz in erweitertem Zustand stehen. Es wurde ferner konsta-

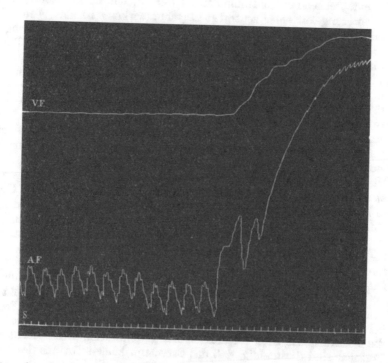

Abb. 10. Curarisierter Hund, Injektion von 0,004 g Strychnin in die Jugularis. V.F. = Vena femoralis, A.F. = Arteria femoralis der anderen Seite. S = Sekunden. Auf die Injektion erfolgt rasch ein Steigen des arteriellen Druckes. Einige Sekunden später steigt auch der Druck in der Vene.

tiert, daß Vagusdurchschneidung nichts an der Entwicklung des hier beschriebenen Bildes ändert. Nach J. Igersheimer[1]) haben Dosen von ca. $^1/_{50}$ mg keinen merkbaren Einfluß; doch wurde einige Male eine Beschleunigung der Herzaktion beobachtet. Dosen von ca. $^1/_5$ mg, die bei Temporaria Tetanus und Lähmung hervorbrachten, verminderten die Zahl der Herzschläge um etwa 10 pro Minute; nicht selten wurde außerdem pralle diastolische Füllung des Herzens gesehen. Bei sehr hohen Dosen wurde die Herzfrequenz stark

[1]) J. Igersheimer, Archiv f. experim. Pathol. u. Pharmakol. 54, 73 (1906). — Über die Wirkungen des Strychnins auf die am Froschherz durch verschiedene andere Gifte hervorgerufenen Unregelmäßigkeiten werden Mitteilungen gegeben von M. J. Smith, Journ. of experim. Pharmacol. and Therap. 9, 364 (1918) und W. Burridge, Quart. Journ. of Medicine 10, 157 (1917); zit. nach Zentralbl. f. Biochemie u. Biophysik 19, 421 (1918).

herabgesetzt, und der Rhythmus höchst unregelmäßig. Langsame Schlagfolge wechselte mit schnellen Pulsen, unterbrochen von diastolischen Pausen von längerer Dauer, aber sowohl spontan als bei der künstlichen Reizung erfolgten dazwischen noch stundenlang Kontraktionen. Das Pulsvolum war bei den großen Dosen sehr gering, so daß in vielen Fällen kaum mehr von einer eigentlichen Zirkulation die Rede war. Leicht curarisierte Tiere verhielten sich ebenso wie nicht curarisierte. An dem isolierten, in Williams Apparat arbeitenden Froschherzen, zeigten sich etwa dieselben Wirkungen; diastolischer Stillstand trat bei einer Konzentration von ungefähr 0,01% Strychnin ein. Der Herzmuskel blieb dabei für Berührung und elektrische Reize noch erregbar.

Über die Lymphherzen des Frosches teilt Kölliker[1]) mit, daß die hinteren Lymphherzen bei stärkeren Anfällen stillstehen, in den Intervallen aber lebhaft pulsieren, während Oehl[2]) umgekehrt angibt, daß ihre Bewegungen während des Tetanus verstärkt und beschleunigt seien. Nach Injektion von 1 mg Strychnin werden die Pulsationen schwach und Stillstand tritt ein, während das Herz noch in vollem Gang ist.

Das isolierte Säugetierherz. Die Hauptsymptome, die Kakowsky[3]) an dem in Langendorffs Apparat angebrachten Kaninchenherzen beobachtete, waren eine starke Verlangsamung der Pulsation, Sinken der Amplitude und Regulierung des Rhythmus. Die Pulsverlangsamung war deutlich und konstant sowohl bei sehr schwachen (1 : 1 Million) als bei stärkeren Konzentrationen (1 : 25 000). Atropin war ohne Einfluß. Schon Lösungen von 1 : 600 000 schwächten das Herz, aber bei Zuführung giftfreier Ernährungsflüssigkeit trat rasch Erholung ein. In Hedboms[4]) mit dem kräftigeren Katzenherzen gleichfalls nach der Langendorffschen Methode angestellten Versuchen, stellten sich die Symptome etwas anders dar. Konzentration von 1 : 135 000 hatte keinen Einfluß auf die Pulsfrequenz, bewirkte aber eine nicht unbeträchtliche Vergrößerung der Amplitude. Stärkere Lösungen setzten die Pulsfrequenz herab, hatten jedoch sonst keine deutliche Wirkung. Wurde die Konzentration auf 1 : 40 000—20 000 erhöht, so nahmen anfangs die Pulsfrequenz und die Höhe der Kontraktionen zu. Große Dosen (1 : 10 000) wirkten lähmend und riefen diastolischen Stillstand hervor. Bei einer mittleren Konzentration reagierte das Herz sehr empfindlich auf Schwankungen im Coronardruck; die Reizbarkeit intrakardialer motorischer Gebilde schien erhöht zu sein.

Mehrere Arbeiten beschäftigen sich spezieller mit der Ursache der Pulsverlangsamung, die man auch bei lokaler Behandlung des ausgeschnittenen oder in situ liegenden Froschherzens mit Strychnin zu sehen bekommt[5]). Sigmund Mayer[6]) kommt bei seinen Versuchen mit Säugetieren zu dem Resultat, daß die Verlangsamung von einer Einwirkung auf das Vaguszentrum abhängt. Derselben Auffassung huldigt Schöning[7]), der findet, daß kleine eben druckerhöhende Dosen bei Kaninchen meistens die Pulsfrequenz steigen ließen, daß dagegen Erhöhung der Dosen Pulsverlangsamung bewirkte, die durch Vagusdurchschneidung sofort beseitigt wurde. In den späteren Stadien der Vergiftung sank jedoch die Pulszahl stark trotz Vagusdurchschneidung. Dem widersprechen die Angaben von Heinemann[8]), daß nämlich größere Strychnindosen bei Fröschen Verminderung der Pulsfrequenz und diastolische Stillstände bewirken, die auch nach Vagusdurchtrennung noch eintreten, nach großen Curaredosen dagegen ausbleiben, weshalb sie von Heinemann auf periphere Vaguserregung zurückgeführt werden. Wieder zu einem anderen Resultat kommt Löwit[9]), der wie alle anderen die Verlangsamung der Herzaktion kon-

---

[1]) A. Kölliker, Virchows Archiv **10**, 231 (1856).

[2]) E. Oehl, Arch. ital. de Biol. **17**, 374 (1892).

[3]) Kakowsky, Arch. intern. de Pharmacodyn. **15**, 21 (1905).

[4]) K. Hedbom, Upsala Universitets aarsskrift, Medicin, **1** (1898); Skand. Archiv f. Physiol. **19**, 1 (1899). — A. Tetjeff, Diss. St. Petersburg 1912, Zit. nach Zentralbl. f. Biochemie u. Biophysik **15**, 782 (1913).

[5]) F. A. Falck, Vierteljahrsschr. f. gerichtl. Med. N. F. **21**, 193 (1874). — J. Steiner, Archiv f. Anat. u. Physiol. **1874**, 474. — M. Möller, Ugeskrift for Laeger (dänisch) **1875**, I, 183.

[6]) Sigmund Mayer, Sitzungsber. d. k. Akad. d. Wissensch., Wien, Mathem.-naturw. Klasse **64**, II, 657 (1871).

[7]) L. Schöning, Diss. Kiel 1892.

[8]) C. Heinemann, Virchows Archiv **33**, 394 (1865); Archiv f. d. ges. Physiol. **34**, 279 (1884).

[9]) M. Löwit, Archiv f. d. ges. Physiol. **28**, 312 (1882).

statiert, aber gleichzeitig findet, daß größere Dosen den Vagus lähmen, jedoch nicht in derselben Weise wie Atropin, denn Muscarin bewirkt auch dann noch Herzstillstand. Diese Widersprüche aufzuklären war das Ziel der Untersuchungen von Lahousse[1]), dessen wichtigste Resultate folgende sind: Tropft man bei leicht curarisierten Esculentae 1⁰/₀₀ Strychninlösung auf das bloßgelegte Herz, so wird der Rhythmus langsamer, weil die Diastole verlängert wird; dies wird durch Atropin nicht geändert. Da der Herzmuskel seine normale Erregbarkeit behält, muß die Verlangsamung auf einer Wirkung auf die motorischen Ganglien des Herzens beruhen. Auch Versuche mit leicht curarisierten Hunden hatten den gleichen Ausfall. Rothberger und Winterberg[2]) finden bei Hunden große Verschiedenheiten im Verhalten der Vagi: Oft war der Nerv schon nach 1—2 mg unerregbar, in anderen Fällen bewirkte Vagusreizung selbst nach Dosen von 5—7 cg immer noch Pulsverlangsamung. Nach Lauder - Brunton und Cash[3]) kann der Stanniusche Herzstillstand durch Injektion von Strychnin in das Innere des Ventrikels aufgehoben werden, eine Angabe, deren Richtigkeit von Langendorff[4]) bezweifelt wird. Die Herzwirkungen des Strychnins bei Bufo viridis werden kurz von La Franca[5]) beschrieben. Dieser gibt an, daß der Rhythmus anfangs beschleunigt, später verlangsamt sei, und daß das Herz sonst zunächst Symptome erhöhter, späterhin herabgesetzter Erregbarkeit aufweise.

Auch über die Wirkung auf embryonale Herzen und das Herz verschiedener niederer Tiere liegen Beobachtungen vor. In seinen Studien über das embryonale Hühnerherz führt Pickering[6]) an, daß 0,02 mg Strychnin bei 80 Stunden alten Embryonen vorübergehend rascheren und kräftigeren Puls hervorbringen, dann jedoch Unregelmäßigkeiten, die bei erneuten Gaben in diastolischen Stillstand übergehen. Nach Polimantis[7]) Beschreibung zeigt die Vergiftung bei Embryonen und ganz jungen Exemplaren von Gobius Capito (Fische) das gleiche Bild. Bei Fundulus heteroclitus beobachtete Sollmann[8]) eine gleichmäßig zunehmende Verlangsamung des Rhythmus. In Lösung 1 : 1000 kontrahierte sich das Herz mehr und mehr und präsentierte sich in einem fortgeschrittenen Stadium der Vergiftung als ein dünner farbloser, schwach pulsierender Strang; zum Schluß trat jedoch Dilatation ein. Bei Limulus haben verdünnte Lösungen (1 : 5000) nach Carlsons[9]) Beobachtungen einen erregenden Einfluß auf das Herzganglion; in stärkeren Lösungen wird diese Wirkung von Unregelmäßigkeiten oder Lähmung abgelöst. Yung[10]) fand, daß Strychnininjektionen bei Mya (Mollusken) die Frequenz und Stärke der Herzpulsationen herabsetzte; direkte Applikation verursachte diastolischen Stillstand. Als Flauteau[11]) einem Hummer 0,01 g Strychnin injizierte, starb das Tier rasch ohne Krämpfe; das Herz schlug anfangs sehr langsam, dann ziemlich normal und fuhr damit noch viele Stunden fort. Bei Larven von Corethra plumicornis wurde das Herz nicht affiziert, selbst wenn die Larven 24 Stunden in 1⁰/₀₀ Strychninlösung lagen [Dogiel[12])]. Am Aplysiaherzen beobachtete Straub[13]) eine langdauernde (20 Minuten) tonische Kontraktion, die als analog der Veratrinwirkung angesehen wird.

Atmungsorgane.

Es ist schon bei Besprechung des verlängerten Marks erwähnt worden, daß beschleunigte und vertiefte Atmung sowohl bei Säugetieren wie bei Fröschen das erste sichtbare Vergiftungssymptom ist. Wenn bei den letztgenannten

[1]) E. Lahousse, Bull. de l'Acad. roy. de Med. de Belgique **1895**, 464; Arch. intern. de Pharmacodyn. **2**, 95 (1896).

[2]) C. J. Rothberger u. H. Winterberg, Archiv f. d. ges. Physiol. **132**, 233 (1910).

[3]) Lauder - Brunton u. Cash, St. Barthol. Hosp. Rep. **16**, 229 (1880); zit. nach J. Igersheimer, Archiv f. experim. Pathol. u. Pharmakol. **54**, 73 (1906).

[4]) O. Langendorff, Archiv f. Anat. u. Physiol., Physiol. Abt., Suppl.-Bd. **1884,** 97.

[5]) S. La Franca, Arch. ital. de Biol. **54**, 250 (1911).

[6]) J. W. Pickering, Proc. Roy. Soc. London, B. **52**, 461 (1893).

[7]) O. Polimanti, Journ. de Physiol. et de Pathol. génér. **13**, 825 (1911).

[8]) T. Sollmann, Amer. Journ. of Physiol. **16**, I (1906).

[9]) A. J. Carlson, Amer. Journ. of Physiol. **17**, 177 (1906/07).

[10]) E. Yung, Arch. experim. de Zool. **9**, 429 (1889); zit. nach J. W. Pickering, Journ. of Physiol. **14**, 458 (1893).

[11]) F. Flauteau, Arch. de Biol. **1**, 667 (1880).

[12]) J. Dogiel, Mem. de l'Acad. imperiale des Sc., St. Petersburg, Ser. 7, T. 24, No. 10, 26 (1877).

[13]) W. Straub, Arch. di Fisiol. **1**, 55 (1904).

Tieren nach großen Dosen sich die allgemeine Lähmung einstellt, sind die
Atembewegungen die letzten, die aufhören. Noch viele Stunden, nachdem komplette Unbeweglichkeit eingetreten ist, dauern kleine Bewegungen der Zungen-
beinmuskeln an, und ihre Wiederkehr ist das erste Zeichen, daß die Lähmung
im Zurückgehen ist.

Die kleinste Strychnindosis, die bei Kaninchen einen ausgesprochenen Einfluß auf
die Atmung hat, ist nach Impens[1]) 0,38 mg pro Kilo subcutan. Nach sehr kleinen Dosen
kommt die Wirkung namentlich dann zum Vorschein, wenn die Atmung von vornherein
geschwächt ist, z. B. durch Chloral [Wood und Cerna[2])] oder Morphin [Biberfeld[3])].
Daß es nicht die durch Muskelbewegungen bewirkte vermehrte CO_2-Produktion, sondern
das Strychnin ist, das stimulierend auf das Atemzentrum wirkt, wird von Cushny[4])
nachgewiesen, welcher ferner konstatiert, daß nach kleinen Dosen bei Kaninchen nur
die Frequenz der Atmung zunimmt, während das Volumen nicht merkbar vergrößert
wird, oder sogar etwas abnimmt, wahrscheinlich infolge einer weniger vollständigen
Exspiration.

Während der Tetanusanfälle steht der Brustkorb in erweiterter Stellung
still. Nach Seeligs[5]) Bestimmungen ist (bei Kaninchen) der Inspirationsdruck
normalerweise bedeutend größer als der Exspirationsdruck; es ist anzunehmen,
daß die Ungleichheit auf einer Ungleichheit in den beiden antagonistischen
Muskelgruppen beruht. Daß der Thorax während der Krämpfe in Inspirationsstellung fixiert wird, ist also wahrscheinlich darin begründet, daß die Inspi-
rationsmuskeln die stärkeren sind, ebenso wie die Stellung der Extremitäten
beim Tetanus im Übergewicht der Extensoren begründet ist[6]).

Ist der Anfall zu Ende, so dauert der Atmungsstillstand in der Regel
noch eine kurze Zeit an und kann in den Tod hinüberleiten. Beginnt das Tier
wieder zu atmen, so setzt eine kolossale Lüftung der Lungen ein. Die Atemfrequenz verdoppelt sich, und die Atemgröße kann das Drei- bis Vierfache
der Norm erreichen. Nimmt man zu diesem Zeitpunkt Proben der Atmungsluft
bei Kaninchen, so findet man nach Kionka[7]) die CO_2-Abspaltung fast um
das Dreifache gesteigert, und ebenso hat das Tier während der gesteigerten
Atmung etwas mehr O als in der Norm aufgenommen. Die Analyse bestätigt
also, daß nach den Krampfanfällen eine starke Dyspnöe besteht, während
welcher das Tier die große Kohlensäuremenge ausatmet, die während der heftigen Muskeltätigkeit gebildet worden ist. Über das Verhalten des Sauerstoffs
siehe Genaueres in dem über das Blut handelnden Abschnitt.

Lindhard[8]) fand im Selbstversuch nach subcutaner Injektion von 6 mg
Strychnin die Erregbarkeit des Atemzentrums bedeutend gesteigert, Higgins
und Means[9]) nach 4,5 mg keine derartige Wirkung und auch keine Änderung
der Respirationsfrequenz, des Volums oder des Gaswechsels.

¹) E. Impens, Arch. intern. de Pharmacodyn. **6**, 149 (1899).
²) H. C. Wood u. Cerna, Journ. of Physiol. **13**, 870 (1892).
³) J. Biberfeld, Archiv f. d. ges. Physiol. **103**, 266 (1904).
⁴) A. R. Cushny, Journ. of Pharmacol. and experim. Therap. **4**, 363 (1913).
⁵) A. Seelig, Archiv f. d. ges. Physiol. **39**, 237 (1886).
⁶) In einer sehr ausführlichen Arbeit über den Einfluß elektrischer Reizung der
Nn. vagi auf die Atmung findet F. Kauders [Archiv f. d. ges. Physiol. **57**, 333 (1894)]
in Übereinstimmung mit vielen anderen Forschern, daß man bei Reizung des zentralen
Vagus der einen Seite bei erhaltenem Vagus der anderen Seite eine sehr wechselnde Wirkung
sieht, indem man teils einen reinen oder überwiegenden inspiratorischen, teils einen reinen
oder überwiegenden exspiratorischen Effekt erhält. Vom Strychnin wird angegeben, daß
es „eher inspiratorische Wirkungen veranlaßt".
⁷) H. Kionka, Arch. intern. de Pharmacodyn. **5**, 148 (1899).
⁸) J. Lindhard, Journ. of Physiol. **42**, 337 (1911).
⁹) H. L. Higgins and J. H. Means, Journ. of Pharmacol. and experim. Therap.
7, 1 (1915). — Edsall and Means, Archiv of int. Medecine **14**, 897 (1914); zit. ebenda.

Auf die isolierte Bronchialmuskulatur wirkt Strychnin in stärkerer Konzentration erschlaffend — ob durch atropinartige Vaguslähmung oder adrenalinartige Sympathicusreizung oder direkte Wirkung auf die Muskelelemente, ist vorläufig unentschieden [Trendelenburg[1])].

Drüsen.

Die Speichelabsonderung wird von Strychnin stark gesteigert; führt man bei einem curarisierten Hund eine Kanüle in den Canalis Warthoni und injiziert subcutan einige Milligramm Strychnin, so sieht man nach wenigen Minuten eine plötzlich eintretende und beträchtliche Vermehrung der ausfließenden Speichelmenge. Die Sekretion trat gleichzeitig mit dem Steigen des Blutdrucks ein, dauerte einige Zeit und nahm dann allmählich ab. Ein Schlag auf den Tisch, worauf das Versuchstier lag, rief nach einigen Sekunden neue Salivation, neue Blutdrucksteigerung und Pupillenerweiterung hervor [Vulpian[2])].

Wie andere Gifte, die die Erregbarkeit des Rückenmarks steigern, wirkt auch das Strychnin schweißtreibend.

Bezüglich des Magensaftes gibt Hayem[3]) an, daß sowohl die Quantität wie die Totalacidität und die Menge der freien Salzsäure zunehmen.

Gleichzeitig mit dem Steigen des Blutdrucks vermindert sich der Abfluß der Galle aus dem Ductus choledochus und hört bei Hunden die Sekretion von Pankreassaft auf; beides ist als Folge der Gefäßverengerung und Anämie der Organe anzusehen. Strychningaben, die den Blutdruck nicht erhöhen, haben keinen Einfluß auf die Pankreassekretion [Edmunds[4])].

Eine curarisierte Ziege, bei der alle die Milchdrüse versorgenden Nerven durchschnitten waren, sonderte noch alle 5 Minuten 2—3 Tropfen Milch ab. Unter wiederholten Strychnininjektionen stieg die Sekretion zunächst sehr stark (34 Tropfen), um dann abzunehmen (1 Tropfen) [Röhrig[5])].

Die Urinabsonderung hört zufolge Grützners Versuchen[6]) (curarisierter Hund) auch nach Durchtrennung der Nierennerven auf, sobald der Blutdruck steigt, und die Gefäße der Niere sich kontrahieren. Das Strychnin scheint also unabhängig vom Zentrum Verengerung der Nierenarterien zu bewirken. Munk fand auch an überlebenden künstlich durchbluteten Hundenieren Verlangsamung der Zirkulation und Verringerung der Harnmenge.

Die Adrenalinsekretion (Adrenalingehalt des Blutes) wird durch Strychnin nicht deutlich beeinflußt oder ein wenig gesteigert [Wood[7])].

Sensible Nervenendigungen.

Es liegt keine Veranlassung vor, hier ausführlich auf den alten erledigten Streit um die Bernardsche Theorie einzugehen, nach welcher die peripheren Nerven zuerst aufs äußerste erregt und darauf gelähmt werden sollten[8]). Es ist längst klargestellt, daß die Erregbarkeit der sensiblen Nervenendigungen

---

[1]) P. Trendelenburg, Archiv f. experim. Pathol. u. Pharmakol. **69**, 79 (1912).
[2]) A. Vulpian, Leçons sur l'act. physiol. des Subst. Toxiques. Paris 1882, p. 521.
[3]) G. Hayem, Leçons de Thérapeutique. Paris 1893, IV, 438.
[4]) Ch. W. Edmunds, Journ. of Pharmacol. and experim. Therap. **2**, 559 (1910/11).
[5]) A. Röhrig, Virchows Archiv **67**, 119 (1876).
[6]) P. Grützner, Archiv f. d. ges. Physiol. **11**, 370 (1875).
[7]) N. G. Wood, Journ. of Pharmacol. and experim. Therap. **6**, 283 (1914/15).
[8]) Ausführliche Kritik bei A. Vulpian, Leçons sur l'action physiol. des subst. toxiques. Paris 1882, S. 466 ff.

während des allgemeinen Vergiftungsverlaufes keiner deutlichen Veränderung unterliegt, und daß selbst die leichteste Berührung der Haut auch bei Vergiftung mit großen Dosen Reflexbewegungen hervorruft, bis diese durch die motorische Lähmung unmöglich gemacht werden.

Lokale Applikation von starken Strychninlösungen setzt die Sensibilität etwas herab (s. Tastsinn S. 359). Nach Schoff [1] verstärkt Kombination mit Strychnin die Wirkung des Cocains auf Nervenstämme.

Motorische Nervenendigungen.

Über das Verhalten der motorischen Nerven sind die Meinungen sehr geteilt gewesen. Teils schrieb man großen Dosen eine ausgesprochene Curarinwirkung zu, teils erklärte man die gefundene Herabsetzung der Erregbarkeit der Nerven als eine durch den Tetanus verursachte Erschöpfung.

Bei den Untersuchungen ging man oft in der Weise vor, daß man bei Fröschen vor der Vergiftung den einen Nervus ischiadicus durchschnitt, ihn also vor dem Tetanus und damit vor Erschöpfung beschützte, und dann in den verschiedenen Stadien der Vergiftung seine Erregbarkeit prüfte. Dieser einfache Versuch hat sehr wechselnde Resultate ergeben. So fand Kölliker [2], daß der durchschnittene Nerv seine volle Erregbarkeit behielt, während die Armnerven und der nicht durchschnittene Ischiadicus nur wenig oder gar nicht erregbar waren. „Das Strychnin hat durch das Blut nicht den geringsten Einfluß auf die motorischen Nerven." Zu demselben Schluß kam Pelikan [3] und auch Bernard [4] scheint dem Strychnin keine direkte Wirkung auf die motorischen Nerven einräumen zu wollen. Viele Autoren kamen aber bei ähnlichen Experimenten zu ganz andern Resultaten und geben an, daß die Funktionsfähigkeit der motorischen Nerven vollständig verloren geht [5].

Die Ursache dieser Divergenzen ist die, daß die beiden gewöhnlich zu toxikologischen Versuchen verwendeten Froscharten, Temporaria und Esculenta, sich verschieden verhalten [Poulsson [6]]. Große Strychnindosen rufen bei beiden Arten zunächst einen kurzdauernden Tetanus und darauf Lähmung hervor. Sobald diese eingetreten ist, zeigen sich bei Rana esculenta sämtliche motorische Nerven, auch solche, die vor der Vergiftung durchschnitten und also gegen den Tetanus geschützt waren, für elektrische Reize ganz unerregbar. Diese Curarewirkung entwickelt sich, wenn sie erst begonnen hat, sehr rapid. Der Nerv bewahrt beinahe seine volle Erregbarkeit, bis die letzten fibrillären Zuckungen erloschen sind; ist dann vollständige Ruhe eingetreten, braucht man in der Regel nur wenige Minuten zu warten, bis auch die stärksten Ströme vom Nerven aus keine Zuckung mehr auslösen. Auch bei Rana temporaria

---

[1] A. J. Schoff, Verhandl. d. Gesellsch. russ. Ärzte, St. Petersburg **77**, 100 (1910); zit. nach Centralbl. f. Biochemie u. Biophysik **12**, 621 (1911/12).

[2] A. Kölliker, Virchows Archiv **10**, 233 (1856).

[3] E. Pelikan, Virchows Archiv **11**, 405 (1857).

[4] Cl. Bernard, Leçons etc., S. 312.

[5] J. Müller, Handbuch der Physiologie. Koblenz 1844, 549. — P. Pickford, Archiv f. physiol. Heilkunde **3**, 366 (1844). — C. Matteuci, Traité des phénomènes electrophysiologiques 1844; zit. nach Magron u. Buison. — A. Moreau, Compt. rend. de la Soc. de Biol. **1855**, 1871; Gaz. méd. de Paris **1856**, 34. — v. Wittich, Virchows Archiv **13**, 426 (1858). — M. Magron u. Buison, Compt. rend. de la Soc. de Biol. **1858**, 125; Journ. de Physiol. de l'homme et des animaux **1860**, 342. — A. Vulpian, Arch. de Physiol. **3**, 116 (1870); Compt. rend. de l'Acad. des Sc. **94**, 555 (1882). — Lautenbach, Philadelph. med. Times **1879**, 521. — P. Bongers, Archiv f. Anat. u. Physiol., Physiol. Abt. **1884**, 331.

[6] E. Poulsson, Archiv f. experim. Pathol. u. Pharmakol. **26**, 22 (1890).

kann sich ausnahmsweise in relativ kurzer Zeit eine vollständige Curarewirkung einfinden, aber in der Regel erweist sich der Nerv, nachdem alle Bewegungen aufgehört haben, entweder scheinbar vollkommen normal, oder die Erregbarkeit erscheint nur wenig herabgesetzt. Eine genaue Untersuchung lehrt jedoch, daß die Funktionsfähigkeit bedeutend verändert ist, indem der Nerv bei Reizung sogleich ermüdet. Ein schwacher Strom ruft freilich Zuckung hervor, läßt man aber gleich darauf denselben Strom zum zweitenmal wirken, so erfolgt keine Bewegung. Prüft man mit stärkeren tetanisierenden Strömen, so wird nur eine einzelne minimale Zuckung hervorgerufen, und der Nerv muß jetzt längere Zeit ausruhen um wieder auf elektrische Reize antworten zu können.

Man wird leicht einsehen, daß der hier behandelte Unterschied zwischen den beiden Froscharten nicht prinzipieller, sondern nur quantitativer Natur ist [Santesson[1])]. Bei Esculenta ist die Curarewirkung vollständig, bei Temporaria behalten die Nervenenden einen letzten Rest von Erregbarkeit, der sich schwer durch Strychnin vernichten läßt, sind aber zugleich so verändert, daß selbst die geringste Arbeit sofort zur Erschöpfung führt. Der Zustand entspricht einer nicht vollentwickelten Curarewirkung. Denn wie Boehm[2]) zeigt, kommt es auch bei diesem Gift zu einem Stadium, wo die Nervenendigungen sehr leicht ermüdbar sind, ehe ihre Erregbarkeit vernichtet wird.

Daß die große Erschöpfbarkeit der motorischen Nervenendigungen bei Fröschen eine spezifische Strychninwirkung und nicht eine Folge der Krämpfe ist, ist schon aus dem Grunde unzweifelhaft, weil nach den großen, lähmenden Strychnindosen beinahe keine Krämpfe auftreten. Auch verursacht der Tetanus an und für sich keine Lähmung von Nerven; während des tagelangen Starrkrampfes, den kleine Strychnindosen hervorrufen, wird die Erregbarkeit der motorischen Nerven kaum verändert; ihre „Unermüdbarkeit" geht auch aus Harnacks[3]) interessanten Beobachtungen über die Schwefelwasserstoffvergiftung hervor, bei der die Tiere viele Tage in permanenter hochgradiger Streckstellung daliegen können.

Daß der Tetanus bei der Strychninlähmung nur eine Nebenrolle spielt, kann man auch deutlich in der Weise nachweisen, daß man bei einer Esculenta auf der einen Seite die Arteria iliaca unterbindet, auf der andern Seite den N. ischiadicus durchschneidet und dann das Tier mit einer großen Strychnindosis vergiftet. Man hat auf diese Weise Gelegenheit das Schicksal zweier Nerven zu verfolgen, von denen der eine am Tetanus teilgenommen hat aber unberührt vom Strychnin ist, während der andere, bei den Krämpfen untätig, nur dem Einfluß des Giftes unterworfen ist. Sobald die Krämpfe vorüber sind und die allgemeine Lähmung eingetreten ist, wird man konstant finden, daß der erstgenannte Nerv, der die reine Tetanuswirkung aufweist, ungefähr auf dieselbe Stromstärke reagiert wie vorher, während der andere Nerv, der die Strychninwirkung zeigt, vollständig unerregbar ist. Ohne Einfluß ist der Tetanus natürlich nicht, wenn er Nerven trifft, die sich schon in einem Zustand erhöhter Erschöpfbarkeit befinden. Darum sieht man bei Esculenta, daß die vollständige Lähmung sich in einem vor der Vergiftung durchschnittenen Nerven später einstellt, als in den nicht durchschnittenen Nerven, die sowohl der Einwirkung des Giftes wie der Krämpfe unterliegen.

---

[1]) C. G. Santesson, Archiv f. experim. Pathol. u. Pharmakol. **35**, 57 (1895); Skand. Archiv f. Physiol. **6**, 308 (1895).
[2]) R. Boehm, Archiv f. experim. Pathol. u. Pharmakol. **35**, 16 (1895).
[3]) E. Harnack, Archiv f. experim. Pathol. u. Pharmakol. **34**, 156 (1894).

Eine der Lähmung vorausgehende Steigerung der Erregbarkeit läßt sich nach größern Dosen nicht nachweisen, ist aber nach kleinen vorhanden [Biberfeld[1]), Lapicque[2])].

Bei Säugetieren war es nicht möglich, die Curarinwirkung des Strychnins nachzuweisen, ehe Richet[3]) in ununterbrochener, sehr energischer künstlicher Atmung ein Mittel fand, dem Organismus enorme Strychninmengen einzuverleiben, ohne daß der Tod auf der Stelle eintrat. Richet, dessen Versuche als eine Fortsetzung der von Richter, Leube usw. ausgeführten, oben besprochenen Untersuchungen über den Einfluß der künstlichen Atmung auf die Strychninvergiftung zu betrachten sind, zeigte, daß man unter Zuhilfenahme von Lufteinblasungen die Dosen weit über das, was man früher für möglich hielt, steigern kann. Die ersten Zentigrammdosen erzeugen Krampfanfälle, die mit jeder neuen subcutanen Injektion schwächer werden, die anfangs stürmische Herzaktion beruhigt sich und es folgt schließlich ein Stadium vollständiger Erschlaffung. Bei Hunden und Kaninchen, denen auf diese Weise 5 cg Strychnin pro Kilo beigebracht waren, war die Erregbarkeit der motorischen Nerven stark herabgesetzt, und als es Vulpian[4]) gelang, beim lebenden Tier die Menge auf 8—9 cg pro Kilo zu erhöhen, fand er die motorischen Nerven selbst für die stärksten elektrischen Ströme unerregbar. Auch der N. vagus war vollkommen gelähmt. Bei Einspritzung in die Arteria iliaca waren schon weit geringere Dosen hinreichend, um die Erregbarkeit des entsprechenden N. ischiadicus vollständig zu vernichten.

Was die Wirkung lokaler Applikation von Strychnin auf die motorischen Nervenstämme betrifft, so kommen Lapicque[5]), Cassinis[6]) und Forlí[7]) zu dem Resultat, daß Strychninlösung 1 : 1000—200 die Leitung in motorischen Nervenstämmen, u. a. im N. vagus, herabgesetzt resp. bei längerer Einwirkung unterbricht. Eine ganz spezifische Empfindlichkeit zeigen nach dem letztgenannten Autor die sympathischen Fasern. Seine Experimente bestanden in Freilegung des Halssympathicus bei Katzen und Bestimmung der Reizschwelle zur Auslösung einer deutlichen Pupillenerweiterung vor und nach kurzdauernder lokaler Vergiftung einer begrenzten Strecke des Nerven mit sehr schwachen Strychninlösungen. Bei Benutzung dieses Indikators wurde bemerkt, daß schon eine Konzentration von 1 : 10 000 die Leitfähigkeit des Sympathicusstranges erheblich verminderte. Bei der resorptiven Vergiftung beim Frosch bewahrt jedoch der Sympathicus, selbst nach großen, motorische Lähmung erzeugenden Dosen seinen Einfluß z. B. auf Auge und Gefäße.

Muskeln.

Daß das resorbierte Strychnin die Erregbarkeit der quergestreiften Muskeln nicht herabsetzt, weiß man seit langem aus der Erfahrung, daß schon ganz schwache direkte elektrische Reizung der Skelettmuskeln bei Fröschen, die durch große Strychnindosen gelähmt sind, lokale Kontraktion hervorbringt. Genauere Untersuchungen verdanken wir Verworn[8]), der nach Durchschneidung des Ischiadicus Esculentae mit großen Strychnindosen und gleichzeitig Kontrolltiere von gleichem Geschlecht und gleicher Größe mit Curare vergiftete. Nachdem die Muskelerregbarkeit vom Nerven aus bei allen Tieren erloschen war, wurde die direkte Muskelerregbarkeit mit dem faradischen Strom geprüft, und es zeigte sich, daß die den durchschnittenen Nerven zugehörigen Strychninmuskeln beim selben Rollenabstand wie die Muskeln der curarisierten Tiere reagierten; bei den übrigen Muskeln, die am Tetanus teilgenommen hatten, war die direkte Erregbarkeit etwas herabgesetzt. Eine spezifische lähmende Wirkung des Strychnins auf die Muskeln ist also bei der resorptiven Vergiftung nicht vorhanden.

[1]) J. Biberfeld, Archiv f. d. ges. Physiol. **83**, 397 (1907).
[2]) L. u. M. Lapicque, Compt. rend. de la Soc. de Biol. **1907**, 16, 1062.
[3]) Ch. Richet, Compt. rend. de l'Acad. des Sc. **91**, 131 (1880).
[4]) A. Vulpian, Compt. rend. de l'Acad. des Sc. **94**, 555 (1882).
[5]) L. u. M. Lapicque, Compt. rend. de la Soc. de Biol. **1913**, 1012.
[6]) M. Cassinis, Zeitschr. f. allgem. Physiol. **13**, 424 (1912).
[7]) V. Forlí, Centralbl. f. Physiol. **21**, 822 (1908).
[8]) M. Verworn, Archiv f. Anat. u. Physiol., Physiol. Abt. **1900**, 385.

Hammet[1]) weist nach, daß auch die direkte Muskelerregbarkeit nicht erhöht wird, sondern daß die Erregbarkeit des Muskels vom Nerven aus gesteigert wird (vor der Vergiftung unterschwellige Reize werden wirksam). H. deutet dies so, daß das Strychnin in „the receptive substance of the neuromuscular junction" die Passage erleichtert oder den Widerstand vermindert, und setzt diesen Effekt mit der früher (s. den über das Zentralnervensystem handelnden Abschnitt) besprochenen Wirkung auf entsprechende Elemente im Rückenmark (Synapsen) in Parallele.

Damit ist jedoch nicht jede resorptive Wirkung auf den Muskel ausgeschlossen. Nach Paderi[2]) läßt sich bei Fröschen nach sehr kleinen Dosen ($^1/_{100}$ mg subcutan) oder beim Baden des Muskels in Lösung 1 : 50 000 eine beträchtliche Erhöhung des Tonus der quergestreiften wie der glatten Muskeln nachweisen. Basler[3]) beschreibt eingehend schon im frühen Stadium der Strychninvergiftung auftretende Veränderungen in den Kontraktionen und in der negativen Schwankung. (Eine Reihe von Arbeiten über das Verhalten der quergestreiften Muskeln und elektrische Erscheinungen beim Strychnintetanus wird hier übergangen, da ihr Inhalt mehr von muskelphysiologischem als pharmakologischem Interesse ist; Lit. bei Basler.)

Veley und Waller[4]) legten den nervenlosen Froschsartorius in neutrale Lösungen der Hydrochloride der Alkaloide und fanden, daß Strychnin und• Brucin eine, wenn auch im Vergleich zu vielen anderen Alkaloiden schwache toxische Wirkung auf die Muskelsubstanz haben. In ca. 0,2 proz. Lösung hob Strychnin die Kontraktilität im Lauf von 14 Minuten auf, Brucin erst nach 2—3 mal so langer Zeit, aber die Erholung erfolgte beim Strychnin rascher und vollständiger. Auch Foderà[5]) weist nach, daß lokale Strychninapplikation lähmende Wirkung auf die Muskeln hat. Bottazzi[6]) findet, daß die Zuckungskurve, besonders die Öffnungszusammenziehungen, des in vitro strychnisierten Gastrocnemius der Kröte Veränderungen aufweist, die den Muskel für den Tetanus disponieren müssen (in verhältnismäßig schwacher Dosis macht das Strychnin das Myogramm zweispitzig, entwickelt bedeutend die sekundäre Zusammenziehung und bringt starke residuale Verkürzung hervor). Auf die glatte Muskulatur der Speiseröhre der Kröte hat lokale Applikation von Strychnin die Wirkung, daß eine starke Erhöhung der Erregbarkeit, gefolgt von langanhaltender Tonussteigerung, eintritt [Bottazzi und Grünbaum[7])].

Über den Einfluß des Strychnins auf die Muskelarbeit liegen mehrere Mitteilungen vor. Bei Rossis[8]) Selbstversuchen stieg die willkürliche Arbeit ganz bedeutend nach subcutaner Injektion von 1 mg Strychninsulfat. Feré[9]) fand auch zunächst eine Vermehrung, aber als Nachwirkung eine Herabsetzung des Arbeitsquantum. Eine neuere sehr eingehende Untersuchung rührt von Varrier-Jones[10]) her, der einen 14 Tage dauernden Selbstversuch anstellte, bei welchem jeden Tag entweder Strychnin oder ein Gentianainfus, der sich im Geschmack nicht von der Strychninlösung unterscheiden ließ, eingenommen wurde. Die Arbeit wurde mit Kraepelins Ergograph gemessen und dauerte ungefähr 5 Stunden täglich. Der Ausfall ergab, daß man zwischen der unmittelbaren und der kumulativen Wirkung des Strychnins zu unterscheiden habe. Unmittelbar, d. h. $^1/_2$—3 Stunden nach Aufnahme des Strychnins, erfolgte Vermehrung der äußeren Arbeit. Die kumulative Wirkung äußerte sich so,

---

[1]) F. G. Hammet, Journ. of Pharmacol. and experim. Therap. 8, 175 (1916).
[2]) C. Paderi, Arch. Ital. de Biol. 19, 283 (1893); La Terapia moderna 1892, Nr. 12.
[3]) A. Basler, Archiv f. d. ges. Physiol. 122, 380. (1908).
[4]) V. H. Veley u. A. D. Waller, Journ. of Physiol. 39, Proc. XXVII (1909/10).
[5]) A. Foderà, Arch. Ital. de Biol. 17, 314 (1892).
[6]) F. Bottazzi, Archiv f. Anat. u. Physiol., Physiol. Abt. 1901, 377.
[7]) F. Bottazzi, Arch. Ital. de Biol. 31, 97 (1899). — F. Bottazzi u. F. F. Grünbaum, ebenda 33, 253 (1900).
[8]) C. Rossi, Riv. di Freniatria e di Medicina legale 20, 242 (1894); Auszug in Arch. Ital. de Biol. 23, 49 (1895).
[9]) Feré, Travail et plaisir, Paris 1904, zit. nach Varrier-Jones, s. u.
[10]) P. C. Varrier-Jones, Journ. of Physiol. 36, 435 (1907/08).

daß die Leistungen in der zweiten Hälfte der Versuchsperiode sowohl an den Strychnintagen wie an den Tagen, wo Gentianainfus eingenommen wurde, bedeutend sanken, hauptsächlich dadurch, daß die Höhe der Kontraktionen abnahm. Die erwähnte unmittelbare Steigerung in den ersten Versuchstagen kam dadurch zu stande, daß die Anzahl der Kontraktionen zunahm. Alles dies ist nicht einer Wirkung auf die Muskelsubstanz, sondern auf das Zentralnervensystem zuzuschreiben.

Bei den „elektrischen Fischen" werden die elektrischen Apparate (metamorphosierte Muskeln) durch Strychnin zu unaufhörlichen Entladungen gebracht, doch stellt sich bald Erschöpfung ein; auch dies ist wohl Wirkung auf das Zentralnervensystem und nicht auf die Muskeln.

Auge.

Obgleich das Strychnin schon in den ersten Dezennien des vorigen Jahrhunderts in England und Frankreich gegen Amblyopie und Amaurose angewandt worden war, und obgleich erhöhte Lichtempfindlichkeit als eins der Vergiftungssymptome bekannt war, blieben doch die eigentümlichen Wirkungen des Alkaloides auf das Auge lange unbekannt. Erst im Jahre 1873 wurden von Hippels[1] bekannte Untersuchungen, die die größte Aufmerksamkeit erregten, publiziert. In Selbstversuchen (subcutane Injektion von 2—4 mg Strychnin in die Schläfe) fand dieser Forscher folgendes:

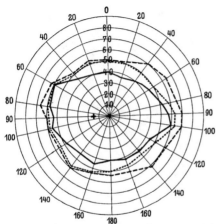

Abb. 11. Blau auf schwarzem Grunde, rechtes Auge. —— normales Farbenfeld. ..... aufgenommen 2½ Stunden nach Injektion von 4 mg Strychnin. - - - - - aufgenommen 4 Tage nach Injektion von 4 mg Strychnin.

1. Das Gesichtsfeld für Blau nahm an Ausdehnung zu, während die Felder für die übrigen Farben keine Veränderung aufwiesen. Die Vergrößerung stellte sich außerordentlich rasch ein, schon 15 Min. nach der Injektion; die maximale Erweiterung war am 2.—4. Tage vorhanden, und nach Dosen von 4 mg war erst am 8. Tag keine Wirkung mehr zu spüren. Der Zuwachs an Größe machte sich stets in der temporalen Gesichtsfeldhälfte bemerkbar (s. Abb. 11). Die zentrale Auffassung von Blau wurde nicht verschärft.

2. Die Sehschärfe wurde vorübergehend gesteigert. Dosen von 3—4 mg ließen im Lauf von ¼—1½ Stunden die Sehschärfe konstant von 20/20 auf 20/15 steigen. Die Wirkung nahm nach 6 Stunden ab und war nach 24 Stunden verschwunden.

3. Die Grenze für das Erkennen distinkter Punkte wurde nach der Peripherie hinausgerückt, s. Abb. 12.

---

[1] A. von Hippel, Über die Wirkungen des Strychnins auf das normale und kranke Auge, Berlin 1873. Neuere Untersuchungen über die Wirkungen des subcutan injizierten oder lokal applizierten Strychnins auf die Netzhautfunktionen des normalen Auges siehe bei Calderaro, La clin. oculist 12, 1033 (1912), Klin. Monatsbl. f. Augenheilk. 1913, 406; zit. nach Zentralbl. f. Biochemie u. Biophysik 15, 21 (1913).

4. Das Gesichtsfeld wurde erweitert, besonders temporalwärts. Die Wirkung trat nach 3 mg schon nach 50 Min. ein und war erst nach 6 Tagen vollständig verschwunden (s. Abb. 13).

Später hat Dreser[1]) mit Hilfe von Hüfners Spektrophotometer konstatiert, daß auch das zentrale Sehen für sehr schwache Lichtreize verschärft
wird. Auch Filehne[2]) konnte bei Benutzung des Försterschen Photometers
dasselbe nachweisen. Die Breite des Spektrums wird nicht vergrößert, d. h.
die für das normale Auge unsichtbaren Teile des Spektrums werden durch Strychnin nicht sichtbar gemacht, da für die Wahrnehmung der ultraroten oder ultravioletten Strahlen im menschlichen Auge keine Apparate vorhanden sind,
deren Erregbarkeit das Strychnin steigern könnte.

Tropft man zu wiederholten Malen in das eine Auge eine 1 proz. Strychninlösung ein, so zeigt nach 30—40 Min. nur dieses Auge Gesichtsfeldvergrößerung.
Daraus geht hervor, daß der Angriffspunkt des Strychnins in der Retina liegt.

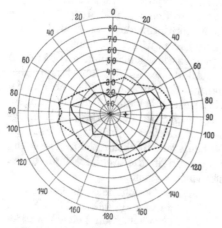 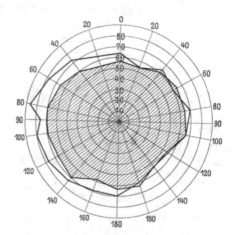

Abb. 12. Linkes Auge. ——— zwei schwarze
Punkte von 5 mm Durchmesser und 5 mm
Abstand. - - - - - aufgenommen 24 Stunden
nach Injektion von 3 mg Strychnin.

Abb. 13. Linkes Auge. Die schraffierte
Partie bezeichnet das normale Gesichtsfeld.
——— aufgenommen 5 Stunden nach Injektion von 3 mg Strychnin links.

Die Wirkung muß dessenungeachtet, wie schon früher bemerkt (Gehirn s. 359)
als zentral angesehen werden, indem man davon ausgehen kann, daß sie sich
auf die Ganglienzellenschicht der Netzhaut, die als ein vorgeschobener Gehirnteil zu betrachten ist, erstreckt. Ob zugleich cerebrale, am Sehakt beteiligte
Ganglienzellen beeinflußt werden, muß unentschieden bleiben.

Es ist unter den Augenärzten eine allgemein verbreitete Meinung gewesen, daß das
in eine Schläfe subcutan injizierte Strychnin ausschließlich oder vorzugsweise auf das gleich-
seitige Auge wirken solle. Diese durch von Hippel vertretene Auffassung von einer
regionären Wirkung wurde experimentell von Filehne widerlegt, der weder bei Versuchen
an sich selber noch an anderen eine solche Lokalisation nachweisen konnte; wie zu erwarten, fand sich, daß es gleichgültig war, wo die Injektion vorgenommen wurde. Wenn
viele bis in die neueste Zeit der alten Anschauung huldigen und glauben, sie durch die
klinische Erfahrung bestätigt zu finden, so kann dies damit erklärt werden, daß die
therapeutischen Injektionen nach althergebrachter Regel in die dem kranken Auge entsprechende Schläfe gegeben werden, und da die Erweiterung des Gesichtsfeldes usw. in

[1]) H. Dreser, Archiv f. experim. Pathol. u. Pharmakol. **33**, 251 (1894).
[2]) W. Filehne, Archiv f. d. ges. Physiol. **83**, 369 (1901).

der Regel deutlicher sein wird in einem Auge, dessen Funktion herabgesetzt ist, als in einem normalen Auge, so findet man beim Vergleich die regionäre Wirkung scheinbar bestätigt. Eine regionäre Wirkung würde in Wirklichkeit sehr unwahrscheinlich sein. Das injizierte Strychnin wird resorbiert, verschwindet von der Injektionsstelle und wird mit dem Blute beiden Augen in gleich großer Menge zugeführt. Auch durch die Lymphgefäße kann ein direkter Transport zu dem nächstgelegenen Auge nicht stattfinden, denn der Lymphstrom geht in umgekehrter Richtung von der Schläfe nach der Ohrregion[1]).

Das ins Auge eingetropfte Strychnin hat keinen Einfluß auf die Akkommodation oder die Größe der Pupille. Während der Krämpfe werden wie oben erwähnt die Bulbi vorgetrieben und die Pupillen weit. Bei in Strychnintetanus versetzten Dunkelfröschen, die im Dunkeln getötet werden, findet man völlig entwickelte Lichtstellung der Zapfen wie des Pigmentes [Engelmann[2])]. Veränderungen der assoziierten Augenbewegungen werden von Högyes[3]) beschrieben.

Stoffwechsel.

Im Jahre 1859 wies Schiff[4]) nach, daß Strychnin bei Fröschen Glykosurie erzeugt. Eine genauere Untersuchung des Strychnindiabetes wurde von Langendorff[5]) ausgeführt. Wasserfrösche wurden in eine geringe Menge strychninhaltigen Wassers gesetzt; nach 5—6 Stunden war Tetanus ausgebrochen, und der Urin war zuckerhaltig, jedoch nur bei Herbst- und Winterfröschen. Da die Leber frisch gefangener Sommerfrösche wenig oder kein Glykogen enthält, Herbst- und Winterfrösche dagegen einen großen Vorrat davon besitzen, lag es nahe, das Zustandekommen der Zuckerausscheidung in Verbindung mit dem Glykogengehalt der Leber zu setzen. Die Abhängigkeit wurde denn auch in verschiedener Weise nachgewiesen: wurden Sommerfrösche bei vollem Magen auf Eis aufbewohrt, so wurde Glykogen abgelagert und bei Vergiftung stellte sich Glykosurie ein; wurden Winterfrösche durch Erwärmung des größten Teils des abgelagerten Glykogens beraubt, so bekamen sie keinen Diabetes. Bei andauernder Vergiftung hörte allmählich die Zuckerausscheidung auf, obwohl in der Leber noch ein kleiner Glykogenrest zurückgeblieben war.

Bei Kaninchen konnte Langendorff durch Strychnin keine Glykosurie erzeugen, obgleich tödliche Dosen auch bei diesen Tieren sowohl wie bei Hunden das Leber- und Muskelglykogen bis auf einen kleinen Rest zum Schwinden bringen[6]). Die Ursache liegt darin, daß diese Tiere im Vergleich mit den Winterfröschen so glykogenarm sind [Demant[7])], daß die entstehenden unbedeutenden Zuckermengen vollständig verbrennen. Bei neugeborenen Hunden dagegen, die aus dem Fötalleben einen bedeutenden Glykogenvorrat mitbringen (Demant[8]) ruft Strychnin Glykosurie hervor [Gerloff[9])]. Auch bei erwachsenen Hunden fand Gaglio[10]) dasselbe, wenn die Tiere durch intravenöse Injektion

---

[1]) Diskussion über die regionäre Wirkung s. H. Eppenstein, Arch. intern. de Pharmacodyn. 12, 47 (1904).

[2]) W. Engelmann, Archiv f. d. ges. Physiol. 35, 498 (1885).

[3]) A. Högyes, Archiv f. experim. Pathol. u. Pharmakol. 16, 81 (1883).

[4]) J. M. Schiff, Untersuch. über die Zuckerbildung in der Leber, Würzburg 1879, 98.

[5]) O. Langendorff, Archiv f. Anat. u. Physiol., Physiol. Abt., Supplementbd. 1886, 269; F. Gürtler, Diss. Königsberg 1886.

[6]) Siehe hierüber auch E. Külz, Festschr. f. Ludwig, Marburg 1891; O. Moszeik, Archiv f. d. ges. Physiol. 42, 556 (1880); J. Frentzel, ebenda 56, 273 (1894); O. Simon, Zeitschr. f. physiol. Chemie 35, 315 (1902); Rolly, Deutsches Archiv f. klin. Med. 78, 250 (1903); 83, 107 (1905); L. Pollak, Archiv f. experim. Pathol. u. Pharmakol. 61, 166 (1909); O. Rosenbaum, Diss. Dorpat 1897; ref in Archiv f. experim. Pathol. u. Pharmakol. 15, 450 (1882).

[7]) B. Demant, Zeitschr. f. physiol. Chemie 10, 441 (1886).

[8]) B. Demant, ebenda 11, 142 (1887).

[9]) O. Gerloff, Diss. Kiel, 1888.

[10]) G. Gaglio, La Riforma Medica 4, 1888; zit. nach Arch. Ital. de Biol. 11, 104 (1889).

enormer Strychnindosen und energische künstliche Atmung in das paralytische Stadium hinübergebracht und gleichzeitig mit Schnee abgekühlt wurden. Bei diesem Vorgehen wurden sowohl Krämpfe wie Hyperthermie ausgeschlossen, Faktoren, die beide die Verbrennung des Zuckers begünstigen.

Von Langendorff wurde ferner nachgewiesen, daß der Strychnindiabetes bei Fröschen nach Exstirpation der Leber ausbleibt. Daß die Krämpfe nicht mit der Glykosurie in Verbindung stehen, ging daraus hervor, daß curarisierte — aber nicht diabetische — Tiere, nach Strychnin doch noch Zucker ausschieden, und daß diese Wirkung auch nicht ausblieb nach großen fast augenblicklich lähmenden Dosen. Weiter ist hinzuzufügen, daß Strychnin Hyperglykämie erzeugt [Reach[1])] und daß die Glykosurie nach Splanchnotomie ausbleibt.. Sie muß also auf zentraler Sympathicusreizung beruhen.

Im Urin strychninvergifteter Frösche werden bedeutende Milchsäuremengen ausgeschieden [Marcuse[2]), Werther[3]), Araki[4])], deren Auftreten der starken Muskeltätigkeit während des Tetanus zugeschrieben wird; bei Katzen fand Heffter[5]) keine deutliche Veränderung in der Milchsäuremenge der Muskeln. Nach Zanda[6]) hat Strychnin in Konzentration 0,1—1,0 pro Mille eine hemmende Wirkung auf das harnstoffbildende Vermögen der Leber in vitro.

Krampfgifte (Strychnin und Cocain) verursachen im Gehirn eine bedeutende Eiweißzerstörung, während die Proteolyse im Zentralnervensystem durch narkotisierende Substanzen herabgesetzt wird [Soula[7])].

Der Einfluß des Strychnins auf den Gaswechsel ist in den das Blut und die Atmung behandelnden Kapiteln besprochen worden.

Wärmehaushalt.

Man hat es für selbstverständlich gehalten, daß Gifte, die heftige Krämpfe hervorbringen, auch die Körpertemperatur erhöhen müßten. Die Richtigkeit dieses Satzes schien auch für das Strychnin durch die experimentellen Erfahrungen bestätigt zu werden. Von fast allen früheren Autoren, die ihre Aufmerksamkeit auf diesen Punkt gerichtet haben, werden teils geringe, teils bedeutendere oder sogar exzessive Temperatursteigerungen bei Säugetieren erwähnt, und selbst bei Fröschen hat man erhöhte Temperatur nachgewiesen, während Beobachtungen in entgegengesetzter Richtung spärlich sind.

Es ist Harnacks Verdienst, darauf aufmerksam gemacht zu haben, daß man scharf zwischen der Wirkung der Krämpfe und der eignen selbständigen Wirkung des Giftes auf die Körperwärme zu unterscheiden habe. Aus seinen und seiner Mitarbeiter Untersuchungen[8]) geht hervor, daß zahlreiche Krampfgifte, besonders die der Santonin- und Picrotoxingruppe, in geringerem Grad die der Strychningruppe, die Körpertemperatur von Pflanzenfressern sowie

[1]) F. Reach, Biochem. Zeitschr. **33**, 436 (1911).
[2]) W. Marcuse, Archiv f. d. ges. Physiol. **39**, 425 (1886).
[3]) M. Werther, ebenda **46**, 63 (1890).
[4]) T. Araki, Zeitschr. f. physiol. Chemie **15**, 335 (1891).
[5]) A. Heffter, Archiv f. experim. Pathol. u. Pharmakol. **31**, 225 (1893).
[6]) G. B. Zanda, Arch. di Farmacol. Speriment. **12**, 418, (1911); zit. nach Chem. Zentralbl. **1913**, I, 156.
[7]) C. Soula, Compt. rend. de la Soc. de Biol. **1912**, 297.
[8]) E. Harnack u. Herm. Meyer, Zeitschr. f. klin. Med. **24**, 374 (1894); E. Harnack u. W. Hochheim, ebenda **25**, 16 (1894); W. Zutz, Archiv f. experim. Pathol. u. Pharmakol. **38**, 397 (1897); E. Harnack u. Fr. Schwegmann, ebenda **40**, 151 (1898); E. Harnack, ebenda **45**, 272, 447 (1901); **49**, 157 (1903).

von Katzen zu erniedrigen vermögen, während bei Hunden die gleiche Wirkung zwar nicht fehlt, sich aber weit schwieriger feststellen läßt, da durch den Eintritt heftiger Krämpfe die erstere Wirkung des Giftes überkompensiert wird.

Eine Durchsicht der mit Strychnin angestellten Versuche lehrt, daß dessen temperaturherabsetzende Wirkung am deutlichsten bei Meerschweinchen ausgesprochen war (größter Fall 3,6°). Das Eintreten der Krämpfe brachte die Temperatur vorübergehend zum Steigen, aber nur für kurze Zeit. Es ist bekannt, daß die Strychninwirkung bei Kaninchen viele Unregelmäßigkeiten aufweist. Dieselbe Dosis, die das eine Tier tötet, kann bei einem anderen Tier von gleichem Körpergewicht eine relativ geringe Wirkung haben, und dasselbe Tier kann zu verschiedenen Zeiten wechselnde Empfindlichkeit zeigen. Dieselbe Regellosigkeit findet sich hinsichtlich der Temperatur wieder. In den meisten Fällen findet man jedoch nach Kionka[1]) nach kleinen Dosen keine ausgesprochene Wirkung, nach größeren krampferzeugenden Dosen zuerst ein kurzes Stadium von Temperaturerhöhung und dann trotz der Krämpfe einen ziemlich schroffen Absturz der Temperatur bis um ca. 2°. Bei Calorimeterversuchen fand Kionka, daß in beiden Stadien sowohl die Wärmeabgabe wie die Wärmeproduktion über die Norm gesteigert waren, aber im ersten Stadium überwog die Größe der letzteren, im zweiten die der ersteren. Harnack, der die Wärmeabgabe durch das Calorimeter und die Wärmeproduktion durch die ausgeschiedene Kohlensäure bestimmte, hebt hervor, daß der Wärmehaushalt bereits im ersten Stadium der Vergiftung, unabhängig von spastischen Zuständen, verändert werde. Das Gift erzeugt von vornherein in allen Fällen eine Steigerung der Wärmeabgabe und meistens auch zugleich eine Erhöhung der Wärmeproduktion, und zwar treten beide Wirkungen bereits nach Dosen ein, die noch lange nicht hinreichen, um Krämpfe, ja auch nur eine erkennbare Unruhe des Tieres zu veranlassen[2]). Bei krampferzeugenden Dosen ist (nach Harnack) die Steigerung beider Werte noch bedeutender. Das Tier kann jetzt entweder normal regulieren, aber mit wesentlich erhöhten absoluten Mengen, und die Temperatur hält sich mit kleinen Schwankungen auf normaler Höhe, oder die Regulierung versagt, die Steigerung der Wärmeproduktion hört auf, während der Wärmeverlust andauert, und es kommt zu plötzlichem Temperatursturz.

Delezenne[3]) fand, indem er bei curarisierten Hunden ein Thermometer in die Vena cava inferior einführte, daß die zentrale Temperatur, bisweilen nach einer flüchtigen prodromalen Erhöhung, um 0,5—1° — selten mehr — fiel. Bei Tauben sah Zeehuisen[4]) sowohl bedeutenden Fall (4°) wie Temperaturerhöhung nach großen Strychnindosen.

Durch Kombination von Strychnin mit Narkoticis der Fettreihe kann kolossaler Temperaturabfall eintreten. Auf die durch Cocain hervorgerufene Hyperthermie ist Strychnin ohne Einfluß.

Tödliche Gaben.   Verschiedene Resistenz.

Frösche. Es ist schwer mit Bestimmtheit die letale Dosis für diese Tiere anzugeben, da die Widerstandsfähigkeit gegen das paralytische Stadium höchst verschieden ist. Sie wird auf 2—10 mg pro Tier angegeben; pro Kilo berechnet wird die Dosis jedenfalls enorm.

---

[1]) H. Kionka, Arch. Intern. de Pharmacocdyn. **5**, 111 (1898).
[2]) Archiv f. experim. Pathol. u. Pharmakol. **49**, 187 (1903).
[3]) C. Delezenne, Arch. de Physiol. (5) **6**, 899 (1894).
[4]) H. Zeehuisen, Archiv f. experim. Pathol. u. Pharmakol. **43**, 259 (1900).

Wasserschildkröten sind gegen subcutane Strychninvergiftung sehr widerstandsfähig und reagieren nach Injektion von 5 mg mit einer nur wenig gesteigerten Reflexerregbarkeit; nach 100 mg trat der Tod ohne Krämpfe ein [Fröhlich u. Meyer[1])].

Für Weißfische liegt nach Falck[2]) die tödliche Dosis zwischen 6,25 und 12,5 mg pro Kilo subcutan.

Aus den von verschiedenen Autoren[3]; angestellten zahlreichen Experimenten geht hervor, daß Vögel gegen Strychnin weniger empfindlich sind als die meisten übrigen Wirbeltiere. Für Gänse ist die letale, subcutane Dosis 1—2 mg, die stomachale 2,5 mg pro Kilo, für Enten bzw. 1—1,1 mg und 3—4,5 mg, für Tauben 1—1,5 mg und 8,5—11 mg. Am widerstandsfähigsten sind Hühner, die bei subcutaner Applikation erst von 3—5 mg getötet werden[4]), und per os erst von außerordentlich großen Mengen, die zwischen 30 und 140 mg pro Kilo schwanken (langsame Resorption). Von Molitoris[5]) wird bei diesen Tieren eine Zerstörung oder Überführung in einen ungiftigen Körper angenommen. Auch einzelne exotische Vögel z. B. der Nashornvogel sollen sich durch eine große Resistenz dem Strychnin gegenüber auszeichnen.

Unter den Nagern beanspruchen die weißen Mäuse ein besonderes Interesse, weil sie, wenn man ganz junge Tiere benutzt, als ein noch feineres pharmakologisches Reagens auf Strychnin dienen können als Frösche (s. hierüber auch S. 334). Man wählt dazu am besten Tiere im Alter von 14—15 Tagen (neugeborene oder ältere Tiere sind weniger empfindlich). Injiziert man bei diesen Tieren 0,002 mg Strychninnitrat, so stellt sich nach einigen Minuten der erste Tetanusanfall ein, der in einen eigentümlichen, längere Zeit anhaltenden Zustand des Muskelschwirrens übergeht. Nach noch kleineren Dosen läßt sich auch ohne vorherigen Krampf eine feinschlägige Zitterbewegung des Schwanzes beobachten, die leicht registriert werden kann[6]). Für ausgewachsene weiße Mäuse ist die letale subcutane Dosis 0,5—1,25 mg pro Kilo[7]). Kaninchen. Das Prodromalstadium besteht in rascher Atmung, Unruhe, Schreckhaftigkeit, konvulsivischem Zittern. Im übrigen ist über den Verlauf nur zu bemerken, daß man nach der letalen Dosis — 0,4—0,5—0,6 mg pro Kilo subcutan — fast immer nur einen vollentwickelten Tetanusanfall sieht, an den der Tod sich unmittelbar anschließt. Die intravenösen letalen Dosen liegen zwischen 0,2 und 0,5 mg, die innerlichen zwischen 1 und 3 mg pro Kilo[8]). Meerschweinchen haben eine viel größere Widerstandsfähigkeit. Die subcutane letale Dosis wird von verschiedenen Autoren[9]) ziemlich übereinstimmend auf 3—3,4 mg pro Kilo an-

[1]) A. Fröhlich u. H. H. Meyer, Archiv f. experim. Pathol. u. Pharmakol. 79, 77 (1916).

[2]) F. A. Falck, Archiv f. d. ges. Physiol. 36, 285 (1885).

[3]) W. Leube, Archiv f. Anat. u. Physiol. 1867, 629. — J. Vogel, Zeitschr. f. Biol. 32, 308, (1895). — F. A. Falck, Vierteljahrsschr. f. gerichtl. Med. N. F. 21, 12 (1874). — J. Schneider, Monatsh. f. prakt. Tierheilk. 11, 245 (1900).

[4]) Nach M. Carrara, Zentralbl. f. innere Med. 22, 479 (1901) 1, 8 mg.

[5]) Molitoris, Vierteljahrsschr. f. gerichtl. Med. 3. F. 31, 322 (1906).

[6]) F. A. Falck, Vierteljahrsschr. f. gerichtl. Med. N. F. 41, 345 (1884). — H. Führer, Nachweis u. Bestimmung von Giften auf biologischem Wege, Berlin u. Wien 1911, 151. Hier Beschreibung zweckmäßiger Versuchsanordnung.

[7]) F. A. Falck, Archiv f. d. ges. Physiol. 36, 285 (1885). Widal et Nobecourt, Semaine Med. 1898, 93.

[8]) E. Maurel, Compt. Rend. Soc. Biol. 1908, I, 353.

[9]) F. A. Falck, l. c., M. Carrara, l. c. — G. Brunner, Fortschr. d. Med. 16, 365 (1898). — W. Hale, Journ. of Pharmac. and experim. Therap. 1, 39 (1909/10). — L. Launoy sah Meerschweinchen in der kalten Jahreszeit 5 mg pro Kilo überleben (Compt. Rend. de l'Acad. des Sciences 152, 1698 (1911).

gegeben. Launoy[1]) meint, daß man die Dosis in der kalten Jahreszeit mit 5 mg ansetzen könne. Man kann diesen Tieren, ohne irgendwelche Vergiftung zu erzeugen, eine vielfach tödliche Dosis von Strychnin beibringen, wenn man ihnen feinst zerriebene Strychninbase unter die Haut einspritzt. Das Auftreten der tödlichen Strychninwirkung an in gleicher Weise behandelten Kaninchen spricht dafür, daß möglicherweise die Resistenz des Meerschweinchens zum Teil mit geringem Bindungs- und Kumulationsvermögen erklärt werden könnte [Kuenzer unter Straub[2]].

Über die Resistenz des Igels lauten die Angaben verschieden. Noé[3]) veranschlagt die letale subcutane Dosis auf 6—8 mg pro Kilo, während Kobert[4]) 2 mg angibt und Willberg[5]) ihm darin beipflichtet. Schon subcutane Injektion von 0,5—1 mg pro Kilo bewirkt nach letztgenanntem Untersucher mehr oder minder starke Krämpfe, die jedoch nicht tödlich verlaufen. Bei sämtlichen Strychnininjektionen wurde ein charakteristischer Tetanus mit einem sehr ausgeprägten Emprosthotonus beobachtet: das Rückgrat stark ventral gekrümmt, die Füße nach vorn ausgestreckt und der Kopf stark dorsal gebogen.

Bei Katzen wirkt nach Falck[6]) subcutane Injektion von 0,75 mg pro Kilo tödlich. Im Prodromalstadium sind die Tiere entweder ganz ruhig oder suchen zu entkommen, später gehen sie auf steifen Beinen herum, zittern, fahren zusammen, bisweilen sieht man Defäkation. Die Krämpfe beginnen stets mit Opisthotonus und Trismus. Der Tod tritt oft im ersten Anfall ein. Die letale intravenöse Dose beträgt etwa 0,3—0,35 mg pro Kilo [Hatcher u. Smith[7]].

Hunde zeigen nach Fröhner[8]) nach subcutaner Injektion von 0,1 mg pro Kilo eine leichte vorübergehende Wirkung. 0,3—0,4 mg haben eine schwere Vergiftung und häufig den Tod zur Folge, und 0,5 mg sind eine sicher letale Dosis. Der Tod tritt meist nach 2—3, selten mehr, starken Tetanusanfällen ein, die durch verhältnismäßig lange Pausen getrennt sind, in denen man oft Trismus, schwächere tonische Krämpfe und Konvulsionen beobachtet; starker Speichelfluß ist gewöhnlich. Ungefähr die gleiche letale Dosis wird von anderen Autoren angegeben [Carrara[9]), Schwedesky[10]) und Kaufmann[11])]. Bei innerlicher Verabreichung wirkte erst 1—1,2 mg pro Kilo tödlich, selten schon kleinere Mengen [Rieder[12])]. Die letale intravenöse Dosis wird mit 0,2—0,3 mg pro Kilo angegeben [Schaklee und Meltzer[13])].

Schafe bekommen nach subcutanen Dosen von 0,1—0,2 mg nur leichte Zuckungen. 0,3 mg haben dagegen eine sehr heftige Wirkung und 0,4 mg pro Kilo führen zum Tode. Innerlich bleiben 0,6—1,2 mg wirkungslos, 4 mg pro Kilo haben den Tod zur Folge [Feser[14])].

[1]) L. Launoy, l. c.
[2]) R. Kuenzer, Archiv f. experim. Pathol. u. Pharmakol. **77**, 241 (1914).
[3]) J. Noé, Arch. intern. de Pharmacodyn. **12**, 153 (1904).
[4]) R. Kobert, Lehrbuch der Intox. 2. Aufl. Stuttgart 1906, **2**, 1156.
[5]) M. A. Willberg, Biochem. Zeitschr. **48**, 157 (1913).
[6]) F. A. Falck, Vierteljahrsschr. f. gerichtl. Med. N. F. **21**, 12 (1874).
[7]) A. Hatcher and M. L. Smith, Journ. of Pharmacol. and experim. Therap. **9**, 27 (1916).
[8]) E. Fröhner, Lehrb. d. Tox. f. Tierärzte, 3. Aufl. Stuttgart 1910, 202.
[9]) M. Carrara, l. c.
[10]) P. Schwedesky, Diss. Gießen 1910.
[11]) Kaufmann, Traité de Therap. Veterinaire. 4. Ed. Paris 1910, zit. nach Schwedesky.
[12]) C. Rieder, Archiv f. experim. Pathol. u. Pharmakol. **63**, 303 (1910).
[13]) A. v. Schaklee u. S. J. Meltzer, Berliner klin. Wochenschr. **1910**, Nr. 39.
[14]) Feser, Archiv f. wissenschaftl. u. prakt. Tierheilk. **7**, 1881, zit. nach Fröhner, l. c.

Für Schweine wirken 0,6—0,7 mg pro Kilo subcutan tödlich.

Pferde ertragen ohne Nachteil subcutane Dosen von 0,1—0,2 mg, sterben aber unter heftigem Tetanus innerhalb kurzer Zeit nach Injektion von 0,4 mg pro Kilo. Bei innerlicher Verabreichung sind fünfmal größere Dosen nötig (Feser). Colin[1] nennt als tödliche intravenöse Dosis für Pferde 0,1 g Strychninsulfat pro Tier, d. h. etwa 0,1—0,15 mg pro Kilo.

Ein Faultier, Choloepus Hoffmanni, starb angeblich nach 0,6 g Strychnin erst nach 8 Tagen[2]).

Eine bestimmte tödliche Dosis für den Menschen anzugeben, ist nicht möglich, da viele Nebenumstände, der Füllungszustand des Magens, eventuelles Erbrechen, therapeutische Eingriffe usw. die größte Bedeutung für den Ausgang haben. Nach der an verschiedenen Orten gesammelten Kasuistik muß man annehmen, daß die Empfindlichkeit des Menschen viel größer ist als die der Tiere. Eine Reihe Todesfälle sind nach innerlichen Dosen von 30—40 mg bei Erwachsenen und einigen wenigen Milligramm bei Kindern eingetroffen. Namentlich Patienten mit Gefäß- und Herzerkrankungen bekamen wiederholt Krämpfe nach subcutaner Injektion von 1—10 mg Strychninnitrat.

Einfluß des Alters. Es ist hinzuzufügen, daß die oben angeführten Dosen nur für den vollentwickelten Organismus gelten. In früheren Lebensperioden hat man bei mehreren Versuchstieren sehr eigentümliche Variationen hinsichtlich der Resistenz gefunden. Gusserow[3]) sah bei Injektion enormer Dosen bei Kaninchen-, Katzen- und Hundeföten nur schwache Wirkungen. „Vier Hundeföten, die fast reif waren, überlebten Injektionen von 0,1 g Strychnin eine geraume Zeit ohne besondere Erscheinungen; bei einem Katzenfoetus betrug die Dosis sogar 0,15 g und es erfolgte nichts." Die Erklärung wird in einer „noch nicht vollendeten Struktur des Rückenmarks" gesucht. Auch in den ersten Tagen nach der Geburt ist laut verschiedenen Mitteilungen die Empfindlichkeit bei Hunden gering. So gibt Bert[4]) an, daß 8—10 Tage alte Hunde (Gewicht ungefähr 600 g) Dosen bis zu 7,7 mg Strychninsulfat überlebten und erst der Wirkung von 15 mg des Giftes erlagen. Demant[5]) berichtet, daß ein neugeborener Hund (Gewicht etwa 500 g) weder starb noch Tetanus bekam nach Injektion von 4 mg Strychnin im Lauf von zwei Stunden.

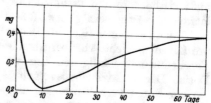

Abb. 14. Krampfdosen bei Kaninchen in den ersten zwei Monaten. Abscisse = Tage. Ordinaten = mg Strychnin pro KiloGewicht.

Eine systematische Untersuchung über den Einfluß des Alters bei Kaninchen, Mäusen und Meerschweinchen wurde von Falck[6]) ausgeführt und ergab in mehreren Beziehungen interessante Resultate, über die hier kurz berichtet werden soll:

Die Empfindlichkeit gegenüber der krampferzeugenden Wirkung des Strychnins war bei dem neugeborenen und dem ausgewachsenen Kaninchen gleich, aber in dem Zeitraum zwischen dem ersten und sechzigsten Tage großen Veränderungen unterworfen, die durch nebenstehende Abb. 14 illustriert werden:

Man sieht, daß die Krampfdosis am ersten Tag 0,4 mg pro Kilo beträgt, dann aber sehr rasch fällt, so daß das Tier, wenn es 10 Tage alt ist, doppelt so fein reagiert wie bei der Geburt. Danach nimmt die Empfindlichkeit langsam ab, bis sie bei einem Alter von ungefähr 2 Monaten ihren bleibenden Wert erreicht hat. Die Ursache für dieses eigentümliche Verhalten muß in vom Lebensalter abhängigen Unterschieden in den Funktionen des Nervensystems und der Muskeln liegen. Auch die Form der Krämpfe wechselt. Die jungen Tiere

[1]) G. Colin, Traité de Physiol. comparée des animaux, Paris 1873, 2, 96.
[2]) E. Du Bois-Reymond, Archiv f. Anat. u. Physiol. 1868, 755.
[3]) A. Gusserow, Archiv f. Gynäkol. 13, 56 (1878).
[4]) P. Bert, Gaz. med. de Paris 1870, 145; zit. nach F. A. Falck.
[5]) B. Demant, Zeitschr. f. physiol. Chemie 10, 441 (1886). Auch Gorochofzeff (Deutsche Klinik 1874, 316) erörtert die Widerstandsfähigkeit neugeborener Hunde.
[6]) F. A. Falck, Archiv f. d. ges. Physiol. 34, 530 (1884); 36, 285 (1885).

zeichnen sich dadurch aus, daß lange Serien von Krampfanfällen auftreten (während das ausgewachsene Tier oft im ersten Anfall stirbt), und daß diese nicht die typische Tetanusform haben, sondern nur von einer kurzen tetanischen Streckung eingeleitet werden, an die sich ein mehrere Minuten dauerndes Muskelzittern anschließt, währenddessen die Atmung wieder einsetzt. Ein ganz anderes Aussehen hat die Kurve für die tödlichen Dosen: die neugeborenen Tiere haben eine sehr große Resistenz (7 mg pro Kilo), die in den ersten Tagen sehr rasch abnimmt (am 10. Tag 1,8 mg), darauf langsamer, bis sie ungefähr am 40. Tag ihren definitiven Wert erreicht hat (etwa 0,5—0,6 mg pro Kilo). Bei dem erwachsenen Tier liegen also die Krampfdosis und die tödliche Dosis sehr nahe beieinander.

Bei Mäusen fand Falck höhere absolute Zahlen, aber denselben Verlauf der Kurve für die Krampfdosen wie bei Kaninchen. Am 15. Tag war die Empfindlichkeit am größten; um Krämpfe hervorzurufen, bedurfte es nur halb so großer Dosen (0,37 mg pro Kilo) wie in den ersten Lebenstagen und wie bei Tieren, die ein Alter von 80—90 Tagen erreicht hatten. Vom 20. Tage ab fielen Krampf- und Tötungsdosis zusammen, daher starben die Tiere wie die Kaninchen im ersten Anfall.

Im Gegensatz zu den erwähnten Tieren war die Empfindlichkeit bei Meerschweinchen am größten bei der Geburt und nahm gleichmäßig ab, bis das Tier im ausgewachsenen Zustand ungefähr doppelt so große Dosen ertrug wie im neugeborenen, ein Verhalten, das Falck darauf zurückführt, daß Meerschweinchen bei der Geburt bereits auf derselben Entwicklungsstufe stehen wie Kaninchen und Mäuse am 10.—15. Tag.

Chronische Vergiftung. Gewöhnung.

Chronische Strychninvergiftung ist nicht mit Sicherheit bekannt.

Strychnin wirkt kumulativ. Bei langdauerndem medizinischen Gebrauch hat man erlebt, daß plötzlich, ohne daß die therapeutischen Dosen überschritten waren, heftige akute Vergiftung ausbrach[1]). Die kumulative Wirkung ist sowohl bei Säugetieren wie bei Fröschen[2]) konstatiert worden. Als Beispiel mag angeführt werden, daß ein Kaninchen von 1200 g Gewicht 12 Tage hintereinander 0,5 mg Strychnin erhielt ohne Vergiftung, am 13. Tage löste die gleiche Dosis heftigen Tetanus aus [Meier[3])].

Die kumulative Wirkung des Strychnins ist wohl hauptsächlich in seiner langsamen Ausscheidung begründet. Will man untersuchen, ob Gewöhnung stattfinden kann, muß man daher entweder mit sehr kleinen Dosen vorgehen, oder man muß zwischen jeder Darreichung des Giftes mehrere Tage vergehen lassen, so daß die vorige Dosis ausgeschieden sein kann, ehe eine neue gegeben wird. Bei letztgenanntem Vorgehen kann vielleicht eine gewisse Gewöhnung erreicht werden; so gibt Launoy[4]) an, durch jeden 8.—10. Tag wiederholte intramuskuläre Injektionen Meerschweinchen so weit gebracht zu haben, daß sie ohne deutliche Reaktion Dosen ertrugen, die um 25—50% größer waren als die ursprünglich Krampf erzeugenden. Im Laufe von 7 Monaten erhielt Hale[5]) eine sehr zweifelhafte Erhöhung der Resistenz eines Hundes[6]).

[1]) Siehe z. B. L. Lewin, Die Nebenwirkungen der Arzneimittel, 2. Aufl. Berlin 1893, s. 293.

[2]) H. A. Hare, Amer. Journ. of Physiol. **5**, 332 (1901). — A. Goldscheider, Zeitschr. f. klin. Medizin **26**, 175 (1894). — G. Schlegel, Diss. Berlin 1892. — E. Stark, Diss. Erlangen 1886. — H. T. Mostrom u. H. McGuigan, Amer. Journ. of Physiol. **29**, XXXV, 1911/12.

[3]) H. Meier, Berliner klin. Wochenschr. **1905**, 1225.

[4]) L. Launoy, Compt. rend. de l'Acad. des Sc. **152**, 1698, (1911).

[5]) W. Hale, Journ. of Pharmacol. u. experim. Therap. **1**, 39 (1909/10).

[6]) W. Leube (Archiv f. Anat. u. Physiol. **1867**, 629) gibt eine bedeutende Gewöhnung bei verschiedenen Tieren an, aber das Präparat ist nach den angeführten Dosen zu urteilen nicht rein gewesen. Ob H. Meiers (l. c.) „Immunisierung" von Kaninchen geglückt ist, läßt sich bei dem Fehlen der Versuchsprotokolle nicht beurteilen; es wurden außerdem hauptsächlich „junge" Kaninchen benutzt, bei denen die spontane zunehmende Resistenz eine Fehlerquelle ist, die zu berücksichtigen ist. Vgl. S. 383.

Antagonismus.

Die Narkotica der Fettreihe, Chloroform, Chloral usw. sind die natürlichen Antagonisten des Strychnins in dem Sinne, daß sie den Tetanus zum Aufhören bringen; durch eine Chloraldosis, die tiefen und anhaltenden Schlaf herbeiführt, kann es gelingen, Kaninchen zu retten, denen etwas mehr als die letale Menge Strychnin beigebracht worden ist. Auch Alkohol hat eine ähnliche, aber weit schwächere Wirkung. Umgekehrt hat das Strychnin, wie einst behauptet wurde, keine sonderliche Wirkung in der tiefen Chloral- oder Chloroformnarkose[1]).

Wir wissen jetzt, daß die ältere Auffassung von Curare und Strychnin als Antagonisten[2]) nicht richtig ist, sondern daß diese Alkaloide trotz der Ungleichheit der Vergiftungsbilder tatsächlich intim verwandt sind. Tillie[3]) hat unter Boehms Leitung nachgewiesen, daß unter gewissen Versuchsbedingungen auch Curarin Tetanus hervorruft. Unter gewöhnlichen Umständen macht die Lähmung der motorischen Nervenendigungen, die auch, wenn auch in weit schwächerem Grade beim Strychnin vorhanden ist, den Ausbruch von Krämpfen unmöglich. Bei gleichzeitiger Applikation von Curare und Strychnin kommen Krämpfe daher nicht zur Entwicklung, aber das Versuchstier stirbt rascher als wenn jedes Gift für sich allein gegeben wird [Bernard[4]), Magron und Buisson[5])]. Wird dagegen intravenöse Injektion von Curare mit langdauernder künstlicher Atmung oder intratrachealer Insufflation [Shaklee und Meltzer[6])] verbunden, so können bei Hunden sehr schwere Strychninvergiftungen überwunden werden, namentlich wenn die Ausscheidung des Giftes gleichzeitig durch intravenöse Infusion von Ringerlösung beschleunigt wird.

Bei mit Morphin vorbehandelten Fröschen stellt sich der Tetanus rascher ein als bei normalen Tieren [Guigan und Ross[7])].

Von Exner[8]) wurde experimentell an Meerschweinchen und Kaninchen nachgewiesen, daß intraperitoneale Injektionen von Adrenalin die Resorption sowohl intraperitoneal wie innerlich gegebener Gifte (Physostigmin, Cyankalium, Strychnin) hemmt, und daß die Verzögerung der Giftaufnahme unter günstigen Umständen so bedeutend sein kann, daß der Tod der Versuchstieres ausbleibt, während das Kontrolltier der Vergiftung unterliegt. Nach Meltzer und Auer[9]) kann man auch durch intravenöse Adrenalininjektionen Kaninchen weniger empfindlich gegen nachfolgende subcutane Strychnineinspritzungen machen. Injiziert man Meerschweinchen subcutan eine Mischung von Strychnin und Adrenalin (im Verhältnis 3,2 mg + 0,6 mg), so kann Vergiftung ausbleiben, ebenfalls infolge von Resorptionshemmung. Man kann nicht mit Falta und Ivcovic[10]) hieraus auf einen wirklichen Antagonismus zwischen den beiden Giften schließen, denn injiziert man dieselbe Mischung intravenös, dann verfallen die Tiere in gewöhnlicher Weise in typische Strychninkrämpfe [Januschke[11])]. Das Adrenalin kann sogar die Giftigkeit des Strychnins erhöhen [Camus u. Porak[12])] und den Ausbruch der Krämpfe beschleunigen [Mostrom und McGuigan[13])]. Die diastolische Herzverlangsamung oder der Stillstand, den große Strychnindosen bei

---

[1]) O. Liebreich, Compt. rend. de l'Acad. des Sc. **70**, 403 (1870). — Oré, ebenda **74**, 1493, 1579 (1872); **75**, 33, 215 (1872). — J. L. Prévost, Bull. de la Suisse Rom. **1875**, 82; zit. nach dem gleichen Autor, Archiv de Physiol. (2) **4**, 808 (1877). — Th. Husemann, Archiv f. experim. Pathol. u. Pharmakol. **6**, 335 (1877); **10**, 101 (1879). Speziell über Alkohol u. Strychnin handelt eine ausführl. Studie von C. Stacchini, Archiv de Physiol. (2) **4**, 479 (1877). G. Bikeles u. L. Zbyzewski, Zentralbl. f. Physiol. **27**, 433 u. 533 (1914).

[2]) Siehe z. B. L. Vella, Compt. rend. de l'Acad. des Sc. **51**, 353 (1860).

[3]) J. Tillie, Archiv f. experim. Pathol. u. Pharmakol. **27**, 1 (1890).

[4]) Cl. Bernard, Leçons etc. s. 376.

[5]) M. Magron et Buisson, Compt. rend. de la Soc. de Biol. **1859**, 147.

[6]) A. O. Shaklee and S. J. Meltzer, Berliner klin. Wochenschr. **1910**, Nr. 39.

[7]) H. McGuigan und E. L. Ross, Journ. of Pharmacol. and experim. Therap. **7**, 385 (1915).

[8]) A. Exner, Zeitschr. f. Heilk. **1903**, H. 12, Archiv f. experim. Pathol. u. Pharmakol. **50**, 512 (1903).

[9]) S. J. Meltzer und C. Auer, Transact. of the Assoc. of Amer. Physic. **1904**, zit. nach Januschke s. u.

[10]) W. Falta u. L. Ivcovic, Berliner klin. Wochenschr. **1909**, 1929.

[11]) H. Januschke, Wiener klin. Wochenschr. **1910**, Nr. 8, S. A.

[12]) J. Camus u. R. Porak, Compt. rend. de la Soc. de Biol. **1913**, 1329. Nach Exstirpation der Nebennieren wird die Empfindlichkeit des Kaninchens gegen Strychnin erhöht; dies ist aber nur als Folge der eingreifenden Operation, nicht des Wegfalls der Adrenalinsekretion zu deuten, s. Camus u. Porak, Ebenda **1913**, 387 u. 1329.

[13]) H. T. Mostrom u. McGuigan, Journ. of Pharmacol. and experim. Therap. **3**, 521 (1911/12).

Fröschen hervorrufen, wird, falls die Lähmung nicht zu weit vorgeschritten ist, durch verschiedene Herzreizmittel, z.B. Adrenalin, Strophantin, Bariumchlorid, Campher, aufgehoben [Januschke, Igersheimer[1])]. Strychnin kommt am Frosch langsamer zur Wirkung, wenn die Haut vorher und gleichzeitig der Wirkung von Adrenalin ausgesetzt ist, eine isolierte Erscheinung, denn Coffein, Muscarin, Barium- und Ferrocyanionen dringen durch die mit Adrenalin vorbehandelte Haut mit gleicher Geschwindigkeit wie durch normale [Lang[2])].

Daß das in den Rückenmarkskanal injizierte Cocain infolge seiner lähmenden Wirkungen die Strychninkrämpfe verhindern kann, ist in diesem Handbuch in dem Abschnitt über Cocain erörtert worden.

Pilocarpin ist als Antidot bei Strychninvergiftung angewandt worden, vermutlich in dem Gedanken, die Ausscheidung dadurch zu befördern, wirkt aber nach Meltzer und Salant[3]) nur schädlich. Nach Pilocarpingaben, die selbst keine merkliche Wirkung hatten, traten die Strychninkrämpfe früher auf, und die letalen Dosen wurden verringert.

Die einstmals versuchte Behandlung des Wundstarrkrampfes und des idiopathischen Tetanus mit Physostigmin brachte Husemann[4]) auf den Gedanken, dieses Alkaloid auch bei Strychninvergiftung zu versuchen. Eine deutliche Gegenwirkung kommt in den beschriebenen Versuchen kaum zum Vorschein.

Die lähmende Wirkung großer Campherdosen kann bei Fröschen den Ausbruch von Krämpfen nach kleinen Strychnindosen verhindern [Binz[5])].

Bekanntlich wird in neuerer Zeit dem Calciumstoffwechsel eine besondere Beziehung zur Tetanie vindiziert. Die durch Parathyreoidektomie bei Hunden hervorgerufene Tetanie kann durch Darreichung von Calciumsalzen bekämpft werden, und die gleiche Behandlung ist mit günstiger Wirkung auch beim Menschen gegen Tetanie verschiedenen Ursprungs angewandt worden. Man setzt ferner voraus, daß der Calciumstoffwechsel jedenfalls teilweise unter dem Einfluß von Drüsen mit innerer Sekretion steht. Auf dieser Grundlage machte Silvestri[6]) Versuche mit kastrierten Kaninchen und fand, daß die 10 Tage vor der Vergiftung vorgenommene Kastration die Strychninkrämpfe hemmte. Parhon und Urechia[7]) teilen mit, daß ein kastrierter Hund subcutane Injektion einer sehr großen Strychnindosis (3 mg pro Kilo) überlebte, daß die Operation aber nicht gegen die Wirkung des intraperitoneal eingebrachten Giftes beschützte. Aus Yagis[8]) Versuchen geht hervor, daß bei mit Calcium vorbehandelten Esculenten selbst mehr als die doppelte Menge der minimal tetanisierenden Strychnindosis nicht imstande ist, richtigen Tetanus zu erzeugen.

Die curareartige Paralyse bei der Magnesiumnarkose läßt sich durch Strychnin durchbrechen [Schütz, Bikeles u. Zbyzewski[9])].

Die auffallende äußere Ähnlichkeit zwischen dem Wundstarrkrampf und der Strychninvergiftung macht es leicht erklärlich, daß man, namentlich in früherer Zeit, als die Sonderstellung der Bakteriengifte weniger bekannt war wie heute, an die Möglichkeit dachte, daß das Gift der Tetanusbacillen und das Strychnin miteinander verwandt wären, oder daß man eine gegenseitige Immunisierung oder Abschwächung erreichen könnte.. Die Ergebnisse der Untersuchungen sind etwas verschieden ausgefallen, aber, wie man von vornherein erwarten konnte, meist völlig negativ[10]).

[1]) H. Januschke, l. c.; J. Igersheimer, Archiv f. experim. Pathol. u. Pharmakol. **54**, 73 (1906).
[2]) E. Lang, Archiv f. experim. Pathol. u. Pharmakol. **84**, 1 (1918).
[3]) S. J. Meltzer u. W. Salant, Studies from the Rockefeller Institute for Med. Research **3**, Nr. 7 (1907).
[4]) Th. Husemann, Archiv f. experim. Pathol. u. Pharmakol. **10**, 117 (1879).
[5]) C. Binz, Archiv f. experim. Pathol. u. Pharmakol. **8**, 50 (1878).
[6]) Silvestri, Gaz. degli ospedali **1910**, Nr. 65, zit. nach Münch. med. Wochenschr. **1910**, II, 2012.
[7]) C. Parhon und C. Urechia, Compt. rend. des la Soc. de Biol. **1911**, I, 610.
[8]) S. Yagi, Archiv de intern. Pharmacodyn. **22**, 259 (1912). — W. Burridge, Quart. Journ. of Med. **10**, 142 (1917); zit. nach Zentralbl. f. Biochemie u. Biophysik **19**, 421 (1918): Beschreibung abnormer Strychninwirkung an decalcifizierten Herzen.
[9]) J. Schütz, Zeitschr. f. Balneologie **8**, H. 11/12 (1915), zit. nach Zeitschr. f. Biochemie u. Biophysik **18**, 618 (1916). — G. Bikeles u. L. Zbyzewski, Zentralbl. f. Physiol. **27**, 553 (1914).
[10]) Peyraud, Journ. de Med. de Bordeaux **1890**, Nr. 1 u. 2, zit. nach H. Wapler. — Rummo, Riforma med. **1893**, zit. nach Centralbl. f. Bakt. u. Parasitenk. **15**, 513. 1894, — H. Wapler, Diss. Leipzig 1895. — A. Goldscheider, Zeitschr. f. klin. Medizin **26**, 175 (1894). — V. Lusini, Arch. ital. de Biol. **28**, 36 (1897). — G. Brunner, Fortschr. d. Medizin **16**, 365 (1898). — C. Raimondi, Archiv f. experim. Pathol. u. Pharmakol., Supplementb. **1908**, 449.

Um zu versuchen, ob das Blut relativ refraktärer Tiere die Resistenz empfindlicherer Tierarten steigern könne, injizierten Giacoso und Robecchi[1]) Ratten und Kaninchen Hühnerblut, jedoch ohne Wirkung. Auch Blut von Meerschweinchen vermochte die Resistenz von Hunden nicht zu erhöhen [Baruchello[2])]. Monaco[3]) behandelte Kaninchen zu wiederholten Malen mit Pferdeblutserum und schloß aus seinen Experimenten, daß diese Behandlung die Tiere die minimale letale Dosis überstehen ließ. Der Schluß ruht jedoch, wie die mitgeteilten Versuchsprotokolle ergeben, auf einer schwachen Grundlage, da die tödliche Dosis bei Kaninchen auch ohne Behandlung etwas variiert. Das Resultat von 47 Versuchen mit Rinderblutserum war, daß 1—3 Injektionen ohne Einfluß waren, während eine größere Anzahl Injektionen den Erfolg hatten, daß die Mehrzahl der Kaninchen die kritische Strychnindosis (0,6 mg pro Kilo) überlebten. Durch Vorbehandlung von Kaninchen mit verschiedenen Hirnextrakten wurde die Resistenz gegen Strychnin vielleicht eine Kleinigkeit erhöht [Raimondi[4])]. Lawrows[5]) Versuche mit Lecithin bei Fröschen ergaben kein bestimmtes Resultat.

Konstitution und Wirkung. Derivate.

Es würde außerordentlich interessant sein festzustellen, welche Eigentümlichkeiten im Molekül es sind, die den höchst charakteristischen Wirkungen des Strychnins zugrunde liegen. Leider weiß man bisher sehr wenig über seine Konstitution. Trotz vieljähriger Arbeit gelangten die Strychninforscher[6]) nicht weiter als bis zu folgender Auflösung der Formel:

$$C_{20}H_{22}NO \begin{matrix} CO \\ NH \end{matrix}$$

Es befinden sich also im Strychnin 2 sauerstoffhaltige Gruppen, von denen die eine in dem großen Komplex ($C_{20}H_{22}NO$) steht, die andere außerhalb desselben. Der Versuch zeigt, daß sie beide in Beziehung zur Wirkung stehen; wird die eine durch Reduktion verändert, so treten die Krämpfe in abgeschwächter Form auf, wird auch die andere reduziert, so hört jede Krampfwirkung auf.

Bekanntlich machten Brown und Fraser[7]) im Jahre 1868 die wichtige Entdeckung, daß verschiedene Alkaloide durch Addition von Jodmethyl und die dadurch bewirkte Überführung in quaternäre Ammoniumbasen Curarewirkung erhalten, während gleichzeitig die ursprüngliche Wirkung mehr oder minder verschwindet. Dies gilt u. a. für das Strychnin; Methylstrychnin wirkt weit stärker lähmend auf die motorischen Nerven als die Muttersubstanz, ruft aber, wie namentlich Tillie[8]) nachgewiesen hat, wenn die Lähmung vorübergegangen ist, Reflextetanus hervor. Die Wirkung ist also nicht ganz verwandelt, sondern es ist nur eine Modifikation der Aufeinanderfolge und der Intensität der Grundwirkungen des Strychnins eingetreten.

Im übrigen liegen über verschiedene Strychninderivate zerstreute Mitteilungen vor, die hier nur in größter Kürze angeführt werden sollen.

Beim Dinitrostrychnin tritt bei Fröschen neben der Steigerung der Reflexerregbarkeit, die im Strychnin versteckte Curarewirkung stark hervor, während bei Kaninchen die

---

[1]) G. Giacoso u. Robecchi, zit. nach Schmidts Jahrb. **239**, 91 (1893).

[2]) L. Baruchello, Riforma med. **2**, 441 (1901), zit. nach Arch. ital. de Biol. **38**, 482 (1902).

[3]) D. Lo Monaco, Arch. ital. de Biol. **39**, 63 (1903).

[4]) C. Raimondi, l. c.

[5]) D. M. Lawrow, Verhandl. d. Med.-Pirogow-Ges. Jurjew, Bd. **3**, zit. nach Centralbl. f. Biochemie u. Biophysik **12**, 556 (1911 12).

[6]) Siehe zahlreiche Arbeiten von J. Tafel, A. Pictet u. H. Leuchs in Annalen d. Chemie u. Pharmazie u. Ber. d. deutsch. chem. Ges.

[7]) A. C. Brown u. Th. R. Fraser, Transact. Roy. Soc. Edinburg **25**, 707 (1868).

[8]) J. Tillie, Archiv f. experim. Pathol. u. Pharmakol. **27**, I (1890). Weitere Literatur über Methylstrychnin mit teilweise abweichenden Resultaten: Stahlschmidt, Poggendorfs Annalen d. Physik u. Chemie **108**, 513 (1859). — Schroff, Wochenbl. d. Zeitschr. d. k. k. Ges. der Ärzte, Wien **1866**, 157. — F. Jolyet et A. Cahours, Compt. rend. de l'Acad. des Sc. **67**, 904 (1868). — R. Buchheim u. Loos, Eckhards Beiträge **5**, 179 (1870). — G. Valentin, Archiv f. d. ges. Physiol. **7**, 222 (1873). — J. Faure, Diss. Dorpat 1870. — W. F. Loebisch u. P. Schoop, Wiener Ber. d. k. k. Acad. Wien. Math.-naturw. Klasse **92**, Abt. 2, 1001 (1885). Diese Literatur ist z. T. nach A. Mutert, Diss. Kiel 1894, angeführt.

25*

allgemeine zentrale Lähmung besonders ausgesprochen ist. Noch stärkere Curarewirkung besitzen verschiedene Nitrobrucine [Walko[1])].

Auch bei vielen andern Strychninderivaten tritt eine lähmende Wirkung auf Kosten der Krämpfe hervor, so beim Strychnin- (und Brucin)brombenzylat und Strychninjodessig-säuremethylester [(Hildebrandt[2])], Oxyäthylstrychnin [Vaillant und Vierordt[3])], Strychninhydrur [Dreser[4])], Isostrychnin [Pictet, Bacovescu, Wiki[5])], Strychninoxyd [Pictet, Babel, Mattison[6])]. Die meisten dieser Substanzen sind viel weniger giftig als Strychnin. Monobromstrychnin ist nach Ciusa und Scagliarini[7]) ebenso giftig wie das Strychnin selbst, eine andere bromhaltige Verbindung war nur schwachwirkend. „Brom-strychnin" hat nach Lauder Brunton[8]) viel Ähnlichkeit mit Strychnin. Monochlor-strychnin erzeugte heftige Krämpfe [Richet und Bouchardat[9])], während Tetra- und Oktochlorstrychnin ohne Wirkung waren [Ciusa u. Scagliarini[10])]. Verschiedene Alkyl-betaine des Strychnins wirken nach Chevalier[11]) schwach. Die Wirkungen der von Har-nack[12]) untersuchten Polysulfide des Strychnins und Brucins stimmen im wesentlichen mit den Wirkungen der darin enthaltenen Alkaloide überein.

II. Brucin.

Im Vergleich zu der überwältigenden Strychninliteratur sind es nur eine sehr bescheidene Anzahl Publikationen, die sich ausschließlich mit Brucin beschäftigen. Meist wird es nur flüchtig in den über Strychnin handelnden Arbeiten erwähnt. Daß das Brucin in der Literatur so stiefmütterlich behandelt worden ist, hat seine leicht erklärliche Ursache darin, daß es sich in seinen Wirkungen eng an das Strychnin, das als das zuerst entdeckte und weit stärkere Gift in höherem Grade das Interesse absorbiert hat, anschließt. Auch hier sollen nicht die Wirkungen des Brucins auf alle Organe besprochen werden — eine solche Beschreibung würde zu viele Wiederholungen des beim Strychnin Gesagten bieten, und es liegt auch nicht genügend Material dafür vor — sondern die Aufmerksamkeit wird sich wesentlich auf die Punkte richten, worin die beiden Alkaloide sich voneinander unterscheiden.

Der erste sofort in die Augen fallende Unterschied ist der, daß das Brucin weit schwächere Wirkungen besitzt. Nach Falcks[13]) zahlreichen Versuchen mit Kaninchen ist das Verhältnis zwischen den letalen Dosen von Strychnin und Brucin 1:38. Bratz[14]) erhielt für Tauben dieselben Zahlen (1:37), Reichert[15]), der mit Hunden experimentierte, fand 1:40—50, und Singer[16])

[1]) R. Walko, Archiv f. experim. Pathol. u. Pharmakol. **46**, 181 (1901).
[2]) H. Hildebrandt, Archiv f. experim. Pathol. u. Pharmakol. **53**, 76 (1905).
[3]) Vaillant u. Vierordt, siehe S. Fränkel, Arzneimittelsynthese, 3. Aufl. Berlin 1912, S. 450.
[4]) H. Dreser, Tagebl. d. Braunschw. Naturforscherversamml. **1897**.
[5]) A. Pictet, A. Bacovescu, B. Wiki, Ber. d. Chem. Ges., Berlin **38**, 2787 (1905). — B. Wiki, Bull. gen. de Therap. **168**, 68 (1914).
[6]) A. Pictet, A. Babel u. M. Mattison, Ber. d. Chem. Ges., Berlin **38**, 2782 (1905).
[7]) R. Ciusa e G. Scagliarini, Atti della R. Acad. dei Lincei (5) **20**, 201 (1911), zit. nach Centralbl. f. Biochemie u. Biophysik **12**, 700 (1911/12). Gaz. chim. ital. **43**, 59, zit. nach Chem. Centralbl. **1913**, II, 1153.
nach Centralbl. f. Biochemie u. Biophysik **12**, 700 (1911/12).
[8]) T. Lauder Brunton, Journ. Chem. Soc. London **47**, Transact. 143, 1885.
[9]) Ch. Richet u. A. Bouchardat, Compt. rend. de l'Acad. des Sc. **81**, 990 (1880).
[10]) l. c.
[11]) J. Chevalier, Compt. rend. de la Soc. de Thérap. **1914**, 255. Abgedruckt in Les nouveaux Remèdes **1914**, 241.
[12]) E. Harnack, Archiv f. experim. Pathol. u. Pharmakol. **34**, 156 (1894.)
[13]) F. A. Falck, Vierteljahrsschr. f. gerichtl. Med. N. F. **23**, 78 (1875).
[14]) E. Bratz, Diss. Kiel 1901.
[15]) E. T. Reichert, Med. News **72**, 369 (1893), zit. nach Ref. in Therap. Monatsh. **1893**, 564.
[16]) H. Singer, Archiv f. Ophthalmol. **50**, 665 (1900).

berechnete nach seinen Versuchen mit Rana temporaria 1:58. Eine Sonderstellung nehmen nach Rothmaler [1]) Mäuse ein, die sich durch eine große
Resistenz gegen Brucin auszeichnen; die Verhältniszahl ist 1:140. Wenn
ältere Autoren teilweise stark abweichende Zahlen angeben, z. B. Pelletier
und Caventou [2]) 1:12, Andral [3]) 1:24, so ist der Grund dafür unzweifelhaft
der, daß die Präparate in früherer Zeit beinahe immer mit Strychnin verunreinigt waren.

Der zweite wesentliche Unterschied ist der, daß die Curarewirkung und
wahrscheinlich zugleich die zentrale Lähmung beim Brucin viel mehr hervortritt.

Dadurch wird bei Fröschen, namentlich bei Rana esculenta, das Vergiftungsbild so geändert, daß ein typischer Tetanus nicht zur Entwicklung kommt.
Die Tiere fallen, je nach der Größe der Dosen, entweder unmittelbar oder nach
einem kurzen Stadium erhöhter Reflexerregbarkeit und schwachen Krämpfen
der motorischen Lähmung anheim. Bei Rana temporaria tritt nach kleinen
Dosen ein regulärer Tetanus ein, der jedoch meistens nicht die Intensität und
Dauer der Strychninkrämpfe erreicht. Sind die Dosen einigermaßen groß,
so sind die Krämpfe auch bei Temporaria nur angedeutet und werden schon
nach wenigen Minuten von Lähmung abgelöst; zuletzt hören die Bewegungen
der Atmungsmuskulatur auf. Behandelt man die Tiere sorgfältig (kühler
Raum, häufiger Wechsel des Wassers), so kann die Vergiftung denselben eigentümlichen Verlauf nehmen, wie er beim Strychnin beschrieben ist: Nach tagelanger kompletter Unbeweglichkeit stellen sich schwache Reflexzuckungen
ein, die die Einleitung zu einem mehrtägigen Tetanus bilden, worauf die Tiere
sich allmählich erholen. Bei Esculenta ist auch dieses zweite Krampfstadium
schwächer [4]).

Die Curarewirkung des Brucins wurde bereits von Wittich [5]) erkannt
und später von einer Reihe von Forschern [6]) bestätigt. Die Wirkung auf die
motorischen Nervenenden ist in neuerer Zeit besonders eingehend von
Santesson [7]) studiert worden. Santessons Untersuchungen gehen von der
von Boehm [8]) nachgewiesenen Tatsache aus, daß die Nervenendigungen
vor der definitiven Lähmung ein Stadium der leichten Erschöpfbarkeit bei noch
erhaltner Reizbarkeit aufweisen. Vermittelst der hierauf begründeten „Methode
der Ermüdungsreihen" gelangt Santesson zu dem zahlenmäßigen exakten
Ausdruck (Kurve im Original) dafür, daß das Brucin, unabhängig von Krämpfen
und andern ermüdenden Einflüssen, in weit höherem Grade als Strychnin Curarewirkung hervorbringt, und daß beide Gifte viel stärker auf Esculenta als auf
Temporaria wirken.

Auch die Lähmung der sensiblen Nervenenden, die beim Strychnin
nur angedeutet ist, tritt beim Brucin deutlich hervor [Mays [9])].

[1]) O. Rothmaler, Diss. Kiel 1893.
[2]) Pelletier u. Caventou, Annales de Chim. et de Phys. **12**, 113 (1819).
[3]) Andral, Journ. de Physiol. experim. et pathol. **3**, 266 (1823).
[4]) Über den Farbwechsel während der Brucinwirkung (Erregung und Lähmung der
Melanophoren) siehe R. E. Fuchs, Biolog. Zentralbl. **26**, 863 (1906).
[5]) V. Wittich, Virchows Archiv **13**, 421 (1858).
[6]) E. Liedke, Diss. Königsberg 1876. -- R. P. Robins, Philadelph. Med. Times **1879**,
228. — B. F. Lautenbach, ebenda **1879**, 521. — Monnier, Compt. rend. de la Soc. de
Chim. de Génève **1880**, 57, zit. nach Singer. — Wintzenried, Diss. Génève 1882.
[7]) C. G. Santesson, Archiv f. experim. Pathol. u. Pharmakol. **35**, 57 (1895). Skandinav. Archiv f. Physiol. **6**, 308 (1895).
[8]) R. Boehm, Archiv f. experim. Pathol. u. Pharmakol. **35**, 16 (1895).
[9]) Th. J. Mays, Journ. of Physiol. **8**, 391 (1887).

Das Herz bleibt nach Liedtke[1]) bei der Brucinvergiftung lange intakt. Erst wenn Lähmung eingetreten ist, sinkt allmählich die Pulsfrequenz. Ein vollständiger Stillstand trat erst nach 20—30 Stunden oder noch längerer Zeit ein, je nach der Größe der Dosen. Auch direkte Applikation von Brucin auf das Herz hatte eine Verlangsamung zur Folge. Kleine Dosen haben dem gleichen Autor zufolge keine Wirkung auf den N. vagus. Größere Gaben (10 mg) lähmen ihn. Die Pulsation der Lymphherzen hört sehr bald auf, tritt jedoch noch längere Zeit auf Hautreize ein, und zwar solange noch Reflexzuckungen zu erlangen sind.

Bei Säugetieren kommt die lähmende Wirkung des Brucins weniger deutlich zum Vorschein, und der Verlauf der Vergiftung läßt sich nach äquivalenten Dosen kaum von der Strychninvergiftung unterscheiden. Die Tiere bekommen den heftigsten Tetanus und sterben bald nach einem Anfall an Atemlähmung. Wenn während künstlicher Atmung das Gift weiter verabfolgt wird. so lassen, wie oben für das Strychnin beschrieben, die Krämpfe allmählich nach, die Reflexerhöhung verschwindet, und es tritt völlige Bewegungslosigkeit ein, in welchem Zustande die Tiere noch einige Zeit am Leben bleiben können [Uspenski[2])].

Mit der Wirkung auf den Kreislauf beschäftigt sich eine Arbeit von Kattein[3]), welcher findet, daß kleine Brucindosen bei curarisierten Kaninchen die Pulsfrequenz infolge zentraler Wirkung auf den Vagus herabsetzen und durch Erregung des vasomotorischen Zentrums eine geringe Blutdrucksteigerung verursachen, während größere Dosen ein bedeutendes Fallen des Blutdrucks hervorriefen. Der Puls war nach großen Dosen dauernd langsam, wahrscheinlich auf Grund einer lähmenden Wirkung auf das Herz, denn der Vagus war unerregbar.

Das Atemzentrum wird durch kleine Brucingaben in heftige Erregung versetzt.

Die motorischen Nervenenden werden bei Säugetieren bei der gewöhnlichen Vergiftung nicht gelähmt, als aber Vulpian[4]) bei einem Hund 1 g Brucin in die Arteria femoralis injizierte, wurde der entsprechende Ischiadicus für elektrische Reize unerregbar, während die Muskeln sich normal verhielten. Über die Wirkung auf die quergestreifte Muskelsubstanz siehe unter Strychnin S. 375.

Der Einfluß auf das Auge ist Gegenstand einer eingehenden Untersuchung von Singer[5]), der sich selbst wiederholt 0,01—0,02 g Brucin subcutan in die Schläfe injizierte. Die Einspritzungen verursachten ein leichtes Brennen und hatten lokal eine geringe Abschwächung der Sensibilität mit nachfolgender rascher Rückkehr zur Norm zur Folge. Das subjektive Befinden bot keine Veränderung dar, und die Pupille behielt ihre normale Größe. Der Einfluß auf den Gesichtssinn war analog dem des Strychnins und wird von Singer in folgende Sätze zusammengefaßt: „Die Unterschiedsempfindlichkeit für Helligkeits- und Farbendifferenzen ist erhöht. Die minimal zum Erkennen von Helligkeits- und Farbendifferenzen notwendige Beleuchtungsintensität kann herabgesetzt werden. Der für die Wahrnehmung von Licht, Farben

[1]) E. Liedtke, Diss. Königsberg 1876.
[2]) P. Uspenski, Archiv f. Anat. u. Physiol. **1868**, 522. Eine vergleichende Untersuchung über Strychnin und Brucin von E. T. Reichert (Med. News 1893, 369) war dem Autor nicht im Original zugänglich; ref. in Therap. Monatshefte **1893**, 564.
[3]) P. Kattein, Diss. Kiel 1891.
[4]) A. Vulpian, Leçons sur l'action physiologique des Substances Toxiques 1882. S. 612.
[5]) H. Singer, Archiv f. Ophthalmol. **50**. 665 (1900).

und distinkten Punkten befähigte Netzhautbezirk wird vergrößert. Die Sehschärfe wird vorübergehend gesteigert; vielleicht werden die Gesichtswinkel für die einzelnen Farben verkleinert. Die Ermüdungseinschränkung des Gesichtsfeldes fällt fort."

Heubner und Rieder [1]) konstatierten, daß die Resorption im Magendarmkanal durch Brucin verzögert wurde, so daß Hunde tödliche Brucindosen innerlich symptomlos vertragen konnten, wenn sie vorher mehrmals subletale Dosen innerlich erhalten hatten. Dies war jedoch keine spezifische Brucinwirkung, sondern eine Bitterstoffwirkung — die Resorption von Strychnin wurde z. B. stark verzögert, wenn vorher große Dosen Quassiin gegeben waren.

Über die Ausscheidung des Brucins gibt Liedtke [2]) an, daß sich das unveränderte Alkaloid in Urin und Galle (Hund, Kaninchen) nachweisen läßt, und Bongers [3]) teilt mit, daß der Mageninhalt eines Hundes die charakteristische Reaktion mit Salpetersäure nach subcutaner Injektion von 0,04 g Brucin gab. Die verhältnismäßig geringe Giftigkeit des Alkaloids bei interner Anwendung wird von Lauder Brunton [4]) einer raschen Ausscheidung zugeschrieben. Bei vergifteten Tieren kann Brucin in allen Organen nachgewiesen werden [Pander [5])].

Über die Wirkung verschiedener Brucinderivate siehe unter Strychnin S. 388.

III. Andere der Strychningruppe zugehörige Gifte.

Zur Strychningruppe werden von Schmiedeberg außer Strychnin und Brucin auch die Alkaloide Gelsemin und Thebain gerechnet; diese werden in andern Kapiteln dieses Handbuchs behandelt werden. Zu derselben pharmakologischen Gruppe gehören wahrscheinlich auch folgende Substanzen:

Laurotetanin.

In vielen javanischen Lauraceen hat Greshoff [6]) ein kristallinisches Alkaloid, Laurotetanin, gefunden, dessen Wirkungen denen des Strychnins täuschend ähnlich sind, das jedoch weniger giftig ist. Für Bufo war die letale Dosis ungefähr 1 mg, Hühner starben nach subcutaner Injektion von 15 mg, Meerschweinchen von 30 mg nach ungefähr $\frac{1}{2}$ Stunde, alle im heftigsten Tetanus.

Calabarin.

Bei ihren Untersuchungen der wirksamen Bestandteile der Calabarbohnen fanden Harnack und Witkowski [7]), daß in dem alkoholischen Extrakt, außer dem bereits bekannten Physostigmin, noch eine andere alkaloidische Substanz vorhanden war, die bei Fröschen heftigen Tetanus hervorrief, der nach großen Dosen von Lähmung gefolgt war. Da nur geringe Mengen dieses Körpers, der den Namen Calabarin erhielt, gewonnen wurden, wurde eine Analyse

[1]) W. Heubner u. C. Rieder, Therap. Monatsh. **1909**, 310. — C. Rieder, Archiv f. experim. Pathol. u. Pharmakol. **63**, 303 (1910).
[2]) E. Liedtke, Diss. Königsberg 1876.
[3]) P. Bongers, Archiv f. experim. Pathol. u. Pharmakol. **35**, 415 (1895).
[4]) T. Lauder Brunton, Journ. Chem. Soc. London **47**, Transact. S. 143 (1885).
[5]) Pander, Diss. Dorpat 1871, zit. nach Singer.
[6]) M. Greshoff, Ber. d. Chem. Ges. Berlin **23**, 3537 (1890); kurzer Auszug aus einer ausführlichen Mitteilung in Mededeelingen uits Lands Plantentuin.
[7]) E. Harnack u. L. Witkowski, Archiv f. experim. Pathol. u. Pharmacol. **5**, 401 (1876).

nicht ausgeführt. In einer späteren Arbeit macht Harnack [1] selbst darauf aufmerksam, daß aus dem bekanntlich leicht zersetzlichen Physostigmin unter gewissen Bedingungen eine Substanz entsteht, die die erwähnten Wirkungen hat. Auch Ehrenberg [2] zeigt, daß Calabarin aller Wahrscheinlichkeit nach ein Spaltungsprodukt ist. Auch in der neuesten Untersuchung über Calabaralkaloide von Salway [3] wird ein tetanisierendes Alkaloid nicht erwähnt.

Tetanocannabin.

Von einem aus Cannabis Indica von M. Hay [4] gewonnenen aber nicht analysierten Alkaloid, Tetanocannabin, wird angegeben, daß es bei Fröschen Tetanus erzeuge.

Aston [5] teilt mit, daß der australische „Pukateabaum" (Laurelia novae Seelandiae, Fam. Monimiaceae) ein krystallinisches Alkaloid, Pukatein, enthalte, dessen Wirkungen in abgeschwächtem Maße gleich denen des Strychnins seien.

Farbstoffe. Nach Barbours und Abels [6] Untersuchungen erzeugt der bekannte Farbstoff Säurefuchsin bei Fröschen (Rana pipiens und Rana clamata) Krämpfe, die die größte Ähnlichkeit mit Strychninkrämpfen haben. Säurefuchsin ist jedoch viel weniger giftig, die Flexorenkrämpfe treten stärker hervor und die Wirkung entwickelt sich mit einer eigentümlichen Langsamkeit. Nach Injektion von 1—4—8 mg oder mehr pro Gramm Körpergewicht bricht erst nach 1—20 Stunden ein heftiger Tetanus aus, der nach $^1/_4$—$^3/_4$ Stunden mit dem Tod endigt. Werden die Tiere unmittelbar nach der Injektion zu unablässigen Bewegungen gezwungen, so ermüden sie bald und die Starrkrämpfe treten rascher ein. Wird das vorderste Drittel der Cerebrallappen entfernt, so wird die Giftwirkung in hohem Grade verstärkt: Nach wenigen Minuten und schon nach Dosen von 0,35 mg pro Gramm bricht Tetanus aus. Die Resultate sind dieselben, auch wenn die Operation, durch welche wahrscheinlich vom Gehirn ausgehende Hemmungsimpulse beseitigt werden, der Injektion des Giftes eine Woche vorausgeschickt wird.

Ähnlich wie Säurefuchsin verhalten sich auch andere Farbstoffe, nämlich Phenolsulfophthalein, Naphtholgelb, Tropäolin 00 sowie Basel I und Basel III. Sie rufen bei Fröschen Konvulsionen und Tetanus hervor, rascher und in kleinern Dosen nach Entfernung des vordern Drittels des Gehirns. So bewirkten ein bis mehrere Milligramm pro Gramm Gewicht beim normalen Tier höchstens schwache Konvulsionen einige Stunden nach der Injektion, während bei den operierten Tieren sich nach 0,5 mg pro Gramm heftiger Tetanus momentan oder innerhalb $^1/_2$ Stunde einstellte [Macht [7]].

---

[1] E. Harnack, Archiv f. experim. Pathol. u. Pharmakol. **12**, 334 (1880).
[2] Ehrenberg, Verh. Deutsch. Naturforsch. u. Ärzte **1893**, II, 102.
[3] A. H. Salway, Transact. Chem. Soc. London **99**, 2148 (1911).
[4] M. Hay, Pharmac. Journ. Transact. **13**, 654 (1883), zit. nach Jahresber. d. Pharmak. 1883/84, 732.
[5] B. C. Aston, Chem. News **101**, 68 (1910); zit. nach Centralbl. f. Biochemie u. Biophysik **10**, 496 (1910).
[6] H. G. Barbour u. J. J. Abel, Journ. of Pharmacol. and experim. Therap. **2**, 167 (1910/11).
[7] D. J. Macht, Journ. of Pharmacol. and experim. Therap. **3**, 471, 531 (1911/12). Über Resorption und Wirkung des Säurefuchsins bei entherzten Fröschen siehe D. R. Joseph und S. J. Meltzer, ebenda **3**, 183 (1911/12). — J. J. Abel ebenda **3**, 581 1911/12).

Santonin.

Von
Paul Trendelenburg-Rostock.

Mit 1 Textabbildung.

Das Santonin wurde 1830 gleichzeitig von Kahler und von Alms in den Flores cinae, den Blütenköpfen von Artemisia maritima aufgefunden. Es ist ein stickstoffreies Molekül der Zusammensetzung $C_{15}H_{18}O_3$; sein methylierter Naphthalinkern besitzt an dem einen Ring eine Ketogruppe, an dem anderen Ring eine Lactongruppe. Nach Wedekind[1]) ist die Konstitution folgende:

Santonin

Santoninsäure

Das Santonin ist das innere Anhydrid der Santoninsäure $C_{15}H_{20}O_4$; es geht durch Behandlung mit Alkalien leicht in Salze derselben über. Die Santoninsäure spaltet sehr leicht, z. B. beim Erwärmen mit verdünnten Säuren und daher nach Lösen in körperwarmem Magensaft, Wasser ab und bildet sich zu Santonin zurück. Santonin ist in Wasser schlecht löslich (1:5000 bei Zimmerwärme, 1:250 bei 100°), gut löslich dagegen in Alkohol, Chloroform und Öl. Die santoninsauren Salze sind sehr leicht wasserlöslich.

In den älteren Untersuchungen (bis etwa 1884) fehlen meist nähere Angaben, ob Santonin oder santoninsaure Salze verwendet wurden. Aus diesem Grunde wurde in der folgenden Darstellung keine Trennung bei der Beschreibung der Wirkung des Santonins und der santoninsauren Salze vorgenommen, obwohl beide Substanzen, wie sich in letzter Zeit herausstellte, sich pharmakologisch nicht gleich verhalten.

An den niederen Organismen vermag das Santonin wie die übrigen Hirnkrampfgifte keine wesentlichen Wirkungen zu äußern. Einzellige Lebewesen, Paramäzien und Vorticellen werden durch Zugabe von santoninsaurem Natrium in die umgebende Flüssigkeit nicht abgetötet [Henneberg[2])].

[1]) E. Wedekind, Zeitschr. f. physiol. Chemie 43, 240 (1904/05); Zeitschr. f. angew. Chemie 32, 483 (1919).

[2]) L. Henneberg, Beiträge zur Kenntnis der Santoninwirkung. Inaug.-Diss. Greifswald 1888.

Auch Würmer, die mit Rücksicht auf die therapeutische Verwendung des
Santonins oft zu Vergiftungsversuchen herangezogen wurden, widerstehen hohen
Santonin- und Santoninsäurekonzentrationen. Denn die gegenteiligen Angaben
von Küchenmeister[1]), nach dem Ascariden in einer öligen Santoninlösung
schon in wenigen Minuten absterben, konnten später nie wieder bestätigt werden.
Falck[2]) stellte vielmehr fest, daß Ascaris mystax der Katze und der Hunde-
ascaris selbst in starken Santonin-Öllösungen viele Stunden lang weiterlebt.
Auch von Schröder[3]) beobachtete eine sehr große Widerstandsfähigkeit von
Ascaris mystax und lumbricoides in Santoninöllösungen (1,4 : 100), die Tiere
hielten sich in den Lösungen über 20 Stunden. Ebenso negativ war das Ergebnis der Versuche Coppolas[4]), der die Schweineascariden 5—6 Tage lang in
1 proz. Santoninöllösungen leben sah und der bei Ascariden, die einigen mit
großen Dosen von Santonin vorbehandelten Schweinen beim Schlachten entnommen wurden, keine Resistenzverminderung feststellen konnte. Das einzige
Symptom der Santoninwirkung war eine Verstärkung der Bewegungen in der
Santoninöllösung. Es ist also mit von Schröder und Coppola anzunehmen,
daß die therapeutische Wirkung des Santonins nicht in einer Abtötung der
Ascariden zu suchen ist, sondern daß das Gift die Spulwürmer zu vermehrten Bewegungen anregt; eine Folge derselben ist das Hinabwandern der
Würmer in die tieferen Darmabschnitte. Mit dieser Anschauung stimmen
die Ergebnisse von Straub[5]) überein, der fand, daß die in ein mit geeigneter
Salzlösung gefülltes und bei Körpertemperatur gehaltenes, spiralisch gewun-
denes Glasrohr gebrachten Ascariden, nach Zusatz von Santonin in das eine
Ende des Rohres, an dessen anderes Ende entweichen. Eine nennenswerte
toxische Wirkung konnte Straub[6]) nicht finden. Lo Monaco[7]) beobachtete,
daß in Darminhalt aufbewahrte Schweineascariden bei längerer Beobachtungszeit (4 Tage) in höherem Prozentsatz als unvergiftete Kontrolltiere starben,
wenn in die Aufbewahrungsflüssigkeit frisch gefällte Santoninsuspension gegeben wurde. Dies Ergebnis berechtigt wohl kaum das Wiederaufleben der
Küchenmeisterschen Theorie. Denn die lebhafteren Bewegungen der San-
toninwürmer erklären wohl das frühere Absterben zur Genüge. Ebenso
resistent wie die Ascariden sind auch andere Würmer, z. B. Regen
würmer und Blutegel [Henneberg].

An diesen läßt sich die stark erregende Wirkung des Santonins nach
Trendelenburg[8]) leicht nachweisen: bringt man isolierte ganglienfreie
Muskelstreifen von Regenwürmern oder Blutegeln in wässerige Santoninlösungen 1:5—1:10000, so werden die vorher nur sehr schwachen rhythmischen Bewegungen der Rings- und Längsmuskulatur unter Ansteigen des
Muskeltonus außerordentlich verstärkt (s. Abb. 1). Der Mechanismus der
Santoninwirkung ist dadurch gekennzeichnet, daß das Gift einen Dauerzustand
von Erregung bewirkt, dessen Stärke der Giftkonzentration proportional ist
und der auch nach tagelanger Dauer bei Austausch der Giftlösung gegen

   [1]) Küchenmeister, Archiv f. physiol. Heilk. 10, 630 (1851).
   [2]) C. Ph. Falck, Tagesberichte üb.d. Fortschr. d. Natur- u. Heilk., Abt. f. Hyg. u.
Pharmakol. 1852, Nr. 494, S. 341 u. Nr. 555, S. 381.
   [3]) W. v. Schröder, Archiv f. experim. Pathol. u. Pharmakol. 19, 290 (1885).
   [4]) F. Coppola, Arch. per le scienze mediche 11, 255 (1887).
   [5]) W. Straub, bei E. Wedekind, Archiv d. Pharmazie 244, 623 (1906).
   [6]) W. Straub, bei E. Wedekind, Zeitschr. f. physiol. Chemie 43, 240 (1904/05).
   [7]) Lo Monaco, Atti della R. Acad. dei Lincei. Rendiconti. Scienze fisiche.
Serie 5. Bd. 5. Abt. 1, 433 (1896) und Archives ital. de Biologie 26. 216 (1896).
   [8]) P. Trendelenburg, Archiv f. experim. Pathol. u. Pharmakol. 79. 190 (1915)

giftfreie Lösung glatt umkehrbar ist. Diese Wirkung auf die Wurmmuskulatur fehlt dem santoninsauren Natrium, sie ist also an die Anwesenheit der Lactongruppe gebunden.

Bei höheren Tieren geht die Resorption des Santonins rasch vor sich. Denn wie aus zahlreichen Versuchen hervorgeht, erscheinen die ersten Symptome bei Mensch und Tier ziemlich bald nach der Darreichung des Santonins. So gibt Nagel[1]) an, daß die Geruchhalluzinationen schon nach 5—10 Minuten eingetreten waren. Der Resorptions- und Ausscheidungsweg des per os den Versuchstieren beigebrachten Santonins wurde von Neumann[2]) und von Caspari und Lewin[3]) genauer verfolgt. Neumann konnte nachweisen, daß das Santonin schon aus den obersten Partien des Magendarmkanales vollkommen resorbiert wird. Während sich im Duodenum von vergifteten Katzen Santonin noch nach vielen Stunden chemisch nachweisen läßt, gelingt dies nicht mehr im oberen Dünndarmabschnitt. Wird gleichzeitig mit dem Santonin Öl verfüttert, so wird die Substanz länger im Darm zurückgehalten. Die gleiche Verzögerung der Santoninresorption aus der öligen

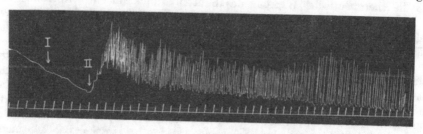

Abb. 1. Isolierter ganglienzellenfreier Streifen von Regenwurmringmuskulatur. Bei I: Ersatz der Ringerlösung durch santoninsaures Natr. 1 : 1000, ohne Wirkung. Bei II: Ersatz des santoninsauren Natr. durch eine Santoninlösung 1 : 5000; es treten starke, langanhaltende rhythmische Kontraktionen des Muskelstreifens auf. Zeit in Minuten.

Lösung sah Caspari an Kaninchen, deren Pylorus ligiert worden war. Die Ausscheidung des Santonins geht auf zwei Wegen vor sich. Einmal wird es in die unteren Darmpartien abgegeben; denn während der obere Dünndarmabschnitt nach Santoninverfütterung frei von der Substanz ist, wird die Santoninreaktion im unteren Dünndarmteil wieder positiv, auch dann wenn jeder Übertritt von Santonin aus dem Magen in den Darm durch Pylorusunterbindung unmöglich gemacht wurde [Neumann] oder wenn die Substanz subcutan gegeben wurde [Lewin].

Ein Teil des in den Darm ausgeschiedenen Santonins hat eine Umwandlung durchgemacht; diese zeigt sich an dem Verhalten gegen Kalilauge: während normales Santonin nur mit alkoholischer Kalilauge Rotfärbung gibt, tritt diese bei dem durch den Organismus hindurchgegangenen Santonin z. T. schon mit wäßriger Kalilauge auf. Die gleiche Santoninumwandlung erhielt Lewin[4]) durch Schmelzen des Santonins; bei geschmolzenem Santonin erfolgt die Rotfärbung wiederum schon mit wäßriger Kalilauge.

[1]) W. A. Nagel, Zeitschr. f. Psychol. u. Physiol. d. Sinnesorgane 27, 267 (1902).
[2]) A. Neumann, Der forensisch-chemische Nachweis des Santonin und sein Verhalten im Tierkörper. Inaug.-Diss. Dorpat 1883.
[3]) D. Caspari, Über das Verhalten des Santonins im Tierkörper. Inaug.-Diss. Berlin 1883. — L. Lewin, Berl. klin. Wochenschr. 20, 170 (1883).
[4]) L. Lewin, l. c.

Neben der Ausscheidung in den Darm geht bei Hunden unverändertes Santonin in den Harn über. Zum Teil wird das Santonin vor der Ausscheidung oxydiert; 5—10% des verfütterten Santonins werden als α-Oxysantonin im Harn wiedergefunden. Der Harn der Kaninchen enthält nach der Santonin-darreichung neben reichlichen Mengen unveränderter Substanz und kleinen Mengen α-Oxysantonins sehr geringe Mengen des isomeren β-Oxysantonins [Jaffé[1]]. Der Harn ist nach Santonineinnahme gelb verfärbt, auf Zusatz von Alkalien schlägt die Farbe in Kirschrot um [Munk[2]]. Der Farb-stoff läßt sich mit Äther nicht ausschütteln. Die Ausscheidung durch die Nieren ist bei der Katze in früherer Zeit zum Stillstand gekommen als die Darmaus-scheidung, aber auch im Harn findet sich die Santoningelbfärbung noch nach 2 Tagen, bei anderen Versuchstieren und beim Menschen sah man noch langsamere Ausscheidung. [Manns[3]] beobachtete beim Menschen noch nach 60 Stunden, Schulz[4]) noch nach 5 Tagen Gelbfärbung des Harnes.]

Rascher als Santonin wird das santoninsaure Natrium resorbiert [Cop-pola, Neumann, Krauß[5])], auch ist nach Krauß die Ausscheidungszeit (an der Dauer der Uringelbfärbung gemessen) verkürzt.

Bei der Santonin- und Santoninsäurevergiftung der kalt- und warm-blütigen Wirbeltiere treten Erregungen in den höheren Teilen des Zentral-nervensystems auf. Am Frosch sind diese Erregungserscheinungen von Becker und Binz[6]) und von Coppola[7]) genauer untersucht worden. Nach einer anfänglichen ausgesprochen lähmenden Wirkung, die sich in der Un-fähigkeit des Tieres, sich aus der Rückenlage umzudrehen, äußert, folgt ein typisches Krampfstadium: der Oberkörper wird in wiederholten Anfällen opistho- und emprosthotonisch mehrere Minuten lang gekrümmt, die Beine werden unter Spreizen der Zehen tonisch gestreckt. Diese Zuckungen können durch mechanische Insulte ausgelöst werden, so daß das Vergiftungsbild dem nach Strychnininjektion auftretenden ähnelt. Die Krampferscheinungen, die erst nach großen Dosen (siehe unten) beobachtet werden, kommen $1/2$ Stunde oder längere Zeit nach der Injektion zum Durchbruch. Sie halten bei nicht letalen Dosen über einen Tag lang an. Rose[8]) sah bei Fröschen, die in eine gesättigte wäßrige Lösung von Santonin gesetzt worden waren, nur geringe Erregungssymptome bei überwiegenden Lähmungserscheinungen. Der Angriffs-punkt der Krampfwirkung liegt nach Becker und Coppola in der Medulla ob-longata; die Santoninkrämpfe bleiben nämlich nach der Abtrennung des Gehirns bis zu den Corpora quadrigemina erhalten, während sie nach der Durchschneidung der Medulla zwischen verlängertem Mark und spinalem Mark aufhören.

Bei Kaninchen[Manns[9]), Rose, Becker, v. Hasselt und Rienderhoff[10]),

[1]) M. Jaffé, Zeitschr. f. physiol. Chemie **22**, 538 (1896); Zeitschr. f. klin. Med. 17. Suppl., 7 (1890). — Lo Monaco, Gazetta chim. ital. **27**, II, 87 (1897).

[2]) J. Munk, Virchows Archiv für pathol. Anatomie und Physiologie **72**, 136 (1878).

[3]) V. Manns, Das Santonin, eine pharmakologische Monographie. Inaug.-Diss. Marburg 1858.

[4]) H. Schulz, Archiv für die gesamte Physiologie **152**, 478 (1913).

[5]) Th. Krauß, Über die Wirkungen des Santonins und Santonin-Natrons. Dissert. Tübingen 1869.

[6]) P. Becker, Centralbl. f. d. med. Wissensch. **13**, 547 (1875). — P. Becker, Experi-mentelle Beiträge über Santoninvergiftung und deren Heilung. Inaug.-Diss. Bonn 1876. — C. Binz, Archiv f. experim. Pathol. u. Pharmakol. **6**, 300 (1877); **25**, 367 (1889).

[7]) F. Coppola, Lo sperimentale **60**, 35 (1887).

[8]) E. Rose, Archiv f. pathol. Anat. u. Physiol. u. f. klin. Med. **16**, 233 (1859).

[9]) V. Manns, l. c.

[10]) v. Hasselt u. Rienderhoff, Archiv f. d. holländ. Beiträge z. Natur- u Heilk. **2**, 231 (1860).

Coppola, Krauß, Kramer[1])] beginnen die Krämpfe an der Schnauze, sie setzen sich dann als Zuckungen über die Augenlider und die Ohren fort. Sie gehen weiter auf die vorderen Extremitäten und den Rumpf über und sie endigen schließlich in den Hinterbeinen und im Schwanz. Mit kurzen Zwischenräumen wiederholen sich dann allgemeine Krampfanfälle, bei denen der Rumpf opisthotonisch gekrümmt wird und lebhaftes Zähneknirschen auftritt. Zwischendurch erscheinen isolierte klonische Krämpfe einzelner Glieder, dieselben können Schwimm- und Laufbewegungen ausführen. Die Krämpfe, die in ihrem fortschreitenden Verlauf sehr an die Jacksonschen Rindenkrämpfe erinnern, sind reflektorisch auslösbar. Sie erscheinen nach der Injektion des santoninsauren Natriums viel rascher (nach Kramer wenige Minuten nach der Injektion) als bei der Einspritzung des Santonins. Ganz dieselben Erscheinungen bietet die santoninvergiftete Katze [Becker]. Der Hund [v. Hasselt und Rienderhoff, Manns, Turtschaninow[2])] zeigt anfänglich wieder Zuckungen im Kopfgebiet, es folgt ein allgemeines Zittern am ganzen Körper, dann kommen tonische Streckkrämpfe der Extremitäten und Opisthotonus des Rückens. Die eigentlichen epileptiformen Krämpfe werden häufig von einem blitzartigen Zusammenzucken des Tieres eingeleitet. Sie beginnen mit heftigen tonischen Konvulsionen der Extremitäten und des Rumpfes und gehen dann in die klonische Krampfform über. Mit längeren Pausen wiederholen sie sich, während deren das Tier Seitenlage einzuhalten pflegt; bei nicht tödlichen Gaben dauern sie mehrere Stunden lang an.

Kleine Dosen von Natr. santoninicum (0,1—0,2 g pro Kilo intravenös) verursachen bei Kaninchen nur schwache hypnotische Wirkung.

Während beim Frosch das Santonin am verlängerten Mark angreift, ist beim Säugetier der Angriffspunkt hauptsächlich in der Großhirnrinde zu suchen. Denn Kramer sah bei Kaninchen, deren Großhirnhemisphären bis zu den Thalami optici abgetragen worden waren, nicht mehr die typischen epileptiformen Krämpfe. Die am großhirnlosen Kaninchen auftretenden Krämpfe setzen sich aus unregelmäßigen tonischen und klonischen Zuckungen, die nur selten in Serien wiederholt auftreten, zusammen. Außerdem erscheinen die Krämpfe viel später und sie lassen den fortschreitenden Verlauf vermissen. Besonders deutlich ist der Einfluß des Großhirnfortfalles auf die Krampfform bei einseitiger Entfernung des Großhirnes zu beobachten: nur eine Seite des Tieres fällt in epileptiforme Konvulsionen, die andere zeigt die atypischen Zuckungen. Das Bild ändert sich nicht nach Fortnahme der Thalami optici, und auch nach der Durchtrennung zwischen Mittelhirn und Medulla oblongata erscheinen noch unregelmäßige klonische Krämpfe vorwiegend der unteren doch auch der oberen Extremitäten und des Rumpfes. Hieraus ist zu schließen, daß die Santoninkrämpfe bei Kaninchen ihren Ausgang von der Großhirnrinde, deren elektrische Reizbarkeit nach Berkholz[3]) durch Santonin gesteigert wird, nehmen, daß aber daneben auch die tieferen zentralnervösen Gebiete, das verlängerte Mark und auch das Rückenmark durch das Gift erregt werden. Ähnliche Resultate erhielt Turtschaninow bei Hunden. Nach der Unterschneidung der Gyri sigmoidei war nur noch das blitzartige Zusammenzucken wie beim normalen Tier erhalten. Die Krämpfe dagegen zeigten einen

---

[1]) L. Kramer, Zeitschr. f. Heilk. **14**, 303 (1893).
[2]) P. Turtschaninow, Archiv f. experim. Pathol. u. Pharmakol. **34**, 208 (1894).
[3]) Berkholz, Experimentelle Studien über die Wirkung des Physostigmins, Santonins usw. auf die psychomotorische Zone der Hirnrinde. Inaug.-Diss. Dorpat 1893. Zit. nach H. Unverricht, Centralbl. f. inn. Med. **16**, 4 (1895).

anderen Typus. Sie hatten ihren epileptiformen Charakter nur noch im Gebiete
des Facialis, während die Extremitäten teils ganz ohne Krämpfe blieben, teils
nur von atypischen und schwächeren Zuckungen befallen wurden. Letztere
blieben ganz aus, wenn die Hirnschenkel durchtrennt wurden. Dagegen war
dann das blitzartige Zusammenzucken immer noch erhalten. Dieses fehlt erst
bei durchtrenntem Rückenmark in den unterhalb der Schnittlinie liegenden Körperteilen: es muß also seinen Angriff unterhalb der Hirnschenkel und oberhalb
des Rückenmarkes haben. Möglicherweise ist der Angriff in dem von Nothnagel[1]) beschriebenen Krampfzentrum der Medulla oblongata und des Pons zu
suchen. Auf das Rückenmark des Hundes äußert Santonin also keine Krampfwirkung. Das Kaninchen verhält sich nach Untersuchungen Luchsingers[2])
anders. Denn bei diesen Tieren löst intravenös injiziertes santoninsaures Natrium
auch noch nach der durch Unterbindung aller 4 Halsarterien erzielten totalen
Ausschaltung des Hirnes und verlängerten Markes krampfhafte Bewegungen
in Beinen und Schwanz aus. Doch spielt die Santoninwirkung am Rückenmark
nur eine untergeordnete Rolle; das unversehrte Zentralnervensystem des Kaninchens läßt sich mit viel kleineren Dosen reizen als das isolierte Rückenmark. Coppola vermißte bei Kaninchen, deren Rückenmark durchtrennt war,
jede Krampfwirkung unterhalb der Schnittlinie, während nach Strychnin die
Krämpfe auch in den tiefer gelegenen Teilen prompt eintraten. Er verneint
eine Krampfwirkung des Santonins am Rückenmark.

Als zentralnervöse Reizerscheinungen werden auch die beim Menschen beobachteten Geruchshalluzinationen aufgefaßt. Sie sind ebenso wie die Gefühls-
parästhesien ein frühes Symptom der Santoninwirkung und sie können schon
vor dem Auftreten der unten zu erwähnenden optischen Phänomene erscheinen
[Nagel[3]), Knies[4])].

Der Angriffspunkt des Santonins liegt also vornehmlich in den höheren Teilen
des Zentralnervensystems, die tieferen Partien des verlängerten Markes werden
nur in unerheblichem Maße mitergriffen. Für diese Lokalisation spricht neben
den angeführten Durchschneidungsversuchen die Tatsache, daß zum Unterschied
gegen die hauptsächlich an dem verlängerten Mark angreifende Pikrotoxinwirkung die Santoninvergiftung die Zentra des autonomen Systems nicht beeinflußt. Weder zeigen die Pupillen eine regelmäßige Verengerung, noch das
Herz eine konstante Verlangsamung.

Herz und Gefäßsystem werden durch santoninsaures Natrium nur in
unwesentlichem Maße angegriffen. Der Schlag des Froschherzens wird nach
Becker in den späteren Stadien der Giftwirkung etwas verlangsamt. Es ist
nicht bekannt, worauf diese Verlangsamung beruht; vielleicht ist sie Folge einer
Erstickung. Kramer sah beim Kaninchen neben gelegentlicher Arhythmie,
die von Harnack und Hochheim[5]) auch beim Hunde beobachtet wurde,
eine Pulsverlangsamung (cf. auch Rose), mit nicht sehr erheblicher Blutdrucksteigerung. Diese Erscheinungen waren nie im Beginn der Vergiftung zu
sehen, sondern erst in dem Krampfstadium während der Respirationsstörungen.
Da sie mit Einsetzen der regelmäßigen Atmung wieder verschwinden,
dürften sie, wie Kramer annimmt, Symptome einer beginnenden Erstickung
sein und mit der Santoninsäure an sich nichts zu tun haben. Beim Hund

[1]) H. Nothnagel, Archiv f. pathol. Anat. u. Physiol. **44**, 1 (1868).
[2]) R. Luchsinger, Archiv f. d. ges. Physiol. **34**, 293 (1884).
[3]) W. A. Nagel, Zeitschr. f. Psychol. u. Physiol. d. Sinnesorgane **27**, 267 (1902).
[4]) M. Knies, Archiv f. Augenheilk. **37**, 252 (1898).
[5]) E. Harnack u. .W. Hochheim, Zeitschr. f. klin. Med. **25**, 16 (1894).

nahm Becker genaue Messungen des Blutdruckes vor. Es ergab sich, daß selbst große Mengen von Natr. santonin. (0,69 g in 10 verschieden großen Einzeldosen innerhalb etwa 1 Stunde intravenös bei einem 6 kg schweren Tier) den Druck kaum beeinflussen: der Druck sank von 160—175 mm Hg auf 150—165 mm Hg. Ebenso erhielt Becker bei einem narkotisierten Kaninchen (2 kg, 0,235 g Natr. santonin. in 6 Einzeldosen in ca. 1 Stunde) nur eine ganz unwesentliche Blutdruckwirkung, nämlich eine Steigerung von 95 auf 100 mm Hg, die Pulszahl blieb normal.

Das Santonin-Lacton unterscheidet sich am isolierten Froschherzen von dem unwirksamen santoninsauren Natrium durch eine kräftige lähmende Wirkung [Trendelenburg[1])], die durch Auswaschen der Giftlösung rasch behoben wird. Ob sich diese herzlähmende Wirkung auch an dem ausgeschnittenen Warmblüterherzen äußert, ist unbekannt.

Auf das Atemzentrum wirkt das Santonin in vorwiegendem Maße lähmend ein. So hören die Respirationsbewegungen des Frosches nach Becker z. T. schon vor dem Einsetzen der ersten stärkeren Krämpfe auf. Auch beim Kaninchen macht sich nach demselben Autor die atemlähmende Wirkung des Giftes frühzeitig geltend: die Zahl der Atemzüge ist schon zur Zeit der ersten Zuckungen im Kopfgebiet bis auf etwa $\frac{1}{3}$ herabgesetzt. Später folgt hochgradige Dyspnöe und das Tier stirbt an Stillstand der Atmung. Ebenso gibt Rose bei seinen Versuchen mit santoninsaurem Natrium starke Respirationsverlangsamung an. Kramer dagegen sah die ersten Störungen der Respiration nicht vor den Allgemeinkrämpfen der Kaninchen. Während derselben war die Atmung außerordentlich unregelmäßig, in der folgenden Pause beschleunigt. In einem Versuche wurde die nach der Abtrennung der Oblongata sehr selten gewordene Atmung sogar deutlich gereizt, ihre Frequenz stieg und sie zeigte wieder rhythmischen Charakter. Am Hund erfolgt der Tod nach von Hasselt und Rienderhoff durch Asphyxie infolge eines langdauernden Krampfes der Respirationsmuskeln. Katzen zeigen nach Becker und Binz Dyspnöe und später Atemstillstand.

An der Speicheldrüse und der Niere werden Zeichen einer vermehrten Sekretion beobachtet. Bei Hunden [von Hasselt und Rienderhoff] und bei Kaninchen [Manns] tritt nach den Krämpfen Speichelfluß auf. Die diuretische Wirkung, die nur im Versuch am Menschen und zwar von Caspari[2]) und Rose[3]) genauer bestimmt wurde, ist gering: ersterer sah nach 1 g Santonin eine Vermehrung um 270 ccm in 2 Tagen, letzterer nach etwa 0,6 g eine mehrere Tage anhaltende Steigerung von ca. 1100 auf 1700 ccm im Maximum. Es handelt sich, wie Binz betont, bei dieser diuretischen Wirkung nicht um eine Folge der Blutdruckwirkung; wahrscheinlich reizt das Santonin oder das aus ihm in der Niere [Rose[4]), Manns[5])] entstehende gelbe Umwandlungsprodukt die Nierenepithelien.

Die Wirkung des Santonins auf sensible und motorische Nerven und auf die Muskulatur ist nicht untersucht.

Über das Verhalten der Pupille gehen die Angaben auseinander. Übereinstimmend wird nur berichtet, daß während der Krämpfe offenbar infolge der dann auftretenden Asphyxie die Pupille stark erweitert ist. In der krampffreien Zeit zeigt nach Rose die Kaninchenpupille Miose, Binz sah bei Katze und Kaninchen wechselndes Verhalten der Pupille.

---

[1]) P. Trendelenburg. l. c.
[2]) D. Caspari, l. c.
[3]) E. Rose, Archiv f. pathol. Anat. u. Physiol. 16, 233 (1859).
[4]) E. Rose, Archiv f. pathol. Anat. u. Physiol. 18, 15 (1860).
[5]) V. Manns, l. c.

Ein regelmäßiges Symptom der Wirkung größerer Dosen von Santonin und santoninsauren Salzen (0,1—0,2—0,5 g) beim Menschen ist die Xanthopsie. Dieser Name erschöpft jedoch nicht die nach Santonin auftretenden Sehstörungen, sondern er weist nur auf die sinnfälligste, das Gelbsehen, hin. Nach Manns, Rose[1]), Hüfner beginnt das Gelbsehen damit, daß alle rein weißen Gegenstände mit gelbem Schein überzogen erscheinen, später sind alle Gegenstände wie mit intensiv gelbem Licht beleuchtet. Z. T. wird statt des rein gelben Farbeindruckes ein solcher von Grün empfunden. Dazu kommt es nach Rose zu einem Unvermögen, violettes Licht als solches zu erkennen, es erscheint weißgrau; bei Gelb-Violett-Mischungen überwiegt das Gelb. Vor dem Erscheinen der Xanthopsie kann sich in einem Teil der Fälle ein sehr ausgesprochenes Violettsehen einstellen [Knies[2]), Rose, Vaughan[3])]; es tritt besonders im Dunkeln und beim Betrachten dunkler Gegenstände oder heller Reflexe auf dunklem Grunde auf. Später weicht dann das Violettsehen der Xanthopsie. Nach Sivén und von Wendt[4]) kann das Violettsehen auch neben dem Gelbsehen auftreten.

Die Untersuchung am Spektrum ergab, daß im Stadium des Gelbsehens das Spektrum am violetten Ende bis in das Blau hinein unsichtbar wird oder wenigstens an Intensität sehr abgeschwächt erscheint [Rose, Knies, Henneberg[5]), König[6]), Vaughan]. Häufig, doch nicht regelmäßig, zeigt sich gleichzeitig eine Einschränkung des roten Teiles des Spektrums [Rose, Henneberg, Knies], die aber selten so hochgradig wie die am anderen Spektrumende wird. In einem Selbstversuch von Knies ging die Einengung am roten Ende von λ 742 auf λ 721 und am violetten Ende von λ 404 auf λ 411. Wenn vor dem Gelbsehen das Phänomen des Violettsehens eintritt, so ergibt die Untersuchung am Spektralapparat eine erhebliche Erweiterung des violetten und des roten Endes; sie erreichte z. B. in dem referierten Versuch die Werte bis λ 764 und λ 398.

In der ersten Zeit nach der Santoninaufnahme ist das Unterscheidungsvermögen für Intensitätsunterschiede im Violett erhöht, später vermindert; für Gelb ist das Verhalten entgegengesetzt. Grün verhält sich wie Gelb, Blau und Rot meist wie Violett [Schulz[7]), Strübing[8])].

An Farbenblinden stellten Knies, Rählmann[9]) und Nagel[10]) Versuche an. Das Verhalten des Violettblinden gleicht nach Knies dem des normalen Menschen, primär findet sich eine Erweiterung des blauen Spektralteiles, sekundär dann eine Einengung. Beim Grünblinden dagegen sah Nagel keine Violettblindheit nach Natr. santoninic., Rählmann vermißte beim Rotblinden das Gelbsehen und er fand die Einschränkung auf den roten Spektralteil beschränkt.

---

[1]) E. Rose, Archiv f. pathol. Anat. u. Physiol. 18, 15 (1860). Siehe auch E. Rose, Archiv f. pathol. Anat. u. Physiol. 19, 522 (1860); 20, 245 (1861); 28, 30 (1863); Archiv f. Ophthalmol. 7, Abt. 2, 72 (1860).

[2]) M. Knies, Archiv f. Augenheilk. 37, 252 (1898).

[3]) C. L. Vaughan, Zeitschr. f. Sinnesphys. 41, 399 (1907).

[4]) V. O. Sivén und G. von Wendt, Skandin. Arch. f. Physiol. 14, 196 (1903).

[5]) L. Henneberg, Beitrag zur Kenntnis der Santoninwirkung. Inaug.-Diss. Greifswald 1888.

[6]) A. König, Centralbl. f. prakt. Heilk. 12, 353 (1888).

[7]) H. Schulz, Archiv f. d. ges. Physiol. 152, 478 (1913).

[8]) H. Strübing, Über den Einfluß kleiner Gaben von santonsaurem Natrium auf das Gelb- und Violettsehen. Dissert. Greifswald 1916.

[9]) E. Rählmann, Archiv f. Ophthalmol. 19, Abt. 3, 88 (1873). Zeitschr. f. Augenheilk. 2, 403 (1899).

[10]) W. A. Nagel, Zeitschr. f. Psychol. u. Physiol. d. Sinnesorgane 27, 267 (1902).

König vertrat die Auffassung, daß die bei Santoninvergiftung erscheinenden optischen Phänomene in direkte Parallele mit den bei Zwischenschaltung eines gelben Farbenfilters auftretenden Ausfallerscheinungen gesetzt werden können. Man hatte schon in den ersten Versuchen über die Xanthopsie daran gedacht[1]), daß sie vielleicht durch eine Gelbfärbung der Augenmedien mit dem im Harn erscheinenden gelben Umwandlungsprodukt hervorgerufen sein könnte. Aber es gelang nie, eine solche Gelbfärbung nachzuweisen. Weder waren bei der Sektion die Augenmedien santoninvergifteter Tiere gelb gefärbt [Manns, Filehne[2]), Rose, Sivén und von Wendt], noch gab der Augenspiegel-befund beim Menschen während der Xanthopsie positive Ergebnisse [König, Rose]. Dazu tritt, worauf Rose hinweist, die Xanthopsie vor der Gelbfärbung des Harnes auf und sie kann noch bestehen, wenn der gelbe Farbstoff aus dem Urin schon verschwunden ist. Auch sprechen Sektionsbefunde dafür, daß der gelbe Farbstoff erst in der Niere gebildet wird und nicht im Blute schon vor-handen ist.

Zur Frage, ob der Angriffspunkt des Santonins in der Peripherie des Auges liegt oder ob es sich um ein zentral ausgelöstes Phänomen handelt und zur Frage, an welchem peripheren Bestandteil das Santonin angreift, lieferte Filehne[2]) einen Beitrag. Er fand in der Retina santoninvergifteter Frösche materielle Veränderungen, die den Sehpurpur betreffen. Während die im dunkelen Raum gehaltenen Santoninfrösche einen normalen Gehalt an Seh-purpur aufwiesen, zeigte es sich, daß der Ersatz des durch Belichtung verbrauch-ten Sehpurpurs der im Tageslicht gehaltenen Santoninfrösche viel langsamer vor sich ging, wie bei den Kontrolltieren: z. T. fehlte der Sehpurpur bei der Sektion vollkommen, z. T. war er nur in geringer Menge vorhanden und bleichte dann in ungefähr der halben Zeit, wie sie bei normalen Tieren beobachtet wird, aus. Das Santonin läßt also bei Fröschen nur in spärlichem Maße Sehpurpur entstehen und dieser ist hinfälliger als normaler. Sivén und von Wendt bestätigen Filehnes Angaben.

Filehne stellt nun die Hypothese auf, daß eine hypothetische violett empfindliche Substanz in der Retina die analogen Veränderungen erleide, wie der Sehpurpur, und daß die Xanthopsie die Folge einer zu raschen Abnutzung dieser durch das violette Licht abnorm leicht zersetzlichen Substanz sein könne. Sivén und von Wendt[3]) halten die violettempfindliche Substanz für identisch mit dem Sehpurpur, denn nach ihnen fehlt die Xanthopsie in der sehpurpurfreien Fovea. Jedoch besitzt die Fovea nach Vaughan kein ab-solutes Unvermögen, nach Santonin gelb zu sehen, sondern es besteht nur eine relative Unempfindlichkeit. Außerdem ist die nach all unserem Wissen vom Sehpurpur abhängige Adaptationszeit nicht verändert [Knies, Vaughan]. Gegen die Hypothese einer zu raschen Abnutzung violettempfindlicher Sub-stanz spricht aber das Ergebnis von Versuchen Nagels, der nachweist, daß ein dauernd vor Lichteinfall geschütztes Auge nach der Santonineinnahme nicht weniger intensiv gelb sieht als das offen gehaltene zweite Auge. Im Gegen-teil: das dunkelgehaltene Auge sieht viel gesättigteres Gelb als das Hellauge und hieraus ergibt sich, daß die Hypothese Filehnes von dem zu raschen

---

[1]) M. Schultze, Über den gelben Fleck der Retina, seinem Einfluß auf normales Sehen und auf Farbenblindheit. Bonn 1866. Zit. nach G. Hüfner, Archiv f. Ophthalmol. 13, Abt. 2, 309 (1867).
[2]) W. Filehne, Archiv f. d. ges. Physiol. 80, 96 (1900).
[3]) V. O. Sivén und G. Wendt, Skandin. Arch. f. Physiol. 14, 196 (1903); V. O. Sivén, Zeitschr. f. Sinnesphysiol. 42, 224 (1907).

Verbrauch violettempfindlicher Substanz in der Retina nicht zutreffen kann, denn dann wäre zu erwarten gewesen, daß das lichtgeschützte Auge gar nicht gelb oder doch weniger intensiv gelb sehen würde als das den Lichtstrahlen ausgesetzte Kontrollauge. Wahrscheinlich ist der Angriffspunkt der optischen Erscheinungen nach der Santonineinnahme überhaupt nicht in der Peripherie zu suchen. Hierfür kann die Beobachtung angeführt werden, daß das Gelbsehen nach Santonin im fovealen Sehen abgeschwächt ist. Sehen wir doch auch sonst bei Gehirnaffektionen das foveale Sehen verhältnismäßig am wenigsten gestört oder frei bleibend. Auch gelingt es nicht, durch lokale Applikation von Santonin in den Conjunctivalsack einseitig in dem betreffenden Auge die Störungen auszulösen. Sie treten vielmehr gleichzeitig auf beiden Seiten auf und nicht vor sonstigen Zeichen der Wirkung des resorbierten Santonins [Manns, Nagel, Rose]. Allerdings ist es wohl sehr zweifelhaft, ob das Santoninsalz von der Conjunction bis zur Retina vordringen kann. Für die Annahme einer örtlichen Wirkung des Santonin in den Augen könnten jedoch vielleicht die Versuche Schliephakes[1]) sprechen, der eine Verstärkung des bei Anwendung des konstanten Stromes durch das Auge hindurch ausgelösten subjektiven Phänomenes bemerkte. Doch auch diese Versuche schließen die Annahme Rählmanns[2]) nicht aus, nach der „infolge der Einwirkung des Santonins auf die Zentralorgane eine Veränderung der Erregbarkeit der peripheren Nervenendigungen gesetzt wird, wodurch die letzteren für die Aufnahme der Lichtreize verschiedener Wellenlänge weniger resp. anders empfindlich werden."

Schon die ersten Untersucher der Santoninwirkung am Warmblüter geben in ihren Protokollen als Folge eine mäßige Temperatursenkung an [Rose, Becker, Binz], aber genauer wurde der Einfluß des Santonins auf den Wärmehaushalt erst von Harnack und seinen Mitarbeitern erforscht. Nach diesen kann die Temperaturabnahme bei Kaninchen recht starke Grade erreichen. So fanden E. Harnack und W. Hochheim[3]) nach der Darreichung von 1,4 g Natr. santonin. bei einem 1,8 kg schweren Kaninchen eine Abnahme der Temperatur um 4° C in einer Stunde. Die Temperatursenkung ist ganz unabhängig von der Krampfwirkung, und es verlief z. B. der erwähnte Fall ohne Krämpfe. Die wasserlöslichen Salze der Santoninsäure erwiesen sich wirksamer als das Santonin. Wie die Kaninchen verhalten sich auch Katzen und Meerschweinchen, während Hunde nur anfangs eine unerhebliche Temperaturabnahme zeigen, bei ihnen kommt es später zu einer mäßigen Temperatursteigerung (ca. 0,3°), die wieder unabhängig von den Krämpfen ist. Ganz besonders hochgradig ist der Temperaturabfall bei Kaninchen, wenn die Santonindarreichung mit Narkose verbunden wird [Harnack und Meyer[4])]. Es kann dann die Temperatur bis unter 27° sinken, sodaß der Tod als Folge dieser extremen Abkühlung eintritt. Die Wärmeproduktion des Kaninchens ist nach nicht krampferregenden Santonindosen nur in sehr geringem Maße vermindert, während der Krämpfe steigt sie sogar bis um 16% an[5]). Calorimetrische Versuche[6]) beweisen, daß die ausschlaggebende Rolle bei der Temperaturherab-

[1]) H. Schliephake, Archiv f. d. ges. Physiol. 8, 565 (1874).
[2]) E. Rählmann, Zeitschr. f. Augenheilk. 2, 403 (1899).
[3]) E. Harnack u. W. Hochheim, Zeitschr. f. klin. Med. 25, 16 (1894).
[4]) E. Harnack u. H. Meyer, Zeitschr. f. klin. Med. 24, 374 (1894).
[5]) E. Harnack in Gemeinschaft mit J. Starke, Archiv f. experim. Pathol. u. Pharmakol. 45, 447 (1901).
[6]) E. Harnack in Gemeinschaft mit H. Damm u. J. Starke, Archiv f. experim. Pathol. u. Pharmakol. 45, 272 (1901).

setzung die Vermehrung der Wärmeabgabe spielt. Denn die Vermehrung betrug bei der Vergiftung mit Natrium santoninicum im Mittel etwas über 20%. Da die Vermehrung der Wärmeabgabe mit einer starken Erweiterung der Ohrgefäße des Kaninchens einhergeht, und da sie durch künstliche Erwärmung der Tiere im Thermostaten ebenso vermindert wird wie dann, wenn die gefäßdilatierende Wirkung des Santonins durch gleichzeitige Cocaininjektion[1]) aufgehoben wird, ist die Temperaturabnahme aus einem Wärmeverlust durch die erweiterten peripheren Gefäße zu erklären: das Hemmungs- (oder Kühl-) zentrum wird durch Santonin erregt. Für diesen Angriff sprechen besonders auch die Versuche von Hashimoto[2]), der durch lokale Erwärmung des Temperaturzentrums von santoninvergifteten Kaninchen ein weiteres Absinken der erniedrigten Temperatur, durch Abkühlen aber keine Erhöhung erzielen konnte.

Der Stoffwechsel ist bei Santoninwirkung noch nicht untersucht; es findet sich nur die Angabe Abls[3]), daß die Harnsäureausscheidung beim Menschen durch therapeutische Santonindosen stark gesteigert wird, und Jaffés[4]), daß bei seinen Hunden nach längerer Santoninverfütterung öfters Ikterus auftrat.

Über die Höhe der letalen Dosen bei Santonin- und Santoninnatriumdarreichung liegen nur wenige Bestimmungen vor. Doch läßt sich aus den Angaben von Becker und Binz, von Hasselt und Rienderhoff, Rose, Manns, Harnack und Hochheim u. a. entnehmen, daß die Substanzen relativ geringe Giftigkeit besitzen. Denn die tödliche Dosis liegt für den Frosch bei etwa 0,3 g, während 0,1 g noch ganz wirkungslos ist. (Sieburg[5]) beobachtete bei kleinen Temporarien auf 0,1 g Natr. santonin. raschen Tod.) Für Kaninchen ist nach eigenen Versuchen die Menge von 0,2 g Natr. santoninic. pro Kilo bei intravenöser Injektion tödlich, 0,1 g pro Kilo werden überstanden. Die Dose von 1,0 wirkt bei subcutaner Injektion in manchen Fällen tödlich, per os tötet gelegentlich die 3fache Menge, oft werden viel größere Dosen vertragen. Die Dosis letalis des Hundes beträgt bei intravenöser Injektion weniger als 0,15 g pro Kilo, subcutan wurde über 0,5 g pro Kilo überstanden, per os liegt die Dose für erwachsene Tiere bei ca. $3\frac{1}{2}$ g. Santonin wirkt langsamer als das Natrium santoninicum, letzteres scheint etwas kleinere letale Dosen zu haben. Mäuse von etwa 20 g Gewicht sterben auf 5—8 mg Santonin, in öliger Lösung unter die Haut gespritzt [Trendelenburg].

Neugeborene Tiere sind relativ viel empfindlicher als ausgewachsene. Nach Fröhner[6]) vertragen erstere pro Kilo nur $\frac{1}{100}$ der bei ausgewachsenen Tieren pro Kilo tödlichen Santonindosen.

Durch Narkose [Becker, Kramer] mit Äther, Chloroform und Chloralhydrat lassen sich die Krämpfe unterdrücken und die Versuchstiere überleben sonst tödliche Mengen des Giftes.

Nach wochenlanger Santoninverfütterung (Hunde, täglich 1,0) sah Lo Monaco[7]) eine Abnahme der Resistenz: die anfangs unwirksame Dose führte zu Krämpfen. Andererseits berichtet Jaffé[4]) über Angewöhnung.

---

[1]) E. Harnack u. F. Schwegmann, Archiv f. experim. Pathol. u. Pharmakol. **40**, 151 (1898).

[2]) M. Hashimoto, Archiv f. experim. Pathol. u. Pharmakol. **78**, 394 (1915).

[3]) R. Abl, Archiv f. experim. Pathol. u. Pharmak. **74**, 119 (1913).

[4]) M. Jaffé, Zeitschr. f. klin. Medizin. **17**. Suppl. 7. (1890).

[5]) E. Sieburg, Chemiker-Zeitung 1913, S. 945.

[6]) Fröhner, zit. nach R. Kobert, Lehrbuch der Intoxikationen, 2. Aufl. 1906, II, S. 1097.

[7]) Lo Monaco, Gazetta chimica ital. **27**. II, 87 (1897).

Isomere und Derivate des Santonins[1]). Dem Santonin resp. der Santoninsäure isomer ist das aus ihm durch Umlagerung mit rauchender Salzsäure
sich bildende Desmotroposantonin und die durch Kochen mit Barytlauge
entstehende Santonsäure.

Desmotroposantonin, die Enolform des Santonins ist nach Lo Monaco[2]) kein Krampfgift, sondern es bewirkt bei Fröschen (0,2 g desmotroposantoninsaures Na) den Tod durch motorische Lähmung. Auch Kaninchen
und Hunde zeigen Lähmungserscheinungen (Tod nach mehreren Gramm an
Atemstillstand); Mäuse überstehen das 4fache der tötlichen Santoninmenge
[Trendelenburg]. Auf marine Würmer und Ascariden wirkt Desmotroposantonin nach Straub[3]) nicht toxisch; die erregende Wirkung auf Regenwürmer ist etwa ebenso stark wie bei Santonin [Trendelenburg].

Ebensowenig giftig wie das desmotroposantoninsaure Na ist das Salz der
Isodesmotroposantoninsäure [Lo Monaco].

Coppola[4]) fand in seinen Experimenten an Fröschen und Kaninchen,
daß das Natriumsalz der Santonsäure die krampferregende Wirkung des
Santonin in abgeschwächtem Maße noch besitzt, aber daneben hat die Santonsäure eine starke Narkose zur Folge. Der Tod wird bei Kaninchen durch
Atemlähmung herbeigeführt. Herz und Blutdruck werden nicht beeinflußt.
Harnack[5]) bestätigt das Ergebnis Coppolas: die Santonsäure äußert bei
Kaninchen nur schwache Krampfwirkung. Die Körpertemperatur[6]) sinkt nach
Mengen, die nur Zittern der Kopfmuskulatur ohne Krämpfe bewirken, um
über 3° C ab. Die tödliche Dose liegt bei ungefähr 2,5 g des Natriumsalzes
pro Kilo subcutan injiziert. Die Regenwurmmuskulatur wird durch santonsaure Salze nicht erregt [Trendelenburg].

Durch Hydrieren lassen sich die Doppelbindungen des Santonins und der
Santoninsäure sprengen. Die dabei entstehenden isomeren Körper, α- und
β-Santonan resp. die zugehörigen Oxysäuren sind bei Warmblütern weit
ungiftiger als die Ausgangssubstanzen [Sieburg[7]), Trendelenburg], die
wurmmuskelerregende Wirkung ist dagegen bei dem hydrierten Santonin nicht
verringert [Trendelenburg].

Ein von Wedekind aus der santonigen Säure dargestellter Aminokörper,
die d-aminodesmotroposantonige Säure $C_{15}H_{21}O_3N$ wurde von Kobert[8])
geprüft. An Frosch, Meerschweinchen, Katze und Hund war das salzsaure
Salz dieser Substanz ganz ungiftig. An Spulwürmern konnte Straub keine
Giftigkeit nachweisen.

Acidum santonosum und isosantonosum besitzen keine Krampfwirkung, der Blutdruck bleibt unverändert. Die Tiere zeigen Narkose, deren
Angriffspunkt beim Frosch im Großhirn liegt, denn die Nerven und Muskeln
sind normal erregbar, und nach Rückenmarksdurchschneidung bleibt die
Lähmung aus [Coppola, Lo Monaco[9])].

---

[1]) Vgl. E. Wedekind, Die Santoningruppe. Samml. chem. u. chem.-techn. Vorträge.
Bd. 8 (1903) u. L. Francesconi, Santonina e suoi derivati. Rom. 1904. Konstitution
der Santonsäure bei E. Wedekind. Zeitschr. f. angew. Chemie. **32**. 483. (1919).
[2]) Lo Monaco, Atti della R. Acad. dei Lincei. Rendiconti. Scienze fisiche.
Serie 5, Bd. 5, Abt. 1, S. 410 (1896).
[3]) W. Straub, siehe Wedekind, Zeitschr. f. physiol. Chemie **43**, 240 (1904/05).
[4]) F. Coppola, Lo sperimentale **60**, 35 (1887).
[5]) E. Harnack, Archiv f. experim. Pathol. u. Pharmakol. **45**, 272 (1901).
[6]) H. Harnack u. W. Hochheim, l. c.
[7]) E. Sieburg, Chemiker-Zeitung 1913, S. 945.
[8]) R. Kobert, publiziert bei E. Wedekind, Zeitschr. f. physiol. Chem. **43**, 240 (1904/05).
[9]) Lo Monaco, l. c. S 410.

Das aus dem Santonin im Licht sich bildende gelbe Chromosantonin hat die gleiche Krampfwirkung und Wurmerregung zur Folge wie Santonin [Trendelenburg].

Photosantonin, das entsteht, wenn Santonin in Alkohol gelöst dem Licht ausgesetzt wird, $C_{17}H_{24}O_4$, macht reine Narkose ohne periphere Lähmung [Coppola].

Isophotosantonin wird bei Belichtung alkoholischer Santoninlösungen neben der letzten Substanz erhalten. Es ist ein ausgesprochenes Krampfgift von größerer Giftigkeit als das Santonin. Denn Frösche zeigen die Konvulsionen schon auf 10 mg nach mehreren Tagen. Der Angriffspunkt dieser Krämpfe liegt in der Medulla oblongata, das Rückenmark wird weder beim Frosch noch beim Kaninchen zu Krämpfen erregt. Einprozentige Lösung von Photosantonin vermindert die Beweglichkeit von Ascariden, Isophotosantonin vermehrt sie in dieser Konzentration. Wird Santonin, in Essigsäure gelöst, dem Licht ausgesetzt, so lassen sich das Acidum photosantonicum und isophotosantonicum erhalten, $C_{15}H_{22}O_5$. Ersteres wirkt rein narkotisch, während die zweite Säure wieder ein starkes Krampfgift ist. Die Art der Krämpfe ist identisch mit den Santoninkrämpfen [Coppola[1]].

Acidum dehydrophotosantonicum unterscheidet sich von dem um $1H_2O$ reicheren Acidum photosantonicum nur durch seine geringere Giftigkeit [Coppola].

Santoninsulfosaures Natrium und Chlorsantonin sind für Ascariden wieder ungiftig[2]). Die isolierte Wurmmuskulatur wird durch Chlorsantonin ebenso stark erregt wie durch Santonin, während die Giftigkeit bei der Maus eine viel geringere ist [Trendelenburg]. Über Santoninoxim gibt Coppola[3]) an, daß diese Substanz schneller resorbiert wird als Santonin und daß sie am Hund weniger giftig ist. Bei der Maus erzeugt Santoninoxim in geringen Mengen heftige Krämpfe [Trendelenburg].

Hyposantoninsaures Natrium (= santoninsaures Natrium ohne Ketongruppe) ist ein stärkeres Krampfgift als die Ausgangssubstanz, Santoninamin (statt der Ketogruppe eine NH_2-Gruppe) wirkt noch stärker krampferregend. Die Giftwirkung auf Ascariden ist gering [Lo Monaco[4]].

Das neben dem Santonin in den Flores cinae enthaltene Lacton Artemisin oder γ-Oxysantonin hat auf die isolierte Wurmmuskulatur weit schwächere erregende Wirkung als Santonin, während δ-Oxysantonin fast ebenso stark wie Santonin wirkt. Die Krampf- und Herzwirkung des Oxysantonins ist abgeschwächt [Trendelenburg].

---

[1]) F. Coppola, Archivio per le scienze mediche 11, 225 (1887) und Lo sperimentale 60, 35 (1887).

[2]) E. Wedekind, Archiv d. Pharmazie 244, 632 (1906).

[3]) F. Coppola, Archivio per le scienze mediche 11, 225 (1887).

[4]) Lo Monaco, l. c. S. 266, 379, 410 und 433.

Pikrotoxin und verwandte Körper.

Von

Paul Trendelenburg - Rostock.

Mit 3 Textabbildungen.

Pikrotoxin wird aus den Früchten von Anamirta cocculus (den Kokkels-körnern) als stickstofffreier, in kaltem Wasser schwer löslicher (1:150) Körper der Zusammensetzung $C_{30}H_{34}O_{13}$ gewonnen, dessen Konstitution noch nicht völlig aufgeklärt ist[1]). Durch verschiedene Eingriffe läßt sich das Pikro-toxin mit Leichtigkeit in 2 Dilaktone spalten [Barth und Kretschy[2]), Schmidt[3])], von denen das eine, das stabile Pikrotin $C_{15}H_{18}O_7$ am Kalt- und Warmblüter unwirksam ist (siehe unten), während der andre Teil, das labile Pikrotoxinin $C_{15}H_{16}O_6$, die giftigen Wirkungen der Ausgangssubstanz besitzt. Die Menge des im Pikrotoxin enthaltenen und aus ihm am einfachsten durch längeres Kochen mit Benzol freigemachten Pikrotoxinin wird verschieden ange-geben. Barth und Kretschy erhielten 32%, Meyer und Bruger[4]) dagegen 45 bis 46%, während die Gleichung 48,5% verlangt. Genauere Untersuchungen über die Wirksamkeit des abgespaltenen Pikrotoxinin im Verhältnis zu der des Ausgangsmoleküles liegen von Chistoni[5]), der das Pikrotoxinin bei den ver-schiedenen Tieren ziemlich genau doppelt so wirksam fand als Pikrotoxin, und von den Schülern Falcks[6]) vor (vgl. Angaben S. 419 u. 420). Letztere schließen aus ihren Ergebnissen, die sich nicht in allen Punkten mit denen Chistonis decken, daß das Pikrotoxin nicht ein wechselndes Gemenge eines wirksamen und eines ungiftigen Produktes ist, wie es Barth und Kretschy sowie Meyer und Bruger nach ihren chemischen Versuchen angenommen hatten, sondern sie stützen die Annahme Schmidts, nach der Pikrotoxin nicht als unreines Pikrotoxinin, sondern als eine von diesem auch physio-logisch verschiedene reine Substanz aufzufassen ist. Denn die quantitativen Be-ziehungen, die zwischen den beiden qualitativ ganz identisch wirkenden Körpern bestehen, zeigen bei den verschiedenen Tierarten keine Konstanz; das gleiche Pikrotoxin ist bei manchen Tieren giftiger, bei anderen dagegen unwirksamer als das Pikrotoxinin. Auf Grund von Molekulargewichtsbestimmungen ist Sielisch[7]) gleichfalls zu der Ansicht, daß Pikrotoxin eine Verbindung ist, gelangt.

In faulendem organischen Material wird Pikrotoxin und Pikrotoxinin

---

[1]) Über die Konstitution des Pikrotoxins vgl. P. Horrmann, Liebigs Annalen der Chemie **411**, 273 (1915).

[2]) L. Barth u. M. Kretschy, Sitzungsber. d. Kais. Akad. d. Wissensch., Wien, math.-naturw. Kl. **81**, II, 7 (1880).

[3]) E. Schmidt, Annalen d. Chemie u. Pharmazie **222**, 313 (1884).

[4]) R. Meyer u. P. Bruger, Ber. d. d. chem. Gesellsch. **31**, III, 2958 (1898).

[5]) A. Chistoni, Arch. di Farmacol. sperim. **12**, 385 (1912).

[6]) Zusammenstellung bei W. Brockmann, Über Pikrotoxin und Pikrotoxinin. Inaug.-Diss. Kiel 1893.

[7]) J. Sielisch, Liebigs Annalen der Chemie **391**, 1 (1912).

zersetzt. Dabei schwindet die biologische Nachweisbarkeit vor der chemischen [Marfori und Chistoni[1])].

Das Pikrotoxin äußert seine Giftwirkung hauptsächlich an bestimmten Gebieten des Zentralnervensystems höherer Tiere. An niederen Tieren mit wenig entwickeltem Nervensystem ist diese Substanz ungiftig; nach Chirone und Testa[2]) sind Actinien, Sipunculus, Gastropoden und Blutegel und nach Planat[3]) Schnecken unempfindlich gegen die Pikrotoxinwirkung, wie es von Schröder[4]) auch für Ascaris mystax, der in 1 promilliger Pikrotoxinlösung über 24 Stunden lang weiterlebt, feststellte. Die niedersten für das Gift empfänglichen Tiere scheinen die Artikulaten zu sein; Voßler[5]) konnte Flöhe und Fliegen mit Pikrotoxin vergiften. An Krabben experimentierte de Varigny[6]); er sah nach Pikrotoxininjektion neben einer selten auftretenden Krampfwirkung eine bei den Wirbeltieren nie beobachtete eigenartige, schon nach einer oder wenigen Minuten auftretende maximale Contractur aller Muskeln der Extremitäten, die so stark war, daß die Glieder beim Versuch sie zu strecken, abbrachen. Krebse erliegen nach Planat der Pikrotoxininjektion nach wenigen Minuten unter Krämpfen.

Bei den höheren Tieren ist die Giftwirkung ganz allgemein durch das Auftreten heftigster epileptiformer Krämpfe gekennzeichnet. Die ersten Symptome erscheinen infolge einer besonders bei den kaltblütigen Wirbeltieren sehr ausgesprochenen Verzögerung der Resorption erst nach längerer Latenzzeit [Planat], ebenso scheint die Ausscheidung nur sehr allmählich vor sich zu gehen, denn die Symptome können bei Kalt- und Warmblütern sehr lange andauern (siehe unten). Über das Schicksal des Giftes im Organismus und seine Ausscheidung sind nur wenige Daten bekannt: Kossa[7]) fand, daß Pikrotoxin den Organismus unzersetzt verläßt, Chistoni[8]) konnte einen Teil des injizierten Pikrotoxins und Pikrotins im Harn wiederfinden, während Pikrotoxinin nach der Injektion weder im Urin noch in den Faeces nachzuweisen war.

Über lokale Wirkung der subcutan injizierten Pikrotoxinlösungen wird bei den Tierversuchen nichts angegeben. Am Menschen beobachtete Gubler[9]) eine nach einigen Tagen eintretende und mehrere Wochen lang anhaltende Verhärtung der Injektionsstelle.

Die Grenzkonzentration, in der Pikrotoxin noch bitter schmeckt, liegt bei 1:80000 [Ramm[10])].

Die Form der nach der Pikrotoxinvergiftung bei Wirbeltieren eintretenden Krämpfe weist auf einen Angriff am Zentralnervensystem hin. Sie ist bei allen untersuchten Tierarten nahezu die gleiche, nur bei Fischen treten die Krämpfe relativ undeutlich in Erscheinung, während bei allen anderen kaltblütigen Wirbeltieren durch Pikrotoxin stärkste Konvulsionen hervorgerufen werden.

---

[1]) P. Marfori und A. Chistoni, Arch. di farm. sperim. 16, 529 (1913). Vgl. auch A. Clopinsky, Der forensisch-chemische Nachweis des Pikrotoxins in tierischen Flüssigkeiten. Dissert. Dorpat 1883.
[2]) Chirone u. Testa, zit. nach Husemann u. Hilger, Die Pflanzenstoffe, 2. Aufl. 1882, I, S. 592.
[3]) Planat, Journ. de Thérapeutique 2, 377 (1875).
[4]) W. v. Schröder, Archiv f. experim. Pathol. u. Pharmakol. 19, 290 (1885).
[5]) Vossler, zit. nach Husemann u. Hilger, l. c.
[6]) H. de Varigny, Journ. de l'Anat. et de la Physiol. 25, 187 (1889).
[7]) J. Kossa, Magyar Orvosi Archivum; zit. nach Malys Jahresliter. d. Tierchemie 22, 60 (1892).
[8]) A. Chistoni, l. c.
[9]) M. Gubler, Journ. de Thérapeutique 2, 967 (1875).
[10]) Wl. Ramm, Hist. Stud. a. d. pharmakol. Inst. Dorpat von R. Kobert 2, 1 (1890).

Fische[1]) geraten in pikrotoxinhaltigem Wasser nach einiger Zeit in starke
Erregung, sie machen windende Bewegungen und suchen aus dem Wasser zu
springen, aber diese motorischen Erregungserscheinungen steigern sich nicht
bis zum Auftreten eigentlicher Krämpfe, sie treten im weiteren Verlauf der Vergiftung gegen die Lähmungserscheinungen, unter denen die Tiere schließlich
sterben, zurück. Deutlicher wird die Krampfwirkung bei Reptilien[2]). Nattern
und Blindschleichen zeigen nach anfänglichem Erbrechen ein allgemeines
Zittern der Muskulatur, dann folgen sehr eigenartige Konvulsionen, bei denen
die Tiere ihren Kopf fest auf den Boden stemmen und mit dem Hinterkörper
sehr schnelle ringelförmige Bewegungen vollführen. Die Krampferscheinungen,
die Pikrotoxin beim Frosch verursacht, sind besonders genau studiert, und da
bei diesem Versuchstier auch die eingehendere Analyse des Angriffspunktes
der Krampfwirkung durchgeführt wurde, seien die beim Frosch beobachteten
Krämpfe den Angaben Röbers[3]) folgend näher geschildert. Auf die Injektion von etwa 2—3 mg des Giftes zeigt der Frosch nach einer ganz kurzen,
offenbar durch den Injektionsreiz bedingten Aufregung eine längere Latenzzeit, während der das Tier nur einen etwas benommeneren Eindruck erweckt.
Dann werden die spontanen Bewegungen schwerfälliger, sie hören ganz auf.
Gleichzeitig erlöschen die normalen Reflexe oder sind wenigstens sehr abgeschwächt. Etwa eine halbe Stunde nach der Injektion setzen dann plötzlich mehrere Anfälle von heftigstem Opisthotonus ein, die sich mit Zwischenräumen von $1/2$—$3/4$ Minuten wiederholen. Der Frosch bildet dabei einen nach
oben konkaven Bogen, und die Beine werden stark nach oben gestreckt, so
daß nur der Bauch die Unterlage berührt. Der Leib schwillt langsam trommel-
förmig an, während die Krämpfe ihren opisthotonischen Charakter verlieren
und das Bild des Emprosthotonus zeigen. Nun gerät das bis dahin ruhige Tier
in eine starke Aufregung; es schiebt sich auf dem kugelrund vorgetriebenen
Bauch vorwärts und dreht sich im Kreise, bis plötzlich unter heftigen klonischen
Krämpfen der Extremitäten der Bauch infolge krampfhafter Zusammenziehung der Abdominalmuskulatur abschwillt. Hierbei wird das Maul weit
geöffnet, so daß gelegentlich die Kiefern senkrecht zueinander stehen können,
und es entsteht bei der Entleerung der Lungen ein lautes knarrendes Geräusch,
der sogenannte Pikrotoxinschrei. Nach einer nur wenige Sekunden anhaltenden Ruhezeit setzen die tetanischen Krämpfe wieder mit längeren zwischen-
geschobenen Pausen ein. Der Frosch krümmt sich im Emprosthotonus, er
stemmt den Kopf gegen den Boden und erhebt sich auf den Hinterbeinen,
so daß der Rücken einen hohen Bogen bildet. Im späteren Vergiftungsstadium
sind sehr eigenartige Stellungen der Hinterextremitäten typisch. Diese werden
am Oberkörper heraufgeschlagen, bis sie recht- oder sogar spitzwinklig zu
diesem liegen. Bei diesen Lageänderungen dreht und überschlägt sich der
Frosch vielfach. Später überwiegt die krampfhafte Erregung der Beinexten-
soren die der Abductoren, die Krämpfe haben das Bild von ruckweisen tetanischen und orthotonischen Streckungen der Hinterbeine. Die vorderen Extremitäten, die in einer früheren Zeit in maximaler Flexionsstellung über der
Brust gekreuzt lagen (Betstellung), sind nun schon schlaff längs des Körpers
ausgestreckt. Diese Anfälle halten mit länger werdenden Pausen und an Intensität abnehmend viele Stunden, ja mehrere Tage lang an. Die Lähmung

---

[1]) M. Glover, nach einem Referat aus: Tagesberichte über die Fortschritte der
Natur- u. Heilkunde, Abteilung für Hygiene u. Pharmakologie, 1852, Nr. 316, S. 147.
C. Ph. Falck, Deutsche Klinik 5, 513. 540, 551, 561, 573ff. (1853). A. Clopinsky, l. c.
[2]) C. Ph. Falck, l. c.
[3]) H. Röber, Archiv f. Anat., Physiol. u. wissensch. Med. **1869**, 38.

schreitet unterdessen bis zur endlichen vollständigen Unterdrückung aller motorischen Funktionen fort.

Ein ähnliches, durch das kombinierte Auftreten von tonischen und klonischen Krämpfen verursachtes Bild zeigen auch die pikrotoxinvergifteten Warmblüter[1]). Das erste Symptom krampfhafter Erregung der Muskulatur besteht in Zuckungen der Gesichts- und der Ohrmuskeln; diese Zuckungen breiten sich dann über die Rumpf- und Extremitätenmuskulatur aus, bis plötzlich ein allgemeiner Krampf ausbricht. Zunächst hat dieser den Charakter eines Strychninkrampfes, durch die überwiegende Kontraktion der Strecker nimmt das Tier opisthotonische Stellung ein. Dieser Anfall ist beim Hund nach Brockmann[2]) dadurch vom Strychninkrampf unterschieden, daß ein Trismus fehlt, das Maul im Gegenteil weit aufgerissen wird. Die tonische Krampfform geht dann in eine klonische über. Es erscheinen Krampfbewegungen der Kaumuskeln und die Extremitäten führen koordinierte Schwimm- oder Laufbewegungen aus, dazwischen treten die verschiedensten manegeartigen Bewegungen mit dauernder schneller Rotation oder mit Überschlagen auf.

Bei den Vögeln[3]) beginnen die Zuckungen in den Augenlidern und den Nackenmuskeln, der Kopf macht dauernde Zitterbewegungen. Dann folgen wieder plötzlich allgemeine klonische Krämpfe, bei denen die Tiere Roll- und Schwimmbewegungen ausführen oder bei denen sie infolge krampfhafter Kontraktion der Beinmuskeln vornüber stürzen. Schließlich folgt der Tod durch tetanischen Krampf der gesamten Muskulatur und dadurch verursachte Erstickung.

Durch eine größere Reihe von Untersuchungen sind wir über den Angriffsort der Pikrotoxinkrampfwirkung genau unterrichtet. Bonnefin[4]) und Röber[5]) beobachteten das Verhalten von pikrotoxinvergifteten Fröschen nach der Entfernung der Hemisphären und sahen, daß dieser Teil des Großhirns ohne jeden Einfluß auf die Krampfwirkung ist. Denn nach der Ausschaltung der Hemisphären treten die Krämpfe in derselben Weise und Reihenfolge wie bei normalen Tieren auf. An Tauben erhielten Guinard und Dumarest[6]) das gleiche Ergebnis; auch hier ließ die Hemisphärenentfernung die Pikrotoxinkrämpfe unbeeinflußt. Nur bei den Fischen scheint die Erregung in den Endpartien des Zentralnervensystems anzugreifen, denn großhirnlose Schleien blieben in pikrotoxinhaltigem Wasser ohne alle Erregungserscheinungen. Wahrscheinlich haben auch die Lobi optici des Frosches keinen Anteil am Krampfzustand; die Konvulsionen sind bei Anlegen eines Schnittes zwischen diesem Hirnteil und der Medulla oblongata noch vorhanden, allerdings sind sie weniger stark. Die Abschwächung der Krämpfe bei Tieren, deren Zentralnervensystem bis auf die Medulla oblongata und das Rückenmark ausgeschalten wurde, ist wohl nur durch den größeren Blutverlust, der bei dieser Operation unvermeidlich ist, bedingt.

Da nun Röber nach der Trennung der Medulla oblongata vom Rückenmark nie Krämpfe beobachtete, verlegte er den Angriffspunkt der Pikrotoxin-

---

[1]) M. P. Orfila, Traité des Poisons. Paris 1814/15. 2. Bd., 2. Teil, S. 22. — C. Ph. Falck, l. c. — M. L. Courraut, Essai sur les propriétés délétères du camphre et de la coque du Levant. Thèse de Paris 1815 — A. Clopinsky, l. c. — u. a.

[2]) W. Brockmann, l. c.

[3]) P. Siegl, Beitrag zur Kenntnis des Pikrotoxin. Inaug.-Diss. Kiel 1891. — Th. Keck, Beitrag zur Kenntnis der Wirkung des Pikrotoxinin. Inaug.-Diss. Kiel 1891.

[4]) F. W. Bonnefin, Recherches expérimentales sur l'action convulsivante des principaux poisons. Thèse de Paris 1851.

[5]) H. Röber, l. c.

[6]) L. Guinard und F. Dumarest, Arch. intern. de Pharmacodyn. et de Thér. 6, 283, 403 (1899).

krampfwirkung in das verlängerte Mark. Diese Annahme fand einige Jahre später eine Stütze durch die Versuche Heubels[1]), der bei Fröschen durch mechanische und chemische Reizung eines engumschriebenen Teiles der Medulla oblongata Krampfsymptome auslösen konnte, die den bei Pikrotoxinvergiftung auftretenden sehr ähneln. Wenn man bei einem Frosch mit einem Stecknadelknopf einen leisen Druck am hinteren Ende der freigelegten Rautengrube ausübt, so stößt das Tier sofort einen durchdringenden Schrei aus, dabei wird das Maul für einige Sekunden weit geöffnet. Dann folgen eine Reihe tonischer und klonischer Krämpfe, wie sie bei der Pikrotoxinwirkung geschildert wurden und die Hinterbeine nehmen die charakteristische Pikrotoxinstellung ein. Die gleichen Krämpfe lassen sich nach Heubel auch durch lokale Applikation einer Pikrotoxinlösung auf die Stelle des Krampfzentrums erzielen, sie treten in diesem Fall viel rascher (nach 1—3 Minuten) auf, als nach subcutaner Injektion des Giftes.

Versuche, auch bei Warmblütern durch lokale Einwirkung des Pikrotoxins auf das von Nothnagel[2]) entdeckte und in seiner Ausdehnung festgelegte Krampfzentrum des Pons und des verlängerten Markes Krämpfe auszulösen, fehlen; nach den Ergebnissen von Kschischkowski[3]) scheint es aber, als ob sich auch von höheren Teilen des Hirnes durch lokale Reizung mit Pikrotoxin Krämpfe auslösen lassen, denn er erhielt bei Applikation des Giftes auf die Zweihügel von Tauben Erregungserscheinungen in den Bewegungsapparaten.

Die alte Annahme Röbers von dem streng isolierten Angriff des Pikrotoxins an der Medulla oblongata der Frösche brachte Luchsinger[4]) ins Wanken Er zeigte, daß bei Fröschen auch nach der völligen Entfernung des Gehirnes einschließlich des verlängerten Markes auf Pikrotoxin noch klonische Zuckungen der Extremitäten und eine starke Steigerung der Reflexerregbarkeit folgen, gleichgültig, ob das Gift aus einem Lymphsack resorbiert wurde oder durch die Abdominalaorta dauernd durchgespült wurde. Zweifellos greift also das Pikrotoxin nicht ausschließlich am verlängerten Mark, sondern auch am Rückenmark an. Dies gilt nach Gottlieb[5]) und Chistoni[6]), die zwar am Frosch nach Trennung des Rückenmarkes vom verlängerten Mark keine oder nur ganz schwache Pikrotoxinkrampfwirkung sahen, auch für andere kaltblütige Wirbeltiere. Scyllium canicula, Anguilla vulg., Salamandra mac. und crist., Triton cristat., sowie Ringelnattern zeigen nach hoher Durchschneidung des Rückenmarkes auch im Hintertier noch Konvulsionen. Aber schon aus dem Krampfbild, das Gottlieb bei den Rückenmarksfröschen erhielt, ergibt sich, daß die Krampfwirkung ganz überwiegend am verlängerten Mark und nur sekundär am Rückenmark angreift; denn die Krämpfe der Rückenmarkfrösche lassen die typische Stellung der Hinterbeine vermissen und die Krampfbewegungen sind unkoordiniert. Noch eindeutiger geht aus den Untersuchungen von Guinard und Dumarest hervor, daß der primäre Angriff der Pikrotoxinwirkung tatsächlich doch in dem verlängerten Mark und nicht im Rückenmark der Frösche zu suchen ist. Zunächst einmal treten die Krämpfe der Rückenmarkstiere in der schon von Gottlieb erwähnten unvollkommenen Form auf, und weiter erscheinen sie viel später als die in der Medulla oblongata ausgelösten Krämpfe, und zwar erst zu einer Zeit, in der das normale mit Pikrotoxin vergiftete Tier schon im Lähmungsstadium angelangt ist. Während also

---

[1]) E. Heubel, Archiv f. d. ges. Physiol. **9**, 263 (1874).
[2]) H. Nothnagel, Archiv f. pathol. Anat. u. Physiol. **44**, 1 (1868).
[3]) C. Kschischkowski, Centralbl. f. Physiol. **25**, 557 (1911).
[4]) B. Luchsinger, Archiv f. d. ges. Physiol. **16**, 510 (1878).
[5]) R. Gottlieb, Archiv f. experim. Pathol. u. Pharmakol. **30**, 21 (1892).
[6]) A. Chistoni, Archivio di Farmac. sperim. **12**, 385 (1912).

am normalen Tier diese Rückenmarkskrämpfe gar nicht in Erscheinung treten, werden sie immer dann beobachtet, wenn sofort nach dem ersten im verlängerten Mark ausgelösten Anfall das Rückenmark des Frosches vom Gehirn abgetrennt wird. Dann hören natürlich die Krämpfe auf, die ihren Ursprung im verlängerten Mark haben, und auch die Lähmung, die wie unten zu erwähnen sein wird, Folge der Erschöpfung des Rückenmarkes ist, kann nicht eintreten. Nachdem aber das Tier etwa eine halbe Stunde lang still gelegen hat, treten neue Krampfbewegungen auf, die nun vom Rückenmark ausgehen.

Ähnlich liegen die Verhältnisse auch beim Warmblüter. Nach Ausschaltung des Großhirns durch Exstirpation [Rovighi und Santini[1]), Morita[2]), Pollock und Holmes[3])] zeigen die Pikrotoxinkrämpfe kein wesentlich anderes Bild; wird nur einseitige Rindenentfernung ausgeführt, so beobachtet man an den Extremitäten der gegenüberliegenden Seite nur eine geringe Abschwächung der Krämpfe gegenüber der gesunden Seite und die Krämpfe haben einen mehr tonischen Charakter. Auch nach der Durchtrennung des Rückenmarkes sah Bonnefin bei Meerschweinchen, Luchsinger bei Tauben, jungen Katzen und Kaninchen noch Krämpfe erscheinen, die sehr heftig sind, wenn das Ende des Operationsshockes abgewartet worden war. Bei der Nachprüfung konnte Gottlieb die Resultate Luchsingers bestätigen, die motorischen Ganglien des Rückenmarkes sind wenigstens bei neugeborenen Warmblütern durch Pikrotoxin ebenso reizbar wie die des verlängerten Markes. Bei erwachsenen Tieren dagegen ist die Empfindlichkeit der Rückenmarksganglien eine viel geringere, bei diesen sind die Krämpfe in den Körperteilen, die im Zusammenhang mit dem verlängerten Mark blieben, stets stärker ausgeprägt, als in dem isolierten Hintertier, wo sie nach Guinard, Dumarest und Chistoni (die aber die anfängliche Shockwirkung wohl zu wenig berücksichtigen), sogar ganz fehlen sollen.

Während der Pikrotoxinkrämpfe sind nach den Angaben der meisten Autoren die Reflexe gesteigert. Uspensky[4]) steht mit seiner Angabe, daß Pikrotoxin keine Steigerung der Reflexerregbarkeit bewirke, allein. Röber sah in den späteren Stadien der Pikrotoxinvergiftung eine Abnahme der Reflexerregbarkeit, die aber nur die Folge einer Erregung des Setschenowschen Zentrums ist. Denn sobald Röber dies Zentrum durch Abtrennung der Lobi optici von dem verlängerten Mark ausschaltete, stellten die Reflexe sich bald in alter Höhe wieder ein. Die Steigerung der Reflexerregbarkeit ist beim Warmblüter unabhängig vom Großhirn. Bonnefin sah sie nach hoher Rückenmarksdurchschneidung beim Meerschweinchen und Gottlieb beobachtete sie bei Kaninchen, deren Großhirn durch Unterbindung aller 4 Hirnarterien ausgeschaltet worden war; am Frosch erstreckt sich dieselbe nicht nur auf taktile Reize (wie beim großhirnlosen Frosch), sondern auch auf chemische. Luchsinger[5]) studierte die vom Rückenmark auslösbare reflektorische Pupillenerweiterung bei Ziegen und Katzen und sah eine Steigerung dieses Reflexes nach Pikrotoxin.

Den Beweis, daß die Pikrotoxinkrämpfe des Rückenmarksfrosches nur eine Folge der Erregbarkeitssteigerung der reflexübertragenden nervösen Verbindungen sind, bringen Versuche Herings[6]); nach der Durchtrennung der sämtlichen Hinterwurzeln und Ausschaltung des verlängerten Markes treten nach Pikrotoxin — ebenso wie nach Strychnin — nie Krämpfe auf. Diese erscheinen

[1]) A. Rovighi u. S. Sestini, Archives ital. de Biologie **2**, 279 (1882).
[2]) S. Morita, Archiv f. experim. Pathol. u. Pharmakol. **78**, 208 (1915).
[3]) L. I. Pollock und W. H. Holmes. Archives of internal Medicine. **16**, 213 (1915).
[4]) P. Uspensky, Archiv f. Anat., Physiol. u. wissensch. Med. **1868**, 522.
[5]) B. Luchsinger, Archiv f. d. ges. Physiol. **22**, 158 (1880).
[6]) H. E. Hering, Archiv f. d. ges. Physiol. **54**, 614 (1893).

Abb. 1. Froschherz in situ. Langandauernder diastolischer Stillstand während eines Pikrotoxinkrampfes. Zeitmarkierung = 1 Sekunde.

jedoch, wenn die Stümpfe der hinteren Wurzeln gereizt werden. Am Warmblüter suchte Uspensky die Frage, ob die Pikrotoxinkrämpfe auf direkter Reizwirkung oder auf Steigerung der Erregbarkeit der reflexübertragenden Elemente beruhen, zu entscheiden. Da er die auf Pikrotoxin eintretenden Krämpfe im Gegensatz zu den Strychninkrämpfen durch forcierte künstliche Respiration nicht unterdrücken konnte, sprechen seine Resultate gegen die allgemeine Gültigkeit der Heringschen Befunde am Frosch.

Neben den Erregungserscheinungen in den motorischen Elementen des Zentralnervensystems, in erster Linie des verlängerten Markes und daneben des Rückenmarkes, bewirkt das Pikrotoxin am zentralen Ende aller kranial- und sakral-autonomen (parasympathischen) Nerven eine Erregung. Eine sinnfällige und schon von den ersten Beobachtern der Pikrotoxinwirkungen erwähnte Äußerung dieser Erregung der Centra autonomer Nerven ist das Verhalten der Pupillen. Diese sind nach Falck, Röber, Luchsinger, Siegl, Keck u. a. in der anfallsfreien Zeit verengt, nur selten findet sich die Angabe einer Erweiterung während der ganzen Dauer des Versuches. Im Krampfanfall hingegen wird die Pupille sehr weit; Grünwald[1]), der die Reizerscheinungen des Pikrotoxins am autonomen System im Zusammenhang untersuchte, zeigte an Katzen, daß die Ursache dieser Mydriasis in einer sekundären, durch den langen Respirationsstillstand bedingten Asphyxie zu suchen ist. Denn wenn die Tiere einer künstlichen Respiration unterworfen wurden, fehlte die Pupillenerweiterung während des Krampfes, die Pupillen blieben vielmehr während der ganzen Versuchsdauer eng.

Bei einer Reihe von Warmblütern ist das erste Symptom der Vergiftung mit Pikrotoxin eine Vermehrung der Speichelsekretion, die von nahezu allen älteren und neueren Autoren als ganz regelmäßiges Symptom bei Hunden, Katzen, Pferden, Tauben und auch Kaninchen angeführt wird. Auch diese Reizerscheinung beruht wieder auf einem Angriff am zentralen Ende des parasympathischen Nerven. Denn Guinard Dumarest[2]) und Chistoni vermißten die Sekretion des dünnflüssigen, reichlichen Speichels nach der Durchschneidung der Chorda tympani beim Hund, und Grünwald konnte das gleiche Resultat bei der Katze erhalten.

Nach der Injektion von Pikrotoxin zeigt das Herz von Kalt- und Warmblütern eine meist sehr ausgesprochene Abnahme der Frequenz. Einmal

---

[1]) H. F. Grünwald, Archiv f. experim. Pathol. u. Pharmakol. **60**, 250 (1909).
[2]) Guinard und Dumarest, l. c.

nimmt die Zahl der Pulse nach der Vergiftung ziemlich gleichmäßig weiter fortschreitend mehr und mehr ab. Schon Falck zählte bei einem mit Pikrotoxin vergifteten Frosch 13 Minuten nach der Injektion statt der normalen 15 Pulse nur mehr 11 in der Viertelminute. Neben dieser primären Pulsverlangsamung konstatierte Röber eine vorübergehende völlige Unterbrechung der Pulsationen des Froschherzens während der Krampfanfälle. Das Herz steht dabei wie auf Abb. 1 zu erkennen ist, in diastolischer Stellung still. Die Dauer des Stillstandes kann nach Röber bis zu 5′ betragen. Mit dem Nachlassen des Krampfanfalles gehen diese Stillstände spontan vorüber und das Herz nimmt seine Pulsationen mit der letzten Frequenz wieder auf. Aus Versuchen Röbers geht nun hervor, daß diese diastolischen Stillstände auf einer zentralen Reizwirkung des Nervus vagus beruhen, sie fehlen nach Durchschneidung des Vagus oder nach Unterbrechung des Zusammenhanges der postganglionären Vagusfasern mit dem präganglionären Abschnitt durch Nicotin. Während also die Krampfstillstände des Herzens zweifellos eine reine Folge der Vaguszentrumerregung sind, ist die primäre allmählich eintretende Pulsverlangsamung nur zum geringeren Teil durch die gleiche Ursache bedingt. Es gelingt nämlich nicht, durch Vagusunterbrechung mittels Nikotin die herabgesetzte Frequenz ganz auf die Anfangshöhe zu treiben [Röber]. Dies bestätigte Stühlen[1]) bei lokaler Einwirkung von Atropin auf das im verlangsamten Rhythmus schlagende Herz eines pikrotoxinvergifteten Frosches: die von 60 Pulsen auf 7 gesunkene Frequenz stieg vorübergehend auf nur 22 im Maximum. Meist ist die Erholung der Herzschlagfrequenz durch Atropinisieren eine viel geringere, ja sie kann vollkommen fehlen und wir müssen neben der zentral bedingten allmählichen Pulsverlangsamung eine zweite durch peripheren Angriff des Giftes bedingte annehmen. Die Versuche aber, diesen peripheren Angriff des Pikrotoxins im Experiment sicherzustellen, gaben keine ganz eindeutigen Resultate. Die Experimente Falcks[2]), der bei den ausgeschnittenen und in Pikrotoxinlösungen gelegten Froschherzen ein etwas schnelleres Absterben sah, wie bei den in Wasser befindlichen Kontrollherzen, wurden mit verbesserter Methode von Köppen[3]) wieder aufgenommen. Köppen konnte jedoch an dem ausgeschnittenen Froschherzen eine Pulsverlangsamung ebensowenig beobachten wie Stühlen, der im Gegenteil einmal sogar eine Pulsbeschleunigung von 13 auf 15 in je 20 Sekunden sah. Chistoni[4]) dagegen erhielt eine Frequenzabnahme. In nicht publizierten Versuchen von P. Trendelenburg und G. Stroomann war die Frequenzabnahme des isolierten Froschherzens auch bei Speisung mit starken Pikrotoxinlösungen (1 : 1000 bis 1 : 500) so gering (vgl. Abb. 2), daß die am Tier in toto eintretende viel stärkere Frequenzabnahme nicht allein auf direkter Giftwirkung des Pikrotoxins auf die Herzmuskulatur beruhen kann. Vermutlich spielt bei der Herzverlangsamung die im Verlauf der Pikrotoxinvergiftung sich sehr verschlechternde Atemtätigkeit die ausschlaggebende Rolle; das Herz wird durch Asphyxie geschädigt. In einem Versuch fand Stühlen die Arbeitsleistung des isolierten mit Pikrotoxinlösung durchspülten Herzens verringert, obgleich die Frequenz nur wenig verändert war.

Am Warmblüterherzen verursacht das Pikrotoxin meistens ebenfalls eine erhebliche Verlangsamung der Schlagzahl, die, schon den älteren Autoren bekannt, in ihrem Wesen zuerst von Röber erklärt wurde. Sie kann beson-

---

[1]) A. Stühlen, Über Pikrotoxin und Pikrotoxinin. Inaug.-Diss. Kiel 1892.
[2]) Falck, l. c.
[3]) M. Köppen, Archiv f. experim. Pathol. u. Pharmakol. **29**, 327 (1892).
[4]) A. Chistoni, l. c.

ders beim Kaninchen hohe Grade erreichen, z. B. verlangsamte in einem Falle
etwa 3 mg Pikrotoxin subcutan die Frequenz von 40 in der Viertelminute auf 7.
Auch bei Warmblütern steigt die Herzfrequenz nach Durchschneidung der Vagi
oder Nicotininjektion wieder an, doch wieder nicht bis ganz zur alten Höhe. Es
scheint demnach das Pikrotoxin auch· beim Warmblüterherz neben der zentral
ausgelösten Verlangsamung eine peripher bedingte zu bewirken, aus den verschiedenen Versuchen folgt aber, daß hier die zentrale Ursache überwiegt.

Auf diese anfängliche zentrale Erregung des Vagus folgt nach Guinard
und Dumarest beim Hund eine sekundäre Lähmung des Vagus, und zwar
seines peripheren Endes: vor der Pikrotoxinvergiftung wirksame Vagusreize
werden nach derselben unterschwellig. Beim Pferd fanden die letztgenannten
Autoren sogar eine reine Lähmung des Vagus ohne anfängliche Reizung und die
Pulszahl steigt infolge ungehemmter Acceleratorenwirkung stark an (z. B. von
78 auf 186!). Diese Lähmung der peripheren Vagusenden im Herzen fehlt bei

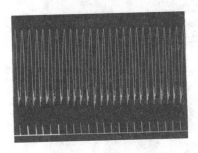 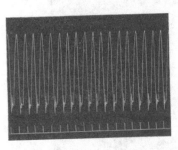

A   B

Abb. 2. Wirkung einer Pikrotoxinlösung 1 : 1000 auf das isolierte Froschherz.
Zeitmarkierung = 1 Sekunde.

A: Normaler Rhythmus.
B: 20 Minuten nach der Vergiftung.

dem isolierten Froschherzen und Stühlen[1]) erhielt den typischen Muscarinstillstand auch bei Herzen, die mit großen Dosen Pikrotoxin und Pikrotoxinin
vergiftet worden waren. Schließlich kommt dem Pikrotoxin noch eine nicht sehr
ausgesprochene Wirkung auf das Reizleitungssystem zu. Es treten gelegentlich
Irregularitäten und Bigemini [Guinard und Dumarest] oder Peristaltik auf
[von Fleischl[2])]. In eignen Versuchen stellten sich auch am isolierten Froschherzen gelegentlich Überleitungsstörungen geringeren Grades ein.

Der Blutdruck der Säugetiere erfährt durch Pikrotoxin eine starke
Steigerung, die von den Krämpfen unabhängig ist. Gottlieb sah bei einem
curarisierten Kaninchen auf die Injektion von 1 mg Pikrotoxin intravenös
eine Steigerung des Druckes von 102—103 auf 121 mm nach 10 Minuten. Der
Vagus ist an der Druckzunahme unbeteiligt, und dessen Durchtrennung ver-
mindert die Höhe des Druckes bei pikrotoxinvergifteten Kaninchen nicht
[Gottlieb] und vereitelt den Anstieg bei der Katze nicht [Luchsinger[1])].
Die Blutdrucksteigerung erfolgt neben oder sehr bald nach der zentralen Pulsverlangsamung unter Auftreten langgezogener Wellen, und sie kann sehr hohe
Werte erreichen: Luchsinger beobachtete bei einer vagotomierten Katze nach

---

[1]) A. Stühlen, l. c.
[2]) v. Fleischl, publiziert bei L. Barth u. M. Kretschy, l. c.

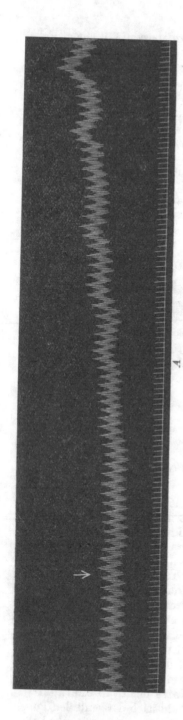

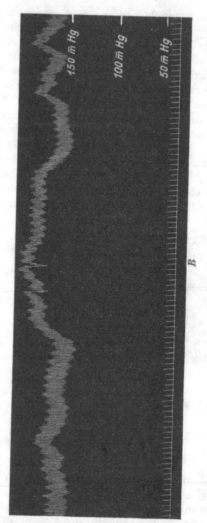

Abb. 3. Blutdruck einer curarisierten Katze bei künstlicher Atmung. Bei ↓ werden 2 mg Pikrotoxin intravenös injiziert. Membranmanometer. Zeitmarkierung =·1 Sekunde. *B* wurde wenige Minuten nach *A* aufgenommen.

einigen Kubikzentimetern einer 0,2 proz. Lösung eine Zunahme von 93 mm auf 230 mm Hg.

Über den Angriffspunkt der Blutdrucksteigerung sind die Ansichten getrennt. Luchsinger verlegt ihn in die Zentren des Rückenmarkes; denn er sah die Steigerung zwar noch nach Ausschaltung der höheren Hirnteile bis zum verlängerten Mark, vermißte sie aber nach Unterdrückung der Reflexerregbarkeit des Rückenmarkes der Versuchskatzen durch temporäre Abklemmung der Aorta: die Pikrotoxinblutdrucksteigerung folgt den Gesetzen der Erstickungsblutdrucksteigerung. Nach Grünwald ist die Pikrotoxinblutdrucksteigerung nicht nur mit der bei Erstickung eintretenden Steigerung in Parallele zu setzen, sondern beide Vorgänge sind identisch: der Anstieg nach Pikrotoxin ist nur eine sekundäre Folge der bei den Krämpfen auftretenden Erstickung. Nach Grün- wald wird die Blutdrucksteigerung bei der pikrotoxinvergifteten Katze ver- mißt, wenn die Asphyxie durch ausgiebige künstliche Atmung ausgeschaltet wird. Gegen die direkte Abhängigkeit der Drucksteigerung von der Krampf- asphyxie sprechen auf der anderen Seite die Ergebnisse Gottliebs. Er sah nämlich auch dann noch eine Blutdrucksteigerung nach Pikrotoxininjektion, wenn die Vasomotorenzentren so tief mit Chloralhydrat narkotisiert worden waren, daß die Erstickung des Tieres keine Blutdruckwirkung mehr äußerte. Zum mindesten ein Teil der Drucksteigerung scheint also auf Konto einer peripheren Einwirkung auf das Herz oder die Blutgefäße zu setzen zu sein, doch spielt das Vasomotorenzentrum, dessen Erregbarkeit durch den Kohlen- säurereiz der Asphyxie unter Pikrotoxin nach Gottlieb ansteigt, sicher eine unterstützende Nebenrolle. In eigenen Versuchen konnten wir uns nicht von der Richtigkeit der Grünwaldschen Ansicht überzeugen, denn Pikrotoxin wirkte auch an der curarisierten und künstlich respirierten Katze noch sehr deutlich blutdrucksteigernd, wie aus der Abb. 3 zu erkennen ist. Auch Pollock und Holmes[2]) lehnen Grünwalds Ansicht ab.

Es ist nicht untersucht, ob das Pikrotoxin die isolierte Blutgefäßmusku- latur zur Kontraktion bringt. Nach Planat[3]) werden die Capillaren der Frosch- schwimmhaut im Krampfanfall maximal verengt, so daß die Blutzirkulation nahezu vollkommen still steht.

Als Begleiterscheinung der Reizung des Vaguszentrums, deren wichtigste Folge die erwähnte Pulsverlangsamung ist, zeigt sich bei den pikrotoxinver- gifteten Tieren eine vermehrte Darmperistaltik. Guinard und Dumarest beobachteten am Hund eine Zunahme der Tätigkeit des Darmes, (die sie irrtüm- licherweise als Reizwirkung am sympathischen System deuten) und Grünwald konstatierte auch am Frosch eine Vermehrung der Darmbewegungen. Eine experimentelle Begründung für die zentrale Natur dieser Darmperistaltik ist bisher nicht gebracht. Nach Glover[4]) kann die durch das Gift ausgelöste Darmwirkung so starke Grade erreichen, daß blutige Diarrhöen auftreten. Aber schon Falck[1]) wendet dagegen ein, daß von anderen Autoren dieser Befund nie gemacht wurde, und er nimmt an, daß Glovers Präparat unrein war. Im Gegensatz zur Darmwirkung ist der zentrale Angriffsort bei den im Gebiet des Pelvicus auftretenden Erscheinungen festgestellt. Die Blase von Katzen — schon ältere Untersucher gaben Häufigkeit der Urinentleerung nach Pikrotoxinvergiftung an — zeigt nach Grünwald auf Injektion des Giftes intermittierende Kontraktionen, die besonders im Beginn des Versuches und nach kleinen Dosen ausgeprägt sind. Später wird dagegen die Blase schlaff und weich. Da die Blasenkontraktionen bei Katze und Frosch nach der Zer- reißung der Nervi pelvici ausbleiben, ist der Angriff an den zentralen Enden der Pelvici im Sakralmark zu suchen.

Im Beginn seiner Wirkung hat das Pikrotoxin auf die Atmung einen aus- gesprochen fördernden Einfluß, der beim Frosch zu den erwähnten markanten Störungen führt. Es kommt zu einer sehr hochgradigen Auftreibung des Bauches infolge starker Aufblähung der Lungen, die nach den ersten opisthotonischen

---

[1]) B. Luchsinger, Archiv f. d. ges. Physiol. **16**, 510 (1878).
[2]) L. I. Pollock und W. H. Holmes. Archives of internal. Medecine. **16**, 213 (1915).
[3]) Planat, l. c.
[4]) M. Glover, siehe Referat in Tagesberichte üb. d. Fortschr. d. Natur- u. Heilk., Abt. f. Hyg. u. Pharmakol. **1852**, Nr. 316, S. 147.

Anfällen plötzlich durch krampfhafte Kontraktion der Bauchmuskulatur entleert werden. Hierbei entsteht das erwähnte knarrende Geräusch, der Pikrotoxinschrei. Die Aufblähung und das plötzliche Abschwellen der Lungen kann mehrmals hintereinander erfolgen, doch nehmen die Erscheinungen, immer schwächer und langsamer verlaufend, ab. Da die Aufblähung und das krampfhafte Leeren der Lungen nach Vagotomie [Röber] und nach Atropininjektion [Stühlen] viel schwächer auftreten und da zudem gleichzeitig mit diesen Vorgängen das Herz für längere Zeit in diastolischem Stillstand zu verharren pflegt, dürfen wir in der Lungenwirkung des Pikrotoxins wohl wieder die Folge einer zentralen Erregung des Vaguszentrums sehen. Genauere Beobachtungen über das Verhalten des Atemmechanismus gibt Röber. Durch Fortnahme des Oberkiefers verschaffte er sich bei seinen Versuchstieren die Möglichkeit einer direkten Inspektion der Kehle und der Stimmbänder. Nach der Pikrotoxininjektion bemerkte er eine Zunahme der Frequenz und Tiefe der Respirationsbewegungen, so daß nach den ersten Opisthotonusanfällen die energischsten Kehlbewegungen fast ohne Pause folgen. Da hierbei die Bewegungen der Inspiration die der Exspiration übertreffen, kommt es zu der erwähnten Auftreibung des Abdomens. Plötzlich schließt sich dann der bis dahin weit geöffnete Aditus laryngis wiederholt zu einem engen Spalt und die Luft entweicht durch die ebenfalls durch Aneinanderlegen der Stimmbänder fest geschlossene Glottis. In den späteren Stadien der Pikrotoxinwirkung wird die Atmung zunehmend bis zum völligen Stillstand schwächer.

Weniger genau sind wir über die Atemwirkung bei Warmblütern orientiert. Im Beginn der Pikrotoxinwirkung ist die Atmung wieder beschleunigt. Bei der Taube erreicht die Frequenzzunahme nur geringe Werte [Keck, Siegl], stärker ist die Atembeschleunigung bei Hund und Kaninchen [Roeber, Köppen, Guinard und Dumarest u. a.]. Ein während der allgemeinen Krämpfe einsetzender Glottisverschluß mit Atmungsstillstand kann den Erstickungstod des Tieres bewirken [Falck[2]. Pollock und Holmes]. Sekundär folgt eine Atemverlangsamung, die schließlich in einen den Tod des Tieres bedingenden Stillstand übergeht. Gottlieb vermißte eine Atemförderung bei Kaninchen, deren Atemzentrum mit Chloralhydrat oder Morphin narkotisiert worden war.

Die Brechwirkung des Pikrotoxins, die bei Hunden und Tauben als Frühsymptom eintritt, wird zentral ausgelöst. Nach der Darreichung per os wird die brechenerregende Wirkung bei Hunden erst auf das 10fache der intravenös eben emetisch wirkenden Dose erzielt und außerdem wird der Brechreflex auch bei Tieren, deren gesamter Magendarmkanal entfernt wurde, nach intravenöser Pikrotoxininjektion beobachtet [Eggleston und Hatcher[3]].

Die Schweißdrüsen geraten in mäßig vermehrte Tätigkeit [Guinard und Dumarest u. a.]. Der Angriff der schweißtreibenden Pikrotoxinwirkung liegt nach Luchsinger[4] im Rückenmark, denn er sah eine Steigerung der Schweißsekretion an den Pfoten der Katze auch noch nach der völligen Abtrennung des verlängerten Markes vom Rückenmark auftreten. Über die Tätigkeit sonstiger Drüsen ist nur bekannt, daß die Nieren [Chistoni] keinen Urin mehr sezernieren.

[1] C. Ph. Falck, Anmerkung zum Referat über M. Glover, l. c.
[2] F. Falck, Vierteljahrsschrift f. gerichtl. Medizin und öffentl. Sanitätswesen. N. F. **16**, 6 (1872).
[3] C. Eggleston und R. A. Hatcher, Journ. of Pharmacol. and experim. Therap. **7**, 225 (1915).
[4] B. Luchsinger, Archiv f. d. ges. Physiol. **22**, 158 (1880).

An der Peripherie des nervösen Systems äußert Pikrotoxin keine
Wirkung, weder im erregenden noch im lähmenden Sinne (wenn wir von der
bitteren Geschmackswirkung des Pikrotoxins absehen). Darin stimmen die
Angaben früherer Untersucher [Glover[1]), Röber] mit denen neuerer [Stühlen,
Guinard und Dumarest] überein. Das Pikrotoxin ist ohne Einfluß auf die
motorischen Nervenenden des in situ belassenen und des isolierten Froschgastrocnemius, Planats[2]) entgegengesetzte Resultate konnten bei der Nachprüfung nicht bestätigt werden. Chistoni beobachtete am Froschgastrocnemius eine geringe Zunahme des Tonus, an der glatten Muskulatur des
Krötenoesophagus stellte er bei der Einwirkung geringerer Konzentrationen
eine Förderung der Kontraktionsamplituden und Vermehrung des Tonus,
bei stärkeren Konzentrationen die entgegengesetzte Wirkung fest.

Auch Guinard und Dumarest lehnen eine direkte Beeinflussung der
Tätigkeit des quergestreiften Froschmuskels ab. Sie stellen aber auf Grund
ihrer Versuchsreihen die eigenartige Hypothese auf, daß der Muskel dann,
wenn er im Zusammenhang mit dem Zentralnervensystem gelassen wird, zunächst eine Steigerung der Erregbarkeit mit Zunahme der Zuckungshöhe aufweist, die die Folge einer von dem Gehirn ausgehenden „Accumulation d'énergie"
in der Muskelsubstanz sein soll. Während wie gesagt, die Zuckungen des isolierten Muskels unverändert bleiben, ist der fördernde Einfluß des ursprünglich
im Zusammenhang mit dem zentral-nervösen System gelassenen Muskels auch
dann noch nachzuweisen, wenn einige Zeit nach der Pikrotoxininjektion die Verbindung zum Gehirn durch Durchschneiden des Nervus ischiadicus zerstört
worden ist.

Die Tätigkeit der Augenmuskeln unter Pikrotoxinwirkung ist nach
Kovács und Kertész[3]) in folgender Weise gestört. Gleichzeitig mit den
Krämpfen entstehen in den Augen sehr kleine unwillkürliche bilaterale Oszillationen als Folge eines zentralen Angriffes des Giftes an dem die Augenbewegungen associierenden Nervenmechanismus. Später zeigt dies Zentrum
dagegen Symptome einer Erschöpfung, denn die bei Drehungen des Tieres einsetzenden kompensatorischen Augenbewegungen erscheinen nur in unvollkommener Weise.

Schwere Störungen erleidet im Verlauf einer Pikrotoxinvergiftung der
Wärmehaushalt. Da die Störungen nach zwei einander entgegengesetzten
Richtungen verlaufen, ist die an der Körperwärme sich äußernde Gesamtwirkung nicht einheitlich. Einmal nämlich treten als sekundäre Folgen der
Krämpfe Temperatursteigerungen auf, die besonders bei Tauben sehr hohe
Grade erreichen können. So maßen Siegl und Keck sofort nach dem Pikro-
toxintod in der Brustmuskulatur von Tauben Temperaturen von 46,8 und
46,9° C. Ebenso beobachtete Claus[4]) bei Hunden, und Högyes[5]) bei Kaninchen während der Pikrotoxinkrämpfe ein Ansteigen der Temperatur, das sich
jedoch in viel mäßigeren Grenzen hielt.

Auf der anderen Seite konnten Harnack und seine Mitarbeiter[6]) nachweisen, daß die Injektion von Pikrotoxin unabhängig von der sekundären

---

[1]) M. Glover, Referat·in Gaz. des Hop. **1851**, 507.

[2]) Planat, l. c.

[3]) L. Kovács u. J. Kertész, mitgeteilt von A. Högyes, Archiv f. experim. Pathol.
u. Pharmakol. **16**, 81 (1883).

[4]) Ch. O. Claus, Experimentelle Studien über die Temperaturverhältnisse bei einigen
Intoxikationen. Inaug.-Diss. Marburg 1872.

[5]) A. Högyes, Archiv f. experim. Pathol. u. Pharmakol. **14**, 113 (1881).

[6]) E. Harnack u. W. Hochheim, Zeitschr. f. klin. Med. **25**, 16 (1894).

fiebererregenden Wirkung eine primäre Herabsetzung der Körperwärme herbéiführt. Meerschweinchen und besonders gut Katzen zeigen Senkungen der Temperatur um mehrere Grade und selbst Tauben, die bei den Pikrotoxinkrämpfen die genannten extremen Steigerungen aufweisen, erfahren durch nicht krampferregende Dosen eine deutliche Temperatursenkung. Ganz besonders kräftig wird die temperaturherabsetzende Wirkung, wenn die Pikrotoxinvergiftung mit Allgemeinnarkose kombiniert wird (Äther oder Amylenhydrat)[1]. Durch kalorimetrische Versuche und durch Stoffwechselversuche konnte nachgewiesen werden[2], daß bei den besonders gut mit Temperatursenkungen reagierenden kleinen Versuchstieren mit der Senkung eine Vermehrung der Wärmeabgabe parallel geht, während bei größeren Tieren z. T. auch eine Verringerung der Wärmeproduktion festgestellt wurde. Beide Faktoren also, Vermehrung der Abgabe der Wärme durch die Hautgefäße und Einschränkung der Bildung scheinen bei der temperaturherabsetzenden Wirkung mitbeteiligt zu sein. Hayashi[3] fand das Pikrotoxin als wirksames temperaturherabsetzendes Mittel auch bei experimentellem (Wärmestich-)Fieber, wenn auch die antifebrile Wirkung eine sehr geringe ist. Zudem scheint das Pikrotoxin am fiebernden Tier eine sekundäre temperatursteigernde Wirkung zu haben. Nach Hashimoto[4] beruht die temperatursenkende Wirkung des Pikrotoxins auf einer starken Übererregbarkeit der Kühlzentren, die auf den Reiz der normalen Blutwärme und künstlicher lokaler Erwärmung durch eine in das Gehirn versenkte Thermode mit Überfunktion (Gefäßerweiterung und Polypnoe) antworten.

Die bei den verschiedenen Autoren angegebenen Giftdosen, die bei den Versuchstieren toxische Erscheinungen oder den Tod bewirken, sind recht schwankend. Die genauen Bestimmungen sind im folgenden zusammengestellt.

1. Letale Konzentrationen für Fische (Cyprinus).

Beobachter		Zeit bis zum Tod
Clopinsky	1:25000	2$^1/_2$ Stunden
	1:250000	3 ,,
	1:2500000	über 24 ,,

2. Minimaldosen beim Frosch, bei subcutaner Injektion.

Beobachter	Froschart	Krampferregende und letale Dose für	
		Pikrotoxin	Pikrotoxinin
Stühlen	Esculenta	0,2 mg pro 100 g	0,11 mg pro 100 g
Chistoni	Esculenta	0,4 ,, ,, 100 ,,	0,2 ,, ,, 100 g
Fühner[5]	Esculenta	0,4—1 mg pro 100 g	,, ,, —
Cervello[6]	Discoglossus pictus	—	0,6 ,, ,, 100 ,,

3. Minimaldosen bei der Taube, bei intramuskulärer Injektion.

Beobachter	Symtome	Pikrotoxin	Pikrotoxinin
Siegl, Keck	Erbrechen:	0,05 mg pro 100 g	0,02 mg pro 100 g
	Zittern:	0,09 ,, ,, 100 ,,	0,09 ,, ,, 100 ,,
	Krämpfe:	0,14 ,, ,, 100 ,,	0,15 ,, ,, 100 ,,
	Tod:	0,14 ,, ,, 100 ,,	0,16 ,, ,, 100 ,,

---

[1] E. Harnack u. H. Meyer, Zeitschr. f. klin. Med. **24**, 374 (1894).

[2] E. Harnack (in Gemeinschaft mit J. Starke), Archiv f. experim. Pathol. u. Pharmakol. **45**, 447 (1901).

[3] Hayashi, Archiv f. experim. Pathol. u. Pharmakol. **50**, 247 (1903).

[4] M. Hashimoto, Archiv für experim. Pathol. und Pharmakol. **78**, 394 (1915).

[5] H. Fühner, Nachweis und Bestimmung von Giften auf biologischem Wege **1911**, 73.

[6] C. Cervello, Archiv für experim. Pathol. und Pharmakol. **64**, 407 (1911).

4. Minimaldosen bei der Maus, bei subcutaner Injektion.

		Pikrotoxin	Pikrotoxinin
Brockmann	Krämpfe:	0,19 mg pro 100 g	0,08 mg pro 100 g
	Tod:	0,25 ,, ,, 100 ,,	0,16 ,, ,, 100 ,,
Chistoni	Tod:	0,7 ,, ,, Tier	0,4 ,, ,, Tier

5. Minimaldosen beim Kaninchen, bei subcutaner Injektion.

Brockmann	Atembeschleunigung	0,3 mg pro Kilo	0,2 mg pro Kilo
	Krämpfe:	1,3 ,, ,, ,,	0,6 ,, ,, ,,
	Tod:	1,3 ,, ,, ,,	1,35 ,, ,, ,,
Chistoni	Tod:	2,8 ,, ,, ,,	1,6 ,, ,, ,,

6. Minimaldosen beim Hund, bei subcutaner Injektion.

Brockmann	Speichelfluß:	1,0 mg pro Kilo	0,2 mg pro Kilo
	Erbrechen:	0,9 ,, ,, ,,	0,2 ,, ,, ,,
	Krämpfe:	1,0 ,, ,, ,,	0,5 ,, ,, ,,
	Tod:	1,5 ,, ,, ,,	1,1 ,, ,, ,,
Chistoni	Tod:	2,2 ,, ,, ,,	1,1 ,, ,, ,,

7. Minimaldosen bei Meerschweinchen, bei subcutaner Injektion.

Chistoni	Tod:	8,0 mg pro Kilo
Guinard u. Dumarest	Tod:	0,3 ,, ,, ,,

8. Letaldosen für Katzen, bei Darreichung per os.

Clopinsky . . . . 3,5 mg pro Kilo in 2 Stunden 10 Minuten
                                      7 ,, ,, ,, ,, 2 ,, — ,,

Die Geschwindigkeit, mit der die Letaldosen den Tod bewirken, ist in hohem Maße abhängig von der Applikationsart. Planat sah ein Kaninchen nach 50 mg Pikrotoxin, per os beigebracht, erst nach einer Stunde sterben, während eine Katze bei der subcutanen Injektion von nur 4 mg schon nach 17 Minuten starb; ebenso ist die absolute Größe der tödlichen Giftmenge nach der Art der Applikation sehr verschieden. Guinard und Dumarest gaben zwei gleich großen Hunden Pikrotoxin, und zwar dem einen 10 mg intravenös, dem anderen 60 mg subcutan; nur das erste Tier erlag der Vergiftung. Nach Orfila[1]) kann ein Hund per os sogar über 0,2 g Pikrotoxin vertragen, ohne getötet zu werden.

Von Weil[2]) wurde festgestellt, daß die Salamander gegen das Pikrotoxin ebenso wie gegen das unten zu erwähnende Coriamyrtin eine relative Resistenz besitzen. Er injizierte gleichschweren Fröschen und Salamandern dieselbe Pikrotoxinmenge und fand, daß die Frösche stets früher Krampfsymptome zeigten wie die Salamander, und daß die Krämpfe derselben weniger heftig verliefen.

Nach Chistoni und Clopinsky treten Kumulation oder Gewöhnung bei länger fortgesetzter Darreichung nicht auf.

In mehreren Untersuchungen wurde der Antagonismus zwischen dem Krampfgifte und den Narkoticis geprüft. Die alten Angaben von Crichton Browne[3]) und von Amagat[4]), daß es gelingt ein Kaninchen durch Chloralhydrat gegen die 5—8fache Dosis letalis minima von Pikrotoxin zu schützen, wurde durch Köppen und durch Guinard und Dumarest bestätigt. Chloroform ist nach den letztgenannten Autoren weniger geeignet, da es die atemlähmende Wirkung des Pikrotoxins verstärkt. Auch in der umgekehrten Richtung ist der Antagonismus wirksam: Schmiedeberg und Parald[5])

---

[1]) Orfila, zit. bei Guinard u. Dumarest, l. c.
[2]) S. Weil, Archiv f. experim. Pathol. u. Pharmakol. 1908, Suppl., S. 513.
[3]) Crichton Browne, Brit. Med. Journ. 1875; zit. nach Journ. de Thérapeutique 3, 153 (1876).
[4]) Amagat, Journ. de Thérapeutique 3, 543 (1876).
[5]) Schmiedebergs Grundriß der Pharmakologie, 2. Auflage.

geben an, daß Kaninchen, die mit Paraldehyd bis zur völligen Bewegungs-
und Bewußtlosigkeit narkotisiert worden waren, durch subcutane Einspritzung
von $1/_2$—1 mg Pikrotoxin wieder soweit aufgeweckt wurden, daß sie
sich ziemlich lebhaft fortbewegten. Dasselbe konstatierte Gottlieb an
Katzen. Luchsinger sah eine noch weitergehende Erregung bei narkotisierten Fröschen, bei denen sich nicht nur die normalen Bewegungen wieder-
herstellten, sondern noch eine ausgesprochene Krampfwirkung eintrat. Der
wechselseitige Antagonismus gilt schließlich auch für pikrotoxinvergiftete und
mit Bromnatrium in einen Schlafzustand gebrachte Meerschweinchen und
Kaninchen [Januschke und Inaba[1])]. Im Gegensatz zu den Bromsalzen
sind Calciumsalze ohne Einfluß auf die Pikrotoxinkrämpfe des Kaninchens
[Januschke und Masslow[2])].

Pikrotin sollte nach Langgaard[3]) schwache Krampfwirkung besitzen.
Da jedoch weder Fleischl[4]) noch Kobert[5]) und Chistoni[6]) an Kalt- und
Warmblütern mit Pikrotin Vergiftungserscheinungen auslösen konnten, dürfte
Langgaard mit einem unreinen oder zersetzten Präparat gearbeitet haben.
(Über Darstellung und Ausscheidung siehe Seite 406 und 407).

Derivate des Pikrotoxinins. Außer einigen aus dem Pikrotoxinin erhaltenen
Säuren, die nach Cervello[7]) alle unwirksam sind, wurde das Acetyl-Pikro-
toxinin untersucht. Diese Substanz wirkt am Frosch nach demselben Autor
ganz wie Pikrotoxinin, doch ist sie etwas giftiger als jenes. Der Hauptangriffspunkt liegt wieder im verlängerten Mark.

Coriamyrtin.

Coriamyrtin wurde von Riban[8]) aus der Coriaria myrtifolia gewonnen.
Die Substanz hat die Zusammensetzung $C_{15}H_{18}O_5$ oder $C_{30}H_{36}O_{10}$, und hat den
Charakter eines Glykosides. Marshall weist darauf hin, daß die verschie-
denen Coriamyrtinpräparate kein ganz einheitliches chemisches Verhalten zeigen.

Die Wirkung des Coriamyrtin am Zentralnervensystem der Kaltblüter
[Köppen[9]), Perrier[10]) Marshall[11])] und der Warmblüter [Riban[12]),
Köppen, Marshall] gleicht fast vollkommen der des Pikrotoxins. Der einzige
Unterschied besteht in dem rascheren Kommen und Gehen der Krämpfe. So ist
beim Frosch das anfängliche Stadium schwacher Lähmung auf wenige Minuten
abgekürzt, und ca. $1^1/_2$—5 Minuten nach Injektion von etwa 1—3 mg beginnen
die eigentlichen Krämpfe, deren zweiter von einem lauten Schrei begleitet

[1]) H. Januschke u. I. Inaba, Zeitschr. f. d. ges. experim. Med. 1, 129 (1913),
H. Januschke, Zeitschr. f. d. ges. experim. Medizin 6, 16, (1918).
[2]) H. Januschke und M. Masslow, Zeitschr. für die gesamte experim. Medizin
4, 149 (1914).
[3]) Langgaard, publiziert bei R. Meyer und P. Bruger. Berichte d. d. chem.
Gesellsch. 31, III, 2958 (1898).
[4]) v. Fleischl, publiziert bei L. Barth und M. Kretschy. Sitzungsber. d.
Kaiserl. Akad. d. Wissensch., Wien, math.-naturwiss. Klasse 81, II, 7 (1880).
[5]) R. Kobert, publiziert bei E. Schmidt. Annalen d. Chemie und Pharmazie
222, 313 (1884).
[6]) A. Chistoni, Archiv di Farmac. sperim. 12, 385 (1912).
[7]) C. Cervello, Archiv f. experim. Pathol. und Pharmakol. 64, 407 (1911).
[8]) M. J. Riban, Compt. rend. de l'Acad. des Sc. 63, 476, 680 (1866).
[9]) M. Köppen, Archiv f. experim. Pathol. u. Pharmakol. 29, 327 (1892).
[10]) H. Perrier, Archiv f. experim. Pathol. u. Pharmakol. 4, 191 (1875).
[11]) C. R. Marshall, Journ. of Pharmacol. and experim. Therapeutics. 4, 135 (1912).
[12]) M. J. Riban, Compt. rend. de l'Acad. des Sc. 57, 798 (1863).

zu sein pflegt. Sie dauern nur etwa eine Stunde lang an, und zwar in der
gleichen Form, wie sie bei dem Pikrotoxin näher angegeben wurde, dann folgt
eine allgemeine Lähmung. Im Lähmungsstadium sind die Muskeln noch erregbar [Riban, Köppen, vgl. dagegen Perrier].

Beim Kaninchen ist gleichfalls die Beschleunigung des Krampfeintritts
gegenüber dem Pikrotoxin zu bemerken. Die Symptome zeigen keine Unterschiede gegen die des Pikrotoxins. Die Ausscheidung erfolgt rasch und vollständig, denn schon bald nach dem Nachlassen der Krämpfe ist bei erneuter Vergiftung keine Kumulation nachzuweisen.

Eine Analyse des Angriffspunktes der Wirkung des Coriamyrtins auf das
Zentralnervensystem wurde von Marshall ausgeführt. Er fand, daß beim
Frosch das Rückenmark keinen Anteil an der Krampfwirkung hat. Die
Katze zeigt dagegen auch noch nach der Dezerebrierung Steigerung der
Rückenmarkreflexerregbarkeit.

Als Folge einer Reizung des Vaguszentrums wird der Herzschlag
verlangsamt. Zu dieser zentralen Verlangsamung gesellt sich ein direkt am
Herzmuskel einsetzender und durch Atropin nicht zu behebender negativ
chronotroper Effekt [Köppen]. Die Pupille der Hunde wird nach Riban
verengt, Kaninchen zeigen während der Krämpfe eine Mydriasis. Die
Speicheldrüsen werden gereizt, und es folgt auf Coriamyrtin starke Salivation.

Die Atmung wird im Beginn der Vergiftung nach Köppen, Marshall
und Päßler[1]) schon bei nicht krampferregenden Dosen sehr viel frequenter
und das Minutenvolumen der Atmung der Kaninchen steigt an. Die Wirkung
des Coriamyrtins auf das Respirationszentrum scheint der des Pikrotoxins überlegen, denn nur ersteres bewirkt auch in tiefer Chloralhydratnarkose die Atem-
erregung [Köppen, nicht bestätigt von Marshall]. Infolge der Steigerung
der Erregbarkeit des Atemzentrums durch Coriamyrtin wird nach Wieland[2])
der Schwellenwert der die Apnoe von Tauben eben aufhebenden Kohlensäure-
konzentration erheblich herabgesetzt.

Auch am Blutdruck ist das Coriamyrtin dem Pikrotoxin überlegen, es
steigert den Druck in kleineren Dosen wie jenes. Der Schwellenwert der blut-
drucksteigernden Coriamyrtinwirkung liegt unter dem der Krampfwirkung.
Die Drucksteigerung ist nach intravenöser Injektion des Giftes von kurzer
Dauer, nach subcutaner Injektion hält sie über eine Stunde lang an. Der
Angriff der Drucksteigerung liegt im verlängerten Mark. Denn nach Abtrennung desselben oder nach völliger Lähmung durch Bakterientoxine bleibt
die Drucksteigerung aus [Päßler].

Die Körpertemperatur wird nach Zutz[3]) von Coriamyrtin bei Kaninchen
und Meerschweinchen um 1—1½° C gesenkt, bei dem Hund fehlt die Senkung
und die Temperatur steigt um etwa dieselbe Werte an, während Katzen besonders stark mit Temperaturabfall reagieren. Die temperaturherabsetzende
Wirkung beobachtete Hayashi[4]) auch am fiebernden Kaninchen.

Die tödliche Dosis liegt bei der Katze schon unterhalb ¼ mg pro Kilo,
Kaninchen sind resistenter, sie vertragen subcutan über ¾ und in manchen
Fällen noch 1 mg pro Kilo. Für die anderen Tierarten sind die letalen Minimaldosen nicht angegeben; beim Frosch bewirkt 1 mg nach wenigen Minuten die
heftigsten Krämpfe, und auch ¹⁄₁₀ mg pro 100 g wirkt noch krampferregend.

------

¹) H. Päßler, Deutsches Archiv für klinische Medizin **64**, 715 (1899).
²) H. Wieland, Archiv f. experim. Pathol. u. Pharmakol. **79**, 95 (1916).
³) W. Zutz, Archiv f. experim. Pathol. u. Pharmakol. **38**, 397 (1897).
⁴) Hayashi, Archiv f. experim. Pathol. u. Pharmakol. **50**, 247 (1903).

Durch Narkose können die Krämpfe wie bei der Pikrotoxinvergiftung unterdrückt werden und umgekehrt können bis zur Bewegungslosigkeit narkotisierte Kaninchen durch Coriamyrtin wieder erweckt werden [Köppen].

Kumulative Wirkung wird bei Wiederholungen der Injektion an Kaninchen nicht beobachtet [Päßler].

Tutin.

Aus einigen in Neu-Seeland heimischen Coriariaarten, der C. ruscifolia oder Tutu-Pflanze, der C. thymifolia und der C. angustifolia, isolierten Easterfield und Aston[1]) eine krystallinische vielleicht glykosidische Substanz, das Tutin. Diesem Gift kommt die Formel $C_{17}H_{20}O_7$ zu, es ist also ein etwas größeres Molekül als Coriamyrtin, dem die genannten Autoren die Formel $C_{15}H_{18}O_5$ geben. Die eingehende pharmakologische Prüfung dieser Substanz wurde von Fitchett und Malcolm[2]). von Ford[3]) und von Marshall[4]) ausgeführt. Nach diesen Untersuchern schließt sich die Tutinwirkung sehr eng an die des Coriamyrtins an, während sie gegenüber der Pikrotoxinwirkung einige geringfügige Unterschiede zeigt.

An den niedersten Organismen ist Tutin nach Fitchett und Malcolm ganz unwirksam. Die Gärung durch Hefe, das Keimen von Samen wird nicht unterdrückt, Bakterien, Amöben und Infusorien werden nicht abgetötet. Artikulaten sind dagegen tutinempfindlich: Fliegen erliegen der Aufnahme von tutinhaltigem Zucker unter Auftreten von Krämpfen.

Bei Tieren mit höher entwickeltem Nervensystem steht die Krampfwirkung ganz im Vordergrund der durch Tutin verursachten Erscheinungen. Die bei dem Frosch (Hyla aurea, [Fitchett und Malcolm]) auftretenden Krämpfe haben mehr tonischen als klonischen Charakter, ihr Angriff liegt in der Medulla oblongata und das Rückenmark bleibt, wie durch Durchschneidungsversuche gezeigt wird, von der Krampfwirkung verschont. Es ist nicht angegeben, ob die Krämpfe durch einen Schrei eingeleitet werden.

Fische geraten durch Tutinzusatz zum Wasser nach einigen Stunden in Erregung, sie versuchen aus dem Gefäß zu springen; später wird die Schwimmblase funktionsunfähig, die Tiere verlieren die Fähigkeit unterzutauchen. Der Tod erfolgt an Atmungsstillstand. Die bei Eidechsen (Lygosoma moco) beobachteten Symptome decken sich mit den unter Pikrotoxin wiedergegebenen.

Die Warmblüter (Hund, Katze, Kaninchen, Meerschweinchen, Ratte, Taube) zeigen nach Tutininjektion einen initialen Streckkrampf, dabei nehmen die Tiere opisthotonische Stellung ein, die Extremitäten werden maximal gestreckt. Mit Pausen folgen dann neue Anfälle, die abwechselnd tonischen und klonischen Charakter zeigen. Die Analyse des Angriffspunktes der Krampfwirkung bei der Katze [Fitchett und Malcolm] ergab, daß im Gegensatz zum Frosch das Rückenmark mit betroffen wird: denn nach der Durchtrennung des Brustmarkes in seiner Mitte kommen die Tutinkrämpfe nicht nur im Vordertier — hier allerdings früher —, sondern auch im hinteren Teil des Tieres, der von der Medulla oblongata isoliert wurde, vor. Bei Kaninchen tritt nach Isolierung des Rückenmarks nur Reflexübererregbarkeit auf, nach

---

[1]) T. H. Easterfield u. B. C. Aston, zit. nach 2) und 3).
[2]) F. Fitchett and J. Malcolm, Quarterly Journ. of experim. Physiol. **2**, 335 (1909).
[3]) W. W. Ford, Journ. of Pharm. and experim. Ther. **2**, 73 (1910/11).
[4]) C. R. Marshall, Transact. of the Roy. Soc. of Edinburgh; zit. nach Ford (s. ob.), Journal of Physiol. **38**, LXXXIII (1909).

Trennung zwischen Medulla oblongata und Mittelhirn sind die Tutinkrämpfe nur schwer auszulösen, erst bei erhaltenem Pons zeigen sie epileptiformen Charakter [Marshall]. Ford konnte das Gift nach dem Tod der Tiere mit chemischer Methode (Reduktion von Fehlingscher Lösung nach Behandlung der Organe mit Salzsäure) im Gehirn und Rückenmark nachweisen, während alle anderen untersuchten Organe giftfrei waren. Das in das Zentralnervensystem eingedrungene Gift — die Resorption desselben erfolgt nach vergleichenden Versuchen Marshalls bedeutend langsamer als die des Coriamyrtins — wird dort entgiftet, so daß das Gehirn und Rückenmark tutinvergifteter Tiere bei der Injektion in andere Tiere keine Vergiftung mehr bewirken kann. Es gelingt aber nicht, diese Entgiftung in vitro durch Mischen von Tutinlösungen mit Gehirnbrei zu erzielen. Das weitere Schicksal des Giftes im Organismus ist unbekannt, im Urin tutinvergifteter Tiere konnte das Gift bei der biologischen Prüfung am Frosch nicht nachgewiesen werden.

Wahrscheinlich reizt auch Tutin das zentrale Ende des parasympathischen Systems. Zwar ist die Analyse der auf diese Reizwirkung zu beziehenden Symptome nicht durchgeführt und es fehlen Durchschneidungs- und Atropinversuche, aber die nach Tutininjektion auftretende Verengerung der Pupille, welche bei lokaler Applikation des Giftes fehlt und welche während der Krämpfe einer Erstickungsmydriasis weicht, ist wohl ebenso wie der Speichelfluß Reizwirkung am Parasympathicus, obgleich die Untersucher die Salivation wegen des Konsistenzgrades des Speichels als Folge eines Sympathicusreizes gedeutet wissen wollen. Im Gegensatz zur Wirkung des Pikrotoxin ist die des Tutins am Herzen sehr wenig ausgesprochen. Die Pulsfrequenz ist beim Frosch nur mäßig herabgesetzt, bei Säugetieren bleibt sie sogar ganz auf der alten Höhe und der Effekt elektrischer Vagusreizung wird durch Tutin nicht vergrößert. Der Blutdruck wird durch Tutin gesteigert, dabei treten Traube-Heringsche Wellen auf.

Als eins der frühesten und konstantesten Symptome der Tutinwirkung tritt eine Beschleunigung und Vertiefung der Atmung ein. Während der Krämpfe wird die Atmung jagend. In späteren Vergiftungsstadien zeigt die Atmung Symptome einer Lähmung und der Tod der Tiere erfolgt an Erstickung durch Atemstillstand.

Als Reizwirkung des sakralautonomen Systems ist wohl die häufiger als normaler Weise eintretende Blasenentleerung zu deuten. Bei Hunden ist eine fast regelmäßige Folge der Tutinvergiftung Erbrechen. Dieses ist vermutlich zentral ausgelöst, denn es tritt auch nach subcutaner Injektion auf.

Am isolierten Musculus gastrocnemius des Frosches zeigte sich in ¹/₂proz. Tutinlösung manchmal eine geringe Abnahme der Erregbarkeit.

Die Körpertemperatur wird durch krampferregende Tutindosen gesteigert, bei einer Katze wurde kurz nach dem Tode im Rectum über 39° C, bei Hunden bis zu 42,8° C gemessen. Der Stoffwechsel wird durch länger andauernde Injektion oder Verfütterung von Tutin bei jungen Kaninchen kaum beeinflußt; es erfolgt nur eine sehr mäßige Verlangsamung des Wachstumes. Die in einem kurzdauernden Versuch beim Kaninchen festgestellte Vermehrung der Kohlensäureausscheidung ist wohl eine sekundäre Folge der Mehrarbeit der Atemmuskulatur und der durch die Narkose nicht vollständig unterdrückten Krämpfe.

Die Dosen sind in der folgenden Tabelle zusammengestellt:

Frosch (Hyla aurea); tödlich ist etwa 1 mg pro 100 g.
Eidechse (Lygosoma moco) zeigt eine ausgesprochene relative Immunität, denn tödlich sind erst etwa 80—100 mg pro 100 g.

Fische sterben in 0,005 proz. Lösung nach etwa 24 Stunden. Pikrotoxin besitzt eine größere Giftigkeit.

Katze. Bei subcutaner Injektion liegt die Dosis letalis zwischen 0,37 und 0,75 mg pro Kilo.

Hund. Die gleiche Dosis liegt bei weniger als 1,5 mg pro Kilo.

Kaninchen. Bei subcutaner Injektion töten 2,5 mg, per os 7—8 mg pro Kilo.

Meerschweinchen. Dosis convulsiva bei subcutaner Injektion: zwischen 1 und 2 mg, Dosis letalis bei 1,5—3 mg pro Kilo.

Junge Meerschweinchen sind etwas resistenter, ebenso Ratten.

Tauben sind gegen Tutin bei Darreichung per os sehr resistent; Dosis letalis über 10 mg pro Kilo.

Alle drei genannten Autoren sahen nach längerer Vorbehandlung mit Tutin keine Immunität, die Tiere starben bei den normalen tödlichen Dosen. Durch Narkose lassen sich die Krämpfe leicht unterdrücken.

Cicutoxin.

Der wirksame Körper des Wasserschierlings, Cicuta virosa wurde von Böhm[1]) isoliert, und von ihm und seinem Schüler Wikszemski[2]) wurde auch die pharmakologische Prüfung, die eine nahe Verwandtschaft mit dem Pikrotoxin ergab, ausgeführt. Das harzartige stickstofffreie Cicutoxin bewirkt an Kalt- und Warmblütern Symptome, die nur in geringem Maße von denen des Pikrotoxins abweichen.

Beim Frosch beginnt die erregende Wirkung am Zentralnervensystem nach einer etwa 10—20 Minuten dauernden Latenzzeit, während der die Tiere einen ruhigeren Eindruck machen. Dann werden unter starker Vorwölbung des Abdomens die Lungen gebläht, die Beine zeigen Stellungsanomalien: die Oberschenkel werden vom Rumpf entfernt, die Kniee dabei gestreckt und die Schwimmhäute gespreizt. Die Krampfparoxysmen setzen viel später als bei der Pikrotoxinvergiftung ein, sie beginnen erst nach Stunden mit stürmischen koordinierten Bewegungen, die den Charakter der motorischen Pikrotoxinerregung haben: die Frösche drehen sich im Kreise, sie machen plötzliche Sprünge oder schnelle Streck- und Beugebewegungen. Durch maximale Kontraktion der Bauchmuskulatur wird plötzlich ein heftiger Schrei ausgelöst, da die angestaute Luft durch die krampfhaft geschlossenen Stimmbänder entweicht. Dieser Schrei ist heftiger als der bei Pikrotoxinvergiftung auftretende. Ebenso sind die nun folgenden allgemeinen Krämpfe stärker. Opisthotonus und Emprosthotonus bleibt minutenlang bestehen und die klonischen Kontraktionen der Hinterbeine sind stärker als bei Pikrotoxin, auch dauern sie über mehrere Tage an. Die Krämpfe lassen sich auf reflektorischem Wege auslösen. Der Tod erfolgt unter den Erscheinungen einer Lähmung, die auf einer Erschöpfung des Rückenmarkes beruht.

Durch Versuche an Fröschen, deren Zentralnervensystem fortschreitend teilweise ausgeschaltet wurde, bewies Wikszemski, daß die Krämpfe ihren Ursprung in der Medulla oblongata haben. Denn einerseits reagieren Tiere ohne Hemisphären und Lobi optici fast ebenso wie normale, andrerseits zeigen Rückenmarksfrösche gar keine Krampferscheinungen: das Rückenmark ist anders als bei Pikrotoxin unbeteiligt.

Bei den Säugetieren (Hund, Katze) beginnen die Reizerscheinungen am Zentralnervensystem $1/4$—$1/2$ Stunde nach der subcutanen Injektion mit

---

[1]) R. Böhm, Archiv f. experim. Pathol. u. Pharmakol. **3**, 216 (1875); **5**, 279 (1876).

[2]). A. Wikszemski, Beiträge zur Kenntnis der giftigen Wirkung des Wasserschierlings. Inaug.-Diss. Dorpat 1875.

Zuckungen in der Gesichtsmuskulatur und den Ohren sowie mit gesteigerter Reflexerregbarkeit. Die tonisch-klonischen Streckkrämpfe befallen die Tiere alle $1/2$—2 Minuten, sie gehen parallel mit Lähmungserscheinungen und die Tiere liegen in Seitenlage.

Als Folge der zentralen Reizwirkung am autonomen System werden auf Cicutoxin neben dem Schrei eine nicht ganz regelmäßige Verengerung der Pupillen, Speichelfluß sowie Kotentleerungen beobachtet. Der Herzschlag wird verlangsamt und während der Krämpfe steht der Ventrikel des Froschherzens gelegentlich für längere Zeit still. Bei der Katze erscheint diese Pulsverlangsamung nur bei kleinen Dosen, und nur bei erhaltenen Nervi vagi. Gelangen die zentralen Vagusreize nach Nervendurchschneidungen nicht mehr zum Herzen hin, so folgt eine Pulsbeschleunigung, die vermutlich auf einer zentralen Reizung des Acceleratorenzentrums beruht. Bei der Injektion großer Dosen überwiegt diese Acceleratorenwirkung über die am Vaguszentrum ausgelöste, d. h. dann ist die Frequenz beschleunigt. Der Blutdruck wird meist gesteigert, bei großen Dosen bis zu 66%. Diese Steigerung beruht nicht auf sekundärer Wirkung von Krampfasphyxie, denn sie fehlt bei künstlicher Atmung nicht. Nur bei erhaltenem Zusammenhang des Rückenmarkes mit dem verlängerten Mark kommt sie zustande, der Angriffspunkt liegt also vermutlich im Vasomotorenzentrum der Medulla oblongata.

Die Respiration zeigt die gleichen Veränderungen, wie sie von dem Pikrotoxin bekannt sind.

Cicutoxin ist etwas weniger giftig wie Pikrotoxin. Bei der Katze betragen die tödlichen Dosen nach Böhm intravenös 7 mg pro Kilo, per os 50 mg pro Kilo; der Hund hat etwas größere Relativdosen und auch bei ihm ist die Verhältniszahl der bei intravenöser und bei stomachaler Einverleibung tödlichen Giftmenge sehr groß (1 : 5). Für Frösche sind 2—3 mg letal. Nach chronischer Wirkung von Cicutoxin (Verfütterung von Cicuta virosa) sah Spillmann[1]) bei Schafen eine langsame Temperaturzunahme, bei Ziegen eine geringe Abnahme der Körperwärme. Das Cicutoxin konnte in geringen Mengen im Harn und in der Milch der Versuchstiere wiedergefunden werden.

Oenanthotoxin.

Aus Oenanthe crocata, der giftigen Rebendolde, läßt sich ein harzartiger Körper isolieren, dem nach Pohl[2]) die Formel $C_{17}H_{22}O_5$ zukommen dürfte. Das Önanthotoxin gleicht sehr dem Cicutoxin, möglicherweise ist es sogar mit diesem identisch. Die pharmakologische Untersuchung der Substanz [Pohl[2]), Bloc[3])] ergab eine Krampfwirkung, deren Symptome mit denen der Cicutoxinvergiftung übereinstimmen. Frösche zeigen $1/2$—1 Stunde nach der Injektion von wenigen Milligrammen heftige und tödliche Krämpfe der geschilderten Art. Ein Kaninchen fiel auf subcutane Injektion nach einer Stunde in Krämpfe klonischen Charakters, neben denen Opisthotonus und Respirationsbeschleunigung auftrat. Der Tod erfolgte an Atemstillstand. Eine genauere Analyse des Angriffspunktes der Krampfwirkung oder Mitbeteiligung des autonomen Systems und genaue Angaben über die Toxizität fehlen noch.

---

[1]) Über die bei Verfütterung von Cicuta virosa auftretenden Symptome vgl. auch Th. Spillmann, Beitrag zur Kenntnis der Giftwirkung des Wasserschierlings. Inaug.-Diss. Zürich 1910.

[2]) J. Pohl, Archiv f. experim. Pathol. u. Pharmakol. **34**, 259 (1894).

[3]) Paul Bloc, Etude sur l'Oenanthe crocata. Paris et Montpellier 1872.

Digitoxigenin und Genine anderer digitalisartig wirkender Glykoside.

Digitoxin, Digitalin und Oleandrin zerfallen beim Kochen der alkoholischen Lösungen mit verdünnter Säure in Zucker und Genine. Einige dieser Genine bewirken an Fröschen und Säugetieren pharmakologische Wirkungen pikrotoxinartiger Natur. Das Zentralnervensystem der Frösche zeigt nach Schmiedeberg[1]) und Perrier[2]), in deren Toxiresin, Digitalresin und Oleandriresin genannten Produkten neben Harzen als wirksame Bestandteile die Genine enthalten waren, wieder kombinierte Lähmungs- und Erregungserscheinungen. Bald nach der Injektion des aus Digitoxin sich bildenden Toxiresins folgt auf die anfängliche durch den Stich bedingte Aufregung eine Lähmung, und das Tier erträgt Rückenlage. Etwa $1/4$ Stunde später setzen dann allgemeine Krämpfe mit Opisthotonus ein, die dadurch von den Pikrotoxinkrämpfen unterschieden sind, daß der Schrei fehlt [vgl. dagegen Straub[4])]. Die Erregung greift isoliert am verlängerten Mark an, denn sie fehlt nicht bei Fröschen, deren Hemisphären und Lobi optici abgetrennt wurden, wird aber nach einem Schnitt zwischen Medulla oblongata und spinalis vermißt. Sie wird reflektorisch beeinflußt, auch beim Säugetier wird eine Verstärkung der Krämpfe bei Berührung beobachtet. Die Krämpfe und Lähmungssymptome bei Hund, Katze und Kaninchen sind nicht von denen nach Pikrotoxin verschieden, der Angriffspunkt der Krampfwirkung wurde bei diesen Tieren nicht lokalisiert.

Die bei der Katze und dem Kaninchen beobachtete Miosis — beim Hund wird eine Pupillenerweiterung nach Toxiresin gesehen —, die Salivation und schließlich die Pulsverlangsamung dürfen wohl als Symptome einer zentralen Reizung des autonomen Systems gelten. Die Pulsverlangsamung beruht aber wieder nur zum Teil auf einer zentralen Vaguswirkung, denn Perrier sah die beim Frosch von 60 auf 16 Schläge verlangsamte Frequenz sich auf Atropin in nur geringem und vorübergehendem Maße erholen, Toxiresin schädigt also auch direkt die Herzmuskulatur. Die Atmung wird nach anfänglicher starker Erregung später gelähmt und der Tod der Säugetiere erfolgt an Respirationsstillstand. Im Gegensatz zum Pikrotoxin hat Toxiresin auf die quergestreifte Muskulatur eine lähmende Wirkung: nach den Krämpfen wird die Beinmuskulatur der Frösche unerregbar, die Lähmung wird durch Unterbindung der zuführenden Arterie hintangehalten. Die Krämpfe können durch Narkotisieren der Tiere mit Chloralhydrat und Chloroform verzögert oder aufgehoben werden.

Die Krampfwirkung des reinen Digitoxigenins wurde von Boehm[3]) in Versuchen am Frosch bestätigt. Nach Straub[4]) ist die Dose von 0,004 mg pro Gramm Temporarie noch krampferregend, etwas höhere Dosen töten in Lähmung. Reines Digitaligenin ist nach Boehm[5]) am Frosch dagegen wirkungslos, auch Antiarigenin [Hedbom[6])], Cymarigenin [Straub[4])] und Strophanthidin (= Genin des Strophanthins) [Gröber[7])] sind keine Hirnkrampfgifte. — Über die Herzwirkung der Herzglykosidgenine wird an anderer Stelle berichtet.

---

[1]) O. Schmiedeberg, Archiv f. experim. Pathol. u. Pharmakol. **3**, 16 (1875). **16**, 149 (1883).
[2]) H. Perrier, Archiv f. experim. Pathol. u. Pharmakol. **4**, 191 (1875).
[3]) R. Boehm, bei H. Kiliani, Archiv der Pharmazie **251**, 562 (1913).
[4]) W. Straub, Biochem. Zeitschr. **75**, 132 (1915).
[5]) R. Boehm, bei H. Kiliani, Archiv d. Pharmazie **230**, 250 (1892).
[6]) H. Hedbom, Archiv f. experim. Pathol. u. Pharmakol. **45**, 317 (1901).
[7]) A. Gröber, Archiv f. experim. Pathol. u. Pharmakol. **72**, 317 (1913).

Bufotoxin.

Shimizu[1]) isolierte aus dem Hautsekret chinesischer Kröten eine stickstoffreie Substanz mit pikrotoxinartiger Wirkung am Frosch und Warmblüter.
Der Angriff liegt im verlängerten Mark.

Cynanchotoxin.

Iwakawa[2]) isolierte dieses Gift aus einer japanischen Asclepiadacee, dem
Cynanchum caudatum Maxim. als stickstoffreie amorphe Substanz unbekannter Zusammensetzung. Die pharmakologischen Eigenschaften [Iwakawa]
reihen dieses Gift neben die typischen Hirnkrampfgifte. Auffallend ist
die sehr langsame Resorption des Giftes, nach intraperitonealer Einverleibung des Giftes beim Frosch brechen die Krämpfe nicht vor der 16. Stunde
aus. Ebenso dauert es bei der subcutanen Injektion tödlicher Cynancho-
toxinmengen bei Säugetieren viele Stunden, bis der erste Krampf auftritt.
Neben der langsamen Resorption ist weiter charakteristisch, daß am Zentralnervensystem des Frosches reine Reizerscheinungen ohne vorangehende Lähmung
beobachtet werden. Oft stoßen die vergifteten Tiere im Anfang des Krampfstadiums, das dem bei Pikrotoxinvergiftung eintretenden gleicht, einen lang-
gezogenen Schrei aus. Bei Säugetieren (Maus, Kaninchen, Katze) folgen auf
Cynanchotoxininjektion die bekannten epileptiformen Krämpfe, die viele
Stunden, ja bis zu 2 Tage lang anhalten können und deren Angriffspunkt noch
nicht genau festgelegt wurde.

Als Symptome zentraler Reizung des autonomen Systems erscheinen
Pupillenverengerung in der anfallsfreien Zeit, Speichelfluß und gelegentlich
Harn- und Kotentleerung. Dazu verlangsamt sich der Rhythmus des freigelegten Froschherzens und es kommt zu vorübergehenden längeren diastolischen Stillständen. Die Pulsverlangsamung läßt sich für kurze Zeit mit Atropin
durchbrechen; später aber schreitet sie weiter fort, bis das Herz nach einer
Periode mit Überleitungsstörungen und Peristaltik schließlich in Diastole ganz
stillstehen bleibt. Die Temperatur der Säugetiere ist auch während der
Krämpfe stark herabgesetzt.

Die relative Giftigkeit ist ziemlich gering. Denn die krampferregende Dose
liegt für den Frosch bei 10 mg pro 100 g, Mäuse werden bei intraperitonealer
Injektion durch Mengen zwischen 4,5 und 8 mg, bei subcutaner Injektion durch
solche zwischen 14 und 22 mg pro 100 g getötet. Die Krampfdose liegt für
Kaninchen bei 40 mg pro Kilo intravenös, die Letalgabe bei 55 mg pro Kilo
intravenös oder 140 mg per os.

Nach Iwakawa ist das von Nagai[3]) angeblich aus Phytolacca acinosa
isolierte Phytolaccotoxin, das nach Takahashi und Inoko[4]) eine pikro-
toxinartige Wirkung haben soll, wahrscheinlich nicht aus der genannten Pflanze
gewonnen, sondern identisch mit dem Cynanchotoxin. Iwakawa und andere
konnten aus Phytolacca kein Krampfgift isolieren. Das Präparat Nagais hat
zudem die gleichen chemischen und pharmakologischen Eigenschaften wie
Cynanchotoxin.

1) Sh. Shimizu, Journ. of Pharmacol. and experim. Therap. **8**, 347 (1916).
2) K. Iwakawa, Archiv f. experim. Pathol. u. Pharmakol. **67**, 118 (1912).
3) N. Nagai, Journ. of Pharm. Soc. of Japan **1891**, Nr. 18; zit. nach Iwakawa.
4) D. Takahashi u. Y. Inoko, Mitteil. d. Med. Gesellsch. Tokio **6** (1893); zit.
nach Iwakawa.

Sikimin.

Eykmann[1]) isolierte aus dem japanischen Sternanis, Illicium religiosum, einen krystallinischen stickstoffreien Körper, der nach ihm und Langgaard[2]) folgende Wirkung äußert (die gleiche Wirkung geben Extrakte aus Illicium anisatum). Eine viertel bis eine ganze Stunde nach der Injektion stellen sich beim Frosch und beim Kaninchen epileptiforme Krämpfe ein, die ganz den Charakter der Pikrotoxinkrämpfe haben. Der Tod erfolgt bei ersterem gelegentlich erst nach vielen Tagen, letztere sterben nach 1—1$\frac{1}{2}$ Stunden in einem Streckkrampf, der Erstickung herbeiführt. Der Angriffspunkt des Sikimins ist beim Frosch hauptsächlich in der Medulla oblongata zu suchen, denn die Krämpfe hören nach deren Entfernung auf, während die höheren Hirnteile ausgeschaltet werden können, ohne daß die Krämpfe fehlen. Doch sekundär wird auch das Rückenmark ergriffen; wird dieses durchschnitten, so fehlen zwar anfangs die Krämpfe in dem von dem unteren Teil des Rückenmarks innervierten Körpergebiet, aber nach einigen Stunden kehren auch hier die Krämpfe wieder.

Die Pulsfrequenz des Kaninchens wird durch das Gift stark verlangsamt, z. T. infolge zentraler Reizwirkung am Vagusursprung (Besserung nach Vagotomie), z. T. infolge eines Angriffes an den peripheren Vagusenden im Herzen: denn auch nach der Vagotomie läßt sich die nur unvollkommen erholte Herzfrequenz mit Atropin noch weiter in die Höhe bringen. Während der Krampfanfälle soll der Herzschlag frequenter werden. Ebenso zeigt das Froschherz Pulsverlangsamung, dazu erscheinen im Anfall lange, bis zu 30 Sekunden dauernde völlige Stillstände, die durch Atropin durchbrochen werden können.

Die Atmung ist in den Anfangsstadien der Sikiminwirkung beschleunigt, und vor Eintritt der Krämpfe fangen die Kaninchen an, stark zu speicheln. Die Krämpfe können durch Chloralhydratnarkose unterdrückt und die Tiere von sonst tödlicher Vergiftung gerettet werden.

Extrakte aus Illicium parviflorum wirken nach Barral[3]), der die Droge in einigen wenigen Versuchen an Hunden untersuchte, nach Art der Pikrotoxinkörper, neben den Krämpfen zeigen die Tiere Lähmungserscheinungen der Hinterextremitäten. Barral hält den wirksamen Körper nicht für identisch mit Sikimin.

---

[1]) Eykmann, Mitteil. d. deutsch. Gesellsch. f. Natur- u. Völkerkunde Ostasiens **23**; zit. nach:

[2]) A. Langgaard, Archiv f. pathol. Anat. u. Physiol. **86**, 222 (1881).

[3]) M. E. Barral, Journ. de Pharm. et de Chim. (5) **21**, 319 (1890).

Apomorphin, Apocodein, Ipecacuanha-Alkaloide.

Von

R. Magnus-Utrecht.

Mit 21 Textabbildungen.

I. Allgemeines über Brechmittel und über das Erbrechen.

Man bezeichnet diejenigen Stoffe als Brechmittel, welche in solchen Dosen Erbrechen hervorrufen, die noch keine stärkeren allgemeinen Vergiftungserscheinungen bedingen. Da der Brechakt allen diesen Substanzen gemeinsam ist, so erscheint es zweckmäßig, in einem einleitenden Abschnitte die Lehre vom Erbrechen im voraus zu behandeln, um spätere Wiederholungen zu vermeiden.

Nicht alle Wirbeltiere können erbrechen. Von den Säugetieren fehlt dieses Vermögen dem Pferd, Esel, Maultier, Rind, Ziege, Schaf, Kaninchen, Meerschweinchen, Ratte, Maus und Fledermaus (Mellinger[1]), Guinard[2])). Dagegen können Mensch, Hund, Katze, Marder, Schwein, Igel u. a. erbrechen.

Es ist lange Zeit strittig gewesen, ob das Brechen durch die Muskeln der Magenwand oder durch Kontraktionen der quergestreiften Muskeln der Bauchwand und des Zwerchfells bewirkt wird. Wie vielfach, so hat es sich auch in in diesem Falle herausgestellt, daß beide Systeme zusammenwirken.

Die aktive Beteiligung des Magens ergibt sich schon aus den vergleichenden Untersuchungen von Mellinger[1]). Den Fischen fehlt das Zwerchfell, und trotzdem können sie erbrechen. Beim Frosch kann man die Bauchhöhle eröffnen, den Magen herauswälzen und danach noch wirksames Erbrechen hervorrufen. Dabei sieht man dann eine kräftige Antiperistaltik des Magens eintreten. Auch nach völliger Zerstörung des Zentralnervensystems tritt trotz der hierdurch bedingten Lähmung der quergestreiften Körpermuskulatur noch Erbrechen ein.

Auch bei Reptilien (Eidechsen) und Vögeln läßt sich Erbrechen beobachten. Letztere entleeren dabei aber nicht den Magen, sondern den Kropf.

Während demnach bei den niederen Wirbeltieren das Erbrechen auch ohne Beteiligung des Zwerchfells und der Bauchmuskeln zustande kommen kann, hat Magendie[3]) in klassischen Versuchen bewiesen, daß bei den Säugern die quergestreifte Körpermuskulatur den wesentlichen Anteil gewinnt. Er durchschnitt die Phrenici und fand danach das Erbrechen erschwert. Wurde außerdem noch die Tätigkeit der Bauchmuskeln ausgeschaltet, so wurde dasselbe

---

[1]) C. Mellinger, Beiträge zur Kenntnis des Erbrechens. (L. Hermann.) Archiv f. d. ges. Physiol. **24**, 232 (1881).

[2]) L. Guinard, Etude expérim. de pharmacodynamie comparée sur la morphine et l'apomorphine. Thèse méd. de Lyon 1898. No. 107.

[3]) F. Magendie, Mémoire sur le vomissement. Paris 1813.

unmöglich. Berühmt ist der Versuch, in welchem er einem Hunde den ganzen Magen samt der Kardia exstirpierte und an seiner Stelle eine Schweinsblase einnähte, mit dem Erfolg, daß sich bei diesem Tiere noch promptes Erbrechen auslösen ließ. Eine Wiederholung und Abänderung dieses Experimentes durch Tantini[1]) bewies aber, daß Teile des Magens sich am Brechakt aktiv beteiligen. Wenn man nämlich bei der Herausnahme des Magens die Kardia schont, läßt sich kein Erbrechen mehr auslösen. Die Erklärung hierfür lieferte ein Versuch von Schiff[2]), welcher von einer Magenfistel aus mit dem Finger die Kardia betastete und kurz vor dem Erbrechen sich diese weit öffnen fühlte. Durch eine aktive Erweiterung der Kardia muß der Weg für die Speisen nach dem Oesophagus hin freigegeben werden. Später konnte dann Openchowski[3]) zeigen, daß bei der Wirkung des Brechmittels Apomorphin die Nervenfasern, welche Kardia und oberes Magendrittel zur Kontraktion bringen, gehemmt werden, während die Hemmungsfasern erregt sind. Es handelt sich hierbei um einen zentralen Vorgang, der nach Durchtrennung des Rückenmarkes ausbleibt. Krampf der Kardia verhindert also das Erbrechen. Das ist wahrscheinlich die Erklärung für die Beobachtung Openchowskis[1]), daß nach Unterbindung der Aorta oder der Magengefäße eine wirksame Apomorphindose zwar Brechbewegungen auslöst, durch welche aber kein Mageninhalt nach außen befördert wird. Löst man dagegen die Ligatur, so erfolgt nachträglich Erbrechen.

Aber auch abgesehen von dieser aktiven Öffnung der Kardia führt der Magen unter normalen Bedingungen beim Brechakt eine Reihe von eigenartigen Bewegungen aus. Schon Mellinger[4]) sah bei Hunden, denen er den Magen außerhalb der Bauchhöhle gelagert hatte, während des Brechaktes kräftige Magenbewegungen eintreten, die der Kontraktion von Zwerchfell und Bauchpresse vorangingen. Openchowski[3]) studierte diese Vorgänge genauer und fand, daß sich zunächst der Pylorus schließt, danach eine Unruhe in der Magenwand einsetzt und der Pylorusteil sich zusammenzieht, während peristaltische Wellen von oben her über den Magen verlaufen. Das obere Magendrittel ist während dieser Zeit ruhig und dehnt sich allmählich kugelförmig aus, so daß sich hier der Mageninhalt anhäuft. Erst darauf erfolgt die Kontraktion von Zwerchfell und Bauchpresse, durch welche der Inhalt des erschlafften Fundusteils durch die eröffnete Kardia nach außen befördert wird. Cannon[5]) hat darauf diesen Vorgang vor dem Röntgenschirm genauer verfolgt und schildert ihn folgendermaßen: „Gibt man einer Katze, die wismuthaltige Nahrung gefressen hat, eine subcutane Apomorphininjektion, so erschlaffen zuerst die Ringmuskeln des oberen Magenteils, der so schlaff wird, daß die leisesten Bewegungen des Abdomens die Form des Fundus ändern können. Dann treten unregelmäßige Kontraktionen der Funduswand auf, und kurz danach sieht man eine tiefe Einschnürung etwa 3 cm unterhalb der Kardia entstehen, welche, an Stärke zunehmend, sich gegen den Pylorus zu bewegt. Wenn diese an der Grenze des Pylorusteils angekommen ist, schließt sie hier das Magenlumen

---

[1]) Tantini in Omodei, Ann. univ. di med. **31** (1824); zit. nach S. Mayer, in Hermanns Handbuch der Physiologie.

[2]) M. Schiff, Leçons sur la physiologie de la digestion. Vol. II 450; zit. nach S. Mayer in Hermanns Handbuch der Physiologie.

[3]) v. Openchowski, Über die nervösen Verrichtungen des Magens. Centralbl. f. Physiol. **3**, 1 (1889). — Über die Zentren und Leitungsbahnen für die Muskulatur des Magens. Archiv f. Physiol. **1889**. 549.

[4]) C. Mellinger, Beiträge zur Kenntnis des Erbrechens. (L. Hermann.) Archiv f. d. ges. Physiol. **24**, 232 (1881).

[5]) W. B. Cannon, The movements of the stomach studied by means of the röntgenrays. Amer. Journ. of Physiol. **1**, 359 (1898).

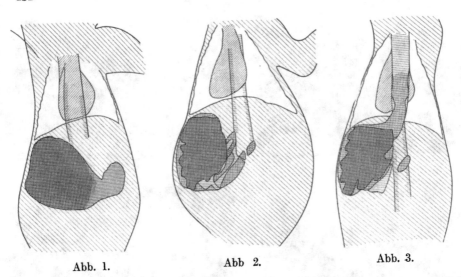

Abb. 1.   Abb 2.   Abb. 3.

Abb. 1—3 (nach Hesse). Röntgenaufnahmen. Kleiner Hund nach Fütterung mit Fleisch und Wismut. 0,5 mg pro Kilogramm Apomorphin. mur. subcutan. Rückenlage. Dorso-ventrale Aufnahme.

Abb. 1. Aufnahme vor Beginn der Nausea. Fundus- und Pylorusteil des Magens gefüllt. Mageninhalt erfüllt den Fundus des Magens noch vollständig. Peristaltische Wellen des Pylorusteiles. In der Brusthöhle sind Herz und Wirbelsäule sichtbar.

Abb. 2. Während der Nausea. Tier etwas gedreht. Fundusteil des Magens erschlafft, sodaß der Mageninhalt den Fundus nicht mehr ausfüllt. Pylorusteil auf dieser (und mehreren anderen) Aufnahmen nicht mehr deutlich.

Abb. 3. 4—5 Sekunden später. Beginn des Brechens. Tiefstand des Zwerchfells, Eröffnung der Kardia, Übertritt des Mageninhaltes in den Brustoesophagus.

Abb. 4—11 [siehe S. 433 (nach Hesse)]. Einzelschlagserienaufnahmen nach dem Dessauerschen Verfahren im Laboratorium der Veifawerke in Frankfurt ausgeführt. Kleiner Hund nach Fütterung mit Fleisch und Wismut in Bauchlage. 1,5 mg pro Kilogramm Apomorphin. mur. subcutan. Horizontaler Strahlengang.

Abb. 4. Während der Nausea. Fundusteil des Magens erschlafft, wird durch den sichtbaren Mageninhalt nicht völlig ausgefüllt. — 1 Minute später mit dem Beginn der Brechbewegungen beginnt die Serienaufnahme in Abständen von ca. 4 Sekunden zwischen den Einzelbildern (Abb. 5—11).

Abb. 5. Beginn des Erbrechens. Fundusteil schlaff. Kardia eröffnet. Übertritt von Mageninhalt in den völlig erschlafften Brustoesophagus, in dem die Konturen der Speisebrocken unverändert erhalten sind.

Abb. 6. Ein Teil ist in den Halsoesophagus gelangt, weiterer Mageninhalt in den Brustoesophagus getreten. Kardia dauernd offen.

Abb. 7. Es ist nichts nach außen entleert. Der größte Teil des Speiseröhreninhaltes ist in den Magen zurückbefördert, wo seine Konturen noch deutlich unterscheidbar sind. Zwei kleinere Brocken noch auf der Wanderung im Hals- und Brustteil begriffen.

Abb. 8. Neues Erbrechen. Der oberste Teil des Fundusinhaltes wieder in die Speiseröhre zurückgeworfen. Diebeiden auf Abb. 7 sichtbaren Massen sind noch unterscheidbar.

Abb. 9. Weitere Magenentleerung. Brust- und Halsoesophagus bis zum Kehlkopf gefüllt. Nach dieser Aufnahme wird nach außen ausgebrochen. Danach

Abb. 10. Hals- und Brustoesophagus leer. Nur oberhalb der Kardia ein Speisebrocken. Dieser bleibt bis zur nächsten Aufnahme

Abb. 11. liegen.

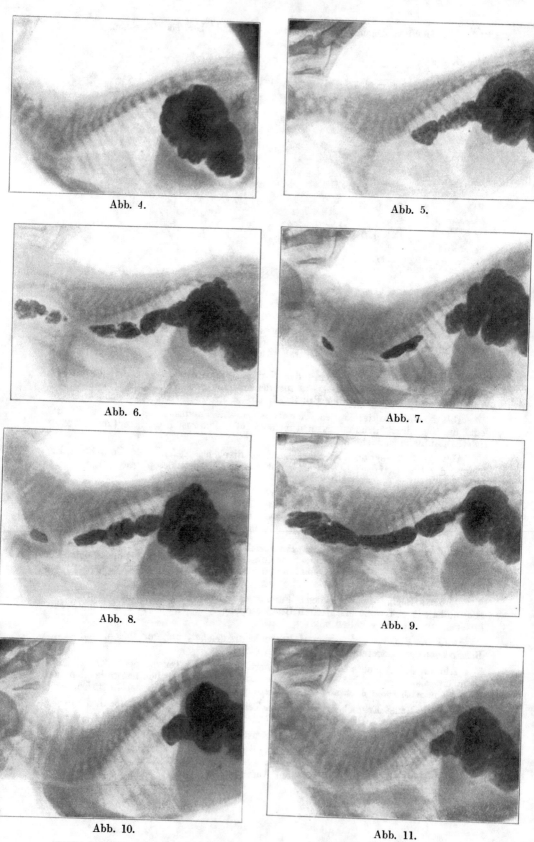

Abb. 4.

Abb. 5.

Abb. 6.

Abb. 7.

Abb. 8.

Abb. 9.

Abb. 10.

Abb. 11.

völlig ab, während eine Kontaktionswelle über das Antrum hinläuft. Andere ähnliche Kontraktionen folgen. In den Zwischenpausen öffnet sich der Sphincter antri etwas, aber schließt sich sofort wieder, wenn eine neue Kontraktion ihn erreicht. Etwa 1 Dutzend solcher Wellen treten auf; danach teilt eine feste Kontraktion am Anfang des Antrums die Magenhöhle in 2 völlig geschiedene Teile. Diese selbe Zweiteilung des Magens sieht man auch nach Senf. Während nun die Wellen noch über den Pylorusteil hinlaufen, ist der Fundusteil völlig erschlafft. Eine Abflachung des Zwerchfells und eine schnelle Kontraktion der Bauchmuskeln pressen nun bei geöffneter Kardia den Inhalt des Fundusteils in die Speiseröhre. Während sich nun diese spastischen Kontraktionen der Bauchmuskeln wiederholen, zieht sich die Magenwand wieder um den zurückgebliebenen Inhalt zusammen." Abb. 1—3 geben nach photographischen Aufnahmen von Hesse[1]) die wichtigsten Phasen dieses Vorganges wieder. Antiperistaltik hat Cannon nur einmal beobachtet: eine Welle, die am Pylorus begann und über das Antrum nach rückwärts lief, wobei sie das Lumen desselben vollkommen abschloß.

Diese Magenbewegungen, welche beim Brechakt unter dem Einfluß des Zentralnervensystems auftreten, scheinen in ihrem besonderen Ablauf in den motorischen Apparaten des Magens selbst vorgebildet zu sein. Wenigstens gibt Cannon an, daß die von ihm vor dem Röntgenschirm beobachteten Bewegungen sich ungefähr mit denjenigen decken, welche Hofmeister und Schütz[2]) am excidierten Magen in der feuchten Kammer haben auftreten sehen.

Mit der Entleerung des Magens in den Oesophagus ist der Brechakt noch nicht zu Ende. Wie Hesse[1]) am Hunde mit dem Röntgenverfahren beobachten konnte (vgl. die Abb. S. 433), füllt sich zunächst die Speiseröhre bis zur oberen Hälfte des Halsteiles (Abb. 5 u. 6), indem mehrere stoßweise Kontraktionen der Bauchmuskeln und des Zwerchfells den Mageninhalt auswerfen. Der Oesophagus ist dabei ganz schlaff, so daß die Mageninhaltmassen (bei Fleischfütterung) mit ihren einzelnen abgerundeten Umrissen sehr gut zu erkennen sind (Abb. 6). Eine Kontraktion der Kardia sondert darauf manchmal (nicht immer) den Inhalt von Magen und Oesophagus. Dieser letztere wird aber nicht sogleich nach außen entleert, sondern es setzen nun sehr tiefe und regelmäßige Atembewegungen ein, 3—6—12 an Zahl, durch welche der Inhalt des Oesophagus auf- und abbewegt wird. Ist die Kardia geschlossen, so sieht man den Oesophagusschatten hierbei durch eine helle Zone vom Magenschatten getrennt; steht sie offen, so kann durch die tiefen Respirationen ein Teil des Inhaltes der Speiseröhre in den Magen zurückgetrieben werden. Bei den letzten dieser Atembewegungen geht der Brustkorb in äußersten Inspirationsstand über, und nunmehr erfolgt erst der eigentliche Brechakt nach außen, indem bei geschlossener Glottis stark exspiriert, und durch die Druckerhöhung im Thorax der Inhalt des Oesophagus nach außen getrieben wird, wobei das Gaumensegel den Schlund nach oben abschließt, die Zunge vorgestreckt wird und der Kiefer sich öffnet. Ob bei diesem Vorgang eine aktive Antiperistaltik des Oesophagus mithilft, ließ sich auf dem Röntgenschirm nicht sicher erkennen. (Auch Mellinger[3]) konnte am

---

[1]) O. Hesse, Zur Kenntnis des Brechaktes. Nach Röntgenversuchen an Hunden. Archiv f. d. ges. Physiol. **152**, 1 (1913).

[2]) F. Hofmeister u. E. Schütz, Über die automatischen Bewegungen des Magens. Archiv f. experim. Pathol. u. Pharmakol. **20**, 1 (1885). — E. Schütz, Über die Einwirkung von Arzneistoffen auf die Magenbewegung. Archiv f. experim. Pathol. u. Pharmakol. **21**, 341 (1886).

[3]) C. Mellinger, Beiträge zur Kenntnis des Erbrechens. (L. Hermann.) Archiv f. d. ges. Physiol. **24**, 232 (1881).

freigelegten Halsoesophagus keine Antiperistaltik, sondern nur eine kräftige Gesamtkontraktion wahrnehmen.) Durch diese Brechbewegung wird aber die Speiseröhre nicht völlig entleert, es bleiben immer noch mehr oder weniger große Reste, besonders im Halsteile sitzen. Diese werden beim Hunde durch eine oder mehrere langsam verlaufende, kräftige peristaltische Schluckwellen (die auch Mellinger[1]) gesehen hat) nach abwärts getrieben (Abb. 6 u. 7), bleiben gewöhnlich einige Sekunden oberhalb der Kardia ruhig liegen (Abb. 10 u. 11) und treten dann, gerade wie beim Schluckakt, in den Magen zurück. Einige Male wurde gesehen, daß durch den ersten Brechakt der Mageninhalt nur in den Halsoesophagus gelangte. Derselbe (Abb. 6) wurde durch eine peristaltische Oesophaguswelle wieder zurück zur Kardia (Abb. 7) und nach einer Pause in den Magen befördert und erst der zweite Brechakt führte zu einer Entleerung nach außen (Abb. 8—10). Nach diesen Beobachtungen erfolgt

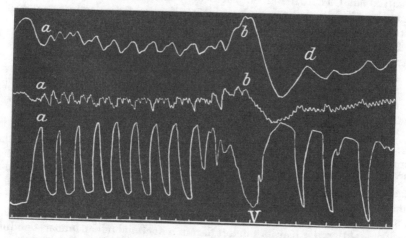

Abb. 12. Verhalten des Blutdruckes (obere Linie), des Pulses (mittlere Linie) und der Atmung (untere Linie) während des Erbrechens. Hund 20 kg, 0,4 g Apomorphin subcutan. (Nach Guinard, l. c. S. 300.)

also das Erbrechen in 3 Tempi: 1. Anhäufen des Mageninhalts im erschlafften Fundusteil; 2. Erbrechen aus dem Magen in die Speiseröhre; 3. Erbrechen aus der Speiseröhre nach außen.

Das geschilderte Verhalten der Atmung beim Brechakt ist auf beistehender Kurve von Guinard (Abb. 12) gut zu erkennen. Bei a beginnt das Brechen, der Oesophagus füllt sich, es beginnt eine Reihe von 10—11 ganz regelmäßigen, sehr tiefen Atemzügen, bei den letzten geht der Thorax in Inspirationsstellung über, und beim eigentlichen Erbrechen erfolgt eine lange krampfhafte Exspiration, bei welcher die Entleerung nach außen erfolgt (V). Während der tiefen Atemzüge ist der vorher schnelle und kleine Puls verstärkt. Während der eigentlichen Entleerung tritt eine plötzliche und vorübergehende Blutdrucksenkung (b) ein, welche vermutlich durch die Exspiration bei geschlossener Glottis veranlaßt ist (Valsalvascher Versuch).

Aus der oben gegebenen Schilderung des Brechaktes ergibt sich, daß dabei eine ganze Reihe von Organen sich mit verwickelten Bewegungen beteiligen. Doch sind nicht alle diese Bewegungen zum Erbrechen wirklich notwendig. Beim Säugetier müssen offenbar nur die Kontraktionen von Zwerchfell und

Bauchmuskeln und die Öffnung der Kardia wirklich vorhanden sein. Die Magenbewegungen können fehlen, wie sich aus dem alten Versuche von Magendie[1])
ergibt. Ebenso kann man auch die Bewegungen der Speiseröhre völlig ausschalten,
denn Valenti[2]) konnte zeigen, daß die Einführung eines starren Rohres in den
Ösophagus das Brechen nicht hindert. Dagegen spielt die Lage des Tieres eine
recht bedeutende Rolle. Nach Harnack[3]) u. a. bleibt in Rückenlage das
Brechen erfolglos. Eggleston und Hatcher[4]) geben allerdings an, daß man
durch große Dosen Apomorphin beim Hunde in Rückenlage gelegentlich Erbrechen erzielen kann, daß dasselbe aber jedenfalls sehr erschwert ist und tatsächlich häufig ausbleibt. Die Erklärung hierfür ergibt sich aus Röntgen-
beobachtungen von Hesse, nach denen in Rückenlage das Erbrechen vom
Magen in den Oesophagus ganz normal bis hinauf zum Pharynx vor sich geht
(Abb. 3). Nur die Entleerung nach außen ist erschwert und es wird in den
meisten Fällen das ganze Erbrochene wieder heruntergeschluckt. Manchmal
wird allerdings ein Teil nach außen entleert.

Außer den oben erwähnten Veränderungen von Atmung und Kreislauf
werden nun vor und während des Erbrechens eine ganze Reihe von Organfunktionen in Mitleidenschaft gezogen. Man faßt diese Vorgänge unter dem
Namen Nausea zusammen. Dieser Zustand von Übelkeit ist gekennzeichnet
durch Erblassen, Ausbruch von kaltem Schweiß, Speichelfluß, gesteigerter
Sekretion der Musk-, Nasen-, Tracheal- und Bronchialschleimhaut, dem Gefühl
einer großen Muskelschwäche, einem schwachen und schnellen Puls und beschleunigter und regelmäßiger Atmung.

Die Speichelsekretion ist zentral ausgelöst und fehlt daher an der Submaxillaris nach Durchschneidung der Chorda tympani (Versuche von Henderson[5]) mit Apomorphin). Dagegen soll nach alten Versuchen von Rossbach[6])
die gesteigerte Bronchialsekretion auch nach Durchschneidung sämtlicher
Nerven noch eintreten können(?). Diese Zunahme der Sekretionen zusammen
mit den beschleunigten und vertieften Atemzügen führt zu einem reichlichen
Schleimauswurf, der durch Husten und Räuspern befördert wird. Daher verwendet man viele Brechmittel in solchen Dosen, welche noch kein Erbrechen, sondern nur Nausea hervorrufen, als Expektorantien. Hierfür eignen
sich besonders diejenigen Mittel, welche eine lange dauernde Nausea hervorrufen.

Alle Brechmittel beschleunigen den Puls (Harnack)[3]). Die Pulsbeschleunigung tritt zugleich mit der Nausea ein und steigert sich noch kurz vor dem Erbrechen, um nach dem Akte wieder abzusinken. Der Puls wird dabei klein, der
Blutdruck steigt nicht (Harnack)[3]), kann im Gegenteil sogar fallen
(Guinard)[7]). Die Pulsbeschleunigung vor dem Brechen kann über das Doppelte betragen, selbst nach Atropin wird der Puls noch um 10—12% beschleu-

---

[1]) F. Magendie, Mémoire sur le vomissement. Paris 1813.
[2]) A. Valenti, Das Verhalten der Kardia speziell in bezug auf den Mechanismus
des Erbrechens. Archiv f. experim. Pathol. u. Pharmakol. **63**, 1 (1910).
[3]) E. Harnack, Über die Wirkungen des Apomorphins am Säugetier und am Frosch.
Archiv f. experim. Pathol. u. Pharmakol. **2**, 254 (1874).
[4]) C. Eggleston and R. A. Hatcher, The seat of the emetic action of apomorphine.
Journ. of Pharm. and experim. Ther. **3**, 551 (1912).
[5]) V. E. Henderson, The action of drugs on the salivary secretion. Journ. of Pharm.
and experim. Ther. **2**, 1 (1910).
[6]) M. J. Rossbach, Über die Schleimbildung und die Behandlung der Schleimhaut-
erkrankungen in den Luftwegen. Würzburger Festschrift **1**, 85 (1882).
[7]) L. Guinard, Etude expérim. de pharmacodynamie comparée sur la morphine et
l'apomorphine. Thèse méd. de Lyon 1898, No. 107.

nigt. Es handelt sich also im wesentlichen um (zentrale) Acceleransreizung (Harnack)[1]).

Bei jedem Brechakt, und schon vorher in der Nausea kommt es zur Erregung der Atmung, welche beschleunigt, zeitweise auch vertieft und unregelmäßig wird. Es wurde deshalb von Grimm[2]) die Ansicht ausgesprochen, daß Brech- und Atemzentrum identisch seien. Diese merkwürdige Anschauung, welche auf einer völligen Verkennung des Zentrenbegriffes beruht, ist längst verlassen, seitdem Harnack[1]) gezeigt hat, daß in tiefer Narkose bei noch guter Atmung das Erbrechen aufgehoben ist, während Apomorphin noch eine Erregung der Atmung hervorruft, und seitdem Thumas[3]) das Brechzentrum auch anatomisch vom Atemzentrum trennen konnte (s. u.).

Das Verhalten von Blutdruck, Puls und Atmung[4]) während der Nausea und des Erbrechens sieht man am besten aus folgender Tabelle, die der Arbeit von Guinard[5]) entnommen ist:

Hund	Blutdruck	Puls	Atemfrequenz
Normal	175	120	18
Injektion von 0,6 mg pro kg Apomorphin subcutan.			
Nach 4 Min.	139	**252**	20
Nausea	118—160	**294**	84
22 Sek. vor dem Brechen		langsamer u. stärker	langsamer, tief und regelmäßig
Brechen	**90**	120	—
Direkt danach	180	—	—
Neue Nausea	140	282	42

Beim Erbrechen tritt die quergestreifte Körpermuskulatur vom Kopf bis zum Bauche in Tätigkeit. Die Innervation geschieht vom Trigeminus und Facialis herab bis zu den unteren Lumbalnerven. Außerdem beteiligen sich eine große Zahl von Eingeweiden daran, welche ihre Nerven teils vom parasympathischen System, besonders vom Vagus, teils vom Sympathicus beziehen. Damit dieser ganze komplizierte und räumlich so weit im Zentralnervensystem verteilte Mechanismus in der richtigen Weise zusammenarbeitet, wird er von einem höheren Zentrum aus in Tätigkeit gesetzt, welches seinerseits entweder direkt (toxisch) oder auf reflektorischem Wege erregt werden kann.

Dieses Brechzentrum liegt in der Medulla oblongata. Gianuzzi[6]) durchschnitt bei jungen Hunden das Rückenmark am 1.—3. Halswirbel und sah danach auf Brechweinstein charakteristische Bewegungen des Kopfes und der Kehle, nicht aber des Zwerchfells und der Bauchmuskeln eintreten. Das Zentrum muß also oberhalb der Durchschneidung liegen. Thumas[7]) lokalisierte dasselbe

---

[1]) E. Harnack, Über die Wirkungen des Apomorphins am Säugetier und am Frosch. Archiv f. experim. Pathol. u. Pharmakol. **2**, 254 (1874).

[2]) Grimm, Experimentelle Untersuchungen über den Brechakt. (L. Hermann.) Archiv f. d. ges. Physiol. **4**, 205 (1871).

[3]) L. J. Thumas, Über das Brechzentrum und über die Wirkung einiger pharmakologischer Mittel auf dasselbe. Virchows Archiv **123**, 44 (1891).

[4]) Vgl. auch unten Abb. 13—15.

[5]) L. Guinard, Etude expérim. de pharmacodynamie comparée sur la morphine et l'apomorphine. Thèse méd. de Lyon 1898, No. 107.

[6]) Gianuzzi, Untersuchungen über die Organe, welche an dem Brechakt teilnehmen, und über die physiologische Wirkung des Tartarus stibiatus. Centralbl. f. d. med. Wissenschaften **1865**, 1 u. 129.

[7]) L. J. Thumas, Über das Brechzentrum und über die Wirkung einiger pharmakologischer Mittel auf dasselbe. Virchows Archiv **123**, 44 (1891).

dann durch Schnitte in die Medulla oblongata und fand, daß nach einem Querschnitt, der dorsal durch die Striae acusticae und ventral 2 mm hinter dem
Hinterrande des Pons verläuft, noch Erbrechen (durch Apomorphin und andere
Brechmittel) erzielt werden kann. Ein medianer Längsschnitt, der von 2 mm
oberhalb bei 3 mm unterhalb des Calamus scriptorius reicht, die Medulla jederseits
1 mm breit von der Mittellinie zerstört und ziemlich tief (ventralwärts) geht,
hebt das Vermögen zu erbrechen bei Hund und Katze vollkommen auf, während
die Atmung ruhig weitergeht. Andere Schnitte durch die Medulla lassen das
Brechvermögen intakt. Thumas hat ferner gefunden, daß diese Stelle ganz
besonders empfindlich ist gegen das lokale Aufpinseln von 1 Tropfen einer
0,2 prozentigen oder noch schwächeren Lösung von Apomorphin. Darauf erfolgt
binnen 1—1$\frac{1}{2}$ Minute starkes Erbrechen. Betupfen anderer Stellen ist wirkungslos. Schwächer und langsamer wirkt das lokale Betupfen mit weinsaurem
Emetin (0,5%). Brechweinstein (0,1—1,0%) dagegen, sowie $CuSO_4$ (0,1 bis
0,5%) und $ZnSO_4$ sind nicht imstande, von der Medulla aus Erbrechen zu erzeugen.

Durch diese klaren Resultate werden die gegenteiligen Angaben v. Openchowskis hinfällig, welcher 2 verschiedene Brechzentren annehmen wollte,
eines in der Medulla, das andere in den Vierhügeln. Er schloß dieses daraus,
daß nach vollständiger Zerstörung der Vierhügel auf Apomorphin kein wirksames Erbrechen zustande kommt, obwohl noch Brechbewegungen auftreten; $CuSO_4$ soll dagegen dann noch wirken. Auch nach oberflächlicher
Zerstörung der Vierhügel konnte Openchowski Brechbewegungen, aber
keinen Austritt der Speisen aus dem Magen mehr beobachten. Durchschneidung
der Medulla oblongata oberhalb der Striae acusticae machte das Apomorphinerbrechen für 5—6 Stunden unmöglich, nach dieser Zeit konnte aber Apomorphin wieder einen emetischen Effekt hervorbringen. Hiernach erscheint es
außer Zweifel, daß die Versuche von v. Openchowski durch starke Schock-
wirkungen getrübt sind. Auch hier aber ließen sich Brechbewegungen von
der Medulla oblongata aus erzielen, ob dieselben zur Entleerung führten,
ist von untergeordneter Bedeutung.

Camus[1]) zeigte, daß örtliche Einwirkung von Chloralose auf die Medulla
oblongata alle Brechmittel unwirksam macht.

Der ganze Ablauf der Brechbewegung ist in dem „Zentrum" vorgebildet.
Denn der ganze Vorgang läuft in richtiger Weise ab, auch wenn gar kein Mageninhalt vorhanden ist, der erbrochen werden kann; man kann den ganzen Magen-
darmkanal exstirpieren und den Oesophagus und Pharynx mit Cocain unempfindlich machen (Eggleston und Hatcher)[2]), und dann noch durch Apomorphin
Brechbewegungen hervorrufen. Oesophagotomierte Hunde brechen aus der
Oesophagusfistel und führen dabei mit dem Kopfe die dazugehörigen richtigen
Brechbewegungen aus (O. Cohnheim)[3]). Der Brechakt ähnelt also insofern
dem Schluckakt, daß auch hier der ganze Bewegungsablauf vom Zentrum
aus in der richtigen Reihenfolge geleitet wird, auch wenn die einzelnen peripheren Vorgänge ausgeschaltet sind.

Für den Brechreflex hat Miller[4]) eine ganze Reihe von Eigenschaften

---

[1]) J. Camus, Recherches sur les centres du vomissement. Compt. rend. de la Soc.
de Biol. **73**, 155 (1912).

[2]) C. Eggleston and R. A. Hatcher, The seat of the emetic action of apomorphine.
Journ. of Pharm. and experim. Ther. **3**, 551 (1912).

[3]) O. Cohnheim, Die Physiologie der Verdauung und Ernährung. Berlin 1908, S. 24.

[4]) F. R. Miller, Studien über den Brechreflex. Archiv f. d. ges. Physiol. **143**, 1 (1911).

zentraler Reflexe nachgewiesen: Die Gültigkeit des „Alles oder Nichts"- Gesetzes, Reizsummation, Reiznachwirkung und refraktäre Periode.

Der Brechreflex kann von den verschiedensten Körperstellen aus ausgelöst werden. Danach sind denn auch die afferenten Nerven des Reflexes verschieden. Die typische Auslösung erfolgt vom Magen aus, wo nach den Angaben von Muratori[1]) und Valenti[2]) es besonders die Schleimhaut in der Nähe der Kardia ist, von welcher die wirksamen Reize für das Brechen ausgehen. Nach Openchowski[3]), Miller[4]) u. a. verlaufen die afferenten Bahnen weiter durch den Vagus. Durchschneidung des Vagus macht die Wirkung der reflektorisch wirkenden Brechmittel unmöglich, während die am Brechzentrum selber angreifenden, wie das Apomorphin, danach noch erfolgreich sind. Miller[4]) hat afferente Bahnen für den Brechreflex im Splanchnicus vergeblich gesucht.

Die wichtigsten efferenten Bahnen sind der Phrenicus und die motorischen Nerven für die Bauchmuskeln. Für den Magen selber scheinen die hauptsächlichen Bahnen durch den Splanchnicus zu gehen. Das ergibt sich schon aus der Tatsache, daß Apomorphin nach Vagotomie noch emetisch wirkt. Auch die Bahnen für die Kardiaöffnung müssen demnach wenigstens z. T. durch den Splanchnicus laufen. Nach Langley[5]) besitzt auch der Vagus Hemmungsfasern für die Kardia. Die ganze Frage ist noch keineswegs völlig klar und übersichtlich. Nach Openchowski[3]) sollen sogar für die verschiedenen Brechmittel verschiedene Bahnen in Betracht kommen. Das Apomorphinerbrechen wird nach seinen Angaben unmöglich nach Zerstörung der Vierhügel (ist nach dem oben Gesagten nicht mehr aufrechtzuhalten), Durchschneidung des Rückenmarks bis herab zum 5. Brustwirbel, Durchschneidung der Grenzstränge in der Höhe der 6. und 7. Rippe, Ausreißen der 5., 6. und 8. thoracalen Wurzel, oder vollständiger Durchschneidung der Splanchnici. Dann fallen auch die charakteristischen Magenbewegungen aus. Für das reflektorisch ausgelöste Erbrechen soll dagegen diese Bahn nach Openchowski überhaupt nicht in Betracht kommen (?). Es ist schwer vorzustellen, daß für den gleichen motorischen Akt so verschiedene Bahnen in Tätigkeit treten sollen. Eine neue Bearbeitung der ganzen Frage mit modernen Methoden ist dringend erwünscht[6]).

Auch von isolierten Darmschlingen aus läßt sich reflektorisch Erbrechen auslösen, z. B. durch Kupfersulfat (Openchowski)[3]). Ebenso kann man durch Aufblasen eines durch eine Darmfistel eingeführten Gummiballons beim Hunde promptes Erbrechen bewirken und sich auf diese Weise Mageninhalt verschaffen (O. Cohnheim)[7]).

---

[1]) Muratori, Arch. di Fisiol. **6** (1909); zit. nach Valenti, Arch. di Farmacol. sper. e sc. aff. **9**, fasc. VI (1910).

[2]) A. Valenti, Sulla Farmacologia degli emetici più in uso. Arch. di Farmacol. sper. e sc. aff. **9**, fasc. VI (1910).

[3]) v. Openchowski, Über die nervösen Verrichtungen des Magens. Centralbl. f. Physiol. **3**, 1 (1889). — Über die Zentren und Leitungsbahnen für die Muskulatur des Magens. Archiv f. Physiol. **1889**, 549.

[4]) F. R. Miller, On gastric sensation. Journ. of Physiol. **41**, 409 (1910).

[5]) J. M. Langley, On inhibitory fibres in the vagus for the end of the oesophagus and the stomach. Journ. of Physiol. **23**, 407 (1898).

[6]) Vgl. auch P. Klee, Beitr. z. pathol. Physiol. d. Mageninnervation. I. Der Brechreflex. — D. Arch. f. klin. Med. **128**, 204 (1917).

[7]) Mündliche Mitteilung.

II. Apomorphin.

Das Apomorphin ist das beste Beispiel eines rein zentral wirkenden Brechmittels, welches in emetischen Dosen fast keine Nebenwirkungen besitzt; in größeren Dosen, sowie bei Tieren, welche nicht brechen können, ruft es zentrale Erregung hervor. Die Wirkung wird sehr leicht verändert durch Verunreinigungen, welche von der Darstellung her der Verbindung ankleben können.

Das Apomorphin, $C_{17}H_{17}NO_2$, wurde im Jahre 1869 von Mathiessen und Wright[1]) zuerst dargestellt. Es entsteht aus dem Morphin ($C_{17}H_{19}NO_3$) durch Wasserentziehung und wird gewonnen, indem man Morphin mit 35% Salzsäure[2]) 2—3 Stunden lang im zugeschmolzenen Rohre auf 140—150° erhitzt. Ebenso kann man es auch durch Erhitzen von Codein mit HCl erhalten. Dann bildet sich außerdem noch Methylchlorid:

$$C_{18}H_{21}NO_3 + HCl = C_{17}H_{17}NO_2 + CH_3Cl + H_2O.$$

Die Konstitution des Apomorphins ist noch nicht über jeden Zweifel sicher festgestellt, weil auch über die Konstitution des Morphins noch keine völlige Einigung erzielt worden ist. Pschorr[3]) gibt die folgende Konstitutionsformel[4]):

Außer der Wasserabspaltung erleidet also das Morphinmolekül (s. Abschn. Morphin) noch weitere tiefgreifende Umwandlungen, indem der ätherartig gebundene indifferente Sauerstoff aufgerichtet wird, 2 Phenolhydroxyle auftreten und das Alkoholhydroxyl verschwindet. Mit dieser Umgestaltung des Moleküls verändert sich auch die pharmakologische Wirkung, indem die narkotischen Eigenschaften des Morphins zurücktreten und die erregenden an Intensität zunehmen. Nach Bergell und Pschorr[5]) müssen die beiden Phenolhydroxyle für eine gute emetische Wirkung frei vorhanden sein. Besetzt man sie beide durch Veresterung oder Ätherifizierung, so hört der emetische Effekt auf, bleibt nur ein OH frei, so tritt die Wirkung nur andeutungsweise auf. Die durch Substitution am Stickstoff gewonnenen quaternären Ammoniumbasen sollten nach Bergell und Pschorr[5]) gute und brauchbare Emetica sein, doch hat die Untersuchung des gereinigten Apomorphinbrommethylates (Euporphin) durch Harnack und Hildebrand[6]) ergeben, daß sie am Frosch und Kaninchen Curare-

---

[1]) A. Matthiessen and C. R. A. Wright, Proc. Roy. Soc. **17**, 455; **18**, 83 (1869); Annalen d. Chemie u. Pharmazie, Suppl. **7**, 170, 364 (1870).

[2]) Ebenso wirken Oxalsäure, Schwefelsäure, Phosphorsäure und Chlorzink.

[3]) R. Pschorr, B. Jaeckel u. H. Fecht, Über die Konstitution des Apomorphins. Ber. d. deutsch. chem. Ges. **35**, 4377 (1902).

[4]) Eine andere Konstitutionsformel geben Harnack u. Hildebrand, Archiv f. experim. Pathol. u. Pharmakol. **61**, 343 (1909).

[5]) Bergell u. Pschorr, Über das Euporphin (Apomorphinbrommethylat). Ther. d. Gegenwart **1904**, 247.

[6]) E. Harnack u. H. Hildebrand, Über verschiedene Wirksamkeit von Apomorphinpräparaten und über das pharmakologische Verhalten von Apomorphinderivaten (Euporphin usw.). Archiv f. experim. Pathol. u. Pharmakol. **61**, 343 (1909).

wirkung (Ammoniumbase!) besitzen und am Hunde 50 mal schwächer brechen-erregend wirken als Apomorphin. Nach Tiffeneau und Porcher[1]) gleicht die physiologische Wirkung des Diacetylapomorphins qualitativ und quantitativ derjenigen des Apomorphins, während Triacetylapomorphin keine brechenerregende Wirkung besitzt.

Das Apomorphin selbst ist amorph, schneeweiß, wird an der Luft grün, ist in Wasser wenig, in Alkohol und Äther leicht löslich, die alkalische Lösung schwärzt sich an der Luft.

Das zu ärztlichen Zwecken und physiologischen Untersuchungen am meisten benutzte Präparat ist das chlorwasserstoffsaure Salz

$$C_{17}H_{17}NO_2 \cdot HCl \cdot {}^{1}/_{2}H_2O .$$

Dasselbe bildet weiße oder grauweiße, in Äther und Chloroform fast un-lösliche Kryställchen in Prismenform, die sich in etwa 50 Teilen Wasser und etwa 40 Teilen Alkohol lösen. Die Lösungen färben sich an Luft und Licht allmählich grün, werden sie jedoch unter Zusatz von wenig HCl bereitet, so bleiben sie längere Zeit unverändert.

Die grün verfärbten Lösungen haben an Wirksamkeit kaum abgenommen (Guinard[2]) u. a.). Selbst $4^{1}/_{2}$ Jahre aufbewahrte, tiefschwarz gewordene Apomorphinlösungen, deren Wirksamkeit vor und nach diesem Zeitraum geprüft wurde, hatten nur etwa die Hälfte ihrer Giftigkeit eingebüßt. Dabei hatte sich der Charakter der Wirkung in keiner Weise geändert, die Lösungen waren keinesfalls, wie das gelegentlich vermutet wurde, giftiger geworden (Guinard)[2]).

Verunreinigungen. Die ganze Literatur über Apomorphin leidet an dem großen Mangel, daß die von den verschiedenen Untersuchern benutzten Prä-parate offenbar nicht einheitlich und gleichmäßig gewesen sind. Um die Unter-suchung dieser Verhältnisse haben sich besonders Harnack, Hildebrand und Guinard verdient gemacht. Die Kenntnis dieser Dinge ist für das Ver-ständnis der eigentlichen Apomorphinwirkungen notwendige Voraussetzung, daher müssen sie gleich im Anfang genauer besprochen werden.

Siebert[3]) und Quehl[4]) fanden bei ihren alten Untersuchungen Apo-morphin am Frosche wirkungslos, während Harnack[5]) 1874 bei diesen Tieren zentrale und Muskellähmung auftreten sah. Schon 1 mg genügte, um einen Frosch zu lähmen. Im Gegensatz dazu waren in den Versuchen von Harnack und Hildebrand[2]) im Jahre 1909 10 mg am Frosche fast wirkungslos. Wäh-rend emetische Dosen am Menschen fast frei von Nebenwirkungen sind, kamen vereinzelte Fälle von schwerstem Kollaps am Menschen gelegentlich zur Beob-achtung (siehe u.). Zeehuizen[6]) fand an der Taube große Unterschiede in der Wirkungsstärke verschiedener Apomorphinpräparate. Bei der vergleichenden Untersuchung einer größeren Zahl von Apomorphinpräparaten fand Guinard[2]) alle Übergänge zwischen solchen, welche emetisch und rein erregend und solchen, welche nicht emetisch und lähmend wirkten. Am reinsten zeigten

[1]) M. Tiffeneau u. Porcher, Bull. Soc. Chim. de France 17, 114, 1915, Cit. n. Chem. Cbl. 1915, II, 82.

[2]) L. Guinard, Etude expérim. de pharmacodynamie comparée sur la morphine et l'apomorphine. Thèse méd. de Lyon 1898 No. 107.

[3]) V. Siebert, Untersuchungen über die physiologischen Wirkungen des Apomorphins. Diss. Dorpat 1871. (Schmiedeberg.)

[4]) M. Quehl, Über die physiologischen Wirkungen des Apomorphins. Diss. Halle 1872.

[5]) E. Harnack, Über die Wirkungen des Apomorphins am Säugetier und am Frosch. Archiv f. experim. Pathol. u. Pharmakol. 2, 254 (1874).

[6]) H. Zeehuizen, Beiträge zur Lehre der Immunität und Idiosynkrasie. Archiv f. experim. Pathol. u. Pharmakol. 35, 181 (1895).

diese Wirkungen ein krystallinisches Präparat von Merck, welches erregend
und emetisch wirkte, und ein amorphes Präparat derselben Fabrik, welches
überwiegend lähmende Eigenschaften besaß. Es läßt sich aber nicht allgemein behaupten, daß alle amorphen Apomorphinpräparate lähmen, da Harnack[1]) beispielsweise ein amorphes Mercksches Apomorphin hatte, das nur erregend wirkte.

Die lähmenden Wirkungen seines amorphen Präparates beschreibt Guinard[2]) folgendermaßen: beim Hunde rufen schon kleine Dosen (unter 1 cg)
bei intravenöser Zufuhr nach vorübergehender leichter Erregung, Defäkation und Speichelfluß, tiefe Depression, Narkose und völlige Muskelschlaff-
heit bei erhaltenem Cornealreflex hervor. Größere Dosen (2—6 cg pro kg)
machen Kollaps und Tod durch Atemstillstand. Brechen tritt niemals
auf. Es kommt zu einer hochgradigen Blutdrucksenkung, nach 2 cg meist
schon zu vorübergehendem Atemstillstand, an welchen sich Cheyne-Stokessche Atmung anschließt. Endgültiger Atemstillstand erfolgt nach 3 cg pro kg.
Bei der subcutanen Einspritzung hatte dieses selbe Präparat etwas mehr
erregende und krampfmachende Wirkungen, wirkte auch häufiger emetisch.
Je größer aber die Dosis genommen wurde, desto kürzer war das Erbrechen.
Eine zweite Dose hatte dann gewöhnlich keine brechenerregende Wirkung
mehr. Zentrale Lähmung und Blutdrucksenkung waren auch hierbei vorhanden. Im ganzen glich die Wirkung dieses Präparates der des Morphins,
nur war sie deutlich stärker.

Die Erklärung für diese merkwürdigen Beobachtungen lieferten die weiteren
Untersuchungen von Harnack und Hildebrand. Diese[3]) untersuchten
1910 Handelspräparate von Apomorphin, welches ein anderes Aussehn hatten
und starke Nebenwirkungen hervorriefen. Es erwies sich, daß es sich um ein
Gemenge handelte von Apomorphin und einer anderen Substanz, welches die
Autoren zuerst als Trimorphin $(C_{17}H_{19}NO_3HCl)_3$, also ein Polimerisationsprodukt
des Morphins ansprachen. Nachdem aber im Böhringerschen Laboratorium
festgestellt war, daß die fragliche Substanz chlorhaltig ist, erwies sie sich als
Chloromorphid[4]). Harnack und Hildebrand[5]) haben dann dieses pharmakologisch untersucht. Das α-Chloromorphid ist von Schryver und Lees[6]),
das β-Chloromorphid von Ach und Steinbock[7]) dargestellt worden. Die
Formel ist $C_{17}H_{18}NO_2Cl$. Die Verbindungen entstehen beim Behandeln von
Morphin mit Salzsäure im geschlossenen Rohr bei 65°. Da bei demselben Verfahren unter Verwendung von Temperaturen von 140—150° das Apomorphin
entsteht, so ist es klar, daß bei der Bereitung dieses letzteren alle Gelegenheit für
die Bildung von Chloromorphid gegeben ist. Die α-Verbindung dreht stärker
links und ist etwas stärker wirksam als die andere. Die Wirkung läßt sich als
eine verstärkte Morphinwirkung beschreiben. Chloromorphid verhindert

---

[1]) E. Harnack u. H. Hildebrand, Über verschiedene Wirksamkeit von Apomorphinpräparaten und über das pharmakologische Verhalten von Apomorphinderivaten
(Euporphin usw.). Archiv f. experim. Pathol. u. Pharmakol. **61**, 343 (1909).

[2]) L. Guinard, Etude expérim. de pharmacodynamie comparée sur la morphine et
l'apomorphine. Thèse méd. de Lyon 1898, No. 107.

[3]) E. Harnack u. H. Hildebrand, Über unzuverlässige moderne Handelspräparate
des Apomorphins. Münch. med. Wochenschr. **1910**, 20.

[4]) E. Harnack u. H. Hildebrand, Über das β-Chloromorphid als Begleiter und
Antagonisten des Apomorphins. Münch. med. Wochenschr. **1910**, 1745.

[5]) E. Harnack und H. Hildebrand, Über die Wirkung der Chloromorphide.
Archiv f. experim. Pathol. u. Pharmakol. **65**, 38 (1911).

[6]) Schryver u. Lees, Journ. Chem. Soc. **77**, 1029 (1900); zit. nach E. Harnack
u. H. Hildebrand, Archiv f. experim. Pathol. u. Pharmakol. **65**, 38 (1911).

[7]) L. Ach u. H. Steinbock, Ber. d. deutsch. chem. Ges. **40**, 1029 (1907).

bereits in Dosen von 2—5 mg jeden emetischen Effekt des Apo-
morphins. Hunde bekommen nach 0,6 mg pro kg subcutan bereits leichte
Narkose, Kaninchen nach 20—150 mg subcutan periodische Atmung und
Dyspnöe. 10 mg Chloromorphid verhindert beim Kaninchen die erregende
Wirkung von 10 mg Apomorphin. Beim Frosch treten Krämpfe auf, während
reines Apomorphin schwach lähmend wirkt.

Harnack und Hildebrand[1]) nehmen an, daß diejenigen Präparate
Guinards[2]), welche dem Typus seines amorphen Apomorphins entsprachen,
mehr oder weniger große Mengen von Chloromorphid enthalten haben, und daß
auch alle Autoren, welche lähmende Wirkungen des Apomorphins beobachteten,
mit Gemengen von Chloromorphid und Apomorphin gearbeitet haben. Ferner,
daß alle Vergiftungsfälle beim Menschen, in denen es auf Zufuhr kleiner Dosen
von Apomorphin zum Kollaps gekommen ist, auf derartige Präparate bezogen
werden müssen.

Es ist natürlich nicht sicher, daß außer den Chloromorphiden nicht noch
andere gefährliche Verunreinigungen des Apomorphins vorgekommen sind[3]),
aber es ist doch nach den Versuchen von Harnack und Hildebrand nicht
zu bezweifeln, daß die meisten Beobachtungen über Nebenwirkungen durch
die Anwesenheit von Chloromorphid in den Präparaten befriedigend erklärt
werden können. Da eine derartige Verunreinigung besonders bei den älteren
Präparaten nur schwer auszuschließen ist, so ergibt sich in der Beurteilung der
verschiedenen Arbeiten der einzelnen Autoren eine ziemliche Schwierigkeit, so
daß es bei einzelnen, besonders schwächeren Wirkungen sich oft nicht ganz leicht
entscheiden läßt, was davon auf das reine Apomorphin bezogen werden muß.

Wirkungen des Apomorphins.

A) Örtliche Wirkungen.

Das Apomorphin besitzt keine ausgesprochenen lokalen Wirkungen.
Gee[4]), welcher die brechenerregende Wirkung am Menschen entdeckte, betont
schon, daß keine Magenreizung dabei auftritt, Siebert[5]) gab 4—6 Wochen lang
täglich seinen Hunden Apomorphin und fand danach bei der Autopsie den Magen
reizlos. Reichert[6]) zeigte, daß bei Instillation in den Conjunctivalsack keine
Irritation von Conjunctiva oder Cornea auftrat, und Siebert[5]) fand auch
nach subcutaner Injektion das Unterhautbindegewebe reizlos, nur die Haut
an der Innenfläche blaugrün verfärbt. Guinard[2]) konnte bei Einführung
in den Conjunctivalsack des Hundes nur eine leichte, inkonstante und flüchtige
Anästhesie hervorrufen. Bei Meerschweinchen sah er auf Injektion großer,

---

[1]) E. Harnack u. H. Hildebrand, Über die Wirkung der Chloromorphide. Archiv
f. experim. Pathol. u. Pharmakol. **65**, 38 (1911).

[2]) L. Guinard, Etudé experim. de pharmacodynamie comparée sur la morphine et
l'apomorphine. Thèse méd. de Lyon 1898, No. 107.

[3]) J. Schmidt (Abderhaldens Biochem. Handlexikon **5**, 272 (1911)) hält es z. B. für
möglich, daß es außer dem oben S. 440 beschriebenen Apomorphin, welches die OH-Gruppen
in o-Stellung enthält, noch die entsprechenden m- und p-Verbindungen gibt, wodurch ein
Teil der Wirkungsverschiedenheiten erklärt werden könnte.

[4]) Gee, St. Bartholom. Hosp. Report London **5**, 215 (1869); zit. nach Eggleston
and Hatcher, Journ. of Pharm. and experim. Ther. **3**, 551 (1912).

[5]) V. Siebert, Untersuchungen über die physiologischen Wirkungen des Apomorphins.
Diss. Dorpat 1871. (Schmiedeberg.)

[6]) Reichert, Phil. Med. Times **2**, 254 (1879/80); zit. nach Eggleston and Hatcher,
Journ. of Pharm. and experim. Ther. **3**, 551 (1912).

schon allgemeingiftiger Dosen in eine Pfote Lokalanästhesie eintreten, doch
scheint er keine Kontrollversuche über die Wirkung der Injektion gleicher
Mengen indifferenter Flüssigkeiten gemacht zu haben. Über die lokale Wirkung
auf Muskeln und Nerven des Frosches siehe u. S. 450.

B) Resorption und Ausscheidung.

Aus dem subcutanen Bindegewebe wird Apomorphinsalz mit großer
Schnelligkeit resorbiert. Es dauert nach Einspritzung einer emetischen Dosis
meist nur wenige Minuten, bis Erbrechen auftritt. Durch Zusatz einer kleinen
Menge Adrenalin kann man die Aufsaugung stark verzögern (Bachem[1]). Vom
Magen aus dauert es viel länger, bis die Wirkung eintritt. Es ist dieses einer
der Gründe, welche dafür sprechen, daß Apomorphin zentral und nicht reflektorisch vom Magen aus Brechen hervorruft.

Apomorphin scheint im Stoffwechsel so verändert zu werden, daß sein Nachweis in den Ausscheidungen nicht gelingt. Vor allem hat man sich bemüht,
es nach subcutaner Zufuhr im Mageninhalt oder im Erbrochenen aufzufinden,
besonders seitdem gezeigt worden war, daß Morphin unter diesen Umständen
im Magen nachweisbar ist (Alt)[2]. Reichert[3] hatte tatsächlich angegeben,
daß er Apomorphin nach subcutaner Applikation schon im ersten Erbrochenen
habe finden können. Bongers[4] dagegen erhielt im Erbrochenen und in der
Magenspülflüssigkeit vom Hunde nach Einspritzung von 4 cg Apomorphin keine
chemische Reaktion des Alkaloids, und konnte es auch im Trachealschleim
eines Kaninchens nach 3 cg Apomorphin nicht nachweisen. Allerdings schien
der Mageninhalt den chemischen Nachweis auch zugesetzten Apomorphins zu
erschweren. Eggleston und Hatcher[5] haben daher den physiologischen
Nachweis versucht. Sie gaben ihren Hunden 1,8 mg intravenös oder 25,2 mg
intramuskulär, fingen das Erbrochene auf, dampften es vorsichtig ein, neutrali-
sierten, und gaben es intravenös oder intramuskulär an Hunde, welche darauf
niemals erbrachen. Dagegen war eine nachherige Injektion von 0,055 mg Apomorphin intravenös prompt wirksam. Setzten sie zum Erbrochenen des Hundes
Apomorphin zu und behandelten dann die Flüssigkeit genau so (eindampfen
und neutralisieren), so wirkte es unvermindert emetisch. Valenti[6] konnte
Apomorphin weder im Magen noch im Darminhalt, noch im Harne auffinden.
Es scheint daher, daß es im Stoffwechsel schnell verändert wird und nicht als
solches in den Ausscheidungen erscheint.

C) Allgemeinwirkungen.

1. **Zentralnervensystem.** Siebert[7] und Quehl[8] fanden Apomorphin am
Frosche wirkungslos, Harnack[9] (1874) sah nach 1—5 mg zuerst Erregung,

[1] C. Bachem, Zur Anwendung der Emetica. Med. Klin. 1908, Nr. 17.
[2] K. Alt, Berl. klin. Wochenschr. 1889, 560.
[3] Reichert, Phil. Med. Times 2, 254 (1879/80); zit. nach Eggleston and Hatcher,
Journ. of Pharm. and experim. Ther. 3, 551 (1912).
[4] P. Bongers, Über die Ausscheidung körperfremder Substanzen in den Magen.
Archiv f. experim. Pathol. u. Pharmakol. 35, 418 (1895).
[5] C. Eggleston and R. A. Hatcher, The seat of the emetic action of apomorphine.
Journ. of Pharm. and experim. Ther. 3, 551 (1912).
[6] A. Valenti, Sur l'élimination de l'apomorphine à travers de l'estomac. Arch.
ital. de Biol. 39, 234 (1903).
[7] V. Siebert, Untersuchungen über die physiologischen Wirkungen des Apomorphins.
Diss. Dorpat 1871. (Schmiedeberg.)
[8] M. Quehl, Über die physiologischen Wirkungen des Apomorphins. Diss. Halle 1872.
[9] E. Harnack, Über die Wirkungen des Apomorphins am Säugetier und am Frosch.
Archiv f. experim. Pathol. u. Pharmakol. 2, 254 (1874).

dann Lähmung des Zentralnervensystems auftreten, während er und Hildebrand[1]) 1909 diese Dosen ganz wirkungslos fand, und selbst nach Dosen von 10 mg nur schwache Lähmung, stärker bei Temporarien als bei Eskulenten, erzielte. Rieder[2]) erhielt auf 10 mg subcutan völlige Lähmung, beim Einsetzen der Frösche in Apomorphinlösungen bekam er nach 20 mg Lähmung in 5 Stunden, nach 45 mg in $2^{1}/_{2}$ Stunden. Hattori[3]) bekam nach 0,7 mg pro g Eskulenta zunächst Narkose, schließlich zentrale Lähmung, in 20—30% der Fälle dazwischen gesteigerte Reflexerregbarkeit. Guinard[4]) sah zentral zuerst Erregung, dann Lähmung auftreten. Aus dieser Übersicht ergibt sich, daß die zentralen Wirkungen beim Frosche zum größten Teile von den Verunreinigungen der Präparate bedingt sein müssen. Nach Harnack und Hildebrand[5]) gilt das vor allem für die zentrale Steigerung der Reflexerregbarkeit. Das reine Apomorphin scheint beim Frosche schwach zentral lähmend zu wirken.

Bei den warmblütigen Tieren tritt die Erregung des Zentralnervensystems derartig in den Vordergrund, daß sie das Wirkungsbild vollständig beherrscht. Diese Erregung tritt sowohl bei denjenigen Tieren auf, welche nach Apomorphin erbrechen, als auch bei denen, welchen der emetische Effekt fehlt. Am reinsten läßt sie sich natürlich bei Tieren studieren, welche nicht brechen können. Harnack[6]) sah bei Kaninchen nach $^{1}/_{2}$—10 mg subcutan schon nach 3 Minuten heftigste Unruhe, schnellstes Umherlaufen, Kaubewegungen, Salivation, Schreckhaftigkeit und enorme Steigerung der Atemfrequenz eintreten. Dieser Zustand dauert 5—6 Stunden. Darauf tritt Erholung ein. Nach 10—20 mg kommt es zu Krämpfen, Dyspnöe und nach ca. $1^{1}/_{2}$ Stunden zum Atemstillstand. 50 mg intravenös sind sofort tödlich. Beim Hunde (Siebert[7]), Quehl[8]), Harnack[6]), Guinard[4]) u. a.) wirken kleine Dosen rein emetisch (s. unten), große Dosen subcutan oder intravenös bewirken außerdem gesteigerte Reflexerregbarkeit, heftige Erregung, Bewegungsdrang und Inkoordination, dazwischen leichte Symptome von Muskelschwäche, besonders der Hinterbeine. Dieser Zustand steigert sich nach noch höheren Dosen innerhalb 15—20 Minuten zu den heftigsten epileptiformen Konvulsionen, die campherähnlich, aber stärker sind. Harnack beobachtete binnen 15 Minuten 40 Anfälle. Nach Dosen von 4 cg pro kg kann im Anfall der Tod durch Erstickung eintreten. Verhindert man die Krämpfe durch Narkose, so werden größere Dosen überstanden. Wenn der Tod nicht eintritt, erfolgt völlige Erholung. Das Wirkungsbild bei der Katze ähnelt sehr dem Erregungszustand, wie er bei diesen Tieren durch Morphin hervorgerufen wird: Excitation, Pupillenerweiterung, Speichelfluß, nach größeren Dosen Konvulsionen und Schwäche der Hinterbeine. Beim Pferde

---

[1]) E. Harnack u. H. Hildebrand, Über verschiedene Wirksamkeit von Apomorphinpräparaten und über das pharmakologische Verhalten von Apomorphinderivaten (Euporphin usw.). Archiv f. experim. Pathol. u. Pharmakol. 61, 343 (1909).

[2]) K. Rieder, Über die Undurchlässigkeit der Froschhaut für Adrenalin. Archiv f. experim. Pathol. u. Pharmakol. 60, 417 (1909).

[3]) T. Hattori, Über die Wirkung des Apomorphins auf die Reflexfunktion des Frosches. Arch. intern. de Pharmacodyn. 20, 57 (1910).

[4]) L. Guinard, Etude expérim. de pharmacodynamie comparée sur la morphine et l'apomorphine. Thèse méd. de Lyon 1898, No. 107.

[5]) E. Harnack u. H. Hildebrand, Über die Wirkung der Chloromorphide. Archiv f. experim. Pathol. u. Pharmakol. 65, 38 (1911).

[6]) E. Harnack, Über die Wirkungen des Apomorphins am Säugetier und am Frosch. Archiv f. experim. Pathol. u. Pharmakol. 2, 254 (1874).

[7]) V. Siebert, Untersuchungen über die physiologischen Wirkungen des Apomorphins. Diss. Dorpat 1871. (Schmiedeberg.)

[8]) M. Quehl, Über die physiologischen Wirkungen des Apomorphins. Diss. Halle 1872.

(Guinard)[1]) rufen 25 cg subcutan leichte Erregung für ca. $\frac{1}{2}$ Stunde, 50 cg heftigste furiöse Erregung für 2—3 Stunden hervor. Dabei lecken sich die Tiere, zeigen Kaubewegungen, beißen alles, auch sich selbst, laufen umher, zittern, speicheln und schwitzen heftig. Ein Esel biß sich nach 48 cg selbst tiefe Wunden, ohne dabei Schmerzäußerungen zu geben. Auch beim Rind kommt es zu Erregung, Lecken, Beißen, Zittern und Speicheln. Heftige Erregung wurde auch beim Schwein, der Ziege (135 mg pro kg), dem Meerschweinchen und der Ratte beobachtet. Vögel (Huhn, Taube, Sperling, Ente) zeigen ebenfalls Erregung (Guinard)[1]). Zeehuizen[2]) sah an der Taube nach 40—50 mg pro kg außer dem Erbrechen eigenartige Schnabelbewegungen, Verlangsamung und Vertiefung der Atmung, nach großen Dosen (80—100 mg pro kg) Krämpfe auftreten. 100—120 mg pro kg töteten die Tiere unter Krämpfen.

Aus dieser Übersicht erkennt man, daß es sich bei den Warmblütern um eine rein zentrale Erregung handelt. Lähmungserscheinungen treten ganz zurück Von Narkose ist bei Verwendung reiner Präparate nur sehr wenig zu sehen. Daß dem Apomorphin trotzdem eine leichte narkotische Wirkung geblieben ist, könnte man daraus schließen, daß nach Guinard[1]) das Apomorphin die Äther- und Chloroformnarkose sehr stark vertiefen soll. Doch fehlen quantitative Angaben hierüber. Sehr auffallend ist, daß viele Tiere, denen das Brechvermögen fehlt, während der Apomorphinerregung so heftiges Beißen, Lecken und Speicheln zeigen. Vielleicht kann dieses als eine Art von Äquivalent für das Erbrechen aufgefaßt werden. Der Angriffspunkt der heftigen campherähnlichen Konvulsionen liegt ebenso wie beim Campher im Gehirn. Guinard[1]) durchschnitt beim Hund das Rückenmark zwischen Atlas und Epistropheus und injizierte danach 2 cg pro kg Apomorphin. Danach blieben die Krämpfe aus, nur Pulsbeschleunigung und „spontane" Bewegungen der Vorderbeine waren zu sehen. Einem anderen Hunde, der nach derselben Dosis Krämpfe bekommen hatte, durchschnitt er das Cervicalmark in der Mitte. Danach hörten die Krämpfe im Körper des Tieres auf und blieben nur nur im oberen Halsteil und dem Kopfe bestehen. Da nach den Untersuchungen von Prévost und Samaja[3]) der Angriffspunkt der Reize für konvulsivische Krämpfe in der Wirbeltierreihe immer mehr nach vorne rückt (Medulla oblongata beim Meerschweinchen, Hirnstamm beim Kaninchen, Hirnrinde bei Hund, Katze und Affe), so wird das gleiche wohl auch für die Ausgangsstelle der Apomorphinkrämpfe gelten[4]).

2. Erbrechen. Von den S. 430 aufgezählten Tieren, welche brechen können, läßt sich beim Frosch, beim Schwein und beim Igel durch Apomorphin kein Brechen hervorrufen. Die anderen, speziell Mensch, Hund, Katze, Huhn und Taube zeigen die typische Brechwirkung. Die Nausea, welche auch beim Apomorphin dem eigentlichen Vomitus vorangeht, ist häufig sehr kurz, fehlt aber nach Guinard[1]) nie. Die auf S. 436 aufgezählten Symptome, Änderungen der Sekretionen, der Atmung und des Kreislaufs gehören eben zum Brechakt als solchem, und sind nichts für die Apomorphinwirkung Charakteristisches.

Apomorphin ist der Typus der zentral wirkenden Brechmittel; das

---

[1]) L. Guinard, Etude expérim. de pharmacodynamie comparée sur la morphine et l'apomorphine. Thèse méd. de Lyon 1898, No. 107.

[2]) H. Zeehuizen, Beiträge zur Lehre der Immunität und Idiosynkrasie. Archiv f. experim. Pathol. u. Pharmakol. 35, 181 (1895).

[3]) N. Samaja, Le siège des convulsions épileptiformes toniques et cloniques. Trav. Laborat. de Physiol. Genève. J.-L. Prévost 4, 49 (1903).

[4]) Nach Mozita (Untersuchungen an großhirnlosen Kaninchen. II. Mitt. — Arch. f. exper. Pathol. u. Pharmakol. 78, 208 (1915) bekommen großhirnlose Kaninchen nach 15—23 mg Apomorphin pro kg keine Erregung.

ergibt sich aus folgenden Tatsachen. Zunächst ist vom Magen aus eine größere, nicht eine kleinere Dosis erforderlich, als vom Unterhautbindegewebe oder der Blutbahn aus. Beim Hunde ist die kleinste emetische Dosis per os 5,5 mg pro kg, subcutan 0,2 mg, intramuskulär 0,075 mg und intravenös 0,045 mg. Die intravenös wirkende Dose ist also 125 mal kleiner als die kleinste emetische Dosis per os (Eggleston und Hatcher)[1]. Ferner hängt die Wirkung vom Magen aus nicht von der Konzentration der eingeführten Apomorphinlösung ab, wie das bei den reflektorisch wirkenden Brechmitteln der Fall ist. Auch wird nach intravenöser oder intramuskulärer Injektion das Apomorphin nicht in den Magen ausgeschieden, denn der Mageninhalt hat keine emetische Wirkung (s. oben Eggleston und Hatcher)[1]. Guinard[2]) hat den Magendieschen Versuch wiederholt und nach Exstirptaion des ganzen Magens einschließlich der Kardia durch Apomorphin typische Brechbewegungen erzeugen können. Dieser letztere Versuch ist nicht absolut beweisend, da die Möglichkeit besteht, daß nach Entfernung des Magens das Brechen reflektorisch vom Darme aus ausgelöst wird. Daher haben Eggleston und Hatcher[1]) den gesamten Magendarmkanal des Hundes von der Kardia bis zum After exstirpiert und außerdem den Pharynx und Oesophagus mit Cocain anästhetisch gemacht: 45 Minuten nachher ließen sich durch Apomorphin typische Brechbewegungen mit Schleimaustreibung aus Mund und Oesophagus, Würgen, Kontraktion der Bauchmuskeln usw. auslösen. Exstirpierten sie dagegen den ganzen Magendarmkanal und füllten in den Oesophagus eine Lösung von 6 mg pro kg Apomorphin, die erst nach einer Stunde wieder herausgelassen wurde, so wurde nichts davon resorbiert und es trat auch kein Erbrechen auf. Die Versuche von Thumas[3]), der durch lokalisiertes Auftupfen einer minimalen Apomorphinmenge auf die Stelle des Brechzentrums in der Medulla oblongata typisches Erbrechen auslösen konnte, wurden schon oben erwähnt. Alles dieses zusammengenommen beweist, daß das Apomorphin im Zentralnervensystem am Brechzentrum angreift, und daß es nicht peripher und reflektorisch vom Magen oder einer anderen Körperstelle aus wirkt.

Aus diesem Grunde wirkt Apomorphin auch noch, wenn man die afferenten Bahnen für den Brechreflex, welche vom Magen aus durch den Vagus verlaufen, durch Vagotomie ausschaltet. Siebert[4]) und Quehl[5]) sahen nach Durchtrennung der Vagi, daß das Apomorphin bei Hund und Katze wohl noch Brechbewegung hervorrief, welche aber häufig erfolglos blieben. Die Ursache hierfür liegt nach Harnack[6]) darin, daß sie ihre Tiere in Rückenlage aufgespannt hatten. Vagotomierte Hunde, welche frei umherlaufen, können auf Apomorphin prompt erbrechen.

Nach den Angaben der älteren Autoren sollte Apomorphin nur in kleinen Dosen emetisch wirken, während größere Mengen oft unwirksam blieben. Dieses beruht höchstwahrscheinlich darauf, daß damals unreine Präparate verwendet wurden, und daß die Verunreinigungen (Chloromorphid) das Eintreten des Brecheffektes verhinderten. Große Dosen enthalten dann mehr von diesen

---

[1]) C. Eggleston and R. A. Hatcher, The seat of the emetic action of apomorphine. Journ. of Pharm. and experim. Ther. **3**, 551 (1912).

[2]) L. Guinard, Etude expérim. de pharmacodynamie comparée sur la morphine et l'apomorphine. Thèse méd. de Lyon 1898, No. 107.

[3]) L. J. Thumas, Über das Brechzentrum und über die Wirkung einiger pharmakologischer Mittel auf dasselbe. Virchows Archiv **123**, 44 (1891).

[4]) V. Siebert, Untersuchungen über die physiologischen Wirkungen des Ap morphins. Diss. Dorpat 1871. (Schmiedeberg.)

[5]) M. Quehl, Über die physiologischen Wirkungen des Apomorphins. Diss. Halle 1872.

[6]) E. Harnack, Über die Wirkungen des Apomorphins am Säugetier und am Frosch. Archiv f. experim. Pathol. u. Pharmakol. **2**, 254 (1874).

Verunreinigungen, während bei den kleinen Dosen der Apomorphineffekt ungehindert eintreten kann. Harnack[1]) erhielt aber nach $1/2$ g subcutan bei einem mittelgroßen Hunde zweimaliges Erbrechen und Eggleston und Hatcher[2]) erzeugten durch wiederholte intravenöse Dosen immer wieder Erbrechen, und zwar selbst in Intervallen von nur $1^1/_4$ Minuten.

Während bei Mensch und Hund die kleinsten (und daher ärztlich gebrauchten) Dosen reiner Präparate noch keine anderen Nebenwirkungen, insbesondere noch keine zentrale Erregung hervorrufen, brechen Katzen erst auf höhere Dosen, die schon zentrale Erregung, Pupillenerweiterung usw. herbeiführen.

Tiefe Narkose durch Morphin (5—15 mg pro kg beim Hund), Chloroform, Chloral oder Äther verhindert den Eintritt des Apomorphinerbrechens (Harnack[1]), Guinard[3])). Ebenso Erstickung und CO_2-Vergiftung. Während tiefer Äther- oder Chloroformnarkose injiziertes Apomorphin ruft dann häufig nach dem Erwachen aus der Narkose noch nachträgliches Erbrechen hervor. Atropin ist ohne Einfluß auf die Apomorphinemesis (Guinard)[3].

Bei Kaninchen und Hund will Guinard[3]), auch nach vorheriger Atropininjektion oder Vagotomie, eine Erregung der Darmbewegungen durch Apomorphin gesehen haben, welche aber nicht zur Defäkation führte. Dixon[4]) sah bei Katze und Hund eine schwache Abführwirkung eintreten.

3. Kreislauf und Atmung.

Apomorphin ist ein starkes Erregungsmittel für die Atmung. Man kann dieses am besten am Kaninchen studieren, weil bei diesen Tieren die störenden Einflüsse der Nausea und des Brechens fortfallen (Harnack)[1]. Durch intravenöse und subcutane Injektionen erhält man eine sehr beträchtliche Beschleunigung der Respiration (Abb. 13), und zwar zu einer Zeit, in welcher noch keine Krämpfe erfolgen. Diese Beschleunigung ist besonders deutlich, wenn vorher die Vagi durchschnitten worden sind (Abb. 14). Nach größeren Dosen treten dann die oben beschriebenen Krämpfe auf, durch welche die Atmung sehr unregelmäßig wird. Schließlich erfolgt der Tod durch Atemstillstand. Man kann die Krämpfe durch tiefe Narkose, z. B. durch Chloralhydrat, vollständig verhindern, dann erfolgt trotzdem die Beschleunigung der Atmung durch Apomorphin noch. Diese steigert sich nach wiederholten

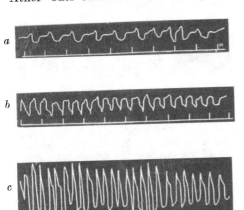

Abb. 13. Einfluß des Apomorphins auf die Atmung des Kaninchens (nach Harnack[1])). Mareys Tambour mit der Trachealkanüle verbunden. *a.* Kurz vor der Injektion. Resp.-Freq. $61^1/_2$. *b.* 50 Sekunden nach der Injektion von 4 mg Apomorphin intravenös. Resp.-Freq. 120. *c.* 10 Minuten nach der Injektion. Resp.-Freq. 156.

---

[1]) E. Harnack, Über die Wirkungen des Apomorphins am Säugetier und am Frosch. Archiv f. experim. Pathol. u. Pharmakol. **2**, 254 (1874).

[2]) C. Eggleston and R. A. Hatcher, The seat of the emetic action of apomorphine. Journ. of Pharm. and experim. Ther. **3**, 551 (1912).

[3]) L. Guinard, Etude expérim. de pharmacodynamie comparée sur la morphine et l'apomorphine. Thèse méd. de Lyon 1898, No. 107.

[4]) W. E. Dixon, The paralysis of nerve cells and nerve endings with special referenc eto the alcaloid apocodeine. — Journ. of Physiol. 30, 97, 1903.

Dosen, bis schließlich der Tod durch Atemlähmung eintritt, aber jetzt erst nach höheren Dosen, als ohne Chloral, weil der schädigende Einfluß der Krämpfe fortfällt (Harnack)[1]. Auch beim Hunde kann man durch Narkose das Auftreten der Krämpfe und des Erbrechens verhindern, und so die erregende Wirkung des Apomorphins auf die Atmung ganz isoliert studiert (Harnack)[1]. Das Verhalten der Atmung bei der Nausea und beim Brechakt ist oben S. 434—437 geschildert worden. Bei Tauben (Zeehuizen)[2] kommt es im Gegensatz dazu zur Verlangsamung und Vertiefung der Atmung.

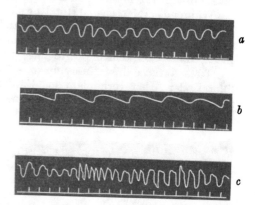

Der Kreislauf wird beim Warmblüter durch Apomorphin direkt nur wenig verändert. Die auch hier, ebenso wie bei allen Brechmitteln in der Nausea und beim Vomitus auftretende Pulsbeschleunigung (Abb. 15) und die dazugehörigen Blutdruckänderungen wurden S. 435 und 437 beschrieben und ihr Zustandekommen erörtert. Abgesehen vom Brechakt läßt Apomorphin den Blutdruck beim Warmblüter, wenn keine Krämpfe auftreten, ziemlich

Abb. 14. Einfluß des Apomorphins auf die Atmung des Kaninchens nach Vagotomie (nach Harnack[1]). a. Vor der Vagotomie. Resp.-Freq. 48. b. 20 Sekunden nach der Vagotomie. Resp.-Freq. 18. c. 4 Minuten nach Injektion von 12 mg Apomorphin intravenös. Resp.-Freq. 72.

intakt, kann ihn nach Guinard[3] beim Hunde auch etwas steigern. Die Blutgefäße der überlebenden Rindsniere werden bei der Durchleitung von 2 mg Apomorphin in 100 ccm Blut deutlich und reversibel erweitert (Meder)[4]. Kleine Dosen sind unwirksam. Geringe Erweiterung der Darmgefäße wird

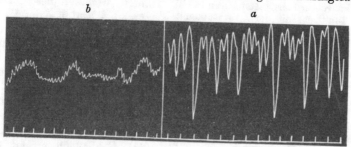

Abb. 15. Pulsbeschleunigung beim Hunde durch Apomorphin (nach Harnack[1]). a. Vor der Apomorphin-Injektion. Blutdruck 157, Puls 108. b. Kurz vor dem Erbrechen nach 4 mg Apomorphin subcutan. Blutdruck 136, Puls 200 (von rechts nach links zu lesen).

---

[1] E. Harnack, Über die Wirkungen des Apomorphins am Säugetier und am Frosch. Archiv f. experim. Pathol. u. Pharmakol. 2, 254 (1874).

[2] H. Zeehuizen, Beiträge zur Lehre der Immunität und Idiosynkrasie. Archiv f. experim. Pathol. u. Pharmakol. 35, 181 (1895).

[3] L. Guinard, Étude expérim. de pharmacodynamie comparée sur la morphine et l'apomorphine. Thèse méd. de Lyon 1898, No. 107.

[4] G. Meder, Untersuchungen über Apocodein und Vergleich der Wirkungen dieses Alkaloides mit denen des Apomorphins. Diss. Dorpat 1895.

durch Dixon[1]) beschrieben. — Die Herzwirkung beim Frosche wird unten bei Besprechung der Muskelwirkung erörtert werden.

4. Drüsen. Diejenigen Tiere, welche erbrechen können, haben während der Nausea die oben S. 436 geschilderte Steigerung der Schweiß-, Speichel-, Tracheal- und Bronchialsekretion. Die Zunahme der Sekretionen ist aber auch bei Tieren vorhanden, denen das Brechvermögen abgeht. Beim Kaninchen tritt nach mg- und cg-Dosen starke Salivation und Schleimabscheidung in der Trachea ein (Harnack[2]), Bongers[3])). Guinard[4]) sah Salivation besonders ausgesprochen bei Pferd, Esel, Rind, Schwein, Ziege und Meerschweinchen, also bei Tieren, welche auf Apomorphin nicht erbrechen. Bei Pferd und Esel ließ sich starker Schweißausbruch beobachten, vielleicht infolge der starken motorischen Erregung. Auch bei den nicht brechenden Tieren ist die Erregung der Speichelsekretion zentral. Guinard[4]) legte einer Ziege doppelseitige Parotisfisteln an, und sah nach Apomorphin nur auf der Seite Speichelsekretion eintreten, auf der er die sekretorischen Nerven nicht durchschnitten hatte.

5. Wirkung auf Muskeln und periphere Nerven. Quehl[5]) fand das Apomorphin beim Frosche sowohl auf die motorischen wie die sensiblen Nerven, die quergestreiften Muskeln und das Herz ganz wirkungslos. Harnack[2]) dagegen sah bei Temporarien und Eskulenten eine Lähmung eintreten, welche nicht ausschließlich zentral bedingt war, sondern auch zu einer Herabsetzung der direkten Muskelerregbarkeit führte. Bei direkter Injektion in den Muskel erlosch dessen Erregbarkeit nach wenigen Minuten. Dabei trat aber keine Totenstarre auf. Ähnliche Resultate erhielten Meder[6]) und Guinard[4]). Injizierte letzterer Dosen von 1—3 cg in den Schenkellymphsack eines Frosches, so trat zunächst an der Injektionsstelle Unempfindlichkeit für sensibele Reize ein, darauf wurde die Pfote (auch wenn die zugehörige Arteria iliaca unterbunden war) motorisch gelähmt, wobei zuerst die indirekte Erregbarkeit erlosch, während die Muskeln selber auf direkte Reizung noch mit trägen und schwachen Zuckungen reagierten. Schließlich wurden dann auch die Muskeln unerregbar. Meder sah, daß normale und curaresierte Froschmuskeln in Bädern mit 0,5 bis 1⁰/₀₀ Apomorphin allmählich gelähmt wurden. In 0,25 proz. Lösungen ging der Lähmung eine vorübergehende Reizung voraus. Die motorischen Froschnerven wurden ohne vorherige Reizung gelähmt. Es tritt also unter der lokalen Einwirkung des Giftes eine Lähmung der sensibeln und motorischen Nerven und der Muskelsubstanz selber ein. Es scheint, daß diese Wirkung dem Apomorphin als solchem zukommt, und nicht allein durch die Verunreinigungen hervorgerufen wird (Harnack). Am Warmblüter treten diese Nerven- und Muskelwirkungen vollkommen zurück. Doch sahen Langley und Dickinson[7]) den Halssympaticus des Kaninchens durch Aufpinseln von 1% Apomorphin-

---

[1]) W. E. Dixon, The paralysis of nerve-cells and nerve-endings. — Journ. of Physiol. **30**. 109. 1903.

[2]) E. Harnack, Über die Wirkungen des Apomorphins am Säugetier und am Frosch. Archiv f. experim. Pathol. u. Pharmakol. **2**, 254 (1874).

[3]) P. Bongers. Über die Ausscheidung körperfremder Substanzen in den Magen. Archiv f. experim. Pathol. u. Pharmakol. **35**, 418 (1895).

[4]) L. Guinard, Étude experim. de pharmacodynamie comparée sur la morphine et l'apomorphine. Thèse méd. de Lyon 1898, No. 107.

[5]) M. Quehl, Über die physiologischen Wirkungen des Apomorphins. Diss. Halle 1872.

[6]) G. Meder, Untersuchungen über Apocodein und Vergleichung der Wirkungen dieses Alkaloides mit denen des Apomorphin. Diss. Dorpat 1895.

[7]) J. N. Langley u. W. C. Dickinson, Action of various poisons upon nervefibres and peripheral nerve-cells. — Journ. of Physiol. **11**, 509 (1890).

lösung gelähmt werden (200 mg intravenös ließ dagegen den Sympaticus und das obere Halsganglion unverändert erregbar).

Dreser[1]) hat die Arbeitsgröße und Elastizitätszustände des Skelettmuskels vom Frosch quantitativ untersucht, indem er bei durchschnittenem Ischiadicus die Dehnbarkeit, das Arbeitsvermögen bei verschiedenen Belastungen und die absolute Muskelkraft vor und nach der Vergiftung bestimmte. Er fand, daß 1 cg Apomorphin beim Frosch die Dehnbarkeit des ruhenden Muskels erhöht, und die Arbeitsleistung, sowie die absolute Kraft stark vermindert. So wurde z. B. in einem seiner Versuche die absolute Muskelkraft von 850 auf 450 g vermindert, das Arbeitsmaximun war vor der Vergiftung 8800 bei einer Belastung von 500 g, nach Apomorphin dagegen 4000 bei einer Belastung von nur 200 g. Vor allen Dingen nehmen die Hubhöhen bei den größeren Belastungen stark ab.

Ebenso wie der Skelettmuskel, so wird auch der Herzmuskel des Frosches (nicht des Warmblüters) durch Apomorphin gelähmt (Harnack)[2]), doch scheint es sich nicht um eine sehr kräftige Wirkung zu handeln. Dreser[3]) fand bei Verwendung des Williamsschen Apparates, daß Zusatz von 4 mg Apomorphin zu 45 ccm Durchspülungsflüssigkeit die absolute Kraft des isolierten Froschherzens herabsetzt, und das Pulsvolumen vermindert. Kurz darauf sah aber Durdufi[4]) bei derselben Versuchsanordnung und in demselben (Schmiedebergschen) Laboratorium eine Steigerung des Pulsvolumens eintreten. Dieses letztere Resultat ist vermutlich verursacht durch die Pulsverlangsamung, welche nach Meder[5]) am isolierten Froschherzen auf Zusatz von 6—12 mg zu 50 ccm Nährflüssigkeit des Williamsschen Apparates auftritt, und auch nach Atropin bestehen bleibt. Am isolierten Ureter (Schwein) sah Macht[6]) nach 10 mg Apomorphin in 50 ccm Locke-Lösung Erregung der Spontanbewegungen eintreten.

6. Auge. Bei Katzen kommt es nach Apomorphin zur Pupillenerweiterung, welche zentral bedingt ist, und nach Instillation des Mittels in den Conjunctivalsack nicht beobachtet werden kann. Beim Hunde ist sie seltener, beim Menschen nie zu sehen (Siebert[7]).

7. Wärmehaushalt. Genauere Beobachtungen liegen nur von Zeehuizen[8]) an der Taube vor, der nach mittleren Dosen (40—50 mg) eine Erniedrigung der Körpertemperatur feststellte, die in 1—2 Stunden um 3—4° sank. Große Dosen (80—100 mg), welche heftige Krämpfe hervorrufen, bewirken infolge der gesteigerten Muskeltätigkeit eine Temperatursteigerung bis zu 44°. Diese Tatsachen stehen in guter Übereinstimmung mit der von Harnack und seinen Mitarbeitern gefundenen temperaturherabsetzenden Wirkung der Krampfgifte.

[1]) H. Dreser, Arbeitsgröße und Elastizitätszustände des Skelettmuskels. Archiv f. experim. Pathol. u. Pharmakol. 27, 75 (1890).
[2]) E. Harnack, Über die Wirkungen des Apomorphins am Säugetier und am Frosch. Archiv f. experim. Pathol. u. Pharmakol. 2, 254 (1874).
[3]) H. Dreser, Über Herzarbeit und Herzgifte. Archiv f. experim. Pathol. u. Pharmakol. 24, 221 (1887).
[4]) Durdufi, Beiträge zur Physiologie des Froschherzens. Archiv f. experim. Pathol. u. Pharmakol. 25, 441 (1889).
[5]) G. Meder, Untersuchungen über Apocodein und Vergleichung der Wirkungen dieses Alkaloides mit den des Apomorphin. Diss. Dorpat 1895.
[6]) D. I. Macht, On the Pharmacology of the ureter, III. — Journ. of Pharmacol. and experim. Therap. 9, 197 (1917).
[7]) V. Siebert, Untersuchungen über die physiologischen Wirkungen des Apomorphins. Diss. Dorpat 1871. (Schmiedeberg.)
[8]) H. Zeehuizen, Beiträge zur Lehre der Immunität und Idiosynkrasie. Archiv f. experim. Pathol. u. Pharmakol. 35, 181 (1895).

8. Wirksame Dosen. Die sichere emetische Dosis liegt beim Menschen nach den Feststellungen von Jurasz[1]) bei verschiedenen Lebensaltern:

unter 3 Monaten	0,5— 0,8 mg	subcutan
3 Monate bis 1 Jahr	0,8— 1,5 „	„
1 Jahr „ 5 „	1,5— 3,0 „	„
5 „ „ 10 „	3,0— 5,0 „	„
über 10 Jahr	5,0—20,0 „	„

Dementsprechend fixieren das deutsche und schweizerische Arzeneibuch die Maximaldose für die Einzelgabe auf 0,02 g, während die holländische Pharmakopoe 0,01 g vorschreibt. Siebert[2]) gibt 6—7 mg als emetische Minimaldose für den Menschen.

Für den Hund sind die sicher emetischen Minimaldosen bei verschiedener Applikationsweise durch Eggleston und Hatcher[3]) festgestellt worden:

5,5—6 mg pro kg	per os
5,0 „ „ „	per os (unsicher wirkend)
5,0 „ „ „	per rectum (nach Guinard[7]))
0,2 „ „ „	subcutan (sicher)
0,075 „ „ „	intramuskulär (sicher)
0,045 „ „ „	intravenös (sicher).

Katzen brechen erst auf etwa 20 mg subcutan.

Siebert[2]) gibt (nicht pro kg berechnet) die Dosen, welche per os Nausea, aber kein Erbrechen hervorrufen: beim Menschen 100 mg, bei der Katze 80—100 mg, beim Hunde 20 mg.

Dosen von 1—1,3 cg pro kg intravenös rufen nach Guinard[4]) beim Hunde heftige Erregung, 2—3 cg pro kg stärkste epileptische Krämpfe, 6 cg in einem Falle den Tod durch Atemlähmung hervor.

Die erregende Dosis für die Atmung beim Kaninchen liegt zwischen ½ und 5 mg subcutan, Dosen von 10—20 mg erregen zuerst die Atmung und töten dann durch Atemlähmung, 25—50 mg intravenös sind fast momentan durch Atemlähmung tödlich (Harnack[5]). 10 mg subcutan beim Kaninchen bewirken allgemeine Erregung (Sollmann)[6]).

Die akut tödliche Dosis bei intravenöser Injektion liegt für das Kaninchen bei 65 mg, für den Hund bei 103 mg pro kg (Guinard)[4]). Jedoch kommt der Fixierung einer tödlichen Dosis beim Apomorphin keine große Bedeutung zu, da dieselbe sehr von der Heftigkeit der Krämpfe abhängt. Tritt während der Krämpfe nicht der Tod durch Erstickung ein und handelt es sich um reine Präparate, so werden oft sehr große Dosen überstanden. Nach einigen Stunden kann Erholung erfolgt sein, was für die oben erwähnte schnelle Umwandlung des Giftes im Stoffwechsel spricht.

9. Chronische Vergiftung. Gewöhnung. Chronische Apomorphinvergiftung existiert nicht. Ebensowenig sind sichere Angaben über eine Gewöhnung an dieses Gift vorhanden. Siebert[2]) hat einen Hund von 7 kg vier Wochen lang

---

[1]) A. Jurasz, Über die Wirkungen des salzsauren Apomorphins. Deutsches Archiv f. klin. Med. **16**, 41 (1875).

[2]) V. Siebert, Untersuchungen über die physiologischen Wirkungen des Apomorphins. Diss. Dorpat 1871. (Schmiedeberg.)

[3]) C. Eggleston and R. A. Hatcher, The seat of the emetic action of apomorphine. Journ. of Pharm. and experim. Ther. **3**, 551 (1912).

[4]) L. Guinard, Étude experim. de pharmacodynamie comparée sur la morphine et l'apomorphine. Thèse méd. de Lyon 1898, No. 107.

[5]) E. Harnack, Über die Wirkungen des Apomorphins am Säugetier und am Frosch. Archiv f. experim. Pathol. u. Pharmakol. **2**, 254 (1874).

[6]) T. Sollmann, A Textbook of Pharmacology 1908, p. 947 (Doses for animals).

fast täglich mit 1—2 mg subcutan gespritzt, es erfolgte dann nach fast 3—3¹/₂ Minuten mit Sicherheit Erbrechen und nach ¹/₂ Stunde war das Tier wieder normal. Darauf wurde eine Woche pausiert und nochmals 14 Tage lang mit derselben Dosis injiziert. Eine Gewöhnung war aber nicht nachweisbar.

Demgegenüber wollte C. Richet[1]) durch wiederholte Injektionen eine Überempfindlichkeit („Anaphylaxie") gegen Apomorphin erzielt haben. Er fand, daß die emetische Minimaldosis bei seinen Hunden individuell sehr schwankte. Bei einigen seiner Tiere, nicht bei allen, konnte er nach ca. 8 Injektionen, die in Abständen von 3—8 Tagen erfolgten, beobachteten, daß die Tiere auf Dosen brachen, auf welche sie im Anfang der Versuchsreihe nicht reagiert hatten. Die Dosen, auf welche die 3 Hunde, um welche es sich handelt, schließlich brachen, sind 0,19 mg, 0,16 mg und 0,25 mg pro kg intraperitoneal. Berücksichtigt man, daß nach Eggleston und Hatcher[2]) die sicher emetische Dosis beim Hunde für die subcutane Injektion 0,2 mg beträgt, so sieht man, daß hier von einer wirklichen Steigerung der Giftempfindlichkeit keine Rede sein kann. Da dieselbe Erscheinung bei anderen Hunden nicht zu beobachten war, und außerdem große individuelle Unterschiede bei den Normalhunden vorkamen, so lassen sich diese Versuche nicht als Beweis für eine Zunahme der Giftempfindlichkeit gegenüber dem Apomorphin ansehen.

III. Apocodein.

Apocodein wirkt im Gegensatz zum Apomorphin nicht emetisch, sondern abführend; nicht ausschließlich erregend, sondern in kleineren Dosen narkotisch; außerdem hat es lokal reizende Eigenschaften und lähmt in mittleren Dosen die sympathischen Ganglien, ohne sie vorher zu erregen.

Wenn man Codein demselben Verfahren unterwirft, wie es zur Herstellung von Apomorphin aus Morphin verwendet wird (Erhitzen mit Salzsäure im geschlossenen Rohre), so erhält man kein Apocodein, sondern durch Abspaltung von Chlormethyl Apomorphin (Matthiessen und Wright)[3]). Dagegen gewannen Matthiessen und Burnside[4]) durch Erhitzen von salzsaurem Codein mit Chlorzink (15 Minuten lang auf 180°) Apocodein nach folgender Formel:

$$C_{18}H_{21}NO_3 \cdot HCl = H_2O + C_{18}H_{19}NO_2 \cdot HCl.$$

Außerdem entsteht Apocodein beim Erwärmen von Chlorocodid mit alkoholischer Kalilauge unter Druck (Göhlich)[5]).

Freies Apocodein ist eine amorphe, rötliche bis braune, in Wasser fast unlösliche Masse. Das salzsaure Apocodein ist ebenfalls amorph, dagegen leicht löslich in Wasser, Alkohol und Äther. Die Farbe wird von den verschiedenen Untersuchern verschieden angegeben (gelblich-grau, bräunlich-grün, grünlich, braun). Schon hieraus ist zu vermuten, daß diese Forscher nicht reine und identische Präparate in Händen gehabt haben. Dazu stimmt die Angabe von Vongerichten und Müller[6]), daß die bisherigen Apocodeine als Gemenge zu be-

---

[1]) C. Richet, Anaphylaxie par injections d'apomorphine. Compt. rend. de la Soc. de Biol. **58**, 955 (1912).

[2]) C. Eggleston and R. A. Hatcher, The seat of the emetic action of apomorphine. Journ. of Pharm. and experim. Ther. **3**, 551 (1912).

[3]) A. Matthiessen and C. R. A. Wright, Proc. Roy. Soc. **17**, 455; **18**, 83 (1869). Annalen d. Chemie u. Pharmazie, Suppl. **7**, 170, 364 (1870).

[4]) A. Matthiessen u. W. Burnside, Annalen d. Chemie u. Pharmazie **158**, 131 (1871).

[5]) Göhlich, Diss. Marburg 1892.

[6]) E. Vongerichten u. F. Müller. Über Apocodein und Pipericodid. Ber. d. deutsch. chem. Ges. **36**, II, 1590 (1903).

trachten sind, welche mit wechselnden Mengen von Apomorphin verunreinigt sind. Hierdurch werden die außerordentlich großen Abweichungen in den Versuchsresultaten der verschiedenen Autoren verständlich, welche im nachstehenden zu referieren sein werden. Auch Knorr[1]) gibt an, daß als Apocodein bisher mehrere schlecht charakterisierte Codeinderivate bezeichnet wurden, und daß das mit Hilfe von Chlorzink gewonnene Präparat des Handels wahrscheinlich apomorphinhaltig ist. Knorr hat daher ein von ihm durch Erhitzen von Codein mit wasserfreier Oxalsäure auf 150° gewonnenes Präparat zum Unterschied von den alten unreinen Gemengen als „Pseudoapocodein“ bezeichnet. Von einer pharmakologischen Untersuchung desselben ist mir jedoch nichts bekannt geworden. Sämtliche Experimente beziehen sich demnach auf Substanzen von mehr wie zweifelhafter Reinheit und Einheitlichkeit. Vongerichten und Müller[2]) nehmen an, daß die Konstitution des Apocodeins nicht der des Apomorphins analog ist, und daß es kein freies Hydroxyl wie das letztere enthält. Knorr[3]) sieht in seinem Pseudoapocodein den 3-Methyläther des Apomorphins. Weitere Angaben über die Konstitution des oder der Apocodeine fehlen bisher, doch macht es die von der des Apomorphins stark abweichende physiologische Wirkung zum mindesten sehr wahrscheinlich, daß auch der Bau ein anderer ist.

Mit der hier entwickelten Auffassung stimmt, daß die ältesten Untersucher (Legg[4]) 1870, Dujardin - Beaumetz[5]) 1874, Ott[6]) 1878, Kobert[7]) 1895) noch eine emetische Wirkung des Apocodeins fanden, welche alle späteren Forscher vermißten. Hier hat es sich offenbar noch um eine sehr starke Verunreinigung mit Apomorphin gehandelt. Später fanden dann einzelne Autoren, wie z. B. Meder[8]), hochgradige apomorphinähnliche Erregung bei allen untersuchten Säugetieren, andere, wie Guinard[9]), Narkose beim Hund und Erregung bei der Katze, während z. B. Dixon[10]) auch bei der Katze deutliche Narkose eintreten sah.

A. Örtliche Wirkungen.

Bei der subcutanen Injektion auch kleiner Apocodeinmengen kommt es zu lokaler Reizung, Rötung, Schwellung, Schmerzen, unter Umständen auch zur

---

[1]) L. Knorr (u. P. Roth), Zur Kenntnis des Morphins XIII. Ber. d. deutsch. chem. Ges. **40**, 3355 (1907).

[2]) E. Vongerichten u. F. Müller, Über Apocodein und Pipericodid. Ber. d. deutsch. chem. Ges. **36**, II, 1590 (1903).

[3]) L. Knorr (u. F. Raabe), Zur Kenntnis des Morphins XIX. Ber. d. deutsch. chem. Ges. **41**, 3050 (1908).

[4]) J. Wickham Legg, Observations on the physiol. action of apocodeine etc. St. Bartholom. Hosp. Report **6**, 97 (1870).

[5]) Dujardin - Beaumetz, Note sur l'action thérapeutique de l'apomorphine. Bull. génér. de thérap. 1874; zit. nach Meder, Diss. Dorpat 1895.

[6]) J. Ott, Journ. of nervous and mental diseases, N. S. **4** (1878); zit. nach Meder, Diss. Dorpat 1895.

[7]) R. Kobert, Intoxikationen, 2. Aufl., II, 1002. — Prof. Kobert ersucht mich mitzuteilen, daß sich diese Angabe auf unveröffentlichte Versuche Meders mit einem nachweislich durch Apomorphin verunreinigten Präparat bezieht, während Meder bei den in seiner Dissertation (Dorpat 1895) beschriebenen Versuchen mit einem anderen Präparat niemals Erbrechen beobachtete.

[8]) G. Meder, Diss. Dorpat 1895.

[9]) L. Guinard, Contribution à l'étude physiologique de l'apocodeine. Lyon medical **1893**, 69, 145. — Études physiologiques de quelques modifications fonctionelles produites par l'apocodeine. Ibid. **1893**, 354, 391, 433, 463, 500; zit. nach Virchow - Hirsch, Jahresbericht **1893**, I, 426. (Husemann.)

[10]) W. E. Dixon, The paralysis of nerve cells and nerve endings with special reference to the alkaloid apocodeine. Journ. of Physiol. **30**, 97 (1903). — Hypodermie Purgatives. Birt. Med. Journ. **1902**, 18. Oct.

Absceßbildung (Wickham Legg[1]), Meder[2]), Combemale[3]), Murrel)[4]).
Die Reizwirkung kann eine Woche und länger andauern. Combemale empfahl
daher die intramuskuläre Injektion, bei der weniger Schmerzhaftigkeit erfolgt.
Murrel fand, daß die Reizwirkung z. T. auf der saueren Reaktion der Lösungen
des salzsaueren Apocodeins beruhen und daß nach sorgfältiger Neutralisierung
der Lösungen nur leichte Schmerzen und eine geringe vorübergehende Reizung
auftritt.

Meder[2]) fand bei Hunden und Katzen, welche mehrere Stunden oder
Tage nach der Einspritzung von größeren Apocodeindosen (6—20 cg pro kg)
seziert wurden, zahlreiche Erosionen und Ulcerationen auf der Magenschleimhaut. Keiner der anderen Untersucher berichtet von einem derartigen Befund.
Auch die von Meder beobachteten blutigen Durchfälle werden von keinem der
übrigen Autoren beschrieben. Es erscheint daher möglich, daß es sich hier um
Besonderheiten des von Meder benutzten Präparates handelt. Ebenso ist es
nicht sicher, ob hier eine lokale Reizwirkung durch ausgeschiedenes Gift anzunehmen ist, da der Nachweis desselben im Mageninhalt nicht gelang.

B. Ausscheidung.

Dagegen gibt Meder[2]) an, daß Apocodein in den Speichel ausgeschieden
wird. Angaben über die zum Nachweis verwendete Methode fehlen jedoch.
Über Veränderungen des Giftes im Organismus scheint nichts bekannt zu sein.

C. Allgemeinwirkungen.

1. Zentralnervensystem. Wie oben erwähnt, haben die verschiedenen
Untersucher mit den von ihnen benutzten Präparaten ganz verschiedene Resultate erhalten. Meder[2]), der (1895) mit der von ihm benutzten Substanz
überhaupt sehr apomorphinähnliche Wirkungen erzielte, gibt an, daß bei
subcutaner Injektion beim Hunde 3 cg pro kg wirkungslos waren, 4 cg bereits
Krämpfe bewirkten, daß nach 5,5 cg die heftigsten epileptiformen Konvulsionen zu sehen waren und daß 6,2 cg letal wirkten. 2 cg intravenös erzeugten
leichte Zuckungen, größere Dosen die stärksten Krämpfe. Bei Katzen bewirkten
5 cg pro kg subcutan schwache Erregung, 7 cg Krämpfe, 8,3 cg den Tod. Guinard[5]) dagegen gibt (1893) an, daß Apocodein stärker narkotisch und weniger
krampferzeugend am Tiere wirkt, als Codein. Dosen von $2^1/_2$—$3^1/_2$ mg pro kg
subcutan bewirken beim Hunde ruhigen Schlaf, aus welchem die Tiere nach
4—5 Stunden ganz normal erwachen. 5 cg pro kg subcutan macht ruhige
Narkose, der nach 30—35 Minuten Krämpfe folgen. 2—5 mg pro kg intravenös
ruft dagegen heftige Krämpfe mit Steigerung der Körpertemperatur und der
Puls- und Atemfrequenz hervor. Bei Katzen sah Guinard keine Narkose,
sondern Krämpfe und Tod im Tetanus. Toy[6]) verwendete (1895) das Apocodein
als Beruhigungsmittel bei maniakalischen Geisteskranken, bei denen es stets

---

[1]) J. Wickham Legg, Observations on the physiol. action of apocodeine etc. St.
Bartholom. Hosp. Report **6**, 97 (1870).

[2]) G. Meder, Diss. Dorpat 1895.

[3]) Combemale, Ref. in Semaine méd. **20**, 422 (1900).

[4]) W. Murrel, On the action of apomorphine and apocodeine, with special reference
to their value as expectorants in the treatment of chronic bronchitis. Brit. Med. Journ.
1891, I, 453.

[5]) L. Guinard, Contribution à l'étude physiolog.que de l'apocodeine. Lyon medical
1893, 69, 145. — Études physiologiques de quelques modifications fonctionelles produite
par l'apocodeine. Ibid. **1893**, 354, 391, 433, 463, 500; zit. nach Virchow-Hirsch, Jahresbericht **1893**, I, 426. (Husemann.)

[6]) Toy, Sur le chlorhydrate d'apocodeine. Semaine méd. **15**, 346 (1895).

die Erregung beseitigte und manchmal Schlaf herbeiführte (Dosen von 2—6 cg beim Menschen). Giraud[1]) bestätigte (1903) die Resultate von Guinard, erzielte auch beim Kaninchen Narkose und sah einen Hund auf 3,6 cg pro kg in tiefen Schlaf verfallen. Dixon (1903) gibt an, daß Apomorphin vollständige Lähmung des Großhirnes bewirkt, und daß es in mittleren Dosen (bis 1 cg pro kg) bei Katzen und Hunden Narkose hervorruft. Auch beim Menschen wirkt es beruhigend. Nach größeren Mengen schließt sich daran ein Stadium der gesteigerten Reflexerregbarkeit, währenddessen aber die Narkose noch andauern kann. Die größten Dosen erregen rein und veranlassen bei der Katze strychninartige Krämpfe. Die narkotische Wirkung, welche das Präparat bei der Katze besitzt, stellt dasselbe in Gegensatz zum Apomorphin, Morphin und Codein, welche alle bei der Katze erregend wirkend. Fröhner[2]) erzielte mit 6,6 cg pro kg beim Hunde subcutan ruhigen Schlaf ohne Nachwirkungen, beim Pferde von 335 kg fand er ¹/₂ g wirkungslos, während 1 g Leck- und Nagesucht veranlaßte.

Diese Übersicht zeigt, daß im Laufe der letzten 20 Jahre die Apocodeinpräparate immer weniger erregend und immer stärker narkotisch geworden sind, daß aber alle bisher geprüften Apocodeine noch erregende Wirkungen besessen haben. Es erscheint daher berechtigt, zu folgern, daß dem Apocodein als solchem jedenfalls narkotische Wirkungen zukommen. Dagegen bleibt es unentschieden, ob die beobachteten Erregungen als die Folge einer Vergiftung mit großen Apocodeindosen zu betrachten sind, oder ob sie durch Verunreinigungen verursacht sind, von denen nach Vongerichten und Müller[3]) vor allem Apomorphin in Betracht kommt.

Beim Frosche sah Giraud[4]) nach 5 mg (0,1 mg pro g) zuerst ein leichtes Erregungsstadium, danach Lähmung auftreten. Er fand, daß decapitierte Tiere resistenter gegen die Vergiftung sind und zur Lähmung größere Dosen brauchen und schloß daraus, daß der Hauptangriffspunkt im Gehirne liegt. Dixon[5]) sah nach 15 mg zuerst eine morphinähnliche Narkose mit Atemstillstand, danach gesteigerte Reflexe und strychninähnliche Krämpfe eintreten. Schließlich erfolgt zentrale, (nicht curareartige) Lähmung, das Herz schlägt weiter. Die im zweiten Stadium der Vergiftung auftretenden Krämpfe hören auf nach Zerstörung des Rückenmarkes und nach Cocainisierung der Haut, bleiben dagegen nach der Dekapitation bestehen. Bringt man Apocodein auf die freigelegte Ventralfläche des Rückenmarkes zwischen Medulla oblongata und 2. Spinalnerv, so erhält man zunächst eine gesteigerte Reflexerregbarkeit nur der Arme. Nach größeren Dosen treten bei Berührung der Arme gesteigerte Reflexe am ganzen Körper auf, während bei Berührung der Hinterbeine nur einfache Beinreflexe erfolgen. Der Wirkungsmechanismus krampfmachender Apocodeindosen am Frosch muß demnach ein strychninähnlicher sein (Dixon)[5]).

2. Vegetatives Nervensystem. Kleine Dosen Apocodein bewirken eine zentrale Erregung der Ursprünge verschiedener parasympatischer und sympatischer Nerven. Dahin gehört die Pulsverlangsamung durch zentrale Vagusreizung, die Salivation, die Sträubung der Haare am Kopf und Rücken von Katzen und Hunden (nach 1 cg pro kg subcutan (Dixon[5]) u. a.

Mittlere Dosen (5—6 cg bei Kaninchen, 10—12 cg bei Katzen, 10—20 cg

---

[1]) G. Giraud, Contribution à l'étude du chlorhydrate d'apocodeine et de son action purgative en injections hypodermiques. Thèse de Lyon 1903, No. 39.

[2]) Fröhner, Monatshefte f. prakt. Tierheilk. **4**, 6 (1893).

[3]) E. Vongerichten u. F. Müller, Ber. d. deutsch. chem. Ges. **36**, II, 1590 (1903).

[4]) G. Giraud, Thèse de Lyon 1903, No. 39.

[5]) W. E. Dixon, Journ. of Physiol. **30**, 97 (1903); Brit. Med. Journ. **1902**, 18. Oct.

bei kleinen Hunden)[1]) bewirken nach Dixon[2]) bei intravenöser Injektion in
Äther- oder Chloroformnarkose eine Lähmung der sympatischen und para-
sympatischen Ganglien, ähnlich wie nach Nikotin, nur daß die Lähmung nach
Apocodein ohne vorhergehende Erregung auftritt. In diesem Stadium ist dann
Reizung der präganglionären Fasern ohne jede Wirkung auf die zugehörigen
Organe, während postganglionäre Reizung noch den vollen Effekt bewirkt.
Dieses hat Dixon[2]) durch elektrische Reizung vor und hinter dem Ganglion
solare (Blutdrucksteigerung), dem Ganglion mesenterium inferius (Blasenkontraktion), dem Ganglion submaxillare (Speichelsekretion), dem Ganglion
cervicale supremum (Pupillenerweiterung) nachgewiesen. Beim Ganglion
cervicale supremum ließ sich die Lähmung auch durch Aufpinseln einer 1 proz.
Lösung erzielen. In diesem Vergiftungsstadium wird auch die Reizung des Vagus
auf das Herz und die Reizung des Oculomotorius auf die Pupille wirkungslos;
ferner reagieren die Organe dann noch auf eine Reihe von peripher angreifenden
Giften, wie Pilocarpin, Physostigmin, Adrenalin u. a. Die Lähmung der sympathischen Ganglien scheint eine Wirkung des Apocodeins selber zu sein, da
nach Dixon[2]) sowohl Apomorphin als Codein schwächer lähmend auf diese
Ganglien wirken.

Sehr viel größere Dosen (15 cg bei Kaninchen, 25 cg bei Katzen, 60 cg bei
Hunden intravenös) sind erforderlich, um auch die Reizung der postganglionären
Fasern unwirksam zu machen. In diesem Stadium bewirkt dann elektrische
Reizung der postganglionären Fasern hinter dem Ganglion cervicale supremum
keine Pupillenerweiterung, Reizung der postganglionären Mesenterialnerven
keine Blutdrucksteigerung, Reizung des Accelerans in der Brusthöhle keine
Pulsbeschleunigung mehr. Eine Ausnahme bildet die Blase. Denn auch nach
diesen großen Dosen tritt auf Reizung des Hypogastricus noch unveränderte
Blasenkontraktion auf. Dixon[2]) hat versucht, den Angriffspunkt dieser peripheren Organlähmung noch näher durch antagonistische Giftversuche zu lokalisieren, welche aber für die Entscheidung dieser Frage nichts Sicheres beweisen
können, und daher besser weiter unten besprochen werden.

3. Verdauungskanal. Nur die frühesten Untersucher (Legg[3]), Dujardin-
Beaumetz[4]), Ott[5]), Kobert[6])) haben nach „Apocodein" Erbrechen auf-
treten sehen. Guinard[7]) folgerte bereits aus seinen Versuchen, daß, wenn
Übelkeit oder Brechen auftritt, das Präparat mit Apomorphin verunreinigt sei.
Alle späteren Experimentatoren haben niemals Erbrechen auftreten sehen.
Diese Tatsache scheint auf den ersten Blick der Angabe von Vongerichten
und Müller[8]) zu widersprechen, daß die Handelspräparate von Apocodein
alle in mehr oder weniger hohem Maße mit Apomorphin verunreinigt seien.
Nun ist aber im vorigen Abschnitte (s. o. S. 442) ausgeführt, daß besonders
nach den Untersuchungen von Harnack und Hildebrand[9]) narkotisch

---

[1]) Die Dosen sind nicht pro Kilo berechnet.
[2]) W. E. Dixon, Journ. of Physiol. **30**, 97 (1903); Brit. Med. Journ. **1902**, 18. Oct.
[3]) J. Wickham Legg, St. Bartholom. Hosp. Report **6**, 97 (1870).
[4]) Dujardin-Beaumetz, Bull. génér. de thérap. **1874**; zit. nach G. Meder, Diss.
Dorpat 1895.
[5]) J. Ott, Journ. of nervous and mental diseases, N. S. **4** (1878); zit. nach G. Meder,
Diss. Dorpat 1895.
[6]) R. Kobert, Intoxikationen, 2. Aufl., II, 1002.
[7]) L. Guinard, Lyon médical **1893**, 69, 145; **1893**, 354, 391, 433, 463, 500; zit. nach
Virchow-Hirsch, Jahresbericht **1893**, I, 426. (Husemann.)
[8]) E. Vongerichten u. F. Müller, Ber. d. deutsch. chem. Ges. **36**, II, 1590 (1903).
[9]) E. Harnack u. H. Hildebrand, Archiv f. experim. Pathol. u. Pharmakol. **65**,
38 (1911).

wirkende Verunreinigungen, wie z. B. das Chloromorphid, die emetische Wirkung
des Apomorphins verhindern, ohne seine übrigen Eigenschaften in demselben
starken Grade zu beeinträchtigen. Es ist deshalb durchaus möglich, daß das
im Apocodein als Verunreinigung enthaltene Apomorphin wohl erregend
wirken kann, dagegen kein Erbrechen hervorruft, weil dieses durch die gleichzeitige Anwesenheit eines oder mehrerer der gegenwärtig Apocodein genannten
narkotischen Substanzen verhindert wird. Nur wenn sehr große Apomorphin-
mengen vorhanden sind, wie das von den ältesten Präparaten zu vermuten ist,
tritt das Erbrechen auf.

Die abführende Wirkung des Apocodeins scheint zuerst von Guinard[1]),
Meder[2]) und Toy[3]) gesehen zu sein. Guinard[1]) beobachtete bei Hund und
Kaninchen nach Eröffnung der Bauchhöhle direkt nach einer intravenösen
Injektion von Apocodein eine Steigerung der Darmbewegungen, welche nach
subcutaner Injektion geringer war und später auftrat. Meder[2]) sah nach wiederholten Injektionen (blutige!) Durchfälle. Toy[3]) wandte das Mittel zur Beruhigung von Geisteskranken an, und erzielte mit 2—6 cg subcutan oder vom Ver-
dauungskanale aus gewöhnlich 1—3 Stuhlentleerungen. Combemale[4]) injizierte bei zahlreichen obstipierten Patienten 2 cg subcutan, worauf in den
meisten Fällen ohne irgendwelche Allgemeinstörungen ein oder mehrere weiche
Stühle erfolgten. Giraud[5]) berichtet über 28 positive Erfolge unter 40 Fällen
von Verstopfung, bei denen gewöhnlich zuerst ein normaler Stuhl und danach
eventuell noch mehrere feste oder weiche Entleerungen auftraten. Dixon[6]),
der das Mittel als subcutanes Abführmittel auch für den Menschen empfahl,
erzielte beim Hunde und bei der Katze durch subcutane Injektion von ca. 1 cg
pro kg Kotentleerung, die häufig mit deutlichen Tenesmen einherhing.

Die gesteigerte Darmbewegung soll nach Dixon[6]) nicht von einer Wirkung
auf in der Darmwand gelegene Apparate herrühren, denn bei direktem Aufpinseln von Apocodeinlösungen (von welcher Konzentration?) auf den Darm
erfolgte nur Lähmung. Dagegen war nach Durchschneidung des Vagus und des
Rückenmarkes noch durch Apocodein die Darmbewegung zu erregen. Dixon[6])
folgerte hieraus, daß die Abführwirkung verursacht wird durch die Lähmung
der sympathischen Ganglien (Coeliacum, Mesentericum sup. und inf.), wodurch
die Hemmungsimpulse für die Darmbewegung aufgehoben werden sollten.
Es mußte also den splanchnischen Hemmungsfasern für den Darm ein beträchtlicher Tonus zugeschrieben werden. Diese Erklärung ist jetzt nicht mehr haltbar. Denn erstens sind nach Dixons eigenen Versuchen[6]) viel kleinere Dosen
abführend (1 cg pro kg bei der Katze) als zur Lähmung der sympathischen
Ganglien erforderlich sind (3—4 cg pro kg bei der Katze). Zweitens hat Cannon[7])
später gezeigt, daß Splanchnicotomie durchaus nicht zur Steigerung der Darmbewegungen und zu Diarrhöe führt. Drittens ist durch Magnus[8]) und Kreß[9])

---

[1]) L. Guinard, Lyon médical 1893, 69, 145; 1893, 354, 391, 433, 463, 500; zit. nach
Virchow-Hirsch, Jahresbericht 1893, I, 426. (Husemann.)

[2]) G. Meder, Diss. Dorpat 1895.

[3]) Toy, Semaine méd. 15, 346 (1895).

[4]) Combemale, Ref. in Semaine méd. 20, 422 (1900).

[5]) G. Giraud, Thèse de Lyon 1903, No. 39.

[4]) W. E. Dixon, Journ. of Physiol. 30, 97 (1903); Brit. med. Journ. 1902, 18. Oct.

[7]) W. B. Cannon, The motor activities of the stomach and small intestine after
splanchnic and vagus section. Amer. Journ. of Physiol. 17, 429 (1906).

[8]) R. Magnus, Versuche am überlebenden Dünndarm von Säugetieren. V. Mitt. Wirkungsweise und Angriffspunkt einiger Gifte am Katzendarm. Archiv f. d. ges. Physiol. 108, 1 (1905).

[9]) K. Kreß, Wirkungsweise einiger Gifte auf den isolierten Dünndarm von Kaninchen
und Hunden. Archiv f. d. ges. Physiol. 109, 1 (1905).

gezeigt worden, daß Apocodein die Bewegungen des isolierten Darmes erregt. Zusatz von 5 cg Apocodein zu 200 ccm Ringersche Flüssigkeit bewirkt sowohl an intakten isolierten Darmschlingen, als auch Präparaten der Darmmuskulatur welche noch mit den Zentren des Auerbachschen Plexus in Verbindung stehen, eine deutliche Erregung, an welche sich dann eine Lähmung anschließt (Abb. 16). Zentrenfreie Präparate dagegen werden durch Apocodein von vorneherein gelähmt. Daraus folgt, daß der Angriffspunkt der erregenden Wirkung in der Darmwand selber und zwar in den Zentren des Auerbachschen Plexus liegt.

Die Lähmung der Darmbewegungen durch große Dosen Apocodein hat auch Dixon[1]) in seinen Versuchen wahrgenommen. Im Gegensatz zu den bisher erwähnten Befunden steht die Beobachtung von Katsch[2]), der am Kaninchen mit „Bauchfenster" Beruhigung der Darmbewegungen nach Dosen von 1—3 cg eintreten sah. Doch ist in einem seiner Protokolle nach 1 cg lebhafte Darmbewegung vermerkt.

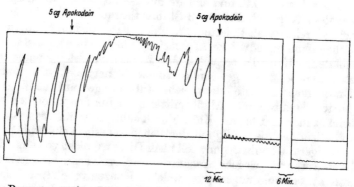

Abb. 16. Bewegungen eines Längsmuskelstreifens des Katzendünndarms mit Auerbachs Plexus. Auf 5 cg Apocodein maximale Erregung, dann allmähliche Erschlaffung. Auf weitere 5 cg Apocodein allmähliches Erlöschen der Bewegungen bei tiefem Tonus. Nach dem Stillstand sind 0,2 mg Strophantin und 0,2 g $BaCl_2$ völlig wirkungslos. (Nach Magnus)[3]).

Auch die Magenbewegungen werden durch Apocodein, wenn auch in geringerem Grade, gesteigert. Versuche, welche Beck[4]) am isolierten Magenring vom Frosch ausführte, ergaben ebenfalls zuerst Erregung, dann Lähmung der Bewegungen. Desgleichen werden nach Macht[5]) die Spontanbewegungen des isolierten Ureters (Schwein) durch 10 mg Apocodein in 50 ccm Lockelösung erregt.

4. Kreislauf; Herz und Gefäße. Die Frequenz des Froschherzens wird durch kleine Apocodeindosen beschleunigt, durch große verlangsamt (Meder[6]). In

[1]) W. E. Dixon, Journ. of Physiol. **30**, 97 (1903); Brit. Med. Journ. **1902**, 18. Oct.
[2]) G. Katsch, Beitr. z. Studium der Darmbewegungen III. Pharmakolog. Einflüsse auf den Darm. — Z. f. experim. Pathol. u. Therapie **12**, 253 (1912).
[3]) R. Magnus, Versuche am überlebenden Dünndarm von Säugetieren. V. Mitt. Wirkungsweise und Angriffspunkt einiger Gifte am Katzendarm. Archiv. f. d. ges. Physiol. **108**, 1 (1905).
[4]) G. Beck, Zur Physiologie der glatten Muskeln. Über die Wirkung einiger Gifte auf die spontanen Bewegungen der glatten Muskulatur des Froschmagens. Zeitschr. f. allgem. Physiol. **6**, 450 (1907).
[5]) D. I. Macht, On the Pharmacology of the ureter III. — Journ. of Pharmacol. and exp. Therap. **9**, 197 (1917).
[6]) G. Meder, Diss. Dorpat 1895.

Versuchen am Williamsschen Apparat steigerten 1—2 mg zu 50 ccm Flüssigkeit die Frequenz, während 12—16 mg sie erniedrigten. Atropin beseitigte diese Pulsverlangsamung nicht, durch Ausspülen mit normalem Blut-Kochsalzgemisch ließ sie sich jedoch rückgängig machen. An „gefensterten" Fröschen trat die Pulsbeschleunigung nach 5 mg, die Verlangsamung nach 10—15 mg auf.

Am Warmblüter sind die Veränderungen der Pulsfrequenz etwas verwickelter. Guinard[1]) und Giraud[2]) sahen beim Hunde nach subcutaner Injektion von $2^1/_2$—50 mg pro kg eine anfängliche Pulsbeschleunigung auftreten, die von Verlangsamung gefolgt war. So stieg in einem Versuch der Puls nach 3 cg pro kg subcutan von 84 auf 186, sank nach 3—4 Minuten allmählich auf 48, und ging nach doppelseitiger Vagotomie sofort auf 200 in die Höhe. Hieraus folgt, daß diese Pulsverlangsamung durch Erregung des Vaguszentrums bedingt ist. — Von einer solchen Vaguserregung hat Dixon[3]) nun in seinen Experimenten nichts [beobachtet, sei es, daß er ein anderes Präparat benutzte, als die französischen Autoren, oder daß er wegen der von ihm ver-

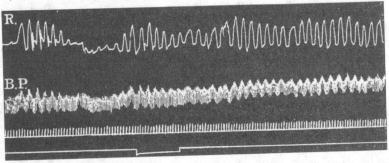

Abb. 17. Unwirksamkeit der Vagusreizung auf das Herz des Hundes nach 8 cg Apocodein. Oben Atmung (Cheyne-Stokes!), dann Blutdruck, Zeit, Reizsignal. (Nach Dixon.)

wendeten Äther- und Chloroformnarkose den Eintritt der zentralen Vagusreizung verhinderte, oder daß die von ihm verwendeten Dosen (8—20 cg intravenös bei kleinen Hunden) zu große waren. Dixon[3]) beobachtete vielmehr Pulsbeschleunigung, welche nur bei intakten Vagis eintrat; zugleich hatte Reizung des Vagusstammes am Halse keine Wirkung mehr auf das Herz (Abb. 17). Da nun in diesem Stadium sich durch Muscarin und Pilocarpin noch Pulsverlangsamung hervorrufen ließ, so folgerte Dixon in Analogie zu seinen oben erwähnten Versuchen über die Lähmung sympathischer Ganglien durch die verwendeten Dosen von Apocodein, daß eine Lähmung der intrakardialen Vagusganglien eingetreten sei, während die postganglionären Vagusbahnen noch nicht gelähmt seien. Da man die postganglionären Vagusfasern beim Warmblüter bisher nicht isoliert elektrisch reizen kann, so handelt es sich hier nur um einen Wahrscheinlichkeitschluß, da die Giftversuche mit Pilocarpin und Muscarin für sich allein keinen sicheren Beweis geben können. — Große Dosen von Apocodein (25—30 cg bei der Katze) machen dann schließlich auch die Wirkung der Acceleransreizung auf das Herz unwirksam. Dagegen wird die Tätigkeit des Herzens selber durch das Gift nur sehr wenig beeinträchtigt.

---

[1]) L. Guinard, Lyon médical **1893**, 69, 145; **1893**, 354, 391, 433, 463, 500; zit. nach Virchow-Hirsch, Jahresbericht **1893**, I, 426. (Husemann.)
[2]) G. Giraud, Thèse de Lyon 1903, No. 39.
[3]) W. E. Dixon, Journ. of Physiol. **30**, 97 (1903); Brit. Med. Journ. **1902**, 18. Oct.

In den Versuchen von Guinard[1]) und Giraud[2]) trat nach subcutaner Injektion von $2^1/_2$—47 mg beim Hunde eine vorübergehende Blutdrucksteigerung auf, an die sich dann eine Senkung anschloß. Dixon[3]) vermißte die primäre Steigerung und beschreibt nur eine Senkung. — Injiziert man einem Hunde oder einer Katze Dosen von 1—1,2 cg pro kg subcutan, so sieht man nach Dixon innerhalb von 20 Minuten eine deutliche Rötung der Haut im Gesicht, an Nase, Ohren und Lippen auftreten, die sich später beim Hunde über den ganzen Körper ausbreitet. Im Anschluß daran kommt es dann zu einem außerordentlich auffallenden Gesichtsödem, das am deutlichsten an Lidern, Ohren und Lippen zu sehen ist, konstant auftritt und sehr hochgradig werden kann.

Im Blutdruckversuch sieht man bei Kaninchen (4—6 cg), Katzen (7 bis 10 cg) und Hunden (10—20 cg) ein Absinken der Blutdruckkurve eintreten (Abb. 18) bis auf etwa 50 mm Hg, auf welcher Höhe der Druck dann auch bei weiteren Injektionen bleibt. Die Senkung erfolgt auch nach Vagotomie und vorheriger Atropinisierung. Sind die Splanchnici vorher durchtrennt, so ist die Senkung geringer, und fehlt völlig, wenn die sympathischen Ganglien vorher durch Nikotin gelähmt worden sind. Die Vasodilatation läßt sich direkt am Mesenterium und an der oben erwähnten Rötung der Haut sehen. Abb. 18 zeigt, daß auch im Onkometerversuch eine starke Volumzunahme des Darmes zu sehen ist. Diese Gefäßerweiterung beruht nach Dixon[3]) auf der Lähmung der sympathischen Ganglien der vasomotorischen Nerven. Abb. 19 zeigt den Erfolg der elektrischen Rückenmarksreizung beim Kaninchen bei schrittweiser Vergiftung mit Apocodein (im ganzen 6 cg). Man sieht wie die anfangs hochgradige Blutdrucksteigerung immer geringer wird und schließlich gar nicht mehr auftritt. Dagegen ist nach dieser Dosis Reizung der postganglionären Fasern noch gut wirksam auf den Blutdruck (s. u. Abb. 20). Diese Lähmung der sympathischen Ganglien erfolgt ohne vorhergehende Reizung und dauert auch länger an als nach Nicotin. Nach eingetretener Lähmung der Ganglien durch Apocodein ist Nicotin ohne Wirkung auf den Blutdruck, ebenso ruft dann auch Erstickung keine Blutdrucksteigerung mehr hervor.

Nach völliger Lähmung der sympathischen Ganglien, nachdem der Blutdruck seinen niedrigsten Stand erreicht hat, führen die folgenden Injektionen

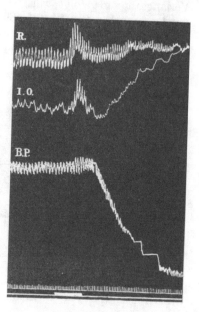

Abb. 18. Hund. Morphin-Chloroform-Äther-Narkose. Registrierung der Atmung (R), des Darmvolums (I. O.) (onkometrisch), des Blutdrucks (B. P.). Zeit in Sekunden. Bei der Signalmarke wird 2 ccm 1 proz. Apocodein-HCl in die Femoralvene injiziert: Blutdrucksenkung. Zunahme des Darmvolumens, Verkleinerung der Atembewegungen. (Nach Dixon.)

[1]) L. Guinard, Lyon médical 1893, 69, 145; 1893, 354, 391, 433, 463, 500; zit. nach Virchow-Hirsch, Jahresbericht 1893, I, 426. (Husemann.)
[2]) G. Giraud, Thèse de Lyon 1903, No. 39.
[3]) W. E. Dixon, Journ. of Physiol. 30, 97 (1903); Brit. Med. Journ. 1902, 18. Oct.

häufig zu Blutdrucksteigerungen, die unabhängig vom Herzen sind und auf Reizung peripherer Apparate beruhen, wie Dixon[1]) auf Grund von Onkometerversuchen und Durchleitungen des isolierten Hinterbeines annimmt. Größere Dosen haben dann schließlich auch Lähmung der peripheren Apparate zur Folge. Abb. 20 läßt den allmählichen Eintritt derselben erkennen. Im Anfang hat das Tier (Katze) bereits 8 cg Apocodein intravenös erhalten, Splanchnicusreizung hat keine Wirkung mehr auf den Blutdruck, dagegen bewirkt Reizung der postganglionären Fasern (a) noch deutliche Drucksteigerung und Volumabnahme des Darmes. Allmähliche Steigerung der Dosis auf 24 cg läßt diese Reaktion allmählich völlig verschwinden (e), während Adrenalin den Blutdruck noch in die Höhe treibt (f).

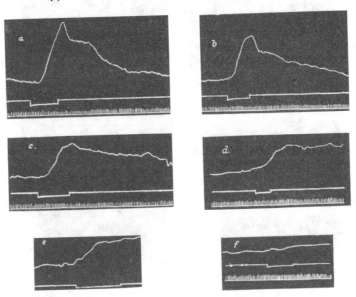

Abb. 19. Kaninchen. Äther-Curare. Blutdruck. Wirkung der Rückenmarksreizung am Seitenstrang des 9. Brustsegments mit unveränderten faradischen Reizen bei zunehmender Vergiftung mit Apocodein.

a. normal.	Drucksteigerung	60 mm Hg		
b. nach 1 cg	,,	40	,,	,,
c. ,, 2 ,,	,,	30	,,	,,
d. ,, 4 ,,	,,	24	,,	,,
e. ,, 5 ,,	,,	21	,,	,,
f. ,, 6 ,,	,,	minimal.		

(Nach Dixon.)

Die direkte Erweiterung der Blutgefäße sah auch Meder[2]) in Durchleitungsversuchen an Rindernieren nach Zusatz von 1—2 mg zu 100 ccm Blut.

5. Atmung. Meder[3]), der nach Apocodein starke Erregung und Krämpfe beobachtete, sah auch die Atmung beschleunigt und unregelmäßig werden; schließlich erfolgte Atemlähmung. Guinard[3]) sah nach subcutanen Injektionen anfängliche Beschleunigung, der dann mit der eintretenden Narkose eine Ver-

---

[1]) W. E. Dixon, Journ. of Physiol. **30**, 97 (1903); Brit. med. Journ. **1902**, 18. Oct.
[2]) G. Meder, Diss. Dorpat 1895.
[3]) L. Guinard, Lyon médical **1893**, 69, 154; **1893**, 354, 391, 433, 463, 500; zit. nach Virchow - Hirsch, Jahresbericht **1893**, I, 426. (Husemann.)

langsamung folgte. Nach intravenöser Injektion traten dagegen Krämpfe und Beschleunigung der Atmung ein. Die anfängliche Erregung und nachfolgende Abnahme der Atmung beschreiben auch Giraud[1]) und Dixon[2]). So beobachtete Giraud[1]) bei einem Hunde z. B. eine normale Atemfrequenz von 16, nach 3,6 cg pro kg subcutan Apocodein stieg die Atemfrequenz schnell auf 30, um darauf innerhalb 25 Minuten auf 6 zu fallen. Beim Hunde sah Dixon[2]) häufig Cheyne-Stokessche Atmung auftreten (Abb. 17). Der Tod erfolgt durch Atemstillstand, der zentral und nicht durch die unten zu schildernde curare-

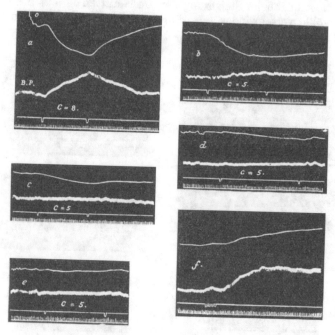

Abb. 20. Katze. Curare-Chloroform-Äther. Oben Darmvolum, darunter Blutdruck. Der linke Splanchnicus ist durchtrennt, ein Faden um die postganglionären Nerven längs der Mesen-terialgefäße gelegt. Nach 8 cg Apocodein intravenös ist Splanchnicusreizung wirkungslos geworden. Dagegen bewirkt Reizung der postganglionären Fasern (a) Blutdrucksteigerung von 28 mm und Vasoconstriction. b. Nach Injektion von 14 cg Apocodein. Postganglionäre Reizung macht Blutdrucksteigerung von 14 mm und Vasokonstriktion. c. Dasselbe nach 20 cg. Drucksteigerung 8 mm. Schwache Vasoconstriction. d. Dasselbe nach 22 cg. Drucksteigerung 6 mm, minimale Vasoconstriction. e. Dasselbe nach 24 cg. Keine Druck-steigerung und keine Vasoconstriction. f. 0,2 mg Adrenalin intravenös macht Blutdruck-steigerung und Expansion der Darmgefäße. (Nach Dixon.)

artige Lähmung bedingt ist (Dixon)[2]), denn Phrenicusreizung ist nach dem Atemstillstand noch gut wirksam.

6. Drüsen. Guinard[3]), Meder[4]), Giraud[1]) und Dixon[2]) haben bei Hund, Katze und Kaninchen reichlichen Speichelfluß auftreten sehen. Dieser ist nach Guinard[3]) zentral bedingt. Größere Dosen (10—12 cg intravenös bei

[1]) G. Giraud, Thèse de Lyon 1903, No. 39.
[2]) W. E. Dixon, Journ. of Physiol. **30**, 97 (1903); Brit. Med. Journ. **1902**, 18. Oct.
[3]) L. Guinard, Lyon médical **1893**, 69, 154; **1893**, 354, 391, 433, 463, 500; zit. nach Virchow-Hirsch, Jahresbericht **1893**, I, 426. (Husemann.)
[4]) G. Meder, Diss. Dorpat 1895.

Katzen) machen die Reizung der Chorda tympani unwirksam auf die Sekretion der Submaxillardrüse, während Reizung der postganglionären Fasern am Drüsenhilus noch Speichelfluß hervorruft.

Ferner wird die Sekretion der meisten anderen Schleimdrüsen gesteigert. Murrel[1]) hat es daher in Dosen von 1 cg subcutan als wirksames Expektorans am Menschen angewendet.

Guinard[2]) beobachtete gesteigerte Sekretion von Galle und Pankreas-saft sowie von Darmsaft. Er sah, daß sich eine doppelseitig abgebundene Darm-schlinge nach Injektion von Apocodein mit reichlicher Flüssigkeit füllte.

7. Nerv und Muskel. Meder[3]) brachte enthäutete Froschunterschenkel in Lösungen von Apocodein in physiologischer Kochsalzlösung und prüfte die direkte Muskelerregbarkeit. Er fand, daß diese in Lösungen von 1 Promille innerhalb 6 Stunden erlosch, in $\frac{1}{2}$ Promille nach 4 Stunden abnahm und nach 9 Stunden erlosch, daß dagegen in $\frac{1}{4}$ Promille zuerst Reizungserscheinungen zu sehen waren, an welche sich dann die Lähmung anschloß, die nach 12 Stunden komplett war. Es machte keinen Unterschied, ob die Präparate vorher curare-siert waren oder nicht. Der motorische Nerv wurde dagegen in den Versuchen Meders beim Einlegen in Apocodeinlösungen stets primär gelähmt, ohne daß Erregungserscheinungen vorangingen.

Dixon[4]) fand, daß beim Warmblüter eine curareartige Wirkung nach-weisbar ist, die sich leichter bei Kaninchen und Katzen, dagegen erst nach großen Dosen beim Hunde hervorrufen läßt. Wie oben erwähnt, tritt dieser Effekt aber erst nach größeren Dosen ein, als zur Lähmung des Atemzentrums erforderlich sind. Beim Frosch konnte Dixon eine solche Curarewirkung nicht nachweisen, die Tiere zeigten nach der Injektion nur die Symptome der zentralen Lähmung.

8. Pupille. Guinard[2]) sah keine charakteristischen Veränderungen der Pupillenweite während der durch Apocodein beim Hunde hervorgerufenen Narkose eintreten. Er und Meder[3]) sahen dagegen bei Hund und Katze, wenn es zu Krämpfen kam, sich die Pupille erweitern. Dixon[4]) erzielte durch die von ihm verwendeten mittleren Dosen eine Erweiterung der Pupille durch Nachlassen des Oculomotoriustonus, und fand in diesem Stadium das Ciliar- und das obere Halsganglion gelähmt. Reizung der postganglionären Fasern am Halsganglion rief dagegen noch Pupillenerweiterung hervor. Einträufeln von Apocodeinlösungen ins Auge war ohne Wirkung auf die Pupillenweite. Größere Dosen intravenös injiziert lassen dann schließlich auch die Reizung der postganglionären sympathischen Fasern hinter dem oberen Halsganglion ihre Wirkung auf den Dilatator der Iris verlieren.

9. Wärmehaushalt. Nach Giraud[5]) sinkt die Körpertemperatur des Hundes in der Apocodeinnarkose um 1,2—1,9°, während sie im einfachen Schlafe nur um ca. 0,6° heruntergeht.

10. Antagonistische Giftversuche. Dixon[4]) macht eine Reihe von Angaben über die Wirkung einer ganzen Reihe von Giften nach vorheriger Applikation von Apocodein.

Nach mittleren Apocodeindosen, welche die sympathischen Ganglien lähmen,

---

[1]) W. Murrel, Brit. Med. Journ. **1891**, I, 453.
[2]) L. Guinard, Lyon médical **1893**, 69, 154; **1893**, 354, 391, 433, 463, 500; zit. nach Virchow-Hirsch, Jahresbericht **1893**, I, 426. (Husemann.)
[3]) G. Meder, Diss. Dorpat 1895.
[4]) W. E. Dixon, Journ. of Physiol. **30**, 97 (1903); Brit. Med. Journ. **1902**, 18. Oct.
[5]) G. Giraud, Thèse de Lyon 1903, No. 39.

dagegen die zugehörigen Organe noch funktionsfähig lassen, ist Nikotin ohne Wirkung auf den Blutdruck und ruft am Darme keine Hemmung, sondern nur Erregung hervor. Pilocarpin und Muscarin machen noch Herzhemmung und Pilocarpin verengert noch die Pupille.

Nach den sehr großen Dosen (von 25—30 cg bei der Katze), welche den Effekt der Reizung postganglionärer Fasern auf die Organe aufheben, ändert sich dieses. Nur an der Blase, an welcher auch die postganglionären Hypogastricusfasern nicht gelähmt werden, bleiben auch Pilocarpin und Adrenalin nach den größten Dosen wirksam. Dagegen sind Pilocarpin und Muscarin in diesem Stadium ohne jede Wirkung auf das Herz. Ebenso Physostigmin. Coffein ruft dagegen auch jetzt noch eine geringe Pulsbeschleunigung hervor.

Dixon hat nun geglaubt, daß diese großen Dosen die Nervenenden in den Organen vollständig lähmten und die Muskeln hier ganz intakt ließen, und daß sich daher diese hochgradige Apocodeinvergiftung dazu verwenden ließe, um zu entscheiden, ob ein zu untersuchendes drittes Gift seinen Angriffspunkt an den Nervenenden oder den Muskeln hat. Tatsächlich ist denn auch das Apocodein von Dixon, Brodie, Schäfer und anderen, besonders englischen Autoren zu diesem Zwecke benutzt worden. Meiner Meinung nach mit Unrecht. Ich habe früher schon auseinandergesetzt, daß es prinzipiell falsch ist den antagonistischen Giftversuch dazu zu benutzen, um Giftwirkungen zu lokalisieren[1]). Denn wir können nie wissen, ob eine durch das erste Gift gelähmte Struktur nicht durch das zweite Gift wieder erregbar gemacht wird. Ferner ist es durchaus nicht nötig, daß ein Gift an derselben Stelle, an welcher es antagonistisch wirkt, auch seinen normalen Angriffspunkt haben muß. Außer diesen und anderen prinzipiellen Bedenken ergeben sich aber auch beim Apocodein noch besondere Schwierigkeiten. Wenn die Reizung der postganglionären Fasern ihre Wirkung z. B. auf den Blutdruck verloren hat, läßt, wie Abb. 20f zeigt, Adrenalin denselben noch in die Höhe gehen. Erst nach einer weiteren Steigerung der Dosis tritt keine Adrenalinblutdrucksteigerung mehr ein. Dagegen geht dann auf Chlorbaryum der Druck noch in die Höhe. In diesem Stadium nimmt Dixon nun an, daß die Nervenenden gelähmt und die Muskeln noch intakt seien, und daß daher Adrenalin an den Nerven, und Baryt an den Muskeln angreife. Steigert man nun aber die Apocodeindosis noch weiter, so wird nach einiger Zeit auch Baryt wirkungslos. Es handelt sich also nur um graduelle, nicht um prinzipielle Unterschiede, und es ist im speziellen Falle kaum möglich zu unterscheiden, ob der erwartete oder ein geringerer oder stärkerer Wirkungsgrad des Giftes eingetreten ist. Im allgemeinen scheint die Wirkung des Baryts (auf Blutdruck, Herz, Darm) und die Wirkung der Digitalis besonders schwer durch Apocodein verhindert zu werden. Am isolierten Darm hat sich keine Stütze für die Dixonsche Anschauung finden lassen (Magnus)[1]). Nach lähmenden Apocodeindosen war zu einer Zeit, wo der Darm noch schwache Bewegungen ausführte, nicht nur Pilocarpin, sondern auch Strophantin völlig oder nahezu unwirksam. Wirkt Baryt noch, so tritt keine glatte muskuläre Kontraktion, sondern rhythmische Bewegung auf, welche nur möglich ist, wenn die Zentren noch funktionieren. Zu einer Zeit, wo Baryt nicht mehr wirkt, kann man zeigen, daß der Muskel noch kontraktionsfähig ist und auf Dehnungsreiz mit einer Zusammenziehung antwortet.

---

[1]) R. Magnus, Kann man den Angriffspunkt eines Giftes durch antagonistische Giftversuche bestimmen? Archiv f. d. ges. Physiol. **123**, 99 (1908). — Über Lokalisation von Giftwirkungen auf Grund antagonistischer Giftversuche. Ergebnisse d. Physiol. **7**, 56 (1908).

Diese Versuche zeigen in Verbindung mit den erwähnten theoretischen Bedenken, daß das Apocodein nicht mit einiger Sicherheit dazu benutzt werden kann, um zu entscheiden, ob ein Gift an den Nerven oder den Muskeln angreift. Ebenso kann man niemals sicher sein, daß man in einem gewissen Stadium alle Nerven gelähmt und alle Muskeln intakt gelassen hat.

11. Dosierung. Bei der Verschiedenheit der von den einzelnen Untersuchern verwendeten Präparate und bei der Wahrscheinlichkeit, daß sie alle mehr oder weniger verunreinigt gewesen sind, erscheint es zwecklos, allgemeingültige Dosierungsvorschriften zu versuchen. Es sind daher in den einzelnen vorhergehenden Abschnitten die von den Autoren verwendeten Dosen aufgeführt, wonach hier verwiesen wird.

IV. Ipecacuanha-Alkaloide.

(Cephaelin, Emetin, Psychotrin, Methylpsychotrin.)

Die Ipecacuanha-Alkaloide sind Brechmittel, welche höchstwahrscheinlich sowohl reflektorisch als auch zentral den Brechakt auslösen. In größeren Dosen bewirken sie eine starke Reizung des Darms, welche bei langsam zum Tode führenden Vergiftungen nie vermißt wird. Bei der schnell verlaufenden Vergiftung erfolgt der Tod durch Herzlähmung. Neuerdings haben sie eine große Bedeutung bei der Behandlung der Amöbenruhr erlangt.

Die Droge, welche als Brechwurzel, Radix Ipecacuanhae, bezeichnet wird, besteht aus den Nebenwurzeln der kleinen, bis 40 cm hohen, immergrünen, brasilianischen Pflanze Uragoga Ipecacuanha Baillon (Synonyme: Psychotria Ipecacuanha Müller Argovensis oder Cephaelis Ipecacuanha Willdenow). Die nach dem Deutschen Arzneibuch 5. Ausg. offizinelle Sorte ist die sog. „Rio-Ipecacuanha", welche aus den Wäldern des brasilianischen Staates Matto Grosso stammt. Außer anderen Pflanzen enthält besonders noch die „Carthagena-Ipecacuanha" dieselben Alkaloide. Die Stammpflanze dieser letzteren ist noch nicht mit völliger Sicherheit bekannt, vielleicht stammt sie von Uragoga sive Cephaelis acuminata Karsten.

Die Alkaloide sitzen vor allem in der Rinde der Nebenwurzeln, doch sind sie auch in geringerer Menge in dem Holze enthalten.

Im Jahre 1816, kurz nach der Reindarstellung des Morphins aus dem Opium durch Sertüner, gewann Pelletier aus der Ipecacuanha einen unreinen alkoholischen Extrakt, und im folgenden Jahre gemeinsam mit Magendie eine reinere Substanz, die sie Emetin nannten, und deren Wirkung sie in einer grundlegenden Arbeit beschrieben[1]. Seitdem bis 1894 haben alle Autoren mit mehr oder weniger reinen Gemengen der wirksamen Substanz gearbeitet. Erst 1894 gelang es Paul und Cownley[2] zu zeigen, daß die bisherigen Emetine in Wirklichkeit Gemenge darstellten, aus welchen sie zunächst zwei Alkaloide darstellten, das schon vorher von Kunz-Krause[3]

---

[1] F. Magendie et Pelletier, Recherches chimiques et physiologiques sur l'ipecacuanha. Ann. de Chim. et de Phys. **4**, 172 (1817); Journ. d. Pharmacie (2) **3**, 145; **4**, 322 (1817).

[2] B. H. Paul und A. J. Cownley, The chemistry of Ipecacuanha. Pharm. Journ. and Transact. (3) **25**, 111, 373, 690 (1894/95). — The chemistry of Ipecacuanha. Amer. Journ. of Physiol. **73**, 57 (1901). — Indian Ipecacuanha. Pharm. Journ. and Transact. (4) **15**, 256 (1902).

[3] H. Kunz-Krause, Beiträge zur Kenntnis des Emetins. Archiv d. Pharmazie **225**, 461 (1887) und **232**, 466 (1894).

isolierte Emetin und das Cephaelin, wozu sich dann noch das in kleineren Mengen vorhandene Psychotrin gesellte. Hesse[1]) hat noch zwei weitere Alkaloide aufgefunden, Ipecamin und Hydroipecamin, Pyman[2]) das Methylpsychotrin.

In letzter Zeit ist die Chemie der Ipecacuanha-Alkaloide vor allem von Windaus und Hermanns[3]), Hesse[1]), Carr und Pyman[4]), Karrer[5]) und Keller[6]) bearbeitet worden. Die Konstitution ist noch nicht aufgeklärt. Selbst über die Molekularformeln ist noch keine völlige Einigkeit erzielt. Nach Windaus und Hermanns enthält das Emetin (und daher auch Cephaelin und die anderen Alkaloide) einen Dimethoxy-Isochinolinring und leitet sich daher von derselben Grundform ab wie Papaverin (s. dieses Handbuch, Abschnitt Papaverin), mit welchem es auch in seinen Wirkungen auf Organe mit glatter Muskulatur weitgehend übereinstimmt (Pick und Wasicki[7]).

Die im Anschluß an die Arbeiten von Paul und Cownley vorgenommene pharmakologische Prüfung der Ipecacuanha-Alkaloide Emetin und Cephaelin durch Wild[8]) und Lowin[9]) zeigte, daß dieselben im Prinzip gleichartig wirken, und daß nur in Einzelheiten quantitative Unterschiede nachzuweisen sind. Psychotrin und Methylpsychotrin wurden von nur geringer physiologischer Wirksamkeit gefunden (Ipecamin und Hydroipecamin sind noch nicht pharmakologisch untersucht). Dadurch wird es verständlich, daß bereits die älteren Untersucher die Wirkungsweise der Ipecacuanha-Alkaloide in allen Hauptzügen richtig beschrieben haben, und daß daher auch die Literatur vor 1894 wertvolle Feststellungen liefert.

Cephaelin $C_{28}H_{38}O_4N_2$ enthält drei Methoxylgruppen, ist krystallinisch, schneeweiß und färbt sich auch bei Lichtabschluß schnell gelb. Die Salze waren anfangs nur amorph darzustellen, doch hat man jetzt das leicht wasserlösliche Hydrochlorid, das Hydrobromid und Nitrat krystallinisch erhalten. Die reinen Salze sind nicht lichtempfindlich.

Emetin $C_{29}H_{40}O_4N_2$ ist der Methyläther des Cephaelins, aus dem es sich synthetisch darstellen läßt. Es enthält vier Methoxylgruppen. Nach Versuchen von Ellinger[5]) ist die Wirkung des natürlichen und des aus Cephaelin dargestellten Emetins identisch. Emetin ist amorph, weiß, färbt sich am Lichte gelb, ist leicht löslich in Äther, Alkohol, Aceton, Chloroform, sehr wenig löslich in Wasser. Das Hydrochlorid, Hydrobromid, Nitrat und Sulfat sind krystallinisch. Die reinen Salze sind nicht lichtempfindlich.

---

[1]) O. Hesse, Beiträge zur Kenntnis der Alkaloide der echten Brechwurzel. Liebigs Annalen **405**, 1 (1914).

[2]) F. L. Pyman, Trans. Chem. Soc. **111**, 419 (1917). Zit. nach Dale und Dobell, Journ. Pharmacol. and experim. Ther. **10**, 417 (1917).

[3]) A. Windaus und L. Hermanns, Untersuchungen über das Emetin. I. Das Emetin. Berichte d. deutsch. chem. Gesellsch. **47**, 1470 (1914).

[4]) F. H. Carr und F. L. Pyman, Die Ipecacuanha-Alkaloide. Journ. Chem. Soc. **105**, 1591 (1914). Zit. nach Chem. Centralbl. **1914** II, 787.

[5]) P. Karrer, Über die Brechwurzelalkaloide. Berichte d. deutsch. chem. Gesellsch. **49**, 2057 (1916).

[6]) O. Keller, Untersuchungen über die Alkaloide der Brechwurzel, Uragoga Ipecacuanha. III. Mitt. Arch. d. Pharm. **255**, 75 (1917).

[7]) E. P. Pick und R. Wasicki, Zur pharmakologischen Analyse des Emetins. Archiv f. experim. Pathol. u. Pharmakol. **80**, 147 (1916).

[8]) R. B. Wild, The pharmacology of the Ipecacuanha alkaloids. The Lancet **1895** II, 1274. — On the clinical use of the Ipecacuanha alkaloids. The Lancet **1902**, 6. Sept.

[9]) C. Lowin, Beiträge zur Kenntnis der Ipecacuanha-Alkaloide. Diss. Rostock 1902 und Arch. intern. de pharmacodyn. **11**, 9 (1902). (Sehr ausführliches Literaturverzeichnis).

Psychotrin $C_{28}H_{36}O_4N_2$ geht durch Reduktion ($+ H_2$) in Cephaëlin über, ist krystallinisch, löslich in Alkohol, Chloroform, Äther, sehr wenig löslich in kaltem Wasser, schmeckt sehr bitter. Die Salze sind krystallinisch.

Methylpsychotrin $C_{29}H_{38}O_4N_2$, aus Psychotrin darzustellen, ist in kleinen Mengen (0,03%) in der Droge enthalten (Pyman).

Ipecamin $C_{28}H_{36}O_4N_2$ ist weiß, krystallinisch, sehr wenig löslich in kaltem Wasser, leicht löslich in organischen Lösungsmitteln (Hesse).

Hydroipecamin $C_{28}H_{38}O_4N_2$ ist weiß, anscheinend krystallinisch, leicht löslich in Alkohol, Äther und Chloroform (Hesse).

In Brechwurzeln verschiedener Herkunft fanden sich nach Hesse[1]) die Alkaloide in folgenden Mengen:

	Minas %	Matto Grosso %	Jahore %	Carthagena %
Emetin	1,00—1,31	1,62	1,03	0,61—1,13
Ipecamin ⎱	0,36—0,53	0,53	0,25	0,22—0,32
Hydroipecamin ⎰				
Cephaëlin	0,60—0,62	0,52	0,46	0,74—0,81
Psychotrin	0,05—0,06	0,06	0,04	0,05—0,06
Insgesamt:	2,03—2,50	2,73	1,78	1,66—2,32

Die Ipecacuanha wurde ursprünglich in Brasilien und bei ihrem ersten Bekanntwerden in Europa als Mittel gegen Dysenterie verwendet und auch jetzt noch dient sie zur Bekämpfung dieser Krankheit. Da nach den Beobachtungen verschiedener Ärzte der Heilerfolg bei Dysenterie auch mit der Droge erzielt werden sollte, wenn sie von den Alkaloiden befreit war (deemetinisierte Ipecacuanha), so bezog man diese Wirkung auf einen anderen Bestandteil[2]). Als solchen betrachtete man zeitweise die Ipecacuanhasäure, eine Substanz noch unbekannter Zusammensetzung, welche von einigen als ein Glucosid, von anderen als eine Art Gerbsäure angesehen wird. Bei der pharmakologischen Untersuchung durch Wild[3]), Kimura[4]) und Goodhart[5]) stellte sich aber ihre Wirkungslosigkeit heraus. Wenigstens wirkt sie weder adstringierend noch hämolytisch, ruft bei Kalt- und Warmblütern keine Vergiftungserscheinungen hervor (außer einer geringen Gefäßverengerung beim Frosch [Wild, von Kimura bestritten]), und besitzt auch keine bactericiden Fähigkeiten gegen den Dysenteriebacillus. Ihre Wirkung auf Dysenterieamöben ist meines Wissens nicht untersucht. Der Heileffekt der Droge bei Dysenterie kann daher nicht auf die Ipecacuanhasäure bezogen werden. Emetische Wirkungen besitzt die Ipecacuanhasäure nicht. Nach der Einnahme bekommt der Harn die Eigenschaft, mit Eisenchlorid eine grüne Färbung anzunehmen (Ausscheidung).

Die günstige Wirkung der deemetinisierten Ipecacuanha bei Dysenterie beruht höchstwahrscheinlich darauf, daß sie nicht völlig alkaloidfrei ist.

---

[1]) O. Hesse, Beiträge zur Kenntnis der Alkaloide der echten Brechwurzel. Liebigs Annalen 405, 1 (1914).

[2]) Nach Th. Walsh (Ind. med. Gaz. 26, 269 (1891)) ist emetinfreie Ipecacuanha bei Dysenterie wirkungslos.

[3]) R. B. Wild, The pharmacology of the Ipecacuanha alkaloids. The Lancet 1895 II, 1274. — On the clinical use of the Ipecacuanha alkaloids. The Lancet 1902, 6. Sept.

[4]) T. Kimura, Beiträge zur Kenntnis der Ipecacuanha. II. Über die Ipecacuanhasäure. Arch. intern. de pharmacodyn. 11, 405 (1903).

[5]) Goodhart, Pharm. Journ. 35, 136 (1912). Zit. nach Hesse.

Hesse fand in einer von ihm untersuchten Probe 0,034% Alkaloide, Merck[1]) in einem englischen Präparat 0,42% Emetin, Paul[2]) nahezu 0,5% Alkaloide.

1. Wirkung auf niedere Organismen.

Vedder[3]) zeigte, daß nicht pathogene Wasseramöben in Bouillonkulturen durch 1—3tägige Einwirkung von starken Verdünnungen ($^1/_{20\,000}$) von Fluidextrakten von Ipecacuanha abgetötet werden. Alkaloidfreie Ipecacuanhaextrakte waren nur wenig wirksam. Lösungen von $^1/_{100\,000}$ Emetin oder Cephalin töteten die Amöben dagegen ab.

Rogers[4]) untersuchte die Wirkung von Emetin-HCl und Cephaelin-HCl auf den Erreger der Amöbendysenterie (Entamoeba tetragenes). Die vegetativen Histolyticaformen wurden in den Entleerungen von akuten Ruhrkranken durch Verdünnungen in physiologischer Kochsalzlösung von $^1/_{10\,000}$ augenblicklich und selbst noch in Verdünnungen $^1/_{100\,000}$ innerhalb weniger Minuten abgetötet. Im Anschluß an diese Versuche erzielte Rogers mit der Emetinbehandlung der akuten Amöbenruhr vortreffliche Resultate (s. u. S. 489).

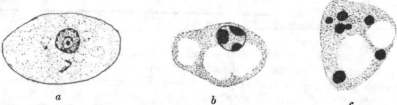

a   b   c

Abb. 21. a Normale Histolyticaform der Ruhramöbe. b und c Degeneration von Histolyticaformen bei Emetinbehandlung: b Verklumpung des Chromatins innerhalb des Kernes; c Zerstreuung des Chromatins durch die ganze Zelle nach dem Kernschwund. (Zeiß Okul. 6 Olimmers. $^1/_{12}$.) Nach Kuenen und Swellengrebel[5]).

Kuenen und Swellengrebel[5]) fanden eine etwas verschiedene Empfindlichkeit der Histolyticaformen in den Entleerungen Ruhrkranker. Verdünnungen von $^1/_{10\,000}$ Emetinhydrochlorid töteten in einem Falle nach wenigen Minuten, in einem anderen Falle erst nach einer Stunde. Sehr viel unempfindlicher sind die Dauerformen der Ruhramöbe. Minutaformen wurden in einem Falle durch $^1/_{10\,000}$ Emetin-HCl erst nach 3—24 Stunden abgetötet, in einem anderen Falle waren in Verdünnungen von $^1/_{5000}$ nach 4 Stunden die Amöben z. T. noch beweglich und nach 48 Stunden waren einige noch nicht sicher tot. Cysten sind noch widerstandsfähiger. In Verdünnungen von $^1/_{10\,000}$ waren nach 24 Stunden von 51 Cysten nur 12 abgestorben, in Verdünnungen $^1/_{100}$ nach $^1/_2$ Stunde von 57 Cysten 44 abgestorben. Als Kennzeichen des Todes wurde von Kuenen und Swellengrebel die Fähigkeit der Amöben, sich mit Eosin zu färben, benutzt.

[1]) Merks Jahresbericht **1896**, 135.

[2]) B. H. Paul, Pharm. Journ. Trans. **24**, 212 (1893).

[3]) E. B. Vedder, Military surgeon **29**, 318 (1911). Zit. nach Walters, Baker und Koch, Journ. Pharmacol. and experim. Ther. **10**, 341 (1917). — Derselbe, An exper. study of the action of ipecacuanha on amoebae. Journ. of trop. med. and hyg. **15**, 313 (1912).

[4]) L. Rogers, The rapid cure of amoebic dysentery ánd hepatitis by hypodermic injections of soluble salts of emetine. Brit. med. Journ. **1912** I, 1424.

[5]) W. H. Kuenen und N. H. Swellengrebel, Die Entamöben des Menschen und ihre praktische Bedeutung. Centralbl. f. Bakteriol. **71** I (Orig.), 378 (1913).

Emetin bewirkt an den Histolyticaformen starke Vakuolisierung, wodurch der Amöbenleib in eine unkenntliche Schaummasse verwandelt wird, und Verklumpung des Chromatins in Kerne (s. Abb. 21).

Bleiben die Ruhrstühle nach der Entleerung mehrere Stunden stehen, so werden die Amöben geschädigt und nunmehr durch Emetin sehr viel leichter abgetötet als in frischem Zustande (Kuenen und Swellengrebel[1]).

Noch unempfindlicher gegen Emetin als in den Versuchen von Kuenen und Swellengrebel waren Histolyticaformen in einem menschlichen Ruhrstuhl bei Beobachtungen von Dale und Dobell[2]). In Verdünnungen von $1/10\,000$ bewegten sie sich nach 1 Stunde noch lebhaft, und erst in $1/1000$ waren sie nach 15 Minuten alle abgetötet.

Dale und Dobell widersprechen überhaupt den Ergebnissen von Rogers[3]) auf Grund einer größeren Untersuchungsreihe an zwei Stämmen menschlicher Dysenterieamöben, die auf Kätzchen weitergeimpft wurden. Hier fanden sich außerordentlich große Unterschiede in der Empfindlichkeit. Bei den Versuchen wurde eine Emulsion der abgekratzten Dickdarmschleimhaut der Kätzchen in physiologischer NaCl-Lösung gemacht und diese im Brutschrank in Reagensgläsern verschiedenen Konzentrationen von Emetin-HCl ausgesetzt. Nach verschieden langen Zeiten wurden dann Tropfen zur mikroskopischen Untersuchng entnommen. Das Ergebnis war folgendes:

Emetin $1/10\,000$ tötete in einzelnen Fällen nach mehreren Stunden einen Teil der Amöben, während andere am Leben blieben, in anderen Fällen blieb diese Verdünnung ganz wirkungslos. $1/1000$ tötete in einer Reihe von Versuchen, blieb aber in anderen Versuchen wirkungslos, selbst nach 3 Stunden waren noch lebende Amöben vorhanden. Ja in Verdünnungen von $1/200$ und $1/100$ waren nach $1/2$ Stunde noch zahlreiche lebende Amöben vorhanden.

Emetin und Cephaelin waren in vergleichenden Versuchen etwa gleich stark wirksam, Psychotrin erwies sich als völlig wirkungslos, Methylpsychotrin und N-Methylemetin wirkten etwas stärker, Dimethoxyemetin deutlich stärker als Emetin.

Es gelang mit Amöbenemulsionen, welche mit Emetin $1/10\,000$ und $1/1000$ vorbehandelt waren, in einzelnen, nicht in allen Fällen, gesunde Kätzchen per rectum tödlich zu infizieren. Die Latenzzeit und die Dauer der Erkrankung waren dann gegen die Norm verlängert.

Der eine der beiden zu den Versuchen benutzten Amöbenstämme war sicherlich nicht emetinfest, denn der Patient, von welchem derselbe stammte, konnte durch Behandlung mit Emetinwismutjodid ohne Schwierigkeiten geheilt werden.

Es ist ausgeschlossen, daß bei den zur Heilung der Dysenterie verwendeten Emetindosen (65 mg subcutan beim Erwachsenen) am Erkrankungsorte, der Dickdarmschleimhaut, jemals Konzentrationen von Emetin auftreten können, wie sie sich in den Versuchen von Dale und Dobell als unsicher wirksam oder als wirkungslos erwiesen. Diese Autoren kommen daher zu dem Schlusse, daß die Heilwirkung des Emetins bei Dysenterie nicht auf einer spezifischen Wirkung auf die Amöben beruhen könne, und daß in den Versuchen von Rogers irgendeine Fehlerquelle mitgespielt haben müsse.

---

[1]) W. H. Kuenen u. N. H. Swellengrebel, Die Entamöben des Menschen und ihre praktische Bedeutung. Centralbl. f. Bakteriol. I (Orig.), **71**, 378 (1913).

[2]) H. H. Dale and C. Dobell, Experiments on the therapeutics of amoebic dysentery. Journ. Pharmacol. and experim. Ther. **10**, 399 (1917).

[3]) L. Rogers, The rapid cure of amoebic dysentery and hepatitis by hypodermic injections of soluble salts of emetine. Brit. med. Journ. **1912** I, 1424.

Der Erreger (?) der Pyorrhoea alveolaris, die Entamoeba buccalis, wurde in Versuchen von Walters, Baker und Koch[1]) durch Emetin $1/_{500}$ innerhalb 2 Stunden, ja in $1/_{100}$ innerhalb 1 Stunde nicht sicher abgetötet, während sie bei der längeren Einwirkungsdauer von 6 Stunden in Verdünnungen von $1/_{400\,000}$ nach Kolmer und Smith[2]) zugrunde geht. Die Alveolarpyorrhöe wird nach Bass und Jones[3]) ebenfalls erfolgreich mit Emetin behandelt (s. u. S. 492).

Auch auf nicht-pathogene Amöben wirken Emetin und Cephaelin. Die Versuche Vedders[4]) wurden schon oben (S. 469) erwähnt. Pick und Wasicki[5]) sahen Süßwasseramöben in Emetin $1/_{2000}$ nach 8 Minuten, in $1/_{20\,000}$ nach 5 Stunden getötet werden. Pyman und Wenyon[6]) sahen Wachstumshemmung (auf Agar) bei $1/_{10\,000}$, manchmal auch bei $1/_{100\,000}$ Emetin und Cephaelin. Methylierung am sekundären N läßt die Wirkung unverändert, Methylierung am tertiären N schwächt sie ab. Psychotrin ($1/_{1000}$) ist wirkungslos.

In Versuchen von Walters, Baker und Koch[1]), welche Bouillon-kulturen mit Emetinlösungen mischten und nach verschiedenen Zeiten auf Agarplatten überimpften, ergab sich, daß die Empfindlichkeit auch der Süß-wasseramöben gegen Ipecacuanha-Alkaloide außerordentlich wechselt. Emetin-verdünnungen von $1/_{200\,000}$ lassen nach 7 Stunden, $1/_{50\,000}$ nach 2 Stunden immer noch einzelne Amöben in wachstumsfähigem Zustand. Lösungen von $1/_{1000}-1/_{12\,000}$ töten aus einer Kultur einzelne Amöben, andere nicht. Die Wirkung tritt in stark verdünnten Lösungen außerordentlich langsam ein. Emetin wirkt etwas schneller als Cephaelin. Nach Wherry[7]) werden Wasseramöben durch Emetin $1/_{200\,000}$ in 23 Stunden, nicht aber in 1 Stunde abgetötet. Auf die entcystierten Dauerformen sind die gleichen Verdün-nungen, welche Amöben abtöten, ohne Wirkung.

Paramaecien sind nach Vedder[4]) und Rogers[8]) sehr empfindlich gegen Emetin. Nach Pick und Wasicki[5]) sterben sie in Emetin $1/_{20\,000}$ nach 10 Minuten, in $1/_{200\,000}$ in 2 Stunden (Colpidien in $1/_{20\,000}$ nach 19 Minuten). Walters, Baker und Koch[1]) fanden auch bei Paramaecien eine sehr wech-selnde Empfindlichkeit der verschiedenen Kulturen. In Lösungen von Emetin $1/_{20\,000}$ wurde eine Kultur nach 5 Minuten, eine andere nach 4 Stunden ab-getötet. Dabei nimmt die Beweglichkeit der Tiere zunächst ab, dann werden sie bewegungslos, schließlich platzen sie und zerfallen. Cephaelin ist weniger wirksam als Emetin. Cephaelinisoamyläther ist 15—20mal wirksamer.

Trypanosomen sind sehr viel unempfindlicher. Trypanosoma Brucei ließ in Emetin $1/_{200}$ nach 15 Minuten nur schwache Wirkung erkennen (Pick

[1]) A. L. Walters, B. F. Baker and E. W. Koch, Pharmac. studies of the ipecacuanha alcaloids and some synth. derivates of cephaeline. III. Studies on proto-zoocidal and bactericidal action. Journ. Pharm. and experim. Ther. 10, 341 (1917).
[2]) Kolmer and Smith. Journ. Infect. Diseases 10, 162 (1912). Zit. nach [1]).
[3]) Bass and Jones, Journ. Amer. Med. Assoc. 64, 553 (1915).
[4]) E. B. Vedder, Military surgeon 29, 318 (1911). Zit. nach Walters, Baker und Koch, Journ. Pharmacol. and experim. Ther. 10, 341 (1917). — Derselbe, An exper. study of the action of ipecacuanha on amoebae. Journ. of trop. med. and hyg. 15, 313 (1912).
[5]) E. P. Pick und R. Wasicki, Über die Wirkung von Papaverin und Emetin auf Protozoen. Wiener klin. Wochenschr. 1915, Nr. 22.
[6]) F. L. Pyman and C. M. Wenyon, The action of certain emetine derivates on amoebae. Journ. Pharmacol. and experim. Ther. 10, 237 (1917).
[7]) W. B. Wherry, The amebacidal action of emetine. Journ. of infect. diseases 10, 162 (1912).
[8]) L. Rogers, The rapid cure of amoebic dysentery and hepatitis by hypodermic injections of soluble salts of emetine. Brit. med. Journ. 1912 I, 1424.

und Wasicki[1]). Bei mit Dourine infizierten Mäusen ließ sich durch subcutane Emetineinspritzung der tödliche Ausgang nicht verhindern (Schuscha[2]).

Bakterien werden durch Verdünnungen von Emetin und Cephaelin $1/1000 - 1/20\,000$ getötet bzw. im Wachstum gehemmt (Wherry[3]), Price[4]), Pyman und Wenyon[5]). Nach Kolmer und Smith[6]) müssen die Lösungen lange auf die Bakterien einwirken. Walters, Baker und Koch[7]) fanden auf Staphylococcus aureus nur eine sehr schwache Wirkung von Emetin, eine stärkere dagegen von Cephaelinisoamyläther.

Faßt man die Ergebnisse der zahlreichen Untersuchungen über die Wirkung der Ipecacuanha-Alkaloide auf die erwähnten niederen Organismen zusammen, so läßt sich sagen, daß die Dysenterieamöben keinesfalls in spezifischer Weise gegen diese Alkaloide empfindlich sind, sondern daß andere Amöben und Paramaecien mindestens ebenso empfindlich sind. Ferner haben sich außerordentliche Schwankungen in der Giftempfindlichkeit der einzelnen Amöben aus der gleichen Kultur und noch mehr aus verschiedenen Kulturen und in den Händen verschiedener Untersucher ergeben. Sicherlich kann auch die Histolyticaform der Ruhramöbe unter Umständen hohe Grade von Emetinresistenz zeigen, während in anderen Fällen, besonders wenn die Amöben schon geschädigt sind, sie dem Emetin leicht zum Opfer fallen. Minutaformen und Cysten sind nach den übereinstimmenden Angaben aller Forscher widerstandsfähiger gegen Emetin als die vegetativen Histolyticaformen. Aus all diesem ergeben sich zahlreiche Schwierigkeiten einerseits für das Verständnis der Heilwirkung von Emetin bei Dysenterie und andererseits für die praktische Durchführung der Emetintherapie bei akuter und chronischer Amöbenruhr, worauf weiter unten einzugehen ist (S. 491).

2. Wirkung auf höhere Tiere.

A. Örtliche Wirkung.

Einspritzungen von Emetin und Cephaelin unter die Haut sind nur wenig schmerzhaft. Baermann und Heinemann[8]) sahen beim Menschen nach 60—150 mg Emetin-HCl manchmal vorübergehende geringe schmerzhafte Infiltrate auftreten, Low[9]) beobachtete in seltenen Fällen Rötung und Blutaustritte. Auch nach intramuskulärer Injektion sind Schmerzen beobachtet[10]).

---

[1]) E. P. Pick und R. Wasicki, Über die Wirkung von Papaverin und Emetin auf Protozoen. Wiener klin. Wochenschr. 1915, Nr. 22.

[2]) Schuscha, Über die Wirkung von Emetinum hydrochlor. auf Trypanosomen. Centralbl. f. Bakteriol. I (Orig.), 79 180 (1917).

[3]) W. B. Wherry, The amebacidal action of emetine. Journ. of infect. diseases 10, 162 (1912).

[4]) Price, Journ. National Dental Assoc. 2, 143 (1915).

[5]) F. L. Pyman and C. M. Wenyon, The action of certain emetine derivates on amoebae. Journ. Pharmacol. and experim. Ther. 10, 237 (1917).

[6]) Kolmer and Smith, Journ. Infect. Diseases 10, 162 (1912). Zit. nach [7]).

[7]) A. L. Walters, B. F. Baker and E. W. Koch, Pharmac. studies of the ipecacuanha alcaloids and some synth. derivates of cephaeline. III. Studies on protozoocidal and bactericidal action. Journ. Pharm. and experim. Ther. 10, 341 (1917).

[8]) G. Baermann und H. Heinemann, Die Behandlung der Amöbendysenterie mit Emetin. Münch. med. Wochenschr. 1913, 1132.

[9]) G. C. Low, The treatment of amoebic dysentery. Brit. med. Journ. 1915 II, 714.

[10]) F. Oppenheimer, Brit. med. Journ. 1916 I, 143.

Walters, Eckler und Koch[1]) untersuchten die Reizwirkung nach intramuskulärer Injektion beim Kaninchen. Cephaelin und Emetin (16 mg in $1/2$ ccm) riefen schwere Entzündung hervor. Ebenso die höheren Homologen. Am stärksten reizend wirkt der Cephaelinisoamyläther, der auch beim Menschen (30 mg in 1 ccm) heftige Schmerzen und lokale Entzündung veranlaßt.

Im Gegensatz zu der geringeren Reizwirkung von Emetin und Cephaelin bei subcutaner Injektion steht die Tatsache, daß diese beide auf Schleimhäuten heftige Entzündungserscheinungen hervorrufen. Lowin[2]) sah beim Einträufeln von 1,5 proz. Lösungen in den Conjunctivalsack starke Entzündung eintreten, die sich bis zur Nasenschleimhaut fortsetzte. Cephaelin schien hierbei stärker wirksam zu sein als Emetin. Walters, Eckler und Koch[1]) erzielten durch $1/10$ proz. Lösungen von Cephaelin und Emetin auf der Conjunctiva des Kaninchens starke Reizwirkung. Die höheren Homologen wirkten etwas schwächer, am schwächsten der Isoamyläther, welcher intramuskulär und subcutan die stärkste Reizung hervorruft. Vielleicht beruhen diese Unterschiede auf Verschiedenheiten in der Resorbierbarkeit. Die Reizwirkungen treten außerordentlich langsam auf. An der Conjunctiva dauert es 6 bis 8 Stunden, bis auf Emetinlösungen Schmerzen und Entzündung eintreten (vgl. auch die lange Latenz der Brechwirkung [s. S. 477], und die oben erwähnten Beobachtungen, nach denen Amöben in stärkeren Verdünnungen der Alkaloide erst nach vielen Stunden geschädigt werden). Von der Reizwirkung auf die Schleimhäute des Verdauungskanals wird weiter unten die Rede sein.

Auf der äußeren Haut rufen Ipecacuanhasalben bei wiederholter Einreibung Erythem, schließlich Pustelbildung hervor[3]).

In den Apotheken wird der beim Zerkleinern der Ipecacuanhawurzel entstehende Staub sehr gefürchtet. Dieser führt besonders zu Reizung der Augen, Conjunctivitis, außerdem zu Schnupfen, Heiserkeit, Niesen, Husten; bei nicht wenigen Menschen auch zu schweren asthmatischen Anfällen, bei denen Ausgüsse der feinsten Bronchien ausgehustet werden können. Nach Walters, Eckler und Koch[1]) besitzen die Personen, welche Asthma bekommen, keine besondere Empfindlichkeit gegen die reinen Alkaloide, alkaloidfreies Ipecacuanhapulver soll derartige Anfälle auch hervorrufen. Das Zustandekommen des Asthmas bedarf jedenfalls noch weiterer Untersuchung.

Ebenfalls muß noch untersucht werden, weshalb Emetin subcutan so wenig, auf Schleimhäuten dagegen so stark reizt, während z. B. Cephaelinisoamyläther sich gerade umgekehrt verhält.

B. Resorption, Ausscheidung, Kumulation.

Die Resorption erfolgt sowohl vom Unterhautbindegewebe wie von der Schleimhaut des Verdauungskanals aus.

Über die Ausscheidung findet man in der älteren Literatur nur sehr unsichere Angaben. Mit Hilfe nur von allgemeinen Alkaloidreaktionen will Pander[4]) nach der Vergiftung per os den Nachweis im Harn, Magen, Leber

---

[1]) A. L. Walters, C. R. Eckler and E. W. Koch, Pharm. studies of the ipecacuanha alcaloids etc. II. Studies on emetic and irritant action. Journ. Pharmacol. and experim. Ther. 10, 185 (1917).

[2]) C. Lowin, Beiträge zur Kenntnis der Ipecacuanha-Alkaloide. Diss. Rostock 1902 und Arch. intern. de pharmacodyn. 11, 9 (1902). (Sehr ausführliches Literaturverzeichnis).

[3]) P. Zepf, Beiträge zur Kenntnis der Ipecacuanha. III. Über die Wirkung von Cephaelin und Emetin auf den Menschen. Arch. intern. de pharmacodyn. 12, 345 (1903).

[4]) E. Pander, Beiträge zu dem gerichtlich-chemischen Nachweis des Brucins, Emetins und Physostigmins in tierischen Flüssigkeiten und Geweben. Diss. Dorpat 1871.

und Blut, nach der subcutanen Vergiftung auch im Erbrochenen geführt haben. D'Ornellas[1]) sah den Mageninhalt nach subcutaner Injektion emetisch auf Tauben wirken. Demgegenüber macht Podwyssotzki[2]) auf das Unzuverlässige derartiger Methoden aufmerksam. Er selber konnte weder im Harn noch im Darminhalt und im Erbrochenen eine Spur von Emetin auffinden. Auch Lowin[3]) gelang es weder ·Emetin noch Cephaelin im Harn nachzuweisen.

Neuerdings beschreibt François[4]) ein Verfahren zum Nachweis des Emetins im Harn; 500 ccm Harn werden mit 50 ccm 20proz. Bleiacetat geklärt, das Filtrat mit Na_2SO_4 entbleit und dann 3 Stunden lang mit 40 ccm Chloroform und 40 ccm Äther unter Zusatz von 30 Tropfen Ammoniak ausgeschüttelt. Der Chloroformäther wird darauf mit 50 ccm Wasser und 20 Tropfen 5proz. HCl und dieses wieder mit 20 Chloroform und 20 Äther und 10 Tropfen NH_3 ausgeschüttelt. Dann wird abgedampft und der Rückstand in 6 ccm Wasser mit 10 Tropfen 5proz. HCl gelöst. 2 ccm dienen zum Anstellen von allgemeinen Alkaloidreaktionen, 2 ccm zu Identitätsreaktionen (violett mit $KMnO_4$ in H_2SO_4, gelbgrün, bald danach indigo mit Ammoniummolybdat in H_2SO_4), der Rest zur quantitativen Bestimmung, deren Genauigkeit 80% betragen soll.

Mattei und Ribon[5]) untersuchten nach einer nicht im einzelnen beschriebenen Methode[6]) die Emetinausscheidung im Harn bei Ruhrpatienten, welche täglich 40 mg Emetin-HCl subcutan erhielten. Die Ausscheidung beginnt 20—50 Minuten nach der Einspritzung. Während der Behandlung nimmt die ausgeschiedene Menge zu, erreicht aber nur $1/6-1/10$ der eingespritzten Gesamtmenge. Nach Beendigung der Behandlung schubweise Ausscheidung mit Perioden von 1—3 Tagen, in denen nichts ausgeschieden wird. Nach Einspritzung von insgesamt 0,48 g in 8 Tagen dauerte die Ausscheidung meistens noch 60 Tage nach Beendigung der Kur an. Diese Befunde stehen mit der starken Kumulation, die bei fortgesetzter Emetinbehandlung eintritt, in gutem Einklang.

Valenti[7]) will beim Hunde nach der Einführung von 0,15 g Cephaelin in eine isolierte Darmschlinge in dem 3 Stunden später erbrochenen Mageninhalt das Alkaloid nachgewiesen haben. Angaben über die verwendete Methode fehlen jedoch.

Später benutzte derselbe Autor[7]) folgende Methode zum Nachweis von Emetin und Cephaelin im Erbrochenen und den Faeces. Dieselben werden bei saurer Reaktion eingeengt, mit Kalkmilch alkalisch gemacht und mit Amylalkohol ausgeschüttelt. Dieser wird wieder mit verdünnter Schwefelsäure geschüttelt, die wässerige Lösung alkalisch gemacht, ausgeäthert und der Rückstand nach dem Verdunsten des Äthers mit einigen Tropfen konzen-

---

[1]) A. E. d'Ornellas, Gaz. méd. de Paris 1873, No. 40/43. Zit. nach Podwyssotzki.

[2]) v. Podwyssotzki, Beiträge zur Kenntnis des Emetins. Archiv f. experim. Pathol. u. Pharmakol. 11, 231 (1879).

[3]) C. Lowin, Beiträge zur Kenntnis der Ipecacuanha-Alkaloide. Diss. Rostock 1902 und Arch. intern. de pharmacodyn. 11, 9 (1902). (Sehr ausführliches Literaturverzeichnis).

[4]) M. François, Journ. pharm. et chim. 16, 211 (1917). Zit. nach Chem. Centralbl. 1917.

[5]) Ch. Mattei et E. Ribon, Note sur l'élimination urinaire du chlorhydrade d'émétine chez l'homme. Compt. rend. de la Soc. de Biol. 80, 830 (1917).

[6]) Ch. Mattei, Notes sur l'emploi de certaines réactifs pour la recherche de l'émétine dans l'urine de l'homme. Compt. rend. de la Soc. de Biol. 81, 315 (1918). Die dort zitierte Thèse de Paris von Million, welche einschlägige Angaben enthält, war mir, auch im Referat, zur Zeit nicht zugänglich.

[7]) A. Valenti, Arch. di Farmacol. sper. e sc. aff. 9, Fasc. 6 (1910).

trierter HCl und einem Krystall $KClO_3$ versetzt. Eine anfangs rotorange, dann lebhaft rote Farbenreaktion soll für Emetin oder Cephaelin beweisend sein. Sie fehlt in dem Erbrochenen nach Applikation der anderen Brechmittel und fällt nach Zusatz einer der beiden Alkaloide zu normalem Mageninhalt positiv aus. Mit dieser Methode hat Valenti[1]) den Mageninhalt und die Faeces von Hunden von etwa 10 kg untersucht, welchen 0,1 g Emetin oder Cephaelin subcutan injiziert war, und erhielt in beiden positive Reaktion. Er schließt daraus, daß beide Alkaloide in den Verdauungskanal ausgeschieden werden.

Dale[2]) machte nach Versuchen an Katzen und Kaninchen darauf aufmerksam, daß Emetin eine sehr starke kumulative Wirkung besitzt. Dosen von 5 mg subcutan sind bei Tieren von 2,5—3,5 kg als Einzelgabe unschädlich. Wird aber dieselbe Menge täglich eingespritzt, so kommt es nach 3 bis 10 Tagen zur Vergiftung und bei Fortsetzung des Versuches zum Tode.

Walters und Koch[3]) geben an, daß wenn Kaninchen die Hälfte der kleinsten tödlichen Dosis (10 mg pro kg) Emetin täglich subcutan erhalten, sie sicher sterben, sobald sie im ganzen 2,5 mal die tödliche Dosis erhalten haben. 5 mg täglich tötet nach 3 Wochen = 21 mg. Dasselbe fand sich für Cephaelinisoamyläther. Bei subcutaner Einspritzung waren tödlich: 30 mg 4 Tage lang, 25 mg 5 Tage lang, 5 mg 22 Tage lang; die Gesamtdosis beträgt hierbei in allen 3 Fällen 110—125 mg. Die tödliche Einzeldosis ist ca. 50 mg pro kg.

Berücksichtigt man nun die oben vermeldete außerordentlich langsame Ausscheidung des Emetins durch den Harn, so kommt man zu dem Schluß, daß der Organismus das Alkaloid nur sehr schwer oder gar nicht zerstören kann, und daß es daher bei fortgesetzter Zufuhr allmählich zur Anhäufung giftiger Mengen im Körper kommen muß.

Auch beim Menschen liegen ähnliche Verhältnisse vor. Tödliche Vergiftungen nach einer einzigen subcutanen Einspritzung sind nicht bekannt. 260 mg subcutan macht noch keine erheblichen Störungen (Healy[4]). Intravenös machen 300—400 mg schwere akute Vergiftung, die überlebt wurde (Baermann und Heinemann[5]). Gibt man aber bei akuten und chronischen Dysenteriekranken 65 mg täglich subcutan, so treten nach verschieden langer Zeit, im Mittel nach etwa 3 Wochen, Vergiftungserscheinungen auf. Dagegen hat man diese Dosis in zahlreichen Fällen 10—12 Tage lang ohne Schaden bei Dysenteriekranken verabfolgt. Die Kur soll jedenfalls nicht früher als nach 1 Monat wiederholt werden. In verschiedenen Fällen ist bei Patienten durch kumulative Wirkung Vergiftung nach einer Gesamtmenge von 1,3 bis 2,0 g Emetin-HCl, meist innerhalb 22—34 Tagen, zustande gekommen. In anderen Fällen erfolgte nach insgesamt 0,8—1,9 g Emetin der Tod, der mit Wahrscheinlichkeit auf das verabfolgte Emetin bezogen wurde (vgl. Haely[4]), Walters und Koch[3]), Dalimier[6]), welche die Einzelfälle zusammenstellen).

---

[1]) A. Valenti, Arch. di Farmacol. sper. e sc. aff. 9, Fasc. 6 (1910).

[2]) H. H. Dale, A preliminary note on chronic poisoning by emetine. Brit. med. Journ. 1915 II, 895.

[3]) A. L. Walters and E. W. Koch, Pharmacological studies of the ipecac. alcaloids etc. I. Studies on toxicity. Journ. Pharmacol. and experim. Ther. 10, 73 (1917).

[4]) C. W. Healy, Brit. med. Journ. 1916 I, 143.

[5]) G. Baermann und H. Heinemann, Die Behandlung der Amöbendysenterie mit Emetin. Münch. med. Wochenschr. 1913, 1132.

[6]) R. Dalimier, La toxicité du chlorhydrate d'émétine. Presse méd. 1917, 18. Jan.

C. Allgemeine Wirkungen.

a) Blut. Salzsaures Cephaelin in einer Verdünnung von 1 : 1000 wirkt schwach hämolytisch, stärkere Verdünnungen gar nicht. Emetin hat noch ein geringeres hämolytisches Vermögen (Lowin[1]).

Maurel[2]) untersuchte den Einfluß des Emetins in größeren Konzentrationen auf das Blut des Menschen und Kaninchens. Menschliche Leukocyten werden in 2proz. Lösungen sofort abgetötet, in $^1/_4$proz. nach 2 Stunden gelähmt und bleiben in 0,125proz. Lösungen dauernd normal. Erythrocyten werden erst nach längerem Kontakt mit den Lösungen sichtbar beeinflußt. Auch hier liegt die Grenzkonzentration bei $^1/_4\%$. Die Formelemente des Kaninchenblutes sind etwa 4mal empfindlicher gegen Emetin als die des menschlichen Blutes.

b) Zentralnervensystem. Am Frosche sah Pander[3]) nach 1—2 mg Emetin gesteigerte Respiration und Unruhe auftreten. v. Podwyssotzki[4]) beobachtete nach 5—10 mg beim Frosche im Verlaufe von $^1/_2$—$1^1/_2$ Stunden allgemeine Lähmung mit aufgehobener Reflexerregbarkeit. Dosen von 10 mg waren tödlich, nach kleineren Gaben erfolgte Erholung. Lowin[1]) fand die reinen Alkaloide Emetin und Cephaelin von ungefähr gleicher Wirksamkeit auf Eskulenten. Es erfolgte allmähliche allgemeine zentrale Paralyse ohne vorhergehende Reizerscheinungen. Die tödliche Dose lag bei beiden Alkaloiden ungefähr bei 2 cg.

Beim Warmblüter treten die Wirkungen auf das Zentralnervensystem zurück. Intravenöse Einspritzung großer Emetindosen tötet durch Herzstillstand und Lähmung des Atemzentrums (Levy und Rowntree[5]).

Beim Menschen sahen Baermann und Heinemann[6]) nach intravenöser Einspritzung von 300—400 mg Emetin-HCl nach 2—5 Minuten bedrohliche Erscheinungen auftreten (Dyspnöe und Atemstillstand, Bewußtlosigkeit, starke Pulsverlangsamung nebst Erbrechen und Durchfall). Der Zustand ging vorüber und führte nicht zum Tode.

Bei länger fortgesetzter Darreichung von Emetin in therapeutischen Dosen beim Menschen kommt es durch Kumulation zu einem Krankheitsbild, in welchem neben Magendarmerscheinungen und Kreislaufschwäche auch Herabsetzung der Reflexe, allgemeine Schwäche, Schluckbeschwerden, Tremor und Neuritis sich beteiligen (vgl. die Zusammenstellung von Walters und Koch[7]).

Kumulative Vergiftung durch Emetin führt nach Dale[8]) bei Katzen zu Somnolenz und Koma, während Kaninchen hauptsächlich an Diarrhöe und Abmagerung zugrunde gehen.

---

[1]) C. Lowin, Beiträge zur Kenntnis der Ipecacuanha-Alkaloide. Diss. Rostock 1902 und Arch. intern. de pharmacodyn. 11, 9 (1902). (Sehr ausführliches Literaturverzeichnis).

[2]) E. Maurel, Action de chlorhydrate d'émétine sur les éléments figurés de notre sang et sur ceux de lapin. Compt. rend. de la Soc. de Biol. 53, 977 (1901).

[3]) E. Pander, Beiträge zu dem gerichtlich-chemischen Nachweis des Brucins, Emetins und Physostigmins in tierischen Flüssigkeiten und Geweben. Diss. Dorpat 1871.

[4]) v. Podwyssotzki, Beiträge zur Kenntnis des Emetins. Archiv f. experim. Pathol. u. Pharmakol. 11, 231 (1879).

[5]) R. L. Levy and L. G. Rowntree, On the toxicity of various commercial preparations of emetine-hydrochloride. Journ. Pharmacol. and experim. Ther. 8, 120 (1916).

[6]) G. Baermann u. H. Heinemann, Die Behandlung der Amöbendysenterie mit Emetin. Münch. med. Wochenschr. 1913, 1132.

[7]) A. L. Walters and E. W. Koch, Pharmacological studies of the ipecac. alcaloids etc. I. Studies on toxicity. Journ. Pharmacol. and experim. Ther. 10, 73 (1917).

[8]) H. H. Dale, A preliminary note on chronic poisoning by emetine. Brit. med. Journ. 1915 II, 895.

D. Magen-Darmkanal.

1. Brechwirkung.

Das Erbrechen nach Emetin und Cephaelin erfolgt nach viel längerer Latenz als beim Apomorphin. Daher zieht sich auch die Nausea viel länger hin. Latenzen von 6 Minuten bis 5 Stunden sind beobachtet worden. Beim Hunde trat in Versuchen von Eggleston und Hatcher[1]) nach kleinen Dosen Emetin intravenös das Erbrechen nach 12—52, im Mittel nach 19,5 Minuten, bei Eingabe per os nach 17—58, im Mittel nach 41 Minuten auf. Beim Menschen sind die Latenzen im allgemeinen länger.

Von den bisher untersuchten Ipecacuanha-Alkaloiden besitzen Psychotrin und Methylpsychotrin keine emetischen Eigenschaften. Bei einem Hunde von 3,5 kg sah Lowin[2]) nach 5 cg Psychotrin per os oder 1 cg subcutan kein Erbrechen eintreten. Beim Menschen sind 0,6 g Methylpsychotrin ganz wirkungslos (Jepps und Meakins[3]). Hydroipecamin soll dagegen nach Hesse[4]) brechenerregend wirken.

Cephaelin wirkt etwa 1,5—2 mal so stark emetisch als Emetin (Wild[5]), Lowin[2]), Walters und Koch[6]). Beim Menschen rufen 5 mg Cephaelin per os nach 20 Minuten Nausea und Würgen, bei einigen Personen auch Erbrechen hervor. Nach 10 mg begann die Nausea etwa nach derselben Zeit, nach 45 Minuten bis 1 Stunde erfolgte Erbrechen. Walters und Koch geben als Brechdosis per os 8 mg Cephaelin an.

5 mg Emetin per os sind beim Menschen wirkungslos oder rufen höchstens leichte Nausea hervor. 10 mg sind von Nausea und Würgen gefolgt, erst 15—16 mg bewirken nach etwa $^3/_4$ Stunde Erbrechen.

Das zur Behandlung der chronischen Dysenterie neuerdings viel verwendete Emetinwismutjodid, das im sauren Mageninhalt unlöslich ist und sich erst im Darme langsam löst, hat in Dosen von 200 mg (= 65 mg Emetin) per os bei der Mehrzahl der Patienten Erbrechen nach 1—4 Stunden zur Folge[7]).

Subcutan scheint beim Menschen, wenigstens bei Dysenteriekranken, die brechenerregende Emetindosis höher zu liegen als bei der Eingabe per os. Wenigstens erbricht nach 60—150 mg Emetin-HCl nur die Minderzahl der Kranken[8]) in den ersten Tagen der Behandlung. Wird bei diesen mit Einspritzung der gleichen Dosis fortgefahren, so hört das Erbrechen häufig nach einigen Tagen auf.

Bei der intravenösen Einspritzung sahen Baermann und Heinemann[8]) an Dysenteriekranken nach 60—200 mg Emetin-HCl nur leichten Brechreiz und erst nach toxischen Dosen von 300—400 mg Erbrechen auftreten.

Diese Angaben beziehen sich auf Emetinpräparate verschiedener Her-

---

[1]) C. Eggleston and R. A. Hatcher, The seat of the emetic action of various drugs. Journ. of Pharmacol. and experim. Ther. 7, 225 (1915).

[2]) C. Lowin, Beiträge zur Kenntnis der Ipecacuanha-Alkaloide. Diss. Rostock 1902 und Arch. intern. de pharmacodyn. 11, 9 (1902). (Sehr ausführliches Literaturverzeichnis).

[3]) M. H. Jepps and J. C. Meakins, Detection and treatment with emetine bismuth iodide of amoebic dysentery carriers. Brit. med. Journ. 1917 II, 645.

[4]) O. Hesse, Beiträge zur Kenntnis der Alkaloide der echten Brechwurzel. Liebigs Annalen 405, 1 (1914).

[5]) R. B. Wild, The pharmacology of the Ipecacuanha alkaloids. The Lancet 1895 II, 1274. — On the clinical use of the Ipecacuanha alkaloids. The Lancet 1902, 6. Sept.

[6]) A. L. Walters, C. R. Eckler and E. W. Koch, Pharm. studies of the ipecacuanha alcaloids etc. II. Studies on emetic and irretant action. Journ. Pharmacol. and experim. Ther. 10, 185 (1917).

[7]) Vgl.1 z. B. Lancet 1917 I, 482; II, 73; Brit. med. Journ. 1917 II, 645.

[8]) G. Baermann u. H. Heinemann, Die Behandlung der Amöbendysenterie mit Emetin. Münch. med. Wochenschr. 1913, 1132.

kunft und nachweislich verschiedener Reinheit[1]). Aber auch Beobachter aus
den letzten. Jahren[2]), die wahrscheinlich nur wenig verunreinigte Präparate
in Händen gehabt haben, geben an, daß Emetin emetisch wirkt. Die Angabe
von O. Hesse[3]), daß die Brechwirkung des Emetins auf Verunreinigung der
bisherigen Präparate (speziell des Hydrochlorids) mit wechselnden Mengen von
Hydroipecamin, evtl. auch mit Ipecamin beruhe, erscheint ohne ausreichende
Nachprüfung von pharmakologischer Seite vorläufig noch nicht genügend begründet. Das bromwasserstoffsaure Emetin soll nach Hesse von den genannten
Verunreinigungen frei sein. Neue Versuche mit diesem Salze sind daher erwünscht.

Beim Hunde liegt die emetische. Dosis per os etwa bei 1 mg pro kg Cephaelin und bei 1,5 mg pro kg Emetin (Lowin[4]), Bachem[5]). Subcutan
sind ungefähr die gleichen Dosen erforderlich (Lowin[4]). Eggleston und
Hatcher[6]) fanden beim Hunde für Emetin per os 2 mg, intravenös 3 mg,
für Cephaelin per os 0,5 mg, intravenös 1 mg pro kg.

Bei der Katze liegen die Dosen höher, auch ist bei ihnen, vor allem bei
intravenöser Einspritzung, die Brechwirkung nicht so sicher (v. Podwyssotzki[7]). Als emetische Dosen fanden Walters, Eckler und Koch[2])
für Emetin 12 mg, für Cephaelin etwa 4 mg pro kg; es bestanden beträchtliche individuelle Empfindlichkeitsunterschiede.

Beim Igel, der sonst erbrechen kann, hat Lowin[4]) nach Emetin und
Cephaelin kein Erbrechen beobachtet.

Auch Frösche scheinen nicht besonders leicht nach Ipecacuanha zu erbrechen.
v. Podwyssotzki[7]) vermißte diese Wirkung, während Pander[8]) und Lowin[4])
(letzterer nach 2—2,5 cg Emetin) Brech- und Würgbewegungen auftreten sahen.

Die höheren Homologen des Emetins wirken weniger emetisch als dieses
(Karrer und Ellinger[9]) am Hund, Walters, Eckler und Koch[2]) an
der Katze). Es erhellt dieses aus nachstehender Tabelle der letztgenannten,
in welcher angegeben ist, um wieviel die Brechsdosis per os bei Katzen größer
ist als die des Cephaelins.

Cephaelin-HCl	1,0
,, -methyläther (Emetin)-HCl	2,0
,, -äthyläther-HBr	2,4
,, -propyläther-HBr	3,6
,, -butyläther-HBr	3,6
,, -isoamyläther-HBr	5,0
,, -allylätherphosphat	2,5

[1]) G. Baermann u. H. Heinemann, Die Behandlung der Amöbendysenterie mit
Emetin. Münch. med. Wochenschr. **1913**, 1132.

[2]) A. L. Walters, C. R. Eckler and A. W. Koch, Pharm. studies of the ipecacuanha
alcaloids etc. II. Studies on emetic and irritant action. Journ. Pharmacol. and experim.
Ther. **10**, 185 (1917).

[3]) O. Hesse, Beiträge zur Kenntnis der Alkaloide der echten Brechwurzel. Annalen
d. Chemie u. Pharmazie **405**, 1 (1914).

[4]) C. Lowin, Beiträge zur Kenntnis der Ipecacuanha-Alkaloide. Diss. Rostock 1902
und Arch. intern. de pharmacodyn. **11**, 9 (1902). (Sehr ausführliches Literaturverzeichnis).

[5]) C. Bachem, Med. Klinik **1908**, Nr. 17.

[6]) C. Eggleston and R. A. Hatcher, The seat of the emetic action of various
drugs. Journ. of Pharmacol. and experim. Ther. **7**. 225 (1915).

[7]) v. Podwyssotzki, Beiträge zur Kenntnis des Emetins. Archiv f. experim.
Pathol. u. Pharmakol. **11**, 231 (1879).

[8]) E. Pander, Beiträge zu dem gerichtlich-chemischen Nachweis des Brucins,
Emetins und Physostigmins in tierischen Flüssigkeiten und Geweben. Diss. Dorpat 1871.

[9]) P. Karrer, Über die Brechwurzelalkaloide. Berichte d. deutsch. chem. Gesellsch. **49**, 2057 (1916).

Was den Angriffspunkt des Brechreizes betrifft, so ist auch jetzt noch durchaus wahrscheinlich, daß Cephaelin und Emetin reflektorisch wirken. Hierfür spricht erstens, daß bei der Zufuhr per os keine größeren Dosen erforderlich sind, als bei subcutaner und intravenöser Einspritzung. Beim Hunde ist die Dosis per os 1,5—2 mal kleiner als bei intravenöser Einspritzung, und beim Menschen ist vom Magen aus nur ein kleiner Bruchteil der Menge erforderlich, welche subcutan oder intravenös Erbrechen hervorruft.

Auch scheint nach intravenöser und subcutaner Einverleibung das Erbrechen weniger sicher einzutreten als per os (s. o.).

Die Latenzzeit des Erbrechens ist so lang, daß hieraus keine Schlüsse auf den Angriffspunkt gezogen werden können, da in dieser Zeit bei Gaben per os alles resorbiert, andererseits bei Einspritzung unter die Haut oder in die Vene ein Teil auf die Schleimhaut des Magendarmkanals abgeschieden sein kann.

Ferner gibt Valenti[1]) an, daß beim Hunde die Einführung von 5 ccm 1 proz. Cephaelin in den abgebundenen Kardiateil des Magens nach 8 Minuten Nausea und nach 13 Minuten Erbrechen veranlaßt, während dieselbe Dose im Pylorusteil des Magens wirkungslos bleibt. Der Versuch würde allerdings beweisender sein, wenn er mit einer kleineren Dosis ausgeführt wäre, während Valenti etwa die zehnfache emetische Dosis anwandte.

Die Ausscheidung der beiden Alkaloide in den Magen und ihr Auftreten im Erbrochenen, wie es von Valenti[1]) (s. o.) beschrieben worden ist, spricht ebenfalls zugunsten einer reflektorischen Wirkung.

Bachem[2]) berichtet, allerdings ohne nähere Protokolle, daß beim Hunde Einführung von Cocain in den Magen die Brechwirkung der Ipecacuanha und anderer reflektorisch wirkender Emetica aufhebt, nicht aber den Erfolg des zentral angreifenden Apomorphins.

Ferner spricht für die reflektorische Natur des Erbrechens, daß der Ipecacuanha eine starke und nachweisbare Reizwirkung auf die Schleimhaut des Verdauungskanals tatsächlich zukommt (s. u.).

Während Apomorphin bei Hunden mit durchschnittenen Vagis noch Erbrechen hervorruft, ist bei solchen Tieren Ipecacuanha entweder wirkungslos (Dyce Duckworth[3]), oder das Erbrechen erfolgt wenigstens verspätet und abgeschwächt (d'Ornellas[4]).

Neben der reflektorischen Erregung des Erbrechens kommt aber dem Emetin und Cephaelin noch eine zentrale Wirkung zu.

Die erste Beobachtung, welche für einen zentralen Angriffspunkt spricht, rührt von Thumas[5]) her, der eine $\frac{1}{2}$ proz. Lösung von weinsaurem Emetin auf die freigelegte Medulla oblongata in der Gegend des Brechzentrums auftupfte und danach Erbrechen beobachtete, welches allerdings schwächer eintrat, als bei Auftupfen einer Apomorphinlösung. Es steht das im Einklang mit der Tatsache, daß auch an anderen Stellen, z. B. Schleimhäuten (s. o.) die Reizwirkung des Emetins erst nach längerer Latenzzeit deutlich wird.

Beweisend sind die Versuche von Eggleston und Hatcher[6]), welche

---

[1]) A. Valenti, Arch. di Farmacol. sper. e sc. aff. 9, Fasc. 6 (1910).

[2]) C. Bachem, Med. Klinik 1908, Nr. 17.

[3]) Dyce Duckworth, Observations upon the action of Ipecacuanha and its alcaloid emetia. Edinb. Barth. Hosp. Rep. 5, 218 (1869); 7, 91 (1871). Zit. nach v. Podwyssotzki und C. Lowin.

[4]) A. E. d'Ornellas, Gaz. méd. de Paris 1873, No. 40/43. Zit. nach v. Podwyssotzki.

[5]) L. J. Thumas, Virchows Archiv 123, 44 (1891).

[6]) C. Eggleston and R. A. Hatcher, The seat of the emetic action of various drugs. Journ. of Pharmacol. and experim. Ther. 7, 225 (1915).

beim Hunde nach vollständiger Entfernung des Magendarmkanals vom unteren
Oesophagus bis zum After durch intravenöse Einspritzung von 10,5 mg Emetin
oder 2 mg Cephaelin pro kg Brechbewegungen hervorrufen konnten Für
Cephaelin ist das die doppelte Minimaldosis.

Hieraus ergibt sich als der wahrscheinlichste Schluß, daß die Ipecacuanha-
Alkaloide einen doppelten Angriffspunkt haben und sowohl reflektorisch als
auch zentral Erbrechen hervorrufen.

2. Abführwirkung.

Häufig, jedoch nicht stets, kommt es nach Eingabe von brechenerregenden
Dosen zu breiigen Entleerungen; Wild[1]) beobachtete dieselben beim Menschen auch nach „reinem" Emetin und Cephaelin, Low[2]) u. a. nach subcutanen Emetineinspritzungen in therapeutischen Dosen. Bei der Behandlung
von an chronischer Ruhr leidenden Menschen und von Ruhrcystenträgern mit
Emetinwismutjodid (täglich 200 mg = 65 mg Emetin) kommt es zu starken
Durchfällen. Bei Katzen sah Dale[3]) nach 40 mg dieses Präparates weichen
Stuhl nach etwa $1\frac{1}{2}$ Stunden. Bei chronischer Emetinvergiftung des Kaninchens kommt es ebenfalls zu Diarrhöe (Dale[4]).

3. Entzündung der Magendarmschleimhaut.

Sämtliche Untersucher konstatierten nach größeren Dosen eine mehr
oder weniger heftige Entzündung der Schleimhaut des Verdauungskanals.
Nach v. Podwyssotzki[5]) tritt dieselbe in gleicher Stärke auf, einerlei ob
das Gift per os oder subcutan beigebracht wird. Bei der Einnahme per os
ist sie nur dann geringer, wenn durch das Erbrechen ein großer Teil der Ipecacuanha nach außen entleert worden ist. Es kann zu blutigem Erbrechen und
blutigem Durchfall kommen. Niemals ist die Entzündung früher als 18 bis
24 Stunden nach der Einnahme ausgebildet. Am stärksten ist der Pylorusteil des Magens und der Dünndarm befallen. Der Dickdarm wird weniger
betroffen. Die Schleimhaut ist bald nur fleckig injiziert und geschwollen,
bald in toto dunkelrot gefärbt („wie mit Blut übergossen", Pander[6]) und
mit schleimig-eiterigem Sekret bedeckt. Podwyssotzki[5]) sah diese Veränderungen bei Hund und Katze, Lowin[7]) bei Versuchen mit reinem Emetin
und Cephaelin auch bei Kaninchen, Igel, Meerschweinchen und Taube sowie
beim Frosche. Beim Hunde sind sie besonders stark ausgesprochen (Levy
und Rowntree[8]). Wenn die Darmerscheinungen sich voll entwickelt haben,
sterben die Tiere unter dem Bilde der Adynamie mit gesunkener Körpertemperatur. Die Dosen, welche zu diesen Veränderungen führen, sind für
Kaninchen bei subcutaner Vergiftung 4,5—5 cg pro kg Emetin und 2,3—4,3 cg
Cephaelin, für Igel 4 cg pro kg Cephaelin und 5 cg Emetin, für Frösche 2 bis
2,5 cg Emetin oder Cephaelin (Lowin[7]).

[1]) R. B. Wild, The pharmacology of the Ipecacuanha alkaloids. The Lancet **1895** II,
1274. — On the clinical use of the Ipecacuanha alkaloids. The Lancet **1902**, 6. Sept.

[2]) G. C. Low, Emetine diarrhoea. Brit. med. Journ. **1917** II, 484.

[3]) H. H. Dale, A preliminary note on chronic poisoning by emetine. Brit. med.
Journ. **1915** II, 895.

[4]) H. H. Dale, Treatment of carriers of amoebic dysentery. Lancet **1916** II, 183.

[5]) v. Podwyssotzki, Beiträge zur Kenntnis des Emetins. Archiv f. experim. Pathol.
u. Pharmakol. **11**, 231 (1879).

[6]) E. Pander, Beiträge zu dem gerichtlich-chemischen Nachweis des Brucins,
Emetins und Physostigmins in tierischen Flüssigkeiten und Geweben. Diss. Dorpat 1871.

[7]) C. Lowin, Beiträge zur Kenntnis der Ipecacuanha-Alkaloide. Diss. Rostock 1902
und Arch. intern. de pharmacodyn. **11**, 9 (1902). (Sehr ausführliches Literaturverzeichnis.)

[8]) R. L. Levy and L. G. Rowntree, On the toxicity of various commercial preparations of emetine-hydrochloride. Journ. Pharmacol. and experim. Ther. **8**, 120 (1916).

Cephaelinäthyläther macht weniger Darmblutungen als Emetin, noch schwächer wirkt Cephaelinpropyläther (Karrer und Ellinger[1]).

E. Einwirkung auf Organe mit glatter Muskulatur.

Pick und Wasicki[2]) haben, ausgehend von der Feststellung von Windaus[3]), daß Emetin ebenso wie Papaverin einen Dimethoxyisochinolinring enthält, untersucht, ob beide Alkaloide in gleicher Weise auf Organe mit glatter Muskulatur einwirken, und in der Tat sehr weitgehende Übereinstimmung gefunden. Nur am Pyloruspräparat vom Frosch sahen sie durch Emetin Erregung, durch Papaverin Erschlaffung eintreten. Der Schluß, daß in diesem Falle Emetin einen nervösen (in allen anderen dagegen einen muskulären) Angriffspunkt haben soll, erscheint, weil auf antagonistische Giftversuche gestützt (s. o. S. 465), nicht genügend begründet.

1. **Magendarmkanal.** α) **Froschmagen.** Valenti[4]) füllte den isolierten Froschmagen mit einer 1,5proz. Lösung von Emetin-HCl und beobachtete verstärkte Bewegungen. Der isolierte Pylorus des Frosches in 10 ccm Tyrodelösung wird durch 0,2—0,8 mg Emetin zu verstärkten Bewegungen veranlaßt, auch wenn er durch Adrenalin vorher zur Erschlaffung gebracht ist. Die Emetinerregung wird durch Papaverin sofort aufgehoben. Höhere Emetindosen heben die Bewegungen des Froschpylorus auf (Pick und Wasicki[2]).

β) **Warmblütermagen.** Schütz[5]) sah am isolierten Hundemagen in der feuchten Kammer nach Emetin lebhafte und atypische Bewegungen auftreten (die Technik dieser Versuche ist nach den heutigen Erfahrungen nicht mehr als einwandfrei zu bezeichnen). Der isolierte Pylorus der Katze (Pick und Wasicki[2]) in Tyrodelösung erfährt durch 1,4 mg Emetin Verkleinerung der Bewegungen und Tonusabnahme. Danach wirkt Pilocarpin nur schwach erregend. Die Emetinwirkung ist auswaschbar.

γ) **Speiseröhre.** Am Katzenoesophagus in 10 ccm Tyrodelösung tritt nach 1 mg Emetin Erschlaffung auf. Danach ist Baryt kaum noch wirksam.

δ) **Dünndarm.** Am Dünndarm von Ratte, Kaninchen und Katze tritt nach 0,1—0,5 mg Emetin Tonusabnahme und Verminderung bis Aufhebung der Pendelbewegungen ein (Pick und Wassicki[2]). Danach ist Pilocarpin nicht oder kaum mehr wirksam. Auf die isolierte, zentrenfreie Ringmuskulatur des Katzendarms, die durch Pilocarpin zur Kontraktion gebracht ist, ist Emetin ohne Wirkung (es spricht das nicht für einen muskulären Angriffspunkt des Emetins). Am ganzen Darm und an der isolierten (zentrenhaltigen) Längsmuskulatur wird die Pilocarpin- und Bariumkontraktion dagegen durch Emetin aufgehoben. Die Emetinwirkung ist auswaschbar.

2. **Gebärmutter.** Der isolierte gravide Meerschweinchenuterus in Tyrodelösung wird, wenn er vorher durch Pilocarpin oder Pituitrin zur Kontraktion gebracht wurde, durch Emetin völlig erschlafft. Nach Emetin wirkt dagegen

---

[1]) P. Karrer, Über die Brechwurzelalkaloide. Berichte d. deutsch. chem. Gesellsch. **49**, 2057 (1916).

[2]) E. P. Pick und R. Wasicki, Zur pharmakologischen Analyse des Emetins. Archiv f. experim. Pathol. u. Pharmakol. **80**, 147 (1916).

[3]) A. Windaus und L. Hermanns, Untersuchungen über das Emetin. I. Das Emetin. Berichte d. deutsch. chem. Gesellsch. **47**, 1470 (1914).

[4]) A. Valenti, Arch. di Farmacol. sper. e sc. aff. **9**, Fasc. 6 (1910).

[5]) Schütz, Über die Einwirkung von Arzneistoffen auf die Magenbewegungen. Archiv f. experim. Pathol. u. Pharmakol. **21**, 341 (1886).

Pituitrin nur schwach kontrahierend. Die Emetinwirkung ist auswaschbar (Pick und Wasicki[1]).

3. Bronchialmuskeln. An der nach der Methode von Baehr und Pick[2]) mit Tyrodelösung durchspülten isolierten Meerschweinchenlunge wird der durch Histamin hervorgerufene Bronchialkrampf durch $1-4^0/_{00}$ Emetin aufgehoben. Danach ist Histamin wirkungslos (Pick und Wasicki[1]). 1% Baryt macht nach $1^0/_{00}$, nicht aber nach $4^0/_{00}$ Emetin Bronchialkrampf. Der Schluß, daß deshalb Emetin einen muskulären Angriffspunkt haben soll (Pick und Wasicki[1]) ist nicht hinreichend begründet. Intravenöse Einspritzung von $5-10$ mg Emetin-HCl bei Katzen verhindert das Auftreten von Bronchialkrampf durch $^1/_2-2$ mg Histamin.

Die Aufhebung des Bronchialkrampfes durch Emetin erklärt nach Pick und Wasicki den günstigen Einfluß der Ipecacuanha als Expectorans.

F. Sonstige Organveränderungen.

Weniger hochgradig und konstant als die oben geschilderten Veränderungen der Magendarmschleimhaut sind parenchymatöse Veränderungen der übrigen Organe nach toxischen Gaben von Ipecacuanha. Am häufigsten ist die Niere beteiligt, es kommt zu Albuminurie, Cylindrurie, bei der Sektion ist die Niere hyperämisch (Pander[3]), mikroskopisch sieht man Blutungen in einzelnen Glomerulis und Kanälchen und Veränderungen der Tubulusepithelien (Lowin[4]). Lowin erhielt diese Nierenbefunde beim Kaninchen nach 4,3 cg pro kg Cephaelin und beim Igel nach 3 cg Emetin.

Inkonstant sind Veränderungen der Lunge, die daher von einigen Autoren ganz geleugnet werden. v. Podwyssotzki[5]) sah einmal beim Hunde Lungenödem, Lowin[4]) fand in 2 Fällen nach Cephaelin (nicht dagegen nach Emetin) beim Kaninchen Blutextravasate in den Lungen, aber niemals so starke Veränderungen, wie sie v. Podwyssotzki[5]) gelegentlich gesehen hat.

In der Leber hat Lowin[4]) einmal beim Kaninchen nach 4,3 cg pro kg Cephaelin herdweise Nekrosen in vielen Leberläppchen gefunden. Dale[6]) sah bei Katzen nach chronisch-kumulativer Vergiftung durch tägliche subcutane Einspritzungen von $5-10$ mg Emetin Veränderungen in Leber und Niere auftreten.

G. Kreislauf, Herz und Gefäße.

Dosen von $1-3$ cg Emetin oder Cephaelin subcutan bei Katzen sind so gut wie vollständig wirkungslos auf den Blutdruck (Wild[7]). Kleine Dosen intravenös machen nur vorübergehendes geringes Absinken (Dyce Duck-

[1]) E. P. Pick und R. Wasicki, Zur pharmakologischen Analyse des Emetins. Archiv. f. experim. Pathol. u. Pharmakol **80**, 147 (1916).

[2]) G. Baehr und E. P. Pick, Beiträge zur Pharmakologie der Lungengefäße. Archiv f. experim. Pathol. u. Pharmakol. **74**, 65 (1913).

[3]) E. Pander, Beiträge zu dem gerichtlich-chemischen Nachweis des Brucins, Emetins und Physostigmins in tierischen Flüssigkeiten und Geweben. Diss. Dorpat 1871.

[4]) C. Lowin, Beiträge zur Kenntnis der Ipecacuanha-Alkaloide. Diss. Rostock 1902 und Arch. intern. de pharmacodyn. **11**, 9 (1902). (Sehr ausführliches Literaturverzeichnis.)

[5]) v. Podwyssotzki, Beiträge zur Kenntnis des Emetins. Archiv f. experim. Pathol. u. Pharmakol. **11**, 231 (1879).

[6]) H. H. Dale, A preliminary note on chronic poisoning by emetine. Brit. med. Journ. **1915** II, 895.

[7]) R. B. Wild, The pharmacology of the Ipecacuanha alkaloids. The Lancet **1895** II, 1274. — On the clinical use of the Ipecacuanha alkaloids. The Lancet **1902**, 6. Sept.

worth[1]), v. Podwyssotzki[2]). Intravenöse Injektion von 1—2 cg bei curaresierten Katzen, 4—5 mg pro kg bei Hunden, veranlaßt einen steilen Abfall des Druckes, der sich schnell wieder ausgleicht und bei jeder neuen Injektion wiederholt. Tödliche Dosen (über 2 cg) führen zum akuten Herztod und der Blutdruck fällt steil zur Abszisse (v. Podwyssotzki[2]). Ebenso gibt Wild[3]) an, daß 20 mg reines Emetin intravenös bei der Katze innerhalb 45 Sekunden zum Tode durch Herzstillstand führt. Subcutan sind zum Herbeiführen des akuten Herztodes bei Katzen Dosen von 9—10 cg erforderlich.

Aus der Tatsache, daß eine einmalige Dose von 2 cg intravenös häufig tödlich ist, wiederholte Injektionen von 1 cg aber vertragen werden, ist zu schließen, daß das Gift schnell aus dem Blute verschwindet.

Die Blutdrucksenkung beruht z. T. auf Herzwirkung. Wurde das Katzenherz nach dem Verfahren von Bock-Hering isoliert, so trat durch 5 mg Emetin eine Senkung des Blutdruckes von 150 auf 50 mm Hg ein, die sich durch Adrenalin oder Strophanthin nicht beheben ließ. Das Herz steht schließlich in Diastole still (Pick und Wasicki[4]).

Daß daneben noch eine Erschlaffung der Gefäßmuskulatur eintritt, wird von Pick und Wasicki[4]) daraus geschlossen, daß beim Blutdruckversuch am intakten Tier (Hund) nach intravenöser Einspritzung von 4—5 mg pro kg Emetin der stark gesunkene Blutdruck sich durch Adrenalin nicht mehr steigern läßt. v. Podwyssotzki[2]) hatte dasselbe daraus geschlossen, daß in einigen seiner Versuche bei niederem Blutdruck kräftige Herzaktion zu sehen war. Isolierte Stücke der Lungenarterie vom Rind und Schwein in Lockescher Lösung werden durch Emetin-HCl zu schwacher Kontraktion gebracht (Macht[5]).

Bei intravenöser Einspritzung von 300—400 mg Emetin beim Menschen sahen Baermann und Heinemann[6]) neben Atemstillstand und Bewußtlosigkeit die Zeichen der „Gefäßlähmung" und starke Pulsverlangsamung auftreten. Bei chronisch-kumulativer Emetinvergiftung des Menschen ist mehrfach (z. B. durch Healy[7]) Herzschwäche beobachtet worden, die nach Aussetzen des Mittels zurückging.

Cephaelinäthyläther wirkt weniger blutdrucksenkend als Emetin. Noch schwächer wirkt der Propyläther (Karrer und Ellinger[8]).

Am Froschherzen fand Wild[3]) Emetin und Cephaelin ungefähr von gleicher Wirksamkeit, während nach Lowin[9]) das Emetin ein stärkeres Herzgift ist als das Cephaelin.

2 cg Emetin einem Frosch injiziert, bewirken nach Lowin[9]) am frei-

---

[1]) Dyce Duckworth, Observations upon the action of Ipecacuanha and its alcaloid emetia. Edinb. Barth. Hosp. Rep. 5, 218 (1869); 7, 91 (1871). Zit. nach v. Podwyssotzki[2]) und C. Lowin[9]).

[2]) v. Podwyssotzki, Beiträge zur Kenntnis des Emetins. Archiv f. experim. Pathol. u. Pharmakol. 11, 231 (1879).

[3]) R. B. Wild, The pharmacology of the Ipecacuanha alkaloids. The Lancet 1895 II, 1274. — On the clinical use of the Ipecacuanha alkaloids. The Lancet 1902, 6. Sept.

[4]) E. P. Pick u. R. Wasicki, Zur pharmakologischen Analyse des Emetins. Archiv f. experim. Pathol. u. Pharmakol. 80, 147 (1916).

[5]) D. I. Macht, The action of drugs on the isolated pulmonary artery. Journ. of Pharmacol. and experim. Ther. 6, 13 (1914).

[6]) G. Baermann u. H. Heinemann, Die Behandlung der Amöbendysenterie mit Emetin. Münch. med. Wochenschr. 1913, 1132.

[7]) C. W. Healy, Brit. med. Journ. 1916 I, 143.

[8]) P. Karrer, Über die Brechwurzelalkaloide. Berichte d. deutsch. chem. Gesellsch. 49, 2057 (1916).

[9]) C. Lowin, Beiträge zur Kenntnis der Ipecacuanha-Alkaloide. Diss. Rostock 1902 und Arch. intern. de pharmacodyn. 11, 9 (1902). (Sehr ausführliches Literaturverzeichnis.)

gelegten Herzen Pulsverlangsamung und Unregelmäßigkeiten, darauf Herzperistaltik, partiellen Herzblock, schließlich Ventrikelstillstand, der durch
Atropin nicht aufgehoben wurde, und Erlöschen der mechanischen Erregbarkeit. 2 cg Cephaelin veranlaßten bei derselben Versuchsanordnung nur Verlangsamung und Unregelmäßigkeiten.

Bei Versuchen am Williamsschen Apparat bewirkte Emetin 1 : 25 000
Pulsverlangsamung, bei der anfangs das Pulsvolum stieg, dann Unregelmäßigkeiten und schließlich Stillstand (Lowin[1]). Cephaelin 1 : 25 000 war unwirksam, 1 : 10 000 schwächte die Kontraktionen, so daß schließlich nichts
mehr gefördert wurde (Lowin[1]). Wild[2]) fand nach 1 : 20 000 Emetin und
Cephaelin den Stillstand durch Auswaschen reversibel, nach 1 : 10 000 ließ er
sich jedoch durch Auswaschen nur teilweise wieder rückgängig machen. Der
Herzstillstand trat nach 1 : 10 000 in der halben Zeit auf als nach 1 : 20 000.
Durch Digitalis und Strophanthin läßt sich der diastolische Herzstillstand
weder aufheben noch verhindern (Pick und Wasicki[3]).

Psychotrin war in einer Verdünnung von 1 : 12 500 ohne Wirkung auf
das Froschherz.

Auf die Blutgefäße von Frosch und Schildkröte wirken Emetin und Cephaelin nach den älteren Versuchen von Wild[2]) verengernd ein. Dieser
durchspülte beide Tierarten von der Aorta aus bei intaktem Zentralnervensystem oder nach Zerstörung desselben mit Ringerscher Flüssigkeit. Cephaelin 1 : 5000 bewirkte leichte Gefäßkontraktion, die durch Auswaschen
reversibel war, schwächere Lösungen waren ohne deutliche Wirkung. Emetin
rief dagegen schon in einer Verdünnung von 1 : 20 000 deutliche Verengerung
hervor, die sich durch Auswaschen rückgängig machen ließ. Nach Durchspülung mit Verdünnungen 1 : 10 000 und 1 : 5000 war die Vasoconstriction
jedoch nur noch teilweise reversibel. Emetin hat also einen stärkeren Einfluß
auf die Blutgefäße als Cephaelin. Im Gegensatz hierzu stehen die Ergebnisse
von Pick und Wasicki[3]), welche am Laewen-Trendelenburgschen Gefäßpräparat stärkste Gefäßerweiterung durch 1—2⁰/₀₀ Emetinlösungen erzielten. Ob der Unterschied der Ergebnisse nur darauf beruht, daß Pick
und Wasicki ihre Präparate mit Adrenalin bzw. Baryt vorbehandelten und
so vorher starke Gefäßverengerung hatten oder ob andere Umstände eine
Rolle spielen, ist ohne neue Versuche nicht zu entscheiden. Im ersteren
Falle würde es sich um eine interessante „Umkehr" handeln. (Inzwischen ist
durch Bauer und Fröhlich[4]) gezeigt worden, daß tatsächlich nach Vorbehandlung mit Adrenalin am Froschgefäßpräparat durch verschiedene sonst
gefäßverengernde Gifte Gefäßerweiterung hervorgerufen wird). Nach Emetin
ist Adrenalin am Gefäßpräparat unwirksam, während Baryt noch Gefäßverengerung hervorruft.

Am intakten Frosch hat Maurel[5]) das Verhalten der Blutgefäße der
Schwimmhaut beobachtet. Träufelt man eine 5 proz. Lösung von salzsaurem
Emetin auf die Schwimmhaut, so sieht man hier zunächst eine Beschleunigung

---

[1]) C. Lowin, Beiträge zur Kenntnis der Ipecacuanha-Alkaloide. Diss. Rostock 1902
und Arch. intern. de pharmacodyn. **11**, 9 (1902). (Sehr ausführliches Literaturverzeichnis.)
[2]) R. B. Wild, The pharmacology of the Ipecacuanha alkaloids. The Lancet **1895** II,
1274. — On the clinical use of the Ipecacuanha alkaloids. The Lancet **1902**, 6. Sept.
[3]) E. P. Pick u. R. Wasicki, Zur pharmakologischen Analyse des Emetins. Archiv
f. experim. Pathol. u. Pharmakol. **80**, 147 (1916).
[4]) J. Bauer und A. Fröhlich (Archiv f. experim. Pathol. u. Pharmakol. **84**, 33 [1918]).
[5]) E. Maurel, Constatation expérimentale de l'action décongestionante de l'émétine.
Compt. rend. de la Soc. de Biol. **53**, 877 (1901).

des Blutstroms und danach Stillstand der Blutbewegung bei maximal erweiterten Gefäßen. Injiziert man nunmehr in das andere Bein desselben Frosches eine kleine Dosis Emetin (5 cg pro kg), so beginnt der Kreislauf wieder in der vorher lokal behandelten Schwimmhaut, und zwar bei fortdauernder lokaler Vasodilatation. Es scheint also, als ob die in den Schenkel injizierte kleine Emetindose durch die oben geschilderte Gefäßwirkung den Kreislauf des Tieres verbessert habe. Dieselbe Beschleunigung des Kreislaufes durch subcutane Emetininjektion an einer entfernten Körperstelle konnte Maurel[1] an der Froschschwimmhaut beobachten, wenn es hier in der Umgebung einer entzündeten Wunde zu Vasodilatation und Kreislaufstillstand gekommen war.

Weitere Forschungen über die Gefäßwirkung der Ipecacuanha-Alkaloide am Warmblüter und Frosch sind dringend erforderlich.

H. Drüsen.

Wie die anderen Brechmittel bewirkt auch Ipecacuanha zugleich mit der Nausea eine gesteigerte Sekretion zahlreicher Drüsen (s. o.S. 436). Die Wirkung auf die Speicheldrüsen kommt sowohl dem reinen Emetin wie dem Cephaelin zu (Wild[2]). Der Angriffspunkt liegt nach Henderson[3] nicht in der Drüse selbst, sondern ist entweder zentral oder reflektorisch, denn bei Hunden mit einseitig durchschnittener Chorda tympani tritt nach Einführung von Ipecacuanhapräparaten in den Magen oder die Venen eine Steigerung der Submaxillarissekretion nur auf der Seite auf, an welcher die Chorda intakt ist.

Nach Wild[2] bewirkt nur das Emetin, nicht aber das Cephaelin beim Menschen eine starke wässerige Nasensekretion.

Roßbach[4] sah nach Emetin eine gesteigerte Sekretion der Schleimdrüsen in der aufgeschnittenen Trachea ohne gleichzeitige Änderung der Gefäßweite eintreten. Er gibt an, denselben Effekt auch nach Durchschneidung sämtlicher Nerven gesehen zu haben.

Der Gebrauch der Ipecacuanha als Expectorans beruht erstens auf der nauseosen Wirkung und der gesteigerten Sekretion von den Schleimhäuten der Atemwege. Von Vorteil ist hierbei, daß die Nausea viel länger andauert als z. B. nach Apomorphin (vgl. die lange Latenzzeit des Erbrechens nach emetischen Dosen und das allmähliche Eintreten der Reizwirkung an Schleimhäuten). Zweitens wird ein etwa vorhandener Bronchialkrampf aufgehoben, allerdings fehlt bisher noch der Nachweis, daß am intakten Tier und Mensch eine derartige Wirkung bei Anwendung nicht emetischer Dosen zustande kommt.

I. Sensible Nerven.

Maurel[5] injizierte 2,5—20 mg salzsaures Emetin in 0,05—5 proz. Lösungen bei Kaninchen subcutan neben der Wirbelsäule und beobachtete danach eine Hypästhesie, die nach 5—15 Minuten begann und 1—3 Stunden dauerte. Allgemeinwirkungen traten bei den Tieren nicht auf. Es handelt sich nach Maurel um eine Einwirkung auf die sensiblen Nervenfasern. Nach dem, was oben S. 472 über die lokale Reizwirkung von Emetin

---

[1] E. Maurel, Constatation expérimentale de l'action décongestionante de l'émétine. Compt. rend. de la Soc. de Biol. **53**, 877 (1901).

[2] R. B. Wild, The pharmacology of the Ipecacuanha alkaloids. The Lancet **1895** II, 1274. — On the clinical use of the Ipecacuanha alkaloids. The Lancet **1902**, 6. Sept.

[3] V. E. Henderson, Journ. of Pharmacol. and experim. Ther. **3**, 551 (1912).

[4] M. J. Roßbach, Würzburger Festschrift **1**, 85 (1882).

[5] E. Maurel, Anesthésie locale produite par le chlorhydrate d'émétine en injections hypodermiques chez le lapin. Compt. rend. de la Soc. de Biol. **53**, 1125 (1901).

beim Kaninchen angegeben wurde, dürfte es sich wohl um eine leichte „Anaesthesia dolorosa" gehandelt haben.

K. Motorische Nerven und quergestreifte Muskeln.

Die Ipecacuanha-Alkaloide besitzen nur eine geringe Wirkung auf quergestreifte Muskeln, eine noch schwächere auf motorische Nerven. In den Einzelheiten weichen die Angaben der Autoren einigermaßen voneinander ab.

Pécholier[1]) beobachtete beim Frosch eine Verminderung der Muskelirritabilität durch Emetin. Weylandt[2]) konstatierte einen wahrscheinlichen deletären Einfluß auf die quergestreiften Muskeln, deren Reizbarkeit zwar nicht völlig aufgehoben, aber herabgesetzt war. Außerdem sah er eine Verlängerung der Zuckungskurve. Harnack[3]) konnte diese Befunde bestätigen. Ewers[4]) vermißte dagegen eine Änderung der Zuckungskurve durch Emetin. Ebenso fand v. Podwyssotzki[5]) bei Versuchen an Temporarien, daß nach Injektion von 1—2 cg Emetin die Muskel- und Nervenerregbarkeit 6 Stunden lang ganz normal blieb und daß sich die Form der Zuckungskurve nicht änderte. Ebenso sah Kobert[6]) nie eine unmittelbare Muskelwirkung des Emetins. Wartete er aber nach intraarterieller Einspritzung von 5 mg, also einer ziemlich großen Dosis, bei Eskulenten ungefähr $2^1/_2$ Stunden, und ließ dann den Muskel Ermüdungsreihen aufschreiben, so fielen diese „bleiartig" aus, d. h. „die Form der Ermüdungskurven wurde so unregelmäßig, daß die aufeinanderfolgenden Zuckungshöhen oft himmelweit verschieden waren".

Wild[7]) brachte den Froschgastrocnemius in Lösungen der „reinen" Alkaloide in Kochsalzlösung und reizte in regelmäßigen Intervallen. $1^0/_{00}$ Cephaelin tötete den Muskel in 1—2 Stunden, im Anfang nahmen die Zuckungshöhen etwas zu, es war auch eine geringe Contractur zu sehen, die Form der Zuckungskurven änderte sich aber nicht. Schwächere Cephaelinlösungen hatten nur geringe Wirkung. $1^0/_{00}$ Emetin lähmte den Muskel dagegen erst nach 3 Stunden, die Anfangsreizung war geringer. Contractur fehlte. In Wilds Versuchen war also das Cephaelin das stärkere Muskelgift.

Im Gegensatz dazu fand Lowin[8]), der ebenfalls mit den „reinen" Alkaloiden arbeitete, daß enthäutete Froschschenkel in $1^0/_{00}$ Lösungen beider Alkaloide 6 Stunden lang gut erregbar blieben und daß der motorische Nerv beim Einlegen in eine 1proz. Lösung derselben nur eine geringe Abnahme der Erregbarkeit zeigte. Psychotrin war völlig wirkungslos.

Alle diese Versuche lehren, daß den Ipecacuanha-Alkaloiden jedenfalls keine starken lähmenden Wirkungen auf quergestreifte Muskeln und motorische Nerven zukommen. Die Verschiedenheit der Angaben der Autoren

---

[1]) G. Pécholier, Recherches expérimentales sur l'action de l'ipecacuanha. Paris et Montpellier **1862**. Zit. nach Harnack und Lowin.

[2]) Weylandt, Vergleichende Studien über Veratrin, Sabadillin, Delphinin, Emetin usw. Eckhards Beiträge z. Anat. u. Physiol. **5**, 27 (1869).

[3]) E. Harnack, Archiv f. experim. Pathol. u. Pharmakol. **2**, 254 (1874).

[4]) C. Ewers nach R. Böhm, Über den giftigen Bestandteil des Wasserschierlings usw. Archiv f. experim. Pathol. u. Pharmakol. **5**, 288 (1876).

[5]) v. Podwyssotzki, Beiträge zur Kenntnis des Emetins. Archiv f. experim. Pathol. u. Pharmakol. **11**, 231 (1879).

[6]) E. R. Kobert, Über den Einfluß verschiedener pharmakologischer Agenzien auf die Muskelsubstanz. Archiv f. experim. Pathol. u. Pharmakol. **15**, 22 (1882).

[7]) R. B. Wild, The pharmacology of the Ipecacuanha alkaloids. The Lancet **1895** II, 1274. — On the clinical use of the Ipecacuanha alkaloids. The Lancet **1902**, 6. Sept.

[8]) C. Lowin, Beiträge zur Kenntnis der Ipecacuanha-Alkaloide. Diss. Rostock 1902 und Arch. intern. de pharmacodyn. **11**, 9 (1902). (Sehr ausführliches Literaturverzeichnis.)

mögen z. T. auf der Verschiedenheit der verwendeten Froschart, z. T. auf Verschiedenheiten der Präparate beruhen.

L. Blutgefäße.

H. Meyer und F. Williams[1]) injizierten einem großen Kaninchen 3 cg Emetin subcutan. Am folgenden Tage zeigte das Tier große Mattigkeit, Diarrhöe und sehr langsame Atmung. Die Analyse der Blutgase ergab:

$$CO_2 \ldots \ldots \ldots \ldots \quad 7,67\%$$
$$O \ldots \ldots \ldots \ldots \quad 14,45\%$$
$$N \ldots \ldots \ldots \ldots \quad 1,04\%$$

Worauf die starke Verminderung der Blutkohlensäure beruht, wurde nicht festgestellt. Die Autoren vermuten eine Acidose.

M. Wärmehaushalt.

Tiere, welche unter dem Bilde der Adynamie mit der oben geschilderten Darmentzündung zugrunde gehen, kühlen sich dabei bis auf 32° C ab (v. Podwyssotzki[2]).

N. Tödliche Dosen.

Die tödliche Dosis für den Frosch liegt nach v. Podwyssotzki[2]) (unreines Emetin) bei 10 mg, nach Maurel[3]) (Emetin von Adrian, s. u.) bei 0,25 g pro kg, nach Lowin[4]) für reines Emetin und Cephaelin bei 0,4—0,5 g pro kg Esculenta.

Warmblüter gehen, wie erwähnt, entweder akut an Herzlähmung oder nach mehr als 18 Stunden, nach der minimal tödlichen Dosis meist erst in 2—4 Tagen, unter dem Bilde der Darmentzündung (Hund, Kaninchen) oder der zentralen Lähmung (Katze) zugrunde.

Bei der Katze sind zur akuten Herzlähmung Dosen von 2—5 cg intravenös (v. Podwyssotzki[2]), dieselbe Dosis gibt Wild[5]) auch für reines Emetin an) oder 9—10 cg subcutan erforderlich. Zum Spättod führen 4—4,5 cg subcutan. (Alle diese Dosen sind nicht pro kg berechnet.)

Lowin[4]) gibt als mittlere subcutan tödliche Dosis für sämtliche Warmblüter 5,7 cg pro kg Emetin und 3,2 cg Cephaelin an, doch fand er selber beim Kaninchen 4,5 cg Emetin und 2,3 cg Cephaelin pro kg tödlich.

Kleiner ist die subcutan tödliche Dosis Emetin, welche Walters und Koch[6]) für das Kaninchen fanden, nämlich 10 mg pro kg. Ob es sich hierbei um eine verschiedene Giftigkeit der Präparate handelt oder ob Lowin nicht die kleinste tödliche Dosis bestimmt hat, ist nicht zu entscheiden.

---

[1]) H. Meyer und F. Williams, Über akute Eisenwirkung. Archiv f. experim. Pathol. u. Pharmakol. 13, 70 (1881).

[2]) v. Podwyssotzki, Beiträge zur Kenntnis des Emetins. Archiv f. experim. Pathol. u. Pharmakol. 11, 231 (1879).

[3]) E. Maurel, Déterminatuion des doses de chlorhydrate d'émétine minima mortelles pour certains vertébrés. Compt. rend. de la Soc. de Biol. 53, 851 (1901). — Détermination, pour le lapin, des doses minima mortelles de chlorhydrate d'émétine en le dérivant par les principales voies d'administration. Ibid. 53, 862 (1901).

[4]) C. Lowin, Beiträge zur Kenntnis der Ipecacuanha-Alkaloide. Diss. Rostock 1902 und Arch. intern. de pharmacodyn. 11, 9 (1902). (Sehr ausführliches Literaturverzeichnis.)

[5]) R. B. Wild, The pharmacology of the Ipecacuanha alkaloids. The Lancet 1895 II, 1274. — On the clinical use of the Ipecacuanha alkaloids. The Lancet 1902, 6. Sept.

[6]) A. L. Walters and E. W. Koch, Pharmacological studies of the ipecac. alcaloids etc. I. Studies on toxicity. Journ. Pharmacol. and experim. Ther. 10, 73 (1917).

Dalimier[1]) gibt als kleinste tödliche Dosis für Kaninchen intravenös 2 mg pro kg, subcutan 30 mg pro kg. (Ertragen werden $1/2$—1 mg intravenös, 20 mg subcutan.) Für Meerschweinchen ist die kleinste tödliche Dosis intravenös 7 mg, subcutan 90 mg (ertragen werden 6 mg intravenös, 30 mg subcutan).

Nach Walters und Koch[2]) ist die kleinste subcutan sicher tödliche Dosis

von	Weiße Ratte subcutan	Meerschweinchen subcutan	Kaninchen intravenös
Psychotrin-HCl	(1,0 überlebt)	(0,2 überlebt)[3])	—
Cephaelin-HCl	0,0065	0,008	—.
„ -Methyläther-HCl (Emetin) .	0,012	0,016	0,005
„ -Äthyläther-HBr	0,015	—	
„ -Propylätherphosphat . . .	0,045	—	0,007
„ -Isopropyläther-HCl	0,045	0,050	—
„ -N-Butyläther-HCl	0,025	—	—
„ -Isobutyläther-HCl	0,030	—	—
„ -Tertiärbutyläther-HBr . . .	0,030	—	—
„ -Isoamyläther-HBr	0,060	—	
„ -Allyläther-HBr	0,020		0,010

Die Giftigkeit des Cephaelins (subcutan) wird also durch die Einführung einer weiteren Methylgruppe auf die Hälfte, einer Isoamylgruppe auf etwa $1/10$ herabgesetzt. Bei intravenöser Einspritzung ist der Unterschied geringer, was wohl auf dem Einfluß der Absorption aus dem Unterhautgewebe beruht (Walters und Koch).

Sehr viel höher liegen die kleinsten tödlichen Dosen, welche Maurel[4]) für Emetin beim Kaninchen ermittelt hat. Vielleicht beruht der Unterschied darauf, daß er die Dosis für den schnellen Herztod bestimmte (?) oder auf starker Verunreinigung seines Präparates (Emetin von Adrian). Er fand als kleinste tödliche Dosis pro kg Kaninchen subcutan 150 mg, per os 150 mg (also dieselbe Dosis), intravenös 30 mg. Die Dosen sind 6—15 mal höher als die von Walters und Koch.

Beim Menschen sind tödliche Einzeldosen für Emetin nicht bekannt. 260 mg subcutan rufen nach Healy[5]) außer Nausea keine unangenehmen Symptome hervor. 300—400 mg intravenös machten schwere, aber nicht tödliche Vergiftung (Baermann und Heinemann[6]).

Für die kumulative Vergiftung durch wiederholte Dosen ist oben auf S. 475 das bisher Bekannte zusammengestellt.

0. Heilwirkung bei Amöbendysenterie.

Nachdem Le Gras 1672 die in Brasilien als Heilmittel verwendete Brechwurzel nach Europa gebracht hatte, wurde sie von Helvetius in Paris als

[1]) R. Dalimier, La toxicité du chlorhydrate d'émétine. Presse méd. 1917, 18. Jan.
[2]) A. L. Walters and E. W. Koch, Pharmacological studies of the ipecac. alcaloids etc. I. Studies on toxicity. Journ. Pharmacol. and experim. Ther. 10, 73 (1917).
[3]) Nach Lowin[8]) soll Psychotrin 0,2—0,3 g pro kg beim Meerschweinchen tödlich wirken.
[4]) E. Maurel, Détermination des doses de chlorhydrate d'émétine minima mortelles pour certains vertébrés. Compt. rend. de la Soc. de Biol. 53, 851 (1901). — Détermination, pour le lapin, des doses minima mortelles de chlorhydrate d'émétine en le dérivant par les principales voies d'administration. Ibid. 53, 862 (1901).
[5]) C. W. Healy, Brit. med. Journ. 1916 I, 143.
[6]) G. Baermann u. H. Heinemann, Die Behandlung der Amöbendysenterie mit Emetin. Münch. med. Wochenschr. 1913, 1132.

Geheimmittel bei Dysenterie und anderen Darmerkrankungen mit so großem Erfolge verwendet, daß derselbe sein Geheimnis 1686 an Ludwig XIV. für 1000 Louisdor verkaufen konnte [1]). Seitdem hat sich die Ipecacuanha (in großen Dosen) einen festen Platz in der Behandlung der (Amöben-) Ruhr erworben.

Emetin wurde zuerst 1829 von Bardsley[2]) gegen Dysenterie empfohlen. 1891 behandelte Walsh[3]) Ruhrkranke erfolgreich mit Emetin per os. Nachdem Vedder[4]) die Abtötung von Amöben durch sehr verdünnte Emetinlösungen nachgewiesen und die Verwendung beim Menschen erneut vorgeschlagen hatte, behandelte Rogers[5]) die Amöbendysenterie mit größtem Erfolge durch subcutane Emetineinspritzungen. Seitdem steht die Emetinbehandlung der Amöbenruhr im Mittelpunkt des Interesses, die ganze Frage ist aber zur Zeit noch im Flusse, so daß es unmöglich ist, jetzt schon zu einem abschließenden Urteile zu gelangen.

Sicher ist, daß man bei frischer akuter Amöbenruhr, bei der die Kranken hauptsächlich Histolyticaformen in ihrem Darme beherbergen, die glänzendsten klinischen Erfolge erzielt. Schon nach wenigen Einspritzungen schwinden die Amöben aus den Entleerungen, die blutigen und schleimigen Durchfälle hören auf, das Allgemeinbefinden hebt sich schnell und bei gelegentlichen Sektionen sieht man, daß die Ulcerationen im Darme sich reinigen und zur Abheilung kommen. Auch Leberschwellungen und Hepatitis gehen zurück und das Entstehen der so gefürchteten Leberabscesse soll verhindert werden. Cephaelin wirkt in grundsätzlich derselben Weise, wurde aber von Rogers nicht empfohlen, weil es leichter Erbrechen hervorruft.

Der ersten Begeisterung über diese großen Erfolge folgte bald insofern eine Ernüchterung, als sich herausstellte, daß diese schnellen klinischen Heilungen häufig keine parasitologischen sind. In einer mehr oder weniger großen Zahl der Fälle treten nach einiger Zeit wieder Dysenterieerreger auf und die Patienten werden entweder zu chronischen Dysenterikern oder zu gesunden Trägern von Dysenterieamöben. Um dieses zu vermeiden, steigerte man anfangs die Dosen und die Dauer der Behandlung, kam aber bald wegen der kumulativen Wirkung an eine obere Grenze. Als solche kann man die tägliche Dosis von 60—65 mg an 10—12 aufeinanderfolgenden Tagen bei kräftigen Erwachsenen ansehen. Es wurde daher empfohlen, mehrere solcher „Kuren" in monatlichen Pausen zu wiederholen, ohne daß auch hiermit ein durchschlagender Erfolg gewährleistet wurde.

Die Erklärung für dieses Verhalten wurde durch die Untersuchungen von Kuenen und Swellengrebel[6]) geliefert. Die Dysenterieamöbe kommt in verschiedenen Lebensformen vor. Die Histolyticaform lebt im Gewebe der Darmwand, verursacht die Darmgeschwüre und Blutungen, veranlaßt den akuten Ruhranfall und findet sich auch im Lebergewebe. Sie ist von allen Formen diejenige, welche gegen Emetin am empfindlichsten ist (s. o. S. 469).

Die kleineren Minutaformen leben nicht in der Darmwand, sondern im Darmlumen, finden sich besonders bei Dauerausscheidern und sind viel

---

[1]) H. Häser, Geschichte der Medizin. 2. Aufl., I, 636.

[2]) Zit. nach R. Ross, Treatment of dysentery. Lancet 1916, I, 1.

[3]) Th. Walsh, Ind. med. Gaz. 26, 269 (1891).

[4]) E. B. Vedder, Military surgeon 29, 318 (1911). Zit. nach Walters, Baker u. Koch, Journ. Pharmacol. and experim. Ther. 10, 341 (1917). — Derselbe, An exper. study of the action of ipecacuanha on amoebae. Journ. of trop. med. and hyg. 15, 313 (1912).

[5]) L. Rogers, The rapid cure of amoebic dysentery and hepatitis by hypodermic injections of soluble salts of emetine. Brit. med. Journ. 1912 I, 1424.

[6]) W. H. Kuenen und N. H. Swellengrebel, Die Entamöben des Menschen und ihre praktische Bedeutung. Centralbl. f. Bakteriol. 71 I (Orig.), 378 (1913).

unempfindlicher gegen Emetin. Da sie nicht in der Darmwand leben, können sie durch subcutan eingespritztes Emetin nicht so sicher erreicht werden, wie die Histolyticaformen. Die Cysten sind die eigentlichen Dauerformen der Ruhramöben, sie finden sich besonders bei Dauerausscheidern und sind außerordentlich unempfindlich gegen Emetin.

Es ist daher verständlich, daß der durch Histolytica bedingte akute Ruhranfall durch Emetin klinisch geheilt wird und daß in einer (Minder-)Zahl von Fällen eine Dauerheilung zustande kommt. Entgehen aber einzelne Histolyticaformen in der Tiefe des Gewebes oder der Geschwüre der Emetinwirkung, oder handelte es sich um Kranke, welche neben Histolytica auch noch Minuta oder gar Cysten beherbergten, so ist es verständlich, daß entweder überhaupt die Amöbenausscheidung durch Emetin nicht unterbrochen wird oder daß nach verschieden langer Zeit wieder Minutaformen und Cysten im Stuhle auftreten. Erneute Behandlung mit subcutanen Emetineinspritzungen hat dann keine befriedigende Wirkung mehr. Solche Dauerausscheider bleiben entweder klinisch gesund oder leiden an chronischer Ruhr und können im Laufe der Zeit wieder akute Anfälle oder Leberabscesse bekommen[1]).

Um nun die Dauerformen der Amöben ebenfalls durch das Emetin zu erreichen, griff man wieder zur Darreichung per os zurück und gab entweder gleichzeitig oder abwechselnd mit den Emetineinspritzungen Ipecacuanha in großen Dosen. Die Erfolge sollen hierdurch bedeutend verbessert werden sein. Sehr große Verbreitung hat nach dem Vorschlage von Du Mez[2]) und Dale[3]) das Doppeljodid des Emetins und Wismuts gefunden, das sich in Säuren und daher im Magen nicht löst und erst im Darme allmählich zur Wirkung kommen soll. Daß dieses in Wirklichkeit wahrscheinlich nicht so abläuft, geht schon daraus hervor, daß man das Präparat wegen zu starker emetischer Wirkung in mit Salol überzogenen Pillen gibt. Es enthält etwa 33% Emetin und wird daher in der dreifachen Dosis (täglich bis 200 mg) verordnet. Heftiges Erbrechen und starke Durchfälle sind unangenehme Nebenwirkungen. Das Präparat wird entweder allein oder mit subcutanen Emetininjektionen zusammen gegeben. Die Erfolge werden sehr gerühmt, es gelingt in einer Reihe von Fällen sogar die Cysten aus dem Stuhl zu beseitigen, doch fehlen auch hier Versager nicht, deren Zahl verschieden hoch angegeben wird (bisher zu 10—25%)[4]). Aber es werden auch ungünstige Erfolge berichtet[5]). Ein endgültiges Urteil ist zur Zeit noch nicht möglich.

---

[1]) Aus der großen Anzahl klinischer Arbeiten über die Emetinbehandlung der Amöbenruhr seien hier nur wenige angeführt: G. Baermann und H. Heinemann. Die Behandlung der Amöbendysenterie mit Emeti. Münch. med. Wochenschr. 1913, 1132. — Ronald Ross, Treatment of dysentery. Lancet 1916 I, 1. — G. C. Low. The Aratment of amoebie dysentery. Brit. med. Journ. 1915 II, 714. — I. R. Schieß und N. H. Swellengrebel, Enkele opmerkingen over het gedrag van entamoeba histolytica tegenover Emetine in den menschelyken darm. Ned. Tijdschr. voor Geneesk. 1916 II, 2330. — H. M. Neeb, De ätiologie der dysenterie, de amoebiasis in het algemeen, de kliniek en therapie der amoebiasis etc. Geneesk. tijdschr. v. Nederl. Indië 56, 554 (1916) (hier ausführl. Literatur).

[2]) Du Mez, Philippine Journ. of Science 10, Sect. B 73 (1915).

[3]) H. H. Dale, Treatment of carriers of amoebic dysentery. Lancet 1916 II, 183.

[4]) Klinische Mitteilungen: G. C. Low and C. Dobell, Lancet 1916 II, 319. — C. Dobell, Brit. med. Journ. 1916 II, 612. — G. C. Low, Lancet 1917 I, 482. — Waddell u. a., Lancet 1917 II, 73. — D. G. Lillie and S. Shepheard, Lancet 1917 II, 418. — M. H. Jepps and J. C. Meakins, Brit. med. Journ. 1917 II, 645. — H. L. Watson Wemyss and T. Bentham, Lancet 1918 I, 403. — A. C. Lambert, Brit. med. Journ. 1918 I, 117.

[5]) S. Shepheard and D. G. Lillie, Persistent carriers of entamoeba histolytica (81 vergeblich behandelte Fälle). Lancet 1918 I, 501.

Daher nimmt man bei Kranken mit Minutaformen und Cysten vielfach wieder zu anderen Mitteln seine Zuflucht: Simaruba, Naphthalin, Einläufe mit Chinin, Tannin, Silbernitrat usw.

Die anderen Darmamöben des Menschen werden durch die Emetinbehandlung entweder viel weniger oder gar nicht beeinflußt. Bei wirksamen Emetinkuren, welche die Ausscheidung von Histolyticaformen glatt beseitigten, blieb Entamoeba coli entweder unbeeinflußt oder verschwand nur vorübergehend aus dem Stuhle. Lamblia, Chilomastix, Trichomonas erlitten überhaupt keine Beeinträchtigung[1]).

Dale und Dobell[2]) machten die merkwürdige Beobachtung, daß Kätzchen, welche mit vom Menschen stammenden Dysenterieamöben infiziert werden und eine tödlich verlaufende Ruhrinfektion bekommen, sich der Emetinbehandlung gegenüber völlig refraktär verhalten. Dabei stammte einer der von ihnen verwendeten Amöbenstämme von einem Kranken, der selbst durch Emetin geheilt wurde; der Stamm war also nicht ,,emetinfest". Ebensowenig gelang es, die Ruhr der Kätzchen durch andere Mittel zu heilen. Daß die von den Katzen gewonnenen Amöben sich im Reagensglas als außerordentlich widerstandsfähig gegen Emetin erwiesen, wurde schon oben S. 470 erwähnt.

Die Erklärung der Heilwirkung des Emetins bei der akuten Ruhr stößt nach alledem noch auf beträchtliche Schwierigkeiten. Hierauf haben vor allem Dale und Dobell[2]) aufmerksam gemacht. Solange nur die Beobachtungen von Vedder[3]) und Rogers[4]) vorlagen, nach denen die Amöben durch sehr starke Verdünnungen von Emetin (1 : 100 000 und mehr) abgetötet werden, konnte man sich vorstellen, daß nach subcutaner Einspritzung von 65 mg Emetin die Histolyticaformen durch das im Blute kreisende Arzneimittel abgetötet werden, daß es sich also um eine spezifische gegen den Krankheitserreger gerichtete Therapie handelt. Seitdem aber verschiedene Untersucher (Kuenen und Swellengrebel[5]), Dale und Dobell[2]) festgestellt hatten, daß die Resistenz der Histolyticaformen gegen Emetin sehr viel größer und dabei eine sehr wechselnde ist, wird es sehr unwahrscheinlich, daß bei Ruhrkranken die Amöben in der Darmwand von direkt tödlichen Emetinkonzentrationen umspült werden. Merkwürdig ist auch, daß die anderen Darmamöben des Menschen, welche im Reagensglas ebenso empfindlich gegen Emetin sind, wie die Histolytica, bei der Emetinbehandlung ganz unbeeinflußt bleiben. Umgekehrt sind Stoffe, welche im Reagensglas die Histolytica stärker beeinträchtigen als Emetin, wie z. B. Methylpsychotrin und Chinin, ohne Heilwirkung, wenn sie Ruhrkranken subcutan eingespritzt werden. Dale und Dobell kommen daher zu dem Schlusse, daß wahrscheinlich das Emetin in irgendeiner Weise auf den Wirt oder auf die Beziehungen des Wirtes zum Krankheitserreger und nicht in spezifischer Weise auf den letzteren ein-

---

[1]) W. A. Kuenen und Swellengrebel, Centralbl. f. Bakteriol. I (Orig.) **71**, 378 (1913). — C. Dobell, Brit. med. Journ. **1916** II, 612. — Waddell u. a., Lancet **1917** II, 73.

[2]) H. H. Dale and C. Dobell, Experiments on the therapeutics of amoebic dysentery. Journ. Pharmacol. and experim. Ther. **10**, 399 (1917).

[3]) E. B. Vedder, Military surgeon **29**, 318 (1911). Zit. nach Walters, Baker u. Koch, Journ. Pharmacol. and experim. Ther. **10**, 341 (1917). — Derselbe, An exper. study of the action of ipecacuanha on amoebae. Journ. of trop. med. and hyg. **15**, 313 (1912).

[4]) L. Rogers, The rapid cure of amoebic dysentery and hepatitis by hypodermic injections of soluble salts of emetine. Brit. med. Journ. **1912** I, 1424.

[5]) W. H. Kuenen u. N. H. Swellengrebel, Die Entamöben des Menschen und ihre praktische Bedeutung. Centralbl. f. Bakteriol. 71 I (Orig.), 378 (1913).

wirkt. In diesem Zusammenhang kann eine Beobachtung von Escomel[1]) erwähnt werden, der zu amöbenhaltigen Stühlen von mit Emetin behandelten Dysenterikern Blut aus der Fingerbeere des Patienten zusetzte. Die Erythrocyten wurden von den Amöben nicht aufgenommen. Dagegen nahmen die Amöben Erythrocyten von nicht mit Emetin behandelten Menschen auf.

Gegenüber den Versuchen von Dale und Dobell könnte man höchstens einwenden, daß die von ihnen zu ihren Resistenzprüfungen verwendeten Amöben durch die Passage durch den Darm der Kätzchen so verändert gewesen seien, daß sie besonders widerstandsfähig gegen Emetin wurden, und daß vielleicht die Dysenterieamöben von dem von ihnen untersuchten menschlichen Patienten Minutaformen gewesen seien. Die Frage bedarf jedenfalls gründlicher weiterer Bearbeitung, bis die Wirkungsweise des Emetins bei der Amöbenruhr völlig aufgeklärt ist.

Während die überwiegende Mehrzahl der Ärzte heute auf dem Standpunkte steht, daß Emetin nur bei der Amöbendysenterie wirkt und bei der Bacillenruhr völlig versagt, gibt es einzelne Beobachter wie z. B. Ross[2]), v. Rees[3]) u. a., welche daran zweifeln und auch bei Bacillenruhr günstige Erfolge sahen. Als Heilfaktoren könnten hier entweder die Reizung der Darmschleimhaut (Abwehrreaktion) oder eine papaverinähnliche Aufhebung von Darmkrämpfen und Tenesmen mitwirken. Auch hierüber sind weitere Untersuchungen erwünscht.

Von sonstigen Erkrankungen, welche durch Emetin „spezifisch" beeinflußt werden, ist noch zu nennen die nach der Meinung verschiedener Autoren ebenfalls durch Amöben (Entamoeba buccalis) verursachte Pyorrhoea alveolaris, welche nach Bass und Jones[4]) und Walters, Baker und Koch[5]) durch Emetin (30 mg subcutan 3—6.Tage lang; von Zeit zu Zeit wiederholen) geheilt wird. Cephaelin und Cephaelinisoamyläther wirken im gleichen Sinne. Doch wird auch über Mißerfolge berichtet[6]).

Bei Bilharziaerkrankung wurden Heilerfolge durch Mayer[7]) und Diamantis[8]) beschrieben.

---

[1]) Escomel, A propos d'un phénomène biol. de l'amibe dysentérique. Bull. Soc. Path. Exotique 8, 573 (1915).

[2]) R. Ross, Treatment of dysentery. Lancet 1916, I, 1.

[3]) P. W. v. Rees, Mündliche Mitteilung.

[4]) Bass and Jones, Journ. Amer. Med. Assoc. 64, 553 (1915).

[5]) A. L. Walters, B. F. Baker and E. W. Koch, Pharm. studies of the ipecacuanha alcaloids and some synth. derivate of cephaline. III. Studies on protozoocidal and bactericidal action. Journ. Pharm. and experim. Ther. 10, 341 (1917).

[6]) J. Mendel, Ann. Inst. Pasteur 30, 286 (1916). — C. F. Graig, The Journ. of infect. diseases 5 (1916).

[7]) M. Mayer, Münch. med. Wochenschr. 1915, 65 und 1918, 612.

[8]) Diamantis, Journ. d'urol. 7, 17 (1917). Zit. nach [7]).

Die Colchicingruppe.

Von

H. Fühner - Königsberg i. Pr.

Mit 4 Textabbildungen.

Colchicin.

Chemie. Das Colchicin, der einzige bekannte giftige Stoff der Herbstzeit-lose (Colchicum autumnale L., Liliaceae) wurde zuerst in den achtziger Jahren des vorigen Jahrhunderts in reiner Form[1]) dargestellt. Es findet sich am reich-lichsten in den als Semen Colchici offizinellen Samen der Pflanze (0,2—0,4%), in geringerer Menge in den Knollen (0,08—0,2%), Blüten und Blättern (0,01 bis 0,03%). In den Handel gelangte es bisher in zwei Formen: Als amorphes, grünlich gefärbtes und als krystallisiertes, in frischem Zustande nahezu farb-loses Produkt. Die krystallisierte Substanz stellt kein reines Colchicin dar, sondern enthält etwa 30 Gewichtsprozent Krystallchloroform, das beim Er-wärmen mit Wasserdampf entweicht, wobei das sich an Luft und Licht unter Gelbfärbung leicht oxydierende amorphe Produkt zurückbleibt. Das krystalli-sierte Colchicin löst sich schlecht in kaltem, leicht, unter Chloroformverlust, in heißem Wasser. Das amorphe Produkt wird von kaltem Wasser oder Alkohol reichlich aufgenommen. Die Lösungen sind mehr oder weniger gelb gefärbt. Ein krystallisiertes Colchicin mit Krystallwasser hat vor kurzem Merck[2]) dargestellt.

Das Colchicin, $C_{22}H_{25}O_6N$, ist durch die Untersuchungen von Zeisel[3]) und neuerdings von Windaus[4]) großenteils in seiner Konstitution aufgeklärt. Nach Windaus kommt ihm wahrscheinlich die folgende Konstitutionsformel zu:

---

[1]) S. Zeisel, Wiener Monatshefte f. Chemie **4**, 162 (1883); **7**, 557 (1886); **9**, 1 u. 865. — J. V. Laborde et A. Houdé, Le Colchique et la Colchicine. Paris 1887.

[2]) E. Mercks Jahresber. **30**, 288 (1916).

[3]) S. Zeisel, l. c.

[4]) A. Windaus, Sitzungsberichte d. Heidelberger Akadem. d. Wissenschaften. Math.-naturw. Klasse. Jahrgang 1910, Abh. 2; 1911, Abh. 2 und 1914, Abh. 18.

Sicher bekannt ist, daß sich in ihm drei Methoxylgruppen in benachbarter Stellung an einem teilweise reduzierten Naphthalinring finden, daß außerdem eine vierte, leicht verseifbare Enolmethoxylgruppe und eine acetylierte primäre Aminogruppe vorhanden sind.· Das Colchicin besitzt weder ausgesprochen saure noch basische Eigenschaften und läßt sich darum sowohl aus saurer wie aus alkalischer Lösung mittels Chloroform — schlecht mit Äther — ausschütteln. Beim Kochen mit verdünnten Mineralsäuren spaltet sich aus der Enolmethoxylgruppe leicht Methylalkohol ab und es entsteht das Colchiceïn, welches auf Grund der freien Hydroxylgruppe saure Eigenschaften besitzt, sich leicht in Alkalien, aber wenig in heißem Wasser löst, aus welchem es sich beim Abkühlen krystallinisch abscheidet. Im Gegensatz zum Colchicin kann es nur aus saurer Lösung ausgeschüttelt werden. Colchiceïn zerfällt bei weiterem Erhitzen mit Säuren in Essigsäure und Trimethylcolchicinsäure. Durch Methylierung kann aus dieser Säure ein dem Colchicin wieder näherstehender Methyläther gewonnen werden, der weiterhin durch Benzoylierung zu einem Produkte führt, welches sich vom Colchicin nur durch den Benzoylrest an Stelle des Acetylrestes unterscheidet.

Die folgenden Formelbilder veranschaulichen die Beziehungen der genannten Substanzen zueinander:

Colchicin $\qquad C_{22}H_{25}O_6N = (CH_3O)_3C_{10}H_3 : (C_6H_6O){<}^{NHCOCH_3}_{OCH_3}$

Colchiceïn $\qquad C_{21}H_{23}O_6N = (CH_3O)_3C_{10}H_3 : (C_6H_6O){<}^{NHCOCH_3}_{OH}$

Trimethylcolchicinsäure $\quad C_{19}H_{21}O_6N = (CH_3O)_3C_{10}H_3 : (C_6H_6O){<}^{NH_2}_{OH}$

Trimethylcolchicinsäure-
methyläther $\qquad C_{20}H_{23}O_6N = (CH_3O)_3C_{10}H_3 : (C_6H_6O){<}^{NH_2}_{OCH_3}$

N-benzoyltrimethylcolchi-
cinsäuremethyläther $\quad C_{27}H_{27}O_6N = (CH_3O)_3C_{10}H_3 : (C_6H_6O){<}^{NHCOC_6H_5}_{OCH_3}$

An Luft und Licht oxydiert sich das Colchicin nach Jacobj[1]) leicht zu einem harzartigen, amorphen, Oxydicolchicin genannten Produkt der Formel $(C_{22}H_{24}O_6N)_2O$, in welchem an zwei Moleküle Colchicin ein Sauerstoff gebunden erscheint. Dies Produkt findet sich als Verunreinigung in den meisten Handelspräparaten des Colchicins und unterscheidet sich von letzterem, aus dem es durch Oxydation mit Ozon erhalten werden kann, durch seine rotbraune Farbe und seine geringere Löslichkeit in Chloroform.

Zu einem krystallisierten, kaum gefärbten Oxycolchicin der Formel $C_{22}H_{23}O_7N$ gelangt man durch Chromsäureoxydation[2]).

Ist das Colchicin hiernach gegen oxydierende Einflüsse sehr unbeständig, so scheint dies Reduktionsvorgängen gegenüber weniger der Fall zu sein.

Nach Untersuchungen von Obolonski[3]), ferner solchen von Ogier[4]) widersteht das Colchicin der Leichenfäulnis mehrere Monate lang — eine für die forensische Medizin sehr wichtige Beobachtung. Die genannten Autoren scheinen das aus Leichenmaterial isolierte „Colchicin" allerdings nur durch chemische Identitätsreaktionen charakterisiert zu haben und diese sind nicht beweisend, denn es können unter Umständen auch aus colchicinfreien Leichen-

---
[1]) C. Jacobj, Archiv f. experim. Pathol. u. Pharmakol. **27**, 129 (1890).
[2]) S. Zeisel u. A. Friedrich, Sitzungsbericht d. K. Akad. d. Wissensch. zu Wien. Mathem.-naturw. Klasse, Bd. 122, Abt. IIb, S. 553 (1913).
[3]) N. Obolonski, Vierteljahrsschr. f. gerichtl. Medizin. N. F. **48**, 105 (1888).
[4]) J. Ogier, Traité de Chimie toxicologique. Paris 1899, S. 633.

teilen Fäulnisprodukte isoliert werden, welche colchicinähnliche chemische Reaktionen geben. Ogier und Minovici[1]) behaupten zwar, daß Fäulnisprodukte niemals die für Colchicin charakteristische Violettfärbung mit Salpetersäure geben. Doch stehen diesen negativen Angaben positive Befunde von Liebermann[2]) und solche von Baumert[3]) gegenüber. Der chemische Colchicinnachweis muß darum durch den biologischen Nachweis[4]) (an Katzen, weißen Mäusen oder Fröschen) bestätigt werden.

Allgemeines Wirkungsbild. A. Einleitendes. Das Colchicin steht pharmakologisch zwischen den Alkaloiden und Toxinen, sich von beiden in seiner Wirkungsweise unterscheidend: Im Gegensatz zu den Alkaloiden tritt seine tödliche Hauptwirkung erst längere Zeit nach der Einführung in den Tierkörper auf, es äußert dieselbe, wie die Bakterientoxine, erst nach einer bestimmten Inkubationszeit. Von den Bakterientoxinen unterscheidet es sich aber fundamental dadurch, daß es im Tierkörper — wie Dixon und Malden[5]) feststellten — keine Antitoxinbildung hervorruft. Bei niederer Temperatur scheint das Colchicin in dimerer Form in seinen Lösungen zu existieren, bei höherer Temperatur in der der Formel entsprechenden einfachen Form. In seiner dimeren Form nähert es sich den Kolloiden, was auch in seiner pharmakologischen Wirkung zum Ausdruck kommt[6]). Ähnlich dem Tetanustoxin ist es für Frösche und winterschlafende Fledermäuse wenig giftig, während seine Giftigkeit beim Erwärmen der Tiere hochgradig zunimmt (Fühner, Hausmann). Neben einer Dissoziation des Giftes in einfache Molekeln dürfte eine Beschleunigung der Reaktionszeit mit der erhöhten Temperatur am ehesten dieses Verhalten erklären. Vielleicht ist das Colchicin auch, wie Jacobj und Schmiedeberg[7]) annehmen, an sich ungiftig und wird nur in dem Maße wirksam, als es sich in Oxydicolchicin umwandelt. Die Langsamkeit dieses Prozesses könnte zugleich die eigentümliche Inkubationszeit für das Colchicin erklären. Doch würde diese auch dadurch verständlich, daß die Substanz, gleichwie das Tetanus- und Diphtherietoxin (H. H. Meyer), auf dem Nervenwege zum Zentralnervensystem gelangt, wofür später zu erwähnende Versuche von Dixon sprechen.

B. Wirkung auf niedere Tiere. Hausmann und Kolmer[8]) prüften das Colchicin an Paramäcien, speziell um seine Wirkung bei verschiedenen Temperaturen festzustellen. In einer 1proz. Colchicinlösung waren die Tiere noch nach vier Tagen normal, wenn sie bei 15° gehalten wurden. Bei Erwärmung auf 33° — einer an sich für Paramäcien ganz unschädlichen Temperatur — waren sie nach $3\frac{1}{2}$ Stunden abgetötet.

C. Wirkung auf höhere Tiere. Frösche. Wie Jacobj[9]) nachgewiesen hat, ist das reine oxydicolchicinfreie Colchicin für Frösche sehr wenig giftig. Von früheren Autoren beschriebene Krämpfe und veratrinähnliche Muskelwirkung beziehen sich auf unreines Produkt. Jacobj sah nach 50 mg keine Wirkung. Bekam derselbe Frosch am nächsten Tage nochmals die gleiche Dose, so zeigten sich beginnende Lähmungserscheinungen, von denen das Tier sich

[1]) Vgl. Ogier, l. c., S. 636.
[2]) L. Liebermann, zitiert in Malys Jahresber. d. Tierchemie. 1885, 99.
[3]) G. Baumert, Lehrbuch d. gerichtl. Chemie, Braunschweig 1907. I, S. 406.
[4]) Vgl. H. Fühner, Nachweis von Giften auf biologischem Wege. Berlin 1911. S. 149.
[5]) W. E. Dixon and W. Malden, Journ. of Physiol. **37**, 75 (1908).
[6]) Hausmann u. Kolmer, Biochem. Zeitschr. **3**, 506 Anmerkung (1907).
[7]) O. Schmiedeberg, Grundriß d. Pharmakologie. 7. Aufl. Leipzig 1913. S. 232.
[8]) Hausmann u. Kolmer l. c.
[9]) C. Jacobj, l. c.

aber weiterhin wieder erholte. Die von Jacobj mit Colchicin Merck, welches er mehrfach umkrystallisierte, erhaltenen Resultate wurden von Fühner[1] mit amorphem Colchicin Boehringer bestätigt. Mittelgroße Wasserfrösche, welchen Dosen von 10—50 mg des Produktes subcutan injiziert wurden, verhielten sich bei niederer Temperatur dauernd normal. In dieser Weise unempfindlich zeigten sich aber nur vollkommen gesunde Esculenten. Nicht selten findet man Tiere, welche zwar Dosen von 20—30 mg ertragen, bei Dosen von 40—50 mg jedoch an langsam fortschreitender zentraler Lähmung eingehen, während zur Tötung widerstandsfähiger Frösche die doppelten Dosen und mehr erforderlich sind. Das Vergiftungsbild entwickelt sich in folgender Weise: Neben leichter narkotischer Wirkung zeigt sich bald nach der Injektion des Giftes in den Brustlymphsack eine Beeinflussung der Atmung: Die Thoraxbewegungen werden selten oder setzen ganz aus, ebenso die Kehlbewegungen. Der Thorax erscheint häufig gebläht. Im Verlaufe mehrerer Tage nimmt die Lähmung zu. Die Tiere können sich nicht mehr aus der Rückenlage umwenden, die Reflexe sind aber noch erhalten. Später kann der injizierte Frosch nicht mehr normal sitzen: Die Beine, welche auf Reizung noch angezogen werden, gleiten aus und das Tier liegt auf dem Bauche. Die Harnblase wird nicht mehr entleert. Die Haut wird dunkel und nimmt wachsartigen Glanz an, ein Aussehen der Haut, wie es von Fühner[2] durch Ersticken von Fröschen unter Wasser erhalten und als „Wachshaut" beschrieben wurde. Allmählich verschwinden dann die Reflexe der Extremitäten, schließlich auch der Cornealreflex. Öffnet man an dem vollständig gelähmten und tot aussehenden Tiere die Brust, so kann man das Herz noch schlagend finden. Beim Aufbewahren der Frösche in kühlem Raume und regelmäßigem Abspülen mit Wasser dauert es manchmal mehrere Wochen, bis vollständige Reflexlosigkeit ausgebildet ist. Anders, sobald man die Tiere nach der Vergiftung erwärmt oder von vornherein in der Wärme gehaltene Tiere injiziert.

Normale Wasserfrösche ertragen, im Gegensatz zu Grasfröschen, selbst im Winter, aus kaltem Raum in den Thermostaten verbracht, Temperaturen von 30—32° sehr gut und zeigen hierin lebhafte Bewegungen. Fühner hat Frösche über einen Monat lang unter diesen Bedingungen gehalten. Hingegen sterben Tiere, denen selbst nur Bruchteile eines Milligramms Colchicin injiziert wurden nach einigen Tagen unter zunehmender zentraler Lähmung. Die Vergiftung gleicht hier in der Wärme bei niederen Colchicinmengen in ihrem Verlaufe völlig der oben bei großer Dose und Zimmertemperatur geschilderten. In beiden Fällen handelt es sich um einen progressiven Ausfall der Funktionen des Zentralnervensystems, und zwar genau in gleicher Reihenfolge, wie bei der Erstickung. Unabhängig von Fühner machte fast gleichzeitig Sanno[3] dieselbe Beobachtung hinsichtlich der Wirksamkeit des Colchicins an Fröschen bei höherer Temperatur. Schon früher hat Hausmann[4] an winterschlafenden Fledermäusen eine gesteigerte Resistenz gegenüber dem Colchicin festgestellt, die beim Erwärmen der Tiere verloren ging.

Anders verläuft die Colchicinvergiftung an Fröschen bei Verwendung braun gefärbter Präparate oder dem aus solchen nach Jacobj isolierten Oxydicolchicin. Hier zeigt sich nach etwa einer halben Stunde gesteigerte Reflexerregbarkeit. Nach 1—2 Stunden befindet sich die Muskulatur der Tiere in einem

[1]) H. Fühner, Archiv f. experim. Pathol. u. Pharmakol. **63**, 366 (1910).
[2]) H. Fühner, Archiv f. d. ges. Physiol. **129**, 274 (1909).
[3]) Y. Sanno, Archiv f. experim. Pathol. u. Pharmakol. **65**, 325 (1911).
[4]) W. Hausmann, Archiv f. d. ges. Physiol. **113**, 317 (1906).

Zustand, wie nach Veratrinvergiftung; gleichzeitig werden fibrilläre Zuckungen beobachtet. Später treten Reflexkrämpfe auf und im Verlaufe einiger Tage sensible und motorische Lähmung. Auch hier stirbt das Herz zuletzt.

W a r m b l ü t e r. An diesen wirken nach J a c o b j Colchicin und Oxydicolchicin genau in gleicher Weise und gleichstark. Da nun, wie J a c o b j zeigen konnte, in den Geweben des Warmblüters (Niere) Oxydicolchicin aus Colchicin entsteht, so nehmen, wie erwähnt, angesichts der Ergebnisse der Froschversuche J a c o b j und S c h m i e d e b e r g an, daß das Colchicin an sich unwirksam ist und im Tierkörper erst durch Oxydation in die giftige Verbindung, das Oxydicolchicin, übergeführt wird.

D i x o n und M a l d e n[1]) haben ein Colchicin untersucht mit zwei deutlich verschiedenen Wirkungen: Einer gleich bei intravenöser Injektion am Warmblüter sich zeigenden muscarinähnlichen A n f a n g s w i r k u n g, neben der schon lange bekannten charakteristischen S p ä t w i r k u n g. Diese durch Atropin antagonistisch beeinflußbare Anfangswirkung beschreiben D i x o n und M a l d e n als muscarinähnlich an Bronchialmuskulatur, Gebärmutter und namentlich am Darm, während sie an Drüsen, Herz, Gefäßen und Iris fehlte. F ü h n e r und R e h b e i n[2]) konnten an reinem, amorphen Colchicin verschiedener Herkunft eine solch erregende Anfangswirkung nicht beobachten, sondern von vornherein nur Hemmungswirkungen. Die Anfangswirkung trat jedenfalls auch in den Versuchen von D i x o n und M a l d e n vollkommen zurück gegenüber der Spätwirkung. Nach Beibringung von Colchicin vergehen bei allen Warmblütern fast immer mehrere Stunden, bis auffällige Veränderungen im Verhalten der Tiere zu sehen sind. Während dieser Inkubationszeit nehmen sie in normaler Weise Nahrung auf. Steigerung der Colchicindosen bei den Versuchstieren ist nicht imstande das tödliche Ende rascher herbeizuführen, eine Tatsache, welche schon von S c h r o f f sen. gefunden und von R o ß b a c h[3]) in seinen ausgedehnten Untersuchungen über das Colchicin bestätigt wurde. Hingegen kann die Inkubationszeit nach Versuchen von D i x o n dadurch sehr abgekürzt werden, daß den Tieren das Gift direkt in das Gehirn injiziert wird. D i x o n beobachtete unter diesen Bedingungen Respirationsstillstand an der Katze eine Stunde nach Injektion der Substanz (10 mg).

Das Colchicin ist für alle Warmblüter giftig. Ziegen und Kühe scheinen immerhin große Mengen ohne Vergiftungserscheinungen ertragen zu können. Wenigstens berichtet S c h o t t e l i u s[4]), daß er diesen Tieren Colchicumblätter und -Samen „zentnerweise" verfüttert habe, ohne daß sie dadurch geschädigt wurden. Demgegenüber sind in der toxikologischen Literatur[5]) zahlreiche tödliche Vergiftungen von Rindern, Pferden und Schweinen, welche Colchicum gefressen hatten, verzeichnet, so daß die Angabe von S c h o t t e l i u s der Nachprüfung bedarf. Jedenfalls aber vertragen Herbivoren viel größere Colchicindosen per os, als bei subcutaner Injektion, und sie sind dem Gifte gegenüber weniger empfindlich als Carnivoren.

Die Vergiftungserscheinungen an weißen Mäusen (H a u s m a n n, F ü h n e r), Meerschweinchen (Laborde-Houdé) und K a n i n c h e n (J a c o b j, D i x o n u. a.) sind dieselben. Sie bestehen auch hier, wie bei Fröschen, in einer aufsteigenden zentralen Lähmung und ihren Begleiterscheinungen. Bei Kanin-

---

[1]) W. E. D i x o n and W. M a l d e n, Journ. of Physiol. **37**, 50 (1908).
[2]) H. F ü h n e r u. M. R e h b e i n, Arch. f. experim. Pathol. u. Pharmakol. **79**, 1. (1915).
[3]) M. J. R o ß b a c h, Archiv f. d. ges. Physiol. **12**, 322 (1876).
[4]) S c h o t t e l i u s, Deutsche med. Wochenschr. **28**, 339 (1902). Vereinsbeilage.
[5]) Vgl. E. F r ö h n e r, Toxikologie für Tierärzte. 2. Aufl. Stuttgart 1901, S. 166.

chen beobachtet man, daß einige Stunden nach der Injektion tödlicher Dosen erst die Hinterbeine versagen, ausgleiten und vom Tier, das zum Gehen gezwungen wird, nachgeschleppt werden. Mit dem Weiterschreiten der Lähmung auf die Vorderbeine treten gleichzeitig auch Veränderungen in der Respiration auf. Während das Atemvolum anfangs zunimmt, sinkt die Atemfrequenz mehr und mehr. Unter Erstickungskrämpfen, die aber auch fehlen können, verendet das Tier. Regelmäßig findet man im Verlaufe der Vergiftung, daß der Kot der Tiere nicht mehr geballt ist, sondern breiig oder dünnflüssig wird. Bei typischem Verlauf werden die Kaninchen allmählich bewegungs- und reflexlos, ertragen jede beliebige Lage und scheinen tief narkotisiert zu sein. Doch soll dieser Zustand nach Roßbach weniger zentral als peripher bedingt sein durch eine über die ganze Körperoberfläche ausgebreitete Lähmung der sensiblen Nervenenden.

Bei Katzen, namentlich aber bei Hunden (Jacobj) ist die Anästhesie als Vergiftungssymptom ausgeprägter und regelmäßiger auftretend als beim Kaninchen. Dazu kommt, meist als Hauptsymptom der Colchicinvergiftung bei Carnivoren, das nur selten vermißt wird, Erbrechen und Durchfall, welche oft bis unmittelbar vor Eintritt des Todes bestehen bleiben. Außer diesen Erscheinungen beobachteten Mairet und Combemale[1]) an Hunden und Katzen Temperaturabfall, Poly- und Hämaturie.

Gehen die Versuchstiere unter heftigen Erscheinungen von seiten des Magendarmkanals zugrunde, so finden sich vor allem im Magen und Dickdarm zahlreiche Ekchymosen und Hämorrhagien. Daneben ist starke Blutfülle in den Venen der Bauchhöhle und häufig Hyperämie der Nieren als Sektionsergebnis erwähnenswert. Nach Fühner und Rehbein[2]) ist das Colchicin wahrscheinlich ein „Capillargift“ wie Arsenik, Emetin u. a.

Versuche an Menschen, in erster Linie Selbstversuche von Ärzten, zur Feststellung der Wirkung der Herbstzeitlose und ihres giftigen Bestandteils, sind verschiedentlich in der Literatur[3]) verzeichnet. Schon Stoerck (1731—1803) unternahm solche und konstatierte an sich selbst eine harntreibende Kraft der Pflanze. In späteren Versuchen von Schroff[4]) und seinen Schülern konnte diese Angabe nicht bestätigt werden, dagegen in Colchicinversuchen von Mairet und Combemale. Schroff machte auch Versuche mit Colchicin (Dosen bis 20 mg), das mehrere Stunden nach dem Einnehmen Erbrechen und Durchfälle verursachte, die lange Zeit anhielten. Tödliche Vergiftungen mit Colchicin bei medizinaler Anwendung des Mittels gegen Gicht oder bei Verwechselung der galenischen Präparate (Vinum und Tinctura Colchici) z. B. mit Chinawein, finden sich in der toxikologischen Literatur[5]) mehrfach erwähnt. Die Vergiftungserscheinungen — choleraähnlicher Brechdurchfall, aufsteigende zentrale Lähmung — gleichen denen im Tierversuch. Das Bewußtsein der Vergifteten ist bis zum Tode erhalten.

Tödliche Dosen. Die nachstehend angegebenen tödlichen Dosen des reinen Colchicins beziehen sich auf subcutane Injektion und sind den Arbeiten von Jacobj und Fühner entnommen. Sie wurden auch bei Fröschen und Mäusen in Gramm pro Kilo Tier berechnet.

---

[1]) A. Mairet et Combemale, Compt. rend. de l'Acad. des Sc. **104**, 439 (1887).
[2]) H. Fühner u. M. Rehbein, l. c. S. 17.
[3]) Vgl. G. Jorns, Beiträge zur Kenntnis der Colchicumwirkung. Dissert. Greifswald 1897.
[4]) Vgl. C. D. von Schroff, Lehrbuch d. Pharmakologie. 3. Aufl. Wien 1868, S. 571.
[5]) Vgl. F. A. Falck, Lehrbuch der praktischen Toxikologie. Stuttgart 1880, S. 261. — Ferner Ch. Vibert, Précis de Toxicologie. Paris 1907. S. 792.

Frösche (R. esculent.) bei 15—20°	.	1,2	—2,0	g pro Kilo
„ „ „ 30—32°	.	0,002	—0,004	„ „ „
Weiße Mäuse		0,003	—0,01	„ „ „
Kaninchen		0,003	—0,005	„ „ „
Hunde		0,001		„ „ „
Katzen		0,0005	—0,001	„ „ „

An Kaninchen sind nach **Fühner** 20 mg pro Kilo Tier per os nicht tödlich, hingegen 60 mg. **Laborde** und **Houdé** vergifteten Meerschweinchen von 300 g mit der sicherlich mehrfach tödlichen Dosis von 50 mg subcutan. Tauben sterben nach **Jacobj** unter vermehrter Darmentleerung und aufsteigender, von den Beinen auf die Flügel übergreifender Lähmung, 24 Stunden nach Dosen von 15 mg. Von **Mairet** und **Combemale**[1]) wird für Hunde und Katzen bei stomachaler Aufnahme 0,00125 g pro Kilo Körpergewicht, bei subcutaner Applikation dagegen 0,000571 g als letale Dosis angegeben. Für Menschen sind die Dosen niederer anzusetzen, namentlich bei vorhandener Nierenschädigung. In einem Falle, der von **Suffet** und **Trastour**[2]) beschrieben wurde, starb ein gichtkranker Patient, bei dessen Sektion atrophische Cirrhose beider Nieren gefunden wurde, nach einer Gesamtdose von 3 mg, einer Menge, welche nach **Mairet** und **Combemale** beim normalen Menschen nur diuretisch wirkt, während die purgierende Dose bei etwa 5 mg liegt.

Gewöhnung. Wiederholte nicht tödliche Colchicingaben führen zu keiner Gewöhnung an das Produkt; sie kumulieren sich, bei zu kurzem Intervall der Dosen[3]). Jedenfalls gelang es **Hausmann**[4]) trotz zahlreicher Versuche an weißen Mäusen nie, „auch nur die Spur einer Gewöhnung" an Colchicin zu erzielen, weder bei subcutaner Applikation, noch bei Beibringung des Giftes per os. Diesen Beobachtungen, welche **Fühner** an der Katze bestätigen konnte, steht die ärztliche Erfahrung gegenüber, daß fortdauernder therapeutischer Gebrauch von Colchicum bei Gichtkranken seine Wirksamkeit abschwächen soll, so daß es schließlich vollkommen versagt[5]). Über die Wirkung mehrfach injizierter kleiner Colchicindosen auf das Blutbild von Kaninchen vgl. weiter unten.

Ausscheidung. Von Fröschen wird, wie **Fühner**[6]) feststellen konnte, das Colchicin anscheinend unverändert im Harn ausgeschieden. Nach einer Dose von 20 mg Colchicin konnte es vermittelst chemischer Methode vier Tage lang in absteigender Menge im Harn nachgewiesen werden. Erst am fünften und sechsten Tage wurde der Nachweis unsicher. Wurden Versuchsfrösche, 2—3 Wochen, nachdem sie obige Dose erhalten hatten, in den Thermostaten (32°) verbracht, so gingen sie in wenigen Tagen ein. Dies beweist, daß wirksame Colchicinmengen lange Zeit im Froschkörper zurückgehalten werden. Im Harn eines Kaninchens, welches mit der Schlundsonde 30 mg Colchicin erhalten hatte, ohne Vergiftungserscheinungen aufzuweisen, konnte derselbe Autor weder Colchicin noch Colchiceïn nachweisen. Bei vergifteten Hunden findet sich nach **Laborde** und **Houdé**[7]) Colchicin auch bei subcutaner Applikation in den

---

[1]) A. **Mairet** et **Combemale**, Compt. rend. de l'Acad. des Sc. **104**, 439 u. 516. (1887). **Jacobj** l. c. S. 125 zitiert irrtümlicherweise obige Dosen als tödliche für den Menschen.

[2]) **Suffet** u. **Trastour**, Münch. med. Wochenschr. **50**, 585 (1903).

[3]) **Mairet** et **Combemale**, l. c. S. 441.

[4]) W. **Hausmann** u. W. **Kolmer**, Biochem. Zeitschr. **3**, 506 (1907).

[5]) W. **Ebstein**, Natur und Behandlung der Gicht. 2. Aufl. Wiesbaden 1906. S. 378.

[6]) H. **Fühner**, Archiv f. experim. Pathol. u. Pharmakol. **63**, 368 (1910).

[7]) **Laborde-Houdé**, l. c. S. 124.

Darmentleerungen und im Harn. Speyer[1]) konnte es an Katzen nach Vergiftung mit 30 mg in den Faeces, nach höheren Dosen auch im Harn der Tiere nachweisen. Nach Obolonski[2]) soll das Gift vom menschlichen Organismus unzersetzt durch die Nieren ausgeschieden werden. Von Ratti[3]) ist angegeben worden, daß die Milch von Ziegen und Schafen, welche die Pflanze fressen, giftig wird. Schottelius konnte dies in seinem erwähnten Versuche mit Colchicumfütterung an Kühe und Schafe nicht bestätigen. Trotz des negativen Ausfalls dieses Versuches muß mit einer Vergiftungsmöglichkeit auf genanntem Wege gerechnet werden. Ob eine Vergiftung von Menschen zustande kommt, wird in erster Linie von der von Tier und Mensch aufgenommenen Giftmenge abhängig sein.

Blut. Winterstein[4]) konnte bei experimenteller Colchicinvergiftung keine nennenswerte Veränderung des Blutes an Kaninchen beobachten. Dagegen stellte Dixon in Gemeinschaft mit Malden[5]) fest, daß das Gift eine

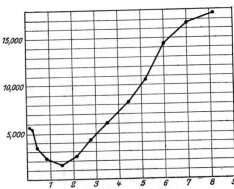

ausgeprägte Wirkung auf Blut und Knochenmark besitzt. In erster Linie beeinflußt es, sowohl bei Versuchstieren (Kaninchen, Ratte, Hund) als beim Menschen, die Leukocytenzahl im Blut. Abb. 1 zeigt diese Beeinflussung in graphischer Darstellung nach einem Versuche am Kaninchen, dem 6 mg Colchicin subcutan gegeben wurden. Zu verschiedenen Zeiten (Abszisse = Zeit in Stunden) wurde dem Versuchstier Blut aus einer Ohrvene entnommen und die Leukocytenzahl in dem Thoma - Zeißschen Apparat bestimmt. Die Leukocytenzahl . (Ordinaten der Figur) betrug bei Beginn des Versuches

Abb. 1. Leukocytenzahl in der peripheren Zirkulation eines Kaninchens nach 6 mg Colchicin. Ordinaten = Leukocytenzahl, Abszissen = Zeit in Stunden. (Nach Dixon.)

5500, sank im Verlauf der ersten beiden Stunden unter 2000, um von da ab während weiterer 10 Stunden kontinuierlich bis zu einem (in der Figur nicht dargestellten) Maximum anzusteigen. Die Vermehrung der Leukocyten in diesem Stadium betrifft fast ausschließlich die polymorphkernigen Zellen, während die Zahl der Lymphocyten im Verlaufe der Vergiftung kaum verändert erscheint. Das Verschwinden der Leukocyten aus der peripheren Zirkulation im Stadium der anfänglichen Hypoleukocytose ist nach Dixon neben einer Ansammlung in den Lungen-, vielleicht auch den Lebercapillaren, z. T. durch ein Zurückgetriebenwerden der Zellen in das Knochenmark bedingt, welch letzteres dann im Stadium der Hyperleukocytose an Myelocyten, der Jugendform der polymorphkernigen Leukocyten, verarmt. Untersucht man das Knochenmark von Kaninchen des gleichen Wurfes in normalem Zustand und verschiedene Zeiten nach Colchicininjektionen, so erhält man verschiedene Bilder: Abb. 2 zeigt

---
¹) C. Speyer, Nachweis d. Colchicins, med. Dissert. Dorpat 1870.
²) N. Obolonski, Vierteljahrsschr. f. gerichtl. Med. N. F. **48**, 105 (1888.)
³) Ratti, Pharm. Journ. 1875. Zitiert nach Ch. Vibert. Toxicologie Paris 1907, S. 794.
⁴) W. Winterstein, Über Colchicinvergiftung. Dissert. Würzburg 1894.
⁵) W. E. Dixon and W. Malden, Journ. of Physiol. **37**, 50 (1908). — Vgl. ferner: W. E. Dixon, Manuel of Pharmacology. London 1906, S. 96.

Schnitte durch das Knochenmark zweier Kaninchen desselben Wurfes von 1500 und 1250 g Gewicht. Abb. 2 a gibt das Knochenmark (Färbung mit Eosin und Methylenblau) wieder, eine Stunde nach Injektion von 5 mg Colchicin, Abb. 2 b, 12 Stunden nach entsprechender Injektion. Im ersten Falle wimmelt der Schnitt von Myelocyten, im zweiten Falle ist der Schnitt weitgehend von solchen entblößt. Schnitte durch das Mark normaler Tiere zeigen einen intermediären Zustand zwischen a und b, doch ähnlicher a als b.

Kaninchen, welche mehrere Wochen hindurch häufig wiederholte kleine Colchicindosen bekamen und die während der Behandlung an Gewicht zunahmen, zeigten, abgesehen von einer auffälligen Vermehrung der Mastzellen, keine besonderen Veränderungen des Blutbildes. Im Knochenmark solcher Tiere findet sich eine Vermehrung der Myelocyten und Kernteilungsfiguren. Während also das Colchicin in großen Dosen das Knochenmark seiner Zellen entblößt, wirkt es in kleinen Dosen als Reiz für dasselbe und begünstigt die Entwicklung der Myelocyten.

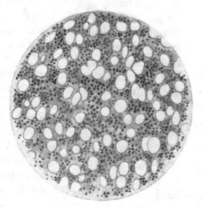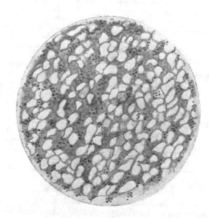

Abb. 2. Schnitte durch das Knochenmark von 2 Kaninchen a) 1 Stunde, b) 12 Stunden nach 5 mg Colchicin. Färbung: Eosin und Methylenblau. (Nach Dixon.)

In sehr großen Dosen führt das Colchicin zu einer Zerstörung aller Elemente des Blutes, auch der Erythrocyten, so daß infolge von Hämolyse das Serum stark vergifteter Tiere rot gefärbt erscheint (Dixon).

Örtliche Wirkung. Das Colchicin bewirkt in starker Lösung nach Fühner und Rehbein[1]) Hyperämie von Schleimhaut und Unterhautzellgewebe. Jacobj sah im Selbstversuch bei subcutaner Injektion infolge einer heftig reizenden Wirkung des Giftes auf das Gewebe ausgedehnte Entzündungen.

Zentrales Nervensystem; sensible Nerven. Colchicin schmeckt bitter und fand schon ab und zu Verwendung zur Bierverfälschung — als Hopfensurrogat. Auf Schleimhäute appliziert soll es die sensiblen Nervenenden lähmen und, wie Roßbach[2]) mitteilt, von dem Kliniker Gerhardt zur lokalen Anästhesie der Rachen- und Kehlkopfschleimhaut gebraucht worden sein. Das unreine, von Roßbach verwandte Colchicin oder das Oxydicolchicin Jacobjs bewirkt an Fröschen Anästhesie der Haut nur bei Injektion unter dieselbe, während Ein-

---

[1]) H. Fühner u. M. Rehbein, l. c. S. 13. — M. Rehbein, Pharmakolog. Untersuch. über die Darmwirkung des Colchicins. Dissert. Freiburg i. B. 1917, S. 19.
[2]) Roßbach, l. c. S. 325.

hängen der Froschpfote in die Lösungen, auch bei stundenlanger Dauer, keinen Verlust der Sensibilität (Türckscher Versuch) am dekapitierten Reflexfrosch herbeiführte.

Nach subcutaner Injektion des Colchicins bei Warmblütern kann gleichfalls Anästhesie zustande kommen, und zwar, wie schon oben hervorgehoben wurde, mehr ausgeprägt bei Hunden als bei Kaninchen. Jacobj[1]) konnte einem kleinen Hunde, der 30 mg Colchicin unter die Haut der Bauchdecken injiziert erhalten hatte, sechs Stunden später, als das Tier noch zu sitzen und auch ziemlich gut zu gehen vermochte, mit einer Nadel quer durch die Nase stechen, ohne daß das Tier im geringsten darauf reagiert hätte. Diese Anästhesie beim Warmblüter scheint aber in erster Linie bedingt zu sein durch Lähmung zentraler und nicht peripherer Gebiete des Nervensystems, wie auch die gleichzeitig mit dem Verlust der Sensibilität auftretenden motorischen Störungen im Zentralnervensystem ihre Ursprungsstelle haben.

Am Frosche, wie am Warmblüter lähmt das Colchicin aufsteigend die Zentren im Rückenmark und die Medulla oblongata. Inwieweit das Großhirn bei der Vergiftung beteiligt ist, erscheint nicht genügend festgestellt. Die Versuchstiere, Hund und Katze, machen wohl im fortgeschrittenen Stadium bei dem vollständigen Aufhören der Schmerzempfindung und der gänzlichen Reaktionslosigkeit den Eindruck, als ob auch die Großhirnzentren gelähmt wären, doch da man von Menschen, welche der Colchicinvergiftung erlagen, weiß, daß sie ihre volle geistige Klarheit bis zum Tode behielten, so ist anzunehmen, daß auch bei Tieren das Bewußtsein bis zum Tode erhalten bleibt (Jacobj). Der Tod beim Warmblüter ist nach Dixons Versuchen an Kaninchen nicht in erster Linie auf das Versagen des Respirationszentrums zurückzuführen, sondern es muß als primäre Todesursache bei der Colchicinvergiftung Vasomotorenlähmung und Verblutung in die Abdominalgefäße betrachtet werden.

Motorische Nerven; quergestreifte Muskulatur. Bei Injektion oxydhaltiger Colchicinlösungen am Frosche beobachtet man nach Roßbach flimmernde Muskelzuckungen, welche vielleicht auf Erregung der motorischen Nervenenden zurückzuführen sind. Hingegen läßt sich selbst nach großen Giftdosen bei vollkommen gelähmten Wasser- und Grasfröschen keine isolierte Lähmung der motorischen Nervenenden feststellen. Nach großen Dosen des unreinen Colchicins stirbt schließlich die Skelettmuskulatur ab [Harnack[2]), Roßbach], während das Herz der Versuchsfrösche noch weiter lebt [Roßbach[3])].

Während Roßbach bei elektrischer Reizung des colchicinvergifteten Froschmuskels keine Besonderheiten fand, konstatierten Laborde und Houdé bei der Untersuchung ihres krystallisierten Colchicins nach großen Dosen veratrinähnliche Wirkung. Diese kommt, wie Jacobj zeigen konnte, dem reinen Colchicin nicht zu, sondern ist auf das verunreinigende Oxydicolchicin zurückzuführen, das neben seiner Krampfwirkung in Dosen von 10—15 mg am Frosche den Veratrineffekt hervorbringt. Abb. 3 gibt eine dikrote Muskelzuckung wieder, welche von einem curarisierten Wasserfrosche erhalten wurde, zwei Stunden nach Injektion von 15 mg Oxydicolchicin. Da diese Wirkung des Oxydationsproduktes auch am curarisierten Muskel auftritt, so muß sie in einer funktionellen Veränderung der Muskelsubstanz selbst bedingt sein. Bei zunehmender Vergiftung des Muskels zeigt sich weiterhin eine gesteigerte Ermüdbarkeit des-

---

1) Jacobj, l. c. S. 127.
2) E. Harnack, Archiv f. experim. Pathol. u. Pharmak. **3**, 62 (1875).
3) M. J. Roßbach, Pharmakologische Untersuchungen. Bd. 2. Würzburg 1876, S. 15.

selben, so daß bei direkter elektrischer Reizung mit Einzelinduktionsschlägen aufgenommene Zuckungsreihen sehr rasch und steil abfallen.

Den für den Veratrinzustand des Muskels charakteristischen protrahierten Verlauf der Muskelzuckung sowie die rasche Ermüdbarkeit konnte Jacobj auch an Kaninchen, sowohl nach Colchicin- wie Oxydicolchingaben, feststellen, zur Zeit, als bei den Tieren die ersten Durchfälle auftraten.

Herzmuskel; Blutgefäße. Wie erwähnt, stirbt im Froschversuch nach Colchingaben das Herz zuletzt, nachdem Nervensystem und Skelettmuskulatur gelähmt sind. Es wird also durch das zirkulierende Gift nicht sichtbar geschädigt. Bei Versuchen am isolierten Froschherzen, welche Jacobj unter Verwendung des Williamsschen Apparates anstellte, konnte selbst in 4proz. Colchicinlösung oder ½proz. Oxydicolchicinlösung keine Veränderung von Schlagzahl, Pulsvolum und absoluter Kraft gefunden werden. Auch das Säugetierherz wird nach Roßbach bei Colchicinvergiftung nicht affiziert und es wurden bei einer Reihe von Kaninchen, Katzen und Hunden noch bis zwei Stunden nach eingetretenem Tode und Eröffnung des Thorax Herzkontraktionen beobachtet. Die Angaben früherer Autoren über ausgesprochene Herzwirkung des Colchicins müssen sich auf stark verunreinigte Präparate beziehen.

Mittlere tödliche Dosen von Colchicin haben, wie übereinstimmend Roßbach, Paschkis[1]) und Jacobj angeben, keine stärkere Einwirkung auf den Blutdruck nach Versuchen an Kaninchen, Katzen und Hunden. Nur bei intravenöser Injektion sinkt

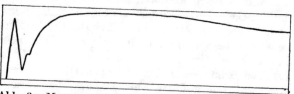

Abb. 3. Myogramm bei direkter elektrischer Reizung des curarisierten Muskels von Rana esculenta, nach 15 mg Oxydicolchicin. (Nach Jacobj).

derselbe nach Dixon und Malden, sowie nach Fühner und Rehbein vorübergehend ab, hält sich dann aber weiterhin mehrere Stunden auf normaler Höhe und auch die Zahl der Pulse geht während dieser Zeit kaum zurück. Erst kurz vor dem Tode fallen die Werte für beide Funktionen schnell ab.

Durch große Gaben von Dixons Colchicin wurde der Herzvagus anfänglich geringfügig erregt. Für deutsches Colchicin trifft dies nach Fühner und Rehbein nicht zu. Nach Roßbach wird der Herzvagus durch sehr große Dosen schließlich gelähmt. Nach Mairet und Combemale[2]) soll das Colchicin an Versuchstieren und Menschen Hyperämie an den Gelenkenden hervorrufen, ein Befund, der von Granow[3]) nicht bestätigt werden konnte.

Atmung. Daß das Colchicin bei subcutaner Injektion in den Brustlymphsack bei Fröschen die Atembewegungen unterdrückt, wurde im allgemeinen Teile erwähnt. Die Respirationsbewegungen am Warmblüter unter dem Einfluß von Colchicin wurden schon von Roßbach graphisch registriert. Dixon hat solche Atmungskurven in seiner Arbeit wiedergegeben. Wie für die andern Körperfunktionen so gilt auch für die Atmung, daß dieselbe anfangs, mehrere Stunden nach Applikation des Giftes, unverändert bleibt, mit dem Auftreten der Lähmungen allmählich an Frequenz abnimmt und meist ohne vorhergehende dyspnoische Erscheinungen von seiten des Tieres schließlich stillsteht. Manches-

[1]) H. Paschkis, Wiener med. Jahrbücher 1883, 257; 1888, 569.
[2]) Mairet et Combemale, l. c. S. 515.
[3]) O. Granow, Zur Wirkung des Colchicin. Dissert. Greifswald 1887.

mal treten vor dem Tode, namentlich bei Katzen, klonische Krämpfe auf, welche den Eindruck von Erstickungskrämpfen machen. Jacobj hat das Verhalten der Respiration genauer verfolgt: Bei Kaninchen, welche große Dosen von Colchicin subcutan erhalten hatten, wurde neben der Atemfrequenz das Atemvolum gemessen. Eine Reihe von Stunden hindurch ging die Atemfrequenz nur wenig zurück; dann aber zeigte sich rasche Abnahme, während gleichzeitig die Volumina wuchsen und zwar anfänglich so beträchtlich, daß das pro Minute geatmete Luftquantum eine Zeitlang zunahm. Bald aber hörte diese Überkompensierung wieder auf und unter weiterer Zunahme der Atemvolumina und Abnahme der Frequenz gingen die Tiere ein. Die Erscheinungen erklären sich am einfachsten durch die Annahme, daß das Atemzentrum allmählich immer unempfindlicher wird, so daß eine immer größere Summierung der durch das venöse Blut bedingten Reize nötig wird, um den Reflexapparat der Atmung in Bewegung zu setzen. Das häufige Fehlen der Erstickungskrämpfe ist nach Jacobj wohl darauf zurückzuführen, daß bei der fortschreitenden Lähmung des Zentralnervensystems auch das Krampfzentrum von derselben ergriffen wird.

Bemerkt sei noch, daß Dixon im Versuch an der Katze nach intravenöser Injektion des Giftes eine bronchokonstriktorische Anfangswirkung desselben feststellen konnte.

Darm. Die durch das Colchicin hervorgerufene Wirkung auf den Magendarmkanal ist die auffälligste des Giftes. Sie ist namentlich von Jacobj[1]) analysiert worden. Die Angaben der früheren Untersucher widersprechen einander: Roßbach fand, daß weder Vagus noch Splanchnicus durch die Colchicineinwirkung in ihren Funktionen beeinträchtigt werden. Nach Paschkis[2]) dagegen soll das Colchicin den Darmvagus lähmen, und die Peristaltik hemmen. Letztere Resultate konnten weder Jacobj noch Fühner und Rehbein bestätigen. In Jacobjs Versuchen an Katzen und Kaninchen, welche am Darm lebender Tiere ausgeführt wurden, der in einem erwärmten Kochsalzbade flottierte, bewirkte das Colchicin 2—3 Stunden nach seiner Applikation eine außerordentliche Verstärkung der normal nur schwachen peristaltischen Bewegungen. Die gegenteiligen Angaben von Paschkis sind wohl darauf zurückzuführen, daß er seine Beobachtungen am frei an der Luft liegenden Darm ausführte, welcher unter diesen Bedingungen nicht normal funktioniert. Bei dieser Darmwirkung des Colchicins handelt es sich nach Jacobj um eine Erregbarkeitssteigerung des Darmes unter der Gifteinwirkung, so daß jeder die Darmwand berührende Inhalt (Speisereste, Schleim, Luft) abnorm heftige peristaltische Bewegungen auslöst. Da diese Colchicinwirkung durch Atropin unterdrückt werden kann, so nimmt Jacobj an, daß ihr Angriffsort im Nervenapparat und nicht in der Muskulatur des Darmes gelegen ist. Neben dieser angeblich erregbarkeitssteigernden Spätwirkung des Colchicins am Darm ist von Dixon und Malden[3]) eine muscaringleich erregende Anfangswirkung beschrieben worden. Nach neueren Untersuchungen von Fühner und Rehbein[4]) am isolierten Darm von Katzen und Kaninchen besitzt weder reines Colchicin verschiedener Herkunft noch oxydiertes Präparat die von Dixon und seinem Mitarbeiter beschriebene erregende Anfangswirkung, sondern das Colchicin zeigt von vornherein Hemmungswirkungen, die sich in Tonusabfall und Ab-

---

[1]) Jacobj, l. c. S. 143.
[2]) Paschkis, l. c. S. 278.
[3]) Dixon and Malden, l. c. p. 51.
[4]) Fühner u. Rehbein, l. c. S. 3.

nahme der Pendelbewegungen äußern (Abb. 4). Auch eine erregbarkeitssteigernde Wirkung des Colchicins ist nach Führer und Rehbein unwahrscheinlich. Die Darmwirkung des Colchicins erklärt sich am besten als eine langsam zustandekommende, der Arsenikwirkung analoge Lähmung der Blutcapillaren.

Hinsichtlich des Zusammenwirkens mit andern Giften wurde von den Genannten am isolierten Darm beobachtet, daß das Colchicin die erregende Muscarinwirkung antagonistisch beeinflußt. Dieselbe Wirkung gegenüber dem Acetylcholin hat Führer[1]) am Froschmagenring gesehen.

Stoffwechsel. Die Wirkung des Colchicins auf den Stoffwechsel ist im Tierversuch nur wenig untersucht worden. Die vorliegenden Angaben beziehen sich hauptsächlich auf klinische Prüfungen an gichtkrankenMenschen.Während ältere Autoren[2]) häufiger eine Vermehrung der Harnsäureausscheidung unter Colchicingebrauch beim Gichtkranken angegeben haben, wurde in neueren Untersuchungen, namentlich von His und Magnus-Levy[3]) gefunden, daß die Harnsäureexkretion bei Gichtikern entweder unverändert bleibt oder daß sie nach großen Dosen des Giftes allmählich zurückgeht. Auch an normalen Versuchsper-

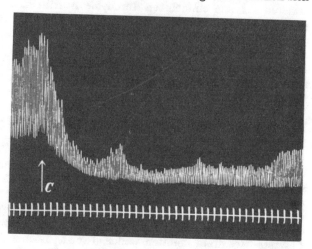

Abb. 4. Hemmungswirkung von Colchicin (1 : 15 000) am isolierten Katzendarm. Zeit = 30 Sek. (Nach Führer und Rehbein.)

sonen vermindert bei konstanter purinarmer Diät Colchicum die Harnsäureausscheidung (Rockwood und van Epps[4]).

Nach Tierversuchen von Maurel und Arnaud[5]) bewirkt das Colchicin in täglichen subcutan applizierten Dosen von 1—2 mg pro Kilo Kaninchen reichliche Darmentleerungen, verminderte Nahrungsaufnahme und dabei erhöhte Ausscheidung von Harnsäure, Phosphorsäure und Salzen. Nach einem Versuch von Pohl[6]) wird am Hund durch 1 mg Colchicin (subcutan) die Harnsäureausscheidung beträchtlich vermehrt, dagegen nicht die Allantoinausscheidung.

An Gallenfistelhunden stellte Kionka[7]) fest, daß das Colchicin in Dosen von 3 mg sehr geringe, hingegen in Dosen von 5 mg deutlich gallentreibende Wirkung besitzt. Höhere Dosen wurden den Versuchstieren nicht verabreicht,

[1]) H. Führer, Archiv f. experim. Pathol. u. Pharmakol. **82**, 60 (1917).
[2]) Vgl. M. J. Roßbach, Pharmakolog. Untersuch. Würzburg, 1876. Bd. 2, S. 10. — Ferner: A. Mairet et Combemale. Compt. rend. de l'Acad. des Sc. **104**, 515 (1887).
[3]) A. Magnus-Levy, Zeitschr. f. klin. Medizin **36**, 412 (1899). — Vgl. dagegen: R. Abl, Archiv f. experim. Pathol. u. Pharmakol. **74**, 155 (1913).
[4]) E. W. Rockwood and Cl. van Epps. Americ. Journ. of Physiol. **19**, 106 (1907).
[5]) E. Maurel et Arnaud, Compt. rend. de la Soc. de Biol. **68**, S. 129 u. 173; zitiert nach Malys Jahresbericht 1910, 550 u. 1223.
[6]) J. Pohl, Biochem. Zeitschr. **78**, 213 (1916).
[7]) H. Kionka, Zeitschr. f. experim. Pathol. u. Therapie **2**, 15 (1906).

da bei der Dose von 5 mg subcutan regelmäßig Vergiftungserscheinungen
auftraten. Wie die Vergiftungserscheinungen zeigt sich auch die Colchicinwirkung auf die Gallensekretion erst 2—3 Stunden nach der Injektion des
Giftes. Nach Frey[1]) ist die Gallenmenge unter Colchicinwirkung anfangs
vermehrt ohne gleichzeitige Vermehrung der Gallensäuren. Erst bei längerer
Medikation steigt auch die Gallensäuremenge an.

Colchiceïn.

Das Colchiceïn, welches an Stelle der leichtverseifbaren Methoxylgruppe
des Colchicins (s. d.) eine freie Hydroxylgruppe besitzt, ist nach den wenigen
vorliegenden Untersuchungen jedenfalls viel weniger giftig als das Colchicin.
An Fröschen erwiesen sich nach Fühner[2]) Dosen von 10 mg in Soda gelöst
als wirkungslos. Desgleichen subcutan gegebene Dosen von 10—25 mg an Katzen
von etwa 2 kg. Paschkis[3]) sah an einem 7 kg schweren Hunde nach intravenöser Applikation von 96 mg keine Wirkung. Die Angaben früherer Autoren,
so die bei Paschkis zitierte Angabe Oberlins, daß 10 mg der Substanz für
Kaninchen tödlich seien, können sich nicht auf reines Colchiceïn beziehen.

Trimethylcolchicinsäure.

Die Trimethylcolchicinsäure besitzt neben der freien Hydroxylgruppe
des Colchiceïns eine freie Aminogruppe. Sie ist darum in Alkalien und Säuren
löslich. Von den Untersuchern Paschkis und Fühner wurde es als salzsaures
Salz in wässeriger Lösung verwandt. Beim Frosche bewirkt das Produkt nach
Paschkis zunächst Krämpfe und Muskelzuckungen, später teilweise zentrale
Lähmung. Dosen von 10 mg besitzen ausgesprochene diastolische Stillstände. Dosen
achtet Pulsverlangsamung und vorübergehende diastolische Stillstände. Dosen
von 20 mg sind tödlich im Verlauf weniger Stunden, wobei das Herz diastolisch
stillsteht. Auch an Hunden ist das Produkt viel giftiger, wie das Colchiceïn,
eine Beobachtung, welche von Fühner an Katzen bestätigt wurde. Die beim
Colchiceïn unwirksame Dose von 25 mg verursacht hier Brechdurchfall, von
dem die Versuchstiere sich wieder erholen.

Trimethylcolchicinsäuremethyläther.

Durch Methylierung des vorhergehenden Produktes gelangt man zu dem
entsprechenden Methyläther, welcher dem Colchicin wieder näher steht und
entsprechend erhöhte Giftigkeit aufweist. Die Substanz ist in Wasser schwer
löslich und wurde von Fühner, der sie im Tierversuch prüfte, darum unter Verwendung von verdünntem Alkohol in Lösung gebracht. Einer Katze von 2 kg
wurde die für das Colchicin sicher tödliche Dose von 3 mg injiziert. Nach
einigen Stunden trat bei dem Tier Brechdurchfall auf, von dem es sich aber
später erholte. Die tödliche Dose dieser Substanz für Katzen von 2 kg dürfte
etwa 10 mg betragen. Die Giftigkeit dieses Produktes ist ungefähr fünfmal
geringer, wie die des Colchicins, was auffallend erscheint: Man sollte erwarten,
daß der Trimethylcolchicinsäuremethyläther mit seiner freien Aminogruppe
an Stelle der acetylierten Gruppe des Colchicins die stärkere Giftwirkung
zukommt. Die schwächere Wirkung der Substanz hängt vielleicht mit ihrer
geringen Wasserlöslichkeit zusammen.

[1]) E. Frey, Zeitschr. f. experim. Pathol. u. Ther. 2, 45 (1906).
[2]) H. Fühner, Archiv f. experim. Pathol. u. Pharmakol. 72, 231 (1913).
[3]) H. Paschkis, Wiener med. Jahrbücher. 1883 S. 286 u. 1888 S. 571.

N-benzoyltrimethylcolchicinsäuremethyläther.

Die freie Aminogruppe des vorhergenannten Produktes ist bei diesem Colchicinabkömmling benzoyliert. Die Substanz unterscheidet sich, wie schon bei der Chemie des Colchicins einleitend erwähnt wurde, von letzterem lediglich durch den Benzoylrest an Stelle des Acetylrestes. Durch die Benzoylierung ist die Giftigkeit des vorhergehenden Produktes in gesetzmäßiger Weise wieder verringert worden. In der orientierenden Untersuchung von Fühner zeigten 3 mg der Substanz, welche einer Katze von etwa 2 kg in verdünnt-alkoholischer Lösung unter die Rückenhaut injiziert wurden, keine Wirkung im Verlauf von 4 Tagen. Hingegen bekam dasselbe Tier nach der Dose von 25 mg 6 Stunden nach der Injektion Brechdurchfall und war nach 8 Stunden tot. Die Sektion ergab den für das Colchicin charakteristischen Magen- und Darmbefund. Dieses in Wasser wenig lösliche Benzoylprodukt ist nach dem Resultat genannter Versuche an der Katze etwa 10 mal weniger giftig als das Acetylprodukt, das Colchicin.

Oxydicolchicin.

Das von Jacobj aus dem Colchicin erhaltene Oxydationsprodukt ist zusammen mit diesem besprochen.

Oxycolchicin.

Durch Oxydation mit Chromsäure oder Kaliumbichromat und Schwefelsäure (Zeisel, Windaus) läßt sich aus dem Colchicin ein sehr beständiges, gut krystallisierendes, fast farbloses Produkt, das Oxycolchicin, erhalten, in welchem in einer CH_2-gruppe des in der Colchicin-Formel gezeichneten sauerstoffhaltigen Ringes der Wasserstoff durch Sauerstoff ersetzt ist. Das Produkt löst sich wenig in Wasser, besser in Alkohol. Zu den Versuchen von Fühner[1] wurde die alkoholische Lösung mit Wasser verdünnt.

Das Oxycolchicin ist an Fröschen etwa doppelt so giftig wie das Oxydicolchicin. Wie letzteres besitzt es in Dosen von 5—15 mg veratrinähnliche Muskelwirkung. Diese Wirkung ist aber beim Oxycolchicin nur z. T. peripher bedingt und läßt sich im Gegensatz zum Oxydicolchicin am curarisierten und des Rückenmarkes beraubten Frosche nicht erhalten. Hingegen ist auch unter diesen Bedingungen gesteigerte Ermüdbarkeit des Muskels bei wiederholter direkter Reizung sehr stark ausgesprochen. Dosen von 1 mg bewirken Reflexsteigerung, von 2 mg aufwärts typischen Tetanus an Wasser- und Grasfröschen.

Sind sich Oxycolchicin und Oxydicolchicin in ihrer Wirkung am Frosche hiernach z. T. ähnlich, so unterscheiden sie sich nach Fühner fundamental in ihrer Wirkung am Warmblüter. Während das Oxydicolchicin nach Jacobj für Säugetiere etwa dieselbe Giftigkeit besitzt wie das Colchicin, ist das Oxycolchicin nach der Prüfung an Katzen und Kaninchen das ungiftigste aller untersuchten Colchicinderivate. Im Versuche an Kaninchen erwiesen sich 40 mg per os, subcutan oder intravenös als unwirksam. An mittelgroßen Katzen die subcutan gegebene Dose von 50 mg. Im Selbstversuch von Fühner zeigten Dosen von 1 und 3 mg keinerlei Wirkung. Die Prüfung des Oxycolchicins ergab demnach das bemerkenswerte Resultat, daß diese Substanz am Frosche als wirksamer erkannt wurde wie das Oxydicolchicin, während letzteres am Warmblüter bedeutend giftiger ist.

[1] H. Fühner, Archiv f. experim. Pathol. u. Pharmakol. **72**, 233 (1913).

Die Purinderivate.

Von

Johannes Bock-Kopenhagen.

Von den Purinderivaten nimmt die Gruppe der Methylxanthine im wesentlichen das pharmakologische Interesse in Anspruch. Auf diese wird sich die folgende Darstellung in der Hauptsache beschränken. Die Muttersubstanz dieser Substanzen ist das

Xanthin, 2, 6-Dioxypurin:

$$
\begin{array}{cc}
\overset{(1)}{NH} - \overset{(6)}{CO} & \\
| & | \quad \overset{(7)}{} \quad \overset{(8)}{} \\
\text{(2) } CO \text{ (5) } C - NH \diagdown CH \\
| & \| \quad \diagup \\
NH - C - N \\
\text{(3) } \text{ (4) } \text{ (9)}
\end{array}
$$

Durch Substitution eines oder mehrerer der Wasserstoffatome an den Plätzen (1), (3) und (7) durch Methyl entstehen die unten näher zu besprechenden Methylxanthine.

Unsere Kenntnis der chemischen Struktur der Purinderivate verdanken wir vor allem den Untersuchungen von Emil Fischer, auf dessen gesamte Arbeit über diese Frage „Untersuchungen in der Puringruppe" (Berlin 1907), namentlich in betreff der synthetischen Darstellung der betreffenden Verbindungen verwiesen wird.

Coffein (Thein) 1, 3, 7-Trimethyl-2, 6-Dioxypurin:

$$
\begin{array}{c}
CH_3N - CO \\
| \quad\quad | \\
OC \quad C - N \cdot CH_3 \\
| \quad\quad \| \quad\quad \diagup CH \\
CH_3N - C - N
\end{array}
$$

Coffein wurde zum ersten Male aus Kaffeebohnen isoliert von Runge. Das von Oudry aus Teeblättern hergestellte Thein ergab sich später als dem Coffein identisch. Das Coffein findet sich in beträchtlicher Menge in einer Reihe verschiedener Pflanzen, die von sehr verschiedenen Teilen der Erde herrühren. Überall hat die Bevölkerung der betreffenden Länder die coffeinhaltigen Pflanzenteile als Genußmittel verwendet. Diese coffeinhaltigen Pflanzen sind folgende: Coffea (ursprünglich in Afrika), die Samen enthalten ca. 1% Coffein; Thea chinensis (China), das Coffein findet sich wesentlich in den Blättern, die 2—3,5% enthalten; Paulinia sorbilis (Brasilien), deren Früchte ca. 4% Coffein enthalten; Ilex paraguariensis (Südamerika), in deren Blättern sich ca. 1,3% Coffein finden; Cola acuminata (Afrika), in deren Samen sich ca. 1,2%

Coffein finden. Ferner findet sich das Coffein in geringeren Mengen in den Samen von Theobroma Cacao, und auch in einigen anderen Pflanzen sind kleine Coffeinmengen gefunden. In den Samen von Theobroma und Cola scheint der größte Teil des Coffeins sich nicht in freiem Zustande, sondern als ein leicht zersetzbares Glykosid zu finden.

Die Formel des Coffeins wurde zuerst von Medicus angegeben. Synthetisch wurde es zuerst von Fischer und Ach hergestellt.

Das Coffein bildet lange, weiße, seidenglänzende Krystallnadeln und krystallisiert mit 1 Mol. Wasser, es sublimiert bei 180° und schmilzt bei 235°. Es ist löslich in etwa 80 Teilen kaltem Wasser, leicht in kochendem Wasser. Es ist löslich in 9 Teilen Choroform und 50 Teilen Alkohol. Es ist schwer löslich in Äther und fast unlöslich in Petroläther. Von Natronlauge wird Coffein zersetzt. Eine Lösung von Coffein reagiert neutral und hat einen bittern Geschmack. Das Coffein ist eine schwache Base, und die Salze werden meist durch Wasser zersetzt. Da das Coffein schwer löslich ist, werden häufig die leichtlöslichen Verbindungen, Coffeinum—Natrium benzoicum und Coffeinum—Natrium salicylicum, Additionsprodukte von Coffein und den betreffenden Salzen, angewandt. Diese Verbindungen sind leicht löslich in warmem Wasser und halten sich bei Abkühlung gelöst. Sie enthalten ca. 45% Coffein und sind als Mischungen oder sehr lose Verbindungen von Coffein und den betreffenden Salzen zu betrachten. Für erstere Ansicht spricht, daß das Coffein vollständig mit Chloroform extrahiert werden kann, für letztere, daß Impens[1]), der die Gefrierpunktdepression einer mit Coffein gesättigten Lösung von Natriumsalicylat bestimmte, diese nicht größer, sondern im Gegenteil ein wenig kleiner als die der Natriumsalicylatlösung fand.

Dimethylxanthine.

Theobromin, 3, 7-Dimethyl-2, 6-Dioxypurin:

$$
\begin{array}{cc}
HN\!-\!\!-\!CO & \\
| \qquad | & \\
OC \quad C\!-\!N\cdot CH_3 & \\
| \quad \| \qquad \diagdown CH & \\
CH_3\cdot N\!-\!\!-\!C\!-\!N & \\
\end{array}
$$

Das Theobromin wurde zuerst von Woskresenski aus Kakaosamen dargestellt. In den Samen von Theobroma Cacao (tropisches Amerika) kommt es in einer Menge von 1—2% neben kleinen Mengen von Coffein vor; auch in den Samen von Cola acuminata ist es in kleinen Mengen nachgewiesen worden. In den Kakaosamen findet es sich teils in freiem Zustande, teils in Form eines durch Fermente, Säuren oder siedendes Wasser leicht spaltbaren Glykosids. Synthetisch wurde das Theobromin von Fischer hergestellt.

Das Theobromin bildet ein weißes, krystallinisches Pulver von schwach bitterem Geschmack. In den meisten Lösungsmitteln ist das Theobromin sehr schwer löslich; die Angaben weichen so ziemlich voneinander ab. Meistens wird angegeben, daß das Theobromin in ca. 1600 Teilen Wasser von gewöhnlicher Temperatur löslich ist (Rost[2]) gibt an 1 : 2500 bei 15°). Bei 15° ist es nach Rost in 3333 Teilen Chloroform löslich, in absolutem Alkohol ist es ungefähr im Verhältnis 1 : 10 000 löslich, auch in Äther schwer löslich, in Benzol und Petroläther so gut wie unlöslich.

Mit Säuren bildet das Theobromin krystallinische, leicht zersetzbare Salze. In Natronlauge löst es sich unter Bildung von Theobrominnatrium $C_7H_7N_4O_2Na$.

---

[1]) E. Impens, Arch. intern. de pharmacodyn. et de thér. **9**, 1 (1901).
[2]) E. Rost, Archiv f. experim. Pathol. u. Pharmakol. **37**, 56 (1895).

510   Johannes Bock:

Mit verschiedenen organischen Salzen bildet das Theobrominnatrium leicht
lösliche Doppelsalze, von denen Theobrominnatrium—Natriumsalicylat (Diuretin) und Theobrominnatrium — Natriumacetat (Agurin) am meisten angewandt werden. Das Diuretin des Handels enthält 40—45%, das Agurin etwa
58% Theobromin. Die Doppelsalze werden durch Säuren, auch durch die
Kohlensäure der Luft, leicht zersetzt. Die Gefrierpunktdepression einer Diuretinlösung entspricht nach Impens ungefähr der Summe der Depressionen
entsprechender Lösungen von Theobrominnatrium und Natriumsalicylat.

Theophyllin, 1,3-Dimethyl-2,6-Dioxypurin.

Das Theophyllin wurde von Kossel[1]) aus Teeblättern hergestellt, wo es
sich in kleinen Mengen neben Coffein findet. Synthetisch wurde es zuerst
von Fischer und Ach hergestellt. Es bildet weiße, krystallinische Tafeln oder
Nadeln und krystallisiert mit 1 Mol. Wasser. Es ist bei 15° in 226 Teilen,
bei 37° in 75 Teilen Wasser löslich. In kaltem Alkohol und Äther ist es
sehr schwer löslich und auch schwer löslich in Chloroform. Es ist leicht löslich
in Ammoniak und Natronlauge, und das Theophyllinnatrium bildet mit Natriumacetat dem Agurin analoge Doppelverbindungen.

Paraxanthin, 1,7-Dimethyl-2,6-Dioxypurin.

Das Paraxanthin wurde im Harn gefunden (Thudicum, Salomon).
wohl immer als Abbauprodukt des Coffeins. Synthetisch wurde es von Fischer
hergestellt. Es krystallisiert in weißen, sechsseitigen Tafeln oder Nadeln. Es
ist schwer löslich in kaltem, leichter löslich in warmem Wasser. In Alkohol
und Äther ist es nicht löslich.

Monomethyl (1,3,7)-2,6-Dioxypurine, Monomethylxanthine.

Die Monomethylxanthine finden sich im Harn nach Verfütterung der höheren Methylxanthine. Bei verschiedenen Tieren werden unter diesen Umständen
verschiedene Monomethylxanthine auftreten, was wir später ausführlich besprechen werden. Albanese[2]) fand, daß das Coffein in den Pflanzen, in welchen
es vorkommt, immer von Methylxanthinen begleitet ist, und meint deshalb,
daß das Coffein bei seiner Synthese Phasen durchmacht, die den im tierischen
Organismus bei der Dekomposition stattfindenden entsprechen. Der größte
Inhalt von Monomethylxanthin wurde in Guarana nachgewiesen, sehr wenig in
Tee und Kaffee; im Kakao wurde kein Methylxanthin gefunden.

1-Methyl-2,6-Dioxypurin wurde von Engelmann[3]) synthetisch hergestellt. Es ist in Wasser schwer, in Ammoniak, Natronlauge und verdünnten
Säuren leicht löslich.

3-Methyl-2,6-Dioxypurin wurde von Fischer und Ash synthetisch
erhalten. Es ist schwer löslich in kaltem Wasser und Alkohol, sowie in Chloroform. Es ist leicht löslich in verdünnter Natronlauge, aus konzentrierter wird
es dagegen ausgeschieden. Das Bariumsalz ist schwer löslich im Gegensatz zu
den Bariumverbindungen des 1- und 7-Methylxanthins.

7-Methyl-2,6-Dioxypurin, Heteroxanthin.

Das Heteroxanthin wurde zuerst im Menschenharn nachgewiesen. Synthetisch wurde es von Fischer hergestellt. Es ist schwer löslich in kaltem Wasser,
leicht löslich in Ammoniak und verdünnter Natronlauge, die Natriumverbin-
dung wird aus starker Natronlauge ausgeschieden.

---

[1]) A. Kossel, Zeitschr. f. physiol. Chemie **13**, 298 (1889).
[2]) M. Albanese, Arch. di farmacol. e terap. 1902, S. 291; zit. nach Arch. ital. de biol.
41, 316 (1904).
[3]) Engelmann, Berichte d. deutschen chem. Gesellsch. **42**, 177 (1909).

Einwirkung auf Eiweißkörper. Im allgemeinen scheinen die Methylxanthine keine Wirkung auf die Eiweißkörper auszuüben. Doch zeigte v. Fürth[1]), daß Coffein und Theobrominnatrium — Natriumsalicylat, wie eine Reihe anderer Substanzen, das Vermögen besitzen, die Umwandlung des aus Kaninchenmuskeln bereiteten Myogens in Myogenfebrin merklich zu fördern; es waren aber hierzu recht bedeutende Konzentrationen erforderlich, und die untersuchten Methylxanthine gehörten bei weitem nicht zu den in dieser Beziehung wirksamsten Substanzen.

Bakterien, höhere Pflanzen, Amöben. Auf die Bakterien scheint das Coffein nur eine geringe Wirkung auszuüben. Aus den Untersuchungen von Maly und Andreach[2]), welche fanden, daß das Coffein einer üppigen Bakterienkultur gegenüber unzersetzt bleibt, geht hervor, daß das Coffein das Wachstum der Bakterien nicht gehemmt hat. Roth[3]) gelang es, durch Zusatz von gewissen Mengen Coffein zu bestimmten Nährböden, die Entwicklung des Bacterium coli vollständig zu hemmen, während das Bacterium typhi gar nicht oder wenig beeinflußt wurde. Doch waren die erforderlichen Mengen von Coffein groß; so mußten 60% einer 1 proz. Coffeinlösung zu dem flüssiggemachten Agar gesetzt werden, um das Wachstum einer geimpften Kolikultur vollständig zu hemmen. Rietsch[4]), der als Nährboden eine Peptonlösung benutzte, fand ebenso wie Courmont und Lacomme[5]) die Resistenz verschiedener Typhusbakterien gegenüber Coffein schwankend; auch fand er verschiedene Resistenz bei verschiedenen Kolikulturen, von welchen einige von 1% Coffein nicht geschädigt wurden, andere sich bei 0,36% nicht entwickelten. Kloumann[6]) fand, daß Kolibakterien von Coffein etwas stärker als Typhusbakterien geschädigt wurden.

An Spirogyra fand Bokorny[7]), daß in Coffeinlösungen 1 : 1000 im Plasmaschlauch und Zellsaft kugelförmige Ausscheidungen recht bedeutender Größe massenhaft auftreten. War der Aufenthalt im Coffein nicht zu langwierig, verschwanden die entstandenen Granulationen in reinem Wasser wieder. Selbst in einer 1,3 proz. Coffeinlösung stirbt die Sporogyra nicht binnen 24 Stunden. Auch höhere Pflanzen sind gegenüber Coffein sehr wenig empfindlich. Amöben vertragen 0,1% Coffein, Ortsbewegungen und strömende Bewegungen im Inneren dauern fort auch bei tagelanger Einwirkung. Infusorien, niedrigere Pflanzen und Schwärmsporen von Algen erleiden ebenfalls keinen merkbaren Schaden. Bald zeigt sich aber bei Coffeineinwirkung an der lebenden Amöbe eine auffallende Veränderung, indem zahlreiche große Vakuolen im Inneren auftreten, welche durch stark lichtbrechendes Protoplasma voneinander getrennt sind. Bokorny meint, daß das Plasma in einen dichteren Zustand übergegangen ist. Durch baldige Überführung in reines Wasser wird der frühere Zustand wiederhergestellt.

Wurden Paramäcien in eine 0,1 proz. Coffeinlösung gebracht, dauerten die Wimperbewegungen und die freie Ortsbewegung unverändert fort, während die beiden zentralen Vakuolen sich vergrößerten und ihre Kontraktionsfähigkeit verloren. Das Plasma nimmt ein stärkeres Lichtbrechungsvermögen an. Im

---

[1]) O. v. Fürth, Archiv f. experim. Pathol. u. Pharmakol. **37**, 389 (1896).
[2]) Maly und Andreasch, Monatshefte f. Chemie **4**, 369 (1883).
[3]) E. Roth, Archiv. f. Hygiene **49**, 199 (1904).
[4]) Rietsch, Compt. rend. de la Soc. de biol. **56**, 898 (1904).
[5]) Courmont und Lacomme, Soc. méd. des hôp. de Lyon 1903; zit. nach Rietsch, a. a. O.
[6]) F. Kloumann, Centralbl. f. Bakteriol. 1. Abt. **36**, 312 (1904).
[7]) Th. Bokorny, Archiv f. d. ges. Physiol. **45**, 202 (1889); **55**, 127 (1894); **59**, 558 (1895); **64**, 262 (1896); **108**, 216 (1905); **110**, 174 (1905).

übrigen scheinen die Paramäcien nicht geschädigt zu werden und setzen ihre Bewegungen in der Coffeinlösung tagelang fort. Häufig wurde schließlich statt der beiden Vakuolen eine einzige, sehr große gefunden; das Infusorium nahm dabei eine runde Gestalt an, und das Plasma bildete eine ziemlich dünne Hülle um die große Vakuole; die Bewegungen sind dennoch lebhaft. Korentschewsky[1]) hat am Paramaecium caudatum und einer Reihe anderer Infusorien bei Einwirkung von Coffeinlösungen ganz ähnliche Beobachtungen gemacht; auch er fand, daß Infusorien, die durch die Coffeineinwirkung eine vollständig kugelförmige Gestalt angenommen hatten, sich noch lebhaft bewegten.

Höhere Tiere. Örtliche Wirkung. Die örtliche Wirkung des Coffeins ist nicht hervortretend. So wurden häufig an Menschen 20 proz. Lösungen von Coffeindoppelsalzen sucutan injiziert, ohne daß irgendeine örtliche Reizung auftrat. Auch der Magen scheint gegenüber kleinen Coffeingaben wenig empfindlich zu sein. Nach großen Theobromin- und Diuretingaben wurden aber nicht selten bei Menschen Erbrechen und Übel beobachtet. In dieser Beziehung wirkt das Theophyllin weit stärker; bei Menschen traten sehr häufig nach kleinen therapeutischen Gaben Übel und Erbrechen ein, und Allard[2]) sah an Hunden und Kaninchen nach Verabreichung von tödlichen Theophyllingaben per os Blutungen und hämorrhagische Erosionen der Magenschleimhaut. Ob diese Wirkungen ausschließlich durch örtliche Reizung hervorgerufen werden, wurde von Schmiedeberg[3]) bezweifelt, mit dem Hinweis darauf, daß in Allards Versuchen auch subendokardiale Blutungen auftraten.

Resorption, Ausscheidung, Veränderungen im Organismus. Da die verschiedenen Methylxanthine sich im Organismus in verschiedener Weise verhalten, ist notwendig, sie je für sich zu besprechen.

Coffein. Das Coffein wird leicht resorbiert sowohl vom Verdauungskanal aus als bei subcutaner Injektion. Schneider[4]) konnte bei Menschen nach Eingabe von 0,3 g Coffein mit reichlicher Flüssigkeit per os kein Coffein im Harn in der ersten Stunde nach der Eingabe nachweisen, während der Harn der folgenden Stunde schwache und der der 3. Stunde nach der Eingabe starke Coffeinreaktion ergab. Salant und Rieger[5]) fanden nach subcutaner Injektion von Coffein an einem Kaninchen 15 Minuten später 0,125% der injizierten Menge im Harn, nach 40 Minuten 1%, nach einer Stunde in einem Falle sogar 4,87% des Coffeins im Harn wieder. Bei Eingabe per os fanden sie an einem Kaninchen eine Stunde später 1% der eingegebenen Menge im Harn wieder. Damit stimmt überein, daß sowohl bei Eingabe von Coffein per os als bei subcutaner Injektion die Wirkungen schnell eintreten. Inwiefern das Coffein vom Verdauungskanal aus vollständig resorbiert wird, oder ob etwas davon unresorbiert hindurchpassiert, weiß man nicht, und diese Frage läßt sich schwierig beantworten, da es sich gezeigt hat, daß das Coffein im Verdauungskanal ausgeschieden wird. So wies Bongers[6]) nach subcutaner Injektion von 1,5 g Coffeinum-Natrium salicylicum an Hunden bei Ausspülung des Ventrikels 1/2 und 1 Stunde später Coffein im Spülwasser nach, jedoch nur in geringer Menge. Salant und Rieger injizierten subcutan an

---

[1]) W. Korentschewsky, Archiv f. experim. Pathol. u. Pharmakol. **49,** 7 (1903).

[2]) E. Allard, Deutsches Archiv f. klin. Med. **80,** 510 (1904).

[3]) O. Schmiedeberg, Deutsches Archiv f. klin. Med. **82,** 395 (1905).

[4]) Richard Schneider, Über das Schicksal des Coffeins und Theobromins im Tierkörper. Diss. Dorpat 1884.

[5]) W. Salant u. J. B. Rieger, The elimination of coffein. U. S. Dep. of Agric., Bureau of chem. Bull. 157 (1912).

[6]) P. Bongers, Archiv f. experim. Pathol. u. Pharmakol. **35,** 421. (1895).

Kaninchen 0,15 g pro kg, töteten die Tiere 24 Stunden später und bestimmten den Coffeininhalt des Verdauungskanals. Sie fanden folgende Zahlen, ausgedrückt in Prozenten der eingegebenen Coffeinmenge:

Futter	Ventrikelinhalt	Darminhalt	Faeces
Möhren . . .	1,4%	1,7%	0,3%
Hafer	1,7%	3,56%	0,2%

Nach Eingabe derselben Dosis Coffein per os fanden sie an Kaninchen bei Möhrenfutter 0,8%, bei Haferfutter 1,434% der eingegebenen Coffeinmenge in den Faeces der 3 folgenden Tage. Es wurde also nach Eingabe per os weniger Coffein mit den Faeces ausgeschieden als nach subcutaner Injektion im Darm; das ausgeschiedene Coffein wird also wieder aus diesem verschwinden. Dies sieht man auch deutlich bei Salant und Riegers Versuchen an Meerschweinchen. Nach subcutaner Injektion von 0,1 g pro kg fanden sie nach 24 Stunden bei Möhrenfutter und bei Haferfutter bzw. 2,65% und 5,0% der injizierten Coffeinmenge im Gastrointestinaltrakt. Nach derselben Dosis Coffein fanden sie bei einer anderen Reihe Meerschweinchen nach 48 Stunden bei Möhrenfutter und Haferfutter im Gastrointestinaltrakt in beiden Fällen nur 0,5% und in den Faeces der betreffenden 48 Stunden bzw. 0,25 und 0,45% der eingegebenen Coffeinmenge. Bei einer Katze fanden sie nach subcutaner Injektion von Coffein 0,25% der injizierten Menge in den Faeces der folgenden 24 Stunden wieder. Schutzkwer[1] fand bei einem Kaninchen nach Eingabe von Coffein fast kein Coffein in den Faeces der folgenden 3 Tage. Nach Eingabe von Coffein fand Schneider bei Katzen, Albanese[2]) und Rost[3]) bei Hunden kein Coffein in den Faeces.

Bei späteren Versuchen haben Salant und Rieger[4]) an nephrektomierten Kaninchen und an Kaninchen, bei denen keine Diurese eintrat, während der ersten Stunden nach subcutaner Coffeininjektion eine sehr große Ausscheidung von Coffein im Magen und Darmkanal beobachtet. So wurden $2^3/_4$ Stunden nach der Injektion 13,7% und 4 Stunden nach der Injektion bis 14,9% der injizierten Coffeinmenge im Magen-Darmkanal wiedergefunden. Das im Magen und Darm ausgeschiedene Coffein verschwindet später fast völlig, und mit den Faeces werden nur geringe Coffeinmengen ausgeschieden. Die Coffeinmengen, welche mit der Galle ausgeschieden werden, sind nach Salant und Emery[5]) nur gering.

Da also das im Verdauungskanal ausgeschiedene Coffein zum größten Teile wieder verschwindet, muß es entweder im Darm zerstört oder wieder resorbiert werden. Daß verschiedene Purinbasen durch Fäulnis zerstört werden, ist mit Sicherheit dargetan. So fand Baginsky[6]), daß in feinzerhaktem Pankreas bei Fäulnis ohne Luftzutritt bei erhöhter Temperatur 3 Wochen hindurch der Xanthin- und Hypoxanthingehalt bedeutend abnahm. Noch stärker

---

[1]) N. Schutzkwer, Das Coffein und sein Verhalten im Tierkörper. Diss. Königsberg 1882.

[2]) M. Albanese, Archiv f. experim. Pathol. u. Pharmakol. **35**, 453 (1895).

[3]) E. Rost, Archiv f. experim. Pathol. u. Pharmakol. **36**, 63 (1895).

[4]) W. Salant u. J. B. Rieger, U. S. Depart. of Agric., Bureau of chem. Bull. 166 (1913).

[5]) W. Salant u. W. O. Emery, Proced. soc. exp. biol. and medicine **7**, 155, zitiert nach Malys Jahresbericht d. Tierchemie **40**, 400 (1910).

[6]) A. Baginsky, Zeitschr. f. physiol. Chemie **8**, 395 (1884).

war dies mit dem Guaningehalt der Fall. Schittenhelm[1]) fand, daß Adenin aus einer Mischung von 1 g Adenin und 300—400 g Faeces nach 3 wöchigem Faulen vollständig verschwunden war. Im Gegensatz zu den erwähnten Basen scheint indessen das Coffein schwer durch Fäulnis zersetzt zu werden. So wies Strauch[2]) Coffein im Magen einer vergifteten Katze viele Wochen nach dem Tode nach, als die Leiche schon vollkommen in Verwesung übergegangen war. Schneider[3]) hat nach Zusatz von Coffein und in anderen Versuchen Theobromin zu Harn, Blut und Speisebrei nach 6 wöchigem Faulen die zugesetzten Stoffe unverändert wiedergefunden, wie es auch bei gerichtlich-chemischen Analysen gelungen ist, in starkverwesten Organen Coffein in Fällen nachzuweisen, wo die Betreffenden vor dem Tode Coffein in kleinen medizinellen Dosen erhalten hatten. Das Coffein und das Theobromin scheinen also der Fäulnis gegenüber sehr resistent zu sein, und es ist anzunehmen, daß die nicht unbedeutenden Coffeinmengen, die nach dem Vorhergehenden im Gastrointestinaltrakt ausgeschieden werden können, zum größten Teil rückresorbiert werden.

Untersuchungen über die quantitative Verteilung des Coffeins in den verschiedenen Organen sind von Bock und Bech Larsen[4]) angestellt. In einem Versuch injizierten sie einem Kaninchen in $1^1/_2$ Stunden 29 cg Coffein pro kg intravenös, wonach das Tier starb. Die Muskeln enthielten 0,037%, das Hirn 0,038%, die Leber 0,048% Coffein. In einem anderen Versuch wurde einem Kaninchen 16 cg Coffein pro kg injiziert und das Tier 6 Stunden nach der Injektion getötet. Die Muskeln, das Hirn, das Blut und der Verdauungskanal enthielten 0,011—0,012% Coffein, die Leber 0,014%. Das Coffein verteilt sich hiernach sehr gleichmäßig im Organismus, in den verschiedenen Organen und im Blute findet man ungefähr denselben prozentischen Coffeingehalt, nur in der Leber findet es sich in etwas größeren Mengen.

Das Schicksal des Coffeins im Organismus ist verschieden bei den verschiedenen Tierarten, die deshalb je für sich zu behandeln sein werden. In allen Fällen wird indessen ein größerer oder geringerer Teil des Coffeins durch Demethylierung in Dimethylxanthin und Monomethylxanthin übergehen. Die von den verschiedenen Autoren angewendeten Isolierungsmethoden für diese Stoffe sind recht verschieden; von mehreren davon gilt, daß die Methoden keinen quantitativen Ertrag gegeben haben.

Hunde. Haase[5]) fand Coffein im Harn eines mit Coffein vergifteten Hundes wieder. Maly und Andreasch[6]) fanden nach Eingabe von 0,1 g Coffein per os an einem Hunde 0,066 g im Harn wieder, also 66% der einverleibten Menge, und sie schließen daraus, daß der größte Teil, vielleicht alles Coffein im Harn wieder erscheint. Keine späteren Untersucher haben auch nur annäherungsweise so viel Coffein im Harn wiedergefunden. So fand Rost[7]) nach 0,1 g Coffein per os 8,1—7,8% im Harn, nach 0,4 g per os fand er 2,5—1,1%, nach 0,4 g subcutan 1,2% Coffein wieder.

---

[1]) A. Schittenhelm, Zeitschr. f. physiol. Chemie **39**, 199 (1903).

[2]) A. Strauch, Vierteljahrsschr. f. prakt. Pharm. **16**, 174 (1867), zitiert nach Schneider[4]).

[3]) R. Schneider, Über das Schicksal des Coffeins und Theobromins im Tierkörper. Diss. Dorpat 1884.

[4]) J. Bock u. Bech Larsen, Archiv f. experim. Pathol. u. Pharmakol. **81**, 15 (1917).

[5]) F. Haase, Untersuchungen über die Wirkungen des Coffeins. Diss. Rostock 1871, S. 13.

[6]) Maly und Andreasch, Monatshefte f. Chemie **4**, 369 (1883).

[7]) E. Rost, Archiv f. experim. Pathol. u. Pharmakol. **36**, 62 (1895).

Albanese[1]) fand an einem Hunde, welcher an 5 Tagen 3 g Coffein erhielt, 0,66% des einverleibten Coffeins im Harn wieder. Er gab ferner 2 großen Hunden in einem Zeitraum von 50 Tagen 200 g Coffein per os ein. Bei Fällung mit Kupferacetat fand er ca. 20 g eines Stoffes, das in rein weißen Nädelchen krystallisierte und sich bei der Analyse als Monomethylxanthin herausstellte. Durch spätere Untersuchungen wies Albanese[2]) nach, daß der isolierte Stoff 3-Monomethylxanthin war. Auch Bondzynski und Gottlieb[3]) fanden, daß Coffein bei Hunden teilweise in Monomethylxanthin umgewandelt wurde.

Eine Methode zur Isolierung der verschiedenen Methylxanthine im Harn wurde zuerst von Krüger und Schmidt[4]) ausgebildet. Krüger[5]) fand im Harn von 2 Hunden, die im Laufe von 21 Tagen 50,5 g Coffein mit dem Futter erhielten, folgende Werte der verschiedenen Xanthinderivate, auf 100 g verfüttertes Coffein umgerechnet.

Coffein	6,6 %
Theophyllin	7,4 %
Theobromin	1,9 %
Paraxanthin	1,05%
3-Methylxanthin	4,61%
1-Methylxanthin	Vorhandensein nicht festgestellt.
7-Methylxanthin	nicht gefunden.

Die gefundenen Zahlen von Theophyllin und Paraxanthin sind etwas zu niedrig.

Salant und Rieger[6]) fanden nach subcutaner Injektion an einem Hunde (0,1 g Coffein pro Kilo) die ersten 2 Stunden 0,65% und die folgenden 22 Stunden 0,65%, also im Laufe von den ersten 24 Stunden im ganzen 1,3% der injizierten Coffeinmenge im Harn vor. Die folgenden 24 Stunden enthielt der Harn nur Spuren von Coffein.

Beim Hunde haben also alle Untersucher mit Ausnahme von Maly und Andreasch nur einen geringen, in mehreren Fällen einen sehr geringen Bruchteil der einverleibten Coffeinmenge im Harn wiedergefunden. Dagegen treten im Harn alle 3 Dimethylxanthine auf, jedoch in ganz überwiegendem Maße das Theophyllin, was also zeigt, daß die Demethylierung des Coffeins im Organismus des Hundes am leichtesten bei der 7-CH$_3$-Gruppe vorgeht. In Übereinstimmung damit findet sich kein Heteroxanthin im Harn, dagegen eine reichliche Menge von 3-Methylxanthin. Die Gesamtmenge von Methylxanthinen, die im Harn des Hundes gefunden wurde, entspricht jedoch bei weitem nicht der eingegebenen Coffeinmenge. Bei Krügers Versuchen wurden nur ca. 21,5% wiedergefunden, bei Albaneses Untersuchungen scheint die Zahl noch kleiner zu sein.

Kaninchen. Strauch[7]) wies Coffein im Harn von Kaninchen nach Eingabe von toxischen Dosen per os nach, und Schutzkwer[8]) fand nach subcutaner Injektion von 20 cg Coffein im Harn der folgenden 24 Stunden 6% wieder.

[1]) M. Albanese, Archiv f. experim. Pathol. u. Pharmakol. **35**, 456 (1895).
[2]) M. Albanese, Berichte d. de tsch. chem. Gesellsch. **32**, 2280 (1899).
[3]) St. Bondzynski u. R. Gottlieb, Archiv f. experim. Pathol. u. Pharmakol. **36**, 54) 1895.
[4]) M. Krüger u. P. Schmidt, Berichte d. deutsch. chem. Gesellsch. **32**, 2677 (1899).
[5]) M. Krüger, Berichte d. deutsch. chem. Gesellsch. **32**, 2818 (1899).
[6]) Salant u. Rieger, U. S. Dep. of Agric., Bureau of Chem., Bull. 157, S. 20.
[7]) A. Strauch, Vierteljahrsschr. f. prakt. Pharmazie **16**, 174 (1867); zit. nach Schneider.
[8]) N. Schutzkwer, Das Coffein und sein Verhalten im Tierkörper. Diss. Königsberg 1882, S. 14.

Rost[1]) fand nach subcutaner Injektion von 20 cg Coffein 12,0—21,3% im Harn der folgenden 3—5 Tage wieder. Die tetanisierende Wirkung des Coffeins wurde in diesen Versuchen durch Paraldehyd herabgesetzt.

Albanese[2]) fand im Harn von 3 Kaninchen, die im Laufe von 3 Tagen zusammen 4,5 g Coffein erhielten, 0,104 g von einem Stoff, der die Reaktionen der Xanthingruppe aufwies. Der Farbenreaktion gemäß meinte er, daß es sich wesentlich um Xanthin handele, und daß kein Monomethylxanthin vorhanden war. Nach intravenöser Injektion von 20 cg Coffein wurden 6,7% im Harn der folgenden $4\frac{1}{2}$ Stunden wiedergefunden.

Krüger[3]) fand nach Eingabe von 12 g Coffein per os im Laufe von 23 Tagen an Kaninchen Paraxanthin, Heteroxanthin und 1-Methylxanthin im Harn. Dagegen enthielt dieser keine Spur von 3-Methylxanthin noch von Xanthin.

Salant und Rieger[4]) haben eine große Reihe Versuche angestellt über die Coffeinausscheidung teils bei subcutaner Injektion, teils bei Eingabe per os. Sie fanden 1,72—14,025% der eingegebenen Coffeinmenge im Harn wieder, jedoch steht erstere Zahl als isolierter niedriger Fund da. Bereits in der ersten Stunde waren bedeutende Mengen ausgeschieden. Die Hauptmenge von Coffein wurde im Laufe der ersten 24 Stunden ausgeschieden, in den folgenden 24 Stunden wurden bei der Mehrzahl der Versuche nur Spuren ausgeschieden. In einer einzelnen Versuchsreihe wurde jedoch noch am 3. Tage nach der Injektion 1,65% der eingegebenen Coffeinmenge ausgeschieden. Bei einem Futter, das reichliche Diurese hervorruft, wird mehr Coffein ausgeschieden als bei einem Futter mit geringem Wassergehalt.

Beim Kaninchen wird also bedeutend mehr Coffein im Harn wiedergefunden als bei Hunden, jedoch wurden höchstens ca. 20% der eingegebenen Menge wiedergefunden. Die Demethylierung geschieht — im Gegensatz zu Hunden — am leichtesten bei der 3-Methylgruppe, und es treten daher im Harn Paraxanthin und 7- und 1-Methylxanthin auf.

Meerschweinchen. Strauch wies nach, daß nach toxischen Coffeindosen im Harn Coffein ausgeschieden wird. Salant und Rieger fanden nach subcutaner Injektion in den ersten 24 Stunden 4,84—8,43%, in den folgenden 24 Stunden 0,55—1,56% der eingegebenen Coffeindosis im Harn wieder.

Katze. Strauch und Schneider wiesen Coffein im Harn nach, nachdem dieser Stoff per os eingegeben worden war. Salant und Rieger fanden nach subcutaner Injektion von 0,1 g pro kg nach 24 Stunden im Harn 0,888%, in den Faeces 0,247%, im Ventrikel 0,140% und im Darm 0,140% der injizierten Coffeindosis wieder. Sie fanden also im ganzen nur 1,415% unverändertes Coffein wieder.

Ratte. Nach subcutaner Injektion von Coffein an Ratten fanden Bock und Bech Larsen[5]) 4% der injizierten Coffeinmenge im Harn.

Mensch. Aubert[6]) wies Coffein nach Coffeingenuß im Harn nach, dagegen gelang es Dragendorff[7]) nicht nach Kaffeegenuß und Hammarsten[8]) nicht nach Einnahme kleiner Coffeinmengen, diesen Stoff im Harn nachzuweisen.

1) E. Rost, Archiv f. experim. Pathol. u. Pharmakol. **36**, 61 (1895).
2) Albanese, Archiv f. experim. Pathol. u. Pharmakol. **35**, 459 (1895).
3) M. Krüger, Berichte d. deutsch. chem. Gesellsch. **32**, 3336 (1899).
4) W. Salant u. J. B. Rieger, U. S. Dep. of Agric. Bureau of chem. Bull. 157 (1912).
5) J. Bock u. Bech Larsen, Arch. f. experim. Pathol. u. Pharmakol. **81**, 15 (1917).
6) H. Aubert, Archiv f. d. ges. Physiol. **5**, 626 (1872).
7) G. Dragendorff, Beiträge z. gerichtl. Chemie, S. 108 (1871); zit. nach Schneider.
8) O. Hammarsten, Neue Jahrb. f. Pharmazie **35**, 39 (1871); zit. nach Schneider.

Schneider konnte bei gewöhnlicher Diät Coffein im Harn nur nach 50 cg per os nachweisen, dagegen nicht nach kleineren Dosen. Wenn dagegen reichlich Flüssigkeit eingenommen wurde, so daß die Diurese gesteigert wurde, gelang der Nachweis nach 20 cg. Albanese[1]) fand nach Kaffee und Tee kein Coffein im Harn, dagegen eine aus Xanthinkörpern bestehende Substanz. Nach 2 g Coffein im Laufe von 3 Tagen fand er 0,2 g einer Substanz, die dem N-Gehalt nach dem Dimethylxanthin entsprach, dagegen nur qualitativ nachweisbare Mengen von Coffein. Rost[2]) fand nach 0,25 g Coffein im Harn von 24 Stunden nur qualitativ nachweisbares Coffein. Nach 0,5 g Coffein fand er im Harn 0,45% und 0,6% wieder. Burian und Schur[3]) bestimmten an einem Individuum bei Fleischdiät den Einfluß des Kaffeegenusses auf den Gehalt des Harns an „Purinbasen" und Harnsäure. Sie bestimmten die Purinbasen durch Fällung in ammoniakalischer Flüssigkeit mit Silbernitrat. Bei diesem Verfahren werden Coffein und Theobromin nicht gefällt, wie auch nicht bei Krügers Fällung mit Kupfersulfat und Natriumbisulfit. Wir bezeichnen im folgenden als „Purinbasen" die durch obengenannte Fällungsmittel nach Entfernung der Harnsäure gefundenen Xanthinderivate, Coffein und Theobromin also nicht mit einbegriffen. Burian und Schur fanden bei ihren Versuchen eine Vermehrung der „Purinbase" N im Harn, die 35—40% von der im eingenommenen Kaffee vermeintlich enthaltenen Coffeinmenge entsprach. Die Harnsäureausscheidung war in der Kaffeeperiode nicht vermehrt worden. Die Coffeinmenge des Harns wurde nicht bestimmt. Krüger und Schmidt[4]) fanden bei einem Individuum bei konstanter, fleischhaltiger Diät nach Eingabe von variierenden Coffeinmengen folgende Werte der Vermehrung der „Purinbase" N im Harn, berechnet in Prozenten der einverleibten Coffeinmenge:

Von 0,05 g Coffein wurden 33,3% als „Purinbasen" wiedergefunden
„   0,1 g „   „   28%   „   „   „
„   0,2 g „   „   19,3% „   „   „

Die Harnsäuremenge wurde nicht vermehrt. Levinthal[5]) fand nach Eingabe von 1,5 g Coffein per os in 6 Gaben bei einem Menschen bei purinfreier Diät im Harn der folgenden 48 Stunden eine Vermehrung der „Purinbase" N, die 19,6% der eingegebenen Coffeinmenge entsprach. Es lag starke Vermehrung der Diurese und einige Vermehrung der Harnsäuremenge vor. Nach subcutaner Injektion von 3,2 g Coffein natr.-citr., d. h. 1,59 g Coffein, wurde im Harn der folgenden 48 Stunden eine Vermehrung der „Purinbase" N nachgewiesen, die 14,5% der einverleibten Coffeinmenge entsprach. In diesem Falle war die Diurese nur wenig vermehrt und die Harnsäureausscheidung nicht gesteigert.

Im menschlichen Organismus wird demgemäß nur ein sehr geringer Teil des einverleibten Coffeins unverändert ausgeschieden — bei kleineren Gaben wohl kaum 1%; annehmbar 10—35% werden als „Purinbasen" ausgeschieden, deren Natur nicht bekannt ist.

Theobromin. Mitscherlich[6]) konnte nach Eingabe von Theobromin dasselbe im Harn seiner Versuchstiere nachweisen und hat damit dargetan, daß wenigstens ein Teil des Theobromins den Körper unverändert passiert. Trotz der Schwer-

---

[1]) M. Albanese, Archiv f. experim. Pathol. u. Pharmakol. **35**, 460 (1895).
[2]) E. Rost, Archiv f. experim. Pathol. u. Pharmakol. **36**, 63 (1895).
[3]) R. Burian u. H. Schur, Archiv f. d. ges. Physiol. **80**, 321 (1900).
[4]) M. Krüger u. J. Schmid, Zeitschr. f. physiol. Chemie **32**, 107 (1901).
[5]) W. Levinthal, Zeitschr. f. physiol. Chemie **77**, 259 (1912).
[6]) A. Mitscherlich, Der Cacao und die Chokolade. Berlin 1859.

löslichkeit scheint doch die Resorption des Theobromins recht vollständig zu verlaufen und fängt recht schnell an. So fand Schneider[1]) an Menschen 3 Stunden nach Eingabe von Theobromin eine deutliche und nach 6 Stunden eine starke Murexidreaktion in der Chloroformausschüttelung des Harns. Die Reaktion ergab sich nach kleineren Mengen Theobromin als Coffein, und die Ausscheidung erstreckte sich über eine längere Zeit als beim Coffein. Auch die großen Ziffern des freien Theobromins und der „Purinbase" N im Harn nach Einnahme von Theobromin deuten daraufhin, daß die Resorption eine recht vollständige ist. Merkwürdigerweise fand Rost nach Eingabe des leichtlöslichen Diuretins weniger Theobromin im Harn als nach Eingabe von reinem Theobromin (siehe unten). Da auch die Spaltung des Theobromins bei den verschiedenen untersuchten Tierarten verschieden ist, wird es notwendig sein, die Tierarten je für sich zu besprechen.

Hund   Albanese[2]) fand nach Eingabe von 10 g Theobromin im Laufe von 10 Tagen im Harn 2 g einer Substanz, deren Eigenschaften mit denen des nach Coffeineingabe gefundenen 3-Methylxanthins übereinstimmten. Es wurden im Harn 6% unverändertes Theobromin wiedergefunden. In den Faeces ließ sich durch Extraktion mit Alkohol eine geringe Menge eines Murexidreaktion ergebenden Stoffes nachweisen.

Rost (l. c.) fand nach Eingabe von 2 g Diuretin per os bei Hunden nach 43—50 Stunden im Harn 25% und 10,5% der Theobrominmenge. Bei Eingabe von 1 g Theobromin fand er in einem Versuch nach 48 Stunden 23% und in einem anderen Versuch nach 60 Stunden 31,8% im Harn wieder. Bei Rosts Versuchen wurde außerdem die Menge der mit ammoniakalischer Silberlösung fällbaren Stoffe bestimmt. Diese Größe, die in normalem Harn nur gering war, war bedeutender bei den Theobrominversuchen und betrug bei einem vereinzelten Versuch eine etwa $2/3$ des ausgeschiedenen Theobromins entsprechende Menge.

Bondzynski und Gottlieb[3]) fanden nach Eingabe von Theobromin bei einem Hunde 6,2% als „Purinbasen" wieder, nach einer Analyse wesentlich Monomethylxanthin.

Krüger und Schmidt[4]) gaben im Laufe von 12 Tagen einem Hunde 20 g Theobromin per os ein. Im Harn wurden von der einverleibten Theobrominmenge

51,35% als Theobromin,
2,897% als 3-Methylxanthin,
0,625% als 7-Methylxanthin

wiedergefunden.

Das Theobromin passiert also bei Hunden in bedeutender Menge — oft 25—50% — unverändert durch den Organismus. Ein Teil wird als Monomethylxanthin ausgeschieden, im wesentlichen — da die 7-Methylxanthingruppe im Organismus des Hundes am leichtesten angegriffen wird — als 3-Methylxanthin. Beim Theobromin ist indessen der Gehalt des Harns an „Purinbasen" verhältnismäßig gering. Nur Albanese fand 20% als „Purinbasen" wieder, aber andererseits wurde bei seinen

---

[1]) R. Schneider, Über das Schicksal des Coffeins und Theobromins im Tierkörper. Diss. Dorpat 1884.
[2]) M. Albanese, Archiv f. experim. Pathol. u. Pharmakol. **35**, 465 (1895).
[3]) S. Bondzynski u. Gottlieb, Archiv f. experim. Pathol. u. Pharmakol. **36**, 45 (1895).
[4]) M. Krüger u. P. Schmidt, Berichte d. deutsch. chem. Gesellsch. **32**, 2677 (1899).

Versuchen nur 6% unverändertes Theobromin ausgeschieden. Einen Teil des eingegebenen Theobromins gelang es nicht, als Xanthinderivate im Harn wieder-zufinden; dieser Teil scheint aber bedeutend geringer zu sein als beim Coffein.

Kaninchen. Rost (l. c.) fand nach Eingabe von 1 g Diuretin per os 4% und 7,8%, nach Eingabe von 2 g Diuretin 12,5% und 17,7% des einverleibten Theobromins im Harn wieder. Nach 0,5 g Theobromin fand er 28% und 23% wieder. Auch bei diesen Versuchen wurde außerdem die Menge der mit ammo-niakalischer Silberlösung fällbaren Stoffe bestimmt; sie war recht schwankend, erreichte aber in einigen Versuchen dieselbe Größe wie das ausgeschiedene Theo-bromin. Dies war z. B. der Fall in dem Versuche, wo 23% Theobromin wieder-gefunden wurden.

Bondzynski und Gottlieb[1]) fanden bei Eingabe von Theobromin per os im Harn bedeutende Mengen von Monomethylxanthin, das sich bei späteren Untersuchungen[2]) als Heteroxanthin herausstellte. Nach Eingabe von 1,5 g Theobromin fanden sie im Harn der folgenden 48 Stunden 19% Theobromin wieder, während 24,6% in Heteroxanthin umgewandelt waren. Xanthin wurde nicht als Spaltungsprodukt des Theobromins nachgewiesen.

Krüger und Schmidt[3]) fütterten 18 Tage Kaninchen mit 30 g Theo-bromin. Im Harn fanden sie 16,05% unverändertes Theobromin wieder, während 14,31% in Heteroxanthin und 0,91% in 3-Methylxanthin umgewandelt war.

Beim Kaninchen sind also bis 28% Theobromin unverändert im Harn wiedergefunden worden. Da die 3-Methylgruppe im Orga-nismus des Kaninchens am leichtesten angegriffen wird, findet man außerdem 7-Methylxanthin, das in bedeutender, bis ¼ der eingegebenen Theobrominmenge entsprechender Menge nachge-wiesen worden ist. Bis etwa 50% des Theobromins wurden als Theobromin + Heteroxanthin wiedergefunden.

Mensch. Schneider (l. c.) wies nach Eingabe kleiner Mengen Theobromin diesen Stoff im Harn nach. Er schließt aus seinen Untersuchungen, daß das Theobromin im Organismus in etwas geringerem Grade gespalten wird als das Coffein. Hoffmann[4]) fand nach Eingabe von Diuretin Theobromin im Harn, aber nicht in den Faeces vor. Rost[5]) fand nach Eingabe von 3 g Diuretin in einem Falle 20%, in einem anderen Falle 18% des gegebenen Theobromins unverändert im Harn wieder. Nach Eingabe von 1,5 g Theobromin wurden 20,7% unverändert im Harn wiedergefunden.

Bondzynski und Gottlieb[6]) isolierten nach Eingabe von Theobromin aus dem Harn einen Stoff, der sich wie Heteroxanthin verhielt. Krüger und Schmid[7]) fanden nach Eingabe von 9,3 g Theobromin bei einem Menschen in dem Harn 16,3% der einverleibten Theobrominmenge in Heteroxanthin und 8,56% in 3-Methylxanthin umgewandelt. Bei einer anderen Versuchsreihe[8]) fanden sie nach Eingabe von 0,4 g Theobromin pro Tag 2 Tage hindurch die

[1]) S. Bondzynski u. R. Gottlieb, Archiv f. experim. Pathol. u. Pharmakol. **36,** 45 (1895).

[2]) S. Bondzynski u. R. Gottlieb, Archiv f. experim. Pathol. u. Pharmakol. **37,** 385 (1896).

[3]) M. Krüger u. P. Schmidt, Berichte d. deutsch. chem. Gesellsch. **32,** 2677 (1899).

[4]) A. Hoffmann, Archiv f. experim. Pathol. u. Pharmakol. **28,** 1 (1891).

[5]) E. Rost, Archiv f. experim. Pathol. u. Pharmakol. **36,** 62 (1895).

[6]) S. Bondzynski u. R. Gottlieb, Archiv f. experim. Pathol. u. Pharmakol. **36,** 52 (1895).

[7]) M. Krüger u. J. Schmid, Archiv f. experim. Pathol. u. Pharmakol. **45,** 259 (1901).

[8]) M. Krüger u. J. Schmid, Zeitschr. f. physiol. Chemie **32,** 104 (1901).

„Purinbase" N im Harn um einen Wert vermehrt, der 47% des einverleibten Theobromins entsprach. Die Harnsäureausscheidung war nicht gesteigert.

Beim Menschen werden also etwa 20% Theobromin unverändert im Harn ausgeschieden. Durch Demethylierung bildet sich sowohl Heteroxanthin als 3-Methylxanthin, ersteres in größerer Menge. Die Menge von „Purinbasen" kann eine fast der Hälfte der eingegebenen Theobrominmenge entsprechende Größe erreichen.

Theophyllin. Krüger und Schmid[1]) gaben einem Hunde 12 g Theophyllin als Theophyllinnatrium in täglichen Gaben von 0,5—1,5 g ein. Im Harn wurden

17,5% als unverändertes Theophyllin,
17,9% als 3-Methylxanthin,
0 % als 1-Methylxanthin,
0 % als Xanthin

wiedergefunden. Der Versuch zeigt, ganz in Übereinstimmung mit dem bei den Coffeinversuchen gefundenen, daß die Demethylierung bei Hunden leichter vor sich geht bei der 1-Methylgruppe als bei der 3-Methylgruppe.

Paraxanthin. Nach Eingabe von 2 g Paraxanthin an 2 Kaninchen im Laufe von 22 Tagen fanden Krüger und Schmidt[2]) im Harn

7,9% als unverändertes Paraxanthin,
1,2% als 1-Methylxanthin

wieder. Die gefundenen Werte sind Minimalwerte; Heteroxanthin und Xanthin wurden nicht gefunden.

3-Monomethylxanthin. Albanese[3]) gibt an, daß nach intravenöser Injektion von 3-Methylxanthin an Säugetiere nur etwa $1/10$ der injizierten Menge im Harn erscheint. Wegen der Schwerlöslichkeit des Stoffes wurde derselbe in den Nierenkanälen als Krystalle ausgeschieden.

Krüger und Schmid[4]) fanden bei Kaninchen nach Verfütterung von 20,6 g 3-Methylxanthin 4,6 g, d. h. 22,4%, unverändert im Harn wieder, aber keine Spur von Xanthin.

Impens[5]) fand, daß nach Eingabe von 1 g 3-Methylxanthin per os an ein Kaninchen im Laufe von 18 Stunden ohne Vermehrung der Diurese 0,5 g, also 50% der eingegebenen Menge, im Harn ausgeschieden wurde. Andere Versuche gaben ähnliche Resultate. Impens macht darauf aufmerksam, daß dies auf keine schlechte Resorption dieses sehr schwer löslichen Stoffes deutet.

7-Methylxanthin. Bei Säugetieren erscheint nach Albanese etwa $1/10$ der intravenös injizierten Gaben im Harn.

Xanthin. Nencki und Sieber[6]) fanden bei Eingabe von Xanthin an einen Hund und Krüger und Salomon[7]) an ein Kaninchen keine Steigerung der Harnsäureausscheidung. Dagegen fanden Krüger und Schmid[8]) bei Eingabe von

---

[1]) M. Krüger u. J. Schmid, Zeitschr. f. physiol. Chemie **36**, 1 (1902).

[2]) M. Krüger u. P. Schmidt, Berichte d. deutsch. chem. Gesellsch. **32**, 2680 (1899). P. Schmidt, Über das Verhalten des Paraxanthins, des Theobromins und des 3-Methylxanthins im Organismus. Inaug.-Diss. Berlin 1904.

[3]) M. Albanese, Archiv f. experim. Pathol. u. Pharmakol. **43**, 310 (1900).

[4]) M. Krüger u. P. Schmidt, Berichte d. deutsch. chem. Gesellsch. **32**, 2680 (1899).

[5]) E. Impens, Arch. intern. de pharmacodyn. et de thér. **10**, 480 (1902).

[6]) Nencki u. Sieber, Archiv f. d. ges. Physiol. **31**, 347 (1883).

[7]) Krüger u. Salomon, Zeitschr. f. physiol. Chemie **21**, 184 (1895).

[8]) M. Krüger u. J. Schmid, Zeitschr. f. physiol. Chemie **34**, 549 (1902).

0,5 g Xanthin 3 mal im Laufe eines Tages an einem Menschen eine Vermehrung der ausgeschiedenen Harnsäure und „Purinbasen" im Harn, die bzg. 10,2% und 1% der eingegebenen Xanthinmenge entsprach. Valenti[1]) fand bei Tauben nach subcutaner Injektion von Xanthin eine Steigerung der ausgeschiedenen Harnsäuremenge. Plimmer, Dick und Lieb[2]) fanden nach Eingabe von Xanthin an einen Menschen eine Steigerung der Harnsäuremenge, die 10% des eingegebenen Xanthins entsprach. Dagegen fanden Mendel und Lyman[3]) bei Versuchen mit 2 Menschen bei purinfreier Diät eine Steigerung der Harnsäuremenge, die 53% und 46% der eingegebenen Xanthinmenge entsprach.

Schließlich hat Levinthal[4]) die Frage einer umfassenden Bearbeitung unterzogen. Seine Untersuchungen sind angestellt an 2 Menschen bei purinfreier Diät. Nach Eingabe von 4,19 g eines Xanthinpräparates fand er eine Steigerung der Harnsäureausscheidung, die 6—13% der eingegebenen Xanthinmenge entsprach. Bei einer späteren Versuchsreihe löste er erst das Xanthin in Natron und fällte es mit Säure als kolloidalen Niederschlag, der nebst Natrium bicarbonicum eingegeben wurde. Es ergab sich eine Vermehrung der Harnsäuremenge, die 38%, und eine Vermehrung der „Purinbasen" in den Faeces, die 27% des eingegebenen Xanthins entsprach — im ganzen fand er also 65% wieder. Bei Eingabe von 1,2 g des kolloidalen Xanthinpräparates in 3maliger Dosis von je 0,4 g ergab sich eine Vermehrung der Harnsäure, die 70,5%, und eine Vermehrung der „Purinbasen" im Harn, die 6% des eingegebenen Xanthins entsprach, im ganzen also 76,5%. Bei intravenöser Injektion von Xanthin an einem Kaninchen fand er 75% als Harnsäure N und „Purinbasen" N im Harn und bei einem Versuch an sich selbst, wo in Piperazin gelöstes Xanthin in eine Vene injiziert wurde, fand er 81,5% als Harnsäure und 7,5% als „Purinbase" im Harn. Er folgert aus seinen Versuchen, daß das gesamte in den Stoffwechsel des Menschen gelangte Xanthin quantitativ ohne Sprengung des Purinringes wieder ausgeschieden wird, wobei die Hauptmenge zu Harnsäure oxydiert wird und ein kleiner Rest unverändert durch den Organismus passiert.

Durch die oben besprochenen Untersuchungen ist also dargetan worden, daß das Coffein und die Dimethylxanthine zum großen Teil — bei verschiedenen Tierarten nach verschiedenen Gesetzen — demethyliert werden. Ähnliche Vorgänge sollen nach verschiedenen Forschern erfolgen, wenn man herausgenommene Organe mit den betreffenden Stoffen in vitro stehen läßt. So fand Albanese[5]), daß die Hundeleber in vitro Coffein in Monomethylxanthin abbaut, Schittenhelm[6]), daß sich beim Stehenlassen von Coffein mit wässerigem Milzextrakt Stoffe bildeten, die sich mit Kupfersulfat und Bisulfit fällen ließen. Nach Zusatz von Coffein zu zermahlenen Organen (Gehirn, Leber, Muskel und Niere), welche dann 4 Stunden hindurch bei 40° unter Luftdurchleitung im Wasserbad gehalten wurden, gelang es aber Gourewitsch[7]), die zugesetzte Coffeinmenge quantitativ wiederzufinden. Kotaki[8]) ließ zerhackte Rinderleber, mit toluolhaltigem Wasser und Coffein ausgerührt, bei Körpertemperatur stehen.

[1]) A. Valenti, Arch. ital. de biol. **39**, 203 (1903).
[2]) R. H. Aders Plimmer, M. Dick u. A. Lieb, Journ. of Physiol. **39**, 102 (1909).
[3]) L. B. Mendel u. J. F. Lyman, Journ. of biol. Chem. **8**, 137 (1911).
[4]) W. Levinthal, Zeitschr. f. physiol. Chemie **77**, 259 (1912).
[5]) M. Albanese, Arch. f. Pharmak. 1903, zit. nach Arch. ital. de biol. **42**, 479 (1904).
[6]) A. Schittenhelm, Zeitschr. f. physiol. Chemie **42**, 228 (1904).
[7]) D. Gourewitsch, Archiv f. experim. Pathol. u. Pharmakol. **57**, 217 (1907).
[8]) Y. Kotaki, Zeitschr. f. physiol. Chemie **57**, 378 (1908).

Er fand danach eine größere Menge durch ammoniakalische Silberlösung fäll-
barer Purinderivate als in Kontrollproben ohne Coffein. Bei dem gekochten
Leberauszug war diese Wirkung nicht zu beobachten. Er schließt daraus, daß
die Rinderleber ein Ferment enthält, das das Coffein abzubauen vermag. Schittenhelm[1]) hat versucht, durch Einwirkung gut harnsäurebildender Organextrakte (Rindermilz, Pferdelunge u. a. m.) auf Coffein eine größere dem um-
gesetzten Coffein entsprechende Harnsäuremenge zu erhalten; die Versuche
gaben aber kein positives Resultat. Er fand, daß überhaupt eine Entmethylie-
rung des Coffeins im größeren durch Organextrakte nicht leicht stattfindet; er
erhielt stets größere, zuweilen nahezu quantitative Mengen zurück. Valenti[2])
fand, daß sich, wenn Leberbrei nach Zusatz von Fluornatrium mit Coffein
oder Theobromin stehen gelassen wurde, bedeutende Mengen von Harnsäure
und „Purinbasen" bildeten, wohingegen Nieren und Muskeln diese Eigenschaft
nicht besaßen. Schmid[3]) fand bei Zusatz von Theophyllin zu Hundeblut und
verschiedenen zerriebenen Hundeorganen, die er mit einer Chloroform-Toluol-
mischung bei 37° stehen ließ, die Theophyllinmenge nach 24—36 Stunden vermindert. Eine Bildung von Monomethylxanthin konnte er nicht nachweisen.
Von Harnsäure fand er höchstens eine Spur.

In einem Teil der besprochenen Versuche über das Schicksal der Methylxanthine im Organismus des Menschen und der Tiere ist die Gesamtmenge der
Xanthinbasen im Harne nicht bestimmt worden. Von allen Versuchen, wo dies
geschehen ist, gilt aber, daß die Gesamtmenge der ausgeschiedenen
Xanthinbasen bei weitem nicht der eingegebenen Menge der verschiedenen Methylxanthine entspricht. Nach Theobromin werden die
größten Mengen Methylxanthine wiedergefunden, in einigen Fällen über 50%,
bei Coffein nur 25—35%. Dies Defizit zwischen der Menge eingegebener und
ausgeschiedener Xanthinbasen konnte man sich in 3 Weisen erklären, durch unvollständige Resorption, durch Zerstörung oder Überführung in andere Verbindungen oder durch Ablagerung im Organismus.

Eine unvollständige Resorption kann nach Levinthal beim Xanthin stattfinden, wo die „Purinbasen" in den Faeces bei Xanthinfütterung sehr stark zunahmen,
und sie ließe sich wohl auch bei anderen sehr schwer löslichen Xanthinbasen
denken, z. B. bei 3-Methylxanthin. Nach Eingabe von Coffein konnte dagegen,
wie erwähnt, weder Albanese noch Rost in den Faeces von Hunden Coffein
nachweisen; bei der Katze fand Schneider kein Coffein, Salant und Rieger
nur wenig (0,25%); beim Kaninchen fand Schutzkwer nur eine geringe Menge,
Salant und Rieger meist sehr wenig. Nach Eingabe von Theobromin fand
Schneider in den Faeces der Katze nichts von diesem Stoffe wieder, ebenso
Rost bei Kaninchen und Hunden, und Hoffmann fand nach Eingabe von
Diuretin beim Menschen nichts von diesem Stoffe wieder. Albanese fand nach Eingabe von Theobromin bei Hunden nur eine geringe
Menge eines Murexidreaktion ergebenden gelben Stoffes. Es kann also von
einer unvollständigen Resorption keine Rede sein.

Daß die methylierten Xanthine durch Fäulnisprozesse im Darm zerlegt
werden, ist nicht dargetan worden; im Gegenteil scheinen sie nach Schneiders
Untersuchungen mit Speisebrei recht widerstandsfähig gegen Fäulnis zu sein.

Um zu erklären, daß ein so großer Teil der einverleibten Methylxanthine
nicht wiedergefunden wird, hat man angenommen, daß sie zu Xanthin und

---

[1]) A. Schittenhelm, Therap. Monatsschr. 1910, S. 115.
[2]) A. Valenti, Arch. ital. de biol. **53**, 88 (1910).
[3]) J. Schmid, Zeitschr. f. physiol. Chemie **67**, 155 (1910).

demnächst zu Harnsäure oder anderen Verbindungen oxydiert würden, und deshalb den Xanthingehalt des Harns untersucht. Albanese fand nach subcutaner Injektion von Coffein an Kaninchen einen Stoff, den er im wesentlichen für Xanthin hielt; er hat aber, wie von Krüger und Schittenhelm hervorgehoben, keineswegs bewiesen, daß dies richtig sei. Im Gegensatz dazu fand Schutzkwer nach Coffein bei Hunden, Krüger nach Coffein bei Kaninchen, Bondzynski und Gottlieb nach Theobromin bei Kaninchen, Krüger und Schmidt nach Theophyllin bei Hunden und 3-Methylxanthin bei Kaninchen kein Xanthin im Harn. Diese Versuche besitzen jedoch keine große Beweiskraft in betreff einer weitergehenden Oxydation im Organismus, indem nach den erwähnten Versuchen von Levinthal das Xanthin im Organismus des Menschen und Kaninchens fast vollständig in Harnsäure umgewandelt wird und man also, falls die Demethylierung bis zu Xanthin gehen würde, einer gesteigerten Harnsäureausscheidung gewärtig sein müßte.

Schutzkwer fand bei einem Hund bei Fleischernährung nach Coffein einige Vermehrung der Harnsäure, der er jedoch der angewandten Methode wegen keine Beweiskraft zuspricht.

Bei Menschen fanden Burian und Schur bei gemischter Kost nach Kaffee und Krüger und Schmid[1]) nach Coffein und Theobromin keine Vermehrung der ausgeschiedenen Harnsäure. Pfeil[2]) konnte bei einem Menschen bei gemischter Kost keine sichere Wirkung von Kaffee auf die Harnsäureausscheidung nachweisen. Dagegen fand Valenti[3]) bei Versuchen an sich selbst eine bedeutende Vermehrung sowohl der Harnsäure als auch der „Purinbasen" des Harns bei Theobromin und Coffein.

Andere Untersuchungen wurden mit purinfreier Kost angestellt. Minkowski[4]) fand bei einem Menschen nach 2 g Coffein keine Steigerung der Harnsäureausscheidung. Besser[5]) fand dagegen bei einem Knaben einen Tag nach Kaffeegenuß eine bedeutende Steigerung der Harnsäureausscheidung und bei Versuchen an sich selbst nach Kaffee keine Vermehrung der Harnsäure, wohingegen 1,5 g Coffein eine bedeutende Vermehrung der Harnsäuremenge bewirkte. Nach Theobromin war die Harnsäureausscheidung dagegen vermindert. Axisa[6]) fand bei einem Fall von wahrscheinlicher Lebervenenthrombose bei purinfreier Diät bisweilen nach Theobromin eine deutliche Steigerung der Harnsäureausscheidung.

Ferner stellte Levinthal[7]) Selbstversuche bei purinfreier Diät an. Nach 1,5 g Coffein fand er eine Steigerung der Harnsäurebildung, als aber der Versuch 9 Tage später mit subcutaner Injektion derselben Gabe Coffein wiederholt wurde, fand er zwar einige Vermehrung der Harnsäuremenge, die jedoch innerhalb der Schwankungsgrenze fiel. Da die Diurese bei letzterem Versuch etwas, bei ersterem sehr stark gesteigert war, meint Levinthal, die Zunahme der Harnsäure könne lediglich die Folge der diuretischen Coffeinwirkung sein, welche Betrachtung dadurch an Kraft gewinnt, daß sich beim ersten Versuch am Tage nach der Steigerung eine ausgesprochene Verminderung der Harnsäureausscheidung ergab. Bei Menschen bei purinfreier Diät fanden Farr und

[1]) M. Krüger u. J. Schmid, Zeitschr. f. physiol. Chemie **32**, 104 (1901).
[2]) P. Pfeil, Zeitschr. f. physiol. Chemie **40**, 1 (1903).
[3]) A. Valenti, Arch. ital. de Biol. **53**, 92 (1910).
[4]) O. Minkowski, Archiv f. experim. Pathol. u. Pharmakol. **41**, 406 (1898).
[5]) Besser, Therapie der Gegenwart **50**, 321 (1909).
[6]) E. Axisa, Zentralbl. f. inn. Med. 1910, S. 113.
[7]) W. Levinthal, Zeitschr. f. physiol. Chemie **77**, 277 (1912).

Welker[1]) nach 0,39 g Coffein täglich keine Steigerung, Fauvel[2]) nach Chokolade und Kaffee sogar eine Verminderung der Harnsäureausscheidung.

Schließlich stellte Schittenhelm[3]) mit einem Hunde bei purinfreier Kost Versuche an. Er fand sowohl nach Coffein als nach Theobromin eine Vermehrung der Allantoinmenge, was hier also einer gesteigerten Harnsäureausscheidung beim Menschen entsprechen wird. Diese Vermehrung entsprach 14—17% der eingegebenen Menge Coffein und Theobromin.

Betrachtet man diese große Reihe von Untersuchungen und die höchst verschiedenen Resultate, die von den verschiedenen Forschern gewonnen wurden, so sieht man, daß es unmöglich ist, sie unter einem gemeinsamen Gesichtspunkt zusammenzustellen. Ich glaube, man muß sagen, daß den vielen negativen Ergebnissen gegenüber noch kein entscheidender Beweis dafür geliefert worden ist, daß die Methylxanthine im normalen Organismus zu Xanthin und Harnsäure abgebaut werden, und es liegt am nächsten, anzunehmen, daß die Hauptmenge des Coffeins im Organismus, vielleicht nach teilweiser Demethylierung in Harnstoff umgebildet wird, und daß die anderen Methylxanthine sich in ähnlicher Weise verhalten.

Es bleibt immerhin die Möglichkeit, daß die Methylxanthine im großen Umfange und für längere Zeit im Organismus magaziniert werden, wie dies bei Versuchen von Gourewitsch[4]) gefunden wurde. Gourewitsch fand bei 2 Tauben, von denen die eine 4, die andere 5 Stunden nach einer Coffeininjektion starb, die ganze injizierte Coffeinmenge in der Leiche wieder, und auch an einer Ratte, wo der Zeitpunkt des Todeseintrittes nach der Injektion unbekannt war, wurde die ganze injizierte Menge wiedergefunden. Demnächst hat Gourewitsch Untersuchungen angestellt über den Coffeingehalt des Organismus nach lange fortgesetzter Coffeininjektion. Beispielsweise teilen wir hier einen seiner Versuche mit. Ein Kaninchen von 2850 g wurde während 3 Monate mit subcutan injizierten zunehmenden Gaben von Coffeinum natr. salicyl. „immunisiert"; die letzten zwei Wochen erhielt es etwa 0,4 g Coffein täglich. 2 Tage nach der letzten Injektion wurde das Tier getötet. Die Organe enthielten nun:

Leber (101 g)	: 0,162 g	Coffein, d. h.	0,16%		
Niere (18 g)	: 0,058 g	„	„	„	0,32%
Wadenmuskel (20 g)	: 0,185 g	„	„	„	0,93%
Gehirn (9 g)	: 0,233 g	„	„	„	2,59%

Diese Zahlen zeigen eine enorme Magazinierung von Coffein im Organismus, namentlich in Gehirn und Muskeln. Eine Berechnung mittels obenstehender Werte wird zeigen, daß die gesamten Organe des Tieres etwa 11 g Coffein enthalten mußten. Drei andere Versuche in derselben Weise angestellt gaben ähnliche Resultate.

Salant und Rieger[5]) haben sich Gourewitsch' Methode ablehnend gegenübergestellt. Bock und Bech Larsen[6]) haben hiernach die analytische Methode von Gourewitsch durchgeprüft, aber hiermit ganz brauchbare Resultate erhalten. Sie haben hiernach eine Methode zur Bestimmung von

---

[1]) C. Farr u. W. Welker, The American Journal of the med. Sciences **143**, 411 (1912).

[2]) P. Fauvel, Comptes rendus de l'Académie **148**, 1541 (1909).

[3]) A. Schittenhelm, Therap. Monatshefte 1910, S. 115.

[4]) D. Gourewitsch, Archiv f. experim. Pathol. u. Pharmakol. **57**, 214 (1907).

[5]) Salant u. Rieger, U. S. Dep. of Agric. Bureau of Chem. Bull. **148**, 14 (1912).

[6]) J. Bock u. Bech. Larsen, Archiv f. experiment. Pathol. u. Pharmakol. **81**, 51 (1917).

Coffein in Organen ausgebildet, die teilweise mit der von Salant und Rieger zur Bestimmung von Coffein im Harn übereinstimmt. Die Methode lieferte bei einer Reihe von Kontrollbestimmungen gute Resultate. Beim Nachprüfen der Angaben von Gourewitsch kamen aber Bock und Bech Larsen zu ganz entgegengesetzten Resultaten. Erstens wurden die Verhältnisse nach einmaliger Coffeininjektion untersucht, indem an einer Serie von Ratten der Coffeingehalt des ganzen Tierkörpers zu verschiedenen Zeitpunkten nach der Coffeininjektion bestimmt wurde. Es würde wiedergefunden

nach   6 Stunden 52,6% der injizierten Coffeinmenge
  „   12   „   36,2%   „   „   „
  „   24   „   kein Coffein.

Auch an einem Kaninchen wurde 24 Stunden nach subcutaner Coffeininjektion kein Coffein in den Organen gefunden. Nach einmaliger Coffeininjektion verschwindet hiernach das Coffein schnell vom Tierkörper. Ähnliche Resultate zeigten die Versuche mit langer Zeit hindurch fortgesetzter Coffeinzufuhr. Ein Hund erhielt 50 Tage hindurch täglich 1,165 g Coffein per os. 48 Stunden nach letzter Eingabe wurde das Tier getötet; die Muskeln und das Hirn enthielten nur Spuren von Coffein. Drei Kaninchen bekamen täglich subcutan 3 Monate hindurch steigende Coffeindosen bis zu einer Tagesgabe von 14—16,7 cg pro kg; zwei der Tiere wurden 48 Stunden, das dritte 24 Stunden nach der letzten Injektion getötet. Beim letzten Tiere wurde in der Leber 0,0016% Coffein gefunden, in den übrigen Organen ebenso wie in den Organen der ersten zwei Tiere ließ sich Coffein nicht nachweisen. Die Versuche von Bock und Bech Larsen stehen also mit den Befunden von Gourewitsch in absolutem Gegensatz. Wenn man außerdem bedenkt, daß sich bei fortgesetzter Coffeinzufuhr keine eigentlich chronische Coffeinvergiftung entwickelt, und daß Tiere, die lange Zeit hindurch täglich große Coffeindosen erhalten haben, bei Steigerung der Dosis um wenige Zentigramm fast genau wie normale Tiere, denen dieselbe Dosis eingespritzt wird, reagieren, darf man wohl die Behauptung einer enormen Magazinierung von Coffein bei fortgesetzter Eingabe als widerlegt betrachten und annehmen, daß das Coffein und wahrscheinlich auch die übrigen Methylxanthine sowohl bei einzelner wie bei wiederholter Eingabe schnell aus dem Körper verschwinden.

Blut. In einer Reihe von Versuchen an Kaninchen fand v. Schroeder[1]), daß während starker Diurese der prozentige Gehalt von Trockensubstanz des Blutes deutlich zunimmt. Setzen wir die Trockensubstanz des Blutes = 100, so war die mittlere Zunahme 10%; gegen Ende der Diurese nahm der prozentige Trockengehalt des Blutes wieder seinen ursprünglichen Wert an. Loewi[2]) hat mittels Hämoglobinbestimmungen nach Fleischl-Miescher bestätigt, daß auf der Höhe der durch intrastomachale Coffeinverabfolgung hervorgerufenen Diurese eine Eindickung des Blutes stattfand.

Weber[3]) fand an Kaninchen, deren Nieren abgebunden waren, nach intravenöser Theophyllininjektion eine Verdünnung des Blutes, gleichzeitig aber eine Vermehrung des Aschen- und Kochsalzgehaltes. Gaisböck[4]) fand dagegen, daß die Änderung der Wasser- und Kochsalzkonzentration des Blutes nach einem Aderlaß, dem die Injektion eines Diureticums der Purinreihe unmittelbar folgte,

---

[1]) W. v. Schroeder, Archiv f. experim. Pathol. u. Pharmakol. **24**, 85 (1887).
[2]) O. Loewi, Archiv f. experim. Pathol. u. Pharmakol. **53**, 17 (1905).
[3]) S. Weber, Deutsche med. Wochenschr. 1906, S. 1250.
[4]) F. Gaisböck, Archiv f. experim. Pathol. u. Pharmakol. **66**, 387 (1911).

sich der nach einem einfachen Aderlaß erfolgenden völlig gleich vollzog. P. Spiro[1]) fand während der Theophyllindiurese eine Verminderung der Kochsalzkonzentration des Serums und eine bedeutende Abnahme des Wassergehalts des Blutes. Auch bei nierenlosen Tieren traten nach Theophyllin ähnliche Wirkungen ein. Zanda[2]) fand bei Hunden, daß die Harnstoffmenge des Blutes nach Coffein zunahm, wie auch die Viscosität des Blutes nach Coffein und Diuretin gesteigert wurde. Die nach ihm wie auch nach früheren Forschern unter diesen Umständen auftretende Hyperglykämie wird unter den Sekretionen besprochen.

Nach W. Frey[3]) bewirkt Diuretin (ebenso wie Adrenalin und Pilocarpin) unter geeigneten Bedingungen einen raschen Anstieg der Lymphocyten des Blutes.

Bonnamour und Roubier[4]) geben an, daß nach großen, intravenösen Theophyllininjektionen eine verminderte Resistenz der roten Blutkörperchen gegenüber schwachen Salzlösungen auftritt.

Zentralnervensystem. Während die Wirkungen der verschiedenen Methylxanthine auf das Muskelsystem, des Herzens und der Niere ganz derselben Natur sind, gilt dieses nicht von ihren Wirkungen auf das Zentralnervensystem, auf welches das Coffein eine starke Erregung, die übrigen Methylxanthine nur eine mäßige oder fast gar keine Erregung ausüben. Wir werden zuerst die Wirkung des Coffeins auf das Zentralnervensystem besprechen.

Die vom Coffein hervorgerufene Erregung des Zentralnervensystems betrifft sämtliche Abteilungen desselben, die jedoch bei den verschiedenen Tiergattungen mit verschiedener Intensität beeinflußt werden. Beim Menschen wird in hervorragendem Grade das Großhirn und ganz besonders dessen psychische Funktionen betroffen; schon kleine Gaben haben eine ausgesprochen belebende Wirkung, die sich ja bekanntlich auch beim Genuß von coffeinhaltigen Getränken deutlich kundgibt. Die stimulierende Wirkung läßt sich besonders leicht bei einer leichten Depression der geistigen Tätigkeit konstatieren; so trinkt man ja Kaffee und Tee morgens, um die Mattigkeit nach dem Schlaf zu überwinden. Auch bei geistiger Ermüdung macht die stimulierende Wirkung des Coffeins sich in hervortretendem Grade geltend, wird ja die Schläfrigkeit durch Kaffee bekämpft, und bei vielen Menschen tritt, wenn abends starker Kaffee getrunken wird, Insomnie ein. Auch bei der Einwirkung von Narkoticis macht sich die stimulierende Wirkung des Coffeins auf Menschen deutlich geltend. Die stimulierende Wirkung des Coffeins auf eine Reihe der Funktionen des Großhirns ist auch experimentell nachgewiesen worden. So beobachtete Kremer[5]) nach Kaffee und Coffein eine Erhöhung des Raumsinnes um ganz beträchtliche Werte; die Wirkung war recht anhaltend; so war sie in einem Falle nach 35 cg Coffein noch am folgenden Tage nachweisbar. Dietl und Vintschgau[6]) fanden nach großen Kaffeegaben die Reaktionszeit der Tastempfindung häufig auffallend verkürzt; auch diese Wirkung war recht anhaltend. Hoch und Kraepelin[7]) fanden, daß der Ablauf gewohnheitsmäßiger Assoziationen durch das Coffein gesteigert wird.

---

[1]) P. Spiro, Archiv f. experim. Pathol. u. Pharmakol. **84**, 123 (1918).
[2]) G. Zanda, Arch. ital. de biol. **47**, 299 (1907).
[3]) W. Frey, Zeitschr. f. d. ges. experim. Medizn **2**, 1. Zit. nach Zentralbl. f. Physiol. **28**, 273 (1918).
[4]) S. Bonnamour u. C. Roubier, Arch. de physiol. et de pathol. générale **13**, 900 (1911).
[5]) F. Kremer, Archiv f. d. ges. Physiol. **33**, 271 (1884).
[6]) M. J. Dietl u. M. v. Vintschgau, Archiv f. d. ges. Physiol. **16**, 316 (1878).
[7]) A. Hoch u. E. Kraepelin, Psychologische Arbeiten, herausg. v. Kraepelin **1**, 378 (1896).

Die erregende Wirkung des Coffeins macht sich auch gegenüber physischer Ermüdung geltend, auch wird man sehen, daß die Arbeitsleistung, durch ergographische Messungen bestimmt, bei Coffeineingabe zunimmt, was unter allen Umständen teilweise wohl mit einer zentralen Erregung in Verbindung steht. Diese Untersuchungen werden bei der Muskulatur besprochen.

Nach großen Coffeingaben, 1 g oder mehr, werden beim Menschen Unruhe, Zittern, Kopfschmerzen, Unstetigkeit der Gedanken, Gedankenflucht, auch leichte Verwirrung und mäßige Delirien beobachtet. Auch die Zentren der Medulla oblongata werden bei kleinen Coffeingaben nachweisbar erregt. Wirkungen auf die Medulla spinalis sind beim Menschen unzweifelhaft vorhanden, treten aber in den Hintergrund im Vergleich zu der durch relativ kleine Gaben hervorgerufenen, cerebralen Erregung.

Auch an verschiedenen warmblütigen Tieren ist eine psychische Erregung deutlich zu beobachten; hier treten aber die Wirkungen auf die niederen Teile des Zentralnervensystems in den Vordergrund. In der Medulla oblongata werden das Vaguszentrum, das Atmungszentrum und das vasomotorische Zentrum deutlich erregt, wie dieses bei der Zirkulation und der Atmung näher besprochen wird. Bemerkenswert ist, daß eine Erregung der betreffenden Zentren schon bei sehr kleinen Coffeingaben nachzuweisen ist.

Bei großen Gaben wird man bei Warmblütern eine gesteigerte Reflexerregbarkeit beobachten, und es treten Zittern der Glieder, Muskelstarre zentralen Ursprungs und schließlich Krämpfe ein, die meistens einen tetanischen Charakter annehmen, und wie die Strychninkrämpfe auf der gesteigerten Reflexerregbarkeit des Rückenmarks beruhen. Häufig beobachtet man nach großen Coffeingaben einen lange andauernden starren Zustand der Muskulatur, der bei Durchschneidung der Nerven schwindet. Die erregende Wirkung des Coffeins auf die Reflexfunktion des Rückenmarks bei kleinen Gaben wurde von Storm van Leeuwen[1]) an dekapitierten Katzen studiert. Er fand den homolateralen Beugereflex bei Coffein bis auf das 4fache gesteigert, und das Coffein wirkte antagonistisch auf die reflexherabsetzende Wirkung des Äthers und Chloroforms. Nach Uspenski[2]) und Aubert[3]) werden die Coffeinkrämpfe, nach Binz[4]) die Muskelstarre durch künstliche Respiration gehemmt oder aufgehoben, wogegen Sollmann und Pilcher[5]) keine Wirkung der künstlichen Respiration auf die Krämpfe beobachteten. Mehrmals wurde von einer Herabsetzung der Sensibilität im späteren Verlaufe der Coffeinvergiftung berichtet. Nach großen Coffeindosen tritt schließlich eine allgemeine Lähmung hervor.

Durch seine erregende Wirkung auf das Großhirn und auf das Zentrum der Medulla oblongata wirkt Coffein antidotarisch bei narkotischen Vergiftungen, wie dies Binz[4]) für die Alkoholvergiftung, Arilla[6]) für den Chloralschlaf experimentell gezeigt haben. Kaninchen, die der beiden Gehirnhemispheren beraubt waren, konnten jedoch nach Morita[7]) aus leichtem Chloralschlaf nicht erweckt werden. Pilcher[8]) fand bei Versuchen an Katzen, daß nur

---

[1]) W. Storm van Leeuwen, Archiv f. d. ges. Physiol. **154**, 307 (1913).
[2]) P. Uspenski, Archiv f. Anat., Physiol. u. wissensch. Med. 1868, S. 522.
[3]) H. Auber, Archiv f. d. ges. Physiol. **5**, 589 (1872).
[4]) C. Binz, Archiv f. experim. Pathol. u. Pharmakol. **9**, 31 (1878).
[5]) T. Sollmann u. J. Pilcher, Journ. of Pharmacol. and experim. Therap. **3**, 41 (1911).
[6]) S. Arilla, Archives internat. de pharmacodyn. **23**, 453 (1913).
[7]) Y. Morita, Archiv f. experim. Pathol. u. Pharmakol. **78**, 218 (1915).
[8]) D. Pilcher, Journ. of Pharmacol. and experim. Therap. **4**, 267 (1912).

nach kleinen oder moderaten Alkoholdosen die narkotische Wirkung des Alkohols von Coffein vermindert wurde, wogegen große Dosen Coffein bei moderaten Alkoholdosen oder Coffein in allen Dosen bei großen Alkoholdosen die Tiefe der Narkose vermehrten.

An den kaltblütigen Wirbeltieren treten die Wirkungen auf das Rückenmark in den Vordergrund. Häufig tritt bei kleinen Gaben eine Starre der Muskeln ein, die nach Durchschneidung der Nerven verschwindet und also auf einer Hypertonie des Zentralnervensystemes beruht. Bei größeren Gaben entwickeln sich tetanische Krämpfe, wie sie bei Fröschen, Nattern, Schildkröten, Eidechsen und Fischen beobachtet worden sind. Man hat früher der Rana temporaria eine Ausnahmestellung erteilt und behauptet, daß hier nach Eingabe von Coffein keine Spur von Tetanus eintritt, und daß sich erst nach 2—3 Tagen eine gesteigerte Reflexerregbarkeit bemerkbar macht. Neuere Untersuchungen von Jacobj und Golowinski, wie auch von Secher, haben gezeigt, daß auch bei diesen Tieren 15—30 Minuten nach einer Injektion einer angemessenen Coffeingabe tetanische Krämpfe entstehen. Diese Untersuchungen werden bei der Muskelwirkung des Coffeins näher erörtert.

An Fröschen mit durchtrenntem Rückenmark fand Meihuizen[1], daß nach 5—10 mg Coffein die Erregbarkeit gegenüber chemischen Reizen stark abnimmt, wogegen häufig eine unzweifelhafte Erregbarkeitserhöhung gegenüber mechanischen Reizen auftritt. Sano[2] sah, daß in einem Stadium der Coffeinwirkung, wo die Frösche auf leichte, mechanische Reize mit Reflexkrämpfen reagierten, sich chemische Irritamente und sensible Reize, wie Durchschneidung der Schwimmhaut oder des Magendarmkanals unwirksam oder fast unwirksam zeigten. Ebenso verhielten sich die Tiere bei Strychninvergiftung. Sano vermutet, daß nach Coffein und Strychnin erst ein Stadium erhöhter Erregbarkeit der zentralen Schmerzelemente im Rückenmark eintritt, daß dieses aber sehr kurzdauernd ist und von einem Stadium verminderter Erregbarkeit abgelöst wird, während das Stadium der erhöhten Erregbarkeit der Tastelemente erst spät und nach großen Gaben in den Lähmungszustand übergeht. Secher konnte Sanos Ergebnisse bestätigen.

Das Theophyllin ruft wie das Coffein eine erhöhte Reflexerregbarkeit hervor, doch fand Dreser[3] bei seinen Untersuchungen an Fischen diese Wirkung weit weniger ausgesprochen als bei Coffein. An Fröschen sah Schmidt[4] nach Theophyllin Krämpfe. An warmblütigen Tieren werden große Theophyllingaben tetanische Krämpfe hervorrufen; Dreser fand, daß bei der Kombination des Theophyllins mit Hedonal an Katzen die Krämpfe zwar nicht gänzlich unterdrückt, sondern in ihrer Heftigkeit beschränkt wurden, und die Katzen hatten sich am folgenden Morgen von einer sonst tödlichen Theophyllingabe vollständig erholt (ebenso verhielt sich das Coffein). Auch wurden an warmblütigen Tieren Bewegungsdrang, Unruhe und gesteigerte Atmungsfrequenz[5] beobachtet, was wohl mit einer Erregung des Gehirns und des verlängerten Marks in Verbindung steht. An Menschen wurden in einer Reihe von Fällen nach Theophyllin Krämpfe beobachtet, Schmiedeberg[6] meint jedoch, es handle sich in diesen Fällen nicht um eine Theophyllinwirkung, gibt jedoch zu, daß dem

[1] S. Meihuizen, Archiv f. d. ges. Physiol. 7, 201 (1873).
[2] T. Sano, Archiv f. d. ges. Physiol. 124, 381 (1908).
[3] H. Dreser, Archiv f. d. ges. Physiol. 102, 1 (1904).
[4] Schmidt, Bull. général de thérap. 146, 220 (1903).
[5] Pouchet u. Chevalier, Bull. général de thérap. 146, 615 (1903).
[6] O. Schmiedeberg, Deutsches Archiv f. klin. Med. 82, 395 (1905); hier Literatur.

Theophyllin am Menschen in therapeutischen Gaben eine erregende Wirkung auf das Nervensystem zukommt.

Die Wirkung des Theobromins auf das Zentralnervensystem ist noch weit weniger ausgesprochen. An Fröschen konnten Buchheim und Eisenmenger[1]) nach Theobromin keine Krämpfe konstatieren. Filehne[2]) fand nach großen Theobromingaben an Eskulenten keine reflektorischen Streckkrämpfe, bei kleinen Gaben war eine gesteigerte Reflexerregbarkeit wenigstens nicht hervortretend. An Temporarien fand Filehne nur herabgesetzte Reflexerregbarkeit. Jacobj und Golowinski haben jedoch angegeben, daß das Theobromin bei Fröschen stärker reflexsteigernd wirkt als das Theophyllin.

An Warmblütern sahen die meisten Forscher nur sehr geringfügige Erscheinungen von seiten des Zentralnervensystems. So gibt v. Schroeder[3]) an, daß bei Kaninchen sogar bei letalen Theobromingaben nur bei sehr rascher Resorption Krämpfe eintreten, daß die Tiere aber meistens unter der Erscheinung zentraler Lähmung zugrunde gehen, und er bezeichnet das Theobromin im Vergleich zum Coffein als kaum nennenswert zentralerregend. Auch am Menschen wurde von Gram[4]) bei Verabreichung von großen Theobromingaben (4 g Theobromin oder 6 g Theobrom. natr. salicyl. pro die) keine Beeinflussung des Zentralnervensystems beobachtet.

An Fröschen konnte Salomon[5]) nach Eingabe von Paraxanthin keine gesteigerte Reflexerregbarkeit konstatieren, dagegen fand er an Mäusen Muskelzuckungen und gesteigerte Reflexerregbarkeit bis zu starkem Tetanus.

An Fröschen rufen nach Albanese[6]) 3- und 7-Methylxanthin hauptsächlich eine allgemeine Lähmung hervor, welcher ein schwacher Tetanus vorausgehen kann. Der Tetanus kann ausbleiben, besonders häufig bei 7-Methylxanthin. An Hunden rief das 3-Methylxanthin bei intravenöser Injektion klonische und tonische Krämpfe hervor. Nach 7-Methylxanthin traten niemals Krämpfe auf, die Reflexe waren niemals erhöht, die Vergiftung verlief unter Lähmungserscheinungen.

Von den Methylxanthinen wirkt also das Coffein am stärksten erregend auf das Zentralnervensystem, und unter den Dimethylxanthinen scheint das Theophyllin am stärksten und das Theobromin am schwächsten zu wirken. Von den beiden untersuchten Monomethylxanthinen hatte 7-Methylxanthin die schwächsten Wirkungen. Es scheint hiernach, daß die erregende Wirkung der Methylxanthine bei den an der Stelle (1) des Moleküls methylierten Verbindungen am stärksten, bei den an der Stelle (7) des Moleküls methylierten Verbindungen am schwächsten auftritt.

Kreislauf. Es liegen eine große Reihe Untersuchungen vor über die Wirkungen der Methylxanthine auf den Kreislauf; es ist aber bis jetzt nicht gelungen, gemeinschaftliche Gesichtspunkte zu erreichen; die verschiedenen Anschauungen stehen einander noch schroff gegenüber. Betrachten wir zuerst die Wirkung der Methylxanthine auf die Zirkulation der Kaltblüter.

Die ersten Untersucher haben bei coffeinvergifteten Fröschen am Herzen in situ recht starke Wirkungen beobachtet. So fand Albers[7]) bei coffein-

---

[1]) Buchheim u. Eisenmenger, Beiträge z. Anat. u. Physiol. von Eckhard **5**, 118 (1870).

[2]) W. Filehne, Archiv f. Anat. u. Physiol. 1886, 72.

[3]) W. v. Schroeder, Archiv f. experim. Pathol. u. Pharmakol. **24**, 85 (1887).

[4]) C. Gram, Therap. Monatshefte 1890.

[5]) G. Salomon, Zeitschr. f. physiol. Chemie **13**, 187 (1889).

[6]) M. Albanese, Archiv f. experim. Pathol. u. Pharmakol. **43**, 305 (1900).

[7]) Albers, Deutsche Klinik **4**, 577 (1852).

vergifteten Fröschen, die er öffnete, nachdem die Muskulatur erstarrt war, das Herz blaß, zusammengezogen und steif. Stuhlmann und Falck[1]) meinen, daß das Coffein einen gewaltigen Einfluß auf das Herz ausübt, indem es dasselbe bald nach vorhergehender Retardation der Frequenz zum Stillstand bringt. Voit[2]) fand dagegen, daß das Froschherz mehrere Stunden nach dem Tode des Tieres schlug; zu Anfang der Vergiftung vermehren sich die Herzschläge, werden aber bald weniger zahlreich und arhythmisch, und Leven[3]) gibt an, daß das Coffein, während es direkt an einem Muskel appliziert dessen Kontraktionsvermögen vollständig zerstört, das Herz nicht verändern und dessen Kontraktionen nicht zum Stillstand bringen wird. Johannsen[4]) sah nach Injektion von 1 cg Coffein überhaupt keine Wirkung; nach 4—5 cg an curarisierten Fröschen sah er nur eine ganz geringe Abnahme der Frequenz. Buchheim und Eisenmenger[5]) sahen am coffeinvergifteten Frosche die Herzkontraktion lange fortdauern, nachdem sonst alle Lebenszeichen aufgehört hatten, und Aubert[6]) fand die Einwirkung auf das Froschherz immer wenig hervortretend, am häufigsten wurde nach großen Gaben eine allmähliche Abnahme der Frequenz beobachtet. Auch Filehne[7]) betont, daß der Herzmuskel sowohl bei Eskulenten als auch bei Temporarien viel widerstandsfähiger ist gegen die erstarrende Kraft des Coffeins — wie auch des Theobromins — als die übrige Muskulatur; bei völlig erstarrten Körpermuskeln vollzog der Herzmuskel noch in prompter Weise Systole und Diastole, es kam am leichtesten zu diastolischem Stillstand durch Theobromin bei Temporarien, weniger leicht durch Coffein bei Temporarien, noch weniger leicht durch Theobromin bei Eskulenten und am schwersten durch Coffein bei Eskulenten.

Wagner[8]) sah nach 1 cg Coffein eine geringe Zunahme der Frequenz und etwas gesteigerte Energie der einzelnen Herzkontraktionen. Bei größeren Gaben nahm die Pulsfrequenz ab, und schließlich stand das Herz in Systole still. Baldi[9]) fand bei Versuchen mit dem Froschherzen in situ, daß kleine Mengen Coffein imstande waren, die Anzahl der Herzkontraktionen zu vermehren und sie kräftiger zu machen, dagegen war Xanthin dem Froschherzen gegenüber durchaus inaktiv.

Am isolierten Froschherzen wurden die ersten Untersuchungen von Johannsen angestellt, der fand, daß ein herausgenommenes Froschherz in 0,5proz. Chlornatriumlösung, die Coffein enthielt, erst eine kolossale, $1/2$—1 Minute dauernde Vermehrung der Herzschläge, dann Verlangsamung und schließlich Stillstand in kontrahiertem Zustande zeigte. Mikroskopisch zeigte das Herz dieselben Veränderungen wie die übrigen Muskeln. An Fröschen, denen große Coffeingaben subcutan injiziert wurden, fand er nach eingetretenem Herzstillstand den Herzventrikel weiß, und mikroskopisch zeigte die Muskulatur keine Spur von Querstreifung. Maki[10]), der mit Williams Apparat arbeitete,

    [1]) J. Stuhlmann u. C. Ph. Falck, Virchows Archiv 11, 382 (1857).
    [2]) C. Voit, Untersuchungen über den Einfluß des Kochsalzes usw. 1860, S. 143.
    [3]) M. Leven, Arch. de physiol. norm. et pathol. 1, 182 (1868).
    [4]) O. Johannsen, Über die Wirkungen des Coffeins. Diss. Dorpat 1869, S. 25.
    [5]) Buchheim u. Eisenmenger, Eckhards Beitr. z. Anat. u. Physiol. 5, 117 (1870).
    [6]) H. Aubert, Archiv f. d. ges. Physiol. 5, 608 (1872).
    [7]) W. Filehne, Archiv f. Anat. u. Physiol. 1886, S. 80.
    [8]) R. Wagner, Experimentelle Untersuchungen über den Einfluß des Coffeins auf Herz und Gefäßapparat. Diss. Berlin 1885, S. 33.
    [9]) D. Baldi, Arch. ital. de biol. 17, 327 (1892).
    [10]) R. Maki, Über den Einfluß des Camphers, Coffeins und Alkohols auf das Herz. Diss. Straßburg 1884, S. 36.

fand bisweilen eine geringe, schnell vorübergehende Drucksteigerung, oft gar keine Veränderung des Druckes, sowie keine deutliche Veränderung der Pulsfrequenz. Die angewandte Coffeinkonzentration scheint sehr gering gewesen zu sein. Dreser[1]) benutzte ebenfalls Williams Apparat; er bestimmte zuerst die optimale Belastung (meistens 20—30 cm), dann bei dieser die absolute Kraft des Herzens und das Pulsvolumen bei Überbelastung = Null. Bei einem Zusatz von Coffein 1 : 20 000 zur Nährflüssigkeit (verdünntem Blut) fand er eine Steigerung der absoluten Kraft, auch das Pulsvolumen bei Überbelastung Null fand er vergrößert, aber nur in äußerst geringem Grade. Frank und Weinland[2]) wandten Franks Froschherz-Apparat an, wobei, im Gegensatz zu Dresers Versuchsanordnung, das Herz in Diastole keinem Belastungsdrucke unterworfen ist. Sie fanden am isolierten Froschherzen bei einer Coffeinkonzentration von 1 : 20 000 — derselben Konzentration wie sie Dreser benutzte — in der Regel keine Veränderung des absoluten Druckes. Dagegen fanden sie eine sehr bedeutende Verminderung der Pulsfrequenz und gleichzeitig trat eine Vermehrung des Pulsvolumens ein, die nach den Verfassern in einigen Fällen so weit ging, daß das in der Zeiteinheit ausgeworfene Volumen stieg. Da dieses aber auch bei Versuchen, bei denen spontan eine Verlangsamung des Herzschlages eintrat, der Fall war, sehen die Verfasser in der Steigerung der in einer Zeiteinheit ausgetriebenen Blutmenge nur eine Begleiterscheinung der Pulsverlangsamung, aber keine spezifische Coffeinwirkung.

Kakowski[3]) benutzte, wie Dreser, einen Williams-Apparat mit großer Belastung; als Nährflüssigkeit wurde Ringers Flüssigkeit angewandt. Bei einer Coffeinkonzentration von 1 : 20 000 sah er keine Wirkung. Bei 1 : 10 000 war die Systole energischer und länger, die Diastole und Pause kürzer, die Frequenz unverändert. Die durchströmende Flüssigkeitsmenge nahm zu, doch nicht bedeutend. Bei sehr starken Konzentrationen rief das Coffein Arhythmie, Herzschwäche, Peristaltik und fast völligen Stillstand hervor; hierbei blieb die Zahl der Herzkontraktionen in allen Versuchen unverändert.

Die erstarrende Wirkung des Coffeins auf das Herz wurde von Heubel[4]) untersucht. Er fand, daß bei direkter Applikation des Coffeins an Herzen von Rana esculenta — mag man das Herz in relativ starke Coffeinlösungen tauchen oder diese Lösungen in die Herzhöhle injizieren oder perfundieren — die vollkommene Unerregbarkeit und Starre nur sehr allmählich eintrat, so bei einem Eskulentenherzen erst nach Durchspülen von mehr als 1000 ccm einer einprozentigen Coffeinlösung. Viel leichter gelang es, an Herzen von Rana temporaria die Starre hervorzurufen. In allen Fällen gelang es, die durch Coffein starr gemachten Herzmuskeln schnell und vollkommen zu restituieren, bisweilen einfach durch Ausspülen mit 0,6proz. NaCl-Lösung, aber ausnahmslos mit einer bluthaltigen Kochsalzlösung. Impens[5]) fand, indem er Williams Apparat benutzte und die Froschherzen nach Dreser bei optimaler Belastung (12—21 cm) arbeiten ließ, bei sehr kleinen Theobromingaben, 0,004—0,005%, eine Steigerung der Pulsfrequenz und bei geringer Überbelastung eine Vermehrung des Pulsvolumens, bei größerer Überbelastung dagegen keine Steigerung oder eine schwache Verminderung des Pulsvolumens und der Arbeit, und Dreser[6])

[1]) H. Dreser, Archiv f. experim. Pathol. u. Pharmakol. 24, 233 (1887).
[2]) O. Frank u. E. Weinland, Sitzungsber. d. Gesellsch. f. Morphologie u. Physiologie in München 15, 154 (1899).
[3]) Kakowski, Arch. intern. de pharmacodyn. 15, 109 (1905).
[4]) E. Heubel, Archiv f. d. ges. Physiol. 45, 532 (1889).
[5]) E. Impens, Arch. intern. de pharmacodyn. 9, 38 (1901).
[6]) H. Dreser, Archiv f. d. ges. Physiol. 102, 4 (1904).

fand bei vergleichenden Versuchen mit Coffein und Theophyllin an künstlich durchbluteten Froschherzen, daß eine Erhöhung der absoluten Kraft und des Pulsvolumens, wie sie nach geringen Coffeinzusätzen zur Durchströmungs- flüssigkeit konstatiert wurden, bei Theophyllin ebenso wie bei Theobromin aus- blieb. Bei 3-Methylxanthin (0,06%) fand I m p e n s[1]) bei derselben Versuchsanord- nung, wie bei seinem eben besprochenen Theobromin versuche, keine ausgesprochene Wirkung auf Frequenz und Pulsvolumen. An phosphorvergifteten Fröschen ruft Coffein nach Properzi[2]) eine vorübergehende Herzstimulation hervor.

Beresin[3]) untersuchte die Wirkung des Coffeins auf isolierte, künstlich durchspülte Fischherzen (Hecht). Coffein, 1 : 100 000 bis 1 : 2000, vermehrte die Höhe der Herzkontraktionen und der Pulsfrequenz; der Unterschied der Wirkung dieser höchst verschiedenen Konzentrationen war aber sehr gering.

Leblond[4]) fand beim isolierten Schildkrötenherzen, daß Coffeinzusatz zur Durchströmungsflüssigkeit die Herzfrequenz verlangsamt, dagegen fand Beyer[5]) auch an isolierten Schildkrötenherzen, daß nach einer kurzwierigen Durchleitung von Coffeinbromid, 0,067%, eine Vermehrung der Frequenz und eine Vergrößerung der Herzarbeit eintrat, wogegen eine darauffolgende Durch- leitung stärkerer Konzentrationen, 0,133% und 0,2%, fast ohne Wirkung war. Es wurde bei dem Versuche eine Mischung von Blut und Ringers Flüssigkeit angewandt. Außerdem stellte Beyer Perfusionsversuche mit Ringers Flüssig- keit an Schildkröten mit destruiertem Zentralnervensystem an. Er fand so- wohl bei großen als bei kleinen Coffeingaben eine Dilatation der Gefäße.

Endlich hat Golowinski[6]) Untersuchungen über die Wirkung einer Reihe verschiedener Purinderivate (Coffein, Äthyltheobromin, Methoxycoffein, Äthylparaxanthin, Äthyltheophyllin, Äthoxycoffein, Paraxanthin, Theophyllin, Theobromin und Heteroxanthin) auf dem Zirkulationsapparat des Frosches mitgeteilt. Es wurde die Wirkung der betreffenden Stoffe auf den Blutdruck des Frosches nach Injektion in die Vena abdominalis in Gaben von 10^{-4} pro g des Körpergewichts angestellt, wodurch bei sämtlichen Substanzen eine Beschleu- nigung des Pulses und eine Erhöhung des Blutdruckes gefunden wurden. Die Wirkungen waren am stärksten bei den Trialkylxanthinen, bei den übrigen Substanzen waren sie nur schwach. Weiter wurde bei einer Konzentration von 0,02% die Wirkung der betreffenden Substanzen auf das nach Jacobjs Methode isolierte Froschherz untersucht. Für sämtliche Stoffe wurden Puls- beschleunigung und eine Erhöhung der Arbeit gefunden. Endlich wurde ihre Wirkung auf das Gefäßsystem nach Jacobj untersucht, sowohl bei unverletztem als bei zerstörtem Zentralnervensystem. Zur Durchleitung wurde eine Kon- zentration von 0,05% und als Nährflüssigkeit verdünntes Kalbsblut verwendet. Bei unverletztem Zentralnervensystem wurde von allen Substanzen eine ver- minderte Durchblutung hervorgerufen. Dem Verfasser zufolge sprechen die Resultate der Versuche dafür, daß bei den trialkylierten Xanthinen beo- bachtete Verengung der Gefäße wesentlich durch eine erregende Wirkung auf das vasomotorische Zentrum bedingt ist, wogegen der Verfasser die Wirkungsweise der übrigen Substanzen nicht mit Sicherheit zu erklären im-

---

[1]) E. Impens, Arch. intern. de pharmacodyn. **10**, 468 (1902).
[2]) F. Properzi, Archivio di farmacologia S. 17, 1904 zitiert nach Archives ital. de biol. **44**, 262 (1905).
[3]) W. J. Beresin, Archiv f. d. ges. Physiol. **150**, 549 (1913).
[4]) Leblond, Etude physiol. et thérap. de la caféine. Thèse de Paris. 1883, S. 67.
[5]) H. G. Beyer, Amer. Journ. of Med. Sc. **90**, 72 (1885).
[6]) J. W. Golowinski, Archiv f. d. ges. Physiologie **160**, 283 (1915).

stande ist. Leider hat Golowinski mit jeder der betreffenden Substanzen in jeder Versuchsreihe nur einen einzelnen Versuch bei einer einzelnen Konzentration angestellt. Eine wesentliche Ergänzung der Untersuchungen bezüglich Wiederholung der einzelnen Versuche und Variation der verwendeten Konzentrationen scheint deshalb im hohen Grade erwünscht.

Fröhlich und Morita[1]) fanden an Fröschen bei Bepinseln verschiedener Teile des freigelegten Zentralnervensystems mit starken Coffeinlösungen und künstlicher Durchblutung des Splanchnicusgefäßgebietes, daß die Vasomotorenzentren dieses Gebietes nur in geringem Grade von Coffein erregt werden, wobei das Zentrum in der Medulla oblongata relativ am erregbarsten zu sein schien. Die Portalgefäße der Froschleber werden nach Morita[2]) bei Zusatz von Coffein zur Durchblutungsflüssigkeit unbeeinflußt, nur bei sehr starker Konzentration (1 : 100) wurde eine geringe Erweiterung beobachtet.

Bei Durchblutung des Froschherzens mit Coffeinlösungen fanden Barbour und Kleiner[3]), daß bei einer minimalen Konzentration von 0,02—0,05% Coffein die Wirkung der Vagusreizung deutlich herabgesetzt wurde.

Es geht aus den angestellten Untersuchungen hervor, daß das Coffein bei kaltblütigen, wirbellosen Tieren viel weniger erstarrend auf die Herzmuskulatur wirkt als auf die übrigen quergestreiften Muskeln; nach Heubels Untersuchungen muß die erstarrende Wirkung des Coffeins auf den Herzmuskel sogar als sehr gering bezeichnet werden. Auf das Herz in situ scheint das Coffein selbst bei großen Gaben keine stark hervortretende Wirkung hervorzurufen. Betreffs der Wirkung der verschiedenen Methylxanthine an isolierten Herzen sind recht widersprechende Ergebnisse gewonnen, und die Beobachtungen von Maki, Dreser, Impens, Frank und Weinland, Kakowsky u. a. gestatten keine gemeinschaftliche Deutung. Die Frage bedarf einer weiteren Bearbeitung.

Bei der Behandlung der **Wirkung der Methylxanthine auf das Kreislaufsystem warmblütiger Tiere** besprechen wir zuerst die Wirkung dieser Stoffe auf die Pulsfrequenz und fangen mit der Wirkung an gesunden Menschen an.

Bei einem Selbstversuch fand Frerichs[4]) nach Einnahme von 25 Gran (im Original Gramm) Coffein ein abnorm starkes Pulsieren der Arterien und Härte und Frequenzerhöhung des Pulses. Lehmann[5]) beobachtete nach großen Coffeingaben einen frequenten und irregulären Puls. Dagegen fand Caron[6]) bei Selbstversuchen nach 50 cg Coffein eine bedeutende Abnahme der Pulsfrequenz. Leblond[7]) sah bei subcutaner Injektion von Coffein in Gaben von 10—50 cg konstant im Laufe der ersten Stunden nach der Injektion eine bedeutende Abnahme der Pulsfrequenz. Wagner[8]) fand nach Einnahme von 10—20 cg Coffein eine Abnahme der Pulsfrequenz, bei der letztgenannten Gabe um 20 Schläge in der Minute. Bei größeren oder wiederholten Gaben war die Herabsetzung noch stärker. Sogar nach 90 cg konnte Wagner nur Verlangsamung, keine Beschleunigung feststellen. Parisot[9]) fand nach Ein-

---

[1]) A. Fröhlich u. S. Morita, Archiv f. experim. Pathol. u. Pharmakol. **78**, 277 (1915).

[2]) S. Morita, Archiv f. experim. Pathol. u. Pharmakol. **78**, 232 (1915).

[3]) H. G. Barbour u. S. B. Kleiner, Journ. of Pharmacol. and experim. Therap. **7**, 541 (1915).

[4]) Frerichs, Wagners Handwörterbuch der Physiologie III. Abt. 1, 721 (1846).

[5]) C. G. Lehmann, Physiol. Chemie **1** (1853). Zitiert nach Cohnstein.

[6]) Caron, zit. nach Leven, Arch. de physiol. norm. et pathol. **1**, 179 (1868).

[7]) E. Leblond, Etude physiol. et thérap. de la caféine. Thèse de Paris. 1883, S. 73.

[8]) R. Wagner, Experimentelle Untersuchungen über den Einfluß des Coffeins auf das Herz und Gefäßapparat. Diss. Berlin 1885, S. 59.

[9]) Parisot, L'action de la caféine. Thèse de Parise 1890, S. 29.

nahme von 50 cg Coffein per os eine Herabsetzung der Pulsfrequenz. Auch Lehmann und Wilhelm[1]) fanden nach 50 cg bis 1 g Coffein eine Abnahme der Pulsfrequenz. Ebenso beobachtete Riegel[2]) bei Eingabe von Coffein an Menschen in der großen Mehrzahl der Fälle eine Pulsverlangsamung. Es ist also unzweifelhaft, daß das Coffein bei mittleren Gaben an Menschen eine Abnahme der Pulsfrequenz hervorrufen kann; eine solche scheint am häufigsten einzutreten. Seltener wird eine Zunahme der Pulsfrequenz beobachtet.

Bei Kaninchen fand Kurzak[3]) bei großen Coffeingaben per os Frequenz-zunahme. Leven[4]) fand bei Meerschweinchen, Kaninchen und Hunden stets als erste Wirkung großer Coffeingaben eine Zunahme der Pulsfrequenz, die auch bei durchschnittenen Vagis eintrat. Johannsen[5]) gibt an, daß bei Kaninchen und Katzen das Coffein zuerst die Frequenz steigert und dann herabsetzt; bei einer Reihe seiner Versuche sieht man jedoch als erste Wirkung des Coffeins eine Herabsetzung der Frequenz. Nach Atropin und Durchschneidung der Vagi rief Coffein in allen Fällen eine Frequenzsteigerung hervor. Auch Binz[6]) fand an Hunden nach Vagusdurchschneidung Frequenzzunahme bei Coffein.

Wagner[7]) fand bei Kaninchen bei intravenöser Injektion von Coffein, daß nach kleineren Gaben, bis 4 cg pro Kilogramm, Pulsverlangsamung eintreten konnte; doch war diese Erscheinung nicht konstant. Er meint, daß diese Puls-verlangsamung möglicherweise auf eine zentrale Vagusreizung zurück-geführt werden kann. Mittlere und größere Gaben steigerten die Pulsfrequenz, wobei der Puls zuletzt unregelmäßig wurde. Die zum Hervorrufen des Herz-stillstandes durch Vagusreizung notwendige Reizstärke war ungefähr dieselbe vor wie nach einer starken Coffeininjektion. Auch nach Atropin wurde von Coffein eine gesteigerte Pulsfrequenz hervorgerufen. Wagner schließt aus seinen Versuchen, daß die Steigerung der Pulsfrequenz auf einer direkten Reizung des Beschleunigungsapparates des Herzens beruht.

Bock[8]) fand bei Kaninchen nach intravenöser Injektion kleiner Coffein-gaben, 1—2 cg, bisweilen gesteigerte Pulsfrequenz, in der Regel aber eine Ab-nahme. Nach größeren Gaben, 5—10 cg, sah er konstant eine Frequenzsteige-rung, die aber manchmal bei erneuerter Injektion etwas abnahm, um, wenn noch mehr Coffein gegeben wurde, wieder zuzunehmen. Nachdem durch Injektion von 4 cg Coffein eine beträchtliche Steigerung der Pulsfrequenz hervorgerufen worden war, stieg diese beim Durchschneiden der Nn. vagi noch von 132 auf 147 in $1/_2$ Minute; es war also zu der Zeit ein deutlicher Vagustonus vorhanden. Einem urethanisierten Kaninchen mit durchschnittenen Vagis wurde 7 mal nach-einander 1 cg Coffein intravenös injiziert; bei jeder Injektion trat eine weitere Frequenzsteigerung ein. Auch Swirski[9]) fand nach kleineren intravenösen Coffeingaben, 2,5—5 cg, an Kaninchen und 10 cg an Hunden, eine Herabsetzung der Pulsfrequenz, die jedoch bei 40% der angestellten Kaninchenversuche nicht eintrat, und die annehmbar auf einer Reizung des Vaguszentrums beruht.

[1]) K. B. Lehmann u. F. Wilhelm, Archiv f. Hygiene 32, 320 (1898).
[2]) F. Riegel, Berliner klin. Wochenschr. 1884, S. 289.
[3]) Kurzak, Zeitschr. d. k. k. Gesellsch. d. Ärzte zu Wien 16, 625 (1860).
[4]) M. Leven, Arch. de Physiol. norm. et Pathol. 1, 179 (1868).
[5]) O. Johannsen, Über die Wirkungen des Coffeins. Diss. Dorpat 1869, S. 27.
[6]) C. Binz, Archiv f. experim. Pathol. u. Pharmakol. 9, 38 (1878).
[7]) R. Wagner, Experimentelle Untersuchungen über den Einfluß des Coffeins auf Herz und Gefäßapparat. Diss. Berlin 1885.
[8]) J. Bock, Archiv f. experim. Pathol. u. Pharmakol. 43, 393 (1900).
[9]) G. Swirski, Archiv o. d. ges. Physiol. 104, 260 (1904).

Cushny und van Naten[1]) experimentierten mit Hunden, die mit Morphin und Chloreton betäubt waren. Die Bewegungen des rechten Atriums und Ventrikels wurden mittels des Roy - Adamischen Myokardiographen aufgeschrieben. Eine Wirkung auf die Pulsfrequenz konnte in der Regel erst nach Coffeingaben von 5 cg oder mehr beobachtet werden, bei welchen Gaben eine in den verschiedenen Versuchen größere oder kleinere Pulsfrequenzsteigerung eintrat. Diese Wirkung war indessen nur von kurzer Dauer, indem das Herz nach 10—15 Minuten zur ursprünglichen Frequenz zurückkehrte und dann auf eine erneuerte Injektion in derselben Weise wie auf die erste reagierte. Bei etwas größeren Gaben war die Beschleunigung mehr ausgesprochen, die Kontraktionen der Aurikel nahmen etwas ab, die Ventrikelexkursionen waren unverändert. Bei noch größeren Gaben war die Systole des Ventrikels wie auch die Diastole weniger vollständig. Die Beschleunigung trat auch ein nach Vagusdurchschneidung und Atropininjektion, sowie nach Exstirpation des Ganglion stellatum und des ersten Dorsalganglions und ist somit entweder einer Wirkung auf die Herzmuskulatur oder auf die Endungen der beschleunigenden Herznerven zuzuschreiben. Aber während nach Reizung des N. accelerans immer eine Steigerung der Kontraktionsstärke hervorgerufen wurde, waren nach Coffein die Kontraktionen sowohl des Ventrikels als der Aurikel eher geneigt, schwächer als stärker zu werden. Die Messung der verschiedenen Phasen der Herzbewegungen während der Reizung des N. accelerans ergab, daß alle Phasen mit Ausnahme der Systole der Aurikel und der Diastole des Ventrikels beschleunigt waren. Bei Herzbeschleunigung nach Coffein war der wesentliche Unterschied von den normalen Verhältnissen, daß die Pause im dilatierten Zustand, sowohl was die Aurikel als was den Ventrikel betrifft, stark verkürzt war. Das Intervall zwischen Anfang der Aurikelkontraktion und der Ventrikelkontraktion war unverändert. Eine ähnliche Wirkung wurde beobachtet bei Reizung der Basis der Aurikel mit Induktionsschlägen. Danach sollte also die Herzakzeleration nach Coffein entweder auf einer Reizung der Nervenendungen des rhythmusgebenden Teils des Herzens oder auf einer direkten Wirkung auf die reizbare Muskulatur dieser Region beruhen. Da nicht nachgewiesen worden ist, daß das Coffein in irgendeinem andern Organ die Nervenendungen beeinflußt, die Coffeinwirkung auf die Körpermuskulatur aber festgestellt worden ist, so meinen Cushny und van Naten, daß es am wahrscheinlichsten ist, daß die durch Coffein hervorgerufene Herzakzeleration als eine Wirkung auf den muskulösen Apparat betrachtet werden muß, der den Rhythmus der unteren Teile des Herzens bedingt, daß aber die Möglichkeit einer Wirkung auf die Endungen der beschleunigenden Herznerven nicht ausgeschlossen werden kann.

Nach sehr großen Coffeingaben, 0,7—1 g, schlugen Aurikel und Ventrikel mit verschiedenem Rhythmus, die Aurikel immer schneller als der Ventrikel. Dies ließe sich daraus erklären, daß einige der von der Aurikel hinabsteigenden Impulse den Ventrikel nicht erreichten. In dem Falle müßte man aber an der aufgezeichneten Kurve der Ventrikelbewegungen ruhige Intervalle finden, die den fehlenden Impulsen entsprächen. Dies war indessen nicht der Fall, der Herzrhythmus war regelmäßig. Es wird deshalb als die wahrscheinlichste Erklärung angenommen, daß der Herzventrikel während der Coffeinbeeinflussung einen solchen Grad von Reizbarkeit entwickelt, daß er sich zu kontrahieren beginnt, ohne auf Impulse von den reizbaren Teilen des Herzens zu war-

---

[1]) A. R. Cushny u. B. K. van Naten, Arch. intern. de pharmacodyn. 9, 169 (1901).

ten. Wenn sich also ein idioventrikulärer Rhythmus entwickelt, der langsamer ist als der Rhythmus der Aurikel, muß annehmbar eine Behinderung der Passage der Impulse von der Aurikel auf den Ventrikel (Herzblock) vorliegen. Da indessen der Rhythmus des Ventrikels viel schneller ist als der normale Rhythmus, meinen Verff., daß außerdem eine aktuale Stimulation des Ventrikels vorliegt.

Nach Cushny und van Naten soll also die Wirkung des Coffeins auf das Hundeherz aus folgenden Phasen bestehen: 1. einer auf einer Stimulation des exzitotorischen Apparates des Herzens beruhenden Beschleunigung des Rhythmus ohne sonstige Veränderungen; 2. einer Verkürzung der Bewegungen, die in der Aurikel beginnt und sich zu dem Ventrikel verbreitet, und die annehmbar teils auf der Beschleunigung, teils auf der Wirkung auf die Muskulatur des Atriums und des Ventrikels beruht; 3. einer auriculo-ventrikulären Arhythmie (mit fibrillaren Kontraktionen des Atriums und des Ventrikels endigend), die auf einer so starken Steigerung der Reizbarkeit der Ventrikelmuskulatur beruht, daß ein idioventrikulärer Rhythmus entsteht.

Nach Injektion an Katzen und Kaninchen von Apocodein in derartigen Mengen, daß eine Adrenalininjektion weder Pulsbeschleunigung noch Blutdrucksteigerung hervorrief, fand Dixon[1]), daß nach Coffein eine Pulsbeschleunigung eintrat, welche er deshalb einer Wirkung des Coffeins auf den Herzmuskel und nicht auf die sympathischen Nervenendigungen zuschreibt.

Van Egmond[2]) hat Untersuchungen über die Wirkung des Coffeins bei vollständigem Herzblock durch Abklemmen des Hisschen Bündels mit der Erlangerschen Klemme ausgeführt. Er fand nach Coffein eine vorübergehende Verstärkung der Ventrikelkontraktionen und eine durch Kammerextrasystolen bedingte Beschleunigung der Ventrikelkontraktionen, wobei sich schließlich eine hochgradige ventrikuläre Tachycardie entwickelte und die Frequenz der Kammern die der Vorhöfe übertreffen konnte.

Sollmann und Pilcher[3]) fanden an morphinbetäubten, meistens curarisierten Hunden mit intakten Vagis, daß kleine Coffeingaben eine leichte primäre Verlangsamung der Pulsfrequenz hervorrufen können. Eine Beschleunigung trat ein bei Gaben von 0,1—0,4 g pro Kilogramm, und das Maximum wurde bei 0,2 g erreicht. Bei durchschnittenen Vagis sahen sie immer eine Beschleunigung, in einigen Fällen eine größere, in anderen Fällen eine kleinere. Bei hinlänglich großen Gaben trat Herzarhythmie ein.

Das Theobromin scheint in therapeutischen Gaben bei gesunden Menschen die Pulsfrequenz nicht zu ändern[4]). Cohnstein[5]) fand bei Katzenversuchen, bei welchen Theobromin per os gegeben wurde, 2mal eine Zunahme der Frequenz. Impens[6]) fand bei 3 Kaninchenversuchen und 1 Katzenversuche nach intravenöser Injektion von Theobromindoppelsalzen stets eine Zunahme der Pulsfrequenz, die bei weiteren Injektionen noch gesteigert wurde. Auch Lazarro[7]) hat nach Theobromin Pulsbeschleunigung beobachtet.

Albanese[8]) fand bei Säugetieren bei 3- und 7-Methylxanthin gesteigerte

---

[1]) W. E. Dixon, Journ. of Physiol. **30**, 125 (1904).
[2]) E. van Egmond, Archiv f. d. ges. Physiol. **154**, 39 (1913).
[3]) T. Sollmann u. J. D. Pilcher, Journ. of Pharmacol. and experim. Therap. **3**, 28 (1911).
[4]) Geisler, Berliner klin. Wochenschr. 1891, S. 420.
[5]) Cohnstein, Über den Einfluß des Theobromins usw. Diss. Berlin 1892, S. 21.
[6]) E. Impens, Arch. intern. de pharmacodyn. **9**, 41 (1901).
[7]) Lazarro, Annali di farmacologia e terapia 1890; zit. nach Albanese (siehe unten).
[8]) Albanese, Archiv f. experim. Pathol. u. Pharmakol. **43**, 309 (1900).

Pulsfrequenz, am stärksten bei ersterem. Impens[1] fand bei einer Katze, daß die Pulsfrequenz bei wiederholten Injektionen von 3-Methylxanthin mehr und mehr gesteigert wurde.

Mit nach Langendorff isolierten Herzen haben eine Reihe von Forschern die Wirkung der Methylxanthine untersucht und gut übereinstimmende Resultate erhalten. So fand Hedbom[2] nach Coffein konstant eine Steigerung der Pulsfrequenz. Zu ganz ähnlichen Resultaten kam Loeb[3] mit derselben Methode bei Coffein und Theobromin. Auch Kakowski[4] fand bei Coffein gewöhnlich eine gesteigerte Pulsation. Beco und Plumier[5] fanden nach Coffein, Theobromin und Theophyllin eine gesteigerte Pulsfrequenz. Auch Plavec[6] fand bei einem etwas modifizierten Langendorffschen Apparat und bei einer Temperatur von 35°, daß Coffein, Theobromin und Theophyllin eine Steigerung der Pulsfrequenz hervorrufen. Nur Camis[7] kam bei seinen Untersuchungen über Coffein und Theobromin zu inkonstanten Resultaten; die Herzen arbeiteten aber in seinen Versuchen sehr unregelmäßig.

Bock[8] untersuchte die Wirkungen von Coffein und Theobromin auf das Kaninchenherz bei isoliertem Herz - Lungenkreislauf, indem das Herz gegen einen konstanten Widerstand arbeitete. Er fand eine Steigerung der Frequenz nach Injektion von 1 mg Coffein, gleichfalls nach 1 mg Theobromin, und die Frequenz steigerte sich bei fortgesetzten Injektionen immer mehr. Daß Bock eine Frequenzsteigerung bei viel kleineren Gaben erzielte als diejenigen Untersucher, die intakten Tieren Coffein injizierten, kommt davon, daß das Coffein bei seinen Versuchen nicht im Organismus verteilt und in verschiedenen Organen deponiert wurde. Da die Blutmenge im Herz-Lungenpräparat zu ca. 30—40 ccm angesetzt werden kann, ist anzunehmen, daß die gesteigerte Pulsfrequenz bei einer Konzentration von Coffein 1 : 30 000 bis 1 : 40 000 im Blute eintreten wird.

Es geht aus den vorliegenden Untersuchungen hervor, daß das Coffein die Pulsfrequenz in 2 Weisen beeinflussen kann, durch eine Reizung des Vaguszentrums, wodurch eine Pulsverlangsamung, und durch eine direkte Wirkung auf das Herz, wodurch eine Pulsbeschleunigung hervorgerufen wird. Bei kleineren und mittleren Coffeingaben wird in den meisten Fällen die Vaguswirkung überwiegen und also eine Verlangsamung eintreten, bisweilen wird aber die Herzwirkung überwiegen und also eine Frequenzzunahme eintreten. Bei Ausschaltung der zentralen Vaguswirkung tritt nach Coffein stets Pulsbeschleunigung ein. Da das Theobromin keine oder nur eine unbedeutende Reizung des Zentralnervensystems bewirkt, wird es in kleinen Gaben ohne Wirkung auf die Frequenz sein und in etwas größeren Gaben eine Zunahme der Pulsfrequenz bewirken. Wenn das Herz der zentralen Vaguswirkung entzogen ist, wird nach gesteigerten Coffein- und Theobromingaben die Frequenz fortwährend zunehmen, bis bei sehr schwerer Herzvergiftung eine Unregelmäßigkeit der Herzarbeit eintritt. Die Beschleunigung der Pulsfrequenz, die wahrscheinlich von allen Methyl-

[1] E. Impens, Arch. intern. de pharmacodyn. **10**, 473 (1902).
[2] K. Hedbom, Skand. Archiv f. Physiol. **9**, 1 (1899).
[3] V. Loeb, Archiv f. experim. Pathol. u. Pharmakol. **51**, 71 (1904).
[4] Kakowski, Arch. intern. de pharmacodyn. **15**, 109 (1905).
[5] L. Beco u. H. Plumier, Journ. de physiol. et de pathol. génér. **8**, 10 (1906).
[6] V. Plavec, Arch. intern. de pharmacodyn. **18**, 499 (1908).
[7] M. Camis, Arch. ital. de biol. **49**, 401 (1908).
[8] J. Bock, Archiv f. experim. Pathol. u. Pharmakol. **43**, 367 (1900).

xanthinen hervorgerufen werden kann, könnte entweder auf einer Reizung der beschleunigenden nervösen Apparate des Herzens oder auf einer direkten Wirkung auf den muskulären exzitomotorischen Apparat des Herzens beruhen. Die Frage ist noch nicht endgültig entschieden. Nach den Untersuchungen von Cushny und van Naten und von Dixon wird man doch wohl zunächst geneigt sein, die Herzbeschleunigung bei Coffein mit einer direkten Wirkung des Coffeins auf den muskulären Apparat des Herzens in Verbindung zu setzen. Für diese Anschauung spricht vielleicht auch Pikerings[1]) Fund, daß am Herzen des Hühnerembryos sowohl Coffein als Theobromin eine gesteigerte Frequenz hervorrufen.

Nachdem wir nun die Wirkung der Methylxanthine auf die Pulsfrequenz besprochen haben, gehen wir zur **Wirkung der betreffenden Stoffe auf die Herzarbeit über.** Über das Coffein liegen sehr eingehende Untersuchungen vor, während die übrigen Methylxanthine weniger erforscht sind. Betrachten wir zuerst die Wirkung auf den **Blutdruck.**

Schon Magendie (zitiert nach Leven)[2]) hat nach intravenöser Injektion von Kaffeeinfus bei einem Hunde eine bedeutende Blutdrucksteigerung beobachtet. Leven[2]) fand bei Hunden und Katzen ca. 20 Minuten nach subcutaner Injektion von Coffein einen bedeutend gesteigerten Blutdruck. Ein solcher lag auch vor bei Versuchen, wo der N. vagus und sympathicus am Halse durchschnitten war. Aubert[3]) fand nach intravenöser Injektion von Coffein bei morphinbetäubten curarisierten Hunden meist eine Abnahme des Blutdruckes. Die Gaben waren recht groß. Unmittelbar nach der Injektion beobachtete er ein sehr bedeutendes Sinken des Druckes; der Druck steigerte sich wieder recht schnell, ohne in der Regel die ursprüngliche Höhe zu erreichen. Binz[4]) sah an alkoholvergifteten Hunden nach subcutaner Coffeininjektion eine bedeutende, längere Zeit anhaltende Blutdrucksteigerung. Wagner[5]) fand bei nicht narkotisierten Kaninchen nach intravenöser Coffeininjektion erst eine Abnahme des Blutdruckes, darauf eine starke Zunahme, worauf der Blutdruck langsam sank, sich aber lange Zeit über dem normalen Druck hielt, sogar nach sehr großen Gaben, 15 cg oder mehr pro Kilogramm allmählich injiziert. Nach sehr großen Coffeingaben wurde ein Druckfall beobachtet. Nach kleinen Chloralgaben war die momentane Drucksenkung nach Coffeininjektion weniger ausgesprochen, und der Druck arbeitete sich mühsam empor. Nach großen Chloralgaben steigerte das Coffein den Blutdruck nicht. Wagner meint, die Blutdrucksteigerung nach Coffein beruhe in erster Linie auf einer Reizung des vasomotorischen Zentrums. v. Schroeder[6]) fand ebenfalls, daß bei chloralisierten Kaninchen kleine Coffeingaben (2 cg) einen sehr beträchtlichen Blutdruckfall hervorriefen, nach welchem der Blutdruck nur sehr langsam zur Norm zurückkehrte. Das Theobromin wirkte in ähnlicher Weise bei chloralisierten Kaninchen. Mit Paraldehyd betäubte Kaninchen vertrugen weit größere Coffeingaben, der Blutdruck wurde nur wenig beeinflußt, eine Blutdrucksteigerung trat aber nicht ein.

---

[1]) J. Pikering, Journ. of Physiol. **14**, 396 (1893).
[2]) M. Leven, Arch. de physiol. norm. et pathol. **1**, 179 (1868).
[3]) H. Aubert, Archiv f. d. ges. Physiol. **5**, 589 (1872).
[4]) C. Binz, Archiv f. experim. Pathol. u. Pharmakol. **9**, 38 (1878).
[5]) R. Wagner, Exp. Untersuchungen über den Einfluß des Coffeins auf Herz und Gefäßapparat Diss. Berlin 1885.
[6]) W. v. Schroeder, Archiv f. experim. Pathol. u. Pharmakol. **22**, 38 (1886); **24**, 85 (1887).

Cohnstein[1]) fand an curarisierten aber nicht narkotisierten Kaninchen nach intravenöser Coffeininjektion eine rapide Blutdrucksenkung, wonach sich der Druck bis über die Norm erhob und sich hier längere Zeit hielt. An chloralisierten Kaninchen hatte das Coffein keinen deutlichen Einfluß auf den gesunkenen Blutdruck, wohingegen eine nachfolgende Helleboreininjektion eine bedeutende Drucksteigerung hervorrief. Per os eingeführtes Theobromin rief weder an normalen noch an curarisierten Katzen eine Änderung des Blutdruckes hervor. Frey[2]) sah bei urethanisierten Kaninchen bei intravenöser Coffeininjektion bisweilen eine recht anhaltende kleine Blutdrucksteigerung; bisweilen blieb der Druck unverändert.

Thomas[3]) injizierte chloroformierten oder ätherisierten Hunden und Kaninchen intravenös eine Theobrominlösung. Gaben von bis 30 mg Theobromin pro Kilogramm hatten keinen Einfluß auf den arteriellen Druck, wogegen größere Gaben dieselbe Wirkung hatten wie große Coffeingaben und unregelmäßige Herzaktion, sowie ein Sinken des Druckes hervorriefen. Impens[4]) fand an Kaninchen und einer Katze, daß er recht große Theobromingaben intravenös injizieren konnte, ohne daß der Blutdruck sich änderte, und sogar weit größere Gaben riefen nur einen geringen Blutdruckfall hervor.

Swirski[5]) sah nach schneller, intravenöser Injektion kleiner Coffeingaben an Kaninchen nach wenigen Sekunden einen primären Fall des Blutdruckes, der dann ganz kurz darauf wieder anstieg. An chloralisierten Tieren konnte er bei ähnlichen Gaben weder einen Fall noch ein Ansteigen des Blutdruckes feststellen, auch nicht an Hunden und Katzen mit durchtrenntem Rückenmark. Er meint, daß die primäre Drucksenkung auf einer auf reflektorischem Wege zustande kommenden Lähmung des vasomotorischen Zentrums beruht. Ferner stellte Swirski eine Reihe Blutdruckversuche an nicht narkotisierten Kaninchen an, denen er wiederholt Gaben von 2,5 mg Coffein intravenös injizierte. Die hiernach folgende Blutdrucksteigerung war, wenn eine solche überhaupt eintrat, bei den verschiedenen Tieren eine sehr verschiedene, und das Maximum trat bei den verschiedenen Tieren bei sehr verschiedenen Gaben ein. Auch hatten nacheinander folgende Injektionen oft eine sehr verschiedene Wirkung. So riefen in einem Versuch die erste und die dritte Injektion eine bedeutende Blutdrucksteigerung hervor, während nach der zweiten keine deutliche Blutdrucksteigerung eintrat. Bei einem anderen Versuch riefen die ersten drei Injektionen höchstens eine Drucksteigerung von 11 mm, die vierte aber eine Blutdrucksteigerung von 56 mm hervor. In den Fällen, wo eine Wirkung auf das Vaguszentrum mit Verlangsamung des Pulses vorlag, trat meistens eine große Drucksteigerung ein, während bei den Versuchen, wo keine oder eine geringe Drucksteigerung oder gar ein Druckfall vorlag, nur in einem Falle die Frequenz durch Coffein herabgesetzt wurde. Swirski meint, daß die Drucksteigerung durch Coffein auf einer Reizung des vasomotorischen Zentrums beruht, und daß durch dieselbe das Vaguszentrum in Mitleidenschaft gezogen werden kann. Ein erregtes vasomotorisches Zentrum soll durch Coffein stark beeinflußt werden, so wurde die bei der Dyspnöe eintretende Blutdruckerhöhung durch Coffein mächtig gesteigert.

---

[1]) Cohnstein, Über den Einfluß des Theobromins, Coffeins usw. auf den arteriellen Blutdruck. Diss. Berlin 1892.

[2]) E. Frey, Archiv f. d. ges. Physiol. **115**, 175 (1906); **139**, 435 (1911).

[3]) Thomas, Bull. génér. de thér. **137**, 492 (1899).

[4]) E. Impens, Arch. intern. de pharmacodyn. **9**, 41 (1901).

[5]) G. Swirski, Archiv f. d. ges. Physiol. **104**, 260 (1904).

Vinci[1]) fand bei Tieren, deren Blutdruck durch Eingriffe, wie wiederholte Aderlässe oder Inanition, stark herabgesetzt war, daß das Coffein eine Steigerung des Blutdruckes hervorrief. Besonders bei den Aderlaßversuchen sah er nach Coffein eine enorme Blutdrucksteigerung bis zur Norm oder noch weiter; bisweilen stieg der niedrige Blutdruck sogar bis zum doppelten Wert. Um diese starken Wirkungen hervorzurufen, mußten große Coffeingaben benutzt werden; es erfolgte eine schnell eintretende, lange dauernde Blutdrucksteigerung und nach sehr großen, toxischen Dosen, dann eine Herzschwäche mit Blutdruckfall. Bei wiederholten Injektionen trat stets eine neue Blutdrucksteigerung ein. Bei kleinen Coffeingaben war die Blutdrucksteigerung weniger ausgesprochen. Vinci betrachtet die Coffeinwirkung in seinen Versuchen als eine direkte Herzwirkung; daß aber die Blutdrucksteigerung durch eine direkte von einer Gefäßwirkung unabhängige erregende Herzwirkung bedingt sei, scheinen diese Versuche nicht darzutun, und eine solche ließ sich auch nicht bei Meyers[2]) Versuchen nachweisen. Bei diesen wurde an curarisierten Hunden nach Bloßlegen des Herzens eine Kanüle in eine Herzvene eingebunden und die auströpfelnde Blutmenge gemessen. Nach Coffeininjektion stieg der sehr niedrige Blutdruck bedeutend; auch steigerte sich die aus der Herzvenenkanüle auströpfelnde Blutmenge. Nach Durchschneidung der Medulla oblongata rief eine Coffeininjektion keine Blutdrucksteigerung und keine Vermehrung der Bluttropfenzahl hervor. Meyer schließt aus seinen Versuchen, daß das Coffein direkt vom Großhirn her den Blutdruck beeinflußt.

Eine Reihe Untersucher haben, außerdem daß sie den Blutdruck aufzeichneten, während der Coffeinwirkung onkometrische Messungen verschiedener Organe ausgeführt. Am häufigsten wurde die Niere untersucht, da die Nierenzirkulation bei der diuretischen Wirkung der Xanthinderivate ein besonderes Interesse hat. Weniger eignen sich die Nierenuntersuchungen zu allgemeinen Schlußfolgerungen über die Gefäßwirkung des Coffeins, da die Niere wahrscheinlich in spezifischer Weise durch das Coffein beeinflußt wird. Wir wollen jedoch die betreffenden Untersuchungen hier kurz erwähnen, um sie später bei der diuretischen Wirkung der Xanthinderivate eingehender zu besprechen. Einige Forscher haben direkte Messungen über den Blutdurchfluß der Organe angestellt; auch wurden plethysmographische Untersuchungen über die Exkursion des Herzens angestellt. Wir werden diese verschiedenen Untersuchungen, durch die man also versucht hat, ein tieferes Verständnis der Coffeinwirkung zu gewinnen, als es durch Blutdruckversuche möglich war, unten näher besprechen.

Phillips und Bradford[3]) wandten bei ihren Versuchen curarisierte, mit Chloroform betäubte Hunde, Katzen und Kaninchen an. Sie fanden nach intravenöser Injektion von Coffeincitrat (1,5 cg für Kaninchen und Katzen, größere Gaben für Hunde) einen plötzlichen, geringen Blutdruckfall, dem eine verhältnismäßig geringe, kurzwierige Blutdrucksteigerung folgte, wonach der Druck zum ursprünglichen Wert zurückkehrte. Der primäre Blutdruckfall war konstant, außer bei sehr geringen Gaben, während die nachfolgende Blutdrucksteigerung keineswegs immer eintrat; sie war kleiner und von kürzerer Dauer als der Fall. Vom primären Blutdruckfall wird angenommen, daß er kardialer Natur ist, da gleichzeitig mittels des Onkometers eine Kontraktion der Organgefäße beobachtet wurde. Nach Durchschneidung der Nn. vagi war der pri-

---
[1]) G. Vinci, Arch. ital. de biol. **24**, 482 (1895).
[2]) F. Meyer, Archiv f. Anat. u. Physiol. 1912, S. 255.
[3]) C. D. F. Phillips u. J. R. Bradford, Journ. of Physiol. **8**, 117 (1887).

märe Druckfall ausgesprochener, und es wurde nie eine Zunahme des Blutdruckes über die Werte vor der Injektion hinaus beobachtet. Nach Injektion von 3 cg Coffeincitrat ergab sich eine Nierenkontraktion, auf die schnell eine Erweiterung über das ursprüngliche Volumen hinaus und von weit größerer Dauer als die Kontraktion folgte. Diese Schwankungen des Volumens der Niere fielen nicht mit denen des Blutdruckes zusammen. Auch bei der Milz wurde eine primäre Kontraktion und darauf eine Erweiterung beobachtet; nur war die Wirkung schwächer, und es mußten größere Coffeingaben benutzt werden. Nach Durchschneidung beider Nn. splanchnici ergaben sich dieselben Resultate. Bei wiederholten Injektionen war die Kontraktion der Niere ausgesprochener und die Dilatation schwächer; so erreichte die Niere nach der dritten Injektion oft erst nach längerer Zeit wieder ihr ursprüngliches Volumen. Bei ferneren Injektionen rief schließlich das Coffein nur Kontraktionen hervor. Die Inspektion der Gehirngefäße ergab nach Coffein nur eine Erweiterung. Die Verfasser schreiben nach ihren Versuchen dem Coffein eine peripherische Wirkung auf die Gefäßmuskulatur der verschiedenen Organe zu, indem kleine Gaben erst eine Kontraktion und darauf eine Erweiterung der Gefäße, größere Gaben aber nur eine Kontraktion hervorrufen.

Albanese[1]) fand, daß das Coffein eine leichte Volumenvermehrung der Niere hervorrief. Gottlieb und Magnus[2]) fanden bei Coffein und Theobromin meist eine Erweiterung des Volumens der Niere, doch sahen sie auch Fälle, wo das Nierenvolumen sich, obschon eine reichliche Diurese eintrat, verkleinerte.

Loewi[3]) fand bei nicht narkotisierten Kaninchen, nachdem eine Darmschlinge in einem Onkometer angebracht worden war, daß die Darmgefäße die nach Coffein eintretenden Blutdruckschwankungen in flacher Kurve passiv mitmachten. Er hielt sie nicht für eine spezifische Coffeinwirkung, vielmehr für die Folge der Injektion einer konzentrierten Salzlösung (es wurden 2 ccm 5 proz. Coffeinum natr. benzoic. intravenös injiziert). Ähnliche Verhältnisse wurden nach Diuretin beobachtet. Nach Coffein beobachtete er in der Regel eine Erweiterung der Niere, die auch bei durchrissenen Nierennerven eintrat; er fand doch auch wie Gottlieb und Magnus Fälle, wo trotz eintretender Diurese keine Erweiterung der Nierengefäße vorlag. Da indessen bei eingegipsten Nieren nach Coffein das Nierenvenenblut eine rein arterielle Farbe annahm, meint Loewi, daß auch in Fällen, wo keine onkometrische Ausdehnung der Niere nachgewiesen werden konnte, dennoch eine Erweiterung der Nierengefäße stattgefunden hat. Er schließt aus seinen Untersuchungen über die Darm- und Nierengefäße, daß die nach Coffein eintretende, übrigens unbedeutende Blutdrucksteigerung keine Folge einer Reizung des Vasoconstrictorenzentrums, vielmehr wohl eine Folge einer direkten Herzwirkung ist.

Wiechowski[4]) fand bei intravenöser oder subcutaner Coffeininjektion eine Erweiterung der intrakraniellen Gefäße. Es trat bei Injektion einer Coffeinlösung in die Arteria vertebralis eine bedeutende Drucksteigerung ein.

Santesson[5]) benutzte das Perikardium als Plethysmographen und registrierte gleichzeitig die Volumenschwankung der intraperikardialen Organe und den Blutdruck. Nach Coffeininjektion fand er eine gesteigerte Pulsfrequenz, und der in der Mehrzahl der Fälle sehr niedrige Blutdruck wurde meistens sehr

[1]) M. Albanese, Arch. ital. de biol. **16**, 285 (1891).
[2]) R. Gottlieb u. R. Magnus, Archiv f. experim. Pathol. u. Pharmakol. **45**, 235 (1901).
[3]) O. Loewi, Archiv f. experim. Pathol. u. Pharmakol. **53**, 15 (1905).
[4]) W. Wiechowski, Archiv f. experim. Pathol. u. Pharmakol. **48**, 401 (1902).
[5]) G. Santesson, Skand. Arch. f. Physiol. **12**, 259 (1901).

bedeutend gesteigert. Das Herz entsprach den gesteigerten Anforderungen, welche die Blutdruckerhöhung stellte, sehr gut, und es wurde pro Minute eine beträchtliche Arbeit geleistet. Den Mechanismus der beobachteten Coffeinwirkung erklärt Santesson in der Weise, daß vor allem durch eine Erregung der Gefäßnervenzentren der Blutdruck erhöht ·wird, und gleichzeitig, meint er, wird das Herz durch Vermehrung der Pulszahl und, wenn nötig und möglich, auch durch Erhöhung der Kontraktionsenergie befähigt, den größeren Anforderungen zu entsprechen.

Cushny und van Naten[1]), die nach kleinen und mittleren Coffeingaben eine gesteigerte Pulsfrequenz beobachteten, fanden bei Registrierung der Herzbewegungen mit einem modifizierten Roy - Adamischen Myokardiographen keine Veränderung der Exkursionen des Herzventrikels. Bei größeren Gaben wurde die Ventrikelsystole weniger vollständig. Sie versuchten an einer Katze das Pulsvolumen des Herzens während der Coffeinwirkung mittels des Roy - Adamischen Kardiometers zu registrieren. Bei kleinen Coffeingaben zeigten ihre Kurven eine geringe Vergrößerung des Pulsvolumens, so gering, daß sie meinen, daß sie von der Inertie des Hebels bei der gesteigerten Frequenz herrührt, und daß das Pulsvolumen unverändert blieb. Eine Vergrößerung der Herzarbeit bei Coffein wird also nach ihren Versuchen lediglich auf der gesteigerten Pulsfrequenz beruhen.

Sollmann und Pilcher[2]) stellten ihre Versuche an curarisierten Hunden in Morphinnarkose an. Das Coffein wurde in steigenden Gaben intravenös injiziert und der Blutdruck registriert, und es wurden meist gleichzeitig onkometrische Bestimmungen des Volumens der Niere unternommen. Nach jeder Injektion wurden in den ersten Minuten bedeutende Schwankungen des Blutdrucks und Onkometerstandes (akute Wirkungen) beobachtet, dann wurden die Erscheinungen einigermaßen konstant (persistierende Wirkungen); es wurde nun 10 Minuten bis zur nächsten Injektion gewartet.

Die erste akute Wirkung der schnell vorgenommenen Coffeininjektion war eine kleine Blutdrucksteigerung, die nach wenigen Sekunden eintrat und als Wirkung der injizierten Flüssigkeitsmenge betrachtet wird. Dann tritt (2. Periode von ca. 15 Sekunden Dauer) ein Blutdruckfall mit gleichzeitigem Fall des Onkometerstandes ein. Der Blutdruckfall wird als Wirkung kardialer Natur betrachtet, er tritt bei jeder neuen Injektion auf, bei den späteren ist er jedoch schwächer. In der 3. Periode (Dauer 30 Sekunden) steigt dann der Blutdruck schnell, meistens den Onkometerbewegungen mehr oder minder parallel verlaufend, was mit einer Herzstimulation in Verbindung gesetzt wird; seltener sinkt der Onkometerstand in dieser Periode weiter, was mit einer effektiven Vasokonstriktion in Verbindung gesetzt wird. Die folgenden Perioden sind variabel, nach 5—10 Minuten ist der Blutdruck meistens recht konstant.

Als bleibende Wirkungen wurde beobachtet: Nach Gaben von bis 20 mg pro Kilogramm sind die Wirkungen variabel, meistens aber klein; in kaum der Hälfte der Fälle wurde eine leichte bleibende Blutdrucksteigerung beobachtet. Bei großen Gaben fällt der Blutdruck und erreicht nach 125—300 mg pro Kilogramm eine Höhe von 50—70 mm. Hier hält der Blutdruck sich ungefähr konstant — sogar bis auf 800 mg pro Kilogramm — , bis er, wenn der Tod nahe ist, plötzlich sinkt. Onkometrische Messungen der Niere und Milz zeigten, daß die Volumenschwankungen dieser Organe dem Blutdruck einigermaßen parallel ver-

---

[1]) A. Cushny u. van Naten, Arch. intern. de pharmacodyn. 9, 169 (1901).
[2]) T. Sollmann u. J. P. Pilcher, Journ. of Pharmacol. and experim. Therap. 3, 19 (1911).

liefen. Die Wirkung des Coffeins auf das vasomotorische Zentrum untersuchten die Verfasser durch künstliche Perfusion von Organen, deren Verbindung mit dem Zentralnervensystem der Versuchstiere nicht aufgehoben war[1]). Sie fanden in den Versuchen eine allgemeine — gewöhnlich mäßige — Neigung zur Stimulation des vasomotorischen Zentrums, sowohl bei sehr großen als bei kleinen Coffeingaben.

Sollmann und Pilcher schrieben also die bei kleinen Coffeingaben häufig auftretende Blutdrucksteigerung einer Wirkung auf das Herz zu; jedoch kann, indem das vasomotorische Zentrum gereizt wird, die vasoconstrictorische Wirkung die überwiegende sein. Bei teilweiser Depression des vasomotorischen Zentrums kann das Coffein eine stark erregende Wirkung ausüben, und dann wird der Blutdruck bedeutend in die Höhe gehen. Bei größeren Gaben wird der Blutdruckfall wesentlich der Wirkung des Coffeins auf das Herz zugeschrieben, aber die Verff. wollen die Möglichkeit einer peripherischen Vasodilatation nicht ausschließen. Später (S. 81) heißt es, daß die persistierenden Wirkungen des Coffeins als konstante und ausgesprochene Vasodilatation mit Herzstimulation variierender Stärke bei kleineren, und mit Herzdepression bei größeren Coffeingaben zusammengefaßt werden können.

Pilcher[2]) stellte im Anschluß an obige Versuche teils mit Hendersons Kardioplethysmographen, teils mit Cushnys Myokardiographen Untersuchungen an über das Volumen des Herzens und die Herzexkursionen nach Coffein. Als persistierende Wirkung fand er nach kleinen, intravenös injizierten Coffeingaben meistens eine mäßige Blutdrucksteigerung und das Herzvolumen oft etwas verkleinert (vermehrten Tonus); die Herzexkursionen zeigten meistens keine Veränderung, waren doch ausnahmsweise vergrößert oder verkleinert. Die Pulsfrequenz war etwas gesteigert. Bei größeren Coffeingaben 40—100 mg pro Kilogramm, war das Herzvolumen öfters vergrößert und die Amplitude der Herzexkursionen verkleinert. Die Blutdrucksteigerung, die am häufigsten nach kleinen Coffeingaben beobachtet wurde, wird, da die Herzexkursionen unverändert blieben, der gesteigerten Pulsfrequenz zugeschrieben.

Direkte Messungen der durch die Nieren fließenden Blutmenge wurden nach Einführung einer Stromuhr in die Arteria renalis von Landergren und Tigerstedt[3]) ausgeführt, die nach Coffein in einem Versuch eine Vermehrung von 14,6 und 7,6%, in einem anderen Versuch fast keine Veränderung beobachteten. Schwarz fand bei Messung der aus der Nierenvene ausströmenden Blutmenge nach Coffein keine Vermehrung oder gar eine Verminderung, Barcroft und Straub nur geringe Vermehrung. Die Versuche werden bei der Diurese näher besprochen. Frey[4]) fand, daß die Blutung aus einer Lungenwunde nach Coffein vermehrt wird, daß dies aber bei abgebundenen Nierengefäßen nicht der Fall ist. Er schließt daraus, daß das Coffein auf dem Wege der Erweiterung der Nierengefäße die Blutdurchströmung der Lunge vergrößert.

Wir erwähnten bei der Besprechung der Wirkung des Coffeins auf die Pulsfrequenz einige Untersuchungen an dem nach Langendorff isolierten Säugetierherzen. Bei den meisten dieser Versuche wurden auch die Bewegungen der Herzspitze, bei mehreren auch die durch die Coronargefäße fließende Blutmenge

---

[1]) Methode bei Sollmann u. Pilcher, Amer. Journ. of Physiol. **26**, 233.
[2]) J. D. Pilcher, Journ. of Pharmacol. and experim. Therap. **3**, 609 (1912).
[3]) E. Landergren u. R. Tigerstedt, Skand. Archiv f. Physiol. **4**, 241 (1893).
[4]) E. Frey, Zeitschr. f. experim. Pathol. u. Ther. **7**, 63 (1909).

bestimmt. Hedbom[1]) fand, daß bei Coffein die Herzamplitüden — oft nicht unbedeutend — vergrößert wurden, und daß die Zirkulationsgeschwindigkeit durch die Coronargefäße oft bedeutend gesteigert wurde. Loeb[2]) fand sowohl bei Coffein (0,07—0,03%) als bei Theobromin 0,05%) eine bedeutende Vergrößerung des Pulsvolumens — er registrierte sie mittels eines ins linke Herz eingeführten Ballons. Bei vereinzelten Coffeinversuchen beobachtete er eine deutliche, wenn auch nur geringe Beschleunigung der Coronarzirkulation; diese nahm bei den Theobrominversuchen meistens nicht unbeträchtlich zu. Kakowski[3]), der Ringers Lösung als Nährflüssigkeit benutzte, sah bei Coffein 1 : 10 000 nur eine Steigerung der Pulsfrequenz, bei 1 : 5000 oder stärkeren Lösungen bisweilen aber verstärkte Herzaktion und Zunahme der durch die Coronargefäße fließenden Flüssigkeitsmenge; die Wirkungen waren aber inkonstant und nur schwach ausgesprochen. Plavec[4]) fand bei 39° meist keine Wirkung. Bei 35° und besonders, wenn er in der zur Verdünnung des Blutes benutzten Ringerschen Lösung das Calcium wegließ, erhielt er bei verschiedenen Methylxanthinen außer Frequenzsteigerung eine Kontraktionsvergrößerung um den 2—3fachen, manchmal sogar um den 4fachen Wert. Am kräftigsten wirkte das Theophyllin, weniger kräftig das Theobromin, am schwächsten das Coffein. Beco und Plumier[5]) sahen an dem nach Langendorff isolierten Hundeherzen sowohl bei Durchströmung von Lockes Flüssigkeit als von Blut, das mit Lockes Flüssigkeit verdünnt war, sowohl eine deutliche Vergrößerung der Amplituden des Herzens als eine Steigerung der Frequenz bei Theobromin und Theophyllin. Camis[6]) sah bei Durchleitung von in Ringers Flüssigkeit gelöstem Coffein und Theobromin (0,2—0,008%) eine ausgesprochene deprimierende Wirkung auf das Herz. Bei Zusatz von Coffein und Theobromin zu verdünntem Blut fand er dagegen eine ausgesprochene Vergrößerung der Amplituden des Herzens, ohne daß die Frequenz sich steigerte. Er meint, daß Coffein und Theobromin im Blute in einen Stoff umgewandelt werden, der incitierende Eigenschaften besitzt, und ferner, daß es sich um Desoxycoffein und Desoxytheobromin handelt, die zu Lockes Flüssigkeit gesetzt eine excitierende Wirkung auf das Herz ausübten.

Man kann den mit dem keine Arbeit ausführenden Langendorffschen Herzen angestellten Untersuchungen keine besondere Bedeutung für die Lösung der Frage nach der Wirkung der Methylxanthine auf die Herzarbeit beimessen; dagegen können diese Untersuchungen wahrscheinlich wertvolle Aufschlüsse geben über die relative Stärke der Herzwirkungen der verschiedenen Methylxanthine.

Die Wirkung des Coffeins und Theobromins auf das arbeitende isolierte Herz wurde von Bock[7]) an Kaninchen untersucht; er verband die eine A. carotis mit der V. jugularis und unterband die Aorta descendens und die beiden A. subclaviae. Die andere A. carotis wurde mit dem Manometer verbunden, so daß das Blut nur durch Herz und Lunge kreiste. An dem die A. carotis und die V. jugularis verbindenden Gummischlauch wurde eine Klemmschraube angebracht und so eingestellt, daß der Druck in der Arteria ungefähr dem normalen Druck

---
[1]) K. Hedbom, Skand. Archiv f. Physiol. **9**, 1 (1899).
[2]) O. Loeb, Archiv f. experim. Pathol. u. Pharmakol. **51**, 73 (1903).
[3]) Kakowski, Arch. intern. de pharmacodyn. **15**, 109 (1905).
[4]) V. Plavec, Arch. intern. de pharmacodyn. **18**, 499 (1908).
[5]) L. Beco et L. Plumier, Journ. de physiol. et de pathol. génér. **8**, 10 (1906).
[6]) M. Camis, Arch. ital. de biol. **49**, 401 (1908).
[7]) J. Bock, Archiv f. experim. Pathol. u. Pharmakol. **43**, 367 (1900).

entsprach, während in den Venen nur 2—3 cm Wasserdruck vorhanden war.
Das linke Herz arbeitete also gegen einen konstanten Widerstand, und da die
Lungengefäße von den pharmakologischen Agenzien nur wenig angegriffen
werden, sind die nach Einspritzung derartiger Substanzen auftretenden Druckveränderungen ausschließlich als Herzwirkungen zu betrachten. Da der Widerstand unverändert bleibt, wird also eine Steigerung des Blutdruckes von
einer Vergrößerung, ein Herabfall des Blutdruckes von einer Verkleinerung
des Minutenvolums des Herzens bedingt sein. Es zeigte sich, daß Coffein und
Theobromin den Herzmuskel in ganz derselben Weise beeinflußten; auch quantitativ scheinen sie sich ähnlich zu verhalten. Bei kleinen Gaben, 0,5—2 mg
Coffein oder Theobromin, trat immer eine Pulsbeschleunigung ein. Der Blutdruck blieb bei diesen Gaben in einigen Versuchen unverändert, in anderen
fiel er einige Millimeter, in einer Reihe der Versuche wurde aber eine geringe
Steigerung (2—5 mm) des Blutdruckes beobachtet. Nach größeren Dosen ging
der Blutdruck bei steigender Pulsfrequenz herab, und jede folgende Injektion
bewirkte eine weitere Zunahme der Frequenz und einen weiteren Abfall des Blutdruckes. Ich führe hier den Anfang eines der Versuche an.

Versuch IX.
Kaninchen. Gewicht 2100 g. Herz-Lungen-Kreislauf isoliert.

	Pulsfrequenz in 30″	Blutdruck in mm	
0′—0′30″	75	78	
0′30′—1′	74	78	
1′30″—2′	74	78	1′—1′10″ 1 mg Diuretin inj.
3′—3′30″	75	79	2′—2′10″ 1 mg Diuretin inj.
4′30″—5′	77	82	3′40″—3′50″ 2 mg Diuretin inj.
6′—6′30″	82	82	5′—5′50″ 2 mg Diuretin inj.
7′30′—8′	82	75	6′30″—6′45″ 2 mg Diuretin.

Wie im angeführten Versuch war die Blutdrucksteigerung immer gering
und verlief der Frequenzzunahme ziemlich parallel. Bock erklärt die beobachteten Erscheinungen folgendermaßen. Die Wirkungen des Coffeins und des
Theobromins auf das Herz setzen sich aus zwei Momenten zusammen, aus einer
Vermehrung der Frequenz und einer Verminderung des Pulsvolumens. Bei
kleinen Gaben kann eine Frequenzzunahme hervorgerufen werden, ohne
daß das Pulsvolumen beeinflußt wird, und es wird dann eine Vergrößerung des Minutenvolums und deshalb, da der Widerstand unverändert bleibt,
eine Blutdrucksteigerung eintreten. Häufig wird aber schon bei kleinen
Gaben das Pulsvolum entsprechend verkleinert, und das Minutenvolum und
mithin der Blutdruck bleibt unverändert. Bei etwas größeren Gaben wird die
Wirkung auf das Pulsvolumen immer überwiegen und ein Blutdruckfall eintreten. Daß in Bocks Versuchen nach geringen Gaben starke Wirkungen
eintreten, hängt damit zusammen, daß der Kreislauf auf das Herz und die
Lunge beschränkt war. Ferner beobachtete Bock bei seinem Versuch am
isolierten Herzen, daß, wenn nach wiederholten Injektionen von Coffein oder
Theobromin der Blutdruck stark gefallen war, eine Injektion von Strophanthin
in einer Reihe von Fällen eine Steigerung des Blutdruckes hervorrief, ebenso
wie wenn nach großen Coffeingaben die Herzaktion unregelmäßig und arrhyth-
misch war, nach Strophanthin regelmäßige, gleichmäßige Herzkontraktionen
auftraten. Bei schwerer Coffein- oder Theobrominvergiftung des

Herzens wirken also die Digitaliskörper steigernd auf die stark geschwächte Herzarbeit ein. Es liegt hier also eine antagonistische Wirkung der Digitaliskörper gegenüber der Wirkung der Methylxanthine vor, welche die ganz verschiedene Natur der Digitaliswirkung und der Coffeinwirkung auf das Herz deutlich veranschaulicht. Santesson fand auch in seinen schon besprochenen Versuchen mehrmals, wenn er nach wiederholten Coffeingaben Strophanthin injizierte, eine Steigerung des Blutdruckes. In Übereinstimmung mit Bocks Versuch fand Pohl[1]), daß am Froschherzen eine prompte Strophanthinwirkung durch Coffein aufgehoben wird. Braun[2]) fand am nach Langendorff isolierten Herzen, daß sehr kleine Coffeindosen die vasokonstriktorische Wirkung großer Digitalisdosen auf die Coronargefäße mehr oder weniger beseitigten und die Lebensdauer des mit Digitalis vergifteten Langendorffschen Herzpräparat verlängerten.

Plant[3]) hat ebenfalls die Coffeinwirkung an das isolierte, arbeitende Herz untersucht bei Benutzung der Knowlten-Stralingschen Methode, bei welcher auch das isolierte Herz — Lungenkreislauf und ein konstanter Widerstand verwendet wird, aber außerdem das Minutenvolum gemessen wird. Plant hat aus seinen Versuchen nur folgendes, an einem Hund vom Gewicht 7,75 kg angestellt, mitgeteilt; das Pulsvolum ist bei Division des Minutenvolums mit der Pulsfrequenz berechnet.

Zeit	Pulsfrequenz	Minutenvolum cm	Pulsvolum cm	Blutdruck mm	
4,27	146	32,2	0,221	68	
4,29	146	31,8	0,218	68	Coffein 25 mg
4,30—4,31					
4,32	150	35,0	0,233	71	
4,33	160	36,5	0,228	72	
4,35	164	35,7	0,218	70	
4,37	164	35,3	0,215	70	
4,39	166	33,7	0,203	70	
4,41	162	33,7	0,208	68	
4,43	164	32,6	0,199	68	
4,45	160	31,8	0,200	68	

Der Versuch gleicht sehr obenstehendem von Bock. Es wurde eine recht große Coffeindosis injiziert. Als Wirkung sieht man zuerst eine Pulsbeschleunigung und eine geringe Vergrößerung des Blutdrucks und des Minutenvolums, wogegen das Pulsvolum etwa unverändert blieb; später verkleinert sich das Pulsvolum, während Blutdruck und Minutenvolum zu ihren ursprünglichen Werten zurückkehren.

Um die periphere Wirkung der Methylxanthine auf die Gefäße näher zu erforschen, sind mehrmals Durchleitungsversuche an ausgeschnittenen Organen angestellt worden. Die meisten Untersuchungen wurden an Nieren ausgeführt; sie ergaben keine übereinstimmenden Resultate und werden bei der Diurese näher besprochen werden. Beco und Plumier[4]) stellten Durchleitungsversuche an den hinteren Extremitäten von Hunden an. Nach Zusatz von Theobromin und Theophyllin zum Durchleitungsblute wurde die durchfließende Blutmenge vermehrt, doch weit weniger als dieses bei der Niere der Fall war.

[1]) J. Pohl, Therap. Monatshefte 23, 110 (1909).
[2]) L. Braun, Zeitschr. f. experim. Pathol. u. Ther. 1, 360 (1905).
[3]) O. H. Plant, Journ. of Pharmacol. and exp. Therap. 5, 603 (1914).
[4]) L. Beco u. L. Plumier, Arch. de physiol. et de pathol. génér. 8, 10 (1906.)

Das Coffein rief zuerst eine ausgesprochene Verminderung, dann eine Vermehrung der durchströmenden Blutmenge hervor. Baehr und Pick[1]) fanden, daß Coffein den Tonus der Lungengefäße nicht beeinflußt. Cow[2]) fand, daß ausgeschnittene Ringe der A. renalis und der A. lienalis sich in einer Coffeinlösung moderat dilatierten, wogegen Ringe der A. carotis unbeeinflußt blieben.

C. Tigerstedt[3]) zeigte bei den unten näher erwähnten Versuchen, daß wenige Sekunden nach Injektion einer starken Diuretinlösung in die Aorta eine Gefäßerweiterung eintrat, die sehr schnell nach der Injektion am größten war und dann allmählich abnahm. Weitere Injektionen von Diuretin hatten eine ganz ähnliche Wirkung. Eine hohe Diuretinkonzentration im Blute muß hiernach als Bedingung der Gefäßerweiterung betrachtet werden.

Es findet sich in der Literatur vereinzelte Mitteilungen darüber, daß nach Coffein eine Vagusreizung ohne Wirkung auf das Herz sein kann. So war dies in Versuchen von Aubert und Leblond der Fall. Henrijean und Honoré[4]) und später Fredericq[5]) fanden dagegen, daß das Coffein beim Hunde die Reizbarkeit der Vagus vergrößert.

Die Wirkung der Methylxanthine auf das Herz ist mehrmals mit einer **Wirkung dieser Stoffe auf die Coronargefäße des Herzens** in Verbindung gesetzt. Wie schon erwähnt, haben Hedbom, Loeb und Kakowski gefunden, daß Coffein und Theobromin an das nach Langendorff isolierte Herz häufig eine vermehrte Durchblutung der Kranzgefäße des Herzens hervorrief, dieselbe wurde doch nicht selten vermißt. An stillstehendem Herzen fand Krakow[6]) bei Durchleitung von Coffein und Theobromin in Verdünnungen 1 : 1000 bis 1 : 5000 eine starke Erweiterung der Kranzgefäße. Untersuchungen an in situ arbeitenden Herzen haben andere Resultate gegeben. F. Meyer[7]) band an curarisierten Hunden eine Kanüle in eine Herzvene ein und maß die auströpfende Blutmenge. Nach Coffein stieg der Blutdruck und die aus der Kanüle fließende Blutmenge, nach Durchschneidung der Medulla oblongata rief Coffein aber keine Blutdrucksteigerung und keine Zunahme der ausfließenden Blutmenge hervor. Sakai und Saneyoshi[8]) haben nach Morawitz und Zahns Methode an Katzen eine Tamponkanüle in Sinus coronarius eingeführt und die ausfließende Blutmenge gemessen. Nach hohen, toxischen Dosen von Coffein und Dimetin beobachteten sie häufig, allerdings nicht regelmäßig eine sehr starke Vermehrung der ausfließenden Blutmenge. Auch bei kleineren Dosen beobachteten sie eine Zunahme der ausfließenden Blutmenge, meistens doch nur, was man nach Maßgabe des gesteigerten Blutdrucks erwarten durfte. Bei Untersuchungen an lebenden Tieren ließ sich somit die an isolierten Herzen nach Coffein und Theobromin häufig beobachtete Erweiterung der Kranzgefäße des Herzens nicht mit Sicherheit nachweisen.

Mittels einer von Cloetta ausgebildeten Methode fand Müller[9]), daß die Wirkung des Coffeins auf die Leistungsfähigkeit des rechten Ventrikels weder eine fördernde noch eine hemmende war.

---

[1]) G. Baehr u. E. Pick, Archiv f. experim. Pathol. u. Pharmakol. **74**, 65 (1913).
[2]) D. Cow, Journ. of pnysiology **42**, 139 (1911).
[3]) C. Tigerstedt, Skandinav. Archiv f. Physiol. **22**, 115 (1909).
[4]) Henrijean u. Honoré, Mém. de l'Acad. royale Belgique **20**, fasc. 4, S. 74 (1909); zit. nach H. Fredericq (s. u.).
[5]) H. Fredericq, Arch. internat. de Physiol. **13**, 107 (1913).
[6]) M. Krakow, Archiv f. d. ges. Physiol. **157**, 515 (1914).
[7]) F. Meyer, Archiv f. (Anat. u.) Physiol., Phys. Abt. **1912**, S. 223.
[8]) S. Sakai u. S. Saneyoschi, Archiv f. experim. Pathol. u. Pharmakol. **78**, 331 (1915).
[9]) H. Müller, Archiv f. experim. Pathol. u. Pharmakol. **81**, 218 (1917).

Wir werden schließlich die vorliegenden Untersuchungen über die Wirkung der Methylxanthine auf die Größe der vom Herzen ausgetriebenen Blutmenge, d. h. auf das Minutenvolum des Herzens besprechen. C. Tigerstedt[1]) hat eine Reihe von Versuchen ausgeführt, die zwar mit anderem Zweck angestellt wurden, aber auch Erläuterungen über die Wirkung des Diuretins auf den Kreislauf geben. Er band an curarisierten Kaninchen eine kleine Stromuhr in die Aorta ascendens ein und konnte in dieser Weise die aus dem Herz herausströmende Blutmenge messen. Nach Injektion von 0,5 ccm einer starken Diuretinlösung (1 : 10) in die Aorta, sah er 6—12 Sekunden nach der Injektion eine Blutdrucksenkung und gleichzeitig eine Zunahme des Minutenvolums; das letzte kehrte schnell, meistens nach 30—100 Sekunden zu ihrer ursprünglichen Größe zurück, und auch der Blutdruck stieg allmählich bis ungefähr ihrer früheren Höhe. Wiederholte Diuretininjektionen hatten eine ganz ähnliche Wirkung. Die wenigen Sekunden nach der Injektion eintretende Vergrößerung des Minutenvolums wurde mittels der durch die starke Diuretininjektion hervorgerufenen Gefäßerweiterung verursacht, und sie trat in ganz ähnlicher Weise ein nach anderen Eingriffen, die einen verminderten Gefäßwiderstand hervorrufen, so nach Nitroglycerin und nach Reizung der N. depressor. Eine Herzwirkung des Diuretins konnte nicht in Betracht kommen, denn das Diuretin wurde in die Aorta injiziert und wollte mithin bei dem langsamen Kreislauf (Minutenvolum 40—70 ccm pro kg) zuerst die Kranzgefäße des Herzens erreichen zu einem Zeitpunkt, wo daß Minutenvolum bereits wieder etwa ihre ursprüngliche Größe angenommen hatte. Abgesehen von den unmittelbar nach der Injektion durch die akute Gefäßerweiterung hervorgerufenen kurzdauernden Störungen bewirkte also in C. Tigerstedts Versuchen das Diuretin keine Änderung des Minutenvolums des Herzens.

Means und Newburgh[2]) bestimmten die Geschwindigkeit des Kreislaufes an Menschen bei Ruhe und bei Arbeit teils in Normalversuchen, teils nach Coffein bei Benutzung der Methode von Krogh und Lundhard. Bei einer Reihe von Versuchen wurde an verschiedenen Tagen das Minutenvolum bei Ruhe teils in Normalzustand, teils nach Coffein bestimmt und wurde im letzten Falle das Minutenvolum etwas vergrößert gefunden. Jedoch war zwischen den Normalversuchen und den Coffeinversuchen ein Zeitraum von 12 bis 22 Tagen, und man darf deshalb nicht zu viel Gewicht auf das Resultat dieser Versuche legen. Nur in zwei Versuchen wurde das Minutenvolum auf demselben Tage sowohl in Normalzustand als nach Injektion von 30 cg Coffein bestimmt, der eine Versuch zeigte nach Coffein eine beträchtliche Vergrößerung, der andere eine ausgesprochene Verkleinerung des Minutenvolums. Bei den Arbeitsversuchen konnten die Vff. keine Vergrößerung des Minutenvolums nach Coffein nachweisen. Ein Beweis dafür, daß das Coffein eine Vergrößerung des Minutenvolums hervorruft, haben mithin diese Untersuchungen nicht geliefert.

Bock und Buchholtz[3]) haben an Hunden, die mit Morphin oder Morphin-Urethan narkotisiert waren, das Minutenvolum des Herzens teils bevor teils 10—15 Minuten nach intravenöser Coffeininjektion bestimmt. Die Methode war folgende: es wurde bei jeder Bestimmung ein elastischer Katheter in das linke Herz ein-

---

[1]) C. Tigerstedt, Skandinav Archiv f. Physiol. **22**, 115 (1909).
[2]) J. H. Means u. L. H. Newburgh, Journ. of Pharmacol. and exper. Therap. **7**, 449 (1915).
[3]) J. Bock u. J. Buchholtz, Forhandl. ved 16. skand. Naturforskermøde 1916, S. 786. Ausführlichere Veröffentlichung in Vorbereitung.

geführt und durch dieses mit konstanter Geschwindigkeit 10 Sekunden hindurch eine Jodnatriumlösung injiziert. Gleichzeitig wurde von einer Ast der A. femoralis alle zwei Sekunden eine Blutprobe auf Löschpapier (nach Bang) aufgefangen und der Jodgehalt dieser Blutproben nach der von Buchholtz[1] angegebenen Mikromethode bestimmt. Die Proben, die etwa 7—11 Sekunden nach Anhang der Injektion aufgesammelt wurden, zeigten den gleichen prozentischen Jodgehalt. Wird in einer Sekunde a ccm einer Jodnatriumlösung mit p% Jod injiziert und enthalten die 7—11 Sekunden nach Anfang der Injektion aufgesammelten Blutproben q % Jod, läßt das Minutenvolum M sich nach der Formel

$$M = \frac{a \cdot p \cdot 60}{q \cdot v}$$

berechnen, wo v das spezifische Gewicht des Blutes bedeutet. Kurze Zeit nacheinander ausgeführte Normalbestimmungen gaben eine befriedigende Übereinstimmung. An curarisierten Tieren wurden vier Versuche angestellt mit dem Resultat, daß kleine, mittlere und selbst recht große Coffeindosen keine deutliche Änderung des Minutenvolums bewirkten. Sehr große Coffeindosen bewirkten eine Verminderung des Minutenvolums. Als Beispiel wird folgender Versuch angeführt.

Hund 26,5 kg. Vagotomie. Curare. Künstliche Rsp.

Zeit	Pulsfrequenz	Blutdruck mm	Minutenvolum cm pro kg	
4,25	192	166	173	Normalbestimmung
4,40—4,45				2 cg Coffein pro kg
4,59	220	172	165	
5,01—5,10				10 cg Coffein pro kg
5,25	276	175	175	
5,27—5,39				10 cg Coffein pro kg
5,53	300	109	129	

Eine andere Reihe von Versuchen wurden an nicht curaresierten Tieren angestellt. In einer Gruppe dieser Versuche war die Narkose tief und die Coffeininjektionen riefen keine Unruhe der Versuchstiere hervor. Diese Versuche gaben ganz dasselbe Resultat wie die Curareversuche, Coffein in kleinen oder mittleren Dosen bewirkte keine deutlichen Änderungen der Größe des Minutenvolums. In einer anderen Gruppe der Versuche war die Narkose nicht tief, und die Coffeininjektionen riefen Muskelzittern, starke motorische Unruhe, die sich zu Krämpfen steigerte, und beschleunigte Atmung hervor. In diesen Fällen trat nach den Coffeininjektionen eine bedeutende Vergrößerung des Minutenvolums ein, die aber nicht als eine direkte Wirkung des Coffeins auf den Zirkulationsapparat, sondern als eine Folge der starken motorischen Unruhe zu betrachten ist.

Die Versuche von C. Tigerstedt und von Bock und Buchholtz, die mit Theobromin bzw. mit Coffein ausgeführt wurden, haben also ganz gleichdeutige Resultate gegeben, es zeigte sich, daß die Methylxanthine in kleineren und mittleren Gaben keine Änderung der Größe des Minutenvolums hervorriefen.

---

[1] J. Buchholtz, Archiv f. experim. Pathol. u. Pharmakol. **81**, 289 (1917).

Eine Durchsicht der angeführten Untersuchungen wird ergeben, daß sehr häufig nach Coffeineingabe von einer größeren oder kleineren Steigerung des arteriellen Blutdruckes von kürzerer oder längerer Dauer berichtet wird, wogegen dies nach den übrigen Methylxanthinen nicht der Fall ist. Bei tief narkotisierten Tieren war diese Blutdrucksteigerung weit kleiner und sehr häufig gar nicht vorhanden. In der Mehrzahl der Coffeinversuche wurde die Substanz intravenös injiziert, und in bei weitem den meisten von diesen Fällen wird von einem akuten Abfall des Blutdruckes berichtet, nachdem der Blutdruck sich meistens wieder schnell über den normalen Blutdruck erhebt. Swirski betrachtet diesen akuten Blutdruckabfall als eine reflektorische Wirkung, die meisten anderen Forscher betrachten ihn als eine kardiale Wirkung. Auch ich muß diesen akuten Blutdruckabfall unmittelbar nach einer intravenösen Coffeininjektion als eine akute Coffeinvergiftung des Herzens betrachten. Es zeigte sich, wie ich bei einer größeren Reihe nicht veröffentlichter Versuche an urethanisierten Kaninchen beobachtete, bei kontinuierlicher intravenöser Injektion von Coffein, Theobromin oder Theophyllin, nie die geringste Andeutung eines primären Blutdruckabfalls, obwohl von den betreffenden Stoffen bis 1—1,5 cg pro Minute injiziert wurde, wogegen ein solcher auftrat, wenn in gewöhnlicher Weise, und zwar gar nicht besonders schnell, kleine Mengen injiziert wurden. An Hunden in Morphinnarkose habe ich ähnliches beobachtet. Diese akute Herzwirkung erschwert aber in hohem Grade die Beurteilungen der später auftretenden Erscheinungen in denjenigen Versuchen, bei denen ein derartiger primärer Blutdruckabfall vorlag. Es findet sich hier eine durch eine momentane große Coffeinkonzentration des Herzblutes hervorgerufene akute Herzvergiftung, und die späteren Erscheinungen beruhen teilweise darauf, daß das Herz sich erholt, indem das Coffein sich über den Organismus verteilt und das Herz somit unter die Einwirkung einer weit geringeren Coffeinkonzentration kommt. Da außerdem der akute Blutdruckabfall als solcher auf das Zentralnervensystem einwirken wird und von hier aus regulierende Mechanismen in Bewegung setzen, muß die Beurteilung der ersten Blutdruckschwankungen nach einer intravenösen nicht kontinuierlichen Coffeininjektion eine sehr unsichere sein. Ebenso wird die Beurteilung der Coffeinwirkung auf das Herz nach intravenöser Injektion in hohem Grade dadurch erschwert, daß dieser Stoff größtenteils recht schnell wieder aus dem Kreislauf verschwindet und auch die vom Herzen aufgenommene Menge, wie man aus Heubels Versuchen an Froschherzen schließen muß, sehr leicht wieder abgegeben wird. Es sind erstaunend große Mengen, die man bei langsamer Injektion in die Venen einspritzen kann, bevor es zu einem Herzstillstand kommt. So konnten Sollmann und Pilcher in einem Falle einem Hunde 800 mg pro Kilogramm injizieren, bevor die Herzbewegungen aufhörten, und an Kaninchen haben wir bei langsamer kontinuierlicher Injektion noch größere Mengen injizieren können. Daß das Herz sich auch nach großen Coffeingaben verhältnismäßig schnell erholt, zeigen die Versuche von Cushny und van Naten. Dies schnelle Verschwinden des Coffeins aus dem Blut — und somit auch aus dem Herzen — erklärt, weshalb bei isoliertem Herz-Lungen-Kreislauf kleine Coffeingaben eine schwere Herzvergiftung hervorrufen, an intakten Tieren große Coffeingaben aber nach und nach injiziert werden können, ohne schwere Herzerscheinungen hervorzurufen.

Bei den Coffeinversuchen wurde häufig von einer größeren oder kleineren, meistens kurzdauernden Blutdrucksteigerung berichtet, wogegen dies bei den — übrigens wenig zahlreichen — Theobrominversuchen nicht der Fall war. Am isolierten Herzen wurde in der Wirkung des Coffeins und des Theobromins kein Unterschied beobachtet, weder am Langendorffschen Herzen, noch bei isoliertem Herz-Lungen-Kreislauf. Da das Coffein ja eine stark erregende Wirkung auf das Zentralnervensystem ausübt, was das Theobromin nicht tut, liegt es nahe, die Unübereinstimmung in der Weise zu erklären, daß die Blutdrucksteigerung, die nach Coffein auftreten kann, durch eine Reizung des vasomotorischen Zentrums bedingt ist. Hierauf deutet auch die in Sollmann und Pilchers Coffein-versuchen nachgewiesene Reizung des vasomotorischen Zentrums, und es ist wahrscheinlich, daß dieser Faktor sich an intakten Tieren stärker geltend macht, als in Sollmann und Pilchers Versuchen. Ferner spricht für diese Auffassung, daß die Blutdrucksteigerung am häufigsten bei nicht narkotisier-ten Tieren vorkam, und daß sie bei langsamer kontinuierlicher Injektion von Coffein an urethanisierten Tieren nicht beobachtet wurde.

Große Coffeingaben beeinträchtigen die Herzarbeit, und die von mehreren Forschern unter verschiedenen Bedingungen nach kleinen Gaben gefundene günstige Beeinflussung der Herzarbeit scheint nicht groß zu sein. So fanden am isolierten Lungenkreislauf Bock nur eine geringe und inkon-stante Steigerung des Blutdrucks und Plant nur eine geringe und vorüber-gehende Vergrößerung des Minutenvolumens, und zwar alle beide nur in Ver-bindung mit einer gesteigerten Frequenz, und aus Cushny und van Natens, sowie aus Sollmanns und Pilchers Messungen an Tieren scheint hervor-zugehen, daß das Pulsvolumen bei kleinen Coffeingaben unverändert bleibt, und daß eine etwaige Vergrößerung der Herzarbeit mit der gesteigerten Herz-frequenz in Verbindung steht. Bei direkter Messung des Minutenvolumens des Herzens wurde gefunden, daß sowohl nach Diuretin (Tigerstedt) als nach Coffein (Bock und Buchholtz) die Größe des Minutenvolumens ungeändert blieb. Ob überhaupt die Methylxanthine bei normalen Tieren die Herzarbeit in typis`her Weise beein`lußen, muß nach obenstehendem als sehr zweifelhaft betrachtet werden. So viel läßt sich doch wohl nach den vorliegenden Unter-suchungen mit Sicherheit sagen, daß nach kleinen Coffeingaben keine große und namentlich keine anhaltende Steigerung der Arbeit des normalen Herzens zu erwarten ist.

Die besonders von klinischer Seite öfters geäußerte Anschauung, daß das Coffein ein Herzstimulans oder Herztonikum sei, hat durch die angeführten experimentellen Untersuchungen an Warmblütern keine sicheren Anhaltspunkte gewonnen. Auch wurde betreffs der Wirkung auf das vom Zentralnervensystem unabhängige, arbeitende Herz kein Unterschied gefunden zwischen der Wir-kung des Coffeins und der des Theobromins, welches letzteres, obgleich es in v`el größeren Dosen als das Coffe`n gegeben werden kann, wohl kaum als Er-regungsmittel des Herzens betrachtet wird. Es ist den vorliegenden Untersu-chungen zufolge vielmehr anzunehmen, daß die günstige Wirkung des Coffeins, die bei akuter Herzschwäche und verschiedenen anderen Herzleiden häufig beobachtet wurde, auf seiner erregenden Wirkung auf das vasomotorische Zentrum und auf der dadurch bedingten vermehrten Regulierungsfähigkeit des Gefäßsystems beruht. So werde sich auch die oft gerühmte Kombination von Digitalis und Coffein bei verschiedenen Herzleiden erklären. Daß die Wirkung des Coffeins ganz anderer Natur ist als die der Digitalis-substanzen ist außer jedem Zweifel.

Atmungsorgane. Die Wirkung des Coffeins auf die Atmung wird wohl von allen Forschern als eine stimulierende betrachtet. Leven gibt an, daß die

Respirationsfrequenz sowohl bei warmblütigen Tieren als bei Fröschen durch Coffein gesteigert wird. Aubert fand an Hunden nach großen Gaben eine Beschleunigung der Respirationsbewegungen. Binz[1]) fand, daß bei alkoholvergifteten Hunden nach Coffein die Respirationsbewegungen stark vergrößert waren, und daß die Tiere auch rascher atmeten. Heinz[2]) fand bei Kaninchen nach kleinen Coffeingaben eine Vergrößerung der Lungenventilation. Impens[3]) sah nach intravenöser Injektion von 2 cg Coffein eine, jedoch nicht konstante, leicht vermehrte Frequenz und einen gesteigerten Luftwechsel. Sollmann und Pilcher[4]) fanden an Hunden, die mit Morphium betäubt waren, daß das Coffein die Respiration in nicht ganz konstanter Weise beeinflußte, meistens aber sowohl die Tiefe der Respiration als besonders die Frequenz vergrößerte. Die Wirkung zeigte sich schon nach 5 mg pro Kilogramm und dauerte bei steigenden Gaben bis zum Tode. Cushny[5]) wandte bei seinen Versuchen decerebrierte Kaninchen an; die Respirationsbewegungen wurden mittels eines Plethysmographen aufgeschrieben, der sowohl den Thorax als das Abdomen der Versuchstiere deckte. Er fand bei intravenöser Injektion von 1—2 cg eine sehr bedeutende Steigerung der Frequenz, wogegen die Tiefe der Atmungszüge nur wenig beeinflußt war. Auch wenn die Frequenz nach Chloral oder Morphin herabgesetzt war, wurde sie durch Coffein beschleunigt. Öfters dauerte die Coffeinwirkung nur 5—10 Minuten, und eine zweite Coffeininjektion hatte meistens eine weit geringere Wirkung als die erste. Die gesteigerte Respirationsfrequenz trat auch bei durchschnittenen Vagis ein. Higgens und Means[6]) fanden an Menschen nach subcutaner Injektion von Coffein einen deutlichen Herabfall der alveolären Kohlensäurespannung und eine gesteigerte Respirationsfrequenz. Diese Wirkungen werden einer Erregung des respiratorischen Zentrums zugeschrieben. Nach Morphin oder Heroin wurde von Coffein eine stärkere oder schwächere Erregung des Atemzentrums hervorgerufen.

Die Wirkung des Coffeins auf die Respiration beruht zweifelsohne auf einer Erregung des respiratorischen Zentrums, welche mit der allgemeinen Erregung des Zentralnervensystems in Verbindung steht. Vom Theobromin, das das Zentralnervensystem nur schwach angreift, ist von keinem Forscher beobachtet, daß es irgendeine Wirkung auf die Respiration hat, vom 3- und 7-Methylxanthin wird von Albanese[7]) positiv angegeben, daß sie die Respiration kaum beeinflussen.

In Trendelenburgs[8]) Versuchen mit der isolierten Bronchialmuskulatur von Rindern rief das Coffein in großen Gaben (Coffein. natr. benz. 1 : 1000) zunächst mäßige Verkürzung und dann nach wenigen Minuten eine weitgehende Erschlaffung hervor. Baehr und Pick[9]) fanden an der künstlich durchströmten Meerschweinchenlunge, daß die Durchleitung einer 0,1 proz. Lösung von Coffein. natr. benz. eine recht kräftige, bronchodilatierende Wirkung hatte.

Pal[10]) fand mittels einer von A. B. Meyer angegebenen Technik, daß die bei Meerschweinchen durch Injektion von Pepton, β-Imidoazolyläthylamin oder

---

[1]) C. Binz, Archiv f. experim. Pathol. u. Pharmakol. **9**, 31 (1878).
[2]) W. Heinz, Die Größe der Atmung usw. Diss. Bonn 1890.
[3]) E. Impens, Arch. intern. de pharmacodyn. **6**, 149 (1899).
[4]) T. Sollmann u. J. D. Pilcher, Journ. of Pharmacol. and experim. Therap. **3**, 40 (1911).
[5]) A. Cushny, Journ. of Pharmacol. and experim. Ther. **4**, 363 (1913).
[6]) H. L. Higgens u. J. H. Means, Journ. of Pharmacol. and exper. Ther. **7**, 1 (1915).
[7]) M. Albanese, Archiv f. experim. Pathol. u. Pharmakol. **43**, 305 (1900).
[8]) P. Trendelenburg, Archiv f. experim. Pathol. u. Pharmakol. **69**, 106 (1912).
[9]) G. Baehr u. E. Pick, Archiv f. experim. Pathol. u. Pharmakol. **74**, 41 (1913).
[10]) J. Pal, Deutsche med. Wochenschr. **1912**, S. 5 u. 1774.

Muscarin hervorgerufene Brochospasmus durch Coffein und Diuretin aufgehoben wurde. Er meint, daß die Wirkung auf einer Reizung peripherer Äste der Sympathicus beruht. F. Meyer[1]) fand bei onkometrischen Messungen, daß Coffein — meistens doch nur vorübergehend — die Muscarinkontraktion der Lunge aufheben konnte. Nach Coffein war dann Muscarin wieder wirksam, was nach einer Atropininjektion nicht der Fall ist. Meyer fand, daß nach Durchschneidung von sowohl der Medulla oblangata als von Vagus und Sympathicus — aber nur dann — war Coffein wirkungslos und schließt hieraus, daß die Wirkung des Coffeins zentraler Natur ist.

Niere. Die diuretischen Wirkungen des Coffeins wurden schon früh bei der therapeutischen Verwendung des Mittels beobachtet; eine genaue, experimentale Untersuchung wurde aber erst von v. Schroeder unternommen. v. Schroeder[2]) fand, daß das Coffein bei Kaninchen, denen Morphin injiziert worden war, nur ausnahmsweise starke Diurese hervorrief. Meist kamen nur unbedeutend vermehrte Harnabsonderungen zur Beobachtung. Nach Eingabe von Chloral, 0,67 g pro Kilogramm, wodurch der Blutdruck auf 60—70 mm sank, rief dagegen das Coffein konstant eine bedeutende Steigerung der Diurese hervor. Der Blutdruck stieg bei der Coffeininjektion nicht, er war bei den angeführten Versuchen sogar niedriger während der Diurese als bei der Normalbestimmung. Während der Diurese nahm die Trockensubstanzmenge im Harn zu, jedoch nicht in demselben Verhältnis wie das Wasser, und es wurde nachgewiesen, daß die Stickstoffmenge im Harn — nach Entfernung des ausgeschiedenen Coffeins — sehr bedeutend zunahm. Bei Kaninchen trat nach Durchreißen der Nierennerven an der einen Seite hier vermehrte Sekretion ein, die nach Coffein weit stärker wurde, während die andere Niere fast unbeeinflußt blieb. Nach Chloral trat aber beiderseits eine gleichmäßige Vermehrung der Harnsekretion ein. v. Schroeder schließt aus diesen Versuchen, daß das Coffein die Nierensekretion in zwei Weisen beeinflußt, durch eine das Zentralnervensystem erregende Wirkung, welche durch Gefäßverengerung die Harnsekretion beeinträchtigt, und durch eine die Nieren direkt treffende Wirkung, wodurch eine mächtige Harnflut hervorgerufen wird. Die zentralerregende Wirkung kann die auf die Niere ausgeübte Wirkung in verschiedenem Grade beeinflussen, ja sogar völlig kompensieren. Er meint, daß die sezernierenden Elemente der Niere selbst durch das Coffein zu stärkerer Tätigkeit angeregt werden, und daß hier der Angriffspunkt seiner Wirksamkeit liegt. Langgaard[3]), der ungefähr gleichzeitig Versuche über die diuretische Wirkung des Coffeins anstellte, konnte v. Schroeders Angaben bestätigen und sich dessen Ansichten über die Natur der Coffeindiurese anschließen. Auch Langgaard bediente sich des Chlorals zur Lähmung des vasomotorischen Zentrums. Bei späteren Versuchen hat v. Schroeder[4]), um eben nur im vasomotorischen Zentrum die erwünschte Unerregbarkeit hervorzurufen, die starken Wirkungen des Chlorals auf Herz und Blutdruck aber zu vermeiden, statt dessen Paraldehyd verwendet; er erhielt dann bei Kaninchen nach Eingabe von Coffein per os sehr starke Diurese, die 5 bis 8, meistens 6 Stunden dauerte. Er fand ferner auf der Höhe der Diurese eine Zunahme der Trockensubstanz des Blutes von im Mittel 10% der Normaltrockensubstanz. Beim Abklingen der Diurese nahm der prozentige Trockensubstanzgehalt des Blutes wieder seinen

---

[1]) F. Meyer, Archiv f. Anat. u. Physiol., Physiol. Abt. **1915**, S. 1.
[2]) W. v. Schroeder, Archiv f. experim. Pathol. u. Pharmakol. **22**, 39 (1886).
[3]) A. Langgaard, Centralbl. f. d. med. Wissenschaften **24**, 513 (1886).
[4]) W. v. Schroeder, Archiv f. experim. Pathol. u. Pharmakol. **24**, 85 (1887).

ursprünglichen Wert an. Theobromin, das im Vergleich zum Coffein kaum nennenswert zentralerregend wirkte, rief ohne gleichzeitige Eingabe eines Narkoticums bei Kaninchen eine sehr starke Harnflut hervor. Der diuretische Effekt des Theobromins war bedeutend höher als der des Coffeins (doch wurden bedeutend größere Gaben von Theobromin verwendet), und die Theobromindiurese war von bedeutend längerer Dauer. Bei Hunden erhielt v. Schroeder nach Coffein+Paraldehyd keine diuretische Wirkung, dagegen fand er nach einer Mitteilung von Rost[1]), daß Theobromin auch bei Hunden Diurese hervorrief. Daß die Methylxanthine weit schwächer auf den Hund als auf das Kaninchen wirken, haben auch spätere Forscher gefunden, aber auch das Coffein ist sicherlich nicht ohne Wirkung auf den Hund. So fand Munk[2]) und später Beco und Plumier[3]) bei Durchleitung von Blut durch Hundenieren eine Vermehrung der aus dem Ureter ausströmenden Flüssigkeit. Cervello und Lo Monaco[4]) sahen bei Hunden eine Steigerung der Diurese bei Chloral und Coffein. Anten[5]) beobachtete keine Steigerung der Diurese nach Coffein bei intakten Hunden, wenn aber die Nn. vagi durchschnitten wurden, oder wenn Atropin eingegeben wurde, rief das Coffein gesteigerte Diurese hervor. Theobromin rief bei Antens Versuchen gesteigerte Diurese beim Hunde hervor, was auch bei Starlings[6]) Versuchen der Fall war. Dreser[7]), der, um den Wassergehalt des Körpers ungefähr konstant zu halten, den Versuchstieren mit bestimmten Zwischenräumen eine der in dem betreffenden Zeitraum sezernierten Harnmenge entsprechende Wassermenge eingab, fand, daß sowohl Theobromin und Theophyllin als Coffein beim Hunde ausgesprochen diuretische Wirkungen hatte; bei einer ähnlichen Versuchsmethode fand er, daß Coffein, Theobromin, Theophyllin und Paraxanthin bei gesunden Menschen diuretisch wirkten; auch bei diesen war, wenn kein Wasser nachgetrunken wurde, die diuretische Wirkung der betreffenden Stoffe nicht leicht festzustellen. Phillips und Bradford sowie Barcroft und Straub fanden, daß das Coffein bei Katzen diuretisch wirkt. Bei Tauben ruft, wie schon von v. Schroeder beobachtet und später mehrmals konstatiert, das Coffein eine sehr starke Diurese hervor. Bei Kaninchen an Trockenfutter rufen Coffein und Theobromin keine oder nur geringe Diurese hervor. Man darf wohl aus dem Vorliegenden schließen, daß Coffein und die verwandten Methylxanthine wahrscheinlich bei allen Warmblütern diuretisch wirken können, daß diese Wirkung sich aber nur unter bestimmten Bedingungen geltend macht, und daß besonders ein hinlänglicher Wassergehalt des Organismus notwendig ist, weshalb die Purindiurese leichter bei pflanzenfressenden als bei fleischfressenden Tieren hervorzurufen ist.

v. Schroeder meinte also, daß Coffein und Theobromin einen spezifischen Reiz auf die sezernierenden Elemente der Niere entfalten, der aber bei Coffein von einer durch Reizung des Zentralnervensystems hervorgerufenen Kontraktion der Gefäße der Niere in verschiedenem Grade, ja selbst völlig kompensiert werden kann. Seine Beweise sind, daß Coffein nach Chloral und ähnlichen Narkoticis, wie nach Durchtrennen der Nierennerven,

[1]) E. Rost, Archiv f. experim. Pathol. u. Pharmakol. **36**, 70 (1895).
[2]) J. Munk, Virchows Archiv **107**, 291 (1887).
[3]) L. Beco u. L. Plumier, Journ. de physiol. et de pathol. génér. **8**, 10 (1906).
[4]) Cervello u. Lo Monaco, Arch. ital. de biol. **14**, 148 (1891).
[5]) H. Anten, Arch. intern. de pharmacodyn. **8**, 456 (1901).
[6]) E. H. Starling, Journ. of Physiol. **24**, 322 (1899).
[7]) H. Dreser, Archiv f. d. ges. Physiol. **102**, 1 (1904).

konstant eine bedeutende Diurese hervorruft, daß an chloralisierten Tieren Coffein ausgiebige Sekretion hervorruft bei sehr niedrigem Blutdruck, und daß Theobromin, das keine erregende Zentralwirkung hervorruft, konstant ohne Narkoticum Diurese erzeugt. Direkte Untersuchungen über die Blutzirkulation der Niere hat er nicht angestellt.

v. Schroeders Anschauungen sind von mehreren Seiten angefochten worden, und gegen sie ist die Auffassung aufgestellt worden, daß das Coffein und die übrigen Methylxanthine eine Gefäßerweiterung der Niere hervorrufen, und daß diese die Ursache der vermehrten Diurese sei. Wir wollen im folgenden das Tatsachenmaterial über die Durchblutung der Niere bei der Purindiurese betrachten.

Eine Reihe Untersuchungen sind an ausgeschnittenen Nieren ausgeführt. So fanden bei den eben genannten Durchblutungsversuchen an Hundenieren Munk nach Zusatz von Coffein und Beco und Plumier nach Zusatz von Theophyllin, Theobromin und Coffein eine Vermehrung sowohl der durch die Niere strömenden Blutmenge als der aus dem Ureter herausfließenden Flüssigkeit. Kobert[1]) fand nach Coffeinzusatz in zwei Versuchen keine Wirkung, in einem Versuche dagegen vermehrte Durchblutung. Sollmann und Hatscher[2]) fanden keine Wirkung von Coffein, 1 : 20 000 bis 1 : 10 000. Sollmann und Pilcher[3]) fanden bei Coffein 1 : 100 bis 1 : 10 000 nur eine deutlich vermehrte Durchblutung, wenn durch Zusatz von Epinephrin eine Gefäßverengerung hervorgerufen wurde.

Julia Gabriels[4]) hat Versuche an isolierten Hundenieren angestellt. Die Niere wurde zuerst eine Viertelstunde hindurch mit physiologischer Kochsalzlösung durchströmt, dann mit defibriniertem verdünntem Hundeblut durchblutet. Das Blut passierte nur einmal die Niere. Bei den gelungenen Versuchen enthielt die Ureterflüssigkeit weder Albumin noch Hämoglobin. Bei physiologischer Kochsalzlösung war Coffein meistens ohne Wirkung, bei defibriniertem Blute rief der Zusatz von Coffein (2 : 1500) sowohl eine vermehrte Durchblutung als eine verhältnismäßig noch stärkere Vermehrung der aus dem Ureter fließenden Flüssigkeitsmenge hervor, so daß letztere für dieselbe Blutmenge vergrößert war. Auch wenn durch Zuklemmen der Vene die Zirkulationsgeschwindigkeit konstant gehalten wurde, war die sezernierte Flüssigkeitsmenge vergrößert. Bei künstlicher Durchblutung von Kaninchennieren mittels eines besonderen Apparats fanden Richard und Plant[5]), daß nach Coffein die aus der Niere sezernierte Flüssigkeitsmenge bedeutend vermehrt wurde, ohne daß die durch die Niere pro Minute fließende Blutmenge zunahm.

An Kaninchen, die sehr kleine Paraldehydgaben erhielten, so daß das vasomotorische Zentrum erregbar blieb, fanden Cervello und Lo Monaco[6]) nach Coffein reichliche Diurese; ebenso fanden sie, daß Coffein an curarisierten Tieren sehr starke Diurese hervorrief; andrerseits sahen sie, daß Coffein an Tieren, die tief chloroformiert waren, so daß das vasomotorische Zentrum gelähmt war, keine Diurese hervorrief. Ihre Ergebnisse stimmen ihren Anschauungen nach nicht mit v. Schroeders Betrachtung überein.

[1]) R. Kobert, Archiv f. experim. Pathol. u. Pharmakol. 22, 90 (1887).
[2]) T. Sollmann u. Hatscher, Amer. Journ. of Physiol. 21, 41 (1908).
[3]) T. Sollmann u. J. D. Pilcher, Journ. of Pharmacol. and experim. Therap. 3, 64 (1911).
[4]) Julia Gabriels, Archives internat. de physiologie 14, 428 (1914).
[5]) A. N. Richards u. O. H. Plant, Journal of Pharmacol. and exper. Ther. 7, 484 (1915).
[6]) Cervello u. Lo Monaco, Arch. ital. de biol. 14, 148 (1891).

Onkometrische Messungen des Volumens der Niere mit gleichzeitiger Observation der sezernierten Harnmenge sind in großem Umfange angestellt worden. Phillips und Bradford[1]), die mit chloroformierten und curarisierten Hunden, Katzen und Kaninchen arbeiteten, fanden nach Injektion von kleinen Coffeinmengen (3 cg Coffeincitrat), daß das Volumen der Niere wenige Sekunden nach der Injektion vermindert wurde und die Harnmenge abnahm; kurz darauf tritt eine Dilatation der Niere ein, die in der Regel weit bedeutender ist als die primäre Kontraktion und viel länger dauert; gleichzeitig wird die Harnmenge vermehrt und größer als in der Normalperiode. Wurde eine neue Coffeininjektion unternommen, unmittelbar nachdem die Wirkung der ersten sich verloren hatte, wurde die Kontraktion langwieriger und die Dilatation kurzwieriger. Nach einer dritten Injektion erreichte die Niere bei der Dilatation oft nur ihr ursprüngliches Volumen. Bei ferneren Injektionen rief das Coffein im wesentlichen nur Kontraktion hervor, bis ein Punkt kam, wo sogar die Asphyxie keine Kontraktion der Niere hervorrief, d. h. die Nierengefäße waren maximal kontrahiert. Die Dilatation der Niere wurde auch beobachtet bei überschnittenen Nn. splanchnici. Die Verfasser meinen indessen, daß der diuretische Effekt eine Komplexerscheinung ist, durchaus nicht ausschließlich abhängig von der vasculären Dilatation. So sahen sie, daß eine ausgesprochene diuretische Wirkung bei verhältnismäßig geringer Erweiterung der Niere entstehen konnte, und weit häufiger war das Entgegengesetzte der Fall, trotz ausgesprochener Dilatation der Niere rief das Coffein nur geringe oder keine diuretische Wirkung hervor. Bei wiederholten Coffeingaben, die nur Kontraktion der Niere hervorriefen, wurde die Diurese vermindert.

Albanese[2]) fand bei Kaninchen durch onkometrische Messungen, daß das Coffein eine leichte Vermehrung des Volumens der Niere hervorrief. Er meint indessen nicht, daß die vermehrte Diurese bei Coffein mit der gesteigerten Blutzufuhr in Verbindung steht, indem er bei Chloral, das nur eine unbedeutende Diurese hervorrief, eine bedeutende Erweiterung der Niere sah, während umgekehrt die Diurese stark vermehrt wurde bei Curare, das keine deutliche Vermehrung des Volumens der Niere hervorrief. Da er also kein direktes Verhältnis zwischen der Nierensekretion und der Zirkulation in der Niere feststellen konnte, ist er geneigt, die diuretische Wirkung des Coffeins auf das Nierenepithel zu lokalisieren.

Gottlieb und Magnus[3]) fanden häufig bei Kaninchen nach Coffein und Theobromin einen Parallelismus zwischen dem Verlauf der Diurese und den Änderungen des Nierenvolumens. Bei anderen Versuchen war dieses aber nicht der Fall: so stieg in einem Versuche die Diurese auf das 7fache, während das Nierenvolumen stark abnahm. Sie meinen deshalb, daß die Coffeindiurese nicht von einer lokalen Wirkung des Giftes auf die Gefäßweite abhängig gemacht werden kann, und daß das Coffein seinen Angriffspunkt an dem absondernden Apparat der Niere selbst hat. Anten[4]) teilte einen Versuch an einem Hunde mit, wo die Coffeininjektion eine Vermehrung des Volumens der Niere hervorrief, die Diurese blieb aber gering; nach Durchschneiden des Vagus blieb das Volumen der Niere unverändert, während die Diurese bedeutend stieg.

---

[1]) C. Phillips u. J. Bradford, Journal of physiol. 8, 117 (1887).
[2]) M. Albanese, Arch. ital. de biol. 16, 285 (1891).
[3]) R. Gottlieb u. R. Magnus, Archiv f. experim. Pathol. u. Pharmakol. 45, 223 (1901).
[4]) H. Anten, Arch. intern. de pharmacodyn. 8, 477 (1901).

Loewi[1]) fand im Gegensatz zu v. Schroeder, daß das Coffein ganz ausnahmslos diuretisch wirkte, seien nun die Kaninchen nicht narkotisiert oder mit Urethan betäubt, welchem Narkoticum kein nennenswerter Einfluß auf das vasomotorische Zentrum zugeschrieben wird. Loewi fand, daß die völlig entnervte Niere nicht maximal gedehnt ist, denn bei Coffein tritt eine bedeutende Erweiterung der Niere ein, was also durch eine direkte Einwirkung des Coffeins auf die Nierengefäße bedingt ist; auf die Gefäße anderer Organe war dagegen das Coffein ohne Wirkung. Die gesteigerte Durchblutung der Niere ist nach Loewi die Ursache der Coffeindiurese; sie kann eintreten, ohne daß Diurese erfolgen muß; niemals wird aber Diurese beobachtet, ohne daß gleichzeitig die Durchblutung gesteigert wäre. Loewi stützte seine Annahme zunächst auf onkometrische Beobachtungen. In der Mehrzahl seiner Versuche fand er einen Parallelismus zwischen Steigerung der Diurese und des Nierenvolumens nach Coffein; es fanden sich jedoch Fälle, wo die Coffeindiurese ohne Zunahme des Nierenvolumens eintrat. Um die gesteigerte Durchblutung auf direktem Wege zu zeigen, legte Loewi die Nierenvene bloß und beobachtete, daß nach Coffeininjektion das Blut die bis dahin blaurote Vene jetzt mit rein arterieller Farbe durchschoß. Bei einer Nachprüfung hat jedoch Magnus[2]) dieses Resultat in einzelnen Fällen vermißt. Weiter hat Loewi, um eine Ausdehnung zu vermeiden, die Niere eingegipst, und er sah auch jetzt, daß nach Coffein das Blut der Nierenvene eine hellrote Farbe annahm. Er nimmt hiernach an, daß das Coffein Stromwiderstände in der Niere beseitigen kann, ohne daß das Organ sich auszudehnen braucht, und er meint sich hiernach berechtigt anzunehmen, daß, wo in seinen eigenen wie in den Versuchen anderer Forscher bei Coffeindiurese Zunahme des Nierenvolumens vermißt wurde, trotzdem gesteigerte Nierenzirkulation bestand. Die Berechtigung dieses Schlusses ist nicht unmittelbar einleuchtend, und die Frage, in welchem Umfange bei der durch keine mechanischen Vorrichtungen in ihrer Ausdehnung behinderten Niere Volumenzunahme und gesteigerter Blutdurchfluß einander folgen, läßt sich nicht durch Eingipsungsversuche lösen. Die Berechtigung von Loewis Schlüssen ist von Asher[3]), Bieberfeld[4]) und Magnus kritisiert worden.

Schlayer und Hedinger[5]) fanden an urethanisierten Kaninchen bei intravenöser Injektion größerer Coffeingaben Dilatation der Nierengefäße und Diurese.

A. Théorari und G.-N. Giura[6]) fanden bei ihren onkometrischen Versuchen kein konstantes Verhältnis zwischen den Schwankungen des Nierenvolumens und der durch Theobromin und Theophyllin hervorgerufenen Diurese.

Außer den besprochenen, indirekten Untersuchungen über die Kreislaufverhältnisse in der Niere bestimmten einige Forscher die bei der Coffeindiurese durch die Niere strömende Blutmenge auf direktem Wege. So maß Schwarz[7]) nach Picks Methode die aus den Nierenvenen herausströmende Blutmenge. Die Versuche wurden an Kaninchen ausgeführt, deren Blut mittels Blutegel-

---

[1]) O. Loewi, W. M. Fletscher u. V. E. Henderson, Archiv f. experim. Pathol. u. Pharmakol. **53**, 15 (1905).

[2]) R. Magnus, Handbuch der Biochemie (Oppenheimer) **3**, I, 510 (1909).

[3]) L. Asher, Biophysikal. Zentralbl. **2**, 37 (1906). (Sep. Abz.)

[4]) J. Biberfeld, Zentralbl. f. d. ges. Physiol. u. Pathol. des Stoffwechsels 1907, S. 12. (Sep. Abz.)

[5]) Schlayer u. Hedinger, Deutsches Archiv f. klin. Med. **90**, 1 (1907).

[6]) A. Théorari u. G.-N. Giura, Journ. de physiol. et de pathol. génér. **12**, 484 (1910).

[7]) J. Schwarz, Archiv f. experim. Pathol. u. Pharmakol. **43**, 23 (1900).

extraktes ungerinnbar gemacht worden war. Wir führen einen seiner Versuche an.

	Harnmenge in Gramm		Ven. ren. sin. Ausflußzeit von 5ccm Blut in Sek.	Carotisdruck	Bemerkungen
	l	r			
10ʰ 50′ — 11ʰ	0,02	0,10	22	82	
11ʰ — 11ʰ 10′	0,02	0,12	21	80	Intravenöse Injektion von Coffein 15 ccm 1% Coff. nat. benz.
11ʰ 10′ — 11ʰ 20′					
11ʰ 10′ — 11ʰ20′	0,82	1,76	22	84	
11ʰ 20′ — 11ʰ 30′	2,45	3,60	25	80	

Bei einem anderen Versuche fand Schwarz nach Coffein nur eine sehr kleine Vermehrung der Diurese und gleichzeitig eine starke Verminderung der Zirkulationsgeschwindigkeit. Einige mit Theobromin angestellte Versuche ergaben Diurese bei unveränderten Zirkulationsverhältnissen. Bei Hunden, deren Blut durch Schlagen defibrinirt war, fand er bei 5 Versuchen nach Diuretininjektion keine Vermehrung der Diurese. Die Zirkulationsverhältnisse der Niere blieben unverändert. Barcroft und Straub[1]) maßen an urethanisierten Katzen und Kaninchen den Blutstrom durch die Niere nach Brodie und Barcrofts Methode. Nach Injektion von Coffein direkt in die Nierengefäße fanden sie eine starke Kontraktion der Nierengefäße und starke Verminderung der sie durchströmenden Blutmenge. Nach der Blutdruckkurve meinen sie, daß die Kontraktion teilweise zentralen Ursprungs sei. Bei gewöhnlicher, intravenöser Injektion von Coffein war die dadurch erzeugte Diurese nur von einer geringen Vermehrung der Durchblutung der Niere begleitet; so stieg die pro Sekunde durch die Niere passierende Blutmenge in dem einen Versuche von 0,9 auf 1,1 ccm, in dem anderen Versuche von 0,3 auf 0,4 ccm. Diese geringe Vermehrung scheint den Verfassern ganz unhinlänglich, um die Diurese zu erklären.

Eine Reihe der angeführten Untersuchungen bietet starke Anhaltspunkte für die Annahme dar, daß die Methylxanthine die Gefäße der Niere in anderer Weise als die übrigen Organgefäße beeinflussen; auch kann nach dem Vorliegenden wohl nicht bezweifelt werden, daß die Coffeindiurese sehr häufig von einer gesteigerten Zirkulation der Niere begleitet wird, aber diese beiden Momente stehen in keinem notwendigen Zusammenhang miteinander. Die gesteigerte Durchblutung kann nach Coffein mit einer vermehrten Diurese parallel laufen, aber dieses ist nicht notwendig, auch sieht man geringfügige Vermehrung der Durchblutung bei starker Diurese und starke, vermehrte Durchblutung ohne Diurese auftreten. Es liegen auch onkometrische Versuche vor, bei welchen eine Diurese mit einer Abnahme des Nierenvolumens verbunden war, sowie direkte Messungen, bei welchen Diurese ohne oder mit geringfügiger Vermehrung der Durchblutung stattgefunden hat.

Die Betrachtung, daß die Steigerung der Zirkulation der Niere die einzige oder wenigstens bei weitem wirksamste Ursache der Purindiurese sei, läßt sich hiernach nicht aufrechterhalten. In welchem Umfange die vermehrte Durchblutung der Niere, die bei der Purindiurese wohl am häufigsten auftritt,

---

[1]) J. Barcroft u. H. Straub, Journ. of Physiol. **41**, 145 (1910).

auf einer direkten Wirkung des Coffeins auf die Gefäße der Niere beruht, und in welchem Umfange sie mit der gesteigerten Funktion des Organs im Zusammenhange steht, läßt sich nicht entscheiden.

Die Erhöhung des Blutdruckes, die man häufig nach Coffein sieht, spielt gewiß bei der Coffeindiurese keine Rolle. Im Gegenteil scheint die Purindiurese in recht hohem Grade von dem Blutdruck unabhängig zu sein. So sieht man nach Theobromin und Theophyllin, wo meistens der Blutdruck unverändert bleibt, starke Diurese, und bei chloralisierten Kaninchen mit sehr niedrigem Blutdruck ruft das Coffein eine sehr starke Diurese hervor.

Von v. Sobieranski[1]) wurde zuerst die Ansicht ausgesprochen, daß die Coffeindiurese auf der Lähmung einer Rückresorption in den Harnkanälchen beruhe. Er fand, wenn er an Kaninchen während Coffeindiurese eine Indigolösung intravenös injizierte, keine Färbung der Kerne der gewundenen Harnkanälchen und nur eine sehr schwache Färbung des auskleidenden Epithels, wogegen ohne Coffein immer deutliche Färbung der Epithelkerne der Tubuli contorti beobachtet wurde. v. Sobieranski meint, daß die Glomeruli den Farbstoff absondern, und daß die Färbung der Epithelien der Kanälchen eine sekundäre Erscheinung ist, welche mit der Resorption der Farbstoffe in Verbindung steht. Aus der Nichtfärbung bei Coffein schließt er, daß das Coffein vor allen Dingen die resorbierende Fähigkeit der Epithelien der gewundenen Kanälchen paralysiert und auf diese Weise die Diurese verursacht. Ähnliche Verhältnisse wie bei Coffein fand er bei Theobromin. Auch an Hunden fand er nach Coffein, obwohl keine Diurese eintrat, ähnliche, mikroskopische Veränderungen wie bei Kaninchen. v. Sobieranskis Anschauungen sind später mehrmals mit den Anschauungen über eine mit vermehrter Durchblutung im Zusammenhang stehende, gesteigerte Filtration kombiniert worden, um in dieser Weise die Veränderungen des Harns bei der Coffeindiurese zu erklären. Ehe wir hierzu übergehen, müssen wir erst die Ausscheidung der verschiedenen Harnbestandteile, wie eine Reihe anderer Verhältnisse bei der Coffeindiurese betrachten.

Eine Vermehrung der Menge von festen Stoffen, die in einer Zeiteinheit ausgeschieden werden, wurde bei der Coffeindiurese von v. Schroeder festgestellt; er fand gleichfalls, daß die Menge von festen Stoffen nicht in demselben Verhältnis wie die Wassermenge zunahm. Ferner fand er, daß der Stickstoffgehalt des Harns während der Coffeindiurese bedeutend vermehrt wurde. Bonnamour und Imbert[2]) fanden bei Kaninchen nach Eingabe von Coffein, Theobromin und Theophyllin per os nebst gesteigerter Diurese eine sehr bedeutende Zunahme der im Laufe von 24 Stunden entleerten Chloride im Harn. Pototzky[3]) fand an kochsalzarmen Kaninchen mit einer äußerst geringen Chlorkonzentration im Harn nach Diuretin eine mit der Diurese eintretende, sehr bedeutende Steigerung der Konzentration der Chloride. Die gesteigerte Konzentration hielt sich beim Abklingen der Diurese, wodurch die Diuretindiurese sich von den durch Glaubersalz und Zucker hervorgerufenen Diuresen unterschied. Bei Tieren, deren Harn als Folge von Darreichung von großen Mengen NaCl einen weit größeren prozentigen Chlorgehalt als das Serum auswies, ging die Konzentration der Chloride bei Diuretindiurese etwas hinunter. Auch Loewi[4]), der diese Fragen ungefähr gleichzeitig untersuchte, fand bei

---

[1]) W. v. Sobieranski, Archiv f. experim. Pathol. u. Pharmakol. **35**, 144 (1895).
[2]) S. Bonnamour u. A. Imbert, Arch. de physiol. et de pathol. génér. **14**, 768 (1912).
[3]) C. Pototzky, Archiv f. d. ges. Physiol. **91**, 584 (1902).
[4]) O. Loewi, Archiv f. experim. Pathol. u. Pharmakol. **48**, 410 (1902).

Coffeindiurese eine Zunahme der Chloride des Harns. Er fand bei geringem Prozentgehalt des Harns an Chlornatrium eine Steigerung, bei großem Prozentgehalt des Harns eine Abnahme derselben bei der Coffeindiurese. Frey[1] fand, daß der Chloridgehalt des Harns sich während der Höhe der Coffeindiurese dem des Serums näherte, bei salzarmen Tieren von unten her, bei salzreichen Tieren von oben her. Sowohl Loewi wie Frey berechnen den im Harn gefundenen Chlorgehalt als NaCl und ziehen ihre Schlüsse durch Vergleichungen des betreffenden Chlornatriumgehaltes im Harn und im Serum. Dieses ist aber, wie Bock[2] betont hat, nicht zulässig, denn der Chlorgehalt ist kein Ausdruck des Chlornatriumgehaltes des Harns. So fand Bock im Harn eines mit Heu gefütterten Kaninchens, daß auf 1 Äq. Na sich 3,96 Äq. NaCl und 5,98 Äq. K fanden. In Barcroft und Straubs bereits erwähnten Versuchen wurden während der Coffeindiurese im Harn für die Chloride recht niedrige Zahlen, 0,3—0,4%, gefunden; sie boten also keine Annäherung an die Werte im Plasma dar. Die austreibende Wirkung der Xanthinderivate auf die Chloride wurde namentlich von Grünwald[3] untersucht. Bei Kaninchen, die nach 8—10 tägiger Fütterung mit einer sehr kochsalzarmen Nahrung einen sehr chlorarmen Harn entleerten, gelang es nicht, durch intravenöse Injektion hypertonischer Sulfatlösungen einen chlorfreien Harn zu erhalten. Nach Diuretin trat dagegen eine vermehrte Ausscheidung von Choriden ein, und der Harn wurde dann chlorfrei. Jede weitere Eingabe von Diuretin bewirkte eine Ausscheidung von Chloriden, und bei fortgesetzter Eingabe von Diuretin ging schließlich der Gehalt des Blutes an NaCl weit unter den normalen Gehalt herab. Da an chlorarmen Kaninchen das Diuretin nach beiderseitiger Nephrektomie keine Steigerung des Gehaltes des Blutes an NaCl hervorrief, meint Grünwald, daß die Chlorentziehung nach Diuretin nicht auf einer Auswanderung von Chloriden aus den Geweben beruht, sondern als eine primäre Nierenwirkung aufzufassen ist.

An Kaninchen, welchen Natriumjodid intravenös injiziert worden war, fand Frey[4], daß bei Coffeindiurese die Totalausscheidung der Jodide sehr bedeutend zunahm, der prozentige Gehalt des Harns an Jodiden etwas abnahm, sich aber doch weit über den des Serums stellte. Die Nitrate scheinen sich nach seinen Versuchen ziemlich ähnlich zu verhalten. Bei Kaninchen, deren Blut reichliche Mengen von Bromnatrium enthielt, fand Frey[5] bei der Coffeindiurese ähnliche Verhältnisse der Bromausscheidung, wie er sie bei den früher erwähnten Versuchen bei der Chloridausscheidung gefunden hatte, d. h. der Bromgehalt des Harns näherte sich dem des Serums.

Die Phosphatausscheidung fand Meyer[6] an Patienten in mehreren Fällen nach Theophyllin in dem während 24 stündigen Perioden aufgesammelten Harn vermehrt. Bei nucleingefütterten Hunden fand Weber[7] in 2 Fällen von 3 eine Vermehrung der Phosphate während der ersten Stunde nach Theophyllineingabe. Bock[8] fand bei Kaninchen, sowohl nach intravenöser Diuretininjektion als nach Theophyllin per os, eine bedeutende Zunahme der Phosphatausscheidung im Harn. Die Zunahme verlief durchaus nicht der vermehrten Wasserausscheidung parallel und dauerte in mehreren Fällen bedeutend länger als diese.

[1]) E. Frey, Archiv f. d. ges. Physiol. 139, 440 (1911).
[2]) J. Bock, Archiv f. experim. Pathol. u. Pharmakol. 57, 183 (1907).
[3]) H. F. Grünwald, Archiv f. experim. Pathol. u. Pharmakol. 60, 360 (1909).
[4]) E. Frey, Archiv f. d. ges. Pysiol. 139, 512 (1911).
[5]) E. Frey, Zeitschr. f. experim. Pathol. u. Ther. 8, 47 (1910).
[6]) E. Meyer, Deutsches Archiv f. klin. Med. 83, 1 (1905).
[7]) S. Weber, Archiv f. experim. Path. u. Pharmakol. 54, 1 (1905).
[8]) J. Bock, Archiv f. experim. Pathol. u. Pharmakol. 58, 227 (1908).

Über die Ausscheidung der Anionen bei Coffeindiurese liegen nur wenige Untersuchungen vor. Katsuyama[1]) fand bei Kaninchen, die 3—4 Tage lang keine Nahrung erhalten hatten, nach Coffein eine sehr bedeutende Zunahme des Natriumgehaltes in dem im Laufe von 24 Stunden aufgesammelten Harn. Dieses war auch nach Diuretin der Fall. Die Kaliumausscheidung war bei den Coffeinversuchen nicht deutlich geändert, bei den zwei Diuretinversuchen aber vermehrt.

Bock[2]) untersuchte die Kalium- und Natriumausscheidung bei Kaninchen bei Theophyllindiurese. Wir geben einen der Versuche hier wieder.

	Harn ccm pro Stunde	K		Na		
		g pro Stunde	%	g pro Stunde	%	
10^h — 1^h	4,4	0,0163	0,374	0,0162	0,372	
1^h						25 cg Theophyllin in
1^h — 2^h	75,0	0,0538	0,072	0,1949	0,254	25 g Wasser per os
2^h — 3^h	26,9	0,0374	0,141	0,0490	0,182	
3^h — 4^h	13,0	0,0144	0,111	0,0713	0,548	

Bei der Purindiurese stieg in Bocks Versuchen der Gehalt des Harns an Kalium und Natrium. Die Steigerung war nicht proportional, und die Ausscheidung der beiden Metalle verlief in ganz verschiedener Weise. So kann, wie obenstehender Versuch zeigt, der Natriumgehalt bei abnehmender Diurese zunehmen, während der Kaliumgehalt abnimmt. In demselben Versuch enthielt der normale Harn 0,372% Na, also mehr, auf der Höhe der Diurese aber 0,254% Na, also weniger Na als das normale Serum (0,32%). Während aber bei sehr starker Diurese der prozentige Natriumgehalt des Harns sich nicht wesentlich von dem des Serums entfernt, ist der prozentige Kaliumgehalt mehr als 3 mal höher als der des Serums; in der dritten Stunde nach der Eingabe von Theophyllin war die Diurese noch das 3fache der Normalperiode. Gleichzeitig war der Kaliumprozentsatz weit niedriger, der Natriumprozentsatz weit höher als in der Normalperiode.

Bei zwei Versuchen an Kaninchen mit Hafer gefüttert fand Stransky[3]), daß Coffein eine vermehrte Magnesiumausscheidung bei unbeeinflußter Calciumausscheidung hervorrief. Nur in einem Fall trat Diurese ein.

Nach Coffeineingabe an Hühner fand Sharpe[4]) die Harnsäureausscheidung nur wenig geändert.

Bei Untersuchungen der osmotischen Konzentration des Harns fand Dreser[5]) an chloralisierten Kaninchen, daß der Gefrierpunkt des Harns, der in der Normalperiode bei seinen drei Versuchen ÷ 0,91 bis ÷ 1,12 war, während der Coffeindiurese zwischen ÷ 0,44 und ÷ 0,37 variierte. Der osmotische Druck des Harns war also in der Normalperiode bedeutend höher, während der Coffeindiurese bedeutend niedriger als der des Serums. Nach Theophyllin ohne Nachtrinken von Wasser fand Dreser[6]) an Menschen, daß, ohne daß eine deutliche Vermehrung der Harnmenge beobachtet werden konnte, die Ausscheidung der osmotisch wirksamen Bestandteile des Harns vermehrt wurde, und daß diese Vermehrung sowohl die stickstoffhaltigen Bestandteile des Harns als die Salze umfaßte.

---

[1]) Katsuyama, Zeitschr. f. physiol. Chemie **28**, 587 (1899); **32**, 235 (1901).
[2]) J. Bock, Skandinav. Archiv f. Physiol. **25**, 239 (1911).
[3]) E. Stransky, Archiv f. experim. Pathol. u. Pharmakol. **78**, 122 (1915).
[4]) N. C. Sharpe, Ame ic. Journ. of Physiol. **31**, 75 (1912).
[5]) H. Dreser, Archiv f. experim. Pathol. u. Pharmakol. **29**, 314 (1892).
[6]) H. Dreser, Archiv f. d. ges. Physiol. **102**, 32 (1904).

Untersuchungen über die Stoffwechselvorgänge in der Niere bei der Coffeindinrese sind von Barcroft und Straub angestellt worden, die die durch die Niere zirkulierende Blutmenge maßen (s. S. 558) und den Sauerstoffgehalt des Nierenarterien- und Nierenvenenblutes bestimmten. Sie fanden bei durch Coffein, Natriumsulfat und Harnstoff hervorgerufenen Diuresen eine Steigerung der Sauerstoffaufnahme, wogegen dieses nicht der Fall war bei Diuresen, die durch intravenöse Injektion von Ringers Flüssigkeit oder hypertonischen Natriumchloridlösungen hervorgerufen waren. Nach Aufhören der Coffeindiurese war die Sauerstoffaufnahme geringer als bei der Normalbestimmung. Bei wiederholter Coffeininjektion wurden entweder fernere Verminderungen des Sauerstoffverbrauches ohne Diurese beobachtet oder eine geringe Diurese, die von einer geringen Steigerung der Sauerstoffaufnahme begleitet war. Die Beobachtung, daß der Sauerstoffverbrauch der Niere durch die Coffeindiurese gesteigert wird, ohne daß die Zirkulationsgeschwindigkeit wesentlich vermehrt wird, finden die Verfasser nicht mit der Annahme übereinstimmend, daß das Coffein die Rückresorption in den Harnkanälchen paralysiert; sie wollen sie vielmehr durch eine stimulierende Wirkung des Coffeins auf die Nierenzellen erklären. Die Abnahme des Sauerstoffverbrauches bei wiederholten Coffeingaben wird dadurch erklärt, daß das Coffein bei großen Gaben die Nierenzellen vergiftet. Bei stark coffeinvergifteten Nieren rief Natriumsulfat keine Steigerung des Sauerstoffverbrauches und nur geringe Diurese hervor, und der NaCl-Gehalt des Harns (0,6%) war ungefähr derselbe wie der des Serums (im Kontrollversuche enthielt nach Natriumsulfatinjektion der Harn nur 0,17% NaCl). Eine nachfolgende Injektion einer hypertonischen Kochsalzlösung bewirkte aber eine sehr starke Diurese. Den Umstand, daß die Coffeinvergiftung die spezifische Wirkung des Natriumsulfates auf die Diurese ganz aufhebt, betrachten die Verfasser als einen Beweis dafür, daß die Coffeinwirkung nicht als eine Lähmung der Rückresorption in der Niere aufgefaßt werden kann.

Die bei Barcroft und Straubs Untersuchungen besprochene Erscheinung, daß bei wiederholten Coffeininjektionen die Diurese immer weniger oder gar nicht gesteigert wird, daß die Niere bei wiederholten Coffeininjektionen „ermüdet", ist früher von Phillip und Bradford, Loewi und Frey beobachtet worden. Bei Theobromin konnte aber Frey keine derartige Ermüdung konstatieren.

Dalous und Serr[1]), die histologische Veränderungen des Epithels der tubuli contorti während der Diurese beobachteten, fanden dieselben stärker ausgesprochen bei der Theobromindiurese als bei der Diurese nach Eingabe von destilliertem Wasser.

Über die Wirkung der Methylxanthine bei experimentell geschädigten Nieren liegen eine Reihe Untersuchungen vor. Hellin und Spiro[2]) fanden an Kaninchen, daß bei Vergiftungen mit Aloin und Chromsäure, selbst wenn die Epithelzellen der Nierenkanälchen in der schwersten Weise affiziert waren, das Coffein dennoch eine hochgradige und andauernde Diurese hervorrief. Bei Injektion der vasculären Nierengifte Arsen und Cantharidin stockte die Coffeindiurese, und Coffein rief nach Arseninjektion nur eine geringe, nach Cantharidin keine Diurese hervor. Die Verfasser finden, daß ihre Versuche zunächst v. Schroeders Anschauungen über die Natur der Coffeinwirkung widersprechen.

Weber[3]) untersuchte an Hunden die Wirkung des Theophyllins bei der

---

[1]) E. Dalous u. G. Serr, Journ. de physiol. et de pathol. génér. **9**, 102 (1907).
[2]) D. Hellin u. K. Spiro, Archiv f. experim. Pathol. u. Pharmakol. **38**, 368 (1897).
[3]) S. Weber, Archiv f. experim. Pathol. u. Pharmakol. **54**, 1 (1905).

Chromnephritis und fand, daß sehr reichliche Wasserausscheidung hervorgerufen wurde, auch häufig Retention fester Stoffe beseitigt werden konnte.

Grünwald[1]) rief an Kaninchen, die einen chlorfreien Harn entleerten, durch Sublimatinjektion schwere Läsion der Nierenkanälchen hervor, wobei der Harn chlorfrei blieb. Wurde jetzt Diuretin gegeben, so entleerten die Tiere einen chlorhaltigen Harn. Théohari und Giura[2]) fanden bei uranvergifteten Hunden, daß Lactose in den ersten Tagen nach der Injektion keine Diurese hervorrief, wogegen Sulfate und Coffein diuretisch wirkten. 7—20 Tage nach der Injektion riefen Sulfate bei starker Erweiterung der Niere nur eine geringfügige, Coffein aber ohne Nierenerweiterung eine reichliche Diurese hervor.

In den Versuchen von Schlayer[3]) und seinen Mitarbeitern rief Coffein wie starke Salzlösungen bei tubulärer Nephritis (Chrom und Sublimat) Dilatation der Niere und starke Diurese hervor; nur im letzten Stadium war Coffein wirkungslos. Es wurden zu den Versuchen urethanisierte Kaninchen benutzt. Bei vasculärer Nephritis (Cantharidin, Arsen) rief Coffein dagegen keine Nierendilatation und keine Diurese hervor. Bei der Urannephritis wurden anfangs wie im letzten Stadium ähnliche Verhältnisse wie bei der Chrom- und Sublimatnephritis beobachtet. Im Zwischenstadium, 40—48 Stunden nach der Uraninjektion, war die Harnmenge nicht kleiner als normal, und kein Hydrops war eingetreten. Wurde zu diesem Zeitpunkt eine hypertonische Kochsalzlösung injiziert, trat wie gewöhnlich eine bedeutende Ausdehnung der Niere ein, die Harnsekretion sistierte aber vollständig, und nachfolgende Injektion von hypertonischen Lösungen von Harnstoff, Natriumsulfat oder Traubenzucker rief nur Ausdehnung der Niere, aber keine Harnabsonderung hervor. Wurde aber Coeffin injiziert, trat nicht nur Vergrößerung der Niere, sondern auch Diurese ein. Diese Beobachtung, daß in einem Zustande, wo die Kanalepithelien schwer lädiert sind, und also eine Rückresorption außer Frage sein dürfte, von zwei Angriffen, die beide vermehrte Durchblutung der Niere hervorrufen, der eine, die Kochsalzinfusion, eine Sistierung der Harnabsonderung, der andere, die Coffeininjektion, dagegen vermehrte Diurese hervorruft, findet Schlayer mit der Filtrationstheorie unvereinbar. Er meint, es handele sich hier um eine spezifische Eigenschaft des Nierengefäßapparates, und ist zunächst geneigt, eine vitale, sezernierende Fähigkeit des Glomerulusepithels anzunehmen.

Der Ureterendruck wurde mittels eines mit dem einen Ureter verbundenen Manometers bei der Coffeindiurese von Gottlieb und Magnus[4]) bestimmt. Sie fanden in einigen Fällen bei gleichbleibendem Blutdruck eine beträchtliche Steigerung des Ureterendruckes, in anderen Fällen bei deutlicher Diurese kein Ansteigen des Ureterendruckes. Frey[5]) fand nach Coffein nur ein unbedeutendes Ansteigen des Ureterendruckes.

Außer den besprochenen Versuchen an warmblütigen Tieren liegen Untersuchungen vor über die Wirkung des Coffeins auf die Niere des Frosches. Cullis[6]) perfundierte die Froschniere durch die V. portae renalis, wodurch die Glomeruli ausgeschaltet werden und die Perfusionsflüssigkeit ausschließlich mit

---

[1]) H. F. Grünwald, Archiv f. experim. Pathol. u. Pharmakol. **60**, 360 (1909).
[2]) A. Théohari u. G. N. Giura, Journ. de physiol. et de pathol. génér. **12**, 538 (1910).
[3]) Schlayer u. Hedinger, Deutsches Archiv f. klin. Med. **90**, 1 (1907). — Schlayer u. Hedinger u. Takayasu, ebendaselbst **91**, 59 (1907). — Schlayer, Archiv f. d. ges. Physiol. **120**, 359 (1907).
[4]) R. Gottlieb u. R. Magnus, Archiv f. experim. Pathol. u. Pharmakol. **45**, 256 (1901).
[5]) E. Frey, Archiv f. d. ges. Physiol. **15**, 175 (1906).
[6]) W. Cullis, Journ. of Physiol. **34**, 250 (1906).

den Nierenkanälchen in Berührung kommt. Es zeigte sich, daß eine gesteigerte
Diurese entstand, wenn zur Durchströmungsflüssigkeit Coffein gesetzt wurde.
Dieser Stoff ruft also beim Frosch durch direkte Reizung der Zellen der Tubuli
Diurese hervor. Während der Coffeinwirkung war die Menge der perfundierten
Flüssigkeit gestiegen. Brodie, Cullis, Hamill und Barcroft[1]) bestimmten
den Sauerstoffverbrauch der mit Ringers Lösung durchströmten Froschniere
und fanden nach Zusatz von Coffein, wobei vermehrter Harnfluß eintrat, einen
gesteigerten Sauerstoffverbrauch. Dieses war auch der Fall nach Zusatz von
Natriumsulfat, wobei von den Froschtubulis keine Diurese erzeugt wurde.

Das von Courmont und André[2]) bei Fröschen nach Coffeininjektion
beobachtete Auftreten von sich durch Silbernitrat schwarzfärbenden Körnern
in den Kanälchenzellen, die sich dem histologischen Bilde gemäß in einem sezernierenden Zustande zu befinden schienen, deutet zunächst auf eine Wirkung
des Coffeins auf die Zellen der Tubuli.

Über den relativen, diuretischen Effekt der verschiedenen Methylxanthine sind mehrere Untersuchungen, meistens an Kaninchen, ausgeführt worden. Ach[3]) fand, daß das Theobromin stärker diuretisch wirkte als das Coffein,
während Paraxanthin und Theophyllin stärker diuretisch wirkten als Theobromin. Die Diurese trat bei allen diesen Verbindungen, sowohl bei Eingabe
per os als bei intravenöser Injektion ein. 3-Methylxanthin wirkte bei beiden
Applikationsweisen nur wenig diuretisch, noch weniger Heteroxanthin. Xanthin wirkte kaum diuretisch, dagegen rief intravenöse Injektion von Xanthin
eine Hämaturie hervor. Im Gegensatz zu Ach fand Albanese[4]), daß sowohl
Heteroxanthin als 3-Methylxanthin in Gaben von 0,15—0,2 g, intravenös an
Kaninchen injiziert, starke Diurese hervorrief. Das Heteroxanthin bewirkte
sofort eine Steigerung der Harnmenge um das 15—20fache, und die vermehrte
Harnabsonderung hielt sich längere Zeit über der Norm. Nach 3-Methyl-
xanthin wurde die Harnmenge um das 90—100fache vergrößert, hiernach nahm
aber die Harnmenge äußerst schnell ab und sank bald unter die Norm hinab.
Impens[5]) fand an Kaninchen bei Eingabe von 3-Methylxanthin per os keine oder
nur geringe Vermehrung der Diurese, viel weniger als er bei Eingabe von entsprechenden Mengen Theobromin gefunden hatte. Dreser[6]) untersuchte die diuretische Wirkung von Coffein, Theobromin und Theophyllin an Menschen, die
er während des Versuches eine dem entleerten Harn entsprechende Wassermenge trinken ließ. Bei gleichen Gaben der betreffenden Stoffe (0,5 g) fand er,
daß das Theobromin die geringste, das Theophyllin die größte diuretische Wirkung hatte. Auch das Paraxanthin wirkte diuretisch, aber bedeutend schwächer
als das Theophyllin.

Betrachten wir nun schließlich, zum größten Teil auf Grund der besprochenen
Tatsachen, die Ansichten, die man sich über den Mechanismus der Purindiurese
gebildet hat.

Daß die Purindiurese auf einer Wirkung auf die Niere beruht, wird allgemein angenommen und geht u. a. aus der Wirkung der betreffenden Diuretica

---

[1]) J. Barcroft, Ergebnisse d. Physiologie **7**, 748 (1908).
[2]) J. Courmont u. Ch. André, Journ. de physiol. et de pathol. génér. **7**, 255,
271 (1905).
[3]) N. Ach, Archiv f. experim. Pathol. u. Pharmakol. **44**, 319 (1900).
[4]) M. Albanese, Archiv f. experim. Pathol. u. Pharmakol. **43**, 305 (1900).
[5]) E. Impens, Arch. intern. de pharmacodyn. **10**, 463 (1902).
[6]) H. Dreser, Archiv f. d. ges. Physiol. **102**, 1 (1904).

bei durchrissenen Nierennerven, wie bei künstlicher Durchblutung der Niere hervor. Ein gewisser Wassergehalt des Organismus ist die Bedingung einer starken Diurese. Der Blutdruck spielt für die Purindiurese eine sehr kleine Rolle, dagegen ist diese in hohem Grade von vasomotorischen Einflüssen abhängig, wie v. Schroeder es durch den Nachweis dartat, daß die nach Coffein häufig geringe oder fehlende Diurese sich erst nach Mitteln wie Chloral, Paraldehyd u. a. m., die die vasokonstriktorischen Zentren abstumpfen, stark geltend macht.

Wie schon oft erwähnt, meinte v. Schroeder, daß Coffein und Theobromin einen spezifischen Reiz auf die sezernierenden Elemente der Niere entfalteten. Sein Schüler Rüdel[1]) nahm auf Grund seiner Untersuchungen über die Reaktion des Harns während der Diurese an, daß die Purinderivate wie andere Diuretica wesentlich auf den Glomerulus einwirkten und die aus ihm kommende Flüssigkeit vermehrten. Nach v. Sobieranski wird die Coffeindiurese dadurch verursacht, daß das Coffein die resorbierenden Epithelien der gewundenen Kanälchen paralysiert. In dieser Gestalt ist v. Sobieranskis Theorie wohl allgemein aufgegeben, aber sein Gedanke ist in den letzten Jahren wieder aufgenommen worden, obschon in modifizierter Gestalt, indem eine gehemmte Rückresorption in den Nierenkanälchen in Verbindung mit einer gesteigerten Filtration in den Glomerulis als die die Purindiurese bestimmenden Momente angenommen worden sind. Die Annahme einer gesteigerten Filtration stützt man auf die früher eingehend besprochenen Untersuchungen über die Nierenzirkulation bei der Purindiurese, bei denen indessen zwischen Diurese und gesteigerter Durchblutung kein konstanter Zusammenhang gefunden wurde. Die Annahme einer gehemmten Rückresorption bei der Purindiurese sucht ihre Stütze in Untersuchungen von Hirokawa und von Grünfeld.

Filehne und Biberfeld[2]) fanden, daß, wenn man einem Kaninchen die eine Niere exstirpiert, dann Diuretin intravenös injiziert und während starker Diurese die andere Niere exstirpiert, ein Stück der Rindensubstanz dieser Niere aus einer 0,6proz. NaCl-Lösung weniger Wasser aufnahm als ein entsprechender Teil der normalen Niere. Bei einer NaCl-Konzentration von 1,5% nahm die Nierenrinde noch Wasser auf und verlor erst Wasser bei 1,8%. Für das Nierenmark lagen die Zahlen noch höher. Bei einer ähnlichen Versuchsanordnung fand Hirokawa[3]), daß der osmotische Druck — durch Imbibition von Salzlösungen verschiedener Stärke bestimmt — in der Nierenrinde sehr konstant, in dem Nierenmark schwankend, aber immer höher ist als in der Rinde. Bei 2 Coffeinversuchen fand er den osmotischen Druck in der Rinde unverändert und im Mark fast bis zu demselben Wert herabgedrückt. Meyer[4]) meint, daß dieses am einfachsten durch das Dünnbleiben des Rindensekretes, d. h. ein Fehlen der normalen, konzentrierenden Rückresorption des Harnwassers im Markteil zu erklären ist. Hierzu ist jedoch zu bemerken, daß in den beiden Versuchen nicht sehr große Coffeindosen (0,04 und 0,05 g Coffein. natr. benzoic.) subcutan gegeben wurden, wogegen die Tiere bedeutende Wassermengen, 120 und 100 ccm per os, erhielten. Bei zwei anderen Versuchen wurde nur Wasser (100 ccm) gegeben, und auch hier war der osmotische Druck im Nierenmark niedrig und wies bei dem einen Versuch eben denselben Wert wie bei den Coffeinversuchen auf. Es lassen sich wohl deshalb aus diesen Versuchen keine sicheren Schlüsse über die Coffeindiurese ziehen.

---

[1]) G. Rüdel, Archiv f. experim. Pathol. u. Pharmakol. **30**, 41 (1892).
[2]) W. Filehne u. H Biberfeld, Archiv f. d. ges. Physiol. **91**, 569 (1902).
[3]) W. Hirokawa, Beiträge z. chem. Physiol. u. Phathol. **11**, 458 (1908).
[4]) H. Meyer u. R. Gottlieb, Experim. Pharmakol. 3. Aufl. 349 (1914).

Grünwald[1]) fand bei den oben besprochenen Versuchen, daß das Theobromin auch bei chlorarmen Tieren mit chlorfreiem Harn eine Kochsalzausscheidung erzwingen konnte und in dieser Beziehung stärker wirkte als andere Diuretica, und schließt hieraus auf eine verminderte Zurückresorption nach Theobromin. Weiter stellte er Untersuchungen über den Chloridgehalt der Niere an. Er fand bei normalen Kaninchen den Chloridgehalt im Nierenmark, wo in 5 Versuchen 0,56—0,80% NaCl an feuchter Substanz berechnet gefunden wurden, weit größer als in der Nierenrinde, wo bei denselben 5 Versuchen 0,20—0,29% NaCl gefunden wurden. Bei chloridarmen Kaninchen, die chlorfreien Harn lieferten, fand er den Chloridgehalt in der Rinde unverändert, im Mark aber gesunken, in 4 Versuchen wurde hier 0,26—0,51% NaCl gefunden. Bei einem derartigen Tier wurde durch Diuretin Ausscheidung von chlorhaltigem Harn hervorgerufen, und das Nierenmark zeigte auf der Höhe der Diurese einen ähnlichen Chloridgehalt (0,64%) wie bei normalen Tieren. Bei einem anderen Tier mit chloridfreiem Harn wurde erst die eine Niere exstirpiert, dann durch Diuretin Chloridausscheidung hervorgerufen und auf der Höhe der Diurese die andere Niere exstirpiert. Die Analyse der Nieren ergab folgende Zahlen:

	% NaCl der feuchten Substanz		% NaCl der Rinde : % NaCl des Marks
	Nierenrinde	Nierenmark	
Niere vor Diuretin	0,26	0,38	1 : 1,46
Niere nach Diuretin	0,17	0,33	1 : 2

Grünwald meint, daß die Gleichheit des Chloridgehaltes der Nierenrinde chloridarmer und chloridreicher Tiere wohl dafür spricht, daß auch bei chlorarmen Tieren im Glomerulus Chlorid ausgeschieden und dann im Mark zurückresorbiert wird, und daß die Abnahme des Chloridgehaltes im Nierenmark bei diesen Tieren sich in diesem Sinne erklären läßt; der unter der Diuretinwirkung auftretende Anstieg zur normalen Höhe spricht dann für eine Lähmung der Rückresorption, in der ein Komponent der Diuretinwirkung zu suchen wäre.

Grünwalds Deutung, die sich auf die beiden obenangeführten Versuche stützt, ist, wie er selbst zugibt, nicht zwingend. Beim ersten Versuch wurde während der Diuretindiurese ein etwas höherer Wert des NaCl Prozentsatzes des Nierenmarks gefunden als in den 4 Kontrollversuchen; der zweite Versuch (siehe oben) stellte sich aber ganz anders. Nimmt man hier an, daß der Chloridgehalt der Rinde und des Marks zu Anfang des Versuches an beiden Seiten derselbe war, so sieht man, daß der Umstand, daß das Verhältnis (Prozent NaCl der Rinde):(Prozent NaCl des Marks) während der Diurese anwächst, nicht dadurch bewirkt wird, daß, wie Grünwalds Theorie es verlangt, der Chloridgehalt des Marks zunimmt, er wird im Gegenteil kleiner, sondern dadurch, daß der Chloridgehalt der Rinde bedeutend abnimmt. Die Berechtigung, die beiden genannten Versuche als eine Stütze der Annahme einer gehemmten Rückresorption der Nierenkanälchen bei der Purindiurese zu betrachten, dürfte sich hiernach als sehr zweifelhaft stellen.

Will man der Frage über die Natur der Purindiurese nähertreten, so ist es notwendig, das Verhalten einer Reihe der Harnbestandteile während der Diurese genauer zu betrachten, um zu sehen, ob sie in ihrem gegenseitigen Verhalten durch eine Filtrationsrückresorptionstheorie erklärt werden können, oder ob es notwendig ist, eine andere Erklärung zu wählen. Für diese Frage ist es

---

[1]) H. F. Grünwald, Archiv f. experim. Pathol. u. Pharmakol. **60**, 360 (1909).

natürlich von größter Bedeutung, wie man sich den Mechanismus der normalen Harnabsonderung vorstellt. Wenn man annimmt, daß unter normalen Verhältnissen enorme Flüssigkeitsmengen durch den Glomerulus filtriert werden, und daß fast ebenso große Flüssigkeitsmengen rückresorbiert werden, so daß der Harn nur einen ganz unbedeutenden Bruchteil der Gesamtmenge des Glomerulusfiltrates darstellt, und daß von den im Glomerulus filtrierten, gelösten Harnbestandteilen, von einigen wenig, von anderen der weit überwiegende Teil selektiv nach unbekannten Gesetzen rückresorbiert wird, so wird sich natürlicherweise jede Veränderung der Menge und Zusammensetzung des Harns durch eine geringfügige Veränderung der Rückresorption des Wassers und der selektiven Rückresorption der gelösten Bestandteile erklären lassen. Auf diese Betrachtung, die sich so ziemlich einer experimentellen Untersuchung entzieht und zu keiner zusammenhängenden Erklärung der Purindiurese geführt hat, werden wir nicht näher eingehen. Cushny[1]) betrachtet die Funktion der Niere als eine sehr starke Filtration der nicht kolloidalen Blutbestandteile durch die Glomeruli und eine ebenfalls sehr starke Absorption einer Flüssigkeit konstanter Zusammensetzung (,,Lockes Flüssigkeit") durch die Tubuli, aber es ist Cushny nicht gelungen, auf der Grundlage dieser Betrachtungen eine in Einzelheiten durchgeführte Theorie der Purindiurese aufzustellen. Nimmt man aber an, daß die Größe der Filtration in dem Glomerulus einigermaßen für die Gesamtquantität des Harns maßgebend ist, und daß bei der Purindiurese die supponierte Hemmung resp. Lähmung der Rückresorption von Wasser und Salz in den Harnkanälchen einen bedeutenden Grad erreichen kann, muß bei starker Purinwirkung ein Harn entleert werden, der, wenigstens was die ,,filtrierbaren" Harnbestandteile betrifft, einem Blutfiltrat recht ähnlich wird.

In dieser Richtung gehen v. Schroeders Untersuchungen über die Harnstoffausscheidung nicht. Er fand, daß bei starker Coffeindiurese der Harnstoffprozentsatz des Harns bedeutend über dem des Serums lag. Daß die Ausscheidung der Chloride bei der Purindiurese gesteigert ist, ist außer Zweifel, auch wird man wohl am häufigsten finden, daß der Chlorgehalt des Harns während der Höhe der Purindiurese sich dem des Serums nähert, aber die Ausscheidung von Wasser und von Chloriden verläuft in den verschiedenen Phasen der Purindiurese nicht parallel. So fand Pototzky bei kochsalzarmen Kaninchen, daß die während der Coffeindiurese vorliegende bedeutende Steigerung der Kochsalzkonzentration des Harns nach Aufhören der gesteigerten Diurese unverändert blieb, was man, wenn die Coffeinwirkung mit einer Lähmung der Rückresorption in Verbindung steht, nicht erwarten sollte.

Michaud[2]) fand an Kaninchen, daß bei starker Theophyllindiurese der Chlorgehalt des Harns bedeutend über dem des Serums lag, während die molekuläre Konzentration im Harn niedriger war als im Serum. Diese Tatsache läßt sich wohl kaum durch behinderte Rückresorption erklären. Michauds Befund, daß an Kaninchen bei starker Theophyllindiurese eine nicht sehr große Blutentnahme eine plötzliche Sistierung der Diurese bewirkte, ohne daß durch nachfolgende Injektion einer entsprechenden Menge physiologischer Kochsalzlösung wieder Diurese eintrat, spricht wohl zunächst dafür, die Purindiurese als einen Sekretionsprozeß zu betrachten. E. Meyer[3]) sah an Patienten mit Diabetes insipidus nach Theophyllin die Kochsalzmenge des Harns auf mehr als das

[1]) A. Cushny, The secretion of the urine. London 1917, S. 180.
[2]) L. M. Michaud, Zeitschr. f. Biol. **46**, 198 (1905).
[3]) E. Meyer, Deutsches Archiv f. klin. Med. **83**, 1 (1905).

2fache steigen, wogegen die Wasserausscheidung nicht vermehrt wurde. Die
hier auftretende ausschließliche Wirkung des Theophyllins auf die Ausscheidung
der festen Harnbestandteile läßt sich wohl nicht ungezwungen mit einer gesteigerten Filtration und verminderter Rückresorption in Verbindung setzen.

Die Untersuchungen über die Phosphorsäureausscheidung bei der Purindiurese sprechen entschieden in derselben Richtung. So fand Bock, daß bei Theophyllindiurese die Phosphorsäureausscheidung und die Wasserausscheidung ganz
verschieden verlaufen; mehrmals wurde eine bedeutend vermehrte Phosphorsäureausscheidung zu einem Zeitpunkt beobachtet, wo die Diurese noch nicht
vergrößert war, während andere Versuche ein Steigen der Phosphorsäureausscheidung beim Abklingen der Diurese auswiesen. Bei sehr starker Theophyllindiurese fand sich oft eine weit höhere Konzentration der Phosphate im
Harn als im Blut. Als Beispiel führen wir folgenden Versuch an.

12. X. 1907. Kaninchen. Gewicht 2670 g.

	Harnmenge ccm in 30 Min.	PO$_4$		
		mg in 30 Min.	%	
9^h 10′ — 11^h 10′	1,4	2,1	0,150	{ 200 ccm Leitungswasser per os
11^h 10′				
11^h 10′ — 11^h 40′	3,0	} 2,3	—	
11^h 40′ — 12^h 10′	26,3		—	
12^h 10′ — 12^h 40′	38,0	} 1,8	—	
12^h 40′ — 1^h 10′	50,1			
1^h 10′ — 1^h 40′	37,2	1,9	0,005	{ 0,25 g Theophyllin in 50 ccm Wasser per os
1^h 40′				
1^h 40′ — 2^h 10′	84,4	3,0	0,004	
2^h 10′ — 2^h 40′	48,7	5,6	0,011	
2^h 40′ — 3^h 10′	16,9	5,5	0,033	
3^h 10′ — 3^h 40′	7,6	7,9	0,104	
3^h 40′ — 4^h 10′	4,2	6,7	0,160	

Die Wasserdiurese steigert in diesem Versuch nicht die Phosphorsäureausscheidung. Nach dem Theophyllin nimmt während der ersten halben
Stunde sowohl die Diurese als die Phosphorausscheidung zu, während der
folgenden Perioden sieht man aber, daß die Harnmenge stark abnimmt, die
Phosphorsäureausscheidung dagegen bedeutend zunimmt. Dieser Versuch
läßt sich schwierig mit der Ansicht, daß die Purindiurese auf einer gelähmten
Rückresorption beruhe, und überhaupt mit einer Rückresorptionslehre vereinigen.

Deutlich tritt die Unhaltbarkeit der Annahme einer gelähmten Rückresorption als wesentlicher Faktor bei der Purindiurese hervor in den Versuchen, bei
welchen Bock bei der Purindiurese gleichzeitig Na und K im Harn bestimmte.
Wir führen hier einen weiteren Versuch an.

	Harn ccm pro Stunde	K		Na		
		g pro Stunde	%	g pro Stunde	%	
8^h 20′ — 11^h 20′	3,3	0,0083	0,247	0,0139	0,413	1 g Theophyllin per os.
11^h 20′						
11^h 20′ — 12^h 20′	12,8	0,0165	0,129	0,0738	0,576	
12^h 20′ — 1^h 20′	5,5	0,0111	0,201	0,0500	0,909	
1^h 20′ — 2^h 20′	5,5	0,0150	0,271	0,0299	0,545	

Es wurde in diesem Versuche absichtlich eine sehr große Theophyllingabe gegeben, um möglichst totale „Lähmung der Rückresorption" hervorzurufen. Bei stärkster Diurese ist der prozentige Na-Gehalt des Harns gestiegen, obschon er in der Normalperiode bedeutend über dem des Serums lag. Bei abklingender, aber doch noch deutlich vermehrter Diurese $12^h 20'—1^h 20'$ ist der prozentige Na-Gehalt im Harn zu mehr als dem 2fachen der Normalperiode und ungefähr dem 3fachen des Serums gestiegen. Der Kaliumgehalt des Harns ist während der stärksten Diurese 0,129%. Wurden die Kaliumsalze in dem Glomerulus abfiltriert, mußten hier, da sich im Serum ungefähr 0,022% K finden, 75 ccm filtriert und 62,2 ccm rückresorbiert werden, um 12,8 ccm Harn mit 0,129% K zu liefern. Dieses ist aber wohl mit einer gehemmten Rückresorption unvereinbar, um so mehr als man gleichzeitig eine Rückresorption enormer Natriummengen voraussetzen muß. Beim weiteren Verlauf des Versuches wird man sehen, daß die ausgeschiedenen Mengen von Kalium und Natrium in entgegengesetzten Richtungen gehen, wie dieses auch in dem früher angeführten Versuch (S. 561) der Fall ist.

Für die Auffassung der Coffeindiurese als Sekretionsprozeß sprechen auch die schon genannten Untersuchungen von Barcroft und Straub, bei welchen bei der Coffeindiurese ein vermehrter Sauerstoffverbrauch der Niere gefunden wurde, wogegen dieses bei der Diurese nach Injektion von hypertonischen Kochsalzlösungen nicht der Fall war. In derselben Richtung deuten die Untersuchungen von Cullis, bei welchen bei ausschließlicher Perfusion der Nierenkanälchen des Frosches nach Zusatz von Coffein vermehrte Diurese eintrat. Ebenso läßt sich Schlayers Beobachtung, daß in einer Phase der Urannephritis Kochsalzinfusion Sistierung der Harnsekretion, eine nachfolgende Coffeininjektion aber Diurese hervorruft, wohl kaum anders als durch eine spezifische Einwirkung des Coffeins auf die Nieren erklären.

Aus dem hier zusammengestellten Material, welches die Grundlage der beiden verschiedenen Auffassungen der Coffeinwirkung auf die Niere bilden sollte, scheint mir hervorzugehen, daß der Versuch, eine durch vermehrte Durchblutung der Niere hervorgerufene gesteigerte Filtration in Verbindung mit einer gleichzeitigen Hemmung oder Lähmung der Rückresorption in den Nierenkanälchen als ausreichende Momente für das Verständnis der Purindiurese zu betrachten, den vorliegenden Tatsachen gegenüber nicht aufrechterhalten werden kann. Eine Reihe verschiedener Beobachtungen lassen sich wohl nur durch die Annahme einer durch die Purinderivate hervorgerufenen Anregung sekretorischer Vorgänge in der Niere erklären. In welchem Umfange und in welcher Weise die verschiedenen Nierenelemente von den diuretisch wirkenden Purinderivaten beeinflußt werden, läßt sich gegenwärtig nicht mit Sicherheit angeben.

Eine Schädigung der Nieren scheinen selbst recht große Gaben der verschiedenen Purinderivate nicht hervorzurufen. So fand Ach[1]) nach großen Theophyllingaben an Kaninchen an den Nieren weder makroskopisch noch mikroskopisch irgendwelche Veränderungen oder Einlagerungen. Jakob[2]) sah doch bei einem Kaninchen nach 66 mg Theophyllin pro Kilo eine Spur von Eiweiß im Harn auftreten.

An Kaninchen, die monatelang mit täglichen Coffeininjektionen behandelt waren, fand Myers[3]) die diuretische Wirkung des Coffeins und des Theobromins stark herabgesetzt.

---

[1]) N. Ach, Archiv f. experim. Pathol. u. Pharmakol. **44**, 319 (1900).
[2]) H. Jakob, Deutche tierärztl. Wochenschr. II, 333 (1903).
[3]) H. B. Myers, Journ. of Pharmacol. and experim. Therap. **11**, 177. 1914.

Nach der Besprechung der Wirkung der Purinderivate auf die Niere werden wir nun die bei Eingabe von Coffein und Theobromin so häufig auftretende
Glykosurie näher betrachten.

Die von den Purinderivaten hervorgerufene Glykosurie wurde von Jacobj[1]) entdeckt. Er fand an Kaninchen, die mit Rüben gefüttert waren, nach
Coffeinsulfosäure, Coffein und Theobromin eine Zuckerausscheidung im Harn,
die sehr große Werte erreichte, in einem Falle 2,63%. Die stärkste Zuckerausscheidung fiel mit der stärksten Diurese zusammen, aber die Zuckerausscheidung
konnte die gesteigerte Diurese überdauern. Bei Kleien-, Brot- und Heufutter
wie bei Inanition rief das Coffein nur eine geringfügige Diurese hervor, und es
wurde im Harn kein Zucker gefunden. Jacobj meinte, daß die Coffeinglykosurie
als ein wirklicher Nierendiabetes aufzufassen ist.

Richter[2]) beobachtete indessen, daß die Diuretinglykosurie immer von einer
beträchtlichen Hyperglykämie begleitet war, und schließt hieraus, daß die Diuretinglykosurie hepatogener Natur sei. Rose[3]) fand ebenfalls Hyperglykämie
als eine regelmäßige Begleiterin der Diuretinglykusurie. Die Hyperglykämie
dauerte mehrere Stunden, und der Blutzucker erreichte im Maximum 0,33%.
Rose zeigte, daß die Hyperglykämie das Primäre ist, daß sie auch zustande
kommt bei Unterbindung der Nierengefäße oder der Uretere, Eingriffen, die
sonst nur eine geringfügige Hyperglykämie hervorrufen. Auch bei Tieren bei
gewöhnlichem Futter fand er nach Diuretin Hyperglykämie, obwohl in geringerem Grade als bei den mit Rüben gefütterten Tieren. Er meint ebenfalls, daß die
Diuretinglykosurie als eine hepatogene, nicht als eine renale Erscheinung aufzufassen sei. Pollak[4]) fand, daß die Diuretinglykosurie nach Durchschneidung
beider Splanchnici ausbleibt. Er schließt aus seinen Versuchen, daß die Diuretinglykosurie infolge einer vom Glykogengehalt der Organe abhängigen und
durch Reiz des medullären Zuckerzentrums bedingten Hyperglykämie entsteht.
Nishi[5]) fand, daß nach beiderseitiger Splanchnicotomie die Diuretinhyperglykämie ausbleibt, was auch nach linksseitiger, dagegen nicht nach rechtsseitiger
Splanchnicotomie der Fall war. Nach doppelseitiger Nebennierenexstirpation,
wie auch nach Durchtrennung der zu den Nebennieren führenden Nerven rief
das Diuretin keine Hyperglykämie hervor. Nishi schließt daraus, daß bei der
Diuretinhyperglykämie die Reizleitung vom Zuckerzentrum nicht zur Leber,
sondern zu den Nebennieren geht und in der Bahn des linken Splanchnicus
den beiden Nebennieren zugeleitet wird. Die Diuretinhyperglykämie wurde
von Bang[6]) hiernach als eine durch Adrenalinsekretion bedingte Hyperglykämie betrachtet. Gegen diese Annahme sprechen doch Versuche von
Miculicich und von Trendelenburg und Fleischhauer. Miculicich[7])
hat gefunden, daß das Hirudin die nach Adrenalininjektion auftretede Hyperglykämie und Diurese beeinträchtigt, wogegen es ohne Einfluß auf die nach
Diuretin eintretende Hyperglykämie und Diurese ist. Bei Ergotoxin wurde
sowohl die Adrenalinhyperglykämie als die Diuretinhyperglykämie gehemmt.
Trendelenburg und Fleischhauer[8]) bestimmten die zum Hervorrufen
einer regelmäßigen Glykosurie bei kontinuierlicher, intravenöser Injektion

---

[1]) C. Jacobj, Archiv f. experim. Pathol. u. Pharmakol. **35**, 213 (1895).
[2]) P. Richter, Zeitschr. f. klin. Med. **35**, 463 (1898).
[3]) U. Rose, Archiv f. experim. Pathol. u. Pharmakol. **50**, 15 (1903).
[4]) L. Pollak, Archiv f. experim. Pathol. u. Pharmakol. **61**, 376 (1909).
[5]) M. Nishi, Archiv f. experim. Pathol. u. Pharmakol. **61**, 402 (1909).
[6]) I. Bang, Der Blutzucker. 1913. S. 108.
[7]) M. Miculicich, Archiv f. experim. Pathol. u. Pharmakol. **69**, 128 u. 133 (1912).
[8]) P. Trendelenburg u. K. Fleischhauer, Zeitschr. f. d. ges. exp. Med. **1**, 369 (1913).

notwendige Adrenalingabe und beobachteten, daß dieselbe immer eine erhebliche Blutdrucksteigerung hervorrief. Da sie aber nach Diuretingaben, die
starke Glykosurie bewirkten, keine Blutdrucksteigerung fanden, schließen sie
demgemäß, daß die Diuretinglykosurie nicht einer vermehrten Adrenalinsekretion, sondern einer durch Reizung des Zuckerzentrums bedingten, direkten
nervösen Erregung der Leberzellen zuzuschreiben ist. Starkenstein[1] fand,
daß Adrenalin und Coffein sich in betreff der Glykosurie in ihrer Wirkung
verstärkten. An Froschlebern, die mit einer schwachen Adrenalinlösung
durchspült wurden, fanden Frölich und Pollak[2], daß ein Zusatz von Coffein
zur Durchspülungsflüssigkeit keinen Einfluß auf die zuckermobilisierende
Potenz des Adrenalins ergab.

Stenström[3], der den zeitlichen Verlauf der Coffein- und Theobromin-
hyperglykämie verfolgte, fand, daß diese sich bei intravenöser Injektion fast
momentan entwickelte. Bei subcutaner Injektion trat die Hyperglykämie nach
ca. 1 Stunde auf und hatte nach $1\frac{1}{2}$ Stunden ihr Maximum erreicht, um sich
längere oder kürzere Zeit, je nach der gegebenen Gabe, hier zu halten und dann
langsam zu sinken. Bang[4] fand, daß an Kaninchen, die mittels Äther-Urethan
tief narkotisiert waren, die Diuretinhyperglykämie unterbleibt. In einer
späteren Versuchsreihe fand Bang[5] an wohlgenährten Kaninchen nach subcutaner Injektion von 1 g Diuretin in 7 Fällen von 8 keine Steigerung des Blut-
zuckers. Bang meinte deshalb, daß das Diuretin weder zuckermobilisierend
wirke noch eine direkte Erregung des Zuckerzentrums hervorrufe; da aber die
Tiere auf die Injektion mit großer Unruhe reagierten, nahm er an, daß die
Diuretinhyperglykämie vielmehr mit den psychischen Hyperglykämien übereinstimmt. Das Unterbleiben der Hyperglykämie in Bangs Versuchen ist
doch wahrscheinlich eher in der Weise zu erklären, daß die Tiere nicht genügend
von Kohlenhydraten und besonders von Zucker beim Futter erhalten haben,
und spätere Untersuchungen haben die Annahme, daß die Coffeinhyperglykämie
eine mit der psychischen Hyperglykämie analoge Erscheinung wäre, nicht
gestützt. So hat Morita[6] an gehirnlosen, mit Lävulose gefütterten Kaninchen
festgestellt, daß subcutane Injektion von 1—2 g Diuretin eine Hyperglykämie
hervorruft. Doch fand Morita, daß starke, sensible Reizung auch an gehirnlosen Kaninchen Hyperglykämie hervorruft. Schmidt[7] hat, um psychische
Erregung und sensible Reizung zu vermeiden, durch Schlundsonde Agurin
in starker Verdünnung an Kaninchen gegeben, welche mit Rüben oder mit Rüben
und Brot gefüttert waren. Nach Gaben von 50—15 cg Agurin pro kg trat nach
10 bis 20 Minuten eine Hyperglykämie auf, welche im Laufe einer Stunde ihr Maximum erreichte. Kleinere Aguringaben riefen nicht konstant Hyperglykämie
hervor. Auch nach Theophyllin per os trat Hyperglykämie auf, als kleinste,
sicher wirkende Gabe wurde 10 cg pro kg gefunden. Bei urethanisierten Tieren
(1,5 g pro kg) trat in Schmidts Versuchen nur eine sehr geringe Hyperglykämie
auf, die nach 3 Stunden geschwunden war. Wurde aber jetzt Agurin per os
gegeben, so trat eine starke Hyperglykämie auf, die mehr als 24 Stunden dauerte.
Bei den Untersuchungen von Hirsch[8] an Kaninchen zeigte sich die Höhe

[1] E. Starkenstein, Zeitschr. f. experim. Pathol. u. Ther. **10**, 107 (1912).
[2] A. Fröhlich u. L. Pollak, Archiv f. experim. Pathol. u. Pharmakol. **77**, 265 (1914).
[3] Th. Stenström, Biochem. Zeitschr. **49**, 225 (1913).
[4] J. Bang, Biochem. Zeitschr. **58**, 236 (1913).
[5] J. Bang, Biochem. Zeitschr. **65**, 287 (1914).
[6] S. Morita, Archiv f. experim. Pathol. u. Pharmakol. **78**, 188 (1915).
[7] V. Schmidt, Unveröffentlichte Versuche, Pharmakol. Institut, Kopenhagen.
[8] E. Hirsch, Zeitschr. f. physiol. Chemie **94**, 227 (1915).

der Hyperglykämie von der Dosis des intravenös injizierten Diuretins unabhängig, ein Resultat, das nicht mit den Beobachtungen anderer Forscher in Übereinstimmung zu sein scheint.

Nach den vorliegenden Untersuchungen kann wohl von allen Methylxanthinen eine Hyperglykämie hervorgerufen werden, aber nur bei Verwendung ziemlich großer Dosen und nur an Tieren, die mit großen Mengen von Kohlenhydraten und insbesondere von Zucker gefüttert werden. Bei höheren Graden der Hyperglykämie tritt eine Glykosurie auf. Die Einzelheiten des Mechanismus der Coffeindiurese sind nicht sicher festgestellt, von einer vermehrten Adrenalinsekretion scheint sie nicht bedingt zu sein. Es ist anzunehmen, daß die Hyperglykämie mittels einer Reizung des Zuckerzentrums durch die verschiedenen Methylxanthinen hervorgerufen wird und als analog mit der Piqûrehyperglykämie zu betrachten ist.

Lymphe. An Hunden fand Tschirwensky[1]), daß das Coffein keine Vermehrung der abgesonderten Lymphmenge hervorruft. Pugliese[2]) fand dagegen an Hunden, daß die Einführung von Coffein in die Zirkulation den Lymphstrom deutlich steigerte. Wurde aber die Medulla oblongata durchschnitten, hatte das Coffein keine Wirkung. Anten[3]) bestimmte an Hunden gleichzeitig die Geschwindigkeit der Lymph- und der Harnabsonderung. Er fand nach Theobromin eine kleine Steigerung der Diurese, aber keine vermehrte Lymphabsonderung. Spiro[4]) gibt an, daß sich bei Kaninchen eine lymphtreibende Wirkung des Coffeins beobachten läßt, während eine solche wie auch die diuretische Wirkung beim Hunde fehlt.

Nach größeren Coffeingaben wird bei den meisten Untersuchungen von einem sehr starken Speichelfluß berichtet.

Muskel. Sowohl bei warmblütigen als kaltblütigen Tieren wird das Coffein wegen seiner früher besprochenen Wirkung auf das Zentralnervensystem Muskelzuckungen und tetanische Krämpfe hervorrufen. Außerdem kann man bei kaltblütigen Tieren eine eigentümliche Wirkung auf die quergestreifte Muskulatur beobachten, die bei hinlänglichen Coffeingaben ganz steif und hart wird. Diese Muskelwirkung läßt sich indessen nicht immer leicht von einem durch Beeinflussung des Zentralnervensystems hervorgerufenen Kontraktionszustande der Muskulatur unterscheiden. Es wird daher notwendig sein, auch diesen letzteren bei der Besprechung der Wirkung des Coffeins auf die Muskulatur zu berücksichtigen.

Die quergestreifte Muskulatur. Auf die quergestreifte Muskulatur scheinen das Xanthin und die verschiedenen Methylxanthine qualitativ in derselben Weise zu wirken und werden deshalb hier zusammen besprochen. Betrachten wir zuerst die Verhältnisse bei den kaltblütigen Tieren. Da indessen auf diesem Gebiete die Anschauungen der verschiedenen Forscher stark voneinander abweichen, besonders bezüglich der Wirkung des Coffeins auf die Muskulatur der beiden Froscharten, werden wir zuerst eine Übersicht der vorliegenden Untersuchungen geben.

Cogswell[5]) hat als der erste beobachtet, daß nach subcutaner Injektion von Coffein in den Schenkel eines Frosches das betreffende Bein steif wurde. Auch Albers[6]) sah nach Applikation von Coffein unter die Haut des Schenkels

[1]) S. Tschirwensky, Archiv f. experim. Pathol. u. Pharmakol. **33**, 155 (1894).
[2]) A. Pugliese, Arch. ital. de biol. **38**, 431 (1902).
[3]) H. Anten, Arch. intern. de pharmacodyn. 8, 483 (1901).
[4]) K. Spiro, u. H. Vogt, Ergebnisse der Physiologie. 1902. Abt. I. S. 436.
[5]) C. Cogswell, The Lancet 1852.
[6]) J. F. H. Albers, Deutsche Klinik **4**, 577 (1852).

eines Frosches, daß zuerst das betreffende Bein steif wurde, während das andere noch frei beweglich blieb, danach wurde das Tier allmählich ganz steif, so daß man es gegen die Wand stellen konnte, wo es in derselben starren Stellung verharrend, wie ein unbeugsamer Stock angelehnt, stehen blieb. Diese nicht nachlassende Starre dauerte 2 Stunden. Die Muskeln reagierten auf elektrische Reizung, die Muskeln an der Applikationsstelle doch weit am schwächsten. Albers vergleicht den Zustand mit Strychninstarrkrampf, gibt aber an, daß der Zustand bei Coffein hartnäckiger und andauernder ist.

Hoppe[1]) fand, daß der Froschmuskel sowohl im isolierten Zustand als am lebenden Tiere nach Bestreuen mit Coffein blasser wurde und sich derber und fester anfühlte. Stuhlmann und Falck[2]) beobachteten bei Kröten wenige Minuten nach dem Einführen von Coffein in das Unterhautzellengewebe des Rückens einen eigentümlichen, steifen, hochbeinigen und unbeholfenen Gang; später stellte sich ein eigentümlicher, der Katalepsie ähnlicher Krampfzustand ein, wobei der Körper ganz steif, aber nicht gestreckt wurde. Auf stärkere Reizung ging dieser Zustand in einen tetanischen Krampf über. Später traten eine Reihe recht lange dauernde tetanische Krampfanfälle ein. Bei dem Frosch und der Natter scheinen die Verfasser ähnliche Beobachtungen gemacht zu haben.

Voit[3]) fand, daß sich bei Fröschen kurze Zeit nach Eingießen einer wässerigen Coffeinlösung in den Magen ein Tetanus entwickelte; bei größeren Gaben wurde der ganze Körper später starr, während eine Extremität, deren Gefäße unterbunden waren, noch leichte Beweglichkeit aufwies. Die Muskeln des übrigen Körpers wurden steif, angeschwollen und prall. Diese Wirkung trat auch in Muskeln ein, deren Nerven durchschnitten waren. Voit meint, daß diese Wirkung nicht auf einer Veränderung des Muskelfleisches, sondern auf einer Erweiterung der Gefäße und einer daraus hervorgehenden Transsudation von Flüssigkeit beruhte. Bei Durchschneidung der Nerven zu beiden Unterextremitäten und Unterbindung der Gefäße der einen Seite fand er die Erregbarkeit des vom Coffein beeinflußten Muskels, sowohl bei direkter als indirekter Reizung, herabgesetzt. Gentilhomme[4]) faßt das Coffein als ein Muskelgift auf und meint, daß es durch eine direkte Wirkung auf die Muskelfebrillen tonische Muskelkontraktionen hervorruft. Es bewirkt den Tod, indem es Starre und Immobilisation der Muskeln, namentlich der Respirationsmuskeln, erzeugt. Gentilhomme hat unter dem Mikroskop charakteristische Kontraktionsfalten der Muskelfibern beobachtet.

Pratt[5]) fand, daß die hinteren Extremitäten wie die Muskelfibern einer Kröte, die in einer wässerigen Coffeinlösung ca. 1 : 1000 angebracht wurden, sich im Laufe von wenigen Minuten kontrahierten, wogegen Kontrollpräparate in destilliertem Wasser sich nicht kontrahierten. Muskelfibern, die er in eine Coffeinlösung getaucht hatte, zeigten unter dem Mikroskop gewaltsame Kontraktionen.

Johannsen[6]), der nach späteren Mitteilungen von Schmiedeberg ausschließlich mit der Rana temporaria arbeitete, sah nach Coffein nie eine An-

---

[1]) J. Hoppe, Die Nervenwirkungen der Heilmittel **3**, 69 (1856).
[2]) J. Stuhlmann u. C. Ph. Falck, Virchows Archiv **11**, 361 (1857).
[3]) Carl Voit, Untersuchungen über den Einfluß des Kochsalzes, des Kaffees und der Muskelbewegungen auf den Stoffwechsel. 1860. S. 135.
[4]) Gentilhomme, Soc. méd. de Rheims 1867; zit. nach E. Leblond, Etude physiologique et thérapeutique de la caféine. Thèse de Paris. 1883. S. 22.
[5]) Pratt, Boston Med. and Surg. Journ. 1868. II. 82; zit. nach Salant und Rieger, U. S. Dep. of Agric. Bureau of chem. Bulletin 148.
[6]) Oscar Johannsen, Über die Wirkung des Coffeins. Diss. Dorpat 1869.

deutung von Tetanus. Wenn er ein paar Zentigramm subcutan injizierte, bemerkte er erst eine Kontraktion der Muskeln um die Injektionsstelle, dann kontrahierten sich die vorderen Extremitäten und legten sich über die Brust zusammen, schließlich wurden die Hinterbeine steif und gestreckt — welche Reihenfolge vom Kreislauf des Frosches bedingt sein soll. Injizierte er Coffein in einen Schenkel, wurde dieser ganz steif, während das Tier noch lange Zeit herumhüpfte. Muskeln, die in eine coffeinhaltige, halbprozentige Kochsalzlösung geworfen wurden, kontrahierten sich sofort und wurden weiß. Die Muskelstarre trat auch bei curarisierten Tieren ein. Die von Johannsen beobachteten, mikroskopischen Veränderungen der Muskeln werden wir später besprechen.

Buchheim und Eisenmenger[1]) sahen bei Fröschen nach 1 cg Coffein weniger freie Bewegungen, sowie Härte und Starre der Muskeln, die jedoch nach einigen Stunden weniger ausgesprochen waren und sich später ganz verloren. Nach 2 cg wurden die Tiere schnell fast unbeweglich. Es erfolgten krampfhafte Streckungen der Beine, Opisthotonus (Injektion von Coffein in den Rückenlymphsack) und nach etwa einer halben Stunde Streckkrämpfe. Theobromin wirkte ziemlich wie Coffein, nur traten keine Krämpfe ein.

Auch Haase[2]) und Aubert[3]) fanden bei Fröschen nach Coffein einen Tetanus und widersprechen stark einer Äußerung von Johannsen, daß der von früheren Untersuchern beobachtete Tetanus nur eine durch eine direkte Wirkung des Coffeins auf die Muskeln hervorgerufene Muskelstarre sei. Die von Johannsen beschriebene Starre sahen sie an verschiedenen Muskeln nach dem Erlöschen des Tetanus; sie trat aber besonders auffallend hervor, wenn das Coffein direkt mit den Muskeln in Berührung kam. Aubert betrachtet Voits Annahme von einer Transsudation als Ursache der Muskelstarre als unhaltbar, meint aber wie Johannsen, daß wohl eine direkte Wirkung des Coffeins auf die Muskeln vorliegt, die auf einer Gerinnung des Myosins beruht.

Schmiedeberg[4]) leitet den Unterschied zwischen den Ergebnissen Johannsens und denen aller anderer Forscher davon her, daß Johannsen seine Versuche ausschließlich an der Rana temporaria anstellte, an welcher das Coffein zuerst nur Muskelveränderungen ohne die geringste Spur von Tetanus hervorruft. Die Muskelstarre fängt an der Injektionsstelle an und verbreitet sich von da aus nur sehr allmählich. Dagegen zeigte sich bei der Rana esculenta bei jeder Art der Applikation des Coffeins ein sehr heftiger und anhaltender Reflextetanus, namentlich zu Anfang der Vergiftung, mit kleineren Mengen ohne jegliche merkliche Steifheit der Muskeln, soweit diese nicht von dem Tetanus abhängig war. Erst später, am 2. oder 3. Tage, gleichen sich diese Unterschiede teilweise aus, indem einerseits die Rana temporaria erhöhte Reflexerregbarkeit und andererseits die Rana esculenta eine Muskelsteifheit aufwies. Schmiedeberg meint, daß man zur Erklärung dieses abweichenden Verhältnisses der beiden Froscharten eine Verschiedenheit der Muskelsubstanz der beiden Arten annehmen muß, die allerdings nur quantitativer Natur zu sein scheint; daß eine verschiedene Empfänglichkeit des Rückenmarks der beiden Arten vorliegen sollte, findet er nicht wahrscheinlich, scheint vielmehr anzunehmen, daß das Coffein sehr energisch von den Muskeln der Temporaria festgehalten wird, und daß dadurch eine rasche Verbreitung verhindert werden könnte.

---

[1]) Buchheim u. Eisenmenger, Beiträge z. Anat. u. Physiol. von C. Eckhard 5, 112 (1870).

[2]) F. Haase, Untersuchungen über die Wirkung des Coffeins. Diss. Rostock 1871.

[3]) Hermann Aubert, Archiv f. d. ges. Physiol. 5, 589 (1872).

[4]) O. Schmiedeberg, Archiv f. experim. Pathol. u. Pharmakol. 2, 62 (1874).

Leblond[1]) fand keinen Unterschied bei den beiden Froscharten, bei beiden trat sowohl Muskelstarre als Tetanus ein; dagegen beobachtete er einen
bedeutenden Unterschied zwischen verschiedenen Individuen derselben Art.
Filehne[2]) fand bei Eingabe von 15 cg Coffein in den Magen einer Eskulenta
nach 3 Minuten Starre der vorderen Extremitäten und des Rückens, dann nach
20 Minuten Starre, aber auch reflektorischen Tetanus der hinteren Extremitäten
und zuletzt völlige Starre derselben. Er meint, es bestehe nur ein gradueller
Unterschied in dem Verhalten der Muskeln der beiden Froscharten. Bei Temporarien gibt er an, eine primäre Rückenmarkslähmung nach Coffein, also
eine ganz andere Wirkung auf das Rückenmark als bei Eskulenten, gefunden
zu haben. Nach Theobromin wurden bei Eskulenten die Bewegungen schwerfällig, krötenartig, nach großen Gaben trat Muskelstarre ein, die hierzu notwendigen Gaben waren kleiner als bei Coffein. Auch bei Temporarien trat die Muskelstarre bei Theobromin nach kleineren Gaben ein als bei Coffein und bei kleineren Gaben als bei Eskulenten. Nach Xanthin trat die Muskelstarre nach kleineren Gaben ein als nach Theobromin.

Paschkis und Pal[3]) fanden, daß die Muskelerregbarkeit, mittels der minimalen Reizstärke gemessen, bei kleineren Gaben von Xanthin, Theobromin
und Coffein erst bedeutend erhöht wurde, um später vollkommen vernichtet
zu werden. Xanthin wirkte in dieser Beziehung am schwächsten, stärker Theobromin und noch stärker Coffein.

Heubel[4]) gibt an, daß bei der Applikation von Coffein ein bemerkbarer
Unterschied in der erstarrenden Wirkung an den Skelettmuskeln der beiden
Froscharten kaum zu konstatieren ist.

Parisot[5]) fand, wie Johannsen, nie Tetanus bei Temporarien. Bei Esku-
lenten beobachtete er Tetanus und darauf — doch nach längerer Zeit als bei
Temporarien — Muskelstarre. Bei Schildkröten und Kröten fand er ähnliche
Verhältnisse wie bei der Rena esculenta.

Bei Paraxanthin sah Salomon[6]) Steifheit der Muskulatur der Extremitäten bei direkter Applikation. Nach Injektion in die Lymphsäcke wurden
die Bewegungen krötenartig, kriechend und seltener, und die Extremitäten
blieben später willenlos in einer gegebenen Stellung. Ein vollständiges Erstarren
der Muskulatur wurde hie und da bei Temporarien, nie bei Eskulenten beobachtet, meistens beschränkte es sich auf die Vorderbeine. Bei Heteroxanthin sahen Krüger und Salomon[7]) eine lokale Muskelstarre, unbehilfliche
Bewegungen und eine Neigung, die Extremitäten in gegebenen Stellungen zu
halten.

Albanese[8]) sah bei 3- und 7-Monomethylxanthin eine Starre der Körpermuskulatur, welche, an der Injektionsstelle beginnend, sich weiter verbreitete.
Die beiden Arten, Rana temporaria und Rana esculenta, verhielten sich gegen
die erstarrende Wirkung nicht wesentlich verschieden. Die Starre blieb nach
Rückenmarksdestruktion unverändert; ferner trat eine allgemeine Lähmung

[1]) E. Leblond, Etudes physiologiques et thérapeutiques de la caféine. Thèse de
Paris. 1883. S. 62.

[2]) W. Filehne, Archiv f. (Anat. u.) Physiol. 1886, S. 72.

[3]) H. Paschkis u. J. Pal, Wiener med. Jahrbücher 1866, S. 611.

[4]) E. Heubel, Archiv f. d. ges. Physiol. **45**, 534 (1889).

[5]) E. Parisot, Etudes physiologiques et pathologiques de l'action de la caféine sur
les fonctions motrices. Thèse de Paris. 1890.

[6]) G. Salomon, Zeitschr. f. physiol. Chemie **13**, 187 (1889).

[7]) M. Krüger u. G. Salomon, Zeitschr. f. physiol. Chemie **21**, 179 (1895).

[8]) M. Albanese, Archiv f. experim. Pathol. u. Pharmakol. **43**, 305 (1900.)

des Nervensystems ein, doch konnte bei Eskulenten ein schwacher Tetanus vorausgehen.

Später hat Schmiedeberg[1]) eine vergleichende Untersuchungsreihe über die Wirkungen der Purindirivate veröffentlicht. Coffein und Theobromin rufen darnach bei Fröschen eine Steigerung der Erregbarkeit des zentralen Nervensystemes hervor. Die Wirkung auf die quergestreiften Muskeln besteht darin, daß sie sich nach kleineren Gaben leichter und ergiebiger kontrahieren als vorher und bei größeren Gaben in einen Zustand dauernder Kontraktion oder Starre versetzt werden, der der Wärme- oder Totenstarre identisch zu sein scheint. Ganz besonders stark ausgeprägt ist die Starre bei der Rana temporaria, während der Rana esculenta, weit leichter von den Nervenwirkungen, namentlich von dem Tetanus betroffen wird. Das Theobromin wirkt im Vergleich zur Steigerung der Erregbarkeit des Nervensystems stärker auf die Muskeln als das Coffein. Das Theobromin wird in betreff der Muskelwirkung ein wenig von dem Theophyllin und dieses wiederum vom Paraxanthin übertroffen. 3-Methylxanthin wirkt sehr stark auf die Muskeln, diese werden doch bei der Rana esculenta nicht besonders starr, verlieren dabei aber ihre volle Erregbarkeit. Bei Heteroxanthin ist die Muskelwirkung noch ausgeprägter. Die Muskelwirkung des Xanthins war bei der Rana temporaria stark ausgesprochen.

Jacobj und Golowinski[2]) haben vergleichende Untersuchungen über die Wirkungen des Coffeins, des Theobromins und des Theophyllins angestellt. Sie benutzten die salicylsauren Natriumdoppelsalze und berechneten die gegebenen Mengen pro Gramm Frosch. Die Stoffe wurden in den Bauchlymphsack injiziert. Die Muskelwirkung, an der Steifheit der Muskeln beurteilt, fanden sie nach Theobromin etwa 2 mal, nach Theophyllin etwa 4—6 mal weniger ausgeprägt als nach Coffein. Die Muskelwirkung war bei allen drei Substanzen bei der Rana esculenta relativ schwach; bei der Rana temporaria beobachteten sie nach 0,25 mg Coffein pro Gramm erst kurze Reflexsteigerung, dann ein Herabgehen der Reflexerregbarkeit und nach 25—30 Minuten ein Steigen der Reflexe bis zum Tetanus und etwa 20 Minuten später ein Nachlassen der Reflexerregbarkeit. Auch bei kleineren Gaben sahen sie Reflexsteigerung, doch ohne Tetanus. Sie leiten den Unterschied zwischen ihren und Schmiedebergs Ergebnissen davon her, daß letzterer nur Einführung in den Magen angewandt haben soll; doch muß hierzu bemerkt werden, daß Johannsen, der nie Tetanus sah, subcutane Injektionen anwandte. Bei späteren Untersuchungen fand Golowinski[3]), daß nach intravenöser Injektion kleiner Coffeinmengen sich bei Temporarien nach wenigen Minuten typischer Tetanus ohne Muskelstarre einstellte. Die beiden Froscharten reagierten fast gleichartig auf das im Blute eingeführte Coffein. Ferner haben Jacobj und Golowinski mikroskopische Untersuchungen über die Wirkung der betreffenden Substanzen in verschiedenen Konzentrationen ausgeführt. Da bei den neueren Arbeiten über die Muskelwirkung des Coffeins die mikroskopische Untersuchung des Muskels eine große Rolle spielt, werden wir hier die mikroskopischen Veränderungen, welche die Xanthinderivate an der Muskelsubstanz hervorrufen, besprechen.

Die ersten Untersuchungen von Gentilhomme und Pratt sind schon besprochen worden. Johannsen brachte Muskelfasern, mit einer halbpro-

---

[1]) O. Schmiedeberg, Berichte d. Deutsch. chem. Gesellsch. **34**, 2550 (1901).

[2]) C. Jacobj u. Golowinski, Archiv f. experim. Pathol. u. Pharmakol. Suppl.-Bd. 1908, S. 286.

[3]) J. W. Golowinski, Archiv f. d. ges. Physiol. **160**, 235 (1915).

zentigen Kochsalzlösung angefeuchtet, unter das Mikroskop; nach Zusatz einiger Tropfen einer Coffeinlösung setzte sich der Inhalt der Muskelfasern sofort in Bewegung, die Querstreifung ging verloren, die Längsstreifung wurde sehr deutlich, die Fasern kontrahierten sich sehr stark, und an einigen Stellen hob sich das Sarkolemm auf. Diese Wirkung zeigte sich noch bei einer Coffeinlösung von 1 : 4000. Da die Muskelfasern schließlich dasselbe Aussehen wie bei der Behandlung mit destilliertem Wasser oder bei Wärmestarre zeigten, meint Johannsen, daß es sich wohl um denselben Prozeß wie bei der Totenstarre handelt. Bei coffeinvergifteten Fröschen fand er, daß Muskeln, welche schon makroskopisch durch ihre veränderte, weiße Farbe auffallen, mikroskopisch die beschriebenen Veränderungen zeigten, wogegen an den makroskopisch nicht veränderten Muskeln die Querstreifung unverändert geblieben war.

Dreser[1]) fand für Theophyllin, daß es in derselben Weise und mit derselben minimalen Konzentration, wie von Johannsen für Coffein angegeben, auf die Struktur der Muskelfasern wirkte. Es rief windende Kontraktionen hervor, die Querstreifung ging verloren, der Inhalt der Muskelfasern wurde grau granuliert. Bei Beobachtung in polarisiertem Licht bei gekreuzten Nicolschen Prismen sah Dreser, daß die Doppelbrechung des Inhaltes der Muskelfasern nicht vernichtet war, sondern nur die Querstreifung. Die Orientierung des doppelbrechenden Inhaltes der Muskelfasern wurde nicht aufgehoben, sondern ihre Erkennung durch den unregelmäßig kontrahierten Muskelschlauch nur sehr erschwert.

Jacobj und Golowinski fanden in ihrer oben besprochenen Arbeit, daß an intakten Muskelfibrillen in coffeinhaltiger Ringerscher Lösung eine Veränderung des Inhaltes beobachtet werden kann, welche darin besteht, daß in den Fibrillen eine feine Körnung sichtbar wird, welche von den Wandseiten nach der Achse der Fibrillen langsam vordrängend diese schließlich in ihrer Gesamtheit verändert. Diese Veränderung konnte auch an den Fasern ausgesprochen steifer Muskulatur coffeinvergifteter Tiere beider Arten beobachtet werden. Wir wollen hier sogleich bemerken, daß die von Jacobj und Golowinski beschriebenen mikroskopischen Veränderungen des coffeinvergifteten Muskels recht weit von den Beschreibungen früherer Forscher abweichen.

An der intakten Muskelfibrille traten die Körner bei folgenden Minimalkonzentrationen der verschiedenen Stoffe auf.

	Coffein. nat. salicyl.	Theobr. nat. salicyl.	Theoph. nat. salicyl.
Rana temporaria	1 : 1750	1 : 750	1 : 350
Rana esculenta	1 : 125	1 : 62	1 : 37

Jacobj und Golowinski nehmen als die am nächsten liegende Erklärung dieses Unterschiedes beider Froscharten eine Verschiedenheit des das Sarkolemm aufbauenden Materials an.

Secher[2]) wandte eine ganz andere Methodik an; statt die Muskelfibrillen durch Präparation zu isolieren und sie dann von der Coffeinlösung beeinflussen zu lassen, perfundierte er die hinteren Extremitäten von Fröschen mit einer coffeinhaltigen Ringerschen Lösung und isolierte darauf die Fibrillen durch Präparation in Ringerscher Flüssigkeit. Er erzielte dadurch eine gleichmäßige Beeinflussung aller Fibrillen durch die Coffeinlösung, wogegen bei Einwirkung

---

[1]) H. Dreser, Archiv f. d. ges. Physiol. **102**, 1 (1904).
[2]) K. Secher, Archiv f. experim. Pathol. u. Pharamakol. **77**, 83 (1914).

des Coffeins auf ein gewöhnliches Zerzupfpräparat, wie schon von Jacobj und Golowinski beobachtet, die verletzten und die intakten Muskelfibrillen in ganz verschiedener Weise beeinflußt werden. Secher wandte polarisiertes Licht zur Untersuchung der feuchten Präparate an. Bei Perfusion des Hinterkörpers von Rana temporaria und von Rana esculenta mit Coffeinlösungen derselben Stärke fand er in den Muskeln der beiden Froscharten mikroskopische Veränderungen ganz derselben Art und derselben Intensität. Auch die niedrigste Grenze, bei der unzweifelhafte Veränderungen beobachtet werden konnten, 1 : 30 000, war dieselbe bei beiden Froscharten. Bei solchen schwachen Konzentrationen beobachtete Secher eine deutlichere Längsstreifung als normal, was mit einer Parallelverschiebung der Muskelprimitivfibrillen in Verbindung steht. Stattdem daß isotrope und anisotrope Zonen querlaufende Bänder über das Muskelgewebe bilden, fängt eine Zickzacklinie an, sich zu bilden; bei stärkerer Konzentration wird die Verschiebung gewaltsamer, so daß die Kontinuität aufgehoben wird, und ein anisotropes Stück kann an ein isotropes grenzen. Nach dieser Verschiebung wird das Sarkolemm nicht länger eine glatte Hülle um die Muskelfaser, sondern Falten bilden, die namentlich bei polarisiertem Licht deutlich als unregelmäßige, dunkle Gürtel sichtbar sind, welche schon bei sehr schwachen Verdünnungen (1 : 25 000) auftreten. Bei einer Konzentration von 1 : 10 000 ist die Veränderung noch eine mäßige, aber nimmt bei stärkerer Konzentration schnell an Intensität zu. Bei einer Konzentration von 1 : 2000 werden sich gleichzeitig mit der Verkürzung des Muskels Zeichen einer Destruktion der Muskelfibern einstellen; es treten kleine Körner auf, die sich allmählich zu größeren amorphen Klumpen ansammeln, und bei zunehmender Konzentration wird ein fortschreitendes Verschwinden der Querstreifung beobachtet, die zuletzt ganz verschwindet. An den fixierten und gefärbten Präparaten werden die feinen Veränderungen bei schwachen Konzentrationen verschwinden, bei stärkeren Konzentrationen wird man auch an solchen Präparaten dieselben Veränderungen wie an dem frischen Präparat wiederfinden. Erst bei einer Konzentration von 1 : 2000, d. h. bei beginnender Destruktion, werden die Muskeln sich hart und steif anfühlen, bei schwächeren Konzentrationen werden die Muskeln dagegen nicht hart. Theophyllin rief ganz analoge Veränderungen hervor bei derselben Konzentration wie Coffein. Dagegen wirkten Theobromin und Xanthin stärker; hier waren noch bei Perfusion mit Konzentrationen von 1 : 50 000 histologische Veränderungen der Muskelfibrillen zu beobachten, und die Destruktion trat beim Theobromin bei einer Konzentration von 1 : 3000 auf. Sechers Angaben stehen also mit den Befunden von Jacobj und Golowinski in stärkstem Widerspruch. Indem er Zerzupfpräparate von frischen Muskeln mit Lösungen derselben Konzentration wie bei den Perfusionsversuchen behandelte, erhielt er ähnliche Bilder; diese waren aber wegen der bei einem Präparieren unvermeidlichen Läsion von vielen der Fibrillen weit unregelmäßiger.

Ferner fand Secher, daß die durch diese Substanzen hervorgerufenen histologischen Muskelveränderungen reversibel sind; bei den Perfusionsversuchen schwanden sie bei Durchleitung von coffeinfreier Ringerscher Lösung nach wenigen Minuten vollständig. Nur wenn bei starken Coffeinlösungen, 1 : 2000 oder stärker, Destruktionserscheinungen eingetreten waren, gelang es nicht, wieder ein normales, histologisches Bild hervorzurufen.

Die durch die besprochenen Purinderivate hervorgerufenen mikroskopischen Veränderungen der Muskeln sind für diese Stoffe nicht spezifisch. So fand Secher bei Perfusion von Froschmuskeln mit chloroformhaltiger Ringerscher Lösung oder mit hypertonischen Salzlösungen histologische Veränderungen der Muskulatur ganz derselben Art wie bei Coffein, und auch diese Veränderungen gingen bei kurzdauernder Durchleitung von Ringerscher Flüssigkeit vollständig zurück, wenn die Konzentration nicht so stark war, daß eine Destruktion der Muskeln eintrat. Bei stärkeren Lösungen der betreffenden Stoffe wurden die Muskeln steif wie bei starken Coffeinlösungen.

Secher hat ferner eine Reihe Injektionsversuche an Fröschen mit Coffein ausgeführt. Bei Gaben von höchstens 0,25 mg pro Gramm fand er bei der Rana temporaria bei Injektion in den Rücken und Bauchlymphsack sofort lokale Muskelstarre an der Injektionsstelle. Darnach wurden die Bewegungen eigentümlich steif, unbehilflich und krötenartig, die Reflexe waren gesteigert. Allmählich wurde das Tier fast ganz steif, danach erschlafft die Steifheit ein wenig, und 20—40 Minuten nach der Injektion kann man durch Berührung einen ausgesprochenen Tetanus hervorrufen. Nach 2—3 Stunden kann das Tier bereits recht natürlich sein; am nächsten Tage ist die Steifheit verschwunden. Die Steifheit war am stärksten ausgesprochen 15—30 Minuten nach der Injektion. Sie wird in Extremitäten mit unterbundenen Gefäßen auftreten, hört aber gleich in einer Extremität auf, wenn deren Nerven durchschnitten werden. Sie schwindet gleichfalls, wenn das Tier in eine Urethanlösung gelegt wird und gleichfalls bei Curarisierung. Bei sehr vorsichtiger Curarisierung — Injektion von Boehms Normalgabe von Curarin — wird man die Steifheit schwinden, aber nach einigen Stunden später wieder auftreten sehen, wenn die Curarinwirkung nachläßt. Nach Zerstörung des Zentralnervensystems sind die Muskeln an der Injektionsstelle hart und weiß und zeigen mikroskopisch Destruktionserscheinungen; die übrigen Muskeln sind aber weich und zeigen nur dieselben Erscheinungen wie bei Perfusion mit schwachen Coffeinlösungen. Secher hat also wie Jacobj und Golowinski bei Temporarien Tetanus gefunden. Die Muskelstarre bei kleinen Coffeingaben schreibt er nach seinen Versuchen einer tonischen Wirkung des Zentralnervensystems auf die Muskeln zu. Bei Eskulenten war das Bild nicht sehr verschieden, nur trat hier weit leichter Tetanus ein, und derselbe war anhaltender.

Injizierte er dagegen einem Frosch 0,5 mg Coffein pro Gramm, wurde das Tier sehr schnell steif; es wird sich zu Anfang erhöhte Reflexerregbarkeit finden, aber ein Tetanus wird nicht immer auftreten — im besonderen nicht bei Temporarien. Nach ungefähr einer halben Stunde ist das Tier ganz steif. Auch wenn die Nerven einer Extremität durchschnitten sind, wird diese steif werden, was dagegen nicht mit einer unterbundenen Extremität der Fall sein wird. Dieselbe wird aber häufig tetanisch gestreckt, oft wird das Tier nach einigen Stunden sterben. Alle Körpermuskeln sind nach dem Tode weiß und steif und zeigen mikroskopisch Veränderungen wie bei Durchleitung starker Coffeinlösungen.

Es kann nach Sechers Perfusionsversuchen wohl nicht bezweifelt werden, daß die Muskelsubstanz der beiden Froscharten sich sowohl qualitativ als quantitativ gegenüber den Einwirkungen der Methylxanthine ganz in derselben Weise verhält. Die vielen einander widersprechenden Angaben über die Wirkung des Coffeins sowohl bei Fröschen überhaupt als bei den beiden erwähnten Froscharten lassen sich hiernach teils dadurch erklären, daß die Dosen von den verschiedenen Forschern verschieden gewählt wurden, teils auch durch eine verschiedene Wirkung auf das Nervensystem der beiden Froscharten. Coffein und Theophyllin wirken ungefähr in demselben Grade muskelerstarrend, etwas stärker wirken Theobromin und Xanthin.

Bei großen Coffeingaben treten also Destruktionserscheinungen in den Muskelfasern hervor. Secher hat bei lokaler Einwirkung von Coffein das Schicksal der destruierten Muskelfasern verfolgt. Sind auch die Muskelkerne zerstört worden, wird sich an der betreffenden Stelle Granulationsgewebe bilden, und zuletzt findet man eine Narbe in dem Muskel. Sind aber die Muskelkerne nicht zerstört, wird eine völlige Regeneration der Muskelfaser eintreten.

Durch die Einwirkung des Coffeins wird sich der Froschmuskel verkürzen, diese Verkürzung tritt aber erst bei Perfusion einer Konzentration von 1 : 2000 ein, wobei sich schon mikroskopische Destruktionserscheinungen im Muskel offenbaren. Bei Perfusion schwächerer Lösungen wird die Länge des Muskels nicht beeinflußt. Versuche über die Verkürzung der verschiedenen Muskeln bei Eintauchen in Coffein wurden von Lauder Brunton und Cash[1] ausgeführt.

Froschmuskel, die in eine 0,1 proz. Coffeinlösung getaucht werden, zeigen nach Belàk[2] im Vergleich mit in destilliertes Wasser getauchten Muskeln eine stark ausgesprochene Permeabilitätserhöhung, d. h. eine raschere Wasseraufnahme. Schwächere Coffeinlösungen beeinflußten nicht die Muskelquellung.

Die Muskulatur der übrigen, kaltblütigen Wirbeltiere scheint sich den Methylxanthinen gegenüber ganz wie der Froschmuskel zu verhalten. So wurde nach Injektion an Schlangen, Kröten, Schildkröten und Fischen eine ganz ähnliche Muskelstarre — sowohl eine lokale als eine universelle — beobachtet, und Secher fand bei Schildkröten und Fischen nach Coffein mikroskopische Veränderungen ganz derselben Art. Dagegen wird, wie Secher gezeigt hat, die Muskulatur der Arthropoden (Palämon. Carrabus, Blatta), der Anneliden (Lumbucus, Hirudo) und der Mollusken (Limax) gar nicht durch Coffein angegriffen weder bei Injektion von 1 proz. Coffeinlösungen noch bei Einlegung zerzupfter Muskeln in 1 proz. Coffeinlösung. Eine Garnele konnte mehrere Stunden in einer 1 proz. Coffeinlösung herumschwimmen, ohne sichtbar vergiftet zu werden, und die quergestreiften Muskeln waren hiernach mikroskopisch ganz unverändert.

Auch die quergestreifte Muskulatur der Säugetiere wird äußerst wenig von Coffein angegriffen. Johannsen erzielte bei Injektion von Coffein an Katzen tetanische Krämpfe, meint aber auch in der Ruhe eine ziemliche Steifheit der Muskeln durchfühlen zu können. Bei curarisierten Tieren erhielt er nach großen Coffeindosen eine weit größere Muskelstarre, die aber nie den hohen Grad wie beim Frosch erreichte. Aubert leugnet, daß an Säugetieren Muskelstarre nach Coffeininjektion eintritt; eine große Reihe seiner Versuche waren an curarisierten Tieren angestellt. Binz[3] erhielt an curarisierten Tieren nach Coffein keine Muskelstarre. An nicht curarisierten Tieren fühlten sich nach großen Coffeingaben die Muskeln deutlich gespannt, bei Durchtrennung der Nerven wurden sie aber schlaff. Sackur[4] erzielte Starre im Hinterbeine eines Kaninchens, benutzte aber hierzu die Methode, daß er die A. femoralis zentral abklemmte und dann durch eine Seitenarterie 25 ccm 2 proz. Coffeinlösung peripher in die Arterie injizierte; es handelte sich also hier um eine enorme Konzentration, die am lebenden Tiere bei weitem nicht erreicht werden kann. v. Fürth[5] unterband die V. und A. femoralis an Kaninchen und injizierte durch eine peripher von der Unterbindungsstelle in die Arterie eingebundene Kanüle Lösungen von

[1]) T. Lauder Brunton u. T. Cash, Journ. of Physiol. **9**, 12 (1888).
[2]) A. Belàk, Biochem. Zeitschr. **83**, 165 (1917).
[3]) C. Binz, Archiv f. experim. Pathol. u. Pharmakol. **28**, 197 (1891).
[4]) Sackur, Virchows Archiv **141**, 479 (1895).
[5]) O. v. Fürth, Archiv f. experim. Pathol. u. Pharmakol. **37**, 389 (1896).

Coffein. natr. benzoicum, in 3 Versuchen eine 5proz., in 1 Versuche eine 2,5proz. Lösung; in letzterem Falle war der Versuch nicht ganz rein, da die injizierte Flüssigkeit hypertonisch war. In allen Fällen trat Muskelstarre ein. Secher injizierte an eben getöteten Ratten Coffein in die Aorta; nach einer 2proz. Lösung erhielt er Muskelstarre, dagegen nicht nach Injektion von 1,5- und 1proz. Lösungen. Nach Injektion einer 2proz. Lösung konnte er an den Muskeln nach Einlegung in Paraffin ähnliche mikroskopische Veränderungen beobachten wie bei Fröschen nach schwachen Coffeinlösungen, bei Injektion einer 1,5- oder 1proz. Lösung dagegen nicht. Bei intramuskulärer Injektion einer 1proz. Coffeinlösung an Ratten und Kaninchen wird der betreffende Muskel nicht steif und zeigt auch keine mikroskopischen Veränderungen. Wenn man an einer lebenden Ratte durch Entfernung der Haut und Fascien die Muskeln des Hinterbeines bloßlegte und das Bein eine Stunde in einer bis 37° erwärmten 1proz. Coffeinlösung anbrachte, trat keine Muskelstarre ein. Es wurden ferner lange dauernde, kontinuierte, intravenöse Injektionen von Coffein an Kaninchen ausgeführt — in einem Versuche gelang es, in dieser Weise einem Kaninchen 2,4 g Coffein zu injizieren —, die Muskeln blieben weich und zeigten keine histologischen Veränderungen. Der eigentümliche Unterschied zwischen Frosch und Säugetier steht nicht mit der höheren Temperatur des letzteren in Verbindung. Die Muskeln einer bis auf 17° abgekühlten, lebenden Maus verhielten sich ganz wie die Muskeln einer normalen Maus; es zeigt sich also, daß die Muskeln der Säugetiere nur äußerst wenig durch Coffein beeinflußt werden. Nur bei Durchspülung mit ca. 2proz. Coffeinlösungen gelingt es, eine Muskelstarre hervorzurufen, am lebenden Tiere wird Coffein keine Muskelstarre hervorrufen können. Die Muskeln der Vögel sind empfindlicher gegenüber Coffein, obwohl weit weniger als die Muskeln der Frösche. An eben getöteten Tauben sah Secher bei Injektion einer Coffeinlösung 1 : 700 in die Aorta Muskelstarre der Beine eintreten, auch gelang es hier am lebenden Tiere Muskelstarre durch intravenöse Injektion von Coffein hervorzurufen. Bei intramuskulärer Injektion wurde die betreffende Stelle weiß und hart. Der von Coffein beeinflußte Vogelmuskel zeigte nach Einbetten in Paraffin mikroskopisch dasselbe Bild wie der Froschmuskel, und bei hinlänglichen Gaben traten auch Destruktionserscheinungen hervor.

Die durch Coffein hervorgerufene Muskelstarre ist, auch wo es sich um eine hochgradige handelt, rückgängig. Injiziert man Coffein in einen frischen Froschmuskel, wird die Starre sich nach einigen Stunden verlieren. Auch die von v. Fürth an Kaninchen durch Injektion in die Gefäße unterbundener Extremitäten hervorgerufene Starre hatte schon nach einer Stunde bedeutend nachgelassen und war nach $2^1/_2$ Stunden größtenteil geschwunden.

Über die Natur der Muskelstarre nach Coffein läßt sich nach den mikroskopischen Untersuchungen so viel sagen, daß sie ganz derselben Art wie die durch Chloroform und wahrscheinlich durch mehrere andere Gifte hervorgerufene Starre zu sein scheint. Johannsen meinte, daß es sich, da die Muskelfasern in starken Coffeinlösungen dasselbe Aussehen darboten wie die Muskeln in Totenstarre oder Wärmestarre, wohl um denselben Prozeß handele, der der Totenstarre zugrunde liegt, welcher Ansicht sich auch Schmiedeberg und viele andere angeschlossen haben. Als Unterstützung dieser Ansicht werden Versuche von Klemptner[1]) und von Kügler[2]) angeführt. Klemptner fand,

[1]) J. Klemptner, Über die Wirkung des destillierten Wassers und des Coffeins auf die Muskeln. Diss. Dorpat 1883.

[2]) E. Kügler, Über die Starre des Säugetiermuskels. Diss. Dorpat 1883.

daß der Preßsaft von durch Coffeininjektion starr gemachten Froschmuskeln das aus Pferdeblut hergestellte Salzplasma schneller gerinnen macht als der Preßsaft nicht vergifteter Muskeln, und er meint, daß der Erstarrungsprozeß der Muskeln mit dem Auftreten von „Febrinferment" in denselben Hand in Hand geht. Kügler injizierte Coffein an Hundemuskeln, die durch vielstündiges Durchspülen blutleer gemacht und schon totenstarr waren, und fand, daß der Preßsaft derartig behandelter Muskeln das Salzplasma schneller koagulierte als der Pressaft nicht coffeinbehandelter Kontrollmuskeln. Da es indessen, wie besonders die Untersuchungen von v. Fürth[1]) gelehrt haben, sehr wahrscheinlich ist, daß die Muskelstarre mit Prozessen im Zusammenhang steht, die den bei der Blutgerinnung stattfindenden gar nicht analog sind, geben diese Untersuchungen uns keine Erklärung der Coffeinstarre. Auch ist die Totenstarre wahrscheinlich nicht der Wärmestarre identisch, da, wie Fletcher[2]) und namentlich Winterstein[3]) gezeigt haben, die Totenstarre bei genügender Sauerstoffzufuhr nicht eintritt, was dagegen mit der Wärmestarre der Fall ist. Ob die Wärmestarre derselben Natur ist wie die Coffeinstarre, ist noch nicht untersucht worden. Hierfür könnte sprechen, daß der Froschmuskel, der so leicht der Coffeinstarre unterliegt, bei einer niedrigeren Temperatur erstarrt als der Säugetiermuskel. Der Umstand, daß der Säugetiermuskel nur bei enormen Coffeingaben starr wird, und daß die Muskeln der wirbellosen Tiere überhaupt nicht in Coffeinstarre übergehen, macht es jedoch zweifelhaft, ob der Wärmestarre und der Coffeinstarre dieselben Prozesse zugrunde liegen.

Einer kurzen Mitteilung von Salant[4]) zufolge ruft das Coffein an Fröschen bei 35,5—38° nur klonische Spasmen hervor, wogegen Muskelstarre nicht beobachtet wurde.

Ransom[5]) fand, als er Froschmuskeln in Coffeinlösungen legte, daß die Coffeinstarre von einer Bildung von Milchsäure begleitet war, die in die Flüssigkeit hinaus diffundierte; je mehr Coffein angewandt, und je stärker die Starre wurde, je mehr Milchsäure fand er; bei Durchleitung von Sauerstoff verschwindet die gebildete Milchsäure aus der Flüssigkeit.

Die Zuckungskurve der Muskeln coffeinvergifteter Frösche wurde zuerst von Buchheim und Eisenmenger[6]) untersucht. Sie fanden die Latenszeit unverändert, die Zuckungskurve und speziell den absteigenden Ast derselben sehr verlängert; ganz ähnliche Kurven fanden sie bei Theobromin. Leblond (s. o.) sah bei coffeinvergifteten Fröschen nach Ischiadicusreizung folgende Veränderungen der Muskelzuckung: Erst wird die Zuckung höher, dann wird der absteigende Teil allmählich verlängert, darauf nimmt die Kurve einen tetanischen Charakter an, endlich werden die Kontraktionen ganz klein, und der Muskel verliert seine Reizbarkeit. Parisot (s. o.) fand ähnliche Kurven wie Leblond, meint aber, daß sie auf einer Wirkung vom Zentralnervensystem beruhen, da die Form der Muskelkurve bei Durchschneidung des motorischen Nervs normal blieb. Daß man aber an den coffeinvergifteten, vom Zentralnervensystem vollständig isolierten Muskeln Zuckungskurven von ganz der von Leblond beschriebenen Form erhielt, ist, wie wir später sehen werden, unzweifelhaft. Paschkis und Pal untersuchten die Muskelzuckung nach In-

[1]) O. v. Fürth, Ergebnisse der Physiologie 1. Biochemie 110 (1902).
[2]) W. M. Fletcher, Journ. of Physiol. 28, 474 (1902).
[3]) H. Winterstein, Archiv f. d. ges. Physiol. 120, 225 (1907).
[4]) W. Salant, Journ. of Pharmacol. and experim. Therap. 4, 342 (1913).
[5]) F. Ransom, Journ. of Physiol. 42, 144 (1911).
[6]) Buchheim u. Eisenmenger, Beiträge z. Anat. u. Physiol. von C. Eckhard 5, 112 (1870).

jektion von Coffein, Theobromin und Xanthin, letzteres in Natronlauge oder kohlensaurem Natron aufgelöst. Sie arbeiteten mit Öffnungsinduktionsschlägen und den schwächsten, eben wirksamen Strömen. Sie fanden bei den untersuchten Substanzen eine vermehrte Erregbarkeit der Muskeln. Die Muskelzuckung zeigte einen raschen, steilen Anstieg und einen langsamen, allmählichen Abfall, so daß die Kurve einer Veratrinkurve fast vollkommen ähnlich sein konnte. Sie fanden, daß von den besprochenen Stoffen das Coffein am stärksten, das Xanthin am schwächsten wirkte.

Botazzi[1]) untersuchte die Coffeinwirkung am M. gastrocnemius von Bufo vulgaris. Nach Einlegen des Muskels in eine Coffeinlösung wurde die Zuckung höher, und der absteigende Ast der Kurve verlängert.

Secher untersuchte die Muskelkurve des M. gastrocnemius bei Perfusion der unteren Extremitäten erst mit Ringerscher Lösung, dann mit coffeinhaltiger Ringerscher Lösung. Die Muskeln wurden direkt gereizt. Bei schwächeren Coffeinlösungen als 1 : 4000 wurde die Kurve höher, ihre Form wurde aber nicht verändert. Bei 1 : 4000 wurde der untere Teil des absteigenden Astes der Kurve etwas längs der Abszissenachse hinausgezogen, bei steigenden Konzentrationen wird diese Veränderung höher und höher anfangen und die Verlängerung des absteigenden Teiles länger und länger werden. Bei 1 : 1000 wird die Zuckung sehr niedrig. Es dauerte bei Coffeinkonzentrationen von 1 : 4000 bis 1 : 2000 etwa 20 Minuten, bis die Wirkung voll entwickelt war. Leitet man jetzt eine Ringersche Lösung durch den Muskel, geht die Wirkung in $1/4$—$1/2$ Minute vollständig zurück, und die Muskelzuckung wird normal. Bei stärkerer Konzentration als 1 : 2000 geht die Wirkung nicht oder nicht ganz zurück. Solche Muskeln werden, wie früher gesagt, mikroskopische Destruktionserscheinungen aufweisen. Bei Theobromin war 1 : 6000 die schwächste Konzentration, die Veränderungen des absteigenden Teiles der Kurve hervorrief. Bei 1 : 3000 gingen die Veränderungen bei Durchleitung von Ringerscher Flüssigkeit nur schwierig zurück. Das Theobromin wirkte also hier stärker auf den Muskel als das Coffein, ganz in Übereinstimmung mit dem, was Secher bei der mikroskopischen Untersuchung der Muskeln gefunden hatte. Golowinski[2]) fand nach Injektion einer Reihe verschiedener Methylxanthine (Coffein, Äthyltheobromin, Äthylparaxanthin, Äthyltheophyllin, Theobromin, Paraxanthin, Theophyllin, Heteroxanthin, Metoxycoffein, Äthoxycoffein) ähnliche Veränderungen der Zuckungskurve wie die von obengenannten Forschern für Coffein und Theobromin beschriebenen.

Schon Buchheim und Eisenmenger haben gezeigt, daß Chloroform eine Verlängerung des absteigenden Astes der Muskelzuckungskurve hervorruft, und Rossi[3]) hatte dasselbe außer von Chloroform auch von Äther, hypertonischen Salzlösungen usw. gezeigt. Secher fand, daß bei Perfusion von Chloroform 1 : 1000 die Zuckungskurve sich ganz ähnlich wie bei Coffein veränderte und auch bei einer nachfolgenden Perfusion mit Ringerscher Flüssigkeit nach ganz kurzer Zeit ihre ursprüngliche Form annahm. Dem entspricht also ganz, daß bei Chloroform dieselben histologischen Veränderungen gefunden wurden wie bei Coffein.

Die Arbeitsleistung des Muskels nach Coffein wurde mehrmals untersucht. Betrachten wir zuerst die Verhältnisse am Froschmuskel. Die Wirkung des Coffeins auf die maximale Arbeitsleistung des M. gastrocnemius des

---

[1]) P. Botazzi, Archiv f. (Anat. u.) Physiol. 1901, S. 410.
[2]) J. W. Golowinski, Archiv f. d. ges. Physiol. **160**, 231 (1915).
[3]) E. Rossi, Zeitschr. f. Biologie **54**, 299 (1910).

Frosches wurde von Dreser[1]) untersucht. Er durchtrennte beiderseits den Lumbalplexus und präparierte die untere Ende des M. gastrocnemius frei. Der Muskel wurde in gestreckter Stellung bei einer Belastung von 100 g unterstützt. Bei Reizung des N. ischiadicus mit Induktionsschlägen wurde die Hubhöhe mit steigenden Gewichten bei kurzdauerndem Tetanus gemessen. Nach Bestimmung des Gewichtes, bei dem die maximale Arbeit ausgeführt wurde, injizierte er dem Frosch Coffein und wiederholte nach 2 Stunden die Bestimmungen. Betrug die Coffeingabe 2 mg oder weniger, fand er eine bedeutende Erhöhung des Arbeitsmaximums wie auch der absoluten Kraft. Bei größeren Gaben (2—4 mg) war das Arbeitsmaximum etwas, wenn auch unbedeutend, niedriger als im Normalzustande. Das Theobromin wirkte 2—3 mal schwächer als das Coffein. Secher stellte Versuche an, bei denen er eine ähnliche Methodik anwandte wie Dreser; nur wurde der Muskel direkt gereizt. Secher fand bei Injektion von Coffeingaben von 0,01—0,02 mg pro Gramm Frosch keinen Einfluß auf die maximale Arbeitsleistung des Muskels, größere Gaben setzten die Arbeitsleistung herab. Bei Perfusionsversuchen hatte eine Coffeinkonzentration von 1 : 20 000 keine Wirkung, stärkere Konzentrationen setzten die Arbeitsleistung herab. Auch am nur durch ein kleines Gewicht gestreckten Muskel kam Secher bei Bestimmung des Arbeitsmaximums bei steigenden Gewichten wie in der besprochenen Versuchsreihe zu ganz ähnlichen Resultaten, und er fand, daß das Theobromin bei einer kleineren Konzentration herabsetzender auf das Arbeitsmaximum wirkte als das Coffein, was mit der Intensität der von den betreffenden Stoffen hervorgerufenen, histologischen Wirkungen übereinstimmt, dagegen zu Dresers Befunden im Gegensatz steht. Wurde aber der nicht unterstützte Muskel durch steigende Gewichte belastet, so fand Secher bei 0,25 mg pro Gramm Frosch eine Steigerung des Arbeitsmaximums wie auch bei Perfusion von Coffeinlösungen von 1 : 10 000 bis 1 : 3000. Das Theophyllin verhielt sich in ähnlicher Weise. Das Theobromin wirkte aber auch hier stärker, indem eine Perfusion von 1 : 5000 eine Verminderung, von 1 : 6000 und 1 : 20 000 dagegen eine Steigerung der maximalen Arbeitsleistung hervorrief. Golowinski[2]) hat ebenfalls Untersuchungen über die Wirkung einer Reihe verschiedener Methylxanthine (siehe S. 583) auf die Arbeitsleistung des Muskels teils bei Einzelreizen, teils bei tetanischer Reizung angestellt. Beim Reizen mit einem einzelnen Öffnungsinduktionsschlag fand er nach intravenöser Injektion von 0,1 mg pro g die maximale Arbeitsleistung des Muskels vergrößert. Bei Anwendung tetanischer Reizung — wie in Dresers und in Sechers Versuchen — wurde aber eine Herabsetzung der maximalen Arbeitsleistung gefunden. Die Gabe der verschiedenen Methylxanthine war bei diesen Versuchen 0,2 mg po g.

Kobert[3]) untersuchte die Wirkung des Coffeins auf die Gesamtarbeit eines Muskels. Er benutzte hierzu teils Tiegels Apparat, indem er zur Normalbestimmung das eine Bein amputierte, teils die Froschkarusselle. Bei Gaben von 1 mg fand er eine Verminderung der ausgeführten Arbeit. Bei Gaben von 0,3—0,6 mg fand er·22 mal eine Vermehrung der Arbeit, während 5 Versuche ein negatives Resultat ergaben. Die Zeit, die Kobert nach der Injektion verstreichen läßt, schwankt von 30 Minuten bis auf 72 Stunden. Da ein Teil der Bestimmungen an denselben Tieren zu verschiedenen Zeiten nach der Injektion ausgeführt wurde und unter sich sehr verschiedene Resultate ergab,

[1]) H. Dreser, Archiv f. experim. Pathol. u. Pharmakol. **27**, 50 (1890).
[2]) J. W. Golowinski, Archiv f. d. ges. Physiol. **160**, 248 (1915).
[3]) R. Kobert, Archiv f. experim. Pathol. u. Pharmakol. **15**, 63 (1882).

hat Kobert außer dem vergifteten Frosch einen Vergleichsfrosch anwenden müssen, was die Beurteilung der Resultate sehr erschwert. Koberts Versuche sind von Roßbach[1]) einer scharfen Kritik unterzogen worden.

Secher hat bei Perfusion Ermüdungsreihen aufgezeichnet, um die Wirkung des Coffeins und des Theobromins zu untersuchen. Die Hinterbeine des Frosches wurden erst kurze Zeit mit Ringerscher Flüssigkeit durchspült, dann wurde an die eine A. iliaca eine Klemme gelegt, die Coffeinlösung durch das andere Bein geleitet und die Ermüdungsreihe aufgezeichnet. Darauf wurde die Klemme abgenommen, Ringersche Flüssigkeit durch das betreffende Bein geleitet und die Ermüdungsreihe aufgezeichnet. Bei stärkeren Coffein- und Theobrominlösungen wurde die Ermüdungsreihe sehr verkürzt, und Secher konnte die schädliche Wirkung bis auf eine Konzentration von 1 : 30 000 bei Coffein und 1 : 50 000 bei Theobromin verfolgen. Das Theobromin zeigte also auch hier eine stärkere Wirkung als das Coffein.

Auch Golowinski hat die Wirkung der Methylxanthine auf den Froschmuskel durch Aufzeichnung von Ermüdungsreihen untersucht bei Benutzung der optimalen Belastung des Muskels. Nach intravenöser Injektion der verschiedenen Methylxanthine (0,15 mg pro g) wurden die Ermüdungsreihen kürzer, die Einzelzuckungen aber höher. Im Vergleich mit dem normalen Muskel wurde die Totalarbeit nach Coffein vergrößert, nach Theobromin und Theophyllin aber verkleinert gefunden. Nach eingetretener Ermüdung wurde nach 1, 2, 5 und 20 Minuten neue Ermüdungsreihen aufgezeichnet, und in allen Fällen wurde die Arbeit des normalen Muskels weit größer gefunden als die Arbeit des von den Methylxanthinen beeinflußten Muskels, d. h. nach Einwirkung der Methylxanthine erholt sich der Muskel weit langsamer nach der Ermüdung als der normale Muskel. Diese Untersuchungen von Golowinski stimmen in mehreren Beziehungen mit den von Secher überein. Die Unübereinstimmungen beruhen wahrscheinlich teilweise darauf, daß Secher bei Aufzeichnen der Ermüdungsreihen nur ein kleines Gewicht, Golowinski dagegen optimale Belastung (ca. 100 g) verwendet hat. Die Ermüdungsreihen waren deshalb in Golowinskis Versuchen kurz, in Sechers aber sehr lang. Die schnelle Ermüdung, die der Muskel unter Einfluß der Methylxanthine unterliegt, hat sich wahrscheinlich. deshalb relativ stärker in Sechers als in Golowinskis Versuche geltend gemacht. Übrigens sind auch bei diesen Versuchen von Golowinski für jede Verbindung nur ein einzelner Versuch mit nur einer Konzentration angestellt.

An Säugetieren wurden Untersuchungen ausgeführt durch Reizung des blutdurchströmten, belasteten M. gastrocnemius vor und nach Coffeinverabreichung. Roßbach und Harteneck[2]) beobachteten nach kleinen Coffeingaben eine bedeutende Beschleunigung der Ermüdung des alle Sekunden gereizten Muskels. U. Mosso[3]) gibt an, nach Einführung von Coffein oder Glykose in den Kreislauf eine ausgesprochene Wirkung auf die Muskelkontraktion erhalten zu haben. Baldi[4]) fand nach kleinen Coffeingaben eine gesteigerte Erregbarkeit des Muskels, die aber schnell wieder schwand. v. Fürth und Schwarz[5]) fanden an curarisierten, mit Urethan betäubten Kaninchen nach Coffein eine sehr erhebliche Steigerung der Arbeitsfähigkeit des Muskels.

---

[1]) J. M. Roßbach, Archiv f. d. ges. Physiol. **27**, 372 (1882).
[2]) M. J. Rosbach u. K. Harteneck, Archiv f. d. ges. Physiol. **15**, 11 (1877).
[3]) U. Mosso, Arch. ital. de biol. **19**, 241 (1893).
[4]) D. Baldi, La terapia moderna 1891; zit. nach Arch. ital. de biol. **17**, 326 (1892).
[5]) O. v. Fürth u. C. Schwarz, Archiv f. d. ges. Physiol. **129**, 533 (1909).

Über die an **Ergographen gemessenen Wirkungen des Coffeins auf die willkürliche Arbeit** liegen zahlreiche Untersuchungen vor. Mosso[1]) fand nach kleinen Coffeingaben, 11—12 cg, eine bedeutende Vermehrung der ergographischen Arbeit. Koch[2]) fand nach 50 cg Coffein. natr. benz. eine bedeutende Zunahme der geleisteten Arbeit; eine Wiederholung der Gabe schien dagegen nicht in entsprechender Weise zu wirken, während sich nun das Cocain wirksam zeigte. Koch meint, daß die Hauptwirkung sich im Zentralnervensystem abspielt. Rossi[3]) sah nach 30—60 cg Coffein bei seinen ergographischen Versuchen eine leichte Vermehrung der Totalarbeit; die Zahl der Zuckungen wurde vergrößert. Destrée[4]) fand, daß man, wenn mitten in einer ergographischen Arbeitsserie Coffein genommen wurde, eine stimulierende Wirkung erhielt, weit weniger hervortretend als nach Alkohol, aber länger dauernd, indem der Muskel nicht so schnell ermüdet. Nur ein Versuch wird angeführt. Schumburg[5]) fand als Ergebnis einer größeren Reihe von ergographischen Untersuchungen, daß bei nicht erschöpftem Körper, ,,also bei reichlich vorhandenen, leicht zu erlangenden Nährstoffen", eine deutliche und ausnahmslos zu beobachtende Steigerung der Muskelleistung auftrat; bei vorausgegangener, maximaler Arbeit blieb aber diese Wirkung gänzlich aus. Hoch und Kraepelin[6]) fanden als Ergebnis umfassender Untersuchungen, daß Coffein eine entschiedene Steigerung der Muskelarbeit bewirkte; die Wirkungen traten bei den verschiedenen Versuchspersonen jedoch in verschiedener Weise und bei sehr verschiedenen Gaben ein. Bei der einen Versuchsperson trat nach 10 cg Coffein eine Steigerung der Arbeit von 10—20% ein, und beinahe dieselbe Größe hatten sie bei der zweiten Versuchsperson, die 50 cg erhielt. Bei der dritten Versuchsperson, waren nach 30 bis 50 cg die Wirkungen überhaupt geringfügig; bei der vierten Person, die eine große Reihe von Versuchen mit verschiedenen Coffeingaben unternahm, wurde nur ein einzelnes Mal eine unzweifelhafte Steigerung beobachtet; es wurden in diesem Falle 60 cg Coffein subcutan und gleichzeitig Theeölzucker per os gegeben. Hoch und Kraepelin fanden, daß während der Coffeinwirkung nicht die Zahl, sondern die Größe der einzelnen Hubbewegungen wächst. Zu ähnlichen Resultaten kamen Oseretzkowsky und Kraepelin[7]) in einer neuen Versuchsreihe. Da die Autoren der Anschauung sind, daß in der Ergographenkurve die Hubzahl mehr durch den Zustand des Nervengewebes, die Hubhöhe mehr durch denjenigen des Muskels beeinflußt wird, kommen sie zu dem Schluß, daß die vom Coffein bewirkte Steigerung der Muskelarbeit, die also mit einer Zunahme der Hubhöhe einhergeht, auf eine unmittelbare Beeinflussung des Muskelgewebes zu beziehen ist.

Féré[8]) fand unmittelbar nach Einnahme von Theobromin eine Arbeitssteigerung. Dagegen fand er an Ergogrammen, die mit Zwischenräumen von 5 Minuten aufgezeichnet waren, daß nach Theobromin schneller eine Müdigkeit eintrat als unter normalen Verhältnissen. Ähnliches fand Féré nach Coffein. Hellsten[9]) fand bei mehreren, sich über längere Zeit erstreckenden Versuchs-

   [1]) U. Mosso, Arch. ital. de biol. **19**, 241 (1893).
   [2]) W. Koch, Ergographische Studien. Diss. Marburg 1894.
   [3]) C. Rossi, Arch. ital. de biol. **23**, 54 (1895).
   [4]) Destrée, Journ. méd. de Bruxelles 1897, 537, 573.
   [5]) Schumburg, Archiv f. (Anat. u.) Physiol. 1899. Suppl.-Bd. S. 289.
   [6]) A. Hoch u. E. Kraepelin, Psychologische Arbeiten, hrsg. v. E. Kraepelin **1**, 379 (1896).
   [7]) A. Oseretzkowsky u. E. Kraepelin, Psychologische Arbeiten, hrsg. v. E. Kraepelin **3**, 617 (1901.)
   [8]) Ch. Féré, Compt. rend. de la soc. de biol. **53**, 593 u. 627 (1901).
   [9]) A. Hellsten, Skand. Archiv f. Physiol. **16**, 139 (1904].

reihen, nur in den ersten Perioden nach der Einnahme von Teeinfus eine unerheblich erhöhte Leistungsfähigkeit angedeutet; eine später erfolgende, konstante Abnahme der Leistungsfähigkeit ließ sich nicht nachweisen. Schließlich haben Rievers und Webber[1]) die Frage behandelt. Sie fanden nach Coffein eine Steigerung der Arbeitsleistung; während diese aber bei der einen Versuchsperson ganz unzweifelhaft war, lag sie bei der anderen an der Grenze der möglichen Variationen. Während bei der einen Person die Wirkung eine längere Serie von Ergogrammen hindurch nachweisbar war, war sie bei der anderen nur zu Anfang der Serien nachweisbar, später ging die Leistung unter das Normale hinab. Endlich gab sich bei der einen Person die Coffeinwirkung hauptsächlich durch eine Zunahme der Kontraktionshöhe, bei der anderen durch eine Steigerung der Anzahl der Kontraktionen zu erkennen.

Bei den ergographischen Untersuchungen wurde also meistens eine Zunahme der Arbeitsleistung nach Coffein gefunden. Wie diese Zunahme zu erklären ist, läßt sich aber vorläufig nicht mit Sicherheit entscheiden, und wenn Kraepelin und seine Schüler meinen, daß diese Steigerung der Arbeitsleistung auf eine unmittelbare Beeinflussung der Muskelgewebe zu beziehen ist, die sich durch die Zunahme der Hubhöhen kundgibt, so muß diese Annahme, die auch von Treves[2]) angegriffen wurde, als sehr zweifelhaft bezeichnet werden. Wenn es sich um eine unmittelbare Wirkung auf das Muskelgewebe handelte, hätte man zu erwarten, daß diese Wirkung eine sehr konstante wäre, die sich auch bei verschiedenen Personen nach ungefähr denselben Gaben in derselben Weise offenbaren würde. Dieses war aber bei weitem nicht der Fall. Bei einigen Versuchspersonen trat ja die Wirkung nach Gaben von 10 cg Coffein stark hervor, bei anderen trat sie auch nach 60 cg Coffein nicht auf. Durchaus gegen Kraepeleins Auffassung sprechen die Untersuchungen von Rievers und Webber, in welchen bei der einen Versuchsperson eine Steigerung der Hubhöhe, bei der anderen eine Zunahme der Anzahl der Kontraktionen vorlag. Die übrigens sehr schwer zu beurteilenden Ergebnisse der Ergographenversuche deuten unserer Ansicht nach zunächst auf eine erregende Wirkung des Coffeins auf das Zentralnervensystem, über deren Lokalisation sich zurzeit nichts Bestimmtes sagen läßt.

Hinz[3]) zeigte, daß der M. sartorius von Temporarien in einer 0,07 proz. Coffeinlösung stromlos blieb, während Lösungen über 0,1% Coffein in kurzer Zeit den maximalen Demarkationsstrom entwickelten. Bei Muskeln von Esculenten mußten die Coffeinlösungen längere Zeit wirken, ehe der volle Demarkationsstrom sich entwickelte.

Pekelharing und van Hoogenhuyze[4]) fanden, daß coffeinvergiftete Froschmuskeln, die durch Reizung zur Kontraktion gebracht wurden, einen höheren Kreatingehalt zeigten als normale Muskeln, die in derselben Weise gereizt wurden. Jansmas[5]) Versuche gaben dasselbe Resultat. Reisser[6]) fand an Kaninchen nach Injektion großer Coffeindosen den Kreatingehalt der Muskeln vergrößert, dies war auch bei curarisierten Tieren der Fall, wogegen eine Steigerung des Kreatingehalts nicht eintrat, wenn die Nerven der betreffenden Muskeln durchgetrennt waren. Reisser setzt die Steigerung des Krea-

---

[1]) W. Rievers u. H. Webber, Journ. of Physiol. **36**, 33 (1907).
[2]) L. Treves, Archiv f. d. ges. Physiol. **88**, 7 (1901.
[3]) M. Henze, Archiv f. d. ges. Physiol. **92**, 451 (1902).
[4]) C. A. Pekelharing u. C. van Hoogenhuyze, Zeitschr. f. physiol. Chemie **64**, 285 (1910).
[5]) J. R. Jansma, Zeitschr. f. Biologie **65**, 376 (1915).
[6]) O. Reisser, Archiv f. experim. Pathol. u. Pharmakol. **80**, 208 (1917).

tins mit einer von Coffein hervorgerufenen zentralen Erregung sympathischer Zentren in Verbindung.

Die Wirkung des Coffeins auf **die glatten Muskeln** ist nur wenig untersucht worden. Botazzi[1]), der zu seinen Untersuchungen den Oesophagus der Kröte verwandte, fand, daß das Coffein zuerst eine starke Kontraktion hervorrief, dann folgte eine übermäßige und sehr lange Phase der Expansion, während welcher die automatischen rhythmischen Bewegungen schwächer als normal waren.

Es wird bei einer Reihe von älteren Autoren, Leven (s. o.), Voit (s. o.), Aubert (s. o.), berichtet, daß **Nerven,** die mit Coffein gefeuchtet werden, ihre Reizbarkeit verlieren, und daß die Nervenstämme schnell absterben. Genauere Untersuchungen liegen nicht vor. Ebenso verhält es sich mit den vereinzelten Angaben über eine abstumpfende Wirkung des Coffeins auf die sensitiven Nervenendungen. Schließlich wird von Wagner[2]) und von v. Fürth und Schwarz[3]) berichtet, daß das Coffein eine wenn auch nicht starke antagonistische Wirkung gegenüber der Curarewirkung entfaltet.

Es finden sich vereinzelte Angaben, daß das Coffein bei Fröschen (Bennet, Voit), wie auch bei Säugetieren bei intravenöser Injektion (Barbour und Wing)[4]) eine **Pupillenerweiterung** hervorruft, näher ist die Frage nicht untersucht worden.

Stoffwechsel. Der Stickstoffwechsel bei Coffein- oder Kaffeezufuhr ist im Laufe der Zeiten einer großen Reihe von Untersuchungen unterzogen worden, die in bedeutendem Maße durch die früher verbreiteten Vorstellungen von der mächtig ersparenden und nährenden Wirkung des Kaffees angeregt wurden. Wir können eine Reihe älterer Untersuchungen, die jetzt kein Interesse mehr darbieten, unberücksichtigt lassen und erwähnen davon nur, daß J. Lehmann[5]) bei Kaffeeverabreichung am Menschen eine verminderte Stickstoffausscheidung, und Hoppe-Seyler[6]) an einem Hunde nach Coffein keine oder nur eine unbedeutende Verminderung der Harnstoffmenge beobachteten. Voit[7]) der alle älteren Arbeiten über diese Frage eingehend kritisiert hat, stellte an Hunden ausgedehnte Untersuchungen über die Wirkungen des Kaffees an, indem er in den Kaffeeperioden den Hunden täglich einen Absud von 35 g gerösteten Kaffeebohnen beibrachte. Sein Ergebnis war, daß die Kaffeezufuhr keine Stickstoffersparnis bewirkte; eher fand eine Vermehrung als eine Verminderung des Stickstoffumsatzes statt.

Von späteren Untersuchungen sind zu erwähnen: Von Rabuteau[8]) und Eustratides wurde in den Selbstversuchen des letzteren durch Coffein ebenso wie durch Kaffeeinfus eine beträchtliche Verminderung der Harnstoffausscheidung gefunden. Roux[9]) fand an Menschen, daß Kaffee und Tee eine übrigens nicht sehr bedeutende Vermehrung der Harnstoffausscheidung hervorriefen; bei fortgesetzter Einnahme von Kaffee und Tee kehrte aber nach wenigen Tagen die Harnstoffausscheidung zu dem ursprünglichen Wert zurück. Fubini und

[1]) P. Botazzi, Archiv f. (Anat. u.) Physiol. 1901, 410.
[2]) R. Wagner, Experim. Untersuchungen über den Einfluß des Coffeins. Diss. Berlin 1885.
[3]) O. v. Fürth, u. C. Schwarz, Archiv f. d. ges. Physiol. **129**, 533 (1909.)
[4]) H. Barbour u. E. Wing, Journ. of Pharmacol. and experim. Therap. **5**, 135 (1913).
[5]) J. Lehmann, Annalen d. Chemie u. Pharmazie **87**, 205 (1853).
[6]) F. Hoppe, Deutsche Klinik, 1857, S. 181.
[7]) C. Voit, Untersuchungen über den Einfluß des Kochsalzes, des Kaffees und der Muskelbewegungen auf den Stoffwechsel. 1860.
[8]) Rabuteau, Compt. rendus de l'Acad. **71**, 426 (1870).
[9]) E. Roux, Arch. de physiol. norm. et pathol. 2. Ser. T. I, 578 (1874).

Ottolenghi[1]) fanden an Menschen nach Eingabe von Coffein (20—25 cg täglich) eine nicht unbedeutende Steigerung der täglichen Harnstoffausscheidung. Ribaut[2]) fand an Hunden nach kleinen Coffeingaben (18—36 mg pro Kilo) eine — in den meisten Fällen doch sehr wenig — verminderte, bei großen Coffeingaben eine vermehrte Stickstoffausscheidung.

Schließlich haben neuerdings Farr und Welcker[3]) mit modernen Methoden an 2 Menschen bei konstanter Diät den Einfluß des Coffeins (es wurden täglich 39 cg gegeben) auf den Stickstoffumsatz untersucht. Weder der Totalstickstoff, noch der Harnstoff, die Harnsäure, das Kreatinin, noch das Ammoniak des Harns wurden in der Coffeinperiode nachweisbar vermehrt; nur war natürlicherweise der ausgeschiedene Purinbasenstickstoff vermehrt. Nach den vorliegenden Untersuchungen scheinen also kleinere Coffeingaben den Stickstoffumsatz nicht zu beeinflussen.

Cervello und Girgenti[4]) haben gefunden, daß bei hungernden Hunden die Verabfolgung von Coffein (oder Cocain) die Menge des im Harn ausgeschiedenen Acetons bedeutend herabsetzt.

Mittels der Verwendung kalorimetrischer Methoden kam Reichert[5]) zu dem Ergebnis, daß das Coffein die Wärmeproduktion vermehrt. Ribaut[6]) fand an einem Hunde bei Verwendung von Hirns kalorimetrischer Methode, daß Coffeingaben (bis 25 mg pro Kilo) die Wärmeproduktion um 9 bis 10% steigerten.

Hoppe - Seyler[7]) fand an einem Hunde nach Coffein eine Zunahme der Kohlensäureausscheidung. Bei Versuchen mit Tee fand Smith[8]) eine bedeutende, aber kurzwierige Vermehrung der Kohlensäureausscheidung. An Kaninchen fand Heerlein[9]) nach Injektion von 5 cg Coffein eine recht beträchtliche Steigerung der Sauerstoffaufnahme, welche nach 3 Stunden etwas zurückgegangen war; als er in einem der Versuche die Injektion wiederholte, trat eine weitere Steigerung der Sauerstoffaufnahme ein. Einspritzung von Kaffeedestillate veränderte die Sauerstoffaufnahme nicht. Er meint, daß der nachgewiesene, vermehrte Sauerstoffverbrauch durch die Steigerung der Temperatur, der Tätigkeit des Herzens und der Atmungsmuskulatur, sowie durch eine Steigerung des Tonus der großen Körpermuskulatur bedingt ist.

Über die Wirkung der Methylxanthine auf die **Verdauung** und die **Bewegung der Verdauungsorgane** liegen nur wenig Untersuchungen vor. v. Fujitani[10]) fand, daß die verdauende Wirkung des künstlichen Magensaftes auf koaguliertes Hühnereiweiß durch Zusatz von Coffein gesteigert, durch Kaffee- und Teeinfus dagegen herabgesetzt wurde.

Schütz[11]) beobachtete nach Coffein lebhafte und kräftige Bewegungen des ausgeschnittenen Ventrikels, und meint, daß das Coffein auf die automatischen Zentren des Magens erregend wirkt. Fodera und Corselli[12]) benutzten als

[1]) S. Fubini u. Ottolenghi, Molleschotts Untersuchungen **13**, 247 (1888).
[2]) H. Ribaut, Compt. rend. de la soc. de biol. **53**, 393 (1901).
[3]) C. Farr u. W. Welcker, The Amer. Journ. of med. Sc. **147**, 411 (1912).
[4]) C. Cervello u. F. Girgenti, Archiv f. experim. Pathol. u. Pharmakol. **76**, 118 (1914).
[5]) Reichert, New York med. Journ. 1890; zit. nach [3]).
[6]) H. Ribaut, Compt. rend. de la soc. de biol. **53**, 295 (1901).
[7]) F. Hoppe, Deutsche Klinik 1857, S. 181.
[8]) E. Smith, Journal de la physiologie de l'homme et des animaux **3**, 632 (1860).
[9]) W. Heerlein, Archiv f. d. ges. Physiol. **52**, 165 (1892).
[10]) J. v. Fujitani, Arch. intern. de pharmacodyn. **14**, 1 (1905).
[11]) E. Schütz, Archiv f. experim. Pathol. u. Pharmakol. **21**, 341 (1886).
[12]) F. Fodera u. G. Corselli, Arch. di farm. e terap. 1894; zit. nach Arch. ital. de biol. **23**, 254 (1895).

Maßstab der exzitomotorischen Kraft des Magens die Schnelligkeit, mit der
Betol nach Einnahme per os im Harn auftritt, und fanden, daß das Coffein,
wie eine Reihe anderer Stoffe, exzitierend auf die Magenbewegungen wirkte.
Batelli[1]) fand bei Einführung eines Kautschukballons in den Ventrikel, daß
das Coffein bei intravenöser Injektion erregend auf die Ventrikelbewegungen
wirkte. Ferner wird von einer Reihe von verschiedenen Forschern angegeben,
daß das Coffein an Hunden sehr häufig auch nach Gaben, die sonst keine
toxischen Wirkungen haben, Erbrechen und Diarrhöe hervorrief, auch in
Fällen wo das Coffein subcutan gegeben wurde. Fröhner[2]) beobachtete nach
Coffein, subcutan oder per os, Diarrhöe bei Pferd, Kuh, Schwein und Ziege.

Temperatur. Die Wirkung des Coffeins auf die Körpertemperatur wurde
von Binz[3]), hauptsächlich an Hunden, eingehend studiert. Er fand, daß kleine
Coffeingaben ohne Wirkung sind, mittlere Gaben, welche die ersten Vergiftungssymptome, doch ohne irgendwelche Krampferscheinungen, hervorrufen, eine
Steigerung bis zu etwa 0,6° bedingen, während große Gaben, die deutliche Mus-
kelrigidität, Unruhe usw. veranlassen, eine Steigerung der Temperatur von 1° bis
1,5° hervorrufen. Er meint, daß die Muskelstarre, die nach großen, und die
mäßig verstärkte Innervation, die nach kleineren Coffeingaben vorliegt, und
die beide durch den chemischen Reiz des Coffeins auf die motorischen Zentren
veranlaßt sind, zur Erklärung der Temperatursteigerung ausreichen. Nach
Curare wie auch bei künstlicher Atmung lag keine Temperatursteigerung vor.
Leblond[4]) fand an Menschen nach Injektion von 24—36 cg Coffein, daß die
periphere, in der Hand gemessene Temperatur abfiel, wogegen die zentrale Temperatur unbeeinflußt blieb. Pilcher[5]) sah an Katzen bei Gaben von 5—120 mg
pro Kilo immer eine Temperatursteigerung, die bei Gaben von 15—120 mg
pro Kilo von 0,8—2,0° schwankte. Bei Pferd, Kuh, Schwein, Ziege und Hund
sah Fröhner[2]) nach Coffein Temperatursteigerungen bis um 2,2°. Barbour
und Wing[6]) fanden an Kaninchen, daß Coffeingaben von 0,6—1,2 mg pro
Kilo intracerebral in die Region des Nucleus caudatus injiziert eine Temperatursteigerung bis zu 1,0° hervorriefen. Hashimoto[7]) gelang es, unter etwa
20 an Kaninchen mit verschiedenen Coffeindosen ausgeführten Versuchen
nur zweimal eine geringe Temperatursteigerung von $1/2$° hervorzurufen.

Tödliche Gaben. Die Literatur enthält eine Reihe von Angaben über die
tödliche Coffeingabe bei verschiedenen Tierspezies. Diese Angaben, die häufig
nur auf wenig Versuchen beruhen, weichen bei Tieren derselben Art nicht
wenig voneinander ab. Dies steht wohl damit in Verbindung, daß, wie schon
Haase[8]) angegeben und Salant und Rieger[9]) an großen Versuchsreihen mit
Hunden, Katzen, Kaninchen und Meerschweinchen mit großer Sicherheit dargetan haben, in betreff der tödlichen Coffeingabe bei verschiedenen Tieren derselben Spezies verhältnismäßig sehr große Schwankungen der individuellen
Resistenz vorkommen. Bei den kaltblütigen Tieren schwankt die tödliche Gabe
den verschiedenen Verhältnissen gemäß bedeutend. So gibt Kobert[10]) an, daß

---

[1]) F. Batelli, Arch. ital. de biol. **27**, 263 (1897).
[2]) Fröhner, Monatshefte f. prak. Tierheilk. **3**, 529 (1892).
[3]) C. Binz, Archiv f. experim. Pathol. u. Pharmakol. **9**, 31 (1878).
[4]) E. Leblond, Etude physiol. et thérap. de la caféine. Thèse de Paris 1883.
[5]) J. Pilcher, Journ. of Pharm. and experim. Ther. **3**, 267 (1912).
[6]) H. Barbour u. E. Wing, Journ. of Pharm. and experim. Ther. **5**, 105 (1913).
[7]) M. Hashimoto, Archiv f. experim. Pathol. u. Pharmakol. **78**, 394 (1915).
[8]) F. Haase, Untersuchungen über die Wirkung des Coffeins. Diss. Rostock 1871.
[9]) W. Salant u. S. Rieger, U. S. Dep. of Agric. Bureau of Chem. Bulletin No. 148.
[10]) R. Kobert, Archiv f. experim. Pathol. u. Pharmakol. **15**, ·64 (1882).

bei Fröschen eine Gabe, die die Tiere im November recht gut vertrugen, im Februar Vergiftungserscheinungen hervorrief. Fihlene setzt die tödliche Gabe bei Fröschen zu 1⁰/₀₀ des Körpergewichts an, andere Forscher nennen viel kleinere Zahlen.

Die bei weitem umfangreichsten Untersuchungen über die tödliche Coffeingabe verschiedener warmblütiger Tierspezies bei verschiedenen Applikationsweisen sind die bereits berührten von Salant und Rieger[1]). Sie haben die von ihnen gewonnenen Ergebnisse in folgende Tabelle zusammengestellt:

Tödliche Minimalgabe des Coffeins in Gramm pro Kilogramm für ausgewachsene Tiere bei verschiedener Applikation.

	Subcutan	Per os	Intra-peritoneal	Intra-muskulär	Intravenös
Kaninchen (grau)	0,30	0,35	0,15	0,20	0,10—0,16
Kaninchen (weiß u. schwarz)	0,20	0,29			
Meerschweinchen	0,20—0,24	0,28—0,30	0,24—0,25		
Katzen	0,15	0,15	0,18—0,20		
Hunde	0,15—0,16	0,14—0,15			

Salant und Rieger fanden also die von ihnen verwendete graue Kaninchenrasse bedeutend resistenter als weiße und schwarze Kaninchen. Bei Meerschweinchen war im Gegensatz zu den Kaninchen die Toxizität des Coffeins ungefähr dieselbe bei subcutaner wie bei intraperitonealer Injektion. Bei Eingabe per os zeigten Hunde und Katzen sich nur halb so resistent gegenüber Coffein wie Kaninchen und Meerschweinchen; auch war die minimale tödliche Gabe bei Hunden und Katzen dieselbe bei subcutaner Injektion wie bei Einnahme per os.

Salant und Rieger fanden ferner bei nicht ausgewachsenen Kaninchen, Hunden und Katzen gegenüber Coffein eine größere Resistenz als bei den ausgewachsenen Tieren. Bei Hunden, die ein nur wenig Stickstoff enthaltendes Futter bekamen, traten Vergiftungserscheinungen nach kleineren Coffeingaben ein als bei Hunden, die gewöhnliches Futter erhielten.

Von den Angaben anderer Forscher führen wir noch folgende an: Dreser[2]) fand für Katzen als tödliche Minimalgabe per os 0,1 g Coffein pro Kilo. Bei intravenöser Injektion wirkten erst größere Gaben tödlich. — Gourewitsch[3]) fand, daß eine Gabe von 0,20—0,25 g Coffein pro Kilo, subcutan injiziert, an Kaninchen den Tod bewirkte, und daß bei subcutaner Injektion ausgewachsene Ratten nach 0,07 und Tauben nach 0,05 g Coffein starben. Auf Grundlage eines sehr großen Materials fand Kiskalt[4]) für Ratten als tödliche Minimalgabe bei intraperitonealer Injektion 0,21—0,28 g Coffein pro Kilo Für Mäuse und Meerschweinchen waren die entsprechenden Werte 0,22 und 0,23 g Coffein pro Kilo — Bock und Bech Larsen[5]) fanden für Ratten als tödliche Minimalgabe bei subcutaner Injektion 0,13 g Coffein pro Kilo — Hale[6]) fand, daß 0,3 g Coffeincitrat pro Kilo bei Eingabe per os an Meerschweinchen nicht tödlich wirkte, wogegen einige der Tiere nach 0,4 und 0,5 g starben. —

---

[1]) W. Salant u. S. Rieger, U. S. Dep. of Agric. Bureau of Chem. Bulletin No. 148.
[2]) Dreser, Archiv f. d. ges. Physiol. **102**, 1 (1904).
[3]) Gourewitsch, Archiv f. experim. Pathol. u. Pharmakol. **57**, 214 (1907).
[4]) K. Kiskalt, Biochem. Zeitschr. **71**, 468 (1915).
[5]) J. Bock u. Bech Larsen, Archiv f. experim. Pathol. u. Pharmakol. **81**, 15 (1917).
[6]) Hale, U. S. Public Health and Marine Hospital Service. Hyg. Lab. Bulletin No. 53, zit. nach Salant u. Rieger, Bulletin No. 148.

Pilcher[1]) fand die tödliche Coffeingabe bei Katzen sehr schwankend; während nach 0,06 g pro Kilo von 8 Tieren eins starb, verendeten nach subcutaner Injektion von 0,2 g pro Kilo von 6 Tieren nur drei. — Fröhner[2]) fand, daß ein Schwein nach 0,33 g Coffein pro Kilo starb. Dieselbe Gabe bewirkte bei einer Ziege den Tod. Ein Pferd starb nach 100 g Coffein.

In betreff der übrigen Methylxanthine sind die Angaben viel sparsamer. Nach v. Schroeder[3]) ist für Kaninchen die tödliche Theobromingabe etwa 5—6 mal so groß wie die des Coffeins. Impens[4]) fand, daß Katzen bei Eingabe per os nach 0,15 g Theobromin pro Kilo nicht starben, wogegen nach 0,18 und 0,2 g der Tod eintrat. Dreser fand an Katzen bei Eingabe per os für Theophyllin als Dosis letalis 0,1 g pro Kilo wie bei Coffein; für Theobromin (in Form von Agurin), wie auch für Paraxanthin betrug sie aber 0,18 g. Schmitt[5]) fand ebenfalls, daß die Toxizität des Theophyllins der des Coffein sehr nahe liegt. An Kaninchen fand er als minimale letale Gabe bei intravenöser Injektion 0,10—0,13 g pro Kilo, bei Eingabe per os 0,30—0,40 g pro Kilo. An Meerschweinchen wirkte subcutane oder intravenöse Injektion von 0,17—0,20 g Theophyllin tödlich. Als kleinste tödliche Gabe des 3-Methylxanthins bei intravenöser Injektion fand Albanese[6]) an Hunden 0,3—0,4 g, an Kaninchen 0,5 g pro Kilo. Die tödlichen Gaben des 7-Methylxanthins waren etwas größer. Impens sah an Katzen nach Eingabe per os von 0,4 g 3-Methylxanthin pro Kilo keine Vergiftungserscheinungen.

Die Frage einer kumulativen Wirkung des Coffeins wurde von Salant und Rieger an Hunden und Kaninchen untersucht. Sie fanden, daß der toxischen Grenze nahe liegende Coffeingaben, die bei einmaliger Eingabe keine Vergiftungserscheinungen, wie Reflexe, Krämpfe, vermehrte Respirationsfrequenz u. dgl. m., hervorriefen, auch bei täglicher Wiederholung keine derartigen Wirkungen hatten, und sie meinen deshalb, daß das Coffein keine kumulative Wirkung entfaltet. Eine Summation der Wirkung in dem Sinne, daß große, aber noch nicht toxische Gaben längere Zeit hindurch durch allgemeine Schwächung den Tod bewirken, war nicht stark hervortretend, und die Tiere erholten sich vollständig, wenn Pausen von einigen Tagen eingeschaltet wurden. Salant und Rieger meinen deshalb — im Gegensatz zu Gourewitsch —, daß das injizierte Coffein nach 24 Stunden im wesentlichen wieder ausgeschieden ist. Die Richtigkeit dieser Anschauung ist bei den Untersuchungen von Bock und Bech Larsen festgestellt (siehe S. 524).

Eine chronische Vergiftung sahen weder Gourewitsch noch Salant und Rieger. Im Gegenteil scheint an Tieren bei fortgesetzter Verabreichung der Methylderivate eine gewisse, wenn auch nur geringe Gewöhnung eintreten zu können. — So beobachteten Bondzynski und Gottlieb[7]), daß, während Kaninchen die einmalige Gabe von 1 g Theobromin nicht ohne weiteres vertragen, bei Gaben von 0,5 g nach einigen Tagen eine derartige Gewöhnung eingetreten war, daß die Gabe auf 1 g gesteigert werden konnte, ohne daß eine akute Vergiftung erfolgte. Auch gelang es Gourewitsch, an Kaninchen, indem er anfänglich kleine Coffeingaben injizierte und die Gaben allmählich

---

[1]) J. Pilcher, Journ. of Pharm. and experim. Ther. **3**, 267 (1912).
[2]) E. Fröhner, Monatsh. f. prakt. Tierheilk. **3**, 529 (1892).
[3]) W. v. Schroeder, Archiv f. experim. Pathol. u. Pharmakol. **24**, 101 (1887).
[4]) E. Impens, Arch. intern. de pharmacodyn. **10**, 463 (1902).
[5]) Schmitt, Bull. génér. de thérap. **146**, 218 (1903).
[6]) M. Albanese, Archiv f. experim. Pathol. u. Pharmakol. **43**, 305 (1900).
[7]) St. Bondzynski u. R. Gottlieb, Archiv f. experim. Pathol. u. Pharmakol. **36**, 45 (1895).

zunehmen ließ, nach Monaten eine Gabe injizieren zu können, die er als Einzelgabe für normale Tiere als mit Sicherheit letal betrachtet, wenn sie auch nur eben an der Schwelle der tödlichen minimalen Einzelgabe liegt. Salant und Rieger konnten ebenfalls eine gewisse, jedoch sehr beschränkte Gewöhnung bei Kaninchen konstatieren, sie meinen aber, daß dies mit der Entwicklung eines Mechanismus zur besseren Dekomposition und Elimination des Coffeins in Verbindung steht. Bei Hunden konnten sie keine Gewöhnung an Coffein beobachten. Auch Bock und Bech Larsen konnten bei Kaninchen nur in sehr beschränktem Maße eine Angewöhnung erzielen, und dieselbe schien wesentlich darin zu bestehen, daß Coffeingaben, die bei normalen Tieren bei mehrere Tage hindurch fortgesetzter Eingabe den Tod herbeiführen, von den angewöhnten Tieren vertragen werden.

Kaffee und Tee. Im vorhergehenden haben wir mehrmals Untersuchungen besprochen, die mit Kaffee und Tee angestellt worden sind, namentlich an solchen Punkten, wo Untersuchungen mit Coffein fehlten. Es ist indessen vielmals erörtert worden, ob die Coffeinwirkung den von Kaffee und Tee hervorgerufenen Wirkungen identisch ist, oder mit anderen Worten, ob die übrigen in Kaffeeabsud und Teeinfus enthaltenen Stoffe hervortretende Wirkungen auf den Organismus ausüben, und diese Frage ist mehrmals experimentell untersucht worden, besonders betreffend die in geröstetem Kaffee enthaltenen, flüchtigen, aromatischen Stoffe. Man stellt dieselben am besten her durch Destillation der gerösteten Bohnen mit Wasserdampf und Ausschütteln des Destillates mit Äther. Bei Abdämpfung des Äthers erhält man eine ätherisch-ölige Substanz, die Caffeon oder Kaffeeol genannt wird, deren genaue Zusammensetzung aber recht unbekannt ist. Die flüchtigen Bestandteile der Teeblätter, das Teeöl, und deren Wirkungen sind nur wenig untersucht.

J. Lehmann[1]) fand, daß das Destillat von gerösteten Kaffeebohnen bei Menschen (es wurde täglich das Destillat von 4 Lot oder 8 Lot Kaffeebohnen gegeben) eine erregende Wirkung auf das Gefäß- und Nervensystem ausübte, daß es den Stoffwechsel verlangsamte und eine vermehrte Funktion der Schweißdrüsen und der Nieren, sowie beschleunigte Darmbewegungen bewirkte. Auch Nasse[2]) ist der Meinung, daß die stuhlbefördernde Wirkung des Kaffees auf den darin enthaltenen empyreumatischen Produkten beruht (daß Coffein bei Tieren Diarrhöe hervorrufen kann, ist jedoch unzweifelhaft, siehe S. 590). Aubert[3]) meinte nach seinen Untersuchungen, daß es sehr zu bezweifeln sei, daß das Coffein das wirksame Produkt im Kaffeefiltrat ist, und ist der Anschauung, daß die „belebende" Wirkung des Kaffees nicht auf seinem Gehalt an Coffein beruht. Aubert und Dehn[4]) fanden bei intravenöser Injektion von Kaffeinfus den Gehalt von Kalium im Infuse für die tödliche Herzwirkung maßgebend. Binz[5]) beobachtete an Hunden nach Eingabe von Kaffeedestillat per os oder subcutan eine Zunahme der Pulsfrequenz und der Tiefe und Frequenz der Atemzüge, sowie

---

[1]) J. Lehmann, Annalen d. Chemie u. Pharmazie 87, 275 (1853).
[2]) O. Nasse, Beiträge z. Physiologie d. Darmbewegungen 1886; zit. nach Binz, Archiv f. experim. Pathol. u. Pharmakol. 9, 31 (1878).
[3]) H. Aubert, Archiv f. d. ges. Physiol. 5, 589 (1872).
[4]) H. Aubert u. A. Dehn, Archiv f. d. ges. Physiol. 9, 115 (1874).
[5]) C. Binz, Archiv f. experim. Pathol. u. Pharmakol. 9, 31 (1878).

einen Abfall des Blutdruckes. Heerlein[1]) fand, daß Kaffeeinfus im Gegensatz zu Coffein ohne Einfluß auf den Sauerstoffverbrauch war.

Die Versuche von Lehmann und Wilhelm[2]) über die Wirkung des Coffeins an Menschen ergaben, daß die riechenden und schmeckenden Produkte des gerösteten Kaffees, selbst in sehr großen Gaben, absolut ohne merkliche Wirkung auf das Gehirn waren, und in der Mehrzahl der Versuche fehlten jegliche Veränderungen der Herzaktion. Bei Untersuchungen über die Wirkung der flüchtigen, aromatischen Bestandteile des Tees kamen Lehmann und Tendlau[3]) ungefähr zu ähnlichen, negativen Ergebnissen. Archangelsky[4]) fand, daß die coffeinfreien Destillate des gerösteten Kaffees und des Tees an Menschen besonders in nüchternem Zustand eine nicht lange dauernde, steigernde Wirkung auf die Größe der Atmung hatten, die die Folge einer vermehrten Frequenz der Atemzüge war. Die Pulsfrequenz wurde aber nicht verändert. Lehmann und Rohrer[5]) fanden an Menschen, daß weder Teedestillat noch Kaffeedestillat irgendeinen vorübergehenden noch bleibenden Einfluß auf die Atmungszahl zeigte. Psychische Erregung und Veränderung des Muskelgefühls fehlten vollständig. Erdmann[6]) erhielt bei Destillation von gerösteten Kaffeebohnen mit gespanntem Wasserdampf eine Flüssigkeit (Ausbeute 0,0557% der Kaffeebohnen), die mindestens 50% Furfuralkohol enthielt. Der Verfasser ist nicht abgeneigt, einen Teil der Wirkung des Kaffees mit dessen geringem Gehalt an Furfuralkohol in Verbindung zu setzen. Geiser[7]) extrahierte aus Kaffeebohnen mittels Petroläther ein Öl, dann mittels Essigäther das Coffein, wonach das coffeinfreie, entölte Pulver geröstet wurde. Die Produkte wurden nun an Menschen mit Bezug auf die Farbenreaktionszeit und das Sphygmogramm untersucht. Während das Coffein eine Verkürzung der Farbenreaktionszeit, sowie eine charakteristische Wirkung auf das Sphygmogramm hervorrief, war der geröstete, coffein- und ölfreie Kaffee ohne Einfluß sowohl auf die physischen Vorgänge als auf das Sphygmogramm. Auch das Öl war ohne Wirkung auf die Pulskurve, nach großen Gaben — so groß, daß sie bei der Kaffeewirkung nicht in Betracht kommen — ließ sich aber eine Verkürzung der Reaktionszeit nachweisen. Boruttau[8]) kam bei seinen Untersuchungen über die Wirkungen von coffeinfreiem Kaffee zu dem Resultat, daß die erregende Wirkung des Kaffees nur auf das Coffein zurückzuführen ist.

Die Untersuchungen über die Wirkung der im gerösteten Kaffee und im Tee außer Coffein enthaltenen Substanzen haben also nicht ganz übereinstimmende Resultate ergeben. Aus der Mehrzahl der neueren Untersuchungen scheint doch mit einiger Sicherheit hervorzugehen, daß ihre Wirkungen keine hervortretenden sind, und man wird wohl die Wirkung des Kaffees und Tees auf den Organismus in überwiegendem Grade dem Gehalt der betreffenden Getränke an Coffein zuschreiben können.

---

[1]) W. Heerlein, Archiv f. d. ges. Physiol. **52**, 165 (1892).
[2]) K. B. Lehmann u. F. Wilhelm, Archiv f. Hygiene **32**, 310 (1898).
[3]) K. B. Lehmann u. B. Tendlau, Archiv f. Hygiene **32**, 327 (1898).
[4]) C. Archangelsky, Arch. intern. de pharmacodyn. **7**, 405 (1900).
[5]) K. Lehmann u. G. Rohrer, Archiv f. Hygiene **44**, 203 (1902).
[6]) E. Erdmann, Archiv f. experim. Pathol. u. Pharmakol. **48**, 233 (1902).
[7]) M. Geiser, Archiv f. experim. Pathol. u. Pharmakol. **53**, 112 (1905).
[8]) H. Boruttau, Zeitschr. f. physikal. u. diätet. Ther. **12**, 138 (1908).

Außer den besprochenen Methylxanthinen sind noch verschiedene andere Purinderivate auf ihre pharmakologischen Wirkungen hin untersucht worden. Bei verschiedenen dieser Stoffe wurden mehrere der für die Methylxanthine charakteristischen Wirkungen gefunden, bei anderen war dies nicht der Fall. Von den meisten der betreffenden Stoffe gilt, daß die angestellten Untersuchungen nur die eine oder die andere Seite ihrer Wirkungen umfaßten, und unsere Kenntnisse ihrer pharmakologischen Eigenschaften sind deshalb recht mangelhaft; es ist nicht gelungen, eine gesetzmäßige Verbindung zwischen den pharmakologischen Wirkungen und der chemischen Struktur der untersuchten Purinderivate nachzuweisen.

Das Purin ruft nach Schmiedeberg[1]) bei Fröschen in Gaben von 10 bis 20 mg eine Steigerung der Gehirnerregbarkeit und erhöhte tetanische Erregbarkeit hervor. Dann tritt eine universelle Lähmung und nach einigen Stunden bei völliger Lähmung ein leichter Tetanus ein. Eine Muskelwirkung ließ sich am lebenden Tier nicht nachweisen, wohl aber bei Einwirkung von konzentrierten Purinlösungen auf isolierte Muskelfasern unter dem Mikroskop.

Das 7 - Methylpurin ergibt nach Schmiedeberg (l. c.) wie das Purin Lähmung und darnach Tetanus. Es rief am Schenkel der Rana temporaria Steifheit hervor, die lange lokalisiert blieb; an Kaninchen war 1 g ohne deutliche Wirkung.

Das 6 - Oxypurin, Hypoxanthin, ruft nach Filehne[2]) nach Gaben von 25—100 mg an Fröschen zunächst keine Wirkung hervor. Nach 6 bis 24 Stunden ergaben sich eine krampfhafte Stellung, gesteigerte Reflexerregbarkeit und spontane Krampfanfälle. Schließlich kam es zu einem allgemeinen Streckkrampf wie bei Coffein. Filehne meint, daß das Hypoxanthin im Organismus in eine wirksame Substanz umgewandelt wird. Schmiedeberg (l. c.) fand Steigerung der Gehirnerregbarkeit und Tetanus, aber keine Muskelwirkung, auch nicht an isolierten Muskelfasern. Auch Secher[3]) fand keine Wirkung auf die isolierten Muskelfasern und keine Lokalwirkung nach subcutaner Injektion. Dagegen ließen sich an Fröschen 24 Stunden nach der Injektion Muskelveränderungen nachweisen, was also mit Filehnes Anschauungen übereinstimmt. Kobert[4]) fand bei seinen Muskelversuchen an Fröschen, daß das Hypoxanthin die Muskelleistung günstig beeinflußt. Beim Hunde wird nach Minkowski[5]) das Hypoxanthin fast völlig in Allantoin, beim Menschen größtenteils in Harnsäure umgewandelt.

Das 8 - Oxypurin ruft nach Schmiedeberg (l. c.) Muskelstarre, aber keinen Tetanus hervor.

Das 1, 7 - Dimethylhypoxanthin wirkt nach Schmiedeberg (l. c.) vorwiegend tetanisierend, auch bei Warmblütern, ruft aber keine Muskelstarre hervor. Nach 7, 9 - Dimethyl - 6 - Oxypurin wurde aber sowohl Muskelstarre als Tetanus beobachtet.

Das Xanthin, 2, 6 - Dioxypurin ist schon behandelt; bei dem 6, 8 - Dioxypurin fand Schmiedeberg (l. c.) weder Tetanus noch Muskelwirkung.

Das 1, 3, 9 - Trimethylxanthin hat nach Schmiedeberg nur

---

[1]) O. Schmiedeberg, Berichte d. Deutsch. chem. Gesellschaft **34**, 2550 (1901).
[2]) W. Filehne, Archiv f. (Anat. u.) Physiol. 1886, S. 90.
[3]) K. Secher, Archiv f. experim. Pathol. u. Pharmakol. **77**, 91 (1914).
[4]) R. Kobert, Archiv f. experim. Pathol. u. Pharmakol. **15**, 61 (1882).
[5]) O. Minkowski, Archiv f. experim. Pathol. u. Pharmakol. **41**, 403 (1898).

eine geringe Wirkung. Die Muskelwirkung war stark zurückgetreten, und an Kaninchen war 1 g ohne Wirkung.

Das 1, 3, 7, 8 - Tetramethylxanthin wich dagegen in seinen Wirkungen nur wenig von Coffein ab, und in derselben Weise verhielt sich das 3 - Methyl-1, 7-Diäthylxanthin.

Das Äthyltheobromin, 3, 7 - Methyl - 1 - Äthyl - 2, 6 - Dioxypurin ist nach Cohnstein[1]) eine sehr giftige Verbindung. Es wurde als kleinste, tödliche Gabe für Frösche 1 mg und für Katzen und Kaninchen 4—5 cg pro Kilo gefunden. Am meist hervortretend war die erregende Wirkung; die teils klonischen, teils tetanischen Krämpfe gehen angeblich vom Großhirn aus. Die Sensibilität wird herabgesetzt, die Rückenmarksreflexe erlöschen, und der Tod tritt unter den Symptomen der Lähmung des Rückenmarks und der Medulla oblongata ein. Ein Einfluß auf Herz und Blutdruck war nicht nachweisbar. An uranvergifteten Kaninchen mit schwerer Nephritis wirken nach Bergell und Richter[2]) Äthyltheobromin, Äthylparaxanthin und Äthyltheophyllin ausgesprochen diuretisch. Auch Propyl- und Isopropyltheobromin, Butyl- und Isobutyltheobromin wie Isoamyltheobromin wirkten diuretisch. Dagegen besaß das 1, 3, 7-Äthylxanthin ebenso wenig wie das 1, 3, 7 - Äthyl - 8 - Methylxanthin eine nennenswerte diuretische Wirkung auf die vergifteten Nieren, wogegen das 3, 7 - Äthyl - 8 - Methylxanthin eine beträchtliche diuretische Wirkung aufwies.

Das Isocoffein, 1, 7, 9 - Trimethyl - 6, 8 - Dioxypurin wirkt nach Schmiedeberg (l. c.) auf die Muskulatur wie Coffein, nur schwächer. Nach Ach[3]) hat es nur eine geringe diuretische Wirkung.

Das 1, 7, 9-Trimethyl-2, 8-Dioxypurin ist nach Salant und Connet[4]) weit weniger toxisch als das Coffein. Es hat eine schwach stimulierende Wirkung auf das Herz; die diuretische Wirkung war schwach und nicht konstant.

Das Desoxycoffein, 1, 3, 7 - Trimethyl - 1, 6 - Dihydro - 2 - Oxypurin ergibt nach Schmiedeberg (l. c.) Tetanus und Muskelwirkung wie Coffein. Nach Ach hat das Desoxycoffein wie das entsprechende Desoxytheobromin kaum eine diuretische Wirkung. Wie schon erwähnt, fand Camis (siehe S. 544), daß das Desoxycoffein eine sehr kräftige Wirkung auf das nach Langendorff isolierte Säugetierherz entfaltete, und er meint, daß das Coffein im Blute in Desoxycoffein umgewandelt wird. Ferrarini[5]) fand, daß das Desoxytheobromin auf das chloroformvergiftete, nach Langendorff isolierte Herz eine erregende Wirkung ausübt.

Die Harnsäure ist nach Filehne (l. c.) bei Fröschen durchaus unwirksam und hat nach Schmiedeberg (l. c.) keine Wirkung weder auf das Nervensystem noch auf die Muskulatur. Letztere Angabe wurde auch von Starkenstein[6]) und Secher (l. c.) bestätigt. Starkenstein fand, daß größere Mengen von Harnsäure diuretisch wirken und Eiweißausscheidung im Harn veranlassen können.

Die Wirkungen der Methylharnsäuren wurden von Starkenstein untersucht.

---

[1]) W. Cohnstein, Über den Einfluß des Theobromins usw. Diss. Berlin 1892, S. 39.
[2]) P. Bergell u. P. Richter, Zeitschr. f. experim. Pathol. u. Ther. 1, 655 (1905).
[3]) N. Ach, Archiv f. experim. Pathol. u. Pharmakol. 44, 319 (1900).
[4]) W. Salant u. H. Connet, Journ. of Pharmacol. and exp. Therap. 11, 81 (1918).
[5]) G. Ferrarini, Arch. ital. de biol. 51, 265 (1905).
[6]) E. Starkenstein, Archiv f. experim. Pathol. u. Pharmakol. 57, 27 (1907).

Die 3 - und 7 - Monomethylharnsäure rufen an Fröschen Lähmungserscheinungen hervor; an Warmblütern zeigen sich Erregungserscheinungen
von seiten des zentralen Nervensystems. Es trat vorübergehende Anurie,
später Polyurie mit eiweißhaltigem Harn und nach einigen Tagen der
Tod ein.

Die 1, 3 - Dimethylharnsäure wirkte leicht diuretisch. Eine Wirkung
auf Nerven- und Muskelsystem wurde weder an Fröschen noch an Kaninchen
beobachtet.

Die 1, 3, 7 - Trimethylharnsäure, Hydroxycoffein, ruft nach
Filehne erst in Gaben von 0,2 g an Fröschen Muskelsteifigkeit und erhöhte
Reflexerregbarkeit hervor. Tetanus wurde aber nicht beobachtet. Starkenstein (l. c) fand bei ähnlichen Gaben an der Rana temporaria keine Muskelstarre. An Warmblütern wurde selbst nach großen Gaben als einzige Wirkung
eine ausgiebige Diurese beobachtet, die sowohl bei Kaninchen als bei Hunden
auftrat. Puls und Blutdruck wurden nicht beeinflußt. Nach Starkensteins
Untersuchungen scheint das Hydroxycoffein unverändert aus dem Tierkörper
ausgeschieden zu werden.

Im Gegensatz zu den besprochenen Methylharnsäuren ruft die 1, 3, 7, 9 -
Tetramethylharnsäure nach Schmiedeberg an Temporarien Muskelstarre hervor.

Das 8 - Äthoxycoffein wirkt nach Fihlenes Untersuchungen (l. c)
an Fröschen wesentlich lähmend. Nur kurz vor oder nach dem Tode trat Starre
ein. Bei Kaninchen trat nach 0,5 g ein somnolenter Zustand, nach 1 g Krampf
und Muskelsteifigkeit ein. Schmiedeberg sah bei der Rana temporaria wie
bei Kaninchen neben tetanischen Krämpfen und nachträglicher Muskelstarre
einen hypnotischen Zustand sich entwickeln. v. Schroeder[1] fand bei Kaninchen nach 8-Äthoxycoffein nur beträchtliche Diurese nach letalen Gaben. Nach
Cohnstein (l. c.) hat das Äthoxycoffein keine stark hervortretende Wirkung
auf Blutdruck und Pulsfrequenz. Auch das Phenoxycoffein war fast ohne
Wirkung auf den Blutdruck.

Das 4, 5 - Diäthoxy - Hydroxycoffein fand Filehne (l. c.) an Fröschen vollständig unwirksam.

Das Coffeinmethylhydroxyd hat nach v. Schroeder (l. c.) nur eine
geringe und unsichere diuretische Wirkung. Nach Cohnstein (l. c.) setzt
es den Blutdruck nur wenig herab, während die Pulsfrequenz abnimmt.

Pickering[2] fand, daß das Monochlorcoffein stärker akzelerierend
als das Coffein auf das Herz des Hühnerembryos wirkte und weniger geneigt
war, eine tonische Kontraktion hervorzurufen. An Froschherzen war die Wirkung sehr wenig ausgesprochen. Die Wirkung des Cyanocoffeins war mehr
der eines Cyanoderivates als der eines Coffeinderivats ähnlich.

Die Coffeinsulfosäure wurde von Heinz und Liebreich[3] untersucht.
Bei intravenöser Injektion von 1 g an Kaninchen wurde keine Blutdrucksteigerung beobachtet; sie schien nach den Tierversuchen ganz unschädlich zu sein.
Die diuretische Wirkung an Kaninchen war sehr schwankend, wogegen sie an
gesunden Menschen in Gaben von 1 g 4 mal täglich eine bedeutende Vermehrung
der Diurese hervorrief. Jacobj[4] erhielt an Kaninchen durch intravenöse
Injektion von 0,1—0,3 g Coffeinsulfosäure eine starke Vermehrung der Harn-

[1] v. Schroeder, Archiv f. experim. Pathol. u. Pharmakol. 24, 106 (1888).
[2] J. Pickering, Journ. of physiol. 17, 395 (1895).
[3] Heinz u. Liebreich, Berl. klin. Wochenschr. 1893, S. 1059.
[4] C. Jacobj, Archiv f. experim. Pathol. u. Pharmakol. 35, 213 (1895).

sekretion. Impens[1]) gibt an, daß die Coffeinsulfosäure an Kaninchen intravenös injiziert stark diuretisch wirkt, wogegen sie, wenn sie per os gegeben wird, ganz unwirksam ist.

Das Coffeidin fand Filehne (l. c). in Gaben von 0,1 g an Fröschen wirkungslos. Bei größeren Gaben wurden an Temporarien schwache Muskelstarre und zentrale Paralyse, an Eskulenten fibrilläre, peripher bedingte Muskelflimmer hervorgerufen. Es hat nach v. Schroeder keine diuretische Wirkung. Die Spaltungsprodukte des Coffeins, Coffeidin, Coffursäure und Hypocoffein sind nach Filehne fast wirkungslos.

---

[1]) E. Impens, Arch. intern. de pharmacodyn. **10**, 480 (1902).

Die Atropingruppe[1]).

Von

A. R. Cushny-Edinburg.

Mit 17 Textabbildungen.

Die Atropingruppe.

Es ist seit langer Zeit bekannt, daß eine Anzahl von Pflanzen aus der Familie der Solanaceen einander sehr ähnliche Vergiftungssymptome herbeiführen. Im Laufe der 19. Jahrhunderts wurde gezeigt, daß sie eine Reihe sehr nahe verwandter Alkaloide enthalten. Die bekanntesten dieser Pflanzen sind mehrere Arten von Atropa, Hyoscyamus, Datura, Scopolia, Duboisia. Doch sind wahrscheinlich identische Alkaloide in kleinen Mengen in verwandten Arten, z. B. in der Kartoffel und im Tabak, gefunden worden.

Die Hauptalkaloide sind Atropin, Hyoscyamin und Hyoscin oder Scopolamin. Diese kommen in der Regel zusammen in den Pflanzen vor und Mischungen derselben sind wiederholt als neue Alkaloide beschrieben worden, konnten aber ihre Stellung bei genauerer Untersuchung nicht behaupten[2]). Alkaloide von geringerer Bedeutung, welche gelegentlich mit den genannten zusammen vorkommen, sind Belladonnin (Apoatropin, Atropamin) und Pseudohyoscyamin.

Hyoscyamin dreht die Ebene des polarisierten Lichtes nach links, Atropin ist der entsprechende racemische Körper, der aus gleichen Teilen des gewöhnlichen oder l-Hyoscyamin und eines d-Hyoscyamin besteht, welches von Gadamer aus Atropin isoliert worden ist. In den Pflanzen findet sich hauptsächlich das Alkaloid Hyoscyamin, obgleich auch Atropin darin in wechselnden Mengen vorkommt. Die relativen Mengen von Atropin und Hyoscyamin variieren bei den verschiedenen Pflanzen, und selbst in Pflanzen derselben Art je nach dem verschiedenen Alter. In der Regel herrscht Hyoscyamin vor, aber in einigen Füllen ist auch Atropin allein gefunden worden. Im Verlaufe der Extraktion wird eine wechselnde Menge von Hyoscyamin zu Atropin umgewandelt, wenn nicht besondere Vorsicht angewandt wird, und die pharmazeutischen Präparate enthalten gewöhnlich eine Mischung der beiden Isomeren.

---

[1]) Der Verfasser hat die Literatur in diesem Abschnitt nur bis zum Jahre 1913 berücksichtigt.

[2]) So hat sich Daturin, das früher als einheitliches Alkaloid betrachtet wurde, als eine Mischung von Atropin und Hyoscyamin erwiesen. Duboisin ist entweder Hyoscyamin und Atropin oder Scopolamin, je nach der Art, von welcher es erhalten wird. Das Mandragorin von Atropa mandragora (Alraun) ist auch eine Mischung von Basen, die hauptsächlich aus Hyoscyamin besteht.

Atropin und Hyoscyamin werden leicht durch Alkalien in Tropasäure (C_6H_5—$CH(CH_2OH)$—COOH) und in eine Base Tropin ($C_8H_{15}NO$) zersetzt, so daß die natürlichen Alkaloide die Tropasäureester des Tropins bilden.

$$CH_2\text{—}CH\text{——}CH_2$$
$$|\qquad\qquad|$$
$$N(CH_3)CHO\text{—}CO\text{—}CH\text{—}C_6H_5$$
$$|\qquad\qquad\qquad\qquad\qquad|$$
$$CH_2\text{—}CH\text{——}CH_2\qquad CH_2OH$$

Tropin   Tropasäure

Eine Anzahl anderer Tropinester hat man dadurch gewonnen, daß man Tropasäure durch andere Säuren ersetzte, so daß die Wirksamkeit des Atropins größtenteils an die Tropinhälfte des Moleküls gebunden zu sein scheint. Einige jener künstlichen Alkaloide, welche als Tropeine bekannt sind, sind pharmakologisch untersucht worden, aber nur eines, der Oxytoluyl- oder Mandelsäureester des Tropins, ist unter dem Namen Homatropin in der Medizin viel benutzt worden.

Scopolamin oder Hyoscin (siehe S. 651) ($C_{17}H_{24}NO_4$), ein nahe mit Hyoscyamin verwandtes Alkaloid, wird hauptsächlich aus Hyoscyamus und Scopoliaarten gewonnen, obgleich es in Spuren in den meisten Pflanzen vorkommt, welche Hyoscyamin enthalten. Es wird durch Alkalien auf dieselbe Weise wie das Atropin bzw. Hyoscyamin in Tropasäure und Scopolin oder Oscin, das dem Tropin nahe verwandt ist, zersetzt. Man hat andere Säuren an Stelle der Tropasäure im Hyoscin gebracht, und diese Scopolinester sind als Scopoleine bekannt. Hyoscin ist, so wie es in Pflanzen vorkommt, linksdrehend; eine racemische Form (Atroscin) ist auch dargestellt worden, aber das d-Hyoscin ist noch nicht isoliert worden.

Die Wirkung des Atropins ist eigentlich eine Kombination der Wirkungen des l- und d-Hyoscyamin. Da diese aber relativ selten in reinem Zustande erhältlich sind und die meisten Untersuchungen mit Atropin gemacht worden ist, soll die Wirkung des letzteren Alkaloids beschrieben werden, und die Punkte, in welchen die anderen Alkaloide sich von demselben unterscheiden, sollen später besprochen werden.

Atropinvergiftung beim Menschen. Atropinvergiftung kommt in leichteren Graden nicht selten infolge der therapeutischen Anwendung dieses Arzneimittels vor. Schwerere Vergiftungen entstehen durch die Beeren, Wurzeln oder Blätter der Pflanzen, sei es, daß sie infolge unglücklichen Zufalls verzehrt werden oder daß das Alkaloid zu selbstmörderischen oder mörderischen Zwecken Verwendung findet. Vergiftung kann auch nach lokaler Applikation des Atropins vorkommen, z. B. wenn eine Lösung auf die Bindehaut getropft wird, ja sogar infolge eines Belladonnapflasters auf der unversehrten Haut.

Die ersten Symptome[1,2]), welche beobachtet werden, entstehen in Mund und Kehle und bestehen in einem Gefühl von Trockenheit und Rauheit, in Heiserkeit, Schluckbeschwerden und Übelkeit. Die Haut fühlt sich auch trocken, heiß und rauh an, und es kann über Prickeln und Jucken geklagt werden. Häufig erscheint ein roter scharlachartiger Ausschlag auf der Haut, besonders am Kopf und am Nacken. Die Schluckbeschwerden gehen in völlige Unmöglichkeit zu schlingen über. Der Puls ist gewöhnlich anfangs leicht ver-

---

[1]) Schneller u. Flechner, Wiener med. Zeitschr. 1847. Lusanna, L'Union 1851, S. 77—79.
[2]) K. D. von Schroff, Fröhlich u. Lichtenfels, Zeitschr. d. Ges. d. Ärzte zu Wien **1**, 211 (1852).

langsamt, später aber stark beschleunigt, mit Herzklopfen verbunden. Die Pupille ist erweitert und bewegungslos, reagiert nicht auf Licht, und das Auge kann nicht auf nahe Gegenstände eingestellt werden. Das Auge kann etwas hervorstehen, obschon das nicht so deutlich ist wie bei Cocainvergiftung. Sehr oft sind Kopfschmerzen und Schwindel Frühsymptome, verbunden mit einem Gefühl von Schwäche, Schwere und Müdigkeit in den Gliedern. Cerebrale Aufregung folgt mit unruhigen hastigen Bewegungen, Zittern und schwankendem Gang, Erscheinungen, die schließlich in verwirrte Reden mit Gesichtshalluzinationen und Delirien, die sehr heftig sein können, und in plötzliche Wahnsinnsanfälle übergehen. Diese Hirnsymptome können 24—36 Stunden lang anhalten, um dann allmählich zu verschwinden, aber einige der Wirkungen auf die peripheren Organe, besonders die auf die Pupillen, können noch nach einer Woche oder länger beobachtet werden. Bei tötlicher Vergiftung (0,05—0,10) geht die akute Erregung in Krämpfe über, auf welche Kollaps und Koma mit hochgradig beschleunigter Atmung, und schließlich von Asphyxie folgen.

Weniger häufig vorkommende Symptome sind Übelkeit und Würgen, Abnahme des Seh-, Hör- und Fühlvermögens, Gesichts- und Gehörshalluzinationen, unwillkürlicher Abgang von Kot und Harn.

Vergiftung bei Tieren. Bei Affen (Cercopithecus) fand Albertoni[1]), daß kleine Dosen Pupillenerweiterung, und größere Mengen (0,25 g) Beschleunigung der Atmung und nach einiger Zeit Abnahme der Lebhaftigkeit, Unsicherheit des Ganges und zunehmenden Verlust der Intelligenz verursachen. Die Atmung wurde langsam und röchelnd und hörte schließlich auf. Es waren keine Symptome von Erregung oder Halluzinationen vorhanden. Selbst kleine Affen werden nicht tödlich vergiftet durch Quantitäten, die einen Menschen unfehlbar töten würden [Richet[2])].

Beim Hund [v. Anrep[3])] verursachen kleine Mengen (z. B. 1—3 mg) Pupillenerweiterung, deutliche Beschleunigung der Herztätigkeit (nach einer Phase leichter Verlangsamung); das Maul und andere Schleimhäute sind trocken, es kann leichtes Zittern auftreten. Alle Symptome verschwinden nach wenigen Stunden. Große Dosen (0,05—0,10 g) verursachen Niedergeschlagenheit, schwankenden Gang, Erregung und oft lautes Heulen, Zittern und krampfartiges Zucken, besonders in den Hinterbeinen. Durst und Trockenheit des Maules und der Kehle sind deutliche Symptome, oft tritt Erbrechen ein. Nachdem diese Symptome vorüber sind, dauern die Depression, die Schwäche und der Appetitmangel noch eine Zeitlang an. Die Atmung ist etwas beschleunigt, die Temperatur steigt häufig um 0,2—0,3°. Sehr große Dosen lähmen die Atmung und viele Reflexe; wenn aber künstliche Atmung eingeleitet wird, fährt das Herz fort zu schlagen, und die Atmung kann nach einiger Zeit wiederkehren [Reichert[4])].

Die Herbivoren sind außerordentlich unempfindlich gegen Atropin. Kaninchen und Meerschweinchen können z. B. ausschließlich mit Belladonnablättern gefüttert werden, ohne Symptome zu zeigen [Heckel[5]), Lewin[6]), Metzner[7])]. Die Behauptung aber, daß ihre Gewebe so mit dem Alkaloid

---

[1]) Peter Albertoni, Archiv f. experim. Pathol. u. Pharmakol. **15**, 248 (1882).
[2]) Ch. Richet, Compt. rend. de la Soc. de Biol. **1892**, 138.
[3]) B. v. Anrep, Archiv f. d. ges. Physiol. **21**, 185 (1880).
[4]) Edward T. Reichert, Philad. Med. Journ. **1901**, 126.
[5]) M. E. Heckel, Compt. rend. de l'Acad. des Sc. **80**, 1608 (1875).
[6]) L. Lewin, Deutsche med. Wochenschr. **1899**, 37.
[7]) R. Metzner, Archiv f. experim. Pathol. u. Pharmakol. **68**, 110 (1912) (Literatur).

imprägniert werden, daß ihr Genuß beim Menschen Symptome erzeugt [Koppe[1])], ist von Fickewirth und Heffter[2]) als falsch erwiesen worden. Die Ziege ist auch notorisch unempfindlich gegen sehr große Mengen Atropin. Beim Kaninchen erzeugen große Dosen etwas Erregung und vermehrte Bewegung, Beschleunigung der Herztätigkeit und der Atmung. Das Maul ist trocken; nach einiger Zeit fällt Schwäche der Bewegungen trotz fortdauernder Erregung auf. Kaninchen sterben in der Folge oft an Pneumonie [Schroff[3])], vielleicht infolge verminderter Sekretion der Schleimhäute der Atemwege. Bei Tauben verursacht Atropin Erbrechen, Unsicherheit und krampfartige Beschaffenheit der Bewegungen, schließlich Lähmung der Atmung [Küster[4])]. Beim Frosch erzeugt die Injektion von Atropin Lähmung ohne vorhergehende Zeichen der Erregung. Diese Lähmung entsteht infolge einer Wirkung auf die peripheren Nervenendigungen, ebenso wie die durch Curare erzeugte. Nicht selten ist diese Wirkung unvollständig und das Tier kann seine Muskeln noch schwach bewegen, kann sie aber nicht in Tätigkeit erhalten. Dies Verhalten kann einen krampfartigen Anfall vortäuschen, aber es liegt kein Grund beim Frosch vor, eine echte krampfartige Wirkung anzunehmen wie wir sie bei den Säugetieren im Frühstadium der Atropinwirkung sehen. Nach zwei bis drei Tagen tritt jedoch eine Steigerung der Reflexerregbarkeit ein, später treten strychninähnliche Krämpfe auf[5]). Der Tod kann entweder früher, im Stadium der Lähmung, infolge von Herzlähmung eintreten, oder später infolge von Erschöpfung in der Krampfperiode. Die meisten Frösche erholen sich aber nach subcutanen Dosen von 0,01—0,02 g Atropin.

Kleinste tödliche Dosen. Die tödliche Dosis pro kg Kaninchen, bei subcutaner Injektion, wurde von Falck[6]) auf über 0,7 g festgestellt, während Cloetta[7]) im allgemeinen 0,5 g tödlich fand, Fickewirth und Heffter 0,65—0,7 g. Bei Darreichung per os sind 1,4—1,5 g pro kg Kaninchen tödlich (Fickewirth und Heffter), bei intravenöser Injektion 0,068—0,074 g pro kg (Fickewirth und Heffter).

Beim Hund fand Falck[6]) 0,196 g pro kg subcutan tödlich, Heubach[8]) 0,136 g, Fickewirth und Heffter ungefähr 0,3—0,4 g pro kg. Intravenös gegeben waren 0,07 g pro kg für den Hund tödlich (Fickewirth und Heffter), also dieselbe Dosis wie für das Kaninchen bei intravenöser Applikation.

Bei der Katze soll bei subcutaner Injektion 0,03 g pro kg die kleinste tödliche Dosis sein (Cloetta).

Bei jungen Ratten ist weniger als 0,5 g pro kg tödlich, während bei erwachsenen Tieren mehr als 1,0 g pro kg erforderlich ist [Clark[9]].

Bei Fröschen sind 0,1 g pro 100 g, in den Lymphsack injiziert, fast immer tödlich. Nach Clark[9]) aber soll 0,25 g pro 100 g die kleinste tödliche Dosis sein.

---

[1]) Koppe, Inaug.-Diss. Dorpat 1866. — Georg Dragendorff, Pharm. Zeitschr. f. Rußland **1866**, 92.

[2]) G. Fickewirth u. G. Heffter, Biochem. Zeitschr. **40**, 36 (1912).

[3]) K. D. von Schroff, Fröhlich u. Lichterfels, Zeitschr. d. Ges. d. Ärzte zu Wien **1**, 211 (1852).

[4]) Küster, Inaug.-Diss. Kiel 1892.

[5]) Th. R. Fraser, Trans. Roy. Soc. Edinburgh **25**, 450 (1869).

[6]) F. A. Falck, Lehrbuch der praktischen Toxikologie. Stuttgart 1880, S. 257.

[7]) M. Cloetta, Archiv f. experim. Pathol. u. Pharmakol. (Schmiedeberg - Festschr.) **1908**, 121.

[8]) H. Heubach, Archiv f. experim. Pathol. u. Pharmakol. **8**, 47 (1878).

[9]) A. J. Clark, Quarterly Journ. of Exp. Physiol. **5**, 385 (1912).

Die Wirkung auf das Zentralnervensystem. Die nervösen Symptome, die sich beim Menschen und Säugetier zeigen, weisen eher auf eine Alteration des Großhirns als auf die tieferen Abschnitte des Nervensystems hin. Es besteht keine ausgesprochene Steigerung der Reflexerregbarkeit in irgendeinem Stadium der Wirkung, noch auch ein Verlust der Reflextätigkeit, außer in den letzten Stadien, wo das Koma und die Anästhesie auf vollständige Lähmung des Gehirns hinweisen. Guillebeau und Luchsinger[1]) behaupten jedoch, daß bei jungen Tieren, bei welchen das Rückenmark durchschnitten worden war, Atropin Symptome von Reizung des Rückenmarks herbeiführe. Das Atemzentrum in der Medulla oblongata wird erregt, und vielleicht kann es zu einer Reizung des vasomotorischen Zentrums kommen, sonst aber scheint dieser Teil des Zentralnervensystems nicht von der erregenden Wirkung betroffen zu sein. Die koordinierten Bewegungen und das Delirium lassen auf eine Gehirnwirkung schließen, und die bei Säugetieren erzeugten klonischen Krämpfe deuten auch auf eine Affektion der höheren Teile. Albertoni[2]) zeigte, daß Atropin in kleinen Mengen die Erregbarkeit der motorischen Zentren in der Rinde erhöht, wie sich durch elektrische Reizung feststellen läßt, und daß Reize, welche vorher nicht genügten, um Krämpfe hervorzurufen, jetzt epileptische Anfälle erzeugen. Die Krämpfe und das Delirium scheinen also durch eine direkten Reizung der motorischen Rinde und nicht, wie Bezold[3]) annahm, durch eine Lähmung der Hemmungszentren zu entstehen. Große Dosen verursachen beim Hunde Lähmung der motorischen Zentren. Es ist jedoch fraglich, ob die frühe Atropinwirkung auf das Gehirn eine rein motorische Reizung ist, denn es geht zusammen mit der Neigung zu gesteigerter Bewegung eine deutliche Lähmung der geistigen und psychischen Funktionen einher. Es ist möglich, daß die Wirkung ein Gemisch von Reizung einiger Zentren und Lähmung anderer ist, daß Atropin die Funktionen der motorischen Rinde erleichtert, der Tätigkeiten anderer Hirnteile aber hinderlich ist.

Die Wirkung auf das Gehirn ist bei den verschiedenen Tieren verschieden; es zeigen nämlich die Herbivoren und Vögel nur eine geringe Erregung, und junge Säugetiere und Kinder zeigen weniger Hirnsymptome als Erwachsene, entsprechend der geringeren Entwicklung der Gehirnhemisphären [Albertoni[2])]. Beim Frosch erscheint die zentrale Atropinwirkung erst nach mehreren Stunden oder Tagen und besteht ausschließlich in einer Reizung des Rückenmarks [Fraser[4])], die gesteigerte Reflexerregbarkeit und schließlich strychninähnliche Krämpfe entstehen läßt. Vor diesem Stadium liegt der Frosch schlaff und ausgestreckt da. Doch scheint es sich dabei um eine rein periphere Lähmung zu handeln; denn solange Impulse die Muskeln erreichen können, reagiert das Tier reflektorisch auf Berührung[5]). Und wenn man durch Abbindung der Beinarterien verhindert, daß das Alkaloid die Muskeln erreicht, dann erweisen sich die Bewegungen der Beine als normal. Es ist daher nicht bewiesen, daß die Leistungsfähigkeit des Rückenmarks in den frühen Stadien der Atropinvergiftung beim Frosch herabgesetzt ist, wie oft behauptet wird [Ringer und Murrell[6])]. Andererseits entwickelt sich

[1]) A. Guillebeau u. B. Luchsinger, Archiv f. d. ges. Physiol. **28**, 71 (1882).
[2]) Peter Albertoni, Archiv f. experim. Pathol. u. Pharmakol. **15**, 258 (1882).
[3]) A. von Bezold u. Bloebaum, Untersuch. a. d. physiol. Laborat. in Würzburg **1867**, I, 1.
[4]) Th. R. Fraser, Trans. Roy. Soc. Edinburgh **25**, 450 (1869).
[5]) A. R. Cushny, Journ. of Physiol. **30**, 176 (1903).
[6]) S. Ringer u. W. Murrell, Journ. of Anat. and Physiol. **11**, 321 (1877).

bei Vergiftung die strychninähnliche Wirkung erst spät nach 12—36 Stunden. Es wird zuweilen behauptet, daß sie von Anfang an vorhanden sei, aber durch die Lähmung der peripheren Nervenendigungen in den frühen Phasen verdeckt werde. Dies ist jedoch ganz irrig, wie durch die Versuche mit Ligatur der Beinarterien gezeigt wird, wobei die Reflexe normalen Charakter behalten [Fraser[1]), Ringer und Murrell[2]), Cushny[3])].

Wirkung auf den quergestreiften Muskel und Nerven. Atropin besitzt dieselbe Wirkung auf den Muskel, wie die meisten Alkaloide, nämlich ihn zu schwächen und schließlich zu lähmen, wenn es ihm in hoher Konzentration zugeführt wird, was aber im unversehrten Organismus nicht vorkommt, da hierzu viel größere Mengen erforderlich sind, als man braucht, um das Herz zu lähmen. So findet Waller[4]), daß der Musculus sartorius des Frosches in einer 0,1 prozentigen Lösung von Atropinsulfat in Ringerlösung ohne ausgesprochene Wirkung aufgehängt werden kann. Nach demselben Autor besteht ein gewisser Antagonismus zwischen der Wirkung des synthetischen Muskarins und des Atropins auf den quergestreiften Muskel, insofern, als eine Lösung von 0,125 proz. synthetischem Muskarin für sich allein eine sehr viel schädlichere Wirkung hat, als wenn ihr 0,125 proz. Atropin zugesetzt worden ist.

Die peripheren Nerven werden durch die Applikation von Atropin nicht angegriffen; denn Bezold[5]) fand sie unverändert, nachdem sie eine Zeitlang in einer 2½ proz. Lösung gelegen hatten. Die Endigungen der Nerven im willkürlichen Muskel aber werden beim Frosch durch Atropin gelähmt, indem sich eine Curarewirkung herausbildet[5, 6]). Beim unversehrten Tiere ist diese Lähmung selten vollständig, da einzelne Impulse durchgehen können, besonders nach einer Ruhepause, wie es Boehm für kleine Mengen von Curare beschrieben hat. Größere Dosen lähmen sehr oft das Herz, ehe eine vollständige Lähmung der Bahn der Impulse nach dem quergestreiften Muskel erreicht ist. Dagegen kann eine vollständige curareartige Lähmung durch Durchleitung einer Atropinlösung durch die Gefäße, oder durch Suspension des Nervmuskelpräparates in einer atropinhaltigen Ringerlösung herbeigeführt werden.

Diese Curarewirkung tritt bei Warmblütern nicht ein, da die Muskeln auf Nervenimpulse selbst in den höchsten Graden der Vergiftung ganz normal reagieren. Aber daß eine Wirkung auf die Verbindung zwischen Nerv und quergestreiftem Muskel vom Atropin ausgeübt wird, wird bewiesen durch die Beobachtungen von Rothberger[7]) und Edmunds[8]), welche zeigten, daß der Wirkung des Physostigmins, Muskelzuckungen auszulösen, einigermaßen durch Atropin entgegengewirkt werden kann, während die anderen Physostigminwirkungen auf den Muskel dadurch unbeeinflußt bleiben. Es muß hinzugefügt werden, daß es noch nicht sicher ist, ob diese Wirkung von Physostigmin und Atropin auf die Nervenenden im Muskel oder auf empfängliche Elemente im Muskel selbst ausgeübt wird.

Der Herzmuskel und die glatte Muskulatur scheinen sehr viel empfindlicher für die Atropinwirkungen zu sein als die quergestreiften Muskelfasern

[1]) Th. R. Fraser, Trans. Roy. Soc. Edinburgh **25**, 450 (1869).
[2]) S. Ringer u. W. Murrell, Journ. of Anat. and Physiol. **11**, 321 (1877).
[3]) A. R. Cushny, Journ. of Physiol. **30**, 176 (1903).
[4]) A. D. Waller, Proc. Phys. Soc. 81; Journ. of Physiol. **37**, (1908).
[5]) K. von Bezold u. Bloebaum, Untersuch. a. d. physiol. Laborat. in Würzburg **1867**, I, 1.
[6]) S. Botkin, Archiv f. path. Anat. u. Phys. **24**, 83 (1862).
[7]) Julius C. Rothberger, Archiv f. d. ges. Physiol. **87**, 138 (1901).
[8]) Ch. W. Edmunds u. Roth, Amer. Journ. of Physiol. **23**, 28 (1908).

[Bezold[1])]; denn sie verlieren ihre Erregbarkeit verhältnismäßig rasch, wenn sie in Atropinlösung aufgehängt werden, und sie werden auch bei allgemeiner Vergiftung alteriert. Aber Schultz[2]) behauptet, daß Atropin zwar den Tonus und die automatischen Kontraktionen der glatten Muskulatur beseitigt, daß aber die mechanische und elektrische Erregbarkeit sogar in sehr starken Lösungen (40%) erhalten bleiben.

Wirkung auf die Atmung. Während des Erregungsstadiums der Atropinvergiftung ist beim Menschen und beim Tier die Atmung rasch und tief, und es kann keine Frage sein, daß hier das Atemzentrum entweder durch die direkte Wirkung des Alkaloids oder indirekt durch die Wirkungen der Stoffwechselprodukte, wie Kohlensäure, erregt wird. Aber selbst kleine Mengen, die keinen Bewegungsdrang erzeugen, rufen gesteigerte Atembewegungen hervor, woraus sich auch schließen läßt, daß sie direkt auf das medulläre Zentrum der Atmung wirken. Diese Ansicht, welche zuerst von Bezold und Bloebaum[1]) ausgesprochen worden ist, ist von Binz und seinen Schülern stark unterstützt worden,

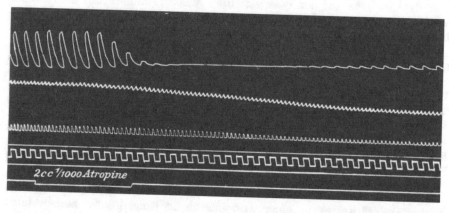

Abb. 1. Wirkung von Atropin (0,002 g) auf die Atmung und den Blutdruck des Kaninchens. Intravenöse Injektion. Obere Kurve Atmung. Mittlere Blutdruck. Untere Puls. (Marshall.)

welche beabsichtigten, die Nützlichkeit des Atropins als Antidot bei Morphinvergiftung zu beweisen. Impens[3]) fand auch die Kaninchenatmung bezüglich ihrer Frequenz und Tiefe gesteigert. Da aber das Tier erregt wird, so kann dies die Ursache dieser Steigerung sein. Nach einem Sedativum soll Atropin verhältnismäßig wenig wirken. Die Atemwirkung ist bei Hunden ausgesprochener als bei Kaninchen, wie es auch für andere Atropinwirkungen der Fall ist. Die Atmung ist beschleunigt und das Volumen jeder Einatmung ist vergrößert, so daß die Zunahme der eingeatmeten Luftmenge pro Minute während der Vergiftung sehr groß sein kann (100—300 Prozent) [Wood und Cerna[4])]. Nach mäßigen Mengen ist die Steigerung geringer, während sehr große Mengen das Atemzentrum schwächen und schließlich lähmen.

Mehrere Forscher geben an, daß das Alkaloid bei intravenöser Applikation die Atmung zuerst verlangsamt und abschwächt, dann erst beschleunigt, während das vorangehende Stadium der Verlangsamung fehlt, wenn es direkt

[1]) K. von Bezold u. Bloebaum, Untersuch.a.d.physiol.Laborat. in Würzburg **1867**, I, 1.
[2]) Paul Schultz, Engelmanns Archiv f. Physiol. **1897**, 313.
[3]) Impens, Arch. intern. de Pharmacodyn. **6**, 162 (1899).
[4]) H. C. Wood u. D. Cerna, Journ. of Physiol. **13**, 880 (1892).

in zentrifugaler Richtung in die Art. carotis injiziert wird. Bezold[1]) fand, daß der Umfang der Verlangsamung mit der injizierten Menge variierte, und schloß, daß sie von der temporären Lähmung der Endigungen der Vagi in den Lungen abhinge. Dies ist jedoch von Marshall[2]) widerlegt worden, welcher zeigte, daß diese Verlangsamung von einer direkten Wirkung des Atropins auf das Atemzentrum herrührt. Die Lähmung des Atemzentrums ist die Todesursache bei den Säugetieren. Wenn dauernd künstliche Atmung unterhalten wird, so kann die Spontanatmung infolge der inzwischen eintretenden Entfernung oder Zerstörung des Giftes wiederkehren [Reichert[3]) und Webster[4])].

Die Angaben über die antidotarische Wirkung des Atropins bei Morphinvergiftung werden gestützt durch Beobachtungen am Menschen die nach seiner Anwendung sich erholten. Und bei Tieren beweist die große Anzahl von Versuchen, welche von Binz[5]), Heinz[6]), Heubach[7]), Vollmer[8]), Levison[9]) und Bashford[10]) gemacht wurden, daß Atropin die durch Morphium herabgesetzte Frequenz und Tiefe der Atmung erhöht. Andererseits konnten Wood und Cerna[11]) und Orlowski[12]) nicht durchweg Beschleunigung oder Besserung der Atmung finden, und Lenhartz[13]) gelang es nicht, irgendeine echte antidotarische Wirkung bei Hunden festzustellen, bei welchen sich jedoch die Zentralnervensystemwirkung des Morphins von der beim Kaninchen und Menschen unterscheidet. Sie wandten sehr große Atropingaben an und, wie Bashford zeigte, erhält man auch die besten Resultate, wenn man nur kleine Mengen verwendet. Im anderen Fall verstärkt Atropin bloß die durch Morphin verursachte Lähmung. Husemann[14]) und Wood und Cerna[11]) fanden eine Besserung der Atmung durch Atropin bei Tieren, welche mit Chloral vergiftet waren. Es steht außer Frage, daß beim Menschen große Atropingaben bei Morphinvergiftung eher schädlich als heilsam sind, und daß sogar kleine Dosen von beschränktem Werte sind im Vergleich mit anderen therapeutischen Maßnahmen. Die Schwierigkeit der experimentellen Untersuchung liegt in den so sehr verschiedenen Wirkungen des Morphins auf Menschen und auf viele Tiere. Vielleicht findet man die größte Analogie zu den Wirkungen auf den Menschen beim Kaninchen.

Außer seiner Wirkung auf das Atemzentrum beeinflußt Atropin die Muskeln und Drüsen der Luftwege (S. 619).

Wirkung auf das Herz. Die Veränderungen in der Pulsfrequenz unter dem Einfluß von Atropin waren den älteren Ärzten wohlbekannt und wurden speziell von Schroff[15]) untersucht, welcher zeigte, daß beim Menschen der

---

[1]) K. von Bezold u. Bloebaum, Untersuch. a. d. physiol. Laborat. in Würzburg **1867**, I, 1.

[2]) C. R. Marshall, Trans. Roy. Soc. Edinburgh **47**, 273 (1910).

[3]) B. Reichert, Philad. Med. Journ. **1901**, 126.

[4]) Webster, Biochem. Journ. **3**, 129 (1908).

[5]) C. Binz, Deutsches Archiv f. klin. Med. **41**, 174 (1887).

[6]) Heinz, Die Größe der Atmung unter dem Einflusse einiger wichtiger Arzneimittel. Inaug.-Diss. Bonn 1890.

[7]) H. Heubach, Archiv f. experim. Pathol. u. Pharmakol. **8**, 31 (1878).

[8]) E. Vollmer, Archiv f. experim. Pathol. u. Pharmakol. **30**, 385 (1892).

[9]) Alfred Levison, Berl. klin. Wochenschr. **1894**, Nr. 39.

[10]) Ernest F. Bashford, Arch. intern. de Pharmacodyn. **8**, 311 (1901).

[11]) H. C. Wood u. D. Cerna, Journ. of Physiol. **13**, 880 (1892).

[12]) Orlowski, Experimentelle Beiträge zur Kenntnis der Einwirkung des Atropins auf die Respiration. Inaug.-Diss. Dorpat 1891 (Literatur).

[13]) H. Lenhartz, Archiv f. experim. Pathol. u. Pharmakol. **22**, 337 (1887).

[14]) Th. Husemann, Archiv f. experim. Pathol. u. Pharmakol. **6**, 443 (1877).

[15]) K. D. von Schroff, Fröhlich u. Lichterfels, Zeitschr. d. Ges. d. Ärzte zu Wien **1**, 211 (1852).

Puls im allgemeinen um ungefähr 10 Schläge pro Minute im Anfang verlangsamt wird und dann deutliche Beschleunigung zeigt. Je größer die Dosis, um
so größer die Verlangsamung, aber um so kürzer ihre Dauer. Die Verlangsamung scheint geringer und von kürzerer Dauer zu sein, wenn Atropin subcutan gegeben wird, als wenn es per os eingeführt wird. Der Grad der
Verlangsamung des Pulses wechselt bei den verschiedenen Individuen, aber
sie ist in gewissem Grade immer vorhanden[1]. Die Beschleunigung ist am
deutlichsten bei jungen Personen und wird mit zunehmendem Alter in der
Regel weniger ausgeprägt. Doch kann sie bei manchen jungen Menschen
gering sein, während sie bei alten Patienten
ganz ausgesprochen sein kann [Müller[2])].

Die folgende, nach Müllers Beobachtungen berechnete Tabelle zeigt die Beschleunigung nach subcutaner Injektion von 1—2 mg
Atropin.

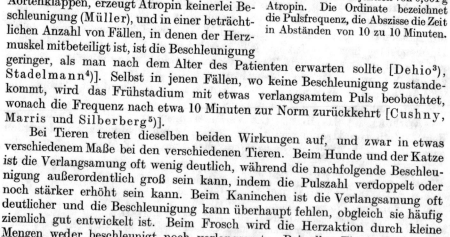

Alter	Durchschn. Be- schleunigung %	Maximale Be- schleunigung %	Minimale Be- schleunigung %
16—40	47	107	19
50—86	23,5	50	5

Abb. 2. Kurve der Pulsgeschwindigkeit
in einem Falle von Mitralinsufficienz
nach subcutaner Injektion von 0,001 g
Atropin. Die Ordinate bezeichnet
die Pulsfrequenz, die Abszisse die Zeit
in Abständen von 10 zu 10 Minuten.

Bei fast allen normalen Herzen kann
etwas Beschleunigung eintreten, aber in manchen Fällen von Herzfehler, besonders der
Aortenklappen, erzeugt Atropin keinerlei Beschleunigung (Müller), und in einer beträchtlichen Anzahl von Fällen, in denen der Herzmuskel mitbeteiligt ist, ist die Beschleunigung
geringer, als man nach dem Alter des Patienten erwarten sollte [Dehio[3]),
Stadelmann[4])]. Selbst in jenen Fällen, wo keine Beschleunigung zustandekommt, wird das Frühstadium mit etwas verlangsamtem Puls beobachtet,
wonach die Frequenz nach etwa 10 Minuten zur Norm zurückkehrt [Cushny,
Marris und Silberberg[5])].

Bei Tieren treten dieselben beiden Wirkungen auf, und zwar in etwas
verschiedenem Maße bei den verschiedenen Tieren. Beim Hunde und der Katze
ist die Verlangsamung oft wenig deutlich, während die nachfolgende Beschleunigung außerordentlich groß sein kann, indem die Pulszahl verdoppelt oder
noch stärker erhöht sein kann. Beim Kaninchen ist die Verlangsamung oft
deutlicher und die Beschleunigung kann überhaupt fehlen, obgleich sie häufig
ziemlich gut entwickelt ist. Beim Frosch wird die Herzaktion durch kleine
Mengen weder beschleunigt noch verlangsamt. Bei allen Tieren dauert die
Verlangsamung nach subcutaner Injektion länger als nach intravenöser, wo
es fast unmittelbar zu Beschleunigung kommen kann.

Vaguswirkung. Die auffallendste Pulsveränderung, die Beschleunigung,
entsteht infolge von Lähmung des peripheren Hemmungsapparates, wie zuerst

[1]) K. von Bezold u. Bloebaum, Untersuch. a. d. physiol. Laborat. in Würzburg **1867**, I, 1.
[2]) Müller, Inaug.-Diss. Dorpat 1891.
[3]) K. Dehio, Deutsches Archiv f. klin. Med. **52**, 74, 97 (1893).
[4]) E. Stadelmann, Deutsches Archiv f. klin. Med. **65**, 139 (1899).
[5]) A. R. Cushny, Marris u. Silberberg, Heart **4**, 33 (1912).

sicher von Bezold und Bloebaum[1]) nachgewiesen wurde, während Botkin[2])
früher gefunden hatte, daß beim Frosch und Hund der Vagus nach Atropin
keine Veränderung seiner Funktion zeigt. Bezold und Bloebaum[1]) zeigten,
daß nach Durchschneidung der Vagi Atropin das Herz nicht mehr beschleunigt
und daß Reizung dieser Nerven den Puls nicht mehr verlangsamt. Sie lenkten
auch die Aufmerksamkeit auf die Tatsache, daß die Beschleunigung größer
ist bei den Tieren, bei welchen das Hemmungszentrum sich in einem Zustand
tonischer Aktivität befindet, wie beim Hund, als beim Kaninchen, bei dem
es geringeren Tonus besitzt; beim Frosch, bei welchem das Vaguszentrum
normalerweise inaktiv ist, verursacht Atropin gewöhnlich keine Beschleunigung. Der Sitz der Atropinwirkung wurde genauer festgestellt durch die
Beobachtung[3]), daß elektrische Reizung des Sinus venosus beim Frosch nach
Atropin keine Herzhemmung verursachte und daß analogerweise Nicotin
auch keine Verlangsamung mehr hervorzurufen vermochte (Schmiedeberg[4]).

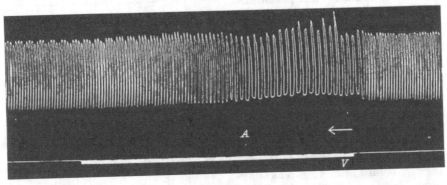

Abb. 3. Atropinwirkung auf die herzhemmenden Fasern des Vagus. Kurve eines mit dem
Hebel durch einen Faden verbundenen Katzenherzens. Bei V wurde der Vagus elektrisch
gereizt, wobei die Herztätigkeit verlangsamt wurde. Bei A wurden 0,001 g Atropin intravenös injiziert, wonach die Verlangsamung bald verschwand, obgleich die Reizung
fortgesetzt wurde.

Bei Reizung des Sinus venosus empfangen manche, wenn nicht alle, postganglionären Neuronen auf der Bahn der Hemmungsnerven die Reize. Aus der
Tatsache, daß sie nach Atropin nicht mehr hemmen, folgt, daß jene Bahn jenseits der Ganglien unterbrochen sein muß. Ebenso weiß man jetzt bestimmt,
daß Nicotin die Zellen dieser Neurone reizt und der Umstand, daß es nach Atropin
nicht mehr hemmend wirkt, zeigt wiederum eine Wirkung des letzteren auf die
postganglionären hemmenden Neurone. Es ist nicht anzunehmen, daß Atropin
auf die Fasern dieser Neurone wirkt, und so bleibt als einzige Möglichkeit
nur noch eine Wirkung auf die Endigung der Neurone im Herzmuskel übrig.
Es ist unmöglich, zu untersuchen, ob die Atropinwirkung nach Degeneration
der postganglionären Neurone fortdauert, so daß es unbekannt bleibt, ob
die receptiven Körper, auf welche das Alkaloid wirkt, nervösen oder muskulären Charakters sind.

---

[1]) A. von Bezold u. Bloebaum, Untersuch. a. d. physiol. Laborat. in Würzburg 1867, I, 1.
[2]) S. Botkin, Virchows Archiv 24, 83 (1862).
[3]) M. J. Roßbachs Behauptung [Archiv f. d. ges. Physiol. 10, 383 (1884)], daß das
nicht immer unmittelbar eintreten muß, ist zweifellos unrichtig.
[4]) O. Schmiedeberg, Ludwigs Arbeiten a. d. physiol. Anstalt zu Leipzig 5, 41 (1870).

Atropin beschleunigt nicht nur die Herzaktion durch die Lähmung der Hemmung, sondern es beseitigt auch alle Unregelmäßigkeiten, welche aus der Tätigkeit des Hemmungsmechanismus entstehen können. So verschwindet die durch Hemmung erzeugte Unregelmäßigkeit des normalen Hundepulses, und auch die „Sinusverlangsamung" beim Menschen wird im allgemeinen behoben. Herzblock wird, wenn er auf übermäßiger Hemmung beruht, durch Atropin auch auf dieselbe Weise behoben. Man hat dieses Alkaloid deshalb in der Klinik benutzt, um diese Form des Blockes von demjenigen zu unterscheiden, welcher aus direkter Verletzung des Hisschen Bündels entsteht. [Dehio[1]), Stadelmann[2]), Erlanger[3]), Ritchie[4]), Gibson[5]), Leuchtweis[6]), Schmoll[7]), Cushny, Marris und Silberberg[8])].

Die zur Lähmung der Herzhemmung notwendige Atropinmenge ist außerordentlich klein. Beim Menschen schaltet 1,0 mg, subcutan injiziert, sie für 1—4 Stunden aus. Beim Hund ist eine gleich große Menge erforderlich. Bei der Katze heben 0,1 mg subcutan die Hemmung auf kurze Zeit vollständig auf [Cushny[9])]. Beim Kaninchen fand man 0,01 mg intravenös injiziert genügend [Bezold und Bloebaum[10])]. Doch ist die Lähmung von kürzerer Dauer als bei den Fleischfressern, und die verschiedenen Kaninchen zeigen verschiedene Empfindlichkeit, indem manche auf geringere Gaben als 1 mg nicht reagieren [Metzner[11])]. Beim Frosch folgt Vaguslähmung sicher auf 0,0025 mg [Harnack[12])] und sie kann sogar durch einem Tropfen einer Lösung von 1 in einer Million erhalten werden [Albanese[13])].

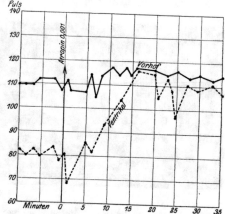

Abb. 4. Kurve des Radialpulses (.....) und des Jugularpulses (——) nach subcutaner Injektion von Atropin (0,001 g) in einem Falle von partiellem Herzblock nach Digitalis. Der auriculäre Rhythmus ist leicht beschleunigt und der Ventrikelpuls wird für einige Zeit gleich dem des Vorhofes, indem der Block verschwindet. (Cushny, Marris und Silberberg.)

Von Cyon[14]) behauptete im Jahre 1898, daß die Funktion des durch Atropin gelähmten Kaninchenvagus durch Injektion von Jodothyrin wieder hergestellt werden könne. Das wurde jedoch von Harnack[15]) und von v. Fürth und Schwarz[16]) widerlegt. Dieser Irrtum scheint dadurch entstanden

[1]) K. Dehio, Deutsches Archiv f. klin. Med. 52, 74, 97 (1893).
[2]) E. Stadelmann, Deutsches Archiv f. klin. Med. 65, 139, 1899.
[3]) Erlanger, Journ. of experim. Med. 7, 676 (1905).
[4]) W. T. Ritchie, Proc. Roy. Soc. Edinburgh 25, 1085 (1905).
[5]) Gibson, Brit. med. Journ. 2, 1113 (1906).
[6]) W. Leuchtweis, Deutsches Archiv f. klin. Med. 86, 456 (1906).
[7]) E. Schmoll, Deutsches Archiv f. klin. Med. 87, 554 (1906).
[8]) A. R. Cushny, Marris u. Silberberg, Heart 4, 33 (1912).
[9]) A. R. Cushny, Journ. of Physiol. 30, 176 (1903).
[10]) K. von Bezold u. Bloebaum, Untersuch. a. d. physiol. Laborat. in Würzburg 1867, I, 1.
[11]) R. Metzner, Archiv f. experim. Pathol. u. Pharmakol. 68, 110 (1912).
[12]) E. Harnack, Arch. f. experim. Pathol. u. Pharmakol. 2, 307 (1874).
[13]) Manfr. Albanese, Arch. Ital. de biologie. XXXIII, p. 447, 1900.
[14]) E. v. Cyon, Archiv f. d. ges. Physiol. 70, 126 (1898).
[15]) E. Harnack, Centralbl. f. Physiol. 12, 291 (1898).
[16]) Otto v. Fürth u. Karl Schwarz, Archiv f. d. ges. Physiol. 124, 113 (1908).

zu sein, daß die Dauer der Lähmung bei den verschiedenen Kaninchen stark variiert. Diese Verschiedenheit ist ebenso wie die Dosis, welche erforderlich ist, um den Kaninchenvagus zu lähmen, wahrscheinlich der verschiedenen Fähigkeit des Blutplasmas dieser Tiere zuzuschreiben, Atropin zu zerstören. Es besteht kein Grund, sie in Zusammenhang mit der Schilddrüse oder deren Sekretion zu bringen [Metzner[1])].

Der Lähmung der Hemmung geht kein Erregungsstadium voran, wie Roßbach und Fröhlich[2]) annahmen, und wie auch von Bezold und Bloebaum[3]) vermutet wurde. Große Dosen von Atropin intravenös injiziert oder direkt auf das Froschherz appliziert, verlangsamen seine Tätigkeit zweifellos unmittelbar. Das hängt aber mit einer direkten Wirkung auf den Herzmuskel zusammen, wie Harnack[4]) gezeigt hat.

Direkte Wirkung auf das Herz. Die Verlangsamung, welche man beim Menschen und auch bei Säugetieren beobachtet, wenn Atropin per os oder subcutan gegeben wird, rührt zweifellos von der direkten Wirkung auf das Herz und nicht von irgendeiner Reizung des Hemmungsmechanismus her. Bezold und Bloebaum[3]) schrieben sie der Reizung des Hemmungszentrums zu, obgleich sie in ihren eigenen Versuchen auch nach Durchschneidung des Halsvagus sich einstellte. Sie kann auch beim Menschen und bei Tieren durch eine zweite Injektion von Atropin ausgelöst werden, nachdem der Vagus bereits durch Atropin gelähmt worden ist, so daß außer Frage steht, daß sie unabhängig vom Hemmungsmechanismus durch direkte Wirkung auf das Herz entsteht. Schultz[5]) behauptet, daß die Injektion von Atropin manchmal den anaphylaktischen Symptomen bei der Katze entgegenwirkt und schreibt dies seiner depressorischen Wirkung auf das Herz zu.

Über die direkte Wirkung auf das Herz ist sehr viel diskutiert worden, infolge der von einigen Forschern verteidigten Ansicht, daß Atropin, außer seiner Wirkung auf den Hemmungsmechanismus, eine deutlich erregende Wirkung auf den motorischen Apparat besitze. Beim Froschherzen haben kleine Atropinmengen (0,001—0,1 mg), die genügen, um den Vagus zu lähmen, überhaupt keine anderen merklichen Wirkungen, wenn sie in den Lymphsack, injiziert werden [Harnack[4]), Kobert[6]), Durdufi[7])]. Größere, auf das Herz direkt applizierte Mengen (1 mg) verlangsamen dessen Rhythmus, setzen die Schlagstärke herab [Roßbach[2])] und verlängern die refraktäre Phase [Walther[8])]. Nach Injektion von 10 mg in den Lymphsack ist diese vermindernde Wirkung ganz deutlich. Auf eine Injektion von 20 mg in den Lymphsack kann Stillstand des Herzens folgen; 30—40 mg führen ihn fast immer herbei. Diese Wirkung zeigt sich sogar, wenn der Hemmungsmechanismus vorher durch eine kleine Atropindosis außer Wirkung gesetzt worden ist. Beim Säugetierherzen haben Rohde und Ogama[9]) vor kurzem diese direkte muskellähmende Wirkung untersucht. Sie fanden, daß die Pulszahl und der O_2-Verbrauch stark herabgesetzt wurden und die Umwandlung chemischer Energie in Druckleistung verschlechtert wurde.

[1]) R. Metzner, Archiv f. experim. Pathol. u. Pharmakol. **68**, 110 (1912) (Literatur)
[2]) M. J. Roßbach u. Fröhlich, Pharm. Unters. a. d. pharm. Labor. zu Würzburg 1873..
[3]) A. von Bezold u. Bloebaum, Untersuch. a. d. physiol. Laborat. in Würzburg **1867**, I, 1.
[4]) E. Harnack, Archiv f. experim. Pathol. u. Pharmakol. **2**, 307 (1874).
[5]) W. H. Schultz, Journ. of Pharmacol. and experim. Therapeut. **4**, 299 (1912).
[6]) R. Kobert, Archiv f. experim. Pathol. u. Pharmakol. **20**, 92 (1884).
[7]) G. N. Durdufi, Archiv f. experim. Pathol. u. Pharmakol. **25**, 441 (1889).
[8]) Walther, Engelmanns Archiv f. Physiol. **1903**, 279.
[9]) E. Rhode und S. Ogama, Archiv f. exp. Path. u. Pharm. **69**, 222 (1912).

Diese direkte Wirkung auf das Herz kann auch bei Säugetieren und beim Menschen durch kleine, intravenös oder subcutan injizierte Dosen ausgelöst werden, die eine deutliche Verlangsamung der Herzaktion und eine Blutdrucksenkung herbeiführen, die aber sehr bald wieder verschwindet, besonders wenn die durch Vaguslähmung bedingte Pulsbeschleunigung eintritt. Ihr Vorkommen beim Menschen nach Dosen von 1,0 mg ist entschieden auffällig und läßt irgendeine hemmende Reizung vermuten. Dem steht aber die Tatsache entgegen, daß auch eine zweite Injektion, die auf der Höhe der Beschleunigung gemacht wird, wenn die Hemmung schon aufgehoben ist, dieselbe Wirkung hat. Diese lähmende Wirkung ist gewöhnlich die erste und einzige direkte Wirkung, welche man nach Atropin beim unversehrten Frosch oder Säugetier sieht. Aber die Ansicht, daß das Herz durch Atropin gereizt wird, wird durch eine Anzahl beachtenswerter Beobachtungen gestützt. So sagen Harnack und Hafemann[1]), Morrigia[2]) und andere, daß zwar kleine Mengen, welche genügen, um die Hemmung zu lähmen, keine Beschleunigung des Froschherzens verursachen, größere Mengen dagegen, welche den Muskel endgültig lähmen, anfangs manchmal eine schwach erregende Wirkung haben, welche der einer 1 proz. NaCl-Lösung vergleichbar sei. So fand Beyer[3]), daß die Aktion des Schildkrötenherzens durch kleinere Atropingaben leicht beschleunigt wird, während große Mengen sie herabsetzen. Langendorff[4]) behauptet, daß die von dem übrigen Herzen durch eine temporäre Ligatur getrennte Spitze des Froschventrikels gewöhnlich nach kleinen subcutan gegebenen Atropindosen (0,3—0,4 mg) ruhig bleibt, wie vor der Vergiftung; daß sie aber in einigen wenigen Fällen nach der Atropineinspritzung eine kurze Reihe von Kontraktionen ausführt. Wenn ferner die Spitze vom Ventrikel abgeschnitten wird, so pulsiert sie gewöhnlich einmal, wenn sie berührt wird. Bei Fröschen aber, welche vorher Atropin erhalten haben, reagiert sie manchmal mit mehreren Kontraktionen auf einen einzigen Reiz. Langendorff meint deshalb, daß Atropin auf den Herzmuskel als Reiz wirkt oder jedenfalls seine Erregbarkeit erhöht. Beim Säugetierherzen in situ ist kein Beweis für Erregung erbracht worden, außer der scheinbaren, durch die Lähmung des Hemmungsmechanismus beobachteten und nach vorausgeschickter Vagotomie kommt keine Beschleunigung zustande, wie ein für allemal von Bezold und Bloebaum[5]) gezeigt worden ist. Aber Hedbom[6]) behauptet, daß beim durchströmten Kaninchenherzen zwar kleine Atropinmengen, die genügen, um die Hemmung aufzuheben, den Rhythmus nicht wesentlich verändern, größere Mengen aber die Herztätigkeit beschleunigen und verstärken und die Coronargefäße erweitern. Selbst wenn das Blut und die Kochsalzlösung genügend Atropin enthielt, um die Hemmung zu beseitigen, hatte die weitere Injektion einer großen Dosis von Atropin in die das Herz versorgende Kanüle, diese verstärkende Wirkung; er schließt daraus, daß Atropin in diesen großen Dosen direkt den motorischen Mechanismus des Säugetierherzens reizt. Hedbom injizierte das Atropin in 0,1 proz. Lösung (in NaCl-Lösung) direkt in die Herzkanüle. Diese Lösung muß fast unverdünnt in das Herz gelangt sein, an Stelle der Mischung von Blut und NaCl-Lösung, die vorher gegeben wurde. Wenn Atropin in dieser Stärke Beschleunigung

[1]) E. Harnack u. W. Hafemann, Archiv f. experim. Pathol. u. Pharmakol. **17**, 145 (1883).
[2]) Morrigia, Arch. ital. de Biol. **11**, 42 (1889).
[3]) Beyer, Amer. Journ. Med. Sc., N. S. **90**, 60 (1885).
[4]) Langendorff, Archiv f. Anat. u. Physiol. **1886**, 267.
[5]) A. von Bezold u. Bloebaum, Untersuch. a. d. physiol. Laborat. in Würzburg **1867**, I, 1.
[6]) Karl Hedbom, Skandinav. Archiv f. Physiol. **8**, 171 (1898).

oder häufiger Verstärkung der Kontraktion hervorruft, so kann das auf irgendeine Reizwirkung hinweisen. Diese ist aber derart, daß sie nie praktisches Interesse beanspruchen kann.

An dem durch Akonitin, Chinin, Emetin, Kupfer, Zink oder Apomorphin vergifteten Froschherzen haben mehrere Forscher[1]) gefunden, daß Atropin eine schwach antagonistische, erregende Wirkung hat, welche genügt, um einige schwache Schläge nach dem Eintritt des Stillstands hervorzurufen. Doch kann es in keiner Weise den Kreislauf wiederherstellen.

Diese Beobachtungen beweisen, daß unter gewissen Bedingungen Atropin, besonders in großen Dosen, eine schwach erregende Wirkung auf den Herzmuskel ausüben kann, aber diese Wirkung scheint in ihrem Auftreten ganz unbeständig zu sein; sie ist nicht stärker als die einer 1 proz. NaCl-Lösung beim Frosch und zeigt sich bei den Säugetieren nur dann, wenn das Gift in einer Konzentration angewendet wird, welche das unversehrte Tier sofort töten würde.

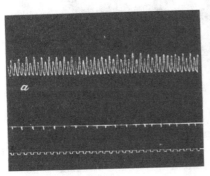
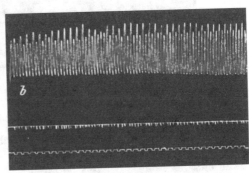

Abb. 5. Kurve eines durchströmten Kaninchenherzens (oben) und des Ausflusses aus den Coronargefäßen (mittlere Kurve). Bei (*a*) enthielt die Durchströmungsflüssigkeit 1 : 30 000 Atropin, das ausreichte, um die Hemmung zu lähmen. Vor *b* wurde 0,1 proz. Atropinlösung in die Kanüle dicht vor dem Herzen injiziert. Das Herz schlägt sehr viel kräftiger und der Coronarstrom ist beschleunigt. (Hedbom.)

Muscarinantagonismus im Herzen. Das Hauptinteresse gewinnt die Frage von der erregenden Wirkung des Atropins auf das Froschherz durch die antagonistische Wirkung des Atropins gegenüber Giften wie Muscarin und Pilocarpin, deren Wirkungen unmittelbar durch Atropin beseitigt oder, wenn es prophylaktisch gegeben wurde, verhindert werden.

Schmiedeberg und Koppe[2]) schrieben diese antagonistische Wirkung des Atropins einer Lähmung des Hemmungsmechanismus zu, während Muscarin denselben reizt. Diese vielleicht mehr als irgendeine andere pharmakologische Frage diskutierte Ansicht wurde durch zahlreiche Untersuchungen von Schülern Schmiedebergs gestützt. Eine von anderer Seite gegebene Erklärung dieses Antagonismus[1]) ist jedoch die, daß die antagonistische Wirkung des Atropins ganz unabhängig von seiner Wirkung auf die Hemmung ist, daß vielmehr Muscarin und Atropin beide auf den Herzmuskel wirken, und

---

[1]) Literatur bei E. Harnack u. W. Hafemann, Archiv f. experim. Pathol. u. Pharmakol. **17**, 145 (1883).

[2]) D. Schmiedeberg u. Koppe, Das Muscarin, das giftige Alkaloid des Fliegenpilzes. Leipzig 1869.

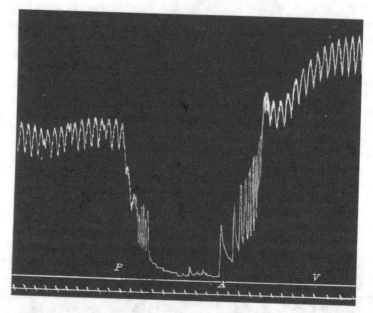

Abb. 6. Blutdruckkurve beim Hund. Bei *P* wurden 0.003 g Pilocarpin intravenös injiziert und führten deutliche Verlangsamung der Schlagfolge des Herzens und Blutdrucksenkung herbei. Bei *A* wurde 0,001 g Atropin injiziert. Es beseitigte die Verlangsamung und .erhöhte den Blutdruck bis über die Norm. Bei *V* Vagusreizung ohne Wirkung, während sie vorher wirksam war.

zwar ersteres seine Tätigkeit herabsetzt, während das zweite dieselbe erhöht [Gaskell[1])].

Die Hauptargumente zugunsten von Schmiedebergs Ansicht sind folgende: 1. Die Wirkung von Muscarin und Pilocarpin wird durch Atropinmengen aufgehoben, welche an und für sich nicht genügen, um die obenerwähnten schwachen Zeichen von Erregung zu verursachen, welche aber den Vagus lähmen; 2. daß Muscarin und Pilocarpin Symptome auslösen, welche absolut identisch mit jenen sind, welche durch die Reizung der hemmenden Vagusfasern entstehen (siehe Muscarin, Pilocarpin) [MacLean[2])], während

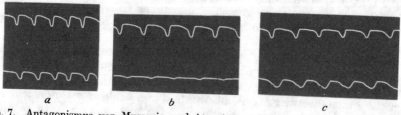

Abb. 7. Antagonismus von Muscarin und Atropin auf den Ventrikel des Froschherzens. Die Gifte wurden nicht auf den Vorhof appliziert, der so die ganze Zeit normal bleibt. — *a)* Oben Vorhöfe, unten Ventrikel, normal. — *b)* Nach der Muscarinapplikation am Ventrikel, der jetzt kaum noch schlägt. Vorhofskontraktionen unverändert. — *c)* Nach Applikation von Atropin auf den Ventrikel, dessen Kontraktionen dadurch wieder hergestellt sind.

---

[1]) W. Gaskell, Journ. of Physiol. **3**, 48 (1880); **7**, 406 (1886).
[2]) Hugh MacLean, Biochemical Journ. **3**, 1 (1908); **4**, 66 (1909).

andere Gifte, welche auf das Muskelgewebe wirken, andersartige Symptome
darbieten, und nicht durch Atropin aufgehoben werden können. Tatsächlich
können, wie oben erwähnt wurde, gelegentlich einige schwache Schläge durch
Atropin an einem Herzen ausgelöst werden, welches durch Muskelgifte zum
Stillstand gebracht wurde. Aber nach dem Muscarin oder Pilocarpinstillstand
stellt Atropin in kleinen Mengen in jeder Beziehung wieder die normale
Herztätigkeit her, abgesehen davon, daß jetzt der Hemmungsmechanismus
gelähmt ist; 3. daß der Antagonismus nur bei Herzen eintreten kann, die
einen wirklichen Hemmungsmechanismus besitzen. Man findet ihn deshalb
weder an den Herzen von Wirbellosen, welche daraufhin untersucht worden
sind [Straub[1])], noch an Embryoherzen vor der Bildung der Hemmungs-
ganglien [Pickering[2]), Bottazzi[3]), Kobert[4])]. Aber Tschermak[5]) und
Polimanti[6]) behaupten, daß der Antagonismus von Muscarin und Atropin an
den Herzen embryonaler Fische nachzuweisen sei (Gobius), lange bevor
irgendwelche nervöse Elemente histologisch erkennbar sind. Die von diesen
Forschern benutzten Giftkonzentrationen scheinen sehr hoch zu sein. Ihre
Resultate sind deshalb nicht entscheidend. Doch muß auf Grund derselben
die Frage über die Wirkung auf Embryoherzen offen bleiben; 4. die durch
Atropin gelähmten Nervenendigungen können wieder funktionstüchtig gemacht
werden durch Physostigmin [Arnstein und Sustschinsky[7])], ein Alkaloid,
welches in vielen Punkten seiner Wirkung eng mit Pilocarpin und Muscarin
verwandt ist; 5. am Säugetierherzen ist dieser Antagonismus noch vollkommener
als am Froschherzen, an welchem er hauptsächlich untersucht worden ist;
hier ist der Beweis der Reizung sogar weniger befriedigend.

Das Hauptargument zugunsten der Ansicht, daß der Antagonismus auf
einer Reizung des Herzens durch Atropin beruhe, stützt sich auf die schon zitierten
Angaben, nach denen zuweilen Reizung des Herzens durch Atropin eintrat.
Aber diese schwache Reizung reicht, selbst wenn sie vorkommt, ganz und gar
nicht aus, um den spezifischen Antagonismus zwischen Atropin einerseits und
Muscarin und Pilocarpin andererseits zu erklären. Diese Erklärung des
Antagonismus ist ohne Frage irrig und hat nur historisches Interesse.

Eine neue Anschauung hat Straub[1]) geäußert. Auf Grund genauer
quantitativer Messungen der Muscarinwirkung (synthetisch) schließt er,
daß das Muscarin im Laufe seines Eindringens in die Muskelzelle eine Reizwirkung ausübt und daß das Atropin dieses Eindringen durch eine Wirkung
auf die Zellmembran verzögert. Hier wird wiederum die lähmende Wirkung
auf die Hemmungsfasern von der antagonistischen Wirkung unterschieden,
welche jedoch nicht einer einfachen Reizwirkung zugeschrieben wird. Daß
der Antagonismus überhaupt mit einer Wirkung auf den Nervus vagus
nichts zu tun zu haben braucht, wird ferner durch die Tatsache nahegelegt,
daß in manchen Organen (Darm, Uterus usw.) die Wirkungen von Muscarin
und Pilocarpin ohne irgendwelche bemerkenswerte Nervenwirkung durch
Atropin beseitigt werden. Straubs Ansicht wird unter Muscarin (I, S. 664)
weiter diskutiert werden. Das Gegenargument stützt sich hauptsächlich auf

---

[1]) W. Straub, Archiv f. d. ges. Physiol. **119**, 127 (1907).
[2]) J. W. Pickering, Journ. of Physiol. **14**, 451; **18**, 478; **20**, 183 (Literatur).
[3]) Ph. Bottazzi, Dictionnaire de Physiol. (Richet) **4**, 268.
[4]) R. Kobert, Archiv f. experim. Pathol. u. Pharmakol. **20**, 92 (1884).
[5]) A. Tschermak, Wiener Sitzungsber., math.-naturw. Kl. **118**, III, 18 (1909).
[6]) O. Polimanti, Journ. de Physiol. et Pathol. **13**, 835 (1911).
[7]) Arnstein u. Sustschinsky, Untersuch. a. d. physiol. Laborat. in Würzburg
1867, III.

die große Ähnlichkeit zwischen der Muscarinwirkung und der Wirkung der Vagusreizung. Wenn sich die letztere auch als abhängig von den Veränderungen der Permeabilität der Zellmembranen erweisen sollte, dann ließen sich beide Ansichten vereinigen.

Wirkung auf den N. accelerans. Der beschleunigende nervöse Mechanismus des Herzens wird durch Atropin nicht beeinflußt [Bezold[1]), Besmertny[2])]. So folgt beim atropinisierten Frosch auf Reizung der Vagusfasern Beschleunigung[3]), weil die hemmenden Fasern gelähmt worden sind, während die beschleunigenden Fasern, welche sie begleiten, normal bleiben. Bei Säugetieren findet sich manchmal eine ähnliche Wirkung, da Vagusreizung nach Atropin gelegentlich die Herzaktion beim Kaninchen und Hund beschleunigt. [Rutherford[4])]. Der N. depressor wird durch Atropin nicht beeinflußt.

Wirkung auf das Invertebratenherz. Auf das Invertebratenherz scheint Atropin [Straub[5])] keine spezifische Wirkung zu haben, und in der Tat ist die Existenz irgendeines Hemmungsnerven, welcher dem der Wirbeltiere vergleichbar wäre, durchaus nicht erwiesen, und Atropin hat keine dem Muscarin und Pilocarpin antagonistischen Wirkungen. Bei Limulus stellte Carlson[6]) fest, daß Atropin die Ganglien im Verlaufe des Herznerven lähmt. Bei großen Mengen lähmt Atropin die Herzen der Wirbellosen scheinbar durch direkte Wirkung auf den Muskel.

Wirkung auf die Gefäße. Durch die Gefäße überlebender Organe durchgeleitetes Atropin erhöht den Ausfluß aus den Venen, indem es die Arterien erweitert [Kobert[7]), Thomson[8])]. Nach Beyer[9]) wird der Durchfluß durch die Gefäße der Schildkröte zuerst verlangsamt und dann beschleunigt. Nach Dixon[10]) sollen die durch die Durchströmung mit starken Pilocarpinlösungen verengerten Gefäße durch Atropin in hohen Konzentrationen erschlafft werden, ohne daß jedoch die vasokonstriktorischen Nervenendigungen gelähmt werden. Hedbom[11]) fand die Coronargefäße des Herzens erweitert, wenn er große Dosen durch dieselben hindurchschickte. Meyer[12]) und Müller[13]) sahen, daß in sauerstoffhaltiger Ringerlösung, welche Atropin (1 : 2000) enthielt, suspendierte Arterienringe langsam erschlaffen. Prochnow[14]) konnté diese Behauptung nicht bestätigen, beobachtete aber, daß derart behandelte und dann in Natriumjodid- oder Natriumfluoridlösungen eingetauchte Arterienringe viel schwächere Kontraktionen zeigten als Kontrollpräparate, welche ohne vorherige Behandlung mit Atropin in diese Halogensalzlösungen gebracht wurden. Es besteht demnach eine allgemeine Übereinstimmung darüber, daß Atropin in bestimmten Konzentrationen Erschlaffung der Wände der überlebenden Gefäße hervorruft. Diese Konzentrationen sind höher, als mit dem Leben unversehrter Tiere verträglich ist.

---

[1]) Bezold u. Bloebaum, Untersuch. a. d. physiol. Laborat. in Würzburg **1867**, I, 1.
[2]) Besmertny, Zeitschr. f. Biol. **47**, 400 (1905).
[3]) Schmiedeberg, Ludwigs Arbeiten a. d. physiol. Anstalt zu Leipzig **5**, 41 (1870).
[4]) Rutherford, Journ. of Anat. and Physiol. **1869**, 402.
[5]) Straub, Arch. f. d. ges. Physiol. **119**, S. 127, 1907.
[6]) Carlson, Amer. Journ. of Physiol. **13**, 238 (1905).
[7]) Kobert, Archiv f. experim. Pathol. u. Pharmakol. **22**, 78 (1887).
[8]) Thomson, Inaug.-Diss. Dorpat 1886.
[9]) Beyer, Amer. Journ. Med. Sc. N. S. **90**, 60 (1885).
[10]) Dixon, Journ. of Physiol. **30**, 122 (1904).
[11]) Hedbom, Skandinav. Archiv f. Physiol. 8, 171 (1898).
[12]) O. B. Meyer, Zeitschr. f. Biol. **48**, 352 (1906).
[13]) F. Müller, Archiv f. Anat. u. Physiol. Suppl. **2**, 411 (1906).
[14]) Prochnow, Arch. intern. de Pharmacodyn. **21**, 287 (1911).

Bei lebenden Tieren sind die Wirkungen auf die Gefäße wiederholt mit
wechselndem Erfolge untersucht worden, aber im allgemeinen kann man
sagen, daß Veränderungen der Beschaffenheit der Gefäße nach Atropin verhältnismäßig gering sind, und daß die vasomotorischen Nerven ihren gewöhnlichen Einfluß auf sie ruhig weiter ausüben; d. h. es gibt keine Lähmung der
Endigungen der vasomotorischen Nerven, die der entspräche, die wir an den
hemmenden Herzfasern sehen [Piotrowsky[1])]. Fr. Pick[2]) meint, daß zwar
kleine Mengen keine Wirkung auf die Gefäßnerven haben, sehr große Mengen
aber (z. B. 0,1 g intravenös einem Hunde injiziert) teilweise die gefäßverengernden Nervenendigungen der peripheren Gefäße lähmen können, während sie
die gefäßerweiternden Endigungen weniger alterieren. In der Speicheldrüse
werden die gefäßerweiternden Fasern des Halssympathicus leichter durch Atropin gelähmt als die gefäßverengernden [Carlson[3])]. Die Splanchnicusfasern
behalten auch nach Atropin ihre Herrschaft über die Gefäße der Milz [Schäfer
und Moore[4])] und der Eingeweide [Bunch[5])], und die gefäßerweiternden Nerven der Speicheldrüse [Heidenhain[6])], Lunge [Piotrowsky[1])],
des Penis [Ostroumoff[7]), Piotrowsky[1]), Langley[8])] bleiben gleichfalls unbeeinflußt. Es wird allgemein angenommen, daß Atropin das vasomotorische
Zentrum in der Medulla in den frühen Stadien reizt, und es später, wenn
große Mengen gegeben werden, lähmt. Zuweilen wird eine kleine Steigerung
des Blutdrucks nach der Injektion von Atropin beobachtet. Diese entsteht
aber größtenteils infolge der Beschleunigung der Herzaktion, und es ist schwer
zu entscheiden, wie weit das vasomotorische Zentrum am Zustandekommen
dieser Wirkung beteiligt ist. Der Blutdruck ist beim Hund stärker erhöht
als beim Kaninchen, da die Beschleunigung beim ersteren größer ist. Bezold
und Bloebaum[9]) konnten eine direkte Wirkung des Atropins auf das vasomotorische Zentrum bei Injektion in die Carotis nicht nachweisen, obgleich
der Blutdruck manchmal infolge der allgemeinen Erregung und der Krämpfe
stieg. Dagegen fand Wood[10]), daß Atropin auch nach Durchschneidung
der Vagi eine deutliche Steigerung des Blutdrucks erzeugt, trotzdem keine
Herzbeschleunigung zustande kommt. Diese Blutdrucksteigerung fehlte bei
Tieren nach Durchschneidung der Vagi und des Rückenmarks, was zeigen soll,
daß die Wirkung eine direkte auf das vasomotorische Zentrum war. Aber bei
Woods Versuchen war die Registrierung infolge der Bewegungen der Tiere
sehr unregelmäßig. Fr. Pick[2]) stellte fest, daß bei Hunden kleine Dosen
(1—5 mg) eine Blutdrucksteigerung mit Pulsbeschleunigung verursachten, daß
aber etwas größere Mengen den Druck, nach einer anfänglichen Steigerung, herabsetzten. Der Blutstrom in den Venen wird während der Blutdrucksteigerung
beschleunigt, während des Stadiums niedrigen Druckes verzögert. Diese Verzögerung ist deutlicher an Gefäßen, deren Nerven vorher durchschnitten worden
sind. Pick schließt aus seinen Versuchen, daß Atropin in großen Mengen die
peripheren Gefäße erweitert. Aber seine Resultate sind ebenfalls leicht durch

---

[1]) Piotrowsky, Archiv f. d. ges. Physiol. **55**, 240 (1893) (Literatur).
[2]) Fr. Pick, Archiv f. experim. Pathol. u. Pharmakol. **42**, 418 (1899).
[3]) Carlson, Amer. Journ. of Physiol. **19**, 409 (1907).
[4]) Schäfer u. Moore, Journ. of Physiol. **20**, 1 (1896).
[5]) Bunch, Journ. of Physiol. **24**, 42 (1899).
[6]) Heidenhain, Archiv f. d. ges. Physiol. **5**, 309 (1872).
[7]) Ostroumoff, Archiv f. d. ges. Physiol. **12**, 219 (1876).
[8]) Langley and Anderson, Journ. of Physiol. **19**, 85 (1895).
[9]) Bezold u. Bloebaum, Untersuch. a. d. physiol. Laborat. in Würzburg **1867**, I, 1.
[10]) Wood, Amer. Journ. of med. Sc. **55**, 332 (1873).

die direkten depressorischen Wirkungen des Giftes auf das Herz zu erklären. Seine Versuche bieten keine Stütze für die Ansicht, daß Atropin zuerst das vasomotorische Zentrum reizt. Webster[1]) behauptet, daß Atropin, in kleinsten Mengen (0,5 mg) einem Hund intravenös injiziert, einen Blutdruckfall und eine Abnahme des Volumens der Eingeweide und der Extremitäten verursache, was zeigen soll, daß die Blutdruckveränderung von der Herzschwäche herrührt. Aber in seinen Versuchen trat aus irgendeinem nicht festgestellten Grunde keine Beschleunigung der Herztätigkeit ein, gleichviel, wie hoch auch immer die Dosis war. Surminsky[2]) fand, daß nach großen Dosen Reizung eines sensorischen Nerven den Blutdruck nicht mehr beeinflußt, und schloß daraus, daß das vasomotorische Zentrum gelähmt war. Das allgemeine Resultat der Versuche über den Blutdruck unter Atropinwirkung scheint anzudeuten, daß die Veränderungen hauptsächlich von der Herzbeschleunigung infolge von Lähmung des Hemmungsapparates und von einer depressorischen Wirkung auf das Herz selbst herrührten. Der Blutdruck kann infolge des ersten Faktors steigen oder infolge des zweiten herabgesetzt werden, und das Resultat der Injektion hängt von dem Verhältnis der Beteiligung jedes der beiden Faktoren ab. Wenn irgendeine Wirkung durch kleine Dosen auf das vasomotorische Zentrum oder auf die Gefäße direkt ausgeübt wird, so ist sie jedenfalls im Vergleich zu den Herzwirkungen ganz gering. Sehr große Mengen können das vasomotorische Zentrum lähmen und möglicherweise direkt auf die Gefäße wirken.

In vielen Vergiftungsfällen ist die Haut scharlachrot infolge Erweiterung der Hautgefäße; doch ist noch keine befriedigende Erklärung für dieses Symptom gefunden worden. Albertoni[3]) sah nach Durchschneidung des Cervicalsympathicusstranges keine Erweiterung der Ohrgefäße und betrachtet also das Phänomen als Folge einer Reizung des vasodilatatorischen Zentrums. Surminsky[2]) bestätigt diese Ansicht durch die Beobachtung, daß Ausschneidung des oberen Cervicalganglions in ähnlicher Weise die Hyperämie des Ohres verhindert. Andrerseits fand Pick[4]) die vasokonstriktorischen Nervenendigungen früher als die vasodilatatorischen gelähmt, und, obgleich dies nur nach sehr großen Dosen der Fall war, so kann doch dieser Umstand die Sachlage möglicherweise erklären.

Wirkung auf die sekretorischen Drüsen. a) Die Speicheldrüsen. Die alte klinische Beobachtung, daß bei Atropinvergiftung Mund, Hals und Haut trocken werden, fand ihre Erklärung durch die Entdeckung von Keuchel[5]) und Heidenhain[6]), daß nach Atropin Reizung des N. chorda tympani beim Hund keinen Speichelfluß mehr verursacht. Selbst wenn die Elektroden in den Hilus der Drüse eingestoßen werden und der Strom also die postganglionären Fasern erreicht, folgt keine Sekretion [Langley[7])]. Das zeigt, daß Atropin den Übergang von Impulsen von den postganglionären Fasern zu den sekretorischen Zellen unterbricht, d. h. daß es ihre Endigungen lähmt.

Daß die Zellen selbst nicht der Sitz der Wirkung sind, wird durch eine geringfügige Sekretion gezeigt, welche nach Atropin bei Reizung des Cervicalsympathicus beim Hund eintritt, während eine deutlichere bei der Katze folgt.

[1]) Webster, Biochemical Journ. **3**, 129 (1908).
[2]) Surminsky, Zeitschr. f. ration. Med. **36**, 205 (1869).
[3]) Albertoni, Archiv f. experim. Pathol. u. Pharmakol. **15**, 258 (1882).
[4]) Fr. Pick, Archiv f. experim. Pathol. u. Pharmakol. **42**, 418 (1899).
[5]) Keuchel, Inaugural-Diss. Dorpat 1868.
[6]) Heidenhain, Archiv f. d. ges. Physiol. **5**, 309 (1872).
[7]) Langley, Journ. of Physiol. **11**, 123 (1890).

Ob die Wirkung auf die histologisch sichtbaren Endigungen der postganglionären Fasern ausgeübt wird oder auf irgendeine receptive Substanz, welche zwischen diese und das absondernde Protoplasma eingeschaltet sein kann, ist noch unentschieden. Wenn auch Langley[1] fand, daß Atropin die Sekretion sechs Wochen nach der Durchschneidung der Chorda tympani hemmt, so waren doch die postganglionären Fasern zu dieser Zeit noch unversehrt.

Die gefäßerweiternden Fasern der Chorda tympani werden durch Atropin kaum beeinflußt [Heidenhain[2]), Henderson und Loewi[3])], da Reizung der Nerven annähernd die normale Erweiterung der Gefäße nach massigen Dosen verursacht, obgleich sie nach größeren weniger wirksam sein kann [Carlson[4])]. Nach Barcroft[5]) verlieren sogar die sekretorischen Nervenfasern nicht ganz ihren Einfluß auf die Zellen, denn nach Atropin wird die Kohlensäureabgabe der Drüse nach Chordareizung stark erhöht, während die Sauerstoffaufnahme nicht verändert wird. Fröhlich und Loewi[6]) meinen, daß Atropin die gefäßverengernden Fasern der Chorda tympani lähmt, aber das Vorhandensein von diesen wird noch bestritten.

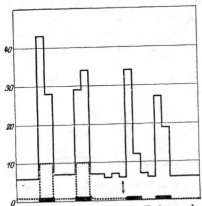

Abb. 8. Die Wirkungen der Reizung der Chorda tympani auf den Ausfluß aus den Venen der Speicheldrüsen und auf die Speichelabsonderung vor und nach Atropin. Der venöse Ausfluß ist durch die ununterbrochenen Linien angegeben, nach Tropfen in 10 Sekunden gemessen. Die Speichelsekretion ist durch punktierte Linien bezeichnet, Chordareizung durch die dicken Linien auf der Abszisse. Der Kreislauf in der Drüse wird nach Atropin während der Chordareizung leicht vermindert. Die Sekretion ist vollständig gehemmt. (Nach Henderson und Loewi.)

Die sekretorischen Fasern des Sympathicus werden nicht durch Atropinmengen beeinflußt, welche die Enden der Chorda tympani lähmen. Wenn aber große Mengen intravenös injiziert werden (0,025 g), verlieren auch sie ihre Kraft [Langley[7])]. Dies liegt jedoch nicht an der Wirkung auf die Endigungen in der Drüse, sondern an der Lähmung des oberen Cervicalganglions, denn Reizung der postganglionären Fasern erzeugt fortgesetzt Speichelfluß [Carlson[4])]. Nach noch größeren Mengen verursacht Reizung der postganglionären Fasern auch keine Sekretion mehr, was zeigt, daß diese Endigungen in der Drüse schließlich auch gelähmt werden.

Nach kleinen Mengen von Atropin wird beim Menschen die Speichelsekretion herabgesetzt, aber nicht gelähmt. Ewing[8]) fand, daß die festen Bestandteile des Speichels stärker abnehmen als die flüssigen, so daß der Prozentsatz der ersteren vermindert wird. Der Prozentsatz der Amylase wird ebenfalls reduziert.

Die Wirkung des Atropins auf die anderen Drüsen des Mundes und der Kehle ist noch nicht so genau analysiert worden, wie die auf die Speicheldrüsen,

1) Langley, Journ. of Physiol. 6, 71 (1885).
2) Heidenhain, Archiv f. d. ges. Physiol. 5, 309 (1872).
3) Henderson u. Loewi, Archiv f. experim. Pathol. u. Pharmakol. 53, 62 (1905).
4) Carlson, Amer. Journ. of Physiol. 19, 409 (1907).
5) Barcroft, Journ. of Physiol. 27, 31 (1901).
6) Fröhlich u. Loewi, Archiv f. experim. Pathol. u. Pharmakol. 59, 64 (1908).
7) Langley, Journ. of Physiol. 11, 123 (1890).
8) Ewing, Journ. of Pharmacol. and experim. Ther. 3, 1 (1911).

aber sie ist von gleicher Art, d. h. eine Lähmung der Nervenendigungen in den Drüsen, welche die sezernierenden Zellen von den Refleximpulsen abschneidet, die sie normalerweise zur Tätigkeit anregen. Bei der Ohrspeicheldrüse hat Langley[1]) gezeigt, daß der N. Jacobsonii durch Atropin in derselben Weise gelähmt wird wie die Chorda tympani. Das nachfolgende Fehlen der Sekretion verursacht die charakteristische Trockenheit des Mundes und der Kehle, die Heiserkeit des Sprechens, den Durst und die Schluckbeschwerden.

b) **Bronchialdrüsen.** Die Schleimhaut der Bronchien wird in ähnlicher Weise beeinflußt, d. h. die Schleimsekretion wird vollständig gehemmt[2]).

c) **Oesophagusdrüsen.** Auch die Drüsen des Oesophagus werden durch Atropin außer Tätigkeit gesetzt.

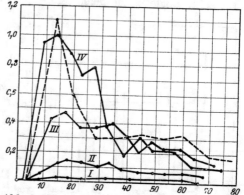

d) **Magendrüsen.** Die Magensekretion wird durch Atropin herabgesetzt, aber nicht ganz gehemmt [Riegel[3]), Schiff[4]), Pirrone[5])], da hier die sezernierenden Zellen, außer dem nervösen Mechanismus, auch dem Einfluß eines Hormons unterliegen, und die Wirkung von Hormonen im allgemeinen durch die Gegenwart von Atropin unbeeinflußt zu sein scheint. Die Säuresekretion ist noch stärker herabgesetzt als die gesamte Magensaftabsonderung, so daß der Prozentsatz der Säure in der kleinen abgesonderten Menge geringer ist. Die Pepsinsekretion wird durch Atropin viel weniger beeinflußt und scheint in manchen Fällen ganz unverändert zu bleiben (Schiff). Diese Wirkung auf die Magensekretion rührt ohne Frage von der Lähmung der Vagusendigungen in

Abb. 9. Die antagonistische Wirkung von Atropin und Pilocarpin auf die Speichelsekretion des Hundes. Die Zahlen entlang der Abszisse bezeichnen die Zeit nach der Injektion von 0,005 g Pilocarpin subcutan. Die Ordinate gibt die Speichelmenge pro Minute in Dezigrammen an. Die punktierte Linie stellt die Wirkung von Pilocarpin allein dar, die anderen Kurven seine Wirkung nach Atropin, das 30 Minuten vorher injiziert wurde. Bei Kurve I war die Atropinmenge 0,5 mg, bei II 0,025 mg, bei III 0,0125 mg und bei Kurve IV 0,0625 mg. Letztere hatte keine sichere Wirkung auf die Sekretion, während die erste sie fast vollständig hemmte, und bei II und III ein deutlicher, obgleich unvollständiger Antagonismus sich zeigte. (Cushny.)

den Drüsen her. Nach Ehrmann[6]) steigert Atropin zuerst die Sekretion in einem vollständig isolierten Magenblindsack und vermindert sie dann.

e) **Gallensekretion.** Nach Stadelmann[7]) soll die Gallensekretion durch Atropin vermindert werden. Es fragt sich aber, ob dies von einer ähnlichen Wirkung auf die sekretorischen Nerven herrührt, wie man sie bei den Glandulae submaxillares sieht. Denn man weiß, daß Atropin auf die Bewegungen der Gallenblase und -gänge wirkt (S. 633). Und dies kann eine ver-

---

[1]) Langley, Journ. of Physiol. **11**, 291 (1890).
[2]) Roßbach, Würzburger Festschr **1** (1882).
[3]) Riegel, Zeitschr. f. klin. Med. **37**, 381 (1899).
[4]) Schiff, Archiv f. Verdauungskrankh. **6**, 133 (1900).
[5]) Pirrone, Riforma med. **19**, Nr. 29.
[6]) Ehrmann, Intern. Beiträge z. Pathol. u. Ther. d. Ernährungsstörungen **3**, 382 (1912); Centralbl. f. Biochem. u. Biophys. **13**, 209 (1912).
[7]) Stadelmann, Berl. klin. Wochenschr. **1896**, 213.

minderte Sekretion vortäuschen. Andrerseits wird die Gallensekretion durch die Bildung von Secretin im Darm beeinflußt, und die Menge dieses gebildeten Hormons wird durch die unter dem Einfluß von Atropin verminderte Sekretion von Magensaft und die Herabsetzung der Magenbewegungen verringert.

f) Pankreassekretion. Die Wirkung auf die Pankreassekretion ist infolge der großen Verwickeltheit des Gegenstandes noch nicht vollständig aufgeklärt,. Nach Pawlow und seinen Schülern [Bylina[1]), Smirnow[2])] wird die Sekretion durch die Injektion von Atropin quantitativ vermindert und der Stickstoffgehalt wird sogar noch mehr herabgesetzt. Aber selbst sehr große Mengen von Atropin können die Pankreassekretion nicht ganz aufheben [Wertheimer und Lepage[3])]. Modrakowski[4]) fand sogar, daß große Dosen von Atropin eine Sekretion herbeiführen, welche derjenigen ähnelt, welche auf die Injektion von Secretin folgt. Gottlieb[5]) gibt an, daß beim Kaninchen Atropin die Pankreassekretion in keiner Weise verändert.

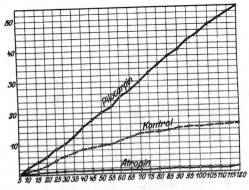

Die Abnahme der Sekretion des Pankreas nach Atropin und die veränderte Beschaffenheit des Sekretes ist der Lähmung der Vagusendigungen und der Endigungen der sympathischen sekretorischen Fasern in der Drüse durch das Alkaloid zugeschrieben worden, und die Tatsache, daß sogar die Beschaffenheit des Sekrets, das nach Injektion des spezifischen Hormons abgesondert wird, verändert ist, wurde mit Hilfe dieser Ansicht erklärt [Bylina[1])]. Andrerseits ist hervorgehoben worden, daß die Herabsetzung der Sekretion und der Peristaltik des Magens nach Atropin die Säuremenge vermindert, die in das Duodenum fließt, und daß so die Bildung von Secretin verzögert und die Pankreassekretion vermindert wird. Die Versuche von Bylina scheinen größtenteils diese Schwierigkeit beseitigt zu haben und zu zeigen, daß die Herabsetzung der Pankreassekretion nach Atropin jedenfalls teilweise auf seine Wirkung auf die sekretorischen Pankreasnervenenden zurückzuführen ist. Aber es ist noch unmöglich, festzustellen, wie weit die Verminderung der Ausscheidung von diesem Faktor herrührt, und inwieweit es eine indirekte Folge der Wirkung auf den Magen ist.

Abb. 10. Sekretionskurve im Pawlowschen kleinen sekundären Magen beim Hund nach Einführung per os von Milch allein, Milch + Pilocarpin und Milch + Atropin. Die Ordinate gibt die Menge in Kubikzentimeter an. Die Abszisse zeigt die Zeit in Minuten. Atropin verhindert die Sekretion fast ganz. (Riegel.)

Atropin beeinflußt nicht die nach Injektion von Secretin abgesonderte Menge von Pankreassaft, noch verändert es direkt die Bildung des Hormons in der Darmwand [Wertheimer und Dubois[6])].

[1]) Bylina, Archiv f. d. ges. Physiol. **124**, 531 (1911) (Literatur).
[2]) Smirnow, Archiv f. d. ges. Physiol. **147**, 234 (1912).
[3]) Wertheimer et Lepage, Compt. rend. de la Soc. de Biol. **53**, 759 (1901).
[4]) Modrakowski, Archiv f. d. ges. Physiol. **118**, 52 (1907).
[5]) Gottlieb, Archiv f. experim. Pathol. u. Pharmakol. **33**, 261 (1894).
[6]) Wertheimer et Dubois, Compt. rend. de la Soc. de Biol. **56**, 195 (1904).

g) **Darmdrüsen.** Es ist unbekannt, ob die Sekretion der Darmdrüsen durch Atropin quantitativ verändert wird.

h) **Harnsekretion.** Die Harnmenge wird zuweilen durch Atropin vermindert [Thompson[1]), Walti[2])]. Doch ist das keine regelmäßige Folge der Wirkung (Eichelberg)[3]), und wenn sie vorhanden ist, entsteht sie wahrscheinlich infolge der Störung des Kreislaufes und nicht infolge einer direkten Wirkung auf die Niere [Loewi[4])]. Cow[5]) fand die Diurese von Wasser etwas verzögert, aber nicht verringert und schreibt dies einer Herabsetzung des Tonus der Ureteren zu. Nach Ginsberg[6]) bringt Atropin, im Verlaufe der durch Wassertrinken erzeugten Diurese eingespritzt, einen rapiden Abfall derselben hervor, und nach vorangehender Atropininjektion tritt eine starke Verzögerung der Harnausscheidung ein.

i) **Schweißabsonderung.** Die sogar schon durch kleine Dosen von Atropin (0,3—1 mg) herbeigeführte Trockenheit der Haut entsteht infolge des Aufhörens der Schweißabsonderung durch Lähmung der Endigungen der sekretorischen Nerven der Drüsen. Luchsinger[7]) fand, daß Reizung des N. ischiadicus bei der Katze nach Atropin keinerlei Schweißabsonderung an den Pfoten hervorruft, und da der N. ischiadicus die postganglionären sekretorischen Fasern enthält, scheint die Wirkung identisch mit der auf die Glandula submaxillaris zu sein. Reizung der isolierten sympathischen Fasern verursachte nach Atropin keine Schweißsekretion [Langley[8])]. Wenn man die Nervenfasern nach Durchschneidung des N. ischiadicus degenerieren ließ, fand Luchsinger, daß die Wirkung von Pilocarpin und seines Antagonisten Atropin noch nach 2—3 Wochen, aber nicht länger ausgelöst werden konnte, so daß die rezeptiven Substanzen für diese Alkaloide der Degeneration unterliegen müssen und also wahrscheinlich nervösen Charakters sind. Andere Schweißdrüsen bei Tieren reagieren in derselben Weise wie jene der Katzenpfote auf Atropin. Atropin lokal auf die Haut appliziert, hat keine deutliche Wirkung auf die Schweißabsonderung, da das Alkaloid nicht bis zu den sekretorischen Nerven vordringen kann. Aber die subcutane Injektion kleiner Mengen kann lokal die Sekretion hemmen, ohne sie in anderen Körperteilen merkbar zu reduzieren.

Reizung des N. ischiadicus nach Atropinapplication führt kein Schwitzen herbei. Aber Luchsinger[9]) fand, daß seine Funktion durch lokale Injektion von Pilocarpin wiederhergestellt wurde, und obgleich dies von Roßbach[10]) bestritten wurde, kann die Richtigkeit dieser Angabe nicht mehr zweifelhaft sein. Die schweißtreibende Wirkung des Pilocarpins wird durch eine kleine Atropindosis aufgehoben, kann aber durch eine größere Menge von Pilocarpin wiederhergestellt werden. Die Wirkung ist also gegenseitig antagonistisch, obgleich eine kleine Menge Atropin genügt, eine viel größere Pilocarpindose unwirksam zu machen.

k) **Milchsekretion.** Die Milchsekretion soll, wenn überhaupt, so nur wenig durch Atropin beeinflußt werden, sei es lokal appliziert oder subcutan

[1]) Thompson, Dubois-Reymonds Archiv f. Physiol. **1894**, 117.
[2]) Walti, Archiv f. experim. Pathol. u. Pharmakol. **36**, 411 (1895).
[3]) Eichelberg, Inaug.-Diss. Marburg 1903, S. 22.
[4]) Loewi, Archiv f. experim. Pathol. u. Pharmakol. **48**, 429 (1902).
[5]) Cow, Archiv f. experim. Pathol. u. Pharmakol. **69**, 402 (1912).
[6]) Ginsberg, Archiv f. experim. Pathol. u. Pharmakol. **69**, 381 (1912).
[7]) Luchsinger, Archiv f. d. ges. Physiol. **14**, 370 (1877); **15**, 482 (1877).
[8]) Langley, Journ. of Physiol. **17**, 296 (1894).
[9]) Luchsinger, Archiv f. d. ges. Physiol. **22**, 126.
[10]) Roßbach, Archiv f. d. ges. Physiol. **20**, 1 (1880).

injiziert [Hammerbacher[1]), Mackenzie[2])]· aber Ott und Scott[3]) haben vor kurzem festgestellt, daß in ihren Ver [chen an einer milchgebenden Ziege Atropin die Sekretion stark verminderte. Die werden Bestandteile können nach Atropin sogar zunehmen [Hammerbacher[1])]. Der Kontrasu m der Reaktion der Brust- und Schweißdrüse findet ein mehr oder weniger entferntes Analogon in dem zwischen der Unterkieferspeicheldrüse und dem Pankreas. Doch vermindert in letzterer Atropin noch die Sekretion in gewissem Grade. Bei der Brustdrüse scheint die Sekretion jedoch vollständig durch chemische Reize (Hormone) ausgelöst zu werden, deren Tätigkeit durch Atropin nicht verändert wird [Schäfer und Mackenzie[2])], während die Tätigkeit der Submaxillaris, die Schweißsekretion, und in geringerem Umfange die des Pankreas durch Nervenimpulse beherrscht werden, welche durch Atropin, das die Nervenendigungen lähmt, verhindert werden, die sekretorischen Zellen zu erreichen.

Die klinische Anwendung von Belladonnapflaster zwecks Herabsetzung der Milchsekretion wird also nicht durch die experimentelle Forschung unterstützt. Ihre Hauptwirkung besteht wohl nur darin, eine mechanische Unterstützung zu liefern.

l) **Andere Hautdrüsen.** Die Sekretion der Talgdrüsen scheint nicht durch Atropin beeinflußt zu werden. Die Hautdrüsen des Frosches können durch Reizung des N. ischiadicus nach Atropin nicht mehr zur Tätigkeit angeregt werden, obgleich auf elektrische Reizung der Drüsen selbst die charakteristischen Zellveränderungen folgen [Stricker und Spina[4])]. Die Wirkung auf diese Drüsen scheint mit jener auf die Schweiß- und Speicheldrüsen genau vergleichbar.

m) **Tränensekretion.** Die Tränensekretion wird durch Atropin stark vermindert, vermutlich durch die Lähmung der sekretorischen Nerven [Magaard[5])]. Alessandro[6]) beobachtete, daß die Tränensekretion bei Hunden durch Atropin, welches lokal auf die Bindehaut appliziert wird, vermindert wird.

n) **Nickhautdrüsen.** Drasch[7]) fand, daß Atropin die Sekretion der Nickhautdrüsen beim Frosch in derselben Weise vermindert oder hemmt, wie die der Speicheldrüsen. Garmus und Asher[8]) stellten fest, daß Atropin die Fähigkeit der Zellen dieser Drüsen vermindert, Farbstoffe aufzunehmen, welche im Blut zirkulieren, daß es also die Permeabilität der Zellen nicht nur für flüssige, sondern auch für feste Körper zu verändern scheint.

Antagonismus in der Wirkung auf Drüsen. Es hat sich ergeben, daß die Drüsen, auf welche Atropin wirkt, auch durch Muscarin, Pilocarpin und andere ähnliche Körper beeinflußt werden, und zwar im Sinne einer Sekretion. Diese Gifte sind Antagonisten. Wenn also die Speichelsekretion durch Atropin gehemmt wird, kann sie durch Pilocarpin wiederhergestellt werden, vorausgesetzt, daß die eingeführte Atropinmenge klein ist. (Fig. 9.) Der Einfluß des Atropins auf die Fasern ist so viel größer als die des Pilocarpins usw., daß große Mengen von letzterem erforderlich sind, um die durch Atropin ge-

---

[1]) Hammerbacher, Archiv f. d. ges. Physiol. **33**, 228 (1884).

[2]) Schäfer and Mackenzie, Proc. Roy. Soc. **84**, B. 18 (1911). — Mackenzie, Quart. Journ. experim. Physiol. **4**, 305 (1911).

[3]) Ott and Scott, Proc. Soc. experim. Biol. and Medicine **9**, 63 (1912).

[4]) Stricker u. Spina, Wiener Sitzungsber., math.-naturw. Kl. **80**, III, 117 (1879).

[5]) Magaard, Virchows Archiv **89**, 258 (1882).

[6]) Alessandro, Arch. di Ottalm. **18**, (1911); Centralbl. f. Biochem. u. Biophys. **13**, 228 (1912).

[7]) Drasch, Archiv f. Anat. u. Physiol. **1889**, 96.

[8]) Asher u. Garmus, Centralbl. f. Physiol. **25**, 844 (1911). — Garmus, Zeitschr. f. Biol. **58**, 185 (1912).

hemmte Sekretion wiederherzustellen. So setzt 0,1 mg Atropin die Wirkung von 5,0 mg Pilocarpin auf die Speicheldrüse des Hundes ungefähr auf die Hälfte herab und 0,5 mg hemmt sie fast ganz [Cushny[1])].

Wirkung auf die Nebennieren. Es ist noch nicht bewiesen, daß Atropin die Tätigkeit dieser Drüsen oder die Sekretion von Adrenalin direkt beeinflußt. Ehrmann[2]) und Tscheboksaroff[3]) gelang es nicht, irgendeine Veränderung der in das Blut nach Injektion von Atropin oder Pilocarpin abgesonderten Adrenalinmenge festzustellen; doch fand der letztere sie nach Physostigmin erhöht. Elliott[4]) hat auch keine Erschöpfung der Drüse beobachtet, wie wir sie nach anderen Eingriffen sehen, die ihre Tätigkeit steigern. Andrerseits haben Dale und Laidlaw[5]) in letzter Zeit gewisse Eigentümlichkeiten der Pilocarpinwirkung einer vermehrten Adrenalinsekretion zugeschrieben, und da die Pilocarpinwirkung durch Atropin aufgehoben wird, muß, wenn ihre Ansicht richtig ist, das letztere Alkaloid die Adrenalinsekretion durch die Nebennieren vermindern. Es ist jedoch eine direktere Methode der Beweisführung notwendig, ehe sich etwas Sicheres über diese Frage sagen läßt.

Wirkung auf die Lymphsekretion. Die Lymphsekretion wird zuweilen nach Injektion von Atropin vermehrt, zuweilen vermindert oder bleibt unverändert. Es scheint sonach, als ob das Atropin eine geringe oder gar keine direkte Wirkung auf diesen Vorgang hätte [Spiro[6])]. Es kann die Lymphsekretion beeinflussen durch seine Wirkung auf den Kreislauf und auf die sekretorischen Drüsen, wie es in Tschirwinskis Versuchen[7]) vielleicht geschehen ist, welcher fand, daß der Lymphstrom durch Atropin vermindert wurde. Das ist von Bainbridge[8]) klargestellt worden, welcher zeigte, daß normalerweise bei Reizung der Chorda tympani eine deutliche Zunahme des Lymphflusses aus dem Halslymphgang stattfindet, daß aber diese Steigerung fehlt, wenn die sekretorischen Fasern der Chorda tympani durch Atropin gelähmt sind. Camus und Gley[9]) behaupten, daß die Weite des Ductus thoracicus durch Atropin (5 mg) deutlich vergrößert wird, vermutlich durch seine Wirkung auf Nervenendigungen in den Wänden.

Wirkung auf glatte Muskeln. Eine Reihe von Organen, welche glatte Muskulatur enthalten, werden durch Atropin beeinflußt, wobei die äußeren motorischen Nerven in einigen Organen gelähmt werden, in anderen aber ihre normale Wirkung behalten.

Wirkung auf die Iris. Bei Atropinvergiftung ist eines der charakteristischen Symptome starke Erweiterung der Pupille, wobei die Iris nur einen schmalen Streifen um dieselbe bilden kann. Diese Erweiterung kann auch durch die lokale Applikation von Atropinlösung auf die Bindehaut ausgelöst werden, und die Tatsache, daß man auf diese Weise das eine Auge beeinflussen kann, während die Pupille des anderen normal bleibt, zeigt, daß die Wirkung eine lokale ist und nicht durch die Aufnahme des Alkaloids in das Blut entsteht. Bei sorgfältiger Applikation auf nur eine Hälfte oder einem noch kleineren Teil der Iris kann man den betreffenden Abschnitt isoliert zum

[1]) Cushny, Journ. of Physiol. **30**, 176 (1903).
[2]) Ehrmann, Archiv f. experim. Pathol. u. Pharmakol. **55**, 44 (1906).
[3]) Tscheboksaroff, Archiv f. d. ges. Physiol. **137**, 59 (1911).
[4]) Elliott, Journ. of Physiol. **44**, 391 (1912).
[5]) Dale and Laidlaw, Journ. of Physiol. **45**, 1 (1912).
[6]) Spiro, Archiv f. experim. Pathol. u. Pharmakol. **38**, 113 (1897).
[7]) Tschirwinsky, Archiv f. experim. Pathol. u. Pharmakol. **33**, 155 (1894).
[8]) Bainbridge, Journ. of Physiol. **25**, 16 (1899).
[9]) Camus et Gley, Arch. de Pharmacodyn. **1**, 487 (1895).

Erschlaffen bringen. Man erhält dann eine ovale oder unregelmäßige Erweiterung der Pupille [Donders[1]), Fleming[2])]. Roßbach und Fröhlichs[3]) Beobachtung, daß der Erweiterung eine Kontraktion vorangeht, wenn minimale Mengen von Atropin eingeführt werden, wurde nicht allgemein bestätigt und rührt möglicherweise daher, daß diese Forscher eine reizende Lösung benutzt haben [Harnack[4]), Krenchel[5]), Schultz[6])].

Reizung des N. oculomotorius (Bernstein und Dogiel)[7]) oder seiner postganglionären Fasern [Schultz[6]), Adamück[8]), Hensen und Völkers[9])] hat keine Wirkung auf die durch Atropin erschlaffte Iris, während auf die Reizung des Irismuskels selbst Kontraktion folgt [Bernstein und Dogiel[7]), Schultz[6]), Engelhardt[10])]. Der Angriffspunkt ist also die Verbindung zwischen den postganglionären Fasern und den Muskelfasern der Iris. Die wirklichen Nervenendigungen sind wahrscheinlich nicht der Sitz der Wirkung, denn Anderson[11]) fand, daß nach Durchschneidung und Degeneration der postganglionären Ciliaräste Atropin noch dem pupillenverengernden Pilocarpin entgegenwirkt[12]). Die Nervenendigungen degenerieren zusammen mit den Nervenfasern. Der Antagonismus des Atropins zum Pilocarpin und wahrscheinlich auch die Unterbrechung der Leitungsbahn zwischen Gehirn und Pupille durch das Atropin muß daher peripher von den Nervenenden lokasiert werden, in irgendeiner empfindlichen Substanz zwischen diesen und den wirklichen contractilen Elementen. Es ist von Harnack und Meyer[13]) festgestellt worden, daß nach Applikation sehr großer Atropinmengen auf das Auge die Muskelfasern selbst geschwächt und schließlich gelähmt werden. Diese Wirkung kann jedoch nicht als dem Atropin speziell eigentümlich angesehen werden, da sie von vielen anderen Giften ebenfalls hervorgerufen wird. Nach Schultz[6]) kann man diese direkte Muskelwirkung selbst an der ausgeschnittenen, in einer Atropinlösung suspendierten Iris kaum auslösen. Jedenfalls kann diese supponierte Wirkung auf die Muskelfaser am lebenden Tier nicht von Bedeutung sein; denn Anderson fand an einer Katze, daß sogar nach einer intravenösen Injektion von 0,05 g sich die Pupille nach dem Tode in normaler Weise kontrahiert. Bei Vögeln und Reptilien, bei denen die Iris aus quergestreifter Muskulatur besteht, hat Atropin in den gewöhnlichen Gaben keine Wirkung auf die Pupille. Dagegen kann man diese durch Curare erweitern [Meyer[14])]. Sehr große Atropinmengen lähmen sowohl hier wie bei den Säugetieren den Irismuskel.

---

[1]) Donders, Anomalien der Refraktion und Akkommodation des Auges. Wien 1880, S. 498.

[2]) Fleming, Edinburgh Med. Journ. **1863**, 777.

[3]) Roßbach u. Fröhlich, Pharm. Untersuch. a. d. pharm. Laborat. zu Würzburg 1873. — Roßbach, Archiv f. d. ges. Physiol. **10**, 383.

[4]) Harnack, Archiv f. experim. Pathol. u. Pharmakol. **2**, 307 (1874).

[5]) Krenchel, Graefes Archiv f. Ophthalmol. **20**, 135 (1874).

[6]) Paul Schultz, Engelmanns Archiv f. Physiol. **1898**, 47.

[7]) Bernstein u. Dogiel, Centralbl. f. d. med. Wissensch. **1866**, 453.

[8]) Adamück, Centralbl. f. d. med. Wissensch. **1870**, 177, 292.

[9]) Hensen u. Völckers, Experimentaluntersuchungen über den Mechanismus der Akkommodation. Kiel 1868.

[10]) Engelhardt, Untersuch. a. d. physiol. Laborat. in Würzburg **2**, 321.

[11]) Anderson, Journ. of Physiol. **33**, 414 (1905).

[12]) Schultz hatte vorher gezeigt, daß die rezeptiven Substanzen für Physostigmin und Muscarin mit der Degeneration der Nerven verschwinden, und Anderson bestätigt es für Physostigmin.

[13]) Harnack u. Meyer, Archiv f. experim. Pathol. u. Pharmakol. **12**, 339 (1880).

[14]) Hans Meyer, Archiv f. experim. Pathol. u. Pharmakol. **32**, 101 (1893).

Bei einem Tiere, dessen Pupille durch Atropin erweitert wurde, läßt sich das Alkaloid im Kammerwasser nachweisen, wie von Donders[1]) und Lematre gezeigt wurde.

Die Nervenenden und die Muskulatur des Dilatator pupillae werden nicht direkt durch Atropin beeinflußt [Bezold[2]), Schultz[3])], aber diese radiären Fasern erweitern, da die Gegenwirkung der zirkulären Muskelfasern wegfällt, die Iris. Die Pupille wird durch Atropin nicht bis zu ihrem Maximum erweitert. Sie kann vielmehr durch Reizung der erweiternden Fasern des Cervicalsympathicus[3]) durch Cocain[4]) oder Gemütsbewegung noch mehr vergrößert werden. Die Erweiterung ist also nicht nur eine passive, nur durch Erschlaffung der zirkulären Fasern hervorgerufen. Vielmehr verleiht ihr der Tonus der Neuronen, welche den radiären Muskel innervieren, einen aktiven Charakter. Selbst wenn vor der Applikation von Atropin der Halssympathicusstamm durchschnitten wird, ist die Erweiterung als aktive anzusehen wegen des Tonus der Ganglien und der Endigungen der dilatatorischen Nerven. Diese aktive Erweiterung wurde früher als Beweis dafür angesehen, daß Atropin zwar die Endigungen der konstriktorischen Nerven lähme, jene der dilatatorischen Nervenfasern aber reize. Diese Annahme wird aber durch die Erkenntnis, daß der dilatatorische Apparat selbst einen deutlichen Tonus besitzt, unnötig. Und die Abwesenheit jeder reizenden Wirkung auf den pupillenerweiternden Mechanismus wurde endgültig von Schultz dargetan, welcher

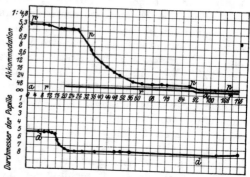

Abb. 11. Wirkung des Atropins auf die Iris und Akkommodation. d d Kurve der Erweiterung der Pupille, deren transversaler Durchmesser auf der Ordinate in Millimetern angegeben ist; p p die Entfernung des absoluten Nahpunktes, r r die des Fernpunktes. Zeit in Minuten vom Beginn der Einträufelung an. (Lewin und Guillery.)

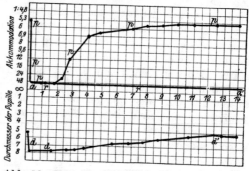

Abb. 12. Veränderung der Pupille und Akkommodation nach der Einträufelung von Atropin. d d Kurve der Erweiterung der Pupille, deren transversaler Durchmesser in Millimetern auf der Ordinate angegeben ist. p p Distanz des absoluten Nahepunktes, r r die des Fernpunktes. Zeit in Tagen. (Lewin und Guillery.)

zeigte, daß nach Exstirpation des einen oberen Cervicalganglions die Pupille auf dieser Seite enger blieb als die auf der nicht operierten Seite, infolge des verringerten Tonus der gefäßerweiternden Fasern; Atropin auf beide Augen

[1]) Donders, Anomalien der Refraktion und Akkommodation des Auges. Wien 1880, S. 498.

[2]) Bezold u. Bloebaum, Untersuch. a. d. physiol. Laborat. in Würzburg 1, 1 (1867).

[3]) Paul Schultz, Engelmanns Archiv f. Physiol. 1898, 47.

[4]) Limbourg, Archiv f. experim. Pathol. u. Pharmakol. 30, 110 (1892) (Literatur).

appliziert, verursachte Erweiterung in beiden. Der Unterschied zwischen den beiden Pupillen, der vorher bemerkbar war, blieb aber bestehen, was zeigt, daß es sich nicht um eine Reizung des Dilatators handeln kann. Nach Ausschneidung des Ciliarganglions kann man die Pupille durch Dyspnöe zur Kontraktion bringen; Atropin erweitert sie dann nicht [Anderson[1]]. Nach Erweiterung der Pupille durch Atropin kann eine teilweise Kontraktion während des Schlafes, während der Chloroform- oder Chloralanästhesie gelegentlich vorkommen [Ulrich[2]], ebenso tritt sie nach dem Tode ein. Dies hängt mit der Herabsetzung des Tonus des radiären Muskels zusammen infolge Lähmung des Zentrums im Gehirn. Eine unvollkommene Kontraktion der atropinisierten Pupille kann durch Durchschneidung der Medulla oblongata herbeigeführt werden [Surminsky[3]].

Am ausgeschnittenen Froschauge verursacht Atropin Erweiterung der Pupille. Offenbar bleibt ein gewisser Tonus des peripheren Apparats nach Abtrennung von den zentralen Verbindungen erhalten. Aus demselben Grunde ist nach Durchschneidung des N. oculomotorius bei Tieren [Budge[4]], Donders[5]] oder nach Lähmung des Zentrums beim Menschen [Ruete[6]] die Mydriasis nicht vollständig, sondern kann erhöht werden durch Atropin, das die tonischen Impulse, welche von dem peripheren pupillenverengernden Apparat ausgehen, unterbricht [Höltzke[7]].

Das Ciliarganglion wird durch lokal auf das Auge appliziertes Atropin nicht beeinflußt, kann aber gelähmt oder geschwächt werden (Schultz), bei direkter Applikation des Atropins.

Der Grad der Pupillenerweiterung variiert mit der Dosis und auch mit dem Tier. 0,04 mg subcutan injiziert, verursacht bei der Katze leichte Erweiterung, während 0,06 mg sehr deutliche Erweiterung auslöst [Cushny[8]].

Beim Menschen findet man die Erweiterung im Alter geringer als in der Jugend. Sehr verdünnte lokal applizierte Lösungen genügen, um beträchtliche Erweiterung hervorzurufen. So haben einige Tropfen einer Lösung von 1 auf 10 000 diese Wirkung, wenn sie einige Zeitlang appliziert werden; die Erschlaffung dauert aber nur verhältnismäßig kurze Zeit. Wenn zwei Tropfen einer 1 proz. Lösung auf die Bindehaut gebracht werden, fängt die Pupille nach ungefähr 15 Minuten an sich zu erweitern und erreicht ihre größte Weite nach ungefähr 30—40 Minuten. Die Akkommodation wird nach 30 Minuten unvollständig und ist nach $1^1/_2$ Stunden ganz aufgehoben. Sie fängt nach ungefähr 24 Stunden an, sich wiederzuerholen und ist nach zirka 7—10 Tagen ziemlich wiederhergestellt. Die Pupille fängt nach 3 Tagen an, sich wieder zu verengern und ist nach ungefähr 10—14 Tagen normal. Federsen[9] gibt an, daß nach Aufbringen von $^1/_{5000}$ mg auf die Bindehaut die Pupille sich nach ungefähr 1 Stunde erweitert, und daß diese Wirkung nach 20 Stunden verschwindet.

Wirkung auf die Akkommodation. Außer der Pupillenerweiterung verursacht Atropin noch Erschlaffung des Ciliarmuskels; das Auge ist also für die Ferne

[1]) Anderson, Journ. of Physiol. **33**, 414 (1905).
[2]) Ulrich, Archiv f. Ophthalm. **28**, 255 (1882); **33**, II, 41 (1887).
[3]) Surminsky, Zeitschr. f. ration. Med. **36**, 205 (1869).
[4]) Budge, Über die Bewegung der Iris. Braunschweig 1855, S. 182.
[5]) Donders, Anomalien der Refraktion und Akkommodation des Auges. Wien 1880, S. 498.
[6]) Ruete, Lehrbuch der Ophthalmologie, 2. Aufl. 1853, Bd. 1, S. 101.
[7]) Höltzke, Klin. Monatsbl. f. Augenheilk. **25**, 104 (1887).
[8]) Cushny, Journ. of Physiol. **30**, 176 (1903).
[9]) Federsen, Inaug.-Diss. Berlin 1884.

eingestellt. Dies rührt von der Unterbrechung der Verbindungen zwischen den ciliaren postganglionären Fasern und dem Muskel her, genau vergleichbar der Wirkungsweise auf die Iris. Lokal appliziert sind größere Mengen Atropin erforderlich, um die Linse zur Erschlaffung zu bringen, als die Pupille zu erweitern. Die Akkommodation stellt sich früher wieder her, als der Irismechanismus, wahrscheinlich weil der tiefer liegende Ciliarmuskel schwerer erreichbar ist als die Iris[1]). So gibt Federsen[2]) 0,001—0,003 mg als die Minimalmenge von Atropin an, welche erforderlich ist, um Erschlaffung der Linse herbeizuführen, d. h. 5—15 mal soviel als nötig ist, um die Pupille zu erweitern. Bei Presbyopie ist die Erschlaffung viel geringer, als bei jüngeren Individuen. Doch weiß man nicht, ob das mit einer geringeren Wirksamkeit des Atropins oder mit der geringeren Elastizität der Gewebe zusammenhängt.

Wirkung auf den intraokularen Druck. Bei chronischem Glaukom hat Atropin wiederholt akute Verschlimmerung veranlaßt durch Steigerung des intraokularen Drucks. Die experimentelle Untersuchung dieser Wirkung an normalen Augen mit Hilfe des Manometers hat sehr auseinandergehende Resultate ergeben. Denn während die früheren Forscher zu dem Schlusse kamen, daß Atropin den Druck in normalen Tieraugen reduziere, fanden Graser[3]) und Höltzke[4]), daß es den intraokularen Druck nach einer vorübergehenden Verminderung steigere. Spätere Forscher auf diesem Gebiete [Stöcker[5]), Laqueur[6]), Golowin[7]), Langenhan[8]), Isakowitz[9])], geben übereinstimmend an, daß Atropin auf den intraokularen Druck des normalen Auges nur sehr wenig Einfluß hat, während es ihn bei Glaukom deutlich erhöht. Die Druckveränderung wird gewöhnlich als Folge der Pupillenerweiterung angesehen, da der Ausfluß der Lymphe durch die Erschlaffung der Iris verhindert sein soll. Wo der Druck schon an und für sich hoch ist, wie beim Glaukom, genügt die hinzukommende Hemmung, um einen akuten Anfall herbeizuführen. In Übereinstimmung hiermit fanden Henderson und Starling[10]), daß der intraokulare Druck zweier normaler Augen gleichbleibt, wenn man in das eine Physostigmin, in das andere Atropin bringt. Wurde aber der Druck künstlich erhöht, so entströmte dem mit Physostigmin behandelten Auge mehr Flüssigkeit, als dem atropinisierten. Andere betrachten die Veränderung des intraokularen Drucks als Folge der Veränderungen in der Beschaffenheit der Gefäße. Doch ist der Beweis hierfür ganz unzulänglich (Lewin und Guillery).

Atropin scheint die Bestandteile des Humor aqueus nicht wesentlich zu ändern, obgleich unter seinem Einfluß eine gewisse Verzögerung des Durchtritts von Fluorescin aus dem Blute beobachtet worden ist[11]).

Gelegentlich entsteht nach Einträufelung von Atropin in das Auge Conjunctivitis, besonders bei längerer Anwendung. Dies kann manchmal die Folge einer unvollkommenen Technik sein, muß aber in anderen Fällen in-

---

[1]) Lewin u. Guillery, Wirkungen von Arzneimitteln und Giften auf das Auge. Bd. 1, S. 189. Berlin 1905.
[2]) Federsen, Inaug.-Diss. Berlin. 1884.
[3]) Graser, Archiv f. experim. Pathol. u. Pharmakol. **17** 329 (1883) (Literatur).
[4]) Höltzke, Graefes Archiv f. Ophthalmol. **29**, 1 (1883).
[5]) Stöcker, Graefes Archiv f. Ophthalmol. **33**, 104 (1887).
[6]) Laqueur, Graefes Archiv f. Ophthalmol. **23**, 149 (1877).
[7]) Golowin, Inaug.-Diss. Moskau 1895.
[8]) Langenhan, Centralbl. f. prakt. Augenheilk. **1909**, 328.
[9]) Isakowitz, Klin. Monatsbl. f. Augenheilk. **46**, 647 (1909).
[10]) Henderson-Starling, Proc. Roy. Soc. **77**, 294 (1906).
[11]) Knape, Skandinav. Archiv f. Physiol. **24**, 259 (1911).

dividueller Idiosynkrasie des Patienten zugeschrieben werden (Lewin und Guillery).

Wirkung auf den Bronchialmuskel. Die Atmung wird vom Atropin beeinflußt durch seine Wirkung auf das Atemzentrum und auf die Sekretion der Bronchien, wie sie schon beschrieben wurde. Außerdem besitzt das Atropin eine spezifische Wirkung auf die Bronchialmuskeln, welche die Weite der Luftröhren regulieren. Diese Wirkung ist in der Medizin schon lange verwendet worden zur Beseitigung von Asthma durch Einatmung von Stramoniumrauch und durch Belladonna. Günther[1]) hat kürzlich gezeigt, daß der Rauch einer Zigarette, welche 1—1,25 g Stramoniumblätter enthält, 0,3 bis 0,5 mg Atropin enthalten kann. Dreser[2]), Einthoven[3]) und Beer[4]) konnten nachweisen, daß Atropin in kleinen Mengen die Vagusendigungen im Bronchialmuskel lähmt. 0,3—0,5 mg intravenös injiziert reichten aus, um diese Wirkung am Hunde hervorzubringen, und es genügten kleinere Mengen, zur Lähmung der die Bronchiolen verengernden Fasern, als nötig waren, um das Herz von der Hemmung zu befreien. Brodie und Dixon[5]) bestätigen diese Beobachtungen und fügen hinzu, daß Atropin der verengernden Wirkung von Pilocarpin und Muscarin und in größeren Dosen, auch der von Physostigmin entgegenwirkt, während die lähmenden Wirkungen kleinerer Atropinmengen durch diese antagonisiert werden. Atropin erweitert auch die Trachea durch Lähmung der Nervenendigungen im Musculus trachealis [Golla und Symes[6])]. Brodie und Dixon geben an, daß bei einem Versuche, in welchem der Vagus durchschnitten worden war und seine Fasern degeneriert waren, Pilocarpin die Bronchien nicht verengere. Nach der Annahme, daß das Atropin auf dieselben receptorischen Substanzen wirkt, wie das Pilocarpin, würde dies zeigen, daß diese Substanzen in den Bronchien nervösen Charakter haben, während Anderson fand, daß in der Iris die Receptoren nicht durch die Degeneration des Nerven zerstört wurden, und deshalb nicht nervösen Ursprungs sein können. Wenn ferner Brodie und Dixons Beobachtung richtig ist, müssen Pilocarpin und Muscarin hier auf die Endigungen von Fasern wirken, welche nicht durch Ganglien unterbrochen werden, nicht aber auf postganglionäre Endigungen, wie in den anderen Organen[7]). Trendelenburg, welcher an dem überlebenden, in Ringerlösung suspendierten Bronchialmuskel des Ochsen arbeitete, fand, daß Atropin in der großen Verdünnung von 1:3 Millionen noch deutliche Erschlaffung des Tonus verursachte und die Wirkungen von Pilocarpin und Muscarin antagonistisch beeinflußte. Diese Wirkung auf die Bronchien hat in letzter Zeit besonderes Interesse durch die Beobachtung von Auer[8]) gewonnen, daß Atropin in vielen Fällen das Meerschweinchen vor dem tödlichen Bronchospasmus schützt, welcher durch das anaphylaktische Gift herbeigeführt wird. Dixon und Ransom[9]) scheinen keine Wirkung von Atropin auf

[1]) Günther, Wiener Klin. Woch. **1911**, 148.
[2]) Dreser, Arch. f. exp. Path. u. Pharm. **26**, 255 (1890).
[3]) Einthoven, Arch. f. d. ges. Phys. **51**, 428 (1892).
[4]) Beer, Arch. f. Anat. u. Physiol. **1892**, Suppl. 150.
[5]) Brodie u. Dixon, Journ. of Physiol. **29**, 97 (1903).
[6]) Golla u. Symes, Journ. of Physiol. **46**, 3 (1913).
[7]) Nach mündlicher Mitteilung von Dixon soll dieser Versuch durch andere später gemachte widerlegt worden sein. Danach ist die Bronchialwirkung von Atropin und Pilocarpin zu beobachten an Tieren, bei denen vor Monaten der Vagus durchschnitten worden ist.
[8]) Auer, Amer. Journ. of Physiol. **26**, 439 (1910).
[9]) Dixon und Ransom, Journ. of Physiol. **45**, 413 (1912).

die bronchodilatatorischen Nerven wahrgenommen zu haben. Jedoch sollen nach Jackson[1]) große Mengen auch diese abschwächen.

Wirkung auf den Oesophagus. Die Atropinwirkung auf die Muskelwände des Oesophagus variiert bei den verschiedenen Tierarten, je nach dem Umfang, in welchem der quergestreifte oder der glatte Muskel vorherrscht. Die Wirkung des Vagus auf den quergestreiften Muskel bleibt unbeeinflußt durch Atropin. Aber Vagusreizung ruft keine Kontraktion des glatten Muskels mehr hervor, anscheinend eine Folge der Lähmung der Endigungen der Nervenfasern [Luchsinger[2]), Langley[3])]. Die Lähmung der Bewegungen des Oesophagus durch Atropin erstreckt sich viel weiter aufwärts beim Frosch und Vogel als bei den Säugetieren, weil bei den letzteren der obere Teil des Organs zum größeren Teil aus quergestreiften Fasern besteht, und auch bei der Katze höher hinauf, als beim Hund und Kaninchen. Es sind viel größere Atropinmengen erforderlich, um auf den Oesophagus, als auf die Pupille und die Speicheldrüsen zu wirken. Ein ähnlicher Unterschied zwischen glatter und quergestreifter Muskulatur ist schon bei Besprechung der Wirkung auf die Vogel-Iris erwähnt worden. Die Lähmung der glatten Muskulatur des Oesophagus kann mit schuld sein an der starken Erschwerung des Schluckaktes, über die bei Atropinvergiftung geklagt wird. Ein anderer und wichtigerer Faktor dabei ist die Hemmung der Schleim- und Speichelsekretion im Munde, Pharynx und Oesophagus.

Wirkung auf den Magen. Über die Wirkung des Atropins auf die Magenbewegungen herrscht noch immer keine genügende Klarheit, was teilweise mit den Schwierigkeiten des Gegenstandes zusammenhängt, teilweise mit der Tatsache, daß die verschiedenen Forscher sehr verschiedene Mengen des Giftes zu ihren Versuchen benutzt haben. Es besteht schon seit langer Zeit in der Medizin der Glaube, daß Atropin in kleinen Mengen als Sedativum auf den Magen wirke, indem es seine Bewegungen vermindere und einige Formen von Erbrechen mildere. Bei Tieren kann diese Herabsetzung der Bewegung manchmal nach der Injektion von Dosen von ungefähr 1,0 mg oder weniger beobachtet werden. Die heftigen unregelmäßigen Kontraktionen, welche durch Muscarin und Pilocarpin erzeugt werden, werden durch diese kleine Dosis sofort aufgehoben[4]). Andere Wirkungen auf den Magen sind nach dieser Menge nicht zu beobachten, ebensowenig nach beträchtlich größeren Gaben, und die Magenäste des Vagus und Splanchnicus setzen ihre normale, die Peristaltik verstärkende bzw. hemmende Tätigkeit ruhig fort. Sehr große Dosen von Atropin [z. B. 10 mg beim Frosch, Dixon[5])], vermögen immer noch nicht die peristaltischen Bewegungen zu hemmen, sondern können sie sogar anregen [Beck[6])], und Vagus und Splanchnicus haben ihre gewöhnlichen Wirkungen. Bei Säugetieren [Langley[3]), Page May[7])] schwächen Mengen von 15—20 mg die motorischen Fasern, mit denen der Vagus den Sphincter des Magenmundes und seine Nachbarschaft versorgt und lassen die hemmende Wirkung dieses Nerven hervortreten. Größere Mengen zeigen das noch deutlicher, so daß Vagusreizung auf den Sphincter fast rein hemmend wirken kann

[1]) Jackson, Journ. of Pharmacol. and exp. Ther. **4**, 291 (1913).
[2]) Szpilmann u. Luchsinger, Archiv f. d. ges. Physiol. **26**, 459 (1881).
[3]) Langley, Journ. of Physiol. **23**, 407 (1898).
[4]) Schütz, Archiv f. experim. Pathol. **21**, 341 (1886).
[5]) Dixon, Journ. of Physiol. **28**, 57 (1902).
[6]) Beck, Centralbl. f. Physiol. **19**, 497 (1905).
[7]) Page May, Journ. of Physiol. **31**, 260 (1904).

[Langley, Battelli[1])]. Nach noch größeren Mengen verlieren die hemmenden Fasern des Sphincters auch ihre Herrschaft, und schließlich hört die
Vagusreizung auf, irgendeine Wirkung in der Nachbarschaft des Magenmundes
zu haben. Selbst nach diesen enormen Dosen (0,1 g) verursacht Reizung des
Vagus noch leichte Bewegungen des übrigen Magens. Die hemmenden Wirkungen
des Vagus auf die Bewegungen des Antrum bleiben auch nach großen Mengen von
Atropin erhalten. Die gastrischen Fasern des Splanchnicus sind ähnlicherweise
unempfindlich gegen Atropin, selbst 10 mg können sie beim Frosch nicht schwächen [Dixon[2])]. Sehr große, auf den Froschmagen direkt applizierte Mengen
(z. B. 0,4% Lösung) lähmen den Muskel direkt. Die Angaben von Battelli[1]),
Meltzer und Auer[3]) über diese Punkte weichen von denen der bereits erwähnten
Forscher in mancher Hinsicht ab, hauptsächlich bezüglich des Einflusses
der Nerven auf den Magen nach Atropin; Meltzer und Auer behaupten z. B.,
daß die motorische Vaguswirkung bei der Katze und beim Hund manchmal
durch 1,0 mg Atropin gelähmt werden. Aber diese Forscher benutzten keine
graphische Methode; und die Resultate der englischen Forscher sind so
bestimmt und übereinstimmend, daß sie die richtigeren zu sein scheinen.

Soweit die therapeutische Anwendung von Atropin in Betracht kommt,
ist es klar, daß nur der erste Grad der Wirkung ausgelöst werden kann,
nämlich derjenige, bei dem eine leichte Herabsetzung der Magenbewegungen
stattfindet, besonders wenn sie vorher durch Gifte erregt worden sind,
welche wie Pilocarpin, Muscarin und Physostigmin wirken. In diesem
Stadium haben die Nerven ihre normale Herrschaft über den Magen, welcher
noch imstande ist, seine normalen Bewegungen auszuführen. Die Atropinwirkungen auf die Magensaftsekretion sind auf S. 619 besprochen worden.

Wirkung auf den Darm. Die Wirkung auf den Darm ist sehr kompliziert
und noch gar nicht völlig erklärt, trotz der Arbeiten vieler Forscher [Magnus[4])].
Man nimmt allgemein an, daß kleine Mengen der atropinhaltigen Droge den
Spasmus verringern, und Atropin wird manchmal mit Erfolg bei Bleikolik angewandt [Harnack[5])]. Es wird vielfach den stärkeren Abführmitteln zugesetzt, wobei es den Schmerz und das Grimmen mildern soll. Es ist auch
bei Ileus gegeben worden in der Absicht, die Befreiung des an seiner normalen
Bewegung gehinderten Darmstückes aus seiner abnormen Lage zu befördern,
und nicht selten mit guten Erfolgen.

Nach einer kleinen Dosis von Atropin (1—2 mg) zeigt der Darm bei Tieren
im allgemeinen kein ungewöhnliches Bild. Es wird zuweilen behauptet, daß
er in der Bewegung weniger tätig sei als in der Norm [Bezold[6])]. Diese
Behauptung von der sedativen Wirkung kleiner Dosen ist von Unger[7])
durch Versuche am überlebenden Katzendarm gestützt worden. Aber seine
Beobachtungen stehen im Gegensatz zu jenen von Magnus[8]) und können
nicht als bewiesen betrachtet werden.

Der Darm reagiert in jeder Richtung vollkommen normal, und der
Vagus und Splanchnicus üben ihren normalen Einfluß auf ihn aus [Bayliss

---

[1]) Battelli, Trav. de Lab. de Therapeutique experim. de l'Univ. de Genève **3**, 105
(1896).
[2]) Dixon, Journ. of Physiol. **28**, 57 (1902).
[3]) Meltzer and Auer, Amer. Journ. of Physiol. **17**, 153 (1906).
[4]) Magnus, Ergebnisse d. Physiol. **2**, II 637 (1903) (Literatur bis 1903).
[5]) Harnack, Archiv f. experim. Pathol. u. Pharmakol. **9**, 211 (1878).
[6]) Bezold u. Bloebaum, Untersuch. a. d. physiol. Laborat. in Würzburg **1**, 1 (1867).
[7]) Unger, Archiv f. d. ges. Physiol. **119**, 373 (1907).
[8]) Magnus, Archiv f. d. ges. Physiol. **123**, 95 (1908).

und Starling[1]), Cushny[2])]. Aber die Injektion von Pilocarpin, Muscarin
oder Physostigmin, in Mengen injiziert, welche normalerweise heftige Peristaltik erzeugen würden, bleibt völlig wirkungslos, wenn ihr eine Atropininjektion voraufgeht. Es ist deshalb klar, daß Atropin in Mengen, welche
als innerhalb der thera-
peutischen Grenzen lie-
gend angesehen werden
können, gegenüber einer
Gruppe von erregenden
Drogen antagonistisch
wirkt, ohne in irgendeiner
Weise die normalen Darm-
bewegungen zu verändern.
M a g n u s [3]) konnte das

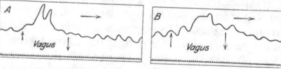

Abb. 13.. Wirkung der Vagusreizung auf den Hundedarm.
(*A*) vor und (*B*) nach der intravenösen Injektion von
0,002 g Atropin. Der Einfluß der Vagusreizung ist fast
unverändert. (I d e und T o r r e y bei C u s h n y.)

Bestehen von Antagonismus nachweisen, indem er Streifen von Darmmuskulatur, welche vom A u e r b a c h schen Plexus losgelöst worden waren, in
Ringerlösung der Einwirkung von Atropin und Pilocarpin aussetzte. Demnach ist es klar, daß die antagonistische Wirkung entweder in den Muskelzellen selbst oder in den Nervenendigungen des Plexus zustande kommt. Es
ist möglich, daß sich diese Mittel außerdem auch im Plexus entgegenwirken.

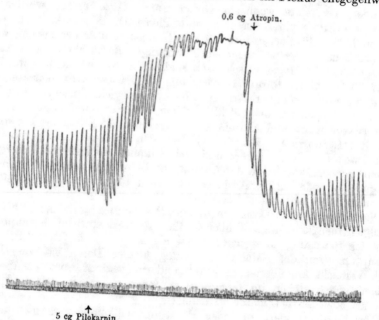

Abb. 14. Antagonismus von Pilocarpin und Atropin auf den überlebenden Kaninchendarm. Auf 0,05 g Pilocarpin starke Erregung, welche durch 0,006 g Atropin prompt beseitigt wird. (K r e s s.)

Wenn nämlich der Nervenplexus nicht vorhanden ist, verursacht Pilocarpin
keine heftigen Bewegungen, sondern nur eine Erhöhung des Tonus, und Atro-

[1]) B a y l i s s u. S t a r l i n g, Journ. of Physiol. **24**, 99 (1899).
[2]) C u s h n y, Journ. of Physiol. **41**, 233 (1910).
[3]) M a g n u s, Archiv f. d. ges. Physiol. **108**, 10 (1905).

pin beseitigt beide Symptome. Die Annahme einer solchen doppelten Wirkung erscheint aber überflüssig. Vielmehr läßt sich der gesamte Antagonismus aus einer direkten Wirkung auf die Muskulatur oder auf die Endigungen der Plexusfasern in ihr erklären. Wenn der Muskel von seinem Plexus abgetrennt wird, so ist er zu wiederholten Kontraktionen, selbst unter Pilocarpin, unfähig. Bleibt aber der Plexus unversehrt, so kann der durch das Pilocarpin auf die Muskulatur oder die Nervenenden gesetzte Reiz zu den typischen Bewegungen führen.

Es ist wahrscheinlich, daß auch andere Faktoren auf ähnliche Weise wie Pilocarpin und Muscarin Spasmen veranlassen können, und daß diese durch Atropin in seinen gewöhnlichen therapeutischen Dosen beseitigt werden können. In größerer Konzentration verursacht Atropin Beschleunigung der Darmbewegungen und macht sie gleichzeitig regelmäßiger [Hagen[1])]. Diese Phase ist von Magnus[2]) und Langley[3]) näher untersucht worden mit Hilfe von Versuchen am überlebenden Katzendarm, der in mit Sauerstoff gesättigter Kochsalzlösung aufgehängt war, und in derselben Weise von Kreß[4]) am Hunde- und Kaninchendarm. Magnus konnte an

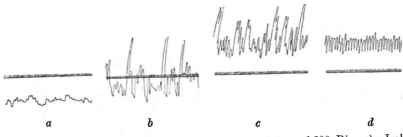

a   b   c   d

Abb. 15. Erregende Wirkung einer kleinen Atropindose (0,1 g auf 200 Ringer). Isolierte intakte Darmschlinge. Ringmuskelschreibung: *a.* vorher; *b.* 10 Minuten, *c.* 20 Minuten nach Atropinzufuhr; *d.* 10 Minuten nach einer abermaligen Dosis von 0,1 g Atropin. (Auf $^1/_2$ verkleinert.) (Magnus.)

Präparaten von Längsmuskulatur, welche mitsamt dem Auerbachschen Plexus von der Darmwand abgezogen wird, diese Erregung und Regulation sogar häufiger beobachten, als an Präparaten von ungespaltenem Darm. Dagegen fehlte sie vollständig an Präparaten von Darmmuskulatur, die vom Plexus abgetrennt worden waren.

Die Erregung entsteht also infolge Reizung des Auerbachschen Plexus und tritt ein nach Degeneration der postganglionären Fasern der äußeren Nerven [Langley und Magnus[5])]. Man sieht sie am besten, wenn man die Präparate in Lösungen von ungefähr 0,05% Atropin aufhängt.

Bei Verwendung etwas stärkerer Lösungen geht der Erregungszustand an plexushaltigen Präparaten in Lähmung über. An plexusfreien Präparaten wird dieses Stadium ungefähr um dieselbe Zeit erreicht. Die spontanen Bewegungen hören auf und man erhält keine Reaktion auf elektrische oder mechanische Reizung. Offenbar lähmt das Alkaloid in diesen Konzentrationen den Plexus und den Muskel fast gleichzeitig.

[1]) Hagen, Inaug.-Diss. Straßburg 1890.
[2]) Magnus, Archiv f. d. ges. Physiol. **108**, 10 (1905).
[3]) Langley u. Magnus, Journ. of Physiol. **33**, 36 (1905).
[4]) Kreß, Archiv f. d. ges. Physiol. **109**, 1 (1905).
[5]) Langley u. Magnus, Journ. of Physiol. **33**. 36 (1905).

Der Dickdarm und das Rectum reagieren auf Atropin in derselben Weise wie der Dünndarm [Langley und Anderson[1]), Bayliss und Starling)[2]]; Reizung der äußeren Nerven wird durch Atropin nicht beeinflußt und die normalen Bewegungen dauern fort. Injektion von Pilocarpin oder Muscarin bleibt nach vorheriger Atropindarreichung wirkungslos. v. Frankl-Hochwart und Fröhlich[3]) geben an, daß Atropin den durch Pilocarpin erhöhten Tonus des Sphincter ani internus in beträchtlichem Maße vermindere. Schroff[4]) beobachtete bei Vergiftung unwillkürliche Defäkation.

Die Bewegungen des Darms unter der Einwirkung von Pilocarpin und Muscarin und die sedative Wirkung, die das Atropin darauf ausübt, sind bisher so gedeutet worden, als ob diese Alkaloide die Vagusendigungen im Darme erregen bzw. lähmen. Diese Erklärung trifft jedoch nicht zu. Denn Bayliss und Starling haben gezeigt, daß sogar 30 mg Atropin intravenös injiziert die Vagus- und Splanchnicusnerven intakt lassen und die gewöhnlichen lokalen Reflexe nicht hindern. Die Versuche von Magnus und Kreß legen die Vermutung nahe, daß die Wirkung auf einer Beeinflussung des inneren Nervenplexus des Darmes, oder möglicherweise der Muskelfasern selbst beruhe.

Wirkung auf die Gallenblase. Bainbridge und Dale[5]) fanden, daß die leichte Kontraktion der Gallenblase, welche gewöhnlich auf Reizung

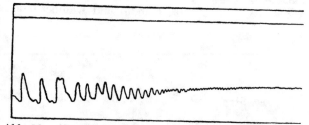

Abb. 16. Allmähliche Lähmung eines abgezogenen Längsmuskelstreifens des Katzendarmes unter dem Einflusse einer größeren Konzentration von Atropin. (Magnus.)

des Vagus folgt, nach einer intravenösen Injektion von 5 mg Atropin, ausbleibt, und geben an, daß die Endigungen dieses Nerven in der Gallenblase ausgesprochen empfindlicher gegen das Alkaloid seien als jene im Darm. Doyon[6]) fand, daß Atropin die durch Pilocarpin hervorgerufene Kontraktion der Gallenblase und des Gallenganges beseitigt.

Wirkung auf den Uterus. Kleine Dosen von Atropin intravenös oder subcutan injiziert, haben einen sehr geringen Einfluß auf die Bewegungen des Uterus [Franz)[7]]. Kurdinowski[8]) fand sehr selten irgendeine deutliche Erregung, und Röhrig[9]) und Cushny[10]) fanden keine Veränderung, weder der Bewegungen, noch der Reaktion auf Reizung der N. hypogastrici nach Atropin. Kehrer[11]) beobachtete, daß kleine Atropinmengen die Bewegungen des in sauerstoffhaltiger Ringerlösung suspendierten Uterus vermehren und sie regelmäßiger gestalten, während große Mengen zuerst die Bewegungen ver-

[1]) Langley u. Anderson, Journ. of Physiol. **18**, 67 (1895).
[2]) Bayliss u. Starling, Journ. of Physiol. **24**, 99 (1899).
[3]) Frankl-Hochwart u. Fröhlich, Archiv f. d. ges. Physiol. **81**, 420 (1900).
[4]) Schroff, Fröhlich u. Lichtenfels, Zeitschr. d. Ges. d. Ärzte zu Wien **1**, 211 (1852).
[5]) Bainbridge u. Dale, Journ. of Physiol. **33**, 138 (1905).
[6]) Doyon, Thèse, Lyon 1893.
[7]) Franz, Zeitschr. f. Geburtsh. u. Gynäkol. **53**, 404 (1904).
[8]) Kurdinowski, Archiv f. Gynäkol. **80**, 289 (1906).
[9]) Röhrig, Virchows Archiv **76**, 1 (1879).
[10]) Cushny, Journ. of Physiol. **35**, 15 (1906).
[11]) Kehrer, Archiv f. Gynäkol. **81**, 160 (1907).

mehren, sie dann aber vermindern und schließlich hemmen. Die Wirkung auf die Bewegungen des Uterus ähnelt derjenigen auf den Darm sehr stark: kleine Dosen haben keine merkliche Wirkung, größere erzeugen schnelle, regelmäßige Bewegungen und sehr große Mengen hemmen die Bewegungen nach einer Periode der Erregung. Franz bemerkte, daß ausgeschnittene Stücke vom Uterus 30 Minuten lang erregbar blieben, wenn sie in einer 1 proz. Atropinsalzlösung suspendiert wurden. Der N. hypogastricus übt auch nach Atropin unverändert seinen motorischen bzw. hemmenden Einfluß aus. Daß aber das Atropin sogar in den kleinsten Mengen eine Wirkung auf den Uterus besitzt, wird durch seinen Antagonismus gegen die Wirkungen von Pilocarpin gezeigt, das beim Kaninchen und der schwangeren Katze in der Regel heftige Kontraktion auslößt, bei der virginellen Katze in den meisten Fällen vollständige Hemmung herbeiführt. Ob Pilocarpin die Uterusbewegungen erregt oder hemmt, Atropin wirkt vollständig antagonistisch

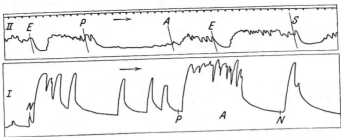

Abb. 17. Bewegungen des Uterus nach Pilocarpin, Atropin usw.
Kurve I von einer schwangeren Katze. Intravenös injiziertes Nicotin (N) verursacht Kontraktion durch Reizung der hypogastrischen Ganglien. Pilocarpin (P) verursacht ebenfalls heftige Kontraktionen welche andauern ·bis Atropin injiziert wird (A), wo das Organ wieder zur Ruhe zurückkehrt. Nicotin wirkt auch nachher noch weiter, d. h. die Nervenfasern können weiter Kontraktion verursachen.
Kurve II von einer nicht schwangeren Katze. Elektrische Reizung (E) des N. hypogastricus verursacht Erschlaffung. Pilocarpin (P) verursacht auch Erschlaffung welche durch Atropin (A) beseitigt wird. Nachfolgende hypogastrische Reizung (E) hat dieselbe Wirkung wie vorher und Adrenalin (S) behält seine hemmende Wirkung. Atropin beseitigt also die Pilocarpinhemmung, ohne die Nerven zu lähmen.

gegen seine Wirkung und bringt das Organ wieder in den Zustand, in welchem es sich befand, ehe Pilocarpin injiziert wurde [Cushny[1])]. Der hauptsächlich motorischen Wirkung von Physostigmin wirkt das Atropin ebenfalls entgegen. Die Wirkungen von Pilocarpin auf den Uterus sind fast ganz dieselben wie diejenigen der hypogastrischen Reizung: beim Kaninchen und der schwangeren Katze kontrahiert sich das Organ in beiden Fällen, bei der virginellen Katze erschlafft es. Selbst wenn Ausnahmen von der allgemeinen Regel vorkommen, z. B. wenn der Uterus der schwangeren Katze durch hypogastrische Reizung gehemmt wird, scheinen die Pilocarpinwirkungen doch jenen der Nervenerregung zu ähneln. Dies führte zu der Ansicht (Cushny), daß der Sitz der Wirkung in enger Beziehung zu den Nervenendigungen steht, aber nicht auf der Bahn der Nervenimpulse liegt, da diese Bahn nicht von Atropin unterbrochen wurde.

Dale und Laidlaw[2]) nehmen jedoch an, daß einige der Pilocarpinwirkungen, insbesondere die Hemmung des Uterus, in der Weise entstehen,

¹) Cushny, Journ. of Physiol. **41**, 233 (1910).
²) Dale u. Laidlaw, Journ. of Physiol. **45**, 1 (1912).

daß das Alkaloid die Sekretion von Adrenalin in das Blut erhöht. Die antagonistische Wirkung von Atropin würde demnach eine indirekte sein, durch
Vermittelung der Nebennieren, und keine direkte, wie Cushny annimmt.
Aber Fardon[1]) beobachtete, daß das Atropin den hemmenden Wirkungen
des Pilocarpins auf den ausgeschnittenen Uterus entgegenwirke.

Wirkung auf die Blase. In der Therapie wird Atropin häufig mit Erfolg
bei der Behandlung der Übererregbarkeit der Blase mit häufigem Harnlassen
angewendet. Bei Tierversuchen fand Langley[2]), daß seine Injektion (10 mg
bei einer Katze intravenös) eine leichte Kontraktion verursachte, auf welche
eine allmähliche Abnahme des Tonus der Blase folgte. Die Wirkung der Reizung
der motorischen Nerven wurde leicht abgeschwächt, aber sogar 0,05 g bei
der Katze lähmten dieselben nicht [Langley und Anderson[3]), Loewi
und Fröhlich[4])]. Die kleinste Dosis genügt aber, um die Pilocarpin-Wirkung
aufzuheben, und die Reaktion auf nervöse Reizung nach großen Dosen von
Nicotin wird durch die Einführung von Atropin verändert, so daß kein Zweifel
über eine spezifische Wirkung auf die Blase bestehen kann, abgesehen von den
Wirkungen, welche bei der Injektion sichtbar sind.

Wirkungen auf die Ureteren. Die Kontraktionen der Ureteren werden
durch die Injektion kleiner Mengen beschleunigt, durch größere Mengen verlangsamt und schließlich gelähmt [Protopopow[5])].

Wirkung auf den M. retractor penis und den M. rectococcygeus. Der Retractor penis kontrahiert sich auch nach Atropin weiter bei Reizung des N.
pudendus, aber die leichte Steigerung des Tonus, welche Muscarin herbeiführt,
wird aufgehoben. Wenn der Muskel in Blut aufgehängt wird, welches 0,1—0,2%
Atropin enthält, dann wird sein Tonus allmählich verringert, und die spontanen
Kontraktionen verschwinden [De Zilwa[6])].

Kontraktion des Rectococcygeus nach Reizung des N. pelvicus bleibt
nach Injektion großer Mengen (20—50 mg) Atropin aus [Langley und Anderson[7]), Fröhlich und Loewi[4])].

Wirkung auf den Ductus thoracicus. Der Ductus thoracicus wird durch
kleine Dosen von Atropin (5 mg) erweitert, während Pilocarpin ihn kontrahiert
[Camus und Gley[8])].

Allgemeines über die periphere Wirkung. Die Wirkung des Atropins auf den
peripheren Apparat umfaßt eine große Anzahl von Organen, und es bestand
die Neigung, alle diese Wirkungen als Folgen der Lähmung der verschiedenen äußeren Nerven zu erklären. Dieser Deutungsversuch, welcher aus
den frühen Beobachtungen über die Wirkung des Atropins auf das Herz und die
Speicheldrüsen entstand und auf Versuche gegründet war, in welchen der
gegenseitige Antagonismus zwischen der Atropin- und der Muscarin- Pilocarpin-
gruppe gezeigt wurde, ohne daß der Angriffspunkt der Gifte näher bestimmt
worden war, war nicht mehr zu halten, als eine kritischere Untersuchung der
Atropinwirkungen einsetzte.

Wenn kleine Dosen von Atropin (1—2 mg), so wie sie allein therapeu-
tisches Interesse besitzen, einem Menschen oder Tier gegeben werden, so sieht

[1]) Fardon, Biochemical Journ. **3**, 405 (1908).
[2]) Langley, Journ. of Physiol. **43**, 155 (1911).
[3]) Langley u. Anderson, Journ. of Physiol. **19**, 71 (1895).
[4]) Fröhlich u. Loewi, Archiv f. experim. Pathol. u. Pharmakol. **59**, 51 (1908).
[5]) Protopopow, Archiv f. d. ges. Physiol. **66**, 99 (1897).
[6]) De Zilwa, Journ. of Physiol. **27**, 219 (1901).
[7]) Langley u. Anderson, Journ. of Physiol. **18**, 67 (1895).
[8]) Camus u. Gley, Arch. de Pharmacodyn. **1**, 487 (1895).

man deutliche Wirkungen auf Auge, Herz, Bronchialmuskel, vielleicht auf die Gallenblase und die sekretorischen Drüsen der Haut, des Mundes und der Speiseröhre bis zum Magen und Pankreas. Bei allen diesen Organen bzw. Organabschnitten fand man, daß Lähmung der postganglionären Fasern einer Reihe äußerer Nerven vorkommen. Die Tätigkeit anderer Organe kann in mäßigem Grade gesteigert oder herabgesetzt werden, aber die Veränderung ist nicht ausgesprochen und die äußeren Nerven werden nicht beeinflußt[1]).

Aber die Atropinwirkung ist viel umfangreicher als es nach diesen Beobachtungen scheinen würde. Denn, außer jenen Organen, in welchen die äußeren Nerven gelähmt werden, findet man viele andere, welche nicht mehr auf mäßige Mengen von Pilocarpin und Muscarin reagieren, z. B. die Muskeln des Oesophagus, Magens, Darms, Blase, Uterus, Penis. Bei diesen bleiben die äußeren Nerven, seien es motorische oder hemmende, unbeeinflußt von den genannten Dosen von Atropin. Aber der Antagonismus gegen Pilocarpin ist ebenso deutlich, wie bei den Organen, welche nach Atropin Lähmung eines der äußeren Nerven zeigen. Diese beiden Gruppen von Organen besitzen komplizierte nervöse Mechanismen. Aber in der ersten Gruppe besteht kein Grund für die Annahme irgendwelcher Nervennetze, außer jenen, welche direkt von den äußeren Nerven und den Ganglien im Verlaufe der äußeren Nerven herstammen. In der zweiten Gruppe, in welcher Atropin nicht die äußeren Nerven lähmt, obschon es als Antagonist des Pilocarpins wirkt, gibt es jedoch eine weitere Komplikation durch die Existenz eines peripheren Nervensystems, das unabhängig von den äußeren Nerven ist und welches im Darm unter dem Namen des Auerbachschen und Meißnerschen Plexus am bekanntesten ist. Es scheint, daß der Unterschied in der Reaktion der beiden Organgruppen auf Atropin auf diesen Unterschied in ihrer Innervation zurückzuführen ist. In beiden Gruppen wird die Pilocarpinwirkung durch Atropin aufgehoben. In der ersten Gruppe aber werden außerdem die äußeren Nervenendigungen gelähmt, während in der zweiten Gruppe mit dem komplizierten inneren Nervenplexus die äußeren Nerven unverändert bleiben.

Den Punkt, an welchem dieser Antagonismus entwickelt wird, suchte man in der ersten Gruppe mit Hilfe der Degenerationsmethode exakt zu bestimmen. Bei der Iris verschwindet der Antagonismus von Atropin und Physostigmin nach Degeneration, während er zwischen Pilocarpin und Atropin erhalten bleibt [Anderson[2])]. Am Bronchialmuskel verschwindet der Antagonismus zwischen Atropin und Pilocarpin nach Degeneration des Vagus [Brodie und Dixon[3])], an den Schweißdrüsen verliert er sich drei Wochen nach Durchschneidung des Ischiadicus [Luchsinger[4])]. In den beiden letzten Fällen würde daher der Angriffspunkt für die antagonistischen Wirkungen in nervösen Elementen zu suchen sein, während er bei der Iris für Pilocarpin und Atropin durch die vollständige Degeneration der Nerven offenbar unberührt bleibt. Es sind weitere Untersuchungen erforderlich, um festzustellen, ob diese Divergenz wirklich so ausgesprochen ist, wie diese Beob-

---

[1]) Fröhlich und Loewi, Archiv f. experim. Pathol. u. Pharmakol. 59, 51 (1908) haben versucht, die periphere Wirkung dahin zu bestimmen, daß sie eine Lähmung der Endigungen der motorischen Nerven des kranialen und sakralen autonomen Systems sei, aber die Untersuchung zeigt, daß Atropin auf mehrere Organe wirkt, welche in diese Definition nicht inbegriffen sind. z. B. die Schweißdrüsen, das Herz, und andererseits lähmt es nicht in gewöhnlichen Mengen die Vagusenden im Magen, Darm usw.

[2]) Anderson, Journ. of Physiol. 33, 414 (1905).
[3]) Brodie u. Dixon, Journ. of Physiol. 29, 97 (1903).
[4]) Luchsinger, Archiv f. d. ges. Physiol. 14, 370 (1877); 15, 482 (1877).

achtungen vermuten lassen. In der Tat haben fortgesetzte Versuche von Dixon seine frühere Ansicht in bezug auf die Bronchialmuskeln nicht bestätigen können; denn er konnte den Antagonismus noch viele Wochen nach Durchtrennung des Vagus beobachten (Mündliche Mitteilung).

In der zweiten Gruppe war dieses Verfahren unmöglich, und die einzige Untersuchung, welche sich mit der genauen Bestimmung des Angriffspunkts befaßt, ist die von Magnus[1]). Dieser fand, daß der Antagonismus in dem Darmmuskel, welcher seines Plexus beraubt ist, aber unversehrte Nervenendigungen besitzt, noch beobachtet werden kann. Die Alkaloide müssen darum ihre Wirkung entweder auf den Muskel oder auf die Nervenendigungen ausüben.

Schmiedeberg und seine Schüler haben die Atropinwirkung immer in die Nervenendigungen verlegt, und es wird allgemein angenommen, daß bei der ersten Organgruppe nicht der contractile oder sekretorische Apparat, sondern irgend ein Rezeptor alteriert wird, der entweder in den Nervenendigungen oder zwischen diesen und der eigentlichen contractilen Substanz seinen Sitz hat. In Analogie damit würde man vermuten, daß auch in der zweiten Organgruppe das Gift an der Verbindung von Nerv und Muskel wirkt, vielleicht an den Endigungen der Fasern des Auerbachschen Plexus im Muskel. Aber das ist nicht bewiesen und darf nur als eine auf Analogie gestützte Hypothese angesehen werden. Dagegen kann man anführen, daß die Organe der zweiten Gruppe imstande sind, ihre normale Tätigkeit nach Atropin beizubehalten, so daß durch diese kleinen Dosen kein wesentlicher Mechanismus gelähmt wird, obgleich die Wirkung der erregenden Gifte antagonistisch beeinflußt wird. Es ist möglich, daß Atropin in diesen Organen nicht auf die Nervenendigungen direkt wirkt, sondern auf irgendeinen Receptor, der in enger Verbindung mit denselben steht [Cushny[2])].

Es ist gezeigt worden, daß die antagonistische Wirkung gegenseitig ist, d. h.: Während Atropin in verhältnismäßig kleinen Mengen die Wirkung von Muscarin, Pilocarpin und Physostigmin beseitigt, kann eine größere Menge von diesen ihre Wirkung wiederherstellen. Wenn man sich in sorgfältiger Weise der minimalen wirksamen Mengen bedient, so kann dies Gegenspiel mehrere Male wiederholt werden. Die relativen Mengen der beiden Antagonisten sind jedoch sehr verschieden; sehr kleine Mengen von Atropin sind noch gegen beträchtliche Mengen von Pilocarpin und Muscarin wirksam, während Physostigmin weniger leicht neutralisiert wird. Es wird schließlich dem Antagonismus eine Grenze gesetzt, weil Pilocarpin in großen Mengen selbst die Organe lähmt [Langley[3])]. Dieser gegenseitige Antagonismus war früher ein Gegenstand der Diskussion, besonders von Roßbach, aber er ist jetzt durch eine ganze Reihe von Forschungen außer allen Zweifel gestellt. So wurde der gegenseitige Antagonismus am Herzen, der zuerst von Schmiedeberg und Koppe[4]) angenommen wurde, schließlich von Jordan[5]) und Straub[6]) bewiesen. Es wurde gezeigt, daß Atropin dem Pilocarpin, und Pilocarpin dem Atropin am Herzen und der Unterkieferspeicheldrüse

[1]) Magnus, Arch. f. d. ges. Phys. **108**, 10 (1905).
[2]) Cushny, Journ. of Physiol. **41**, 233 (1910).
[3]) Langley, Journ. of Physiol. **1**, 339 (1878).
[4]) Schmiedeberg u. Koppe, Das Muscarin. Leipzig 1869.
[5]) Jordan, Archiv f. experim. Pathol. u. Pharmakol. **8**, 17 (1878).
[6]) Straub, Archiv f. d. ges. Physiol. **119**, 127 (1907).

[Langley[1])], an der Pupille und den Schweißdrüsen [Luchsinger[2])] und an den Bronchien [Brodie und Dixon[3])] entgegenwirkt. Der Antagonismus von Atropin und Physostigmin wurde an der Speicheldrüse [Heidenhain[4])], am Herzen [Arnstein und Sustschinsky[5])] und am Darm [Traversa[6])], Schweder[7]), [Magnus[8])] nachgewiesen.

Pilocarpin, Muscarin und Physostigmin stellen nicht nur die durch Atropin gehemmte Kontraktion respektive Sekretion, sondern tatsächlich den Einfluß der Nerven auf die Organe der ersten Gruppe wieder her, wie unbestreitbar für die Speicheldrüsen [Heidenhain[4])], [Langley[1])], die Schweißdrüsen [Luchsinger[2])] und das Herz [Arnstein und Sustschinsky[9])] festgestellt worden ist. Diese Tatsache scheint eine sehr starke Stütze für die Ansicht zu sein, daß die Lähmung der Nerven durch das Atropin, und sein Antagonismus gegenüber der genannten Gruppe von Alkaloiden durch eine Wirkung des Atropins auf ein und denselben rezeptiven Körper zustande kommt. Die Stärke dieses Arguments scheint von den Vertretern anderer Erklärungen dieses Antagonismus nicht anerkannt worden zu sein. Beim Herzen vermag z. B. Straubs Ansicht, daß Atropin nur wirke, indem es das Eindringen von Muscarin in die Herzzelle verzögere, nicht, die Lähmung des Hemmungsnerven und ihre Wiederherstellung durch einen Antagonisten zu erklären, wenn nicht der Hemmungsvorgang als eine Änderung der Permeabilität der Zelle angesehen wird. Wenn man diese Annahme macht, so befindet man sich in Übereinstimmung mit Schmiedebergs ursprünglicher Ansicht.

Größere Mengen von Atropin (z. B. 15—30 mg intravenös) scheinen eine Erregung vieler Organe hervorzurufen, die am Darm aus der Wirkung auf den Auerbachschen Plexus zu entstehen scheint [Magnus[10])]. In vielen anderen Organen ist dies mit einer Abnahme der Herrschaft der äußeren Nerven verbunden. Es läßt sich jedoch nicht sicher feststellen, ob diese Wirkung auf die Endigungen der postganglionären Fasern der äußeren Nerven oder auf das ganglionäre Gewebe in ihrem Verlaufe ausgeübt wird. Es ist gezeigt worden, daß für den Halssympathicus beide Wirkungen in Betracht kommen [Carlson[11])]. Nach noch größeren Mengen tritt eine Neigung zur Herabsetzung der Bewegungen der glatten Muskulatur auf, anscheinend infolge der direkten Wirkung auf diese oder auf das nervöse Ganglion.

Wirkung auf das Blut. Nach Bohland[12]) verursacht Atropin Leucopenie, vielleicht infolge einer veränderten Verteilung des Blutes in den Geweben. Doyon und Kareff[13]) behaupten, daß die Injektion großer Dosen von Atropin (0,3 g) in die Pfortader beim Hund die Blutgerinnung

[1]) Langley, Journ. of Anat. and Physiol. **10**, 187; **11**, 173 (1876).
[2]) Luchsinger, Archiv f. d. ges. Physiol. **14**, 370 (1877); **15**, 482 (1877).
[3]) Brodie u. Dixon, Journ. of Physiol. **29**, 97 (1903).
[4]) Heidenhain, Archiv f. d. ges. Physiol. **5**, 309 (1872).
[5]) Arnstein u. Sustschinsky, Untersuch. a. d. physiol. Laborat. in Würzburg **3**, (1867).
[6]) Traversa, Arch. ital. de Biol. **28**, 484 (1897); **31**, 327 (1898).
[7]) Schweder, Inaug.-Diss. Dorpat 1889.
[8]) Magnus, Ergebnisse d. Physiol. **2**, II 637 (1903) (Literatur bis 1903).
[9]) Arnstein u. Sustschinsky, Untersuch. a. d. physiol. Laborat. in Würzburg **3**, (1867).
[10]) Magnus, Archiv f. d. ges. Physiol. **108**, 10 (1905).
[11]) Carlson, Amer. Journ. of Phys. **19**, 409 (1907).
[12]) Bohland, Centralbl. f. inn. Med. **1899**, H. 15.
[13]) Doyon u. Kareff, Journ. de Physiol. et de Pathol. génér. **8**, 227 (1906).

verzögert. Doch ist dies keine direkte Wirkung auf das Blut, denn im Reagensglas findet keine derartige Verzögerung statt. Sie scheint infolge irgendeiner
Wirkung auf die Leber zu entstehen; denn selbst nach Injektion größerer
Mengen in die Vena jugularis tritt sie nicht ein. Die Veränderung ist
noch nicht genauer bekannt. Doch handelt es sich weder um eine Verminderung des Fibrinogens noch um eine solche der Blutkörperchen.

Wirkung auf den Zuckerstoffwechsel. Cavazzani und Soldaini[1] behaupten, daß nach Atropindarreichung auf Reizung der Fasern des Plexus
coeliacus keine vermehrte Zuckerbildung aus Glykogen erfolgt. Sie schreiben
dies einer durch Atropin bewirkten Lähmung der Endigungen dieser Fasern in
der Leber zu. Morat und Doyon[2] beobachteten, daß nach Atropin das
Blut weniger Zucker enthält als normal. Andererseits sah Rafael[3] Glykosurie
beim Menschen und Kaninchen als Symptom der Atropinvergiftung. Eppinger, Falta und Rudinger[4] behaupten, daß beim Hund nach Thyreodek-
tomie Adrenalin keine Glykosurie mehr verursacht, daß aber nach Atropindarreichung diese Wirkung wiederkehrt. Gargiulo[5] fand, daß Atropin die
Phloridzinglykosurie zwar beim Kaninchen, nicht aber beim Frosch hemmt.
Alle diese Beobachtungen bedürfen weiterer Bestätigung. Aber sie genügen,
um anzudeuten, daß Atropin auf irgendeine noch nicht geklärte Weise die
Zuckerfunktion der Organe beeinflußt.

Wirkung auf die sensiblen Nervenenden. Man hat lange Zeit geglaubt,
daß Belladonnapräparate eine spezifische, schmerzlindernde Wirkung hätten,
wenn sie auf die verletzte oder unverletzte Haut appliziert werden. Und es
scheint außer Frage zu stehen, daß sie den Schmerz in den Schleimhäuten
lindern, wenn sie z. B. bei Augenkrankheiten auf die Hornhaut, bei Fissur
oder einem Geschwür auf das Rectum appliziert werden, obgleich es in
diesen Fällen unmöglich ist, festzustellen, wieweit dies von der krampflösenden
Wirkung auf die motorischen Nervenenden herrührt. Und angesichts der
nahen Verwandtschaft zwischen Atropin und Cocain ist dies nicht unwahrscheinlich. Die früheren Forscher Botkin[6] und Bezold[7] versuchten
dies zu ermitteln, indem sie Fröschen das Alkaloid injizierten und danach
die Reflextätigkeit prüften. Ihre Resultate waren in keiner Richtung entscheidend (Bezold). Aber ihre Methode war ungenügend; denn Cocain selbst
würde ebenfalls versagt haben. Short und Salisbury[8] konnten nach
kräftigem Einreiben von Atropin und Belladonnapräparaten auf die unversehrte Haut keine Analgesie feststellen; ebensowenig irgendeine Wirkung auf den Geschmackssinn, nach Applikation von Atropin auf die Zunge.

Wirkung auf den allgemeinen Stoffwechsel. Die Wirkung auf den allgemeinen Stoffwechsel ist sehr gering. So fand Eichelberg[9], daß bei
hungernden Tieren (Henne und Hund) Atropin keine sichere Wirkung auf
die Stickstoffausscheidung hat, außer wenn Mengen gegeben wurden, die
Erregung erzeugten und dementsprechend die Ausscheidung steigerten. Beim

---

[1] A. Cavazzani u. Soldaini, Arch. ital. de Biol. **25**, 465 (1896).

[2] Morat u. Doyon, Compt. rend. de la Soc. de Biol. **1892**, 643.

[3] Rafael, Berl. klin. Wochenschr. **1899**, Nr. 28.

[4] Eppinger, Falta u. Rudinger, Zeitschr. f. klin. Med. **66**, H. 1 u. 2 (1908).

[5] Gargiulo, Boll. Soc. Eustachiana **9**, H. 2; Centralbl. f. Biochem. u. Biophysik
12, 421 (1911/12).

[6] Botkin, Virchows Archiv **24**. 83 (1862).

[7] Bezold u. Bloebaum, Untersuch. a. d. physiol. Laborat. in Würzburg **1**. 1 (1867).

[8] Short u. Salisbury, Brit. Med. Journ. **1**, 560 (1910).

[9] Eichelberg, Inaug.-Diss. Marburg 1903.

Hund wird bei gewöhnlicher Fütterung die Stickstoff- und Phosphorausscheidung nicht beeinflußt durch Mengen, die genügten, die Drüsen für
einige Stunden zu lähmen, obgleich auf größere Mengen später eine Zunahme
der Stickstoffausscheidung folgte, vielleicht, weil die Retention der Drü-
sensekretion zu einer vermehrten Gewebszerstörung führte, deren Produkte
erst ausgeschieden werden konnten, nachdem die Drüsen ihre Tätigkeit
wiedererlangt hatten.

Wirkung auf die Körpertemperatur. Atropin erhöht in klinischen Fällen
[Meuriot[1])] oft die Temperatur um 1—3°. Das ist auch experimentell beobachtet worden. Nach Morat und Doyon[2]) wirkt Pilocarpin in entgegengesetzter Weise, indem es die Temperatur herabsetzt. Andere haben
die Temperatur beim Menschen [Schroff[3])] und bei manchen Tieren nach
Atropin herabgesetzt gefunden. Nach Ott und Collmar[4]) ist die Temperatursteigerung (1—6° bei Tieren) unabhängig von den Veränderungen im
Kreislauf und den Zuckungen. Sie ist von einer Zunahme der Wärmebildung und einer kleineren Steigerung des Wärmeverlustes begleitet. Die
Wirkung scheint rein zentral zu sein und infolge von Reizung der Nervenzentren der Wärmeregulation zu entstehen.

Ausscheidung und Zersetzung. Atropin wird innerhalb des gesamten
Darmtraktus in nur unbedeutenden Mengen ausgeschieden [Bongers[5]),
Wiechowski[6])]. Dagegen erscheinen ungefähr 33% von dem eingeführten
unverändert wieder im Hundeharn [Wiechowski[6])], und ungefähr 15—20%
in dem des Kaninchens [Cloetta[7])]. Fickewirth und Heffter[8]) fanden,
daß ein Teil des eingeführten Atropins unverändert in dem Harn des
Kaninchens zusammen mit Tropin und einer unbekannten Base zur Ausscheidung gelangte, wobei sich die Gesamtmenge der ausgeschiedenen Base
auf ungefähr die Hälfte des dem Tiere eingeführten Atropins beläuft. Spuren
davon können noch acht Tage lang im Tierharn nachgewiesen werden. Katzen scheinen sich verschieden zu verhalten, insofern als manche die ganze
Menge des eingeführten Giftes zersetzen, andere einen Teil unverändert ausscheiden [Cloetta[7])]. Beim Menschen ist Atropin im Harn in Fällen von
Vergiftung gefunden worden, aber nicht länger als 36 Stunden. Das Alkaloid
wird von den Geweben aus dem Blute sehr rasch aufgenommen, scheint sich
aber nicht in den Geweben anzusammeln, wie man früher annahm [Ficke-
wirth und Heffter[8])].

Als Ort der Zerstörung des Atropins im Körper ist von Kothiar[9])
die Leber angenommen worden. Er fand, daß ein Hund mit einer Eck-
schen Fistel ungewöhnlich empfindlich war gegen die Wirkung kleiner
per os eingegebener Atropinmengen, und meinte, daß dies davon herrühre,
daß das Alkaloid nicht, wie in der Norm, im Laufe seiner Absorption
durch die Leber gehen kann und daher der Zerstörung oder der Retention
in diesem Organ entgeht. Er nahm an, daß vom Magen resorbiertes Atro-

---

[1]) Meuriot, Thèse de Paris 1868.
[2]) Morat u. Doyon, Compt. rend. de la Soc. de Biol. **1892**, 663.
[3]) Schroff, Fröhlich u. Lichterfels, Zeitschr. d. Ges. d. Ärzte zu Wien **1**, 211 (1852)
[4]) Ott u. Collmar, Therapeut. Gazette **1887**, 511.
[5]) Bongers, Archiv f. experim. Pathol. u. Pharmakol. **35**, 434 (1895).
[6]) Wiechowski, Archiv f. experim. Pathol. u. Pharmakol. **46**, 155 (1901).
[7]) Cloetta, Archiv f. experim. Pathol. u. Pharmakol. Suppl.-Bd. Schmiedeberg-
Festschr. S. 117 (1908).
[8]) Fickewirth u. Heffter, Biochem. Zeitschr. **40**, 36, 48 (1912).
[9]) Kothiar, Arch. des Sciences biol. **2**, 587 (1893).

pin bei dem Hund mit Eckscher Fistel in seinen Wirkungen mit dem direkt in den Kreislauf unversehrter Tieren injizierten vergleichbar sei. Schupfer[1]) und Rothberger und Winterberger[2]) konnten jedoch Kothiars Resultate nicht bestätigen, und behaupten, daß Hunde mit Eckscher Fistel genau in derselben Weise auf Atropin reagieren wie normale Tiere.

In neuerer Zeit lokalisierte Cloetta[3]) wieder die Hauptzerstörung des Atropins im Gehirn und in der Leber. Er fand, daß Emulsionen dieser Organe Atropin in vitro zerstören. Dies steht im Einklang mit seiner Beobachtung, daß kein Atropin gefunden wird im Gehirn von vergifteten Tieren, obgleich es das Blut sehr rasch verläßt. Dagegen beobachtete Fleischmann[4]), daß die Wirkung des Alkaloids ebenso rasch verschwindet, wenn alle Organe, außer dem Herzen und den Lungen, vom Kreislauf ausgeschlossen werden. Leber und Gehirn können daher nicht für seine Zerstörung verantwortlich gemacht werden. Er zeigte ferner, daß Atropin im Blut und Serum mancher Kaninchen in vitro sehr rasch zerstört werden kann. Meerschweinchenblut hat dieselbe Wirkung auf Atropin, aber in geringerem Grade, und Schafblut wiederum wirkt schwächer als Meerschweinchenblut. Das Blut oder Serum des Menschen, Hundes, der Katze oder des Huhnes besitzt keine derartige zerstörende Wirkung auf Atropin im Reagensglas. Und selbst bei verschiedenen Kaninchen zeigt sich das Blut außerordentlich verschieden in seiner zersetzenden Fähigkeit. Manche Sera sind fast ohne Wirkung, während andere sogar 0,05 mg pro ccm in 2 Minuten zerstören [Metzner[5])[6])]. Fleischmann nahm an, daß diese Verschiedenheiten mit Veränderungen der Schilddrüse zusammenhängen, da Kaninchen mit Struma die Fähigkeit, Atropin zu zerstören, verlieren. Aber Metzner, der zwar die Zerstörung von Atropin im Serum mancher Kaninchen bestätigt, leugnet jede Beziehung zwischen dem Zustand der Schilddrüse und diesem Phänomen. Er fand alle Abstufungen der Wirkung im Serum bei den verschiedenen Kaninchen; aber selbst die wirksamsten Sera verloren ihre Fähigkeit, wenn sie bis auf 60° erhitzt wurden, so daß Metzner ihre Wirkung als fermentative ansieht. Er fand, daß nach der Zerstörung des Atropins (wie sie durch das Verschwinden seiner mydriatischen und Vaguswirkung angezeigt wird) das Serum, welches es enthielt, noch einen intensiv bitteren Geschmack hatte, und nimmt an, daß das Ferment das Alkaloid zu Tropin und Tropasäure verseift. Eine Stütze wird dieser Ansicht durch den Nachweis von Tropin im Harn nach der Einführung von Atropin verliehen [Fickewirth und Heffter[7])]. Diese letzteren Beobachtungen zeigen, daß bei manchen Würfen von Kaninchen eine beträchtliche Zerstörung von Atropin im Blute selbst stattfindet. Bei anderen Tierarten aber und auch bei einzelnen Kaninchen tritt dies nicht ein, und es ist noch unbekannt, welches Organ oder Gewebe bei diesen Tieren für die Zerstörung des Alkaloids verantwortlich zu machen ist, obgleich Cloettas Versuche auf die Leber hinweisen. Buys[8]) und Clark[9])

[1]) Schupfer, Arch. ital. de Biol. 26, 311 (1896).
[2]) Rothberger u. Winterberg, Arch. de Pharmacodyn. 15, 347 (1905) (Literatur).
[3]) Cloetta, Archiv f. experim. Pathol. u. Pharmakol. Suppl.-Bd. Schmiedeberg-Festschr. S. 117 (1908).
[4]) Fleischmann, Archiv f. experim. Pathol. u. Pharmakol. 62, 518 (1910); Zeitschr. f. klin. Med. 73, 175 (1911).
[5]) Metzner, Archiv f. experim. Pathol. u. Pharmakol. 68, 108 (1912).
[6]) Metzner u. Hedinger, Archiv f. experim. Pathol. u. Pharmakol. 69, 272 (1912).
[7]) Fickewirth u. Heffter, Biochem. Zeitschr. 40, 36, 48 (1912).
[8]) Buys, Ann. de la Soc. Roy. des Sc. de Bruxelles 4, 73 (1895).
[9]) Clark, Quarterly Journ. of exp. Physiol. 5, 385 (1912).

untersuchten die Wirkung von Emulsionen verschiedener Organe auf Atropin und fanden, daß die Lebern vom Frosch und Kaninchen es durch Fermentwirkung zerstören. Auch das Froschherz und die Froschniere besitzen diese Fähigkeit, ebenso das Kaninchenserum. Die Autoren konnten eine derartige Wirkung von keinem anderen Organ dieser Tiere erhalten und auch keine zerstörende Wirkung irgendeines Gewebes der Ratte, des Hundes oder der Katze beobachten.

Die Toleranz. Außer der angeborenen Toleranz gegenüber dem Atropin, die wir an vielen Herbivoren kennen, ist wiederholt bewiesen worden, daß fortgesetzte Behandlung mit Atropin eine erworbene Toleranz verleiht. So beobachtete v. Anrep[1]), daß bei Hunden, die einige Wochen lang wiederholten Injektionen von Atropin unterworfen wurden, die Symptome von seiten des Zentralnervensystems weniger deutlich wurden, während die Reaktionen am Herzen, an der Pupille und den Drüsen in praktisch derselben Stärke ausgelöst werden können, wie im Anfang und mit den gleichen Dosen. Ähnliche Resultate sind von Cloetta[2]) und Metzner[3]) bei der Katze und besonders leicht beim Kaninchen erhalten worden. Die für große Dosen charakteristischen Symptome, die hauptsächlich vom Zentralnervensystem ausgehen, wurden also nach wiederholter Injektion weniger deutlich, während jene Organe, die auf sehr kleine Dosen reagieren, nach diesen Beobachtungen ihre Empfindlichkeit behalten sollen. Die Zentralnervensymptome können auch bei gewöhnten Tieren ausgelöst werden, aber nur durch Atropinmengen, die für normale Tiere tödlich sein würden. Man kann an der Richtigkeit der Behauptung, daß bei den peripheren Organen, auf welche Atropin in sehr kleinen Mengen wirkt, die Toleranz gegen das Gift weniger entwickelt wird, gewisse Zweifel hegen, denn Sabbatani[4]) fand, daß nach längerer Behandlung mit Atropin der Vagus des Frosches und des Kaninchens nicht mehr vollständig durch das Alkaloid gelähmt wurde, und daß die Wirkung des Pilocarpins auf die Speichelsekretion nicht mehr wie früher ganz paralysiert wurde. Andrerseits war die Wirkung auf die Schweißdrüsen und die Iris nicht merklich abgeschwächt, und Sabbatani bemerkt, daß bei therapeutischer Anwendung keine Toleranz der Iris eintritt, wenn Atropin lange Zeit auf die Bindehaut appliziert wird. Cloetta[5]) fand auch die periphere Wirkung durch den andauernden Gebrauch des Giftes verändert. Denn wenn auch beim gewöhnten Kaninchen der Vagus weiter durch Lähmung auf Atropin reagierte, dauerte dies doch bei den so behandelten Tieren kürzere Zeit, als bei den normalen. Die Wirkung auf die Iris blieb unverändert, da dieses Organ noch empfindlicher für die Atropinwirkung ist, als das Herz. Heckel[6]) stellte fest, daß bei Kaninchen, Meerschweinchen und Ratten, welche mit Belladonnablättern und -wurzeln gefüttert wurden, keine Mydriasis auftrat, und Metzner fand, daß die Mydriasis in den Fällen, wo sie bei diesen Tieren anfangs vorhanden ist, bald verschwindet, wenn die Toleranz erworben ist.

---

[1]) v. Anrep, Archiv f. d. ges. Physiol. **20**, 185 (1880).
[2]) Cloetta, Archiv f. experim. Pathol. u. Pharmakol. Suppl.-Bd. · Schmiedeberg-Festschr. S. 117 (1908).
[3]) Metzner, Archiv f. experim. Pathol. u. Pharmakol. **68**, 108 (1912).
[4]) Sabbatani, Arch. ital. de Biol. **15**, 198 (1891).
[5]) Cloetta, Archiv f. experim. Pathol. u. Pharmakol. **64**, 427 (1911).
[6]) Heckel, Compt. rend. de l'Acad. des Sc. **80**, 1608 (1875).

Diese Verschiedenheit der Resultate läßt sich vielleicht durch die Schwierigkeiten der Beobachtung erklären. Bei vielen Tieren scheint die Empfindlichkeit der peripheren Organe für Atropin zu schwanken, wie es für das Kaninchen besonders von Metzner[1]) in seiner Untersuchung über die Lähmung der Vagusendigungen nachgewiesen worden ist. Andrerseits ist die Menge, welche notwendig ist, um auf diese Organe zu wirken, sehr gering. Es ist zwar leicht, die Toleranz des Gehirns für Atropin zu beobachten, welches ja in Dezigrammen gegeben werden muß, um krampfartige Wirkungen auszulösen. Dagegen wird man nur mit Vorsicht an die Bestimmung der Toleranz herangehen, wenn es sich bei der Menge, die man braucht, um die periphere Wirkung auszulösen, um Dezimilligramme handelt. Und wo es möglich ist, genau zu messen, wie bei den Herzwirkungen, ist es viel weniger unklar, ob eine Toleranz für Atropin erworben wird, oder nicht, als in jenen Organen, in welchen die Messung schwierig oder unmöglich ist, wie bei der Iris oder den Schweißdrüsen, wo noch nicht festgestellt werden konnte, ob Toleranz eintritt.

Nach Stefani[2]) kann man eine lokale Toleranz durch sehr lange dauernde Anwendung von Atropin auf das Auge beim Menschen, Hund und Katze erhalten, wie dies durch die weniger ausgeprägte Erweiterung der Pupille, durch ihr rascheres Einsetzen und ihre kürzere Dauer gekennzeichnet wird. Wenn diese lokale Toleranz nur an einem Auge erzeugt und dann eine subcutane Injektion von Atropin gemacht wird, so soll sich die Iris des behandelten Auges weniger empfindlich zeigen, als die des nicht behandelten. Heckel fand, daß bei seinen toleranten Tieren eine stärkere Lösung in das Auge gebracht werden mußte, um die Pupille zu erweitern, als für unbehandelte Tiere erforderlich war.

Cloetta vertritt die Ansicht, daß bei erworbener Toleranz die peripheren Nervenenden nicht weniger empfindlich für Atropin werden, sondern nur das Alkaloid rascher daraus ausgeschieden wird. Das ist jedoch schwer mit den Beobachtungen von Stefani und Heckel über lokale Toleranz in Einklang zu bringen, wenn man nicht annimmt, daß die tolerante Iris die Fähigkeit, das Alkaloid zu zerstören, in größerem Maße erwirbt als die unbehandelte. Tatsächlich fand Cloetta, daß Atropin schneller aus den Organen und dem Urin des toleranten Kaninchens verschwindet, und schließt daraus, daß bei diesen Tieren sowohl die Zerstörung wie auch die Ausscheidung beschleunigt werden. Bei der Katze ist dagegen die durch längere Behandlung mit Atropin entwickelte Toleranz von keinerlei Beschleunigung der Zersetzung des Alkaloids begleitet, sondern nur von einer Beschleunigung der Ausscheidung durch die Niere. Stefanis Beobachtungen lassen jedoch vermuten, daß auch in der toleranten Iris der Katze eine Beschleunigung der Zerstörung des Alkaloids eine Rolle spielt. Der erreichbare Grad der Toleranz ist bei der Katze viel niedriger als beim Kaninchen (Cloetta, Metzner). Bei der Ratte besteht eine begrenzte natürliche Toleranz dem Atropin gegenüber, doch scheinen die Organe das Alkaloid nicht zersetzen zu können, was auf eine rapide Ausscheidung oder vielleicht auf eine geringe Empfindlichkeit der Organe hinzudeuten scheint [Clark[3])].

Die angeborene Toleranz des Kaninchens für Atropin wird von Fleisch-

[1]) Metzner, Archiv f. experim. Pathol. u. Pharmakol. **68**, 108 (1912).
[2]) Stefani, Arch. ital. de Biol. **41**, 1 (1904).
[3]) Clark, Quarterly Journ. of experim. Physiol. **5**, 385 (1912).

mann[1]) und Cloetta seiner raschen Zerstörung in den Geweben dieser Tiere zugeschrieben, wobei Fleischmann diese Zerstörung im Blutserum, Cloetta in Leber und Gehirn lokalisiert. Da die Fleischfresser und der Mensch weniger fähig sind, Atropin zu zerstören, so sind sie empfänglicher für seine Wirkung. Hier sei jedoch Cloettas Beobachtung erwähnt, daß manche Katzen einen ebenso großen Teil des eingeführten Atropins zerstören wie Kaninchen, so daß diese Ansicht nicht ganz überzeugend ist.

Chronische Vergiftung. v. Anrep[2]) behauptet, daß kleine, wiederholt dargereichte Atropingaben keine schädlichen Wirkungen auf Tiere haben, außer auf das Herz, welches er bei Hunden durch die fortgesetzte Injektion so geringer Mengen wie 3 mg geschwächt fand. Sabbatani[3]) war nicht imstande, diese Wirkung auf das Herz zu bestätigen, und schreibt sie anderen Faktoren in v. Anreps Versuchen zu, nicht dem Atropin. Fortgesetzte Vergiftung mit größeren Mengen führt bei Hunden chronische Vergiftung herbei, mit deutlicher Apathie, Steigerung der Erregbarkeit, Appetitverlust, gelegentlichem Erbrechen und deutlichem Gewichtsverlust [Anrep[2])]. Ähnliche Symptome wurden beim Menschen von v. Graefe[4]) und von Marandon de Montyel[5]) beobachtet. Letzterer behauptet, daß Duboisin, bei kranken Menschen als Sedativum gegeben, Toleranz erzeugt, soweit seine Wirkung auf das Gehirn in Betracht kommt, und daß es Herzschwäche, Dyspepsie und Unterernährung hervorruft. Metzner[6]) beobachtete bei Katzen im Verlaufe der chronischen Vergiftung Symptome, welche jenen der „paralytischen Speichelsekretion" ähnelten.

Wirkung auf die Invertebraten. Korentschewsky[7]) fand, daß Atropin bei den Infusorien zuerst eine gewisse Erregung mit vermehrter Bewegung verursacht, später Lähmung mit Schwellung des Protoplasmas, die Bildung großer Vakuolen und schließlich den Tod.

Bei Carmarina hastula, einer Meduse, verhindert oder beseitigt, wie Sanzo[8]) feststellte, das Atropin die Wirkung von Muscarin, Pilocarpin und Nicotin, die angeblich die Kontraktionen durch Reizung eines Hemmungsmechanismus aufheben. Wie Mathews[9]) und Sollmann[10]) fanden, verhindert Atropin in einer Konzentration von 1 : 20 000 die Entwicklung der Embryonen der Seeigel und der Seesterne. Mathews[9]) nimmt an, daß Atropin die Oxydation in den Zellen hemmt, und dehnt diese an Embryonen erhaltenen Resultate aus auf die Wirkung auf die Speicheldrüsen in einer allgemeinen Hypothese, die sich nicht auf einen direkten experimentellen Beweis gründet. Andererseits beobachtete Sollmann[11]), daß die Entwicklung der Embryonen von Fundulus durch Atropin in Lösung von 1 : 1000 nicht gehindert wird, obgleich die Tiere zur Zeit des Ausbrütens sterben.

Magnus[12]) untersuchte die Wirkung auf Sipunculus nudus. Er fand,

---

[1]) Fleischmann, Archiv f. experim. Pathol. u. Pharmakol. **62**, 518 (1910); Zeitschr. f. klin. Med. **73**, 175 (1911).

[2]) v. Anrep, Archiv f. d. ges. Physiol. **20**, 185 (1880).

[3]) Sabbatani, Arch. ital. de Biol. **15**, 198 (1891).

[4]) v. Graefe, Archiv f. Ophthalm. **9**, II 71 (1862/63).

[5]) Marandon de Montyel, Bull. gén. de Thérapeut. **126**, 145 (1894).

[6]) Metzner, Centralbl. f. Physiol. **23**, 286 (1909).

[7]) Korentschewsky, Archiv f. experim. Pathol. u. Pharmakol. **49**, 24 (1903).

[8]) Sanzo, Arch. ital. de Biol. **39**, 319 (1903).

[9]) Mathews, Amer. Journ. of Physiol. **6**, 207 (1902).

[10]) Sollmann, Amer. Journ. of Physiol. **10**, 352 (1904).

[11]) Sollmann, Amer. Journ. of Physiol. **16**, 1 (1906).

[12]) Magnus, Archiv f. experim. Pathol. u. Pharmakol. **50**, 86 (1903).

daß Atropin das Zentralnervensystem anfangs erregt, später die Tonus-erzeugung vermindert oder verhindert. Die Leitung im Zentralorgan wird für schwache und später für starke Reize herabgesetzt. Auch die motorischen Nerven werden geschwächt und schließlich gelähmt, während die Muskelfasern direkt nur durch sehr große Dosen alteriert werden. Jedoch können die mächtigen Kontraktionen, die das Muscarin durch seine Wirkung auf die Muskeln oder Nervenenden herbeiführt, durch Atropin eine Hemmung erfahren, die wiederum durch größere Mengen von Physostigmin oder Mus-carin überwunden werden kann.

Antagonismus gegenüber anderen Giften. Atropin hebt die periphere Wirkung einer Anzahl von Giften, wie Pilocarpin und Muscarin, auf. Anderer-seits kann die periphere Wirkung von Atropin durch diese Alkaloide paralysiert werden. Sie verhalten sich jedoch in keiner Weise antagonistisch in ihrer Wirkung auf das Zentralnervensystem, und es ist deshalb irrationell, Atropin-vergiftung mit Pilocarpin zu behandeln, da die Gefahr in der Atemlähmung besteht, auf die Pilocarpin ohne Wirkung ist.

Bei Morphinvergiftung wirkt Atropin durch seine erregende Wirkung auf das Atemzentrum antagonistisch, und Bashfords[1]) Resultate zeigen klar seinen günstigen Erfolg bei morphinvergifteten Ratten, von denen eine An-zahl eine sonst sicher tödliche Morphindosis überlebte.

Doch darf die injizierte Atropingabe durchaus nur klein sein. Gibt man nämlich größere Mengen, so addiert sich die Wirkung der beiden Alkaloide. Die allgemeine Erfahrung beim Menschen empfiehlt diese Ver-wendung des Atropins, weil danach sehr häufig beträchtliche Besserung eintritt. Ob aber diese Besserung von Dauer ist, muß noch unentschieden bleiben. Eine Wiederholung der Injektion kann sicherlich schädlich sein.

Bei anderen Vergiftungsformen ist Atropin durch seine Lähmung des Hemmungsapparates des Herzens von Nutzen, so z. B. bei Aconitinvergiftung. Die Angabe Preyers[2]) über eine antagonistische Wirkung des Atropins gegen-über Cyanwasserstoff, wurde von Boehm und Knie[3]) widerlegt.

Es ist kein spezifisches Gegengift gegen die Wirkung des Atropins auf das Zentralnervensystem und auf das Atemzentrum bekannt. Die Behandlung der Atropinvergiftung ist demnach rein symptomatisch.

l-Hyoscyamin.

Ladenburg zeigte, daß Atropin und Hyoscyamin isomer sind, und Ga-damer[4]) und Amenomiya[5]) fanden, daß Atropin eine racemisches Gemisch gleicher Teile l- und d -Hyoscyamin ist. Über die Hyoscyaminwirkung liegen zahlreiche Untersuchungen vor, die aber fast alle mit unvollkommen gereinigten Produkten ausgeführt worden sind. Bis vor kurzem sind keine genauen quantitativ vergleichenden Versuche über die Wirkungen von Atropin und Hyoscyamin gemacht worden. Da die Hälfte des benutzten Atropins notwendigerweise aus Hyoscyamin bestehen muß, so sind unbedingt quantitative Unterschiede der Wirkungen zu erwarten. Cushny[6]) findet, daß l-Hyoscyamin, die natürliche Base, in derselben Weise und mit derselben

[1]) Bashford, Arch. intern. de Pharmacodyn. 8, 311 (1901).
[2]) Preyer, Archiv f. experim. Pathol. u. Pharmakol. 3, 381 (1875).
[3]) Boehm u. Knie, Archiv f. experim. Pathol. u. Pharmakol. 2, 129 (1874).
[4]) Gadamer, Arch. der Pharm. 239, 294. 663 (1901).
[5]) Amenomiya, Arch. der Pharm. 240, 498 (1902).
[6]) Cushny, Journ. of Physiol. 30, 176 (1903).

Stärke auf die Nervenendigungen im quergestreiften Muskel, auf den Herz-
muskel beim Frosch und auf das Zentralnervensystem der Maus wirkt wie das
Atropin. Es verursacht aber beim Frosch in den späteren Stadien eine viel
geringere Erregung des Rückenmarks, so daß die strychninähnlichen Krämpfe
weniger entwickelt, von kürzerer Dauer und häufig kaum zu beobachten sind.
Auf die Endigungen der Nerven im Herzen, in den Speicheldrüsen und der
Iris, und vermutlich in allen peripheren Organen, in welchen die spezifische
Atropinwirkung entwickelt ist, wirkt Hyoscyamin fast doppelt so stark wie
Atropin. Als Gegengift gegen Pilocarpin besitzt l-Hyoscyamin auch ungefähr
die doppelte Wirkungsstärke von Atropin. Hyoscyamin wirkt beim Menschen
nicht narkotisch wie das Scopolamin [Cushny und Peebles[1])]. Da l-Hyoscyamin also den wesentlichen Bestandteil der als Atropin bekannten Base
bildet, ist seine Wirkung und seine Zerstörung in den Geweben die unter
Atropin beschriebene, ausgenommen die Wirkung auf das Zentralnervensystem des Frosches. Es existieren nur quantitative Unterschiede.

d-Hyoscyamin.

Cushny[2]) untersuchte das Hyoscyamin und fand, daß es eine viel kräftigere Wirkung auf das Rückenmark des Frosches hat als Atropin oder l-Hyoscyamin; die tetanischen Krämpfe sind ausgesprochener und dauern länger an.
Dagegen wurden die Endigungen der Nerven in den Speicheldrüsen, im Herzen
und der Iris nur durch sehr große Mengen gelähmt. In dieser Beziehung erwies
sich das l-Hyoscyamin ungefähr 12—15 mal wirksamer als das d-Hyoscyamin.
Die Wirkung des racemischen Körpers, des Atropins auf das Froschrückenmark rührt also großenteils von dem d-Hyoscyamin, diejenige auf die Endigungen der Nerven im Herzen, in den Drüsen und im glatten Muskel vom
l-Hyoscyamin, her. Die Wirkungen auf die Nervenenden im quergestreiften
Muskel und auf den Herzmuskel beim Frosch scheinen gleichmäßig von dem
l- und d-Hyoscyamin, und also auch vom Atropin bedingt zu sein. Laidlaw[3])
fand, daß das l-Hyoscyamin ungefähr 100 mal so stark auf die Iris und wenigstens 25 mal so stark auf die Vagusenden wirkt, das als d-Hyoscyamin. Es
ist wohl anzunehmen, daß sein Präparat reiner war als das von Cushny benutzte. Jedenfalls stimmen seine Resultate mit denjenigen von Cushny
darin überein, daß die periphere Wirkung des d-Hyoscyamins, mit derjenigen
des l-Hyoscyamins verglichen, verschwindend klein ist.

Apoatropin oder Atropamin.

Apoatropin oder Atropamin (Belladonnin) ist ein Alkaloid, das in
kleinen Mengen bei der Darstellung von Atropin und Hyoscyamin gewonnen
wird und auch künstlich aus Atropin durch Abspaltung eines Moleküls Wasser
gebildet wird. Apoatropin ($C_{17}C_{21}NO_2$) läßt sich in Tropin und Atropinsäure
zerlegen, ist also ein Tropinester, wie das Atropin. Seine Wirkung ist teilweise von Albertoni und Marcacci[4]) und von Kobert[5]) untersucht worden.
Apoatropin soll beim Frosch Narkose mit periodischer Erregung des Rückenmarks und der Medulla oblongata herbeiführen, während bei Hunden und

---

[1]) Cushny u. Peebles, Journ. of Physiol. **32**, 509 (1905).
[2]) Cushny, Journ. of Physiol. **30**, 176 (1903).
[3]) Laidlaw bei Barrowcliff und Tutin, Journ. Chem. Soc. **99**, 1966 (1909).
[4]) Albertonie Marcacci, Giorn. della R. Accad. di Torino 1884.
[5]) Kobert, Riedels Berichte 1905.

Katzen seiner Injektion rasche Atmung und Erbrechen und schließlich heftige Zuckungen und Tetanus folgen. Es hat nur eine schwache mydriatische Wirkung; denn drei Tropfen einer 2proz. Lösung rufen kaum Veränderungen der Katzenpupille hervor. Es scheint demnach mindestens dreißigmal weniger wirksam zu sein als das Atropin. Lewin und Guillery[1]) beobachteten sogar überhaupt keine Mydriasis, wohl aber eine deutliche Reizung der Bindehaut. Jedenfalls vermehrt es anfänglich die Speichelsekretion und scheint sich in seiner Wirkung wesentlich vom Atropin zu unterscheiden.

Pseudohyoscyamin.

Dem Pseudohyoscyamin, einem aus Duboisia myoporoides gewonnenen Alkaloid, wird die Formel $C_{17}H_{23}NO_3$ zugeschrieben. Es kann in Tropasäure und Pseudotropin, ein Isomeres des Tropins zerlegt werden. Buonaretti[2]) fand es in großen Dosen giftig; es soll stark mydriatisch sein, aber nur schwach auf den Vagus und die Chorda tympani wirken. Der Puls wird beim Menschen nicht beschleunigt, kann vielmehr verlangsamt werden.

Tropin.

Tropin ($C_8H_{15}NO$), eine bei Zerlegung von Atropin und Hyoscyamin entstehende Base, übt nur eine schwache Wirkung auf Tiere aus. So fand Gottlieb[3]), daß 0,8 g per os bei einer Katze keine sichtbaren Symptome auslösten. Fraser[4]) und Buchheim[5]) geben an, daß es den Vagus beim Frosch lähmt und die Muscarinwirkung beseitigt. Dagegen leugnet Eckhard[6]) seine lähmende Wirkung, und Gottlieb konnte zeigen, daß sein Antagonismus gegenüber dem Muscarin nicht von seiner Wirkung auf den Vagus, sondern von einer erregenden Wirkung auf den Herzmuskel herrührt. Es wirkt bei Säugetieren weder auf den Vagus (Gottlieb), noch beeinflußt es den Kreislauf deutlich, selbst nicht in Dosen von 0,05 g. Tropin hat bei lokaler Anwendung keine Wirkung auf die Pupille (Tweedy)[7]. In Mengen von 0,2 bis 0,5 g intravenös injiziert verursacht es dagegen maximale Mydriasis, welche viele Stunden andauert (Gottlieb). Es ist jedoch fraglich, ob diese Mydriasis einer spezifischen Wirkung auf die Nervenendigungen ihre Entstehung verdankt. Denn sowohl Physostigmin wie Muscarin erzeugen, örtlich appliziert, Kontraktion der Iris. Das Tropin paralysiert nicht die Wirkung des Pilocarpins auf die Schweißdrüsen (Tweedy)[7]. Fickewirth und Heffter[8]) stellen fest, daß 50—80% des dem Kaninchen eingeführten Tropins der Verbrennung in den Geweben unterliegt.

Tropeine.

Aus Tropin sind eine Reihe von Estern künstlich hergestellt worden, die als Tropeine bekannt sind. Einige von diesen besitzen die typischen Atropinwirkungen, obgleich in schwächerem Maße. Die Wirkung anderer dagegen unterscheidet sich vollständig von der des Atropins.

---

[1]) Lewin u. Guillery, Wirkungen von Arzneimitteln und Giften auf das Auge. S.245.
[2]) Buonaretti, Arch. ital. de Biol. **23**, 211 (1895).
[3]) Gottlieb, Archiv f. experim. Pathol. u. Pharmakol. **37**, 218 (1896).
[4]) Crum Brown u. Fraser, Trans. Roy. Soc. Edinb. **25**, 556, 693 (1869).
[5]) Buchheim, Archiv f. experim. Pathol. u. Pharmakol. **5**, 467 (1876).
[6]) Eckhard, Beiträge z. d. Anat. u. Physiol. **8**, 1 (1879).
[7]) Ringer u. Tweedy, The Lancet **1**, 795 (1880).
[8]) Fickewirth u. Heffter, Biochem. Zeitschr. **40**, 36 (1912).

Homatropin.

Homatropin (Phenylglycolyltropein $C_{18}H_{14}NCO \cdot CO \cdot C_7H_7O$) ist das einzige der künstlichen Tropeine, das in der Medizin benutzt wird. Es wirkt ähnlich wie das Atropin, nur viel schwächer. Bei Fröschen führt es Lähmung (Bertheau)[1] und tetanische Krämpfe herbei. Letztere treten vor dem Einsetzen und nach dem Verschwinden der Lähmung auf (Ringer und Tweedy)[2], De Schweinitz und Hare)[3]. Beide Erscheinungen rühren von einer Wirkung auf das Zentralnervensystem her. Die Endigungen der Nerven im gestreiften Muskel bleiben unbeeinflußt. Die Lähmung ist von viel kürzerer Dauer, als die des Atropins, selbst nach Injektion großer Mengen (40—50 mg). Beim Hunde ruft die subcutane Injektion von 0,05—0,1 g Erbrechen, Schwäche und Lethargie hervor. Beim Menschen bleiben 5 mg ohne Wirkung. Größere Mengen dagegen verursachen Schwäche und Unsicherheit der Bewegungen, Verwirrung und Niedergeschlagenheit (Bertheau)[1]. Beim Frosche wird der Vagus durch Homatropin gelähmt und die Muscarinwirkung verhindert und das Gift schwächt in großen Dosen das Herz direkt (Bertheau[1]), Ringer)[2]. Diese schwächende Wirkung ist auch beim Kaninchen- und Hundeherzen zu sehen. Beim Hunde werden die Vagi gelähmt, und die Herzaktion beschleunigt, indessen können große Mengen die Herztätigkeit durch direkte Muskelwirkung verlangsamen (De Schweinitz und Hare)[3]. Beim Menschen erfolgt nach großen Dosen eine kurzdauernde Verlangsamung der Herzaktion, worauf sich dann bald entweder die gewöhnliche Frequenz (Bertheau)[1] wiederherstellt oder die Herztätigkeit wird unregelmäßig. Zu einer Beschleunigung, wie sie unter dem Einfluß von Atropin zu sehen ist, kommt es nicht (Bertheau). Trockenheit des Schlundes und Erweiterung der Pupille stellen sich ein, Pilocarpin verursacht danach kein Schwitzen mehr. Jedoch wirkt Atropin viel mächtiger auf alle diese Funktionen.

Bei lokaler Applikation einer 1 prozentigen Lösung auf das Auge beginnt die Pupille nach 15—20 Minuten sich zu erweitern, die maximale Erschlaffung ist nach $1/2$—2 Stunden erreicht; sie verschwindet nach ungefähr 24 Stunden, während die Erweiterung nach Atropin mehrere Tage dauert (Pantynski[4], Tweedy). Die Akkommodation ist weniger gelähmt als nach Atropin; immerhin wird eine gewisse Erschlaffung der Linse durch eine 1 prozentige Lösung hervorgerufen. Wiederholte Einträufelungen von Lösungen dieser Stärke können die Akkommodation ganz lähmen. Homatropin soll die Bindehaut des Auges seltener und weniger reizen als Atropin (Tweedy, Filehne)[5]. Die kurze Dauer der Wirkung hat zu ausgedehntem Gebrauch des Homatropins zum Zwecke der Pupillenerweiterung für diagnostische Zwecke geführt. Nach Jowett und Pyman[6] wirkt d-Homatropin weniger stark auf die Pupille als das linksdrehende Isomere; der Unterschied zwischen beiden ist aber nicht so groß wie der zwischen d- und l-Hyoscyamin.

Benzoyltropin.

Benzoyltropin hat eine viel stärkere lokalanästhetische Wirkung als Atropin oder irgendein anderes untersuchtes Tropein (Filehne) und soll die

[1] Bertheau, Berl. klin. Wochenschr. **1880**, 581.
[2] Ringer u. Tweedy, The Lancet **1**, 795 (1880).
[3] De Schweinitz u. Hare, Med. News **51**, 731 (1887).
[4] Pantynski, Klin. Monatsbl. f. Augenheilk. **18**, 343 (1880).
[5] Filehne, Berl. klin. Wochenschr. **1887**, 107.
[6] Jowett u. Pyman, Proc. Seventh Intern. Congr. of applied Chim. 1909 Sect. 4a.

Pupille erweitern, wenn auch schwächer als Atropin [Buchheim[1])], es besitzt aber keine Wirkung auf den Vagus und auf die Speichelsekretion [Eckhard[2])].

Gottlieb[3]) hat die Wirkung mehrerer anderer Tropeïne: Acetyltropin, Succinyltropin, Hippuryltropin und Lactyltropin untersucht.

Acetyltropin.

Acetyltropin reizt das Zentralnervensystem bei Säugetieren und Fröschen mächtig, bei letzteren nach einer kurzen anfänglichen Depressionsphase. Es erweitert weder die Pupille bei lokaler Applikation, noch lähmt es beim Frosch den Vagus, obgleich es nach Muscarin Kontraktionen durch direkte Wirkung auf den Muskel in derselben Weise verursacht wie Tropin. Der Vagus wird beim Säugetier auch durch große Mengen nicht beeinflußt, aber die Pulsfrequenz wird durch direkte Herzwirkung herabgesetzt. Das Gift führt eine mäßige Reizung der vasomotorischen und Atemzentren in der Medulla oblongata herbei [Gottlieb[3])].

Succinyltropin.

Succinyltropin verursacht keine Erregung des Zentralnervensystems. Säugetiere sterben infolge zentraler Lähmung, während bei Fröschen die zentrale lähmende Wirkung von einer curareähnlichen Wirkung auf die Nervenendigungen begleitet ist. Succinyltropin erweitert bei lokaler Anwendung die Pupille nicht, und lähmt den Vagus weder beim Säugetier noch beim Frosch. Es beeinflußt vielmehr das Froschherz in derselben Weise wie Acetyltropin [Gottlieb[3])].

Hippuryltropin.

Hippuryltropin hat am Frosche curareähnliche Wirkung auf die motorischen Nervenenden und reizt das Zentralnervensystem. Bei Säugetieren ruft es Erregung und tonische Zuckungen hervor. Es wirkt schwach mydriatisch und alteriert das Froschherz in derselben Weise wie Acetyltropin. Bei Säugetieren hat es eine schwache Wirkung auf die Vagusendigungen [Gottlieb[3])].

Lactyltropin.

Lactyltropin ist die am wenigsten giftige dieser vier Basen. Bei einer Katze folgen auf 1,0 g keinerlei Symptome. Eine 10 prozentige Lösung ruft bei Applikation auf die Bindehaut eine sehr schwache Mydriasis hervor. Es scheint beim Frosch als schwaches Gegengift gegen Muscarin zu wirken, indem es wie Atropin die Endigungen des Vagus lähmt. Daneben aber übt es auch eine direkte Muskelwirkung aus wie Acetyltropin. Große Dosen lähmen den Vagus auch bei Säugetieren und verlangsamen den Puls durch direkte Wirkung auf den Herzmuskel. Beim Menschen verursachen Dosen von ungefähr 10 mg Verlangsamung und Verstärkung des Pulses, oft auch Arrhythmie des Herzens. Lactyltropin setzt die durch Pilocarpin verursachte Salivation herab, so daß es in seiner Wirkung auf die Pupille, den Vagus und die Chorda tympani dem Atropin näher steht, als dem Acetyl-, Succinyl- oder Hippuryltropin (Gottlieb)[3].

---

[1]) Buchheim, Archiv f. experim. Pathol. u. Pharmakol. **5**, 467 (1876).
[2]) Eckhard, Beiträge z. d. Anat. u. Physiol. **8**, 1 (1879).
[3]) Gottlieb, Archiv f. experim. Pathol. u. Pharmakol. **37**, 218 (1896).

Methyl-p-conyltropin, Terebyltropin, Phthalidcarboxyltropin, Protocatechyltropin.

Methylparaconyltropin, Terebyltropin und Phthalidcarboxyltropin sind von Marshall[1]) bezüglich ihrer Wirkung auf die Nervenendigungen des Vagus im Herzen untersucht worden. Es zeigte sich, daß sie Atropinwirkung besitzen, obgleich nur in schwachem Maße. Wenn die Lactongruppe, welche sie besitzen, in die entsprechende Säure verwandelt wird, verlieren sie diese Eigenschaft.

Protocatechyltropin[2]) lähmt die Vagusendigungen im Herzen und wirkt Pilocarpin entgegen. Doch sind davon größere Mengen erforderlich als von Atropin und die Wirkung ist von kürzerer Dauer. Diese Wirkung führt bei der Katze zu einer Blutdrucksteigerung. Die gewöhnlichere Folge der Injektion ist aber eine Blutdrucksenkung infolge einer direkt schwächenden Wirkung auf den Herzmuskel. Die Atmung wird anfangs geschwächt oder sogar aufgehoben und erholt sich dann spontan oder nach einer kurzen Anwendung künstlicher Atmung. Diese Wirkung wird weder durch Durchschneidung der Vagi und der Trigeminusnerven noch durch Abtragung des Gehirns oberhalb der Pons beseitigt. Die Wirkung ist demnach eine direkte auf das Atemzentrum. Die Endigungen der motorischen Nerven im quergestreiften Muskel werden sowohl beim Frosche wie beim Säugetier geschwächt oder gelähmt, und beim Frosch werden die Muskeln auch direkt gelähmt, denn die direkte Wirkung auf den Muskel ist stärker als die des Atropins.

Andere Tropeine.

Die Wirkung vieler anderer Tropeine wurde nur teilweise untersucht, und zwar meist nur ihre Wirkung auf die Pupille. Im allgemeinen ergab sich aus dieser Untersuchung, daß die Tropinester der Säuren der aliphatischen Reihe keine mydriatischen Eigenschaften besitzen in Lösungen, welche 1% Homatropinlösung äquivalent sind. Die Säure muß demnach eine geschlossene Kette enthalten, welche aber nicht notwendigerweise die des Benzols sein muß; denn einige Pyridylsäuren bilden auch mydriatisch wirkende Tropinester. Es ist oft behauptet worden, daß die Säure in der Seitenkette, an welcher die Carboxylgruppe sitzt, eine alkoholische Hydroxylgruppe enthalten müsse. Das ist jedoch nicht richtig, da Salicyl- und Benzoyltropin die Pupille erweitern, und da man die Hydroxylgruppe der Tropasäure durch Acetoxyl, Chlor oder Brom ersetzen kann, ohne die mydriatische Wirkung der Tropinester zu beseitigen. Doch enthalten die am stärksten mydriatisch wirkenden Tropeine eine alkoholische Hydroxylgruppe [Jowett und Pyman[3])].

Methylatropin (Eumydrin).

Die durch die Einführung von Alkylen in das Molekül des Atropins gebildeten quaternären Basen wurden zuerst von Brown und Fraser[4]) und Ringer und Murrell[5]) untersucht. Methylatropin findet in letzter Zeit in der

[1]) Marshall, Archiv f. experim. Pathol. u. Pharmakol. Suppl.-Bd. Schmiedeberg-Festschr. S. 389 (1908).
[2]) Marshall, Trans. Roy. Soc. Edinburgh 47, 273 (1910).
[3]) Jowett u. Pyman, Proc. Seventh Intern. Congr. of applied Chem. 1909, Sect. 4a.
[4]) Crum Brown u. Fraser, Trans. Roy. Soc. Edinb. 25, 556, 693 (1869).
[5]) Ringer, Handbook of Therapeutics. 1888, p. 486.

Ophthalmologie unter dem Namen Eumydrin Anwendung zur Erweiterung der Pupille. Beim Frosch ist die curareähnliche Wirkung nach Applikation der quaternären Basen deutlicher als bei Atropinvergiftung. Beim Eumydrin scheint die reizende Wirkung auf das Zentralnervensystem verloren gegangen zu sein, während die lähmende Wirkung geblieben ist. Säugetiere sterben nach Eumydrin infolge von Atemlähmung, können aber durch künstliche Atmung wiederhergestellt werden, da der Kreislauf nicht erheblich verändert worden ist. Beim Menschen verursachten 0,06 g subcutan vorübergehende Schwäche mit Unfähigkeit zu gehen und zu stehen, sowie Parese einiger Muskeln [Ringer[1])]. Das Eumydrin scheint daher weniger giftig zu sein, als das Atropin, und frei von dessen cerebraler Wirkung auf den Menschen. Eumydrin erzeugt alle die peripheren Wirkungen des Atropins, aber in verminderter Stärke und kürzerer Dauer. Es lähmt die Oculomotoriusendigungen in der Iris und im Ciliarmuskel, die Vagusendigungen im Herzen und die Schweißdrüsennerven. Es wirkt auf die Organe mit glatten Muskelfasern wie das Atropin [Erbe[2])]. Die relative Wirkungsstärke des Eumydrins und anderer Mydriatica auf die Pupille wurde von vielen Forschern [E. Goldberg[3]), Lindenmeyer[4])] untersucht. Grube[5]) gibt an, daß eine 5proz. Eumydrinlösung so rasch und so stark wirkt, wie eine 1proz. Lösung von Atropin oder Homatropin; aber während die Mydriasis nach Atropin 5—7 Tage dauert, verschwindet die Eumydrin-Mydriasis nach ungefähr 3 Tagen, die nach Homatropin nach einem Tag. Eumydrin ist giftiger als Homatropin, aber weniger giftig als Atropin und scheint in allen seinen Eigenschaften in der Mitte zwischen diesen beiden zu stehen.

Scopolamin oder Hyoscin.

Scopolamin, ein von E. Schmidt in Hyoscyamus, Scopolia, Datura und Belladonna entdecktes Alkaloid, scheint eine reinere Form des früher von Ladenburg beschriebenen Hyoscins zu sein. Scopolamin ($C_{17}H_{21}NO_4$) ist chemisch nahe mit Atropin verwandt, aber nicht isomer mit demselben, wie früher angenommen wurde. Es kann in eine Base Scopolin (Oscin) $C_8H_{13}NO_2$, deren Strukturformel unbekannt ist, und in Tropasäure $C_9H_8O_3$ zerlegt werden. Man hat eine Reihe von künstlichen Scopolinestern, Scopoleinen dargestellt; doch hat keines derselben in der Therapie Verwendung gefunden.

Bis vor verhältnismäßig kurzer Zeit war reines Scopolamin der pharmakologischen Untersuchung nicht zugänglich. Eine Reihe früherer Untersuchungen wurde mit unvollkommen gereinigten Präparaten ausgeführt. So erklären sich die Widersprüche in den erhaltenen Resultaten. Die Haupteigenschaften sind allerdings schon lange bekannt.

Allgemeine Wirkung. Die Wirkung des Scopolamins ähnelt der des Hyoscyamins und Atropins sehr stark, abgesehen von der Wirkung auf das Zentralnervensystem. Doch ist die Scopolaminwirkung auf die peripheren Organe von viel kürzerer Dauer.

Beim Menschen führen kleine Dosen (0,3—1,0 mg) im allgemeinen ein Gefühl von Schwäche und Mattigkeit herbei, oft verbunden mit Kopfschmerzen und Abneigung sich zu bewegen. Unter günstigen äußeren Bedingungen tritt

[1]) Ringer, Handbook of Therapeutics. 1888, p. 486.
[2]) Erbe, Inaug.-Diss. München 1903.
[3]) Goldberg, Heilkunde 1903, Nr. 3.
[4]) Lindenmeyer, Deutsche med. Wochenschr. 1903, Nr. 50.
[5]) Grube, Inaug.-Diss. Göttingen 1905.

nach $\frac{1}{2}$—1 Stunde Schlaf ein. Die Wirkung ist besonders günstig in Fällen von motorischer Erregung (bei Wahnsinn), und bei einigen Formen von Zittern [Parisat[1])]. Beides, Bewegungen und Zittern, wird unterdrückt. Doch besitzt das Scopolamin nicht die gleiche schlafbringende Wirkung wie die Hypnotica, z. B. Chloral oder Morphium. Dem Eintreten des wirklichen Schlafes nach Scopolamin scheint keine so deutliche Herabsetzung der höheren Funktionen vorauszugehen.

Größere Mengen, z. B. 1—2 mg Scopolamin, rufen zuweilen ähnliche Erscheinungen hervor, und in manchen Fällen, in denen 0,5 mg keine Ruhe herbeiführen, kann eine größere Gabe den gewünschten Erfolg bringen. Oft aber tritt nach 1—2 mg oder mehr ein Zustand von Verwirrung, Unruhe und Gesichtshalluzinationen mit Delirien und anderen Symptomen motorischer Erregung auf. Während dieses Zustandes ist der Patient bewußtlos. Nach einiger Zeit kann sich scheinbar normaler Schlaf einstellen.

Noch größere Dosen verursachen einen längeren und heftigeren Erregungszustand und sogar Krämpfe. Die wirklich tödliche Dosis aber ist sehr hoch, wahrscheinlich nicht \ unter 0,15—0,2 g. Die in der Therapie erwünschte Wirkung dagegen kann gewöhnlich mit 0,5 mg erhalten werden. Die beruhigende und einschläfernde Wirkung des Scopolamins zeigt erhebliche individuelle Schwankungen in ihrer Stärke bei verschiedenen Personen, selbst bei Verwendung desselben Präparates und derselben Dosis. In vielen Fällen soll eine kleine Dosis, z. B. 1 mg, auf die Bindehaut gebracht, bei empfindlichen Individuen heftige Erregung und Delirium erzeugt haben.

Zusammen mit der cerebralen Wirkung treten beim Menschen dieselben Symptome in der Peripherie auf, nach Scopolamin wie nach Atropin. Doch erreichen sie nach den kleinen therapeutischen Dosen nur selten größeren Umfang, und sind dabei nur von kurzer Dauer.

Beim Hunde verursachen 0,5 mg Schläfrigkeit und Lethargie. Nach 1 mg folgt diesen Symptomen ein Stadium der Erregung mit deutlichen Gesichtshalluzinationen. Diese sind nach Gaben von 5 mg noch ausgesprochener [Kochmann[2])].

Das Kaninchen ist außergewöhnlich tolerant gegen Scopolamin ebenso wie gegen Atropin, und zeigt selbst nach Dosen von 0,1—0,2 g keine Symptome von seiten des Zentralnervensystems.

Beim Frosch folgt auf Scopolamin dieselbe Lähmung wie auf Atropin oder Hyoscyamin. Ein Stadium der Reflexübererregbarkeit und Krämpfe aber folgt der Lähmung nicht. Die Lähmung ist kürzer als nach Atropin, indem das Tier nach 12—24 Stunden zur Norm zurückkehrt, selbst nach Dosen von 0,02—0,04 g in der Regel [Cushny und Peebles[3])].

Wirkung auf das Zentralnervensystem. Die Wirkung auf das Zentralnervensystem des Menschen zeigt viele Analogien zu jener des Atropins; sie stellt sich dar als eine Mischung von Erregung und Lähmung. Aber während nach Atropin die Erregung vorherrscht, ist nach Scopolamin das Stadium der Lähmung sichtbarer, wenigstens nach kleinen Dosen. Diese Lähmung betrifft jedoch nicht das ganze Zentralnervensystem. Denn selbst wenn die Motilität herabgesetzt ist, scheint die Wahrnehmung der äußeren Reize nur wenig verändert zu sein. Die Wirkung des Scopolamins auf das Gehirn ist daher im allgemeinen als eine speziell die motorischen

---

[1]) Parisat, Journ. de Physiol. et de Pathol. génér. **8**, 825 (1906).
[2]) Kochmann, Arch. intern. de Pharmacodyn. **12**, 99 (1903) (Literatur).
[3]) Cushny u. Peebles, Journ. of Physiol. **32**, 509 (1905).

Zentren treffende anzusehen. Man kann experimentell feststellen, daß diese schlechter auf elektrische Reize reagieren, als gewöhnlich, und daß stärkere Schläge nötig sind, um epileptiforme Zuckungen auszulösen (Kobert und Sohrt[1]), Ramm[2]), De Stella)[3]). Andrerseits ist die Lähmung der motorischen Zentren schwer mit der motorischen Erregung in Einklang zu bringen, welche man beim Menschen und bei Tieren nach großen Dosen des Alkaloids sieht. Der Gehirnkreislauf scheint bei Tieren durch Scopolamin nicht verändert zu werden (Frankfurter und Hirschfeld)[4]). Bergers[5]) Meinung, daß es beim Menschen Kontraktion der Hingefäße auslöse, scheint ungenügend begründet zu sein. Die Reflexe scheinen bei Säugetieren und Menschen durch kleine Dosen nicht herabgesetzt zu werden; während des Erregungszustands sind sie nicht untersucht worden.

Die Lähmung des Frosches wurde von Kochmann[6]) der Wirkung auf das Rückenmark zugeschrieben, dessen Erregbarkeit herabgesetzt oder aufgehoben sein soll; dem Stadium der Lähmung sollen Zeichen einer Krampfwirkung vorangehen. Cushny und Peebles[7]) dagegen konnten eine Lähmung des Rückenmarks beim Frosche nicht nachweisen. Sie schreiben die Lähmung vielmehr einer curareähnlichen Wirkung auf die Nervenendigungen im quergestreiften Muskel zu. Wie beim Atropin ist die Lähmung im allgemeinen unvollständig, und die von Kochmann als konvulsiv beschriebenen Bewegungen, sind in Wirklichkeit Folgen dieser partiellen peripheren Lähmung, nicht aber einer zentralen Reizwirkung. Die Reflexe bleiben unverändert, so lange Impulse die Muskeln erreichen können. Man nimmt allgemein an, daß Scopolamin keine späte Reizung des Rückenmarks verursacht, wie man sie nach Atropin sieht. Cushny und Peebles nehmen an, daß dies seinen Grund in der raschen Beseitigung oder Zerstörung des Giftes hat, da der gesamte Symptomenkomplex viel rascher wieder verschwindet als die Symptome der Atropinwirkung.

Die Zentren des verlängerten Markes scheinen durch Scopolamin wenig angegriffen zu werden. So bleibt die Atmung selbst nach großen Dosen unverändert (Windscheid)[8]), wenn diese übertriebene Bewegungen nicht auslösen. Das vasomotorische Zentrum behält nach großen intravenös injizierten Dosen seine Tätigkeit bei. Die Tiere sterben schließlich nach enormen Dosen infolge von Atemstillstand (Kochmann)[6]).

Die Wirkung des Scopolamins auf das Zentralnervensystem verstärkt diejenige des Morphins, so daß in vielen Fällen durch die kombinierte Anwendung beider Alkaloide vollständige Anästhesie erzeugt werden kann, obgleich jedes der beiden an und für sich nur eine schwach narkotische Wirkung haben würde. Diese Anästhesie gestattet in vielen Fällen die Ausführung chirurgischer Operationen, ist aber nicht ganz ungefährlich, da die Morphinwirkung auf die Atmung dabei ebenfalls verstärkt wird.

Periphere Wirkung. Die periphere Wirkung des Scopolamins wurde von einer ganzen Anzahl von Forschern untersucht (Kobert)[1]), Kochmann[6]),

[1]) Kobert u. Sohrt, Arch. f. experim. Pathol. u. Pharmakol. **22**, 396 (1887).
[2]) Ramm, Inaug.-Diss. Dorpat 1893.
[3]) De Stella, Arch. intern. de Pharmacodyn. **3**, 381 (1897).
[4]) Frankfurter u. Hirschfeld, Engelmanns Archiv **1910**, 518.
[5]) Berger, Zur Lehre von der Blutzirkulation in der Schädelhöhle des Menschen. Jena 1901.
[6]) Kochmann, Arch. intern. de Pharmacodyn. **12**, 99 (1903) (Literatur).
[7]) Cushny u. Peebles, Journ. of Physiol. **32**, 509 (1905).
[8]) Windscheid, Deutsches Archiv f. klin. Med. **64**, 277 (1899).

De Stella[1]), Wood[2]), Windscheid[3]), O. Meyer[4]), Kessel[5]), Ernst[6]). Sie ähnelt derjenigen des Atropins in der Beeinflussung des Herzens, der Absonderungen, der Pupille und der Bauchorgane. Die Wirkung geht rascher vorüber als die des Atropins, und mehrere Autoren geben an, daß die Herzaktion nicht so stark beschleunigt wird, wie durch letzteres, ja, daß sie durch Scopolamin sogar verlangsamt werden könne. Dies kann aus der Herabsetzung der Bewegungen und aus der Kleinheit der beim Menschen benutzten Dosen und der kurzen Dauer der Wirkung erklärt werden. Es ist zweifellos, daß der Vagus durch Scopolamin gelähmt wird, wenn nur genügende Mengen eingeführt werden; ebenso, daß die Wirkung des Pilocarpins und Muscarins aufgehoben wird, wie durch Atropin.

Die einzigen genauen Angaben über die relative Wirkungsstärke von Atropin und Hyoscin auf die peripheren Organe stammen von Cushny und Peebles[7]) her. Diese stellten fest, daß Scopolamin, die natürliche Base, doppelt so stark auf die Chorda tympani wirkt als Atropin, und so in seiner Giftigkeit dem Hyoscyamin vergleichbar ist. Dies stimmt gut mit den Resultaten überein, welche man bei Applikation des Alkaloids auf das Auge erhält. Denn man findet gewöhnlich, daß eine 1proz. Scopolaminlösung die Pupille schneller erweitert als eine 1prozentige Atropinlösung. Jedoch geht die Erweiterung ungefähr in 2 Tagen vorüber. Seine mydriatische Wirkung ist also von kürzerer Dauer, als die des Atropins, hält aber länger an, als die des Homatropins.

Ein Teil des Scopolamins beim Kaninchen erscheint nach der Injektion des Alkaloids im Harn. Doch ist es unbekannt, in welchem Verhältnis es ausgeschieden wird.

In einem Falle von habitueller Scopolamineinspritzung (bis 2 mg) fand van Vleuten[8]) Symptome, welche denen nach einer akuten Vergiftung ähnelten: andauerndes Delirium und fortgesetzte Gesichtshalluzinationen und Verfolgungsideen.

In den letzten Jahren ist die Frage diskutiert worden, ob Scopolaminlösungen ihre Wirkung bei längerer Aufbewahrung behalten. Nach Langer[9]) soll eine neun Monate aufbewahrte Lösung ihre antagonistische Wirkung gegen Muscarin am Froschherzen größtenteils eingebüßt haben, während Hug[10]) die Wirkung einer 200 Tage aufbewahrten Lösung auf den Kaninchenvagus und die Katzeniris derjenigen einer frischbereiteten Lösung gleichstellt. Sachs[11]) fand zwar die Lähmung des Zentralnervensystems nach alten Lösungen der durch frische hervorgerufenen quantitativ gleich, also die Wirkung in der Beziehung unverändert, sah dagegen eine deutliche Reduktion der antagonistischen Wirkung gegen Muscarin am Froschherzen. Bei diesem Widerspruche muß die Frage vorläufig als ungelöst gelten.

---

[1]) De Stella, Arch. intern. de Pharmacodyn. **3**, 381 (1897).
[2]) Wood, Therapeut. Gazette **1885**, 1.
[3]) Windscheid, Deutsches Archiv f. klin. Med. **64**, 277 (1899).
[4]) O. Meyer, vgl. Ernst Schmidt, Arch. de Pharmacie **236**, 71 (1898).
[5]) Kessel, Arch. intern. de Pharmacodyn. **16**, 1 (1906).
[6]) Ernst, Inaug.-Diss. Dorpat 1893.
[7]) Cushny u. Peebles, Journ. of Physiol. **32**, 509 (1905).
[8]) van Vleuten, Centralbl. f. Nervenheilk. u. Psych. **15**, 19 (1904).
[9]) Langer, Therap. Monatsh. **1912**, 121.
[10]) Hug, Archiv f. experim. Pathol. u. Pharmakol. **69**, 45 (1912).
[11]) Fr. Sachs, Berlin. klin. Woch. **1912**, 30.

Inaktives Scopolamin (Atroscin).

Natürliches Scopolamin ist linksdrehend, kann aber durch Einwirkung von Alkalien in die optische inaktive Modifikation übergeführt werden. Diese racemische Form besteht aus gleichen Teilen von l- und von d-Scopolamin. Letzteres wurde noch nicht isoliert und also noch nicht untersucht. Aus der Wirkung des racemischen Alkaloids kann jedoch auf die allgemeine Wirkungsart der rechtsdrehenden Base geschlossen werden. Die Wirkungen des i-Scopolamins sind von Kobert[1]) und von Cushny und Peebles[2]) und von Kessel[3]) mit jenen des l-Scopolamins verglichen worden. Sie ähneln den letzteren qualitativ, sind jedoch quantitativ von ihnen verschieden. Die Wirkung auf das Zentralnervensystem des linksdrehenden und des racemischen Scopolamins scheint identisch zu sein; beide rufen beim Menschen in gleicher Weise Schlaf hervor (Cushny und Peebles[2]). Kobert[1]) und Kessel[3]) fanden die beiden in ihrer Wirkung auf die peripheren Organe ähnlich. Doch konnten Cushny und Peebles in quantitativen Versuchen zeigen, daß, wie in den Parallelfällen von Hyoscyamin und Atropin, das l-Scopolamin ungefähr eine doppelt so starke Wirkung auf die peripheren Nervenenden im Herzen und in den Drüsen hat als d-l-Scopolamin. Das d-Scopolamin wirkt also zwar auf das Zentralnervensystem, ebenso wie das natürliche Alkaloid, ruft aber nur eine geringe oder gar keine Lähmung der peripheren Nervenenden hervor. Der Vergleich ist also vollständig zwischen Scopolamin und seiner inaktiven Form (Atroscin) einerseits und Hyoscyamin und seiner inaktiven Form (Atropin) andrerseits. Hug[4]) fand die Wirkung des l-Scopolamins auf die Pupille ungefähr doppelt so stark als die der d-l-Base, wenn jedes in ein Auge eingetropft wurde. Er bestätigt also die Befunde von Cushny und Peebles, so weit sie sich auf das Auge beziehen. Seine Meinung, daß das l-Scopolamin 3—4 mal so stark auf den Vagus wirkt, als die racemische Base, ist durch eine mangelhafte Versuchsanordnung entstanden und ist offenbar irrig [Cushny[5])].

Scopolin und Scopoleine.

Die Wirkung des Scopolins (Oscins) auf Tiere ist sehr gering [Schiller[6])] auch die seiner Ester mit Essigsäure, Benzoesäure und Zimtsäure ist unbedeutend und hat keine Ähnlichkeit mit der Wirkung des Scopolamins, des Tropasäureesters. Die drei künstlichen Ester führen beim Frosch Narkose herbei, und in großen Dosen erhöhen Cinnamylscopolin und Benzoylscopolin die Reflexe und verursachen Tetanus. Auf Säugetiere bleiben selbst große Dosen (0,12 g subcutan) ohne Wirkung. Die periphere Wirkung des Scopolamins fehlt bei diesen Basen auch. Allerdings stellen sie die durch Muscarin aufgehobenen Kontraktionen des Froschherzens, wenn auch unvollständig, wieder her. Das scheint aber die Folge einer Reizung des Herzmuskels zu sein, denn den Vagus lähmen sie nicht [Schiller[6])].

---

[1]) Kobert, Riedels Berichte 1905.
[2]) Cushny u. Peebles, Journ. of Physiol. 32, 509 (1905).
[3]) Kessel, Arch. intern. de Pharmacodyn. 16, 1 (1906).
[4]) Hug, Archiv f. experim. Pathol. u. Pharmakol. 69, 45 (1912).
[5]) Cushny, Archiv. f. experim. Pathol. u. Pharmakol. 70, 433 (1912).
[6]) Schiller, Archiv f. experim. Pathol. u. Pharmakol. 38, 71 (1897).

Nicotin, Coniin, Piperidin, Lupetidin, Cytisin, Lobelin, Spartein, Gelsemin.

Mittel, welche auf bestimmte Nervenzellen wirken.

Von

Walter E. Dixon-Cambridge.

Mit 18 Textabbildungen.

Allgemeine Wirkung.

Alle diese Mittel haben eine allgemeine Ähnlichkeit in ihrer Wirkung; sie verursachen alle:

1. Depression und schließlich Lähmung bestimmter Nervenzellen;
2. Depression oder Lähmung der motorischen Nervenendigungen;
3. Krämpfe, welche spinalen Ursprungs sind.

Blutdruck und Kreislauf. Diese Alkaloide vermindern den Blutdruck, obgleich nicht in so großem Umfange wie die Nitrite; die Wirkung rührt ganz von der Gefäßerweiterung her und wird durch die Depression der Nervenzellen, besonders jenen, welche im Verlauf der vasokonstriktorischen Fasern liegen, zustande gebracht. Dies kann dadurch gezeigt werden, daß man zuerst den Splanchnicusnerv eines Tieres erregt und die durchschnittliche Gefäßverengerung der Eingeweide beobachtet, und dann das Alkaloid durch eine Vene einführt; Erregung des Splanchnicus hat keine Wirkung auf die Gefäße, obgleich wenn die Fasern unterhalb der Ganglien (postganglionäre Fasern) erregt werden, wieder typische Verengerung erhalten wird (Abb. 1).

Das Herz schlägt wegen der Lähmung der Nervenzellen auf dem Verlaufe des Vagus schneller, wodurch die hemmenden Einflüsse aus dem Zentrum blockiert werden. Die Wirkung von Nicotin auf das Froschherz wird als ein Beispiel dienen: Dieses Alkaloid lähmt den Vagus, aber es kann noch Hemmung des Herzens durch Erregung des Sinus venosus herbeigeführt werden, d. h. daß die postganglionären Fasern unversehrt sind; dieser Versuch zeigt wiederum, daß die Blockierungen für Nervenimpulse an den Nervenzellen geschieht.

Atmung. Das ganze Gehirn und die Medulla werden in Depression versetzt und deshalb ist die Atmung langsamer und hohler.

Der glatte Muskel. Der Tonus und die peristaltischen Bewegungen der Eingeweide werden erhöht, und nicht selten kann Durchfall infolge von subcutaner Injektion von einigen der Glieder dieser Gruppe folgen. Diese Wirkung nimmt ihren Ursprung nicht ganz an der Peripherie, auch ist sie nicht zentralen Ursprungs, denn die Droge steigert noch die Darmbewegungen, wenn das Rückenmark in der Dorsalregion durchschnitten worden ist. Die Wirkung rührt wahrscheinlich in allen Fällen von der Depression der sympathischen Zellen her, wodurch die hemmenden Einflüsse blockiert werden. Die anatomischen Bewegungen von anderen glatten Muskeln, wie vom Magen und der Blase, werden in derselben Weise erhöht.

Wirkungen auf einige andere Nervenzellen. Die Nervenzellen im Verlaufe der sekretorischen Fasern der Chorda tympani werden herabgesetzt, so daß keine Absonderung von submaxillarem Speichel durch Reizung der Chorda erhalten wird; aber die Nervenendigungen jenseits der Zellen sind noch wirksam, weil eine Sekretion entweder dadurch erhalten werden kann, daß man die Elektroden gut in den Hilus der Drüse hinunterdrückt und so die postganglionären Fasern erreicht oder durch eine kleine Injektion von Pilocarpin, einem Mittel, welches besonders die „Nervenendigungen" erregt.

Das obere Cervicalganglion des Sympathicus wird durch die Glieder dieser Gruppe beeinflußt, so daß, während präganglionäre Erregung ohne Einfluß ist, postganglionäre Erregung die gewöhnlichen Zustände — Verengerung der Ohrgefäße, Erweiterung der Pupille und Speichelabsonderung — erzeugt. Diese

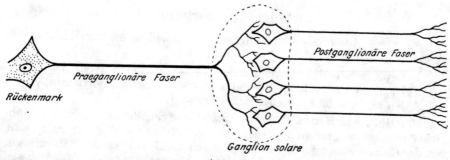

Abb. 1. Diagramm, welches die gewöhnliche Anwendung der die Blutgefäße versorgenden Nerven zeigt (L a n g l e y).

Die Mittel in dieser Gruppe (Coniin, Nicotin usw.) lähmen die Nervenzellen in dem Ganglion solare und erweitern so, indem sie den Tonus aufheben, die Gefäße. Daher werden die präganglionären Fasern (Splanchnicus) bei Erregung wenig oder keine Wirkung erzeugen, während die postganglionären Fasern noch eine typische Gefäßverengerung herbeiführen werden.

Ganglien können entweder durch eine Injektion dieses Mittels in den Kreislauf oder durch direktes Aufpinseln des Mittels gelähmt werden.

Rückenmark. Unter geeigneten Bedingungen erzeugen alle diese Mittel Krämpfe, welche jenen durch Strychnin erhaltenen ähneln.

Motorische Nervenendigungen. Es folgt schließlich Lähmung der motorischen Nervenendigungen. Der Tod wird manchmal durch Lähmung der N. intercostalis und phrenici und manchmal durch Lähmung der Medulla verursacht. Um die Lähmung der letzteren Art zu beobachten, muß das Tier durch künstliche Atmung am Leben erhalten werden.

Einige Unterschiede in der Wirkung. Diese Mittel unterscheiden sich in dem relativen Grade ihrer Wirkung voneinander. Nicotin, Coniin, Lobelin, Piperidin und seine Verbindungen und besonders Cytisin werden besonders durch die Tatsache charakterisiert, daß wenn sie in den Kreislauf injiziert werden, sie die Nervenzellen erregen, ehe sie sie herabsetzen; so lassen sie zuerst Wirkungen entstehen, die den schon beschriebenen entgegengesetzt sind, nämlich Steigerung im Blutdruck, Gefäßverengerung und Hemmung des glatten Muskels; aber die wahren und andauernden Wirkungen, und die wichtigeren, wenn das Mittel per os genommen wird, sind diejenigen, welche beschrieben worden sind.

Manche Körper dieser Klasse lassen keine Krämpfe entstehen, wenn sie auf dem gewöhnlichen Wege eingeführt werden, weil die motorische Lähmung so rasch erreicht wird. Um Krämpfe mit solchen Substanzen zu erhalten, müssen sie entweder direkt auf das Rückenmark gebracht oder in die Rückenmarksvenen injiziert werden. Folgende Tabelle gibt einen Begriff von ihrer relativen Wirkung.

Mittel	Lähmung des Zentralnervensystems	Lähmung des Sympaticus und der autonomen Nebenzellen	Lähmung der motorischen Nervenendigungen	Krämpfe
1. Cytisin 2. Nicotin 3. Lobelin 4. Coniin 5. Piperidin	Sehr deutlich. Die Stärke der Wirkung der Mittel erfolgt in folgender Reihenfolge: sie ist ausgesprochen bei 1, 2 und 3, schwach bei 4 und sehr schwach bei 5.	Sehr deutlich. Alle erregen zuerst ehe sie lähmen und der Wirkungsgrad verhält sich ebenso wie in den Nervenzellen des Zentralnervensystems	Entschieden. Vielleicht am entschiedensten bei 4	Schwach
Spartein Gelseminin	schwach deutlich	schwach schwach	entschieden schwach	schwach schwach
Curarin Methyl-Strychninum	schwach	schwach	stark	schwach

1. Nicotin.

Allgemeine Eigenschaften. Nicotin ist ein flüssiges Alkaloid, welches hauptsächlich als Malat in den Blättern von Nicotiana tabacum (N. O. Solanaceae) vorkommt. Das getrocknete Virginiablatt enthält manchmal bis zu 7%. Es kommt als eine farblose, ölige Flüssigkeit vor, die bei Berührung mit der Luft braun wird. Die freie Base ist links drehend, die Salze rechtsdrehend. Sie ist in Wasser, Alkohol und Äther leicht löslich und hat eine alkalische Reaktion. Eine ausführliche Beschreibung des Alkaloids Nicotin wurde zuerst von Posselt und Reimann[1] und Pinner[2] gegeben, obgleich Vauquelin schon viel früher aus Tabak eine Substanz ausschied, welche er als ein aktives Prinzip ansah und welche zweifellos ein unreines Nicotin war[3].

Das Alkaloid verliert beim Aufheben infolge seiner Oxydation seine Wirksamkeit, aber in versiegelten Tuben kann es unbegrenzte Zeit aufgehoben werden. Der Geruch ist durchdringend und charakteristisch und der Geschmack brennend. Nicotin bildet mit Säuren leicht Salze. Oxalat und Chlorhydrat sind physiologisch weniger wirksam als das freie Alkaloid: Ich glaube, daß das befriedigende Salz für allgemeine Zwecke das Tartrat ist. Der chemische Aufbau und seine Beziehung zu einigen physiologisch verbundenen Substanzen kann aus folgender Formel ersehen werden:

Nicotin

Piperidin

N. Methyl-Pyrrolidin

[1] Posselt u. Reimann, Mag. f. Pharm. **24**, 138 (1828).
[2] A. Pinner, Berichte d. deutsch. chem. Gesellsch. 1892—1896, 25—29 (8 Arbeiten).
[3] L. N. Vauquelin, Annales de Chim. et de Phys. **71**, 139 (1809).

S. Fränkel erbringt viele Tatsachen als Stütze der Ansicht, daß es der Piperidinring ist, der sogenannte „Loiponsäureanteil" des Moleküls, welcher die „wahre Pharmacophore" ist. Die Kontraktion der Gefäße rührt sicherlich von dem Pyrrolidin[1]) und nicht von dem Pyridinring her, da sich diese Wirkung nicht durch Pyridin zeigt, sondern durch Piperidin erzeugt wird.

Links-Nicotin ist annähernd doppelt so wirksam als das rechtsdrehende[2]) und in dieser Hinsicht verhält es sich wie l-Hyoscyamin und l-Adrenalin[3]).

Wirkung auf Wirbellose.

Greenwood[4]) hat die beste allgemeine Übersicht über die Wirkung von Nicotin auf Wirbellose gegeben und er schließt, daß die giftige Wirkung des Nicotins auf jeden Organismus hauptsächlich durch den Grad der Entwicklung des Nervensystems bestimmt wird. So kann sie für Amöben oder Actinosphaerium nicht als erregend oder lähmend angesehen werden; sie ist eher nachteilig für ein andauernd gesundes Leben.

Sobald irgend eine strukturelle Komplexität erreicht wird, ist die Wirkung von Nicotin charakteristisch und nervöse Wirkungen, welche der Ausdruck von Automatie sind, werden zuerst gehemmt. Dies ist undeutlich bei Hydra zu sehen und ist bei Medusen ausgesprochener, wo Spontanität, Ausstrahlung des Impulses und direkte motorische Tätigkeit nacheinander angegriffen werden. Wenn die strukturelle Entwicklung weiter geht, ist die selektive Wirkung leicht zu verfolgen, z. B. bei Asterias, Antedon, Palämon. Bei den höheren Wirbellosen geht der lähmenden Wirkung von Nicotin eine Phase der Reizung voran. Diese wird bei Ophiuriden und Crinoiden deutlich; sie ist sehr charakteristisch für die Vergiftung von Palämon und Sepiola.

Wenn diese anregende Wirkung von Nicotin bemerkbar wird, wird Nicotin nach und nach ein Medium, in welchem das Leben unmöglich wird. So wird eine Amöbe nicht sofort in einer 1 proz. Lösung von Nicotintartrat getötet. Hydra stirbt rasch in einer solchen Konzentration, sie wird aber noch eine Nacht in 0,05 proz. leben, während Lumbricus, der von der Lösung getötet wird, welche Hydra ertragen kann, mehrere Stunden lang in einer 0,01 proz. Lösung lebt. Bei komplizierteren Formen, als diese es sind, ist keine Frage von einem solchen fortdauernden Leben; $\frac{1}{2}$ Stunde in 0,05% Nicotin lähmt Asterias und Antedon; 0,01% ist für dieselbe Zeit ein mächtiges Gift für Palämon, und in weniger als einer Minute beschädigen 0,005% Sepiola derart, daß es keine nachfolgende Erholung gibt.

Die Vergiftung, welche bei höheren Typen vorkommt, hat manchmal als eine ihrer Nachwirkungen eine langwierige trophische Störung. Eine starke Form hiervon ist bei Palämon zu sehen, wo es ein zunehmendes Absterben der Gewebe von hinten nach vorne geben kann, und es ist wahrscheinlich, daß eine ähnliche Läsion ihren Ausdruck in der Anhäufung von Fremdkörpern auf den Antennen von Palämon, in dem Wachstum von Fungus auf einem gelähmten Bachkrebs und in dem Anhängen von Erdstückchen am Körper eines vergifteten Erdwurmes findet.

---

[1]) Arzneimittel-Synthese 1906, S. 231.
[2]) A. Mayor, Berichte d. deutsch. chem. Gesellsch. **38**, 597 (1905).
[3]) Fast unsere ganze genaue Kenntnis der Wirkung von Nicotin beruht auf der Arbeit von J. N. Langley und seinen Schülern und die Originalarbeiten erscheinen im Journ. of Physiol. von Bd. XI (1890) in der laufenden Nummer.
[4]) M. Greenwood, Journ. of Physiol. **11**, 573 (1890).

Allgemeine Wirkung.

Frosch. Die beste Beschreibung der Nicotinwirkung auf den Frosch ist die von Langley und Dickinson[1]). Wenn $1^1/_2$—3 mg Nicotin unter die Haut eines Frosches injiziert werden, dann springt er andauernd 10—30 Sekunden lang; die Sprünge werden dann schwächer und hören in ungefähr 1 Minute auf. Der Kopf hängt nach unten, berührt aber nicht den Boden. Die leicht gebeugten Vorderbeine berühren sich fast an ihren Extremitäten in der Mittellinie unter dem Körper, die Muskeln der Vorderbeine und die Muskeln des Brustbeines befinden sich in einem Zustande tonischer Starre. Das Tier ist eine Zeitlang, nach der Einnahme dieser Stellung noch imstande, die Vorderbeine zu bewegen, und Bewegungen können durch Kneifen der Haut ausgelöst werden. Rosenthal und Krocker[2]) beschreiben die Vorderbeine als etwas nach hinten, dem Körper entlang, gerichtet. Die Hinterbeine gehen, obgleich gebeugt, nicht in tonische Starre über wie die Vorderbeine; die Schwimmhäute sind gewöhnlich ausgedehnt; aber diese Wirkung ist bei einer stärkeren Dosis Nicotin deutlicher (v. Praag[3]), Rosenthal und Krocker).

Kurze Zeit, nachdem die soeben erwähnte Stellung eingenommen wird, gibt es klonische Krämpfe und Zuckungen der Muskeln oder der Faserbündel der Muskeln; die Muskelzuckungen sind in den Brust- und Halsregionen am sichtbarsten; sie sind deutlich in den Schenkelmuskeln und sehr leicht im Gastrocnemius. Nach v. Anrep[4]) kommen die Muskelzuckungen hauptsächlich in den Hinterbeinen vor, und er behauptet, daß sie zentralen Ursprungs sind, weil sie 1. aufhören, wenn die Nerven nach dem Teil durchschnitten sind, und 2. weil sie andauern, wenn man das Blut hindert, den Teil zu erreichen, so daß es keine periphere Erregung geben kann.

Wenn der Frosch plötzlich auf den Rücken gelegt wird, wird er seine Stellung wieder einnehmen; wenn er langsam bewegt wird, wird er auf dem Rücken liegen bleiben. Man kann dann sehen, daß sich die Vorderbeine in einem leichten kataleptischen Zustand befinden, wenn sie vorsichtig in irgend eine Lage gebracht werden, bleiben sie annähernd so, obgleich sie häufig langsam teilweise in ihre alte Stellung zurückkehren; beim Kneifen der Haut gewinnt der Frosch sofort seine sitzende Stellung wieder.

Die Lymphherzen hören sehr bald nach der Injektion auf zu schlagen und die Atmung etwas später; die verschiedenen Atembewegungen hören jedoch nicht alle zu gleicher Zeit auf. Während der Periode, während welcher der Frosch mit seinen Hinterbeinen in die Höhe gezogen sitzt, gibt es eine große Abnahme der Reflexe; das reflektorische Schließen des Auges bei Berührung der Hornhaut verschwindet zuerst; dann folgt der Reihe nach eine Abnahme der Reflexbewegung infolge von Kneifen oder elektrischer Reizung der Kopfhaut, der Vorderbeine, des Körpers und zuletzt der Hinterbeine. Mit der Zeit werden die Hinterbeine, wenn sie in eine Strecklage gebracht worden sind, nicht mehr rasch wieder in die Höhe gezogen, wenn sie losgelassen werden.

Der Frosch hat nun mit schlaffen Hinterbeinen noch die Vorderbeine und die Brustbeinmuskel in tonischer Starre, da die Vorderbeine, wie vorher, um die Brust herum gezogen sind und sich mehr oder weniger in einem Zustand

---

[1]) J. N. Langley, W. Lee u. Dickinson, Journ. of Physiol. **11**, 268 (1890).
[2]) Rosenthal u. Arth. Krocker, Centralbl. f. d. med. Wissensch. **47**, 737 (1863); Diss. Berlin 1868.
[3]) v. Praag, Virchows Archiv **8**, 56 (1855).
[4]) B. v. Anrep, Archiv f. Anat. u. Physiol., physiol. Abt. 1879, Suppl. S. 167.

der Katalepsie befinden. Später verschwinden alle Reflexe, dann hat selbst starke Reizung des zentralen Endes des Ischiadicus keine Wirkung mehr; die Vorderglieder und Brustbeinmuskel werden langsam schlaff, aber die Zeit, in welcher das eintritt, variiert stark. Noch später hat Reizung des peripheren Endes eines motorischen Nerven, z. B. des Ischiadicus, keine Wirkung, obgleich die direkte Reizung der Muskeln leicht Kontraktion verursacht. Das Herz schlägt noch stark und man kann sehen, daß ein aktiver Blutkreislauf in der Schwimmhaut des Fußes oder der Zunge vor sich geht.

Die sukzessiven Stadien der Nicotinvergiftung sind daher kurz folgende:

1. Phase der Erregung; der Frosch springt fast andauernd; die Lymphherzen hören am Schlusse hiervon auf, zu schlagen.

2. Phase der Krämpfe; der Frosch versucht nicht zu springen; die Vorderbeine befinden sich mehr oder weniger in einem Zustand tonischer Starre oder Katalepsie; die Hinterbeine sind stark gebeugt; die Bauchatembewegungen sind selten oder fehlen, die Atembewegungen des Halses dauern fort.

3. Phase der Ruhe; die Hinterbeine sind noch gebeugt, aber die Beugung wird schwächer; alle Atembewegungen hören allmählich auf; es entsteht eine Verminderung der Reflextätigkeit.

4. Phase der Schlaffheit; die Hinterbeine sind nicht mehr in die Höhe gezogen, schwache Reflexe können noch erhalten werden, aber hauptsächlich von den Hinterbeinen.

5. Phase der Lähmung des Zentralnervensystems; es kann kein Reflex erhalten werden.

6. Phase der Lähmung der motorischen Nervenendigungen; die Muskeln sind noch erregbar und das Herz schlägt noch.

Säugetiere. Die Wirkungen von Nicotin auf die Körperbewegungen sind aus den Beobachtungen von Bernard, v. Praag, Krocker, Truhart, Langley und anderen Forschern wohlbekannt. Es verursacht vorläufige Erregung, klonische Krämpfe und Muskelzuckungen in verschiedenen Körperteilen, und es kann Konvulsionen und Opisthotonus verursachen. Ein allgemeines Zucken der Muskeln über den ganzen Körper ist selten, die Muskeln der Hinterbeine werden am meisten affiziert, aber es gibt große Unterschiede, und zwar aus keinem ersichtlichen Grunde, bei den verschiedenen Tieren. Bei der Katze verursacht Nicotin eine gewisse Starre der Vorderbeine (v. Anrep) und selbst in sehr kleinen Dosen Zuckungen der Ohren (Truhart).

Eine Zeitlang gibt es eine leichte Zunahme der Erregbarkeit im Zentralnervensystem, denn nachdem die Muskelzuckungen aufgehört haben, oder nur leicht sind, können sie durch Kneifen der Haut am Gliede wieder zustande gebracht werden. Nach Durchschneidung der Nerven, welche zu irgend einem Körperteile führen, finden keine Bewegungen oder Zuckungen in diesem Teile nach Injektion von Nicotin statt, und die tonische Starre in den Vorderbeinen, welche gut bei der Katze und weniger deutlich beim Kaninchen zu sehen ist, kommt nicht vor, wenn der N. brachialis durchschnitten worden ist. Daher rührt die Nicotinwirkung auf die Skelettmuskeln der Säugetiere von der Reizung des Zentralnervensystems her, während es beim Frosch außer dieser Wirkung noch eine periphere Wirkung gibt.

Wenn es in hinreichenden Dosen gegeben wird, lähmt Nicotin die motorischen „Nervenendigungen" im Skelettmuskel, um aber diese Wirkung zu zeigen, ist künstliche Atmung erforderlich, weil das Atemzentrum in der Medulla vor den motorischen „Nervenendigungen" gelähmt wird.

Nicotinwirkung auf die Nervenzellen.

1. Oberes Cervicalganglion. Die ganze Wirkung des Nicotins ist seinem
Einfluß auf die Nervenzellen zugeschrieben worden. Nicotin erregt diese zuerst
und lähmt sie dann, so daß es gut sein wird, diese Wirkung zuerst zu untersuchen, denn sie wird uns dann zum Verständnis der Wirkung des Alkaloids
auf die verschiedenen Gewebe verhelfen. Rosenthal[1]) lenkte zuerst die Aufmerksamkeit auf die vasomotorische Lähmung, welche durch Nicotin im
Kaninchenohr herbeigeführt wird, und Hirschmann[2]) fand, daß nach mäßigen
Dosen von Nicotin Reizung des Sympathicusnerven im Hals keine Pupillenerweiterung verursachte. Langley und Dickinson[3]) gaben zuerst die wahre
Erklärung dieser Tatsachen, indem sie zeigten, daß nach einer bestimmten
Dosis von Nicotin Reizung der Sympathicusfasern unterhalb des Ganglions
weder Pupillenerweiterung noch Verengerung der Ohrgefäße erzeugt, während
Reizung der Sympathicusfasern oberhalb des Ganglions diese Veränderungen
in der normalen Weise auslöst. Diese Wirkungen erhielten sie, indem sie entweder das Mittel direkt in den Kreislauf injizierten oder indem sie eine 1 proz.
Nicotinlösung auf das Ganglion strichen. Wenn das Alkaloid seine Wirkung
erzeugt, indem es auf den Nerven unterhalb des Ganglion infolge irgend einer
Eigenart der Struktur, welche dort vorkommt, wirkt, dann müßte die lokale
Anwendung von Nicotin auf den Nerven seine Erregbarkeit vernichten. Wenn
es andererseits seine Wirkung erzeugt, indem es auf die Nervenzellen im Cervicalganglion wirkt, sollte die lokale Anwendung von Nicotin auf den Nerven sehr
wenig Wirkung auf die Nervenerregbarkeit haben, aber die lokale Anwendung
auf das Ganglion müßte die Wirkung der Reizung des Nerven zentral vom
Ganglion vernichten.

Um dies zu bestimmen wird der N. sympathicus mit dem oberen Cervicalganglion im Hals isoliert und bis zu einem bestimmten Umfange die Fasern,
die daraus entspringen. Nachdem der Sympathicus im Hals gereizt und seine
normale Wirkung auf Auge und Ohr beobachtet worden ist, werden ungefähr
ein bis anderthalb Zoll des Nerven mit einer 1 proz. Nicotinlösung bestrichen.
Der Überschuß an Flüssigkeit um den Nerv herum wird durch Löschpapier
entfernt, und das Anfeuchten des Nerven mit verdünntem Nicotin wird wiederholt. Der zentrale Teil des Nerven wird mehrere Male mit Zwischenräumen von
2 Minuten gereizt; es erzeugt die gewöhnliche Pupillenerweiterung und Verengerung der Ohrgefäße. Das Ganglion und die Fasern, welche daraus entspringen, werden dann mit 1% Nicotin bestrichen; der Sympathicus wird am
Hals wieder gereizt; man findet, daß es ganz ohne Wirkung ist; obgleich Reizung der Fasern, welche vom Ganglion nach den Arterien verlaufen (postganglionäre Fasern), die normale Wirkung erzeugt. Daher lähmt Nicotin die
Zellen des oberen Cervicalganglions.

Man kann auch zeigen, daß (beim Kaninchen und der Katze) nach der
Applikation von Nicotin auf das obere Cervicalganglion, Reizung des Cervicalsympathicus weder Sekretion noch Blässe in der Unterkieferspeicheldrüse, noch
Blässe im Mund hervorruft. Tatsächlich kann, nachdem Nicotin auf das Ganglion appliziert worden ist, keine Wirkung infolge von Reizung des Sympathicus
am Hals hervorgerufen werden.

Wir schließen, daß die erweiternden Fasern für die Pupille, die gefäß-
verengenden Fasern für das Ohr und für den Kopf im allgemeinen und die

[1]) J. Rosenthal, Centralbl. f. d. med. Wissensch. 1863, S. 737.
[2]) L. Hirschmann, Archiv f. Anat. u. Physiol. 1863, S. 309.
[3]) J. N. Langley, W. Lee u. Dickinson, Proc. Roy. Soc. **46**, 423 (1889).

sekretorischen Fasern für die Drüsen alle in den Zellen des oberen Cervical-ganglions endigen.

Bei einem derartig geleiteten Versuche gibt es wenig oder keine Verminde-rung der Erregbarkeit des N. sympathicus, wenn man 1% Nicotin darauf appliziert; wiederholte Applikation von Nicotin auf den Nerv setzt seine Er-regbarkeit herab und vernichtet sie schließlich, wie man erwarten konnte.

In der Regel verursacht die Applikation von Nicotin auf das Ganglion eine kurze Zeitlang dieselbe Wirkung wie Reizung des Nerven. Das Alkaloid scheint die Nervenzellen zu erregen, ehe es dieselben hemmt. Zweifellos er-klärt das Heidenhains[1]) Beobachtung, daß wenn ungefähr 15 mg Nicotin in die Vene eines Hundes injiziert werden, die sympathischen sekretorischen Fasern eine kurze Zeitlang gelähmt werden.

2. Ganglion solare. Nicotin auf den Plexus solare appliziert vernichtet sofort die hemmende Fähigkeit des Splanchnicus, welche normalerweise auf die Bewegungen des Verdauungskanales ausgeübt wird, aber es kann noch, obgleich natürlich wenig vollständig, Hemmung durch Reizung der aus den Ganglion austretenden Fasern, erzeugt werden. Daher endigen nach Langley die hem-menden Fasern des Splanchnicus größtenteils in den Zellen des Plexus solare.

Die Hemmungsfasern des N. splanchnicus für den Magen enden in den Zellen des Ganglion coeliacus und die Hemmungsfasern des Splanchnicus für den Darm enden in den Zellen des oberen Mesenterialganglions. Man sagt, daß der Vagus Fasern nach den Ganglien des Plexus solare sendet, aber die reichliche Anwendung von Nicotin auf den Plexus, sowohl auf die rechte wie auf die linke Körperseite stört die Bewegungen des Magens und der Eingeweide nicht, welche durch Reizung des Vagus am Halse erzeugt worden sind; d. h. die motorischen Fasern des Vagus scheinen nicht in den Nervenzellen des Plexus solare zu enden. Aber es gibt einen begreiflichen Einwand gegen diese Auffassung, da Reizung des Halsvagus verstärkte Darmbewegungen infolge von Anämie, welche sie hervorruft, verursachen wird.

Man kann bemerken, daß, nachdem Nicotin auf die Ganglien des Plexus solare angewendet worden ist, die spontanen Darmbewegungen deutlicher werden, eine Wirkung, welche man als eine Blockierung der hemmenden Im-pulse erklären könnte.

Die vasomotorischen Splanchnicusfasern für das Verteilungsgebiet der Art. coeliaca verlaufen nach dem Ganglion coeliacum und jene für das Ver-teilungsareal der oberen Mesenterialarterie verlaufen nach dem oberen Mesen-terialganglion. Die Wirkung von Nicotin auf dieselben wird am besten durch das Onkometer gezeigt. Wenn eine Dünndarmschlinge einer anästhetischen Katze in ein Onkometer gelegt wird, so daß ihr Gefäßvolumen gleichzeitig mit dem Carotisblutdruck aufgeschrieben werden kann, dann verursacht die Reizung des linken Splanchnicusnerven Gefäßverengerung, wie durch die Onko-meterkurve gezeigt wird, und eine entsprechende Steigerung des arteriellen Blutdrucks. Wenn nun das Ganglion solare mit einer 1proz. Nicotinlösung be-strichen wird, oder wenn selbst das Alkaloid in den Kreislauf injiziert wird, dann hört der Splanchnicus bald auf, irgend eine Wirkung auf elektrische Rei-zung zu haben. Trotzdem werden weder die Nerven in den Blutgefäßen noch die Muskeln der Gefäße beeinflußt, da Reizung der postganglionären Fasern, welche vom Plexus solare kommen, typische Verengerung der Splanchnicus-gefäße mit einer entsprechenden Steigerung im Blutdruck verursacht.

---

[1]) R. Heidenhain, Archiv f. d. ges. Physiol. **5**, 316 (1872).

Es soll hier noch bemerkt werden, daß Langleys Versuche gezeigt haben, daß die Wirkung von Nicotin die ist, die Verbindung zwischen den efferenten markhaltigen Fasern aus dem Zentralnervensystem der präganglionären Fasern und ihrer verstreut abliegenden Nervenzellen abzubrechen, während sie die Wirkung der Fortsätze von der Nervenzelle zu dem Endgewebe, d. h. die postganglionäre Faser, nicht verändert. Wenn man daher die präganglionären Fasern durchschneidet und sie degenerieren läßt, dann wird Nicotin keinerlei Wirkung mehr auf die Ganglionzellen ausüben. (Siehe Abb. 1.)

3. Ganglion im Verlauf der Chorda tympani.

Heidenhain[1]) zeigte, daß wenn eine bestimmte Menge von Nicotin in die Vene einer Katze oder eines Hundes injiziert wurde, Reizung der Chorda tympani keine Sekretion verursachte. Wenn die Elektrode jedoch in den Hilus der Drüse gestoßen wird, folgt unmittelbar eine Speichelabsonderung. Die Absonderung ist reichlich. Daraus wird geschlossen, daß Nicotin die Nervenzellen im Verlaufe der Chorda tympanifasern lähmt, und wenn wir den Hilus der Drüse reizen, erregen wir den Nerv postganglionär. Sehr große Dosen von Nicotin, wie 300 mg, lähmen bei der Katze die sekretorischen Nervenendigungen nicht (Abb. 2.)

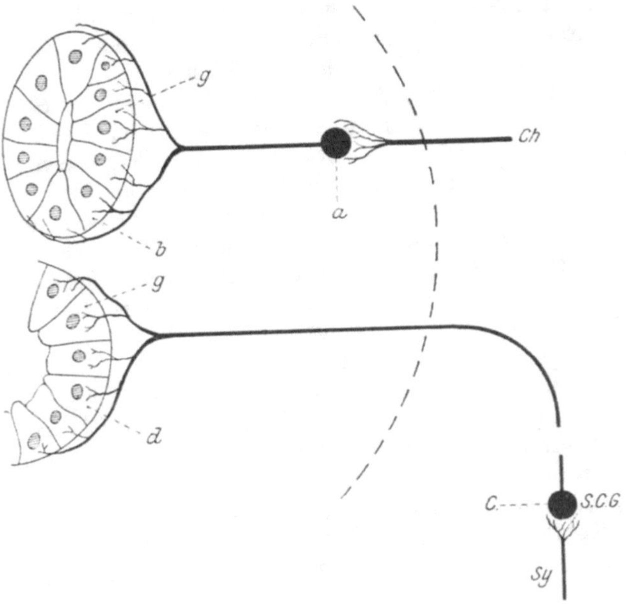

Abb. 2. Diagramm zeigt die verschiedenen Wirkungspunkte der Mittel auf die Glandula submaxillaris. Reflexwirkungen werden nicht gezeigt.

g = Drüsenzelle; Sy = N. sympathicus; SCG = oberes Cervicalganglion; d = Nervenendigungen in der Drüse; Ch = Chorda tympani; a = Nervenzellen und b = Nervenendigungen in der Drüse. Die punktierte Linie zeigt die Peripherie der Drüse.

Wirkungssitz der Mittel.

a und c Cytisin $+-$, Nicotin $+-$, Coniin $+-$, Lobelin $+-$, Gelsemin $-$, Sparteln $-$. b Pilocarpin $+$, Physostigmin $+$, Muscarin $+$, Atropin $-$, Hyoscyamin $-$, Hyoscin $-$.

($+$ bedeutet Reizung und $-$ Lähmung.)

Wenn man anstatt Nicotin in den Kreislauf zu injizieren, es als eine 1 proz. Lösung auf die Nervenzellen in der Region des Ganglion submaxillaris beim Hund streicht, dann findet man, daß der N. chordo-lingualis gelähmt ist. Die unmittelbare Wirkung des Bestreichens mit Nicotin ist, wie bei anderen Nervenganglien, eine kurze Reizperiode. Von dieser Reizung rührt die vorübergehende Sekretion her, welche bei Injektion von Nicotin vorkommt und die sich beim Hund in einer leichten Sekretion aus der Glandula sublingualis zeigt.

Die Menge von Nicotin, welche erforderlich ist, um Lähmung der Nervenzellen zu verursachen, nimmt natürlich mit dem Gewicht des Tieres zu, aber,

---

[1]) R. Heidenhain, Archiv f. d. ges. Physiol. 5, 316 (1872).

wenn wir dies in Rechnung bringen, ist die Katze empfindlicher als der Hund. Allgemein gesprochen wird eine Lähmung, welche 15 Minuten dauert, in den sekretorischen Nervenzellen des Sympathicus der Katze durch ungefähr 5 mg Nicotin erzeugt; in den sekretorischen Nervenzellen der Chorda tympani der Katze durch 8—10 mg; in den sekretorischen Nervenzellen der Chorda tympani des Hundes — Gewicht 6 kg — durch 25—30 mg; in den gefäßerweiternden Nervenzellen der Chorda tympani des Hundes durch 30—35 mg. Die Nervenzellen des Sympathicus (oberes Cervicalganglion) des Hundes nehmen eine Ausnahmestelle ein, denn während eine Lähmung von wenigen Minuten offenbar durch eine Dosis von ungefähr 10 mg erzeugt werden kann, kann eine Dosis von ungefähr 100 mg sie weniger als eine Viertelstunde lähmen.

Beckenganglien. Nicotin lähmt nicht alle visceralen Wirkungen, welche man gewöhnlich bei Reizung der sakralen Nerven im Rückenmarkskanal sieht. Es verhindert das Auftreten aller Wirkungen, welche die sakralen Nerven durch den Beckenplexus erzeugen, nämlich die Wirkungen auf das Kolon, den oberen Teil des Rectum und der Blase, die Hemmung des Sphincter ani internus, der äußeren Geschlechtsorgane und der genito-analen Hautmuskeln. Aber es verhindert nicht die Retraktion und Blässe der äußeren Geschlechtsorgane, noch die Kontraktion der genito-analen Hautmuskeln. Dies rührt von der Reizung der grauen Rami communicantes her, welche sich mit den Nerven aus den sakralen Sympathicusganglien vereinigen.

Der Beckennerv (Nervus erigens) hat, zentral zu seinem ersten Ganglion gereizt, nach Nicotininjektion gewöhnlich keine Wirkung; gelegentlich hat Langley eine leichte Kontraktion der Blase gesehen, welche wahrscheinlich von der Reizung von Fasern herrührt, welche sich mit dem Beckennerv aus dem Aortenplexus vereinigen. Reizung, knapp peripher von dem ersten Ganglion, verursacht schwache Kontraktion der Blase, mäßige bis starke Kontraktion des M. rectococcygealis und beim Kaninchen auch mäßige bis starke Kontraktion des Rectum.

Direkte Wirkung auf die Nervenzellen des Zentralnervensystems. Langley[1] erhielt durch die direkte Applikation von Nicotin auf das Rückenmark des Rochens krampfartige Bewegungen, aber er erhielt sie nicht, wenn das Nicotin auf das Rückenmark des anästhetisierten Tieres angewendet wird. Er sagt: „Nicotin ist ein starkes, direktes oder indirektes Stimulans der motorischen Nervenzellen der Medulla und des Rückenmarks". Die so erzeugte Muskelzuckung war rein lokal. Wenn eine 0,1 proz Lösung auf das Froschrückenmark appliziert wird, erzeugt sie unmittelbare Muskelzuckungen, welche von jener Nachbarschaft her hervorgerufen werden. Um diese Wirkung zu zeigen, wird das Tier gerade hinter den Gehirnhemisphären durch eine starke und scharfe Schere geköpft. Es wird dann vollständig ausgeweidet, das Brustbein wird in der Mittellinie durchschnitten und es wird besonders Sorge getragen, die Rückenmarknerven nicht zu verletzen. Nachdem der Zustand der Reflexe der oberen und unteren Glieder geprüft worden ist, wird eine 0,1 proz. Nicotinlösung mit einem feinen Pinsel auf den freigelegten Teil des Rückenmarks appliziert, dann sieht man die charakteristischen Zuckungen in den Muskeln des Sternum und der Vorderbeine: etwas tonische Kontraktion ist auch vorhanden und die Vorderbeine werden langsam bewegt, bis sie sich über dem Brustbein begegnen[2]. Diese Zuckungen sind unregelmäßig, sie beeinflussen nicht alle Muskeln gleichmäßig, und die auf diese Weise erzeugte Wirkung ist eine, welche in keiner

---

[1] J. N. Langley, Journ. of Physiol. **27**, 233 (1901).
[2] W. E. Dixon, Journ. of Physiol. **30**, 113 (1903).

Weise mit den klonischen Krämpfen durch Strychnin vergleichbar ist. Sie werden wahrscheinlich durch die direkte Wirkung auf die motorischen Nervenzellen erzeugt, weil sie 1. nicht reflektorisch sind, 2. nicht nur auf den affizierten Teil des Rückenmarks lokalisiert sind, und weil 3. nicht alle Muskeln gleichmäßig affiziert sind. Das Stadium der automatischen Bewegung ist bald vorüber und ist mit einer sehr kurzen Phase erhöhter Reflexe verknüpft, welche nicht leicht zu beobachten ist. Die Reflexe verschwinden allmählich, wobei die in den Vorderbeinen zuerst verschwinden und diejenigen in den Hinterbeinen nur als Folge postmortaler Veränderungen vergehen. Die Tatsache, daß Nicotin die vorderen Wurzelzellen erregt, ist ein Beweis für ihre schließliche Lähmung, und daher kommt die Verminderung der Reflexe. Aber es ist möglich, daß es außer dieser Wirkung auf die motorischen Nervenzellen einen erhöhten Widerstand auf der sensorischen Seite gibt, weil Reizung eines sensorischen Nervs an einem Vorderbein keine Reflexe in einem Hinterbein gibt, welche man erwarten würde, wenn der Bogen normal wäre.

Derselbe Einfluß der direkten Nicotinwirkung auf das Rückenmark kann auf eine andere Weise gezeigt werden, indem man in die Hülle des Rückenmarks oder in die subcerebrale Zisterne eine kleine Dosis des Alkaloids injiziert Zuckungen werden unmittelbar in den Muskeln beobachtet, welche den Nervenzellen am Injektionspunkt entsprechen; gewöhnlich sind sie sehr ausgesprochen im Vorderbein, im oberen Teil der Brust und des Halses, während die Hinterbeine schlaff sind. Bei tief anästhesierten Tieren ist diese Wirkung nicht zu sehen.

Atmung. Die Atmung wird durch Nicotin deutlich beschleunigt und vertieft, aber nach kleinen Dosen verschwindet diese Wirkung rasch und es folgt normale Atmung (v. Praag und Rosenthal). Nach großen oder wiederholten Injektionen folgt auf die Reizung Depression des Zentrums, die Einatmungen werden seltener und hohler und die Ausatmungen rasch und stoßweise. Während der Krämpfe wird die Atmung gewöhnlich in Einatmungsstellung gehemmt und nicht selten kann die Atmung am Ende des Krampfes nicht wieder einsetzen. Die Wirkung rührt von einer anfänglichen Reizung her, auf welche Lähmung des Atemzentrums und durch diese Lähmung verursachter Tod folgt. Enorme Dosen von Nicotin lähmen sowohl die Phrenici wie andere motorische Nerven, eine Wirkung, welche nur während der künstlichen Atmung zu sehen ist; aber diese Wirkung ist von geringer Bedeutung, da der Tod infolge von Lähmung der Nervenzellen in der Medulla lange vorher eintritt, ehe die Nervenendigungen beeinflußt sind.

Roy und Graham Brown[1] fanden, daß Nicotin deutliche Erweiterung der Bronchiolen verursacht; Ransom und ich[2] haben gezeigt, daß dies von der Reizung der sympathischen bronchodilatatorischen Nerven herrührt. Wenn man die Bronchiolen durch eine Dosis von Physostigmin bei einem geköpften Tiere zur Konstriktion bringt, kann eine Injektion von Nicotin sie wieder vorübergehend erweitern, und die Wirkung kann mehrere Male wiederholt werden: in dieser Hinsicht wirkt es genau wie Lobelin. Es ist wahrscheinlich, daß diese Wirkung von der reizenden Wirkung des Mittels auf die sympathischen Nervenzellen herrührt. Nachdem sehr große und lähmende Dosen des Alkaloids eingeführt worden sind, müssen andere Wirkungen betrachtet werden, insbesondere die Lähmung der broncho-konstriktorischen Fasern des Vagus.

---

[1] Roy u. Graham Brown, Journ. of Physiol. **6**, 21 (1885).
[2] W. E. Dixon u. Fred Ransom, Journ. of Physiol. **45**, 413 (1912/13).

Wirkung auf die Drüsen.

Nicotin steigert die Sekretion der meisten Drüsen, welche innerviert sind. Die Wirkung auf die Glandula submaxillaris durch Nicotin kann nur dadurch erklärt werden, daß es zuerst die Ganglien im Verlaufe der Chorda tympani reizt und sie dann lähmt; aber auf dieselbe Weise reizt es erst und lähmt dann die Ganglien, welche in dem Verlaufe der sympathischen Speicheldrüsenfasern liegen. Pilocarpin und Muscarin verursachen profuse Speichelung nach Nicotinlähmung, weil sie die Neuronen mehr peripher reizen als die Ganglienzellen. Aber die normalerweise durch Erregung der Speicheldrüsen oder durch Kauen reflektorisch erzeugte Speichelsekretion wird durch Nicotin verhindert. Die Schweißdrüsen und die Bronchialschleimhautdrüsen werden durch Nicotin auf dieselbe Weise affiziert, während die Nieren, Pankreas und Milchdrüsen unbeeinflußt zu bleiben scheinen.

Die Wirkung von Nicotin auf die Nebenniere und seine indirekte Wirkung auf den glatten Muskel.

Cannon, Aub und Binger[1]) haben durch die Untersuchung des Blutes aus der Vena cava gezeigt, daß eine Injektion von Nicotin eine vermehrte Abgabe von Adrenalin aus den Nebennieren verursacht; und die Existenz von sekretorischen Nerven zu diesen Drüsen kann durch die Arbeiten von Biedl[2]), Asher[3]) und Elliott[4]) als gesichert angesehen werden. Es ist klar, daß die efferente Bahn aus dem bulbären Zentrum zu den glatten Muskeln, welche durch den Sympathicus innerviert werden, eine doppelte ist — direkt durch nervöse Impulse zu den Muskeln und indirekt durch nervöse Impulse zu den Nebennieren —, und beim Nicotin besitzen wir überzeugende Beweise, daß diese beiden Methoden eine Rolle spielen. Nicotin verursacht, indem es bestimmte Nervenzellen erregt, 1. eine Wirkung auf den glatten Muskel direkt durch seine Nerven, und 2. indem es Adrenalin freimacht, ruft es indirekt einen ähnlichen Wirkungstypus hervor.

Langley und Dickinson[5]) zeigten, daß die Wirkungen von Nicotin auf die Pupille und die Nickhaut das Resultat von zwei einander entgegengesetzten Wirkungen waren, welche auf die kranialen autonomen und die sympathischen Nervenverzweigungen beziehbar sind. Bei der Katze waren gewöhnlich auf den Sympathicus beziehbare Wirkungen vorherrschend, so daß die erste Wirkung des intravenös injizierten Nicotins gewöhnlich Erweiterung der Pupille, Retraktion der Nickhaut, Erweiterung der Fissura palpebralis waren. Diese Wirkungen konnten in nicht komplizierter Form durch Aufstreichen von Nicotin auf das obere Cervicalganglion erzeugt werden; aber Langley und Dickinson fanden, daß wenn ein oberes Cervicalganglion exstirpiert wurde, intravenöse Injektion von Nicotin diesen Komplex von cervicaler Sympathicuswirkung fast ebenso gut im Auge ohne Ganglion wie im normalen Auge erzeugte, obgleich sie beobachteten, daß die Wirkung im ersteren gewöhnlich fünf Sekunden später begann. Aus dieser Beobachtung würde erscheinen, daß Nicotin, außer seiner charakteristischen Reizung der auto-

[1]) W. B. Cannon, J. C. Aub u. C. A. L. Binger, Journ. of Pharm. and experim. Ther. **3**, 379 (1912).
[2]) Arthur Biedl, Archiv f. d. ges. Physiol. **67**, 443 (1897).
[3]) Leon Asher, Centralbl. f. Physiol. **24**, 928 (1910).
[4]) T. R. Elliott, Journ. of Physiol. **44**, 374 (1912).
[5]) J. N. Langley u. W. Lee Dickinson, Journ. of Physiol. **11**, 265 (1890).

nomen Ganglienzellen, eine mehr periphere Wirkung hat. Eine ähnliche periphere Wirkung von Nikotin auf die Bewegungen des Dünndarms ist von Langley und Magnus[1]) beschrieben worden, welche fanden, daß Nicotin Hemmung dieser Bewegungen in einer Schlinge von Katzenjejunum nach Durchschneidung aller postganglionären Nervenfasern, die dorthin verlaufen, verursachte, und daß diese Hemmung „nicht ein Deut weniger normal war", selbst nach Degeneration von allen solchen postganglionären Fasern.

Diese peripheren sympathischen Wirkungen von Nicotin überdauern die Degeneration der postganglionären Fasern, welche in dem oberen Cervicalganglion oder in dem Plexus solare entstehen. In dem Versuche, welchen Dale und Laidlaw[2]) über diesen Punkt anstellen, ließen sie dreizehn Tage nach Exstirpation eines Ganglions unter aseptischen Vorsichtsmaßregeln, Zeit zur Degeneration. Die Nicotinwirkung ähnelt dann der von Adrenalin und man kann die sympathischen Wirkungen dieses Alkaloids auf das Auge soweit als eine Verbindung der Wirkung auf die Zellen des oberen Cervicalganglions mit einer peripheren Wirkung zusammenfassen.

Die Bedeutung der Nebennierenkapseln bei der Katze unter A. C. E. oder Äther kann durch die Exstirpation des oberen Cervicalganglions auf einer Seite und durch Durchschneidung des Cervicalsympathicus auf der anderen gezeigt werden, wodurch man die Mitwirkung von Reflex- oder Zentralwirkungen ausschließt. Die Nebennieren wurden vollständig entfernt; intravenöse Injektion von 3 mg Nicotin verursachte nun eine ziemlich schwache und verschwindende Pupillenerweiterung und Retraktion der Nickhaut der Seite, welche nur das Ganglion behalten hat. Auf der exstirpierten Seite war die einzige wahrnehmbare Wirkung eine Vorwärtsbewegung der Nickhaut, so daß die Pupille fast ganz bedeckt wurde. Es wurden daher unter diesen Bedingungen klarerweise die sympathischen Wirkungen dieses Alkaloids auf eine direkte Wirkung auf die Zellen des oberen Cervicalganglions reduziert, welche überdies im Vergleich mit der Wirkung, welche man bei Tieren, die unversehrte Nebennieren besitzen, sieht, schwach und verschwindend war.

So war in Langley und Dickinsons Versuchen, welche an der Katze unter Chloroform oder Äther gemacht wurden, die Nikotinwirkung auf das des oberen Cervicalganglions beraubte Auge, welches sie der unversehrten Seite praktisch gleich fanden, vermutlich keine direkte Nicotinwirkung, sondern die Folge der Adrenalinabsonderung, welche die Injektion von Nicotin verursachte. Durch Analogie ist es wahrscheinlich, daß der Hauptfaktor bei der Sympathicuswirkung dieses Alkaloids auf den Uterus und die Eingeweide beschkleunigte Adrenalinsekretion ist, obgleich die Reizung der Ganglien zweifellos ihre Rolle bei der Bewerkstelligung derselben spielt.

Wirkung auf den Kreislauf.

Nervöser Herzmechanismus. Es bestehen starke Gründe, anzunehmen, daß die ganze Nicotinwirkung auf das Herz die Folge der Reizung und schließlich der Lähmung der Herznervenganglien ist.

Es ist wohlbekannt, daß Nicotin die Vagusnerven für elektrische Reizung bei allen Tieren lähmt, aber die Lähmung ist sicherlich verschiedener Art wie die durch Atropin verursachte.

Eine kleine Dosis verursacht primär Verlangsamung des Herzschlages des Frosches, und es kann eine Diastole hervorrufen, die bis zu einer Minute dauert;

---

[1]) J. N. Langley und R. Magnus, Journ. of Physiol. **33,** 34 (1905).
[2]) H. H. Dale und P. P. Laidlaw, Journ. of Physiol. **45,** 1 (1912).

bei Erholung des Herzschlages werden die hemmenden Fasern des Vagus gelähmt (Rosenthal); außer bei einer kleinen Dosis ist die primäre hemmende Wirkung gering, und bei einer großen Dosis fehlt sie (Krocker). Nach einer kleinen Dosis, wie 0,25 mg, verursacht Reizung des Vagus Beschleunigung des Herzschlages anstatt Hemmung, aber durch Reizung des Sinus oder der Vorhöfe kann noch Hemmung erhalten werden [Mayer[1]), Truhart[2])]. Der Herzschlag dauert nach sehr großen Nicotindosen fort (Abb. 3).

Obgleich $^1/_8$ bis $^1/_4$ mg Nicotin, in den dorsalen Lymphsack eines Frosches injiziert, die hemmenden Fasern des Vagus lähmen wird, und 1—2 mg die motorischen Nerven viele Stunden lang lähmen, trotzdem kann nach Injektion von 50 mg Nicotin noch Beschleunigung des Herzens durch Reizung der Vereinigung der Sinus-Vorhofsgrenze erhalten werden.

Nach Langley liegen die Nervenzellen im Herzen im Verlaufe der Hemmungsfasern des Vagus; Nicotin lähmt die Wirkung dieser Nervenzellen; wenn die Nicotinmenge klein ist, werden die Nervenzellen eine kurze Zeitlang gehemmt. Die hemmende Wirkung der Reizung der Sinusvorhofsgrenze, welche man zu einer Zeit erhält, wo der Vagusstamm unwirksam ist, rührt von einer Reizung der Nervenfasern her, welche aus den Ganglienzellen entspringen. Der N. sympathicus steht entweder nicht in

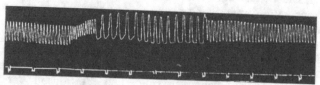

Zeit

Abb. 3. Aufzeichnung der Bewegungen eines isolierten Froschherzens durch die Vena hepatica durchströmt. Zeigt die Wirkung von 0,1 proz. Nicotin. Zeit = 30 Sekunden.

Verbindung oder hat relativ wenig Nervenzellen im Herzen, und daher verhindert Nicotin nicht die beschleunigende Wirkung der Reizung des Sympathicus. Nach Gaskell verlassen die beschleunigenden Fasern des Sympathicus das Rückenmark in den Rami communicantes des dritten Nerven.

Wenn 1% Nicotin direkt dem Herzen appliziert wird, wird der soeben besprochene Zustand rasch hervorgerufen und durch diese Methode kann die hemmende Wirkung der Vagusreizung vollständig beseitigt werden. Nach Boehm[3]) wird der durch Muscarin verursachte Stillstand des Herzens nicht durch Nicotin beseitigt, was gerade dasjenige ist, was man erwarten sollte, wenn die Wirkung von Nicotin sich auf die Nervenzellen erstreckte.

Wenn einem Kaninchen Nicotin injiziert wird, bis die Vagi gelähmt sind — und die bequemste Methode dies zu prüfen ist natürlich die des Blutdrucks —, wird man nun trotz der Vaguslähmung finden, daß Muscarin, Pilocarpin, Physostigmin, Arecolin und andere „Vagusreizmittel" noch ihre typische Wirkung der Hemmung oder Verlangsamung des Herzschlages erzeugen und daß diese Wirkung durch eine kleine Dosis Atropin vollständig vernichtet wird. Muscarinstillstand sollte daher durch Nicotin wenig beeinflußt werden, und Boehm hat festgestellt, daß kein Antagonismus existiert.

Wir glauben daher, daß Nicotin seinen Block im Verlaufe des Vagusnerven an den Ganglienzellen erzeugt, aber daß es das intrakardiale Hemmungs-

---

[1]) A. B. Mayer, Das Hemmungsnervensystem des Herzens. Berlin 1869.
[2]) Herm. Truhart, Ein Beitrag zur Nicotinwirkung, Diss. Dorpat 1869.
[3]) R. Boehm, Studien über Herzgifte. Würzburg. S. 13.

neuron unversehrt läßt. Die Herzbeschleuniger können, ungleich dem Vagus-nerven, durch die Injektion von irgendeiner Nicotindosis in den Kreislauf des Säugetieres nicht gelähmt werden, wofür der sichtliche Grund der ist, daß wir in diesem Falle tatsächlich postganglionäre Fasern erregen und zwischen dem Sitz der Nervenreizung und dem Muskel entweder keine Nervenzellen oder relativ wenig vorhanden sind (Abb. 4).

Wir sind jetzt in der Lage, die Nicotinwirkung auf das Herz des unver-sehrten Tieres zu verstehen. Nach mäßigen Dosen von Nicotin wird das Herz des Tieres häufig zuerst lang-samer und kann einige Sekunden lang in Diastole stillstehen, aber allmählich nimmt es seinen nor-malen Rhythmus wieder auf oder wird etwas rascher. Der langsame Puls rührt wahrschein-lich von der Reizung der Gang-lien in dem Verlaufe des Vagus her. Er wird durch Durch-schneidung der Vagi nicht affi-ziert, sondern er wird durch Apocodein verhindert, von wel-chem man weiß, daß es Gang-lionzellen lähmt (Dixon), und durch Atropin, welches post-ganglionär wirkt. Die Verlang-samung ist vorübergehend und geht bald in Beschleunigung über, und diese beiden Tat-sachen werden durch die Rei-zung, auf welche die Depression der intrakardialen Vagusgang-lien, zu einer Zeit, wo, wie schon gezeigt worden ist, das Hem-mungsneuron noch unversehrt ist, folgt, erklärt. Größere Dosen von Nicotin oder zweite und nachfolgende Injektionen erzeu-gen oft keine Verlangsamung des Herzens, da die Ganglien im Depressionszustand oder ge-lähmt sind. Außer seiner Wir-

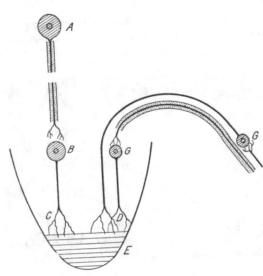

Abb. 4. Diagramm, welches die Innervation des Herzens zeigt.

A = Vaguszentrum in der Medulla; B = intra-kardiales Ganglion im Vagus; C = Vagusendi-gungen; D = Sympathicusendigungen; E = Herz-muskel; G = Ganglienzelle im Verlaufe des N. sym-pathicus.

Tabelle der Wirkungen der Mittel.

B Nicotin + −, Coniin + −, Gelsemin −, Spartein −, Cytisin + − .
C Pilocarpin +, Physostigmin +, Atropin − .
D Adrenalin +, Cocain +, Pilocarpin + .
E Barium +, Calcium +, Veratrin +, Digitalis + .
G Dasselbe wie B .

(+ bedeutet Erregung und − Lähmung.)

kung auf die peripheren hemmenden Ganglien, reizt Nicotin die Nervenzellen im Vaguszentrum in der Medulla, da die Verlangsamung größer ist, wenn die Vagi unversehrt sind, als wenn sie durchschnitten sind.

Die nachfolgende Beschleunigung des Herzschlages rührt zweifellos teil-weise von der Depression oder Lähmung des Vagusmechanismus her, aber das kann nicht die ganze Erklärung sein, da in Tiere injiziertes Nicotin, bei welchen die hemmenden Neuronen mit Atropin gelähmt worden sind, noch einen beträchtlichen Grad von Beschleunigung verursacht. Es ist angenom-men worden, daß diese Wirkung von der Wirkung auf die beschleunigenden Ganglien im Ganglion stellatum herrührt; aber dies kann nicht die einzige

Ursache sein, denn Wertheimer und Colas[1]) fanden die Beschleunigung nach Exstirpation dieser Ganglien fortdauern. Daher müssen entweder einige sympathische Ganglien intrakardial liegen oder Nicotin übt eine Wirkung auf den Herzmuskel aus. Zugunsten der ersteren Annahme ist gezeigt worden, daß, nachdem ein Tier eine Dosis Apocodein erhalten hat, welche genügt, um Nervenzellen, aber nicht Nervenendigungen zu lähmen, Nicotin vollständig seine Fähigkeit verloren hat, den Herzschlag zu beschleunigen, und man darf daraus schließen, daß die ganze Nicotinwirkung sehr leicht durch die Wirkung auf die Ganglienzellen erklärt wird.

Wenn das isolierte Herz der Katze oder des Kaninchens mit der Langendorffschen Methode, unter Benutzung von Lockescher Lösung, durchströmt wird, sind alle typischen Wirkungen zu sehen, wenn die Lösung durch eine andere ersetzt wird, welche 0,001% Nicotin enthält. Die Wirkung einer kleinen Injektion von Nicotin in die zirkulierende Flüssigkeit eines regelmäßig schlagenden Herzens verursacht zuerst Verlangsamung des Schlages, worauf große Beschleunigung und etwas Zunahme der systolischen Kontraktion folgt. Nach Apocodein hat Nicotin in derselben Dosis keine Wirkung auf das isolierte Herz (Abb. 5).

Beim unversehrten

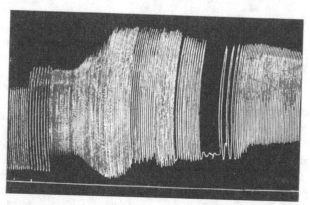

Abb. 5. Isoliertes Kaninchenherz mit Lockes Lösung mit Hilfe der Langendorffschen Methode durchströmt. Zeigt die Wirkung der Injektion von 2 ccm 1proz. Nicotin in den Seitenkanal. Zeit 1 cm = 10 Sekunden.

Tiere reizen kleine Injektionen von Nicotin das Herz in gleicher Weise, und wenn der Blutausfluß aus dem Herzen pro Minute bei einer anästhesierten Katze gemessen wird, findet man, daß Nicotin diese Wirkung beträchtlich steigert.

Wirkung auf die Blutgefäße. Nicotin verengert die meisten peripheren Blutgefäße zuerst und erweitert sie später. v. Basch und Oser[2]) fanden, daß die Injektion von Nicotin in Säugetiere primär Blässe verursachte, worauf Rotwerden folgte, ein Resultat, das noch nach Durchschneidung des Rückenmarks erhalten wurde; und beide Behauptungen sind von Langley und Dickinson[3]) bestätigt worden. So ruft eine Injektion von 5 oder 10 mg Nicotin große primäre Blässe des Kaninchenohrs hervor, welche nach ein oder zwei Minuten einer Röte weicht. Entfernung des oberen Cervicalganglions modifiziert die Folgen der Nicotininjektion, aber nicht in einer ganz konstanten Weise. In der Regel gibt es ein primäres Erröten, welches anfängt, ehe es eine beachtenswerte Veränderung im entgegengesetzten Ohre gibt; dieselbe dauert eine kurze Zeit lang, von 5—20 Sekunden, und weicht dann der Blässe, welche mehrere Minuten dauert, wobei auf die Blässe ein mäßiges Erröten folgen kann. Manchmal fehlt das primäre Erröten.

---

[1]) E. Wertheimer u. Et. Colas, Arch. de Physiol. **3**, 341 (1891).
[2]) S. v. Basch u. L. Oser, Med. Jahrbücher, Wien 1872, S. 367.
[3]) J. N. Langley u. W. Lee Dickinson, l. c. S. 298.

Bei wiederholten Injektionen wird das primäre Erröten geringer und hört auf; die Wirkung ist dann eine langsame Kontraktion mit einem sehr geringen Nacherröten; noch später haben Injektionen keine Wirkung, das Ohr bleibt eher blaß, aber nicht übertrieben. Die Haut des Ohres ist typisch für die Veränderungen, welche man in der Haut im übrigen Körper, mit Ausnahme der Lippen findet.

Beim Hunde verursacht die Injektion von Nicotin — selbst von einer so kleinen Dosis wie ein halbes Milligramm — primäres Erröten der ganzen Mundhöhle, eines Teiles der Haut der Ober- und Unterlippen, der Bindehaut und der Nickhaut, und der Schleimhaut der Nase mit den angrenzenden Hautteilen; wahrscheinlich erleiden tatsächlich die Blutgefäße in dem ganzen Verteilungsgrad des fünften Nerven Erweiterung. Dieses Erröten ist sehr intensiv, aber mit einer kleinen Dosis, wie 0,5 mg, ist das Erröten gewöhnlich am deutlichsten in den vorderen Teilen der Gaumen und der Lippen. Mit einer ziemlich großen Dosis ist das Rotwerden in allen Regionen maximal. Das Rotwerden beginnt 10 oder 30 Sekunden nach der Injektion von Nicotin; es dauert eine Zeitlang, was teilweise von der gegebenen Nicotinmenge abhängt; es variiert von 30 Sekunden bis zu 3 Minuten, nimmt dann ab und weicht einer großen Blässe, die einige Minuten dauert.

Bei der Katze und beim Kaninchen gibt es ein Rotwerden in denselben Regionen wie beim Hund; aber der Umfang des Rotwerdens ist sehr viel kleiner und es verschwindet eher bei sukzessiven Injektionen von Nicotin.

Man wird bemerken, daß die Gegend, in welcher das Rotwerden infolge von Nicotin beim Hunde erzeugt wird, nicht identisch mit jener ist, in welcher Erröten durch Reizung des Cervicalsympathicus erzeugt wird; die erstere umfaßt die Zunge und einige andere Teile des Mundes, welche durch Reizung des Sympathicus blasser werden; und ferner, daß bei der Katze und dem Kaninchen alle die Gegenden, welche durch Nicotin röter werden, durch Reizung des Cervicalsympathicus blasser werden (Langley und Dickinson).

Durchschneidung des Cervicalsympathicus hat in der Regel keine Wirkung auf das primäre Erröten und die nachfolgende Blässe, welche durch Nicotin erzeugt werden, d. h. daß diese Wirkungen nicht durch Reize erzeugt werden, welche vom Zentralnervensystem dem Sympathicus entlang gehen. Wenn jedoch das obere Cervicalganglion auf einer Seite herausgeschnitten und Nicotin injiziert worden ist, beginnt das Erröten auf der verletzten Seite später und verschwindet früher als auf der unversehrten Seite, so daß ein Teil der Wirkung auf der unversehrten Seite von einer Reizung durch Nicotin der Nervenzellen des oberen Cervicalganglions herrühren muß.

Wenn Ringerlösung durch die Blutgefäße eines geköpften Frosches durchströmt wird, verengern sich diese, vorausgesetzt, daß das Nicotin in genügender Konzentration vorkommt; aber dieses Resultat wird mit verdünnten Lösungen, wie 1 in 10000, nicht erhalten, eine Wirkung, welche zu zeigen geeignet ist, daß die nach einer Injektion von Nicotin in ein unversehrtes Tier beobachtete Gefäßverengerung keine direkte Wirkung auf die Gefäßwand ist. Moore und Row[1] behaupten, daß direkt auf die freiliegenden Mesenterialgefäße des Frosches appliziertes Nicotin Erweiterung verursacht. Bei Säugetieren behauptet man auch, daß die Durchströmung von isolierten Organen mit verdünnten Nicotinlösungen keine Gefäßverengerung verursacht. Hieraus geht klar hervor, daß die im unversehrten Tiere so deutliche Gefäßverengerung

---

[1] M. Moore u. R. Row, Journ. of Physiol. **22**, 273 (1897/98).

weder durch eine Wirkung auf das Zentralnervensystem noch auf die Wände der Blutgefäße erzeugt wird.

Nicotin verengert intensiv die Splanchnicusgefäße; dies kann durch die plethysmographische Methode an den Eingeweiden, der Milz und der Niere gezeigt werden; dies kann zweifellos teilweise von der Reizung des vasokonstriktorischen Zentrums in der Medulla herrühren, aber es muß hauptsächlich den peripheren Einflüssen zugeschrieben werden, denn es ist nach Durchschneidung und sogar nach totaler Entfernung des Rückenmarks beobachtet worden. Wie bei der Haut, scheint diese Verengerung hauptsächlich von der Reizung der Ganglienzellen in dem Verlaufe der vasomotorischen Fasern herzurühren (Abb. 6). Die Gefäße der Glieder erleiden auch sehr intensive Verengerung, obgleich sie, infolge ihrer relativ geringeren Innervation, gewöhn-

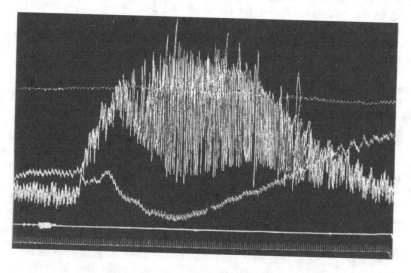

Abb. 6. Hund. Pankreasvolumen. Blutdruck. Darmvolumen. Zeigt die Wirkung von der Injektion von 2 mg Nicotin in die Vena jugularis.

lich nicht so intensiv ist wie die, welche im Splanchnicusgebiet vorkommt. Daher kann nach einer Injektion von Nicotin die Blutdrucksteigerung infolge von Splanchnicuskonstriktion eine Zeitlang die Tendenz dieser Gefäße, sich zu verengern, übertreffen und die erste Wirkung kann Erweiterung sein. Diese ist jedoch nur vorübergehend und es folgt rasch Verengerung, aber die Splanchnicusgefäße sind schon gut erweitert, während die Konstriktion der Gliedergefäße maximal ist. Die Lungengefäße, das Portalsystem und die Cerebral- und Coronargefäße, die ich selbst untersucht habe, werden sicherlich durch keinen Prozentsatz von Nicotin, das durch dieselben durchströmt wurde, verengert, aber es gibt einen starken Grund, anzunehmen, daß keines dieser Gefäße eine Nervenversorgung von irgendwelcher Bedeutung hat. Infolge hiervon wird während der Höhe der Konstriktion der hauptsächlichen Blutgefäße das Gefäßvolumen des Gehirns und der Lungen beträchtlich gesteigert; bei dem Gehirn wird der notwendige Raum durch eine erhöhte Geschwindigkeit des Verschwindens der cerebro-spinalen Flüssigkeit erhalten (Abb. 7).

Blutdruck. Rosenthal[1]) und Traube[2]) beschrieben zuerst die charakteristische Wirkung von Nicotin auf den Blutdruck nach der intravenösen Injektion bei Säugetieren, und diese Wirkung ist ferner von v. Basch und Oser, Langley und Dickinson u. a. beschrieben worden.

Die Injektion von 0,5 mg Nicotin in die Vene einer Katze verursacht eine Verlangsamung des Herzschlages mit einer allmählichen Steigerung des Blutdrucks. Die Verlangsamung des Herzschlages nach einer oder zwei Minuten wird allmählich geringer und verschwindet in 3—4 Minuten. Traube fand, daß es nach Durchschneidung der Vagi bei Injektion von Nicotin eine kurze Steigerung des Blutdrucks vor der primären Verlangsamung des Herzens gibt, d. h. daß ein Teil der Verlangsamung, aber nicht die ganze, zentralen Ursprungs ist. Traube zeigte auch, daß bei sukzessiven kleineren Dosen von Nicotin die primäre Verlangsamung des Herzens verzögert wird und bald gar nicht mehr eintritt und daß zu gleicher Zeit die Blutdrucksteigerung weniger plötzlich wird. Wenn sukzessive Dosen von Nicotin gegeben werden, wird die Wirkung immer schwächer, bis es aufhört, irgendeine Wirkung zu haben. In diesem Stadium ist der Blutdruck nicht mehr halb so hoch

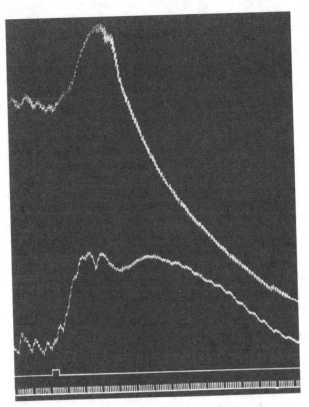

Abb. 7. Hund. Beinvolumen. Blutdruck. Die Vagi sind durch Atropin gelähmt. Zeigt die Wirkung einer Injektion von 5 mg Nicotin.

wie zu Anfang des Versuches, die Gefäße sind stark erweitert, aber das Herz schlägt gut. Beim Kaninchen erzeugt Nicotin sehr viel geringere Blutdrucksteigerung und viel geringere primäre Verlangsamung des Herzens als bei der Katze und dem Hund, und Dosen, welche eine Blutdrucksteigerung von 150 mm Hg beim Hund verursachen würden, verursachen oft beim Kaninchen nur eine Steigerung von wenigen Millimetern mit geringer oder keiner primären Verlangsamung. Bei allen Tieren wird der Herzvagus leicht gelähmt, und beim Kaninchen hört Reizung des zentralen Endes des N. depressor auf, eine Wirkung auf den Blutdruck zu haben, ehe Reizung des Cervicalsympathicus aufhört,

[1]) J. Rosenthal, Centralbl. f. d. med. Wissensch. 1863, S. 737.
[2]) Ludwig Traube, Centralbl. f. d. med. Wissensch. 1863, S. 111 u. 159.

Verengerung der Ohrgefäße zu verursachen. Nach einer großen Dosis von Nicotin ist Reizung des zentralen Endes eines sensorischen Nerven auch ohne Wirkung auf den Blutdruck. Nach einem Milligramm Atropin ergibt Nicotin eine größere Steigerung des Blutdrucks als vorher, weil jetzt keine Verlangsamung des Schlages, sondern eine Beschleunigung eintritt.

Als allgemeine Erklärung der Wirkung von Nicotin auf den Blutdruck und den Herzschlag wird im allgemeinen angenommen, daß es zuerst reizt, und dann, wenn die Dosis genügt, die peripheren Nervenzellen im Verlaufe der Herz- und vasomotorischen Nerven lähmt, wovon das Gesamtresultat die große Blutdrucksteigerung ist, welche 3—4 Minuten andauert und dann unter die Norm sinkt.

Aber das ist nicht der ganze Vorgang, weil, wie in einem getrennten Kapitel beschrieben worden ist, die Sympathicusreizung, welche Nicotin hervorruft, auch zu einem plötzlichen Erguß von Adrenalin aus den Nebennieren führt, und diese Substanz spielt ihre Rolle bei der Erzeugung des erhöhten Druckes.

Wenn nun einem Tiere Nicotin in solchen Dosen gegeben wird, daß weitere Injektionen ohne irgendwelchen Einfluß auf den Blutdruck sind, dann erzeugt in den Kreislauf injiziertes Adrenalin noch seine gewöhnliche Wirkung, nämlich eine große Blutdrucksteigerung. Es können also solche Injektionen von Nicotin natürlich die Nebennieren nicht mehr erregen. Dies kann sein, weil diese Drüsen durch Nicotin vermittels der sympathischen Nerven erregt werden, oder weil die Drüsen durch die sukzessiven Injektionen erschöpft werden. Es werden andernorts Gründe angegeben, welche zeigen, daß der erstere Faktor der wichtigere ist.

Wenn man einem Tiere zuerst eine Dosis Apocodein gibt, welche die Nervenzellen wie Nicotin lähmt, aber ohne anfängliche Reizung, dann erzeugt Nicotin bei Injektion keine seiner gewöhnlichen Wirkungen, wie Blutdrucksteigerung und Gefäßverengerung, obgleich die Wirkung von Adrenalin unverändert bleibt.

Das Herz der Wirbellosen. Das Limulusherz kann dazu dienen, die Wirkung von Nicotin auf die Herzen der höheren Wirbellosen zu zeigen. Nicotinlösungen in Plasma oder Meerwasser haben eine primäre reizende Wirkung auf das Limulusherzganglion. In stärkeren Lösungen folgen auf die primäre reizende Wirkung rasch eine Unregelmäßigkeit im Rhythmus, Depression und schließlich Lähmung. Das Ganglion ist sehr empfindlich gegen dieses Mittel. Die reizende Wirkung wird vermittels des reinen Alkaloids in Verdünnung von 1 auf 1 000 000 oder sogar von 1 auf 10 000 000 erhalten. Die Nicotinsalze wirken in diesem wie in allen anderen Beispielen weniger intensiv. Bei diesen Lösungen ist der einzige Beweis der Reizung die erhöhte Intensität der nervösen Entladungen, die Geschwindigkeit des ganglionären Rhythmus bleibt unverändert; in stärkeren Lösungen ist die Geschwindigkeit des Rhythmus erhöht und dies kann vorkommen, während die Intensität abnimmt. Wenn Lösungen von der Stärke von 1 Teil der Droge auf 50 000 oder 100 000 Teile des Plasmas auf das Ganglion appliziert werden, wird der Herzmuskel in einen Zustand des unvollständigen Tetanus oder Tonus versetzt, auf welchen rasch Lähmung des Ganglion folgt. Eine Steigerung im Tonus des Muskels ist offenbar, selbst wenn Nicotin in schwächeren Lösungen auf das Ganglion appliziert wird. Zu Konzentrationen von 1 auf 4000 wird das Herzganglion innerhalb von 2 Minuten nach einer intensiven Reizung gelähmt, wie durch den unvollständigen Tetanus und Tonus des Muskels gezeigt wird, und auf die Lähmung des Ganglions folgt vollständige Tonuserschlaffung des Herzmuskels. Der reizenden Wirkung von Nicotin wird, außer in den stärkeren Konzentrationen, von Calciumchlorid entgegengewirkt.

Nicotin hat in verdünnten Lösungen keine beachtenswerte Wirkung auf den Limulusherzmuskel. In starken Konzentrationen versetzt es den ganglionfreien Teil des Herzens ohne primäre Reizung in einen Depressionszustand. Deutliche depressive Wirkungen auf den Muskel beginnen gewöhnlich in Konzentrationen von 1 auf 50 000 oder 1 auf 25 000; dies ist bei der Anwendung des reinen Alkaloids der Fall. Wenn Nicotinsalze benutzt werden, sind viel größere Konzentrationen erforderlich, um die Depressorwirkungen auf den Muskel hervorzurufen. Lösungen des Alkaloids von der Stärke von 1 auf 5000 oder 1 auf 1000 kann auch etwas Tonus im Muskel erzeugen.

Es scheint daher der Schluß gerechtfertigt zu sein, daß Nicotin entgegengesetzte Wirkungen auf die beiden Gewebe des Limulusherzens hat. Lösungen der Droge, welche zu schwach sind, um den ganglionfreien Teil des Herzens zu beeinflussen, haben eine mächtige reizende Wirkung auf das Ganglion.

Jede Stärke von Nicotin, welche das Ganglion überhaupt affiziert, erzeugt eine primäre Reizung, während die Konzentration des Mittels, die auf den Muskel wirkt, die Kontraktilität und die Erregbarkeit herabsetzt. Es wurde keine deutliche reizende Wirkung auf den Herzmuskel durch Nicotin von irgendeiner Stärke erhalten.

Nicotin reizt das Mollusken- und Crustaceenherz sehr ähnlich wie das Limulusherz. Dieses Mittel ist daher ausnahmslos ein primäres Herzreizmittel im ganzen Tierreich, und bei allen Tieren, welche genügend entwickelt sind, um ein Herz mit einem nervösen Mechanismus zu haben, ist die erste Wirkung Erregung, auf welche Lähmung der Ganglienzellen folgt.

Wirkung auf den quergestreiften Muskel.

Nach der Applikation von Nicotin auf den isolierten Froschmuskel oder dem exponierten Muskel in situ sind verschiedene Arten der Kontraktion zu sehen, welche in den verschiedenen Muskeln variieren. Langley erwähnt drei: eine auf die neurale Region beschränkte, eine in der allgemeinen Muskelsubstanz und eine Nicotinstarre[1].

Nun ist von Mays[2] gezeigt worden, daß die Nervenendigungen im Sartorius des Frosches hauptsächlich in einem Streifen nahe am Eintritt des Nerven und in einem anderen Streifen, ein Viertel bis zu einem Drittel von seinem oberen Ende entfernt, vorkommen, und es ist gerade an diesen Orten, wo der Muskel am erregbarsten ist und wo kleine Tropfen von Nicotin ihre maximale oder einzige Wirkung erzeugen. Diese Wirkung ist im Sartorius und in anderen Muskeln so konstant, daß Langley annahm, daß die Lage der Nervenendigungen in den oberflächlichen Fasern eines Muskels durch die Beobachtung der Punkte, welche am leichtesten auf verdünntes Nicotin reagieren, festgestellt werden kann. Zuckungen werden nur in der Region der Nervenendigungen hervorgerufen, und eine langsame tonische Kontraktion, welche auch eintritt, wird leichter an dieser Stelle als anderswo, erzeugt. Wenn der Kreislauf gehemmt oder wenn der Muskel ermüdet wird, werden die durch Nicotin verursachten Zuckungen vor der langsamen tonischen Kontraktion beseitigt. Der in 0,01 bis

---

[1] Langley, Journ. of Physiol. 1906, 7, 8, 9 (zahlreiche Arbeiten).
[2] K. Mays, Zeitschr. f. Biol. **20**, 449 (1884).

0,1% Nicotin gelegte Sartorius behält oft eine Zeitlang zwei lokale Schwellungen in der Region, welche die meisten Nervenendigungen enthält. 0,25% Nicotin Ringer verursacht eine Verkürzung des Muskels sowohl auf der Innen- wie auf der Außenseite der neuralen Region, und Langley betrachtet dies als eine Wirkung auf die allgemeine Muskelsubstanz im Gegensatz zu der Wirkung von verdünnteren Lösungen, welche nur die neurale Region beeinflussen, welche er „rezeptive Substanz" nennt. Diese Starre beruht großenteils auf andauernde Immersion in Nicotin; wenn man die Nicotinlösung ablaufen läßt, gibt es eine leichte Verminderung in der Kontraktion, obgleich dem Muskel noch Nicotin anhaftet. Wenn sich das Nicotin 1% nähert, wird der Muskel in vollständige Starre, welche seinen Tod in sich schließt, übergehen. Wenn ein Muskel in 0,01% Nicotin zwei bis drei Minuten lang gelegt und dann mit Ringerlösung abgewaschen wird, bleibt die Kontraktion während mehreren Stunden vollständig; dies sieht Langley als einen strengen Beweis dafür an, daß verdünntes Nicotin weder die Nervenendigungen noch die myomenale Verbindung reizt, sondern eine chemische Verbindung mit einem Teil der Muskelsubstanz eingeht. Es ist klar, daß die Kontraktur eine Wirkung auf die kontraktile Substanz ist, aber es bietet sich kein Beweis um zu zeigen, daß Nicotin eine chemische Verbindung mit dem Muskel eingeht. Bei Caffein und anderen Substanzen, welche Kontraktur und Zuckungen analoger Natur erzeugen, wird die Veränderung durch die Umwandlung von Myosinogen in Myosin, wahrscheinlich als Folge der Milchsäurebildung zustande gebracht. Ohne weiter auf das Für und Wider der Frage einzugehen, ist es möglich, daß es wenigstens ebenso viele Beweise gibt, daß dieses Alkaloid wirkt, indem es gewisse Formen der Fermentwirkung, besonders Oxydasen, begünstigt, als daß es in direkte chemische Verbindung tritt. Es gibt auch keinen Beweis, daß die Nicotinstarre in irgendeiner Weise von der verschieden ist, welche durch Caffein erzeugt wird, und ehe ein Beweis für das Gegenteil erbracht wird, ist es einfacher diesen Typus der Starre nicht als wesentlich verschieden von dem anzusehen, welcher von anderen Mitteln erzeugt wird.

Wenn der Sartoriusmuskel eines Frosches 15 Minuten lang in 0,001% Curare gebadet wird und dann in ein Bad gebracht wird, das 0,01—0,1% Nicotin enthält, dann erfolgt gewöhnlich keine Kontraktion, aber mit einer etwas konzentrierteren Nicotinlösung, setzt die Kontraktur sofort ein, und die Fähigkeit von Curare, dieser Wirkung entgegenzuwirken, nimmt mit der Konzentration des Curare zu. Langleys Schlüsse aus derartigen Versuchen sind, daß Curare in allen Fällen der Reizwirkung von Nicotin ein Ende macht, und daß Curare wenig oder keine Wirkung auf den Zustand hat, welcher durch Reizung hervorgerufen wird, das ist die Contractur; aus solchen Versuchen schließt er, daß Curare die rezeptive Substanz lähmt, aber in den benutzten Prozentsätzen ist es ohne Wirkung auf die allgemeine Muskelsubstanz.

Boehm[1]) zeigte, daß eine Anzahl von Ammoniakbasen, Nicotin mitinbegriffen, in verdünnter Lösung tonische Kontraktion des isolierten Gastrocnemius des Frosches hervorrief. Wenn der Muskel jedoch zuerst in 0,1% Curare-Ringer getaucht wurde, wurde keine Kontraktion beobachtet, wenn aber die Muskeln einem vorher völlig curarisierten Frosch entnommen wurden, dann zeigten sie noch die tonische Kontraktion, wenn man sie in die Nicotinlösung legte, und er schloß, daß Curare in nervenlähmenden Dosen nicht dieser Form von Nicotinkontraktion entgegenwirkt. Langley zeigte, daß Boehms

---

[1]) R. Boehm, Archiv f. experim. Pathol. u. Pharmakol. **58**, 205 (1908); **63**, 177 (1910).

Resultate nur für bestimmte Stärken von Curare und Nicotin gelten. Nach der Injektion von einer genügenden Dosis von Curare kontrahiert sich der Gastrocnemius nicht mit Nicotin bis zu 0,1%, aber er tut es mit 0,5 und 1%. Dies beeinflußt jedoch Boehms Ansicht nicht, daß, wenn die Dosis von Curare gerade genügt, um die motorischen Nerven vollständig zu lähmen, dann Nicotin dieselbe Wirkung wie vorher habe.

Diese Versuche sehen sicherlich so aus, als wenn Curare, in den Dosen, welche notwendig sind, um Lähmung der motorischen Nerven zu erzeugen, die Nicotinkontraktion nicht beeinflußt, aber daß, wenn größere Dosen von Curare injiziert werden, oder wenn der Gastrocnemius in Curare getaucht wird, ein gewisser Grad von Antagonismus als das Resultat von einer weiteren Curarewirkung erfolgt, welche nicht mit der motorischen Lähmung verknüpft ist. Boehm fand im Gastrocnemius, daß Curare manchmal die Geschwindigkeit der Erschlaffung erhöhte, aber niemals, wenn das Nicotin 0,10% übertraf. Langley glaubt, daß Curare nach Nicotin immer Erschlaffung erzeugt, wenn die Kontraktion zu der Zeit, durch Reizung der rezeptiven Substanz aufrechterhalten wird.

Diese Argumente sind auch auf Warmblüter ausgedehnt worden.

Wenn 1 mg Nicotin in die Vene eines anästhesierten Huhns injiziert wird, werden die Beine steif und bleiben ungefähr $1/2$ Stunde lang in diesem Zustand. Nach der Injektion von 10—15 mg werden die motorischen Nerven für elektrische Reizung gelähmt: diese durch Nicotin verursachte motorische Lähmung ist zuerst von Rosenthal[1]) beschrieben worden. Trotzdem verursachen weitere Injektionen von Nicotin noch etwas Muskelkontraktion. Diese Tatsache könnte vermuten lassen, daß Nicotin eine doppelte Wirkung auf die Nervenendigungen und auf den Muskel ausübt. Wenn diese Annahme richtig ist, dann sollte Curare nicht die Nicotinwirkungen beseitigen, aber Langley[2]) hat beim Huhn gezeigt, daß eine genügende Dosis von Curare die durch eine kleine Dosis von Nicotin verursachte Kontraktion vernichtet, und die durch eine große Menge erzeugte vermindert. Daraus folgert er, daß wenn Nicotin den Muskel erregt, Curare ihn lähmen muß, und daß die beiden Mittel auf dasselbe Gewebe wirken.

Um den Angriffspunkt weiter zu untersuchen, wurde die Methode, den Nerven zu durchschneiden gewählt, wobei man ihm Zeit genug zum Degenerieren ließ und die Versuche am entnervten Muskel wiederholte. Langley untersuchte den Gastrocnemius des Huhnes 6, 8, 27, 38 und 40 Tage nach der Durchschneidung des äußeren Peronealnerven, welcher ihn innerviert, und erhielt Wirkungen mit Nicotin, welche mit jenen auf den normalen Muskel fast identisch waren, die Nicotinkontraktion wurde durch Curare aufgehoben. Sein Schluß ist, daß Nicotin, und deshalb Curare, einen sehr geringen Einfluß auf die normale Muskelkontraktion auf direkte Reize hin hat, so daß die kontraktile Substanz kaum der Ort sein kann, auf welchen diese Mittel einwirken. Daher muß ein drittes Gewebe in Betracht kommen, welches weder die kontraktile Muskelsubstanz noch der Nerv sein kann. Langley nennt es „rezeptive Substanz".

Edmunds und Roth[3]) wiederholten Langleys Versuche am Vogel und zeigten, daß der entnervte Muskel mit größerer Geschwindigkeit und auf kleinere Dosen von Nicotin reagierte als der normale Muskel, aber daß

---

[1]) Rosenthal, Compt. rend. de la Soc. de Biol. 1896, S. 91.
[2]) J. N. Langley, Proc. Roy. Soc. London **78**, 170 (1906).
[3]) Charles Wallis Edmunds u. George B. Roth, Amer. Journ. of Physiol. **23**, 28.

er für Curare zu genau der gleichen Zeit seine Reaktion verliert wie seine Nervenendigung degeneriert, wonach die einzige Curarewirkung, die zu erhalten ist, eine leichte Veränderung in der Nicotinkurve ist, von welcher sie glauben, daß sie von einer direkten Wirkung auf die eigentliche contractile Substanz herrührt. Der Schluß von Edmunds und Roth ist daher Langleys Ansicht entgegengesetzt, welche war, daß Curare dieser Nicotinwirkung sowohl im entnervten wie im normalen Muskel entgegenwirkt, und Langley nimmt an, daß Edmunds und Roths Resultate von einer Annahme, in dem, was man die erschlaffende Fähigkeit der allgemeinen Muskelsubstanz nennen kann, herrühren.

Aber bei dem gegenwärtigen Stand unserer Kenntnis von der Struktur solcher Organe, wie der Nervenendigungen, können Schlüsse über den Angriffspunkt von Drogen aus Versuchen über Antagonismus zu vielen Trugschlüssen verleiten. Physostigmin verursacht, wie bekannt, bei Säugetieren fibrilläre Zuckungen des willkürlichen Muskels, welche noch nach Durchschneidung der motorischen Nerven, aber nicht nach der Einführung von Curare vorkommen [Harnack und Witkowski[1])]. Pal[2]) und Rothberger[3]) fanden, daß diese Curarelähmung durch Physostigmin fast ganz gehoben werden konnte. Diese beiden Mittel bilden daher offenbar ein ausgezeichnetes Beispiel für den gegenseitigen Antagonismus. Curare hemmt die Physostigminzuckungen und Physostigmin hebt die Curarelähmung auf. Magnus[4]) durchschnitt den N. Ischiadicus bei Säugetieren und untersuchte die Wirkung von Physostigmin 7, 14 und 18 Tage später, fand aber noch Zuckungen; nach 27—34 Tagen war Physostigmin jedoch ohne Wirkung, obgleich die Muskeln noch ihre Erregbarkeit behielten, und dies müßte, nach Langleys Argumentation bedeuten, daß Curare auf die Nervenendigungen wirkt, während, wenn Nicotin und Curare benutzt werden, und dieselbe Argumentationsweise gebraucht wird, findet man, daß der Angriffspunkt von Curare peripher zu den Nervenendigungen an den „Rezeptoren des Muskels" ist. Langley erwidert hierauf, indem er feststellt, daß Magnus sich nur mit der Theorie beschäftigt, daß die spezifische Wirkung von Giften eine auf die Nervenendigungen ist und behauptet, daß Magnus seine Theorie von der Gegenwart von mehr als einer rezeptiven Substanz in der Zelle nicht beachtet. Aber Langley selbst folgert, daß, weil Nicotin und Curare Antagonisten sind, beide auf dieselbe rezeptive Substanz wirken, so daß, wenn Physostigmin und Curare Antagonisten sind, sie beide auf dieselbe Substanz wirken müßten, und wenn daher Curare nicht mehr als auf eine rezeptive Substanz wirkt, müssen alle Körper auf dieselbe wirken.

Keith Lucas[5]) hat eine Methode benutzt, um die verschiedenen Substanzen im Muskel zu unterscheiden, wobei er für jede Substanz die Kurve bestimmte, welche sich in der Beziehung Schwachstromstärke zur Stromdauer ausdrückte. Am Beckenende des M. sartorius der Kröte angestellte Versuche gaben immer eine einfache Kurve mit konstanter Form. Diese sieht er als zu einer erregbaren Substanz (α) gehörend an, welche in den Muskelfasern enthalten ist. Im Ischiadicusnervenstamm findet man eine einfache Kurve zu einer Substanz (γ) gehörend, deren Erregungsprozeß rascher verläuft als der

---

[1]) E. Harnack u. L. Witkowski, Archiv f. experim. Pathol. u. Pharmakol. **5**, 401 (1876).

[2]) J. Pal, Centralbl. f. Physiol. **14**, 255 (1900).

[3]) Julius C. Rothberger, Archiv f. d. ges. Physiol. **87**, 145 (1901); **92**, 408 (1902).

[4]) R. Magnus, Archiv f. d. ges. Physiol. **123**, 99 (1908).

[5]) Keith Lucas, Journ. of Physiol. **34**, 372; **35**, 103, 310 (1906); **36**, 113 (1907).

von α. Wenn Versuche an der mittleren Region des Sartorius gemacht werden, findet man verschiedene Kurven, welche aus α und γ Kurven bestehen, und eine raschere Kurve als beide (β) zusammen mit ihren verschiedenen Variationen. In der Beckengegend des Sartorius beeinflußt die Reizung nur eine einzige Substanz (α), welche die ganze Länge der Muskelfaser entlang verteilt und von Curare nicht affiziert wird. Die Nervenstämme enthalten eine Substanz (γ), deren Erregungsvorgang rascher ist, als der von α; sie wird häufig erregt, wenn die Elektroden auf die mittlere Region des M. sartorius appliziert werden, und sie steht nach schwachen Dosen von Curare nicht länger in funktioneller Verbindung mit dem Muskel In der Gegend des Sartorius, in welcher die Nerven endigen, ist die β-Substanz mit ihrem außerordentlich raschen Erregungsvorgang; sie bleibt in funktioneller Verbindung mit dem Muskel, nachdem genügend Curare gegeben worden ist, um die funktionelle Verbindung mit γ abzuschneiden Die Versuche zeigen klar, daß es drei verschiedene Substanzen im Nervmuskelsystem geben muß, von denen jede direkt oder indirekt Kontraktion erzeugen kann.

Es ist ganz klar, daß die tonischen Kontraktionen des Muskels, welche beim Frosch und beim Huhn durch Nicotin zustande gebracht werden, erzeugt werden, indem eine zu den Nervenendigungen peripher gelegene Substanz erregt wird, und es ist sicher, daß unter manchen Umständen große Dosen von Curare eine zu diesen Einflüssen antagonistische Wirkung zeigen; aber alles, was wir daraus schließen können, ist, daß unter den Versuchsbedingungen Curare eine direkte Wirkung peripher zu den Nervenendigungen zu haben scheint, und man muß annehmen, daß das Nicotin hauptsächlich auf die β-Substanz einwirkt (siehe Pilocarpin und Physostigmin).

Wirkung auf den glatten Muskel.

Uterus. Die Wirkung von Nicotin auf den Uterus der Katze ist identisch mit der der hypogastrischen Reizung, und es scheint gleichmäßig auf die Uterus hemmenden wie auf die motorischen Ganglien zu wirken, denn Reizung des Hypogastricus nach Nicotin hatte entweder keine Wirkung, oder wenn die Dosis klein war, trat eine Wirkung in derselben Richtung wie vor der Injektion ein. Bei der jungfräulichen Katze verursachen 1 mg-Dosen Erschlaffung und Hemmung der spontanen Bewegungen. Bei der trächtigen Katze und beim Kaninchen, sei es trächtig oder nicht, verursacht Nicotin mächtige tonische Kontraktion des Uterus mit Gefäßverengerung. Wenn der spontane Rhythmus vorhanden ist, erhöht Nicotin den Tonus und beschleunigt den Rhythmus [1]).

Wenn der Katzenuterus isoliert und in Lockescher Flüssigkeit aufgehängt und so angeordnet wird, daß er Bewegungen aufschreibt, erzeugt Nicotin zuerst leichte Erschlaffung, auf die eine scharfe Kontraktion in 2 oder 3 Minuten folgt, worauf die spontanen Bewegungen bei einem höheren Tonus wieder anfangen [2]). Bei dem trächtigen Uterus der Katze und beim Kaninchen, bei welchen beiden die verstärkenden Fasern vorherrschen, erzeugt Nicotin eine anfängliche Kontraktion, auf die spontane Bewegungen bei einem höheren Tonus folgen. Wenn der isolierte Uterus zuerst mit Ergotoxin, das nur die verstärkenden Fasern lähmt, behandelt wird, erzeugt Nicotin immer Erschlaffung [3]).

----

[1]) A. R. Cushny, Journ. of Physiol. **35**, I (1906).
[2]) E. Kehrer, Archiv f. Gynäkol. **81**, I, 160 (1907).
[3]) Fardon, Biochem. Journ. **3**, 405 (1908).

Diese Versuche können durch die Annahme erklärt werden, daß Nicotin auf periphere Nervenzellen wirkt, es reizt sowohl Erreger wie Hemmer, und auf die Reizung folgt Depression. Wenn die hemmenden Fasern vorherrschen, wird Erschlaffung des Uterus erzeugt, worauf aber Kontraktion und erhöhter Tonus folgt.

Verdauungskanal. Nicotin erzeugt starkes Übelbefinden und Erbrechen, wenn es in verhältnismäßig kleinen Mengen genommen wird, eine Tatsache, welche allgemein von Rauchern anerkannt wird. Das kann teilweise zentralen Ursprungs sein, rührt aber zweifellos von den mächtigen Kontraktionen der Magenwände her. Diese Kontraktionen verbreiten sich im ganzen Darmtraktus, so daß wiederholte Entleerung des Darmes vorkommt. Gelegentlich setzt eine heftige tetanische Kontraktion des ganzen Darmes ein. Salvioli[1] hat gezeigt, daß im ausgeschnittenen Darm sehr ähnliche Wirkungen zu sehen sind, wenn Blut, welches Nicotin enthält, durch seine Gefäße durchströmt wird. Bayliss und Starling[2] zeigten, daß Nicotininjektion in die Vena jugularis des Hundes Hemmung der automatischen Bewegungen verursachte, die nach einiger Zeit mit erhöhter Heftigkeit wieder einsetzten; dies sahen sie als eine Wirkung auf die Splanchnicusfasern an. Aber wie Langley und Magnus[3] gezeigt haben, beseitigt degenerative Durchschneidung der großen Mehrzahl der postganglionären Fasern, welche nach irgend einem Teile des Darmes verlaufen, keine der charakteristischen Nicotinwirkungen. Die Nicotinwirkung kann jedoch durch eine Dosis von Apocodeïn vernichtet werden und es wird zu einer Zeit, wo die automatischen Kontraktionen gut sind und wo Adrenalin noch eine typische hemmende Wirkung verursacht, keine Hemmung hervorrufen. Es wirkt daher auf den isolierten Darm, jedoch nicht so peripher wie Adrenalin; mit einiger Bestimmtheit können wir seine selektive Wirkung dahin feststellen, da es auf die Nervenzellen im Auerbachschen Plexus wirkt.

Blase. Langley und Anderson[4] zeigten nach Injektion von Nicotin in ein Tier, daß Reizung des Beckennerven keine oder nur geringe Wirkung hatte, daß Reizung der Äste dicht hinter dem Ganglion eine leichte Wirkung hat und daß lokale Kontraktion durch Reizung von einem oder dem anderen Aste dicht bei der Blase erhalten werden konnte. Sie zeigten ferner, daß das Fehlen der Kontraktion während der Nervenreizung von einer Nicotinwirkung auf die Nervenzellen und nicht auf die Blase herrührte.

Nicotin verursacht in jeder Dosis von $\frac{1}{2}$ mg an aufwärts Kontraktion der Blase. Eine langsame Injektion tendiert den Reiz aufrecht zu erhalten; ein starker Reiz tendiert die Nervenzellen rasch zu lähmen. Kontraktion der Blase kann durch kleine Injektionen mehrere Male hintereinander erhalten werden. Wenn die Bewegungen der Blase durch einen einfachen Manometer aufgeschrieben werden, ist die Kurve, welche man bei Injektion von Nicotin nach Durchschneidung der Sakralnerven erhält, eine einfache Steigerung. Wenn keine Nerven durchschnitten sind, besteht eine Tendenz für Erschlaffung, welche über das ursprüngliche Niveau hinausgeht, möglicherweise wegen etwas Tonus in den sakralen Zentren[5].

[1] Gaetano Salvioli, Archiv f. Anat. u. Physiol. 1880, Suppl. S. 95.
[2] W. M. Bayliss u. Ernest H. Starling, Journ. of Physiol. **24**, 99 (1899).
[3] J. N. Langley u. R. Magnus, Journ. of Physiol. **33**, 34 (1905).
[4] J. N. Langley u. H. K. Anderson, Journ. of Physiol. **19**, 135 (1895).
[5] J. N. Langley, Journ. of Physiol. **43**, 125 (1911).

Die reizende Wirkung von Nicotin auf periphere Nervenzellen kann durch die vorangehende Injektion von Mitteln verhindert werden, welche Nervenzellen lähmen, so wie Apocodeïn, Curare u. ä.

Wirkung auf das Auge. Reizung des dritten Schädelnerven verursacht, wie bekannt, folgende Wirkungen:

1. Kontraktion der Pupille;
2. Kontraktion des Ciliarmuskels;
3. Kontraktion der oberen, unteren, inneren geraden Muskeln des Auges und des unteren M. obliquus;
4. Kontraktion des Levator palpebrae und nachfolgende Hebung des oberen Augenlides.

Wenn nach der Beobachtung dieser Wirkung der Reizung des dritten Nerven ungefähr 10 mg Nicotin in eine Vene eines Kaninchens oder Katze injiziert werden und der dritte Nerv gereizt wird, folgt keinerlei Wirkung. Ähnlicherweise verursacht Reizung des vierten und sechsten Nerven keine Bewegung des Auges[1]). Da keine Nervenzellen im Verlaufe der Nervenfasern liegen, welche nach den äußeren Augenmuskeln oder nach dem Heber des Augenlids gehen, ist es klar, nachdem was wir von der Nicotinwirkung wissen, daß das Fehlen der Kontraktion in jenen Muskeln, wenn ihre Nerven im Schädel gereizt werden, nur von einer Lähmung der Nervenendigungen im Muskel herrühren können.

Eine Dosis von ungefähr 10 mg Nicotin genügt daher, um die Nervenendigungen der inneren Augenmuskeln zu lähmen. Aber diese Menge von Nicotin genügt beim Kaninchen nicht und bei der Katze selten, um die Nervenendigungen der anderen Muskeln im Körper zu lähmen. Muskelkontraktion kann noch durch Reizung des fünften, siebenten oder irgend eines Rückenmarksnerven erzeugt werden.

Die anderen Wirkungen des dritten Nerven hören auf, nicht wegen einer Lähmung der Nervenendigungen, sondern wegen der lähmenden Wirkung von Nicotin auf die Nervenzellen des Ciliarganglions. Denn Reizung der kurzen Ciliarnerven verursacht noch Kontraktion des Sphincter iridis und des Ciliarmuskels, selbst nach dem 100 mg Nicotin injiziert worden sind.

Die verschiedenen Funktionen werden nicht mit gleicher Leichtigkeit gelähmt; Unterschiede werden entweder durch Beachtung der minimalen Menge von Nicotin, welche erforderlich ist, um jede Funktion zu lähmen, oder durch Lähmung von allen und Beobachtung der Zeit, welche jede Funktion zur Erholung braucht, ermittelt.

Beim Kaninchen fanden Langley und Anderson die Reihenfolge der Leichtigkeit der Lähmung folgendermaßen:

1. Sphincter der Iris;
2. Äußere Augenmuskeln;
3. Heber des Augenlides.

Die Fasern des dritten Nerven, welche nach der Iris und dem Ciliarmuskel verlaufen, sind mit Nervenzellen im Ciliarganglion verbunden.

Eine kleine Dosis von Nicotin (ungefähr 6 mg) lähmt eine Zeitlang die Nervenzellen der Ciliarganglien, so daß Impulse, welche im dritten Nerv zu ihnen hinuntergehen, blockiert werden.

Eine große Dosis Nicotin (100 mg) lähmt die Endigungen der kurzen Ciliarnerven in der Iris und im Ciliarmuskel nicht.

---

[1]) J. N. Langley u. H. K. Anderson, Journ. of Physiol. **13**, 460 (1892).

Beim Kaninchen ist die Reihenfolge der Leichtigkeit der Lähmung mit Nicotin der Nervenzellen und Nervenendigungen, die untersucht worden sind:

1. Nervenzellen des Ciliarganglions im Verlaufe der Nervenfasern zu dem Sphincter iridis und (wahrscheinlich) dem Ciliarmuskel.

2. Nervenzellen des oberen Cervicalganglions im Verlaufe der Nervenfasern, welche Pupillenerweiterung verursachen.

3. Nervenendigungen des 3., 4. und 6. Nerven in den äußeren Augenmuskeln. Die Nervenendigungen des dritten Nerven im Heber des Augenlides und die Nervenendigungen im Muskel, welcher Protusion der Nickhaut verursacht, werden etwas weniger rasch gelähmt als jene in den äußeren Augenmuskeln.

4. Nervenendigungen in Muskeln, welche vom 5. und 7. Nerv versorgt werden. Ungefähr zur selben Zeit wie diese werden alle Nervenendigungen in den Skelettmuskeln des Körpers gelähmt.

Die Wirkung von Nikotin auf die Pupille variiert bei den verschiedenen Tieren. Bei der Katze und beim Hund, wenn es entweder lokal oder intravenös gegeben wird, erzeugt es vorübergehende Erweiterung; beim Kaninchen erfolgt unmittelbare Verengerung; beim Menschen kommt in Vergiftungsfällen zuerst Kontraktion vor, und es folgt dann Erweiterung; bei Vögeln verursacht Nicotin sehr deutliche Kontraktion. Die variierenden Wirkungen bei den verschiedenen Tieren können von der stärkeren Reizung des einen Ganglions als des anderen bei manchen Tieren herrühren. Aber man muß daran denken, wie schon erwähnt worden ist, daß es außer seiner direkten Wirkung auf die Ganglienzellen eine indirekte Wirkung durch die beschleunigte Absonderung von Adrenalin aus den Nebennieren hat; und es ist diese Substanz, welche die Pupille der anästhetischen Katze nach vollständiger Degeneration des Cervicalsympathicus, als eine Folge der Nicotininjektion erweitert.

Eine andere Wirkung ist noch beachtenswert, daß intravenös in kleinen Dosen injiziertes Nicotin die Reflexe erhöht. Der Reflex auf Berührung der Hornhaut hört vor dem der Hautberührung auf. Bei leicht anästhesierten Tieren kann nach einer Injektion von Nicotin ein Lichtstrahl Schließung des Auges oder eine Zuckung des Augenlides zu einer Zeit verursachen, wo die Reflexkontraktion der Pupille auf Licht sehr gering ist oder fehlt. Mit großen Dosen verschwinden alle diese Reflexe.

Der intraokulare Druck ist eine Funktion des Blutdrucks[1]) in den Blutgefäßen des Auges, mit welchem er variiert. Da Nicotin den allgemeinen Blutdruck erhöht und die peripheren Arteriolen verengert, wird der intraokulare Druck das Resultat dieser beiden Wirkungen sein. Es wird daher, wie man erwarten kann, gefunden, daß er mit dem Individuum wechselt[2]). Manchmal fällt der intraokulare Druck, während der Blutdruck steigt, und manchmal verhält er sich passiv und folgt dem Blutdruck.

Ausscheidung.

Die Ausscheidung von Nicotin wird hauptsächlich durch die Nieren bewerkstelligt, und es ist sehr bald, nachdem es in das Blut eingetreten ist, im Harn aufzufinden. Es ist auch im Speichel und im Schweiß gefunden worden.

---

[1]) Parsons, The Ocular Circulation. London 1903.
[2]) L. J. Henderson u. E. H. Starling, Journ. of Physiol. **31**, 317 (1904).

Toleranz.

Daß Menschen einen gewissen Grad von Toleranz gegen Tabakrauchen erwerben können, ist eine Tatsache, die über jede Diskussion erhaben ist. Ferner ist klar gezeigt worden, daß die giftigen Wirkungen des Rauchens fast ganz das Resultat von dem im Rauch vorhandenen Nicotin sind[1]). Aber jenen, welche versucht haben, Toleranz für Nicotin bei Tieren zu erhalten, ist es entweder ganz mißlungen einen solchen Zustand zu erzeugen, oder sie haben höchstens einen sehr geringen Grad von Toleranz erhalten. Kobert[2]), Esser[3]), Hatcher[4]) und Edmunds[5]) fanden, daß bei Tieren Toleranz erhalten werden konnte. Gouget[6]), Adler und Hensel[7]), Lesieur[8]), Guillain und Gy[9]) und Richon und Perrin[10]) kamen zu anderen Schlüssen und fanden, daß durch wiederholte Injektionen von Nicotin keine Toleranz erhalten wurde.

Es sind verschiedene Methoden bekannt, mit deren Hilfe Toleranz erreicht werden kann. Die gewöhnliche Dosierung mit einem Mittel könnte in verminderter Resorption aus dem Darmkanal, wie beim Arsenik[11]) resultieren, oder das Mittel könnte sich mit irgend einer Substanz verbinden, die es entgiftet. Es ist wohl bekannt, daß Salicylsäure durch Verbindung mit Glykokoll inaktiv gemacht wird, obgleich nicht bekannt ist, ob es möglich ist durch diese Mittel eine Toleranz zu erwerben. Es ist auch möglich durch die Zerstörung des giftigen Agens Toleranz zu erwerben, und hierfür liefert der Alkohol ein Beispiel; denn während es wahr ist, daß alle Säugetiere diesen Körper oxydieren können, kann die Geschwindigkeit der Oxydation durch Gewohnheit erhöht werden. Diese Methode, Toleranz durch Zerstörung zu erhalten, gilt auch für die Alkaloide, wie von Faust[12]) für Morphium und von Cloetta[13]) für Atropin gezeigt wurde.

Nun injizierte jeder Forscher, welcher behauptete, daß Toleranz für Nicotin nicht erzeugt werden kann, das Nicotin entweder intravenös oder subcutan und fand, daß giftige Dosen immer dieselben Wirkungen erzeugten. Und es ist wahr, daß Toleranz nicht erhalten werden kann oder unbedeutend ist, wenn solche Methoden angewendet werden. Es scheint ganz klar, daß, welches auch immer der Zustand der Tiere in bezug auf Toleranz ist, wenn Nicotin nur das Gewebe erreichen kann, auf welches es wirkt, es seine normale Wirkung ausübt. Dies läßt nur zwei wahrscheinliche Erklärungen für die Toleranz beim Menschen offen. Die erste ist, daß beim toleranten Menschen Nicotin nicht resorbiert wird. Ein großer Teil des klinischen Beweises liegt vor, um diese Annahme zu verwerfen; es ist wohl bekannt, daß übermäßiges Rauchen giftige Wirkungen auf den Darm, das Herz und das Nervensystem selbst bei den hartnäckigsten Rauchern erzeugen kann, so daß diese Annahme außer acht gelassen werden kann.

[1]) E. Lee, Quart. Journ. of Physiol. **1**, 335 (1908).
[2]) R. Kobert, Lehrbuch der Intoxikationen 1906, S. 1064.
[3]) Josef Esser, Archiv f. experim. Pathol. u. Pharmakol. **49**, 190 (1903).
[4]) R. A. Hatcher, Amer. Journ. of Physiol. **11**, 17 (1904).
[5]) Charles Wallis Edmunds, Journ. of Pharm. and experim. Ther. **1**, 27 (1909).
[6]) Gouget, Presse méd. **14**, 533 (1906).
[7]) J. Adler u. O. Hensel, Journ. of Med. Research **15**, 229 (1906).
[8]) Lesieur, Compt. rend. de la Soc. de Biol. **62**, 430 (1907).
[9]) C. Fleig u. P. de Visme, Compt. rend. de la Soc. de Biol. **64**, 114 (1908).
[10]) L. Richon u. M. Perrin, Compt. rend. de la Soc. de Biol. **64**, 563 (1908).
[11]) M. Cloetta, Archiv f. experim. Pathol. u. Pharmakol. **54**, 196 (1906). Dagegen:
G. Joachimoglu, ebenda **79**, 419 [1916].
[12]) Edwin S. Faust, Archiv f. experim. Pathol. u. Pharmakol. **44**, 217 (1908).
[13]) M. Cloetta, Archiv f. experim. Pathol. u. Pharmakol. **64**, 427 (1911).

Die zweite Erklärung ist, daß das Nicotin als eine aktive Substanz zerstört wird, daß aber die Geschwindigkeit der Zerstörung begrenzt ist. Wenn die Zersetzung nur langsam durch die Gewebe ausgeführt würde, wie die Oxydation von Alkohol und Zucker, würde das nicht notwendigerweise verhindern, daß Nicotin eine physiologische Wirkung ausübt; und wenn die Geschwindigkeit der Resorption die der Zersetzung überträfe, würde sicherlich eine Nicotinwirkung erhalten werden. Wenn nun Nicotin direkt in den Kreislauf eingeführt wird, würde die Zerstörung unter diesen Umständen — d. h. innerhalb weniger Sekunden — zu vernachlässigen sein, und so würde die ganze spezifische Nicotinwirkung, gleichgültig welches der Grad der Toleranz ist, erhalten werden.

Wenn die sichtbaren Wirkungen einer großen Injektion von Nicotin als ein Prüfstein für die Toleranz genommen werden, dann scheint der von den meisten Forschern gefolgerte Schluß zu sein, daß wiederholte kleine Injektionen von Nicotin geringe oder keine Toleranz erzeugen; aber nach wiederholten großen Injektionen von Nicotin, und wenn man denselben Prüfstein wie vorher benutzt, können Tiere sicherlich Toleranz aufweisen, wie von Edmunds u. a. gezeigt wurde. Aber die Wirkung dieser großen giftigen Dosen ist, nach einer präliminären Reizung, allgemeine Depression der Nervenzellen im ganzen Körper zu erzeugen, so daß nachfolgende Injektionen von Nicotin notwendigerweise etwas von ihrer Reizwirkung verlieren. In jedem Fall ist gezeigt worden, daß diese auf diesem Wege zustande gebrachte „Toleranz" nicht einfach die physiologische Wirkung des Mittels ist, und es gibt keinen Grund, sie als andere als diese anzusehen, bis gezeigt worden ist, daß es eine wahre Toleranz ist.

Es ist jedoch nicht bei diesen Bespielen, in welchen enorme Dosen von Nicotin eingeführt wurden, daß die Toleranz von Interesse ist, sondern vielmehr bei den beständig genommenen kleinen Dosen von Nicotin. Edmunds hat diese Fälle zusammengefaßt, indem er sagt, daß Toleranz für Nicotin oder Tabak bei Tieren nur mit großer Schwierigkeit erhalten werden kann. Zwei Punkte jedoch erfordern Beachtung. Erstens, ist das Prüfungsmittel für Toleranz gültig? In Edmunds Versuchen gab es Erbrechen infolge von subcutaner Injektion. Es sind bereits Gründe angeführt worden, um zu zeigen, daß dem so bei verschiedenen Formen der Toleranz sein kann, aber daß, wenn die Toleranz von einer allmählichen Zersetzung des Alkaloids herrührte, es nicht gilt; und zweitens, wenn das Nicotin durch den Mund gegeben wird, muß es so verdünnt sein, daß es keine erregende Wirkung auf die Magenschleimhaut ausübt, denn im letzteren Falle würde das Erbrechen reflektorisch sein und würde keinen Beweis für das Vorhandensein oder Fehlen der spezifischen Toleranz liefern.

Dixon und Lee[1] führten eine Reihe von Versuchen an Kaninchen aus, wo Nicotin, als $1/_2$ oder 1 proz. Lösung in normaler Kochsalzlösung entweder subcutan oder intravenös injiziert wurde. Für jedes Versuchstier wurde ein anderes Tier vom selben Wurf und von annähernd demselben Gewicht als Kontrolltier genommen, und die beiden Tiere, das Versuchs- und Kontrolltier, wurden während des ganzen Versuchs, soweit wie möglich, unter denselben Bedingungen gehalten. Die vergleichende Bestimmung von kleinen Mengen von Nicotin wurde durch Versuche am Blutdruck von enthirnten Katzen während künstlicher Atmung gemacht, da kleine Preßeinwirkungen am besten an Tieren mit niedrigem Blutdruck gemacht werden.

---

[1] W. E. Dixon u. W. E. Lee, Quart. journ. of exp. physiol. **5**, 373 (1912).

Das angewandte Verfahren kann am besten beschrieben werden, indem man die Einzelheiten eines typischen Versuches berichtet. Zwei Kaninchen vom selben Wurf, von denen das eine 1010 und das andere 945 g wog, wurden benutzt. Das leichtere Tier erhielt einen Monat lang jeden zweiten Tag $1/2$ ccm einer 1proz. Nicotinlösung; es erhielt im ganzen 15 Injektionen. Diese Injektionen wurden manchmal intravenös und manchmal subcutan gegeben. Die allgemeinen Wirkungen dieser letzteren Dosen waren etwas weniger deutlich als die früheren. Die erste Dosis wurde subcutan gegeben, und innerhalb von zwei Minuten kamen Zuckungen und Zittern vor, die Hinterbeine zeigten deutliche Zeichen der Schwäche, die Blase wurde geleert und die Peristaltik erhöht. Die Erholung war in wenigen Minuten vollständig. Die vier nächsten Injektionen wurden intravenös gegeben, und bei jeder Gelegenheit trat vollständige Bewußtlosigkeit mit spasmodischen Kontraktionen der Muskeln ein. Diese Wirkungen dauerten ungefähr eine Minute, und das Tier erschien in fünf Minuten normal. Die sechste Injektion wurde subcutan gegeben, und die Symptome, welche nach der ersten Injektion erschienen, wiederholten sich, waren aber vielleicht etwas weniger ausgesprochen, da keine Wirkung auf den Darm und die Blase beobachtet wurde. Die drei nächsten Injektionen waren intravenös, und jede wurde von Krämpfen und Bewußtlosigkeit begleitet. Die zehnte Injektion war subcutan, aber das Zittern, die Zuckungen und Lähmungen waren weniger deutlich. Die vier letzten Injektionen waren intravenös, und die Wirkung erschien weniger ausgesprochen als bei den früheren. Das Tier wuchs während des ganzen Versuches nur ungefähr mit der halben Geschwindigkeit wie das Normaltier, aber es erschien wohl und fraß normal. Beide Tiere wurden durch Köpfen und Verbluten zwei Tage nach der letzten Injektion getötet[1]. Die Lebern wurden aus beiden Tieren unmittelbar nach dem Tode entfernt, soweit wie möglich von Bindegewebe und Blut befreit, und Teile, welche 30 g wogen, wurden ausgewählt. Aus diesen abgewogenen Teilen wurden Extrakte bereitet, indem man sie in einem Mörser mit sterilem Sand zerrieb und zu jedem Teil 30 ccm einer normalen Kochsalzlösung mit 2 ccm einer 1 proz. Lösung von Nicotin und 1 ccm Toluol zusetzte. Die Extrakte wurden dann $2^{1}/_{2}$ Stunden lang in einem Brutofen bei 38° C aufbewahrt. Nach dem Aufenthalt im Brutofen wurden sie mit Schwefelsäure angesäuert, gekocht, neutralisiert und zuerst durch Musselin und dann durch Papier filtriert, wenn die Menge der beiden Filtrate annähernd gleich war. Es ist von höchster Wichtigkeit in diesen beiden Versuchen, daß die beiden Extrakte in jeder Kleinigkeit auf genau die gleiche Weise behandelt werden.

Die Menge von Nicotin in den Filtraten wurde dann mit Hilfe der schon beschriebenen Methode verglichen.

Bei den meisten auf diese Weise ausgeführten Versuchen war es klar, daß die Menge des in den Lösungen enthaltenen freien Nicotins nach dem Kochen im normalen Extrakt größer war als in dem Extrakt, welcher aus dem injizierten Tier gemacht wurde. So steigerte in einem Versuch das normale Extrakt den Blutdruck um 88 mm Hg, während das Leberextrakt des injizierten Tieres den Blutdruck um nur 48 mm erhöhte.

Ähnliche Resultate werden mit dem Gehirn, dem Rückenmark und quergestreiftem Muskel erhalten. Diese Versuche zeigen, daß die wiederholten Injektionen von Nicotin in ein Tier den Geweben und besonders der Leber eine erhöhte Kraft verleihen, die Giftigkeit des Nicotins zu zerstören. Es ist leicht, sich mehrere Wege vorzustellen, auf welchen dies zustande gebracht werden kann, aber einige von den Vorstellungen können durch das Experiment ausgeschieden werden.

Normale Gewebssäfte können etwas Nicotin aus der Lösung beseitigen, und der Akt des Kochens beseitigt die Fähigkeit des Extrakts, Nicotin zu zerstören. Es können weitere Versuche gemacht werden, um zu zeigen, daß diese Wirkung nicht von der Gegenwart von lebenden unversehrten Zellen herrührt, da durch das Zerreißen der Leber mit Sand und Chloroform während 15 Minuten, wodurch man sich des Todes von irgendwelchen Zellen versichert, welche als einzelne Individuen vielleicht dem zerreibenden Pistill entgangen wäre, die

---

[1] Im allgemeinen wurden, wie in diesem Falle, arteriosklerotische Flecken in der Aorta bei postmortaler Untersuchung gefunden, und bei zwei Kaninchenversuchen waren die postperitonealen Gewebe ödematös, aber sonst erschienen die Tiere normal.

Resultate nach der Behandlung mit Nicotin immer derselben Art wie vorher waren. Die Fähigkeit, Nicotin zu entfernen, ist daher keine Eigenschaft der lebenden unversehrten Zelle.

Es bieten sich nun zwei Möglichkeiten: entweder verbindet sich das Nicotin mit einem Bestandteil des Extrakts, welcher in größeren Mengen im toleranten Tier vorhanden ist, der das Alkaloid inaktiv macht, oder das Nicotin wird möglicherweise durch Oxydation zerstört.

Wenn die erste Annahme richtig wäre, wäre es gerechtfertigt, zu erwarten, daß sich ebensoviel des Alkaloids durch Schütteln des Leberextrakts mit Nicotin während weniger Minuten wie während einiger Stunden entfernt, vorausgesetzt, daß natürlich kein Verlust durch Verdampfung vorkommt; aber das ist es nicht, was geschieht. Der Verlust der Aktivität schreitet nur sehr langsam vorwärts; dies konnte vorausgesehen werden; denn würde der Verlust der Aktivität plötzlich erzeugt, so wäre es richtig, einen hohen Grad von Toleranz bei Tieren zu erwarten, welche Nicotindosen empfangen haben. Es scheint daher *a priori* nicht wahrscheinlich, daß die Ursache des Verlustes der Aktivität durch die Annahme von irgendeiner Art chemischer Bindung erklärt werden kann. Das vorliegende Material weist auf eine Form der Zerstörung des Nicotins hin, wobei der Vorgang möglicherweise der einer Fermentwirkung ist. Dixon machte bestimmte Versuche mit der Absicht, die Gültigkeit dieser Hypothese zu prüfen.

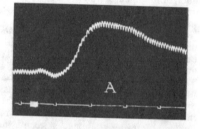
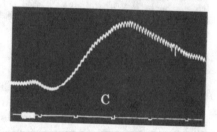

Abb. 8. Katze — enthirnt. Zeigt die Wirkung von Injektion von gekochten Leberextrakten nach Inkubation desselben mit Nicotin. *B* ist von einem toleranten Kaninchen, *A* von dem Kontrollkaninchen, und in *C* war der Leberextrakt wieder von dem toleranten Kaninchen, aber er wurde vor der Inkubation gekocht. Zeit = 30 Sek.

Frische Lebern von toleranten und normalen Tieren wurden in Mörsern mit einem beliebigen Zusatz von Toluol zerrieben. Die Mazeration wurde ungefähr ½ Stunde lang fortgesetzt, bis die Masse eine gleichmäßige Konsistenz annahm; sie wurde dann durch ein Tuch geseiht und als eine dünne Schicht auf Glasplatten ausgebreitet. Wenn es so ausgebreitet ist, erschien das Extrakt gleichmäßig und frei von Klumpen. Die Glasplatten wurden nun in einen Brutofen bei 38° C gelegt und in einem Strom von filtrierter Luft getrocknet; das Trocknen dauerte ungefähr 35 Minuten, aber man ließ die Platten 2½ Stunden im Brutofen. Nach dieser Zeit wurden sie mit einem Messer abgekratzt, und das Abgekratzte wurde bis zum Gebrauch in luftdichten Flaschen aufbewahrt. Es wurden gleiche Gewichtsteile des abgeschabten Materials der normalen Leber und der toleranten Leber genommen, und zu jeder wurden 30 ccm Kochsalzlösung mit 2 ccm Toluol und 0,01 g Nicotin zugesetzt. Die beiden Flaschen wurden unmittelbar darauf 2½ Stunden in den Brutofen getan, nach welcher Zeit der Inhalt in bezug auf Nicotin bestimmt wurde:

Lösung der normalen Leber: 1 ccm steigerte den Blutdruck um 28 mm Hg
„ „ toleranten „ 1 „ „ „ „ „ 10 „ „

Ein anderer Teil der getrockneten Leberextrakte wurde in einer zugekorkten Flasche ins Laboratorium gebracht und neun Tage lang aufbewahrt. Am neunten Tage wurde es wieder auf eine Art und Weise, die der ersten in jeder Einzelheit ähnlich war, in den Brutofen gebracht, und die Extrakte wurden danach auf Nicotin hin analysiert. In diesem Falle war der Prozentsatz von Nicotin in den beiden Extrakten annähernd derselbe.

Diese weiteren Tatsachen weisen stark auf den Schluß hin, daß die Zerstörung von Nicotin durch ein Ferment zustande gebracht wird, da wohl bekannt ist, daß gewisse Fermente tendieren, beim Aufbewahren in einem getrockneten Zustand ihre Aktivität zu verlieren. Es ist in der Tat schwer, eine Hypothese aufzustellen, welche diesen Tatsachen in anderer Weise, als wie angenommen worden ist, gerecht wird.

Diese Versuche zeigen, daß ein gewisser geringer Grad von Toleranz für Nicotin erhalten werden kann und daß derselbe durch die Zerstörung des Alkaloids zustande gebracht wird. Die Zerstörung geht sehr langsam und sie kann niemals in einem solchen Grade beschleunigt werden, daß eine Injektion einer giftigen Dosis von Nicotin in den Kreislauf eines Tieres irgendwie viel von ihrer Wirkung verlieren wird. Wenn das Nicotin den Kreislauf langsam und in geringen Mengen erreicht, kann es von den Geweben verarbeitet werden, und dies ist der Zustand, von welchem wir annehmen können, daß er während des Tabakrauchens vorkommt. Der Zustand ist dem des Alkoholtrinkers genau analog; solange wie die Zerstörung mit der Resorption Schritt hält, können giftige Wirkungen vermieden werden, denn wir wissen, daß für praktische Zwecke kein Alkohol als solcher aus dem Körper ausgeschieden wird.

Obgleich es daher einen strengen Beweis zur Stütze der Ansicht gibt, daß Toleranz erhöhte Zerstörungsgeschwindigkeit bedeutet, gibt es jedoch einen Beweis, welcher vermuten läßt, daß das Nicotin besonders von einigen Geweben aufgenommen wird. Heger (?) und andere haben gezeigt, daß, wenn Nicotin in den Kreislauf von Tieren injiziert wird, es rasch aus dem Blute verschwindet und von der Leber aufgenommen wird, aus welcher es durch Destillation erhalten werden kann.

Das Tabakrauchen.

Es wurde früher als selbstverständlich angenommen, daß das Alkaloid des Tabaks in den Rauch überging; aber im Jahre 1871 leugneten es Vohl und Eulenberg[1]) und behaupteten, daß es ihnen nicht gelungen ist, eine Spur von Nicotin im Rauch von 100 Zigarren, welche 4% des Alkaloids enthielten, zu erhalten. Dieses Resultat schrieben sie der Leichtigkeit zu, mit welcher Nicotin der Zersetzung unterliegt, wenn es hoher Temperatur ausgesetzt wird; und sie glaubten, daß die Pyridinbasen die wahren schädlichen Bestandteile des Rauches sind, eine Lehre, welche fast bis zum heutigen Tage allgemein angenommen wurde. Kurze Zeit später behauptete Heubel[2]), daß er Nicotin im Tabakrauch gefunden hat. Gautier[3]) fand es auch zusammen mit anderen basischen Körpern im Rauch. Thoms[4]) und Schmidt[5]) kamen zu demselben

---

[1]) H. Vohl u. H. Eulenberg, Vierteljahrsschr. f. gerichtl. Med. u. öffentl. Sanitätswesen 1871, 249.
[2]) Emil Heubel, Centralbl. f. med. Wissensch. **41**, 641 (1872).
[3]) A. Gautier, Compt. rend. de la Soc. de Biol. 1892.
[4]) H. Thoms, Arbeiten a. d. Pharmazeut. Inst. d. Univ. Berlin I, 174. Berlin 1904.
[5]) Franz Schmidt, Inaug.-Diss. Würzburg 1904.

Schluß. Habermann[1]) entwarf einen Apparat, mit dessen Hilfe Tabakrauch langsam in einer intermittierenden Weise als gewöhnlicher Rauch verbraucht wurde, und er fand Nicotin im Rauch. Noch später finden Habermann und Ehrenfeld[2]), daß $2/3$ des Nicotins von manchen Zigarrenarten in den Rauch übergehen; bei anderen Sorten gehen nur $1/12$ bis $4/12$ über. Sie behaupten vorbehaltslos, daß von allen Bestandteilen des Tabakrauches Nicotin bei weitem der wichtigtse ist; die anderen Bestandteile, Pyridin mit inbegriffen, sind von geringer Bedeutung. Lehmann[3]) erhielt beträchtliche Mengen von Nicotin aus Zigarren und Zigarettenrauch und auch aus der Luft eines Zimmers, in welchem Tabak gebraucht worden war. Er bewies, daß das Erzeugnis reines Nicotin war, nicht nur vermittelst der gebräuchlichen Versuche, sondern indem er auch seine spezifische Drehung und sein genaues Maß an Alkalinität feststellte.

Außer dem chemischen Beweis besitzen wir noch den Beweis, welchen uns vergleichende Tierversuche liefern, welche zeigen, daß die Kondensationsprodukte des Tabakrauches, wenn sie subcutan injiziert werden, genau dieselbe Symptomreihe erzeugen wie reines Nicotin. Fleig und de Visme[4]) injizierten Tieren die Kondensationsprodukte von Zigarettenrauch, welchen sie erhielten, indem sie ihn durch verschiedene Lösungsmittel leiteten, und erzeugten die charakteristisch markierte Steigerung des Blutdrucks wie diejenige, welche von Nicotin herrührt. Fleig[5]) fand danach, daß die Kondensationsprodukte vom Tabakrauch, welche vorher ihres Nicotins beraubt worden waren, negative Resultate gaben. Ratner[6]) erhielt einen ähnlichen Beweis aus Versuchen an Menschen. Bei gesunden Nichtrauchern fand er, daß die durch Rauchen von gewöhnlichem Tabak verursachten Kreislaufsstörungen entweder ganz fehlten oder nur in unbedeutendem Grade vorkamen, wenn Tabak, welcher seines Nicotins beraubt worden war, gereicht wurde. Aus diesen Versuchen muß geschlossen werden, daß Nicotin der einzige wirksame giftige Bestandteil des Tabakrauches ist, da die anderen giftigen Körper, die Pyridinbasen mit inbegriffen, ebenso im Rauch von nicotinfreiem Tabak vorhanden sind.

Zusammensetzung der Tabakarten und des Tabakrauches. Die Zusammensetzung des Tabakrauches, wie man ihn durch einen Aspirator aus der langsamen Verbrennung von 100 g Tabak erhält, kann annähernd folgendermaßen angegeben werden:

Nicotin 1,165 g. Dies stellt 50% des gesamten vor der Verbrennung vorhandenen Nicotins dar.

Pyridinbasen 0,146 g. Hauptsächlich Pyridin und Kollidin, wobei ersteres während der Zerstörung von dem Nicotin erzeugt wird, letzteres aus der Verbrennung der Fasern im Tabak.

Hydrocyansäure 0,08 g.

Ammoniak 0,36 g.

Kohlenoxyd 410 ccm.

Diese Mengen variieren mit vielen Faktoren. So beeinflußt die Länge der Röhre, durch welche der Rauch geht, indem sie die Ablagerung von festen Bestandteilen und die Kondensierung von ·Dampf erlaubt, materiell die

[1]) J. Habermann, Zeitschr. f. physiol. Chemie **33**, 55 (1901).
[2]) J. Habermann u. R. Ehrenfeld, Zeitschr. f. physiol. Chemie **56**, 363 (1908).
[3]) K. B. Lehmann, Hyg. Rundschau **17**, 1100 (1907).
[4]) C. Fleig u. P. de Visme, Compt. rend. de la Soc. de Biol. 1907.
[5]) C. Fleig, Compt. rend. de la Soc. de Biol. 1908.
[6]) Ratner, Archiv f. d. ges. Physiol. **113**, 198 (1906).

Zusammensetzung des Rauches; das Prinzip hiervon wird durch die lange
Tonpfeife illustriert. Wiederum variiert die Qualität des Tabaks innerhalb
der weitesten Grenzen. Lee[1]) machte Versuche mit zwei Tabaksorten: 1. einer
Probe eines Virginiatabaks aus dem „unbehandelten Blatt", die zum Rauchen
in Zigarettenform präpariert worden war; 2. einer sehr starken Sorte von
Manilazigarren.

Um die relative Menge von Nicotin zu bestimmen, wurde Kochsalz-
extrakt auf den Blutdruck von Katzen versucht.

Gleiche Mengen der beiden Lösungen wurde in die Vena jugularis einer
geköpften Katze injiziert, und die relative Steigerung des Blutdrucks war,
wenn die injizierte Menge nicht übermäßig war, folgende:

Manilatabak 25,6 mm Hg
Zigarettentabak 42,4 mm Hg.

Aus diesen Versuchen folgt nicht, daß, weil ein Tabak weniger Nicotin
enthält als der andere, er weniger Nicotin abgeben wird, wenn er geraucht
wird. Wenn eine zweite Versuchsreihe ausgeführt wird, indem man den
Rauch aus der Verbrennung dieser Tabaksorten vermittelst einer Saug-
pumpe durch Kochsalzlösung zieht, wobei 1 g von jeder Tabaksorte auf
100 ccm Kochsalzlösung benutzt wird, zeigen die Resultate, daß, wenn die
Rauchlösung aus dem Manilatabak eine Steigerung von 2 mm Hg erzeugte,
die Rauchlösung aus dem Zigarettentabak eine Steigerung von 1 mm Hg
verursachte.

Aus derartigen Versuchen ergibt sich die bemerkenswerte Tatsache, daß
während der Virginiatabak einen viel größeren Prozentsatz von Nicotin enthält
als der Manila, doch nach der Verbrennung der Rauch aus der Manila einen
beträchtlich höheren Prozentsatz enthält. Dieser Umstand kann folgendermaßen erklärt werden: Während der langsamen Verbrennung einer Zigarre,
wie beim gewöhnlichen Rauchen, gibt es unmittelbar hinter dem Verbrennungs-
punkt ein Gebiet, in welchem das Wasser und andere flüchtige Substanzen im
Tabak sich kondensieren; während des Aktes des Rauchens wird der größere Teil
von Nicotin am Verbrennungsort zerstört (50%); und das Nicotin, welches
seinen Weg in den Mund des Rauchers findet, stammt wahrscheinlich aus
den heißen Gasen, welche durch das feuchte Gebiet ziehen, und manchen von
den flüchtigen Prinzipien des Tabaks, von denen das Nicotin sicherlich eines ist,
zum Verflüchtigen bringen; so daß, je kleiner das feuchte Gebiet hinter dem Ver-
brennungspunkt ist, es um so unwahrscheinlicher ist, daß der Rauch flüchtige
giftige Körper enthält. Man wird sofort vermuten, daß eine dünne Zigarre
oder Zigarette offenbar gestattet, daß eine relative größere Verdampfung stattfindet, und daß das heiße Gebiet unmittelbar hinter dem Entzündungspunkt sowohl kleiner wie kühler ist. Wenn übrigens eine dicke Zigarre aufgerollt und in
eine dünnere Form gebracht wird, wird der Prozentsatz des während der Verbrennung zerstörten Nicotins erhöht. Die Erfahrung von vielen Rauchern
stimmt auch mit dieser Erklärung überein, denn es gibt solche, welche immer
eine dicke Zigarre vermeiden, weil, welches auch immer die Stärke des Blattes
ist, aus welchem es gemacht ist, immer unerfreuliche Symptome auftreten.
Die folgende Tabelle gibt den Prozentsatz von Nicotin in Pfeifentabak, Zigarren
und Zigaretten.

---

[1]) W. E. Lee, Quart. journ. of exp. physiol. **1**, 335 (1908).

Prozentsatz des Nicotins im Pfeifentabak, Zigarren und Zigaretten.

Pfeifentabake:

Nicotin %

A. Sehr milder Honigtau 1,65
B. Rauchermischung, mittlere Stärke 2,04
C. Perique 3,29
D. Cavendish 3,83

Zigarren:

E. Havanna, mild . . . .
F. Havanna (dieselbe Firma), sehr stark 1,09
G. Havanna (eine andere Firma), mild 1,58
H. Indian, sehr stark 1,95
J. Patent, nicotinfrei (deutsch) 1,84
                                                          0,58

Zigaretten (nach Entfernung des Papiers):

K. Ägyptische . . . .
L. Türkische 1,13
M. Virginia 1,30
N. Gewöhnliche, fünf zu einem Penny 2,24
                                                          2,02

Die relative Wirkung der Bestandteile des Tabakrauches. Es ist schon gezeigt worden, daß die wichtigen Bestandteile des Tabakrauches Nicotin und gewisse Pyridinbasen, besonders Pyridin und Kollidin sind.

1. Der glatte Muskel. Die Wirkung auf den glatten Muskel kann einfach mit Hilfe von „Ring"präparaten des Froschmagens bestimmt werden. Diese werden in Ringerlösung aufgehängt und so angeordnet, daß sie auf eine sich langsam bewegende Trommel mittelst geeignet abgewogenen Hebeln schreiben.

Wenn eine Kollidinlösung, 1 in 1000 in Kochsalzlösung, auf das Ringpräparat des Froschmagens appliziert wird, werden die Bewegungen gehemmt und der Tonus vermindert. Nicotin, 1 in 1000, verursacht, daß der Muskel in tonische Kontraktion übergeht, wobei die automatischen Wellen eine Zeitlang aufhören; aber er gewinnt bald seine normale Tätigkeit wieder. Pyridin, 1 in 1000, erzeugt kaum irgendein Resultat.

2. Das Herz. Die relative Wirkung von diesen drei Alkaloiden auf das isolierte Froschherz kann durch Durchströmung von Ringerlösung, durch eine Vena hepatica und indem man dieselbe durch die Aorta ausfließen läßt, bestimmt werden, wobei der Herzschlag vermittelst der Suspensionsmethode aufgeschrieben wird. Eine Lösung 1 in 1000 Nicotin, durch das Froschherz durchströmt, steigert den Tonus des Herzmuskels und beschleunigt etwas den Schlag. Dieselbe Stärke von Pyridin erzeugte keine Wirkung, während dieselbe Stärke von Kollidin etwas Verlangsamung und ein Sinken des Tonus erzeugte. Eine konzentriertere Nicotinlösung (1 in 100) macht immer, daß das Herz in einen sehr deutlichen Tonus eintritt. Die Wirkung von Pyridin (1 in 100) schwächt leicht den Herzschlag; es erzeugt niemals eine Tonussteigerung. Nicotin hat die giftigste Wirkung auf das Herz und Pyridin die geringste. Die Kollidinwirkung hat eine oberflächliche Ähnlichkeit mit der des Nicotins, außer daß bei dem Kollidin die Hemmung ausgesprochener ist; aber es besteht ein wichtiger Unterschied in dem vollständigen Fehlen der Tonussteigerung.

Die Wirkung auf isolierte Säugetierherzen, welche man bei Durchströmung der Kaninchenherzen mit Ringerlösung mit Hilfe des Langendorffschen Apparates erhält, ist auffallender.

Bei A (in Abb. 9) wurden 2 ccm einer 1 proz. Pyridinlösung vermittelst der Seitenröhre injiziert, aber, als sie das Herz erreichte, wurde nur eine sehr kleine Wirkung und keine Veränderung im Tonus beobachtet, aber es gab einen Beweis für etwas Beschleunigung des Schlages. Nach einer Periode einer 20 Minuten langen Durchströmung mit Ringerlösung, während welcher die Herztätigkeit

ganz normal geworden war, wurden 2 ccm einer 1 proz. Kollidinlösung bei *B* mit
derselben Geschwindigkeit wie vorher in die Durchströmungsflüssigkeit injiziert. Das Herz wurde unmittelbar in Diastole gehemmt; aber nachdem das
Mittel hindurchgegangen war, erfolgte allmählich Erholung, bis der normale
Rhythmus wieder erreicht war; es erfolgte keine beständige Depression. Nach
einer weiteren Periode von 20 Minuten Ruhe wurden 2 ccm einer 1 proz. Nicotin-

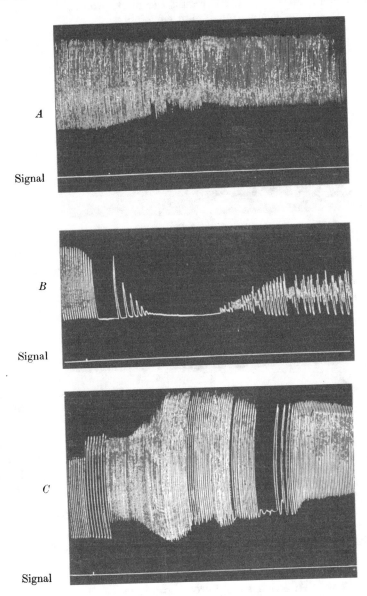

Abb. 9. Isoliertes Kaninchenherz mit Ringerlösung mit Hilfe der Langendorffschen
Methode durchströmt. *A* zeigt die Wirkung der Injektion in den Seitenkanal von
2 ccm von 1 proz. Pyridin; *B* Injektion von 2 ccm von 1 proz. Kollidin; *C* Injektion
von 2 ccm von 1 proz. Nicotin. Zeit 1 cm = 10 Sekunden.

lösung injiziert (bei *C*); die Stärke des Herzens wurde sofort erhöht, der Herzschlag wurde beschleunigt, und der Tonus wurde allmählich gesteigert; tatsächlich ist diese allmähliche Steigerung des Tonus mit Nicotin eine höchst charakteristische Wirkung und liefert einen deutlichen Unterschied zwischen der Wirkung von Nicotin und den anderen Bestandteilen des Tabakrauches.

Die in der Kurve gefundenen Hemmungsperioden, welche auf Injektion von Nicotin folgen, rühren von der Erregung der intrakardialen Ganglienzellen her; bei atropinisierten Tieren findet man sie nicht.

Abb. 10 zeigt die vergleichende Wirkung von einer Lösung von Tabakrauch und Nicotin. Die erste Wirkung (A) zeigt anfängliche Hemmung, auf die

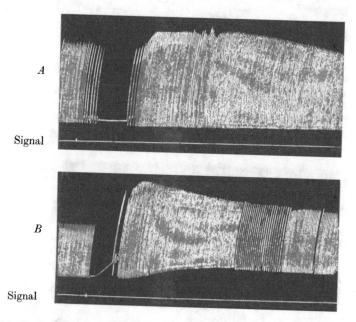

Abb. 10. Isoliertes Kaninchenherz mit der Langendorffschen Methode durchströmt. *A* zeigt die Wirkung einer Injektion in den Seitenkanal von 3 ccm der Rauchlösung und *B* 2 ccm der 1 proz. Nicotinlösung. Zeit 1 cm = 10 Sekunden.

Beschleunigung des Herzens und etwas Steigerung in der Stärke des Schlages folgt; es gibt keine Tonussteigerung. B zeigt ein fast identisches Resultat, aber mit dem Unterschied, daß das Herz nicht eigentlich in Diastole erschlafft, so daß der diastolische Tonus allmählich steigt. Wir wissen, daß die Pyridinbasen, besonders Kollidin, den Muskeltonus herabsetzen, und es scheint möglich zu sein, daß, während die Hemmung und nachfolgende Beschleunigung, die bei A sich zeigt, vom Nicotin herrühren kann, das Fehlen des gesteigerten Tonus aus der antagonistischen Wirkung der Pyridinbasen gegen Nicotin entstehen kann.

3. Auf das Kreislaufsystem. Pyridin[1] erzeugt eine auffallend kleine Wirkung; in Abb. 11 bei A wurden 5 ccm einer 1 proz. Lösung langsam injiziert und erzeugten tatsächlich weder eine Veränderung im Blutdruck noch im allgemeinen Zustand des Kreislaufes. Kollidin verursacht jedoch in kleinen Dosen beträcht-

---

[1] T. Lauder Brunton u. F. W. Tunnicliffe, Journ. of Physiol. **17**, 272 (1894/95).

liche Erweiterung der Blutgefäße und ein entsprechendes Sinken des Blutdrucks.
Dies ist auf Abb. 11 zu sehen, B, in welchem die obere Kurve das Darmvolumen
und die untere den Blutdruck darstellt. Man wird bemerken, daß, wenn sich
die Gefäße erweitern, der Blutdruck sinkt. In diesem Falle kann jedoch kein
Zweifel herrschen, daß etwas von dem Blutdruck von Depression des Herzens
herrühren kann. Größere Dosen von Kollidin schwächen das Herz und vermindern infolgedessen den Blutdruck derart, daß die Darmgefäße, anstatt sich
mit Blut zu füllen, sekundär zu dem Sinken des Blutdrucks sich verengen.

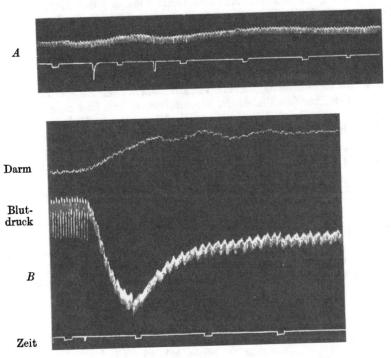

Abb. 11. Katze — Urethan. Zeigt die vergleichende Wirkung von Pyridin und Kollidin
auf den Blutdruck. A die Wirkung der Injektion von 50 mg Pyridin in eine Vene.
B (auf welcher das Darmvolumen auch aufgeschrieben ist) die Wirkung der Injektion
von 50 mg Kollidin. Zeit = 30 Sekunden.

Die Giftigkeit, wie sie durch Injektion in unversehrte Tiere bestimmt wird.

Die relative Giftigkeit von Pyridin, Kollidin und Nicotin kann durch die Feststellung der minimalen letalen Dosen bei Fröschen bestimmt werden.

Nach Injektion von 15 mg Pyridin ist das Tier sehr lebhaft, die Pupillen
sind erweitert, und die Atemanstrengungen sind erhöht; es gibt keine Lähmung.

Nach 15 mg Kollidin wird der Frosch in zwei Minuten gelähmt, die Atmung
hört fast ganz auf, die Pupillen sind stark erweitert, und Reflexe fehlen vollkommen. Nach Verlauf von 20 Minuten werden schwache Atembewegungen
sichtbar, und das Tier erholt sich allmählich.

Nicotin ist bei weitem das giftigste. Der Frosch stirbt ungefähr zwei
Minuten nach Injektion von 15 mg infolge von vollständiger Lähmung des
Zentralnervensystems. Gleich vor dem Tode findet man, daß die motorischen
Nervenendigungen fast gelähmt sind, daß aber das Herz noch schlägt.

Folgendes waren die minimalen letalen Dosen der Drogen für einen Frosch von 20 g:

Pyridin 0,039
Kollidin 0,016
Nicotin 0,006

Wenn man daher die Giftigkeit von Pyridin durch 1,0 ausdrückt, ist die von Kollidin 2,4 und die von Nicotin 6,5. Daraus wird man sehen, daß die Giftigkeit dieser drei Mittel in derselben Weise variiert wie ihre Wirkung auf isolierte Gewebe. D. h., daß alle ihre Wirkungen auf das Herz, den glatten Muskel und das Zentralnervensystem einen parallelen Verlauf nehmen, wobei Nicotin in jedem Falle das wirksamste und Pyridin das bei weitem am wenigsten wirksamste ist.

Die Wirkung des Rauchens auf den Menschen. Es sind sehr viele Versuche an Menschen ausgeführt worden, deren Gewohnheiten von denen des Anfängers zu denen des Gewohnheitsrauchers variiert haben. Ich habe unten eine Reihe von Versuchen über den Blutdruck beschrieben, welche Lee aufgenommen hat. Diese Protokolle sind typisch für die Wirkung von Tabakrauch auf den Menschen. Sie können in drei Gruppen eingeteilt werden: die erste, welche jene umfaßt, bei welchen der Raucher ein Anfänger war; die zweite die Gruppe der mäßigen Raucher, und die dritte, welche die Gruppe der „übermäßigen Raucher" enthält.

Bei den Anfängern gibt es immer eine anfängliche Steigerung des Blutdrucks kurz nachdem die Einatmung gut angefangen hat, und. welche eine Stunde oder vielleicht noch kürzer dauert. Die Höhe, bis zu welcher der Blutdruck über die Norm hinaus steigt, variiert, aber sie beträgt gewöhnlich 10 bis 20 mm Hg. Diese Wirkung ist mit etwas Beschleunigung des Pulses verknüpft, z. B. ist in Protokoll II die Steigerung von 84 auf 106 und in Protokoll III von 60 auf 78.

Protokoll 1.

Jüngling von 17½ Jahren, gelegentlicher Raucher von Zigaretten; normaler Blutdruck aus einer Reihe von Untersuchungen, gleich 117 mm Hg (Ablesung in der Systole). Puls 72. (Siehe Abb. 12 A.)

Zeit	Blutdruck	Pulsgeschwindigkeit	Bemerkungen
5ʰ p. m.	114—116	72	Fing an zu rauchen und atmete den Rauch der Standard-Manilazigarre ein.
5ʰ 15′	128	—	Deutliche Blässe des Gesichts und Schwächegefühl in den Beinen.
5ʰ 20′	128	—	Augen „schläfrig", erscheint elend.
5ʰ 25′	128	—	Schwächegefühl; Zigarre halb fertig.
5ʰ 30′	78	—	Intensive Blässe der Haut, kalter Schweiß auf der Stirn.
5ʰ 35′	—	60	Gefühl sehr schwach und elend; Kolikschmerzen im Bauch, Zigarre ³/₄ fertig; Aufhören mit Rauchen.
5ʰ 40′	114	66	Fühlt sich weniger schwach.
5ʰ 44′	108	72	Die Lippen gewinnen wieder ihre Farbe.
5ʰ 50′	95	64	Fühlt sich besser, Muskeln stärker, jedoch noch unfähig zu körperlicher Arbeit.
6ʰ 10′	104	54	Besser, fühlt sich aber ganz schwach.
6ʰ 25′	110	54	Leichtes Übelbefinden.
nächst. Morg.	121	72	Normaler Zustand.

Protokoll II.

Junge, 15 Jahre alt, mäßiger Zigarettenraucher. Zeigt eine Wirkung vom Rauchen von 1½ Manilazigarren; gelegentlich den Rauch eingeatmet. Der Blutdruck und die Pulsgeschwindigkeit wurden normal als 120 bzw. 84 befunden. (Siehe Abb. 12 B.)

Zeit	Blutdruck	Pulsgeschwindigkeit	Bemerkungen
12ʰ p. m.	122	84	Normales Gefühl.
12ʰ 30′	122	88	
2ʰ 50′	120	80	
2ʰ 55′	120	84	
3ʰ 04′	120	84	
3ʰ 15′	124	90	
3ʰ 20′	130	88	Schweres Gefühl im Kopf.
3ʰ 30′	128	88	Fühlt sich elend.
3ʰ 35′	128	88	Leichter Schwindel.
3ʰ 40′	130	92	Fühlt sich schwach, die Stirn zeigt Schweißtropfen.
3ʰ 50′	120	106	Fühlt plötzlich Ohnmacht und Übelkeit und verschwommenes Sehen; Schluß d. Rauchens
4ʰ	120	104	Keine Veränderung von 3ʰ 50′ an.
4ʰ 05′	120	102	Übelkeit, steifes Gefühl hinten am Nacken, größte Müdigkeit.
4ʰ 30′	104	88	Fühlt sich etwas besser.
5ʰ	120	80	Fühlt sich wohl.

Protokoll III.

Junge, 17 Jahre alt, nur Raucher von Zigaretten; raucht zwei Manilazigarren mit gelegentlichem Einatmen. (Siehe Abb. 12 C.)

Zeit	Blutdruck	Pulsgeschwindigkeit	Bemerkungen
2ʰ 50′ p. m.	134	54	
2ʰ 55′	132	60	
3ʰ	132	60	
		Normaler Blutdruck, deshalb 132—134, Puls 60	
3ʰ 05′	135	68	Beginn des Rauchens.
3ʰ 10′	138	68	
3ʰ 15′	138	68	
3ʰ 15′	140	70	Puls unregelmäßig.
3ʰ 20′	142	74	
3ʰ 25′	145	68	Puls aussetzend.
3ʰ 40′	142	76	
3ʰ 45′	146	82	Puls unregelmäßig und aussetzend.
3ʰ 55′	150	70	Schwindelgefühle; die Hände zeigen deutliches Zittern.
4ʰ	145	72	Aufhören mit Rauchen.
4ʰ 05′	142	78	
4ʰ 10′	136	78	Beträchtlicher Speichelfluß u. Übelkeitsgefühl.
4ʰ 20′	134	66	Fühlt sich wohler.
4ʰ 30′	132	62	
4ʰ 40′	132	62	
4ʰ 50′	133	64	

Zuerst fühlt der Raucher keine unangenehmen Symptome, sondern eher ein Gefühl des Wohlseins und der Heiterkeit. Wenn das Rauchen fortgesetzt wird, tritt jedoch plötzlich eine Veränderung im Blutdruck ein, welcher rasch

Protokoll IV.

Mann, 30 Jahre alt, mäßiger Raucher, aber kein Einatmer. Raucht eine Manilazigarre.

Zeit	Blutdruck	Pulsgeschwindigkeit	Bemerkungen
11ʰ 30′ a. m.	122	52	
11ʰ 40′	122	56	Beginn des Rauchens.
11ʰ 45′	120	56	
11ʰ 50′	123	60	
11ʰ 55′	120	58	
12ʰ	120	58	Keine Veränderung in Gefühlen; kein Farben-
12ʰ 10′	128	60	wechsel.
12ʰ 15′	130	58	
12ʰ 20′	130	60	
12ʰ 25′	130	60	Aufhören mit Rauchen.
12ʰ 30′	128	58	
12ʰ 35′	126	56	
12ʰ 40′	125	56	
12ʰ 45′	124	56	
12ʰ 50′	123	56	

Protokoll V.

Mann, 31½ Jahre alt, Gewohnheitsraucher, aber kein Einatmer. Rauchte eine Manilazigarre, atmete die ganze Zeit den Rauch ein.

Zeit	Blutdruck	Pulsgeschwindigkeit	Bemerkungen
11ʰ 20′ a. m.	124	60	
11ʰ 25′	120	60	
11ʰ 30′	120	60	
11ʰ 40′	120	62	
11ʰ 45′	122	64	Beginn des Rauchens.
11ʰ 50′	124	66	
11ʰ 55′	128	66	
12ʰ	128	66	
12ʰ 05′	129	69	
12ʰ 10′	128	66	
12ʰ 15′	128	64	
12ʰ 20′	126	66	
12ʰ 30′	128	63	
12ʰ 35′	126	68	
12ʰ 40′	122	64	Aufhören mit Rauchen.
12ʰ 45′	122	60	
12ʰ 50′	122	64	
12ʰ 55′	122	64	
1ʰ	122	66	Keine subjektiven oder objektiven Veränderungen werden während des Versuchs beobachtet.
1ʰ 05′	120	64	
1ʰ 10′	120	64	

zu sinken beginnt, so daß es, wie im Falle des Protokolls I gezeigt wird, einen Fall von 50 mm Hg innerhalb 5 Minuten geben kann.

Wenn der Raucher, obgleich Anfänger, weniger durch die Einatmung affiziert wird, wie in Protokoll II, ähnelt der Fall, obgleich er noch rasch einsetzt, nicht so sehr einer Krisis wie bei Nummer I. Dieser Blutdruckfall ist mit allen Symptomen verknüpft, welche für den Shock oder den Kollaps charakteristisch sind. Das Gesicht wird blaß, die Haut ist mit einem klebrigen

Schweiß bedeckt, es entsteht eine allgemeine Schwäche aller Muskeln, Ohnmacht, hohles Atmen und ein langsamer und schwacher Puls; manchmal
können Übelkeit und Erbrechen vorhanden sein und machmal werden Kolik-
schmerzen im Bauch gefühlt, welche auf erhöhte Peristaltik schließen lassen.

Im Tabakrauch gibt es nur einen Bestandteil (Nicotin), welcher die Fähigkeit hat, den Blutdruck merklich zu steigern, aber es gibt viele Substanzen,

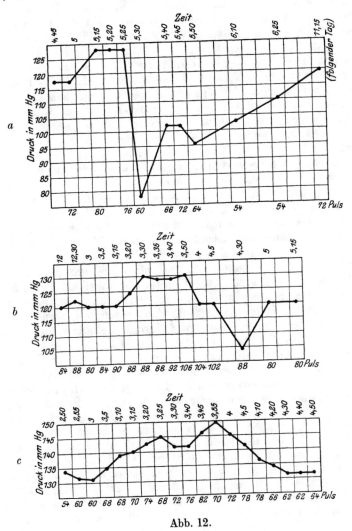

Abb. 12.

wie die Pyridinbasen, welche den Druck vermindern. Während der Einatmung
von Tabakrauch überschattet die Wirkung von Nicotin die der anderen Bestandteile; das Nicotin reizt Nervenzellen und übt eine Zeitlang unverändert seinen
gefäßverengernden Einfluß aus mit der begleitenden Steigerung des Blutdrucks.
Aber es wird ein Stadium beim Rauchen erreicht, wo die Reizung der Nervenzellen durch das Nicotin ihrer Depression unter demselben Einfluß weicht,

mit der daraus entstehenden Gefäßerweiterung und einem Sinken des Blutdrucks. Dieser Zustand wird durch die anderen Bestandteile des Rauches, wie Pyridin und Kollidin, noch übertrieben, welche alle die Tendenz haben, den Blutdruck herabzusetzen.

Die Wirkung des Tabakrauches auf den Menschen ist daher genau das, was man aus der Kenntnis der Nicotinwirkung im voraus annehmen kann; so lange die Reizungsphase dauert, wird der Druck erhöht; dann, wenn die Nervenzellen in den Depressionszustand geraten, sinkt der Blutdruck.

Natürlich zeigen die angegebenen Versuche nur die Wirkungen vom mäßigen Rauchen auf den mäßigen Raucher. Wenn ein mäßiger Raucher übermäßig raucht, nimmt er die Stellung eines Anfängers ein, und es würde ein Klimax erreicht, in welchem sich das Nicotin und andere Bestandteile des Tabakrauches im Blute in einem solchen Umfange ansammeln würden, daß sie die Nervenzellen lähmen und den plötzlichen Blutdruckfall erzeugen würden, welcher charakteristisch für den Kollaps ist. Warum der mäßige Raucher imstande ist, der Wirkung des Rauchens so viel besser zu widerstehen als der Anfänger, ist eine Frage, welche unter der Überschrift ,,Toleranz'' erörtert worden ist.

Bei dem Gewohnheits- und unmäßigen Raucher tritt keine Veränderung im Gefäßzustand infolge von Rauchen ein.

Tabakvergiftung. Unter den leichteren Folgen des Tabaks sind Verfall der Zähne, Schwindel, Schläfrigkeit, Muskelzittern, gewöhnlich rhythmischer Art, und chronische granuläre Pharyngitis zu nennen. Die Entzündung der Kehle und der Trachea führen zu Heiserkeit und übermäßiger Absonderung der Schleimdrüsen, und dies rührt sicher von den Pyridinbasen her, weil die Produkte der trockenen Destillation von fast allen Blättern dieselbe Wirkung erzeugt. Tabakamaurosis scheint allein unter den wirklich ernsten Folgen zu stehen. Die Veränderungen im N. opticus, in Fällen von Tabakamblyopie sind genügend von Nettleship und vielen anderen bewiesen und allgemein anerkannt worden. Die meisten Autoritäten glauben, daß sie auf eine partielle interstitielle Neuritis hinweisen, oder daß der Zustand von einer retrobulbären Läsion herrühren kann. Aber welches auch ihre Natur sei, so folgt nicht daraus, daß diese Veränderungen, welche nur in einem Sektor des N. opticus vorkommen und so schwer als die Folge einer allgemeinen Toxämie zu erklären sind, die einzigen oder sogar die primären Veränderungen sind. Überdies sollten wir, wenn wir sehen, daß für eine Atrophie der afferenten Fasern bezeichnende Veränderungen in dem N. opticus zu finden sind, natürlich die periphere Seite dieser Läsion als die primäre Veränderung betrachten. Daher würden die Ganglienzellen zwischen den Stäbchen und Zapfen und den Nervenfaserschichten der Retina als der wahrscheinliche Sitz der Läsion erscheinen.

Nuel[1] hat sich damit begnügt, daß das zentrale giftige Skotom nicht primär die Folge einer Neuritis der Nervenbündel ist, sondern einer Krankheit der Macula lutea, welche Degeneration ihrer Zellen verursacht, und daß die Veränderungen des N. opticus sekundär zur Zerstörung der Nervenzellen der Macula ist. Diese Ansicht setzt voraus, daß die zentrale Amblyopie bei Nicotinvergiftung von einer Unterbrechung in der Leitung jener Impulse herrührt, welche durch die Ganglienzellen gehen, und daß dieselbe durch die Wirkung von Nicotin auf diese Zellen zustande gebracht wird. Von leichteren Krankheiten ist Schwindel kein sehr seltenes Zeichen für Unmäßigkeit oder von Intoleranz für Tabak. Kjellberg[2] hat einen besonderen psychologischen

---

[1] Nuel, Arch. d'Ophthalmol. 1896.
[2] Kjellberg, Berl. klin. Wochenschr. 1890, 905.

Zustand beschrieben, in welchem Halluzinationen des Gesichts und des Gehörs
vorkommen, und in welchem der Patient durch psychische Wellen von Exaltation und Depression hindurchgeht. Dieser Zustand wird, wie er feststellt,
mit größerer Wahrscheinlichkeit durch Rauch als durch Rauchen herbeigeführt.
Unregelmäßigkeit des Herzens ist eine häufige Folge des Tabakrauchens, wovon
Verzögerungen und Ausfälle die früheren Formen sind. Die Herzunregelmäßig-
keit unter dem Einfluß von Tabak ist nicht auf die Ausfälle beschränkt; sie
kann zu einer äußersten Störung sowohl in der Schlagfolge wie im Rhythmus
gehen (Delirium cordis). Die gewöhnliche Form ist, daß auf zwei oder drei
starke oder schnellende Pulse eine Reihe von kleinen schnellen folgen. Gelegentlich können die Ausfälle eine regelmäßige Verteilung haben, so z. B. bei
jedem dritten oder fünften Intervall. ,,Tabakherzen" sind häufig genug bei
jungen Männern, welche reichlich rauchen, ehe sie ganz angewöhnt sind. Das
Hauptkrankheitsbild bei jenen Jünglingen ist, daß die Pulsschläge gewöhnlich
durch die Schädigung der Vagusganglien beschleunigt werden. Das Herz hat
einen mühsamen und schleppenden Gang, zum Unterschied von dem gewöhnlichen ,,jungen Männerherz" und von den Wirkungen einer organischen Krankheit. Das Zögernde wird gewöhnlich von einem Gefühl des Unbehagens begleitet, welches von dem Patienten nach der Herzgegend, wahrscheinlich nach
dem Herzen verlegt wird.

Einige an Tieren gemachte Beobachtungen.

Die experimentellen Methoden bestehen in wiederholten Injektionen in
Tiere von kleinen Dosen von Nicotin, von Infusion von Tabak oder von Lösungen der Kondensationsprodukte von Tabakrauch während längerer Perioden;
und dann werden nach dem Tode des Tieres die Gewebe einer genauen pathologischen Untersuchung unterzogen.

Baylac[1]) injizierte Infusion von Tabak subcutan und intravenös in Kaninchen während Perioden, die fünf Tage umfaßten; arterielle Veränderungen,
welche jenen des Atheromas ähnelten, wurden besonders in der Aorta erzeugt.
Adler und Hensel[2]) injizierten wiederholt Nicotin in Dosen von $1\frac{1}{2}$ mg in
die Ohrvenen von Kaninchen; es erfolgte Verkalkung der Aortawände bei
einer bestimmten Anzahl von Tieren; manche zeigten jedoch keine arteriellen
Veränderungen. Graßmann[3]) fand, daß die Injektion von Nicotin den Blutdruck stark erhöhte und Kontraktion der arteriellen Wände verursachte, in
welchen Veränderungen verursacht wurden, welche jenen der Arteriosklerose
stark ähnelten, aber nicht identisch mit denselben waren. Lebrowski[4])
injizierte Lösungen von den Kondensationsprodukten des Tabakrauches bei
Kaninchen während verschieden langer Perioden, die sich bis zu 180 Tagen
ausdehnten, und erzeugte Erweiterung der Aorta mit Calciumniederschlägen
an den Wänden; er behauptet, daß kein Zweifel besteht, daß die Kondensationsprodukte des Tabakrauches deutliche Veränderungen in den Wänden der Blutgefäße erzeugen können. Boveri[5]) erzeugte Vergrößerung der Aorta mit
Verlust der Elastizität ihrer Wände, indem er Infusion von Tabak in wiederholten kleinen Dosen in den Kaninchenmagen einführte; es bildeten sich weiße
Flecken auf den Wänden der thorakalen und Bauchaorta. Lee erhielt auch
sklerotische Veränderungen bei Kaninchen durch die Einatmung von Tabak-

---

[1]) Baylac, Compt. rend. de la Soc. de Biol. 1906.
[2]) J. Adler u. O. Hensel, Deutsche med. Wochenschr. 1906, 1826.
[3]) K. Graßmann, Münch. med. Wochenschr. 1907, 975.
[4]) Lebrowski, Centralbl. f. allg. Pathol. u. pathol. Anat. 1907,
[5]) Boveri, Gazz. di Ospedali 1906.

rauch. Seine Schnitte zeigen ausgedehnte Fibrose der Tunica media, welche in geringem Umfange auf die Tunica intima übergreift. Sie zeigen auch in manchen Teilen den Zustand, welcher der Fibrose vorangeht, als eine Entzündung mit reichlicher Zellproliferation und auch deutlicher Erosion und Ruptur der elastischen Fasern, von denen manche in Calciumsalze eingeschlossen waren.

2. Coniin.

Coniin, oder ein Propylpiperidin, $C_5H_9(C_3H_7)NH$, ist ein flüssiges Alkaloid, welches in allen Teilen des Schierlings, Conium maculatum, aber ganz besonders in der unreifen Frucht in Verbindung mit Apfelsäure gefunden wird. Man kann es erhalten, indem man die zerdrückten Samen mit einer schwachen Lösung von Kaliumhydroxyd über einem Dampfbad destilliert, wobei man das erhaltene Destillat mit Salzsäure neutralisiert, die Lösung bis zur Trockenheit verdampfen läßt, Überschuß von Kaliumhydroxyd zu dem alkaloidalen Salz zusetzt und die so frei gewordene Base mit Äther extrahiert und es schließlich durch Destillation in einem Wasserstoffstrom reinigt. Durch die Wirkung von Natrium auf eine alkoholische Lösung von Allylpyridin, welches ein flüssiges Produkt der Wirkung von Paraldehyd auf Picolin ist, kann Coniin synthetisch dargestellt werden.

Es kommt in der Form einer fast farblosen Flüssigkeit mit einem durchdringenden mausähnlichem Geruch und einem herben Geschmack, flüchtig, rechtsdrehend vor und wird bei Exponierung an die Luft braun. Löslich in Wasser (1 in 1000), Äther und Alkohol; auch löslich in Chloroform, Benzin, Amylalkohol und Aceton, aber nur sehr wenig löslich in Schwefelkohlenstoff. Die wäßrige Lösung hat eine alkalische Reaktion:

Pyridin   Piperidin   Coniin.

Coniin war das erste pflanzliche Alkaloid, welches vermittels der Synthese im Laboratorium hergestellt worden ist. Die elementare Analyse zeigt, daß es die Formel $C_8H_{17}N$ hat, und Ladenburg [1]) gelang es im Jahre 1886, Coniin synthetisch darzustellen und seine Konstitution zu bestimmen.

Ladenburg begann mit der Substanz α-Picolin, welche durch Erhitzung von Pyridin mit Jodmethyl synthetisch dargestellt werden kann. Man ließ Paraldehyd auf das α-Picolin wirken, indem man sie zusammen zehn Stunden lang bei 250—260° C in einer zugeschmolzenen Röhre erhitzte. Es trat Vereinigung der beiden mit Wasserverlust ein und α-Allylpyridin wurde so gebildet:

α-Picolin   Acetaldehyd   α-Allylpyridin.

---

[1]) A. Ladenburg, Berichte d. deutsch. chem. Gesellsch. **19**, 439 u. 2578 (1886); **22**, 1403 (1889); **27**, 3062 (1894).

Wenn dieser neue Körper α-Allylpyridin in Alkohol mit Natrium aufgekocht wird, dann werden 8 Atome Wasserstoff aufgenommen, und er
wird in Propylpiperidin verwandelt:

α-Allylpyridin α-Propylpiperidin.

Das auf diese Weise hergestellte a-Propylpiperidin unterschied sich dadurch von
dem im Schierling natürlich vorkommenden Coniin, daß es optisch inaktiv war,
wie es andere synthetisch dargestellte Verbindungen sind. (Vergleiche Nicotin,
Adrenalin usw.) Durch Krystallisierung seines Tartrats gelang es Ladenburg,
sein synthetisch dargestelltes Coniin in eine rechtsdrehende und in eine linksdrehende Modifikation zu trennen.

Wenn die Propylgruppe mit dem Kohlenstoffatom in der β- oder γ-Stellung
verbunden wird, so gibt es kein asymmetrisches Kohlenatom. Die optische
Aktivität vom Coniin zeigt daher, daß die Propylgruppe an das Kohlenstoffatom in der α-Stellung gebunden ist, und daß das Picolin, von welchem aus
die Synthese begonnen wurde, α-Picolin ist.

Das synthetisch dargestellte rechtsdrehende Coniin von Ladenburg
hatte genau dieselben optischen Eigenschaften wie das aus dem Schierling gewonnene; sein Siedepunkt und der Schmelzpunkt seiner Salze entsprachen
sich auch. Seine giftige Wirkung ist mit der des natürlich vorkommenden
Coniins von Falck verglichen worden, welcher fand, daß die Vergiftungssymptome und die lethale Dosis dieselben waren. So wurde die erste Synthese
eines wahren Alkaloids, d. h. einer giftigen Pflanzenbase, die zu den hetero-
zyklischen Verbindungen gehört, ausgeführt.

Man findet noch mehrere andere Basen außer dem Coniin im Schierling,
von denen manche giftiger sind. Eine von diesen, Conicein, welches von
Coniin dadurch sich unterscheidet, daß es zwei Wasserstoffatome weniger
enthält, ist künstlich von Hofmann[1] aus Coniin dargestellt worden (1885
bis 1892). Es ist für alle Tierklassen ein allgemeines Gift und hat eine Ähnlichkeit mit Nicotin, ist aber viel weniger giftig; Dworzak und Heinrich geben
die Giftigkeit wie 1 zu 16 an.

Wirkung auf den willkürlichen Muskel.

Kölliker[2] zeigte zuerst, daß die hauptsächlichste lähmende Wirkung
von Coniin eine periphere auf die motorischen Nervenendigungen war; er fand,
daß ein Froschbein, das nur durch den N. ischiadicus mit dem Körper zu-
sammenhing, reflektorisch zu einer Zeit erregt werden konnte, wo das andere
Bein, durch welches das Gift zirkuliert hatte, weder auf periphere Reizung
durch seinen Nerven, noch reflektorisch zum Reagieren gebracht werden konnte.
Diese Resultate sind im allgemeinen von Guttmann[3] bestätigt worden,

[1] A. W. Hofmann, Berichte d. deutsch. chem. Gesellsch. 18, 5 u. 109 (1885).
[2] A. Kölliker, Virchows Archiv 10, 235 (1856).
[3] Paul Guttmann, Berl. klin. Wochenschr. 1866, 58.

welcher die ganze Wirkung für peripher hält, ebenso von Cushny[1]) und Moore und Row[2]).

Wenn 10—20 mg Coniin einem mittelgroßen Frosch injiziert werden, erfolgt Muskellähmung, die bald vollständig wird. Und die Symptome sind genau dieselben wie die bereits unter Nicotin beschriebenen. Die Atembewegungen hören auf, obgleich das Herz auf normale Weise fortfährt zu schlagen, und es entsteht schließlich eine vollständige Lähmung, welche in jeder Weise der des Curare ähnelt.

Es ist viel über die Frage diskutiert worden, ob Coniin in Dosen, welche genügen, um die motorischen Nerven zu lähmen, auch das Zentralnervensystem lähmt oder herabsetzt. Aber obgleich die Reflexzeit bei Fröschen gewöhnlich etwas nach einer Injektion von Coniin gesteigert ist, ist diese Steigerung so gering im Vergleich mit jener, welche selbst durch geringe Dosen von irgendeinem der Narkotica der Fettreihe verursacht wird, daß es sogar fraglich wird, ob sie wirklich von einer direkten Wirkung von Coniin auf das Rückenmark herrührt. Cushny[3]), Kölliker[4]), Guttmann[5]), Prevost[6]) u. a. leugnen das Vorhandensein einer depressorischen Wirkung.

Harnack und Meyer[7]) haben eine reizende Wirkung von Coniin auf das Rückenmark beschrieben, eine Wirkung, welche von Cushny geleugnet worden ist, weil er fand, daß, wenn die Aorta abgebunden und die Hinterbeine daher frei vom Gift gehalten worden sind, keine Bewegungen in diesen Gliedern beobachtet wurden, welche auf eine Reizwirkung auf das Rückenmark hinweisen würden. Eine einfache Methode, dies zu zeigen, ist, Frösche zu präparieren durch Zerstörung des Gehirns ohne Blutung, und durch Abbindung einer Art. iliaca. Die Reflexzeit wird wiederholt von jedem Hinterbein aufgenommen und dann Coniin injiziert. Die Reflexzeit wird dann in Intervallen während mehrerer Stunden bestimmt. Ein zweiter Frosch sollte als Kontrolltier benutzt werden. Der folgende Versuch gibt ein typisches Beispiel von Cushny.

Versuch.

10ʰ 30′ Durchschnittliche Reflexzeit. — Esculenta A. linkes Bein 1⁴/₅ Sek., rechtes Bein 1²/₅ Sek.; Esculenta B. linkes Bein 1¹/₅ Sek., rechtes Bein 1¹/₅ Sek.

10ʰ 50′ 20 mg Coniin in den Bauchlymphsack von B. injiziert.

11ʰ 30′ Mittlere Reflexzeit: Esculenta A. linkes Bein 1²/₅ Sek., rechtes Bein 1 Sek.; Esculenta B. linkes Bein 1³/₅ Sek., rechtes Bein 1⁴/₅ Sek. Das rechte Bein von B. bewegt sich jetzt überhaupt nicht bei Erregung oder Reizung des Rückenmarks. Die für seine Bewegung angegebene Zeit ist die für den Kreuzreflex, d. h. die Zeit zwischen der Erregung des rechten Beines und der Bewegung des linken Beines.

12ʰ 30′ Mittlere Zeit: Esculenta A. linkes Bein 2 Sek., rechtes Bein 1⁴/₅ Sek.; Esculenta B. linkes Bein 2⁴/₅ Sek., rechtes Bein 4 Sek. (Kreuzreflex).

Trotzdem kann man leicht zeigen, daß die direkte Anwendung von Coniin auf das Rückenmark Bewegungen und Zuckungen hervorruft, welche eine direkte Reizwirkung auf die motorischen Zellen vermuten läßt. Überdies läßt sich bei Fröschen demonstrieren, daß sensorische Reizung der Körperteile, zu welchen das Gift Zutritt gehabt hat, einige Zeit nach dem Auftreten der motorischen Lähmung Reflexbewegung in dem beschützten Glied erzeugt. In

---

[1]) A. R. Cushny, Journ. of experim. Med. **1**, 208 (1896).
[2]) Moore u. Row, Journ. of Physiol. **22**, 273 (1897/98).
[3]) A. R. Cushny, Journ. of experim. Med. **1**, 202 (1896).
[4]) A. Kölliker, Virchows Archiv **10**, 235 (1856).
[5]) Paul Guttmann, Berl. klin. Wochenschr. 1866, 58.
[6]) J. L. Prevost, Arch. de Physiol. 1880.
[7]) Erich Harnack u. Hans Meyer, Archiv f. experim. Pathol. u. Pharmakol. **12**, 393.

allen diesen Beziehungen wirkt Coniin wie Curare[1]). Wenn die Coniinwirkung ganz aufhört, die Reaktion des Muskels auf Nervenreizung zu verhindern, ist das Resultat, welches man bei einer Wiederholung von Induktionsschlägen erhält, eine rasch abnehmende Reihe von Kontraktionen, wobei der Muskel zuletzt nicht mehr den Schreibhebel bewegen kann. Nach einer Ruhepause kann der Muskel wieder reagieren und dasselbe Phänomen der raschen Ermüdung kann wieder ausgelöst werden. Boehm[2]) hat einen ähnlichen Vorgang bei partieller Curarevergiftung beschrieben.

Säugetiere. Bei den Säugetieren ist die motorische Lähmung das charakteristischste Vergiftungssymptom. Diese Lähmungssymptome werden rasch durch große Dosen von Coniin verursacht, so daß das Tier bald auf der Seite liegt, ohne Versuche zu machen, sich willkürlich zu bewegen. Die Fortbewegung ist ataktisch, da die Hinterbeine die am meisten affizierten sind. Kölliker versichert, daß vollständige Lähmung in 45 Sekunden nach einer Injektion in die Vena jugularis vorkommen kann. Es ist jedoch ganz klar, daß die motorischen Nerven ihre Erregbarkeit eine ziemlich lange Zeit behalten, nachdem künstliche Atmung notwendig geworden ist, um das Leben zu erhalten [Pelissard[3])].

Es ist verständlich, daß, obwohl Coniin sowohl bei kaltblütigen wie bei warmblütigen Tieren Lähmung verursacht, die Ursache dieses Zustandes in den beiden Fällen nicht notwendigerweise dieselbe ist. Beim Kaninchen und der Katze können die motorischen Nervenendigungen zu dem willkürlichen Muskel ohne große Schwierigkeit, aber nur während der künstlichen Atmung gelähmt werden. Die Atemlähmung nach Coniin ist die unmittelbare Folge der Lähmung der Medulla und rührt nicht von der Lähmung der N. phrenici und insercostalis her. Die Lähmung der Nervenzellen geht immer der Lähmung der motorischen Nervenendigungen voran. Es ist gut, hier darauf hinzuweisen, daß deshalb, weil man einen Muskel durch elektrische Erregung seines Nerven zum Reagieren bringen kann, daraus nicht folgt, daß er auch reagieren wird, wenn ihn ein Impuls aus dem Zentralnervensystem erreicht; und obgleich die Schwelle der Lähmung zentral ist, kommt sie jedoch zweifellos infolge der peripheren Wirkung um so früher.

Zentralnervensystem.

Die Wirkung von Coniin auf das Zentralnervensystem wird durch mehrere verschiedene Faktoren kompliziert. Die Untersuchung der Aufzeichnung von einer Reihe von Vergiftungsfällen durch Coniin beim Menschen machen es klar, daß das Bewußtsein oft bis unmittelbar vor dem Aufhören der Atmung beibehalten wird. Plato beschreibt den Tod seines Lehrers durch den Giftbecher:

Sokrates trank das Gift ganz bereitwillig und heiter und ging herum, bis seine Beine anfingen zu versagen, dann legte er sich auf den Rücken, und der Mann, welcher ihm das Gift reichte, sah hie und da nach seinen Füßen und Beinen; nach einer Weile drückte er fest auf seinen Fuß und frug ihn, ob er etwas fühlen könne; und er sagte nein; und dann sein Bein und so weiter aufwärts, und zeigte uns, daß er steif und kalt war. Und Sokrates befühlte dieselben selbst und sagte: „Wenn das Gift das Herz erreicht, wird es das Ende sein." Er fing um die Lenden herum an kalt zu werden und sagte, als er sein Gesicht entblößte, denn er hatte es bedeckt — dies waren seine letzten Worte: „Crito, ich bin Asclepius

[1]) Wilhelm Fliess, du Bois-Reymonds Archiv 1883, 190.
[2]) R. Boehm, Archiv f. experim. Pathol. u. Pharmakol. **15**, 432 (1882).
[3]) L. Pelissard, Compt. rend. de l'Acad. des Sc. **68**, 149 (1869).

einen Hahn schuldig, willst du daran denken und die Schuld bezahlen?" „Die Schuld soll bezahlt werden," sagte Crito, „gibt es sonst noch etwas?" Er gab keine Antwort auf diese Frage; aber in ein oder zwei Minuten wurde eine Bewegung gehört, und die Beistehenden entblößten ihn; sein Auge war gebrochen, und Crito schloß seine Augen und seinen Mund[1]).

Ein anderer Fall war ein medizinischer Elektriker, der an Gesichtskrämpfen litt, und welcher, beginnend vier Stunden nach der letzten einer vorangehenden Serie von geteilten Dosen, anfing, eine Menge von einem flüssigen Extrakt zu nehmen, die sich auf 150 Tropfen belief, 50 Tropfen auf einmal um $4^h 10'$, $4^h 40'$ und $5^h 15'$ p. m. Die erste Dosis erzeugte Schwindel und Muskelerschlaffung, die zweite verursachte große Muskelschwäche, Unfähigkeit zu stehen und Schwerfälligkeit im Sprechen, aber ohne Befreiung von den Krämpfen; die dritte verursachte rasch Übelkeit und Zittern in der Brustgegend. Um $6^h 40'$ trat Übelkeit, intensive Muskelschwäche, teilweise Ptosis, Diplopie und große Schwierigkeit beim Sprechen ein. Der Puls war zu der Zeit 60. Kurz danach wurde er unfähig zu sprechen oder zu schlucken, er machte Zeichen für die Elektrizität, und als man ihn frug, ob den galvanischen oder den faradischen Strom, deutete er den letzteren an und auch die Stelle der Applikation der Elektroden, war jedoch nicht imstande, eine der letzteren zu halten. Kurz danach fiel er, als man ihn aufrichtete, tot um[2]).

Erhaltung des Bewußtseins und des Gefühls sind häufig bei Tieren, welche mit Schierling und Coniin vergiftet wurden, beobachtet worden, und Harley hat dies sogar beim Menschen zu einer Zeit beschrieben, wo Muskellähmung rasch eintrat. Zahlreiche klinische Beobachtungen haben es klargemacht, daß die Empfindung fast unberührt bleibt, bis die Atemlähmung eintritt.

Rückenmark. In manchen Fällen sind die Krämpfe, welche bei Menschen und Tieren beobachtet worden sind, wenn die Atmung anfängt zu versagen, asphyktischen Ursprungs, aber bei der Katze und beim Kaninchen ist es leicht, allgemeine Krämpfe zu verursachen, selbst während die künstliche Atmung fortgesetzt wird[3]). Es ist klar, daß, wenn Coniin eine Reizwirkung auf das Rückenmark hat, die Wirkung leicht durch die periphere Depression der motorischen Nervenendigungen verdeckt werden kann, besonders in jenen Fällen, in welchen das Mittel langsam gegeben wurde. Wenn jedoch eine große Dosis Coniin rasch in den Kreislauf eines Tieres gebracht wird, sind krampfartige Bewegungen und Zuckungen die Regel; sie verschwinden rasch und das Tier zeigt die gewöhnlichen Lähmungssymptome[4]). Die erhöhte Erregbarkeit des Rückenmarks ist offenbar nur während der ersten Phase der Coniinvergiftung vorhanden.

Eine Wirkung des Coniins auf das Rückenmark kann dadurch gezeigt werden, daß man einen Frosch köpft und den vorderen Teil des Rückenmarks auf der ventralen Oberfläche von der Medulla bis zum dritten Spinalnerven freilegt. Wenn dieser freigelegte Teil mit einer feinen, in eine 1 proz. Coniinlösung getauchten Pinsel berührt wird, werden unmittelbare Zuckungen der Muskeln des Vorderhirns und des Brustkorbes erzeugt.

Diese Zuckungen sind unregelmäßig, sie affizieren nicht alle Muskeln gleichmäßig, und die auf diese Weise erzeugte Wirkung ist eine solche, die in keiner Weise mit den klonischen Krämpfen durch Strychnin zu vergleichen ist. Sie werden wahrscheinlich durch die direkte Wirkung auf die motorischen Nervenzellen erzeugt, weil sie 1. nicht reflektorisch sind, 2. nicht nur auf jenen affizierten Teil des Rückenmarks lokalisiert sind, 3. weil nicht alle Muskeln gleichmäßig affiziert sind. Die Phase der automatischen Bewegung ist bald vorüber und ist mit einem kurzen Stadium erhöhter Reflexe verknüpft, das nicht leicht zu beobachten ist. Die Reflexe verschwinden allmählich; ähnliche,

---

[1]) Jowetts Plato, vol. II, p. 265—266 (1891). (Freie Übersetzung.)
[2]) The Sanitarian, June 1875.
[3]) J. Henri Steinhäuslin, Dr.-Diss. Bern 1887, S. 61.
[4]) Martin Damourette u. Pelvet, Bull. gén. de Thérap. **1870**, 581.

nur sehr viel besser definierte Wirkungen können mit Nicotin und Cytisin
erhalten werden. Die Tatsache, daß Coniin die vorderen Wurzelzellen erregt,
ist ein Beweis für ihre schließliche Lähmung, und daher die Abnahme der
Reflexe. Aber es ist möglich, daß es außer dieser Wirkung auf die motorischen
Nervenzellen während der Lähmungsphase einen erhöhten Widerstand auf
der sensorischen Seite gibt, weil Reizung eines sensorischen Nerven von einem
Vorderbein aus keine Reflexe in einem Hinterbein gibt, welche man erwarten
würde, wenn der Bogen normal wäre.

Aber die Krämpfe können auch gezeigt werden, wenn man Coniin direkt
in eine der Venen des Rückenmarks injiziert. Harnack und Meyer[1]) und
Guttmann haben die Krämpfe auf eine direkte zentrale Reizung bezogen
und erwähnen zur Stütze ihrer Ansicht die Tatsache, daß sie durch künstliche
Atmung behoben werden können. Aber wie wir gesehen haben können sie
während wirksamer Oxygenation erhalten werden. Schroff[2]) sieht Krämpfe
für gewöhnlich bei Kaninchen an. Diese Krämpfe haben einen klonischen
Charakter und gehen, wie jene des Strychnins von einem sensorischen
Reiz aus und sind ganz verschieden von den asphyktischen Krämpfen oder
von den durch direkte Applikation auf das Rückenmark verursachten
Zuckungen. Beim Kaninchen sind die deutlichsten Wirkungen Steifheit
und Schwierigkeit beim Bewegen der Glieder, Krampfanfälle, deutliche Zunahme der Reflexerregbarkeit, allmählich zunehmende Lähmung mit Abnahme und späterem Verschwinden der Reflexe und schließlich Tod infolge
von Erstickung.

Von Interesse ist die Tatsache, daß, wenn ein Tier, das künstliche
Atmung erhält, durch Coniin gelähmt wird, aber nicht in dem Umfange, um
vollständige Lähmung der motorischen Nerven zu verursachen, wie sie durch
den faradischen Strom untersucht wird, Strychnin keine Krämpfe erzeugen
kann, eine Tatsache, welche einen weiteren Beweis für die Lähmung des Rückenmarks zu liefern scheint.

Coniin übt dann eine höchst komplizierte Wirkung auf das Nervensystem
aus; es übt eine Wirkung auf die sensorische Seite des Rückenmarks aus, offenbar gleicher Art wie Strychnin, und erhöht die Reflexe, aber ausgesprochen
strychninähnliche Krämpfe sind selten zu sehen, weil die Wirkung auf das
Rückenmark gleichzeitig mit der Depression der motorischen Nervenendigungen
eintritt. Aber außer dieser Wirkung erregt Coniin direkt die motorischen
Zellen; es scheint uns jedoch nicht wahrscheinlich zu sein, daß eine genügende Menge des Mittels je das Rückenmark des unversehrten Tieres erreicht, wenn es nicht intravenös injiziert ist, damit diese Wirkung die Symptome beeinflusse.

Wirkung auf die Ganglienzellen.

Langley und Dickinson[3]) zeigten, daß Nicotin in mäßigen Dosen
die Nervenzellen von verschiedenen sympathischen Ganglien lähmt, oder, um
genauer zu sein, die Nervenendigungen der präganglionären Fasern in sympathischen Nervenzellen, ehe es die postganglionären Fasern lähmt. Die Wirkung des Mittels kann festgestellt werden, wenn man den Cervicalsympathicus

---
[1]) Erich Harnack u. Hans Meyer, Archiv f. experim. Pathol. u. Pharmakol. **12**,
336 (1880).
[2]) K. D. von Schroff, Lehrbuch der Pharmakologie. Wien 1856.
[3]) J. N. Langley u. W. Lee Dickinson, Journ. of Physiol. **11**, 509 (1890).

über und unter dem Ganglion, vor und nach der Einführung des Mittels reizt, sei es durch Injektion in eine Vene oder durch direktes Bestreichen des Ganglions. Langley fand, daß während 7—10 mg Nicotin das Ganglion vollständig lähmten, 50 mg Coniin erforderlich waren, und selbst dann war die Lähmung nur teilweise. Eine auf das obere Cervicalganglion applizierte 1proz. Coniinlösung vermindert die Wirkung der Reizung des Sympathicus in geringem Umfange, aber bei größerer Konzentration erfolgt vollständige Lähmung. Coniin vernichtet wie Nicotin die normale Wirkung der Splanchnicusreizung, wenn es entweder auf das Ganglion solare gestrichen oder intravenös in einer hinreichenden Dosis injiziert wird, weil die Nervenganglien im Verlaufe der Fasern gelähmt werden, und es wird nun angenommen, daß die große Mehrzahl der vasomotorischen Fasern des Splanchnicus in den Ganglien des Plexus solare enden.

Coniin lähmt auch den N. vagus. Diese Wirkung scheint auch die Folge der Lähmung der intrakardialen Ganglien zu sein. Wenn beim Kaninchen oder der Katze Reizung des Vagus ohne Wirkung auf die Herzgeschwindigkeit ist, infolge einer Injektion von Coniin, dann verlangsamen und schwächen noch gewisse Mittel, wie Muscarin und Pilocarpin, welche auf die Nervenendigungen wirken, den Schlag.

Die Atmung. Coniin verursacht zuerst eine leichte Beschleunigung und deutliche Vertiefung der Atemzüge bei Säugetieren, wodurch es den Anschein von Dyspnöe erweckt. Aber bald wird die Geschwindigkeit geringer und die Einatmungen hohler, bis sie schließlich aufhören, und wenn nicht künstliche Atmung angewendet wird, erfolgt der Tod infolge von Asphyxie. Das Herz wird nur wenig von einer Dosis Coniin beeinflußt, welche genügt, um den Tod infolge von Atemmangel zu verursachen. Die nun zu entscheidende Frage ist, ob diese Lähmung, wie beim Frosch, durch Lähmung der motorischen Nervenendigungen zustande gebracht wird oder ob die Wirkung zentral ist. Wenn bei einem Tier, nachdem die Atmung infolge einer Injektion von Coniin aufgehört hat, die N. phrenici durch Elektrizität erregt werden, wird eine gute Reaktion, obgleich nicht ganz in normalem Grade, erhalten. Diese Tatsache allein beweist jedoch nicht, daß die Wirkung zentral ist, weil andere Mittel, wie Curare, von welchen man behauptet, daß sie das Zentralnervensystem nicht angreifen, wenn sie in hinreichenden Dosen gegeben werden um die Nervenendigungen zu lähmen, doch Hemmung der Atmung bei einem Tiere verursachen, d. h. zu einer Zeit, wo die N. phrenici nicht gänzlich gelähmt sind. Trotzdem ist der Grad der motorischen Lähmung, welcher bei einem Kaninchen nach einer Injektion von Curare erreicht werden muß, ehe die Atmung aufhört, beträchtlich größer, als derjenige, welcher zur Zeit des Todes infolge von Coniin vorhanden ist. Diese Tatsachen lassen vermuten, daß Coniin eine doppelte Wirkung, zentral und peripher, ausübt, aber daß es die zentrale Lähmung ist, welche vor der Lähmung der motorischen Nervenendigungen eintritt.

Kreislauf.

Coniin hat eine verhältnismäßig geringe Wirkung auf das Herz des unversehrten Tieres, da lange vorher, ehe der Herzschlag ernstlich durch das Mittel beeinflußt wird, die Atmung aufhört. Sorgfältig neutralisierte Coniinlösungen, durch das Herz eines Frosches als eine 0,1proz. Lösung in Ringer durchströmt, verlangsamt etwas die Geschwindigkeit des Schlages und verlängert die Dauer der Systole. Lösungen von dieser Stärke können lange Zeit

durchströmt werden, ohne irgendeine andere Wirkung zu erzeugen und das
Herz wird weder unregelmäßig noch hört es auf zu schlagen[1]). Mit nicht-
physiologischen Lösungen, wie mit 1 proz., ist es wahr, daß das Herz unregelmäßig und gehemmt wird, aber das ist wahrscheinlich ebensogut die Folge
der veränderten osmotischen Bedingungen wie der direkten giftigen Wirkung
des Mittels. Durchströmung mit einer 0,2 proz. Lösung verursacht Vaguslähmung Das mit Lockescher Flüssigkeit, die 0,005% Coniin enthält, durchströmte Herz wird deutlich beschleunigt und die Stärke des Schlages wird erhöht
und die Wirkung ähnelt in jeder Weise einer leichten Nicotinwirkung.

   Es kann leicht nachgewiesen werden, daß Coniin die Blutgefäße der Säugetiere verengert. Bei Fröschen ist die Wirkung jedoch nicht so leicht auszulösen,
als wenn das Mittel in Ringerlösung durch die Aorta durchströmt wird und man
sie durch die großen Venen wieder ausfließen läßt; man behauptet, daß die
Wirkungen variabel sind und nicht selten ist die Verminderung im Ausfluß,
infolge des Zusatzes des Mittels in Dosen, welche 0,1% oder weniger entsprechen,
zu vernachlässigen. Moore betont jedoch die Tatsache, daß die direkte Applikation von Coniin auf die Mesenterialgefäße des Frosches Erweiterung der
Arteriolen verursacht, von welchen er bei manchen Fällen feststellt, daß sie
ihren Durchmesser um das Dreifache vergrößern. Die Bedeutung dieser Beobachtung ist nicht festgestellt worden.

   Bei Säugetieren verursacht die intravenöse Injektion von Coniin immer
wohl bestimmte Gefäßverengerung, besonders der Mesenterial-, Nieren- und
Gliedgefäße. Der Blutdruck steigt, und während er hoch ist, ist der Herzschlag
stark verlangsamt. Die Verlangsamung kann in geringem Grade durch die
Durchschneidung der Vagi, oder vollständig durch die Einführung einer vorangehenden Dosis von Atropin ausgeschaltet werden. Diese Verlangsamung kann
nicht mehr beobachtet werden, nachdem zwei oder drei Dosen Coniin gegeben
worden sind, obgleich die Blutdrucksteigerung noch vorkommt. Wenn Coniin
einem Tiere injiziert wird, bei welchem die Vagi durch Atropin gelähmt worden
sind, steigt der Blutdruck wie vorher nur bis zu einem viel höheren Niveau,
und während der Blutdruck hoch ist, ist der Herzschlag beträchtlich beschleunigt; der erhöhte Blutdruck rührt bei dieser Gelegenheit nicht nur von der
Gefäßverengerung her, sondern auch von der Zunahme der Herzgeschwindigkeit.
Bei Katzen und Hunden wird man im allgemeinen finden, daß 5 mg Coniin,
in bezug auf ihre Pressorwirkung, 0,5 mg Nicotin entsprechen. Wenn onkometrische Kurven gleichzeitig mit dem Blutdruck aufgeschrieben werden,
bemerkt man, daß das Volumen des Gliedes, der Eingeweide und der Niere
sich mit der Steigerung des Blutdrucks verengern, und wenn sie anfangen
sich wieder zu erweitern, fängt der Blutdruck an zu sinken; die beiden Kurven
verlaufen in entgegengesetzten Richtungen. Die Wirkung auf den Blutdruck
kann nach vollständiger Zerstörung des Rückenmarks erhalten werden, aber
Coniin ist ohne eine Pressorwirkung, wenn die Ganglienzellen entweder mit
Nicotin oder besser mit Apocodein gelähmt sind[2]). Trotzdem erzeugt Adrenalin
selbst nach den größten Dosen von Coniin seine typische Wirkung. Coniin
ähnelt auch Nicotin darin, daß man bei Tieren, welche mehrere Injektionen
des Mittels erhalten, beobachtet, daß die späteren Injektionen immer weniger
Wirkung auf den Blutdruck erzeugen bis eine Zeit erreicht worden ist, wo das
Mittel ohne jede weitere Wirkung ist; in dieser Phase findet man, daß die Gan-

---

   [1]) Moore u. Row, Journ. of Physiol. **11**, 287 (1890).
   [2]) H. E. Dixon, Journ. of Physiol. **30**, 97 (1903).

glienzellen gelähmt sind. Große Dosen von Coniin lähmen den N. vagus und
diese Lähmung geht immer der Lähmung in dem willkürlichen Muskel voran
und kann bei einem Tiere während der natürlichen Atmung beobachtet werden.
Es ist schon gezeigt worden, daß das Hemmungsneuron unversehrt ist und durch
geeignete Mittel erregt werden kann. Auch hier wird, wie beim Nicotin angenommen, daß Coniin, nach einer anfänglichen Reizung, die Nervenzellen in
dem Verlaufe des Vagus lähmt.

Blut. Eine merkwürdige Veränderung ist in den Blutzellen von mit Coniin
vergifteten Fröschen von Gürber[1]) beobachtet worden. Es erscheinen zahlreiche kleine Vakuolen in den roten Blutkörperchen und bestehen noch lange
fort, nachdem der Frosch keine weiteren Vergiftungssymptome zeigt. Der
Kern ist auch etwas verändert, aber nicht so charakteristisch.

Ausscheidung. Coniin wird rasch im Harn ausgeschieden, so daß seine Wirkung sehr bald verschwindet, selbst wenn sehr große Dosen genommen worden
sind.

Vergiftung.

Die Vergiftung beginnt mit einer Lähmung des Ganglion lenticularis, so
daß die Augenlider sich senken, die Bewegungen des Augapfels verändert
und die Pupillen erweitert werden. Übelkeit, Erbrechen und Diarrhöe sind
nicht selten und werden durch die Lähmung der sympathischen Hemmungs-
ganglien erklärt. Die Pulsgeschwindigkeit wird durch die Wirkung auf die
intrakardialen Ganglien des Vagus beschleunigt. Es entsteht etwas Gefäßerweiterung, welche großenteils von der Lähmung der Nervenzellen im Verlaufe der Splanchnicusfasern herrührt, und der Blutdruck sinkt.

Das Großhirn wird wenig durch Coniin beeinflußt. Die Erregung des Rückenmarks ist nicht groß, aber die Reflexe sind erhöht und unter bestimmten Bedingungen können strychninähnliche Krämpfe beobachtet werden; man sieht
sie niemals bei kaltblütigen Tieren, weil die motorische Lähmung zu rasch
eintritt, aber bei Säugetieren sind fibrilläre Muskelzuckungen und Zittern
nicht selten, und in manchen Fällen sind deutliche Krämpfe vorgekommen.

Die charakteristischste Wirkung von Coniin ist eine allgemeine Verminderung der motorischen Fähigkeit, erkennbar an dem schwerfälligen, unsteten
Gang, der von Schwanken und ausgesprochener Ataxie begleitet wird; die
Erregbarkeit der motorischen Nerven wird schließlich vernichtet. Die Atmung
wird langsamer und schwächer und der Tod erfolgt infolge ihrer Hemmung.
Es ist ungewiß, ob der Tod teilweise von der Lähmung der motorischen Nervenendigungen oder ganz von der Lähmung der Medulla herrührt, aber es ist sicher,
daß die Medulla gelähmt ist, ehe die motorischen Nerven aufhören auf Elektrizität zu reagieren.

Die Atmung wird beschleunigt und ist in den frühen Phasen der Vergiftung vertieft, wobei die Medulla wie das Rückenmark erregt ist; so sind
die Impulse, welche das Zentrum erreichen, infolge des verminderten Wider-
stands im sensorischen Teil der Medulla verstärkt, und daher wird die Atmung,
welche ein reflektorischer Vorgang ist, erregt.

Die Behandlung der Coniinvergiftung muß darin bestehen, den Magen
zu entleeren und in der wirksamen Ausführung der künstlichen Atmung bis
zu der Zeit, wo das Mittel ausgeschieden wird und die natürliche Atmung
wiederkehrt.

---

[1]) Aug. Gürber, Archiv f. Anat. u. Physiol. 1890, 401.

Andere verwandte Alkaloide.

Brown und Fraser [1] fanden, daß die Salze von Coniin und Methyl-
coniin, einem anderen Alkaloid, das in kleinen Mengen im Schierling vorkommt,
einander sehr in ihrer Wirkung und in ihrer giftigen Aktivität ähneln. Die
Salze des Dimethylconiin unterscheiden sich jedoch von jenen des Coniins
dadurch, daß sie nie direkt Krampfwirkungen erzeugen. Jolyet und Cahours [2]
fanden, daß die Einführung des Radicals Äthyl in Coniin auch die Wirkung
hat, das Stadium von Krämpfen zu vernichten.

Conhydrin wirkt ähnlich wie Coniin, ist aber relativ schwächer.

Es wird hier von Interesse sein, die Wirkung von Coniin mit dem entsprechenden Chinolinderivat zu vergleichen [3]:

$$ H \quad H\!\!\bigcirc\!\!H \quad H\!\bigcup\!H \cdot CH_2CH_2CH_3 \quad NH $$

$$ H \quad H\!\!\bigcirc\!\!\bigcirc\!\!H \quad H \cdot CH_2CH_2CH_3 \quad N \quad H $$

Coniin   Propyltetrahydrochinolin.

Beide Basen erzeugen Lähmung bei Fröschen, aber bei dem Chinolinderivat ist die zentrale Lähmung sehr viel ausgesprochener als die periphere,
während bei Coniin die zentrale Wirkung schwer festzustellen ist.

Das Chinolinderivat ist ein Herzgift, da 1 mg das Froschherz wenige
Minuten nach der Injektion in Diastole lähmt. Coniin hat hingegen wenig Wirkung auf das Froschherz. Die Chinolinbase ist für niedere Organismen giftig,
1 in 1400 hemmt die Bewegungen der meisten Infusorien, während 1 in 300
Bakterien töte; Coniin hat nicht diese Wirkung auf niedere Organismen. Für
warmblütige Tiere ist das Chinolinderivat viel weniger giftig, da Coniin 10
oder 12 mal giftiger für die Maus ist.

Das liefert noch ein weiteres Beispiel für die Schwierigkeit, aus einer
chemischen Formel den Typus der wahrscheinlich zu erhaltenden physiologischen
Wirkung zu prophezeien.

3. Piperidin und seine Derivate.

Piperidin, $C_5H_{11}N$, wird durch die trockene Destillation von Piperin, dem
Alkaloid des Pfeffers, mit Natronkalk hergestellt, oder synthetisch durch die
Reduktion von Pyridin in alkoholischer Lösung mit Natriumamalgam. Es
kommt als eine farblose, durchsichtige Flüssigkeit vor, welche einen Ammo-
niakgeruch, einen brennenden, ätzenden Geschmack und eine stark alkalische
Reaktion hat. Das spez. Gewicht ist 0,876, der Siedepunkt 106°, bei welcher
Temperatur es unverändert destilliert. Es ist eine kräftige Base und liefert
mit Säuren krystallinische Salze. Mit Metallsalzen reagiert es wie Ammonium-
hydroxyd, aber bei Zink und Kupfer löst es die gefällten Hydroxyde nicht wieder
auf. Es mischt sich in allen Verhältnissen mit Alkohol und Wasser.

Piperidin besitzt viele von den charakteristischen Wirkungen des Coniins,
ist aber viel schwächer. Es beeinflußt die Nervenzellen im Körper wie Nicotin
und Coniin, indem es dieselben zuerst erregt und dann lähmt. Es lähmt die

[1] A. Erasm. Brown u. Thom. R. Fraser, Proc. Roy. Soc. Edinb. 1869, 461.
[2] F. Jolyet u. André Cahours, Compt. rend. de l'Acad. des Sc. 1869, 149.
[3] P. C. Plugge, Arch. de Pharmacodyn. 3, 173 (1897).

motorischen Nervenendigungen wie Coniin und kann unter gewissen Bedingungen, wie alle Glieder dieser Gruppe von Substanzen, Krämpfe verursachen.
Es hat nur schwache giftige Eigenschaften. Die Folge einer subcutanen Injektion von 10—20 mg Nicotin oder Coniin, oder 50—100 mg Piperidin in 30 g
schwere Frösche ist das Auftreten einer Muskellähmung, welche allmählich
vollständig wird, wobei die charakteristischen Eigenschaften der Lähmung
in allen drei Fällen identisch sind.

Wirkung auf den willkürlichen Muskel. Es müssen 30—40 mg Piperidin
einem Frosch injiziert werden, um bestimmte Symptome auszulösen. Nach
einer solchen Dosis bleibt das Tier still bis es gestört wird; wenn es sich bewegt,
geschieht es ungeschickt und es fällt ihm schwer die Hinterbeine anzuziehen.
Jede Bewegung ist von Zittern begleitet. Wenn es auf den Rücken gelegt wird,
macht es gewöhnlich ein oder zwei vergebliche Anstrengungen sich umzudrehen
und liegt dann still. Bei größeren Dosen, 40—50 mg wird der Kopf auf der
Brust ruhen und die Muskeln werden auf Reflexerregung nur durch fibrilläre
Kontraktion reagieren. Die ganze Wirkung rührt, wie beim Coniin, in dieser
Phase von einer peripheren Wirkung auf die motorischen Nervenendigungen
her, und wie bei Coniin und Curare wird der Muskel empfänglicher für Ermüdung. Cushny[1]) hat Zweifel geäußert, ob Piperidin Fröschen in hinreichend
großen Dosen gegeben werden kann, um vollständige motorische Lähmung
zu verursachen, aber er betrachtet es als ein Mittel, welches die Fähigkeit der
Ermüdung zu widerstehen, stark herabsetzt; dies ist im Stadium teilweiser
Lähmung, welches auch von Langley[2]) bei Säugetieren nach der Einführung
von Pituri beschrieben worden ist. Wie beim Coniin gibt es einen starken
mutmaßlichen Beweis, daß es zu der Zeit, wo die Muskeln partielle Lähmung
auf direkte Nervenreizung zeigen, wenig oder keine Depression des Zentralnervensystems gibt.

Die Erklärung der Wirkung von Piperidin scheint daher zu sein, daß es
die Nervenendigungen im Muskel empfänglicher für die Ermüdung macht.
Wenn daher, eine rasche Serie von Impulsen durch die Nerven gesandt werden,
werden die paar ersten dem Muskel übermittelt, welcher sich daher im Tetanus
kontrahiert. Sehr bald werden die Nervenendigungen jedoch unfähig Impulse
zu übermitteln und der Muskel kehrt zur Ruhe zurück. Die Nervenendigungen
erholen sich bald von der Ermüdung und übermitteln wieder wenige tetanische
Reize; aber wenn das Verfahren wiederholt wird, wird die Ermüdung deutlicher,
und es ist eventuell eine längere Periode andauernder Ruhe erforderlich, um
das Leitungsvermögen wieder herzustellen.

Nach Fliess[3]) verursacht Piperidin in 1 mg Dosen Lähmung der sensorischen Endnerven bei Fröschen und seine Resultate sind von Goldschmitt[4])
bestätigt worden; möglicherweise rührten seine Resultate daher, daß er die
stark erregende und nicht neutralisierte Base benutzte, weil es sicher ist, daß
sogar 10 mal die von ihnen benutzte Menge fast ohne bemerkenswerte Wirkung
ist, wenn ein Piperidinsalz benutzt wird. Kronecker[5]) bezieht, während er
feststellt, daß es eine gewisse Ähnlichkeit zwischen den Wirkungen von Coniin
und Piperidin gibt, die Wirkung des ersteren jedoch auf die motorischen Nervenendigungen und die des letzteren auf die sensorischen Endorgane.

---

[1]) A. R. Cushny, Journ. of experim Med. **1**, 202 (1896).
[2]) J. N. Langley u. Dickinson, Journ. of Physiol. **11**, 272 (1890).
[3]) Wilhelm Fliess, Inaug.-Diss. Berlin 1883 u. Arch. f. Physiol. 1883, 190.
[4]) Goldschmitt, Inaug.-Diss. Würzburg 1883.
[5]) F. Kronecker, Berichte d. deutsch. chem. Gesellsch. 1881, S. 712.

Zentralnervensystem. Piperidin hat wenig Wirkung auf das Zentralnervensystem bei Fröschen. Cushny behauptet, daß bei Tieren, bei welchen die Wirkung auf die Nervenendigungen durch Ligatur der Aorta verhindert wurde, keine Krämpfe beobachtet wurden; und bei anderen, bei welchen die Art. iliaca auf einer Seite abgebunden und die Reflexerregbarkeit mit Hilfe der Türckschen Methode untersucht worden war, wurde kein Abweichen von der normalen Reflexzeit in keinem der Beine beobachtet, obgleich die Bewegungen in dem nicht abgebundenen Glied auf schwache Stöße herabgesetzt waren. Der Reflexbogen wird daher nur an den motorischen Nervenendigungen afficiert. Moore und Row[1]) führten auch zahlreiche Versuche an Fröschen aus mit der Absicht, die peripheren und zentralen Wirkungen bei der Erzeugung von Lähmung zu vergleichen. Die Dosen, welche sie für Piperidin benutzten, betrugen 100 mg. Sie legten beide N. ischiadici frei und banden einen Schenkel ab. In kurzen Intervallen wurden die Reizwirkungen durch einen faradischen Strom durch das Gewebe jedes Fußes und die freigelegten Nerven, aufgeschrieben. Es wurde gefunden, daß mit jeder Droge, die Fußreflexe, auf der abgebundenen Seite viel stärker waren als auf der anderen und zwar in einer Phase, wo Reizung von einem der N. ischiadici, Kontraktion eines Muskels gab, obgleich ein stärkerer Reiz auf der nichtabgebundenen Seite erforderlich war, um dieselbe Wirkung zu erzeugen. Schließlich wird ein Stadium erreicht, in welchem Reizung der Schwimmhaut von einem Fuß oder einem der N. ischiadici keine Kontraktion der nichtabgebundenen Seite verursachte, obgleich die Muskeln auf direkte Reizung erregbar waren. In diesem Stadium wurde gefunden, daß starke Reizung der Schwimmhaut am nicht abgebundenen Fuß eine deutliche Reflexkontraktion des Gastrocnemius auf der abgebundenen verursachte. Piperidin hat dann eine bestimmte periphere Wirkung auf die motorischen Nervenendigungen von Anfang an und nicht bloß in einem Stadium, wenn die Reflexe vernichtet sind.

Wenn Piperidin in starker Lösung direkt auf das Rückenmark, in der unter Coniin beschriebenen Methode, appliziert wird, erhält man ein ähnliches Ergebnis, es kommen Muskelzuckungen vor, und wenn es in der Gegend appliziert wird, wo der zweite und dritte Rückenmarksnerv entspringt, werden die Vorderbeine allmählich gekreuzt. Es würde dann scheinen, daß eine leichte Reizwirkung auf die motorischen Nervenzellen in dem Vorderhorn vorhanden ist. Aber diese Wirkung ist nur zu sehen, wenn das Piperidin konzentriert ist, 0,5% hat keine Wirkung, während 0,1% Nicotin eine deutliche Wirkung hat.

Wirkung auf Ganglienzellen. Piperidin hat eine sehr geringe lähmende Wirkung auf Nervenganglien; beim Kaninchen ist eine Dosis von 100 mg ohne Wirkung auf das obere Cervicalganglion, während 7 mg Nicotin vollständige Lähmung verursacht. Dieser sehr ausgesprochene Unterschied in der Wirkung rührt nicht von der nicht-reduzierten Gruppe her, welche das Nicotinmolekül enthält und welche nicht in Piperidin vorhanden ist, da Pyridin allein keine lähmende Wirkung hat. Piperidin verursacht jedoch wie Coniin und Nicotin Vaguslähmung.

Atmung. Piperidin erzeugt zuerst eine leichte Beschleunigung und Vertiefung der Atmung bei Säugetieren; darauf folgt ein geringer Fall unter die Norm, aber die Erholung tritt rasch wieder ein und sogar große Dosen, wie 250 mg können einem 1,5 kg wiegendes Kaninchen injiziert werden ohne den Tod zu

---

1) B. Moore u. R. Row, Journ. of Physiol. **22**, 273 (1897).

verursachen. Fliess berichtete, daß nach einer sehr großen Dosis, welche ein Kaninchen erhielt, die Atmung von 200 auf 48 pro Minute sank, während die Herzschläge von 220 auf 340 stiegen; er glaubte, daß das Vaguszentrum gelähmt war.

Kreislauf. Piperidin hat eine sehr ähnliche, nur schwächere Wirkung auf das Kreislaufsystem wie Coniin. Nach der Injektion von 60 mg in einen kleinen Frosch hört das Herz eventuell auf zu erschlaffen. Wenn das Alkaloid als eine 0,1 proz. Lösung durch das Herz geströmt wird, wird der Schlag leicht verlangsamt und die Dauer der Systole wird erhöht, aber es ist keine andere Wirkung zu bemerken und das Herz stirbt nicht. Beim Säugetierherz verursacht die Durchströmung einer Lösung ähnlicher Stärke eine sehr deutliche Wirkung wie Coniin, besonders Beschleunigung und Verstärkung des Schlages. Die Folgen der Piperidininjektion in den Kreislauf von Tieren ist von Tunicliffe[1]), Moore[2]) und anderen beschrieben worden, und die Wirkung rührt wie bei Nicotin und Coniin hauptsächlich von der Zunahme des peripheren Widerstandes her. Wenn die Vagi unversehrt sind, wird der Herzschlag verlangsamt, wenn sie durchschnitten sind, ist die Verlangsamung weniger deutlich, und wenn sie durch Atropin gelähmt sind, wird der Schlag beschleunigt und die Wirkung auf den Blutdruck ist daher größer. Die Wirkung von Nicotin, Coniin und Piperidin ist wesentlich gleicher Natur auf den Kreislauf, wie sie durch intravenöse Injektion gezeigt wird, aber wenn der Grad der Pressorwirkung von Nicotin durch die Zahl 20 bezeichnet würde, dann müßte der von Coniin 2 und der des Piperidin 1 sein.

Blut. Piperidin und viele seiner Derivate verursachen die Bildung von Vakuolen in den roten Blutkörperchen des Frosches und die einfacheren Glieder der Reihe wirken stärker in dieser Richtung als die komplizierteren, während sie sehr viel weniger wirksam sind, als allgemeine Gifte.

Wirkung des Lösungsmittels auf Urate und Mikroorganismen.

Tunicliffe und Rosenheim[3]) empfahlen auf Grund von Reagensglasversuchen die Anwendung von Piperidin zu dem Zwecke Harnsäure in Lösung aufzubewahren, da aber Dosen von 1 g das Maximum ist, das sie einem Menschen zu geben empfehlen und da der kleinste Prozentsatz, den sie an ihren Versuchen als ein Lösungsmittel anwandten, 0,1% war, sind ihre Schlüsse nicht von praktischer Bedeutung. Es möge beachtet werden, daß subcutane Injektionen von Carbamat und salzsaurem Piperidin in diesen Dosen bei Menschen keine allgemeine Symptome, sondern nur leichte lokale Erregung erzeugen.

Die folgende Tabelle zeigt den Einfluß von gewissen Basen auf die Löslichkeit von Natriumbiurat in Serum.

Menge des benutzten Serums	Menge des Lösungsmittels	Lösungsmittel	Menge des aufgelösten Natriumbiurats	Löslichkeit
100 ccm	0,1 g	Piperidin	0,0081	1 in 12 000
100 ccm	0,1 g	Urotropin	0,0076	1 in 14 000
100 ccm	0,1 g	Lysidin	0,0041	1 in 25 000
100 ccm	0,1 g	Piperazin	0,0032	1 in 31 000
100 ccm	0,1 g	—	0,0017	1 in 60 000

---

[1]) F. W. Tunicliffe u. Otto Rosenheim, Centralbl. f. Physiol. **11**, 434 (1897).
[2]) B. Moore, Centralbl. f. Physiol. **11**, 434 (1897).
[3]) Tunicliffe u. Rosenheim, The Lancet **2**, 198.

Die relative Fähigkeit der verschiedenen Amine, Bakterien und andere
Mikroorganismen aufzulösen, ist der Gegenstand von mehreren Untersuchungen
gewesen. Nicolle[1]) arbeitete z. B. mit lebender Bacteria morveux,
welche in 1 ccm destilliertem Wasser emulsioniert war. Die verschiedenen
Amine ließ man dann 24 Stunden lang bei 37° C auf diese Emulsion einwirken,
entweder während die Organismen noch lebten, oder nachdem sie 10 Minuten
gekocht worden waren.

Piperidin im Verhältnis von 1 Teil Mikroben zu 3 Teilen Amine hat die
Fähigkeit, diese Organismen stark aufzulösen, und es wird behauptet, daß es
die Emulsion fast klar macht. B pestis und B pyocyaneus werden auch in derselben Weise beeinflußt. Piperidin ist in dieser Hinsicht wirksamer als Äthyl-
amin, Methylamin und andere derartig verwandte Amine.

Piperidinderivate.

α-Methylpiperidin oder Piperkolin unterscheidet sich hauptsächlich von
Piperidin durch die Tatsache, daß die motorische Lähmung in Fröschen viel
leichter und ohne auf irgendeine Weise das Herz zu affizieren, erzeugt werden
kann. Mit Äthylpiperidin konnten dieselben Wirkungen noch viel leichter
erhalten werden.

Wenn wir die Giftigkeit des Piperkolins auf 100 ansetzen, finden wir,
daß die des Äthylpiperidins und Propylpiperidins durch 200 und 400 dargestellt
werden würde. Guerber[2]) hält Coniin für achtmal so giftig als Piperidin,
und wenn wir diese Schätzung annehmen würden, würde die Giftigkeit von
Piperidin 50 sein. So stellt Cushny die Reihe folgendermaßen dar:

$$
\begin{aligned}
&\text{Piperidin } (C_5H_{11}N) \ldots\ldots\ldots\ldots = 50\\
&\text{Methylpiperidin } (CH_3C_5H_{10}N) \ldots\ldots = 100\\
&\text{Äthylpiperidin } (C_2H_5C_5H_{10}N) \ldots\ldots = 200\\
&\text{Propylpiperidin } (C_3H_7C_5H_{10}N) \ldots\ldots = 400
\end{aligned}
$$

Oder, während die Methylgruppen in der arithmetischen Richtung zunehmen, nimmt die Giftigkeit in der geometrischen zu. Guerber hat dieses
Gesetz formuliert, um die Giftigkeit der verschiedenen Glieder der Lupetidin-
reihe, welches auch Piperidinverbindungen sind, auszudrücken. Er findet, daß
während die unteren Glieder der Reihe sich ihm anpassen, die höheren sich
als Ausnahmen erweisen, weil sie eine sekundäre Wirkung auf das Zentralnervensystem besitzen. Eine hierfür angenommene Ursache ist, daß, weil bei
den unteren Gliedern der Reihe die Wirkung des Piperidinradikals der bestim-
mende Faktor bei der Giftigkeit ist, als die Anzahl der Methylgruppen größer
wird, fangen sie an von sich aus eine Wirkung als Narkotica der Fettreihe zu
haben.

4. Cytisin.

Cytisin ist ein Alkaloid, welches in einer Reihe von Pflanzen vorhanden
ist und das zuerst aus dem Samen und anderen Teilen des gewöhnlichen Gold-
regenbaumes (Cytisus laburnum) isoliert worden ist; sein Vorhandensein in
letzterem hat zu zahlreichen Fällen gelegentlicher Vergiftung geführt[3]). Rad-

---

[1]) M. Nicolle u. A. Frouin, Annales de l'Inst. Pasteur 21, 443 (1907).
[2]) Aug. Gürber, Archiv f. Anat. u. Physiol. 1890, S. 401.
[3]) The Lancet 2, 341 (1877).

ziwillowicz[1]) sammelte im Jahre 1888 Berichte von 131 Fällen, von denen fünf tödlich waren. Der letzte detaillierte Bericht über die Symptome ist von Val- lette gegeben worden. Das beständigste Symptom scheint Erbrechen zu sein, worauf Niedergeschlagenheit und Betäubung folgt, welcher eine Phase der Er- regung vorangehen kann oder nicht. Andere beschriebene Symptome sind Delirium, Halluzinationen, Mydriasis, Muskelzuckungen, Krämpfe, Speichel- fluß, Diarrhöe, Schwindel, Blässe und kalter Schweiß. Bei Vallettes Patienten war das erste Symptom ein Gefühl von Erstarrung in den Händen. Wenn der Tod eintritt, ist er eine Folge von Atemlähmung.

Die Symptome in einem schweren Fall werden im folgenden Auszug aus dem Lancet gut illustriert:

J. W., 6 Jahre alt, nahm um 6[h] p. m. einen herzhaften Tee; um 8[h] schluckte er einige Laburnumsamen, von denen er behauptete, es seien Erbsen. Um 9[h] p. m. schien er sehr krank zu sein und erbrach. Kurz danach war er sehr blaß; die Haut war kalt und feucht bei Berührung; die Pupillen kontrahierten sich, zeitweise war er schläfrig, konnte aber leicht geweckt werden. Schmerzen gab es keine; Puls 108. Achseltemperatur 97,5° F. Atmung 22. Um 10[h] 15′ war die Schläfrigkeit deutlicher; Temperatur im Rectum 96° F. Um 10[h] 30′ konnte der Patient nur mit Schwierigkeit geweckt werden. Die Haut war sehr kalt und in kalten Schweiß gebadet; die Pupillen waren stark erweitert und unempfind- lich gegen Licht. Es wurde Coffein subcutan eingeführt und ein heißes Bad verordnet. Eine Mischung von Ammoniak und Äther wurde in kurzen Intervallen per os gegeben. Nach dem heißen Bade wurde Besserung beobachtet, und die Symptome verschwanden allmählich. Um 2[h] a. m. schlief das Kind friedlich und war den nächsten Tag verhältnis- mäßig wohl, obgleich die Pupillen noch 24 Stunden länger erweitert blieben.

Das Alkaloid wurde zuerst von Gray[2]) dargestellt und benannt und von Husemann und Marme[3]) rein isoliert, und von anderen, Partheil[4]) mit inbegriffen, welcher ihm die Formel $C_{11}H_{14}N_2O$ gab; und in letzter Zeit wurde es von Freund und seinen Schülern[5]) weiter untersucht.

Seine Wirkung auf Tiere ist von Gray, Husemann und Marme[6]), Prevost[7]), Prevost und Binet[8]) und Radziwillowicz beschrieben worden. Bradford[9]) beschrieb auch die Wirkung von ,,Ulexin‘‘, einem Alkaloid, welches Genard aus den Samen des gewöhnlichen Stechginsters erhalten hatte, und von welchem nachher gezeigt worden ist, daß es identisch mit Cytisin ist. Bei weitem die ausführlichste Beschreibung ist die von Dale und Laidlaw[10]).

Skelettmuskeln. Cytisin verursacht wie Nicotin Muskelzuckungen bei Säugetieren, wenn es intravenös injiziert wird. Diese sind zweifellos teilweise zentralen Ursprungs, da sie durch Chloroform oder andere Anaesthetica oder durch Durchschneidung des Rückenmarks vermindert werden. Das charakte- ristische Zucken der Katzenohren, welches eine der ersten sichtbaren Wirkungen der intravenösen Injektion von Nicotin, Lobelin oder Hordenin-Methjodid ist, wird durch Cytisin nicht erzeugt. Nach Dosen, welche von 6—10 mg variieren,

[1]) Vgl. Radziwillowicz, Arbeiten d. pharm. Inst. zu Dorpat **2**, 56 (1888). — Val- lette, Revue de Méd. de la Suisse Romande 1908, 366. — Auch verschiedene Autoren in The Lancet 1901, II, 491; 1905, II, 635.
[2]) Gray, Edinb. Med. Journ. **7**, II, 908 u. 1025 (1862).
[3]) Husemann u. Marme, Zeitschr. f. Chemie **1**, 161 (1865).
[4]) Partheil, Berichte d. deutsch. chem. Gesellsch. **33**, 3021 (1890).
[5]) Freund, Berichte d. deutsch. chem. Gesellsch. **34**, 615 (1901); **37**, 16 (1904); **39**, 814 (1906).
[6]) Gray, Husemann u. Marme, l. c. — Auch Marme, Nachr. d. kön. Gesellsch. d. Wissensch. z. Göttingen 1887 (Ref.: Therap. Monatshefte 1887, S. 156).
[7]) Prevost u. Binet, Compt. rend. de l'Acad. des Sc. 1886, S. 777.
[8]) Radziwillowicz, Revue de Méd. de la Suisse Romande 1887, 516 u. 553; 1888, 670.
[9]) Bradford, Journ. of Physiol. **8**, 79 (1887).
[10]) Dale u. Laidlow, Journ. of Pharm. and experim. Therap. **3**, 205 (1912).

ist Reizung des N. ischiadicus bei der anästhesierten Katze ganz unwirksam; die Muskeln reagierten noch gut auf direkte Faradisation.

Die Wirkung von Cytisin beim Frosch erinnert stark an die des Nicotins. ½ mg in den dorsalen Lympsack injiziert, verursacht Langsamkeit der Bewegung; bald sind die Vorderbeine gelähmt, sie werden am Körper entlang geschleift, wenn das Tier zu springen versucht, so daß die Nase gegen den Tisch gestoßen wird; später zeigt sich ein ausgesprochener kataleptischer Zustand der Vorderbeine; die Atmung hört nun auf. Dale verglich die Wirkung von Nicotin auf einen M. sartorius mit der des Cytisins auf den anderen Muskel desselben Frosches. ¹/₁₀% Cytisin erzeugte immer eine sehr deutliche tonische Kontraktion, aber diese war immer langsamer im Einsetzen, niedriger im Maximum und rascher verschwindend als die Nicotinwirkung auf den entsprechenden Muskel.

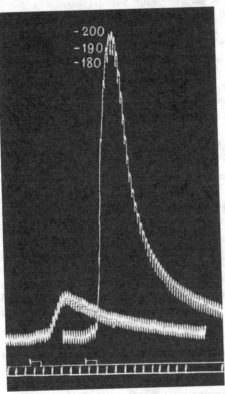

Abb. 13. Katze — geköpft. Künstliche Atmung. Blutdruck, Null-Linie und Signal. Zeit in 10 Sekunden. Erste Kurve: Wirkung von 0,2 mg Nicotin; zweite Kurve: Wirkung von 0,2 mg Cytisin. (Laidlaw.)

Die erregende Wirkung von Cytisin auf den Skelettmuskel ist daher im ganzen ähnlich, aber schwächer als die des Nicotins. In ihrer Wirkung auf die motorischen Nervenendigungen scheint die Wirkung der beiden Alkaloide annähernd identisch zu sein.

Atmung. Die meisten Forscher haben eine erregende Wirkung, der eine lähmende folgt, auf das Atemzentrum beschrieben. Die intravenöse Injektion von 2 mg in eine Katze verursacht heftige Atembewegungen, worauf Hemmung der Atmung erfolgt. Wenn künstliche Atmung appliziert wird, fängt sie bald wieder an. Größere Dosen (10 mg) veranlassen, daß die Atmung während mehrerer Stunden aufhört.

Herz und Kreislauf. Die von allen Forschern berichtete Blutdrucksteigerung ist von ihnen im allgemeinen der Reizung des vasomotorischen Zentrums in der Medulla zugeschrieben worden. Aber Dale zeigte, daß nach Exstirpation des ganzen Rückenmarks einer Katze vermittelst Ausbohrung, die Pressorwirkung praktisch unverändert erhalten wurde. Es zeigt sich, daß Cytisin eine raschere und größere Drucksteigerung verursacht, als die von derselben Dosis von Nicotin erzeugte, in welcher Reihenfolge sie auch gegeben werden mögen. Bei der primären Reizwirkung auf periphere sympathische Neurone, welche an der Herzbeschleunigung und Gefäßverengerung beteiligt sind, ist Cytisin bedeutend wirksamer als Nicotin; bei sekundärer paralytischer Wirkung auf dieselben Gebilde sind beide offenbar annähernd gleich. Nachdem einer Katze genügend Nicotin gegeben wurde, um eine weitere Injektion wirkungslos für den Blutdruck zu machen, findet man, daß Cytisin nun auch wirkungslos ist. Jedes von ihnen lähmt daher in genügenden Dosen die Gebilde, welche das andere reizt.

Die Anwendung von wenigen Tropfen einer 1proz. Cytisinlösung auf das Froschherz verursacht vorübergehende Hemmung, auf die Rückkehr zur normalen oder zu leicht beschleunigter Geschwindigkeit folgt. Reizung des Vagus erzeugt dann nur Beschleunigung oder Verstärkung des Herzschlages, obgleich das Herz noch durch Erregung des Sinus gehemmt werden kann.

Darmkanal. Erbrechen ist eines der frühesten und charakteristischsten Symptome der Wirkung von Cytisin auf Hund oder Katze. Es wird durch Anästhesie nicht vollständig unterdrückt, da Brechversuche von ziemlicher Heftigkeit bei einer Katze unter Äther durch die intravenöse Injektion von 2 mg erzeugt werden.

Der Dünndarm der Katze zeigt Hemmung während der durch Cytisin erzeugten Drucksteigerung, worauf etwas Steigerung der normalen Pendelbewegung folgt, wenn der Druck zur Norm zurückkehrt. Die Wirkung wird, wie die auf den Blutdruck, bei wiederholten Injektionen allmählich schwächer. Die ganze Wirkung ist qualitativ nicht von der durch Nicotin unter denselben Bedingungen erzeugten zu unterscheiden. Beim Kaninchen ist die Wirkung von Cytisin auf den Darm wiederum wie die von Nicotin, und hier ist die vorherrschende Wirkung motorisch.

Speicheldrüsen. Cytisin ähnelt wiederum Nicotin, indem es etwas Speichelfluß bei dem anästhesierten Hund oder Katze nach Durchschneidung der Chorda tympani erzeugt. Die Ganglienzellen im Verlauf der Chorda werden selbst nach 18 mg nicht ganz gelähmt, denn es wird nicht nur eine leichte Sekretion während der Reizung der Chorda erzeugt, sondern nachdem die Reizung aufgehört hat, dauert die Sekretion noch einige Zeit fort und zwar mit bedeutend größerer Geschwindigkeit. Die Tatsache, daß die sekreto-motorische Wirkung der Chorda hauptsächlich eine Nachwirkung, das Resultat von nicht-lähmenden Nicotindosen sein kann, ist von Langley[1]) im Jahre 1890 gezeigt worden.

Das Auge. Beim Hund und bei der Katze ist die primäre Wirkung auf das Auge einer Injektion von Cytisin, wie die von Nicotin, ähnlich derjenigen der Reizung des Cervicalsympathicus — Erweiterung der Pupille, Retraktion der Nickhaut und Erweiterung der Fissura palpebralis. Die Retraktion der Nickhaut ist kurz und es folgt bald eine Vorwärtsbewegung, so daß die Membran nach mehreren Milligrammen des Alkaloids die Hälfte oder zwei Drittel des sichtbaren Teiles des Augapfels bedeckt. In jeder Hinsicht ist die Wirkung mit der des Nicotins bei allen Tieren eng parallel. Derart ist auch die lähmende Wirkung auf die Zellen des oberen Cervicalganglions.

Cytisin erzeugt, wie Nicotin, Reizwirkungen, wenn es direkt auf die Ganglienzellen appliziert wird, die es schließlich lähmt.

Seine erweiternde Wirkung auf die Pupille rührt wiederum wie die des Nicotins nicht ganz von der Wirkung auf das obere Cervicalganglion her, da sich die Pupille noch erweitert, wenn Cytisin intravenös injiziert wird, nachdem das Ganglion entfernt worden ist. (Siehe Nicotin.) Es ist daher wahrscheinlich, daß dieses Alkaloid auch die Nebennieren anregt, Adrenalin abzusondern.

Der Uterus. Auf den Uterus der Katze wechselt die Wirkung von Cytisin wie die Versorgung des N. sympathicus, ähnlich Adrenalin oder Nicotin, da

---

[1]) I. N. Langley, Journ. of Physiol. **11**, 123 (1890).

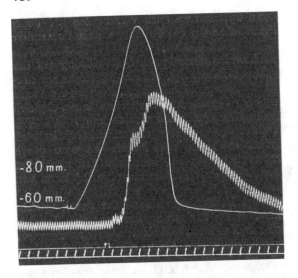

Abb. 14. Katze. Gehirn und Rückenmark durchschnitten;
Blasenvolumenkurve und Karotisblutdruck. Wirkung von
0,25 mg Nicotin intravenös.

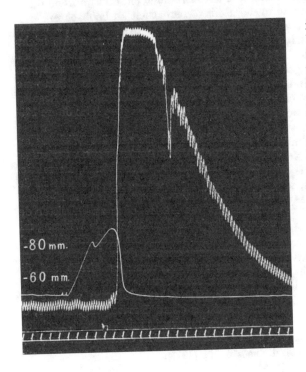

Abb. 15. Fortsetzung des in Abb. 14 gezeigten Versuchs.
Wirkung von 0,25 mg Cytisin intravenös. Man beachte,
daß die Wirkung auf den Blutdruck viel größer ist als
in Abb. 14, die auf die Blase viel kleiner.

es hemmend im jungfräulichen Organ und motorisch im schwangeren wirkt.

Die Harnblase. Wenn kleine abwechselnde Dosen der beiden Alkaloide Nicotin und Cytisin in regelmäßigen Intervallen Katzen gegeben werden, in dem die Bewegungen der Harnblase durch einen Manometer aufgeschrieben werden, findet man, daß die durch Cytisin verursachten Kontraktionen der Blase regelmäßig geringer sind, als die durch Nicotin erzeugten, während Cytisin, wie oben erwähnt, regelmäßig eine schnellere und größere Blutdrucksteigerung erzeugt. (Abb. 14 und 15.)

Schlußfolgerungen. Fast in jeder Hinsicht ist die Wirkung von Cytisin qualitativ von der des Nicotins nicht zu unterscheiden. So kleine Unterscheidungspunkte, wie sein Versagen die charakteristische Zuckung der Ohren bei der Katze zu erzeugen und deutliche Blasenkontraktion zu verursachen, haben möglicherweise eine diagnostische, aber gegenwärtig keine große therapeutische Bedeutung. Cytisin hat eine mächtigere Pressorwirkung bei der Katze und eine weniger kräftige Wirkung auf den Kaninchendarm und die Katzenblase. Die konstitutionelle Formel des Cytisins ist unbekannt, aber seine große pharmakologische Ähnlichkeit mit Nicotin macht es äußerst wahrscheinlich, daß diese beiden Alkaloide chemisch nahe Verwandte sind.

5. Lobelin.

Der erste Bericht und die Wirksamkeit des Mittels als Brechmittel ist zuerst im Jahre 1775 von dem Rev. Manasse Gutler[1]) veröffentlicht worden, der im Jahre 1809 anfing es bei Asthma zu verwenden. Dr. Samuel Thomson, der Gründer des Thomsonischen Systems der Medizin, betrachtete es als das wichtigste Glied aus der Klasse der „Brechmittel". Eine der ersten wichtigen Arbeiten über die pharmakologische Seite der Frage war die von Ott[2]) im Jahre 1875. Auf ihn folgten Ronnberg[3]), Bartholow[4]) und Dreser[5]), und noch später Bliedner[6]), Tietze[7]) und Edmunds[8]).

Wirkung auf Tiere.

Frosch. Die an diesen Tieren gewonnenen Resultate sind von Ott und Edmunds beschrieben worden. Nach der Injektion von 3 mg Lobelin einem großen Frosch macht das Tier Versuche zu springen, wird aber in wenigen Minuten ruhig, die Atmung ist deutlich verlangsamt und unregelmäßig, und in manchen Fällen hören alle sichtbaren Atembewegungen auf. Das Tier bleibt ruhig, bis es durch Kneifen gestört wird; dann hüpft es fort, wobei die Bewegungen schwerfällig und nicht wohlkoordiniert sind; und manchmal besteht eine Schwierigkeit, die natürliche Stellung wiederzugewinnen. Wenn er auf den Rücken gelegt wird, ist er gewöhnlich mit etwas Anstrengung imstande, sich aufzurichten. Nach einigen Stunden tritt Erholung ein und während dieser Zeit ist zeitweise eine Zunahme in der Reflexerregbarkeit zu beobachten.

Mit Dosen von 5—10 mg zeigt das Tier große Schwerfälligkeit in seinen Körperbewegungen und es tritt nun der vollständige Verlust der Herrschaft über die Vorderbeine ein, welche es veranlassen, auf dem Bauch zu liegen. Bald wird es nicht mehr fortspringen, wenn es gestört wird; Reflexbewegungen hören schließlich auf und vollständige Lähmung tritt ein, welche von einer Curare ähnlichen Wirkung auf die motorischen Nervenendigungen herrührt.

Langley und Dickinson behaupten, daß Nicotin zuerst einen Zustand der Erregung beim Frosch verursacht, auf den eine charakteristische starre Stellung folgt, welche allmählich durch Lähmung des zentralen Nervensystems und der peripheren Nervenendigungen verschwindet. Muskelzuckungen können vorhanden sein. Aus dieser kurzen Beschreibung wird man sehen, daß der Hauptunterschied zwischen den beiden Mitteln ist, daß bei Lobelin die Starre nicht sichtbar ist, was auf das Fehlen der Reizwirkung auf das Hinterhirn hinweist.

Säugetiere. Bei Kaninchen haben subcutane Injektionen von 5—7 mg wenig Wirkung, außer daß sie eine deutliche Verlangsamung der Atmung verursachen. Zeitweise kann das Tier ruheloser als gewöhnlich erscheinen, und es scheint teilweise die Herrschaft über seine Glieder zu verlieren, denn wenn es ruht, wird es oft seine Vorderbeine nach vorne ausgleiten lassen und die Hinterbeine nach rückwärts ausstrecken, anstatt daß es sie dicht unter sich zieht, wie es normal ist.

---

[1]) Gutler, American Academy of Sciences **1**, 484 (1785).
[2]) Ad. Ott, Philadelphia Medical Times **6**, 121 (1875).
[3]) Ronnberg, Inaug.-Diss. Rostock 1880.
[4]) Bartholow, Drugs and medicines of North America **2**, 89 (1886).
[5]) H. Dreser, Archiv f. experim. Pathol. u. Pharmakol. **26**, 237 (1889).
[6]) Ewald Bliedner, Inaug.-Diss. Kiel 1891.
[7]) Georg Tietze, Inaug.-Diss. Greifswald 1903.
[8]) C. W. Edmunds, Amer. Journ. of Physiol. **11**, 79 (1904).

Bei Hunden ist die Wirkung sehr ähnlich wie bei Katzen. Edmunds behauptet, daß 1 mg einem kleinen Hunde subcutan gegeben, keine Symptome verursachte, außer einer entschieden beschleunigten Atmung. 3 mg verursachten außer den Atemveränderungen Erbrechen in 15 Minuten. 10 mg einem großen Hunde subcutan gegeben, vermehrten die Atmung und verursachten Erbrechen in 5 Minuten.

Lobelin verursacht daher, wenn es warmblütigen Tieren injiziert wird, eine ziemlich ähnliche Wirkung wie Nicotin. Es scheint ein Unterschied zwischen den beiden Alkaloiden zu bestehen, daß Lobelin keine vorläufige Erregung oder klonische Krämpfe mit Muskelzuckung verursacht, mit der einzigen Ausnahme von deutlichen Zuckungen der Ohren, wenn es nicht in sehr großen und rasch tötenden Dosen gegeben wird, wo dann Krämpfe vorkommen können; aber diese sind verschieden von jenen von Nicotin und sind wahrscheinlich asphyktisch. Die Wirksamkeit als Brechmittel scheint beim Lobelin größer als beim Nicotin zu sein. Vollständige Lähmung der motorischen Endigungen ist bei Säugetieren infolge von Lobelinwirkung nicht nachgewiesen worden, aber es entsteht sicherlich etwas Verminderung in der Tätigkeit der motorischen Nerven.

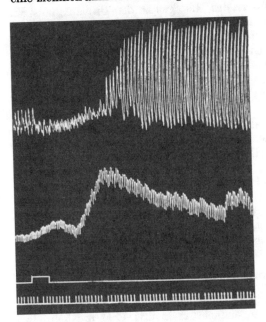

Abb. 61, Katze. Obere Kurve stellt das Luftvolumen dar, welches an einem Lungenlappen ein- und ausgeht. Untere Kurve stellt den Blutdruck dar. Zeigt die Wirkung einer Lobelininjektion. Die Wirkung ist vorübergehend und kann bei demselben Tier öfters wiederholt werden. Zeit in Sekunden.

Atmung. Dreser führte die ausführlichste Arbeit über diesen Teil der Lobelinwirkung aus und faßt seine Resultate folgendermaßen zusammen: Lobelin erzeugt heftige Erregung der Atemtätigkeit; die Atmung ist an Frequenz erhöht; letzteres dauert länger, wenn die Vagi unversehrt sind, als wenn sie durchschnitten sind; das Volumen jedes Atemzuges ist ebenso erhöht wie die Stärke, mit welcher die Atemmuskeln aus dem Zentrum innerviert werden, was sich in einer gesteigerten Arbeitsmenge zeigt; die contractile Wirkung der Vagi auf die Bronchialmuskeln wird nach relativ kleinen Dosen unwirksam. Dixon und Brodie[1] behaupteten, daß ein Präparat von Lobelin etwas Verengerung der Bronchialwege verursacht, es sei denn, daß diese sich schon in einem Zustand der Kontraktion befinden, wobei auf die Lobelininjektion eine vorübergehende Erweiterung folgt. Dixon und Ransom[2] haben gezeigt,

[1] J. G. Brodie, Journ. of Physiol. **29**, 169 (1903).
[2] W. E. Dixon u. Fred Ransom, ibidem **45**, 413 (1912).

daß die Bronchiolen vom sympathischen System aus innerviert sind und daß Mittel, welche diese Nerven erregen, vorübergehende Bronchoerweiterung verursachen, wenn sich die Bronchiolen in einem Zustand des Tonus befinden. Es scheint daher wahrscheinlich, daß die von Dixon und Brodie beobachtete Bronchoerweiterung von dieser Ursache herrührt. Zu gleicher Zeit muß man daran denken, daß große Dosen von Lobelin die Vagusganglien im Herzen und sonstwo wie Nicotin lähmen, und Dreser erklärt die wohltuende Wirkung des Mittels während der Verengerung der Bronchiolen (spasmodisches Asthma) durch die Tatsache, daß es die Fasern des N. vagus zu den Bronchialmuskeln lähmt. Aber Dixon und Brodie zeigten, daß Bronchiolen in einem Zustand der Verengerung häufig durch aufeinanderfolgende Injektionen von Lobelia erweitert werden können, während Atropin, das die broncho-motorischen Nervenendigungen des Vagus lähmt, beständige Erweiterung erzeugte. Eine andere Erklärung der vorübergehenden Bronchoerweiterung durch Lobelin kann das Eintreten von Adrenalin in den Kreislauf sein (siehe unter Nicotin).

Nicotin verursacht bei normalen Tieren eine Beschleunigung und Vertiefung der Atmung (V. Praag und Rosenthal). Bei anästhesierten Tieren verursacht die Droge zuerst Verlangsamung und Vertiefung der Atmung, worauf beschleunigte Atmung folgt (Langley und Dickinson). Durchschneidung der Vagi verringert die beschleunigenden Wirkungen des Mittels, vertieft aber die Atmung.

Es besteht daher nur ein geringer Unterschied zwischen den beiden Mitteln in ihren Wirkungen auf die Atmung, da die durch sie bedingten Veränderungen mehr im Grade als in der Art sich unterscheiden.

Blutdruck und Herz.

Die Veränderungen, welche im Säugetierkreislauf infolge von Injektionen von Lobelin stattfinden, können am einfachsten in drei Phasen beschrieben werden.

1. Phase. Ungefähr 5 Sekunden nach einer Injektion von 1 mg des Mittels gab es eine deutliche Verlangsamung des Pulses mit schließlich vollständiger Hemmung des Herzens, die 1—2 Sekunden dauerte. Auf diese Hemmung folgten zwei oder drei unregelmäßige Kontraktionen und dann, während der nächsten zwei Sekunden, regelmäßige, starke Schläge in weniger als der halben normalen Geschwindigkeit, worauf ein allmählich beschleunigter Rhythmus folgt. Der Blutdruck sank allmählich und während der Hemmungsphase ist er viel tiefer als in der Norm; er wird während der Periode des Aufhörens und der Arhythmie des Herzens unregelmäßig.

2. Phase. Das Herz wird allmählich, aber rasch beschleunigt und der Blutdruck stark erhöht, der den höchsten Punkt in 30—45 Sekunden, nachdem das Mittel gegeben worden ist, erreicht. Der Puls ist, wenn er am schnellsten ist, ungefähr halb so schnell wie in der Norm, und der Druck sehr viel höher als in der Norm.

3. Phase. Diese Phase dauert 4 bis 5 Minuten, während welcher Zeit der Druck und die Pulsgeschwindigkeit langsam und allmählich fallen bis beide die Norm erreicht haben, oder häufiger bis etwas unter die Norm.

Die Wirkung von mehreren Dosen unterschied sich dadurch, daß die erste Hemmungsphase fehlte. Das erste Stadium ist bei Hunden viel deutlicher als bei Katzen und Kaninchen.

Als ein Beispiel der Druckveränderungen, welche infolge von wiederholten
Dosen vorkommen, mögen die Messungen aus einem Versuch von Edmunds
angegeben werden, wobei die Zahlen die Höhe der Kurve von der Abzisse
bezeichnen.

Vor der Injektion mm	Dosis mg	Höchster erreichter Punkt mm	Höhe am Schluß des Abfalls mm
52	1	86	46
46	1	53	42
42	2	49	39
39	3	42	39

Es ist leicht zu sehen, daß der vorangehende Fall sowohl in der Geschwindigkeit wie im Druck teilweise von zentraler und teilweise von peripherer Wirkung
auf die Vagi herrührt, da etwas von der Wirkung durch Durchschneidung der
Vagi und die ganze durch Atropin zerstört wird.

Es ist aus Langleys Untersuchungen wohl bekannt, daß Nicotin die
autonomen Nervenganglien zuerst reizt und dann lähmt, abgesehen davon,
daß es auf die Zentren in der Medulla wirkt, und wenn dem so wäre, würde es
eine leichte Erklärung der Wirkung von Lobelin geben, da die von demselben
erhaltenen Druckkurven fast identisch mit jenen vom Nicotin erhalten sind.

Wenn Lobelin entweder durch Injektion in den Lymphsack des Frosches
oder durch direkte Applikation auf das Herz gegeben wird, verursacht es Verlangsamung und Schwächung des Schlages. Diese Wirkungen werden durch
Atropin nicht beseitigt und sind daher wahrscheinlich muskulären Ursprungs.
Ferner bringt Lobelin das Herz des Frosches oder der Schildkröte wieder zum
Schlagen, nachdem es durch Muscarin zum Stillstand gebracht worden ist,
aber es kehrt nicht zur normalen Geschwindigkeit zurück. Wenn, umgekehrt,
Lobelin dem Herzen appliziert wird, und zu einer späteren Zeit Muscarin
gegeben wird, entsteht gewöhnlich etwas Verlangsamung infolge des letzteren
Mittels, aber es hemmt das Herz nicht ganz. Die Verlangsamung wird jedoch
durch Atropin beseitigt.

Diese Tatsachen würden uns dazu führen, wenigstens anzunehmen, daß
Lobelin nicht wie Atropin auf die Vagusendigungen wirkt, weil, wenn es sie
lähmen würde, Atropin es nicht mehr tun könnte und deshalb die Geschwindigkeit des Herzens nicht mehr steigern sollte, als sie durch Lobelin gesteigert
werden könnte. Diese Wirkung von Lobelin, den vollständigen Muscarin-
und Pilocarpinstillstand zu verhindern, schreibt Edmunds daher einer Wirkung auf den Herzmuskel zu, welchen das Mittel in irgendeiner dunkeln Weise
verändert, so daß diese Mittel nicht ihre gewöhnlichen Wirkungen auf denselben haben. Er vergleicht diese Wirkung, nicht ungeeigneter Weise, mit der
von Physostigmin, welches auch auf den Herzmuskel von Kaltblütern in einer
solchen Weise wirkt, daß es den Muscarinstillstand teilweise beseitigt (Harnack).

Die Vermutung, daß Lobelin auf die Sympathicusganglien im Verlaufe
der Vagi, und nicht auf die äußersten Enden wirkt, wurde durch die Tatsache
bewiesen, daß, während beim Frosch, nachdem Lobelin gegeben wurde, Reizung
des Vagus keine Wirkung hatte, Reizung des Sinus des Herzens doch das Herz
hemmte, was beweist, daß die Nervenendigungen unversehrt waren. Lobelin
reizt daher das herzhemmende Zentrum in der Medulla und reizt erst und lähmt
dann die Ganglien im Verlaufe der Vagi. Es reizt auch und lähmt dann die

Nervenzellen im Verlaufe der herzbeschleunigenden Fasern, und diese Reizung ist die Ursache der erhöhten Geschwindigkeit des Herzens, welche man 30 Sekunden bis 1 Minute nach der Injektion des Mittels sieht. Seine Wirkung auf die intrakardialen Ganglienzellen scheint identisch mit der des Nicotins zu sein. Außerdem wirkt, nach Edmunds, Lobelin auf den Herzmuskel kaltblütiger Tiere derart, daß es teilweise die Wirkung von solchen Mitteln, wie Muscarin, beseitigt oder übertrifft. Auf Injektionen von Lobelin erfolge eine Blutdrucksteigerung, dieselbe wie vorher, bei Tieren, bei welchen das Rückenmark entfernt oder die N. splanchnici durchschnitten worden sind. Daher ist der Angriffspunkt nicht zentral oder spinal, sondern im peripheren vaso-motorischen System.

Es kann kaum bezweifelt werden, daß das Mittel auf die Ganglien wirkt, indem es sie erst reizt und dann hemmt. Wenn eine 2proz. Lösung direkt auf das Ganglion solare der Katze appliziert wird, hört der N. splanchnicus in wenigen Minuten auf, Gefäßverengerung in den zu beobachtenden Eingeweiden zu erzeugen, obgleich Reizung der post-ganglionären Fasern noch die gewöhnliche Wirkung verursacht. Nervenzellenlähmung der N. splanchnici kann auch dadurch erhalten werden, daß man das Alkaloid direkt in den Kreislauf injiziert. Die Ähnlichkeit der unter Lobelin und Nicotin gewonnenen Blutdruckkurven und die Tatsache, daß die Wirkung jedes Mittels durch die vorangehende Injektion des anderen geschwächt wird, weisen auf einen gemeinsamen Angriffspunkt hin.

Vasomotorische Wirkungen. Die Veränderungen im Kreislauf im Kaninchenohr, welche durch Lobelin verursacht werden, sind fast identisch mit jenen durch Nicotin verursachten, und die anderen Veränderungen in den Mesenterial- und Nierengefäßen sind so nahe verwandt, daß sie keines weiteren Kommentars bedürfen.

Wirkung auf das Auge.

Ronnberg fand bei Katzen durch Lobelin verursachte Pupillenverengerung. Dreser berichtete, daß bei Katzen die Kontraktion der Pupille in 20 Minuten stattfindet, wenn das Mittel lokal appliziert wurde, während er auf innere Einführung Erweiterung erhielt. Edmunds fand, daß bei einem mit Paraldehyd anästhesierten Kaninchen nach intravenösen Injektionen von 3—10 mg Lobelin Kontraktion der Pupille sofort eintrat. Sekundäre, bald danach gemachte Injektionen hatten keine Wirkung. Exstirpation des oberen Cervicalganglions veränderte weder bei Katzen noch Kaninchen die oben angegebenen Resultate, außer daß die Pupille auf der Seite, auf welcher das Ganglion entfernt worden war, immer kleiner war als die Pupille auf der unversehrten Seite, da die Erweiterung bei der Katze und die Kontraktion in den Versuchen mit den Kaninchen nicht groß genug waren, um den ursprünglichen Unterschied zwischen den beiden Seiten zu überwinden. Bei lokaler Applikation von Lobelin auf das Katzenauge, gelang es Edmunds nicht, irgendeine Veränderung in der Pupille zu erhalten. Nachdem Lobelin in den Kreislauf injiziert worden ist, hat Reizung des Cervicalsympathicus von dem oberen Ganglion keine Wirkung auf die Pupille, während die Reizung dahinter prompte Erweiterung verursachte, was zeigt, daß das Ganglion durch das Mittel gelähmt wurde und daß die äußersten Enden unversehrt waren. Im allgemeinen kann gesagt werden, daß die Wirkung von Lobelin auf die Pupille der von Nicotin ähnelt, wenn die Mittel intravenös gegeben werden. Man behauptet, daß die Exstirpation des oberen Cervicalganglions bei Katzen zeitweise die Pupillenerweiterung, welche durch

Nicotin verursacht worden ist, verzögert, aber diese Verzögerung von 5 oder
10 Sekunden ist nicht unter der Lobelinwirkung berichtet worden. Die Wirkung
auf die Pupille wird weiter unter Nicotin besprochen.

Wirkung auf verschiedene Sympathicusganglien.

Lobelin reizt zuerst und lähmt dann das Ganglion submaxillare, hat aber
keine Wirkung auf die äußersten Nervenendigungen, da Pilocarpin später eine
diffuse Sekretion verursacht.

Bei Katzen werden die oberen Cervical- und die Vagusganglien durch sehr
kleine Dosen (1 mg) gelähmt. Auch werden bei demselben Tiere die längs
den zu den Nierengefäßen gehenden verengernden Fasern verteilten Ganglien
durch annähernd dieselben Mengen gelähmt, wie sie die obengenannten Ganglien
affizieren, während es einer größeren Dosis bedarf, um die Ganglien auf den
verengernden Fasern, welche die Darmgefäße versorgen, zu lähmen. Dieser Depression geht immer eine Reizung voran, und es ist diese, welche eine Blutsteigerung entdecken läßt, welche von einer Verengerung der Mesenterialgefäße herrührt. Während des Lähmungsstadiums können wir keine Verengerung der Darmgefäße bei Erregung der Splanchnici oder die gewöhnlichen
Wirkungen infolge von Reizung des peripheren Endes des N. vagus oder des
zentralen Endes des Cervicalsympathicus erhalten. Bei Katzen und Hunden
ist die beschleunigende Wirkung auf das Herz später vorhanden als die hemmende,
da es einer größeren Dosis von Lobelin bedarf, um das Ganglion stellatum zu
hemmen als das Vagusganglion. Vgl. hierzu Wieland u. Mayer, Archiv f.
experim. Pathol. u. Pharmakol. 92, 195 (1922); desgl. 95, 5 (1922).

6. Spartein.

Herba Scoparii, Besenginsterkraut, stammt von Cystisus Scoparius, Link
(N. O. Leguminosae), eine im mittleren Europa einheimische Staude. Das Kraut
wird sowohl frisch wie getrocknet benutzt. Wenn getrocknet, besteht die Droge
oft fast ganz aus den zarten Zweigen. Bei der Verbrennung gibt sie ungefähr 3% Asche. Ihr Geschmack ist bitter und unangenehm und ihr Geruch
gering.

Die Droge enthält ein flüssiges, flüchtiges Alkaloid, Spartein, in kleiner
Menge, zusammen mit einer gelben, krystallinischen Substanz, Scoparin,
die zur Quercetingruppe gehört. Die Wirkung dieser beiden Substanzen wird
getrennt beschrieben werden.

Spartein, $C_{15}H_{27}N_2$, ist ein flüchtiges, flüssiges Alkaloid, das man aus dem
Ginster gewinnt. Es kann dadurch hergestellt werden, daß man es aus der
Pflanze mit mit Schwefelsäure angesäuertem Wasser extrahiert, indem man
die Lösung konzentriert und mit einer Lösung von Natriumhydroxyd destilliert, bis das Destillat nicht mehr alkalisch ist. Das Destillat wird angesäuert,
zur Trockenheit verdampft und der Rest mit Wasser angefeuchtet und mit
festem Kaliumhydroxyd destilliert. Es wird zuerst Ammoniak und dann das
Alkaloid als eine dicke, ölige Flüssigkeit abgegeben. Die letztere wird durch
Erwärmen mit Natrium vom Wasser befreit und schließlich in einem Wasserstoffstrom destilliert. Spartein kommt als eine durchsichtige, ölige Flüssigkeit
vor, die farblos ist, wenn sie rein ist, aber Sauerstoff aus der Luft absorbiert,
und gelblich bis dunkelbraun gefärbt und dicker wird. Es ist schwerer als
Wasser, hat einen durchdringenden, an Anilin erinnernden Geruch und hat einen
intensiv bitteren Geschmack. Es ist eine starke Base und vereinigt sich mit

Säuren, um krystallisierbare Salze zu bilden. Die wässerige Lösung ist stark alkalisch. Siedepunkt ungefähr 311° F. Es ist kaum löslich in Wasser, löslich in Alkohol, Äther oder Chloroform; unlöslich in Benzin oder Petroleumölen.

Wirkung auf das Nervensystem. Fick[1]) und de Rymon schlossen, daß Spartein hauptsächlich auf das Zentralnervensystem wirkt und Coniin stark ähnelt. Es werden zwei Vergiftungsphasen beschrieben; die erste ist durch Zittern, Inkoordination der Bewegungen, Zunahme der Reflexe und tonische Krämpfe charakterisiert; während dieser Zeit entstanden Hemmung der Atmung und Beschleunigung des Pulses. Die zweite Phase ist durch Schwächung aller Funktionen charakterisiert; die Atmung wird immer mehr gehemmt, und der Tod, welchem Krämpfe vorangehen, wahrscheinlich asphyktischer Natur, tritt ein. Fick zeigte, daß durch künstliche Atmung das Leben unbestimmte Zeit verlängert werden konnte; er nahm an, daß Spartein das Gehirn von Fröschen und Säugetieren affiziert und daß es narkotisch wirkt, obgleich er zugibt, daß sein lähmender Einfluß auf das Rückenmark und die motorischen Nerven vorherrschend ist. Trotzdem schloß er, daß die charakteristischen Wirkungen der Sparteinvergiftung, d. h. der Verlust der Reflexe und das Aufhören der Atmung, cerebralen Ursprungs sind.

Cushny und Matthews[2]) haben klar gezeigt, daß die allgemeinen Wirkungen des Sparteins fast identisch mit jenen des Coniins sind, aber daß aller Wahrscheinlichkeit nach das Zentralnervensystem weniger affiziert wird als bei Coniin. Das ganze Vergiftungsphänomen weist auf eine Lähmung der peripheren Endigungen der motorischen Nerven hin und wahrscheinlich auch der Endigungen um die Zellen der Sympathicusganglien herum. Es verursacht den Tod bei Säugetieren durch Lähmung der Endigungen der N. phrenici und intercostales. Die folgenden beiden Protokolle aus der Arbeit von Cushny und Matthews werden seine Wirkung klarmachen.

Rana esculenta. Mittlerer Größe.

3ʰ 35′i 5 mg Sparteinsulfat in wässeriger Lösung in den Bauchlymphsack eingespritzt. Gleich darauf heftige Aufregung. Der Frosch hüpft umher und versucht, aus dem Glase zu entfliehen.

3ʰ 40′ Das Tier sitzt ruhig. Atmung normal.

3ʰ 45′ Der Kopf ist etwas gegen den Tisch gesenkt. Einige schwache spontane Bewegungen. Kneifen verursacht nur sehr kurze ungeschickte Sprünge und die Hinterbeine werden nur schwierig angezogen. Häufig kann man dabei einen deutlichen Tremor beobachten. Der Frosch atmet nur gelegentlich.

4ʰ Keine Respiration. Das Tier erträgt die Rückenlage ohne Widerstreben. Wenn das Rückenmark gereizt wird, werden die Beine ausgestreckt, erschlaffen aber gleich wieder. Kneifen erzeugt Zuckung der Hinterbeine, die nicht vollständig angezogen werden können.

4ʰ 20′ Kneifen erzeugt noch eine Zuckung, die aber ausbleibt, wenn wiederholt gereizt wird.

4ʰ 30′ Kneifen erzeugt keine Bewegung mehr. Rückenmarksreizung wird von einer Zuckung gefolgt, die nach jeder Reizung schwächer wird und nach der vierten ausbleibt. Die Muskeln reagieren bei direkter Reizung mit normalem Tetanus.

4ʰ 45′ Derselbe Zustand.

Am nächsten Morgen 8ʰ. Der Frosch erträgt nicht mehr die Rückenlage. Beim Kneifen hüpft er schwach, macht aber keine spontanen Bewegungen und scheint durch wiederholte Reizung leicht zu ermüden. Atmung normal.

5ʰ Derselbe Zustand.

Am nächsten Tage normal.

---

[1]) Johannes Fick, Archiv f. experim. Pathol. u. Pharmakol. **1**, 397 (1887).
[2]) Arthur R. Cushny u. S. A. Matthews, Archiv f. experim. Pathol. u. Pharmakol. **35**, 129 (1895).

Kaninchen von etwa 1 kg Gewicht.

3^h 35′ 0,2 g schwefelsaures Spartein subcutan eingespritzt.

3^h 45′ Keine merklichen Vergiftungserscheinungen.

3^h 50′ Das Tier scheint etwas ängstlich; die Vorderbeine fangen an, den Tisch entlang zu gleiten, werden aber immer wieder zurückgezogen. Gelegentlich macht das Tier Rückwärtsbewegungen. Der Kopf senkt sich immer mehr, wird aber bei jedem Geräusch wieder gehoben. 80 Atemzüge in der Minute.

4^h Der Kopf ist auf den Tisch gestützt, wird beim Kneifen gehoben, fällt aber gleich wieder herab. 62 Atemzüge in der Minute.

4^h 5′ 62 Atemzüge in der Minute. Die In- und Exspirationen sind sehr kurz, und dann folgt eine lange Pause, während welcher die Bauchmuskeln sich stark kontrahieren. Beim Kneifen sträubt sich das Tier dagegen, scheint aber gleich zu ermüden und kann dann in die Rückenlage gebracht werden.

4^h 10′ Der Kopf wird nicht mehr beim Kneifen vom Tische gehoben. Die Atmungen sind sehr schwach. 60 in der Minute. Große Dyspnöe, das Maul wird offengehalten, und die Nasenflügel sind in starker Bewegung.

4^h 15′ Das Tier liegt auf der Seite. Dyspnöe noch größer. Die Atmungen sind kurze Zuckungen, denen eine Zusammenziehung der Bauchmuskeln folgt.

4^h 19′ Respiration 36 in der Minute. Die Bewegungen des Zwerchfells scheinen aufgehört zu haben, nur die Bauchmuskeln kontrahieren sich noch rhythmisch.

4^h 20′ Die Respiration hat vollständig aufgehört.

4^h 25′ Das Herz schlägt noch ziemlich stark.

Spartein scheint ein allgemeines Protoplasmagift zu sein und die Nervengewebe vor anderen Geweben und die sensorischen Nervenfasern vor den motorischen zu lähmen. Guinard und Geby behaupteten, daß Spartein eine lokale anästhesierende Wirkung ausübt und als ein Ersatzmittel für Cocain bei Augenoperationen benutzt werden kann. Seine Wirkung ist jedoch so schwach und braucht so lange zu seiner Wirkung, daß seine Anwendung zu diesem Zwecke nicht von praktischer Bedeutung ist.

Methode der Einführung und der Dosierung. Maurel[1]) zeigte, daß, um Fröschen eine tödliche Dosis von Spartein per os zu geben, 3 mg erforderlich sind, daß aber nur 0,05 mg nötig sind, wenn es in einen Muskel injiziert wird, d. h. eine 60mal geringere Dosis. Diesem Phänomen begegnet man nicht selten bei den Glukosiden, aber es bildet eine große Ausnahme bei den Alkaloiden. Für Kaninchen ist die tödliche Dosis etwas variabel. Wenn 0,1 g pro Kilo subcutan gegeben wird, stirbt das Tier oft in weniger als eine Stunde; mit 0,05 g pro Kilo wird es gelähmt, kann sich aber erholen, während es mit der Dosis von 0,02 g oder weniger fast unbeeinflußt bleibt. Intravenös gegebene Dosen von 0,03 g pro Kilo töten das Tier in wenigen Minuten; auf 0,02 g folgte Erholung; 0,01 g verursacht sichtbare Schwäche und Depression, aber das Tier erholt sich in wenigen Stunden. Per os sind 0,5 g pro Kilo erforderlich, um den Tod zu verursachen. Daher ist fünfmal die Menge Spartein erforderlich, wenn sie per os gegeben wird, um den Tod zu verursachen, als subcutan notwendig ist, und 15mal mehr als die minimale letale Dosis, wenn das Mittel intravenös gegeben wird.

Dieses Phänomen, was noch ausgesprochener bei Curarin und manchen Salzen, wie Kaliumchlorid, vorkommt, ist am leichtesten durch die Annahme der raschen Exkretion des Alkaloids zu erklären, so daß, wenn das Mittel per os gegeben wird, die Ausscheidung desselben fast Schritt mit der Resorption hält; so daß erst, nachdem relativ große Mengen genommen worden sind, genügend in den Geweben vorhanden sein wird, um die charakteristischen Wirkungen des Mittels zu erzeugen.

---

[1]) E. Maurel, Compt. rend. de la Soc. de Biol. **62**, 960 (1907).

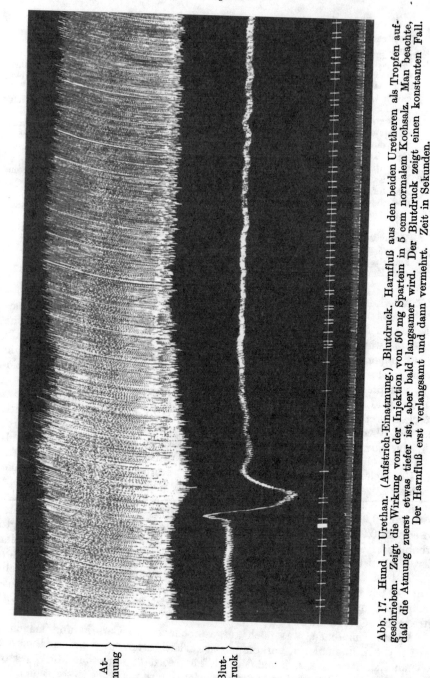

Abb. 17. Hund — Urethan. (Aufstrich-Einatmung.) Blutdruck. Harnfluß aus den beiden Uretheren als Tropfen aufgeschrieben. Zeigt die Wirkung von der Injektion von 50 mg Spartein in 5 ccm normalem Kochsalz. Man beachte, daß die Atmung zuerst etwas tiefer ist, aber bald langsamer wird. Der Blutdruck zeigt einen konstanten Fall. Der Harnfluß erst verlangsamt und dann vermehrt. Zeit in Sekunden.

At-mung

Blut-druck

Die Atmung wird gewöhnlich beschleunigt und nach kleinen Dosen von Spartein etwas vertieft, aber später wird sie langsam und mühsam, dann schwach und unregelmäßig und hört schließlich auf, während das Herz noch kräftig schlägt.

Wirkung auf den willkürlichen Muskel. Wenn Spartein lokal auf die Froschmuskeln appliziert wird, soll es ihre Erregbarkeit vermindern und die

latente Periode verlängern (De Rymon), aber es zerstört sicherlich nicht die
funktionelle Tätigkeit, selbst wenn sie in eine starke Sparteinlösung getaucht
werden, und seine Wirkung ist zu schwach, um sich in allgemeiner Vergiftung
zu äußern. Doutas[1]) hat gezeigt, daß Spartein die Veratrinzuckung im Gastrocnemius des Frosches modifiziert. Wenn man einem Frosche eine kleine subcutane Injektion von Veratrin gibt und nach einigen Minuten die Gefäße eines
Beines abgebunden und der N. ischiadicus durchschnitten werden, dann wird
eine Injektion von Spartein die Veratrinwirkung modifizieren und der Gastrocnemius von dem abgebundenen Bein wird als Kontrolle dienen. Die Kontraktion der mit Sparteien behandelten veratrinisierten Muskeln ist größer und von
längerer Dauer als die, welche nur mit Veratrin behandelt wurden, und sie zeigt
nicht die charakteristische Doppelkurve auf ihrer Höhe. Nun beeinflußt Spartein nicht die Erregbarkeit des Muskels, und deshalb schließt Doutas, daß es
aller Wahrscheinlichkeit nach eine Nervenstruktur in modifizierender oder
hemmender Art lähmen muß.

Wirkung auf den Kreislauf. Laborde[2]) stellte zuerst fest, daß Spartein bei
Fröschen und Säugetieren eine Zunahme in der Stärke des Herzschlages mit
etwas Verlangsamung verursacht. Voight fand, daß das Alkaloid die Energie
der Herzkontraktion erhöhte und den Blutdruck steigerte. Gluzinski[3]) fand,
daß die Hauptwirkung von Spartein die war, den Herzschlag zu verlangsamen
und den Blutdruck zu steigern, und daß die Wirkung bei kaltblütigen Tieren
deutlicher war, während Griffe[4]) die Verlängerung der Systole im Froschherz
beschreibt und feststellt, daß, wenn die Dosis mäßig war, es Beschleunigung
des Pulses infolge von Vaguslähmung gab, daß aber, wenn die Dosis groß ist,
Verlangsamung hierauf folgt. Bei Säugetieren beschleunigen kleine Dosen den
Puls, ohne den Blutdruck zu verändern, aber große Dosen beschleunigen erst
und verzögern dann den Puls. Masius, welcher Hunde benutzte, stimmt mit
den Resultaten von Griffe überein.

Es bestehen viele sich widersprechende klinische Beweise[5]) über die Wirkung von Spartein auf das Herz, welche nach manchen identisch mit derjenigen
von Digitalis ist, während andere behaupten, daß es in entgegengesetzter Richtung wie Digitalis wirkt, daß es die Diastole verlängert und anormale Herz-
erweiterung verursacht.

Cristina[6]) hat ziemlich im Detail die Wirkung von Spartein auf das
Froschherz sowohl im normalen Zustande, sowie bei einem Tiere, welches vorher mit Phosphor vergiftet worden ist, untersucht. Beim normalen Herzen beeinflußt Spartein die Arbeit durch Verlängerung der Systole und Steigerung
ihrer Stärke. Die verschiedenen Phasen des Herzzyklus sind länger, nicht
weil die Leitung zerstört ist, sondern weil die Kontraktion des Herzmuskels
langsamer ist. Der Muskel ist weniger erregbar, und es ist ein stärkerer Reiz als
in der Norm erforderlich, um eine Extrasystole zu erzeugen.

Wenn gesunde Herzen gereizt werden, können sie durch Extrasystolen
reagieren, und dies kann oft wiederholt werden, ohne daß das Herz Zeichen
der Ermüdung aufweist. Tetanisierende, in kurzen Intervallen wiederholte
Reizungen verursachen tetanische Kontraktionen bei jeder Reizung, und das

---

[1]) Doutas, Arch. intern. de Physiol. **2**, 72 (1905).
[2]) J. V. Laborde, Compt. rend. de la Soc. de Biol. **2**, 690 (1885).
[3]) W. A. Gluzinski, Vratch **3** (1887).
[4]) Griffe, Thése. Lyou (1886).
[5]) E. Mercks Jahresberichte **25** (1911).
[6]) G. Cristina, Journ. de Physiol. et de Pathol. gnér. **10**, 44 (1908).

Herz behält doch seine Erregbarkeit und Kontraktilität. Herzen jedoch, welche man von mit Spartein vergifteten Fröschen erhalten hat, sind sehr leicht empfänglich für Ermüdung; wenn man sie wiederholten Reizungen aussetzt, reagieren sie immer weniger und hören bald auf zu reagieren.

Das Herz eines Tieres, welches mit Phosphor vergiftet worden ist, wird nicht auf diese Weise durch Spartein affiziert; die Kontraktilität, die Erregbarkeit und die Leitung der Erregung bleiben nun durch Spartein unbeeinflußt; solche Herzen bewahren den durch den Phosphor hervorgerufenen Rhythmus und die Anomalien. Mit anderen Worten: Spartein erschöpft rasch die Vitalität eines gesunden Herzens, ist aber ohne Einfluß auf das degenerierte Herz. Dies läßt vermuten, daß das Spartein seine Wirkung auf eines der Gewebe ausübt, welches bei der Phosphorvergiftung degeneriert ist, nämlich auf die Muskelfasern.

Wenn es in die Vena femoralis eines Säugetieres injiziert wird, hat Spartein einen auffallend kleinen Einfluß auf den Blutdruck, und es kann anästhesierten Tieren per os oder subcutan in nichtletalen Dosen gegeben werden, ohne den Druck irgendwie zu beeinflussen. Eine größere in die Vene gemachte Injektion erzeugt jedoch eine Wirkung; während fünf oder sechs Sekunden kann der Blutdruck steigen, dann fällt er rasch, steigt aber bald wieder, obgleich nicht bis zu seiner früheren Höhe. Der erste plötzliche Druckfall rührt von der direkten Wirkung einer konzentrierten Sparteinlösung, welche plötzlich das Herz erreicht, her; sie ist von geringer Bedeutung und ist nicht zu sehen, wenn das Spartein entweder gut verdünnt ist, oder wenn es langsam in die Vena femoralis injiziert wird. Die beständige Blutdrucksenkung ist von großer Bedeutung; sie rührt nicht von Herzschwäche her, da der Ausfluß von Blut zu dieser Zeit immer etwas größer ist, als normal, aber sie wird ganz durch Gefäßerweiterung hervorgerufen. Die Ursache dieser Gefäßerweiterung ist nicht untersucht worden, aber wenn man nach ihrem Typus und der Beständigkeit ihrer Wirkung schließt, wird sie höchstwahrscheinlich in derselben Weise hervorgerufen, wie die, welche durch Coniin, Nicotin und die anderen Glieder dieser Gruppe von Drogen verursacht wird, nämlich durch Lähmung der Ganglienzellen auf dem Verlaufe der gefäßverengernden Fasern. Die Gefäßerweiterung kann in den Gefäßen des Kaninchenohrs beobachtet werden, und eine hoch gerötete Haut ist ein allgemein erkanntes Symptom beim Menschen[1]). Clarke und viele andere Kliniker sind jedoch fehlgegangen, indem sie feststellten, daß der Blutdruck, welchen sie durch die Untersuchung der sphygmographische Kurven bestimmten, einer Methode, welche heute als unbrauchbar anerkannt worden ist, gesteigert wird.

Spartein übt keine Wirkungen auf das Säugetierherz aus, welche mit der Wirkung von Digitalis verglichen werden können. Digitalis verlangsamt den Herzschlag und erhöht leicht den Blutdruck, Spartein beschleunigt den Herzschlag (in therapeutischen Dosen) und verursacht eine leichte Blutdrucksenkung. Digitalis verursacht Gefäßverengerung und Spartein Gefäßerweiterung. Bei großen Dosen macht Digitalis den Herzmuskel übererregbar und sehr rasch, so daß die Vagi gelähmt zu sein scheinen; Spartein macht den Herzmuskel etwas weniger erregbar und etwas langsamer als normal, und die Vagi sind in Wirklichkeit gelähmt. Digitalis ist ein Herzgift, Spartein ein Nervengift, und das Herz wird bei einem Tiere durch die Einführung von zehn tödlichen Dosen nicht gehemmt, vorausgesetzt, daß wirksame künstliche Atmung ausgeführt wird.

---

[1]) J. Mitchell Clarke, Amer. Journ. of med. Sc. **94**, 363 (1887).

Fleisher und Loeb[1]) haben gezeigt, daß eine einzelne Injektion von Adrenalin, der eine Injektion von Sparteinsulfat vorangeht, bei Kaninchen eine für das bloße Auge sichtbare myokarditische Läsion erzeugt. Adrenalin allein verursacht keine derartige Wirkung, so daß es aussieht, als ob Spartein auf irgend eine Weise die Widerstandskraft des Herzens für übermäßige mechanische Anstrengungen vermindert.

Niere. Ginsterstaubblätter haben sich lange eines gewissen Rufes als Diureticum erfreut, und dies bestärkte vielleicht den Glauben an die Wohltaten von Spartein als ein Herzmittel. Laborde und Legris fanden, daß bei Tieren die Harnmenge gesteigert wurde; Voight beschreibt auch eine diuretische Wirkung. Clarke[2]) findet klinisch, daß Spartein die Harnmenge und den Harnstoff vermehrt, aber er erhielt seine Resultate hauptsächlich von Patienten, welche an Herzkrankheit litten.

Patons[3]) sorgfältige Untersuchungen an gesunden Menschen zeigten, daß es weder auf die Harnmenge noch auf irgendwelche Bestandteile desselben nach Dosen von 0,06 g eine Wirkung hatte, einer Dosis, welche genügte, um Kopfschmerzen, etwas Schwäche und ein Gefühl von Prickeln zu verursachen. Stössel[4]) und Lewaschew[5]) glauben auch, daß Spartein keine diuretische Wirkung hat, aber Rohde[6]) und Kurloff[7]) behaupten, daß nach Dosen von 0,04 g täglich Diurese die Regel ist.

Inmitten dieser scheinbar sich widersprechenden Behauptungen ist es schwer, die richtige Erklärung zu finden. Bei gesunden Menschen fehlt der Beweis, daß Spartein den Harnfluß vermehrt, aber unter gewissen krankhaften Bedingungen kommt sicherlich etwas gesteigerter Harnfluß vor. In Griffes Versuchen an Kaninchen wurde die Harnabsonderung unter seinem Einfluß vermindert. Ich habe häufig bei Hunden gefunden, daß wenige Kubikzentimeter einer 1proz. Sparteinlösung einen reichlichen Harnabfluß verursachen, aber in anderen Fällen gelang es mir nicht. eine Wirkung zu erhalten. Der ganze Gegenstand erfordert geeignete Untersuchung. (Siehe Abb. 1).

Wirkung auf die Nervenzellen. Es werden sehr wenige Beobachtungen über die Wirkung von Spartein auf die Nervenzellen berichtet. Fick, Masius und andere haben jedoch beobachtet, daß der Herzvagus gelähmt ist. Aber selbst wenn die Lähmung vollständig ist, kann Muskarin noch den Schlag verlangsamen, so daß angenommen wird, daß das Hemmungsneuron unversehrt ist, und daß die Hemmung in den Nervenzellen im intrakardialen Vagus vorkommt. Fick behauptet jedoch, daß, wenn das Herz unter dem Einfluß von Spartein steht, diastolische Hemmung nicht durch Muskarin erzeugt werden kann.

Eine auf das obere Cervicalganglion applizierte starke Sparteinlösung lähmt die Nervenzellen, da Reizung der postganglionären Fasern die gewöhnliche Wirkung auf die Pupille und die Blutgefäße des Ohres hervorruft, während Reizung des Sympathicus im Nacken (präganglionäre Fasern) ganz frei von Wirkung ist.

Nach großen Dosen werden gelegentlich Erbrechen und Diarrhöe beobachtet, und nach kleinen Dosen sind die automatischen Bewegungen des Magens und

[1]) S. M. Fleisher und L. Loeb, Archiv of Int. Med. **3**, 78 (1909).
[2]) J. Mitchell Clarke, Amer. Journ. of med. Sc. **94**, 363 (1887).
[3]) Paton, Journ. de l'Anat. et Physiol. **5**, 295 (1871).
[4]) Stössel, Zentralbl. f. d. ges. Therapie 1887, 163.
[5]) S. W. Lewaschew, Zeitschr. f. klin. Med. **16**, 56 (1889).
[6]) Rohde, Berliner klin. Wochenschr. 1892, 815.
[7]) M. Kurloff, Archiv f. klin. Med. **45**, 57 (1889).

der Eingeweide etwas erhöht. Die Wirkung ist sicherlich peripher, da ich verstärkte Darmbewegungen infolge von Spartein nach Durchschneidung des Rückenmarks, der Vagi und der Splanchnici bei Hunden beobachtet habe. Die wahrscheinlichste Erklärung ist etwas Depression der hemmenden Nervenzellen, so daß, wenn diese Einflüsse entfernt worden sind, die automatischen Bewegungen vermehrt sind, und zur Stütze dieser Hypothese war ich[1]) imstande, zu zeigen, daß gewisse verwandte Alkaloide im Verhältnis zu ihrer Fähigkeit, Nervenzellen zu lähmen, als Abführmittel wirken.

Giftige Wirkungen. Nach Legris hat Spartein in Dosen von 0,2 g keinen wahrnehmbaren Einfluß auf das menschliche Gehirn oder das Rückenmark, obgleich 0,3 g oder mehr Schwindel, Kopfschmerzen, Herzklopfen und Prickeln in den Extremitäten verursachen; die Oberfläche der Haut wird rot und feucht, oft mit reichlichem Schweißausbruch. Nach 0,4 g beobachtete Garaud entschiedenen Herzschmerz mit Gefühlen von Hitze und Gesichtsröte und Kraftverlust in den Beinen; die Symptome fingen ungefähr 20 Minuten nach der Einnahme des Alkaloids an und erreichten ihr Maximum in vier bis fünf Stunden.

Scoparin.

Scoparin, $C_{19}H_{16}O_8(OH)(OCH_3)$, ist eine Phenolsubstanz (kein Glukosid), welche im Ginster, Cytisus Scoparius, Link (N. O. Leguminosae) vorkommt, und welche durch Kochen der Staubblätter und Zweige der Pflanze und durch Verdampfung hergestellt wird. Das gelatinöse, rohe Scoparin, das man auf diese Weise erhält, wird in kochendem Wasser, das einige Tropfen Salzsäure enthält, aufgelöst und filtriert; das Gelee wird durch Waschen, Auspressen und Trocknen gereinigt. Scoparin kommt als eine geschmacklose, geruchlose, neutrale, blaßgelbe, amorphe, spröde Masse oder als ein gelbes, krystallinisches Pulver vor. Es enthält den Phlorogluzinolkomplex.

Heißer Alkohol verwandelt es in eine Mischung eines geleeähnlichen, unlöslichen Teiles und in eine krystallinische lösliche Modifikation. Es ist kaum löslich in kaltem Wasser; löslich in heißem Wasser, indem es eine leicht grünlich-gelbe Lösung bildet; etwas löslich in kaltem Alkohol; leicht löslich in Ammoniaklösung und in Lösungen der ätzenden Alkalien und ihrer Carbonate.

Viele Forscher haben dieser Substanz die diuretischen Eigenschaften zugeschrieben, von welchen sie annahmen, daß sie charakteristisch für das Dekokt von Ginsterspitzen sind, seitdem ist es zuerst von Stenhouse[2]) dargestellt und beschrieben worden. Es ist keine aktive Substanz und kann Menschen in Grammdosen gegeben werden, ohne irgendwelche Symptome zu erzeugen. Es ist früher viel von Klinikern als ein Diureticum bei der Behandlung von Wassersucht empfohlen worden. Paton[3]) versuchte einige sorgfältige Experimente an Menschen, wobei er 1—2 g täglich benutzte; er fand, daß der Harn nicht vermehrt war, daß sein spezifisches Gewicht, Chloride, Sulfate, Phosphate usw. unverändert blieben, und er schloß, daß es keine Wirkung auf den Harn beim

[1]) W. E. Dixon, Journ. Physiol. **30**, 108 (1904).
[2]) Stenhouse, Phil. Trans. **141**, 422 (1851).
[3]) Paton, Journ. Anat. and Physiol. **5**, 294 (1871).

gesunden Menschen ausübt. Brunton[1]) versichert auch aus seinen Versuchen, daß Scoparin für den gesunden Menschen kein Diureticum ist.

In meinen eigenen Versuchen an Hunden habe ich nie Diurese infolge von Injektion von Scoparin in eine Vene gesehen. Es ist eine relativ unwirksame Substanz.

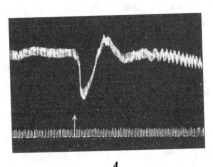 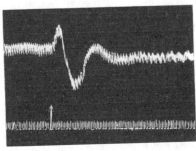

A   B

Abb. 18. Blutdruckkurven beim Hund. Zeigt die Wirkung der Injektion A von 50 mg Scoparin und B 20 mg Spartein. Eine ähnliche Wirkung wie die von A kann durch eine kleine Injektion von Kalium erhalten werden; sie ist von geringer Bedeutung.

7. Gelsemin und Gelseminin.

Die Mutterdroge Radix Gelsemii besteht aus dem getrockneten Rhizom und der Wurzel von Gelsemium nitidum Michaux, auch als G. sempervirens. Pers. (N. O. Loganiaceae) bekannt, einer in den atlantischen Regionen der Vereinigten Staaten einheimischen Schlingpflanze. Der Wurzelstock kommt gewöhnlich in geraden, fast zylindrischen Stücken von 10—20 cm Länge und 5—20 mm Dicke vor.

Gelsemium hat einen bitteren Geschmack und einen etwas angenehmen Geruch. Die Droge enthält ein krystallinisches Alkaloid, Gelsemin, ein amorphes Alkaloid, Gelseminin (0,2—0,7%), β-Methyl-Äsculetin, Stärke, festes Öl, Resin usw. Gelseminin ist stark giftig, aber Gelsemin ist viel weniger kräftig, und die meisten Wirkungen, welche Gelsemin zugeschrieben worden sind, müssen der Gegenwart des amorphen und giftigen Körpers Gelseminin als eine Unreinigkeit zugeschrieben werden. β-Methyl-Äsculetin (Scopoletin, Eykenan; Chrysatropsäure (Kunz) wird auch in der Belladonnawurzel, im Scopolarhizom und in der Roßkastanienrinde gefunden.

Viele von den Widersprüchen in der Literatur über die Wirkung dieses Mittels muß den unreinen Präparaten der Alkaloide, von denen das Gelsemin von Wormley[2]) und Sonnenschein[3]) eines ist, zugeschrieben werden. Gerrard[4]) präparierte zuerst reines Gelsemin, und Thompson isolierte zuerst amorphes Gelseminin.

Gelsemin.

Gelsemin, $C_{20}H_{22}N_2O_2$, ist ein aus der Wurzel von Gelsemium nitidum Michaux (N. O. Loganiceae) gewonnenes Alkaloid. Es kommt in ganz kleinen

[1]) Zander Brunton, Pharmacology and Therapeutics, London 1887.
[2]) Theo. G. Wormley, Jahresber. über die Fortschritte der Chemie 1870, 884.
[3]) Sonnenschein, Ber. d. deutschen chem. Gesellsch. 1876, 1182.
[4]) A. W. Gerrard, Pharm. Journ. and transactions **13**, 654, 1883.

mikroskopischen Krystallen vor, Schmelzpunkt 178°. Es hat eine stark alkalische Reaktion. Gelsemin muß sorgfältig vom amorphen Gelseminin unterschieden werden; es muß bemerkt werden, daß Mercks „Gelseminin" aus krystallinischem Gelsemin und nicht aus amorphen Gelseminin besteht. Es ist schwer in Wasser, aber leichter in Alkohol löslich und ist sehr leicht in Äther oder Chloroform löslich.

Gelsemin ist kein aktives Gift; es hat kaum irgendeine Wirkung bei Säugetieren, selbst wenn es intravenös in halben Grammdosen injiziert wird; aber in 10/mg-Dosen erzeugt es gewisse interessante Wirkungen auf Frösche. Rouch[1]) benutzte Gerrards Alkaloid und bemerkte die erhöhte Reflexerregbarkeit, aber die Verusche von Ringer und Murrell[2]), Putzeys und Romiée[3]), Berger[4]) und Moritz[5]) wurden mit variablen Mischungen der beiden Alkaloide gemacht, und so sind die Symptome, welche sie beschreiben, nicht konstant.

Gelsemin wirkt, indem es zuerst die Reflexerregbarkeit erhöht, und in sehr großen Dosen hat es eine curareähnliche Wirkung auf die motorischen Nerven. Wenn 10 mg der Salzsäure subcutan in den Frosch injiziert werden, werden die Reflexe rasch gesteigert, und die spontanen Bewegungen werden dadurch verändert, daß die Glieder bei jedem Bewegungsversuch geschleudert werden. Das Tier kann normal erscheinen, bis es gestört wird, aber die leiseste Berührung erzeugt die typischen Krämpfe der Strychninvergiftung, und man sieht sogar Opisthotonus. Während der Krämpfe beobachtet man, daß die Vorderbeine über der Brust gekreuzt sind. Die Atmung wird zuerst nicht affiziert, aber später verschwindet sie. Bei Gelseminvergiftung wird das Reflexvermögen nicht eher erschöpft als bei Strychninvergiftung, d. h. daß in diesem Stadium die periphere motorische Lähmung nicht sichtbar ist.

Cushny[6]), welcher die beste Beschreibung der Wirkung auf den Frosch gibt, schloß das Gift von einem Bein durch eine Ligatur des ganzen Gliedes, außer dem N. ischiadicus aus und injizierte dann 20 mg des Alkaloids. In diesem Falle folgte ein Zustand der Lähmung auf die Krämpfe, so daß die Reizung des N. ischiadicus zum Bein, in welchem der Kreislauf unversehrt war, keine Reaktion auslöste, obgleich der Muskel sich noch mehrmals auf direkte Erregung kontrahierte. Das abgebundene Bein konnte jedoch noch in Krämpfe versetzt werden, lange nachdem das nicht abgebundene aufgehört hatte, sich zu bewegen, und diese Krämpfe konnten durch Berührung von irgendeinem Körperteile erhalten werden, was zeigt, daß die afferenten Nerven und das Rückenmark nicht gelähmt waren. Sobald die Nerven des unabgebundenen Beines ihre Beherrschung über den Muskel wiedergewannen, erschienen die gesteigerten Reflexe wieder. Die Krämpfe werden durch Köpfung nicht beseitigt, aber verschwinden wieder, wenn das Rückenmark zerstört worden ist.

Sehr große Dosen Gelsemin töten das Herz in Diastole; ungefähr 20 mg subcutan genügen gewöhnlich, um dies zu bewirken, aber selbst dann ist die direkte Muskelerregbarkeit nicht verschwunden, und das Herz kann durch Durchströmung mit Ringerlösung wiederhergestellt werden.

Gelsemin hat daher keine wichtige Wirkung auf Säugetiere, aber bei Fröschen verursacht es strychninähnliche Krämpfe, und nach sehr großen Dosen wirkt es wie Curare auf motorische Nerven, lähmt aber nicht das Rückenmark.

---

[1]) Rouch, Pharm. Journ. **13**, 1883, 643.
[2]) Sydney Ringer u. W. M. Murrell, Lancet (1876) **1**, 82.
[3]) Felix Putzeys u. H. Romiée, Mémoires sur l'action physiologique de la Gelsemine. Bruxelles 1878.
[4]) O. Berger, Zentralbl. f. d. med. Wissensch. **43** u. **44** (1875).
[5]) M. Moritz, Archiv f. experim. Pathol. u. Pharmakol. **11**, 299 (1879).
[6]) Arthur R. Cushny, Archiv f. experim. Pathol. u. Pharmakol. **31**, 49.

Gelseminin.

Gelseminin von Thompson ($C_{22}H_{266}N_2O_3$) wird als eine amorphe Substanz erhalten, nachdem man Gelseminsalzsäure durch Krystallisation aus Alkohol von ihm abgetrennt hat; es ist in zwei getrennte Körper geschieden worden, welche verschiedene Schmelzpunkte und Löslichkeiten haben[1]). Wenn es mit Ammoniak behandelt wird, wird ein Teil des rohen Gelsemins aufgelöst; der lösliche Teil ist auch basisch und ist Gelsemoidin genannt worden, während man sagt, daß der unlösliche Teil weniger giftig als irgend ein anderer der Gelseminbasen ist. Solange die Chemie dieses Alkaloids ungelöst beibt, ist es für uns ratsam, die Wirkung von Thompsons Gelseminin zu beschreiben. Es ist in Wasser, Alkohol, Äther und Chloroform löslich und hat einen Schmelzpunkt von 158—160°.

Wirkung auf den Frosch. Gelseminin, Fröschen in 2-mg-Dosen injiziert, verursacht ein merkwürdiges Zittern des Kopfes und der Schultern während der willkürlichen Bewegungen, welches ein oder zwei Sekunden dauert. Das Tier wird jedoch bald ruhig, und die Reflexerregbarkeit ist vermindert; später verschwindet die Atmung und das Tier kann auf den Rücken gelegt werden und wird in der ausgestreckten Stellung darauf liegen bleiben, obgleich bei Erregung des einen Beines der Kopf gehoben wird und das gewöhnliche Zittern eintritt. Bald hören alle Bewegungen auf, obgleich Kontraktion der Muskeln noch durch Reizung des Rückenmarks erhalten werden kann, aber es entsteht eine sichtbare Abschwächung der Kontraktion, und vollständige periphere motorische Lähmung ist nach sehr großen Dosen beschrieben worden. Wir nehmen an, daß der Muskel immer normal reagiert, wenn er direkt gereizt wird, obgleich Bufalini[2]) anders darüber denkt. Das folgende Protokoll von Cushny zeigt die typische Wirkung einer großen Injektion.

Rana esculenta.

11ʰ 30′ a. m. Injektion von 7 mg Gelseminchlorid in den Bauchlymphsack.

12ʰ Der Frosch sitzt still, aber kann noch hüpfen und atmet regelmäßig.

12ʰ 30′ Atmung unregelmäßig. Der Kopf hängt herunter. Kann noch hüpfen. Kopfzittern. Lähmung der Luft.

1 p. m. Kopf noch tiefer. Wenn erregt, hebt er ihn, er fällt aber allmählich wieder und mit deutlichem Zittern. Das Tier kann auf den Rücken gelegt werden, ohne irgendeinen Versuch zu machen, sich wieder zu erholen. Es springt fort, wenn man es kneipt.

2ʰ 45′ Die Atmung hörte auf. Der Kopf ruht auf dem Tisch. Kann noch hüpfen und erhebt sich von der Rückenlage, wenn er zu stark gekneipt wird.

6ʰ 30′ Zittern der Beine, wenn man es auf den Rücken legt.

10ʰ 15′ Liegt wie tot da. Das Herz schlägt jedoch, und die Muskeln reagieren durch einen einzigen Stoß auf Reizung des Rückenmarks.

Nächster Tag. 9 a. m. Es kann kein Herzschlag gefühlt werden. Die Muskeln reagieren nur auf direkte Reizung.

9 p. m. Das Tier ist tot.

Putzeys und Romiée zeigten, daß dieses Alkaloid den N. vagus lähmt, aber daß Muscarin das Herz hemmt, nachdem die Lähmung vollständig ist, so daß es nicht das Hemmungsneuron sein kann, welches gelähmt wird, wie es der Fall mit Atropin ist, aber die letzte Zellstation war, so daß Gelseminin in dieser Hinsicht Nicotin und Coniin ähnelt. Cushny benutzte Williams Apparat, erhielt aber keine Wirkung auf das Herz, wenn nicht so große Dosen des Alkaloids benutzt wurden, um das Experiment ungültig zu machen.

---

[1]) Layre, Proc. Amer. Pharm. Assoc. **58**, 949 (1910).
[2]) G. Bufalini, Boll. d. Soc. tr. i. cult. d. sc. med. Siena 1885.

Beim Frosch können daher drei Hauptfaktoren beobachtet werden: 1. Zittern, welches zentralen Ursprungs ist; 2. Lähmung des Zentralnervensystems; 3. Lähmung der motorischen Nervenenden und des N. vagus.

Wirkung auf Säugetiere.

Die Hauptsymptome bei den Säugetieren entsprechen jenen bei den Fröschen, wobei die Hauptwirkung eine absteigende Lähmung des Zentralnervensystems ist. 1 mg, einem Kaninchen injiziert, veranlaßt es, bald aufzuhören, sich zu bewegen und in 15 Minuten wird es gestreckt daliegen; später wird die Atmung mühsam, das Tier sinkt allmählich, bis es flach daliegt. Jede Bewegung ist von Zittern der Kopfmuskeln begleitet, und das Zittern dehnt sich auf den ganzen Körper aus. Die Atmung wird nun schwächer und hört oft mit asphyktischen Krämpfen auf. Der Augenlidreflex und die Schmerzempfindungen bleiben bis zum Tode. Katzen zeigen dieselben Symptome, außer daß es gewöhnlich noch Erbrechen und Durchfall gibt und das Zittern weniger deutlich ist. Folgendes ist ein typisches Beispiel von Cushny.

Großes Kaninchen. Gewicht 2,85 kg.

4^h 35—4^h 36' p. m. 1 mg in die V. saphena injiziert.
4^h 37' Das Tier springt herum wie vor der Injektion.
4^h 40' Sitzt still, etwas ausgestreckt.
4^h 43' Stoßweise Atmung, 120 pro Minute.
4^h 44 Springt noch herum.
4^h 45' Der Kopf sinkt auf den Boden. Die Nasenflügel in heftiger Bewegung.
4^h 47' 105 Atmungen pro Minute.
4^h 49' Der Kopf wird gelegentlich vom Boden in die Höhe gehoben, fällt aber wieder, allmähliches Zittern. 76 Atmungen pro Minute.
4^h 52' Springt herum, wenn gestört. Das Zittern erstreckt sich nun auf den ganzen Körper.
4^h 57' Krampfbewegungen der Hinterbeine.
4^h 48' Cornealreflex noch vorhanden. Pupillen normale Größe. Atmung 20 pro Minute.
4^h 52' Die Atmung hört auf. Schreien. Schwache Krämpfe und heftige Bewegungen des exspitarorischen Bauchmuskels.
5^h 1' Starke Krämpfe. Das Herz schlägt noch.
5^h 3' Kein Herzschlag.

Atmung. Bei Säugetieren nimmt die Anzahl und die Tiefe der Atmung sofort ab, und das Tier zeigt deutliches Unbehagen und übertriebene Kontraktion der respiratorischen Bauchmuskeln, häufig wird Cheyne - Stokesche Atmung vor dem Tode beobachtet[1]), obgleich Putzey und Romiée glauben, daß die Pause in der Mitte der Einatmung vorkommt, während Cushny annahm, daß die Pause nur eine stark verlängerte Ausatmungspause ist.

Das Versagen der Atmung, welches das charakteristische Bild der Vergiftung ist, wird gewöhnlich als von der Lähmung des Zentrums herrührend angesehen, weil die N. phrenici und intercostalis noch auf Elektrizität reagieren. Aber ihre Reaktion ist nicht normal; sie ermüden leicht und können versagen, eine genügende Anzahl von Impulsen zu übermitteln, um eine andauernde Kontraktion der Muskeln zu verursachen, und Cushny glaubt, daß das Zittern des willkürlichen Muskels die Ursache der Unterbrechungen der Kontraktionen sein kann. Wir schließen daher, daß das Zentrum durch das Gift gelähmt wird, obgleich die Nervenendigungen gleichzeitig geschwächt werden können.

Kreislauf. Man behauptet, daß das Herz und der Blutdruck durch Gelseminin nur wenig beeinflußt werden. Berger zeigte, daß enorme, Hunden und Kaninchen eingeführte Dosen wenig Wirkung hatten, wenn künstliche Atmung

---

[1]) Burdon - Sanderson, Lancet 1876.

beibehalten wurde. Der N. vagus wird jedoch gelähmt, obgleich andere Ganglienzellen nicht mit gleicher Leichtigkeit gelähmt zu werden scheinen. Befriedigende Beobachtungen über diesen Punkt fehlen.

Pupille. Gelseminin subkutan oder intravenös gegeben, affiziert die Pupille nicht, da Atemlähmung eintritt, ehe die Pupille sich erweitert.

Bei lokaler Applikation auf das Auge ist es etwas reizend; in 15 Minuten fängt die Pupille an, sich zu erweitern, und die Akkommodation und der Lichtreflex sind verloren, aber die Wirkung ist nicht während sechs bis acht Stunden auf ihrer Höhe und dauert zwei drei Tage. Die Mydriasis dauert nicht so lange wie die von Atropin und ist weniger vollständig; es wird allgemein angenommen, daß sie von der Lähmung der Ciliarnerven in der Iris und im Ciliarmuskel herrührt. Wenn die Wirkung auf ihrer Höhe ist, übt lokal auf das Auge appliziertes Pilocarpin keine Wirkung aus, obgleich Physostigmin eine kleine Pupillenverengerung verursachen wird.

Symptome von Vergiftung beim Menschen. Nach giftigen Dosen des Giftes ist die Muskelschwäche außerordentlich, und in mehreren Fällen[1]) sind die Beugermuskeln des Armes besonders affiziert worden. Die Störung des Sehvermögens ist deutlich; doppeltes Sehen oder teilweise oder ganze Blindheit können vorkommen; die Pupille bleibt starr und ist stark erweitert; der M. rectus externus ist geschwächt, manchmal genügend, um ein Schielen nach innen zu erzeugen. Das Augenlid sinkt oder wird mit Schwierigkeit gehoben, und es entsteht gewöhnlich ein Schmerz in den Augen oder über den Augenbrauen. Der Gang ist schwankend, das Kinn fällt immer herunter und die Artikulation fehlt. Die Atmung wird langsam, schwach und mühsam, und ihr Versagen ist die Todesursache. Das Bewußtsein und die Schmerzempfindung bleiben, wenigstens in manchen Fällen, bis kurz vor dem Tode.

Gelseminin ist wirklich ein sehr giftiges Alkaloid; die tödliche Dosis für Kaninchen ist $1/2$ mg pro Kilo, und das würde 30—40 mg für einen mittleren Menschen entsprechen.

---

[1]) Boston, Med. and Surg. F. N. Goss **101**, 18 (1879).

Quebracho-Alkaloide.

Von

Walter E. Dixon und **Fred Ransom**-Cambridge.

Mit 3 Textabbildungen.

Quebracho ist die getrocknete Rinde von Aspidosperma Quebracho-blanco, Schlecht, einem großen immergrünen Baum der Familie Apocynaceae, der in den trocknen zentralen und westllchen Gebieten von Argentinien wächst.

Bestandteile: Die Rinde enthält außer 3—5% der Quebrachogerbsäure und den zwei Zuckerarten Quebrachit und Inosit nebst Stärke noch sechs Alkaloide, nämlich Aspidospermin, Aspidospermatin, Aspidosamin, Quebrachin, Hypoquebrachin und Quebrachamin. Das Aspidospermin des Handels, das gewöhnlich eine Mischung dieser Alkaloide darstellt, löst sich nur in sauren Lösungen und wird in Dosen von 1—2 mg gegeben.

Das Quebrachin, $C_{21}H_{26}N_2O_3$, ist in der Rinde in größeren Mengen als die anderen Alkaloide vorhanden, zu ca. 0,28%. Es krystallisiert in farblosen Nadeln, die sich mit der Zeit gelblich färben und bei 214—216° unter Zersetzung schmelzen. Es löst sich wenig in kaltem, leicht in siedendem Alkohol oder Chloroform, fast gar nicht in Wasser. Die alkoholische Lösung ist rechtsdrehend. Von den Salzen der übrigen Quebracho-Alkaloide zeichnen sich die des Quebrachin dadurch aus, daß sie besser krystallisieren. Mit Ausnahme des Lactats sind die Salze des Quebrachins kaum in Wasser löslich.

Zusatz von Bleisuperoxyd oder Kaliumbichromat bedingt das Auftreten einer prächtig blauen Färbung. Das Aspidospermin, $C_{22}H_{30}N_2O_2$, krystallisiert in farblosen Prismen oder zarten Nadeln und löst sich leicht in Benzin, Chloroform und Alkohol, weniger in Äther. Die alkoholische Lösung ist linksdrehend. In Wasser beträgt seine Löslichkeit bei 14° 1:6000. Die einfachen Salze krystallisieren nicht, sind aber in Wasser löslich. Auf Zusatz von nicht vollkommen reiner Überchlorsäure geben seine Lösungen eine intensiv rote Färbung.

Das Aspidospermatin, $C_{22}H_{23}N_2O_2$, linksdrehend, bildet Krystallwarzen, die in Alkohol, Äther und Chloroform leicht löslich sind. Von seinen Salzen ist das Lactat am besten löslich.

Das Aspidosamin, $C_{22}H_{28}N_2O_2$, ist in Wasser fast unlöslich, schwer in Petroläther, leicht in Äther, Chloroform, Alkohol und Benzin.

Das Hypoquebrachin: das schwefelsaure Salz ist am besten löslich.

Wirkung.

Respiration. Kleine Gaben der Quebracho-Alkaloide haben bei Tieren eine so eigenartige und auffallende Wirkung auf die Atmung, daß es nicht verwundern kann, wenn sie bei Menschen hauptsächlich in der Behandlung von Asthma und dyspnoischen Zuständen Verwendung gefunden haben.

Alle Quebracho-Alkaloide, in Gaben von 1—2 mg Kaninchen intravenös beigebracht, rufen eine Beschleunigung und Vertiefung der Respiration hervor. Größere Gaben, z. B. 5—10 mg, haben auf die Schnelligkeit der Atemzüge entweder gar keinen Einfluß oder sie setzen sie herab; die Tiefe dagegen wird immer um ein bedeutendes vergrößert. Nach subcutaner Injektion kann man bei Kaninchen diese Veränderungen in 5—8 Minuten, bei Hunden in etwa 20 Minuten wahrnehmen. Diesem Zustande folgt, bei hinreichend großen Gaben, unregelmäßige und krampfhafte Atmung.

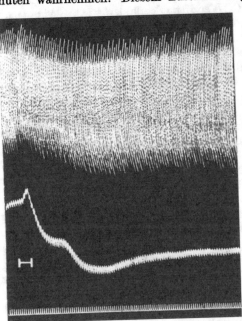

Abb. 1. Katze. 0,4 proz. Aspidospermin 1 ccm intravenös. Kardiometer und Blutdruck.

Die Toxizität der Alkaloide ist unter sich recht verschieden, aber ihre Wirkungsweise im ganzen die gleiche. Am stärksten toxisch ist das Quebrachin, bei dem nach großen Gaben die Reizerscheinungen oft durch die rasch darauffolgende Lähmung verdeckt werden. Nach kleinen Gaben jedoch sieht man ohne Schwierigkeiten bei Katzen, Hunden und Kaninchen eine recht große Vertiefung der Atemzüge, wobei mitunter die Minutenzahl wenig Veränderung erleidet. Die Behauptung von Eloy und Huchard, daß Quebrachin auf den Rhythmus und die Tiefe der Respiration keinen Einfluß habe, ist entschieden ein Irrtum.

Aspidospermin ist bei weitem weniger toxisch für die Atmung als Quebrachin, es lassen sich aber leichter mit ihm die Reizerscheinungen demonstrieren. Nach Eloy und Huchard[1] sollen kleine Gaben in 10—15 Minuten die Tiefe der Atemzüge um das Fünffache vergrößern, bald darauf soll Beschleunigung folgen, und dieser Zustand kann dann 2—3 Stunden anhalten. Nach größeren Gaben sollen sich Unregelmäßigkeit der Respiration einstellen und die Tiefe und Größe der Atemzüge verkleinert werden. Diese Beobachter sind ferner der Meinung, daß Aspidospermin die Respiratio abdominalis mehr als die Respiratio costalis beeinflußt und daß es die Atembewegungen in einem höheren Grad verändert als die anderen Quebracho-Alkaloide es tun.

Penzoldt[2] gab jedem von zwei Kaninchen 60 mg und sah nach 8 Minuten die Respiration schwächer werden. 2 Minuten später injizierte er 120 mg, darauf folgten Muskellähmung, tetanische Krämpfe und Respirationstod. Harnack und Hoffmann[3] geben an, daß die Atmung nach Aspidospermin zunächst flach und dann plötzlich sehr beschwerlich wird.

---

[1] Charles Eloy und Henri Huchard, Arch. de physiol. 7, 236 (1885).
[2] Franz Penzoldt, Berliner klin. Wochenschr. 17, 129, 565 (1880).
[3] Erich Harnack und H. Hoffmann, Zeitschr. f. klin. Medizin 8, 471 (1884).

Es steht fest, daß mäßige Dosen subcutan gegeben, z. B. 30 mg für einen Hund, Erregung der Respiration und meistens Erbrechen verursachen (Abb. 1).

Hypoquebrachin wirkt wie Aspidospermin — die Respiration wird tiefer und schneller —, aber um denselben Grad der Wirkung zu erreichen, muß die Dosis bedeutend größer sein.

Diese Dyspnoe hat mehrere Erklärungen gefunden. Penzoldt[1]) meinte, daß die Alkaloide das Blut verändern; auch Eloy und Huchard[2]) glauben, daß die Farbe des Blutes wie bei der CO-Vergiftung verändert wird. Gutmann[3]) behauptet, daß bei Tieren das venöse Blut hellrot wird, gibt aber zu, daß es nach sehr großen Gaben eine schwarzrote Farbe erhält.

Wood und Hoyt[4]) untersuchten die Wirkung des Aspidospermin des Handels auf die Respiration von Hunden, von denen einige narkotisiert wurden (Morphin und Äther), andere nicht. Sie fanden, daß Injektionen von 2,5—8 mg. pro Kilogramm Körpergewicht eine Beschleunigung und Vertiefung der Atmung bedingten, welche einer Steigerung der pro Minute eingeatmeten Luft von 2,25 l auf 9,37 l glich. Diese Veränderung war am deutlichsten 5—10 Minuten nach dem Einspritzen und hielt über eine Stunde an. Eine zweite Einspritzung wirkte nicht stärker als die erste. Das Blut bekam im Laufe der Reaktion eine hellrote Farbe und der Prozentgehalt der ausgeamteten Luft an CO_2 wurde verkleinert, aber die ganze Menge des ausgeschiedenen CO_2 vermehrt.

Noch zwei Tatsachen bedürfen der Erwähnung:

1. Diese Alkaloide verändern das Blut-Oxyhämoglobin in vitro nicht und das spektroskopische Bild bleibt normal, auch wenn das Tier große Gaben erhalten hat.

2. Trennung der beiden Vagi hindert nicht die Wirkung auf die Atmung, der Prozentgehalt an CO_2 wird während der Dyspnoe verkleinert, während der Lähmung vergrößert.

Aus diesen Gründen erscheint es wahrscheinlich, daß die Wirkung eine zentrale auf das Atemzentrum ist.

Cushny untersuchte die Wirkung von Morphin, Chloral, Urethan, Strychnin und Coffein auf die Atmung von narkotisierten Tieren und fand, daß die Schnelligkeit mehr als die Tiefe beeinflußt wurde. Er meint, daß solche Mittel eher auf die Geschwindigkeit als auf die Tiefe wirken und daß letztere in der Hauptsache von der CO_2-Spannung abhängt. Quebrachin jedoch wirkt auf beide, am meisten aber auf die Atemtiefe und dies zu einer Zeit, als die CO_2-Spannung vermindert ist.

Veränderungen im Blutdruck können, wie bei den Nitriten, die Respiration beschleunigen, und es ist richtig, daß Quebrachin mittels Erweiterung der kleinsten Arterien den Blutdruck herabsetzt; dies kann aber nicht die Ursache der Atmungsbeschleunigung sein, denn letztere kommt auch gelegentlich vor, wenn der Blutdruck nicht erniedrigt wird.

Da die Quebracho-Alkaloide diese eigenartige Reizwirkung auf das Atemzentrum ausüben, konnte man auch eine Erregung anderer Zentren in der Medulla erwarten. Wir werden aber gleich sehen, daß die periphere Wirkung des Quebracho so bedeutend ist, daß sie jede zentrale Veränderung des Vagus oder der vasomotorischen Nerven völlig verdeckt. Die Verabreichung dieser Alkaloide ruft gewöhnlich Erbrechen hervor, welches nach subcutaner Injektion und nach kleineren Gaben schneller erfolgt als wenn sie per os gegeben werden.

---

[1]) Franz Penzzoldt, l. c.   [2]) Charles Eloy und Henri Huchard, l. c.
[3]) G. Gutmann, Archiv f. exp. Path. u. Pharm. 14. 460. 1881.
[4]) Wood u. Hoyt, Univ. of Penn. Med. Bull. 16. 250. 1903.

Es ergibt sich hieraus, daß wahrscheinlich das Erbrechen die Folge einer zentralen Reizwirkung ist.

Durch größere Gaben der Quebracho-Alkaloide wird die Atmung zunächst herabgesetzt und schließlich gelähmt. Harnack und Hoffmann[1]) berichten,

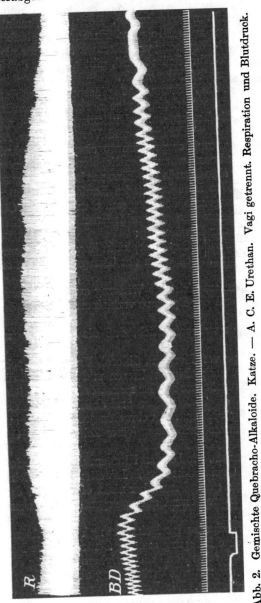

Abb. 2. Gemischte Quebracho-Alkaloide. Katze. — A. C. E. Urethan. Vagi getrennt. Respiration und Blutdruck.

daß sie alle bei Fröschen Lähmung der Respiration verursachen. Bei der Katze wird die Respiration nach 20—30 mg Quebrachin völlig gelähmt. Vor der vollständigen Lähmung sieht man oft das Einatmen krampfhaft werden. Der Tod durch Lähmung der Medulla erfolgt immer zu einer Zeit, als die motorischen Nerven der Respirationsmuskeln noch durch Elektrizität reizbar sind, obgleich das zentrale Ende des Vagus keinen Einfluß mehr auf den Blutdruck hat.

Kreislauf. Herz: Alle Quebracho-Alkaloide verlangsamen das Froschherz, gleichzeitig sieht man Verminderung des Tonus und abgeschwächten Herzschlag. Die Verlangsamung wird nicht durch Atropin verhindert und hängt mit einer Ausdehnung der Diastole zusammen. Die Wirkung bleibt gleich, ob man die Lösung subcutan gibt oder durch das isolierte Herz durchströmen läßt. Der Vorhof schlägt oft schneller (1 : 2) als der Ventrikel, welcher dann schließlich in Diastole stehenbleibt, während der Vorhof zunächst noch weiter arbeitet und erst später stillsteht. Ist der Stillstand schon eingetreten, so kann das Herz wieder zum Schlagen gebracht werden, indem man an Stelle der Quebracho- Ringersche Lösung setzt. Harnack und Hoffmann meinten, daß der Herzstillstand von einer Lähmung des Herzmuskels herrühre und daß die motorischen Ganglien vorher gelähmt werden.

---

[1]) Erich Harnack u. H. Hoffmann, Zeitschr. f. klin. Medizin 8, 471 (1884).

Diese Meinung wird durch die Tatsache unterstützt, daß dem Stillstand eine Lähmung der Vagi vorausgeht, und zwar zu einer Zeit, als Stoffe, die auf die Vagusendigungen wirken, noch Hemmung des Herzens hervorrufen.

Bei Säugetieren werden die Veränderungen am Herzen zum Teil durch die überwiegende Wirkung auf das Nervensystem verdeckt[1]). Bei Durchströmung des Säugetierherzens mit in Lockescher Lösung gelösten Quebracho-Alkaloiden, 1 : 50 000, sah Cow die Minutenzahl und die Stärke der Herzschläge sowie auch den Tonus des Herzens vermindert, das Herz schlug unregelmäßig und hörte schließlich in Diastole auf; nur Aspidosamin machte insofern eine Ausnahme, als es eine mäßige Steigerung des Tonus verursachte. Für das Kaninchenherz stellt Cow[2]) die folgende Giftigkeitsskala auf: Aspidosamin 1, Quebrachamin 2, Aspidospermin 15, Quebrachin 20. Harnack und Hoffmann[3]) hielten auch das Quebrachin für das stärkste aber Aspidospermin für das schwächste Gift. Die chronotrope Wirkung auf das Säugetierherz ist der auf das Froschherz gleich; gelegentlich sieht man die Ventrikel vor den Vorhöfen schlagen. Sehr merkwürdig ist es, daß bei Frosch- sowohl, als auch bei Säugetierherzen nach reichlichen Gaben der Alkaloide, die aber weder Vorhöfe noch Ventrikeln zum Stillstand bringen, die erregende Wirkung von nachträglich gegebenem Adrenalin auf das Herz völlig ausbleibt.

Gefäße. Eine deutliche, wenn nicht sehr große Verengung der durchströmten Gefäße wird bei allen Quebracho-Alkaloiden zunächst wahrgenommen. Die prozentuale Verminderung der Tropfenzahl bei Froschgefäßen unter gleichen Bedingungen war folgende:

Aspidospermin 72% Verminderung,
Aspidosamin   48%   ,,
Quebrachin   32%   ,,
Quebrachamin 10%   ,,

Bei Säugetiergefäßen ist die Verengung auch deutlich, aber nicht so ausgeprägt wie bei Froschgefäßen. Die Ringmethode von O. B. Meyer gibt mit mäßigen Gaben der Alkaloide kaum eine Reaktion.

Hat die Durchströmung einige Minuten lang gedauert, so verengt nachgeschobenes Adrenalin nicht mehr die Gefäße, die jedoch sofort auf Bariumchlorid reagieren.

Blutdruck. Nach dem Einspritzen von Quebrachin in den Kreislauf sieht man den Blutdruck schnell und beträchtlich fallen, um dann allmählich wieder zu steigen, ohne jedoch die frühere Höhe zu erreichen. Bei Kaninchen genügen 1—2 mg, bei Katzen 4—5 mg, bei Hunden 7—8 mg, um diese Wirkung auszulösen. Weitere Injektionen wirken immer weniger und weniger, bis, bei der Katze nach etwa 10 mg, weitere kleinere Gaben ohne Einfluß bleiben. Das Fallen des Blutdrucks wird immer von einer Erweiterung der Gefäße im Splanchnicusgebiet und in den Gliedern begleitet. Die Herztätigkeit, welche durch das Einspritzen einer starken Alkaloidlösung für einige Sekunden herabgesetzt werden kann, wird während der maximalen Blutdruckerniedrigung entschieden nicht beeinträchtigt, denn das Pulsvolumen, am Onkometer gemessen, nimmt zu. Das Fallen des Blutdrucks wird also allein durch die vasomotorische Erweiterung bedingt. Diese Erweiterung beruht wahrscheinlich nicht auf einer Wirkung des Mittels auf die Gefäßwände, denn bei Durchströmungsversuchen sieht man

[1]) Vgl. Riccardo Luzzatto, Arch. di Biol. Lo sperimentale 1903, S. 310.
[2]) Douglas Cow, Journ. Pharm. and Exp. Therap. 5, 341 (1914).
[3]) Harnack und Hoffmann, Zeitschr. f. klin. Medizin 8, 471 (1884).

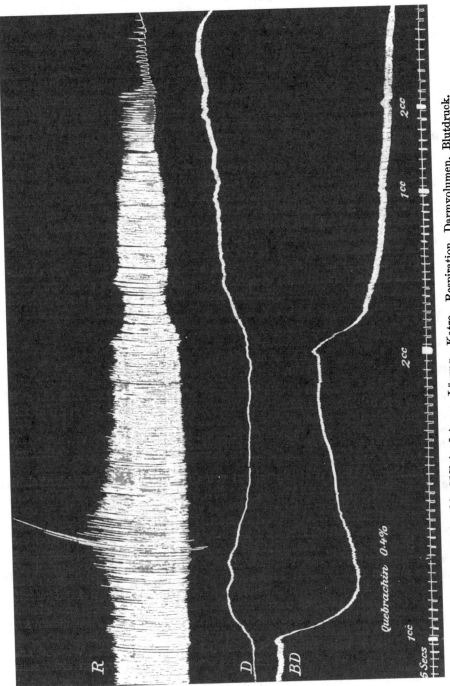

Quebrachin HCl in 0,4proz. Lösung. Katze. Respiration, Darmvolumen, Blutdruck.

eher eine Neigung zu Verengung, die zwar am wenigsten ausgeprägt ist bei Quebrachin, welches andererseits am meisten den Blutdruck herabsetzt. Weder Aspidospermin noch Aspidosamin haben annähernd so große Wirkung auf den Blutdruck als Quebrachin.

Nach großen Gaben von Quebrachin, z. B. 15 mg für eine Katze, welche also genügen, um die Respiration zu lähmen, wird der Blutdruck weder durch Reizung des Vagus oder des Splanchnicus noch durch intravenöse Injektion von Nicotin verändert.

Die Wirkung beruht wahrscheinlich auf Lähmung gewisser Zellen am Vagus, denn obgleich der Nerv nicht mehr auf direkten Reiz antwortet, so kann man doch mit Muscarin, wenigstens eine Zeitlang, das Herz hemmen und diese Hemmung mit Atropin aufheben; woraus sich ergibt, daß Muscarin und Atropin wahrscheinlich peripherer wirken als Quebrachin. Nach noch größeren Gaben von Quebrachin wirken auch Muscarin und Atropin nicht mehr.

Wie oben erwähnt, ruft bei der Katze nach 15 mg Quebrachin die Reizung des Splanchnicus keine Verengung der Darmgefäße mehr hervor, reizt man jedoch die postganglionären Fasern, so verengern sich die Blutgefäße und der Blutdruck steigt, wodurch bewiesen wird, daß die Lähmung die Ganglienzellen trifft.

Analoge Ergebnisse erzielt man mit dem Halssympathicus, indem nach intravenöser Einspritzung von Quebrachin durch Reizung der präganglionären Faser keine Erweiterung der Pupille oder der Lidspalte zu erreichen ist, diese Bewegungen aber auf Erregung der postganglionären Faser sofort erfolgen. Ferner, Bepinselung des Ganglions mit 0,5 proz. Quebrachinlösung genügt, um die Ganglienzellen in wenigen Minuten zu lähmen.

Bekanntlich verursacht Nicotin durch Reizung bestimmter Nervenzellen Gefäßverengung, Steigen des Blutdrucks und Hemmung der Darmbewegungen; hat man aber einem Tier vor dem Nicotin Quebrachin gegeben, so bleibt das Nicotin ohne diese Wirkungen. Wir dürfen also annehmen, daß unter den besprochenen Bedingungen Quebrachin eine Lähmung der autonomen und sympathischen Zellen hervorruft; geradeso wie Nicotin durch Reizung der Zellen den Blutdruck erhöht, so wird durch Lähmung derselben Zellen mittels Quebrachin der Blutdruck erniedrigt. Zu dieser Zeit des Versuchs ist Adrenalin noch immer wirksam, aber nach noch größeren Gaben von Quebrachin fällt auch die Wirkung des Adrenalins aus, so daß man geneigt sein muß, anzunehmen, daß sich der lähmende Einfluß des Quebrachins von den Zellen auf die Neuronen ausgebreitet hätte, da sowohl Adrenalin als auch Reizung der postganglionären Faser jetzt ohne Erfolg bleibt.

Da behauptet worden ist, daß die Vermehrung der Respirationstätigkeit durch Änderung des pulmonären Blutdrucks zustande kommt, so sei an dieser Stelle bemerkt, daß eine kleine Steigung des Blutdrucks in der Lunge, ohne Rücksicht auf den allgemeinen Blutdruck, gewöhnlich auf eine erste Einspritzung von Quebrachin folgt, daß aber weitere Injektionen erfolglos bleiben. Wird das Mittel schnell in die Blutbahn eingeführt, so fällt der Blutdruck in den Lungen wie im großen Kreislauf.

Die glatten Muskeln. Durch Einspritzen von Quebracho-Alkaloiden werden die Magen-, Darm- und Blasenbewegungen zunächst meist vergrößert, jedoch nicht bei unmittelbarem Anbringen des Giftes auf die Organe. Die Vermehrung findet nur nach den ersten Injektionen statt, spätere haben keinen deutlichen Einfluß, obgleich zu dieser Zeit Muscarin noch wirksam ist. Daß das Zunehmen der Bewegungen auf Reiz des motorischen Apparats beruht, erscheint unwahrscheinlich, vielmehr sollte man an eine Lähmung der Hemmungseinrichtungen denken. Wie durch Nicotin die Zellen der Hemmungsnerven gereizt werden, so werden dieselben Zellen durch Quebrachin gelähmt. Die Darmentleerungen bei Hunden und das öftere Harnlassen bei verschiedenen Tieren nach subcutaner Verabreichung von Quebrachin würden sich in dieser Weise erklären lassen. Nach Einspritzen von 10 mg Quebrachin bei der Katze hemmt Adrenalin noch, Nicotin aber nicht mehr.

Nervensystem. Zentral. Penzoldt[1]), der mit Auszügen der Quebrachorinde arbeitete, sah bei Fröschen nach dem Einspritzen eine vollständige Lähmung des zentralen Nervensystems auftreten. Gutmann[2]) wiederholte diese Versuche mit den Quebracho-Alkaloiden und beschreibt eine allmähliche Abflachung der Reflexe ohne Erregung. Die zentrale Lähmung wurde von Harnack und Hoffmann[3]) bestätigt mit dem Zusatz, daß zeitweise Krämpfe vorher beobachtet wurden.

Von dem Aspidospermin des Handels töten 20 mg einen Frosch in ca. 15 Minuten durch Lähmung des Cerebrums und des Rückenmarks. Reines Quebrachin wirkt beträchtlich stärker.

Bei Säugetieren sieht man zunächst Dyspnöe, welche bald von einer deutlichen, wenn auch leicht übersehbaren Reflexsteigerung gefolgt wird. Beim Hunde und beim Kaninchen bemerkt man bald Schwäche der Hinterbeine, welche oft von Muskelzuckungen oder sogar von starken Muskelkrämpfen begleitet wird. Die Steigerung der Reflexe, die Zuckungen und Muskelkrämpfe kann man gleichzeitig mit klaren Andeutungen einer motorischen Lähmung wahrnehmen. Indem sich diese Lähmung vertieft, wird die Respiration schwächer und oberflächlicher, freiwillige Bewegungen hören auf, die Temperatur fällt, die Pupillen erweitern sich und der Respirationstod folgt nach. 10 mg Aspidospermin töten eine Maus; 50 mg einem Hunde von 15 kg verabreicht, verursachen Krämpfe und Lähmung der Hinterbeine, aber das Tier erholt sich später; 200 mg töteten eine Taube unter Lähmungserscheinungen. Alle anderen Quebracho-Alkaloide haben dieselbe Wirkungsart, aber Quebrachin ist für das zentrale Nervensystem am giftigsten.

Spritzt man einem mit Quebrachin vergifteten aber durch künstliche Respiration am Leben erhaltenen Tier Strychnin ein, so folgen auch auf große Strychningaben keine Krämpfe. Dies geschieht nicht wegen Lähmung der motorischen Nerven, denn letztere sind noch immer durch Elektrizität reizbar, sondern weil das zentrale Nervensystem gelähmt wird.

Periphere Nerven. Nach Harnack und Hoffmann lähmen nur Aspidosamin und Hypoquebrachin die Endigungen der motorischen Nerven; bei Säugetieren jedoch wird die Tätigkeit der motorischen Nerven von allen Quebracho-Alkaloiden herabgesetzt, obschon totale Lähmung schwer zu erreichen ist. Selbstverständlich muß bei solchen Versuchen die künstliche Respiration eingeleitet werden, sonst stirbt das Tier schon ehe die motorische Lähmung Zeit gehabt hat, sich zu entwickeln.

Temperatur. Alle Quebracho-Alkaloide drücken die Körpertemperatur herunter, aber nach Entfernung dieser aus der Droge sollen nach Eloy und Huchard die Reststoffe die Temperatur erhöhen. Die Körpertemperatur wird durch das Aspidosamin des Handels um 2—3° C in 30—40 Minuten, durch das reine Alkaloid aber um 3—6° C in 19 Minuten herabgedrückt. Beim Hund

---

[1]) Franz Penzoldt, Berliner klin. Wochenschr. **17**, 129, 565 (1880).
[2]) G. Gutmann, Archiv f. experim. Pathol. u. Pharmakol. **14**, 451 (1881).
[3]) Harnack und Hoffmann, Zeitschr. f. klin. Medizin **8**, 471 (1884).

und beim Kaninchen ist bei entsprechenden Gaben das Resultat dasselbe. Gutmanns Versuche haben ähnliche Ergebnisse gezeigt. In bezug auf Temperaturerniedrigung ist wiederum Quebrachin das wirksamste Alkaloid.

Das Herabsetzen der Körperwärme muß wohl auf eine vermehrte Wärmeabgabe bezogen werden, denn es erfolgt zu einer Zeit, als die Hautgefäße erweitert und die Wasserverdunstung durch die Lunge vermehrt werden. Eine verminderte Wärmebildung findet wohl nicht in der ersten Zeit nach der Einspritzung statt, denn das Fallen der Temperatur fängt schon an, bevor das Tier ruhig geworden ist, oft sogar zu einer Zeit, als Erregung der Medulla und Muskelzuckungen noch bestehen. Nachdem die motorische Lähmung sich völlig entwickelt hat, wird natürlich auch die Wärmebildung beeinträchtigt.

Pilocarpin. Physostigmin. Arecolin.
Gifte, welche bestimmte Nervenendigungen erregen.

Von

Walter E. Dixon und Fred Ransom-Cambridge.

Mit 13 Textabbildungen.

Jaborandiblätter bestehen aus den getrockneten Blättchen von Pilocarpus pennatifolus (N. O. Rutaceae), eines in Brasilien einheimischen Strauches.

Bestandteile. Jaborandi enthält drei Alkaloide, Pilocarpin, Isopilocarpin und Pilocarpidin, von denen das Pilocarpin das wichtigste ist und im größten Verhältnis vorkommt: es ist isomer mit Isopilocarpin, welches durch Erhitzen mit alkoholischer Kalilauge in Pilocarpin verwandelt werden kann. Pilocarpin kommt im Maximum in ungefähr 0,5% vor; es ist noch nicht krystallinisch erhalten worden, aber es bildet krystallinische Salze. Isopilocarpin existiert in kleineren Mengen, und seine Wirkung ist schwächer als die des Pilocarpins, welches bei weitem der hauptsächlichste aktive Bestandteil der Blätter ist. Die Blätter enthalten auch 0,2—1,1% eines flüchtigen Öles, welches einen kräftigen, an den der Raute erinnernden Geruch hat.

Pilocarpin ist von Gerrard[1]) und Hardy[2]) im Jahre 1875 entdeckt worden, und kurze Zeit später wurden zwei andere Alkaloide (Pilocarpidin und Jaborin) aus den Mutterlaugen isoliert. Von diesen letzteren Alkaloiden hat Pilocarpidin eine ähnliche, aber schwächere physiologische Wirkung wie Pilocarpin, während Jaborin eine antagonistische Wirkung hat, die dem Atropin in seiner Wirkung ähnelt. Die Eigenschaften und Reaktionen dieser Alkaloide wurden von verschiedenen Chemikern untersucht, aber ihre Resultate waren unvollständig und in manchen Fällen widersprechend und ließen den Gegenstand in einem verwirrten Zustand. Pilocarpin $C_{11}H_{16}O_2N_2$ ist das hauptsächlichste Alkaloid der Serie und ist ein dicker Syrup, welcher beim Erwärmen dünner wird. Es bildet krystallinische Salze, von denen die wichtigsten das Nitrat und das Chlorid sind. Das Nitrat ist in Wasser gut löslich (1 : 7), dagegen ist die Löslichkeit in konzentriertem Alkohol gering. Das Hydrochlorid kommt in großen kubusförmigen Krystallen vor, welche in Wasser leicht löslich und in Alkohol (1 zu 10) weniger löslich sind. Von diesen Salzen ist das Nitrat wegen seiner Beständigkeit für die medizinische Anwendung das geeignetste. Man hielt Pilocarpin eine Zeitlang für eine Betaïnverbindung von Trimethylamin und p-Pyridin-α-Milchsäure, und man

[1]) Gerrard, Pharm. Journ. 1875. Ser. 3, Bd. 5, S. 825.
[2]) E. Hardy, Bull. Soc. Chim. de Paris 24, Nr. 11. 497. 1875.

behauptete, daß seine Konstitution z. T. durch die Synthese sichergestellt worden sei.

Isopilocarpin ist isomer mit Pilocarpin, und es entsteht, wenn Wärme oder Alkali auf diese Base einwirken. Es wurde von Petit und Palonowsky entdeckt, aber unrichtigerweise Pilocarpidin genannt. Pilocarpin wird quantitativ durch Erwärmen mit Wasser im verschlossenen Rohr bei 180° während vier Stunden in die isomere Verbindung verwandelt. Isopilocarpin ist dem Pilocarpin in seinen chemischen Eigenschaften sehr ähnlich; es ist ein Syrup, welcher unverändert im Vakuum destilliert werden kann und krystallinische Salze bildet. Das Nitrat ist nicht ganz so löslich wie das Pilocarpinnitrat.

Pilocarpidin von Harnack und Meyer[1] $C_{10}H_{14}O_2N_2$ wird nur in den echten Jaborandiblättern gefunden und unterscheidet sich von Pilocarpin und Isopilocarpin durch seinen chemischen Aufbau. Das Nitrat ist leichter löslich als die anderen Nitrate. und zwar in Alkohol und Wasser 1 zu 2. Es fehlt im Pilocarpinnitrat des Handels.

Jowett hat gezeigt, daß kein Alkaloid, das der Beschreibung von Jaborin entspricht, in dem Maranhamjaborandi oder in dem Jaborin des Handels vorkommt.

Die Konstitution des Pilocarpins. Hardy und Calmels[2] haben dem Pilocarpin und Pilocarpidin eine Konstitutionsformel zugeschrieben, und haben behauptet, daß sie diese Alkaloide synthetisch dargestellt haben, weil sie ein synthetisches Produkt erhielten, das in seiner physiologischen Wirkung identisch mit dem natürlichen Alkaloid Pilocarpin war. Da aber von Jowett[3] und auch von Pinner und Kohlhammer[4] und anderen ihre Angabe als unrichtig erwiesen wurde, braucht sie hier nicht weiter erwähnt zu werden.

Pinner und Schwarz[5] haben eine Konstitutionsformel für Pilocarpin vorgeschlagen, welche von Jowett und anderen angenommen wurde. Es besteht wesentlich aus einer Methyl-Glyoxalingruppe, verbunden mit einem Homopilopsäurekern: Isopilocarpin hat dieselbe Konstitutionsformel und ist mit dem Pilocarpin stereoisomer.

$$C_2H_5 \cdot CH \cdot CH \cdot CH_2 \cdot C \cdot N(CH^3)$$

Pilocarpin

Die Gifte dieser Gruppe üben alle eine bestimmte Wirkung aus, welche einer Reizung der Nervenendigungen in Drüsen und glatten Muskeln entspricht. Sie haben auch noch andere geringfügige Wirkungen und unter sich gewisse individuelle Unterschiede, aber alle Glieder üben in der Hauptsache die erwähnte Wirkung aus.

Pilocarpin.

Es wird angebracht sein, bei der Beschreibung der Wirkung dieses Alkaloids zuerst dessen Wirkung auf die Drüsen und dann auf die glatten Muskeln zu betrachten.

---

[1] E. Harnack und Meyer, Chem. Centralbl. S. 6280 (1885).
[2] E. Hardy und Calmels, Compt. rend. de l'Acad. des Sc. **102, 103** u. **105.**
[3] H. A. D. Jowett, Trans. Chem. Soc. London (mehrere Arbeiten) 1900—1904.
[4] A. Pinner und E. Kohlhammer, Berichte d. Deutsch. Chem. Gesellsch. **33,** 1424 (1900).
[5] A. Pinner und R. Schwarz, Berichte d. Deutsch. Chem. Gesellsch. **35,** 2441 (1902).

Wirkung auf die Drüsenzellen.

Speicheldrüse. Die Kieferspeicheldrüse des Hundes und der Katze ist ein bequemes Versuchsobjekt. Es ist wohl bekannt, daß reichlicher Speichelfluß erfolgt, wenn Nahrung oder irgendeine reizende Substanz in den Mund gebracht wird; es kann auch durch Erregung, wie durch das Sehen oder Riechen von Nahrung, eine reichliche Absonderung erzeugt werden. Wir haben es offenbar mit einem nervösen Mechanismus zu tun. Ludwig[1]) zeigte zuerst das Vorhandensein eines sekretorischen Nerven. Dieser Nerv, die Chorda tympani, stammt vom siebenten Kranialnerven und verläuft mit dem Geschmackszweig des fünften. Viele von diesen Fasern verlaufen den Ductus Whartonii entlang nach der Drüse. In der Gegend der Drüse erscheinen Nervenzellen unter den Fasern, und diese sind besonders reichlich im Hilus der Drüse (vgl. Nicotin). Eine andere Gruppe von sekretorischen Fasern erreicht die Drüse den kleinen Arterien entlang; diese sind nicht markhaltig und stammen aus dem oberen Cervicalganglion des sympathischen Systems.

Wenn eine Kanüle in den Ausführungsgang eingeführt wird, verursacht Reizung der Zunge einen Speichelfluß, welcher noch erhalten werden kann, wenn das Gehirn bis zur Medulla entfernt worden ist, oder wenn die Sympathicusnerven durchschnitten worden sind, aber nicht, wenn entweder 1. die Chorda durchschnitten ist, oder 2. der Geschmacksnerv durchtrennt ist, oder 3. das Mark entfernt ist. Damit ist der Mechanismus der reflektorischen Sekretion deutlich gekennzeichnet. Elektrische Reizung entweder der Chorda tympani oder des N. sympathicus verursacht Speichelfluß. In der Glandula submaxillaris des Hundes ist der Gegensatz zwischen der Wirkung der Chordareizung und der der Sympathicusreizung sehr deutlich; erstere läßt Gefäßerweiterung mit reichlichem Fluß von ziemlich durchsichtigem Speichel, der arm an festen Bestandteilen ist, entstehen; die letztere Gefäßverengerung mit einem spärlichen Fluß an zähem Speichel, der reicher an festen Bestandteilen ist[2]).

Eine kleine Dosis von Pilocarpin verursacht beim Menschen einen starken Speichelfluß; dies kann leicht nachgewiesen werden, indem man den Speichel alle Viertelstunden mißt und wenn der Fluß konstant ist, eine Dosis Pilocarpin appliziert: die auf diese Weise erhaltene Speichelsekretion kann bis zu $1/2$ l oder mehr betragen. Ein solcher Versuch[3]) gab folgende Resultate, bei welchem der Speichel in aufeinanderfolgenden 15-Minuten-Perioden gemessen wurde.

Speichelmenge 37 ccm $\left(\begin{array}{c}\text{10 mg Pilocarpin}\\ \text{appliziert}\end{array}\right)$ 30 ccm, 55 ccm, 70 ccm, 60 ccm, 52 ccm, 45 ccm

Prozentsatz der festen Bestandteile 0,44   0,50   0,48   0,50   0,46   0,40   0,40

Bei Hunden, Katzen und Kaninchen wird die Wirkung sehr leicht durch Injektion des Giftes in eine Vene und durch Messung der Tropfen aus dem Ausführungsgang erhalten: bei einem Hunde verursachen 1—2 mg eine andauernde und reichliche Sekretion. Es wird allgemein behauptet, daß Pilocarpin die Gesamtmenge der ausgeschiedenen festen Bestandteilen erhöht, trotzdem nicht die prozentuale Zusammensetzung, von welcher manchmal behauptet wird, daß sie vermindert wird. Dies scheint nicht ganz richtig zu sein. Die gesamten festen Bestandteile werden ohne Frage vermehrt, und der prozentuale Gehalt

---

[1]) K. Ludwig, Zeitschr. f. ration. Med., N. F. **1** (1851).
[2]) R. Heidenhain, Archiv f. d. ges. Physiol. **17**, 1 (1878).
[3]) E. M. Ewïng, Journ. of Pharmacol. and experim. Ther. **3**, 8 (1911).

an festen Bestandteilen bleibt entweder konstant oder neigt dazu zu steigen; die Zunahme umfaßt besonders die organischen Bestandteile. Es ist wahr, daß die amylolytische Fähigkeit des Pilocarpinspeichels beträchtlich vermindert ist, aber die Gesamtmenge von ausgeschiedenem Ptyalin ist größer als die normalerweise erhaltene. Trotzdem kompensiert das durch das Gift verursachte erhöhte Volumen der Sekretion die verminderte Bildung oder Sekretion des Enzyms. Dies geht aus der Menge der gebildeten Maltose durch das Gesamtvolumen des Speichels in normalem Zustande und nach Pilocarpinapplikation hervor.

Die Ähnlichkeit zwischen der Reizung der Chorda und der Wirkung von Pilocarpin auf die Unterkieferspeicheldrüse ließ Langley[1]) sofort auf eine Identität der Ursache schließen. Die Wirkung ist offenbar nicht zentral, da sie nach Durchschneidung der Chorda und der Sympathicusnerven der Drüse beobachtet wird. Es kann auch keine Wirkung auf die Ganglienzellen sein. Es ist bekannt, daß Nicotin (30—40 mg beim Hund, und 10 mg bei der Katze), intravenös injiziert, die präganglionären Fasern der Chorda tympani und des oberen Cervicalganglions 15 Minuten lang lähmt; wenn Pilocarpin nach Nicotinlähmung injiziert wird, wirkt dieses Alkaloid doch auf den Speichelfluß in fast normaler Weise. Die Injektion von 0,5 mg Atropin verhindert die Wirkung von 5 mg Pilocarpin vollständig. Nun wissen wir, daß Atropin die Funktion der Chorda tympani in der Gegend des sekretorischen Neurons lähmt, aber es lähmt die Drüsenzellen nicht, da Sympathicusreizung noch etwas Speichelabsonderung verursacht und gewisse Gifte, wie Quecksilber, noch Speichelfluß erzeugen. Daher wissen wir, daß Pilocarpin nicht auf das sekretorische Protoplasma wirken kann, sondern es muß entweder auf die Nervenendigungen oder auf eine Substanz wirken, welche als Bindeglied zwischen den Nervenendigungen und dem Protoplasma dient. Diesen hypothetischen Substanzen sind mehrere Namen gegeben worden, und Brodie und Dixon bezeichnen sie als die neuromuskuläre Substanz oder das Bindeglied zwischen Nervenfaser und Endorgan, welche nicht notwendigerweise ein konstituierender Teil von einem derselben ist.

Die Applikation von Pilocarpin verursacht auch eine beträchtliche Steigerung des Blutstroms durch die Unterkieferspeicheldrüse[2]), eine Wirkung, welche auch sehr eng der durch Chordareizung erhaltenen ähnelt. Es ist von gewissem Interesse festzustellen, ob die Zunahme des Blutstromes eine primäre Wirkung des Pilocarpins ist oder nicht, oder ob es eine sekretorische Wirkung ist, welche von der funktionellen Tätigkeit der Drüse, so wie sie nach Gaskell[3]) während der Muskeltätigkeit, und nach May[4]) während der Tätigkeit des Pankreas[5]) vorkommt, herrührt. Es ist wohlbekannt, daß bei atropinisierten Tieren Reizung der Chorda noch Gefäßerweiterung verursacht, wie durch den vermehrten Blutstrom gezeigt wird. Daher scheint es wahrscheinlich, daß die Erweiterung sekundär zu dem Freiwerden der Stoffwechselprodukte ist, wie es während der Tätigkeit des Muskels und des Pankreas der Fall sein soll. Speichelsekretion ist natürlich mit Sauerstoffaufnahme verknüpft, aber die Gefäßerweiterung allein verursacht keinerlei meßbare Veränderung in dem von der Drüse verbrauchten Sauerstoff[6]). Daher müssen wir schließen, daß die Gefäß-

---

[1]) Journ. of Anat. and Physiol. **11**, 173 (1876).
[2]) J. N. Langley, Journ. of Anat. and Physiol. **11**, 173 (1876).
[3]) Gaskell, Journ. of Physiol. **3**, 48 (1880—1882).
[4]) May, Journ. of Physiol. **30**, 400 (1904).   [5]) Ergebnisse d. Physiol. **7**, 705—707.
[6]) J. Barcroft und Franz Müller, Journ. of Physiol. **44**, 259 (1912).

erweiterung und die Speichelabsonderung zwei getrennte Vorgänge sind. Die leichte Zunahme der Speichelsekretion, welche durch Reizung der Chorda nach einer großen Dosis von Pilocarpin erhalten wird, rührt nicht von der Wirkung auf die sekretorischen, sondern auf die gefäßerweiternden Fasern her[1]). Bunch[2]) zeigte, daß die peripheren sekretorischen Fasern der Chorda tympani leichter durch Pilocarpin beeinflußt werden als die gefäßerweiternden. Loewi und Henderson[3]) kommen auch zu einem ähnlichen Schluß und betrachten die Gefäßerweiterung, welche während der Pilocarpineinwirkung zustande kommt, als hauptsächlich von den Sekretionsprodukten herrührend, da dieses Alkaloid nach einer großen Dosis von Atropin wenig oder keine Wirkung weder auf die Speichelsekretion noch auf die Blutgefäße der Unterkieferspeicheldrüse ausübt. Eine Erklärung dieses scheinbaren Unterschiedes zwischen Chordareizung und Pilocarpin in b zug der Einwirkung auf die Drüse, kann auf der wohlbekannten Wirkung des Pilocarpins auf die gefäßverengernden Nerven beruhen, so daß sein vasomotorischer Effekt nach Atropin das Mittel seiner Wirkung auf die Chorda (erweiternd) und auf die Sympathicusfasern (verengernd) darstellen würde.

Nichtsdestoweniger würde das Freiwerden der Stoffwechselprodukte während der sekretorischen Tätigkeit zweifellos in der Hauptsache die Gefäßerweiterung bestimmen und die sekretorische Wirkung beeinträchtigen. Fröhlich und Loewi[4]) beschreiben eine Verminderung des Blutstromes in der Unterkieferspeicheldrüse der Katze bei Reizung der Chorda oder nach der Applikation von Pilocarpin, vorausgesetzt, daß vorher ein Nitrat gegeben wurde, und sie betrachten dies als einen Beweis für das Vorhandensein von vasoconstrictorischen Fasern in der Chorda.

Bayliss hat jedoch gezeigt, daß diese Wirkung wahrscheinlich eine künstliche ist[5]). Wenn das Volumen der Unterkieferspeicheldrüse registriert wird, findet man, daß Pilocarpin in den meisten Fällen zuerst eine geringe Erweiterung verursacht, welche von der Erweiterung der Blutgefäße herrührt; bald folgt eine Verminderung des Drüsenvolumens infolge des ungehinderten Speichelflusses: die Gefäßerweiterung geht dann der Sekretion kurz voran[6]).

Pilocarpin vermehrt außer der Erhöhung des Blutstromes durch die Speicheldrüsen auch den Lymphstrom. Wenn eine Kanüle in den Halslymphgang eines Hundes gerade über der Stelle eingebunden wird, wo er in den Ductus thoracicus mündet, kann die Wirkung des Pilocarpins auf den Ausfluß der Lymphe studiert werden. In den Versuchen von Bainbridge ist gezeigt worden, daß die Injektion einer mäßigen Dosis den Lymphstrom um das 2½-fache erhöht. Die anderen Speicheldrüsen sind in der Hauptsache der Submaxillaris ähnlich; so sondert die Parotis reichlich durchsichtigen Speichel bei Injektion von Pilocarpin ab, und diese Absonderung ist von Gefäßerweiterung begleitet.

Die Unterkieferspeicheldrüse kann als typisch auch für das angesehen werden, was in anders innervierten Drüsen, wie in den Schleimdrüsen des Mundes, der Kehle, Nase, und den tieferen Atemwegen[7]), Tränendrüsen und Ohrenschmalzdrüsen des Ohres, geschieht: alle diese werden durch Pilocarpin zu ungewohnter Tätigkeit angeregt, und die Wirkung wird in jedem Falle durch

[1]) J. N. Langley, Journ. of Physiol. **1**, 366 (1878).
[2]) Bunch, Journ. of Physiol. **26**, 1 (1900).
[3]) V. E. Henderson und O. Loewi, Archiv f. experim. Pathol. u. Pharmakol. **53**, 62 (1905).
[4]) A. Fröhlich und O. Loewi, Centralbl. f. Physiol. **20**, 229 (1906).
[5]) Bayliss, Journ. of Physiol. **37**, 256 (1908).   [6]) Bunch, Journ. of Physiol. **26**, 5 (1900).
[7]) Rossbach-Festschrift, Würzburg 1882, S. 43.

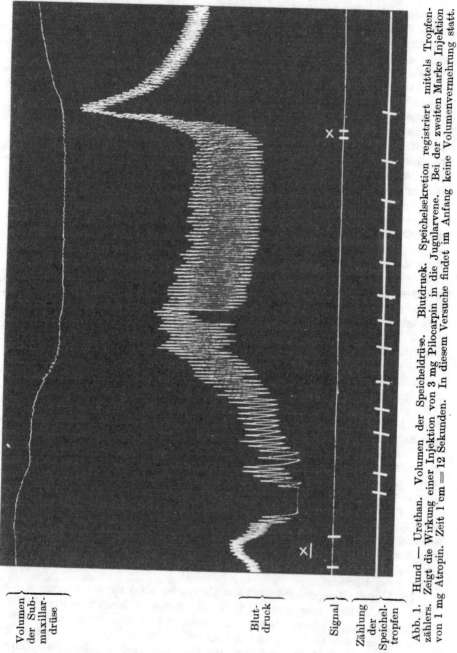

Volumen der Submaxillardrüse

Blutdruck

Signal

Zählung der Speicheltropfen

Abb. 1. Hund. — Urethan. Volumen der Speicheldrüse. Blutdruck. Speichelsekretion registriert mittels Tropfenzählers. Zeigt die Wirkung einer Injektion von 3 mg Pilocarpin in die Jugularvene. Bei der zweiten Marke Injektion von 1 mg Atropin. Zeit 1 cm = 12 Sekunden. In diesem Versuche findet im Anfang keine Volumenvermehrung statt.

eine kleine Dosis von Atropin getrennt. Ein beachtenswertes Beispiel dieser Wirkung von Pilocarpin wird von Dreser verzeichnet, welcher zeigte, daß die Schwimmblase beim Fisch mehr Sauerstoff als gewöhnlich absondert.

Antagonismus gegen Atropin. Langley[1]) beobachtete, daß bei der Katze sowohl die Chorda tympani wie die Sympathicusnerven, nachdem sie durch

---

[1]) J. N. Langley, Journ. of Physiol. **1**, 337 (1878); **3**, 11 (1880).

Atropin gelähmt worden waren, durch Pilocarpin wieder erregbar gemacht werden konnten, durch Atropin wieder gelähmt und durch Pilocarpin wieder erregt werden konnten, usw.; ferner, daß die durch Pilocarpin verursachte Sekretion durch Atropin wieder gehemmt werden konnte, daß wieder eine Sekretion durch Pilocarpin erzeugt und durch Atropin wieder gehemmt werden konnte usw., mit abwechselnder Sekretion und Hemmung des Speichels viele Male in einer Stunde. Er stimmt jedoch mit Rossbach überein[1]), daß einer großen Dosis von Atropin durch Pilocarpin nicht entgegengewirkt werden kann. Man muß auch daran denken, daß die sekretorische Fähigkeit der Chorda durch Pilocarpin, selbst unter günstigen Bedingungen, nicht vollkommen wiederhergestellt wird; Reizung des Nerven verursacht immer viel weniger Sekretion als normalerweise. Daher ist der gegenseitige Antagonismus dieser beiden Gifte unvollständig, aber der Antagonismus von Pilocarpin und Atropin ist um so vollständiger, je geringer die Atropinmenge ist, welche injiziert wird.

In großen Dosen verursacht Pilocarpin, nicht wie erwartet, einen vermehrten Speichelfluß, sondern gar keinen und hindert sogar die Chorda tympani Sekretion zu erzeugen; solch große Dosen vermindern auch den Blutstrom durch die Drüse und setzen die Wirkung der Chorda auf den Blutstrom herab. Diese Wirkung scheint keine auf die Drüsenzellen oder auf den Kreislauf zu sein, da nach Reizung des N. sympathicus die Drüse noch sezerniert. Diese lähmende Wirkung steht mit seiner Wirkung auf den Herzvagus im Einklang[2]).

Schweißdrüsen und Haut. Die meisten Tierversuche sind an Katzen ausgeführt worden, weil diese Tiere reichlich an den haarlosen Sohlen der Pfoten, aber an keinem anderen, mit Haaren bedeckten Körperteil schwitzen. Die Nerven zu diesen Drüsen verlassen das Rückenmark durch die Wurzeln der unteren Dorsal- und oberen Lumbalnerven, gehen durch die Rami communicantes nach dem Bauchsympathicus, erreichen so die N. ischiadici, und ihre letzte Zellstation ist in dem Bauchsympathicus. Wenn einer Katze eine kleine intravenöse Injektion von Pilocarpin (2—3 mg) gegeben wird, kann die Schweißabsonderung leicht in ungefähr 1 Minute an den Fußsohlen beobachtet werden. Oder wenn man 0,5 g einem Pferde unter die Haut des Rückens injiziert, sieht man die Transspiration deutlich in 2 Minuten um den Injektionspunkt herum, aber sie wird erst 15 Minuten später allgemein. Es wirkt auch noch deutlich nach Durchschneidung des versorgenden Nerven und ist offenbar eine periphere Wirkung. Beim Menschen verursachen 10 mg Schweißsekretion, die ungefähr 2—3 Stunden andauert. Während dieser Zeit sind die Hautgefäße erweitert, dies ist besonders deutlich im Gesicht, da die Arterien sichtbar pulsieren und die Venen geschwollen erscheinen. Diese Erweiterung der Hautgefäße ist wahrscheinlich teilweise eine sekundäre Wirkung der Sekretion, indem die Stoffwechselprodukte auf die Gefäße wirken. Der Zustand beginnt oft am Injektionspunkt und verbreitet sich dann. Es gibt einen gewissen Beweis für das Vorhandensein gefäßerweiternder Fasern in den Sympathicusnerven der Haut. Die primäre Erweiterung der Haut bei Reizung des Sympathicus ist nicht sehr gewöhnlich, aber die Nacherweiterung steht außer jedem Verhältnis zu der primären Kontraktion[3]). Für neuere Untersuchungen siehe Langley[4]).

Pilocarpin ist bei bestimmten Krankheiten des Rückenmarks zu dia-

---

[1]) M. J. Rossbach, Archiv f. d. ges. Physiol. **21**, 1 (1879).
[2]) Journ. of Anat. and Physiol. **11**, 180 (1877).
[3]) Dastre et Morat, Compt. rend. de l'Acad. des Sc. **87**, 880 (1878).
[4]) J. N. Langley, The Autonomic Nervous System, Cambridge 1921; Journ. of. Physiol LVII, S. 428. 1923; LVIII, S. 49 u. 70. 1923.

gnostischen Zwecken benützt worden, aber noch mehr bei Traumen, die zu transversalen Läsionen geführt haben. Die Teile der Peripherie, welche noch in Verbindung mit dem Zentralnervensystem geblieben sind, werden noch auf das Gift reagieren, d. h. daß das Schwitzen sehr leicht in dem Teil der Haut vorkommt, welcher noch in Verbindung mit der grauen Substanz des Rückenmarks ist, da die Schweißnerven der grauen Substanz entstammen. Auf diese Weise kann die Höhe der Verletzung durch das Schweißareal bestimmt

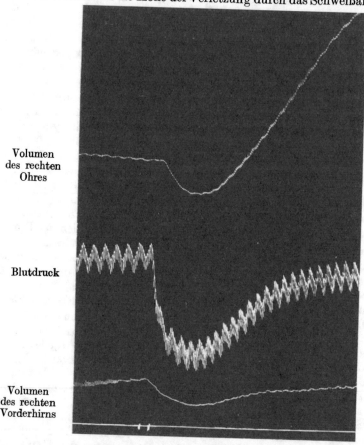

Volumen
des rechten
Ohres

Blutdruck

Volumen
des rechten
Vorderhirns

Abb. 2. Hund — Urethan. Wirkung einer Injektion von 1 mg Pilocarpin in die Jugular-vene. Man beachte die enorme Erweiterung der Hautgefäße, während die Gefäße der Extremitäten noch kontrahiert sind. Zeit: 1 cm = 12 Sekunden.

werden. Die Erklärung dieses Phänomens ist im ersten Augenblick nicht klar, weil wir wissen, daß eine vollständige Durchschneidung des Rückenmarks oder des N. ischiadicus bei einer Katze das Schwitzen nach Pilocarpin nicht beeinflußt; aber es ist wohl erkannt worden, daß die Speichel- und andere Sekretionen durch Erregung eines sensorischen Nerven gehemmt werden können, und es ist angenommen worden, daß wir es bei diesen Traumen des Rückenmarks mit einem Zustand dieser Art zu tun haben.

Luchsinger[1] zeigte, daß, wenn die durch subcutane Injektion von

[1] B. Luchsinger, Archiv f. d. ges. Physiol. **15**, 482 (1877).

Pilocarpin herbeigeführte Sekretion durch eine nachfolgende subcutane Injektion von Atropin gehemmt wird und die sekretorischen Nerven der Schweißdrüsen gelähmt werden, die Sekretion nicht wieder von neuem ausgelöst und die sekretorischen Nerven durch eine neue Dosis von Pilocarpin, das lokal unter die Fußhaut appliziert wird, nicht noch einmal erregt werden kann. Daher sagt er: ,,Es kann allerdings eine gewisse Menge Atropin die Reizwirkung einer gewissen Quantität Pilocarpin gänzlich aufheben, es wird aber andererseits diese sogenannte lähmende Wirkung des Atropins durch noch größere Mengen des reizenden Mittels wieder überholt." Er zieht den Schluß, daß ,,ein wahrer, doppelseitiger Antagonismus zwischen Pilocarpin und Atropin existiert, deren Wirkung wie ,,Wellenberg und Wellenthal", wie Plus und Minus sich algebraisch addieren. Damit hängt der schließliche Erfolg einzig und allein ab von dem Verhältnis der Anzahl der anwesenden Giftmoleküle."

Degeneration der postganglionären Fasern zu einem Organ unterbricht die Wirkung von Pilocarpin und Atropin nicht, tatsächlich ist die Wirkung eher intensiver als sonst. Luchsinger glaubte, daß, wenn man die Nerven zum Beine der Katze durchschneidet und sie fünf oder sechs Tage degenerieren läßt, Pilocarpin kein Schwitzen verursachte, aber Langley und Anderson[1]) zeigten, daß Pilocarpin eine Sekretion in den Sohlen der Katzenpfoten sechs Wochen nach der Entfernung von einem Teil des N. ischiadicus und ehe irgendeine Regeneration eintrat, erzeugte.

Haar. Pilocarpin vermehrt die Sekretion aus den Talgdrüsen, und aus diesem Grunde ist es viel von den Kliniken mit der Absicht den Haarwuchs zu fördern angewandt worden. Die klinischen Beobachtungen sind nicht sehr befriedigend, aber unter gewissen besonderen Bedingungen übt es sicherlich eine Wirkung aus, und manche Ärzte beschreiben das neue Haar als dunkler[2]).

Galle. Es ist nichts über einen nervösen Apparat bekannt, welcher die Gallensekretion reguliert; der Reiz für die Verdauungssekretion scheint chemischer Natur zu sein, und der gesteigerte Fluß, welcher bald nach dem Eintreten von teilweise verdauter Nahrung aus dem Magen auftritt, rührt hauptsächlich von der Wirkung des Sekretins her. Es scheint also nicht wahrscheinlich, daß Pilocarpin den Gallenfluß steigert, und die Beobachtung zeigt, daß dies richtig ist, vorausgesetzt, daß der Gallenblasengang zuerst abgeklemmt wird: dies ist notwendig, da Pilocarpin die Gallenblase kontrahiert und sie veranlaßt, sich zu entleeren.

Das Pankreas. Es sind zahlreiche Untersuchungen über die Wirkung des Pilocarpins auf das Pankreas gemacht worden, und alle Forscher stimmen überein, daß eine solche Wirkung, wie sie von Pilocarpin zu erwarten ist, im Vergleich mit der des Sekretins gering ist. Dies muß man voraussetzen, seitdem wir wissen, daß Reizung des N. vagus während einer längeren Zeit nur eine sehr unbedeutende Sekretion erzeugt. Es ist sogar angenommen worden, daß drei oder vier Tropfen Pankreassaft, welche als Folge einer kleinen Injektion angesehen werden können, von der Kontraktion des Ganges herrühren können. Nach etwas größeren Dosen von Pilocarpin findet man jedoch nicht selten, daß die Sekretion aus dem Ductus pancreaticus eines Hundes zwölf oder mehr Tropfen beträgt. Man hat gemeint, daß dies durch Magensäure zustande gebracht werden kann, welche ihren Weg in das Duodenum findet und auf diese Weise Sekretin freimacht. Die Zeitverhältnisse

---

[1]) Prentiss. Phil. Med. Times **11**, 610. — Georg Schmitz, Berl. klin. Wochenschr. 1879, Nr. 4, S. 48. — Max Schüller, Archiv f. exper. Pathol. u. Pharmakol. **11**, 88 (1879).
[2]) Popielski, l. c.

stimmen mit dieser Annahme nicht überein, und Camus und Gley[1]) haben gezeigt, daß Pilocarpin eine Pankreassekretion verursacht, selbst wenn die Darmschleimhaut entfernt worden ist, und sie schließen daher, daß dieses Alkaloid direkt auf das Pankreas wirkt.

Magensaft. Pilisier[2]) bemerkte bei einem Hund mit einer Magenfistel eine große Zunahme des Magensaftes, wenn Pilocarpin eingeführt wurde und Vulpian[3]) und viele andere Forscher haben einen ähnlichen Vorgang beobachtet. Nun haben Pawlows Versuche klar gezeigt, daß Magensaftsekretion normalerweise durch einen Reflex vom Munde aus hervorgerufen wird, wobei die zum Magen führenden die Vagi sind. Trotzdem ist es nicht leicht, durch Erregung dieser Nerven einen reichlichen Magensaftfluß zu erhalten. Popielski[4]) machte Versuche an Hunden mit permanenter Magenfistel und Oesophagotomie, um den durch Pilocarpin erzeugten Speichel zu verhindern, den Magen zu erreichen. Den Hunden wurden Erregungen ferngehalten, durch welche ein psychisch bedingter Magensaftfluß hätte herbeigeführt werden können. Die Hunde erhielten eine Dosis Pilocarpin intravenös und reagierten immer mit einem sehr reichlichen Fluß aus der Magenfistel. Diese Flüssigkeit ist jedoch kein Magensaft, ihre Sekretion geschieht schubweise; sie ist nicht selten alkalisch: sie ist kein Pankreassaft, weil sie Eiweiß so schwach verdaut, selbst wenn Darmsaft (Enterokinase) vorhanden ist, und sie wird ebensogut nach Abklemmung des Pankreasganges abgesondert. Sie besitzt alle Eigenschaften des mit etwas Galle vermischten Darmsaftes; sie enthält Amylase, und ihre Sekretion geschieht gleichzeitig mit den antiperistaltischen Bewegungen des Darmes. Diese Versuche scheinen zu zeigen, daß Pilocarpin keine bemerkenswerte Wirkung auf die Magensekretion hat.

Milch. Hammerbacher[5]) fand, daß Pilocarpin ohne Wirkung auf die Brustdrüsen ist. Mackenzie[6]) gab einer säugenden Katze 3 mg Pilocarpin intravenös. Innerhalb von 2 Minuten erfolgte ein reichlicher Speichelfluß und die Pfoten wurden feucht von Schweiß, aber es wurde kein Tropfen Milch abgesondert. Es sind auch keine sekretorischen Nerven zu den Brustdrüsen entdeckt worden, obgleich viele Untersuchungen darüber angestellt wurden[7]).

Niere. Die Forscher stimmen im allgemeinen darin überein, daß Pilocarpin keinen direkten Einfluß auf die Nierensekretion hat. Cow[8]), welcher die Frage bespricht und die Literatur angibt, kommt zu demselben Schluß. Er entnahm einem Hunde mit konstanter Diät alle fünf Minuten mit einem Katheter den Harn und fand, daß 100 ccm per os gegebenes Wasser eine regelmäßige Zunahme der Diurese erzeugten, wobei der Höhepunkt der Diurese 50 Minuten, nachdem das Wasser gegeben worden war, eintrat; wenn aber gleichzeitig subcutan 2 mg Pilocarpin injiziert wurden, gab es keine bemerkenswerte Verzögerung in der Ausscheidung, aber es wurde weniger ausgeschieden. In anderen Versuchen wurde der Einfluß auf den Ureter bestimmt, indem man den Harn aus einer Niere durch eine in das Nierenbecken eingeführte Kanüle und aus der anderen durch eine Blasenkanüle entnahm. Es wurde dann gefunden, daß Pilocarpin eine plötzliche Verminderung der Ausscheidung in

[1]) Camus und Gley, Arch. intern. de Physiol. **13**, 102 (1913).
[2]) Pilisier, Med. Centralbl. S. 430, 1876.
[3]) Vulpian, Cours de Pathol. exp. Paris 1881, S. 53—192.
[4]) Popielski, Przeglad Lekarski 1904, Nr. 4, 5, 6 u. 7.
[5]) Hammerbacher, Archiv f. d. ges. Physiol. **33**, 228 (1884).
[6]) Quart. Journ. of experim. Physiol. **4**, 305 (1911).
[7]) Schäfer and Mackenzie, Proc. Roy. Soc. London **84**, 16 (1911).
[8]) Archiv f. experim. Pathol. u. Pharmakol.

beiden Nieren verursachte, worauf in der linken Niere (Kanüle im Nierenbecken) wieder eine allmähliche Steigerung der Absonderung folgte. Die Absonderung aus der rechten Niere erfolgte stärker und schwächer in rhythmischem Wechsel. Die Erklärung dieser Tatsachen ist einfach: die primäre Verminderung der Ausscheidung aus beiden Nieren tritt gleichzeitig auf mit dem Einsetzen des Speichelflusses und der Sekretion aus den anderen Drüsen, und zwar zu einer Zeit, wo der Kreislauf herabgesetzt ist, so daß diese Faktoren leicht diese Verminderung erklären können. Die plötzliche Steigerung des Harnflusses aus der rechten Niere, auf welche nachfolgende rhythmische Zunahmen des Harns zu einer Zeit folgen, wo der Fluß aus der anderen Niere, von welcher der Harn aus dem Nierenbecken gesammelt wird, konstant bleibt, rührt von den rhythmischen Kontraktionen des Ureters her. Der Harn sammelt sich infolge der Kontraktionen des Ureters im Nierenbecken an, aber nach einiger Zeit überwindet der Druck des aus dieser Niere abgesonderten Harns diesen Widerstand, was sich in einem plötzlichen Harnfluß zeigt. Es gibt keinen Beweis für die Annahme, daß Pilocarpin irgendeine Wirkung auf die Nieren ausübt. Die Ungleichheit der ausgeschiedenen Harnmengen kann durch den großen Wasserverlust infolge der Sekretion aus anderen Drüsen und durch die peristaltikähnlichen Kontraktionen, welche das Gift in den Ureteren hervorruft, erklärt werden.

Pilocarpin wird hauptsächlich durch die Nieren ausgeschieden; etwas davon scheint Veränderungen im Körper zu erleiden, aber die genaue Natur der entstandenen Körper ist nicht bekannt.

Wenn Pilocarpin Tieren regelmäßig während mehreren Tagen eingeführt wird, erscheint Zucker im Urin.

Waterman[1]) hat die Glykosurie untersucht, welche durch wiederholte Injektionen von Pilocarpin verursacht wird. Seine Versuche zeigen, daß nach Injektion von Pilocarpin bei Kaninchen der Zuckerprozentsatz im Blute während der ersten beiden Stunden zunimmt und dann abnimmt. Er betrachtet die Glykosurie als von dieser Veränderung und der Veränderung in der Permeabilität der Nierenzellen herrührend.

Nebennieren. Weder Ehrmann[2]) noch Tscheboksaroff[3]) beobachteten irgendeine Veränderung in der Geschwindigkeit der Adrenalinausscheidung als Folge der Injektion von Pilocarpin. Aber Ehrmann[4]) bestimmte das Adrenalin mit Hilfe von ausgeschnittenen Froschaugen, bei welchen die Spezifizität der Reaktion zweifelhaft ist, und welche in jedem Falle vermutlich durch die Gegenwart von Pilocarpin kompliziert würde. Überdies benutzte er das Kaninchen, bei welchem die Wirkung von Pilocarpin auf die Nebennieren verhältnismäßig gering ist. Tscheboksaroff benutzte einen Hund, dem er nur eine Drüse drainierte, und bestimmte das Adrenalin, indem er das Serum einem zweiten Hund injizierte und die Wirkung auf den Blutdruck beobachtete. Daß es ihm nicht gelang, irgendeinen Beweis für eine gesteigerte Adrenalinausscheidung nach Eingabe von Pilocarpin zu erhalten, ist um so bedeutsamer, weil er eine deutliche Steigerung mit Physostigmin beobachtete. Es soll jedoch bemerkt werden, daß er die Splanchnicusnerven bei allen seinen Versuchen durchschnitt. Elliott[5]) beobachtete keine Erschöpfung des Nebennierenmarks

[1]) N. Waterman, Zeitschr. f. physiol. Chemie **70**, 441. 1910/11.
[2]) Rud. Ehrmann, Archiv f. experim. Pathol. u. Pharmakol. **55**, 44 (1906).
[3]) M. Tscheboksaroff, Archiv f. d. ges. Physiol. **137**, 59 (1911).
[4]) Rud. Ehrmann, Archiv f. experim. Pathol. u. Pharmakol. **53**, 97 (1905).
[5]) T. R. Elliott, Journ. of Physiol. **44**, 390. 1912.

bei der Katze, wenn die Splanchnici durchschnitten und Pilocarpin injiziert wurde, aber dies beweist natürlich nicht, daß Pilocarpin keine Wirkung ausübt. Dale und Laidlaw[1]) haben die zuverlässigsten Beobachtungen gemacht, und das Hauptziel ihrer Versuche war mehr festzustellen, ob überhaupt Pilocarpininjektionen auf irgendeine Weise die Geschwindigkeit der Adrenalinsekretion bei der Katze beeinflussen, als den Mechanismus einer solchen Wirkung festzustellen, wenn sie vorkommt; sie ließen die Splanchnici unversehrt, außer in einem Versuch, bei welchem sie in einem späteren Stadium durchschnitten wurden. Der Gebrauch von Hirudin ist von gewisser Bedeutung, da es bei seiner Abwesenheit eine Komplikation infolge der Bildung von Gerinnseln in der Kanüle gibt, welche leicht das Resultat ändern kann, indem sie eine vorübergehende venöse Stauung in den Nebennieren erzeugt. Der Gebrauch von Hirudin ist ferner von einem anderen Standpunkt aus von Bedeutung. O'Connor[2]) zeigte, daß die physiologische Wirkung von frischem Serum, ganz abgesehen von dem Adrenalingehalt, den Wert von physiologischen Adrenalinbestimmungen im Serum durch Methoden vernichtet, welche von motorischen Wirkungen auf den glatten Muskel abhängen, wie die von Fränkel[3]) mit dem Kaninchenuterus, von O. B. Meyer[4]) mit isolierten arteriellen Segmenten, von Laewen[5]) und von Trendelenburg[6]) mit Durchströmung des arteriellen Systems des Frosches. Wir stimmen vollständig mit O'Connors Kritik überein. Da die physiologische Wirkung von frischem Serum auf den glatten Muskel, wie O'Connor gezeigt hat, einen sehr ähnlichen Typus wie die von β-Iminazolyläthylamin hat, gibt es sogar eine sehr ernste Komplikation bei den Methoden der Adrenalinbestimmungen, welche auf Hemmungswirkungen beruht, so wie die Methoden von Cannon und de la Paz[7]) und von Hoskins[8]) mit isolierten Teilen des Kaninchendarms, oder Dale und Laidlaw[9]) mit dem isolierten Uterus der nicht trächtigen Katze gezeigt haben, da Hirudinblut, so wie es die letzteren Forscher benutzten, obgleich es einen viel kleineren Einfluß als frisches Serum, einen geringen Grad motorischen Einflusses auf den glatten Muskel ausübt.

Dale fand im isolierten Uterus der nicht trächtigen Katze einen hochempfindlichen Indicator für die Adrenalinwirkung, und er behauptet, daß, da die Wirkung eine Hemmung ist, sie nicht mit der von anderen Substanzen im Blut oder Serum, welche den Tonus des glatten Muskels erhöhen, verwechselt werden kann. Es hat außerdem den Vorzug, daß variierende submaximale Dosen von Adrenalin Erschlaffung mit verschiedener Geschwindigkeit und Vollständigkeit verursachen, so daß es, wenn man eine Adrenalindosis findet, welche bei einem gegebenen Uterus Erschlaffung mit derselben Geschwindigkeit und Stärke verursacht wie eine bestimmte Dosis Blut, möglich ist eine ziemlich genaue Bestimmung der Verteilung von Adrenalin im Blute zu erhalten. Es ist gefunden worden, daß, wenn ein Horn des Uterus in warmer sauerstoffreicher Ringerlösung in der gewöhnlichen Weise suspendiert wird, der Zusatz von Jugularisblut zu dem Bade in irgendeinem Volumen, vorausgesetzt, daß es

[1]) H. H. Dale und P. P. Laidlaw, Journ. of Physiol. **45**, 1 (1912).
[2]) J. M. O'Connor, Archiv f. experim. Pathol. u. Pharmakol. **67**, 195 (1912).
[3]) A. Fraenkel, Archiv f. experim. Pathol. u. Pharmakol. **60**, 395 (1906).
[4]) O. B. Meyer, Zeitschr. f. Biol. **48**, 353 (1906).
[5]) A. Laewen, Archiv f. experim. Pathol. u. Pharmakol. **51**, 415 (1904).
[6]) P. Trendelenburg, Archiv f. experim. Pathol. u. Pharmakol. **63**, 161 (1910).
[7]) W. B. Cannon und de la Paz, Amer. Journ. of Physiol. **28**, 64 (1911).
[8]) R. G. Hoskins, Journ. of Pharm. and experim. Ther. **3**, 93 (1911).
[9]) l. c.

überhaupt eine Wirkung erzeugt, nur eine geringe Zunahme des Tonus verursacht. Normales Blut aus den Nebennierenvenen zeigt andrerseits immer einen
Beweis, daß es Adrenalin enthält. Die vorhandene Menge variiert mit der Geschwindigkeit des Ausflusses, da sie beträchtlich größer ist, wenn der Fluß
langsam, als wenn er rasch ist. In jedem Versuch von Dale und Laidlaw gab
es eine deutliche Zunahme von Adrenalin im Blut aus der Nebennierenvene,
welches nach einer Injektion von Pilocarpin gesammelt wurde. In den
meisten Fällen war jedoch die Geschwindigkeit des Flusses viel langsamer,
infolge der Herzhemmung, und diesem mußte Rechnung getragen werden,
denn, angenommen, daß die Nebennieren Adrenalin mit konstanter Geschwindigkeit bildeten und absonderten, dann würde die bloße Verzögerung
des Kreislaufs den Gehalt des venösen Blutes im umgekehrten Verhältnis
zu der Geschwindigkeit des Ausflusses steigern. In den meisten Fällen wurde
es genügend erachtet, um zu zeigen, daß die Zunahme von Adrenalin größer
war als durch die verminderte Durchströmung erklärt werden konnte. und
es wurde keine absolute Bestimmung von Adrenalin gemacht. Folgendes ist
ein Protokoll eines typischen Versuches:

Versuch I. Geschwindigkeit des Flusses aus der Vena cava langsam.
(Ungemischtes Nebennierenblut.) A. Normale Probe — 3 ccm in 45″ gesammelt. B. Probe 1′ nach 4 mg Pilocarpin — 1,5 ccm in 128″ gesammelt.

$$\frac{\text{Normale Geschwindigkeit}}{\text{Pilocarpingeschwindigkeit}} = \frac{128 \times 2}{45} = 5{,}7.$$

Die Proben wurden an einem isolierten nicht trächtigen Uterus in 20 ccm
Ringerlösung untersucht.

0,1 ccm von B erzeugten eine Erschlaffung des Uterus, annähernd gleich
jener, welche durch 0,1 ccm von 1:100000 Adrenalin erzeugt wird. (Verdünnung im Bad 1 in 20 Millionen.)

0,1 ccm von A erzeugten eine kaum merkliche Erschlaffung.

0,5 ccm von A erzeugten eine mäßige Wirkung.

0,05 ccm von B erzeugten eine tiefere Erschlaffung als die von 0,5 ccm
von A verursachte, aber eine geringere als die durch 0,75 ccm von A.
erzeugte.

Der Adrenalingehalt von B war daher mehr als 10 mal, aber geringer
als 15 mal der des A genannten 12 mal. Wir haben dann Geschwindigkeiten
des Flusses wie 5,7 : 1, Adrenalingehalt wie 1 : 12.

Die Geschwindigkeit des Ausflusses von Adrenalin ist offenbar durch
die Injektion von Pilocarpin verdoppelt worden. Während der Pilocarpinwirkung enthält das Blut aus der Nebennierenvene, welches in den allgemeinen
Kreislauf mit einer Geschwindigkeit von ungefähr 1 ccm in 85″ eintritt, etwa
0,01 mg Adrenalin pro ccm. Nachdem sie diese Überlegungen angestellt hatten,
kamen Dale und Laidlaw zu dem Schluß, daß Pilocarpin die Geschwindigkeit
der Adrenalinsekretion mehr als verdoppelte.

Der glatte Muskel.

Magen und Eingeweide. Bei Kaltblütern erhöht Pilocarpin sowohl den Tonus
wie die peristaltischen Bewegungen der Eingeweide. Eine einfache Methode,
die Bewegungen des Froschmagens aufzuschreiben, besteht darin, den Magen
bei kleinem Druck mit Wasser anzufüllen und die Veränderungen in seiner
inneren Kapazität aufzuzeichnen.

Pilocarpin einem solchen Magen äußerlich appliziert (1 in 5000), erhöht die Amplitude der automatischen Wellen, aber es hat geringe Wirkung auf den Tonus. In die Vena hepatica als eine ½ proz. Lösung injiziert, erhöht Pilocarpin sowohl den Tonus, sowie es die Wellen vergrößert. Die Wirkung verschwindet rasch und es entsteht schließlich eine Verminderung des Tonus (Abb. 3). Wenn eine Lösung von 1 in 500 äußerlich appliziert wird, entsteht außerdem eine rasche Steigerung des Tonus, welcher zu den sehr deutlichen peristaltikähnlichen Wellen hinzukommt.

Wenn Pilocarpin einem Magen appliziert wird, dessen nervöser Mechanismus entweder durch Nicotin 0,3% oder Cocain 0,1% gelähmt worden ist[1]), wird ein anderes Resultat erzielt. Anstatt der Kontraktion wird nun Erschlaffung allmählich erzeugt und erstreckt sich gewöhnlich auf zwei volle Minuten. Die Anwendung normaler Kochsalzlösung erzeugt diese Wirkung nicht. Es ist daher wahrscheinlich, daß diese Substanz eine doppelte Wirkung hat, a) Reizung des lokalen nervösen Mechanismus, welche Erhöhung

Abb. 3. Mit Hilfe eines Manometers gewonnene Kurve der Bewegungen des Froschmagens. Pilocarpinwirkung. Die obere Kurve zeigt die Wirkung des Giftes bei extremer Applikation, die untere die Wirkung einer Injektion von ein paar Tropfen einer ½ proz. Lösung in die Lebervene. Zeit: Bei der oberen Kurve 1 cm = 1 Minute, bei der unteren 1 cm = ½ Minute.

des Tonus und Vergrößerung der Wellen erzeugt, und b) eine direkte Wirkung auf den glatten Muskel, welche sich als Erschlaffung zeigt, eine Wirkung, welche unter normalen Bedingungen von geringer Bedeutung ist. Das Interessante dieser Beobachtungen liegt teilweise in der Tatsache, daß der motorische Nerv für den Froschmagen der Sympathicus ist; die Vagusnerven erzeugen nur Hemmung. Pilocarpin wirkt in diesem Beispiel wie Adrenalin auf einen Teil des sympathischen Nervenmechanismus, und wie Adrenalin kann es keine motorische Wirkung erzeugen, wenn der nervöse Mechanismus gelähmt ist, obgleich die automatischen myogenen Bewegungen noch andauern. Bei den Säugetieren werden die Darmbewegungen vom Zentralnervensystem auf zwei Wegen reguliert. 1. Dem Vagus, dessen Fasern beschleunigend wirken, deren Reizung verstärkte peristaltische Bewegungen ergibt. 2. Dem Sympathicus, dessen Fasern das Rückenmark durch die vorderen Wurzeln verlassen, durch den Seitenstrang gehen, aber ihre Zellstationen nicht eher erreichen, als bis sie zu den oberen mesenterialen Ganglien kommen: von dort gehen sie als marklose postganglionäre Fasern zu den Muskelwänden: sie sind hemmend für die Bewegung und gefäßverengernd. Nachdem alle zu den Eingeweiden führende Nerven durchschnitten worden sind, dauert die Peristaltik normal monatelang fort: sie ist daher wirklich autonom.

Die peristaltischen Wellen müssen als koordinierte Reflexe angesehen werden, deren Zentren in den Ganglienzellen des Auerbachschen Plexus

[1]) W. E. Dixon, Journ. of Physiol. **28**, 57 (1902).

liegen. Die Bewegungen hören auf, wenn der Darm mit Cocain gepinselt oder
wenn Nicotin injiziert wird, denn unter dem Einfluß dieser Gifte wird die
synaptische Verbindung der Ganglienzellen gelähmt. Magnus zeigte die
Bedeutung dieses Plexus aus der Tatsache, daß Streifen vom Darmmuskel
des spontanen Rhythmus unfähig sind, wenn man ihnen nicht den Nervenplexus läßt.

Pilocarpin erhöht die peristaltischen Bewegungen im ganzen Darmkanal.
Die Magenbewegungen werden gewöhnlich verstärkt und bei normalen Menschen können sie sensorische Reizung von hinreichender Intensität entstehen
lassen, um Übelkeit und Unbehagen, aber selten Erbrechen zu erzeugen: die
vermehrten peristaltischen Bewegungen der Eingeweide veranlassen wiederholte
Entleerungen: diese sind zuerst von fester Konsistenz, aber später, wenn die
andauernde Peristaltik den Inhalt des Dünndarms weiter befördert, ist nicht
genügend Zeit mehr für die Resorption der Flüssigkeit, und die Faeces enthalten mehr Wasser als gewöhnlich. Selbst wenn die Eingeweide ganz entleert worden sind, äußert sich die andauernde Peristaltik in schmerzhaftem
Ziehen. Pilocarpin verstärkt die peristaltischen Bewegungen sehr, aber im Gegensatz zu den gewöhnlichen vegetabilischen Abführmitteln muß es, um dies zu bewirken, im Blutstrom vorhanden sein. Nun ist die Peristaltik, wie wir gezeigt
haben, ein nervöser Vorgang, und daher muß Pilocarpin seine Wirkung durch
irgendeinen Teil des Nervensystems ausüben im Gegensatz zu der Wirkung
von Barium oder Blei auf den Darm. Wenn eins der letzteren Gifte einem
Tiere eingeführt wird, dessen Eingeweide beobachtet werden, so werden in
wenigen Minuten heftige Kontraktionsringe an verschiedenen Stellen sich
bilden; diese Kontraktionen erschlaffen allmählich und werden durch Kontraktionsringe an anderen Stellen ersetzt. Diese Kontraktionsringe bewegen
sich nicht wie eine Welle, d. h. sie sind nicht peristaltisch sondern myogenen
Ursprungs; Pilocarpin verursacht andererseits wahre Peristaltik, die neurogenen
Ursprungs ist. Blei und Barium erzeugen gewöhnlich Obstipation bei Tieren;
Pilocarpin erzeugt heftige Diarrhöe.

Wenn eine genügende Dosis von Apocodein einer Katze oder einem Hunde
gegeben wird, um die Ganglienzellen im ganzen Körper zu lähmen, verursacht Pilocarpin noch immer erhöhte peristaltische Bewegungen und dies zu
einer Zeit, wo Nicotin all seine reizende Wirkung auf die Ganglienzellen verloren hat, wie durch die Hemmung der peristaltischen Bewegungen bewiesen
wird. Es ist daher klar, daß Pilocarpin postganglionär auf manche peripheren
Nervengebilde, die mit dem N. vagus im Zusammenhang stehen, wirkt. An
Ringen vom isolierten Säugetierdarm, in Ringerlösung aufgehängt, steigert
Pilocarpin die automatischen Wellen und erhöht den Tonus. Im plexusfreien
Muskel und in Präparaten, welche nur den Meißnerschen Plexus enthalten,
verursacht Pilocarpin eine glatte Dauerkontraktion[1]). Wenn eine große Dosis
Pilocarpin direkt in die Vene eines Hundes gebracht wird, während die Eingeweide beobachtet werden, kann man eine starke peristaltische Kontraktion
sehen, welche sich über den ganzen Darm erstreckt. Wenn Atropin injiziert
wird, hören diese Bewegungen sofort auf, wie allgemein angenommen wird,
infolge der Lähmung des lokalen Nervenmechanismus. Aber in diesem Beispiel
sagt man, daß die Lähmung nicht die Erklärung für den Antagonismus ist.

So zeigten Bayliss und Starling[2]), daß, während Atropin der Wirkung
von Pilocarpin auf den Darm ebenso vollständig wie auf das Herz und die Iris

---

[1]) R. Magnus, Ergebn. d. Physiol. **7**, 27.
[2]) W. M. Bayliss u. E. H. Starling, Journ. of Physiol. **26**, 25 (1901).

entgegenwirkt, es nicht die Wirkung auf den Darm durch Reizung der motorischen Nerven verhindert, und Dixon und Malden[1]) haben gezeigt, daß dasselbe der Fall ist, wenn das Pilocarpin durch das Alkaloid Colchicin ersetzt wird. Es sind von Fröhlich und Loewi[2]) Zweifel über die Richtigkeit dieser Versuche ausgesprochen worden, aber sie sind von Cushny[3]) bestätigt worden, welcher behauptet, daß der heftigen durch Pilocarpin herbeigeführten Darmbewegung durch Atropin entgegengewirkt werden kann ohne Unterbrechung der Bahn des Nervenimpulses nach dem Darm. Der Darm ist auch kein iso-

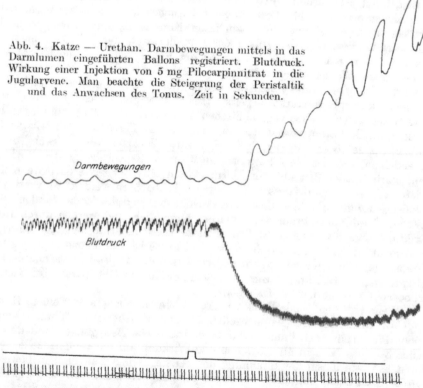

Abb. 4. Katze — Urethan. Darmbewegungen mittels in das Darmlumen eingeführten Ballons registriert. Blutdruck. Wirkung einer Injektion von 5 mg Pilocarpinnitrat in die Jugularvene. Man beachte die Steigerung der Peristaltik und das Anwachsen des Tonus. Zeit in Sekunden.

liertes Beispiel, denn Zilwa[4]) fand, daß Muscarin eine deutliche Erhöhung im Tonus des Retractor penis verursachte, welche durch Atropin vernichtet wurde, jedoch fuhr der Muskel fort, sich bei Reizung seines Nerven zu kontrahieren. Die heftigen Kontraktionen des Kaninchenuterus unter Pilocarpin, welche sofort erwähnt werden sollen, werden durch Atropin gehemmt, obgleich Reizung der N. hypogastricus weiter wirksam bleibt.

Ein Unterschied in der Innervation des Magens und der Eingeweide der Säugetiere möge erwähnt werden, nämlich, daß die Splanchnicusnerven eine sehr geringe hemmende Wirkung auf den Magen haben. Fast alle Nerven erreichen das Organ durch den Vagus, welcher sowohl hemmende wie motorische Fasern

[1]) W. E. Dixon u. Malden, Journ. of Physiol. **37**, 50 (1908).
[2]) A. Fröhlich u. O. Loewi, Archiv f. experim. Pathol. u. Pharmakol. **59**, 34 (1908).
[3]) A. R. Cushny, Journ. of Physiol. **35**, 1 (1906).
[4]) L. A. E. Zilwa, Journ. of Physiol. **37**, 210 (1901).

enthält. Nun entspricht die Wirkung von Pilocarpin unter günstigen Bedingungen ziemlich genau der Reizung des N. vagus. Wenn der Magen jedoch sehr aktive automatische Bewegungen zeigt, dann verursacht Vagusreizung, Hemmung, während Pilocarpin noch mehr aktive Bewegungen verursacht und den Magentonus erhöht. Sowohl Doyon wie Battelli[1]) lenkten die Aufmerksamkeit auf die Wirkung der Vagusreizung, nachdem die Magenbewegungen durch Pilocarpin verstärkt worden waren: in diesem Falle resultiert immer Erschlaffung. Wir können annehmen, daß der motorische Mechanismus, auf welchen das Pilocarpin wirkt, einen bestimmten Grad von Ermüdung erreicht hat, so daß, wenn der N. vagus erregt wird, die Wirkung der hemmenden Fasern jene der motorischen überschattet.

Abb. 5. Kurve eines isolierten nichtgraviden Katzenuterus in Lockescher Lösung nach Zusatz von 10 mg Pilocarpin. Die Aufstriche entsprechen der Kontraktion. Zeit in Minuten.

Uterus. Pilocarpin in Dosen von 2—5 mg erhöht die Zahl und Stärke der spontanen Kontraktionen des Uterus, sowohl bei der Katze wie beim Kaninchen; oder wenn diese automatischen Kontraktionen fehlen, kann es eine deutliche und andauernde Kontraktion verursachen, auf welche eine Reihe von kleineren Wellen während der Erschlaffung folgen. Der Uterus behält eine lange Zeit nach Pilocarpin einen erhöhten Tonus, aber dieser verschwindet sofort nach einer Spur von Atropin. In manchen Fällen, in welchen Pilocarpin eine Reihe von sekundären Kontraktionen, welche den spontanen Bewegungen superponiert sind, hervorruft, verschwinden die ersteren unter Atropin, während die letzteren fortdauern. Im allgemeinen folgt bei der trächtigen Katze oder bei einer kurz vorher trächtig gewesenen auf Reizung des N. hypogastricus eine deutliche Erschlaffung, und bei anderen, bei welchen es kein Zeichen kurz vorangehender Schwangerschaft gibt und der Uterus sehr klein ist, ist Kontraktion die Regel. Die hemmenden Fasern werden keineswegs an Kraft reduziert, denn wenn die verstärkenden Fasern durch Ergotoxin außer Wirkung gesetzt werden, reagiert der Uterus auch auf Reizung des N. hypogastricus mit Erschlaffung[2]).

Die Wirkung von Pilocarpin folgt genau der auf Nervenreizung und kann seinem Einfluß auf irgendeinen Punkt auf der Bahn des Nervenimpulses in derselben Weise zugeschrieben werden, wie die Wirkung von Nicotin oder Adrenalin. Dagegen gibt es jedoch den Antagonismus von Atropin, welcher die Wirkung von Pilocarpin verhindert, während er die der Nervenreizung von Nicotin oder Adrenalin zuläßt. Und der Unterschied zwischen Pilocarpin und diesen ist nicht, wie man gewöhnlich behauptet, nur ein quantitativer, denn während 1 mg Atropin genügt, um die Wirkung von 10 mg Pilocarpin zu neutralisieren, wird die Menge von Adrenalin, welche nötig ist, um eine Uteruskontraktion zu verursachen, durch diese Menge von Atropin nicht merklich verändert, noch wird die zur Reizung der N. hypogastrici erforderliche minimale Stärke in keiner Weise verändert. Adrenalin und Pilocarpin wirken so in derselben Weise wie Reizung des Hypogastricus auf den Uterus, aber Pilo-

[1]) Fr. Battelli, Diss. Inaug. Genève (1896). Siehe auch Murat, Lyon Médicale **40,** 289 (1882). — Emil Schütz, Archiv f. experim. Pathol. u. Pharmakol. **21,** 341 (1885).
[2]) A. R. Cushny, Journ. of Physiol. **35,** 14 (1906).

carpin unterscheidet sich von den anderen, indem ihm von kleinen Mengen von Atropin vollständig entgegengewirkt wird, von welchen behauptet wird, daß sie keinerlei Wirkung auf die Reaktion gegen die anderen haben[1]).

Die häufigste Wirkung dieses Giftes auf den überlebenden isolierten Uterus, ist Erhöhung des Tonus mit etwas Vergrößerung in der Amplitude der spontanen Kontraktionen. Diese Wirkung hält nicht lange an. Erschlaffung der isolierten Uterusmuskulatur ist mit Pilocarpin sehr schwer zu erhalten. Sie kann nach Lähmung der fördernden Fasern mit Ergotoxin beobachtet werden. In einem Versuche an dem trächtigen Uterus einer Katze wurden die beiden Hörner durchtrennt, und eines wurde eine halbe Stunde lang in einer Ergotoxinlösung gehalten. Pilocarpin erzeugte leichte Erschlaffung in dem ergotinisierten Horn und leichte Tonuszunahme in dem anderen Horn[2]). Die Wirkung dieses Giftes auf den isolierten Uterus wird durch Atropin vollständig aufgehoben.

Pilocarpin besitzt daher eine besondere Affinität für die fördernden Fasern des Sympathicus, da dieses Gift in der nicht trächtigen Katze, d. h. wenn die Entwicklung von hemmenden Fasern maximal ist, noch die Bewegungen verstärkt. Die Wirkung ist derjenigen sehr ähnlich, welche es auf den glatten Muskel der Blase und des Darmes ausübt, welcher seine motorischen Fasern aus dem sakralen autonomen System erhält, oder des Retractor penis des Hundes, welcher motorische Fasern aus dem Sympathicus erhält.

Wir haben so gewisse Widersprüche zu erklären, und es ist klar, daß die Wirkung von Pilocarpin auf den Uterus im Körper eine Verbindung von wenigstens zwei Wirkungen ist: eine motorische Wirkung auf den Uterusmuskel, welche am isolierten Organ zu sehen ist, und eine indirekte Wirkung, welche von dem Freiwerden von Adrenalin herrührt, welche der der Sympathicusreizung ähnelt. Diese indirekte Wirkung von Pilocarpin kann beim Meerschweinchen nicht beobachtet werden und fehlt möglicherweise bei dieser Tierart. Es scheint jedoch wahrscheinlicher, daß die Verschiedenheit der Reaktion beim Meerschweinchen und der Katze sich nur in einem Unterschied in der relativen Vorherrschaft der beiden Wirkungen ausspricht: da die direkte motorische Wirkung auf den Uterusmuskel beim Meerschweinchen mächtig genug ist, um die indirekte hemmende Wirkung vollständig zu verdecken, während bei der Katze die erstere verhältnismäßig schwach ist und die letztere gewöhnlich vorherrscht.

Die Sympathicuswirkung scheint in allen Fällen peripheren Ursprungs zu sein, da sie durch Durchschneidung der N. hypogastrici nicht beeinflußt wird und dadurch die Hauptnervenbahn nach dem Uterus unterbrochen wird.

Die verschiedenen Resultate, welche mit Pilocarpin auf den Uterus erhalten wurden, werden leicht verständlich, wenn man sich vergegenwärtigt, daß die Wirkung in jedem Falle die algebraische Summe von drei Faktoren ist, nämlich Reizung der Sympathicusganglien und Beschleunigung der Adrenalinsekretion, welche beide Hemmung erzeugen, und direkte motorische Wirkung auf den Uterusmuskel. Es kann wohl sein, daß teilweise Erschöpfung der Nebennieren oder irgendein Einfluß, welcher ihre Reaktion auf Pilocarpin herabsetzt, genügen würde, um die Wirkung einer Hemmung zu einer überwiegenden direkten motorischen Wirkung auf den Muskel umzukehren.

Zuletzt möge noch darauf hingewiesen werden, daß nicht gezeigt worden ist, daß der Uterus seine Nervenversorgung aus dem sakralen autonomen System

---

[1]) A. R. Cushny, Journ. of Physiol. **41**, 235 (1910).
[2]) Jardon, Biochem. Journ. **3**, 405 (1908). — E. Kehrer, Archiv f. Gyn. **81**, 160 (1907).

erhält; Dale und Laidlaw[1]) behaupten daher, daß wie auch immer Pilocarpin wirkt, es nicht mit dem sakralen autonomen System verknüpft sein kann. Diese Behauptung würde, wenn sie richtig wäre, weit gehen, um die allgemein angenommene Hypothese zu widerlegen, welche die Wirkung von Pilocarpin betrifft, daß sie auf irgendeine Weise mit den autonomen Nervenendigungen verknüpft ist; aber der Gegenstand erfordert weitere Untersuchung.

Gallenblase. Wenn man die Gallenblase in ihrer natürlichen Beziehung zur Leber läßt, verursacht Pilocarpin, wenn es injiziert wird, eine scheinbare Steigerung des Tonus. Bainbridge und Dale[2]) gelang es nicht, diese Wirkung unter Bedingungen zu erzeugen, bei welchen die Blase ganz von der Leber

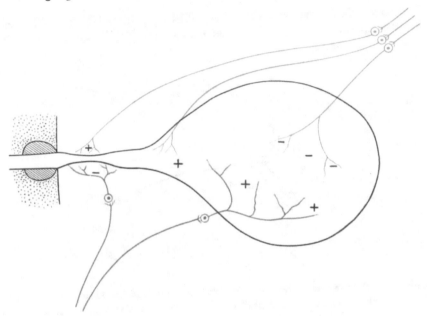

Abb. 6. Schematische Darstellung der Innervation der Blase bei der Katze.

abgetrennt wurde, oder durch die direkte Applikation des Giftes auf die Gallenblase, und sie betrachten die Steigerung des Tonus als von der Schwellung der Leber herrührend. Dies ist von Interesse angesichts der Behauptung von Doyons[3]) daß der Vagus keine efferenten Impulse nach diesem Organ leitet, eine Ansicht, mit welcher Bainbridge nicht übereinstimmt.

Blase und Ureteren. Injektionen von Pilocarpin in die Venen der meisten Tiere rufen rhythmische Kontraktionen hervor; wenn automatische Kontraktionen schon vorhanden sind, erzeugt das Pilocarpin andauerndere Kontraktionen und der ganze Tonus der Blase wird erhöht. Die Wirkung dauert 5—10 Minuten und dann setzt langsam Erschlaffung ein. Bei unversehrten Tieren und beim Menschen können wiederholte Miktion und Harndrang vorkommen. Gleichzeitig erschlafft Pilocarpin den Sphincter und den daran grenzenden Teil der Blase, daher zielt seine ganze Wirkung auf Miktion. Seine Wirkung ist fast identisch mit der, welche man bei Erregung der sakralen

---

¹) H. H. Dale u. P. P. Laidlaw, Journ. of Physiol. **45**, 4 (1912).
²) Bainbridge u. Dale, Journ. of Physiol. **33**, 138 (1905).
³) Doyons, Arch. de Physiol. **21**, 678, 710 (1873).

autonomen Nerven erhalten kann. Die Innervation der Blase (Abb. 6) variiert in gewissem Umfange bei den verschiedenen Tieren, so umfaßt beim Frettchen und in geringerem Grade beim Ziegenbock die durch die Hypogastrici erzeugte Kontraktion die ganze Blase. Nun verursacht Adrenalin in jedem Falle deutliche Erschlaffung der Blase, und da nach einer Injektion von Pilocarpin ein erhöhter Adrenalinfluß erzeugt wird, kann es sein, daß in manchen Fällen die direkte Wirkung von Pilocarpin, welche der Reizung des sakralen autonomen Systems entspricht, durch die Adrenalinwirkung, welche der Reizung der Nn. hypogastrici entspricht, verdeckt wird. Es sind noch keine Untersuchungen eingeleitet worden, um zu zeigen, ob die Pilocarpinwirkung bei den verschiedenen Tieren je nach der Innervation der Blase variiert[1]).

Auge. Nach einer großen Dosis von Pilocarpin innerlich und auch nach der lokalen Applikation des Giftes verengert sich die Pupille bis zur Größe eines

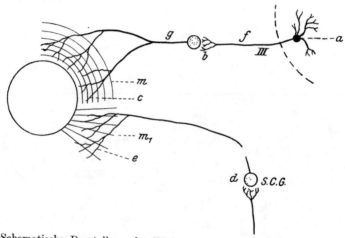

Abb. 7. Schematische Darstellung der Wirkung verschiedener Gifte auf die Pupille. *III* = Nervus oculomotorius; *f* zentral, *g* peripher vom Ganglion gelegener Teil des Nerven; *a* = Nervenzelle in der Medulla; *b* im Ciliariganglion; *c* = Nervenendigung im Sphincter pupillae m.; *S. C. G.* ist das obere Cervicalganglion, dessen Zellen *d* bei *e* im Musc. dilatator pupillae enden.

Wirkungssitz der Mittel.

b und *d* Nicotin + −, Coniin + −, Lobelin + −, Gelsemin −, Spartein −.
    c Pilocarpin +, Physostigmin +, Arecolin +, Muscarin +, Atropin −.
    e Adrenalin +, Cocain +.
    a Morphin +, Hypnotica −.
m und *m₁* Barium +, Veratrin +.

In dieser Zeichnung ist kein Unterschied gemacht zwischen Nervenendigungen und neuromuskulären Verbindungen.

Nadelöhrs und gleichzeitig kontrahiert sich der Ciliarmuskel, sodaß sich die Linse für kurze Entfernungen akkommodiert. Diese beiden Phänomene sind peripher und mit den Endigungen des Oculomotorius in den intraokularen Muskeln assoziiert. Sie werden nicht notwendigerweise gleichzeitig ausgelöst, denn Kreuchel[2]) zeigte für Muscarin, daß es viel leichter auf den Ciliarmuskel als auf die Pupille wirkt; und mit Pilocarpin ist gelegentlich bei Menschen beobachtet worden, daß das Auge für kurze Entfernungen

[1]) J. R. Elliott, Journ. of Physiol. **35**, 367 (1907).
[2]) Kreuchel, Archiv f. Ophthalmol. **20**, 135.

akkommodiert werden kann, während die Pupille ziemlich weit bleibt. Pilocarpin erhöht zuerst leicht den intraokularen Druck, aber dieser verschwindet bald, und es folgt eine beträchtliche und andauernde Abnahme.

Der Mechanismus, durch welchen Gifte die Pupille beeinflussen, ist, trotz zahlreicher Untersuchungen, noch nicht klar. Die ältere Anschauung war, daß Atropin die Nervenendigungen des Oculomotorius lähmt und daß sich die Pupille erweitert, weil die Zirkularmuskelfasern der Iris ihren Tonus verloren haben, die radiären Muskelfasern frei wirken und die Pupillen erweitern können. Der Beweis, daß Atropin die Nervenendigungen beeinflußt, bestand in der Tatsache, daß die postganglionären Fasern des dritten Nerven, wenn sie elektrisch erregt wurden ohne Wirkung auf die Pupille blieben sowohl nach Injektion des Alkaloids in den Kreislauf als auch nach lokaler Applikation auf die Bindehaut. Der zirkuläre Muskel war jedoch unversehrt, da dieser auf direkte Reizung noch reagierte. Man glaubte, daß Physostigmin direkt auf den Sphinctermuskel wirkt, weil es die Pupille nach mäßigen Dosen von Atropin kontrahiert, und es wurde auch angenommen, daß es direkt auf den erweiternden Muskel wirkt, weil Muscarin größere Verengerung der Pupille als Physostigmin verursacht. Diese Begründung wurde von Harnack und Meyer[1] auf Pilocarpin angewandt und da dieser Körper die Pupille nach mäßigen Dosen von Atropin nicht verengert, glaubten sie, daß es nur auf die Nervenendigungen wirkt. Harnack glaubte, daß große Dosen von Atropin den Muskel des Sphincters ebenso lähmten wie die Nervenendigungen, obgleich Schultz und andere finden, daß der Sphincter sogar nach sehr großen Atropindosen erregbar ist.

Roebroeck beobachtete, daß es nach Durchschneidung der drei langen Ciliarnerven lokale Erweiterung der Pupille gab, und dies wird von Winkler als von der langandauernden Erregung der durchschnittenen Nerven herrührend angesehen.

Langendorff[2] zeigte, daß nach Ausschneidung des oberen Cervicalganglions oder nach Durchschneidung des Halssympathicus die gelähmte Pupille unter bestimmten Bedingungen größer wurde als die Kontrollpupille. Die Erklärung, welche Lewandowsky[3] für diese paradoxe Erweiterung gibt, scheint von allen vorgeschlagenen die vernünftigste zu sein; er betrachtet sie als von der erhöhten Erregbarkeit des gelähmten Muskels herrührend, und die gelähmten Muskeln sind ohne Frage erregbarer gemacht worden. Der Zustand ist mit der erhöhten Erregbarkeit zu vergleichen, auf welche schon bei den entnervten willkürlichen Muskeln der Vertebraten die Aufmerksamkeit gelenkt wurde. Anderson[4] vertritt dieselbe Ansicht, um die paradoxe Verengerung zu erklären. Er fand, daß bei Katzen, bei welchen das Ciliarganglion entfernt oder der N. oculomotorius durchschnitten worden war, partielle Asphyxie bei der gelähmten Pupille stärkere Verkleinerung verursachte als bei der Kontrolle; dies, glaubt er, rührt von der erhöhten Erregbarkeit des Sphincters her: die Wirkung kann durch einen lokalen Reiz ausgelöst werden. Es ist notwendig, diese sogenannten paradoxen Wirkungen zu kennen, ehe man die Wirkung der Gifte auf die normale Iris mit jenen auf die entnervte vergleichen kann.

P. Schultz gelang es nicht, irgendeine Verengerung der Pupille vier Tage nach der Entfernung des Ciliarganglions, selbst durch Applikation von

[1] E. Harnack u. Hans Meyer, Arch. f. exp. Path. u. Pharm. **12**, 366—400 (1880).
[2] O. Langendorff, Klin. Monatsbl. f. Augenheilk., Stuttgart, **27**, 133 (1900).
[3] M. Lewandowsky, Sitz.-Ber. d. kgl. preuß. Akad. d. Wissensch. Berlin 1900, S. 1136.
[4] H. K. Anderson, Journ. of Physiol. **30**, 15 (1904); **33**, 156, 414 1905.

5 proz. Physostigminlösung auf das Auge, zu erhalten, und er schloß, daß das Gift nur auf die Endigungen der kurzen Ciliarnerven wirke. Die Versuche von Anderson sind bei weitem die wertvollsten, um uns eine Vorstellung über den Angriffspunkt dieser Gifte zu ermöglichen. Er zeigte, daß nach Durchschneidung des N. oculomotorius im Schädel, Pilocarpin die gelähmte Pupille mehr kontrahiert als die Kontrolle, aber Physostigmin verengert sie weniger. Aber beide Gifte verengern sie auf längere Zeit. Nach degenerativer Durchschneidung der kurzen Ciliarnerven reizt Physostigmin nicht den entnervten Sphincter, aber Pilocarpin erregt ihn zu einer erhöhten und abnorm andauernden Kontraktion. Schultz und Anderson stimmen überein, daß Physostigmin auf die Nervenendigungen wirkt, und Anderson glaubt, daß Pilocarpin auf den Sphinctermuskel wirkt. Überdies stellt Physostigmin nach unvollkommener Regeneration eines N. oculomotorius den Lichtreflex wieder her, wenn er unter normalen Bedingungen nicht beobachtet werden kann, aber Pilocarpin hat diese Wirkung nicht. Physostigmin erhöht die Erregbarkeit oder Leitfähigkeit der kurzen Ciliarnerven oder Ganglien, oder die der okulomotorischen Fasern nicht. Diese Versuche sind scheinbar den Ansichten von Schmiedeberg über den Angriffspunkt des Physostigmins und von Harnack und Meyer über den des Pilocarpins direkt entgegengesetzt. Diese Erklärung liefert ein weiteres Beispiel für die Notwendigkeit von Vorsicht bei Schlüssen, die aus dem Antagonismus der Gifte gezogen werden, besonders wenn der Angriffspunkt für keins derselben bestimmt worden ist.

Ulrich zeigte, daß sich die Pupille gut nach dem Tode in einem Auge kontrahierte, welches unter dem Einfluß von Atropin während vierzehn vorangehenden Tagen gehalten wurde, und Placzek beobachtete auch, daß die postmortale Verengerung der Pupille nicht durch Atropin verändert wird. Anderson beschrieb ähnliche Beobachtungen. Atropin verändert daher nicht die Erregbarkeit des Sphinctermuskels, soweit die Folgen der Dyspnöe in Betracht kommen.

Nach Durchschneidung der kurzen Ciliarnerven (Anderson) oder der Oculomotorii (Schiff), wenn sie reichlich Zeit zur Degeneration ließen, fanden diese Forscher, daß Atropin die gelähmte Pupille nicht mehr erweiterte und daß beide Pupillen dieselbe Größe hatten, nachdem Atropin den Augen appliziert worden war. Es hat also nicht den Anschein, als ob Atropin die erweiternden Muskelfasern zur Kontraktion erregt. Trotzdem verhindert Atropin die Wirkung von Pilocarpin auf den entnervten Sphincter, indem es entweder in derselben Richtung wirkt wie Pilocarpin oder indem es einen Block zwischen dieses und den contractilen Teil des Sphincters einschiebt. So haben wir denn, wie beim willkürlichen Muskel, drei erregbare Dinge zu betrachten: 1. die durch die Produkte der Dyspnöe und nicht durch Atropin gelähmte, erregbare, contractile Substanz; 2. die durch Pilocarpin erregte und möglicherweise durch Atropin gelähmte Substanz; 3. die durch Physostigmin und nach degenerativer Durchschneidung der kurzen Ciliarnerven erregte Substanz.

Es gibt jedoch noch eine Pilocarpinwirkung, bei welcher die Wirkung die Sympathicusnervenversorgung der Orbita und nicht den Oculomotorius betrifft. Wir verweisen auf die ganz sichtbare Zurückziehung der Nickhaut und auf die weniger deutliche, aber bestimmte Erweiterung der Palpebralfissur, welche auf die intravenöse Injektion von Pilocarpin folgen. Bei der Erzeugung dieser Wirkungen ist die Wirkung von Pilocarpin ganz parallel der von Nicotin und der anderen Alkaloide derselben Gruppe, außer daß sie langsamer und viel andauernder ist. Wenn das obere Cervicalganglion

einer 1—2 proz. Lösung von Pilocarpinnitrat ausgesetzt wird, die ihm sorgfältig
mit einem weichen Pinsel, wie in Langleys Nicotinversuchen, appliziert wird,
sind die Wirkungen der Sympathicusreizung im entsprechenden Auge sichtbar.
Die Erweiterung der Pupille ist gering und verhältnismäßig kurz dauernd,
denn, da Spuren von Pilocarpin im Kreislauf resorbiert werden, wird die Wirkung durch die mächtige Reizung des Sphincter vernichtet (Dale und Laidlaw). Die Tatsache, daß die Wirkung von der Reizung der Ganglienzellen herrührt, wird durch rasches Verschwinden bestätigt, wenn das Ganglion aus-
geschnitten wird. Pilocarpin hat deshalb eine reizende Wirkung auf die sympathischen Ganglienzellen, ähnlich, jedoch schwächer als die des Nicotins, außer
seinen auffallenderen peripheren Wirkungen. Es kann häufig beobachtet werden,
daß es nach intravenöser Injektion einer Dosis Pilocarpin bei einer Katze
ein praeliminäres Stadium der Erweiterung vor der Verengerung gibt.

Nach der Degeneration der peripheren Sympathicusneurone auf einer Seite
verursacht 1 mg Pilocarpin vollständiges Zurückziehen beider Nickhäute und
Erweiterung beider Pupillen. Beim normalen Auge folgt darauf eine Phase
der Verengerung. Im Auge auf der operierten Seite wird die Pupille maximal
und bleibt es für den Rest des Versuches.

Noch eine Wirkung von Pilocarpin ist bemerkenswert. Kühne behauptet,
daß es die Regeneration des Sehpurpurs beschleunigt, möglicherweise infolge
einer Steigerung der sekretorischen Tätigkeit des Pigmentepithels.

Bronchiolen. Wir wissen jetzt, daß die Bronchiolen ihre verengernden
Fasern aus dem Vagus und die erweiternden aus dem Sympathicus erhalten[1]).
Die einfachste Methode, die Wirkung der Mittel auf diese Muskeln zu bestimmen,
ist die onkometrische Methode von Dixon und Brodie. Ein kleiner Lungenlappen wird in einen luftdichten Kasten gebracht, wobei der Hilus mit seinen
Bronchien und Gefäßen in funktionellem Zusammenhang mit dem Körper bleibt.
Künstliche Atmung ist natürlich notwendig, sowie die Brust eröffnet wird,
und jeder Pumpenstoß müßte beständig während des ganzen Verlaufs des Versuchs das gleiche Luftvolumen abgeben. Flüchtige Anästhetica lähmen sehr
leicht die Nervenendigungen in den Bronchien; die sicherste Methode ist, enthirnte Tiere zu benutzen.

Eine kleine intravenöse Injektion von Pilocarpin erzeugt nach einer sehr
kurzen latenten Periode eine rasche Verminderung der Luftmengen, welche
ein- und ausströmen, und wenn die Exspirationskraft nicht zu groß und die
injizierte Menge genügend ist, wird ein vollkommener Block errichtet, so daß
Luft weder heraus noch herein kann. Während dieser Wirkung kann das
Tier leicht ersticken, und um den Tod zu verhüten, ist es notwendig, die
Kraft der Aufblasung zu erhöhen. Die Wirkung ist folgende: Wenn die Kraft
groß genug ist, wird der Block überwunden und es kommt mehr Luft in die
Lunge, aber der elastische Zug der Lunge ist zuerst nicht imstande, diese aus-
zustoßen und der Lappen wird rasch übermäßig ausgedehnt. In vielen Fällen
wird die durch Pilocarpin erzeugte Bronchialverengerung allmählicher erreicht,
und die latente Periode bis zu der Zeit der vollständigen Aufhebung der Luft-
bewegungen kann sich sogar bis zu zwei oder drei Minuten ausdehnen, obgleich
eine solche andauernde Periode ausnahmsweise vorkommt. In diesen Fällen
erscheint die Verengerung als eine Reihe von Wellen von abwechselnder Kontraktion und Erweiterung, ein in Abb. 8 gezeigter Zustand, wo, obgleich etwas

[1]) W. E. Dixon and T. G. Brodie, Journ. of Physiol. **29**, 97 (1903) (Literatur). —
Prevost et Salvy, Arch. intern. de Physiol. **8**, 327 (1909). — W. E. Dixon and Fred
Ransom, Journ. of Physiol. **45**, 413 (1912).

Kontraktion bald nach der Injektion auftritt, vollständige Aufhebung erst nach einer latenten Periode von $1^1/_2$ Minuten von der Einführungszeit ab erreicht wird.

Sehr häufig erzeugt Pilocarpin, anstatt unmittelbar Verengerung zu verursachen, eine anfängliche und wohldefinierte Erweiterung, auf welche die wichtigere Verengerung rasch folgt; dies wird klar auf Fig. 8 gezeigt, auf welcher auch die Überdehnung der Lunge, welche man bei der allmählich zunehmenden Bronchialverengerung erhält gut zu sehen ist. Diese anfängliche Erschlaffung ist nicht charakteristisch für den Bronchialmuskel, sondern sie kann häufig im Muskel der Eingeweide und der Blase nach Pilocarpininjektionen beobachtet werden.

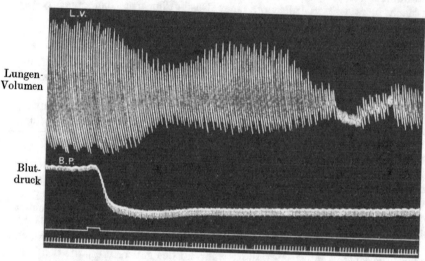

Abb. 8. Katze. *A.C.E.* Rechter Vagus durchschnitten. Wirkung einer Injektion von 0,0075 g Pilocarpinnitrat. Zeit in Sekunden.

Die Ursache dieser praeliminären Erweiterung kann entweder 1. Verminderung der Blutmenge in den Lungencapillaren sein, indem so größere Ausdehnbarkeit erzeugt wird, oder 2. Erschlaffung der Bronchialmuskeln. Wir glauben nicht, daß die erstere die Wirkung ganz erklären kann, denn sie ist manchmal sehr deutlich und manchmal fehlt sie, obgleich die Gefäßveränderungen wie gewöhnlich erzeugt werden. Die wahre Erklärung ist wahrscheinlich, daß das Mittel sowohl die bronchoerweiternden Fasern sowie die bronchoverengernden erregt, und daß die ersteren anfänglich rascher und kräftiger reagieren, und der Grund, daß die Wirkung nicht immer vorhanden ist, ist, daß die tonische Verengerung der Bronchiolen in der Regel fehlt.

Daß die bronchomotorische Wirkung peripher ist, wurde endgültig durch Durchströmungsversuche gezeigt. Das Herz und die Lungen einer Katze wurden mit defibriniertem Blut bei Körpertemperatur durchströmt, indem gleichzeitig und regelmäßig warme Luft in die Lungen vermittels der Atempumpe eingeblasen wurde; ein Lappen von einer Lunge wurde dazu benutzt, um ihr Volumen in der gewöhnlichen Weise zu registrieren. Der Zusatz einer kleinen Menge von Pilocarpin zu der Durchströmungsflüssigkeit erzeugte eine unmittelbare Verengerung der Bronchiolen. Die auf diese Weise erhaltenen Resultate zeigen deutlich, daß die „Lungenelastizität" wenig oder gar nichts mit der Erzeugung der Wirkung zu tun hat.

Trendelenburg benutzte einen Ring des Ochsenbronchus, welcher in Lockescher Flüssigkeit aufgehängt und dessen Bewegungen registriert wurden; er fand, daß Pilocarpin tonische Kontraktion erzeugte.

Pilocarpin erlangte eine Zeitlang einen Ruf bei den Klinikern als ein spezifisches Mittel bei spasmodischem Asthma. Nun ist schon darauf hingewiesen worden, daß dieses Gift nicht nur autonome, sondern auch sympathische Nervenendigungen erregt; diese Tatsache kann wohl auch die anfängliche Erweiterung erklären, die man bei Tieren mit Bronchialverengerung nach der Injektion beobachten kann.

Bei bronchialem Asthma sind es jedoch nur die bronchoverengernden Nerven, von welchen wir glauben, daß sie erregt werden, sehr wahrscheinlich reflektorisch von der Nase oder sonstwo her. Die Eingabe von Pilocarpin kann unter diesen Bedingungen den Krampf aufheben, weil es relativ mehr Wirkung auf die bronchoerweiternden Nerven, welche normal sind, als auf die bronchoverengenden Nervenendigungen hat, welche sich zweifellos infolge der andauernden Reizung in einem gewissen Zustand der Ermüdung befinden.

Kreislauf.

Frosch. Bei der Anwendung von relativ kleinen Mengen von Pilocarpin auf das Froschherz wird sein Rhythmus unmittelbar verlangsamt, wobei die diastolische Pause sehr verlängert und die Kontraktionen an Stärke verringert werden. Bald hört das Herz auf zu schlagen, obgleich der Muskel offenbar nicht die Ursache ist, da Erregung noch ein oder zwei weitere Schläge verursacht. In diesem Zustand erzeugt die Anwendung von vielen Giften eine schwache rhythmische Kontraktion, aber die kleinste Menge von Atropin stellt den ursprünglichen Rhythmus und die Stärke des Herzschlags wieder her. Mit großen Dosen von Muscarin und Pilocarpin wurde eine direkte Lähmung des Herzmuskels hervorgerufen; die verflossene Zeit und die erforderliche Menge der Droge variiert hierfür bei den verschiedenen Fröschen sehr, je nach der Vitalität des Herzens und des Tieres im allgemeinen. Die Lähmung dieser speziellen Funktionen des Herzens folgt einer sehr ausgesprochenen Regel. Die erste Wirkung einer großen Dosis erstreckte sich anscheinend auf den Muskeltonus. Sehr bald nach der Anwendung einer sehr starken Pilocarpinlösung wird das ganze Herz etwas schwach, wobei der Vorhof und der Ventrikel sehr deutliche Ausdehnung während der Systole zeigen, d. h. daß die Systole weniger wirksam ist. Dies scheint die Geschwindigkeit oder Stärke nicht unmittelbar zu beeinflussen, aber kurze Zeit danach wird die Geschwindigkeit geringer, wahrscheinlich infolge einer Verminderung der Erregbarkeit. Es wird eine Schwäche der contractilen Kraft des Herzens zunächst festgestellt, worauf oft ein Zustand folgt, in welchem längere Zeit vergeht, ehe die Leitung des Vorhofschlages imstande ist, den Ventrikel zu beeinflussen. Die Reihenfolge, in welcher Pilocarpin die Eigenschaften des Herzmuskels herabzusetzen scheint, ist daher:

1. Verminderung im Tonus,
2. Verminderung in der Schlagfolge,
3. Verminderung in der Kontraktionskraft,
4. Verminderung in der Leitung.

Ein Herz, welches durch die direkte Lähmung infolge einer großen Dosis von Pilocarpin, welche eine verhältnismäßig lange Zeit einwirkt, verlangsamt wird, unterscheidet sich von einem rasch gehemmten oder durch eine kleine Dosis verlangsamten Herzen durch die Tatsache, daß die Geschwindigkeit des ersteren Herzens durch Atropin nicht erhöht wird[1]). Einige Zeitlang applizierte Faradisation auf den Vagusmechanismus eines Herzens, welches nicht viel hemmende Kraft besitzt, wird den Mechanismus ermüden und das Herz wird bald aus dem gehemmten Zustand herausgehen; wenn Pilocarpin danach angewandt wird, hat es in diesem Falle keine Wirkung, und nachdem die Wirkung von Pilocarpin auf das Herz abgeklungen ist, kann das Herz nicht durch Vagusreizung gehemmt werden.

Bei dem Aalherzen kommen große Unterschiede in der hemmenden Tätigkeit des Vagus vor, wobei diese Unterschiede in den Frühlingsmonaten am ausgesprochensten sind, wo, in manchen Fällen Faradisation des Vagus oder Sinus keine Hemmung gibt. In jenen Fällen, wo Vagusfaradisation für die Verlangsamung des Herzschlags unwirksam ist, wird auch gefunden, daß kein Resultat durch die Applikation von Muscarin oder Pilocarpin erhalten wird; das umgekehrte hiervon gilt, daß je wirksamer der Vagus bei Reizung ist, um so wirksamer ist die Anwendung von Pilocarpin.

Nachdem das Herz durch kleine Dosen von Pilocarpin gehemmt wurde, wird die Anwendung von starken Pilocarpinlösungen es wieder zum Schlagen bringen; dies ist kein physikalisches Phänomen, sondern es kommt gleichzeitig mit Lähmung des N. vagus in derselben Weise vor, daß die Wirkung von Atropin gleichzeitig mit Vaguslähmung besteht[2]). Diese Verlangsamung des Herzens kann noch mit einer Dosis von Pilocarpin erhalten werden, wenn der N. vagus durch Nicotin gelähmt wird, obgleich nicht im selben Maße wie vorher, und deshalb können wir schließen, daß Pilocarpin seine Hauptwirkung nicht auf die Ganglienzellen hat. [Siehe Herz, Abb. 4, unter Nicotin[3]).] Überdies wirkt Pilocarpin auf die Spitze des Ventrikels des Frosches, in welcher keine Ganglienzellen vorhanden sind, und verlangsamt den Schlag.

Jeder durch den Versuch gelieferte Beweis zeigt, daß in dem Wirbeltierherzen (erwachsenen) die Wirkung von Pilocarpin in bemerkenswerter Weise die Wirkung der Reizung des hemmenden Nervenapparates erzeugt, und der Angriffspunkt der Wirkungen auf die verschiedenen Teile des Herzens ist in beiden Fällen ähnlich[4]). Nur die Teile irgendeines besonderen Typus von Herzen, welche mit hemmenden Nerven versehen sind, werden in der charakteristischen Weise durch eine geeignete Dosis von Pilocarpin beeinflußt, und die Verlangsamung oder Hemmung des Schlages, wie die durch Vagusreizung herbeigeführte, wird durch Atropin beseitigt. So wird der Ventrikel des Aals und der Schildkröte nicht durch den Vagus oder Pilocarpin beeinflußt im Gegensatz zu der des Frosches und der Eidechse, letztere sogar sehr stark. Es ist nicht einleuchtend, daß die mit der höchsten Kraft von spontanem Rhythmus begabten Teile leichter von den Giften beeinflußt werden[5]), und der Fall des Eidechsenventrikels, welcher wenig oder keine spontane, rhythmische Fähigkeit besitzt, liefert in diesem Zusammenhang wichtige Beweise.

Wichtig ist eine Erscheinung am Froschherzen nach ein oder mehreren Dosen von Pilocarpin: nämlich die Neigung, gegen dieses Gift immun zu werden.

[1]) Mac Lean, Biochem. Journ. **3**, 7 (1908).
[2]) J. N. Langley, Journ. of Anat. and Physiol. **10**, 192 (1876).
[3]) Felix Gaisböck, Archiv f. experim. Pathol. u. Pharmakol. **66**, 398 (1911).
[4]) Mac Lean, Archiv f. experim. Pathol. u. Pharmakol.
[5]) Siehe W. H. Gaskells Kritik (Journ. of Physiol. **8**, 408) der Kobertschen Resultate (Archiv f. experim. Pathol. u. Pharmakol. **20**, 92).

Wenn sich das Herz von der Wirkung einer kleinen Pilocarpindosis erholt, wie es oft bei gewissen Herzen geschieht, wird gefunden, daß eine sehr viel größere Menge des Mittels erforderlich ist, um ein zweites Mal Verlangsamung oder Hemmung zu verursachen; in vielen Fällen ist es unmöglich, eine zweite Hemmung zu erzeugen, aber in annähernd normalen Herzen ist es gewöhnlich möglich. Ich habe niemals gesehen, daß ein Herz sich von der Wirkung einer zweiten größeren Dosis erholte, außer in Fällen, wo nach einer verhältnismäßig langen Zeit direkte Muskelschwächung einsetzte.

  Säugetiere. Die Wirkung von Pilocarpin auf Säugetiere ist wesentlich derselben Art wie auf Frösche. Pilocarpin verlangsamt den Herzschlag und vermindert dessen Stärke, und bei großen Dosen kann das Herz in Diastole stillstehen. Diese Wirkung wird durch eine kleine Dosis von Atropin ganz aufgehoben, und das Herz kehrt zu seinem natürlichen Zustand zurück (Abb. 9).

  Die Wirkung auf isolierte Gefäße wurde von Kobert[1] untersucht, welcher fand, daß Pilocarpin die Gefäße der Extremitäten und der Niere

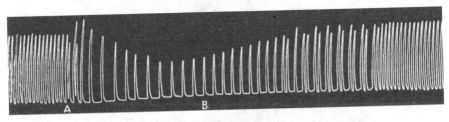

Abb. 9. Kurve der Bewegungen des isolierten Kaninchenherzens (linker Ventrikel), durch dessen Coronargefäße Ringerlösung floß. Bei *A* wurde der Lösung eine kleine Menge Pilocarpin, bei *B* Atropin zugesetzt. Es ist zu beachten, daß das Pilocarpin die Systole schwächt, die Diastole verlängert. Atropin hebt diese Wirkung völlig auf.
Zeit: 1 cm = 9 Sekunden.

verengert. Dixon und Brodie untersuchten auch die Wirkung an durchströmten Organen und sie fanden, daß es, während es deutliche Verengerung der Gefäße der Extremitäten, des Splanchnicusgebietes und der Niere verursachte, es keine Wirkung hatte, wenn es die Lungengefäße durchströmte, und da allgemein angenommen wird, daß diese Gefäße keine vasomotorischen Nerven enthalten, schlossen sie, daß die Verschiedenheit durch diese Tatsache erklärt wird, und daß dies einen Beweis liefert, daß Pilocarpin auf irgendeine Weise mit der peripheren Nervenversorgung der Blutgefäße in Verbindung steht. Wenn Atropin in die Gefäße der hinteren Extremitäten während eines Durchströmungsversuches injiziert wird, und wenn später eine Dosis Pilocarpin gegeben wird, hat letzteres Mittel keine Wirkung. Daher kann man behaupten, daß Atropin entweder irgendeinen peripheren Nervenmechanismus lähmt oder das Pilocarpin chemisch neutralisiert. Aber Atropin tut keines von beiden; es kann, im gewöhnlichen Sinne des Wortes, nicht lähmen, weil Nervenreizung noch in der Verminderung des Flusses wirksam ist, und Adrenalin verengert die Gefäße ebenso wirksam wie vorher. Und es ist von vielen Forschern gezeigt worden, daß keine chemische Einwirkung den Antagonismus erklären kann[2]. Die Erklärung dieses Phänomens wird später gegeben werden, wenn der Angriffspunkt dieses Giftes

[1] R. Kobert, Archiv f. experim. Pathol. u. Pharmakol. **22**, 96 1887.
[2] Marshall, loc. cit.

besprochen werden wird. Pilocarpin erweitert, wie wir schon erwähnt haben, die Hautgefäße (Abb. 2).

Beim unversehrten Säugetierherzen verursacht Pilocarpin sowohl Verlangsamung des Schlages sowie sehr entschiedene Schwächung desselben. Die Verlangsamung ist in den Vorhöfen viel größer als in den Ventrikeln: die Vorhöfe können ganz aufhören zu schlagen, aber die Ventrikel fahren manchmal fort, in einem Rhythmus zu schlagen, der ungefähr $1/_3$—$1/_5$ seiner normalen Geschwin-

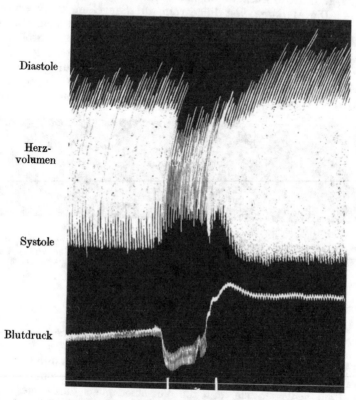

Pilocarpin   Atropin

Abb. 10. Katze. Herzvolumen mit Kardiometer registriert. Blutdruck. Urethan. Wirkung einer Injektion von 1 mg Pilocarpin in die Jugularvene und einer darauffolgenden von 5 mg Atropin. Zeit: 1 cm = 15 Sekunden. Man beachte die Verkleinerung der Ausschläge ohne gleichzeitige Dilatation.

digkeit hat, in sehr ähnlicher Weise und mit derselben Geschwindigkeit, wie sie nach der Durchschneidung des aurikular-ventrikularen Hisschen Bündels schlagen. Ob der Ventrikularschlag in beiden Fällen derselbe ist, ist nicht untersucht worden.

Nach der Injektion von wenigen Milligramm Pilocarpin in den Kreislauf eines Hundes oder einer Katze neigen die Gefäße dazu, sich zu verengern; das Herz schlägt langsamer und schwächer, und das Herz verliert daher seine Fähigkeit, sich bei jedem Schlag wirksam zu entleeren; beim Hund wird es erweitert, nicht aber bei der Katze (Abb. 10), und in diesem Zustande kann der Blutdruck entweder steigen oder fallen, je nach dem Grade der Herzlähmung und Gefäßverengerung, die gerade vorhanden sind. Im allgemeinen fallen jedoch sowohl der Blutdruck in der Aorta wie der Lungenblutdruck nach Pilocarpin, um nach der Einführung von Atropin wieder zu steigen. Es sind jedoch beide Wirkungen zu beobachten, obgleich eine Blutdrucksteigerung beim Hund gewöhnlich ist und bei der Katze selten beobachtet wird.

Beim Menschen und auch gelegentlich bei Hunden verursacht Pilocarpin anstatt Verlangsamung des Herzschlages Beschleunigung: bei dem isolierten Säugetierherzen beobachtete Hedbom[1]) manchmal eine primäre Zunnahme des Rhythmus, welche der Einführung von Pilocarpin folgte. Beschleunigung kann beim Menschen von deutlicher Palpitation und Unbehagen in der Herzgegend und deutlicher Erweiterung der Hautgefäße, besonders jener des Gesichts, begleitet sein. Man muß sich daran erinnern, daß Pilocarpin aller Wahrscheinlichkeit nach Wirkungen erzeugt, welche der Reizung von allen Nerven

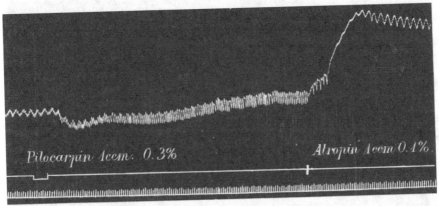

Abb. 11. Hund. Blutdruck. Bei der ersten Marke wurde 1 ccm 0,3 proz. Pilocarpinlösung in die Jugularvene injiziert. Die Herztätigkeit ist verlangsamt; der Blutdruck fällt zunächst; aber die Gefäßkontraktion, die gleichzeitig durch Pilocarpin hervorgerufen wird, hebt den Blutdruck wieder, trotz der Verlangsamung. Bei der zweiten Marke wurde 1 ccm 0,1 proz. Atropinlösung gegeben, worauf die Herzaktion sehr frequent wird, viel rascher, als normal. Dann steigt der Blutdruck beträchtlich. Zeit in Sekunden.

der glatten Muskeln entsprechen. Es ist z. B. gezeigt worden, daß es in den Blutgefäßen ähnliche Wirkungen erzeugt wie die Reizung der Sympathicusnerven, und es kann daher im Herzen Wirkungen erzeugen, welche sowohl der Vagus- wie der Sympathicusreizung entsprechen. Unter den Bedingungen, unter welchen Pilocarpin gewöhnlich den Tieren gegeben wird, übertrifft der Einfluß auf den Vagus die Sympathicuswirkung, aber es ist begreiflich, daß unter anderen Bedingungen, wie wenn z. B. das Gift per os genommen wird, die erste Wirkung sich nur auf den Sympathicus zeigt und Beschleunigung erfolgen kann. Es mögen noch zwei andere Erklärungen dieser Beschleunigung gegeben werden. Es ist wohl bekannt, daß jeder geringe Grad von peripherer Reizung Reflexbeschleunigung des Herzens verursacht, und eine der Hauptwirkungen von Pilocarpin ist die Kontraktion des glatten Muskels, welche es hervorruft: es ist dann möglich, daß diese ihrerseits reflektorische Beschleunigung der Herzaktion hervorruft. Und zuletzt kann das Freiwerden von Adrenalin zu dieser

---

[1]) K. Hedbom, Skandinav. Archiv f. Physiol. 9, 56 (1899).

Wirkung beitragen. Welcher von diesen Faktoren hauptsächlich an dieser Beschleunigung beteiligt ist, ist nicht bestimmt worden.

Carlson[1]) zeigte, daß Lösungen von Pilocarpin in Plasma oder Meerwasser eine primäre reizende Wirkung auf das Limulusherzganglion haben, indem sie sowohl Beschleunigung des Schlages sowie erhöhten Tonus des Muskels verursachen. Das Alkaloid hat jedoch keine deutliche Wirkung auf den ganglienfreien Teil des Limulusherzens. Howell fand auch beständig Beschleunigung durch Muscarin im Krabbenherzen erzeugt. Und es soll bemerkt werden, daß die gleichförmige reizende Wirkung von Pilocarpin auf das embryonale Herz von einer späteren Entwicklung des hemmenden nervösen Mechanismus, im Vergleich zu dem motorischen, herrührt[2]). Es wird gut sein, hier zu bemerken, daß, obgleich bei den Vertebraten die periphere Wirkung von

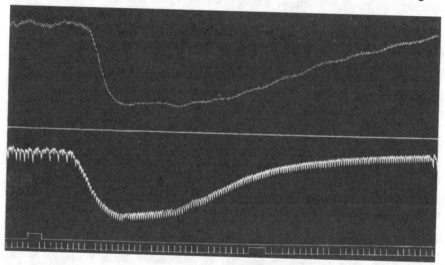

Abb. 12. Hund — Urethan. Druck in der Vena pulmonalis, gemessen mit einem mit halbgesättigter Natriumsulfatlösung gefüllten Manometer. Carotisdruck. Wirkung einer Injektion von 1 mg Pilocarpin. Zeit in Sekunden.

Pilocarpin sicherlich seine Wirkung auf die Ganglienzellen überwiegt, es gewiß doch noch eine solche reizende Wirkung hat, gerade wie bei den Invertebraten. Die direkte Anwendung von Pilocarpin auf das obere Cervicalsympathicusganglion oder auf das Ganglion coeliacum erzeugt dieselben Wirkungen wie die direkte Erregung der Ganglienzellen.

Gasstoffwechsel des Herzens. Auffallende Resultate von Pilocarpin auf den Gasstoffwechsel des Herzens sind von Barcroft und Dixon berichtet worden, welche das Mittel direkt dem Herzen eines jungen Hundes, das mit dem Blute eines großen Hundes nach der Methode von Heymans durchströmt wurde, einführten. Es wurde in zwei Dosen gegeben, auf welche zwei Dosen von Atropin folgten. Die Resultate eines Versuches waren folgende[3]):

---

[1]) A. J. Carlson, Amer. Journ. of Physiol. **17**, 195 (1906).

[2]) J. W. Pickering, Journ. of Physiol. **14**, 461 (1893). — A. J. Carlson, Amer. Journ. of Physiol. **14**, 52 (1905).

[3]) J. Barcroft and W. E. Dixon, Journ. of Physiol. **35**, 188 (1907).

Periode		Coronarblut-fluß pro Minute	Verbrauchter Sauerstoff (α) pro Minute	Abgegebene CO_2 (α) pro Minute
I	Kein Mittel	12,0 ccm	0,72 ccm	0,91 ccm
II	Pilocarpin 1 ccm 0,5 %	11,5 ,,	0,31 ,,	0,80 ,,
III	Pilocarpin 1 ccm 2 %	5,6 ,,	0,20 ,,	0,07 ,,
IV	Atropin 2 ccm 2 %	6,6 ,,	0,33 ,,	0,12 ,,
V	Atropin 3 ccm 2 % mehr	6,4 ,,	0,42 ,,	0,17 ,,

Abb. 13 zeigt die Herztätigkeit in den fünf Perioden dieses Versuches. Die allgemeine Übereinstimmung zwischen dem Sauerstoffstoffwechsel und der Veränderung in seiner Tätigkeit ist klar. Ein oder zwei Punkte erfordern Be-

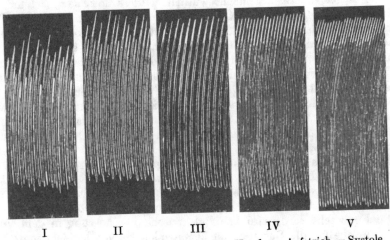

I   II   III   IV   V

Abb. 13. Kurve vom Herzen eines jungen Hundes. Aufstrich = Systole.
Ausschnitt I normal, Ausschnitt II zeigt die Wirkung einer Injektion von 5 mg Pilo-carpin, III die von 20 mg, IV und V die Erholung des Herzens nach zwei aufeinander-folgenden Gaben von je 0,4 mg Atropin.

achtung. Das atropinisierte Herz scheint wenigstens so heftig in Periode V wie im normalen Herzen in Periode I zu schlagen; die Geschwindigkeit bleibt fast genau die gleiche, wobei sich das atropinisierte Herz zu dem normalen wie 28 zu 29 Schlägen verhält. Trotzdem wird der Sauerstoffstoffverbrauch, obgleich er durch die Einführung von Atropin verdoppelt wird, nicht wieder auf sein normales Niveau gebracht. Die Wirkung rührt möglicherweise von einem Verlust des Tonus her, welcher von der Wirkung des Atropins auf den Herzmuskel stammt, welcher aber nicht genau registriert wurde. Der Versuch zeigt noch einen anderen zu beachtenden Punkt, nämlich eine Tendenz für die Kohlensäure-abgabe, dem Wechsel in der funktionellen Tätigkeit und der Sauerstoffauf-nahme nachzuhinken. Wenn wir die beiden letzten Reihen der vorangehenden Tabelle vergleichen, werden wir sehen, daß die Einführung von Pilocarpin eine sofortige Verminderung in der Sauerstoffaufnahme verursachte, aber nur eine geringe Abgabe der Kohlensäureabgabe. Bei Periode III hatte das Herz fast aufgehört Kohlensäure abzugeben, und während Atropin eine plötzliche

Steigerung der Sauerstoffaufnahme verursachte, erzeugte es eine allmähliche Steigerung der Kohlensäureabgabe. Wenn dieses Phänomen konstant ist, kann es für die Erklärung von anderen Blutgasproblemen von Bedeutung sein.

Man behauptet oft, daß die Temperatur durch Pilocarpin erhöht wird, obgleich nur in geringem Umfang, aber es ist gezeigt worden, daß dies nur der Fall ist, wenn das Thermometer auf die Haut gelegt wird und daß es fehlt, wenn die Rectaltemperatur gemessen wird; die Erklärung ist zweifellos der erhöhte Blutstrom nach der Haut. Später, wenn die Schweißsekretion ganz entwickelt ist, neigt die innere Temperatur zum sinken.

Wirkung auf das Herz.

Pilocarpin und seine Verbindungen erzeugen ihre Wirkungen größtenteils in einer Weise, welche der Vagusreizung gleichkommt. Da manche von diesen Versuchen, welche sich mit dem Angriffspunkt beschäftigen, mit Pilocarpin und manche mit Muscarin gemacht wurden, wird es nötig sein, sich auf beide zu beziehen, da, obgleich diese beiden Mittel nicht auf genau dieselbe Weise wirken, ihr Angriffspunkt, mit dem wir es zu tun haben, doch bei beiden derselbe ist. Es wurde von Schmiedeberg und Koppe[1]) angenommen, daß Muscarin seine Wirkung ausübt, indem es die hemmenden Ganglien reizt, und diese Ansicht wurde von Kobert[2]) kräftig unterstützt, welcher fand, daß eine Dosis von Muscarin, welche leicht Stillstand erzeugt, wenn sie dem Sinus appliziert wird, die Kontraktionen des isolierten Ventrikels des Amphibienherzens nicht hemmt. In Übereinstimmung hiermit fand Pickering[3]), daß Muscarin auf die Herzen von Embryonen unwirksam ist, wenn sie zuerst anfangen zu schlagen.

Gaskell[4]) fand, daß Reizung des N. vagus eine elektrische Veränderung im entgegengesetzten Sinne zu dem erzeugte, was durch eine Kontraktion in dem nichtschlagenden Gewebe des Vorhofs der Schildkröte verursacht wird. Wenn der Sinus der Schildkröte durch Applikation von Muscarin zum Stillstand gebracht wird, wird keine elektrische Veränderung in dem Vorhof erzeugt, welche für die Reizung von hemmenden Nerven bezeichnend ist. Er schloß hieraus, daß Muscarin nicht dadurch wirkt, daß es den hemmenden Mechanismus erregt, sondern daß es die motorische Tätigkeit herabsetzt.

Nun ist klar gezeigt worden, daß eine wichtige Wirkung von einer großen Anzahl von Mitteln die ist, gewisse Nervenzellen im Körper zu hemmen und sie später zu lähmen. Nicotin und Apocodein können als Beispiele dieser Gruppe dienen, obgleich sich Nicotin von Apocodein dadurch unterscheidet, daß es zuerst die Ganglienzellen erregt, ehe es sie lähmt. Nicotin lähmt dann leicht den N. vagus beim Frosch, aber das hemmende Neuron muß noch unversehrt sein, da Reizung des Sinus venosus noch Hemmung des Herzens genau wie beim normalen Tier verursacht, wobei der durchsichtige Grund der ist, daß der Strom jetzt die postganglionären Fasern erregt, und daß Nervenzellen im Verlaufe des intrakardialen Vagus vorhanden sind. Die Glieder der Pilocarpin- und Muscaringruppe wirken noch ganz wie gewöhnlich, selbst wenn die Ganglienzellen durch Nicotin gelähmt sind; sie wirken jedoch nach kleinen Dosen von Atropin nicht. Atropin lähmt, wie Nicotin, den Vagus, aber es wirkt peripherer,

---

[1]) O. Schmiedeberg u. B. Koppe, Das Muscarin. Leipzig 1869.
[2]) R. Kobert, Archiv f. experim. Pathol. u. Pharmakol. **20**, 92 (1886).
[3]) John W. Pickering, Journ. of Physiol. **14**, 9 (1893).
[4]) W. H. Gaskell, Journ. cf Physiol. **8**, 404 (1887).

da bei dem atropinisierten Froschherzen direkte elektrische Reizung des Sinus
ohne Einfluß auf den Rhythmus ist.

Harnack und Witkowski[1]) haben ähnliche Tatsachen für Physostigmin gezeigt, nämlich, daß mit diesem Mittel behandelte Frösche auf schwächere
elektrische Reize als vorher reagierten; und Winterberg[2]) fand viel später,
daß die Einführung von Physostigmin die Empfindlichkeit des Vagus sowohl
auf chemische (Nicotin) wie auf elektrische Reize erhöhte.

Die gewöhnlich angenommene Ansicht ist, daß Muscarin, Pilocarpin und
Physostigmin ihre Wirkungen auf das Herz ausüben, indem sie einen Teil des
peripheren Vagusmechanismus erregen, zweifellos großenteils deswegen, weil
die Ähnlichkeit der beiden Resultate auf eine Identität der Ursache schließen
läßt. Die Hypothese wird jedoch gelegentlich angegriffen, wie wir aus Gas-
kels Arbeit gesehen haben, und in letzter Zeit von Matthews[3]) und anderen,
so daß es gut sein wird, kurz den Beweis, auf welchen sie begründet ist, zu
besprechen.

Wenn Pilocarpin den Vagusmechanismus reizt, dann müßten wir erwarten,
eine stark verminderte Wirkung zu erhalten, wenn wir diese Nervenendigungen
kurz vor der Injektion des Mittels ermüdeten. Andererseits ist es möglich,
daß der Vagus für elektrische Reizung durch die Injektion von kleinen Dosen
von Pilocarpin empfänglicher gemacht wird und daß Pilocarpin eine tiefere
Wirkung nach leichter elektrischer Reizung des Vagus erzeugt: alle diese Bedingungen sind leicht nachzuweisen. Es könnte daher a priori erwartet werden, daß, wenn Pilocarpin den N. vagus erregt, kleine Dosen die Erregbarkeit
des Vagus auf elektrische Reizung erhöhen und große Dosen sie lähmen müßten. Langley[4]) hat gezeigt, daß dies für den Frosch, und Marshall[5]), daß
dies für das Säugetier der Fall ist.

In den ersten Monaten des Jahres, während der sexuellen Betätigung des
Frosches, ist es häufig schwierig, gute hemmende Resultate infolge von Vagusreizung zu erhalten. Und man kann es als allgemeine Regel ansehen, daß,
wenn Faradisation des Vagus wenig Wirkung auf das Herz hat, Pilocarpin
und Muscarin auch wenig Wirkung haben und umgekehrt; die beiden Methoden,
um Hemmung zu erzeugen, sind einander genau proportional bei jedem Frosch.
Die Herzen von Aalen und Eidechsen folgen demselben Gesetz. Die weitere
Frage, ob die submaximale Wirkung irgendeiner Form der Vagusreizung in
eine maximale umgewandelt werden kann, kann nicht als gelöst angesehen
werden. Jonescu[6]) glaubt es nicht; Honda[7]) findet im Gegenteil, daß sich
Muscarin und Vagusreizung summieren können.

Der Beweis weist daher klar auf die Tatsache hin, daß diese Mittel Hemmung
in einer ähnlichen Weise verursachen, wie die Hemmung, welche man bei Faradisation des N. vagus erhält. Beim Herzen ist es nicht möglich, Degeneration
der peripheren hemmenden Neurone zu erzeugen wegen der intrakardialen
Vagusganglien, so daß kein entscheidender Versuch existiert, welcher zeigt,
ob der Angriffspunkt dieser Mittel vor oder peripher zu den vagalen Nervenendigungen liegt. Wenn es jedoch erlaubt ist, nach Analogien mit ihrer Wirkung
auf andere Gewebe zu urteilen, müssen wir sie lokalisieren (Muscarin, Pilo-

---

[1]) E. Harnack u. L. Witkowski, Arch. f. exper. Pathol. u. Pharmakol. **5**, 401 (1876).
[2]) Heinrich Winterberg, Zeitschr. f. experim. Pathol. u. Ther. **4**, 636 (1907).
[3]) A. P. Matthews, Biological Studies. Boston 1901.
[4]) J. N. Langley, Journ. of Anat. and Physiol. **10**, 190 (1875/76).
[5]) Marshall, Journ. of Physiol. **31**, 120 (1904).
[6]) D. Jonescu, Archiv f. experim. Pathol. u. Pharmakol. **60**, 154 (1909).
[7]) J. Honda, Archiv f. experim. Pathol. u. Pharmakol. **64**, 72 (1910).

carpin und Atropin), daß sie peripher auf die Nervenendigungen wirken, obgleich sie eng mit denselben auf die neuromuskuläre Verbindung oder auf die β verknüpft sind. Gaskells Versuche liefern vielleicht einen Beweis zur Stütze dieser Ansicht.

Der Einfluß von Calcium. Innerhalb der letzten zwei oder drei Jahre ist der Gegenwart von Calcium in den peripheren Nervengeweben große Bedeutung beigelegt worden, und bei den Vagus- und Sympathicusnerven zu dem Herzen ist sogar angenommen worden, daß die durch die Erregung dieser Nerven erzeugten Wirkungen durch Veränderungen im Calcium und Kaliumgehalt erklärt werden konnten. Es ist gezeigt worden, daß calciumfällende Substanzen, welche Fröschen appliciert wurden, die hemmenden Fähigkeiten des Vagus zerstören, und Chiari und Fröhlich[1]) fanden bei Katzen, daß Oxalsäurevergiftung die faradische Erregbarkeit des Herzvagus stark verminderte, aber die Erregbarkeit des Beckennerven, der Chorda tympani und des Cervicalsympathicus wurde nicht vermindert. Andererseits erzeugen gewisse chemische Substanzen (Pilocarpin, Atropin und Adrenalin), welche auf die Peripherie wirken, eine erhöhte Wirkung.

Diese beiden Wirkungen — die erhöhte Empfindlichkeit des Nerven für Faradisation und die vermehrte Empfindlichkeit für gewisse Gifte — sind nicht antagonistisch. Wir wissen, daß Pilocarpin, Adrenalin und Atropin eine erhöhte Wirkung nach Durchschneidung der Nerven zu den Geweben, auf welche sie wirken, erzeugen, und wenn man diese Nerven degenerieren läßt, wird die Wirkung noch weiter beeinträchtigt. Dieser Beweis zeigt, daß das Fehlen von Calcium einen Block an den Nervenendigungen erzeugt (γ) Mit anderen Worten, γ wird gelähmt, während β auf chemische Reize hyperaktiv ist. Die Nervenendigungen sind empfindlicher gegen Veränderungen in ihrem Calciumgehalt als andere Teile des Nerven und anderer Gewebe. Man könnte also erwarten, daß Calciummangel der Physostigminwirkung auf Nervenendigungen entgegenwirken würde (γ), während es die Pilocarpinwirkung beeinträchtigt (auf β). Über ersteren Punkt habe ich keine Beobachtungen gefunden. Die Versuche von Ringer, Loeb, Meyer und vielen anderen Forschern haben gezeigt, daß ein Überschuß von Calcium in den lebendigen Geweben eine dämpfende Wirkung auf jede Art von Tätigkeit, besonders auf das vegetative Nervensystem, und eine Verminderung der Permeabilität der Gefäße ausübt. Die Versuche von Loewi und Ishizaka[2]) haben diesen Forschern Veranlassung gegeben anzunehmen, daß der diastolische Stillstand des Froschherzens bei Muscarinvergiftung infolge des Aufhörens der natürlichen Erregung entsteht, und daß der Verlust des Calciums entweder die einzige oder eine wichtige Ursache dieses Zustandes ist.

Blut.

Horbaczewski[3]) war der erste, welcher erkannte, daß Pilocarpin Leukocytose erzeugt. Seine Beobachtungen waren sowohl auf experimentellen Beweisen sowie auf klinische Erfahrung basiert: Ruzicka[4]) bestätigte seine Beobachtungen und lenkte die Aufmerksamkeit auf die Geschwindigkeit und den Grad der Leukocytose.

---

[1]) R. Chiari und A. Fröhlich, Archiv f. experim. Pathol. u. Pharmakol. **64**, 214 (1910); **66**, 110 (1911).

[2]) O. Loewi und T. Ishizaka, Centralbl. f. Physiol. **19**, 593 (1905).

[3]) J. Horbaczewski, Sitzungsber. d. kgl. Akad. d. Wissensch. zu Wien, mathem.-naturw. Klasse, Abt. III, S. 105 (1891).

[4]) V. Ruzicka, Allgem. Wiener med. Ztg. **38**, Nr. 31—36 (1893).

Wenn man Kaninchen intravenös kleine Dosen von Pilocarpin injiziert, und Blutproben zur Untersuchung sowohl vor wie zehn Minuten nach der Injektion entnommen werden, kann ein Vergleich angestellt werden. Ein typisches Resultat solcher Versuche wird auf folgender Tabelle gezeigt.

Gift und Dosis	Leukocyten pro cmm	
	Vorher	10 Min. nachher
Pilocarpin 0,001 g	5,866	9,733
„ 0,001 g	5,933	8,900

Harvey[1]) benutzte Katzen; das Mittel wurde nach geeigneter Präparation des Tieres in die Vena jugularis injiziert, und die Blutproben wurden aus der Art. carotis erhalten. Die folgenden Zahlen zeigen das Resultat.

Gift und Dosis	Leukocyten pro cmm	
	Vorher	10 Min. nachher
Pilocarpin 0,005 g	4,700	9,366
„ 0,005 g	9,800	11,800

Zwei Eigentümlichkeiten der obigen Tabelle erfordern besondere Aufmerksamkeit — die Geschwindigkeit, mit welcher die Gefäße mit Leukocyten beladen werden, und die Tatsache, daß die Zunahme fast, wenn nicht ganz von der Gegenwart der Lymphocyten herrührt.

Dixon[2]) hat gezeigt, daß bei einer typischen polymorphnucleären Leukocytose eine Periode von einer oder zwei Stunden vorangeht, während welcher es eine ausgesprochene Hypoleukocytose gibt. Diese beiden Stadien sind dieser Varietät gemeinsam, gleichgültig ob sie durch derartige Mittel wie Colchicin oder Proteine, Nucleoalbumine oder ähnliches herbeigeführt werden. Bei diesen Pilocarpinversuchen ist der Wechsel im Gegenteil unmittelbar, indem die Leukocyten fast direkt nach der Eingabe des Mittels den Kreislauf anfüllen. Es wird behauptet, daß diese Reaktion von der Kontraktion des in der Milz und in den Lymphdrüsen vorhandenen Gewebes der glatten Muskeln herrührt.

Wenn diese Erklärung der Ursache der Leukocytose die richtige ist, dann müßte es möglich sein, indem man vorher ein Tier atropinisiert, jede Wirkung zu hemmen, welche durch eine nachfolgende Injektion von Mitteln wie Pilocarpin oder Muscarin verursacht wird, und da Bariumchlorid peripherer auf den glatten Muskel wirkt, als Pilocarpin oder Atropin, müßte seine Wirkung daher gleichmäßig beim atropinisierten Tier wie beim normalen erhalten werden.

Folgendes ist ein Protokoll eines derartigen Versuches:

Atropinisiertes Kaninchen (Atropindosis = 0,006 g).

Gift und Dosis	Leukocyten pro cmm	
	Vorher	10 Min. nachher
Pilocarpin 0,001 g	15,400	15,800
BaCl$_2$ 0,01 g	11,200	17,500

Einen weiteren Beweis, daß die Milz die Hauptquelle dieser Steigerung ist, erhält man, wenn man die Milzgefäße bei einer Katze (geköpften) abbindet. Die Vena jugularis kann zur Injektion und die Art. carotis der entgegengesetzten Seite zur Abgabe der Blutproben zur Untersuchung benutzt werden. Es kann nun gezeigt werden, daß, nachdem Pilocarpin injiziert wurde, keine Veränderung in der Verteilung der Leukocyten beobachtet wird.

---

[1]) Harvey, Journ. of Physiol. **35**, 115 (1906).
[2]) W. E. Dixon, A Manual of Pharmacology. London 1906, S. 85.

Lymphfluß. Camus und Gley[1]) haben bei Hunden gezeigt, daß Pilocarpin sehr beträchtlich die Absonderung von Lymphe aus dem Ductus thoracicus vermindert, und daß der verminderte Fluß fast unmittelbar nach einer
späteren Injektion von Atropin wieder gesteigert wird. Dieses betrachten sie
nicht als von Veränderungen im arteriellen Blutdruck herrührend, da die beiden Zustände (Blutdruck und Geschwindigkeit des Flusses aus dem Ductus
thoracicus) keineswegs parallel verlaufen; oft kommt die maximale Verlangsamung unter Pilocarpin vor, nachdem der Blutdruck wieder annähernd bis
zur Norm gestiegen ist. Die Veränderungen im Venendruck verlaufen in gewissem Umfange in entgegengesetzten Richtungen zu dem Fluß, d. h. während
der Fluß abnimmt, nimmt der Venendruck zu und umgekehrt. Aber das ist
nicht die ganze Erklärung, da es nicht selten vorkommt, daß diese Reihenfolge nicht eingehalten wird. Ferner kann leicht gezeigt werden, daß die Wirkung nicht von irgendeiner Wirkung auf den Oesophagus herrührt.

Um diese Wirkung zu erhalten, genügen gewöhnlich 10 mg Pilocarpin für
einen 20 kg schweren Hund; die Wirkung wird nicht ganz durch wenige Milligramm
Atropin neutralisiert, und es gibt keine Pilocarpinwirkung, wenn das Atropin
zuerst eingeführt wird. Wenn große Dosen von Pilocarpin gegeben werden,
kann manchmal Beschleunigung der Sekretion beobachtet werden. Camus und
Gley nehmen an, daß diese Wirkung von der Reizung der motorischen Nerven
zu dem Ductus thoracicus und nicht von den Gefäßveränderungen im Körper
oder von Veränderungen in den Bewegungen des Darmes und der Atmung oder
von irgendeiner Gefäßveränderung herrührt[2]). Die Erklärung steht wahrscheinlich in Beziehung zu der veränderten Verteilung der Flüssigkeiten im Körper,
welche durch die Reizung von vielen Drüsen zustande gebracht wird.

Zentralnervensystem. Bei Fröschen fand Murrell[3]), daß Pilocarpin in
Dosen von 3 mg heftige Krämpfe mit erhöhter Reflextätigkeit erzeugten, während größere Dosen Lähmung verursachten. Harnack und Meyer behaupten,
daß die Krämpfe von spinaler Reizung und die Lähmung teilweise von einer
Wirkung auf das Rückenmark und teilweise von einer peripheren Wirkung herrührten. Beim Menschen sind auch Muskelzuckungen während der Wirkung
von Jaborandiblättern beobachtet worden, aber es ist zweifelhaft, ob sie von
einer direkten Wirkung des Mittels herrühren.

Es scheint sicher zu sein, daß das Alkaloid, welches Murrell benutzte, nicht
rein war, da alle modernen Forscher übereinstimmen, daß bei Fröschen das einzig
bemerkbare Sympton einer kleinen Dosis eine Zunahme in der Feuchtigkeit der
Haut ist, und nach größeren Dosen Kontraktion der Pupillen, langsamere und
tiefere Atmung und Schlaffheit, welche in einen Zustand der Lähmung überging, vorkommen. Tetanische Kontraktionen werden nie beobachtet. Marshall
lenkt die Aufmerksamkeit auf die Tatsache, daß die Froschhaut nach 10 mg
trockener als gewöhnlich wird und viele Tage lang so bleibt; er glaubt, daß dies
von einer Lähmung des sekretorischen Mechanismus, so wie sie in den Vagusendigungen nach einer ähnlichen Dosis vorkommt, herrührt. Beim Menschen
und höheren Tieren beobachtet man nicht selten Zittern und leichte Krampfbewegungen z. B. beim Schlucken. In den späteren Stadien wird Muskelschwäche beobachtet. Das Bewußtsein wird jedoch niemals merklich affiziert,
und es ist wahrscheinlich, daß alle diese Wirkungen reflektorisch von den
wohlbekannten Wirkungen des Giftes erzeugt werden.

[1]) L. Camus und E. Gley, Arch. de Pharmacodyn. **1**, 487 (1895).
[2]) S. Tschirwinsky, Archiv f. experim. Pathol. u. Pharmakol. **33**, 155 (1894).
[3]) Murrell, Pharm. Journ. **6**, 288.

Andere Alkaloide in den Jaborandiblättern.

Isopilocarpin. Diese Substanz ist mit Pilocarpin stereoisomer. Isopilocarpin wirkt auf den Blutdruck wie Pilocarpin, nur ist es viel schwächer und zeigt einen deutlichen Unterschied, nämlich, daß die Steigerung der Dosis nicht dieselbe relative Erhöhung der Wirkung erzeugt. Der Grund stammt von einem Unterschied in dem chemischen Aufbau und entspricht dem Unterschied in der Wirkung der beiden Adrenaline, Nicotine und Hyoscyamine. Der N. vagus reagiert auf elektrische Reizung in derselben Weise nach Isopilocarpin wie nach Pilocarpin. Er scheint im Verhältnis zu der erhaltenen Wirkung etwas mehr herabgesetzt zu werden, aber das ist alles.

Die Wirkung von Pilocarpin und Isopilocarpin wurde von Marshall bestimmt, indem er nacheinander die beiden Mittel demselben Tiere injizierte. Es wurde gefunden, daß in kleinen Dosen Pilocarpin 6—8 mal so mächtig ist als Isopilocarpin: bei großen Dosen verhielt sich das Verhältnis wie 20 : 1. Dieser Unterschied folgt natürlich aus dem, was oben in bezug auf das Mißverhältnis zwischen Dosis und Wirkung im Falle des Isopilocarpins gesagt wurde.

Die Wirkung von Isopilocarpin auf die Absonderungen, für welche man die Speichelabsonderung als ein Beispiel nehmen kann, ist ähnlich der von Pilocarpin, und soweit der Anschein und die Messungen des Ausflusses des Speichels aus dem Ductus der Glandula submaxillaris zeigen, scheint er in vielem im selben Verhältnis wie ihre relative Wirkung auf den Blutdruck zu stehen. Wenn es auf die Bindehaut getropft wird, erzeugt Pilocarpin zuerst leichte Erweiterung, auf welche bald leichte Verengerung folgt. Sie scheint im Vergleich mit Pilocarpin auf das Auge relativ schwächer zu sein als auf andere Organe, eine Wirkung, welche von der Tatsache herrühren kann, daß starke Lösungen eingeträufelt werden müssen, welche langsam resorbiert und bald nach der Einträufelung mit Tränen verdünnt werden.

Pilocarpidin. Der Name Pilocarpidin ist auf zwei verschiedene Substanzen angewandt worden, welche chemisch verwechselt worden sind. Die von Petit und Polonowski soll nach Jowett und anderen Isopilocarpin sein. Wir betrachten jetzt das Pilocarpidin als eine ganz verschiedene Substanz, und es ist sehr wenig über seine Chemie, über seine empirische Formel hinaus, bekannt. Sie ist von Merck entdeckt und pharmakologisch von Harnack[1]) untersucht worden. Coppola[2]) experimentierte auch damit. Beide Forscher fanden, daß es ähnlich, aber schwächer als Pilocarpin in seiner Wirkung ist. Harnack und Marshall bestimmten seine Wirkungen auf Säugetiere und Frösche.

Nach 0,377 g Pilocarpidin (0,5 g des Nitrates) per os erhielt Marshall keine deutlichen Symptome außer leichter Übelkeit; und er findet, daß es in jeder Weise wie Isopilocarpin wirkt, aber sehr viel schwächer.

Jaborin. Harnack und Meyer[3]) beschrieben die Gegenwart eines Alkaloids in Jaborandiblättern, welches sie Jaborin nannten, da es eine dem Pilocarpin antagonistische Wirkung besaß. Sie hielten es für nahe verwandt mit dem Pilocarpin in bezug auf seinen chemischen Aufbau, aber sie zweifelten, ob es als solches in der rohen Droge existierte. Hardy und Celmels[4]) präparierten eine Substanz, welche sie Jaborin nannten und welche sie als ein Dibetain betrach-

---

[1]) E. Harnack, Archiv f. experim. Pathol. u. Pharmakol. **20**, 439 (1886).
[2]) Zit. nach Fubini, Trattato di Farmacoterapia, S. 153.
[3]) E. Harnack und Hans Meyer, Annalen d. Chemie u. Pharmazie **204**, 87 (1889); Archiv f. experim. Pathol. u. Pharmakol. **12**, 366 (1880).
[4]) Compt. rend. de la Soc. de Biol. **102**, 1252.

treten, aber diese Substanz hat nicht dieselben Eigenschaften wie die von Harnack und Meyer beschriebene. Coppola behauptet, daß die Wirkung von Jaborin auf den Drüsenapparat, Magen und Eingeweide annähernd dieselbe wie die von Pilocarpin ist.

Langleys Versuche, welche schon erwähnt worden sind, schließen nicht notwendigerweise die Erklärung in sich, welche ihnen Harnack und Meyer beigelegt haben; sie sind leicht durch den Unterschied in der Wirkung von großen und kleinen Dosen von Pilocarpin zu erklären. Kahler und Soykas[1]) Versuche führten sie zu dem Schluß, daß in Jaborandiblättern verschiedene und verschieden wirkende Substanzen vorhanden sind, aber sie stellen nicht fest, ob sie eine gegen Pilocarpin antagonistische Substanz enthalten. Sie wurden zu obigem Schluß durch einen Unterschied in der Wirkung von kleinen und großen Dosen eines Infuses von Jaborandiblättern geführt.

Albertoni[2]) fand, daß die Pilocarpidinbase eine geringere Verengerung der Pupille erzeugte als die Pilocarpinsalze, und auf die von der Base erzeugte Verengerung folgte eine andauernde leichte Erweiterung. Diese war jedoch nicht von irgendeiner Lähmung der Akkommodation begleitet und war folglich keine Atropinwirkung. Da eine Alkaloidbase sich nicht in der Wirkung von ihren Salzen unterscheiden sollte, schloß er, daß die sogenannte reine Base zwei Prinzipien enthielt, eines, das Kontraktion, das andere, das Erweiterung verursacht, aber es gelang ihm nicht, sie voneinander zu trennen. Marshall bestätigte dies und fand, daß sich sogar die doppelte Stärke der Base nur wenig wirksamer erwies als die Salzlösung. Harnack und Meyer fanden, daß Jaborin der Wirkung von Muscarin auf das Froschherz entgegen wirkte; es erzeugte ausgesprochene Erweiterung der Pupille eines Kaninchens, welche durch Muscarin nicht beeinflußt, aber welcher durch Physostigmin leicht entgegengewirkt wurde; es erhöhte die Geschwindigkeit des Herzens eines Hundes und erweiterte die Pupille; es vernichtete die Darmkontraktionen und den Speichelfluß, welche durch die intravenöse Injektion von Muscarin bei einem Kaninchen erzeugt worden waren, und es wurde ihm wiederum von Physostigmin entgegengewirkt. Marshall, Ringer und Morshead[3]) u. a. zeigten, daß Pilocarpin imstande ist, dieselbe Wirkung im Froschherzen auszuüben. Harnack und Meyer behaupten, daß Pilocarpin mit Leichtigkeit in Jaborin verwandelt wird. Sie behaupten, daß dies leicht vorkommt, wenn eine saure Pilocarpinlösung bis zur Trockne verdampft wird. Marshall war absolut nicht imstande, ihre Resultate zu bestätigen. Mercks Jaborin ist eine Mischung von Pilocarpin und seinen Verbindungen, aber auch eine Spur von einer anderen Substanz ist kürzlich physiologisch, obgleich nicht chemisch, gefunden worden, welche jedoch keine wahre atropinähnliche Wirkung besitzt. Jowett isolierte aus Mercks Jaborin Pilocarpin, Pilocarpidin und Isopilocarpin, aber es konnte kein viertes Alkaloid gefunden werden[4]).

Aktiver Kern im Pilocarpin. Harnack und Meyer nahmen an, daß der Pyridinkern die wirksame Gruppe im Pilocarpin ist. Sie fanden, daß alle Glieder von dem, was sie die „Nicotingruppe" nennen (Nicotin, Pilocarpin, Coniin, Spartein usw. inbegriffen), zuerst eine reizende und dann eine lähmende Wirkung auf die markhaltigen und spinalen Zentren ausüben und die meisten von ihnen eine reizende und lähmende Wirkung auf die peripheren Nerven. Es ist nötig,

---

[1]) O. Kahler und J. Soyka, Archiv f. experim. Pathol. u. Pharmakol. **7**, 435 (1877).

[2]) P. Albertoni, Archiv f. experim. Pathol. u. Pharmakol. **11**, 415 (1879).

[3]) Marshall, Ringer und Morshead, Journ. of Physiol. **2**, 235 (1879/80).

[4]) H. A. D. Jowett, Journ. Chem. Soc. **77**, 492 (1900).

diese Anschauung zu besprechen, weil wir jetzt wissen, daß Pilocarpin keine Pyridingruppe enthält. Nun bestehen Pilocarpin und Isopilocarpin aus einem methylierten Glyoxalring mit einem daran befestigten Homopilopinrest

$$C_2H_5 \cdot CH - CH \cdot CH_2 \cdot C - N(CH_3)$$
$$\qquad\ \ |\qquad\ |\qquad\qquad \|\qquad\qquad\qquad CH.$$
$$\qquad CO\quad CH_2\qquad\quad CH\qquad N$$
$$\qquad\ \ \ \backslash\ \ /$$
$$\qquad\qquad O$$

Wenn Natronlauge zu Pilocarpin zugesetzt wird, wird der Lactonring der Homopilopingruppe so eröffnet:

$$C_2H_5 \cdot CH - CH \cdot CH_2 \cdot R \qquad\qquad C_2H_5 \cdot CH - CH \cdot CH_2 \cdot R$$
$$\qquad\ |\qquad\ \ |\qquad\qquad\qquad\qquad\qquad\qquad |\qquad\qquad |$$
$$\quad CO\qquad CH_2\qquad\qquad\qquad\qquad\quad NaOOC\qquad CH_2OH$$
$$\qquad \backslash\ \ /$$
$$\qquad\quad O$$

und das Alkaloid wird in ein Salz der Pilocarpinsäure verwandelt, und Marshall zeigte, daß dies eine Pilocarpinwirkung besitzt. Der Angriffspunkt von Pilocarpin scheint daher im Lactonring zu sein, und seine Tätigkeit ist eng mit seiner Lactonkonstitution verknüpft. Der Einfluß des Glyoxalteiles des Moleküls ist noch nicht bestimmt worden.

Die kombinierte Wirkung von Pilocarpin und Atropin.

Es sind einige Versuche mit gemischten Lösungen von Pilocarpin und Atropin gemacht worden. Langley[1]) fand, daß, wenn 0,01 g Pilocarpin mit 0,0022 g Atropin in das Blut injiziert wurde, die Chorda immer noch erregbar blieb; Roßbach[2]) fand, daß wenn 0,05 g Pilocarpin mit 0,0004 g Atropin in die rechte Hinterpfote eines Kätzchens injiziert wurden, es Schwitzen des linken, aber nicht des rechten Fußes verursachte; ferner daß 0,015 g Pilocarpin mit 0,0005 g Atropin in die rechte Hinterpfote injiziert, zuerst profuses Schwitzen erzeugte, daß aber, nachdem der Schweiß abgewischt worden war, es selbst bei Reizung des N. ischiadicus keine weitere Sekretion gab. Die linke Pfote schwitzte 10—30 Minuten nach der Injektion. Ein anderer Versuch mit 0,02 g Pilocarpin und 0,0005 g Atropin gab ähnliche Resultate.

Matthews[3]) beobachtete, daß die Entwicklung von Embryonen vom Sternfisch und Seeigeln durch Pilocarpin beschleunigt und durch Atropin verzögert wird, und Sollmann[4]) hat über einige Versuche mit kombinierten Lösungen berichtet. Er fand, daß Dosen von Atropin, welche zu klein waren, um irgendeine Wirkung auf die Embryonen zu erzeugen, trotzdem genügten, wenn sie allein gegeben wurden, um die Pilocarpinreizung zu beseitigen oder sie in eine wirkliche Lähmung zu verwandeln. Ähnlicherweise erhöhen Dosen von Pilocarpin, welche allein unwirksam sind, die Lähmung, wenn sie mit Atropin angewandt werden. Mit anderen Worten macht die kombinierte Wirkung der beiden Mittel das Protoplasma empfindlicher für die Lähmung; und er schließt, daß beide Mittel wirken, selbst wenn sie antagonistisch sind. Es ist bemerkenswert, daß

———————
[1]) J. N. Langley, Journ. of Physiol. **1**, 361 (1878).
[2]) M. J. Roßbach, Archiv f. d. ges. Physiol. **21**, 8 (1880).
[3]) Matthews, Amer. Journ. of Physiol. **6**, 207 (1902).
[4]) T. Sollmann, Amer. Journ. of Physiol. **10**, 352 (1904)

Stockvis[1]) in bezug auf den Antagonismus von Giften auf das Froschherz zu ähnlichen Schlüssen kam.

Marshall[2]) injizierte kombinierte Lösungen von Pilocarpin und Atropin in die Vena jugularis von Katzen und Kaninchen und untersuchte die Wirkung auf den Vagus: er fand, daß ungefähr $1/100$ mg Atropin genügte, um $1/5$ mg Pilocarpin entgegenzuwirken, und sogar die Hälfte dieser Atropinmenge übte eine Wirkung aus. Die kleinste Atropinmenge, welche die kleinste wirksame Menge von Pilocarpin beeinflusst, ist $1/40$ der vorhandenen Pilocarpinmenge. Die entgegengesetzte Grenze der kleinsten Dosis von Atropin, welche einer großen Menge von Pilocarpin entgegenwirkt, ist nicht so genau bestimmt worden, aber sicherlich kann Atropin in einem Mengenverhältnis 1 : 1000 in einer gegebenen Pilocarpinlösung aus der kombinierten physiologischen Wirkung erkannt werden.

Wenn der Antagonismus von Atropin und Pilocarpin chemischer Natur wäre, dann wäre es vermittels sorgfältiger Untersuchung möglich, eine Mischung der beiden zu finden, welche praktisch keine Wirkung oder eine von den ursprünglichen Substanzen verschiedene Wirkung erzeugen würde, und dieses Verhältnis müßte für alle Dosen gelten. Dies ist jedoch nicht der Fall. Eine Lösung von Pilocarpin und Atropin kann nicht hergestellt werden, in welcher die Wirkung von beiden Alkaloiden verloren ist; und was noch auffallender ist, ist, daß eine Mischung hergestellt werden kann, welche in kleinen Dosen eine Pilocarpinwirkung und in großen Dosen eine Atropinwirkung zeigt.

[1]) B. I. Stockvis, Virchows Festschrift **3**, 349 (1891).
[2]) Marshall, Journ. of Physiol. **31**, 120 (1904).

Physostigmin.

Von

Walter E. Dixon und Fred Ransom-Cambridge.

Mit 13 Textabbildungen.

Calabarbohnen sind die reifen Bohnen von Physostigma venenosum, Balfour (N. O. Leguminosae), einer an den Westküsten von Afrika heimischen Schlingpflanze.

Der Hauptbestandteil der Calabarbohnen ist das Alkaloid Physostigmin (Eserin), mit welchem, wie allgemein angegeben wird, kleine Mengen von Eseridin, Isophysostigmin und Eseramin verbunden sind. Physostigmin ($C_{15}H_{21}O_2N_3$) bildet große Krystalle, welche bei 87 — 106° schmelzen. Es ist geschmacklos, linksdrehend, kaum in Wasser löslich, leicht löslich in Alkohol, Äther, Chloroform, Benzin und Schwefelkohlenstoff. Eseridin ist krystallinisch und verwandelt sich beim Erhitzen mit einer Mineralsäure in Physostigmin; es hat nur wenig Wirkung auf die Pupille des Auges, und man glaubte früher, daß es in der Wirkung Physostigmin ähnelt, daß es aber viel weniger giftig ist. In letzter Zeit war es Salway[1]) jedoch nicht möglich, die Behauptungen in bezug auf die Gegenwart von den als Eseridin und Isophysostigmin bezeichneten Alkaloiden in Calabarbohnen zu bestätigen, obgleich er Eseramin erhielt. Er beschreibt auch ein neues Alkaloid Physovenin, welches starke myotische Eigenschaften, ähnlich Physostigmin, besitzt. Eseramin krystallisiert in Nadeln, welche bei 238—240° schmelzen. Calabarin, von dem man früher annahm, daß es ein Bestandteil der Samen[2]) sei, existiert nicht präformiert darin. Das gesamte Alkaloid variiert in der Bohne zwischen 0,15—0,3%. Die Samen enthalten reichlich Stärke und geben ungefähr 4% Asche. Es wird angenommen, daß Physostigmin einen an Stickstoff gebundenen Benzoekern enthält, und daß es nicht unwahrscheinlicherweise auch die Atomgruppe

enthält. Das hydrolytische Produkt von Physostigmin, Eserolin $C_{13}H_{18}ON_2$, das zuerst von Ehrenberg im Jahre 1893 hergestellt wurde, soll eine einsäurige tertiäre Base sein, welche eine an Stickstoff gebundene Methylgruppe enthält. Die Oxydationsprodukte von Physostigmin und Eserolin sind auch untersucht

---

[1]) Arth. Herm. Salway, Proc. Chem. Soc. **27**, 275 (1911).
[2]) Erich Harnack u. Ludwig Witkowski, Archiv f. experim. Pathol. u. Pharmakol. **5**, 401 (1876); **10**, 301 (1879); **12**, 334 (1880); **20**, 439 (1886).

worden. Eines von diesen, Eseridinblau, bildet krystallinische Salze[1]). Wenn man Physostigmin oder Eserolin zwei Atome Sauerstoff in Gegenwart von Alkali absorbieren läßt, dann wird Rubreserin ($C_{13}H_{16}O_2N_2$) gebildet (Eber).

Wirkung.

Physostigmin erzeugt bei Fröschen Depression und Lähmung des Zentralnervensystems; diese beginnt im Gehirn und geht langsam abwärts, bis das Rückenmark erreicht ist. Die spontanen Bewegungen werden zuerst langsam und schwerfällig und hören dann ganz auf; die Atmung wird gehemmt und schließlich können keine Reflexbewegungen mehr durch Reizung der Haut ausgelöst werden. Lange nachdem alle Reflex- und spontanen Bewegungen aufgehört haben, findet man, daß die peripheren Nerven und Muskeln fast normal auf elektrische Reizung reagieren; die Lähmung ist daher zentralen und nicht peripheren Ursprungs. Fraser[2]), Harnack und Witkowski[3]) haben gefunden, daß, wenn man beim Frosch einen peripheren Nerven durch Abbinden seiner Arterie schützt, die Injektion eines Extraktes der Calabarbohne oder von Physostigmin eine Lähmung in dem geschützten Gliede in derselben Art verursacht, wie die, welche im übrigen Körper vorkommt. Wenn das Mittel direkt auf das Rückenmark appliziert wird, sollen fibrilläre Zuckungen in den Muskeln, welche von dem Ort der Applikation aus versorgt werden, herbeigeführt werden, aber bald hören alle Bewegungen auf, und die elektrische Reizung des Rückenmarks bleibt ohne Wirkung.

Bei Säugetieren weisen die Symptome auch auf Depression des Zentralnervensystems hin, denn die Bewegungen werden schwach und unsicher und der Gang schwankend, und in kurzer Zeit wird das Tier unfähig sein Gleichgewicht beizubehalten und fällt auf eine Seite. Solange wie es das motorische System gestattet, werden Beweise von Erregbarkeit gegeben, wenn das Tier auf irgendeine Weise verletzt ist, und man behauptet, daß die Stimme ganz verloren geht (Papi). Spontane Bewegungen verschwinden, während die Atmung und die Reflexe bleiben. Ein charakteristisches Bild ist bei Säugetieren das Zittern, das in den verschiedenen Muskeln des Körpers auftritt; es beginnt oft in den Hinterbeinen und verbreitet sich über den ganzen Rumpf, bis es fast alle willkürlichen Muskeln abwechselnd ergriffen hat. Es dauert während der ganzen Periode der Lähmung und manchmal sogar nach dem Aufhören der Atmung an, und es ist zeitweise so stark, daß es allgemeine Krämpfe vortäuscht. Dyspnoe ist ein vorherrschendes Charakteristicum des Giftes, die Atmung ist tief und zu Anfang mühsam, später wird sie flach und langsam und hört schließlich auf. Die Pupille ist gewöhnlich zu einem Nadelöhr kontrahiert, aber sie kann nicht selten in den ersten Stadien eine Zeit lang erweitert sein. Die Absonderungen wie der Speichel, die Tränen usw. sind gesteigert, und es kann Erbrechen, häufige Mikturation und heftigen Durchfall geben; das Herz schlägt eine Zeit lang, nachdem die Atmung aufgehört hat, weiter.

Diese Depression des Zentralnervensystems scheint nicht cerebral zu sein, denn die Säugetiere reagieren durch schwache Bewegungen fast bis zu ihrem Tode, und in Fällen von Vergiftung bleibt das Bewußtsein beim Menschen bis zum Ende erhalten. Der Hund und das Kaninchen zeigen keine Erregung unter Physostigmin, aber etwas Ruhelosigkeit und beständige Bewegung sind

---

[1]) O. Ehrenberg, Proc. Chem. Soc. **28**, 128 (1912).
[2]) Thom. H. Fraser, Journ. of Anat. and Physiol. **1**, 323 (1867).
[3]) E. Harnack u. L. Witkowsky, l. c.

frühe Vergiftungssymptome bei der Katze. Diese Erregung ist als ein Beweis für die direkte Reizung der Rindenzellen des Gehirns erklärt worden, und diese Ansicht ist durch Beobachtungen von Klinikern unterstützt worden, daß Physostigmin tendiert sowohl die Anzahl wie die Intensität von Anfällen zu erhöhen bei denjenigen, welche an Epilepsie leiden. Wenn Physostigmin Meerschweinchen gegeben wird, welche durch operative Eingriffe spontanen Krämpfen unterliegen, behauptet man, daß sie auch Anfällen leichter zugänglich werden. Es ist in allen diesen Fällen möglich, daß die Wirkung des Physostigmins die ist, heftige Kontraktionen in den verschiedenen Körperteilen zu verursachen, welche sich in Schmerz und Unbehagen äußern; überdies ist eine der charakteristischsten Wirkungen des Physostigmins die Dyspnöe, welche es durch die Kontraktion der Bronchialmuskeln entstehen läßt. Diese Wirkungen scheinen zu genügen, um die meisten Gehirnsymptome zu erklären und um sogar epileptiforme Krämpfe bei Tieren zu verursachen, welche für diese Anfälle prädisponiert sind; ein Beweis der corticalen Reizung ist noch nicht geliefert worden.

Die durch Physostigmin beim Menschen erzeugten Symptome sind gleicher Natur wie jene, welche bei niederen Tieren vorkommen. Sie bestehen in Schwindel, großer Muskelschwäche, Zittern, Verengerung der Pupille, Erbrechen und Durchfall, Schweiß und Speichelfluß.

Die Atmung wird bei allen Säugetieren durch Physostigmin ziemlich auf dieselbe Weise beeinflußt; sie ist zuerst rasch und tief, wird aber bald langsamer und schwächer, und es wird oft zu dieser Zeit feuchtes Rasseln vernommen. Die Ursache der präliminären Beschleunigung ist nicht bekannt, aber nach Bezold und Götz rührt sie von der Reizung der Vagusendigungen in den Lungen her, während andere sie als einen Beweis für die Reizung des Zentrums ansehen. Die nachfolgende Verlangsamung und Dyspnöe und die schließliche Hemmung der Atmung sollen von der Depression der Medulla herrühren, obgleich es sicher ist, daß Verengerung der Bronchiolen allein alle Wirkungen auf die Atmung erklären könnte.

Wenn künstliche Atmung bei einem Tiere beibehalten wird, das kein Anästheticum erhalten hat, dessen Gehirn aber zerstört worden ist, dann verursacht die Injektion von Physostigmin leicht den Tod. Dies rührt nicht von einem Versagen des Kreislaufs her, sondern von einer intensiven Verengerung der Bronchiolen, welche zu überwinden die künstliche Atmung vollständig ungeeignet ist. Das Tier kann jedoch entweder durch eine kleine Injektion von Atropin oder dadurch, daß man periodisch etwas Adrenalin injiziert, bis die Intensität der Kontraktion verschwunden ist, wiederhergestellt werden. Diese Bronchokonstriktion genügt, um den Atemmangel zu erklären, und es ist überflüssig, eine Lähmung des Zentrums anzunehmen. In allen Fällen von Vergiftung ist der Tod die Folge von Atemmangel.

Kreislauf.

Herz. I. Frosch. Harnack und Witkowski[1]) fanden, daß die direkte Applikation von $1/_2$ mg Physostigmin auf das Froschherz eine Verlangsamung und gleichzeitig eine Verstärkung des Schlages verursachte; Reizung des Vagus oder Sinus hemmte nicht mehr das Herz, und es bedurfte sehr starker Ströme, um Verlangsamung zu verursachen. Wenn dann Atropin gegeben wurde, wurde die Herztätigkeit sofort beschleunigt.

---

[1]) E. Harnack u. L. Witkowski, Archiv f. experim. Pathol. u. Pharmakol. **5**, 401. (1876).

In einem anderen Versuche gaben sie einem Froschherzen Muscarin und verursachten dadurch Aufhören des Schlages; der Zusatz von Physostigmin verursachte dann wiederum schwache Schläge, aber das Herz erholte sich niemals wieder so vollständig, wie wenn Atropin gegeben worden wäre. Sie schlossen, daß die Wirkung von Physostigmin nicht dadurch erklärt werden kann, daß man annimmt, daß es auf die Herznerven wirkt, und sie glaubten, daß es direkt auf den Herzmuskel wirkt. Bei der Durchströmung des Froschherzens mit Physostigmin erhielten sie sehr mächtige und plötzliche Kontraktionen des Ventrikels und erhöhten Tonus, aber es gab keinen vollständigen systolischen Stillstand. Wenn das Mittel direkt auf das Herz getropft wird als eine 1 proz. Lösung in normaler Kochsalzlösung, dann wird immer eine deutliche Wirkung erzeugt; das Herz wird allmählich langsamer und steht schließlich in Diastole still. Diese Wirkung wird durch Auftropfen von etwas Atropin (0,1 proz. Lösung) auf das Herz vernichtet. Es ist zwar wahr, daß in manchen Fällen, wenn das Tier längere Zeit in Gefangenschaft gehalten wurde, keine deutliche Wirkung erzeugt wird, oder nur eine sehr geringe Verlangsamung. Dies ist nicht überraschend, weil es bekannt ist, daß die Nerven von Fröschen, welche lange gefangen gehalten wurden, ihre Erregbarkeit verlieren. Wenn Frösche mit aktiven Vagi ausgesucht werden, und zuerst Atropin auf das Herz getropft wird, dann erzeugt Physostigmin (1%) nur sehr geringe Verlangsamung, aber keine ausgesprochene Wirkung. Jedoch hat Physostigmin noch eine Wirkung auf das Herz, welche durch Atropin nicht ganz ausgeschaltet wird.

Die Wirkung einer starken Lösung, z. B. 1 : 2000 Physostigmin, welche das Herz durchströmt, ist, daß die Schläge immer langsamer werden; der Ventrikel kontrahiert sich und wird schließlich in einem gewissen Grad der Systole getötet. Wenn dieser systolische Stillstand einmal erreicht ist, ist Atropin ganz unfähig, das Herz in seinen ursprünglichen Zustand zurückzubringen. Wenn schwächere Lösungen, wie 1 : 5000, zur Durchströmung benützt werden, wird die Wirkung viel langsamer erzeugt. Zuerst werden die Schläge langsamer und stärker, und die Dauer der Kontraktion wird erhöht, aber auf diese Verstärkung folgt Abschwächung, wenn die Perfusion fortgesetzt wird, und manchmal kommt Stillstand in Diastole vor, aber dieser ist nicht gewöhnlich, denn im allgemeinen verschwindet die Verlangsamung nach einiger Zeit, der Tonus nimmt zu, und wie im früheren Versuch kontrahiert sich der Ventrikel und schlägt nicht selten in schwacher Weise nur einmal, während der Vorhof drei oder vier Schläge macht; schließlich stirbt der Ventrikel in Systole, während der Vorhof mehrere Stunden weiterschlägt.

Ferner ist leicht zu zeigen, daß nach kurzdauernder Durchströmung mit Physostigmin 1 : 5000 die Erregbarkeit des Vagus verloren ist, obgleich vorher gezeigt worden war, daß er empfindlich war. Dies kann entweder von einer lähmenden Wirkung der Droge auf den nervösen Mechanismus des Herzens oder von der Tatsache herrühren, daß Physostigmin die Erregbarkeit des Herzmuskels derart erhöht, daß die Schläge nicht mehr von dem nervösen Einfluß beherrscht werden können; d. h., daß es eine Wirkung auf den Herzmuskel, ähnlich wie Digitalis, hat, ein Mittel, welches in großen Dosen auch den Vagusmechanismus zu lähmen scheint. Nachdem diese offenbare Lähmung erhalten worden ist, erzeugt Muscarin weitere Verlangsamung, aber niemals vollständigen Stillstand.

Es gibt genügende Beweise, um zu zeigen, daß Physostigmin im Froschherzen tendiert, die Kontraktionen wiederherzustellen, wenn das Organ unter gewöhnlichen Bedingungen ruhig bleiben würde, und dies zeigt, daß das Alkaloid eine gewisse reizende Wirkung besitzt.

II. Säugetiere. Die Wirkung auf das isolierte Herz ist von Hedbom[1]) untersucht worden, welcher zu dem Schlusse kam, daß Physostigmin seine Wirkung dadurch erzeugt, daß es direkt auf den Muskel wirkt.

Die Wirkung auf das Kaninchen- oder Katzenherz von einer starken Lösung von Physostigmin, z. B. 1:100, welche nur einige Sekunden lang durch den

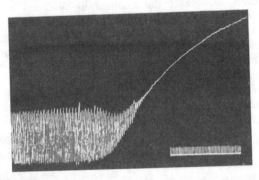

Barium-
Chlorid

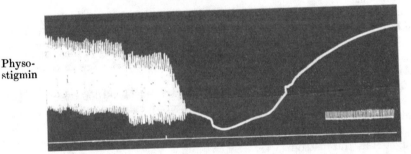

Physo-
stigmin

Abb. 1. Isoliertes Kaninchenherz mit Lockescher Lösung durchströmt. Das erste Herz wurde mit Barium getötet, das zweite mit Physostigmin. Es ist bemerkenswert, daß in beiden Fällen das Herz in tonische Kontraktion gerät, wenn auch diese nach Physostigmin etwas später eintritt.

Coronarkreislauf geleitet wurde, ist eine sehr ausgesprochene. Die Ventrikularschläge werden fast unmittelbar geschwächt, und schließlich gehemmt, und der Tonus des Ventrikularmuskels ist ungeheuer erhöht, so daß der Muskel schließlich in einen Zustand der Starre übergeht. Die Vorhöfe erholten sich von dieser Dosis und schlugen eine Zeit lang danach weiter, aber der Ventrikel ist getötet und bleibt durch Atropin unbeeinflußt. Die Kurve ist sehr ähnlich derjenigen, welche man erhält, wenn man etwas von einer 1 proz. Bariumchloridlösung zu der Durchströmungsflüssigkeit zusetzt, da Barium ein Mittel ist, von welchem man weiß, daß es direkt auf die Muskelfaser wirkt (Abb. 1).

Die Wirkung des Zusatzes von verdünnten Dosen von Physostigmin zu der Durchströmungsflüssigkeit ist in ihrem Auftreten nicht so deutlich und so plötzlich. Durchströmung mit 1:100 000 Physostigmin erzeugt allmähliche Verlangsamung und Abschwächung des Schlages, aber keine Steigerung des Tonus. Das Herz erholt sich, wenn es nachher mit reiner Lockescher Lösung

---

1) K. Hedbom, Skan. Arch. f. Physiol. 8, 209.

durchströmt wird. Etwas stärkere Lösungen erzeugen ausgesprochenere Verlangsamung und auch sehr genau umgrenzte Steigerung des Tonus. Noch größere Dosen erzeugen große Verlangsamung und Schwächung des Herzens, erhöhten Tonus des Muskels und schließlich Hemmung in Systole.

Wenn Atropin zuerst durch ein isoliertes Herz strömt und dann Physostigmin, bemerkt man, daß Physostigmin jetzt nur eine sehr geringe Verlangsamung verursacht, aber es gibt wie früher eine deutliche Steigerung des Tonus. Atropin vernichtet die hemmende Wirkung von Physostigmin, aber nicht die Wirkung auf den Muskeltonus (Abb. 2). Es möge hier auch erwähnt werden, daß, wenn Physostigmin in irgendeiner subletalen Dosis durch das Säugetierherz strömt, es keineswegs die nachfolgende Wirkung von Adrenalin beeinflußt, was zu zeigen scheint, daß die sympathischen Nerven oder ihre myoneuralen Endigungen ihre Funktion beibehalten.

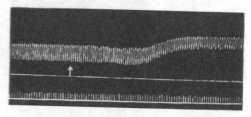

Das isolierte Säugetierherz verhält sich daher etwas ähnlich vie das Froschherz, da Physostign in Verlangsamung und schließlch diastolischen Stillstand verursacht, welche durch Atropin beseitigt werden können.

In stärkeren Lösungen bewirkt es erhöhte Erregbarkeit mit gesteigertem Tonus, der zu systolischem Stillstand führt, welcher durch Atropin nicht beseitigt wird.

Abb. 2. Isoliertes Kaninchenherz, mit Lockescher Lösung durchströmt. Zeigt die Wirkung eines Physostigminzusatzes zur Durchströmungsflüssigkeit im Verhältnis von 1 : 5000. Das Herz war vorher atropinisiert. Zeit in Sekunden.

Gefäße. Wenn Physostigmin in verdünnter Lösung (1 : 50 000 oder 100 000) durch überlebende Organe eines Säugetiers hindurchströmt, erzeugt es gewöhnlich Verengerung. Kobert[1]) wies dies in den Hinterbeinen, im Dünndarm und in der Niere des Hundes nach. Physostigmin, das die Hinterbeine von Säugetieren durchströmt, verursacht immer Verengerung, aber diese ist niemals maximal und der Grad der Verengerung kann immer durch eine nachfolgende Injektion von Adrenalin erhöht werden. Wenn Atropin durch die Hinterbeine einer Katze geleitet wird (1 : 100 000), dann folgt auf eine Injektion von Physostigmin in die Durchströmungsflüssigkeit noch sehr deutliche Verengerung, wenn auch nicht so deutlich wie vorher.

Auf die Gefäße der Lunge, welche nach Dixon und Brodie nicht vom Sympathicus aus inerviert werden, wirkt Physostigmin auch ausgesprochen verengernd, wodurch es sich von Pilocarpin und Adrenalin unterscheidet. Wenn Apocodein durch die Gefäße so lange geleitet wird, bis Adrenalin keine Verengerung verursacht, und wenn gleichzeitig etwas Physostigmin in die Durchströmungsflüssigkeit injiziert wird, folgt unmittelbar Verengerung. Diese Verengerung kann noch nach Atropin erhalten werden.

Auf dieselbe Weise werden die Coronargefäße entschieden durch Physostigmin kontrahiert. Selbst wenn eine verdünnte Lösung von Physostigmin durch ein isoliertes Säugetierherz strömt, während die Stromgeschwindigkeit der Flüssigkeit, welche aus den Coronarvenen strömt, gemessen wird, wird rasche Abnahme beobachtet. Dieselbe rührt nicht von der Verlangsamung des Schlages her, da die Wirkung noch erhalten werden kann, wenn genügend

---

[1]) R. Kobert, Archiv f. experim. Pathol. u. Pharmakol. **22**, 96, 1887.

Atropin gegeben wurde, um diese Wirkung zu vernichten. Physostigmin scheint daher auf alle Gefäße zu wirken, indem es Verengerung erzeugt. Diese Physostigminwirkungen stehen natürlich im Gegensatz zu jenen von Pilocarpin und Arecolin, Mitteln, welche nur auf innervierte Gefäße wirken. Pilocarpin kann die Gefäße des Darmes oder der Glieder verengern, aber es hat keine Wirkung auf die Coronar- und Lungengefäße: Physostigmin verengert alle Gefäße, obgleich es vielleicht die des großen Kreislaufs mehr verengert als jene, welche nicht innerviert sind, möglicherweise, weil es, wie beim Herzen, eine doppelte Wirkung auf die „Nervenendigungen" und die contractile Substanz hat.

Blutdruck und unversehrter Kreislauf. Wenn eine Injektion von wenig Physostigmin, wie z. B. von 2 mg, in die Vene einer Katze gemacht wird, gibt es etwas Herzverlangsamung, aber der Blutdruck ist wenig beeinflußt. Größere Dosen, wie z. B. 5 mg, können entweder eine Steigerung oder eine Senkung des Druckes verursachen. Bei enthirnten Tieren oder bei Tieren, bei welchen die Vagi durchschnitten worden sind, kann eine erste Injektion von Physostigmin eine anfängliche Beschleunigung des Herzens mit einer Steigerung des Blutdrucks verursachen, worauf ein langsames Schlagen mit einem Blutdruckfall folgt. Wenn mehr von dem Mittel injiziert wird, wird die Drucksteigerung bei jeder Injektion immer weniger deutlich, und die Verlangsamung hört auf zu erscheinen, und nachdem ungefähr 20 mg Physostigmin injiziert

Darm-
volumen

Blutdruck

Physos. 1cc

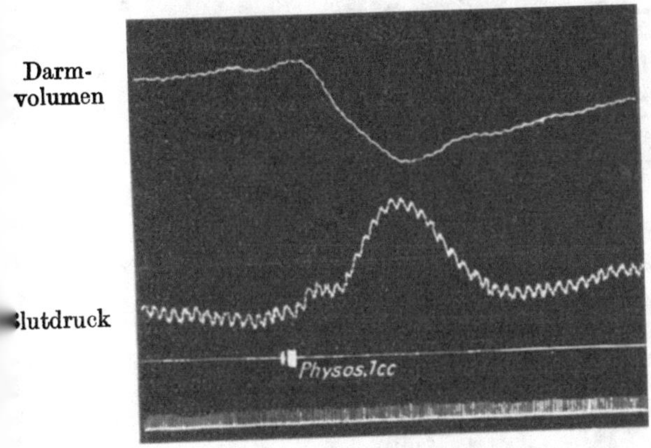

Abb. 3. Katze — Urethan. Darmvolumen. Blutdruck. Zeigt die Wirkung einer Injektion von 5 mg Physostigmin nach Atropinisierung. Die Nebennieren waren vorher exstirpiert worden. Zeit in Sekunden.

worden sind, bleibt die Geschwindigkeit des Herzschlages durch weitere Injektionen unbeeinflußt, obgleich bei jeder neuen Injektion noch eine Steigerung des Blutdrucks vorkommt. Wenn diese Phase erreicht ist, findet man, daß Reizung des Vagus keine Wirkung mehr auf den Blutdruck und auf die Herzgeschwindigkeit hat, obgleich Muscarin, wenn es injiziert wird, noch etwas Herzverlangsamung verursachen kann. Es ist leicht, durch Injektion von Physostigmin in den Kreislauf eines Tieres diese offenbare Vaguslähmung zu verursachen, d. h. einen Zustand, in welchem faradische Erregung des Vagus ohne Wirkung auf das Herz ist, und dies zu einer Zeit, wo das Herz gut, obgleich langsam, schlägt. Ich glaube jedoch nicht, daß diese Lähmung gleicher Natur wie die durch Atropin herbeigeführte ist, sondern eher, daß die peripheren Vagusgewebe sich in einem maximalen Stadium der Erregbarkeit befinden, so daß weitere Reizung entweder durch elektrische Erregung des Vagus oder durch Injektion von Pilocarpin ohne bemerkenswerte Wirkung ist. Ein Grund, warum ich diese Ansicht annehme, ist, weil eine kleine Injektion von Atropin in ein Tier, das eine solche Lähmung zeigt, sofort eine sehr entschiedene Beschleunigung des Herzens mit einer Steigerung des Blutdrucks verursacht.

Es ist gezeigt worden, daß Physostigmin deutlichere Verengerung der systemischen Gefäße verursacht als Pilocarpin, eine Wirkung, welche nach

Atropin noch sichtbar genug ist. Dies wird nicht durch irgendein Freiwerden von Adrenalin verursacht, da die Wirkung ebenso klar wird, wenn die Nebennieren entfernt worden sind (Abb. 3). Es scheint wahrscheinlicher zu sein, daß es eine dem erhöhten Tonus analoge Wirkung ist, welche als die Folge der Durchströmung des 'isolierten Herzens mit dem Alkaloid zu beobachten ist.

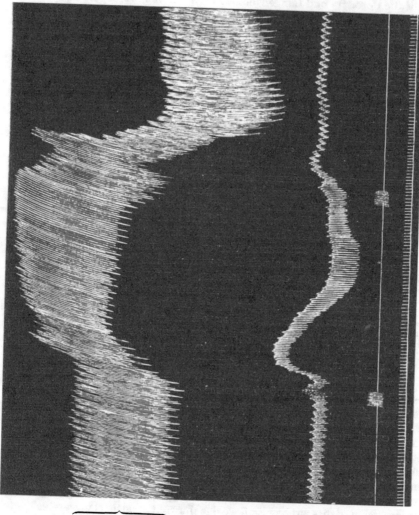

Abb. 4. Katze — Urethan. Herzvolumen und Blutdruck. Zeigt die Wirkung einer Injektion von 1 mg Physostigmin, der später eine Injektion von ½ mg Atropin folgte. Zu beachten ist das Auftreten einer Erweiterung des Herzens. Zeit in Sekunden.

Herz-volu-men

Blut-druck

Diese Gefäßverengerung ruft noch sekundäre Wirkungen auf das Herz hervor. Wenn das Herz eines Tieres bei künstlicher Atmung in ein Kardiometer eingeschlossen und die Blutabgabe pro Schlag mit Hilfe eines geeigneten Rekorders gemessen wird, ist die erste Wirkung einer Physostigmininjektion, daß das Herz erweitert wird. Es füllt sich in größerem Umfange mit Blut an als vorher, aber es ist nicht imstande, sich in der Systole völlig zu entleeren (Abb. 4). Der Zustand wird sofort durch eine kleine Dosis von Atropin behoben. Diese Wirkung ist kein primärer Herzzustand, so wie er zu sehen ist, wenn ein

Überschuß von CO_2 im Blute vorhanden ist, da er nicht vorkommt, wenn die Splanchnicusgefäße vorher abgebunden werden; es ist eine sekundäre Wirkung, welche von der Gefäßverengerung herrührt, gegen deren Widerstand das Herz eine Zeitlang nicht imstande ist, das Blut mit derselben Wirksamkeit wie vorher hindurchzutreiben (Abb. 4).

Viele Forscher haben die Aufmerksamkeit auf die Tatsache gelenkt, daß kleine Dosen von Physostigmin die Wirksamkeit der Nerven auf Drüsen und Muskel erhöhen. Arnstein und Sustschinsky zeigten dies zuerst für den Herzvagus[1]). Harnack und Witkowski zeigten, daß ein mit Physostigmin behandelter Froschmuskel auf geringere elektrische Reize reagiert als vorher. Loewi und Mansfeld[2]) fanden, daß nach der intravenösen Injektion dieses Alkaloids die Chorda tympani durch einen schwächeren elektrischen Strom erregt werden kann als früher und denselben Grad von Speichelfluß erzeugt. Winterberg[3]) und Marshall fanden beide, daß der Herzvagus nach Physostigmin empfindlicher war, und Dixon und Ransom[4]) zeigten dasselbe für den Bronchialvagus. Diese Wirkung, durch welche die Erregbarkeit der Nerven zu den Drüsen, den glatten und willkürlichen Muskeln durch Physostigmin erhöht wird, wird im allgemeinen als von einer leichten Reizung in den Regionen der Nervenendigungen verursacht angesehen.

Von Loewi und Mansfeld sind noch andere Anschauungen in bezug auf die Wirkungsweise von Physostigmin geäußert worden. Diese Forscher nehmen an, daß die Wirkung eher darin besteht, die Erregbarkeit der Endigungen der kranialen und sakralen autonomen Nerven für normale unterschwellige Reize zu steigern, als daß sie selbst als ein Reiz wirken. Ihre Gründe für diese Ansicht sind, daß die Wirkungen der elektrischen Reizung eines Nerven durch die vorangehende Injektion von Physostigmin erhöht werden, während Injektionen von Physostigmin ohne nachfolgende elektrische Reizung keine steigernde Wirkung hervorrufen können. Sie erklären die zahlreichen Ausnahmen auf Grund der Annahme, daß in gewissen Organen ein peripherer Tonus existiert; aber eine Regel, welche bei der Hälfte' ihrer Anwendungen einen solchen Vorbehalt erfordert, scheint mir von geringer Bedeutung zu sein. Die erhöhte Erregbarkeit eines Nerven für elektrische Reizung ist auch nach kleinen Dosen von Pilocarpin zu sehen, und sie ist möglicherweise der Tatsache analog, daß eine zweite oder dritte Reizung eines Nerven mit einem schwachen Strom im allgemeinen eine bessere Wirkung gibt, als die durch den primären Reiz verursachte. Überdies ist es schwierig, festzustellen, welches der Unterschied zwischen einem peripheren Nerv ist, der erhöhte Erregbarkeit zeigt, und Reizung; können sie nicht in Wirklichkeit Abstufungen derselben Wirkung sein? Cushny vermutete, daß die nach Physostigmin auftretende erhöhte Erregbarkeit des Vagus und der Chorda in Wirklichkeit die untere Phase der reizenden Wirkung des Mittels ist, welche ihren Gipfelpunkt in der wirklichen Reizung in empfindlicheren Organen oder unter günstigeren Bedingungen hat. In diesem Zusammenhang ist es angebracht, daran zu erinnern, daß Physostigmin weder die Erregbarkeit und Leitfähigkeit der Ciliarnerven und Ganglien, noch die der okulomotorischen Fasern erhöht, selbst wenn sie regenerieren, und die Arbeit von Anderson über Physostigmin zeigt daher, daß die durch die regenerierenden

---

[1]) Zitiert bei M. J. Roßbach u. C. Fröhlich, Pharmakologische Untersuchungen. Würzburg 1, 3 1873.
[2]) O. Loewi u. G. Mansfeld, Archiv f. experim. Pathol. u. Pharmakol. 62, 180 (1910).
[3]) Heinrich Winterberg, Zeitschr. f. experim. Pathol. u. Ther. 4, 636 (1907).
[4]) W. E. Dixon u. Fred Ransom, Journ. of Physiol. 45, 413 (1912).

oculomotorischen Fasern unvollständig übermittelten Impulse hauptsächlich in den ciliaren Nervenendigungen blockiert werden.

Tscheboksaroff[1]) fand, daß Physostigmin die Sekretion von Adrenalin aus der Nebenniere nach Durchschneidung der Splanchnicusnerven steigerte. Er benutzte am Hunde das aus einer Nebenniere abfließende Blut und bestimmte das Adrenalin, indem er das Serum in einen zweiten Hund injizierte und die Wirkung auf den Blutdruck beobachtete.

Es ist daher klar, daß die Wirkung von Physostigmin auf den Blutdruck die Summe von vielen verschiedenen Faktoren sein muß. Physostigmin in kleinen Dosen (2 oder 3 mg für eine Katze) verlangsamt und schwächt den Herzschlag, tendiert die Blutgefäße zu verengern und macht Adrenalin frei. Zu gleicher Zeit hat es eine gewisse Tendenz das Herz zu beschleunigen, was unter bestimmten Bedingungen, wenn z. B. Atropin vorher injiziert worden ist, zu sehen ist, sowohl wegen seiner Wirkung auf die beschleunigenden Nerven sowie wegen der Befreiung von Adrenalin. Während dann Verlangsamung des Schlages die Regel ist, kann jedoch der Blutdruck entweder steigen oder fallen, und eine Blutdrucksenkung ist, wenn sie vorkommt, niemals mit der zu vergleichen, welche man nach Pilocarpin oder Muscarin erhält.

Physostigmin ist eine der wenigen Substanzen, welche den Blutdruck der Lunge ohne den der Carotis erhöht. Viele Substanzen steigern beide Drucke in einem mehr oder weniger parallelen Grade, aber Physostigmin vermindert häufig den Carotisdruck, während es den Lungendruck erhöht; in dieser Hinsicht ähnelt es der Base, welche man aus Histidin durch die Abspaltung von Kohlensäure erhält, und welche einer der Bestandteile des Mutterkorns ist. Die Ursache dieser Steigerung ist noch nicht untersucht worden, aber man kann sie als von der Verengerung der Lungengefäße herrührend ansehen (Abb. 5).

Wirkung von großen Dosen. Wenn eine Katze oder ein Hund eine Dosis von Nicotin oder Apocodein erhält, welche genügt, um Ganglienzellen zu lähmen, dann verursachen 10 mg Physostigmin, die in ein derartiges Tier injiziert werden, eine Steigerung des Blutdrucks ohne Herzverlangsamung; dieselbe Wirkung wird nach Atropin beobachtet.

Wenn 0,06 g Physostigmin hinreichend langsam in eine Katze injiziert werden, so daß der Tod infolge von Bronchienverengerung vermieden wird, kann Nicotin nicht seine normale Wirkung ausüben; es verursacht wenig oder keine Steigerung im Blutdruck und keine Veränderung in der Herzgeschwindigkeit; Adrenalin verfehlt jedoch nie seine typische Wirkung zu erzeugen, d. h. eine große Steigerung des Blutdrucks. Dosen von Physostigmin von dieser Größe genügen, um den Vagus bei elektrischer Reizung zu lähmen und die Tätigkeit der Splanchnicusnerven auf die Blutgefäße und Darmbewegungen und des Cervicalsympathicus auf die Bewegungen der Iris herabzusetzen. Diese Depression wurde gleichmäßig auf beiden Seiten der Ganglien beobachtet und ist deutlich eine Wirkung an der Peripherie. Noch größere Dosen lähmen die Splanchnicus- und Sympathikusnerven vollständig, aber Adrenalin übt weiter seine gewöhnliche Wirkung aus.

Physostigmin auf Ganglienzellen, wie z. B. auf das obere Cervicalganglion oder auf den Plexus solaris aufgestrichen, übt keine bestimmte Wirkung aus.

Nun ist es verständlich, daß eine große Dosis von Physostigmin die Wirkung von einer Injektion von Nicotin vernichtet, weil wir wissen, daß letzteres Mittel bestimmte Nervenzellen erregt, und wir vermuten stark, daß Physostigmin

---

[1]) M. Tscheboksaroff, Archiv f. d. ges. Physiol. **137**, 59, 1911.

auf einen Ort wirkt, der peripher zur Nervenzelle liegt. Es erscheint auch wahrscheinlich, daß Muscarin peripherer wirkt als Physostigmin, weil, wenn der N. vagus durch das letztere Mittel gelähmt wird, Muscarin noch etwas Verlangsamung verursachen kann. Aber es ist schwerer zu erklären, warum man behauptet, daß Physostigmin seine hemmende Wirkung auf den Vagus nach Nicotin verliert, einem Mittel, von welchem man nicht annimmt, daß es das hemmende Neuron beeinflußt. Wenn dies tatsächlich der Fall ist, dann würde es scheinen, als ob Nicotin in großen Mengen eine Wirkung sowohl auf die letzten Nervenendigungen wie auf die Nervenzellen ausübt.

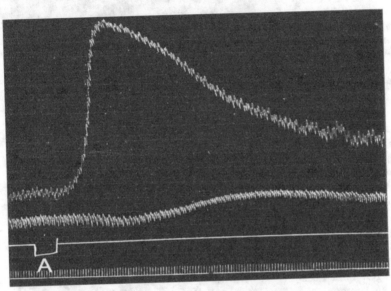

Druck im
Pulmonal-
kreislauf

Blutdruck

Abb. 5. Hund — Morphin, Urethan. Druck im Lungenkreislauf und Blutdruck. Bei *A* wurden 6 mg Physostigmin in die Jugularvene injiziert. Der Druck im Lungenkreislauf wurde mit Hilfe eines Manometers registriert, das mit halbgesättigter Natr. sulfuric.-Lösung gefüllt war. Zeit in Sekunden.

Die Wirkung von Physostigmin auf den willkürlichen Muskel. Harnack und Witkowsky, welche an Fröschen experimentierten, fanden, daß große Dosen von Physostigmin, z. B. 0,02 g, willkürlichen Muskeln appliziert, sie vergiftete und ihre Tätigkeit herabsetzte. Andererseits fanden sie, daß kleine Dosen des Mittels, wie 1,5 mg, erhöhte Erregbarkeit der Muskeln erzeugten, so daß nach der Anwendung dieser Dosis schwächere Reize erforderlich waren, um dieselbe Kontraktionshöhe zu ergeben. Diese Wirkung war auch bei curarisierten Tieren dieselbe, und daher muß es, schlossen sie, eine direkte Muskelwirkung sein. Diese Forscher erwähnen auch, daß sie leichte Zuckungen beobachteten, die nach der Anwendung von schwachen Physostigminlösungen eintraten.

Wenn ein Froschmuskel in 1 Teil Physostigmin auf 10 000 Teile Ringer getaucht wird, wird die Erregbarkeit des Muskels auf elektrische Reizung gesteigert, obgleich die gesamte Arbeit, welche von dem Muskel erhalten werden kann, im Vergleich mit dem normalen Muskel der anderen Seite nicht beachtenswert verändert ist. Wenn ein Sartorius sorgfältig herausgeschnitten und in normale Kochsalzlösung, die mit destilliertem Wasser bereitet wurde, gelegt wird, ist die Wirkung des Zusatzes von einem Tropfen Physostigminlösung, $1/2\%$, zu der Kochsalzlösung sehr bemerkbar. Wenn der Frosch frisch und gesund war, fing der Muskel beim Zusatz von Physostigmin an, heftig zu zucken, und wenn man ihn unberührt ließ, zuckte er mehrere Minuten lang weiter. Wenn jedoch ein Tropfen einer 1 proz. Lösung von Calciumchlorid zugesetzt wird, hören die Zuckungen immer rasch auf und können durch den Zusatz von mehr Physostigmin nicht wieder hergestellt werden. Atropin und Curare haben auch die Wirkung, sehr rasch die Zuckungen zum Stillstand zu bringen.

Wenn eine kleine Menge von Physostigmin, wie 2 oder 3 mg, einer anästhesierten Katze oder einem Kaninchen eingeführt werden, fangen bald sehr deutliche leichte Zuckungen in den Hinterbeinen an, die sich dann nach den Vorderbeinen ausbreiten. Diese Zuckungen dauern fünf oder zehn Minuten und kommen noch vor, nachdem die Nerven der Glieder durchschnitten worden sind. Wenn nun, während die Zuckungen auf ihrer Höhe sind, eine

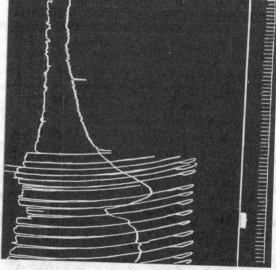

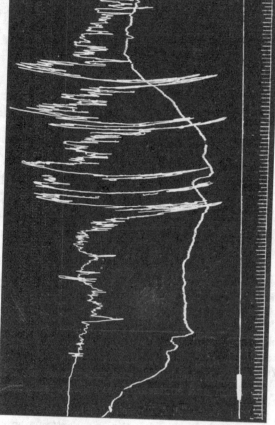

Muskelkontraktion } Blutdruck }

Abb. 6. Kaninchen — Urethan. Kontraktionen des Muscul. quadriceps crur. und Blutdruck. · Wirkung einer Injektion von 2 mg Physostigmin, später einer solchen von 1 mg Atropin im Verlaufe desselben Versuches. Zeit in Sekunden.

Dosis Curare oder Curarin gegeben wird, welche genügt, um den Nerv fast zu lähmen, oder wenn eine Dosis Atropin (2 oder 3 mg) gegeben wird, hören die Muskel-zuckungen rasch auf (Abb. 6) und fangen nach einer weiteren Dosis von Physostigmin nicht wieder an. Wenn Atropin oder Curare zuerst gegeben werden, dann verursacht Physostigmin keine Muskelzuckungen. Aber vielleicht der außergewöhnlichste Antagonismus ist der, welcher vom Calciumion erzeugt wird. Wenn, während die Physostigmin-zuckungen noch aktiv sind, eine kleine Dosis von Calciumchlorid, 10 mg, gegeben wird, werden die Bewegungen rasch geschwächt und hören bald ganz auf (Abb. 7). Calciumchlorid kann jedoch in seiner Wirksamkeit als anta-gonistisches Agens gegen Physostigmin weder mit Curare noch mit Atropin verglichen werden.

Pal[1]) und Rothberger[2]) fanden, daß Curarelähmung durch Physostigmin fast ganz aufgehoben werden kann. Diese beiden Mittel bieten dann ein ausgezeichnetes Beispiel für den gegenseitigen Antagonismus; Curare hemmt die Physostig-minzuckungen und Physostigmin hebt die Cu-rarelähmung auf. Magnus[3]) durchschnitt bei

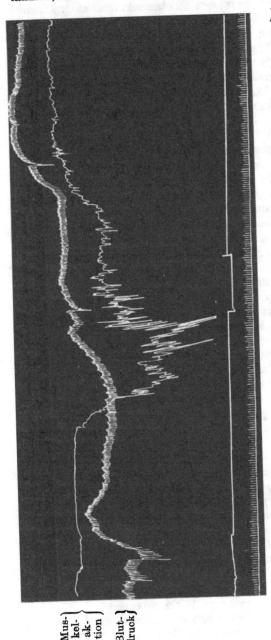

Abb. 7. Kaninchen — Äther. Registierung der Bewegungen des Muscul. quadriceps. Blutdruck. Zeigt zunächst die Wirkung einer Injektion von 3 mg Physostigmin, dann die Aufhebung dieser Wirkung durch Injektion von 20 mg Calciumchlorid. Eine weitere Injektion von 15 mg Physostigmin erregt keine Krämpfe mehr. Zeit in Sekunden.

Mus-kel-ak-tion Blut-druck

Säugetieren den N. ischiadicus und untersuchte die Wirkung von Physostigmin sieben, vierzehn und achtzehn Tage später, fand aber noch Zuckungen; nach

[1]) J. Pal, Centralbl. f. Physiol. (1900), 14, 255.
[2]) Julius C. Rothberger, Archiv f. d. ges. Physiol. 87, 145 (1901); 92, 408 (1902).
[3]) R. Magnus. Archiv f. d. ges. Physiol. 123, 99 (1908).

27 bis 34 Tagen war jedoch Physostigmin ohne Wirkung, obgleich die Muskeln noch ihre Erregbarkeit behielten.

Langley[1]) folgert, daß, weil Curare den Nicotinzuckungen entgegenwirkt, welche durch die direkte Anwendung des geeignet verdünnten Alkaloids auf den isolierten Froschmuskel erzeugt werden, beide auf dieselbe „rezeptive Substanz" wirken, so daß, wenn Physostigmin und Curare Antagonisten sind, sie auch beide auf dieselbe Substanz wirken müssen, und deshalb müssen, wenn nicht Curare auf mehr als eine rezeptive Substanz wirkt, alle drei Mittel auf dieselbe wirken. Aber Langley hat auch gezeigt, daß Degeneration der Nerven nicht den Antagonismus von Curare auf Nicotin beeinflußt, und er schließt, daß diese beiden Mittel auf den willkürlichen Muskel an einem Punkt wirken, der peripherer als die Nervenendigungen liegt. In dem Versuch von Magnus scheinen jedoch Physostigmin und Curare auf Grund derselben Überlegung auf die Nervenendigungen zu wirken. Die Erklärung dieser unharmonischen Resultate ist möglicherweise eine Frage der Dosierung, da Boehm zeigte, daß, wenn die Curaredosis gerade genügt, um die motorischen Nerven bei einem Frosch vollständig zu lähmen, Nikotin dann dieselbe Wirkung wie vorher ausübt.

Rothberger beschrieb im Jahre 1901 die antagonistische Wirkung sowohl von Nikotin wie von Physostigmin gegen Curare. Edmunds und Roth[2]) führten einige Versuche über die antagonistische Wirkung von Physostigmin und Curare aus, wozu sie anästhesierte und atropinisierte Hühner benutzten, so daß die Vagi gelähmt waren und die charakteristischen Muskelzuckungen nach der Injektion von Physostigmin fehlten. Sie fanden, daß, wenn 2—5 mg injiziert wurden, der Muskeltonus allmählich zunahm, wobei er gewöhnlich zehn Minuten, nachdem das Mittel gegeben worden war, anfing und zehn Minuten dauerte, aber der Muskel erschlaffte niemals vollständig. Die Injektion von 5—15 mg Curare erzeugte sofortige, obgleich unvollständige Erschlaffung der Muskeln, bei welchen die N. ischiadici durchschnitten worden waren und die man verschiedene Zeiten lang, von 24 Stunden bis zu 53 Tagen, degenerieren ließ. Curare wirkt während aller Degenerationsphasen Physostigmin entgegen, indem es die Kontraktion beseitigt (außer der Bedingung der Contractur).

Es scheint daher Physostigmin auf den willkürlichen Muskel, wie auf das Herz, Blutgefäße, Uterus und den glatten Muskel im allgemeinen, deutlich eine doppelte Wirkung auszuüben. Die charakteristischen Zuckungen scheinen mit den Nervenendigungen verknüpft zu sein, da man sie nicht erhält, wenn man die Nerven degenerieren läßt oder selbst in Gegenwart eines Überschusses von Calcium oder von einer Spur Atropin. Die allmähliche, in allen willkürlichen Muskeln, selbst in jenen mit degenerierten Nerven und nach Atropin, beobachtete Zunahme des Tonus würde auf eine Wirkung auf die contractile Substanz hinzuweisen scheinen.

Große Dosen Physostigmin lähmen die motorischen Nervenendigungen. Diese Wirkung ist beim Frosch, beim Kaninchen und bei der Ratte beobachtet worden. Beim Frosch führt die Injektion von 5 mg diese Wirkung herbei. Wenn in diesem Zustand der Ischiadicus freigelegt und gereizt wurde, wurde selbst durch den stärksten faradischen Strom keine Wirkung erzeugt.

Beim Kaninchen und der Katze wurde gefunden, daß nach der Einführung von ungefähr 0,04 oder 0,05 g Physostigmin, die Reizung des N. ischiadicus, selbst durch die stärksten elektrischen Reize keine Reaktion im Muskel auslöste. Der Muskel selbst behielt seine Erregbarkeit unverändert.

---

[1]) J. N. Langley, Journ. of Physiol. **33**, 374 (1906); **36**, 347 (1907); **37**, 165 (1908); **39**, 289 (1909); Proc. Roy. Soc. London **78**, 170 (1906).
[2]) Edmunds u. Roth, Amer. Journ. of Physiol. Boston **23**, 28.

Wirkung auf den glatten Muskel.

Auge. Wenn eine Physostigminlösung lokal auf die Bindehaut appliziert wird, fängt die Pupille an sich zu kontrahieren und erreicht bald ihren kleinsten Durchmesser. Wenn jedoch Physostigmin in den Kreislauf injiziert wird, ist häufig Erweiterung der Pupille die zuerst beobachtete Wirkung, auf welche einige Minuten später Verengerung folgte. Die Pupillenverengerung ist eine lokale Wirkung, da man sie ebenso gut beim ausgeschnittenen und unversehrten Auge erhält. Die anfängliche Erweiterung sieht man hingegen nur, wenn der Kreislauf zu dem Auge unversehrt ist und wenn das Alkaloid durch intravenöse Injektion gegeben worden ist. Es ist wahrscheinlich, daß diese Erweiterung die direkte Folge des Freiwerdens von Adrenalin aus den Nebennieren ist, deren Wirkung zuerst und eine kurze Zeit lang die lokale Wirkung des Mittels, welche tendiert, Kontraktion zu erzeugen, zu verdecken vermag.

Physostigmin, sei es subcutan injiziert oder in das Auge eingeträufelt, braucht länger um zu wirken als Pilocarpin, aber wie bei Pilocarpin wird seiner Wirkung durch eine große Dosis von Atropin entgegengewirkt. Physostigmin verursacht keinerlei Kontraktion der Pupille, vorausgesetzt, daß 1% Atropinlösung vorher in die Bindehaut eingeträufelt worden ist, obgleich der Muskel noch auf einen elektrischen Shock reagiert und sichtlich imstande ist, erregt zu werden. Physostigmin kann daher schwerlich auf die contractile Substanz wirken. Wenn nur eine kleine Menge von Atropin auf die Bindehaut gebracht wird, welche nicht genügt, um eine maximale Erweiterung der Pupille zu erzeugen, dann verursacht Physostigmin etwas Kontraktion, die durch den Zusatz von mehr Atropin beseitigt wird, und die beiden Mittel wirken gegeneinander. Die folgenden Versuche zeigen die vergleichenden Wirkungen von Pilocarpin und Physostigmin auf die Pupille.

Versuch I. Kaninchen.

Zeit	Rechte Pupille	Linke Pupille
11,30 a. m.	Einen Tropfen von $1/2$ proz. Physostigmin in das rechte Auge getropft.	Einen Tropfen $1/2$ proz: Pilocarpin in das linke Auge getropft.
11,35		Fängt an sich zu verengern.
11,40	Rechte Pupille noch nicht verändert.	Mäßig verengert.
11,50	Fängt an sich zu verengern.	Sehr klein.
12,15	Kleiner als die linke.	Noch verengert, aber nicht so stark wie die rechte.

Versuch II. Kaninchen.

Zeit		
	Injektion von $1/2$ proz. Pilocarpin in die rechte Schläfe eines Kaninchens um 11 Uhr vorm.	Injektion von $1/2$ proz. Physostigminlösung in die rechte Schläfe eines Kaninchens um 11 Uhr vrm.
11,5	Die rechte Pupille verengert sich.	Keine Veränderung in der Größe der Pupille.
11,10	Beide Pupillen sind verengert, aber die rechte beträchtlich mehr als die linke.	Pupillen gleich und unverändert. Das Tier wird aufgeregt.
11,20	Die Pupillen sind gleich und verengert. Keine giftigen Symptome.	Die Pupillen sind gleich und verengert. Die Atemzüge hastig. Großer Verlust der Muskelkraft. Leichte Muskelzuckungen, besonders in den Hinterbeinen. Defäkation, Speichelfluß, Mikturation.

| 11,45 | Zustand unverändert. | Die Erholung beginnt. Etwas Asthma. Die Pupillen fangen an sich wieder zu erweitern. |
| 12,30 | Pupillen noch verengert. | Die Pupille ist gleich und von normaler Größe. Das Tier hat sich fast erholt, außer etwas Asthma. |

Die Geheimnisse des Antagonismus von Giften sind schwer richtig zu verstehen, und die folgende Tabelle zeigt die Resultate von einigen Versuchen an dem exstirpierten Froschauge, das in Ringerlösung ins Dunkle gelegt wurde.

1.	Atropin	0,2%	während 1 Std.	. . .	Pupille erweitert.
	Physostigmin	0,5%	„ 1 „	. . .	Pupille leicht, aber deutlich verengert.
2.	Atropin	0,2%	„ 1 „	. . .	Pupille erweitert.
	Pilocarpin	0,5%	„ 1 „	. . .	Pupille erweitert (unverändert).
3.	Atropin	0,2%	„ 1 „	. . .	Pupille erweitert.
	Bariumchlorid	1 %	„ 1 „	. . .	Pupille sehr verengert.

4.	Nicotin	1 %	während 1 Std.	. . .	Pupille erweitert.
	Physostigmin	0,5%	„ 1 „	. . .	Pupille sehr leicht verengert.
5.	Nicotin	1 %	„ 1 „	. . .	Pupille erweitert.
	Pilocarpin	0,5%	„ 1 „	. . .	Pupille verengert.
6.	Nicotin	1%	„ 1 „	. . .	Pupille erweitert.
	Bariumchlorid	1%	„ 1 „	. . .	Pupille sehr verengert.

7.	Curare	1 %	während 1 Std.	. . .	Pupille erweitert.
	Physostigmin	0,5%	„ 1 „	. . .	Pupille leicht verengert.
8.	Curare	1 %	„ 1 „	. . .	Pupille erweitert.
	Pilocarpin	0,5%	„ 1 „	. . .	Pupille verengert.
9.	Curare	1%	„ 1 „	. . .	Pupille erweitert.
	Bariumchlorid	1%	„ 1 „	. . .	Pupille sehr verengert.

Diese Versuche zeigen, daß, welches Mittel auch immer mit der Absicht benutzt wird, um das Nervengewebe zu lähmen, wie Nicotin, Curare oder Atropin, die darauffolgende Anwendung von Bariumchlorid immer deutliche Verengerung der Pupille verursacht; und dies steht im Einklang mit der Annahme, daß dieses Mittel direkt auf die Muskelfasern wirkt. (Contractile Substanz.)

Wenn man die Augen zuerst mit Nicotin oder Curare behandelt, dann erzeugt die nachfolgende Anwendung von Pilocarpin die typische Wirkung dieses Mittels, d. h. deutliche Pupillenverengerung. Dies legt die Vermutung nahe, daß, wo auch immer Nicotin und Curare wirken, Pilocarpin an einem anderen Ort und mehr peripher wirkt. Im Gegensatz hierzu sieht man, daß der größte Teil der Physostigminwirkung durch die vorherige Anwendung von Nicotin oder Curare beseitigt wird; anstatt daß die Pupille wie ein Nadelöhr wird, wie es geschieht, wenn Pilocarpin benutzt wird, wird sie jetzt nur etwas kleiner. Aus diesen und anderen Tatsachen wird angenommen, daß Curare und Nicotin in diesem hohen Prozentsatz wahrscheinlich denselben Punkt wie Physostigmin angreifen. Nun ist wohl erkannt worden, daß Physostigmin die Erregbarkeit der Muskelfaser erhöht, und es kann wohl sein, daß die sehr leichte Pupillenverengerung, welche nach der Anwendung von Physostigmin auf ein curarisiertes oder nicotinisiertes Auge eintritt, von der direkten Wirkung des Mittels auf die Muskelfaser herrühren kann, d. h. daß Physostigmin eine Wirkung auf Nervengewebe, welche von Nicotin und Curare beherrscht wird (siehe Edmunds und Roth, Über den willkürlichen Muskel), und eine zweite und kleinere Wirkung auf die Muskelfaser ausübt. Die genaue Stelle, auf welche

Physostigmin wirkt, wird durch diese Versuche über den Antagonismus nicht entschieden, weil sowohl Curare wie Nicotin gewisse Nervenendigungen und auch Nervenzellen lähmen und ihr Angriffspunkt nicht sicher festgestellt ist. Das Problem ist jedoch verwickelter, als es zu sein scheint, weil Physostigmin im Gegensatz zu Pilocarpin nach Atropin eine sehr deutliche Kontraktion erzeugt.

Nach Ausscheidung des N. oculomotorius im Schädel verengert Pilocarpin die gelähmte Pupille mehr als die Kontrollpupille, aber Physostigmin verengert sie weniger. Beide Mittel verengern sie jedoch längere Zeit. Schultz[1] gelang es nicht, vier Tage nach der Entfernung des Ciliarganglions irgendeine Verengerung der Pupille zu erhalten, selbst bei der ergiebigen Anwendung von einer 0,5proz. Physostigminlösung auf das Auge, und er schloß, daß dieses Mittel nur auf die Endigungen der kurzen Ciliarnerven wirkt. H. K. Anderson[2] fand, daß nach degenerativer Durchschneidung der kurzen Ciliarnerven Physostigmin nicht den entnervten Sphincter reizt, sondern daß Pilocarpin ihn zu einer erhöhten und abnorm andauernde Konntraktion erregt. Schultz und Anderson stimmen also überein, daß Physostigmin auf die Nervenendigungen wirkt.

Mehrere Wochen oder Monate nach der Entfernung des Ciliarganglions und der Ciliarnerven mit den akzessorischen Ciliarganglien, fängt der entnervte Sphincter an wieder auf Physostigmin zu reagieren; es fehlt jedoch der Lichtreflex und die Ciliarnerven reagieren nicht auf Reizung. Anderson glaubte jedoch, daß die Reaktion von der Regeneration herrührt, weil 1. die Rückkehr der Reaktion allmählich und zuerst lokal ist; 2. weil sie länger nach der vollständigen Entfernung der Ciliarnerven fehlt; und weil sie 3. nach einer zweiten Durchschneidung dieser Nerven wieder verschwindet.

Soweit haben wir wie beim willkürlichen Muskel drei erregbare Dinge in Betracht zu ziehen: 1. die contractile Substanz, welche durch Bariumchlorid erregt und durch Atropin nicht gelähmt wird; 2. die Substanz, welche durch Pilocarpin erregt und möglicherweise durch Atropin nicht gelähmt wird, und welche durch die degenerative Durchschneidung der Nerven nicht verloren geht; 3. die Substanz, welche durch Physostigmin erregt wird und nach degenerativer Durchschneidung der kurzen Ciliarnerven verloren geht. Diese erregbaren Dinge zeigen viele Analogien mit den α-, β- und γ-Substanzen des willkürlichen Muskels, welche später besprochen werden sollen.

Der normale nervöse Impuls geht von der γ- zu der β- und so zu der α-Substanz, und wenn die β- durch Atropin gelähmt ist, während sich die γ- in einem Zustand der Erregung befindet, ist es begreiflich, daß manche Impulse die α- direkt, ohne die Interaktion einer β-Substanz, erreichen, und daher kann Physostigmin selbst nach Atropin eine Wirkung haben. Bei der Erklärung des Antagonismus zwischen Physostigmin und Atropin müssen wir daran denken, daß sie verschiedene Gebilde beeinflussen (siehe Pilocarpin auf das Auge). Eine andere Erklärung der Wirkung von Physostigmin auf den atropinisierten Muskel ist, daß es außer seiner Wirkung auf die γ- auch die Erregbarkeit der α-Substanz erhöht, und hierauf wird die Aufmerksamkeit später gelenkt werden.

Es ist im allgemeinen gefunden worden, daß Miotica in normalen Augen eine leichte Drucksteigerung erzeugen, welche vor der Pupillenverengerung vorkommt, worauf ein Fall folgt; dies ist sowohl bei Eserin wie bei Pilocarpin

---

[1] Paul Schultz, Archiv f. Anat. u. Physiol. 1898, S. 66.
[2] H. K. Anderson, Journ. of Physiol. **30**, 15 (1904); **33**, 156, 414; 1905.

der Fall [Höltzke[1]), Stocker[2]), Grönholm[3]), J. Schlegel[4])]. Die primäre Drucksteigerung ist schwer zu erklären; sie liegt wahrscheinlich innerhalb des Bereiches der Versuchsfehler. Der sekundäre Fall rührt von der Pupillenverengerung her, welche den Filtrationswinkel eröffnet und welche mit den wohlbekannten Resultaten über glaukomatöse Augen übereinstimmt. Von Interesse ist in diesem Zusammenhang die bei Einträufelung von Physostigmin beobachtete Steigerung in der Hornhautwölbung. Es kann kein Teil der Wirkung von Mydriatica und Miotica ihren Wirkungen auf den Ciliarmuskel zugeschrieben werden.

Nach Eserin wird nach subcutaner Injektion von Fluorescein das Kammerwasser rascher gefärbt und die Färbung verschwindet rascher als gewöhnlich [Ulrich[5]), Wessely[6])]; dasselbe kommt mit Pilocarpin vor. Die Wirkung rührt von der Erweiterung der Irisgefäße und von der vergrößerten Oberfläche der verengerten Iris her, beides Faktoren, welche tendieren, die Diffusion zu befördern. Die Wirkung von Physostigmin ist erschöpfend von Grönholm[3]) untersucht worden. Er schließt, daß die Geschwindigkeit der Absonderung um die Hälfte reduziert wird und die Menge des Blutes im Auge stark reduziert wird.

Henderson und Starling[7]) haben Versuche gemacht, um die Wirkung der Größe der Pupille auf die Resorption der intraokularen Flüssigkeit zu beurteilen. Ein Auge des zu beobachtenden Tieres wurde mit Physostigmin und das andere mit Atropin behandelt. Die Einträufelung dieser Mittel sollte vor der Herbeiführung der Anästhesie beginnen, da die Wirkung des Eserins sehr unsicher ist, wenn es erst nach der Anästhesie eingeträufelt wird.

Sie fanden, daß der intraokulare Druck in den beiden Augen während der Beobachtungszeit derselbe ist, daß aber, wenn der Druck im Apparat erhöht wird, die Geschwindigkeit der Filtration im Auge unter Physostigmin viel größer ist, als in dem unter Atropin.

Es ist schwer, eine genaue Erklärung für die Ursache dieses Unterschiedes zu geben. Eine Streckung der Filtrationsräume am Winkel der vorderen Kammer könnte möglicherweise alles erklären. Wenn dies jedoch der Fall ist, müßten wir erwarten, den intraokularen Druck auf einer niedrigeren Höhe im Auge mit der kontrahierten Pupille zu finden, denn der intraokulare Druck muß natürlich die Resultante der Geschwindigkeit der Sekretion und der Geschwindigkeit der Absorption der intraokularen Flüssigkeit sein. Derselbe Einwand gilt für die Erklärung dieses Phänomens durch Grönholm, welcher behauptet, daß es seiner Meinung nach von verminderter intraokularer Sekretion, infolge der Kontraktion der intraokularen Gefäße herrührt. Es kann auch möglich sein, daß bei diesen erhöhten Drucken andere Filtrationskanäle eröffnet werden, wie z. B. die Oberfläche der Iris. Ein wichtiger, vielleicht der wichtigste Faktor muß jedoch das Hineindrücken der erweiterten, schlottrigen Iris in den Filtrationswinkel sein, wodurch eine mechanische Verstopfung verursacht wird, welche um so größer sein wird, je größer der intraokulare Druck ist (Parsons[8])). Daher kommt die kleinere Filtrations-

[1]) Höltzke, Archiv f. Ophthalmol. **29**, 2 (1883).
[2]) Stocker, Archiv f. Ophthalmol. **33**, 1 (1887).
[3]) Grönholm, Archiv f. Ophthalmol. **49**, 3 (1900).
[4]) J. Schlegel, Archiv f. experim. Pathol. u. Pharmakol. **20**, 271 (1885).
[5]) Ulrich, Archiv f. Augenheilk. **12**, 153 (1883).
[6]) Wessely, Archiv f. Ophthalmol. **50** (1900).
[7]) E. E. Henderson u. E. H. Starling, Proc. Roy. Soc. London **77** (1906).
[8]) Parsons, The Pathology of the eye. Vol. III. London.

menge im atropinisierten oder toten Auge mit erweiterter Pupille im Vergleich zu derjenigen in dem Auge, welches dem Einfluß von Physostigmin ausgesetzt wurde. Die Zahlen eines typischen Versuchs von Starling und Henderson sind unten angegeben:

Katze mit Äther anästhesiert. Blutdruck durchschnittlich 138 mm Hg mit nur geringen Veränderungen während des Versuches.

Intraokular Druck in mm Hg	Geschwindigkeit der Filtration im Eserinauge in cmm pro Min.	Geschwindigkeit der Filtration im Atropinauge in cmm pro Min.	Geschwindigkeit im Atropinauge post mortem in cmm pro Min.
20	0	0	15
35	11	8	20
50	16	11	25
65	23	14	31

Darmkanal. Wenn eine verdünnte Lösung von Physostigmin wie 1 in 1000 Ringerlösung einem Ringpräparat eines Froschmagens appliziert wird, verursacht sie sehr bestimmte Erregung der automatischen Kontraktionen und erhöht auch den allgemeinen Muskeltonus. Wenn dann wenige Tropfen Atropin (0,1%) angewandt werden, dann werden die Bewegungen eine Zeitlang fast ganz vernichtet, obgleich sie später wieder beginnen; aber sie sind dann viel kleiner als vorher. Der Muskeltonus bleibt jedoch erhöht.

Wenn Atropin zuerst angewandt wird, erzeugt Physostigmin noch etwas Kontraktion, obgleich nicht annähernd so deutlich wie im vorhergehenden Versuch. Eine stärkere, dem Magenring applizierte Physostigminlösung (1%) verursacht große Depression und frühen Tod des Präparates.

Physostigmin verursacht daher in verdünnter Lösung erhöhte Stärke der automatischen Kontraktionen und erhöht auch den Muskeltonus von isolierten Präparaten des Verdauungskanals des Frosches; und dieser Wirkung wird nur teilweise durch Atropin entgegengewirkt. Stärkere Lösungen setzen die Bewegungen herab und töten sehr rasch das Präparat (Abb. 8).

Die Wirkung der Injektion von Physostigmin in unversehrte Säugetiere ist die, profuses Erbrechen und Durchfall zu erzeugen. Wenn der Darm exponiert wird, wird man bemerken, daß er sehr heftige und rasche Peristaltik zeigt; der Inhalt wird rasch nach unten befördert, so daß nicht genügend Zeit für die Absorption von Flüssigkeit besteht, und er wird daher in demselben flüssigen Zustand ausgeschieden, in welchem

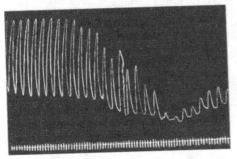

Abb. 8. Ringpräparat vom Froschmagen. Wirkung der direkten Applikation eines Tropfens einer 1proz. Physostigminlösung. Zeit: 12 Sekunden.

er gewöhnlich im Dünndarm existiert. Wenn eine hinreichende Dosis gegeben worden ist, kulminieren die peristaltischen Kontraktionen in einer tetanischen Kontraktion der Eingeweidewände, welche den Durchgang ihres Inhalts nach unten nicht zulassen. Wenn die Bewegungen eines Darmstückes mit Hilfe eines

Luftballons in seinem
Lumen, welcher mit
einem Wassermano-
meter und auf diese
Weise mit einem
Schreibapparat in Ver-
bindung steht, aufge-
schrieben werden, fin-
det man, daß eine
kleine Dosis, wie 1 mg,
von Physostigmin bei
der Katze und beim
Hund unmittelbare
Steigerung der peristal-
tischen und rasche Er-
höhung des Muskel-
tonus verursacht. Die
Peristaltik nimmt da-
nach ab (siehe Abb. 9),
aber der Tonus bleibt
eine kurze Zeit lang
hoch und fällt dann
langsam. Eine kleine
Dosis Atropin verur-
sacht nur eine weitere
Steigerung sowohl der
Pendelbewegungen wie
des Muskeltonus,
welche beide jedoch
bald abnehmen. Wei-
tere Injektionen von
Physostigmin verur-
sachen dann Erhöhung
sowohl der automati-
schen Bewegungen wie
des Tonus. Diesen Wir-
kungen wird nur teil-
weise durch Atropin
entgegengewirkt.

R. Magnus[1]) zeigte
am isolierten Darm,
daß für die Neutralisa-
tion von kleinen Dosen
Physostigmin Atropin-
mengen genügen,
welche keine Spur von
Lähmung im normalen
Darm verursachen, und
die Atropindosis kann

---

[1]) R. Magnus, Pflü-
gers Archiv **123**, 95, 1908.

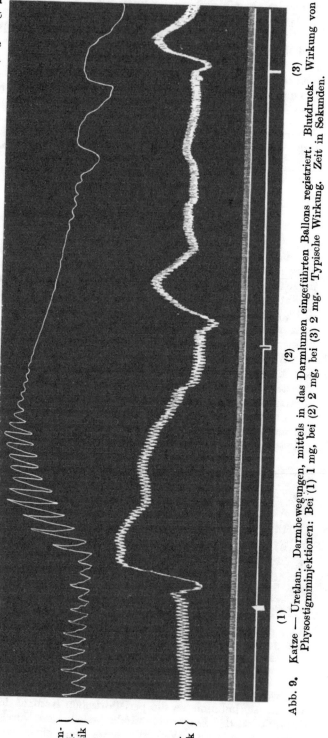

Abb. 9. Katze — Urethan. Darmbewegungen, mittels in das Darmlumen eingeführten Ballons registriert. Blutdruck. Wirkung von Physostigmininjektionen: Bei (1) 1 mg, bei (2) 2 mg, bei (3) 2 mg. Typische Wirkung. Zeit in Sekunden.

Darm-
peri-
staltik

Blut-
druck

beträchtlich kleiner sein als die kleinste Dosis, welche Erregung verursacht. Es wird aus diesen Versuchen klar, daß der Wirkung von großen Physostigmin-dosen nicht ganz durch Atropin entgegengewirkt wird.

Physostigmin erhöht in kleinen Dosen, 1 oder 2 mg für eine Katze oder 4 oder 5 mg für einen Hund, die Erregbarkeit der Nerven, welche den Ver-dauungskanal versorgen. Dies ist leicht im Falle des Vagus zu sehen. Wenn die Bewegungen eines Stückes des Dünndarmes bei der Katze durch einen Ballon in der gewöhnlichen Weise aufgeschrieben werden, findet man im allgemeinen, daß Erregung des Vagusnerven, nachdem die Herzfasern abgetrennt worden sind, wenig oder keine Wirkung auf die Bewegungen hat. Wenn aber 2 mg Physostigmin in wenigen Minuten gegeben werden, beobachtet man, daß Erregung mit derselben Stromstärke eine entschiedene Wirkung hervor-ruft. Die Erregbarkeit der hemmenden Nerven (Sympathicus) wird, wenn über-haupt, nicht viel beeinflußt; es ist wahr, daß, nachdem Physostigmin gegeben wurde, Reizungen der N. splanchnici eine größere Wirkung auszuüben scheinen als vorher, aber dies rührt wahrscheinlich eher von den größeren automatischen Bewegungen her, welche durch das Physostigmin erzeugt werden, als von irgend-einer direkten Wirkung auf den Nerven; die Hemmung ist vollständig, ob Phy-sostigmin gegeben wurde oder nicht. Die Erklärung dieses Phänomens soll später besprochen werden.

Große Dosen wie 50 mg lähmen bei der Katze sowohl die N. vagi wie splanchnici des Darmes; da aber Pilocarpin noch die Peristaltik erregt, kann nicht angenommen werden, daß dieses Mittel in ähnlicher Weise wie Physostigmin wirkt. Im ganzen scheint es wahrscheinlich, daß das, was über die Wirkung dieser Mittel auf die Pupille gesagt wurde, auch für ihre Wirkung auf andere Nervenendigungen gilt, welche zu dem willkürlichen Muskel führen, und daß ein Teil der peripheren Struktur von Physostigmin und ein anderer von Pilocarpin, Muscarin und Atropin beeinflußt wird.

Bronchiolen. Physostigmin kontrahiert leicht die Bronchiolen. Ein Milli-gramm wird dies bei der Katze oder dem Hund bewirken, aber mit solchen Dosen ist das nicht die Hauptwirkung. Nach einer solchen Injektion werden die Wirkungen der Vagusreizung stark erhöht. Es kann sein, daß, ehe Physostig-min gegeben worden ist, Erregung des Vagus eine relativ kleine Bronchoconstric-tion verursacht, aber hinterher wird dieselbe Reizung vollständige Verstopfung der Bronchiolen verursachen. Überdies machen so kleine Dosen von Physostig-min nicht nur den Vagus erregbar, sondern sie beeinträchtigen die Wirkung von bronchoconstrictorischen Mitteln, wie Pilocarpin und Arecolin[1]). Es scheint klar zu sein, daß Physostigmin nicht ganz auf dieselbe Weise wirkt wie Pilocarpin und die andern Orts ausgesprochene Ansicht, daß der Wirkungssitz der beiden Mittel ein verschiedener ist, wird diese Tatsachen erklären.

Loewi und Mansfeld[2]) glauben, wie schon erwähnt worden ist, daß die Wirkung eher in der Verstärkung der Erregbarkeit der Endigungen der kranialen und sakralen autonomen Nerven für normalerweise unterschwellige Reize be-steht, als indem es wie ein Reiz wirkt.

Blase. Die Einführung von 1 mg Physostigmin verursachte große Zunahme der peristaltischen Kontraktion der Blase der Katze und des Hundes und auch nach einigen Minuten beträchtliche Erhöhung des Muskeltonus; die peristal-tischen Kontraktionen wurden kleiner und kleiner, aber der Tonus blieb hoch.

---

[1]) W. E. Dixon und Fred Ransom, Journ. of Physiol. **45**, 413 (1912).
[2]) O. Loewi u. G. Mansfeld, Archiv f. experim. Pathol. u. Pharmakol. **62**, 180 (1910).

Wenn eine kleine Dosis von Atropin, 0,5 mg, dann gegeben wird, so verursacht es erst Verminderung der Kontraktionen und Fall in dem muskulären Tonus, aber diese Veränderung ist nicht beständig, denn die automatischen Bewegungen fangen wieder an, und der Tonus steigt noch einmal.

Physostigmin verursacht sicherlich vermehrte Blasenbewegungen und eine Steigerung im allgemeinen Tonus, nachdem hinreichend Atropin gegeben worden ist, um den Herzvagus zu lähmen.

Seine Wirkung nach kleinen Dosen (1 oder 2 mg) entspricht gewöhnlich bei der Katze der von Pilocarpin und läßt vermuten, daß sie von einer Wirkung

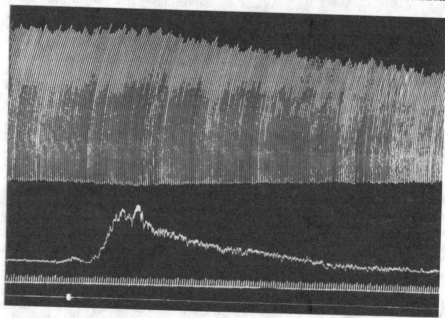

Abb. 10. Katze — enthirnt. Lungenvolumen, Blutdruck. Erfolg einer Injektion von 10 mg Physostigmin in die Jugularvene. Zu beachten ist die allmähliche Verengerung der Bronchien. Zeit in Sekunden.

auf das periphere, sakrale, autonome Nervensystem herrührt. Trotzdem darf die Tatsache nicht vergessen werden, daß Physostigmin die Absonderung von Adrenalin aus den Nebennieren erhöht, und das kann die Wirkung beeinflussen.

Uterus. Physostigmin vermehrt immer die Bewegungen und den Tonus des Uterus. Seine Wirkung bleibt besser erhalten als die durch Pilocarpin erzeugte und wird vom kleineren Dosen verursacht. Dies ist bei allen Tieren und unter allen Bedingungen der Fall. Diese Steigerung kommt nach Atropin vor und wird von Atropin nicht beeinflußt, außer wenn kleine Mengen von Physostigmin angewandt werden. Physostigmin erzeugt auch seine Wirkung nach Nicotin.

Aus diesem Grunde nimmt Fardon an, daß es eine direkte stimulierende Wirkung auf den glatten Muskel, außer seiner Wirkung auf die Nervenendigungen, ausübt, und er macht die Ansicht Harnacks zu der seinen.

Es ist daher offenbar, daß es einen gewissen Unterschied zwischen der Wirkung von Pilocarpin und Physostigmin im Körper gibt. Pilocarpin übt eine Wirkung auf den Uterus in situ aus, welche der nach Reizung des

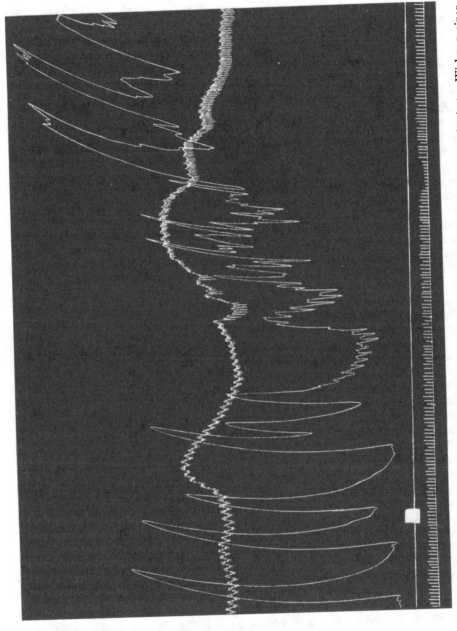

Abb. 11. Katze — enthirnt. Blutdruck. Bewegungen der Blase mittels Manometers registriert. Wirkung einer Injektion von 1 mg Physostigmin in die Jugularvene. Zeit in Sekunden.

N. hypogastricus erhaltenen entspricht, und die Wirkung wird durch eine Spur von Atropin vollständig beseitigt. Physostigmin weist keinen solchen Parallelismus mit hypogastrischer Reizung auf; das Alkaloid verursacht immer nur Kontraktion, selbst wenn das Tier atropinisiert ist.

Das Beweismaterial scheint auf eine doppelte Wirkung von Physostigmin hinzudeuten. Es beeinflußt sicherlich Nervenendigungen, wie entscheidend im Falle des N. vagus und des dritten Kranialnerven gezeigt wurde, aber es scheint auch imstande zu sein, den Muskel zu affizieren, worauf die Uterusversuche schließen lassen[1]).

Drüsen. Physostigmin erregt entschieden jene Drüsen zu aktiver Sekretion, welche innerviert sind, obgleich in genauer Weise nur Untersuchungen an den Speicheldrüsen angestellt worden sind. Wenn die Speichelabsonderung aus der Glandula submaxillaris eines anästhesierten Hundes gemessen wird, findet man, daß die Injektion von wenigen Milligramm von Physostigmin eine reichliche Sekretion verursacht, und ferner findet man, daß die gesamten festen Bestandteile erhöht werden. Der Speichelfluß wird durch Durchschneidung der Chorda oder des Sympathicusnerven nicht beeinflußt, so daß die Absonderung offenbar durch irgendeine periphere Reizung erzeugt wird. Es ist auch leicht zu zeigen, daß die Sekretion nicht durch Reizung der Nervenganglienzellen herbeigeführt wird, daß Physostigmin noch Sekretion verursacht, wenn diese Zellen durch Apocodein oder Nicotin gelähmt worden sind. Daher müssen wir annehmen, daß die Wirkung entweder auf die Nervenendigungen oder auf die Drüsenzellen sich erstreckt, von welchen wir annehmen müssen, daß sie sowohl die neuromuskuläre Substanz als auch das sekretorische Protoplasma enthalten. Großer Zweifel ist darüber geäußert worden, welcher von diesen Orten wirklich affiziert wird, und es sind Schlüsse aus seinem Antagonismus gegen Atropin gezogen worden. Wenn einem Hunde gerade genug Atropin gegeben worden ist, um die Chorda zu lähmen, dann verursacht eine große Injektion von Physostigmin nicht nur eine beträchtliche Sekretion, sondern sie kann die Tätigkeit des Nerven wiederherstellen; etwas mehr Atropin beseitigt noch einmal die Physostigminwirkung, und eine weitere große Injektion von Physostigmin kann wieder eine Sekretion verursachen. In diesem Falle haben wir es dann mit einem vollkommenen Antagonismus zu tun. Heidenhain[2]) injizierte bei der Ausführung dieser Versuche das Physostigmin in die Drüsengefäße; aber man muß auch daran denken, daß eine große Dosis von Atropin immer die Chorda dauernd lähmt, und die Wirkung in solchen Fällen ist selbst bei enormen Dosen von Physostigmin ohne Einfluß. Atropin wirkt jedoch selbst in diesen großen Dosen nicht auf das sekretorische Protoplasma, da Reizung des Sympathicus, welcher auch die Drüse versorgt, fortfährt, die Sekretion auf dieselbe Weise herbeizuführen, als bevor Atropin gegeben worden ist. Nun ist am glatten Muskel unzweifelhaft gezeigt worden, daß Atropin weder auf die Nervenendigungen noch auf die contractile Substanz wirkt, so daß wir seinen Angriffspunkt in die neuromuskuläre Substanz verlegen müssen. Wir finden, daß, wenn alle neuromuskuläre Substanz durch Atropin gelähmt ist, der Nerv für elektrische Reizung gelähmt ist und Physostigmin ohne Wirkung ist. Wenn die Atropindosis sehr klein ist, so daß mit einer submaximalen Reizung der Chorda tympani keine Absonderung beobachtet wird, kann Physostigmin noch etwas Sekretion durch Erregung der Nervenendigungen irgendeines der ungelähmten neuromuskulären Gewebe verursachen. Und wir wissen, daß Physostigmin die Reizschwelle für die Sekretion bei der Erregung der Chorda herabsetzt, so daß es nicht überraschend ist, zu sehen, daß nach seiner Anwendung ein elektrischer Reiz, welcher vorher keine Sekretion auslösen konnte, jetzt etwas Sekretion verursacht. Physostigmin wirkt auf die anderen innervierten Drüsen in derselben Weise wie Pilocarpin, und obgleich die Absonderung in jedem Fall geringer ist als die durch das erstere Alkaloid herbeigeführte, erhöht sie jedoch

---

[1]) E. Kehrer, Archiv f. experim. Pathol. u. Pharmakol. **58**, 366 (1908).
[2]) R. Heidenhain, Archiv f. d. ges. Physiol. **5**, 309 (1872); **9**, 335 (1874).

die Erregbarkeit des sekretorischen Nerven in höherem Grade. Die Tränen-, Bronchial- und Nasenschleimhautdrüsen, die Magen-, Darm- und Hautdrüsen werden alle auf diese Weise zur Sekretion angeregt.

Das Pankreas wird deutlich weniger durch Physostigmin affiziert als durch Pilocarpin, aber beim Hund verursachen gewöhnlich 10 mg die Absonderung von 2 oder 3 Tropfen Saft.

Angriffspunkt. Keith Lucas hat eine Methode angewandt, um die verschiedenen Substanzen im Muskel zu unterscheiden, dadurch daß er für jede Substanz die Kurve bestimmt, worin die Schwelle der erregenden Stromstärke zu der Stromdauer in Beziehung gesetzt wurde. Versuche, welche an dem Beckenende des M. sartorius der Kröte gemacht wurden, gaben immer eine einfache Kurve mit konstanter Form. Diese betrachtet er als zu einer erregbaren Substanz (α) gehörend, welche in den Muskelfasern enthalten ist. Im

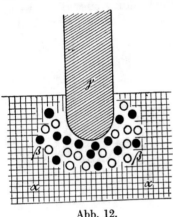

Abb. 12.

Nervenstamm des Ischiadicus findet man eine einfache Kurve zu einer Substanz (γ) gehörend, deren excitatorischer Prozeß rascher ist als der von α. Wenn Versuche an der mittleren Region des Sartorius gemacht werden, findet man, daß es verschiedene Kurven gibt, welche aus α- und γ-Kurven bestehen und aus einer rascheren Kurve (β) als beide zusammen mit ihren Kombinationen. In der Beckenregion des Sartorius affiziert die Reizung nur eine einzige Substanz (α), welche in der ganzen Länge der Muskelfaser verteilt ist, und welche durch Curare nicht beeinflußt wird. Die Nervenstämme enthalten eine Substanz (γ), deren excitatorischer Prozeß rascher ist als der von (α); sie wird häufig erregt, wenn die Elektroden auf

die mittlere Region des M. sartorius angesetzt werden, und sie steht nicht länger in funktioneller Verbindung mit dem Muskel nach schwachen Dosen von Curare. In der Region des Sartorius, in welcher der Nerv endigt, liegt die (β)-Substanz mit ihrem außerordentlich raschen excitatorischen Prozeß; sie bleibt in funktioneller Verbindung mit dem Muskel, nachdem genug Curare gegeben worden ist, um die funktionelle Verbindung mit γ abzuschneiden. Die Versuche zeigen deutlich, daß es drei verschiedene Substanzen im Nerv-Muskel-System geben muß, von denen jede direkt oder indirekt Kontraktion erregen kann (Abb. 12).

Nun ist von Mays gezeigt worden, daß die Nervenendigungen im Sartorius des Frosches hauptsächlich in einem Streifen nahe am Eingang des Nerven und in einem anderen Streifen ein Viertel bis ein Drittel von seinem oberen Ende vorkommen, und es ist gerade an diesen Orten, wo der Muskel am erregbarsten ist und wo kleine Tropfen von Physostigmin ihre Hauptwirkung ausüben, und diese Wirkung ist im Sartorius und in anderen Muskeln so konstant, daß Langley annahm, daß die Lage der Nervenendigungen in den oberflächlichen Fasern eines Muskels festgestellt werden kann durch die Beobachtung der Punkte, welche leicht auf verdünntes Nicotin reagieren. Die Zuckungen werden nur in der Region der Nervenendigung erzeugt, und die langsame tonische Kontraktion wird an dieser Stelle leichter als an irgendeiner anderen erzeugt. Wenn der Kreislauf gehemmt wird oder wenn der Muskel ermüdet ist, werden die durch Physostigmin verursachten Zuckungen vor der langsamen tonischen Kontraktion aufgehoben.

Es scheint daher klar zu sein, daß Physostigmin wie Nicotin eine doppelte Wirkung auf den willkürlichen Muskel ausübt. Zuerst entstehen die sehr deutlichen Zuckungen, welche nicht erhalten werden können, wenn man den Nerv degenerieren läßt (Magnus) und welchen von Atropin, Curare oder von einem Überschuß von Calcium im Blute entgegen gewirkt wird. Es muß daher angenommen werden, daß diese Wirkung sich auf die wahre Nervenendigung erstreckt (γ). Die Physostigminstarre, welche leicht beim Frosch zu erhalten ist, wenn man den Muskel in eine starke Physostigminlösung taucht, und die man auch im curarisierten Muskel erhalten kann, führt schließlich zu tonischer Kontraktion und zum Tode des Muskels, und der Angriffspunkt muß in die Muskelsubstanz oder in die Substanz γ verlegt werden.

Wir hatten früher die Gelegenheit, darauf hinzuweisen, daß die Wirkung von Physostigmin auf den glatten Muskel auch mit den Nervenendigungen (γ) verknüpft ist, und daß es aufhört, seine spezifische Wirkung auszuüben, wenn man die Nerven vollständig degenerieren läßt. Aber selbst in diesen Fällen oder nach Atropin scheint es eine weitere Wirkung auszuüben und die Erregbarkeit der Muskelsubstanz zu erhöhen.

Wenn wir Lucas' Auffassung auf den glatten Muskel ausdehnen dürfen, erhalten wir eine Erklärung für die meisten Phänomene, welche wir besprochen haben. Atropin müßte dann als der Faktor angesehen werden, welcher die Erregbarkeit von β vernichtet, so daß der Nervenimpuls α nicht mehr erreichen kann. Pilocarpin beeinflußt auch β.

Manchmal kann jedoch, wie bei der Blase, Atropin noch die Pilocarpinwirkung beseitigen,

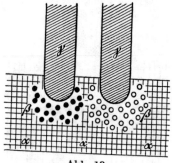

Abb. 13.

ohne den Nerven zu lähmen, obgleich es seine Wirkung abschwächt. In diesem Falle ist es klar, daß nur ein Teil der stark erregbaren β-Elemente gelähmt wird. Wenn wir annehmen (Abb. 12), daß Pilocarpin und Atropin auf die (hellen) Ringe wirken, dann kann nach einer Dosis von Atropin Pilocarpin keine Wirkung mehr erzeugen, obgleich γ noch mit α durch den ungelähmten Teil von β in Verbindung stehen kann.

Wenn dieses Diagramm die Nervenendigungen im Uterus darstellt, können wir begreifen, daß Adrenalin auf die (β) dunkeln Kreise mit unverminderter Tätigkeit wirkt, da diese nicht durch Atropin beeinflußt werden, während Ergotoxin alle β-Substanzen vollständig lähmen würde, und deshalb würde der Nerv gelähmt worden sein, während er die α-Elemente unversehrt verläßt, da wir wissen, daß nach Ergotoxinlähmung die contractile Substanz wenig oder gar nichts von ihrer Erregbarkeit auf direkte Reizung verloren hat.

Es ist jedoch ganz begreiflich, daß der Nerv zu der Blase, dem Uterus und Darm ein gemischter Nerv ist, geradeso wie wir wissen, daß der Sympathicus ein gemischter Nerv ist, in welchem Falle das Diagramm auf Abb. 13 das richtigere sein würde. Dieses Diagramm kann auch benutzt werden, um den Zustand in einem gemischten hemmenden Sympathicusnerven zu erklären. Adrenalin verursacht in diesem Falle eine Explosion in der β-Substanz und führt eine gemischte verstärkt hemmende Wirkung herbei. Es ist schwer zu verstehen, wie es zustande kommt, daß zwei Nerven von wesentlich derselben Natur in die Nachbarschaft der Endigungen Substanzen von verschiedenen Graden der Erregbarkeit anziehen sollten; oder es kann sein, daß das Umgekehrte der Fall

ist, und daß die stark erregbare β-Substanz auf irgendeinem taktischen Wege
die Lage der letzten Nervenendigungen bestimmt, und als Stütze hierzu dient
die Tatsache, daß die β-Substanz ihre Erregbarkeit in gesteigertem Maße beibehält, selbst Monate nach der degenerativen Durchschneidung des Nerven.

Die chemischen Hypothesen müssen bei dem Mangel irgendeines Beweises der chemischen Verbindung notwendigerweise sehr spekulativ sein.
Langley glaubt, daß es nichts im Nervmuskelpräparat gibt, das mit irgendwelcher Glaubwürdigkeit als eine Struktur angesehen werden kann, welche
nicht entweder einen Teil des Nerven oder des Muskels (contractile Substanz)
bildet. Er betrachtet das contractile Molekül als den Träger von rezeptiven
oder Seitenkettenradikalen, mit welchen sich die Mittel verbinden können; so
verursacht Nicotin, indem es sich mit einem verbindet, tonische Kontraktion
und mit einem anderen Zuckungen, und er glaubt, daß in keinem Falle chemische
Substanzen eine besondere Wirkung auf Nervenendigungen haben. Ich hatte
früher Gelegenheit die Versuche von Anderson, Magnus, Fahner u. a. zu
erwähnen, welche alle direkt entgegengesetzter Meinung zu sein scheinen.

Areca - Alkaloide.

Von

Walter E. Dixon-Cambridge.

Mit 2 Textabbildungen.

Arecanüsse oder Betelnüsse sind die Samen von Areca Catechu Linn. (Palmae), einer Pflanze, welche im tropischen Indien und auf den Philippinen und den Ostindischen Inseln angepflanzt wird. Sie hat einen leichten Geruch und einen schwach adstringierenden, bitteren Geschmack.

Bestandteile. Der Hauptbestandteil der Samen und derjenige, auf welchem ihre wurmtreibende Wirkung beruht, ist das flüssige, flüchtige Alkaloid Arecolin $C_8H_{13}NO_2$ (0,1%), welches krystallinische Salze bildet. Andere in der Droge vorhandene Alkaloide sind Arecaidin, Arecain, Guvacin und Cholin. Arecaidin und Arecolin sind krystallinisch; das erstere wird durch die Einführung der Methylgruppe in Arecolin verwandelt. Die Droge enthält auch 15% eines roten, amorphen Gerbstoffs und 14% Fett. Arecolin hat die Formel[1])

$$
\begin{array}{c}
\mathrm{CH} \\
\diagup \quad \diagdown \\
\mathrm{CH_2} \qquad \mathrm{C-COO \cdot CH_3} \\
| \qquad\qquad | \\
\mathrm{CH_2} \qquad \mathrm{CH_2} \\
\diagdown \quad \diagup \\
\mathrm{N} \\
| \\
\mathrm{CH_3}
\end{array}
$$

und seine physiologische Wirkung übertrifft bei weitem diejenige der anderen Alkaloide, welche relativ unwirksam sind[2]). Pätz[3]) fand, daß Lösungen von Arecolin, nachdem sie mehrere Jahre gestanden hatten, keine Veränderungen in ihren chemischen oder physiologischen Eigenschaften zeigten. In einer nichtsterilisierten Lösung begann es jedoch seine Wirkung nach Ablauf von vier Wochen zu verlieren.

Wirkung.

Arecolin ähnelt in seinen allgemeinen Wirkungen Muscarin und Pilocarpin, d. h. es erregt einen peripheren Teil des nervösen Mechanismus, der mit Drüsen und glatten Muskeln im ganzen Körper assoziiert ist.

Der glatte Muskel. Arecolin beeinflußt das Auge auf ähnliche Weise wie Pilocarpin, und die Wirkung wird gleich gut erhalten, ob das Alkaloid subcutan injiziert oder direkt in das Auge eingeträufelt wird.

[1]) Hans Meyer, Monatsh. f. Chemie **23**, 22 (1901). — A. Wohl u. A. Johnson, Berichte d. Deutsch. chem. Gesellsch. **40**, 4712 (1907).
[2]) Wilhelm Marmé, Therap. Monatsh. **4**, 291 (1890).
[3]) Wilhelm Pätz, Zeitschrift f. experm. Pathol. u. Ther. **7**, 577 (1910).

Eine $^1/_2$ proz. in das Auge eingeträufelte Lösung genügt, um eine stecknadel kopfgroße Pupille beim Menschen zu verursachen. Die Wirkung ist in 10 Minuten maximal, und fängt in einer halben Stunde an nachzulassen. Die Wirkung ist zweifellos von größerer Intensität als die von Pilocarpin, obgleich etwas geringer als die von Physostigmin[1]). Sie wird durch eine Spur von Atropin gänzlich vernichtet, und wenn die Pupille zuerst durch eine kleine Dosis Atropin erweitert worden ist, hat Arecolin nur wenig Kraft, sie zu verengern oder dem Atropin entgegenzuwirken. Wenn Arecolin direkt der Bindehaut appliziert wird, verursacht es starke Reizung, aber es verletzt nicht die Kontinuität des Epithels.

Seine Wirkungsweise scheint genau die des Pilocarpins zu sein, und alle Argumente, welche in bezug auf den Sitz der Wirkung des letzteren Mittels vorgebracht wurden, können auch auf Arecolin angewandt werden.

Es ist von mehreren Ophthalmologen behauptet worden, daß, obgleich beim Glaukom seine Wirkung eine sehr vorübergehende ist, es doch wirksam ist, da es eine stärkere Reduktion des intraokularen Druckes erzeugt, als durch Pilocarpin oder durch Physostigmin erhalten werden kann.

Andere glatte Muskeln. Anderes glattes Muskelgewebe wird auf dieselbe Weise affiziert wie durch das Alkaloid Pilocarpin. Die Bronchiolen werden zusammengezogen, und es ist relativ leicht, bei Meerschweinchen, Kaninchen und anderen kleinen Tieren infolge von starkem Asthma den Tod zu verursachen. Bei Pferden weiß man sehr wohl, daß kleine Dosen von Arecolin die Anzahl der Atmungen erhöht, während größere Dosen, besonders wenn sie wiederholt werden, Dyspnöe und einen Typus von krampfartigem Asthma herbeiführen[2]). Diese Symptome können durch eine sehr kleine Dosis von Atropin gänzlich beseitigt werden.

Die Milz wird kontrahiert und ihre Lymphocyten werden in den allgemeinen Kreislauf befördert, so daß ausgesprochene Lymphocytose entsteht.

Die Wirkung auf die Eingeweide ist die, die Peristaltik zu erhöhen, und Fröhner behauptet, daß es für Pferde wirksamer ist als Physostigmin; er empfiehlt es besonders für die Kolik von Pferden in subcutanen Dosen von 0,3—0,6 g. Muir[3]) lenkt die Aufmerksamkeit auf seine rasche abführende Wirkung, wenn es subcutan gegeben wird. Pätz[4]) untersuchte diese Wirkung etwas genauer am isolierten Darm und fand, daß Arecolin die rhythmischen Bewegungen steigert und den Tonus im unversehrten Dick- und Dünndarm erhöht. Er fand auch, daß Arecolin auf dieselbe Weise an jenen Präparaten wirkte, welche nur den Auerbachschen Plexus enthielten. Im plexusfreien Ringmuskel und in Präparaten, welche nur den Meiß- nerschen Plexus in Verbindung mit der Muscularis mucosae enthielten, erzeugte Arecolin eine glatte Dauerkontraktion[5]). Pätz berichtet, daß Atropin, selbst in Dosen, welche nicht genügen, um den normalen Darm zu lähmen, alle durch Arecolin erzeugten Darmbewegungen hemmt. Wenn das Arecolin nach Atropin gegeben wird, wird die Wirkung derart abgeschwächt, daß sehr große Dosen von Arecolin notwendig sind, um nur eine beschränkte reizende Wirkung auszuüben. Morphium erzeugt nicht dieselbe Wirkung wie Atropin, denn es vermindert weder die Größe noch den Verlauf der Erregung, welche durch Arecolin erzeugt werden. Der durch Arecolin erregte Darm kann jedoch durch ein Opiumextrakt vollständig zur Ruhe gebracht werden, sowie auch durch Papaverin.

---
[1]) G. Lavagna, Therap. Monatsh. **9**, 364 (1895).
[2]) Eugen Fröhner, Monatsh. f. prakt. Tierheilk. **5**, 363 (1894).
[3]) Muir, Journ. of comparat. Med. and Vet. Arch., Jan. and Febr. 1899.
[4]) Wilh. Pätz, l. c.
[5]) Siehe R. Magnus, Ergebnisse d. Physiol. **7**, 27 (1908); Archiv f. d. ges. Physiol. **123**, 95 (1908).

Herz und Kreislauf. Arecolin beeinflußt das Herz und den Kreislauf in einer Weise, welche derjenigen von Muscarin[1]) und der Vagusreizung sehr ähnlich ist. Ein Tropfen einer $1/2$ proz. Lösung auf das Froschherz gebracht, verursacht Stillstand in Diastole, und die Wirkung wird durch eine kleine Dosis Atropin beseitigt. Wenn die Ganglienzellen zuerst durch Nicotin gelähmt werden, wird Arecolin noch das Herz hemmen, aber es übt keine weitere Wirkung aus, nachdem der Vagus durch Atropin gelähmt worden ist. $1/50$ mg genügt, um das mit Lockescher Flüssigkeit durchströmte isolierte Kaninchenherz in Diastole zu hemmen, und die Wirkung ist sehr beständiger Natur. Oft wird die Durchströmungsflüssigkeit, welche keine Spur von Alkaloid enthält, viele Minuten lang, nachdem das Herz durch eine kleine Dosis von Arecolin ohne irgendein Zeichen von Bewegung zur Ruhe gebracht worden ist, weiter durch die Coronargefäße strömen. Aber in dem Augenblick, in welchem eine Spur von Atropin zu der Durchströmungsflüssigkeit zugesetzt wird, fängt das Herz an, aktiv zu schlagen.

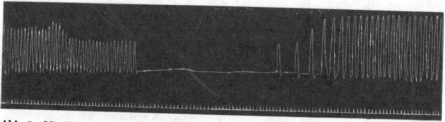

Abb. 1. Mit Hilfe der Suspensionsmethode gewonnene Kurve des von der Lebervene aus durchströmten Froschherzens. Die Kurve zeigt die Wirkung einer 0,001 proz. Arecolinlösung, später die antagonistische Wirkung des Atropins. Zeitschreibung in Sekunden.

Arecolin unterscheidet sich von Pilocarpin in der Intensität seiner Wirkung; so ist es nicht so leicht, mit Pilocarpin den Froschventrikel zu hemmen, aber es ist leicht, es mit Arecolin zu tun.

Die Blutgefäße werden durch Arecolin verengert, aber vielleicht nicht im selben Umfang wie durch Pilocarpin. Wenn daher Pilocarpin in den Kreislauf eines unversehrten Tieres injiziert wird, erzeugt es Verlangsamung des Herzschlages und Sinken des Blutdrucks. Die Abnahme des Blutdruckes ist jedoch nicht so deutlich, wie sie die Herzverlangsamung rechtfertigen würde, und bei Hunden steigt der Druck nicht selten trotz der Verlangsamung. Mit Arecolin ist diese Wirkung jedoch nicht so deutlich: der Blutdruck sinkt stärker als mit Pilocarpin bei demselben Grad der Verlangsamung. Pilocarpin subcutan oder per os Tieren in mäßigen Dosen eingeführt, beschleunigt den Puls, aber Arecolin verlangsamt immer den Puls, in welcher Weise es immer eingeführt wird.

Arecolin verhält sich gegenüber den glatten Muskel im ganzen Körper und auf das Herz in sehr ähnlicher Weise wie Pilocarpin, aber die Wirkung ist eingreifender.

Drüsen. Arecolin steigert die Sekretion von jenen Drüsen, welche innerviert sind. Die Speicheldrüsen, Thränendrüsen, Broncho-Nasalschleimdrüsen, Schweiß-, Magen- und Darmdrüsen zeigen eine stark erhöhte Sekretion. Die Speicheldrüsen werden durch Arecolin mehr erregt als durch Pilocarpin, und es kann eine größere Menge von Speichel durch dieses Mittel erhalten werden. Wenn die Nervenganglienzellen durch Apocodein oder Nicotin gelähmt werden, so daß Erregung der Nerven an den Drüsen keine Wirkung erzeugt, wird Arecolin

---

[1]) Hugo Meier, Biochem. Zeitschr. **2**, 415 (1907).

noch einen Speichelfluß verursachen. Seiner Wirkung wird durch Atropin vollständig entgegengewirkt. Dasselbe ist für die anderen erwähnten Drüsen der Fall. Die Absonderung von Milch, Harn und Galle wird durch das Alkaloid nicht direkt beeinflußt, da diese Drüsen nicht innerviert sind, aber ich habe gefunden, daß eine geringe Absonderung von Pankreassaft bei Hunden infolge seiner intravenösen Injektion erhalten werden kann.

Wirkung auf den willkürlichen Muskel. Es wird von mehreren Forschern behauptet, daß große Dosen von Arecolin auf den quergestreiften Muskel wirken, indem sie Zuckungen und Krämpfe, auf welche teilweise Lähmung folgt, verursachen. Es ist jedoch zweifelhaft, ob die ersteren Wirkungen nicht die Folge von teilweiser Asphyxie und die letzteren von Kollaps sind. Es ist sicher,

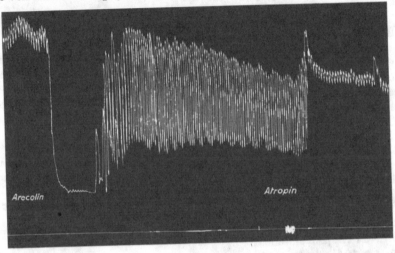

Abb. 2. Blutdruckkurve vom Hund. Chloral-Morphin-Narkose. Zeigt die Wirkung einer Injektion von 1 mg Arecolin in die Jugularvene und einer später vorgenommenen von ½ mg Atropin. Zeitschreibung: 1 cm = 10 Sekunden.

daß das Mittel keine Wirkung ausübt, welche in irgendeiner Weise mit der des Physostigmins zu vergleichen ist. Die folgenden zwei Versuche von Pätz zeigen die typischen Symptome, wenn das Mittel Katzen injiziert wird.

Versuch I. Einer Katze, 1600 g schwer, werden 5[43] 0,05 mg Arecolinum hydrobromicum intravenös injiziert. Es tritt sofort eine sich durch Kaubewegungen und fortgesetztes Lecken äußernde, aber bald nachlassende Salivation ein. Weiterhin wird eine maximale Erweiterung der Pupillen beobachtet, jedoch besteht dabei auf Lichtreiz eine, wenn auch träge Reaktion. Es erfolgt keine Kotentleerung.

Versuch II. Katze, 2450 g schwer, erhält 5[10] 1 mg Arecolinum hydrobromicum intravenös. Sofort tritt Speichelfluß und kurz nachher Defäkation ein. Das Tier taumelt, zeigt Schwäche in der Hinterhand, liegt anfangs in anormaler Körperhaltung, streckt sich dann langsam aus. Atmung dyspnoisch, 68 Atemzüge in der Minute. Pupillen mittelweit. Nach einiger Zeit erfolgt nochmalige Defäkation. 5[35] ist die Atmung wieder beruhigt. Es besteht noch Speichelfluß. Die Katze steht auf, um zum dritten Male zu defäzieren. Kot geformt, aber weich. 5[45] wird zum vierten Male Kot abgesetzt. Die Katze zeigt außer einer gewissen Mattigkeit kein verändertes Benehmen.

Die Papaveraceenalkaloide.

Von

E. Starkenstein-Prag.

Mit 15 Textabbildungen.

Die Zusammenfassung der Papaveraceenalkaloide zu einer gemeinsamen Gruppe ist mehr vom botanischen als vom pharmakologischen Standpunkte aus gerechtfertigt, da nicht alle Glieder dieser Gruppe eine einheitliche pharmakologische Wirkung besitzen. Ohne Rücksichtnahme auf diese pharmakologischen Verschiedenheiten läßt sich die Einteilung der hierher gehörenden Alkaloide einerseits vom botanischen, andererseits vom chemischen Standpunkte aus durchführen.

1. Zur Familie der Papaveraceen werden 80 meist krautige Arten der gemäßigten und wärmeren Zone gerechnet, von denen viele durch das Vorhandensein von Milchsaftschläuchen ausgezeichnet sind, deren Milchsaft meist der Träger der Alkaloide ist.

In der Tabelle 1 sind die wichtigsten der hier in Betracht kommenden Papaveraceen mit ihren Alkaloiden zusammengestellt.

Enger zusammenfassend können wir diese Alkaloide auf Grund ihrer Herkunft in 3 Gruppen einteilen:

    A. Opiumalkaloide.

    B. Corydalisalkaloide.

    C. Sonstige Papaveraceenalkaloide.

2. Nach ihrer chemischen Zugehörigkeit lassen sich die Papaveraceenalkaloide auf Grund der bisher ermittelten Tatsachen über ihre Konstitution in 3 Gruppen teilen:

    I. Alkaloide der Phenanthrengruppe.

    II. Alkaloide der Isochinolingruppe.

    III. Alkaloide unbekannter oder noch nicht genügend sichergestellter Konstitution.

Innerhalb dieses Einteilungsprinzips läßt sich der hier zu gebenden Darstellung die Einteilung der Tabelle I zugrundelegen. Die Gesamtübersicht der hier zu behandelnden Papaveraceenalkaloide ist in Tabelle II wiedergegeben.

Wie aus der Tabelle I hervorgeht, ist das Alkaloid „Protopin" in den meisten hier angeführten Papaveraceen enthalten. Es wird daher mit Recht von E. Schmidt[1]) als das „Leitalkaloid" der Familie der Papaveraceen bezeichnet.

Wie aus der Tabelle II hervorgeht, können wir unter den Alkaloiden bekannter Konstitution vornehmlich 2 Hauptgruppen unterscheiden: die Phenan-

---

[1]) E. Schmidt, Arch. d. Pharmazie **239**, 401 (1901).

Tabelle I. Papa

Alkaloid	Eschscholtzia californica Cham.	Bocconia frutescens Willd.	Bocconia (Macleya) cordata Willd.	Glaucium luteum Scop.	Sanguinaria L.	Chelidonium majus L.	Papaver somniferum L. [Opium]	Papaver Rhoeas L.	Papaver dubium L.	Papaver orientale L.
Morphin	—	—	—	—	—	—	2,7—20% (10%)	θ	—	vorh.
Kodein	—	—	—	—	—	—	0,3%	—	—	—
Pseudomorphin	—	—	—	—	—	—	0,02%	—	—	—
Thebain	—	—	—	—	—	—	0,15%	—	—	—
Papaverin	—	—	—	—	—	—	1%	—	—	—
Codamin	—	—	—	—	—	—	0,002%	—	—	—
Laudanin	—	—	—	—	—	—	0,01%	—	—	—
Laudanidin	—	—	—	—	—	—	vorh.	—	—	—
Laudanosin	—	—	—	—	—	—	0,0008	—	—	—
Tritopin	—	—	—	—	—	—	0,0015	—	—	—
Mekonidin	—	—	—	—	—	—	vorh.	—	—	—
Lanthopin	—	—	—	—	—	—	0,006	—	—	—
Protopin-Fumarin-Macleyin	vorh.	vorh.	vorh.	vorh.	vorh.	vorh.	0,003 / 0,08	—	—	—
Kryptopin	—	—	—	—	—	—	vorh.	—	—	—
Papaveramin	—	—	—	—	—	—	—	—	—	vorh.
Narkotin	—	—	—	—	—	—	6—10%	—	—	—
Gnoskopin	—	—	—	—	—	—	vorh.	—	—	—
Oxynarkotin	—	—	—	—	—	—	0,2%	—	—	—
Narcein	—	—	—	—	—	—	vorh.	—	—	—
Hydrokotarnin	—	—	—	—	—	—	—	—	—	—
Xanthalin (= Papaveraldin)	—	—	—	—	—	—	vorh.	—	—	—
Rhoeadin	—	—	—	—	—	—	vorh.	vorh.	—	—
Opionin	—	—	—	—	—	—	vorh.	—	—	—
Pseudopapaverin	—	—	—	—	—	vorh.	—	—	—	—
Chelerythrin	vorh.	vorh.	—	vorh.	—	0,03% frisch	—	—	—	—
$\alpha\beta\gamma$-Chelidonin	β-vorh.	—	—	—	—	—	—	—	—	—
Sanguinarin	vorh. (?)	—	vorh. (?)	vorh.	vorh.	—	—	—	—	—
$\alpha\beta\gamma$-Homochelidonin	β und γ vorh.	—	β vorh.	—	β und γ vorh.	$\alpha\beta\gamma$ vorh.	—	—	—	—
Glaucin	—	—	—	vorh.	—	0,007%	—	—	—	—
Chelilysin	—	—	—	—	—	0,005 bis 0,01%	—	—	—	—
Chelidoxanthin = Berberin	—	—	—	—	—	—	—	—	vorh.	—
Aporeidin	—	—	—	—	—	—	—	—	vorh.	—
Aporein	—	—	—	—	—	—	—	—	—	—
Stylopin	—	—	—	—	—	—	—	—	—	—
Diphyllin	—	—	—	—	—	—	—	—	—	—
Corydalin	—	—	—	—	—	—	—	—	—	—
Corybulbin	—	—	—	—	—	—	—	—	—	—
Corytuberin	—	—	—	—	—	—	—	—	—	—
Dehydrocorydalin	—	—	—	—	—	—	—	—	—	—
Bulbocapnin	—	—	—	—	—	—	—	—	—	—
Corycavin	—	—	—	—	—	—	—	—	—	—
Corydin	—	—	—	—	—	—	—	—	—	—
Isocorybulbin	—	—	—	—	—	—	—	—	—	—
Corycavamin	—	—	—	—	—	—	—	—	—	—
Corydalinobilin?	—	—	—	—	—	—	—	—	—	—
Adlumin	—	—	—	—	—	—	—	—	—	—
Adlumidin	—	—	—	—	—	—	—	—	—	—
Dicentrin	—	—	—	—	—	—	—	—	—	—
Säuren und indiff. Stoffe.	—	—	—	—	—	—	2,5—5,5%	vorh.	vorh.	vorh.
Mekonsäure	—	—	—	—	—	—	vorh.	—	—	—
Apfelsäure	—	—	—	vorh.	—	—	—	—	—	—
Fumarsäure	—	—	—	—	vorh.	vorh.	—	—	—	—
Chelidonsäure	—	—	—	—	vorh.	vorh.	—	—	—	—
Mekonin (Opianyl)	—	—	—	—	—	—	0,1% vorh. (?)	—	—	—
Mekonoiosin (?)	—	—	—	—	—	—	—	—	—	—

Argemone mexicana L.	Dicentra Cucullaria Brnh.	Dicentra spectabilis L.	Dicentra formosa Borkh u. Gray	Dicentra pusilla Silb. et Zucc.	Adlumia cirrhosa Raf.	Stylophorum diphyllum Nutt.	Corydalis tuberosa D. C.	Corydalis nobilis Pers.	Corydalis Vernyi Fr. et S.	Corydalis ambigua Cham.	Fumaria officinalis L.	Platy capn. Bern
—	—	—	—	—	—	—	—	—	—	—	—	—
—	—	—	—	—	—	—	—	—	—	—	—	—
—	—	—	—	—	—	—	—	—	—	—	—	—
—	—	—	—	—	—	—	—	—	—	—	—	—
—	—	—	—	—	—	—	—	—	—	—	—	—
—	—	—	—	—	—	—	—	—	—	—	—	—
—	—	—	—	—	—	—	—	—	—	—	—	—
—	—	—	—	—	—	—	—	—	—	—	—	—
—	—	—	—	—	—	—	—	—	—	—	—	—
vorh.	vorh.	vorh.	vorh.	vorh.	vorh.	vorh.	vorh.	—	vorh.	vorh.	vorh.	vorh.
—	—	—	—	—	—	—	—	—	—	—	—	—
—	—	—	—	—	—	—	—	—	—	—	—	—
—	—	—	—	—	—	—	—	—	—	—	—	—
—	—	—	—	—	—	—	—	—	—	—	—	—
—	—	—	—	—	—	—	—	—	—	—	—	—
—	—	—	—	—	—	—	—	—	—	—	—	—
—	—	—	—	—	—	—	—	—	—	—	—	—
—	—	—	vorh.	—	—	vorh.	—	—	—	—	—	—
—	—	—	—	—	—	vorh.	—	—	—	—	—	—
—	—	—	β-vorh.	β-vorh.	—	—	—	—	—	—	—	—
—	—	—	—	—	—	—	vorh.	—	—	—	—	—
vorh.	—	—	vorh. (?)	—	—	vorh.	—	—	—	—	—	—
—	—	—	—	—	—	—	—	—	—	—	—	—
—	—	—	—	—	—	vorh.	—	—	—	—	—	—
—	—	—	—	—	—	vorh.	—	—	—	—	—	—
—	—	—	—	—	—	—	vorh.	vorh. ?)	—	vorh.	—	—
—	—	—	—	—	—	—	vorh.	—	—	vorh.	—	—
—	—	—	—	—	—	—	vorh.	—	—	—	—	—
—	—	—	—	—	—	—	vorh.	—	vorh. ?	vorh.	—	—
—	—	—	—	—	—	—	vorh.	—	—	—	—	—
—	—	—	—	—	—	—	vorh.	—	—	—	—	—
—	—	—	—	—	—	—	vorh.	—	—	—	—	—
—	—	—	—	—	—	—	vorh.	—	—	—	—	—
—	—	—	—	—	—	—	—	vorh. ?)	—	—	—	—
—	—	—	—	vorh.	—	—	—	—	—	—	—	—
—	—	—	—	vorh.	—	—	—	—	—	—	—	—
—	—	—	vorh.	—	—	—	—	—	—	—	—	—
—	—	—	—	—	—	—	vorh.	—	—	—	—	—
—	—	—	—	—	—	—	vorh.	—	—	—	vorh.	—
—	—	—	—	—	vorh.	—	—	—	—	—	—	—
—	—	—	—	—	—	—	—	—	—	—	—	—
—	—	—	—	—	—	—	—	—	—	—	—	—

Tabelle II. Einteilung der Papaveraceenalkaloide nach ihrer chemischen Zugehörigkeit.

I. Alkaloide der **Phenanthrengruppe:**

    A. **Opiumalkaloide:** Morphin, (Apomorphin), Pseudomorphin, Kodein und Kodeine, Thebain.

    B. Gruppe II (Bulbocapningruppe) der **Corydalisalkaloide:** Bulbocapnin, Corytuberin, Corydin.

    C. Sonstige Papaveraceenalkaloide (zum Teil auch zur Gruppe II B in Beziehung): Glaucin, Dicentrin.

II. Alkaloide der **Isochinolingruppe:**

    A. **Opiumalkaloide:** Papaverin, Laudanosin, Laudanin, Laudanidin, Kryptopin, Protopin, Narkotin, Hydrokotarnin, Gnoskopin, Narcein, (Oxynarkotin), Xanthalin (= Papaveraldin).

    B. Gruppe I der Corydalisalkaloide: Corydalin (Dehydrocorydalin), Corybulbin, Isocorybulbin.

    C. Sonstige Papaveraceenalkaloide: Chelidoxanthin = Berberin.

III. Alkaloide unbekannter oder noch nicht genügend sichergestellter Konstitution:

    A. **Opiumalkaloide:** Kodamin (wahrscheinlich zu II A gehörig), Mekonidin, Lanthopin, Tritopin, Opionin, Pseudopapaverin, Papaveramin, Rhoeadin.

    B. Gruppe III der Corydalisalkaloide: Corycavin, Corycavidin, Corycavamin.

    C. Sonstige Papaveraceenalkaloide: (Zum Teil zu II C gehörend) Chelidonin, α-Homochelidonin, β-Homochelidonin, γ-Homochelidonin, Chelerythrin, Chelilysin, Sanpuinarin, Aporein, Aporeidin, Stylopin, Diphyllin. Adlumin, Adlumidin.

thren- und die Isochinolinabkömmlinge. Es ist jedoch auf Grund bereits vorhandenen Materials sehr wahrscheinlich, daß es innerhalb der einzelnen Gruppen Übergänge gibt, die für eine innere genetische Beziehung der beiden Gruppen sprechen. Solche Übergänge stellt insbesondere Gadamer[1]) für die Corydalis- und Opiumalkaloide fest. Derartige Befunde werden vielleicht auch noch dazu beitragen können, das Ungeklärte in der Konstitution dieser Alkaloide, speziell in der der Phenanthrengruppe, aufklären zu helfen. Vgl. hierzu Czapek[2]).

Die Darstellung der Papaveraceenalkaloide unter Zugrundelegung der in den obigen Tabellen gegebenen Übersicht läßt nur schwer Wiederholungen vermeiden. Dies besonders durch die gesonderte Darstellung des Opiums einerseits und der Opiumalkaloide andererseits. Um diese Wiederholungen

---

[1]) Gadamer, Zeitschr. f. angew. Chem. **26**, 625 (1913).

[2]) Czapek, Biochemie der Pflanzen, II. Aufl., 3. Bd., S. 344.

Bibliographie einschlägiger größerer Werke: Czapek, Biochemie der Pflanzen, 2. Aufl., 3 Bde. Jena 1921; Wehmer, Die Pflanzenstoffe. Jena 1911. — I. W. Brühl — E. Hjelt — O. Aschan, Die Pflanzenalkaloide. Braunschweig 1900. — Pictet-Wolffenstein, Die Pflanzenalkaloide, 2. Aufl. Berlin 1900. — J. Schmidt, Die Pflanzenalkaloide, in Abderhaldens Biochem. Handlexikon 5. Bd. Berlin 1911. — J. Schmidt und V. Grafe, Alkaloide, in Abderhaldens Handbuch d. biolog. Arbeitsmethoden. Berlin—Wien 1920. — Gadamer, Lehrbuch der chemischen Toxikologie. Göttingen 1909. — Meyer-Gottlieb, Experimentelle Pharmakologie, 6. Aufl. Berlin—Wien 1922. — Kunkel, Handbuch der Intoxikationen. Stuttgart 1906. — Erben, Die Vergiftungen, in Dittrichs Handbuch d. ärztl. Sachverständigentätigkeit. Wien u. Leipzig 1910. — E. Mercks, Jahresberichte. Darmstadt, 1888—1923.

auf das Mindestmaß zu beschränken, erschien es zweckmäßig, zuerst die einzelnen Alkaloide ausführlich zu besprechen und dann erst zusammenfassend das Opium selbst. Innerhalb der einzelnen Gruppen war für die Reihenfolge im allgemeinen die pharmakologische Bedeutung der einzelnen Alkaloide maßgebend.

A. Opiumalkaloide.

I. Alkaloide der Phenanthrengruppe.

Morphin.

Einleitung. Allgemeiner Teil. Chemie. Geschichtliches.

Die Entdeckung des Morphins als der erstbekannt gewordenen Pflanzenbase ist an die Namen Derosne[1]), Sertuerner und Séguin[2]) geknüpft. Im Jahre 1803 war es Derosne, und unabhängig davon, fast gleichzeitig dem Apotheker Sertuerner[2]) und Séguin[3]) gelungen, aus dem Opium, dem eingetrockneten Milchsaft von Papaver somniferum, krystallisierbare Substanzen darzustellen, die zum Teil aus Morphin bestanden.

Die reine Morphinbase war dann von Sertuerner dargestellt (1806) und als eine salzbildende basische Substanz charakterisiert worden (1817). Sertuerner stellte auch die schlafmachende Wirkung der neuen Substanz fest (1846); er nannte sie nach Morpheus, dem Sohne des Schlafgottes und Gott der Träume, Morphium.

Weitere Untersuchungen des Morphins, Verbesserungen des Darstellungsverfahrens und Untersuchung des reaktionellen Verhaltens stammen von Robiquet[4]) und von Duflos und Pelletier[5]).

Die erste Elementaranalyse des Morphins führte Liebig[6]) aus. Er stellte hierfür die Summenformel $C_{34}H_{36}N_2O_6$ auf. Später berechnete Regnault[7]) auf Grund seiner Analyse die Formel $C_{35}H_{40}N_2O_6$. Erst von Laurent[8]) wurde die endgültige Formel $C_{17}H_{19}NO_3$ aufgestellt, die durch alle späteren Untersuchungen, vor allem durch die Studien über das kryoskopische Verhalten der Lösungen von Morphinverbindungen durch v. Klobukow bestätigt wurde.

Vorkommen. Morphin ist vor allem im Opium, dem eingetrockneten Milchsaft von Papaver somniferum (Schlafmohn) (s. bei Opium S. 1053) enthalten. Es findet sich hier in Mengen von 3—26%. Die durchschnittliche Menge beträgt 8—12%. (Über den Gehalt verschiedener Opiumsorten s. bei Opium.) Außer im Milchsaft ist Morphin in den meisten Teilen der Mohnpflanze selbst enthalten, so vor allem im frischen Mohnsaft. Die Ansicht,

[1]) Derosne, Ann. de chim. et de physique **45**, 257 (1803).
[2]) Sertuerner u. Séguin, Tromsd. Journ. de pharmacie et de chim. **13**, 234; **14**, 47; **20**, 99 (1804); Gilberts Ann. **55**, 61 (1817); **57**, 183 (1817); **59**, 50 (1818); Ann. de chim. et de physique **5**, 21 (1817).
[3]) A. Séguin, Ann. de chim. et de physique **92**, 225 (1814).
[4]) Robiquet, Ann. de chim. et de physique **5**, 275 (1817).
[5]) Duflos u. Pelletier, Ann. de chim. et de physique **50**, 243 (1832); **63**, 185 (1836); vgl. hierzu H. Peters Chem.-Ztg. (1905), S. 304. — Jermstadt, Schweizer Apothekerztg. **57**, 387, 399 (1919). — L. Rosenthaler, Schweizer Apothekerztg. **58**, 409 (1920).
[6]) Liebig, Ann. d. Chem. u. Pharmazie **21**, 1 (1836).
[7]) Regnault, Ann. d. Chem. u. Pharmazie **26**, 10 (1838).
[8]) Laurent, Ann. de chim. et de physique **19**, 361 (1847). — Klobukow, Zeitschr. f. physikal. Chem. **3**, 476 (1889).

daß das Alkaloid der frischen Mohnsäfte vom Morphin, verschieden sei und erst durch Gärung sich in dieses umwandle, ist unzutreffend; denn der frische Mohnsaft von Papaver somniferum enthält bereits Morphin, das durch spätere Gärung nicht mehr beeinflußt wird [A. Goris und Ch. Vischniac[1])]. Die Ansicht Winklers[2]), daß frische, fast reife Mohnköpfe kein Morphin enthalten, erscheint daher unrichtig. In unreifen Kapseln findet Malin-Punklaidun[3]) 0,05 und 0,0020%, in reifen 0,018% Morphin. In den reifen Mohnkapseln ist es schon von Dechamps[4]) nachgewiesen worden. Auch die reifen Kapseln des in Deutschland gezogenen Mohns enthalten Morphin [Winkler[5] u. a.)], desgleichen die Kapseln des blausamigen Mohns [Winkler[6])]. In den Samen von Papaver somniferum ist es, entgegen der Angabe von Accarie[7]) und von Meurin[8]) auf Grund der Untersuchungen von Sacc[9]), Claubriau[10]) sowie von Mach[11]), nicht vorhanden.

Auch Kerbosch[12]) fand in den Mohnsamen nur eine Spur von Narkotin, nicht aber Morphin. In den ersten 3 Keimungstagen wird bereits viel Alkaloid gebildet, so daß 5—7 cm lange Pflanzen schon Morphin neben Kodein, Narkotin und Papaverin führen. Auch Müller[13]) fand die Samen von Papaver somniferum alkaloidfrei, doch schon 14 Tage nach Beginn der Keimung sind Alkaloide nachweisbar. Hierauf erfolgt ein Anstieg bis nach dem Abblühen; mit der Samenreifung nimmt der Alkaloidgehalt wieder ab.

Ebenso fand Heiduschka[14]) Mohnsamen morphinfrei. Die Samen des weißen Mohns sollen nach den bereits zitierten Untersuchungen von Accarie und Meurin Morphin enthalten. Dieser Angabe ist nicht widersprochen, allerdings fehlt ihr auch noch eine Nachprüfung. Die Samen des schwarzen Mohns (Papaver somniferum L. var. nigrum) wurde ebenfalls nicht ganz frei von Alkaloiden gefunden [Van Itallie und Toorenburg[15])]; sie enthalten Spuren von Morphin und Kodein.

Über das Vorkommen von Morphin in anderen Papaverarten liegen bestimmte eindeutige Angaben nicht vor. Nicht erwähnt ist Morphin unter den Bestandteilen von Papaver dubium L.-Papaver orientale L. [Kleinasien, Südeuropa] soll nach einer älteren Angabe Morphin enthalten [Petit[16])].

Nach mehrfachen Angaben soll Morphin in den Blüten, Samenkapseln von Papaver Rhoeas L. (Klatschmohn) [Europa, Asien] enthalten sein

---

[1]) A. Goris u. Ch. Vischniac, Bull. des sciences pharmacol. 22, 257 (1915).

[2]) Winkler, Buchners Repert. 1, 241; 3, 289 (1835).

[3]) Malin-Punklaidun, Ber. d. dtsch. pharmazeut. Ges. Berlin 17, 60 (1907).

[4]) Dechamps, Compt. rend. de l'acad. des sciences 63, 541 (1864).

[5]) Winkler, Buchners Repert. d. Pharm. 39, 468 (1832). — Bilz, Trommsd. Journ. de pharmacie 23, 245 (1831). — Du Menil, Arch. de pharmacie 6, 57 (1836). — Heiduschka u. Faul, Arch. de pharmacie 255, 172 (1917).

[6]) Winkler, Buchners Repert. d. Pharmazie 9, 1 (1837).

[7]) Accarie, Journ. de chim. et de méd. (1832), S. 431; Jahresber. d. Chem. 4, 250 (1834).

[8]) Meurin, Journ. de pharmacie et de chim. 23, 393 (1853).

[9]) Sacc, Ann. de chim. 27, 473 (1853).

[10]) Claubrian, Journ. de pharmacie 20, 161 (1889).

[11]) Mach, Landwirtschaftl. Versuchsstationen 57, 419 (1902).

[12]) Kerbosch, Pharmazeut. Weekblad 47, 1062 (1910); Arch. de pharmacie 248, 536 (1910).

[13]) A. Müller, Arch. der Pharmazie 252, 280 (1914).

[14]) Heiduschka, Schweiz. Apoth.-Ztg. 57, 447 (1919).

[15]) Van Itallie u. Toorenburg, Pharmaceut. Weekblad 52, 1601 (1915); Chem. Zentralbl. 1916, I. S. 424.

[16]) Petit, Journ. de pharmacie (1813), S. 170.

(Chevallier u. a.[1])], eine Angabe, die jedoch keine Bestätigung finden konnte. Nach neueren verläßlicheren Untersuchungen, namentlich jener durch O. Hesse[2]), ist Papaver Rhoeas als morphinfrei anzusehen. Frühere negative Befunde: Riffard[3]) u. a.

Auch in Argemone mexicana L. (Stachelmohn) [Mexiko, Ost- und Westindien, Java, Gambien u. a.] war das Vorhandensein von Morphin behauptet worden [Charbonnier[4]) u. a.], eine Angabe, die durch Nachuntersuchungen von Schlotterbeck[5]) u. a. keine Bestätigung finden konnte. Auch das Öl der Variet. speciosa enthält entgegen früheren Angaben kein Morphin [Bloemendahl[6])].

Nach den Angaben von Bardet und Adrian[7]) soll der Extrakt der Wurzel, der Rinde und des Holzes von Eschscholtzia californica Cham. [Mittelamerika] Morphin enthalten, eine Angabe, die von Danckwortt[8]) u. a. nicht bestätigt werden konnte.

Von Ladenburg[9]) stammt die Angabe über Vorkommen von Morphin in Humulus Lupulus. Nach den Untersuchungen von A. C. Chapman[10]) enthält kultivierter Hopfen, wenn überhaupt, höchstens derartig geringe Spuren von Morphin, daß ihnen überhaupt keine physiologische Bedeutung zukommen kann.

Physikalische und chemische Eigenschaften. M.-G. 285,15 — 71,54% C, 6,71% H, 4,91% N, 16,84% O. Morphin ($C_{17}H_{19}NO_3 + H_2O$) krystallisiert aus Alkohol mit 1 Mol. Krystallwasser in seidenglänzenden Nadeln oder in derben rhombischen Prismen. Die Morphinkrystalle zeichnen sich ebenso wie die anderer verwandter Basen unter bestimmten Bedingungen durch merkwürdige schraubenförmige Einrollungen aus [P. Gaubert[11])]. [Über die Krystallographie des Morphins und einiger seiner Derivate vgl. Wherry und Yanovsky[12]).] Es ist geruchlos und von stark bitterem Geschmack; es verliert sein Krystallwasser, nach älteren Angaben, bei 128° [Tikociler[13])], nach neueren Angaben bei 90—100° [J. Schmidt[14])] und schmilzt unter Zersetzung bei 230°.

---

[1]) Chevallier, Dictionnaire des drogues simples (1830). — Dieterich, Pharmazeut. Zeitschr. f. Rußland **27**, 269. — Tilloy, Journ. de pharmacie (1827). — Selmi, Ber. d. Dtsch. Chem. Ges. **9**, 195 (1877).

[2]) O. Hesse, Arch. de pharmacie **7**, 228 (1890).

[3]) Riffard, Journ. de pharmacie (1830), S. 547. — Meylink, Stratnik, Buchners Repert. d. Pharmacie **36**, 143 (1831).

[4]) Charbonnier, Journ. de pharmacie **7**, 348 (1868); Thése de Paris (1868). — Combs, Botan. Jahresber. II, 5 (1897). — Peckolt, (1898).

[5]) Schlotterbeck, Journ. of the Americ. chem. soc. **24**, 238 (1902). — E. Schmidt, Arch. de pharmacie **239**, 401 (1901). — Leprince, Bull. des sciences pharmacol. **16**, 270 (1909).

[6]) M. Bloemendahl, Pharmaceut. Weekblad **43**, 342 (1906).

[7]) Bardet u. Adrian, Journ. de pharmacie (1888), S. 525; Pharmazeut. Zeit. **34**, 23 (1889).

[8]) Danckwortt, Arch. de pharmacie **228**, 572 (1890). — Wintgen, Diss. Marburg (1898). — E. Schmidt, Arch. de pharmacie **239**, 406 (1901). — R. Fischer, Arch. de pharmacie **239**, 421 (1901). — Bezüglich der Quellenangabe über das Vorkommen des Morphins in den hier angeführten Papaveraceen sei auf Wehmer, l. c., S. 820, verwiesen.

[9]) Ladenburg, Ber. d. Dtsch. Chem. Ges. **19**, 783 (1886).

[10]) A. C. Chapman, Journ. of the chem. soc. (London) **105**, 1895 (1904).

[11]) P. Gaubert, Bull. de la soc. franç. de minéral. **36**, 45 (1913).

[12]) E. P. Wherry u. E. Yanovsky, Journ. of the Washington acad. of science **9**, 505 (1919).

[13]) Tikociler (1882); zit. nach Brühl, l. c., S. 820.

[14]) J. Schmidt, l. c., S. 820.

Löslichkeit des Morphins und seiner Salze. Morphin löst sich in etwa 400 Teilen heißen Wassers, während die Löslichkeit im kalten Wasser bedeutend geringer ist. 1000 Teile Wasser lösen bei 10° 0,1 Teile Morphin [Chastaing[1]], bei 15° 0,288 Teile [G. Guérin[2]]. In 100 Teilen siedenden Alkohols lösen sich 7,5, in kaltem 5 Teile der Morphinbase [Duflos[3]].

Für die Löslichkeit in den organischen Lösungsmitteln sind folgende Verhältniszahlen angegeben: Nach Beckurts und Müller[4] löst sich 1 Teil Morphin in 7632,1 Teilen Äther, 1599,1 Teilen Benzol, 1525,5 Teilen Chloroform, 1170,7 Teilen Petroläther, 6396,4 Teilen Tetrachlorkohlenstoff und 3522,8 Teilen Wasser. Die Löslichkeit des Äthers beträgt bei 5° 0,049% [M. Marchionneschi[5]]. Reines Morphin löst sich ferner in Äthylalkohol 1 : 258, in Methylalkohol 1 : 15, in Chloroform 1 : 2500, in Benzol 0; in einer Mischung von 1 Teil Äthylalkohol und 4 Teilen Chloroform 1 : 150, 1 Teil Äthylalkohol und 4 Teile Benzol 1 : 500, 1 Teil Methylalkohol und 4 Teile Benzol 1 : 40 [G. L. Schäfer[6]]. In 100 Teilen Tetrachlorkohlenstoff lösen sich 0,025 Teile Morphin [Gori[7]]. 100 Teile wasserfreien Acetons lösen 1,28 Teile Morphin bei 15°, von einer Mischung von gleichen Teilen Aceton und Wasser lösen 1000 Teile bei 15° 1,32 Teile Morphin [G. Guérin[8]]. 100 Gewichtsteile von Anilin lösen 6,5, von Pyridin 19, von Piperidin 66, von Diäthylamin 8 Teile Morphin bei 20°. Bei höherer Temperatur wird besonders die Löslichkeit in Anilin bedeutend erhöht [M. Scholtz[9]]. Warmer Amylalkohol nimmt Morphin verhältnismäßig leicht auf und eignet sich zum Umkristallisieren der Base. Im frisch gefällten amorphen Zustande ist Morphin viel leichter löslich, krystallisiert jedoch bald aus. In Alkalihydroxyden KOH, NaOH und Ba(OH)$_2$ löst sich das Morphin leicht auf, schwieriger dagegen in Ammoniak und in Alkalicarbonaten. Die Löslichkeit in Ammoniak ist aber immer noch größer als die in Wasser. Ammoniak selbst erhöht die Löslichkeit des Alkaloids in Wasser und erniedrigt dieselbe in Alkohol [M. Scholtz[9]]. Alle Säuren, besonders Essigsäure, lösen Morphin leicht auf. Das Morphin besitzt ziemlich stark basische Eigenschaften, weswegen seine Salze mit Säuren große Beständigkeit aufweisen. Die Morphinsalze werden von einer bestimmten Konzentration an durch Alkalihydroxyd gefällt, die Fällung löst sich aber im Überschuß des Fällungsmittels [vgl. auch Gordin und Kaplan[10]].

Carbonate und Bicarbonate setzen das Morphin in Freiheit, ohne im Überschuß den Niederschlag wieder aufzulösen.

Von den Salzen sind besonders das Morphinhydrochlorid und das Morphinsulfat von Bedeutung. Das Morphinhydrochlorid C$_{17}$H$_{19}$NO$_3$·HCl + 3 H$_2$O wird durch Lösen des Morphins in verdünnter Salzsäure und Auskrystallisieren gewonnen. Die Krystalle, seidenartige Fasern, schmelzen bei 200°. Dieses Salz löst sich in ungefähr 24 Teilen Wasser, in 19 Teilen Glycerin [Creß und Garot[11]], gar nicht in Äther, Chloroform und Benzol. Es löst sich im Äthylalkohol im Verhältnis 1 : 165, im Methylalkohol 1 : 25, in einer Lösung von

[1]) Chastaing, Bull. de la soc. chim. **37**, 477 (1882).
[2]) G. Guérin, Journ. de pharmacie et de chim. **7**, 438 (1913).
[3]) Duflos, zit. nach Brühl, l. c.
[4]) Beckurts u. Müller, Apoth.-Zeit. **18**, 208 (1903).
[5]) Marchionneschi, Chem. Zentralbl. **2**, 411 (1907).
[6]) G. L. Schäfer, Americ. journ. of pharmacy **85**, 439 (1913).
[7]) Gori, Bull. de la chim. et pharmacol. **52**, 891 (1913).
[8]) G. Guérin, l. c.
[9]) M. Scholtz, Arch. de pharm. **250**, 418 (1912).
[10]) H. M. Gordin u. J. Kaplan, Americ. journ. of pharmacy **86**, 461 (1914).
[11]) Creß u. Garot, zit. nach J. Schmidt, S. 820.

1 Teil Äthylalkohol und 4 Teilen Chloroform 1 : 555, 1 Teil Äthylalkohol und 4 Teile Benzol 1 : 1120, 1 Teil Methylalkohol und 4 Teile Chloroform 1 : 50, 1 Teil Methylalkohol und 4 Teile Benzol 1 : 395 [G. L. Schäfer[1])].

Das Morphinsulfat $C_{17}H_{19}NO_3 \cdot H_2SO + 5 H_2O$ wird bei der genauen Neutralisation von Schwefelsäure mit Morphinbasen in zarten Nadeln erhalten. Seine Löslichkeit im Wasser steht der des Sulfates nahe. In Äthylalkohol löst es sich im Verhältnisse 1 : 560, im Methylalkohol 1 : 50, in Chloroform und Benzol ist es unlöslich. In einer Mischung von 1 Teil Äthylalkohol und 4 Teilen Chloroform löst es sich 1 : 61 000, in 1 Teil Äthylalkohol und 4 Teilen Benzol 1 : 7500, in 1 Teil Methylalkohol und 4 Teilen Chloroform 1 : 455, in 1 Teil Methylalkohol und 4 Teilen Benzol 1 : 2500.

Das neutrale Morphintartrat $(C_{17}H_{19}NO_3)_2C_4H_6O_6 + 3 H_2O$ löst sich in 10 Teilen Wasser. Beim Aufbewahren verliert das Salz etwas an Säure.

Morphinperjodid $C_{17}H_{19}NO_3 \cdot HJ \cdot J_3$ krystallisiert in schwarzen feder-förmigen Aggregaten, und löst sich leicht in heißem Alkohol und Äther.

Das mekonsaure Salz $(C_{17}H_{19}NO_3)_2CfH_4Of = 5 H_4O_7$ wird durch Auf-lösen von 2 Mol. Morphin = 1 Mol. Mekonsäure in heißem Wasser gewonnen, wobei es beim Erkalten in sternförmig gruppierte Nadeln auskrystallisiert. Das einbasische Mekonat erhält man als eine zähe, amorphe, in Wasser äußerst leicht lösliche Masse. Morphin gestattet, Milchsäure in die beiden optisch aktiven Modifikationen zu zerlegen, insofern, als das l - Lactat in kaltem Wasser bedeutend schwerer löslich ist [I. C. Irvine[2])].

Die bei den Alkaloidsalzen beobachteten Löslichkeitsunterschiede lassen sich auf die Existenz einer zumeist unbeständigen Modifikation neben dem krystallinischen Salz zurückführen. Wird Morphinsulfat mit einer zur Bildung des sauren Salzes ausreichenden Menge H_2SO_4 eingedampft, so ist der ver-bliebene Rückstand nicht hygroskopisch und gibt beim Waschen mit wasser-freiem Äther keine Säure ab. Er löst sich beim Schütteln mit Wasser zunächst im Verhältnis 1 : 1 auf, dann fallen allmählich Krystalle des neutralen Salzes aus, bis dessen Löslichkeit von 1 : 24 erreicht ist. Das bei 120° entwässerte neutrale Sulfat ist im Wasser nur im Verhältnis 1 : 24 löslich. Die leichter lösliche Modifikation bildet sich auch dann, wenn gewogene Mengen Morphin mit der berechneten Menge $^1/_{10}$ n-H_2SO_4 versetzt werden [Dox[3])].

Beim Erhitzen von Morphinsalzen in 5 proz. Lösungen am Wasserbad auf 30—40° nehmen die Dämpfe einen spezifischen Geruch an, der an Moschus erinnert. Bei der freien Base ist dies nicht der Fall [Reichard[4])].

Durch stalagmometrische Messungen mit dem Stalagmometer Traubes (Messung der Capillarität durch Tropfenzählungen) wurde für das Morphin-hydrochlorid keine merkliche Wirkung auf die Oberflächenspannung des als Lösungsmittel benutzten Wassers festgestellt. Auch Zugabe von Alkali kann für Morphin im Gegensatz zu anderen Alkaloiden (Papaverin) keine Steigerung herbeiführen [Busch[5])].

Im Gegensatz zu diesen Befunden, die eine Bestätigung früherer Unter-suchungen von Traube und Berczeller und Csàki sowie Berczeller und Seiner[6]) darstellen, konnte bei ähnlichen Untersuchungen mit dem

[1]) G. L. Schäfer, l. c.
[2]) J. C. Irvine, Journ. of the chem. soc. 89, 935 (1906; zit. nach Czapek, l. c. S. 820.
[3]) Dox, Pharmac. Journ. 99, 282 (1917); Chem. Zentralbl. (1918, 1), S. 835.
[4]) Reichard, Pharmaz. Zentralhalle 51, 128 (1910).
[5]) M. Busch, Zentralbl. f. allg. Pathol. u. pathol. Anat. 31, 113 (1921).
[6]) Berczeller und Csàki: Biochem. Zeitschr. 53, 238 (1913). Berczeller und Seiner: Ebenda 84, 80 (1917).

Guttameter, mit welchem die Capillarität aus dem Tropfengewichte bestimmt wird, Morphinlösungen durch Zusatz geringer Mengen von Ammoniakflüssigkeit oberflächenaktiv gemacht werden. Vermutlich befindet sich das Morphin in solchen Lösungen in kolloidalem Zustand [Eschbaum[1])].

Morphin ist linksdrehend. Das an HCl oder an H_2SO_4 gebundene Alkaloid besitzt nahezu das doppelte Drehungsvermögen gegenüber dem an Alkalien gebundene. Für das Hydrochlorid bestimmte Hesse[2]) bei $p + 2$, $[\alpha] D = -98{,}41°$. Die spezifische Drehung anhydrischen Morphins in verdünnter HCl und in weißem Lichte beträgt bei $25° = -127°$ [Rakshit[3])]. (Vgl. dazu auch Morphinbestimmung S. 844.)

Zerstörbarkeit und Widerstandsfähigkeit. Morphin ist sehr leicht oxydierbar und wirkt daher als starkes Reduktionsmittel. Auf dieser Eigenschaft beruhen eine Reihe der unten beim Morphinnachweise angegebenen Farbenreaktionen; es reduziert schon in der Kälte das Gold- und Silbersalz. Vom Sauerstoff der Luft wird es schon in alkalische Lösungen oxydiert, ebenso von Salpetersäure, Kaliumpermanganat und Ferricyankalium. Bei allen diesen Reaktionen bildet sich ein ungiftiger, in Alkalien löslicher Körper — Oxymorphin bzw. Oxydimorphin — von der Formel $(C_{17}H_{18}NO_3)_2$ [O. Hesse[4])], der mit dem aus Opium von Pelletier und Thiboumery[5]) dargestellten Pseudomorphin identisch ist. Nach Bertrand und V. J. Meyer[6]) hat man dabei eher an Dehydrierung als an Sauerstoffanlagerung zu denken (s. Pseudomorphin). Bei der Oxydation von Morphin mit verdünnter Salpetersäure in der Kälte (Stehenlassen von Morphinlösungen in ca. $^{1}/_{10}$-HNO_3 durch mehrere Tage bei gewöhnlicher Temperatur) bilden sich geringe, aber deutlich nachweisbare Mengen von Cyanwasserstoff [A. Jorissen[7])]. Energischere Oxydation des Morphins mit verdünnter Salpetersäure liefert zuerst eine vierbasische Säure von der Formel $C_{20}H_9NO_{18}$, welche sich bei längerer Einwirkung des Oxydationsmittels in Pikrinsäure umwandelt.

Die leichte Oxydierbarkeit des Morphins, die, wie erwähnt, in alkalischer Lösung schon durch den Sauerstoff der Luft erfolgen kann, hat eine große Bedeutung für die Haltbarkeit der Morphinlösungen, speziell für die Sterilisierbarkeit derselben in Glasampullen, für die das Alkali des Glases mit in Frage kommen kann. Hierüber liegen eine Reihe von Untersuchungen [Lesure[8])] vor. Durch die Alkalinität des Glases werden von einer $^{1}/_{2}$proz. Lösung von Morphin reichliche Mengen des Alkaloids abgeschieden, und zwar viel mehr als dem Alkaligehalt entspricht. Dabei ist aber nicht ausschließlich das Glasalkali, sondern auch das Alter der Lösungen von Bedeutung. Durch Säurezusatz sind die Alkaloide in der Hitze haltbar zu machen (0,5—1 ccm $^{1}/_{10}$n-HCl auf 100 ccm Lösung) [Droste u. a.[9])].

---

[1]) F. Eschbaum, Ber. d. dtsch. pharmazeut. Ges. **28**, 397 (1919).

[2]) Hesse, Ann. d. Chem. u. Pharmazie **176**, 189 (1875).

[3]) Rakshit, Analyst **43**, 320 (1918); Chem. Zentralbl. (1919, II), S. 876.

[4]) O. Hesse, Liebigs Ann. d. Chem. **141**, 189 (1875).

[5]) Pelletier u. Thiboumery, Journ. de pharm. **21**, 569 (1835). — Czapek, S. 351, l. c. S. 820.

[6]) Bertrand u. V. I. Meyer, Compt. rend. de l'acad. des sciences **148**, 1618 (1909).

[7]) A. Jorissen, Bull. de l'acad. roy. Belgique des sciences (1910), S. 224; Chem. Zentralbl. (1910, I), S. 148.

[8]) Lesure, Journ. de pharmacie et de chim. **30**, 337 (1909); Chem. Zentralbl. (1909, II) S. 1887.

[9]) Droste, Pharmazeut. Zeit. **58**, 737 (1913). 860. — Moßler, Apoth.-Zeit. **28**, 785 (1913); Zeit. d. allg. österr. Apoth.-Ver. **51**, 489, 505, 537 (1913); 85. Vers. d. Naturf. u. Ärzte Wien (1913). — Budde, Veröff. a. d. Geb. d. Militär-San.-Wes. **45**, 100 (1911). — K. Schäfer u. Stich, Münch. med. Wochenschr. **64**, 676 (1917).

Die gelegentlich erwähnte Gelbfärbung der Morphinlösungen beim Sterilisieren wird auf eine Oxydation des Morphins zu Pseudomorphin (Oxymorphin) zurückgeführt. Bei ca. $1/2$ stündigem Erhitzen in geschlossenem Quarzrohr wird bei 70° 1%, bei 120° 3,8% des Morphins oxydiert. Das Oxydationsprodukt besteht zu 90% aus Pseudomorphin. Die braunen Lösungen enthalten Methylamin [Kollo[1])]. Es wurde dabei angenommen, daß unter den Bedingungen der Sterilisation das Salz in Säure und Base gespalten wird und die nicht mehr neutralisierte Gruppe $= N \cdot CH_3$ (s. Konstitution) als Katalysator für kurze Zeit in freiem Zustande existieren könne. Sie reagiert dann mit Wasser unter Bildung von $CH_3 \cdot NH_2$ und H_2O_2, das die Oxydation bewirkt. So erklärt sich auch, daß Zusatz einer Spur Salzsäure die Oxydation zu verhindern vermag (ebenso verhalten sich Kodein und Dionin) [Fr. Dezeine[2])].

In 1 proz. NaOH-Lösung werden Morphin-Chlorhydratlösungen beim Erhitzen gelblich und scheiden freie Basen ab. Dasselbe ist der Fall, wenn das Erhitzen in alkalischem Thüringer Glase erfolgt.

Der Zusatz von Salzsäure zur Beseitigung dieser Übelstände beim Sterilisieren der Morphinlösungen läßt an die Möglichkeit denken, daß durch Erhitzen in der salzsauren Lösung eine Umwandlung eines Teiles von Morphin in Apomorphin erfolgen könnte. Dies ist jedoch entgegen anderen Behauptungen bei derartig niedrigen HCl-Konzentrationen nicht der Fall. Eine Verunreinigung von Morphinlösungen mit Apomorphin gibt es nicht [M. Feinberg[3])]. In 1—2 proz. Lösungen bleibt nach 2 stündigem Erhitzen auf 112° die Morphinlösung vollständig klar und farblos, in 0,5 proz. HCl bleibt die Lösung ebenfalls klar, färbt sich aber schon schwach gelblich in 25 proz. HCl grüngelblich. Erst bei dieser Konzentration ließ sich neben dem Morphin Apomorphin nachweisen [F. Zoccola[4])].

Man hat diese Empfindlichkeit der Morphinlösungen gegen Alkali umgekehrt benutzen wollen, um durch eine Morphinlösung die Eignung von Glas für Medizinalflaschen und Ampullen für sterile Lösungen zu prüfen. Es ergab sich aber, daß 1—2 proz. Lösungen von Morphin-HCl in allen Fällen eine gelbliche Färbung von verschiedener Intensität geben, die auf die thermische Zersetzung des Morphins zurückgeführt wird. Als geeignetes Reagens für diese Zwecke kommt nach diesen Untersuchungen statt des Morphins das Narkotin in Betracht [L. Kroeber[5])].

Wasserentziehende Mittel, wie Oxalsäure, Schwefelsäure, Salzsäure, Phosphorsäure, Alkalien, konzentrierte Chlorzinklösung wirken in doppelter Weise auf Morphin ein. Sie führen es entweder in verschiedenartige Kondensationsprodukte über (Trimorphin, Tetramorphin usw.), oder entziehen ihm 1 Mol. Wasser und bilden dabei Apomorphin (s. dort).

Resistenz des Morphins gegen Fäulnis (Bakterien usw.). Der leichten Oxydierbarkeit des Morphins kommt weiter große biologische Bedeutung zu hinsichtlich der Oxydierbarkeit durch Fermente, durch Fäulnis, Bakterien usw. Schon für das Opium kommt dies in Betracht insofern, als das Aufbewahren, Feuchtigkeit, Entwicklung von Schimmelpilzen usw. so auf den Morphingehalt und auf den ganzen Wert des Opiums Einfluß haben kann. Weiter spielt dies für das Schicksal des Morphins im lebenden Organismus und schließlich in

---

[1]) Kollo, Bull. de la soc. de chim. de Romanica **1**, 3 (1919); Chem. Zentralbl. (1920, III), S. 387.

[2]) Fr. Dezeine, Journ. de pharm. de Belgique **2**, 558 (1920); Chem. Zentralbl. (1921, I), S. 292.

[3]) M. Feinberg, Zeitschr. f. physikal. Chem. **84**, 363 (1913).

[4]) F. Zoccola, Giorn. di farm. e chim. **67**, 60 (1918); Chem. Zentralbl. (1919, II), S. 532.

[5]) L. Kroeber, Schweiz. Apoth.-Zeit. **59**, 369 (1921).

toxikologischer Hinsicht für die Auffindbarkeit des Alkaloids in der Leiche
eine wichtige Rolle.

Diese Untersuchungen befassen sich zunächst mit der Frage, durch welche
Fermente die Umwandlung des Morphins in Pseudomorphin erfolgen kann.
Bertrand und Meyer (l. c.) äußerten die Ansicht, daß dies durch die Tyrosinase
erfolge. Bourquelot[1]) wies dagegen nach, daß auch von Tyrosinase freies
Gummi arabicum das Morphin zu Pseudomorphin oxydiert, und daß dies
möglicherweise durch eine eigene Oxydase, Morphinase, erfolge. Auch im
Mohn selbst sind ähnliche Vorgänge nachgewiesen, die das Zurückgehen des
Morphingehaltes beim Reifen des Mohns zur Folge haben. Die im Mohn vorhandene Invertase hat aber auf Morphinhydrochlorid keinen Einfluß [Gonner-
mann[2])].

Auch durch die im Spinatbrei enthaltenen oxydativen Fermente konnte
Morphin (ebenso wie Chinin) in erheblichem Grade oxydiert werden, wobei
zahlreiche andere Alkaloide unverändert blieben [G. Ciamician und C. Ravenna[3])]. Die gegen enzymatische Oxydation beständigeren Alkaloide sind
die giftigeren (G. Ciamician und C. Ravenna[4])].

Ohne Einfluß auf Morphin im Opium blieben die Schimmelpilze Peni-
cillium viridicatum und Cytromyces glaber. Auch Narkotin und Kodein
verhalten sich gleich. Dagegen greift Aspergillus niger zwar Narkotin und
Kodein an, nicht aber Morphin. Der auf dem levantinischen Opium gefundene Aspergillus ostianus greift alle die drei genannten Alkaloide an,
Morphin jedoch ganz unbedeutend [O. v. Friedrichs[5])]. Leichenfäulnis scheint
Morphin unbeeinflußt zu lassen. Dafür sprechen jedenfalls die Befunde von
Nagelvoort[6]), der nach 50 Tagen, Panzer[7]), nach 6 Monaten, Autenrieth[8]), der im Harn einer Leiche und noch nach $1\frac{1}{2}$ Jahre langer Fäulnis
von Leichenorganen, Doepmann[9]), nach 11 Monate langer Fäulnis, Rosenbloom[10]), der in 13 Monate alten Leichen, und Grutterink und van Rijn[11]),
die selbst noch in $2\frac{1}{2}$ Jahre alten Leichen Morphium nachweisen konnten.
Diese Befunde stehen in Übereinstimmung mit älteren Untersuchungsergebnissen von Marquis in Übereinstimmung mit Orfila und Kautzmann
(s. bei Schicksal und Ausscheidung des Morphins). Vgl. auch den Nachweis
des Morphins in Leichen von R. Magnus[12]) sowie die noch später zu besprechenden Untersuchungen von M. Grüter[13]) über die Zerstörung von Morphin
bei der Entwicklung von Hühnerembryonen.

Das chemische Verhalten des Morphins beim Abbau, bei der Oxydation,
bei der Salzbildung, bei der Veresterung usw. hat nicht nur zu einer ganzen

[1]) E. B. Bourquelot, Journ. de pharmacie et de chim. **30**, 101 (1909); Chem. Zentral-
blatt (1909, IV), S. 1352.

[2]) M. Gonnermann, Pflügers Arch. f. d. ges. Physiol. **113**, 168 (1906); Apoth.-Zeit.
25, 804 1910).

[3]) G. Ciamician u. C. Ravenna, Rend. atti d. Reale Accad. dei Lincei, Roma
27, II, 293 (1918).

[4]) Dieselben, Gazz. di chim. ital. **51**, 200 (1921); Chem. Zentralbl. (1921, III), 793.

[5]) O. v. Friedrichs, Zeitschr. f. physiol. Chem. **93**, 276 (1914).

[6]) Nagelvoort, Nederl. Tijdschr. Pharm. **10**, 616 (1898).

[7]) Panzer, zit. nach Gadamer, l. c., S. 551.

[8]) Autenrieth, Ber. d. dtsch pharmazeut. Ges. **11**, 494 (1901).

[9]) Doepmann, Chemiker-Zeit. **39**, 69 (1915).

[10]) J. Rosenbloom, Journ. of biol. chem. **18**, 131 (1914).

[11]) A. G. Grutterink u. van Rijn, Pharmaceut. Weekblad **52**, 423 (1915).

[12]) R. Magnus, Vierteljahrsschr. f. gerichtl. Med. u. öff. Sanitätsw. **3**, 46, S. 1 (1913).

[13]) M. Grüter, Arch. f. exp. Pathol. u. Pharmakol. **79**, 337 (1916).

Reihe wertvoller Derivate (s. dort), sondern auch zu wichtigen Ergebnissen in bezug auf die Konstitution des Morphins und der übrigen Phenanthrenderivate des Opiums geführt.

Konstitution des Morphins. Trotzdem seit der Entdeckung des Morphins und seiner näheren Charakterisierung mehr als 100 Jahre und seit der definitiven Feststellung der empirischen Summenformel 74 Jahre vergangen sind, kann doch die Konstitution des Alkaloids noch nicht als vollkommen ermittelt angesehen werden. Immerhin sind in den letzten Jahren derart viele experimentelle Erfahrungen darüber gesammelt worden, daß der konstitutive Aufbau als weitgehend erforscht gelten kann.

Unsere derzeitigen Kenntnisse vom Aufbau des Morphinmoleküls stützen sich auf folgende Tatsachen:

1. Bei der Destillation von Morphin mit Zinkstaub hatten Vongerichten und Schrötter[1]) Phenanthren erhalten. Auch bei der Aufspaltung des Jodmethylats, des noch zu besprechenden Methylmorphimethins, konnte ein stickstofffreies Spaltstück erhalten werden, das ebenfalls bei der Destillation mit Zinkstaub Phenanthren lieferte [Knorr[2])].

Konstitutionsformel des Phenanthrens nach Knorr:

Erwähnt sei hier auch, daß die Reaktionen von Phenanthrenchinon Ähnlichkeiten mit den noch zu besprechenden Morphinreaktionen zeigen [Reichard[3])].

2. Bindungsweise der drei Sauerstoffatome im Morphinmolekül. Durch Einwirken von Säurechloriden oder Säureanhydriden können zwei Wasserstoffatome durch den betreffenden Säurerest ersetzt werden. (Die sich dabei bildenden) Acylverbindungen des Morphins haben auch pharmakologische Bedeutung und werden unter den Morphinderivaten besprochen werden.)

Dies beweist, daß im Morphinmolekül zwei Sauerstoffatome in freien OH-Gruppen vorhanden sein müssen.

Da sich Morphin in starken Alkalien zu salzartigen Verbindungen löst, in denen ein H-Atom der Alkaloidbase durch ein einwertiges Metallatom ersetzt ist (z. B. $C_{17}H_{18}NO_3K + 1\frac{1}{2} H_2O$ usw.) [Chastaing[4])], muß ein O-Atom einer phenolischen OH-Gruppe $\rangle C \cdot OH$ angehören, das dem Morphin einen sauren Charakter verleiht.

Das 2. Hydroxyl ist ein alkoholisches $\rangle C \langle {}^H_{OH}$ Hesse[5]).

[1]) Vongerichten u. Schrötter, Liebigs Ann. d. Chem. **210**, 396 (1881); Ber. d. Dtsch. Chem. Ges. **15**, 1487, 2179 (1882).

[2]) L. Knorr, Ber. d. Dtsch. Chem. Ges. **22**, 182 (1889).

[3]) Reichard, Pharmazeut. Zentralbl. **46**, 813 (1905); **47**, 309 (1906).

[4]) Chastaing, Jahresber. d. Chem. (1881), S. 928. — Hesse, Ann. d. Chem. u. Pharmazie **222**, 230 (1884); zit. nach Brühl, l. c. S. 820.

[5]) Hesse, Ann. d. Chem. u. Pharmazie **222**, 230 (1884).

Das 3. Sauerstoffatom verhält sich indifferent und ist nach Vongerich-
ten[1]) wie in den Äthern $\equiv C-O-C\equiv$ zweifach mit Kohlenstoff verbunden.
Es befindet sich im Morphinmolekül in brückenartiger Furanbindung
[Pschorr[2])].

Den Acylverbindungen entsprechend konnten auch Alkyläther des
Morphins dargestellt werden, so beim Erwärmen der Base mit Natriumäthylat
und Alkyljodiden. In dieser Weise wurde von Grimaux[3]) der Monomethyläther des Morphins dargestellt. Der Eintritt der CH_3-Gruppe erfolgt dabei
an Stelle des Wasserstoffatoms des Phenols. Diese Verbindung wurde als mit
Kodein identisch identifiziert (näheres s. unter Kodein). Die Verätherung des
zweiten (alkoholischen OH) ist offenbar noch nicht gelungen (über Morphin-
chinolinäther s. unter Derivaten).

3. Die Bindungsweise des Stickstoffs im Morphin. Darüber gab
zuerst die erschöpfende Methylierung nach A. W. v. Hofmann Aufschluß
[Knorr[4])].

Wir haben oben gesehen, daß beim Erwärmen von Morphin mit Natriumäthylat und Alkyljodid der Morphinmethyläther $(CH_3O)(OH)C_{17}H_{17}NO$ entsteht
(Kodein). Bei Anwendung von Äthyljodid entsteht Codäthylin $(C_2H_5O)(OH)$-
$C_{17}H_{17}NO$ (s. unter Kodein). Diese Verbindungen werden jedoch nur erhalten,
wenn man 1 Mol. Alkyljodid auf 1 Mol. Morphin einwirken läßt. Werden
2 Mol. des Alkyljodids verwendet, so werden, wie schon oben erwähnt, nicht
beide OH-Gruppen des Morphinmoleküls veräthert, sondern es bilden sich dann
die Jodalkyle der Kodeine, im ersteren Fall das Jodmethylat des Monomethyl-
morphins. Das Jodmethyl wird an das Stickstoffatom addiert.

$[(CH_3O)(OH)C_{17}H_{17}O \cdot N \cdot CH_3J$ [Grimaux[3]), Hesse[5])].

Diese Reaktion beweist, daß der Stickstoff im Morphin tertiärer
Natur ist. Das Jodmethylat des Methyläthers des Morphins (Kodein) läßt
sich direkt durch Silberoxyd in eine Ammoniumbase überführen, was auch
schon beim Erwärmen des Jodmethylats mit NaOH geschieht, doch erfolgt
dabei gleich Wasserabspaltung, und dadurch wird die Ammoniumbase in
eine neue tertiäre Base übergeführt, welche Methylmorphimethin genannt
wurde [Grimaux[3])].

$$\begin{array}{l} CH_3O \\ \qquad\diagdown C_{16}H_{14}O : N(CH_3)_2J \text{ (Kodeinjodmethylat)} + NaOH = \\ HO \diagup \end{array}$$

$$\begin{array}{l} CH_3O \\ \qquad\diagdown C_{16}H_{13}O \cdot N(CH_3)_2 \text{ (Methylmorphimethin)} + NaJ + H_2O. \\ HO \diagup \end{array}$$

Methylmorphimethin[6]), das in sechs verschiedenen Isomeren bekannt
geworden ist, die als α-, β-, γ-, δ, ε-Verbindungen unterschieden werden, addiert
noch einmal Jodmethyl unter Bildung des Jodmethylats, was wiederum ein
Beweis seiner Eigenschaft als tertiäre Base ist. Bei der Aufspaltung dieses
Jodmethylats durch Kochen mit NaOH wird als flüchtiges Spaltprodukt
Trimethylamin gebildet neben einem N-freien Spaltstück, das, wie oben

---

[1]) Vongerichten, Ann. d. Chem. u. Pharmazie **210**, 105 (1885).
[2]) Pschorr, Ber. d. dtsch. pharmazeut. Ges. **16**, 74 (1906).
[3]) Grimaux, Compt. rend. de l'acad. des sciences **92**, 1140, 1228 (1881).
[4]) L. Knorr, Ber. d. Dtsch. Chem. Ges. **22**, 182 (1889).
[5]) Hesse, Annalen d. Chemie u. Pharmazie **222**, 230 (1884)
[6]) S. auch bei Kodein S. 977.

bereits (unter 1) erwähnt wurde, bei der Destillation mit Zinkstaub Phenanthren liefert [Knorr[1])].

Aus den bisher mitgeteilten Reaktionen geht hervor, daß der Stickstoff des Morphins eine Methylgruppe trägt, und da er tertiär ist, muß er sich in ringförmiger Verkettung befinden, welcher Ring bei der Bildung des Methylmorphimethins, das am N zwei CH_3-Gruppen trägt, geöffnet wird.

Andererseits ist neuerdings auch an die.Möglichkeit gedacht worden, daß die N-Kette $CH_2 \cdot CH_2 \cdot N \cdot CH_3$ auch als offene Kette an den Phenanthrenkern angeschlossen sein könnte [Wieland und Kappelmeier[2])].

Demgegenüber kommt Knorr[3]) zu der Auffassung, daß eine ,,Brückenringformel'' den experimentell gefundenen Tatsachen am besten Rechnung trägt [vgl. auch J. v. Braun[4])].

Freund[5]) kommt wieder auf Grund seiner Arbeiten zu dem Schluß, daß die Brückengruppe innerhalb eines Benzolringes anzunehmen sei. Aus diesen Auffassungen resultieren schon hinsichtlich der Stellung des Stickstoffs verschiedene Anschauungen über die Konstitution des Morphins, die in der Aufstellung verschiedener Konstitutionsformeln zum Ausdruck kommen. Bevor wir jedoch auf diese Besprechungen eingehen, haben wir schließlich noch

4. die Bindungsweise der Kohlenstoffatome im Morphin und die Stellung der OH - Gruppen und des indifferenten O - Atoms im Phenanthrenkern kennenzulernen. Durch Einwirkung von Essigsäureanhydrid (oder Salzsäure) auf Methylhydroxyde des Morphins und Kodeins oder auf Methylmorphimethin erfolgt eine Spaltung des Moleküls in Äthanoldimethylamin (Dimethyloxyäthylamin) und in eine N-freie Phenanthrenverbindung, welche die Bezeichnung Morphol (Methylmorphol) erhalten hat.

Durch Spaltung der Ammoniumbasen des Morphins mittels Alkalien [Fischer und Vongerichten[6])] oder durch Hitze entstehen Trialkylamine, während die hierbei auftretenden N-freien Phenanthrenverbindungen um zwei H-Atome weniger enthalten und daher Morphenole genannt wurden.

Morphole und Morphenole haben nach den Untersuchungen von Vongerichten u. a.[7]) folgende Konstitution:

$$\text{Morphol} = \text{3-4-Dioxyphenanthren}$$

$$O = \text{Morphenol}$$

---

[1]) Knorr, l. c. S. 829.

[2]) H. W. Wieland u. P. K. Kappelmeier, Liebigs Ann. d. Chem. **382**, 306 (1911).

[3]) Knorr, Ber. d. Dtsch. Chem. Ges. **40**, 3341 (1907).

[4]) J. v. Braun, Ber. d. Dtsch. Chem. Ges. **47**, 2312 (1914).

[5]) M. F. Freund, Ber. d. Dtsch. Chem. Ges. **38**, 3234 (1905).

[6]) O. Fischer u. Vongerichten, Ber. d. Dtsch. Chem. Ges. **19**, 792 (1886). — Knorr, ebenda **22**, 1113 (1889).

[7]) Vongerichten, ebenda **30**, 2439 (1897). — Vongerichten u. Schrötter, ebenda **15**, 1486, 1487 (1882); **31**, 51, 2924, 3198 (1898); **32**, 1521 (1899); **33**, 352 (1900).

Die Morpholformel entspricht den Synthesen von Pschorr[1]) [vgl. hierzu auch G. Barger[2])]. Die Stellung der OH-Gruppe im Morpholkern geht aus folgendem hervor: Mit Chromsäure oxydiert gibt es Morpholchinon, welches bei der Oxydation mit Permanganat Phthalsäure liefert. Außerdem erhält man aus Morphin in der Kalischmelze Protocatechusäure [Barth und Weidel[3])].

Aus diesen Gründen und wegen der Farbstoffnatur der Morpholchinons wird eine Stellung der beiden OH-Gruppen in Orthostellung im chromophoren Kern möglichst angenähert angenommen (Alizarinstellung). Das synthetisch dargestellte Acetylderivat des 3-Methoxyphenanthrenchinons [Pschorr und Vogtherr[4])] erwies sich identisch mit dem Acetylmethylmorpholchinon, welches von Vongerichten durch Erhitzen des Methylmorphimethins mit Essigsäureanhydrid erhalten wurde. Hieraus ergibt sich für das Methoxyl im Kodein, somit auch für das Phenolhydroxyl im Morphin, die Stellung 3 des Phenanthrenkerns.

Die weitere Frage, ob das OH in Stellung 4 am Phenanthrenkern, dem indifferenten O, oder dem alkoholischen OH des Morphins entspricht, wurde von Knorr[5]) zugunsten der ersten Annahme entschieden, indem er durch den Abbau des Kodeinons, eines Kodeinderivates, zu dem Methyläther des 3-4-6-Trioxyphenanthrens gelangte und das alkoholische OH, als in Stellung 6 befindlich, feststellen konnte.

Die Zersetzung des Methylmorphimethins in Methylmorphol und Äthanoldimethylamin hatte Knorr vermuten lassen, daß dieses ätherartig mit dem Phenanthrenkern verbunden sei. Knorr faßte das Morphin und die ihm verwandten Alkaloide als Oxazine auf, und er glaubte im reduzierten Oxazin die Base gefunden zu haben, die als Stammkörper dem Morphinmolekül zugrunde liege. Er nannte sie Morpholin und stellte sie durch direkte Wasserentziehung aus Dioxyäthylamin dar.

$$OH \cdot CH_2 \cdot CH_2 \cdot N \cdot CH_2 \cdot CH_2 \cdot OH$$
$$\underset{R}{|}$$
$$\downarrow$$
$$\underset{|}{O}$$
$$CH_2 \cdot CH_2 \cdot N \cdot CH_2 \cdot CH_2 \qquad oder$$
$$\underset{R}{\downarrow}$$

Der indifferente O war dabei als Bindeglied gedacht zwischen dem Phenanthrenkern und dem Kohlenstoff der N-haltigen Seitenkette —$NCH_3 \cdot CH_2 \cdot CH_2$.

Diese Annahme erwies sich aber als irrig, denn das Oxyäthyldimethylamin, das nach der Annahme von Knorr durch den indifferenten O an das Phenanthren gebunden sein soll, ist nicht als ein ursprüngliches, sondern sekundäres Spaltprodukt aufzufassen. Die Grundlage einer Oxazinformel ging vollständig verloren, als es Knorr selbst gelang, den Komplex C·CN durch Erhitzen des Methylmorphimethins mit Natriummethylat sowie auch durch Erhitzen des Thebain- und des Kodeinjodmethylats mit Alkohol in Form des Dimethylaminoäthylesters $\underset{H_3C}{\overset{H_3C}{>}}N \cdot CH_2 \cdot CH_2 \cdot O \cdot CH_2$ aus den Morphinalkaloiden auszuschälen [Knorr[6])].

Doch auch dies ist nicht als primäres Spaltprodukt der Opiumalkaloide anzusehen, vielmehr ist anzunehmen, daß die dreigliedrige Kette des Seitenrings in Form einer ungesättigten Verbindung, wahrscheinlich als Vinyldimethylamin $(CH_3)_2N \cdot CH \cdot CH_2$, aus

[1]) Pschorr, Ber. d. Dtsch. Chem. Ges. **33**, 1810 (1900); **35**, 4412 (1902).
[2]) G. Barger, Journ. of the chem. soc. (London) **113**, 218 (1918); Chem. Zentralbl. (1919, I), S. 537.
[3]) Barth u. Weidel, Monatsh. f. Chem. **4**, 700 (1883).
[4]) Pschorr u. Vogtherr, Ber. d. Dtsch. Chem. Ges. **22**, 1117 (1889).
[5]) Knorr, Ber. d. Dtsch. Chem. Ges. **37**, 3500, 3507 (1904).
[6]) Knorr, Ber. d. Dtsch. Chem. Ges. **37**, 3500, 3507 (1904).

dem Alkaloidmolekül abgelöst wird [vgl. dazu Pschorr[1]), ferner Wieland und Keppelmeier[2]) sowie Freund[3])].

Auf Grund des hier kurz zusammenfassend wiedergegebenen Tatsachenmaterials kann gesagt werden, daß Morphin den Charakter einer tertiären Base, den sauren Charakter eines Phenols und den eines sekundären Alkohols besitzt. Knorr und Pschorr[4]) fassen ihre Ergebnisse als Grundlage für die Aufstellung der Konstitutionsformel des Morphins folgendermaßen zusammen:

1. Das Morphin (und wie aus den einschlägigen Arbeiten, insbesondere auch aus den Untersuchungen von Freund, über das Thebain hervorgeht) und auch Kodein sind Abkömmlinge des 3-6-Dioxyphenanthrenoxyds:

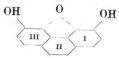

Im Kodein ist eine der beiden OH-Gruppen, im Thebain beide methyliert.

2. An diesen 3 Kernen ist der zweiwertige Komplex $-C_2H_4 \cdot N \cdot CH_3$ als Seitenring angegliedert. Es bleibt dabei unbestimmt, ob das α- oder β-C-Atom dieses Komplexes $\begin{matrix} -N-CH_3 \\ -CH \cdot CH_3 \end{matrix}$ oder $\begin{matrix} -N \cdot CH_3 \\ -CH_2 \cdot CH_2 \end{matrix}$ am Phenanthrenkern haftet, ebenso sind die Haftstellen dieses Komplexes noch nicht experimentell ermittelt.

3. Der Phenanthrenkern ist im Thebain tetrahydriert, im Morphin und Kodein hexahydriert. Die 6 additionellen Wasserstoffatome des Morphins sind auf die Benzolmoleküle II und III verteilt; der Kern I, an dem das Phenolhydroxyl des Morphins haftet, trägt den Charakter eines echten Benzolkerns. Der Komplex $-C_2H_4 \cdot N \cdot CH_3$ gehört dem reduzierten Teil des Phenanthrenkerns an, was sich mit Sicherheit aus dem Verlauf der Abbaureaktionen entnehmen läßt. Die Hydrierungsstufe übt den größten Einfluß auf die Leichtigkeit aus, mit der die Ablösung dieses Komplexes vom Phenanthrenkern erfolgt.

————

Die hier wiedergegebenen Forschungsergebnisse, besonders die von Knorr und Pschorr[4]) über das Morphin und von M. Freund über das Thebain, haben grundlegende Tatsachen für das große Gerüst der Morphinkonstitution erbracht. Trotzdem erscheinen dadurch doch noch nicht alle Fragen der Morphinkonstitution restlos aufgeklärt. So sind auf Grund neuer Untersuchungen von Wieland und Keppelmeier, Knorr und Hörlein, J. v. Braun, Gadamer und Klee, F. Faltis, M. Gompel und V. Henri (auf Grund der Absorption im ultravioletten Teile des Spektrums), M. Freund, Freund und Speyer eine Reihe von experimentellen Befunden mitgeteilt worden, welche Vorschläge für die Änderungen in der Darstellung der Morphinkon-

[1]) Pschorr, Ber. d. Dtsch. Chem. Ges. **38**, 3160 (1905). — Knorr, ebenda S. 3172.
[2]) Wieland u. Keppelmeier, l. c. S. 831.
[3]) Freund, l. c.
[4]) L. Knorr u. R. Pschorr, Ber. d. Dtsch. Chem. Ges. **38**, 3176 (1905. — Wieland u. Keppelmeier, Liebigs Ann. d. Chem. **382**, 306 (1911). — Knorr u. Hörlein, Ber. d. Dtsch. Chem. Ges. **40**, 3341 (1907). — J. v. Braun, ebenda **52**, 1999 (1919). — J. v. Braun u. Köhler, ebenda **51**, 255 (1918); **47**, 2312 (1914). — Gadamer u. Klee, Zeitschr. f. angew. Chem. **36**, 625 (1913). — F. Faltis, Pharmazeut. Post (1906), S. 31 u. 32; Arch. d. Pharmazie **255**, 85 (1917). — M. Gompel u. V. Henri, Compt. rend. de l'acad. des sc. **157**, 1422 (1913); zit. nach Czapek, l. c. S. 350. — M. Freund, Ber. d. Dtsch. Chem. Ges. **38**, 3234 (1905). — M. Freund u. Speyer, ebenda **49**, 1287 (1916).

stitution mit sich brachten. Eine Entscheidung über die absolute Richtigkeit der einen oder anderen Strukturformel, deren Differenzen sich meistens auf die **Doppelbindung** und **den N - Ring** beziehen, läßt sich derzeit nicht geben. Mit Rücksicht auf die Bedeutung, welche die Konstitutionsermittlung des Morphins — teils wegen der Erforschung der Beziehung von Konstitution und Wirkung, teils wegen der Schaffung wirksamer Derivate — auch für die Pharmakologie hat, seien nun zum Abschluß dieses Abschnittes die erwähnten, heute besonders in Diskussion stehenden Konstitutionsformeln des Morphins wiedergegeben (siehe nebenstehende Tabelle).

Chemischer Morphinnachweis, Morphinbestimmung und Morphindarstellung.

Zum chemischen Morphinnachweis [1]) und den darauf beruhenden Bestimmungsmethoden können einerseits Farben-, andererseits Fällungsreaktionen verwendet werden. Die Farbenreaktionen des Morphins sind zum großen Teile auf die leichte Oxydierbarkeit des Alkaloids zurückzuführen und auf die darauf beruhende Eigenschaft des Morphins, als Reduktionsmittel zu wirken.

F a r b e n r e a k t i o n e n : Konzentrierte Schwefelsäure löst Morphin farblos oder nur ganz schwach rötlich, konzentrierte Salpetersäure mit blutroter, allmählich in Gelblich übergehender Farbe. (Zinnchlorid oder Schwefelammon rufen in dieser gelblich gewordenen Lösung zum Unterschiede von Brucin keine Violettfärbung hervor.)

E r d m a n n s Reagens [2]) löst Morphin ganz schwach rötlichgelb, die Lösung wird allmählich dunkler [G a d a m e r [3])]; F r ö h d e s Reagens [4]) löst mit schön violetter Farbe, die durch Blau in ein schmutziges Grün und schließlich in ein schwaches Rot übergeht. Auf Zusatz von Wasser verschwindet diese Farbe. Empfindlichkeit der Reaktion $1/_{200}$ mg Morphin [F r ö h d e u. a.[5])]. Erwärmen von Morphin mit konzentrierter Schwefelsäure, Zufügen eines Krystalls von Eisensulfat und Ammoniak gibt violette Färbung [J o r r i s s e n [6])]. Mandelins Reagens [7]) gibt mit Morphin eine rotviolette, allmählich blauviolett werdende Farbe. Ähnlich wirkt auch Titan-Wolframschwefelsäure. Darauf beruht die Reaktion mit D e n i g é s Reagens [8]).

---

[1]) Über den biologischen Morphinnachweis s. später S. 871.

[2]) E r d m a n n s Reagens. Zusammensetzung: Zu 20 g reiner konzentrierter H_2SO_4 fügt man 10 Tropfen einer Lösung von 10 Tropfen 30 proz. HNO_3 in 100 ccm Wasser.

[3]) G a d a m e r , l. c. S. 820.

[4]) F r ö h d e s R e a g e n s. Zusammensetzung: 1. Verdünntes Reagens: 5 mg Molybdänsäure oder Natriummolybdat in 1 ccm reiner konzentrierter Schwefelsäure. Das fein zerriebene Salz wird am besten in der Kälte durch Schütteln in Lösung gebracht oder höchstens sehr gelinde erwärmt. Das Reagens ist nicht lange haltbar, die Lösung soll farblos sein; bei der Aufbewahrung blau gewordenes Reagens ist unbrauchbar. 2. Konzentriertes Reagens: Auf 1 ccm konzentrierte Schwefelsäure 0,01 g oder noch besser 0,05 g Molybdänsäure oder deren Natriumsalze.

[5]) F r ö h d e , Zeitschr. f. analyt. Chem. **5**, 214 (1866). — N a g e l v o o r t , Arch. d. Pharmazie **209**, 249 (1876). — G. B r u y l a n t s , Chem. Zentralbl. (1895), I, S. 1043.

[6]) A. J o r r i s s e n , zit. nach C z a p e k.

[7]) M a n d e l i n s Reagens. Zusammensetzung: 1 g fein zerriebenes Ammoniumvanadat wird kalt in 200 g konzentrierter Schwefelsäure gelöst (für den Gebrauch frisch zu bereiten). Die gleiche Zusammensetzung hat das Reagens von J o h a n n s o n u. K u n d r a t.

[8]) G. D. D e n i g é s , Bull. de la soc. de chim. de France **19**, 308 (1916); Chem. Zentralbl. (1916), II, S. 959. — D e n i g é s Reagens. Zusammensetzung: Rutil (Titansäureanhydrid) wird mit konzentrierter Schwefelsäure einige Stunden nahe zum Sieden erhitzt, erkalten lassen und dann die klare Flüssigkeit abgegossen. Rührt man einige Partikelchen der freien Morphinbase oder des Salzes in 2—3 ccm Reagens, so tritt blutrote Färbung ein. — Vgl. auch C. R e i c h a r d , Zeitschr. f. analyt. Chem. **42**. 95 (1903).

Konstitutionsformeln des Morphins.

1. Nach Knorr und Hörlein, Ber. d. Dtsch. Chem. Ges. 40, 3341 (1907).

CH
HO—C   CH
C   C
C   CH₂
O
CH   CH—N—CH₃
C   C
H   H₂C   CH₂
C   CH
HO   CH₂

2. Nach Freund und Speyer, Ber. d. Dtsch. Chem. Ges. 49, 1287 (1916).

CH
HO·C   CH
C   C
C   CH₂
O
CH   CH—N—CH₃
C   CH
H   HC   CH₂
C   CH
HO   CH₂

3. Nach Wieland und Keppelmeier, Liebigs Annal. d. Chem. 382, 306 (1911).

CH
HO·C   CH
C   C
C   CH₂
O
CH   CH—N—CH₃
HC   C   H₂C:CH
H
C   CH
HO   CH₂

4. Nach Gadamer und Klee, Zeitschr. f. angew. Chem. 36. 625 (1913).

CH
HO·C   CH
C   C
C   CH₂
O
C   CH₂
C   C
H   H₂C   CH₂
C   CH—N—CH₃
OH   CH₂

5. Nach Faltis, Arch. d. Pharmaz. 255, 85 (1917).

CH
HO·C   CH
C   C
C   CH₂
O
CH   CH—N—CH₃
HC   CH
H   H₂C   CH₂
C   CH
OH   CH₂

6. Nach v. Braun, Ber. d. Dtsch. Chem. Ges. 47, 2313 (1914).

CH
HO·CH   CH
C   C
C   CH₂
O
CH   CH—N·CH₃
C   CH
H₂C   CH₂
HO·C   CH
CH

Mit **Meckes** Reagens [1]) werden Morphinlösungen in der Kälte blau bis
olivgrün, in der Wärme mißfarbig braun. **Marquis'** Reagens [2]) löst Morphin
mit purpurroter Farbe auf, die in Violett und schließlich fast in reines Blau
übergeht. Bringt man die blau gewordene Lösung in ein enges Reagensglas,
so daß die Luft zur Lösung nur ungenügenden Zutritt hat, dann hält sich der
blaue Farbenton längere Zeit [**Marquis**[3]), R. **Kobert**[4])]. Statt Formalin
kann auch Formaldoxim verwendet werden [C.**Reichard**[5])]. Umgekehrt kann
diese Reaktion zum Nachweis von Methylalkohol verwendet werden; (Oxydation
des Methylalkohols zu Formol). Über den Ersatz des Morphins für den
Methylalkoholnachweis s. **Pfyl**[6]).

Auf der Überführung des Morphins in Apomorphin und dessen Nachweis
durch Farbenreaktion beruhen die beiden Reaktionen von **Husemann** und
Pellagri:

Husemanns Reaktion: Versetzt man die frisch und kalt zubereitete
farblose Lösung des Morphins in konzentrierter Schwefelsäure mit einem Körnchen Kaliumnitrat, so tritt keine wesentliche Veränderung ein; erwärmt man
aber vorher $1/2$ Stunde am Wasserbad oder kurze Zeit über einer Flamme, bis
weiße Dämpfe auftreten, dann tritt rötliche Färbung ein. Gibt man nun nach
Erkalten ein Körnchen Kaliumnitrat hinzu, dann tritt zuerst ganz vorübergehend
rotviolette Färbung auf, die rasch in Blutrot übergeht und allmählich verblaßt.
Auf diese Weise kann auch nicht ganz reines Morphin, z. B. solches, das aus
Organteilen isoliert wurde und das sich mit konzentrierter Schwefelsäure allein
schon mehr oder weniger färbt, mit Sicherheit erkannt werden. Diese Reaktion
gelingt auch in der Weise gut, daß man die Lösung des Morphins in der konzentrierten Schwefelsäure bei gewöhnlicher Temperatur 24 Stunden lang im
Exsiccator stehen läßt und dann eine Spur konzentrierter HNO_3 zusetzt.
Statt der HNO_3 können auch einige Körnchen Kaliumnitrat oder Kalium-
chlorat verwendet werden (**Autenrieth**, l. c.).

Pellagris Reaktion: Dampft man eine Spur Morphin mit etwas kon-   •
zentrierter HCl und einigen Tropfen Schwefelsäure auf dem Wasserbade bis
zur Entfernung der Chlorwasserstoffsäure ab und erhitzt schließlich noch
$1/4$ Stunde, so erhält man einen rötlichen Rückstand. Löst man diesen in
2—3 ccm Wasser und alkalisiert ihn schwach mit Natriumbicarbonat, so entsteht auf allmählichen Zusatz von einigen Tropfen Jodtinktur eine smaragdgrüne Färbung; schüttelt man nun mit Äther durch, so färbt sich der Äther
rot, die wässerige Schicht bleibt grün. Überschuß an Jodtinktur ist zu vermeiden, weil die Jodfarbe sowohl die rote wie die grüne Farbe zu verdecken
vermag.

Durch **Reduktionswirkungen** des **Morphins** kommen folgende
Farbenreaktionen zustande, die zum Teil als Reaktionen auf die phenolische
OH-Gruppe des Morphins anzusehen sind: Die farblose Morphinschwefelsäure-
lösung färbt sich beim Bestreuen mit Bismut. subnitric. schwarzbraun. Beim
Verdünnen mit Wasser färbt sich die Lösung rot.

---

[1]) **Meckes Reagens.** Zusammensetzung: 1 g selenige Säure in 200 g konzentrierter
Schwefelsäure gelöst.

[2]) **Marquis' Reagens.** Zusammensetzung: 2—3 Tropfen 40 proz. Formaldehyd-
lösung in 3 ccm konzentrierter Schwefelsäure.

[3]) **Marquis**, Chem. Zentralbl. (1897, I), S. 249.

[4]) R. **Kobert**, Chem. Zentralbl. (1899, II), S. 149.

[5]) C. **Reichard**, Pharmazeut. Zeit. **49**, 523 (1904).

[6]) **Pfyl**, Zeitschr. f. d. Untersuch. d. Nahrungs- u. Genußmittel **42**, 218 (1921).

Natriumnitrit macht dasselbe: Morphin + Natr. nitrit., dann Ansäuern und nach Aufhören der Gasentwicklung mit starker NaOH versetzt, gibt tiefrote Färbung [Radulescu[1])]. Spuren von Morphin geben mit einem Tropfen Nitritlösung eine deutliche Gelbfärbung, die beim Zugeben von Lauge orangefarben wird [H. Wieland und Keppelmeier[2])]. Eine neutrale Morphinsalzlösung färbt sich mit Eisenchloridlösung rein blau.

Ein kleiner Krystall von Uranylnitrat oder -acetat mit einigen Tropfen säurefreiem Methyl- oder Äthylalkohol in eine kleine Menge freier Morphinbasen eingetragen geben nach Umrühren Rotfärbung.

Morphinchlorhydrat wird erst im Wasser gelöst, und dazu gibt man einige Tropfen konzentrierter Uransalzlösung oder einen Krystall des Salzes. Dampft man die gefärbte Lösung zur Trockne ein, so erhält man einen stark rotgefärbten Rückstand, der durch Säuren oder Alkalien entfärbt wird (Empfindlichkeit für 0,1 mg Morphin). Verdampft man die Morphinlösung + HCl zur Trockne, setzt dann einen Tropfen der Uransalzlösung zu und dampft neuerdings zur Trockne ein, dann erhält man noch mit 0,05 mg Morphin einen rotgefärbten Rückstand [Aloy und Rabaut[3])].

Ferricyankalium + Spur Eisenchlorid gibt mit Zusatz von Morphin Blaufärbung, bei größeren Morphinmengen direkte Abscheidung von Berlinerblau. Jodsäure oder eine mit verdünnter Schwefelsäure angesäuerte Lösung von jodkalifreiem Kaliumjodat wird von Morphin unter Abscheidung von Jod reduziert. Das Jod kann durch Ausschütteln mit Chloroform von diesem aufgenommen werden.

Ammoniakalische Silbernitratlösung + Morphinsalzlösung erwärmt läßt graues metallisches Silber ausfallen.

Lloydsche Reaktion. Die Violettfärbung, die eine Schwefelsäure + Strychninlösung mit Kal. bichromat. gibt, wird auch durch das Gemisch von Morphin, Hydrastin und konzentrierter Schwefelsäure allein ohne Bichromat gegeben. Die Reaktion ist aber nur für größere Mengen der Alkaloide charakteristisch[4]) (5—10 mg Morphin und 2—10 mg Hydrastin).

Arsensäurehaltige Schwefelsäure[5]) 2—3 ccm + 1 Körnchen Morphin am Wasserbade erwärmt gibt folgende Färbungen: In der Kälte allmählich grünlichblau, dann grün, in der Wärme über Blau schnell smaragdgrün, später dunkelgrün (Bei sehr wenig Morphin beeinflußt schon wenig Wasser die Färbung in der Weise, daß sie nur schwer oder gar nicht in Grün übergeht, die Lösungen bleiben dann unter Umständen blau.) In der Wärme werden sie nach Zusatz von NCl rotviolett; Empfindlichkeit 0,45 mg Morphin. Der violette Farbstoff geht in Chloroform über [Donath[6]), C. Reichard[7]), L. Rosenthaler[8])].

Ein Reagens, bestehend aus 2 g p-Dimethylamidobenzaldehyd in 6 g konzentrierter Schwefelsäure + 0,4 g destilliertem Wasser versetzt, reagiert mit Morphin (ebenso mit Kodein) schon in der Kälte hellrot [R. Wasicky[9])].

---

[1]) Radulescu, Chem. Zentralbl. (1906, I), 1378; zit. nach Czapek.
[2]) H. Wieland u. Keppelmeier, l. c. S. 831.
[3]) Aloy u. Rabaut, Bull. de la soc. de chim. de France 15, 680 (1914).
[4]) A. Wangerin, Pharmazeut. Zeit. 48, 57 (1903).
[5]) Arsensäurehaltige Schwefelsäure: 1 g arsensaures Kalium in 100 g konzentrierter Schwefelsäure.
[6]) Donath, Journ. f. prakt. Chem. 33, 563 (1886).
[7]) C. Reichard, Chemiker-Zeit. 28, 1102 (1904); zit. nach Czapek.
[8]) L. Rosenthaler u. F. Türk, Apoth.-Zeit. 19, 186 (1904); zit. nach Autenrieth.
[9]) R. Wasicky, Zeitschr. f. analyt. Chem. 54, 393 (1915).

Diazoreaktion des Morphins: Morphin und seine Salze lassen sich in alkalischen Lösungen mit Diazoniumverbindungen, am besten mit Diazobenzosulfosäure, zu Farbstoffen kuppeln. (Frisch bereitete 2 proz. wässerige Lösung der Säure wird zu der Morphinlösung zugesetzt, dann mit Natr. carb. oder bicarb. alkalisch gemacht.) Je nach der Konzentration entsteht tiefrote oder hellrote Farbe; Empfindlichkeitsgrenze unter 1 : 10 000 (geeignete Unterscheidung des Morphins von den übrigen Opiumalkaloiden, einschließlich der synthetisch hergestellten Derivate des Morphins wie Dionin, Heroin, Peronin) [L. Lautenschläger[1])].

Mit $CuSO_4 + H_2O_2 + NH_3$ gibt Morphin eine rosarote bis rote Färbung [Denigés[2])]. Bei dieser Reaktion von Denigés kann man das $CuSO_4$ durch Hämatin ersetzen [D. Ganassini[3])].

Mit dem Folinschen Phosphorwolframsäurereagens gibt Morphin noch in 0,01 proz. Lösung sehr schöne Blaufärbung. Schwefelsaure Morphinlösung mit Bleisuperoxyd geschüttelt bewirkt Rosafärbung [Fleury[4])].

Fällungsreaktionen. Von den üblichen Alkaloidfällungsreagenzien sind Gold- und namentlich Platinchlorwasserstoffsäure wenig empfindlich. Auch Tannin gibt mit Morphin nur eine unbedeutende Trübung.

Bewährt haben sich aromatische Nitroverbindungen [Rosenthal und Görner[5])], besonders Nitrophenole.

In der folgenden Tabelle III sind die Fällungsgrenzen des Morphins durch zwei Zahlenwerte bestimmt, von denen der kleinere den Verdünnungsgrad anzeigt, bei welchem innerhalb 1 Minute noch eine deutlich sichtbare Fällung eintrat, während die größere Zahl die Verdünnung anzeigt, bei welcher keine Reaktion erfolgt. Eintretende Krystallbildung ist durch einen Stern bezeichnet.

Tabelle III.

Trinitro-kresol	Trinitro-thymol	Trinitro-resorcin	Trinitrophloro-glucin	Trinitronaphthol	Tetranitro-phenolphthalein	Hexanitro-diphenylamin
200—250*	250—300*	200—250	9000—10 000	5000—6000	11 000—12 000	40 000—45 000

Die mit Silico- und Phosphorwolframsäure erhaltenen Fällungen des Morphins entsprechen der Formel $SiO_2 \cdot 12 WO_3 \cdot 2 H_2O \cdot 4$ Morphin $+ x H_2O$ [B. Heiduschka und L. Wolf[6])].

Ein ausgezeichnetes Fällungsmittel für Morphin ist Chlorzinkjodlösung [O. Tunmann[7])], das auch zum mikrochemischen Nachweis des Morphins besonders geeignet ist (s. daselbst). Als Jodid wird Morphin auch durch Caesiumcadmiumjodid gefällt [Kerbosch[8])].

Weiter hat sich (auch für quantitative Bestimmungen) das Mayersche Reagens[9)] bewährt [G. Heikel[10])], ebenso die Pikrolonsäure [H. Matthes

---

[1]) L. Lautenschläger, Arch. f. Pharmazie 257, 13 (1919).
[2]) Denigés, Compt. rend. de l'acad. des sc. 151, 1062 (1910); Bull. de la soc. de pharm. de Bordeaux 51, 299 (1911).
[3]) D. Ganassini, Boll. di chim. e farm. 60, 2 (1921).
[4]) Fleury, Chem. Zentralbl. (1901, II), S. 1370.
[5]) Rosenthal u. Görner, Zeitschr. f. analyt. Chem. 49, 340 (1910).
[6]) Heiduschka u. Wolf, Schweiz. Apoth.-Zeit. 58, 213 (1920).
[7]) O. Tunmann, Apoth.-Zeit. 62, 76 (1917).
[8]) Kerbosch, zit. nach Czapek.
[9]) Mayersches Reagens. Als $^n/_{20}$-Lösung mit 6,775 g $HgCl_2 + 25$ g Jodkali ad 1000 H_2O.
[10]) G. Heikel, Chemiker-Zeit. 32, 1149—1212 (1908).

und O. Rammstedt[1]), W. H. Warren und R. S. Weiss[2])]. Ihre Verwendung erfolgt als $^n/_{10}$ alkoholische Lösung, die also $^1/_{10}$ g Nitrophenylmethylisonitro-pyrazolon ($C_{17}H_8N_4O_5$) = 26,4 g feste Pikrolonsäure im Liter Alkohol enthält. Das Morphin-Pikrolonat schmilzt unter Sintern und Dunkelfärbung zwischen 201—210°.

Gibt man zu einer Lösung von 0,1 g Morphinchlorhydrat in 10 ccm dest. Wasser 50 Mikro - g - Thorium X - Bromid, so erhält man schon nach 24 Stunden eine Fällung von Oximorphinkrystallen; bei Zugabe der achtfachen Dosis Thoriumbromid ist die Umwandlung fast vollständig. (Pierre Lemay und Léon Jalonstre[3].)

Morphinnachweis und Methoden der quantitativen Morphinbestimmung.

Alle im vorstehenden angeführten Eigenschaften des Morphins, seine Löslichkeit in den verschiedenen Lösungsmitteln, seine sonstigen physikalischen Eigenschaften sowie die optische Aktivität, ganz besonders die Farben- und Fällungsreaktionen wurden herangezogen, um Morphin einerseits qualitativ, anderseits quantitativ bestimmen zu können.

Über den Morphinnachweis und die Morphinbestimmung liegen außergewöhnlich viele Untersuchungen vor mit Angaben zahlreicher Verfahren und Verbesserungen, was wohl als ein Beweis dafür angesehen werden kann, daß die Methoden des Morphinnachweises nicht einwandfrei sind.

Ganz allgemein läßt sich über diese Frage sagen, daß keine jener Eigenschaften, die zum Morphinnachweis herangezogen werden, für dieses Alkaloid als absolut spezifisch gilt. Die Farbenreaktionen werden nur dann für das Morphin als beweisend gelten können, wenn andere gleichfalls reduzierende Körper auszuschalten sind, ein Moment, das namentlich für den Morphinnachweis in Körpersäften und ähnlichem besonders berücksichtigt werden muß. Das gleiche gilt von den Fällungsreaktionen, von der Benutzung der geeigneten Lösungsmittel für die Fraktionierung usw. Die Bewertung aller dieser Resultate hat eine besondere Bedeutung für die Beurteilung der Untersuchungen über das Schicksal des Morphins im Organismus.

Hier sollen nun zunächst jene Methoden des Morphinnachweises und der Morphinbestimmung besprochen werden, die sich hinsichtlich ihrer Anwendung auf reine Lösungen sowie auf Körper und Ausscheidungsflüssigkeiten, Organe usw. beziehen, während die Morphinbestimmung im Opium und in den Opiumpräparaten beim Opium selbst besprochen werden wird (s. dort S. 1056).

Als einwandfrei werden vor allem jene Methoden anzusehen sein, bei denen Morphin in schmelzpunktreiner Form erhalten wird. Dazu gelangt man namentlich bei der Darstellung des Alkaloids aus tierischen Organen durch eine Reihe von Fraktionierungen, von denen die bekannteste das Alkaloiddarstellungsverfahren von Stas - Otto ist, das selbst wieder verschiedene Verbesserungen erfahren hat, ohne daß es heute als die definitive Lösung des Alkaloidnachweises angesehen werden kann. Auf diese Darstellungsmethode kann hier nicht näher eingegangen werden, und es sei diesbezüglich auf die einschlägige Literatur, insbesondere auf die Werke von Gadamer, Schmidt und Grafe und Autenrieth (l. c. S. 820) verwiesen. Im besonderen seien hier nur die Be-

---

[1]) H. Matthes u. O. Rammstedt, Zeitschr. f. analyt. Chem. **46**, 565 (1907).
[2]) W. H. Warren u. R. S. Weiß, Journ. of biol. chem. **3**, 227 (1907).
[3]) Pierre Lemay und Léon Jalonstre, Compt. rend. de l'acad. des Sc. **174**, 171 (1922). Chem. Zentralbl. 1922, III, S. 25.

funde von E. Kohn und Abrest[1]) erwähnt, deren Untersuchungen ergaben, daß ein 3—4 g schweres Stück Aluminium, durch dreiminutenlanges Eintauchen in 1 proz. Sublimatlösung aktiviert, ein gutes Mittel zum Nachweis von Alkaloiden ist. Auf diese Weise soll es gelingen, Morphin noch in 0,0015 proz. Lösung nachzuweisen (zitiert nach Grafe, l. c.).

Von den, speziell für das Morphin, auf Grund oben angeführter Farbenfällungsreaktionen usw. angegebenen Bestimmungsmethoden seien hier folgende angeführt:

Allgemeine quantitative Methoden.

Das Alkaloid wird nach dem allgemeinen Fraktionierverfahren isoliert, in Lösung gebracht, in derselben entweder durch eine Farbenreaktion oder durch Fällung und Schmelzpunktbestimmung, evtl. mit nachfolgender Farbenreaktion identifiziert. Dieser Weg führt auch zu den quantitativen Bestimmungsmethoden.

1. Gravimetrische. Eine ältere Methode verwendet die Verdunstungsrückstände der organischen Oxydationsmittel [Rußwurm[2])]. Diese Rückstände sind meist noch stark gefärbt, sie werden in heißem Amylalkohol aufgenommen, der Lösung heißes, durch verdünnte Schwefelsäure angesäuertes Wasser zugesetzt und tüchtig durchgeschüttelt. Hierbei geht das Morphin als schwefelsaures Salz in die wässerige Schicht über, während die Verunreinigung zum größten Teil im Amylalkohol zurückbleibt. Die schwefelsaure wässerige Lösung wird dann wieder schwach ammoniakalisch gemacht und mit alkoholhaltigem Chloroform ausgeschüttelt. Der Rückstand dieses Auszugs besteht dann gewöhnlich aus fast reinem, oft krystallisiertem Morphin. Löst man den Rückstand in möglichst wenig Chloroform, so gelingt daraus gewöhnlich eine rein krystallinische Abscheidung des Morphins, wenn man die Chloroformlösung mit dem etwa 50fachen Volumen Petroläther versetzt, stark abkühlt und 24 Stunden stehen läßt. Die Krystalle können gewogen und dann identifiziert werden. Über die Brauchbarkeit des Ausschüttelungsverfahrens mit Chloroform und über die Bewertung für die quantitative Morphinbestimmung vgl. ferner Rübsamen[3]), E. Winterstein[4]). Die Löslichkeit der Morphinbase in Wasser sei nicht verschieden von derjenigen in Chloroform. 100 ccm Wasser lösen bei 20° 0,0264 g, 100 ccm Chloroform 0,0520 g Morphin. Eine Nachprüfung ergab infolgedessen auch eine Unbrauchbarkeit der Methode Rübsamens. Nur ein Teil des Morphins ging in das Chloroform, während der größte Teil in der wässerigen Lösung blieb. Dagegen R. Gottlieb[5]), R. Gottlieb und O. Stepphuhn[6]): es lassen sich kleine Mengen Morphin (0,05—0,1 g) mit genügender Genauigkeit (bis 96%) bestimmen.

Für eine quantitative Fällung eignet sich auch Pikrinsäure, doch ist gerade für Morphin dieser die Pikrolonsäure (S. 838) überlegen. Ihre Verwendbarkeit für die quantitative Morphinbestimmung beruht auf den bereits erwähnten Untersuchungen von H. Matthes und O. Rammstedt sowie von Warren und Weiß (l. c. S. 839). Die Methode eignet sich auch für die direkte Bestimmung von Morphin in Tabletten usw. Hat man z. B. eine solche in wenig

---

[1]) E. Kohn u. Abrest, Cpt. rend. de l'acad. des sciences **155**, 1179 (1912).
[2]) Rußwurm, zit. n. Gadamer l. c. S. 820.
[3]) Rübsamen, Arch. f. exp. Pathol. u. Pharmakol. **59**, 225 (1908).
[4]) E. Winterstein, ebenda **62**, 139 (1910).
[5]) R. Gottlieb, ebenda **62**, 430 (1910).
[6]) R. Gottlieb u. O. Stepphuhn, ebenda **64**, 54 (1910).

Wasser gelöst, dann wird die Lösung mit einem geringen Überschuß einer ca. $^n/_{10}$ alkoholischen Pikrolonsäurelösung versetzt; das Pikrolonat scheidet sich entweder sofort oder nach einiger Zeit als Krystallmehl oder in gelben Nadeln ab. Nachdem man den Niederschlag 15 Stunden bei 10—15° hat stehen lassen, sammelt man ihn auf einem mit Asbest belegten Gooche-Tiegel, saugt scharf ab, wäscht mit möglichst wenig Wasser nach, trocknet $^1/_2$ Stunde bei 110° und wägt.

Aus dem Gewicht des Pikrolonates läßt sich die Menge der Base berechnen. Der Schmelz- bzw. Zersetzungspunkt des Salzes bürgt für seine Reinheit und Identität. Dabei ist es von Vorteil, daß sich die Alkaloidsalze direkt in wässerigen Lösungen fällen lassen, ohne daß erst das Alkaloid mit Alkali in Freiheit gesetzt werden muß. Die umständliche Extraktion der Base mit Äther oder Chloroform fällt weg. Bei der Berechnung des schmelzpunktreinen Morphinpikrolonats (Schm.-P. 200—210°) entsprechen 0,0147 g des Salzes 0,0101 g der freien Morphinbase.

Für eine spezielle mikrochemische Morphinbestimmung durch Fällung eignen sich die Methoden von O. Tummann[1]) (gleichzeitig Unterscheidungsmethode von Morphin und Kodein). Man stellt sich von einem Morphin- und einem Kodeinsalze auf einer Asbestplatte einige Sublimate her, bedeckt die erhaltenen Niederschläge mit dem Deckgläschen und fügt vom Deckglasrande einen Tropfen JH zu. Es bildet sich ein kerniger Niederschlag, der beim Erwärmen schwindet; beim Erkalten erscheinen die Krystalle des Morphintetrajodids sofort, die des Kodeintrijodids erst nach 3—5 Minuten. Im Original s. auch Unterscheidungsangaben über die Krystallform. Die Krystallbildung der Kodeinverbindung läßt sich durch Alkohol beschleunigen. Auch Chlorzinkjod gibt mit Morphin einen Niederschlag. Die Reaktion ist ebenfalls für den Morphinnachweis gut zu verwenden, da selbst aus unreinen Präparaten mit dem Reagens feine braune Nadeln entstehen, die zu Büscheln auswachsen und in prismatische Krystalle übergehen.

Maßanalytische Bestimmungsmethoden des Morphins. Die am häufigsten verwendete Methode ist die titrimetrische Morphinbestimmung mit dem Mayerschen Reagens (Quecksilberjodidjodkalium). Vorbedingung dabei ist, daß die Menge des Alkaloids nicht zu gering ist, da der bei der Berechnung anzuwendende Faktor ziemlich groß ist. 1 ccm $^n/_{20}$ Mayersches Reagens = 0,0200 g Morphin. Eine Verbesserung dieses im allgemeinen ungenauen Verfahrens, bei dem die Titration direkt erfolgt, brachte die Methode von G. Heikel (l. c. S. 838), bei der das Hg-Reagens im Überschuß zugesetzt und dann unter Verwendung von Kaliumcyanid und Silbernitrat zurücktitriert wird.

Es wird bei dieser „Restmethode" das überschüssige Hg des Reagens durch eine Cyankalilösung von bestimmtem Gehalt in das undissoziierte und daher reaktionsunfähige Hg-Cyanid übergeführt und dann wieder der Überschuß dieser Cyankalilösung durch AgNO$_3$-Lösung festgestellt. Die Cyankalilösung ist so eingestellt, daß ein bestimmtes Volumen derselben mit 10 ccm 10proz. NH$_3$ und einigen Tropfen Jodkalilösung als Indicator das gleiche Volumen $^n/_{20}$-AgNO$_3$-Lösung erfordert, um die erste bleibende Trübung von Ag-Cyanid zu erzielen.

Aus der Gleichung HgCl$_2$ + 2 KCN = Hg(CN)$_2$ + 2 KCl ergibt sich, daß 0,010 g Hg (= 2,0 ccm des $^n/_{20}$-Mayerschen Reagens) mit 0,0065 g KCN (= 1,0 ccm $^n/_{20}$-KCN-Lösung) reagiert.

---

[1]) O. Tummann, Apoth.-Zeit. **31**, 148 (1916); **62**, 76 (1917).

Wird die zugefügte Anzahl Kubikzentimeter der $n/_{20}$-KCN-Lösung mit K, die verbrauchten Kubikzentimeter $n/_{20}$-AgNO$_3$-Lösung mit A und die Anzahl der Kubikzentimeter des Mayerschen Reagens mit Morphin bezeichnet, so besteht zwischen den 3 Lösungen die Beziehung Morphin = 2 (K-A).

Für 0,100 g Morphin sind 96 ccm des Reagens erforderlich. 1 ccm des Reagens entspricht 0,0104 g Morphin, die Fehlergrenze beträgt ± 5%, die Endverdünnung darf 1 : 1000 nicht überschreiten. Bei stärkerer Verdünnung ergaben 7 ccm Reagens auf 0,100 g fast genaue Resultate (vgl. dazu V. Grafe, S. 24, l. c. S. 820).

Auch auf alkalimetrischem Wege ist die Titration von Morphinlösungen möglich. Als Indikator wird dabei Jodeosin verwendet. Die Methode erwies sich zweckmäßig als Ergänzung der gewichtsanalytischen, da sie allfällige Verunreinigungen dabei ausscheiden kann. Zu diesem Zwecke wird der bei der Gewichtsanalyse erhaltene Rückstand in einer bekannten überschüssigen Menge von $n/_{10}$- oder $n/_{100}$-HCl oder H$_2$SO$_4$ gelöst und der Überschuß mit $n/_{10}$- oder $n/_{100}$-KOH zurücktitriert. Vorbedingung für diese Methode ist, daß das Alkaloid tatsächlich vollständig im Zustande der freien Base und nicht als Salz vorhanden ist. Zur Bestimmung wasserfreien Morphins sind die verbrauchten Kubikzentimeter $n/_{100}$-Säure mit 0,00285 zu multiplizieren (Näheres über die Methode s. bei Gadamer, S. 498, l. c. S. 820).

Ein allgemeiner Übelstand bei der maßanalytischen Bestimmung des Morphins ist dessen gleichzeitige Basen- und Säurenatur; denn daran scheitert die Brauchbarkeit der meisten Indikatoren für absolut genaue Zwecke [E. Rume[1])].

Neue titrimetrische Morphinbestimmungsmethoden hat A. D. Thorburns[2]) ausgearbeitet.

Die wässerige Lösung der Morphinsalze wird ammoniakalisch gemacht und mit einer Mischung von 3 Teilen Phenyläthylalkohol der etwas mehr als $1/_{200}$ seines Gewichtes Morphin bei Zimmertemperatur löst und selbst in Wasser sehr wenig löslich ist) und 1 Teil Benzol ausgeschüttelt, bis eine Probe mit Mayerschem Reagens die vollständige Extraktion des Morphins aus der wässerigen Lösung anzeigt, was gewöhnlich nach 2 Extraktionen der Fall ist. Die Lösung wird auf dem Wasserbade 1 Stunde erwärmt, eine bekannte Menge $n/_{10}$-Schwefelsäure zugefügt und die wässerige Lösung mit $n/_{10}$-KOH unter Verwendung von Hämatoxylin als Indikator titriert. 1 ccm der Säure entspricht = 0,03 g krystallisierten oder 0,0283 g wasserfreien Morphins oder 0,0376 g krystallisierten Morphinsulfats. Durch diese Methode können Mengen von weniger als 0,175 g Morphin bestimmt und die Bestimmung in 4 Stunden durchgeführt sein.

Eine Kombination dieser Methode mit der gewöhnlichen alkalimetrischen führt Williams[3]) durch, der ebenfalls die Extraktion mit Phenyläthylalkohol + Benzol verwendet und das in $n/_{10}$-HCl im Überschuß gelöste Morphin mit $n/_{10}$-KOH unter Benutzung von Cochenille als Indikator zurücktitriert.

Der Umschlag bei der direkten Titration auf Phenolphthalein ist (aus den schon früher erwähnten Gründen) nicht scharf. Schüttelt man aber während der Titration so lange, bis sich das Morphin krystallinisch abscheidet, oder

---

[1]) E. Rume, Apoth.-Zeit. **24**, 662 (1909).
[2]) A. D. Thorburns, Journ. of ind. a. engin. chem. **3**, 754 (1910); Chem. Zentralbl. (1911), II, S. 1749. — Grafe, l. c. S. 30.
[3]) Williams, Americ. journ. of pharmacy **86**, 308 (1914).

impft mit einem Krystall Morphin, so kann man ohne irgendeine Zufügung auf Phenolphthalein titrieren [M. I. Kolthoff[1])].

Schließlich sei noch die Verwendung der Oxydation der Jodsäure durch Morphin für dessen quantitative Bestimmung erwähnt. Die Oxydation erfolgt bei Gegenwart von verdünnter Schwefelsäure nach der Gleichung $2 C_{17}H_{19}NO_3 + 3 - 0 = (C_{17}H_{19}NO_3)_2O_3$. Die verbrauchten Kubikzentimeter einer Lösung von 5,86 g Jodsäure im Liter $\times$ 0,0190 entspricht dem Morphinwert [Georges und Gascard[2])]. Dieses Verfahren ist aber nur für reine Morphinlösungen verwendbar, die keine anderen reduzierenden Stoffe enthalten, so vor allem kein Kodein und Narkotin, weshalb das Verfahren z. B. zur Morphinbestimmung im Opium nicht verwendbar ist [I. N. Rakshit[3])].

Die jodometrische Bestimmung verwendet auch C. Wachtel[4]) bei seiner Bestimmung des Morphins in tierischen Ausscheidungen und Organen: Nach leichtem Ansäuern mit Schwefelsäure und Ausfällung mit basischem Bleiacetat und Entfernung des Pb durch H_2S und dessen Vertreibung wird das Morphin durch salzsäurefreie Phosphorwolframsäure ausgefällt, der Niederschlag nach dem Waschen in verdünnter NaOH gelöst und mit Seignettesalz zersetzt, wobei Wolframoxyde ausfallen. Die Lösung enthält dann phosphorsaures Morphin-Seignettesalz und weinsaures Na.

Durch Ferricyankali wird Morphin zu Oxymorphin übergeführt. Durch jodometrische Bestimmung des zur Oxydation verbrauchten Ferricyankaliums wird die Menge des vorhandenen Morphins ermittelt. — Auf Grund der Bestimmung des p_H einer 1 proz. Morphinchlorhydratlösung zu 3,65 empfiehlt N. Evers[5]) zur Titration von Morphin Bromphenolblau als Indikator, der seinen Umschlag bei $p_H + 3,65$ hat.

Colorimetrische Methoden. Die zahlreichen Farbenreaktionen des Morphins bieten an sich leicht die Möglichkeit zur colorimetrischen Bestimmung des Alkaloids, doch sind bei weitem nicht alle dazu geeignet. Auf Grund der Farbenreaktionen mit dem Marquischen Reagens haben C. Mai und Roth[6]) eine colorimetrische Morphinbestimmung ausgearbeitet. Auf derselben Farbenreaktion beruht die Bestimmungsmethode von H. Gauß[7]). Diese Methode wurde besonders zur Bestimmung von Morphin in kolloidalen Lösungen und in Geweben ausgearbeitet (Enteiweißung mit Trichloressigsäure, Extraktion mit heißem Chloroform, Abdampfen desselben und Aufnahme des Rückstandes in einer bestimmten Menge von Marquis Reagens). Damit soll noch der Nachweis von 0,1 mg Morphin in Geweben möglich sein. Bestimmungsgrenze 0,003 mg.

Außer der Blaufärbung durch Marquis' Reagens haben A. Heiduschka und M. Faul[8]) auch die Jodsäurereaktion für die colorimetrische Verwendbarkeit untersucht. Sie ist am besten innerhalb der Konzentration 1 : 1500 bis 1 : 5500 für quantitative Bestimmungen brauchbar, während der qualitative Morphin-

[1]) M. I. Kolthoff, Zeitschr. f. anorg. u. allg. Chem. **112**, 196 (1920); Chem. Zentralbl. (1920), IV, S. 667. (S. daselbst auch über konduktometrische Titration: Darstellung von Verdrängungskurven schwacher Säuren neben schwächeren Basen.)

[2]) Georges u. Gascard, Journ. de pharm. et de chim. **23**, 513 (1906); Chem. Zentralbl. (1906), II, S. 172.

[3]) I. N. Rakshit, Journ. soc. chem. ind. **36**, 989 (1918); Chem. Zentralbl. (1918), I, S. 879.

[4]) C. Wachtel, Biochem. Zeitschr. **120**, 265 (1921).

[5]) N. Evers, Pharmaz. Journ. **106**, 470 (1921); Chem. Zentralbl. (1922), II, S. 731.

[6]) C. Mai u. Roth, Arch. d. Pharmazie **244**, 300 (1906).

[7]) H. Gauß, Journ. of laborat. a. clin. med. **6**, 699 (1921).

[8]) A. Heiduschka u. M. Faul, Arch. d. Pharmazie **255**, 172 (1917).

nachweis durch dieses Reagens noch bei einer Konzentration von 1 : 12 500 gelingt. Durch NH_3-Zusatz ist die Empfindlichkeit noch zu steigern und ist in dieser Form noch für die Konzentration von 1 : 5000 bis 1 : 16 500 für die quantitative Bestimmung, und noch bei einer Verdünnung von 1 : 18 500 für qualitativen Morphinnachweis verwendbar. Für die Brauchbarkeit der Marquisschen Reaktion geben die Autoren für die quantitative Verwendung die Konzentration von 1 : 1400 bis 1 : 14 000, für den qualitativen Nachweis noch eine solche von 1 : 25 000 an.

Auch die Morphinreaktion mit dem Erdmannschen Reagens wurde zur colorimetrischen Bestimmung verwendet [E. Carlifanti[1]), C. Carlifanti und M. Scelba[2])].

Je 1 ccm der zu untersuchenden Flüssigkeit und 0,5 proz. Morphinchlorhydratlösung werden in einem konischen Glasschälchen von 3 cm Durchmesser auf dem Wasserbade abgedampft. Der Rückstand wird nach dem Erkalten im Exsiccator in 5 ccm konzentrierter Schwefelsäure gelöst und in mit Glasstöpsel versehenen Zylindern von 50 ccm Fassungsraum gegeben. Die Schalen werden 3 mal mit je 3 ccm Schwefelsäure ausgespült; in siedendem Wasser 15 Minuten gehalten, nimmt die Lösung bei Gegenwart von Morphin eine rote Färbung an. Hierauf erfolgt Einstellen in den Colorimetergläsern auf gleichen Farbenton und Berechnung des Morphingehaltes. Handelt es sich um die Bestimmung sehr kleiner Mengen, so dampft man auf dem Wasserbade bei 70—75° ab, löst in 15—20 ccm konzentrierter Schwefelsäure unter dreimaligem Nachspülen mit je 5 ccm in gewogenen 100 ccm-Kolben, setzt 10 ccm eisenchloridhaltige Schwefelsäure (2 ccm 10 proz. $FeCl_3$-Lösung in 100 ccm-Schwefelsäure) zu und erwärmt $^1/_4$ Stunde auf 80°.

Auch die Diazoreaktion des Morphins (s. S. 838) läßt sich für colorimetrische Zwecke verwenden. Man versetzt hierbei in Anlehnung an die Arbeitsweise von Heiduschka und Faul (l. c.) je nach der vermutlichen Konzentration, welche Zahl durch eine qualitative Probe annähernd festgestellt worden ist, ein bestimmtes Volumen der Morphinlösung mit 1 ccm einer frisch bereiteten Lösung von 3 g Diazobenzosulfosäure in 100 ccm Wasser und 10 ccm konzentrierter Sodalösung und vergleicht die Stärke der entstandenen Färbung mit einer aus Morphinlösungen von bekanntem Gehalt gleichzeitig bereiteten Farbenskala. Durch die Verwendung des Colorimeters von Autenrieth läßt sich die jeweilige Herstellung einer Vergleichsfarbenskala umgehen (vgl. hierzu J. Schmidt, S. 455).

Optische Methoden. Die optischen Eigenschaften des Morphins werden für folgende Bestimmungsmethoden herangezogen. F. E. Wright[3]) empfiehlt die Verwendung des petrographischen Mikroskops in der chemischen Analyse und macht dort auch Angaben über charakteristische Eigenschaften der Morphinkrystalle sowie der des Kodeins und Papaverins.

Die Bestimmung des Morphins mittels des Zeißschen Eintauchrefraktometers empfiehlt F. Utz[4]); Morphin wird dabei in methylalkoholischen Lösungen bestimmt. Rakshit[5]) verwendet die optische Aktivität des Morphins zu dessen

[1]) E. Carlifanti, Boll. chim. farm. **54**, 321 (1915); Chem. Zentralbl. (1916), I, S. 1101.
[2]) C. Carlifanti u. M. Scelba, ebenda **55**, 225 (1916).
[3]) F. E. Wright, Journ. of the Americ. chem. soc. **38**, 1647 (1916); Chem. Zentralbl. 1916), II, S. 1071.
[4]) F. Utz, Chemiker-Zeit. **33**, 47 (1909).
[5]) I. N. R. Rakshit, Analyst **43**, 320 (1918); **44**, 337 (1919); Chem. Zentralbl. (1919), II, S. 876. Vgl. auch E. Deussen, Journ. f. prakt. Chem. **86**, 425 (1922).

quantitativer Bestimmung. Das Verfahren beruht darauf, daß Morphin im Gegensatz zu anderen Opiumalkaloiden ein in Wasser lösliches Calciumsalz bildet. Die spezifische Drehung anhydrischen Morphins in verdünnter Salzsäure und in weißem Lichte beträgt — 127°. Das Ergebnis ist mit 1,05 zu multiplizieren. Die Resultate sollen gut sein.

Mit Rücksicht auf die bei der Bestimmung vorhandenen Salze NH_4Cl und $CaCl_2$ wurde deren Einfluß auf die Drehung von Rakshit untersucht. Die Untersuchungen ergaben: die spezifische Drehung des Morphins beträgt bei einer Konzentration von 1 g des Chlorhydrats in 100 ccm und

$$10\% \; CaCl_2 \; - \; 126,6° \qquad\qquad 10\% \; NH_4Cl \; - \; 127,3°$$
$$20\% \; CaCl_2 \; - \; 116,2° \qquad\qquad 20\% \; NH_4Cl \; - \; 127,3°.$$

Wie bereits erwähnt, sind die meisten der hier angegebenen Bestimmungen nur für reine Morphinlösungen verwendbar. Für die Darstellung des Morphins selbst sind verschiedene Verfahren angegeben, die sich je nach dem Ausgangsmaterial verschiedenartig gestalten.

Die Darstellung des Morphins aus dem Opium soll in Verbindung mit der Darstellung der anderen Opiumalkaloide beim Opium selbst behandelt werden. Hier seien nur eine Reihe von Darstellungsverfahren mitgeteilt, die besonders für pharmakologische Zwecke zur Darstellung des Morphins aus Organen, Körpersäften und Ausscheidungsflüssigkeit Verwendung finden.

Darstellung des Morphins aus Organen. Verfahren nach Cloetta[1]). Die Organe werden in einer Hackmaschine zerkleinert und auf einer Reibmühle unter Zusatz von Wasser zermahlen. Die mit Essigsäure angesäuerte Flüssigkeit wird aufgekocht und filtriert, das Filter mit dem Niederschlag wird mehrmals mit heißem Wasser ausgewaschen, die Filtrate werden mit Bleiessig gefällt, der Niederschlag wird mit heißem Alkohol extrahiert, bis die Froedesche Reaktion negativ ausfällt. In dem vom Pb-Niederschlag gesammelten Filtrate wird das gelöste Blei mit H_2S entfernt und dieser nach abfiltrieren des Schwefelbleis durch den Luftstrom vertrieben. Das meist wasserhelle Filtrat wird bei stets essigsaurer Reaktion auf etwa 200 ccm gebracht und nach Entfernung etwa noch vorhandenen Bleies durch H_2S weiter auf 20 ccm eingeengt, mit NH_3 schwach alkalisch gemacht und 4—6mal mit Isobutylalkohol ausgeschüttelt. Nach 24 stündigem Stehen wird die Isobutylalkohollösung filtriert und bei niederer Temperatur innerhalb von etwa 10 Stunden eingedunstet. Der Rückstand wird mit einem Gemisch aus absolutem Alkohol, Chloroform und Benzol (2 : 2 : 1 Vol.) unter gelindem Erwärmen aufgenommen. Die Lösung wird nach 24 stündigem Stehen, wobei Abscheidung von Extraktiv- und Farbstoffen erfolgt, filtriert und eingedunstet. Der nun erhaltene Rückstand wird mit essigsaurem Wasser aufgenommen, nach dem Filtrieren auf 2—3 ccm eingedampft und mit 1 Tropfen NH_3 versetzt. Die Ausscheidung des Morphins beginnt entweder sofort direkt (bei mindestens 0,06 g), oder nach dem Impfen mit einem Morphinkrystallstäubchen. Der Niederschlag wird abfiltriert, mit höchstens 2 ccm Wasser gewaschen, getrocknet und gewogen.

Verfahren nach Marquis[2]). Die zur Untersuchung verwendeten Organe werden fein zerkleinert, mit Wasser zu einem dünnen Brei verrieben, mit HCl schwach angesäuert und kurze Zeit, nicht länger als 5 Minuten, zur Spaltung

---

[1]) Cloetta, Arch. f. exp. Pathol. u. Pharmakol. **50**, 453 (1903).
[2]) E. M. Marquis, Über den Verbleib des Morphins im tierischen Organismus. Diss. Dorpat 1896.

des umgewandelten gebundenen Morphins auf dem siedenden Wasserbade erwärmt. Dann wird mit NH_3 fast neutralisiert, rasch koliert, der zurückgebliebene Brei noch 2 mal mit heißem Wasser eingerührt und wieder koliert. Die vereinigten Kolaturen werden auf dem Wasserbade eingedunstet, der Rückstand wird mit Alkohol zu einem gleichmäßigen Brei eingerührt, durch ein mit Alkohol benetztes Filter gegossen und wiederholt mit Alkohol nachgewaschen. Die vereinigten alkoholischen Filtrate werden bei etwa 50° eingedunstet, der Rückstand mit Wasser ausgezogen, filtriert und wieder eingedunstet. Dieser Rückstand wird in gleicher Weise nochmals durch Lösen in Alkohol und dann in Wasser gereinigt. Die erhaltene wässerige Flüssigkeit wird dann mit HCl angesäuert und zur Entfernung von Fremdkörpern mit Äther, erst kalt, dann schwach erwärmt, ausgeschüttelt. Die so gereinigte wässerige, das Morphin enthaltende Flüssigkeit, wird nun mit $NaHCO_3$ alkalisch gemacht und mehrmals mit Essigäther sowie mit Isobutylalkohol warm ausgeschüttelt. Falls die Verdunstungsrückstände der Essigäther-Isobutylalkoholauszüge gefärbt sind, müssen sie noch gereinigt werden. Zu diesem Zwecke wird der Rückstand in heißem Amylalkohol gelöst und diese Lösung mit heißem, etwas verdünnte Schwefelsäure enthaltendem Wasser tüchtig durchgeschüttelt. Morphin geht dabei in das schwefelsäurehaltige Wasser über, während die färbenden Verunreinigungen zum größten Teil im Amylalkohol zurückbleiben. Macht man dann die Schwefelsäurelösung mit NH_3 schwach alkalisch und schüttelt mit alkoholhaltigem Chloroform $(1 + 9)$ wiederholt aus, so besteht der Rückstand meist aus nahezu reinem, manchmal sogar krystallisiertem Morphin. Man kann schließlich den Morphinrückstand in möglichst wenig Chloroform lösen, diese Lösung mit etwa dem 50fachen Volumen Petroläther versetzen, mit Eis abkühlen und 24 Stunden kalt stehen lassen. Auf diese Weise gelingt gewöhnlich eine krystallinische Abscheidung des Morphins [A u t e n r i e t h, S. 164 l. c.; vgl. auch die Methode von S. G a u ß und von v. R i j n[1])].

Morphinnachweis im Blute. 1 Tropfen Blut in 2 ccm H_2O + 1 Tropfen HCl (5%), dann 2 Tropfen 15 proz. H_2O_2 und 1 Tropfen 10 proz. NH_3; beim Umrühren wird die Sauerstoffentwicklung sehr stürmisch, nach Beendigung derselben ist die Flüssigkeit bei Abwesenheit von Morphin gelblich, bei Anwesenheit des Alkaloids rot bis rotbraun. Diese Reaktion basiert auf der von D e n i g é s angegebenen (s. S. 838); sie tritt nur im Menschenblut prompt ein, im Tierblut dagegen träge.

Eine quantitative Morphinbestimmung im Blute gab T a u b e r[2]) an. Sie besteht im wesentlichen im Auskoagulieren, Ausfällen mit basischem Bleiacetat, Waschen des Niederschlages mit Wasser und dann mit Alkohol (95%), Entfernen des Bleies aus dem Filtrat, Eindampfen, Aufnehmen in Alkohol, nach mehrstündigem Stehen Filtrieren und vorsichtigem Abdampfen, Aufnehmen in saurem Alkohol, Fällen mit festem Na_2CO_3.

Von dem dem Blute zugesetzten Morphin konnte auf diese Weise 95,28% wiedergewonnen werden.

Morphinbestimmung im Harn. Außer der bereits früher besprochenen, speziell für den Nachweis des Morphins im Harn ausgearbeiteten Methode von W a c h t e l (l. c. s. S. 843) seien noch folgende erwähnt, die neben anderen zur Anwendung kommen können.

Verfahren von A u t e n r i e t h[3]). Der mit Weinsäure stark angesäuerte Harn

---

[1]) v. R i j n, Pharmaceut. Weekblad (1907); Apoth.-Zeit. (1907), S. 1056.
[2]) E. T. T a u b e r, Arch. f. exp. Pathol. u. Pharmakol. **27**, 353 (1890).
[3]) A u t e n r i e t h, Ber. d. dtsch. pharmazeut. Ges. **11**, 494 (1901).

wird eingedampft und mit absolutem Alkohol ausgekocht. Der in Wasser aufgenommene alkoholische Rückstand wird bei saurer Reaktion, sowie nach Zusatz von NaOH mehrmals mit Äther ausgezogen, dann wird die Flüssigkeit ammoniakalisch gemacht und mit siedendem Chloroform extrahiert, dessen Eindampfungsrückstand mit Froedes, Pellagris, Husemanns oder Marquis' Reagens geprüft wird.

Bei frischen Harnen erhält man in den Verdampfungsrückständen des Extraktionsmittels Harnstoff, der die Husemannsche Reaktion hindert. Ammonsulfat, das sich beim Stehen oder Erwärmen von Harnstoff mit starker Schwefelsäure bildet, verhindert die Färbung mit Kaliumnitrit. Zur Entfernung des Harnstoffes ist eine Behandlung mit Säuren oder Alkalien erforderlich [G. Jörgensen[1])]. Die von v. Rijn[2]) und von Herrmann[3]) angegebenen Methoden haben sich bei den Untersuchungen über die Ausscheidung des Morphins im Harn von v. Kaufmann-Asser[4]) nicht bewährt. Er empfiehlt daher für diese Zwecke folgenden Vorgang:

Eindampfen des Harns mit Weinsäure, Extrahieren des Rückstandes mit Alkohol unter Rückfluß, neuerliches Eindampfen, Aufnehmen in Wasser, NH_3-Zusatz. Extraktion im Apparat mit Chloroform, Abdampfen. Rückstand in 33 ccm $1/20$ n-HCl und Äther schütteln und mit Lauge und Jodeosin zurücktitrieren. Zugesetztes Morphin wurde nach dieser Methode in Mengen von 68—83% wiedergefunden.

Bei der praktischen Benutzung aller dieser Methoden für pharmakologische Zwecke wird es sich empfehlen, auch alle jene Erfahrungen, die neuerdings bei den Morphindarstellungsmethoden in chemischer Hinsicht gewonnen wurden (so z. B. Verwendung von Phenyläthylalkohol als Extraktionsmittel usw., s. S. 842) auch im Gange der hier wiedergegebenen Darstellungsverfahren zur Anwendung zu bringen. Bezüglich aller sonstigen Darstellungsmethoden und quantitativen Morphinbestimmungen sei auf das darüber beim Opium Gesagte verwiesen.

Wirkungen des Morphins auf Eiweißkörper und Enzyme.

Eine allgemeine Beziehung des Morphins zu Eiweißkörpern besteht nicht. Ob unter Morphineinfluß eine spezifische Veränderung der Eiweißkörper jener Organe erfolgt, die bei der Morphinwirkung elektiverweise betroffen werden, und ob dabei eine Morphin-Eiweißbindung entsteht, ist nicht erwiesen. Dafür würden die Befunde von Binz[5]) sprechen, der nach Einlegen von Gehirnen in Morphinlösungen Trübung des Protoplasmas feststellen konnte. Auch sonstige anatomische Veränderungen bei der akuten Morphinvergiftung [Sarytschow[6]), Schwellungen, Vakuolen und chronisch granuläre Degenerationen) wären hier zu erwähnen. [Bezüglich älterer Untersuchungen über die Zersetzung des Eiweißes unter dem Einfluß von Morphin vgl. v. Böck[7]), sowie Buchheim und Roßbach[8]).]

Über die Beeinflussung des Protoplasmas der Zellen sonstiger tierischer

[1]) G. Jörgensen, Zeitschr. f. analyt. Chem. 49, 484 (1910).
[2]) v. Rijn, Pharmaceut. Weekblad 44, 46 (1912).
[3]) Herrmann, Biochem. Zeitschr. 39, 216 (1912).
[4]) v. Kaufmann-Asser, Biochem. Zeitschr. 54, 161 (1913).
[5]) Binz, Arch. f. exp. Pathol. u. Pharmakol. 6, 310 (1877); 13, 157 (1881).
[6]) Sarytschow, Diss. Dorpat 1895; Virchows Jahresber. (1895), I, S. 390.
[7]) Böck, München 1871, S. 23 ff.; zit. nach Köhler, Materia medica (1876), S. 1069.
[8]) Buchheim u. Roßbach, Über Beziehungen von Morphin und anderen Alkaloiden des Opiums zum Nerveneiweiß; zit. nach Köhler.

Organe liegen keine Untersuchungen vor. Pflanzenprotoplasma scheint dagegen von Morphin überhaupt nicht beeinflußt zu werden. Dafür sprechen die Untersuchungsergebnisse Darwins[1]), daß das Protoplasma der Droseratentakel durch Morphin im Gegensatz zu anderen Alkaloiden nicht abgetötet wird.

Ausführlichere Untersuchungen liegen über den Einfluß des Morphins auf fermentative Prozesse vor. Ganz allgemein kann darüber gesagt werden, daß der Einfluß des Morphins darauf kein besonders starker ist. Es bedarf jedenfalls größerer Konzentrationen, um hier Lähmungserscheinungen hervorzurufen, und auch diese sind keineswegs einheitlich. Dies geht schon aus den Widersprüchen hervor, die über diese Frage in der Literatur vorliegen. Wollberg[2]) hatte, ausgehend von der Frage, ob Morphinsalze und andere Alkaloide die Magenverdauung beeinflussen können, den Einfluß von Morphinhydrochlorid auf die Pepsinverdauung untersucht. Er benutzte dazu die Einwirkung eines salzsauren Glycerinextraktes aus der Schleimhaut von Rindermagen auf Blutfibrin. Die Verdauungsstärke wurde durch Zurückwägen bestimmt. Er fand, daß gegenüber der normalen Kontrolle unter Einfluß von Morphinhydrochlorid eine Hemmung der Pepsinwirkung erfolge, und zwar beträgt bei einer Alkaloidkonzentration von 0,00625% die Hemmung der Fermentwirkung 0,1%, bei 0,0125% 0,3% und bei 0,03125% 4% für Narkotin erfolgt bei diesen drei Konzentrationen erst Hemmung um 1,1%, dann Beschleunigung um 0,2%, dann Hemmung um 1,7%. Diese Versuchsergebnisse stimmen nicht überein mit neueren Versuchen von Fujitani[3]), der seine Untersuchungen unter Benutzung der Mettschen Eiweißröhrchen ausführte (1proz. Pepsinlösung und 0,2% HCl bei 38°).

Aus den in den folgenden Tabellen IV und V wiedergegebenen Versuchen mit Morphinhydrochlorid und Morphinsulfat ergibt sich einerseits ein Gegensatz zu den Versuchen Wollbergs und außerdem ein prinzipieller Unterschied zwischen dem salzsauren und dem schwefelsauren Salz des Morphins. Erst bei einer Konzentration von 1% zeigt sich eine fördernde Wirkung des Chlorhydrats, die mit Zunahme der Konzentration noch steigt. Dagegen erwies sich das Morphinsulfat überhaupt als eines der die Verdauung im künstlichen Magensafte am stärksten hemmenden Alkaloidsalze. Die Wirkungsgröße der Salze hängt somit nicht von der Natur der Base, sondern ausschließlich von der Beschaffenheit der Säure ab. Kodeinphosphat besitzt dagegen nur sehr schwach hemmenden Einfluß. Erst bei 2% wird dieser einigermaßen deutlich. (Vgl. die Tab. IV, S. 849.)

In Übereinstimmung damit stehen auch die Befunde von Chittenden und Allen[4]), daß eine 0,5proz. Morphinsulfatlösung die Pepsin-Salzsäureverdauung hemme; sie beträgt gegenüber der Kontrolle 58,5% bei Narcotin 56,4%.

O. Nasse[5]), der den Einfluß von Morphinlösung auf das mit Glycerin extrahierte invertierende Hefeferment untersuchte, fand, daß diese Fermentwirkung unter Morphineinwirkung verstärkt wird. Nach Untersuchungen von Paschutin[6]) wirkt Morphin hemmend auf die bittersaure Gärung. Aus-

---

[1]) Darwin, Insectivorous Plants. London 1875.
[2]) Wollberg, Arch. f. d. ges. Physiol. **22**, 297 (1880).
[3]) Fujitani, Arch. internat. de pharmacodyn. et de thérapie **14**, 1 (1895).
[4]) R. H. Chittenden u. S. E. Allen, zit. nach Maly, Jahresber. d. Tierchem. **15**, 279 (1885).
[5]) O. Nasse, Pflügers Arch. f. d. ges. Physiol. **11**, 138 (1875).
[6]) Paschutin, Pflügers Arch. f. d. ges. Physiol. **8**, 352 (1874).

gesprochenen Einfluß besitzt Morphin auch auf das harnstoffbildende Vermögen der Leber. In 0,1 proz. Lösungen wird dieses schon deutlich verzögert, bei 2,5 proz. erfolgt vollständige Hemmung [Zanda[1])].

Tabelle IV.
Verdauungsversuche Fujitanis.

Morph. hydrochl. konzentr. in %	Verdauende Kraft						Mittel
	Dauer 19 Stunden		Dauer 22 Stunden		Dauer 20 Stunden		
	mm	%	mm	%	mm	%	
2,0	8,0	114,28	10,5	116,66	9,0	112,50	114,48
1,0	7,2	102,85	9,3	103,33	8,3	103,75	103,31
0,1	7,0	100,00	9,0	100,00	8,0	100,00	100,00
0,05	7,0	100,00	9,0	100,00	8,0	100,00	100,00
0,01	7,0	100,00	9,0	100,00	8,0	100,00	100,00
0,001	7,0	100,00	9,0	100,00	8,0	100,00	100,00
Kontroll	7,0	100,00	9,0	100,00	8,0	100,00	100,00
Morph. sulfuric. konzentr. in %							
2,0	3,0	42,86	4,0	44,44	3,5	43,75	43,68
1,0	4,5	64,28	6,0	66,66	5,3	66,25	65,73
0,1	6,1	87,14	8,5	94,44	7,3	91,25	90,94
0,05	6,5	92,86	8,7	96,66	7,8	97,50	95,67
0,01	6,8	97,14	9,0	100,00	7,9	98,75	98,63
0,001	7,0	100,00	9,0	100,00	8,0	100,00	100,00
Kontroll	7,0	100,00	9,0	100,00	8,0	100,00	100,00

Tabelle V.

Alkaloide	2%	1%	0,01%	0,05%	0,01%	0,001%
Morph. hydrochl.	114,48	103,31	100.00	100,0	100,0	100,0
Morph. sulfuric.	43,68	65,73	90,94	95,67	98,63	100,0
Cod. phosph. . .	94,37	100,0	100,0	100,0	100,0	100,0

Hemmende Wirkungen zeigt Morphin auch auf gewisse serologische Reaktionen. Bei gewissen Versuchsbedingungen verhindern Morphinsalze das Zustandekommen der Hämolyse im hämolytischen System: Meerschweinchenkomplement und Kaninchenamboceptor gegen Hammelblut und Hammelblutkörperchen. Da Morphin nicht die geringste Wirkung auf den hämolytischen Amboceptor ausübt, muß diese hemmende Wirkung des Morphins als eine antikomplementäre gedeutet werden. Die Inaktivierung des Komplements durch Morphin fand auch bei 0° statt. Diese antikomplementäre Wirkung wird vom Morphinchlorhydrat ebenso wie vom Sulfat und Acetat gegeben [wurde dagegen von anderen Alkaloiden wie Strychnin und auch Kodein nicht beobachtet; Ferrai[2])].

Im Zusammenhange mit der Besprechung der Beeinflussung fermentativer Prozesse durch Morphin seien auch die Untersuchungen von J. Grönberg[3])

---

[1]) G. B. Zanda, Arch. di farmacol. sperim. e scienze aff. **12**, 418 (1912).
[2]) C. Ferrai, Pathologica **1**, 505 (1909); zit. nach Maly, Jahresber. d. Tierchem. **39**, 984 (1910).
[3]) J. Grönberg, Finska läkaresällskapets handlinger **63**, 429 (1921); zit. nach Chem. Zentralbl. (1922), III, S. 202.

über die Blutfermente bei Menschen und Tieren bei Narkosen und einigen
Vergiftungen erwähnt. Bei Morphinismus sind die Sera stets Abderhalden —
positiv mit Hirn und Nerven, meist auch mit Leber, mit den Seren einiger
Morphinisten sowie mit Thyreoidea.

Das gesamte, über diese Frage mitgeteilte Untersuchungsmaterial zeigt,
daß die Beeinflussung der fermentativen Prozesse überhaupt erst in relativ
größeren Konzentrationen des Alkaloids erfolgt und daß, wenn auch hemmende Wirkungen im Vordergrunde der Erscheinungen stehen, diese nicht
einheitlich sind, gelegentlich sogar im Gegenteil fördernde festgestellt werden
konnten. Die Ursache dieser Widersprüche dürfte darin gelegen sein, daß einerseits verschiedene Fermente, andererseits gleiche Fermente mit verschiedenen
Methoden untersucht wurden. Schließlich scheinen Konzentrationsunterschiede
und Verschiedenheit des Salzes auch daran beteiligt zu sein. Eben aus diesem
Grunde können alle diese Befunde, namentlich jene, die auf älteren Untersuchungen beruhen, ohne jede weitere Beurteilung nur referierend nebeneinander gestellt werden.

Wirkungen des Morphins auf Bakterien, höhere Pflanzen, niedere Tiere usw.

Ganz allgemein kann gesagt werden, daß auch die hier genannten Objekte
durch das Morphin und seine Salze gar nicht oder nur in geringem Maße beeinflußt werden. Dies gilt vor allem von den Schimmelpilzen: Es wurde
bereits bei der Besprechung der Zerstörbarkeit des Morphins S. 826 auf das
Verhalten von verschiedenen Penicilliumarten gegenüber Morphin hingewiesen. Aus diesen Befunden ging schon hervor, daß unter verschiedenen
Alkaloiden speziell Morphin von den untersuchten Pilzarten nicht zerstört
wird. Umgekehrt zeigen sich auch diese Pilze Morphin gegenüber sehr resistent.

F. Ehrlich[1]) versuchte verschiedene Mikroorganismen in vollkommen
stickstofffreien anorganischen Nährlösungen und 2 proz. Invertzucker zu
züchten. Nach früheren Untersuchungen schien für die Möglichkeit der Assimi-
lierung verschiedener N-Verbindungen durch Mikroorganismen deren Fähigkeit
entscheidend, aus den verschiedenen organischen Komplexen N in Form von
NH_3 herauszulösen, das dann zusammen mit anderen C-Substanzen zu eigentlichen Grundsteinen der Eiweißsynthese wird. Gelegentliche Beobachtungen
wiesen darauf hin, daß auch N von Alkaloiden verwertet werden kann, doch
war dabei die Gegenwart anderer N-Verbindungen nicht ausgeschlossen. Es
wurden daher Versuche unter anderem mit reinsten Morphinsalzen in der
erwähnten Nährlösung angesetzt. Als Mikroorganismen kamen zur Verwendung
die Kahmheferassen: Willia anomala Hansen, Pichia farinosa und
eine unbestimmte Weinkahmhefe, sowie die Schimmelpilze: Oidium
lactis, Aspergillus niger und Penicillium glaucum. Die Versuche
dauerten 3—12 Monate. Bei sämtlich benutzten N-Verbindungen wurde deutliches Wachstum beobachtet, das aber vielfach nach anfänglicher kräftiger
Entwicklung eine Hemmung erkennen ließ. Dies war am auffallendsten bei
Willia anomala in der Morphinlösung. Als mögliche Ursache dafür wird die
Bildung giftiger Abbauprodukte angenommen. Im allgemeinen wuchsen die
Schimmelpilze besser als die Hefen.

---

[1]) F. Ehrlich, Biochem. Zeitschr. **79**, 152 (1916).

Noch weniger empfindlich gegen Morphinlösungen sind Bakterien: Selbst in 1proz. Lösungen von Morphinchlorhydrat findet noch Wachstum statt [Ssadikow[1)]. Auch auf Leuchtbakterien blieben Morphinlösungen ohne Einfluß [Zirpolo[2)]]. Der in den Leichenorganen von Sepia sich entwickelnde Bacillus Pierantonii zeigt Morphin gegenüber folgendes Verhalten: Bei Zugabe des Alkaloids zur leuchtenden Kultur in der Konzentration von 1:10 bis 1:20000000 blieb die Leuchtfähigkeit unbeeinflußt, während sie z. B. auf Zusatz von Chloralhydrat verloren ging. Bei Beimpfung der Nährlösung mit dem Alkaloid hinderte Morphinchlorhydrat bei 1:5 bis 1:20, also in großen Konzentrationen, das Wachstum, bei 1:50 erschien das Licht nach 5, bei 1:100—200 nach 2 Tagen, bei größerer Verdünnung nach 24 Stunden (dagegen war die Hemmung durch Chlorallösung unvergleichlich stärker).

Bei der Infektion auf intravenösem Wege von Kaninchen mit einer Aufschwemmung von hämolytischen Streptokokken beeinflußte Morphin die Infektion in dem Sinne, daß gleichzeitig mit Morphin behandelte Tiere früher der Infektion erliegen als die Kontrolltiere. Dabei handelt es sich jedoch nur um eine indirekte Beeinflussung der Infektion durch die Wirkung des Morphins auf die Phagocytose u. ä. [A. Kraft und N. M. Leitsch[3)]].

Grünalgen, Chadophora und Vaucherien werden durch 0,1 proz. Morphinlösung zum Teil abgetötet [Th. Bokorny[4)]]. Diatomeen sollen noch empfindlicher sein. Lösungen von 1:200000 schaden diesen dagegen noch nicht [O. Löw[5)]]. Auch höhere Pflanzen sind gegen Morphin recht wenig empfindlich [G. Knop[6)]].

Untersuchungen über die Beeinflussung der Keimung von Samen höherer Pflanzen ergaben folgende Resultate: $^1/_{132}$ Mol. Morphinchlorhydrat pro Liter Wasser (0,248%) setzte die Keimungsenergie und die Keimungsprozente der Versuchssamen Erbsen, Weizen und Raps etwas herab. In der weiteren Entwicklung wurden die Erbsen am meisten, weniger Raps und am wenigsten Weizen gehindert. $^1/_{50}$ Mol. der Lösung desselben Alkaloidsalzes pro Liter Wasser (0,75%) hinderte durchwegs die Versuchssamen Wicken, Weizen und weißen Senf. Am meisten wurden die Wicken und die weißen Senfsamen beeinflußt, die mehr oder weniger verkümmerten; bei Weizen waren die Wurzeln verkümmert, die Entwicklung der Stengel verzögert. $^1/_{25}$ Mol. pro Liter Wasser (1,5%) wirkte ähnlich, aber noch etwas giftiger auf denselben Versuchssamen ein. Die Morphinchlorhydratsalzlösung schädigt also schon in einer Konzentration von $^1/_{50}$ Mol. und noch mehr in $^1/_{25}$ Mol. pro Liter Wasser die Keimung sehr [W. Sigmund[7)]].

Das Keimen von Mais und von Bohnen wurde durch Morphin nicht gehindert, aber die aus dem mit Morphinlösung behandelten Samen sich entwickelnden Pflanzen vertrockneten nach einigen Tagen [G. Ciamician und C. Ravenna[8)]]. Gegen die eigenen von der Pflanze selbst erzeugten Gifte sind diese wie auch ihre Samen im allgemeinen unempfindlich. Bei Papaversamen

[1)] W. S. Ssadikow, Zentralbl. f. Bakteriol., Parasitenk. u. Infektionskrankh. 60, 417 (1912).

[2)] G. Zirpolo, Riv. di biol. 2, 52 (1920; Chem. Zentralbl. (1920), III, S. 747.

[3)] A. Kraft u. M. Leitsch, Journ. of pharmacol. and. exp. therapeut. 17, 377 (1921).

[4)] Th. Bokorny, Arch. f. d. ges. Physiol. 64, 262 (1896).

[5)] O. Löw, Pflügers Arch. f. d. ges. Physiol. 35, 516 (1885); 40. 441 (1887).

[6)] G. Knop, Landwirtschaftl. Versuchs-Stationen 7, 463 (1887).

[7)] W. Sigmund, Biochem. Zeitschr. 62, 299 (1914).

[8)] G. Ciamician u. C. Ravenna, Redn. atti d. Reale Accad. dei Lincei, Roma 26, I, 3 (1917).

wurde sogar durch die Opiumalkaloide eine Beschleunigung der Keimung gefunden. Dabei erwies sich der Einfluß von Morphin andersartig als in Gemeinschaft mit den anderen Opiumalkaloiden (s. auch bei Opium, S. 1068) [H. Caesar[1])].

Der Einfluß des Morphins auf die Entwicklung von Hühner-
eiern wurde von M. Grüter[2]) untersucht. Es wurde das Alkaloid in die Eier
injiziert und diese nachher bebrütet. Dabei zeigte sich, daß Morphin die
Entwicklung des Embryos nicht hindert, wenn die Dosis von etwa 0,02 g
nicht überschritten wird. Das gleiche gilt von Heroin und Kodein. —
Ist der Embryo völlig entwickelt, dann ist Heroin immer völlig zerstört,
Morphin zu 50—100% Kodein bleibt quantitativ erhalten. Vermehrte O_2-
Zufuhr während der Bebrütung bringt auch eine völlige Zerstörung des
Morphins mit sich. Ist die Entwicklung etwa nur bis zur Hälfte gelangt und
dann der Tod eingetreten, so finden sich sämtliche Alkaloide quantitativ
wieder. Daraus folgert Grüter, daß es nur gewisser morphologischer Ent-
wicklungsstufen bedarf, um die beiden Alkaloide zu zerstören.

Schließlich erwiesen sich auch andere Tiere sowie Evertebraten gegenüber Morphin als sehr wenig oder gar nicht empfindlich.

Für Infusorien ist Morphin eines der unwirksamsten Alkaloide
[O. Löw[3]].

Auf Vorticellen wirkt von allen Alkaloiden Morphin am wenigsten ein
[Giuseppina Ostermann[4])]. Die tödliche Dosis von Morphinchlorhydrat,
d. h. jene Konzentration, bei der Infusorien sofort und dauernd ihre Bewegungen
einstellen, liegt nach W. Korentschewsky[5]) bei 1 : 40. Bei dieser Konzentration kommt es zur Lähmung aller Lebensvorrichtungen der Infusorien.
Alle Bewegungen werden äußerst schwach und matt, und im aufgeschwollenen
und trüben Protoplasma bilden sich eine Menge kleiner Vakuolen. Die pulsierenden Vakuolen vergrößern sich, ihr Pulsieren ist äußerst matt und langsam.

Paramaecien schädigt eine 0,1 proz. Lösung des Alkaloids nicht (Bokorny, l. c.). Ähnliche Befunde teilen Macht und Fisher[6]) mit. Paramecium
putrinum wurde von Morphinlösungen gar nicht oder nur sehr wenig geschädigt.
Nach den Versuchsergebnissen von Hopkins[7]) an Paramaecium Spirostomum
und Astasia wirken Morphin, Kodein und Apomorphin auf diese reizend und
schrumpfend. (S. auch Papaverin.)

Die Papaveringruppe ist stärker wirkend. Bei Vereinigung von Gliedern
beider Gruppen tritt Synergismus auf, nicht dagegen bei Kombination bei
Gliedern von derselben Gruppe.

Unabhängig von der Giftwirkung tritt bei Papaverin und Dionin, schwächer bei Narkotin und Narcein eine anästhesierende Wirkung gegenüber den
Paramaecien auf.

Auch gegen Trypanosoma Brucei erwies sich Morphin als wenig wirkend
[E. P. Pick und R. Wasicky[8]), D. J. Macht und J. Weiner[9])].

---

[1]) H. Caesar, Biochem. Zeitschr. **42**, 316 (1912).

[2]) M. Grüter, Arch. f. exp. Pathol. u. Pharmakol. **79**, 337 (1916).

[3]) O. Löw, Pflügers Arch. f. d. ges. Physiol. **35**, 516 (1885); **40** 441 (1887).

[4]) Giuseppina Ostermann, Arch. di fisiol. **1**, 1 (1903); vgl. hierzu die Abbildung
auf S. 108 dieses Bandes.

[5]) Korentschewsky, Arch. f. exp. Pathol. u. Pharmakol. **49**, 1 (1903).

[6]) D. J. Macht u. H. G. Fisher, Journ. of pharmacol. and exp. therapeut. **10**, 95 (1917).

[7]) H. S. Hopkins, Am. Journ. of Physiol. **61**, 551 (1922).

[8]) E. P. Pick u. R. Wasicky, Arch. f. exp. Pathol. u. Pharmakol. **80**, 147 (1916).

[9]) D. J. Macht u. J. Weiner, Proc. of the soc. f. exp. biol. a. med. **16**, 26 (1918).

Die Wanderung der Leukocyten wird dagegen, wie Untersuchungen über die Entzündungsvorgänge im Froschmesenterium ergeben haben, durch Morphin gehemmt [Ikeda Yasuo[1])].

Auf Ascariden (Ascaris lumbricoides) wirkt Morphin nicht[v.Schroeder[2])] 0,5 proz. Morphinlösung ist noch wirkungslos [Krukenberg[3])]. Auch Blut-egel sind nicht sehr empfindlich gegen Morphin (O. Löw, l. c.). Erst in 2 proz. Lösungen verlieren sie die Fähigkeit, die Saugnäpfe zu gebrauchen. Hierauf geraten sie in stürmische Bewegungen, auf die dann Ruhe folgt. Die Mitte des Tieres ist gegen 1 proz. Schwefelsäure unempfindlich, der Kopf ist noch eine Zeitlang empfindlich, wird dann aber auch gelähmt.

Daphnien blieben in 1 proz. Lösungen von Morphin und Scopolamin nach 6 Stunden noch munter, in 1%igen Lösungen von Dioninchlorhydrat zeigten sie nach etwa 80 Minuten keinerlei Reflexe mehr. Alkalisalze ver-stärken die Wirkung [J. Traube[4])]. Die Muschel Anodonta cygnea zeigt erst nach Injektion von mehreren Zentigrammen Morphin deutliche Wirkung: Die Schließmuskeln lassen sich leichter öffnen und öffnen sich auch spontan weiter als normal [Pawlow[5])].

Wirkungen des Morphins auf höhere Tiere.

Örtliche Wirkung. Bei der pharmakologischen Beurteilung der bei lokaler Applikation von Morphin im Bereiche der Applikationsstellen auf-tretenden Erscheinungen muß strenge auseinandergehalten werden, ob diese Erscheinungen tatsächlich als Folge örtlicher Wirkung des Morphins gedeutet werden dürfen, oder ob diese Wirkungen nicht vielmehr nach Resorption des Morphins, als Ausdruck einer Fernwirkung, angesehen werden müssen. Dies wird namentlich bei jenen lokalanästhetischen Wirkungen zu berücksichtigen sein, die nach Applikationen auf die Schleimhäute an diesen auftreten. Jeden-falls wird hierfür die Ausdehnung des Wirkungsbereiches in Beziehung zur Applikationsstelle mitentscheidend sein können.

Von irgendeiner direkt lokalen Wirkung des auf die unverletzte Haut applizierten Morphins ist nicht bekannt. Im Mund wird als einzige lokale Wirkung der bittere Geschmack des Alkaloids empfunden. Endermische Re-aktionen (urticariaartige Wirkungen) nach intracutaner Einbringung des Mor-phins wurden von Sollmann und Pilcher[6]) beobachtet und als Folge einer durch das Morphin bedingten Durchlässigkeitssteigerung der Capillaren ge-deutet.

Nach der Resorption von den Schleimhäuten aus werden gewisse Wirkungen beschrieben, die sich zunächst nur auf die Nerven an der Applikationsstelle beschränken, was dafür sprechen würde, daß nur die Nervenendigungen be-stimmter Nerven am Orte der Applikation durch die Morphinlösungen beein-flußt werden. So soll das von der Conjunctiva aus aufgesogene Morphin eine Beschränkung der Sekretion dieser Schleimhaut zur Folge haben [zitiert nach H. Köhler[7])].

---

[1]) Ikeda Yasuo, Journ. of pharmacol. a. exp. therapeut. **8**, 137 (1916).
[2]) v. Schröder, Arch. f. exp. Pathol. u. Pharmakol. **19**, 290 (1885).
[3]) Krukenberg, Vgl. physiol. Studien **1**, 974 (1881).
[4]) J. Traube, Biochem. Zeitschr. **42**, 470 (1912).
[5]) Pawlow, Pflügers Arch. f. d. ges. Physiol. **37**, 3 (1885).
[6]) T. Sollmann u. J. D. Pilcher, Journ. of pharmacol. and exp. therapeut. **9**, 309 (1917).
[7]) H. Köhler, Handbuch der physiologischen Therapeutik und Materia medica. Göttingen 1876. S. 1074.

Als lokale Morphinwirkung könnten auch die peripheren sensiblen Wirkungen gedeutet werden, auf die hier verwiesen sei (s. S. 927).

Resorption, Ausscheidung und Veränderung des Morphins im Organismus.
Nach Applikation von Morphin oder morphinhaltigen Präparaten auf die äußere intakte Haut erfolgt keine Resorption des Alkaloids, wohl scheint aber nach fortgesetztem Einreiben das Eindringen minimaler Mengen möglich zu sein, was dann zu den oben erwähnten lokalen Morphinwirkungen führt. Von hier aus geht dann die Resorption rascher vor sich.

Von entblößten oder schwierigen Hautstellen aus wird dagegen Morphin rasch resorbiert. Vor der Entdeckung der Pravazspritze und der „subcutanen Injektion" war es üblich, durch „Vesicantia" Hautstellen wundzumachen und darauf das Opiumpflaster zu applizieren. Deutlich kann das Eindringen von Morphinlösungen von Schleimhäuten (Conjunctiva) aus beobachtet werden. Die Schleimhäute des Intestinaltraktus verhalten sich der Resorption gegenüber verschieden. Vom Magen aus erfolgt die Resorption des Alkaloids wohl nur in geringem Maße oder gar nicht, schnell dagegen von den einzelnen Darmabschnitten aus; auch die Resorption des Morphins vom Rectum aus ist erwiesen. Gerade dieser Resorptionsweg ist infolge der Umgehung des Pfortaderkreislaufs für das Schicksal des Morphins im Organismus und damit für dessen pharmakologische Wirkung von besonderer Bedeutung. (Ausschaltung der entgiftenden Leber.)

Rasch geht die Aufsaugung des Morphins vom subcutanen Bindegewebe aus vor sich. Ein Einfluß der Temperatur auf die Schnelligkeit der Resorption scheint nicht zu bestehen, wenigstens wird nach den Untersuchungsergebnissen von Zeehuisen[1]) die Geschwindigkeit der Resorption und die Elimination des der Taube subcutan injizierten Morphins weder durch Abkühlung noch durch Erhitzung in auffälliger Weise beeinflußt.

Das weitere **Schicksal des Morphins im Organismus** ist von großer Bedeutung für dessen Toxikologie im allgemeinen und besonders für die noch ausführlich zu besprechende F r a g e d e r M o r p h i n g e w ö h n u n g. Es liegen außerordentlich viele Untersuchungen vor, die sich die Aufgabe gestellt hatten, das Schicksal des Morphins nach erfolgter Resorption, also nach vollständigem Übertritt in die Blutbahn zu verfolgen. Die Ergebnisse dieser Untersuchungen sind keineswegs einheitlich. Hauptgründe für die vielfach differenten Resultate dürften einerseits in der Methodik, andererseits in der verschiedenen Zeit der Untersuchung nach erfolgter Verabreichung zu suchen sein. Wir können die hier in Betracht kommenden Arbeiten, welche über das endliche Schicksal aufgenommenen Morphins Aufschluß bringen sollten, in folgende Gruppen teilen: 1. Untersuchungen über das Morphin im Blute, 2. im Harn, 3. im Magen, Darm und Kot, 4. in der Leber und in den übrigen Organen (Gehirn, Rückenmark, Niere, Milz, Herz, Lungen, Muskel, Galle und Speichel).

1. M o r p h i n i m B l u t e. Die ersten positiven Resultate bei Versuchen in Tierexperimenten, Morphin aus dem Blute wiederzugewinnen, stammen von Lassaigne und Kauzmann[2]). Bei einer Katze, die mit 0,3 g vergiftet war, ferner bei der Vergiftung eines Hundes mit 2,16 g Morphin (hier in die Vena cruralis injiziert), wurden Untersuchungen des Blutes 12 Stunden nach der Verabreichung des Alkaloids vorgenommen und dabei negative Resultate erhalten. Ebenfalls zu negativen Ergebnissen gelangte Lassaigne bei einem

¹) Zeehuisen, Arch. f. exp. Pathol. u. Pharmakol. **35**, 375 (1895).
²) Lassaigne bei Th. Kauzmann, Beitrag für den gerichtlich-chemischen Nachweis des Morphins und des Narkotins in tierischer Flüssigkeit und Geweben. Diss. Dorpat (1868).

Pferde, dem man $1\frac{1}{4}$ Stunden nach subcutaner Vergiftung mit 1,8 g Morphin das Blut entzogen hatte. Dagegen konnte er in einem anderen unter gleichen Verhältnissen angestellten Experimente, bei dem aber die Blutuntersuchung schon nach 10 Minuten erfolgte, Spuren von Morphin im Blute nachweisen. Gleichfalls negative Resultate bei der Untersuchung des Blutes auf Morphin nach Zufuhr des Alkaloids erhielten Kreyßig[1]) und Wachtel[2]), die nach intravenöser Injektion von 0,8 g Morphium hydrochloricum dieses schon 5 Minuten später im Blute eines Kaninchens von 2200 g nicht mehr nachweisen konnten. Nur ganz kurze Zeit nach erfolgter Vergiftung gelang der Morphin-nachweis im Blute in ähnlicher Weise wie Lassaigne auch Orfila[3]), Erd-mann[4]), Kauzmann (l. c.) (nach subcutaner Injektion von 0,1—0,2 g Morphin nach 3 stündiger Vergiftungsdauer nur Spuren von Morphin im Blute). Positiv war auch der Befund im Blute einer Katze, die nach 0,31 g Morphin nach 2 Stunden zugrunde gegangen war, und ebenso 25 Minuten nach der Opium-vergiftung einer Katze, während in anderen Fällen längere Zeit nach der Ver-giftung der Morphiumnachweis negativ blieb. Landsberg[5]) gelang es nur nach Verabreichung sehr großer Dosen von Morphin, dieses im Blute nach-zuweisen. Deutliche positive Resultate hatte Marmé[6]), Jussewitsch[7]), Wormley[8]) und Heger[9]) erhalten. Marquis[10]), dem wir die ausführlichsten Untersuchungen über das Schicksal des Morphins im Organismus und auch die beste Literaturzusammenstellung über diesen Gegenstand verdanken, fand gleichfalls, daß das Blut binnen weniger Minuten (15—25) das injizierte Morphin an die Organe abgibt. Über die Art der Verteilung und Abnahme vgl. die Tabelle auf S. 862—863. Totze[11]) fand bei einem Hunde nach 1 g Morphium-sulfat 1,86% im Blute.

Aus allen diesen hier angeführten Untersuchungen geht jedenfalls mit Sicherheit hervor, daß das in den Kreislauf ge-langte Morphin, selbst nach intravenöser Injektion, sehr schnell aus dem Blute verschwindet.

2. Morphin im Harn. Ein positiver Nachweis des Morphins im Harn, teils durch Darstellung des Morphins in Krystallen, teils auf Grund von Farben-reaktionen in bestimmten Harnfraktionen, war folgenden Untersuchern ge-lungen: Baruel[12]) (im Harn eines Menschen, der 24 g Opiumtinktur genommen hatte), Orfila[13]) (bei Hunden nach oraler und subcutaner Morphinzufuhr), Bouchardat[14]), Lefort[15]) (der Morphinnachweis dieser beiden Autoren, der sich nur auf die Reaktionen mit Jodkali bzw. Jodsäure stützte, ist nicht be-

[1]) Kreyßig, Ein Fall von Vergiftung durch Morphin. Diss. Leipzig (1856).
[2]) C. Wachtel, Biochem. Zeitschr. 120, 265 (1921).
[3]) Orfila, Allgemeine Toxikologie, zit. nach Marquis.
[4]) Erdmann, Liebigs Ann. d. Chem. u. Pharm. 12 (1862).
[5]) Landsberg, Pflügers Arch. f. d. ges. Physiol. 23, 413 (1880).
[6]) Marmé, Dtsch. med. Wochenschr. (1883), Nr. 14.
[7]) Jussewitsch, Über die Absorption von Alkaloiden in verschiedenen Organen. Würzburg (1886).
[8]) Wormley, Chem. news; Pharmazeut. Zentralbl. (1891), S. 45.
[9]) Heger, Rev. internat. de thérapeut. et pharm., Bruxelles, sept. (1894).
[10]) Ed. Marquis, Über den Verbleib des Morphins im Organismus der Katze. Arbeiten aus dem Pharmakol. Institut Dorpat 14, 117 (1896).
[11]) Totze, Chemiker-Zeit. 27, 1239 (1903).
[12]) Baruel, Rev. méd. 1 (1827); zit. nach Marquis, ebenso die folgenden Literatur-angaben.
[13]) Orfila, l. c.
[14]) Bouchardat, Bull. de thérapeut., Dec. (1861).
[15]) Lefort, Journ. de chim. 11 (1861).

weisend, zumal Bouchardat den Morphinnachweis im Harn nach Aufnahme von 0,005 g Tinct. opii erbracht haben will), Erdmann[1]) (geringe Spur im Harn von Kaninchen nach subcutaner Injektion von 0,1—0,3 g Morphium hydrochloricum), Kauzmann[2]) (im Harn von Tieren und Menschen noch bis zu subcutanen Dosen von 0,01 g), Hilger[3]) bei Gscheidlen (nach intravenöser Injektion bei Kaninchen), Burkart[4]) (Isolierung von Morphin aus dem Harn von Morphinisten, die 1,3—1,6 g Morphium hydrochloricum täglich gebrauchten), Eliassow[5]) (Nachweis im Harn von Morphinisten und verschiedenen Tieren nach größeren Dosen, nicht aber nach kleinen), Stolnikow[6]) (im Hundeharn nach oraler aber subcutaner Verabreichung von 2 g Morphium aceticum), Marmé[7]) (im Hunde-, Kaninchen- und Menschenharn), Schneider[8]), Notta und Lugan[9]), Jussewitsch[10]), Wormley[11]), Tauber[12]), Neumann[13]), Heger[14]) (im Harn einer Person, die sich 10 Jahre täglich etwa 0,70 g Morphin injizieren ließ, fanden sich nur kleine Mengen unter 10 cg pro die), Lamal[15]) (Nachweis gelegentlicher kleinerer Mengen, die der Oxydation entgehen.

Bornträger[16]) fand bei Morphinisten, die täglich 0,5—1,0 g Morphin zu sich nahmen, in $1/4$ des gelassenen Harns negative, dagegen bei Personen, die täglich 0,02 g erhielten, oft positive Resultate. Lewinstein[17]) vermochte in seinen Untersuchungen an Tieren wie an Menschen immer Morphin im Harn zu finden. Weitere positive Resultate erhielten Stark[18]) und Autenrieth[19]). Die entsprechenden Resultate Marquis' sind aus der Tabelle 3 ersichtlich. Totze[20]) fand bei Fröschen nach Injektion von 0,01 g Morphin beträchtliche Mengen im Harn. Bei einem Hunde, der 1 g Morphiumsulfat erhalten hatte, wurden 4,27% im Harn gefunden. Aus dem Harn eines Kaninchens, das durch 12 Tage in steigenden Dosen 6,5 g des Sulfats erhalten hatte, konnten 6,5% dargestellt werden. Nach subcutanen und intravenösen Injektionen konnte bei Kaninchen in 24 Stunden 3—23%, bei Hunden 5,7% von Kaufmann-Asser[21]) wiedergewonnen werden. Nach 24 Stunden war die Ausscheidung

---

[1]) Erdmann, l. c.
[2]) Kauzmann, l. c.
[3]) Hilger, bei Gscheidlen, Arb. a. d. Physiol. Inst. zu Würzburg (1869), S. 32.
[4]) Burkart, Pharmazeut. Zentralbl. 24, 76 (1883).
[5]) W. Eliassow, Beitrag zu der Lehre von dem Schicksal des Morphins im lebenden Organismus. Diss. Königsberg (1882).
[6]) Stolnikow, Zeitschr. f. physiol. Chem. 8, 235 (1884).
[7]) Marmé, l. c.
[8]) Schneider, Über das Schicksal des Coffeins und Theobromins im Tierkörper nebst Untersuchungen über den Nachweis des Morphins im Harn. Diss. Dorpat (1883).
[9]) Notta u. Lugan, Journ. de pharmacie et de chim. 10, 462.
[10]) Jussewitsch, l. c.
[11]) Wormley, l. c.
[12]) Tauber, Arch. f. exp. Pathol. u. Pharmakol. 27, 336 (1890).
[13]) Neumann, M. Untersuchungen über die Ausscheidung des Morphins und Kodeins bei Kaninchen. Diss. Königsberg (1893).
[14]) Heger, l. c.
[15]) Lamal, Bull. de l'acad. roy. de méd. de Belgique (1888); Journ. de pharmacie et de chim. 19, 61 (1889).
[16]) Bornträger, Arch. d. Pharmazie 17, 119 (1880).
[17]) Lewinstein, Die Morphinsucht, zit. nach Stolnikow.
[18]) Stark, Untersuchungen über die Gewöhnung des tierischen Organismus an Gifte. Diss. Erlangen (1887).
[19]) Autenrieth, Ber. d. dtsch. pharmazeut. Ges. 11, 494 (1901).
[20]) M. Totze, Chemiker-Zeit. 27, 1239 (1903).
[21]) v. Kaufmann-Asser, Biochem. Zeitschr. 54, 161 (1913).

beendet. In Dauerversuchen an Hunden (17 Tage) betrug die Morphinaus-
scheidung im Harn nach subcutaner Injektion von 4,76 g 3—13,4% pro die,
im ganzen 6,9% der injizierten Menge. Bei einem gleichen Dauerversuch von
22 Tagen an einem Kaninchen (subcutane Injektion von in toto 4,4 g) betrug
die Ausscheidung an manchen Tagen bis 39%, im ganzen 15—19% der injizierten Menge. Auch bei einem Menschen, der 1,5 g Morphin suicidii causa
genommen hatte und der am Leben erhalten wurde, konnte im Harn der ersten
24 Stunden 0,135 g Morphin = 9% der genommenen Menge nachgewiesen
werden. Dorlencourt[1]) fand bei Kaninchen nach intramuskulärer Injektion
von 0,15 g Morphium hydrochloricum pro Kilogramm im Harn nur ca. 4% des
injizierten (frei und gebunden); die Ausscheidung beginnt zwischen der 2. und
4. Stunde und ist nach 72 Stunden beendet. Wachtel[2]) fand gleichfalls, daß
im Harn eines Hundes bei fortgesetzter Morphinzufuhr Morphin in merklicher
Menge schon am 2. Tage erscheint und von da an ungefähr $1/4$ der injizierten
Dosen beträgt. Diese Menge erfährt im weiteren Verlauf der Gewöhnung keine
wesentliche Änderung. Nach Aussetzen der Morphinzufuhr verschwindet das
Morphin sehr rasch aus dem Harn.

Neben diesen zahlreichen positiven Befunden sind nun noch einige Untersuchungen anzuführen, bei denen der Morphinnachweis im Harn nicht gelungen
war. Dies gilt von den Untersuchungen von Kreyßig[3]), Taylow[4]), Cloetta[5])
(negative Morphinbefunde im Harn einer Patientin, die subcutan 0,36—0,42 g
Morphin erhalten hatte), Buchner[6]), Vogt[7]), Landsberg[8]) (unter 9 Versuchen an Hunden nur einmal nach subcutaner Injektion Morphinnachweis
im Harn positiv), Donath[9]), Jacques[10]) (negativer Morphinbefund im Harn
einer Patientin, die seit 5 Jahren 1,3 g Morphin pro die innerlich, daneben
alle 2 Tage 2 g subcutan erhalten hatte) und Harrington[11]) (in dem während
eines Monats gesammelten Harn einer Morphinistin, die sich täglich 1 g Morphin
subcutan injizierte, fand sich in der ganzen und auf einmal verarbeiteten
Harnmenge, also nach Einverleibung von 30 g Morphium hydrochloricum, weder
Morphin, noch irgendein Umwandlungsprodukt desselben).

Wie aus allen diesen Versuchen über die Ausscheidung des Morphins im
Harn hervorgeht, spielen die Nieren als Eliminationsorgan des Morphins
sicherlich eine ganz untergeordnete Rolle, da selbst nach Einverleibung großer
Mengen nur wenige Prozente davon im Harn erscheinen. Bei der Bewertung
der oben mitgeteilten Resultate kann man wohl in Übereinstimmung mit
Heffter[12]) sagen, daß die Ausscheidung kleinerer Morphinmengen durch den
Harn als erwiesen gelten muß, und daß die negativen Resultate anderer Unter-
sucher nur beweisen, daß einerseits für diesen Nachweis die anzuwendenden

[1]) Dorlencourt, Compt. rend. de l'acad. des sciences 156, 1338 (1913).
[2]) Wachtel, l. c.
[3]) Kreyßig, l. c.
[4]) Taylow, Die Gifte. Bd. 1. S. 346. Köln (1862).
[5]) Cloetta, Virchows Arch. 35, 369 (1866).
[6]) Buchner, Arch. d. Pharmazie 100, 151 (1859); Neues Repert. f. Pharm. 16 (1867).
[7]) Vogt, Arch. d. Pharm. 7, 23 (1875).
[8]) Landsberg, l. c.
[9]) Donath, Pflügers Arch. f. d. ges. Physiol. 38, 528 (1886).
[10]) Jacques, Essai sur la localisation des alcaloids dans le foi. Thése de Bruxelles
(1880; zit. nach Stolnikow).
[11]) Harrington, bei Schmiedeberg, s. dessen Grundriß d. Pharmakol., 5. Aufl.,
S. 124 (1906).
[12]) Heffter, Die Ausscheidung körperfremder Substanzen im Harn. Ergebn. d.
Physiol. 4, 292 (1905).

Methoden sehr empfindlich sein müssen, und daß andererseits besonders die
Zeit nach der Verabreichung dabei sehr in Betracht zu ziehen ist, denn aus
den Untersuchungen geht hervor, daß erst eine bestimmte Zeit nach der Injektion das Morphin im Harn auftritt und daß es andererseits nach dem Aussetzen der Morphinzufuhr wieder rasch aus dem Harn verschwindet. Schließlich
wird auch die Art der Vergiftung, akut oder chronisch, einmalige Zufuhr oder
wiederholte, dann eingetretene Gewöhnung, das Resultat sehr beeinflussen.
Wir werden darauf noch zurückkommen müssen.

Die 3. Reihe von Untersuchungen über das Schicksal des Morphins erstreckt sich auf den Nachweis des Alkaloids im Magen, Darm und Kot.
Die analytischen Befunde bei diesen Untersuchungen können nicht so einheitlich beurteilt werden wie die im Blute und Harn; hier wird besonders
beim Nachweis des Morphins im Mageninhalt darauf Rücksicht zu nehmen
sein, ob das Gift noch vor der erfolgten Resorption bzw. vor der Weiterwande-
rung, oder nach Wiederausscheidung in den Magen vorhanden ist. Das gleiche
gilt für die Untersuchungen vom Darminhalt, während für den Nachweis im
Kot wohl mehr die Wiederausscheidung in Betracht kommt.

Wir werden daher sowohl im positiven als im negativen Nachweis von
Morphin im Mageninhalt, im erbrochenen wie im ausgeheberten, wie er unter
anderem von Lassaigne (l. c.), Orfila (l. c.), Christison[1]), Kreyßig
(l. c.), Maschka[2]), Buchner (l. c.), Kauzmann (l. c.), Krouss[3]) mitgeteilt wurde, keine weitere Bedeutung beimessen können. Anders zu bewerten
sind dagegen jene Untersuchungen, bei denen sich Morphin im Mageninhalt
nachweisen ließ, nachdem vorher bereits vollständige Magenentleerung erfolgte,
oder bei denen das Alkaloid subcutan injiziert worden war. So fand Erdmann
(l. c.) nach subcutaner Injektion von 0,1—0,3 g Morphium hydrochloricum
geringe Mengen des Alkaloids im Magen. Zu ähnlichen Resultaten kam Marmé
(l. c.) und sein Schüler Leineweber[4]); diese fanden bei Hunden nach subcutaner Injektion von 0,6—1 g Morphin dieses im Mageninhalt wieder.

Größere Mengen Morphins fand Alt[5]) im Magen wieder, auch Wormley
(l. c.), Rosenthal[6]), Hamburger[7]) (bei einer Opiumvergiftung nach mehrfacher Magenausspülung, später Morphinnachweis im Mageninhalt), Bongers[8])
(45 Minuten nach der subcutanen Injektion), Binet[9]) (gelegentlicher Nachweis
ganz geringer Mengen) und Prevost[10]) (nach subcutaner Injektion von 0,1
bis 0,5 g Morphium hydrochloricum 1—2 mg in der Magenspülflüssigkeit),
Totze (l. c.; von 6,5 g Morphiumsulfat, das einem Kaninchen in steigenden
Mengen innerhalb 12 Tagen gegeben wurde, 1,23% im Kote — gegenüber den
bereits erwähnten 6,5% im Harn) bestätigen die Ausscheidung des Morphins
in den Magen. Marquis fand nach intravenöser Injektion von 0,06 g Morphin
nach $\frac{1}{4}$ Stunde 3,3%, nach 1 Stunde 1,6%, nach 2 Stunden 1,5% und nach
$2\frac{1}{2}$ Stunden 1,0% davon im Magen und Mageninhalt wieder (vgl. dazu Tabelle 3).

---

1) Christison, Abhandlung über die Gifte. Weimar (1831).
2) Maschka, Prager Vierteljahrschr. **66**, 65 (1860).
3) Krouss, Friedrichs Blätter f. gerichtl. Med. (1883), S. 370.
4) Leineweber, Über die Elimination subcutan applizierter Arzneimittel durch die
Magenschleimhaut. Diss. Göttingen (1883).
5) Alt, Berl. klin. Wochenschr. (1889), Nr. 25, S. 560.
6) Rosenthal, Berl. klin. Wochenschr. (1893), S. 49.
7) L. P. Hamburger, Bull. of John Hopkins hosp. **5**, 94 (1894).
8) Bongers, Arch. f. exp. Pathol. u. Pharmakol. **35**, 417 (1895).
9) Binet, Rev. méd. de la Suisse romande (1895).
10) Prevost, Travaux du Lab. de thérap. exp. de l'Univ. Genéve (1896).

v. Kauffmann-Asser (l. c.) konnte 72 Stunden nach der letzten Morphininjektion bei einem Kaninchen 27 mg = 0,63% der injizierten Menge wiederfinden.

Ebenso wie bei der Untersuchung des Magens und Mageninhalts finden wir auch in der Literatur über die Untersuchungen des Darms und seines Inhalts negative und positive Resultate, und wir werden bei der Beurteilung der negativen besonders zu berücksichtigen haben, daß eben das Alkaloid noch nicht in den Darm gelangt sein muß, oder daß es aus einem bestimmten Darmabschnitt resorbiert und noch nicht wieder ausgeschieden war. Für das endliche Schicksal wird jedenfalls der Morphingehalt der Faeces nach Morphininjektion von größter Bedeutung sein.

In diesem Sinne werden nun zunächst die negativen Befunde von Lassaigne (l c.) und Erdmann (l. c.) zu bewerten sein, die eben ihre Untersuchungen zu bald nach erfolgter Verabreichung vornahmen (Erdmann $3\frac{1}{2}$ Stunden). Dagegen fanden besonders Kauzmann, Vogt, Landsberg, Marmé, Tauber und Neumann bisweilen nennenswerte Mengen von Morphin auch nach subcutaner Injektion in den Faeces wieder.

Tauber konnte 40—60% von 1,632 g Morphium hydrochloricum, die innerhalb einiger Tage subcutan injiziert worden waren, wiedergewinnen. Der quantitative Verlauf der Ausscheidung bei den Untersuchungen Marquis ist aus der Tabelle VI ersichtlich.

Ausführliche Untersuchungen über die Ausscheidung des Morphins durch die Faeces führte im Zusammenhang mit dem Studium der Frage nach den Ursachen der Morphingewöhnung Faust[1]) aus und bediente sich dabei der Bestimmungsmethode Taubers (l. c.). Er fand einmal von der injizierten Menge (0,36 g Morphium hydrochloricum = 0,2736 g freier Base) 70,90% wieder, dann 61,45% und in einem 3. Falle 0,3041 g Morphin = 62,21% der injizierten Menge. Die Untersuchungen wurden an Hunden ausgeführt. Totze fand bei Hunden ebenfalls von 1 g Morphinsulfat 1,87% in der Dickdarmschleimhaut. An Kaninchen fand neuerlich v. Kauffmann-Asser (l. c.) nur geringe Mengen in den Faeces, ebenfalls weniger als im Harn. Auch die Untersuchungen von Bronislaw Frenkel[2]) ergaben, daß der Froschorganismus Morphin lange im Körper zurückhält und dann einen großen Teil durch den Verdauungskanal zur Ausscheidung bringt. So konnten nach den Einspritzungen von 0,012—0,03 g Morphinchlorhydrat 66% innerhalb 8 Tagen in den Ausscheidungen des Verdauungstraktes nachgewiesen werden. Während so im wesentlichen die Tatsache als bestätigt gelten kann, daß auch subcutan injiziertes Morphin ebenso wie in den Magen auch in den Darm ausgeschieden wird, bleibt noch die Frage unentschieden, warum bisweilen nur Spuren, dann wieder so außerordentlich große Mengen des verabreichten Alkaloids im Darminhalt wiedergefunden werden. Ein Grund dafür dürfte darin gelegen sein, daß die Untersuchungen bald an Kaninchen, bald an Hunden ausgeführt wurden. Gerade die Untersuchungsergebnisse von Tauber und von Faust beziehen sich auf Hunde, und Heffter (l. c.) diskutiert die Frage, ob diese Differenzen nicht darauf zurückzuführen seien, daß eben im Kaninchendarm nach erfolgter Wiederausscheidung in den Darm infolge seiner Länge bei weiterer Passage eine neuerliche Resorption erfolgt, während beim Hunde nach erfolgter Ausscheidung in den Dickdarm rascher dessen Abfuhr mit den Faeces vor sich geht.

---

[1]) E. St. Faust, Arch. f. exp Pathol. u. Pharmakol. **44**, 217 (1900).
[2]) Bronislaw Frenkel, Arch. f. exp. Pathol. u. Pharmakol. **63**, 331 (1910).

Zusammenfassend ergibt sich somit, daß sowohl oral als auch subcutan verabreichtes Morphin nach erfolgter Resorption wieder in den Magen und Darm ausgeschieden und von hier aus zum Teil wieder resorbiert wird, zum Teil mit den Faeces den Organismus verläßt.

Die Summe des in Harn und Faeces wiedergefundenen Morphins ergibt aber noch ein bedeutendes Defizit, und deswegen gewinnen Untersuchungen der Organe auf ihren Morphingehalt nach Morphinzufuhr ein besonderes Interesse für die Frage nach dem Schicksal dieses Alkaloids im Organismus.

4. Die Morphinuntersuchungen in der Leber und in den übrigen Organen. Die meisten der Autoren, die sich mit der Erforschung des Schicksals des Morphins im Organismus befaßten, untersuchten besonders die Leber auf ihre Morphindepots. Während Jussewitsch (l. c.) nichts von dem Alkaloid in der Leber nachweisen konnte, fanden Orfila und Kauzmann, Marmé, Heger, Marquis, Frenkel, Webster[1]), Marcelet[2]), Totze, v. Kaufmann-Asser wechselnde Mengen des Alkaloids in der Leber, und zwar hier mehr als in den anderen Organen. In der Milz fand Kauzmann nichts vom injizierten Morphin, wohl aber Wormley, Heger, Totze (2,4%), Marquis; auch in Herz und Lungen hat Kauzmann kein Morphin gefunden. Ebenso fand Lassaigne das Herz morphinfrei. Dagegen fand Marmé Morphin in den Lungen, Marcelet in diesen ebenso wie im Herzen. In der Galle fand sich in einigen Versuchen Kauzmanns Morphin vor, in anderen blieb das Resultat negativ. Nach Hegers Ansicht geht das Morphin der Leber nicht in die Galle über.

Im Speichel wies Rosenthal bei seinen Versuchen an Menschen nicht unbeträchtliche Mengen nach, selbst nach Gaben von 0,05 g trat noch eine intensive Reaktion ein. Auch Stolnikow sowie Kauzmann und Marquis fanden den Speichel morphinhaltig. Während Heger und Frenkel auch in den Muskeln Morphin vorfanden, blieben diesbezügliche Untersuchungen von Jussewitsch negativ. Auch die Untersuchungen von Gehirn und Rückenmark ergaben keine einheitlichen Resultate. Kauzmann fand Morphin nicht im Gehirn, ebenso blieben die Untersuchungen Frenkels für Gehirn und Rückenmark negativ, während Jussewitsch, Heger, Marquis und Marcelet es in diesen Organen in wechselnden Mengen fanden.

Wir sehen auch bei den Untersuchungen der Organe keine Einheitlichkeit der Befunde, was auf die gleiche Ursache wie bei den früheren nicht übereinstimmenden Resultate: Methodik, Tierart und Zeitpunkt der Untersuchung, zurückgeführt werden kann.

Heger hat es versucht, die Verteilung des Morphins in den einzelnen Organen zusammenfassend darzustellen und kam zu folgendem Ergebnis: Unmittelbar nach der Injektion fand sich Morphin in größeren Mengen im Blute, in etwas geringerer Menge in der Leber, in den Nieren, in der Milz, im Rückenmark und in den Muskeln. Nach einer Vergiftungsdauer von 30 Minuten befand sich das Alkaloid zum größten Teile in der Leber, abnehmend im Rückenmark, den Nieren, Blut und Muskeln. 3 Stunden nach der letzten Einspritzung ist Morphin am meisten im Rückenmark enthalten, dann folgen Leber, Nieren, Milz, Blut und Muskeln.

Eine gute Übersicht über die Verteilung des intravenös injizierten Morphins

---

[1]) Webster, The Analyst **42**, 226 (1917).
[2]) H. Marcelet, Bull. sciences pharmacol. **25**, 292 (1918); Chem. Zentralbl. (1919), I, S. 242.

gaben die ausführlichen Untersuchungen Marquis wieder, die in der folgenden Tabelle VI zusammengestellt sind.

Auch Marcelet hat in den bereits mehrfach erwähnten Untersuchungen die Reihenfolge des Morphingehaltes der Organe aufgestellt und kommt zu dem Schluß, daß auf Grund seiner analytischen Untersuchungen der Organe eines verstorbenen Morphinisten in allen Organen Morphin nachzuweisen ist, und zwar in wechselnden Mengen in der Reihenfolge Lunge, Gehirn, Herz, Nieren, Magen, Leber.

Erwähnt sei noch, daß die besprochene Art der Ausscheidung und Verteilung des Morphins im Organismus durch künstliche Eingriffe verschiedenartig beeinflußt werden kann. So konnte Mc. Crudden[1]) nachweisen, daß Stoffe, die im Darm Reizzustände, Hyperämie und gesteigerte Sekretion hervorriefen, wie Cortex Quillajae oder Radix Senegae, auch die Ausscheidung des Morphins in den Verdauungskanal fördern. So wurde normalerweise bei einem Hunde 44,2%, nach Eingabe von Cortex Quillajae 64,2% des einverleibten Morphins mit den Faeces ausgeschieden. In einem zweiten Versuche normal 47,2%, nach Einverleibung von Alkohol (Rum) 61,2%.

Die Verteilung des Morphins im Froschkörper kann auch bei entherzten Fröschen erfolgen [Meltzer[2])], und zwar wahrscheinlich durch die Gewebsspalten. Allerdings ist damit auch eine Änderung der Wirkung verbunden, weil so auch eine geänderte Verteilung in den einzelnen Organen erfolgt und somit bei dieser Art der Verteilung auch eine lokale Organwirkung zum Ausdruck kommen kann. So tritt bei dieser gewissermaßen durch Diffusion gegebenen Verteilung eine primäre Depression ein, die von einer Hyperästhesie gefolgt ist, und diese Wirkung tritt rascher und auch nach kleineren Dosen ein (12—15 mg) als bei intaktem kardiovasculären Apparat.

Wir sehen somit aus diesem reichlich vorhandenen Untersuchungsmaterial, daß die ganze Frage nach dem Schicksal des Morphins im Organismus nicht nach den Untersuchungsergebnissen zusammenfassend beurteilt werden kann, sondern daß wir das Schicksal und die Morphinverteilung im akuten Vergiftungsfall zu scheiden haben vom Morphinschicksal bei chronischen Vergiftungen und bei den an Morphin Gewöhnten und daß innerhalb einer jeden Gruppe wiederum das Endergebnis durch die Tierspezies weitgehend modifiziert werden kann. Ganz allgemein ergibt sich jedenfalls, daß bei chronischen Morphin- und Opiumvergiftungen es viel schwieriger ist, Morphin in den Organen nachzuweisen als bei akuter Intoxikation (Webster, l. c.), ein Moment, das bei der Frage der Morphingewöhnung noch ausführliche Besprechung finden wird.

———

Sowohl für den akuten als auch für den chronischen Vergiftungsfall ergibt sich bei Berücksichtigung des in den Ausscheidungen sowie in den Organen vorhandenen Morphins ein Defizit, welches, insbesondere unter Berücksichtigung der geringen Ausscheidung des Alkaloids, frühzeitig die Frage nach der Art der Umwandlung zur Diskussion brachte.

In der Literatur über die Frage nach den Umwandlungsprodukten des Morphins müssen wir Ansichten und Vermutungen über die Umwandlung selbst sowie über die Umwandlungsprodukte scheiden von jenen Arbeiten, die wirklich das Vorhandensein solcher Umwandlungsprodukte erwiesen haben.

———

[1]) Mc. T. H. Crudden, Arch. f. exp. Pathol. u. Pharmakol. **62**, 374 (1910).
[2]) S. J. Meltzer, Zentralbl. f. Physiol. **25**, 49 (1912).

Tabelle VI: Verteilung des Morphins
Von 0,06 g intravenös injiziertem Morphin

M = Morphin; unv. = unveränder

Nach Verlauf von	I. im Blute resp. Serum	II. in der Leber	III. in den Nieren und dem Harn	IV. im Magen und Inhalt	V. in der Lunge	VI. in der Milz
¹/₄ St.	M. unv. in Spuren M. gep. ca. 0,0008 = 1,3%	M. unv. ca. 0,02 = 33%, M. umg. in Spuren	in den Nieren: M. unv. ca. 0,003 = 5% im Harn: 0	M. unv. ca. 0,002 = 3,3%	M. unv. ca. 0,0006 = 1%	M. gep. ca. 0,0005 = 0,85%
1 St.	M. gep. 0,0008 = 1,3%	M. unv. ca. 0,006 = 10% M.umg.ein Teil	in Nieren und Harn: M. unv. ca. 0,003 = 5% in den Nieren: M.umg.ein Teil	M. unv. ca. 0,001 = 1,6%	M. unv. ca. 0,0007 = 1,1%	M. gep. ca. 0,0006 = 1%
2 St.	M. gep. ca. 0,0008 = 1,3%	M. unv. ca. 0,001 = 1,6%. M. umg. ein großer Teil	in den Nieren: M. unv. geringer Teil, M. umg. ein recht geringer Teil im Harn: M. unv. ca. 0,002 = 3,3%	M. unv. ca. 0,0009 = 1,5%	M. unv. ca. 0,0008 = 1,3%	M. gep. ca. 0,0006 = 1,0%
2¹/₂ St.	M. gep. ca. 0,0007 = 1,1%	M. unv. ca. 0,0008 = 1,3%, M. umg. ein sehr großer Teil	in den Nieren: M. umg. ein großer Teil im Harn: M. unv. ca. 0,003 = 5%	M. unv. ca. 0,0006 = 1%	—	—

Namentlich die ersten Arbeiten über das Morphinschicksal „schließen" die Zerstörung bzw. Umwandlung des Morphins aus den negativen Befunden in den Ausscheidungen, so Lassaigne (1824), Taylow, Cloetta usw. Auch Landsberg (1881) vermutet bloß die Zerstörung des Morphins „durch ein Ferment oder infolge der Alkalescenz des Blutes oder dessen Gase", weil es so bald nach der Injektion im Blute nicht nachzuweisen sei. Auch Burkhart (1882) nahm Umwandlungsprodukte an, „deren Nachweis sich aber unseren bisherigen Methoden entzog". Erst Eliassow (1882) weist auf ein dargestelltes Produkt hin, das er aus dem Harn isolieren konnte und das er als Umwandlungsprodukt des Morphins ansah. Dies sei charakterisiert durch eine grünblaue Färbung mit Fröhdes und Husemanns Reagens.

Außerdem konnte Eliassow feststellen, daß nach Morphinzufuhr eine Zunahme der gebundenen Schwefelsäure und eine nicht unerhebliche NH_3-Ausscheidung erfolgte. Auch Stolnikow hat eine unverkennbare Vermehrung der gebundenen Schwefelsäure nach Morphinzufuhr beim Hund

im Organismus der Katze.

fanden sich wieder (nach Marquis):

gep. = gepaart; umg. = umgewandelt.

VII. im Gehirn	VIII. im Rückenmark	IX. im oberen Dünndarm	X. im unteren Dünndarm	XI. im Dickdarm und in den Faeces	XII. im Speichel
M.gep. ca. 0,0006 = 1%	nichts nachzu- weisen	nichts nachzu- weisen	nichts nachzu- weisen	nichts nachzu- weisen	M. unv. von Spu- ren bis 0,0015 = 2,5%
M.gep.ca. 0,0007 = 1,1%	M.gep.ca. 0,0005 = 0,85%	nichts nachzu- weisen	nichts nachzu- weisen	M.unv.ca.0,0005 = 0,85%	—
M.gep.ca. 0,0008 = 1,3%	M.gep.ca. 0,0006 = 1,0%	M. unv.=Spuren M.umg.=Spuren	M. unv. Spuren M. umg. Spuren	M.unv.ca.0,0009 = 1,5%	—
M.gep.ca,0,0009 = 1,5%	M.gep.ca.0,0007 = 1,1%	M.unv.ca.0,0005 = 0,85% M. umg. Spuren	M.unv.ca.0,0005 = 0,85% M. umg. Spuren	M. unv. ca. 0,001 = 1,6%	—

gesehen. Es war daher an die Möglichkeit zu denken gewesen, daß Morphin an Schwefelsäure gepaart zur Ausscheidung kommen konnte. Indessen hat Stolnikow durch ausgedehnte und sehr genaue Versuche bewiesen, daß die vermehrten gepaarten Schwefelsäuren nicht Paarlinge des Morphins sind, sondern Ätherschwefelsäuren, deren Vermehrung wohl nicht direkt durch Morphin, sondern durch andere Körper hervorgerufen werden, welche wahrscheinlich Umwandlungsprodukte des Morphins darstellen.

Eine zweite Annahme über das Schicksal des Morphins bezog sich auf die Paarung mit Glykuronsäure, deren vermehrtes Auftreten im Harn nach Morphinzufuhr ebenfalls beobachtet worden war. So konnten v. Mering und Musculus[1] feststellen, daß im Harn nach subcutaner Injektion von 0,1 g Morphium hydrochloricum außer Reduktion eine viel stärkere Links-

[1] v. Mering u. Musculus, Ber. d. Dtsch. Chem. Ges. 8, 662 (1875).

drehung beobachtet wurde, als dem Morphin entsprechen würde, selbst wenn
das gesamte Morphin zur Ausscheidung gekommen wäre. S u n d v i k[1]) konnte
in einigen an Hunden, Kaninchen und Menschen angestellten Versuchen nach
Verabreichung von Morphinpräparaten die Anwesenheit einer gepaarten
Glykuronsäure mit Wahrscheinlichkeit dartun, wenn sich auch ein ganz einwandfreier Beweis dafür nicht ermöglichen ließ. Schließlich hat auch P. M a y e r[2])
durch die Reduktion des Harns, durch Linksdrehung und Darstellung der
Glykuronsäure-Phenylhydracinverbindung nach der hydrolytischen Spaltung
jedenfalls das Auftreten von Glykuronsäure nach Morphinzufuhr erwiesen.
Ob allerdings der Paarling dieser Glykuronsäure wirklich unverändertes Morphin
ist oder nur ein Zersetzungs- bzw. Oxydationsprodukt desselben, ist nicht entschieden. Für die Annahme, daß an die Glykuronsäure unverändertes Morphin
gepaart sei, würde der Befund von S t o l n i k o w sprechen, daß nach Hydrolyse
des Harns mit Salzsäure die Morphinreaktionen stärker werden, und in gleicher
Weise die Untersuchungsergebnisse von M a r q u i s, der, ebenfalls nach Spaltung
mit HCl, im Blute und in der Milz vorher nicht vorhandene Morphinreaktionen auftreten sah. M a r q u i s hat neben geringen Mengen von unverändertem Morphin auch die erwähnten Reaktionen nachgewiesen und bezeichnet daher diesen Teil des Morphins, ohne Rücksicht auf die noch unbe-
kannte Art der Bindung, als „gepaartes Morphin". M a r q u i s fand dieses
gepaarte Morphin im Gehirn, im Rückenmark, in der Milz und im Blute, wenn
seit der letzten Einspritzung ins Gefäßsystem mehr als 15 Minuten verflossen
waren. Dieses gepaarte Morphin läßt sich in derselben Weise zur Abscheidung
bringen wie reines Morphin. Es wird von Wasser, salzsaurem Wasser, verdünntem und absolutem Alkohol und ammoniakalischem Essigäther aufgenommen, nicht aber von saurem Äther, saurem Amylalkohol oder saurem
Essigäther. Es ist farblos, amorph und zeigt im Gegensatz zum Morphin mit
dem Formalinreagens M a r q u i s' überhaupt keine Farbenreaktion. Es kann
jedoch durch HCl oder auch durch Alkalien in seine Bestandteile zerlegt
werden, und dann kann als einer derselben r e i n e s M o r p h i n nachgewiesen
werden. Durch diesen Befund können auch die scheinbaren Widersprüche
in der Literatur hinsichtlich der positiven und negativen Morphinbefunde in
den genannten Organen Aufklärung finden. Die verschiedenen Verfahren zur
Morphindarstellung erbrachten eben nur den Nachweis des reinen, unveränderten Morphins, nicht aber des gepaarten.

Neben dem unveränderten und dem gepaarten Morphin muß aber, dem
Bilanzversuche entsprechend, noch eine reichliche Menge des Alkaloids eine
weitere Veränderung erfahren. Dafür spricht schon der erwähnte Befund von
E l i a s s o w, der aus Harn einen Stoff isolierte, der andere Farbenreaktionen
gab als Morphin (grünblaue Färbung mit F r ö h d e s und H u s e m a n n s Reagens).
Einen ähnlichen Körper konnte auch M a r m é (l. c.) aus dem Darm und der
Leber isolieren, der durch F r ö h d e s Reagens nicht violett wie Morphin, sondern
rein blau und grün gefärbt wurde. M a r m é glaubte, daß das erhaltene Produkt
mit dem von P o l s d o r f f dargestellten Oxydimorphin (Dehydromorphin
$C_{34}H_{36}N_2O_6$) identisch sei, da die Reaktionen der beiden Körper gleich waren.
M a r m é s Schüler P u s c h m a n n[3]) spricht ebenfalls vom Auftreten von Oxy-

[1]) E. S. S u n d v i k, Akademisk afhandling Helsingfors (1886). Malys Jahresber. d.
Tierchem. **16**, 76 (1887).

[2]) P. M a y e r, Berl. klin. Wochenschr. **36**, 591, 617 (1899).

[3]) P u s c h m a n n, Über Oxydimorphin und seine Wirkung auf den tierischen Organismus. Diss. Göttingen (1895).

dimorphin im Organismus, betont aber selbst, daß es sich dabei nur um Spuren handeln könne, da dieses sehr unbeständig sei und rasch weiteroxydiert wird. Auch Lamal (l. c.) behauptet, daß sich Morphin im Kreislauf in Oxydimorphin umwandle, das durch den Harn ausgeschieden wird. Derselben Annahme schließen sich Brestowski[1]) und Schmiedeberg und Takahashi (zitiert nach Kobert) an, und offenbar, von diesen Arbeiten ausgehend, ist diese Behauptung der Umwandlung des Morphins in Oxydimorphin in die meisten Lehrbücher übergegangen (vgl. auch B. Diedrich[2]) über Oxydimorphin. Inaug.-Diss. Göttingen 1883).

Demgegenüber behauptet aber schon Donath (l. c.), daß es ihm niemals gelungen war, Oxydimorphin im Harn nachzuweisen. Auch Dorlencourt (l. c.) konnte „höchstens" Spuren von derartigen Umwandlungsprodukten im Harn finden.

Auch mit dieser Frage haben sich die Untersuchungen Marquis' befaßt, und in Übereinstimmung mit den erwähnten Arbeiten fand auch er neben dem freien und dem schon erwähnten „gepaarten Morphin" ein „umgewandeltes Morphin", das er neben unzersetztem Morphin aus der Leber und den Nieren, selten aus dem Darm zur Darstellung bringen konnte. Die Differenzierung gegenüber den beiden ersten Morphinformen ist wiederum durch Farbenreaktionen gegeben (Grünfärbung mit dem Formalinreagens, im Gegensatz zu dem gepaarten Morphin, bei dem überhaupt keine Farbenreaktion eintritt, und im Gegensatz zum unveränderten Morphin, das sich mit diesem Reagens rotviolett färbt). Marquis begnügt sich, sein „umgewandeltes" Morphin durch diese Reaktion zu charakterisieren und verzichtet darauf, irgendwie den konstitutionellen Aufbau zu diskutieren, da er keine Anhaltspunkte dafür fand. Dagegen glaubte er annehmen zu können, daß sein „umgewandeltes Morphin" sowohl mit dem von Eliassow gefundenen Abbauprodukt sowie mit dem Oxydimorphin von Marmé und dem der anderen Autoren identisch sei, daß es sich jedoch dabei nicht um Oxydimorphin, sondern eben um ein anderes, noch nicht charakterisiertes Abbauprodukt handle.

Als Ort der weitestgehenden Umwandlung des Morphins im Organismus kommt wohl sicher die Leber in Betracht. Heger glaubt, daß die Leber Morphin nicht nur zurückhält, sondern auch zerstöre. Jedenfalls geht mit dieser Bindung in der Leber eine weitgehende Entgiftung einher, und wir finden es daher verständlich, daß eine rectale Verabreichung von Morphin, bei der die Resorption durch die Hämorrhoidalis erfolgt und so der Pfortaderkreislauf und die Leber zunächst ausgeschaltet bleiben, zu einer stärkeren Morphinwirkung führen kann als die orale.

Fassen wir nun auf Grund des vorhandenen reichlichen Untersuchungsmaterials alles das zusammen, was über das Schicksal des Morphins bekannt ist, so läßt sich das sagen, daß Morphin aus der Blutbahn rasch verschwindet und daß ein kleiner Teil unverändert durch den Harn und den Speichel, ein größerer (und dies besonders beim Hunde) mit dem Kote zur Ausscheidung gelangt. Der im Organismus zurückgebliebene Teil wird zum Teil in unveränderter Form in den Organen, vor allem in der Leber, abgelagert, zum Teil hier durch Paarung gebunden. Von diesem gepaarten Morphin wird wiederum ein kleiner Teil ausgeschieden, der größere Teil erfährt dann weitere Umwand-

---

[1]) Brestowski, Pharm. u. Toxikologie. Leipzig (1894).
[2]) B. Diedrich, Über Oxydimorphin. Diss. Göttingen 1883.

lungen und schließlich Zerstörung. Eine Identifizierung der Umwandlungsprodukte mit Oxydimorphin oder anderen Derivaten ist mit Sicherheit nicht
möglich gewesen. Jedenfalls wird durch die Ablagerung des Morphins in den
verschiedensten Organen, in denen es keine pharmakologische Wirkung äußert,
wie vor allem in der Leber, dem Gehirn, ein großer Teil entzogen, was naturgemäß die toxische und letale Dosis weitgehend beeinflussen muß [vgl. hierzu
Homberger und Munch[1])].

Schließlich sei noch erwähnt, daß intravenös eingeführtes Morphin bei
einer trächtigen Katze als solches innerhalb 25 Minuten in sehr deutlich
nachweisbaren Mengen in die Embryonen und Placenten übergeht (nicht
aber ins Fruchtwasser), ein Moment, das für die Toxikologie hinsichtlich der
Gefährdung der Frucht intra partum von großer Bedeutung ist. Das gleiche
gilt von jenen Folgezuständen für den Säugling, die durch den Übergang des
unveränderten Morphins in die Milch gegeben sein können.

Das Schicksal des Morphins im Organismus kann durch eine Reihe von
Eingriffen, vor allem aber durch Gewöhnung eine Änderung erfahren. Hierüber
wird im Kapitel über die Morphingewöhnung das Notwendige gesagt werden.

**Allgemeine Wirkungen: Allgemeines pharmakologisches Wirkungsbild bei
den verschiedenen Tierarten.** Morphin ist der therapeutische Vertreter jener
Stoffe, deren pharmakologische Wirkungen nicht nur nicht vom Tierversuch
auf den Menschen, sondern auch nicht von einer Tierart auf eine andere übertragen werden dürfen. Dies gilt sowohl für die Art der Wirkung, als insbesondere für die Größe der wirksamen Dosis.

Bei den Wirbellosen läßt sich, wie bereits ausgeführt wurde, irgendeine
therapeutische Morphinwirkung überhaupt nicht nachweisen. Die Empfindlichkeit gegen Morphin steigt mit der Entwicklung in der Tierreihe und parallel-
gehend damit ändert sich auch Wirkungsbild. Am genauesten analysiert ist
dieses beim Frosch durch Witkowski[2]), dessen erschöpfende Schilderung
hier wiedergegeben sei. Die von Witkowski am häufigsten verwendete Dosis
betrug 1,15 g, die Minimaldosis, bei der man noch volle, aber langsame Wirkung
erwarten darf beträgt etwa 1,12 g bei subcutaner Applikation: Witkowski
schildert diese Wirkung beim Frosch folgendermaßen:

Wenn man einige Zeit nach der Vergiftung versuchsweise die Glocke weg-
nimmt, unter der man den Frosch aufbewahrt hatte, so bemerkt man zunächst,
daß er auffällig lange zögert, die dargebotene Gelegenheit zur Flucht zu benutzen;
dann sieht man die Dauer dieses Zögerns bei Erneuerung des Versuches mehr und
mehr zunehmen und (nach 10 Minuten bis 1½ Stunden) einen Zeitpunkt kommen, wo das Tier ohne äußeren Anreiz überhaupt nicht mehr fortspringt, dagegen nach einer Reizung die zum Sprunge nötigen Bewegungen ganz geordnet ausführt. Bald zeigt aber auch die Koordination dieser Bewegungen eine
allmählich zunehmende Abweichung von der Norm. Die Sprünge werden
ungeschickt, das Tier fällt leicht um, erreicht nicht mehr den beabsichtigten
Bewegungszweck, rutscht von einem allmählich geneigten Brettchen hinunter,
weil es das Gleichgewicht nicht zu bewahren vermag, läßt in der Ruhe und bei
Ortsveränderungen bald das eine und bald das andere Bein längere Zeit ausgestreckt liegen, bis es zuletzt auch durch Reize nicht mehr gelingt, überhaupt

---

[1]) Homberger u. Munch, Americ. journ. of chem. soc. **38**, 1873 (1916).
[2]) Witkowski, Arch. f. exp. Pathol. u. Pharmakol. **7**, 247 (1877). Ältere Literatur
s. auch bei Husemann, Die Pflanzenstoffe, 1871, S. 111.

einen Sprung herbeizuführen. Erst nachdem der Verlust dieser Fähigkeiten vollendete Tatsache geworden, erleidet auch das bis dahin ganz intakte Vermögen des Tieres eine Einbuße, seine gewöhnliche (Bauch-) Stellung zu behaupten und sie, wenn man sie willkürlich verändert hat, wieder einzunehmen. Wenn man bis zu dieser Zeit den Frosch auf den Rücken gelegt hatte, so erfolgte prompt und geschickt die Rückkehr in die gewöhnliche hockende Stellung, auch noch zu einer Zeit, wo selbst durch Reize kein Sprung mehr herbeizuführen war. Wiederholt man aber jetzt den Versuch des Umlegens, so sieht man erst spät ungeschickte Herumdrehungsversuche erfolgen und endlich eine Zeit kommen, wo die Rückenlage nicht mehr als genügender Reiz wirkt, d. h. wo das Tier dauernd die ungewohnte Lage beibehält, sie zunächst wohl noch verläßt, wenn man durch Kneifen oder dergleichen die einwirkenden Reize vermehrt, schließlich aber überhaupt nicht mehr zum Umdrehen zu bringen ist. Nach $1/4$—2 Stunden pflegen die Erscheinungen diesen Grad erreicht zu haben. Durch Berührung der Cornea läßt sich um diese Zeit kein Lidschluß mehr erreichen, dagegen erfolgen an dem vom Rückenmark aus innervierten Teilen noch auf alle Reize Reflexzuckungen, die aber meistens abnorm schwach ausfallen. Bei sehr kleinen Dosen sind öfters nur die ersten unter den hier geschilderten Veränderungen deutlich; das Tier wird träge, verliert die Lust und den Trieb zur Fortbewegung und zeigt eine leichte Ungeschicklichkeit bei seinen Sprüngen.

Die soeben beschriebene Reihenfolge von Veränderungen der nervösen Funktionen entspricht mit aller nur wünschenswerten Genauigkeit den Ergebnissen, die in den bekannten Versuchen Goltz[1]) durch sukzessive Abtragung der einzelnen Teile des Gehirns erhalten hat. Der einzige leicht erklärliche Unterschied besteht darin, daß bei der Abtragung mit einem Schlage die Wirksamkeit des betreffenden Teiles aufhört, bei der Vergiftung dagegen eine ganz allmähliche Verminderung zum völligen Schwund der Verrichtung hinüberführt. Das Endresultat ist für jede Gehirnprovinz genau dasselbe, wie folgender Versuch ergibt. Es schwinden nacheinander die Fähigkeiten:

1. zur spontanen Bewegung (Abtragung des Großhirns),
2. zur Bewegungsstatik und -dynamik (Abtragung der Vierhügel),
3. zum Sprung überhaupt (Abtragung des Kleinhirns),
4. zur Bewahrung der gewöhnlichen Stellung (Abtragung der Medulla oblongata).

Soweit die bisherige Schilderung reicht, besteht demnach die Morphinwirkung beim Frosch zunächst darin, daß nacheinander die verschiedenen Zentralorgane des Gehirns ausgeschaltet werden. Die Wirkung beginnt am Großhirn und kann nach kleinen Gaben bei diesem stehen bleiben; nach größeren wird allmählich das ganze Gehirn außer Tätigkeit gesetzt.

Bei genügender Dosis folgt nun ein zweites Stadium der Morphinvergiftung, das durch die vorher erwähnte, aber nicht immer ganz deutlich ausgeprägte Herabsetzung der spinalen Reflexe eingeleitet wird. Allmählich nehmen diese an Stärke wieder zu und nach einer gewissen Zeit überschreiten sie entschieden die Norm. Zuerst tritt dies im Bereich der Atemmuskulatur deutlich hervor. Während des ersten Stadiums ist die Atmung schwach und unregelmäßig geworden; sie erfolgt langsam und setzt häufig für einige Zeit ganz aus. Wenn man jetzt während einer Respirationspause durch Kneipen, Stoßen oder auch nur durch Herumlegen auf den Rücken einen Reiz auf das Tier ausübt, so ant-

---

[1]) Goltz, Beitr. zur Lehre von den Funktionen der Nervenzentren des Frosches Berlin 1869.

wortet dasselbe durch einige stoßende, hastige und sehr vertiefte Atemzüge, worauf wieder eine längere Pause folgt. In einer etwas späteren Zeit hört die Lungenatmung meist vollständig auf, aber auch dann kann man immer noch für einige Zeit, manchmal sogar während der ganzen Vergiftungsdauer, die soeben beschriebene und der Kürze halber als „Krampfatmen" zu bezeichnende Erscheinung durch Reizungen herbeiführen. Immer erst nach vollständiger Ausbildung des Krampfatmens tritt eine deutliche Steigerung der in den tieferen Partien des Zentralorgans vermittelten Reflexe ein, woraus sich dann allmählich die allgemein bekannten Streckkrämpfe der hinteren Extremitäten entwickeln. Dieses Stadium der Morphinvergiftung läßt sich, bei nicht allzustarker Dosis, durch folgendes Experiment sehr hübsch demonstrieren.

Befestigt man zwei Frösche, einen vergifteten und einen normalen, nebeneinander in Rückenlage in der Art auf Brettchen, daß die Hinterbeine frei bleiben, und beugt nun letztere vorsichtig bei dem Morphinfrosch, so behalten sie für kurze Zeit diese Lage, fahren aber sofort in Streckung aus, wenn man sie auch nur ganz leise berührt. Umgekehrt kann man mit einiger Vorsicht die Beine des gesunden Tieres für einige Zeit in leichte Streckstellung bringen, aber auf jede Reizung werden dieselben sofort wieder gebeugt.

Wenn die Vergiftung stark genug war, so treten nach einiger Zeit Krampfanfälle auch ein, ohne daß besondere äußere Reize sich nachweisen lassen; die Erregbarkeit ist dann so groß geworden, daß jedesmal nach einer gewissen Zeit die Summation der natürlichen Reize zur Auslösung eines Anfalls ausreicht. Besonders wichtig ist ferner, daß nach jedem Krampfanfall die Reflexerregbarkeit für einige Zeit vollkommen erlischt; erst nach einer längeren Zwischenpause, die öfters viele Sekunden dauert, erfolgt aufs neue eine nun wieder abnorm starke Reflexzuckung. Das Rückenmark ist also nicht nur abnorm leicht erregbar, sondern wird auch abnorm leicht erschöpft. Es hat wesentlich eine Veränderung in der zeitlichen Verteilung der Reaktionen auf äußere Reize stattgefunden. Der gesunde Frosch ist imstande, eine ganze Reihe von Erregungen hintereinander mit fast gleicher Stärke zu beantworten; der vergiftete gibt in einer einzigen, aber verlängerten und verstärkten Zuckung für einige Zeit alle seine Kräfte aus. Die scheinbare Verstärkung der Reflexe beweist also in Wahrheit eine Schwächung in der richtigen Ökonomie und Verteilung derjenigen Kräfte, die in der zentralen Nervensubstanz wirksam werden.

Der Eintritt der verschiedenen Phasen der Morphinvergiftung beim Frosch zeigt in jedem Stadium erhebliche Differenzen. Besonders für den Eintritt der Krämpfe ist dies festzustellen. Sie können bisweilen schon kurze Zeit nach der Vergiftung eintreten, lassen aber manchmal stundenlang auf sich warten. Bei sehr großen Dosen können jedoch die Krämpfe vollständig ausbleiben. Bei nicht tödlicher Vergiftung findet die Wiederherstellung der Organfunktionen in umgekehrter Richtung genau in derselben Reihenfolge statt, wie bei Vergiftung derselben, doch kann dies Tage, ja sogar Wochen in Anspruch nehmen. Bei Fröschen überwiegen von Anfang an die strychninartigen Erscheinungen ohne vorhergehende Lähmung.

Wie bereits erwähnt, verläuft die Vergiftung beim Säugetier nicht nur quantitativ, sondern auch qualitativ anders. Beim Hunde beobachtet man nach nicht toxischen Dosen nur ein Stupidwerden, dann Kaubewegungen, Speichelfluß, Würgen, das Bild der „Nausea" und Defäkation, nach größeren Dosen erfolgt anfänglich Herabsetzung der Sensibilität; Pulsfrequenz steigt anfangs und sinkt dann mit gleichzeitiger Abnahme der Vertiefung der Respirationsfrequenz; allmählich schläft das Tier dann ein. Injiziert man in diesem Stadium weiter, dann steigern sich die Reflexe, das Tier wird unruhig, die Pupille wird weiter, Zuckungen und Krämpfe treten auf, und der Tod erfolgt ausnahmslos im Tetanus infolge des Aussetzens der Atmung und infolge der zentralen Erschöpfung durch Krämpfe [Lenhartz[1])].

Die Morphinwirkung bei Kaninchen zeigen die folgenden Versuche, die von Stross[2]) ausgeführt wurden: Ein Kaninchen von 1170 g zeigt nach 0,085 g Morphium hydrochloricum pro Kilogramm subcutan nach $1\frac{1}{4}$ Stunden leichte Schlafneigung, die rasch vorübergeht. Ein ungefähr gleichgroßes Tier wird nach 0,107 g Morphium hydrochloricum pro Kilogramm schon nach 10 Min. sehr träge, nach 14 Min. verträgt es Seitenlage, Atmung verlangsamt, nach 20 Min. schläft es bei erhaltenem Cornealreflex, nach 1 St. 10 Min. schon wieder spontane Bewegung, nach 1 St. 45 Min. richtet es sich spontan auf und verträgt nicht mehr Seitenlage. Nach 0,15 g pro Kilogramm bei einem 1650 g schweren Tier tritt nach 50 Min. Schlaf, hierauf aber sehr baldige Erholung ein. Nach 0,2 g pro Kilogramm verträgt das Tier Seitenlage nach 30 Min. In einem 2. Versuche wird das Kaninchen mit dieser Dosis nach 30 Min. matt, verträgt keine Seitenlage, nach weiterer Injektion von 0,1 g nach 46 Min. Lage unverändert, nach weiteren 0,15 g gleiches Verhalten, nach nochmaliger Injektion von 0,25 g nach 87 Min. Opisthotonus Krampf, nach 100 Min. Krampf und Tod. Intravenöse Morphininjektionen führen fast zu den gleichen Erscheinungen. 0,25 g pro Kilogramm intravenös rufen zwar rasche Mattigkeit und die verlangsamte Atmung hervor, das Bild einer vollen Narkose ist aber nicht zu erzielen. Intraperitoneale Morphininjektion bedingt beim Meerschweinchen bei 0,04 g pro 100 g keine sofortige erhebliche Wirkung. Es treten erst nach 40 Minuten gesteigerte Reflexe auf; Seitenlage wird nicht vertragen. Hochgehoben und auf die Unterlage fallengelassen zeigen die Tiere starkes Zittern. Atmung ist nicht verlangsamt, aber die Tiere gehen dann zugrunde. Bisweilen reagieren diese auf die Injektionen erst mit Trägheit und Mattigkeit und dann tritt das eben geschilderte Bild auf. Nach 50 Min. treten häufig epileptische Krämpfe auf, die 3 St. dauern und nach denen die Tiere zugrunde gehen. 0,06 g pro Kilogramm ruft Stupor hervor. Das Tier nimmt die Gelegenheit zur Flucht nicht wahr, Seitenlage wird nicht vertragen, keine Krämpfe.

Über die Wirkung des Morphins auf andere höhere Säugetiere, namentlich auf die Haustiere, liegen genauere Untersuchungen von Fröhner[3]) und von Hess[4]) vor.

Schafe und Ziegen sind gegen Morphin außerordentlich resistent. Dagegen fanden Guillebeau und Luchsinger[5]) bei einer jungen Ziege, der sie 0,02 g eingespritzt hatten, starke psychische Erregung. Auch Schweine zeigen gegen Morphin große Widerstandsfähigkeit und sterben erst nach intravenöser Injektion von 0,15—0,18 g Morphin pro Kilogramm Körpergewicht. In solchen Fällen sind häufig Aufregungen, Kaukrämpfe, Speichelfluß, unbeholfener Gang, Überempfindlichkeit, Körperschwäche, nach größeren Gaben Krämpfe die wesentlichen Symptome. Wie bei diesen Wiederkäuern und Ein-

---

[1]) Lenhartz, Arch. f. exp. Patholog. u. Pharmakolog. 22, 337 (1887).
[2]) W. Stross, Versuche im pharmakolog. Institut in Prag, unveröffentlicht.
[3]) Fröhner, Monatshefte f. prakt. Tierheilk. 4 (1893).
[4]) Hess, Arch. f. wiss. u. prakt. Tierheilk. 27 (1901).
[5]) Guillebeau u. Luchsinger, Pflügers Arch. f. d. ges. Physiol. 28, 61 (1882).

hufern treten auch bei andern die „erregenden" Symptome bei der Morphinvergiftung gegenüber den lähmenden in den Vordergrund.

Pferde zeigen nach 0,4 g Morphin Unruhe, Stumpfsinn, Hin- und Hertreten, Laufsucht, dann Niedergeschlagenheit, nach 1—2,0 g starke Aufregung.
Drängen gegen die Wand, Spreizen der Hinterbeine, Taumeln, Nystagmus,
Puls- und Atembeschleunigung. Es ist bei Wettrennen wiederholt vorgekommen,
daß die Pferde heimlich durch Morphin angeregt wurden.

Bei Rindern beobachtet man nach 0,25—0,5 g Morphin Kaubewegungen,
Speicheln, Unruhe, Hin- und Hertreten, Muskelzucken, nachfolgende Niedergeschlagenheit, nach 1,5—2,0 g tobsuchtartige Anfälle, Tränenfluß, Muskelzittern in der Nachhand.

Am stärksten treten die Aufregungszustände bei Katzen hervor. Die
sanfteste Hauskatze kann schon nach wenigen Zentigrammen Morphin (10 mg
minimal nach W. Straub) in das wildeste Raubtier verwandelt werden, das
sich zähnefletschend und schnaubend gegen die Umgebung wendet. Schon
geringe Reize genügen meist, um die Tiere in die größte Aufregung, sogar in
Raserei zu versetzen. Schwankender Gang, Zwangbewegungen, Rollen, Überempfindlichkeit am Kopfe und an den Ohren, Zuckungen im Gesicht, Speicheln,
Kaubewegungen, maximal erweiterte Pupillen, beschleunigter Puls, Nystagmus,
Halluzinationen, Konvulsionen und tetanische Krämpfe charakterisieren das
Vergiftungsbild. Wenn gewisse „erregende" Wirkungen des Morphins auch bei
andern Tieren beobachtet werden können, so ist doch der Grad dieser Erregung
bei der Katze sehr auffällig und es ist naheliegend, daß man diese Erscheinung
besonders zu deuten versuchte. W. Straub nimmt an, daß Morphin für
die Katze ein abgeschwächtes Gehirnnarkoticum ist, das nur jenen ersten
Grad der Narkose hervorbringt, der als Excitationsstadium bei den Narkoticis der Alkoholreihe bekannt ist. Dies allein kann aber nicht alle Symptome, die oben geschildert wurden, erklären. Wenn auch einzelne von
diesen als wirkliche „Erregungen" gedeutet werden können, so scheint
doch anderseits auch der Gedanke an die Möglichkeit einer Erklärung vieler
dieser Symptome als „Lähmung von Hemmungen" (s. auch Auge S. 915)
nicht unberechtigt.

Wir können ja das „Domestizieren" der Raubtiere, hier die Zahmzüchtung
der Wildkatze zum zahmen Hauskätzchen als Folge einer Summe „erworbener
Hemmungen" deuten, durch deren Lähmung eben das „Haustier" wieder
zum „Raubtier" wird. Ähnliche Wirkungen zeigt ja gerade bei der Katze
der Alkohol.

Daß diese Art der Morphinwirkung nicht auch bei andern Raubtieren,
vor allem beim Hunde in Erscheinung treten, könnte darin seinen Grund
haben, daß diese „Hemmungen" gerade bei der Katze sehr labil sind, was
ja einerseits in ihrem gewöhnlich als „Falschheit" bezeichneten Grund-
charakter, anderseits noch in bestimmten Formen ihrer „Ernährungsweise":
im Mäuse- und Vogelfang deutlich zum Ausdruck kommt. Die zur „Zahm-
heit" führende Hemmungssumme ist bei der „falschen, unverläßlichen Katze"
viel geringer, als beim treuen Hunde, daher auch leichter zu hemmen, oder
ganz zu beseitigen. Das Gesamtbild der Wirkung würde sich somit als
„Erregung neben Lähmung" deuten lassen.

An der Maus sah O. Hermann[1] vor dem Eintritt der Lähmung Unruhe,
Steigerung der Reflexerregbarkeit und als besonders charakteristisch ein Um-

---

[1] O. Hermann, Biochem. Zeitschr. **39**, 216 (1912).

legen des Schwanzes auf den Rücken, das noch bei 0,01 mg maximal zu erkennen war. Dieses Phänomen wurde weiter von Bashford[1]) und von Rübsamen[2]) auch bei der Ratte gesehen. Die Ratte zeigt bei der Morphinvergiftung Zuckungen in Schwanz und Unterkiefer, tonisch-klonische Krämpfe und dann allgemeine Krämpfe, in denen der Tod erfolgt. Die Atmung wird anfangs beschleunigt, unregelmäßig und flach, die Herztätigkeit erst verstärkt und dann vermindert. Mavrojannis[3]) hat bei Ratten nach 10—15 mg Morphin einen 4—5 St. anhaltenden kataleptischen Zustand beobachtet. 3—4 cg erzeugen ebenfalls ausgesprochene Katalepsie und keine Krämpfe, nach 4—5 Stunden erfolgt der Tod.

Die Wirkung des Morphins auf die Maus zeigt das erwähnte Symptom schon nach so kleinen Dosen und in derart charakteristischer Weise, daß es von Straub zum biologischen Nachweis des Morphins empfohlen wurde[4]).

Injiziert man Mäusen von 15—20 g ein Morphinsalz in der Menge von 0,00005—0,005 g in 0,1—0,5 ccm gelöst, subcutan, dann beobachtet man nach Verlauf von 2—20 Minuten das Auftreten der erwähnten eigentümlichen Haltung des Schwanzes, der meist S-förmig über den Rücken oder starr emporgekrümmt von den umhergehenden Tieren getragen wird. Zweckmäßig werden die Tiere unter Glasglocken auf Holzteller gesetzt und, um die Reaktion deutlich auszulösen, durch Beklopfen der Glasglocke gereizt oder evtl. durch Anstoßen zur Fortbewegung veranlaßt. Die unterste wirksame Menge, bei der die Reaktion meist noch deutlich ausgeprägt erscheint, beträgt etwa 0,01 mg Morph. hydrochl. Als optimale Mengen sind Dosen von 0,1—0,5 mg angegeben. Tödliche Dosen (über 15 mg) sind zu dem Versuche ungeeignet. Je nach der injizierten Morphinmenge bleibt die Erscheinung 1—2 Stunden lang bestehen. Sie tritt auch nach Injektion der Lösungen unter die Bauchhaut des Tieres auf, doch sind hierbei, zur Erzielung gleich starker Wirkung größere Mengen notwendig als bei Injektion unter die Rückenhaut. Die zu injizierenden Lösungen sollen neutral sein.

Für die Bewertung der Reaktion gibt Hermann (l. c.) folgendes an: In reinen Morphinlösungen ist die Spezifität der Reaktion hinreichend, doch besitzt die Reaktion nicht die quantitative Genauigkeit einer chemischen Reaktion mit reiner Substanz. Forensisch hat die Reaktion nicht die genügende Beweiskraft, doch kann sie als orientierende Vorprobe oder zur Sicherung einer chemischen Wahrscheinlichkeit Verwendung finden.

Berücksichtigt muß aber werden, daß z. B. intraperitoneale Injektion von konzentrierter Zuckerlösung usw. ähnliche Reaktionen auslösen kann, was bei Untersuchung von Pillen usw. in Betracht gezogen werden muß. (Notwendigkeit der Fraktionierung der zu prüfenden Lösung.)

Von den übrigen Opiumalkaloiden und ihren Derivaten gibt Kodein und Dionin die Reaktion in abgeschwächtem Maße. Von Dionin ist 1 mg noch wirksam, 0,5 mg schon unwirksam. Heroin ist dagegen ebenso stark wirksam wie Morphin. Von Thebain ruft 1 mg noch die positive Reaktion hervor, nicht mehr aber 0,5 mg. Papaverin und Narcein sind wenig, Narkotin selbst

---

[1]) Bashford, Arch. intern. d. pharmacodyn. 8, 311 (1901).
[2]) Arch. f. exp. Pathol. u. Pharmakol. 59, 227 (1908).
[3]) Mavrojannis, cit. nach Biberfeld, Ergebn. d. Physiol. 1914.
[4]) W. Straub, Dtsch. med.Wochenschr. 37, 1462 (1911), O. Hermann (l. c.), R. Magnus, Vierteljahrschr. f. gerichtl. Med. III 46, 1 (1913). — Rassers, Nederlandsch tijdschr. v. geneesk. II, 2111 (1915), cit. nach Malys, Jahresber. d. Tierchemie 45, 598 (1915). — van Leersum, Therap. Monatshefte 1918, 394. — J. D. Macht, Proc. of the soc. f. exp. biol. a. med. New York 17, 100 (1920). — H. Fühner, Nachweis und Bestimmung der Gifte auf pharmakologischem Wege. (Abderhaldens Handb. d. biolog. Arbeitsmeth. 1922.)

in Dosen von 10 mg unwirksam. Opiumextrakt wirkt etwa seinem Morphingehalt entsprechend. Auch Apomorphin löst in Dosen von 0,1 mg aufwärts
die Reaktion aus.

Bei der pharmakodynamischen Analyse dieser Straubschen Morphinreaktion fand Macht folgendes: Die der Piperidin-Phenanthrengruppe an-
gehörigen Opiumalkaloide erregen die glatten Muskeln und erhöhen deren Tonus,
während die zur Isochinolingruppe gehörenden Alkaloide gegenteilig wirken
sollen. So ruft Morphin bei der Maus einen Krampf des Blasen- und Mastdarm-
sphinkters hervor. Mit dieser Erscheinung wird die Wirkung des Morphins
auf die Schwanzmuskulatur der Maus in Zusammenhang gebracht. Die Ursache
der Reaktion wird im Gegensatz zu van Leersum, der einen spinalen Angriffspunkt annimmt, peripher gesucht. Phenanthren oder ein wasserlösliches Phen-
anthrenderivat (neutr. Na-Salz des sulfosauren Phenanthrens) hatte keinen
oder nur sehr schwachen Effekt auf die glatte Muskulatur. Dagegen stellte sich
heraus, daß Piperidin ein außerordentlich starkes Erregungsmittel für glatt-
muskulöse Organe sei. Die hier geschilderte biologische Morphinreaktion
wird deshalb auf die Piperidinkomponente des Morphins zurückgeführt. Es
konnten auch von Macht nach Injektion von Piperidinchlorhydrat Schwanz-
stellungen der Maus beobachtet werden, die den von Straub mitgeteilten ähnelten. Rassers fand bei seinen Untersuchungen über die Spezifität der Straub-
Hermannschen biologischen Morphinreaktion folgendes: Der von Hermann
beschriebene Einfluß der Injektionsstelle auf das Zustandekommen der Schwanz-
hebung der Maus konnte nicht bestätigt werden, so daß auch die Injektion am
Bauch oder Oberschenkel gleichen Erfolg hatte. Als minimale Grenzdosis fand
Rassers, ebenso Magnus, nur in seltenen Fällen 0,01, in der Mehrzahl der Fälle
hingegen 0,02 mg. Injektion von 5 mg von Coffeinum citricum, sowie von reinem
Coffein rief bei der weißen Maus ein vollkommen analoges Bild hervor; die Reizbarkeit des Tieres gegen akustische Eindrücke, vor allem auch gegen Berührung,
war ebenso wie nach der Morphininjektion gesteigert. Den gleichen Erfolg
hatten 5 mg Diuretin. Etwaige nach Coffeininjektion auftretende Konvulsionen
wurden nicht wahrgenommen. Auch Cocainum hydrochloricum erwies sich
in Dosen von 0,5—3 mg als sehr wirksam.

Mit der Schwanzreaktion war bei allen diesen Giftwirkungen auch die Her-
vorwölbung des Perineums auffallend; dies war am deutlichsten bei der Campher-
vergiftung (20 mg) zu sehen. Von allen diesen Giften waren im Gegensatz zu
Morphin immer erhebliche Mengen zur Auslösung der Schwanzreaktion erforderlich. Anderseits führten sehr geringe Pikrotoxinmengen (0,1 mg) sowie Spuren
von Tetanustoxin oder 0,02—0,04 mg Cyankalium, letzteres nur nach Berührung
der Tiere, das Schwanzphänomen herbei.

Als streng charakteristisch für die Morphinvergiftung wird diese Reaktion
demnach von Rassers nicht gewertet.

Beim Hausgeflügel wirkt Morphin im ganzen und großen hypnotisch,
jedoch machen sich außerdem Exzitationserscheinungen in Form von Schreckhaftigkeit, Zuckungen, Picksucht der Hühner, Erbrechen (bei Enten) bemerkbar.

Beim Menschen kann die Morphinwirkung unter verschiedenartigem Bilde
verlaufen. Gelegentlich werden auch hier Erregungszustände nach Morphinverabreichung beobachtet, doch gehören sie zu den Ausnahmen. Auch Erbrechen wird nur bei empfindlichen Personen sowie nach größeren Dosen be-

schrieben (Macht, Hermann und Levy [1])]. In der Regel sind die lähmenden Wirkungen des Morphins das Augenfälligste und beherrschen in bestimmter Reihenfolge das Wirkungsbild. Nach per os Einnahme des Morphins tritt zwar schnell Müdigkeit ein, aber bis zur tieferen Morphinwirkung vergehen oft viele Stunden. Die Ursache dürfte darin gelegen sein, daß Morphin selbst zu einem krampfhaften Magenverschluß führen kann, und damit zu Latenzen von vielen Stunden [vgl. Magnus [2]]. Nach Dosen von 5 mg—2 cg erfolgt fast immer allgemeine Beruhigung, rasches Verschwinden vorhandener Schmerzen, Schlafbedürfnis, nach größeren Dosen Schlaf, der in tiefe Bewußtlosigkeit (Unmöglichkeit des Erweckens) übergehen kann.

Die Herabsetzung der Schmerzempfindung erfolgt jedoch noch vor jeder Narkose. Weiterhin entwickelt sich schon nach geringen Dosen vor Eintritt des Schlafes ausgesprochene Euphorie. Damit ist nicht nur der Übergang von Schmerz zur Schmerzlosigkeit gemeint, die jedermann als Wohlbehagen empfindet, sondern ein nur bei bestimmten, dazu disponierten Personen eintretender Stimmungswechsel. Dieser scheint beim Westländer auf anderem Gebiete zu liegen als beim Orientalen, welche einen traumhaften Zustand beschreiben, den ein Gefühl großen Glücks begleitet. Beim Abendländer ist weniger die Phantasie als vielmehr die Willenssphäre der Ort dieser Morphinwirkung. Schwäche und Mißbehagen verschwinden und machen dem Gefühl größerer Kräfte und damit einem erhöhten Selbstbewußtsein Platz. Damit stimmen auch die psychometrischen Versuche Kraepelins [3] überein. Die Auffassung der äußeren Eindrücke ist im Anfang der Morphinwirkung nicht herabgesetzt, sondern entschieden erleichtert. Andere mit motorischen Leistungen verbundenen mäßige Tätigkeiten werden aber von vornherein durch Morphin erschwert. Mit dieser Hemmung der motorischen Vorgänge hängt die Beruhigung unter dem Einfluß des Morphins zusammen. Die Atmung wird öfters und langsamer, und zwar schon nach kleinen Gaben. Der Darm wird ruhig gestellt. Nach größeren Gaben erfolgt Pupillen-, und zwar Lidspaltenverengerung, Herzverlangsamung, Dauerverschluß der Blase ohne Entleerungsmöglichkeit. (Dies kann beim Meerschweinchen einen solchen Grad erreichen, daß es zur Ruptur der Blase kommen kann [Tappeiner [4]].)

Bei Dosen von 0,005—0,03 g erschöpft sich im allgemeinen mit der erwähnten Schilderung das Wirkungsbild beim Menschen. Nur bei besonders empfindlichen Individuen verschiedener Konstitution können auch schon bei diesen Dosen in gleicher Weise wie bei anderen Individuen nach größeren toxischen Dosen eine Reihe von Funktionsstörungen in den verschiedenen Organen auftreten, die meist als „Nebenwirkungen therapeutischer Morphindosen" beschrieben wurden:

So auf der Haut oft unerträgliches Jucken, das seltener auch die zugänglichen Schleimhäute betrifft, Schwellungen der Haut und selbst Exantheme, die oft mit Schüttelfrost und anderen Begleiterscheinungen ausbrechen können. Ferner Urticaria, Ekzeme, vesiculöse und pustulöse Ausschläge, Herpes, Acne rosacea, Petechien; auch multiple Ulcera der Mund- und Rachenschleimhaut mit Schluckbeschwerden wurden beobachtet. Weiter kamen Geschmacksparästhesien (auch bei subcutaner Applikation) Speichelfluß, Herab-

[1] Macht, Hermann u. Levy, Journ. of pharm. and exp. Therap. 8, 1 (1916).
[2] Magnus, Vierteljahrsschr. f. gerichtl. Med. 3. Folge 46, 1 (1913).
[3] Kraepelin, Über die Beeinflussung einfacher psychischer Vorgänge durch einige Arzneimittel. Jena 1892, S. 225.
[4] Tappeiner, Sitzungsber. d. Ges. f. Morphol. u. Physiol., München 1899.

setzung der Magensäuresekretion, Übelkeit, Erbrechen, Verstopfung mit nachfolgendem Durchfall und Koliken zur Beobachtung, sowie Dysurie, Blasen-
tenesmus, seltener Polyurie, Erhöhung der geschlechtlichen Erregbarkeit,
Verzögerung des Eintritts der Menstruation. Der anfänglichen Pulsbeschleunigung folgt meist Pulsverlangsamung, dabei ist er von verminderter Spannung,
bisweilen arythmisch. Die Temperatur steigt anfangs, um später, bisweilen auch
primär, zu sinken. Vonseiten des Respirationstraktus aus wurden Trockenheit
des Kehlkopfes (seltener stärkere Schleimbildung und Trachealrasseln), zunehmende Verlangsamung der Atmung beobachtet. Funktionsstörungen
seitens des Zentralnervensystems begleiten insofern die Morphinwirkung,
als eben bei derartigen empfindlichen Individuen nicht so sehr die lähmenden,
als gerade die erregenden Symptome in Erscheinung treten, wie Unruhe, Heiterkeit, Kopfschmerz, Angstgefühl, Hin- und Herwerfen, Erhöhung der Reflexe,
Zittern, Ziehen in den Muskeln, Muskelzuckungen, allgemeine klonische Konvulsionen (ähnlich eklamptischen Anfällen), Trismus, Opisthotonus, auch
tonische Krämpfe, Oesophagus- und Glottiskrämpfe, Katalepsie, Schlaflosigkeit,
Halluzinationen, auch erotischen Inhalts, Delirien, Flimmern vor den Augen,
Akkommodationskrämpfe, Skotombildung, Ohrensausen, passagere Amaurose
oder Amblyopie. Solche Erregungszustände sieht man gelegentlich bei Fiebernden, bei Hysterischen und bisweilen bei Frauen. Namentlich im Kindesalter
werden sie schon nach relativ kleinen Dosen nicht allzuselten beobachtet. Im
Harn gelegentlich Zucker[1]). Bei 0,03—0,5 g eines Morphinsalzes beginnen im
allgemeinen schon normalerweise die ausgesprochenen Vergiftungserscheinungen,
die bei Dosen von 0,2 g angefangen zum Tode führen können. (Über tödliche
Dosen siehe später.)

Nach derart großen Dosen können wohl anfänglich dieselben Symptome
wie nach kleinen auftreten, doch führen diese meist sehr schnell, bei Kindern
oft in wenigen Minuten, bei Erwachsenen in $1/4$—1 Stunde, seltener nach mehreren Stunden zu den typischen Lähmungserscheinungen. Zunächst tritt tiefer
Schlaf ein, der sich anfangs noch durch Reize unterbrechen läßt. Die Reaktion
auf diese wird aber immer geringer, bis schließlich vollkommene Bewußtlosigkeit und tiefes Koma eintritt, aus dem dann die Vergifteten durch keine Reize
mehr zu erwecken sind. Die Reflexe erlöschen, die Muskeln sind ganz schlaff,
der Unterkörper sinkt herab, die Augenlider sind halb geschlossen, die Pupillen
stark verengt, die Bulbi nach oben und einwärts gerollt (Schlafstellung), die Haut
ist blaß und mit Schweiß bedeckt, das Gesicht cyanotisch und gedunsen. Die
Atmung wird selten und röchelnd, später flach und unregelmäßig, bisweilen
von Cheyne-Stokesschem Typus. Die Temperatur sinkt, der Puls bleibt
lange unverändert kräftig, wird aber verlangsamt (bis auf 40 Schläge in der
Minute), schließlich erfolgt Lähmung des Vasomotorenzentrums, Tod durch
Respirationslähmung, dieser können manchmal Konvulsionen, Trismus, Opisthotonus (besonders bei Kindern) oder auch nur Spasmen vorausgehen. Eintritt des Todes meist in 6—8 Stunden, seltener nach 2 oder erst nach 24—56 Stunden. Führt die Vergiftung nicht zum Tode, dann kann nach Eintritt der Besserung wieder ein Rückfall erfolgen. Die Vergifteten können nach vorübergehender

---

[1]) Vgl. zu allen erwähnten Nebenwirkungen Kunkel, Handb. der Toxikologie; Kobert, Lehrbuch der Intoxikationen 1902; Withaus, Manual of Toxik. 2. ed. New York
1911; Erben, Vergiftungen in Dittrichs Handbuch der ärztlichen Sachverständigentätigkeit 7. Bd. (1910); Tröger, Friedrichs Blätter f. ger. Med. 1901—1902; Brouardel,
Annal. d'hyg. publ. 4, 480 (1905) und besonders Lewin: Die Nebenwirkungen der
Arzneimittel. 3. Aufl. Berlin 1899, S. 83 ff.

Erweckung wieder in einen oft lange andauernden soporösen Zustand verfallen, und selbst nach fast vollkommener Wiederherstellung können Kopfweh, Appetitlosigkeit, Verstopfung und Dysurien, Hautjucken usw. lange als Nachkrankheiten bestehen bleiben. Blutungen im Gehirn, Lungenblutungen, Blutungen in der Blase und im Darm können schon während der Vergiftung auftreten und dann den Verlauf auch im Stadium der Genesung weitgehend beeinflussen.

Wie einleitend zu diesem Kapitel gesagt wurde und wie aus den obigen Darlegungen hervorgeht, treten im Laufe der Morphinwirkung Funktionsänderungen in einer ganzen Reihe von Organen auf, die in obiger Schilderung des Wirkungsbildes bei den einzelnen Tierarten nur im Zusammenhang der Erscheinungen Erwähnung finden. Diese Wirkungen auf die einzelnen Organe und Organfunktionen sollen nun ihre genauere Analyse finden.

Analyse der allgemeinen Morphinwirkungen.

Blut. Über eine direkte Einwirkung von Morphin auf die einzelnen Bestandteile des Blutes ist nicht viel bekannt. Von älteren Autoren ist wohl die dunklere Färbung des Blutes bei der Morphinvergiftung hervorgehoben worden, doch ist dies nicht etwa auf eine Umwandlung des Blutfarbstoffes im Sinne einer Hämoglobinveränderung zu deuten, sondern ausschließlich eine Folge der durch die Morphinwirkung hervorgerufenen Asphyxie. Es ist ja bei der Beurteilung der Einwirkung eines pharmakologisch wirkenden Stoffes auf das Blut immer schwer zu entscheiden, ob die sichtlichen Veränderungen humoral im Blute selbst vor sich gehen, oder ob nicht vielmehr eine celluläre Beeinflussung an Stelle der Blutbildung erfolgt, oder in sonst einem Organ, das sekundär auf die Blutbeschaffenheit Einfluß nimmt. In diesem Sinne werden auch die weiteren Morphinwirkungen zu bewerten sein, die sich auf die Veränderungen im Blute beziehen. Eine direkte Einwirkung des Morphins auf die Blutbestandteile in vitro ist jedenfalls nicht vorhanden. Bounano[1] beobachtete nach subcutaner Injektion von Morphin eine leichte Herabsetzung der Resistenz der roten Blutkörperchen, die nicht auf die CO_2-Anhäufung zurückgeführt werden kann. H. Rhode[2] hatte gefunden, daß Morphinchlorid und Dionin, nicht dagegen Kodeinphosphat in isotonischen Konzentrationen starke Hämolyse bewirken. Eine systematische Prüfung verschiedener Salze des Morphins und seiner Derivate ergaben [H. Rhode[3])], daß Morphin und seine Methyl-Äthyl- und Benzylderivate als Chloride kochsalzgewaschene Blutkörperchen in zunehmendem Grade hämolisieren, während Bromide, Sulfate und Phosphate schwächer wirken. Waschen der Blutkörperchen mit Rohrzucker schwächt diese Wirkung der Alkaloide, dabei ändert sich die Reihenfolge der Wirkungen der drei Chloride, die vom Dionin über Kodein zum Morphin anwächst.

Leepius[4] fand, daß das Morphin imstande sei, die Hämoglobinmenge zu steigern. Doyon[5] untersuchte den Einfluß des Morphins auf die Blutgerinnung. Während diese in vitro durch Morphin nicht beeinflußt wird, wird sie bei Hunden durch Injektion von 0,03 g Morphin in die Vena mesenterica (und zwar nur in diese) aufgehoben. Das spätestens 2—3 Stunden nach der Injektion

---

[1] Bounano, zit. nach Malys, Jahresber. d. Tierchemie **38**, 1121 (1909).
[2] H. Rhode, Arch. f. exp. Pathol. u. Pharmakol. **91**, 173 u. 186 (1921).
[3] H. Rhode, Biochem. Zeitschr. **131**, 560 (1922).
[4] Leepius, Quant. Hämoglobinbestimmung. Diss. Dorpat 1891, zit. nach Biberfeld.
[5] Doyon, Compt. rend. de l'acad. des sciences **171**, 1236 (1920).

entnommene Blut gerinnt nicht und kann in vitro auch die Gerinnung von normalem Blut hemmen. Die Wirkung tritt nicht bei allen Tieren auf, ältere scheinen empfindlicher zu sein als junge. Die Wirkung ist meist von Blutdrucksenkung begleitet, jedoch von dieser ganz unabhängig. Kodein dagegen zeigt nur ausnahmsweise einen Einfluß auf die Blutgerinnung. [Busacca und Campione[1])] beobachteten schon eine Stunde nach der Morphininjektion Vermehrung der Erythrocyten; nach 6 Stunden hört diese Wirkung auf, wird aber nach 48 Stunden wieder bemerkbar. Daraus wird geschlossen, daß das Alkaloid einen Reiz auf die blutbildenden Organe ausübt. Eine Stunde nach der Morphininjektion soll auch ohne vorhergehende Leukopemise Leukocytose auftreten. Morphin wirkt stärker als Cocain, die Wirkung ist aber von kürzerer Dauer. Die Leukocytose betrifft vor allem die polynukleären Neutrophilen.

Dagegen soll die Leukocytose des Blutes gegenüber eingedrungenen Mikroben und sonstigen Schädlichkeiten durch Morphin und Opium verringert und daher die Widerstandskraft gegen Infektionskrankheiten nach Cantacuzéne[2]) und v. Oppel[3]) herabgesetzt werden.

Genau untersucht wurde auch der Einfluß des Morphins auf die Alkalireserve des Blutes. Gauss[4]) untersuchte Hunde, Schafe und Kaninchen. Im Blutplasma wurde p_H nach der Methode von Bayliss und die Alkalireserve (CO_2-Bindungsvermögen) nach van Slyke vor und nach der Vergiftung mit Morphin bestimmt. Bei Hunden sinkt unter Erregung die Alkalireserve und p_H des Plasmas leicht ab, während Morphium sulfuricum, subcutan in der Dosis von 0,065 g injiziert, eine erhebliche Steigerung beider Werte verursacht. (CO_2-Gehaltssteigerung von etwa 45 auf 65 ccm, p_H von 7,1—7,4.) (Diese Veränderung war nach 11—15 Stunden noch zu erkennen; nach 24 Stunden ist sie nicht mehr vorhanden. Beim Schafe war die gleiche, beim Lamm geringere Wirkung als beim Erwachsenen zu verzeichnen. Besonders ausgeprägt ist die Wirkung des Morphins auf die Alkalireserve beim Kaninchen (von etwa 33 bis 39 cm ansteigend auf etwa 70 ccm). Beim Menschen war nach Einspritzung von 0,016—0,032 g Morphium sulfuricum trotz leichten Vergiftungserscheinungen kein Einfluß auf die Alkalireserve zu erkennen. Vgl. hierzu auch die Untersuchungen von Leake und Koehler[5]) über die Beeinflussung der Blutreaktion durch Morphin.

Hjort und Taylor[6]) untersuchten die Wirkung des Morphins auf die Alkalireserve bei Hunden, die mit tödlichen Konzentrationen von Chlorgas vergiftet waren. Eine Dosis von 10 mg Morphin subcutan, die beim normalen Hunde die Alkalireserve ansteigen ließ und dann viele Stunden auf hohem Stande erhielt, konnte auch bei den mit Gas vergifteten Tieren die Alkalireserve für einige Zeit verlängern, anscheinend weniger gut bei erhöhter Außentemperatur (33°). Auf den Verlauf der Vergiftung wirkt das Morphin in der angegebenen Menge, wenn überhaupt, dann nur ungünstig ein. Die Beeinflussung der Blutzusammensetzung durch Morphin erfolgt zum Teil über das Atemzentrum und soll dann noch bei diesem entsprechend berücksichtigt werden.

---
[1]) A. Busacca und A. Campione, Arch. di farmacolog. sperim. **33**, 166 (1922).
[2]) Cantacuzéne, Recherches sur le mode de destruction du vibrion chofériqu. Tése de Paris 1894. Annal. de l'Instit. Pasteur 1898.
[3]) W. A. v. Oppel, Med. Woche 1902, 36—37.
[4]) Harry Gauss, Journ. of pharm. and exp. therap. **16**, 475 (1921).
[5]) Ch. D. Leake, Journ. of Pharmac. and exp. Therap. **20**, 359 (1923). Ch. D. Leake und A. E. Koehler, Arch. intern. de pharmacodyn. et de thérap. **27**, 221 (1922).
[6]) A. M. Hjort u. F. A. Taylor, Journ. of pharmak. and exp. Therp. **13**, 407 (1919).

Indirekten Einfluß auf die Regulierung des Blutvolumens nach Einspritzung von Salzlösungen bewirken große Dosen von Morphinsalzen nach subcutaner Injektion dadurch, daß sie eine Störung in der Permeabilität der Zellmembranen hervorrufen (Bogert, Underhill und Mendel[1]).

Zentralnervensystem. Wie aus der allgemeinen Schilderung der Morphinwirkung hervorgeht, beherrscht die Wirkung auf das Zentralnervensystem das allgemeine Vergiftungsbild. Es kann deshalb im wesentlichen auch auf das bereits Gesagte verwiesen werden. Im besondern zeigt sich aber dabei, daß ebenso wie die gesamte Morphinwirkung bei den einzelnen Tierarten nicht einheitlich ist, auch die Wirkung auf das Zentralnervensystem bei den verschiedenen Tieren große Verschiedenheit aufweist.

Die Schilderung der allgemeinen Wirkung des Morphins zeigte dies bei den einzelnen daraufhin geprüften Tieren, und wir können so im allgemeinen folgende verschiedene Wirkungsstufen unterscheiden: 1. Ausschließlich sensorielle Lähmung bei vollkommener Intaktheit der motorischen Funktionen, dann 2. gleichartig lähmende Wirkungen mit nachfolgenden Krämpfen bei Anwendung größerer Dosen, 3. erst Lähmung und dann nachfolgend Krämpfe.

Auf diese verschiedenen Gruppen verteilen sich die einzelnen Tierarten ungefähr folgendermaßen:

1. Ausschließlich sensorielle Lähmung, dann Schlaf (in seltenen Fällen nachfolgend Aufregungszustände): Mensch (bei Kindern gelegentlich Krämpfe, Trismus, Opisthotonus).
2. Erst Lähmungserscheinungen (Schlaf) bei größeren Dosen nachfolgende Krämpfe: Hund, Kaninchen, Meerschweinchen (hier Aufregung im Vordergrund der Erscheinungen).
3. Leichte Erregung, dann Lähmung (Schlaf): Geflügel.
4. Erregung und Krämpfe, dann Lähmung: Maus, Ratte.
5. Vorwiegend Erregung: Pferd, Schwein, Schaf, Ziege (die beiden letztgenannten sehr resistent).
6. Stets Aufregung: Katze.
7. Erst Lähmung, dann Tetanus: Frosch.

Eine derartige Zusammenstellung kann aber doch zum Teil nur schematischen Wert besitzen, denn das genaue Studium der einzelnen Wirkungen des Morphins auf das Zentralnervensystem dieser Tiere zeigte, daß auch bei einer bestimmten Tierart keineswegs die Reihenfolge der Erscheinungen eine konstante ist. Wir sehen vielmehr, daß neben Erregungszuständen in bestimmten Gebieten (z. B. während des Krampfes der Schwanzmuskulatur bei der Maus) auch einzelne Partien des Großhirns ausgeschaltet sind und daß dann die motorischen Partien des Großhirns erst stärker erregt werden. Wir sehen weiter, daß individuelle Verschiedenheiten vorhanden sind und deswegen bald diese bald jene Wirkung in den Vordergrund treten und damit das Wirkungsbild beherrschen.

An Einzelheiten wären noch folgende Untersuchungsergebnisse anzuführen: Die Wirkung des Morphins auf das Zentralnervensystem des Frosches wurde bei der ausführlichen Schilderung Witkowskis (s. S. 866) bereits in seinen Einzelheiten behandelt. Es entspricht also hier der Reihenfolge der Erscheinungen der Ausschaltung einzelner Hirnpartien und zwar in der Reihenfolge: Großhirn, Vierhügel, Kleinhirn, Medulla oblongata. Die dann nachfolgenden tetanischen Krämpfe wurden von Claude Bernard[2]) als im Großhirn erzeugt angenommen

---

[1]) L. I. Bogert, Frank P. Underhill und Lafayette, B. Mendel, Americ. Journ. of Physiolog. **41**, 189 (1916).

[2]) Claude Bernard, Leçons sur l'anaesth. et s. l'asphyxie. Paris 1875.

und er behauptet, daß sie bei großhirnlosen Tieren fehlen. Dagegen hat aber Meihuizen[1]) an dekapitierten Fröschen schon nach 3—5 mg erst eine mehrere Stunden lang andauernde Verminderung, dann aber eine Steigerung der Reflexerregbarkeit gesehen, die dann in Krämpfe überging. Meihuizen behauptet dabei, daß nur die chemische, nicht aber die mechanische Erregbarkeit erhöht sei, was aber nach Witkowski nur auf eine fehlerhafte Deutung einzelner Beobachtungen, nämlich auf das Erkennen der leichten Erschöpfbarkeit des Rückenmarks zurückgeführt wird. Auch Wundt[2]) hat in zahlreichen Reflexversuchen am enthirnten Frosch den Tetanus nachgewiesen. Der Eintritt des Tetanus beim Frosch ist zeitlich sehr verschieden. Besonders erwähnenswert ist die Beobachtung Witkowskis, daß der Tetanus nach sehr kleinen ebenso wie nach sehr großen Dosen ausbleiben kann.

Githens[3]) fand, daß durch Decerebrierung der bei Fröschen auftretende Morphin-Tetanus sogar beschleunigt wird. Die zur Hervorrufung des Tetanus nötige Menge Morphins ist geringer; auch durch Kälte wird diese Dosis herabgesetzt. So wiesen Giethens und Meltzer[4]) und Meltzer[5]) nach, daß bei entherzten Winterfröschen der Tetanus nach Injektion von 6—8 mg schon nach 30—40 Minuten erfolgt. Es können 49—50 Konvulsionen in der Minute erzeugt werden. Im Winter sind diese Resultate günstiger, als im April bis Mai. Nach 0,2—0,5 mg pro Gramm zeigen alle diese Frösche den Tetanus, nicht aber die Kontrolltiere. Diese Konvulsionen treten auch dann ein, wenn die Morphininjektion der Kardiektomie vorausging. Die erregende Wirkung des Morphins kann sowohl bei normalen als auch bei entherzten Fröschen durch Abkühlung sehr verstärkt werden. Frösche, die in der Kälte gehalten werden, überleben die Entherzung viel länger als solche bei normaler Temperatur. 0,03 mg Morphin pro Gramm Frosch ruft schon bei 13° bei entherzten Temporarien manchmal nach sehr kurzer Zeit Tetanus hervor.

Dieses 2. Stadium der Morphinwirkung, das tetanische, zeigt sich in derart ausgesprochener Weise, wie es geschildert wurde, nur beim Kaltblüter. Der Hauptgrund dafür liegt darin, daß eben bei diesen Tieren das vom Gehirn über die Medulla ins Rückenmark wandernde Morphin hier noch nach Ausschaltung der Medulla und des Atemzentrums Wirkungen äußern kann, weil eben diese Tiere selbst nach Aufhören der Atmung bei ihrem geringen Sauerstoffbedürfnis noch mit der Hautatmung ihr Auskommen finden können. Bei den Säugetieren wird zwar auch zuerst das Gehirn, dann die Medulla gelähmt, damit hört aber jede weitere Wirkung auf.

Guigan und Ross[6]) glaubten noch andere Gründe dafür anführen zu können, daß Morphin wohl immer beim Frosch, nicht aber beim Warmblüter Tetanus hervorruft. Sie stellen fest, daß Morphin den Eintritt des Strychnintetanus bei Fröschen beschleunigt, dies aber dann nicht, wenn beide Stoffe zugleich injiziert werden oder wenn eine zu lange Zeit zwischen der Morphin- und der Strychnininjektion verflossen ist. Die Autoren schließen daraus, daß nicht durch Morphin selbst, sondern durch ein Oxydationsprodukt dieses Alka-

<hr>
[1]) Meihuizen, Pflügers Arch. f. d. ges. Physiol. **7**, 201 (1873).
[2]) Wundt, Untersuchungen zur Mechanik der Nerven und Nervenzentren II. 1876; Versuche über den Morphintetanus bei Fröschen, zit. nach Witkowski.
[3]) Githens, Proc. of the soc. f. exp. biol. a. med. New York **10**, 40 (1913), zit. nach Zentralbl. f. Biochem. u. Biophys. **15**, 781 (1913).
[4]) Githens u. Meltzer, Americ. journ. of physiol. **34**, 29 (1912), Proc. of the soc. f. exp. biol. a. med. **9**, 30 (1911).
[5]) Meltzer, Zentralbl. f. Physiol. **25**, 49 u. 483 (1911).
[6]) Guigan u. Ross, Journ. of pharmacol. and exp. Therap. **7**, 385. (1916).

loids der Tetanus erzeugt wird. Extra corpus mit Salpetersäure behandeltes Morphin erzeugt angeblich bei Hunden oder Kaninchen schneller Tetanus, wenn es intralumbal injiziert wird, als intralumbal injiziertes Morphin. Kodein dagegen erzeugt auch intralumbal injiziert niemals Tetanus, weil es eben im Körper nicht oxydiert wird (s. Kodein); dagegen gelingt es auch durch Kodein, das extra corpus oxydiert wird, nach Injektion Tetanus hervorzurufen.

Daß Morphin subcutan oder intravenös bei Säugetieren keinen Tetanus hervorruft, liegt nach der Meinung der genannten Autoren eben darin, daß es bei diesen Tieren zu schnell oxydiert wird, bei Fröschen dagegen verläuft der Prozeß langsamer und das Oxydationsprodukt findet so die Möglichkeit der Erzeugung des Tetanus.

Die zentrallähmende Wirkung des Morphins bei Säugetieren ist ebenfalls aus den Schilderungen des allgemeinen Vergiftungsbildes ersichtlich. Im besonderen wäre dazu noch folgendes zu sagen. Nach Hitzig[1]) verhält sich das Säugetier auf mittlere Dosen von Morphin so, als ob ihm das Großhirn abgetragen wäre. Bezüglich des Einflusses von Morphin auf die Reizung von Hirnzentren konnte er folgendes feststellen: Wird von zwei Elektroden nur eine auf einen motorische Wirkungen auslösenden Bezirk (ein sogenanntes „Zentrum") aufgesetzt, die andere in der Nähe, so ist der wirksame Minimalstrom kleiner, wenn die erstgenannte Elektrode die Anode ist und noch kleiner, wenn sie unmittelbar vorher Kathode gewesen ist. Morphin sollte diese Wirkung beseitigen, macht sie zuweilen sogar regelmäßiger, während dagegen sehr tiefe Äthernarkose bis zum vollständigen Erlöschen der Reflexe einzelne Bezirke unwirksam macht, andere dagegen nicht.

Bubnoff und Heidenhain[2]) haben an Hunden festgestellt, daß die Reaktionszeit nach Reizung der Rindenzentren am mittelstark morphinisierten Tier verkürzt ist, sobald die Rinde abgetragen und die darunter liegende weiße Substanz gereizt wird. Nur wenn durch starke Morphinvergiftung die Reflexerregbarkeit in hohem Grade gesteigert war, ist keine Differenz zwischen rindenlosen und intakten Tieren vorhanden. Die Reaktionszeit ist beidemal minimal. Bei Untersuchungen über den Einfluß des Morphins auf die Reaktionszeit beim Menschen fand Exner[3]), daß durch subcutane Injektion von Morphin keine Änderung der Reaktionszeit bewirkt wurde. Dietl und v. Vintschgau[4]) fanden, daß selbst 0,025 g Morphin subcutan gegeben nur für ganz kurze Zeit die Reaktionszeit verlängere. Der nach der Weberschen Methode gemessene Ortssinn wird nach v. Lichtenfels[5]) durch Morphin verlängert, die Empfindungskreise stark vergrößert. Nach Kremer[6]) verengert Morphin den Hautsinn (Distanzempfindung), aber an der Injektionsstelle nicht mehr als an anderen Stellen. Die Hirnrinde ganz junger Hunde, die unter starker Morphinwirkung stehen, ist nach Paneth[7]) unerregbar.

Der Einfluß des Morphins auf die psychophysischen Vorgänge wurden von Kraepelin[8]) studiert. Die Versuche über die Beeinflussung der Auffassung äußerer Eindrücke ergaben zwar keine absolut eindeutigen Resultate, doch ließen

[1]) Hitzig, Arch. f. Anatom. u. Physiol. **1873**, 397.
[2]) N. Bubnoff u. R. Heidenhain, Pflügers Arch. f. d. ges. Physiol. **26**, 137 (1881).
[3]) Exner, Pflügers Arch. f. d. ges. Physiol. **7**, 601 (1873).
[4]) Dietl u. v. Vintschgau, Pflügers Arch. f. d. ges. Physiol. **16**, 316 (1878).
[5]) v. Lichtenfels, zit. nach Biberfeld, Ergebnisse der Physiolog. l. c. S. 871.
[6]) Kremer, Pflügers Arch. f. d. ges. Physiol. **33**, 271 (1884).
[7]) Paneth, Pflügers Arch. f. d. ges. Physiol. **37**, 202 (1885).
[8]) Kraepelin, Über die Beeinflussung einfacher psychischer Vorgänge durch einige Arzneimittel. Jena 1892, S. 167 u. 225.

sie es als wahrscheinlich erscheinen, daß unter Morphinwirkung die Auffassung äußerer Eindrücke erleichtert, die Ausführung von Wahlakten
dagegen erschwert wird. Der Höhepunkt dieser Wirkung auf die Auffassung
äußerer Eindrücke ist nach ca. 0,01 g Morphin in etwa 30—35 Minuten erreicht.
Es kommt also hier zu einer Anregung intellektueller Vorgänge bei gleichzeitiger
Lähmung des Willens. Es kann also unter Morphinwirkung schwierige Arbeit
verrichtet werden, während dagegen psychische Vorgänge, bei denen motorische
Leistungen vorwiegen, z. B. die Ausführung einer motorischen Reaktion auf
einen Gegenreiz, erschwert sind. Mit dieser Erschwerung motorischer Vorgänge
hängt die äußere Beruhigung zusammen, die schon lange vor der eigentlichen
Schlafeignung nach Morphin eintritt, und die die Neigung zu behaglich ruhigem
Hinträumen im Opiumrausch erklärt, ohne daß sich dabei ein Bewegungsdrang
wie im Alkoholrausch entwickeln würde. Durch das Gegensetzliche dieser Wirkungen erklärt sich auch die Wechselwirkung von Morphin und den Hypnoticis
der Alkoholreihe. Chloralhydrat z. B. unterdrückt die anregende Wirkung des
Morphins auf das Sensorium, während umgekehrt Morphin die motorische Excitation der Chloroformnarkose verhindert oder abschwächt. Auch im Tierexperiment wurde der Einfluß von Morphin auf das psychophysische Verhalten bzw.
auf die Intellekt- (Instinkt-) Sphäre untersucht.

Macht und Mora[1]) haben die Wirkung von Opiumalkaloiden auf das Verhalten von Ratten im Kreisbogenlabyrinth untersucht.

Es ist dies ein Apparat mit labyrinthartigen Bogengängen, die die Versuchstiere
durchlaufen müssen, um zum Futternapf zu gelangen. Als Versuchstiere wurden weiße
Ratten verwendet, meist 2—3 Monate alte Tiere. Die Tiere werden so weit dressiert,
daß sie das „Labyrinthproblem" beherrschen, d. h. daß sie den Mittelpunkt auf dem kürzesten Wege ohne Fehler in drei aufeinander folgenden Prüfungen erreichen. Im Versuche
wurden dann die Zeiten verglichen, welche die unbehandelten und die vergifteten Tiere
brauchten, um den Mittelpunkt zu erreichen. Außerdem wurde auch die Zahl der Fehler,
d. h. das Einschlagen eines falschen Weges verzeichnet.

Diese Untersuchungen ergaben, daß Morphin (0,2—1,0 mg pro 100 g Tier)
mit einer Ausnahme, Verschlechterung der Leistung, Verlängerung der Laufzeit
oder Vermehrung der Fehler, oder beides bewirkte. Kodein (0,5—2 mg), Thebain (0,1—1 mg), Papaverin (5—10 mg), Narkotin (2 mg), Narcein (0,1—3 mg)
waren entweder wirkungslos oder bewirkten mit je einer Ausnahme bei Thebain
und Papaverin Verminderung der Leistung; bei Papaverin waren verhältnismäßig große Gaben ohne Einfluß. Pantopon und Narkophin scheinen eine
geringere depressorische Wirkung zu haben als Morphin in der ihrem Gehalt an
diesem Alkaloid entsprechenden Menge.

Eine der bedeutendsten Teilwirkungen des Morphins auf das Zentralnervensystem ist die Lähmung der Schmerzempfindung, die schon nach
kleinen Morphindosen eintritt und allen objektiv sichtbaren pharmakologischen
Morphinwirkungen vorausgeht. Es ist daher begreiflich, daß das Studium dieser
Wirkung fast ganz auf die Untersuchungen beim Menschen beschränkt bleiben
mußte. Nur einzelne Befunde bei Tierversuchen lassen auch dort diese Wirkung
als gegeben deuten. Cl. Bernard (l. c.) hatte nachgewiesen, daß auch im Stadium der „excitabilité morphinique" beim Frosch stärkere Säurelösungen notwendig sind als vor der Vergiftung, um ein Herausziehen des hineingehaltenen
Froschbeins zu veranlassen. Diese Beobachtung wurde auch von Witkowski
(l. c.) bestätigt, und dieser wies auch nach, daß es sich dabei nur um eine Herabsetzung der Schmerzempfindung im Schmerzzentrum des Gehirns handeln muß,

---

[1]) D. J. Macht u. C. F. Mora, Journ. of pharm. and exp. Therap. **16**, 219 (1920).

da sich die gleiche Erscheinung beim dekapitierten Frosch nicht beobachten ließ, somit peripher anästhetische Wirkungen dabei nicht in Betracht kommen. Auch in Versuchen an Hunden konnte gezeigt werden, daß die Schmerzempfindung nach Morphininjektion gleichzeitig mit eintretender Stumpfheit und Abneigung von Bewegungen vollkommen erloschen ist ohne eigentliche Narkose und Aufhebung der Sinnesempfindungen. Schmerzhafter Eingriff, wie Zerren an der Dura werden in diesem Stadium nicht mehr mit Schreien oder dem Versuch, sich loszureißen, beantwortet; dabei erfolgt aber der reflektorische Lidschluß und auch die übrigen Reflexe unverändert (Hitzig l. c.). Daß es sich bei dieser analgetischen Wirkung des Morphins um eine umschriebene elektive Wirkung des Alkaloids auf ein schmerzempfindendes Zentrum handelt, das zeigen diesbezügliche Untersuchungen am Menschen, an denen diese Frage naturgemäß am genauesten studiert werden konnte. Auch hier tritt die Herabsetzung der Schmerzempfindung bereits in ausgesprochener Weise in Erscheinung, ohne daß dabei die sensoriellen Funktionen beeinflußt wurden. Dieser Zustand von Schmerzlosigkeit ist bei nicht an Morphin gewöhnten Menschen schon nach 5 mg, im allgemeinen nach 1 bis höchstens 2 cg zu erzielen. Die mit der Schmerzlähmung verbundene Euphorie ist, wie bereits bei der Schilderung der allgmeinen Morphinwirkung betont wurde, nicht als ausschließliche Folge des Übergangs von Schmerz zu Schmerzlosigkeit anzusehen, die ja jeder als Wohlbehagen empfindet, sondern nur ein Stimmungswechsel, der besonders bei dazu disponierten Personen besonders deutlich wird.

Quantitative Versuche über den Einfluß der Opiumalkaloide auf die Schmerzempfindung beim Menschen wurden von Macht, Herman und Levy[1] ausgeführt. Es wurde dabei der Reiz des Induktionsstroms an 4 Stellen bestimmt. Es ergab sich für jede Stelle normalerweise ein bestimmter Schwellenwert, der nach Anwendung der Opiumalkaloide bei einigen sank, bei anderen anstieg, bei Kochsalzlösungen und bei destilliertem Wasser dagegen ohne Wirkung blieb. Die sechs geprüften Opiumalkaloide ordnen sich nach ihrer Wirkung gegen Hautreize in folgender Reihenfolge: Morphin, Papaverin, Kodein, Narkotin, Narcein, Thebain. Ähnliche Untersuchungen wurden auch von Möhrke[2] ausgeführt. Auch hier erfolgte die Prüfung der analgetischen Wirkung durch Messung des durch den elektrischen Strom erzeugten Schmerzes. Zur Anwendung kamen 7 und 10 mg Narkotin, 10 und 20 mg Narkophin 0,75 und 1,5 ccm Amnesin (Narkophin + Chinin). Diese Präparate wurden an aufeinanderfolgenden Tagen in verschiedenen Zyklen mit wechselnder Reihenfolge derselben Person 20 Minuten vor dem Versuch subcutan in den Arm injiziert. Nach Morphin war die Schmerzwelle etwa um das doppelte erhöht, Narkotin hatte keine merkliche Wirkung, die Schmerzwelle wurde dabei eher etwas herabgesetzt. Narkophin zeigte potenzierte Morphinwirkung, die auf das 4—7fache gesteigert war; in gleicher Weise verhielt sich Amnesin. Nach 5—6 Injektionen von Morphin oder morphinhältigen Präparaten trat schon Gewöhnung ein, die auch in bezug auf Schmerzempfindung deutlich nachweisbar wurde, insofern, als hierbei relativ niedrige Schmerzschwellenwerte nach den Injektionen nachweisbar waren.

Ziemlich gleiche Wirkung wie auf das Schmerzzentrum äußert Morphin auf das Hustenzentrum bzw. auf den Hustenreiz, der durch das Alkaloid gleichfalls nach kleinen Dosen, die in keiner Weise die sensoriellen Funktionen betreffen, herabgesetzt. Auch das Schluckzentrum wird durch Morphin in größeren Dosen gelähmt.

---

[1] Macht, Herman u. Levy, Journ. of pharm. and exp. therap. 8, 1 (1916).
[2] Wilhelm Möhrke, Arch. f. exp. Pathol. u. Pharmakol. 90, 180 (1921).

Schließlich wäre als weitere Teilwirkung auf das Zentralnervensystem noch die Wirkung des Morphins auf das Brechzentrum zu besprechen[1]).

Beim Hunde löst Morphin fast ausnahmslos als eines der ersten Symptome Erbrechen aus und auch beim Menschen wird Erbrechen gelegentlich als eine Folge der Morphinapplikation beobachtet. Diese tritt nach subcutaner Injektion des Alkaloids ebenso ein wie nach oraler Verabreichung, und es wurde daher meist als zentrales Erbrechen gedeutet. Für den Hund beträgt die Grenzdosis für das Auftreten der dem Erbrechen vorangehenden Nausea 0,04 mg, für das Erbrechen 0,1 mg pro Kilogramm Hund.

Einige ältere Angaben in der Literatur deuten dieses Morphinerbrechen als peripher-reflektorisch ausgelöst. Wie schon auf S. 858 erwähnt wurde, fand Alt (l. c.), daß bei Hunden subcutan injiziertes Morphin wiederum sehr schnell in den Magen ausgeschieden wird. Schon 2½ Minuten nach der Injektion ist Morphin im Mageninhalt, der durch Ausspülung gewonnen wurde, nachzuweisen. Alt hatte nun gefunden, daß man durch fortgesetztes Ausspülen des Magens einerseits das Erbrechen verhindern und sogar an sich tödliche Dosen von Morphin beim Hund (17 cg pro Kilogramm und manchmal noch größer) in untertödliche verwandeln könne. Aus diesem Befund zieht Alt den Schluß, daß Morphin das Erbrechen reflektorisch vom Magen aus auslöst.

Diesem Befunde stehen dagegen die Untersuchungsergebnisse von C. Eggleston und R. A. Hatcher[2]) gegenüber, welche fanden, daß Hunde auch nach Exstirpation aller Eingeweide noch Brechwirkungen nach Morphinverabreichung zeigten. Dies spricht für eine zentrale brechenerregende Wirkung des Morphins und der Befund von Alt dürfte daher entweder nebenher gehen, oder eben auf andere Ursachen zurückzuführen sein. Vielleicht wird durch die Manipulation des Ausspülens das Erbrechen hintangehalten (Biberfeld l. c.). 5—15 mg Morphin pro Kilogramm Hund, die oft zentrale Lähmungen hervorrufen, verhindern das Apomorphinerbrechen [(Harnack[3]), L. Guinard[4])]. v. Issekutz[5]) konnte die zunächst unverständliche Angabe machen, daß Morphin nicht nur in narkotischen Dosen, sondern auch in solchen Mengen die an sich wirkungslos bleiben, das durch Apomorphin auszulösende Erbrechen verhindert. Über die Art dieser antagonistischen Wirkung ist nichts näheres bekannt. Es ist auch nicht sicher, ob es sich hier um einen Antagonismus auf den gleichen Angriffspunkt handelt, es spricht sogar manches dagegen; denn an das durch Morphin ausgelöste Erbrechen sind Hunde rasch zu gewöhnen. Schon nach der 3.—4. Injektion bleibt das Erbrechen aus (van Egmond, Biberfeld l. c.). Im Gegensatz dazu wirkt aber Apomorphin auch noch nach monatelang fortgesetzten Injektionen ungeschwächt emetisch; hier war niemals eine Gewöhnung zu erreichen [s. Magnus[1])]. In neueren Untersuchungen über diese Frage kam C. D. Leake[6]) zu dem Ergebnis, daß Morphin das Brechzentrum zuerst reizt und dann lähmt. In diesem Stadium sind Emetin und Apomorphin unwirksam. Erschöpfung des Zentrums komme hierfür nicht als Ursache in Betracht, sondern ebenso wie beim Atem- und Vaguszentrum die typische lähmende Morphinwirkung.

---

[1]) Vgl. hierzu den Abschnitt über Erbrechen von R. Magnus in diesem Handbuch II/1, S. 430 ff.

[2]) C. Eggleston u. R. A. Hatcher, Journ. of pharm. and exp. Therap. 3, 551 (1912).

[3]) Harnak, Arch. f. exp. Pathol. u. Pharmakol. 2, 254 (1874).

[4]) L. Guinard, Etude exp. de pharmacodynamic comparé sur la morphine et l'apomorphine. Thése de Lyon 1898.

[5]) B. v. Issekutz, Pflügers Arch. f. d. ges. Physiol. 142, 255 (1911).

[6]) C. D. Leake, Journ. of Pharm. of and exp. therap. 20, 359 (1922).

Atemzentrum und Atmung. Die Atmung wird durch Morphin ausnahmslos bei allen jenen Tieren verlangsamt, die durch Morphin nicht in Erregung versetzt werden. Schon die ersten Untersuchungen, die sich mit der Analyse dieser Wirkung des Morphins beschäftigten, erklärten diese durch Herabsetzung der Erregbarkeit des medullären Atemzentrums bedingt [Gscheidlen[1])]. Das Atemvolumen nimmt unter der Morphinwirkung ab und bleibt auch dann noch niedrig, wenn die Zahl der Atemzüge schon wieder zu steigen beginnt [Leichtenstern[2])]. Alle die Atmung betreffenden Änderungen sind ausschließlich durch diesen zentralen Angriffspunkt des Morphins bedingt, die CO_2-Ausscheidung und der Gaswechsel werden durch Morphin nicht direkt beeinflußt [v. Boeck und Bauer[3]), Witkowski l. c.] Hierbei seien auch die neueren Untersuchungen von Rohrer[4]) an Kaninchen und Meerschweinchen erwähnt, die für beide Tierarten unter dem Einfluß von Morphin Abnahme der Atemfrequenz und Atemgröße ergeben haben.

Mit der Analyse der Wirkung des Morphins auf das Atemzentrum des Kaninchens hat sich ausführlicher Filehne[5]) beschäftigt. Dieser fand, daß im frühen Stadium der Morphinwirkung eine verlangsamte periodische Atmung einsetzt, und daß sogar zuweilen in diesem frühen Stadium nur eine Frequenzabnahme aber keine Periodizität zu beobachten ist, daß aber dann in späteren Stadien, respektive nach größeren Dosen die Frequenz wieder zunimmt und dabei etwa bestehende Periodizität verschwindet. An dieses Stadium schließt sich später die Agone, d. h. allmähliches Erlahmen der Atmung bis zum Tode.

Filehne unterscheidet so beim Kaninchen nach intravenöser Injektion größerer Morphindosen (0,05—0,1 g) die drei erwähnten Stadien. Die periodische Änderung der Atmung wurde meist durch periodisch geänderte Erregbarkeit des Atemzentrums erklärt. Filehne sah in dieser Annahme keine ausreichende Erklärung und gelangte auf Grund seiner Analyse der Atmung und der Blutdruckkurven zu der Auffassung, daß die Periodizität der Atmung durch ein sekundäres Moment bedingt sein müßte. Er fand, daß zu Beginn der Atmung, am Ende der Atempause, der Blutdruck steigt und am Beginn der Pause sinkt (Folge zentraler Vagusreizung). Diese Senkung kann nun nicht durch eine Ermüdung des vasomotorischen Zentrums bedingt sein, da es gegen Erstickung gut reagiert. Da sonst jedes Aussetzen der Atmung zu Drucksteigerung und jedes Sinken des Drucks zu Atembeschleunigung führt, so schließt Filehne, daß auch durch Morphin das Vasomotorenzentrum einerseits und das Atemzentrum anderseits verschieden stark beeinflußt werden, und zwar derart, daß die Erregbarkeit des Atemzentrums mehr leidet, so daß seine wirksame Erregung erst durch einen schlechteren Arterialisationsgrad des Blutes hervorgebracht wird.

Am Ende der Atemperiode ist das Blut derartig vollständig arterialisiert, daß auch die Spannung des Gefäßzentrums nachläßt, daher Sinken des Drucks zu Beginn der Pause. Durch das Aufhören der Atemtätigkeit verschlechtert sich wiederum der Arterialisationsgrad des Blutes, und das vasomotorische, noch nicht aber das in höherem Grade gelähmte Atemzentrum wird erregt. Infolgedessen steigt der Druck während der Atempause, durch die Erregung des

---

[1]) Gscheidlen, Untersuchungen aus dem Physiolog. Institut Würzburg II u. III. 1868/1869.
[2]) Leichtenstern, Zeitschr. f. Biol. **7**, 197 (1871).
[3]) v. Boeck u. Bauer, Zeitschr. f. Biol. **10**, 336 (1874).
[4]) Filehne, Arch. f. exp. Pathol. u. Pharmakol. **10**, 336 (1879).
[5]) F. Rohrer, Schweiz. med. Wochenschr. **51**, 829 (1921).

Gefäßzentrums erfolgte aber auch eine Verengerung der medullaren Gefäße selbst und dadurch wird schließlich die Sauerstoffversorgung des Atemzentrums so schlecht, daß ein Atemzug einsetzt. Dieser genüge aber noch nicht, um den Gefäßkrampf zu lösen, daher folgt ein noch tieferer Atemzug, und so kommt das dem Cheyne - Stokesschen Atemtypus ähnliche An- und Abschwellen der Atemtätigkeit während der Atemperiode zustande.

Erst wenn dann das Blut wieder vollkommen arterialisiert ist, läßt die Erregung des Vasomotorenzentrums nach, der Druck sinkt, und es beginnt die Pause und damit die geschilderte Periode von neuem. Dieser periodischen Atmung schließt sich dann eine Atemperiode an, die bei normalem Blutdruck in ausgesprochenem rhythmischen Tempo verläuft. Dabei ist die Farbe des Blutes venöser als normal, da die Erregbarkeit des Zentrums erniedrigt ist. Dies läßt sich auch dadurch beweisen, daß schon durch wenige Einblasungen Apnöe erzeugt wird. Die Leistung des Zentrums ist aber in diesem Stadium noch nicht vermindert.

Dieses zweite Stadium geht dann später in das erwähnte dritte Stadium, die Agone über, in der als Folge der andauernden venösen Blutbeschaffenheit nicht nur die Erregbarkeit, sondern auch die Leistung des Atemzentrums auf ein Minimum sinkt. Filehne und Kionka[1]) haben dann später in diesem Stadium der Morphinvergiftung während der verschiedenen Perioden der Atmung Blutgasanalysen ausgeführt und fanden dabei, daß sich der Gasgehalt des Blutes so verhält, wie nach obigen Ausführungen zu erwarten war: die Atmung dauert an, trotzdem das Blut schon ziemlich gut arterialisiert ist und setzt anderseits in der Pause noch nicht ein, trotzdem fast gar kein Sauerstoff und sehr viel CO_2 vorhanden war.

Barbour[2]) hat gegen diese Untersuchungsergebnisse auf Grund seiner Untersuchungen den Einwand erhoben, daß allgemeine Blutdrucksteigerung den Blutstrom im Gehirne verbessert; das Ansteigen des Druckes vor dem Ende der Apnöe und das Abfallen kurz nach Beginn der Atmung hat Barbour selten beobachtet. Diese geringe Zahl von Fällen, die er als „vasomotorischen Typus" bezeichnet, erklärt er im Sinne der Auffassung Filehnes. Bei der Mehrzahl seiner Fälle findet er folgenden Verlauf: Nach größeren Morphindosen (0,02 g und darüber) fällt die Atmungsfrequenz und wird dann bald periodisch. Der Blutdruck sinkt stets infolge Gefäßerweiterung in den Extremitäten. Während der ersten Apnöe steigt der CO_2-Gehalt des Blutes, und das Atemzentrum wird infolge einer durch die Atempause hervorgerufenen Zirkulationsstörung anämisch. Infolgedessen erhält das Atemzentrum während der ersten Atemzüge nicht genügend Blut, die Atmung dauert an, das Blut wird sehr gut arterialisiert, nächste Folge Apnöe usw. Dieser Typus der Morphinwirkung, den Barbour im Gegensatz zu dem erwähnten vasomotorischen als kardialen bezeichnet, ist besonders dadurch charakterisiert, daß hier der Blutdruck am Ende der Apnöe fällt, um dann mit Beginn der abnehmenden Atempause wieder anzusteigen.

Nicht unberücksichtigt darf hier bleiben, daß Filehne seine Untersuchungen an Kaninchen, Barbour dagegen an Katzen ausgeführt hat.

Der Verlauf der Morphinwirkung auf die Atmung nach intravenöser Injektion des Alkaloids verläuft nach Mayor und Wiki[3]) folgendermaßen: Zuerst wird die Atmung seltener, manchmal periodisch, dann tritt nach und nach Be-

---

[1]) Filehne u. Kionka, Pflügers Arch. f. d. ges. Physiol. **62**, 201 (1895).
[2]) Barbour, Journ. of Pharmacol. and exp. therap. **5**, 393 (1914).
[3]) Mayor u. Wiki, Arch. internat. de pharmacodyn. et de thérapie **21**, 477 (1911).

schleunigung und Regularisierung ein, derzufolge die Zahl der Atemzüge bis über die Norm hinaus steigt; daran schließen sich Unruhe, Krämpfe, und in diesem Stadium erfolgt der Tod.

Beim Menschen tritt niemals eine Atembeschleunigung auf, hier ist Atemverlangsamung die konstante Folge der Morphinwirkung, eventuell auftretende Krämpfe sind Folgen der Dyspnöe.

Die Möglichkeit der genauen Messung der Erregbarkeitsherabsetzung des Atemzentrums unter dem Einfluß von Morphin geht auf die Untersuchungen A. Loewys[1]) zurück. Er zeigte, daß der beste Maßstab zur Messung der Erregbarkeit des Atemzentrums der Kohlensäurereiz ist, der insofern leicht abstufbar ist, als eben der Einatmungsluft verschiedene Mengen CO_2 zugesetzt werden können. Die Exspirationsluft des Menschen enthält ca. 3% CO_2. Wird die Inspirationsluft mit steigenden Mengen von CO_2 gemischt, so steigt der CO_2-Gehalt der ausgeatmeten Luft entsprechend und kann als Maß der im Blut wirksamen CO_2-Spannung gelten. Es zeigte sich nun, daß mit dem Steigen der CO_2-Konzentration in der Exspirationsluft von 3—7% die Atmungsgröße, d. i. das Volumen der geatmeten Luft, fast genau proportional steigt, und zwar in gleichen Verhältnissen bei ganz verschiedenen Personen und zu verschiedenen Zeiten. Dies veranschaulichen die Atmungskurven in der zit. Arbeit Loewys, die hier wiedergegeben sind (Abb. 1 u. 2).

Diese kurvenmäßige Darstellung zeigt deutlich, daß weder der natürliche Schlaf noch der durch Hypnotica hervorgerufene (geprüft wurden Chloralhydrat, Chloralamid und Amylenhydrat) diesen Reaktionsablauf wesentlich ändern, dagegen ist dies schon nach kleinen sonst noch ganz wirkungslosen Morphindosen der Fall. Schon diese Morphinmengen machen das Atemzentrum schwer erregbar, so daß eine wesentlich größere CO_2-Konzentration in der Einatmungsluft notwendig ist, um den gleichen Atemeffekt zu erzielen.

Ebenso wie gegen den CO_2-Reiz wird das Atemzentrum auch gegen andere reflektorisch wirkende Reize (z. B. Ischiadicusreizung) durch Morphin in seiner Erregbarkeit herabgesetzt. Entgegen der Behauptung Loewys, daß die Reizbarkeit des Atemzentrums ein konstanter Wert sei, sowohl für dasselbe, als auch für verschiedene Individuen unter verschiedenen Bedingungen, kommt Lindhard[2]) zu anderen Schlußfolgerungen. Er betrachtet das Atemzentrum als eine Funktion der alveolaren CO_2-Tension und der bestehenden alveolaren Ventilation. Die Reizbarkeit sei groß, wenn bei kleiner Zunahme der CO_2-Tension eine große Alveolarventilation einsetzt, d. h. wenn der Ventilationsquotient $\dfrac{\text{Alveolarventilation pro min.}}{\text{alveolare } CO_2\text{-Tension in mm Hg}}$ größer ist. Danach zeigt sich die Reizbarkeit des Atemzentrums bei verschiedenen Personen verschieden. Auch die individuelle Reizbarkeit ist keine konstante. 0,01 g Morphin zeigte in den Versuchen Lindhards deutliche Depression der Reizbarkeitskurve, welche zwischen die „atmosphärische" und die „Sauerstoffkurve" zu liegen kommen.

Das Verhältnis von Atemfrequenz zur Atemgröße unter Morphineinfluß wurde von A. Fränkel[3]) in Versuchen an Kaninchen untersucht, und so ergab sich dabei, daß die Atemfrequenz sinkt, die Atemgröße aber erheblich wächst. Auch beim kleinen Menschen äußert sich die Erregbarkeitsverminderung des Atemzentrums nach kleinen Morphindosen (3—10 mg) in einer verlangsamten und vertieften Atmung; dies dadurch, daß eben eine stärkere Summation von

[1]) A. Loewy, Pflügers Arch. f. d. ges. Physiol. **47**, 601 (1890).
[2]) I. Lindhard, Americ. journ. of physiol. **42**, 337 (1911).
[3]) A. Fränkel, Münchn. med. Wochenschr. **46**, 1767 (1899).

Reizen (CO_2-Spannung im Blut und Dehnungsreiz in der Lunge) erforderlich wird. Dabei kann unter Umständen der Ventilationseffekt in der Lunge größer als in der Norm sein, weil bei jedem Atemzug nur ein Bruchteil der Alveolarluft durch atmosphärische Luft ersetzt wird, dieser Bruchteil aber wegen des in dem „schädlichen Raum" der Trachea und Bronchien enthaltenen Luftvolumens von ca 140 cbm bei einem großen Atemzug verhältnismäßig viel größer ausfallen muß, als bei einem kleinen.

Diese Ansicht Fränkels, daß kleine Morphindosen spezifisch bei Herabsetzung der Frequenz das Atemvolumen vergrößern und dadurch einen größeren

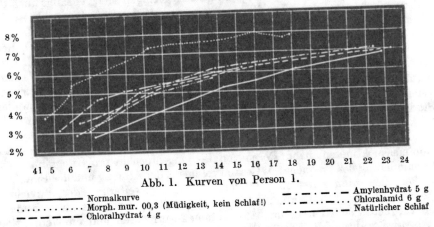

Abb. 1. Kurven von Person 1.

———————— Normalkurve
·················· Morph. mur. 00,3 (Müdigkeit, kein Schlaf!)
— — — — — Chloralhydrat 4 g

— · — · — · — Amylenhydrat 5 g
··· — ··· — ··· Chloralamid 6 g
— · ———— · — Natürlicher Schlaf

Nutzeffekt der Atmung hervorrufen, konnte durch Meißner[1]) nicht bestätigt werden; dieser fand, daß solche Veränderungen auch ohne jede Spur Morphin manchmal im Tierversuch nachgewiesen werden können.

A. Cushny[2]) hat das Atemvolumen mit einer Art von Plethysmographen am decerebrierten Kaninchen registriert. Morphin verändert konstant das Atem-

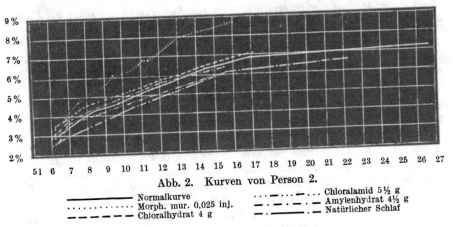

Abb. 2. Kurven von Person 2.

———————— Normalkurve
·················· Morph. mur. 0,025 inj.
— — — — — Chloralhydrat 4 g

··· — ··· — ··· Chloralamid 5½ g
— · — · — · — Amylenhydrat 4½ g
— · ———— · — Natürlicher Schlaf

volumen, die Tiefe des einzelnen Atemzuges wurde dagegen nicht konstant geändert. Die Reaktion auf den Kohlensäurereiz erwies sich auch hier als sehr

---

[1]) R. Meißner, Zeitschr. f. d. ges. exp. Med. **31**, 159 (1922).
[2]) A. Cushny, Journ. of pharm. and exp. therap. **4**, 363 (1913).

abgeschwächt, aber hier nur bezüglich des Gesamtvolumens, während die Tiefe des einzelnen Atemzuges unverändert blieb. Nach Vagotomie vertiefte Morphin die Atmung häufiger als dies beim normalen Tier der Fall ist. Die sonstigen Effekte sind die gleichen. Auch der Effekt der zentralen Vagusreizung auf die Atmung, blieb durch Morphin unverändert. Die bei Reizung des Laryngeus superior auftretende Hemmung wird durch Morphin verstärkt, ebenso die nach chemischer Reizung durch Ammoniakdämpfe.

Die Ursache der nicht konstanten Beeinflussung der Atmungstiefe nach Morphin sieht Cushny in folgendem: Bei stark lähmender Morphinwirkung produzieren die Tiere weniger CO_2, und dieser geringen Menge genügt auch die seltenere Atmung. Ist aber die Atemwirkung stärker entwickelt als es der allgemeinen zentralen Lähmung entspricht, dann steigt der CO_2-Gehalt, und da das Atemzentrum durch Morphin so verändert ist, daß es auf den CO_2-Reiz nicht mit einer Erhöhung der Frequenz antworten kann, so wird der einzelne Atemzug tiefer. Bei zwei decerebrierten Katzen hat Cushny ebenfalls Verminderung der Atmung gesehen, auch beim Kaninchen war bloß Abnahme zu verzeichnen. Eine Zunahme der Atmung, die Filehne und Mayor im zweiten Stadium beschrieben haben, konnte von Cushny auch beim Kaninchen nicht beobachtet werden.

Macht[1]) hat bei unversehrten nicht narkotisierten Tieren, die in einer Kopfmaske atmeten, nach Dosen von 1—5 mg Morphin pro Kilogramm eine Verminderung der Frequenz des Gesamtvolumens der Atmung und der Empfindlichkeit des Atemzentrums gefunden. Infolge Erweiterung der Bronchien wächst auch der „tote Raum". Kleine Morphindosen vermindern zwar ebenfalls die Frequenz, sollen aber das Atemvolumen vermehren und die Ventilation verbessern, während die Empfindlichkeit des Atemzentrums trotzdem gegenüber der Norm herabgesetzt ist.

Wilmanns[2]) hatte gefunden, daß schon 2 mg beim Kaninchen die Atmungsgröße stärker herabsetzen, Biberfeld (l. c.) fand 0,2 mg pro Kilogramm Kaninchen als Grenzdosis, die noch eine deutliche Beeinflussung der Atmung zeigt. [Vgl. auch Watkyn[3]).]

Issekutz[4]) fand nach Morphin eine Herabsetzung der Inspiration, des Atemvolumens, der Energie und Leistungsfähigkeit der Atmung des normal atmenden Tieres. Atmet aber das Tier oberflächlich, dann vergrößert das Alkaloid die Energie und die Leistungsfähigkeit der Atmung insofern, als eben die die Oberflächlichkeit der Atmung bedingende Erregung durch die Lähmung ausgeglichen wird.

Gegenstand mehrfacher Untersuchungen war die Abhängigkeit des Erregungszustandes des Atemzentrums von der Blutzusammensetzung; es sind denn auf Grund der älteren Untersuchungen von Bernstein die Sauerstoff- und Kohlensäurespannung für diese Erregungszustände maßgebend. Abnorm verminderte Sauerstoffspannung im Blut bewirkt eine Störung der Atemfrequenz und Atemtiefe, und zwar meistenteils eine vorwiegend inspiratorische Dyspnöe, dies jedoch erst dann, wenn der Sauerstoffgehalt der Einatmungsluft auf 10% oder darunter gesunken ist. Ist gleichzeitig die Kohlensäurespannung sehr niedrig, dann bewirkt noch dazukommender Sauerstoffmangel Cheyne-Stokessches Atmen.

[1]) I. D. Macht, Journ. of Pharmakol. and exp. Therap. **7**, 339 (1915).
[2]) Wilmanns, Pflügers Arch. f. d. ges. Physiol. **66**, 167 (1897).
[3]) Watkyn, Thomas, Biochem. Journ. **6**, 433 (1914).
[4]) B. v. Issekutz, Pflügers Arch. f. d. ges. Physiol. **142**, 255 (1911).

O-Mangel wirkt aber nur unmittelbar erregend durch Entstehenlassen von organischen Säuren im unfertigen Abbau des Stoffwechsels. Säuren erregen entsprechend ihrer H-Ionenkonzentration das Resorptionszentrum, und zwar zum Teil auch wieder mittelbar durch die von ihnen aus den Blutcarbonaten ausgetriebene CO_2. Sauerstoffmangel erregt somit das Atemzentrum zuletzt nur durch Steigerung der vorhandenen CO_2-Wirkung. Wird diese ausgeschaltet, dann bleibt der Sauerstoffmangel wirkungslos, das Atemzentrum ruht so lange, bis sich in ihm die zureichende Reizhöhe der CO_2-Spannung teils durch die apnoische Störung, teils durch das Ansammeln jener asphyktischen Säurestoffwechselprodukte, wieder einstellt.

Die Höhe der CO_2-Spannung ist aber nicht allein entscheidend; denn bei abnormer Säurebildung im Blute kann ein großer Teil der Bicarbonate des Blutes zu neutralen Salzen abgesättigt sein, so daß nur wenig Bicarbonat und entsprechend stark verminderte CO_2-Spannung im Blute und in der Alveolarluft vorhanden ist; trotzdem ist die Atmung vertieft und angestrengt. Es ist hier also nicht der hohe CO_2-Gehalt die Ursache der anhaltenden Erregung, sondern der Mangel an Alkalicarbonat, das zum Neutralisieren und Beseitigen der erregenden sauren Stoffwechselprodukte der Nervenzellen im Atemzentrum erforderlich ist. [Vgl. hierzu auch hinsichtlich der einschlägigen Literatur Meyer - Gottlieb[1]).]

Collip[2]) fand, daß intravenöse Injektion von Natriumbicarbonatlösungen bei ätherisierten bzw. morphinisierten Hunden die Atemtätigkeit verstärken. Auch die Einspritzung in die Spinalflüssigkeit hat keinerlei Einfluß. Dieses Ergebnis deutet Collip durch die spezifische Empfindlichkeit des Atemzentrums gegen das HCO_3-Ion. Indessen ist nach ihm auch die Möglichkeit gegeben, daß eine Störung im Kationengleichgewichte in den Nervenzellen als Folge der $NaHCO_3$-Einspritzung ein Hauptgrund für diese Reizwirkung sei. Haggard und Henderson[3]) kommen auf Grund ihrer gemeinsam mit Beatty und Taliaferro ausgeführten Untersuchungen zu dem Schluß, daß nicht HCO_3, sondern C_H als das Hormon der Atmung zu betrachten sei. Bei Überschuß an Säure versagt der respiratorische Ausgleich. Während eines Stadiums von selbst geringer Acidose verursachen Inhalationen von CO_2 oder Rückatmung in sonst harmlosen Graden eine weitere Ablenkung nach der sauren Seite hin. Darum ist auch Morphin bei der wahren Acidose besonders toxisch.

Higgins und Means[4]) haben in Untersuchungen beim Menschen die Wirkung von Morphin auf die CO_2-Spannung in der Alveolarluft, auf die Atemfrequenz, die Lungenventilation, den Gasaustausch und die Bronchialmuskulatur gemessen und haben daraus den Umfang des toten Raumes bei der Atmung gewöhnlicher Luft berechnet. Sie fanden, daß Morphin und Heroin in therapeutischen Dosen (16 bzw. 5 mg) die Atemfrequenz nicht vermindern (sie steigt nach Morphin sogar manchmal ein wenig an). Die Sauerstoffaufnahme blieb gleich, die CO_2-Elimination fiel. Die CO_2-Spannung nahm zu, das Gesamtvolumen der Atmung pro Minute sank. Heymanns[5]) sah nach Morphin ein Sinken der CO_2-Abgabe um 10%, des Atemvolumens um ca. 20%. Schmidt und Harer[6]) kommen auf Grund ihrer Untersuchungen über

[1]) Meyer - Gottlieb, Exp. Pharmakologie VI. Aufl. Wien-Berlin 1922.
[2]) I. B. Collip, Americ. journ. of physiol. **54**, 58 (1920).
[3]) H. W. Haggard u. Y. Henderson, Journ. of biol. chem. **39**, 163 (1909).
[4]) H. L. Higgins u. I. H. Means, Journ. of pharmakol. and exp. therap. **7**, 1 (1915).
[5]) C. Heymanns, Arch. internat. de pharmaco-dyn. et de thérapie **25**, 493 (1921).
[6]) C. F. Schmidt und W. B. Harer, Journ. of exp. Med. **37**, 47 (1922).

die Wirkung von Arzneimitteln auf die Atmung zu dem Schluß, daß für die **Ein- und Ausatmung** möglicherweise **getrennte Zentren** bestehen; wenigstens konnte der Hustenreflex in einem Falle in der inspiratorischen Phase willkürlich beeinflußt werden, in der exspiratorischen dagegen nicht. Läßt man dezerebrierte, meist tracheotomierte Katzen eine CO_2-Luftmischung mit 4—10 % CO_2 als Atmungsreiz einatmen, so vertieft sich zuerst die Einatmung. Nach 15 Sekunden wird die Atmung beschleunigt und verstärkt. Morphin intravenös oder intramuskulär gegeben, lähmt zentral elektiv den Ausatmungsmechanismus der Katze, außerdem wird unabhängig davon die Atemfrequenz verlangsamt und die Einatmung vertieft, so daß das Minutenvolumen gleichbleibt.

Große Morphin- und mittlere Kodeingaben führen unter Konvulsionen zu Atembeschleunigung und verstärkter Exspiration. Bei der Morphinvergiftung tritt neben Atmungsverlangsamung bis Stillstand starke Blutdrucksenkung auf, die aber wahrscheinlich Folge der Kreislaufänderung infolge der Versuchsanordnung ist, da sie bei intaktem Kreislauf nicht eintritt. Charakteristisch für Morphin und Heroin ist nur die Verminderung der Exspiration, auf die zum größten Teile die Verlangsamung der Atmung zurückzuführen ist, während die Inspiration unbeeinflußt bleibt. Kodein ist auf die Ausatmung der Katze ohne Wirkung.

Während der Zunahme der alveolären CO_2-Spannung nach Morphin (und ebenso im natürlichen Schlafe) nimmt die Alkalezenz des Harns ab [Enders[1]]. Brodie und Dixon[2]) hatten angegeben, daß kleine Dosen von Morphin eine geringe Erweiterung, größere erst Erweiterung, dann deutliche Verengerung der Bronchiolen bewirke. Demgegenüber gaben Higgins und Means in ihren oben erwähnten Untersuchungen an, daß sie bei Anwendung der kleinen Morphindosen eine geringe Bronchoconstriction gesehen hatten. Einthoven[3]) sah keinen Einfluß des Morphins auf die Bronchialmuskulatur und auch Baehr und Pick[4]) haben bei ihren Studien an der Bronchialmuskulatur der überlebenden Meerschweinchenlunge keinen sicheren Einfluß von Morphin auf das Meerschweinchenpräparat gesehen. Schließlich wären hier noch die Untersuchungen von Gunn[5]) zu erwähnen, der in therapeutischen und viermal größeren Dosen keinen deutlichen Einfluß auf die Bronchien feststellen konnte, in noch größeren Dosen dagegen sah er geringe Bronchoconstriction. Auch Jackson[6]) fand **Bronchiolenconstriction** unter dem Einfluß von Opiumalkaloiden. — Bezüglich der antagonistischen Beeinflussung der Wirkung des Morphins auf die Atmung s. S. 1070, sowie die auf S. 861 unter[1]) zitierte Arbeit R. Meissners über atmungsanregende Heilmittel.

Vegetatives System. Das allgemeine Wirkungsbild des Morphins hat gezeigt, daß hierbei neben dem zentralen Nervensystem auch jene Organe von der Morphinwirkung betroffen werden, deren Funktion vorwiegend von vegetativem Nerveneinfluß beherrscht ist. Dies gilt vor allem vom Magen und Darm, dann von der Pupille und auch Herz und Kreislauf scheinen, wenn auch in geringerem Maße, vom Morphin beeinflußt zu werden. Es war daher naheliegend, einzelne Wirkungen des Morphins dieser Art als Wirkungen auf das vegetative Nerven-

---

[1]) G. Enders, Biochem. Zeitschr. **132**, 220 (1922).
[2]) Brodie u. Dixon, Americ. journ. of physiol. **30**, 476 (1904).
[3]) Einthoven, Pflügers Arch. f. d. ges. Physiol. **51**, 367 (1892).
[4]) G. Baehr u. Ernst P. Pick, Arch. f. exp. Pathol. u. Pharmakol. **74**, 41 (1913).
[5]) J. A. Gunn, Quart. journ. of med. **13**, 121 (1919), zit. nach Chem. Zentralbl. **3**, 19 (1921).
[6]) D. E. Jackson, Journ. of pharmacolog. and exp. therap. **6**, 57 (1915).

system zu deuten. Solche Deutungsversuche begegnen aber großen Schwierigkeiten, weil auch hier die Verhältnisse durch die Verschiedenheit der Wirkung
bei einzelnen Tierarten, ganz besonders aber durch die Beeinflussung des Organs
selbst, d. h. der glatten Muskulatur der betreffenden Organe, eine bedeutende Erweiterung der Deutungsmöglichkeit erfahren. Darauf ist es auch zurückzuführen, daß kaum eine einzige Deutung der Morphinwirkung nach dieser
Richtung hin unwidersprochen blieb. Mit Sicherheit kann nur das eine gesagt
werden, daß die pharmakologische Wirkung des Morphins auf einzelne sympa-
tisch innervierte Organe, die als Grundlage der Deutung gewisser therapeutischer
und anderer toxikologischer Wirkungen des Alkaloids herangezogen werden,
in keinem Fall auf eine einzige Wirkung zurückgeführt werden kann, sondern
daß auch hier, wie so oft in der Pharmakologie, erst das Zusammenspiel einer
ganzen Reihe von synergistischen und antagonistischen pharmakologischen
Einzelwirkungen das Wirkungsbild schafft.

Die Organwirkungen des Morphins, die im Sinne einer Beeinflussung
des vegetativen Nervensystems gedeutet wurden, betreffen zunächst den
Magen und Darm.

A. Hirsch[1]) hat zuerst darauf aufmerksam gemacht, daß Morphin die Entleerung des Magens verzögere. An einem Hunde mit Duodenalfistel sah er eine
stundenlange Hemmung der Austreibung des Mageninhaltes (Flüssigkeit und
Luft). Hirsch deutet dieses Phänomen als Folge eines zentral ausgelösten
Krampfes des Spincter pylori. Nach Durchschneidung der Vagi hat dieser
Krampf nachgelassen. Baas[2]) hat dagegen bei seinen Versuchen (Nachweis des
per os gegebenen Jodkaliums im Harn) keinen fördernden Einfluß der Vagotomie auf den Pylorusverschluß gesehen.

Die Entleerung sei im Gegenteil durch Reizung des peripheren Vagusstumpfes
beschleunigt worden. Rodari[3]) fand, daß im Hunde mit Pawlowscher Fistel
die Magensekretion in den ersten Stunden erheblich zunimmt. Er deutet dies
hauptsächlich, als durch Reizung sympatischer Nerven in der Magenwand
durch Opiumalkaloide bedingt. Der Vagus spielt hierbei keine wesentliche Rolle.

Mehr noch als beim Magen wurde bei der Wirkung des Morphins auf den
Darm Wirkungen auf die vegetativen Nerven zur Deutung dieser Wirkung
herangezogen. Es sei jedoch hier wiederum darauf hingewiesen, und es wird
bei der Besprechung des Morphins auf die glatte Muskulatur noch besondere
Ausführung finden, daß niemals von einer einheitlichen Wirkung des Morphins
auf den Darm gesprochen werden darf, da sich auch diese Wirkung bei den
verschiedenen Tierarten ganz verschieden verhält.

Eine Beziehung der beobachteten Darmwirkungen des Morphins bzw.
der Opiumalkaloide zum vegetativen Nervensystem glauben folgende Autoren
aus ihren Befunden erschließen zu können: Salvioli[4]) hat durch die Opium-
extrakte an der durchströmten Darmschlinge von Hund- und Kaninchendarm
die Wirkung des Nicotins aufheben können. 0,04—0,1 Tinct. thebaic. auf
100 ccm Blut erzeugen kurzdauernde Kontraktion, dann Erweiterung der Darmgefäße. Die Darmbewegungen hören auf, doch nicht als Folge flüchtiger Erschlaffung, sondern im Gegenteil bei Bestehen einer mäßigen Contractur.
Nothnagel[5]) teilte mit, daß die peristaltische Welle, die nach Reizung des

¹) A. Hirsch, Zentralbl. f. inn. Med. **33** (1901).
²) K. Baas, Dtsch. Arch. f. klin. Med. **81**, 455 (1904).
³) Rodari, Therap. Monatshefte 1909, 540.
⁴) Salvioli, Arch. f. Physiol. 1880, Supplement S. 95.
⁵) H. Nothnagel, Virchows Arch. f. pathol. Anat. u. Physiol. **89**, 1 (1882).

Kaninchendarms mit einem Kochsalzkrystall stets eintritt, nach Injektion von einigen Zentigrammen Morphin ausbleibt. Wird aber der Darm durch Abtrennung des Mesenteriums isoliert, dann tritt die Kontraktion wieder wie normal ein. Große Dosen Morphins verstärken dagegen die Peristaltik. Diese Erscheinungen sucht Nothnagel damit zu erklären, daß Morphin in kleinen Dosen das Splanchnicuszentrum reizt, in großen dagegen lähmt. Zu gleichen Schlüssen kam Bokai[1]). Auch er zog den Schluß, daß kleine Morphindosen (0,01 bis 0,03 g Morphium hydrochloricum) den Darmhemmungsnerven reizen, große Dosen hingegen (über 0,04 g Morphium hydrochloricum) denselben lähmten. Nach solchen Dosen (0,04—0,05 g des Morphiumsalzes) trat im Verhalten der Darmgefäße keine Änderung ein, woraus geschlossen wird, daß diese Morphindosen nicht sämtliche im Splanchnicus verlaufenden Nervenfasern lähmen, sondern bloß jene, welche die Darmbewegungen hemmen.

Pal und Berggrün[2]) haben für diese von Nothnagel gegebene Erklärung der Morphinwirkung auf den Darm noch weitere experimentelle Beweise beizubringen versucht. Sie durchtrennten bei ihren Versuchstieren zunächst das Halsmark und konnten hierauf regelmäßig durch Reizung des Vagus, Bewegungen des Darms auslösen und bei Berührung mit Kochsalzkrystallen trat die charakteristische peristaltische Welle auf. Wurden hierauf den Tieren kleine Gaben von Morphin injiziert, dann verlor die Vagusreizung ihren Einfluß auf den Darm und die Kochsalzreizung erzeugte nur noch eine lokale Einschnürung. Nach Durchschneidung des Splanchnicus oder Entfernung des zwischen dem 6. Hals- und 2. Brustwirbel liegenden Anschnittes (hemmendes Splanchnicuszentrum?) zeigte dann Vagus- und Kochsalzreizung wieder dieselbe Wirkung wie vor der Morphinapplikation. Auf Grund dieser Ergebnisse schließen sich Pal und Berggrün der Nothnagelschen Auffassung an, daß es sich bei der Aufhebung der Darmbewegungen durch kleine Morphingaben um eine Reizung jenes Splanchnicuszentrums handle. P. Trendelenburg[3]) hat bei Untersuchungen des Morphineinflusses auf den im Körper gelassenen Darm des Kaninchens nach intravenöser Injektion von 10—12 mg Morphin in einigen Versuchen eine völlige Unterdrückung der Pendelbewegungen und Abfall des Tonus für einige Minutendauer beobachtet und hielt hierfür eine zentrale Sympathicusreizung als Ursache möglich, wenn auch nicht erwiesen. Dixon[4]) sah unter Morphineinfluß Förderung der Darmbewegung beim Hunde und bezieht diese Lähmung auf den Sympathicus.

Jacobj[5]) wies darauf hin, daß die bei Zerstörung der vasomotorischen Bahnen des Splanchnicus auftretende Veränderung in der Blutzirkulation des Darms, dessen Disposition zu Bewegungen sehr wesentlich steigert, so daß das Auftreten solcher Bewegungen nach einem derartigen Eingriff nicht ohne weiteres auf die Entfernung einer Hemmung bezogen werden kann. Er wandte sich daher der Untersuchung der Frage zu, ob wirklich größere Morphingaben eine Lähmung der Hemmungsapparate bedingten. Hätten sie diese Wirkung, dann müßte auf der einen Seite nach Applikation derart großer Morphingaben der Einfluß der Vagusreizung auf den Darm zunehmen, andererseits dürfte aber dann durch Exstirpation der Nebennieren die Reizbarkeit des Darmes keine wesentliche Steigerung erfahren. Dies war nach dem Ausfall seiner diesbezüglichen

[1]) A. Bokai, Arch. f. exp. Pathol. u. Pharmakol. **23**, 414 (1887).
[2]) Pal u. Berggrün, Arb. a. d. Inst. f. allg. u. exp. Pathol. Wien 1890, S. 38.
[3]) P. Trendelenburg, Arch. f. exp. Pathol. u. Pharmakol. **81**, 110 (1917).
[4]) Dixon, Americ. Journ. of physiol. **22**, 357 (1897).
[5]) C. Jacobj, Arch. f. exp. Pathol. u. Pharmakol. **29**, 171 (1892).

Experimente nicht der Fall. Es gelang durch Applikation von Morphin (und auch von Tct. Opii) in das Darmlumen die Erregbarkeit des Darmes für die Vagusreizung aufzuheben. Er schließt aus seinen Versuchen, daß der von den Nebennieren ausgehende oder von ihnen vermittelte Hemmungstonus durch größere Morphingaben nicht wesentlich herabgesetzt wird, da erst nach der Exstirpation der Nebennieren die Vagusreizung dem Fortfall der Hemmungswirkung entsprechend wirksam wird. Der Umstand aber, daß zunächst nur diejenige Schlinge, in welche das Morphin oder Opium unmittelbar gebracht wurde, auf die Vagusreizung nicht mehr reagierte, spricht dafür, daß bei der therapeutisch gebräuchlichen inneren Anwendung des Opiums als Beruhigungsmittel für den Darm es sich vor allem um eine lokale Wirkung des Alkaloids auf die in der Darmwand gelegenen Apparate handelt, was dann zur Folge hat, daß die Reize, welche sonst Bewegungen auszulösen imstande sind, wirkungslos werden. (Versuchstiere Kaninchen.)

In ausführlichen Versuchen hat sich mit dieser Frage J. Pohl[1]) beschäftigt. Pohl kam zu folgenden Ergebnissen: Bei örtlicher Applikation von Morphin auf die Darmmuskulatur des Kaninchens erfolgte vorübergehend motorische Erregung, der dann eine bis zur Unerregbarkeit fortschreitende Lähmung folgte. Um zu erfahren, ob die gleiche Wirkung als Teilerscheinung der allgemeinen Wirkung des Morphins auftritt, hat Pohl dann weiter an Kaninchen und an Hunden in einer Reihe von Versuchen sowohl auf Änderung der spontanen Bewegung, wie auf Erregbarkeitsänderungen der Darmwände nach Morphininjektionen beachtet. Die Versuche ergaben, daß Morphindosen bis zu 0,12 g, die intravenös oder subcutan Kaninchen beigebracht werden, die lokalen Erregbarkeitsverhältnisse nicht ändern. Auch die Splanchnicusäste bleiben dauernd erregbar. Beim Hunde sah Pohl bei eröffnetem Unterleib unter Morphineinfluß nach intravenöser Injektion kräftige, wiederholt einsetzende, teils peristaltische, teils antiperistaltische Bewegungen des Magens, insbesondere des Antrums. Im Anschluß daran kommt es zu Kontraktionen des Duodenums. Der Dünndarm kontrahiert sich nicht unter dem Einfluß der Peristaltik, sondern allmählich im ganzen. Seine Oberfläche wird blaß und sieht wie geringelt aus. Dieses Verhalten des Darms beim Hunde wurde sowohl am intakten Tiere wie auch nach Splanchnicus- und Vagusdurchschneidung untersucht und dies führte zu den Ergebnissen, daß auch beim Hunde die Erregbarkeit des Darms durch Splanchnicusdurchschneidung nicht geändert wird. Die an die ersten Morphininjektionen sich anschließenden Magen- und Darmbewegungen fallen später aus.

Nach der Splanchnicusdurchschneidung steigert sich der Vagustonus, sinkt aber nach der Morphininjektion sehr beträchtlich. Daß dieses Absinken der Erregbarkeit auf Morphin und nicht etwa auf die Reaktionsveränderungen des Darms nach der Splanchnicusdurchschneidung beruht, in dem Sinne, daß allmählich durch Zirkulations- oder Ernährungsstörungen diese Veränderung eintritt, suchte Pohl dadurch zu beweisen, daß er nach doppelseitiger Splanchnicusdurchschneidung die Vaguserregbarkeit durch 2 Stunden prüfte: diese änderte sich nicht.

Pohl kommt somit auf Grund dieser Versuche zu dem Schluß, daß die motorische Wirkung des Vagus durch Morphin eine Herabsetzung erfährt und daß diese, da sie auch nach Durchtrennung der Splanchnici auftritt, nur auf Absinken der Erregbarkeit in der Darmwand selbst gelegener Apparate beruhen kann.

---

1) J. Pohl, Arch. f. exp. Pathol. u. Pharmakol. **34**, 98 (1894).

Pal[1]) schloß auf Grund seiner Versuche (Registrierung der Darmbewegungen mit der Ballonmethode an nierenlosen Hunden nach Vagotomie), daß Morphin (sowie die übrigen Alkaloide der Phenanthrenreihe) die Ganglienapparate in der Darmwand erregen und auf diese Weise den Tonus der Darmmuskulatur erhöhen und die Pendelbewegungen des Darms kräftig anregen.

Den Einfluß von Morphin auf das vegetative Nervensystem hat weiter Magnus[2]) untersucht. Versuchstier: Katze. Auch hier hat Magnus niemals eine Abschwächung des Kochsalzreflexes durch Morphin am freigelegten Darm gefunden. Eine nikotinähnliche Wirkung konnte er an keinem sympa- thischen Ganglion (Halsganglion, Ganglion cercicale superius bei Kaninchen und Katzen) nachweisen. Magnus konnte weiter feststellen, daß man mit Morphin bei Katzen den Milchdurchfall stopfen kann und daß diese Stopfwirkung auch bei Tieren eintritt, denen die splanchnischen Hemmungsfasern vor dem ganzen Verdauungskanal vom Magen bis zum After durchschnitten und zur Degeneration gebracht waren. Auf diese Weise wurde gezeigt, daß die Stopfwirkung nicht an das Vorhandensein der Hemmungsfasern gebunden ist, daß somit sicher durch Morphin hinsichtlich der Darmwirkung ein spinaler Sympaticuseinfluß auch bei der Katze auszuschalten ist.

Nach Claude, Tinel und Santenoise[3]) schwächt Morphin das vago- tonisch-okulokardiale Phänomen oder hebt es auf und läßt bisweilen ein leicht sympathikotonisches Solarisphänomen auftreten, das in verstärktem Maße durch Adrenalin hervorgerufen wird.

Durch diese Feststellung kann die Einflußnahme des Morphins auf das vegetative Nervensystem und hinsichtlich der Magen- und Darmwirkung noch nicht als erschöpft angesehen werden; denn auch die Wirkung auf die glatte Muskulatur kann von der Wirkung auf das vegetative Nervensystem nicht un- abhängig behandelt werden, da ja z. B. gerade die Vorgänge in der Längs- muskulatur als aufeinanderfolgende Erregungen von Vagus- und Sympathicus- apparat der Darmwände zu deuten sind. (P. Trendelenburg l. c.) Wir wollen daher den Einfluß des Morphins auf die glatte Muskulatur hier gleich an- schließen und aus Gründen des innern Zusammenhangs mit dem vegetativen Nervensystem diesem Abschnitt die Besprechung der Beeinflussung von Drüsen Kreislauf, Auge, Wärmehaushalt und Stoffwechsel folgen lassen. —

Glattmuskuläre Organe. Die Arbeiten über die pharmakologische Beein- flussung der glatt-muskulären Organe durch Morphin weisen ebenfalls zahl- reiche Gegensätze auf, die aber keineswegs als Fehlresultate der Untersuchungen gedeutet werden müssen; es gilt vielmehr hier das, was schon einleitend zur Besprechung des vegetativen Nervensystems gesagt wurde: Die Verschiedenheit der Resultate sind meist bedingt durch die verschiedene Anspruchsfähigkeit des betreffenden glattmuskulären Organs der betreffenden Tierart. Man kann daher nicht schlechtweg von einer Wirkung des Morphins auf den „Magen oder Darm" sprechen, sondern nur von der Wirkung des Alkaloids auf den Ka- ninchen-, Meerschweinchen- oder Hundedarm usw.

Über die Wirkung des Morphins auf die glatte Muskulatur des Magens liegen folende Untersuchungen vor. Kölliker[4]) führt in seinen Unter-

---

[1]) J. Pal, Wien. med. Presse **41**, 2071 (1900), Zentralbl. f. Physiol. **16**, 68 (1902).
[2]) R. Magnus, Pflügers Arch. f. d. ges. Physiol. **115**, 316 (1906); **122**, 229 (1908); **122**, 261 (1908).
[3]) H. Claude, J. Tinel u. D. Santenoise, Compt. rend. de la soc. de biol. **87**, 1347 (1922).
[4]) Kölliker, Virchows Arch. f. pathol. Anat. u. Physiol. **10**, 1 u. 235 (1856).

suchungen über die Wirkung einiger Gifte an, daß durch Opium der Magen und Darm des Frosches unerregbar werden. Die Bewegungen des Froschmagens wurden weiter von Glaessner[1]) unter dem Einfluß von Morphin registriert. 1 cg des Alkaloids führt zur völligen Erschlaffung, wenn es in den Magen hineingebracht wurde, blieb dagegen von der Serosa aus unwirksam. Unter Benützung einer ähnlichen Methode wie Glaessner („Magensackmethode") finden Fujitani[2]), daß Morphin schon in einer Konzentration von 0,00001% minimal, bei 0,001% dagegen deutlich die Bewegungen des Froschmagens hemmt. Derselbe Autor findet, daß der durch 2% Morphin vollständig gelähmte Magen durch 0,0005% Muscarin wieder kontraktionsfähig wird. Am Kaninchenmagen sah Schütz[3]) unter Morphineinfluß eine Verringerung der Peristaltik.

Neben dieser ganz allgemein die glatte Muskulatur des Magens betreffende Wirkung hat Morphin noch eine zweite Wirkung auf den Sphincter pylori. Es wurde bereits erwähnt, daß Hirsch (S. 890) unter Einfluß von Morphin eine Verzögerung der Magenentleerung beobachtete, die er aber allerdings als Folge eines zentral ausgelösten Krampfes des Sphincters Pylori deutet, der nach Vagusdurchschneidung nachgelassen hat; doch wird zur Bewertung dieses Befundes auch das bereits angeführte Untersuchungsergebnis von Baas mit berücksichtigt werden müssen, daß Vagotonie keinen fördernden Einfluß auf den Pylorusverschluß ausübt.

Ausführliche Untersuchungen über den Einfluß von Morphin auf den Magen von Katze und Hund haben Magnus[4]) und seine Schüler ausgeführt. 6 mg Morphin wirken auf alle drei Schließmuskeln des Magens dieser Tiere (Cardia, Sphincter antri und Sphincter pylori) erregend. Die dabei vor sich gehenden Bewegungen konnten im Röntgenbilde genau studiert werden. Dabei zeigte sich folgendes. Füttert man eine Katze, welche Morphin erhalten hat, mit wismuthaltiger Nahrung, so sieht man, daß der Speisebrei nur in den Fundusteil des Magens gelangt (Abb. 3 a u. b) und hier viele Stunden liegen bleibt. Es kann 6 Stunden und länger dauern, bis geringe Mengen in den Pylorusteil übertreten, wo sie alsbald peristaltische Bewegungen auslösen (c), und der erste Übertritt in den Dünndarm (d) kann 8 Stunden und länger verzögert werden. Wie dies zustande kommt, kann man am besten beobachten, wenn man die Tiere zuerst füttert und ihnen nachher Morphin gibt. Dann sieht man den Magen in allen seinen Teilen gut gefüllt (Abb. 4 a). Wird nun Morphin eingespritzt, so zieht sich allmählich die Magenmitte zusammen (b—d) und schließlich werden Pylorusteil und Fundusteil völlig voneinander geschieden (e). Es kommt zu einer kräftigen Kontraktion des sogenannten Sphincter antri pylorici, und diese ist die Ursache, weshalb die Nahrung stundenlang im Fundus festgehalten wird. Außerdem aber entsteht ein Krampf des Pylorus selber, durch welchen die Fortbewegung der Speise aus dem Pylorusteil des Magens in den Darm ebenfalls verzögert wird. Die geschilderte Kontraktion der beiden Sphinkteren des Magens ist so hochgradig, daß dadurch der ganze Ablauf der Verdauungsbewegungen verändert wird. Es kommt zu einer beträchtlichen Verspätung des ersten Übertritts der Speisen in den Dünndarm, und auch wenn dieser einmal begonnen hat, schreitet er nur langsam fort, so daß man 20 und 30 Stunden

---

[1]) Glaessner, Pflügers Arch. f. d. ges. Physiol. **86**, 291 (1901).
[2]) Fujitani, Arch. f. exp. Pathol. u. Pharmakol. **62**, 118 (1910).
[3]) Schütz, Arch. f. exp. Pathol. u. Pharmakol. **21**, 341 (1886).
[4]) Magnus, Arch. f. d. ges. Physiol. **115**, 316 (1906) u. **122**, 210 (1908) und Vortrag, gehalten in der Vereeniging Secties voor Wetenschappelijken Arbeid 29. Nov. 1910 in der Aula der Univ. Amsterdam. Sonderabdruck. (Diesem sind die Abb. 3 und 4 entnommen.)

noch Inhalt im Dünndarm finden kann. Die ganze Verdauungsperiode des Magens erstreckt sich, statt über 2—3, über 25—30 Stunden, und so wird es erreicht, daß die Magenverdauung sehr viel weiter fortschreitet als unter normalen Verhältnissen. Diese vollständig verdaute Nahrung gelangt nun in sehr kleinen Portionen und sehr langsam in den Darm. Hierdurch wird dem Darm ein großer Teil seiner Arbeit abgenommen und über eine längere Periode hingezogen.

So kommt es zustande, daß der Mageninhalt unter dem Morphineinfluß bei Katzen 8—9, bei Hunden 6—7 Stunden im Magen liegen bleibt. Am längsten dauert es, bis der Sphincter antri passiert ist.

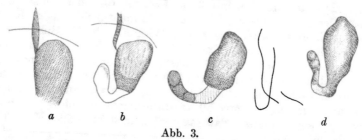

Abb. 3.

Katze erhält 2 cg Morphin sbct., wird nach 25 Minuten mit Kartoffelbrei-Wismut gefüttert. *a* Röntgenbild nach 30 Minuten. Nahrung im Oesophagus und im Magenfundus. *b* Nach 55 Minuten. Dasselbe. *c* Nach 6½ Stunden. Nahrung in den Pylorusteil übergetreten. *d* Nach 7½ Stunden. Übertritt in den Dünndarm.

Zu gleichen Ergebnissen kamen Magnus und Cohnheim[1]) an einem Fistelhunde. E. Zunz[2]), Cohnheim und Modrakowski[3]). E. Zunz fütterte 20 Minuten nach 6 mg Morphin pro Kilogramm Tier Hunde mit 25 g rohen oder gekochten Fleisches pro Kilogramm Tier. Unter dem Einfluß des Morphins nahm die Verweildauer des Fleisches im Magen erheblich zu. Erst nach

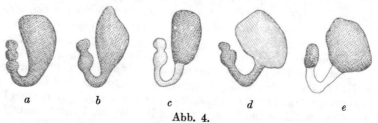

Abb. 4.

a Bild des Katzenmagens auf dem Röntgenschirm nach Fütterung mit Kartoffelbrei-Wismut. *b* ½ Stunde nach Injektion von Morphin. *c* ½ Stunde später. *d* 2½ Stunden später. *e* 5½ Stunden später.

einigen Stunden erfolgte der Übertritt in den Pylorus und noch später in den Darm. Die Zeitdauer der Magenentleerung war um das Dreifache der Norm gegenüber erhöht. Bei Morphintieren erleiden die Proteine im Fundusteile erhebliche Veränderungen, der Spaltungsgrad ist aber derselbe. Die Hauptarbeit der Fleischverdauung hat so beim Morphinhund der Magen, sonst der

[1]) Magnus u. Cohnheim, Pflügers Arch. f. d. ges. Physiol. **122**, 229 (1908).
[2]) E. Zunz, Memoire de l'Acad. de Med. de Belg. **20** (1909), zit. nach Padtberg, l. c. und Maly, Jahresber. Tierchem. **39**, 380 (1910).
[3]) Cohnheim u. Modrakowski, Zeitschr. f. physiol. Chem. **71**, 273 (1911).

Darm. Durch diese Wirkung wird auch die Stopfwirkung des Morphins zu erklären versucht, und es handelt sich dabei weder um eine Wirkung auf den Darm, noch um eine Beeinflussung des vegetativen Nervensystems, sondern eben ausschließlich um die Verzögerung der Magenentleerung, und dies ließ sich auch an Tieren zeigen, bei denen künstlich Durchfall hervorgerufen wurde. Dabei hatte Magnus[1]) feststellen können, daß es nicht gelingt, den Sennadurchfall, der durch eine Erregung der Dickdarmbewegung bedingt ist, zu stopfen und ebensowenig den Ricinusdurchfall, welcher durch eine direkte Erregung der Dünndarmbewegung und eine beschleunigte Kolonpassage zustande kommt. In beiden Fällen stimmt das Resultat also mit der Feststellung überein, daß die Hauptwirkung des Morphins sich im Magen äußert. Das gleiche Ergebnis erhielt Padtberg[2]) bei der Untersuchung der abführenden Wirkung des Magnesiumsulfats durch Morphin. Es stellte sich nämlich heraus, daß Morphin wirkungslos ist, wenn die abführende Salzlösung bereits in den Darm übergetreten ist; daß es dagegen seine stopfende Wirkung entfalte, wenn man den Versuch so einrichtet, daß durch die Kontraktion der Magensphincteren das Magnesiumsulfat im Magen festgehalten wird. Dann wird, wie Otto[3]) gezeigt hat, ein Teil des $MgSO_4$ im Magen resorbiert, der Rest tritt in so kleinen Portionen und so allmählich in den Darm über, daß dieser leicht damit fertig werden kann. In den bisher untersuchten Fällen, bei denen experimentell erzeugte Durchfälle durch Morphin behandelt wurden, hatte sich also gezeigt, daß Morphin keine andere Wirkung entfalte, als die, die bisher bereits beim Gesunden festgestellt war.

Anders dagegen verhält sich Morphin gegenüber dem durch Koloquinten hervorgerufenen Durchfällen. Hier kommt noch die Beeinflussung der sekretorischen Funktionen im Darmkanal hinzu, von der noch die Rede sein wird. Bei Untersuchungen an Hunden mit Thiry - Vellascher Darm- sowie mit Magenfistel fanden Plaut und Miller[4]) Tonussteigerung des Darms, Abnahme der Kontraktion und Erschlaffung des Magens. Heroin und Kodein hatten gleiche Wirkung.

Bei Versuchen an Menschen fanden Arnsperger und von den Velden[5]) nach kleinen Morphindosen keine Verzögerung der Entleerung. Von den Velden fand, daß 5 mg Morphin die Peristaltik der Regio pylorica steigere, größere Dosen dagegen diese verzögere.

Alwens und Rauth[6]) (zit. n. Biberfeld) haben Verzögerung der Austreibung gesehen. Schapiro[7]) fand in der Hälfte der Fälle, namentlich bei jugendlichen Individuen, eine starke Verzögerung, bei der Minderzahl Beschleunigung. Mahlo[8]) hat mit Opium beim normalen Menschen keine sichere Wirkung auf den Magen gesehen, nur in einem einzigen Falle war eine solche auf die Austreibung vorhanden. Er behauptet, im Röntgenbilde von den Phenanthrenalkaloiden eine Kontraktion des Sphincter antri, von den Isochinolinalkaloiden Magendilatation gesehen zu haben. Trotz dieser doppelten Einwirkung bei Darreichung von Opium war die Entleerungszeit des Magens

---

[1]) Magnus, Pflügers Arch. f. d. ges. Physiol. **122**, 261 (1908).
[2]) Padtberg, Pflügers Arch. f. d. ges. Physiol. **129**, 476 (1909).
[3]) E. Otto, Arch. f. exp. Pathol. u. Pharmakol. **52**, 370 (1905).
[4]) O. H. Plaut u. G. H. Miller, Proceed. of the americ. soc. for pharmacol. journ. of pharmacol. and exp. therap. **21**, 191 (1923).
[5]) Arnsperger u. von den Velden, Münchn. med. Wochenschr. 1667 (1909).
[6]) Alwens u. Rauth, zit. nach Biberfeld (l. c.).
[7]) Schapiro. Pflügers Arch. f. d. ges. Physiol. **151**, 65 (1913).
[8]) Mahlo, Dtsch. Arch. f. klin. Med. **110**, 562 (1913).

normal. Tetzner und Turold[1]) fanden bei ihren Untersuchungen am überlebenden Menschenmagen, daß die rhythmischen Bewegungen des Organs
durch Morphin verstärkt werden, während Papaverin jede automatische Tätigkeit hemmt.

Ebenso wie die glatte Muskulatur des Magens wird auch die des Darms
nicht in gleicher Art durch Morphin beeinflußt, und deshalb können die in
der Literatur vorhandenen Angaben über diese Wirkungen nur dort Beobachtung finden, wo die Tierart angegeben ist, an der die betreffenden Versuche
ausgeführt wurden. Nasse[2]) und Gscheidlen[3]) haben bei Fröschen und
Kaninchen eine Vermehrung der Darmperistaltik unter dem Einfluß von Morphin, Legros und Onimus[4]) eine Beruhigung gefunden.

Ein Teil der Autoren, die sich mit der pharmakologischen Beeinflussung
der Darmtätigkeit durch Morphin befaßten, bezogen diese Wirkungen auf eine
Beeinflussung des vegetativen Nervensystems. Diese Untersuchungen fanden
bei der Besprechung der Morphinwirkung auf das vegetative Nervensystem
bereits Erwähnung. Eine Klärung der anscheinenden Widersprüche in diesen
Fragen wurde erst durch P. Trendelenburg (l. c.) herbeigeführt, der eben
zuerst darauf hinwies, daß es keine einheitliche Pharmakologie der Darmperistaltik der gesamten Säugetierreihe gebe, sondern daß trotz gleicher morphologischer Verhältnisse und gleicher Innervation sich der Darm der verschiedenen
Säugetierklassen gegen viele Gifte, oft darunter auch gegen Morphin und die
Opiumalkaloide unterschiedlich verhält.

Bis zu den genauen Untersuchungen Trendelenburgs, über die noch
ausführlich gesprochen werden soll, konnte er selbst folgende Ergebnisse registrieren: Für die klinische Erfahrung, daß Morphiumeinspritzungen die akusti-
schen und sensorischen Äußerungen des Diarrhoikerdarmes wie mit einem
Schlage aufzuheben imstande sind, fehlt bisher eigentlich jede Möglichkeit einer
befriedigenden experimentell-pharmakologischen Erklärung. Denn nach den
bisher vornehmlich gültigen Anschauungen, die Magnus[5]) und Pal[6]) aus ihren
Tierversuchen ableiten, sollen ,,durchaus keine Anhaltspunkte dafür bestehen,
daß dieses Gift eine Ruhigstellung des Dünndarmes bewirke", vielmehr soll
die Hauptwirkung sich am Anfang und Ende des Magen-Darmkanals äußern.
Der Magen entleert sich infolge Verengung der Magensphincteren langsamer
und nach Pal muß man die Vorstellung, daß das Opium (also selbstverständlich
auch das Morphin) die Darmwand lähme, fallen lassen; der Angriff soll sich vorwiegend auf den reflektorischen Defäkationsreiz erstrecken.

Die pharmakologischen Versuche, die zu diesen Anschauungen führten,
wurden an Hunden, Katzen und Kaninchen gewonnen. Merkwürdigerweise ist
gerade auf die Versuche an Hundedärmen viel Gewicht gelegt worden,
obgleich doch seit langem bekannt ist, daß Opium und Morphium für den Hund absolut sicher wirkende Abführmittel sind.
Tatsächlich haben die Morphinexperimente am Hundedarm in situ oder nach
Herausnahme aus dem Körper hauptsächlich eine fördernde Wirkung nachgewiesen. Daß der Dünndarm des Hundes bei intravenöser Morphininjektion

---

[1]) Tetzner u. Turold, Zeitschr. f. d. ges. exp. Med. **12**, 275 (1921).
[2]) Nasse, Zeitschr. f. d. med. Wissenschaft 1865, S. 785.
[3]) Gscheidlen, Untersuchungen a. d. Physiolog. Inst. Würzburg III, 69 (1868).
[4]) Legros u. Onimus, Journ. de l'anat. et de la physiol. 1869, S. 187, zit. nach
Biberfeld (l. c.).
[5]) R. Magnus, Arch. f. d. ges. Physiol. **122**, 210 (1908).
[6]) J. Pal, Wiener med. Presse **41**, 2041 (1900).

nicht gelähmt wird, ergibt sich schon aus Angaben von Bunch[1]) und Bayliss
und Starling[2]). Förderung der Darmbewegung sah Dixon[3]), der sie auf Lähmung des Sympathicus bezieht, und nach Pal[4]) werden durch Morphineinsprit-
zung Pendelbewegungen und Tonus beider Muskelschichten erregt. Opium
wirkt auf die Ringmuskeln wie Morphin, während die Längsmuskeln durch Opium
gelähmt werden [Popper[5])]. Von besonderer Wichtigkeit ist die Angabe von
Bayliss und Starling[2]), daß der von ihnen beschriebene peristaltische Reflex
des Hundedünndarms durch Morphininjektionen nicht unterdrückt wird.
Hierzu stimmt der Befund von Cohnheim und Modrakowski[6]): die Förderung der Kochsalzlösung, die in eine Dünndarmfistel eingespritzt wurde, und
an einer zweiten Fistel wieder aufgefangen wurde, verlangsamte sich unter
Morphineinfluß nicht. Schapiro[7]) erzielte in ähnlichen Versuchen sogar eine
Beschleunigung des Nahrungstransportes im Dünndarm gefütterter Hunde
(während an nüchternen Tieren die Dünndarmwanderungszeit durch Morphin
etwas verlängert werden soll).

Bei der Beobachtung der Wismutschattenwanderung im Röntgenbild sah
Magnus bei Katzen seltener als bei Hunden eine Beschleunigung der Dünn-
darmpassage. Gelegentlich ist die Dünndarmzeit eher verlängert, aber eine
sichere, den Dünndarm beruhigende Wirkung tritt erst dann auf, wenn die
Tätigkeit des Dünndarms experimentell gesteigert worden ist. Die durch ausschließliche Milchfütterung oder durch Koloquintendarreichung diarrhoisch
gewordenen Stühle werden durch Morphin gestopft [Gottlieb und v. d. Eeckhout[8]), Magnus[9]), Padtberg[10]), Takahashi[11])] — bei anderen experimentellen Diarrhöen der Katze versagt dagegen Morphin [Magnus[12]), Ricinusdurch-
fälle, Padtberg[13]), Magnesiumdurchfälle.]

Nach Schwenter[14]) scheint der Katzendünndarm durch Morphin stärker
beruhigt zu werden, als die ursprünglichen Angaben von Magnus vermuten
ließen. Der Kontrastbrei wanderte durch den Dünndarm nach Morphininjektion
langsamer, und die Gestalt des Schattenbildes im Röntgenbild wies auf eine
Erschlaffung des Dünndarmrohres hin.

Ebensowenig wie am überlebenden Katzendarm konnte Magnus[15]) am isolierten Kaninchendünndarm die Pendelbewegungen durch Morphin in hohen
Konzentrationen (1 : 4000) ruhig stellen; sie wurden vielmehr gefördert.

Daß Lösungen von 1 : 1000 den Darm schließlich unter Tonusabfall lähmten,
ist für die Erklärung der therapeutischen Morphinwirkung natürlich nicht zu
verwerten. Auch Popper, Popper und Frankl[16]) sowie Hirz[17]) beschreiben

[1]) J. L. Bunch, Americ. journ. of physiol. 22, 98, 357 (1897).
[2]) W. M. Bayliss u. E. H. Starling, Journ. of physiol. 24, 99 (1899).
[3]) W. E. Dixon, ebenda 30, 97 (1904).
[4]) J. Pal, Zentralbl. f. Physiol. 16, 68 (1902).
[5]) E. Popper, Dtsch. med. Wochenschr. 38, 308 (1912); 39, 153, 574 (1913).
[6]) O. Cohnheim u. G. Modrakowski, Zeitschr. f. physiol. Chem. 71, 273 (1911).
[7]) N. Schapiro, Pflügers Arch. f. d. ges. Physiol. 151, 65 (1913).
[8]) R. Gottlieb u. A. v. d. Eeckhout, Arch. f. exp. Pathol. u. Pharmakol., Supplementbd., Festschrift f. Schmiedeberg, S. 235 (1908).
[9]) R. Magnus, Pflügers Arch. f. d. ges. Physiol. 115, 316 (1906).
[10]) J. H. Padtberg, ebenda 139, 318 (1911).
[11]) M. Takahashi, ebenda 159, 327 (1914).
[12]) R. Magnus, ebenda 122, 261 (1908).
[13]) J. H. Padtberg, ebenda 129, 476 (1909).
[14]) J. Schwenter, Fortschr. a. d. Geb. d. Röntgenstr. 19 (1912—13).
[15]) R. Magnus, Pflügers Arch. f. d. ges. Physiol. 122, 210 (1908).
[16]) E. Popper u. C. Frankl, Dtsch. med. Wochenschr. 38, 1318 (1912).
[17]) O. Hirz, Arch. f. exp. Pathol. u. Pharmakol. 74, 318 (1913).

die erregende Wirkung des Morphins auf die Pendelbewegungen des isolierten Kaninchendünndarms; nach Meissner[1]) soll dagegen Morphin hauptsächlich eine Erschlaffung des gleichen Präparates bewirken, und Katsch[2]), der die Darmbewegungen des Kaninchens durch ein eingeheiltes Zelluloidbauchfenster beobachtete, gibt an, daß die Bewegungen an Intensität nicht abnehmen, aber seltener werden, wenn 10 mg Morphin intravenös eingespritzt wurden.

Eine genaue Analyse der Morphinwirkung auf den Darm wurde dann von Trendelenburg durchgeführt. Trendelenburg hat zunächst für seine Versuche eine Methode ausgearbeitet, mit der sich die peristaltischen Wellen am ausgeschnittenen Darm sicher auslösen läßt, und zwar mußte der auslösende Reiz willkürlich abstufbar sein.

Als Versuchsobjekt wurde der ausgeschnittene Meerschweinchendünndarm gewählt, da sich die Peristaltik an ihm viel regelmäßiger als an anderen Säugetierdünndärmen auslösen läßt. Er behält in Tyrodescher Lösung stundenlang die Fähigkeit zu peristaltischer Tätigkeit; um jedoch möglichst ungeschädigte Präparate verwenden zu können, wurde das Tier zunächst mit Äthylurethan (2—2$\frac{1}{2}$ ccm einer 25 proz. Lösung subcutan) narkotisiert, und es wurden ihm dann sukzessive Darmstückchen entnommen. Auf diese Weise liefert ein Tier im Laufe eines Tages bis 15 frische Einzelpräparate.

Die bei Körperwärme gehaltene Tyrodelösung wurde mit Luft durchspült — Zuleitung reinen Sauerstoffs ist überflüssig.

Die Versuchsanordnung bezweckte, ein Dünndarmstück einer zunehmenden hydrostatischen Wanddehnung von meßbarer Größe auszusetzen und gleichzeitig die Schwankungen seines Volumens und seiner Länge aufzuschreiben. Die Dehnung wurde durch Einfließen von Tyrodelösung unter ansteigendem Druck ausgeführt. Das am einen Ende durch eine Fadenligatur geschlossene, 7—10 cm lange Darmstück wurde mit dem offenen Ende über ein Glasrohr gebunden, das durch einen Schlauch mit einer zweiten Flasche verbunden war. Die Flasche konnte durch eine Zahnstange gesenkt und gehoben werden, sie war, wie der Gummischlauch und das Glasrohr, mit Tyrodelösung gefüllt. Brachte man den Spiegel der Flüssigkeit in der Flasche in eine Ebene mit dem Flüssigkeitsspiegel des Gefäßes, in dem das Darmstück hing, so betrug der Darminnendruck Null, der Darm füllte sich und das Maß der Füllung wurde auf folgende Weise aufgezeichnet. Der enge Hals der Flasche wurde durch Lufttransmission mit einem Volumschreiber verbunden. Dieser bestand aus einer dünnwandigen Glasglocke von etwa 2—3 ccm Inhalt, die an einem Schreibhebel befestigt war und auf Wasser schwamm: von unten mündete die genannte Lufttransmission in die Schwimmglocke, so daß sie bei Einströmen der Flüssigkeit in den Darm sich senkte, bei der Vertreibung sich hob. Natürlich wurde das Eigengewicht des Volumschreibers durch Gegengewicht genau aufgehoben, so daß der Schreiber die Flüssigkeit in der Flasche nur wenig belastete. Seitenständig mündete in die Lufttransmission eine luftgefüllte Rekordspitze, mit der die ⊖·Linie des Volumschreibers eingestellt wurde.

Vor Beginn des eigentlichen Versuches muß das Darmvolumen Null = die Wandspannung Null erneut aufgesucht werden, da die geringe Last des Volumschreibers etwas Flüssigkeit in den Darm preßt. Man findet diesen Nullpunkt sehr leicht, wenn man die tiefgestellte Druckflasche langsam hebt. Sobald der Nullpunkt überschritten wird, entfaltet sich der Darm und der Volumschreibhebel sinkt ab.

Vom Nullpunkt beginnend, wurde bei jedem Versuch der Druck durch Heben der Flasche mit langsamer, aber gleichmäßiger Geschwindigkeit, meist 1 mm in 2 oder 4 Sekunden gesteigert, so daß die einströmende Flüssigkeit den Darm allmählich füllte.

Da der Durchmesser der Druckflasche groß gewählt wurde, ist der Fehler in der Angabe der absoluten Druckhöhen, der dadurch zustande kommt, daß der Flüssigkeitsspiegel durch Einströmen von Flüssigkeit in den Darm etwas absinkt, so klein, daß er vernachlässigt werden kann. Auch der zweite Fehler, der durch das Leichterwerden des Volumschreibers beim Einsinken in das Wasser verursacht wird, ist bedeutungslos, da er in allen

---

[1]) R. Meißner, Biochem. Zeitschr. **54**, 395 (1913) u. **73**, 236 (1916).
[2]) G. Katsch, Zeitschr. f. exp. Pathol. u. Therapie **12**, 253 (1913).

Versuchen am gleichen Präparat gleich bleibt; wenn zwei Parallelversuche angestellt werden, ist darauf zu achten, daß die beiden Volumschreiber gleiche Größe und gleich geringes Übergewicht haben. Die Versuchsanordnung veranschaulicht Abb. 5.

Die gesamten bei zunehmender Innenfüllung am Dünndarm des Meerschweinchens auftretenden Erscheinungen lassen sich in zwei Phasen abteilen: die erste Phase ist durch langsam sich ausbildende Änderungen des Tonus der beiden Muskelschichten charakterisiert, in die zweite Phase fällt die Darmentleerung durch peristaltische Wellen. (Vgl. hierzu Abb. 6.)

Der peristaltische Schwellenwert der Dehnung bei linear anwachsender Dehnungslast ist von dem Widerstand abhängig, den die Ringmuskulatur des Dünndarmes dem Zuwachs der Dehnungslast entgegensetzt (= Sperrung, Bremsung). Dieser Widerstand ist eine variable Größe, abhängig vom Tonuszustand des Muskels. Darnach müssen alle Eingriffe, die den Tonus des Muskels ändern, auch den peristaltischen Schwellenwert verschieben; ist durch Tonuszunahme die Widerstandskraft gegen die Dehnung vergrößert, muß die Peristaltik bei geringem Längenzuwachs des Ringmuskels auftreten, wird umgekehrt durch Tonusverlust die Widerstandskraft gebrochen, so kann die Peristaltik erst spät auftreten und muß schließlich ganz verschwinden.

Die Pharmakologie der Peristaltik des Meerschweinchendünndarms vereinfacht sich also zu einer Pharmakologie des Ringmuskeltonus.

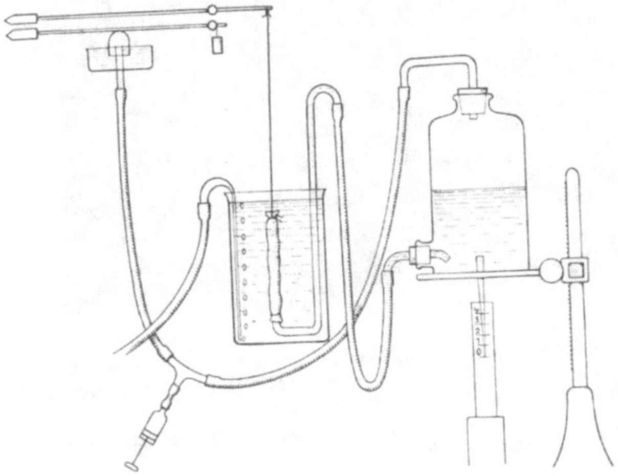

Mit dieser Methodik gelangt nun Trendelenburg zu folgenden Ergebnissen:

Auf den unter Überdruck gefüllten Hundedünndarm äußert Morphinhydrochlorid in der Konzentration 1:10 bis 1:1 Million eine deut-

Abb. 5. Versuchsanordnung nach P. Trendelenburg zur Registrierung der Dünndarmperistaltik.

liche Erregung der über den Darm ablaufenden peristaltischen Wellen, während 1:100 000 diese verkleinert, aber nicht aufhebt.

Am Kaninchendarm zeigt sich in gleichen Versuchen eine noch reinere Förderung der Peristaltik: 1:1 Million bis 1:10 000 Morphinhydrochlorid erregen stark (auch nach Atropin), und erst 1:7500, also eine außerhalb der physiologischen Grenzen liegende Lösung, führte zu einer geringen Hemmung. Auch Opium wirkt erregend (siehe Abb. 7).

Anders verhält sich der Katzendarm. Seine Peristaltik wird schon durch 1:30 000 bis 1:100 000 vermindert, nur selten nach anfänglicher kurzen Erregung. Die Längsmuskulatur des gedehnten Darmes zeigt dabei nur geringen Tonusverlust.

Die Peristaltik des isolierten Rattendarmes wurde hingegen durch 1:100 000 Morphinhydrochlorid unterdrückt.

Durch die Versuche an den genannten Laboratoriumstieren wäre man wohl nie, wie es doch für das Papaverin der Fall war, dazu veranlaßt worden, Morphin zur Unterdrückung der Peristaltik in die Therapie einzuführen; dies gilt nun nicht mehr für die Versuche am Meerschweinchendünndarm, denn hier hat Morphin die bei weitem kräftigste peristaltiklähmende Wirkung unter allen untersuchten Alkaloiden.

Am ungedehnten und gedehnten Darm tritt weder bei Schwellenlösungen noch bei hohen Konzentrationen an Längsmuskelpendelbewegungen und -tonus,

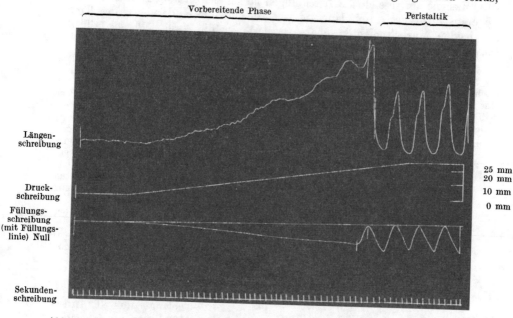

Abb. 6. Verhalten der Längsmuskeln (oberste Kurvenlinie) und des Volumens (dritte Kurvenlinie) bei linear ansteigendem Füllungsdruck (zweite Kurvenlinie). Druckanstieggeschwindigkeit: 1 mm Druck, 2 Sekunden.

Anmerkung: In allen Kurven ist die Drucklinie nach elektrisch markierten Punkten nachträglich eingezeichnet worden.

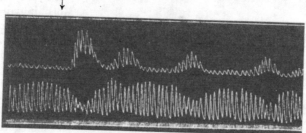

Abb. 7. Wirkung von Tinctura Opii auf dem Kaninchendünndarm. Oben: Volumenkurven, darüber Nullinie des Volumens. Unten: Längsmuskelkurven. Bei der Marke ↓ wird Tinctura Opii zugesetzt, so daß die Konzentration 1:10 000, die Morphinkonzentration also 1:100 000 beträgt. (Einige Minuten vor dem Opiumzusatz war Atropinsulfat [1:1 000 000] gegeben worden.)

an Ringmuskeltonus oder an der peristaltischen Erregbarkeit jemals eine Förderung auf. Alle diese Zustände und Funktionen unterliegen reiner Hemmung. Die wirksame Grenzkonzentration, die an sehr vielen Präparaten festgestellt wurde, liegt ziemlich scharf bei 1:100 bis 1:50 Millionen salzsaures Morphin. In ihr sinkt der Längsmuskeltonus etwas ab, die Pendelbewegungen werden kleiner, ohne jedoch selbst durch viel stärkere Lösungen mit Sicherheit ganz ausgelöscht zu werden. Der Ringmuskel weicht der dehnenden Last stärker aus, so daß die Füllungsvolumina größer werden. Wieder rückt die peristaltische Schwelle auf höhere Druckwerte, um nach einigen Minuten, bei höherer Konzentration, wie 1:10 bis 1:1 Million, nach wenigen Sekunden völlig ausbleiben. Ebenso wie die Peristaltik verschwindet auch die im Beginn der Dehnung eintretende Längsmuskelkontraktion (siehe Abb. 8 u. 9).

In schätzungsweise zwei Drittel der Fälle verharrte der gedehnte Darm nach Morphin in nahezu absoluter Ruhe; nur ganz geringes Pendeln blieb erhalten. Aber in anderen Fällen setzten bei der Dehnung mehr oder weniger kräftige, schnell verlaufende Ringmuskelkonzentrationen ein, die ganz regellos über dem ganzen Darmstück auftraten und schwanden und keine analgerichtete Wanderung zeigten; sie schufen an dem Darm in einigen Fällen das von der Digitalis-Herzperistaltik (der ja das Charakteristicum der Darmperistaltik, die Ordnung, fehlt!) bekannte Bild. In der Abb. 9 sind diese Kontraktionen

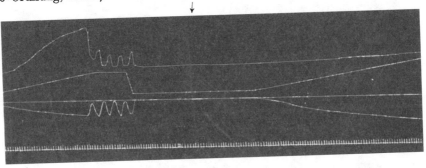

Abb. 8. Wirkung von Morphin auf die Peristaltik des Meerschweinchendünndarmes. Im Anfang der ohne Phase geschriebenen Kurve Dehnung am unvergifteten Präparat (oben Längsmuskel, Mitte Druck, unten Volumen). Bei der Marke ↓ Zusatz von Morphinhydrochlorid, Konzentration = 1 : 10 000 000. ½ Minute später erneute Dehnung, die keine Reaktion an der Längsmuskulatur und keine Peristaltik auslöst. Geschwindigkeit des Druckanstieges: 1 mm in 2 Sekunden.

besonders deutlich zu sehen, ihre viel größere Frequenz (etwa eine Konzentration in 2 Stunden) unterscheidet sie ohne weiteres sicher von der echten peristaltischen Welle. Warum dieses „Ringmuskelwogen" nur in seltenen Fällen auftritt, meist dagegen ganz fehlt, konnte nicht ergründet werden. Vielleicht beruhen die Unterschiede im wechselnden Stadium der Verdauungstätigkeit, in dem der Darm sich bei der Herausnahme aus dem Tier befand. Während also die Peristaltik des Meerschweinchendünndarmes durch Morphin in sehr schwachen Konzentrationen stets gelähmt wird, kann auch bei diesem Alkaloid die ungeordnete Ringmuskeltätigkeit bis zu einem gewissen Grade erhalten bleiben.

Wirkung auf den Uterus. Nach Untersuchungen von Kehrer[1]) wirkt Morphin in kleinen Dosen auf den Uterus erregend, in großen dagegen lähmend.

Barbour und Copenhaver[2]) fanden, daß der überlebende Uterus trächtiger und nichtträchtiger Katzen und Meerschweinchen in 0,1—0,002 proz.

---

[1]) Kehrer, Arch. f. Gynäkol. 81 (1906).
[2]) Barbour u. Copenhaver, Journ. of pharmakol. a. exp. therap. 7, 529 (1915).

Printed in the United States
By Bookmasters